BIOCHEMISCHES HANDLEXIKON

HERAUSGEGEBEN VON

EMIL ABDERHALDEN

GEH. MEDIZINALRAT PROFESSOR DR. MED. ET PHIL. H. C.
DIREKTOR DES PHYSIOLOGISCHEN INSTITUTS DER UNIVERSITÄT
HALLE A. S.

XIV. BAND (7. ERGÄNZUNGSBAND)

PROTEINE · PYRROLDERIVATE · TIERISCHE FARBSTOFFE UND
SYNTHETISCHE PORPHYRINE · GALLENFARBSTOFFE · STERINE
NUCLEINSÄUREN, NUCLEOTIDE, NUCLEOSIDE

BEARBEITET VON

L. W. BASS-NEW YORK · O. DALMER-DARMSTADT
W. KRÖNER-ZÜRICH · P. A. LEVENE-NEW YORK
H. MAURER-STUTTGART

BERLIN
VERLAG VON JULIUS SPRINGER
1933

ISBN-13: 978-3-642-88969-1   e-ISBN-13: 978-3-642-90824-8
DOI: 10.1007/978-3-642-90824-8

Softcover reprint of the hardcover 1st edition 1933

Vorwort.

Der vorliegende Band umfaßt Gebiete der Biochemie, die in den letzten Jahren besonders stark bearbeitet worden sind und im Mittelpunkt des Interesses stehen. Getreu dem Charakter des Werkes sind neben chemischen, physikalischen und physikalisch-chemischen Feststellungen die physiologischen Eigenschaften eingehend berücksichtigt. Während über das chemische, physikalische und physikalisch-chemische Verhalten der einzelnen Verbindungen sich im allgemeinen bestimmte einheitliche Angaben machen lassen, liegt es in der Natur der Sache, daß nicht so selten die Prüfung der Wirkung der einzelnen Stoffe auf Zellen und Organismen und ihres Verhaltens im Stoffwechsel zu widersprechenden Feststellungen geführt hat. Es ist mit voller Absicht keine Kritik geübt worden, d. h. es ist das vorliegende Material, soweit es einen Anspruch auf wissenschaftlichen Wert hat, so aufgenommen, wie es in der Literatur niedergelegt ist. Es war auch nicht beabsichtigt, eine zusammenhängende Darstellung der einzelnen Befunde zu geben, vielmehr ist Feststellung an Feststellung gereiht unter sorgfältigen Hinweisen auf die zugehörige Literatur. Das Biochemische Handlexikon stellt seinem ganzen Charakter nach ein Nachschlagewerk dar. Es dürfte inbesondere in der heutigen Zeit willkommen sein. Auf der einen Seite ist die Zahl der wissenschaftlichen Institute in manchen Ländern gewachsen und damit vielfach auch die Zahl der Zeitschriften. Auf der anderen bewirkt die Not der Zeit, daß es immer schwerer wird, der Literatur zu folgen, können doch viele Zeitschriften nicht mehr überall gehalten werden. Hier soll das vorliegende Werk helfend eingreifen, und es ermöglichen, unter möglichst wenig Zeitverlust sich so vollkommen als nur möglich zu unterrichten. Soweit das möglich war, ist die einschlägige Literatur bis zum 1. Oktober 1932 berücksichtigt.

Es ist mir eine angenehme Pflicht, den Herren Mitarbeitern am vorliegenden Bande auch an dieser Stelle meinen herzlichsten Dank zum Ausdruck zu bringen.

Halle a. S., den 1. Dezember 1932.

Emil Abderhalden.

Inhaltsverzeichnis.

Proteine.

Von

Waldemar Kröner-Zürich.

Allgemeines.

Zur Festlegung der allgemeinen Eigenschaften der Proteine sind hauptsächlich folgende Eiweißkörper den Versuchen zugrunde gelegt worden: bei den Pflanzenproteinen Legumin, Edestin und Gliadin, bei den tierischen Proteinen Ovo- und Serumalbumin, Serumglobulin, Caseinogen, Gelatine und Seidenfibroin. Einzelheiten bezüglich bestimmter Fragestellungen und ausführlichere Literatur müssen bei diesen Abschnitten eingesehen werden. — Auf die Eiweißstoffe, die mit Fermenten oder Inkreten verknüpft sind, ist im folgenden nur kurz verwiesen.

Farbreaktionen: Biuretreaktion[1]: Glycerin setzt die Empfindlichkeit der Biuretreaktion stark herab[2]. — Bei der Reaktion findet Komplexbindung von Cu an die Biuretgruppe und selektive Adsorption von Kupferhydroxyd an Alkaliprotein statt[3]. — Allgemeine Bemerkungen zur Biuretreaktion[4]. — Weiteres zur Theorie der Biuretreaktion vgl. W. Traube und G. Glaubitt[5]. — Benutzung der Biuretreaktion zur Unterscheidung von verschiedenen Eiweißstoffen[6].

Xanthoproteinreaktion[1]: Über den Anteil von Tyrosin und Tryptophan am Farbeffekt[7]. Ausbau der Reaktion zur Bestimmung von Tyrosin in alkalischer Lösung und Tryptophan in saurer[8].

Ninhydrinreaktion: Mechanismus[9]. — Empfindlichkeitsgrenze[10]. — Hohe Salzkonzentrationen beeinflussen die Färbung ungünstig, sehr geringe Säurekonzentrationen stören die Reaktion sehr[11]. Die Ninhydrinreaktion ist abhängig von der Dauer des Erhitzens und der Konzentration der Aminosäuren. Das optimale p_H beträgt ca. 6,9[12]. — Zur quantitativen Bestimmung des Amino-Stickstoffs eignet sich die Reaktion nicht. Zwischen dem Gehalt an NH_2-N und Farbintensität bestehen keine quantitativen Beziehungen[13]. — Unterscheidung von Färbungen mit Aldehyden und Ketonen[14]. — Gardner sieht im Ninhydrin kein zuverlässiges Reagenz auf die Hydrolysenprodukte der Proteine (!)[15].

[1] M. A. Rakusin: Biochem. Z. **130**, 268 (1922) — Chem. Zbl. **1922 III**, 1262.

[2] F. B. Seibert u. E. R. Long: J. of biol. Chem. **64**, 229 (1925) — Chem. Zbl. **1925 II**, 1546.

[3] L. Hugounenq u. J. Loiseleur: Bull. Soc. Chim. biol. Paris 8, 523 (1926) — Chem. Zbl. **1926 II**, 1936.

[4] M. Schierge: Z. exper. Med. **67**, 260 (1929) — Chem. Zbl. **1930 I**, 2124.

[5] W. Traube u. G. Glaubitt: Ber. dtsch. chem. Ges. **63**, 2094 (1930) — Chem. Zbl. **1930 II**, 2516.

[6] H. Kühl: Pharm. Ztg. **75**, 546 (1930) — Chem. Zbl. **1930 II**, 1893. — L. Schulhof: Magy. chem. Folyvirat **37**, 10, 32, 50 (1931) — Chem. Zbl. **1931 I**, 2645.

[7] C. T. Mörner: Hoppe-Seylers Z. **107**, 203 (1919) — Chem. Zbl. **1920 I**, 83.

[8] J. Tillmans, P. Hirsch u. F. Stoppel: Biochem. Z. **198**, 379 (1928) — Chem. Zbl. **1928 II**, 1916.

[9] J. M. Retinger: J. amer. chem. Soc. **39**, 1059 (1916) — Chem. Zbl. **1917 II**, 648.

[10] H. Thar u. N. Kotschnew: Biochem. Z. **69**, 389 (1914) — Chem. Zbl. **1915 II**, 237.

[11] R. Koritschoner u. O. Morgenstern: Biochem. Z. **93**, 172 (1918) — Chem. Zbl. **1919 II**, 549.

[12] H. Riffart: Biochem. Z. **131**, 78 (1922) — Chem. Zbl. **1923 II**, 827.

[13] E. Abderhalden u. S. Buadze: Fermentforschg **11**, 306 (1930) — Chem. Zbl. **1931 I**, 2789.

[14] W. S. Ssadikow u. N. D. Zelinsky: Biochem. Z. **141**, 105 (1923) — Chem. Zbl. **1924 I**, 164.

[15] H. Gardner: Lancet **219**, 525 (1930) — Chem. Zbl. **1930 II**, 2925.

1, 2, 5, m-Dinitrobenzoesäure: Intensiv rote Färbung mit allen untersuchten Anhydriden, Peptonen und fast allen Eiweißkörpern (negativ Edestin). Reaktion auf vorgebildete Anhydride[1].

Pikrinsäure: Braunrot-Färbung in alkalischer Lösung mit Diketopiperazinen und verschiedenen Eiweißkörpern. Reaktion auf vorgebildete Diketopiperazine[1,2].

Pikraminsäure[3]: Dunkelrot-Färbung mit verschiedenen Eiweißstoffen, deren Lösung nicht alkalisch ist und keine Salze enthält, die durch Pikraminsäure zersetzt werden[4]. (Nicht charakteristisch?)

Millonsche Reaktion[3]: Bei Zimmertemperatur eignet sich die Reaktion zur quantitativen Bestimmung von Tyrosin[5,6].

Titansäurereaktion: In Gegenwart von konz. H_2SO_4 orangegelbe Färbung mit tyrosinhaltigen Proteinen[7].

Aldehydreaktionen: Diese Reaktionen sind charakteristisch für Tryptophan und tryptophanhaltige Eiweißstoffe.

Reaktion mit Formaldehyd[8] (nach Komm): Die optimale Farbintensität erreicht man bei Verwendung einer 15proz. Salzsäure, die in 500 ccm 6 ccm einer 0,10proz. Formaldehydlösung enthält. 5 ccm dieses Reagenzes werden mit 5 ccm der zu untersuchenden Lösung vermischt und mit 10 ccm konzentrierter Schwefelsäure unterschichtet. Der Farbton wechselt zwischen violett, rot und blau[9]. Mit freiem Tryptophan tritt die Reaktion erst nach längerer Zeit ein als mit Eiweißstoffen[10]. Dies beruht auf dem katalytischen Einfluß von Pyrrolkernen[11].

Paradimethylaminobenzaldehyd: Diese Reaktion ist empfindlicher als die mit Formaldehyd. Sie eignet sich ebenfalls zur quantitativen Bestimmung von Tryptophan[10,11,12]. Sie ist in der Kälte rosarot und wird beim Erwärmen am Wasserbad zunächst violett, dann rein blau[13]. Vergleiche dazu auch[14]. **Salicylaldehyd:** Intensive Blaufärbung charakteristisch für Tryptophan[15].

Vanillin-HCl-Reaktion: Rot-blauviolettfärbung. Schwefelgelbfärbung mit Abbaustufen der Proteine. Rotfärbung nach Einwirkung von Alkalien oder Fäulnisbakterien auf die Proteine[16] (Indol, Skatol). Die Reaktion ist also nicht spezifisch für Tryptophan, kann jedoch zur quantitativen Bestimmung nach Entfernung der anderen färbenden Stoffe mit Toluol benutzt werden[17]. Vgl. auch[13].

Glyoxylsäurereaktion: Ist nicht auf Bildung von Formaldehyd zurückzuführen[15]. Alle tryptophanhaltigen Proteine geben auch eine blaurote Farbzone mit NaOH und **Dimethylsulfat** und darauf folgendem Unterschichten mit konz. H_2SO_4[18].

Voisenetsche Reaktion (HCl-Nitrit): Beziehungen zu Melanoidinbildung[19]. Ausführung der quantitativen Tryptophanbestimmung[20].

---

[1] E. Abderhalden, E. Komm u. E. Roßner: Hoppe-Seylers Z. **140**, 99 (1924) — Chem. Zbl. **1924 II**, 2757. — E. Abderhalden: Hoppe-Seylers Z. **146**, 147 (1925) — Chem. Zbl. **1925 II**, 2060.

[2] E. Abderhalden u. E. Komm: Hoppe-Seylers Z. **139**, 181; **141**, 62 (1924) — Chem. Zbl. **1925 I**, 89.

[3] M. A. Rakusin: Biochem. Z. **130**, 268 (1922) — Chem. Zbl. **1922 III**, 1262.

[4] J. Ostromysslenski: J. Russ. Phys. Chem. Ges. **47**, 317 (1915) — Chem. Zbl. **1916 I**, 682.

[5] O. Fürth u. A. Fischer: Biochem. Z. **154**, 1 (1924) — Chem. Zbl. **1925 I**, 872.

[6] G. Denigès: Bull. soc. pharm. Bordeaux **64**, 3 (1926) — Chem. Zbl. **1926 I**, 3171.

[7] G. Denigès: Bull. soc. Chim. biol. Paris **19**, 308 (1916) — Chem. Zbl. **1916 II**, 959.

[8] J. Tillmans u. A. Alt: Biochem. Z. **164**, 135 (1925) — Chem. Zbl. **1926 II**, 278.

[9] E. Komm u. E. Böhringer: Hoppe-Seylers Z. **124**, 287 (1922) — Chem. Zbl. **1923 II**, 664.

[10] E. Komm: Hoppe-Seylers Z. **140**, 74 (1924) — Chem. Zbl. **1924 II**, 2777 — Hoppe-Seylers Z. **156**, 35 (1926) — Chem. Zbl. **1926 II**, 1892.

[11] E. Komm: Hoppe-Seylers Z. **156**, 161, 202 (1926) — Chem. Zbl. **1926 II**, 2094.

[12] G. E. Holm u. G. R. Greenbank: J. amer. chem. Soc. **45**, 1788 (1923) — Chem. Zbl. **1924 I**, 1421.

[13] A. Blanchetière: C. r. Acad. Sci. Paris **180**, 2072 (1925) — Chem. Zbl. **1925 II**, 2221.

[14] E. Wollman: Bull. Soc. Chim. biol. Paris **6**, 869 (1924) — Chem. Zbl. **1925 I**, 732.

[15] W. R. Fearon: Biochem. J. **14**, 548 (1920) — Chem. Zbl. **1921 II**, 6.

[16] E. P. Häusler: Z. anal. Chem. **53**, 691 (1914) — Chem. Zbl. **1915 I**, 221 — Z. anal. Chem. **53**, 363 (1914) — Chem. Zbl. **1924 II**, 86.

[17] J. Kraus: J. of biol. Chem. **63**, 157 (1925) — Chem. Zbl. **1925 I**, 2177.

[18] S. Edlbacher: Hoppe-Seylers Z. **105**, 240 (1919) — Chem. Zbl. **1919 III**, 678.

[19] O. Fürth u. F. Lieben: Biochem. Z. **116**, 224, 232 (1921) — Chem. Zbl. **1921 III**, 231; **II** 248.

[20] O. Fürth u. F. Lieben: Biochem. Z. **109**, 124 (1920) — Chem. Zbl. **1921 II**, 5.

Diazoreaktion: (nach Pauly): Über die bei der Reaktion mit Diazobenzolsulfosäure entstehenden Azofarbstoffe[1]. Nach vorheriger Nitrierung des Tyrosins zeigt der positive Ausfall der Reaktion eindeutig die Anwesenheit von Histidin[2]. — Verbesserte Paulysche Reaktion zum gleichzeitigen Nachweis von Histamin und Tyrosin[3].

α-Naphtholreaktion: 0,1 g α-Naphthol werden in 100 ccm 0,5 proz. Natronlauge gelöst. Zwei Tropfen davon ergeben mit 3 ccm einer argininhaltigen Eiweißlösung und wenigen Tropfen einer 1 proz. Natriumhypochloritlösung nach kurzer Zeit Rotfärbung. Empfindlichkeit 1:50000. Die Reaktion wird wahrscheinlich von der freien Guanidingruppe bewirkt[4].

Orthophthaldialdehydlösung gibt mit Glykokoll eine rotviolette Färbung oder Niederschlag. Von den Monoaminosäuren gibt nur Glykokoll diese Färbung. Ferner ist die Reaktion positiv mit Histidin, Carnosin, Arginin, Histamin, Cystein, doch nicht mit Cystin. Ammoniak gibt eine schwache Gelbgrünfärbung[5].

Dimethyl-p-phenylendiaminhydrochlorid gibt in Gegenwart von einer Spur $FeCl_3$ eine tiefblaue Färbung mit Cystein, nicht mit Cystin und Glutathion[6].

Reaktionen mit $NaOCl$ und Phenol nicht spezifisch[7].

Alloxan verursacht Rotfärbung mit Eiweißkörpern und Aminosäuren, die wahrscheinlich neben den freien Aminogruppen den SH-Gruppen zuzuschreiben ist[8].

Vergleiche auch die quantitative Bestimmung der Bausteine.

Ermittelung der Bausteine: Zur Geschichte der Entdeckung der Aminosäuren. (Sehr ausführliche Literatur.)[9]

P-Gehalt: Der in tierischen Eiweißstoffen enthaltene P ist organisch gebunden (wenn die Salze beseitigt sind)[10]. Jedoch nicht immer ist der Phosphor ein integrierender Bestandteil des Proteinmoleküls. So z. B. nicht bei den Serumproteinen im Gegensatz zu Ovalbumin[11].

N-Verteilung: Stickstoffbestimmung mit dem Hydrierungsverfahren[12]. — Beeinflussung der Formoltitration durch die Carboxylgruppen des Histidins[13]. Über das Verhältnis von formoltitrierbarem N zu methylierbarem N[14].

Beeinflussung der Bestimmung der N-Verteilung nach van Slyke durch unzulängliche Fällung der Hexonbasen[15], durch Prolin und Tryptophan[16]. — Mikro- van Slyke[17].

Elektrolytische Methode zur Trennung von α-Aminosäuren in Eiweißhydrolysaten[18]. — Orientierende Bestimmung von Aminosäuren durch Ultraviolettabsorption ihrer Kupfersalze[19]. — Bestimmung der Aminosäuren mit dem Veresterungs- und Acetylierungsverfahren[20].

Cystingehalt: Colorimetrische Methoden zur Bestimmung von Cystin[21,22,23]. Vgl. dazu

[1] H. Pauly: Hoppe-Seylers Z. **94**, 284, 426 (1915) — Chem. Zbl. **1915 II**, 1194, 1195.

[2] H. Brunswik: Hoppe-Seylers Z. **127**, 268 (1923) — Chem. Zbl. **1923 IV** 136.

[3] E. Gebauer-Füllnegg: Hoppe-Seylers Z. **191**, 222 (1930) — Chem. Zbl. **1931 I**, 117.

[4] S. Sakaguchi: J. of Biochem. **5**, 13, 25 (1925) — Chem. Zbl. **1925 II**, 1547.

[5] W. Zimmermann: Hoppe-Seylers Z. **189**, 4 (1930) — Chem. Zbl. **1930 II**, 275.

[6] R. Fleming: Biochemic. J. **24**, 965 (1930) — Chem. Zbl. **1931 I**, 653.

[7] O. Fürth, A. Friedrich u. R. Scholl: Biochem. Z. **240**, 50 (1931) — Chem. Zbl. **1931 II**, 3007.

[8] F. Lieben u. E. Edel: Biochem. Z. **244**, 403 (1932) — Chem. Zbl. **1932 I**, 2491.

[9] H. B. Vickery u. C. L. A. Schmidt: Chem. Rev. **9**, 169 (1931) — Chem. Zbl. **1932 I**, 1866.

[10] L. Lindet: Bull. Soc. Chim. biol. Paris **19**, 395 (1916) — Chem. Zbl. **1917 I**, 247.

[11] S. P. L. Sørensen, M. Mâcheboeuf u. M. Sørensen: Ann. Acad. Scient. Fennicae Ser. A, **29**, Nr 19 — C. r. Lab. Carlsberg **16**, Nr 12, 1 (1927) — Chem. Zbl. **1928 I**, 359 .— M. Sørensen: C. r. Lab. Carlsberg **15**, Nr 10, 1 (1925) — Chem. Zbl. **1925 II**, 1546.

[12] H. ter Meulen: Rec. Trav. chim. Pays-Bas et Belg. (Amsterd.) **49**, 396 (1930) — Chem. Zbl. **1930 I**, 2928.

[13] A. Kossel u. S. Edlbacher: Hoppe-Seylers Z. **93**, 396 (1915) — Chem. Zbl. **1915 II**, 710.

[14] S. Edlbacher: Hoppe-Seylers Z. **107**, 52 (1919) — Chem. Zbl. **1919 IV**, 957 — Hoppe-Seylers Z. **108**, 287 (1919) — Chem. Zbl. **1920 III**, 558.

[15] R. H. A. Plimmer u. J. L. Rosedale: Biochem. J. **19**, 1004 (1925) — Chem. Zbl. **1926 II**, 77.

[16] R. A. Gortner u. W. N. Sandstrom: J. amer. chem. Soc. **47**, 1663 (1925) — Chem. Zbl. **1925 II**, 1482.

[17] N. Narayana u. M. Sreenivasaya: Biochem. J. **22**, 1135 (1928) — Chem. Zbl. **1929 I**, 1030.

[18] J. A. Anderson: Biochem. Z. **221**, 284 (1930) — Chem. Zbl. **1930 II**, 1413.

[19] H. Ley u. B. Arends: Hoppe-Seylers Z. **192**, 131 (1930) — Chem. Zbl. **1930 II**, 3820.

[20] E. Cherbuliez: P. Plattner u. S. Ariel: Helvet. chim. Acta **13**, 1390 (1930) — Chem. Zbl. **1931 I**, 491.

[21] O. Folin u. J. M. Looney: J. of biol. Chem. **51**, 421 (1922) — Chem. Zbl. **1922 IV**, 349.

[22] E. Herzfeld: Schweiz. med. Wschr. **52**, 411 (1922) — Chem. Zbl. **1922 IV**, 1076.

[23] A. Blankenstein: Biochem. Z. **218**, 321 (1930) — Chem. Zbl. **1930 I**, 3087.

die Ausführungen von Defay[1]. — Schätzung des Cystins nach der van Slykeschen Methode[2]. — Bestimmung von Cystin durch Überführung in Cystein und nachfolgende Oxydation zu Cysteinsäure und Jodattitration[3, 4]. Trennung vom Histidin über die Kupferverbindung des Cystins[5]. — Potentiometrische Bestimmung von Cystin und Cystein[6]. — Mikromethode der Cystinbestimmung[7]. — Über die Veränderungen des Cystins während der alkalischen Hydrolyse vgl. auch R. A. Gortner und W. B. Sinclair[8].

Arginingehalt[9]: Bestimmung mit 1-Naphthol-2, 4-dinitro-7-sulfosäure[10]. — Die Flaviansäuremethode wird durch Histidin nicht beeinträchtigt[11], geht aber nur mit reinem Eiweiß[12]. — Bestimmung mit α-Naphthol[13]. — Mit Urease + Arginase[14], modifiziert von Bonot[15]. — Über Beziehungen zwischen Arginin-N und Lysin-N und dem Gesamt-N der Basen[16].

Über die Trennung des Arginins vom Histidin[17] mit Hilfe der Silbersalze[18]. Vgl. dazu auch [19, 20]. Trennung der Hexonbasen durch Elektrolyse[21, 22]. Über die elektrolytische Trennung des Arginins von Alanin[23]. Über die Fällung der basischen Aminosäuren mit Phosphorwolframsäure[24].

Tyrosingehalt: Durch Bromierung[25, 26], mit Millonschem Reagens[27] bei Zimmertemperatur[28]. Im nichthydrolysiertem Eiweiß[29]. — Genaue abgeänderte Vorschrift[30, 31].

[1] R. Defay: Bull. Soc. Chim. biol. Paris 8, 715 (1926) — Chem. Zbl. 1926 II, 2466.

[2] R. H. A. Plimmer u. J. Lowndes: Biochem. J. 21, 247 (1927) — Chem. Zbl. 1927 II, 145.

[3] Y. Okuda: J. Coll. agricult. Tokyo 7, 69 (1919) — Chem. Zbl. 1925 I, 1232 — J. of Biochem. 5, 201, 217 (1925) — Chem. Zbl. 1926 I, 1462.

[4] Y. Teruuchi u. L. Okabe: J. of Biochem. 8, 495 (1928) — Chem. Zbl. 1928 I, 2850. — Y. Okuda u. T. Kobayashi: Bull. Agricult Chem. Soc. Japan 5, 65 (1929) — Chem. Zbl. 1930 II, 1213.

[5] H. B. Vickery u. C. S. Leavenworth: J. of biol. Chem. 83, 523 (1929) — Chem. Zbl. 1929 II, 3167.

[6] K. Yamazaki: J. of Biochem. 12, 207 (1930) — Chem. Zbl. 1931 I, 654.

[7] A.-D. Marenzi: C. r. Soc. Biol. Paris 104, 405 (1930) — Chem. Zbl. 1930 II, 1258 — An. Farm. Bioquim. 1, 3 (1930) — Chem. Zbl. 1931 I, 492.

[8] R. A. Gortner u. W. B. Sinclair: J. of biol. Chem. 83, 681 (1929) — Chem. Zbl. 1930 I, 964.

[9] R. H. A. Plimmer: Biochem. J. 10, 115 (1916) — Chem. Zbl. 1916 II, 1193. — R. H. A. Plimmer u. J. L. Rosedale: Biochem. J. 19, 1020 (1925) — Chem. Zbl. 1926 II, 77.

[10] A. Kossel u. R. E. Gross: Hoppe-Seylers Z. 135, 167 (1924) — Chem. Zbl. 1924 II, 335.

[11] A. Kossel u. W. Staudt: Hoppe-Seylers Z. 156, 270 (1926) — Chem. Zbl. 1926 II, 2093.

[12] O. Fürth u. O. Deutschberger: Biochem. Z. 186, 139 (1927) — Chem. Zbl. 1927 II, 1482.

[13] S. Sakaguchi: J. of Biochem. 5, 133 (1925) — Chem. Zbl. 1926 I, 1419. — C. J. Weber: J. of biol. Chem. 86, 217 (1930) — Chem. Zbl. 1930 I, 3705.

[14] B. C. P. Jansen: Chem. Weekblad 14, 125 (1917) — Chem. Zbl. 1917 I, 913.

[15] A. Bonot u. T. Cahn: C. r. Acad. Sci. Paris 184, 246 (1927) — Chem. Zbl. 1927 I, 2456.

[16] R. K. Larmour: Trans. roy. Soc. Canada 22 (5) 349 (1928) — Chem. Zbl. 1930 II, 249.

[17] H. B. Vickery u. C. S. Leavenworth: J. of Biol. Chem. 68, 225 (1926) — Chem. Zbl. 1926 II, 922.

[18] H. B. Vickery u. C. S. Leavenworth: J. of biol. Chem. 72, 403 (1927) — Chem. Zbl. 1927 I, 3022.

[19] H. B. Vickery u. C. S. Leavenworth: J. of biol. Chem. 75, 115 (1927) — Chem. Zbl. 1928 I, 800.

[20] H. B. Vickery u. C. S. Leavenworth: J. of biol. Chem. 76, 707 (1928) — Chem. Zbl. 1928 II, 173.

[21] G. L. Foster u. C. L. A. Schmidt: J. of biol. Chem. 56, 545 (1923) — Chem. Zbl. 1923 III, 1493.

[22] G. L. Foster u. C. L. A. Schmidt: J. amer. chem. Soc. 48, 1709 (1926) — Chem. Zbl. 1926 II, 899.

[23] W. Hendrey u. T. B. Johnson: Biochem. Z. 226, 47 (1930) — Chem. Zbl. 1930 II, 3061.

[24] K. V. Thimann: Biochemic. J. 24, 368 (1930) — Chem. Zbl. 1930 II, 3162.

[25] R. H. A. Plimmer u. C. Eaves: Biochem. J. 7, 297, 310 (1913) — Chem. Zbl. 1914 I, 575.

[26] R. H. A. Plimmer u. H. Phillips: Biochem. J. 18, 312 (1924) — Chem. Zbl. 1924 II, 1252.

[27] M. Weiss: Biochem. Z. 97, 170 (1919) — Chem. Zbl. 1919 IV, 1031. — P. Fleury u. P. Delauney: J. Pharmacie 10, 529 (1929) — Chem. Zbl. 1930 I, 835.

[28] O. Fürth u. A. Fischer: Biochem. Z. 154, 1 (1924) — Chem. Zbl. 1925 I, 872.

[29] D. Zuwerkalow: Hoppe-Seylers Z. 163, 185 (1927) — Chem. Zbl. 1927 I, 2456.

[30] O. Folin u. V. Ciocalteu: J. of biol. Chem. 73, 627 (1927) — Chem. Zbl. 1927 II, 2089.

[31] M. T. Hanke: J. of biol. Chem. 79, 587 (1928) — Chem. Zbl. 1929 I, 115.

Mit dem Reagens von Folin und Denis[1,2] — Vergleich mit der Millonschen Reaktion[3]. Diazoreaktion[4]: Diese 4 Verfahren werden eingehend von Fürth[4] kritisiert. Namentlich liefert das Verfahren von Folin und Denis zu hohe Werte. Am zuverlässigsten scheint das Bromierungsverfahren zu sein. Die Millonsche Reaktion dient nur zur Festlegung des Phenolindex[5,6]. Vgl. zu dieser Kritik auch [7]. — Das Phenolreagens von Folin und Denis ist bei Gegenwart oxydierender Substanzen nicht brauchbar[8]. Scheiner sieht die Reaktion überhaupt als völlig unspezifisch an, da alle anorganischen Reduktionsmittel und viele organische Substanzen sie auch geben[9]. — Xanthoproteincolorimetrie[10]. — Trennung von anderen Aminosäuren[11][12].

Tryptophangehalt (siehe auch Farbreaktionen mit Aldehyden): Bestimmung durch Titration mit Bromlösung[13]. — Über das Hg-Salz (Trennung vom Tyrosin)[14]. — Xanthoproteincolorimetrie in saurer Lösung[10]. — Colorimetrie nach Folin und Denis[15]. Voisenetsche Reaktion mit nitrithaltiger Salzsäure in Gegenwart von Formaldehyd[16]. — Formaldehydverfahren[17]. — Vergleiche dazu die Bemerkungen von Fürth[18]. — Weitere Kritik des Formolverfahrens[19]. — Zu Komms Verfahren (s. Anmerkungen[9,10,11] auf S. 2) und zur Methode von May und Rose (s. Anmerkung[21]), vergleiche auch [20]. — Blaufärbung mit Dimethylaminobenzaldehyd[21]. — Bestimmungen mit dem Vanillin-HCl-Reagens. Störende Beimengungen lassen sich durch Ausschütteln mit Toluol entfernen[22]. — Ausbau der Reaktion[23]. Kritik der Methoden der Tyrosin- und Tryptophanbestimmung[24].

Histidingehalt: Bestimmung durch Bromierung[25]. — Abscheidung durch den elektrischen Strom vgl. Anmerkung[21,22] auf S. 4.

Trennung vom Arginin[26], über die Ag-Salze[27]. — Berechnung aus der Differenz Silbernitratbarytfällung — Arginin (Flaviansäuremethode)[28]. Trennung vom Cystin (siehe da)[29].

[1] C. O. Johns u. D. B. Jones: J. of biol. Chem. 36, 319 (1918) — Chem. Zbl. 1919 II, 650.

[2] O. Folin u. J. M. Looney: J. of biol. Chem. 51, 421 (1922) — Chem. Zbl. 1922 IV, 349.

[3] G. Haas u. W. Trautmann: Hoppe-Seylers Z. 127, 52 (1923) — Chem. Zbl. 1923 IV, 84.

[4] O. Fürth u. W. Fleischmann: Biochem. Z. 127, 137 (1921) — Chem. Zbl. 1922 II, 1044.

[5] P. Thomas: Ann. Inst. Pasteur 36, 253 (1922) — Chem. Zbl. 1922 II, 1242.

[6] O. Fürth: Biochem. Z. 146, 259 (1924) — Chem. Zbl. 1924 II, 737.

[7] J. M. Looney: J. of biol. Chem. 69, 519 (1926) — Chem. Zbl. 1926 II, 2466.

[8] H. Mastin u. H. G. Rees: Biochem. J. 20, 759 (1926) — Chem. Zbl. 1927 I, 36.

[9] E. Scheiner: Biochem. Z. 205, 245 (1929) — Chem. Zbl. 1929 I, 2212.

[10] J. Tillmans, P. Hirsch u. F. Stoppel: Biochem. Z. 198, 379 (1928) — Chem. Zbl. 1928 II, 1916. — H. Bauer u. E. Strauss: Biochem. Z. 211, 191 (1930) — Chem. Zbl. 1930 I, 3705.

[11] M. T. Hanke: J. of biol. Chem. 66, 475 (1925) — Chem. Zbl. 1926 I, 2612.

[12] M. T. Hanke, J. of biol. Chem. 79, 587 (1928) — Chem. Zbl. 1929 I, 115.

[13] A. Homer: J. of biol. Chem. 22, 369 (1915) — Chem. Zbl. 1915 II, 1314.

[14] O. Folin u. V. Ciocalteu: J. of biol. Chem. 73, 627 (1927) — Chem. Zbl. 1927 II, 2089.

[15] O. Folin u. J. M. Looney: J. of biol. Chem. 51, 421 (1922) — Chem. Zbl. 1922 IV, 349. — J. M. Looney: J. of biol. Chem. 69, 519 (1926) — Chem. Zbl. 1926 II, 2466. — G. Haas u. W. Trautmann: Hoppe-Seylers Z. 127, 52 (1923) — Chem. Zbl. 1923 IV, 84.

[16] O. Fürth u. F. Lieben: Biochem. Z. 109, 124 (1920) — Chem. Zbl. 1921 II, 5. — O. Fürth u. Z. Dische: Biochem. Z. 146, 275 (1924) — Chem. Zbl. 1924 II, 737.

[17] J. Tillmans u. A. Alt: Biochem. Z. 164, 135 (1925) — Chem. Zbl. 1926 II, 278.

[18] O. Fürth: Biochem. Z. 169, 117 (1926) — Chem. Zbl. 1926 II, 922. — J. Tillmans u. A. Alt: Biochem. Z. 178, 243 (1926) — Chem. Zbl. 1928 II, 2583.

[19] Th. Ruemele: Z. analyt. Chem. 84, 81 (1931) — Mühle 68, Nr 37 — Mühlenlabor. 38 (1931) — Chem. Zbl. 1931 II, 2672.

[20] E. Ohlsson: Skand. Arch. Physiol. (Berl. u. Lpz.) 58, 77 (1929) — Chem. Zbl. 1930 I, 1167.

[21] C. E. May u. E. R. Rose: J. of biol. Chem. 54, 213 (1922) — Chem. Zbl. 1923 I, 770. — G. E. Holm u. G. R. Greenbank: J. amer. chem. Soc. 45, 1788 (1923) — Chem. Zbl. 1924 I, 1421.

[22] J. Kraus: J. of biol. Chem. 63, 157 (1925) — Chem. Zbl. 1925 I, 2177.

[23] J. Kraus Ragins: J. of biol. Chem. 80, 543 (1928) — Chem. Zbl. 1929 I, 1382.

[24] W. D. McFarlane u. H. L. Fulmer: Biochemic. J. 24, 1601 (1930) — Chem. Zbl. 1931 II, 1170.

[25] R. H. A. Plimmer u. H. Phillips: Biochem. J. 18, 312 (1924) — Chem. Zbl. 1924 II, 1252.

[26] H. B. Vickery u. C. S. Leavenworth: J. of biol. Chem. 68, 225 (1926) — Chem. Zbl. 1926 II, 922.

[27] H. B. Vickery u. S. Leavenworth: J. of biol. Chem. 72, 403 (1927) — Chem. Zbl. 1927 I, 3022 — J. of biol. Chem. 75, 115 (1927) — Chem. Zbl. 1928 I, 800.

[28] A. Kossel u. W. Staudt: Hoppe-Seylers Z. 156, 270 (1926) — Chem. Zbl. 1926 II, 2093.

[29] H. B. Vickery u. S. Leavenworth: J. of biol. Chem. 83, 523 (1929) — Chem. Zbl. 1929 II, 3167.

Prolin- und Oxyprolingehalt: Bestimmung in Form der Edelmetallsalze[1]. — Bestimmung von l-Oxyprolin und l-Prolin mit Hilfe der Reineckesäure[2]. Vgl. auch [3].

Asparagin- und Glutaminsäuregehalt: Bestimmung durch Überführung in Ca-Salze, die in wässerigem Alkohol unlöslich sind[4]. — Durch Abscheidung als Ba-Salze. Diese Methode liefert bedeutend höhere Werte als die älteren Verfahren[5]. Abscheidung der Aminodicarbonsäuren durch den elektrischen Strom vgl. Anmerkung [22] auf S. 4.

Neuaufgefundene Bausteine: Mit der Carbamatmethode[6] konnte Schryver eine Reihe neuer Produkte aus verschiedensten Eiweißarten isolieren:

α, ε-Diamino-β-oxy-n-hexansäure. Diese Säure ist auch in pflanzlichen Eiweißstoffen vorhanden, fehlt in Säugergelatine, Casein, Fibrin, Eiereiweiß[7].

Oxyaminobuttersäure[8].

Oxyvalin[8].

Norvalin wurde von Abderhalden und Mitarbeitern im Globin, im Caseinogen und im Keratin des Rinderhorns gefunden (s. d.).

Oxyglutaminsäure[8].

d,l-Lysin, das nicht durch Racemisierung des gewöhnlichen Lysins entstanden ist. Der Ursprung dieser Aminosäure ist nicht bekannt[9].

Methionin (α-Amino-γ-methylthiobuttersäure) fand sich im Caseinogen, Ovalbumin und im Keratin des Rinderhorns[10]. Vgl. auch [11].

Molgewicht und Molgröße: Nach älteren Bestimmungsmethoden ergibt sich das mittlere Molgewicht der Eiweißkörper zu ca. 26000. — Die Bestimmung der Schmelzpunkterniedrigung in Phenol gibt[12] — namentlich für Skleroproteine (s. dort)[13] — wesentlich geringere Molgewichte: 200—600[14]. — Bei völliger Ausschaltung von Wasser sollen allerdings auch mit dieser Methode Molgewichte von über 10000 erhalten werden[15]. — Über das Minimum-Molgewicht einer Reihe von Proteinen, nach den verschiedensten Methoden ermittelt[16].

Svedberg teilte die Proteine nach Bestimmung ihrer Masse und Größe mit der Ultrazentrifuge in zwei große Gruppen ein: 1. Hämocyanine mit einem Molgewicht von Millionen, 2. alle anderen Proteine mit einem Molgewicht, das 34500 oder das 2-, 3- oder 6fache beträgt. Innerhalb jeder dieser Untergruppen sind das Gewicht, die Größe und die Form des Mols gleich. Die Moleküle der ersten und vierten Untergruppe sind sphärisch mit einem Radius von 2,2 bzw. 4,0 mμ, die der zweiten Untergruppe nicht. Die Moleküle der meisten Proteine der vierten Untergruppe zerfallen mit steigendem p_H[17]. Vgl. auch[18, 19]. Das p_H-Gebiet, in dem das Molgewicht eines Eiweißstoffes konstant bleibt, schließt immer den isoelektrischen Punkt ein, liegt aber nicht oder nur selten symmetrisch zu ihm. Außerhalb dieses Bereiches zerfallen höhermole-

[1] R. Engeland: Hoppe-Seylers Z. **120**, 130 (1922) — Chem. Zbl. **1922 IV**, 614.

[2] J. Kapfhammer u. R. Eck: Hoppe-Seylers Z. **170**, 294 (1927) — Chem. Zbl. **1928 I**, 361.

[3] B. W. Town: Biochem. J. **22**, 1083 (1928) — Chem. Zbl. **1929 I**, 65.

[4] F. W. Foreman: Biochem. J. **9**, 463 (1914) — Chem. Zbl. **1916 I**, 1097.

[5] D. B. Jones u. O. Moeller: J. of biol. Chem. **79**, 429 (1928) — Chem. Zbl. **1929 I**, 270.

[6] Kingston u. S. B. Schryver: Biochem. J. **18**, 1070 (1924) — Chem. Zbl. **1925 I**, 231.

[7] S. B. Schryver, H. W. Buston u. D. H. Mukherjee: Proc. roy. Soc. Lond. B. **98**, 58 (1925) — Chem. Zbl. **1925 II**, 402.

[8] S. B. Schryver u. H. W. Buston: Proc. roy. Soc. Lond. B. **99**, 476 (1926) — Chem. Zbl. **1926 II**, 1953 — Proc. roy. Soc. Lond. B. **100**, 360 (1926) — Chem. Zbl. **1926 II**, 2311.

[9] S. B. Schryver u. H. W. Buston: Proc. roy. Soc. Lond. B. **101**, 510 (1927) — Chem. Zbl. **1927 II**, 1708.

[10] J. H. Müller: J. of biol. Chem. **56**, 157 (1923). — G. Barger u. F. P. Coyne: Biochemic. J. **22**, 1419 (1928). — E. Abderhalden u. K. Heyns: Hoppe-Seylers Z. **207**, 191 (1932).

[11] S. Odake: Biochem. Z. **161**, 446 (1925).

[12] F. v. d. Feen: Chem. Weekblad **13**, 410 (1916) — Chem. Zbl. **1916 II**, 401.

[13] R. O. Herzog mit W. Jancke, M. Kobel u. H. Cohn: Helvet. chim. Acta **11**, 529 (1928) — Chem. Zbl. **1928 II**, 163.

[14] R. O. Herzog u. M. Kobel: Hoppe-Seylers Z. **134**, 296 (1924) — Chem. Zbl. **1924 II**. 50. — R. O. Herzog: Z. angew. Chem. **41**, 426 (1928) — Chem. Zbl. **1928 I**, 3139.

[15] E. J. Cohn u. J. B. Conant: Proc. nat. Acad. Sci. U. S. A. **12**, 433 (1926) — Chem. Zbl. **1926 II**, 2064.

[16] E. J. Cohn, J. L. Hendry u. A. N. Prentiss: J. of biol. Chem. **63**, 721 (1925) — Chem. Zbl. **1925 II**, 1168.

[17] The Svedberg: Nature Lond. **123**, 871 (1929) — Chem. Zbl. **1929 II**, 3021.

[18] Ch. Baumler: Rev. gén. Coll. **7**, 145 (1929) — Chem. Zbl. **1929 II**, 3022.

[19] E. Gorter u. F. Grendel: Versl. Akad. Wetensch. Amsterd., Wis-en natuurkd. Afd. **32**, 770 (1929) — Chem. Zbl. **1929 II**, 3148.

kulare Proteine wahrscheinlich in Bruchstücke vom Molgewicht 34500 [1]. — Sørensen faßt die Proteine des Molgewichts 35000 als Einheiten auf, die von höherem Molekulargewicht als reversibel dissoziable Systeme [2]. Vgl. dazu [3]. — Zu ähnlichen Vorstellungen gelangen Astbury und Woods. Sie nehmen an, daß die Zahlen 1, 2, 3 und 6 die Zahl der Moleküle in der Elementarzelle darstellen. Daß die Zahl 4 nicht vorkommt, erklärt sich aus dem Vorkommen von Polypeptidketten, die aus Triaden aufgebaut sind und durch Nebenvalenzen zusammengehalten werden. Die Zahl 6 kommt durch Kombinationen der übrigen Anordnungen zustande (s. Schema im Original). Aus dem leichten Zerfall der Nebenvalenzbindungen ist es zu verstehen, daß nach genügend großen p_H-Änderungen nur Molgewichte von 34500 erhalten werden. Diese Zahl wird nicht für eine Konstante gehalten; es wird vielmehr angenommen, daß bei einer bestimmten Länge die Polypeptidketten nicht mehr stabil sind. Die Grenze der Stabilität soll dem Wert 34500 entsprechen [4].

Die Temperatur des Einbringens von Proteinen in die Lösung zur Bestimmung des Molekulargewichtes mit der Ultrazentrifuge ist von entscheidender Bedeutung, da Molekülvergrößerung stattfinden kann [5].

Über den Einfluß der bei der Darstellung der Proteine angewandten Salzfällungen auf die Molgewichtsbestimmung nach Svedberg siehe bei den einzelnen und [6].

Zusammenfassendes über die Anwendung der Ultrazentrifuge [7].

Zum **kolloidchemischen Verhalten** der Eiweißkörper vgl. die zusammenfassenden Arbeiten[8]. Über kolloidchemische Betrachtungsweise von Proteinproblemen im Gegensatz zu molekularchemischer Auffassung [9].

Über die Kolloid-Kolloidreaktionen von Farbstoffsolen mit Eiweißkörpern[10]. — Beziehungen der Proteine zu Kolloiden und Elektrolyten [11].

Über die Beziehungen des kolloidchemischen Verhaltens der Eiweißkörper zum Donnangleichgewicht vgl. folgende Arbeiten [12]. (In diesen Arbeiten befinden sich äußerst zahlreiche Messungen kolloidchemischer Konstanten unter den verschiedensten Bedingungen.) Vgl. dazu Ostwalds Auffassung [13].

Beziehungen zwischen kolloiden und konstitutiven Änderungen der Proteine [14].

Über die Kompressionskurven dünner Eiweißfilme, ihre „Ausbreitungszahl" und die Ableitung der Molformen und Molgrößen daraus [15, 16].

---

[1] The Svedberg: Kolloid-Z. **51**, 10 (1930) — Chem. Zbl. **1930 II**, 3815.

[2] S. P. L. Sørensen: Kolloid-Z. **53**, 102 (1930) — Chem. Zbl. **1930 II**, 3423.

[3] P. Karrer: Collegium **1931**, 700 — Chem. Zbl. **1932 I**, 1543.

[4] W. T. Astbury u. H. J. Woods: Nature (Lond.) **127**, 663 (1931) — Chem. Zbl. **1931 II**, 252. — Vgl. auch J. B. Speakman u. M. C. Hirst: Nature (Lond.) **127**, 665 (1931) — Chem. Zbl. **1931 II**, 252.

[5] The Svedberg, L. M. Carpenter u. D. C. Carpenter: J. amer. chem. Soc. **52**, 701 (1930) — Chem. Zbl. **1930 I**, 2570.

[6] The Svedberg: Nature (Lond.) **128**, 999 (1931) — Chem. Zbl. **1932 I**, 1381.

[7] J. B. Nichols: Physical. Rev. **37**, 1714 (1931) — Chem. Zbl. **1932 I**, 2147.

[8] J. Loeb: Trans. Faraday Soc. **16**, 153 (1921) — Chem. Zbl. **1922 III**, 382 — Naturwiss. **11**, 213 (1923) — Chem. Zbl. **1923 III**, 391 — Science **56**, 731 (1922) — Chem. Zbl. **1923 III**, 562. — W. Pauli: Kolloid-Z. **31**, 252 (1922) — Chem. Zbl. **1923 I**, 1628. — M. H. Fischer, G. D. Mac Laughlin u. M. O. Hooker: Kolloidchem. Beih. **15**, 1; **16**, 99 (1923) — Chem. Zbl. **1923 III**, 646. — W. Pauli: Klin. Wschr. **8**, 673 (1929) — Chem. Zbl. **1929 I**, 2515.

[9] Wo. Ostwald: Kolloid-Z. **49**, 188 (1929) — Chem. Zbl. **1930 II**, 210.

[10] W. Pauli u. E. Weiß: Biochem. Z. **203**, 103 (1928) — Chem. Zbl. **1929 I**, 2735. — W. Pauli: Trans. Faraday Soc. **26**, 723 (1930) — Chem. Zbl. **1931 I**, 2028.

[11] W. Pauli: Naturwiss. **20**, 28 (1932) — Chem. Zbl. **1932 I**, 1207.

[12] J. Loeb: Die Eiweißkörper und die Theorie der kolloidalen Erscheinungen. Berlin 1924 — J. gen. Physiol. **3**, 667, 691 (1921) — Chem. Zbl. **1921 III**, 1166 — J. gen. Physiol. **3**, 827 (1921) — Chem. Zbl. **1921 III**, 1167 — J. gen. Physiol. **4**, 73 (1921) — Chem. Zbl. **1922 I**, 575 — J. gen. Physiol. **4**, 351 (1921) — Chem. Zbl. **1922 I**, 756 — J. gen. Physiol. **4**, 463 (1922) — Chem. Zbl. **1922 I**, 1389. — J. Loeb u. M. Kunitz: J. gen. Physiol. **5**, 665, 693 (1923) — Chem. Zbl. **1923 III**, 1492. — M. Kunitz: J. gen. Physiol. **6**, 547 (1924) — Chem. Zbl. **1924 II**, 848. — D. J. Hitchcock: Erg. Physiol. **23 I**, 274 (1924) — Chem. Zbl. **1925 II**, 1510. — J. H. Northrop u. M. Kunitz: J. gen. Physiol **7**, 25 (1924) — Chem. Zbl. **1924 II**, 2758. — J. Frisch, W. Pauli u. E. Valko: Biochem. Z. **164**, 401 (1925) — Chem. Zbl. **1926 I**, 1587. — W. Pauli u. H. Wit: Biochem. Z. **174**, 308 (1926) — Chem. Zbl. **1928 II**. 1752. — W. Pauli: Kolloidchemie der Eiweißkörper. Dresden u. Leipzig 1920. — G. S. Adair: Proy. roc. Soc. Lond. A. **120**, 573 (1928) — Chem. Zbl. **1928 II**, 2715.

[13] Wo. Ostwald: Naturwiss. **11**, 523 (1923).

[14] W. Pauli u. R. Weiss: Biochem. Z. **233**, 381 (1931) — Chem. Zbl. **1931 II**, 2707.

[15] E. Gorter u. F. Grendel: Trans. Faraday Soc. **22**, 477 (1926) — Chem. Zbl. **1927 I**, 1800 — Koninkl. Akad. Wetensch. Amsterdam, Proc. **32**, 770 (1929) — Chem. Zbl. **1929 II**, 3148.

[16] F. Hěrcik: Kolloid-Z. **56**, 1 (1931) — Chem. Zbl. **1931 II**, 2709.

Die Adsorption von Proteinen an Tonerde ist mit einer Spaltung der Eiweißkörper verbunden, nur Caseinogen wird normal adsorbiert[1].

Die Adsorption von Proteinen an Kollodiummembranen gehorcht dem Langmuirschen Gesetz, sie ist im isoelektrischen Punkt am größten[2].

Über die Adsorption verschiedener organischer Stoffe: die Adsorption von Phenolrot an Proteine gehorcht der Adsorptionsisotherme und zeigt ihr Maximum im isoelektrischen Punkt[3]. — Über die Adsorption (nicht immer kommt ausschließlich Adsorption in Frage) von Phenolen, Aminen und Chinonen in ihrer Beziehung zur Desinfektionswirkung[4]. Über die Adsorption von antiseptischen Farbstoffen an Proteine und kolloidchemische Theorien der Antisepsis[5].

Die Löslichkeit reiner Eiweißkörper beim isoelektrischen Punkt setzt sich zusammen aus der Konzentration undissoziierter Proteinmoleküle und der Proteinionen, sie ist für jedes Protein charakteristisch[6]. Beziehungen der Löslichkeit zum Basenbindungsvermögen[7].

Die Proteinlöslichkeit in Salzen ist mit Peptisierung gleichzustellen. (Aufstellung lyotroper Reihen für die Weizenmehlproteine.) p_H soll ohne Einfluß sein. (Über die Natur der Hofmeisterschen Anionenreihe vergleiche auch[8].) Hydrolyse findet bei dieser Peptisierung nicht statt[9]. — Über die Theorien der Peptisation und die Bodenkörperregel vgl.[10, 11, 12]. — Die Hydratation soll von der Eiweißionisation unabhängig sein[13]. Vgl. dazu Anm.[5], S. 13.

Über „nichtlösenden Raum" und „Hydratationsraum" und Bindung von Nichtelektrolyten[14].

Durch konzentrierte wässerige Lösungen von leicht löslichen und stark hydratisierten Salzen konnte v. Weimarn kolloide Lösungen von Proteinen erhalten. Die Dispersionsfähigkeiten ordnen sich in folgenden Reihen an:

$$LiSCN > LiJ > LiBr > LiCl; \quad NaSCN > NaJ; \quad Ca(SCN)_2 > CaJ_2 > CaBr_2 > CaCl_2{}^{15, 16}.$$

Dispergierung von Proteinen in flüssigem Ammoniak und Verhalten dieser Lösungen[17].

In dünner Schicht getrocknete Eiweißkörper lösen sich leichter wieder auf als in dichter Masse getrocknete[18]. (Abhängigkeit der Reaktionsfähigkeit von der Korngröße.) Bei der Wiederauflösung im Wasser laden sich die Proteinteilchen mit den Ionen des Wassers positiv oder negativ zu „Enhydronen" auf. Setzt man während der Enhydronisierung steigende Mengen Alkali zu, so bilden sich zunächst Alkalienhydronen, die bei weiterer Zugabe von Alkali durch

[1] M. A. Rakusin: Ber. dtsch. chem. Ges. **56**, 1385 (1923) — Chem. Zbl. **1923 III**, 400.

[2] D. J. Hitchcock: J. gen. Physiol. **8**, 61 (1925) — Chem. Zbl. **1926 I**, 329 — J. gen. Physiol. **10**, 179 (1926) — Chem. Zbl. **1926 II**, 2965.

[3] A. Grollmann: J. of biol. Chem. **64**, 141 (1925) — Chem. Zbl. **1925 II**, 2251.

[4] E. A. Cooper u. E. Sanders: J. physic. Chem. **31**, 1 (1927) — Chem. Zbl. **1927 I**, 2174. — E. A. Cooper u. S. D. Nicholas: J. Soc. Chem. Ind. **46**, 59 (1927) — Chem. Zbl. **1927 I**, 2203 — Biochem. J. **22**, 317 (1928) — Chem. Zbl. **1928 II**, 256. — E. A. Cooper u. J. Mason: J. physic. Chem. **32**, 868 (1928) — Chem. Zbl. **1928 II**, 1990.

[5] A. D. Hirschfelder, H. N. Wright: J. of Pharmacol. **38**, 411, 433 (1930) — Chem. Zbl **1930 II**, 2546.

[6] E. J. Cohn: J. gen. Physiol. **4**, 697 (1922) — Chem. Zbl. **1923 I**, 97.

[7] E. J. Cohn u. J. L. Hendry: J. gen. Physiol. **5**, 521 (1923) — Chem. Zbl. **1923 III**, 1491.

[8] W. Dorfman u. D. Ščerbačěwa: Kolloid-Z. **52**, 289 (1930) — Chem. Zbl. **1930 II**, 3520.

[9] R. A. Gortner, W. F. Hoffman u. W. B. Sinclair: Kolloid-Z. **44**, 97 (1928) — Chem. Zbl. **1928 I**, 1632 — Colloid Symposium Monogr. **5**, 179 (1927) — Chem. Zbl. **1928 II**, 333.

[10] W. Ostwald: Kolloid-Z. **41**, 163 (1927) — Chem. Zbl. **1927 I**, 2044.

[11] A. v. Buzágh: Kolloid-Z. **41**, 169 (1927) — Chem. Zbl. **1927 I**, 2044.

[12] S. P. L. Sørensen u. J. Sládek: Kolloid-Z. **49**, 16 (1929) — Chem. Zbl. **1930 I**, 655 — C. r. du Lab. Carlsberg **17**, Nr 14, 1 (1929) — Chem. Zbl. **1930 I**, 1443. — A. v. Buzágh: Kolloid-Z. **49**, 185 (1929) — Chem. Zbl. **1930 II**, 210. — Wo. Ostwald: Kolloid-Z. **49**, 188 (1929) — Chem. Zbl. **1930 II**, 210. — Wo. Ostwald u. W. Rödiger: Kolloid-Z. **49**, 314 (1929) — Chem. Zbl. **1930 II**, 211 — Kolloid-Z. **49**, 412 (1929) — Chem. Zbl. **1929 II**, 3253.

[13] H. H. Weber u. D. Nachmannsohn: Biochem. Z. **204**, 215 (1929) — Chem. Zbl. **1929 I**, 2786.

[14] H. H. Weber u. H. Versmold: Biochem. Z. **234**, 62 (1931).

[15] P. P. v. Weimarn u. S. Utzino: Kolloid-Z. **40**, 120 (1926) — Chem. Zbl. **1927 I**, 249. — P. P. v. Weimarn: Kolloid-Z. **42**, 134 (1927) — Chem. Zbl. **1927 II**, 2651.

[16] W. Pauli u. R. Weiss: Biochem. Z. **233**, 381 (1931) — Chem. Zbl. **1931 II**, 2707.

[17] J. Taft: J. physic. Chem. **34**, 2792 (1930) — Chem. Zbl. **1931 II**, 972. — E. W. McChesney u. C. O. Miller: J. amer. chem. Soc. **53**, 3888 (1931) — Chem. Zbl. **1931 II**, 3006.

[18] E. Herzfeld u. R. Klinger: Biochem. Z. **78**, 34 (1916) — Chem. Zbl. **1917 I**, 514.

Verdrängung des Adsorptionswassers in „Ekhydronen" übergehen. Der Übergang ist kontinuierlich (analog für Säuren)[1].

Die Löslichkeit der Proteine in wasserfreien niederen Fettsäuren nimmt mit steigendem Molgewicht der Fettsäuren ab. Doch lösen Fettsäuren, die an und für sich kein Lösungsvermögen für Proteine aufweisen, nach Zusatz von Glykokoll, Alanin, Phenol oder Anilin (siehe hier auch über eine auf die Löslichkeit in Fettsäuren gegründete Einteilung der Proteine)[2].

Eiweißkörper sind löslich in Phenolen. In homologen Reihen sinkt die Löslichkeit mit steigender C-Zahl. Bei Einführung von Cl-, CH_3- und $COOCH_3$-Gruppen in Phenole fällt die Löslichkeit ebenfalls. — $COOC_5H_{11}$, — $COOC_6H_5$, — NO_2 und OCH_3 heben sie auf. α-Naphthol und Benzylalkohol lösen nicht. Benzaldehyd löst eine Reihe von Proteinen[3].

Die Lösung von Proteinen in Phenol wirkt bei langer Dauer und höherer Temperatur verändernd: Bildung von Diketopiperazinen, Abspaltung von Ammoniak und Schwefelwasserstoff (aus Wolle)[4]. Vergleiche auch die Arbeiten von Herzog zur Molgewichtsbestimmung. Löslichkeit in konzentrierten wässerigen Lösungen von Polyphenolen[5].

Über die Stabilität von festen Proteinteilchen und Eiweißsolen[6, 7].

Gegenseitige Löslichkeitsbeeinflussung der Eiweißkörper[8].

Neuere Anschauungen über das Verhalten von hochpolymeren Substanzen in Lösung vergleiche auch[9].

Die Hitzegerinnung der Eiweißkörper zerfällt in zwei Teile: 1. Denaturierung, die als chemischer Vorgang aufzufassen ist, und 2. Gerinnung, die kolloidchemischer Natur ist[10].

Die Denaturierung besteht wahrscheinlich in einer milden Hydrolyse, die aber nur sehr gering sein kann[11]. Auf Hydrolyse deutet auch die H_2S-Entwicklung hin[12]. Diese H_2S-Entwicklung erfolgt aber nur bei Hitze- und Säurekoagulation. Die Denaturierung muß eine Hydrolyse sein, wenn auch keine Peptidbindungen gelöst werden. (Über die Bildung der Sulfhydrylgruppe bei der Denaturierung[13, 14]). Auch Bergmann nimmt Strukturänderung bei der Denaturierung an[15]. — Vgl. dazu auch die Arbeiten Paulis über kolloide und konstitutive Änderungen der Proteine[16].

Die Geschwindigkeit der Denaturierung ist für die einzelnen Proteine charakteristisch, sie nimmt mit steigender Wasserstoffionenkonzentration zu. Die Denaturierung besteht in der Hydrolyse labiler Bindungen, Abspaltung von H_2S oder NH_3 soll unwesentlich sein[17]. Peptidbindungen werden nicht angegriffen, sondern nach Ansicht von Lewis Äthylenoxydgruppen[18]. Vgl. dazu auch[19].

Kinetik der Denaturierung[20].

Nach neueren Untersuchungen wird eine Hydrolyse bei der Denaturierung für unwahr-

[1] A. Fodor: Kolloid-Z. **30**, 313 (1922) — Chem. Zbl. **1923 I**, 1127 — Kolloid-Z. **32**, 103 (1923) — Chem. Zbl. **1923 III**, 936.

[2] J. Loiseleur: C. r. Acad. Sci. Paris **191**. 1391 (1930) — Chem. Zbl. **1931 I**, 1458.

[3] E. A. Cooper u. S. D. Nicholas: Biochem. J. **19**, 533 (1925) — Chem. Zbl. **1926 I**, 410.

[4] R. O. Herzog u. E. Krahn: Hoppe-Seylers Z. **134**, 29 (1924) — Chem. Zbl. **1924 II**, 50. — R. O. Herzog u. M. Kobel: Hoppe-Seylers Z. **134**, 296 (1924) — Chem. Zbl. **1924 II**, 50.

[5] P. P. v. Weimarn: Kolloid-Z. **42**, 134 (1927) — Chem. Zbl. **1927 II**, 2651.

[6] J. Loeb: J. gen. Physiol. **5**, 479 (1922) — Chem. Zbl. **1923 I**, 1628.

[7] H. R. Krujt u. H. G. Bungenberg de Jong: Kolloidchem. Beih. **28**, 1 (1928) — Chem. Zbl. **1929 I**, 2148.

[8] G. Ettisch, W. Ewig u. H. Sachse: Biochem. J. **203**, 147 (1928) — Chem. Zbl. **1929 I**, 2193.

[9] H. Mark: Kolloid-Z. **53**, 32 (1930) — Chem. Zbl. **1930 II**, 3387.

[10] H. Lüers u. M. Landauer: Z. angew. Chem. **35**, 469 (1922) — Chem. Zbl. **1922 III**, 1351.

[11] M. Hirsch-Pogany: Biochem. Z. **128**, 396 (1921) — Chem. Zbl. **1922 III**, 55.

[12] W. W. Lepeschkin: Kolloid-Z. **31**, 342 (1922) — Chem. Zbl. **1923 I**, 1593.

[13] L. J. Harris: Proc. roy. Soc. Lond. B. **94**, 426 (1923) — Chem. Zbl. **1923 III**, 69.

[14] E. Walker: Biochem. J. **19**, 1082 (1925) — Chem. Zbl. **1926 I**, 2817.

[15] M. Bergmann: Collegium **1926**, 488 — Chem. Zbl. **1927 II**, 905.

[16] W. Pauli u. R. Weiß: Biochem. Z. **233**, 381 (1931) — Chem. Zbl. **1931 II**, 2707.

[17] H. Wu u. D. Yen: Proc. Soc. exper. Biol. a. Med. **21**, 573 (1924) — Chem. Zbl. **1925 I**, 1611 — J. of Biochem. 4, 345 (1924) — Chem. Zbl. **1925 II**, 1362 — J. of biol. Chem. **64**, 369 (1925) — Chem. Zbl. **1925 II**, 2059.

[18] W. C. M. Lewis: Hoppe-Seylers Z. **130**, 345 (1927) — Chem. Zbl. **1928 I**, 1674.

[19] W. C. M. Lewis: Chem. Rev. 8, 81 (1931) — Chem. Zbl. **1931 I**, 3130.

[20] P. S. Lewis: Biochem. J. **20**, 965, 978, 984 (1926) — Chem. Zbl. **1927 I**, 1959.

scheinlich gehalten[1]. Die Hitzedenaturierung wird vielmehr als Dehydratation angesehen, die vielleicht unter Ringschluß verläuft[2].

Die Denaturierung durch Alkohol ist der durch Hitze sehr ähnlich[3]. Die Wirkung des Alkohols besteht zunächst in der Entziehung von Hydratwasser, wodurch dann sekundäre Veränderungen entstehen. — Die Reversibilität der Hitze- und Alkoholfällungen spricht gegen Hydrolyse bei der Denaturierung[1,4].

Pauli sieht als erste Stufe der Hitze- bzw. Alkoholkoagulation der Proteine den Übergang von Zwitterionen in die Neutralform an[5]. Vgl. dazu auch [6].

Die geringste zur Verhinderung der Hitzekoagulation nötige Laugenmenge soll den endständigen COOH-Gruppen entsprechen, für Säuren bzw. Aminogruppen besteht eine solche Gesetzmäßigkeit nicht[7].

Über die Hitzegerinnung acetatgepufferter Eiweißlösungen in Gegenwart verschiedener niederer Alkohole[8].

Die mechanische Koagulation läßt sich nicht in Denaturierung und Agglutination trennen wie die Hitze- oder Alkoholdenaturierung[9,10]. Die Koagulation der Proteine ist nach Wu nicht als Denaturierung mit nachfolgender Flockung aufzufassen. Die Wirkung der Denaturierung kann als Zunahme des Säure- und Basen-Bindungsvermögens aufgefaßt werden, während die Koagulation auf eine Abnahme des Bindungsvermögens und wahrscheinlich noch auf andere Ursachen zurückgeführt werden kann[11].

Über das Freiwerden von Nichtproteinstoffen bei der Denaturierung und Koagulation von Proteinen[12].

Über die Reversibilität der Hitzekoagulate durch Salzlösungen[13]. Vgl. auch über die Löslichkeit der Eiweißkörper.

Über die Gültigkeit der Phasenregel bei Lösung und Koagulation von Eiweiß[14].

Einfluß der Proteinkonzentration auf die Flockung durch Neutralsalze[15].

Beeinflussung der Flockung von Eiweißkörpern durch anorganische Salze: anorganische Anionen wirken teils in fällendem, teils in flockungshemmendem Sinne[16]. — So findet z. B. bei Zusatz von Alkalisalzen zu Albuminlösungen reversible Flockung statt. Bei Gegenwart von Salzsäure wird die Fällung irreversibel, da Denaturierung (= Hydrolyse?) eintritt. Anders liegen die Verhältnisse bei Erdalkali- und Schwermetallsalzen; bei letzteren bilden sich zunächst hydrophobe, dann wieder hydrophile Verbindungen, die emulsoide Lösungen herbeiführen können[17].

Flockung durch verschiedene Metaphosphate[18].

Für die Fällung mit Schwermetallsalzen ist die Wasserstoffionenkonzentration maßgebend[19].

Über die Flockung durch dreiwertige Metalle in Form ihrer Alaune[20].

Über den Salzgehalt der Eiweißkoagulate, die mit Salzen erhalten sind[21].

[1] M. Spiegel-Adolf: Naturwiss. **15**, 799 (1927) — Chem. Zbl. **1927 II**, 2316.

[2] M. Spiegel-Adolf: Biochem. Z. **213**, 475 (1929) — Chem. Zbl. **1929 II**, 3150.

[3] H. Wu: Chin. J. Physiol. **1**, 81 (1927) — Chem. Zbl. **1927 II**, 1151.

[4] M. Spiegel-Adolf: Biochem. Z. **204**, 1 (1929) — Chem. Zbl. **1929 I**, 2786.

[5] W. Pauli: Kolloid-Z. **51**, 27 (1930) — Chem. Zbl. **1930 II**, 3787.

[6] W. Pauli u, R. Weiss: Biochem. Z. **233**, 381 (1931) — Chem. Zbl. **1931 II**, 2707.

[7] L. Nasch: Biochem. Z. **237**, 344 (1931).

[8] T. Teorell: Biochem. Z. **229**, 1 (1930) — Chem. Zbl. **1931 I**, 1581.

[9] H. Wu u. S. M. Ling: Chin. J. Physiol. **1**, 407 (1927) — Chem. Zbl. **1928 I**, 1674.

[10] E. Herzfeld u. R. Klinger: Biochem. Z. **78**, 34 (1916) — Chem. Zbl. **1917 I**, 514.

[11] H. Wu: Chin. J. Physiol. **3**, 1 (1929) — Chem. Zbl. **1930 II**, 928. — H. Wu u. T. T. Chen: Chin. J. Physiol. **3**, 7 (1929) — Chem. Zbl. **1930 II**, 929.

[12] H. Wu u. T.-T. Chen: Chin. J. Physiol. **3**, 75 (1929) — Chem. Zbl. **1930 II**, 929.

[13] R. Willheim: Biochem. Z. **180**, 231 (1927) — Chem. Zbl. **1927 I**, 1559 — Kolloid-Z. **48**, 217 (1929) — Chem. Zbl. **1930 I**, 23. — M. Spiegel-Adolf: siehe S. 10, Anm. [1,4].

[14] S. P. L. Sørensen: J. amer. chem. Soc. **47**, 457 (1925) — Chem. Zbl. **1925 I**, 1741.

[15] C. Artom: Arch. di Sci. Biol. **14**, 391 (1930) — Chem. Zbl. **1931 I**, 1458.

[16] R. Labes: Pflügers Arch. **186**, 112 (1920) — Chem. Zbl. **1921 I**, 742.

[17] W. W. Lepeschkin: Kolloid-Z. **32**, 44 (1922) — Chem. Zbl. **1923 I**, 1594.

[18] D. Balarew: Z. anal. Chem. **73**, 411 (1928) — Chem. Zbl. **1928 II**, 276.

[19] K. Kodama: J. of Biochem. **2**, 502 (1923) — Chem. Zbl. **1924 I**, 1545 — Ber. ges. Physiol. **21**, 175.

[20] H. Wunschendorff: Bull. Soc. Chim. biol. Paris **8**, 184 (1926) — Chem. Zbl. **1926 I**, 3402.

[21] W. W. Lepeschkin: Kolloid-Z. **32**, 168 (1923) — Chem. Zbl. **1924 II**, 921.

Zusammenfassende Bemerkungen über die bekannten Eiweißfällungsmittel[1].

Über Flockungsreaktionen durch eine Reihe organischer Lösungsmittel mit und ohne Elektrolytzusatz[2], durch Essigester[3], durch Phenole[4]. Bei der Fällung durch Phenol entspricht die Verteilung des Phenols zwischen Wasser und dem Protein im Emulsoidzustand dem Verteilungsgesetz[5]. — Über die Wirkungsweise der Phenole und die Erklärung ihrer bactericiden Kraft[6]. — Einwirkung von Chinonen. (In allen diesen Arbeiten Erörterungen über Desinfektionswirkungen)[7].

Flockungen durch organische Säuren[8].

Die Wirkung der verschiedenen Ionen auf die physikalischen Eigenschaften der Proteine ist eine Funktion ihrer Wertigkeit und ihres Ladungsvorzeichens. Die Aufstellung der Hofmeisterschen Reihen beruht auf einem Versuchsfehler, da die Wasserstoffionenkonzentration nicht berücksichtigt wurde[9]. (Diese Feststellungen gelten auch für die Quellung der Eiweißkörper[10].)

Lösungen von Proteinen, die am isoelektrischen Punkt gelöst bleiben, zeigen hier die minimale Oberflächenspannung. Der Anstieg zu beiden Seiten des isoelektrischen Punktes beruht auf Dissoziation des Proteinsalzes. Proteine erniedrigen die Oberflächenspannung also am meisten, wenn sie als undissoziierte Moleküle in Lösung sind[11].

Beeinflussung der Oberflächenspannung von Eiweiß durch Zusatz von Phenol und durch Alterung[12].

Der osmotische Druck[13] von Eiweißlösungen ist von der Wasserstoffionenkonzentration abhängig, er steigt mit fallendem p_H bis zu einem Maximum und fällt dann rasch ab[14]. — Entsprechend dem Daltonschen Gesetz setzt sich der osmotische Druck von Eiweißlösungen zusammen aus dem osmotischen Druck des Eiweißes im isoelektrischen Punkt und dem osmotischen Druck überschüssiger diffusibler Ionen[15]. — Zur thermodynamischen Analyse der osmotischen Drucke von Proteinsalzen[16].

Für die Viscosität von Eiweißlösungen sind die freien Ionen und die Moleküle der Eiweißstoffe, andererseits die submikroskopisch festen Teilchen maßgebend[17].

Über den Einfluß der Wasserstoffionenkonzentration auf die Viscosität von Eiweißlösungen und Suspensionen[18], sowie über den Einfluß von Säuren auf die Viscosität von verschiedenen Eiweißarten[19]. Über die Beziehungen von osmotischem Druck und Viscosität[20].

Verhalten gegen Säuren und Basen: Überblick[21]. Bezüglich der Menge der gebundenen Säuren besteht eine deutliche Abhängigkeit von den freien Aminogruppen, bezüglich der

[1] H. Hiller u. D. D. van Slyke: J. of biol. Chem. **53**, 253 (1922) — Chem. Zbl. **1922 IV**, 822.

[2] W. W. Lepeschkin: Kolloid-Z. **32**, 100 (1922) — Chem. Zbl. **1923 I**, 1594.

[3] A. Marie: Ann. Inst. Pasteur **34**, 159 (1920) — Chem. Zbl. **1920 IV**, 3 — Bull. Sci. Pharmac. **27**, 135 (1920) — Chem. Zbl. **1920 IV**, 315.

[4] E. A. Cooper u. D. L. Woodhouse: Biochem. J. **17**, 600 (1923) — Chem. Zbl. **1923 III**, 1625.

[5] E. A. Cooper u. E. Sanders: J. physic. Chem. **31**, 1 (1927) — Chem. Zbl. **1927 I**, 2174.

[6] E. A. Cooper u. R. B. Haines: Biochemic. J. **23**, 4 (1930) — Chem. Zbl. **1930 I**, 2105.

[7] E. A. Cooper u. S. D. Nicholas: J. Soc. chem. Ind. **46**, T. 59 (1927) — Chem. Zbl. **1927 I**, 2203. — E. A. Cooper u. R. B. Haines: Biochemic. J. **22**, 317 (1928) — Chem. Zbl. **1928 II**, 256.

[8] N. Isgaryschew u. M. Bogomolowa: Kolloid-Z. **38**, 238 (1926) — Chem. Zbl. **1926 I**, 3306. — J. Russ. Phys.-Chem. Ges. **58**, 156 (1926) — Chem. Zbl. **1926, II**, 2280.

[9] J. Loeb: J. gen. Physiol. **3**, 85 (1920) — Chem. Zbl. **1921 I**, 251—3, 391 (1920) — Chem. Zbl. **1921 I**, 629 — Naturwiss. **11**, 525 (1923). — J. Loeb u. M. Kunitz: J. gen. Physiol. **5**, 665, 693 (1923) — Chem. Zbl. **1923 III**, 1492 — J. gen. Physiol. **6**, 547 (1924) — Chem. Zbl. **1924 II**, 848.

[10] J. Loeb: J. gen. Physiol. **3**, 247 (1920) — Chem. Zbl. **1921 I**, 371 .

[11] F. Bottazzi: Arch. di Sci. biol. **10**, 456 (1927) — Chem. Zbl. **1928 II**, 1988. — L. de Caro u. M. Laporta: Rend. Accad. Sci. Fisiche, mat. Napoli 4a **35**, 171 (1929) — Chem. Zbl. **1929 II**, 3114.

[12] L. Berczeller: Biochem. Z. **66**, 191 (1914) — Chem. Zbl. **1915 I**, 264.

[13] J. A. Christiansen: C. r. Lab. Carlsberg **17**, Nr 6, 1 (1928) — Chem. Zbl. **1928 II**, 1310.

[14] J. Loeb: J. gen. Physiol. **3**, 691 (1921) — Chem. Zbl. **1921 III**, 1166.

[15] G. S. Adair: XII. Intern. Physiol.-Kongr. Stockh. 3.—6. VIII. 2—4 (1926) — Ber. ges. Physiol. **38**, 334 — Chem. Zbl. **1927 I**, 1801.

[16] G. S. Adair: Proc. roy. Soc. Lond. A **126**, 16 (1929) — Chem. Zbl. **1930 II**, 1509.

[17] J. Loeb: J. gen. Physiol. **4**, 73 (1921) — Chem. Zbl. **1922 I**, 575 — 4, 769 (1922) — Chem. Zbl. **1923 I**, 100.

[18] J. Loeb: J. gen. Physiol. **3**, 827 (1921) — Chem. Zbl. **1921 III**, 1167.

[19] J. Loeb u. M. Kunitz: J. gen. Physiol. **6**, 479 (1924) — Chem. Zbl. **1924 II**, 666.

[20] J. Loeb: J. gen. Physiol. **4**, 97 (1921) — Chem. Zbl. **1922 I**, 576.

[21] W. Pauli: Kolloid-Z. **40**, 185 (1926) — Chem. Zbl. **1927 I**, 572.

Basenbindung läßt sich eine Abhängigkeit von der Anzahl der Dicarbonsäuren nicht feststellen [1]. Doch finden sich auch entgegengesetzte Ansichten bezüglich des Basenbindungsvermögens [2]. Auch von anderen wird die Fähigkeit der Eiweißstoffe, Säuren und Basen zu binden, dem Vorhandensein freier NH_2- und COOH-Gruppen zugeschrieben, kolloidchemische Adsorption abgelehnt [3]. Die Bindungsfähigkeit der Proteine für saure Farbstoffe ist ebenfalls keine Adsorption, die gebundenen Mengen entsprechen den freien Aminogruppen des Lysins, Histidins und Arginins, die im Eiweiß enthalten sind [4]. Gortner erklärt sich für verschiedene Bindungsmöglichkeiten [5]. Die Bindung von basischen Farbstoffen soll ebenfalls in stöchiometrischen Verhältnissen stattfinden. Für das Basenbindungsvermögen wird hier wiederum der Gehalt an Aminodicarbonsäuren zugrunde gelegt [6]. Wahrscheinlich kommen beide Bindungsarten in Betracht: Zwischen $p_H = 2,5 - 10,5$ findet chemische Bindung, außerhalb dieser Grenzen auch Adsorption statt — bei gleicher Normalität werden äquivalente Säuremengen gebunden, bei gleichem p_H z. B. mehr Phosphorsäure als Salzsäure [7]. Auch Säureamidgruppen sollen die Säure- und Basenbindung vermitteln [8]. — Auch unlösliches Eiweiß bindet H-Ionen, deren Menge mit der Konzentration der einwirkenden Säure bis zu einem Maximum zunimmt [9]. — Die Kurven des molaren Bindungsvermögens verschiedener Eiweißkörper für Säure scheinen charakteristisch zu sein [10, 11]. — Kurven für das Alkalibindungsvermögen [12, 11]. — Über die zu diesen Titrationen zweckmäßigen Indicatoren [13].

Bestimmung der Verbindungsgewichte aus dem Bindungsvermögen [14].

Beeinflussung des Bindungsvermögen durch Salze [15]. —

Bei der thermochemischen Untersuchung der Bindungswärmen von HCl, KCl, $CaCl_2$ und $AgNO_3$ findet man kleine Werte, die eher für einen adsorptiven als einen chemischen Charakter der Bindung sprechen. Die Bindungswärmen von Eisenchlorid, Aluminiumchlorid und Zinkchlorid sind negativ, da die Bindung unter gleichzeitiger Hydrolyse des Salzes vor sich geht [16].

Über die Änderung des Säure- und Basenbindungsvermögens während der Hydrolyse [17].

Die Proteinsalze sind stark ionisierte Verbindungen [18]. (Chloride z. B. wie NH_4Cl) [19]. Die Salze spalten sich hydrolytisch normal [20]. (Über die Natur der ionisierbaren Gruppen im Eiweiß [21]. — Zur Kenntnis der Proteinsalze verschiedener Säuren [22].

Elektrochemisches Verhalten: Methoden zur Messung der Dilelektrizitätskonstanten von Proteinlösungen [23].

[1] R. S. Bracewell: J. amer. chem. Soc. **41**, 1511 (1919) .— Chem. Zbl. **1920 I**, 388.

[2] W. M. Greenberg u. C. L. A. Schmidt: Proc. Soc. exper. Biol. a. Med. **21**, 281 (1924) — Chem. Zbl. **1924 II**, 1926 — Ber. ges. Physiol. **26**, 167.)

[3] J. M. Kolthoff: Chem. Weekblad **22**, 489 (1925) — Chem. Zbl. **1926 I**, 324.

[4] L. M. Chapman, D. M. Greenberg u. C. L. A. Schmidt: J. of biol. Chem. **72**, 707 (1927) — Chem. Zbl. **1927 II**, 706.

[5] R. A. Gortner: J. of biol. Chem. **74**, 409 (1927) — Chem. Zbl. **1928 II**, 776.

[6] L. M. Chapman-Rawlins u. C. L. A. Schmidt: J. of biol. Chem. **82**, 709 (1929) — Chem. Zbl. **1929 II**, 2467.

[7] R. A. Gortner u. W. E. Hoffman: Science **62**, 464 (1925) — Chem. Zbl. **1926 I**, 1124.

[8] T. B. Robertson: Austral. J. exper. Biol. a. Med. Sci. **1**, 31 (1924) — Chem. Zbl. **1925 I**, 93 — Ber. ges. Physiol. **27**, 31.

[9] F. Trendtel: Pflügers Arch. **203**, 480 (1924) — Chem. Zbl. **1924 II**, 667.

[10] P. Hirsch: Biochem. Z. **147**, 433 (1924) — Chem. Zbl. **1924 II**, 1964.

[11] L. Reiner: Kolloid-Z. **40**, 327 (1926) — Chem. Zbl. **1927 I**, 866.

[12] W. F. Hoffman u. R. A. Gortner: J. Physic. Chem. **29**, 769 (1925) — Chem. Zbl. **1925 II**, 1344.

[13] K. Felix u. H. Müller: Hoppe-Seylers Z. **171**, 4 (1927) — Chem. Zbl. **1928 I**, 233.

[14] L. J. Harris: Proc. roy. Soc. Lond. B. **97**, 364 (1925) — Chem. Zbl. **1925 II**, 224.

[15] S. P. L. Sørensen, K. Linderstrøm-Lang u. E. Lund: C. r. Lab. Carlsberg **16**, Nr 5, 1 (1926) — Chem. Zbl. **1926 II**, 2397.

[16] E. Heymann: Kolloid-Z. **50**, 97 (1930) — Chem. Zbl. **1930 I**, 2105.

[17] T. B. Robertson: Austral. J. exper. Biol. a. med. Sci. **1**, 31 (1924) — Chem. Zbl. **1925 I**, 93 — Ber. ges. Physiol. **27**, 31. — J. Weber: Hoppe-Seylers Z. **172**, 1 (1927) — Chem. Zbl. **1928 I**, 1532. — J. Tillmans u. P. Hirsch: Biochem. Z. **193**, 216 (1928) — Chem. Zbl. **1928 I**, 2723.

[18] K. Linderstrøm-Lang: C. r. Lab. Carlsberg **15**, 1 (1924) — Chem. Zbl. **1925 I**, 1213.

[19] D. J. Hitchcock: J. gen. Physiol. **5**, 383 (1923) — Chem. Zbl. **1923 III**, 627.

[20] W. Pauli u. P. Hirschfeld: Biochem. Z. **62**, 245 (1914) — Chem. Zbl. **1914 II**, 49.

[21] H. S. Simms: J. gen. Physiol. **11**, 629 (1928) — Chem. Zbl. **1928 II**, 1673.

[22] W. Pauli u. J. Safrin: Biochem. Z. **233**, 86 (1931) — Chem. Zbl. **1932 I**, 1102.

[23] J. Wyman jun.: Physical. Rev. **35**, 623 (1930) — Chem. Zbl. **1930 II**, 359.

Über Konstitution und elektrochemisches Verhalten der Proteine[1].

In ihrem thermodynamischen Verhalten[2] und auch in ihrer elektrischen Leitfähigkeit[3] ähneln die Proteinsalze ebenfalls den starken Elektrolyten.

Über den Einfluß von Neutralsalzen auf die elektrolytische Dissoziation des Säureeiweißes[4].

Über die Einordnung der Proteine auf Grund der Ladungen ihrer Ionen und über Beziehungen zwischen Ladung und Hydratation[5]. Vgl. dazu Anm. [13], S. 8.

Die Beweglichkeit der Proteinionen läßt sich wegen der starken hydrolytischen Spaltung nicht durch Ermittlung von $\lambda \infty$ berechnen. Dies ist nur für einige auch bei großen Verdünnungen beständige Metallproteinate zulässig (Methodik zur Bestimmung der Ionenbeweglichkeit)[6]. — Aus den Überführungszahlen geht ebenfalls ein salzartiges Verhalten der Proteine hervor. Die Alkalisalze z. B. sind als vollständig dissoziiert nach der Theorie von Bjerrum, Debye und Hückel anzusehen[7].

Über die Existenz von Zwitterionen[8].

Durch Elektrodialyse lassen sich die wasserlöslichen Eiweißkörper auf ein konstantes Leitfähigkeitsminimum bringen. An der Luft steigt durch CO_2-Aufnahme die Leitfähigkeit wieder an, die Änderung ist durch erneute Elektrodialyse reversibel[9]. (Über Elektrodialyse vgl. [10].)

Über die Änderung der Leitfähigkeit während der Hydrolyse[11].

Bei Proteinsalzen mit anorganischen Säuren oder Basen wird die Elektrizität nach beiden Richtungen transportiert, und zwar findet an der Anode die doppelte Abscheidung statt wie an der Kathode[12]. — Die Menge des abgeschiedenen Proteins ist proportional der durchgegangenen Elektrizitätsmenge und umgekehrt proportional der an das Protein gebundenen Säure- oder Alkalimenge[7].

Einheitliche Proteine wandern in der Nähe des isoelektrischen Punktes nicht nach beiden Richtungen. Die Änderung der Wanderungsgeschwindigkeiten neben dem isoelektrischen Punkt ist für jedes Protein charakteristisch, nahe dem isoelektrischen Punkt ist die Wanderungsgeschwindigkeit eine lineare Funktion des p_H. Proteingemische beeinflussen sich nur wenig[13].

Über den Wanderungssinn von Proteinen in Gegenwart von Neutralsalzen[14].

Die Erklärung der unregelmäßigen Kataphorese von Eiweiß-Methylenblauadsorbaten durch die Hydronentheorie[15].

Über den Aktivitätskoeffizienten des Proteinions[16].

---

[1] W. Pauli u. Mitarb.: Kolloid-Z. **53**, 51 (1930) — Chem. Zbl. **1931 I**, 3245.

[2] G. S. Adair: J. amer. chem. Soc. **51**, 696 (1929) — Chem. Zbl. **1929 I**, 2310.

[3] R. Gahl u. G. L. Greves: Univ. California Publ. Physiol. **5**, 289 (1926) — Chem. Zbl. **1927 I**, 2521 — Ber. ges. Physiol. **38**, 634.

[4] S. Matsumura u. J. Matula: Kolloid-Z. **32**, 37 (1922) — Chem. Zbl. **1923 I**, 1594.

[5] W. Pauli: Biochem. Z. **202**, 337 (1928) — Chem. Zbl. **1929 II**, 1415.

[6] W. Pauli: Biochem. Z. **127**, 150 (1921) — Chem. Zbl. **1922 I**, 1200.

[7] D. M. Greenberg: Trans. amer. electr.-chem. Soc. **54**, (1928) — Chem. Zbl. **1928 II**, 1861.

[8] W. Pauli: Kolloid-Z. **51**, 27 (1930) — Chem. Zbl. **1930 II**, 3787. — E. Goigner u. W. Pauli: Biochem. Z. **235**, 271 (1931). — L. Ebert: Z. physical. Chem. **121**, 385 (1926). — G. S. Adair, N. Corders u. T. C. Shen: J. of Physiol. **87**, 288 (1929). — H. H. Weber: Biochem. Z. **218**, 1 (1930). — L. Harris: Biochemic. J. **24**, 1080 (1930).

[9] M. Adolf u. W. Pauli: Biochem. Z. **152**, 360 (1924) — Chem. Zbl. **1925 I**, 530. — W. Pauli u. T. Stenzinger: Biochem. Z. **205**, 71 (1929) — Chem. Zbl. **1929 I**, 2542.

[10] H. Freundlich u. L. Farmer-Loeb: Biochem. Z. **150**, 522 (1924) — Chem. Zbl. **1925 I**, 1958. — L. Reiner: Kolloid-Z. **40**, 123 (1926) — Chem. Zbl. **1927 I**, 253. — C. Dhéré: Kolloid-Z. **41**, 243 (1927) — Chem. Zbl. **1927 I**, 3059. — W. Pauli: Biochem. Z. **187**, 403 (1927) — Chem. Zbl. **1927 II**, 1936. — J. Reitstötter u. G. Lasch: Biochem. Z. **165**, 90 (1925) — Chem. Zbl. **1926 I**, 1514. — B. Bradfield u. H. S. Bradfield: J. physical. Chem. **33**, 1724 (1929) — Chem. Zbl. **1930 I**, 1445.

[11] H. D. Baernstein: J. of biol. Chem. **78**, 481 (1928) — Chem. Zbl. **1929 I**, 543.

[12] A. R. C. Haas: J. physic. Chem. **22**, 520 (1918) — Chem. Zbl. **1921 III**, 1092.

[13] A. Tiselius: Nova Acta Reg. Soc. Scient. Upsaliensis **7**, Nr 4 (1930) — Chem. Zbl. **1931 I**, 3096.

[14] F. Ito u. W. Pauli: Biochem. Z. **213**, 95 (1929) — Chem. Zbl. **1930 I**, 80.

[15] A. Fodor: Kolloid-Z. **52**, 81 (1930) — Chem. Zbl. **1930 II**, 2111.

[16] G. S. Adair: Trans. Faraday Soc. **23**, 536 (1927) — Chem. Zbl. **1927 II**, 2045.

Der elektrische Widerstand von Protein-Wasser-Systemen steigt beim Abkühlen an[1].

Die Änderung der Membranpotentiale zwischen Eiweißsalzlösungen und eiweißfreien Lösungen wird durch Anionen in gleicher Weise wie der osmotische Druck beeinflußt, sie ist eine Funktion der Wertigkeit. — Das Protein hat eine positive Ladung, wenn es als Säuresalz, eine negative, wenn es als Metallsalz vorliegt; der Umschlag erfolgt beim isoelektrischen Punkt des Proteins. Die elektrische Ladung wird ausschließlich durch die Donnanschen Gesetze bestimmt[2,3]. (Außerdem finden sich noch Adsorptionspotentiale an der Oberfläche von Proteinen, die unabhängig von der Ionisation des Proteins sind[4]).

Die Aufladung isoelektrischer Proteine durch tri- und tetravalente Ionen beruht auf Bildung komplexer Proteinionen[5].

Salzeiweißverbindungen ($ZnCl_2$) elektrodialytisch gereinigter Proteine[6].

Kennzeichnung der Proteine durch die Ag-Aktivität ihrer Silbersalze[7].

Die kataphoretischen Potentiale ähneln in vieler Beziehung den Membranpotentialen (s. dort), sie unterscheiden sich aber bezüglich der Wirkung der tri- und tetravalenten Ionen im Vorzeichen der Proteinladung[8]. Vgl. auch[9].

Verhalten gegen Strahlungen, physikalischer Aufbau: Die Eiweißkörper sind lichtempfindlich[10]. — Bei der Ultraviolettbestrahlung ergeben sich in der Hauptsache kolloidchemische Veränderungen, die bei den einzelnen Eiweißkörpern verschieden sind. So erhöht sich z. B. bei Globulinen und Fibrinogenlösungen die Koagulationstemperatur, während sich bei Albuminen eine Erniedrigung ergibt. In vielen Fällen ergibt sich Steigerung der Viscosität[11]. — Über das Verhalten der Teilchenzahl in Eiweißlösungen bei der Behandlung mit Ultraviolett-, Röntgen- und Kathodenstrahlen[12]. — In einigen Fällen (Serumeiweiß) wird Koagulation durch die Bestrahlung herbeigeführt. Das Koagulum verhält sich anders als normales Hitzekoagulum[13]. — Die Koagulationsgeschwindigkeit wird stark von Elektrolytspuren und der Vorbehandlung des betreffenden Eiweißes beeinflußt[14]. Keimfreie Eiweißlösungen koagulieren durch ultraviolettes Licht schnell, infizierte zeigen Verzögerungen der Lichtkoagulationsgeschwindigkeit[15]. (Über sehr tiefgreifende Veränderungen durch ultraviolette Strahlen vgl.[16].) Während der Bestrahlung nehmen die Proteine Sauerstoff auf[17]. Sie entwickeln einen charakteristischen Geruch, färben sich gelblich und zeigen Abnahme der Gerinnungstemperatur[18]. Der Formol-N ändert sich nicht, jedoch tritt Erhöhung des Pufferungsgrades ein[19].

Bei Bestrahlung von Eiweißkörpern wird Acetaldehyd gebildet[20].

Tyrosin und Tryptophan im Eiweißverband werden durch Ultraviolettbestrahlung oxydativ zerstört[21].

[1] M. H. Fischer u. M. O. Hooker: Kolloid-Z. **35**, 138 (1924) — Chem. Zbl. **1924 II**, 2574 — Kolloidchem. Beih. **23**, 200 (1926) — Chem. Zbl. **1926 II**, 2281.

[2] J. Loeb: J. gen. Physiol. **3**, 667 (1921) — Chem. Zbl. **1921 III**, 1166 — J. gen. Physiol. **4**, 351 (1921) — Chem. Zbl. **1922 I**, 756.

[3] J. Loeb: J. gen. Physiol. **4**, 769 (1922) — Chem. Zbl. **1923 I**, 100.

[4] J. Loeb: J. gen. Physiol. **4**, 463 (1922) — Chem. Zbl. **1922 I**, 1389.

[5] J. Loeb: J. gen. Physiol. **4**, 741 (1922) — Chem. Zbl. **1923 I**, 100.

[6] W. Pauli u. M. Schön: Biochem. Z. **153**, 253 (1924) — Chem. Zbl. **1925 II**, 1985.

[7] E. Goigner u. W. Pauli: Biochem. Z. **235**, 271 (1931).

[8] J. Loeb: J. gen. Physiol. **5**, 109 (1922) — Chem. Zbl. **1923 I**, 275 — **5**, 395 (1923) — Chem. Zbl. **1923 III**, 803 — **5**, 505 (1923) — Chem. Zbl. **1923 I**, 1629 — **6**, 215 (1923) — Chem. Zbl. **1924 I**, 1009.

[9] The Svedberg u. E. R. Jette: J. amer. chem. Soc. **45**, 954 (1923) — Chem. Zbl. **1923 III**, 1168. — N. D. Scott u. The Svedberg: J. amer. chem. Soc. **46**, 2700 (1924) — Chem. Zbl. **1925 I**, 1958. — The Svedberg u. A. Tiselius: J. amer. chem. Soc. **48**, 2272 (1926) — Chem. Zbl. **1926 II**, 2616. — H. A. Abramson: J. amer. chem. Soc. **50**, 390 (1928) — Chem. Zbl. **1928 I**, 2064. — D. R. Briggs: J. amer. chem. Soc. **50**, 2358 (1928) — Chem. Zbl. **1928 II**, 2109.

[10] F. Schanz: Pflügers Arch. **169**, 82 (1917) — Chem. Zbl. **1918 I**, 273.

[11] R. Mond: Pflügers Arch. **196**, 540 (1922) — Chem. Zbl. **1923 I**, 559.

[12] B. Rajewski: Biochem. Z. **227**, 272 (1930) — Chem. Zbl. **1931 I**, 3091.

[13] M. Spiegel-Adolf: Biochem. Z. **186**, 181 (1927) — Chem. Zbl. **1927 II**, 1485.

[14] M. Spiegel-Adolf: Strahlenther. **29**, 367 (1928) — Chem. Zbl. **1929 I**, 2898.

[15] M. Spiegel-Adolf u. K. F. Pollaczek: Biochem. Z. **214**, 175 (1929) — Chem. Zbl. **1930 I**, 3415.

[16] M. Arthus: Arch. internat. Physiol. **30**, 244 (1928) — Chem. Zbl. **1929 I**, 1083.

[17] D. T. Harris: Biochem. J. **20**, 288 (1926) — Chem. Zbl. **1926 II**, 456.

[18] H. L. Stedman u. L. B. Mendel: Amer. J. Physiol. **77**, 199 (1926) — Chem. Zbl. **1926 II**, 865.

[19] E. Abderhalden u. R. Haas: Hoppe-Seylers Z. **155**, 200 (1926) — Chem. Zbl. **1926 II**, 1287.

[20] A. Hoffmeister: Hoppe-Seylers Z. **205**, 183 (1932).

[21] F. Lieben: Biochem. Z. **187**, 307 (1927) — Chem. Zbl. **1927 II**, 1952.

Über den Zerfall von Eiweißkörpern mit hohem und niedrigem Molgewicht durch verschiedene Strahlungen[1].

Erhöhung der Fluorescenz durch Bestrahlung[2].

Ähnliche Wirkungen werden auch durch Radiumstrahlungen verursacht. Die Koagulate gleichen den durch Belichtung erhaltenen[3]. Auch hier zeigt sich der Einfluß der Vorgeschichte und der Anwesenheit von Elektrolyten[4, 5]. Zwischen dem Wirkungsmechanismus von Röntgenstrahlen und von ultraviolettem Licht bestehen charakteristische Unterschiede[6].

Der Verlauf der Koagulation durch Röntgenstrahlung wird im Gegensatz zur Ultraviolettbestrahlung durch Temperaturerhöhung beschleunigt[7].

Die biologische Wirkung der Röntgen- und Corpuscularstrahlungen auf die lebendige Zelle soll in erster Linie in der Strahlendenaturierung des Eiweißes zu suchen sein. Es besteht Ähnlichkeit zwischen Strahlenschädigung und Temperaturschädigung. Auch an die Möglichkeit der Entstehung giftiger Substanzen durch die Strahlung wird gedacht[8].

Über die Absorptionswerte der Eiweißkörper im ultravioletten Licht vgl. [9].

Beim Aufbewahren von Eiweißlösungen in verdünnten Laugen bei verschiedenen Temperaturen ergeben sich verschiedene Änderungen der Absorptionsspektren der einzelnen Eiweißkörper, die auch nach der Neutralisation erhalten bleiben. Die Erhöhung der Absorptionsmaxima wird durch eine Enolisierung der Peptidbindungen erklärt[10].

Mit ultraviolettem Licht vorbestrahlte Proteine zeigen ein stärkeres Absorptionsvermögen für ultraviolette Strahlen[11]. — Bei radiumbestrahlten Eiweißkörpern ist diese Absorptionszunahme mehr gegen das kurzwellige Ende des Spektrums verschoben[12, 13, 14].

Mit Hilfe der Röntgenstrahlen konnte der feinkrystalline Aufbau verschiedener Proteine aus der Gruppe der Albuminoide und der Keratine (s. d.) festgestellt werden[15]. (Vgl. auch [16].) Auch K. H. Meyer entwickelt bestimmte räumliche Vorstellungen über den Aufbau von hochpolymeren Kohlenstoffverbindungen aus den Ergebnissen der Röntgenographie (vgl. namentlich unter Seide)[17]. — Bemerkenswert ist, daß Sørensen auf Grund chemischer Versuche zu ähnlichen Auffassungen kommt wie K. H. Meyer. Nach Sørensen sind die Proteine „reversibel dissoziable Komponentensysteme", deren Komponenten in sich durch Hauptvalenzen, untereinander durch Nebenvalenzen zusammengehalten werden. Die „Komponente" entspricht etwa dem Meyerschen Micell[18].

Hydrolyse: Die Hydrolyse von Eiweißstoffen mit schwachen Säuren und Alkalien gehorcht in den meisten Fällen der Regel von Schütz und Borissow

$$\frac{x}{\sqrt{t}} = \text{konst.}$$

[1] J. P. Mischtschenko: Strahlenther. **30**, 707 (1928) — Chem. Zbl. **1930 II**, 3787.

[2] P. Wels: Pflügers Arch. **219**, 738 (1928) — Chem. Zbl. **1928 II**, 1304.

[3] A. Fernau u. M. Spiegel-Adolf: Biochem. Z. **204**, 14, (1929) — Chem. Zbl. **1929 I**, 1367.

[4] M. Spiegel-Adolf: Strahlenther. **29**, 367 (1928) Chem. Zbl. **1929 I**, 2898.

[5] A. Fernau u. W. Pauli: Kolloid-Z. **30**, 6 (1921) — Chem. Zbl. **1922 III**, 436. — A. Fernau: Kolloid-Z. **33**, 89 (1923) — Chem. Zbl. **1923 III**, 973.

[6] B. Rajewsky: Strahlenther. **33**, 362 (1929) — Chem. Zbl. **1929 II**, 2978.

[7] B. Rajewsky: Strahlenther. **34**, 582 (1929) — Chem. Zbl. **1930 I**, 1748.

[8] H. Holthusen: Strahlenther. **34**, 564 (1929) — Chem. Zbl. **1930 I**, 2107.

[9] L. Marchlewski u. J. Wierzuchowska: Bull. internat. Acad. Polon. Sci. Lettres Ser. A **1928**, 471 — Chem. Zbl. **1929 I**, 1831.

[10] J. Groh u. M. Weltner: Hoppe-Seylers Z. **198**, 261 (1931) — Chem. Zbl. **1931 II**, 2337.

[11] M. Spiegel-Adolf u. O. Krumpel: Biochem. Z. **190**, 28 (1927) — Chem. Zbl. **1928 I**, 540.

[12] M. Spiegel-Adolf: Klin. Wschr. **7**, 1592 (1928) — Chem. Zbl. **1928 II**, 2482.

[13] M. Spiegel-Adolf u. Z. Oshima: Biochem. Z. **208**, 32 (1929) — Chem. Zbl. **1929 II**, 449.

[14] M. Spiegel-Adolf u. O. Krumpel: Biochem. Z. **208**, 45 (1929) — Chem. Zbl. **1929 II**, 450.

[15] R. O. Herzog u. Jancke: Ber. dtsch. chem. Ges. **53**, 2162 (1920) — Chem. Zbl. **1921 I**, 278. — R. O. Herzog u. H. W. Gonell: Naturwiss. **12**, 1153 (1924) — Chem. Zbl. **1925 II**, 133.

[16] E. Ott: Kolloidchem. Beih. **23**, 108 (1926) — Chem. Zbl. **1926 II**, 2529.

[17] K. H. Meyer: Biochem. Z. **214**, 253 (1929) — Chem. Zbl. **1930 I**, 2900 — Kolloid-Z. **53**, 8 (1930) — Chem. Zbl. **1930 II**, 3386.

[18] S. P. L. Sørensen: Kolloid-Z. **53**, 102 (1930) — Chem. Zbl. **1930 II**, 3423 — Kolloid-Z. **53**, 170, 306 (1930) — Chem. Zbl. **1931 I**, 1768 — C. r. Lab. Carlsberg **18**, Nr 5, 1 (1930).

In einigen Fällen gilt die Beziehung

$$\frac{x}{t} = \text{konst.}$$

(wobei x die zur Zeit t umgesetzte Menge bedeutet[1]).

Über die Differenzen, die man bei der Bestimmung der Geschwindigkeit der Eiweiß-hydrolyse nach van Slyke bzw. nach Sørensen erhält und eine hierauf gegründete Einteilung der Proteine[2].

Die Geschwindigkeit der Hydrolyse ist abhängig vom Eiweißstoff, von der Konzentration der Säure oder des Alkalis und von der Temperatur[3].

Über die wechselweise Einwirkung von Säuren, Alkalien und Fermenten[4].

Schwache Alkalien machen bei 100° schnell Schwefelverbindungen in meßbarer Menge aus den Eiweißstoffen frei, in der Kälte nicht[5].

Aus der Änderung des molaren Bindungsvermögens für Säuren und Laugen durch Hydrolyse mit Natronlauge kann man die Zunahme von basischen und sauren Gruppen errechnen[6]. Aus den Dissoziationskonstanten lassen sich Schlüsse auf die Zusammensetzung von Hydrolysengemischen ziehen[7].

Bei der Alkalihydrolyse wird das Arginin aus den Proteinen sehr schnell abgespalten (am schnellsten bei Gelatine)[8].

Bei alkalischer Hydrolyse liefern die Proteine Acetaldehyd, nicht beim Kochen mit Salzsäure. Die Abspaltung erfolgt langsam; mit Ausnahme des Fibrins kann man die Ausbeute durch Destillation im Stickstoffstrom steigern. Der Abspaltung liegt kein oxydativer Vorgang zugrunde. Die Vorstufe des Acetaldehyds liegt nicht in einer Kohlehydratgruppe, da auch kohlehydratfreie Proteine Acetaldehyd liefern. Aminosäuren und Eiweißhydrolysate geben unter gleichen Bedingungen keinen Acetaldehyd. Bei unvollständiger Spaltung bleibt jedoch ein Teil der Fähigkeit, Acetaldehyd zu bilden, erhalten, sie erscheint daher an die Konstitution des Eiweißes gebunden zu sein. 0,5 proz. Bicarbonatlösungen spalten ebenfalls in 48 Stunden bei 40° merkliche Mengen Acetaldehyd aus Proteinen ab, was nach Riesser vielleicht von biologischer Bedeutung ist[9].

Für die Huminbildung (vgl. a. Fibrin) während der Säurehydrolyse ist wahrscheinlich das Tryptophan verantwortlich zu machen, dessen NH-Gruppe sich mit einem Aldehyd kondensiert[10]. Zusatz von Formaldehyd steigert die Huminbildung mit wachsender Menge bis zu einem Maximum, die N-Verteilung wird dabei weitgehend verändert. Bei tyrosin- und tryptophanfreien Proteinen steigert Tyrosin die Bildung von löslichem Humin-N, Tryptophan die Bildung von unlöslichem[11]. Auch Furfurol und Zucker steigern die Huminbildung während der Hydrolyse[12]. Eine vollständige Abscheidung des Tryptophans als säureunlöslicher Humin-N gelingt nur in Gegenwart einer äquivalenten Menge eines Aldehyds, Ketone sind in dieser Hinsicht ohne Wirkung, höchstens wird der säurelösliche Humin-N gesteigert[13]. Nach Edlbacher soll aber die oxydative Veränderung der gesamten Monoaminosäuren mit an der Humin-N-Bildung beteiligt sein[14], doch weicht das Edlbachersche Verfahren von der

[1] J. Jaitschnikow: J. Russ. Phys. Chem. Ges. **54**, 814 (1922/24) — Chem. Zbl. **1925 I**, 231 — Biochem. Z. **190**, 114 (1927) — Chem. **1928 I**, 2508.

[2] J. Enselme: Bull. Soc. Chim. biol. Paris **12**, 357 (1930) — Chem. Zbl. **1930 II**, 1995.

[3] J. Jaitschnikow: J. Russ. Phys. Chem. Ges. **58**, 1374, 1377 (1926) — Chem. Zbl. **1927 II**, 1144. — E. Abderhalden u. E. Schnitzler: Hoppe-Seylers Z. **164**, 159 (1927).

[4] E. Abderhalden u. H. Mahn: Hoppe-Seylers Z. **169**, 196 (1927) — Chem. Zbl. **1927 II**, 2550 — Hoppe-Seylers Z. **174**, 47 (1928) — Chem. Zbl. **1928 I**, 2178. — E. Abderhalden u. W. Kröner: Fermentforschg **10**, 12 (1928) — Chem. Zbl. **1928 II**, 2729. — E. Abderhalden u. E. Schwab: Fermentforschg **11**, 127 (1930).

[5] R. Goiffon u. R. Haudiquet: C. r. Soc. Biol. Paris **99**, 1625 (1928) — Chem. Zbl. **1929 I**, 778.

[6] J. Tillmans u. P. Hirsch: Biochem. Z. **193**, 216 (1928) — Chem. Zbl. **1928 I**, 2723.

[7] J. Tillmans, P. Hirsch u. F. Strache: Biochem. Z. **199**, 399 (1929) — Chem. Zbl. **1929 I**, 1353.

[8] S. Sakaguchi: J. of Biochem. **5**, 159 (1925) — Chem. Zbl. **1926 I**, 1420.

[9] O. Riesser u. Mitarb.: Hoppe-Seylers Z. **196**, 201 (1931) — Chem. Zbl. **1931 II**, 583.

[10] R. A. Gortner u. M. J. Blish: J. amer. chem. Soc. **37**, 1630 (1915) — Chem. Zbl. **1915 II**, 616.

[11] R. A. Gortner u. G. E. Holm: J. amer. chem. Soc. **39**, 2477 (1917) — Chem. Zbl. **1918 I**, 553.

[12] C. T. Dowell u. P. Menaul: J. of biol. Chem. **40**, 131 (1919) — Chem. Zbl. **1920 IV**, 573.

[13] R. A. Gortner u. Earl R. Norris: J. amer. chem. Soc. **45**, 550 (1923) — Chem. Zbl. **1923 III**, 1575. — G. O. Burr u. R. A. Gortner: J. amer. chem. Soc. **46**, 1224 (1924) — Chem. Zbl. **1924 II**, 669.

[14] S. Edlbacher: Hoppe-Seylers Z. **134**, 129 (1924) — Chem. Zbl. **1924 I**, 2880.

normalen Säurehydrolyse durch Oxydationsvorgänge ab[1]. — Ob Histidin und Cystin sich an der Huminbildung beteiligen[2], ist ungewiß[3].

Bei Verwendung einer Schwefelsäure, die 73,6 g H_2SO_4 in 100 ccm enthält, lassen sich Eiweißkörper ohne wesentliche Bildung von Huminsubstanzen hydrolysieren, wenn man auf ein Teil Substanz 3 Volumenteile dieser Schwefelsäure anwendet[4]. Auch bei der katalytischen Autoklavenhydrolyse mit verdünnten Säuren findet nur unwesentliche Huminbildung statt[5]. — Die Verwendung von Fluorwasserstoffsäure bringt keine Vorteile gegenüber anderen Säuren[6]. Für die Umwandlungsprodukte des Tryptophans während der Hydrolyse schlägt Fürth den Namen „Melanoidine", für die der Kohlehydratkomplexe den Namen „Humine" vor[7].

Autoklavenhydrolyse: Bei der Hydrolyse mit überhitztem Wasser tritt Zunahme von löslichen Verbindungen ein, der unlösliche Rückstand unterscheidet sich in der Zusammensetzung vom Ausgangsmaterial[8]. Die p_H-Werte und die Pufferwirkung ändern sich während der Autoklavenhydrolyse mit Wasser bei den einzelnen Proteinen verschieden[9].

Die katalytische Wirkung der Säuren auf die Proteine während der Autoklavenhydrolyse ist proportional der thermodynamischen Aktivität des H-Ions (quantitative Beziehung Reaktionsgeschwindigkeit: Temp.)[10].

Bei der Autoklavenhydrolyse mit schwachen Säuren (Ameisensäure — Oxalsäure, verdünnte Salzsäure) erhält man Diketopiperazine und Polypeptine[11]. Entgegen der Ansicht mancher Forscher[12] sind diese Anhydridringe wohl sekundär entstanden[13]. Vgl. auch Strukturfragen: Diketopiperazine.

Alkalischmelze: Bei Einwirkung von Ätzalkalien auf Eiweißstoffe bei hoher Temperatur wurden erhalten: einbasische Fettsäuren von C_1 bis C_8, aber ohne C_7, Oxalsäure, die vorwiegend aus Glykokoll stammen dürfte, Bernstein- und Adipinsäure (?), Benzoesäure, Methylalkohol, Ammoniak, Skatolcarbonsäuren, einfache aliphatische Kohlenwasserstoffe[14].

Oxydativer Abbau: Konzentrierte Salpetersäure liefert mit Eiweißstoffen Methylsulfosäure, deren Schwefel nicht aus dem Cystin stammt. Daraus wird das Vorkommen von nicht cystinartigen S-Verbindungen geschlossen[15]. Weiterhin erhält man Oxalsäure in einer durchschnittlichen Ausbeute von 30%, p-Nitrobenzoesäure (aus Phenylalanin, vielleicht auch vom Tryptophan), Benzoesäure, Terephthalsäure und Pikrinsäure (aus Tyrosin und Phenylalanin)[16].

Kaliumpermanganat liefert Oxamid neben Desaminierungsprodukten[17]. (Oxamid wird fast stets bei der Eiweißoxydation erhalten)[18]. Daneben finden sich Oxalsäure, Aldehyde und Ameisensäure, Oxaminsäure konnte bisher nicht erhalten werden[19]. Siehe auch [20].

[1] R. A. Gortner: Hoppe-Seylers Z. **139**, 95 (1924) — Chem. Zbl. **1924 II**, 2589.

[2] Roxa: J. of biol. Chem. **27**, 71 (1916) — Chem. Zbl. **1917 I**, 971.

[3] R. A. Gortner u. G. E. Holm: J. amer. chem. Soc. **39**, 2477 (1917) — Chem. Zbl. **1918 I**, 553.

[4] E. Salkowski: Biochem. Z. **133**, 1 (1922) — Chem. Zbl. **1923 III**, 156.

[5] N. Zelinsky u. W. Ssadikow: Biochem. Z. **138**, 156 (1923) — Chem. Zbl. **1923 III**, 1087.

[6] E. Cherbuliez u. R. Wahl: Helvet. chim. Acta **11**, 1252 (1928) — Chem. Zbl. **1929 I**, 542.

[7] O. Fürth u. F. Lieben: Biochem. Z. **116**, 224 (1921) — Chem. Zbl. **1921 III**, 231.

[8] S. Komatsu u. C. Okinaka: Bull. Chem. Soc. Japan **1**, 102 (1926) — Chem. Zbl. **1926 II**, 1051 — Mem. Coll. Sci. Imp. Univ. Kyoto **10**, 163 (1927) — Chem. Zbl. **1927 I**, 2203 — Mem. Coll. Sci. Imp. Univ. Kyoto **10**, 241, 248 (1927) — Chem. Zbl. **1927 II**, 2200.

[9] S. Komatsu u. C. Okinaka: Bull. Chem. Soc. Japan **1**, 151 (1926) — Chem. Zbl. **1926 II**, 2065.

[10] D. M. Greenberg u. N. F. Burk: J. amer. chem. Soc. **49**, 275 (1927) — Chem. Zbl. **1927 I**, 1486.

[11] W. S. Ssadikow: Biochem. Z. **136**, 238 (1923) — Chem. Zbl. **1923 III**, 784. — W. S. Ssadikow u. N. D. Zelinsky: Biochem. Z. **136**, 241 (1923) — Chem. Zbl. **1923 III**, 784 — Biochem. Z. **137**, 397, 401 (1923) — Chem. Zbl. **1923 III**, 938 — Biochem. Z. **138**, 156 (1923) — Chem. Zbl. **1923 III**, 1087.

[12] N. Gawrilow, E. Stachejewa, A. Titowa u. N. Ewergetowa: Biochem. Z. **182**, 26 (1927) — Chem. Zbl. **1927 I**, 2656. — N. Zelinsky u. N. Gawrilow: Biochem. Z. **182**, 11 (1927) — Chem. Zbl. **1927 I**, 2655. — W. S. Ssadikow u. N. Zelinsky: Biochem Z. **147**, 30 (1924) — Chem. Zbl. **1924 II**, 686.

[13] P. Brigl: Ber. dtsch. chem. Ges. **56**, 1887 (1923) — Chem. Zbl. **1923 III**, 1279.

[14] L. Dupont: C. r. Acad. Sci. Paris **189**, 922 (1929) — Chem. Zbl. **1930 I**, 695.

[15] C. T. Mörner: Hoppe-Seylers Z. **93**, 175 (1914) — Chem. Zbl. **1915 II**, 663.

[16] C. T. Mörner: Hoppe-Seylers Z. **95**, 263 (1915) — Chem. Zbl. **1916 I**, 985.

[17] E. Abderhalden u. E. Komm: Hoppe-Seylers Z. **143**, 128 (1925) — Chem. Zbl. **1925 I**, 2009.

[18] E. Abderhalden: Ber. dtsch. chem. Ges. **58**, 1821 (1925) — Chem. Zbl. **1925 II**, 2167.

[19] E. Abderhalden u. H. Quast: Hoppe-Seylers Z. **151**, 145 (1926) — Chem. Zbl. **1926 I**, 2206.

[20] G. Botstiber: Biochem. Z. **174**, 68 (1926) — Chem. Zbl. **1926 II**, 2096.

Wasserstoffsuperoxyd (wie auch Kaliumpermanganat s. dort) bewirkt neben der Oxydation Desamidierung und Hydrolyse; Edlbacher erhält auf diese Weise „Apoproteine"[1].

Natriumhypochlorit wirkt chlorierend und oxydierend[2]. Bei 37° tritt schnelle Zersetzung ein unter Freiwerden von Stickstoff und Bildung von Aldehyden und Ketonen, die 1 C-Atom weniger enthalten als die entsprechenden Säuren[3]. Bei vorsichtiger Behandlung mit Hypohalogeniten entstehen Dearginoproteine[4] (s. dort). Die Biuretreaktion wird rasch negativ, die Desamidierung ist in 24 Stunden auf 85% gestiegen, die gebildete Kohlensäure in 48 Stunden auf 21,8% des Gesamtkohlenstoffs[5]. — Die Bildung von Chloraminen mit Natriumhypochlorit und Eiweiß kann zur Eiweißbestimmung benutzt werden[6].

Wie mit Natriumhypochlorit[2] werden auch mit Natriumhypobromit charakteristische Kurven für einzelne Proteine erhalten. Den wahrscheinlichen Angriffspunkt bilden die sekundären NH-Gruppen, aber nicht die — CONH-Gruppen der Polypeptide[7]. (Diketopiperazine)[7, 8, 9]. Jedoch reagieren verschiedene Gruppen im Eiweiß mit dem Hypobromit, so daß die Reaktion nicht geeignet erscheint, daraus Rückschlüsse für die Konstitution der Eiweißkörper zu ziehen[10, 11].

Weiteres über die Einwirkung von Natriumhypobromit auf Proteine und ihre Beziehung zum Arginingehalt[12].

Reduktive Spaltung: Die reduktive Spaltung von Eiweißkörpern liefert Piperazine[13].

Über die Reduktion von Proteinen und Acetylproteinen vgl. die Arbeiten von Troensegaard unter „Acetylderivate".

Anhydrolytischer Abbau: Der anhydrolytische Abbau von Proteinen mit Essigsäureanhydrid (bis jetzt ist nur Gelatine untersucht worden) führt Fodor zu der Vorstellung, daß die Proteine Dipeptide zu Polymerisaten vereinigen, die eine chemische Einheit darstellen. Ein Multiplum dieser Polymerisate würde dann assoziativ zu kolloiden Micellen führen, die sich ihrerseits zu höheren kolloiden Aggregaten vereinigen können. Es konnte tetramolekulares Oxyprolylalanin isoliert werden. Inwieweit die Assoziationen und Polymerisationen den sekundären Einwirkungen des Essigsäureanhydrids zuzuschreiben sind, ist noch fraglich[14].

Beim Erhitzen von Eiweißkörpern mit Phthalsäureanhydrid bis etwa 200° tritt rasche Lösung ein. Dabei erhält man hochmolekulare Spaltstücke, die noch Biuretreaktion geben[15].

Molekülverbindungen: Die Eiweißkörper besitzen gleich den Aminosäuren und Polypeptiden die Fähigkeit zur Bindung von Neutralsalzen. Die Salzadsorptionen der Proteine sind also als chemische Verbindungen aufzufassen. Konstante Molekularverhältnisse lassen sich jedoch ohne weiteres nicht nachweisen, da die Salze nicht in das Innere der Eiweißpartikel eindringen können[16]. Aus dem Verhalten der Molekülverbindungen mit Neutralsalzen ergeben

---

[1] S. Edlbacher: Hoppe-Seylers Z. **134**, 129 (1924) — Chem. Zbl. **1924 I**, 2880/1.

[2] N. C. Wright: Biochem. J. **20**, 524 (1926) — Chem. Zbl. **1926 II**, 1952.

[3] T. H. Milroy: Biochem. J. **10**, 453 (1916) — Chem. Zbl. **1917 I**, 105.

[4] S. Sakaguchi: J. of Biochem. **5**, 143 (1925) — Chem. Zbl. **1926 I**, 1420.

[5] N. O. Engfeldt: Hoppe-Seylers Z. **121**, 18 (1922) — Chem. Zbl. **1922 III**, 1054.

[6] J. F. Briggs: J. Soc. chem. Ind. **37**, 447 (1918) — Chem. Zbl. **1919 I**, 658.

[7] S. Goldschmidt u. C. Steigerwald: Ber. dtsch. chem. Ges. **58**, 1346 (1925) — Chem. Zbl. **1925 II**, 1169.

[8] P. Brigl u. R. Held: Hoppe-Seylers Z. **152**, 230 (1926) — Chem. Zbl. **1926 I**, 3059.

[9] E. Abderhalden: Ber. dtsch. chem. Ges. **58**, 1821 (1925) — Chem. Zbl. **1925 II**, 2167.

[10] P. Brigl, R. Held u. K. Hartung: Hoppe-Seylers Z. **173**, 129 (1928) — Chem. Zbl. **1928 I**, 1778.

[11] E. Abderhalden u. W. Kröner: Hoppe-Seylers Z. **168**, 201 (1927) — Chem. Zbl. **1927 II**, 2060.

[12] O. Fürth u. F. Fromm: Biochem. Z. **220**, 69 (1930) — Chem. Zbl. **1930 II**, 746.

[13] E. Abderhalden u. E. Schwab: Hoppe-Seylers Z. **139**, 169 (1924) — Chem. Zbl. **1925 I**, 89 — Hoppe-Seylers Z. **143**, 290 (1925) — Chem. Zbl. **1925 II**, 39.

[14] A. Fodor u. C. Epstein: Hoppe-Seylers Z. **171**, 222 (1927) — Chem. Zbl. **1928 I**, 363 — Biochem. Z. **200**, 211 (1928) — Chem. Zbl. **1929 I**, 1572 — Biochem. Z. **210**, 24 (1929) — Chem. Zbl. **1930 I**, 82.

[15] P. Brigl u. E. Klenk: Hoppe-Seylers Z. **131**, 66 (1923) — Chem. Zbl. **1924 I**, 674.

[16] P. Pfeiffer: Z. angew. Chem. **36**, 137 (1922) — Chem. Zbl. **1923 I**, 1215. — P. Pfeiffer u. O. Angern: Hoppe-Seylers Z. **143**, 265 (1925) — Chem. Zbl. **1925 II**, 39.

sich Analogien zum Verhalten der Diketopiperazine gegen Neutralsalze. — Auch mit Phenolen bilden die Eiweißkörper Molekülverbindungen[1].

Strukturerörterungen: (Zu diesem Teil vgl. auch „Physikalisches und chemisches Verhalten" und „Verhalten gegen Fermente"). Zusammenfassende Arbeiten und Literaturübersichten befinden sich bei folgenden Forschern: Abderhalden[2], Bergmann[3], Felix[4], Sørensen[5], Troensegaard[6], Zechmeister[7], Plimmer[8].

Dioxopiperazinstruktur: Die Anschauung, daß in Eiweiß, insbesondere gilt dies für manche Proteinoide, neben Polypeptidketten Dioxopiperazine bzw. isomere Strukturen enthalten sind, ist namentlich von Abderhalden entwickelt worden[9,10,11,12]. Eine größere quantitative Bedeutung kommt ihnen, wie aus den neueren Arbeiten von E. Abderhalden hervorgeht, offenbar nicht zu. Vgl. auch über die „Proteone" = polycyclische Grundkörper, die Ssadikow dem Eiweiß zugrunde legt[13].

Das Vorkommen von Diketopiperazinen im Eiweiß wird durch folgende Tatsachen wahrscheinlich gemacht: Fast alle Eiweißkörper geben die Reaktionen mit 1, 3, 5, m-Dinitrobenzoesäure (ausgenommen Edestin) und Pikrinsäure wie die freien Anhydride auch (vgl. „Farbreaktionen")[14], doch haben diese Reaktionen nur in Übereinstimmung mit anderen Befunden Bedeutung[15]. — Bei der Hydrolyse durch Säure, Alkalien und Fermente können Anhydride isoliert werden, die offenbar im Eiweiß vorgebildet sind[16].

Auch die Autoklavenhydrolyse (s. dort) von Eiweißstoffen ergibt in reichlicher Menge Diketopiperazine, daneben sind Verknüpfungen von solchen aufgefunden worden, die als Peptine und Polypeptine bezeichnet werden[17]. Allerdings besteht bei diesen Versuchen die Möglichkeit der sekundären Bildung von Anhydriden aus Polypeptiden[18,19]. Von anderen wird aber die sekundäre Bildung von Anhydriden bestritten, da z. B. bei der Hydrolyse des Caseins die Menge der Anhydride im Anfang stark zunimmt und später langsam absinkt[20].

---

[1] P. Pfeiffer: Gerber **52**, 204 (1926) — Chem. Zbl. **1927 I**, 1777 — Collegium **1926**, 479 — Chem. Zbl. **1927 I**, 2384.

[2] E. Abderhalden: Hoppe-Seylers Z. **142**, 306 (1925) — Chem. Zbl. **1925 I**, 1408 — Naturwiss. **13**, 999 (1925) — Chem. Zbl. **1926 I**, 1421. — E. Abderhalden u. E. Schwab: Hoppe-Seylers Z. **158**, 66 (1926) — Chem. Zbl. **1926 II**, 2435.

[3] M. Bergmann: Naturwiss. **12**, 1155 (1924) — Chem. Zbl. **1925 I**, 851 — Hoppe-Seylers Z. **144**, 276 (1925) — Chem. Zbl. **1925 II**, 923 — Z. angew. Chem. **38**, 1141 (1925) — Chem. Zbl. **1926 I**, 3059 — Ber. dtsch. chem. Ges. **59**, 2973 — Kolloid-Z. **40**, 289 (1926) — Chem. Zbl. **1927 I**, 713.

[4] K. Felix: Z. angew. Chem. **35**, 273 (1922) — Chem. Zbl. **1922 III**, 556.

[5] S. P. L Sørensen: J. chem. Soc. Lond. **1926**, 2995 — Chem. Zbl. **1927 I**, 1026 — C. r. Lab. Carlsberg **16**, Nr 8, 1 (1926) — Chem. Zbl. **1927 I**, 1684 — Wschr. Brauerei **44**, 212, 221 (1927) — Chem. Zbl. **1927 II**, 265.

[6] N. Troensegaard: Z. angew. Chem. **38**, 623 (1925) — Chem. Zbl. **1925 II**, 1446.

[7] L. Zechmeister: Chem. Rdsch. Mitteleuropa u. Balkan **3**, 145, 153 (1926) — Chem. Zbl. **1927 I**, 1486.

[8] R. H. A. Plimmer: Die chemische Konst. der Eiweißkörper. Dresden u. Leipzig 1914.

[9] E. Abderhalden: Naturwiss. **12**, 716 (1924) — Chem. Zbl. **1924 II**, 1926.

[10] R. O. Herzog: Hoppe-Seylers Z. **141**, 158 (1924) — Chem. Zbl. **1925 I**, 670.

[11] K. Shibata: Acta phytochim. **2**, 39 (1925) — Chem. Zbl. **1925 II**, 1281; **2**, 193 (1927) — Chem. Zbl. **1927 II**, 2199.

[12] M. Bergmann: Gerber **52**, 195 (1926) — Chem. Zbl. **1927 I**, 2520.

[13] W. Ssadikow: Biochem. Z. **179**, 326 (1926) — Chem. Zbl. **1927 I**, 1597.

[14] E. Abderhalden, E. Komm u. E. Roßner: Hoppe-Seylers Z. **140**, 99 (1924) — Chem. Zbl. **1924 II**, 2757.

[15] E. Abderhalden: Hoppe-Seylers Z. **146**, 147 (1925) — Chem. Zbl. **1925 II**, 2060.

[16] E. Abderhalden: Hoppe-Seylers Z. **128**, 119 (1923) — Chem. Zbl. **1923 III**, 936. — E. Abderhalden u. E. Komm: Hoppe-Seylers Z. **136**, 134 (1924) — Chem. Zbl. **1924 II**, 667. — E. Abderhalden u. E. Schwab: Hoppe-Seylers Z. **139**, 68 (1924) — Chem. Zbl. **1924 II**, 2037.

[17] W. S. Ssadikow: Biochem. Z. **136**, 238 (1923) — Chem. Zbl. **1923 III**, 784. — W. S. Ssadikow u. N. D. Zelinsky: Biochem. Z. **136**, 241 (1923) — Chem. Zbl. **1923 III**, 784. — N. D. Zelinsky u. W. S. Ssadikow: Biochem. Z. **137**, 397 (1923) — Chem. Zbl. **1923 III**, 938. — W. S. Ssadikow u. N. D. Zelinsky: Biochem. Z. **137**, 401 (1923) — Chem. Zbl. **1923 III**, 938 — N. D. Zelinsky u. W. S. Ssadikow: Biochem. Z. **138**, 156 (1923) — Chem. Zbl. **1923 III**, 1087.

[18] E. Abderhalden u. E. Komm: Hoppe-Seylers Z. **134**, 121 (1924) — Chem. Zbl. **1924 I**, 2783 — Hoppe-Seylers Z. **139**, 147 (1924) — Chem. Zbl. **1925 I**, 88.

[19] P. Brigl: Ber. dtsch. chem. Ges. **56**, 1887 (1923) — Chem. Zbl. **1923 III**, 1279.

[20] W. S. Ssadikow u N. D. Zelinsky: Biochem. Z. **137**, 401 (1923) — Chem. Zbl. **1923 III**, 938. — N. D. Zelinsky u. N. Gawrilow: Biochem. Z. **182**, 11 (1927) — Chem. Zbl. **1927 I**, 2655.

Bei normaler Hydrolyse sind allerdings die Ringe vielfach nicht faßbar, da sie zu Aminosäuren aufgespalten werden[1, 2]. Über vergleichende Spaltung von Dioxopiperazinen und Proteinen vgl. [3, 4].

Auch die Oxydationsreaktionen geben Anhaltspunkte für die Diketopiperazinstruktur des Eiweißes, denn sowohl Proteine als Anhydride liefern bei der Oxydation Oxamid[5].

Auch bei reduktiver Spaltung (Gelatine) wurden Diketopiperazine erhalten[6].

Die Ergebnisse der Röntgenuntersuchung sprechen ebenfalls für 2,5-Diketopiperazine[7].

Gegen das Vorkommen von Anhydridringen im Eiweiß könnte eingewandt werden, daß, wie E. Abderhalden und K. Goto nachgewiesen haben[8], eine Aufspaltung von Dioxopiperazinen durch proteolytische Fermente nicht erfolgte, jedoch muß dabei berücksichtigt werden, daß die Piperazinringe in isomeren Formen vorkommen können, die vielleicht aufspaltbar sind[9], ferner widerstehen viele Proteinoide dem fermentativen Angriff weitgehend. (Über die desmotropen Formen der Diketopiperazine vgl. [10, 6].)

Pyrrolstruktur (vgl. dazu auch Acetylderivate): Troensegaard glaubt, daß die Proteine größtenteils aus heterocyclischen Ringen — Pyrrol-, Imidazol- und Pyridinringen — aufgebaut sind. Als Stütze für diese Hypothese wird die Bildung von Indigo bei der Reduktion von Proteinen, die rasche Bildung von Chlorophyll bei der Keimung und die α-Stellung der Aminogruppe in den Aminosäuren angesehen. Die Eiweißkörper sollen aus drei Oxypyrrolkernen nach folgenden Schema zusammengesetzt sein:

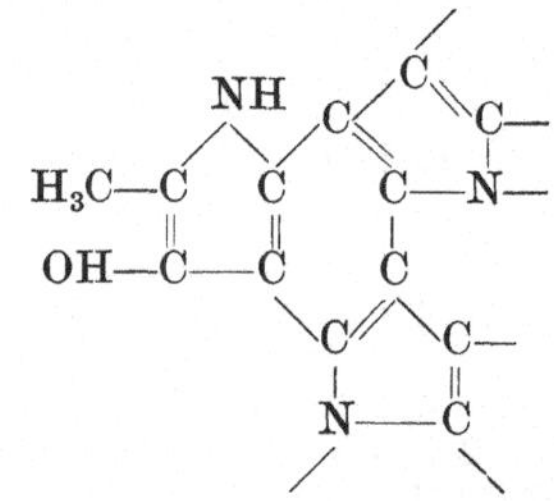

$$
\begin{array}{c}
\text{NH} \qquad\qquad \text{C} \\
\text{H}_3\text{C—C} \quad \text{C} \quad \text{C—N—} \\
\text{OH—C—C} \quad \text{C} \\
\text{C—C—} \\
\text{N—C}
\end{array}
$$

Der Ersatz der CH_3-Gruppe durch andere homologe Bestandteile ermöglicht die verschiedenen Variationen. Auch Ringsysteme können eingeführt werden. Durch Einführung von Acetylgruppen (s. dort) ist es Troensegaard gelungen, die Pyrrolkörper zu stabilisieren und zu isolieren[11].

Für den Fall der Protamine (s. dort) konnte allerdings Waldschmidt-Leitz die Annahme der sekundären Bildung von Aminosäuren aus den obenbeschriebenen Ringsystemen ausschließen, da die Proteolyse der Protamine lediglich in der Lösung von Peptidbindungen besteht, was nach weiteren Untersuchungen auch für andere Proteine zutrifft[12].

[1] E. Abderhalden: Hoppe-Seylers Z. **128**, 119 (1923) — Chem. Zbl. **1923 III**, 936.

[2] M. Lüdtke: Hoppe-Seylers Z. **141**, 100 (1924) — Chem. Zbl. **1925 I**, 670.

[3] E. Abderhalden u. R. Haas: Hoppe-Seylers Z. **151**, 114 (1926) — Chem. Zbl. **1926 I**, 2206.

[4] J. Jaitschnikow: J. Russ. Phys. Chem. Ges. **58**, 879 (1926) — Chem. Zbl. **1927 I**, 1171.

[5] E. Abderhalden, E. Klarmann u. E. Komm: Hoppe-Seylers Z. **140**, 92 (1924) — Chem. Zbl. **1924 II**, 2757. — E. Abderhalden u. E. Komm: Hoppe-Seylers Z. **143**, 128 (1925) — Chem. Zbl. **1925 I**, 2009 — Hoppe-Seylers Z. **145**, 308 (1925) — Chem. Zbl. **1925 II**, 1446.

[6] E. Abderhalden u. E. Schwab: Hoppe-Seylers Z. **148**, 254 (1925) — Chem. Zbl. **1926 I**, 1192

[7] Brill: Liebigs Ann. **434**, 204 (1924) — Chem. Zbl. **1924 I**, 1546.

[8] E. Abderhalden u. K. Goto: Fermentforschg **7**, 169 (1923). — Bestätigt von E. Waldschmidt-Leitz u. A. Schäffner: Ber. dtsch. chem. Ges. **58**, 1356 (1925) — Chem. Zbl. **1925 II**, 1281.

[9] M. Bergmann, A. Miekeley u. E. Kann: Liebigs Ann. **445**, 1 (1925) — Chem. Zbl. **1926 I**, 352.

[10] E. Abderhalden u. E. Schwab: Hoppe-Seylers Z. **149**, 100 (1925) — Chem. Zbl. **1926 I**, 949. — Hoppe-Seylers Z. **149**, 298 (1925) — Chem. Zbl. **1926 I**, 1193 — Hoppe-Seylers Z. **152**, 88 (1926) — Chem. Zbl. **1926 I**, 2696. — E. Abderhalden u. F. Gebelein: Hoppe-Seylers Z. **152**, 125 (1926) — Chem. Zbl. **1926 I**, 2696. — E. Abderhalden u. E. Schwab: Hoppe-Seylers Z. **157**, 140 (1926) — Chem. Zbl. **1926 II**, 2435.

[11] N. Troensegaard: Hoppe-Seylers Z. **112**, 86 (1920) — Chem. Zbl. **1921 I**, 907.

[12] E. Waldschmidt-Leitz, A. Schäffner u. W. Graßmann: Hoppe-Seylers Z. **156**, 68 (1926) — Chem. Zbl. **1926 II**, 2440. — E. Waldschmidt-Leitz: Ber. dtsch. chem. Ges. **59**, 3000 — Kolloid-Z. **40**, 295 (1926) — Chem. Zbl. **1927 I**, 714.

Aus dem leichten Übergang der Glutaminsäure in Pyrrolidoncarbonsäure sieht Okinaka eine Bestätigung der Hypothese vom Aufbau des Eiweißes aus Pyrrolkörpern[1].

Carbonylstruktur: Vorübergehend wurde ein Aufbau des Eiweißes aus Carbonylverbindungen angenommen. Einen Beweis dafür glaubte man in dem Verhältnis O:N zu sehen, das bei einem Aufbau aus Polypeptiden oder Diketopiperazinen 1:1 sein müßte. In Wirklichkeit ist dieses Verhältnis größer. Experimentelle Stützen ergaben sich aus dem ähnlichen Verhalten von Carbonyl-Modellkörpern und Eiweiß gegenüber dem Abbau mit Phthalsäureanhydrid und dem Verlauf der Spaltung mit Natriumhypobromit (s. dort)[2,3].

Die Ansicht vom Aufbau des Eiweißes aus Carbonylverbindungen wurde durch folgende Tatsachen widerlegt: Bei längerem Erhitzen von Proteinen mit CO_2-freier Natronlauge wird keine mit H_3PO_4 austreibbare Kohlensäure abgespalten[4].

(Außerdem waren Modellkörper durch Trypsin nicht spaltbar[5]).

Einen Aufbau der Proteine aus **Molekülverbindungen von Polypeptiden** nehmen Thomas und Mitarbeiter an. Als Stütze für diese Theorie dient die Tatsache, daß die Proteine mehr freie Aminogruppen bilden können, als mit der Methode von van Slyke und durch Bestimmung der Acyl- und Methylzahlen nachweisbar sind[6].

Verhalten gegen Fermente: Das Verhalten der Proteine gegen proteolytische Fermente ist namentlich von der Abderhaldenschen[7] und Willstätterschen Schule studiert worden. Die Ergebnisse dieser Arbeiten sind für die Beurteilung der Struktur der Eiweißkörper maßgebend geworden, insbesondere, nachdem die Sonderung der einzelnen Fermente durch selektive Adsorption gelungen ist.

Physikalisch-chemische Anschauungen über Fermente und ihre Wirkungsweise im allgemeinen siehe bei Fodor[8] und seinen Schülern[9].

Waldschmidt-Leitz (vgl. auch[10]) teilt die proteolytischen Enzyme folgendermaßen ein:

1. Peptidasen[11], z. B. Erepsin mit spezifischer Einstellung auf Di- und Tripeptide,

2. Enzyme vom Typus des nichtaktivierten Trypsins, Spaltung von Peptonen, strenge Spezifität ist noch nicht geklärt, hierher gehört das durch Blausäure aktivierte Papain[12],

3. Enzyme vom Typus des aktivierten Trypsins mit spezifischer Einstellung auf höhermolekulare Proteine, hierher gehört das Papain,

4. Enzyme vom Typus des Pepsins, ohne sichere spezifische Wirkung[13]. Siehe dazu auch die in neuester Zeit gewonnenen Erkenntnisse in zusammenfassender Darstellung (Literatur)[14].

Diese Einteilung ist jedoch unhaltbar. Einmal werden vom Trypsin auch Dipeptide gespalten. (Siehe auch die Arbeiten von Abderhalden und Mitarbeitern unter „Trypsin".) Ferner hydrolysiert Erepsin hochmolekulare Polypeptide. Es konnten ferner Emil Abderhalden und Schwab[15] den Nachweis führen, daß im spez. Trypsinkomplex eine Ferment-

---

[1] C. Okinaka: Sexagint. Coll Papers dedicated to Yukichi Osaka, Kyoto **1927**, 27 — Chem. Zbl. **1928 I**, 2399.

[2] P. Brigl u. R. Held: Hoppe-Seylers Z. **152**, 230 (1926) — Chem. Zbl. **1926 I**, 3059.

[3] S. Goldschmidt, E. Wiberg, F. Nagel u. K. Martin: Liebigs Ann. **456**, 1 (1927) — Chem. Zbl. **1927 II**, 2400. — S. Goldschmidt: Hoppe-Seylers Z. **165**, 149 (1927) — Chem. Zbl. **1927 II**, 92 — Hoppe-Seylers Z. **170**, 183 (1927) — Chem. Zbl. **1928 I**, 359.

[4] S. Goldschmidt: Hoppe-Seylers Z. **165**, 149 (1927) — Chem. Zbl. **1927 II**, 92.

[5] E. Abderhalden u. W. Kröner: Hoppe-Seylers Z. **168**, 201 (1927) — Chem. Zbl. **1927 II**, 2060.

[6] K. Thomas u. J. Kapfhammer: Ber. sächs. Ges. Wiss. math.-phys. Kl. **77**, 181 (1925) — Chem. Zbl. **1926 II**, 768.

[7] E. Abderhalden: Naturwiss. **16**, 396 (1928) — Chem. Zbl. **1928 II**, 672.

[8] A. Fodor u. L. Frankenthal: Biochem. Z. **228**, 101 (1930) — Chem. Zbl. **1931 I**, 631.

[9] R. Schönfeld-Reiner: Fermentforschg **12**, 67 (1930) — Chem. Zbl. **1930 II**, 3427.

[10] E. Waldschmidt-Leitz: Z. angew. Chem. **43**, 377 (1930); **44**, 573 (1931) — Chem. Zbl. **1930 II**, 1380.

[11] Diese Enzyme sind hier nicht berücksichtigt.

[12] R. Willstätter u. W. Graßmann: Hoppe-Seylers Z. **138**, 184 (1924) — Chem. Zbl. **1924 II**, 1802. — R. Willstätter, W. Graßmann u. O. Ambroß: Hoppe-Seylers Z. **151**, 286, 307 (1926) — Chem. Zbl. **1926 I**, 2359.

[13] E. Waldschmidt-Leitz u. A. Harteneck: Hoppe-Seylers Z. **149**, 221 (1925) — Chem. Zbl. **1926 I**, 1664 .— E. Waldschmidt-Leitz: Naturwiss. **14**, 129 (1926) — Chem. Zbl. **1926 I**, 2359.

[14] E. Waldschmidt-Leitz: Physiol. Rev. **11**, 358 (1931) — Chem. Zbl. **1931 II**, 1865.

[15] E. Abderhalden u. E. Schwab: Fermentforschg **10**, 478 (1929) — vgl. auch E. Abderhalden u. O. Herrmann: Ebenda **10**, 474 (1929). — E. Abderhalden u. W. Zeißet: Fermentforschg **10**, 481 (1929).

gruppe enthalten ist, die wohl Polypeptide angreift, deren Aminogruppe besetzt ist, nicht jedoch Polypeptide. Umgekehrt gibt es Fermente, die Verbindungen von letzteren Arten abbauen, jedoch nicht solche Polypeptide, die keine freie Aminogruppe besitzen. Es wird vorgeschlagen, einstweilen Amino- und Carboxy-Polypeptidasen zu unterscheiden[1].

Waldschmidt-Leitz konnte zeigen, daß die Wirkung der einzelnen Enzyme jeweils nach einer bestimmten Leistung zum Stillstand kommt. Diese Leistungen sind durch Bildung chemisch faßbarer Gruppen gekennzeichnet, die in einfachen ganzzahligen Verhältnissen zueinander stehen[2]. Nach anderen verhindern „Hemmungskörper" den weiteren Ablauf der Proteolyse[3].

Die Reihenfolge, in der man die Enzyme auf Eiweiß einwirken läßt, ist nicht gleichgültig, jedoch können sich die einzelnen Enzyme in einem gewissen Grade vertreten. Über die Wirkungsweise der proteolytischen Fermente auf Eiweißstoffe nach der Behandlung mit Laugen, Säuren und einzelnen Fermenten vgl.[4].

In jedem Fall stehen die bei der Hydrolyse freigelegten Carboxyl- und Aminogruppen in einfachem ganzzahligen Verhältnis, das meist 1 ist. Es besteht also der ganze hydrolytische Vorgang in der Lösung von Peptidbindungen[5, 6]. Die Proteine müssen also durch Säureamidbindungen zusammengehalten werden und außerdem freie Amino- oder Carboxylgruppen enthalten, soweit sie fermentativ spaltbar sind[7]. (Zur Methodik der Bestimmung der Hydrolyse vergleiche außer den Willstätterschen Arbeiten[8].)

Die Frage, ob die proteolytischen Enzyme eine Verbindung mit dem Substrat eingehen oder nicht, ist noch nicht geklärt[9]. (Vgl. aber beispielsweise die Trypsineinwirkung unten.)

Durch Thyroxin wird der Ablauf der Fermentreaktionen beschleunigt[10].

Tierische Proteasen: Pepsin: Es ist nicht festgestellt, ob das Pepsin eine Verbindung mit dem Substrat eingeht. Einmal wird Adsorption angenommen[11]. Nach Northrop verhält sich das Pepsin wie ein einwertiges Anion, seine Verteilung zwischen Substrat und Lösung entspricht der eines Chlorids oder Bromids[12, 13]. Zum anderen hält man eine chemische Verbindung des Pepsins mit dem Substrat für wahrscheinlich[14].

Die Geschwindigkeit der Pepsinverdauung ist in den meisten Fällen nicht proportional der Gesamtkonzentration an Pepsin, sondern der Konzentration an freiem Pepsin[15].

Bei gegebener Pepsinkonzentration ist die relative Verdauungsgeschwindigkeit von konzentrierten und verdünnten Proteinlösungen dieselbe. Hauptsächlich das ionisierte Protein wird vom Pepsin angegriffen. Die Menge des ionisierten Eiweißes ist ihrerseits wieder ab-

---

[1] E. Abderhalden u. H. Mayer: Fermentforschg **11**, 143 (1930). — E. Abderhalden u. W. Zeißet: Ebenda **11**, 183 (1930) — E. Waldschmidt-Leitz u. A. Purr: Ber. dtsch. chem. Ges. **62**, 2217 (1929).

[2] E. Waldschmidt-Leitz: Collegium **1928**, 543 — Chem. Zbl. **1929 I**, 759.

[3] H. H. Weber u. H. Gesenius: Biochem. Z. **187**, 410 (1927) — Chem. Zbl. **1927 II**, 2066. — J. H. Northrop: J. gen. Physiol. **4**, 227 — Chem. Zbl. **1922 I**, 764.

[4] E. Abderhalden u. H. Mahn: Hoppe-Seylers Z. **169**, 196 (1927) — Chem. Zbl. **1927 II**, 2550 — Hoppe-Seylers Z. **174**, 47 (1928) — Chem. Zbl. **1928 I**, 2178. — E. Abderhalden u. W. Kröner: Fermentforschg **10**, 12 (1928) — Chem. Zbl. **1928 II**, 2729.

[5] E. Waldschmidt-Leitz, A. Schäffner u. W. Graßmann: Hoppe-Seylers Z. **156**, 68 (1926) — Chem, Zbl. **1926 II**, 2440. — E. Waldschmidt-Leitz u. E. Simons: Hoppe-Seylers Z. **156**, 99 (1926) — Chem. Zbl. **1926 II**, 2442.

[6] E. Waldschmidt-Leitz: Ber. dtsch. chem. Ges. **59**, 3000 — Kolloid-Z. **40**, 295 (1926) — Chem. Zbl. **1927 I**, 714.

[7] E. Waldschmidt-Leitz: Chem. Weekbl. **27**, 266 (1930) — Chem. Zbl. **1930 II**, 746.

[8] J. A. Smorodinzew, A. N. Adowa u. S. S. Tschulkowa: Fermentforschg **11**, 37 (1929) — Chem. Zbl. **1930 I**, 3816.

[9] J. H. Northrop: J. gen. Physiol. **6**, 337 (1924) — Chem. Zbl. **1924 I**, 1945 — J. gen. Physiol. **7**, 603 (1925) — Chem. Zbl. **1925 II**, 1366. — G. E. Briggs: Biochem. J. **20**, 574 (1926) — Chem. Zbl. **1926 II**, 3057.

[10] E. Abderhalden u. K. Franke: Fermentforschg **9**, 485 (1928) — Chem. Zbl. **1928 II**, 577.

[11] C. A. Pekelharing: Koninkl. Akad. van Wetensch. Amsterdam, Wisk. en Natk. Afd. **30**, 309 (1921) — Chem. Zbl. **1922 I**, 703.

[12] J. H. Northrop: J. gen. Physiol. **6**, 337 (1924) — Chem. Zbl. **1924 I**, 1945 — J. gen. Physiol. **7**, 603 (1925) — Chem. Zbl. **1925 II**, 1366.

[13] L. Hugounenq u. J. Loiseleur: Bull. Soc. Chim. biol. Paris **7**, 955 (1925) — Chem. Zbl. **1926 I**, 1665.

[14] G. E. Briggs: Biochem. J. **20**, 574 (1926) — Chem. Zbl. **1926 II**, 3057.

[15] J. H. Northrop: J. gen. Physiol. **2**, 471 (1920) — Chem. Zbl. **1920 III**, 642.

hängig [1] von der Wasserstoffionenkonzentration [2]; die Verdauungsgeschwindigkeit zeigt daher ein Maximum bei dem p_H, bei dem sich das Protein mit Säure vollständig in Salz umgewandelt hat [3,4]. Das optimale p_H liegt gewöhnlich bei 2,1—2,2 [5].

Im allgemeinen gehorcht der Umsatz von Eiweiß mit Pepsin der Regel von Schütz $K = \dfrac{x}{\sqrt{t}}$, in einigen Fällen der Regel von Arrhenius $K = \dfrac{x}{t}$ [6,7,8]. (Berechnungen über die Schützsche Regel unter Anwendung der Langmuirschen Adsorptionstheorie [9].)

Die Pepsinhydrolyse von Eiweiß läßt sich nicht als katalytische Reaktion im gewöhnlichen Sinne auffassen [10]. Die Reaktion liegt nach Northrop in der Mitte zwischen monomolekularem oder bimolekularem Verlauf [10], bei optimalem p_H ist sie äqui-bimolekular [11].

In schwachen Konzentrationen zeigen Ionen keinen oder einen fördernden Einfluß auf die peptische Verdauung, in starker hemmen sie immer, allerdings ist die Ionenwirkung vom p_H abhängig [12,5]. Puffersubstanzen beeinflussen in der Regel den Ablauf der peptischen Verdauung nicht [13].

Bei der peptischen Verdauung verschiebt sich das Verhältnis von methylierbarem N zu formoltitrierbarem N zunächst zugunsten des Formol-N, erreicht dann aber einen konstanten Wert [14].

Nach Waldschmidt-Leitz ist das Verhältnis der vom Pepsin freigelegten COOH-Gruppen zu den NH_2-Gruppen fast immer 1:1, nur bei manchen glutaminsäurereichen Proteinen werden mehr COOH-Gruppen freigelegt. Die Wirkung des Pepsins besteht also nur in der Aufspaltung von Peptidbindungen [15]. Diese Anschauung wird auch von anderen Forschern bestätigt [16,17,18]. Auch nach Sørensen besteht die Pepsinspaltung ausschließlich in einer Lösung von Hauptvalenzbindungen [19]. Aminosäuren werden dabei wohl kaum freigelegt, sondern hauptsächlich Peptidcarboxyle [8].

Es fehlt aber nicht an Arbeiten, in denen nachgewiesen werden soll, daß der Zuwachs an Carboxylgruppen den an NH_2-Gruppen wesentlich übertrifft, weil das Pepsin angeblich auch esterartige Verknüpfungen spaltet [20]. Vielleicht werden auch Aminogruppen gebildet, die nicht quantitativ mit den bestehenden Methoden zu erfassen sind [21,22]. Außerdem soll das Verhältnis COOH : NH_2 für die einzelnen Proteine während der Pepsinverdauung verschieden sein [23].

---

[1] J. H. Northrop: J. gen. Physiol. **2**, 595 (1920) — Chem. Zbl. **1920 III**, 643.

[2] J. H. Northrop: J. gen. Physiol. **3**, 211 (1920) — Chem. Zbl. **1921 I**, 255.

[3] J. H. Northrop: J. gen. Physiol. **5**, 263 (1922) — Chem. Zbl. **1923 I**, 782 — **5**, 415 (1922) — Chem. Zbl. **1923 I**, 1094.

[4] L. Michaelis: Biochem. Z. **111**, 105 (1920) — Chem. Zbl. **1921 I**, 156.

[5] P. Rona u. H. Kleinmann: Biochem. Z. **150**, 444 (1924) — Chem. Zbl. **1925 I**, 1338.

[6] J. H. Northrop: J. gen. Physiol. **2**, 471 (1920) — Chem. Zbl. **1920 III**, 642.

[7] J. Smorodinzew u. A. Adowa: Hoppe-Seylers Z. **149**, 179 (1925) — Chem. Zbl. **1926 I**, 1666.

[8] A. N. Adowa u. J. A. Smorodinzew: Hoppe-Seylers Z. **183**, 133 (1929) — Chem. Zbl. **1930 I**, 239.

[9] E. A. Moelwyn-Hughes, J. Pace u. W. C. M. Lewis: J. gen. Physiol. **13**, 323 (1930) — Chem. Zbl. **1930 II**, 575.

[10] J. H. Northrop: Naturwiss. **11**, 713 (1923) — Chem. Zbl. **1923 III**, 1526.

[11] P. Rona u. H. Kleinmann: Biochem. Z. **159**, 146 (1925) — Chem. Zbl. **1925 II**, 1366.

[12] L. Michaelis: Biochem. Z. **111**, 105 (1920) — Chem. Zbl. **1921 I**, 47.

[13] J. Smorodinzew u. A. Adowa: Bull. Soc. Chim. biol. Paris **7**, 1068 (1925) — Chem. Zbl. **1926 I**, 2009.

[14] S. Edlbacher: Hoppe-Seylers Z. **108**, 287 (1919) — Chem. Zbl. **1920 III**, 558.

[15] E. Waldschmidt-Leitz u. E. Simons: Hoppe-Seylers Z. **156**, 114 (1926) — Chem. Zbl. **1926 II**, 2443. — E. Waldschmidt-Leitz u. G. Künstner: Hoppe-Seylers Z. **171**, 70 (1927) — Chem. Zbl. **1928 I**, 813 — Hoppe-Seylers Z. **171**, 290 (1927) — Chem. Zbl. **1928 I**, 1428.

[16] H. H. Weber u. H. Gesenius: Biochem. Z. **187**, 410 (1927) — Chem. Zbl. **1927 II**, 2066.

[17] S. P. L. Sørensen u. L. Katschioni-Walther: Hoppe-Seylers Z. **174**, 251 (1928) — Chem. Zbl. **1928 I**, 3082 — C. r. Lab. Carlsberg **17**, Nr 7, 1 (1928) — Chem. Zbl. **1928 I**, 3082.

[18] E. Abderhalden u. W. Kröner: Fermentforschg **10**, 12 (1928) — Chem. Zbl. **1928 II**, 2729.

[19] S. P. L. Sørensen: Kolloid-Z. **53**, 102 (1930) — Chem. Zbl. **1930 II**, 3423.

[20] H. Steudel, J. Ellinghaus u. A. Gottschalk: Hoppe-Seylers Z. **154**, 21 (1926) — Chem. Zbl. **1926 II**, 901.

[21] H. Steudel, J. Ellinghaus u. A. Gottschalk: Hoppe-Seylers Z. **154**, 198 (1926) — Chem. Zbl. **1926 II**, 1429.

[22] H. Steudel u. J. Ellinghaus: Hoppe-Seylers Z. **166**, 84 (1927) — Chem. Zbl. **1927 II**, 944.

[23] H. W. Vahlteich: Hoppe-Seylers Z. **176**, 222 (1928) — Chem. Zbl. **1928 II**, 1006.

Außer der Peptidspaltung halten viele Forscher Desaggregierung für wahrscheinlich [1]. Namentlich im Anfang der Fermenteinwirkung ist Teilchenverkleinerung wahrzunehmen [2]. Pepsin wirkt auch auf racemisierte Proteine ein [3].

Das Pepsin der Pflanzen- und Fleischfresser scheint dasselbe zu sein, da beide Pepsinarten pflanzliches und tierisches Eiweiß in gleicher Weise angreifen[4]. — Über die p_H-Optima des Pepsins verschiedener Vertebraten[5]. — Kalt- und Warmblüterpepsin scheinen identisch zu sein[6].

Die Aktivität einzelner Pepsinpräparate soll auf ihrem verschiedenen Gehalt an COOH- und NH_2-Gruppen beruhen[7]. Sie steht in direktem Verhältnis zum Gesamt-N, NH_2-N und zum Carboxylgehalt. In starken Präparaten ist das Verhältnis $NH_2:COOH$ etwa 0,75, in schwachen ist es kleiner als 0,5[8]. — Im Gegensatz dazu findet Lustig das Verhältnis $NH_2:COOH$ in verschiedenen Pepsinpräparaten nahezu gleich. Bei der Inaktivierung erfahren beide Gruppen starke Zunahme, was vielleicht auf Spaltung von Polypeptidbindungen zurückzuführen ist. In starken Pepsinpräparaten findet sich erhöhter Tryptophangehalt und wenig Phosphor. Das Wesentliche der Pepsinwirkung scheint ein „Zusammenwirken" von Carboxyl- und Aminogruppen zu sein[9]. — Smorodinzew führt das Ergebnis Lustigs auf unzweckmäßige Berechnung zurück [10].

Northrop konnte neuerdings feststellen, daß das Pepsin ein krystallisierbares Protein vom Molgewicht 33000—38000 und einem isoelektrischen Punkt von $p_H = 2{,}75$ ist[11]. — Die Pepsinwirkung ist nach Northrop dem Proteinmolekül zuzuschreiben[12]. — Den Auffassungen wird aber auch widersprochen[13]. — Vgl. dazu über Desmo-Enzyme[14]. — Weiteres über die Eigenschaften des krystallisierten Pepsins[15].

Über die Fraktionierung von Pepsinpräparaten verschiedener Herkunft vgl. [16].

Trypsin wirkt wohl auf Protamine und Histone, ohne Aktivierung aber nicht auf höher molekulare Proteine [17, 18].

Als wesentliches Moment für die Spaltbarkeit durch Trypsin ergibt sich nach zahlreichen Untersuchungen von Abderhalden und Waldschmidt-Leitz ein gewisser elektronegativer Charakter sowie die Gegenwart einer freien Carboxylgruppe [19, 20]. Die Anwesenheit einer freien

---

[1] P. Rona u. E. Mislowitzer: Biochem. Z. **200**, 152 (1928) — Chem. Zbl. **1929 I**, 1575 — Biochem. Z. **202**, 453 (1928) — Chem. Zbl. **1929 I**, 1575.

[2] E. Mislowitzer: Biochem. Z. **203**, 323 (1928) — Chem. Zbl. **1930 I**, 397. — P. Rona u. H. A. Oelkers: Biochem. Z. **217**, 50 (1930) — Chem. Zbl. **1930 I**, 2107.

[3] K. H. Lin, H. Wu u. T. T. Chen: Chin. J. Physiol **2**, 131 (1928) — Chem. Zbl. **1928 II**, 1006.

[4] H. W. Vahlteich: Hoppe-Seylers Z. **176**, 222 (1928) — Chem. Zbl. **1928 II**, 1006.

[5] H. J. Vonk: Z. vergl. Physiol. **9**, 685 (1929) — Chem. Zbl. **1931 I**, 800.

[6] N. P. Pjatnitzky: Hoppe-Seylers Z. **194**, 43; **199**, 231 (1931).

[7] L. Hugounenq u. J. Loiseleur: Bull. Soc. Chim. biol. Paris **7**, 955 (1925) — Chem. Zbl. **1926 I**, 1665.

[8] J. Smorodinzew u. A. Adowa: Hoppe-Seylers Z. **177**, 187 (1928) — Chem. Zbl. **1928 II**, 2369 — Bull. Soc. Chim. biol. Paris **12**, 449 (1930) — Chem. Zbl. **1930 II**, 575. — A. N. Adowa u. J. A. Smorodinzew: Hoppe-Seylers Z. **183**, 133 (1929) — Chem. Zbl. **1930 I**, 239.

[9] B. Lustig: Biochem. Z. **215**, 205 (1929) — Chem. Zbl. **1930 I**, 2264.

[10] J. A. Smorodinzew u. A. N. Adowa: Biochem. Z. **224**, 471 (1930) — Chem. Zbl. **1930 II**, 1998. — B. Lustig: Biochem. Z. **227**, 385 (1930) — Chem. Zbl. **1931 I**, 632.

[11] J. H. Northrop: J. gen. Physiol. **13**, 739, 767 (1930) — Chem. Zbl. **1930 II**, 2788 — Erg. Enzymforschg **1**, 302 (1932) — Chem. Zbl. **1932 I**, 1797.

[12] J. H. Northrop: J. gen. Physiol. **14**, 713 (1931) — Chem. Zbl. **1931 II**, 3216.

[13] R. Willstätter u. M. Rohdewald: Hoppe-Seylers Z. **204**, 181 (1932).

[14] R. W. Willstätter u. M. Rohdewald: Hoppe-Seylers Z. **208**, 258 (1932).

[15] P. A. Levene u. J. H. Helberger: Science (N. Y.) **73**, 494 (1931) — Chem. Zbl. **1931 II**, 585.

[16] H. Holter: Hoppe-Seylers Z. **196**, 1 (1931) — Chem. Zbl. **1931 I**, 3132.

[17] E. Waldschmidt-Leitz u. A. Harteneck: Hoppe-Seylers Z. **149**, 203, 221 (1925) — Chem. Zbl. **1926 I**, 1663/4.

[18] R. Willstätter: Dtsch. med. Wschr. **52**, 1 (1926) — Chem. Zbl. **1926 I**, 1672.

[19] E. Waldschmidt-Leitz, W. Klein u. A. Schäffner: Ber. dtsch. chem. Ges. **61**, 2092 (1928) — Chem. Zbl. **1929 I**, 91.

[20] E. Abderhalden u. W. Zeißet: Fermentforschg 9, 336 (1928) — Chem. Zbl. **1928 II**, 572/80. — E. Abderhalden u. H. Brockmann: Fermentforschg 9, 430, 446 (1928) — Chem. Zbl. **1928 II**, 572/80. — E. Abderhalden u. W. Köppel: Fermentforschg 9, 439, 516 (1928) — Chem. Zbl. **1928 II**, 572/80. — E. Abderhalden u. H. Sickel: Fermentforschg 9, 462 (1928) — Chem. Zbl. **1928 II**, 572/80. — E. Abderhalden u. E. Roßner: Fermentforschg 9, 494 (1928) — Chem. Zbl. **1928 II**, 572/80. — E. Abderhalden u. E. Schwab: Fermentforschg 9, 501 (1928) — Chem. Zbl.

Aminogruppe ist für die Anlagerung des Trypsins entbehrlich[1,2]. — Nach neueren Forschungen von Abderhalden kann jedoch dem elektronegativen Charakter des Gesamtsubstrates eine entscheidende Bedeutung für die Angreifbarkeit durch Trypsinkinase nicht zukommen[3].

Abderhalden betont, daß der „Trypsinkomplex" nicht einheitlich sei und hat an einem außerordentlich großen Material experimentelle Belege dafür erbracht. In diesen Arbeiten finden sich theoretische Erörterungen über die Wirkungsweise von Trypsinkinase und Besprechung der Anschauungen von Waldschmidt-Leitz[4].

1928 II, 572/80. — E. Abderhalden u. R. Fleischmann: Fermentforschg 9, 524 (1928) — Chem. Zbl. 1928 II, 572—80. — E. Abderhalden u. H. Sickel: Fermentforschg 10, 91 (1928) — Chem. Zbl. 1929 I, 90. — E. Abderhalden u. E. Roßner: Fermentforschg 10, 95 (1928) — Chem. Zbl. 1929 I, 90. — E. Abderhalden u. O. Herrmann: Fermentforschg 10, 145 (1928) — Chem. Zbl. 1929 I, 2313. — E. Abderhalden u. H. Brockmann: Fermentforschg 10, 159 (1928) — Chem. Zbl. 1929 I, 2314. — E. Abderhalden u. F. Reich: Fermentforschg 10, 173 (1928) — Chem. Zbl. 1929 I, 2315. — E. Abderhalden u. E. Schwab: Fermentforschg 10, 179 (1928) — Chem. Zbl. 1929 I, 2316. — E. Abderhalden u. H. Sickel: Fermentforschg 10, 188 (1928) — Chem Zbl. 1929 I, 2316. — E. Abderhalden u. R. Fleischmann: Fermentforschg 10, 195 (1928) — Chem. Zbl. 1929 I, 2317. — E. Abderhalden, E. Rindtorff u. A. Schmitz: Fermentforschg 10, 213 (1928) — Chem. Zbl. 1929 I, 2319 — Fermentforschg 10, 233 (1928) — Chem. Zbl. 1929 I, 2320. — E. Abderhalden u. J. J. Delgado y Mier: Fermentforschg 10, 251 (1928) — Chem. Zbl. 1929 I, 2320. — E. Abderhalden, P. Sah u. E. Schwab: Fermentforschg 10, 264 (1928) — Chem. Zbl. 1929 I, 2321. — E. Abderhalden u. H. Sickel: Fermentforschg 10, 302 (1928) — Chem. Zbl. 1929 I, 2321.

[1] E. Waldschmidt-Leitz, A. Schäffner, H. Schlatter u. W. Klein: Ber. dtsch. chem. Ges. 61, 299 (1928) — Chem. Zbl. 1928 I, 1780.

[2] E. Waldschmidt-Leitz u. W. Klein: Ber. dtsch. chem. Ges. 61, 640 (1928) — Chem. Zbl. 1928 I, 2412 — Collegium 1928, 543 — Chem. Zbl. 1929 I, 759.

[3] E. Abderhalden u. E. Schwab, Fermentforschg 10, 305 (1929) — Chem. Zbl. 1930 II 3789.

[4] E. Abderhalden u. E. Schwab: Fermentforschg 10, 305 (1929) — Chem. Zbl. 1930 II, 3789. — E. Abderhalden u. O. Herrmann: Fermentforschg 10, 610 (1929); 10, 474 (1930) — Chem. Zbl. 1930 II, 3791; 1930 I, 2905. — E. Abderhalden u. E. Schwab: Fermentforschg 10, 478 (1930) — Chem. Zbl. 1930 I, 2905. — E. Abderhalden u. F. Reich: Fermentforschg 10, 319 (1929) — Chem. Zbl. 1930 II, 1558. — E. Abderhalden u. H. Brockmann: Fermentforschg 10, 330 (1929) — Chem. Zbl. 1930 II, 1559. — E. Abderhalden u. F. Schweitzer: Fermentforschg 10, 341 (1929) — Chem. Zbl. 1930 II, 1559. — E. Abderhalden u. V. Vlassopoulos: Fermentforschg 10, 365 (1929) — Chem. Zbl. 1930 II, 1561. — E. Abderhalden u. A. Schmitz: Fermentforschg 10, 428 (1929) — Chem. Zbl. 1930 II, 1562. — E. Abderhalden u. E. Schwab: Fermentforschg 10, 440 (1929) — Chem. Zbl. 1930 II, 1563. — E. Abderhalden u. W. Zeisset: Fermentforschg 10, 481 (1929) — Chem. Zbl. 1930 II, 1706. — E. Abderhalden, L. Dinerstein u. S. Genes: Fermentforschg 10, 532 (1929) — Chem. Zbl. 1930 II, 1707. — E. Abderhalden u. W. Zeisset: Fermentforschg 10, 544 (1929) — Chem. Zbl. 1930 II, 1707. — E. Abderhalden u. O. Herrmann: Fermentforschg 10, 586 (1929) — Chem. Zbl. 1930 II, 1708. — E. Abderhalden u. A. Schmitz: Fermentforschg 10, 591 (1929) — Chem. Zbl. 1930 II, 1709. — E. Abderhalden, R. Fleischmann u. W. Irion: Fermentforschg 10, 446 (1929) — Chem. Zbl. 1930 II, 2268. — E. Abderhalden u. H. Mayer: Fermentforschg 10, 464 (1929) — Chem. Zbl. 1930 II, 2268. — E. Abderhalden u. O. Herrmann: Fermentforschg 11, 78 (1929) — Chem. Zbl. 1930 I, 3793. — E. Abderhalden u. A. Schmitz: Fermentforschg 11, 104 (1929) — Chem. Zbl. 1930 I, 3794. — E. Abderhalden u. E. Schwab: Fermentforschg 11, 127 (1930) — Chem. Zbl. 1930 I, 3795. — E. Abderhalden u. F. Reich: Fermentforschg 11, 287 (1930) — Chem. Zbl. 1930 II, 2268. — E. Abderhalden u. F. Schweitzer: Fermentforschg 11, 382 (1930) — Chem. Zbl. 1930 II, 2269. — E. Abderhalden u. A. Bahn: Fermentforschg 11, 399 (1930) — Chem. Zbl. 1930 II, 2269. — E. Abderhalden, T. Ryndin u. E. Schwab: Fermentforschg 11, 515 (1930) — Chem. Zbl. 1930 II, 2271. — E. Abderhalden u. M. Saito: Fermentforschg 11, 539 (1930) — Chem. Zbl. 1930 II, 2272. — E. Abderhalden u. F. Reich: Fermentforschg 12, 20 (1930) — Chem. Zbl. 1930 II, 3426. — E. Abderhalden u. J. Heumann: Fermentforschg 12, 42 (1930) — Chem. Zbl. 1930 II, 3426. — E. Abderhalden u. E. Riesz: Fermentforschg 12, 180 (1930) — Chem. Zbl. 1931 I, 793. — E. Abderhalden u. E. v. Ehrenwall: Fermentforschg 12, 223 (1930) — Chem. Zbl. 1931 I, 797. — E. Abderhalden u. F. Schweitzer: Fermentforschg 12, 231 (1930) — Chem. Zbl. 1931 I, 797. — E. Abderhalden u. E. v. Ehrenwall: Fermentforschg 12, 376 (1931) — Chem. Zbl. 1931 I, 2209. — E. Abderhalden u. W. Schairer: Fermentforschg 12, 295 (1931) — Chem. Zbl. 1931 I, 2210. — E. Abderhalden u. F. Schweitzer: Fermentforschg 12, 350 (1931) — Chem. Zbl. 1931 I, 2212. — E. Abderhalden u. E. v. Ehrenwall: Fermentforschg 12, 411 (1931) — Chem. Zbl. 1931 I, 2489. — E. Abderhalden u. F. Schweitzer: Fermentforschg 11, 224 (1930) — Chem. Zbl. 1931 I, 2767. — E. Abderhalden u. H. Brockmann: Fermentforschg 11, 251 (1930) — Chem. Zbl. 1931 I, 2768. — E. Abderhalden u. O. Zumstein: Fermentforschg 12, 1 (1930); 12, 341 (1931) — Chem. Zbl. 1931 I, 2769, 2770. — E. Abderhalden u. F. Schweitzer: Fermentforschg 11, 529 (1930) — Chem. Zbl. 1931 I,

Bei der Aktivierung des Trypsins durch Enterokinase ist es nicht gleichgültig, ob man von vornherein Trypsinkinase auf das Substrat einwirken läßt, oder ob man zum bereits mit Trypsin verdautem Protein Trypsinkinase zufügt [1].

Der Aktivator kann durch Bindung an gewisse Proteine (Casein, Gelatine) gehemmt werden [2].

Die Verstärkung der Hydrolyse durch Enterokinase beruht nicht auf einer einfachen Geschwindigkeitssteigerung, sondern auf einem abweichenden Reaktionsmechanismus [3]. Die spezifische funktionelle Aufgabe der Enterokinase scheint in der Vermittlung oder in der Verstärkung der Bindung des Trypsins mittels der OH-Gruppe des Tyrosins zu bestehen, während die Anlagerung des aktivatorfreien Trypsins am Carboxyl allein erfolgt [4].

Die Wirkung des Trypsins besteht nicht, wie vielfach angenommen wurde, in einer desaggregierenden Wirkung, sondern in der Spaltung von Peptidbindungen. Es werden frühzeitig Polypeptide und Aminosäuren freigelegt [5, 6]. Dabei verhält sich Pankreassekret und -extrakt in der proteolytischen Wirkung gleich [7].

Von einigen Forschern wird immer noch angenommen, daß das Trypsin neben der Lösung von Peptidbindungen auch wesentlich die Spaltung anderer chemischer Bindungen und Desaggregierung bewirkt [8, 9]. Namentlich im Anfang der Trypsineinwirkung steigt die Zahl der Teilchen, bevor noch Polypeptidbindungen gelöst werden [10].

Pepsin und Trypsinkinase spalten Eiweiß in verschiedener Weise [11]. — Felix weist allerdings darauf hin, daß das Trypsin imstande ist, auch „Pepsin-Bindungen" zu spalten (siehe unter Globin) [12].

Bei der Eiweißverdauung durch Trypsin sollen mitogenetische Strahlungen auftreten. Der „Induktionseffekt" nach Gurwitsch beträgt 20—30% [13].

Von den Spaltprodukten, die sich im Trypsinhydrolysat der Proteine befinden, seien nur folgende erwähnt (wegen der Spaltprodukte müssen auch die einzelnen Proteine verglichen werden): Aus dem freiwerdenden Ammoniak bei der Trypsinhydrolyse geht hervor, daß die Amidspaltung langsamer verläuft als die Peptidspaltung, so daß die Annahme gerechtfertigt erscheint, daß die Amidspaltung gar nicht durch reines Trypsin hervorgerufen wird [14]. Asparagin wird durch Trypsin nicht schnell und vollständig freigemacht [15].

Die Abspaltungsgeschwindigkeit von Arginin (resp. eines für Arginase angreifbaren Argininkomplexes) bei der tryptischen Verdauung ist bei den einzelnen Proteinen sehr ver-

2771. — E. Abderhalden u. H. Mayer: Fermentforschg 11, 143 (1930) — Chem. Zbl. 1931 I, 2771. — E. Abderhalden u. E. Schwab: Fermentforschg 12, 432 (1931) — Chem. Zbl. 1931 I, 2772. — E. Abderhalden u. M. Damodaran: Fermentforschg 11, 350 (1930) — Chem. Zbl. 1931 I, 2774. — E. Abderhalden u. W. Geidel: Fermentforschg 12, 518 (1931) — Chem. Zbl. 1931 II, 1301. — E. Abderhalden u. E. Schwab: Fermentforschg 11, 559 (1931) — Chem. Zbl. 1931 II, 1438. — E. Abderhalden u. J. Heumann: Fermentforschg 12, 572 (1931) — Chem. Zbl. 1931 II, 1438. — E. Abderhalden u. E. v. Ehrenwall: Fermentforschg 13, 47 (1931) — Chem. Zbl. 1932 I, 687.

[1] E. Waldschmidt-Leitz, A. Schäffner u. W. Graßmann: Hoppe-Seylers Z. 156, 68 (1926) — Chem. Zbl. 1926 II, 2440.

[2] E. Waldschmidt-Leitz u. K. Linderstrøm-Lang: Hoppe-Seylers Z. 166, 227 (1927) — Chem. Zbl. 1927 II, 834 — Hoppe-Seylers Z. 166, 241 (1927) — Chem. Zbl. 1927 II, 835.

[3] E. Waldschmidt-Leitz, W. Klein u. A. Schäffner: Ber. dtsch. chem. Ces. 61, 2092 (1928) — Chem. Zbl. 1929 I, 91.

[4] E. Waldschmidt-Leitz u. W. Klein: Ber. dtsch. chem. Ges. 61, 640 (1928) — Chem. Zbl. 1928 I, 2412 — Collegium 1928, 543 — Chem. Zbl. 1929 I, 759.

[5] E. Waldschmidt-Leitz u. A. Harteneck: Hoppe-Seylers Z. 149, 203, 221 (1925) — Chem. Zbl. 1926 I, 1663/4.

[6] R. Willstätter: Dtsch. med. Wschr. 52, 1 (1926) — Chem. Zbl. 1926 I, 1672.

[7] E. Waldschmidt-Leitz u. J. Waldschmidt-Graser: Hoppe-Seylers Z. 166, 247 (1927) — Chem. Zbl. 1927 II, 835.

[8] P. Rona u. E. Mislowitzer: Biochem. Z. 196, 197 (1928) — Chem. Zbl. 1928 II, 1446 — Biochem. Z. 200, 152 (1928) — Chem. Zbl. 1929 I, 1575. — E. Mislowitzer: Biochem. Z. 203, 323 (1928) — Chem. Zbl. 1930 I, 397.

[9] R. Ehrenberg: Biochem. Z. 184, 90 (1927) — Chem. Zbl. 1927 II, 592.

[10] P. Rona u. H. A. Oelkers: Biochem. Z. 217, 50 (1930) — Chem. Zbl. 1930 I, 2107.

[11] E. Abderhalden u. E. Schwab: Fermentforschg 11, 92 (1929) — Chem. Zbl. 1930 I, 3794.

[12] K. Felix u. A. Lang: Hoppe-Seylers Z. 184, 205 (1929) — Chem. Zbl. 1930 I, 986.

[13] A. M. Karpass u. M. Lanschina: Biochem. Z. 215, 337 (1929) — Chem. Zbl. 1930 I, 1314.

[14] A. Hunter u. R. G. Smith: J. of biol. Chem. 62, 649 (1925) — Chem. Zbl. 1925 I, 1757.

[15] A. Hunter: Proc. trans. roy. Soc. Canada 19 V, 1 (1925) — Chem. Zbl. 1926 II, 38.

schieden. Bei Caseinogen und Gelatine ist sie sehr groß, sehr gering bei Ovalbumin. In keinem Falle wird das gesamte Arginin in Freiheit gesetzt[1].

Wie schon oben erwähnt, werden neben Polypeptiden von Trypsin auch Aminosäuren zu Beginn der Hydrolyse schon freigemacht, darunter auch Histidin[2].

Prolinhaltige Polypeptide finden sich gewöhnlich in der Butylalkoholfraktion des Trypsinverdauungsgemisches[3].

Anhydridringe konnten von Abderhalden isoliert werden[4].

Bei der Verdauung mit Pankreasfermenten wird Acetaldehyd gebildet[5].

Über die Abhängigkeit der Geschwindigkeit der Trypsinhydrolyse von der Substratkonzentration und von den umgesetzten Stoffen[6]. Vgl. dazu die Abhängigkeit der Zeitumsatzkurven von Spaltungszeit, von den Spaltprodukten, Konzentration an Ferment und Substrat und von der Temperatur[7]. — Für sehr kleine Trypsinmengen ist das Verhältnis zwischen Ferment und umgesetzter Proteinmenge nahezu konstant, bei größeren Fermentkonzentrationen gilt die Schützsche Regel[8]. (Vgl. dazu auch[9]).

Der Ablauf der Trypsinspaltung, der sich nicht durch eine monomolekulare Gleichung ausdrücken läßt, wird erstens durch gebildete Stoffe, und zweitens durch Inaktivierung des Ferments gehemmt. Die Hemmung beruht nicht auf Bildung von Aminosäuren, denn ihr Zusatz ist wirkungslos. Die Hemmung wird im Verlauf der Spaltung geringer, da Bindung von Trypsin an die hemmende Substanz stattfindet[10]. Die Inaktivierung des Trypsins ist eine monomolekulare Reaktion, die Abbauprodukte üben eine Schutzwirkung auf das Ferment aus[11].

Entgegen Waldschmidt-Leitz, der annimmt, daß die Proteolyse durch Trypsin nach einer bestimmten Wirkung zum Stillstand kommt, wird auch von anderer Seite die Ansicht Northrops (s. oben) bestätigt, daß Hemmungsstoffe den Ablauf der tryptischen Spaltung beeinflussen. Auch Dipeptide können hemmend wirken[12].

Weitere Hemmungsstoffe müssen sich auch im Blutserum und im Ovalbumin befinden[13, 14, 15].

Bayer 205 hemmt die Trypsinverdauung der Proteine[16].

Erepsin: Das Erepsin wirkt nicht ein auf Proteine, sondern ist spezifisch auf Polypeptide eingestellt. Es ist daher nur kurz hier berücksichtigt. Über seine Wirkungsweise vgl. die zahlreichen von Abderhalden und Waldschmidt-Leitz durchgeführten Modellversuche, die unter Trypsin aufgeführt sind.

Katheptische Fermente: Die katheptischen Fermente zeigen enge Verwandtschaft zu den proteolytischen Systemen der Hefe. Sie werden durch Blausäure und Schwefelwasserstoff (wie Papain und Hefeproteinase), im Organismus durch Zookinase bzw. Phytokinase aktiviert. Der Aktivator ist von den Fermenten trennbar. Kathepsin ist ohne Aktivator unwirksam, der katheptische Aktivator kann nicht durch Enterokinase ersetzt werden[17]. Der natürliche Aktivator ist identisch mit Glutathion, das nur in reduzierter Form wirkt[18]. — Weiteres

[1] J. A. Dauphinee u. A. Hunter: Biochemic. J. **24**, 1128 (1930) — Chem. Zbl. **1931 II**, 1439.

[2] B. Lustig: Biochem. Z. **169**, 139 (1926) — Chem. Zbl. **1926 I**, 3241.

[3] A. Hunter: Proc. Trans. roy. Soc. Canada **16 V**, 71 (1922) — Chem. Zbl. **1923 III**, 1239.

[4] E. Abderhalden u. E. Komm: Hoppe-Seylers Z. **145**, 308 (1925) — Chem. Zbl. **1925 II**, 1446.

[5] A. Hoffmeister: Hoppe-Seylers Z. **205**, 183 (1932).

[6] J. H. Northrop: J. gen. Physiol. **4**, 227, 245, 261, 487 (1921) — Chem. Zbl. **1922 I**, 764, 765; **III**, 787.

[7] H. Kleinmann: Biochem. Z. **177**, 89 (1926) — Chem. Zbl. **1927 I**, 463.

[8] R. Willstätter, E. Waldschmidt-Leitz, S. Duñaiturria u. G. Künstner: Hoppe-Seylers Z. **161**, 191 (1926) — Chem. Zbl. **1927 I**, 905.

[9] R. Ehrenberg: Biochem. Z. **161**, 348 (1925) — Chem. Zbl. **1926 I**, 158.

[10] J. H. Northrop: J. gen. Physiol. **4**, 227 (1921) — Chem. Zbl. **1922 I**, 764 — J. gen. Physiol. **4**, 245 (1921) — Chem. Zbl. **1922 I**, 765.

[11] J. H. Northrop: J. gen. Physiol. **4**, 261 (1921) — Chem. Zbl. **1922 I**, 765.

[12] H. H. Weber u. H. Gesenius: Biochem. Z. **187**, 410 (1927) — Chem. Zbl. **1927 II**, 2066.

[13] E. Waldschmidt-Leitz u. A. Harteneck: Hoppe-Seylers Z. **147**, 286 (1925) — Chem. Zbl. **1926 I**, 691.

[14] E. Abderhalden u. W. Kröner: Fermentforschg **10**, 12 (1928) — Chem. Zbl. **1928 II**, 2729.

[15] R. Willstätter u. H. Persiel: Hoppe-Seylers Z. **142**, 245 (1925) — Chem. Zbl. **1925 I**, 1745.

[16] A. W. Beilinson: J. of exper. biol. Med. **11**, Nr 29, 52 (1929) — Chem. Zbl. **1930 I**, 2273.

[17] E. Waldschmidt-Leitz, A. Schäffner, J. J. Bek u. E. Blum, Hoppe-Seylers Z. **188**, 17 (1930) — Chem. Zbl. **1930 II**, 71.

[18] O. Ambros u. A. Harteneck: Hoppe-Seylers Z. **181**, 24 (1929). — E. Waldschmidt-Leitz, A. Purr u. A. K. Balls: Naturwiss. **18**, 644 (1930). — W. Graßmann, O. v. Schönebeck u. Eibeler: Hoppe-Seylers Z. **194**, 124 (1931). — E. Waldschmidt-Leitz: Z. angew. Chem. **44**, 573 (1931).

über Herstellung, Reinigung und Wirksamkeit der Zookinase auf Papain und Kathepsin[1]. — Vgl. dazu auch [2].

Die aktivierende Wirkung von Blausäure und Schwefelwasserstoff auf katheptische Fermente soll sich durch Beseitigung der schon in geringen Mengen hemmenden Schwermetallionen erklären[3]. Waldschmidt-Leitz glaubt indessen, daß die von Schwermetallionen befreiten Gewebsextrakte Krebs' Blausäure in analytisch nicht nachweisbaren Mengen enthielten[4].

In Leukocyten soll neben katheptischen Proteinasen eine echte Tryptase vorkommen, die aber vom Pankreastrypsin verschieden zu sein scheint[5].

Pflanzliche Proteasen: Papain. Von den pflanzlichen Proteasen ist hauptsächlich das Papain untersucht worden. Es kann ohne Aktivator höher molekulare Proteine wie Trypsinkinase spalten, aber nicht Peptone[6]. (Über die Unterschiede im Verhalten gegen Papain siehe bei den einzelnen Kapiteln.) Diese werden erst nach Aktivierung mit Blausäure gespalten. Alle Pflanzenproteasen werden durch Blausäure teils in förderndem, teils in hemmendem Sinne beeinflußt[7]. (Erklärung hierfür [8].) Auch die Proteolyse durch Pflanzenproteasen besteht in Lösung von Peptidverbindungen[9].

Die Optima der Verdauung fallen mit den isoelektrischen Punkten der Substrate zusammen[10].

Schwermetalle hemmen die Wirkung des Papains reversibel; alle Stoffe, die Schwermetalle beseitigen (z. B. HCN, H_2S), „aktivieren" das Papain. Siehe auch unter katheptischen Fermenten[11].

Vergleich mit „Hefeproteinase"[12].

Die Proteinase des Grünmalzes scheint auf ionisiertes Protein zu beiden Seiten des isoelektrischen Punktes zu wirken[13].

Hefeproteasen: In den Proteasen der Hefe findet sich nur ein einziges Trypsin, das dem Papain ähnelt[14].

Das tryptische und das polypeptidspaltende Ferment der Hefe sind nicht identisch[15]. Das Hefetrypsin läßt sich vielmehr in eine Polypeptidase und eine „Proteinase" zerlegen. Die Hefeproteinase ist ohne Aktivator (H_2S, HCN) unwirksam, bei längerem Stehen bildet sich spontan ein Aktivator. Ähnlich wie beim Papain fallen auch bei der Hefenproteinase die Reaktionsoptima mit den isoelektrischen Punkten der Substrate zusammen. Für die Spaltung ist die Stellung der Peptidbindung zu den freien Amino- und Carboxylgruppen maßgebend. Die gelösten Carboxyl- und Aminogruppen sind auch hier einander äquivalent[12].

---

[1] E. Waldschmidt-Leitz u. A. Purr: Hoppe-Seylers Z. **198**, 260 (1931) — Chem. Zbl. **1931 II**, 1710.

[2] E. Abderhalden u. W. Geidel: Fermentforschg **13**, 97 (1931) — Chem. Zbl. **1932 I**, 686.

[3] H. A. Krebs: Naturwiss. **18**, 736 (1930) — Chem. Zbl. **1931 I**, 292 — Biochem. Z. **220**, 289 (1930) — Chem. Zbl. **1931 I**, 793 — Naturwiss. **19**, 133 (1931) — Chem. Zbl. **1931 I**, 2488.

[4] E. Waldschmidt-Leitz u. A. Purr: Naturwiss. **18**, 952 (1930) — Chem. Zbl. **1931 I**, 1121 — Hoppe-Seylers Z. **198**, 260 (1931).

[5] K. G. Stern: Hoppe-Seylers Z. **199**, 169 (1931) — vgl. auch Biochem. Z. **234**, 116 (1931) — Chem. Zbl. **1932 I**, 1013.

[6] R. Willstätter u. W. Graßmann: Hoppe-Seylers Z. **138**, 184 (1924) — Chem. Zbl. **1924 II**, 1802. — E. Waldschmidt-Leitz u. A. Harteneck: Hoppe-Seylers Z. **149**, 221 (1925) — Chem. Zbl. **1926 I**, 1665.

[7] R. Willstätter, W. Graßmann u. O. Ambros: Hoppe-Seylers Z. **151**, 286 (1926) — Chem. Zbl. **1926 I**, 2359.

[8] O. Ambros u. A. Harteneck: Hoppe-Seylers Z. **184**, 93 (1929) — Chem. Zbl. **1930 I**, 83.

[9] R. Willstätter, W. Graßmann u. O. Ambros: Hoppe-Seylers Z. **152**, 164 (1926) — Chem. Zbl. **1926 I**, 3158.

[10] R. Willstätter, W. Graßmann, O. Ambros: Hoppe-Seylers Z. **151**, 307 (1926) — Chem. Zbl. **1926 I**, 2361.

[11] H. A. Krebs: Biochem. Z. **220**, 289 (1930) — Chem. Zbl. **1931 I**, 793 — Naturwiss. **19**, 133 (1931) — Chem. Zbl. **1931 I**, 2488.

[12] W. Graßmann u. H. Dyckerhoff: Hoppe-Seylers Z. **179**, 41 (1928); Unters. über Enzyme **2**, 1708 (1928) — Chem. Zbl. **1929 I**, 909.

[13] R. H. Hopkins u. H. E. Kelly: J. Inst. Brewing **36**, 9 (1930) — Chem. Zbl. **1930 I**, 2325. — Biochemic. J. **25**, 256 (1931) — Chem. Zbl. **1931 II**, 1709.

[14] R. Willstätter u. W. Graßmann: Hoppe-Seylers Z. **153**, 250 (1926) — Chem. Zbl. **1926 II**, 38. — W. Graßmann u. H. Dyckerhoff: Ber. dtsch. chem. Ges. **61**, 656 (1928) — Chem. Zbl. **1928 I**, 3081.

[15] W. Graßmann: Hoppe-Seylers Z. **167**, 202 (1927) — Chem. Zbl. **1927 II**, 1154.

Synthetische Wirkungen der Fermente: Ob und auf welchem Wege die Fermente aus den Spaltstücken der Proteolyse Eiweiß aufbauen können, ist noch nicht geklärt.

Abderhalden gelang es aus dem Aminosäuregemisch bestimmter Organe durch die Macerationssäfte derselben Organe Eiweiß aufzubauen, das die normalen Flockungsreaktionen zeigte [1].

Andere Forscher erhielten aus peptischen Verdauungsprodukten mit Pepsin „Plasteine", deren Eiweißeigenschaften durch ein niedriges Verhältnis Amino-N:Gesamt-N sowie durch die üblichen Reaktionen nachgewiesen wurde. Die Bildung von Eiweiß soll mit steigender Temperatur zunehmen und bei $p_H = 4$ ihr Optimum haben [2]. Auch von der Konzentration der Hydrolysenprodukte ist die Synthese abhängig [3]. Die Ausbeute des durch Pepsin synthetisierbaren Proteins ist am höchsten, wenn die Spaltung in dem Augenblick unterbrochen wird, da alles Protein aus der Lösung verschwunden ist. Die Synthetisierbarkeit eines Gemisches von Proteinspaltprodukten durch Pepsin soll auf der Anwesenheit eines besonderen Komplexes unter den Spaltprodukten beruhen, der bei fortgesetzter Verdauung zerstört wird. Weiteres vgl. besonders unter Ovalbumin [4]. (Zusammenfassendes darüber siehe [5].) Das Ferment wird während der Synthese an den Plasteinniederschlag gebunden; es kann auch nach Erreichung des Gleichgewichts noch Hydrolyse oder Synthese bewirken [6].

Auffällig ist, daß der Amino-N nach van Slyke vielfach keine Abnahme aufweist während der Synthese [7].

Andere Forscher konnten zwar die Bildung schwerer löslicher Körper bestätigen, glaubten aber erst nicht, daß man sie im Sinne einer Synthese deuten darf [8], haben aber später Produkte gefunden, die geringeren Gehalt an Amino-N aufwiesen und die durch Fermente wieder zerlegt werden konnten [9].

Auch das Trypsin soll synthetische Fähigkeiten haben. Das Optimum für die tryptische Synthese liegt bei 5,7 [10]. Die Synthese kann durch Lipoidemulsionen beschleunigt werden [11].

Nach Blanchetière erhält man auch bei der Einwirkung von Pepsin und Trypsin auf Aminosäuren eine Abnahme des Aminostickstoffs, die auf Bildung von Dioxopiperazinen zurückzuführen ist. Es wird angenommen, daß auch bei der fermentativen Eiweißsynthese z. T. Anhydridbildung stattfindet [12].

Über synthetische Wirkungen der Milzenzyme [13].

Verhalten gegen Bakterien: Bei denjenigen Bakterien, die Eiweiß nicht verflüssigen, üben nur diejenigen Zellen proteolytische Wirkung aus, die keine Vermehrungsfähigkeit mehr haben, bei denen, die verflüssigen, auch die Zellen, die noch lebensfähig sind, und zwar in besonders starkem Maße [14].

Physiologisches: Die Eiweißkörper sind ausschließlich als „ergastische" Stoffe, Reservestoffe, für die lebende Substanz zu betrachten. Aus diesen ergastischen Gebilden stammen die Albumine des Serums, der Milch, der Eier, die analogen Globuline, die Aleuronkörper der Samen, verschiedene Albumoide, ferner Caseinogen, Ovovitellin, Ichthulin. Als Stütze für die Theorie wird die Fähigkeit der Eiweißkörper geltend gemacht, sich in den Zellen in Form von Krystallen niederschlagen zu können [15].

---

[1] E. Abderhalden: Fermentforschg **1**, 47 (1914) — Chem. Zbl. **1915 I**, 899.

[2] H. Wasteneys u. H. Borsook: J. of biol. Chem. **62**, 15, 633, 675 (1924/25) — Chem. Zbl. **1925 I**, 674, 2010, 2011.

[3] H. Wasteneys u. H. Borsook: J. of biol. Chem. **63**, 563 (1925) — Chem. Zbl. **1925 II**, 1686.

[4] H. Borsook, D. A. Mac Fadyen u. H. Wasteneys: J. gen. Physiol. **13**, 295 (1930) — Chem. Zbl. **1930 I**, 3560.

[5] H. Wasteneys u. H. Borsook: Physiol. Rev. **10**, 110 (1930) — Chem. Zbl. **1930 I**, 3057.

[6] H. Wasteneys u. B. F. Crocker: Trans. roy. Soc. Canada **25**, Sect. 5, 199 (1931) — Chem. Zbl. **1932 I**, 1797.

[7] T. Oda: J. of Biochem. **6**, 77 (1926) — Chem. Zbl. **1926 II**, 900.

[8] P. Rona u. F. Chrometzka: Biochem. Z. **189**, 249 (1927) — Chem. Zbl. **1928 I**, 2411.

[9] P. Rona u. H. A. Oelkers: Biochem. Z. **203**, 298 (1928) — Chem. Zbl. **1929 I**, 2433.

[10] H. Wasteneys u. H. Borsook: J. of biol. Chem. **63**, 575 (1925) — Chem. Zbl. **1925 II**, 1686.

[11] H. R. Marston: Austral. J. exper. biol. a. med. Sci. **3**, 233 (1926) — Chem. Zbl. **1927 II**, 1850 — Ber. ges. Physiol. **40**, 586.

[12] A. Blanchetière: C. r. Acad. Sci. Paris **193**, 256, 549 (1931) — Chem. Zbl. **1931 II**, 3217.

[13] S. G. Hedin: Hoppe-Seylers Z. **207**, 213 (1932).

[14] A. Janke u. H. Holzer: Biochem. Z. **213**, 142 (1929) — Chem. Zbl. **1930 II**, 257.

[15] A. Meyer: Ber. dtsch. bot. Ges. **33**, 373 (1915) — Chem. Zbl. **1915 II**, 1147.

Über die Möglichkeit der Bildung von Eiweiß in der Natur aus Ketonsäuren und Ammoniak unter Hydrierung[1].

Über die Rolle des Arginins und Cystins beim Eiweißaufbau in der Zelle[2].

Über physiologische Umformungen von Eiweißkörpern (vgl. dazu auch Protamine): Im Organismus können aus dem Eiweißmolekül, ohne daß es zerfällt, einzelne Bestandteile herausgelöst werden, um selbständige Funktionen zu übernehmen[3]. Über die eiweißchemischen Grundlagen der Lebensvorgänge[4].

Über die Beziehungen des Nährwertes von Proteinen zum Gehalt an Aminosäuren: namentlich Tryptophan, Lysin und Cystin. Unvollständige Proteine bedürfen der Ergänzung durch die Eiweißstoffe des Fleisches, der Milch und der Eier um Schädigungen zu vermeiden[5]. Jedoch geht der Nährwert nicht immer mit dem Gehalt an Aminosäuren parallel[6].

Das N-Ausscheidungsverhältnis der einzelnen Proteine ist nicht verschieden untereinander[7].

Der N-Retentionskoeffizient während des Wachstums entspricht dem biologischen Wert der Eiweißkörper[8].

Eiweißkörper mit wenig Glykokoll geben nach Einführung in den Darmkanal keine Steigerung von Aminosäure-N im Blute, wohl aber solche mit viel Glykokoll. Es findet dann auch Ausscheidung im Harn statt[9]. — Glycinreiche Eiweißkörper steigern bei gleichzeitiger Verabreichung von Benzoaten die Bildung von Hippursäure deutlich[10].

In ihrer spezifisch-dynamischen Wirkung verhalten sich Proteine verschiedener Herkunft gleich[11].

Der Stoffwechsel erhöht sich nicht immer in konstanter Beziehung zum Energiegehalt des zugeführten Eiweißes[12]. Die spezifisch-dynamische Wirkung von Eiweiß beträgt im Durchschnitt etwa 30% ihres Brennwertes, ihr größter Teil ist auf Reizwirkung zurückzuführen[13]. — Zur Erklärung der spezifisch-dynamischen Wirkung[14].

Schädigungen durch überschüssige Eiweißzufuhr bestehen namentlich in pathologischen Veränderungen der Niere[15].

Überschüssige Eiweißzufuhr per os ruft keine Veränderungen im Blutzuckerwert gesunder Menschen und Tiere hervor[16].

Derivate: Halogenderivate: Bei der Chlorierung von Eiweißstoffen mit nascierendem Cl werden cyclische und heterocyclische Bausteine zerstört. Bei der Hydrolyse des chlorierten Eiweißes entstehen unter Abspaltung von Salzsäure dieselben Produkte wie beim Abbau genuiner Eiweißkörper. Gegen Fermente sind die Chloreiweißkörper sehr resistent[17].

Eine große Zahl von Chlor- und Bromderivaten von Eiweißkörpern hat Vandevelde mit Lösungen von Halogenen in Tetrachlorkohlenstoff hergestellt. Dabei tritt mehr Halogen

[1] F. Knoop: Münch. med. Wschr. 73, 2151 (1926) — Chem. Zbl. 1927 I, 1027.

[2] T. Cahn u. A. Bonot: Ann. de Physiol. 4, 781 (1928) — Chem. Zbl. 1929 I, 2890.

[3] A. Kossel: Naturwiss. 10, 999 (1922) — Chem. Zbl. 1923 I, 1046.·

[4] E. Herzfeld u. R. Klinger: Biochem. Z. 83, 42 (1917) — Chem. Zbl. 1917 II, 750.

[5] R. H. A. Plimmer: J. Soc. chem. Ind. 40, 227 (1921) — Chem. Zbl. 1921 II, 1251. — D. B. Jones: Cotton Oil Press. 7, 34 (1924) — Chem. Zbl. 1924 I, 2791.

[6] U. Suzuki, Y. Matsuyama u. N. Hashimoto: Sci. Papers Inst. Phys. Chem. Res. 4, 1 (1926) — Chem. Zbl. 1926 II, 606.

[7] Mendel u. Lewis: J. of biol. Chem. 16, 55 (1913) — Chem. Zbl. 1914 I, 46.

[8] E. F. Terroine u. A. Mahler-Mendler: Arch. internat. Physiol. 28, 101 (1927) — Chem. Zbl. 1927 II, 845.

[9] J. Bang: Biochem. Z. 74, 278 (1916) — Chem. Zbl. 1916 II, 99.

[10] W. H. Griffith u. H. B. Lewis: J. of biol. Chem. 57, 697 (1923) — Chem. Zbl. 1924 I, 570. — F. A. Csonka: J. of biol. Chem. 60, 545 (1924) — Chem. Zbl. 1924 II, 1949.

[11] D. Rapport: J. of biol. Chem. 60, 497 (1924) — Chem. Zbl. 1924 II, 1949. — R. Weiß u. D. Rapport: J. of biol. Chem. 60, 513 (1924) — Chem. Zbl. 1924 II, 1949.

[12] P. Hári: Biochem. Z. 173, 26 (1926) — Chem. Zbl. 1926 II, 1063.

[13] A. Bornstein: Dtsch. med. Wschr. 54, 1535 (1928) — Chem. Zbl. 1928 II, 1896.

[14] R. Liebeschütz-Plaut u. H. Schadow: Pflügers Arch. 214, 537 (1926) — Chem. Zbl. 1927 I, 623 — Pflügers Arch. 217, 717, 723 (1927) — Chem. Zbl. 1928 I, 714. — H. Reinwein: Dtsch. Arch. klin. Med. 160, 278 (1928) — Chem. Zbl. 1928 II, 1896.

[15] T. Addis, E. M. MacKay u. L. L. MacKay: J. of biol. Chem. 71, 139, 157 (1926) — Chem. Zbl. 1927 I, 1696. — T. B. Osborne, L. B. Mendel, E. A. Park u. M. C. Winternitz: J. of biol. Chem. 71, 317 (1927) — Chem. Zbl. 1927 I, 2333. — L. A. Tscherkes: Biochem. Z. 182, 35 (1927) — Chem. Zbl. 1927 II, 711 — J. exper. Biol. u. Med. 1927, 130 — Chem. Zbl. 1928 II, 1457.

[16] E. Lundsgard: Biochem. Z. 217, 125 (1930) — Chem. Zbl. 1930 I, 3069.

[17] E. Salkowski: Biochem. Z. 136, 169 (1923) — Chem. Zbl. 1923 III, 676/7.

in das Eiweiß ein als bei Einwirkung von elementarem Halogen allein, und zwar ohne Entwicklung von Halogenwasserstoff. Diese Verbindungen sind meist gefärbte Pulver von unangenehmen Geruch; das Halogen geht durch Wasser und Alkalien zum Teil in den ionisierten Zustand über, beim trocknen Erhitzen erhält man Halogenwasserstoff. Cl und Br verhalten sich in den einzelnen Derivaten wie ihre Atomgewichte, in manchen Fällen kommen auf ein Atom Br zwei Atome Cl. Die Chlorverbindungen sind gegen Lauge widerstandsfähiger als die Br-Verbindungen[1].

Jodderivate: Bei der Jodierung von Proteinen mit Jod in Natriumbicarbonatlösung erhält man Produkte, die J an Ring-C-Atome und an N von Imidogruppen gebunden enthalten. N—J steht in konstantem Verhältnis zu dem C—J. Wahrscheinlich enthält der Imidazolring des Histidins den N—J, der leicht durch schweflige Säure abspaltbar ist. Während der Jodierung finden Substitutionen und Oxydationen statt, Tryptophan und Cystin werden verändert, wobei Jodoform auftritt. Durch vorzeitige Unterbrechung der Jodierung erhält man nur kernjodierte Produkte, die frei von N—J sind. Bindung von Jod an Stickstoff macht die Jodproteine für Pepsin unverdaulich. Sowohl bei kernjodiertem als bei maximal jodiertem Produkt sind Millonsche und Ehrlichsche Reaktionen negativ[2]. — Durch Jodierung mit NJ_3 lassen sich Produkte erhalten, die den ursprünglichen Eiweißkörpern noch näher stehen[3]. Aus neueren Untersuchungen von Bauer und Strauß geht hervor, daß die Jodaufnahme der Proteine am Kohlenstoff in stöchiometrischen Verhältnissen zum Tyrosingehalt steht (vgl. aber das abweichende Verhalten des Globins), adsorptive Bindung findet nicht statt. Die Proteine, die die maximale Jodmenge aufgenommen haben, sind mit Ausnahme von Caseinogen gegen Pepsineinwirkung gesperrt[4].

Über Abspaltung von Jod und Brom als Jodid und Bromid durch ultraviolettes Licht[5] und durch Röntgenstrahlen[6].

Über die Fraktionen, in denen das Jod bei der tryptischen Verdauung von Jodeiweiß erscheint[7]. Vgl. auch [8].

Die meisten jodierten Eiweißstoffe rufen die typische Schilddrüsenwirkung hervor[9], jedoch nicht alle[10]. — Zur biologischen Wertigkeit von Jodeiweißverbindungen[11].

Nitroderivate: Die eintretenden Nitrogruppen bei Behandlung des Eiweißes mit 20 proz. HNO_3 entsprechen der einfachen Nitrierung des Tyrosins und des Tryptophans, wenn dieses vorhanden ist. Die Nitrokörper lassen sich mit Natriumhyposulfit zu farblosen Produkten reduzieren, jedoch lassen sich keine neuen Aminogruppen nachweisen[12].

Phosphorderivate: Die Phosphorylierung der Proteine wird nach Art der Schotten-Baumannschen Reaktion mit $POCl_3$ in Tetrachlorkohlenstoff vorgenommen. Die phosphorylierten Eiweißkörper spalten mit verdünnten Säuren und mit Pepsin langsam Phosphorsäure ab, schnell jedoch mit 0,25 n-NaOH. Trypsin spaltet den gesamten P als säurelösliche organische P-Verbindung ab. In Gegenwart von Calciumsalzen bringt Lab die phorphorylierten Proteine zur Gerinnung[13, 14].

[1] A. J. Vandevelde: Rec. Trav. chim. Pays-Bas et Belg. (Amsterd.) **43**, 158, 326, 702 (1924) — Chem. Zbl. **1924 I**,.1545, 2921; **II**, 2663 — Rec. Trav. chim. Pays-Bas et Belg. (Amsterd.) **44**, 224 (1925) — Chem. Zbl. **1925 II**, 42 — Rec. Trav. chim. Pays-Bas et Belg. (Amsterd.) **44**, 900 (1925) — Chem. Zbl. **1926 I**, 1817 — Rec. Trav. chim. Pays-Bas et Belg. (Amsterd.) **45**, 825 (1926) — Chem. Zbl. **1927 I**, 610 — Rec. Trav. chim. Pays-Bas et Belge (Amsterd.) **46**, 590 (1927) — Chem. Zbl. **1928 I**, 210 — Rec. Trav. chim. Pays-Bas et Belg. (Amsterd.) **47**, 458 (1928) — Chem. Zbl. **1928 I**, 1971.

[2] F. Blum u. E. Strauß: Hoppe-Seylers Z. **112**, 111 (1920) — Chem. Zbl. **1921 I**, 909.

[3] F. Blum u. E. Strauß: Hoppe-Seylers Z. **127**, 199 (1923) — Chem. Zbl. **1923 III**, 311.

[4] H. Bauer u. E. Strauß: Biochem. Z. **211**, 163 (1929) — Chem. Zbl. **1930 II**, 3582.

[5] F. Lieben u. G. Ehrlich: Biochem. Z. **222**, 221 (1930) — Chem. Zbl. **1930 II**, 1706.

[6] F. Lieben u. H. Kraus: Biochem. Z. **236**, 182 (1931) — Chem. Zbl. **1931 II**, 1309.

[7] G. Barkan u. G. Kingisepp: Naunyn-Schmiedebergs Arch. **160**, 610 (1931) — Chem. Zbl. **1931 II**, 1311.

[8] G. Barkan u. G. Kingisepp: Hoppe-Seylers Z. **204**, 219 (1932). — C. Massatsch: Z. exper. Med. **79**, 738 (1931) — Chem. Zbl. **1932 I**, 2862.

[9] E. Abderhalden u. O. Schiffmann: Pflügers Arch. **198**, 128 (1922) — Chem. Zbl. **1923 I**, 1338.

[10] J. Abelin: Pflügers Arch. **193**, 624 (1922) — Chem. Zbl. **1922 III**, 75.

[11] G. Zickgraf: Z. Ernährung **6**, 253 (1931) — Chem. Zbl. **1931 II**, 2177. — W. Daitz: Z. Volksernährung Diätkost **7**, 19 (1932) — Chem. Zbl. **1932 II**, 2348.

[12] F. Lieben: Biochem. Z. **145**, 535, 555 (1924) — Chem. Zbl. **1924 II**, 50.

[13] C. Rimington: Biochem. J. **21**, 272 (1927) — Chem. Zbl. **1927 II**, 442 — C. r. Lab. Carlsberg **17**, Nr 2, 1 (1927) — Chem. Zbl. **1927 II**, 2766.

[14] Neuberg u. Oertel: Biochem. Z. **60**, 491 (1914) — Chem. Zbl. **1914 I**, 1586.

Methylderivate: Bei der Behandlung von Eiweißkörpern mit Diazomethan bewegen sich die Werte innerhalb der Grenzen von 3,68 bis 4,86 für Methoxyl, von 3,72 bis 5,34 für CH_3 am N [1].

Durch erschöpfende Behandlung mit Dimethylsulfat in alkalischer Lösung lassen sich die Proteine ebenfalls methylieren. Die N-Methylzahl (Anzahl CH_3-Gruppen auf 100 Atome N) zeigt bei den meisten Proteinen einen Wert von 13 bis 19. Nur innerhalb der Protamine ergeben sich größere Abweichungen. Während der sauren und fermentativen Hydrolyse entstehen Produkte mit steigender Methylierbarkeit und das Verhältnis N-Methyl:Formol-N verschiebt sich zugunsten des Formol-N und wird dann im weiteren Verlauf der Hydrolyse konstant. Bei manchen Proteinen besteht ein gewisser Parallelismus zum Lysingehalt und den freien Aminogruppen. Lysinfreie Protamine enthalten eine größere Anzahl von N-Atomen, die nicht formoltitrierbar, wohl aber methylierbar sind; in den meisten Fällen fallen auf je eine formoltitrierbare Aminogruppe 3—5 an N gebundene CH_3-Gruppen. Das läßt sich durch die Vorstellung erklären, daß jede freie Aminogruppe in eine $N(CH_3)_3$-Gruppe übergeht [2].

Die Methylderivate durch Diazomethan und durch Dimethylsulfat verhalten sich gleich, dabei nimmt Edlbacher an, daß jedes zwanzigste N-Atom trimethyliert wird, während Herzig die Ansicht vertritt, daß nur monomethylierte Produkte entstehen und daß außer Aminogruppen noch andere Gruppen methyliert werden. Immerhin besteht die Möglichkeit, daß die nach beiden Verfahren erhaltenen Reaktionsprodukte nicht identisch sind. Vielleicht ist die Gruppe CONH in ihrer tautomeren Form an der Methylierung beteiligt [3]. — Über weitere Möglichkeiten vgl. [4].

Auch durch Behandlung mit methylalkoholischen Säuren läßt sich die Methylierung an N und O durchführen [5].

Acetylderivate (siehe besonders Gliadin); Zum Nachweis seiner Theorie von dem Aufbau des Eiweißes aus Pyrrolkörpern (s. Strukturerörterungen) hat Troensegaard Acetylgruppen zur Stabilisierung der Pyrrolkerne eingeführt. Die Acetylierung kann erfolgen mit Essigsäureanhydrid und Natriumacetat bei 130° oder durch Einwirkung von Acetylchlorid. Die Acetylproteine sind stark elektrische Pulver, in Wasser, teilweise unter Spaltung, löslich, leicht löslich in Pyridin, Anilin, Methanol, Essigsäure, in heißem Alkohol, in Chloroform, wenig löslich in kaltem Alkohol, unlöslich in Dimethylanilin. Aus einer Chloroformlösung geht ungefähr die Hälfte des N in Wasser über. Die Biuretreaktion ist erst nach Abspaltung der Acetylgruppe positiv. Die Acetylzahl schwankt zwischen 41 und 57. Die Werte für die Molgewichte in Anilin oder Phenol sind unerwartet klein. Nach der Reduktion der Acetylderivate mit Natrium in Amylalkohol und eingehender Fraktionierung erreicht man eine Trennung der Proteinbestandteile in einen basischen und einen sauren Teil. Ersterer besteht neben Ammoniak aus zum Teil hydrierten Pyrrolderivaten, letzterer zum geringen Teil aus ätherlöslichen Pyrrolsäuren, hauptsächlich aus heterocyclischen Säuren mit einer geringen Menge primärer Aminogruppen. Bei richtig durchgeführter Hydrierung ist die Biuretreaktion und Millonsche Reaktion negativ. Die Hauptfraktion, die als „Proteol" bezeichnet wird, ist nicht wesentlich hydriert. Sie enthält Produkte, die dem Bilirubin oder dem Tryptophan nahestehen. Die aufgefundenen Spaltprodukte sollen primär in den Proteinen vorgebildet sein, bei der gewöhnlichen Alkalihydrolyse aber zugrunde gehen. Aus einigen Proteinen (Gliadin, Casein) läßt sich Piperidin isolieren, das wahrscheinlich aus einem Piperidonring stammt. Über die Aufarbeitung der Fraktionen und die Isolierung basischer Verbindungen [6].

---

[1] J. Herzig u. K. Landsteiner: Mh. Chem. **39**, 269 (1918) — Chem. Zbl. **1918 II**, 630.

[2] S. Edlbacher: Hoppe-Seylers Z. **108**, 287 (1919) — Chem. Zbl. **1920 III**, 558 — Hoppe-Seylers Z. **107**, 52 (1919) — Chem. Zbl. **1919 IV**, 957 — Hoppe-Seylers Z. **112**, 80 (1920) — Chem. Zbl. **1921 I**, 908.

[3] J. Herzig: Hoppe-Seylers Z. **111**, 223 (1920) — Chem. Zbl. **1921 III**, 1126.

[4] S. Edlbacher: Hoppe-Seylers Z. **112**, 80 (1920) — Chem. Zbl. **1921 I**, 908. — R. Engeland: Hoppe-Seylers Z. **116**, 226 (1921) — Chem. Zbl. **1922 I**, 46. — S. Edlbacher: Hoppe-Seylers Z. **116**, 228 (1921) — Chem. Zbl. **1922 I**, 46.

[5] J. Herzig u. K. Landsteiner: Biochem. Z. **67**, 334 (1914) — Chem. Zbl. **1915 I**, 681.

[6] N. Troensegaard, F. Wrede u. H. G. Mygind: Hoppe-Seylers Z. **193**, 49 (1930) — Chem. Zbl. **1931 I**, 949. — F. Wrede, E. Bruch u. W. Keil: Hoppe-Seylers Z. **200**, 133 (1931) — Chem. Zbl. **1932 I**, 956. — F. Wrede u. W. Keil: Hoppe-Seylers Z. **203**, 279 (1931) — Chem. Zbl. **1932 I**, 1791. — F. Wrede u. G. Feuerriegel: Hoppe-Seylers Z. **205**, 198 (1932). — F. Wrede: Hoppe-Seylers Z. **206**, 146 (1932).

Die Acetylderivate der Proteine wirken bei subcutaner Injektiontoxisch, die letale Dosis wird mit Substanzmengen, die 0,01 bis 0,10 g N entsprechen, erreicht[1].

Durch Acetylierung entstehen Antigene von sehr geringer Artspezifität[2].

Jodderivate der Acetylkörper: Durch Behandeln mit Jodwasserstoff und Eisessig werden die Acetylgruppen teilweise abgespalten und krystallisierte Jodverbindungen fallen in der Regel aus, wenn nicht, können sie durch Äther gefällt werden. Nach der sauren Hydrolyse dieser Verbindungen läßt sich aus alkalischer Lösung ein Teil der Pyrrolkörper mit überhitztem Dampf übertreiben, ein anderer Teil läßt sich mit Äther extrahieren. Die Ausbeute beträgt 6% des Protein-N[3].

Methylderivate der Acetylkörper: Die Darstellung geschieht durch Jodmethyl in absolutem Methanol. Die Produkte sind sehr leicht löslich in Wasser und Alkohol, unlöslich in Aceton und Pyridin, die Biuretreaktion ist erst nach längerem Stehen positiv. Bei der Hydrierung dieser Methylderivate werden Methoxylgruppen abgespalten, man gelangt daher nicht zu stabilen Methoxypyrrolen[4].

Benzoylderivate werden dargestellt durch Einwirkung von Benzoylchlorid in Bicarbonatlösung auf Proteine. Die Benzoylierungszahl ist von den angewandten Methoden abhängig. Das gesamte Benzoyl läßt sich mit 2—5proz. Natronlauge zum größten Teil bei Zimmertemperatur und zum kleinen Teil bei höherer Temperatur abspalten, und zwar sind die schwerverseifbaren Benzoylgruppen an NH_2-Gruppen, die leichtverseifbaren an Hydroxylgruppen gebunden[5]. $^1/_{10}$n-NaOH spaltet aus ungelösten Benzoylproteinen langsam in ausgeprägten Stufen die Benzoesäure ab. Durch Benzoylierung werden die Proteine unlöslich und verlieren ihr Aufnahmevermögen für basische und saure Farbstoffe.

Veresterung von partiellhydrolysiertem und benzoyliertem Eiweiß führte nur in einem Falle durch fraktionierte Lösung zur Abscheidung einer **Benzoyl-leucyl-glutaminsäure**[6].

β-Naphthalinsulfoderivate: Im Gegensatz zu den N-Methylzahlen (s. Methylderivate) zeigt der β-Naphthalinsulfogehalt der Proteine nur geringe Schwankungen. Er scheint vom Lysingehalt unabhängig zu sein[7].

Azoderivate werden erhalten durch Kupplung mit Diazokörpern. Durch diese Kupplung wird die Artspezifität erheblich herabgesetzt[8]. Weiteres über die Benutzung von Azoproteinen in den Immunisierungsstudien von Landsteiner[9]. — Vergleiche auch über Anaphylaxie mit Azofarbstoffen bei mit Azoproteinen sensibilisierten Tieren[10].

Über die Bedeutung des Benzolkerns für die Spezifität der Azoproteine[11].

Azofarbstoffe erhält man aus tyrosinhaltigen Proteinen nach Diazotierung und Kupplung mit Phenolen oder Aminen. Das Tyrosin bleibt dabei mit dem Proteinmolekül verbunden[12].

[1] N. Troensegaard: Hoppe-Seylers Z. **112**, 86 (1920) — Chem. Zbl. **1921 I**, 907 — Hoppe-Seylers Z. **127**, 137 (1923) — Chem. Zbl. **1923 III**, 237 — Hoppe-Seylers Z. **130**, 84 (1923) — Chem. Zbl. **1924 I**, 55. — N. Troensegaard u. J. Schmidt: Hoppe-Seylers Z. **133**, 116 (1924) — Chem. Zbl. **1924 I**, 2373. — N. Troensegaard: Hoppe Seylers Z. **134**, 100 (1924) — Chem. Zbl. **1924 I**, 2880. — N. Troensegaard u. E. Fischer: Hoppe-Seylers Z. **142**, 35; **143**, 304 (1925) — Chem. Zbl. **1925 I**, 2008. — N. Troensegaard u. H. G. Mygind: Hoppe-Seylers Z. **184**, 147 (1929) — Chem. Zbl. **1930 I**, 415.

[2] K. Landsteiner u. U. Jablons: Z. Immun.forschg **21 I**, 193 (1914) — Chem. Zbl. **1914 I**, 1591. — K. Landsteiner u. H. Lampel: Zbl. Physiol. **30**, 329 (1915) — Chem. Zbl. **1915 II**, 560.

[3] N. Troensegaard: Hoppe-Seylers Z. **112**, 86 (1920) — Chem. Zbl. **1921 I**, 907.

[4] N. Troensegaard: Hoppe-Seylers Z. **127**, 137 (1923) — Chem. Zbl. **1923 III**, 237 — Hoppe-Seylers Z. **130**, 84 (1923) — Chem. Zbl. **1924 I**, 55.

[5] S. Goldschmidt u. W. Schön: Hoppe-Seylers Z. **165**, 279 (1927) — Chem. Zbl. **1927 II**, 91. — E. Abderhalden u. H. Brockmann: Biochem. Z. **211**, 395 (1929).

[6] E. Abderhalden u. W. Kröner: Hoppe-Seylers Z. **178**, 276 (1928) — Chem. Zbl. **1929 I**, 1919.

[7] S. Edlbacher u. B. Fuchs: Hoppe-Seylers Z. **114**, 133 (1921) — Chem. Zbl. **1921 III**, 1286.

[8] K. Landsteiner u. H. Lampel: Z. Immun.forschg **26 I**, 293 (1916) — Chem. Zbl. **1917 II**, 397. — K. Landsteiner: Koninkl. Akad. van Wetensch. Amsterdam, Wisk. en Natk. Afd. **31**, 54 (1922) — Chem. Zbl. **1922 I**, 1210.

[9] K. Landsteiner u. J. van der Scheer: J. of exper. Med. **50**, 407 (1929) — Chem. Zbl. **1930 I**, 2442.

[10] K. Landsteiner, P. Levine u. J. van der Scheer: Proc. Soc. exper. Biol. a. Med. **27**, 811 (1930) — Chem. Zbl. **1931 I**, 958.

[11] M. Adant: C. r. Soc. Biol. Paris **103**, 539, 541 (1930) — Chem. Zbl. **1930 I**, 3323. — R. Broynoghe u. P. Vassiliadis: C. r. Soc. Biol. Paris **103**, 543 (1930) — Chem. Zbl. **1930 II**, 580.

[12] A. Morel u. P. Sisley: Bull. Soc. Chim. biol. Paris **41**, 1217 (1927) — Chem. Zbl. **1927 II**, 2765.

(Über die Versuchsbedingungen zur Herstellung von Farbstoffen mit diazotierten aromatischen Aminen und Proteinen[1].)

Kupplungsprodukte von Proteinen mit diazotiertem p-Aminophenol-β-glykosid bzw. -galaktosid und ihre Verwendung zu chemo-immunologischen Studien[2].

Desaminoderivate lassen sich mit Diazomethan ebenso leicht an O und N methylieren wie die ursprünglichen Proteine, wahrscheinlich sind mit der Desamidierung auch hydrolytische Vorgänge verknüpft[3].

Die optimale Wasserstoffionenkonzentration für die peptische und tryptische Verdauung ist für die Desaminoproteine gegenüber den nativen Proteinen nicht einheitlich verschoben[4].

Dearginoderivate: Durch vorsichtige Behandlung mit Hypohalogeniten wird der Argininteil der Proteine desamidiert und man erhält Dearginoproteine. Diese sind in angesäuertem Wasser unlöslich und zeigen die Proteinfarbreaktionen nur noch schwach. Von Pepsin werden sie schwer, von Trypsin etwas leichter verdaut[5].

I. Pflanzenproteine.

Allgemeines.

Zusammensetzung: Über die Unterschiede in den Mengenverhältnissen der einzelnen Proteinfraktionen von ölhaltigen gegenüber stärkehaltigen Früchten[6].

Mit der Carbamatmethode[7] konnten neue Spaltprodukte auch in Pflanzenproteinen aufgefunden werden: Oxyaminobuttersäure, Oxyvalin, Oxylysin, Oxyglutaminsäure und eine „Protoctin" benannte Base von der Formel $C_8H_{15}O_3N_3$[8].

Durch Xanthoproteincolorimetrie erhält man ohne Hydrolyse für die salzlöslichen pflanzlichen Proteine einen Tyrosingehalt von 0,7—2%[9]. —Ähnlichkeit mit tierischem Eiweiß[10].

Physikalisches und chemisches Verhalten: Über lyotrope Anionenreihen bei der Peptisation der Eiweißkörper von Pflanzensamen und die Abhängigkeit der Eigenschaften von der Darstellungsweise[11].

Verhalten gegen Fermente: Pflanzenproteine werden sowohl vom Pepsin der Pflanzenfresser als der Fleischfresser gespalten, und zwar unter Freiwerden einer größeren Menge Carboxyl- als Aminogruppen. Bei den einzelnen Proteinen ist das Verhältnis COOH:NH$_2$ verschieden[12].

Papain greift im inaktiven Zustande vegetabilische Proteine überhaupt nicht an, wohl aber frischer Milchsaft von Carica Papaya und durch Blausäure aktiviertes Handelspapain[13].

Während des Abbaues bei 45—80° entstehen Peptone, Proteosen, Aminosäuren und Ammoniak. (Eine Ausnahme bildet das Zein [s. d.], das nur bei 45° hydrolysiert wird.) Koaguliertes Pflanzeneiweiß wird schwerer angegriffen, jedoch sind die Spaltstücke die gleichen[14].

[1] M. Heidelberger u. F. E. Kendall: Proc. Soc. exper. Biol. a. Med. **26**, 482 (1929) — Chem. Zbl. **1930 II**, 249.

[2] W. F. Goebel u. O. T. Avery: J. of exper. Med. **50**, 521 (1929) — Chem. Zbl. **1930 I**, 2440. — O. T. Avery u. W. F. Goebel: J. exper. of Med. **50**, 533 (1929) — Chem. Zbl. **1930 I**, 2441. — W. S. Tillett, O. T. Avery u. W. F. Goebel: J. of exper. Med. **50**, 551 (1929) — Chem. Zbl. **1930 I**, 2441.

[3] J. Herzig: Hoppe-Seylers Z. **111**, 223 (1920) — Chem. Zbl. **1921 III**, 1126. — J. Herzig u. H. Lieb: Hoppe-Seylers Z. **117**, 1 (1921) — Chem. Zbl. **1922 I**, 357.

[4] R. Nakashima: J. of Biochem. **5**, 293 (1925) — Chem. Zbl. **1926 I**, 3166.

[5] S. Sakaguchi: J. of Biochem. **5**, 143 (1925) — Chem. Zbl. **1926 I**, 1420.

[6] T. Tadokoro: J. Fac. Sci. Hokkaido Imp. Univ. Ser. III Chem. **1**, 1 (1930) — Chem. Zbl. **1932 I**, 1682.

[7] Kingston u. S. B. Schryver: Biochemic. J. **18**, 1070 (1924) — Chem. Zbl. **1925 I**, 231.

[8] S. B. Schryver u. H. W. Buston: Proc. roy. Soc. Lond. B **98**, 58 (1925) — Chem. Zbl. **1925 II**, 402 — Proc. roy. Soc. Lond. **99**, 476 (1926); **100**, 360 (1926) — Chem. Zbl. **1926 II**, 1953, 2311.

[9] J. Tillmans, P. Hirsch u. F. Stoppel: Biochem. Z. **198**, 379 (1928) — Chem. Zbl. **1928 II**, 1916.

[10] S. Perow: Arb. d. staatl. Timirjalew Inst. **1925** — Chem. Zbl. **1929 I**, 92.

[11] E. V. Staker u. R. A. Gortner: J. physic. Chem. **35**, 1565 (1931) — Chem. Zbl. **1932 I**, 363.

[12] H. W. Vahlteich: Hoppe-Seylers Z. **176**, 222 (1928) — Chem. Zbl. **1928 II**, 1006.

[13] O. Ambros u. A. Harteneck: Unters. über Enzyme **2**, 1698 (1928) — Chem. Zbl. **1929 I**, 1114.

[14] N. T. Deleanu: Bull. chim. **17**, 183 — Bull. Acad. Roum. **4**, 207 (1915) — Chem. Zbl. **1916 I**, 566 — Ann. scient. Univ. Jassy **9**, 351.

Physiologisches: Eiweißaufbau: grüne Pflanzen verwenden vorwiegend Glucose zum Eiweißaufbau. Der Stickstoffbedarf kann dabei aus Ammoniak oder Nitraten, der Schwefelbedarf aus Sulfaten gedeckt werden; als einziges faßbares Zwischenglied tritt Asparagin auf. Bei der großen Geschwindigkeit, mit der die Eiweißbildung stattfindet, ist es unwahrscheinlich, daß eine Verknüpfung von sämtlichen Aminosäuren eintritt, vielmehr sollen Kondensationsreaktionen maßgebend sein (Analogie zur Zuckerbildung), die durch den Aldehyd der Asparaginsäure bewirkt werden sollen, wofür Loew folgendes Schema gibt:

$$4\ CH_2O + NH_3 \rightarrow C_4H_7O_2N \ \text{(Aldehyd der Asparaginsäure)} + 2\ H_2O.$$

$$3\ C_4H_7O_2N \rightarrow C_{12}H_{17}O_4N_3 + 2\ H_2O.$$

$$6\ C_{12}H_{17}O_4N_3 + 12\ H + H_2S \rightarrow C_{72}H_{112}O_{22}N_{18}S + 2\ H_2O \ [1].$$

Das so erhaltene Endprodukt muß sehr labil sein, da es Aldehyd- neben Aminogruppen enthält. Dies findet seine Bestätigung in der Tatsache, daß das gebildete Eiweiß meist ebenso rasch wieder verbraucht wird, wie es aufgebaut wurde. Wird mehr gebildet als benötigt wird, so häuft es sich im Zellsaft der Vakuolen in Form von Tropfen oder rundlichen wasserreichen Schollen an, die bei Eiweißbedarf koaguliert, gelöst und fortgeführt werden. Dabei treten offenbar tiefgreifende Umlagerungen ein[2]. Vgl. dazu [3].

Auf Grund von Versuchen, die Eiweißsynthese in höheren Pflanzen zu beeinflussen, kommt Björkstén zu folgenden Resultaten: Einfache aliphatische Carbon- und Oxysäuren sind als Kohlenstoffquelle wenig verwertbar, wohl aber Brenztraubensäure, ihre Homologen dagegen nicht. Einfache Aldehyde (Formaldehyd, Acetaldehyd, Glycerinaldehyd, Dioxyaceton) scheinen nicht verwertet zu werden. Als Stickstoff liefernde Verbindungen können aliphatische Amide, Aminosäuren, niedere Amine, substituierte Amide, Nitrite, Ammoniumsalze aliphatischer organischer Säuren gut verwendet werden; Nitrate und Ammonsalze von Mineralsäuren weniger gut, Nitrile und cyclische Verbindungen nicht, dagegen Oxynitrile und einfache Cyanhydrine sehr gut, Blausäure wird nicht ausgenutzt. Es wird angenommen, daß die Eiweißsynthese über Aminoverbindungen, z. B. über Aminoacrylsäure, als ersten Baustein verläuft, der aus Brenztraubensäure durch Amide gebildet wird. Ammoniak braucht dabei keine wesentliche Rolle zu spielen. Frühere Hypothesen der Eiweißbildung werden abgelehnt. (Siehe hier auch über den Einfluß von Salzen, Licht usw. auf die Synthese[4].) Über flüchtige Stickstoffbasen vgl. auch [5]. Über „Reserveeiweiß" vgl. auch [6].

Deckt die Pflanze ihren Stickstoffbedarf aus Nitraten, so erscheinen in allen Teilen der Versuchspflanzen alsbald Nitrit und Ammoniak, wobei der Stärkegehalt abnimmt. Nach einigen Tagen zeigt sich Vermehrung des Aminosäuregehalts[7].

Über die Rolle des Asparagins beim Stickstoffumsatz der höheren Pflanzen[8].

Über die Regulation des pflanzlichen Eiweißumsatzes[9].

Cyansäure und Harnstoff in ihren Beziehungen zum Eiweißstoffwechsel der Pflanzen[10].

Eine Methodik, die Keimung am Abbau der Proteine mittels Absorption an Eisenhydroxyd und Elution mit verdünnten Alkalien zu verfolgen, beschreibt Fodor[11].

Ernährung: Der Tryptophangehalt der pflanzlichen Eiweißkörper ist im allgemeinen geringer als der der tierischen. Jedoch läßt sich der biologische Wert der vegetabilischen Proteine nicht ohne weiteres aus dem Gehalt an Tryptophan schließen[12].

---

[1] O. Loew: Z. angew. Chem. **40**, 1548 (1927) — Chem. Zbl. **1928 I**, 1049.

[2] O. Loew: Ber. dtsch. chem. Ges. **58**, 2805 (1925) — Chem. Zbl. **1926 I**, 1587.

[3] O. Loew: Protoplasma **11**, 196 (1930) — Chem. Zbl. **1931 II**, 3691.

[4] J. Björkstén: Biochem. Z. **225**, 1 (1930) — Chem. Zbl. **1930 II**, 2662. — J. Björkstén u. J. Himberg: Biochem. Z. **225**, 441 (1930) — Chem. Zbl. **1930 II**, 3163.

[5] M. Steiner: Beitr. Biol Pflanz. **17**, 247 (1929) — Chem. Zbl. **1931 I**, 1298. — M. Steiner u. H. Löffler: Jb. Bot. **71**, 463 (1929) — Chem. Zbl. **1931 I**, 1298.

[6] Th. Bokorny: Bot. Archiv **28**, 57 (1930) — Chem. Zbl. **1930 I**, 2111.

[7] S. H. Eckerson: Bot. Gaz. **77**, 377 (1924) — Ber. Physiol. **28**, 65 — Chem. Zbl. **1925 I**, 852.

[8] K. Mothes: Planta (Berl.) Arch. wiss. Bot. **1**, 317 — Ber. Physiol. **32**, 526 (1925) — Chem. Zbl. **1926 I**, 2482.

[9] K. Mothes: Naturwiss. **20**, 102 (1932) — Chem. Zbl. **1932 I**, 1255.

[10] E. A. Werner: Dublin J. med. Sci. **4**, 577 (1922) — Chem. Zbl. **1922 III**, 282.

[11] A. Fodor u. A. Reiffenberg: Biochemic. J. **19**, 188 (1925) — Chem. Zbl. **1925 II**, 472.

[12] U. Suzuki, Y. Matsuyama u. N. Hashimoto: Sci. Papers Inst. Phys. Chem. Res. **4**, 1 (1926) — Chem. Zbl. **1926 II**, 606.

Bei Ratten muß pflanzliches Eiweiß immer durch tierisches ergänzt werden, wenn Gewichtszunahme erfolgen soll[1].

Die Proteine gekochter und roher Gemüse werden beim Menschen oberhalb des Kolons verdaut. Ein Drittel bis zwei Drittel des Eiweiß-N werden durch die Fermente aus den unverletzten Zellen herausgelöst, da die Zellwand der Diffusion der Enzyme keinen Widerstand bietet[2].

Die Eiweißkörper der Gemüse können nicht durch Fischeiweiß ersetzt werden[3].

Pathologisches: Bei längerer übermäßiger Fütterung von vegetabilischem Eiweiß an Kaninchen finden sich in der Niere Vergrößerung der Glomeruli, Schrumpfung der Harnkanälchen, ferner Abnahme der Harnmenge, Albuminurie und Erhöhung des Rest-N und des Plasmaeiweißes. Die Veränderungen ähneln denen, die bei menschlicher Nephritis auftreten, nicht[4].

Pflanzenglobuline.

Allgemeines[5]: Zur Darstellung der Pflanzenglobuline wird vorgeschlagen, das N-haltige Material mit Lösungen von Salzen zu extrahieren, die die Oberflächenspannung des Wassers erniedrigen. 7proz. Lösung von Na-Benzoat eignet sich beispielsweise hierzu; beim Verdünnen mit der 10fachen Menge kalten Wassers scheiden sich die Globuline aus[6].

Die aus Pflanzensamen extrahierten krystallisierten Globuline enthalten — auf trockene Substanz berechnet — fast durchweg 17—19% N und 0,4—0,5% Amino-N[7].

Legumin.

Darstellung: Das in Kochsalz lösliche phosphorfreie Legumin Osbornes wird von Hammarsten als a-Legumin, das in Kochsalz unlöslich gewordene phosphorhaltige Ritthausensche Legumin als b-Legumin bezeichnet. Zur Darstellung wird Erbsenmehl mit der 20fachen Menge Wasser, das 0,014—0,016% NH_3 enthält, extrahiert. Das Filtrat wird mit 0,1—0,2 ccm HCl (D 1,127) auf je 100 ccm Filtrat gefällt, wodurch dieses 0,028—0,056proz. an Säure wird. Die Säuremenge ist wichtig für die Trennung der Legumine mit Kochsalzlösungen. Bei Zusatz von wenig Säure erhält man bei der Lösung mit NaCl opalescierende Extrakte, aus denen sich auf Zusatz von Wasser ein a-Legumin abscheidet, das in 8proz. Kochsalzlösung nicht klar löslich ist. Das bei der Kochsalzextraktion ungelöst zurückbleibende b-Legumin läßt sich leicht mit Wasser auswaschen. Macht man dagegen die Filtrate 0,056proz. an Säure, so erhält man nach Extraktion der Fällung mit Kochsalz und Verdünnen mit Wasser weiße lockere und flockige Abscheidung von a-Legumin, die sich in Kochsalzlösung klar löst. In diesem Falle quillt das b-Legumin stark und löst sich evtl. in Wasser. Die Auswaschung muß daher durch Ausfällung mit Alkali ersetzt werden. Man nimmt also zur direkten Darstellung des a-Legumins die größere, zur direkten Darstellung des b-Legumins die kleinere Säuremenge. Die Reinigung der Legumine erfolgt nach bekannten Methoden[8].

Zusammensetzung[9]: Der Tyrosingehalt des Legumins ergab sich:
nach Folin und Denis zu 4,5, 5,5, 6,0%;
nach der gravimetrischen Methode 1,5, 2,4%;
nach dem Br-Additionsverfahren 2,1%;
nach der Millonschen Reaktion, Verfahren von Weiß 3,5%[10].
Andere Forscher geben den Tyrosingehalt des Legumins zu 3,8%an[11].
Der Tryptophangehalt errechnet sich unter der Annahme, daß 100 g Casein 1,5 g Tryptophan enthalten, auf Grund der Blaufärbung mit Ehrlichs Reagens gegen Casein als

[1] R. Hoagland u. G. G. Snider: J. agricult. Res. **34**, 297 (1927) — Chem. Zbl. **1927 II**, 844.
[2] W. Heupke: Arch. Verdgskrkh. **41**, 193, 214 (1927) — Chem. Zbl. **1928 II**, 2037—2038.
[3] M. C. Kik u. E. V. McCollum: Amer. J. Hyg. **8**, 671 (1928) — Chem. Zbl. **1928 II**, 2572.
[4] N. Ishiyama: Z. exper. Med. **63**, 699 (1928) — Chem. Zbl. **1929 I**, 1119.
[5] M. Spiegel-Adolf: Die Globuline. Dresden u. Leipzig 1930.
[6] G. Reeves: Biochemic. J. **9**, 508 (1915) — Chem. Zbl. **1916 II**, 1167.
[7] A. J. Oparin: J. russ. phys.-chem. Ges. **49**, 266 (1917) — Chem. Zbl. **1923 III**, 788.
[8] O. Hammarsten: Hoppe-Seylers Z. **102**, 85 (1918) — Chem. Zbl. **1918 II**, 828.
[9] H. Lüers u. G. Nowak: Biochem. Z. **154**, 310 (1924) — Chem. Zbl. **1925 I**, 1330.
[10] O. Fürth u. W. Fleischmann: Biochem. Z. **127**, 137 (1921) — Chem. Zbl. **1922 II**, 1044.
[11] G. Haas u. W. Trautmann: Hoppe-Seylers Z. **127**, 52 (1923) — Chem. Zbl. **1923 IV**, 84.

Standard zu 1,05% [1]. Mit der Tryptophan-Aldehydreaktion wurden 1,35% Tryptophan ermittelt [2].

An Arginin wurden 11,4% gefunden (Flaviansäuremethode) [3], an Cystin 0,90% durch Jodattitration [4].

Aus dem Eiweiß von Vicia Faba ist eine 3,4-Dioxyphenyl-α-aminopropionsäure isoliert worden [5]. Obwohl sich bei der Analyse der Proteine aus verschiedenen Erbsenrassen bedeutende Unterschiede im Histidin- und Tyrosingehalt ergeben, ist der endgültige Beweis für die chemische Verschiedenheit dieser Proteine noch nicht erbracht [6].

Nach der Orcinmethode findet man im Legumin einen Zuckergehalt von mindestens 5%. Die Werte sind abhängig von der Art der Darstellung und der Reinigung [7].

Physikalisches und chemisches Verhalten: Nach der Ultrazentrifugenmethode weist das Legumin bei p_H 5—9 ein Molekulargewicht von 208000$\pm$5000 auf. Außerhalb dieses p_H-Bereiches findet Aufspaltung in Bestandteile von kleinerem Molgewicht statt. Sedimentationskonstante im erwähnten p_H-Gebiet 11,48 · 10^{-13}, molare Reibungskonstante = 4,60 · 10^{16}, die Moleküle sind kugelig, ihr Radius beträgt 3,96 mμ. Die Zahlen sind denen bei Amandin und Edestin gleich [8].

Das Legumin hat mit dem Casein folgende Reaktionen gemein: 1. Linksdrehung, 2. negative Liebermannsche Reaktion mit konzentrierter Salzsäure, 3. Phosphorgehalt (0,16%). Das Legumin gibt folgende Reaktionen:

Biuretreaktion	1:3030
Millonssche Reaktion	1:1510
Adamkiewiczsche Reaktion	1:14920
Molischsche Reaktion	1:14920
Pettenkofersche Reaktion	1:3030
Ostromysslenskische Reaktion	1:1510 [9]

$[\alpha]_D$ in Pepsin-HCl = —42,88° [10]. Erbsenglobulin gibt mit absolutem Alkohol Sole, die mit alkoholischer NaOH bis zu einem Maximum quellen. Diese Quellung ist auf adsorptive Alkalibindung zurückzuführen. Das Protein wird bei dieser Behandlung zum Teil irreversibel verändert [11].

Das b-Legumin (s. oben) ist nicht, wie Osborne vermutete, ein durch die Alkalibehandlung umgewandeltes a-Legumin, denn es tritt auch auf, wenn die Extraktion des Erbsenmehles ohne Alkali vorgenommen wird. Beide Legumine sind im Ausgangsmaterial in kochsalz- und wasserlöslicher Form vorhanden. Das durch Säurezusatz aus dem ammoniakalischen Wasserextrakt des Erbsenmehles ausgefällte b-Legumin ist eine Säureeiweißverbindung, die in Wasser stark quillt, in Kochsalz schrumpft oder dadurch gefällt wird. Auch bei Zusatz von wenig Alkali wird b-Legumin gefällt; diese Fällungen sind in Kochsalz unlöslich und geben mit verdünnten Alkalien oder Säuren trübe, gelbbraune, schleimige oder dickflüssige Lösungen, die sich erst beim Erwärmen etwas klären. Das b-Legumin enthält P. Das a-Legumin gibt wie das b-Legumin Säureverbindungen, die nicht im Wasser quellen, sondern milchweiße Emulsionen geben, die durchs Filter laufen. Neutralisiert man die Säureverbindungen des a-Legumins mit Alkali, so erhält man eine flockige Fällung, die sich nach dem Auswaschen mit Wasser leicht und klar in verdünnter Kochsalzlösung löst. Die Lösung reagiert sauer, es muß also das a-Legumin selbst eine Säure oder eine wasserunlösliche säureärmere Säure-

[1] C. E. May u. E. R. Rose: J. of biol. Chem. **54**, 213 (1922) — Chem. Zbl. **1923 I**, 770.

[2] E. Komm: Hoppe-Seylers Z. **156**, 161, 202 (1926) — Chem. Zbl. **1926 II**, 2094.

[3] O. Fürth u. O. Deutschberger: Biochem. Z. **186**, 139 (1927) — Chem. Zbl. **1927 II**, 1482.

[4] Y. Teruuchi u. L. Okabe: J. of Biochem. **8**, 459 (1928) — Chem. Zbl. **1928 I**, 2850.

[5] Guggenheim: Hoppe-Seylers Z. **88**, 276 (1913) — Chem. Zbl. **1914 I**, 681.

[6] A. Kiesel, A. Beloserski u. S. Skworzow: Ž. ėksper. Biol. i. Med. (russ.) **4**, 538 (1927) — Chem. Zbl. **1927 II**, 2318.

[7] J. Tillmans u. K. Philippi: Biochem. Z. **215**, 36 (1929) — Chem. Zbl. **1930 I**, 1662.

[8] B. Sjögren u. The Svedberg: J. amer. chem. Soc. **52**, 3279 (1930) — Chem. Zbl. **1930 II**, 1997. — The Svedberg: Kolloid-Z. **51**, 10 (1930) — Chem. Zbl. **1930 II**, 3815.

[9] M. A. Rakusin u. G. F. Pekarskaja: J. russ. phys.-chem. Ges. **48**, 469 (1916) — Chem. Zbl. **1923 I**, 1514.

[10] M. A. Rakusin u. G. F. Pekarskaja: Z. Unters. Lebensmitt. **51**, 43 (1926) — Chem. Zbl. **1926 I**, 3366.

[11] A. Fodor u. K. Mayer: Kolloid-Z. **41**, 326 (1927) — Chem. Zbl. **1927 II**, 229.

verbindung sein. Das feuchte a-Legumin gibt mit verdünnten Alkalien oder Säuren klare dünnflüssige Lösungen. Das a-Legumin enthält keinen P [1].

Die vom Legumin aufgenommene Säuremenge ist nicht mit voller Sicherheit auf die freien Aminogruppen zurückzuführen [2].

Das Drehungsvermögen der Alkalileguminate wächst mit dem Atomgewicht der Alkalimetalle; bei Na- und K-Leguminat findet dabei Racemisierung statt, während NH_4-Leguminate nicht racemisiert werden: $[\alpha]_D$ für

$$NH_4\text{-Leguminat} = -67{,}33°$$
$$Na\ \text{-Leguminat} = -39{,}31°$$
$$K\ \ \text{-Leguminat} = -39{,}62° \ [3].$$

Das Legumin kann mit reduzierenden Zuckern zu einem Zucker-Eiweißkomplex kondensiert werden, eine Reaktion, die durch Vorbehandlung des Eiweißes mit Pepsin oder Trypsin verstärkt werden kann [4]. Die Existenz der Zucker-Eiweißverbindung wird aber auch bestritten [5, 6].
Über die Einwirkung von Natriumhypobromit auf Legumin [7].

Verhalten gegen Fermente: Der Abbau ungekochter Alkalileguminatlösungen durch Lab geht langsamer vor sich als der von Alkalicaseinat, während die aufgekochten Lösungen schneller hydrolysiert werden. Aus den a-Leguminaten scheidet sich dabei zunächst ein partiell umgewandeltes Protein ab, dessen Menge etwa 70% des angewandten a-Legumins beträgt. Die grobflockige Fällung ist in Alkali schwerer löslich als das Ausgangsmaterial, löst sich nicht in Kochsalz und ähnelt dem b-Legumin. In der Lösung befinden sich noch 15% koagulierbares Eiweiß und ca. 15% Albumose. In ungekochten Leguminatlösungen erfolgt keine Fällung. Das Legumin bleibt stets in verdünnten Kochsalzlösungen leicht löslich. Die Menge der gebildeten Albumose ist gering, so daß nur schwache Fermentwirkung auf das Alkalileguminat in Frage kommt. Der Grund für das verschiedene Verhalten von gekochten und ungekochten Lösungen ist in einer Umwandlung des a-Legumins zu suchen, das beim Kochen seine Globulinnatur verliert. b-Leguminatlösungen verhalten sich analog [8].

Physiologisches: Der Eiweißwert der Erbsen kann durch Casein vollständig, durch Zein teilweise, nicht aber durch Lactalbumin oder Gelatine (im Widerspruch zu Osborne und Mendel [9]) ergänzt werden [10].

Das Erbseneiweiß genügt nicht, das Wachstum junger Ratten zu unterhalten [10, 11].
Vgl. hierzu über den Cystinmangel der Eiweißkörper der Gartenerbse [12].

Glycinin.

(Globulin der Sojabohne, Soja hispida.)

Darstellung: Zur Reinigung der Sojabohnenproteine hat sich Extraktion mit Petroleum-Benzin und Methylalkohol als am besten geeignet erwiesen. Die Produkte sind schwach gefärbt, geruchlos und wenig hygroskopisch [13]. — Über die Reinigung der Proteine der Sojabohne durch niedere Alkohole [14].

---

[1] O. Hammarsten: Hoppe-Seylers Z. **102**, 85 (1918) — Chem. Zbl. **1918 II**, 828.
[2] R. S. Bracewell: J. amer. chem. Soc. **41**, 1511 (1919) — Chem. Zbl. **1920 I**, 388.
[3] M. A. Rakusin u. G. F. Pekarskaja: J. russ. phys.-chem. Ges. **48**, 1888 (1916) — Chem. Zbl. **1923 I**, 1596.
[4] H. Pringsheim u. M. Winter: Ber. dtsch. chem. Ges. **60**, 278 (1927) — Chem. Zbl. **1927 I**, 1026.
[5] C. Neuberg u. E. Simon: Ber. dtsch. chem. Ges. **60**, 817 (1927) — Chem. Zbl. **1927 I**, 2323.
[6] S. P. L. Sørensen u. L. Lorber: Ber. dtsch. chem. Ges. **60**, 999 (1927) — Chem. Zbl. **1927 I**, 2655.
[7] O. Fürth u. F. Fromm: Biochem. Z. **220**, 69 (1930) — Chem. Zbl. **1930 II**, 746.
[8] O. Hammarsten: Hoppe-Seylers Z. **102**, 105 (1918) — Chem. Zbl. **1918 II**, 829.
[9] Osborne u. Mendel: J. of biol. Chem. **26**, 1 (1916) — Chem. Zbl. **1917 I**, 592.
[10] E. V. McCollum, N. Simmonds u. H. D. Parsons: J. of biol. Chem. **37**, 287 (1918) — Chem. Zbl. **1919 III**, 63.
[11] B. Sure: J. of biol. Chem. **46**, 443 (1921) — Chem. Zbl. **1921 III**, 236.
[12] H. H. Mitchell u. J. R. Beadless: J. Nutrit. **2**, 225 (1930). — J. R. Beadless, W. W. Braman u. H. H. Mitchell: J. of biol. Chem. **88**, 615 (1930) — Chem. Zbl. **1931 I**, 800.
[13] M. Mashino: J. Soc. chem. Ind., Jap. **30**, 157 (1927) — Chem. Zbl. **1928 I**, 80.
[14] M. Mashino: J. Soc. chem. Ind. Jap. **32**, 312 B (1929) — Chem. Zbl. **1930 I**, 3496.

Zusammensetzung: Berechnet auf wasser- und aschefreie Substanz erhält man nach van Slyke im Durchschnitt:

Arginin 8,07%
Cystin . . . . .1,18 ,,
Histidin . . . . .1,44 ,,
Lysin . . . . .9,06 ,,
NH_3 . . . . .2,28 ,,
Tryptophan . . . . .1,37 ,, [1] (vgl. auch [2]).

Prolin (im Sojamehl bestimmt) über das Reinecke-Salz 3,11%. Oxyprolin fehlt [3]. Das Glycinin ist wahrscheinlich aus mehreren Globulinen zusammengesetzt. Die Lage des isoelektrischen Punktes gibt weiteren Anhalt für diese Vermutung, denn er liegt nicht in dem für die Globuline allgemein gültigen Intervall von p_H 5—5,5, sondern bei $p_H = 4,7$ [4].

Im Glycinin findet man nach der Orcinmethode mindestens 5,1% Zucker. Die Werte sind abhängig von der Art der Darstellung und der Reinigung [5].

Physikalisches und chemisches Verhalten: Unter Druck spaltet Schwefelsäure aus dem Sojabohnenprotein viel mehr Ammoniak- und Amino-N ab als unter Atmosphärendruck. Organische Säuren spalten unter Druck 10—13% des Gesamt-N als Ammoniak-N ab. Die Menge des abgespaltenen Amino-N, die sich auf 3—25% des Gesamt-N beläuft, ist den Dissoziationskonstanten der angewandten Säuren proportional. Japanische saure Erde spaltet bei Gegenwart von Wasser oder verdünnter Kochsalzlösung bei einem Druck von 4,7 Atmosphären wohl Ammoniak, aber keine Aminosäuren ab [6].

Physiologisches: Sojabohneneiweiß ist von geringer biologischer Wertigkeit [7]. Vgl dazu [8].

Es scheint sich jedoch zur menschlichen Ernährung zu eignen; in vitro wird es zu 95% ausgenutzt [9, 10] — Ausnutzungsversuche mit neuem Sojaeiweißpräparat [11].

Phaseolin.

(Globulin aus Phaseolus vulgaris.)

Zusammensetzung: N-Verteilung:

Cystin 0,84%
Arginin . . . . .6,11 ,,
Histidin . . . . .3,32 ,,
Lysin . . . . .7,88 ,, (nach van Slyke);

der Lysingehalt ist beträchtlich höher als in älteren Arbeiten angegeben [12].

Nach Abtrennung des S-reichen Conphaseolins (s. d.) ergeben sich für das Phaseolin niedrigere S-Werte als bei älteren Präparaten [13].

Verhalten gegen Fermente: Die Verdaulichkeit des Phaseolins durch Pepsin bei 37° wird schon durch 5 Minuten langes Kochen gesteigert (Bestimmung des löslichen N); das Maximum wird durch 3—4stündiges Kochen erreicht [14]. Nach Vorspaltung durch Pepsin

[1] D. B. Jones u. H. C. Waterman: J. of biol. Chem. **46**, 459 (1921) — Chem. Zbl. **1921 III**, 231.

[2] M. Mashino u. S. Nishimura: J. Soc. chem. Ind., Jap. **30**, 156 (1927) — Chem. Zbl. **1928 I**, 80.

[3] H. Spörer u. J. Kapfhammer: Hoppe-Seylers Z. **187**, 84 (1930) — Chem. Zbl. **1930 I**, 2432.

[4] F. A. Csonka, J. C. Murphy u. D. B. Jones: J. amer. chem. Soc. **48**, 763 (1926) — Chem. Zbl. **1926 II**, 37.

[5] J. Tillmans u. K. Philippi: Biochem. Z. **215**, 36 (1929) — Chem. Zbl. **1930 I**, 1662.

[6] M. Mashino u. T. Shishido: J. Soc. chem. Ind., Jap. **30**, 147, 148 (1927) — Chem. Zbl. **1928 I**, 2265.

[7] E. V. McCollum, N. Simmonds u. H. T. Parsons: J. of biol. Chem. **47**, 235 (1921) — Chem. Zbl. **1921 III**, 885.

[8] J. H.-C. Pian: Chin. J. Physiol. **4**, 431 (1930) — Chem. Zbl. **1931 I**, 1309.

[9] V. Duccheschi: Arch. di Fisiol. **25**, 428 (1928) — Chem. Zbl. **1928 II**, 115.

[10] J. Hromadka: Allg. Öl- u. Fett-Z. **24**, 535 (1927) — Chem. Zbl. **1928 I**, 127.

[11] J. Kapfhammer u. H. Habs: Dtsch. med. Wschr. **56**, 1168 (1930) — Chem. Zbl. **1931 I**, 809.

[12] A. J. Finks, C. O. Johns: J. of biol. Chem. **41**, 375 (1920) — Chem. Zbl. **1920 III**, 199.

[13] H. C. Waterman, C. O. Johns u. D. B. Jones: J. of biol. Chem. **55**, 93 (1922) — Chem. Zbl. **1923 I**, 1236.

[14] H. C. Waterman u. C. O. Johns: J. of biol. Chem. **46**, 9 (1920) — Chem. Zbl. **1921 III**, 186.

wirkt ein Gemisch von Trypsin und Erepsin in vitro in analoger Weise auf Phaseolin ein wie im Magen-Darmkanal: Die Geschwindigkeit der N-Abspaltung ist in beiden Fällen kleiner als beispielsweise bei Fleischeiweiß, Casein oder Edestin[1].

Physiologisches: Phaseolin hat geringen biologischen Wert; Bohnen sind als Proteinquelle den meisten Zerealien nicht überlegen[2].

Bohneneiweiß vermag das Wachstum junger Tiere nicht zu unterhalten; durch Zusatz von Cystin kann eine Verbesserung herbeigeführt werden, die aber erst vollständig ist, wenn das Phaseolin vorher mit Wasser gekocht wird[3].

Conphaseolin.
(Globulin aus Phaseolus vulgaris.)

Neben Phaseolin (s. d.) und Phaselin wurde ein drittes Globulin aus Phaseolus vulgaris isoliert. Es ist ein α-Globulin und läßt sich aus Extrakten mit 2proz. NaCl-Lösung durch Ammonsulfat in gleicher Weise wie das α-Globulin der Mungbohne (s. d.) abscheiden. Es zeichnet sich durch hohen S-Gehalt und besonders hohen Gehalt an Lysin (10,69%) aus[4].

Proteine der Jackbohne.
(Canavalia ensiformis.)

Vorkommen und Darstellung: Aus dem Samen von Canavalia ensiformis wurden zwei Globuline, Canavalin und Concanavalin, und ein Albumin isoliert[5]. Nach einer anderen Arbeit können drei Globuline isoliert werden[6]. Ein krystallisiertes Globulin erhält man nach Sumner, wenn man Jackbohnenmehl bei 22° mit wäßrigem Aceton extrahiert. Beim Abkühlen der filtrierten Lösung auf 2° erhält man Krystalle, die sich durch Zentrifugieren abtrennen lassen. Die Reinigung geschieht durch Waschen mit eiskaltem wäßrigem Aceton[7] (s. unten).

Zusammensetzung:

	Canavalin	Concanavalin	Albumin
C	53,26%	53,28%	53,24%
H	7,03 ,,	7,02 ,,	7,00 ,,
N	16,72 ,,	16,45 ,,	16,38 ,,
S	0,48 ,,	1,10 ,,	0,88 ,,
N-Verteilung:			
Humin-N	0,28%	—	0,23%
Amid-N	1,41 ,,	—	1,16 ,,
Basischer N	3,17 ,,	—	3,73 ,,
Nichtbas. N	11,55 ,,	—	11,18 ,,[5]

	Canavalin	Concanavalin A	Concanavalin B
Tryptophan	0,24%	2,2%	2,3%
Cystin	1,0 ,,	0,4 ,,	3,2 ,,
Tyrosin	5,5 ,,	5,2 ,,	9,4 ,,[8]

In der Argininfraktion des Jackbohnenmehls befindet sich eine Base $C_5H_{11}O_3N_4$ (?) bzw. $C_5H_{12}O_3N_4$[9], die mit Schweineleberextrakt ihren halben Stickstoff als Harnstoff abspaltet; sie ist verschieden von Arginin[10].

Physikalisches und chemisches Verhalten: Von dem durch Dialyse der wäßrigen Extrakte aus der Jackbohne erhaltenen Niederschlage besteht die Hauptmenge aus einem nichtkrystallisierbaren Globulin (= Canavalin), das in 1proz. NaCl-Lösung leicht löslich ist. Eine zweite Fraktion (= Concanavalin B) krystallisiert in Nadeln, löst sich langsam in 10proz. NaCl-

[1] L. Kahn-Marino: Arch. internat. Physiol. **29**, 133 (1927) — Chem. Zbl. **1928 I**, 1059.

[2] E. V. Mc Collum, N. Simmonds u. W. Pitz: J. of biol. Chem. **29**, 521 (1917) — Chem. Zbl. **1922 I**, 586.

[3] C. O. Johns u. A. J. Finks: J. of biol. Chem. **41**, 379 (1920) — Chem. Zbl. **1920 III**, 205.

[4] H. C. Waterman, C. O. Johns u. D. B. Jones: J. of biol. Chem. **55**, 93 (1922) — Chem. Zbl. **1923 I**, 1236.

[5] D. B. Jones u. C. O. Johns: J. of biol. Chem. **28**, 67 (1916) — Chem. Zbl. **1917 I**, 878.

[6] J. B. Sumner: J. of biol. Chem. **37**, 137 (1918) — Chem. Zbl. **1919 I**, 858.

[7] J. B. Sumner: J. of biol. Chem. **69**, 435 (1926) — Chem. Zbl. **1926 II**, 2439.

[8] J. B. Sumner u. V. A. Graham: J. of biol. Chem. **64**, 257 (1925) — Chem. Zbl. **1925 II**, 2060.

[9] M. Kitagawa u. T. Tomiyama: J. of Biochem. **11**, 265 (1929) — Chem. Zbl. **1930 I**, 1316.

[10] M. Kitagawa u. T. Tomita: Proc. imp. Acad. Tokyo **5**, 380 (1929) — Chem. Zbl. **1930 I**, 696.

Lösung, wird von Alkali nur im Überschuß gelöst. Die dritte Fraktion (= Concanavalin A) ist in jeder Salzlösung, außer ganz konzentrierten, unlöslich; krystallisiert in bisphenoiden Krystallen. Die gereinigten Globuline geben keine Reaktion nach Molisch mehr, enthalten aber noch P [1].

Nur Concanavalin B konnte frei von dem in der Bohne enthaltenen kolloidalen Pentosan dargestellt werden [2].

Die Krystalle, die Sumner durch Extraktion des Jackbohnenmehls mit wäßrigem Aceton (s. oben) erhält, haben einen Durchmesser von $4-5\,\mu$, sind farblos, oktaedrisch und zeigen keine Doppelbrechung. Sie enthalten ca. 17% N. Biuretreaktion, Xanthoproteinreaktion, Ninhydrinreaktion, Reaktion von Hopkins und Cole positiv, Reaktionen von Molisch und Bial negativ. Die Substanz ist in frischem Zustand leicht löslich in Wasser, woraus sie durch Hitzekoagulation oder durch Fällung mit Ammonsulfat abgeschieden werden kann. Verdünnte Alkalien und verdünntes Ammoniak sind ebenfalls Lösungsmittel, Säuren je nach ihrer Konzentration Lösungs- oder Fällungsmittel. KH_2PO_4 fällt irreversibel. Die Lösung der Krystalle zersetzt Harnstoff: 1 g kann in 5 Minuten bei 20° 100000 mg Ammoniak-N bilden. Sumner sieht dieses krystallisierte Globulin als Urease an [3, 4, 5]. Reinigung dieser Urease durch Krystallisation und Elementarzusammensetzung [6].

Waldschmidt-Leitz bestreitet, daß die Urease mit dem Globulin identifiziert werden kann [7]. Vgl. dazu auch [8].

Proteine der Adsukibohne.

Darstellung: Der Proteingehalt der Adsukibohne beträgt 21,13%, wovon 16,7% sich durch 5proz. NaCl-Lösung extrahieren lassen. Aus diesem Extrakt erhält man durch Ammonsulfat ein α- und ein β-Globulin. Aus dem globulinfreien Extrakt erhält man durch 2 Stunden langes Erhitzen bei 70° 0,05% des Mehles an Albumin [9].

Nach anderen enthält die Adsukibohne 25,7% Eiweiß, von denen sich 24% durch Wasser und 10proz. Kochsalzlösung extrahieren lassen. Aus der NaCl-Lösung lassen sich durch Verdünnen mit Wasser zwei Globuline isolieren, die dem β-Globulin aus Phaseolus angularis ähneln, sie unterscheiden sich jedoch in der N-Verteilung beträchtlich [10].

Zusammensetzung: Die beiden Globuline unterscheiden sich stark:

	α-Globulin	β-Globulin
N	15,64%	16,46%
S	1,21 „	0,40 „
Arginin	5,45 „	7,00 „
Histidin	2,25 „	2,51 „
Lysin	8,30 „	8,41 „
Cystin	1,63 „	0,86 „ [11]
N-Verteilung:		
Amid-N	10,91%	10,04%
Humin-N	0,89 „	1,52 „
Cystin-N	0,60 „	1,21 „
Arginin-N	13,61 „	11,25 „
Histidin-N	4,09 „	3,92 „
Lysin-N	9,75 „	10,20 „ [11] (nach van Slyke).

[1] J. B. Sumner; J. of biol. Chem. **37**, 137 (1918) — Chem. Zbl. **1919 I**, 858.

[2] J. B. Sumner u. V. A. Graham: J. of biol. Chem. **64**, 257 (1925) — Chem. Zbl. **1925 II**, 2060.

[3] J. B. Sumner: J. of biol. Chem. **69**, 435 (1926) — Chem. Zbl. **1926 II**, 2439.

[4] J. B. Sumner u. D. B. Hand: J. of biol. Chem. **76**, 149 (1928) — Chem. Zbl. **1929 I**, 2544.

[5] J. B. Sumner u. R. G. Holloway: J. of biol. Chem. **79**, 489 (1928) — Chem. Zbl. **1929 I**, 2544.

[6] J. S. Sumner: Ber. dtsch. chem. Ges. **63**, 582 (1930) — Chem. Zbl. **1930 I**, 2431.

[7] E. Waldschmidt-Leitz u. F. Steigerwald: Hoppe-Seylers Z. **195**, 260 (1931) — Chem. Zbl. **1932 I**, 2961. — J. B. Sumner u. J. S. Kirk: Hoppe-Seylers Z. **205**, 219 (1932). — E. Waldschmidt-Leitz u. F. Steigerwald: Hoppe-Seylers Z. **206**, 133 (1932).

[8] R. Willstätter u. M. Rohdewald: Hoppe-Seylers Z. **204**, 181 (1932).

[9] D. B. Jones, A. J. Finks u. C. E. F. Gersdorff: J. of biol. Chem. **51**, 103 (1922) — Chem. Zbl. **1922 I**, 1378.

[10] E. Takahashi u. T. Itagaki: J. of Biochem. **5**, 311 (1925) — Chem. Zbl. **1926 I**, 3554.

[11] D. B. Jones, A. J. Finks u. C. E. F. Gersdorff, J. of biol. Chem. **51**, 103 (1922) — Chem. Zbl. **1922 I**, 1378.

Physiologisches: Die Eiweißstoffe der Adsukibohne können auch im rohen Zustande durch Cystin zur Vollwertigkeit für das normale Wachstum junger Ratten ergänzt werden; ohne diese Ergänzung erfolgt das Wachstum nur mit $^1/_3-^2/_3$ der normalen Geschwindigkeit[1].

Proteine aus Samtbohnen.
(Stizolobium niveum und Deeringianum.)

Zusammensetzung: Als Haupteiweißkörper der chinesischen Samtbohne wurde ein bei 0,4—0,5facher Sättigung mit Ammonsulfat ausfallendes Globulin gefunden mit folgender N-Verteilung:

$$\begin{array}{ll}
\text{Cystin-N} & 1,2\ \% \\
\text{Arginin-N} & 6,72\ ,, \\
\text{Histidin-N} & 2,65\ ,, \\
\text{Lysin-N} & 8,27\ ,,
\end{array}$$

und fast $^1/_2$ mal soviel Amino-N wie im Lysin. Tryptophanreaktion stark positiv[2]. Asparaginsäure 9,2%[3].

Zum Unterschied davon liefert die Georgia-Samtbohne folgende Werte: sie enthält 23,6% Eiweiß, ca. 15% sind löslich in 3proz. Kochsalzlösung und ca. 13% fallen aus dieser Lösung beim Erhitzen aus. Durch fraktionierte Fällung mit Ammonsulfat ließen sich ca. 3% α-Globulin und 1,25% β-Globulin gewinnen; es bestehen deutliche Unterschiede im N- und S-Gehalt und in der N-Verteilung. Das β-Globulin enthält kein Tryptophan. In der globulinfreien Lösung befinden sich ca. 0,75% Albumin[4].

Physiologisches: Die Proteine der Georgia-Samtbohne sind unzureichend für die Unterhaltung des normalen Wachstums junger Ratten[5]. Der Mangel an Cystin ist für die Behinderung des Wachstums verantwortlich zu machen[6, 7]. Zusatz von Cystin zu einer Nahrung mit 40% Bohnenmehl fördert das Wachstum und erhält die Fortpflanzungsfähigkeit[7]. Nach anderen Autoren genügt das durch Erhitzen[8] koagulierte Eiweiß zur Aufrechterhaltung des Wachstums, nicht aber dialysiertes. Auch Kochen und Behandlung im Autoklaven oder Zusatz von Cystin verbessert die wachstumsfördernden Eigenschaften. Es wird angenommen, daß eine toxische Substanz (Dioxyphenylalanin?) Ursache der Ernährungsstörung ist[9]. Die Proteine der Samtbohne als einzige Eiweißquelle sollen für normales Wachstum ausreichen, wenn sie durch Erhitzen von den unverdaulichen Teilen befreit werden[10, 7].

Proteine der Mungbohne.
(Phaseolus aureus Roxburgh.)

Darstellung: Die Mungbohne enthält 21,74% Eiweiß, davon mit 5proz. NaCl-Lösung extrahierbar 19%. Aus diesem Extrakt erhält man durch fraktionierte Fällung mit Ammonsulfat 0,35% reines α-Globulin und 5,75% reines β-Globulin; durch Erhitzen der globulinfreien, schwachsauren Flüssigkeit auf 45° 0,02—0,05% Albumin[11].

Zusammensetzung:

	α-Globulin	β-Globulin	Albumin
C	52,93—54,05%	52,82—52,90%	54,32%
H	6,80— 6,95 ,,	6,86— 6,91 ,,	6,95 ,,
N	15,52—15,77 ,,	16,55—16,83 ,,	14,76 ,,
S	1,44— 1,54 ,,	0,38— 0,43 ,,	1,10 ,,

---

[1] C. O. Johns u. A. J. Finks: Amer. J. Physiol. **56**, 208 (1921) — Chem. Zbl. **1921 III**, 361.

[2] C. O. Johns u. A. J. Finks: J. of biol. Chem. **34**, 429 (1918) — Chem. Zbl. **1919 I**, 90.

[3] D. B. Jones u. O. Moeller: J. of biol. Chem. **79**, 429 (1928) — Chem. Zbl. **1929 I**, 270.

[4] C. O. Johns u. H. C. Waterman: J. of biol. Chem. **42**, 59 (1920) — Chem. Zbl. **1920 III**, 199.

[5] B. Sure u. J. W. Read: J. agricult. Res. **22**, 5 (1921) — Chem. Zbl. **1922 I**, 60.

[6] B. Sure: J. of biol. Chem. **50**, 103 (1921) — Chem. Zbl. **1922 I**, 766.

[7] B. Sure: J. metabol. Res. **3**, 383 (1923) — Chem. Zbl. **1923 III**, 1651.

[8] H. C. Waterman u. D. B. Jones: J. of biol. Chem. **47**, 285 (1921) — Chem. Zbl. **1921 III**, 1330.

[9] A. J. Finks u. C. O. Johns: Amer. J. Physiol. **57**, 61 (1921) — Chem. Zbl. **1922 III**, 563.

[10] D. B. Jones, A. J. Finks u. H. C. Waterman: J. of biol. Chem. **52**, 209 (1922) — Chem. Zbl. **1922 III**, 1358.

[11] C. O. Johns u. H. C. Waterman: J. of biol. Chem. **44**, 303 (1920) — Chem. Zbl. **1921 I**, 457.

N-Verteilung:	α-Globulin	β-Globulin	Gesamteiweiß:	
Amid-N	9,42%	11,76%	Amid-N	6,41%
Humin-N (adsorbiert durch Kalk)	2,56 ,,	1,84 ,,	Humin-N	3,84 ,,
Humin-N (im Amylalkohol-			Cystin-N	1,62 ,,
extrakt)	0,0 ,,	0,17 ,,		
Amino-N des Filtrats	61,05 ,,	55,89 ,,	Histidin-N	6,76 ,,
Nichtamino-N des Filtrats. . .	2,10 ,,	2,32 ,,	Arginin-N	13,51 ,,
Cystin.	1,49 ,,	0,0 ,,	Lysin-N	12,81 ,,
Arginin	5,13 ,,	7,56 ,,	Gesamt-Monoamino-N . . .	49,1 ,,
Histidin	3,31 ,,	2,02 ,,	Gesamt-Diamino-N	34,7 ,,[1]
Lysin	6,08 ,,	9,29 ,,		

Tryptophanreaktion beim α-Globulin nur schwach, beim β-Globulin viel stärker, beim Albumin ungewöhnlich stark; die Tyrosinreaktion bei beiden Globulinen stark, beim Albumin schwach; die Kohlehydratreaktion beim α-Globulin negativ, beim β-Globulin schwach[2].

Physiologisches: Die Proteine der Mungbohne sind biologisch vollwertig[3].

Wachsende Ratten können ihren gesamten Eiweißbedarf aus der Bohne decken[1].

Der Verdaulichkeitskoeffizient der Proteine der Mungbohne beträgt 86. Die biologische Wertigkeit 58[4].

Proteine der Limabohne.

Darstellung: 3 proz. NaCl-Lösung extrahiert aus dem Bohnenmehl bei Zimmertemperatur 72,32% der gesamten Proteine. Sättigt man diese Lösung zu 0,25 mit Ammonsulfat, so erhält man ein α-Globulin in einer Ausbeute von 2,74% der Gesamtproteine, sättigt man bis 0,45 bis 0,75, so erhält man ein β-Globulin. Aus der globulinfreien Lösung gewinnt man in einer Ausbeute von 8,25% der Gesamtproteine ein Albumin[5].

Zusammensetzung: Die Elementaranalysen ergeben gleiche Werte wie bei anderen Bohnen. Alle drei Fraktionen enthalten Tryptophan, aber kein Cystin[5].

Physiologisches: Das Eiweiß der Limabohne kann ebenso wie das der Schiffsbohne durch Cystin ergänzt werden, so daß es normales Wachstum junger Albinoratten ermöglicht[6].

Proteine der Taubenerbse.

(Cajanus Indicus.)

Aus den Proteinen verschiedener Taubenerbsenarten wurden hauptsächlich zwei Globuline, Cajanin und Concajanin, zu 58 bzw. 8% der Gesamtproteine isoliert. Das Cajanin enthält 0,40% S und 0,32% Tryptophan, während das Concajanin 1,11% bzw. 1,61% aufweist. Neben diesen Globulinen findet sich noch 4% Albumin vor.

Alle 3 Proteine haben für die Ernährung ausreichende Mengen Cystin, Arginin und Lysin. Das Cajanin ist arm an Tryptophan, kann jedoch Proteine mit wenig Diaminosäuren ergänzen[7].

Globuline von Bengalkorn und Pferdekorn.

(Cicer Arietinum Linn. und Dolichos biflorus.)

Der Arginingehalt der Globuline des „Bengal Gram" ist höher als in den Globulinen anderer Hülsenfrüchte. Beide Globuline enthalten genügend Arginin, Tyrosin und Lysin, haben aber Mangel an Cystin und Tryptophan[8].

[1] V. G. Heller: J. of Biochem. **75**, 435 (1927) — Chem. Zbl. **1928 I**, 2513.

[2] C. O. Johns u. H. C. Waterman: J. of biol. Chem. **44**, 303 (1920) — Chem. Zbl. **1921 I**, 457.

[3] E. Tso: Chinese J. Physiol. **1**, 89 (1927) — Chem. Zbl. **1927 II**, 650.

[4] J. H.-C. Pian: Chin. J. Physiol. **4**, 431 (1930) — Chem. Zbl. **1931 I**, 1309.

[5] D. B. Jones, C. E. F. Gersdorff, C. O. Johns u. A. J. Finks: J. of biol. Chem. **53**, 231 (1922) — Chem. Zbl. **1923 I**, 853.

[6] A. J. Finks u. C. O. Johns: Amer. J. Physiol. **56**, 205 (1921) — Chem. Zbl. **1921 III**, 361.

[7] P. S. Sundaram, R. V. Norris u. V. Subrahmanyan: J. Indian Inst. Sci. A **12**, 193 (1930) — Chem. Zbl. **1930 I**, 845.

[8] N. Narayana: J. Indian Inst. Sci. A **13**, 153 (1931) — Chem. Zbl. **1931 I**, 3575.

Proteine aus Luzernensamen.

Zusammensetzung: Nach van Slyke ergibt sich die N-Verteilung in den Proteinen der Luzernensamen:

Amino-N	8,5 %
Arginin-N	20,75 „
Histidin-N	6,75 „
Lysin-N	5,14 „
Humin-N	4,96 „
N im Filtrat	53,20 „
Tryptophan	Spuren[1].

Arachin und Conarachin.
(Globuline der Erdnuß, Arachis hypogäa.)

Darstellung: Das fettfreie Erdnußmehl enthält 42% Eiweiß, wovon 32% in 10proz. Kochsalzlösung löslich sind. Durch Verdünnung oder Dialyse lassen sich die Globuline ausscheiden. Durch fraktionierte Fällung erhält man als Hauptmenge das weniger lösliche Arachin und das Conarachin[2]. Das Arachin beträgt 25%, das Conarachin 8% auf ölfreies Mehl berechnet[3].

Zusammensetzung:

	Arachin	Conarachin
C	52,15%	51,17%
H	6,93 „	6,87 „
N	18,29 „	18,29 „
S	0,40 „	1,09 „
Amid-N	2,03 „	2,07 „
Humin-N	0,22 „	0,22 „
Basischer N	4,96 „	6,55 „
Nichtbasischer N	11,07 „	9,40 „

Das Conarachin enthält also mehr basischen N als die bisher untersuchten Samenglobuline[2]. Nach van Slyke ergab sich (in % Gesamt-N):

	Arachin	Conarachin
Amid-N	11,81%	11,08%
Humin-N durch Kalk adsorbiert	0,57 „	0,65 „
Humin-N in Amylalkohol	0,43 „	0,13 „
Cystin-N	0,74 „	0,75 „
Arginin-N	23,77 „	25,78 „
Histidin-N	2,78 „	2,72 „
Lysin-N	5,22 „	6,35 „
Amino-N des Filtrats	53,30 „	50,23 „
Nichtamino-N des Filtrats	1,65 „	1,94 „[4]

Der Prozentgehalt an den einzelnen Aminosäuren beträgt:

	Arachin	Conarachin
Glykokoll	0,0	
Alanin	4,11	
Valin	1,13	
Leucin	3,88	
Prolin	1,37	
Phenylalanin	2,60	
Asparaginsäure	5,25	
Glutaminsäure	16,69	
Tyrosin	5,50	
Cystin	0,85	1,07

[1] H. G. Miller: J. amer. chem. Soc. **43**, 906 (1921) — Chem. Zbl. **1922 I**, 1378.
[2] C. O. Johns u. D. B. Jones: J. of biol. Chem. **28**, 77 (1916) — Chem. Zbl. **1917 I**, 879.
[3] G. B. Jones u. M. J. Horn: J. agricult. Res. **40**, 673 (1930) — Chem. Zbl. **1930 II**, 1998.
[4] C. O. Johns u. D. B. Jones: J. of biol. Chem. **30**, 33 (1917) — Chem. Zbl. **1918 I**, 273.

	Arachin	Conarachin
Arginin	13,51	14,60
Histidin	1,88	1,83
Lysin	4,98	6,04 [1]
Tryptophan	vorh.	
NH_3	2,03	
Asparaginsäure ⎱ Bei direkter Abschei-	5,6	
Glutaminsäure ⎰ dung als Ba-Salze	19,5 [2]	

Das Arachin ergibt nach **van Slyke** 3,56% NH_2-N; der maximale Lysin-N, nach Ausfällung des Histidins und Arginins, niedergeschlagen durch Phosphorwolframsäure, beträgt 6,68%, der minimale Lysin-N, berechnet aus dem isolierten Lysinpikrat, 2,21% [3].

Physikalisches und chemisches Verhalten: Arachin und Conarachin unterscheiden sich durch folgende Eigenschaften: Arachin koaguliert in 10proz. Kochsalzlösung auch beim Sieden nicht, Conarachin bei 80°. $[\alpha]_D^{20}$ des Arachins —39,5°, des Conarachins —42,7°. Aus den Kochsalzlösungen ist das Arachin durch 40proz. Ammonsulfatgehalt fällbar; Conarachin fällt bei 85proz. Sättigung mit Ammonsulfat [4].

Durch sukzessive Einwirkung von Kaliumpermanganat und Wasserstoffsuperoxyd auf Arachin erhält **Edlbacher** über eine Oxyprotsulfonsäure ein „Apoarachin" bezeichnetes Produkt, das folgende N-Verteilung aufweist:

Amid-N	20,0%
Humin-N	21,1 „
Arginin-N	13,0 „
Histidin-N	1,1 „
Lysin-N	2,0 „
Amino-N	40,2 „
Formol-N	25,4 „

Die gegenüber dem Ausgangsmaterial vermehrte Bildung von Humin-N wird — entgegen **Gortner** — auf die oxydative Veränderung der gesamten Monoaminosäuren zurückgeführt [5, 6].

Physiologisches: Das Arachin vermag das Wachstum junger Ratten nicht genügend zu unterhalten, obwohl keine der nötigen Aminosäuren fehlt. Es kann durch Conarachin nicht ergänzt werden, wohl aber durch Lactalbumin, namentlich in Gegenwart von Cystin [7].

In Ergänzung zu Weizenmehleiweiß hat die Erdnuß eine hohe biologische Wertigkeit [8], was auf den hohen Gehalt an Lysin zurückzuführen ist [9]. — Der Verdaulichkeitskoeffizient der Arachisproteine beträgt 95, die biologische Wertigkeit 59 [10].

Die Minderwertigkeit des Arachins im Ernährungsversuch ist auf die schwere fermentative Aufspaltbarkeit zurückzuführen. Durch Kochen mit heißem Wasser, auch unter Druck, wird keine größere Verdaulichkeit erzielt. Durch partielle Hydrolyse mit verdünnter heißer Natronlauge wird ein säureunlösliches Produkt erhalten, das sich als sehr widerstandsfähig gegen Fermente erweist. Es enthält ein Drittel des gesamten Arginins und Cystins, zwei Drittel des Histidins und etwa zwei Fünftel des gesamten Lysins. Auf die Schwerverdaulichkeit dieses Komplexes dürfte die Unzulänglichkeit des Arachins im Stoffwechselversuch zurückzuführen sein [11].

Die Erdnußproteine steigern als glycinfreie Eiweißkörper die Hippursäurebildung nicht [12].

---

[1] C. O. **Johns** u. D. B. **Jones**: J. of biol. Chem. **36**, 491 (1918) — Chem. Zbl. **1919 I**, 743.

[2] D. B. **Jones** u. O. **Moeller**: J. of biol. Chem. **79**, 429 (1928) — Chem. Zbl. **1929 I**, 270.

[3] K. **Felix**: Hoppe-Seylers Z. **110**, 217 (1920) — Chem. Zbl. **1920 III**, 633.

[4] G. B. **Jones** u. M. J. **Horn**: J. agricult. Res. **40**, 673 (1930) — Chem. Zbl. **1930 II**, 1998.

[5] S. **Edlbacher**: Hoppe-Seylers Z. **134**, 129 (1924) — Chem. Zbl. **1924 I**, 2880.

[6] R. A. **Gortner**: J. amer. chem. Soc. **39**, 2736 (1918) — Chem. Zbl. **1918 II**, 193. — R. A. **Gortner**: Hoppe-Seylers Z. **139**, 95 (1924) — Chem. Zbl. **1924 II**, 2589.

[7] B. **Sure**: J. of biol. Chem. **43**, 443 (1920) — Chem. Zbl. **1921 I**, 41.

[8] W. H. **Eddy** u. R. S. **Eckman**: J. of biol. Chem. **55**, 119 (1923) — Chem. Zbl. **1923 III**, 82.

[9] C. O. **Johns** u. D. B. **Jones**: J. of biol. Chem. **30**, 33 (1917) — Chem. Zbl. **1918 I**, 273.

[10] J. H.-C. **Pian**: Chin. J. Physiol. **4**, 431 (1930) — Chem. Zbl. **1931 I**, 1309.

[11] D. B. **Jones** u. H. C. **Waterman**: J. of biol. Chem. **52**, 357 (1922) — Chem. Zbl. **1922 III**, 1307.

[12] W. H. **Griffith** u. H. B. **Lewis**: J. of biol. Chem. **57**, 697 (1923) — Chem. Zbl. **1924 I**, 570.

Protein aus Linsen.
(Lens esculenta Moench.)

Physiologisches: Der Mangel an Cystin in den Eiweißkörpern der Linse bewirkt bei einer Nahrung mit 66% Linsen Gewichtsabnahme und schließlich Tod (bei weißen Ratten). Zusatz von 0,36% Cystin zur Nahrung genügt für leidliches Wachstum[1].

Edestin.

Analytisches: Die quantitative Bestimmung des Edestins im Weizenmehl erfolgt durch Extraktion mit 1 proz. Kochsalzlösung[2].

Zusammensetzung: 1,8% des Gesamt-N im Edestin sind Amino-N[3]. Fällt man aus dem Gemisch der Hydrolysenprodukte des Edestins die basischen Aminosäuren durch Phosphorwolframsäure und scheidet die weniger löslichen Monoaminosäuren durch direkte Krystallisation ab, so erhält man nach dem Dakinschen Verfahren folgende Übersicht über die Zusammensetzung des Edestins: in der wäßrigen Lösung befindet sich kein Leucin, Valin oder Phenylalanin; Oxyprolin ist wahrscheinlich zu 3,2% des trockenen aschefreien Edestins vorhanden; isoliert wurden Glutaminsäure, Asparaginsäure, wahrscheinlich gemacht Glykokoll, nicht gefunden Oxyglutaminsäure[4].

Die Bestimmungen des Tyrosingehaltes nach verschiedenen Autoren mit verschiedenen Methoden weisen gute Übereinstimmung auf:

Millonsche Reaktion in der Kälte 4,3%
Bromadditionsverfahren . . . . 4,9 „ [5]
Millonsche Reaktion in der Hitze . . . . 4,8—5,0 „ [6]
Methode Folin mit Millons Reagens . . . . 4,5 „ [7,8]
Nach Looney . . . . 4,6 „ [9]

Das Edestin enthält 1,5% Tryptophan, unter der Annahme, daß 100 g Casein 1,5 g Tryptophan enthalten, wenn man die Blaufärbung mit Ehrlichs Reagens (p-Dimethylamino-benzaldehyd) gegen Casein als Standard vergleicht[10]. Diese Methode, durch $NaNO_2$-Zusatz modifiziert, liefert 3,5%[11]. Folin findet ebenfalls 1,5%[7]. Der Cystingehalt wurde durch Titration mit Jodatlösung zu 1,13% gefunden[12], mit dem Harnsäurereagens von Folin zu 1,36%[13].

Histidin . . . . 2,08% ⎱ Bestimmungsmethode der
Arginin . . . . 15,8 „ ⎰ basischen Aminosäuren[14].
Lysin . . . . 2,19 „ [15]
Asparaginsäure . . . . 10,2 „
Glutaminsäure . . . . 19,2 „ [16]

Das Arginin soll im Edestin in Form von „Präarginin" vorliegen, das erst bei der Hydrolyse Arginin liefert[17].

[1] D. B. Jones u. J. C. Murphy: J. of biol. Chem. **59**, 243 (1924) — Chem. Zbl. **1924 II**, 1817. — D. B. Jones: Cotton Oil Press **7**, 34 (1924) — Chem. Zbl. **1924 I**, 2791.

[2] Olson: J. of Ind. a. Eng. Chem. **6**, 211 (1914) — Chem. Zbl. **1914 I**, 1527.

[3] Slyke u. Birchard: J. of biol. Chem. **16**, 539 — Chem. Zbl. **1914 I**, 1192.

[4] T. B. Osborne u. C. S. Leavenworth u. L. S. Nolan: J. of biol. Chem. **61**, 309 (1924) — Chem. Zbl. **1924 II**, 2849.

[5] O. Fürth u. A. Fischer: Biochem. Z. **154**, 1 (1924) — Chem. Zbl. **1925 I**, 872.

[6] D. Zuwerkalow: Hoppe-Seylers Z. **163**, 185 (1927) — Chem. Zbl. **1927 I**, 2456.

[7] O. Folin u. V. Ciocalteu: J. of biol. Chem. **73**, 627 (1927) — Chem. Zbl. **1927 II**, 2089.

[8] O. Folin u. A. D. Marenzi: J. of biol. Chem. **83**, 89 (1929) — Chem. Zbl. **1929 II**, 2082.

[9] J. M. Looney: J. of biol. Chem. **69**, 519 (1926) — Chem. Zbl. **1926 II**, 2466.

[10] C. E. May u. E. R. Rose: J. of biol. Chem. **54**, 213 (1922) — Chem. Zbl. **1923 I**, 770.

[11] W. J. Boyd: Biochemic. J. **23**, 78 (1929) — Chem. Zbl. **1929 II**, 1188.

[12] Y. Teruuchi u. L. Okabe: J. of Biochem. **8**, 459 (1928) — Chem. Zbl. **1928 I**, 2850.

[13] O. Folin u. A. D. Marenzi: J. of biol. Chem. **83**, 103 (1929) — Chem. Zbl. **1929 II**, 2082.

[14] H. O. Calvery: J. of biol. Chem. **83**, 631 (1929) — Chem. Zbl. **1929 II**, 3168.

[15] H. B. Vickery u. C. S. Leavenworth: J. of biol. Chem. **76**, 707 (1928) — Chem. Zbl. **1928 II**, 173.

[16] D. B. Jones u. O. Moeller: J. of biol. Chem. **79**, 429 (1928) — Chem. Zbl. **1929 I**, 270.

[17] H. S. Simms: J. gen. Physiol. **14**, 87 (1930) — Chem. Zbl. **1931 II**, 253.

(Über die präparative Gewinnung von Arginin aus Edestin vgl. Anm. [1].)

Über die Hexonbasen bei der Autoklavenhydrolyse (s. dort) vgl. [2].

Zu beachten ist, daß bei der Bestimmung der Hausmannzahl nach der Mikromethode meistens höhere Werte für den Amid-N und geringere Werte für den Diamino-N gefunden werden[3].

Bei 16stündigem Erhitzen von 25 g Edestin mit 1200 ccm Wasser im Autoklaven auf 180—200° gewinnt man 1,2% Leucinanhydrid durch Ätherextraktion[4]. Auch in der Prolinfraktion sind Diketopiperazine wahrscheinlich gemacht worden[5].

Bei saurer Hydrolyse liefert Edestin eine Base, die dem Histamin nahestehen muß[6].

Physikalisches und chemisches Verhalten: Für das Edestin errechnet sich das Minimum-Mol.-Gewicht zu 29000[7]. Vgl. auch[8].

Der isoeletrische Punkt des Edestin liegt zwischen p_H 5 und 6, nach elektrophoretischen Untersuchungen von Northrop zwischen p_H 5,5 und 6. Suspensionen von Edestin in destilliertem Wasser haben p_H 5[9]. Nach anderen beträgt der isoelektrische Punkt $p_\mathrm{H} = 6,9$ (der kritische Punkt, d. h. dasjenige p_H, bei dem das Edestin die Leberautolyse hemmt, 7,0), jedoch dürfte nach Untersuchungen von Csonka und Mitarbeitern p_H 5—5,5 am richtigsten sein[10, 11].

Edestin ist löslich in wasserfreier Ameisen- und Essigsäure[12].

Flockungsreaktionen: Nach der Bestrahlung mit einer Quarz-Quecksilber-Dampflampe wird die Gerinnungstemperatur des Edestins herabgesetzt, die spezifische Drehung nimmt zu[13].

Über Beziehungen zwischen Lichtkoagulationsgeschwindigkeit und Sterilität[14].

Die Verteilung des Phenols zwischen Wasser und Edestin im Emulsoidzustand gehorcht dem Verteilungsgesetz. Der Verteilungskoeffizient steigt bei der Phenolkonzentration, bei der das Edestin ausgeflockt wird, auf 12 und wächst bei weiterer Phenolzugabe noch an. Das in ausgeflocktem Edestin gelöste Phenol ist assoziiert[15].

Edestin kann in einer Lösung von Na-Salicylat zur Gelbildung gebracht werden[16].

Edestin setzt ebenso wie andere Proteine die Inversionskonstante des Rohrzuckers und die Verseifungskonstante des Äthylacetats herab[17].

Elektrochemisches: Beim Stromdurchgang wird das Edestin in schwach saurer Lösung an der Kathode, in schwach alkalischer an der Anode abgeschieden. Die Menge des Niederschlages ist der Elektrizitätsmenge direkt, der an das Edestin gebundenen Säure- oder Alkalimenge umgekehrt proportional[18].

Farbreaktionen: Edestin gibt beim Schütteln mit Natronlauge und Dimethylsulfat beim Unterschichten des Reaktionsgemisches mit konzentrierter Schwefelsäure einen blauroten Ring, eine Reaktion, die auf Tryptophan zurückzuführen ist[19].

---

[1] H. B. Vickery u. C. S. Leavenworth: J. of biol. Chem. **75**, 115 (1927) — Chem. Zbl. **1928 I**, 800.

[2] N. J. Gawrilow u. M. M. Botwinik: Biochem. Z. **214**, 119 (1929) — Chem. Zbl. **1930 I**, 1627.

[3] K. V. Thimann: Biochemic. J. **20**, 1190 (1926) — Chem. Zbl. **1927 I**, 2581.

[4] S. S. Graves, J. T. W. Marshall u. H. W. Eckweiler: J. amer. chem. Soc. **39**, 112 (1916) — Chem. Zbl. **1917 I**, 950.

[5] T. B. Osborne, C. S. Leavenworth u. L. S. Nolan: J. of biol. Chem. **61**, 309 (1924) — Chem. Zbl. **1924 II**, 2849.

[6] J. J. Abel u. S. Kubota: J. of Pharmacol. **13**, 243 (1919) — Chem. Zbl. **1919 III**, 763.

[7] E. J. Cohn, J. L. Hendry u. A. N. Prentiss: J. of biol. Chem. **63**, 721 (1925) — Chem. Zbl. **1925 II**, 1168.

[8] The Svedberg: Nature (Lond.) **123**, 871 (1929) — Chem. Zbl. **1929 II**, 3021.

[9] D. J. Hitchcock: J. gen. Physiol. **4**, 597 (1922) — Chem. Zbl. **1922 III**, 785.

[10] A. B. Hertzman u. H. C. Bradley: J. of biol. Chem. **61**, 275 (1924) — Chem. Zbl. **1924 II**, 2348.

[11] F. A. Csonka, J. C. Murphy u. D. B. Jones: J. amer. chem. Soc. **48**, 763 (1926) — Chem. Zbl. **1926 II**, 37.

[12] J. Loiseleur: C. r. Acad. Sci. Paris **191**, 1391 (1930) — Chem. Zbl. **1931 I**, 1458.

[13] H. L. Stedman u. L. B. Mendel: Amer. J. Physiol. **77**, 199 (1926) — Chem. Zbl. **1926 II**, 865.

[14] M. Spiegel-Adolf u. K. F. Pollaczek: Biochem. Z. **214**, 175 (1929) — Chem. Zbl. **1930 I**, 3415.

[15] E. A. Cooper u. E. Sanders: J. physic. Chem. **31**, 1 (1927) — Chem. Zbl. **1927 I**, 2174.

[16] A. B. Manning: Biochemic. J. **18**, 1085 (1924) — Chem. Zbl. **1925 I**, 232.

[17] N. Jsgaryschew u. N. Bogomolowa: J. russ. phys.-chem. Ges. **56**, 61 (1925) — Chem. Zbl. **1926 I**, 812.

[18] D. M. Greenberg: Trans. amer. elektrochem. Soc. **54** (1928) — Chem. Zbl. **1928 II**, 1861.

[19] S. Edlbacher: Hoppe-Seylers Z. **105**, 240 (1919) — Chem. Zbl. **1919 III**, 678.

Verhalten gegen Säuren und Basen: Hydrolyse: Bei der Hydrolyse mit Wasser bei 110—120° nimmt die Menge der löslichen, verhältnismäßig niedermolekularen Stoffe mit dem Fortschreiten der Einwirkung zu, während unlösliche komplexer Natur zurückbleiben; zu Anfang wird vornehmlich Amid-N abgespalten. Der Amid-N des gesamten Hydrolysats ist höher, der Diamino-N niedriger als der der ursprünglichen Substanz. Der p_H-Wert der Lösung nimmt zu Beginn des Versuchs zu, später ab. Zwischen der Wasserstoffionenkonzentration und dem Amid-N des Hydrolysengemisches besteht ein Zusammenhang. Die Pufferwirkung nimmt mit der Dauer der Hydrolyse zu[1].

Bei der Autoklavenhydrolyse des Edestins (1 proz. Schwefelsäure, 180°, 10 at, 6 Stunden) wird ein Anhydridkomplex erhalten, der die Hexonbasen enthält, die mit den Monoaminosäuren anhydridartig verknüpft sein sollen[2].

Beim Kochen von Edestin mit Natronlauge werden 1,38—1,44% des trockenen Proteins in Form von Acetaldehyd abgespalten. Kohlehydrat oder Aminosäuren sind nicht die Vorstufe des Aldehyds, die Bildung scheint vielmehr an die Konstitution des Eiweißes gebunden zu sein[3].

Bezüglich der Kinetik der Säure- und Laugenhydrolyse gilt bei 10, 70 und 100° die Regel von Schütz und Borissow:

$$\frac{x}{\sqrt{t}} = \text{const,}$$

bei 37° die Beziehung:

$$\frac{x}{t} = \text{const.} \quad [4,5]$$

Bei der Hydrolyse von Edestin mit Salzsäure treten Differenzen zwischen den nach van Slyke und den nach Sørensen bestimmten NH_2-Werten auf, die bei fortschreitender Hydrolyse durch ein Maximum gehen. Enselme deutet die Zunahme der Differenz als Periode der Polypeptidbildung, die Abnahme als Periode der Zerlegung in Aminosäuren[6].

Zusatz von Säuren und Laugen zu Edestin bewirkt eine Änderung der Löslichkeit, gemessen an der Niederschlagsmenge beim Neutralisieren der Lösung, Erhöhung des Färbevermögens mit dem Reagens von Folin und Denis, Abnahme der Fällbarkeit mit komplexen Säuren, Freiwerden von Nichtproteinsubstanzen[7]. Laugen wirken in jeder Hinsicht stärker ein als Säuren[8].

Bezüglich der gebundenen Menge Säure geht eine deutliche Abhängigkeit von den vorhandenen freien Aminogruppen hervor[9]. — Nach Bancroft sollen sich im Edestin nur 20% des Gesamtstickstoffs in stöchiometrischen Verhältnissen verbinden, wobei allerdings auch die Peptidbindungen beteiligt sein sollen[10].

Als amphoterer Elektrolyt reagiert das Edestin mit Säuren und Basen in stöchiometrischen Verhältnissen, und zwar mit Oxalsäure und Phosphorsäure in molekularem, nicht äquivalentem Verhältnis[11]. 1 g Edestin sind 5,6 ccm $^1/_{10}$ n-Säure äquivalent[12]. — Nach neueren Untersuchungen von Hitchcock bindet 1 g Edestin beim Auflösen in 0,1 molarer Salzsäure $13,4 \cdot 10^{-4}$ Äquivalente $H^{\cdot}$ und $3,9 \cdot 10^{-4}$ Äquivalente Cl' [13].

Von sauren Farbstoffen bindet 1 g Edestin 0,00157 Äquivalente[14].

---

[1] S. Komatsu u. C. Okinaka: Bull. chem. Soc. Japan 1, 102, 151 (1926) — Chem. Zbl. 1926 II, 1051, 2065 — Mem. Coll. Sci. A 10, 241, 248 (1927) — Chem. Zbl. 1927 II, 2200.

[2] M. J. Gawrilow u. M. M. Botwinik: Biochem. Z. 214, 119 (1929) — Chem. Zbl. 1930 I, 1627.

[3] O. Riesser u. Mitarb.: Hoppe-Seylers Z. 196, 201 (1931) — Chem. Zbl. 1931 II, 583.

[4] J. S. Jaitschnikow: J. russ. phys.-chem. Ges. 50, 105 (1918); 54, 814 (1922—1924) — Chem. Zbl. 1923 III, 627; 1925 I, 231.

[5] J. Jaitschnikow: Biochem. Z. 190, 114 (1927) — Chem. Zbl. 1928 I, 2508.

[6] J. Enselme: C. r. Acad. Sci. Paris 190, 136 (1930) — Chem. Zbl. 1930 I, 2105 — Bull. Soc. Chim. biol. Paris 12, 357 (1930) — Chem. Zbl. 1930 II, 1995.

[7] H. Wu u. D. Y. Wu: J. of Biochem. 4, 345 (1924) — Chem. Zbl. 1925 II, 1363.

[8] J. Jaitschnikow: J. russ. phys.-chem. Ges. 60, 929 (1928) — Chem. Zbl. 1929 I, 1010.

[9] R. S. Bracewell: J. amer. chem. Soc. 41, 1511 (1919) — Chem. Zbl. 1920 I, 388.

[10] W. D. Bancroft u. C. E. Barnett: Proc. nat. Acad. Sci. U. S. A. 16, 288 (1930) — Chem. Zbl. 1930 II, 746.

[11] D. J. Hitchcock: J. gen. Physiol. 4, 597 (1922) — Chem. Zbl. 1922 III, 785.

[12] L. J. Harris: Proc. roy. Soc. Lond. B 97, 364 (1925) — Chem. Zbl. 1925 II, 224.

[13] D. N. Hitchcock: J. gen. Physiol. 14, 99 (1930) — Chem. Zbl. 1930 II, 3299.

[14] L. M. Chapman, D. N. Greenberg u. C. L. A. Schmidt: J. of biol. Chem. 72, 707 (1927) — Chem. Zbl. 1927 II, 706.

Es entstehen bei der Hydrolyse unbeständige Zwischenverbindungen mit der Säure bzw. der Lauge[1].

Das Edestinchlorid ist eine stark ionisierte Verbindung[2]. Die Potentialdifferenz, die sich zwischen einer Lösung von Edestinchlorid oder -acetat und einer durch Collodiummembran von ihr getrennten proteinfreien Lösung der entsprechenden Säure einstellt, gehorcht dem Donnanschen Gleichgewicht; der osmotische Druck wird von der Salzkonzentration und dem p_H in gleichem Sinne verändert[2]. Bei gesteigerter HCl-Menge wird die Viscosität der Edestinlösung bis zu einem Maximum erhöht, dann wieder vermindert, während die Viscosität der Lösung in Natronlauge von der Menge NaOH in weiten Grenzen unabhängig ist. Mit der Änderung der Viscosität des Chlorids geht die Änderung der Leitfähigkeit parallel, bei der Verbindung mit Natronlauge nimmt die Menge des gebundenen Alkalis zu. Bei der NaOH-Verbindung wird die Dissoziation durch Na-Ionen nicht so stark zurückgedrängt wie die Dissoziation des Chlorids durch Cl-Ionen; die Edestinanionen sind weniger stark hydratisiert als die Edestinkationen. Die Löslichkeit in Kochsalz hängt von dessen Konzentration und dem p_H ab[3]. Zum osmotischen Druck von Edestinchloridlösungen vgl. [4].

Das Edestin verbraucht infolge seines hohen Tyrosingehaltes mehr Br als die Summe seiner tryptischen Spaltprodukte[5]. — Über die Einwirkung von Natriumhypobromit auf Edestin[6].

Aus verdünnten Lösungen nimmt geronnenes Edestin Kupfer- und Ferrocyanidionen auf[7].

Derivate: Dearginoedestin: Durch Behandlung von Edestin mit Hypochloriten- oder -bromiten bis zum Verschwinden der α-Naphtholreaktion wird der Argininkomplex desamidiert. Das „Dearginoedestin" ist wie andere Desarginoproteine (Casein, Ovalbumin s. d.) in angesäuertem Wasser unlöslich und gibt leicht veränderte Proteinfarbreaktionen. 1 g Desarginoedestin verbraucht 24,48 ccm $^1/_{10}$n-Ba(OH)$_2$. Durch Pepsin wird es schwer, etwas leichter durch Trypsin verdaut[8].

Jodedestin: Beschleunigt die Metamorphose von normalen Kaulquappen und löst sie bei solchen ohne Hypophyse aus[9].

Methylderivat durch Diazomethan[10].

Methylderivat mit Dimethylsulfat in alkalischer Lösung: bei erschöpfender Behandlung kommen auf je 100 Atome N 15,0 Methylgruppen, die an N gebunden sind[11].

Beim **Nitroderivat** entspricht die Zahl der eingetretenen Nitrogruppen der einfachen Nitrierung des Tyrosins plus der des Tryptophans[12].

Verhalten gegen Fermente und Bakterien: Nephelometrische Verfolgung der Proteolyse[13].

Bei vollständiger Pepsin-HCl-Hydrolyse wird alles „Präarginin" in Arginin umgewandelt[14].

Einwirkung verschiedener Pepsinpräparate[15]. — Bei der Edestinverdauung mit Pepsin in Gegenwart verschiedener Säuren erhält man Unterschiede bezüglich des Aciditätsoptimums für die einzelnen Säuren. Die Änderungen sollen ungefähr mit den Dissoziationskonstanten der Säuren parallel gehen[16].

Bei der Einwirkung von Pepsin auf die konzentrierten peptischen Spaltprodukte des Edestins wächst der durch Trichloressigsäure fällbare N an, was von einigen Forschern im Sinne einer Synthese gedeutet wird. Der Amino-N nach Sörensen nimmt aber nicht ab[17].

[1] J. Jaitschnikow: Biochem. Z. **190**, 114 (1927) — Chem. Zbl. **1928 I**, 2508.

[2] D. J. Hitchcock: J. gen. Physiol. **5**, 383 (1923); **4**, 597 (1922) — Chem. Zbl. **1922 III**, 785; **1923 III**, 627.

[3] K. Kodama: J. of Biochem. **1**, 419 (1922) — Ber. Physiol. **20**, 371 — Chem. Zbl. **1924 I**, 1206.

[4] G. S. Adair: Proc. roy. Soc. Lond. A. **126**, 16 (1929) — Chem. Zbl. **1930 II**, 1509.

[5] M. Siegfried u. H. Reppin: Hoppe-Seylers Z. **95**, 18 (1915) — Chem. Zbl. **1916 I**, 513

[6] O. Fürth u. F. Fromm: Biochem. Z. **220**, 69 (1930) — Chem. Zbl. **1930 II**, 746.

[7] B. M. Hendrix: J. of biol. Chem. **78**, 653 (1928) — Chem. Zbl. **1928 II**, 1672.

[8] J. Sakaguchi: J. of Biochem. **5**, 133, 143 (1925) — Chem. Zbl. **1926 I**, 1419, 1420.

[9] W. W. Swingle: Proc. Soc. exper. Biol. a. Med. **54**, 205 (1926) — Chem. Zbl. **1929 I**, 919.

[10] Herzig u. Landsteiner: Biochem. Z. **61**, 458 (1914) — Chem. Zbl. **1914 I**, 2059.

[11] S. Edlbacher: Hoppe-Seylers Z. **107**, 52 (1919) — Chem. Zbl. **1919 IV**, 957.

[12] F. Lieben: Biochem. Z. **145**, 535, 555 (1924) — Chem. Zbl. **1924 II**, 50.

[13] K. G. Stern: Biochem. Z. **236**, 464 (1931) — Chem. Zbl. **1932 I**, 689.

[14] H. S. Simms: J. gen. Physiol. **12**, 231 (1928) — Chem. Zbl. **1929 I**, 1330.

[15] A. N. Adowa u. J. A. Smorodinzew: Hoppe-Seylers Z. **183**, 133 (1929) — Chem. Zbl. **1930 I**, 239.

[16] K. Okahara: Sci. Rep. Tohoku Imp. Univ. **6**, 573 (1931) — Chem. Zbl. **1932 I**, 1912.

[17] T. Oda: J. of Biochem. **6**, 77 (1926) — Chem. Zbl. **1926 II**, 900.

Bei der Verdauung von Edestin mit Trypsin und Erepsin nach Pepsin in vitro geht im Vergleich mit anderen Eiweißstoffen die N-Abspaltung parallel mit der Zersetzung im Magen-Darmkanal vor sich[1]. Bei Pepsin- und nachfolgender Erepsinverdauung wird Edestin weniger angegriffen als von Trypsinkinase und Erepsin[2].

Pepsin spaltet kein Tryptophan aus Edestin ab, wohl aber Trypsin, und zwar quantitativ. Erepsin liefert aus mit Trypsin vorgespaltenen Hydrolysaten kein Tryptophan mehr[3]. Arginin wird durch Trypsin nur zu zwei Drittel in Freiheit gesetzt. (Hier auch über die Abspaltungsgeschwindigkeit im Vergleich mit anderen Proteinen.)[4] Aus dem Ätherextrakt des mit Pankreatin verdauten Edestins ließ sich Glycylprolinanhydrid isolieren[5]. Neuerdings wurde aus den mit Pankreatin erhaltenen Verdauungsprodukten des Edestins β-Imidazolylacrylsäure (Urokaninsäure) isoliert, und zwar in einer Menge von 0,12 g aus 300 g Edestin bzw. 0,1 g aus 200 g. Bakterieneinwirkung ist dabei nicht ganz ausgeschlossen. — Ein zunächst für Oxytryptophan gehaltenes Produkt erwies sich als ein Gemisch von Tryptophan und Tyrosin[6].

Durch frisches Papain wird Edestin gespalten[7]. Hefeproteinase spaltet Edestin optimal beim Neutralpunkt[8].

Edestin wird durch eine im Grünmalz enthaltene Proteinase bei $p_H = 4{,}1$ gespalten[9]. Nach Hopkins optimal bei p_H 4,3 und 37°[10].

Die Wirkung der Pankreaslipase auf Olivenöl wird durch Edestin gegenüber der auf einfache Ester befördert[11].

Einwirkung des aus Schwangerenharn isolierten Fermentkomplexes auf Edestin[12].

Verhalten gegen die proteolytischen Enzyme der Leukocyten des Menschen[13].

Die aeroben, falkultativ anaeroben und fäulniserregenden anaeroben Bakterien: Bacillus subtilis, B. anthracis, B. pyocyaneus, B. prodigiosus, B. proteus vulgaris, B. proteus mirabilis, Bacillus Z, B. coli communis, B. typhi, B. pullorum, Staphylococcus pyogenes aureus, B. putrificus, B. anthracis symptomatici, B. edematis maligni vermögen natives Edestin nicht abzubauen, wohl aber in Gegenwart von Peptonen oder anderen N-Verbindungen, die als Bakteriennahrung dienen können[14].

Physiologisches: Im Vergleich mit Casein, Ovovitellin, Glidin und Gelatine bestehen keine Unterschiede bezüglich der N-Ausscheidung[15]. Das Edestin erweist sich bezüglich der Förderung des Wachstums von weißen Ratten und der Aufrechterhaltung des Körpergewichtes als dem Lactalbumin unterlegen[16].

Der mangelhafte Nährwert ist dem Mangel an Cystin und Lysin zuzuschreiben. Cystin verbessert die Nahrungseigenschaften, wenn gleichzeitig Lysin oder lysinreiche Eiweißkörper verabreicht werden[17]. Das Edestin verbessert die Wachstumskurve saugender Ratten, wenn der Mutter ungenügend Proteine zugeführt werden, bleibt bei einer Kost mit genug Eiweiß ohne Wirkung und führt in großer Menge, der mütterlichen Kost zugefügt, den Tod der Jungen herbei[18]. Ausschließliche Verfütterung von Edestin an weiße Mäuse bewirkt tödliche Intoxikation[19].

[1] L. Kahn-Marino: Arch. Int. Physiol. **29**, 133 (1927) — Chem. Zbl. **1928 I**, 1059.
[2] E. Abderhalden u. E. Schwab: Fermentforschg **11**, 92 (1929) — Chem. Zbl. **1930 I**, 3794.
[3] J. K. Ragins: J. of biol. Chem. **80**, 551 (1928) — Chem. Zbl. **1929 I**, 1383.
[4] J. A. Dauphinee u. A. Hunter: Biochemic. J. **24**, 1128 (1930) — Chem. Zbl. **1931 II**, 1439.
[5] E. Abderhalden u. E. Komm: Hoppe-Seylers Z. **145**, 308 (1925) — Chem. Zbl. **1925 II**, 1446.
[6] E. Abderhalden, W. Irion u. H. Sickel: Hoppe-Seylers Z. **182**, 201 (1929) — Chem. Zbl. **1930 I**, 1171.
[7] O. Ambros u. A. Harteneck: Unters. d. Enzyme **2**, 1698 (1928) — Chem. Zbl. **1929 I**, 1114.
[8] W. Graßmann u. H. Dyckerhoff: Hoppe-Seylers Z. **179**, 41 — Unters. üb. Enzyme **2**, 1708 (1928) — Chem. Zbl. **1929 I**, 910.
[9] K. Linderstrøm-Lang u. M. Sato: C. r. Lab. Carlsberg **17**, Nr 17, S. 1 (1929) — Chem. Zbl. **1930 I**, 2431.
[10] R. H. Hopkins u. H. E. Kelly: Biochemic. J. **25**, 256 (1931) — Chem. Zbl. **1931 II**, 1709.
[11] B. S. Platt u. E. R. Dawson: Biochemic. J. **19**, 860 (1925) — Chem. Zbl. **1926 I**, 1663.
[12] E. Abderhalden u. S. Buadze: Fermentforschg **11**, 361 (1930) — Chem. Zb. **1931 I**, 2774.
[13] E. Husfeldt: Hoppe-Seylers Z. **194**, 137 (1931) — Chem. Zbl. **1931 I**, 3476.
[14] J. A. Sperry u. L. F. Rettger: J. of biol. Chem. **20**, 445 (1915) — Chem. Zbl. **1915 II**, 482.
[15] Mendel u. Lewis: J. of biol. Chem. **16**, 55 (1913) — Chem. Zbl. **1914 I**, 46.
[16] T. B. Osborne u. L. B. Mendel: J. of biol. Chem. **26**, 1 (1916) — Chem. Zbl. **1917 I**, 592.
[17] B. Sure: Amer. J. Physiol. **61**, 1 (1921) — Chem. Zbl. **1923 I**, 855.
[18] G. A. Hartwell: Lancet **202**, 323 (1922) — Chem. Zbl. **1922 III**, 893 — Ber. Physiol. **14**, 27.
[19] L. A. Tscherkes: Biochem. Z. **182**, 35 (1927) — Chem. Zbl. **1927 II**, 711.

Trotz seines Argininreichtums steigert das Edestin den Kreatingehalt der Muskulatur von Ratten nicht[1].

Hydrolysiertes Edestin steigert bei gleichzeitiger Verabreichung von Benzoaten die Ausscheidung von Hippursäure nicht[2].

Edestin schützt infolge seines Gehaltes an Tyrosin und Tryptophan gegen Eosinhämolyse[3].

Amandin.

Nach der Ultrazentrifugenmethode ergibt sich zwischen p_H 4,3 und 10 das Mol-Gewicht das Anandins zu $208\,000 \pm 5000$, bei p_H 12,2 entstehen Moleküle von $^1/_6$ der ursprünglichen Größe. Die normalen Moleküle sind sphärisch, der Radius beträgt 3,99 mμ. Sedimentationskonstante $11{,}41 \cdot 10^{-13}$, Konstante der molaren Reibung $4{,}63 \cdot 10^{16}$.[4]

Die erhaltenen Werte sind unabhängig vom Reinigungszustand[5].

Excelsin.

Nach der Ultrazentrifugenmethode ergibt sich das Mol-Gewicht des Excelsins zwischen p_H 5,5 und 10 zu $212\,000 \pm 5000$. Ganz ähnlich wie beim Amandin erfolgt bei p_H 11,9 Desaggregation zu Molekülen von $^1/_6$ der ursprünglichen Größe. Die Sedimentationskonstante ist $11{,}78 \cdot 10^{-13}$, Konstante der molaren Reibung $4{,}63 \cdot 10^{16}$. Radius der normalen Moleküle 3,96 mμ. Die Sedimentationskonstante der desaggregierten Moleküle beträgt $3{,}54 \cdot 10^{-13}$.[4]

Proteine der Nüsse.

Hydrolyse: Als Haupteiweißstoff der schwarzen Walnuß ergab sich ein Globulin von folgender Zusammensetzung:

Amid-N	9,8 %
Humin-N	3,6 „
Arginin-N	22,9 „
Histidin-N	3,7 „
Cystin-N	0,8 „
Lysin-N	6,2 „
Monoamino-N	51,7 „
Nichtamino-N	0,8 „ des Gesamt-N[6].

Physiologisches: Befriedigendes Wachstum wurde bei jungen Ratten erreicht, wenn englische Walnuß, Lambertznuß oder pine nut die wesentliche Quelle des Nahrungseiweißes waren[7].

Trotz der nach der Hydrolyse (s. oben) zu erwartenden Hochwertigkeit genügen schwarze Walnüsse nicht zur Deckung des Eiweißbedarfes in sonst vollständigen Nahrungsgemischen. Nur mit Lauge vorbehandelte Nüsse erweisen sich als vollwertige Eiweißquelle bei jungen Ratten. Bei unbehandelten Nüssen verhindert die Gegenwart von Tanninen die Verwertbarkeit[6]. Die Gesamteiweißkörper der englischen Walnuß, die nach Entfernen des Öles erhalten wurden, genügten in Mengen von 18 und 12% der Nahrung für ein normales Wachstum von Ratten, bis herab zu 9% auch von Mäusen. Das isolierte Globulin allein mußte weißen Mäusen in Mengen von mindestens 12% der Nahrung gegeben werden. Der nach der Extraktion der Globuline verbleibende Eiweißrückstand ist für längere Zeiträume ausreichend, bei langdauernder Verfütterung treten Störungen auf[8].

---

[1] V. C. Myers u. M. S. Fine: J. of biol. Chem. **21**, 389 (1915) — Chem. Zbl. **1915 II**, 752.

[2] W. H. Griffith u. H. B. Lewis: J. of biol. Chem. **57**, 697 (1923) — Chem. Zbl. **1924 I**, 570.

[3] C. L. A. Schmidt u. G. F. Norman: J. inf. Dis. **27**, 40 (1920) — Chem. Zbl. **1921 I**, 161 — Ber. Physiol. **3**, 473.

[4] The Svedberg u. B. Sjögren: J. amer. chem. Soc. **52**, 279 (1930) — Chem. Zbl. **1930 I**, 1628.

[5] The Svedberg: Nature (Lond.) **128**, 999 (1931) — Chem. Zbl. **1932 I**, 1381.

[6] F. A. Cajori: J. of biol. Chem. **49**, 389 (1921) — Chem. Zbl. **1922 I**, 474.

[7] F. A. Cajori: J. of biol. Chem. **43**, 583 (1920) — Chem. Zbl. **1921 I**, 42.

[8] H. L. Mignon: Amer. J. Physiol. **66**, 215 (1923) — Chem. Zbl. **1924 I**, 1403.

Globulin der Cocosnuß.
(Cocos nucifera.)

Darstellung: Durch Extraktion des bei 50° im Luftstrom getrockneten, vom Öl durch Pressen befreiten, vermahlenen Endosperms der Nüsse mit 10proz. NaCl-Lösung bei 1—3°. Durch 7—10tägiges Dialysieren gegen Wasser fällt das Globulin aus. Die Ausbeute beträgt nach dem Waschen mit Wasser, Alkohol und Äther und nach dem Trocknen im Vakuum bei 110° 10%[1]. Vgl. dazu auch [2].

Zusammensetzung:

Alanin	4,11%	2,67%
Valin	3,57 „	
Leucin	5,96 „	
Prolin	5,54 „	
Phenylalanin	2,05 „	
Asparaginsäure	5,12 „	
Glutaminsäure	19,07 „	
Serin	1,76 „	
Tyrosin	3,18 „	
Cystin	1,44 „	
Arginin	15,92 „	
Histidin	2,42 „	
Lysin	5,80 „	
Glycin	nicht[3] oder in Spuren[4]	
Oxyglutaminsäure	nicht	
Tryptophan	vorh.	
Freier Amido-N	3,21%[1]	
NH_3	1,57 „ [4]	

Leucylvalinanhydrid wurde zu 0,64% gefunden[1, 3, 4].

Grimmer erhält für das wasser- und aschefreie Globulin aus Kokoskuchen folgende Werte[5]:

Alanin	1,8
Valin	2,6
Leucin	12,8
Serin	3,8
Cystin	fehlt
Asparaginsäure	1,5
Glutaminsäure	10,8
Oxyglutaminsäure	fehlt
Phenylalanin	0,6
Prolin	1,4
Oxyprolin	fehlt
Tyrosin	3,1
Tryptophan	1,7
Histidin	0,8
Arginin	6,9
Lysin	0,9
Ammoniak	0,05.

Physikalisches und chemisches Verhalten: Das Globulin der Kokosnuß hat wahrscheinlich dasselbe Molekulargewicht wie die Globuline anderer Ölsamen: ca. 208000; es enthält jedoch einen Körper vom Mol-Gewicht 104000 beigemischt, der die erste Zersetzungsstufe darstellt. — Die Moleküle sind kugelförmig vom Durchmesser 3,95 mμ [2].

---

[1] C. O. Johns, A. J. Finks u. C. E. F. Gersdorff: J. of biol. Chem. **37**, 149 (1918) — Chem. Zbl. **1919 I**, 859.

[2] R. Spychalski: Roczniki Chemji **10**, 630 (1930) — Chem. Zbl. **1931 I**, 950. — B. Sjögren u. R. Spychalski: J. amer. chem. Soc. **52**, 4400 (1930) — Chem. Zbl. **1931 I**, 1118.

[3] C. O. Johns u. D. B. Jones: J. of biol. Chem. **44**, 283 (1920) — Chem. Zbl. **1921 I**, 456.

[4] D. B. Jones u. C. O. Johns: J. of biol. Chem. **44**, 291 (1920) — Chem. Zbl. **1921 I**, 456.

[5] W. Grimmer u. S. Rauschning: Milchwirtsch. Forschgn **11**, 218 (1930) — Chem. Zbl. **1931 I**, 1378.

Globulin der Cohunenuß.

(Attalea Cohune.)

Das Globulin der Cohunenuß ähnelt in seiner Zusammensetzung sehr demjenigen der Cocosnuß. Es enthält sämtliche in Proteinen bekannte basischen Aminosäuren, auch Tryptophan neben viel Arginin und Lysin. N-Verteilung:

$$
\begin{aligned}
\text{Amid-N} &\ldots\ldots\ldots\ldots & 1{,}35\% \\
\text{Humin-N} &\ldots\ldots\ldots\ldots & 0{,}17\,,, \\
\text{Basen-N} &\ldots\ldots\ldots\ldots & 7{,}14\,,, \\
\text{Nichtbasen-N} &\ldots\ldots\ldots\ldots & 9{,}34\,,, [1]
\end{aligned}
$$

Globulin aus Buchweizen.

Darstellung: Das Buchweizenmehl enthält 6,5—7,8% Eiweiß, von dem nur wenig von warmem 70proz. Alkohol aufgenommen wird. Durch Ausziehen mit 5—10proz. Kochsalzlösung, Fällung mit Ammonsulfat, Lösen in Wasser und Dialyse werden 20% der Eiweißkörper als Globulin erhalten[2].

Zusammensetzung:

$$
\begin{aligned}
\text{C} &\ldots\ldots\ldots\ldots & 51{,}69\% \\
\text{H} &\ldots\ldots\ldots\ldots & 6{,}90\,,, \\
\text{N} &\ldots\ldots\ldots\ldots & 17{,}44\,,, \\
\text{S} &\ldots\ldots\ldots\ldots & 1{,}16\,,,
\end{aligned}
$$

Der N verteilt sich wie folgt:

$$
\begin{aligned}
\text{Humin-N} &\ldots\ldots\ldots\ldots & 0{,}19\% \\
\text{Amid-N} &\ldots\ldots\ldots\ldots & 1{,}78\,,, \\
\text{Basischer N} &\ldots\ldots\ldots\ldots & 5{,}29\,,, \\
\text{Nichtbasischer N} &\ldots\ldots\ldots\ldots & 10{,}44\,,,
\end{aligned}
$$

Von Aminosäuren wurden gefunden:

$$
\begin{aligned}
\text{Arginin} &\ldots\ldots\ldots\ldots & 12{,}97\% \\
\text{Histidin} &\ldots\ldots\ldots\ldots & 0{,}59\,,, \\
\text{Lysin} &\ldots\ldots\ldots\ldots & 7{,}90\,,, \\
\text{Cystin} &\ldots\ldots\ldots\ldots & 1\quad\,,, \\
\text{Tryptophan} &\ldots\ldots\ldots\ldots & \text{vorh.}[2]
\end{aligned}
$$

Die Hydrolyse des Gesamteiweißes von Buchweizen ergab 13,46% der Trockensubstanz = N, davon:

$$
\begin{aligned}
\text{Humin-N} &\ldots\ldots\ldots\ldots & 0{,}44\% \\
\text{NH}_3\text{-N} &\ldots\ldots\ldots\ldots & 8{,}71\,,, \\
\text{Hexonbasen-N} &\ldots\ldots\ldots\ldots & 27{,}76\,,, \\
\text{Monoaminosäuren-N} &\ldots\ldots\ldots\ldots & 60{,}48\,,,
\end{aligned}
$$

Die Hydrolyse nach E. Fischer lieferte:

$$
\begin{aligned}
\text{Glycin} &\ldots\ldots\ldots\ldots & 0{,}04\% \\
\text{Alanin} &\ldots\ldots\ldots\ldots & 0{,}91\,,, \\
\text{Valin} &\ldots\ldots\ldots\ldots & 3{,}70\,,, \\
\text{Leucin} &\ldots\ldots\ldots\ldots & 4{,}42\,,, \\
\text{Phenylalanin} &\ldots\ldots\ldots\ldots & 2{,}51\,,, \\
\text{Prolin} &\ldots\ldots\ldots\ldots & 2{,}38\,,, \\
\text{Glutaminsäure} &\ldots\ldots\ldots\ldots & 7{,}38\,,, \\
\text{Tryptophan} &\ldots\ldots\ldots\ldots & 1{,}45\,,, [3]
\end{aligned}
$$

---

[1] C. O. Johns u. C. E. F. Gersdorff: J. of biol. Chem. **45**, 57 (1920) — Chem. Zbl. **1921 I**, 456.

[2] C. O. Johns u. L. H. Chernoff: J. of biol. Chem. **34**, 439 (1918) — Chem. Zbl. **1919 I**, 90.

[3] T. Ukai u. S. Morikawa: J. pharm. Soc. Japan **1925**, Nr 516, 14 — Chem. Zbl. **1925 II**, 192.

Globulin aus Mohnsamen.

Zusammensetzung:

Alanin	2,9%	
Valin	1,7 „	
Leucin	5,6 „	
Serin	0,2 „	
Cystin	fehlt	
Asparaginsäure	2,4%	
Glutaminsäure	7,2 „	
Oxyglutaminsäure	fehlt	
Phenylalanin	0,8%	durch Säure-
Prolin	1,4 „	hydrolyse
Oxyprolin	fehlt	
Tyrosin	3,1 %	
Tryptophan	4,6 „	
Histidin	0,7 „	
Arginin	5,6 „	
Lysin	0,8 „	
Ammoniak	0,03 „ [1].	

Proteine aus Sesamsamen.

Zusammensetzung: Durch Extraktion mit 10proz. Kochsalzlösung wurden aus dem Preßkuchen der Samen von Sesamum indicum ein α- und ein β-Globulin von folgender Zusammensetzung isoliert:

	α-Globulin	β-Globulin
C	53,3 %	48,6 %
H	6,7 „	6,7 „
N	18,4 „	17,6 „
S	1,3 „	0,8 „
Arginin	15,07 „	15,58 „
Histidin	2,68 „	3,45 „
Lysin	5,43 „	3,99 „
Cystin	1,61 „	1,61 „
Cystin (colorimetrisch)	1,94 „	1,47 „
Tryptophan	2,77 „	2,65 „
Tyrosin	4,72 „	4,48 „ [2]

Physikalisches und chemisches Verhalten: Die beiden Globuline unterscheiden sich wie folgt:

α-Globulin: krystallisiert in tetragonalen Pyramiden, wird durch 10proz. Kochsalzlösung in einer Lösung von 20—30% Ammonsulfat ausgeflockt, ist leicht löslich in 2proz. Kochsalzlösung bei 60°.

β-Globulin: ist amorph, Ausflockung durch Anreicherung mit Kochsalz bis zu 20% ist unmöglich, dagegen vollständig aus Salzlösungen durch Essigsäure, schwerlöslich in 2proz. Kochsalzlösung bei 60° [2].

Proteine aus Ricinussamen.

Zusammensetzung: Aus den Proteinen des Ricinussamens konnte ein während der Hydrolyse mit starker Säure etwa aus einem Oxyderivat des Leucins entstandenes Aminolacton nicht erhalten werden; dagegen eine „Protoctin" genannte Base von der Bruttoformel $C_8H_{15}O_3N_3$. Sie wurde — auf N des Ausgangsmaterials bezogen — zu 2% erhalten [3].

Verhalten gegen Fermente: Trypsinfreies Erepsin spaltet Globulin aus Ricinussamen nicht [4].

[1] W. Grimmer u. S. Rauschning: Milchwirtsch. Forschgn **11**, 218 (1930) — Chem. Zbl. **1931 I**, 1378.

[2] D. B. Jones u. C. E. F. Gersdorff: J. of biol. Chem. **75**, 213 (1927) — Chem. Zbl. **1928 I**, 933.

[3] S. B. Schryver u. H. W. Buston: Proc. roy. Soc. Lond. B **100**, 360 (1926) — Chem. Zbl. **1926 II**, 2311.

[4] E. Waldschmidt-Leitz u. A. Schäffner: Hoppe-Seylers Z. **151**, 31 (1926) — Chem. Zbl. **1926 I**, 2480.

Proteine aus Kürbissamen.

Zusammensetzung: Alle untersuchten Kürbisarten zeigen weitgehende Übereinstimmung in der Zusammensetzung ihrer Eiweißkörper[1]. Nach der Methode von Hanke enthält das Kürbissamenglobulin 2,26% Histidin und 3,05% Tyrosin[2].

Verhalten gegen Fermente: Trypsin spaltet aus Kürbissamenglobulin das Tryptophan quantitativ ab, während Pepsin wirkungslos ist. Erepsin setzt aus dem mit Trypsin vorgespaltenen Globulin kein Tryptophan mehr in Freiheit[3].

Einwirkung des aus Schwangerenharn isolierten Fermentkomplexes auf Kürbissamen-Eiweiß[4].

Proteine aus Tomatensamen.

Darstellung: Aus dem Preßkuchen von Tomatensamen wurden zwei verschiedene Globuline isoliert. Ein α-Globulin aus einer Salzlösung bei Sättigung von 0,3, ein β-Globulin durch Sättigung mit Ammonsulfat[5].

Zusammensetzung:

α-Globulin	C 52,29%	N 18,34%	S 1,16%
β-Globulin	C 51,21 ,,	N 16,02 ,,	S 0,81 ,,

Der Arginin- und Lysingehalt beider Globuline ist hoch, der Histidingehalt nur im β-Globulin sehr hoch[5].

Physikalisches und chemisches Verhalten: Das α-Globulin gerinnt beim Erhitzen auf 74° und läßt sich leicht denaturieren; das β-Globulin gerinnt bei 96°, es ist leicht löslich in sehr schwachen Kochsalzlösungen[5].

Physiologisches: Junge Albinoratten wachsen bei einer Kost, bei der Tomatensamen die einzige Eiweißquelle sind, mit normaler Geschwindigkeit[6].

Proteine aus Baumwollsamen.

Darstellung: Für die Darstellung der Baumwollsamenproteine erwies sich 10 proz. Kochsalzlösung bei der Extraktion der Preßkuchen als am besten geeignet. Durch fraktioniertes Erhitzen des Kochsalzauszuges auf 62 bzw. 85° oder durch Fällung mit verschiedenen Konzentrationen von Ammonsulfat erhält man ein α- und ein β-Globulin. Ein Glutelin gewinnt man durch Extraktion mit 0,2 proz. Natronlauge aus dem mit Kochsalzlösung erschöpfend behandelten Samenpreßkuchen und Ansäuern der Lösung mit Salzsäure bis zu $p_H = 4,4$. Ein Pentoseprotein trennt man durch Dialyse von den Globulinen und fällt es aus der eingeengten Lösung mit 95 proz. Alkohol so, daß die Alkoholkonzentration 70% beträgt. Ein Albumin und eine Nucleinsäure konnte nicht erhalten werden[7].

Zusammensetzung: Die Analyse der vereinigten Proteine des Baumwollsamenmehls ergab (nach van Slyke):

unlöslich. Humin-N	2,7%
löslich. Humin-N	3,9 ,,
NH_3-N	9,5 ,,
Arginin-N	18,7 ,,
Cystin-N	0,9 ,,
Histidin-N	7,4 ,,
Lysin-N	3,8 ,,
NH_2-N von Monoaminosäuren	40,1 ,,
Nicht-NH_2-N von Monoaminosäuren . . .	2,7 ,,[8]

[1] S. Imai: J. of orient. Med. **5**, 35, 43 (1926) — Ber. Physiol. **39**, 773 — Chem. Zbl. **1927 II**, 1040.
[2] M. T. Hanke: J. of biol. Chem. **66**, 475, 489 (1925) — Chem. Zbl. **1926 I**, 2612.
[3] J. Kraus Ragins: J. of biol Chem. **80**, 551 (1928) — Chem. Zbl. **1929 I**, 1383.
[4] E. Abderhalden u. S. Buadze: Fermentforschg **11**, 361 (1930) — Chem. Zbl. **1931 I**, 2774.
[5] C. O. Johns u. C. E. F. Gersdorff: J. of biol. Chem. **51**, 439 (1922) — Chem. Zbl. **1922 III**, 437.
[6] A. J. Finks u. C. O. Johns: Amer. J. Physiol. **56**, 404 (1921) — Chem. Zbl. **1921 III**, 1479.
[7] D. B. Jones u. F. A. Csonka: J. of biol. Chem. **64**, 673 (1925) — Chem. Zbl. **1926 I**, 418.
[8] W. B. Nevens: J. Dairy Sci. **4**, 375, 552 (1921) — Ber. Physiol. **12**, 444 — Chem. Zbl. **1922 III**, 393.

Ein aus dem Samen extrahiertes krystallisiertes Globulin enthält 19,75% Gesamt-N und 0,498% freien NH_2-N (auf getrocknete Substanz berechnet)[1].

Das Glutelin von Jones und Csonka (s. oben) zeigt folgende Elementarzusammensetzung: C 52,40%, H 6,27%, N 15,28%, P 0,35%.

Die N-Verteilung der einzelnen Fraktionen nach van Slyke bestimmt:

	α-Globulin	β-Globulin	Pentoseprotein
Amid-N.	11,40%	11,70%	12,90%
Humin-N	1,66 ,,	1,87 ,,	4,62 ,,
Cystin-N	0,54 ,,	0,51 ,,	1,43 ,,
Arginin-N.	22,90 ,,	23,94 ,,	23,02 ,,
Histidin-N	5,27 ,,	6,15 ,,	3,09 ,,
Lysin-N	4,07 ,,	4,36 ,,	8,54 ,,
Amino-N des Filtrats	51,53 ,,	50,11 ,,	13,93 ,,
Nichtamino-N des Filtrats	2,58 ,,	1,90 ,,	1,03 ,, [2]

Physikalisches und chemisches Verhalten: Das α-Globulin (s. oben) koaguliert bei 95 bis 97°, das β-Globulin bei 92—93° [2].

Verhalten gegen Fermente: Pepsin und Trypsin bauen in vitro das Baumwollsamenglobulin in analoger Weise wie das Casein ab. Setzt man aber dem Eiweiß 1% seines Gewichtes an Gossypol, dem toxischen Prinzip des Baumwollsamens, zu, so verzögert sich der Fermentabbau sowohl durch Pepsin plus Trypsin, als auch durch Pepsin allein. Diese Tatsache dürfte vielleicht die nur bis 83% gehende Verdauung des Baumwollsameneiweißes bei Tieren erklären[3].

Physiologisches: Die Ausnutzung der Baumwollsamenproteine durch den Menschen ist bei groben und feinen Baumwollsamenmehlen gleich und beträgt 78,6%. Sie ist also die gleiche wie die der Hülsenfrüchte, beträgt $9/10$ von der der Zerealien und nur $8/10$ von der der Fleischproteine [4]. Andere Verfasser finden 83% Ausnutzung und führen die unvollständige Verdauung auf die hemmende Wirkung des Gossypols zurück[3].

Der Nährwert der Baumwollsamenmehlproteine ist dem von Alfaalfaheu und Mais überlegen. Bei Ratten konnte keine Giftigkeit des Mehles festgestellt werden[5].

Jedoch scheint es für Ferkel schädlich zu sein. Bezüglich des Nährwertes ähnelt es dem Leinsamenmehl[6]. Das wird auch von anderen bestätigt, doch scheint die Verdaulichkeit des Baumwollsamenmehls schlechter zu sein als die des Leinsamenmehls (bei Ratten)[7]. — Über den Nährwert der Baumwollsamenproteine im Vergleich mit denen des Leinsamens für Schweine s. auch [8].

Proteine des Palmkerns.

Physiologisches: Wenn Palmkernmehl 80% der Nahrung bei jungen Ratten bildet, so sind für das Wachstum ausreichende Proteinmengen vorhanden [9].

Proteine der Mandeln.
(S. auch Amandin.)

Physikalisches und chemisches Verhalten: 49% des Mandel-N können mit destilliertem Wasser extrahiert werden, 27% durch 0,1 gesättigte Ammonsulfatlösung oder durch 10proz. NaCl-Lösung. Aus diesen Tatsachen und aus den Unterschieden der Koagulationstempera-

---

[1] A. J. Oparin: J. russ. phys.-chem. Ges. **49**, 266 (1917) — Chem. Zbl. **1923 III**, 788.

[2] D. B. Jones u. F. A. Csonka: J. of biol. Chem. **64**, 673 (1925) — Chem. Zbl. **1926 I**, 418.

[3] D. B. Jones u. H. C. Waterman: J. of biol. Chem. **56**, 501 (1923) — Chem. Zbl. **1923 III**, 1529.

[4] Rather: J. amer. chem. Soc. **36**, 584 (1914) — Chem. Zbl. **1914 I**, 1594.

[5] W. B. Nevens: J. Dairy Sci. **4**, 375, 552 (1921) — Chem. Zbl. **1922 III**, 393 — Ber. Physiol. **12**, 444.

[6] R. M. Bethke, G. Bohstedt, H. L. Sassaman, D. C. Kennard u. B. H. Eding: J. agricult. Res. **36**, 855 (1928) — Chem. Zbl. **1928 II**, 2082.

[7] W. W. Braman: J. Nutrit. **4**, 249 (1931) — Chem. Zbl. **1932 I**, 409.

[8] H. H. Mitchell u. T. S. Hamilton: J. agricult. Res. **43**, 743 (1931) — Chem. Zbl. **1932 I**, 1014.

[9] A. J. Finks u. D. B. Jones: J. agricult. Res. **25**, 165 — Exper. Stat. Rec. **50**, 64 (1924) — Chem. Zbl. **1924 II**, 201.

turen (65—76° bei Wasser, 74—84—90° bei Ammonsulfat), aus der Löslichkeit und aus der Fällbarkeit mit Ammonsulfat wird auf die Gegenwart von einem Albumin und einem oder zwei Globulinen geschlossen [1].

Physiologisches: Mandeln, als wesentliche Quelle des Nahrungseiweißes, bewirken bei jungen Ratten befriedigendes Wachstum [2]. Das durch Dialyse der NaCl-Lösung isolierte Globulin unterstützt das normale Wachstum von Mäusen nicht, während die gemischten Proteine für das normale Wachstum ausreichend sind. Auch der Rückstand der Globulinisolierung genügt meist zur Erzielung normalen Wachstums [1].

Globulin aus Bananensamen.

Das Globulin ist krystallisiert in gut ausgebildeten Oktaedern, das ähnliche Eigenschaften besitzt wie ein Globulin aus Sesamsamen (siehe da) [3].

Tuberin.
(Globulin aus der Kartoffel.)

Physikalisches und chemisches Verhalten: Das Tuberin kann aus seinen Lösungen in Salzlösungen durch Dialyse ausgefällt werden; die Fällung ist in Neutralsalzen wieder löslich. Die Wirkung der Neutralsalze ist abhängig von der H-Ionenkonzentration der Lösung. Die Löslichkeit des Tuberins nimmt mit wachsendem NaCl-Gehalt zu. In sauren Lösungen ist die Löslichkeit gering, wenn die H-Ionenkonzentration kleiner als 10^{-4} ist; in stärker sauren ist sie erheblich größer. Der isoelektrische Punkt des Tuberins, festgestellt durch Überführungsversuche, liegt bei einer H-Ionenkonzentration von unmittelbar unter 10^{-4}. Unterhalb dieses Punktes vermag sich das Tuberin mit Basen, oberhalb mit Säuren zu verbinden. In diesen Lösungen wird die Löslichkeit durch Kochsalz vermindert [4].

Physiologisches: Das Tuberin ist ein vollwertiges Eiweiß [5].

Im Widerspruch hierzu stehen die Versuche von Hartwell, nach denen das Kartoffeleiweiß die Wachstumsfähigkeit von Ratten stark beeinträchtigt. Bei einer sonst ausreichenden Nahrung kommt es zwar zur Fortpflanzung, aber die Jungen weisen schwere Schädigungen auf [6]. Vgl. hierzu auch über den Cystinmangel des Kartoffeleiweißes [7]. Auch Jones bestätigt den Wachstumsstillstand von Ratten bei Fütterung von Kartoffeleiweiß. Zugabe von Gelatine mit und ohne Beifügung von Cystin, Tyrosin und Tryptophan hat keinen Einfluß [8].

Bezüglich seiner biologischen Wertigkeit scheint das Kartoffeleiweiß zwischen dem von Weizenmehl und Fleisch zu stehen, gemessen an der Menge, die zur Aufrechterhaltung des minimalen N-Gleichgewichtes erforderlich ist [9].

Durch die Mosaikkrankheit der Kartoffel wird das Globulin der Kartoffel verändert: Die Fällbarkeit durch spezifische Antisera weicht ab [10].

Proteine aus der süßen Kartoffel.
(Ipomoae batatas.)

Aus der frisch geernteten süßen Kartoffel gewinnt man mit den üblichen Methoden der Extraktion mit 5proz. Kochsalzlösung, Fällung mit Ammonsulfat und Dialyse ein Globulin, Ipomoein, von folgender Zusammensetzung (in Proz. des asche- und wasserfreien Materials):

---

[1] A. F. Morgan, B. M. Newbecker u. E. Bridge: Amer. J. Physiol. **67**, 173 (1923) — Chem. Zbl. **1924 I**, 1052.

[2] F. A. Cajori: J. of biol. Chem. **43**, 583 (1920) — Chem. Zbl. **1921 I**, 42.

[3] G. L. Keenan u. J. D. Wildman: J. of biol. Chem. **88**, 425 (1930) — Chem. Zbl. **1930 II**, 3792.

[4] E. J. Cohn: Proc. nat. Acad. Sci. U. S.A. **6**, 256 (1920) — Chem. Zbl. **1920 III**, 459.

[5] St. K. Kon: Biochemic. J. **22**, 261 (1928) — Chem. Zbl. **1928 I**, 2958.

[6] G. H. Hartwell: Biochemic. J. **21**, 282 (1927) — Chem. Zbl. **1927 II**, 1165.

[7] H. H. Mitchell u. J. R. Beadles: J. Nutrit. **2**, 225 (1930). — J. R. Beadles, W. W. Braman u. H. H. Mitchell: J. of biol. Chem. **88**, 615 (1930) — Chem. Zbl. **1931 I**, 800.

[8] D. B. Jones u. E. M. Nelson: J. of biol. Chem. **91**, 705 (1931) — Chem. Zbl. **1931 II**, 1874.

[9] S. Lauter u. M. Jenke: Dtsch. Arch. klin. Med. **146**, 173 (1925) — Chem. Zbl. **1925 I**, 1621.

[10] M. Dvorak: J. inf. Dis. **41**, 215 (1927) — Chem. Zbl. **1929 I**, 546.

```
C  . . . . . . . . . . . . . . . . . . . .     51,79%
H  . . . . . . . . . . . . . . . . . . .        7,19 „
N  . . . . . . . . . . . . . . . . . . .       16,16 „
S  . . . . . . . . . . . . . . . . . . .        2,25 „
Cystin nach van Slyke  . . . . . . . .          2,65 „
  „    nach Sullivan . . . . . . . . .          1,42 „
Arginin . . . . . . . . . . . . . . . .         6,13 „
Histidin . . . . . . . . . . . . . . .          3,19 „
Lysin . . . . . . . . . . . . . . . . .         4,90 „
Tryptophan . . . . . . . . . . . . . .          2,69 „
Tyrosin . . . . . . . . . . . . . . . .         7,03 „
```

N-Verteilung nach van Slyke:

```
Amino-N  . . . . . . . . . . . . . . .          8,87%
Humin-N durch Kalk absorbiert . . . . .         2,16 „
Humin-N im Amylalkohol-Ä-Extrakt . . .          0,47 „
Arginin-N . . . . . . . . . . . . . . .        12,20 „
Cystin-N. . . . . . . . . . . . . . . .         1,91 „
Histidin-N . . . . . . . . . . . . . .          5,36 „
Lysin-N . . . . . . . . . . . . . . .           5,82 „
Amino-N im Filtrat . . . . . . . . .           60,44 „
Nicht-Amino-N im Filtrat . . . . . . . .        2,04 „
```

Aus den Filtraten des Globulins läßt sich noch ein weiteres Protein gewinnen, das wahrscheinlich durch enzymatische Umwandlung entsteht.

Zusammensetzung:
```
C  . . . . . . . . . . . . . . . . . . .        53,50%
H  . . . . . . . . . . . . . . . . . . .         6,53 „
N  . . . . . . . . . . . . . . . . . . .        15,26 „
S  . . . . . . . . . . . . . . . . . . .         1,73 „
Cystin nach van Slyke  . . . . . . . .           2,49 „
  „    nach Sullivan . . . . . . . . .           1,62 „
Arginin . . . . . . . . . . . . . . . .          4,79 „
Histidin . . . . . . . . . . . . . . .           2,50 „
Lysin . . . . . . . . . . . . . . . . .          4,98 „
Tryptophan . . . . . . . . . . . . . .           4,78 „
Tyrosin . . . . . . . . . . . . . . . .          6,57 „
```

N-Verteilung nach van Slyke:

```
Amino-N  . . . . . . . . . . . . . . .           8,44%
Humin-N durch Kalk absorbiert  . . . .           3,07 „
Humin-N im Amylalkohol-Ä-Extrakt  . .            0,11 „
Arginin-N . . . . . . . . . . . . . . .         10,08 „
Cystin-N. . . . . . . . . . . . . . . .          1,91 „
Histidin-N . . . . . . . . . . . . . .           4,43 „
Lysin-N . . . . . . . . . . . . . . .            6,26 „
Amino-N im Filtrat . . . . . . . . . .          50,98 „
Nicht-Amino-N im Filtrat . . . . . . . .        13,98 „ [1]
```

Dieses sekundäre Protein kann durch Dialyse nicht vom Kochsalz befreit werden. Es ist fällbar durch 90proz. Ammonsulfatsättigung, bei $p_H = 4$ schon durch 80proz. Sättigung[1].

Pflanzenalbumine.

Leukosin.

Physikalisches und chemisches Verhalten: Das Optimum der Hitzekoagulation von sorgfältig durch Dialyse gereinigtem Leucosin liegt nach 20 Minuten langem Erhitzen auf 54,05° bei einer Wasserstoffionenkonzentration von $2,6 \cdot 10^{-5}$. Bei Kataphoreseversuchen ergibt

---

[1] D. Breese Jones u. Charles E. F. Gersdorff: J. of biol. Chem. **93**, 119 (1931) — Chem. Zbl. **1931 II**, 3108.

sich für den isoelektrischen Punkt als Mittel $2,8 \cdot 10^{-5}$. Das Optimum der Alkoholfällung liegt bei $2,7 \cdot 10^{-5}$, das Minimum der inneren Reibung bei $2,3 \cdot 10^{-5}$, das Maximum der Oberflächenspannung nach stalagmometrischen Messungen bei $2,2 \cdot 10^{-5}$; als Mittelwert aus allen diesen Messungen ergibt sich für den isoelektrischen Punkt des Leukosins $2,5 \cdot 10^{-5}$. Auf Grund dieser Ergebnisse glaubt Lüers[1], das Leukosin den Albuminen des Serums und der Hefe gleichstellen zu können, zumal sich auch in der Zusammensetzung keine wesentlichen Unterschiede finden. Jedoch wird die Albuminnatur des Leukosins neuerdings bestritten. Herzner[2] findet es nach der Reinigung durch Paulische Elektrodialyse den tierischen Pseudoglobulinen ähnlich. Hinsichtlich des biologischen Verhaltens ähnelt das Leukosin weder den Albuminen noch dem Pseudoglobulin.

Proteine der Rinde des Akazienbaumes.

(Robinia pseudacacia.)

Darstellung: Die Darstellung der Proteine geschieht durch Extraktion der Akazienrinde mit der 6fachen Menge 10proz. Kochsalzlösung unter Zusatz von so viel verdünnter Natronlauge, daß der Extrakt, der an und für sich schwach sauer ist, nahezu neutral reagiert. Die zweite Extraktion wird ohne Natronlauge vorgenommen, die vereinigten Lösungen werden filtriert. Die Trennung von Albumin und Globulin geschieht durch Dialyse. Die wasserfreie Rinde enthält 1,4% Globulin und 7,5% Albumin[3].

Zusammensetzung: Die Elementaranalyse ergab für das Albumin:

$$
\begin{aligned}
&\text{C} \quad . . . . \quad 54,52\% \\
&\text{H} \quad . . . . \quad 6,83\,,, \\
&\text{N} \quad . . . . \quad 14,77\,,, \\
&\text{S} \quad . . . . \quad 0,80\,,,
\end{aligned}
$$

Die Bestimmung der N-Verteilung nach van Slyke ergab für ein Albumin mit 15,02% N:

Amid-N	9,39%
Humin-N, durch Kalk absorbiert	3,34 „
Humin-N, im Amylalkoholextrakt	0,16 „
Cystin-N	1,07 „
Arginin-N	9,41 „
Histidin-N	3,14 „
Lysin-N	6,96 „
Amino-N des Filtrats	60,96 „
Nichtamino-N des Filtrats	5,25 „

Aminosäuren ergaben sich für das Albumin:

Cystin	1,37%
Arginin	4,39 „
Histidin	1,74 „
Lysin	5,45 „
Tyrosin	6,27 „
Tryptophan	4,18 „
Asparaginsäure	7,72 „
Glutaminsäure	4,48 „ [3]

Physikalisches und chemisches Verhalten: Das Albumin der Akazienrinde fällt mit seinem isoelektrischen Punkt von $p_H = 5,5$ aus dem für die Albumine allgemein gültigen Intervall der isoelektrischen Punkte von p_H 4—5 heraus. Der Unterschied von den meisten anderen Albuminen macht sich auch in der Tatsache geltend, daß das Rindenalbumin schon durch geringere Ammonsulfatkonzentrationen gefällt wird[4]. — Das Albumin wird beim Mahlen oder

---

[1] H. Lüers u. M. Landauer: Z. Elektrochem. **28**, 341 (1922) — Chem. Zbl. **1923 I**, 688.

[2] R. Herzner: Biochem. J. **202**, 320 (1928) — Chem. Zbl. **1929 I**, 1116.

[3] D. B. Jones, C. E. J. Gersdorff u. O. Moeller: J. of biol. Chem. **64**, 655 (1925) — Chem. Zbl. **1926 I**, 416.

[4] F. A. Csonka, J. C. Murphy, D. B. Jones: J. amer. chem. Soc. **48**, 763 (1926) — Chem. Zbl. **1926 II**, 37.

Rühren stark elektrisch. Es ist auch nach der Fällung mit Ammonsulfat völlig löslich in Wasser oder in verdünnten Salzlösungen. Flockungspunkt 62—63°.

An die Globulinfraktion, die durch Fällung der Rohproteine mit Ammonsulfatlösung, Lösen in Wasser und Dialysieren erhalten wird, ist anscheinend ein Fermentkomplex gebunden, der Amygdalin hydrolysiert und Harnstoff zersetzt[1].

Getreideproteine.

(Allgemeines.)

Zusammensetzung: Eine Unterscheidung der Eiweißkörper der Zerealien auf Grund des Tryptophangehaltes ist nicht möglich. Nur Zusatz von Zein bzw. Verfälschungen durch Maismehl, können erkannt werden, da das Zein kein Tryptophan enthält[2].

Die Getreideproteine enthalten 5—8% Tyrosin bei Xanthoproteincolorimetrie[3].

Physikalisches und chemisches Verhalten: Einfluß des Erhitzens auf die Eigenschaften der Mehlproteine[4].

Physiologisches: Während der Reifung der Zerealien nimmt der Gehalt an Säure und formoltitrierbarer Substanz ab. Es findet Kondensation der formoltitrierbaren Verbindungen statt[5].

Nach Hindhede stehen für den Menschen im Gegensatz zu den Ratten die Getreideproteine den tierischen Proteinen nicht nach[6]. Die biologische Wertigkeit des Getreidesameneiweißes steigt in folgender Reihe ab: Weizen, Gerste, Roggen, Mais, Hafer. Durch Kartoffeleiweiß können die Proteine der Getreidesamen nicht ergänzt werden, wohl aber durch tierisches Eiweiß und durch Leguminosensamen. Gemische von verschiedenen Getreidesamen sind biologisch wertvoller als die gleiche Eiweißmenge einer Getreideart[7].

Rösten setzt den biologischen Wert der Getreideproteine (Weizen, Reis, Mais) für Ratten herab. Zusatz von Caseinogen hebt den Unterschied auf[8].

Die Proteine der Körnerfrüchte Reis, Gerste und Hafer vermögen das Wachstum von Versuchstieren (Leghornhühnchen) nicht zu unterhalten, namentlich werden die Sexualfunktionen nicht entwickelt[9].

Weiteres über den biologischen Wert von Getreideproteinen[10].

Proteine aus Weizen.

Zusammensetzung: Mit den üblichen Methoden werden aus Weizenmehl Gliadin, Glutenin, Albumin, wenig Globulin und keine Proteose erhalten. Bei der Extraktion mit verschiedenen Salzlösungen erhält man auch verschiedene Fraktionen[11]. Herzner hat die Prolamine des Weizens in zwei deutlich verschiedene Fraktionen zerlegt, durch Behandeln mit Alkohol-Wassergemischen. Eine weitere Differenzierung ist indes noch nicht gelungen[12].

Über Proteingehalt und allgemeine Eigenschaften des Korns[13].

---

[1] D. B. Jones, C. E. J. Gersdorff u. O. Moeller: J. of biol. Chem. **64**, 655 (1925) — Chem. Zbl. **1926 I**, 416.

[2] J. Tillmans u. A. Alt: Biochem. Z. **164**, 135 (1925) — Chem. Zbl. **1926 II**, 278.

[3] J. Tillmans, P. Hirsch u. F. Stoppel: Biochem. Z. **198**, 379 (1928) — Chem. Zbl. **1928 II**, 1916.

[4] C. W. Herd: Cereal. Chem. **8**, 1 (1931) — Chem. Zbl. **1931 I**, 2405.

[5] H. Lüers: Biochem. Z. **104**, 30 (1920) — Chem. Zbl. **1920 IV**, 272.

[6] M. Hindhede: XII. Intern. Physiologenkongreß in Stockholm **1926**, 76 — Ber. Physiol. **38**, 814 — Chem. Zbl. **1927 II**, 112.

[7] E. V. Mc Collum, N. Simmonds u. H. T. Parsons: J. of biol. Chem. **47**, 175, 207, 235 (1921) — Chem. Zbl. **1921 III**, 884—885.

[8] A. F. Morgan u. Mitarb.: J. of biol. Chem. **90**, 771 (1931) — Chem. Zbl. **1931 II**, 1445.

[9] G. D. Buckner, E. H. Nollan, R. H. Wilkins u. J. H. Kastle: J. agricult. Res. **16**, 305 (1919) — Chem. Zbl. **1921 I**, 41.

[10] S. K. Kon u. Z. Markuze: Biochemic. J. **25**, 1476 (1931) — Chem. Zbl. **1932 I**, 2482.

[11] W. F. Hoffman u. R. A. Gortner: Cereal. Chem. **4**, 221 (1927) — Chem. Zbl. **1927 II**, 756.

[12] R. Herzner: Z. Unters. Lebensmitt. **55**, 262 (1928) — Chem. Zbl. **1928 II**, 823.

[13] J. H. Shollenberger u. C. F. Kyle: J. agricult. Res. **35**, 1137 (1928) — Chem. Zbl. **1928 I**, 2673.

Bei Bestimmung der Proteine des Mehles von Weizen in verschiedenen Reifestadien zeigt sich kein Unterschied im Gehalt an Glutamin, wohl aber Zunahme von Gliadin und Abnahme der Fraktion, die in 5proz. Kalium-Sulfatlösung löslich ist[1].

Über die Bestimmung der Glycinmenge im Weizenmehl[2].

Aus der Weizenkleie konnten isoliert werden: ein Albumin in einer Menge von 16,64% des Gesamteiweißes und einer Gerinnungstemperatur von 60—65°. Ein Globulin zu 13,62%, unlöslich in Ammonsulfatlösung von 0,4—0,65proz. Sättigung, in 4proz. schwachsaurer Kochsalzlösung bei 95°; ein Prolamin, löslich in 80proz. Alkohol bei Siedetemperatur, unlöslich in absolutem Alkohol; kein Gliadin[3].

Physikalisches und chemisches Verhalten: Für die Peptisierung der Weizenmehlproteine besteht folgende ansteigende Reihe: für die Anionen: $F < SO_4 < Cl <$ Tartrat $< Br < J$, für die Kationen, jedoch weniger deutlich: $Na < K < Li < Ba < Sr < Mg < Ca$. Dabei ist die Wasserstoffionenkonzentration ohne Einfluß. Das Peptisierungsvermögen der Alkalihaloide sinkt mit steigender Salzkonzentration, dasjenige von $MgCl_2$, $MgBr_2$, $SrCl_2$ und $CaBr_2$ steigt. Bei Extraktion mit Salzen erhält man daher keine einheitlichen Globuline, denn z. B. $n/_1$-Lösungen von K-Haloiden liefern im Sinne der obigen Reihe steigende Mengen Extrakt[4].

Strömungspotential und isoelektrischer Punkt[5].

Physiologisches Verhalten: Weizeneiweiß ist keine vollwertige Kost für das Wachstum junger Ratten, selbst nicht auf Zusatz einer reichlichen Menge Casein[6].

Unter normalen Umständen sind die Weizenmehlproteine jedoch ausreichend[7].

Eiweiß aus Weizenkleie ist für Ratten vollwertig[8].

Rösten setzt den biologischen Wert der Weizenproteine für Ratten herab, der Unterschied kann durch Zulage von 5% Caseinogen aufgehoben werden[9].

Proteine aus Hafer.

Zusammensetzung: Die in Alkohol löslichen Haferproteine sind denen aus Gerste und Weizen, Hordein und Gliadin, sehr ähnlich, unterscheiden sich aber namentlich durch den hohen Cystingehalt. Haferglobulin und Globulin aus Weizen und Gerste weisen Ähnlichkeiten im NH_3-N auf. Dagegen ist der Arginin-N viel niedriger, der Nichtamino-N im Filtrat der Basen beim Haferglobulin wesentlich höher. Trotz aller Ähnlichkeiten mit anderen Proteinen müssen die Haferproteine als selbständige Eiweißkörper betrachtet werden[10].

Mit der Barium-Carbamatmethode[11] wurden aus einem Glutelin des Hafermehls in der Fraktion der löslichen Barium-Carbamate aufgefunden: Leucin, Alanin, Valin und zwei bisher nicht aufgefundene Aminosäuren: Oxyaminobuttersäure und Oxyvalin[12]. Außerdem gelang es, eine bisher nicht bekannte Base von der Formel $C_8H_{15}O_3N_3$ zu 0,5% zu gewinnen. Die Konstitution dieser Verbindung ist unbekannt, es wird der Name „Protoctin" für sie vorgeschlagen[13].

Proteine des Mais.

Zusammensetzung: Die einzelnen Proteine des Maiskorns sind nicht immer in gleichem Verhältnis vorhanden. Bei N-reicherem Mais ist der Zein- und Globulingehalt gegenüber dem

---

[1] P. F. Sharp: Cereal. Chem. **3**, 402 (1926) — Chem. Zbl. **1927 I**, 1899.

[2] H. J. Denham u. G. W. S. Blair: Cereal. Chem. **4**, 58 (1927) — Chem. Zbl. **1927 I**, 2023.

[3] D. B. Jones u. C. E. F. Gersdorff: J. of biol. Chem. **58**, 117 (1924) — Chem. Zbl. **1924 II**, 349 — J. of biol. Chem. **64**, 241 (1925) — Chem. Zbl. **1925 II**, 1534.

[4] R. A. Gortner, W. F. Hoffman u. W. B. Sinclair: Kolloid-Z. **44**, 97 (1928) — Chem. Zbl. **1928 I**, 1632.

[5] W. M. Martin: J. physic. Chem. **35**, 2065 (1931) — Chem. Zbl. **1932 I**, 1997.

[6] E. V. Mc Collum, N. Simmonds u. W. Pitz: J. of biol. Chem. **28**, 211 (1916) — Chem. Zbl. **1917 I**, 891.

[7] G. A. Hartwell: Biochem. J. **20**, 751 (1926) — Chem. Zbl. **1927 I**, 127.

[8] J. C. Murphy u. D. B. Jones: J. of biol. Chem. **69**, 85 (1926) — Chem. Zbl. **1926 II**, 2610.

[9] A. F. Morgan u. Mitarb.: J. of biol. Chem. **90**, 771 (1931) — Chem. Zbl. **1931 II**, 1445.

[10] H. Lüers u. M. Siegert: Biochem. Z. **144**, 467 (1924) — Chem. Zbl. **1924 I**, 1939.

[11] S. B. Schryver u. H. B. Buston: Proc. roy. Soc. Lond. B **98**, 58 (1925) — Chem. Zbl. **1925 II**, 402.

[12] S. B. Schryver u. H. B. Buston: Proc. roy. Soc. Lond. B **99**, 476 (1926) — Chem. Zbl. **1926 II**, 1953.

[13] S. B. Schryver u. H. B. Buston: Proc. roy. Soc. London B **100**, 360 (1926) — Chem. Zbl. **1926 II**, 2311.

Albumin- und Glutengehalt höher als bei N-ärmerem. Ebenso ist der Amino-N im Filtrat der Basen und der Diaminosäuregehalt bei höherem N-Gehalt höher[1].

Aus dem Gesamteiweiß der Maiskeime wurde außer den bekannten Aminosäuren eine Asparaginsäure mit abweichenden Eigenschaften erhalten, Arginin fehlt, Glutamin ist nur in Spuren vorhanden[2].

Verhalten gegen Fermente: Der durch Pepsin-Salzsäure verdauliche Anteil der N-Substanz beträgt 89,4% der Trockensubstanz[3].

Über die Rolle der Proteasen in den Malz-Maismaischen[4].

Verhalten gegen Bakterien: Über die proteolytische Wirkung von Bacillus granulobacter pectinovorum bei Maismehl[5].

Physiologisches: Die Ausnutzbarkeit des Maises ähnelt der der Zerealien und Leguminosen, bleibt jedoch hinter diesen zurück[3, 6, 7]. (Über den Nährwert des Maises im Vergleich mit anderen Proteinen[8, 9].)

Das Wachstum wird durch Maiseiweiß nicht aufrechterhalten, wofür der Mangel an Tryptophan verantwortlich zu machen ist[10]. Zusatz von Tryptophan und Lysin stellt das Wachstum wieder her. Bei Lysinzugabe allein verlieren Ratten an Körpergewicht, bei alleiniger Tryptophanzufügung zum Maisproteinfutter wachsen sie nur langsamer als bei Zusatz des Gemisches der beiden Aminosäuren[11].

Rösten setzt den biologischen Wert der Maisproteine für Ratten herab, der Unterschied kann durch Zulage von 5% Caseinogen aufgehoben werden[12].

Prolamine.

(Allgemeines.)

Der isoelektrische Punkt der Proteine, die durch Extraktion mit 40—70proz. Alkohol (aus Weizen) erhalten werden, liegt annähernd konstant bei p_H 5,5; bei geringerer Alkoholkonzentration steigt der isoelektrische Punkt bis auf p_H 8,8, bei höherer fällt er unter p_H 5,5[13].

Die alkohollöslichen Eiweißkörper der Pflanzen binden bei gleicher Normalität äquivalente Mengen HCl, H_2SO_4 oder H_3PO_4, bei gleicher Wasserstoffionenkonzentration mehr Phosphorsäure als Salzsäure. In einem p_H-Bereich von 2,5—10,5 kommt die Säure- bzw. Alkalibindung durch chemische Reaktion zustande, die vom chemischen Aufbau des Prolamins abhängig ist. Außerhalb dieser Grenzen tritt auch Adsorption ein[14].

Die Prolamine lassen sich auf Grund ihres chemischen Verhaltens und ihrer immunobiologischen Eigenschaften in zwei Gruppen zerlegen: Weizengruppe und Korngruppe (Mais, Teosinte, Kafir, Sorghum). Innerhalb der Gruppen bestehen keine wesentlichen Unterschiede[15].

Eleusinin.

Alkohollösliches Protein von Ragi. Eleusine coracana.

Darstellung: Durch Extraktionen der Körner von Eleusine coracana mit 70proz. Alkohol, Verdampfen des gelben Filtrats im Vakuum bei einer Temperatur, die unterhalb 45° liegt.

[1] M. F. Showalter u. R. H. Carr: J. amer. chem. Soc. 44, 2019 (1922) — Chem. Zbl. 1923 I, 103.

[2] E. Winterstein u. F. Wünsche: Hoppe-Seylers Z. 95, 310 (1915) — Chem. Zbl. 1916 I, 478.

[3] Rammstedt: Arch. f. Hyg. 81, 286 (1913) — Chem. Zbl. 1914 I, 163.

[4] R. H. Hopkins u. J. A. Burns: J. Inst. Brewing 36, 16 (1930) — Chem. Zbl. 1930 I, 2325.

[5] W. H. Peterson, E. B. Fred u. B. P. Domogalla: J. amer. chem. Soc. 46, 2086 (1924) — Chem. Zbl. 1924 II, 2271.

[6] Baglioni: Atti R. Accad. dei Lincei, Roma 22 II, 608 (1913) — Chem. Zbl. 1914 I, 479.

[7] H. H. Mitchell u. T. S. Hamilton: J. agricult. Res. 43, 743 (1931) — Chem. Zbl. 1932 I, 1014.

[8] D. B. Jones, A. J. Finks u. C. O. Johns: J. Franklin Inst. 196, 829 (1923) — Chem. Zbl. 1924 I, 1823.

[9] H. H. Mitchell u. V. Villegas: J. Dairy Sci. 6, 222 (1923) — Ber. Physiol. 22, 58 — Chem. Zbl. 1924 I, 1823.

[10] B. Sure: Amer. J. Physiol. 72, 260 (1925) — Chem. Zbl. 1925 II, 1185.

[11] A. G. Hogan: J. of biol. Chem. 29, 485 (1917) — Chem. Zbl. 1922 I, 585.

[12] A. F. Morgan u. Mitarb.: J. of biol. Chem. 90, 771 (1931) — Chem. Zbl. 1931 II, 1445.

[13] W. M. Martin: J. physic. Chem. 35, 2065 (1931) — Chem. Zbl. 1932 I, 1997.

[14] W. F. Hoffman u. R. A. Gortner: J. physic. Chem. 29, 769 (1925) — Chem. Zbl. 1925 II, 1344. — R. A. Gortner u. W. F. Hoffman: Colloid Symposium Monograph 2, 209 (1925) — Science 62, 464 (1925) — Chem. Zbl. 1926 I, 1124.

[15] J. H. Lewis u. H. G. Wells: J. of biol. Chem. 66, 37 (1925) — Chem. Zbl. 1926 II, 1957.

erhält man ein lederartiges Prolamin, das nach der Extraktion mit Äther 13,9% N enthält, der durch weitere Reinigung bis auf 15,9% getrieben werden kann. Die Körner enthalten 6—11% Protein[1].

Eigenschaften: Das Eleusinin gibt die bekannten Proteinreaktionen, enthält Tyrosin und Tryptophan, aber keinen Phosphor. Der Nährwert ist dem von Weizen ähnlich, jedoch höher als der von Reis[1].

Gliadin.

Vorkommen und Darstellung: Ob das aus Weizenmehl mit Alkohol extrahierbare Gliadin mit dem auf gleiche Weise aus Roggenmehl dargestellten Eiweißkörper identisch ist, ist fraglich. Alkohol soll aus Roggenmehl ein Gemisch verschiedener Eiweißstoffe extrahieren, aus dem ein mit Weizengliadin identisches Produkt nicht isoliert werden konnte[2], während andererseits die Gliadine aus Roggen und Weizen auf Grund ihrer Zusammensetzung und des kolloidchemischen Verhaltens als gleich angesehen werden[3, 4].

Aus verschiedenen Weizensorten erhaltene Gliadine erwiesen sich als wesensgleich[5]. Zur Darstellung vgl.[6].

Analytisches: Über die quantitative Bestimmung von Gliadin in Mehl und Kleber durch Extraktion mit Alkohol[7]. Siedender 70proz. Alkohol peptisiert auch merkliche Mengen Glutenin[8]. Bestimmung des Gliadins in Weizenmehl durch Extraktion mit 1proz. Kochsalzlösung; man erhält so ca. 29% der Gesamtproteine. Bei der Extraktion mit 10proz. Kochsalzlösung findet man nur 5% der Gesamtproteine[9]. Bestimmung durch Ausbreitung[10].

Zur Kritik der Bestimmungsmethoden[11].

Zusammensetzung: Die Darstellungsweise hat wenig Einfluß auf die Zusammensetzung des Gliadins[12]. — Über die Zerlegung des Gliadins in einzelne Fraktionen[13].

Sehr reines, nach Dill hergestelltes Gliadin enthält 17,5% N, wovon 25,9% Amino-N sind[14], in älteren Arbeiten findet sich jedoch nur 1,1% des Gesamt-N als Amino-N[15]. N-Verteilung in Prozent Gesamt-N:

$$\begin{aligned}
&\text{Cystin-N} \ldots \ldots \ldots \ldots \ldots 0,8\% \\
&\text{Arginin-N} \ldots \ldots \ldots \ldots \ldots 5,5\,,, \\
&\text{Histidin-N} \ldots \ldots \ldots \ldots \ldots 3,4\,,, \\
&\text{Lysin-N} \ldots \ldots \ldots \ldots \ldots 1,3\,,,\ [16]
\end{aligned}$$

Zur Verteilung der Aminosäuren in den verschiedensten Weizenmehlen[17].

Cystin: Durch Jodattitration 2,19%[18].

Arginin: Die α-Naphthol-Hypochloritmethode liefert für Gliadin zu hohe Werte[19].

Tyrosin: 2,35% nach der Methode von Hanke mit Hg-Acetat[20].

3,04% nach Looney[21].

---

[1] N. Narayana u. R. V. Norris: J. Indian Inst. Sci. A **11**, 91 (1928) — Chem. Zbl. **1928 II**, 2477.

[2] J. Groh u. G. Friedl: Biochem. Z. **66**, 154 (1914) — Chem. Zbl. **1915 I**, 162.

[3] H. Lüers u. Wo. Ostwald: Kolloid-Z. **25**, 82 (1919) — Chem. Zbl. **1919 IV**, 923.

[4] H. Lüers: Kolloid-Z. **25**, 177 (1919) — Chem. Zbl. **1920 II**, 248.

[5] H. E. Woodman: J. agricult. Sci. **12**, 231 (1922) — Chem. Zbl. **1923 II**, 485.

[6] N. Troensegaard: Hoppe-Seylers Z. **199**, 129 (1931).

[7] Olson: J. Ind. a. Eng. Chem. **5**, 917 (1913) — Chem. Zbl. **1914 I**, 77.

[8] M. J. Blish u. R. M. Sandstedt: Cereal. Chem. **6**, 494 (1929) — Chem. Zbl. **1930 I**, 1236.

[9] Olson: J. Ind. a. Eng. Chem. **6**, 211 (1914) — Chem. Zbl. **1914 I**, 1527.

[10] E. Gorter u. F. Grendel: Biochem. Z. **201**, 391 (1928) — Chem. Zbl. **1929 I**, 681.

[11] C. W. Herd: Cereal. Chem. **8**, 1 (1931) — Chem. Zbl. **1931 I**, 2405.

[12] R. K. Larmour u. H. R. Sallans: Canad. J. Res. **6**, 38 (1932) — Chem. Zbl. **1932 I**, 2394.

[13] G. Haugaard u. A. H. Johnson: C. r. Lab. Carlsberg **18**, Nr 2, 1 (1930) — Chem. Zbl. **1931 I**, 289.

[14] D. B. Dill u. C. L. Alsberg: J. of biol. Chem. **65**, 279 (1925) — Chem. Zbl. **1926 I**, 965.

[15] Slyke u. Birchard: J. of biol. Chem. **16**, 539 (1914) — Chem. Zbl. **1914 I**, 1192.

[16] T. B. Osborne, D. D. van Slyke, C. S. Leavenworth u. M. Vinograd: J. of biol. Chem. **22**, 259 (1915) — Chem. Zbl. **1915 II**, 1195.

[17] R. J. Gross u. R. E. Swain: Ind. Chem. **16**, 49 (1924) — Chem. Zbl. **1924 II**, 766.

[18] Y. Teruuchi u. L. Okabe: J. of Biochem. **8**, 459 (1928) — Chem. Zbl. **1928 I**, 2850.

[19] S. Sakaguchi: J. of Biochem. **5**, 133 (1925) — Chem. Zbl. **1926 II**, 1419.

[20] M. T. Hanke: J. of biol. Chem. **66**, 475, 489 (1925) — Chem. Zbl. **1926 I**, 2612.

[21] J. M. Looney: J. of biol. Chem. **69**, 519 (1926) — Chem. Zbl. **1926 II**, 2466.

3,1% durch Milloncolorimetrie nach Folin[1].

Wesentlich höhere Werte finden sich bei Tillmanns und Mitarbeitern durch Colorimetrie auf Grund der Xanthoproteinreaktion[2].

Tryptophan: Gliadin enthält 1,05% Tryptophan unter der Annahme, daß 100 g Casein 1,5 g Tryptophan enthalten, und wenn man die Blaufärbung mit Ehrlichs Reagens mit Casein als Standard vergleicht[3]. Bei Folin finden sich 0,84%[1].

Über den Tyrosin- und Tryptophangehalt einzelner Fraktionen des Gliadins[4].

Histidin: 2,1% nach Hanke[5]. — Isolierung von l-Prolin[6].

Dicarboxylaminosäuren finden sich zu 53,6%, und zwar:

$$\begin{aligned}
&\text{Glutaminsäure} \dots\dots\dots\dots 43{,}0\% \\
&\text{Oxyglutaminsäure} \dots\dots\dots\dots 7{,}7\,,, \\
&\text{Asparaginsäure} \dots\dots\dots\dots 0{,}5\,,,\,[7]
\end{aligned}$$

Unterstützt werden diese Befunde durch die Auswertung der Kurven für das molare Säure-Bindungsvermögen des Hydrolysengemisches von Gliadin; aus dieser ergibt sich, daß Asparaginsäure nicht in beträchtlicher Menge vorkommen kann; Glutaminsäure soll danach mit 26,8% am Gesamt-N beteiligt sein[8].

Über das Reinecke-Salz erhält man 9,86% Prolin. Oxyprolin fehlt[9].

Über das Vorkommen von Pyrrolkörpern in Gliadin vgl. Acetylgliadin usw. weiter unten.

Physikalisches und chemisches Verhalten: Unterschiede im physikalisch-chemischen Verhalten einzelner Gliadinfraktionen[4].

Das Mol-Gewicht des Gliadins ergibt sich als Resultat verschiedenster Messungen zu 20700[10]. Vgl. dazu aber über die wesentlich kleineren Werte, die man mit der Methode der Gefrierpunktserniedrigung in Phenol erhält[11].

Gliadin als „reversibel dissoziables Komponentensystem"[12].

Der Brechungsindex des Gliadins in 70proz. Alkohol ist vornehmlich von der Konzentration des Gliadins abhängig, darüber hinaus noch von Stoffen, die mit aus den Mehlen herausgelöst werden. Die Kurve für den Brechungsindex ergibt sich aus der Gleichung

$$\mu_s = 1{,}3634 + 0{,}0018\,C,$$

wenn μ_s den Brechungsindex bei 20°, C die Anzahl Gramm Gliadin in 100 ccm Lösung bedeuten[13,14].

Spezifische Drehung:

$$\left.\begin{aligned}
\text{in 70proz. Alkohol} &= -89{,}8° \\
\text{,, 60 ,,} \quad\quad\text{,,} &= -91{,}0° \\
\text{,, 50 ,,} \quad\quad\text{,,} &= -90{,}3°
\end{aligned}\right\}
\begin{aligned}
&\text{die bei 40° hergestellten Lösungen} \\
&\text{zeigen im Gegensatz zu den bei} \\
&\text{20° hergestellten Mutarotation.}
\end{aligned}$$

in Gemischen von n-Propylalkohol und Wasser gleichbleibend $= -98{,}2°$
in 30% Harnstofflösung $= -116{,}5°$[14,15].

[1] O. Folin u. V. Ciocalteu: J. of biol. Chem. **73**, 627 (1927) — Chem. Zbl. **1927 II**, 2089.

[2] J. Tillmanns, P. Hirsch u. F. Stoppel: Biochem. Z. **198**, 379 (1928) — Chem. Zbl. **1928 II**, 1916.

[3] C. E. May u. E. A. Rose: J. of biol. Chem. **54**, 213 (1922) — Chem. Zbl. **1923 I**, 770.

[4] G. Haugaard u. A. H. Johnson: C. r. Lab. Carlsberg **18**, Nr 2, 1 (1930) — Chem. Zbl. **1931 I**, 289.

[5] M. T. Hanke: J. of biol. Chem. **66**, 475, 489 (1925) — Chem. Zbl. **1926 I**, 2612.

[6] B. W. Town: Biochemic. J. **22**, 1083 (1928) — Chem. Zbl. **1929 I**, 65.

[7] D. B. Jones u. R. Wilson: Cereal. Chem. **5**, 473 (1928) — Chem. Zbl. **1929 I**, 1401. D. B. Jones u. O. Moeller: J. of biol. Chem. **79**, 429 (1928) — Chem. Zbl. **1929 I**, 270.

[8] P. Hirsch: Biochem. Z. **147**, 433 (1924) — Chem. Zbl. **1924 II**, 1964.

[9] H. Spörer u. J. Kapfhammer: Hoppe-Seylers Z. **187**, 84 (1930) — Chem. Zbl. **1930 I**, 2432.

[10] E. J. Cohn, J. L. Hendry, A. N. Prentiss: J. of biol. Chem. **63**, 721 (1925) — Chem. Zbl. **1925 II**, 1168.

[11] E. J. Cohn u. J. B. Conant: Proc. nat. Acad. Sci. U.S.A. **12**, 433 (1926) — Chem. Zbl. **1926 II**, 2064.

[12] S. P. L. Sørensen: Kolloid-Z. **53**, 102 (1930) — Chem. Zbl. **1930 II**, 3423 — Kolloid-Z. **53**, 170, 306 (1930) — Chem. Zbl. **1931 I**, 1768 — C. r. Lab. Carlsberg **18**, Nr. 5, 1 (1930).

[13] D. W. Kent-Jones u. A. J. Amos: Cereal Chem. **5**, 45 (1928) — Chem. Zbl. **1928 I**, 1814.

[14] J. Groh u. G. Friedl: Biochem. Z. **66**, 154 (1914) — Chem. Zbl. **1915 I**, 162.

[15] D. B. Dill u. C. L. Alsberg: J. of biol. Chem. **65**, 279 (1925) — Chem. Zbl. **1926 I**, 965.

Nach Bestrahlung mit einer Quarz-Quecksilberdampflampe nimmt die spezifische Drehung zu[1].

Über den Einfluß verdünnter Natronlauge auf das Absorptionsspektrum von Gliadin[2].

Der isoelektrische Punkt des Gliadins liegt bei p_H = ca. 6,6[3], des reinen Gliadins, bestimmt aus den Ionisationskonstanten des Proteins als Säure und Base, bei p_H = 6,5[4, 5].

Löslichkeit: Die Art der Darstellung ist von großem Einfluß auf die Löslichkeit des Gliadins, namentlich Alkohol und Trocknen — auch bei niedrigen Temperaturen — vermindern die Löslichkeit. (Vgl. dazu auch [6].) Die geringste Löslichkeit liegt bei p_H = ca. 6,5 und 6,0. Das Gliadin ist löslich in Natriumjodid, Magnesiumchlorid, Natrium- und Ammonium-Thiocyanat[7, 8].

Die Löslichkeit in Säuren ist für Salzsäure und Schwefelsäure am größten bei einer Normalität von $1/100 - 1/1000$[7], nach anderen bei $10-11°$ am besten in $1/320$ n-HCl[3].

Sehr leicht löst auch Essigsäure, alle drei Säuren wirken am besten bei p_H = 2,0[7]. (Darstellungsmethode[9].) Das Gliadin ist ferner löslich in $1/40$ NaOH[3], schwerer in Sodalösung[7].

Gliadin ist in wasserfreier Ameisensäure löslich[10].

Von den organischen Flüssigkeiten sind wäßrige Alkohole gute Lösungsmittel, für Methylalkohol liegt das Optimum bei $60-70$ Vol.-%[7], für Äthylalkohol ebenfalls bei dieser Konzentration[3], so konnten z. B. 50proz. Lösungen in $50-60$proz. Äthylalkohol bei $50°$ erhalten werden; Gliadin löst sich auch in wäßrigem n-Propylalkohol, i-Propylalkohol und in Mischungen der ersten Glieder der homologen Reihe aliphatischer Alkohole; in Glycerin, Chloralhydrat, Harnstoff[8, 11]; in Phenolen, und zwar abnehmend mit steigender C-Zahl; Einführung von Cl vermindert die Löslichkeit in Phenolen weniger als die von CH_3-Gruppen, ebenso vermindert $-COOCH_3$, $-COOC_5H_{11}$ und $-COOC_6H_5$, aufhebend wirken $-NO_2$ und $-OCH_3$; in Benzaldehyd[12].

Kolloidchemisches: Über die Viscosität, Oberflächenspannung und Schutzwirkung verschiedener Gliadine vgl. Anm. [13]. — Viscosität von Gliadin-Aceton-Wassergemischen[14].

Nach Bestrahlung mit einer Quarz-Quecksilberdampflampe nimmt die Gerinnungstemperatur des Gliadins ab[1]. Säuren und Laugen bewirken bei Gliadinen verschiedener Herkunft starke Hydratation und Quellung. Gleichzeitig findet Überführung neutraler Teilchen in den ionisierten Zustand und eine Zunahme der inneren Reibung statt. Neutralsalze machen diese Erscheinungen rückgängig, wobei für das Säuregliadin die Anionen, für das Laugengliadin die Kationen maßgebend sind[15].

Bei längerem Stehen in $75-85$proz. Alkohol wird das Gliadin irreversibel verändert. $20-30$proz. und 80proz. Alkohol verringert die Löslichkeit des Gliadins auch bei niederer Temperatur, die dazwischen liegenden Konzentrationen in mehreren Tagen selbst bei höherer Temperatur nicht. Beim Abkühlen von Gliadinlösungen in Alkohol-Wassergemischen tritt bei einer „kritischen Peptisationstemperatur" Trübung auf, die innerhalb weiter Grenzen lediglich von der Zusammensetzung des Lösungsmittels, nicht von der Konzentration an Gliadin abhängig ist und bei Gliadinen verschiedener Herkunft schwankt[8, 16]. — Weiteres über die Kolloidchemie alkoholischer Gliadinlösungen[17].

---

[1] H. L. Stedman u. L. B. Mendel: Amer. J. Physiol. **77**, 199 (1926) — Chem. Zbl. **1926 II**, 865.

[2] J. Groh u. M. Weltner: Hoppe-Seylers Z. **198**, 267 (1931) — Chem. Zbl. **1931 II**, 2337.

[3] J. Eto: J. of Biochem. **3**, 373 (1924) — Chem. Zbl. **1925 I**, 673.

[4] E. L. Tague: J. amer. chem. Soc. **47**, 418 (1925) — Chem. Zbl. **1925 I**, 2167.

[5] H. L. Bungenberg de Jong u. W. J. Klaar: Trans. Faraday Soc. **28**, 27 (1932) — Chem. Zbl. **1932 I**, 1347.

[6] W. H. Cook: Canad. J. Res. **5**, 389 (1931) — Chem. Zbl. **1932 I**, 2476.

[7] E. L. Tague: Cereal Chem. **2** 117 (1925) — Chem. Zbl. **1925 II**, 1534.

[8] D. B. Dill u. C. L. Alsberg: J. of biol. Chem. **65**, 279 (1925) — Chem. Zbl. **1926 I**, 965.

[9] M. J. Blish u. R. M. Sandstedt: Cereal. Chem. **3**, 144 (1926) — Chem. Zbl. **1926 II**, 835.

[10] J. Loiseleur: C. r. Acad. Sci. Paris **191**, 1391 (1930) — Chem. Zbl. **1931 I**, 1458.

[11] D. B. Dill: J. of biol. Chem. **72**, 239 (1927) — Chem. Zbl. **1927 II**, 93.

[12] E. A. Cooper u. S. D. Nicholas: Biochem. J. **11**, 533 (1925) — Chem. Zbl. **1926 I**, 410.

[13] J. Groh u. G. Friedl: Biochem. Z. **66**, 154 (1914) — Chem. Zbl. **1915 I**, 162.

[14] H. L. Bungenberg de Jong u. W. J. Klaar: Cereal. Chem. **7**, 587 (1930); **8**, 439 (1931) — Chem. Zbl. **1931 I**, 1376; **1932 I**, 1170 — Trans. Faraday Soc. **28**, 27 (1932) — Chem. Zbl. **1932 I**, 1346.

[15] H. Lüers: Kolloid-Z. **25**, 177 (1919) — Chem. Zbl. **1920 II**, 248.

[16] M. J. Gottenberg u. C. L. Alsberg: J. of biol. Chem. **73**, 581 (1927) — Chem. Zbl. **1928 II**, 456.

[17] H. L. Bungenberg de Jong u. W. J. Klaar: Cereal. Chem. **6**, 373; **7**, 222 (1930) — Chem. Zbl. **1930 II**, 1297.

Das Gliadinhydrosol ist ein Suspensoid, das sich wahrscheinlich im isoelektrischen Zustand befindet, sein Alkosol ein Emulsoid[1].

Die Verteilung des Phenols zwischen Wasser und Gliadin im Emulsoidzustand entspricht dem Verteilungsgesetz. Bei der Ausflockung des Gliadins ist der Verteilungskoeffizient = 12, wächst aber bei weiterer Phenolzugabe noch an. Aus absoluten und wäßrigen alkoholischen Lösungen nimmt Gliadin kein Phenol auf[2].

Über die Bestimmung der Kompressionskurven dünner Filme von Gliadin vgl. Anm.[3].

Verhalten gegen Säuren und Basen, Hydrolyse: Die Menge Säure, die vom Gliadin gebunden wird, steht im direkten Verhältnis zu den freien Aminogruppen[4]. Nach Bancroft nehmen in Gliadin nur 30% des Gesamtstickstoffs stöchiometrische Mengen Salzsäure auf, dabei sollen allerdings auch die Peptidbindungen beteiligt sein[5].

Beim Erhitzen des Gliadins mit Wasser auf $110-120°$ nimmt die Menge der löslichen Produkte zu mit der Dauer der Einwirkung. Der unlösliche Rückstand ist ärmer an Kohlenstoff, reicher an Wasserstoff als das Ausgangsmaterial[6]. Die p_H-Werte ändern sich mit dem Fortschreiten der Hydrolyse, die Pufferwirkung bleibt unabhängig davon[7].

Die Säurehydrolyse des Gliadins ist eine Reaktion zweiter Ordnung[8]. Beim Kochen des Gliadins in 1proz. Lösung mit n-HCl bleibt der Quotient N-Methylzahl: Formolzahl konstant[9]. Die Geschwindigkeit der Säurehydrolyse ist zum Teil abhängig von der Konzentration der Säure. Schon bei der Einwirkung ganz verdünnter Säuren entsteht in kurzer Zeit Ammoniak, das vom Glutamin geliefert wird[10], wobei sich 0,2 n-Schwefelsäure weniger wirksam erweist als 0,2 n-HCl[11].

Nach anderen soll die Ammoniakbildung der Summe der entstandenen Glutamin- und Asparaginsäure proportional sein[12]. Bei längerer Einwirkung der Säuren werden Tryptophan und Cystin zersetzt[11]. Kurzes Kochen mit 1proz. Salzsäure liefert genau so viel Ammoniak wie 24stündiges mit 20proz. Salzsäure, wodurch es ausgeschlossen sein dürfte, daß erhebliche Mengen von Uraminogruppen $R \cdot CH_2 \cdot NH \cdot CO \cdot NH_2$ im Gliadin vorhanden sind[12].

Nach der partiellen Hydrolyse steigt das Basenbindungsvermögen des Gliadins, da neue saure und dementsprechend basische Gruppen gebildet werden. Dieses Verhalten deutet zugunsten der Diketopiperazinstruktur, da unter den gewählten Bedingungen Peptidbindungen nicht angegriffen werden[13]. Vgl. dazu auch die Titrationskurven der Hydrolysenprodukte[14].

Über die Möglichkeit des Vorkommens von Anhydriden und über den Verlauf der Autoklavenhydrolyse des Gliadins vgl. die Arbeiten von Zelinski. Gliadin ergibt nach 6stündiger Druckhydrolyse mit schwacher Säure keine Zunahme von Amino-N mehr[15, 16].

Bei alkalischer Hydrolyse ist die sekundäre Spaltung, besonders die von Arginin, größer als bei Säurehydrolyse. $0,2$ n-Ba$(OH)_2$ hydrolysiert stärker als die äquivalente Menge Natronlauge, jedoch erfolgt die sekundäre Spaltung langsamer[17].

Verhalten gegen Fermente: Pepsin: Der Quotient $HCl:NH_2$ der peptischen Verdauung (Hund) des Gliadins ist konstant $= 6,75$[18].

[1] H. Lüers: Kolloid-Z. **25**, 230 (1919) — Chem. Zbl. **1920 II**, 299.

[2] E. A. Cooper u. E. Sanders: J. physic. Chem. **31**, 1 (1927) — Chem. Zbl. **1927 I**, 2174.

[3] E. Gorter u. F. Grendel: Trans. Faraday Soc. **22**, 477 (1926) — Chem. Zbl. **1927 I**, 1800.

[4] R. S. Bracewell: J. amer. chem. Soc. **41**, 1511 (1919) — Chem. Zbl. **1920 I**, 388.

[5] W. D. Bancroft u. C. E. Barnett: Proc. nat. Acad. Sci. U. S. A. **16**, 288 (1930) — Chem. Zbl. **1930 II**, 746.

[6] S. Komatsu u. C. Okinaka: Bull. Chem. Soc. Japan **1**, 102 (1926) — Chem. Zbl. **1926 II**, 1051.

[7] S. Komatsu u. C. Okinaka: Bull. Chem. Soc. Japan **1**, 151 (1926) — Chem. Zbl. **1926 II**, 2065 — Mem. Coll. Sci. Kioto Imp. Univ. A **10**, 241, 248 (1927) — Chem. Zbl. **1927 II**, 2200.

[8] D. M. Greenberg u. N. F. Burk: J. amer. chem. Soc. **49**, 275 (1927) — Chem. Zbl. **1927 I**, 1486.

[9] S. Edlbacher: Hoppe-Seylers Z. **108**, 287 (1919) — Chem. Zbl. **1920 III**, 558.

[10] H. Thierfelder u. E. v. Cramm: Hoppe-Seylers Z. **105**, 58 (1919) — Chem. Zbl. **1919 III**, 425.

[11] H. B. Vickery: J. of biol. Chem. **53**, 495 (1922) — Chem. Zbl. **1923 I**, 853 — J. of biol. Chem. **56**, 415 (1923) — Chem. Zbl. **1923 III**, 1279.

[12] T. B. Osborne u. O. L. Nolan: J. of biol. Chem. **43**, 311 (1920) — Chem. Zbl. **1921 I**, 32.

[13] J. Tillmanns u. P. Hirsch: Biochem. Z. **193**, 216 (1928) — Chem. Zbl. **1928 I**, 2723.

[14] J. Tillmanns, P. Hirsch u. F. Strache: Biochem. Z. **199**, 399 (1929) — Chem. Zbl. **1929 I**, 1353.

[15] N. Zelinski u. N. Gawrilow: Biochem. Z. **182**, 18 (1927) — Chem. Zbl. **1927 I**, 2655.

[16] N. Gawrilow, E. Stachejewa, A. Titowa u. N. Ewergetowa: Biochem. Z. **182**, 26 (1927) — Chem. Zbl. **1927 I**, 2656.

[17] H. B. Vickery: J. of biol. Chem. **53**, 495 (1922) — Chem. Zbl. **1923 I**, 853.

[18] C. Schwarz: Pflügers Arch. **168**, 135 (1917) — Chem Zbl. **1917 II**, 236.

Der Quotient $NH_2:COOH$ wird bei der peptischen Verdauung nicht konstant gefunden, es findet gesteigerte COOH-Bildung statt, was wahrscheinlich auf den hohen Gehalt an Glutamin- und Pyrrolidincarbonsäure zurückzuführen ist[1]. (Vgl. aber Proteine, Allg.)

Über das Verhalten verschiedener Gliadinfraktionen gegen Pepsin und Trypsinkinase[2].

5—6tägige peptische Spaltung ergibt ein Tetrapeptid aus 1 Mol Tyrosin, 2 Mol Glutamin und 1 Mol Glutaminsäure[3].

Ähnlich dem Pepsin wirkt ein aus Weizenmalz dargestelltes Ferment[4].

Trypsin: Gliadin wird von Trypsin nur nach Aktivierung durch Enterokinase gespalten[5]. Vgl. dazu auch [6].

Die Amidspaltung geht langsamer als die Peptidspaltung, vielleicht ist die Amidspaltung nicht durch das Trypsin bedingt[7].

Aus dem tryptischen Verdauungsgemisch wurden isoliert: geringe Mengen Leucinimid, ferner Leucylglycinanhydrid, Alanylglycinanhydrid, Leucyl-d-Glutaminsäureanhydrid (aus 2 kg Gliadin 8 g), weiterhin freie Leucylglutaminsäure[8].

Während nach peptischer Verdauung des Gliadins in 8—150 Tagen 20,8—33,4% vom Gesamt-N in Diketopiperazinform vorgefunden werden, soll sich bei tryptischer Verdauung nach 90 Tagen ein deutliches Maximum von 77% gegenüber 61,8% nach 8 Tagen und 62,3% nach 150 Tagen zeigen[9].

Erepsin: Völlig trypsinfreies Erepsin wirkt auf Gliadin nicht ein[10].

Die Proteasen des Darmsaftes von Bombyx mori spalten Gliadin optimal bei $p_H = 10$.[11]

Physiologisches Verhalten: Die N-Ausscheidung von Ratten, die nur Gliadin bekommen, ist größer als bei solchen, die noch Casein oder Lactalbumin erhalten[12].

Das durch 48stündige Säurehydrolyse aus Gliadin gewonnene Pulver zeigt nur auf Grund noch vorhandener geringer Mengen unveränderten Ausgangsmaterials schwache Präcipitinreaktion mit hochwertigen Gliadin-Immunseren[4].

Auf Gliadin, das von normalem Serum kaum angegriffen wird, wirkt das Serum von mit Placenta vorbehandelten Hunden stärker[13].

Derivate: Das **Desaminogliadin** zeigt nach Herzig und Lieb dieselben Verhältnisse wie das Desaminoglutin: gleich leichte Methylierbarkeit durch Diazomethan am O und N für das native wie für das desaminierte Produkt. Ebenso zeigt der NH_2-N (nach Sörensen oder van Slyke) nahezu die gleichen Werte[14].

Beim **Nitroderivat** entspricht der Nitrowert der einfachen Nitrierung des im Gliadinmolekül vorhandenen Tyrosins plus der des Tryptophans[15].

Jodgliadin beschleunigt bei normalen Kaulquappen die Methamorphose stark und löst sie bei solchen ohne Hypophyse aus[16].

---

[1] E. Waldschmidt-Leitz u. E. Simons: Hoppe-Seylers Z. **156**, 114 (1926) — Chem. Zbl. **1926 II**, 2443.

[2] G. Haugaard u. A. H. Johnson: C. r. Lab. Carlsberg **18**, Nr 2, 1 (1930) — Chem. Zbl. **1931 I**, 289.

[3] R. Nakashima: J. of Biochem. **6**, 55 (1926) — Chem. Zbl. **1926 II**, 769 — J. of Biochem. **7**, 441 (1928) — Chem. Zbl. **1928 II**, 776.

[4] J. Eto: J. of Biochem. **3**, 373 (1924) — Chem. Zbl. **1925 I**, 673.

[5] E. Waldschmidt-Leitz u. A. Harteneck: Hoppe-Seylers Z. **149**, 221 (1925) — Chem. Zbl. **1926 I**, 1664.

[6] U. Lombroso: Arch. internat. Physiol. **29**, 213 (1927) — Chem. Zbl. **1928 I**, 364.

[7] A. Hunter u. R. G. Smith: J. of biol. Chem. **62**, 649 (1925) — Chem. Zbl. **1925 I**, 1757. — A. Hunter u. M. Delamere: Proc. Trans. roy. Soc. Canada V **19**, 1 (1925) — Chem. Zbl. **1926 II**, 38.

[8] E. Abderhalden: Hoppe-Seylers Z. **154**, 18 (1926) — Chem. Zbl. **1926 II**, 591.

[9] A. Blanchetière: C. r. Acad. Sci. Paris **189**, 784 (1929) — Chem. Zbl. **1930 I**, 852.

[10] E. Waldschmidt-Leitz u. A. Harteneck: Hoppe-Seylers Z. **149**, 221 (1925) — Chem. Zbl. **1926 I**, 1664. — E. Waldschmidt-Leitz u. A. Schäffner: Hoppe-Seylers Z. **151**, 131 (1926) — Chem. Zbl. **1926 I**, 2480.

[11] O. Shinoda: J. of Biochem. **11**, 345 (1930) — Chem. Zbl. **1930 II**, 1865.

[12] V. Hons: Biol. Listy (tschech.) **11**, 282 (1925) — Chem. Zbl. **1926 I**, 3484 — Ber. Physiol. **34**, 191.

[13] F. Hulton: J. of biol. Chem. **25**, 227 (1916) — Chem. Zbl. **1916 II**, 1045.

[14] J. Herzig u. H. Lieb: Hoppe-Seylers Z. **117**, 1 (1921) — Chem. Zbl. **1922 I**, 357.

[15] F. Lieben: Biochem. Z. **145**, 535 (1924) — Chem. Zbl. **1924 II**, 50 — Biochem. Z. **145**, 555 (1924) — Chem. Zbl. **1924 II**, 50.

[16] W. W. Swingle: Proc. Soc. exper. Biol. a. Med. **54**, 205 (1926) — Chem. Zbl. **1929 I**, 919. ·

Methylderivate. Behandelt man Gliadin mehrere Male mit Diazomethan, so erhält man ein Produkt mit 7,06% OCH_3 und 2,56% CH_3 am N. Die Tendenz des Gliadins, sich mit Alkohol ohne Zusatz von Säure zu verestern, ist gering. Bei der Einwirkung von Methylalkohol plus Salzsäure geht ein Teil des Gliadins in Lösung; aus dieser Lösung läßt sich durch Äther ein Produkt fällen, daß den gleichen oder einen höheren Methoxylgehalt aufweist als das ungelöste Produkt. Behandlung des ungelösten Produktes mit Diazomethan steigert den OCH_3-Gehalt noch beträchtlich[1]. Nach Felix kann Gliadin ohne wesentliche Zersetzung mit Methanol und Salzsäure verestert werden. Aus der Bestimmung der Methoxylgruppen errechnen sich für die freien Carboxyle $19,54 \cdot 10^{-2}$ Äquivalente, aus dem Chlorgehalt $12,3 \cdot 10^{-2}$ Äquivalente für die säurebindenden basischen Gruppen für je 100 g Gliadin[2].

Acetylgliadin. Zum experimentellen Beweis seiner Theorie vom Aufbau der Proteine aus Pyrrolkörpern (s. Proteine, Allgemeines) hat Troensegaard sich eingehend mit diesen Körpern beschäftigt. Zur Darstellung werden 20 g bei 130° getrockneten Gliadins in 60 ccm wasserfreien Methanols gelöst, mit 140 ccm wasserfreien 0,8proz. methylalkoholischen Kalis versetzt und 15 Minuten lang gekocht. Die unter Ausschluß des Wassers vom überschüssigen K durch Kochen mit Essigester befreite Lösung wird mit 20 g wasserfreien Na-Acetats und 80 ccm Essigsäureanhydrid bei 130° acetyliert. Nach dem Entfernen des Anhydrids löst man das Acetylderivat in Chloroform, filtriert nach 24stündigem Stehen bei 0° und fällt mit Äther. Nach einer zweiten Vorschrift von Troensegaard wird die Acetylierung mit Essigsäurechlorid vorgenommen. Je 40 g getrockneten Gliadins werden während mehrerer Tage bei 30° in 20 ccm Eisessig gelöst, die Lösung auf 100° erhitzt und allmählich mit 120 ccm Essigsäurechlorid versetzt. Ein anfänglich gebildeter Niederschlag geht wieder in Lösung. Nach Entfernung des Säurechlorids und des Eisessigs durch Destillation wird zur Vervollständigung der Acetylierung mit 200 ccm Essigsäureanhydrid plus 40 g Natriumacetat während 5 Minuten auf 132—134° erhitzt. Nach dem Abdestillieren des Anhydrids im Vakuum wird der Rückstand mit 300 ccm Chloroform behandelt, nach 12 Stunden filtriert und die Lösung mit Äther gefällt. Der Niederschlag von Acetylgliadin wird mit Äther gewaschen und getrocknet.

Das Acetylgliadin ist löslich in Methanol, Chloroform, Eisessig, Pyridin; mit Wasser zersetzt es sich und wird in Chloroform unlöslich. Zusammensetzung: 11,7% N, 3% Amino-N nach van Slyke. Beim Trocknen im Hochvakuum bei 110° verliert das Acetylgliadin 6 bis 10% seines ursprünglichen Gewichts. Mol.-Gewicht 450 in Phenol und 52 in Anilin.

Die Hydrierung des mit Acetylchlorid acetylierten Gliadins erfolgt mit Natrium in Amylalkohol. Bei der sorgfältigen Zerlegung des erhaltenen Produkts in zahlreiche Fraktionen erreicht man eine Trennung in einen basischen und einen sauren Teil. Der basische Anteil besteht aus Ammoniak und hydrierten Pyrrolabkömmlingen, der saure hauptsächlich aus heterocyclischen Säuren mit einer geringen Menge NH_2-Gruppen. Die Hauptfraktion wird von Troensegaard als „Proteol" bezeichnet. Sie ist nicht wesentlich hydriert. Eine nochmalige Hydrierung erhöht den Wasserstoffgehalt von 4,1 auf 7,6%. Das salzsaure Hydrolysat ergibt 36% Prolin. Die Bruttoformel der Proteolfraktion wird zu $C_{11}H_{16}O_3N_2$ bzw. zu $C_{11}H_{14}O_3N_2$ aufgestellt, wofür eine dem Bilirubin bzw. dem Tryptophan entlehnte Struktur diskutiert wird. Es fragt sich bei diesen Untersuchungen, ob einheitliche Körper vorliegen und ob nicht bei den gewaltsamen chemischen Operationen des Acetylierens bzw. Hydrierens sekundäre Reaktionen den Aufbau des nativen Gliadins weitgehend verändert haben. Über die Isolierung von Piperidin aus Acetylgliadin[3], von einer Verbindung $C_9H_{11}N_3O$[4], von 2 tertiären Basen $C_{11}H_{22}N_2$ und $C_{14}H_{22}N_2$[5, 6]. Weitere Aufarbeitung der Gemische der erhaltenen Basen[7].

---

[1] J. Herzig u. K. Landsteiner: Mh. Chemie **39**, 269 (1918) — Chem. Zbl. **1918 II**, 631.

[2] K. Felix u. H. Reindl: Hoppe-Seylers Z. **205**, 11 (1932).

[3] N. Troensegaard u. H. G. Mygind: Hoppe-Seylers Z. **184**, 147 (1929) — Chem. Zbl. **1930 I**, 415.

[4] N. Troensegaard, F. Wrede u. H. G. Mygind: Hoppe-Seylers Z. **193**, 49 (1930) — Chem. Zbl. **1931 I**, 949.

[5] N. Troensegaard u. H. G. Mygind: Hoppe-Seylers Z. **193**, 171 (1930) — Chem. Zbl. **1931 I**, 2066.

[6] F. Wrede, E. Bruch u. W. Keil: Hoppe-Seylers Z. **200**, 133 (1931) — Chem. Zbl. **1932 I**, 956.

[7] F. Wrede, E. Bruch u. W. Keil: Hoppe-Seylers Z. **203**, 279, 286 (1931) — Chem. Zbl. **1932 I**, 956, 1791. — F. Wrede: Hoppe-Seylers Z. **206**, 146 (1932) — Chem. Zbl. **1932 I**, 3074.

Die beschriebenen hydrierten Produkte erweisen sich bei subcutaner Injektion als nicht besonders giftig für Meerschweinchen, wenn sie in einer Menge gegeben werden, die 0,01 bis 0,10 g N entspricht[1].

Jodiertes Acetylgliadin. Versetzt man die Lösung des Acetylgliadins in völlig wasserfreien Eisessig mit Jodwasserstoffsäure, so werden die Acetylgruppen partiell abgespalten, und eine krystallisierte Jodverbindung fällt aus. Sie ist in Pyridin und Alkohol unlöslich, zersetzlich in Wasser. Hydrolysiert man diese Verbindung mit Säure, verdünnt mit dem gleichen Volumen Wasser und neutralisiert, so läßt sich ein kompliziertes Gemisch von Pyrrolkörpern mit überhitztem Dampf übertreiben. Die Ausbeute an diesen Verbindungen beträgt 6% des Gesamt-N des Acetylgliadins[1].

Methylderivat des Acetylgliadins. 5 g Acetylgliadin werden in 50 ccm absoluten Methanols gelöst und auf dem Wasserbad mit 20 g Methyljodid 7 Stunden gekocht und allmählich mit 28 ccm 5n methylalkoholischen Kalis versetzt. Methoxylzahl 19. Sehr leicht löslich in Wasser und Alkohol, unlöslich in Aceton und Pyridin, Biuretreaktion erst nach längerem Stehen positiv. Die Acetylzahl sinkt während der Methylierung, es wird also vermutlich Acetyl gegen Methyl ausgetauscht. Bei der Hydrierung des Methyl-Acetylgliadins gelangt man nicht zu stabilen Methoxypyrrolen, da die Methoxylgruppen abgespalten werden[1].

Sorgein.

(Protein aus dem Samen von Sorghum vulgare.)

Darstellung: Durch Extraktion des feinst zerriebenen Mehls der von Spelzen befreiten Samen mit 70proz. Alkohol bei 55—69°, Fällung durch Eingießen des Extraktes in Salzwasser und nochmalige Reinigung durch 70proz. Alkohol[2].

Physikalisches und chemisches Verhalten: Das Sorgein genannte Protein ist unlöslich in Äther, Petroläther, Schwefelkohlenstoff, Chloroform und Aceton. Xanthoprotein-, Millonsche, Biuret- und Schwefelbleireaktion sind positiv; mit Glyoxylsäure plus H_2SO_4 keine Violettfärbung; mit verdünnter HCl beim Erwärmen im Gegensatz zu Zein und Gliadin rötliche Färbung; mit alkalischer α-Naphthollösung und konzentrierter Schwefelsäure Violettfärbung der Grenzschicht. Tryptophan scheint nicht oder nur in Spuren vorhanden zu sein[2].

Hordein (Bynin).

Zusammensetzung: Das Hordein scheint mit dem Bynin identisch zu sein. (Siehe aber weiter unten!)

	Bynin	Hordein
NH_3-N	23,55%	23,00%
Melanin-N	1,67 ,,	1,70 ,,
Cystin-N	1,63 ,,	1,58 ,,
Arginin-N	5,23 ,,	5,00 ,,
Histidin-N	1,03 ,,	0,93 ,,
Lysin-N	0,39 ,,	0,18 ,,
Amino-N im Filtrat der Basen. . .	51,00 ,,	53,85 ,,
Nichtamino-N im Filtrat der Basen .	15,07 ,,	12,49 ,, [3,4]

Von anderer Seite wird der Lysingehalt zu ca. 1% angegeben. Im Prozentgehalt an den verschiedenen basischen Aminosäuren steht das Hordein dem Gliadin sehr nahe[5].

Histidingehalt = 0,98% ⎫
Tyrosingehalt = 2,43 ,, ⎭ nach der Methode von Hanke[6].

[1] N. Troensegaard: Hoppe-Seylers Z. **112**, 86 (1920) — Chem. Zbl. **1921 I**, 907 — Hoppe-Seylers Z. **127**, 137 (1923) — Chem. Zbl. **1923 III**, 237 — Hoppe-Seylers Z. **130**, 84 (1923) — Chem. Zbl. **1924 I**, 55. — N. Troensegaard u. J. Schmidt: Hoppe-Seylers Z. **133**, 116 (1924) — Chem. Zbl. **1924 I**, 2373. — N. Troensegaard: Hoppe-Seylers Z. **134**, 100 (1924) — Chem. Zbl. **1924 I**, 2880. — N. Troensegaard u. E. Fischer: Hoppe-Seylers Z. **142**, 35; **143**, 304 (1925) — Chem. Zbl. **1925 I**, 2008.
[2] S. Visco: Arch. Farmacol. sper. **31**, 173 (1921) — Chem. Zbl. **1922 III**, 522.
[3] H. Lüers: Biochem. Z. **96**, 117 (1919) — Chem. Zbl. **1919 III**, 680.
[4] H. Lüers: Biochem. Z. **133**, 603 (1922) — Chem. Zbl. **1923 I**, 686.
[5] C. O. Johns u. A. J. Finks: J. of biol. Chem. **38**, 63 (1919) — Chem. Zbl. **1920 III**, 594.
[6] M. T. Hanke: J. of biol. Chem. **66**, 475, 489 (1925) — Chem. Zbl. **1926 I**, 2612.

Die Menge und die chemische Zusammensetzung des Hordeins ändert sich bei Lagerung und Keimung. Bei einjähriger Lagerung nimmt der Hordeingehalt zu, die Analyse zeigt Vermehrung des Humin-N und sekundären Amino-N. Bei 1—3 jähriger Lagerung und bei Keimung nimmt der Hordeingehalt ab; bei Keimung wird der sekundäre Amino-N vermindert; während Monoaminosäuren-N und Amid-N ansteigen. Im Gegensatz zu Lüers (s. oben) versteht Takahashi unter Bynin alle alkohollöslichen, denaturierten Hordeine, die während der Keimung auftreten[1].

Physikalisches und chemisches Verhalten: Das reine Hordein ist in Wasser schwer löslich, noch schwerer in Gerstendialysat, leicht löslich in 70 proz. Alkohol. Bei unverletzter Samenschale difundiert in 48 Stunden kein Hordein gegen 70 proz. Alkohol[2].

Über Veränderungen in den physikalischen Eigenschaften des Hordeins bzw. Bynins während der Lagerung und der Keimung[1].

Kafirin.
(Alkohollösliches Protein aus Kafir, Andropogon Sorghum.)

Vorkommen: Ausgangsmaterial zur Gewinnung von Kafirin[3] sind die Samen der in Kansas wachsenden Abart: „Zwergkafir", deren Eiweiß zu über 50% aus Kafirin besteht[4].

Zusammensetzung: Elementaranalyse: C 55,19%; H 7,36%; N 16,44%; S 0,60%. Die Werte ähneln denen des Zeins, von dem es sich durch den Gehalt an Diaminosäuren unterscheidet[4].

		Kafirin
Humin-N		0,17%
Amid-N		3,46 „
Basischer N		1,04 „
Nichtbasischer N		11,97 „ [5]
Glycin		0,0 „
Alanin		8,08 „
Valin		4,26 „
Leucin		15,44 „
Prolin		7,80 „
Phenyl-Alanin		2,34 „
Asparaginsäure		2,27 „
Glutaminsäure		21,23 „
Tyrosin		5,49 „
Cystin		0,84 „ [6]
Arginin	1,58%	1,59 „
Histidin	1,00 „	1,12 „
Lysin	0,90 „	0,95 „
Tryptophan	vorh.	vorh.
NH$_3$		3,46% [6]

Arginin, Histidin, Lysin, Tryptophan: [5]

Bei direkter Abscheidung als Ba-Salze aus dem Hydrolysat werden Asparaginsäure zu 2,3 und Glutaminsäure zu 21,2% gefunden, Werte, die mit den obigen gut übereinstimmen[7].

Physiologisches: Als einziger Eiweißkörper einer gemischten Nahrung vermag das Kafirin das Wachstum junger Ratten nicht zu unterhalten. Das beruht auf dem geringen Gehalt an Lysin und Cystin, durch die man das Kafirin ergänzen kann[8].

Prolamin von Feterita.

Durch Extraktion mit 70 proz. Alkohol bei 60° läßt sich aus dem Samenmehl 73% vom Gesamt-N in Form eines Prolamins extrahieren. Ausbeute 3,3%.

[1] E. Takahashi u. K. Shirahama: J. Fac. Agric. Hokkaido Imp. Univ. **30**, 119 (1931) — Chem. Zbl. **1931 II**, 1505.

[2] V. Grafe u. K. Freund: Beitr. z. Biol. d. Pflanzen **16**, 140 (1928) — Chem. Zbl. **1929 I**, 2999.

[3] Osborne: The Vegetable Proteins. London 1909, 80.

[4] Osborne u. Harris: J. amer. chem. Soc. **25**, 323 — Chem. Zbl. **1913 I**, 1279.

[5] C. O. Johns u. J. F. Brewster: J. of biol. Chem. **28**, 59 (1916) — Chem. Zbl. **1917 I**, 878.

[6] D. B. Jones u. C. O. Johns: J. of biol. Chem. **36**, 323 (1918) — Chem. Zbl. **1919 I**, 743.

[7] D. B. Jones u. O. Moeller: J. of biol. Chem. **79**, 429 (1928) — Chem. Zbl. **1929 I**, 270.

[8] A. G. Hogan: J. of biol. Chem. **33**, 151 (1917) — Chem. Zbl. **1919 I**, 41.

Zusammensetzung:

C	55,11%
H	6,57 „
S	7,54 „
N	16,30 „
Amid-N	20,63 „
Humin-N	1,05 „
Cystin-N	0,82 „
Arginin-N	3,58 „
Histidin-N	2,79 „
Lysin-N	2,18 „
Amino-N im Filtrat der Basen	62,99 „
Nichtamino-N im Filtrat der Basen	4,54 „
Arginin	1,86 „
Histidin	1,68 „
Lysin	1,85 „
Cystin	0,64 „
Tryptophan	1,29 „
Tyrosin	7,27 „ [1]

Prolamin des gelben Zwergmilo.

Durch Extraktion mit 70proz. Alkohol bei 60° läßt sich aus dem Samenpulver 63% des Gesamt-N in Form des Prolamins in einer Ausbeute von 2,5% des Ausgangsmaterials extrahieren.

Zusammensetzung:

C	55,25%
H	6,73 „
S	0,662 „
N	14,95 „
Amid-N	20,61 „
Humin-N	1,21 „
Cystin-N	1,20 „
Arginin-N	4,14 „
Histidin-N	1,64 „
Lysin-N	2,89 „
Amino-N im Filtrat der Basen	62,20 „
Nichtamino-N im Filtrat der Basen	5,68 „
Arginin	1,92 „
Histidin	0,91 „
Lysin	2,25 „
Cystin	0,60 „
Tryptophan	fehlt
Tyrosin	7,06% [1]

Teozein.

Aus dem Teozein, einem Prolamin aus dem Samen von Euchläna Mexikana Schrad., konnte eine neue Aminosäure (?) von der Formel $C_4H_{11}O_3N$ isoliert werden. Die Ausbeute des Bariumsalzes dieser Säure betrug 2,8% des angewandten Prolamins[2].

Bei gleicher Normalität bindet das Teozein äquivalente Mengen ein- oder mehrbasische Säuren, bei gleicher Wasserstoffionenkonzentration z. B. mehr Phosphorsäure als Salzsäure. Bei einem p_H außerhalb des Bereiches 2,5—10,5 findet die Säure- bzw. Alkalibindung außer durch chemische Reaktion auch durch Adsorption statt[3].

[1] D. B. Jones u. F. A. Csonka: J. of biol. Chem. **88**, 305 (1930) — Chem. Zbl. **1930 II**, 3791.
[2] R. A. Gortner u. W. F. Hoffman: J. amer. chem. Soc. **47**, 580 (1925) — Chem. Zbl. **1925 I**, 1699.
[3] W. Hoffman u R. A. Gortner: J. physic. Chem. **29**, 769 (1925) — Chem. Zbl. **1925 II**, 1344 — Colloid Symposium Monograph **2**, 209 — Science (N. Y.) **62**, 464 (1925) — Chem. Zbl. **1926 I**, 1124.

Zein.

Zusammensetzung:

Humin-N	0,16%
Amid-N	2,97 ,,
Basischer N	0,49 ,,
Nichtbasischer N	12,51 ,,
Arginin	1,55 ,,
Lysin	0,0 ,,
Histidin	0,82 ,,
Tryptophan	0,0 ,, [1]

Das Zein enthält keinen freien Amino-N [2].

Nach dem Butylalkoholverfahren [3] fanden sich im Schwefelsäurehydrolysat des Zeins im extrahierbaren Teil:

Monoaminosäuren	53,4%
Alanin	3,8 ,,
Leucin	25,0 ,,
Phenylalanin	7,6 ,,
Prolin	8,9 ,,
Valin	1 ,, [4]
Serin	—
Oxyprolin	—

im nichtextrahierbaren Teil:

Glutaminsäure	.31,3 %
Asparaginsäure	.1,8 ,,
β-Oxyglutaminsäure	.2,5 ,. [3, 5]

Mit einem neuen Reinigungsverfahren über die Kupfersalze der Aminosäuren erhält man folgende Werte für die Zusammensetzung des Zeins (in Proz. Gesamt-N):

Alanin	4,76%
Valin	2,86 ,,
Oxyvalin	1,50 ,,
Leucin	15,05 ,,
Phenylalanin	3,62 ,,
Tyrosin	1,14 ,,
Arginin	0,88 ,,
Histidin	1,98 ,,
Glutaminsäure	19,19 ,,
Asparaginsäure	1,92 ,,
Prolin	6,20 ,,
NH_3	20,95 ,, [6]

Tyrosin: Nach älteren Arbeiten beträgt der Tyrosingehalt des Zeins 3,66% [7]. Neuere Arbeiten ergeben gut übereinstimmende Werte: 5,66% nach Looney und 5,9% durch Milloncolorimetrie nach Folin [8, 9].

Da das Zein kein Tryptophan enthält, kann man die Verfälschung von Weizenmehl durch Maismehl durch Tryptophanbestimmung feststellen [10, 11]. Allerdings hat Folin mit dem Phenolreagens 0,17% Tryptophan im Zein festgestellt [9].

[1] C. O. Johns u. J. F. Brewster: J. of biol. Chem. **28**, 59 (1916) — Chem. Zbl. **1917 I**, 878.

[2] Slyke u. Birchard: J. of biol. Chem. **16**, 539 (1914) — Chem. Zbl. **1914 I**, 1192.

[3] H. D. Dakin: J. of· biol. Chem. **44**, 499 (1920) — Chem. Zbl. **1921 I**, 454 — Hoppe-Seylers Z. **130**, 159 (1923) — Chem. Zbl. **1924 I**, 206.

[4] H. D. Dakin: J. of biol. Chem. **61**, 137 (1924) — Chem. Zbl. **1924 II**, 2340.

[5] D. B. Jones u. O. Moeller: J. of biol. Chem. **79**, 429 (1928) — Chem. Zbl. **1929 I**, 270.

[6] M. A. B. Brazier: Biochemic. J. **24**, 1188 (1930) — Chem. Zbl. **1931 I**, 626.

[7] M. T. Hanke: J. of biol. Chem. **66**, 489 (1925) — Chem. Zbl. **1926 I**, 2612.

[8] J. M. Looney: J. of biol. Chem. **69**, 519 (1926) — Chem. Zbl. **1926 II**, 2466.

[9] O. Folin u. V. Ciocalteu: J. of biol. Chem. **73**, 627 (1927) — Chem. Zbl. **1927 II**, 2089.

[10] C. E. May·u. E. R. Rose: J. of biol. Chem. **54**, 213 (1922) — Chem. Zbl. **1923 I**, 770.

[11] J. Tillmans u. A. Alt: Biochem. Z. **164**, 135 (1925) — Chem. Zbl. **1926 II**, 278.

Arginin: Der Arginingehalt fällt bei Bestimmung durch die α-Naphtholmethode für Zein zu hoch aus[1].

Histidin: 1,25%[2].

Cystin: 0,75%[3], durch Titration mit Jodatlösung 0,58%[4].

Prolylphenylalanin konnte zu 0,99% gewonnen werden[5].

Physikalisches und chemisches Verhalten: Das Mol-Gewicht des Zeins errechnet sich aus dem Cystin und Histidingehalt zu etwa 19400, aus dem Basenbindungsvermögen (s. unten) zu 20400[6, 7]. Vgl. dazu aber die wesentlich niedrigeren Werte, die mit der Methode der Gefrierpunktserniedrigung in Phenol erhalten werden[8].

Der isoelektrische Punkt des Zeins liegt, wie der der Prolamine allgemein, zwischen p_H 6 und 6,5[9] (dort auch über Bestimmungsmethode).

Die Löslichkeit in Wasser beträgt bei 25° 8,8 mg N = 0,054 g Zein/Liter[10]. Über die Löslichkeit in einer Reihe organischer Lösungsmittel vgl. Dill[11].

Über Koazervation bei alkoholischen Zeinlösungen[12].

Farbreaktionen: Die Blau-Rotfärbung mit Dimethylsulfat und Natronlauge und nachträglichem Unterschichten mit konzentrierter Schwefelsäure bleibt aus, da Zein kein Tryptophan enthält[13] (s. oben).

Verhalten gegen Säuren und Basen: Bei einem Mol-Gewicht von 19400 würde ein Mol Zein 3 Mole Asparaginsäure, 3 Mole β-Oxyglutaminsäure und 41 Mole Glutaminsäure enthalten; setzt man voraus, daß die 41 NH_3-Mole in Säureamiden festgelegt sind, würden 6 freie COOH-Gruppen für Basenbindungsvermögen in Betracht kommen. 1 g Zein würde danach ca. 3/10000 Mol Base binden, ein Wert, der experimentell mit guter Übereinstimmung erreicht ist[10].

Da im Zein-Molekül keine freien Aminogruppen (s. oben) vorhanden sind, bildet das Zein keine Säureverbindungen. Die Löslichkeit in 0,01—0,04 n-HCl ist die gleiche wie in Wasser. Säure- und Basenbindungsvermögen wird durch Alkalivorbehandlung nicht gesteigert[10]. Auch nach Bancroft nimmt das Zein keine stöchiometrischen Mengen Salzsäure auf, woraus auf das Fehlen von Peptidbindungen geschlossen wird, da Peptidbindungen stets Salzsäure aufnehmen sollen (?)[14].

Beim Kochen mit n-HCl bleibt das Verhältnis N-Methylzahl : Formolzahl konstant, jedoch findet eine von anderen Proteinen abweichende, sprunghafte Änderung der Formolzahl statt[15].

Über die Einwirkung von Natriumhypobromit auf Zein[16].

Verhalten gegen Fermente: Bei der Pepsinverdauung des Zeins wird der Quotient NH_2:COOH nicht konstant gefunden: es findet gesteigerte Bildung von Carboxylgruppen statt, die durch den hohen Gehalt an Glutamin- und Pyrrolidincarbonsäure ihre Erklärung findet[17].

[1] S. Sakaguchi: J. of Biochem. **5**, 133 (1925) — Chem. Zbl. **1926 I**, 1419.

[2] M. T. Hanke: J. of biol. Chem. **66**, 489 (1925) — Chem. Zbl. **1926 I**, 2612.

[3] J. M. Looney: J. of biol. Chem. **69**, 519 (1926) — Chem. Zbl. **1926 II**, 2466.

[4] Y. Teruuchi u. L. Okabe: J. of Biochem. **8**, 459 (1928) — Chem. Zbl. **1928 I**, 2850.

[5] M. A. B. Brazier: Biochemic. J. **24**, 1188 (1930) — Chem. Zbl. **1931 I**, 626.

[6] E. J. Cohn, R. E. L. Berggren u. J. L. Hendry: J. gen. Physiol. **7**, 81 (1924) — Chem. Zbl. **1925 I**, 93.

[7] E. J. Cohn, J. L. Hendry, A. M. Prentiss: J. of biol. Chem. **63**, 721 (1925) — Chem. Zbl. **1925 II**, 1168.

[8] E. J. Cohn u. J. B. Conant: Proc. nat. Acad. Sci. Washington **12**, 433 (1926) — Chem. Zbl. **1926 II**, 2064.

[9] F. A. Csonka, J. C. Murphy u. D. B. Jones: J. amer. chem. Soc. **48**, 763 (1926) — Chem. Zbl. **1926 II**, 37.

[10] E. J. Cohn, R. E. L. Berggren u. J. L. Hendry: J. gen. Physiol. **7**, 81 (1924) — Chem. Zbl. **1925 I**, 93.

[11] D. B. Dill: J. of biol. Chem. **72**, 239 (1927) — Chem. Zbl. **1927 II**, 93.

[12] H. G. Bungenberg de Jong u. H. R. Kruyt: Kolloid-Z. **50**, 39 (1930) — Chem. Zbl. **1930 II**, 1049.

[13] S. Edlbacher: Hoppe-Seylers Z. **105**, 240 (1919) — Chem. Zbl. **1919 III**, 678.

[14] W. D. Bancroft u. C. E. Barnett: Proc. nat. Acad. Sci. U. S. A. **16**, 288 (1930) — Chem. Zbl. **1930 II**, 746.

[15] S. Edlbacher: Hoppe-Seylers Z. **108**, 287 (1919) — Chem. Zbl. **1920 III**, 558.

[16] O. Fürth u. F. Fromm: Biochem. Z. **220**, 69 (1930) — Chem. Zbl. **1930 II**, 746.

[17] E. Waldschmidt-Leitz u. E. Simons: Hoppe-Seylers Z. **156**, 114 (1926) — Chem. Zbl. **1926 II**, 2443.

Trypsin wirkt nur nach Aktivierung durch Enterokinase[1]. Vgl. dazu auch [2].
Erepsin wirkt gar nicht auf Zein ein[1, 3].

Die Geschwindigkeit der sukzessiven Pepsin-Trypsin-Erepsinspaltung des Zeins in vitro im Vergleich mit anderen Proteinen findet in gleicher Weise wie die Ausnutzung im Verdauungstractus statt[4].

Von Papain wird Zein nur bei mittlerer Temperatur (45°) angegriffen[5].

Physiologisches: Ernährung: Dem Zein kommt hoher Nährwert (bei weißen Ratten) zu[6]. Jedoch ist es infolge seines Mangels an Tryptophan und Lysin nicht vollwertig. Fügt man nur Tryptophan hinzu, so erhält es junge Ratten monatelang bei gleichem Körpergewicht; Zusatz von Lysin bringt sofort das Wachstum in Gang, Zugabe beider Aminosäuren kann sogar zu leichtem Wachstum ausreichen, wobei merkwürdigerweise weniger Tryptophan benötigt wird, als wenn man dieses allein zugibt[7].

Das Zein kann das Proteingemisch des Weizen- und Maiskorns nicht im Sinne einer Wachstumsbeschleunigung ergänzen, jedoch wirkt es fördernd als Zusatz zu Haferkornfütterung, trotz seines Mangels an Tryptophan und Lysin und seines geringen Gehaltes an Cystin[8].

Per os steigert das Zein die Ammoniakausscheidung im Harn infolge seines hohen Gehaltes an Phenylalanin[9].

Injektion: Intravenöse Einspritzung von rohem racemischem Zein bei Hunden senkt Blutdruck und Blutgerinnbarkeit, ist also toxisch. Die giftige Substanz läßt sich durch Alkohol extrahieren[10]. Auch Zeosen, jedoch nicht racemisierte, senken bei Hunden nach intravenöser Injektion den arteriellen Blutdruck und die Gerinnbarkeit[10].

Derivate: Desamino-Zein. Das mit salpetriger Säure dargestellte Desamino-Zein ist gegenüber dem nativen Zein durch Pepsin schlechter, durch Trypsin besser spaltbar. Dies Verhalten legt die Frage nahe, ob außer der Desaminierung noch andere chemische Wirkungen durch die salpetrige Säure hervorgerufen werden[11].

Methylderivat. Zein liefert nach mehrmaliger Behandlung mit Diazomethan in ätherischer Lösung und weiteres Behandeln des methylierten Produktes in Methylalkohol einen Körper mit 4,17% OCH_3 und 2,84% CH_3 am N. Durch Behandeln mit methylalkoholischer Salzsäure erhält man Verbindungen, deren CH_3-Gehalt durch nachträgliche Einwirkung von Diazomethan noch zu steigern ist[12].

Derivate mit Benzaldehyd bzw. Chlorbenzaldehyd: Zein reagiert mit Benzaldehyd bzw. Chlorbenzaldehyd in Gegenwart von Kaliumacetat und Acetanhydrid bei 130—135° unter Bildung brauner, amorpher Produkte von saurem Charakter. Der Aldehydrest ist wahrscheinlich an Stickstoff gebunden[13].

Loliin.
(Prolamin aus Lolium perenne.)

Die Elementarzusammensetzung für das aschenfreie trockene Protein beträgt C 53,71%, H 6,66%, O 22,41%, N 15,80%, S 1,42%.

[1] E. Waldschmidt-Leitz u. A. Harteneck: Hoppe-Seylers Z. **149**, 221 (1925) — Chem. Zbl. **1926 I**, 1664.

[2] U. Lombroso: Arch. internat. Physiol. **29**, 213 (1927) — Chem. Zbl. **1928 I**, 364.

[3] E. Waldschmidt-Leitz u. A. Schäffner: Hoppe-Seylers Z. **151**, 31 (1926) — Chem. Zbl. **1926 I**, 2481.

[4] L. Kahn-Marino: Arch. internat. Physiol. **29**, 133 (1927) — Chem. Zbl. **1928 I**, 1059.

[5] N. T. Deleanu: Bul. d. Chimie **17**, 183 (1915) — Bull. l'Acad. Roum **4**, 207 (1915) — Ann. Scient Univ. Jassy **9**, 351 (1915) — Chem. Zbl. **1916 I**, 566.

[6] Osborne, Mendel, Ferry u. Wakeman: J. of biol. Chem. **18**, 1 (1914) — Chem. Zbl. **1914 II**, 586.

[7] T. B. Osborne u. L. B. Mendel: J. of biol. Chem. **25**, 1 (1916) — Chem. Zbl. **1922 I**, 585.

[8] E. V. Mc Collum, N. Simmonds u. W. Pitz: J. of biol. Chem. **28**, 483 (1916) — Chem. Zbl. **1917 I**, 1121.

[9] D. Lo Monaco: Arch. Farmacol. sper. **21**, 121 (1916) — Chem. Zbl. **1916 II**, 22.

[10] F. P. Underhill u. B. M. Hendrix: J. of biol. Chem. **22**, 443, 453 (1915) — Chem. Zbl. **1916 I**, 26.

[11] R. Nakashima: J. of Biochem. **5**, 293 (1925) — Chem. Zbl. **1926 I**, 3166.

[12] J. Herzig u. K. Landsteiner: Mh. Chem. **39**, 269 (1918) — Chem. Zbl. **1918 II**, 630.

[13] H. D. Dakin: J. of biol. Chem. **84**, 675 (1929) — Chem. Zbl. **1930 I**, 1792.

N-Verteilung: Amino-N . . . . 3,22— 3,34%
Humin-N . . . . 0,41— 0,58 „
Diamino-N . . . . 0,40— 0,66 „
Monoamino-N . . . . 10,57—11,16 „

Während wiederholter Reinigung mit Alkohol wird ein Teil des Prolamins bei höheren Tempe-raturen unlöslich. Löslicher und unlöslicher Teil scheinen sich in der chemischen Zusammen-setzung nicht zu unterscheiden[1].

Typhoidin.

(Prolamin aus Pennisetum typhoideum.)

Zusammensetzung: C . . . . 56,8 %
H . . . . 5,6 „
N . . . . 15,3 „
O . . . . 21,7 „
S . . . . 0,65 „
Arginin . . . . 2,19 „
Histidin . . . . 1,42 „
Lysin . . . . 1,12 „
Tyrosin . . . . 2,49 „
Tryptophan . . . . 2,77 „
Cystin . . . . 1,81 „

Es scheint noch eine weitere schwefelhaltige Aminosäure vorzukommen[2].

Gluteline.

Glutenin.

Analytisches: Quantitative Bestimmungen[3, 4].

Darstellung: Mit Hilfe 30proz. Harnstofflösungen als Dispergierungsmittel[5]. Vgl. dazu auch [6].

Zusammensetzung: Die Zusammensetzung ist abhängig von der Darstellungsweise. Besonders bei Verwendung von Alkali finden sich Unterschiede im NH_3-N- und Basen-N-Gehalt[7].

Tyrosin 4,56% nach Looney[8], 5—8% durch Xanthoproteincolorimetrie nach Tillmans[9].

Tryptophan 1,80% durch Blaufärbung mit Ehrlichs Reagens gegen Casein als Standard (100 g Casein = 1,5 g Tryptophan)[10]. Weizenglutenin enthält 2,0% Asparaginsäure und 25,7% Glutaminsäure[11]. — Isolierung von reinem 1-Prolin aus Glutenin[12]. — Über das Reinecke-Salz erhält man aus Glutenin 5,98% Prolin, Oxyprolin fehlt[13].

Trennt man die Aminosäuren des Glutenins aus Weizen nach der Kupfersalzmethode von Brazier[14], so erhält man in Proz. vom Protein:

[1] S. L. Jodidi: J. agricult. Res. **40**, 361 (1930) — Chem. Zbl. **1930 I**, 3064.

[2] D. Narayanamurti u. C. V. R. Aiyar: J. Indian chem. Soc. **7**, 945 (1930) — Chem. Zbl. **1931 I**, 2775.

[3] M. J. Blish u. R. M. Sandstedt: Cereal. Chem. **2**, 57 (1925) — Chem. Zbl. **1925 II**, 1495.

[4] M. J. Blish, R. C. Abbott u. H. Platenius: Cereal Chem. **4**, 129 (1927) — Chem. Zbl. **1927 I**, 3041.

[5] W. H. Cook u. C. L. Alsberg: Canad. J. Res. **5**, 355 (1931) — Chem. Zbl. **1932 I**, 1382.

[6] W. H. Cook: Canad. J. Res. **5**, 389 (1931) — Chem. Zbl. **1932 I**, 2476.

[7] R. K. Larmour u. H. R. Sallans: Canad. J. Res. **6**, 38 (1932) — Chem. Zbl. **1932 I**, 2394.

[8] J. M. Looney: J. of biol. Chem. **69**, 519 (1926) — Chem. Zbl. **1926 II**, 2466.

[9] J. Tillmans, P. Hirsch u. F. Stoppel: Biochem. Z. **198**, 379 (1928) — Chem. Zbl. **1928 II**, 1916.

[10] C. E. May u. E. R. Rose: J. of biol. Chem. **54**, 213 (1922) — Chem. Zbl. **1923 I**, 770.

[11] D. B. Jones u. O. Moeller: J. of biol. Chem. **79**, 429 (1928) — Chem. Zbl. **1929 I**, 270.

[12] B. W. Town: Biochemic. J. **22**, 1083 (1928) — Chem. Zbl. **1929 I**, 65.

[13] H. Spörer u. J. Kapfhammer: Hoppe-Seylers Z. **187**, 84 (1930) — Chem. Zbl. **1930 I**, 2432.

[14] C. Brazier: Biochemic. J. **24**, 1188 (1930) — Chem. Zbl. **1931 I**, 626.

Ammoniak	3,97
Tyrosin	4,20
Valin	1,02
Prolin	0,15
Glutaminsäure	26,49
Oxyglutaminsäure	1,00
Arginin	
Lysin	0,00
Histidin	
Glykokoll	0,76
Alanin	6,16
Asparaginsäure	1,85
Leucin	6,3
Phenylalanin	2,75[1]

Über die Errechnung des Aminosäure- und Polypeptidgehaltes aus den acidimetrischen Titrationskurven des Hydrolysengemisches[2].

Nach der Orcinmethode findet man im Glutenin einen Zuckergehalt von etwa 8,0%. Die Werte sind abhängig von der Art der Darstellung und der Reinigung[3].

Physikalisches und chemisches Verhalten: Das Glutenin ist nach Blish als einheitliches Protein anzusehen; die widersprechenden Ergebnisse, die Halton[4] erhielt, sind auf Racemisierung zurückzuführen, wobei man durch fraktionierte Fällung mehrere sich voneinander unterscheidende Fraktionen erhalten kann[5]. Es ist nach neueren Arbeiten fraglich, ob das Glutenin ein eigentlicher Proteinkörper ist[6].

Glutenin aus Weizenblüten.

Zur Darstellung des Glutenins wird der wässerige Blütenbrei mit verdünnter Essigsäure behandelt. Die Lösung wird mit Methanol bis zu 70% versetzt und zentrifugiert. Beim Neutralisieren fällt das Glutenin als gelatinöser Niederschlag aus, Gliadin bleibt in Lösung. N-Gehalt 17,4%, davon 22,0 Amid-N und 9% Arginin-N. Durch Behandlung mit Natronlauge sinkt der Amid-N, und die Ausbeute der Fällungen nimmt ab. Die in Lösung verbleibende Fraktion behält die gleiche Zusammensetzung. Diese ähnelt dem Gliadin. Doch ist das Protein nicht mit dem Gliadin identisch[7].

Gluten.

Physikalisches und chemisches Verhalten: Die Quellung des Weizenglutens wird durch weinsaures Kalium, K_2HPO_4, KCl, $CaCl_2$ herabgesetzt. In Säure vorgequollenes Gluten gibt an die Salzlösungen — Glykokoll wirkt analog — Wasser ab. Die Quellung steigt mit zunehmender Temperatur. Nichtelektrolyte haben auch in hohen Konzentrationen keinen Einfluß[8].

Zur optischen Drehung der Kleberproteine nach Alkalieinwirkung vgl. [9].

Physiologisches: Weizengluten, das alle wichtigen Aminosäuren enthält, ist eine ausreichende Ergänzung der Weizenkorn- und Maiskornproteine bezüglich der Wachstumsförderung[10]. — Unterschied im biologischen Wert von rohen und gerösteten Weizengluten[11]. Ergänzungen zu Korngluten[12].

---

[1] M. Damodaran: Biochemic. J. **25**, 190 (1931) — Chem. Zbl. **1931 II**, 3106.

[2] J. Tillmans, P. Hirsch u. F. Strache: Biochem. Z. **199**, 399 (1929) — Chem. Zbl. **1929 I**, 1353.

[3] J. Tillmans u. K. Philippi: Biochem. Z. **215**, 36 (1929) — Chem. Zbl. **1930 I**, 1662.

[4] Halton: J. agricult. Sci. **14**, 587.

[5] M. J. Blish: Cereal Chem. **2**, 127 (1925) — Chem. Zbl. **1925 II**, 2061.

[6] M. J. Blish u. R. M. Sandstedt: Cereal. Chem. **6**, 494 (1929) — Chem. Zbl. **1930 I**, 1236.

[7] M. J. Blish u. R. M. Sandstedt: J. of biol. Chem. **85**, 195 (1929) — Chem. Zbl. **1930 I**, 1478.

[8] F. W. Upson u. J. W. Calvin: J. amer. chem. Soc. **37**, 1295 (1915) — Chem. Zbl. **1915 II**, 544.

[9] F. A. Csonka u. M. J. Horn: J. of biol. Chem. **93**, 677 (1931) — Chem. Zbl. **1932 I**, 1381.

[10] E. V. Mc Collum, N. Simmonds u. W. Pitz: J. of biol. Chem. **28**, 483 (1916) — Chem. Zbl. **1917 I**, 1121.

[11] A. F. Morgan: J. of biol. Chem. **90**, 771 (1931) — Chem. Zbl. **1931 II**, 1445.

[12] T. B. Osborne u. L. B. Mendel: J. of biol. Chem. **29**, 69 (1916) — Chem. Zbl. **1917 II**, 760.

Maisgluten vermag für sich allein ebenfalls normales Wachstum nicht zu unterhalten. Es kann durch Hefe, gemahlenen Mais oder Cocosnußpreßkuchen ergänzt werden[1,2].

Verhalten gegen Fermente: Die mit 1 °/$_{00}$ Schwefelsäure erhaltenen Glutenauszüge sind stark giftig gegen Hefe[3].

Derivate: Chlorgluten: 20 g Gluten (13,8% N) liefern mit Chlor in Tetrachlorkohlenstoff nach 40 Tagen 26,2 g Chlorgluten (10,6% N und 23,2% Cl). Graues, nicht hygroskopisches, unangenehm riechendes Pulver, löslich in Laugen, unlöslich in Wasser, Alkohol und Äther. Wasser spaltet mit der Zeit Chlor partiell ab. 0,5 n-KOH löst vollständig, aus der Lösung fällt mit Essigsäure ein Produkt, das noch 18,3% Cl enthält[4].

Ganz ähnlich verhält sich das **Bromgluten:** Durch 35 tägige Einwirkung von Brom in Chloroform auf Gluten. Braunes Pulver von stechendem Geruch, schwach hygroskopisch, 10,02% N, 30,02% Br. Durch Wasser findet je nach Temperatur mehr oder weniger starke Zersetzung unter teilweiser Lösung statt. In einzelnen Fällen werden dabei 84,9% des vorhandenen Broms ionisiert. Halbnormale Kalilauge und nachträgliches Fällen mit Essigsäure, heißer Alkohol liefern ebenfalls Produkte mit vermindertem Bromgehalt[5].

Glutelin.

Darstellung und Zusammensetzung: Isolierung der Gluteline mit Hilfe von Harnstofflösungen[6].

Durch Fällung des Weizenglutelins in 0,2 proz. Natronlauge wird bei 0,018—0,02 proz. Zusatz von Ammonsulfat ein α-Glutelin, bei 0,18 proz. ein β-Glutelin erhalten.

	α-Glutelin	β-Glutelin
Gesamt-N	17,14%	16,06%

Hiervon sind nach van Slyke:

	α-Glutelin	β-Glutelin
Amido-N	17,8 %	11,06%
Humin-N	1,05 ,,	1,32 .,
Cystin-N	1,76 ,,	5,43 ,,
Arginin-N	10,95 ,,	6,10 ,,
Histidin-N	5,50 ,,	6,17 ,,
Lysin-N	3,09 ,,	6,85 ,,
S	1,59 ,,	— [7]

Gerstenglutelin: Mengenverhältnis zu den übrigen Eiweißstoffen[8].

Auch der Mais enthält zwei Gluteline, von denen das α-Glutelin folgende Zusammensetzung zeigt:

Amino-N	7,73%
Cystin-N	2,04 ,,
Arginin-N	15,11 ,,
Histidin-N	2,81 ,,
Lysin-N	7,99 ,,
Amino-N im Filtrat der Basen	59,64 ,, [9]

Im Hafer liegt eine Kombination von Glutelin und Prolamin vor. Die Zusammensetzung des Glutelins ist in Prozent-Gesamt-N:

---

[1] T. B. Osborne u. L. B. Mendel: J. of biol. Chem. **29**, 69 (1916) — Chem. Zbl. **1917 II**, 760.

[2] C. O. Johns, A. J. Finks u. M. S. Paul: J. of biol. Chem. **41**, 391 (1920) — Chem. Zbl. **1920 III**, 205.

[3] R. Lecourt: Ann. Brasserie **1927**, 5ff. — Wschr. Brauerei **45**, 123, 136, 148, 160 (1928) — Chem. Zbl. **1928 I**, 3123.

[4] A. J. J. Vandevelde: Rec. Trav. chim. Pays-Bas et Belg. (Amsterd.) **46**, 590 (1927) — Chem. Zbl. **1928 I**, 211.

[5] A. J. J. Vandevelde: Rec. Trav. chim. Pays-Bas et Belg. (Amsterd.) **43**, 702 (1924) — Chem. Zbl. **1924 II**, 2663.

[6] W. H. Cook u. C. L. Alsberg: Canad. J. Res. **5**, 355 (1931) — Chem. Zbl. **1932 I**, 1382.

[7] F. A. Csonka u. D. B. Jones: J. of biol. Chem. **73**, 321 (1927) — Chem. Zbl. **1927 II**, 2071.

[8] G. Hofman-Bang: J. Inst. Brewing **37**, 72 (1931) — Chem. Zbl. **1931 I**, 2403.

[9] D. B. Jones u. F. A. Csonka: J. of biol. Chem. **78**, 289 (1928) — Chem. Zbl. **1928 II**, 1890.

$$
\begin{aligned}
\text{Amido-N} &\;.\;.\;.\;.\;.\;.\;.\;.\;.\;.\;.\;.\;13{,}46\,\% \\
\text{Cystin-N} &\;.\;.\;.\;.\;.\;.\;.\;.\;.\;.\;.\;.\;1{,}99\,,, \\
\text{Arginin-N} &\;.\;.\;.\;.\;.\;.\;.\;.\;.\;.\;.\;15{,}30\,,, \\
\text{Histidin-N} &\;.\;.\;.\;.\;.\;.\;.\;.\;.\;.\;3{,}49\,,, \\
\text{Lysin-N} &\;.\;.\;.\;.\;.\;.\;.\;.\;.\;.\;.\;5{,}45\,,,\;[1]
\end{aligned}
$$

Vergleich der Gluteline mit Roggen und Gerste[2].

Glutelin aus Reis (vgl. auch Oryzenin)[3]. Vergleich von Glutelinen verschiedener Getreidearten[4].

Physikalisches und chemisches Verhalten: Der isoelektrische Punkt der obenbeschriebenen Gluteline beträgt $p_H = 6{,}45$[5].

Oryzenin.

Darstellung: Zur Darstellung des Oryzenins wird fettfreies Reispulver mit 10 proz. Kochsalzlösung in der Kälte extrahiert; der Rückstand wird filtriert, vom Chlor befreit und in 0,2 proz. Natronlauge gelöst, filtriert und mit ganz schwacher Essigsäure gefällt. Das ausgefällte Oryzenin wird mit 70 proz. Alkohol gereinigt, 1—2 Wochen lang dialysiert und über Schwefelsäure im Vakuum getrocknet. So hergestelltes Oryzenin enthält keine in Wasser, 70 proz. Alkohol oder 10 proz. Kochsalzlösung löslichen Bestandteile mehr[6].

Über die Trennung von Globulinen, Albuminen vom Reisglutelin vgl. die Arbeiten von Jones und Mitarbeitern[3, 7].

Zusammensetzung und physikalisches und chemisches Verhalten: Bei der Hydrolyse des Oryzenins wurden erhalten:

$$
\left.
\begin{aligned}
\text{Cystin-N} &\;.\;.\;.\;.\;.\;0{,}9 \\
\text{Arginin-N} &\;.\;.\;.\;.\;17{,}7 \\
\text{Histidin-N} &\;.\;.\;.\;.\;5{,}4 \\
\text{Lysin-N} &\;.\;.\;.\;.\;.\;4{,}9
\end{aligned}
\right\}
$$
in Prozent Gesamt-N[8]. Zu dieser Arbeit vgl. auch Hoffman[9].

Die aus verschiedenen Reissorten hergestellten, nach der oben angegebenen Darstellungsmethode sorgfältig gereinigten Oryzenine unterscheiden sich stark. So z. B. im isoelektrischen Punkt, der bei aus gewöhnlichem Reis dargestellten Oryzenin mehr nach der alkalischen Seite verschoben ist als bei Oryzenin aus Oryza glutinosa (Klebreis); ferner auch in der Zusammensetzung. Das Oryzenin aus gewöhnlichem Reis ist reicher an N, hat ein höheres Bindungsvermögen gegenüber HCl, ein größeres Verhältnis C:O, höheren Aschengehalt; NH_3-N, Arginin-N, Lysin-N ist mehr vorhanden, ferner auch mehr freie NH_2-Gruppen; bei der Hydrolyse entsteht mehr Pyrrol und Pyrrolcarbonsäure; Brechungsindex und Drehungsvermögen sind höher. Dahingegen ist das Oryzenin aus Klebreis reicher an Carboxyl- und Hydroxylgruppen; es überwiegt Monoamino-N, Histidin-N und Cystin-N. Bei der Hydrolyse entsteht mehr Pyrrolidin, Glyoxalin und Proteol. Die Artspezifität der verschiedenen Oryzenine ist auf diese Unterschiede zurückzuführen[6].

Proteine aus den Blättern des Spinats.

Darstellung: Durch Zerreiben von frischen Spinatblättern mit Wasser und Fällung der filtrierten Lösung mit $^1/_3$ Volumen Alkohol[10].

Zusammensetzung: Das Produkt von Osborne[10] enthält 15,25% N, ist aber durch 2,5% Pentose verunreinigt. Das Produkt von Chibnall[11] gibt die Molischsche Reaktion nicht

[1] F. A. Csonka: J. of biol. Chem. **75**, 189 (1928) — Chem. Zbl. **1928 II**, 903.

[2] F. A. Csonka u. D. B. Jones: J. of biol. Chem. **82**, 17 (1929) — Chem. Zbl. **1929 II**, 3229.

[3] D. B. Jones u. F. A. Csonka: J. of biol. Chem. **74**, 427 (1927) — Chem. Zbl. **1928 II**, 456.

[4] R. K. Larmour: J. agricult. Res. **35**, 1091 (1928) — Chem. Zbl. **1928 I**, 2673.

[5] Vgl. Anm. [7, 8, 9] auf S. 77 und [1] auf S. 78.

[6] T. Tadokoro: Proc. imp. Acad. Tokyo **2**, 498 (1926) — Chem. Zbl. **1927 II**, 96.

[7] D. B. Jones u. C. E. F. Gersdorff: J. of biol. Chem. **74**, 415 (1927) — Chem. Zbl. **1928 II**, 456.

[8] T. B. Osborne, D. D. van Slyke, C. S. Leavenworth u. M. Vinograd: J. of biol. Chem. **22**, 259 (1915) — Chem. Zbl. **1915 II**, 1195.

[9] W. F. Hoffman: J. of biol. Chem. **66**, 501 (1925) — Chem. Zbl. **1926 I**, 2592.

[10] T. B. Osborne u. A. J. Wakeman: J. of biol. Chem. **42**, 1 (1920) — Chem. Zbl. **1920 III**, 199.

[11] A. C. Chibnall: J. of biol. Chem. **61**, 303 (1924) — Chem. Zbl. **1924 II**, 2589.

mehr, liefert infolgedessen einen höheren N-Wert: 16,25%. Nach van Slyke wurden hiervon gefunden:

Amid-N	6,93%
Humin-N in Säure	0,76 „
Humin-N in Kalk	1,46 „
Humin-N in Amylalkohol	0,25 „
Cystin-N	1,27 „
Arginin-N	13,80 „
Lysin-N	9,63 „
Amino-N im Filtrat	58,09 „
Nichtamino-N im Filtrat	2,58 „ [1]

Physikalisches und chemisches Verhalten: Die gereinigten Proteine aus den Spinatblättern sind unlöslich in Wasser und Salzlösungen, löslich in einem geringen Überschuß von Säure oder Alkali[1], während das Rohprodukt schwer löslich in Alkali von Zimmertemperatur ist und erst beim Kochen mit 0,3proz. alkoholischer Natronlauge in Lösung geht. Umfällung macht das Eiweiß leicht löslich in Säuren und Alkalien[2]. Aus schwach saurer Lösung ist das Protein durch 95proz. Alkohol nicht fällbar[1]. Isoelektrischer Punkt zwischen p_H 4,0 und 4,6[1].

Physiologisches: Das Spinacin von Chibnall macht nur ca. ein Fünftel des Gesamteiweißes im Cytoplasma aus; es muß in der plasmolysierten Zelle als Anion vorhanden sein, da seine Ausflockung beim isoelektrischen Punkt erst nach Zusatz von etwas Säure erfolgt[1].

Proteine aus den Blättern von Zea mays.

Darstellung: Die Methode ist die gleiche wie bei der Isolierung der Eiweißstoffe aus den Blättern des Spinats (s. d.)[3, 4].

Zusammensetzung: Das Eiweiß aus den Blättern von Zea mays gehört in dieselbe Klasse wie dasjenige aus den Blättern von Spinat und Luzerne. Der geringe Kohlehydratgehalt ist als Verunreinigung zu betrachten. Analyse nach van Slyke ergab in Prozent Gesamt-N:

Amid-N	7,44%
Humin-N in Säure	1,91 „
Humin-N in Kalk	2,47 „
Humin-N in Amylalkohol	0,19 „
Cystin-N	0,77 „
Arginin-N	14,69 „
Histidin-N	4,70 „
Lysin-N	8,78 „
Amino-N	55,81 „
Nichtamino-N	2,04 „ [3]

Physikalisches und chemisches Verhalten: Isoelektrischer Punkt wie beim Eiweiß aus Luzernen- und Spinatblättern zwischen p_H 4,0 und 4,6[3].

Proteine aus Luzernenblättern.

Darstellung: Aus den zerkleinerten Pflanzenteilen werden das Chlorophyll, die Fette und Phosphatide durch Extraktion mit kaltem Alkohol und Äther entfernt; der Rückstand wird bei Zimmertemperatur mit verdünnter Natronlauge behandelt, und der Rest der N-haltigen Substanzen durch kurzes Kochen mit 60proz. Alkohol, der 0,3% NaOH enthält, gelöst. Aus den alkalischen Lösungen läßt sich das Protein durch Ansäuern abscheiden[5].

Vgl. dazu das Verfahren von Chibnall zur Herstellung von Proteinen aus den Blätter des Spinats (s. d.)[6].

---

[1] A. C. Chibnall: J. of biol. Chem. **61**, 303 (1924) — Chem. Zbl. **1924 II**, 2589.

[2] T. B. Osborne u. A. J. Wakeman: J. of biol. Chem. **42**, 1 (1920) — Chem. Zbl. **1920 III**, 199.

[3] A. C. Chibnall u. L. S. Nolan: J. of biol. Chem. **62**, 179 (1924) — Chem. Zbl. **1925 I**, 677.

[4] A. C. Chibnall: J. of biol. Chem. **55**, 333 (1923) — Chem. Zbl. **1923 II**, 1208.

[5] T. B. Osborne, A. J. Wakeman u. C. S. Leavenworth: J. of biol. Chem. **49**, 63 (1921) — Chem. Zbl. **1922 I**, 1341.

[6] A. C. Chibnall: J. of biol. Chem. **55**, 333 (1923) — Chem. Zbl. **1923 II**, 1208 — J. of biol. Chem. **61**, 303 (1924) — Chem. Zbl. **1924 II**, 2589.

Zusammensetzung: Das Cytoplasma- und das Vakuoleneiweiß zeigten nach Spaltung durch 20proz. Salzsäure folgende Werte in Prozent Gesamt-N:

Amid-N	5,62%	9,97%
Humin-N	2,85 „	2,11 „
Basischer N	25,20 „	21,75 „ [1]

Für das Cytoplasmaeiweiß ergab sich nach van Slyke:

Amid-N	5,51%
Humin-N in Säure	1,22 „
Humin-N in Kalk	1,46 „
Humin-N in Amylalkohol	0,04 „
Cystin-N	0,84 „
Arginin-N	15,32 „
Histidin-N	3,09 „
Lysin-N	9,97 „
Amino-N des Filtrats	58,56 „ [1]

Physikalisches und chemisches Verhalten: Das Cytoplasmaeiweiß ist, wenn es bei seinem isoelektrischen Punkt — p_H = ca. 4,0—4,6 — gefällt wird, fast völlig unlöslich in Wasser und Salzlösungen. Durch Kochen wird es koaguliert und durch starken Alkohol denaturiert; in dieser Form ist es schwer löslich in verdünntem Alkali. Sonst ist es in Alkali zu intensiv gelber, in dicker Schicht opaker Lösung gut löslich, weniger leicht löslich in Säuren zu einer nahezu farblosen, aber opaken Flüssigkeit. Das Eiweiß zeigt in saurer und alkalischer Lösung Tendenz zur Gelbildung; in beiden Lösungen zeigt es sich empfindlich gegen Salze[1].

Proteine aus Avocado.
(Persea americana Mill.)

Aus Persea americana Mill. konnte durch Extraktion mit 10proz. Kochsalzlösung ein Globulin von folgenden Eigenschaften isoliert werden: N = 15,31%, Gerinnungstemperatur in Kochsalzlösung 68°, Fällung durch Essigsäure und 60proz. Sättigung mit Ammonsulfat. Der mit Kochsalzlösung erschöpfte Rückstand der Frucht ergab nach schwachem Ansäuern durch Extraktion mit alkoholischem Alkali ein Protein mit 13,42% N. Aus dem angesäuerten, alkoholischen Filtrat fiel beim Verdünnen mit Wasser ein dritter Eiweißkörper mit 16,23% N aus[2].

Proteine aus dem Samen von Lathyrus Cicera.

Physiologisches: Bei ausschließlicher Ernährung mit dem Samen von Lathyrus Cicera können junge Ratten bei konstantem Gewicht und im N-Gleichgewicht erhalten werden. Der Nährwert der Lathyrusproteine ist dreimal geringer als der des Kuhmilchcaseins[3].

Proteine des Kanarischen Riedgrases.

Angaben über den Proteingehalt von einzelnen Teilen des Grases, die Abhängigkeit vom Schnitt, von dem Reifegrad, Saatstand und verschiedenen Sorten finden sich bei Alway und Nesom[4].

Proteine aus dem Samen des Griechischen Heues.
(Fenugrec.)

Die Proteine des Griechischen Heues bestehen zu 25% aus Globulin, zu 20% aus zwei verschiedenen Albuminen und zu 55% aus Nucleoproteid. Das Globulin erhält man aus dem mit kalter 10proz. Kochsalzlösung in Gegenwart von Magnesiumcarbonat gewonnenen Extrakt durch Verdünnen, durch Sättigen mit $MgSO_4$ oder durch Dialyse. In reinem Zustande ist es völlig weiß und enthält 0,4% S.

---

[1] A. C. Chibnall u. L. S. Nolan: J. of biol. Chem. **62**, 173 (1924) — Chem. Zbl. **1925 I**, 677.
[2] D. B. Jones u. C. E. F. Gersdorff: J. of biol. Chem. **81**, 533 (1929) — Chem. Zbl. **1929 II**, 312.
[3] S. Visco: Arch. Farmacol. sper. **37**, 170, 177 (1924) — Chem. Zbl. **1924 II**, 71.
[4] F. J. Alway u. G. H. Nesom: J. agricult. Res. **40**, 297 (1930) — Chem. Zbl. **1930 I**, 3064.

Aus dem angesäuerten Dialysat werden durch Erhitzen ein α-Albumin vom Koagulations-punkt 60—61° und ein β-Albumin vom Koagulationspunkt 72—73°, beide mit einem S-Gehalt von 0,65%, gewonnen[1].

Proteine aus den Pollenkörnern von Ambrosia artemisifolia und Ambrosia trifida.

Darstellung: Aus den wässerigen Extrakten vom Blütenstaub des Ragweeds erhält man 1,1% eines Albumins, daß bei 45—50° koaguliert. Proteosen sind bis zu 3% vorhanden. Durch Halbsättigung mit Ammonsulfat erhält man ein Produkt, das zu $^3/_4$ aus Albumin, zu $^1/_4$ aus Proteose besteht. Mit verdünnten Alkalien wird das Hauptprotein, ein Glutelin, isoliert[2].

Über die Isolierung von Albuminfraktionen und deren allergische bzw. therapeutische Wirksamkeit[3].

Hydrolyse: Die Hydrolyse des Eiweißes ergab auf den Pollen berechnet:

$$\begin{array}{ll}
\text{Arginin} & 2,13\% \\
\text{Histidin} & 2,41\,,, \\
\text{Cystin} & 0,57\,,, \\
\text{Lysin} & 0,97\,,,\ ^4
\end{array}$$

Physiologisches: Das Histidin (s. Hydrolyse) steht in Beziehung zum giftigen Imidazolyl-äthylamin. Vielleicht leitet sich daher die Giftigkeit, die zum Heufieber führt[4].

Ein aus wässerigen Extrakten des Pollens isoliertes, mit Proteose gemischtes Albumin besitzt anaphylaktogene Eigenschaften[2].

Bei der chemischen Zerlegung des Eiweißes erhält man Fraktionen von verschiedener physiologischer Wirksamkeit[5]. Vgl. dazu auch[6].

Erhitzen des Eiweißextraktes aus dem Pollen des Ragweeds verändert die Antigen-eigenschaften, obwohl keine Koagulation stattfindet. Es genügt, den Extrakt eine Minute lang auf 100° zu erhitzen, um die Aktivität herabzusetzen; verdünnte Lösungen ändern sich schneller als konzentrierte. Starkes Erhitzen bringt die Reaktion bei Leichtkranken völlig zum Verschwinden. Änderungen in der Wasserstoffionenkonzentration zeigen sich völlig ohne Wirkung[7].

Proteine aus Leguminosenknöllchen.

Der Stickstoff in den Wurzelknöllchen von Pferdebohnen und Lupinen verteilt sich wie folgt:

	Gesamt-N	Protein-N	Nichtprotein-N
Pferdebohnen	7,28%	6,06%	1,09%
Lupinen	4,17,,	4,10,,	0,07,,

In beiden Eiweißarten ist wenig Albumin vorhanden, sehr wenig in Kochsalzlösung lösliches Globulin, dagegen verhältnismäßig viel von in verdünnter Kalilauge löslichem Eiweiß. Bei der Hydrolyse des Eiweißes aus den Pferdebohnenknöllchen entsteht viel Humin-N und NH_3-N. Beide Eiweißkörper sind mit Kohlehydraten verbunden. Diese Verbindungen scheinen für den Eiweißaufbau der Leguminosen von Bedeutung zu sein[8].

Proteine des Ananasstengels.

Im Stengel der Ananaspflanze sind 2 Proteine enthalten. Ein Protein konnte in unvoll-kommen krystalliner Form dargestellt werden. Die Struktur ist geflechtartig und makroskopisch faserig. Der isoelektrische Punkt liegt bei p_H 6,4[9].

Über das Verhalten des einen gegen Fusarium Martii, Verticillium und Penicillium[10].

[1] H. E. Wunschendorf: J. Pharmacie **20**, 86 (1919) — Chem. Zbl. **1919 III**, 1065.

[2] F. W. Heyl: J. amer. chem. Soc. **41**, 670 (1919) — Chem. Zbl. **1919 III**, 1015.

[3] A. Stull, R. A. Cooke u. R. Chobot: J. of biol. Chem. **92**, 569 (1931) — Chem. Zbl. **1932 I**, 1115 — J. Allergy **3**, 120 (1932) — Chem. Zbl. **1932 I**, 1386.

[4] J. H. Koeßler: J. of biol. Chem. **35**, 415 (1917) — Chem. Zbl. **1919 I**, 393.

[5] A. H. W. Caulfeild: Proc. Soc. exper. Biol. a. Med. **23**, 38 (1925) — Ber. Physiol. **35**, 347 — Chem. Zbl. **1926 II**, 1066.

[6] M. B. Moore, H. W. Cromwell u. E. E. Moore: J. Allergy **2**, 85 (1931) — Chem. Zbl. **1931 II**, 71.

[7] L. N. Gay: J. of Immun. **11**, 371 (1926) — Chem. Zbl. **1926 II**, 598.

[8] E. Parisi u. C. Masetti-Zamini: Staz. sper. agrar. ital. **59**, 207 (1926) — Chem. Zbl. **1926 II**, 1756.

[9] C. P. Sideris: Plant Physiol. **3**, 309 (1928) — Chem. Zbl. **1930 I**, 1805.

[10] C. P. Sideris: Plant Physiol. **3**, 79 (1928) — Chem. Zbl. **1930 I**, 1484.

Protein aus Kautschuk.

Darstellung: Aus dem vom koagulierten Gummi abgezogenen Serum wird beim Neutralisieren eine weiße Substanz beim Neutralpunkt erhalten, die Eiweißreaktionen gibt. Auch durch Fällung des Serums mit Ammonsulfat kann man einen solchen Körper erhalten [1, 2].
Weiteres über Abscheidung der Kautschukproteine [3].

Zusammensetzung: In den Abbauprodukten des Kautschuk-Eiweißes wurden einwandfrei nachgewiesen Monoaminomonocarbonsäuren, aromatische Aminosäuren (Phenylalanin, Tyrosin), heterocyclische Aminosäuren, darunter sicher Tryptophan, Diaminomonocarbonsäuren. Das Vorkommen von Monoaminodicarbonsäuren und von Cystin wurde wahrscheinlich gemacht [2].

Im Milchsaft soll sich ein Terpenprotein befinden, dessen Nichteiweißbestandteil das 1,2-Dimethylcyclooctadien-1, 8 ist. Diese Verbindung ist mit Aminosäuren verknüpft, wodurch Körper folgenden Schemas entstehen sollen:

$$NH_2 \cdot CHR-CO-CH_2-C \cdot CH_3{=}CH_2-NH-RCH-CO \cdots -CH_2-CH{=}CH-CH_2-CH_2$$

$$-C \cdot CH_3{=}C \cdot CH_3-CH_2 \cdots -NH-CHR-CO-CH_2-C \cdot CH_3{=}C \cdot CH_3-CH_2-NH-R \cdot$$

$$CH-CO \cdots -NH-CHR \cdot COOH \quad (R = acyclisches\ Radikal)\ [4].$$

Die unnormale Zusammensetzung der Proteine des Latex wird auch von anderer Seite bestätigt [5].

Physikalisches und chemisches Verhalten: Biuret-, Xanthoprotein- und Schwefelbleireaktion des Eiweißes aus Rohkautschuk sind positiv, die Millonsche Reaktion ist sehr stark, die Liebermannsche unsicher. Ebenso konnten alle bekannten Fällungsreaktionen mit Erfolg angewendet werden [2].

Der aus dem Serum von Gummi durch Neutralisieren gewonnene, gereinigte und getrocknete Niederschlag ist in Säure löslich zu optisch-inaktiver Lösung, er enthält 12% N. Durch Erhitzen auf 60° wird er hornartig und säureunlöslich. Mit Ammonsulfat entsteht im Serum eine Fällung, nicht aber mit Kochsalz oder Magnesiumsulfat. Die Fällung mit Ammonsulfat enthält ebenfalls 12% N und bildet getrocknet ein graues hornartiges Produkt. Dieser Körper ist zu 0,15% im Serum von 40proz. Latex enthalten. Aus dem von diesem Körper befreiten Serum wird durch 96proz. Alkohol nochmals 0,05% (auf den ursprünglichen Latex berechnet) einer Substanz mit 8% N und 13% Asche gefällt [5].

Das Verhalten des Eiweißes bei der Latexkoagulation: Das Eiweiß des Kautschuks verzögert als Schutzkolloid die Koagulation und die Aufrahmung des Latex. Die Reifung des Kautschuks beruht auf bakterieller Zersetzung des Eiweißes. (Abnahme von Kjeldahl-N, Bildung von Diazoverbindungen, Verhalten gegen Ehrlichs Reagens [Diazobenzolsulfosäure].) Das langsame Trocknen des Kautschuks wird durch Fehlen von genügend Eiweiß erklärt; besonders die freiwillige Koagulation liefert infolge starken Eiweißabbaues langsam trocknenden Kautschuk. Beim Pasteurisieren des Latex tritt Eiweißgerinnung ein, aber erst bei Zusatz von Essig ballen sich die kleinen Flöckchen zu sichtbaren zusammen. Im Gegensatz zum Aussalzen ist durch die Hitze das hydrophile Kolloid in ein hydrophobes verwandelt worden, daher erfolgt keine Zusammenballung. Ein weiterer Beweis für die Entwässerung von Eiweiß ist die Tatsache, daß pasteurisierter Latex mit Alkohol nicht mehr koaguliert, auch nicht mit Essig, wohl aber mit stärkeren Säuren. Bei Zusatz von frischem Latex erfolgt wieder normale Koagulation des damit zugeführten Eiweißes, wodurch die Flocken von pasteurisiertem Latex eingehüllt werden [6]. Bei der Koagulation durch Elektrolyte schützt das Eiweiß den Latex gegen einwertige, sensibilisiert ihn gegen zweiwertige Elektrolyte [7].

Bei der natürlichen Koagulation des Latex verwandelt sich das oben beschriebene Terpenpolypeptid durch Hydrolyse in drei Teile: 1. in Terpendipeptide und ein Polymeres vom

---

[1] W. N. C. Belgrave u. R. O. Bishop: India Rubber J. **67**, 547 (1924) — Chem. Zbl. **1924 II**, 246.

[2] F. Frank: Gummi-Z. **29**, 196 (1914) — Chem. Zbl. **1915 I**, 1345.

[3] T. Midgley jr., A. L. Henne u. M. W. Renoll: J. amer. chem. Soc. **53**, 2733 (1931) — Chem. Zbl. **1931 II**, 2795.

[4] J. Wavelet: Caoutchouc et Guttapercha **17**, 10141 (1920) — Chem. Zbl. **1920 II**, 494.

[5] W. N. C. Belgrave u. R.O. Bishop: India Rubber J. **67**, 547 (1924) — Chem. Zbl. **1924 II**, 246.

[6] J. Groenewege: Arch. Rubbercultuur Nederl.-Ind. **8**, 626 (1924) — Chem. Zbl. **1924 II**, 2795.

[7] P. Scholz, Kautschuk **4**, 5 (1928) — Chem. Zbl. **1928 I**, 1810.

Dimethylbutadien-2, 3; 2. in Isoprenkautschuk oder 1, 2-Dimethylcyclooktadien-1, 8 oder 1, 5-Dimethylcyclooktadien-1, 5; 3. in Leucin oder Isoleucin[1].

Protein der Orange.

Darstellung: Durch Extraktion aus dem orangeroten chromatophoren Material, das beim Zentrifugieren der ausgebohrten Flüssigkeit als Bodenschicht abgeschieden wird, mit 0,3 proz. Natronlauge und Abscheiden mit verdünnter Essigsäure bei p_H = ca. 4,7[2].

Aus Orangensamenmehl läßt sich ein Globulin, Pomelin, mit verdünnten Salzlösungen isolieren, und zwar mit normalen Lösungen stets gleichviel unabhängig von der Natur des Salzes[3].

Physikalisches und chemisches Verhalten: Das Protein[2] ist nicht extrahierbar durch Wasser, 8 proz. NaCl-Lösung oder 95 proz. Alkohol. Es gibt die Xanthoprotein-, Millonsche, Hopkins-Colesche und Biuretreaktion. 95 proz. Alkohol fällt es nicht aus seiner Lösung; ebensowenig wird es durch Erhitzen bei neutraler, saurer oder alkalischer Reaktion abgeschieden; es dialysiert nicht aus seiner alkalischen Lösung. Dem Eiweiß haftet ein pektinähnliches Polysaccharid an, dessen Beseitigung nicht gelingt; nach mehrmaligem Umfällen ist trotz starker Substanzverminderung die Molischsche und Pentosereaktion immer noch positiv[2].

II. Tierische Proteine.

Proteine des Blutes, insbesondere des Serums.

(Vgl. auch Serumalbumin, Serumglobulin, Fibrinogen, Fibrin.)

Die Eigenschaften der Blutproteine und namentlich der Serumeiweißkörper sind in weitgehendem Maße abhängig von der Art ihrer Gewinnung; sie sind ferner bei verschiedenen Tierarten und verschiedenen Individuen verschieden. Unter pathologischen Verhältnissen können sie sehr stark von der Norm abweichen. Die von den einzelnen Forschern erhobenen Befunde sind daher vielfach nur innerhalb gewisser Grenzen gültig. In fast allen erwähnten Arbeiten wird die Bedeutung der erhaltenen Ergebnisse für die Physiologie und Pathologie des Blutes diskutiert.

Zusammensetzung: Über den N-Gehalt der mit Na_2SO_4 gefällten Fraktionen[4]. — Über die Bestimmung des protenoiden P[5]. — Nach Fällung des Serums mit Alkohol bei — 4°, Filtrieren, Waschen mit Alkohol und Äther und Extraktion mit Äther läßt sich der gesamte „koagulierbare" P entfernen, ohne daß die Serumproteine ihre charakteristischen Eigenschaften verlieren. So ist z. B. die Löslichkeit die gleiche geblieben. Bei den Serumproteinen stellt der Phosphor keinen integrierenden Bestandteil der Proteinmoleküle dar[6]. Diese Tatsache dürfte für die Befunde Mieses bezüglich des Aschengehaltes der einzelnen Serumeiweißfraktionen von Bedeutung sein[7].

Der Tyrosingehalt der mit Alkohol gefällten Plasmaeiweißkörper wird auch unter pathologischen Bedingungen unverändert gefunden[8]. Über die quantitative Bestimmung der Plasmaproteine bzw. ihrer Fraktionen auf Grund des Tyrosingehaltes[9].

Der Tryptophangehalt ist ebenfalls bei den meisten Krankheiten gleich dem normalen. Bei Serumeiweiß von Krebskranken ist er niedriger, bei solchen von Lueskranken höher[8]. Vgl. dazu auch [10, 11]. — Über die Berechnung des Globulin-Albuminquotienten aus dem Trypto-

---

[1] J. Wavelet: Caoutchouc et Guttapercha **17**, 10141 (1920) — Chem. Zbl. **1920 II**, 494.

[2] A. H. Smith: J. of biol. Chem. **63**, 71 (1925) — Chem. Zbl. **1925 I**, 2233.

[3] F. Saunders: J. amer. chem. Soc. **53**, 696 (1931) — Chem. Zbl. **1931 I**, 3690. — L. K. Rotha u. F. Saunders: J. amer. chem. Soc. **54**, 342 (1932) — Chem. Zbl. **1932 I**, 3073.

[4] C. Jung: Arch. Sci. physiques nat. Genève **12**, 145 (1930) — Chem. Zbl. **1931 I**, 2894.

[5] J. Feigl: Biochem. Z. **94**, 293 (1919) — Chem. Zbl. **1919 III**, 240.

[6] S. P. L. Sørensen, M. Mâchebœuf u. M. Sørensen: Ann. Acad. Scient. Fennicae A **29**, Nr 19 — C. r. Lab. Carlsberg **16**, Nr 12, 1 (1927) — Chem. Zbl. **1928 I**, 359.

[7] R. Mieses: Biochem. Z. **142**, 312 (1923) — Chem. Zbl. **1924 I**, 493.

[8] A. Fischer u. H. Weiss: Z. exper. Med. **48**, 111 (1925) — Chem. Zbl. **1926 I**, 3075.

[9] H. Wu: J. of biol. Chem. **51**, 33 (1921) — Chem. Zbl. **1922 IV**, 14.

[10] O. Fürth u. E. Nobel: Biochem. Z. **109**, 103 (1920) — Chem. Zbl. **1921 I**, 61.

[11] E. Ohlsson, G. Nordh u. T. Swaetichin: Biochem. Z. **215**, 443 (1929) — Chem. Zbl. **1930 I**, 849.

phangehalt[1]. — Außer im Tryptophangehalt sind auch im Cystin- und Tyrosingehalt der Serumeiweißfraktionen Unterschiede zu bemerken, so daß Fischer und Blankenstein auf 7 chemisch differente Proteine unter den Serumeiweißkörpern schließen zu können glauben[2]. — Zum Tyrosin- und Tryptophangehalt verschiedener Fraktionen vgl. auch [3].

Die Plasmaproteine von Pferd, Hund, Esel und Maultier enthalten Mannose als konstitutiven Bestandteil in Form eines Polyholosids (?)[4]. Über Kohlehydratkomplexe, die mit den Serumeiweißkörpern verknüpft sind, siehe unter Serumglobuline und [5].

Über die „Verknüpfung" des Cholesterins mit den Serumeiweißkörpern[6]. (Vgl. auch Globuline.) — Zur Bindung von Cholesterin und anderen Lipoiden an die Plasmaeiweißkörper vgl. auch [7]. — Zusammenfassendes und Literatur siehe bei Bennhold[8].

Zwischen Serum- und Gewebs-Eiweißkörpern besteht keine chemische Identität[9].

Physikalisches und chemisches Verhalten: Zusammenfassende Darstellung über die Chemie der Plasmaeiweißkörper[10].

Die physikalisch-chemischen Konstanten der Serumeiweißkörper sind starken Schwankungen unterworfen, so daß z. B. unter pathologischen Bedingungen Zahlen für die „Konstanten" nicht angegeben werden können[11].

Ebenso finden sich Änderungen bei Aufenthalt im Hochgebirge[12] und nach parenteraler Zufuhr von Casein, Ovalbumin und artfremdem Serum[13].

Das Molgewicht des Gesamteiweißes berechnet sich aus dem osmotischen Druck zu 109000[14].

Aus den Minima der Oberflächenspannung bei sehr großen Verdünnungen (Ausbreitung des Eiweißes in molekularen Schichten) errechnet sich das Molgewicht zu 35000—36600[15].

Aus der Menge des bei der Barythydrolyse (s. dort) von Serumeiweiß erhaltenen Kohlehydratkomplexes ergibt sich für Serumalbumin und -globulin ein Mol-Gewicht von 17050[16].

Die Refraktometerwerte, die von verschiedenen Autoren zur Bestimmung der Serumeiweißkörper, namentlich ihres Mischungsverhältnisses Albumin: Globulin, benutzt wurden[17], sind unzuverlässig[18]. Sie liegen beträchtlich über den chemisch bestimmten Werten[19]. Die Gewinnungsart und das Alter des Serums bzw. Plasmas sind ebenfalls von Einfluß auf die Refraktometerwerte, so daß die refraktometrische Bestimmung der Serumproteine nicht aus-

---

[1] E. Ohlsson: Skand. Arch. Physiol. (Berl. u. Lpz.) **58**, 77 (1929) — Chem. Zbl. **1930 I**, 1167.

[2] A. Fischer u. A. Blankenstein: Biochem. Z. **220**, 380 (1930); **231**, 404 (1931) — Chem. Zbl. **1930 II**, 580; **1931 I**, 2494.

[3] J. Gróh u. E. Faltin: Hoppe-Seylers Z. **199**, 13 (1931).

[4] H. Bierry: C. r. Soc. Biol. Paris **101**, 1066 (1930) — Chem. Zbl. **1930 I**, 2440 — C. r. Acad. Sci. Paris **190**, 404 (1930) — Chem. Zbl. **1930 I**, 3201.

[5] C. Rimington: Nature (Lond.) **126**, 882 (1930) — Chem. Zbl. **1931 I**, 3697.

[6] S. M. Neuschlosz: Biochem. Z. **225**, 115, 123, 130 (1930) — Chem. Zbl. **1930 II**, 2666—2667. — S. P. L. Sørensen: Kolloid-Z. **53**, 306 (1930) — Chem. Zbl. **1931 I**, 1769. — W. N. Nekludow: Biochem. Z. **232**, 50 (1931) — Chem. Zbl. **1931 I**, 3021. — S. Went u. L. Goreczky: Biochem. Z. **239**, 441 (1931) — Chem. Zbl. **1931 II**, 3011.

[7] H. Theorell: Biochem. Z. **223**, 1 (1930) — Chem. Zbl. **1931 I**, 3696.

[8] H. Bennhold: Erg. inn. Med. **42**, 273 (1932).

[9] A. Blankenstein u. A. Fischer: Biochem. Z. **224**, 211 (1930); **228**, 437 (1930) — Chem. Zbl. **1930 I**, 2002; **1931 I**, 639.

[10] W. Berger u. L. Petschacher: Fol. haemat. (Lpz.) **40**, 81 (1930). — L. Petschacher: Fol. haemat. (Lpz.) **40**, 225 (1930) — Chem. Zbl. **1931 II**, 1154.

[11] K. Hartl u. W. Starlinger: Z. exper. Med. **60**, 289, 315 (1928) — Chem. Zbl. **1928 II**, 459/60.

[12] H. C. Frenkel-Tissot: Münch. med. Wschr. **68**, 1616 (1921) — Chem. Zbl. **1922 I**, 426.

[13] L. La Grutta: Riv. Pat. sper. **1**, 332 (1926) — Ber. Physiol. **38**, 248 — Chem. Zbl. **1927 I**, 1695.

[14] G. S. Adair: XII. Internat. Physiol.-Kongr. Stockholm, 3.—6. VIII (1926) 2—4 — Ber. ges. Physiol. **38**, 334 — Chem. Zbl. **1927 I**, 1801.

[15] P. Lecomte du Noüy: C. r. Sci. Acad. Paris **178**, 1904 (1924) — Chem. Zbl. **1924 II**, 999.

[16] C. Rimington: Biochem. J. **23**, 430 (1929) — Chem. Zbl. **1929 II**, 1933.

[17] F. Rohrer: Schweiz. med. Wschr. **52**, 555, 789 (1922) — Chem. Zbl. **1923 II**, 164 — Ber. Physiol. **15**, 412/13.

[18] F. Wanner: Schweiz. med. Wschr. **52**, 785 (1922) — Chem. Zbl. **1923 II**, 164.

[19] W. von Frey: Biochem. Z. **148**, 53 (1924) — Chem. Zbl. **1924 II**, 853.

führbar ist[1]. Die im Serum normalerweise vorkommenden Stoffe (Harnstoff, Zucker, NaCl) beeinflussen den Refraktionskoeffizienten ebenfalls[2].

Die spezifische Refraktion des Gesamtserumeiweißes schwankt zwischen 0,00181 bis 0,00238; dabei muß stets die Restrefraktion berücksichtigt werden, da sie starken individuellen Schwankungen unterworfen ist[3, 4]. Einheitlichkeit und Konstanz der Restrefraktion und der spezifischen Refraktion besteht nicht[5].

Über den spezifischen Brechungszuwachs bei Kranken[6].

Über den Brechungsindex von Hundeserum[7].

Über die Differenz des Refraktionswertes von Plasma oder Serum gegenüber dem als Eiweiß berechneten Werte unter zahlreichen verschiedenen Bedingungen[8].

Die aus dem Brechungsindex ermittelte Eiweißmenge ist nach v. Deseö ca. 3% höher als der mit der Reißschen Methode gewonnene Wert. — Der spezifische Brechungszuwachs ergibt sich nach Subtraktion des auf die Nichteiweißkörper entfallenden Anteils zu 0,00188 $\pm$ 0,000016. — Auch aus dem spez. Gewicht läßt sich der Serumeiweißgehalt bestimmen. Berücksichtigt man den Kochsalzgehalt, so ergibt sich eine konstante Zunahme des spez. Gewichtes von 0,00276 $\pm$ 0,00002 bei Erhöhung des Eiweißgehaltes von 1%. — Berücksichtigt man den Brechungsanteil für eine 1proz. Kochsalzlösung, so ergibt sich ein konstanter spez. Brechungszuwachs von 0,00192 $\pm$ 0,000014. — Die der Methode von Robertson zugrunde liegenden Überlegungen können nicht richtig sein, da die Verhältnisse, die bei der Fällung der Serumeiweißkörper durch Ammonsulfat entstehen, viel zu kompliziert sind[9]. Vgl. dazu aber über die neueren Überlegungen, nach denen der spezifische Brechungszuwachs mit 0,00187 angegeben wird, und über den Brechungsindex von Ammonsulfatlösungen[10]. Vgl. dazu auch[11].

Naegeli hebt hervor, daß die refraktometrische Methode trotz ihrer Mängel für klinische Zwecke unentbehrlich ist. (Vgl. hier sehr ausführliche Literaturangaben.)[12]

Der osmotische Druck der Serumeiweißkörper steigt mit zunehmendem p_H, jedoch nicht linear mit der Eiweißkonzentration[13, 14]. Entsprechend dem Daltonschen Gesetz setzt sich der osmotische Druck der Serumproteine zusammen aus dem osmotischen Druck der Eiweißkörper im isoelektrischen Punkt und dem osmotischen Druck überschüssiger diffusibler Ionen[15]. — Der Einfluß der Serumproteine auf den osmotischen Druck des Serums[16].

Über den osmotischen Druck des Serumeiweißes und seine Beziehungen zum Quotienten Albumin:Globulin in normalen und pathologischen Fällen[17, 18].

Über die Abhängigkeit des osmotischen Druckes von den bei der Messung verwendeten Membranen[19].

Die Viscosität der Serumeiweißkörper wird von Säuren bis zu einem gewissen Grade nicht beeinflußt[20].

[1] H. Hueck: Biochem. Z. **159**, 89; **160**, 183 (1925) — Chem. Zbl. **1925 II**, 1997.

[2] Zanda: Arch. Farmacol. sper. **16**, 513 (1913) — Chem. Zbl. **1914 I**, 917.

[3] O. Arnd u. E. A. Hafner: Biochem. Z. **167**, 440 (1926) — Chem. Zbl. **1926 I**, 2717.

[4] K. Recknagel: Arch. f. exper. Path. **125**, 257 (1928) — Chem. Zbl. **1928 I**, 731.

[5] W. Starlinger u. K. Hartl: Biochem. Z. **160**, 113, 129, 147 (1925) — Chem. Zbl. **1925 II**, 1548.

[6] G. Schretter: Biochem. Z. **177**, 335 (1926) — Chem. Zbl. **1927 I**, 762.

[7] P. Weinstein: Biochem. Z. **235**, 303 (1931).

[8] F. Högler u. K. Ueberrack: Z. exper. Med. **58**, 22, 40, 51, 76 (1927) — Chem. Zbl. **1928 I**, 1541.

[9] D. v. Deseö: Biochem. Z. **217**, 185, 197 (1930) — Chem. Zbl. **1930 I**, 3219.

[10] D. v. Deseö: Biochem. Z. **238**, 104, 116 (1931).

[11] D. v. Deseö: Biochem. Z. **230**, 373 (1931). — D. v. Deseö u. E. Lamoth: Biochem. Z. **247**, 322 (1932).

[12] O. Naegeli: Blutkrankheiten u. Blutdiagnostik. Berlin 1931. — F. Schneider: Biochem. Z. **211**, 207 (1929) — Chem. Zbl. **1930 I**, 3705.

[13] J. Marrack u. L. F. Hewitt: Biochem. J. **21**, 1129 (1927) — Chem. Zbl. **1928 I**, 1542.

[14] W. M. Bayliss: Arch. internat. Physiol. **18**, 277 (1921) — Ber. Physiol. **13**, 212 — Chem. Zbl. **1922 III**, 580.

[15] G. S. Adair: XII. Internat. Physiol.-Kongr. Stockh. 3.—6. VIII. 1926, 2—4 — Ber. Physiol. **38**, 334 — Chem. Zbl. **1927 I**, 1801.

[16] E. H. Fishberg: J. of biol. Chem. **81**, 205 (1929) — Chem. Zbl. **1930 II**, 260.

[17] P. Govaerts: C. r. Soc. Biol. Paris **95**, 724 (1926) — Chem. Zbl. **1927 I**, 309.

[18] G. v. Farkas: Z. exper. Med. **53**, 666 (1927) — Chem. Zbl. **1927 I**, 1695.

[19] A. Nitschke: Z. exper. Med. **59**, 298 (1928) — Chem. Zbl. **1928 I**, 3099.

[20] A. Belak: Biochem. Z. **90**, 96 (1918) — Chem. Zbl. **1918 II**, 907.

Zusatz von Jod bewirkt bei 0,0035 g-Äquivalenten/Liter nur geringe Änderungen der Viscosität, über 0,075 g/Äquivalente aber starke Veränderungen, die durch Umwandlungen im physikalisch-chemischen Zustande bedingt werden. Bei 0,150 g/Äquivalenten tritt Ausflockung und starke Abnahme der Viscosität ein[1].

Plasma und Blutserum zeigen in der Viscosität keine Unterschiede, wenn das Blut zur Vermeidung von Änderungen in der CO_2-Spannung ohne Berührung mit der Luft in Paraffin aufgefangen wird[2,3].

Ein Zusammenhang zwischen der spezifischen Viscosität des Serums und dem Albumin: Globulin-Quotienten besteht nicht[4]. — Die Viscosität ist außer von der Eiweißmenge und dem gegenseitigen Verhältnis der Albumine und Globuline noch von anderen Faktoren abhängig[5]. (Vgl. auch O. Naegeli, l. c.)

Über die spezifische Viscositätserhöhung der Serumeiweißkörper[6,7]. — Viscosität und spezifische Drehung der Serumproteine ändern sich beim Erhitzen durch die gleichen strukturchemischen Veränderungen der Proteinmoleküle[8].

Viscosität der in Alkali gelösten Serumeiweißfraktionen[9].

Über die Methodik zur Bestimmung der relativen Viscosität der Proteine des menschlichen Blutserums[10]. — Viscositätsbestimmungen eignen sich nicht zur Bestimmung des Serumeiweißgehaltes[11].

Löslichkeit der Serumproteine in wasserfreier Ameisensäure[12].

Die Denaturierung der Serumproteine ist abhängig von der Wasserstoffionenkonzentration und von der Erhitzungszeit. In alkalischen Seren wird der höchste Effekt nach 4stündigem Erhitzen auf 57° erreicht, während in sauren Seren für die gleiche Wirkung nur 1stündiges Erhitzen auf die gleiche Temperatur erforderlich ist[13]. Durch Behandlung der Serumeiweißkörper bzw. des Serums mit Säuren sinkt die Koagulationstemperatur, die Fällbarkeit durch Alkohol steigt. Die Änderungen sollen sich lediglich auf die Globulinfraktion beziehen[14]. — Von anderen ist die Gerinnungstemperatur des Serumeiweißes zu 50° bestimmt worden[15]. Bei $p_H = 5,5$ kann man die Plasmaeiweißkörper durch Hitze quantitativ ausfällen[16].

Bei der Hitzekoagulation der Serumeiweißkörper findet Zunahme der Alkalinität und der freien Aminogruppen statt. Diese Erscheinungen werden auf Aufspaltung betainartiger Bindungen zurückgeführt[17].

Einwirkung von Alkoholen auf die Hitzegerinnung des Plasmas in Gegenwart von Acetatpuffer[18].

Bei der Säurefällung des Serums mit $^n/_{10}$ Salzsäure ist die Menge der ausgefallenen Proteine um so größer, je weniger Elektrolyte vorhanden sind, das Maximum wird bei Elektrolytfreiheit im isoelektrischen Punkt erreicht[19]. — Bei der Fällung mit verschiedenen Säuren wurde von Lorber eine Unabhängigkeit von der Wasserstoffionenkonzentration gefunden, denn im isoelektrischen Punkt erfolgt die Fällung gleichmäßig bei einer Säurekonzentration von $^n/_{160}$[20].

[1] A. Cossu: Arch. di Fisiol. **22**, 399 — Ber. Physiol. **33**, 257 (1925) — Chem. Zbl. **1926 I**, 3074.

[2] W. von Frey: Biochem. Z. **148**, 53 (1924) — Chem. Zbl. **1924 II**, 853.

[3] G. Leendertz: Biochem. Z. **150**, 494 (1924) — Chem. Zbl. **1925 I**, 1350.

[4] S. M. Neuschlosz u. R. A. Trelles: Klin. Wschr. **2**, 2083 (1923) — Chem. Zbl. **1924 I**, 788.

[5] F. Grendel: Pharm. Weekblad **67**, 1 (1930) — Chem. Zbl. **1930 I**, 1190.

[6] L. Petschacher: Z. exper. Med. **41**, 142 (1924) — Chem. Zbl. **1924 II**, 488 — Z. exper. Med. **50**, 473 (1926) — Chem. Zbl. **1926 II**, 925.

[7] S. M. Neuschlosz: Z. exper. Med. **44**, 215 (1924) — Chem. Zbl. **1925 I**, 2316.

[8] P. Lecomte du Noüy: Sciences **69**, 552 (1929) — Chem. Zbl. **1929 II**, 444.

[9] G. Ettisch u. H. Sachsse: Biochem. Z. **230**, 115 (1931).

[10] W. Starlinger u. K. Hartl: Biochem. Z. **160**, 225 (1925) — Chem. Zbl. **1925 II**, 1548.

[11] M. E. Bircher: Pflügers Arch. **182**, 1 (1920) — Chem. Zbl. **1920 IV**, 459.

[12] J. Loiseleur: C. r. Acad. Sci. Paris **191**, 1391 (1930) — Chem. Zbl. **1931 I**, 1458.

[13] A. Homer: Biochem. J. **11**, 292 (1917) — Chem. Zbl. **1918 II**, 47.

[14] A. Belák: Biochem. Z. **90**, 96 (1918) — Chem. Zbl. **1918 II**, 907.

[15] H. Roger u. Lévy-Valensi: C. r. Soc. Biol. Paris **82**, 1132 (1919) — Chem. Zbl. **1920 I**, 298.

[16] H. Bierry u. L. Moquet: C. r. Soc. Biol. Paris **87**, 329 (1922) — Chem. Zbl. **1923 IV**, 230.

[17] E. Freund u. B. Lustig: Biochem. Z. **167**, 355, 374 (1926) — Chem. Zbl. **1926 I**, 2213.

[18] T. Teorell: Biochem. Z. **229**, 1 (1930) — Chem. Zbl. **1931 I**, 1581.

[19] G. Ettisch u. W. Beck: Biochem. Z. **172**, 1 (1926) — Chem. Zbl. **1926 II**, 784.

[20] L. Lorber: Biochem. Z. **183**, 16 (1927) — Chem. Zbl. **1927 II**, 109.

Bei der Fällung von Serum mit verschiedenen Säuren erhält man 2 Koagulationspunkte. Beim ersten werden nur Globuline, beim zweiten, bei dem eine höhere Säurekonzentration erforderlich ist, auch Albumin gefällt. Reihenfolge des Koagulationsvermögens für den zweiten Punkt: Trichloressigsäure $>$ HNO_3 $>$ H_2SO_4 $>$ HCl $>$ H_3PO_2 $>$ Monochloressigsäure $>$ Essigsäure $>$ Ameisensäure. Bei p_H 5,3—5,0 findet bei der Säureeinwirkung Umladung statt. (Hier auch über Gelatinierung durch konz. Säuren.)[1]

Über den Einfluß der Hitzedenaturierung des Serums auf die Fällbarkeit durch Ammonsulfat[2]. — Nach Entfernung der Lipoide genügen geringere Ammonsulfatmengen, um den Eintritt der Fällung hervorzurufen[3].

Bei der Fällung des Serumeiweißes mit Natriumsulfat treten drei kritische Zonen auf, bei denen eine Parallelität von Konzentration des Fällungsmittels und gefällter Eiweißmenge nicht gefunden wird. Diese Zonen liegen bei 13,5—14,5; 16,4—17,4; 21—22 g wasserfreies Natriumsulfat in 100 ccm Lösung. Aus diesem Verhalten ergibt sich die Möglichkeit zur Fraktionierung der Serumproteine, namentlich der Globuline (s. dort)[4, 5, 6]. Die flockende Wirkung von Na_2SO_4 oder NaCl auf Serumeiweiß ist von der Wasserstoffionenkonzentration abhängig und soll zwischen $p_H = 7{,}4$ und dem isoelektrischen Punkt am geringsten sein[7, 8]. Die verschiedene Stabilität der einzelnen Serumproteine gegen Salzlösungen soll nicht auf ihrem verschiedenen Dispersitätsgrad, sondern auf der Lage ihrer verschiedenen isoelektrischen Punkte beruhen[9]. Verschiebung der Fraktionen bei der Na_2SO_4-Fällung durch Lecithin[10]. — Bei den Sulfaten von Zink, Kupfer, Blei und Aluminium glaubt Lorber ebenso wie bei der Säurefällung Unabhängigkeit von der Wasserstoffionenkonzentration gefunden zu haben[11].

Über das Verhältnis von Zn:Eiweiß bei der Fällung des Serums mit Zinksulfat[12]. Elektrolytfreies Serumeiweiß wird durch verdünnte $CuCl_2$-Lösungen nicht gefällt. Bei Anwesenheit von Salzen oder von Spuren Alkali ergeben sich Fällungen von verschiedenen Eigenschaften[13].

Aluminium-, Chrom- und Eisenalaun fällen die Eiweißkörper aus Blutserum vollständig[14]. Über die Fraktionierung der Serumeiweißkörper mit Eisenhydroxydsol[15].

Na- bzw. NH_4-Vanadate fällen Serumeiweiß in Gegenwart schwacher Säuren als gelbe Masse. Die Eiweißfällung ist analog z. B. der durch die Alkaloidreagenzien. Durch geeignete Vanadat-Essigsäuregemische kann das Serumeiweiß in verschiedene Fraktionen zerlegt werden; auch hierbei wurde die Wasserstoffionenkonzentration als maßgebend gefunden. Die Fällung durch Na-Vanadat-Essigsäuregemische beruht auf gleichzeitiger Entladung und Dehydratisierung, wobei Hexavanadinsäureionen zu Eiweiß oberflächlich an die Gruppen gebunden werden, die das Wasser festhalten[16]. — Über Molybdänsäure als Fällungsmittel für die Blutproteine[17].

Über Fällung und Fraktionierung mit Aceton[18], in Gegenwart von Salzen[19]. Vergleich der Acetonmethode mit der Salzmethode[20].

[1] S. Prakash u. N. R. Dhar: J. Indian. Chem. Soc. 7, 723 (1930) — Chem. Zbl. 1931 I, 3582.

[2] A. Homer: Biochem. J. 11, 292 (1917) — Chem. Zbl. 1918 II, 47.

[3] A. Boutroux: C. r. Acad. Sci. Paris 192, 854 (1931) — Chem. Zbl. 1931 I, 3572.

[4] P. E. Howe: J. of biol. Chem. 49, 93, 109 (1921) — Chem. Zbl. 1922 II, 1157. — E. H. Fischberg: J. of biol. Chem. 81, 205 (1929) — Chem. Zbl. 1930 II, 260.

[5] K. Gutzeit: Dtsch. Arch. klin. Med. 143, 238 (1923) — Chem. Zbl. 1924 I, 1688.

[6] A. T. MacConkey: J. of Hyg. 22, 413 (1924) — Ber. Physiol. 28, 473 — Chem. Zbl. 1925 I, 1220.

[7] J. Csapó u. D. von Klobusitzky: Biochem. Z. 151, 90 (1924) — Chem. Zbl. 1924 II, 2673.

[8] D. v. Klobusitzky: Biochem. Z. 223, 120 (1930) — Chem. Zbl. 1930 II, 2002.

[9] S. Rusznyák: Biochem. Z. 140, 179 (1923) — Chem. Zbl. 1923 III, 1422.

[10] S. Went u. F. Faragó: Biochem. Z. 230, 238 (1931) — Chem. Zbl. 1931 I, 1632.

[11] L. Lorber: Biochem. Z. 183, 16 (1927) — Chem. Zbl. 1927 II, 109.

[12] Lippich: Hoppe-Seylers Z. 90, 236 (1914) — Chem. Zbl. 1914 I, 1957.

[13] S. Matsumara u. J. Matula: Kolloid-Z. 32, 115 (1922) — Chem. Zbl. 1923 I, 1594.

[14] H. Wunschendorff: Bull. Soc. Chim. biol. Paris 8, 184, 192 (1926) — Chem. Zbl. 1926 I, 3402.

[15] G. Lunde u. K. Wülfert: Biochem. Z. 219, 171 (1930) — Chem. Zbl. 1930 I, 3087.

[16] S. G. T. Bendien u. L. W. Janssen: Rec. Trav. chim. Pays-Bas et Belg. (Amsterd.) 47, 1042 (1928) — Chem. Zbl. 1929 I, 907.

[17] S. R. Benedict u. E. B. Newton: J. of biol. Chem. 82, 5 (1929) — Chem. Zbl. 1930 I, 111.

[18] M. Piettre u. A. Vila: C. r. Acad. Sci. Paris 170, 1466 (1920) — Chem. Zbl. 1920 IV, 615.

[19] M. Piettre: C. r. Acad. Sci. Paris 189, 1034 (1929) — Chem. Zbl. 1930 I, 1507.

[20] A. Arcand: J. Pharmacie 13, 518 (1931) — Chem. Zbl. 1931 II, 2908.

Über den Einfluß von Formaldehyd auf die Fällung der Serumeiweißkörper[1]. — Über die Gelatinierung von Serumeiweiß durch Formaldehyd in Gegenwart der Sulfate von Zink, Kupfer und Cadmium. (Ausführungen über die baktericide Wirkung.)[2]

Über die veränderte Fällbarkeit der Eiweißkörper nach intravenösen Injektionen[3].

Die Fraktionen der Serumeiweißkörper stehen kolloidchemisch in antagonistischem Verhältnis zueinander; sie bilden zwei disperse Phasen, die im Gleichgewicht miteinanderstehen, wobei das Globulin eine Schutzwirkung auf das Albumin ausübt[4]. — Bezüglich der Schutzwirkung auf Farbstoffsole verhalten sich die Fraktionen der Serumproteine ebenfalls antagonistisch. Während Globulinsuspensionen die Farbstoffsole gegenüber der Elektrolytwirkung stark sensibilisieren, übt Albumin Schutzwirkung aus[5]. Die Schutzwirkung läuft jedoch nicht in ihrer Größe dem Albumingehalt des Serums parallel; sie ist auch abhängig vom Dispersitätsgrad, mit dessen Erhöhung (Erhitzen) sie steigt[6].

Die Goldzahl der Eiweißfraktionen steigt von den Albuminen über Paraglobuline zu den Euglobulinen. Die Goldzahl ist für die einzelnen Fraktionen charakteristisch[7]. Vgl. auch [8]. (Nach Untersuchungen von Mutzenbecher über kolloidchemische Unterschiede zwischen Paraglobulinen aus normalen und antitoxischen Seren kann die Paraglobulinfraktion nicht als einheitlich angesehen werden[9].)

Die einzelnen Fraktionen, die bei der Fällung des Serums mit Salzen erhalten werden, sind nicht immer scharf definiert. Es finden sich eine Reihe von Übergängen[10]. Die Fällung des Serums mit Ammonsulfat ist von der Verdünnung abhängig: mit steigender Verdünnung nimmt der Globulinanteil ab, der Albuminanteil zu[11].

Nach einzelnen Untersuchungen sollen Umwandlungen zwischen den verschiedenen Fraktionen des Serums möglich sein. Erhitzen auf 42°, verdünnte Laugen sollen Globuline in Albumin umwandeln können; höher konzentrierte Laugen, Säuren, Alkohol, Harnstoff, Chloralhydrat, Neosalvarsan und auch wahrscheinlich Seifen können die umgekehrte Umwandlung von Albumin in Globulin bewirken. Durch Erwärmen auf 56° wird ein nicht wieder in Albumin überführbares Globulin erhalten[12]. Auch Stehenlassen bei 37° unter Zusatz von Alkali und 2—4tägiger Dialyse gegen kaltes Wasser soll Albumin in Globulin verwandeln[13]. Die Umwandlungszeit des Albumins in Globulin beim Erwärmen soll bei einzelnen Tierarten (Meerschweinchen, Kaninchen, Hammel) verschieden sein[14].

Formaldehydzusatz zu Serum bewirkt gleichmäßigen Übergang der Fällbarkeit der hochdispersen stabilen Proteine in die gröberdispersen leichter fällbaren Anteile[15, 16]. Die Umwandlung ist abhängig von der Konzentration des Formaldehyds und kann bis zum völligen Verschwinden der Albumin- und Pseudoglobulinfraktionen getrieben werden[17]. Die Geschwindigkeit der Umwandlung steigt mit der Temperatur[18]. Nach A. Fischer soll das Heparin die Menge der bei der Dialyse erhaltenen Globuline vermehren. Heparin-Albumin soll mit den genuinen Globulinen identisch sein. Das Heparin soll die Bildung der natürlichen Globuline bewirken[19].

[1] M. Mascré u. M. Herbain: C. r. Acad. Sci. Paris **189**, 876 (1929) — Chem. Zbl. **1930 I**, 2131 — Bull Soc. Chim. biol. Paris **12**, 978 (1930) — Chem. Zbl. **1930 II**, 2927.

[2] M. Deganello: Arch. Farmacol. sper. **47**, 177, 193 (1929) — Chem. Zbl. **1930 I**, 3205.

[3] H. Rosenberg u. L. Adelsberger: Z. Immun.forschg **34 I**, 36 (1921) — Chem. Zbl. **1922 III**, 645.

[4] R. Fischer: C. r. Soc. Biol. Paris **87**, 124 (1922) — Chem. Zbl. **1922 III**, 974.

[5] G. A. Brossa: Kolloid-Z. **32**, 107 (1922) — Chem. Zbl. **1923 I**, 1596.

[6] L. Farmer Loeb: Biochem. Z. **142**, 11 (1923) — Chem. Zbl. **1924 I**, 356.

[7] J. Reitstötter: Kolloid-Z. **28**, 20 (1920) — Chem. Zbl. **1921 I**, 694 — Österr. Chem.Ztg **25**, 29 (1922) — Chem. Zbl. **1922 I**, 1055.

[8] P. Reznikoff: J. Labor. a. clin. Med. **8**, 92 (1922) — Chem. Zbl. **1923 III**, 1041.

[9] P. v. Mutzenbecher: Biochem. Z. **243**, 100 (1931) — Chem. Zbl. **1932 I**, 1680.

[10] P. Ruszczynski: Biochem. Z. **152**, 250 (1924) — Chem. Zbl. **1925 I**, 416.

[11] E. Ohlsson: Skand. Arch. Physiol. (Berl. u. Lpz.) **58**, 77 (1929) — Chem. Zbl. **1930 I**, 1167.

[12] S. Rusznyak: Biochem. Z. **140**, 179 (1923) — Chem. Zbl. **1923 III**, 1422.

[13] K. Gutzeit: Dtsch. Arch. klin. Med. **143**, 238 (1923) — Chem. Zbl. **1924 I**, 1688.

[14] S. Kiamil u. R. Aali: C. r. Soc. Biol. Paris **98**, 1419 (1928) — Chem. Zbl. **1928 II**, 1347.

[15] H. Kürten: Biochem. Z. **133**, 126 (1922) — Chem. Zbl. **1923 I**, 989 — Biochem. Z. **135**, 536 (1923) — Chem. Zbl. **1923 III**, 570.

[16] L. Reiner u. A. Marton: Kolloid-Z. **32**, 273 (1923) — Chem. Zbl. **1923 I**, 1595.

[17] R. R. Henley: J. of biol. Chem. **57**, 139 (1923) — Chem. Zbl. **1923 III**, 1527.

[18] R. R. Henley: J. agricult. Res. **29**, 471 (1924) — Chem. Zbl. **1925 II**, 836.

[19] A. Fischer: Naturwiss. **19**, 965 (1931) — Chem. Zbl. **1932 I**, 1381. — Biochem. Z. **240**, 364 (1931) — Chem. Zbl. **1932 I**, 90 — Biochem. Z. **244**, 464 (1932) — Chem. Zbl. **1932 I**, 1550.

Diese Umwandlungen können sich indessen nur auf Analogien z. B. in der Löslichkeit oder im Dispersitätsgrad beziehen. Eine wirkliche Umwandlung der Serumproteine ineinander oder gar eine Gleichheit von Albumin und Globulin kommt wegen des unterschiedlichen physikalischen, chemischen und physiologischen Verhaltens der einzelnen Fraktionen (siehe Ausführliches unter Serumalbumin und -globulin) nicht in Frage. So ist z. B. der Verlauf der Hydrolyse der einzelnen Serumeiweißfraktionen durch Säuren, Alkalien und Fermente charakteristisch[1]. Auch in der Refraktion[2], in der spezifischen Drehung[3, 4] und in der Elementarzusammensetzung ergeben sich im S- und P-Gehalt Unterscheidungsmerkmale[5]. — Auch bei der Fällung mit Kupfersulfat, Kupferchlorid, Quecksilberchlorid und Silbernitrat lassen sich Globuline und Albumine unterscheiden[6]. — Lustig unterscheidet eine Anzahl Unterfraktionen der einzelnen Serumeiweißkörper, die sich durch ihren COOH- und NH_2-Gehalt als verschieden erweisen sollen. (Siehe dazu die Arbeiten von A. Fischer u. Blankenstein unter Zusammensetzung[7].) Vgl. dazu auch über die Fraktionen aus pathologischen Punktionsflüssigkeiten[8]. — Schmitz sieht die Einteilung, die von Lustig vorgenommen wird, für willkürlich an[9].

Bei der Biuretreaktion ergeben sich für die einzelnen Fraktionen eindeutige charakteristische Kupferionenkonzentrationen, die potentiometrisch bestimmt werden können[10]. Ettisch schließt aus seinen Messungen, daß das Albumin eine geringere Zahl kupferbindender Stellen als das Globulin (elektrodialytisch gewonnene Fraktionen!) besitzt, daß aber die Affinität zum Kupfer beim Albumin größer ist als beim Globulin. Ettisch verfolgt weiterhin durch depolarimetrische und spektrophotometrische Messungen die Alkalieinwirkung auf die Serumproteine, auch hier ergeben sich quantitative Unterschiede, die von einer größeren Aufspaltungsgeschwindigkeit des Globulins herrühren. Dasselbe ergibt sich aus Viscositätsmessungen. Die Ergebnisse von Abderhalden und Kröner[1] erfahren hierdurch ihre Bestätigung. Auch nach Ettisch kommt eine unmittelbare Umwandlung der Serumproteine ineinander nicht in Frage[11].

Im Präcipitinversuch lassen sich die einzelnen Fraktionen ebenfalls voneinander unterscheiden[12]. Vgl. auch [13].

Übersicht über die Arbeiten zur Einheitlichkeit der Serumeiweißfraktionen[14].

Der Tyndalleffekt des Serums ist von zahlreichen Faktoren beeinflußt. Die sich nephelometrisch ergebenden Kurven sind für die einzelnen Tiergattungen und für verschiedenes Alter charakteristisch. Das Serum trächtiger Tiere zeigt Abweichungen. — Diagnostische Verwertbarkeit und Anwendbarkeit der nephelometrischen Methode zur quantitativen Analyse der Plasmaproteine[15] scheint jedoch nicht zu bestehen[16]. Über die Methodik der Serum-Nephelometrie vgl. auch[17].

Die Adsorption von Phenolrot durch Serumproteine folgt der gewöhnlichen Adsorptionsisotherme. Man bemerkt ein Maximum der Adsorption im isoelektrischen Punkt und unmittelbar zu beiden Seiten desselben. Die Adsorptionskraft ist wahrscheinlich abhängig vom Albumingehalt[18].

---

[1] E. Abderhalden u. W. Kröner: Fermentforschg 10, 12 (1928) — Chem. Zbl. 1928 II, 2729.

[2] O. Arnd u. E. A. Hafner: Biochem. Z. 167, 440 (1926) — Chem. Zbl. 1926 I, 2717.

[3] E. A. Hafner: Biochem. Z. 166, 424 (1925) — Chem. Zbl. 1926 II, 251.

[4] L. F. Hewitt: Biochem. J. 21, 216 (1927) — Chem. Zbl. 1927 I, 2747.

[5] A. Vila u. R. Ancelle: C. r. Acad. Sci. Paris 185, 1164 (1927) — Chem. Zbl. 1928 I, 948.

[6] T. Geill: Biochem. Z. 216, 165 (1929) — Chem. Zbl. 1930 I, 1818.

[7] B. Lustig: Biochem. Z. 225, 247 (1930) — Chem. Zbl. 1930 II, 2911. — B. Lustig u. R. Katz: Biochem. Z. 231, 39 (1931). — B. Lustig u. P. Haas: Biochem. Z. 231, 472 (1931) — Chem. Zbl. 1931 I, 2494.

[8] B. Lustig: Biochem. Z. 238, 307 (1931).

[9] A. Schmitz: Biochem. Z. 241, 271 (1931) — Chem. Zbl. 1932 I, 964.

[10] G. Ettisch u. W. Beck: Naturwiss. 14, 487 (1926) — Chem. Zbl. 1926 II, 592.

[11] G. Ettisch, H. Sachsse u. W. Beck: Biochem. Z. 230, 68 (1931) — Chem. Zbl. 1931 II, 2338—2339. — G. Ettisch, H. Sachsse u. B. Lange: Biochem. Z. 230, 93 (1931) — Chem. Zbl. 1931 II, 2338—2339. — G. Ettisch u. H. Sachsse: Biochem. Z. 230, 115, 129 (1931) — Chem. Zbl. 1931 II, 2338—2339.

[12] L. Hektoen u. W. H. Welker: J. inf. Dis. 35, 295 (1924) — Chem. Zbl. 1925 II, 315.

[13] R. Doerr u. W. Berger: Z. Hyg. 96, 191 (1922) — Chem. Zbl. 1922 III, 1180.

[14] D. v. Klobusitzky: Kolloidchem. Beih. 32, 382 (1931) — Chem. Zbl. 1932 I, 700.

[15] K. Hartl u. W. Starlinger: Z. exper. Med. 60, 289 (1928) — Chem. Zbl. 1928 II, 459.

[16] J. Kabelik u. Mitarbeiter: Kolloid-Z. 37, 274 (1925) — Chem. Zbl. 1926 I, 1241.

[17] P. Rona u. Kleinmann: Biochem. Z. 140, 461 (1923) — Chem. Zbl. 1924 I, 79.

[18] A. Grollmann: J. of biol. Chem. 64, 141 (1925) — Chem. Zbl. 1925 II, 2251.

Adsorptives Verhalten der Serumproteine gegen gallensaure Salze[1].

Die Diffusionsgeschwindigkeiten der Plasmaproteine normaler Menschen und solcher mit chronischer Nephritis oder Nephrosis weise keine Unterschiede auf[2].

Über den embatischen Effekt der Serumeiweißkörper[3].

Kataphorese: Im elektrischen Felde wandert der ganze Proteinkomplex nach dem positiven Pol[4].

Über die verschiedene Geschwindigkeit der einzelnen Fraktionen bei der kataphoretischen Wanderung[5, 6].

Bei der Elektrodialyse von Serum im Dreizellensystem von Ruppel wird die Leitfähigkeit nicht gleichmäßig herabgesetzt, sondern es werden für gleich große Veränderungen der Stromstärke fortschreitend immer größere Zeiten erforderlich. Die p_H-Werte liegen zunächst verhältnismäßig weit im alkalischen Gebiet, senken sich dann bis zu $p_H = 5,4$. Durch die Elektrolytverminderung fallen im alkalischen Gebiet bereits Proteine aus. Beim isoelektrischen Punkt des Globulins besteht der stärkste Ausfall der Eiweißsubstanzen, ohne daß sich die Leitfähigkeit wesentlich ändert. Bei weiterer p_H-Verminderung werden keine größeren Mengen der Serumproteine mehr gefällt. Während der Elektrodialyse wurden keine bestimmten Fraktionen erhalten[7]. — Nach neueren Arbeiten von Ettisch ist das durch Aussalzen mit Ammonsulfat gewonnene Euglobulin identisch mit dem elektrodialytisch erhaltenen Globulin. Paraglobulin nimmt eine Zwischenstellung zwischen Albumin und Globulin ein, es ist als selbständiger Körper anzusehen[8].

Die Fraktionen, die man durch Elektrodialyse von Serum erhält, erweisen sich in der Ultrazentrifuge als polydispers. Die Fraktionierung wird als nicht schonend angesehen[9]. Vgl. dazu aber die Arbeiten von Ettisch S. 89. — Über die Vorteile der Verwendung einer Membran aus Serumeiweiß während der Elektrodialyse[10]. Über die Wirksamkeit verschiedener Bluteiweißmembranen und von Membranen aus blutfremden Eiweißkörpern auf den Verlauf der Elektrodialyse[11]. Vgl. dazu auch [12].

Nach Tóth zerfällt der Vorgang der Elektrodialyse des Serums in drei Abschnitte, durch die eine Fraktionierung des Serumeiweißes möglich wird: 1. Entfernung der nicht oder nur lose an die Serumproteine gebundenen Elektrolyte, dabei fallen 50% der Gesamtproteine aus, 2. Entziehung der mit dem Serumeiweiß eng verbundenen Krystalloide, 3. Fallen der Leitfähigkeitskurve und Konstantbleiben der Niederschlagsmenge[13].

Der Einfluß der Eiweißkonzentration auf die Leitfähigkeit des menschlichen Serums setzt sich zusammen aus der Steigerung der Leitfähigkeit durch die Eiweißionen und ihrer Verminderung durch unionisiertes Eiweiß[14].

Dielektrizitätskonstante[15].

Über das Verhalten der Serumeiweißkörper gegen polarisiertes und gestreutes Licht in Beziehung zur Hydratation[16].

Verhalten gegen Strahlungen: Bestrahlung von Serumeiweiß mit ultravioletten Strahlen verändert die Koagulationsverhältnisse: in alkalischer Lösung werden die

---

[1] P. Lecomte du Noüy: C. r. Soc. Biol. Paris **99**, 1097 (1928) — Chem. Zbl. **1928 II**, 2659.

[2] O. H. Gaebler: J. of biol. Chem. **93**, 467 (1931) — Chem. Zbl. **1932 I**, 832.

[3] H. Bennhold: Kolloid-Z. **43**, 328 (1927) — Chem. Zbl. **1928 I**, 661.

[4] R. Fischer: C. r. Soc. Biol. Paris **88**, 1251 (1923) — Chem. Zbl. **1923 III**, 1495.

[5] S. G. T. Bendien u. L. W. Janssen: Rec. Trav. chim. Pays-Bas et Belg. (Amsterd.) **47**, 1042 (1928) — Chem. Zbl. **1929 I**, 907 — Rec. Trav. chim. Pays-Bas et Belg. (Amsterd.) **46**, 739 (1927) — Chem. Zbl. **1928 I**, 890.

[6] H. Theorell: Biochem. Z. **223**, 1 (1930) — Chem. Zbl. **1931 I**, 3697.

[7] G. Ettisch u. W. Beck: Biochem. Z. **171**, 443 (1926) — Chem. Zbl. **1926 II**, 783 — Biochem. Z. **171**, 454; **173**, 481 (1926) — Chem. Zbl. **1926 II**, 783.

[8] G. Ettisch u. H. Sachsse: Biochem. Z. **230**, 129 (1931) — Chem. Zbl. **1931 II**, 2339.

[9] P. v. Mutzenbecher: Biochem. Z. **235**, 423 (1931).

[10] G. Ettisch, R. Bradfield u. W. Ewig: Kolloid-Z. **45**, 141 (1928) — Chem. Zbl. **1928 II**, 1310.

[11] G. Ettisch u. W. Ewig: Biochem. Z. **216**, 401, 430 (1929) — Chem. Zbl. **1930 II**, 2002.

[12] R. Bradfield u. H. S. Bradfield: J. physic. Chem. **33**, 1724 (1929) — Chem. Zbl. **1930 I**, 1445.

[13] A. Tóth: Biochem. Z. **189**, 270 (1927) — Chem. Zbl. **1928 I**, 1985.

[14] D. W. Atchley u. E. G. Nichols: J. of biol. Chem. **65**, 729 (1925) — Chem. Zbl. **1926 I**, 1438.

[15] R. Fürth: Ann. Physik **70**, 63 (1923) — Chem. Zbl. **1923 III**, 336.

[16] P. Lecomte de Noüy: Science (N. Y.) **72**, 224 (1930) — Chem. Zbl. **1930 II**, 3591.

durch Ammonsulfat ausfällbaren Substanzen vermindert, in saurer vermehrt[1]. Vgl. auch [2, 3].

Für die Absorptionsstreifen von Serum im ultravioletten Licht sind fast nur die Proteine verantwortlich zu machen. Diese Streifen sind bei Pferdeserum breiter als bei Menschenserum[4]. — Aus den verschiedenenen Extinktionskoeffizienten von Globulinen und Albuminen soll die spektrophotometrische Ermittlung des Verhältnisses möglich sein[5]. Vgl. dazu [6]. Nach Bestrahlung von Serum mit der Quarzquecksilberdampflampe nimmt das Absorptionsvermögen im kurzwelligen Teil des Spektrums in einem bestimmten Bereich zu[7]; dasselbe gilt für alle Blutproteine. Die Erscheinung wird durch Zusatz von Laugen oder Säuren verstärkt. Säurezusatz zu dem unbestrahlten Protein bewirkt eine Verschiebung der Absorption gegen den kürzerwelligen Teil des Spektrums[8]. — Verhalten der Eiweißkörper aus pathologischen Blutplasmen gegen ultraviolettes Licht im Vergleich mit normalem Blutplasma[9].

Über die Absorptionsspektren verschiedener Serumeiweißfraktionen[10].

Ra-Strahlung bewirkt ebenfalls Zunahme des Absorptionsvermögens, doch ist diese gegenüber der durch Ultraviolettbestrahlung mehr gegen das kurzwellige Ende des Spektrums verschoben[8]. — Weiteres über chemische Wirkungen von Ra- und Röntgenstrahlen[3].

Das Säurebindungsvermögen ist für die einzelnen Serumproteine des Pferdes nicht verschieden; es ist höher als das Basenbindungsvermögen. Durch physiologische Kochsalzlösung oder durch äquivalente Mengen $CaCl_2$-Lösung werden Änderungen im Bindungsvermögen bewirkt[11]. Auch Csapó findet ein geringeres Basenbindungsvermögen; das Verhältnis Basenbindungsvermögen:Säurebindungsvermögen ändert sich bei pathologischen Zuständen stark[12].

Aus Messungen des zeitlichen Ablaufs der Wärmetönungen geht hervor, daß die Reaktionen zwischen den Blutproteinen und Säuren und Basen in 0,014 Sekunden abgelaufen sind[13].

Entgegen älteren Angaben lagert sich Kohlensäure an die Blutproteine nicht als Carbaminosäure an[14].

Die Ansichten über die Pufferwirkung der Serumeiweißkörper widersprechen sich noch. Bei normaler Blutreaktion soll nur ein kleiner Teil des Serumalkalis an die Eiweißkörper gebunden sein, die Eiweißkörper sollen also nicht als Natriumsalze vorliegen[15], wie die Serumproteine überhaupt in einem breiten Streifen rechts und links ihres isoelektrischen Punktes infolge Konstituierung eines inneren Ammonsalzes nicht zur Salzbildung befähigt sein sollen[16]. Nach anderen werden im physiologischen Reaktionsbereich merkbare Mengen Alkali von den Eiweißkörpern zur Serumpufferung abgegeben. Die Proteine müssen also an Natrium gebunden sein. (Phosphate und andere Substanzen sollen bei der Serumpufferung nur eine geringe Rolle spielen[17].) Vgl. dazu aber[18]. — Über den ionisierten Zustand der Serumproteine im Serum[19].

Aus der Ähnlichkeit der p_H-Kurven von $^1/_{1000}-^1/_{100}$n-HCl mit und ohne Zusatz von Serumproteinen schließt auch Piettre, daß die Pufferung des Serums nicht wesentlich von den Eiweißkörpern des Serums abhängig ist[20].

[1] F. Schanz: Pflügers Arch. **164**, 445 (1916) — Chem. Zbl. **1916 II**, 670.

[2] R. Mond: Pflügers Arch. **196**, 540 (1922) — Chem. Zbl. **1923 I**, 559.

[3] J. P. Mischtschenko: Strahlenther. **30**, 707 (1928) — Chem. Zbl. **1930 II**, 3787.

[4] S. Judd Lewis: Proc. roy. soc. Lond. B **93**, 178 (1921) — Chem. Zbl. **1922 I**, 1054.

[5] F. C. Smith: Proc. roy. Soc. Lond. B **104**, 198 (1929) — Chem. Zbl. **1929 I**, 1928.

[6] L. Karczag u. M. Hanák: Biochem. Z. **245**, 166 (1932) — Chem. Zbl. **1932 I**, 1800.

[7] M. Spiegel-Adolf: Biochem. Z. **197**, 197 (1928) — Chem. Zbl. **1928 II**, 1347.

[8] M. Spiegel-Adolf: Klin. Wschr. **7**, 1592 (1928) — Chem. Zbl. **1928 II**, 2482.

[9] L. Kostyal: Biochem. Z. **229**, 100 (1930) — Chem. Zbl. **1931 I**, 1471.

[10] J. Gróh u. E. Faltin: Hoppe-Seylers Z. **199**, 13 (1931).

[11] R. Mond: Pflügers Arch. **200**, 422 (1923) — Chem. Zbl. **1923 III**, 1649.

[12] J. Csapó u. S. Henszelmann: Magy. orv. Arch. **26**, 330 (1925) — Ber. Physiol. **34**, 368 — Chem. Zbl. **1926 II**, 251. — Biochem. Z. **170**, 386 (1926) — Chem. Zbl. **1926 II**, 783. — J. Csapó: Biochem. Z. **167**, 38 (1926) — Chem. Zbl. **1926 I**, 2716.

[13] F. J. W. Roughton: Proc. roy. Soc. Lond. A **126**, 439, 470 (1930) — Chem. Zbl. **1930 I**, 2854 — B **106**, 251 (1930) — Chem. Zbl. **1930 I**, 3751.

[14] C. Ausenda: Biochem. Z. **132**, 188 (1922) — Chem. Zbl. **1923 I**, 1294.

[15] R. Mond: Pflügers Arch. **199**, 187 (1923) — Chem. Zbl. **1923 III**, 570.

[16] W. M. Bayliss: Arch. internat. Physiol. **18**, 277 (1921) — Ber. Physiol. **13**, 212 — Chem. Zbl. **1922 III**, 580.

[17] K. Gollwitzer-Meier: Biochem. Z. **163**, 470 (1925) — Chem. Zbl. **1926 I**, 972.

[18] R. Mond u. H. Netter: Pflügers Arch. **211**, 333 (1926) — Chem. Zbl. **1927 I**, 1334.

[19] A. Belák: Biochem. Z. **90**, 96 (1918) — Chem. Zbl. **1918 II**, 907.

[20] M. Piettre: C. r. Acad. Sci. Paris **186**, 1657 (1928) — Chem. Zbl. **1929 I**, 551.

Über die Pufferwirkung der Serumproteine während der Elektrodialyse[1].

Bei der Quellung von Serumeiweiß durch Säuren ist die Säureanionenkonzentration maßgebend. Die stärkste Förderung des Wasserbindungsvermögens ergibt sich bei den biologisch wichtigen Säuren H_3PO_4, Milchsäure, β-Oxybuttersäure und Glykolsäure[2].

Über das Jod- und Rhodanbindungsvermögen (und den Lipoidgehalt) der Serumeiweißkörper bei Lues und Basedowscher Krankheit[3].

Bei der Barythydrolyse von Serumproteinen aus Pferdeblut ergibt sich eine Verbindung $C_{12}H_{23}O_{10}N$, die bei der Spaltung Glucosamin und Mannose liefert. Berechnet man den Kohlehydratgehalt zu 2%, so würde sich für die Serumproteine ein durchschnittliches Mol-Gewicht von 17050 ergeben[4]. Nach neueren Untersuchungen handelt es sich um ein Trisaccharid. (S. unter Serumglobulin.)[5]

Bei der partiellen Hydrolyse des Bluteiweißes mit 4 Teilen Wasser bei 150° wurden erhalten: Leucinimid bzw. Isoleucylleucinanhydrid, Leucylglycinanhydrid, ein Produkt aus Leucin und (wahrscheinlich) Oxyprolin und eine Verbindung aus Leucin, Serin und Prolin[6].

Bei der Oxydation von Serumeiweiß mit konzentrierter Salpetersäure erhält man Methylsulfosäure, Oxalsäure, p-Nitrobenzoesäure, Benzoesäure, Terephthalsäure und Trinitrophenol[7].

Verhalten gegen Fermente: Die Serumproteasen werden von den Eiweißkörpern des Serums adsorbiert[8].

Über die Kinetik der peptischen Spaltung der Serumeiweißkörper[9]. — Serum ist in der Lage, die peptische Verdauung zu hemmen[10] (hier ausführliche Literaturbesprechung). Die Albuminfraktion enthält die antiproteolytischen Substanzen bei Ausfällung des Serums durch Ganzsättigung mit Ammonsulfat[8].

Weder durch Erepsin noch durch Trypsinkinase erfolgt eine größere Aufspaltung von Serumeiweiß (Kaninchen, Hund, Pferd), die durch größere Mengen dialysierbarer N-haltiger Verbindungen charakterisiert wäre, nur bei der Einwirkung von Trypsinkinase auf Hundeserum konnte eine stärkere Spaltung beobachtet werden[11]. Für den Angriff des Serums durch Trypsinkinase kommt nur das Serumalbumin in Frage[12]. Vgl. dazu über die kolloidchemische Deutung der antitryptischen Wirkung des Serums[13]. Nach der tryptischen Verdauung von Serumproteinen bei $p_H = 8,3$ konnte eine Verbindung $C_{12}H_{23}O_{10}$ isoliert werden, die aus Glucosamin und Mannose besteht[4, 5].

Papain ohne Blausäure spaltet Serumeiweiß optimal bei $p_H = 3,75$[14].

Physiologisches und Pathologisches: Die Frage nach der Herkunft der Serumeiweißkörper ist noch nicht entschieden. Auf Grund seiner Untersuchungen über die proteolytische Wirkung einer Reihe von Organen und Gewebeextrakten auf die Blutproteine schließt Senshu, daß Leber und Muskel bei der Regulierung der Produktion und der Ausnutzung der Proteine eine große Rolle spielen und wohl als Produktionsstätte für das Serumeiweiß in Frage kommen können[15].

Über den Einfluß des Antiprothrombins (Heparin) auf die Bildung der einzelnen Serumeiweißfraktionen, insbesondere der Globuline[16].

Die Regeneration der Serumproteine nach Plasmadepletion erfolgt innerhalb von 7 bis

[1] G. Ettisch: Biochem. Z. **171**, 454; **173**, 481 (1926) — Chem. Zbl. **1926 II**, 783.

[2] A. Adler: Kolloid-Z. **43**, 313 (1927) — Chem. Zbl. **1928 I**, 660.

[3] B. Lustig u. G. Botstiber: Biochem. Z. **220**, 192 (1930) — Chem. Zbl. **1930 II**, 580.

[4] C. Rimington: Biochem. J. **23**, 430 (1929) — Chem. Zbl. **1929 II**, 1933.

[5] C. Rimington: Nature (Lond.) **126**, 882 (1930) — Chem. Zbl. **1931 I**, 3697.

[6] E. Abderhalden u. E. Komm: Hoppe-Seylers Z. **136**, 134 (1924) — Chem. Zbl. **1924 II**, 667.

[7] C. T. Mörner: Hoppe-Seylers Z. **93**, 175 (1914) — Chem. Zbl. **1915 II**, 663 — Hoppe-Seylers Z. **95**, 263 (1915) — Chem. Zbl. **1916 I**, 985.

[8] S. G. Hedin: Hoppe-Seylers Z. **104**, 11 (1918) — Chem. Zbl. **1919 I**, 875.

[9] P. Rona u. H. Kleinmann: Biochem. Z. **140**, 478 (1923) — Chem. Zbl. **1924 I**, 68.

[10] A. Gruca u. W. Jankowska: Z. exper. Med. **52**, 692 (1926) — Chem. Zbl. **1927 I**, 463.

[11] E. Abderhalden u. E. Roßner: Fermentforschg **10**, 102 (1928) — Chem. Zbl. **1929 I**, 95.

[12] E. Abderhalden u. W. Kröner: Fermentforschg **10**, 12 (1928) — Chem. Zbl. **1928 II**, 2729.

[13] F. Chrometzka u. W. Knoke: Z. exper. Med. **69**, 656 (1930) — Chem. Zbl. **1930 II**, 2143. — F. Chrometzka: Z. exper. Med. **69**, 665 (1930); **80**, 395, 408, 420, 439 (1932) — Chem. Zbl. **1930 II**, 2143; **1932 I**, 2193—2194.

[14] W. E. Ringer u. B. W. Grutterink: Hoppe-Seylers Z. **156**, 275 (1926) — Chem. Zbl. **1926 II**, 2316.

[15] J. Senshu: J. of Biochem. **11**, 47, 55, 65 (1929) — Chem. Zbl. **1930 I**, 2753.

[16] A. Fischer: Biochem. Z. **244**, 464 (1932) — Chem. Zbl. **1932 I**, 1550.

14 Tagen, auch wenn mit der Nahrung keine Proteine zugeführt werden. Dabei regenerieren sich die einzelnen Fraktionen verschieden schnell (vgl. dazu [1]). Nach Fleisch- oder gemischter Diät erfolgt die Regeneration rascher und vollständiger als bei Milch- und Brotnahrung. Nach Phosphor- oder Chloroformvergiftungen ist die Regeneration verlangsamt[2].

Über den Gehalt des Serums an Eiweiß und den Quotienten Albumin : Globulin: Das normale Verhältnis Albumin:Globulin ist im Serum 1,5—1,0[3]. Dieses Verhältnis erweist sich bei richtiger Fraktionierung als monatelang konstant bei der gleichen Person[4]. Bei Vögeln tritt im Hungerzustand Verminderung der Globuline und Vermehrung des Albumins ein[5].

Bei Fischen der gleichen Art kann der Gesamtproteingehalt sowie der Quotient Albumin /Globulin stark schwanken. Katzenhai, Kaulkopf und Lophius piscatorius weisen einen niedrigen Quotienten auf. Das Globulin besteht in der Hauptsache aus Pseudoglobulin. Bei Lophius ist der Gesamtproteingehalt des Plasma relativ niedrig, bei Kaulkopf am höchsten. Der Maifisch weist einen hohen Quotienten auf. Bei sämtlichen Fischen sind die Euglobulinwerte niedrig, bei Maifisch = 0[6].

Über die Unterschiede im Serumeiweißgehalt und im Quotienten bei frischen und alten, normalen und Immunseren[7].

Im Blutserum der Säuglinge findet sich 60—90% des Eiweißes als Albumin, wobei im frühen Säuglingsalter die hohen Werte vorherrschen[8]. — Bei wachsenden Albinoratten erfolgt das Ansteigen des Gesamteiweißgehaltes im Serum in der Säuglingszeit sehr schnell, langsamer in der Pubertät, wenig im Erwachsensein. Auch der Prozentgehalt an Albumin und Globulin verändert sich ständig und weist charakteristische Minima und Maxima auf[9]. — Bei jungen Pferden liegen die Werte für die Globuline niedriger als bei älteren[10].

Nach Mitteln, die den Stoffwechsel in verzögerndem oder beschleunigendem Sinne beeinflussen, wurde der Quotient unverändert gefunden[11]. Vgl. dazu aber die Veränderungen im Eiweißgehalt und im Quotienten nach Insulin[12], Nebennierenextrakt[13], nach Aminosäureverabreichung[14]. Nach Eiweißinjektionen erfolgt eine Hyperproteinhämie, wobei zuerst Fibringlobulin, dann Serumglobulin und schließlich Albumin vermehrt wird. Die Reihenfolge ist dieselbe wie bei der Regeneration künstlich entfernter Plasmaproteine[15].

Ultraviolette und Röntgenstrahlen verursachen qualitative und quantitative Änderungen im Serumeiweiß[16]. Wahrscheinlich findet Sinken des Eiweißgehaltes statt[17]. — Auch im Hochgebirge ändert sich der Quotient durch Sinken der Globulinzahlen[18].

Anormale oder pathologische Zustände bedingen ebenfalls große Änderungen im Gehalt des Serums an Eiweiß und in dessen Zusammensetzung. — Eingehende Untersuchungen darüber und Kritik der Literaturangaben s. bei Starlinger[19]. — Während der Schwangerschaft findet eine Abnahme des Serumeiweißes statt[17]. Dabei tritt eine progressive Vermehrung der grobdispersen Anteile, und zwar des Fibrinogens, Globulins und Euglobulins, ein[20].

Plasmaproteine bei Unterernährung[21].

[1] L. Leiter: Proc. Soc. exper. Biol. a. Med. 27, 1002 (1930) — Chem. Zbl. 1931 I, 638.

[2] W. J. Kerr, S. H. Hurwitz u. G. H. Whipple: Amer. J. Physiol. 47, 356, 370, 379 (1918) — Chem. Zbl. 1922 III, 897.

[3] T. Geill: C. r. Soc. Biol. Paris 95, 1101, 1105 (1926) — Chem. Zbl. 1927 I, 309.

[4] A. Muschel: J. of biol. Chem. 78, 715 (1928) — Chem. Zbl. 1928 II, 1681.

[5] R. S. Briggs: J. of biol. Chem. 20, 7 (1915) — Chem. Zbl. 1915 I, 1130. .

[6] S. Lepkovsky: J. of biol. Chem. 85, 667 (1930) — Chem. Zbl. 1930 I, 1814.

[7] S. Bächer u. M. M. Kosian: Biochem. Z. 145, 324 (1924) — Chem. Zbl. 1924 I, 2716.

[8] E. Schiff u. E. Roser: Mschr. Kinderheilk. 19, 15 (1920) — Chem. Zbl. 1921 I, 927.

[9] J. Toyama: J. of biol. Chem. 38, 161 (1919) — Chem. Zbl. 1920 III, 607.

[10] A. Damboviceanu: C. r. Soc. Biol. Paris 101, 326 (1929) — Chem. Zbl. 1929 II, 2338.

[11] S. Hanson u. J. Mc Quarrie: J. of Pharmacol. 10, 261 (1917) — Chem. Zbl. 1919 III, 965.

[12] O. Klein u. M. Kment: Z. klin. Med. 107, 476 (1928) — Chem. Zbl. 1928 I, 3085.

[13] N. Uyeno: Fol. endocrin. jap. 4, 66 (1928) — Chem. Zbl. 1929 II, 1315.

[14] A. Nitschke: Z. exper. Med. 64, 111 (1929) — Chem. Zbl. 1929 I, 1363.

[15] W. Berger: Klin. Wschr. 1, 1053 (1922) — Chem. Zbl. 1922 III, 405.

[16] C. Kroetz: Biochem. Z. 151, 449 (1924) — Chem. Zbl. 1925 I, 252.

[17] A. Mahnert: Hoppe-Seylers Z. 110, 1 (1920) — Chem. Zbl. 1920 III, 572.

[18] H. C. Frenkel-Tissot: Münch. med. Wschr. 68, 1616 (1921) — Chem. Zbl. 1922, I, 426.

[19] W. Starlinger u. E. Winands: Z. exper. Med. 60, 138, 160, 185, 208 (1928).

[20] H. Eufinger: Klin. Wschr. 7, 492 (1928) — Chem. Zbl. 1928 I, 2731.

[21] F. S. Bruckman, L. M. D'Esopo u. J. P. Peters: J. clin. Invest. 8, 577 (1930). — F. S. Bruckman u. J. P. Peters: J. clin. Invest. 8, 591 (1930) — Chem. Zbl. 1931 I, 1632.

Über den Quotienten Albumin:Globulin bei Neugeborenen und Gebärenden[1].

Reitstötter gibt an, in Seren von hochfiebernden Tieren keine Albumine gefunden zu haben[2]. — Jedenfalls findet im Fieber Eiweißzerfall statt[3], eine Erhöhung der Wirkung der Serumpeptidase war zu beobachten[4].

Über den Gehalt des Blutes an Eiweißkörpern und ihre Verteilung bei Anämien und verschiedenen anderen pathologischen Zuständen[5].

Bei chronisch parenchymatöser Nephritis konnte keine Änderung des Quotienten im Serum gefunden werden[6]. — Über die Änderungen im Gehalt des Plasmas an Eiweiß während Nephritis[7]. — Über die Verminderung des Plasmaeiweißgehaltes bei Nephrose[8]. — Blutproteine bei Nierenkrankheiten[9].

Im Serum Krebskranker überwiegt das Globulin[10].

Bei Kala-Azar wurde die Euglobulin- und Globulinfraktion bedeutend höher gefunden als bei normalem Serum[11]. Der Verlauf der Krankheit kann durch Bestimmung der einzelnen Serumeiweißfraktionen verfolgt werden[12].

Über die Verteilung der Blutproteine beim tuberkulösen Meerschweinchen[13].

Im Serum von Basedowkranken scheint das Albumin zu überwiegen. Nach partieller Thyreoidektomie fand sich in einem geheilten Falle Senkung des Albuminwertes, in einem unbeeinflußt gebliebenen Fall blieb der hohe Albumingehalt. Tyroxinzufuhr soll die Serumalbuminwerte erhöhen[14].

Die Plasmaproteine bei einer großen Zahl heterogener Krankheiten[15].

Über die Rolle der Serumproteine im Wasserhaushalt des Organismus[16]: Im normalen Zustande ist der Quellungszustand der Serumeiweißkörper bei seinem Minimum, also beim Maximum der Entquellung[17]. — Für den Flüssigkeitsaustausch zwischen Blut und Gewebe, ebenso für die Harnbildung ist der Quellungsdruck der im Blut gelösten Eiweißkörper maßgebend. Diuretika setzen den Quellungsdruck der Serumeiweißkörper herab[18]. Letzteres wird aber auch bestritten[19].

Zur Aufrechterhaltung der Salzkonzentration im Blutplasma scheint das Globulin verantwortlich zu sein[20].

Über Wasser- und Ionenverteilung im Organismus[21].

[1] W. Akamatsu: Ber. Physiol. **35**, 482 (1926) — Chem. Zbl. **1926 II**, 1657.

[2] J. Reitstötter: Österr. Chem.Ztg **25**, 29 (1922) — Chem. Zbl. **1922 I**, 1055.

[3] W. Berger u. O. Galehr: Z. klin. Med. **105**, 154 (1927) — Chem. Zbl. **1927 I**, 2090.

[4] J. Ma: Mschr. Kinderheilk. **36**, 363 (1928) — Chem. Zbl. **1929 I**, 1031.

[5] C. Achard u. M. Hamburger: C. r. Acad. Sci. Paris **191**, 309 (1930) — Chem. Zbl. **1930 II**, 2911. — C. Achard, A. Grigaut u. A. Codounis: Bull. Soc. Chim. biol. Paris **12**, 417 (1930) — Chem. Zbl. **1930 II**, 1093.

[6] M. Kahn: Arch. int. Med. **25**, 112 (1920) — Chem. Zbl. **1920 III**, 22. — Ber. Physiol. **1**, 128.

[7] G. C. Lindner, C. Lundsgaard u. D. D. van Slyke: J. of exper. Med. **39**, 887. — G. C. Lindner, C. Lundsgaard, D. D. van Slyke u. E. Stillman: J. of exper. Med. **39**, 921 (1924) — Chem. Zbl. **1924 II**, 999.

[8] F. W. Schlutz, W. W. Swanson u. M. R. Ziegler: Amer. J. Dis. Childr. **36**, 756 (1928) — Chem. Zbl. **1930 I**, 2579.

[9] A. E. Kumpf: Arch. Pathology **11**, 335 (1931) — Chem. Zbl. **1931 II**, 2474.

[10] Loeper u. J. Tonnet: Progr. med. **47**, 397 (1920) — Chem. Zbl. **1921 I**, 926 — C. r. Soc. Biol. Paris **83**, 1139 (1920) — Chem. Zbl. **1920 III**, 529.

[11] R. B. Lloyd u. S. N. Paul: Indian J. med. Res. **16**, 203 (1928) — Chem. Zbl. **1928 II**, 1681 — Indian J. med. Res. **16**, 529 (1928) — Chem. Zbl. **1929 I**, 918.

[12] R. B. Lloyd, L. E. Napier u. S. N. Paul: Indian J. med. Res. **16**, 1065 (1929) — Chem. Zbl. **1930 I**, 1817.

[13] C. Vidal: C. r. Soc. Biol. Paris **103**, 347 (1930) — Chem. Zbl. **1930 I**, 3069.

[14] M. Loeper, A. Lemaire, A. Lesure u. J. Tonnet: C. r. Soc. Biol. Paris **101**, 856 (1929) — Chem. Zbl. **1930 I**, 1634.

[15] H. J. Wiener u. R. E. Wiener: Arch. int. Med. **46**, 336 (1930) — Chem. Zbl. **1931 I**, 478.

[16] B. S. Neuhausen: J. of biol. Chem. **51**, 435 (1922) — Chem. Zbl. **1922 III**, 451. — O. Schultz: Z. exper. Med. **31**, 221 (1922) — Chem. Zbl. **1923 I**, 1141. — R. Krüger u. S.-K. Liu: Z. exper. Med. **58**, 444, 456 (1927) — Chem. Zbl. **1928 I**, 1055. — S.-K. Liu: Z. exper. Med. **59**, 556, 569 (1928) — Chem. Zbl. **1928 I**, 2955.

[17] K. Spiro: Klin. Wschr. **2**, 1744 (1923) — Chem. Zbl. **1923 III**, 1288.

[18] A. Ellinger: Münch. med. Wschr. **67**, 1399 (1920) — Chem. Zbl. **1921 I**, 187.

[19] F. Faludi: Z. exper. Med. **62**, 242 (1928) — Chem. Zbl. **1928 II**, 2259.

[20] T. H. Milroy u. J. F. Donegan: Biochem. J. **13**, 258 (1919) — Chem. Zbl. **1920 I**, 182.

[21] H. Reichel: Biochem. Z. **127**, 322 (1921) — Chem. Zbl. **1922 I**, 1209.

Über die Vehikelfunktion der Serumeiweißkörper[1].

Die einzelnen Fraktionen des Serumeiweißes unterscheiden sich sowohl in ihrer Spezifität als in ihrer biologischen Aktivität. Mit einer Fraktion sensibilisierte Meerschweinchen reagieren nicht auf andere Fraktionen[2]. — Außer ihrer Fraktionsspezifität besitzen die einzelnen Eiweißkörper auch noch Artspezifität. Sie ist bei den leicht und schwer fällbaren Gruppen in gleicher Weise ausgeprägt. Für beide Spezifitäten sollen entsprechende chemische Gruppen im Molekül der Eiweißkörper anzunehmen sein[3].

Vergleich der Serumproteine mit anderen tierischen Eiweißstoffen: Mit dem durch NaCl-Extraktion aus Säugetierorganen gewonnenen Eiweiß scheint keine Verwandtschaft zu bestehen. Wohl dagegen mit dem Harneiweiß der Nephritiker[4].

Vergleich des Eiweißgehaltes, des Quotienten[5] und der physikalisch-chemischen Konstanten von Blut- und Exsudatplasmen[6].

Beziehungen zwischen Serumeiweiß und dem Eiweiß der serösen Ergüsse bei Lipoidnephrose[7].

Das Serumeiweiß ist mit dem Sputumeiweiß nicht identisch, wie sich aus den Unterschieden in der Gerinnungstemperatur und im physiologischen Verhalten ergibt[8].

Über die Identität der Eiweißstoffe von Kuh- und Ochsenserum und über den Vergleich der einzelnen Fraktionen der Eiweißstoffe aus Serum mit solchen aus Milch und Colostrum[9]. Bei der Acetylierung (s. Derivate) ergeben sich zwischen den Serumproteinen vom Pferd, Rind oder Huhn keine Unterschiede[10].

Blutsverwandtschaft von Tieren äußert sich in der Zusammensetzung der Proteine[11].

Derivate: Chemische Eingriffe in die Serumeiweißkörper lassen die Artspezifität bis auf geringe Reste verschwinden; es tritt dann eine neue chemische Spezifität auf. Bei den Halogenderivaten scheint die 3, 5-Dihalogen-Tyrosingruppe der Träger der neuen Spezifität zu sein[12].

Jodderivate: Jodiertes Serumeiweiß hat keine fördernde Wirkung auf die Ansprechbarkeit des Vagus oder Depressors[13].

Über die Veränderungen der physiologischen Eigenschaften von jodierten, nitrierten oder diazotierten Serumproteinen[14, 15].

Phosphorsäurederivat: Bei der Phosphorylierung des Serumeiweißes nach Rimington mit $POCl_3$ in Tetrachlorkohlenstoff[16] ergeben sich wesentliche Unterschiede im Phosphorgehalt für die einzelnen Fraktionen der Serumproteine. Die Globuline nehmen mehr Phosphorsäure auf als die Albumine. Im Vergleich mit den methylierten Serumproteinen liegen die für Phosphor ermittelten Werte niedriger als die Methoxylwerte. — Die Phosphorsäure soll esterartig mit den OH-Gruppen der Oxyaminosäuren verknüpft sein[17].

Methylderivate: Mit Diazomethanlösung erhält man verschiedene Derivate mit abgeänderten Eiweißeigenschaften[18]. Dabei verhält sich das nichtkoagulierte Serumeiweiß vom Pferd ähnlich wie das koagulierte Produkt[19].

Acetylderivate: Durch Acetanhydrid erhält man ebenfalls Serumproteine von abgeänderten Eigenschaften[18]. Die Serumeiweißkörper vom Pferd, Rind oder Huhn zeigen dabei keine

---

[1] H. Bennhold: Erg. inn. Med. **42**, 273 (1932).

[2] R. Doerr u. W. Berger: Z. Hyg. **96**, 191 (1922) — Chem. Zbl. **1922 III**, 1180.

[3] R. Doerr u. W. Berger: Z. Hyg. **96**, 258 (1922) — Chem. Zbl. **1922 III**, 1180.

[4] Salus: Biochem. Z. **60**, 1 (1914) — Chem. Zbl. **1914 I**, 1204.

[5] C. Achard u. A. Arcaud: C. r. Acad. Sci. Paris **189**, 510 (1929) — Chem. Zbl. **1930 I**, 90.

[6] K. Hartl u. W. Starlinger: Z. exper. Med. **60**, 289, 315 (1928) — Chem. Zbl. **1928 II**, 459/60.

[7] C. Achard, A. Boutaric u. A. Arcand: C. r. Acad. Sci. Paris **193**, 309 (1931) — Chem. Zbl. **1932 I**, 90.

[8] H. Roger u. Levy-Valensi: C. r. Soc. Biol. Paris **82**, 1132 (1919) — Chem. Zbl. **1920 I**, 298.

[9] H. E. Woodman: Biochem. J. **15**, 187 (1921) — Chem. Zbl. **1921 III**, 491.

[10] K. Landsteiner u. E. Prášek: Biochem. Z. **74**, 388 (1916) — Chem. Zbl. **1916 II**, 147.

[11] W. B. Thompson: J. of biol. Chem. **20**, 1 (1915) — Chem. Zbl. **1915 I**, 1130.

[12] A. Wormall: J. of exper. Med. **51**, 295 (1930) — Chem. Zbl. **1930 II**, 81.

[13] A. Oswald: Pflügers Arch. **166**, 169 (1916) — Chem. Zbl. **1917 I**, 328.

[14] Baehr u. Pick: Arch. f. exper. Path. **74**, 73 (1913) — Chem. Zbl. **1914 I**, 406.

[15] K. Landsteiner u. H. Lampe: Biochem. Z. **86**, 343 (1917) — Chem. Zbl. **1918 II**, 47.

[16] C. Rimington: Biochem. J. **21**, 272 (1927) — Chem. Zbl. **1927 II**, 442.

[17] H. K. Barrenscheen u. L. Messiner: Biochem. Z. **209**, 251 (1929) — Chem. Zbl. **1929 II**, 2207.

[18] K. Landsteiner: Biochem. Z. **58**, 362 (1913) — Chem. Zbl. **1914 I**, 897. — Herzig u. Landsteiner: Biochem. Z. **61**, 458 (1914) — Chem. Zbl. **1914 I**, 2058.

[19] J. Herzig u. K. Landsteiner: Mh. Chem. **39**, 269 (1918) — Chem. Zbl. **1918 II**, 630.

Unterschiede untereinander, wohl aber gegen andere Eiweißkörper (z. B. Edestin, Gelatine, Seidenfibroin). Der freie Amino-N der acetylierten Produkte ist stark zurückgegangen, die Millonsche Reaktion unsicher[1].

Aus Serumeiweiß erhält man durch Behandeln mit den Anhydriden oder Chloriden der verschiedensten organischen Säuren Produkte sehr beschränkter Spezifität[2].

Diazoderivate: Durch Kupplung von Serumeiweiß mit Diazokörpern wird die Artspezifität erheblich herabgesetzt[3]. Vgl. dazu [4].

Proteine des Harns.

(Vgl. Bence-Jonessches Protein und Harnmucin.)

Vorkommen und Eigenschaften: a) unter pathologischen Verhältnissen: Das Eiweiß aus Nephritikerharn ist biologisch verwandt mit dem Serumeiweiß und nicht mit dem löslichen Eiweiß der Nieren[5]. — Mittels der Präcipitinreaktion konnte in den gereinigten Harneiweißkörpern bei Nephritis Albumin, Euglobulin, Pseudoglobulin und in einem Falle Lebereiweiß nachgewiesen werden[6]. Bei der Nephritis von Hunden ist in den Frühstadien Leber- und auch Milzeiweiß nachzuweisen, die Eiweißausscheidung ist also nicht allein auf Erkrankung der Niere zurückzuführen[7]. Außerdem finden sich dialysable peptonähnliche Substanzen im Harn[6]. Bei einer bisher noch nicht beobachteten Form von Nephritis fand sich ein Albumin von hohem Seringehalt[8].

Bei Amyloidose und bei der Brightschen Nierenerkrankung werden Eiweißkörper von charakteristischen Unterschieden in der Zusammensetzung im Harn gefunden.

	Brightsche Niere %	Amyloid-Niere %
Ammoniak-N	7,79	8,78
Melanin-N	2,72	3,19
Arginin-N	11,72	10,77
Histidin-N	4,15	4,78
Cystin-N	0,08	0,33
Lysin-N	14,32	12,12
Amino-N des Basenfiltrats	58,40	60,63
Nichtamino-N des Basenfiltrats	1,94	0,79[9]

Das Harneiweiß ist nicht in allen Fällen mit dem Serumeiweiß identisch, vielleicht stammt es oft aus den Nierenzellen selbst[10].

Bei einem Fall von Stauungsniere wurde im Harn ein Eiweißgehalt gefunden, der den des Blutes wesentlich übertraf. Dieses Eiweiß enthielt etwa 83% Albuminfraktion und etwa 16% Globulinfraktion[11].

Aus dem Harn einer Patientin mit Magencarcinom und Lebermetastasen, aber keiner nachweisbaren Knochenmarkserkrankung wurde ein krystallinischer Eiweißkörper isoliert, der in seinen Eigenschaften dem von Grutterink und de Graaf[12] beschriebenen entsprach. Er ist unlöslich in Alkohol, schwer löslich in kaltem Wasser, sehr leicht löslich in heißem Wasser. Die üblichen Eiweißreaktionen sind positiv[13].

[1] K. Landsteiner u. E. Prášek: Biochem. Z. **74**, 388 (1916) — Chem. Zbl **1916 II**, 147.
[2] K. Landsteiner u. H. Lampl: Z. Immun.forschg **26 I**, 258 (1916) — Chem. Zbl. **1917 II**, 63.
[3] K. Landsteiner u. H. Lampl: Z. Immun.forschg **26 I**, 293 (1916) — Chem. Zbl. **1917 II**, 397.
[4] K. Landsteiner: Koninkl. Akad. van Wetensch. Amsterd., Wisk. en Natk.Afd. **31**, 54 (1922) — Chem. Zbl. **1922 I**, 1210.
[5] Salus: Biochem. Z. **60**, 1 (1914) — Chem. Zbl. **1914 I**, 1204.
[6] W. H. Welker, E. Andrews u. W. Thomas: J. amer. med. Assoc. **91**, 1514 (1928) — Chem. Zbl. **1929 I**, 3127.
[7] E. Andrews u. W. A. Thomas: J. amer. med. Assoc. **90**, 539 (1928) — Chem. Zbl. **1929 I**, 2438.
[8] P. Godfrin: J. Pharmacie **13**, 249 (1916) — Chem. Zbl. **1916 II**, 105.
[9] U. Sammartino: Biochem. Z. **133**, 85 (1922) — Chem. Zbl. **1923 III**, 167.
[10] A. C. Hollande: C. r. Soc. Biol. Paris **82**, 598 (1919) — Chem. Zbl. **1919 III**, 440.
[11] W. Stepp u. F. Peters: Dtsch. Arch. klin. Med. **153**, 53 (1926) — Chem. Zbl. **1927 I**, 1034.
[12] Grutterink u. de Graaf: Hoppe-Seylers Z. **34**, 393 (1901) — Chem. Zbl. **1902 I**, 673 — Hoppe-Seylers Z. **46**, 472 (1905) — Chem. Zbl. **1906 I**, 476.
[13] Schumm u. Kimmerle: Hoppe-Seylers Z. **92**, 1 (1914) — Chem. Zbl. **1914 II**, 798.

Bei Pneumothoraxpatienten konnte in vielen Fällen Eiweiß im Urin gefunden werden, für dessen Auftreten eine Erklärung nicht gegeben werden kann[1].

Bei cerebralen Blutungen kann es zur Elimination von 40—50 g Eiweiß im Liter kommen. Die Ursache liegt in den Nieren und ist auf Lähmung der Vasoconstrictoren zurückzuführen[2].

Die Albuminurie bei Skorbut ist auf lokale Nierenänderung zurückzuführen[3].

In einigen Eklampsiefällen wurde außer einem Eiweißkörper, dessen spezifische Drehung wie bei den meisten Schwangerschaftsalbuminurien[4] und Nierenstörungen anderer Art der des Serumalbumins glich, noch ein anderer Eiweißkörper gefunden, dessen spezifische Drehung der des Lactalbumins ähnelt. Hynd schließt daraus, daß das Eklampsieharneiweiß Lactalbumin ist, und die Erkrankung eine anaphylaktische Reaktion hierauf[5].

b) unter experimentellen Bedingungen: Nach Injektion arteigener autolysierter Produkte tritt minimale Albuminurie ein[6]. Ebenso bei subcutaner oder oraler Verabreichung von p-Jodguajacol an Kaninchen oder Hunde[7].

Nach Bestrahlung mit künstlicher Höhensonne kann Albuminurie auftreten[8].

Nach Klystieren von Eiereiweiß tritt bei Gesunden eine leichte Albuminurie auf, bei Eiweißkranken wird der Eiweißgehalt im Harn erhöht. Dabei reagiert das im Harn nachweisbare Eiweiß nicht mit spezifischem Hühnereiweißpräcipitin[9].

Der aus Leichen entnommene Harn enthält fast stets Eiweiß, um so mehr, je weiter die Verwesung fortgeschritten ist. Dieses Eiweiß stammt aus der Blasenwand und entspricht in seinen Eigenschaften dem pathologischen Albumin[10].

Das Eiweiß, das nach Giften die Nephritis erzeugen, von der japanischen Kröte ausgeschieden wird, soll Serumeiweiß und Niereneiweiß sein[11].

Physikalisches, chemisches und physiologisches Verhalten: Die aus Harneiweiß durch Fraktionieren gewonnenen Albumin- und Globulinfraktionen zeigen die Eigenschaften der entsprechenden Fraktionen aus Serumeiweiß. Bei verschiedenen pathologischen Zuständen zeigt sich ein Überschuß von Albumin gegenüber den aus dem Quotienten im Serum errechneten Werten[12]. — Wie aus serologischen Versuchen hervorgeht, ist aber das Harneiweiß keineswegs immer mit dem Serumeiweiß identisch[13], in einigen Fällen liegt Eiweiß aus den Nierenzellen selbst vor, bei Eklampsiealbuminurie wahrscheinlich Lactalbumin[14].

Arbeitsmethoden zur Fraktionierung der Harneiweißkörper[15, 16]. — Über den Nachweis von Albumin und Pseudoalbumin im Urin[17]. — Literaturübersicht[18].

Unterscheidung des Harneiweißes von Hühnereiweiß, Serumalbumin und Globulin[19].

Über die Bestimmung des Harneiweißes mit der Millonschen Reaktion[20].

---

[1] J. Gwerder u. J. H. Benzler: Dtsch. med. Wschr. **42**, 1318 (1916) — Chem. Zbl. **1916 II**, 1181.

[2] J. Sabrazès u. C. Massias: C. r. Soc. Biol. **88**, 115 (1923) — Chem. Zbl. **1923 III**, 260.

[3] A. Michaux: C. r. Acad. Sci. Paris **188**, 582 (1929) — Chem. Zbl. **1929 I**, 2897.

[4] L. F. Hewitt: Biochem. J. **21**, 1109 (1927) — Chem. Zbl. **1928 I**, 1543.

[5] A. Hynd: Lancet **209**, 910 (1925) — Chem. Zbl. **1926 I**, 1225.

[6] Simon: Biochem. Z. **57**, 337 (1913) — Chem. Zbl. **1914 I**, 165.

[7] J. Simon: Arch. Farmacol. sper. **16**, 317 (1913) — Chem. Zbl. **1914 I**, 166.

[8] J. Faber: Münch. med. Wschr. **64**, 511 (1917) — Chem. Zbl. **1917 I**, 1026. — E. Dotzel: Münch. med. Wschr. **64**, 797 (1917) — Chem. Zbl. **1917 II**, 188.

[9] A. C. Hollande u. H. Levart: J. of Pharmacol. **16**, 193 (1917) — Chem. Zbl. **1917 II**, 768.

[10] E. Albertario: Arch. Farmacol. sper. **25**, 330 (1915) — Chem. Zbl. **1918 II**, 832.

[11] T. Akutsu: Proc. imp. Acad. Tokyo **5**, 390 (1929) — Chem. Zbl. **1930 I**, 3071.

[12] M. Piettre: J. of Pharmacol. **3**, 97 (1926) — Chem. Zbl. **1926 II**, 2332.

[13] A. C. Hollande: C. r. Soc. Biol. Paris **82**, 598 (1919) — Chem. Zbl. **1919 III**, 440.

[14] A. Hynd: Lancet **209**, 910 (1925) — Chem. Zbl. **1926 I**, 1225.

[15] E. Cavazzini: Wien. klin. Wschr. **34**, 121 (1921) — Chem. Zbl. **1921 IV**, 8.

[16] A. Hiller: Proc. Soc. exper. Biol. a. Med. **24**, 385 (1927) — Chem. Zbl. **1927 II**, 1988.

[17] V. Zotier: Bull. Sci. pharmacol. **38**, 337, 413 (1931) — Chem. Zbl. **1932 I**, 1275.

[18] T. Geill: Klin. Wschr. **6**, 289 (1927) — Chem. Zbl. **1927 I**, 2090.

[19] A. C. Hollande, Lepeytré u. J. Gaté: J. of Pharmacol. **12**, 345 (1915) — Chem. Zbl. **1916 I**, 1200. — P. Godfrin: J. of Pharmacol. **14**, 257 (1916) — Chem. Zbl. **1917 I**, 139. — G. N. Peltrisot: J. of Pharmacol. **16**, 257, 299 (1917) — Chem. Zbl. **1918 I**, 663. — C. Barbe: Bull. Sci. pharmacol **25**, 118 (1918) — Chem. Zbl. **1918 II**, 75. — C. Pagel: Bull. Sci. pharmacol. **25**, 117 (1918) — Chem. Zbl. **1918 II**, 76. — P. Godfrin: J. of Pharmacol. **17**, 298, 326, 361, 389 (1918) — Chem. Zbl. **1918 II**, 478. — E. Justin-Mueller: J. of Pharmacol. **18**, 201 (1918) — Chem. Zbl. **1919 II**, 821. — G. Tellera: Boll. Chim. Farm. **58**, 291 (1919) — Chem. Zbl. **1919 IV**, 896.

[20] P. Fleury u. P. Delauney: J. Pharmacie **10**, 529 (1929) — Chem. Zbl. **1930 I**, 1836.

Proteine der Milch.
(Vgl. auch Caseinogen, Lactalbumin, Lactoglobulin.)

Zusammensetzung: Milcharten verschiedener Herkunft unterscheiden sich stark in der Zusammensetzung. So enthält z. B. Frauenmilch 0,7—1,5% Eiweiß, Kuhmilch dagegen 2,5—4%. Mit fortschreitender Lactation ändert sich der Eiweißgehalt[1]. Die Eiweißstoffe der Frauenmilch sind reicher an Tryptophan als die von Kuh- und Ziegenmilch[2].

Das Eiweiß der Hundemilch enthält 67% Casein, 15—25% Albumin und 15—25% Globulin[3].

In der Milch des Finnwals fanden sich in 100 ccm 1,995 g Gesamt-N, 8,2 g Casein, 3,566 g Albumin, 0,182 g Globulin[4].

Sowohl in Frauenmilch als auch in Kuhmilch findet sich abiureter Eiweiß-N, bei dem es sich nicht um abgebautes Albumin oder Caseinogen handelt[5].

Bei der Labgerinnung bemerkt man außer den Milchplättchen einen drahtförmigen Stoff, der die Millonssche Reaktion gibt. Dieses Protein weist gewisse Ähnlichkeiten mit dem Fibrin auf, ist aber nicht damit identisch. Vorkommen von Fibrin in der Milch muß als nicht normal angesehen werden[6].

Über die Abtrennung eines alkohollöslichen Proteines vom Caseinogen s. dort u. [7].

Die Hüllensubstanz Haptein der Fettkügelchen in der Milch besteht ebenfalls aus einem Eiweißstoff mit 12,056% N und einem auffallend hohen Cystingehalt von 5,336%. Mit Caseinogen ist dieser Eiweißstoff nicht identisch[8]. Dies wird von Titus und Mitarbeitern bestritten, die auf Grund des S-, P- und Tryptophangehaltes und der Präcipitinprobe ein dem Caseinogen zum mindesten nahe verwandtes Protein vermuten, wenn auch die Löslichkeit des Hülleneiweißes in Natronlauge geringer ist[9]. Während des Überganges von Colostrum in Milch finden auch Änderungen im Eiweißgehalt statt. So fällt z. B. das Globulin in logarithmischer Kurve ab, Caseinogen dagegen nicht[10]. Zusammensetzung des Kuhcolostrums[11].

Beim ostfriesischen Milchschaf sind anfangs mehr lösliche Eiweißstoffe als Caseinogen und mehr Globulin als Albumin vorhanden. Der Abbau der Eiweißstoffe verläuft im Anfang schnell, später gleichmäßig. Nach 3—4 Tagen soll das Colostrum in normale Milch übergegangen sein[12]. Dies wird auch von Burr bestätigt[13].

Die einzelnen Fraktionen sollen in Milch und Colostrum in ihrer Zusammensetzung übereinstimmen[14]. — Jedoch wird von anderen Forschern in der Colostralmilch mehr Tryptophan als in der Dauermilch gefunden[15].

Physikalisches und chemisches Verhalten: Über die Methodik der Fraktionierung der einzelnen Milchproteine[16]. Auch mit Natriumsulfat lassen sich scharfe Zonen bei der Fällung

---

[1] Meigs u. Marsh: J. of biol. Chem. **16**, 147 (1913) — Chem. Zbl. **1914 I**, 559.

[2] J. Tillmans u. A. Alt: Biochem. Z. **164**, 135 (1925) — Chem. Zbl. **1926 II**, 278. — O. Fürth: Biochem. Z. **169**, 117 (1926) — Chem. Zbl. **1926 II**, 922.

[3] W. Grimmer: Milchwirtsch. Zbl. **44**, 34 (1914) — Chem. Zbl. **1915 I**, 616.

[4] M. Takata: Tôhoku J. exper. med. **2**, 344 (1921) — Chem. Zbl. **1922 III**, 304 — Ber. Physiol. **12**, 178.

[5] A. Mader: Klin. Wschr. **1**, 1555 (1922) — Chem. Zbl. **1922 III**, 853.

[6] E. Hekma: Vereeniging tot Exploitatie eener Proefzuivelboerderej te Hoorn Jahresbericht **1921**, 1, 11 — Chem. Zbl. **1923 IV**, 467/8 — Vereeniging tot Exploitatie eener Proefzuivelboerderej te Hoorn Jahresbericht **1922**, 1 — Chem. Zbl. **1924 II**, 768.

[7] T. B. Osborne u. A. J. Wakeman: J. of biol. Chem. **33**, 243 (1917) — Chem. Zbl. **1919 I**, 38.

[8] K. Hattori: J. Pharm. Soc. Japan **1925**, Nr 516, 7 — Chem. Zbl. **1925 I**, 2737 — J. pharmac. Soc. Japan **49**, 54 (1929) — Chem. Zbl. **1929 II**, 360.

[9] R. W. Titus, H. H. Sommer u. E. B. Hart: J. of biol. Chem. **76**, 237 (1928) — Chem. Zbl. **1928 II**, 501.

[10] W. Grimmer: Milchwirtsch. Forschgn **2**, 31 (1924) — Chem. Zbl. **1925 II**, 1061 — Ber. Physiol. **30**, 517.

[11] H. Engel u. H. Schlag: Milchwirtschaftl. Forschgn **2**, 1 (1924) — Chem. Zbl. **1925 II**, 1054 — Ber. Physiol. **30**, 517.

[12] O. Mrozek u. H. Schlag: Milchwirtschaftl. Forschgn **5**, 134 (1927) — Chem. Zbl. **1928 II**, 1630.

[13] A. Burr: Landw. Jb. **68**, Erg.-Bd **1**, 176 (1928) — Chem. Zbl. **1929 I**, 163 — Landw. Jb. **68**, Erg.-Bd **1**, 178 (1928) — Chem. Zbl. **1929 I**, 163.

[14] C. Crowther u. H. Raistrick: Biochem. J. **10**, 434 (1916) — Chem. Zbl. **1917 I**, 99.

[15] J. Toshio: Z. Kinderheilk. **31**, 257 (1921) — Chem. Zbl. **1922 III**, 393 — Ber. Physiol. **12**, 476.

[16] C. Crowther u. H. Raistrick: Biochem. J. **10**, 434 (1916) — Chem. Zbl. **1917 I**, 99. — T. B. Osborne u. A. J. Wakeman: J. of biol. Chem. **33**, 7 (1917) — Chem. Zbl. **1919 I**, 38.

erreichen[1]. — Mit der Acetonmethode[2]. — Über den Einfluß von Formaldehyd auf die Fällung der Milchproteine[3].

Bei der Bestimmung des Molekulargewichts der Milchproteine nach The Svedberg ergibt sich die Inhomogenität derselben. Die hohen Molekulargewichtswerte scheinen erst durch die Reinigung hervorgerufen zu werden[4].

Die Hitzekoagulation der Molkenproteine[5] hat ihr Optimum bei $p_H = 4,5$. Die Zusammensetzung des Koagulums ist ebenfalls von der Wasserstoffionenkonzentration abhängig: Koagulation bei z. B. $p_H = 6,5$ gibt ein aschereicheres Produkt als Fällung beim Optimum[6]. — Molken aus gekochter Milch geben beim Kochen nur eine Trübung, die aus Phosphaten besteht. Wahrscheinlich sind die Molkenproteine gekochter Milch bereits vom ausgefallenen Gerinnsel mitgerissen worden[7].

Die Molkenproteine sind durch Hitzekoagulation nicht vollständig fällbar. Die Menge des hitzekoagulabelen N ist bei kurzer Labwirkung erheblich größer als bei langer Labeinwirkung. Das Molkeneiweiß ist gegen Verdauungsfermente verhältnismäßig resistent[8].

Über den N-Gehalt und den Tryptophangehalt[8] der Molke[9].

Bei den Niederschlägen der Milchproteine durch Kupfersalze besteht kein Gleichgewicht zwischen Proteinen und Kupfersalzen. An der Reaktion beteiligt sich nur das Kation, vom Anion finden sich nur Spuren im Niederschlag[10].

Über den Anteil der Milchproteine an der Magermilchtrübung[11]. — Zum Tyndall-Effekt der Milch[12].

Das Pufferungsvermögen des Molkeneiweißes ist sehr gering. Bei der Milch wird die Pufferung wahrscheinlich vom Caseinogen besorgt[13].

Schaumeigenschaften der Molkenproteine[14].

Verhalten gegen Fermente: Die Pepsinwirkung auf Milcheiweißkörper wird durch vorheriges Erhitzen der Proteine gehemmt. Die Proteine verschiedener Milcharten verhalten sich gegen Pepsin und auch gegen Pankreasfermente verschieden. Die Pepsinspaltung wird durch Elektrolyte in $^1/_4$ molaren Konzentrationen gefördert. 5 proz. Zusätze von Elektrolyten und Nichtelektrolyten hemmen die Hydrolyse. Die Bakterien der Kefir- und Yoghurtgärung fördern die Spaltung stark[15]. — Die Produkte der peptischen Verdauung üben Reizwirkung auf die Magenentleerung aus[16].

Die Wirkung von Pankreatin wird durch $^1/_4$ molare Zusätze von Elektrolyten und Nichtelektrolyten gefördert, von 5 proz. gehemmt[15]. Die tryptische Spaltung von Milcheiweiß geht bis zu Aminosäuren, peptisch-tryptische Verdauung macht aber nicht mehr Amino-N frei als tryptische allein[16].

Die in der Rohmilch vorkommenden Hefen greifen die Milcheiweißstoffe, namentlich das Caseinogen, stark an[17].

Über die Labwirkung s. Casein.

---

[1] P. E. Howe: J. of biol. Chem. **52**, 51 (1922) — Chem. Zbl. **1922 IV**, 1142.

[2] M. Piettre: C. r. Acad. Sci. Paris **178**, 333 (1924) — Chem. Zbl. **1924 I**, 1815.

[3] M. Mascré u. E. Bouchara: Bull. Soc. Chim. biol. Paris **12**, 994 (1930) — Chem. Zbl. **1930 II**, 2927.

[4] B. Sjögren u. The Svedberg: J. amer. chem. Soc. **52**, 3650 (1930) — Chem. Zbl. **1930 II**, 2787.

[5] B. Bleyer u. S. Diez: Milchwirtschaftl. Forschgn **2**, 91 (1925) — Chem. Zbl. **1925 II**, 1494 — Ber. Physiol. **31**, 21.

[6] Y. Okuda u. H. F. Zoller: J. Ind. a. Engin Chem. **13**, 515 (1921) — Chem. Zbl. **1921 III**, 794.

[7] N. L. Cosmovici: C. r. Soc. Biol. Paris **91**, 649 (1924) — Chem. Zbl. **1924 II**, 2301.

[8] W. Grimmer, C. Kurtenacker u. R. Berg: Biochem. Z. **137**, 465 (1923) — Chem. Zbl. **1923 III**, 1103.

[9] N. L. Cosmovici: C. r. Soc. Biol. Paris **92**, 20 (1925) — Chem. Zbl. **1925 I**, 1374.

[10] A. J. J. Vandervelde: Rec. Trav. chim. Pays-Bas et Belg. (Amsterd.) **42**, 620 (1923) — Chem. Zbl. **1923 III**, 1088.

[11] O. Gerngroß u. M. E. Schulz: Milchwirtsch. Forschgn **11**, 118 (1930) — Chem. Zbl. **1931 I**, 3735.

[12] A. Schneck u. G. Schlenz: Milchwirtsch. Forschgn **11**, 344 (1931) — Chem. Zbl. **1931 I**, 3188.

[13] F. Müller: Z. Kinderheilk. **35**, 285 (1923) — Chem. Zbl. **1924 I**, 1401 — Ber. Physiol. **21**, 24.

[14] P. N. Peter u. R. W. Bell: Ind. Chem. **22**, 1124 (1930) — Chem. Zbl. **1931 I**, 1378.

[15] A. Gabathuler: Fermentforschg **3**, 81 (1920) — Chem. Zbl. **1920 I**, 344.

[16] S. Rosenbaum: Jb. Kinderheilk. **97**, 147 (1922) — Chem. Zbl. **1922 III**, 564.

[17] E. Trüper: Milchwirtsch. Forschgn **6**, 351 (1928) — Chem. Zbl. **1928 II**, 1276.

Verhalten gegen Bakterien: Von echten Milchsäureerregern wird das Milcheiweiß nicht zersetzt. — Durch Bakterien der Coli-Typhus-Paratyphus-(Salmonella-)Gruppe werden die Eiweißkörper der Milch teils zu widerlich riechenden Peptonkörpern, teils zu Aminosäuren und stark riechenden Produkten (Fettsäuren, Mercaptane, Skatol) gespalten[1].

Streptococcus lactis kann — besonders seine Kulturen aus Butter — proteolytische Aktivität in Milch zeigen[2].

Über den Abbau von Milcheiweiß durch Caseicoccus Gor., Gastrococcus Gor., Mammococcus und Bacillus acidificans praesamigenes casei Gor.[3].

Physiologisches: Die Aminosäuren des Blutes dienen zum Aufbau des Milcheiweißes. So wird z. B. bei milchenden Kühen der Aminosäure-N in der Eutervene um 16—34% geringer gefunden als in der Jugularvene. Während bei nichtmilchenden Kühen an beiden Stellen die gleichen Werte gefunden werden[4].

Die Aminosäuren werden nicht restlos zur Bildung des Colostrums oder der Milch verbraucht. Ihre Auswahl ist artspezifischen Gesetzmäßigkeiten unterworfen[5].

Weiteres über den Ursprung der Milcheiweißkörper[6].

Von den gebildeten Eiweißkörpern steht nur das Lactoglobulin dem Globulin des Serums sehr nahe; dagegen ist das Milch- und Colostrumalbumin vom Rinderblutalbumin sehr verschieden[7].

Über das serologische Verhalten von Milcheiweiß in gekochtem und ungekochtem Zustande[8]. — Die anaphylactogene Komponente des Milcheiweißes verliert durch Erhitzen nicht ihre Wirksamkeit[9]. Dies scheint indes nur für das Caseinogen zuzutreffen, denn beim Molkeneiweiß werden durch die Hitzewirkung die antigenen Eigenschaften verändert[10].

Weiteres zur serologischen Reaktionsfähigkeit der Milch[11].

Proteine der Eier.
(Vgl. dazu Ovalbumin, Ovoglobulin, Ovovitellin, Ovomucin, Ovomucoid.)

Zusammensetzung: Rohes Hühnereiweiß enthält etwa 15—16% Trockensubstanz und 0,41—0,60% Asche. Der Albumingehalt beträgt 14,26—15,34%. Die Asche setzt sich zusammen aus 30% K_2O, 30% Na_2O, 25—30% Cl, 4—5% P_2O_5, 1—2% SO_3, 2—2,5% MgO, 2—2,5% CaO, 0,4—0,6% Fe_2O_3, 1% SiO_2[12]. Vgl. dazu auch[13]. — Der mittlere Kupfergehalt des Eiweißes beträgt 0,00056%. Er ist durch Verfütterung von Kupfer nicht zu steigern[14].

Über die Bestimmung der N-Verteilung im Eiereiweiß[15].

$^1/_6$ des Gesamt-S im Eiereiweiß ist lose gebundener Sulfid-S = 0,266%[16].

Der Cystingehalt wird durch Jodattitration zu 2,01% ermittelt[17]. Außer dem Cystin müssen noch andere S-Verbindungen im Eiereiweiß enthalten sein[18].

---

[1] F. Zaribnicky u. F. Münchberg: Milchwirtschaftl. Forschgn **3**, 404 (1926) — Chem. Zbl. **1927 II**, 1105 — Ber. Physiol. **39**, 782. — F. Zaribnicky u. F. Weigner: Milchwirtschaftl. Forschgn **3**, 432 (1926) — Chem. Zbl. **1927 II**, 1106 — Ber. Physiol. **39**, 782. — F. Zaribnicky u. A. Staffe: Milchwirtschaftl. Forschgn **5**, 361 (1928) — Chem. Zbl. **1928 II**, 1631.

[2] L. D. Anderegg u. B. W. Hammer: J. Dairy Sci. **12**, 114 (1929) — Chem. Zbl. **1929 II**, 314.

[3] A. Janoschek: Milchwirtsch. Forschgn **11**, 330 (1931) — Chem. Zbl. **1931 I**, 3068.

[4] C. A. Cary: J. of biol. Chem. **43**, 477 (1920) — Chem. Zbl. **1921 I**, 44.

[5] A. Mader: Z. Kinderheilk. **36**, 127 (1923) — Chem. Zbl. **1924 II**, 356 — Ber. Physiol. **24**, 27.

[6] D. Pacchioni: Scritti in onore a Carlo Comba nel 25 del suo insegnamento **1929**, 203 — Chem. Zbl. **1931 I**, 2950.

[7] C. Crowther u. H. Raistrick: Biochem. J. **10**, 434 (1916) — Chem. Zbl. **1917 I**, 99.

[8] A. Versell: Z. Immun.forschg **24 I**, 267 (1915) — Chem. Zbl. **1916 I**, 311.

[9] F. Eisenberger: Z. Immun.forschg **36 I**, 291 (1923) — Chem. Zbl. **1923 III**, 167.

[10] O. J. Cutler: J. amer. med. Assoc. **92**, 964 (1929) — Chem. Zbl. **1929 II**, 361.

[11] M. Dehio: Z. Immun.forschg **70**, 58 (1931) — Chem. Zbl. **1931 I**, 3188.

[12] M. Rakusin: J. Russ. Phys. Chem. Ges. **47**, 1050 (1915) — Chem. Zbl. **1916 I**, 1032.

[13] J. Straub u. Mitarbeiter: Rec. Trav. chim. Pays-Bas et Belg. (Amsterd.) **48**, 49 (1929) — Chem. Zbl. **1929 II**, 902.

[14] C. A. Elvehjen, A. R. Kemmerer, E. B. Hart u. J. G. Halpin: J. of biol. Chem. **85**, 89 (1929) — Chem. Zbl. **1930 I**, 1170.

[15] R. H. A. Plimmer u. J. L. Rosedale: Biochem J. **19**, 1015 (1925) — Chem. Zbl. **1926 II**, 77.

[16] W. D. Treadwell u. W. Eppenberger: Helvet. chim. Acta **11**, 1035 (1928) — Chem. Zbl. **1929 I**, 2908.

[17] Y. Teruuchi u. L. Okabe: J. of Biochem. **8**, 459 (1928) — Chem. Zbl. **1928 I**, 2850.

[18] R. H. A. Plimmer u. J. Lowndes: Biochem. J. **21**, 247 (1927) — Chem. Zbl. **1927 II**, 145.

Durch Xanthoproteincolorimetrie ermittelt sich für das Eiereiweiß der Tyrosingehalt zu 4—5% [1].

Der Tryptophangehalt des Gesamteiereiweißes, mit der Komm schen Aldehydreaktion bestimmt, beträgt 1,25% [2], bei der Blaufärbung mit Ehrlichs Reagens 1,11% [3].

Über die Änderungen im Aminosäuregehalt während der Bebrütung [4].

Im Eiereiweiß ist eine Biose aus Glukosamin und Mannose vorhanden [5]. Vgl. dazu auch [6].

Nach der Orcinmethode findet man im Eiereiweiß einen Zuckergehalt von mindestens 5,1%. Die Werte sind abhängig von der Art der Darstellung und der Reinigung [7].

Cholesteringehalt des Eiereiweißes [8].

Physikalisches und chemisches Verhalten: Aus dem S-Gehalt (s. Zusammensetzung) errechnet sich für das Eiereiweiß ein Molgewicht von etwa 12000 [9].

Die spezifische Drehung von rohem Eiereiweiß beträgt $[\alpha]_D = -39,73°$. Durch positive Adsorption (Al_2O_3) und negative (Gelatine) lassen sich Fraktionen verschiedener Drehung erhalten [10, 11].

Die Dichte des Roheiweißes ist $D^{15} = 1,0459-1,0515$ [11].

Die Wasserstoffionenkonzentration des Eiweißes ist bei frisch gelegten Eiern $p_H = 6,36$, die Reaktion wird aber dann alkalisch bis $p_H = 9,6$ [12]. Vgl. auch [13].

Dielektrizitätskonstante [14].

Die Farbreaktion mit 2,4-m-Dinitrostilben ist bei Eiereiweiß negativ [15].

Kolloidchemisches: Eiereiweiß setzt die Oberflächenspannung von wässerigen Phenollösungen herab [16].

Plastizitätsmessungen [17].

Das Eiweiß übt einen fördernden Einfluß auf die oxydativen und katalytischen Eigenschaften von Metallen aus [18].

Setzt man Eiereiweiß bei Zimmertemperatur einem hydrostatischen Druck von 7000 Atmosphären aus, so erfolgt Koagulation [19]. — Beim Stehen von sterilem Eiereiweiß findet spontane Gerinnung statt. Nach Verdünnung mit 4 Volumen Wasser tritt bei 110—120° keine Koagulation ein. Das Eiweiß hat also eine strukturelle Änderung erlitten, die ein vom nativen Eierklar stark abweichendes Verhalten bedingt [20]. Über die Wiederdispergierung mit NaOH zu „Enhydronen" und Umwandlung durch Wärme in „Ekhydronen" [21].

Beim Kochen von Eiereiweiß wird Schwefel aus dem Molekül abgespalten, so daß sich beim Hartkochen der Eier an der Außenseite des Eigelbs Ferrosulfid bildet [22]. Das hitzekoagulierte Eiereiweiß gibt die Nitroprussidreaktion [23]. Die Fällbarkeit von Eiereiweiß mit Ammonsulfat wird durch Wärme oder ultraviolette Strahlen beeinflußt [24].

[1] J. Tillmans, P. Hirsch u. F. Stoppel: Biochem. Z. **198**, 379 (1928) — Chem. Zbl. **1928 II**, 1916.

[2] E. Komm: Hoppe-Seylers Z. **156**, 161, 202 (1926) — Chem. Zbl. **1926 II**, 2094.

[3] C. E. May u. E. R. Rose: J. of biol. Chem. **54**, 213 (1922) — Chem. Zbl. **1923 I**, 770.

[4] R. H. A. Plimmer u. J. Lowndes: Biochem. J. **21**, 254 (1927) — Chem. Zbl. **1927 II**, 101.

[5] S. Fränkel u. C. Jellinek: Biochem. Z. **185**, 392 (1927) — Chem. Zbl. **1927 II**, 1152.

[6] G. B. Zanda: Biochimica e Ter. sper. **12**, 350 (1925) — Chem. Zbl. **1926 I**, 3402 — Ber. Physiol. **34**, 20.

[7] J. Tillmans u. K. Philippi: Biochem. Z. **215**, 36 (1929) — Chem. Zbl. **1930 I**, 1662.

[8] W. N. Nekludow: Biochem. Z. **232**, 50 (1931) — Chem. Zbl. **1931 I**, 3021.

[9] W. T. Treadwell u. W. Eppenberger: Helvet. chim. Acta **11**, 1035 (1928) — Chem. Zbl. **1929 I**, 2908.

[10] M. Rakusin: J. Russ. Phys.-Chem. Ges. **47**, 144 (1915) — Chem. Zbl. **1916 I**, 797.

[11] M. Rakusin: J. Russ. Phys.-Chem. Ges. **47**, 1050 (1915) — Chem. Zbl. **1916 I**, 1032.

[12] D. J. Healy u. A. M. Peter: Amer. J. Physiol. **74**, 363 (1925) — Chem. Zbl. **1926 I**, 3069.

[13] P. F. Sharp u. R. Whitaker: J. Bacter. **14**, 17 (1927) — Chem. Zbl. **1928 II**, 1398.

[14] R. Fürth: Ann. Physik **70**, 63 (1923) — Chem. Zbl. **1923 III**, 336.

[15] E. Abderhalden, E. Komm u. E. Roßner: Hoppe-Seylers Z. **140**, 99 (1924) — Chem. Zbl. **1924 II**, 2757.

[16] L. Berczeller: Biochem. Z. **66**, 191 (1914) — Chem. Zbl. **1915 I**, 264.

[17] J. L. S. John u. E. L. Green: J. Rheology **1**, 484 (1930) — Chem. Zbl. **1931 I**, 2180.

[18] M. Galwialo u. R. Dobrotworskaja: Biochem. Z. **207**, 146 (1929) — Chem. Zbl. **1929 II**, 1166.

[19] P. W. Bridgman: J. of biol. Chem. **19**, 511 (1914) — Chem. Zbl. **1915 I**, 1126.

[20] E. Lagrange: C. r. Soc. Biol. Paris **98**, 1527 (1928) — Chem. Zbl. **1928 II**, 1574.

[21] A. Fodor: Kolloid-Z. **32**, 103 (1923) — Chem. Zbl. **1923 III**, 936.

[22] C. K. Tinkler u. M. C. Soar: Biochem. J. **14**, 114 (1920) — Chem. Zbl. **1920 IV**, 91.

[23] L. J. Harris: Proc. roy. Soc. Lond. B. **94**, 426 (1923) — Chem. Zbl. **1923 III**, 69.

[24] F. Schanz: Pflügers Arch. **164**, 445 (1916) — Chem. Zbl. **1916 II**, 670.

Mit Aluminium-, Chrom- und Eisenalaun ist die vollständige Fällung der Proteine des Eierklars möglich[1].

Essigester flockt Eiereiweiß noch in Verdünnungen von 1:10000[2]. Über das Verhalten von Eiereiweiß gegen eine Reihe gebräuchlicher Fällungsmittel und über die Beeinflussung der Fällbarkeit durch andere Proteine[3]. — Flockung und Fraktionierung mit Aceton[4].

Die Spinnfähigkeit von Eiereiweiß stellt eine charakteristische Größe dar; sie nimmt bei fallender Temperatur stark zu, geringe Menge Laugen oder Salzlösungen bewirken starke Abnahme der Spinnfähigkeit[5]. Es werden daher fadenförmige Gebilde in der Flüssigkeit angenommen. Diese Strukturen werden durch Schaumschlagen zerstört. Die Hitzegerinnung eines Eierklarfadens ergibt ein fibrillär gebautes Koagulum[6].

Eiweiß von in physiologischer NaCl-Lösung gekochten Hühnereiern quillt in $^1/_7$ n-NaCl- und KCl-Lösungen wenig. Bei steigender Konzentration findet Abnahme der Imbibition statt. $CaCl_2$-Lösung ruft erst in höheren Konzentrationen Gewichtszunahme unter gleichzeitiger Veränderung des Eiweißes hervor. In physiologischen $NaCl$-KCl-$CaCl_2$-Lösungen mit Zusatz von HCl besteht bei $p_H = 3,0$ ein Quellungsminimum. Durch Nichtelektrolyte wird die Quellung beeinflußt[7].

Bei der Oxydation von Hühnereiweiß mit konzentrierter HNO_3 erhält man Methylsulfosäure, Oxalsäure, p-Nitrobenzoesäure, Benzoesäure, Terephthalsäure, Trinitrophenol[8].

Verhalten gegen Fermente: Pepsin: Der Quotient $HCl:NH_2$ bei der Magenverdauung (Hund) beträgt bei gekochtem Eiereiweiß konstant 3,79[9]. — Die elektrische Leitfähigkeit einer mit Pepsin versetzten Eiereiweißlösung nimmt mit der Zeit zu, um so schneller, je mehr Pepsin anwesend ist[10].

Bei der Pepsinverdauung von koaguliertem Eiereiweiß spielt die vorherige Erhitzungszeit keine Rolle[11]. Im Magen verschiedener Tiere ergab sich aber eine starke Abhängigkeit der Verdauungsgeschwindigkeit von der Kochdauer[12].

Über den Einfluß des Formaldehyds auf die peptische Verdauung[13].

Über die Geschwindigkeit der peptischen Verdauung durch verschiedene Pepsinpräparate[14]. — Über die Verdauung von Eiereiweiß im Magen von Carnivoren und Omnivoren[15]. — Wirkung von Froschpepsin auf Eiereiweiß[16].

Ein durch Pepsinwirkung auf hydrolysiertes Eiereiweiß hergestelltes Plastein kann bei Mäusen Eiereiweiß als einzige N-Quelle ersetzen[17].

Die peptischen Verdauungsprodukte des Eiereiweißes haben einen fördernden Einfluß auf die Zellvermehrung (Fibroplasten)[18].

Bildung eines Amylasenkomplements durch Pepsinwirkung auf Eiereiweiß[19].

Lab wird von Eiereiweiß nur wenig adsorbiert[20].

[1] H. Wunschendorff: Bull. Soc. Chim. biol. Paris 8, 184, 192 (1926) — Chem. Zbl. 1926 I, 3402.
[2] A. Marie: Ann. Inst. Pasteur 34, 159 (1920) — Chem. Zbl. 1920 IV, 3.
[3] F. Böhm: Biochem. Z. 187, 84 (1927) — Chem. Zbl. 1927 II, 1857.
[4] M. Piettre: C. r. Acad. Sci. Paris 178, 91 (1923) — Chem. Zbl. 1924 I, 1216.
[5] J. Jochims: Kolloid-Z. 43, 461 (1927) — Chem. Zbl. 1928 I, 892.
[6] J. Jochims: Biochem. Z. 203, 142 (1928) — Chem. Zbl. 1929 I, 2515.
[7] L. Emerique: Ann. de Physiol. 1928, 251 — Chem. Zbl. 1929 II, 435.
[8] C. T. Mörner: Hoppe-Seylers Z. 93, 175 (1914) — Chem. Zbl. 1915 II, 663 — Hoppe-Seylers Z. 95, 263 (1915) — Chem. Zbl. 1916 I, 985.
[9] C. Schwarz: Pflügers Arch. 168, 135 (1917) — Chem. Zbl. 1917 II, 236.
[10] J. H. Northrop: J. gen. Physiol. 2, 113 (1919) — Chem. Zbl. 1920 IV, 315.
[11] E. G. Young u. J. G. Macdonald: Trans. Roy. Soc. Canada 21 V, 385 (1927) — Chem. Zbl. 1928 II, 71.
[12] E. Mangold: Klin. Wschr. 8, 1997 (1929) — Chem. Zbl. 1930 I, 704.
[13] F. Johannessohn: Biochem. Z. 83, 28 (1917) — Chem. Zbl. 1917 II, 689.
[14] J. Smorodinzew u. A. Adowa: Hoppe-Seylers Z. 182, 1 (1929) — Chem. Zbl. 1929 II, 896. — Hoppe-Seylers Z. 183, 133 (1929) — Chem. Zbl. 1930 I, 239.
[15] H. Meyer: Z. vergl. Phyiol. 10, 712 (1929) — Chem. Zbl. 1930 II, 2669.
[16] N. P. Pjatnitzky: Hoppe-Seylers Z. 199, 231 (1931).
[17] H. H. Beard: J. of biol. Chem. 71, 477 (1927) — Chem. Zbl. 1927 I, 2333.
[18] L. E. Baker u. A. Carrel: J. of exper. Med. 47, 353 (1928) — Chem. Zbl. 1928 I, 2947.
[19] H. Pringsheim u. G. Otto: Biochem. Z. 173, 399 (1926) — Chem. Zbl. 1926 II, 1425. — H. Pringsheim u. M. Winter: Biochem. Z. 177, 406 (1926) — Chem. Zbl. 1927 I, 461. — H. Pringsheim: Z. angew. Chem. 39, 1454 (1926) — Chem. Zbl. 1927 I, 462.
[20] B. E. French: Proc. Soc. exper. Biol. a. Med. 23, 765 (1926) — Chem. Zbl. 1927 I, 1685.

Trypsin: Das native Hühnereiweiß zeigt starke antitryptische Wirkung, die hauptsächlich an die Globulinfraktion gebunden ist. Durch Extraktion mit organischen Lösungsmitteln läßt sich die Hemmungswirkung beseitigen[1].

Die Spaltung des Eiereiweißes durch Pepsin, Trypsin und Erepsin unter verschiedenen Bedingungen liefert stets Produkte, die durch Salzsäure noch weiter zu spalten sind[2].

Die tryptische Spaltung von Eiereiweiß liefert ebenso wie die Barytspaltung (s. Zusammensetzung) eine Biose, die aus Glucosamin und Mannose zusammengesetzt ist[3].

Verhalten gegen Bakterien: Aerobe, fakultativ anaerobe und fäulniserregende anaerobe Bakterien (Bacillus subtilis, B. anthracis, B. pyocyaneus, B. prodigiosus, B. proteus vulgaris, B. proteus mirabilis, Bacillus Z, B. coli communis, B. typhi, B. pullorum, Staphylococcus pyogenes aureus; B. putrificus, B. anthracis symptomatici, B. edematis maligni) zersetzen das native Eiereiweiß nicht, wohl aber in Gegenwart eines anderen N-haltigen Materials (Pepton), wahrscheinlich erzeugen die Bakterien während ihres Wachstums ein Ferment[4].

Der Bacillus mycoides var. ovoaethylicus (Gayon) nov. spec., der die alkoholische Gärung des Hühnereis bewirkt, erzeugt tryptische Enzyme, die das Eiweiß zu Peptonen und Polypeptiden abbauen; Aminosäuren entstehen dabei nicht[5]. — Über die Schwarzfäule der Eier[6].

Die baktericide Wirkung des Eiereiweißes nimmt mit dem Alter der Eier ab; bei großen Mengen von Mikroorganismen kommt sie überhaupt nicht deutlich zur Geltung[7]. Die keimtötende Wirkung des Eiereiweißes ist von der p_H abhängig. Während der Lagerung frischer Eier steigt p_H auf 9,5. Damit werden Keime von Mikroorganismen, die unmittelbar nach dem Legen der Eier wirksam sein könnten, abgetötet. Erhitzen hebt die baktericide Wirkung auf[8].

Physiologisches: Über die Zunahme des Aminostickstoffs in den einzelnen Elementen des Hühnereies während der Entwicklung. Zugeführte Aminosäuren werden in den Stoffwechsel mit einbezogen[9].

Ernährung: Rohes Eiereiweiß ist schlecht verdaulich. In größeren Mengen in den Magen eingeführt, verursacht es Diarrhöe bei Menschen, Hunden, Ratten und Kaninchen. Seine Ausnutzung beträgt nur 50—70%. Durch Hitzekoagulation wird es vorzüglich verdaulich, ebenso durch vorherige Behandlung mit Fällungsmitteln oder partielle Spaltung mit Säuren, Alkalien und Fermenten. An der schlechten Verdaulichkeit ist nicht die physikalische Beschaffenheit, sondern vielleicht die chemische oder ein Gehalt an Antifermenten maßgebend. Namentlich die Albuminfraktion scheint unverdaulich zu sein[10]. Vgl. dazu auch Anm. [15], S. 102.

Die Schädigung des Nährwertes, die beim Trocknen von rohem Eierklar eintritt, beruht auf Bildung einer toxischen Substanz, die nicht von den Proteinen abstammen soll. (S. auch die einzelnen Fraktionen des Eiereiweißes.)[11]

Bei der Verfütterung von Eiereiweiß steigt die NH_3-Menge im Harn[12] und die Menge des Harnstoff-N im Blute und im Harn, aber nicht die des Aminosäure-N[13].

Bei ausschließlicher Ernährung mit Eiereiweiß sterben Ratten schnell an akuter Vergiftung des Zentralnervensystems oder langsam an Abzehrung. Die mittlere Dauer des Überlebens beträgt dabei etwa 8 Tage, der Gewichtsverlust beim Tode 31%[14]. Über proteinogene Toxikosen bei Mäusen, Ratten, Tauben[15].

Über die angebliche Unzulänglichkeit des Eiereiweißes[16].

[1] Sugimoto: Biochem. Z. **58**, 65 (1913) — Chem. Zbl. **1914 I**, 404.

[2] A. C. Andersen: Biochem. Z. **70**, 344, 367 (1915) — Chem. Zbl. **1915 II**, 745.

[3] S. Fränkel u. C. Jellinek: Biochem. Z. **185**, 392 (1927) — Chem. Zbl. **1927 II**, 1152.

[4] J. A. Sperry u. L. F. Rettger: J. of biol. Chem. **20**, 445 (1915) — Chem. Zbl. **1915 II**, 482.

[5] R. J. Wagner: Z. Unters. Nahrgsmitt. usw. **31**, 233 (1916) — Chem. Zbl. **1916 II**, 24.

[6] R. M. Bohart: Amer. J. Hyg. **11**, 168 (1930) — Chem. Zbl. **1930 I**, 2026.

[7] A. Kossowicz: Wien. tierärztl. Mschr. **3**, 390 (1916) — Chem. Zbl. **1917 I**, 421.

[8] P. F. Sharp u. R. Whitaker: J. Bacter. **14**, 17 (1927) — Chem. Zbl. **1928 II**, 1398.

[9] A. E. Scharpenak: J. of exper. biol. Med. **13**, A. Nr 39, 78, 83 (1930) — Chem. Zbl. **1931 I**, 2356.

[10] W. G. Bateman: J. of biol. Chem. **26**, 263 (1916) — Chem. Zbl. **1917 I**, 664.

[11] M. A. Boas-Fixsen: Biochemic. J. **25**, 596 (1931) — Chem. Zbl. **1932 I**, 832

[12] D. Lo Monaco: Arch. Farmacol. sper. **21**, 121 (1916) — Chem. Zbl. **1916 II**, 22.

[13] J. Bang: Biochem. Z. **74**, 278 (1916) — Chem. Zbl. **1916 II**, 99.

[14] F. Maignon: C. r. Acad. Sci. Paris **166**, 919, 1008 (1918) — Chem. Zbl. **1918 II**, 744/5.

[15] L. A. Tscherkes: Biochem. Z. **182**, 35 (1927) — Chem. Zbl. **1927 II**, 711.

[16] M. A. Boas: Biochem. J. **18**, 422 (1924) — Chem. Zbl. **1924 II**, 1815 — Biochem. J. 18, 1322 (1924) — Chem. Zbl. **1925 II**, 58.

Die permanent-intravenöse Injektion von Hühnereiweiß hat bei Ziegen, Kälbern und Truthähnen baldigen Tod zur Folge[1]. — Einmalige Injektion erweist sich an Kaninchen fast ungiftig, bei Wiederholung tritt aber Anaphylaxie ein[2]. Die Spaltprodukte mit Natronlauge sowie die Koagula aus den NaOH-Hydrolysaten durch Säure oder Alkohol bewirken Blutdrucksenkung und Atmungsstörungen am Kaninchen[3].

Nach Injektion von Eiereiweiß erfolgt zunächst ein günstiges Exzitationsstadium, bei weiteren Injektionen Schädigung durch Abnehmen des Körpergewichts, der Urinmenge, der Alkalität, des Ca und Cl, durch Auftreten von Albuminurie und durch Vermehrung des freien NH_3[4].

Das Eiereiweiß enthält 5 verschiedene Antigene, das Antiserum des gesamten Eiereiweißes reagiert wohl mit Blutalbumin, nicht aber mit den anderen Blutproteinen. Die Reaktion ist durch das Conalbumin bedingt[5].

Eiereiweiß ist noch nach Behandlung mit 2 proz. hexylresorcincarbonsaurem Na imstande, Meerschweinchen zu sensibilisieren[6].

Über biologische Unterscheidung von Hühner- und Enteneiweiß[7].

Eiereiweiß verengert die Kranzgefäße der isolierten Katzen- und Kaninchenherzen[8].

Eiereiweiß verstärkt und verlängert an der Hornhaut von Meerschweinchen und Kaninchen die lokalanästhetisierende Wirkung von Cocain, Tropacocain, Eucain B, Alypin, Stovain, Psicain, Tutocain und Novocain[9]. Vgl. dazu auch S. 128, Anm. [15].

Proteine der Nervensubstanz.

Zusammensetzung: Aus dem Eiweiß der Nervensubstanz konnte Normal-d-α-Aminocapronsäure isoliert werden[10].

Im Zentralnervensystem sind mindestens 3 verschiedene Eiweißkörper vorhanden: 1. ein wasser- und salzlöslicher, der 5% der trockenen Gehirnsubstanz ausmacht. Er enthält Phosphor und Eisen. Durch Ammonsulfat oder Erwärmen wird er im zunehmenden Maße gefällt. Durch Säuren kann er leicht hydrolysiert werden. — 2. Ein P- und Fe-haltiges Protein, das zu 10% im Trockenhirn enthalten ist. Durch Säuren wird es schwerer zersetzt, als das unter 1 beschriebene Protein. 3. Ein Protein, das das Stützgewebe bildet, es ist zu 20% der trockenen Hirnsubstanz vorhanden, und ist in Salzen, Säuren und Alkalien unlöslich. — Bei Menschen und verschiedenen untersuchten Tieren wurden die gleichen Proteine gefunden[11].

Die Eiweißstoffe des Großhirns enthalten 1—(+ Isoleucin)[12].

Eigenschaften: Die Proteine des Gehirns vermögen Guanidin und Alkaloide zu binden bei einem p_H, das höher als 4 liegt[13]. — Über die Bindung von Magnesium und Brom an die Eiweißstoffe des Gehirns und schlaferregende Wirkung dieser Substanzen vgl. [14].

Proteine der Augenlinsen.

Vorkommen: Das Augenlinsenprotein konnte festgestellt werden in den Augen von Ochsen, Hammeln, Pferden, Schweinen, Kaninchen, Kühen, Tintenschnecken und auch in menschlichen Augen[15].

---

[1] Henriques u. Andersen: Hoppe-Seylers Z. **92**, 194 (1914) — Chem. Zbl. **1914 II**, 723.

[2] F. Pentimalli: Gazz. internaz. med.-chir. **26**, 81, 91 — Rass. internaz. Clin. **2**, 185 (1921) — Chem. Zbl. **1922 I**, 835 — Pediatria **29**, 481 — Ber. Physiol. **11**, 250.

[3] F. Pentimalli: Fol. med. (Napoli) **7**, 321 (1921) — Chem. Zbl. **1922 I**, 510 — Ber. Physiol. **9**, 549.

[4] A. Scala u. N. Sette: Ann. Igiene **37**, 809 (1927) — Chem. Zbl. **1928 I**, 1057.

[5] L. Hektoen u. A. G. Cole: J. inf. Dis. **42**, 1 (1928) — Chem. Zbl. **1929 I**, 2546.

[6] L. Bleyer: Z. Hyg. **108**, 302 (1928) — Chem. Zbl. **1928 I**, 1786.

[7] Watermann: Chem. Weekbl. **11**, 120 (1914) — Chem. Zbl. **1914 I**, 1019.

[8] H. Yanagawa: J. of Pharmacol. **8**, 89 (1915) — Chem. Zbl. **1916 I**, 804.

[9] O. Stender u. C. Amsler: Arch. f. exper. Path. **144**, 190 (1929) — Chem. Zbl. **1930 I**, 1494.

[10] E. Abderhalden u. Weil: Hoppe-Seyles Z. **88**, 272 (1913) — Chem. Zbl. **1914 I**, 640.

[11] H. H. McGregor: J. of biol. Chem. **28**, 403 (1916) — Chem. Zbl. **1917 I**, 1118.

[12] E. Abderhalden u. S. Beckmann: Hoppe-Seylers Z. **207**, 93 (1932).

[13] A. Petrunkina u. M. Petrunkin: Biochem. Z. **201**, 185 (1928) — Chem. Zbl. **1929 I**, 259. — W. Karassik, A. Petrunkina u. M. Petrunkin: Arch. Sci. biol. Moskau **28**, 441 (1929) — Chem. Zbl. **1929 II**, 2220.

[14] A. Petrunkina u. M. Petrunkin: Z. exper. Med. **68**, 720 (1929) — Chem. Zbl. **1930 I**, 1173.

[15] J. de Rey-Pailhade: C. r. Acad. Sci. Paris **160**, 37 (1914) — Chem. Zbl. **1915 I**, 687.

Zusammensetzung: Aus den Linsenproteinen können drei charakteristische Eiweißkörper isoliert werden: α- und β-Krystallin und ein Albumoid.

	α-Krystallin	β-Krystallin	Albumoid
Glykokoll	—	—	—
Alanin	3,6	2,6	0,8
Valin	0,9	2,1	0,2
Leucin und Isomere	5,7	2,8	5,3
Asparaginsäure	1,2	0,4	0,5
Glutaminsäure	3,6	2,7	4,6
Tyrosin	3,5	3,7	3,6
Prolin	1,8	1,4	1,9
Phenylalanin	5,5	4,1	4,6
Serin	vorh.	vorh.	vorh.
Tryptophan	vorh.	vorh.	vorh. [1]
Histidin	3,8	2,63	2,74
Arginin	8,0	7,5	10,26
Lysin	3,7	4,6	3,8 [2]

Aus den Abbauprodukten des Linseneiweißes vom Rinde ergab sich nach anderen:

Alanin 4,7%	Arginin 3,3%
Valin 1,0%	Phenylalanin 1,9%
Leucin 6,8%	Tyrosin 4,5%
Asparaginsäure 1,4%	Prolin 2,2%
Glutaminsäure 15,5%	Histidin 1,6%
Lysin 1,6%	Tryptophan Spuren [3]

Cysteinreaktion: α-Krystallin schwach, β-Krystallin sehr deutlich, Albumoid nicht [4]. Es wurde ein γ-Krystallin isoliert, das ein Albumin sein soll [5].

Physikalisches und chemisches Verhalten: Der Eiweißkörper der Augenlinse, das Philothion, ist durch die Gegenwart von labilem Wasserstoff in seinem Molekül charakterisiert, der befähigt ist, sich bei 40° mit freiem Schwefel zu Schwefelwasserstoff zusammenzulagern [6]. Vgl. dazu auch [7].

Der isoelektrische Punkt der Linseneiweißstoffe liegt bei $p_H = 4$ [8].

Die Cysteinreaktion (s. Zusammensetzung) wird negativ bei Einwirkung von Formalin, Wasserstoffsuperoxyd, wird verändert durch ultraviolette Strahlen. Beim Star verschwindet sie mit fortschreitender Trübung [4].

Die Proteine der Augenlinse sollen durch Bestrahlung mit einer Quarzquecksilberdampflampe bei Wellenlängen von 265—302 $\mu\mu$ nicht verändert werden, wohl aber in Gegenwart von $CaCl_2$, $MgCl_2$, Natriumsilicat oder Zucker. Dabei wird das Linsenprotein koaguliert [9]. Nach anderen Autoren bewirkt das Licht regelmäßig eine Zunahme der mittels Ammoniumsulfat und Kochsalz ausfällbaren Substanzen [10]. — Bei Bestrahlung der Augenlinsen von Mensch und Schwein tritt bei intakter Linse keine Abnahme des Tryptophangehaltes auf; dies ist nur der Fall, wenn das in NaOH gelöste Linsenprotein 0,5% und weniger ausmacht. Erhöhung des Eiweißgehaltes schützt vor Zerstörung des Tryptophans bei Belichtung [11]. Vgl. auch [12].

---

[1] A. Jess: Hoppe-Seylers Z. **110**, 266 (1920) — Chem. Zbl. **1921 I**, 99.
[2] A. Jess: Hoppe-Seylers Z. **122**, 160 (1922) — Chem. Zbl. **1923 I**, 112.
[3] Y. Hijikata: J. of biol. Chem. **51**, 155 (1912) — Chem. Zbl. **1922 I**, 1415.
[4] Y. Shoji: Fukuoka-Ikwadaigaku-Zasshi (jap.) **20**, 8 — Ber. Physiol. **40**, 636 (1927) — Chem. Zbl. **1927 II**, 1978.
[5] Earl L. Burky u. A. C. Woods: Arch. of Ophthalm. **57**, 464 (1928) — Chem. Zbl. **1932 I**, 2728.
[6] J. de Rey-Pailhade: C. r. Acad. Sci. Paris **160**, 37 (1914) — Chem. Zbl. **1915 I**, 687.
[7] J. de Rey-Pailhade: C. r. Soc. Biol. Paris **99**, 1700 (1928) — Chem. Zbl. **1929 I**, 1575.
[8] S. Gullotta: Arch. Sci. Biol. **8**, 48 — Ber. Physiol. **36**, 568 (1926) — Chem. Zbl. **1926 II**, 3090. — Boll. Soc. Biol. sper. **1**, 42 — Ber. Physiol. **38**, 352 (1927) — Chem. Zbl. **1927 I**, 1968.
[9] W. E. Burge: Amer. J. Physiol. **36**, 8 (1914) — Chem. Zbl. **1915 I**, 1331.
[10] F. Schanz: Pflügers Arch. **164**, 445 (1916) — Chem. Zbl. **1916 II**, 670.
[11] F. Lieben u. P. Kronfeld: Biochem. Z. **197**, 136 (1928) — Chem. Zbl. **1928 II**, 1794 — F. Lieben: Biochem. Z. **187**, 307 (1927) — Chem. Zbl. **1927 II**, 1952.
[12] F. Lieben: Biochem. Z. **184**, 453 (1927) — Chem. Zbl. **1927 II**, 1004.

Physiologisches: Das Eiweiß der Krystallinse unterscheidet sich bezüglich der anaphylaktischen Reaktion vom Serum und von allen anderen Organen. Es ist von einer wirklichen Organspezifität und frei von jeder Artspezifität [1].

Durch Fraktionierung erhält man 2 reine Antigene, deren Antikörper mit heterologen Fraktionen nicht reagieren. Diese Antigene sind nicht alle dauernd haltbar. Nach mehreren Wochen fällt das eine Antigen spontan aus, während das andere als Schutzkolloid gegen diese Fällung bei p_H 7,8—6,2 wirkt. Es ist möglich, daß die Entstehung der senilen Linsentrübung auf Verschwinden des α-Körpers beruht. Dadurch ist die zweite Fraktion nicht mehr vor der Ausfällung geschützt [2]. — Die antigenen Eigenschaften der α- und β-Krystalline (s. oben) sind voneinander verschieden, jedes einzelne für verschiedene Säugetierlinsen identisch [3]. γ-Krystallin hat keine antigenen Eigenschaften im Tierkörper, läßt sich aber durch die Präcipitinreaktion nachweisen [4].

Bei der kataraktösen Erkrankung der Augenlinse herrscht das im Wasser unlösliche Albumoid (s. oben) vor; diese Fraktion ist arm an Valin und Alanin [5].

Proteine des Glaskörpers.

Über die physikalisch chemischen Eigenschaften des Glaskörpers bzw. seiner Proteine unter normalen und pathologischen Verhältnissen [6]. — Das Pufferungsvermögen des Glaskörpers ist außer auf Kohlensäure auf zwei Proteine zurückzuführen. Davon macht eins zwei Drittel der Gesamtproteine aus, sein isoelektrischer Punkt liegt bei p_H = 3,5, der des anderen bei 9,5 [7].

Proteine der Ovarien und der Follikulärflüssigkeit.

Im Ovarienrückstand betrug die Menge der wasser- und salzlöslichen Proteine 10—11% vom Trockengewicht. Sie bestehen hauptsächlich aus einem Albumin von folgender Zusammensetzung: C 52%, H 7%, N 15,3%, S 1,5% [8].

Im Mol befinden sich wahrscheinlich 3 Mol Arginin, 7 Mol Lysin, 4 Mol Tyrosin, 1 Mol Tryptophan, 2 Mol Cystin [8].

Über die Zusammensetzung des Ovarieneiweißes vgl. auch [9].

Das ungefähre Molekulargewicht soll 8500 betragen [8].

Bei der Hydrolyse des Rohproteins der Follikulärflüssigkeit wurden ganz ähnliche Zahlen gefunden wie beim Albumin des Ovarienrückstandes. (Die beiden Proteine unterschieden sich namentlich im S-Gehalt)

	%
Arginin	5,7
Histidin	Spuren
Lysin	11
Tryptophan	2,5
Tyrosin	7,1
Serin	1,1 [10]

[1] V. Morax u. J. Bollack: Ann. Inst. Pasteur **28**, 625 (1914) — Chem. Zbl. **1915 I**, 1071.

[2] A. C. Woods u. Earl L. Burky: J. amer. med. Assoc. **89**, 102 (1927) — Chem. Zbl. **1928 II**, 1784.

[3] L. Hektoen u. K. Schulhof: J. inf. Dis. **34**, 433 (1924) — Ber. Physiol. **29**, 148 — Chem. Zbl. **1925 I**, 1095.

[4] Earl L. Burky u. A. O. Woods: Arch. of Ophthalm. **57**, 464 (1928) — Chem. Zbl. **1932 I**, 2728.

[5] A. Jess: Hoppe-Seylers Z. **110**, 266 (1920) — Chem. Zbl. **1921 I**, 99.

[6] W. S. Duke-Elder: J. of Physiol. **68**, 155 (1929) — Chem. Zbl. **1930 I**, 1952.

[7] J. Roche u. P. Reiß: C. r. Soc. Biol. Paris **103**, 1154 (1930) — Chem. Zbl. **1930 I**, 3684.

[8] B. Fullerton u. F. W. Heyl: J. amer. pharmaceut. Assoc. **15**, 18 (1926) — Chem. Zbl. **1926 II**, 52.

[9] E. Meiersdorf: Biochem. Z. **176**, 127 (1926) — Chem. Zbl. **1927 I**, 121.

[10] B. Fullerton u. F. W. Heyl: J. amer. pharm. Soc. **15**, 16 (1926) — Chem. Zbl. **1926 I**, 3556.

Proteine des Fischfleisches.

Zusammensetzung: In der Zusammensetzung der Proteine einzelner Fische ergeben sich starke Unterschiede untereinander und im Vergleich mit Säugern. So wurde z. B. gefunden:

	Wal	Dorsch	
Glykokoll	0,0	Spur	
Alanin	4,66	3,53	
Valin	6,25	3,88	
Leucin	3,54	2,46	
Prolin	1,51	1,68	
Phenylalanin	2,59.	2,31	
Asparaginsäure	1,47	0,61	in Proz. asche- und
Glutaminsäure	3,28	5,24	wasserfreier Sub-
Serin	0,49	0,51	stanz
Tyrosin	2,40	2,46	
Arginin	6,48	6,68	
Histidin	3,44	2,29	
Lysin	9,48	8,35	
NH_3	0,91	0,75	
Tryptophan	vorh.	vorh. [1]	

Mit p-Dimethylaminobenzaldehyd werden beim Dorsch 1,87% Tryptophan gefunden[2].

Des weiteren wurde die Hydrolyse von Pagrus major durchgeführt und mit früheren Ergebnissen der Analyse des Heilbutts verglichen. Glykokoll und Serin sind nicht vorhanden. Arginin, Histidin und Lysin in geringeren Mengen als beim Heilbutt, aber in ungefähr gleichem Verhältnis. Stärkere Unterschiede finden sich im Prolin-, Asparaginsäure-, Phenylalanin-, Alanin- und Glutaminsäuregehalt[3]. Aus der Körperwand der Seewalze, Stichopus japonicus Selenca (Hai Shen) wurde ein Protein folgender Zusammensetzung isoliert:

Cystin	0,97	
Arginin	5,74	
Histidin	1,57	in Proz. asche- und
Lysin	3,89	wasserfreier Substanz
Tryptophan	0,90	
Tyrosin	4,36	
Kohlenwasserstoffe	5,05[4]	

Der Gehalt an Diaminosäuren ist im Fischmuskel im allgemeinen höher als beim Säugetier[5].

Physikalisches und chemisches Verhalten: Fischeiweiß (Sardine) läßt sich in konzentrierten Calciumrhodanidlösungen dispergieren. Die Löslichkeit hat ihr Maximum bei 25—30% Rhodanid. Aus der Lösung läßt sich durch Kochsalz, Alkohol oder verdünnte Säuren das Eiweiß ausfällen. Das getrocknete Koagulum ist in heißer Calciumrhodanidlösung leicht wieder löslich[6].

Beim kurzen Erhitzen von frischem Fischfleisch kann nur wenig Schwefelwasserstoff nachgewiesen werden; bei altem Fleisch ist die Menge größer[7].

Physiologisches: Die Eiweißstoffe vom Hering und vom Kabeljau haben einen größeren Ersatzwert als die Getreideeiweißstoffe. Das Heringseiweiß übertrifft das des Kabeljaus und entspricht ungefähr dem Eiweiß von Rindfleisch, Leber oder Niere. Gemüseeiweißkörper können durch Fischeiweiß nicht in wesentlicher Menge ersetzt werden[8].

---

[1] Y. Okuda, T. Okimoto u. T. Yada: J. Coll. agricult. Tokyo **7**, 29 (1919) — Chem. Zbl. **1925 I**, 1091.

[2] W. J. Boyd: Biochem. J. **23**, 78 (1929) — Chem. Zbl. **1929 II**, 1188.

[3] Y. Okuda u. K. Oyama: J. Coll. agricult. Tokyo **5**, 365 (1916) — Chem. Zbl. **1925 I**, 1219.

[4] K.-H. Lin, C.-C. Chen: Chin. J. Physiol. **1**, 169 (1927) — Chem. Zbl. **1927 II**, 271.

[5] J. L. Rosedale: Biochem. J. **23**, 161 (1929) — Chem. Zbl. **1929 II**, 3230.

[6] S. Ochi u. K. Yamazaki: J. Soc. chem. Ind. Japan **31**, 297 B (1928) — Chem. Zbl. **1929 I**, 1361.

[7] L. H. Almy: J. amer. chem. Soc. **49**, 2540 (1928) — Chem. Zbl. **1928 I**, 87.

[8] M. C. Kik u. E. V. McCollum: Amer. J. Hyg. **8**, 671 (1928) — Chem. Zbl. **1928 II**, 2572.

Proteine von Mollusken und Crustaceen.

Zusammensetzung:

	Molluske Loligo breekeri	Crustaceen Palinurus japonicus	Crustaceen Paralithodes camtschatica	
Glykokoll	0,00	—	—	
Alanin	3,10	3,01	4,41	
Valin	1,50	vorh. ?	2,79	
Leucin	10,80	11,30	9,09	
Prolin	3,09	2,26	2,89	
Phenylalanin	3,41	3,18	3,07	
Asparaginsäure	3,87	4,24	2,08	in Proz. asche-
Glutaminsäure	8,80	?	9,67	u. wasserfreier
Serin	?	?	?	Substanz
Tyrosin	2,56	3,31	1,87	
Arginin	8,12	7,21	8,75	
Histidin	2,33	2,87	2,21	
Lysin	6,87	9,06	5,88	
NH_3	0,91	0,84	0,56	
Tryptophan	vorh.	vorh.	vorh.[1]	

In den Muskeln zweier verschiedener Krabben wurde folgende Zusammensetzung gefunden:

	Grapsus nankin	Peneus setiferus	
Cystin	1,74	1,75	
Arginin	7,54	10,24	
Histidin	2,12	3,78	in Proz. des
Lysin	9,74	7,60	Muskels
Tryptophan	1,48	1,21	
Tyrosin	5,62	4,88[2]	

Proteine des Froschhautsekrets.

Das Froschhautsekret besteht in der Hauptsache aus Eiweiß. Von N-haltigen Bestandteilen, deren Gehalt 78,75% beträgt, konnten nachgewiesen werden: koagulierbares Eiweiß, Mucin, Albumosen, Peptone, Aminosäuren und Nucleoproteide. Durch Phosphorwolframsäure sind 48,60% fällbar. Gesamt-N 12,6%, Leucin 7,2%, Histidin, Tryptophan und Cystin sind vorhanden[3].

Proteine der eßbaren Vogelnester.

Die eßbaren Nester der chinesischen Vögel enthalten 10,29% N. — Die Nester quellen nach 3 stündigem Kochen mit destillierten Wasser, gehen aber nicht in Lösung. 5 proz. Natronlauge löst innerhalb 2 Stunden, die Flüssigkeit gibt die Millonssche, Biuret-, Xanthoprotein- und Hopkinsche Reaktion. Fehlingsche Lösung wird schwach reduziert. Die relativ großen Mengen Cystin, die in den Nestern gefunden werden, dürften wohl auf die Anwesenheit kleiner Federn zurückzuführen sein. Auch der Wert für Humin-N ist höher als bei reinen Proteinen.

Durch Pepsinsalzsäure und Trypsin werden die Nester langsamer verdaut als z. B. gekochte Eier.

Bei Ratten zeigen die Nester nur geringen Nährwert[4].

Proteine mariner Cladophoraarten.

In Cladophora prolifera, pellucida und rupestris sind farblose Krystalle anzutreffen, die sich wie Eiweißstoffe verhalten und als Reservematerial aufzufassen sein sollen[5].

[1] Y. Okuda, S. Uematsu, K. Sakata u. K. Fujikawa: J. Coll. agricult. Tokyo **7**, 39 (1919) — Chem. Zbl. **1925 I**, 1091.

[2] K.-H. Lin: J. of Biochem. **6**, 409 (1926) — Chem. Zbl. **1928 II**, 1343.

[3] F. Flury: Arch. f. exper. Path. **81**, 319 (1917) — Chem. Zbl. **1918 II**, 285.

[4] C. C. Wang: J. of biol. Chem. **49**, 429 (1921) — Chem. Zbl. **1922 II**, 1181.

[5] E. Chemin: C. r. Acad. Sci. Paris **193**, 742 (1931) — Chem. Zbl. **1932 I**, 537.

Albumine.

Allgemeines.

Zusammensetzung: Die Albumine haben im allgemeinen einen niedrigen Tyrosingehalt (0,7—2% durch Xanthoproteincolorimetrie) mit Ausnahme des Ovalbumins und des Serumalbumins [1].

Physikalisches und chemisches Verhalten: Zur Krystallisation, Denaturierung und Ausflockung der Albumine s. [2].

Die Bindung von Elektrolyten an Albumine scheint adsorptiver Natur zu sein, da die Bindungswärmen sehr klein sind. Bei einigen Salzen sind sie sogar negativ, nämlich wenn das Salz hydrolytisch gespalten wird [3].

Die Hydrolyse der Albumine durch Säuren und Alkalien verläuft nach der Regel von Schütz

$$k = \frac{x}{\sqrt{t}} \quad \text{[4, 5]}$$

Über den Verlauf der Autoklavenhydrolyse der Albumine [6].

Während der Hydrolyse findet Racemisierung statt, aus deren Verlauf einige Forscher auf ein Nichtvorkommen von Dioxopiperazinen in den Albuminen schließen wollen [7].

Verhalten gegen Fermente: Pepsin: Das Verhältnis des Zuwachses $NH_2 : COOH$ wird auch bei der Pepsinverdauung der Albumine mit geringen Schwankungen konstant $= 1$ gefunden [8].

Trypsin wird durch die Gegenwart von Albuminen in seiner Wirkung gehemmt. Zwischen Albuminen und Trypsin besteht keine feste Bindung. Die Hemmung soll darauf beruhen, daß sich das Protein zwischen Kinase und Trypsin einschiebt [9].

Lactalbumin.

(Vgl. auch Proteine der Milch.)

Zusammensetzung[10]: Die Lactalbumine des Colostrums und der Milch stimmen in ihrer Zusammensetzung überein. Sie weisen folgende N-Verteilung auf:

NH_3-N	7,93 %	
Melanin-N	1,82 ,,	
Gesamtbasen-N	26,72 ,,	
Cystin-N	2,18 ,,	1,3 %
Arginin-N	7,56 ,,	7,2 ,,
Histidin-N	4,44 ,,	4,6 ,,
Lysin-N	12,54 ,,	12,2 ,, [11]
Gesamt-N des Filtrats	62,49 ,,	
Amino-N des Filtrats	59,84 ,,	
Nichtamino-N des Filtrats	2,65 ,,	

[1] J. Tillmans, P. Hirsch u. F. Stoppel: Biochem. Z. **198**, 379 (1928) — Chem. **1928 II**, 1916.

[2] W. C. M. Lewis: Chem. Reviews **8**, 81 (1931) — Chem. Zbl. **1931 I**, 3130.

[3] E. Heymann: Kolloid-Z. **50**, 97 (1930) — Chem. Zbl. **1930 I**, 2105.

[4] J. Jaitschnikow: Biochem. Z. **190**, 114 (1927) — Chem. Zbl. **1928 I**, 2508.

[5] J. Jaitschnikow: J. Russ. Phys. Chem. Ges. **58**, 1374 (1926) — Chem. Zbl. **1927 II**, 1144.

[6] N. Gawrilow, E. Stachejewa, A. Titowa u. N. Ewergetowa: Biochem. Z. **182**, 26 (1927) — Chem. Zbl. **1927 I**, 2656.

[7] P. A. Levene u. L. W. Bass: J. of biol. Chem. **82**, 171 (1929) — Chem. Zbl. **1929 II**, 755.

[8] E. Waldschmidt-Leitz u. E. Simons: Hoppe-Seylers Z. **156**, 114 (1926) — Chem. Zbl. **1926 II**, 2443.

[9] H. Bechhold u. L. Keiner: Biochem. Z. **189**, 1 (1927) — Chem. Zbl. **1927 II**, 2680.

[10] T. B. Osborne u. A. J. Wakeman: J. of biol. Chem. **33**, 7 (1917) — Chem. Zbl. **1919 I**, 38.

[11] T. B. Osborne, D. D. van Slyke, C. S. Leavenworth u. M. Vinograd: J. of biol. Chem. **22**, 259 (1915) — Chem. Zbl. **1915 II**, 1195.

Das Lactalbumin ist mit dem Blutalbumin nicht identisch[1].

<pre>
Glykokoll 0,37%
Serin . . . . 1,76 „
Oxyglutaminsäure . . . . . mindestens 10 „ Vgl. dazu [2].
Asparaginsäure . . . . 9,3 „[3]
</pre>

Tryptophan mit Ehrlichs Reagens = 2,4%[4].
Nach neuen Bestimmungen ergibt sich für:
Asparaginsäure 9,3% (gegenüber 1,0% nach der Estermethode).
Glutaminsäure 12,9% (gegenüber 10,1% nach der Estermethode)[5].
Verhältnis $O:N = 1,28:1$[2].

Physikalisches und chemisches Verhalten: Das Albumin findet sich im Milchserum aus frischer Milch teils gelöst, teils in Suspensionen. Vom Casein scheint es erheblich adsorbiert zu werden, so daß es oft nur zum Teil im Serum erscheint[6,7]. — Das Lactalbumin dient als Schutzkolloid des Caseinogens, so daß in der Frauenmilch infolge ihres hohen Albumingehaltes die Caseinogenmicellen ultramikroskopisch nicht sichtbar sind, im Gegensatz zur Kuhmilch[8].

Mol-Gewicht aus dem Verhältnis $P:N = 37000$[9]. — Bei der Molekulargewichtsbestimmung des Lactalbumins nach Svedberg ergibt sich, daß es inhomogen ist. Die erhaltenen Werte liegen zwischen 12000 und 25000. Die Produkte mit hohem Molekulargewicht entstehen erst während der Reinigung, besonders durch Ammonsulfat. In der Milch soll das Mol-Gewicht nicht über 1000 betragen (s auch Caseinogen)[10].

Nach der Acetonmethode hergestelltes und durch Alkohol gereinigtes Lactalbumin bildet einen gelblichen Sirup, der in der Kälte plötzlich zu weißer Masse erstarrt und der eine Koagulationszone von 67—70° bis 76 und 78° zeigt. $[\alpha]_D = -41°23'$[11].

Bei verschiedenen Wellenlängen fanden sich für Lactalbumine folgende Werte für $[\alpha]_\lambda^{20}$

λ 4359	λ 5461	λ 5780	λ 6660
—88,9°	—47,5°	—41,1°	—28,6°[9]

Bei der Kataphorese erweist sich Lactalbumin als uneinheitlich[12].

Physiologisches: Ernährung: Lactalbumin soll vom jugendlichen Organismus nur schlecht verdaut werden. Es soll die Möglichkeit bestehen, daß es ungespalten durch die Darmwand geht (!)[13].

Bezüglich des Wachstums erweist sich das Lactalbumin dem Casein und Edestin überlegen[14,15].

Die Wirksamkeit des Lactalbumins auf das Wachstum von Ratten scheint mit dem Lysin- und Tryptophangehalt zusammenzuhängen[16]. Die wachstumsfördernden Eigenschaften, die auch von anderen Forschern bestätigt werden, werden durch Erhitzen nicht be-

---

[1] C. Crowther u. H. Raistrick: Biochemic. J. **10**, 434 (1916) — Chem. Zbl. **1917 I**, 99.

[2] P. Brigl u. R. Held: Hoppe-Seylers Z. **152**, 230 (1926) — Chem. Zbl. **1926 I**, 3059.

[3] D. B. Jones u. C. O. Johns: J. of biol. Chem. **84**, 347 (1921) — Chem. Zbl. **1922 I**, 141.

[4] C. E. May u. E. R. Rose: J. of biol. Chem. **54**, 213 (1922) — Chem. Zbl. **1923 I**, 770.

[5] D. B. Jones u. O. Moeller: J. of biol. Chem. **79**, 429 (1928) — Chem. Zbl. **1929 I**, 270.

[6] L. L. van Slyke u. A. W. Bosworth: J. of biol. Chem. **20**, 135 (1915) — Chem. Zbl. **1915 I**, 1333.

[7] Wiegner: Kolloid-Z. **15**, 105 (1914) — Chem. Zbl. **1914 II**, 1202.

[8] L. Spolverini: Lait **10**, 21 (1930) — Chem. Zbl. **1931 I**, 1961.

[9] L. F. Hewitt: Biochem. J. **21**, 216 (1927) — Chem. Zbl. **1927 I**, 2746.

[10] B. Sjögren u. The Svedberg: J. amer. chem. Soc. **52**, 3650 (1930) — Chem. Zbl. **1930 II**, 2787. — The Svedberg: Nature (Lond.) **128**, 999 (1931) — Chem. Zbl. **1932 I**, 1381.

[11] M. Piettre: C. r. Acad. Sci. Paris **178**, 333 (1924) — Chem. Zbl. **1924 I**, 1815.

[12] A. Tiselius: Nova Acta Reg. Soc. Scient. Upsaliensis **7**, Nr 4 (1930) — Chem. Zbl. **1931 I**, 3095.

[13] E. Freudenberg: J. amer. med. Assoc. **93**, 1208 (1929) — Chem. Zbl. **1930 I**, 2918.

[14] T. B. Osborne, L. B. Mendel: J. of biol. Chem. **26**, 1 (1916) — Chem. Zbl. **1917 I**, 592.

[15] T. B. Osborne, L. B. Mendel u. H. C. Cannon: J. of biol. Chem. **59**, 339 (1924) — Chem. Zbl. **1924 II**, 1815.

[16] T. B. Osborne u. L. B. Mendel: J. of biol. Chem. **29**, 69 (1916) — Chem. Zbl. **1917 II**, 760.

einflußt[1]. — Auch bei Küken konnte durch Lactalbumin intensives Wachstum festgestellt werden[2].

Entgegen anderen Befunden soll nach Sure das Lactalbumin in bestimmten Kostsätzen für das Wachstum nicht ausreichend sein. Es kann durch Cystin und Tyrosin ergänzt werden[3, 4].

Lactalbumin wird in gleichem Maße von normalem Serum wie von Serum von mit Lactalbumin vorbehandelten Tieren verdaut[5].

Eklampsie soll in einer anaphylaktischen Reaktion gegen das körperfremde Lactalbumin bestehen[6].

Derivate: Nitroderivat. Die Zahl der eingetretenen Nitrogruppen entspricht der einfachen Nitrierung des Tyrosins plus der des Tryptophans[7].

Albumin aus Eidotter.

Nach der Kommschen Tryptophan-Aldehydreaktion ergibt sich der Tryptophangehalt für das Eigelbalbumin zu 1,67 %[8].

Durch Barythydrolyse des Dotteralbumins, oder auch durch tryptische Verdauung kann man eine Glucosamino-Mannose-Biose oder ein Polymeres davon isolieren[9].

Conalbumin.
(Vgl. auch Eiereiweiß.)

Das Conalbumin gerinnt auf mechanischem Wege nicht (Unterschied von Ovalbumin, Analogie mit Serumalbumin)[10].

Das Conalbumin ist mit dem Blutalbumin immunologisch und wahrscheinlich auch chemisch identisch[11].

Ovalbumin.
(Vgl. auch Eiereiweiß.)

Darstellung: Zur Darstellung eines wohldefinierten Ovalbumins wird Hühnereiweiß wiederholt mit Ammonsulfat gefällt, die Niederschläge mit Ammonsulfatlösung gewaschen, gelöst und wieder gefällt. Durch 3mal wiederholte Fällungen ist das Albumin frei von Mucoid, Conalbumin[12] und anorganischen Verunreinigungen. Das Ammonsulfat wird durch Dialyse bis auf kleine Reste entfernt. Aus diesen Lösungen erhält man Krystalle von Eialbumin, die immer Mutterlauge einschließen. Der Krystallwassergehalt ist immer der gleiche (0,22 g Wasser auf 1 g wasserfreies Albumin)[13, 14]. Vgl. dazu[15].

Krystallinisch wurde das Ovalbumin nur durch Sulfate oder mit geeigneten Mischungen von primären und sekundären Ammoniumphosphaten, Arsenaten oder Citraten[16] erhalten. Es ist noch nicht entschieden, ob der Schwefelsäurerest zum Aufbau der Krystalle unbedingt erforderlich ist. (Weiteres über Krystallisation s. unten.) Bei der Gewinnung von krystalli-

---

[1] A. D. Emmet u. G. O. Luros: J. of biol. Chem. **38**, 147, 257 (1919) — Chem. Zbl. **1920 III**, 600.

[2] R. H. A. Plimmer, J. L. Rosedale, A. Crichton u. R. B. Topping: Biochem. J. **16**, 19 (1921) — Chem. Zbl. **1922 III**, 280.

[3] B. Sure: J. of biol. Chem. **43**, 457 (1920) — Chem. Zbl. **1921 I**, 41.

[4] B. Sure: J. metabol. Res. **3**, 373 (1923) — Chem. Zbl. **1923 III**, 1651.

[5] F. Hulton: J. of biol. Chem. **25**, 163 (1916) — Chem. Zbl. **1922 I**, 598.

[6] A. Hynd: Lancet **209**, 910 (1925) — Chem. Zbl. **1926 I**, 1225.

[7] F. Lieben: Biochem. Z. **145**, 535, 555 (1924) — Chem. Zbl. **1924 II**, 50.

[8] E. Komm: Hoppe-Seylers Z. **156**, 161, 202 (1926) — Chem. Zbl. **1926 II**, 2094.

[9] S. Fränkel u. C. Jellineck: Biochem. Z. **185**, 392 (1927) — Chem. Zbl. **1927 II**, 1152.

[10] H. Wu u. S. M. Ling: Chin. J. Physiol. **1**, 407, 431 (1927) — Chem. Zbl. **1928 I**, 1674/5.

[11] L. Hektoen u. A. G. Cole: J. inf. Dis. **42**, 1 (1928) — Chem. Zbl. **1929 I**, 2546.

[12] H. Wu u. S. M. Ling: Chin. J. Physiol **1**, 431 (1927) — Chem. Zbl. **1928 I**, 1675.

[13] S. P. L. Sørensen u. M. Höyrup: C. r. Lab. Carlsberg **12**, 12 (1916) — Chem. Zbl. **1918 II**, 823. — Sørensen: Bull. Soc. Chim. France **29**, 593 (1921) — Chem. Zbl. **1922 I**, 46. — S. P. L. Sørensen u. M. Höyrup: Hoppe-Seylers Z. **193**, 15 (1918).

[14] S. P. L. Sørensen u. M. Höyrup: C. r. Lab. Carlsberg **12**, 164 (1917) — Chem. Zbl. **1918 II**, 825. — S. P. L. Sørensen u. M. Höyrup: Hoppe-Seylers Z. **103**, 211 (1918).

[15] E. G. Young: Proc. roy. Soc. Lond. B. **93**, 15 (1921) — Chem. Zbl. **1923 I**, 684.

[16] S. P. L. Sørensen u. S. Palitzsch: Hoppe-Seylers Z. **130**, 72 (1923) — Chem. Zbl. **1924 I**, 54 — C. r. Lab. Carlsberg **15**, Nr 2, 1.

siertem Ovalbumin nach dem älteren Verfahren[1] von Osborne und Campbell scheint eine Wasserstoffionenkonzentration von 10^{-5} bis 10^{-6} erforderlich zu sein[2]. — Über eine Schnellmethode zur Herstellung von krystallisiertem Eieralbumin durch Ansäuern mit 10proz. Essigsäure bis $p_H = 4,8$[3].

Zusammensetzung: Vom Ovalbumin kann bei der Koagulation ein β-Albumin von anderen Eigenschaften abgetrennt werden. $[\alpha]_D = -39,65°$ gegenüber $-37,1°$ des normalen Albumins (s. unten)[4].

Über Schichten von verschiedenem Trockensubstanzgehalt im Ovalbumin[5]. — Über Fibrillen im Ovalbumin, die vielleicht auf eine anwesende Keratinsubstanz zurückzuführen sind, vergleiche[6].

P-Gehalt: Bei der Elektrodialyse nach Pauli ergeben sich 5,8 mg P/g N. Bei einem Molgewicht von 34000 ergibt sich 1 Atom P für 1 Mol[7]. Der Prozentgehalt von gutgereinigtem krystallisiertem Eieralbumin beträgt 0,111—0,123% P. Der P ist beim Ovalbumin keine Verunreinigung, sondern ein integrierender Bestandteil des Moleküls. Man kann aber Fraktionen mit verschiedenem P-Gehalt erhalten[8, 9].

Vom Gesamt-S sind 14% Cystin-S[10]. — Der gegen Silber „labile" Schwefel des Ovalbumins wurde zu 0,49% gefunden[11].

Über den Nachweis von Glykokoll in Ovalbumin mit Orthophthaldialdehyd[12].

Tyrosingehalt: Der Tyrosingehalt des Ovalbumins wird mit Quecksilberacetat zu 2,35% ermittelt[13, 14]. Nach Looney erhält man 4,10%[15]. Durch Millon-Colorimetrie 4,2—4,8%[16]. Nach der Methode von Folin mit Millons Reagens 4,0%[17, 18]. Abweichende Resultate liefert namentlich die gravimetrische Methode, mit der nur 1,1—1,8% gefunden werden[19, 20]. Über den Einfluß der Herstellung und des Alters von Ovalbumin auf die Tyrosinbestimmung[14].

Tryptophangehalt: Mit der Kommschen Aldehydreaktion ergibt sich der Tryptophangehalt für Ovalbumin zu 1,43%[21]; damit stimmt der Wert nach der Methode Folin = 1,3% leidlich überein[17]. Mit der Voisenetschen Reaktion finden sich 2—3,5%[22].

Histidingehalt: Nach Hanke 2,3%[13].

Arginingehalt: Mit der Flaviansäuremethode ergibt sich für Eieralbumin 6,0%[23].

Beziehungen zwischen basischen und sauren Gruppen zum Gehalt an Tyrosin, Histidin, Arginin und Lysin, ermittelt aus den Titrationskurven[24].

In einer neueren Untersuchung gibt Calvery für das nach Sørensen und Höyerup dargestellte Produkt folgende Werte an:

[1] S. P. L Sørensen u. M. Höyrup: C. r. Lab. Carlsberg **12**, 164 (1917) — Chem. Zbl. **1918 II**, 825. — S. P. L. Sørensen u M. Höyrup: Hoppe-Seylers Z. **103**, 211 (1918).

[2] A. R. C. Haas: J. of biol. Chem. **35**, 119 (1918) — Chem. Zbl. **1919 I**, 373.

[3] W. La Rosa: Chemist.-Analyst. **16**, Nr 2, 3 (1927) — Chem. Zbl. **1928 I**. 433.

[4] M. Rakusin u. A. Rosenfeld: Z. Unters. Nahrgsmitt. usw. **49**, 38 (1925) — Chem. Zbl **1925 I**, 2450.

[5] A. L. Romanoff: Science **70**, 314 (1929) — Chem. Zbl. **1929 II**, 2904.

[6] G. C. Heringa u. S. H. Kempe-Valk: Versl. Acad. Wetensch. Amsterd., Wis- en natuurkd. Afd. **33**, 530 (1930) — Chem. Zbl. **1930 II**, 3797.

[7] S. P. L. Sørensen: J. chem. Soc. Lond. **1926**, 2995 (1927) — Chem. Zbl. **1927 I**, 1026 — C. r. Lab. Carlsberg **16**, 8, 1 (1926) — Chem. Zbl. **1927 I**, 1684.

[8] S. P. L. Sørensen, M. Mâcheboeuf u. M. Sørensen: Ann. Acad. Sci. Fennicae A **29**, Nr 19 — C. r. Lab. Carlsberg **16**, Nr 12, 1 (1927) — Chem. Zbl. **1928 I**, 359.

[9] S. P. L. Sørensen: J. chem. Soc. Lond. **1926**, 2995 — Chem. Zbl. **1927. I**, 1026.

[10] L. J. Harris: Proc. roy. Soc. Lond. B. **94**, 441 (1923) — Chem. Zbl. **1923 IV**, 6.

[11] S. E. Sheppard u. J. H. Hudson: Ind. Chem. **2**, 73 (1930) — Chem. Zbl. **1930 I**, 3469

[12] W. Zimmermann: Hoppe-Seylers Z. **189**, 4 (1930) — Chem. Zbl. **1930 II**, 275.

[13] M. T. Hanke: J. of biol. Chem. **66**, 475 (1925) — Chem. Zbl. **1926 I**, 2612 — J. of biol. Chem. **66**, 489 (1925) — Chem. Zbl. **1926 I**, 2612.

[14] M. T. Hanke: J. of biol. Chem. **79**, 587 (1928) — Chem. Zbl. **1929 I**, 115.

[15] J. M. Looney: J. of biol. Chem. **69**, 519 (1926) — Chem. Zbl. **1926 II**, 2466.

[16] D. Zuwerkalow: Hoppe-Seylers Z. **163**, 185 (1927) — Chem. Zbl. **1927 I**, 2456.

[17] O. Folin u. V. Ciocalteu: J. of biol. Chem. **73**, 627 (1927) — Chem. Zbl. **1927 II**, 2089.

[18] G. Haas u. W. Trautmann: Hoppe-Seylers Z. **127**, 52 (1923) — Chem. Zbl. **1923 IV**, 84.

[19] O. Fürth u. W. Fleischmann: Biochem. Z. **127**, 137 (1921) — Chem. Zbl. **1922 II**, 1044.

[20] O. Fürth u. A. Fischer: Biochem. Z. **154**, 1 (1924) — Chem. Zbl. **1925 I**, 872.

[21] E. Komm: Hoppe-Seylers Z. **156**, 161, 202 (1926) — Chem. Zbl. **1926 II**, 2094.

[22] O. Fürth u. F. Lieben: Biochem. Z. **109**, 124 (1920) — Chem. Zbl. **1921 II**, 5.

[23] O. Fürth u. O. Deutschberger: Biochem. Z. **186**, 139 (1927) — Chem. Zbl. **1927 II**, 1482.

[24] H. S. Simms: J. of gen. Physiol. **11**, 629 (1928) — Chem. Zbl. **1928 II**, 1673.

P. . . . . 0,097 %
N. 15,12 „
S. 1,36 „
H$_2$O. . . . . 5,60 „
Asche. . . . . 0,17 „
NH$_3$ . . . . 1,39 „
Melanin-N in Säure unlöslich . . . . 0,34 „
Humin-N in Säure löslich . . . . 0,92 „
Arginin . . . . 5,03 „
Lysin . . . . 6,41 „
Histidin . . . . 2,44 „
Prolin . . . . 4,15 „
Tyrosin . . . . 4,21 „
Tryptophan . . . . 1,28 „
Cystin. . . . . 1,33 „

Der Cystin-S beträgt nur 26,06% vom Gesamt-S[1].

Asparaginsäure = 6,2% gegenüber 2,2 nach der Estermethode.

Glutaminsäure = 13,3% gegenüber 9,1 nach der Estermethode[2].

Methionin (α-Amino-γ-methylthio-buttersäure) wurde von Müller aufgefunden[3].

Leucinanhydrid gewinnt man zu 1,2% bei der Autoklavenhydrolyse[4].

Physikalisches und chemisches Verhalten: Aus dem osmotischen Druck errechnet sich das Mol-Gewicht des Ovalbumins zu 34000[5], nach anderen 43000[6]. — In Harnstofflösungen 36000[7]. Einen ganz anderen Wert findet man auf Grund des kryoskopischen Verhaltens des Albumins in Gegenwart von Säuren und Laugen: 1982[8]. — Aus den Minima der Oberflächenspannung findet man die Dimensionen der Moleküle zu 30,8 · 30,8 · 41,7 Å; daraus kommt man unter der Annahme einer parallelepipedonartigen Gestalt der Moleküle zu einem Mol-Gewicht von etwa 30000, bei Annahme einer prismatischen Figur mit polygonaler Basis zu 23550[9]. — Bei gereinigtem Albumin dürfte der Wert von etwa 34000 der richtige sein; er wird z. B. auch mit der Zentrifugiermethode von Svedberg gefunden[10]. (Sedimentationskonstante $s^{20} = 3,32 \cdot 10^{-13}$, molarer Reibungskoeffizient $f^{20} = 2,63 \cdot 10^{16}$, Mol-Radius $= 2,17$ mμ)[11]. Der Stabilitätsbereich des Ovalbumins für die Molekulargewichtsbestimmung in der Ultrazentrifuge reicht von etwa p_H 4—9, bei p_H 1,16 erfolgt Denaturierung unter Bildung von Gelaggregaten mit etwa 7 Albuminmolekülen pro Teilchen. (Unterschied vom Bence-Jonesschen Protein, das zum Teil unter Bildung einer nichtzentrifugierbaren Substanz zerfällt, zum Teil intakt bleibt)[12]. — Über den Einfluß der Darstellungsweise auf das Mol-Gewicht[13]. Als Resultat der verschiedensten Messungen $= 33800$[14]. Vgl. dazu auch[15,16,17]. Aus dem Verhältnis P : N findet Hewitt 26000[18].

[1] H. O. Calvery: J. of biol. Chem. **94**, 613 (1932) — Chem. Zbl. **1932 I**, 2475.

[2] D. B. Jones u. O. Moeller: J. of biol. Chem. **79**, 429 (1928) — Chem. Zbl. **1929 I**, 270.

[3] J. H. Müller: J. of biol. Chem. **56**, 157 (1923).

[4] S. S. Graves, J. T. W. Marshall u. H. W. Eckweiler: J. amer. chem. Soc. **39**, 112 (1916) — Chem. Zbl. **1917 I**, 950.

[5] S. P. L. Sørensen: C. r. Lab. Carlsberg **12**, 262 (1917) — Chem. Zbl. **1918 II**, 826.

[6] J. Marrack u. L. F. Hewitt: J. of Physiol. **66**, Nr 1, V (1928) — Chem. Zbl. **1928 II**, 2715.

[7] N. F. Burk u. D. M. Greenberg: J. of biol. Chem. **87**, 197 (1930) — Chem. Zbl. **1931 I**, 1929.

[8] M. Takeda: J. of Biochem. **1**, 103 (1922) — Chem. Zbl. **1924 I**, 1206 — Ber. Physiol. **20**, 372.

[9] P. Lecomte du Noüy: J. of biol. Chem. **64**, 600 (1925) — Chem. Zbl. **1925 II**, 2060.

[10] The Svedberg: Z. physik. Chem. **121**, 65 (1926)—Chem. Zbl. **1926 II**, 614—The Svedberg u. J. P. Nichols: J. amer. chem. Soc. **48**, 3081 (1926) — Chem. Zbl. **1927 I**, 1324.

[11] The Svedberg: Kolloid-Z. **51**, 10 (1930) — Chem. Zbl. **1930 II**, 3815.

[12] J. B. Nichols: J. amer. chem. Soc. **52**, 5176 (1930) — Chem. Zbl. **1931 I**, 792. — B. Sjögren u. The Svedberg: J. amer. chem. Soc. **52**, 5187 (1930) — Chem. Zbl. **1931 I**, 792.

[13] The Svedberg: Nature (Lond.) **128**, 999 (1931) — Chem. Zbl. **1932 I**, 1381.

[14] E. J. Cohn, J. L. Hendry u. A. M. Prentiss: J. of biol. Chem. **63**, 721 (1925) — Chem. Zbl. **1925 II**, 1168.

[15] S. P. L. Sørensen, K. Linderstrøm-Lang u. E. Lund: C. r. Lab. Carlsberg **16**, 5, 1 (1926) — Chem. Zbl. **1926 II**, 2397.

[16] The Svedberg: Nature **123**, 871 (1929) — Chem. Zbl. **1929 II**, 3021.

[17] S. P. L. Sørensen, K. Linderstrøm-Lang u. E. Lund: J. gen. Physiol. 8, 543 (1927) — Chem. Zbl. **1927 I**, 3085.

[18] L. F. Hewitt: Biochem. J. **21**, 216 (1927) — Chem. Zbl. **1927 I**, 2747.

Mol-Gewicht, Mol-Form und Ausbreitungszahl[1, 2].

Die optische Drehung des Ovalbumins wird zu $[\alpha]_D = -36,4$ bis $-37,1°$ gefunden[3, 4]. Im wasserlöslichen Teil vorsichtig getrockneten Ovalbumins beträgt $[\alpha]_D = -30,6°$[5].

Bei Präparaten, die nach der Acetonmethode hergestellt sind, wird $[\alpha]_D = -41° 25'$ gefunden[6].

Bei verschiedenen Wellenlängen fand Hewitt folgende Werte:

$\lambda\,4359$	$\lambda\,5461$	$\lambda\,5780$	$\lambda\,6660$ Å-E
$-83,9°$	$-44,5°$	$-38,3°$	$-27,5°$[7]

Young findet $[\alpha]_D^{15} = -30,81°$, $[\ ]_E^{15} = -37,53°$. Geringere Wasserstoffionenkonzentration verringert die Drehung. Bei Alkalizusatz tritt zunächst starker Rückgang der Drehung auf, der sich später auf einen konstanten Wert einstellt, woraus auf ein Gleichgewicht zwischen Lactamform und Lactimform geschlossen wird[8].

Der Einfluß von Ammonsulfat auf das Drehungsvermögen ist gering, ebenso das der Temperatur. Der Einfluß der Proteinkonzentration ist stärker, wobei die Abhängigkeit deutlich linear ist. Mit steigendem p_H sinkt die Drehung in der Umgebung des isoelektrischen Punktes in linearer Abhängigkeit[9].

Nach Almquist und Greenberg besitzt gereinigtes Eieralbumin in einer Lösung von p_H 5,04 $[\alpha]_D^{22} = -30,8°$. Bei Alkalizusatz ändert sich die Drehung bis $p_H = 11,0$ wenig, erreicht aber dann zwischen 11,0 und 12,6 ein Maximum von $-60,6°$. Bei Säurezusatz steigt sie zwischen p_H 5,04 und 3,15 bis auf 35,1° und bleibt dann bis $p_H = 1,72$ konstant. Die Autoren schließen daraus, daß Säuren und Laugen in chemischer und nicht in adsorptiver Bindung fixiert werden[10].

Durch Adsorption an Aluminiumhydroxyd erhält man aus Ovalbumin Fraktionen mit verschiedenem Drehungsvermögen[11].

Denaturierung von Eialbumin mit Säuren, Alkalien oder Alkohol ist stets mit Erhöhung der Drehung verbunden. Produkte mit konstanter spezifischer Drehung ließen sich jedoch nicht ermitteln, Behandlungsweise und Agenzien beeinflussen die Drehung stark[12].

Bei der Bestimmung der optischen Drehung von Alkalisalzen des Ovalbumins findet man für

	Albuminat aus nativem Ovalbumin	Albuminat aus geronnenem Ovalbumin
NH_4-Albuminat	$-64,51°$ bis $-67,56°$	$-56,7°$
Li-　　　,,　　.	$-44,87°$	$-48,78°$
Na-　　　,,　　.	$-51,09°$	$-52,17°$
K-　　　,,　　.	$-55,55°$	$-57,09°$[13]

Über die Racemisierung und Emolisierung von Ovalbumin[14].

Alkalieinwirkung ruft keine Racemisierung hervor, diese tritt vielmehr erst bei der Hydrolyse der Produkte der alkalischen Spaltung auf. Vgl. auch unter Casein und bei Dakin[15].

---

[1] E. Gorter u. F. Grendel: Koninkl. Akad. Wetensch. Amsterd. Proc. **32**, 770 (1929) — Chem. Zbl. **1929 II**, 3148.

[2] K. Linderstrøm-Lang: C. r. Lab. Carlsberg **15**, 1 (1924) — Chem. Zbl. **1925 I**, 1213.

[3] M. Rakusin: J. Russ. Phys. Chem. Ges. **47**, 1050 (1915) — Chem. Zbl. **1916 I**, 1032.

[4] M. A. Rakusin: Ber. dtsch. chem. Ges. **56**, 1385 (1923) — Chem. Zbl. **1923 III**, 400.

[5] M. Rakusin: J. Russ. Phys. Chem. Ges. **47**, 1330 (1915) — Chem. Zbl. **1916 II**, 230.

[6] M. Piettre: C. r. Acad. Sci. Paris **178**, 91 (1923) — Chem. Zbl. **1924 I**, 1216.

[7] L. F. Hewitt: Biochem. J. **21**, 216 (1927) — Chem. Zbl. **1927 I**, 2747.

[8] E. G. Young: Proc. roy. Soc. Lond. B. **93**, 15 (1921) — Chem. Zbl. **1923 I**, 684.

[9] H. Jessen-Hansen: C. r. Lab. Carlsberg **16**, Nr 10, 1 (1927) — Chem. Zbl. **1927 II**, 2200.

[10] H. J. Almquist' u. D. M. Greenberg: J. of biol. Chem. **93**, 167 (1931) — Chem. Zbl. **1931 II**, 3617.

[11] M. A. Rakusin: Z. Imm.forschg I, **34** 155 (1921) — Chem. Zbl. **1922 III**, 644.

[12] H. F. Holden u. M. Freeman: Austral. J. exper. Biol. a. med. Sci. **7**, 13 (1930) — Chem. Zbl. **1931 I**, 93.

[13] M. A. Rakusin: J. Russ. Phys. Chem. Ges. **48**, 265 (1916) — Chem. Zbl. **1924 I**, 2434.

[14] P. A. Levene u. L. W. Baß: J. of biol. Chem. **82**, 171 (1929) — Chem. Zbl. **1929 II**, 755. — J. Groh u. M. Weltner: Hoppe-Seylers Z. **198**, 267 (1931) — Chem. Zbl. **1931 II**, 2337.

[15] F. A. Csonka u. M. J. Horn: J. of biol. Chem. **93**, 677 (1931) — Chem. Zbl. **1932 I**, 1381. — Dakin: J. of biol. Chem. **13**, 357 (1913).

Der isoelektrische Punkt des Ovalbumins wird von Sørensen zu $15-16 \cdot 10^{-6}$ angegeben[1], nach Young $p_H = 4,74$[2]. Denselben Wert ($p_H = 4,8$) findet auch Simms[3]; 4,75—4,78 bei der Elektrodialyse[4], 4,55 nach Tiselius[5].

Beziehungen zum „kritischen Punkt" bei der Hemmung der Leberautolyse durch Ovalbumin[6].

Über die Abhängigkeit des Brechungsexponenten vom Lösungsmittel und von der Eiweißkonzentration[7]. — Refraktion des Ovalbumins in Abhängigkeit von Zeit, Temperatur, Wasserstoffionenkonzentration, Neutralsalzzusatz[8].

Die Dichte von hydratisiertem Eialbumin beträgt in reinem Wasser $= 1,300$, sie ist von der Albuminkonzentration, von p_H und von der Ammonsulfatkonzentration abhängig und erreicht nahe beim Flockungspunkt den Wert $1,240$[9].

Löslichkeit: Die Löslichkeit des Ovalbumins in konzentrierten Ammonsulfatlösungen ist stark von p_H und der Albuminkonzentration abhängig. (Vgl. dazu [10].) Durch Fraktionierung mit Ammonsulfat erhält man Fraktionen mit gleichem P-Gehalt, aber verschiedener Löslichkeit. Bei der Fraktionierung durch Elektrodialyse nach Pauli bekommt man Fraktionen mit verschiedenem P-Gehalt, aber gleicher, normaler Löslichkeit. Bei sehr langer Elektrodialyse liegt die Löslichkeit P-armer Fraktionen um so höher über der normalen, je geringer der Phosphorgehalt ist. Ganz allgemein kann man sagen, daß die Löslichkeit des Ovalbumins unter gegebenen Bedingungen bei frisch hergestellten, gut gereinigten Präparaten konstant ist, und daß die Abhängigkeit der Löslichkeit vom P-Gehalt nicht immer deutlich ist[11]. Diese Fraktionen mit verschiedenem P-Gehalt können sich jedoch wieder zu krystallinem Eialbumin vereinigen („reversibel dissoziable Komponentensysteme ')[12].

Über die Vorgänge bei der Hydratation[13, 14]. — Über „nichtlösenden Raum", „Hydratationsraum" und Bindung von Nichtelektrolyten in Ovalbuminlösungen[15].

Löslichkeit des Ovalbumins in wasserfreier Ameisensäure[16].

Das Ovalbumin ist bei Zimmertemperatur in Benzaldehyd löslich, weiterhin in Phenolen, wobei die Löslichkeit mit steigender C-Zahl sinkt. Einführung von Cl-, CH_3- und auch von $-COOCH_3$-Gruppen in die Phenole vermindert die Löslichkeit, $-COOC_5H_{11}$- und $-COOC_6H_5$-, NO_2- und OCH_3-Gruppen heben sie auf. α-Naphthol und Benzylalkohol lösen nicht[17].

Krystallisation: Außer durch Fällung mit Ammonsulfat krystallisiert das Ovalbumin auch aus passenden Gemischen von primärem und sekundärem Ammoniumphosphat, -arsenat oder -citrat in mikroskopischen Nädelchen oder langen prismatischen Krystallen. Ob die betreffenden Säurereste integrierende Bestandteile der Krystalle sind, ist noch nicht entschieden; es ist doch aber wahrscheinlich, daß Verbindungen mit dem Ovalbumin vorliegen[18, 19]. In den

---

[1] S. P. L. Sørensen: C. r. Lab. Carlsberg **12**, 68 (1917) — Chem. Zbl. **1918 II**, 823.

[2] E. G. Young: Proc. roy. Soc. Lond. B. **93**, 15 (1921) — Chem. Zbl. **1923 I**, 684.

[3] H. S. Simms: J. gen. Physiol. **11**, 629 (1928) — Chem. Zbl. **1928 II**, 1673.

[4] L. Reiner: Kolloid-Z. **40**, 123 (1926) — Chem. Zbl. **1927 I**, 253.

[5] A. Tiselius: Nova Acta Reg. Soc. Scient. Upsaliensis **7**, Nr 4 (1930) — Chem. Zbl. **1931 I**, 3095.

[6] A. B. Hertzman u. H. C. Bradley: J. of biol. Chem. **61**, 275 (1924) — Chem. Zbl. **1924 II**, 2348.

[7] A. R. C. Haas: J. of biol. Chem. **35**, 119 (1918) — Chem. Zbl. **1919 I**, 373.

[8] N. Jermolenko: Kolloid-Z. **54**, 66 (1931) — Chem. Zbl. **1931 I**, 1580.

[9] H. Jessen-Hansen: C. r. Lab. Carlsberg **16**, Nr 10, 1 (1927) — Chem. Zbl. **1927 II**, 2200.

[10] M. Florkin: J. of biol. Chem. **87**, 629 (1930) — Chem. Zbl. **1931 I**, 1930.

[11] S. P. L. Sørensen, M. Mâcheboeuf u. M. Sørensen: Ann. Acad. Sci. Fennicae A **29**, Nr 19 — C. r. Lab. Carlsberg **16**, Nr 12,1 (1927) — Chem. Zbl. **1928 I**, 359.

[12] S. P. L. Sørensen: Kolloid-Z. **53**, 170, 306 (1930) — Chem. Zbl. **1931 I**, 1768 — C. r. Lab. Carlsberg **18**, Nr 5, 1 (1930).

[13] H. H. Weber u. D. Nachmannsohn: Biochem. Z. **204**, 215 (1929) — Chem. Zbl. **1929 I**, 2787.

[14] W. Pauli u. J. Frisch: Biochem. Z. **202**, 337 (1928) — Chem. Zbl. **1929 II**, 1415.

[15] H. H. Weber u. H. Versmold: Biochem. Z. **234**, 62 (1931) — Chem. Zbl. **1931 II**, 1263.

[16] J. Loiseleur: C. r. Acad. Sci. Paris **191**, 1391 (1930) — Chem. Zbl. **1931 I**, 1458.

[17] E. A. Cooper u. S. D. Nicholas: Biochem. J. **19**, 533 (1925) — Chem. Zbl. **1926 I**, 410.

[18] S. P. L. Sørensen u. M. Höyrup: C. r. Lab. Carlsberg **12**, 164 (1917) — Chem. Zbl. **1918 II**, 825 — Hoppe-Seylers Z. **103**, 211 (1918).

[19] S. P. L. Sørensen u. S. Palitzsch: Hoppe-Seylers Z. **130**, 72 (1923) — Chem. Zbl. **1924 I**, 54 — C. r. Lab. Carlsberg **15**, Nr 2, 1 (1923).

Krystallen durch Ammonsulfat scheinen Verbindungen von 2 Albuminteilchen mit 3 Molekülen Schwefelsäure vorzuliegen[1]. — Krystallisationsgeschwindigkeit vgl. [2].

Die Gibbssche Phasenregel ist auf Eieralbuminlösungen in gleicher Weise anzuwenden, wie auf echte Lösungen[2].

Eine gesättigte wässerige Lösung von nach Sørensen hergestelltem krystallisiertem Ovalbumin zeigt im Ultramikroskop keine Submikronen; erst auf Zusatz von Natronlauge erscheint eine größere Anzahl, was als Vorstufe für Fällung oder Denaturierung anzusehen ist[3]. — Über die Teilchengröße in Ovalbumin-Alkohol-Wassergemischen[4].

Die Gerinnung des Ovalbumins durch Schütteln läßt sich nicht wie die Hitze- oder Alkoholkoagulation in Denaturierung und Agglutination trennen. Sie wird beeinflußt durch die Form der Schüttelflasche, beschleunigt durch Salze und oberflächeninaktive Nichtelektrolyte, verlangsamt durch oberflächenaktive Stoffe. Die maximale Koagulation liegt bei $p_H = 4{,}8$. In gepufferten Lösungen ist die Größe der mechanischen Koagulation abhängig von der Zeit, aber unabhängig von der Konzentration des Eiweißes. Der Temperaturkoeffizient beträgt zwischen 25 und 38° 1,09 für 10°. Der Prozeß ist irreversibel[5].

Die Hitzegerinnung des Ovalbumins geht in ungepufferten Lösungen bei p_H 6,76 durch ein Minimum. Das kritische Inkrement beträgt 130000 cal[6]. (Hier Vergleich mit Globin!)

Bei der Hitzekoagulation von Ovalbumin findet auch in Gegenwart von Essigsäure oder Natronlauge keine Tyrosinabspaltung statt[7]. Vgl. dazu Wu, S. 118, Anm. [5].

Bei p_H 6,0 erhitztes Eieralbumin zeigt starke Zunahme der Viscosität, aber keine Senkung der Oberflächenspannung (Gegensatz zur Denaturierung durch ultraviolette Strahlen (s. dort)[8].

Worin der Vorgang der Hitzedenaturierung besteht, ist noch nicht ganz geklärt. Nach einigen Forschern soll ein Ringschluß der endständigen Gruppen oder Kondensation von benachbarten COOH- und NH_2-Gruppen[9] wahrscheinlicher sein als die vielfach angenommene Hydrolyse[10, 11]. — Von anderen wird die Möglichkeit einer Hydrolyse von Polypeptidbindungen ebenfalls abgelehnt, dafür sollen Bindungen vom Äthylenoxydtypus angegriffen werden[12]. Über die Entstehung der Sulfhydrylgruppe während der Denaturierung[11, 13].

Die geringste zur Verhinderung der Hitzekoagulation nötige Laugenmenge soll den endständigen COOH-Gruppen entsprechen.[14]

Nach Bancroft ist die Hitzedenaturierung des Ovalbumins ein reversibler physikalischer Prozeß. Hitzekoaguliertes Eieralbumin wird nach Extraktion mit Äther durch Ammonrhodanid- oder Ammonphosphatlösungen peptisiert[15]. (Siehe auch weiter unten.)

Über die Beziehungen zwischen kolloiden und konstitutiven Änderungen des Ovalbumins[16].

Ionen beeinflussen die Ausflockung des denaturierten Albumins nach zwei Richtungen. Einmal verschieben sie die für die Flockung optimale Wasserstoffionenkonzentration, zum anderen verstärken sie oder hemmen sie die maximale Flockung ohne Salze im isoelektrischen

[1] S. P. L. Sørensen: C. r. Lab. Carlsberg **12**, 262 (1917) — Chem. Zbl. **1918 II**, 826.

[2] S. P. L. Sørensen u. M. Höyrup: C. r. Lab. Carlsberg **12**, 213 (1917) — Chem. Zbl. **1918 II**. 826 — Hoppe-Seylers Z. **103**, 267 (1918). — S. P. L. Sørensen: Bull. Soc. Chim. de France **29**, 593 (1921) — Chem. Zbl. **1922 I**, 46. — S. P. L. Sørensen: J. amer. chem. Soc. **47**, 457 (1925) — Chem. Zbl. **1925 I**, 1741.

[3] J. F. McClendon u. H. J. Prendergast: J. of biol. Chem. **38**, 549 (1919) — Chem. Zbl. **1920 III**, 633.

[4] S. Utzino: Kolloid-Z. **47**, 244 (1929) — Chem. Zbl. **1929 I**, 2515.

[5] H. Wu u. S. M. Ling: Chin. J. Physiol. **1**, 407 (1927) — Chem. Zbl. **1928 I**. 1674 — Chin. J. Physiol. **1**, 431 (1927) — Chem. Zbl. **1928 I**. 1675.

[6] P. S. Lewis: Biochem. J. **20**, 965, 978, 984 (1926) — Chem. Zbl. **1927 I**, 1959.

[7] H. Mastin u. H. G. Rees: Biochem. J. **20**. 759 (1926) — Chem. Zbl. **1927 I**. 36.

[8] J. H. Clark: Amer. J. Physiol. **73**, 649 (1925) — Chem. Zbl. **1925 II**. 2168.

[9] B. M. Hendrix u. V. Wilson: J. of biol. Chem. **79**, 389 (1928) — Chem. Zbl. **1929 I**, 2541.

[10] M. Spiegel-Adolf: Naturwiss. **15**, 799 (1927) — Chem. Zbl. **1927 II**, 2316.

[11] L. J. Harris: Proc. roy. Soc. Lond. B. **94**, 426 (1923) — Chem. Zbl. **1923 III**. 69.

[12] W. C. M. Lewis: Z. physik. Chemie **130**, 345 (1927) — Chem. Zbl. **1928 I**, 1674.

[13] E. Walker: Biochem. J. **19**. 1082 (1925) — Chem. Zbl. **1926 I**, 2816.

[14] L. Nasch: Biochem. Z. **237**, 344 (1931).

[15] W. D. Bancroft u. J. E. Rutzler jr.: J. physic. Chem. **35**, 144 (1931) — Chem. Zbl. **1931 I**, 3130.

[16] W. Pauli u. R. Weiss: Biochem. Z. **233**, 381 (1931) — Chem. Zbl. **1931 II**, 2707.

Punkt[1]. Bei drei- und vierwertigen Ionen kann die Hitzekoagulation durch Bildung komplexer Proteinionen aufgehoben werden[2]. Vgl. auch [3].

Einwirkung von Alkoholen auf die Hitzegerinnung des Ovalbumins in Gegenwart von Acetatpuffer[4].

Bei der Alkoholdenaturierung von Eieralbumin findet keine Bildung von Ammoniak oder anderen N-haltigen Substanzen statt. Beim Erhitzen des so denaturierten Albumins mit Wasser erfolgt aber eine derartige Zersetzung. Bei Alkohol und Hitzedenaturierung findet wahrscheinlich Wasserabgabe statt[5]. — Die Alkoholdenaturierung weist verschiedene Ähnlichkeiten mit der Hitzedenaturierung auf[6]. Die Wirkung des Alkohols besteht wahrscheinlich in der Entziehung von Hydratwasser, die Veranlassung zu sekundären Veränderungen sein kann; diese können in Anhydridbildung oder Ringschlüssen bestehen. Die Irreversibilität der Fällungen spricht aber beim Ovalbumin für weitergehende Veränderung[7].

Die Hitzedenaturierung des Ovalbumins ist nicht wie die des Serumalbumins (s. dort) durch Laugen und nachfolgende Elektrodialyse rückgängig zu machen, da wahrscheinlich die sekundären Veränderungen (s. oben) zu tiefgreifend sind[8]. — Auch das durch Alkohol gefällte Eieralbumin ist durch Laugen nicht wieder wasserlöslich zu machen[7].

Von vorsichtig getrocknetem Ovalbumin sind 80% wieder in Wasser löslich[9].

Ovalbumin verhält sich bei der Fällung genau so wie bei der Krystallisation: 1 g Albumin nimmt konstant 0,22 g Wasser auf. Beim Krystallisieren von Ovalbumin aus verschieden konzentrierten Lösungen bei konstanter Ammonsulfatkonzentration ist der Albumingehalt in allen Filtraten derselbe. Entgegen Chick und Martin[10] ist die Phasenregel bei diesen Systemen durchaus anwendbar[11].

Flockung durch NaCl[12]. — Salze verschieben das für eine bestimmte H-Ionenkonzentration gültige Flockungsmaximum; und zwar die Anionen ins saure Gebiet, aufsteigend in folgender Reihe: $SO_4'' < HPO_4'' < Cl', Br', J' < SCN'$; von den Anionen sind Li^+. Na^+, Rb^+ fast indifferent, Ca^{++} und Mg^{++} drängen das Teilchenmaximum nach der alkalischen, K^+ nach der sauren Seite[13]. — Ovalbumin bildet auf Zusatz von Schwermetallsalzen zunächst eine Fällung, die von der H-Ionenkonzentration der Lösung abhängig ist, dann tritt eine Toleranzzone auf, in der sich kein Niederschlag bildet und das Protein vom Anion ins Kation übergeht. Danach tritt erneute Fällung ein, die auf Denaturierung zurückzuführen ist; die Geschwindigkeit dieser Denaturierung steigt mit der Temperatur, der Wasserstoffionenkonzentration, der Konzentration des Metallsalzes und der Dauer der Einwirkung[14].

Vgl. die Untersuchungen von Lepeschkin und von Jirgensons[15] über die Denaturierung und Koagulation durch Hitze, Salze und organische Reagenzien[16]. — In konzentrierten Harnstofflösungen[17]. — Formaldehyd in 0,5proz. Lösung denaturiert Ovalbuminlöungen nicht[18].

(Vgl. auch die Bindung von Salzen und Ionen an Ovalbumin unten.)

---

[1] L. Michaelis u. P. Rona: Biochem. Z.bl **94**, 225 (1919) — Chem. Zbl. **1919 III**, 435.

[2] J. Loeb: J. gen. Physiol. **4**, 759 (1922) — Chem. Zbl. **1923 I**, 100.

[3] S. Kakiuchi u. S. Koganei: J. of Biochem. **1**, 405 (1922) — Chem. Zbl. **1924 I**, 1044 — Ber. Physiol. **20**, 361.

[4] T. Teorell: Biochem. Z. **229**, 1 (1930) — Chem. Zbl. **1931 I**, 1581.

[5] M. Sørensen u. S. P. L. Sørensen: C. r. Lab. Carlsberg **15**, 9. 1 (1925) — Chem. Zbl. **1925 II**, 471.

[6] H. Wu: Chin. J. Physiol. **1**, 81 (1927) — Chem. Zbl. **1927 II**, 1151.

[7] M. Spiegel-Adolf: Biochem. Z. **204**, 1 (1929) — Chem. Zbl. **1929 I**, 2786.

[8] M. Spiegel-Adolf: Naturwiss. **15**, 799 (1927) — Chem. Zbl. **1927 II**, 2316.

[9] M. Rakusin: J. Russ. Phys. Chem. Ges. **47**, 1330 (1915) — Chem. Zbl. **1916 II**, 230.

[10] H. Chick u. Martin: Biochem. J. **7**, 380 (1913) — Chem. Zbl. **1914 I**, 555.

[11] S. P. L. Sørensen: J. amer. chem. Soc. **47**, 457 (1925) — Chem. Zbl. **1925 I**, 1741.

[12] S. Utzino: Kolloid-Z. **47**, 244 (1929) — Chem. Zbl. **1929 I**, 2515.

[13] V. Schröder: Biochem. Z. **195**, 210 (1928) — Chem. Zbl. **1928 II**, 741.

[14] A. W. Thomas u. E. R. Norris: Proc. Soc. exper. Biol. a. Med. **21**, 173 (1924) — Chem. Zbl. **1924 II**, 1352 — Ber. Physiol. **25**, 413 — J. amer. chem. Soc. **47**, 501 (1925) — Chem. Zbl. **1925 I**, 1875.

[15] Br. Jirgensons: Kolloid-Z. **46**, 114 (1928) — Chem. Zbl. **1929 I**, 29 — Kolloid-Z. **47**, 236 (1929) — Chem. Zbl. **1929 II**, 399.

[16] W. W. Lepeschkin: Kolloid-Z. **31**, 342 (1922) — Chem. Zbl. **1923 I**, 1593/4 — Kolloid-Z. **32**, 42, 44, 100 (1922) — Chem. Zbl. **1923 I**, 1593/4.

[17] M. L. Anson u. A. E. Mirsky: J. gen. Physiol. **13**, 121 (1929) — Chem. Zbl. **1930 II**, 22.

[18] M. Freeman: Austral. J. exper. Biol. a. med. Sci. **7**, 117 (1930) — Chem. Zbl. **1931 I**, 470.

Auch durch Einwirkung von Säuren oder Laugen auf Ovalbumin läßt sich eine Denaturierung erreichen. Mit wachsender Wasserstoffionenkonzentration in saurer Lösung oder mit wachsender Hydroxylionenkonzentration in alkalischer Lösung nimmt das Ausmaß der Denaturierung zu, gemessen an der Bildung eines Niederschlages beim Neutralisieren der Lösung. Die Denaturierung ist eine monomolekulare Reaktion[1], ihre Geschwindigkeit nimmt mit der Zeit ab. Das Ovalbumin zeigt dabei eine Erhöhung des Färbevermögens durch das Reagens von Folin und Denis[2], die Fällbarkeit durch komplexe Säuren nimmt ab. (Dieser Befund konnte bei Ovalbumin, das vom Ovomucoid getrennt war, bestätigt werden[3].) Wu sieht das Wesentliche dieser Denaturierung in der Hydrolyse labiler Bindungen. Die Wirkung der Denaturierung kann nach Wu als Zunahme des Säuren- und Basenbindungsvermögens aufgefaßt werden, während die Koagulation auf Abnahme des Bindungsvermögens, vielleicht aber noch auf anderen Ursachen beruht[4]. Wahrscheinlich liegt diesen Vorgängen aber bereits eine verhältnismäßig tiefgreifende Spaltung durch die Säure oder das Alkali zugrunde[5].

Über die Denaturierung von Ovalbumin durch verdünnte Säuren in Gegenwart von Salzen und bei Elektrodialyse: Die letzte Stufe der Veränderungen des Ovalbumins während der Denaturierung soll auf Freilegung von Thiolgruppen

$$\begin{matrix} X-Y-C & & X-Y-C \\ | \quad | & \rightarrow & | \quad | \\ CO\text{----}S & & COOH \ SH \end{matrix}$$

beruhen; man kann also Produkte mit verschiedenem Gehalt an sauren Gruppen erhalten, ohne daß Öffnung von Peptidbindungen angenommen werden muß[6].

Über das Verhalten der Drehung bei der Denaturierung von Ovalbumin und die Einwirkung von Säuren, Alkalien und Salzen auf dialysiertes denaturiertes Eialbumin im Vergleich mit Caseinogen[7].

Über die Umkehrung der Denaturierung in saurem Aceton durch Neutralisation[8].

Über die Flockungen des Ovalbumins mit Thymonucleinsäure und die Eigenschaften dieser Niederschläge[9].

Über Entmischung beim System Ovalbumin/Gummiarabicum als Teilvorgang der Flockung aufgefaßt vgl. [10].

Verhalten gegen Strahlen: Bestrahlt man Lösungen von Ovalbumin bei verschiedenen p_H-Werten mit ultravioletten Strahlen, so erhält man bei p_H 5,6, 6,2, 6,8 Trübungen, die mit der Dauer der Bestrahlung zunehmen. Durch Halbsättigung mit Ammonsulfat erhält man Niederschläge, die albuminfreie Filtrate liefern. Dabei handelt es sich aber nicht um Umwandlung von Albumin in Globulin, wie dies von Schanz[11] behauptet wird, sondern das Albumin nimmt durch Emission von Elektronen eine positive Ladung an und wird dann durch Halbsättigung mit Ammonsulfat gefällt[12]. Bei salzfreiem Ovalbumin findet Clark nur im Intervall p_H 4,4—5,6 eine Flockung, die dem Hitzekoagulum gleich ist. Außerhalb dieses Intervalls bleibt die Lösung klar, verhält sich aber bezüglich der Halbsättigung mit Ammonsulfat und der Dialyse wie Globulin. — Auch die Änderungen der Viscosität und der Oberflächenspannung durch Bestrahlung sind vom p_H abhängig[13]. Vgl. dazu auch [14].

<hr>

[1] H. K. Cubin: Biochem. J. **23**, 25 (1929) — Chem. Zbl. **1929 II**, 1165.

[2] H. Mastin u. H. G. Rees: Biochemic. J. **20**, 759 (1926) — Chem. Zbl. **1927 I**, 36.

[3] H. Wu u. T.-T. Chen: Chin. J. Physiol. **3**, 75 (1929) — Chem. Zbl. **1930 II**, 929.

[4] H. Wu: Chin. J. Physiol. **3**, 1 (1929) — Chem. Zbl. **1930 II**, 928. — H. Wu u. T.-T. Chen: Chin. J. Physiol. **3**, 7 (1929) — Chem. Zbl. **1930 II**, 929.

[5] H. Wu u. D. Y. Wu: J. of Biochem. **4**, 345 (1924) — Chem. Zbl. **1925 II**, 1362.

[6] H. Mastin u. S. B. Schryver: Biochem. J. **20**, 1177 (1926) — Chem. Zbl. **1927 I**, 2434.

[7] H. F. Holden u. M. Freeman: Austral. J. exper. Biol. a. med. Sci. **7**, 13 (1930) — Chem. Zbl. **1931 I**, 93.

[8] M. L. Anson u. A. E. Mirsky: J. gen. Physiol. **14**, 725 (1931) — Chem. Zbl. **1932 I**, 2437.

[9] E. Hammarsten u. G. Hammarsten: Acta med. scand. (Stockh.) **68** (1928) — Chem. Zbl. **1929 II**, 755/6. — E. Hammarsten, G. Hammarsten u. T. Teorell: Acta med. scand. (Stockh.) **68**, 219 (1928) — Chem. Zbl. **1929 II**, 755/6. — E. Hammarsten: Acta med. scand. (Stockh.) **68** (1928) — Chem. Zbl. **1929 II**, 755/6.

[10] H. G. Bungenberg de Jong u. W. A. L. Dekker: Biochem. Z. **212**, 318 (1929) — Chem. Zbl. **1930 I**, 1443.

[11] Schanz: Pflügers Arch. **190**, 311 (1921) — Chem. Zbl. **1922 I**, 595.

[12] J. H. Clark: Amer. J. Physiol. **61**, 72 (1922) — Chem. Zbl. **1923 I**, 685.

[13] J. H. Clark: Amer. J. Physiol. **73**, 649 (1925) — Chem. Zbl. **1925 II**, 2168.

[14] R. Mond: Pflügers Arch. **196**, 540 (1922) — Chem. Zbl. **1923 I**, 559 — Pflügers Arch. **200**, 374 (1923) — Chem. Zbl. **1924 I**, 69.

Bei der Ultraviolettbestrahlung von verdünnten Eieralbuminlösungen wächst die Wasserstoffionenkonzentration. Es wird Formaldehyd gebildet oder eine verwandte Substanz. Howitt erörtert hieraus Beziehungen zu den Kohlehydraten[1]. Vgl. dazu auch [2].

Entgegen Stedman und Mendel[3], die annehmen, daß Elektrolyte bei den Änderungen des Ovalbumins durch ultraviolette Strahlen keine Rolle spielen, weist Spiegel-Adolf nach, daß die Lichtkoagulationsgeschwindigkeit stark im verzögernden Sinne von Elektrolyten beeinflußt wird und von der Vorgeschichte der Proteinlösung abhängig ist[4]. Vgl. auch [5].

Über Beziehungen der Lichtkoagulationsgeschwindigkeit von Ovalbuminlösungen zu deren Sterilität[6].

Ganz ähnlich verhält sich die Denaturierung durch Ra-Strahlen. Auch hier wird die Koagulation durch Salze verzögert oder gar aufgehoben[4].

Das Ultraviolettspektrum von Ovalbumin zeigt ein deutliches Band zwischen λ 3109 und 2415[7].

Nach Einwirkung von ultravioletten Strahlen nimmt das Absorptionsvermögen des Eialbumins innerhalb eines bestimmten Wellenbereiches im Ultraviolett zu. Diese Erscheinung kann durch Zusatz von Laugen oder Säuren verstärkt werden. — Bei radiumbestrahlten Präparaten ist ebenfalls eine Absorptionszunahme festzustellen, doch ist diese mehr gegen das kurzwellige Ende des Spektrums verschoben[8]. — Die spektralen Veränderungen durch ultraviolette oder Ra-Strahlen entsprechen qualitativ den Änderungen durch Hitzedenaturierung, quantitativ sind sie aber voneinander verschieden[9].

Verdünnte Natronlauge hat bei 25° keine Einwirkung auf das Absorptionsspektrum von Ovalbumin, wohl aber bei 100° (Enolisierung der Peptidbindungen)[10].

Röntgendiagramm des Ovalbumins[11].

Die Oberflächenspannung von Ovalbumin ist abhängig von p_H, zeigt ein Maximum im isoelektrischen Punkt und ein Minimum beim maximalen osmotischen Druck. Sie wird weiterhin von Neutralsalzen verschiedener Konzentrationen in verschiedenen Richtungen beeinflußt. Nach der Denaturierung ist die Oberflächenspannung des Ovalbumins erniedrigt[12]. Vgl. dazu [13, 14]. Wu findet im isoelektrischen Punkt bei allen Konzentrationen von 0,0000005 bis 1% Ovalbumin das Minimum der Oberflächenspannung[15].

Bei der Messung der Oberflächenspannung von Ovalbumin in monomolekularer Schicht werden verschiedene Minima gefunden[16].

Über monomolekulare Schichten vgl. auch [17].

Das Ovalbumin erhöht die Oberflächenspannung des Wassers entgegen anderen Angaben nicht[18]. — Andere Forscher finden Verminderung der Oberflächenspannung des Wassers nur, wenn sich das Eialbumin im moleculardispersen Zustand befindet[13, 14].

Über Viscositätsänderungen im Vergleich mit Gelatine[19]. Bei gewöhnlicher p_H und Temperatur wird die Viscosität von den in der Lösung vorhandenen freien Ionen und Molekülen

[1] F. O. Howitt: Nature (Lond.) **125**, 412 (1930) — Chem. Zbl. **1930 I**, 3065.

[2] A. Hoffmeister: Hoppe-Seylers Z. **205**, 183 (1932).

[3] H. L. Stedman u. L. B. Mendel: Amer. J. Physiol. **77**, 199 (1926) — Chem. Zbl. **1926 II**, 865.

[4] M. Spiegel-Adolf: Strahlenther. **29**, 367 (1928) — Chem. Zbl. **1929 I**, 2899.

[5] E. G. Young: Proc. roy. Soc. Lond. B. **93**, 235 (1921) — Chem. Zbl. **1923 I**, 684.

[6] M. Spiegel-Adolf u. K. F. Pollaczek: Biochem. Z. **214**, 175 (1929) — Chem. Zbl. **1930 I**, 3415.

[7] L. Marchlewski u. J. Wierzuchowska: Bull. internat. Acad. Polon. Sci. Lettres A **1928**, 471 — Chem. Zbl. **1929 I**, 1831.

[8] M. Spiegel-Adolf: Klin. Wschr. **7**. 1592 (1928) — Chem. Zbl. **1928 II**, 2482. — M. Spiegel-Adolf u. Z. Oshima: Biochem. Z. **208**, 32 (1929) — Chem. Zbl. **1929 II**, 449.

[9] M. Spiegel-Adolf u. O. Krumpel: Biochem. Z. **208**, 45 (1929) — Chem. Zbl. **1929 II**, 450.

[10] J. Gróh u. M. Weltner: Hoppe-Seylers Z. **198**, 267 (1931) — Chem. Zbl. **1931 II**, 2337.

[11] E. Ott: Kolloidchem. Beih. **23**, 108 (1926) — Chem. Zbl. **1926 II**, 2529.

[12] J. H. S. Johnston: Biochem. J. **21**, 1314 (1927) — Chem. Zbl. **1928 II**, 23.

[13] L. de Caro u. M. Laporta: Rend. Accad. Sci. fisiche. mat. Napoli 4a **35**, 171 (1929) — Chem. Zbl. **1929 II**, 3114.

[14] L. de Caro u. M. Laporta: Arch. Sci. biol. **14**, 264 (1930) — Chem. Zbl. **1931 I**, 1459.

[15] Y. Fu u. H. Wu: Proc. Soc. exper. Biol. a. Med. **27**, 878 (1930) — Chem. Zbl. **1931 I**, 432.

[16] P. Lecomte du Noüy: J. of biol. Chem. **64**, 600 (1925) — Chem. Zbl. **1925 II**, 2060.

[17] F. Herčik: Kolloid-Z. **56**, 1 (1931) — Chem. Zbl. **1931 II**, 2709.

[18] G. Quagliariello: Atti Accad. naz. Lincei **31 II**, 120 (1922) — Chem. Zbl. **1923 I**, 1399.

[19] J. Loeb: J. gen. Physiol. **3**, 827 (1921) — Chem. Zbl. **1921 III**, 1167.

bei $p_H < 1$ von den größeren Aggregaten bestimmt[1]. — Über Temperaturabhängigkeit der Viscosität [2].

Der osmotische Druck einer ammonsulfathaltigen Ovalbuminlösung ist abhängig von der Eiweißkonzentration, von der Salzkonzentration und von p_H. Lösungen bestimmter Zusammensetzung geben immer gleiche Werte[3].

In NaCl-Lösungen werden die gleichen Werte gefunden, die Sørensen erhalten hat[4]. Über den osmotischen Druck des Ovalbumins in Harnstofflösungen[5].

Über die Kinetik der Osmose von Ovalbuminlösungen an Kolloidiummembranen[6].

Die Diffusionsgeschwindigkeit gereinigten Ovalbumins ist in 0,33n-Kochsalzlösungen am größten, fast ebenso groß in reinem Wasser; Pufferlösungen verringern die Diffusionsgeschwindigkeit, im isoelektrischen Punkt ist sie am größten[7].

Über die Wirkung von Ovalbumin auf das Diffusionsvermögen von Calcium: Die Ergebnisse entsprechen im allgemeinen dem Donnanschen Gleichgewicht, jedoch können sie durch Bildung komplexer Ca-Proteinionen abweichen[8].

Diffusionsversuche mit Traubenzucker und Ovalbuminlösungen[9].

Über die Bildung von Ovalbuminhäutchen an Kollodiummembranen[10] und deren Permeabilität[11]. — Die Adsorption des Ovalbumins an Kollodiummembranen zeigt ein ausgeprägtes Maximum im isoelektrischen Punkt[12]. Über die Bildung von Ovalbuminhäutchen an der Oberfläche von Lösungen[13].

Über den Einfluß des Ovalbumins auf die Koagulationswerte von Eisenoxydsol durch Kochsalz[14]. — Peptisation von geglühtem Eisenoxyd durch Ovalbumin[15]. — Verhalten gegen Goldsol[16].

Aluminiumoxyd und -hydroxyd adsorbieren Ovalbumin aus wässerigen Lösungen, Aluminiumoxyd zeigt nur ein schwaches Adsorptionsvermögen. Ferrioxyd und getrocknetes Ferrihydroxyd adsorbiert Eialbumin nicht. Bei sehr verdünnten wässerigen Lösungen erreicht die Adsorption durch Aluminiumhydroxyd ein Maximum und sinkt mit steigendem Albumingehalt langsam ab. Stöchiometrische Verhältnisse haben sich bei diesen Reaktionen nicht nachweisen lassen[17]. Es läßt sich aber durch die Adsorption eine Fraktionierung des Ovalbumins in Komponenten von verschiedenem Drehungsvermögen erreichen[18].

Bei der Adsorption von Phenolrot an Ovalbumin bemerkt man ein Maximum im isoelektrischen Punkt; zu beiden Seiten desselben, besonders auf der basischen, findet starker Abfall statt[19].

Das koagulierte Eieralbumin gibt mit Krystallviolett, Bismarckbraun, Eosin und Kongorot Verbindungen, die durch kochendes Wasser nicht reversibel sind; auch mit kochendem 95proz. Alkohol sind die Verbindungen des koagulierten Ovalbumins nicht reversibel; sie

[1] J. Loeb: J. gen. Physiol. **4**, 73 (1921) — Chem. Zbl. **1922 I**, 575.

[2] S. Akagi: J. of Biochem. **11**, 415, 423 (1930) — Chem. Zbl. **1930 II**, 3719, 3720.

[3] S. P. L. Sørensen: Bull. Soc. chim. biol. Paris **29**, 593 (1921) — Chem. Zbl. **1922 I**, 46.

[4] J. Marrack u. L. F. Hewitt: J. of Physiol. **66**, Nr 1, V (1928) — Chem. Zbl. **1928 II**, 2715.

[5] N. F. Burk u. D. M. Greenberg: J. of biol. Chem. **87**, 197 (1930) — Chem. Zbl. **1931 I**, 1929.

[6] J. H. Northrop: J. gen. Physiol **10**, 883 (1927) — Chem. Zbl. **1927 II**, 2048. — J. H. Northrop u. M. Kunitz: J. gen. Physiol. **10**, 905 (1927) — Chem. Zbl. **1927 II**, 2537.

[7] J. Groh: Biochem. Z. **173**, 249 (1926) — Chem. Zbl. **1926 II**, 997.

[8] R. F. Loeb: J. gen. Physiol. **8**, 451 (1926) — Chem. Zbl. **1926 II**, 1295.

[9] D. Krüger: Biochem. Z. **209**, 119 (1929) — Chem. Zbl. **1929 II**, 2424.

[10] D. J. Hitchcock: J. gen. Physiol. **8**, 61 (1925) — Chem. Zbl. **1926 I**, 329.

[11] D. J. Hitchcock: J. gen. Physiol. **10**, 179 (1926) — Chem. Zbl. **1926 II**, 2965.

[12] G. Ettisch, M. Domontowitsch u. P. von Mutzenbecher: Naturwiss. **18**, 447 (1930) — Chem. Zbl. **1930 II**, 1510.

[13] Wo. Ostwald u. M. Meißner: Kolloidchem. Beih. **26**, 1 (1928) — Chem. Zbl. **1928 I**, 2167.

[14] H. Freundlich u. G. Lindau: Biochem. Z. **208**, 91 (1929) — Chem. Zbl. **1929 II**, 399. — G. Lindau: Biochem. Z. **219**, 385 (1930) — Chem. Zbl. **1930 II**, 3716.

[15] H. Freundlich u. G. Lindau: Biochem. Z. **234**, 170 (1931).

[16] M. Spiegel-Adolf: Biochem. Z. **180**, 395 (1927) — Chem. Zbl. **1927 I**, 2175.

[17] M. A. Rakusin: J. Russ. Phys. Chem. Ges. **48**, 95 (1915) — Chem. Zbl. **1922 III**, 1277. — M. A. Rakusin u. E. M. Braudo: J. Russ. Phys. Chem. Ges. **48**, 95 (1915) — Chem. Zbl. **1922 III**, 1277. — M. A. Rakusin, G. D. Flier u. M. A. Bloch: J. Russ. Phys. Chem. Ges. **48**, 99 (1915) — Chem. Zbl. **1922 III**, 1277.

[18] M. A. Rakusin: Z. Imm.forschg I **34**, 155 (1921) — Chem. Zbl. **1922 III**, 644 — Ber. dtsch. chem. Ges. **56**, 1385 (1923) — Chem. Zbl. **1923 III**, 400.

[19] A. Grollman: J. of biol. Chem. **64**, 141 (1925) — Chem. Zbl. **1925 II**, 2251.

.stellen also wahrscheinlich echte chemische Verbindungen dar[1]. — Krystalline Triphenyl-
methanfarbstoffe werden vom Ovalbumin entsprechend der Adsorptionsisotherme festgehalten.
Die Affinität der Farbstoffe wächst mit der Zahl der Alkylgruppen. Die antiseptische Wirkung
wird auf kolloidchemischer Grundlage erörert[2].

Über Kolloidkolloidreaktionen von Ovalbumin mit Kongoblausol und ähnlichen Körpern[3].

Die Aufnahme von Desinfektionsmitteln durch Ovalbumin ist einmal als Adsorptionsvorgang zu betrachten (Phenole[4] und Amine), wobei sich genuines und gefälltes Protein verschieden verhält; in anderen Fällen kann chemische Bindung eintreten, bei denen Adsorptionsvorgänge keine Rolle spielen (p-Chinone)[5]. — Über Adsorption und Aktivität von Antisepticis[6].

Säure- und Laugenbindungsvermögen, Ionisation: Für das Säure- und Basenbindungsvermögen von Ovalbumin gelten nach Sørensen die gleichen Betrachtungsweisen
wie bei einfachen Ampholyten[7, 8].

Nach Ostwald lassen sich im Gegensatz zu Sørensen die Werte für das Säurebindungsvermögen des Ovalbumins unter Annahme einer Adsorption sehr genau berechnen, während das
Massenwirkungsgesetz nicht zum Ziele führt[9].

Das Bindungsvermögen von nichtkoaguliertem Ovalbumin gegenüber 0,01 n-Säure oder
Lauge ist größer als bei hitzekoaguliertem[10]. Die Säurebindung nimmt proportional der angewandten Säuremenge zu und bleibt dann deutlich konstant[11]. 1 g Ovalbumin bindet
maximal $134 \cdot 10^{-5}$ Äquivalente KOH[12]. 1 g Ovalbumin sind 8,5 ccm $^1/_{10}$ n-Säure und 9 ccm
$^1/_{10}$ n-Lauge äquivalent[13]. — Kurven für das molare Bindungsvermögen[14].

Wie aus dem Verhalten der spezifischen Drehung hervorgeht (s. dort), ist die Bindung
von Säuren und Laugen an Ovalbumin chemischer Natur[15].

Durch Hydrolyse wird das molare Bindungsvermögen gesteigert[16].

Über die Bindung der Ferrocyanwasserstoffsäure[17].

Ursprung der elektrischen Ladung von Ovalbuminteilchen und Beziehungen zum Donnan-
gleichgewicht[18]. — Bei der maximalen Ionisation des Ovalbuminchlorids sind gleichviel
Albumin- und Chlorionen vorhanden[19].

Pauli kommt bei seinen Untersuchungen über die Säureproteinverbindungen durch
Messung der Wasserstoffionenkonzentration, der Chlorionenaktivität und der Leitfähigkeit
für das Ovalbumin zu folgenden Ergebnissen: das Eieralbumin reagiert mit Hg_2Cl_2 stärker als
z. B. Glutin und Pferdeserumalbumin. Das Hg ist durch H-Ionen schwer verdrängbar, so daß
es bei niedrigen Säurekonzentrationen die Bindung von Salzsäure hemmt. Die Gesamtbindung
von HCl ist kleiner als bei Serumalbumin, ebenso die bimolekulare Ionisation. Ein großer
Teil der Salzsäure wird ohne Bildung von Ionen unter Inaktivierung aufgenommen[20]. Bei der
Ausdehnung der Versuche auf Säuren in höheren Konzentrationen ergab sich die maximale
Wertigkeit des positiven Ovalbuminions zu 40. Die Aktivität des Proteinsalzes geht bei stei-

[1] M. Rakusin: Biochem. Z. **192**, 167 (1928) — Chem. Zbl. **1928 I**, 2723.

[2] A. D. Hirschfelder u. H. N. Wright: J. of Pharmacol. **38**, 411, 433 (1930) — Chem.
Zbl. **1930 II**, 2546.

[3] W. Pauli u. E. Weiß: Biochem. Z. **203**, 103 (1928) — Chem. Zbl. **1929 I**, 2735.

[4] E. A. Cooper u. D. L. Woodhouse: Biochem. J. **17**, 600 (1923) — Chem. Zbl. **1923 III**, 1625.

[5] E. A. Cooper u. J. Mason: J. physic. Chem. **32**, 868 (1928) — Chem. Zbl. **1928 II**, 1990. —
E. A. Cooper u. S. D. Nicholas: J. soc. chem. Ind. **46**, T 59 (1927) — Chem. Zbl. **1927 I**, 2203.

[6] A. D. Hirschfelder u. H. M. Wright: Proc. Soc. exper. Biol. a. Med. **26**, 787 (1929) —
Chem. Zbl. **1930 II**, 1724.

[7] S. P. L. Sørensen: C. r. Lab. Carlsberg **12**, 68 (1917) — Chem. Zbl. **1918 II**, 823.

[8] S. P. L. Sørensen u. Mitarbeiter: Hoppe-Seylers Z. **103**, 103 (1918).

[9] S. P. L. Sørensen: Hoppe-Seylers Z. **103**, 162 (1918). — Wo. Ostwald: Kolloid-Z. **49**, 188
(1929) — Chem. Zbl. **1930 II**, 210.

[10] B. M. Hendrix u. V. Wilson: J. of biol. Chem. **79**, 389 (1928) — Chem. Zbl. **1929 I**, 2541.

[11] F. Modern: An. Asoc. quim. Argentina **15**, 160 (1928) — Chem. Zbl. **1928 II**, 1191.

[12] W. Pauli u. J. Frisch: Biochem. Z. **202**, 337 (1928) — Chem. Zbl. **1929 II**, 1415.

[13] L. J. Harris: Proc. roy. Soc. Lond. B. **97**, 364 (1925) — Chem. Zbl. **1925 II**, 224.

[14] P. Hirsch: Biochem. Z. **147**, 433 (1924) — Chem. Zbl. **1924 II**, 1964.

[15] H. J. Almquist u. D. M. Greenberg: J. of biol. Chem. **93**, 167 (1931) — Chem. Zbl.
1931 II, 3617.

[16] J. Tillmans u. P. Hirsch: Biochem. Z. **193**, 216 (1928) — Chem. Zbl. **1928 I**, 2723.

[17] B. M. Hendrix: J. of biol. Chem. **78**, 653 (1928) — Chem. Zbl. **1928 II**, 1672.

[18] J. Loeb: J. gen. Physiol. **4**, 351 (1921) — Chem. Zbl. **1922 I**, 756.

[19] M. Takeda: J. of Biochem. **1**, 103 (1922) — Chem. Zbl. **1924 I**, 1208 — Ber. Physiol. **20**, 372.

[20] F. Modern u. W. Pauli: Biochem. Z. **156**, 482 (1925) — Chem. Zbl. **1926 I**, 124.

gendem Säurezusatz durch ein Optimum und fällt schließlich schnell ab. Ebenso verhält sich die Leitfähigkeits- und Viscositätskurve[1, 2, 3]. (Hier auch Erörterungen über Donnangleichgewicht, Ionisationszurückdrängung und Inaktivierung)[4]. — Nach Reiner gleichen die erhaltenen Kurven für die Säure- und Alkalibindung denen der stufenweisen Dissoziation, im Gegensatz zu den Ergebnissen anderer Forscher[5].

Über den Einfluß von Salzen auf das Säurebindungsvermögen und die Ionisation von Ovalbumin[6].

Über den ionisierenden Einfluß von drei- und vierwertigen Ionen auf krystallisiertes Ovalbumin im isoelektrischen Punkt durch Bildung komplexer Proteinionen[7].

In Gegenwart von Ovalbumin nimmt die Aktivität der Halogenionen ab durch Adsorption an das Albumin[8].

Salzbindung: $ZnCl_2$ gibt mit Ovalbumin Verbindungen, die Analogien mit den Alkali- und Erdalkali-Albuminverbindungen aufweisen. — Bildung von Zwitterionen mit Ca-Salzen[9].

Salzfreies Ovalbumin bindet Ca- und K-Salze aus Lösungen von steigender Konzentration in steigenden Mengen. Bis zu Konzentrationen von $1/_{20}$n wird kein Sättigungswert erreicht. Aus Lösungen niederer und mittlerer Konzentration wird Ca stärker aus $CaCl_2$-Lösungen gebunden als K aus KCl-Lösungen. Bei höheren Salzkonzentrationen nähern sich die Kurven. Ca aus Salzen mit verschiedenen Anionen wird verschieden stark gebunden entsprechend den lyotropen Anionenreihen[10].

Die Chlorbindung wird durch die Salzkonzentration und die Albuminkonzentration beeinflußt. Hierbei unterscheidet sich das Ovalbumin charakteristisch vom Serumalbumin dadurch, daß die Chlorbindung auch relativ mit der Erhöhung der Salzkonzentration steigt[11].

Die Cu-Ionenbindung ist bei p_H 6,9 maximal[12].

Bei der Untersuchung der Einwirkung einer großen Reihe von Metallsalzen auf Ovalbumin gelangten Bechhold und Mitarbeiter zu folgenden Anschauungen über die Metallsalz-Eialbuminverbindungen. Es werden Nebenvalenzverbindungen zwischen Metallsalzen und Albumin angenommen, wobei ein prinzipieller Unterschied gegen die Adsorptionsauffassung nicht bestehen soll. Die untersuchten Metallsalzverbindungen sind sämtlich in Wasser löslich und elektrolytisch und zum Teil auch hydrolytisch dissoziiert. Es sollen mehrere Bindungsstufen von verschiedener Festigkeit existieren, unter denen eine ein Äquivalentverhältnis 1 Me:5100—5200 Albumin aufweist und bei einigen Metallen der vollkommenen Auswaschung widersteht. Es können aber Scheinverbindungen von konstanten Verhältnissen vorgetäuscht werden, wenn beim Auswaschen ein unlösliches Metallhydroxyd in molekularer Verteilung im Ovalbumin zurückbleibt[13].

Über Konstitution und elektrochemisches Verhalten des Ovalbumins[14].

Elektrochemisches Verhalten der Silbersalze[15].

Die kataphoretische Beweglichkeit von Ovalbumin in 0,3proz. gepufferten Lösungen steigt zu beiden Seiten des isoelektrischen Punktes allmählich an; auf der sauren Seite ist sie eine Zeitlang linear bis zu einem Maximum von p_H abhängig. Im isoelektrischen Punkt erfolgt die Wanderung wahrscheinlich zu beiden Elektroden[16]. Vgl. dazu [17].

[1] F. Modern: An. Asoc. quim. Argentina **15**, 160 (1928) — Chem. Zbl. **1928 II**, 1191.

[2] J. Frisch, W. Pauli u. E. Valkó: Biochem. Z. **164**. 401 (1925) — Chem. Zbl. **1926 I**, 1587.

[3] D. J. Hitchcock: J. gen. Physiol. **5**, 383 (1923). — Chem. Zbl. **1923 III**, 627.

[4] W. Pauli: Kolloid-Z. **40**. 185 (1926) — Chem. Zbl. **1927 I**, 572.

[5] L. Reiner: Kolloid-Z. **40**, 327 (1926) — Chem. Zbl. **1927 I**, 866.

[6] S. P. L. Sørensen, K. Linderstrøm-Lang u. E. Lund: C. r. Lab. Carlsberg **16**. 5, 1 (1926) — Chem. Zbl. **1926 II**, 2397 — J. gen. Physiol. 8, 543 (1927) — Chem. Zbl. **1927 I**, 3085.

[7] J. Loeb: J. gen. Physiol. **4**. 759 (1922) — Chem. Zbl. **1923 I**, 100.

[8] K. Ito: J. of Biochem. **9**, 17 (1928) — Chem. Zbl. **1930 I**, 393.

[9] Wo. Pauli u. T. Stenzinger: Biochem. Z. **205**. 71 (1929) — Chem. Zbl. **1929 I**, 2542.

[10] M. Giuffré: Biochem. Z. **229**, 296 (1930) — Chem. Zbl. **1931 I**, 1621.

[11] W. Pauli u. M. Schön: Biochem. Z. **153**. 253 (1924) — Chem. Zbl. **1925 II**. 1985.

[12] B. M. Hendrix: J. of biol. Chem. **78**, 653 (1928) — Chem. Zbl. **1928 II**, 1672.

[13] H. Bechhold: Biochem. Z. **199**, 451. (1928) — Chem. Zbl. **1929 I**. 398/9. — H. Schorn: Biochem. Z. **199**, 459 (1928) — Chem. Zbl. **1929 I**, 398/9. — E. Heymann u. F. Oppenheimer: Biochem. Z. **199**, 468 (1928) — Chem. Zbl. **1929 I**, 398/9.

[14] W. Pauli u. Mitarbeiter: Kolloid-Z. **53**, 51 (1930) — Chem. Zbl. **1931 I**, 3245.

[15] E. Goigner u. W. Pauli: Biochem. Z. **235**, 271 (1931).

[16] N. D. Scott u. The Svedberg: J. amer. chem. Soc. **46**, 2700 (1924) — Chem. Zbl. **1925 I**. 1958.

[17] A. Tiselius: Nova Acta Reg. Scient. Upsaliensis **17**, Nr 4 (1930) — Chem. Zbl. **1931 I**, 3095.

In ganz reinen 0,5proz. Lösungen wandert das Eieralbumin vorwiegend anodisch. Alkalichloride bis zur Konzentration 0,2n können die anodische Richtung nicht abschwächen, vermögen auch nicht doppelsinngie Wanderung hervorzurufen. $BaCl_2$, $CaCl_2$ und $MgCl_2$ in Konzentrationen von über 0,05 n rufen eine doppelsinnige Wanderung hervor[1]. Ito bestätigt in neueren Untersuchungen die negative Ladung der Ovalbuminteilchen in sorgfältig gereinigten Lösungen. Kleine Konzentrationen von $Co(NH_3)_6Cl_3$ entladen, größere laden um[2]. Vgl. dazu auch [3, 4]. — Adsorption an Quarzpartikel ist ohne Einfluß auf die Wanderungsgeschwindigkeit[5].

Elektrophorese in Gegenwart von Goldsolen[6].

Weiteres über elektrische Beweglichkeit von Eialbumin[7].

Einfluß der Kohlensäure auf die Leitfähigkeit verursacht durch CO_2-Bindung[8]. Vgl. dazu aber [9].

Fein verteilte Metallpulver gehen beim Schütteln mit Ovalbumin zum Teil in Lösung[10]. Die Art der Fixierung der Metalle ist noch nicht festgestellt. Es wird auf salzartige Bindung geschlossen[11]. Die Potentialdifferenzen zwischen Co und einer, mit pulverisiertem Co behandelten Ovalbuminlösung weisen ein Maximum bei der Temperatur auf, die der Koagulationstemperatur des Ovalbumins entspricht[12]. Beim Durchgang des elektrischen Stromes durch Metallovalbuminlösungen wandern die Albuminteilchen und mit ihnen das Metall zum positiven Pol; hier findet eine Umladung der Teilchen statt, so daß ein Teil gegen den negativen Pol wandert. Zwischen beiden Polen koaguliert das Albumin, der Niederschlag enthält das Metall[13, 14]. — Über die Aktivität der Kobaltionen in solchen Systemen[15].

Die Metallovalbuminverbindungen wirken toxisch[16].

Über die Messung des elektrokinetischen Potentials nach der Methode des Strömungspotentials[17].

Über die Elektrodialyse des Ovalbumins[18]. — Über die Änderungen der Leitfähigkeit während der Elektrodialyse[19]. Während der Elektrodialyse in Gegenwart von Salzen entstehen Niederschläge, die in verdünnten Alkalien löslich, in verdünnten Säuren unlöslich sind. Das Albumin in der überstehenden Flüssigkeit zeigt völlige Fällbarkeit bei 55proz. Sättigung mit Ammonsulfat. In von Ammonsulfat freien Lösungen entsteht kein Niederschlag, doch ist das Albumin ebenfalls verändert. Mit KCl oder NaCl werden während der Elektrodialyse andere Flockungsergebnisse erzielt[20]. (Hier Erörterungen über Denaturierung, s. dort.)

Im isoelektrischen Punkt ist das Induktionsvermögen von elektrodialytisch gereinigtem Ovalbumin > 80. Zu beiden Seiten des isoelektrischen Punktes steigt es an[21].

[1] T. Ito u. W. Pauli: Biochem. Z. **213**, 95 (1929) — Chem. Zbl. **1930 I**. 80.

[2] T. Ito: Biochem. Z. **233**, 444 (1931) — Chem. Zbl. **1931 II**, 1263.

[3] D. M. Greenberg: Trans. Amer. elektrochem. Soc. **54** (1928) — Chem. Zbl. **1928 II**, 1861.

[4] A. Tiselius: Nova Acta Reg. Scient. Upsaliensis **17**, Nr 4 (1930) — Chem. Zbl. **1931 I**, 3095.

[5] H. A. Abramson: Proc. Soc. exper. Biol. a. Med. **26**. 689 (1929) — Chem. Zbl. **1929 II**, 2424.

[6] E. B. R. Prideaux u. F. O. Howitt: Proc. roy. Soc. Lond. A **126**, 126 (1929) — Chem. Zbl. **1930 II**, 1509.

[7] H. A. Abramson: Physic. Rev. **37**, 1714 (1931) — Chem. Zbl. **1932 I**, 2298.

[8] M. Adolf u. W. Pauli: Biochem. Z. **152**. 360 (1924) — Chem. Zbl. **1925 I**, 530. — W. Pauli u. T. Stenzinger: Biochem. Z. **205**. 71 (1929) — Chem. Zbl. **1929 I**. 2542.

[9] E. Grégoire: C. r. Soc. Biol. Paris **99**, 1227 (1928) — Chem. Zbl. **1929 I**, 100.

[10] Benedicenti u. Rebello-Alves: Biochem. Z. **65**, 107 (1914) — Chem. Zbl. **1914 II**. 646.

[11] G. B. Bonino u. M. Bottini: Arch. di Sci. biol. **8**, 248 (1926) — Chem. Zbl. **1927 I**, 2522 — Ber. Physiol. **38**, 632.

[12] A. Benedicenti u. G. B. Bonino: Arch. di Sci. biol. **8**, 241 (1926) — Chem. Zbl. **1927 I**, 2521 — Ber. Physiol. **38**, 632.

[13] A. Benedicenti u. S. Rebello-Alves: Arch. internat. Pharmacodynamie **26**, 297 (1922) — Chem. Zbl. **1922 III**, 557.

[14] G. B. Bonino u. A. Garello: Arch. di Sci. biol. **11**. 212 (1928) — Chem. Zbl. **1928 II**, 1191.

[15] G. B. Bonino u. A. Garello: Arch. di Sci. biol. **11**, 217 (1928) — Chem. Zbl. **1928 II**, 1192.

[16] V. Ariola: Arch. Farmacol. sper. **32**, 31, 33 (1921) — Chem. Zbl. **1922 III**, 1022.

[17] D. R. Briggs: J. amer. chem. Soc. **50**, 2358 (1928) — Chem. Zbl. **1928 II**, 2109.

[18] L. Reiner: Kolloid-Z. **40**, 123 (1926) — Chem. Zbl. **1927 I**, 253.

[19] F. Modern: An. Asoc. quim. Argentina **15**, 160 (1928) — Chem. Zbl. **1928 II**. 1191.

[20] H. Mastin u. S. B. Schryver: Biochem. J. **20**, 1177 (1926) — Chem. Zbl. **1927 I**, 2434.

[21] Y. Garreau u. N. Marinesco: C. r. Acad. Sci. Paris **189**. 331 (1929) — Chem. Zbl. **1929 II**, 2869.

Farbreaktionen: Allgemeines vgl. auch [1]. Die Empfindlichkeitsgrenze verschiedener Farbreaktionen liegt bei folgenden Verdünnungen:

Reaktionen

Biuret	1:110
Millon	1:13560
Liebermann	1:840
Adamkiewicz	1:1690
Xanthoprotein	1:6780
Molisch	1:920
Pettenkofer	1:830
Ostromysslenski [2]	1:370 [3]

Nitroprussidreaktion [4, 5, 6].

Dimethylsulfat und Natronlauge und nachträgliche Unterschichtung mit konzentrierter Schwefelsäure ergibt einen blauroten Farbring (Tryptophan)[7].

Pikraminsäure gibt mit Ovalbumin bei Zimmertemperatur eine dunkelrote Färbung, wenn die Lösung nicht alkalisch ist oder Salze enthält, deren Säuren durch Pikraminsäure verdrängt werden[2].

Rotfärbung mit α-Naphthol und NaOCl (Arginin). Bleibt aus bei nitriertem Produkt[8].

Vanillin mit Salzsäure oder Schwefelsäure gibt mit Eieralbumin eine rot-blauviolette Färbung[9].

Rotfärbung mit Chinon[10].

Hydrolyse: Bei der Hydrolyse von Ovalbumin mit Salzsäure treten Diffrenzen zwischen den nach van Slyke und den nach Sørensen bestimmten NH_2-Werten auf, die mit fortschreitender Hydrolyse durch ein Maximum gehen. Enselme deutet die Zunahme der Differenz als Periode der Polypeptidbildung, die Abnahme als Periode der Zerlegung in Aminosäuren[11].

Die Hydrolyse des Ovalbumins mit verdünnten Alkalien bei 100° geht schneller vor sich als mit verdünnten Säuren, Erhöhung der Temperatur ist von größerem Einfluß als Steigerung der Konzentration[12].

Die Hydrolyse mit Fluorwasserstoffsäure bietet gegenüber der mit Salzsäure keine Vorteile. Huminstoffe bilden sich zum mindesten ebensoviel. Ammoniak tritt bei der HF-Hydrolyse mehr auf als bei der HCl-Hydrolyse. Außerdem ist die Hydrolyse mit HF nicht vollständig, so daß unter Umständen Polypeptide in die Diaminosäurefraktion gelangen und deren Wert erhöhen[13].

Isolierung einzelner Bestandteile[14].

Durch verdünnte Natronlaugen findet bei Zimmertemperatur sowie in der Siedehitze Neubildung von basischen und sauren Gruppen statt durch Aufspaltung ringartiger Komplexe (Diketopiperazine), wie aus der Steigerung des molaren Bindungsvermögens hervorgeht[15].

CO_2-freie NaOH spaltet aus Eieralbumin auch bei längerem Erhitzen keine mit H_3PO_4 austreibbare Kohlensäure ab; die Tatsache spricht gegen das Vorkommen von Ureidbindungen[16]. Vgl. dazu auch [17].

<hr>

[1] R. F. Hunter: Chem. News **127**, 134 (1923) — Chem. Zbl. **1924 I**, 1676.

[2] J. Ostromysslenski: J. Russ. Phys. Chem. Ges. **47**, 317 (1915) — Chem. Zbl. **1916 I**, 682.

[3] M. Rakusin, E. Braudo, G. Pekarski: J. Russ. Phys. Chem. Ges. **47**, 2051 (1916) — Chem. Zbl. **1916 II**, 428.

[4] E. Walker: J. of Biochem. **19**, 1082 (1925) — Chem. Zbl. **1926 I**, 2816.

[5] H. Mastin u. S. B. Schryver: Biochem. J. **20**, 1177 (1926) — Chem. Zbl. **1927 I**, 2434.

[6] L. J. Harris: Proc. roy. Soc. Lond. B. **94**, 426 (1923) — Chem. Zbl. **1923 III**, 69.

[7] S. Edlbacher: Hoppe-Seylers Z. **105**, 240 (1919) — Chem. Zbl. **1919 III**, 678.

[8] S. Sakaguchi: J. of Biochem. **5**, 13, 25 (1925) — Chem. Zbl. **1925 II**, 1547.

[9] E. P. Häußler: Z. anal. Chem. **53**, 691 (1914) — Chem. Zbl. **1915 I**, 221 — Z. anal. Chem. **53**, 363 (1914) — Chem. Zbl. **1914 II**, 86.

[10] K. Reimer: Z. exper. Med. **67**, 327 (1929) — Chem. Zbl. **1930 I**, 2929.

[11] J. Enselme: C. r. Acad. Sci. Paris **190**, 136 (1930) — Chem. Zbl. **1930 I**, 2105 — Bull. Soc. Chim. biol. Paris **12**, 351 (1930) — Chem. Zbl. **1930 II**, 1995.

[12] J. S. Jaitschnikow: J. russ. phys.-chem. Ges. **62**, 693 (1930) — Chem. Zbl. **1930 II**, 2657.

[13] E. Cherbuliez u. R. Wahl: Helvet. chim. Acta **11**, 1252 (1928) — Chem. Zbl. **1929 I**, 542.

[14] Pittom: Biochem. J. **8**, 157 (1914) — Chem. Zbl. **1914 II**, 993.

[15] J. Tillmans u. P. Hirsch: Biochem. Z. **193**, 216 (1928) — Chem. Zbl. **1928 I**, 2723.

[16] S. Goldschmidt: Hoppe-Seylers Z. **165**, 149 (1927) — Chem. Zbl. **1927 II**, 92.

[17] Lippich, Hoppe-Seylers Z. **90**, 441 (1914) — Chem. Zbl. **1914 I**, 2112.

Beim Kochen von Ovalbumin mit Natronlauge werden 1,5—1,7% des trockenen Proteins in Form von Acetaldehyd abgespalten. Kohlehydrat oder Aminosäuren sind nicht die Vorstufe des Aldehyds, die Bildung scheint vielmehr an die Konstitution des Eiweißes gebunden zu sein[1].

Bei der Autoklavenhydrolyse des Ovalbumins bei 180—200° mit Wasser gewinnt man 1,2% Leucinanhydrid durch Ätherextraktion[2].

Die Autoklavenhydrolyse mit Ammoniak bei 150—180° ergibt in 2—12 Stunden vorwiegend peptonartige Stoffe, erst später treten krystallisierbare Produkte auf[3]. — Mit Oxalsäure[4]. — Bei der Hydrolyse von Ovalbumin bei 180° mit Ameisensäure, Essigsäure und stark verdünnter Salzsäure entstehen keine Huminsubstanzen. Unter den Spaltprodukten finden sich reichlich Anhydride[5]. Dagegen [6].

Bei der Vakuumdestillation des Eieralbumins findet starke Zersetzung statt. Es entweichen NH_3, CO_2, H_2S und Wasserdampf unter Bildung von Kohle. In den einzelnen Fraktionen findet man Dihydroanilin, Isocapronamid oder Isobutylacetamid, Acetamid, Propionamid, Indol und Indolderivate[7].

Beim Erhitzen von Ovalbumin mit KOH auf 325° erhält man folgende Abbaustoffe: einbasische Fettsäuren von C_1—C_8, aber ohne C_7, reichlich Oxalsäure, die vorwiegend aus Glykokoll stammen dürfte, weitere zweibasische Säuren, darunter Bernsteinsäure und Adipinsäure, Benzoesäure, Methylalkohol, Ammoniak, das fast dem gesamten N-Gehalt des Proteins entspricht, Skatolcarbonsäure, aliphatische Kohlenwasserstoffe. Von den einzelnen Bestandteilen lieferten 100 g Albumin:

Ameisensäure	2 g
Essigsäure	25 g
Propionsäure	6 g
Buttersäure	1 g
Valeriansäure	7 g
Capronsäure	2 g
Caprylsäure	1 g
Oxalsäure	22 g
Benzoesäure	1 g
Methanol	0,5 g [8]

Die Einwirkung von Hypobromit auf Ovalbumin vollzieht sich in zwei Stufen: der erste Anteil des Hypobromits wird sehr schnell verbraucht, der zweite nur langsam (siehe auch unter Seide). Man erhält durch geeignete Fraktionierung Spaltstücke von verschiedenem N- und Amino-N-Gehalt. Lysin und Arginin im Molekül des Ovalbumins werden rasch zerstört, der Schwefel wird nur zum Teil schnell oxydiert, während Tyrosin und Tryptophan halogeniert werden[9].

Auch mit Eieralbumin kann die Kondensation mit reduzierenden Zuckern in Kochsalzlösungen oder Kalkwasser erreicht werden. 1 g Ovalbumin bindet 32,4 mg Glykose, nach Behandlung mit Pepsin 48,6, nach weiterer Behandlung mit Trypsin 63 mg. Mit Fructose und Galaktose werden ähnliche Ergebnisse erzielt. Bei Maltose und Lactose wird die maximale Kondensation erst später erreicht. Die Reaktionen erfolgen nach stöchiometrischen Verhältnissen[10]. Sørensen sieht zwar in den Versuchen von Pringsheim keinen Beweis für die Zuckereiweißkondensation, hält aber doch eine solche für möglich[11]. Nach Neuberg beruht

[1] O. Riesser u. Mitarbeiter: Hoppe-Seylers Z. **196**, 210 (1931) — Chem. Zbl. **1931 II**, 583.

[2] S. S. Graves, J. T. W. Marshall u. H. W. Eckweiler: J. amer. chem. Soc. **39**, 112 (1916) Chem. Zbl. **1917 I**, 950.

[3] W. Ssadikow: Biochem. Z. **205**, 360 (1929) — Chem. Zbl. **1929 II**, 52.

[4] W. S. Ssadikow: Biochem. Z. **136**, 238 (1923) — Chem. Zbl. **1923 III**, 784.

[5] N. Zelinsky u. W. Ssadikow: Biochem. Z. **138**, 156 (1923) — Chem. Zbl. **1923 III**, 1087.

[6] P. Brigl: Ber. dtsch. chem. Ges. **56**, 1887 (1923) — Chem. Zbl. **1923 III**, 1279.

[7] A. Pictet u. M. Cramer: Helvet. chim. Acta **2**, 188 (1919) — Chem. Zbl. **1919 I**, 1005.

[8] L. Dupont: C. r. Acad. Sci. Paris **189**, 922 (1929) — Chem. Zbl. **1930 I**, 695.

[9] S. Goldschmidt, R. R. Wolff, L. Engel u. E. Gerisch: Hoppe-Seylers Z. **189**, 193 (1930) — Chem. Zbl. **1930 II**, 1378.

[10] H. Pringsheim u. M. Winter: Ber. dtsch. chem. Ges. **60**, 278 (1927) — Chem. Zbl. **1927 I**, 1026.

[11] S. P. L. Sørensen u. L. Lorber: Ber. dtsch. chem. Ges. **60**, 999 (1927) — Chem. Zbl. **1927 I**, 2655.

die vermeintliche Zuckereiweißkondensation von Pringsheim auf fehlerhafter Methodik[1]. Vgl. auch [2].

Verhalten gegen Fermente: Pepsin: Die Verteilung von Pepsin zwischen koaguliertem Ovalbumin und der Lösung ist ähnlich wie die von Chlorid oder Bromid; zwischen p_H 1—7 ist dies auch in Gegenwart von Salzen der Fall; Pepsin verhält sich wie ein einwertiges Anion, kann aber auch irreversibel adsorbiert werden, dann wird die Adsorption durch Salze beeinflußt[3].

Nach Rona geht der peptischen Spaltung des Ovalbumins Desaggregierung voraus, wie man aus der Zunahme des osmotischen Druckes schließen kann[4].

Der Ablauf der peptischen Spaltung von Ovalbumin wird beeinflußt durch die synthetische Wirkung (s. unten) des Pepsins[5]. — In Gegenwart von Leukocyten ist die peptische Hydrolyse beträchtlich stärker als bei Einwirkung von Pepsin-HCl allein[6]. Wahrscheinlich enthalten die Leukocyten selbst ein Ferment, das Kathepsin, das bei $p_H = 3,5—5,0$ Eieralbumin spaltet[7].

Die Leitfähigkeit des Verdauungsgemisches nimmt bei $p_H > 3$ zu, bei $p_H < 3$ ab; das Minimum der Leitfähigkeit liegt bei p_H 1,3, also nicht beim Optimum der Pepsinhydrolyse[8].

Das Verhältnis des Zuwachses $NH_2:COOH$ während der peptischen Spaltung ist auch beim Ovalbumin konstant $= 1$, es werden nur Peptidbindungen gespalten[9].

Über die Isolierung von Dioxopiperazinen während verschiedener Zeiten aus dem peptischen Verdauungsgemisch des Eieralbumins[10].

Die synthetische Wirkung des Pepsins[11] auf die Spaltprodukte der Pepsinhydrolyse, gemessen am durch Trichloressigsäure fällbaren N, soll in 2 Tagen erschöpft sein. Auffallenderweise nimmt der Amino-N dabei nicht ab. Salze sind ohne Einfluß[12]. Die Synthese durch Pepsin geht bei höherer Temperatur als die Spaltung vor sich (65°). Aber noch bei Temperaturen von 10° ist die synthetische Wirkung des Pepsins wahrzunehmen[5]. Durch verschiedene Emulgierungsmittel, hauptsächlich Toluol, Benzol und Benzoesäure, am stärksten aber durch Benzaldehyd, wird die peptische Synthese gefördert. Dabei werden mit den einzelnen Agenzien Produkte von physikalisch und chemisch verschiedener Beschaffenheit erhalten. Die Unterschiede in der chemischen Zusammensetzung rühren wahrscheinlich von Unterschieden in der Orientierung der reagierenden Komponenten des Verdauungsgemisches her, die von den einzelnen Emulgierungsmitteln in spezifischer Weise vollzogen wird. Diese Emulgierungsmittel sollen auch in Abwesenheit des Enzyms eine Synthese bewirken können[13]. Sarluy bestreitet den synthetisierenden Effekt der genannten Agenzien. Bei Anwendung von Benzaldehyd dürfte es zur Bildung Schiffscher Basen kommen. Im übrigen handelt es sich um Adsorptionserscheinungen[14].

Trypsin und Erepsin: Arginin soll bei der tryptischen Verdauung erst nach einer Inkubationszeit von 1 oder 2 Tagen und auch dann nur zu vier Fünftel seiner Menge aus Ovalbumin abgespalten werden[15].

---

[1] C. Neuberg u. E. Simon: Ber. dtsch. chem. Ges. **60**, 817 (1927) — Chem. Zbl. **1927 I**, 2323.

[2] D. Krüger: Biochem. Z. **209**, 119 (1929) — Chem. Zbl. **1929 II**, 2424.

[3] J. H. Northrop: J. gen. Physiol. **6**, 337 (1924) — Chem. Zbl. **1924 I**, 1945 — J. gen. Physiol. **7**, 603 (1925) — Chem. Zbl. **1925 II**, 1366.

[4] P. Rona u. H. A. Oelkers: Biochem. Z. **217**, 50 (1930) — Chem. Zbl. **1930 I**, 2107.

[5] C. A. Morrell, H. Borsook u. H. Wasteneys: J. gen. Physiol. 8, 601 (1927) — Chem. Zbl. **1927 I**, 2834.

[6] M. Loeper u. G. Marchal: C. r. Soc. Biol. Paris **87**, 1083 (1922) — Chem. Zbl. **1923 I**, 1379.

[7] R. Willstätter u. E. Bamann: Unters. Enzyme **2**, 1756 (1928) — Hoppe-Seylers Z. **180**, 127 (1929) — Chem. Zbl. **1929 I**, 1115.

[8] H. D. Baernstein: J. of biol. Chem. **74**, 351 (1927) — Chem. Zbl. **1928 I**, 361.

[9] E. Waldschmidt-Leitz u. G. Künstner: Hoppe-Seylers Z. **171**, 70 (1927) — Chem. Zbl. **1928 I**, 813.

[10] A. Blanchetière: C. r. Acad. Sci. Paris **185**, 1321 (1927) — Chem. Zbl. **1928 II**, 70.

[11] H. Wasteneys u. H. Borsook: J. of biol. Chem. **62**, 15 (1924) — Chem. Zbl. **1925 I**, 674.

[12] T. Okuda: J. of Biochem. **6**, 77 (1926) — Chem. Zbl. **1926 II**, 900.

[13] H. Wasteneys u. H. Borsook: Colloid Symposium Monograph **6**, 155 (1928) — Chem. Zbl. **1929 II**, 2206.

[14] A. Sarluy: Arch. néerl. Physiol. **16**, 136 (1931) — Chem. Zbl. **1931 I**, 3573.

[15] J. A. Dauphinee u. A. Hunter: Biochemic. J. **24**, 1128 (1930) — Chem. Zbl. **1931 II**, 1439.

Das Trypsin wird durch Ovalbumin in seiner Wirkung gehemmt, Erepsin wird nicht beeinflußt[1]. (Vgl. dazu auch [2].) — Über die spaltende Wirkung von reinem und aktiviertem Trypsin auf Ovalbumin finden sich teilweise widersprechende Mitteilungen[3, 4, 5].

Über die möglicherweise fördernde Wirkung von Fetten auf die Trypsinspaltung[6].

Über die Isolierung von Diketopiperazinen nach langer tryptischer Verdauung[7].

In vitro geht die Spaltung von Ovalbumin durch sukzessive Einwirkung von Pepsin und Trypsin und Erepsin im Vergleich mit anderen Proteinen in gleicher Weise vor sich wie im Verdauungstractus[8]. Darmsaft von Hund oder Huhn greift Ovalbumin nicht an[9].

Auch das racemisierte Ovalbumin wird durch Pepsin und nachfolgend durch Trypsin gespalten, aber langsamer als das genuine oder denaturierte Produkt[10].

Bei der Verdauung mit Pankreasfermenten wird Acetaldehyd gebildet[11].

Auch dem Trypsin kommt in Gegenwart von Lipoidemulsionen eine synthetische Wirkung zu, die sich unter anderem auch in Abnahme des NH_2-N äußern soll[12].

Lienokathepsin (vgl. auch [13]), aus Milz dargestellt, spaltet das Ovalbumin nur in Gegenwart eines Aktivators, der bei der Autolyse entsteht. Dieser Aktivator kann durch Blausäure oder Schwefelwasserstoff ersetzt werden, wodurch das Ausmaß der Spaltung noch gesteigert wird[14].

Papain allein spaltet genuines Eieralbumin nicht, wohl aber, wenn es durch Blausäure oder auch Schwefelwasserstoff aktiviert ist. Denaturiertes Eieralbumin wird auch ohne Aktivator angegriffen[15]. (Vgl. hier auch über eine Reihe dem Papain ähnlicher pflanzlicher Proteinasen.)

Die Proteasen der Hefe konnten in drei Fraktionen zerlegt werden: 1. eine Pepsinase, die das genuine Ovalbumin bei $p_H = 4,5$ spaltet, und 2. eine Tryptase, die das Eieralbumin nicht angreift[16], auch nicht das denaturierte (3. eine Peptidase)[17].

Die proteolytischen Fermente des Malzes greifen das Ovalbumin und daraus hergestelltes Acidalbumin nicht an[18]. Grünmalzprotease verwandelt Ovalbumin in ein nicht koagulierbares Eiweiß (?)[19]. Optimale Wirkung bei 46° und bei p_H 3,3—3,6[20].

Über die Einwirkung der Proteasen aus dem Eierschwamm[21].

Fermente aus Bac. mycoides spalten Eieralbumin schwach, die Wirkung ist bei $p_H = 3$ gehemmt, 1% Glykose hat keinen Einfluß[22].

---

[1] E. Waldschmidt-Leitz u. A. Harteneck: Hoppe-Seylers Z. **147**, 286 (1925) — Chem. Zbl. **1926 I**, 691.

[2] Mellanby u. Wolley: J. of Physiol. **48**, 287 (1914) — Chem. Zbl. **1914 II**, 1060.

[3] E. Waldschmidt-Leitz u. A. Harteneck: Hoppe-Seylers Z. **149**, 221 (1925) — Chem. Zbl. **1926 I**, 1664.

[4] E. F. Terroine u. L. Kahn-Marino: Arch. internat. Physiol. **26**, 69 (1926) — Chem. Zbl. **1926 II**. 1955.

[5] U. Lombroso: Arch. internat. Physiol. **29**, 213 (1927) — Chem. Zbl. **1928 I**. 364.

[6] M. Maughan: Biochem. J. **20**, 1046 (1926) — Chem. Zbl. **1927 I**, 764.

[7] A. Blanchetière: C. r. Acad. Sci. Paris **189**, 784 (1929) — Chem. Zbl. **1930 I**, 852.

[8] L. Kahn-Marino: Arch. internat. Physiol. **29**, 133 (1927) — Chem. Zbl. **1928 I**, 1059.

[9] C. Antonino: Biochem. Z. **136**. 71 (1923) — Chem. Zbl. **1923 III**, 690.

[10] K.-H. Lin, H. Wu u. T.-T. Chen: Chin. J. Physiol. **2**, 131 (1928) — Chem. Zbl. **1928 II**, 1006.

[11] A. Hoffmeister: Hoppe-Seylers Z **205**, 183 (1932).

[12] H. R. Marston: Austral. J. exper. Biol. a. med. Sci. **3**, 233 (1926) — Chem. Zbl. **1927 II**, 1850. — Ber. Physiol. **40**, 586.

[13] R. Willstätter u. E. Bamann: Unters. Enzyme **2**, 1756 (1928) — Hoppe-Seylers Z. **180**, 127 (1929) — Chem. Zbl. **1929 I**, 115.

[14] E. Waldschmidt-Leitz, J. J. Birk u. J. Kahn: Naturwiss. **17**, 85 (1929) — Chem. Zbl. **1929 I**, 3119.

[15] R. Willstätter, W. Graßmann u. O. Ambroß: Hoppe-Seylers Z. **151**. 286 (1926) — Chem. Zbl. **1926 I**, 2359.

[16] K. G. Dernby: Biochem. Z. **81**, 107 (1916) — Chem. Zbl. **1917 II**, 111.

[17] R. Willstätter u. W. Graßmann: Hoppe-Seylers Z. **153**, 250 (1926) — Chem. Zbl. **1926 II**, 38.

[18] H. Lundin: Biochem. Z. **131**, 193 (1922) — Chem. Zbl. **1923 I**, 690.

[19] R. H. Hopkins u. J. A. Burns: Journ. Inst. Brewing **36**, 9 (1930) — Chem. Zbl. **1930 I**, 2325.

[20] R. H. Hopkins u. H. E. Kelly: Biochemic. J. **25**, 256 (1931) — Chem. Zbl. **1931 II**, 1709.

[21] J. Bares: Chemickè Listy **21**. 202 (1927) — Chem. Zbl. **1927 II**, 1353.

[22] H. Glinka-Tschernorutzky: Biochem. Z. **206**, 308 (1929) — Chem. Zbl. **1929 II**, 178.

Physiologisches: Trocknungsprozesse beeinträchtigen den Nährwert des Ovalbumins nicht[1].

Nährwert von Ovalbumin, das in alkalischer Lösung im Autoklaven erhitzt ist[2].

Die antigenen Eigenschaften des Ovalbumins werden durch trockenes Erhitzen auf $110°$ (1 Std.), durch Erhitzen bei $p_H = 7{,}1$ auf $100°$ während 15 Min. und durch Koagulieren durch 15 minutiges Kochen bezüglich der Komplementbindung nicht verändert[3]. Allerdings soll nach anderen Mitteilungen durch Erhitzen des Eieralbumins auf $100°$ eine neue antigene Spezifität geschaffen werden[4]. Dies bestätigt auch Wu[5].

Racemisiertes Eieralbumin sensibilisiert Meerschweinchen weder gegen natives noch gegen racemisiertes Ovalbumin[6].

Über die Reaktion tuberkulöser Meerschweinchen auf Ovalbumin[7].

Die Präcipitinreaktion kann Auskunft geben über die Beziehungen des Ovalbumins zu den Blutproteinen (beim Haushuhn): Antiserum gegen krystallisiertes Ovalbumin reagiert nicht mit Lösungen von Fibrinogen, Euglobulin oder Albumin aus dem Blutplasma, jedoch reagiert das Antiserum gegen Gesamteiereiweiß (s. dort) mit Blutalbumin; diese Reaktion ist durch das Conalbumin (s. dort) bedingt[8].

Verdauungsprodukte von Ovalbumin töten bei Reinjektion unter typischen Anaphylaxiesymptomen, wenn mit ihnen sensibilisiert wurde, nicht aber, wenn mit Eieralbumin sensibilisiert war. Acidalbumin ist ohne Einfluß auf Tiere, die mit Albumin vorbehandelt sind[9]. Vgl. dazu auch die Arbeiten von Arloing, aus denen hervorgeht, daß die Sensibilisierung an das genuine Eiweiß gebunden ist, während die Auslösung des Shocks auch durch Abbaustufen hervorgerufen werden kann[10].

Über die Verhütung des Shocks durch Natriumferrocyanid[11].

Intravenöse Injektionen von rohem, racemischem Ovalbumin wirken toxisch, Blutdruck und Blutgerinnbarkeit (beim Hunde) werden herabgesetzt; gereinigtes racemisiertes Albumin zeigt diese Eigenschaften nicht. Die giftige Substanz kann mit Lösungsmitteln (Alkohol) extrahiert werden[12]. — Auf den Blutzuckergehalt hat die intravenöse Injektion keinen Einfluß[13].

Durch parenterale Zufuhr von Ovalbumin werden die physikalisch-chemischen Eigenschaften der Serumeiweißkörper (s. dort) verändert[14].

Gereinigtes Ovalbumin macht schon in Konzentrationen von 0,07% den überlebenden Uterus gegenüber Bariumchlorid, Chinin, Pituglandol, Acetylcholin und Papaverin sehr viel empfindlicher. Es handelt sich hier wahrscheinlich um physikalisch-chemische Vorgänge an den Zellgrenzschichten[15].

Derivate: Chlorderivate: Durch Chlorierung mit Chlor in Tetrachlorkohlenstoff. Graues, unangenehm riechendes Pulver mit 10,06% N und 17,5% Cl. Ganz löslich in Wasser und Alkalien. Im Laufe der Zeit geht dabei ein Teil des Chlors in den ionisierten Zustand über[16].

Bromderivate: Durch Bromierung von Ovalbumin mit Brom in Tetrachlorkohlenstoff. Von ähnlichen Eigenschaften wie das Chlorderivat (s. oben)[17]. Im Chlor- und Brom-Ovalbumin stehen die Halogene im Verhältnis ihrer Atomgewichte. Gegen Lauge sind die Chlorverbindungen des Ovalbumins widerstandsfähiger als die Bromverbindungen[16].

---

[1] M. A. Boas-Fixsen: Biochemic. J. **25**, 596 (1931) — Chem. Zbl. **1932 I**, 832.

[2] A. Marletta: Biochemica e Ter. sper. **16**, 297 (1930) — Chem. Zbl. **1931 I**, 1471.

[3] C. L. A. Schmidt: J. of Immun. **6**, 281 (1921) — Chem. Zbl. **1922 III**, 88 — Ber. Physiol. **12**, 145.

[4] J. Furth: J. of Immun. **10**, 777 (1925) — Chem. Zbl. **1926 I**. 972.

[5] S. Wu, C. Tenbroeck u. C.-P. Li: Chin. J. Physiol. **1**, 277 (1927) — Chem. Zbl. **1927 II**, 2204.

[6] ten Broeck: J. of biol. Chem. **17**, 369 (1914) — Chem. Zbl. **1914 I**, 1841.

[7] L. Dienes: J. of Immun. **18**, 279 (1930) — Chem. Zbl. **1930 II**, 754.

[8] L. Hektoen u. A. G. Cole: J. inf Dis. **42**, 1 (1928) — Chem. Zbl. **1929 I**. 2546.

[9] K. Landsteiner: Proc. Soc. exper. Biol. a. Med. **23**, 540 (1926) — Chem. Zbl. **1927 I**, 1975 — Ber. Physiol. **37**, 435.

[10] F. Arloing u. L. Langeron: C. r. Soc. Biol. Paris **93**, 1305 (1925) — Chem. Zbl. **1926 I**, 1592.

[11] P. Cot: C. r. Soc Biol. Paris **99**, 1461 (1928) — Chem. Zbl. **1929 I**, 668.

[12] F. P. Underhill u. B. M. Hendrix: J. of biol. Chem. **22**, 453 (1915) — Chem. Zbl. **1916 I**, 26.

[13] S. Kuriyama: J. of biol. Chem. **29**, 127 (1916) — Chem. Zbl. **1917 II**. 767.

[14] L. La Grutta: Riv. Pat. sper. **1**, 332 (1926) — Chem. Zbl. **1927 I**. 1695 — Ber. Physiol. **38**, 248.

[15] A. Fröhlich u. K. Paschkis: Arch. f. exper. Path. **117**, 169 (1926) — Chem. Zbl. **1927 I**. 315. — O. Stender u. C. Amsler: Arch. f. exper. Path. **144**, 190 (1929) — Chem. Zbl. **1930 I**, 1494.

[16] A. J. J. Vandevelde: Rec. Trav. chim. Pays-Bas et Belg. (Amsterd.) **47**, 458 (1928) — Chem. Zbl. **1928 I**. 1971.

[17] A. J. J. Vandevelde: Rec. Trav. chim. Pays-Bas et Belg. (Amsterd.) **43**, 158 (1924) — Chem. Zbl. **1924 I**, 1545.

Jodderivate: Maximal jodiertes Ovalbumin erhält man durch Erwärmen mit Bicarbonatlösung bei schwachalkalischer Reaktion und überschüssiger 2n-J-Lösung auf 40°, bis das Jod dauernd ungebunden bleibt. Die Abscheidung des jodierten Albumins geschieht durch Essigsäure in Gegenwart von Natriumsulfat. Aus dieser Substanz erhält man ein „kernjodiertes" Ovalbumin durch Behandeln mit SO_2 in verdünnter Natronlauge. Beide Produkte geben weder die Millonsche noch die Ehrlichsche Reaktion[1]. Jodierung mit Jodstickstoff gibt Produkte, die dem nativen Ovalbumin noch näher stehen[2]. Das Jodderivat des Ovalbumins erweist sich bei der Metamorphose von Fröschen und Kröten als sehr schwach wirksam[3]. — Nach Abderhalden ruft das Jodovoalbumin B (nach Blum und Strauß) an Kaulquappen typische Schilddrüsenwirkung hervor[4].

Nitroovalbumin: Tyrosin- und Tryptophanbestimmung[5].

Benzoylderivat: Durch Benzoylierung von Eieralbumin mit Benzoylchlorid in Kaliumbicarbonat. Das Produkt ist bei saurer Reaktion unlöslich. Bei der Verseifung lassen sich leicht und schwer abspaltbare Benzoylgruppen unterscheiden; dabei ergeben sich scharf definierte Reaktionsstufen. Bezieht man die schwer verseifbaren Gruppen auf primäre Aminogruppen, so ergibt sich 1,2% Amino-N auf Gesamt-N[6]. Bei der Spaltung läßt sich ε-Benzoyl-d-lysin gewinnen, die ε-Aminogruppe des Lysins liegt also frei im Albuminmolekül vor. Ein anderer Teil der schwer abspaltbaren Benzoylgruppen ist möglicherweise mit der Guanidogruppe des Arginins verknüpft[7].

Dearginoderivat: Durch Behandeln von Eialbumin in stark alkalischer Lösung mit NaOCl oder NaOBr bis die α-Naphtholreaktion ausbleibt. Das Produkt zeigt die üblichen Farbreaktionen nur noch schwach und ist in angesäuertem Wasser unlöslich. Es verbraucht 21,91 ccm $^1/_{10}$ n-Barytlösung. Durch Pepsin ist es schwer, etwas leichter durch Trypsin verdaulich[8].

Kupplungsprodukt aus Ovalbumin mit diazotiertem p-Aminophenol-β-glykosid bzw. **-galaktosid:** Mit diesen Verbindungen entstehen beim Kaninchen spezifische Antikörper, von denen einer auf die Zuckerkomponente, der andere auf denjenigen Anteil des Ovalbumins abgestimmt ist, der nicht mit dem Diazoprodukt reagiert hat. Auf die immunologische Bedeutung dieser Befunde kann hier nicht eingegangen werden (s. auch Serumglobulin)[9]. Vgl. auch[10].

Das **Desaminoderivat** vom Ovalbumin zeigt wie das Desaminoglutin (s. dort) gleichleichte Methylierbarkeit mit Diazomethan an O und N wie das native Material[11].

Serumalbumin.

(Vgl. auch Blutproteine.)

Vorkommen: Im normalen Menschenserum beträgt der Albumingehalt 5—5,5%, im Rinderserum 3,4%, im Pferdeserum 3,1%[12].

Zusammensetzung:

C	50,2—50,7%
H	6,5— 6,6%
N	15,1—15,2%
P	Spuren
S	2,54%
CaO	0,33%[13]

Verhältnis O:N = 1,23:1[14].

[1] F. Blum u. E. Strauß: Hoppe-Seylers Z. **112**, 111 (1920) — Chem. Zbl. **1921 I**, 909.

[2] F. Blum u. E. Strauß: Hoppe-Seylers Z. **127**, 199 (1923) — Chem. Zbl. **1923 III**, 311.

[3] E. O. Jensen: C. r. Soc. Biol. Paris **83**, 315 (1920) — Chem. Zbl. **1920 III**, 360.

[4] E. Abderhalden u. O. Schiffmann: Pflügers Arch. **198**, 128 (1922) — Chem. Zbl. **1923 I**, 1338. — E. Abderhalden u. E. Wertheimer: Z. exper. Med. **63**, 557 (1928) — Chem. Zbl. **1930 II**, 1716.

[5] H. Bauer u. E. Strauß: Biochem. Z. **211**, 191 (1930) — Chem. Zbl. **1930 I**, 3705.

[6] S. Goldschmidt u. W. Schön: Hoppe-Seylers Z. **165**, 279 (1927) — Chem. Zbl. **1927 II**, 91.

[7] S. Goldschmidt u. Kinsky: Hoppe-Seylers Z. **183**, 244 (1929) — Chem. Zbl. **1929 II**, 2568.

[8] S. Sakaguchi: J. of Biochem. **5**, 133, 143 (1925) — Chem. Zbl. **1926 I**, 1419/20.

[9] W. F. Goebel u. O. T. Avery: J. of exper. Med. **50**, 521 (1929) — Chem. Zbl. **1930 I**, 2440. — O. T. Avery u. W. F. Goebel: J. of exper. Med. **50**, 533 (1929) — Chem. Zbl. **1930 I**, 2441. — W. S. Tillett, O. T. Avery u. W. F. Goebel: J. of exper. Med. **50**, 551 (1929) — Chem. Zbl. **1930 I**, 2441.

[10] K. Landsteiner u. J. van der Scheer: J. of exper. Med. **50**, 407 (1929) — Chem. Zbl. **1930 I**, 2442.

[11] J. Herzig u. H. Lieb: Hoppe-Seylers Z. **117**, 1 (1921) — Chem. Zbl. **1922 I**, 357.

[12] F. Grendel: Pharm. Weekbl. **67**, 1 (1930) — Chem. Zbl. **1930 I**, 1190.

[13] M. Piettre u. A. Vila: C. r. Acad. Sci. Paris **171**, 371 (1920) — Chem. Zbl. **1921 I**, 99.

[14] P. Brigl u. R. Held: Hoppe-Seylers Z. **152**, 230 (1926) — Chem. Zbl. **1926 I**, 3059.

Nach Sørensen ist der P-Gehalt des Serumalbumins als Verunreinigung anzusehen, da er sich größtenteils entfernen läßt, ohne daß das Albumin seine charakteristischen Eigenschaften verliert[1]. Albumin aus Rinder- und Pferdeserum zeigt nach van Slyke folgende Zusammensetzung in Proz. Gesamt-N:

	Rind	Pferd
NH_3-N	5,8	6,65
Melanin-N	1,1	0,95
Cystin-N	3,5	3,10
Arginin-N	10,4	9,90
Histidin-N	6,7	5,85
Lysin-N	16,3	15,90 [2]
Amino-N des Filtrats	54,2	56,55
Nichtamino-N des Filtrats	2,3	1,6 [3]

Über den Nachweis von Glykokoll in Serumalbumin mit Orthophthaldialdehyd[4].

Tyrosingehalt: Durch Xanthoproteincolorimetrie 4—5%[5] (vgl. dazu [6]). Nach verschiedenen anderen Methoden ergeben sich wesentliche Unterschiede im Tyrosingehalt: Verfahren nach Folin und Denis 6,5%. Gravimetrisches Verfahren 2,0—2,5, Bromadditionsverfahren 5,0—6,0, durch Millonsche Reaktion 3,5, durch Diazoreaktion 3,4—4,0%[7].

Andere Autoren geben mit der Methode von Folin und Denis und durch Millons Reagens 4,8—5%[8] und 5,7%[9] an.

Tryptophangehalt: Nach der Kommschen Aldehydreaktion 2,66%[10]. — Nach neueren Untersuchungen beträgt der Tryptophangehalt des Plasmaalbumins ca. 1%, im Albumin des Pferdeserums 0,87—1,22%, des Kaninchenserums 0,76—0,95%[11].

Cystingehalt: Durch Jodtitration 1,58%[12]. — Nach Blankenstein 1,6%[13]. — Der Cystin-S beträgt beim Rinderserumalbumin 89% des Gesamt-S[14].

Arginingehalt: Nach der Flaviansäuremethode 6,1%[15].

Das Serumalbumin des Rinderblutes — Goldschmidt versteht hierunter die Gesamtheit aller Serumproteine, die zwischen Halb- und Ganzsättigung des Serums mit Ammonsulfat ausfallen und in salzfreiem Wasser löslich sind — läßt sich durch verschiedene Ammonsulfatkonzentrationen in drei Fraktionen zerlegen, die folgende Zusammensetzung zeigen:

	I	II	III
C	51,73%	53,01%	52,41%
H	7,24 „	7,28 „	7,25 „
S	1,78 „	1,85 „	2,20 „
N	15,9 „	16,1 „	15,54 „
O	23,35 „	21,76 „	22,60 „

[1] S. P. L. Sørensen, M. Mâchebœuf u. M. Sørensen: Ann. Acad. Scient. Fennicae A 29, Nr 19 — C. r. Lab. Carlsberg 16, Nr 12, 1 (1927) — Chem. Zbl. 1928 I, 359.

[2] P. Hartley: Biochem. J. 9, 269 (1915) — Chem. Zbl. 1916 I, 1253.

[3] P. Hartley: Biochem. J. 8, 541 (1914) — Chem. Zbl. 1916 I, 1158.

[4] W. Zimmermann: Hoppe-Seylers Z. 189, 4 (1930) — Chem. Zbl. 1930 II, 275.

[5] J. Tillmans, P. Hirsch u. F. Stoppel: Biochem. Z. 198, 379 (1928) — Chem. Zbl. 1928 II, 1916.

[6] H. Bauer u. E. Strauß: Biochem. Z. 211, 191 (1930) — Chem. Zbl. 1930 I, 3705.

[7] O. Fürth u. W. Fleischmann: Biochem. Z. 127, 137 (1921) — Chem. Zbl. 1922 II, 1044. — O. Fürth u. A. Fischer: Biochem. Z. 154, 1 (1924) — Chem. Zbl. 1925 I, 872.

[8] G. Haas u. W. Trautmann: Hoppe-Seylers Z. 127, 52 (1923) — Chem. Zbl. 1923 IV, 84.

[9] U. Kiyotaki: Biochem. Z. 134, 322 (1922) — Chem. Zbl. 1923 III, 71.

[10] E. Komm: Hoppe-Seylers Z. 156, 161, 202 (1926) — Chem. Zbl. 1926 II, 2094.

[11] E. Ohlsson, G. Nordh u. T. Swätichin: Biochem. Z. 215, 443 (1929) — Chem. Zbl. 1930 I, 849. — E. Ohlsson: Skand. Arch. Physiol. (Berl. u. Lpz.) 58, 77 (1929) — Chem. Zbl. 1930 I, 1167.

[12] Y. Teruuchi u. L. Okabe: J. of Biochem. 8, 459 (1928) — Chem. Zbl. 1928 I, 2850.

[13] A. Blankenstein: Biochem. Z. 218, 321 (1930) — Chem. Zbl. 1930 I, 3087.

[14] L. J. Harris: Proc. roy. Soc. Lond. B. 94, 441 (1923) — Chem. Zbl. 1923 IV, 6.

[15] O. Fürth u. O. Deutschberger: Biochem. Z. 186, 139 (1927) — Chem. Zbl. 1927 II, 1482.

N-Verteilung nach van Slyke:

	I	II	III
Melanin-N	3,0 %	2,8 %	1,4 %
NH$_3$-N	3,0 ,,	5,9 ,,	5,9 ,,
Gesamtbasen-N	30,6 ,,	29,3 ,,	31,4 ,,
Gesamtbasenamino-N	19,1 ,,	20,9 ,,	17,8 ,,
Arginin-N	13,9 ,,	11,5 ,,	12,6 ,,
Histidin-N	0 ,,	0 ,,	5,7 ,,
Lysin-Cystin-N	16,7 ,.	17,8 ,,	13,1 ,,
Monoaminosäuren-N	65,3 .,	62,7 ,,	61,6 ,,
Amino-N der Monoaminosäuren	61,5 ,,	57,7 ,,	59.6 ,,
Gesamtamino-N	81,9 ,,	82,5 ,,	79,4 ,,

Nach anderen Methoden ergab sich für'

Histidin	0,25 %	0,52 %	6,60 %
Tryptophan	1,1 ,,	1,05 ,.	0,0 ,,

Die Fraktion III beträgt nur 4 % des Gesamtalbumins; bei bestimmten pathologischen Zuständen kann sich dieser Gehalt noch verringern[1].

Bestimmung der Hydrolysenprodukte durch das Veresterungs- und Acetylierungsverfahren[2].

Isolierung eines aus Glykosamin und 2 Molekülen Mannose bestehenden Trisaccharides aus Serumalbumin[3].

Cholesterinkomplex an Serumalbuminfraktionen[4].

Physikalisches und chemisches Verhalten: Das Molekulargewicht des Serumalbumins ergibt sich aus dem osmotischen Druck zu 62 000[5].

Nach der Zentrifugiermethode von Svedberg findet man 67 500 $\pm$ 2000. Das Molgewicht von Serumalbumin ist nach dieser Methode ein einfaches Vielfaches von dem des Ovalbumins (s. dort). Die verschiedenen Werte, die von verschiedenen Forschern für das Molekulargewicht erhalten sind, werden auf die leichte Zersetzlichkeit des Serumalbumins in Lösungen zurückgeführt[6]. Das Serumalbumin weist ein Stabilitätsbereich von p_H 4—9 auf, jenseits zerfällt es in kleinere Teile[7]. Diese Spaltung ist reversibel[8]. — Vgl. hierzu auch die Ausführungen Sørensens über die „reversibel dissoziablen Komponentensysteme"[9]. Vgl. auch[10].

L. de Caro gibt 66 167 an[11].

Als Resultat aus verschiedenen Messungen ergibt sich 45 000[12]. — Über Molgewicht und Molform[13].

Der isoelektrische Punkt für die Serumalbumine verschiedener Tierarten wurde übereinstimmend zu $p_H = 4,7$ gefunden[14]. Bei gereinigtem Serumalbumin $p_H = 4,88$[15].

Beziehungen des isoelektrischen Punktes zum „kritischen Punkt" bei der Hemmung der Leberautolyse durch Serumalbumin[16].

---

[1] S. Goldschmidt u. H. Kahn: Hoppe-Seylers Z. **183**, 19 (1929) — Chem. Zbl. **1929 II**, 1173.

[2] E. Cherbuliez, P. Plattner u. S. Ariel: Helvet. chim. Acta **13**, 1390 (1930) — Chem. Zbl. **1931 I**, 491.

[3] C. Rimington: Nature (Lond.) **126**, 882 (1930) — Chem. Zbl. **1931 I**, 3697.

[4] W. N. Nekludow: Biochem. Z. **232**, 50 (1931) — Chem. Zbl. **1931 I**, 3021.

[5] G. S. Adair: XII. Internat. Physiol.-Kongr. Stockholm 3.—6. VIII. 1926, 2—4 — Chem. Zbl. **1927 I**. 1801 — Ber. Physiol. **38**. 334.

[6] The Svedberg u. B. Sjögren: J. amer. chem. Soc. **50**, 3318 (1928) — Chem. Zbl. **1929 I**, 661.

[7] The Svedberg: Kolloid-Z. **51**, 10 (1930) — Chem. Zbl. **1930 II**, 3815.

[8] The Svedberg u. B. Sjögren: J. amer. chem. Soc. **52**, 2855 (1930) — Chem. Zbl. **1931 I**, 477.

[9] S. P. L. Sørensen: Kolloid-Z. **53**, 102, 170, 306 (1930) — Chem. Zbl. **1930 II**, 3424; **1931 I**, 1768 — C. r. Lab. Carlsberg **18**, Nr 5, 1 (1930).

[10] C. Rimington: Biochem. J. **23**. 430 (1929) — Chem. Zbl. **1929 II**, 1933.

[11] L. de Caro u. M. Laporta: Arch. di Sci. biol. **14**, 264 (1930) — Chem. Zbl. **1931 I**, 1459.

[12] E. J. Cohn, J. L. Hendry u. A. M. Prentiss: J. of biol. Chem. **63**, 721 (1925) — Chem. Zbl. **1925 II**, 1168.

[13] The Svedberg: Nature **123**, 871 (1929) — Chem. Zbl. **1929 II**, 3021.

[14] L. Michaelis u. T. Nakashima: Biochem. Z. **143**, 484 (1923) — Chem. Zbl. **1924 I**, 1425.

[15] A. Tiselius: Nova Acta Reg. Soc. Scient. Upsaliensis **7**, Nr 4 (1930) — Chem. Zbl. **1931 I**, 3095.

[16] A. B. Hertzmann u. H. C. Bradley: J. of biol. Chem. **61**, 275 (1924) — Chem. Zbl. **1924 II**, 2348.

Die optische Drehung des Serumalbumins ergibt sich bei verschiedenen Wellenlängen zu $[\alpha]_\lambda$:

$\lambda\,4359$	$\lambda\,5461$	$\lambda\,5780$	$\lambda\,6660$
$-151{,}5°$	$-78{,}1°$	$-67{,}0°$	$-47{,}3°$ [1]

Vgl. dazu die Werte von Piettre[2] und von Young[3].

Die Refraktometerwerte des Serumalbumins unterscheiden sich deutlich von denen des Serumglobulins[4,5]. — Die mittlere Brechungszunahme für 1% reines Albumin beträgt bei Menschen-, Pferde- oder Rinderserum 0,00190 $\pm$ 5%, doch sind nach dem Verfahren von Robertson 0,00205 zu setzen[6]. — Über die spezifischen Refraktionsinkremente für Serumalbumin verschiedener Tiere[7].

Über die Dielektrizitätskonstante von Serumalbuminlösungen[8].

Löslichkeit und Quellung: Über die Löslichkeit in konzentrierten Ammonsulfatlösungen[9].

In verdünnter Salzsäure ist das Serumalbumin klar löslich[10]. Die Löslichkeit der Hitzekoagulate des Serumalbumins (s. unten über Reversibilität der Hitzedenaturation) in Lösungen von Alkalirhodaniden und Natriumsalicylat geht in zwei Phasen vor sich: 1. Quellung, für die die Salzkonzentration maßgebend ist, 2. Lösung des gequollenen Eiweißes, die von der Flüssigkeitsmenge abhängig ist. Die lösende Wirkung der Salze kann durch Kochsalz oder besser durch Salze mit mehrwertigen Ionen aufgehoben werden[11].

Das Lösungsvolumen von Serumalbumin ist 0,7; die Menge des von 1 g Albumin bei 25° aufgenommenen Wassers = 2,1 ccm[12].

Die Quellung von Serumalbumin wird durch Coffein stark gehindert. Bereits gequollenes Serumalbumin zeigt bei Einwirkung von Coffein Gewichtsabnahme[13,14].

Über die Vorgänge bei der Hydratation der Serumalbuminionen[14].

Einfluß von Serumalbumin auf die Löslichkeit von Serumproteinen in $^1/_3$ gesättigter Ammonsulfatlösung[15].

Krystallisation: Krystallographische Untersuchungen über Serumalbuminkrystalle von verschiedenen Tieren[16].

Ein aus Ascitesflüssigkeit hergestelltes Serumalbuminpräparat konnte nicht krystallisiert erhalten werden[17].

Trocknet man ein durch Acetonfällung erhaltenes, von fremden Ionen völlig freies Albumin vorsichtig ein, so erhält man einen sirupösen Rückstand, der sich bei plötzlicher starker Abkühlung oder mechanischer Erschütterung in eine homogene Krystallmasse umwandelt. Die Krystalle sind mikroskopische Prismen, die unter Zersetzung bei 225—230° sintern[18].

Auf mechanischem Wege (Schütteln) läßt sich eine Gerinnung des Serumalbumins im Gegensatz zum Ovalbumin (s. dort) nicht erreichen[19].

Über die Beziehungen zwischen kolloiden und konstitutiven Änderungen des Serumalbumins[20].

---

[1] L. F. Hewitt: Biochem. J. **21**, 216 (1927) — Chem. Zbl. **1927 I**, 2746.

[2] M. Piettre u. A. Vila: C. r. Acad. Sci. Paris **171**, 371 (1920) — Chem. Zbl. **1921, I**, 99.

[3] E. G. Young: Proc. roy. Soc. Lond. B. **93**, 15 (1921) — Chem. Zbl. **1923 I**, 684.

[4] G. Schretter: Biochem. Z. **177**, 349 (1926) — Chem. Zbl. **1927 I**, 763.

[5] O. Arnd u. E. A. Hafner: Biochem. Z. **167**, 440 (1926) — Chem. Zbl. **1926 I**, 2717.

[6] F. Grendel: Pharm. Weekbl. **67**, 1 (1930) — Chem. Zbl. **1930 I**, 1190.

[7] G. S. Adair u. M. E. Robinson: Biochemic. J. **24**, 993 (1930) — Chem. Zbl. **1931 I**, 626.

[8] V. Vlassopoulos u. F. Blank: Kolloid-Z. **56**, 176 (1931) — Chem. Zbl. **1931 II**, 1992.

[9] M. Florkin: J. of biol. Chem. **87**, 629 (1930) — Chem. Zbl. **1931 I**, 1930.

[10] E. Abderhalden u. W. Kröner: Fermentforschg **10**, 12 (1928) — Chem. Zbl. **1928 II**, 2729.

[11] R. Willheim, M. Mandula, E. Silbermann, G. Nettel u. R. Laub: Kolloid-Z. **48**, 217 (1929) — Chem. Zbl. **1930 I**, 23.

[12] H. Chick: Biochem. J. **8**, 261 (1914) — Chem. Zbl. **1914 II**, 1160.

[13] J. Szeloczey: Biochem. Z. **206**, 290 (1929) — Chem. Zbl. **1929 II**, 765.

[14] W. Pauli u. F. Blanck: Biochem. Z. **202**, 337 (1928) — Chem. Zbl. **1929 II**, 1415.

[15] G. Ettisch, W. Ewig u. H. Sachse: Biochem. Z. **203**, 147 (1928) — Chem. Zbl. **1929 I**, 2193.

[16] E. Möllenhoff: Z. Biol. **79**, 93 (1923) — Chem. Zbl. **1923 III**, 1288.

[17] A. Oswald: Hoppe-Seylers Z. **95**, 102 (1915) — Chem. Zbl. **1916 I**, 256.

[18] M. Piettre: C. r. Acad. Sci. Paris **188**, 463 (1929) — Chem. Zbl. **1929 II**, 445.

[19] H. Wu u. S. M. Ling: Chin. J. Physiol. **1**, 407 (1927) — Chem. Zbl. **1928 I**, 1674.

[20] W. Pauli u. R. Weiß: Biochem. Z. **233**, 381 (1931) — Chem. Zbl. **1931 II**, 2707.

Durch Elektrodialyse gereinigtes Serumalbumin koaguliert beim Erhitzen vollständig. Beim Erhitzen in Gegenwart von Säuren oder Laugen kann ein Teil des Serumalbumins seine Löslichkeit in Wasser beibehalten. Auch Neutralsalze wirken auf die Hitzekoagulation ein, wenn ihr Zusatz vor dem Erhitzen erfolgt. Als das Wesen der Hitzedenaturierung wird Ringschluß endständiger Gruppen betrachtet[1], während andere nur Zustandsänderung durch Wasserabgabe annehmen[2].

Die geringste zur Verhinderung der Hitzekoagulation nötige Laugenmenge soll den endständigen COOH-Gruppen entsprechen[3].

Salze, wie z. B. K-Rhodanid, Alkalibenzoat, -salicylat und -phthalat können die Hitzekoagulation des Serumalbumins (durch Erhöhung der Ionisation?) verhindern[4]. — Über die Hemmung durch schwer lösliche Kalksalze[5].

Die Hitzedenaturierung des Serumalbumins ist völlig reversibel[1]. Das Hitzekoagulum geht durch Laugen in geringer Konzentration wieder in Lösung, aus der das Serumalbumin beim Neutralisieren nicht ausfällt; bei der Elektrodialyse kann das Alkali quantitativ beseitigt werden, ohne daß Ausflockung stattfindet. Genuines und durch Lauge wieder löslich gemachtes Albumin unterscheiden sich nicht, auch nicht im Präcipitinversuch[6]. Die Salze, die Hitzekoagulation verhindern, vermögen auch die Koagulate wieder zu lösen[2].

Einwirkung von Alkoholen auf die Hitzegerinnung des Serumalbumin in Gegenwart von Acetatpuffer[7].

Die Alkoholdenaturierung ist der Hitzedenaturierung sehr ähnlich. Serumalbumin flockt erst bei einer Endkonzentration von 90 % Alkohol völlig aus. Gegenwart von Säuren beeinflußt die Fällung stark, so daß die Menge des bei der Alkoholeinwirkung wasserlöslich bleibenden Produktes verdoppelt werden kann[8]. Globuline stabilisieren das Serumalbumin gegen die flockende Wirkung des Alkohols; diese Stabilisierung ist aber vom Lecithingehalt der Globuline abhängig[9]. Das wasserunlösliche Denaturierungsprodukt des Serumalbumins durch Alkohol kann ebenso wie das Hitzekoagulum durch Lauge und nachträgliche Entfernung derselben in wasserlösliches, erneut hitzekoagulierbares Produkt zurückverwandelt werden[6]. Kochsalz kann das Wiederlöslichwerden völlig verhindern. Die Wirkung des Alkohols besteht in Entziehung von Hydratwasser, wodurch sekundäre Veränderungen entstehen können. Unter diesen ist auch hier ein Ringschluß endständiger Gruppen wahrscheinlicher als Hydrolyse[8].

Über Denaturierung von konzentrierten Harnstofflösungen[10]. — Formaldehyd in 0,5 proz. Lösung denaturiert Serumalbumin nicht[11].

Durch Säuren und Alkalien erleidet das Serumalbumin ebenfalls eine Denaturierung, deren Größe man an der Menge des unlöslich gewordenen Albumins ermitteln kann. Während mit wachsender Wasserstoffionenkonzentration in saurer Lösung bei einer Reihe anderer Proteine das Ausmaß der Denaturierung zunimmt, wird das Serumalbumin in 0,02 n-Salzsäure denaturiert, ist aber in 0,05 n-HCl stabil. Die Denaturierung wird als monomolekulare Reaktion angesehen, deren Geschwindigkeit mit der Zeit abfällt. Das Färbevermögen mit dem Reagens von Folin und Denis nimmt zu, die Fällbarkeit durch komplexe Säuren ab. (Vgl. dazu[12].) Wu sieht das wesentliche Moment der Denaturierung in einer Hydrolyse labiler Bindungen. Wahrscheinlich hat aber bei diesen Versuchen schon eine tiefergreifende Spaltung des Serumalbumins stattgefunden[13]. Nach den Versuchen von Wu verhält sich das Serumalbumin bei der Denaturierung und Koagulation ganz ähnlich wie das Ovalbumin (s. dort), doch sind die p_H-Änderungen bei der Denaturierung des Serumalbumins (von Schaf) im Gegensatz zum Ovalbumin in weitem Bereich konstant. Die Wirkung der Denaturierung ist in einer Zu-

[1] M. Spiegel-Adolf: Kolloid-Z. 38, 127 (1926) — Chem. Zbl. 1926 I, 2784 — Biochem. Z. 170, 126 (1926) — Chem. Zbl. 1926 II, 9.

[2] R. Willheim u. Mitarbeiter: Kolloid-Z. 48, 217 (1929) — Chem. Zbl. 1930 I, 23.

[3] L. Nasch: Biochem. Z. 237, 344 (1931).

[4] R. Willheim: Biochem. Z. 180, 231 (1927) — Chem. Zbl. 1927 I, 1559.

[5] W. Pauli u. T. Stenzinger: Biochem. Z. 205, 71 (1929) — Chem. Zbl. 1929 I, 2542.

[6] M. Spiegel-Adolf: Naturwiss. 15, 799 (1927) — Chem. Zbl. 1927 II, 2316.

[7] T. Teorell: Biochem. Z. 229, 1 (1930) — Chem. Zbl. 1931 I, 1581.

[8] M. Spiegel-Adolf: Biochem. Z. 204, 1 (1929) — Chem. Zbl. 1929 I, 2786.

[9] V. Bergauer: Bull. Soc. Chim. biol. Paris 10, 576 (1928) — Chem. Zbl. 1928 II, 62.

[10] M. L. Anson u. A. E. Mirsky: J. gen. Physiol. 13, 121 (1929) — Chem. Zbl. 1930 II, 22.

[11] M. Freeman: Austral. J. exper. Biol. a. med. Sci. 7, 117 (1930) — Chem. Zbl. 1931 I, 470.

[12] H. Wu u. T.-T. Chen: Chin. J. Physiol. 3, 75 (1929) — Chem. Zbl. 1930 II, 929.

[13] H. Wu u. D. Y. Wu: J. of Biochem. 4, 345 (1924) — Chem. Zbl. 1925 II, 1362.

nahme des Säure- und Basenbindungsvermögens zu sehen, während die Koagulation auf Abnahme der bindungsfähigen Gruppen und wahrscheinlich noch auf andere Ursachen zurückgeführt werden kann[1].

Die durch saures Aceton hervorgerufene Denaturierung ist nach Anson und Mirsky reversibel; und zwar sollen 75% des denaturierten Serumalbumins bei Neutralisation der sauren Lösung in lösliches krystallisierbares Protein verwandelt werden. Die freien Sulfhydryl- und die Sulfidgruppen verschwinden bei der Umkehrung der Denaturierung[2].

Einwertige Kationen, K, Na, NH_4, fällen das denaturierte Albumin nicht und haben keinen umladenden Einfluß, zweiwertige Kationen von hoher Entladungsspannung, Ca, Mg, haben nur umladende, Kationen geringerer Entladungsspannung auch noch fällende Wirkung. Bei nativem Albumin fällt Umladung und Flockungsmaximum stets zusammen[3].

Über die Trennung vom Serumglobulin durch Salzfällung[4].

Flockungshemmende und aussalzende Wirkung verschiedener Anionen bei niederer und höherer Konzentration[5].

Über die Umkehr der Hofmeisterschen Reihe beim Albumin[6].

Über Ionenantagonismus bei der Wirkung auf den Dispersitätsgrad von Serumalbuminlösungen[7].

Über Fällungsreaktionen von elektrolytfreiem Serumalbumin mit Kupfer- Quecksilber- und Silbersalzen vgl. [8].

Beim Vermischen einer Lösung von Serumalbumin mit Alkalivanadat fällt das Eiweiß als gelber Niederschlag, der durch Lauge oder Säure gelöst werden kann. Die Fällung des Serumalbumins mit Vanadaten ist z. B. analog derjenigen durch die Alkaloidreagenzien[9].

Über die Fällung des Serumalbumins durch Phosphorwasserstoffe, Phosphoroxyde, Phosphorhaloide, FeJ_2, SO_2Cl_2[10].

Organische und anorganische Salze wirken auf die Säurefällung des Serumalbumins durch Verschiebung der optimalen H-Konzentration und durch Hemmung oder Begünstigung der Fällung. Sämtliche organische Anionen verstärken die Flockung; von den Kationen fördern Chinin, Optochin, Eucupinotoxin die Flockung. Andere hemmen aufsteigend in folgender Reihe: Morphin, Physostigmin, Cholin, Cocain, Pilocarpin, Atropin. Nichtelektrolyte begünstigen die Flockung durch Verbreiterung der Flockungszone[11].

Über Flockungen von Serumalbumin mit Thymonucleinsäure und die Eigenschaften dieser Niederschläge[12].

Entmischungen des Systems Serumalbumin/Gummi arabicum als Teilvorgang der Flockung[13]. — Über „Komplexkoagulation"[14].

Verhalten gegen Strahlen: Sonnenlicht bewirkt in Serumalbuminlösungen innerhalb 2 Stunden reichliche Niederschlagsbildung; ein gleiches Verhalten zeigt intensives Bogenlicht nach Ausschaltung der infraroten und ultravioletten Strahlen. Die Gerinnung weist

---

[1] H. Wu: Chin. J. Physiol. **3**, 1 (1929) — Chem. Zbl. **1930 II**, 928. — H. Wu u. T.-T. Chen: Chin. J. Physiol. **3**, 7 (1929) — Chem. Zbl. **1930 II**, 929.

[2] M. L. Anson u. A. E. Mirsky: J. gen. Physiol. **14**, 725 (1931) — Chem. Zbl. **1932 I**, 2437.

[3] A. von Szent-Györgyi: Biochem. Z. **110**, 119 (1920) — Chem. Zbl. **1921 I**, 90.

[4] O. Arnd u. E. A. Hafner: Biochem. Z. **167**, 440 (1926) — Chem. Zbl. **1926 I**, 2717.

[5] R. Labes: Pflügers Arch. **186**, 112 (1920) — Chem. Zbl. **1921 I**, 742.

[6] E. Goldenberg: Ž. eksper. Biol. i Med. (russ.) **1926**, 103 — Chem. Zbl. **1926 II**, 2065 — Ber. Physiol. **36**, 117.

[7] R. Höber u. A. Schürmeyer: Pflügers Arch. **214**, 516 (1926) — Chem. Zbl. **1927 I**, 573.

[8] T. Geill: Biochem. Z. **216**, 165 (1929) — Chem. Zbl. **1930 I**, 1818.

[9] S. G. T. Bendien u. L. W. Janssen: Rec. Trav. chim. Pays-Bas et Belg. (Amsterd.) **47**, 1042 (1928) — Chem. Zbl. **1929 I**, 907.

[10] G. Cuneo: Atti Accad. naz. Lincei **32 II**, 353 (1923) — Chem. Zbl. **1924 I**, 2377.

[11] R. Labes: Pflügers Arch. **186**, 98 (1920) — Chem. Zbl. **1921 I**, 742.

[12] E. Hammarsten u. G. Hammarsten: Acta med. Scand. **68** (1928) — Chem. Zbl. **1929 II**, 755/6. — E. Hammarsten, G. Hammarsten u. T. Teorell: Acta med. Scand. **68**, 219 (1928) — Chem. Zbl. **1929 II**, 755/6. — E. Hammarsten: Acta med. Scand. **68** (1928) — Chem. Zbl. **1929 II**, 755/6.

[13] H. G. Bungenberg de Jong u. W. A. L. Dekker: Biochem. Z. **212**, 318 (1929) — Chem. Zbl. **1930 I**, 1443.

[14] H. G. Bungenberg de Jong u. O. S. Qwan: Biochem. Z. **221**, 182 (1930) — Chem. Zbl. **1931 I**, 2028.

zahlreiche Analogien mit der Hitzegerinnung auf: 1. Denaturierung und 2. Ausfällung. In elektrolytfreien Lösungen soll die Ausflockung nicht eintreten[1].

Durch ultraviolette Strahlen wird elektrolytfreies Serumalbumin genau wie beim Erhitzen koaguliert (über die Änderungen der gesamten Eigenschaften[2]). Natronlauge oder Dialyse lösen diese Niederschläge nicht wieder. Vorheriger Zusatz von Säuren oder Laugen ruft tiefer greifende Veränderungen durch die Bestrahlung hervor als Hitze[3]. Von großem Einfluß auf die Ausflockung ist die Gegenwart von Elektrolyten und die Vorgeschichte des Serumalbumins. So verzögert z. B. physiologische Kochsalzlösung den Eintritt einer ersten Trübung bei der Ultraviolettbestrahlung, große Konzentrationen Neutralsalze hindern die Ausflockung nicht, Salze mit mehrwertigen Ionen wirken hemmend auf die Lichtkoagulationsgeschwindigkeit ein[3, 4].

Über die Lichtschutzwirkung vorbestrahlter Serumalbuminlösungen[5]. Vgl. dazu auch[6].

Über Beziehungen der Lichtkoagulationsgeschwindigkeit von Serumalbuminlösungen zu deren Sterilität[7].

Abspaltung von Acetaldehyd (Formaldehyd) während der Bestrahlung[8].

Ganz ähnlich verhält sich die Flockung durch Radiumbestrahlung. Auch hier lassen sich die Koagulate durch Lauge nicht wieder in Lösung überführen. Neutralsalze können auch hier die Fällung verhindern[9, 10].

Die Denaturierung durch Strahlung ist durch Laugen nicht rückgängig zu machen (Gegensatz zur Hitzekoagulation)[11].

Das Adsorptionsspektrum des Serumalbumins verhält sich ähnlich wie das des Ovalbumins; man findet ein Band bei λ 2960 bis 2411[12]. Das Adsorptionsvermögen des Serumalbumins nimmt durch Bestrahlung in einem bestimmten Wellenbereich zu[13]. Durch Zusatz von Säuren kann diese Erscheinung verstärkt werden, aber nicht durch Säurezusatz zum unbestrahlten Serumalbumin[14].

Über den Einfluß von Formaldehyd auf das Absorptionsspektrum von Serumalbumin und von mit Lauge partiell hydrolysiertem Serumalbumin[15]. — Über den Einfluß verdünnter Natronlauge auf das Absorptionsspektrum von Serumalbumin[16].

Bei Radiumbestrahlung findet man gleicherweise eine Zunahme der Ultraviolettadsorption, doch ist diese mehr gegen das kurzwellige Ende des Spektrums verschoben[14].

Viscosität: Die Viscosität des Pferdeserumalbumins wächst mit steigender Proteinkonzentration, zuerst langsam, nachher sehr schnell[17, 18]. — Über Temperaturabhängigkeit der Viscosität[19].

Über die Beeinflussung der Viscosität bei Säuren- und Laugenaufnahme (Hydratation)[20].

[1] E. G. Young: Proc. roy. Soc. Lond. B. **93**, 235 (1921) — Chem. Zbl. **1923 I**, 684.

[2] R. Mond: Pflügers Arch. **196**, 540 (1922) — Chem. Zbl. **1923 I**, 559 — Pflügers Arch. **200**, 374 (1923) — Chem. Zbl. **1924 I**, 69.

[3] M. Spiegel-Adolf: Biochem. Z. **186**, 181 (1927) — Chem. Zbl. **1927 II**, 1485.

[4] M. Spiegel-Adolf: Strahlenther. **29**, 367 (1928) — Chem. Zbl. **1929 I**, 2898.

[5] W. Hausmann u. M. Spiegel-Adolf: Klin. Wschr. **6**, 2182 (1927) — Chem. Zbl. **1928 I**, 1061.

[6] E. N. Rask u. W. H. Howell: Amer. J. Physiol. **84**, 363 (1928) — Chem. Zbl. **1928 II**, 68.

[7] M. Spiegel-Adolf u. K. F. Pollaczek: Biochem. Z. **214**, 175 (1929) — Chem. Zbl. **1930 I**, 3415.

[8] A. Hoffmeister: Hoppe-Seylers Z. **205**, 183 (1932).

[9] A. Fernau u. W. Pauli: Biochem. Z. **70**, 426 (1915) — Chem. Zbl. **1915 II**, 751.

[10] A. Fernau u. M. Spiegel-Adolf: Biochem. Z. **204**, 14 (1929) — Chem. Zbl. **1929 I**, 1367. — M. Spiegel-Adolf: Strahlenther. **29**, 367 (1928) — Chem. Zbl. **1929 I**, 2898.

[11] M. Spiegel-Adolf: Naturwiss. **15**, 799 (1927) — Chem. Zbl. **1927 II**, 2316.

[12] L. Marchlewski u. J. Wierzuchowska: Bull. internat. Acad. Polon. Sci. Lettres A **1928**, 471 — Chem. Zbl. **1929 I**, 1831.

[13] M. Spiegel-Adolf u. O. Krumpel: Biochem. Z. **190**, 28 (1927) — Chem. Zbl. **1928 I**, 540. — M. Spiegel-Adolf: Biochem. Z. **197**, 197 (1928) — Chem. Zbl. **1928 II**, 1347.

[14] M. Spiegel-Adolf: Klin. Wschr. **7**, 1592 (1928) — Chem. Zbl. **1928 II**, 2482.

[15] J. Gróh u. M. Hanák: Hoppe-Seylers Z. **190**, 169 (1930) — Chem. Zbl. **1930 II**, 2786.

[16] J. Gróh u. M. Weltner: Hoppe-Seylers Z. **198**, 267 (1931) — Chem. Zbl. **1931 II**, 2337.

[17] H. Chick u. Lubrzynska: Biochem. J. **8**, 59 (1914) — Chem. Zbl. **1914 I**, 1956.

[18] H. Chick: Biochem. J. **8**, 261 (1914) — Chem. Zbl. **1914 II**, 1160.

[19] S. Akagi: J. of Biochem. **11**, 415, 423 (1930) — Chem. Zbl. **1930 II**, 3719, 3720.

[20] W. Pauli u. F. Blanck: Biochem. Z. **202**, 337 (1928) — Chem. Zbl. **1929 II**, 1415.

Über Ausbreitung in monomolekularer Schicht und eine hierauf gegründete Bestimmungs- und Unterscheidungsmethode vom Serumglobulin[1].

Oberflächenspannung: Serumalbumin verringert die Oberflächenspannung des Wassers nur, wenn es sich in molekulardispersem Zustande befindet. Beim isoelektrischen Punkt wird ein Minimum der Oberflächenspannung erreicht[2].

Über die Herabminderung der Oberflächenspannung von Phenollösungen durch Serumalbumin[3].

Messungen an monomolekularen Schichten[4].

Der kolloidosmotische Druck einer 1proz. Serumalbuminlösung beträgt 6,8 cm Wassersäule. Durch Kochsalzlösungen von anderen Konzentrationen als 0,9% wird er erniedrigt[5].

Kolloidchemische Reaktionen von Serumalbuminsolen mit Suspensionskolloiden[6]. Mit Fe_2O_3-Solen[7]. Mit verschiedenen kolloidalen Goldlösungen[8, 9, 10].

Die Fällung von Serumalbumin in 0,3proz. Lösung durch Phenol beginnt bei etwa 1% und ist bei etwa 1,8% Phenol vollständig. Die Verteilung des Phenols zwischen Wasser und dem Albumin gehorcht dem Verteilungssatz[11]. — Über die Adsorption von Pikrinsäure[12]. — Die Aufnahme von p-Chinonen ist wahrscheinlich nicht als Adsorptionsvorgang zu deuten[13]. (In allen diesen Arbeiten Theorien zur Desinfektionswirkung.)

Adsorption von Rose bengale[14].

Über Kolloidkolloidreaktionen von Serumalbumin mit Kongoblausol und ähnlichen Systemen[15].

Serumalbumin-Membranen an Kollodium[16]. — Die Adsorption des Serumalbumins an Kollodiummembranen hat ein ausgesprochenes Maximum beim isoelektrischen Punkt[17].

Bindung von Säuren, Basen und Salzen, Ionisation: Die Bindung von Salzsäure durch Serumalbumin nimmt proportional der angewandten Menge Salzsäure zu und bleibt dann konstant[18].

Das Bindungsmaximum für 1 g Serumalbumin beträgt $147 \cdot 10^{-5}$ Äquivalente Säure und $160 \cdot 10^{-5}$ Äquivalente Alkali[19].

Über die Alkalibindung durch Serumalbumin vgl. auch [20].

Das durch Erhitzen mit HCl hergestellte Acidalbumin zeigt erhöhtes Bindungsvermögen nur für Säuren[21].

Serumalbumin ergibt mit Hg_2Cl_2 Erhöhung der Cl-Ionenaktivität, die durch Salzsäurezusatz sinkt. Die H-Ionenaufnahme zeigt mit steigender Konzentration einen linearen Verlauf, die Cl-Ionen-Aufnahme einen S-förmigen. Neben der bimolekularen Ionisation findet auch Bildung von Serumalbuminchlorid statt[22].

[1] E. Gorter u. F. Grendel: Biochem. Z. **201**, 391 (1928) — Chem. Zbl. **1929 I**, 681.

[2] L. de Caro u. M. Laporta: Rend. Accad. Sci. fisiche, mat. Napoli 4a **35**, 171 (1929) — Chem. Zbl. **1929 II**, 3114 — Arch. di Sci. biol **14**, 264 (1930) — Chem. Zbl. **1931 I**, 1459.

[3] L. Berczeller: Biochem. Z. **66**, 191 (1914) — Chem. Zbl. **1915 I**, 264.

[4] F. Herčik: Kolloid-Z. **56**, 1 (1931) — Chem. Zbl. **1931 II**, 2709.

[5] G. von Farkas: Z. exper. Med. **53**, 666 (1927) — Chem. Zbl. **1927 I**, 1695.

[6] A. Brossa u. H. Freundlich: Z. physik. Chem. **89**, 306 (1914) — Chem. Zbl. **1915 I**, 1355.

[7] H. Freundlich u. W. Beck: Biochem. Z. **166**, 190 (1925) — Chem. Zbl. **1926 II**, 1761.

[8] R. Wernicke u. F. Modern: C. r. Soc. Biol. Paris **95**, 824 (1926) — Chem. Zbl. **1927 I**, 39.

[9] M. Spiegel-Adolf: Biochem. Z. **180**, 395 (1927) — Chem. Zbl. **1927 I**, 2175.

[10] Heubner u. Jakobs: Biochem. Z. **58**, 352 (1913) — Chem. Zbl. **1914 I**, 897.

[11] E. A. Cooper u. E. Sanders: J. physic. Chem. **31**, 1 (1927) — Chem. Zbl. **1927 I**, 2174.

[12] E. A. Cooper u. J. Mason: J. physic. Chem. **32**, 868 (1928) — Chem. Zbl. **1928 II**, 1990.

[13] E. A. Cooper u. S. D. Nicholas: J. Soc. Chem. Ind. **46**, 59 (1927) — Chem. Zbl. **1927 I**, 2203.

[14] S. M. Rosenthal: J. of Pharmacol. **29**, 521 (1926) — Chem. Zbl. **1927 I**, 2322.

[15] W. Pauli u. E. Weiß: Biochem. Z. **203**, 103 (1928) — Chem. Zbl. **1929 I**, 2735.

[16] D. J. Hitchcock: J. gen. Physiol. **10**, 179 (1926) — Chem. Zbl. **1926 II**, 2965.

[17] G. Ettisch, M. Domontowitsch u. P. v. Mutzenbecher: Naturwiss. **18**, 447 (1930) — Chem. Zbl. **1930 II**, 1510.

[18] F. Modern: An. Asoc. quim. Argentina **15**, 160 (1928) — Chem. Zbl. **1928 II**, 1191.

[19] W. Pauli u. F. Blanck: Biochem. Z. **202**, 337 (1928) — Chem. Zbl. **1929 II**, 1415.

[20] D. D. van Slyke, A. B. Hastings, A. Hiller u. J. Sendroy jr.: J. of biol. Chem. **79**, 769 (1928) — Chem. Zbl. **1929 I**, 666.

[21] M. Adolf u. E. Spiegel: Biochem. Z. **104**, 175 (1919) — Chem. Zbl. **1920 III**, 150.

[22] F. Modern u. W. Pauli: Biochem. Z. **156**, 482 (1925) — Chem. Zbl. **1926 I**, 124.

Die Aktivität des Proteinsalzes geht mit steigendem Säurezusatz durch ein Optimum und fällt dann stark ab. (Erörterung über Leitfähigkeit, Viscosität und Donnansches Gleichgewicht [1, 2, 3]. Vgl. dazu [4].

(Weitere zahlreiche Daten für die durch Säuren oder Laugenbindung veränderte Hydratation und Viscosität[5] und über das „Acidalbumin"[6].)

Die Kohlensäurebindung durch Serumalbumin soll nach Pauli unter Bildung positiver und negativer Eiweißionen mit den Ionen H^+ und HCO_3^- geschehen, wie aus dem Leitfähigkeitsanstieg der elektrolytfreien Albuminlösung geschlossen wird[7, 8]. Andererseits konnte kein Leitfähigkeitsanstieg beobachtet werden, mithin auch keine chemische Bindung der Kohlensäure durch Serumalbumin angenommen werden[9].

Aus der Ähnlichkeit der p_H-Kurven von $^1/_{1000}-^1/_{100}$n-Salzsäure mit den p_H-Kurven, die durch Zusatz von Serumalbumin zu den Säuren von dieser Konzentration erhalten wurden, wird auf ein geringes Pufferungsvermögen des Serumalbumins geschlossen[10].

Über Ionenbindung durch Serumalbumin aus KCl-Lösungen[11].

Serumalbumin gibt mit Zinkchloridlösungen reversible Verbindungen. Bei abnehmender Salzkonzentration und gleichem Albumingehalt nimmt die gebundene Chlormenge absolut ab. Bei gleicher Salzmenge und steigendem Eiweißgehalt nimmt die Chlorbindung absolut zu, aber nicht proportional dem Albumingehalt. Die Zinkchlorid-Serumalbuminverbindung zeigt kathodische Überführung[12].

Über Konstitution und elektrochemisches Verhalten des Serumalbumins[13].

Über die Bildung polyvalenter Zwitterionen des Serumalbumins in Gegenwart schwerlöslicher Kalksalze[8].

Elektrochemisches Verhalten der Silbersalze[14].

Kataphorese: Das Serumalbumin wandert in ganz reinen 0,5proz. Lösungen vorwiegend anodisch. Alkalichloride bis zur Konzentration von 0,2n können den anodischen Wanderungssinn nicht abschwächen oder auch nur eine doppelsinnige Wanderung hervorrufen; Ba-, Ca- und Mg-Chloride in Konzentrationen von über 0,05n bewirken doppelsinnige Wanderung, die jedoch noch überwiegend anodisch ist[15]. Ito bestätigt in späteren Untersuchungen die negative Ladung der Serumalbuminteilchen in ganz reiner Lösung. Kleine Konzentrationen von $CO(NH_3)_6Cl_3$ entladen, größere laden um[16]. Über Wanderungsrichtung und -geschwindigkeit vgl. auch [17]. Weiteres über elektrische Beweglichkeit von Serumalbumin[18].

Farbreaktionen: Bei der Biuretreaktion ergibt sich für das Serumalbumin eine charakteristische Kupferionenkonzentration, die zur Unterscheidung von anderen Serumproteinen dienen kann[19].

Dimethylsulfat und nachträgliche Unterschichtung mit konzentrierter H_2SO_4 gibt blauroten Ring (Tryptophan)[20].

Vanillin-, Salzsäure- (oder Schwefelsäure-) Gemische geben mit Serumalbumin eine rotblauviolette Färbung[21].

Hydrolyse: Im Ablauf der hydrolytischen Spaltung durch verdünnte Laugen und Säuren

---

[1] F. Modern: An. Asoc. quim. Argentina 15, 160 (1928) — Chem. Zbl. 1928 II, 1191.
[2] F. Modern u. W. Pauli: Biochem. Z. 156, 482 (1925) — Chem. Zbl. 1926 I, 124.
[3] J. Frisch, W. Pauli u. E. Valko: Biochem. Z. 164, 401 (1925) — Chem. Zbl. 1926 I, 1587.
[4] D. J. Hitchcock: J. gen. Physiol. 5, 383 (1923) — Chem. Zbl. 1923 III, 627.
[5] W. Pauli u. F. Blanck: Biochem. Z. 202, 337 (1928) — Chem. Zbl. 1929 II, 1415.
[6] M. Adolf u. E. Spiegel: Biochem. Z. 104, 175 (1919) — Chem. Zbl. 1920 III, 150.
[7] M. Adolf u. W. Pauli: Biochem. Z. 152, 360 (1924) — Chem. Zbl. 1925 I, 530.
[8] W. Pauli u. T. Stenzinger: Biochem. Z. 205, 71 (1929) — Chem. Zbl. 1929 I, 2542.
[9] E. Grégoire: C. r. Soc. Biol. Paris 99, 1227 (1928) — Chem. Zbl. 1929 I, 100.
[10] M. Piettre: C. r. Acad. Sci. Paris 186, 1657 (1928) — Chem. Zbl. 1929 I, 551.
[11] T. Oryng u. W. Pauli: Biochem. Z. 70, 368 (1915) — Chem. Zbl. 1915 II, 746.
[12] W. Pauli u. M. Schön: Biochem. Z. 153, 253 (1924) — Chem. Zbl. 1925 II, 1985.
[13] W. Pauli u. Mitarbeiter: Kolloid-Z. 53, 51 (1930) — Chem. Zbl. 1931 I, 3245.
[14] E. Goigner u. W. Pauli: Biochem. Z. 235, 271 (1931).
[15] T. Ito u. W. Pauli: Biochem. Z. 213, 95 (1929) — Chem. Zbl. 1930 I, 80.
[16] T. Ito: Biochem. Z. 233, 444 (1931) — Chem. Zb. 1931 II, 1263.
[17] A. Tiselius: Nova Acta Reg. Soc. Scient Upsaliensis 7, Nr 4 (1930) — Chem. Zbl. 1931 I, 3095.
[18] H. A. Abramson: Physic. Rev. 37, 1714 (1931) — Chem. Zbl. 1932 I, 2298.
[19] G. Ettisch u. W. Beck: Naturwiss. 14, 487 (1926) — Chem. Zbl. 1926 II, 592.
[20] S. Edlbacher: Hoppe-Seylers Z. 105, 240 (1919) — Chem. Zbl. 1919 III, 678.
[21] E. P. Häußler: Z. anal. Chem. 53, 691 (1914) — Chem. Zbl. 1915 I, 221.

bei verschiedenen Temperaturen unterscheidet sich das Serumalbumin charakteristisch vom Serumglobulin und vom Casein. Durch Alkali wird das Albumin langsamer gespalten als die beiden anderen Eiweißkörper. Salzsäure scheint stärker einzuwirken als beim Casein und Serumglobulin. Mit Pepsin vorbehandeltes Serumalbumin (s. Verhalten gegen Fermente) wird durch n-HCl nicht mehr weitergespalten, ebenso nicht mit Pankreasfermenten vorbehandeltes durch n-Natronlauge[1].

Durch Einwirkung von siedender Salzsäure erhält man ein Acidalbumin von stark veränderten Eigenschaften[2].

Auch mit Serumalbumin konnte eine Kondensation mit reduzierenden Zuckern in Kochsalzlösungen oder Kalkwasser erreicht werden. Vorbehandlung mit Pepsin oder Trypsin verstärkt die Kondensation, die in stöchiometrischen Verhältnissen erfolgen soll[3]. Vgl. dazu auch die gegenteilige Auffassung von Neuberg[4] und die abweichenden Ergebnisse von Sørensen[5].

Verhalten gegen Fermente: Pepsin: Der Verlauf der Pepsinspaltung entspricht bei optimalem $p_H = 2,38$ einer bimolekularen Reaktion. Dies gilt auf der alkalischen Seite des Optimums bis p_H 3,16; auf der sauren Seite findet von p_H 1,7 an Enzymschädigung durch die Säure statt[6].

Entgegen der von Waldschmidt-Leitz entwickelten Auffassung von der Pepsinwirkung finden Steudel und Mitarbeiter stets eine größere Anzahl frei werdender COOH-Gruppen als Aminogruppen beim Serumalbumin. Sie nehmen Spaltung von esterartigen Verknüpfungen mit den OH-Gruppen der Oxysäuren an[7]. — Neben der chemischen Spaltung konnte Rona deutliche Teilchenzerkleinerung nachweisen[8].

Weiteres über den Verlauf der Pepsinspaltung an sich und nach Einwirkung von Säuren, Alkalien und Pankreasfermenten[1].

Trypsin: Das Serumalbumin wird von den Fermenten der Pankreasdrüse weitgehend gespalten, besonders wenn es durch Pepsinsalzsäure vorbehandelt ist, jedoch nicht nach vorheriger Einwirkung von Natronlauge[1].

Trypsin macht aus Serumalbumin sehr bald geringe Mengen Histidin frei. Die S-haltigen Bausteine bleiben in den Verdauungsrückständen[9].

Im Gegensatz zu diesen Befunden stellten andere Forscher fest, daß Serumalbumin von Trypsin nicht gespalten wird, es sollen weder Peptidbindungen gelöst werden noch Teilchenzerkleinerungen stattfinden[8]. Vgl. dazu über die antitryptische Wirkung des Serums[10].

Die Milzproteinase spaltet auch natives Serumalbumin, wie mit der nephelometrischen Methode nachgewiesen werden konnte. Ein ausgeprägtes Optimum liegt bei p_H 4, ein schwächeres bei p_H 8. Es ist fraglich, ob die verwendeten Präparate einheitlich waren.[11]

Die Eigenschaft des Serumalbumins, die Hefeprotease zu hemmen, wird in der Nähe des isoelektrischen Punktes vermindert, ebenso durch direkte Entladung durch ein entgegengesetzt geladenes Kolloid sowie durch Aceton (Denaturierung?)[12].

Verhalten gegen Bakterien: Aerobe, fakultativ anaerobe und fäulniserregende anaerobe Bakterien (Bacillus subtilis, B. anthracis, B. pyocyaneus, B. prodigiosus, B. proteus vulgaris, B. proteus mirabilis, Bacillus Z, B. coli communis, B. thyphi, B. pulorum, Staphylococcus pyogenes aureus; B. putrificus, B. anthracis symptomatici, B. edematis maligni) zersetzen Serumalbumin nicht, nur in Gegenwart von Peptonen oder anderen N-Verbindungen, die zur Entwicklung der Bakterien dienen können[13].

[1] E. Abderhalden u. W. Kröner: Fermentforschg **10**, 12 (1928) — Chem. Zbl. **1928 II**, 2729.

[2] M. Adolf u. E. Spiegel: Biochem. Z. **104**, 175 (1919) — Chem. Zbl. **1920 III**, 150.

[3] H. Pringsheim u. M. Winter: Ber. dtsch. chem. Ges. **60**, 278 (1927) — Chem. Zbl. **1927 I**, 1026.

[4] C. Neuberg u. E. Simon: Ber. dtsch. chem. Ges. **60**, 817 (1927) — Chem. Zbl. **1927 I**, 2323.

[5] S. P. L. Sørensen u. L. Lorber: Ber. dtsch. chem. Ges. **60**, 999 (1927) — Chem. Zbl. **1927 I**, 2655.

[6] P. Rona u. H. Kleinmann: Biochem. Z. **159**, 146 (1925) — Chem. Zbl. **1925 II**, 1366.

[7] H. Steudel, J. Ellinghaus u. A. Gottschalk: Hoppe-Seylers Z. **154**, 21, 198 (1926) — Chem. Zbl. **1926 II**, 901, 1429.

[8] P. Rona u. E. Mislowitzer: Biochem. Z. **202**, 453 (1928) — Chem. Zbl. **1929 I**, 1575.

[9] B. Lustig: Biochem. Z. **169**, 139 (1926) — Chem. Zbl. **1926 I**, 3241.

[10] F. Chrometzka u. W. Knoke: Z. exper. Med. **69**, 656 (1930) — Chem. Zbl. **1930 II**, 2143. — F. Chrometzka: Z. exper. Med. **69**, 665 (1930) — Chem. Zbl. **1930 II**, 2143.

[11] H. Kleinmann u. K. G. Stern: Biochem. Z. **222**, 31, 84 (1930) — Chem. Zbl. **1930 II**, 2142.

[12] L. Utkin-Ljubowzow: Biochem. Z. **220**, 138 (1930) — Chem. Zbl. **1930 II**, 1092.

[13] J. A. Sperry u. L. F. Rettger: J. of biol. Chem. **20**, 445 (1915) — Chem. Zbl. **1915 II**, 482.

Die Fermente aus B. mycoides spalten Serumalbumin schwach, bei $p_H = 3$ ist die Wirkung gehemmt, 1% Glucose hat keinen Einfluß[1].

Physiologisches: Über die Regeneration des Plasmaalbumins[2].

Ernährung: Serumalbumin ist cystinreich und beeinflußt daher die N-Bilanz bei Hunden günstig[3].

Nach der Acetonmethode aus Pferdeserum bereitetes Albumin sensibilisiert bei subcutaner Injektion Meerschweinchen so, daß bei nachfolgender intravenöser Injektion von Albumin oder Pferdeserum Anaphylaxie und Tod eintritt[4]. Vgl. auch [5].

Mit einem ganz reinen krystallisierten Albumin konnte bei Tieren weder lokale Reaktion noch anaphylaktischer Shock ausgelöst werden[6]. — Goldschmidt erhält aus Rinderserumalbumin eine Fraktion (vgl. Zusammensetzung oben), deren anaphylaktogene Eigenschaften vom normalen Blutalbumin abweichen[7].

Biologische Unterscheidung von den Globulinfraktionen des Serums[8].

Zusatz von reinem Serumalbumin in Konzentrationen von 0,07% zu der Badeflüssigkeit des überlebenden Uterus macht diesen gegenüber Bariumchlorid, Chinin, Pituglandol, Acetylcholin und Papaverin viel empfindlicher. Wahrscheinlich handelt es sich dabei um physikalisch-chemische Vorgänge an den Zellgrenzschichten[9].

Derivate: Jodderivate: Maximal jodiertes Serumalbumin erhält man durch Erwärmen mit Bicarbonatlösung bei schwach alkalischer Reaktion und überschüssiger 2n-J-Lösung auf 40°, bis das Jod dauernd ungebunden bleibt. Die Abscheidung des jodierten Albumins geschieht durch Essigsäure in Gegenwart von Natriumsulfat. Aus dieser Substanz erhält man ein ,,kernjodiertes" Serumalbumin durch Behandeln mit SO_2 in verdünnter Natronlauge. Beide Produkte geben weder die Millonsche noch die Ehrlichsche Reaktion[10]. Jodierung mit Jodstickstoff[11]. Nach neueren Untersuchungen von Bauer und Strauß bestehen zwischen Tyrosingehalt und Jodbindung am Kohlenstoff des Serumalbumins stöchiometrische Beziehungen. Adsorptive Bindung findet nicht statt. — Maximal jodiertes Serumalbumin ist gegen Pepsineinwirkung gesperrt[12].

Jodiertes Serumalbumin soll die Metamorphose von froschartigen Tieren in gleicher Weise beschleunigen wie Schilddrüsenextrakt[13]; andere Forscher finden aber nur eine schwache Wirkung[14]. Jedenfalls ist doch eine starke Wirkung von jodiertem Serumalbumin vorhanden, während natives Serumalbumin keine Wirkung zeigt[15]. — Mit den beiden J-Produkten von Blum und Strauß erzielte Abderhalden typische Schilddrüsenwirkung an Kaulquappen[16].

Nitroderivat: Die eingetretenen Nitrogruppen entsprechen der einfachen Nitrierung des Tyrosins[17].

Phosphorsäurederivat: Serumalbumin nimmt weniger Phosphorsäure auf als Globulin[18].

Acetylderivate: Durch Einwirkung von Essigsäurechlorid und nachfolgendes Erhitzen mit Essigsäureanhydrid und Natriumacetat. Bei eingehender Fraktionierung erhält man heterocyclische Basen (Pyrrolkörpertheorie)[19]. Aus dem hydrierten acetylierten Serum-

---

[1] H. Glinka-Tschernorutzky: Biochem. Z. **206**, 308 (1929) — Chem. Zbl. **1929 II**, 178.

[2] L. Leiter: Proc. Soc. exper. Biol. a. Med. **27**, 1002 (1930) — Chem. Zbl. **1931 I**, 638.

[3] H. B. Lewis: J. of biol. Chem. **42**, 289 (1920) — Chem. Zbl. **1920 III**, 289.

[4] M. Armangué: C. r. Soc. Biol. Paris **83**, 1288 (1920) — Chem. Zbl. **1921 I**, 231.

[5] Kammann: Biochem. Z. **59**, 347 (1913) — Chem. Zbl. **1914 I**, 1204.

[6] M. Piettre: C. r. Acad. Sci. Paris **188**, 463 (1929) — Chem. Zbl. **1929 II**, 445.

[7] S. Goldschmidt u. H. Kahn: Hoppe-Seylers Z. **183**, 19 (1929) — Chem. Zbl. **1929 II**, 1173.

[8] O. Arnd u. E. A. Hafner: Biochem. Z. **167**, 440 (1926) — Chem. Zbl. **1926 I**, 2717.

[9] A. Fröhlich u. K. Paschkis: Arch. f. exper. Path. **117**, 169 (1926) — Chem. Zbl. **1927 I**, 315.

[10] F. Blum u. E. Strauß: Hoppe-Seylers Z. **112**, 111 (1920) — Chem. Zbl. **1921 I**, 909.

[11] F. Blum u. E. Strauß: Hoppe-Seylers Z. **127**, 199 (1923) — Chem. Zbl. **1923 III**, 311.

[12] H. Bauer u. E. Strauß: Biochem. Z. **211**, 163 (1929) — Chem. Zbl. **1930 II**, 3582.

[13] M. Morse: J. of biol. Chem. **19**, 421 (1914) — Chem. Zbl. **1915 I**, 1072.

[14] E. O. Jensen: C. r. Soc. Biol. Paris **83**, 315 (1920) — Chem. Zbl. **1920 III**, 360.

[15] W. W. Swingle: Proc. Soc. exper. Biol. a. Med. **24**, 205 (1926) — Chem. Zbl. **1929 I**, 9191.

[16] E. Abderhalden u. O. Schiffmann: Pflügers Arch. **198**, 128 (1922) — Chem. Zbl. **1923 I**, 1338. — E. Abderhalden u. E. Wertheimer: Z. exper. Med. **63**, 557 (1928) — Chem. Zbl. **1930 II**, 1716.

[17] F. Lieben: Biochem. Z. **145**, 535, 555 (1924) — Chem. Zbl. **1924 II**, 50.

[18] H. K. Barrenscheen u. L. Messiner: Biochem. Z. **209**, 251 (1929) — Chem. Zbl. **1929 II**, 2207.

[19] N. Troensegaard u. B. Koudahl: Hoppe-Seylers Z. **153**, 93 (1926) — Chem. Zbl. **1926 II**, 243.

albumin konnte Piperidin nicht erhalten werden (Gegensatz zu Gliadin und Casein [s. dort])[1].
Isolierung zweier Verbindungen $C_9H_{11}N_3O$ und $C_{10}H_{14}N_2O_2$ [2].

Globuline.

Eine ausführliche Besprechung der Globuline, insbesondere der des Serums, mit umfang-
reichen Literaturangaben, ist von Spiegel-Adolf verfaßt worden[3].

Serumglobuline.
(Vgl. auch Blutproteine.)

Analytisches: Zur Bestimmungsmethodik für die labilen Serumglobuline durch verdünnte Essigsäure[4]. — Über die Bestimmung von Serumglobulin durch Ausbreitung in monomolekularen Schichten[5]. — Bestimmung der Globulinvermehrung im Serum durch Ermittlung
des Tryptophangehaltes[6].

Darstellung und Fraktionierung der Serumglobuline: Die Zerlegung des Serumglobulins
in einen wasserunlöslichen und einen wasserlöslichen Teil geschieht zumeist durch Fraktionierung mit Salzen[7]. Vgl. auch [8]. — Nach Sørensen sind diese Fraktionen, das Euglobulin
bzw. das Pseudoglobulin, weder durch fraktionierte Fällung noch durch Dialyse vollständig trennbar. Sie existieren wahrscheinlich im Serum in Form einer Kombination, die
so lange in Wasser und verdünnten Salzlösungen löslich ist, solange Pseudoglobulin im
Überschuß vorhanden ist. Bei Zugabe von mehr Wasser wird das Pseudoglobulin aus
der Kombinationsverbindung abgespalten, das Produkt wird reicher an Euglobulin, das
als weniger löslich ausfällt. Das entstehende Gleichgewicht ist reversibel. Aus dem Verhalten der Löslichkeit des Euglobulins in normalen Kochsalzlösungen nach wiederholter Ausfällung geht hervor, daß auch das Euglobulin noch keine einheitliche Substanz ist. —
Pseudoglobulinlösungen enthalten auch ebenfalls stets geringe Mengen Euglobulin[9]
Vgl. dazu auch [10]. — Über die Fraktionierung des Globulins nach der Acetonmethode[11]. —
Anreicherung des Globulinanteils gelingt auch durch Ausfrierenlassen des Serums[12].

Zusammensetzung: Das Verhältnis O:N beträgt beim Serumglobulin $1,29:1$ [13].
Einfluß der Natriumsulfatfällung auf den N-Gehalt der Globuline[14].

P-Gehalt: Im Gegensatz zu den übrigen Fraktionen soll das Pseudoglobulin keinen
Phosphor enthalten[7]. — Nach Sørensen sind die phosphorhaltigen Bestandteile der Globuline
des Serums als Verunreinigung zu betrachten, die mit den charakteristischen Eigenschaften,
z. B. Löslichkeit und Fällbarkeit, nicht im Zusammenhang stehen[15].

S-Gehalt: Der S-Gehalt von Serumglobulin beträgt $1,02{-}1,03\%$ nach Fällung mit
Ammonsulfat, $1,03{-}1,07$ bei Fällung mit Essigsäure nach Hammarsten. Bei Pferden und
Kühen findet sich kein Unterschied im S-Gehalt[16]. — Bei einzelnen Individuen derselben
Tierart soll der S-Gehalt der Serumglobuline stark schwanken[17].

---

[1] N. Troensegaard u. H. G. Mygind: Hoppe-Seylers Z. **184**, 147 (1929) — Chem. Zbl.
1930 I, 415.
[2] N. Troensegaard, F. Wrede u. H. G. Mygind: Hoppe-Seylers Z. **193**, 49 (1930) — Chem.
Zbl. **1931 I**, 949.
[3] M. Spiegel-Adolf: Die Globuline. Dresden u. Leipzig 1930.
[4] G. Leendertz: Biochem. Z. **167**, 411 (1926) — Chem. Zbl. **1926 I**, 2222.
[5] E. Gorter u. F. Grendel: Biochem. Z. **201**, 391 (1928) — Chem. Zbl. **1929 I**, 681.
[6] A. Fischer: Z. klin. Med. **110**, 224 (1929) — Chem. Zbl. **1929 I**, 2674.
[7] Haslam: Biochem. J. **7**, 492 (1913) — Chem. Zbl. **1914 I**, 1117.
[8] P. E. Howe: J. of biol. Chem. **49**, 93, 109 (1921) — Chem. Zbl. **1922 II**, 1156—1157.
[9] S. P. L. Sørensen: J. amer. chem. Soc. **47**, 457 (1925) — Chem. Zbl. **1925 I**, 1741 —
C. r. Lab. Carlsberg **15**, Nr 11, 1 (1925) — Chem. Zbl. **1925 II**, 1530.
[10] H. Chick: Biochem. J. **8**, 404 (1914) — Chem. Zbl. **1916 I**, 1035.
[11] Vila: C. r. Acad. Sci. Paris **175**, 728 (1922) — Chem. Zbl. **1923 I**, 685. — M. Piettre: C. r.
Acad. Sci. Paris **189**, 1034 (1929) — Chem. Zbl. **1930 I**, 1507.
[12] L. Reiner: Kolloid-Z. **32**, 284 (1923) — Chem. Zbl. **1923 I**, 1595.
[13] P. Brigl u. R. Held: Hoppe-Seylers Z. **152**, 230 (1926) — Chem. Zbl. **1926 I**, 3059.
[14] C. Jung: Arch. Sci. physique Genève **12**, 145 (1930) — Chem. Zbl. **1931 I**, 2894.
[15] S. P. L. Sørensen, M. Mâchebœuf u. M. Sørensen: Ann. Acad. Scient. Fennicae A **29**,
Nr 19 — C. r. Lab. Carlsberg **16**, Nr 12, 1 (1927) — Chem. Zbl. **1928 I**, 359.
[16] E. Kaiser: Biochem Z. **192**, 58 (1928) — Chem. Zbl. **1928 II**, 678.
[17] Z. Aszódi: Biochem. Z. **212**, 102 (1929) — Chem. Zbl. **1930 I**, 87.

Die N-Verteilung, nach van Slyke bestimmt, ergab beim Rind und beim Pferd für die einzelnen Fraktionen folgende Werte in Proz. Gesamt-N:

Rind:	Gesamt-globulin	Pseudo-globulin	Euglo-bulin I	Euglo-bulin II
NH_3-N	7,7	7,5	9,3	8,0
Melanin-N	2,0	1,9	2,0	2,5
Cystin-N	2,0	1,9	2,0	1,4
Arginin-N	10,9	10,8	11,6	11,7
Histidin-N	6,3	4,8	3,8	6,5
Lysin-N	9,8	9,6	9,2	9,5 [1]
Amino-N des Filtrats	59,8	61,7	57,9	58,0
Nichtamino-N des Filtrats. . . .	2,2	1,6	2,8	1,4

Pferd:				
NH_3-N	7,95	7,7	7,9	8,0
Melanin-N	2,30	2,2	2,25	2,3
Cystin-N	1,65	1,7	1,65	1,8
Arginin-N	8,00	8,9	8,25	9,4
Histidin-N	4,80	5,8	5,45	5,2
Lysin-N	10,80	9,8	9,25	10,1 [1]
Amino-N des Filtrats	62,65	61,3	62.20	61,0
Nichtamino-N des Filtrats . . .	2,15	2,9	2,15	1,8 [2]

Cystingehalt: 1,64% durch Jodattitration[3]. — Nach Blankenstein beträgt der Cystingehalt 0,8%[4].

Tryptophangehalt: 2,49% mit der Tryptophan-Aldehyreaktion nach Komm[5]. Nach anderen beträgt der Tryptophangehalt des Plasmaglobulins ca. 5%, er kann zur Bestimmung des Quotienten Globulin/Albumin dienen. (Beziehungen zur Senkungsreaktion[6].) Für Globulin aus Pferdeserum wurde der Tryptophangehalt im Mittel zu 4,77%, Grenzwerte 4,31—5,27% bestimmt, desgleichen für Kaninchenglobulin 3,68% bzw. 3,5—4,2%[7].

Zur Methodik der Bestimmung von Tryptophan und Tyrosin[8].

Arginingehalt: 6,1% nach der Flaviansäuremethode[9].

Das Blutglobulin soll entgegen älteren Mitteilungen 0,5—0,9% mit 3proz. H_2SO_4 abspaltbare reduzierende Substanzen enthalten. Die Kohlehydratgruppen sollen einen Bestandteil des Serumglobulins darstellen[10]. Rimington hat einen Kohlehydratkomplex isoliert[11], der eine Verbindung aus 1 Glykosamin und 2 Mannose darstellt. Serumglobulin enthält 3,7% davon strukturell gebunden[12].

Über den Cholesterinkomplex im Serumglobulin[13] (vgl. auch Acetylderivate). Diese „Verbindung" wird aber nur erhalten bei Fällungen mit einem Reagens, das die Lipoide nicht

[1] P. Hartley: Biochem. J. 9, 269 (1915) — Chem. Zbl. 1916 I ,1253.

[2] P. Hartley: Biochem. J. 8, 541 (1914) — Chem. Zbl. 1916 I, 1158.

[3] Y. Teruuchi u. L. Okabe: J. of Biochem. 8, 459 (1928) — Chem. Zbl. 1928 I, 2850.

[4] A. Blankenstein: Biochem. Z. 218, 321 (1930) — Chem. Zbl. 1930 I, 3087.

[5] E. Komm: Hoppe-Seylers Z. 156, 161, 202 (1926) — Chem. Zbl. 1926 II, 2094.

[6] E. Ohlsson, G. Nordh u. T. Swaetichin: Biochem. Z. 215, 443 (1929) — Chem. Zbl. 1930 I, 849.

[7] E. Ohlsson: Skand. Arch. Physiol. (Berl. u. Lpz.) 58, 77 (1929) — Chem. Zbl. 1930 I, 1167.

[8] O. Folin u. A. D. Marenzi: J. of biol. Chem. 83, 89 (1929) — Chem. Zbl. 1929 II, 2082. — H. Bauer u. E. Strauß: Biochem. Z. 211, 191 (1930) — Chem. Zbl. 1930 I, 3705.

[9] O. Fürth u. O. Deutschberger: Biochem. Z. 186, 139 (1927) — Chem. Zbl. 1927 II, 1482.

[10] L. Langstein: Biochem Z. 127, 34 (1921) — Chem. Zbl. 1922 I, 1148.

[11] C. Rimington: Biochemic. J. 23, 430 (1929) — Chem. Zbl. 1929 II, 1933 — Nature (Lond.) 126, 882 (1930) — Chem. Zbl. 1931 I, 3697.

[12] C. Rimington: Biochemic. J. 25, 1062 (1931) — Chem. Zbl. 1932 I, 695.

[13] N. Troensegaard u. B. Koudahl: Hoppe-Seylers Z. 153, 111 (1926) — Chem. Zbl. 1926 II. 243 — Hoppe-Seylers Z. 157, 62 (1926) — Chem. Zbl. 1926 II, 2606. — W. N. Nekludow: Biochem. Z. 232, 50 (1931) — Chem. Zbl. 1931 I, 3021. — S. Went u. L. Goreczky: Biochem. Z. 239, 441 (1931) — Chem. Zbl. 1931 II, 3011.

löst[1]. — Zur Bindung von Cholesterin und anderen Lipoiden an die Serumglobuline vgl. auch [2]. — Zusammenfassender Bericht und Literaturbesprechung[3].

Bei den Serumglobulinen sollen sich Geschlechtsverschiedenheiten in der Zusammensetzung geltend machen[4].

Physikalisches und chemisches Verhalten: Molgewicht und Molgröße: Mit den Methoden der Zentrifugalsedimentation wurde das Molgewicht vom Serumglobulin zu $103\,800 \pm 3000$ unabhängig von der Konzentration gefunden. Das Molgewicht des Serumglobulins stellt ein einfaches Vielfaches des Ovalbumins dar[5]. Der Stabilitätsbereich erstreckt sich von $p_H\,4—8$, außerhalb erfolgt Zerfall in Teile von kleinerem Molgewicht[6]. — Über die Form des Mols vom Serumglobulin[7].

Aus dem Kohlehydratgehalt berechnet es sich zu $17\,050$[8]. Als Resultat verschiedenster Messungen $81\,000$[9].

In menschlichen Exsudatflüssigkeiten fand Adolf ein Molgewicht der Globuline von $12\,000$[10].

Aus dem osmotischen Druck ergibt sich für Pseudoglobulin ein Molgewicht von $130\,000$ bis $150\,000$. Für Euglobulin $174\,000$[11]. — Über die Erklärung der mit verschiedenen Methoden gewonnenen Molekulargewichtswerte vgl. [12].

Der isoelektrische Punkt des Serumglobulins liegt bei etwa $p_H = 6{,}5—7$[13, 14]. Vgl. dazu auch[15]. Stark abweichende Angaben finden sich bei Reiner[16], bei Hertzman[17]. — Beim Globulin menschlicher pathologischer Blut- oder Exsudatplasmen ergab sich der isoelektrische Punkt zu 5,14 im Mittel bei Schwankungen zwischen 4,95 und 5,35[18].

Verschiebung des isoelektrischen Punktes durch Heparin[19].

Die spezifischen Drehungen der Serumglobulinfraktionen wurde bei verschiedenen Wellenlängen bestimmt:

	$\lambda\,4359$	$\lambda\,5461$	$\lambda\,5780$	$\lambda\,6660$
Pseudoglobulin $[\alpha]_\lambda^{20}$ . .	—118,2	—68,7	—59,8	—43,1
Euglobulin $[\alpha]_\lambda^{20}$	—105,2	—61,2	—54,0	—39,4[20]

Drehungsunterschiede bei weiblichem und männlichem Serumglobulin[21].

In den Refraktometerwerten unterscheidet sich das Globulin deutlich vom Serumalbumin[22]. Vgl. dazu[23]. Die spezifische Refraktion beträgt im Mittel 0,00173 bei Globulin aus pathologischen menschlichen Plasmen[18]. — Die mittlere Brechungszunahme für 1% Globulin aus

[1] S. M. Neuschlosz: Biochem. Z. **225**, 115, 123, 130 (1930) — Chem. Zbl. **1930 II**, 2666—2667.

[2] H. Theorell: Biochem. Z. **223**, 1 (1930) — Chem. Zbl. **1931 I**, 3696.

[3] Bennhold: Erg. inn. Med. **42**, 273 (1932).

[4] T. Tadokoro: Proc. Imp. Acad. Tokyo **3**, 543 (1927) — Chem. Zbl. **1928 I**, 710.

[5] The Svedberg u. B. Sjögren: J. amer. chem. Soc. **50**, 3318 (1928) — Chem. Zbl. **1929 I**, 661.

[6] The Svedberg: Kolloid-Z. **51**, 10 (1930) — Chem. Zbl. **1930 II**, 3815. — The Svedberg u. B. Sjögren: J. amer. chem. Soc. **52**, 2855 (1930) — Chem. Zbl. **1931 I**, 477. — The Svedberg: Nature (Lond.) **128**, 999 (1931) — Chem. Zbl. **1932 I**, 1381.

[7] The Svedberg: Nature **123**, 871 (1929) — Chem. Zbl. **1929 II**, 3021.

[8] C. Rimington: Biochemic. J. **23**, 430 (1929) — Chem. Zbl. **1929 II**, 1933 — Nature (Lond.) **126**, 882 (1930) — Chem. Zbl. **1931 I**, 3697.

[9] E. J. Cohn, J. L. Hendry u. A. M. Prentiss: J. of biol. Chem. **63**, 721 (1925) — Chem. Zbl. **1925 II**, 1168.

[10] M. Adolf: Kolloidchem. Beih. **17**, 1 (1923) — Chem. Zbl. **1923 III**, 1027.

[11] G. S. Adair: XII. Intern. Physiol.-Kongr. Stockh., 3.—6. VIII. 1926, 2—4 — Chem. Zbl. **1927 I**, 1801 — Ber. Physiol. **38**, 334.

[12] S. P. L. Sørensen: Kolloid-Z. **53**, 102 (1930) — Chem. Zbl. **1930 II**, 3423.

[13] G. Ettisch u. W. Beck: Biochem. Z. **171**, 443 (1926) — Chem. Zbl. **1926 II**, 783.

[14] K. Samson: Z. Immun.forschg I **41**, 311 (1924) — Chem. Zbl. **1925 I**, 397.

[15] H. Chick: Biochem. J. **7**, 318 (1913) — Chem. Zbl. **1914 I**, 555.

[16] L. Reiner: Kolloid-Z. **40**, 123 (1926) — Chem. Zbl. **1927 I**, 253. — Biochem. Z. **191**, 158 (1927) — Chem. Zbl. **1928 I**, 1542.

[17] A. B. Hertzman u. H. C. Bradley: J. of biol. Chem. **61**, 275 (1924) — Chem. Zbl. **1924 II**, 2348.

[18] K. Hartl u. W. Starlinger: Z. exper. Med. **60**, 289 (1928) — Chem. Zbl. **1928 II**, 459.

[19] A. Fischer: Naturwiss. **19**, 965 (1931) — Chem. Zbl. **1932 I**, 1381. — Biochem. Z. **240**, 364 (1931) — Chem. Zbl. **1932 I**, 90.

[20] L. F. Hewitt, Biochem. J. **21**, 216 (1927) — Chem. Zbl. **1927 I**, 2746.

[21] T. Tadokoro, M. Abe u. S. Watanabe: Proc. Imp. Acad. Tokyo **3**, 543 (1927) — Chem. Zbl. **1928 I**, 710.

[22] O. Arnd u. E. A. Hafner: Biochem. Z. **167**, 440 (1926) — Chem. Zbl. **1926 I**, 2717.

[23] G. Schretter: Biochem. Z. **177**, 349 (1926) — Chem. Zbl. **1927 I**, 763.

Menschen-, Pferde- oder Rinderserum beträgt 0,00190 ± 5%. Bei dem Verfahren von Robertson gilt jedoch für Menschen- und Rinderserum 0,00150, für Pferdeserum 0,00205[1]. — Über die spezifischen Refraktionsinkremente für Serumglobulin verschiedener Tiere[2].

Löslichkeit und Quellung: Das Serumglobulin ist in destilliertem Wasser unlöslich, löslich in Salzlösungen[3]. Beim isoelektrischen Punkt setzt sich die Löslichkeit zusammen aus der Konzentration undissoziierter Globulinmoleküle und derjenigen der Globulinionen; sie ist unabhängig von der Menge des ungelösten Proteins[4].

Bei hitzedenaturiertem Globulin (s. dort) ist die Löslichkeit um so geringer, je kleiner das ionogene Bindungsvermögen des nativen Globulins für das betreffende Lösungsmittel ist, so beträgt z. B. die Löslichkeit des denaturierten Globulins in 0,01 n-Natronlauge nur $1/6$, in 0,01 n-HCl nur $1/40$, in 0,1 n-KCl $1/100$ des ursprünglichen Wertes[5]. — 3-wertige Ionen zeigen ein großes Lösungsvermögen[6].

Die Dispersion des Euglobulins durch Elektrolyte ist abhängig von der Wertigkeit der Ionen. Während der Lösung kann das Proteinpartikelchen neutral bleiben oder elektrische Ladung aufnehmen[7].

Die Menge des von 1 g Globulin bei 25° aufgenommenen Wassers beträgt für das Pseudoglobulin 3,8, für das Euglobulin 5,8 ccm[8].

Über Bildung von „Enhydronen" und „Ekhydronen" und den Mechanismus der Dispergierung[9].

Die Löslichkeit von Euglobulin in Neutralsalzlösungen nimmt bei schwach konzentrierten Salzlösungen mit der Salzkonzentration zu. Die bei einer bestimmten Salzkonzentration gelöste Globulinmenge ist der angewandten Menge ungefähr proportional. Mit fortschreitender Reinigung nimmt die Löslichkeit des Euglobulins in 0,02 n-NaCl-Lösungen ab[10].

Löslichkeit von Pseudoglobulin in konzentrierten Ammonsulfatlösungen[11].

Über Ionenantagonismus bei der Dispergierung von Globulinlösungen[12].

Über Hydratation und elektrische Ladung[13].

Der kolloidosmotische Druck einer 1 proz. Serumglobulinlösung ergibt sich zu 2,51 cm Wassersäule. Veränderungen der Salzkonzentration von 0,9% NaCl erniedrigt ihn, das Minimum liegt bei $p_H = 5$[14].

Über die Abhängigkeit der Viscosität von Pseudoglobulin- und Euglobulinlösungen von der Proteinkonzentration, der Temperatur, dem Salzgehalt und der Wasserstoffionenkonzentration[8]. (Vgl. dazu auch die Arbeiten über das Verhalten der Viscosität bei Einwirkung von Säuren und Basen [s. dort]).

Messung monomolekularer Schichten von Serumglobulin[15].

Die Denaturierung des Globulins durch Erhitzen seiner wässerigen Suspensionen äußert sich in einer Löslichkeitsverminderung, die um so mehr hervortritt, je geringer das ionogene Bindungsvermögen für das betreffende Lösungsmittel ist. Während die Wanderungsgeschwindigkeiten von erhitztem und denaturiertem Globulination übereinstimmen, ist der Mechanismus der Säure- und Basenbindung verändert. Die Denaturierung durch Erhitzen besteht wahrscheinlich in einer Ringbildung der endständigen COOH- und NH_2-Gruppen[16]. — In Neutralsalzen gelöste Globuline fallen beim Erhitzen teilweise aus; dabei bleibt p_H unverändert, aber die Leitfähigkeit sinkt. — Neutrale, mit einem Überschuß von Globulin her-

[1] F. Grendel: Pharm. Weekbl. 67, 1 (1930) — Chem. Zbl. 1930 I, 1190.
[2] G. S. Adair u. M. E. Robinson: Biochemic. J. 24, 993 (1930) — Chem. Zbl. 1931 I, 626.
[3] K. Samson: Z. Immun.forschg I 41, 311 (1924) — Chem. Zbl. 1925 I, 397.
[4] E. J. Cohn: J. gen. Physiol. 4, 697 (1922) — Chem. Zbl. 1923 I, 97.
[5] M. Adolf: Kolloidchem. Beih. 20, 288 (1925) — Chem. Zbl. 1925 I, 1956.
[6] M. Adolf: Kolloidchem. Beih. 20, 138 (1924) — Chem. Zbl. 1925 I, 1854.
[7] H. Chick: Biochem. J. 7, 318 (1913) — Chem. Zbl. 1914 I, 555.
[8] H. Chick: Biochem. J. 8, 261 (1914) — Chem. Zbl. 1914 II, 1160.
[9] A. Fodor: Kolloid-Z. 30, 313 (1922) — Chem. Zbl. 1923 I, 1127. — Kolloid-Z. 32, 103 (1923) — Chem. Zbl. 1923 III, 936.
[10] S. P. L. Sørensen: J. amer. chem. Soc. 47, 457 (1925) — Chem. Zbl. 1925 I, 1741 — C. r. Lab. Carlsberg 15, Nr 11, 1 (1925) — Chem. Zbl. 1925 II, 1530.
[11] M. Florkin: J. of biol. Chem. 87, 629 (1930) — Chem. Zbl. 1931 I, 1930.
[12] R. Höber u. A. Schürmeyer: Pflügers Arch. 214, 516 (1926) — Chem. Zbl. 1927 I, 573.
[13] W. Pauli, F. Blanck u. J. Frisch: Biochem. Z. 202, 337 (1928) — Chem. Zbl. 1929 II, 1415.
[14] G. von Farkas: Z. exper. Med. 53, 666 (1927) — Chem. Zbl. 1927 I, 1695.
[15] E. Gorter u. W. A. Seeder: Kolloid-Z. 58, 257 (1932) — Chem. Zbl. 1932 I, 3043.
[16] M. Spiegel-Adolf: Naturwiss. 15, 799 (1927) — Chem. Zbl. 1927 II, 2316.

gestellte Lösungen von Na-Globulinat oder Globulinchlorid werden nicht denaturiert, in Gegenwart hinreichender Mengen von Neutralsalzen fällt das Globulin beim Erhitzen aus. Die zur Herbeiführung dieser Fällung notwendige Salzkonzentration fällt mit steigender Wertigkeit des entgegengesetzt geladenen Ions und steigt mit zunehmender Wertigkeit des gleichsinnig geladenen Ions. Salze mit dreiwertigem Ion rufen beim Erhitzen keine Fällung hervor, wenn sie in größerer Menge anwesend sind[1].

Die geringste zur Verhinderung der Hitzekoagulation nötige Laugenmenge soll den endständigen COOH-Gruppen entsprechen[2].

In Gegenwart von Kaliumrhodanid, Alkalibenzoat, Salicylat und -Phthalat wurde beim Serumpseudoglobulin keine Ausflockung durch Erhitzen beobachtet, was auf vermehrten Ionisationszustand zurückgeführt wird. Nach der Dialyse der Salze ist die Lösung wieder hitzekoagulabel[3].

Die Hitzedenaturierung ändert den Dispersionsquotienten nicht; mit diesem Ergebnis ist die Anschauung, daß die Hitzedenaturierung des Pseudoglobulins in einer Dehydratation, verbunden mit Ringschlußbildung, besteht, gut vereinbar[4].

Über die Beziehungen zwischen kolloiden und konstitutiven Änderungen des Pseudoglobulins[5].

Die Hitzedenaturierung des Pseudoglobulins ist nur in beschränktem Maße durch die Maßnahmen, die die Denaturierung des Serumalbumins (s. dort) aufheben, reversibel[6].

Bezüglich der Denaturierung durch Alkoholeinwirkung steht das Pseudoglobulin zwischen dem Serumalbumin, dessen alkoholdenaturierter Teil völlig wieder löslich gemacht werden konnte, und dem Ovalbumin, bei dem dies nicht der Fall war. Der überwiegende Teil des Pseudoglobulins ist irreversibel verändert[6]. Alkohol- und Hitzedenaturierung des Pseudoglobulins werden durch $CaSO_4$ gehemmt (infolge Bildung polyvalenter Zwitterionen ?)[7].

0,5proz. Formaldehydlösungen denaturieren Serumglobulinlösungen nicht[8].

Bei der Denaturierung durch Säuren und Alkalien zeigen die Serumglobuline von Schaf und Pferd eine Verringerung ihrer Löslichkeit. Die Globuline weisen zugleich eine Erhöhung des Färbevermögens durch das Reagenz von Folin und Denis auf, während die Fällbarkeit durch komplexe Säuren abnimmt. Wu sieht das Wesen dieser Denaturierung in einer Hydrolyse besonders labiler Bindungen; es ist aber fraglich, inwieweit bei seinen Versuchen bereits hydrolytischer Abbau stattgefunden hat[9]. Weitere Arbeiten über die Auffassung Wus über die Denaturierung und Koagulation von Serum-Globulin[10].

Bei der Fällung der Globuline durch Natriumsulfat oder Ammoniumsulfat sind in erwärmten Flüssigkeiten geringere Salzmengen erforderlich[11]. Die maximale Fällung durch Ammonsulfat tritt bei den Serumglobulinen des Menschen beim Neutralpunkt ein[12]. — Die Menge der mit Ammonsulfat aussalzbaren Globuline nimmt mit steigender Verdünnung ab[13].

Über die Aussalzung der Globuline aus hitzedenaturierten Lösungen mit NaCl (Abscheidung der mit dem Antitoxin verknüpften Eiweißkörper)[14].

Die Umkehrung der Hofmeisterschen Reihe durch Änderung der Salzkonzentration oder der H-Ionenkonzentration s. [15].

---

[1] M. Adolf: Kolloidchem. Beih. **20**, 288 (1925) — Chem. Zbl. **1925 I**, 1956 — Kolloid-Z. **35**, 342 (1924) — Chem. Zbl. **1925 I**, 2359.

[2] L. Nasch: Biochem. Z. **237**, 344 (1931).

[3] R. Willheim: Biochem. Z. **180**, 231 (1927) — Chem. Zbl. **1927 I**, 1559.

[4] M. Spiegel-Adolf: Biochem. Z. **213**, 475 (1929) — Chem. Zbl. **1929 II**, 3150.

[5] W. Pauli u. R. Weiss: Biochem. Z. **233**, 381 (1931) — Chem. Zbl. **1931 II**, 2707.

[6] M. Spiegel-Adolf: Biochem. Z. **204**, 1 (1929) — Chem. Zbl. **1929 I**, 2786.

[7] W. Pauli u. T. Stenzinger: Biochem. Z. **205**, 71 (1929) — Chem. Zbl. **1929 I**, 2542.

[8] M. Freeman: Austral. J. exper. Biol. a. med. Sci. **7**, 117 (1930) — Chem. Zbl. **1931 I**, 470.

[9] H. Wu u. D. Y. Wu: J. of Biochem. **4**, 345 (1924) — Chem. Zbl. **1925 II**, 1362.

[10] H. Wu: Chin. J. Physiol. **3**, 1 (1929) — Chem. Zbl. **1930 II**, 928. — H. Wu u. T.-T. Chen: Chin. J. Physiol. **3**, 7 (1929) — Chem. Zbl. **1930 II**, 929.

[11] Tissot: C. r. Acad. Sci. Paris **158**, 1525 (1914) — Chem. Zbl. **1914 II**, 414.

[12] K. Samson: Z. Immun.forschg I **41**, 311 (1924) — Chem. Zbl. **1925 I**, 397.

[13] E. Ohlsson: Skand. Arch. Physiol. (Berl. u. Lpz.) **58**, 77 (1929) — Chem. Zbl. **1930 I**, 1167.

[14] A. Homer: Biochem. J. **12**, 190 (1918) — Chem. Zbl. **1919 II**, 381 — Biochem. J. **13**, 45, 56 (1919) — Chem. Zbl. **1919 III**, 290.

[15] E. Goldenberg: Z. eksper. biol. i Med. (russ.) **1926**, 103 — Ber. Physiol. **36**, 117 — Chem. Zbl. **1926 II**, 2065.

Über Fällungsreaktionen von elektrolytfreiem Serumglobulin mit Kupfer-Quecksilber- und Silbersalzen vgl. [1].

Flockung des Serumglobulins mit Na- oder NH_4-Vanadat in Gegenwart einer schwachen Säure[2].

Über den Einfluß von kolloiden Goldlösungen auf Serumglobulin (Goldzahl)[3]. Pseudoglobulin bewirkt in reinen Goldsolen unabhängig von der Wasserstoffionenkonzentration des Goldsols einen Farbenumschlag, an dessen Zustandekommen wahrscheinlich die Kohlensäure der Luft beteiligt ist. — Beim Euglobulin, das nur in Salzanwesenheit untersucht werden kann, ist die Reaktion von dem Verhältnis Euglobulin: KCl abhängig[4]. Vgl. dazu [5]. — Sensibilisierung von Fe_2O_3-Solen durch Pseudoglobuline aus normalen und pathologischen Seren[6, 7].

Kolloidkolloidreaktionen zwischen Pseudoglobulin und Farbstoffsolen[8].—Serumeuglobulin-Kollodiumfilter[9]. — Über die Adsorption von Serum-Globulinen an Kollodiummembranen im isoelektrischen Punkt[10]. — Vergleichende Untersuchung der Kolloidreaktionen von Pseudoglobulinen aus normalem und Antidiphtherieserum[11].

Kolloidchemische Unterschiede zwischen Paraglobulinen aus normalen und antitoxischen Seren[12].

Phenol fällt Pseudoglobulin bei 2% Phenol vollständig. Die Verteilung des Phenols zwischen Wasser und dem Globulin im Emulsoidzustand entspricht dem Verteilungsgesetz. Das Phenol ist im allgemeinen 2—3mal leichter im Globulin löslich als in Wasser. Beim Fällungswert des Phenols ist der Verteilungskoeffizient etwa 12, bei weiter steigender Konzentration bleibt er für Pseudoglobulin konstant[13]. (Hier Beziehungen zur Desinfektionswirkung.)

Adsorption von Rose bengale[14].

Verhalten gegen Strahlen: Durch ultraviolette Strahlen werden die Serumglobuline in ihrer Stabilität erhöht, die Koagulationstemperatur steigt(?)[15]. Die Lichtkoagulationsgeschwindigkeit des Pseudoglobulins bei Bestrahlung mit Quarzquecksilberlicht wird durch die Gegenwart von Spuren von Elektrolyten stark beeinflußt und ist von der Vorgeschichte der Globulinlösung erheblich abhängig[16]. Der Dispersionsquotient nimmt bei Bestrahlung auf 2,2—2,9 zu und kommt damit dem von Ketonen mit 2,69—2,8 nahe. Aus dieser Tatsache wird auf eine chemische Änderung des Pseudoglobulins bei der Denaturierung durch Bestrahlung geschlossen; es kommt vielleicht Desamidierung von Aminosäuren unter Ketonbildung in Frage. (Vergleich mit Hitzedenaturierung [s. dort].)[17] — Über Beziehungen der Lichtkoagulationsgeschwindigkeit von Pseudoglobulinlösungen, zu deren Sterilität[18].

Veränderung der Teilchenzahl in Paraglobulinlösungen bei Ultraviolettbestrahlung[19]. Vgl. dazu auch [20].

[1] T. Geill: Biochem. Z. **216**, 165 (1929) — Chem. Zbl. **1930 I**, 1818.

[2] S. G. T. Bendien u. L. W. Janssen: Rec. Trav. chim. Pays-Bas et Belg. (Amsterd.) **47**, 1042 (1928) — Chem. Zbl. **1929 I**, 907.

[3] Jacobs: Biochem. Z. **58**, 343 (1913) — Chem. Zbl. **1914 I**, 897. — Heubner u. Jacobs: Biochem. Z. **58**, 352 (1913) — Chem. Zbl. **1914 I**, 897.

[4] M. Spiegel-Adolf: Biochem. Z. **180**, 395 (1927) — Chem. Zbl. **1927 I**, 2175.

[5] G. H. Fischer u. H. Fodor: Kolloid-Z. **32**, 279 (1923) — Chem. Zbl. **1924 I**, 405.

[6] H. Freundlich u. W. Beck: Biochem. Z. **166**, 190 (1925) — Chem. Zbl. **1926 II**, 1761.

[7] H. Freundlich u. G. Lindau: Biochem. Z. **208**, 91 (1929) — Chem. Zbl. **1929 II**, 399. — G. Lindau: Biochem. Z. **219**, 385 (1930) — Chem. Zbl. **1930 II**, 3716.

[8] W. Pauli u. E. Weiß: Biochem. Z. **203**, 103 (1928) — Chem. Zbl. **1929 I**, 2735.

[9] D. J. Hitchcock: J. of gen. Physiol. **10**, 179 (1926) — Chem. Zbl. **1926 II**, 2965.

[10] G. Ettisch, M. Domontowitsch u. P. von Mutzenbecher: Naturwiss. **18**, 447 (1930) — Chem. Zbl. **1930 II**, 1510.

[11] A. Rabinerson: Biochem. Z. **171**, 372 (1926) — Chem. Zbl. **1926 II**, 784.

[12] P. v. Mutzenbecher: Biochem. Z. **243**, 100 (1931) — Chem. Zbl. **1932 I**, 1680.

[13] E. A. Cooper u. E. Sanders: J. physic. Chem. **31**, 1 (1927) — Chem. Zbl. **1927 I**, 2174.

[14] S. M. Rosenthal: J. of Pharmacol. **29**, 521 (1926) — Chem. Zbl. **1927 I**, 2322.

[15] R. Mond: Pflügers Arch. **196**, 540 (1922) — Chem. Zbl. **1923 I**, 559.

[16] M. Spiegel-Adolf: Strahlenther. **29**, 367 (1928) — Chem. Zbl. **1929 I**, 2898.

[17] M. Spiegel-Adolf: Biochem. Z. **213**, 475 (1929) — Chem. Zbl. **1929 II**, 3151.

[18] M. Spiegel-Adolf u. K. F. Pollaczek: Biochem. Z. **214**, 175 (1929) — Chem. Zbl. **1930 I**, 3415.

[19] W. Gentner u. K. Schwerin: Biochem. Z. **227**, 286 (1930) — Chem. Zbl. **1931 I**, 3091.

[20] B. Rajewsky: Biochem. Z. **227**, 272 (1930) — Chem. Zbl. **1931 I**, 3091.

Im Ultraviolettspektrum zeigt das Serumglobulin ein deutliches Band bei λ 3071 bis 2434[1].

Die Absorption von Euglobulin und Pseudoglobulin ist identisch. Die Art der Herstellung hat scheinbar keinen Einfluß auf das ultraviolette Absorptionsspektrum[2].

Das Absorptionsvermögen des Pseudoglobulins im kurzwelligen Teil des Spektrums nimmt im Gegensatz zum Euglobulin nach der Bestrahlung mit ultraviolettem Licht zu[3]. Fügt man vor der Bestrahlung Säuren oder Basen zu, so wird das Absorptionsvermögen noch weiter gesteigert[4, 5].

Über den Einfluß verdünnter Natronlauge auf das Absorptionsspektrum von Serumglobulin[6].

Von den Radiumstrahlen übt die γ-Strahlung kaum eine Wirkung auf das Pseudoglobulin aus, sondern nur primäre oder von der γ-Strahlung im Medium hervorgerufene sekundäre β-Strahlung (vgl. dazu auch [7]). Bei der Bestrahlung tritt zunächst Denaturierung ein, wie man an der Erniedrigung der Flockungstemperatur erkennen kann. Bei längerem Bestrahlen flockt das Pseudoglobulin (bis auf 0,1% in 3 Wochen) aus. Dabei lagert sich im Bereich der intensivsten Einstrahlung eine glashelle, gelbliche, gelatinöse Masse ab, die in Wasser unlöslich, in 0,01 n-Lauge löslich ist. Erhöhung der Leitfähigkeit konnte nicht nachgewiesen werden. Die bis zum Eintritt der Flockung erforderliche Bestrahlungsdauer ist vom Salzzusatz und von der Konzentration der Lösung beeinflußt[8]. — Die Salze wirken auf die Koagulation durch Radiumstrahlen verzögernd oder sogar aufhebend. Auch die Vorgeschichte der Pseudoglobulinlösung ist auf die Ra-Strahlen-Koagulation von Einfluß[9].

Auch bei Röntgenstrahlung macht sich Aggregatbildung und Koagulation des Serumglobulins geltend. Die Reaktion wird nach der sauren Seite verschoben[10, 11].

Nach Einwirkung von ultraviolettem Licht, Röntgenstrahlen, infraroten Strahlen und Kontaktwärme ist die Fluoreszenzfähigkeit des Euglobulins im Ultraviolettlicht gesteigert; Gegenwart von Sauerstoff scheint erforderlich zu sein[12].

Säuren-, Basen- und Salzbindung, Ionisation: Das Serumglobulin reagiert mit Säuren und Basen in stöchiometrischen Verhältnissen[13, 14]. Durch Elektrodialyse aus pathologischen Flüssigkeiten hergestelltes Globulin nimmt im Säureüberschuß ein konstantes Vielfaches der für die praktische Neutralität erforderlichen Menge auf. Die Verbindungen des Globulins mit Säure sind im Gegensatz zu den Alkaliglobulinen stark hydrolytisch gespalten. Das Bindungsvermögen des Globulins nimmt ohne erkennbare Beziehung zu Stärke und Wertigkeit der Säuren in folgender Reihe zu: $CH_3 \cdot COOH < H_3PO_4 < HCl < H_2SO_4$. Für Salzsäure und Schwefelsäure ist ein zeitlicher Verlauf festzustellen, obwohl neue basische Gruppen nicht freigelegt werden. Ein Teil der Säure wird nicht ionogen (molekular) an das Globulin angelagert. Trotzdem verhalten sich die Säureglobuline wie typische Salze[15]. — Beim Pseudoglobulin beträgt das Bindungsmaximum pro g Globulin $143 \cdot 10^{-5}$ Äquivalente Säure und $126 \cdot 10^{-5}$ Äquivalente Alkali[16]. — Vgl. dazu auch die Werte, die van Slyke für die Alkalibindung des Serumglobulins bei bestimmten p_H-Werten erhält[17]. — Das Basenbindungsvermögen ist bei

---

[1] L. Marchlewski u. J. Wierzuchowska: Bull. internat. Acad. Polon. Sci. Lettres A **1928**, 471 (1929) — Chem. Zbl. **1929 I**, 1831.

[2] F. C. Smith u. J. R. Marrack: Proc. roy. Soc. Lond. B **106**, 292 (1930) — Chem. Zbl. **1931 I**, 104.

[3] M. Spiegel-Adolf: Biochem. Z. **197**, 197 (1928) — Chem. Zbl. **1928 II**, 1347.

[4] M. Spiegel-Adolf u. Z. Oshima: Biochem. Z. **208**, 32 (1929) — Chem. Zbl. **1929 II**, 449.

[5] M. Spiegel-Adolf: Klin. Wschr. **7**, 1592 (1928) — Chem. Zbl. **1928 II**, 2482.

[6] J. Gróh u. M. Weltner: Hoppe-Seylers Z. **198**, 267 (1931) — Chem. Zbl. **1931 II**, 2337.

[7] J. A. Crowther: Philosophic. Mag. **7**, 86 (1929) — Chem. Zbl. **1929 I**, 1199.

[8] A. Fernau: Biochem. Z. **189**, 172 (1927) — Chem. Zbl. **1928 I**, 936.

[9] M. Spiegel-Adolf: Strahlenther. **29**, 367 (1928) — Chem. Zbl. **1929 I**, 2898.

[10] P. Wels: Pflügers Arch. **199**, 226 (1923) — Chem. Zbl. **1923 III**, 574.

[11] P. Wels u. A. Thiele: Pflügers Arch. **209**, 49 (1925) — Chem. Zbl. **1925 II**, 1695.

[12] P. Wels: Pflügers Arch. **219**, 738 (1928) — Chem. Zbl. **1928 II**, 1304.

[13] D. J. Hitchcock: J. of gen. Physiol. **5**, 35 (1922) — Chem. Zbl. **1923 I**, 351.

[14] L. J. Harris: Proc. roy. Soc. Lond. B. **17**, 364 (1925) — Chem. Zbl. **1925 II**, 224.

[15] M. Adolf: Kolloidchem. Beih. **18**, 223 (1923) — Chem. Zbl. **1924 I**, 2148.

[16] W. Pauli, F. Blanck u. J. Frisch: Biochem. Z. **202**, 337 (1928) — Chem. Zbl. **1929 II**, 1415.

[17] D. D. van Slyke, A. B. Hastings, A. Hiller u. J. Sendroy jr.: J. of biol. Chem. **79**, 769 (1928) — Chem. Zbl. **1929 I**, 666.

Globulin aus pathologischen Plasmen stark verändert[1]. Auch Erdalkalihydroxyde werden in äquivalentem Verhältnis gebunden[2].

Über Harnsäurebindung[3].

Beim gewöhnlichen Globulin ist die bei Laugenüberschuß gebundene Menge Natronlauge in einem breiten Konzentrationsstreifen konstant. Hitzedenaturiertes Globulin bindet mit der Laugenkonzentration steigende Mengen, ferner etwa 27 mal soviel Salzsäure wie vor dem Erhitzen. Die Bindung der Basen erfolgt an der umgelagerten Peptidgruppe. Die Bindung der Säuren durch hitzeverändertes Globulin ist überwiegend nichtionogener Natur[4].

Über die Änderungen der Viscosität während der Säurebindung[5].

Die Potentialdifferenz zwischen einer Serumglobulin-Säurelösung und einer davon durch eine Kollodiummembran getrennten globulinfreien Lösung der entsprechenden Säure gehorcht dem Donnanschen Gleichgewicht[6]. — Die p_H-Kurven von $^1/_{1000}$ bis $^1/_{100}$ n-HCl-Lösungen und von mit Serumglobulin versetzten Salzsäurelösungen der gleichen Konzentration liegen einander ziemlich nahe, so daß man auf geringe Pufferwirkung des Serumglobulins schließen kann[7].

Über Konstitution und elektrochemisches Verhalten der Serumglobuline[8].

Die Herstellung der Salzglobuline, die nur im Salzüberschuß beständig sind, erfolgt dadurch, daß man zu 0,01 n-Na- oder Cl-Globulinat eine zur Lösung hinreichende Menge Kochsalz gibt und dann neutralisiert, was am besten mit 0,01 n-Cl- bzw. Na-Globulinat vorgenommen wird. Man erhält so Lösungen, die reicher an Globulin sind als das Blutplasma. Auf ein Mol Globulin entfallen 4 Mol Alkalichlorid. Die Salzglobuline dissoziieren nach folgendem Schema:

$$\text{Globulin-Me}^+ \cdot \text{Cl}^-.$$

Die Alkalichloridglobulinlösungen reagieren schwach sauer, da durch Hydrolyse H-Ionen aus dem Salzglobulin entstehen. Die H-Ionenkonzentration steigt während der Verdünnung, bis das Protein ausfällt. Ganz geringe Mengen Säuren bewirken eine Fällung des Salzglobulins, die im Überschuß von Mineralsäure löslich ist. Alkalihydroxyd wird ohne Fällung vom Salzglobulin gebunden. Halbsättigung mit Ammonsulfat fällt die Salzglobuline nicht. Die Salzbindung erfolgt wahrscheinlich am Stickstoff der Aminogruppen[9].

Nach Ringer binden die Euglobuline in KCl-Lösungen keine K-Ionen, wohl aber Cl-Ionen[10, 11]. — Aus dem Verhalten der Löslichkeit eines sehr weit gereinigten Euglobulins in 0,05—2,80 n-KCl-Lösungen geht die Möglichkeit der Bildung von Komplexverbindungen mit KCl hervor[4, 12].

Über die Bildung komplexer Ca-Globulinionen[13]. Vgl. auch [14].

Verbindungen mit dreiwertigen Salzen bleiben in Lösungen auch beim Erhitzen und Verdünnen stabil[15].

Die Aktivität der H-Ionen des Säureglobulins wird durch Salze vermindert. Die Verringerung der Aktivität erklärt sich wahrscheinlich durch Verminderung der Hydrolyse des Säureglobulins infolge Bildung einer Salz-Säureglobulin-Verbindung. Die Wirksamkeit der Salze nimmt in folgender Reihe ab:

Na-Citrat > Natriumsulfat > Natriumchlorid[11]. — In Natriumglobulinatlösungen wird die OH-Ionenaktivität durch Salze steigend mit der Wertigkeit des Kations vermindert[11].

[1] K. Hartl u. W. Starlinger: Z. exper. Med. **60**, 315 (1928) — Chem. Zbl. **1928 II**, 460.

[2] M. Adolf: Kolloidchem. Beih. **17**, 1 (1923) — Chem. Zbl. **1923 III**, 1027.

[3] K. Harpuder: Z. exper. Med. **29**, 208 (1922) — Chem. Zbl. **1923 I**, 90.

[4] M. Adolf: Kolloidchem. Beih. **20**, 288 (1925) — Chem. Zbl. **1925 I**, 1956.

[5] W. Pauli, F. Blanck u. J. Frisch: Biochem. Z. **202**, 337 (1928) — Chem. Zbl. **1929 II**, 1415.

[6] D. J. Hitchcock: J. of gen. Physiol. **5**, 35 (1922) — Chem. Zbl. **1923 I**, 351.

[7] M. Piettre: C. r. Acad. Sci. Paris **186**, 1657 (1928) — Chem. Zbl. **1929 I**, 551.

[8] W. Pauli u. Mitarbeiter: Kolloid-Z. **53**, 51 (1930) — Chem. Zbl. **1931 I**, 3245.

[9] M. Adolf: Kolloidchem. Beih. **18**, 275 (1923) — Chem. Zbl. **1924 I**, 2149.

[10] W. E. Ringer: Hoppe-Seylers Z. **144**, 85 (1925) — Chem. Zbl. **1925 II**, 42.

[11] M. Adolf: Kolloidchem. Beih. **21**, 241 (1926) — Chem. Zbl. **1926 I**, 2444.

[12] S. P. L. Sørensen: J. amer. chem. Soc. **47**, 457 (1925) — Chem. Zbl. **1925 I**, 1741.

[13] R. F. Loeb u. E. G. Nichols: Proc. Soc. exper. Biol. a. Med. **22**, 275 (1925) — Chem. Zbl. **1926 I**, 1591 — Ber. Physiol. **23**, 289. — R. F. Loeb: J. gen. Physiol. **8**, 451 (1926) — Chem. Zbl **1926 II**, 1295.

[14] W. Pauli u. T. Stenzinger: Biochem. Z. **205**, 71 (1929) — Chem. Zbl. **1929 I**, 2542.

[15] M. Adolf: Kolloidchem. Beih. **20**, 138 (1924) — Chem. Zbl. **1925 I**, 1854.

Die absolute Wanderungsgeschwindigkeit[1, 2] des Globulinations ist vor und nach dem Erhitzen gleich[3].

Elektrophoretische Messungen zur Einheitlichkeit des Serumglobulins bzw. der Eu- und Pseudoglobulinfraktion[4].

Beim Stromdurchgang wird das Serumglobulin in schwachsaurer Lösung an der Kathode, in schwachalkalischer Lösung an der Anode abgeschieden. Die Menge des Niederschlages ist direkt proportional der durchgeschickten Elektrizitätsmenge und umgekehrt proportional der an das Protein gebundenen Säure- bzw. Alkalimenge[5].

Salze vermindern die Leitfähigkeit von Säureglobulinlösungen steigend mit wachsender Salzkonzentration, was zum Teil auf Bildung von Komplexverbindungen hinweist. Mit steigender Wertigkeit des Salzanions bzw. -kations nimmt die Leitfähigkeitsverminderung zu. Die Wanderungsgeschwindigkeit des Globulinions in Globulinchloridlösungen wird ebenfalls durch Salze herabgesetzt. — Die Leitfähigkeit von Na-Globulinatlösungen sinkt schon bei kleinen Zusätzen von Salzen stark infolge Bildung von Salz-Na-Globulinatverbindungen. Die Wanderungsgeschwindigkeit wird durch Gegenwart von Salzen ebenfalls vermindert[6].

Pseudoglobulin wandert in reinen 0,5proz. Lösungen vorwiegend kathodisch. In 0,05n-KCl-Lösungen ist die Wanderung des Pseudoglobulins in eine symmetrische doppelsinnige verwandelt, in 0,00034n-K_2SO_4 ist sie überwiegend anodisch, in 0,00078n-K_2SO_4 rein anodisch. Bei $K_3Fe(CN)_6$ und bei $K_4Fe(CN)_6$ schlägt die Elektrophorese bei Konzentrationen von $5 \cdot 10^{-5}$ bzw. $2,5 \cdot 10^{-5}$-n um[7]. Über den Einfluß der von CO_2 auf die Kataphorese[8]. — Umkehr des Wanderungssinnes beim „anaphylatoxischen" Shock[9].

Zur Elektrodialyse des Serums bzw. des Globulins vgl. [10].

Farbreaktionen: Pikraminsäure färbt die verschiedenen Fraktionen des Serumglobulins vom Pferd in wässeriger Lösung oder Emulsion dunkelrot. Die Lösung darf nicht alkalisch sein und keine Salze enthalten, die durch Pikraminsäure zersetzt werden[11].

Kennzeichnung der verschiedenen Serumproteinfraktionen durch die Biuretreaktion (Messung der Kupferionenkonzentrationen)[12].

Mit Dimethylsulfat und NaOH und nachträglichem Unterschichten mit konzentrierter H_2SO_4 entsteht eine blaurote Farbzone[13].

Die Reaktion mit 2,4-m-Dinitrostilben ist bei Blutglobulin negativ[14].

Hydrolyse: Bei der vergleichenden Untersuchung des Spaltungsverlaufes mit verdünnter Natronlauge und mit Salzsäure bei verschiedenen Temperaturen wurde festgestellt, daß das Serumglobulin mit Lauge schneller aufgespalten wird als das Albumin. Sofort nach Einwirkung von n-NaOH wächst der Amino-N stark an. Verdünnte Salzsäure liefert in 24 Stunden keine wesentliche Zunahme an Amino-N. Nach Vorbehandlung mit Pepsinsalzsäure wird das Serumglobulin durch n-NaOH weiter gespalten als ohne diese Vorbehandlung, obwohl Pepsin-HCl (s. dort) keine Aminogruppen freilegt[15].

---

[1] M. Adolf: Kolloidchem. Beih. **19**, 363 (1924) — Chem. Zbl. **1924 II**, 2320.

[2] W. Pauli: Biochem. Z. **127**, 150 (1921) — Chem. Zbl. **1922 I**, 1200.

[3] M. Adolf: Kolloidchem. Beih. **20**, 288 (1925) — Chem. Zbl. **1925 I**, 1956.

[4] A. Tiselius: Nova Acta Reg. Soc. Sci. Upsaliensis **7**, Nr 4 (1930) — Chem. Zbl. **1931 I**, 3096.

[5] D. M. Greenberg: Trans. amer. Elektro. Chem. Soc. **54**, (1928) — Chem. Zbl. **1928 II**, 1861.

[6] M. Adolf: Kolloidchem. Beih. **21**, 241 (1926) — Chem. Zbl. **1926 I**, 2444.

[7] T. Ito u. W. Pauli: Biochem. Z. **213**, 95 (1929) — Chem. Zbl. **1930 I**, 80.

[8] W. Pauli u. T. Stenzinger: Biochem. Z. **205**, 71 (1929) — Chem. Zbl. **1929 I**, 2542.

[9] W. Kopaczewski: C. r. Soc. Biol. Paris **82**, 590 (1919) — Chem. Zbl. **1919 III**, 403.

[10] R. Wernicke: An. Asoc. Quim. Argentina **13**, 149 (1925) — Chem. Zbl. **1926 I**, 429. — R. Wernicke u. F. Modern: An. Asoc. Quim. Argentina **14**, 158 (1926) — Chem. Zbl. **1927 I**, 126. — L. Reiner: Kolloid-Z. **40**, 123 (1926) — Chem. Zbl. **1927 I**, 253. — G. Ettisch u. W. Ewig: Biochem. Z. **195**, 175 (1928) — Chem. Zbl. **1928 II**, 1894. — L. Reiner u. H. Kopp: Kolloid-Z. **46**, 99 (1928) — Chem. Zbl. **1929 I**, 88. — L. Reiner: Biochem. Z. **191**, 158 (1927) — Chem. Zbl. **1928 I**, 1542. — G. Ettisch u. W. Beck: Biochem. Z. **171**, 443 (1926) — Chem. Zbl. **1926 II**, 783 — Biochem. Z. **171**, 454; **173**, 481 (1926) — Chem. Zbl. **1926 II**, 783. — Biochem. Z. **172**, 1 (1926) — Chem. Zbl. **1926 II**, 783. — J. Reitstötter: Kolloid-Z. **32**, 47 (1922) — Chem. Zbl. **1923 I**, 1596.

[11] J. Ostromysslenski: J. Russ. Phys. Chem. Ges. **47**, 317 (1915) — Chem. Zbl. **1916 I**, 682.

[12] G. Ettisch u. W. Beck: Naturwiss. **14**, 487 (1926) — Chem. Zbl. **1926 II**, 592.

[13] S. Edlbacher: Hoppe-Seylers Z. **105**, 240 (1919) — Chem. Zbl. **1919 III**, 678.

[14] E. Abderhalden, E. Komm u. E. Rossner: Hoppe-Seylers Z. **140**, 99 (1924) — Chem. Zbl. **1924 II**, 2757.

[15] E. Abderhalden u. W. Kröner: Fermentforschg **10**, 12 (1928) — Chem. Zbl. **1928 II**, 2729.

Über die Abspaltung von Kohlensäure aus Serumglobulin mit 33proz. Schwefelsäure oder 28proz. Kalilauge vgl. [1].

Beim Kochen von Globulin mit Natronlauge werden 1,14—1,22% des trockenen Proteins in Form von Acetaldehyd abgespalten, Kohlehydrat oder Aminosäuren sind nicht die Vorstufe des Aldehyds, die Bildung scheint vielmehr an die Konstitution des Eiweißes gebunden zu sein[2].

Aus sorgfältigst gereinigtem Globulin aus Pferdeserum wurden durch Hydrolyse mit 3proz. Schwefelsäure 0,5—0,9% reduzierende Substanzen abgespalten, die für Kohlehydratgruppen des Globulins und nicht für Verunreinigung angesehen werden[3].

Oxydation liefert Oxamid[4].

Verhalten gegen Fermente: Pepsin: Entgegen den Feststellungen von Waldschmidt-Leitz[5] sollen auch bei der Pepsinverdauung des Serumglobulins mehr Carboxylgruppen als Aminogruppen freigelegt werden[6].

Nach anderen Feststellungen spaltet Pepsin HCl das Globulin nur in sehr geringem Maße. Doch wird das Serumglobulin durch die Behandlung weitgehend verändert, wie sich im Verhalten gegen Natronlauge und Salzsäure (s. Hydrolyse) und gegen Pankreasfermente (s. dort) zu erkennen gibt[7].

Über den Mechanismus der Pepsinbindung an das Serumglobulin während der Verdauung[8].

Trypsin: Trypsin macht aus Serumglobulin im Anfang bereits geringe Mengen Histidin frei[9]. Nach Abderhalden kommt das Serumglobulin durch die Fermente der Pankreasdrüse erst nach der Einwirkung von Pepsin-Salzsäure zur Spaltung. Auch Vorbehandlung mit Natronlauge macht das Serumglobulin der Spaltung mit Pankreas zugänglich[7]. — Vgl. dazu die kolloidchemische Deutung der antitryptischen Wirkung des Serums[10].

Physiologisches: Der Globulingehalt des normalen Pferdeserums beträgt nach Grendel 5,8%, des Rinderserums 5,3%, des Menschenserums 2—2,5%[11].

Die Regeneration des Plasmaglobulins von Hunden erfolgt schneller als die des Albumins[12].

Die Bildung der Globuline des Blutserums wird von A. Fischer durch Heparinwirkung auf das Bluteiweiß erklärt. Heparin soll die sofortige Umwandlung von Albumin in Globulin bewerkstelligen. Es soll sich um einen einfachen Kopplungsprozeß zwischen Heparin und den vom Darm kommenden Eiweißabbaustufen in der Leber handeln[13].

Serumglobulin(?) im Präcipitat aus Hämoglobin und Antihämoglobinserum[14].

Derivate: Jodderivate: Über die Darstellung des maximal- und kernjodierten Globulins[15]. Die Jodaufnahme am Kohlenstoff steht im stöchiometrischen Verhältnis zum Tyrosingehalt, adsorptive Bindung findet nicht statt. Das maximal jodierte Serumglobulin ist gegen Pepsineinwirkung gesperrt[16]. — Die Jodderivate des Globulins erwiesen sich bei der Metamorphose von froschartigen Tieren als wirksam, beim Axolotl nicht[17, 18]. Halogenfreies oder Br-haltiges Serumglobulin hat keine beschleunigende Wirkung auf die Metamorphose[18, 19].

[1] Lippich: Hoppe-Seylers Z. **90**, 441 (1914) — Chem. Zbl. **1914 I**, 2112.

[2] O. Riesser u. Mitarbeiter: Hoppe-Seylers Z. **196**, 201 (1931) — Chem. Zbl. **1931 II**, 583.

[3] L. Langstein: Biochem. Z. **127**, 34 (1921) — Chem. Zbl. **1922 I**, 1148.

[4] E. Abderhalden u. E. Komm: Hoppe-Seylers Z. **143**, 128 (1925) — Chem. Zbl. **1925 I**, 2009.

[5] E. Waldschmidt-Leitz u. E. Simons: Hoppe-Seylers Z. **156**, 114 (1926) — Chem. Zbl. **1926 II**, 2443.

[6] H. Steudel, J. Ellinghaus u. A. Gottschalk: Hoppe-Seylers Z. **154**, 21, 198 (1926) — Chem. Zbl. **1926 II**, 901, 1429.

[7] E. Abderhalden u. W. Kröner: Fermentforschg **10**, 12 (1928) — Chem. Zbl. **1928 II**, 2729.

[8] C. A. Pekelharing: Koninkl. Akad. v. Wetensch. Amsterdam, Wisk. en Natk.Afd. **30**, 309 (1921) — Chem. Zbl. **1922 I**, 703.

[9] B. Lustig: Biochem. Z. **169**, 139 (1926) — Chem. Zbl. **1926 I**, 3241.

[10] F. Chrometzka u. W. Knoke: Z. exper. Med. **69**, 656 (1930) — Chem. Zbl. **1930 II**, 2143. — F. Chrometzka: Hoppe-Seylers Z. **69**, 665 (1930) — Chem. Zbl. **1930 II**, 2143.

[11] F. Grendel: Pharm. Weekbl. **67**, 1 (1930) — Chem. Zbl. **1930 I**, 1190.

[12] L. Leiter: Proc. Soc. exper. Biol. a. Med. **27**, 1002 (1930) — Chem. Zbl. **1931 I**, 638.

[13] A. Fischer: Biochem. Z. **244**, 464 (1932) — Chem. Zbl. **1932 I**, 1550.

[14] F. Breinl u. F. Haurowitz: Hoppe-Seylers Z. **192**, 45 (1930) — Chem. Zbl. **1930 II**, 3591.

[15] F. Blum u. E. Strauß: Hoppe-Seylers Z. **112**, 111 (1920) — Chem. Zbl. **1921 I**, 909.

[16] H. Bauer u. E. Strauß: Biochem. Z. **211**, 163 (1929) — Chem. Zbl. **1930 II**, 3582.

[17] E. O. Jensen: C. r. Soc. Biol. Paris **83**, 315 (1920) — Chem. Zbl. **1922 III**, 360.

[18] W. W. Swingle: Biol. Bull. Mar. biol. Labor. Wood's Hole **45**, 229 (1923) — Chem. Zbl. **1924 II**, 365 — Ber. Physiol. **24**, 30.

[19] W. W. Swingle: Proc. Soc. exper. Biol. a. Med. **24**, 205 (1926) — Chem. Zbl. **1929 I**, 919.

Beim **Nitroderivat** entsprechen die eingetretenen Nitrogruppen der einfachen Nitrierung des vorhandenen Tyrosins + der des Tryptophans[1].

Phosphoryliertes Serumglobulin. Durch Phosphorylierung mit $POCl_3$ in Tetrachlorkohlenstoff bei schwach alkalischer Reaktion und niedriger Temperatur. P-Gehalt $= 0,71\%$, Verhältnis P:N 0,051. Das phosphorylierte Serumglobulin spaltet mit Pepsin, 0,25 n-Salzsäure oder Knochenphosphatase nur langsam Phosphorsäure ab. 0,25 n-NaOH macht in 24 Stunden bei 37° die Phosphorsäure völlig frei. Trypsin spaltet den gesamten Phosphor als säurelösliche organische P-Verbindung ab, die sich jetzt als angreifbar durch Knochenphosphatase erweist[2, 3].

Acetylderivate: Die Acetylierung der Serumglobuline erfolgt in zwei Stufen: 1. durch längeres Erwärmen mit Eisessig und Essigsäurechlorid, 2. durch Erhitzen mit Essigsäureanhydrid und Natriumacetat. Durch sorgfältige Fraktionierung auf Grund der Löslichkeit in verschiedenen Lösungsmitteln und durch Vakuumdestillation werden Acetylbasen mit heterocyklischem Charakter erhalten[4]. Aus der Petrolätherfraktion der Acetylbasen der Serumglobuline ließen sich Kohlenwasserstoffe isolieren, die aus einem in den Globulinen vorhandenen Cholesterinkomplex stammen. Ausbeute etwa 2% des Globulins[5, 6]. — Piperidin konnte nicht erhalten werden[7]. — Isolierung zweier Verbindungen $C_9H_{11}N_3O$ und $C_{10}H_{14}N_2O_2$[8].

Benzolsulfoderivat: Durch Benzolsulfochlorid in Natriumbicarbonat. Amorpher unlöslicher Körper C 52,30%, H 6,66%, N 14,21%, S 3,70%[9].

Carbäthoxyderivat: Serumglobulin reagiert mit Chlorkohlensäureäthylester sehr träge. Das mit Alkohol gereinigte Produkt zeigt folgende Zusammensetzung: 53,11% C, 6,95 % H, 15,42% N, 0,73% S. Es ist unwahrscheinlich, daß einheitliche Körper vorgelegen haben[9].

Diazophenolglykosid - Serumglobulin und Diazophenolgalaktosid - Serumglobulin aus Pferdeserumglobulin durch Kuppelung mit dem diazotierten p-Aminophenol-β-glykosid bzw. -galaktosid. Ersteres zeigt eine Drehung von $[\alpha]_{7608}^{25} = -43,2°$, letzteres $[\alpha]_{7608}^{25} = -30,7°$. Injiziert man diese Körper Kaninchen, so entstehen spezifische Antikörper, und zwar zwei verschiedene. Der eine ist auf die Zuckerkomponente abgestimmt, der andere auf den Anteil des Globulins, der nicht mit dem diazotierten Glykosid usw. gekuppelt ist. Auf die Bedeutung dieser Befunde für die Immunologie kann hier nicht eingegangen werden[10]. Vgl. dazu auch [11].

Lactoglobulin.

(Vgl. auch Proteine der Milch.)

1 l Vollmilch enthält 0,52 g trockenes und aschefreies Globulin. Zusammensetzung: C 51,92 (51,85)%, H 7,01 (6,88)%, N 15,47 (15,40)%, S 0,86%, P 0,24% asche- und wasserfreier Substanz[12]. Lactoglobulin zeigt in Milch und Colostrum dieselbe Zusammensetzung nach van Slyke:

---

[1] F. Lieben: Biochem. Z. **145**, 535, 555 (1924) — Chem. Zbl. **1924 II**, 50.

[2] C. Rimington: Biochem. J. **21**, 272 (1927) — Chem. Zbl. **1927 II**, 442.

[3] H. K. Barrenscheen u. L. Messiner: Biochem. Z. **209**. 251 (1929) — Chem. Zbl. **1929 II**, 2207.

[4] N. Troensegaard u. B. Koudahl: Hoppe-Seylers Z. **153**, 93 (1926) — Chem. Zbl. **1926 II**, 243.

[5] N. Troensegaard u. B. Koudahl: Hoppe-Seylers Z. **153**, 111 (1926) — Chem. Zbl. **1926 II**. 243.

[6] N. Troensegaard u. B. Koudahl: Hoppe-Seylers Z. **157**, 62 (1926) — Chem. Zbl. **1926 II**, 2606.

[7] N. Troensegaard u. H. G. Mygind: Hoppe-Seylers Z. **184**, 147 (1929) — Chem. Zbl. **1930 I**, 415.

[8] N. Troensegaard, F. Wrede u. H. G. Mygind: Hoppe-Seylers Z. **193**, 49 (1930) — Chem. Zbl. **1931 I**, 949.

[9] Blum u. Umbach: Hoppe-Seylers Z. **88**, 285 (1913) — Chem. Zbl. **1914 I**, 679.

[10] W. F. Goebel u. O. T. Avery: J. of exper. Med. **50**, 521 (1929) — Chem. Zbl. **1930 I**, 2440. — O. T. Avery u. W. F. Goebel: J. of exper. Med. **50**, 533 (1929) — Chem. Zbl. **1930 I**, 2441. — W. S. Tillett, O. T. Avery u. W. F. Goebel: J. of exper. Med. **50**, 551 (1929) — Chem. Zbl. **1930 I**, 2441.

[11] K. Landsteiner u. J. Vanderscheer: J of exper. Med. **50**, 407 (1929) — Chem. Zbl. **1930 I**, 2442.

[12] T. B. Osborne u. A. J. Wakeman: J. of biol. Chem. **33**, 7 (1917) — Chem. Zbl. **1919 I**, 38.

NH$_3$-N 7,57
Melanin-N 2,16
Gesamtbasen-N 25,23
Cystin-N 1,90
Arginin-N 10,79
Histidin-N 3,96
Lysin-N 8,58
Gesamt-N des Filtrats 64,10
Amino-N des Filtrats 62,97
Nichtamino-N des Filtrats . . . . . . 1,13 [1]

Aus dem Colostrum erhält man bei 14,0—14,2 proz. Natriumsulfatkonzentration **Euglobulin**, mit 18,0—18,4 proz. **Euglobulin, Pseudoglobulin I** (und Caseinogen), mit 21—22 proz. **Euglobulin, Pseudoglobulin I und II** (und Caseinogen) [2].

Ovoglobulin.

(Siehe auch Eiereiweiß.)

Im Ovoglobulin wurde der Arginingehalt zu 4,1% nach der Flaviansäuremethode gefunden [3].

Im ultravioletten Licht zeigt das Ovoglobulin ein deutliches Band bei λ 2975—2407 [4].

Niederschläge mit Seifen [5]. — Das Ovoglobulin weist bezüglich seines kolloidchemischen Verhaltens Analogien mit den Seifen auf. Steigende Mengen Natronlauge geben folgende Veränderungen: Bildung von Gel → Lösung → Ausfällung, Milchsäure bewirkt Niederschlag → hydratisierten Niederschlag → Gel, mit Salzsäure erhält man Niederschlag → hydratisierten Niederschlag [6].

Trocknungsprozesse beeinflussen den Nährwert des Ovoglobulins nicht [7].

Im Präcipitinversuch reagiert das Ovoglobulin nicht mit Lösungen von Fibrinogen, Euglobulin oder Albumin aus dem Blutplasma des Haushuhns [8].

Über die Reaktion tuberkulöser Meerschweinchen gegen Ovoglobulin [9].

Bence-Jonesscher Eiweißkörper.

(Vgl. auch Harneiweiß.)

Vorkommen: Das Vorkommen des Bence-Jonesschen Eiweißkörpers wird als differentialdiagnostisches Merkmal für eine Erkrankung des Knochenmarks-Abschnittes des hämatopoetischen Apparates, vorzugsweise für Myelom sprechend, betrachtet. Er kann aber auch auftreten, ohne daß eine Knochenerkrankung anatomisch nachweisbar ist [10]. — Bei einem Kranken mit Lymphosarkom und multiplen metastatischen Myelomen in Harn und Blut [11]. — Bei einem Patienten mit multiplem Rippenmyelom [12]. — Im Harn von Myelomatosiskranken [13]. — Das Protein ist im Serum und im Harn der Kranken vorhanden [14].

[1] C. Crowther u. H. Raistrick: Biochem. J. **10**, 434 (1916) — Chem. Zbl. **1917 I**, 99.

[2] P. E. Howe: J. of biol. Chem. **52**, 51 (1922) — Chem. Zbl. **1922 IV**, 1142.

[3] O. Fürth u. O. Deutschberger: Biochem. Z. **186**, 139 (1927) — Chem. Zbl. **1927 II**, 1482.

[4] L. Marchlewski u. J. Wierzuchowska: Bull. internat. Acad. Polon. Sci. Lettres A **1928**, 471 — Chem. Zbl. **1929 I**, 1831.

[5] S. Matsumura: Kolloid-Z. **32**, 173 (1923) — Chem. Zbl. **1923 I**, 1595.

[6] M. H. Fischer, G. D. McLaughlin u. M. O. Hooker: Kolloidchem. Beih. **15**, 1; **16**, 99 (1923) — Chem. Zbl. **1923 III**, 646/7.

[7] M. A. Boas-Fixsen: Biochemic. J. **25**, 596 (1931) — Chem. Zbl. **1932 I**, 832.

[8] L. Hektoen u. A. G. Cole: J. inf. Dis. **42**, 1 (1928) — Chem. Zbl. **1929 I**, 2546.

[9] L. Dienes: J. of Immun. **18**, 279 (1930) — Chem. Zbl. **1930 II**, 754.

[10] A. Kimmerle: Z. klin. Med. **93**, 66 (1922) — Chem. Zbl. **1922 III**, 406 — Ber. Physiol. **12**, 510.

[11] F. Micheli: Haematologica (Palermo) **2**. 1 (1921) — Chem. Zbl. **1921 III**, 492 — Ber. Physiol. **7**, 420.

[12] Folin u. Denis: J. of biol. Chem. **18**, 277 (1914) — Chem. Zbl. **1914 II**, 654.

[13] L. F. Hewitt: Biochemic. J. **23**, 1147 (1929) — Chem. Zbl. **1930 II**, 2786.

[14] E. Abderhalden: Hoppe-Seylers Z. **106**, 130 (1919) — Chem. Zbl. **1919 III**, 690.

Nachweis: Zum Nachweis des Bence-Jonesschen Proteins eignet sich Alkohol nicht wegen Verwechslungsmöglichkeit mit anderen Proteinen[1]. — Erkennung im Urin[2].

Zusammensetzung: N-Gehalt 16,12% [3]. — Amino-N = 4,86% des Gesamt-N [4]. Nach van Slyke ergibt sich im Mittel zweier Analysen:

Amid-N	9,43%
Melanin-N	0,90 „
Gesamtbasen-N	23,11 „
Cystin-N	1,25 „
Arginin-N	9,27 „
Histidin-N	4,54 „
Lysin-N	8,04 „
Gesamt-N des Filtrats	66,84 „
Amino-N des Filtrats	61,69 „
Nichtamino-N des Filtrats	5,15 „
Tryptophan	2,89 „

nach der Fürthschen Methode. Die N-Verteilung wird also anders als bei allen bisher untersuchten Eiweißkörpern gefunden [5].

Im Gegensatz zu obigen und früheren Angaben[6] wird der Tryptophangehalt des Bence-Jonesschen Proteins zu 4,2% bestimmt[7].

Hewitt findet für Tryptophan 1,73%, für Tyrosin 6,14% [8].

Über das Verhältnis des formoltitrierbaren N zum methylierbaren N vgl. Edlbacher. Die N-Methylzahl des Bence-Jonesschen Eiweißkörpers nach Methylierung mit Dimethylsulfat beträgt 13,0[9].

Willheim sieht das Bence-Jonessche Protein auf Grund des Tryptophangehaltes und der van Slyke-Bestimmung nicht als chemisches Individuum an[10].

Physikalisches und chemisches Verhalten: Isoelektrischer Punkt aus elektrophoretischen Messungen $p_H = 5,20$[11]. Nach Mainzer ergibt sich nach Messungen mit verschiedenen Methoden ein isoelektrischer Punkt von $p_H = 6,59-6,7$. Durch Erhitzen, Alkohol- und Ammonsulfatfällung gelangt man zu einem denaturierten Produkt mit einem isoelektrischen Punkt von $p_H = 4,90$[12].

Das Molgewicht des Bence-Jonesschen Proteins ergibt sich aus verschiedenen Messungen zu 24500[13]. — Über die Masse und Größe des Mols vgl. [14]. Das mit der Ultrazentrifuge ermittelte Molgewicht ergibt sich zu 35000, die Sedimentskonstante zu $3,55 \cdot 10^{-13}$ und die molare Friktionskonstante zu $2,48 \cdot 10^{16}$. Das Molekül ist kugelförmig und hat einen Radius von 2,18 mμ. Im sauren Gebiet (p_H unter 3,5) spalten sich nichtzentrifugierbare Substanzen ab, während das zurückbleibende Protein das normale Molgewicht behält. Im alkalischen Bereich (p_H höher als 7,5) entsteht eine Substanz, die wahrscheinlich die Hälfte des normalen Molgewichtes aufweist neben nichtzentrifugierbaren Stoffen. Der Bence-Jonessche Eiweißkörper ähnelt in seinem Verhalten in der Ultrazentrifuge dem Ovalbumin[15].

---

[1] T. Teorell: Biochem. Z. **229**, 1 (1930) — Chem. Zbl. **1931 I**, 1581.

[2] E. E. Osgood u. H. D. Haskins: J. Labor. a. clin. Med. **16**, 575 (1931) — Chem. Zbl **1931 I**, 3589.

[3] E. Krauß: Dtsch. Arch. klin. Med. **137**, 257 (1921) — Chem. Zbl. **1922 III**, 585 — Ber. Physiol. **13**, 116.

[4] D. W. Wilson: J. of biol. Chem. **56**, 203 (1923) — Chem. Zbl. **1923 III**, 1042.

[5] E. Lüscher: Biochem. J. **16**, 556 (1922) — Chem. Zbl. **1923 I**, 455.

[6] C. E. May u. E. R. Rose: J. of biol. Chem. **54**, 213 (1922) — Chem. Zbl. **1923 I**, 770.

[7] E. Ohlsson u. G. Nordh: Biochem. Z. **215**, 440 (1929) — Chem. Zbl. **1930 I**, 984.

[8] L. F. Hewitt: Biochemic. J. **23**, 1147 (1929) — Chem. Zbl. **1930 II**, 2786.

[9] S. Edlbacher: Hoppe-Seylers Z. **107**, 52 (1919) — Chem. Zbl. 1919 **IV**, 957.

[10] R. Willheim: Biochem. Z. **180**, 231 (1927) — Chem. Zbl. **1927 I**, 1559.

[11] A. Tiselius: Nova Acta Reg. Soc. Sci. Upsaliensis **7**, Nr 4 (1930) — Chem. Zbl. **1931 I**, 3095.

[12] F. Mainzer: Biochem. Z. **246**, 134, 149, 156 (1932) — Chem. Zbl. **1932 I**, 2958.

[13] E. J. Cohn, J. L. Hendry u. A. M. Prentiss: J. of biol. Chem. **63**, 721 (1925) — Chem. Zbl. **1925 II**, 1168.

[14] The Svedberg: Nature **123**, 871 (1929) — Chem. Zbl. **1929 II**, 3021.

[15] The Svedberg u. B. Sjögren: J. amer. chem. Soc. **51**, 3594 (1929) — Chem. Zbl. **1930 I**, 984. — J. B. Nichols: J. amer. chem. Soc. **52**, 5176 (1930) — Chem. Zbl. **1931 I**, 792. — B. S. Sjögren u. The Svedberg: J. amer. chem. Soc. **52**, 1587 (1930) — Chem. Zbl. **1931 I**, 792.

Das Bence-Jonessche Protein krystallisiert aus dem Harn bei p_H = etwa 4. Man kann es aus alkalischen Lösungen nach Ansäuern mit Essigsäure umkrystallisieren[1].

Die Krystalle zersetzen sich bei 225°, sind unlöslich in Alkohol und Äther, löslich in kaltem und heißem Wasser[2]. — Zur Isolierung aus Blutserum kocht man das Serum auf und filtriert heiß; im Filtrat scheidet sich der Eiweißkörper ab, kann aber durch nochmaliges Aufkochen nicht vollständig in Lösung gebracht werden[3]. Durch wiederholtes Erhitzen und Abkühlen wird eine kältestabile Umwandlungsform erhalten, die durch verdünnte Säuren, auch Kohlensäure, wieder reversibel koagulierbar wird[4]. Die Hitzelösung dieser kältestabilen Verbindung wird auf den in der Hitze vermehrten Ionisationszustand zurückgeführt. Man kann einen solchen auch bei Serumalbumin und -pseudoglobulin bei Anwesenheit von Salzen erhalten. Willheim sieht zwischen den gewöhnlichen Eiweißkörpern und dem Bence-Jonesschen Protein nur einen graduellen Unterschied[4]. — Über den Einfluß von Salzen, Säuren, Alkalien auf die Ausflockung vgl.[5, 6].

Elektrophoretische Untersuchungen und Einheitlichkeit des Bence-Jonesschen Proteins[7].

Nicht in allen Fällen scheinen die isolierten Bence-Jonesschen Proteine die gleichen Eigenschaften zu haben. Von 5 durch Halbsättigung mit Ammonsulfat bei p_H 5 aus dem Harn von Myelomatosiskranken isolierten Präparaten waren 4 in Wasser ziemlich leicht löslich, das 5. etwas weniger, bei diesem schied sich beim Abkühlen der bei 18—20° hergestellten Lösung eine wachsartige Masse ab. Alle Präparate koagulieren beim gelinden Erwärmen, lösen sich jedoch nicht alle beim Kochen wieder auf. Zwei davon lösen sich beim Kochen bei Gegenwart von 40 proz. Alkohol. Der isoelektrische Punkt liegt bei p_H 5,5—6,0, bei einem der Präparate mehr nach der sauren Seite. $[\alpha]_{5461} = -48,5$ bis $-67,5°$. Die Kurven der Ultraviolettadsorption sind ähnlich wie die vom Serum-Pseudoglobulin, jedoch ist der Extinktionskoeffizient größer. $n_D = 1,3432 - 1,3542$. Hewitt sieht die Bence-Jonesschen Eiweißkörper als wahre Proteine an[8].

Farbreaktionen: Beim Schütteln mit Dimethylsulfat und Natronlauge und nachträglicher Unterschichtung mit konzentrierter Schwefelsäure liefert das Bence-Jonessche Protein eine blaurote Farbzone[9]. — Ehrlichs Triacidlösung färbt kupferrot[2].

Verhalten gegen Fermente: Pepsin und Trypsin verdauen das Bence-Jonessche Protein rasch[10].

Physiologisches und Pathologisches (s. auch Vorkommen): Das Bence-Jonessche Protein entsteht im Körper wahrscheinlich durch eine unterbrochene bzw. abirrende Synthese irgendeines normalen Körperproteins[11]. — Hewitt nimmt an, daß das Bence-Jonessche Protein einen mit den Serumproteinen gemeinsamen Ursprung habe[12]. Hunde können geringe Mengen des Eiweißkörpers verwerten; bei größeren Mengen wird das Protein unverändert abgeschieden. Dabei ist es noch nicht geklärt, warum der Eiweißkörper die Niere trotz seines hohen Molgewichtes so leicht zu passieren vermag[11].

Der Eiweißkörper wird in einer Menge von 10—30 g täglich ausgeschieden[1, 5].

Die Ausscheidung des Proteins kann durch eiweißreiche Ernährung gesteigert werden. Jedoch bestehen keine bestimmten Beziehungen zwischen dem Gesamt-N des Harns und seinem Gehalt an Bence-Jonesschem Protein[13].

[1] D. W. Wilson: J. of biol. Chem. **56**, 203 (1923) — Chem. Zbl. **1923 III**, 1042.

[2] E. Krauß: Dtsch. Arch. klin. Med. **137**, 257 (1921) — Chem. Zbl. **1922 III**, 585 — Ber. Physiol. **13**, 116.

[3] E. Abderhalden: Hoppe-Seylers Z. **106**, 130 (1919) — Chem. Zbl. **1919 III**, 690.

[4] R. Willheim: Biochem. Z. **180**, 231 (1927) — Chem. Zbl. **1927 I**, 1559.

[5] A. E. Taylor u. C. W. Miller: J. of biol. Chem. **25**, 281 (1916) — Chem. Zbl. **1916 II**, 1181.

[6] F. Malengreau: Arch. internat. Physiol. **18**, 151 (1921) — Chem. Zbl. **1922 I**, 1302 — Ber. Physiol. **11**, 461.

[7] A. Tiselius: Nova Acta Reg. Soc. Sci. Upsaliensis **7**, Nr 4 (1930) — Chem. Zbl. **1931 I**, 3095.

[8] L. F. Hewitt: Biochemic. J. **23**, 1147 (1929) — Chem. Zbl. **1930 II**, 2786.

[9] S. Edlbacher: Hoppe-Seylers Z. **105**, 240 (1919) — Chem. Zbl. **1919 III**, 678.

[10] A. E. Taylor u. C. W. Miller: J. of biol. Chem. **25**, 281 (1916) — Chem. Zbl. **1916 II**, 1181. — A. E. Taylor, C. W. Miller u. J. E. Sweet: J. of biol. Chem. **29**, 425 (1917) — Chem. Zbl. **1922 I**, 590.

[11] A. E. Taylor, C. W. Miller u. J. E. Sweet: J. of biol. Chem. **29**, 425 (1917) — Chem. Zbl. **1922 I**, 590.

[12] L. F. Hewitt: Biochemic. J. **23**, 1147 (1929) — Chem. Zbl. **1930 II**, 2786.

[13] Folin u. Denis: J. of biol. Chem. **18**, 277 (1914) — Chem. Zbl. **1914 II**, 654.

Bence-Jonesscher Eiweißkörper und Amyloid[1].

Nach intraperitonealer Injektion von 0,1 g bei einem Meerschweinchen bewirkte eine Reinjektion von Bence-Jonesschem Protein aus Harn typische Anaphylaxieerscheinungen[2]. Das gleiche ist bei subcutaner Injektion der Fall[3]. Direkte Giftigkeit zeigt das Protein jedoch nicht[4]. Kaninchen bekommen nach der Einspritzung Fieber, durch wiederholte Injektionen konnte eine „Nephrose" erzielt werden[5].

Blut normaler und mit dem Protein vorbehandelter Tiere verdaut den Eiweißkörper sehr schnell[6].

Das Protein soll zwei Bestandteile enthalten, von denen einer serologisch mit normalem Serumprotein übereinstimmt[7]. — Aus anderen Versuchen ergab sich, daß die Bence-Jonesschen Eiweißkörper verschiedener Herkunft weder untereinander noch mit denen des Blutserums identisch sind[8].

Thyreoglobulin.

Zusammensetzung und Verhalten: In Thyreoglobulin, das mit physiologischer Kochsalzlösung extrahiert und durch Fällung mit Ammonsulfat und nachfolgend mit Essigsäure gereinigt war, wurde folgende N-Verteilung gefunden:

Arginin-N	16,55%
Histidin-N	11,92 „
Lysin-N	4,43 „
Cystin-N	0,96 „
Basischer Amino-N	13,51 „
Amido-N	6,52 „
Melanin-N	1,56 „
Amino-N im Filtrat	52,78 „
Nichtamino-N im Filtrat	4,49 „ [9]

Über den Einfluß der Temperatur auf die Löslichkeit der Jodeiweißverbindungen der Schilddrüsen[10].

Über die Hydrolyse der Eiweißstoffe der Schilddrüse mit 1 proz. alkoholischer Natronlauge[11]. — Zur Darstellung des wirksamen Bestandteiles der Schilddrüse des Thyroxins und des dl-3, 5-Dijodtyrosins[12].

Zur Frage der Jodbindung[13]. — Aus Schilddrüseneiweiß (Thyreoidinpräparat von Merck) kann das Jod durch Ultraviolettbestrahlung als Jodid abgespalten werden, jedoch nicht durch Temperaturerhöhung auf 80°[14].

Verhalten gegen Fermente: Trypsin spaltet aus Jod-Thyreoglobulin im Gegensatz zu den Angaben Oswalds nur wenig Jod ab[15]. Vgl. dazu [16].

[1] A. Magnus-Levy: Z. klin. Med. **116**, 510 (1931) — vgl. auch Klin. Wschr. **10**, 568 (1931).

[2] E. Abderhalden: Hoppe-Seylers Z. **106**, 130 (1919) — Chem. Zbl. **1919 III**, 690.

[3] A. E. Taylor u. C. W. Miller: J. of biol. Chem. **25**, 281 (1916) — Chem. Zbl. **1916 II**, 1181.

[4] A. E. Taylor, C. W. Miller u. J. E. Sweet: J. of biol. Chem. **29**, 425 (1917) — Chem. Zbl. **1922 I**, 590.

[5] E. Krauß: Dtsch. Arch. klin. Med. **137**, 257 (1921) — Chem. Zbl. **1922 III**, 585 — Ber. Physiol. **13**, 116.

[6] F. Hulton: J. of biol. Chem. **25**, 163 (1916) — Chem. Zbl. **1922 I**, 598.

[7] F. Micheli: Haematologica (Palermo) **2**, 1 (1921) — Chem. Zbl. **1921 III**, 492 — Ber. Physiol. **7**, 420.

[8] S. Bayne-Jones u. D. B. Wilson: Proc. Soc. exper. Biol. a. Med. **18**, 220 (1921) — Chem. Zbl. **1922 I**, 225.

[9] H. C. Eckstein: J. of biol. Chem. **67**, 601 (1926) — Chem. Zbl. **1926 II**, 1962.

[10] Groll u. Keulemans: Pharmaceut. Weekbl. **51**, 913 (1914) — Chem. Zbl. **1914 II**, 943.

[11] E. C. Kendall: J. of biol. Chem. **20**, 501 (1915) — Chem. Zbl. **1915 II**, 667.

[12] C. R. Harington: Biochemic. J. **20**, 293 (1926) — Chem. Zbl. **1926 II**, 245. — C. R. Harington u. S. S. Randall: Biochemic. J. **23**, 373 (1929) — Chem. Zbl. **1930 I**, 541. — C. R. Harington u. W. T. Salter: Biochemic. J. **24**, 456 (1930) — Chem. Zbl. **1930 II**, 1388. — C. R. Harington u. S. S. Randall: Biochemic. J. **25**, 1032 (1931) — Chem. Zbl. **1932 I**, 1919.

[13] E. Herzfeld u. R. Klinger: Biochem. Z. **96**, 260 (1919) — Chem. Zbl. **1919 III**, 828.

[14] F. Lieben u. G. Ehrlich: Biochem. Z. **222**, 221 (1930) — Chem. Zbl. **1930 II**, 1706. — F. Lieben u. M. Kraus: Biochem. Z. **236**, 182 (1931) — Chem. Zbl. **1931 II**, 1309.

[15] C. R. Harington u. W. T. Salter: Biochemic. J. **24**, 456 (1930) — Chem. Zbl. **1930 II**, 1388.

[16] G. Barkan u. G. Kingisepp: Arch. f. exper. Pathol. **160**, 610 (1931) — Hoppe-Seylers Z. **204**, 219 (1932). — O. Barnes, A. J. Carlson u. A. M. Riskin: Amer. J. Physiol. **98**, 86 (1931) — Chem. Zbl. **1931 II**, 1714.

Physiologisches: Im Gegensatz zu älteren Auffassungen entgehen keine nennenswerten Mengen Thyreoglobulin der Verdauung im Magendarmkanal (des Hundes). Das nach 6 Stunden im Dünndarm befindliche Jod liegt höchstens zu zwei Dritteln, das im Dickdarm befindliche aber fast völlig in Form von Verbindungen vor, die durch Halbsättigung mit Ammonsulfat gefällt werden. Es werden also nur die niedrigmolekularen Jodverbindungen resorbiert; in den Blutstrom tritt wahrscheinlich kein Thyreoglobulin ein[1].

Das Thyreoglobulin hat auf die Metamorphose der Larven von Rana pipiens die gleiche verkürzende Wirkung wie der Schilddrüsenextrakt[2].

Der wirksame Bestandteil der Schilddrüse, das Thyroxin, ist im Thyreoglobulin gebunden vorhanden, jedoch weist das Thyreoglobulin außer den übrigen Eigenschaften des Thyroxins noch die Beeinflußbarkeit des vago-sympathischen Nervenapparates im akuten Tierversuch auf[3]. — Über die physiologische Wirkung von Schilddrüseneiweiß und seinen aktiven Fraktionen vgl. auch [4,5,6]. — Vergleich des Thyreoglobulins mit zahlreichen halogenierten Modellkörpern[7]. Weiteres über die Wirkungen des Thyreoglobulins im Vergleich mit äquivalenten Mengen Thyroxin[8].

Das Schilddrüseneiweiß wird in der Leber abgebaut, wobei gleichzeitig ein Teil des Jods in den ionisierten Zustand übergeführt wird[9]. Vgl. dazu auch [10].

Derivate: Jodderivate erhält man nach dem Verfahren von Blum und Strauß als maximal jodiertes und kernjodiertes Thyreoglobulin[11,12].

Das künstlich jodierte Thyreoglobulin besitzt die Eigenschaften des genuinen, jedoch nicht in verstärktem Maße. Die Wirkung des Jodthyreoglobulins ist keine generelle Eigenschaft der Jodproteine[13], jedoch konnte mit einer Reihe künstlich jodierter Eiweißstoffe eine ähnliche Wirkung wie mit der Schilddrüsensubstanz erzielt werden[14,15,16].

Methylenjodthyreoglobulin entspricht in seinem Verhalten dem Jodthyreoglobulin der Schilddrüse[6].

Fibrinogen, Fibrin.

(Blutgerinnung.)

(Vgl. auch Blutproteine.)

Vorkommen: Bei syphilitischen Prozessen wurde Fibrinogen bzw. Fibrin in allen Stadien im Gewebe der Haut gefunden, bei denen eine stärkere entzündliche Exsudation vorhanden ist[17].

Im Harn von Fibrinurikern[18,19].

Bei milchsaftähnlichen Rippenfellergüssen scheint es zu fehlen[20].

---

[1] O. Barnes, A. J. Carlson u. A. M. Riskin: Amer. J. Physiol. **98**, 86 (1931) — Chem. Zbl. **1931 II**, 1714.

[2] M. Morse: J. of biol. Chem. **19**, 421 (1914) — Chem. Zbl. **1915 I**, 1072.

[3] A. Oswald: Z. exper. Med. **58**, 623 (1927) — Chem. Zbl. **1928 I**, 1053.

[4] J. Abelin: Münch. med. Wschr. **75**, 685 (1928) — Chem. Zbl. **1928 I**, 2953.

[5] A. Oswald: Pflügers Arch. **164**, 506 (1916) — Chem. Zbl. **1916 II**, 669.

[6] A. Oswald: Pflügers Arch. **166**, 169 (1916) — Chem. Zbl. **1917 I**, 328.

[7] E. Abderhalden u. E. Wertheimer: Z. exper. Med. **63**, 557 (1928) — Chem. Zbl. **1930 II**, 1716.

[8] K. Schulhof: Amer. J. Physiol. **93**, 170 (1930) — Chem. Zbl. **1930 II**, 1716.

[9] F. Blum u. R. Grützner: Hoppe-Seylers Z. **110**, 277 (1920) — Chem. Zbl. **1921 I**, 104.

[10] E. Strauß: Hoppe-Seylers Z. **104**, 133 (1918) — Chem. Zbl. **1919 I**, 974.

[11] F. Blum u. E. Strauß: Hoppe-Seylers Z. **112**, 111 (1920) — Chem. Zbl. **1921 I**, 909.

[12] F. Blum u. E. Strauß: Hoppe-Seylers Z. **127**, 199 (1923) — Chem. Zbl. **1923 III**, 311.

[13] A. Oswald: Pflügers Arch. **164**, 506 (1916) — Chem. Zbl. **1916 II**, 669 — Pflügers Arch. **166**, 169 (1916) — Chem. Zbl. **1917 I**, 328.

[14] J. M. Rogoff u. D. Marine: J. of Pharmacol. **10**, 321 (1917) — Chem. Zbl. **1919 III**, 931.

[15] J. Abelin: Pflügers Arch. **193**, 624 (1922) — Chem. Zbl. **1923 III**, 75.

[16] E. Abderhalden u. O. Schiffmann: Pflügers Arch. **198**, 128 (1922) — Chem. Zbl. **1923 I**, 1338.

[17] E. Urbach: Arch. f. Dermat. **134**, 444 (1921) — Chem. Zbl. **1921 III**, 970.

[18] G. Rosenfeld: Berl. klin. Wschr. **54**, 1106 (1917) — Chem. Zbl. **1918 I**, 130.

[19] H. Pecker: J. Pharm. et Chim. **16**, 139 (1917) — Chem. Zbl. **1917 II**, 639.

[20] G. Patein: J. Pharm. et Chim. **11**, 265 (1915) — Chem. Zbl. **1917 I**, 803.

Analytisches: (Über den Gehalt des Blutes an Fibrinogen vgl. auch Physiologisches.)
Zur quantitativen Bestimmung des Fibrins bzw. Fibrinogens vgl. folgende Arbeiten[1, 2, 3]:
durch Salzfällung[4, 5, 6].
durch Hitzekoagulation[7],
durch Refraktometrie[8, 9],
durch Fällung mit Serum[10],
biologische Methode[11].
Bestimmung in geringen Blutmengen[12].

Im Gegensatz zu den anderen Blutproteinen (s. dort) kann man das Fibrin nicht durch Ausbreitung in monomolekularer Schicht bestimmen[13].

Darstellung: Über die Darstellung von Fibrinogenpräparaten konstanter Löslichkeit[14].

Zusammensetzung: Nach Aszódi sollen sich die Fibrine einzelner Tierarten im S-Gehalt. voneinander unterscheiden:

Mensch	1,28—1,44%
Schwein	1,07—1,09%
Rind	1,20—1,27%
Pferd	1,16—1,20%
Hund	1,24—1,42%

Zwischen dem S-Gehalt von Fibrin und Serumglobulin scheint kein Zusammenhang zu bestehen[15].

Die N-Verteilung des Fibrins zeigt bei verschiedenen Tieren folgende nahezu übereinstimmende Werte:

	Rind A %	Rind B %	Schaf %	Schwein %
Gesamt-N	15,81	15,82	15,72	15,64
Ammoniak-N	9,30	8,93	9,20	8,42
Säureunlöslicher Humin-N	1,83	1,54	1,49	1,59
Säurelöslicher Humin-N	1,23	1,26	1,38	1,06
Humin-N im Phosphorwolframsäureniederschlag	0,88	0,75	0,53	0,65
Gesamt-Basen-N	29,76	30,02	30,01	30,31
Amino-N der Basen	18,14	17,68	17,43	17,56
Nichtamino-N der Basen	11,14	12,35	12,58	12,77
Arginin-N	15,12	14,99	16,12	15,19
Histidin-N	0,11	1,10	0,74	1,36
Lysin-N	14,23	13,50	12,85	13,59
Cystin-N	0,30	0,43	0,30	0,17
Amino-N im Filtrat der Basen	56,45	56,74	55,64	56,32
Nichtamino-N im Filtrat der Basen	0,87	1,54	0,82	2,50[16]
Tyrosingehalt	3,5		3,3	3,45

nach der Methode von Hanke[17]. — Aus den bei der Fäulnis von Fibrin erhaltenen Produkten errechnet Salkowski 5,45% Tyrosin, 1,40% Phenylalanin[18].

Tryptophangehalt nach Komm 2,08%[19]. Nach der Berechnung von Salkowski 2,21%[18].

[1] W. Starlinger: Biochem. Z. **140**, 203 (1923) — Chem. Zbl. **1924 I**, 1245.
[2] W. Starlinger u. K. Hartl: Biochem. Z. **157**, 283 (1925) — Chem. Zbl. **1925 II**, 963.
[3] H. C. Gram: C. r. Soc. Biol. Paris **84**, 637 (1921) — Chem. Zbl. **1921 IV**, 628.
[4] W. Starlinger: Biochem. Z. **168**, 423 (1926) — Chem. Zbl. **1926 I**, 2817.
[5] J. Chandler: J. Labor. a. clin. Med. **12**, 1092 (1927) — Chem. Zbl. **1927 II**, 2089.
[6] P. E. Howe: J. of biol. Chem. **57**, 235 (1923) — Chem. Zbl. **1924 I**, 79.
[7] K. Samson: Med. Klinik **1928** — Chem. Zbl. **1929 I**, 2339.
[8] S. Somogyi: Z. exper. Med. **53**, 851 (1927) — Chem. Zbl. **1927 I**, 1713.
[9] W. Starlinger: Biochem. Z. **143**, 179 (1923) — Chem. Zbl. **1924 I**, 1696.
[10] A. Perutz u. M. Rosemann: Biochem. Z. **92**, 90 (1918) — Chem. Zbl. **1919 I**, 491.
[11] A. Perutz u. M. Rosemann: Biochem. Z. **90**, 53 (1918) — Chem. Zbl. **1918 II**, 921.
[12] D. P. Foster u. G. H. Whipple: Amer. J. Physiol. **58**, 365 (1921) — Chem. Zbl. **1923 II**, 1099.
[13] E. Gorter u. F. Grendel: Biochem. Z. **201**, 391 (1928) — Chem. Zbl. **1929 I**, 681.
[14] M. Florkin: J. of biol. Chem. **87**, 629 (1930) — Chem. Zbl. **1931 I**, 1930.
[15] Z. Aszódi: Biochem. Z. **212**, 158 (1929) — Chem. Zbl. **1930 II**, 3800.
[16] R. A. Gortner u. A. J. Wuertz: J. amer. chem. Soc. **39**, 2239 (1917) — Chem. Zbl. **1918 I**, 449.
[17] M. T. Hanke: J. of biol. Chem. **66**, 475, 489 (1925) — Chem. Zbl. **1926 I**, 2612.
[18] E. u. H. Salkowski: Hoppe-Seylers Z. **105**, 242 (1919) — Chem. Zbl. **1919 III**, 678.
[19] E. Komm: Hoppe-Seylers Z. **156**, 161, 202 (1926) — Chem. Zbl. **1926 II**, 2095.

Cystingehalt durch Jodattitration 1,48%[1]. Nach Blankenstein 1,3%[2].

Histidingehalt nach Hanke 2,18 (Schaf), 2,27 (Schwein), 2,05% (Rind)[3].

Arginingehalt nach der Flaviansäuremethode 7%[4].

Der SiO_2-Gehalt beträgt 0,12—0,64% der Trockensubstanz[5].

Verknüpfung mit Cholesterin[6]. — Zur Bindung von Cholesterin und anderen Lipoiden an das Fibrin[7].

Physikalisches und chemisches Verhalten: Die isoelektrischen Punkte für Fibrinogen bzw. Fibrin werden sehr verschieden angegeben: Ein Wert von $p_H = 4,85$ für Fibrinogen dürfte richtig sein[8]; 4,9[9]. — Ein doppeltes Flockungsoptimum findet Farkas, eins bei $p_H = 4,8$, das andere bei $p_H = 5,6$; er führt dies auf das Vorhandensein zweier verschiedener Eiweißkörper zurück, der Körper mit dem isoelektrischen Punkt bei $p_H = 5,6$ ist stets in kleinerer Menge vorhanden[10]. Nordbö gibt den isoelektrischen Punkt des Fibrinogens zu $p_H = 5,5$ an[11]. Für elektrodialysiertes und frisches Fibrinogen liegt der isoelektrische Punkt nach Rabinovich übereinstimmend zwischen $p_H = 5,86$ und 6,2[12]. Abweichende Werte finden de Waele[13]: $p_H = 6,9$ für Fibrinogen und Kugelmaß: $p_H = 8$[14]. — Vgl. dazu die Ausführungen von Vonk[15].

Nach Florkin liegt der isoelektrische Punkt des Fibrinogens im sauren Gebiet[16]. — Zum isoelektrischen Punkt des nativen und denaturierten Fibrinogens vgl. auch [17].

Der isoelektrische Punkt des Fibrins soll dem Neutralpunkt näher liegen[8]. Quagliariello[9] und Weber[18] finden ihn bei $p_H = 4,7$ bis 4,8, Kugelmaß[14] bei $p_H = 7,2$.

Die spezifische Refraktion des Fibrins beträgt $n_D = 0,00202$[19].

Eine konstante spezifische Viscosität für das Fibrinogen existiert weder im nativen Lösungszustand noch bei definierter Salzbildung[20].

Über den Zustand des Fibrinogens im Blute bzw. im Plasma (nahezu alle Arbeiten, die sich mit der Kolloidchemie des nativen Fibrinogens bzw. des in irgendeiner Form erhaltenen Fibrins beschäftigen, enthalten Hinweise oder theoretische Erörterungen über die Blutgerinnung): nach Falta liegt das Fibrinogen im Blute in Form einer Neutralsalzverbindung vor. Es kreist im Blute als Fibrinogenchlor- bzw. Fibrinogenchloridverbindung. Bei der Blutgerinnung soll die Chlorverbindung aufgespalten werden[21]. Vgl. [22]. Diese Auffassungen werden aber bestritten[23].

Die Auffassung Hekmas (s. u. dessen Arbeiten über Blutgerinnung), daß das Fibrinogen die Eigenschaften eines Alkalihydrosols habe, wird von Wöhlisch abgelehnt, da der isoelektrische Punkt (s. d.) des Fibrinogens bei $p_H = 4,85$ gefunden wurde[8].

Über den „Fibrinogenstabilisator"[24]. — Über die Stabilität des Fibrinogens im Plasma, die

---

[1] Y. Teruuchi u. L. Okabe: J. of Biochem. **8**, 459 (1928) — Chem. Zbl. **1928 I**, 2850.

[2] A. Blankenstein: Biochem. Z. **218**, 321 (1930) — Chem. Zbl. **1930 I**, 3087.

[3] M. T. Hanke: J. of biol. Chem. **66**, 475, 489 (1925) — Chem. Zbl. **1926 I**, 2612.

[4] O. Fürth u. O. Deutschberger: Biochem. Z. **186**, 139 (1927) — Chem. Zbl. **1927 II**, 1482.

[5] M. Gonnermann: Hoppe-Seylers Z. **99**, 255 (1917) — Chem. Zbl. **1917 II**, 391.

[6] W. N. Nekludow: Biochem. Z. **232**, 50 (1931) — Chem. Zbl. **1931 I**, 3021.

[7] H. Theorell: Biochem. Z. **223**, 1 (1930) — Chem. Zbl. **1931 I**, 3696.

[8] E. Wöhlisch: Z. exper. Med. **40**, 137 (1924) — Chem. Zbl. **1924 II**, 687.

[9] G. Quagliariello: Arch. di Sci. biol. **8**, 35 (1926) — Chem. Zbl. **1926 II**, 3090 — Ber. Physiol. **36**, 647.

[10] G. von Farkas u. B. Groák: Z. exper. Med. **66**, 596 (1929) — Chem. Zbl. **1929 II**, 1937.

[11] R. Nordbö: Biochem. Z. **190**, 150 (1927) — Chem. Zbl. **1928 II**, 629.

[12] R. Rabinovich: An. Asoc. quim. Argentina **14**, 139 (1926) — Chem. Zbl. **1927 I**, 308.

[13] H. de Waele: XII. Intern. Physiologenkongreß Stockholm **1926**, 165 — Ber. Physiol. **38**, 551 — Chem. Zbl. **1927 I**, 2439.

[14] Kugelmaß: C. r. Soc. Biol. Paris **87**, 802 (1922) — Chem. Zbl. **1923 I**, 708.

[15] H. J. Vonk: Hoppe-Seylers Z. **198**, 201 (1931) — Chem. Zbl. **1931 II**, 2752.

[16] M. Florkin: J. of biol. Chem. **87**, 629 (1930) — Chem. Zbl. **1931 I**, 1930.

[17] F. Mainzer: Biochem. Z. **246**, 164, 182 (1932) — Chem. Zbl. **1932 I**, 2860.

[18] J. Weber: Hoppe-Seylers Z. **172**, 1 (1927) — Chem. Zbl. **1928 I**, 1532.

[19] S. Somogyi: Z. exper. Med. **53**, 851 (1927) — Chem. Zbl. **1927 I**, 1713.

[20] W. Starlinger: Z. exper. Med. **71**, 389 (1930) — Chem. Zbl. **1930 II**, 3722.

[21] W. Falta: Winer klin. Wschr. **31**, 773 (1918) — Chem. Zbl. **1918 II**, 570.

[22] B. Stuber u. M. Sano: Biochem. Z. **140**, 42 (1923) — Chem. Zbl. **1923 III**, 1372.

[23] S. van Creveld: Biochem. Z. **123**, 304 (1921) — Chem. Zbl. **1922 I**, 303.

[24] E. Wöhlisch: Klin. Wschr. **3**, 839 (1924) — Chem. Zbl. **1924 II**, 687.

Abhängigkeit des Flockungsvermögens vom Fibrinogengehalt und theoretische Erörterungen hierüber[1, 2, 3]. S. auch Parallelität von NaCl-Flockung und Fibrinogengehalt[4].

Nach de Waele befindet sich das Fibrinogen im Blute in einem Pufferungssystem, das aus Alkali- bzw. Erdalkali- und Eiweißkationen, andererseits aus Salz-, Phosphor-, Kohlensäure- und Eiweißanionen besteht[5].

Nach Bordet erhält man stabile Lösungen von Fibrinogen aus Oxalatblutplasma, wenn man das Plasma vor dem Zusatz von Kochsalz mit einer dicken Emulsion von tertiärem Calciumphosphat behandelt und nach einigen Stunden abzentrifugiert[6, 7]. Diese Lösungen sollen aber noch alle Faktoren der Gerinnung enthalten, die Stabilität wäre auf einen Überschuß von Antithrombosin zurückzuführen[8]. Vgl. hierzu auch [9, 10].

Über die Löslichkeit des Fibrinogens in konzentrierten Lösungen von Natriumchlorid, Kaliumphosphaten und Ammonsulfat[11].

de Waele charakterisiert das reine Fibrinogen als kalt und warm löslich; es gerinnt durch Wärme nicht. Seine Säureverbindungen sind löslich, die Verbindungen mit Metallionen sind verschieden löslich und durch Hitze gerinnbar, die mit Alkalimetallionen sind im allgemeinen leicht löslich[12].

Bezüglich der Fällbarkeit durch Neutralsalzionen folgt das Fibrinogen den von Pauli für die Albumine und Globuline ermittelten Gesetzen[13].

Durch die Einwirkung ultravioletter Strahlen verliert das Fibrinogen des Citratplasmas von Kaninchen und Pferden seine Koagulierbarkeit bei 56°, seine teilweise bzw. vollständige Fällbarkeit durch halbgesättigte bzw. gesättigte Kochsalzlösungen und seine Fähigkeit, durch Thrombin oder Calciumchlorid Fibrin zu liefern. Fibrinogenlösungen nach Hammarsten scheiden bei Bestrahlung einen feinen Niederschlag ab[14].

Kataphorese und Einheitlichkeit des Fibrinogens[15].

Über das Blutgerinnungsproblem vgl. außer den unten angeführten Beiträgen namentlich folgende Arbeiten:

Hekma[16], Stuber[13, 17, 18, 19], Herzfeld und Klinger[20, 21], Pickering und Hewitt[22, 23], Wöhlisch[24, 25, 26], Amar[27], Liebreich[28], Fuchs[29].

[1] W. Starlinger: Biochem. Z. **123**, 215 (1921) — Chem. Zbl. **1922 I**, 155.

[2] E. Herzfeld u. R. Klinger: Biochem. Z. **83**, 228 (1917) — Chem. Zbl. **1918 I**, 111.

[3] von Oettingen: Biochem. Z. **118**, 67 (1921) — Chem. Zbl. **1921 III**, 970.

[4] K. Samson: Biochem. Z. **191**, 220 (1927) — Chem. Zbl. **1928 I**, 1542.

[5] H. de Waele: XII. Internat. Physiologenkongreß Stockholm **1926**, 165 — Chem. Zbl. **1927 I**, 2439 — Ber. Physiol. **38**, 551 — Ann. de Physiol. **3**, 94 (1927) — Chem. Zbl. **1927 II**, 2687 — Ber. Physiol. **41**, 221.

[6] J. Bordet: C. r. Soc. Biol. Paris **83**, 576 (1920) — Chem. Zbl. **1920 III**, 110.

[7] J. B. Sumner: C. r. Soc. Biol. Paris **87**, 388 (1922) — Chem. Zbl. **1923 I**, 1282.

[8] P. Nolf: C. r. Soc. Biol. Paris **83**, 589 (1920) — Chem. Zbl. **1920 III**, 110.

[9] J. McLean: Bull. Hopkins Hosp. **31**, 453 (1920) — Chem. Zbl. **1921 III**, 69.

[10] H. H. Dale u. G. S. Walpole: Biochemic. J. **10**, 331 (1916) — Chem. Zbl. **1917 I**, 96.

[11] M. Florkin: J. of biol. Chem. **87**, 629 (1930) — Chem. Zbl. **1931, I** 1930.

[12] H. de Waele: XII. Internat. Physiologenkongreß Stockholm **1926**, 165 — Chem. Zbl. **1927 I**, 2439 — Ber. Physiol. **38**, 551.

[13] B. Stuber u. A. Funck: Biochem. Z. **126**, 142 (1921) — Chem. Zbl. **1922 I**, 513.

[14] M. Arthus u. G. Boshell: Arch. internat. Physiol. **30**, 244 (1928) — Chem. Zbl. **1929 I**, 1083. — M. Arthus u. H. N. W. Collins: Arch. internat. Physiol. **30**, 250 (1928) — Chem. Zbl. **1929 I**, 1084.

[15] A. Tiselius: Nova Acta Reg. Soc. Sci. Upsaliensis **7**, Nr 4 (1930) — Chem. Zbl. **1931 I**, 3095.

[16] Hekma: Biochem. Z. **62**, 161 (1914) — Chem. Zbl. **1914 II**, 56 — Biochem. Z. **63**, 184, 204 (1914) — Chem. Zbl. **1914 II**, 247 — Biochem. Z. **64**, 86 (1914) — Chem. Zbl. **1914 II**, 575.

[17] B. Stuber u. R. Heim: Biochem. Z. **77**, 333 (1916) — Chem. Zbl. **1917 I**, 94.

[18] B. Stuber u. R. Heim: Biochem. Z. **77**, 358 (1916) — Chem. Zbl. **1917 I**, 94.

[19] B. Stuber u. F. R. Partsch: Biochem. Z. **77**, 375 (1916) — Chem. Zbl. **1917 I**, 94.

[20] R. Klinger: Naturwiss. **5**, 193 (1917) — Chem. Zbl. **1917 I**, 882.

[21] E. Herzfeld u. R. Klinger: Biochem. Z. **75**, 145 (1916) — Chem. Zbl. **1916 II**, 334.

[22] J. W. Pickering u. J. A. Hewitt: Biochem. J. **15**, 710 (1921) — Chem. Zbl. **1922 I**, 896.

[23] J. W. Pickering: Brit. J. exper. Biol. **2**, 397 (1925) — Chem. Zbl. **1926 I**, 1834 — Ber. Physiol. **32**, 785.

[24] E. Wöhlisch: Z. exper. Med. **27**, 61 (1922) — Chem. Zbl. **1922 IV**, 216.

[25] E. Wöhlisch u. K. Pieritz: Z. exper. Med. **27**, 82 (1922) — Chem. Zbl. **1922 IV**, 216.

[26] E. Wöhlisch: Klin. Wschr. **11**, 118 (1932) — Chem. Zbl. **1932 I**, 1392.

[27] J. Amar: Rev. gén. Coll. **3**, 104 (1925) — Chem. Zbl. **1925 II**, 43.

[28] E. Liebreich: Klin. Wschr. **2**, 194 (1923) — Chem. Zbl. **1923 I**, 869.

[29] H. J. Fuchs: Klin. Wschr. **9**, 243 (1930) — Chem. Zbl. **1930 I**, 3804 — Arch. internat. Physiol. **32**, 251 (1930) — Chem. Zbl. **1930 II**, 938 — Biochem. Z. **222**, 470 (1930) — Chem. Zbl. **1930 II**, 1243.

Alkalische Reaktion hemmt die Fibrinfällung durch Thrombin, saure fördert sie[1]. Sowohl Plasma als auch Fibrinogen sind bei $p_H < 5$ oder > 8 ungerinnbar[2]. — Über die Veränderung der Gele, die sich durch Thrombin aus mit Natronlauge versetztem Citratplasma bilden, vgl. [3].

Neutralsalze, z. B. NaCl, $MgSO_4$ und gallensaure Salze, aber nicht NaF, hindern die Gerinnung von Fibrinogenlösungen durch Thrombin[4].

Bei den K-Salzen nimmt die hemmende Wirkung mit den Anionen entsprechend der Hofmeisterschen Reihe zu. Für die Natriumsalze gilt folgende Reihe: $Cl' < NO_3' < SO_4'' < J' < SCN'$, für Ammoniumsalze $Cl' < SO_4'' < NO_3'$. Bei den Kationen steigt die Reihe von Na^+ über K^+ zu NH_4^+ [5].

Salze, die Eiweiß zur Gerinnung bringen, fördern die Wirkung des Thrombins[1, 6].

Die Rolle des Calciums bei der Blutgerinnung ist ebenfalls noch umstritten. Es beschleunigt die Aktivierung des Prothrombins zu Thrombin und fördert die Bildung von Fibrin aus Fibrinogen durch Thrombin[7, 8]. — Nach anderen wirkt das Ca nicht als Aktivator eines Pro-Fermentes, sondern es bildet mit Lipoiden eine schwer lösliche Verbindung, wobei Säure frei wird. Entsteht aus dem Calciumchlorid keine genügende Säuremenge, um einen Niederschlag herbeizuführen, so wird doch eine katalytische Reaktion eingeleitet, die zur Bildung eines Eiweißlipoidkomplexes = Fibrin führt[9, 10].

Nach Stuber kommt dem Calcium nur die allgemeine Bedeutung der zweiwertigen Ionen im Sinne einer Sensibilisierung zur Ausflockung der Eiweißkörper zu. Die Ungerinnbarkeit von Oxalat- oder Citratblut wird durch Bildung eines maximal ionisierten und dabei nicht mehr gerinnungsfähigen Fibrinogenkomplexsalzes erklärt, dessen Ionisation durch Verdünnung oder durch Zusatz von Salzen, namentlich von Erdalkalisalzen, zurückgedrängt wird[11].

Über den Einfluß der Konzentration von Ca vgl. auch [12].

Das Calcium kann durch Strontium ersetzt werden[7, 13].

Weiteres über die Rolle des Calciums bei der Blutgerinnung und sein Verhalten während der Gerinnung, seine Beziehung zu den Gerinnungsfaktoren vgl. [14].

Die Bedeutung der Kohlensäure für die Blutgerinnung besteht nach Chiò in ihrer Wechselwirkung mit den Lipoiden. Die Kohlensäure bestimmt einerseits die Konzentration der hydrolysierenden Natriumseifen, andererseits die der katalytisch wirksamen Kalkseifen nach folgenden Gleichungen:

$$\text{Fettsäure} + NaHCO_3 \rightleftharpoons \text{Na-Seife} + H_2CO_3 \,,$$
$$2\ \text{Fettsäure} + Ca(HCO_3)_2 \rightleftharpoons \text{Ca-Seife} + 2\ H_2CO_3 \,.$$

So erklärt sich die koagulationsvermindernde Wirkung erheblicher Kohlensäuremengen im Blute[15, 16, 17].

Nach Hirsch wird möglicherweise durch plötzlichen Wechsel in der Kohlensäuretension die Gerinnung eingeleitet[18]. — Nach de Waele entweicht beim Austritt des Blutes CO_2; der

---

[1] E. Herzfeld u. R. Klinger: Biochem. Z. **71**, 391 (1915) — Chem. Zbl. **1915 II**, 1148.

[2] R. Rabinovich: An. Asoc. quim. Argentina **14**, 139 (1926) — Chem. Zbl. **1927 I**, 308.

[3] J. O. W. Barrat: Biochemic. J. **15**, 4 (1920) — Chem. Zbl. **1921 III**, 246.

[4] B. Stuber u. M. Sano: Biochem. Z. **140**, 42 (1923) — Chem. Zbl. **1923 III**, 1372.

[5] I. Csapé u. D. v. Klobusitzky: Biochem. Z. **157**, 354 (1925) — Chem. Zbl. **1925 II**, 835.

[6] I. Amar: C. r. Acad. Sci. Paris **178**, 1628 (1924) — Chem. Zbl. **1924 II**, 689.

[7] K. Kuwashima: J. of Biochem. **3**, 91 (1923) — Chem. Zbl. **1925 I**, 687.

[8] C. A. Mills: Amer. J. med. Sci. **172**, 501 (1926) — Chem. Zbl. **1927 I**, 3016 — Ber. Physiol. **38**, 843.

[9] F. Maltaner u. E. Maltaner: Amer. J. Path. **2**, 450 (1926) — Chem. Zbl. **1927 I**, 2566 — Ber. Physiol. **38**, 698.

[10] A. Wadsworth, F. Maltaner u. E. Maltaner: Amer. J. Physiol. **80**, 502 (1927) — Chem. Zbl. **1927 II**, 449.

[11] B. Stuber u. M. Sano: Biochem. Z. **134**, 260 (1922) — Chem. Zbl. **1923 I**, 709.

[12] J. N. Kugelmaß: C. r. Soc. Biol. Paris **87**, 998 (1922) — Chem. Zbl. **1923 I**, 1464.

[13] B. Stuber u. M. Sano: Biochem. Z. **134**, 260 (1922) — Chem. Zbl. **1923 I**, 709.

[14] M. M. Loucks u. F. H. Scott: Amer. J. Physiol. **91**, 27 (1929) — Chem. Zbl. **1930 I**, 2578.

[15] M. Chiò: Arch. Farmacol. sper. **29**, 121, 129, 145, 161 (1920) — Chem. Zbl. **1922 I**, 108.

[16] M. Chiò: Arch. Farmacol. sper. **23**, 206 (1917) — Chem. Zbl. **1917 II**, 62.

[17] M. Chiò: Arch. Farmacol. sperim. **29**, 177, 193 (1920) — Chem. Zbl. **1922 III**, 537.

[18] E. F. Hirsch: J. of biol. Chem. **61**, 795 (1924) — Chem. Zbl. **1925 I**, 244.

dabei frei werdende Kalk erhöht die Konzentration des Proteinkalkes, stört das Gleichgewicht Ca:Na:Fibrinogen und führt das Fibrinogen in ein Gel über[1].

Über die Wirkungsweise des Thrombins bei der Blutgerinnung haben sich die einzelnen Forscher sehr verschiedene Auffassungen gebildet: Nach Barrat handelt es sich lediglich um einen katalytischen Vorgang. Das Fibrinogen, das in seiner Lösung zweiphasig, teils als konzentrierte disperse Phase, teils als verdünnte kontinuierliche, vorliegt, bildet unter dem Einfluß von Thrombin aus der konzentrierten Phase Fibrin. Liegt diese als Niederschlag vor, so erfolgt direkte Umwandlung in Fibrin; während aus den suspendierten Partikelchen Fibrinfibrillen entstehen, die dann ein Gerinnsel bilden. Durch diese Umwandlung in Fibrin wird der Übergang von Fibrinogen aus der verdünnten in die konzentrierte Phase veranlaßt[2].

Nach Pickering und Hewitt ist das Thrombin nicht die ursprüngliche Ursache der Gerinnung, sondern lediglich ein „Accelerator"; es führt erst nach Eintritt von Oberflächenveränderungen im Plasma zur Gerinnung. In den Antithrombinen werden nicht Produkte des Tierreiches erblickt, die zum Schutz gegen Thrombose gebildet werden, sondern Produkte der Proteinhydrolyse[3, 4].

Das Thrombin (von Schmidt) wird von Stuber nicht für ein Ferment gehalten, seine Beeinflussung des Gerinnungsablaufes ist rein physikalisch-chemischer Natur und soll in der Art seiner Darstellung liegen[5, 6].

Eiweißfreie Thrombinlösungen rufen keine Gerinnung von Fibrinogenlösungen hervor. Thrombin bringt Fibrinogen auch dann zur Gerinnung, wenn es durch eine semipermeable Membran von ihm getrennt ist (Gelatine und Stärke wirken unter gleichen Bedingungen ebenso). Dabei tritt Quellung der wirksamen Substanzen auf, woraus Stuber schließt, daß die Gerinnung durch Abgabe von Hydratwasser seitens des Fibrinogens eingeleitet wird[5, 7, 8, 9].

Gegen die Auffassungen von Stuber wendet sich Wöhlisch. Er bestreitet, daß das Schmidtsche Thrombin auch bei Trennung durch eine für Thrombin nicht permeable Membran von der Fibrinogenlösung Gerinnung auslösen kann[10]. Nach Wöhlisch bewirkt das Thrombin die Umwandlung des Fibrinogens, dessen isoelektrischer Punkt im sauren Gebiet liegt, in ein Globulin, dessen isoelektrische Zone in der Gegend des Neutralpunktes liegt. Daher fällt das Fibrin bei der Reaktion des Blutes aus. Hitzekoagulation und Gerinnung durch Thrombin sollen analoge Prozesse sein[11]. Vgl. dazu auch [12].

Das Thrombin soll den „Fibrinogenstabilisator" bei der Gerinnung nicht binden, sondern verdrängen, vielleicht im Sinne der Theorie von Herzfeld und Klinger[13].

Hekma betrachtet ebenfalls das Thrombin nicht als „Fibrinferment", sondern als Agglutinin. Die Gerinnung ist eine Dehydratation und eine Agglutination von Fibrinogenamikronen. Fibrin ist Fibrinogen plus Agglutinin[14, 15]. Möglicherweise beteiligt sich das Calcium an dieser Bindung Fibrinogen plus Thrombin[16].

Die Überführung von Fibrinogen aus physiologischer Kochsalzlösung oder aus Plasma in Fibrin soll durch verdünnte Säuren möglich sein, ohne Anwesenheit von Kalk und Fibrinferment[17].

---

[1] H. de Waele: Ann. de Physiol. **3**, 94 (1927) — Chem. Zbl. **1927 II**, 2687 — Ber. Physiol. **41**, 221.

[2] J. O. W. Barrat: Biochemic. J. **14**, 189 (1920) — Chem. Zbl. **1920 III**, 109.

[3] J. W. Pickering u. J. A. Hewitt: Biochemic. J. **16**, 587 (1922) — Chem. Zbl. **1923 I**, 707.

[4] J. W. Pickering: Brit. J. exper. Biol. **2**, 397 (1925) — Chem. Zbl. **1926 I**, 1834 — Ber. Physiol. **32**, 785.

[5] B. Stuber u. M. Sano: Biochem. Z. **134**, 239 (1921) — Chem. Zbl. **1923 I**, 708.

[6] B. Stuber u. K. Lang: Biochem. Z. **191**, 374 (1927) — Chem. Zbl. **1928 I**, 1297. — B. Stuber: Kolloid-Z. **51**, 144 (1930) — Chem. Zbl. **1930 II**, 2399.

[7] B. Stuber u. S. Tannhauser: Biochem. Z. **149**, 374 (1924) — Chem. Zbl. **1924 II**, 1699.

[8] B. Stuber: Klin. Wschr. **1**, 2440, 2486 (1922) — Chem. Zbl. **1923 I**, 1407.

[9] B. Stuber u. K. Lang: Biochem. Z. **179**, 70 (1926) — Chem. Zbl. **1928 II**, 2659.

[10] E. Wöhlisch: Biochem. Z. **145**, 279 (1924) — Chem. Zbl. **1924 II**, 687.

[11] E. Wöhlisch: Klin. Wschr. **2**, 1073 (1923) — Chem. Zbl. **1923 III**, 569.

[12] B. Stuber u. S. Tannhauser: Biochem. Z. **149**, 374 (1924) — Chem. Zbl. **1924 II**, 1699

[13] E. Wöhlisch: Klin. Wschr. **3**, 839 (1924) — Chem. Zbl. **1924 II**, 687.

[14] E. Hekma: Chem. Weekbl. **21**, 325 (1924) — Chem. Zbl. **1924 II**, 1107.

[15] E. Hekma: Vereenig. Tot exploitatie eener Proefzuivelboerderij te Hoorn **1923**, 1 — Chem. Zbl. **1925 I**, 687.

[16] E. Hekma: Biochem. Z. **199**, 333 (1928) — Chem. Zbl. **1929 I**, 1229.

[17] Piettre u. Vila: C. r. Acad. Sci. Paris **158**, 637 (1914) — Chem. Zbl. **1914 I**, 1588.

Neuerdings behauptet Waldschmidt-Leitz wiederum die Fermentnatur des Thrombins auf Grund folgender Versuchsergebnisse: Pepsin, Trypsinkinase und Papain-Blausäure zerstören die gerinnungshemmende Wirkung des Hirudins; Substanzen, die durch Trypsinkinase gespalten werden — z. B. Zein, Thymushiston und einige Protamine —, hemmen die Gerinnung, erepsinspaltbare nicht; von den proteolytischen Fermenten beschleunigt nur Trypsinkinase die Gerinnung. Das Thrombin soll dem Trypsin der Pankreasdrüse sehr nahe stehen, wenn es nicht mit ihm identisch ist[1]. Das Thrombin wird also als spezifisches proteolytisches Enzym aufgefaßt. Die gerinnungshemmenden Substanzen wirken entweder durch Blockierung der spezifisch substratbindenden oder durch Reaktion mit der den Aktivator bindenden Gruppe des Ferments[2]. In Einklang damit steht wahrscheinlich der Befund von Barratt, nach dem das aus dem Plasma extrahierbare „Antithrombin" auf das Thrombin und nicht auf das Fibrinogen wirkt[3].

Über die Pankreasdrüse als Quelle des Fibrinferments[4].

Weiteres über die Natur und die Wirkungsweise des Thrombins vgl. [5]. Nach Mills und Ling verläuft die Thrombinreaktion in zwei Phasen: Überführung des Fibrinogens in Fibrin, dann Wiederlösung zu einem Produkt, das gegenüber neuer Thrombinwirkung widerstandsfähiger ist[6]. — Thrombin als dissoziable Form von Prothrombin und Kephalin aufgefaßt[7].

Stuber führt die Wirkung der Thrombokinase auf in Äther lösliche Stoffe, besonders Lipoide, zurück. Er erhielt z. B. Alkohol-Petrolätherextrakte von Leberthrombokinase, die diese in ihrer Wirkung ersetzen können, während der Rückstand wirkungslos ist. Maßgebend für die Wirksamkeit der Extrakte soll ihre Oberflächenaktivität sein; das Verhalten der oberflächenaktiven Substanz spricht für Lipoide[8, 9].

Das Optimum der Thrombokinase liegt bei p_H = etwa 6,8—7[9].

Die Bedeutung der Eiweißabbauprodukte (z. B. Fibrinpepton) für die Blutgerinnung haben Herzfeld und Klinger bearbeitet. Sie stellten eine Beeinflussung der Lösungsstabilität im Sinne einer Gerinnungshinderung fest. Im Einklang damit steht die Tatsache, daß Fibrinogenlösungen durch Dialyse zur spontanen Gerinnung gebracht werden können[10]. — Über die Gerinnbarkeit einzelner Fraktionen des Fibrinogens durch Thrombin[11].

Über den Einfluß von Phosphatiden[12] und verwandten Körpern auf die Blutgerinnung:

Nach Chiò ist die Gerinnung des Blutes abhängig von dessen Gehalt an Lipoiden und deren Verseifung (s. über die Einwirkung der Kohlensäure auf die Blutgerinnung)[13].

Nach Maltaner und Mitarbeitern findet bei der Blutgerinnung die Bildung eines Eiweißlipoidkomplexes = Fibrin statt, eine Reaktion, die durch $CaCl_2$ katalytisch eingeleitet wird (s. auch über die Rolle des Calciums bei der Blutgerinnung). Diese Umsetzung geht bei saurer Reaktion vor sich, die verbleibende Flüssigkeit ist frei von Eiweiß und Lipoid[14, 15].

Nach Mason ist die Blutgerinnung abhängig von der Zusammenwirkung von Fibrinogen, Ca und einem Phospholipinkomplex. Dieser und das Fibrinogen sind zunächst mit einem Schutz-

[1] E. Waldschmidt-Leitz, P. Stadler u. F. Steigerwaldt: Naturwiss. **16**, 1027 (1928) — Chem. Zbl. **1929 I**, 918.

[2] E. Waldschmidt-Leitz, P. Stadler u. F. Steigerwaldt: Hoppe-Seylers Z. **183**, 39 (1929) — Chem. Zbl. **1929 II**, 2062.

[3] J. O. W. Barratt: Biochemic. J. **23**, 422 (1930) — Chem. Zbl. **1930 I**, 996.

[4]. W. N. Boldyreff u. A. W. Boldyreff: XII. Internat. Physiologenkongreß Stockholm **1926**, 22 — Ber. Physiol. **38**, 843 — Chem. Zbl. **1927 I**, 3015.

[5] S. Tsunoo: Pflügers Arch. **205**, 255 (1924) — Chem. Zbl. **1924 II**, 2766 — Pflügers Arch. **210**, 334, 343 (1925) — Chem. Zbl. **1926 I**, 1224.

[6] C. A. Mills u. S. M. Ling: Proc. Soc. exper. Biol. a. Med. **25**, 849 (1928) — Chem. Zbl. **1929 II**, 1929.

[7] C. A. Mills: Amer. J. Physiol. **76**, 651 (1926) — Chem. Zbl. **1926 II**, 604.

[8] B. Stuber u. Heim: Biochem. Z. **77**, 358 (1916) — Chem. Zbl. **1917 I**, 94.

[9] B. Stuber u. M. Sano: Biochem. Z. **134**, 250 (1922) — Chem. Zbl. **1923 I**, 708.

[10] E. Herzfeld u. R. Klinger: Biochem. Z. **71**, 391 (1915) — Chem. Zbl. **1915 II**, 1148.

[11] E. Herzfeld u. R. Klinger: Biochem. Z. **75**, 145 (1916) — Chem. Zbl. **1916 II**, 334.

[12] Pekelharing: Hoppe-Seylers Z. **89**, 22 (1914) — Chem. Zbl. **1914 I**, 996.

[13] M. Chiò: Arch. Farmacol. sper. **29**, 121, 129, 145, 161 (1920) — Chem. Zbl. **1922 I**, 108 — Arch. Farmacol. sper. **29**, 177, 193 (1920) — Chem. Zbl. **1922 III**, 537.

[14] F. Maltaner u. E. Maltaner: Amer. J. Path. **2**, 450 (1926) — Chem. Zbl. **1927 I**, 2566 — Ber. Physiol. **38**, 698.

[15] A. Wadsworth, F. Maltaner u. E. Maltaner: Amer. J. Physiol. **80**, 502 (1927) — Chem. Zbl. **1927 II**, 449.

stoff umgeben, nach dessen Entfernung die Gerinnung eintritt. Gehemmt wird die Blutgerinnung durch Stoffe, die die Schutzstoffe vermehren, oder einen der drei Gerinnungsfaktoren entfernen. Gefördert wird die Gerinnung durch Entfernung der Schutzstoffe oder Vermehrung der Gerinnungsfaktoren[1].

So soll z. B. das Kephalin die Gerinnung dadurch beschleunigen, daß es die Schutzsubstanz des Phospholipinkomplexes neutralisiert[1]. Das Kephalin behält seinen thromboplastischen Charakter bei Temperaturen von unter 120°, bei höheren Temperaturen verliert es teilweise seine Wirksamkeit, die auch bei vollständiger Verseifung verlorengeht. Die Komponenten des Kephalins zeigen keine thromboplastische Wirkung, wohl aber beschleunigen Gemische von Stearinsäure und Aminoäthylalkohol die Gerinnung[2].

Die Lipoide besitzen die Wirkung der Thrombokinase, so kann z. B. der Alkohol-Petrolätherextrakt von Leberthrombokinase diese in ihrer Wirkung ersetzen, während der Rückstand wirkungslos ist[3, 4].

Nach Mills ist Kephalin immer zur Blutgerinnung bzw. zur Aktivierung des Prothrombins erforderlich, da nach Benzinextraktion keine Gerinnung mehr auftritt[5, 6, 7]. Erneuter Kephalinzusatz macht das Blut wieder gerinnbar[8]. Vgl. auch [9].

Die Gewebeextrakte enthalten eine Substanz, die die Gerinnung des Blutes ganz ungemein beschleunigt[10]. Aus der in Aceton nicht löslichen Fraktion von Gewebeextrakten konnte eine Substanz isoliert werden, die dem Kephalin sehr nahe steht[11]. Eine ähnliche Fraktion konnte aus reinem Lecithin gewonnen werden, das selbst die Gerinnung nicht beeinflußt[12]. — Weiteres über die Bedeutung des Kephalins[13].

Über die Bedeutung des Komplements bei der Blutgerinnung[14, 15].

Das Optimum der Blutgerinnung liegt bei $p_H = 7$[16], in Oxalatplasma bei 6,3—6,8[17]. Während der Gerinnung findet eine p_H-Verschiebung nach der alkalischen Seite statt, die Stuber nicht als spezifisch für die Blutgerinnung ansieht, da eine Abnahme der Wasserstoffionenkonzentration auch bei anderen Gerinnungsprozessen gefunden wird[18].

Vgl. dazu auch Hirsch, der bei der Gerinnung des Blutplasmas eine Verminderung der Alkalinität findet, wenn dem Entweichen von Kohlensäure vorgebeugt wird; die Verminderung machte bei Kaninchenblut eine p_H-Differenz von etwa 0,09 aus[19].

Über Absorption von H^+- und OH'-Ionen durch Fibrinogen während der Blutgerinnung durch Thrombin[20]. Vgl. dazu auch [21, 22].

[1] E. C. Mason: J. Labor. a. clin. Med. 6, 195 (1921) — Chem. Zbl. 1921 III, 191.

[2] K. Kowashima: J. of Biochem. 3, 91 (1923) — Chem. Zbl. 1925 I, 687.

[3] B. Stuber u. Heim: Biochem. Z. 77, 358 (1916) — Chem. Zbl. 1917 I, 94.

[4] B. Stuber u. M. Sano: Biochem. Z. 134, 250 (1922) — Chem. Zbl. 1923 I, 708.

[5] C. A. Mills: Chin. J. Physiol. 1, 435 (1927) — Chem. Zbl. 1928 I, 1057.

[6] C. A. Mills: Amer. J. med. Sci. 172, 501 (1926) — Chem. Zbl. 1927 I, 3016 — Ber. Physiol. 38, 843.

[7] C. A. Mills: Amer. J. Physiol. 76, 651 (1926) — Chem. Zbl. 1926 II, 604.

[8] H. de Waele: Ann. de Physiol. 3, 94 (1927) — Chem. Zbl. 1927 II, 2686. — Ber. Physiol. 41, 221.

[9] H. de Waele: XII. Internat. Physiologenkongreß Stockholm 1926, 165 — Chem. Zbl. 1927 I, 2439 — Ber. Physiol. 38, 551.

[10] C. A. Mills: J. of biol. Chem. 46, 167 (1920) — Chem. Zbl. 1921 III, 369.

[11] A. Wadsworth, F. Maltaner u. E. Maltaner: Amer. J. Physiol. 80, 502 (1927) — Chem. Zbl. 1927 II, 449.

[12] A. Wadsworth, F. Maltaner u. E. Maltaner: Amer. J. Physiol. 91, 423 (1930) — Chem. Zbl. 1930 I, 2267.

[13] A. Wadsworth, F. Maltaner u. E. Maltaner: Amer. J. Physiol. 97, 74 (1931). — F. Maltaner: J. amer. chem. Soc. 53, 4019 (1931) — Chem. Zbl. 1932 I, 1114.

[14] H. J. Fuchs u. E. Hartmann: Z. Immun.forschg 58, 1 (1929) — Chem. Zbl. 1929 I, 3115.

[15] H. J. Fuchs: Z. Immun.forschg 58, 14 (1929) — Chem. Zbl. 1929 I, 3115 — Arch. f. exper. Pathol. 145, 108 (1929) — Chem. Zbl. 1930 I, 2267.

[16] J. N. Kugelmaß: C. r. Soc. Biol. Paris 87, 802 (1922) — Chem. Zbl. 1923 I, 708.

[17] R. Rabinovich: An. Asoc. quim. Argentina 14, 139 (1926) — Chem. Zbl. 1927 I, 308.

[18] B. Stuber u. K. Lang: Biochem. Z. 191, 378 (1927) — Chem. Zbl. 1928 I, 1297.

[19] E. F. Hirsch: J. of biol. Chem. 61, 795 (1924) — Chem. Zbl. 1925 I, 244.

[20] W. H. Howell: Amer. J. Physiol. 40, 526 (1916) — Chem. Zbl. 1922 III, 296.

[21] J. W. Pickering u. J. A. Hewitt: Biochem. J. 15, 710 (1921) — Chem. Zbl. 1922 I, 896.

[22] B. Stuber u. K. Lang: Biochem. Z. 179, 70 (1926) — Chem. Zbl. 1928 II, 2659.

Der Gehalt an freien Ionen wird ganz allgemein während der Blutgerinnung vermindert, was sich im Absinken der Leitfähigkeit ausdrückt[1]. Vgl. dagegen[2].

Der Einfluß der Temperatur auf die Gerinnungszeit kann durch die Arrheniussche Gleichung ausgedrückt werden. Man erhält dabei Werte für μ (13,944 bei 39°; 13,024 bei 20°), die sich den bei anderen bekannten biochemischen Reaktionen erhaltenen annähern[3].

Über die Änderungen der Viscosität während der Blutgerinnung vgl. [4,5].

Bei der Blutgerinnung konnte keine meßbare Wärmetönung festgestellt werden[2,6], jedoch ist eine solche von $< 1,5$ cal pro g Fibrinogen unter Berücksichtigung der Fehlerquellen nicht ausgeschlossen[2].

Der elektrischen Ladung der bei der Blutgerinnung zusammenwirkenden Faktoren soll Bedeutung im Sinne einer Kolloidentladung zukommen, da das Fibrinogen nicht elektrisch neutral ist[7]. Diese Auffassung wird von Resch (s. unten) bestritten[8]. — Nach Howell kann das Fibrinogen teils positive, teils negative Ladung zeigen (Kataphoreseversuche). Die positive Ladung soll dem Phänomen der Agglutination unter dem Einfluß des Thrombins, die negative dem Prozeß der Gelierung ohne sichtbare Aggregation von Teilchen entsprechen[4].

Ganz allgemein sollen bei der Blutgerinnung die gleichen physikalisch-chemischen Faktoren bestimmend sein wie bei der Gerinnung von Kolloiden durch Erniedrigung der Oberflächenspannung[9]. Vgl. dazu [10].

Hekma hat neuerdings auf die Möglichkeit fibrinogenhaltiger Komplexe neben freiem Fibrinogen im Plasma hingewiesen. Daraus ergeben sich für den Gerinnungsprozeß zweierlei Arten der Deutung: Liegt das Fibrinogen im freien Zustand vor, so ergeben sich folgende Einzelvorgänge: 1. in Fibrinogenlösungen, a) Labilisation durch physikalischen Eingriff, Aussalzen, b) Micellarkrystallisation; 2. im Blutplasma, a) Labilisation durch Thrombin, b) Micellarkrystallisation, c) Hemmung dieses Prozesses durch Agglutininwirkung des Thrombins, d) Bildung von Mischmicellarkrystallen mit Thrombin und Calcium. Bei der Annahme, daß das Fibrinogen in komplexem Zustande vorliegt, ergeben sich folgende Einzelprozesse: 1. bei Fibrinogenlösungen: a) Abspaltung des Fibrinogens aus dem Komplex durch Fermenteinwirkung, b) Micellarkrystallisation c) Agglutination; 2. im Blutplasma: a) Abspaltung des Fibrinogens aus dem Komplex, b) Labilisierung des hydratisierten Fibrinogens, c) Micellarkrystallisation, d) Agglutination[11].

Resch glaubt, daß chemische Veränderungen — Umlagerungen — während der Blutgerinnung stattfinden. Hierdurch soll das in labilem Solzustande befindliche Fibrinogen über den Gelzustand in Fibrin verwandelt werden[8].

Über die positive Disulfidreaktion mit Nitroprussidnatrium nach der Blutgerinnung[12].

Über die Nichtgerinnbarkeit des Menstrualblutes und die Gerinnungsverzögerung von normalem Blut durch Menstrualblutserum vgl. [13,14].

Über die Beziehungen der Milz zur Blutgerinnung und über das Hämophilieproblem[15,16]. — Milz, Schilddrüse, Knochenmark und Blutgerinnung[17].

Weiteres zur Biochemie der Blutgerinnung vgl. [18].

Struktur der Fibrinniederschläge: Gele aus Fibrin zeigen nicht die Bütschlische Schaumstruktur, sondern ultramikroskopische Fibrillen, die bei Gelen aus Fibrinhydrosolen

---

[1] J. N. Kugelmaß: C. r. Soc. Biol. Paris **87**, 883 (1922) — Chem. Zbl. **1923 I**, 708.
[2] E. Atzler u. E. Döhring: Biochem. Z. **110**, 245 (1920) — Chem. Zbl. **1921 I**, 264.
[3] J. N. Kugelmaß: C. r. Soc. Biol. Paris **88**, 996 (1923) — Chem. Zbl. **1924 I**, 787.
[4] W. H. Howell: Amer. J. Physiol. **40**, 526 (1916) — Chem. Zbl. **1922 III**, 296.
[5] J. N. Kugelmaß: C. r. Soc. Biol. Paris **87**, 1000 (1922) — Chem. Zbl. **1923 I**, 1464.
[6] T. Gayda: Arch. di Fisiol. **19**, 255 (1921) — Chem. Zbl. **1922 I**, 1247 — Ber. Physiol. **11**, 503.
[7] A. Funck: Biochem. Z. **124**, 148 (1921) — Chem. Zbl. **1922 I**, 513.
[8] A. Resch: Biochem. Z. **78**, 297 (1916) — Chem. Zbl. **1917 I**, 515.
[9] J. Amar: C. r. Acad. Sci. Paris **178**, 1628 (1924) — Chem. Zbl. **1924 II**, 689.
[10] S. Prakash u. N. R. Dhar: J. physic. Chem. **35**, 629 (1931) — Chem. Zbl. **1931 I**, 2634.
[11] E. Hekma: Biochem. Z. **209**, 90, 128 (1929) — Chem. Zbl. **1930 I**, 403, 2916.
[12] E. Walker: Biochemic. J. **19**, 1082 (1925) — Chem. Zbl. **1926 I**, 2817.
[13] J. L. King: Amer. J. Physiol. **57**, 444 (1921) — Chem. Zbl. **1923 I**, 268.
[14] D. J. Macht: J. of Pharmacol. **24**, 213 (1924) — Chem. Zbl. **1925 I**, 687.
[15] Stephan: Münch. med. Wschr. **67**, 309 (1919) — Chem. Zbl. **1920 I**, 846.
[16] E. Wöhlisch: Münch. med. Wschr. **68**, 941 (1921) — Chem. Zbl. **1921 III**, 894 — Münch. med. Wschr. **68**, 1382 (1921) — Chem. Zbl. **1922 I**, 303.
[17] M. Yamada: Biochem. Z. **87**, 273 (1918) — Chem. Zbl. **1918 II**, 196.
[18] M. v. Falkenhausen: Biochem. Z. **218**, 453 (1930) — Chem. Zbl. **1930 I**, 3070.

zuweilen anscheinend fehlen, da sie unterhalb der ultramikroskopischen Erkennbarkeit liegen[1]. Elastische Eigenschaften[2].

Aus Oxalatblutplasma oder Fibrinogenlösungen wird das durch Thrombin gebildete Fibrin nicht als Netzwerk niedergeschlagen, sondern erscheint in gut ausgebildeten krystallähnlichen Nadeln, die sich zu Maschen anhäufen. Teilweise erhält man auch Fäden oder Stäbchen von verschiedener Länge[3]. Das normale Gerinnsel ist ein krystallinisches Gel, die Fibrinnadeln haben eine Länge von $10-30\,\mu$[4]. Die krystallähnlichen Nädelchen sollen sich durch Anreihen zu Fibrinfädchen aufbauen[5]. Nur das Blut der Invertebraten liefert ein strukturloses Gel[4]. — Weiteres über die micellar-krystallinische Beschaffenheit des Fibrins[6, 7]. Vgl. dazu auch Hekma[8, 9].

Das Fibrin gehört zur Gruppe der anisotropen, amorph-festen Stoffe[10]. Nach Hekma muß ergänzt werden, daß das Fibrin gleichzeitig befähigt ist, den anisotropen, amorph-flüssigen Zustand (Micellarzustand) anzunehmen[11]. — Stübel sieht in der Form der Fibrinnadeln, in ihrer Fähigkeit zu wachsen und in der Doppelbrechung der aus den Nadeln gebildeten Fibrinfäden Beweise für die Krystallnatur der Fibrinnadeln; die Quellbarkeit der Fäden ist kein Beweis gegen die Krystallnatur[12].

Das Fibrin aus normal-geronnenem Blut ist nach Röntgenuntersuchungen keine krystalline Substanz[13].

Über die Reversibilität der Gele, die sich spontan bzw. unter Serum- und Säureeinfluß in flüssig erhaltenem Plasma bilden, sowie Erörterungen über die Kolloidchemie des Fibrins und über ihre Beziehung zum Blutgerinnungsproblem[14]. Vgl. auch die weiteren Arbeiten Hekmas über die Kolloidchemie des Fibrins bzw. Fibrinogens. In diesen Arbeiten versucht Hekma den Beweis für die Reversibilität der Fibringerinnung zu erbringen. Andere Forscher haben jedoch gefunden, daß sich das Fibrin in 0,1n-NaOH und HCl bei Zimmertemperatur nicht ohne Denaturierung auflöst. In verdünnterem Alkali kann das Fibrin anscheinend weniger verändert in Lösung gebracht werden. Gegenüber diesen Lösungen erweist sich Thrombin als unwirksam, gegen Salze sind die Lösungen sehr empfindlich. — Ohne Kalkzusatz durch Serum zur Gerinnung gebrachtes Fibrin löst sich in 0,02 proz. NaOH nicht; durch Behandlung mit Na-Oxalat oder Na-Fluorid wird es leichter löslich in Alkali. Eine Reversibilität der Fibringerinnung wird nicht angenommen[15]. — Auch nach Wöhlisch ist die Blutgerinnung durch Thrombin kein reversibler Vorgang, das Fibrinogen weist nicht die Eigenschaften eines Alkalihydrosols auf[16].

In einer neueren Arbeit konnte Hekma feststellen, daß das Fibrinogengerinnsel, das man durch Aussalzen in Abwesenheit von Calcium und Thrombin erhält, leicht reversibel ist, während das Fibringerinnsel durch Thrombin, das schon äußerlich von dem ersteren verschieden ist, schwerer reversibel ist. Er führt dies darauf zurück, daß das Fibrinogen mit dem Thrombin, evtl. unter Beteiligung des Calciums, eine Verbindung eingeht[7].

Die Quellung des Fibrins in verdünnter Salzsäure steigt mit der Säurekonzentration anfangs rasch, erreicht bald ein Maximum und fällt dann steil ab, jedoch immer langsamer, wobei ein Grenzwert erreicht wird, der unter dem Quellungswert des Fibrins in Wasser liegt.

[1] J. O. W. Barrat: Kolloid-Z. **28**, 217 (1921) — Chem. Zbl. **1921 III**, 984.

[2] A. Kristenson: Acta med. scand. (Stockh.) **77**, 351 (1932) — Chem. Zbl. **1932 I**, 2600.

[3] W. H. Howell: Amer. J. Physiol. **35**, 143 (1914) — Chem. Zbl. **1914 II**, 1112.

[4] W. H. Howell: Amer. J. Physiol. **40**, 526 (1916) — Chem. Zbl. **1922 III**, 296.

[5] E. Hekma: Biochem. Z. **73**, 370, 428 (1915) — Chem. Zbl. **1916 I**, 987/88.

[6] E. Hekma: Biochem. Z. **77**, 273 (1916) — Chem. Zbl. **1917 I**, 17.

[7] E. Hekma: Biochem. Z. **199**, 333 (1928) — Chem. Zbl. **1929 I**, 1229.

[8] E. Hekma: Biochem. Z. **209**, 90, 128 (1929) — Chem. Zbl. **1930 I**, 403, 2916.

[9] E. Hekma: Kolloid-Z. **58**, 85 (1932) — Chem. Zbl. **1932 I**, 2341.

[10] H. Dießelhorst u. H. Freundlich: Internat. Z. Biol. **3**, 46 (1916) — Chem. Zbl. **1917 I**, 775.

[11] E. Hekma: Internat. Z. Biol. **3**, 122 (1917) — Chem. Zbl. **1917 II**, 57.

[12] H. Stübel: Pflügers Arch. **181**, 285 (1920) — Chem. Zbl. **1920 III**, 361.

[13] M. H. Simmers: Amer. J. Physiol. **94**, 497 (1930) — Chem. Zbl. **1930 II**, 3583.

[14] E. Hekma: Biochem. Z. **62**, 161 (1914) — Chem. Zbl. **1914 II**, 56 — Biochem. Z. **63**, 184, 204 (1914) — Chem. Zbl. **1914 II**, 247 — Biochem. Z. **64**, 86 (1914) — Chem. Zbl. **1914 II**, 575 — Biochem. Z. **65**, 311 (1914) — Chem. Zbl. **1914 II**, 1200 — Biochem. Z. **74**, 219 (1916) — Chem. Zbl. **1916 II**, 66 — Biochem. Z. **77**, 256 (1916) — Chem. Zbl. **1917 I**, 17.

[15] G. Barkan: Biochem. Z. **136**, 411 (1923) — Chem. Zbl. **1923 III**, 784. — G. Barkan u. A. Gaspar: Biochem. Z. **139**, 291 (1923) — Chem. Zbl. **1923 III**, 1088.

[16] E. Wöhlisch: Z. exper. Med. **40**, 137 (1924) — Chem. Zbl. **1924 II**, 687.

Aus dem Vergleich der Quellungskurven mit den Säurebindungskurven geht hervor, daß die Quellung das Ergebnis der durch die Säure hervorgerufenen chemischen Veränderungen im Fibrinmolekül ist[1]. — Zur Erreichung des Quellungsmaximums von hitzekoaguliertem Fibrin in Salzsäure sind 5 Stunden erforderlich. Die Quellung nimmt zu, bis die Säurebindung annähernd ihr Maximum erreicht hat, und fällt dann ab. Die gebundene Wassermenge erreicht aber nur $1/7$ des Wertes, den man für natives Fibrin erhält[2]. — Unterschied von Lösung und Quellung[3].

Die Quellung des Fibrins in Säuren wird durch Zusatz von Neutralsalzen vermindert, wobei mehrwertige Ionen wirksamer sind[4]. Die Herabsetzung des Quellungsgrades ist proportional der Salzkonzentration, der Einfluß macht sich, in folgenden Reihen steigend, geltend: Chlorid, Bromid, Jodid, Acetat, Sulfat, Phosphat, Citrat; NH_4, K, Na, Mg, Ca, Sr, Fe, Cu, Hg. Aus dem Verhalten des Fibrins bei Quellung und Entquellung werden Schlüsse für die Wasserbindung im Organismus gezogen[5]. — Beeinflussung durch Nichtelektrolyte[6]. — Fibrin läßt sich durch stark konzentrierte Lösungen von LiSCN und $Ca(SCN)_2$ in den plastischen Zustand und in kolloide Lösungen, jedoch schwieriger als andere Proteine, überführen[7]. Vgl. dazu auch [8]. — Die Quellung des Fibrins in Mischungen von Salzen der Citronensäure und der Phosphorsäure mit wechselnden Zusätzen von Säure oder Alkali weist ein Minimum bei Mischungen auf, die je ein Mol-Äquivalent der Mono- und Dinatriumsalze enthalten[9, 10].

In gallensauren Alkalien ist Fibrin löslich[11, 12].

Quellungsfähigkeit bei verschiedenen Erkrankungen[13].

Hekma sieht in der Verflüssigung von Fibrin durch Alkali[14] nur einen weiter fortgeschrittenen Quellungszustand. In den so gebildeten Fibrinalkalihydrosolen ist das Fibrin also in einem unter Alkalieinfluß wassergequollenen Zustande vorhanden. Zwischen dem Fibrin im gequollenen Gelzustande und dem Zustand im Alkalihydrosol besteht nur ein gradueller Unterschied. Die Fibrinausscheidung aus dem Alkalihydrosol beruht auf Verlust von Alkali (mit Wasser) oder von Wasser (mit Alkali)[15].

Dampfdruckmessungen zur Aufklärung der Wasserbindung an Fibrin[16].

Für das Eintreten der spontanen Gelbildung in Gallertform („Altern") ist ein niedriger Quellungsgrad, verbunden mit niedrigem Dispersitätsgrad am günstigsten. Die Ausflockbarkeit dagegen wird fast nur durch den Quellungsgrad beherrscht; der Dispersitätsgrad beeinflußt nur die Form, in der das Fibrin unter dem Ultramikroskop sichtbar wird. (Erörterungen über Ostwalds Terminologie bezüglich der dispersen Systeme und die Begriffe Fibrinalkalihydrosol und Fibrinsäurehydrosol[17].)

In den Fibrinalkali- bzw. -säurehydrosolen finden sich die Fibrinmoleküle in einem mit Elektrolytmolekülen und Wassermolekülen beladenen und gequollenen flüssigen Zustande vor. Erst nach Abgabe ihrer Elektrolyt- und Wasserladung befinden sich die Fibrinteilchen im Zustande eines Sols mit anisotropen, amorph-festen Teilchen. Das Fibrin kann

---

[1] E. Voit: Z. Biol. **87**, 269 (1928) — Chem. Zbl. **1928 II**, 23. — F. Schuldenzucker: Z. Biol. **87**, 279 (1928) — Chem. Zbl. **1928 II**, 24.

[2] F. Lochmüller: Z. Biol. **87**, 292 (1928) — Chem. Zbl. **1928 II**, 24.

[3] W. Biedermann: Fermentforschg **2**, 1 (1917) — Chem. Zbl. **1918 II**, 741.

[4] R. C. Tolman u. A. E. Stearn: J. amer. chem. Soc. **40**, 264 (1917) — Chem. Zbl. **1918 I**, 744.

[5] M. H. Fischer: Kolloid-Z. **35**, 294 (1924) — Chem. Zbl. **1925 I**, 2150.

[6] Fischer u. Sykes: Koll.-Z. **14**, 215 (1914) — Chem. Zbl. **1914 II**, 337.

[7] P. P. von Weimarn: Canad. chem. Met. **10**, 227 (1926) — Chem. Zbl. **1927 I**, 38. — P. P. von Weimarn u. S. Utzino: Kolloid-Z. **40**, 120 (1926) — Chem. Zbl. **1927 I**, 249.

[8] R. Willheim, M. Mandula, J. Silbermann, G. Nettel u. R. Laub: Kolloid-Z. **48**, 217 (1929) — Chem. Zbl. **1930 I**, 23.

[9] M. H. Fischer u. M. Benzinger: J. amer. chem. Soc. **40**, 292 (1917) — Chem. Zbl. **1918 I**, 745.

[10] L. J. Henderson u. E. J. Cohn: J. amer. chem. Soc. **40**, 857. — L. J. Henderson: J. amer. chem. Soc. **40**, 867 — M. H. Fischer: J. amer. chem. Soc. **40**, 862 — Chem. Zbl. **1918 II**, 544.

[11] E. Herzfeld: Biochem. Z. **70**, 262 (1915).

[12] S. Ackerberg: Diss. Zürich 1915.

[13] L. v. Kostyál u. L. Barta: Z. exper. Med. **75**, 471 (1931) — Chem. Zbl. **1931 I**, 3020.

[14] R. C. Tolman u. R. S. Bracewell: J. amer. chem. Soc. **41**, 1503 (1919) — Chem. Zbl. **1920 I**, 388.

[15] E. Hekma: Biochem. Z. **74**, 63 (1916) — Chem. Zbl. **1916 I**, 1158 — Biochem. Z. **62**, 161 (1914) — Chem. Zbl. **1914 II**, 56.

[16] D. R. Briggs: J. physic. Chem. **35**, 2914 (1931) — Chem. Zbl. **1932 I**, 505.

[17] E. Hekma: Biochem. Z. **74**, 219 (1916) — Chem. Zbl. **1916 II**, 66 — Biochem. Z. **77**, 249 (1916) — Chem. Zbl. **1917 I**, 17.

sowohl in der hydrophilen wie in der hydrophoben Solform erscheinen, je nachdem sich die
Moleküle in einem geladenen, gequollenen oder entladenen, entquollenen Zustand befinden.
Die Vorgänge, die sich beim Übergang eines Gels in ein Sol durch Quellung vollziehen, sollen
sich nicht nur an der Oberfläche, sondern auch im Innern der Fibrinmoleküle infolge der
amphoteren Natur des Fibrins abspielen[1].

Dispergierung von Fibrin in flüssigem Ammoniak[2].

Vergleich der Vanadinpentoxydsole mit den Fibrinsolen[3]. Vgl. auch [4]. Über Aggregate
von Fibrin mit Kongorot[5].

Säure- und Basenbindung: Von einer bestimmten Menge Fibrin werden bei gleicher
Normalität äquivalente Mengen HCl, H_2SO_4 oder H_3PO_4 gebunden, bei gleicher Wasserstoffionenkonzentration mehr Phosphorsäure als Salzsäure. Die Bindung von Säure und Alkali
soll zwischen p_H 2,5 und 10,5 chemischer Natur, außerhalb dieser Grenzen durch Adsorption
hervorgerufen sein. Das Vorliegen von Adsorption wird u. a. durch den negativen Temperaturkoeffizienten und durch die Tatsache bewiesen, daß mehr Alkali gebunden wird als der Zahl
der vorhandenen Carboxylgruppen entspricht[6]. Vgl. dazu[7]. Nach Weber erreicht aber die Wasser-
stoffionenbindung bei der Quellung von Fibrin in Salzsäure einen wohldefinierten Endpunkt,
über den hinaus die Säurebindung durch weiteren Zusatz von Salzsäure nicht mehr gesteigert
werden kann. Ein negativer Temperaturkoeffizient für die Säurebindung wurde nicht beobachtet. Die Titrationskurven für lösliches und unlösliches Fibrin sind gleich. Während der
Verdauung von Fibrin soll die H-Ionenbindung mit dem Auftreten freier Aminogruppen
zeitlich nicht zusammenfallen[8].

Die Säurebindung des nativen Fibrins in verdünnter Salzsäure ist bei verschiedenen
absoluten Säuremengen sehr verschieden. Das für die kleineren HCl-Mengen konstante Verhältnis HCl-Menge : HCl-Bindung sinkt bei Vergrößerung der Konzentration oder des Volumens
der Salzsäure. Zur Erreichung des (Quellungs- und) Säurebindungsmaximums von hitzekoaguliertem Fibrin reichen 5 Stunden aus. Dabei zeigt sich, daß das Säurebindungsvermögen
des denaturierten Fibrins gegenüber dem nativen wenig geändert ist, die Kurve steigt beim
durch Kochen denaturierten Fibrin zwar langsamer, erreicht aber denselben Endwert. Im
Gegensatz zum nativen Fibrin bildet das denaturierte mit Salzsäure ein Salz von geringer
Neigung zur hydrolytischen und elektrolytischen Dissoziation. (In dieser Arbeit auch über
die Beziehungen von Quellung und Säurebindungsvermögen[9].)

In Gegenwart von Kochsalz bindet 1 mg Fibrinogen 0,06 mg HCl[10].

Bei der Titration von Fibrin mit sauren Farbstoffen werden pro Gramm Eiweiß bei
p_H 1,4—2,8 0,00145 Äquivalente Farbstoff gebunden, ein Wert, der den im Fibrin vorhandenen
freien Aminogruppen des Lysins, Histidins und Arginins entsprechen soll. Für Adsorption
der Farbstoffe ergaben sich keine Anhaltspunkte[11]. — Von den basischen Farbstoffen, Methylenblau, Safranin Y und Indulin-Scharlach, werden bei $p_H = 11$ $168 \cdot 10^{-5}$ Äquivalente gebunden.
Die Bindung von basischen Farbstoffen findet also ebenfalls in stöchiometrischen Verhältnissen
statt. Abweichungen sollen durch die bei p_H 11 stattfindende Hydrolyse des Fibrins erklärt
werden. Für das Bindungsvermögen scheint der Gehalt an Aminodicarbonsäuren maßgebend
zu sein[12].

In Lösungen von Fibrin mit Alkalihydroxyden oder mit starken Säuren erweisen sich

---

[1] E. Hekma: Internat. Z. Biol. XXX 3, 122 (1917) — Chem. Zbl. 1917 II, 57.

[2] E. W. Mc Chesney u. C. O. Miller: J. amer. chem. Soc. 53, 3888 (1931) — Chem. Zbl.
1931 II, 3006.

[3] G. Wiegner, J. Magasanik u. H. Geßner: Kolloid-Z. 30, 145 (1921) — Chem. Zbl. 1922 III,
436.

[4] N. R. Dhar u. S. Prakash: J. physic. Chem. 33, 459 (1929) — Chem. Zbl. 1929 II, 1386.

[5] L. F. Shackell: J. of biol. Chem. 56, 887 (1923) — Chem. Zbl. 1923 III, 1105.

[6] R. A. Gortner u. W. F. Hoffman: Sciences 62, 464 (1925) — Chem. Zbl. 1926 I, 1124.

[7] W. F. Hoffman u. R. A. Gortner: J. physic. Chem. 29, 769 (1925) — Chem. Zbl. 1925 II,
1344 — Colloid Symp. Monograph 2, 209 (1925).

[8] J. Weber: Hoppe-Seylers Z. 172, 1 (1927) — Chem. Zbl. 1928 I, 1532.

[9] E. Voit: Z. Biol. 87, 269. — F. Schuldenzucker: Z. Biol. 87, 279 (1928). — F. Lochmüller: Z. Biol. 87, 292 — Chem. Zbl. 1928 II, 23/24.

[10] R. Nordbö: Biochem. Z. 190, 150 (1927) — Chem. Zbl. 1928 II, 629.

[11] L. M. Chapman, D. M. Greenberg u. C. L. A. Schmitt: J. of biol. Chem. 72, 707 (1927) —
Chem. Zbl. 1927 II, 706.

[12] L. M. Chapman, Rawlins u. C. L. A. Schmitt: J. of biol. Chem. 82, 709 (1929) — Chem.
Zbl. 1929 II, 2467.

die Fibrinsalze als vollkommen ionisiert im Sinne der Theorie von Bjerrum, Debye und Hückel. Die Wanderungsgeschwindigkeit der negativ geladenen Fibrinionen berechnet sich zu 44 reziproken Ohm, der positiv geladenen zu 78 reziproken Ohm. Bei schwachen Säuren scheinen positiv geladene Komplexionen von Fibrin und Säuren vorzukommen[1].

Die Menge des durch den elektrischen Strom an den Elektroden abgeschiedenen Fibrins ist direkt proportional der durchgegangenen Elektrizitätsmenge und umgekehrt proportional der an das Protein gebundenen Säure- oder Alkalimenge, ist aber abhängig von der Herstellungsart des Fibrins[2].

Farbreaktionen: Rotblauviolettfärbung mit Vanillin-Salzsäure (oder Schwefelsäure)[3].

Hydrolyse: Aus dem Verlauf der Racemisierung während der Hydrolyse schließt Levene auf die Abwesenheit von Ketopiperazinen im Fibrin[4].

Hydrolysiert man Fibrin mit 20proz. Salzsäure unter Zusatz von Kohlehydraten (3 g Fibrin, 48 Stunden mit 75 ccm 20proz. HCl, 3 g Kohlehydrat), so steigt die Menge des Humin-N auf das Doppelte, während der Ammoniak-N nicht verändert wird. Bei Steigerung der Kohlehydratmenge wird die Zunahme des Humin-N immer geringer. Es wird angenommen, daß die Huminbildung in einer Kondensation des Tryptophans mit einem Aldehyd besteht. Zusatz von Aldehyden steigert die Humin-N-Menge ebenfalls. Beim Benzaldehyd ist dieser Humin-N ganz unlöslich in Säuren, während die Menge des NH_3-N nicht verändert ist. Beim Formaldehyd nimmt der säureunlösliche Humin-N bei kleinen Aldehydmengen zu, größere bewirken starke Abnahme, aber die Gesamtmenge von säureunlöslichem und säurelöslichem Humin-N ist in beiden Fällen gleich, sie beträgt etwa 150% der normalen Menge. Bei Gegenwart größerer Formaldehydmengen findet starke Bildung von NH_3-N statt[5]. Butyr- und Isobutyraldehyd wirken ähnlich wie Benzaldehyd. Acetaldehyd liefert keine einwandfreien Ergebnisse[6]. Vgl. dazu auch [7].

Die Menge des NH_3-N wächst mit der Dauer der Säurehydrolyse[8].

Beim Kochen von Fibrin mit Natronlauge werden 1,77—2,44% des trockenen Proteins in Form von Acetaldehyd abgespalten. Kohlehydrat oder Aminosäuren sind nicht die Vorstufe des Aldehyds, die Bildung scheint vielmehr an die Konstitution des Eiweißes gebunden zu sein[9].

Die Autoklavenspaltung des Fibrins mit Ammoniak oder Ammoniumcarbonat bei verschiedenen Temperaturen liefert in 2—12 Stunden vorwiegend Peptone. Nach 24 Stunden treten krystallisierbare Produkte auf[10]. — Über die Druckhydrolyse siehe auch [11].

Verhalten von Fibrin in flüssigem Ammoniak. — Beim Erhitzen mit $NaNH_2$ auf 80 bis 90° während einiger Tage geht Fibrin in kaum noch fällbare, wasserlösliche Produkte über, die positive Biuretreaktion zeigen[12].

Verhalten gegen Fermente (siehe auch Blutgerinnung): Pepsin[13]: Über die Adsorption des Pepsins an das Fibrin[14].

Bei konstanter Pepsin- und Fibrinmenge verläuft die Verdauung proportional der Zeit (Gleichung von Arrhenius)[15]. Bei künstlich konzentriertem Magensaft ist die Verdauung der Wurzel aus der Zeit proportional (Regel von Schütz)[16].

Die von Betainhydrochloriden hydrolytisch abgespaltene HCl genügt zur Auflösung des Fibrins durch Pepsin[17].

[1] D. M. Greenberg: J. of biol. Chem. **78**, 265 (1928) — Chem. Zbl. **1928 II**, 1681.

[2] D. M. Greenberg: Trans. amer. elektrochem. Soc. **54** (1928) — Chem. Zbl. **1928 II**, 1861.

[3] E. P. Häusler: Z. analyt. Chem. **53**, 363 (1914) — Chem. Zbl. **1914 II**, 86 — Z. analyt. Chem. **53**, 691 (1914) — Chem. Zbl. **1915 I**, 221.

[4] P. A. Levene u. L. W. Baß: J. of biol. Chem. **82**, 171 (1929) — Chem. Zbl. **1929 II**, 755.

[5] R. A. Gortner: J. of biol. Chem. **26**, 177 (1916) — Chem. Zbl. **1917 I**, 657.

[6] G. E. Holm u. R. A. Gortner: J. amer. chem. Soc. **42**, 632 (1919) — Chem. Zbl. **1920 III**, 485.

[7] R. A. Gortner u. G. E. Holm: J. amer. chem. Soc. **42**, 821 (1920) — Chem. Zbl. **1920 III**, 485.

[8] R. A. Gortner u. G. E. Holm: J. amer. chem. Soc. **39**, 2736 (1917) — Chem. Zbl. **1918 II**, 193.

[9] O. Riesser u. Mitarbeiter: Hoppe-Seylers Z. **196**, 201 (1931) — Chem. Zbl. **1931 II**, 583.

[10] W. Ssadikow: Biochem. Z. **205**, 360 (1929) — Chem. Zbl. **1929 II**, 52.

[11] K. Cronheim: Biochem. Z. **222**, 198 (1930) — Chem. Zbl. **1930 II**, 2141.

[12] E. W. McChesney u. C. O. Miller: J. amer. chem. Soc. **53**, 3888 (1931) — Chem. Zbl. **1931 II**, 3006.

[13] W. H. Welker: Proc. Soc. exper. Biol. a. Med. **25**, 450 (1928) — Chem. Zbl. **1929 II**, 448.

[14] A. Müller: Beitr. Physiol. **2**, 1 (1922) — Chem. Zbl. **1922 III**, 278 — Ber. Physiol. **12**, 411.

[15] S. Arrhenius: Z. angew. Chem. **36**, 455 (1924) — Chem. Zbl. **1924 I**, 1808.

[16] J. Smorodinzew u. A. Adowa: Hoppe-Seylers Z. **149**, 179 (1925) — Chem. Zbl. **1926 I**, 1666.

[17] J. H. Long: Amer. chem. Soc. **37**, 1333 (1915) — Chem. Zbl. **1915 II**, 355.

Bei der Pepsinspaltung des Fibrins werden nach Steudel stets mehr Carboxylgruppen als Aminogruppen gebildet. Das Verhältnis COOH zu NH_2 beträgt nach 24stündiger Einwirkung 4,8:1; nach längerer Einwirkung wird es etwas kleiner. Es besteht die Möglichkeit, daß Aminogruppen gebildet werden, die nach van Slyke nicht quantitativ gefaßt werden können[1].

Über die p_H-Optima des Pepsins verschiedener Vertebraten bei der Fibrinspaltung[2].

Über den Einfluß der Vorbehandlung des Fibrins mit verschiedenen chemischen Agenzien (Aldehyde, Phenylhydrazin, Nitrotoluole) auf den Verlauf der peptischen Spaltung[3].

Auf die konzentrierten peptischen Spaltprodukte des Fibrins übt das Pepsin synthetische Wirkung aus, die in 2 Tagen bei einem optimalen p_H von 4,0 beendet ist. Abnahme von Amino-N war nicht festzustellen[4].

Pankreasfermente: Das Optimum der tryptischen Verdauung wurde bei einer Wasserstoffionenkonzentration von etwa $5 \cdot 10^{-9}$ gefunden[5]. — Durch Alkohol in Konzentrationen von 3% an aufwärts wird die Trypsinverdauung des Fibrins deutlich gehemmt[6]. — Über den Einfluß der Hitze auf das Gemisch Fibrin-Pankreasfermente[7]. — Durch Behandeln mit Formaldehyd wird das Fibrin gegen Pankreatin resistent[3].

Die Zerlegung des Fibrins durch Trypsin-Kinase[8] besteht in einer Hydrolyse und nicht in einer Desaggregierung[9]. — Der Pankreassaft des Hundes verdaut das Fibrin in alkalischer und saurer Lösung ohne Zusatz von Enterokinase. In Gegenwart von Enterokinase wird es nur bei alkalischer Reaktion angegriffen, in saurer Lösung findet nur Quellung statt. Kinase allein hat keine Einwirkung auf Fibrin[3]. Vgl. auch [10].

Das Optimum für die Fibrinverdauung durch reines Trypsin wird bei $p_H = 11,3$ gefunden. Auch bei längerer Versuchsdauer findet entgegen den Befunden von Ringer[11] eine Verschiebung des Optimums nicht statt. Dagegen soll sich ein zweites weniger ausgeprägtes Optimum bei $p_H = 8$ befinden[12]. Vgl. auch die Angaben von Waldschmidt-Leitz[13].

Auch bei sorgfältigster Regelung der Wasserstoffionenkonzentration wird bei der tryptischen Verdauung des Fibrins im Verlaufe einiger Wochen nicht mehr als höchstens $^2/_3$ des vorhandenen Tryptophans in freier Form abgespalten[14].

Die Abspaltung von Arginin aus Fibrin verläuft (Gegensatz zu Casein und Gelatine) allmählich. Insgesamt werden etwa zwei Drittel der vorhandenen Argininmenge in Freiheit gesetzt[15].

Bei der Verdauung mit Pankreasfermenten wird Acetaldehyd gebildet[16].

Trypsin bringt Peptonplasma zur Gerinnung, wobei die Geschwindigkeit zunächst mit der Trypsinkonzentration zunimmt, dann aber infolge Aufspaltung des Fibrinogens abnimmt[17].

Erepsin: Entgegen älteren Mitteilungen[18] greift das reine Erepsin das Fibrin nicht an[19].

Fibrin wird von Pepsin und nachfolgend vom Erepsin weniger aufgespalten als von

[1] H. Steudel, J. Ellinghaus u. A. Gottschalk: Hoppe-Seylers Z. **154**, 198 (1926) — Chem. Zbl. **1926 II**, 1429.

[2] H. J. Vonk: Z. vergl. Physiol. **9**, 685 (1929) — Chem. Zbl. **1931 I**, 800.

[3] W. Ssadikow: Biochem. Z. **181**, 267 (1927) — Chem. Zbl. **1927 I**, 2837.

[4] T. Oda: J. of Biochem. **6**, 77 (1926) — Chem. Zbl. **1926 II**, 900.

[5] J. H. Long u. M. Hull: J. amer. chem. Soc. **39**, 1051 (1917) — Chem. Zbl. **1917 II**, 633.

[6] E. S. Edie: Biochemic. J. **13**, 219 (1919) — Chem. Zbl. **1919 III**, 764.

[7] E. S. Edie: Biochemic. J. **15**, 498 (1921) — Chem. Zbl. **1921 III**, 1251.

[8] E. Waldschmidt-Leitz u. A. Harteneck: Hoppe-Seylers Z. **149**, 221 (1925) — Chem. Zbl. **1926 I**, 1664.

[9] R. Willstätter: Dtsch. med. Wschr. **52**, 1 (1926) — Chem. Zbl. **1926 I**, 1672.

[10] U. Lombroso: Arch. internat. Physiol. **29**, 213 (1927) — Chem. Zbl. **1928 I**, 364.

[11] W. E. Ringer u. B. W. Grutterink: Hoppe-Seylers Z. **156**, 275 (1926) — Chem. Zbl. **1926 II**, 2316.

[12] H. J. Vonk u. A. Heyn: Hoppe-Seylers Z. **184**, 169 (1929) — Chem. Zbl. **1930 I**, 85.

[13] E. Waldschmidt-Leitz: Hoppe-Seylers Z. **132**, 181 (1924) — Chem. Zbl. **1924 I**, 1683.

[14] O. Fürth u. F. Lieben: Biochem. Z. **109**, 153 (1920) — Chem. Zbl. **1921 I**, 103.

[15] J. A. Dauphinee u. A. Hunter: Biochemic. J. **24**, 1128 (1930) — Chem. Zbl. **1931 II**, 1439.

[16] A. Hoffmeister: Hoppe-Seylers Z. **205**, 183 (1932).

[17] K. Kuwashima: J. of Biochem. **3**, 91 (1923) — Chem. Zbl. **1925 I**, 687.

[18] F. E. Rice: J. amer. chem. Soc. **37**, 1319 (1915) — Chem. Zbl. **1915 II**, 352.

[19] E. Waldschmidt-Leitz u. A. Harteneck: Hoppe-Seylers Z. **149**, 221 (1925) — Chem. Zbl. **1926 I**, 1664. — E. Waldschmidt-Leitz u. A. Schäffner: Hoppe-Seylers Z. **151**, 31 (1926) — Chem. Zbl. **1926 I**, 2480.

Trypsinkinase und Erepsin. Trypsinkinase ist in der Nachverdauung wirkungslos, während Pepsin noch angreift[1].

Über die Verdauung des Fibrins mit Pepsin und einem Gemisch von Trypsin und Erepsin in vitro im Vergleich mit anderen Eiweißkörpern und mit der Zerlegung im Magen-Darm-kanal[2].

Aus Pankreasdrüsen und Pepsinpräparaten konnte Ssadikow eine Fibrinase (neben einer Kollagenase) isolieren. Dieses Ferment greift außer dem Fibrin auch nitriertes Fibrin bei neutraler Reaktion an. Mit Benzaldehyd vorbehandeltes Fibrin wird durch die Kollagenase des Pepsins und Pankreatins angegriffen. Auch die Milz enthält ein Ferment, das Fibrin in sodaalkalischer Lösung zerlegt[3]. — Vgl. dazu die Untersuchungen über die β-Protease der Milz, die Fibrin bei $p_H = 5{,}68$ zerlegt[4].

Über das Verhalten der proteolytischen Fermente des Serums gegen artgleiches und artfremdes Fibrin bei normalen und pathologischen Verhältnissen[5]. Vgl. auch [6].

Einwirkung des aus Schwangerenharn isolierten Fermentkomplexes auf Fibrin[7].

Der Kropfsaft der Pulmonaten spaltet das Fibrin bei p_H 7—8[8].

Die Proteasen des Flußkrebses zeigen ein Wirkungsoptimum — entgegen anderen Mitteilungen — bei p_H 7,5—8,1. Darunter fand sich eine Pepsinase, die bei p_H 2,7 optimal spaltet[9].

Papain: Durch nichtaktiviertes Papain wird Fibrin nur unvollständig zerlegt, während es Kürbisprotease in kurzer Zeit quantitativ auflöst[10]. Das Optimum der Spaltung durch Papain-Blausäure liegt bei p_H 7,1 bis 7,3, also im isoelektrischen Punkt ($p_H = 7{,}2$) des Fibrins; das Optimum der Wirkung der Kürbisprotease liegt bei p_H 7,2—7,4[11,12]. Im Gegensatz zu diesen Angaben findet Ringer bei Einwirkung von nichtaktiviertem Papain auf das Fibrin 2 Maxima, eins bei $p_H = 2{,}5$, das andere bei $p_H =$ etwa 11. Eine geringe Erhebung zeigt die p_H-Aktivitäts-kurve, bei $p_H = 4{,}5$, während bei $p_H = 7$ die Wirkung = 0 ist. Bei Gegenwart von einigen Puffersubstanzen findet sich ein weiteres Maximum bei $p_H =$ etwa 7. Die Blausäure aktiviert die Fibrinspaltung in alkalischer Lösung stark, bei saurer Reaktion ist bei geringen Mengen Blausäure kein Einfluß festzustellen, größere Mengen hemmen. Die Lage des Optimums im alkalischen Gebiet wird durch Blausäure kaum verschoben[13]. Elektrolyte fördern die Wirkung von Papain auf Fibrin, wodurch die Veränderungen des p_H-Optimums zustande kommen sollen. Die aktivierende Wirkung erstreckt sich sowohl auf die Auflösung wie auch auf die weitere Spaltung des Fibrins. In Phosphatlösungen liegt die für die Auflösung optimale Wasserstoff-ionenkonzentration bei $p_H = 6{,}0$, in Kochsalzlösungen bei $p_H = 6{,}4$ bis 6,5[14]. Vgl. dagegen[9,15]

Das Hefetrypsin spaltet das Fibrin optimal bei p_H 5—5,8[16]. Nach Abtrennung einer Hefepolypeptidase vom Hefetrypsin wurde festgestellt, daß für Fibrin die optimale Wasser-stoffionenkonzentration bei $p_H = 7{,}2$ liegt, so daß auch für die Hefeproteinase — wie beim Papain — das Reaktionsoptimum mit dem isoelektrischen Punkt des Fibrins zusammenfällt[15].

[1] E. Abderhalden u. E. Schwab: Fermentforschg 11, 92 (1929) — Chem. Zbl. 1930 I, 3794.

[2] L. Kahn-Marino: Arch. internat. Physiol. 29, 133 (1927) — Chem. Zbl. 1928 I, 1059.

[3] W. Ssadikow: Biochem. Z. 181, 267 (1927) — Chem. Zbl. 1927 I, 2837.

[4] M. Morse: J. of biol. Chem. 31, 303 (1917) — Chem. Zbl. 1921 III, 190.

[5] H. J. Fuchs: Biochem. Z. 170, 76 (1926) — Chem. Zbl. 1926 I, 3344 — Biochem. Z. 175, 185 (1926) — Chem. Zbl. 1926 II, 2978.

[6] K. Yokota: Biochem. Z. 232, 58 (1931) — Chem. Zbl. 1931 I, 2489.

[7] E. Abderhalden u. S. Buadze: Fermentforschg 11, 361 (1930) — Chem. Zbl. 1931 I, 2774.

[8] E. Graetz: Hoppe-Seylers Z. 180, 305 (1929) — Chem. Zbl. 1929 I, 2998.

[9] P. Krüger u. E. Graetz: Hoppe-Seylers Z. 166, 128 (1927) — Chem. Zbl. 1927 II, 943.

[10] R. Willstätter, W. Graßmann u. O. Ambros: Hoppe-Seylers Z. 151, 286 (1926) — Chem. Zbl. 1926 I, 2359.

[11] R. Willstätter, W. Graßmann u. O. Ambros: Hoppe-Seylers Z. 151, 307 (1926) — Chem. Zbl. 1926 I. 2361.

[12] R. Willstätter, W. Graßmann u. O. Ambros: Hoppe-Seylers Z. 152, 160, 164 (1926) — Chem. Zbl. 1926 I, 3158.

[13] W. E. Ringer u. B. W. Grutterink: Hoppe-Seylers Z. 156, 275 (1926) — Chem. Zbl. 1926 II, 2316.

[14] W. E. Ringer u. B. W. Grutterink: Hoppe-Seylers Z. 164, 112 (1927) — Chem. Zbl. 1927 I, 3086.

[15] W. Graßmann u. H. Dyckerhoff: Hoppe-Seylers Z. 179, 41 — Unters. ü. Enzyme 2, 1708 (1928) — Chem. Zbl. 1929 I, 909.

[16] R. Willstätter u. W. Graßmann: Hoppe-Seylers Z. 153, 250 (1926) — Chem. Zbl. 1926 II, 38.

Grünmalzproteinase greift bei 46° Fibrin optimal bei p_H 3,8 oder weniger und bei p_H 6,0 an[1]. Über die Spaltung des Fibrins durch die Fermente des Eierschwamms[2]. **Thrombolysin:** Das Thrombolysin zeigt ein Optimum bei 37° und wird bei 46° geschädigt. Die Geschwindigkeit der Fibrinolyse ist der Fibrinmenge ungefähr proportional, bei gleicher Fibrinmenge ist sie der Thrombolysinmenge direkt proportional. Menschen- und Pferdefibrin verhalten sich gleich; auf 60° erhitztes Fibrin wird nicht gelöst[3,4]. — Über hemmende Substanzen und ihre biologische Bedeutung[5].

Verhalten gegen Bakterien: Bei der Fäulnis von Fibrin entstehen nach den Angaben von Salkowski 1,26% Indol, 2,83% Phenol und 1,27% Hydrozimtsäure[6].

Die Fermente von Bac. mycoides spalten das Fibrin schwach[7]. — Einwirkung von Staphylococcus[8]. Die Umwandlung des Fibrinogens in Fibrin durch den Staphylococcus ist auf Eigenwirkung zurückzuführen[9]. Vgl. auch [10].

Physiologisches und Pathologisches (siehe auch Blutgerinnung): Der Gehalt des Blutes an Fibrinogen ist Schwankungen unterworfen. Beim Menschen beträgt er normalerweise 0,3—0,6%, beim Hund 0,2—0,85%. Bei Leberschädigung ist der Fibrinogengehalt stark herabgesetzt[11]. Auch bei Sarcomatose, Nephritis, Miliartuberkulose und anderen schweren Krankheiten kann der Fibrinogengehalt sehr niedrig sein, ohne daß jedoch eine Leberschädigung nachweisbar ist[12]. Ebenso bei Nierenkranken ohne Albuminurie[13]. Steigerung der Fibrinogenwerte bei Schwangerschaft[14], bei Nephritis[13]. — Beeinflussung der Fibrinwerte durch die Ernährung[15], durch Transfusion, Hämorrhagie, Plasmadepletion, Blutdruckänderungen[16], Zellzerfall, Entzündung, Vergiftung, Leberschädigung und Anlage einer Eckschen Fistel[12,17].

Eiweißreiche Kost führt zu keiner dauernden Fibrinvermehrung, wirkt aber ebenso wie sehr eiweißarme Diät im Sinne der Anregung der Fibrinogenbildung[18].

Die erstmalige parenterale Zufuhr von Eiweiß bewirkt eine erhebliche Steigerung des Fibrinogenspiegels. 4—6 Stunden nach der Injektion erfolgt Absinken, darauf wieder ansteigend über die Norm. Bei Reinjektion erfolgt zunächst akuter Abfall, dann wiederum Einstellung auf einen hohen Fibrinogenspiegel[19].

Über den Ort und die Art der Fibrinogenherstellung im Organismus herrscht noch keine genügende Klarheit. Die Leber soll eine wichtige Rolle bei der Fibrinogenbildung spielen[11], während das Knochenmark nicht daran beteiligt ist. Jedoch müssen auch noch andere Organe in Frage kommen[12,17]. Vgl. dazu auch [20]. — Nach Goodpasture wird die Fibrinogenbildung gemeinsam von Leber und Darm besorgt; der Darm soll dabei nicht unbedingt erforderlich sein, wohl aber die Bildung wesentlich beschleunigen[21]. — Ohne Leber scheint keine Fibrinogenbildung möglich zu sein, wie aus Versuchen an leberlosen Kaninchen hervorgeht[22]. Über die Beteiligung der Milz an der Fibrinogenherstellung liegen keine eindeutigen Ergebnisse vor[23].

---

[1] R. H. Hopkins u. H. E. Kelly: Biochemic. J. **25**, 256 (1931) — Chem. Zbl. **1931 II**, 1709.

[2] J. Bareš: Chemické Listy **21**, 202 (1927) — Chem. Zbl. **1927 II**, 1353.

[3] M. Rosemann: Biochem. Z. **112**, 98 (1920) — Chem. Zbl. **1921 I**, 382.

[4] M. Rosemann: Biochem. Z. **128**, 372 (1921) — Chem. Zbl. **1922 III**, 82.

[5] M. Rosemann: Biochem. Z. **129**, 101 (1922) — Chem. Zbl. **1922 III**, 83.

[6] E. u. H. Salkowski: Hoppe-Seylers Z. **105**, 242 (1919) — Chem. Zbl. **1919 III**, 678.

[7] H. Glinka-Tschernorutzky: Biochem. Z. **206**, 308 (1929) — Chem. Zbl. **1929 II**, 178.

[8] A. Gratia: Arch. internat. Physiol. **18**, 355 (1921) — Chem. Zbl. **1922 I**, 1345 — Ber. Physiol. **11**, 542.

[9] A. Gratia: C. r. Soc. Biol. Paris **83**, 649 (1920) — Chem. Zbl. **1920 III**, 109.

[10] A. Gratia: C. r. Soc. Biol. Paris **83**, 1221 (1920) — Chem. Zbl. **1920 III**, 605.

[11] K. Isaac-Krieger u. A. Hiege: Klin. Wschr. **2**, 1067 (1923) — Chem. Zbl. **1923 III**, 569.

[12] G. H. Whipple: Amer. J. Physiol. **33**, 50 (1914) — Chem. Zbl. **1914 I**, 1685.

[13] V. Kollert u. W. Starlinger: Wiener klin. Wschr. **35**, 146 (1922) — Chem. Zbl. **1922 II**, 733.

[14] A. Mahnert: Arch. Gynäk. **113**, 472 (1920) — Chem. Zbl. **1921 I**, 474.

[15] D. P. Foster u. G. H. Whipple: Amer. J. Physiol. **58**, 379 (1921) — Chem. Zbl. **1923 I**, 1518.

[16] D. P. Foster u. G. H. Whipple: Amer. J. Physiol. **58**, 393 (1921) — Chem. Zbl. **1923 I**, 1519.

[17] D. P. Foster u. G. H. Whipple: Amer. J. Physiol. **58**, 407 (1921) — Chem. Zbl. **1923 I**, 1519.

[18] H. M. Vars: Amer. J. Physiol. **93**, 554 (1930) — Chem. Zbl. **1930 II**, 1243.

[19] G. Modrakowski u. V. Orator: Wiener klin. Wschr. **30**, 1093 (1917) — Chem. Zbl. **1917 II**, 555.

[20] J. Wohlgemuth: Berl. klin. Wschr. **54**, 87 (1917) — Chem. Zbl. **1917 I**, 520.

[21] Goodpasture: Amer. J. Physiol. **33**, 70 (1913) — Chem. Zbl. **1914 I**, 1686.

[22] P. D. McMaster u. D. R. Drury: Proc. Soc. exper. Biol. a. Med. **26**, 490 (1929) — Chem. Zbl. **1929 II**, 3032.

[23] B. D. Martinez: Riv. Centro Estudiantes Farmacia Bioquimica **18**, 213 (1929) — Chem. Zbl. **1930 I**, 549.

Die Fibrinogenbildung besteht nicht in einer Aufspaltung des Hämoglobins in der Leber, das Globin ist mit dem Fibrinogen nicht identisch[1]. Über die genetischen Beziehungen der Bluteiweißkörper zum Fibrinogen[2]. Vgl. auch über den intravitalen Abbau von Fibrin bzw. seiner Verdauungsprodukte in der Leber nach parenteraler Zufuhr[3].

Über die biologische Bedeutung des Fibrins bzw. Fibrinogens für die Wundheilung und die Knochenneubildung[4], für den Wasserhaushalt (Einfluß der Diuretica auf Fibrinogen)[5].

Über die Spezifität der Fibrine[6]. — Durch intravenöse Injektion von Fibrinogen beim Meerschweinchen erhält man ein Antifibrinogenserum, dessen Injektion eine zu Tode führende Hämolyse verursacht[7]. Das Fibrinogen gehört zu den heterologen Antigenen[8]. Antigene Eigenschaften des Fibrins aus Geflügelblut[9].

Ernährung: Fibrin als einzige Nahrung bei weißen Ratten erweist sich als giftig. Die Dauer des Überlebens beträgt 21 Tage, der Gewichtsverlust beim Tode 41% [10].

Über die Wirkung der peptischen Verdauungsprodukte des Fibrins auf die Zellvermehrung[11].

Derivate: Chlorfibrin. Durch Behandeln von 20 g Fibrin mit 100 ccm einer gesättigten Lösung von Chlor in Tetrachlorkohlenstoff bei Zimmertemperatur bis zur Gewichtskonstanz des Reaktionsproduktes. Das Chlorfibrin stellt ein braunes, stechend riechendes Pulver mit 10,5% N und 18,1% Chlor dar. Mit Wasser von verschiedenen Temperaturen und mit verdünnten Laugen erhält man Produkte von geringerem Chlorgehalt, da stets ein sehr erheblicher Teil des Chlors ionisiert wird[12].

Bromfibrin wird analog erhalten wie das Chlorfibrin. Es stellt ein organgefarbenes hygroskopisches Pulver von scharfem Geruch dar, enthält 8,06% N und 41,6% Br. Während der Bromierung wird Bromwasserstoff frei. Wasser und verdünnte Alkalien spalten Brom aus den Produkten ab, wobei das Brom teilweise in den ionisierten Zustand übergeführt wird. Die Ausbeuten von Chlor- und Bromfibrin verhalten sich wie die Atomgewichte der beiden Halogene[13].

Jodfibrin. Jodiertes Fibrin wirkt beschleunigend auf die Metamorphose von Amphibien und ruft sie bei Tieren ohne Schilddrüse oder Hypophyse hervor[14].

Acetylderivat: Isolierung zweier Verbindungen $C_9H_{11}N_3O$ und $C_{10}H_{14}N_2O_2$[15].

Phosphorproteine.

Caseinogen, Casein.

(Vgl. auch Proteine der Milch.)

Nomenklatur: Die Verwendung der Ausdrücke Caseinogen und Casein ist noch uneinheitlich. Im folgenden wird unter Casein das aus der Milch durch Fermenteinwirkung (Lab) hergestellte Produkt verstanden (bisherige Bezeichnung Paracasein). Als Caseinogen wird

[1] F. Faludi: Biochem. Z. **184**, 245 (1927) — Chem. Zbl. **1927 II**, 1362.

[2] E. Herzfeld u. R. Klinger: Biochem. Z. **83**, 128 (1917).

[3] R. Wigand: Arch. exper. f. Path. **132**, 1 (1928) — Chem. Zbl. **1928 II**, 1009.

[4] S. Bergel: Münch. med. Wschr. **63**, 1111 (1916) — Chem. Zbl. **1916 II**, 584.— Dtsch. med. Wschr. **54**, 182 (1928) — Chem. Zbl. **1928 I**, 1680.

[5] V. Kollert u. W. Starlinger: Wien. klin. Wschr. **35**, 439 (1922) — Chem. Zbl. **1922 III**, 291.

[6] H. J. Fuchs: Z. Immun.forschg **57**, 320 (1928) — Chem. Zbl. **1928 II**, 1783.

[7] H. Davide: C. r. Soc. Biol. Paris **87**, 765 (1922) — Chem. Zbl. **1923 I**, 622.

[8] H. Davide: C. r. Soc. Biol. Paris **87**, 767 (1922) — Chem. Zbl. **1923 I**, 622.— C. r. Soc. Biol. Paris **87**, 769 (1922) — Chem. Zbl. **1923 I**, 622.

[9] P. Kyes u. R. T. Porter: J. of Immun. **20**, 85 (1931) — Chem. Zbl. **1931 I**, 2894.

[10] F. Maignon: C. r. Acad. Sci. Paris **166**, 1008 (1918) — Chem. Zbl. **1918 II**, 745.

[11] L. E. Baker u. A. Carrel: J. of exper. Med. **47**, 353 (1928) — Chem. Zbl. **1928 I**, 2947.

[12] A. J. J. Vandevelde: Rec. Trav. Chim. Pays-Bas **46**, 133 (1927) — Chem. Zbl. **1927 I**, 2435.

[13] A. J. J. Vandevelde: Rec. Trav. Chim. Pays-Bas **44**, 224 (1925) — Chem. Zbl. **1925 II**, 42.

[14] W. W. Swingle: Proc. Soc. exper. Biol. a. Med. **24**, 205 (1926) — Chem. Zbl. **1929 I**, 919.

[15] N. Troensegaard, F. Wrede u. H. G. Mygind: Hoppe-Seylers Z. **193**, 49 (1930) — Chem. Zbl. **1931 I**, 949.

die Vorstufe des Caseins in der Milch sowie die Ausflockung durch chemische Agenzien verstanden (z. B. Säurecaseinogen)[1, 2, 3].

Analytisches: Besprechung mehrerer Methoden zur Bestimmung des Caseinogens in Milch[4].

Direkte Bestimmung durch Titration gegen Phenolphthalein als Indicator[5]. Vgl. dazu auch[6].

Schnellmethode[7, 8].

Bestimmung durch annähernd isoelektrische Fällung mit Acetatpuffer[9].

Darstellung: Ausführliche Beschreibung von Darstellungsmethoden sind in einer großen Anzahl der unten zitierten Arbeiten gebracht. Vgl. unter anderen [10]. Zur Kritik der Darstellungsmethoden von Casinogen vgl. [11].

Zusammensetzung: Die Frage, ob das Caseinogen ein einheitlicher Eiweißkörper ist, ist noch nicht völlig entschieden. Auf Grund seines Verhaltens bei der Adsorption an Tonerde, bei der man keine verschiedenen Fraktionen erhält, schließt Rakusin[12] die Einheitlichkeit des Caseinogens. Nach Linderstrøm-Lang soll es aus einer Mischung von Substanzen verschiedener Löslichkeit bestehen, wie aus seinem Verhalten gegen Salzsäure hervorgeht[13]. Durch Lösen in verdünnter Natronlauge und Fällen mit Salzsäure bei verschiedenem p_H erhält man 5 Fraktionen, deren Löslichkeit mit abnehmendem P-Gehalt wächst. Alle Fraktionen geben in Gegenwart von Ca-Salzen Labfällung[14]. Auch läßt sich das Caseinogen durch Extraktion mit der 20fachen Menge $^1/_{500}$- und $^1/_{1000}$n-alkoholischer Salzsäure, die an Alkohol 60proz. ist, bei 50—70° fraktionieren. Die sauren Auszüge werden durch Neutralisieren mit Natronlauge gefällt; dabei erhält man Niederschläge, die in ihrer chemischen Zusammensetzung sehr verschieden sind. So schwankt z. B. ihr P-Gehalt von 0,1—1,0%, ihr Tryptophangehalt von 1,4—2,3%, ihr Tyrosingehalt von 3,8—6,1%. Kleinere, aber ebenfalls deutliche Unterschiede bestehen im Gehalt an Arginin, Monoaminodicarbsonsäuren und Lysin. (Auch im Verhalten während der peptischen Verdauung (s. d.) zeigen die Fraktionen Unterschiede[15].) Die Trennung in diese Fraktionen soll reversibel sein: Bringt man die aus den Extrakten gefällten Körper mit dem bei der Extraktion mit alkoholischer Salzsäure zurückbleibenden Bodenkörper zusammen, so erhält man ein Produkt, das mit dem ursprünglichen Caseinogen in Löslichkeit, Basenbindungsvermögen, in den Werten der Formoltitration, in der Fällbarkeit durch Ca-Salze, der Gerinnungsgeschwindigkeit durch Lab, Hydrolysengeschwindigkeit durch Trypsinkinase, Verteilung von P und N zwischen Bodenkörper und Lösung bei der Koagulation durch Lab übereinstimmt[16].

Wie schon Osborne feststellte, kann man auch beim Waschen von großen Mengen Caseinogen mit Alkohol allein ein alkohollösliches Produkt gewinnen, dessen Eigenschaften sich durchaus von denen aller bisher bekannten Eiweißstoffe tierischer Herkunft unterscheiden.

[1] E. Abderhalden: Lehrb. d. physiol. Chemie **1**, 473 (1923), 5. Auflage.

[2] van Slyke u. Bosworth: J. of biol. Chem. **14**, 203 (1913) — Chem. Zbl. **1913 I**, 2043. — O. Hammarsten: Hoppe-Seylers Z. **7**, 220; **9**, 273. — A. Geake: Biochemic. J. **8**, 30 (1914) — Chem. Zbl. **1914 I**, 1673.

[3] J. Mellanby: Biochemic. J. **9**, 342 (1915) — Chem. Zbl. **1916 II**, 1031.

[4] B. Bleyer u. R. Seidl: Forschgn a. d. Geb. d. Milchwirtsch. **1**, 386 (1921) — Chem. Zbl. **1922 IV**, 175.

[5] A. Agrestini: Staz. sperim. agrar. ital. **50**, 109 (1917) — Chem. Zbl. **1918 II**, 866.

[6] B. Pfyl u. R. Turnau: Arb. ksl. Gesdh.amt **47**, 347 (1914) — Chem. Zbl. **1915 I**, 401.

[7] Walker: Ind. Chem. **6**, 131 (1914) — Chem. Zbl. **1914 I**, 1118 — Ind. Chem. **6**, 356 (1914) — Chem. Zbl. **1914 I**, 1900.

[8] F. Repiton: Ann. chim. analyt. **23**, 11 (1918) — Chem. Zbl. **1918 I**, 1076.

[9] H. C. Waterman: J. Assoc. official agricult. Chemists **10**, 259 (1927) — Chem. Zbl. **1927 II**, 2022.

[10] van Slyke u. Baker: J. of biol. Chem. **35**, 127 (1918). — E. J. Cohn u. J. L. Hendry: Organic Syntheses **10**, 16 (1930) — Chem. Zbl. **1931 I**, 3131.

[11] B. Bleyer u. R. Seidl: Biochem. Z. **128**, 48 (1921) — Chem. Zbl. **1922 III**, 176.

[12] M. Rakusin u. G. Flier: J. russ. phys.-chem. Ges. **47**, 1331 (1915) — Chem. Zbl. **1916 II**, 230.

[13] K. Lindstrøm-Lang u. S. Kodama: C. r. du Lab. Carlsberg **16**, Nr 1, 1 (1925) — Chem. Zbl. **1926 I**, 123.

[14] K. Linderstrøm-Lang: C. r. du Lab. Carlsberg **16**, Nr 1, 48 (1925) — Chem. Zbl. **1926 I**, 124.

[15] H. Holter, K. Linderstrøm-Lang u. J. B. Funder: Hoppe-Seylers Z. **206**, 85 (1932) — Chem. Zbl. **1932 I**, 3196.

[16] K. Linderstrøm-Lang: Hoppe-Seylers Z. **176**, 76 (1928) — Chem. Zbl. **1928 II**, 363.

Die Substanz ist reichlich löslich in Alkohol von 50—70%, unlöslich in absolutem Alkohol, wenig löslich in salzhaltigem Wasser, löslich in mit Essigsäure angesäuertem Wasser, aus welcher Lösung sie mit $K_4Fe(CN)_6$ gefällt werden kann. Durch Kochen kann man sie nicht abscheiden. Das Produkt gibt starke Tryptophan-, Millonsche und Biuretreaktion. Elementaranalyse:

$$
\begin{aligned}
C &\quad 54{,}91\% \\
H &\quad 7{,}17\% \\
N &\quad 15{,}71\% \\
S &\quad 0{,}95\% \\
P &\quad 0{,}08\%
\end{aligned}
$$

N-Verteilung:

Amid-N	1,51% bis 1,65%	in verschiedenen Fraktionen	
bas. N	2,28% „ 2,87%	„	„
Humin-N	0,21% „ 0,28%	„	„

Aminosäuren:

$$
\begin{aligned}
\text{Arginin} &\quad 2{,}92\% \\
\text{Histidin} &\quad 2{,}28\% \\
\text{Lysin} &\quad 3{,}98\% \\
\text{Tyrosin} &\quad 2{,}47\%
\end{aligned}
$$

Vom Caseinogen ist es deutlich verschieden, auch in Anaphylaxieversuchen. Ob es mit den alkohollöslichen Proteinen der Getreidearten identisch ist, muß noch geklärt werden[1]. Linderstrøm-Lang erhielt dasselbe Produkt, wenn er die Filtrate der Fällungen aus den alkoholischen Auszügen (s. oben) im Vakuum vom Alkohol befreite, doch weist er darauf hin, daß das Caseinogen selbst bei 40—50° in 60—70proz. Alkohol teilweise löslich ist[2].

The Svedberg bestimmte das Molgewicht des in heißem, angesäuertem Alkohol löslichen Proteins zu 375000 ± 11000. Er hält es für ein chemisches Individuum. Aus der Diffusionskonstanten errechnet sich der Radius des Teilchens zu $5{,}994 \cdot 10^{-7}$ cm, während sich aus der spezifischen Sedimentationsgeschwindigkeit $4{,}177 \cdot 10^{-7}$ cm ergibt. Es wird daher auf eine von der Kugelform abweichende Gestalt des Teilchens geschlossen[3].

Behandelt man Caseinogen- bzw. Casein-Suspensionen mit verdünnten Salzlösungen (NH_4Cl, $MgSO_4$, NaCl, $(NH_4)_2SO_4$), so geht eine globulinartige Substanz in Lösung, die bei Anwendung von 5% Ammonchloridlösung 30% des angewandten Eiweißkörpers beträgt. Aus ihren Salzlösungen fällt die Substanz durch Säuren bei $p_H \infty 4$, ferner bei Erhöhung der Salzkonzentration (evtl. bis zur Sättigung) oder durch Zusatz von 4 Volumina Aceton[4].

Aus den individuellen Verschiedenheiten der Frauenmilchcaseinogene bei der Flockung durch HCl schließt Meyer die Uneinheitlichkeit des Frauencaseinogens[5].

Über die Identität der nach verschiedenen Methoden gewonnenen Caseinogene vgl. auch[6].

Das Verhältnis O:N beträgt beim Caseinogen 1,27:1[7].

Caseinogen und Casein unterscheiden sich in der elementaren Zusammensetzung nur wenig:

	Caseinogen	Casein
C	53,20%	53,05%
H	7,09%	7,03%
N (nach Dumas)	15,63%	15,81%
N (nach Kjeldahl)	15,61%	15,62%
S	1,015%	1,009%
P	0,731%	0,809%[8]

[1] T. B. Osborne u. A. J. Wakeman: J. of biol. Chem. **33**, 243 (1917) — Chem. Zbl. **1919 I**, 38.

[2] K. Linderstrøm-Lang: C. r. du Lab. Carlsberg **17**, Nr 9, 1 (1929) — Chem. Zbl. **1929 II**, 2784.

[3] The Svedberg, L. M. Carpenter u. D. C. Carpenter: J. amer. chem. Soc. **52**, 241, 701 Chem. Zbl. **1930 I**, 2106, 2570.

[4] E. Cherbuliez u. M. Schneider: Arch. Sci. Physiques nat. Genève **12**, 159 (1930) — Chem. Zbl. **1931 II**, 458.

[5] H. Meyer: Biochem. Z. **178**, 82 (1926) — Chem. Zbl. **1927 I**, 2441.

[6] G. M. Moir: Analyst **56**, 73, 147 (1931) — Chem. Zbl. **1931 I**, 3411.

[7] P. Brigl u. R. Held: Hoppe-Seylers Z. **152**, 230 (1926) — Chem. Zbl. **1926 I**, 3059.

[8] A. Geake: Biochemic. J. **8**, 30 (1914) — Chem. Zbl. **1914 I**, 1673.

Auch Bleyer findet zwischen Säurecaseinogen und Labcasein keine wesentlichen Unterschiede im Gehalt an:

	Säurecaseinogen	Labcasein
Asche	0,08 —0,09%	0,085—0,1%
N	15,52%	15,64%
P	0,814—0,832%	0,79 —0,83%
S	0,72 —0,88%	0,76 —0,81% [1]

Menschen-, Kuh- und Ziegenmilch stimmen im Gehalt an N, P und S überein [2]. S-Gehalt: 0,76% [3].

P-Gehalt: Nach Veraschung mit Salpetersäure + Schwefelsäure findet sich der Phosphorgehalt des Caseinogens zu 0,622%, bei direkter Bestimmung des mit Schwefelsäure ausgefällten Caseinogens zu 0,880% [4]. Nach Foreman 0,85% [3].

Bei der Fraktionierung des Caseinogens konnten Fraktionen von verschiedenem P-Gehalt erhalten werden [5]. — Aus den Produkten der Trypsinspaltung (s. dort) wurden Polypeptide mit je 4 Atomen P isoliert, die Posternak als „Lactotyrine" (s. auch „Tyrine") bezeichnet [6]. Ferner ein Phosphopepton (s. Peptone) von der Zusammensetzung $C_{37}H_{62}O_{33}N_9P_3$, das bei der Hydrolyse Oxyglutaminsäure, Oxyaminobuttersäure und Serin liefert [7].

Aus den Caseinen können durch Waschen mit Alkohol kleine Mengen Mono- und Diaminophosphatide abgetrennt werden [8].

Gehalt an freien Aminogruppen: Bestimmung durch Methylierung (N-Methylzahl) [9]. Die freien Aminogruppen des Caseinogens sind im wesentlichen die Aminogruppen des Lysins [9, 10]. Vgl. auch Alkylamid-N [11].

N-Verteilung: Auch hierin unterscheiden sich Caseinogen und Casein nicht sehr:

	Caseinogen	Casein
Melanin-N	1,53%	1,66%
Diamino-N	22,94%	24,63%
Monoamino-N	65,31%	63,90%
NH_3-N	10,23%	10,31% [12]

Bei der Salzsäurehydrolyse erhält man:

Glykokoll	0,45%
Alanin	1,85%
Valin	7,93%
Leucine	9,7%
Prolin	7,63%
Phenylalanin	3,88%
Glutaminsäure	21,77%
Asparaginsäure	1,77%
Lysin	7,62%
Histidin	2,5%
Arginin	3,81%
Tryptophan	1,5%
Serin	0,5%
Tyrosin	4,5%
Oxyprolin	0,23%
Diaminotrioxydodekansäure	0,75% [13]

[1] B. Bleyer u. R. Seidl: Biochem. Z. **128**, 48 (1921) — Chem. Zbl. **1922 III**, 176.
[2] A. W. Bosworth u. L. A. Giblin: J. of biol. Chem. **35**, 115 (1918) — Chem. Zbl. **1919 I**, 374.
[3] F. W. Foreman: Biochemic. J. **13**, 378 (1919) — Chem. Zbl. **1920 I**, 683.
[4] R. Vladesco: C. r. Soc. Biol. Paris **91**, 512 (1924) — Chem. Zbl. **1924 II**, 2167.
[5] K. Linderstrøm-Lang: C. r. du Lab. Carlsberg **16**, Nr 1, 48 (1925) — Chem. Zbl. **1926 I**, 124.
[6] S. Posternak: C. r. Acad. Sci. Paris **184**, 306 (1927) — Chem. Zbl. **1927 I**, 2323 — Biochemic. J. **21**, 289 (1927) — Chem. Zbl. **1927 II**, 442.
[7] C. Rimington: Biochemic. J. **21**, 1179, 1187 (1927) — Chem. Zbl. **1928 I**, 705.
[8] T. B. Osborne u. A. J. Wakeman: J. of biol. Chem. **28**, 1 (1916) — Chem. Zbl. **1917 I**, 883.
[9] S. Edlbacher: Hoppe-Seylers Z. **112**, 80 (1921) — Chem. Zbl. **1921 I**, 908.
[10] M. S. Dunn u. H. B. Lewis: J. of biol. Chem. **49**, 327 (1921) — Chem. Zbl. **1922 I**, 467.
[11] T. Bokorny: Biochem. Z. **100**, 100 (1919) — Chem. Zbl. **1920 I**, 298.
[12] A. Geake: Biochemic. J. **8**, 30 (1914) — Chem. Zbl. **1914 I**, 1673.
[13] F. W. Foreman: Biochemic. J. **13**, 378 (1919) — Chem. Zbl. **1920 I**, 683.

Bei der vergleichenden Untersuchung von Caseinogen aus Kuh- und Schafmilch, das nach der Dakinschen Methode der alkalischen Racemisierung[1] behandelt ist, erhält man Unterschiede im optischen Verhalten der Aminosäuren:

	Kuh	Schaf
Alanin	inakt. (und d ?)	inakt. (und d ?)
Valin.	d und inakt.	d und inakt.
Leucin	l und inakt.	l und inakt.
Tyrosin.	inakt.	l
Phenylalanin	inakt.	inakt.
Prolin	l	l
Asparaginsäure	inakt.	inakt.
Glutaminsäure	inakt.	inakt. und d
Arginin.	inakt.	inakt. und d
Histidin	inakt.	inakt. und d
Lysin	inakt.	d

Aus diesen Ergebnissen wird geschlossen, daß jedes Säugetier ein spezifisches Casein produziert[2]. Nach Csonka ruft allerdings die Alkalieinwirkung noch keine Racemisierung hervor, diese tritt vielmehr erst bei der nachfolgenden Totalhydrolyse ein. Die von Dakin gegebenen theoretischen Erörterungen werden abgelehnt[3].

Über den Nachweis von Glykokoll in Caseinogen mit Orthophthaldialdehyd[4].

Cystingehalt: Nach der Methode von Okuda[5] ergibt sich der Cystingehalt zu 0,33%[6]. Einen ähnlichen Wert (0,3%) findet Folin mit seiner verbesserten Methode, gegenüber bisher angegebenen niedrigeren Werten[7].

Aus der Schwefelbestimmung im Caseinogen geht hervor, daß außer dem Cystin noch weitere S-Verbindungen vorkommen müssen[8] (s. unten).

Tyrosingehalt: Nach der Methode von Hanke 4,5%[9]. Einen wesentlich höheren Wert findet man bei direkter Millon-Colorimetrie: 6,8—7,2%[10], nach Fürth auf zwei verschiedenen Wegen 6,6—6,9%[11], Werte, die durch Folin bestätigt werden, der auf Grund neuer Methoden im Caseinogen (nach Hammarsten) 6,37% und in einem besonders gereinigtem Präparat 6,55% Tyrosin findet[12, 13]. Hanke führt diese Unterschiede auf die Tatsache zurück, daß der Tyrosingehalt des Caseinogens nicht konstant zu sein scheint. Die Herstellung und das Alter der Präparate sowie die Art der Trocknung sind von Einfluß. Alte Präparate von Caseinogen ergeben kleinere Tyrosinwerte als frisch dargestellte, ebenso die bei 110° getrockneten Caseine niedrigere als solche, die im Vakuum bei gewöhnlicher Temperatur getrocknet wurden[14].

Tryptophangehalt: Folin ermittelt 1,4% Tryptophan[12], neuerdings wird 1,23% angegeben[13]. Bei einem Mol-Gewicht des Caseinogens von 8888 entspricht 1,5% Tryptophan 0,65 Mol. Nimmt man 1 Mol Tryptophan an, so ergibt sich 2,3% Tryptophan im Caseinogen. Die Differenz zwischen diesem berechneten und dem gefundenen Werte ist auf Analysenfehler zurückzuführen[15]. Der Tryptophangehalt in dem Caseinogen der Frauenmilch soll um ein Mehrfaches höher sein als der in dem Caseinogen der Kuhmilch[16].

Zur Tyrosin- und Tryptophanbestimmung des Caseinogens vgl. auch [17].

---

[1] Dakin: J. of biol. Chem. **13**, 357 (1912) — Chem. Zbl. **1913 I**, 816.
[2] H. W. Dudley u. H. E. Woodman: Biochemic. J. **9**, 97 (1915) — Chem. Zbl. **1916 I**, 1254.
[3] F. A. Csonka u. M. J. Horn: J. of biol. Chem. **93**, 677 (1931) — Chem. Zbl. **1932 I**, 1381.
[4] W. Zimmermann: Hoppe-Seylers Z. **189**, 4 (1930) — Chem. Zbl. **1930 II**, 275.
[5] Y. Okuda: J. of Biochem. **5**, 217 (1925) — Chem. Zbl. **1926 I**, 1462.
[6] Y. Teruuchi u. L. Okabe: J. of Biochem. **8**, 459 (1928) — Chem. Zbl. **1928 I**, 2850.
[7] O. Folin u. A. D. Marenzi: J. of biol. Chem. **83**, 103 (1929) — Chem. Zbl. **1929 II**, 2082.
[8] R. H. A. Plimmer u. J. Lowndes: Biochemic. J. **21**, 247 (1927) — Chem. Zbl. **1927 II**, 145.
[9] M. T. Hanke: J. of biol. Chem. **66**, 475, 489 (1925) — Chem. Zbl. **1926 I**, 2612.
[10] D. Zuwerkalow: Hoppe-Seylers Z. **163**, 185 (1927) — Chem. Zbl. **1927 I**, 2456.
[11] O. Fürth u. A. Fischer: Biochem. Z. **154**, 1 (1924) — Chem. Zbl. **1925 I**, 872.
[12] O. Folin u. V. Ciocalteu: J. of biol. Chem. **73**, 627 (1927) — Chem. Zbl. **1927 II**, 2089.
[13] W. D. McFarlane u. H. L. Fulmer: Biochemic. J. **24**, 1601 (1930) — Chem. Zbl. **1931 II**, 1170.
[14] M. T. Hanke: J. of biol. Chem. **79**, 587 (1928) — Chem. Zbl. **1929 I**, 115.
[15] P. Aschmarin: Arch. Sc. biol. St. Petersburg **23**, 327 (1924) — Chem. Zbl. **1926 I**, 3338.
[16] O. Fürth u. E. Nobel: Biochem. Z. **109**, 103 (1920) — Chem. Zbl. **1921 I**, 61.
[17] H. Bauer u. E. Strauss: Biochem. Z. **211**, 191 (1930) — Chem. Zbl. **1930 I**, 3705.

Prolingehalt: Aus dem Verhalten des Caseinogens bei der Aldehydreaktion nach Komm errechnet sich der Prolingehalt des Hydrolysates von Caseinogen zu 8,3% [1].

Histidingehalt: Nach Hanke 2,61% [2]. Vgl. dazu auch [3].

Arginingehalt: Nach der Flaviansäuremethode 5,2% [4]. Vgl. dazu auch [3].

Lysingehalt: 5,77% nach Leavenworth [5].

Über die Trennung der Aminodicarbonsäuren von den basischen Aminosäuren in Caseinhydrolysaten durch den elektrischen Strom [6]. — Errechnung der Maximalgehalte an bestimmten Hydrolysenprodukten aus acidimetrischen Messungen [7]. — Bestimmung der Hydrolysenprodukte durch das Veresterungs- und Acetylierungsverfahren [8].

Die Hauptfraktion des Caseinogens vom Molgewicht 100000 weist für die obigen Bausteine nach Carpenter folgende Werte auf [9]:

$$
\begin{aligned}
\text{S} &\ldots\ldots\ldots\ldots\ldots\ldots\ldots\ldots 0,785\% \\
\text{P} &\ldots\ldots\ldots\ldots\ldots\ldots\ldots\ldots 0,856\% \\
\text{Cystin} &\ldots\ldots\ldots\ldots\ldots\ldots\ldots 0,488\% \\
\text{Tryptophan} &\ldots\ldots\ldots\ldots\ldots\ldots 1,237\% \\
\text{Tyrosin} &\ldots\ldots\ldots\ldots\ldots\ldots\ldots 5,55\ \% \\
\text{Histidin} &\ldots\ldots\ldots\ldots\ldots\ldots\ldots 1,776\%
\end{aligned}
$$

Als neuer Baustein wurde d-Norvalin aufgefunden in einer mutmaßlichen Menge von mehr als 1% [10].

S-haltige, vom Cystin verschiedene Aminosäure: bei der Schwefelsäurehydrolyse von 30 kg Handelscasein konnten 10 g eines weißen, in durchsichtigen Platten oder Rosetten krystallisierenden Produktes, gewonnen werden, das nach der Reinigung eine Zusammensetzung von $C_5H_{11}O_2NS$ aufwies. Es handelt sich um Methionin (α-Amino-γ-methylthiobuttersäure). Es ist schwer trennbar vom Phenylalanin [11]. (Biologisches Verhalten dieser Aminosäure [12].) Vgl. dazu auch [13].

Über den Gehalt an Uraminosäuren [14].

Polypeptide: Abderhalden erhielt aus Caseinogen d-Alanyl-l-leucin [15]. Fernerhin eine Verbindung $C_{14}H_{18}N_2O_4 \cdot 2^1/_2 H_2O$ in einer Ausbeute von 2,8 g aus 1 kg Casein, die bei der Spaltung Tyrosin und Prolin liefert [16]. Synthetische Versuche und die mit dem isolierten Produkt selbst ausgeführten Reaktionen weisen auf ein aus den genannten Aminosäuren bestehendes Anhydrid hin.

Tryptophanhaltiges Tripeptid nach alkalischer Hydrolyse [17].

Lysinhaltiges Tripeptid: $C_{16}H_{30}O_5N_4$ bei partieller Hydrolyse [18].

Anhydride: Leucinanhydrid zu 1,5% nach der Autoklavenhydrolyse mit Wasser bei 180—200° [19].

[1] E. Komm: Hoppe-Seylers Z. **156**, 161 (1926) — Chem. Zbl. **1926 II**, 2094.

[2] M. T. Hanke: J. of biol. Chem. **66**, 475, 489 (1925) — Chem. Zbl. **1926 I**, 2612.

[3] H. O. Calvery: J. of biol. Chem. **83**, 631 (1929) — Chem. Zbl. **1929 II**, 3167.

[4] O. Fürth u. O. Deutschberger: Biochem. Z. **186**, 139 (1927) — Chem. Zbl. **1927 II**, 1482.

[5] C. S. Leavenworth: J. of biol. Chem. **61**, 315 (1924) — Chem. Zbl. **1924 II**, 2589.

[6] G. L. Foster u. C. L. A. Schmidt: J. amer. chem. Soc. **48**, 1709 (1926) — Chem. Zbl. **1926 II**, 899.

[7] J. Tillmans, P. Hirsch u. F. Strache: Biochem. Z. **199**, 399 (1929) — Chem. Zbl. **1929 I**, 1353.

[8] E. Cherbuliez, P. Plattner u. S. Ariel: Helvet. chim. Acta **13**, 1390 (1930) — Chem. Zbl. **1931 I**, 491.

[9] The Svedberg, L. M. Carpenter u. D. C. Carpenter: J. amer. chem. Soc. **52**, 701 (1930) — Chem. Zbl. **1930 I**, 2570. — D. C. Carpenter: J. amer. chem. Soc. **53**, 1812 (1931) — Chem. Zbl. **1931 II**, 253.

[10] E. Abderhalden u. F. Reich: Hoppe-Seylers Z. **193**, 198 (1930) — Chem. Zbl. **1931 I**, 771.

[11] J. H. Mueller: Proc. Soc. exper. Biol. a. Med. **19**, 161 (1922) — Chem. Zbl. **1922 III**, 626 — Ber. Physiol. **13**, 156 — J. of biol. Chem. **56**, 157 (1923) — Chem. Zbl. **1923 III**, 298.

[12] J. H. Mueller: J. of biol. Chem. **58**, 373 (1923) — Chem. Zbl. **1924 I**, 2888.

[13] G. Barger u. F. P. Coyne: Biochemic. J. **22**, 1419 (1928).

[14] A. C. Andersen u. R. Roed-Müller: Biochem. Z. **70**, 442 (1915) — Chem. Zbl. **1915 II**, 746.

[15] E. Abderhalden: Hoppe-Seylers Z. **131**, 284 (1923) — Chem. Zbl. **1924 I**, 921.

[16] E. Abderhalden u. H. Sickel: Hoppe-Seylers Z. **138**, 108 (1924) — Chem. Zbl. **1924 II**, 2054 — Hoppe-Seylers Z. **144**, 80 (1925) — Chem. Zbl. **1925 II**, 41 — Hoppe-Seylers Z. **153**, 16 (1926) — Chem. Zbl. **1926 II**, 221 — Hoppe-Seylers Z. **158**, 139 (1926) — Chem. Zbl. **1927 I**, 99.

[17] S. Fränkel u. E. Nassau: Biochem. Z. **110**, 287 (1920) — Chem. Zbl. **1921 I**, 251.

[18] P. A. Levene u. I. v. d. Scheer: J. of biol. Chem. **22**, 425 (1915) — Chem. Zbl. **1915 II**, 1195.

[19] S. S. Garves, J. T. W. Marshall u. H. W. Eckweiler: J. amer. chem. Soc. **39**, 112 (1916) — Chem. Zbl. **1917 I**, 950.

D-Isoleucyl-d-valinanhydrid bei der Säurespaltung von Caseinogen[1].

d-Valyl-l-leucinanhydrid und ein Anhydrid aus d-Alanin, l-Leucin und Prolin, ersteres in einer Ausbeute von 2,5 g, letzteres von 3,5 g aus 1 kg Caseinogen bei partieller Hydrolyse[2].

Über die Abtrennung einer fettartigen Substanz aus gereinigtem Caseinogen[3].

Physikalisches und chemisches Verhalten: Das physikalisch-chemische Verhalten des Caseinogens ist häufig mit dem der Gelatine verglichen worden. Siehe daher auch die einschlägigen Arbeiten dort und [4].

Vergleich der Caseine verschiedener Tierarten: Es ist noch umstritten, ob die von einzelnen Tieren produzierten Caseinogene miteinander identisch sind. Auf Grund der Ergebnisse von nach der Dakinschen[5] Methode der alkalischen Racemisierung behandelten Caseinogene schließt Dudley, daß jedes Säugetier ein spezifisches Caseinogen hervorbringt[6]. (Siehe auch Zusammensetzung.)

Nach Bosworth besitzen die Caseinogene aus der Milch der Frauen, der Ziegen und der Kühe dieselben Eigenschaften[7, 8]. Aus dem Ultraspektrogramm ergibt sich zum mindesten eine große Ähnlichkeit dieser 3 Proteine[9].

Das Caseinogen der Frauenmilch soll einen höheren Tryptophangehalt haben als das der Kuhmilch[10].

Bezüglich der Löslichkeit in 25proz. Ammoniak läßt sich das Caseinogen der Kuhmilch von dem der Ziegenmilch unterscheiden: Ziegencaseinogen ist unlöslich[11].

Zum Nachweis von Kuhmilch in Frauenmilch vgl. auch [12].

Mol-Gewicht: Die Werte für das Mol-Gewicht des Caseinogens, die von den einzelnen Forschern angegeben werden, weichen stark voneinander ab. Aus Leitfähigkeitsmessungen wird es zu annähernd 3000 errechnet[13].

Die Mol-Gewichtsbestimmung in Phenol ergibt, entgegen den sonst gefundenen niedrigen Werten, Resultate von über 10000, wenn man das Wasser völlig durch $CaCl_2$ ausschaltet[14].

Aus osmotischen Messungen in Harnstofflösungen ergibt sich 33600 ± 250[15].

Zaykowsky schließt aus Erwägungen über das Verhalten der optischen Drehung des Caseinogens und deren Änderung unter Alkalieinfluß auf ein Mol-Gewicht von 20000[16].

Bei dem Versuch, das Molekulargewicht von Caseinogen nach der Ultrazentrifugenmethode zu bestimmen, wurde festgestellt, daß Caseinogen aus einer Mischung von Proteinen mit verschiedenem Molgewicht besteht[17]. Die Hauptmenge des nach van Slyke und Baker gewonnenen Caseinogens zeigt z. B. Molgewichte zwischen 75000 und 100000. Wird es während seiner Auflösung auf 40° erhitzt, so zeigt die Hauptmenge ein Molgewicht von ca. 188000, während sich noch ein schwererer Anteil vom Molgewicht 370000 vorfindet. Dieser ist vielleicht das in heißem angesäuertem Alkohol lösliche Protein (s. dort). Durch Hitzebehandlung findet also Umwandlung in größere Moleküle statt[18].

---

[1] H. D. Dakin: Biochemic. J. **12**, 290 (1918) — Chem. Zbl. **1919 I**, 817.

[2] E. Abderhalden: Hoppe-Seylers Z. **131**, 284 (1923) — Chem. Zbl. **1924 I**, 921.

[3] C. Funk: Proc. Soc. exper. Biol. a. Med. **20**, 421 (1923) — Chem. Zbl. **1924 I**, 2711.

[4] J. Loeb: Die Eiweißkörper und die Theorie der kolloidalen Erscheinungen. Berlin 1924.

[5] Dakin: J. of biol. Chem. **13**, 357 (1912) — Chem. Zbl. **1913 I**, 816.

[6] H. W. Dudley u. H. E. Woodman: Biochemic. J. **9**, 97 (1915) — Chem. Zbl. **1916 I**, 1254.

[7] A. W. Bosworth u. L. L. van Slyke: J. of biol. Chem. **24**, 173 (1916) — Chem. Zbl. **1916 II**, 746.

[8] A. W. Bosworth u. L. A. Giblin: J. of biol. Chem. **35**, 115 (1918) — Chem. Zbl. **1919 I**, 374.

[9] E. Abderhalden u. E. Roßner: Hoppe-Seylers Z. **168**, 171 (1927) — Chem. Zbl. **1927 II**, 1967.

[10] O. Fürth u. E. Nobel: Biochem. Z. **109**, 103 (1920) — Chem. Zbl. **1921 I**, 61.

[11] W. Austen: Milchwirtsch. Zbl. **50**, 125 (1921) — Chem. Zbl. **1922 II**, 43.

[12] G. Kappeller u. A. Gottfried: Münch. med. Wschr. **67**, 813 (1920) — Chem. Zbl. **1920 IV**, 371.

[13] W. Pauli u. J. Matula: Biochem. Z. **99**, 219 (1919) — Chem. Zbl. **1920 I**, 221.

[14] E. J. Cohn u. J. B. Conant: Proc. nat. Acad. Sc. Washington **12**, 433 (1926) — Chem. Zbl. **1926 II**, 2064.

[15] N. F. Burk u. D. M. Greenberg: J. of biol. Chem. **87**, 197 (1930) — Chem. Zbl. **1931 I**, 1929.

[16] J. Zaykowsky: Biochem. Z. **137**, 562 (1923) — Chem. Zbl. **1923 III**, 311.

[17] The Svedberg, L. M. Carpenter u. D. C. Carpenter: J. amer. chem. Soc. **52**, 241 (1930) — Chem. Zbl. **1930 I**, 2106.

[18] van Slyke u. Baker: J. of biol. Chem. **35**, 127 (1918). — The Svedberg, L. M. Carpenter u. D. C. Carpenter: J. amer. chem. Soc. **52**, 701 (1930) — Chem. Zbl. **1930 I**, 2570. — Vgl. dazu auch D. C. Carpenter: J. amer. chem. Soc. **53**, 1812 (1931) — Chem. Zbl. **1931 II**, 253.

Vgl. dazu auch die Ausführungen Sørensens über die „reversibel dissoziablen Komponentensysteme"[1].

Aus dem Tryptophangehalt errechnet sich das Molekulargewicht zu 12800[2]. — Aus Messungen während der Hydrolyse des Caseinogens schließt Carpenter, daß das Mol-Gewicht ein Vielfaches von 2150 sein muß[3].

Das Mol-Gewicht des in destilliertem Wasser löslichen Alkalicaseinogenats wird zu 4000—4400 angegeben[4].

Die Mol-Gewichte des Caseinogens von Ziegen- und Kuhmilch sind einander gleich; sie werden zu 8888 angegeben[5]. Die Übereinstimmung der Mol-Gewichte des Caseinogens verschiedener Milcharten wurde auch für das Caseinogen aus Menschenmilch bestätigt[6].

Die Mol-Gewichte von Labcasein und Caseinogen verhalten sich wie 2:3[7].

Das Äquivalentgewicht des Caseinogens beträgt 1111; Caseinogen ist 8wertig[5]. Pauli gibt für das Äquivalentgewicht 1000 an[8]. Beim Vergleich von Säurecaseinogen mit Labcasein ergab sich bei Verwendung von Alkali- oder Erdalkalilösungen für beide ein Äquivalentgewicht von 1145[9,10].

Aus Leitfähigkeitsmessungen und der Festlegung der Überführungszahlen von Alkalicaseinogenatlösungen ergibt sich ein Äquivalentgewicht zu 2015, die Wertigkeit als Säure wird zu 3 angegeben im Gegensatz zu Cohn und Hendry[11], aus deren Berechnung für das Minimalmolekulargewicht eine Wertigkeit von 6 folgen würde[12].

Der isoelektrische Punkt des Caseinogens liegt bei p_H 4,85[13], bei $p_H = 4,6$[3,14], bei $p_H = 4,7$[15]. Vgl. dazu auch [16]. — Bei Frauenmilchcaseinogen ist der isoelektrische Punkt individuellen Schwankungen unterworfen; er bewegt sich bei gereinigtem und ungereinigtem Caseinogen zwischen $p_H = 4,10$ und 4,66, ist aber bei derselben Frau in einem Untersuchungszeitraum von $^3/_4$ Jahren konstant gefunden worden. — Die absolute Verschiebung des isoelektrischen Punktes in 5proz. Kochsalzlösung ist ebenfalls konstant, und zwar beträgt sie $p_H = 1$ bis 1,2 nach der alkalischen Seite[17,18].

Zum Brechungsexponenten von Caseinogen-Hydrosolen[19].

Das optische Drehungsvermögen des Caseinogens berechnet sich in Phosphorsäure und Essigsäure zu $[\alpha]_D = -86,6°$, in Pepsin-HCl bzw. in Boraxlösung zu $[\alpha]_D - 95,3$ bis $-95,4°$[20]. — Die Alkalicaseinogenate, hergestellt durch Erhitzen von 1 g Caseinogen mit je 8 ccm $^1/_{10}$ n-Alkali (Ammoniak in verschlossenem Gefäß!) auf dem Wasserbad und nachfolgendem Neutralisieren gegen Phenolphthalein, zeigen folgende Drehungswerte:

$$
\begin{array}{lll}
\text{Li-Caseinogenat} & \ldots\ldots & [\alpha]_D = -114,28° \\
\text{NH}_4\text{-} \quad,, & \ldots\ldots & -129,85° \\
\text{Na-} \quad,, & \ldots\ldots & -145,36° \\
\text{K-} \quad,, & \ldots\ldots & -156,62°\,[21]
\end{array}
$$

[1] S. P. L. Sørensen: Kolloid-Z. **53**, 102, 170, 306 (1930) — Chem. Zbl. **1930 II**, 3423; **1931 I**, 1768 — C. r. Lab. Carlsberg **18**, Nr 5, 1 (1930).

[2] E. J. Cohn u. R. E. L. Berggren: J. gen. Physiol. **7**, 45 (1924) — Chem. Zbl. **1925 I**, 93.

[3] D. C. Carpenter: J. of biol. Chem. **67**, 647 (1926) — Chem. Zbl. **1926 II**, 1652.

[4] K. Yamakami: Biochemic. J. **14**, 103, 522 (1920) — Chem. Zbl. **1920 IV**, 61; **1920 III**, 553.

[5] A. W. Bosworth u. L. L. van Slyke: J. of biol. Chem. **24**, 173 (1916) — Chem. Zbl. **1916 II**, 746.

[6] A. W. Bosworth u. L. A. Giblin: J. of biol. Chem. **35**, 115 (1918) — Chem. Zbl. **1919 I**, 374.

[7] V. Pertzoff: J. gen. Physiol. **10**, 987 (1927) — Chem. Zbl. **1927 II**, 1709.

[8] W. Pauli u. J. Matula: Biochem. Z. **99**, 219 (1919) — Chem. Zbl. **1920 I**, 221.

[9] Pfyl u. Turnau: Arb. ksl. Gesdh.amt **47**, 347 (1914) — Chem. Zbl. **1915 I**, 401.

[10] B. Bleyer u. R. Seidl: Biochem. Z. **128**, 48 (1921) — Chem. Zbl. **1922 III**, 176.

[11] Cohn u. Hendry: J. gen. Physiol. **5**, 521 (1923) — Chem. Zbl. **1923 III**, 1491.

[12] D. M. Greenberg u. C. L. A. Schmidt: J. gen. Physiol. **7**, 287, 303 (1924) — Chem. Zbl. **1925 I**, 671.

[13] H. C. Waterman: J. Assoc. official agricult. Chemists **10**, 259 (1927) — Chem. Zbl. **1927 II**, 2022.

[14] E. J. Cohn u. J. L. Hendry: Organic Synthese **10**, 16 (1930) — Chem. Zbl. **1931 I**, 3131.

[15] F. Lebermann: Biochem. Z. **206**, 56 (1929) — Chem. Zbl. **1929 II**, 505.

[16] W. M. Clark, H. F. Zoller, A. O. Dahlberg u. A. C. Weimar: Ind. Chem. **12**, 1163 (1920) — Chem. Zbl. **1921 I**, 512.

[17] F. Trendtel: Biochem. Z. **180**, 371 (1927) — Chem. Zbl. **1927 I**, 2442.

[18] F. Trendtel: Mschr. Kinderheilk. **34**, 378 (1926) — Chem. Zbl. **1927 II**, 1152 — Ber. Physiol. **40**, 31.

[19] A. W. Dumanski u. B. S. Putschkowski: J. russ. phys.-chem. Ges. **61**, 1301 (1929) — Chem. Zbl. **1930 I**, 2064.

[20] M. Rakusin: J. russ. phys.-chem. Ges. **47**, 147 (1915) — Chem. Zbl. **1916 I**, 798.

[21] M. Rakusin u. R. Logunowa: J. russ. phys.-chem. Ges. **47**, 1059 (1915) — Chem. Zbl. **1916 I**, 1033.

Nach Hewitt ergeben sich die Drehungswerte für Caseinogen für verschiedene Wellenlängen zu $[\alpha]_\lambda^{20}$:

λ 4359	5461	5780	6660 Å.-E.
$-184{,}4°$	$-105{,}1°$	$-91{,}2°$	$-66{,}0°$ [1]

(In dieser Arbeit über Beziehungen zwischen optischer Drehung und Wellenlänge des Lichtes sowie zwischen Drehungsdispersion und Adsorptionsspektrum.)

Löst man Caseinogen, bei dessen Herstellung die Verwendung von Ätzalkalien vermieden wird und das durch Umlösen in Natriumbicarbonat und weiterhin in 5 proz. Lösungen von Neutralsalzen gereinigt wird, in 10 proz. Na-Salicylat, Na- und K-Acetat, so ist die spezifische Drehung in letzteren am niedrigsten. Erhöhung der Konzentration an Caseinogen erniedrigt die Drehung, Erwärmen ist ohne Einfluß. — Alkalische Lösungsmittel, wie z. B. hydrolytisch-dissoziierte Alkalisalze, erhöhen die spezifische Drehung um so mehr, je stärker die alkalischen Eigenschaften sind, die Salzkonzentration ist ohne Einfluß, Erwärmen verändert die Drehung stark. — Lösungen, die in der Wärme in $^1/_{10}$ n-HCl hergestellt sind, zeigen Drehungswerte, die zwischen den Werten liegen, die man in Lösungen von neutralen und alkalischen Salzen erhält. — In $^1/_{10}$ n-Alkalien steigt die spezifische Drehung mit Steigerung der Alkalikonzentration, nimmt aber bei längerem Stehen oder Erwärmen durch Hydrolyse ab. Lösungen in Alkalien drehen stärker als in Erdalkalien, mit steigendem Atomgewicht der Erdalkalimetalle nimmt die spezifische Drehung ab (vgl. oben Rakusins Befunde bei den Alkalilösungen) [2].

Nach Holden drehen die Lösungen von Caseinogen in Säure stärker als die in Alkali [3].

Behandelt man Caseinogen aus Kuh- und Schafmilch nach der Dakinschen [4] Methode der alkalischen Racemisierung und hydrolysiert dann, so erhält man Verschiedenheiten im optischen Verhalten der resultierenden Aminosäuren für das Caseinogen jeder einzelnen Tierart [5] (vgl. auch Zusammensetzung). Die Racemisierung soll indessen nach Csonka erst während der Hydrolyse und nicht schon bei der Alkalieinwirkung stattfinden [6].

Im Gegensatz zu Gelatine erfolgt beim Casein die Racemisierung bei Verwendung hoher Alkalikonzentrationen schneller als bei der Hydrolyse mit verdünnten Alkalien. Die Geschwindigkeit der Racemisierung und der Hydrolyse spricht gegen das Vorkommen von Diketopiperazinen im Caseinogen [7, 8]. — Über Racemisierung und Enolisierung vgl. auch [9].

Über die Racemisationskurven von Caseinogen und Casein [10]. Vgl. dazu [11].

Über Lichtstreuung in Caseinogensolen [12].

Quellung und Löslichkeit (vgl. auch Bindung von Säuren, Alkalien, Salzen): a) in Salzen: Caseinogen kann durch eine Reihe von Salzen in den plastischen Zustand und in kolloide Lösungen übergeführt werden. In konzentrierten wässerigen $CaCl_2$-Lösungen ist es nicht löslich, in solchen von LiSCN ist es schon bei 25° sehr leicht löslich. Die Dispersionsfähigkeit D der einzelnen Salze ordnet sich in folgenden Reihen an:

$$D_{LiSCN} > D_{LiJ} > D_{LiBr} > D_{LiCl}; \quad D_{NaSCN} > D_{NaJ}; \quad D_{Ca(SCN)_2} > D_{CaJ_2} > D_{CaBr_2} > D_{CaCl_2} \, [13].$$

Die Löslichkeit des Caseinogens in Kochsalzlösungen hat ein Maximum bei einer Konzentration von 0,1150 Mol NaCl im Liter [14].

Löslichkeit in wässerigen Lösungen von borfluorwasserstoffsauren Salzen [15].

---

[1] L. F. Hewitt: Biochemic. J. **21**, 216 (1927) — Chem. Zbl. **1927 I**, 2747.

[2] J. Zaykowsky: Biochem. Z. **137**, 562 (1923) — Chem. Zbl. **1923 III**, 311.

[3] H. F. Holden u. M. Freeman: Austral. J. exper. Biol. a. med. Sci. **7**, 13 (1930) — Chem. Zbl. **1931 I**, 93.

[4] Dakin: J. of biol. Chem. **13**, 357 (1912) — Chem. Zbl. **1913 I**, 816.

[5] H. W. Dudley u. H. W. Woodman: Biochemic. J. **9**, 97 (1915) — Chem. Zbl. **1916 I**, 1254.

[6] F. A. Csonka u. M. J. Horn: J. of biol. Chem. **93**, 677 (1931) — Chem. Zbl. **1932 I**, 1381.

[7] P. A. Levene u. L. W. Bass: J. of biol. Chem. **78**, 145 (1928) — Chem. Zbl. **1928 II**, 1673.

[8] P. A. Levene u. L. W. Bass: J. of biol. Chem. **82**, 171 (1929) — Chem. Zbl. **1929 II**, 755.

[9] J. Gróh u. M. Weltner: Hoppe-Seylers Z. **198**, 267 (1931) — Chem. Zbl. **1931 II**, 2337.

[10] N. C. Wright: Biochemic. J. **18**, 245 (1924) — Chem. Zbl. **1924 I**, 2281.

[11] J. Zaykowsky: Fermentforschg **8**, 537 (1926) — Chem. Zbl. **1926 II**, 232.

[12] B. J. Holwerda: Rec. Trav. chim. Pays-Bas et Belg. (Amsterd.) **50**, 601 (1931) — Chem. Zbl. **1931 II**, 825.

[13] P. P. von Weimarn: Kolloid-Z. **40**, 12 (1926) — Chem. Zbl. **1927 I**, 249 — Canad. Chem. Met. **10**, 227 (1926) — Chem. Zbl. **1927 I**, 38 — J. Textile Inst. **17**, 642 (1926) — Chem. Zbl. **1927 I**, 1133.

[14] S. Ryd: Z. Elektrochem. **23**, 19 (1916) — Chem. Zbl. **1917 I**, 775 — Ark. Kemi, Min. och Geol. **7**, Nr 1 (1917) — Chem. Zbl. **1918 II**, 1040.

[15] H. V. Dunham: E.P. 164 604 v. 17. Mai 1920; Chem. Zbl. **1921 IV**, 715.

b) in Laugen: Entgegen der Auffassung von Ostwald[1] vertritt Sørensen eine chemische und physikochemische Auffassung von der Peptisation der Eiweißkörper. In seinen Versuchen gingen vom verwendeten Caseinogen in $^1/_2$ n-NaOH bis 12 g Caseinogen pro 100 ccm NaOH glatt in Lösung, während Buzágh[2] bei steigender Caseinogenmenge anfangs steigende Löslichkeit, dann aber einen sehr starken Löslichkeitsrückgang feststellte. (Weiteres über die Bedeutung der Bodenkörperregel[3].) Versuche mit sehr viel geringeren Laugenkonzentrationen ergeben Kurven mit einem geradlinig aufsteigenden Zweig völliger Löslichkeit und einem linearen schwach abfallenden Zweig im Gebiet höherer Caseinogenkonzentrationen. — Führt man die Versuche in Gegenwart von NaCl aus, so gehen innerhalb gewisser Grenzen mit steigendem Caseinogenzusatz steigende Mengen Caseinogen in Lösung, wobei p_{aH} fällt, der Prozentsatz des Gesamtcaseinogens, der in Lösung geht, nimmt mit steigender Caseinogenmenge ab, steigt aber regelmäßig mit wachsendem p_{aH}. Bei konstanten Konzentrationen an Kochsalz und Caseinogen lösen steigende Konzentrationen Natronlauge steigende Mengen Caseinogen, wobei p_{aH} ebenfalls wächst. — Bei wechselnder Kochsalzkonzentration findet man wachsende Löslichkeit mit steigender NaCl-Konzentration im Gebiete niedriger Laugenkonzentration. Bei NaCl-Konzentrationen über 2n nimmt die Löslichkeit des Caseinogens wieder ab, wahrscheinlich infolge Fällung von Komplexen aus Caseinogen und NaCl[4]. Vgl. dazu [5, 6]. — Über die Löslichkeit von Caseinogenfraktionen verschiedenen P-Gehaltes[7].

Die Lösungsgeschwindigkeit des Caseinogens in Natronlauge wird durch Alkali und Erdalkalichloride herabgesetzt; diese Verminderung wächst mit der Konzentration des zugesetzten Salzes, wobei die Erdalkalichloride wesentlich wirksamer sind als die Alkalichloride[8] Vgl. auch [9].

Über den Einfluß von Äthylalkohol und Glycerin auf die Lösungsgeschwindigkeit[10].

Die Wasserbindungskapazität von Na- bzw. Ca-Salzen des Caseinogens setzt sich, wie aus Dampfdruckmessungen hervorgeht, zusammen aus der Wasserbindungskapazität des isoelektrischen Proteins und der der ionisierten Atome, die bei der Salzbildung an das Protein gebunden sind. Da Na-Caseinogenate fast zu 100%, die Ca-Verbindungen nur zu 20% ionisiert sind, wird der antagonistische Einfluß der beiden Kationen auf den Hydratationsgrad erklärt[11].

Von der Temperatur wird die Löslichkeit des Caseinogens in Basen uneinheitlich beeinflußt. Zwischen 21—37° und 60—85° ist die Löslichkeit unabhängig von der Temperatur, zwischen 37 und 60° steigt die Löslichkeit bei Verwendung gleicher Mengen Base[12].

Die Löslichkeiten des Caseinogens und des Caseins in Natronlauge sind praktisch untereinander gleich[13].

Disperistätszustand im System Caseinogen-NaOH—NaCl[14].

In 25proz. Ammoniak ist Kuhcaseinogen löslich, Ziegencaseinogen dagegen soll unlöslich sein[15].

c) in Säuren: Nach Kondo wächst die Löslichkeit des Caseinogens in HCl mit der Menge der zugefügten Säure, was auf steigende Ionenbildung zurückzuführen ist. Wenn die Menge des ausgefällten Caseinogens vergrößert wird, nimmt die Löslichkeit bei gleichbleibender Säuremenge ab[16].

Die Löslichkeit des Caseinogens in HCl ist nicht konstant. Beim Schütteln wächst

[1] Wo. Ostwald: Kolloid-Z. **41**, 163 (1927) — Chem. Zbl. **1927 I**, 2044.

[2] A. von Buzágh: Kolloid-Z. **41**, 169 (1927) — Chem. Zbl. **1927 I**, 2044.

[3] A. v. Buzágh: Kolloid-Z. **49**, 185 (1929) — Chem. Zbl. **1930 II**, 210.

[4] S. P. L. Sørensen u. J. Sládek: Kolloid-Z. **49**, 16 (1929) — Chem. Zbl. **1930 I**, 655 — C. r. Lab. Carlsberg **17**, Nr 14, 1 (1929) — Chem. Zbl. **1930 I**, 1443. — J. Sládek: Cas. lék. Lékarnict. **10**, 1, 29, 61 (1930) — Chem. Zbl. **1930 I**, 3314.

[5] K. Yamakami: Biochemic. J. **14**, 522 (1920) — Chem. Zbl. **1920 III**, 553.

[6] S. Ryd: Ark. Kemi, Min. och Geol. **7**, Nr 1 (1917) — Chem. Zbl. **1918 II**, 1040.

[7] K. Linderstrøm-Lang: C. r. du Lab. Carlsberg **16**, Nr. I, 48 (1925) — Chem. Zbl. **1926 I**, 124.

[8] T. B. Robertson u. K. Miyake: J. of biol. Chem. **25**, 351 (1916) — Chem. Zbl. **1917 I**, 91.

[9] J. Loeb u. R. F. Loeb: J. gen. Physiol. **4**, 187 (1921) — Chem. Zbl. **1922 I**, 1075.

[10] T. B. Robertson u. K. Miyake: J. of biol. Chem. **26**, 129 (1916) — Chem. Zbl. **1917 I**, 657.

[11] D. R. B. Briggs: J. physic. Chem. **35**, 2914 (1931) — Chem. Zbl. **1932 I**, 505.

[12] V. Pertzoff: J. gen. Physiol. **10**, 961 (1927) — Chem. Zbl. **1927 II**, 1709.

[13] V. Pertzoff: J. gen. Physiol. **10**, 987 (1927) — Chem. Zbl. **1927 II**, 1709.

[14] G. Ettisch u. G. Schulz: Biochem. Z. **239**, 48 (1931) — Chem. Zbl. **1932 I**, 2476.

[15] W. Austen: Milchwirtsch. Zbl. **50**, 125 (1921) — Chem. Zbl. **1922 II**, 43.

[16] K. Kondo: C. r. du Lab. Carlsberg **15**, Nr 8, 1 (1925) — Chem. Zbl. **1925 II**, 401.

sie mit der Schütteldauer. Die Größe des Zuwachses ist abhängig von der Konzentration an Salzsäure und von p_H; frisch gefälltes Caseinogen löst sich schneller als altes oder getrocknetes. Schüttelt man mit einem Überschuß von HCl und entfernt denselben durch Dialyse, so erhält man ebenfalls größere Löslichkeiten. — Produkte von konstanter Zusammensetzung und konstanter Löslichkeit, die unabhängig sind von der Dauer des Schüttelns, gewinnt man, indem man Caseinogen 12 Stunden mit einem so großen Überschuß von Salzsäure schüttelt, daß alles in Lösung geht und die Lösungen rasch mit einer Mischung von Natronlauge und Kochsalz fällt. — Die Löslichkeit von Caseinogen in Salzsäure-Kochsalzlösungen nimmt mit der Aktivität der H-Ionen zu, mit zunehmender Cl'-Konzentration ab; die Löslichkeit in HCl nimmt mit der Menge des zurückbleibenden Niederschlages ab durch Bindung von HCl an den Niederschlag, wie auch Kondo[1] fand, sie wächst mit dem Gesamt-N-Gehalt in Lösung + Niederschlag. Linderstrøm schließt aus diesem Verhalten eine uneinheitliche Zusammensetzung (s. dort) des Caseinogens[2].

Isgaryschew untersucht die Quellung des Caseinogens durch folgende organische Säuren: Brenztraubensäure, Maleinsäure, Gallussäure, Mellitsäure, Essigsäure, Bernsteinsäure, Crotonsäure, Propionsäure, Malonsäure, i-Buttersäure, Citronensäure, Capronsäure, Buttersäure, p-Oxybenzoesäure, Äpfelsäure, Milchsäure (vgl. dazu [3]), Valeriansäure, m-Oxybenzoesäure, Fumarsäure, Asparagin, Weinsäure, Benzoesäure, Glykolsäure, Salicylsäure, Ameisensäure, Oxalsäure, Trichloressigsäure, Monochloressigsäure und Bromessigsäure. Es ergibt sich, daß keine Abhängigkeit der Quellung vom Dissoziationsfaktor besteht. OH-Gruppen begünstigen die Quellung stark, weniger eine vorhandene zweite Carboxylgruppe; die cis-Konfiguration wirkt stärker quellend als die trans-Form. Gleichzeitig vorhandene angehäufte OH- und COOH-Gruppen scheinen sich in ihrer Wirksamkeit gegenseitig zu hemmen. Von den einbasischen Fettsäuren zeigt nur Ameisensäure eine stark quellende Wirkung. Amidogruppen wirken erniedrigend auf die Quellung (Glykokoll). Die stärkste quellende Wirkung zeigt Monochloressigsäure. — Der Quellung geht eine Adsorption an Caseinogen voraus; die Adsorptionsverbindungen besitzen ein anderes Quellungsvermögen als das reine Caseinogen. (Vgl. auch über Koagulationswirkung derselben Säuren[4].) Vgl. auch [5].

Löslichkeit des Caseinogens in wasserfreier Ameisensäure[6].

d) in organischen Substanzen: Benzaldehyd löst bei Zimmertemperatur Caseinogen, desgleichen auch Phenole, in deren homologen Reihen die Löslichkeit mit steigender C-Zahl sinkt, Einführung von Chlor vermindert die Löslichkeit jedoch weniger als CH_3-Gruppen. Vermindernd wirkt $-COOCH_3$, aufhebend $-COOC_5H_{11}$ und $-COOC_6H_5$, ferner $-NO_2$ und $-OCH_3$. α-Naphthol und Benzylalkohol lösen nicht[7]. Die Dispergierung in konzentrierten wässerigen Lösungen von Polyphenolen bestätigt auch Weimarn. So lassen sich z. B. mit Pyrogallol bei 108° leicht 10proz., sehr viscose Lösungen erhalten, die beim Einbringen in kaltes Wasser faserige Niederschläge liefern. — Resorcin dispergiert etwas schwieriger[8].

Über den physikalisch-chemischen Zustand des Caseinogens in der Milch vergleiche folgende Arbeiten: Dispersitätsgrad und dessen Beeinflussung durch Laugen[9]. — Beeinflussung der Löslichkeit des Caseinogens in Milch und Colostrum durch die Lactose und die Salze des Milchserums[10]. — Über Lactalbumin als Schutzkolloid des Caseinogens[11]. — Bei der ultramikroskopischen Untersuchung von Kuhmilch sieht man das kolloide Caseinogen in kleinen zahlreichen Micellen. In Frauenmilch sind die Caseinogenmicellen nicht sichtbar, eine Tatsache, die auf dem relativ höheren Gehalt an Albumin beruht, das als Schutzkolloid wirkt[12]. — Über

[1] K. Kondo: C. r. du Lab. Carlsberg **15**, Nr 8, 1 (1925) — Chem. Zbl. **1925 II**, 401.

[2] K. Linderstrøm-Lang u. S. Kodama: C. r. du Lab. Carlsberg **16**, Nr 1, 1 (1925) — Chem. Zbl. **1926 I**, 123.

[3] M. E. Schulz: Milchwirtsch. Forschgn **11**, 294 (1930) — Chem. Zbl. **1931 I**, 1690.

[4] N. Isgaryschew u. A. Pomeranzewa: Kolloid-Z. **38**, 235 (1926) — Chem. Zbl. **1926 I**, 3129.

[5] H. von Euler u. B. Bucht: Z. anorgan. u. allg. Chem. **126**, 269 (1922) — Chem. Zbl. **1923 I**, 1092.

[6] J. Loiseleur: C. r. Acad. Sci. Paris **191**, 1391, 1477 (1930) — Chem. Zbl. **1931 I**, 1458, 2485.

[7] E. A. Cooper u. S. B. Nicholas: Biochemic J. **19**, 533 (1925) — Chem. Zbl. **1926 I**, 410.

[8] P. P. von Weimarn: Kolloid-Z. **42**, 134 (1927) — Chem. Zbl. **1927 II**, 2651.

[9] Wiegner: Kolloid-Z. **15**, 105 (1914) — Chem. Zbl. **1914 II**, 1202.

[10] L. Lindet: C. r. Acad. Sci. Paris **157**, 307 (1913) — Chem. Zbl. **1913 II**, 1247 — C. r. Acad. Sci. Paris **159**, 122 (1914) — Chem. Zbl. **1914 II**, 726.

[11] T. Tadokoro u. S. Sato: J. of Biochem. **1**, 433 (1922) — Chem. Zbl. **1924 I**, 1817 — Ber. Physiol. **22**, 16.

[12] L. Spolverini: Lait **10**, 21 (1930) — Chem. Zbl. **1930 I**, 1961.

die Adsorption von Lactalbumin an Caseinogen und den unlöslichen Teil der Milch[1]. — Über den Zustand des Caseinogens in Ziegenmilch[2] (s. auch Flockung). — Über die Einwirkung des Erhitzens auf die Dispersität des Caseinogens in der Magermilch[3].

Die Oberflächenspannung von Caseinogenlösungen wird durch Zusatz von Kochsalz herabgesetzt. K- und Na-Salze, Chloride und Jodide wirken verschieden[4]. — Nach Johnston erniedrigen niedrige Konzentrationen von Neutralsalzen, erhöhen hohe Konzentrationen die Oberflächenspannung in saurer Lösung. Die Oberflächenspannung ist abhängig von der Wasserstoffionenkonzentration und zeigt ein Maximum im isoelektrischen Punkt, ein Minimum bei maximalem osmotischen Druck, maximaler Viscosität und Potentialdifferenz. (Beziehungen der Oberflächenspannung zu den Donnan-Gesetzen[5].)

Der Einfluß des Caseinogens auf die Oberflächenspannung von Na-Glykocholatlösungen[6]. Über die Kompressibilität von Caseinogenlösungen[7].

Viscosität: Beeinflussung durch Elektrolyte (theoretische Erörterungen und Literatur)[8] — Viscosität des Caseinogens in saurer Lösung[9].

Der osmotische Druck von Caseinogenlösungen verschiedener Konzentration in 40proz. Harnstofflösung zeigt folgende Werte:

Caseinogen in Proz.	Osm. Druck in cm Wassersäule
1,01	13,2
1,95	29,0
2,68	42,7
3,66	56,1[10]

Abhängigkeit des osmotischen Druckes in Harnstofflösungen von der Wasserstoffionenkonzentration und Caseinogenkonzentration (Vergleich mit anderen Proteinen)[11].

Caseinogen bildet, auf angesäuertem Wasser von $p_H =$ etwa 1, Filme von 6—7,5 Å Dicke, deren Minima im isoelektrischen Punkt und bei p_H 1—2, deren Maxima zu beiden Seiten des isoelektrischen Punktes liegen. Erhöhung der Temperatur begünstigt die Ausbreitung. — Die Entstehung so dünner Filme wird dadurch erklärt, daß alle CONH-Gruppen als polare Gruppen wirken und sich der Wasseroberfläche zukehren[12]. — Ausbreitung auf verschiedenen Pufferlösungen[13]. — Theorie dieser Erscheinungen und Beziehungen zum Molgewicht und zur Molform[14] — Neue Methode zur Messung der Molekularschichten[15].

Über membranometrische Untersuchungen an Häutchen auf der Oberfläche von Caseinogenlösungen[16].

Die Adsorption von Eisen durch Caseinogen aus Lösungen von kolloidalem Ferrihydroxyd, Eisenchlorid und Eisenoxychlorid ist um so geringer, je weniger Elektrolyte in der Lösung enthalten sind[17].

Bei der Adsorption von Caseinogen an Tonerde findet keine Spaltung statt (im Gegensatz zu Hühnereiweiß und Peptonen). Die Adsorption an Tonerde ist nicht reversibel[18].

Verhalten gegen Strahlen: Die Absorptionsspektren 0,1proz. Lösungen von Caseino-

[1] L. L. van Slyke u. A. W. Bosworth: J. of biol. Chem. **20**, 135 (1915) — Chem. Zbl. **1915 I**, 1333.

[2] A. B. Bosworth u. L. L. van Slyke: J. of biol. Chem. **24**, 177 (1916) — Chem. Zbl. **1916 II**, 746.

[3] J. B. Nichols: E. D. Bailey, G. E. Holm, G. R. Greenbank u. E. F. Deysher: J. physic. Chem. **35**, 1303 (1931) — Chem. Zbl. **1931 II**, 1073.

[4] L. Berczeller: Biochem. Z. **66**, 173 (1914) — Chem. Zbl. **1915 I**, 263.

[5] J. H. S. Johnston: Biochemic. J. **21**, 1314 (1927) — Chem. Zbl. **1928 II**, 23.

[6] R. Sugino: J. of Biochem. **9**, 353 (1928) — Chem. Zbl. **1930 I**, 185.

[7] S. Palitzsch: C. r. du Lab. Carlsberg **14**, Nr. 4, 14 (1918) — Chem. Zbl. **1919 I**, 1037.

[8] H. R. Kruyt u. H. J. C. Tendeloo: Kolloidchem. Beih. **29**, 413 (1929) — Chem. Zbl. **1930 I**, 344.

[9] M. E. Schulz: Milchwirtsch. Forschgn **11**, 294 (1930) — Chem. Zbl. **1931 I**, 1690.

[10] N. F. Burk u. D. M. Greenberg: Proc. Soc. exper. Biol. a. Med. **25**, 271 (1929) — Chem. Zbl. **1929 II**, 1052.

[11] N. F. Burk u. D. M. Greenberg: J. of biol. Chem. **87**, 197 (1930) — Chem. Zbl. **1931 I**, 1929.

[12] E. Gorter u. F. Grendel: Trans. Farad. Soc. **22**, 477 (1926) — Chem. Zbl. **1927 I**, 1800.

[13] E. Gorter u. F. Grendel: Biochem. Z. **201**, 391 (1928) — Chem. Zbl. **1929 I**, 681.

[14] E. Gorter u. F. Grendel: Koninkl. Adad. Wetensch. Amsterdam Proc. **32**, 770 (1929) — Chem. Zbl. **1929 II**, 3148.

[15] E. Gorter u. W. A. Seeder: Kolloid-Z. **58**, 257 (1932) — Chem. Zbl. **1932 I**, 3043.

[16] W. Ostwald u. M. Meißner: Kolloidchem. Beih. **26**, 1 (1928) — Chem. Zbl. **1928 I**, 2167

[17] Palme: Hoppe-Seylers Z. **92**, 177 (1914) — Chem. Zbl. **1914 II**, 790.

[18] M. Rakusin u. G. Flier: J. russ. phys.-chem. Ges. **47**, 1331 (1915) — Chem. Zbl. **1916 II**, 230.

gen aus Kuh- und Ziegen- und Frauenmilch in $^1/_{100}$ n-NaOH für ultraviolettes Licht erweisen sich als nahezu identisch[1]. Bei Lösungen von Caseinogen in $^1/_{50}$ n-NaOH erhält man ein Band bei λ 3176—2628 [2].

Über den Einfluß von Formaldehyd auf das Absorptionsspektrum von Caseinogen und in alkalischer Lösung schwach hydrolysiertem Caseinogen[3]. Verdünnte NaOH hat bei 25° keinen Einfluß auf das Absorptionsspektrum von Caseinogen, wohl aber bei 100°[4].

Bei Bestrahlung von Caseinogen in NaF-Lösungen mit der Quarzlampe soll eine Substanz erhalten werden, die durch Essigsäure nicht mehr fällbar ist[5].

Über Beziehungen der Lichtkoagulationsgeschwindigkeit von Caseinogenlösungen zu deren Sterilität[6].

Flockungen: Die Hitzegerinnung frischer Milch ist entweder auf einen unnatürlich erhöhten Phosphorsäuregehalt, der die Kolloidfällung begünstigt, zurückzuführen oder vielleicht auch auf Bakterien, die Labferment bilden und ihren Sitz im Euter haben[7].

Mit Ca-Lactat versetzte Milch gerinnt beim Sieden. Der Kalk sammelt sich zunächst im Caseinogengerinnsel, reichert sich später in der Molke an[8].

Die bei der Hitzegerinnung der Milch auftretende endotherme Reaktion ist Fällung von Ca- und Mg-Phosphaten bzw. -Citraten[9].

Bei Frauenmilch weist der Hitzeflockungspunkt der Caseinogene individuelle Verschiedenheit auf, die aber, im Gegensatz zu der Flockung mit HCl (s. dort), erst nach Zusatz von Salzen scharf hervortritt[10].

Siehe auch über das Verhalten von Caseinogenlösungen bei der Dialyse[11].

Vergleich der Racemisationskurven von Caseinogen bzw. Casein bei Einwirkung von Hitze bzw. Lab[12].

Über die stabilisierende Wirkung polarer Moleküle (Glykokoll, Harnstoff, Formamid, Acetamid) bei der Koagulation durch Salze[13].

Das Optimum der Säurefällung des Caseinogens in reinen Lösungen oder in der Milch liegt bei einer Wasserstoffionenkonzentration von $2,5 \cdot 10^{-5}$ [14]. Bei Anwendung von dem gleichen Volumen $^1/_{10}$ n-Acetatpuffer auf Magermilch ($p_H = 4,62$) fällt nur ein Teil des Caseinogens aus. Die optimale Ausflockung entsteht bei einem Acetatgemisch von 8:1 ($p_H = 3,74$)[15].

Durch Gegenwart von Salzen wird die optimale Wasserstoffionenkonzentration verschoben. Die verschiebende Wirkung eines Salzes hängt sowohl von seinem Anion als auch von seinem Kation ab: sind beide gleich stark wirksam, so tritt keine Verschiebung des Fällungsoptimums ein, überwiegt das Kation, so wird das Flockungsoptimum nach der weniger sauren Seite verschoben und umgekehrt. In Gegenwart von Ca-Salzen tritt eine deutliche Verschiebung nach der sauren Seite ein. — Al und La haben neben der verschiebenden auch eine abschwächende Wirkung auf die Fällung des Caseinogens[14, 16, 17].

Untersuchung des Einflusses von Elektrolyten auf hydrophiles Na-Caseinogenat und hydrophobes Caseinogenchlorid: die Stabilität der Caseinogenchloridlösung hängt ab von dem

[1] E. Abderhalden u. E. Roßner: Hoppe-Seylers Z. **168**, 171 (1927) — Chem. Zbl. **1927 II**, 1967.

[2] L. Marchlewski u. J. Wierzuchowska: Bull. Int. Acad. Polon Sci. Lettres A **1928**, 471 — Chem. Zbl. **1929 I**, 1831.

[3] J. Gróh u. M. Hanák: Hoppe-Seylers Z. **190**, 169 (1930) — Chem. Zbl. **1930 II**, 2786.

[4] J. Gróh u. M. Weltner: Hoppe-Seylers Z. **198**, 267 (1931) — Chem. Zbl. **1931 II**, 2337.

[5] M. Arthus: Arch. internat. Physiol. **30**, 244 (1928) — Chem. Zbl. **1929 I**, 1083.

[6] M. Spiegel-Adolf u. K. F. Pollaczek: Biochem. Z. **214**, 175 (1929) — Chem. Zbl. **1930 I**, 3415.

[7] G. Koestler, W. Lehmann u. A. Loesli: Landwirtsch. Jb. (Schweiz) **40**, 1013 (1926) — Chem. Zbl. **1927 I**, 3231.

[8] E. Stransky: Mschr. Kinderheilk. **24**, 441 (1923) — Chem. Zbl. **1925 I**, 2737 — Ber. Physiol. **29**, 578.

[9] A. Leighton u. C. S. Mudge: J. of biol. Chem. **56**, 53 (1923) — Chem. Zbl. **1923 III**, 1102.

[10] H. Meyer: Biochem. Z. **178**, 82 (1926) — Chem. Zbl. **1927 I**, 2441.

[11] H. F. Holden u. M. Freeman: Austral. J. exper. Biol. med. Sci. a. **7**, 13 (1930) — Chem. Zbl. **1931 I**, 93.

[12] N. C. Wright: Biochemic. J. **18**, 245 (1924) — Chem. Zbl. **1924 I**, 2281.

[13] B. Jirgensons: Kolloid-Z. **51**, 290 (1930) — Chem. Zbl. **1931 I**, 1888.

[14] Michaelis u. Mendelssohn: Biochem. Z. **58**, 315 (1913) — Chem. Zbl. **1914 I**, 902.

[15] F. Lebermann: Biochem. Z. **206**, 56 (1929) — Chem. Zbl. **1929 II**, 505; **1931 II**, 3106.

[16] L. Michaelis u. A. von Szent-Györgyi: Biochem. Z. **103**, 178 (1919) — Chem. Zbl. **1920 III**, 93.

[17] L. Lindet: Lait **5**, 953 (1925) — Chem. Zbl. **1926 I**, 1817.

osmotischen Druck und von der Potentialdifferenz zwischen der Oberfläche des Kolloidpartikelchens und dem Lösungsmittel. Der osmotische Druck kann schon durch sehr geringe Elektrolytzusätze beeinflußt werden[1].

Das Flockungsvermögen der Salzsäure für Ca-Caseinogenat steigt bis zu 0,1% stark an, sinkt dann und verschwindet bei 0,2—0,3% HCl vollkommen, danach erfolgt wieder ein Anstieg, der zu etwa doppelter Höhe des ersten ansteigt. In beiden Gebieten sind Fällungszeit und Flockungsform verschieden. Die Salze der Milch verstärken die Flockung; Zucker- oder Eiweißzusatz verhindert die Flockung im Gebiet von 0,35—0,55% Salzsäure[2].

Beim Einleiten von Kohlensäure in alkalische Ca-Caseinogenate findet bei Zimmertemperatur Koagulation statt, bei 40—50° nicht. Die Flockung soll auf Bildung eines kolloiden Komplexes zwischen Ca-Caseinogenat und kolloidalem Calciumcarbonat, die bei höherer Temperatur ausbleibt, beruhen[3].

Bei wiederholten Fällungen mit Milchsäure ergibt sich, daß das Caseinogen an Ca verarmt, während die Phosphorsäure zurückgehalten zu werden scheint. — Dabei erleidet das Caseinogen eine Veränderung seines Aussehens: es wird durchsichtiger und geht schließlich in eine Gallerte über, von der man unter Umständen trübe Filtrate erhält. Nach Zugabe von Calciumsalzen findet wieder völlige Flockung statt[4].

Bezüglich der Flockungswirkung fand Isgaryschew folgende Reihe für organische Säuren: Brenztraubensäure < Maleinsäure < Gallussäure < Mellitsäure < Essigsäure < Bernsteinsäure < Crotonsäure < Propionsäure < Malonsäure < i-Buttersäure < Citronensäure < Capronsäure < Buttersäure < p-Oxybenzoesäure < Äpfelsäure < Milchsäure < Valeriansäure < m-Oxybenzoesäure < Fumarsäure < Asparagin < Weinsäure < Benzoesäure < Glykolsäure < Salicylsäure < Ameisensäure < Oxalsäure < Trichloressigsäure < Monochloressigsäure < Bromessigsäure. Titriert man mit diesen Säuren eine Lösung von Caseinogen in NaOH, die mit Salzsäure gegen Phenolphthalein neutralisiert ist, bis zur deutlichen Ausflockung, so findet man, daß die benötigte Säuremenge von der Geschwindigkeit der Titration unabhängig ist. Ein Zusammenhang mit der Stärke der Säuren soll nicht bestehen. Die Ausflockung wird als Bildung von unlöslichen Verbindungen zwischen Caseinogen und Ausflockungsmittel angesehen[5].

Pasteurisierung soll das Caseinogen der Milch so verändern, daß es sich bei der Fällung anders als in normaler Milch verhält[6].

Die Flockbarkeit des Caseinogens der Frauenmilch durch $^n/_{20}$-HCl ist bei bestimmter Temperatur individuell verschieden, für dasselbe Individuum aber konstant. Diese Verschiedenheiten sollen sich auch bei den rein dargestellten Caseinogenen aus der Milch verschiedener Individuen vorfinden[7]. — Über die Säuregerinnung des Caseinogens aus Frauenmilch mit verschiedenen Puffergemischen[8].

Über die Koagulation von Caseinogensolen mit Gemischen von organischen Stoffen (Äther, Chloroform, Essigsäureäthylester, Aceton, Äthylenglykol, Methanol, Äthylalkohol, Isopropylalkohol, Allylalkohol) und Salzen [NaCl, $CaCl_2$, $MgCl_2$, $CaBr_2$, $Mg(NO_3)_2$][9].

Über die Einwirkung des Formaldehyds auf Caseinogen[10].

Über Koazervation von Caseinsolen in Salzsäure durch verdünnte Natronlauge[11].

Dielektrische Eigenschaften von Caseinogengelen[12].

Neutrale Protaminlösungen (s. dort) fällen neutrale Caseinogen-Alkali-Lösungen. Der Niederschlag ist grobkörnig, weiß, löslich im Überschuß von Caseinogen, fast unlöslich im

[1] J. Loeb u. R. F. Loeb: J. gen. Physiol. 4, 187 (1921) — Chem. Zbl. 1922 I, 1075.
[2] F. Loebenstein: Kolloid-Z. 32, 264 (1923) — Chem. Zbl. 1924 I, 424 — Kolloid-Z. 34, 227 (1924) — Chem. Zbl. 1924 II, 667.
[3] C. Porcher: C. r. Acad. Sci. Paris 180, 1788 (1925) — Chem. Zbl. 1925 II, 1017.
[4] L. Lindet: C. r. Acad. Sci. Paris 180, 1462 (1925) — Chem. Zbl. 1925 II, 657.
[5] N. Isgaryschew u. M. Bogomolowa: Kolloid-Z. 38, 238 (1926) — Chem. Zbl. 1926 I, 3306.
[6] H. F. Zoller: Ind. Chem. 13, 510 (1921) — Chem. Zbl. 1921 IV, 719.
[7] H. Meyer: Biochem. Z. 178, 82 (1926) — Chem. Zbl. 1927 I, 2441.
[8] F. Demuth: Biochem. Z. 150, 144 (1924) — Chem. Zbl. 1924 II, 1942.
[9] B. Jirgensons: Kolloid-Z. 44, 202 (1928) — Chem. Zbl. 1928 I, 2364 — Biochem. Z. 195, 134 (1928) — Chem. Zbl. 1928 II, 741 — Kolloid-Z. 46, 114 (1928) — Chem. Zbl. 1929 I, 29 — Kolloid-Z. 47, 236 (1929) — Chem. Zbl. 1929 II, 399.
[10] M. Freeman: Austral. J. exper. Biol. a. med. Sci. 7, 117 (1930) — Chem. Zbl. 1931 I, 470.
[11] H. G. Bungenberg de Jong u. H. R. Kruyt: Kolloid-Z. 50, 39 (1930) — Chem. Zbl. 1930 II, 1049.
[12] W. Haller: Kolloid-Z. 56, 170 (1931) — Chem. Zbl. 1931 II, 1992.

kalten Wasser. Die Lösung im Caseinogenüberschuß gibt keinen Niederschlag mit den Alkaloidreagenzien. Die Fällung besteht aus 94% Caseinogen und 6% Protamin. — Ganz ähnliche Niederschläge erzielt man mit Histonlösungen, sie enthalten etwa 71% Caseinogen und 29% Histon.
Es ist fraglich, ob in diesen Niederschlägen chemische Verbindungen vorliegen, wie af Ugglas
glaubt[1]. — Mit Hämoglobin erhält man hellrote grobkörnige Niederschläge, die nach dem Waschen
mit Wasser rein weiß werden und aus Caseinogen bestehen. Setzt man aber umgekehrt ausreichende Caseinogenlösung zu Hämoglobinlösung, so entsteht ein teerartiger Niederschlag,
der in verdünntem Alkali löslich ist und aus dieser Lösung durch Säuren gefällt werden kann.
Hämoglobin verhält sich zum Caseinogen in dem Niederschlag wie 2:1[1].

Bindung von Säuren, Alkalien und Salzen (vgl. auch Löslichkeit), elektrochemisches Verhalten: Die Säure- und Alkalibindung an Caseinogen ist zwischen p_H 2,5
bis 10,5 chemischer Natur. (Vgl. aber [2].) Jenseits dieser Grenzen findet Adsorption statt,
was durch den negativen Temperaturkoeffizienten, die Proportionalität zwischen dem Logarithmus der gebundenen Säure- oder Alkalimenge und dem Logarithmus ihrer ursprünglichen
Konzentration sowie durch die Tatsache bewiesen wird, daß außerhalb der angegebenen
Grenze erheblich mehr Alkali „gebunden" wird, als der Zahl der vorhandenen Carboxylgruppen
entspricht[3].

Von den Halogenwasserstoffsäuren werden absteigende Mengen gebunden: $HJ > HBr$
$> HCl$, wenn man das Caseinogen mit $^1/_5$ n-Säuren im Überschuß behandelt und dann bei
niederer Temperatur einengt. Die aufgenommenen Säuremengen sind größer, als aus der
titrimetrischen Bestimmung hervorgeht. Beim Einengen auf dem Wasserbad wird bei HCl
und HBr das für 1 g Caseinogen erreichte Maximum der Säurebindung nicht überschritten,
bei Jodwasserstoff scheinen jedoch sekundäre Reaktionen einzutreten[4].

Von Salzsäure, Schwefelsäure oder Phosphorsäure werden bei gleicher Normalität äquivalente Mengen gebunden, bei gleicher Wasserstoffionenkonzentration mehr Phosphorsäure
als Salzsäure[3]. — Nach Loeb werden schwache 2- und 3 basische Säuren (H_3PO_4) in molekularen Verhältnissen an Caseinogen gebunden[5].

In salzsaurer Lösung bindet das Caseinogen etwa $2 \cdot 10^{-4}$ Grammäquivalente Cl-Ionen[6].
Vgl. dazu auch [7].

Über die Adsorption von Weinsäure (und ihren Salzen) Chloressigsäure, α-Brompropion-
säure[8].

Die Bindung der Ferrocyanwasserstoffsäure durch Caseinogen ist bei niedrigen Säurekonzentrationen salzartig, geht aber von einem bestimmten Punkte an in adsorptive Bindung
über. Die gefundenen Kurven passen sich den Adsorptionsformeln von Arrhenius und
von Freundlich an[9].

Eine Reihe von sauren Farbstoffen werden an Caseinogen ebenfalls in äquivalenten
Mengen (0,001 Äquivalent/g) gebunden, die den vorhandenen freien Aminogruppen des
Lysins, Histidins und Arginins entsprechen. Adsorptive Bindung soll dabei nicht stattfinden[10].

Säurecaseinogen und Casein unterscheiden sich bezüglich der Bindung von verdünnten
Säuren (HCl, H_2SO_4, Milchsäure, Essigsäure), die durch Adsorption zustande kommen soll,
dadurch, daß das Casein fast immer mehr Säure aufzunehmen vermag als das Caseinogen.
Bezüglich der Reaktionsisotherme verhalten sich Salzsäure und Schwefelsäure gleich. Die
Isotherme steigt anfangs steil an und geht nach Erreichung des Gleichgewichts in eine hori-
zontale Gerade über. Bei Milchsäure findet man zunächst einen ähnlichen Verlauf, nach Eintritt des Gleichgewichts findet noch einmal Säureaufnahme statt, bis ein zweites Gleichgewicht
erreicht ist. Auch Essigsäure zeigt ein abweichendes Verhalten von den anorganischen Säuren
und der Milchsäure; außerdem adsorbiert bei höheren Konzentrationen das Caseinogen mehr
Essigsäure als das Casein[2].

[1] af Ugglas: Biochem. Z. **61**, 469 (1914) — Chem. Zbl. **1914 II**, 1456.
[2] B. Bleyer u. R. Seidl: Biochem. Z. **128**, 48 (1921) — Chem. Zbl. **1922 III**, 176.
[3] R. A. Gortner u. W F. Hoffman: Science **62**, 464 (1925) — Chem. Zbl. **1926 I**, 1124.
[4] J. H. Long u. M. Hull: J. amer. chem. Soc. **37**, 1593 (1915) — Chem. Zbl. **1915 II**, 616.
[5] J. Loeb: J. gen. Physiol. **3**, 547 (1921) — Chem. Zbl. **1921 III**, 41.
[6] K. Kondo: C. r. du Lab. Carlsberg **15**, Nr. 8, 1 (1925) — Chem. Zbl. **1925 II**, 401.
[7] J. Loeb u. M. Kunitz: J. gen. Physiol. **5**, 665 (1923) — Chem. Zbl. **1923 III**, 1492.
[8] H. von Euler u. B. Bucht: Z. anorg. u. allg. Chem. **126**, 269 (1922) — Chem. Zbl. **1923 I**, 1092.
[9] Palme: Hoppe-Seylers Z. **92**, 177 (1914) — Chem. Zbl. **1914 II**, 790.
[10] L. M. Chapman, D. M. Greenberg, C. L. A. Schmidt: J. of biol. Chem. **72**, 707 (1927) —
Chem. Zbl. **1927 II**, 706.

Die **Laugenbindung** durch Caseinogen ist in der Hauptsache salzartig. Mit wachsendem Alkaligehalt tritt das Caseinogen als Säure höherer Wertigkeit auf[1, 2, 3].

Bei der Einwirkung von verdünnten Laugen wird primär momentan die Hauptmenge des Alkalis gebunden, sekundär wird das Caseinogen irreversibel unter Abtrennung diffusionsfähiger Bestandteile gespalten, wobei sich die Alkalibindungsfähigkeit erhöht[4].

Nach den Berechnungen von Cohn sollen im Caseinogenmolekül 19 Säuregruppen für die Basenbindung frei sein, unter Berücksichtigung des Phosphorgehaltes (Phosphorsäure) höchstens 28. Man würde für 1 g Caseinogen 148,7 bis $217,4 \cdot 10^{-5}$ Moleküle NaOH erhalten. Die experimentell gefundenen Werte stimmen damit leidlich überein, es werden für das gewöhnliche Caseinogen 18 saure Gruppen gefunden. Bei längerer Einwirkung des Alkalis werden mehr Säuregruppen frei, so daß nach alkalischer Behandlung 24 Säuregruppen gefunden werden[2]. — Die Alkaliaufnahme beginnt bei bestimmtem p_H[5].

Über die Bindung von Calciumhydroxyd[6]. Die Erdalkalien bilden komplexe Ionen (s. unten) mit dem Caseinogen; die gebundene Menge nähert sich einem Maximum, das etwa 5,5 ccm $^1/_{10}$ n-Erdalkalilauge pro g Caseinogen beträgt[7].

Das Basenbindungsvermögen des Caseins ist 1,5 mal größer als das des Caseinogens[8]. — Bleyer fand jedoch für beide Eiweißkörper bei der Titration gegen Phenolphthalein einen Verbrauch von 8,74 ccm $^n/_{10}$-Alkali- und Erdalkalilaugen. Die Bindung der Erdalkalien gehorcht dem Henryschen Gesetz[9].

Die Adsorptionskurve für die Adsorption von Cu aus Kupferacetat schließt sich den Formeln von Arrhenius und Schmidt gut an[10].

Adsorptionsverbindungen mit Kochsalz sollen nicht bestehen[11].

Membrangleichgewichte in Systemen NaCl-Na-Caseinogenat, $CaCl_2$-Ca-Caseinogenat, $CaCl_2$-Na-Caseinogenat[12].

Zum elektrochemischen Verhalten des Caseinogens und seiner Salze vergleiche folgende Arbeiten: Über das kataphoretische Potential der Sole[13]. Vgl. dazu auch [14]. — Über den Dissoziationsquotienten des Natriumcaseinogenats[15].

Caseinogenlösungen haben beträchtliche Leitfähigkeit. Die Beweglichkeit des Caseinogenions beträgt z. B.

bei 25°	35
„ 30°	46—47
„ 35°	65 reziproke Ohm[16, 17].

Die Behauptung von Mándoki und Polányi, daß die Leitfähigkeit durch Bildung von Zersetzungsprodukten vorgetäuscht werde[18, 19], wird durch Greenbergs Arbeiten sowie durch Plattner widerlegt[20]. Caseinogensalze verhalten sich wie starke anorganische Elektrolyte, ihre Leitfähigkeit nimmt nur beim Stehenlassen ohne Vorsichtsmaßregeln zu. (Bakterien-

[1] W. Pauli: Biochem. Z. **70**, 489 (1915) — Chem. Zbl. **1915 II**, 746.

[2] E. J. Cohn u. R. E. L. Berggren: J. gen. Physiol. **7**, 45 (1924) — Chem. Zbl. **1925 I**, 93.

[3] W. Pauli u. J. Matula: Biochem. Z. **99**, 219 (1919) — Chem. Zbl. **1920 I**, 221.

[4] G. Ettisch u. G. Schulz: Biochem. Z. **239**, 48 (1931).

[5] W. F. Hoffman u. R. A. Gortner: J. physic. Chem. **29**, 769 (1925) — Chem. Zbl. **1925 II**, 1344.

[6] V. Pertzoff: J. of biol. Chem. **79**, 799 (1928) — Chem. Zbl. **1929 I**, 2542.

[7] D. M. Greenberg u. C. L. A. Schmidt: J. gen. Physiol. **8**, 271 (1926) — Chem. Zbl. **1926 I**, 2205. — D. M. Greenberg: Trans. amer. elektrochem. Soc. **54** (1928) — Chem. Zbl. **1928 II**, 1861.

[8] V. Pertzoff: J. gen. Physiol. **10**, 987 (1927) — Chem. Zbl. **1927 II**, 1709.

[9] B. Bleyer u. R. Seidl: Biochem. Z. **128**, 48 (1921) — Chem. Zbl. **1922 III**, 176.

[10] Palme: Hoppe-Seylers Z. **92**, 177 (1914) — Chem. Zbl. **1914 II**, 790.

[11] S. Ryd: Arkiv för Kemi, Min. och Geol. **7**, Nr. 1 (1917) — Chem. Zbl. **1918 II**, 1040.

[12] N. C. Wright: Biochemic. J. **23**, 352 (1930) — Chem. Zbl. **1930 I**, 1607.

[13] B. J. Holwerda: Rec. Trav. chim. Pays-Bas et Belg. (Amsterd.) **47**, 248 (1928) — Chem. Zbl. **1928 I**, 2065.

[14] H. R. Kruyt u. H. J. C. Tendeloo: Kolloidchem. Beih. **29**, 432 (1929) — Chem. Zbl. **1930 I**, 344.

[15] R. Gahl, D. M. Greenberg u. C. L. A. Schmidt: Univ. California Publ. Physiol. **5**, 307 (1926) — Chem. Zbl. **1927 I**, 2521 — Ber. Physiol. **38**, 635.

[16] D. M. Greenberg u. C. L. A. Schmidt: J. gen. Physiol. **7**, 303 (1924) — Chem. Zbl. **1925 I**, 671.

[17] D. M. Greenberg: Trans. amer. electrochem. Soc. **54** (1928) — Chem. Zbl. **1928 II**, 1861.

[18] L. Mándoki u. M. Polányi: Biochem. Z. **104**, 254 (1920) — Chem. Zbl. **1920 III**, 151.

[19] M. Fischenich u. M. Polányi: Kolloid-Z. **36**, 275 (1925) — Chem. Zbl. **1925 II**, 642.

[20] F. Plattner: Kolloid-Z. **33**, 98 (1923) — Chem. Zbl. **1923 III**, 1027.

wirkung)[1, 2]. Vergleiche auch über den elektrischen Widerstand von Caseinogensalzen in Wasser und dessen Ansteigen beim Abkühlen[3].

Weitere Arbeiten über die Leitfähigkeit von Caseinogenionen siehe unter[4, 5].

Beim Stromdurchgang wird das Caseinogen in schwach saurer Lösung an der Kathode, in schwach alkalischer Lösung an der Anode abgeschieden. Die Menge des Niederschlages ergibt sich nach der Gleichung:

$$B \cdot Q = K,$$

worin B die Anzahl ccm 0,1 n-Alkali bzw. Säure pro g Caseinogen und Q Millifarad bedeutet. In $^1/_{10}$ n-Natronlauge, Kalilauge und Lithiumlauge ergibt sich für die Konstante etwa 9,6, sehr angenähert dem theoretischen Werte 10. — Für die Überführungszahlen wurden in Alkalilösungen folgende Werte gefunden:

	Caseinogen-Anion	Alkali-Kation
NaOH	0,45	0,55
KOH. ·	0,36	0,65
RbOH	0,355	0,645
CsOH	0,334	0,666

Die Menge des Caseinogenniederschlages ist also direkt proportional der durchgegangenen Elektrizitätsmenge und umgekehrt proportional der gebundenen Alkali- bzw. Säuremenge[6, 7].

Die Überführungszahlen für die Caseinogenlösungen in $^1/_{10}$ n-Erdalkalien liegen bedeutend höher als für die Alkalien, was wahrscheinlich der Bildung komplexer Ionen zuzuschreiben ist, in denen das Caseinogen entgegen seinem normalen Wanderungssinn wandert[7, 8].

Über das elektrochemische Verhalten des racemisierten Caseinogens[9].

Über Viscosität von Na- und Ca-Caseinogenatsolen und kataphoretisches Potential[10].

Elektrophorese in Gegenwart von Goldsolen[11].

Farbreaktionen: Empfindlichkeitsgrenzen:

Biuret	1:1330
Millon	1:660
Adamkiewicz	1:2660
Xanthoprotein.	1:2660
Molisch.	1:590
Pettenkofer	1:2380
Ostromysslenski	1:1230 [12, 13]

Rotblauviolettfärbung mit Vanillin und Salz- oder Schwefelsäure[14].

Rotfärbung mit Chinon[15].

Hydrolyse: Bei der Autoklavenhydrolyse des Caseinogens mit überhitztem Wasser bei 110—120° erhält man einen Rückstand, der an Wasserstoff ärmer, an Kohlenstoff reicher

[1] R. Gahl u. G. L. Greves: Univ. California Publ. Physiol. **5**, 289 (1926) — Chem. Zbl. **1927 I**, 2521 — Ber. Physiol. **38**, 634.

[2] W. Starlinger: Biochem. Z. **170**, 1 (1926) — Chem. Zbl. **1926 I**, 3339.

[3] M. H. Fischer u. M. O. Hooker: Kolloidchem. Beih. **23**, 200 (1926) — Chem. Zbl. **1926 II**, 2281.

[4] W. Pauli: Biochem. Z. **70**, 489 (1915) — Chem. Zbl. **1915 II**, 746.

[5] W. Pauli u. J. Matula: Biochem. Z. **99**, 219 (1919) — Chem. Zbl. **1920 I**, 221.

[6] D. M. Greenberg u. C. L. A. Schmidt: Proc. Soc. exper. Biol. a. Med. **21**, 197 (1924) — Chem. Zbl. **1924 II**, 1059 — Ber. Physiol. **25**, 258 — J. gen. Physiol. **7**, 287 (1924) — Chem. Zbl. **1925 I**, 671.

[7] D. M. Greenberg: Trans. amer. electrochem. Soc. **54** (1928) — Chem. Zbl. **1928 II**, 1861.

[8] D. M. Greenberg u. C. L. A. Schmidt: J. gen. Physiol. **8**, 271 (1926) — Chem. Zbl. **1926 I**, 2205.

[9] D. M. Greenberg u. C. L. A. Schmidt: J. gen. Physiol. **7**, 317 (1924) — Chem. Zbl. **1925 I**, 671.

[10] B. J. Holwerda: Rec. Trav. chim. Pays-Bas et Belg. (Amsterd.) **47**, 248 (1928) — Chem. Zbl. **1928 I**, 2006.

[11] R. B. R. Prideaux u. F. O. Howitt: Proc. roy. Soc. Lond. A **126**, 126 (1929) — Chem. Zbl. **1930 II**, 1509.

[12] Ostromysslenski: J. russ. phys.-chem. Ges. **47**, 317 (1915) — Chem. Zbl. **1916 I**, 682.

[13] M. Rakusin, E. Braudo u. G. Pekarski: J. russ. phys. chem. Ges. **47**, 2051 (1916) — Chem. Zbl. **1916 II**, 428.

[14] E. P. Häußler: Z. analyt. Chem. **53**, 691 (1914) — Chem. Zbl. **1915 I**, 221.

[15] K. Reimers: Z. exper. Med. **67**, 327 (1929) — Chem. Zbl. **1930 I**, 2929.

ist als das Ausgangsmaterial (Unterschied von Edestin und Gliadin)[1]. Während dieser Spaltung nimmt der p_H-Wert der Reaktionsprodukte stetig zu. Bei Bestimmung der Pufferwirkung ergab sich eine Abhängigkeit derselben von der Konzentration der Spaltprodukte und von der Dauer des Erhitzens[2]. Über die Fraktionierung der erhaltenen Produkte[3].

Über die Isolierung von Leucinanhydrid nach der Autoklavenhydrolyse[4]. (Vgl. auch Zusammensetzung.) Die Autoklavenhydrolyse, namentlich in Gegenwart von Säuren in geringer Konzentration, soll keine Veranlassung zur sekundären Bildung von Anhydriden geben[5]. — Verlauf der Autoklavenhydrolyse mit Alkalien bei 150°[6], mit Ammoniak bei 180°[7]. Die Hydrolyse des Caseinogens bei Temperaturen von 105—127° mit Salzsäure, Schwefelsäure und Phosphorsäure steht mit der Gleichung für Reaktionen zweiter Ordnung in Einklang, der katalytische Einfluß der Säuren ist von ihrer Wasserstoffionenaktivität abhängig[8]. (Hier auch Beziehungen zwischen Temperatur und Hydrolysengeschwindigkeit.) — Vgl. dazu auch [9].

Für die Hydrolyse des Caseinogens mit Normalalkali bei 37 und 70° sowie mit $^1/_5$n-Alkali bei 37, 70 und 100° und mit $^1/_5$n-Säure bei 100° gilt die Regel

$$x = k \cdot \sqrt{t}\ [10].$$

Bei der Hydrolyse von Caseinogen mit Salzsäure treten Differenzen zwischen den nach van Slyke und den nach Sørensen bestimmten NH_2-Werten auf, die mit fortschreitender Hydrolyse durch ein Maximum gehen. Enselme deutet die Zunahme der Differenz als Periode der Polypeptidbildung, die Abnahme als Periode der Zerlegung in Aminosäuren[11].

Bei Temperaturen über 5° verläuft die Hydrolyse des Caseinogens auf der sauren Seite des isoelektrischen Punktes ($p_H = 4,6$) als Reaktion erster Ordnung in einfacher Abhängigkeit von p_H. Auf der alkalischen Seite liegen die Verhältnisse komplizierter. Es sollen 2 Eiweißverbindungen vorliegen, von denen die eine leichter als die andere hydrolysiert wird[12]. — Bei Untersuchungen über den Verlauf der Hydrolyse mit verdünnten Alkalien und Säuren im Vergleich zu Serumalbumin und Serumglobulin ergab sich, daß n-HCl bei Temperaturen bis zu 50° keine nennenswerte Menge Amino-N freilegt, wohl aber nach Vorbehandlung mit Pepsinsalzsäure (siehe auch Verhalten gegen Fermente). Mit Pankreasfermenten vorbehandeltes Casein wird durch n-NaOH weiter gespalten[13].

p_H-Verschiebungen während der alkalischen Hydrolyse[14].

Bei der Hydrolyse des Caseinogens mit 1proz. Natronlauge bei Zimmertemperatur wird der Phosphor in eine lösliche, anorganische Verbindung übergeführt, und auch der locker gebundene Schwefel wird abgespalten. Durch Säuren erhält man aus dem Reaktionsgemisch einen weißen Niederschlag, der sich vom Ausgangsmaterial durch seine Löslichkeit in verschiedenen Reagenzien unterscheidet. An dieses Produkt konnte die Phosphorsäure nicht wieder angelagert werden[15].

[1] S. Komatsu u. C. Okinaka: Bull. Chem. Soc. Japan 1, 102 (1926) — Chem. Zbl. 1926 II,1051.

[2] S. Komatsu u. C. Okinaka: Bull. Chem. Soc. Japan 1, 151 (1926) — Chem. Zbl. 1926 II,2065.

[3] S. Komatsu u. C. Okinaka: Mem. Coll. Science, Kyoto A 10, 241, 248 (1927) — Chem. Zbl. 1927 II, 2200.

[4] S. S. Graves, J. T. W. Marshall u. H. W. Eckweiler: J. amer. chem. Soc. 39, 112 (1916) — Chem. Zbl. 1917 I, 950.

[5] N. Zelinsky u. N. Gawrilow: Biochem. Z. 182, 18 (1927) — Chem. Zbl. 1927 I, 2655. — N. Gawrilow, E. Stachejewa, A. Titowa u. N. Ewergetowa: Biochem. Z. 182, 26 (1927) — Chem. Zbl. 1927 I, 2656.

[6] M. A. Griggs: Ind. Chem. 13, 1027 (1921) — Chem. Zbl. 1922 I, 357.

[7] W. Ssadikow: Biochem. Z. 205, 360 (1929) — Chem. Zbl. 1929 II, 52.

[8] E. S. Nasset u. D. M. Greenberg: J. amer. chem. Soc. 51, 836 (1929) — Chem. Zbl. 1929 I, 2542.

[9] M. S. Dunn: J. amer. chem. Soc. 47, 2564 (1925) — Chem. Zbl. 1926 I, 961. — D. M. Greenberg u. N. F. Burk: J. amer. chem. Soc. 49, 275 (1927) — Chem. Zbl. 1927 I, 1486.

[10] J. Jaitschnikow: J. russ. phys.-chem. Ges. 58, 1374, 1377 (1926) — Chem. Zbl. 1927 II. 1144 — Biochem. Z. 190, 114 (1927) — Chem. Zbl. 1928 I, 2508 — J. russ. phys.-chem. Ges. 62, 1871 (1930) — Chem. Zbl. 1931 I, 2765.

[11] J. Enselme: C. r. Acad. Sci. Paris 190, 136 (1930) — Chem. Zbl. 1930 I, 2105 — Bull. Soc. Chim. biol. Paris 12, 351 (1930) — Chem. Zbl. 1930 II, 1995.

[12] D. C. Carpenter: J. of biol. Chem. 67, 647 (1926) — Chem. Zbl. 1926 II. 1652.

[13] E. Abderhalden u. W. Kröner: Fermentforschg 10, 12 (1928) — Chem. Zbl. 1928 II, 2729.

[14] E. Abderhalden u. R. Haas: Hoppe-Seylers Z. 151, 114 (1926) — Chem. Zbl. 1926 I, 2206.

[15] L. A. Maynard: J. physic. Chem. 23, 145 (1919) — Chem. Zbl. 1919 III, 435.

Beim Kochen von Caseinogen mit Natronlauge werden 1,51—1,74% des trockenen Proteins in Form von Acetaldehyd abgespalten. Kohlehydrate oder Aminosäuren sind nicht die Vorstufe des Aldehyds, die Bildung scheint vielmehr an die Konstitution des Eiweißes gebunden zu sein[1].

Das bei der Säurehydrolyse gebildete Ammoniak soll im wesentlichen aus den Amiden der Dicarbonsäuren stammen[2]. Nach Rimington soll das bei der Einwirkung von Natronlauge auf Caseinogen frei werdende Ammoniak durch Zersetzung von Arginin, zum größeren Teil aus den Gruppen stammen, die bei saurer Hydrolyse Amino-N liefern[3].

Über den Verlauf der Racemisierung während der Hydrolyse durch Alkalien[4]. (Vgl. auch über optisches Verhalten.)

Bei der Hydrolyse mit gesättigter alkoholischer Salzsäure wird das Caseinogen nur teilweise zerlegt. Die Ausbeute an Monoaminosäuren ist gering, die Bildung von komplexeren Produkten wahrscheinlich[5].

Die partielle Hydrolyse liefert Kyrine, aus denen sich ein lysinhaltiges Tripeptid $C_{16}H_{30}O_5N_4$ isolieren läßt[6].

Abderhalden erhielt d-Alanyl-l-leucin, d-Valyl-l-leucinanhydrid und ein Anhydrid aus d-Alanin, l-Leucin und Prolin[7]. Vgl. auch [8]. Weiterhin ergab sich bei der partiellen Hydrolyse und nachfolgender Benzoylierung und Veresterung mit Methylalkohol ein Benzoylleucylglutaminsäuredimethylester und eine Substanz, die bei der Totalhydrolyse Benzoylleucin, Alanin und Serin lieferte[9].

Bei der Hydrolyse von Caseinogen mit 2proz. Schwefelsäure bei 150—180° während 12 Stunden konnte ein Cyclotripeptid $C_{16}H_{25}O_3N_3$, bestehend aus 1 Mol Leucin und 2 Mol Prolin, isoliert werden[10].

Bei partieller Spaltung mit gesättigter Barytlösung oder mit 10proz. KOH erhält man ein tryptophanhaltiges Tripeptid[11].

Behandelt man Caseinogen nach der Methode der alkalischen Rasemisierung nach Dakin[12] und unterwirft es dann der totalen Hydrolyse, so erhält man bei Caseinogenen verschiedener Tierarten Unterschiede im optischen Verhalten der gewonnenen Aminosäuren[13]. (Siehe Zusammensetzung.)

Gewinnung von l-Oxyprolin und l-Prolin[14].

Hydrolysiert man Caseinogen mit konzentrierter Salzsäure unter fortlaufendem Zusatz von Methylal, so erhält man ein Gemisch von Reaktionsprodukten, aus dem durch Destillation mit gebranntem Kalk ein in Salzsäure lösliches Öl erhalten wird. Dieses stellt ein Gemisch von primären, sekundären und tertiären Basen dar. Durch Fraktionierung erhält man Pyridin, 2,6-Dimethylpyridin, eine Base C_7H_9N, die vielleicht ein bicyclisches Ringsystem enthält; Isochinolin, 4-Methylisochinolin, eine Base $C_{11}H_{11}N$, die wahrscheinlich ein Äthyl- oder Dimethylisochinolin darstellt, und eine Base $C_{12}H_{13}N$, die ein Homologes der drei vorhergehenden zu sein scheint[15].

Bei Gegenwart von Kohlehydraten während der Hydrolyse erhält man eine andere N-Verteilung nach van Slyke, die sich besonders in den Werten für die Hexonbasen ausdrückt. Der Einfluß der einzelnen Kohlehydrate ist verschieden[16].

Hinsichtlich der Bildung der Humusstoffe bietet die Hydrolyse mit Fluorwasserstoff-

[1] O. Riesser u. Mitarbeiter: Hoppe-Seylers Z. **196**, 201 (1931) — Chem. Zbl. **1931 II**, 583.

[2] J. M. Luck: Biochem. J. **18**, 679 (1924) — Chem. Zbl. **1924 II**, 1352.

[3] C. Rimington: Biochemic. J. **21**, 204 (1927) — Chem. Zbl. **1927 I**, 3014.

[4] P. A. Levene u. L. W. Bass: J. of biol. Chem. **78**, 145 (1928) — Chem. Zbl. **1928 II**, 1673 — J. of biol. Chem. **82**, 171 (1929) — Chem. Zbl. **1929 II**, 755.

[5] Weizmann u. Agashe: Biochemic. J. **7**, 437 (1913) — Chem. Zbl. **1914 I**, 679.

[6] P. A. Levene u. J. v. d. Scheer: J. of biol. Chem. **22**, 425 (1915) — Chem. Zbl. **1915 II**, 1195.

[7] E. Abderhalden: Hoppe-Seylers Z. **131**, 284 (1923) — Chem. Zbl. **1924 I**, 921.

[8] H. D. Dakin: Biochemic. J. **12**, 290 (1918) — Chem. Zbl. **1919 I**, 817.

[9] E. Abderhalden u. W. Kröner: Hoppe-Seylers Z. **178**, 276 (1928) — Chem. Zbl. **1929 I**, 1919.

[10] W. S. Ssadikow u. E. A. Poschiltzowa: Biochem. Z. **221**, 304 (1930) — Chem. Zbl. **1930 II**, 1556.

[11] S. Fränkel u. E. Nassau: Biochem. Z. **110**, 287 (1920) — Chem. Zbl. **1921 I**, 251.

[12] H. D. Dakin: J. of biol. Chem. **13**, 357 (1912) — Chem. Zbl. **1913 I**, 816.

[13] H. W. Dudley u. H. E. Woodman: Biochemic. J. **9**, 97 (1915) — Chem. Zbl. **1916 I**, 1254.

[14] J. Kapfhammer u. R. Eck: Hoppe-Seylers Z. **170**, 294 (1927) — Chem. Zbl. **1928 I**, 361.

[15] A. Pictet u. T. Quo Chou: Ber. dtsch. chem. Ges. **49**, 376 (1915) — Chem. Zbl. **1916 I**, 565.

[16] E. B. Hart u. B. Sure: J. of biol. Chem. **28**, 241 (1916) — Chem. Zbl. **1917 I**, 873.

säure keine Vorteile gegenüber der Salzsäurespaltung. Bei der Bestimmung der einzelnen Fraktionen ergeben sich Unterschiede für beide Verfahren[1].

Bei der Desaggregierung von Caseinogen durch Erhitzen mit Acetamid auf 150° entstehen klare Lösungen. Bei nachfolgender Hydrolyse erhält man die gleichen Aminosäuren wie bei gewöhnlichem hydrolytischem Abbau. (Hier über Schlüsse auf den Eiweißaufbau[2].)

Bei der Zersetzung des Caseinogens durch Destillation bei 25 mm Hg bis zur vollständigen Verkohlung erhält man:

schwerflüchtige Destillationsprodukte 27,6%
leichtflüchtige Produkte 7,2%
alkalilösliche Gase . . . . . . · 14,4%
säurelösliche Gase 4,2%
Rückstand 36,5%
Ammoniak . . . . nachgewiesen
primäre aliphatische Amine. . . . . nachgewiesen[3]

Beim Erhitzen mit wasserfreiem Glycerin auf 130° lassen sich aus Caseinogen eine Reihe von Fraktionen gewinnen, aus denen man ein „Tetrapeptid-Doppelassoziat“ bestehend aus Prolyl-pyrrolidonyl-lysyl-leucin und Prolyl-pyrrolidonyl-alanyl-leucin erhalten kann. (Siehe auch unter Gelatine[4].)

Über den Abbau des Caseinogens durch Erhitzen in Resorcin und den Begriff der „Akropeptide“[5].

Bei der oxydativen Spaltung des Caseinogens mit konzentrierter Salpetersäure erhält man Methylsulfosäure[6], Oxalsäure, p-Nitrobenzoesäure, Benzoesäure, Terephthalsäure und Trinitrophenol[7].

Bei der Behandlung des Caseinogens mit salpetriger Säure zwischen 0 und 60° wird Arginin nicht zerstört, Histidin dagegen zu 50% und Lysin völlig; Tryptophan wird nicht angegriffen, Tyrosin scheint weitgehend umgewandelt zu werden[8]. (Siehe dazu auch Desaminoderivat S. 205).

Über den Verlauf der Spaltung von Caseinogenlösungen mit Natriumhypochlorit[9].

Über die Einwirkung von Natriumhypobromit auf Caseinogen in Abhängigkeit vom Arginingehalt[10]. (Zur Einwirkung von Hypohalogeniden s. auch Desarginoderivat S. 205.)

Bei Versuchen über die Zuckereiweißkondensation konnte Pringsheim Kondensationsprodukte von Caseinogen mit reduzierenden Zuckern feststellen. Die Kondensate können mit Ammonsulfat gefällt werden; es herrschen in ihnen stöchiometrische Verhältnisse vor[11]. Mit Pepsin verdautem Casein kann z. B. Maltose bei $p_H = 5,3$ und 37° kondensiert werden[12]. Nach Neuberg beruht die Feststellung stöchiometrischer Verhältnisse bei der Kondensierung von Caseinogen mit Zuckern auf Analysenfehlern, da kolloidales Cuprooxyd in Lösung bleibt und somit der Bestimmung entgeht. Weiterhin sprechen folgende Befunde gegen die Kondensation: 1. der Zucker ist ausdialysierbar, 2. nach Enteiweißung mit kolloidalem Eisenhydroxyd bleibt er restlos in Lösung, 3. desgleichen nach der Ausfällung mit Alkohol, 4. weist auch die jodometrische Bestimmung des Zuckers durch Titration des überschüssigen Cu^{++} auf das Fehlen von Kondensaten hin[13]. Die freie Diffusion von Traubenzucker aus Caseinogenlösungen bestätigt auch Krüger. Merkliche Kondensatbildung zwischen Traubenzucker und Caseinogen findet nicht statt[14].

---

[1] E. Cherbuliez u. R. Wahl: Helvet. chim. Acta 11, 1252 (1928) — Chem. Zbl. 1929 I, 542.

[2] E. Cherbuliez u. G. de Mandrot: Helvet. chim. Acta 14, 163 (1931) — Chem. Zbl. 1931 I, 2342.

[3] M. S. Dunn: Proc. Soc. exper. Biol. a. Med. 25, 12 (1927) — Chem. Zbl. 1928 II, 1335.

[4] A. Fodor u. S. Kuk: Biochem. Z. 240, 123 (1931) — Chem. Zbl. 1931 II, 3215.

[5] A. Fodor u. S. Kuk: Biochem. Z. 245, 350 (1932) — Chem. Zbl. 1932 I, 2959.

[6] C. T. Mörner: Hoppe-Seylers Z. 93, 175 (1914) — Chem. Zbl. 1915 II, 663.

[7] C. T. Mörner: Hoppe-Seylers Z. 95, 263 (1915) — Chem. Zbl. 1916 I, 985.

[8] F. H. Willey u. H. B. Lewis: J. of biol. Chem. 86, 511 (1930) — Chem. Zbl. 1930 II, 1556.

[9] N. C. Wright: Biochemic. J. 20, 524 (1926) — Chem. Zbl. 1926 II, 1952.

[10] O. Fürth u. F. Fromm: Biochem. Z. 220, 69 (1930) — Chem. Zbl. 1930 II, 746.

[11] H. Pringsheim u. M. Winter: Ber. dtsch. chem. Ges. 60, 278 (1927) — Chem. Zbl. 1927 I, 1026.

[12] H. Pringsheim u. M. Winter: Biochem. Z. 177, 406 (1926) — Chem. Zbl. 1927 I, 461.

[13] C. Neuberg u. J. Simon: Ber. dtsch. chem. Ges. 60, 817 (1927) — Chem. Zbl. 1927 I, 2323.

[14] D. Krüger: Biochem. Z. 209, 119 (1929) — Chem. Zbl. 1929 II, 2424.

Verhalten gegen Fermente: Lab: Das Labferment ist mit dem Pepsin nicht identisch[1]. Beide Fermente lassen sich durch geeignete Mengen Tonerde voneinander trennen[2]. Ein weiterer Beweis für die Verschiedenheit der beiden Enzyme besteht in der Tatsache, daß sie im Magen neugeborener Kälber nach der Nahrungsaufnahme verschieden schnell zunehmen, und zwar bildet sich mehr Pepsin als Lab[3]. — Auch die Bindungsweise der beiden Fermente durch Eiweißkörper ist verschieden: Caseinogen bindet je nach der Wasserstoffionenkonzentration mehr oder weniger Lab, während Eiereiweiß überwiegend Pepsin und weniger Lab bindet[4]. Vgl. auch über die koagulierende Wirkung von Pankreassaft und Darmhautextrakt auf Milch in Gegenwart von $CaCl_2$[5,6].

Das Labgesetz Gerinnungszeit · Labkonzentration = konst. wird von einigen Forschern völlig abgelehnt[7]. Vgl. im Gegensatz dazu [8]. Es konnte jedoch nachgewiesen werden, daß zwar bei abnehmender Labkonzentration das Produkt zunächst kleiner wird, dann aber bei entsprechender Verdünnung konstant bleibt. Bei dieser Verdünnung hat das Labgesetz Gültigkeit[9]. Beim Übertragen von Laboratoriumsversuchen ins Große werden häufig Abweichungen vom Labgesetz beobachtet, die indessen auf sekundären Erscheinungen beruhen[10].

Das Optimum der Labfällung liegt zwischen einer Wasserstoffionenkonzentration von $4 \cdot 10^{-7}$ und $1 \cdot 10^{-6}$[11].

Die Milchgerinnung durch Lab ist von einer Reihe Faktoren abhängig und läßt sich stark beeinflussen:

Gekochte Milch gerinnt durch Lab viel langsamer oder gar nicht, wohl aber durch Zusatz von $CaCl_2$, dagegen nicht nach Zufügen von kolloidalem $CaHPO_4$[12]. Dieser Vorgang ist noch nicht geklärt. Löst man Caseinogen in einem Gemisch von n-Na-Acetat und $^1/_{15}$m-Na_2HPO_4 bei verschiedenen Temperaturen, so geht auch nach Zugabe von $CaCl_2$ die Labgerinnung um so schlechter vor sich, je höher diese Temperatur war. Vielleicht tritt durch das Erhitzen eine Änderung des Bindungsvermögens für Ca seitens des Caseins ein[13]. Löst man Caseinogen in dem obengenannten Salzgemisch unter Zusatz von bestimmten Mengen $CaCl_2$ und kocht dann, so ist die Lösung durch Lab schwerer gerinnbar. Gewinnt man aus der frischen, erhitzten Lösung das Caseinogen zurück, so verhält sich dieses gegen Lab wie nicht erhitztes Caseinogen. Die Wirkung des Erhitzens ist also reversibel, die Befunde sprechen hier gegen eine vermehrte Ca-Bindung[14]. Vgl. über den Einfluß der Wärme auf die Milchgerinnung auch [15].

Der Einfluß der Wasserstoffionenkonzentration auf die Labgerinnung besteht nicht in einer Aktivierung des Ferments, sondern in einer flockenden Wirkung auf das gebildete Casein[16]. Die Minimalmenge Lab, die zur Herbeiführung der Gerinnung erforderlich ist, hängt von der Wasserstoffionenkonzentration ab, H-Ionen wirken im gleichen Sinne wie Ca-Ionen[17].

[1] J. Zaykowsky: Biochem. Z. **146**, 189 (1924) — Chem. Zbl. **1924 II**, 673.

[2] W. Grimmer u. E. Hinkelmann: Milchwirtsch. Forschgn **6**, 274 (1928) — Chem. Zbl. **1928 II**, 1399.

[3] J. Zaykowsky, O. Fedorova u. W. Iwankin: Fermentforschg **10**, 83 (1928) — Chem. Zbl. **1929 I**, 92.

[4] B. E. French: Proc. Soc. exper. Biol. a. Med. **23**, 765 (1926) — Chem. Zbl. **1927 I**, 1685. — Ber. Physiol. **37**, 677.

[5] E. F. Terroine u. L. Kahn-Marino: Arch. internat. Physiol. **26**, 69 (1926) — Chem. Zbl. **1926 II**, 1955.

[6] E. Waldschmidt-Leitz u. A. Harteneck: Hoppe-Seylers Z. **149**, 203 (1925) — Chem. Zbl. **1926 I**, 1663.

[7] Grimmer u. Krüger: Milchwirtsch. Forschgn **2**, 457 (1925) — Chem. Zbl. **1926 I**, 3510 — Ber. Physiol. **34**, 256. — N. Grimmer: Milchwirtsch. Forschgn **11**, 302 (1930) — Chem. Zbl. **1931 I**, 1377.

[8] C. Porcher: Le Lait au point de vue colloidal. Lyon 1929 — Lait **9**, 449, 572, 681, 793, 942, 1051 (1929); **10**, 47, 146, 291, 401, 667, 794, 900, 1011, 1123 (1930); **11**, 1 (1931) — Chem. Zbl. **1931 I**, 1536.

[9] E. Lenk: Biochem. Z. **178**, 105 (1926) — Chem. Zbl. **1928 II**, 2605.

[10] L. A. v. Bergen: Chem. Weekbl. **20**, 479 (1923) — Chem. Zbl. **1923 IV**, 735.

[11] Michaelis u. Mendelssohn: Biochem. Z. **58**, 315 (1913) — Chem. Zbl. **1914 I**, 902.

[12] S. L. Palmer: Proc. Soc. exper. Biol. a. Med. **19**, 137 (1922) — Chem. Zbl. **1922 III**, 304.

[13] L. S. Michaelis u. S. Marui, Aichi: J. of exper. Med. **1**, 45 (1923) — Chem. Zbl. **1924 II**, 667 — Ber. Physiol. **24**, 301.

[14] S. Marui: Biochem. Z. **173**, 363 (1926) — Chem. Zbl. **1926 II**, 1428.

[15] N. L. Cosmovici: C. r. Soc. Biol. Paris **92**, 130 (1925) — Chem. Zbl. **1925 II**, 102.

[16] L. A. van Bergen: Chem. Weekbl. **20**, 479 (1923) — Chem. Zbl. **1923 IV**, 735.

[17] N. L. Cosmovici: Bull. Soc. Chim. biol. Paris **7**, 124 (1925) — Chem. Zbl. **1925 I**, 2122.

Die Ca-Konzentration ist von erheblichem Einfluß auf die Labgerinnung[1]. Je höher die $CaCl_2$-Konzentration ist, desto niedriger ist die Gerinnungstemperatur. Setzt man zu Beginn der Labeinwirkung Ca zu, so wird diese durch geringere Konzentration beschleunigt, durch höhere verlangsamt, bei späterem Zusatz tritt stets eine Hemmung des Ferments ein. Die Umwandlung vom Caseinogen in Casein ist nur beim Fällungsoptimum des Caseinkalks $p_H = 6{,}0$ bis $6{,}4$ vollständig[2]. Die Wirkung von 2- und 3wertigen Kationen läßt sich mit der des Ca vergleichen, ist jedoch nicht damit identisch. Ba, Sr und auch Mg können das Ca fast ersetzen[3]. Schwermetalle, insbesondere Fe, wirken mit Lab nur in einem engen Bereich, außerhalb desselben tritt durch sie Fällung auch ohne Lab ein. Einwertige Metalle, die an sich häufig Caseinogenfällungen erzeugen, wirken nicht in Gegenwart von Lab[4]. — Die Konzentration der Salze ist von Einfluß: Verdünnte Lösungen beschleunigen, konzentrierte Lösungen hemmen die Labwirkung. Die Salzwirkung besteht in der Reaktion entgegengesetzt geladener Kolloide[5].

Entzieht man dem Caseinogen durch Oxalatzusatz das Ca, so wird die Milch ungerinnbar durch Lab, gerinnt aber durch nachträgliches Kochen[6, 7]. Hitze und Oxalat wirken in gleicher Richtung, man braucht daher für die Nichtgerinnung gekochter und gelabter Milch weniger Oxalat als bei gelabter Rohmilch[7].

Von Wichtigkeit für die Gerinnung sind auch die Phosphate, die durch andere Substanzen ersetzt werden können. Nach Marui ist zur Gerinnung der Milch durch Lab (bzw. von Caseinogenlösungen durch Lab) die Gegenwart eines Kolloides erforderlich, das seine Stabilität der gleichzeitigen Gegenwart von Casein verdankt, in Abwesenheit von Casein aber nicht in stabilem Zustande ist. Als solche „kolloide Grundlage" können Ca-Phosphat, -Oxalat, Ca-Mastixlösung und Ca-haltiges Caseinogen angesehen werden, wobei das Ca innerhalb gewisser Grenzen (s. oben) durch andere mehrwertige Kationen ersetzt werden kann[8]. Auch Porcher stellt die Ersetzbarkeit der Phosphorsäure durch andere mehrbasische Säuren, deren Erdalkalisalze scheinbar kolloide Form anzunehmen vermögen, fest. Mit dem Phosphatgehalt wächst die Schnelligkeit der Gerinnung und die Konsistenz des Gerinnsels. Das Phosphat ist für die Bildung des Gerinnsels unbedingt erforderlich, da seine Micellen die des Caseins mitreißen. Durch Labeinwirkung werden die Phosphatmicellen beweglicher infolge Verminderung der Zähigkeit des Mediums, und können sich leichter mit den Caseinatmicellen zusammenlagern[3].

Rüdiger vertritt ebenfalls eine kolloidchemische Betrachtungsweise der Milchgerinnung. Durch Zusatz von $CaCl_2$ zur Milch nimmt die Wasserstoffionenkonzentration zu bis zu einem bestimmten Grade. Doch genügt dies zur Erklärung der Gerinnungsbeschleunigung nicht. Die Verschiebung des Säure-Basengleichgewichtes ist auf Umsetzung des $CaCl_2$ mit den Phosphaten zurückzuführen, die jedoch nicht stöchiometrischer Ordnung ist (wie an einem Gemisch von sekundärem und tertiärem Ca-Phosphat gezeigt wird)[9].

Gerinnungsgeschwindigkeit in Gegenwart verschiedener fettsaurer Salze[10].

Hemmung der Labgerinnung durch Toluol und Chloroform[11].

Sojamilch hemmt die Labgerinnung[12].

Die Frage nach dem Wesen der Labgerinnung ist noch nicht völlig geklärt. Eine Hydrolyse des Caseins während der Labgerinnung scheint jedoch nicht einzutreten. Dies geht daraus hervor, daß sich unter der Einwirkung des Labferments der Säuregrad der Milch nicht wesentlich verändert, wenn man durch Zusatz von Oxalat die Ausfällung des Caseins vermeidet. Ebensowenig zeigen sich Unterschiede in der elektrischen Leitfähigkeit[13]. — Aus dem Vergleich der Racemisationskurven von Caseinogen und Casein bei Einwirkung von Lab

[1] L. A. v. Bergen: Chem. Weekbl. **20**, 479 (1923) — Chem. Zbl. **1923 IV**, 735.

[2] P. Rona u. E. Gabbe: Biochem. Z. **134**, 39 (1922) — Chem. Zbl. **1923 I**, 991.

[3] C. Porcher: C. r. Acad. Sci. Paris **180**, 1534 (1925) — Chem. Zbl. **1926 I**, 259.

[4] S. Marui: Biochem. Z. **173**, 371 (1926) — Chem. Zbl. **1926 II**, 1428.

[5] E. F. Bostrom: Proc. Soc. exper. Biol. a. Med. **21**, 301 (1924) — Chem. Zbl. **1924 II**, 2300. — Ber. Physiol. **26**, 446.

[6] N. L. Cosmovici: C. r. Soc. Biol. Paris **91**, 885 (1924) — Chem. Zbl. **1925 I**, 445.

[7] N. L. Cosmovici: C. r. Soc. Biol. Paris **92**, 130 (1925) — Chem. Zbl. **1925 II**, 102.

[8] S. Marui: Biochem. Z. **173**, 381 (1926) — Chem. Zbl. **1926 II**, 1428.

[9] M. Rüdiger u. K. Wurster: Biochem. Z. **216**, 367 (1929) — Chem. Zbl. **1930 I**, 1066.

[10] M. Chiò u. S. Repetto: Boll. Soc. Biol. sper. **4** (1929) — Chem. Zbl. **1931 I**, 1033.

[11] F. Drugé: Lait **2**, 101 (1922) — Chem. Zbl. **1922 IV**, 506 — Ber. Physiol. **13**, 160.

[12] W. Ziegelmayer: Z. Fleisch- u. Milchhyg. **41**, 212 (1931) — Chem. Zbl. **1931 I**, 2406.

[13] G. S. Inichoff: Biochem. Z. **131**, 97 (1922) — Chem. Zbl. **1923 I**, 1045.

und Hitze läßt sich ebenfalls keine Proteolyse schließen[1]. — Auch die N-Bestimmung in Molken, die man durch Lab bzw. andere Agenzien erhält, spricht gegen Hydrolyse durch Labwirkung. Eine „Molkenalbumose" konnte nicht nachgewiesen werden[2]. (Vgl. dazu auch [3].)

Grimmer findet allerdings, daß bei kurzdauernder Labwirkung in der Molke erheblich größere Mengen von hitzekoagulablem N sich vorfinden als bei langer Labeinwirkung. Desgleichen schwankt der Tryptophangehalt, was auf Abspaltung tryptophanhaltiger Komplexe aus dem Casein durch Lab erklärt wird[4].

Wahrscheinlich ist es, daß die Labgerinnung kolloidchemischer Natur ist[5]. Sie besteht in einer Änderung des Dispersitätsgrades, die durch Wasserstoffionen und zweiwertige Metallionen gefördert wird[1, 6]. Vgl. dazu die weiter oben angeführten Arbeiten über die Faktoren der Labgerinnung.

Palmer sieht die Milchgerinnung durch Lab als eine chemische und kolloidchemische Reaktion an[7], während sich Zaykowsky auf Grund optischer Untersuchungen die Umwandlung von Caseinogen in Casein durch Lab als rein chemisch vorstellt[8]. Vgl. dazu auch [9]. Zur Kenntnis der Labwirkung vgl. ferner [10, 11, 12] und Fußnote [8] auf S. 191.

Das Colostrum unterscheidet sich bei der Labgerinnung von Milch nicht wesentlich. Die Gerinnungsgeschwindigkeit ist beim Colostrum etwas kleiner. Andere Angaben erklären sich durch Benutzung pathologischer oder an Ca-Ionen armer Milch[13].

Die Festigkeit des Caseingerinnsels durch Lab ist proportional der seit der Gerinnung verstrichenen Zeit und der Acidität. Sie ist umgekehrt proportional der Gerinnungszeit. Durch Zusatz von $CaCl_2$ wird sie erhöht. Mit steigender Temperatur nimmt die Festigkeit des Koagulums bis 42° zu, nachher fällt sie rasch ab. Die physikalische Beschaffenheit des Gerinnsels soll von der Individualität der Tiere abhängen[14]. — Die Konsistenz des Gerinnsels in ihrer Abhängigkeit vom Phosphatgehalt[15].

Das Labcasein stellt im chemischen Sinne nach Porcher ein Doppelsalz von Ca-Caseinat und Ca-Phosphat dar. Dieses Produkt ist in schwachen Alkalien unlöslich[16].

Pepsin: a) flockende Wirkung: Pepsin kann bei neutraler und schwach saurer Reaktion aus Caseinogen Casein bilden[17]. Pepsin und Lab sind jedoch zwei verschiedene Fermente, wie man durch ihr Verhalten gegenüber verschiedenen Na-Caseinogenatlösungen nachweisen kann[18]. Die Milchgerinnung durch Pepsin erfolgt bei Gegenwart von Chloriden und Bromiden des Natriums, Kaliums und Ammoniums schneller und zwar optimal bei einer Konzentration von 0,07—0,018 M. Durch Jodide und Fluoride wird die Pepsinwirkung bezüglich der Milchgerinnung abgeschwächt oder gar aufgehoben, und zwar wirken hier NaJ und KJ stärker als NH_4J. Mg-, Ca- und Ba-Salze fördern die peptische Milchgerinnung stark; unter ihnen jedoch am wenigsten Mg-Salze[19]. Das durch Pepsineinwirkung aus Milch erhaltene Casein ist nicht identisch mit dem Produkt, das man aus Caseinogen durch Alkali erhält; man kann infolgedessen ein ähnliches Produkt nicht durch partielle Hydrolyse von Caseinogen mit Alkali erhalten[20].

---

[1] N. C. Wright: Biochemic. J. 18, 245 (1924) — Chem. Zbl. 1924 I, 2281.

[2] T. Kaku: J. Pharm. Soc. Japan 1924, 10 — Chem. Zbl. 1927 I, 1901.

[3] Michaelis u. Mendelssohn: Biochem. Z. 65, 1 (1914) — Chem. Zbl. 1914 II, 649.

[4] W. Grimmer, C. Kurtenacker u. R. Berg: Biochem. Z. 137, 465 (1923) — Chem. Zbl. 1923 III, 1103.

[5] N. L. Cosmovici: C. r. Soc. Biol. Paris 91, 885 (1924) — Chem. Zbl. 1925 I, 445.

[6] G. S. Inichoff: Biochem. Z. 131, 97 (1922) — Chem. Zbl. 1923 I, 1045.

[7] S. L. Palmer: Proc. Soc. exper. Biol. a. Med. 19, 137 (1922) — Chem. Zbl. 1922 III, 304.

[8] J. Zaykowsky: Fermentforschg 8, 537 (1926) — Chem. Zbl. 1926 II, 232.

[9] N. M. Pawlowsky u. I. Zaykowsky: Fermentforschg 8, 547 (1926) — Chem. Zbl. 1926 II, 232.

[10] E. Mundinger: Süddtsch. Molkerei-Z. 1927, Nr. 19 — Chem. Zbl. 1928 II, 1280.

[11] E. Mundinger: Milchwirtsch. Forschg 4, 369 (1927) — Chem. Zbl. 1928 II, 1280.

[12] C. Porcher: Monit. Prod. Chim. 12, Nr 129, 7 (1929); 12, Nr 130, 3; 12, Nr 131, 10 — Chem. Zbl. 1930 II, 1791.

[13] J. Zaykowsky: Biochem. Z. 146, 189 (1924) — Chem. Zbl. 1924 II, 673.

[14] O. Allemann: Kolloid-Z. 24, 27 (1918) — Chem. Zbl. 1919 II, 602.

[15] C. Porcher: C. r. Acad. Sci. Paris 180, 1534 (1925) — Chem. Zbl. 1926 I, 259.

[16] C. Porcher: Chim. et Ind. 19, 589, 809 (1928) — Chem. Zbl. 1928 II, 2368.

[17] C. A. Pekelharing: Pflügers Arch. 167, 254 (1917) — Chem. Zbl. 1917 II, 235.

[18] O. Hammarsten: Hoppe-Seylers Z. 102, 33 (1918) — Chem. Zbl. 1918 II, 545.

[19] W. M. Cliffort: Biochemic. J. 21, 544 (1927) — Chem. Zbl. 1928 I, 219.

[20] V. Pertzoff: J. gen. Physiol. 11, 239 (1928) — Chem. Zbl. 1928 I, 2096.

b) **Proteolytische Wirkung:** Elution von Pepsin, das an Kohle adsorbiert ist, durch Casein[1].

Einwirkung verschiedener Pepsinpräparate[2,3].

Das Optimum der Pepsinwirkung liegt bei p_H 1,4—2,2. Die nach der Methode von Groß hergestellten Lösungen zeigen $p_H = 1,047$, das bei der Caseinspaltung auch durch Erhitzen nicht verschoben wird[4]. — Die Puffer HCl-Glykokoll und HCl-Citrat haben keinen Einfluß auf den Verlauf der Caseinverdauung durch Pepsin[5,6]. — Der Spaltungsverlauf folgt der Regel von Schütz und Borissow[3].

Beeinflussung der peptischen Verdauung des Caseinogens durch verschiedene Alkohole[7].

Bohnenkaffee/Milchgerinnsel soll schwerer verdaulich sein als Malzkaffee/Milchgemisch[8].

Anorganische Arsenverbindungen hemmen die peptische Caseinverdauung, Stovarsol, entsprechend 0,2% As dagegen nicht[9].

Chinin und Chininsalze in geeigneten Konzentrationen haben keinen Einfluß auf die Pepsinverdauung des Caseins[10].

Hemmung der Pepsineinwirkung durch komplizierte, während der Verdauung entstehende Hemmungskörper[11].

Verhalten der Viscosität während der peptischen Verdauung[12].

Bestimmung der peptischen Verdauung durch nephelometrische Untersuchungen[13].

Die peptische Hydrolyse führt nicht zur Bildung erheblicher Mengen Amino-N. (Vgl. auch [14].) Nach der Einwirkung des Pepsins wird das Casein durch n-Natronlauge noch weiter gespalten, ebenso durch n-Salzsäure[15].

Das Verhältnis des Zuwachses von NH_2- und COOH-Gruppen wird von Waldschmidt-Leitz stets 1:1 gefunden[16]. Ein Befund, der durch Sørensen[17] und Weber[18] bestätigt wird und mit dem Ergebnissen von Abderhalden[15] in Einklang steht. Gelegentlich beobachtete Abweichungen im Sinne einer stärkeren Zunahme von sauren Gruppen sind durch unvollkommene Erfassung der Eigenacidität der veränderten Substrate zu erklären[19]. Diesen Befunden widersprechen die Mitteilungen von Steudel, der stets mehr Carboxylgruppen als Aminogruppen findet und zwar beträgt das Verhältnis COOH:NH_2 5,86:1. Steudel schließt daraus, daß esterartige Bindungen gelöst werden und daß auch Aminogruppen gebildet werden, die nach van Slyke nicht faßbar sind[20,21].

Während der Pepsinhydrolyse findet kaum Zunahme von Aminosäuren, wohl aber von nach Willstätter bestimmbaren Peptidcarboxylen statt[22].

[1] K. Kikawa: J. of Biochem. **6**, 275 (1926) — Chem. Zbl. **1926 II**, 2444.

[2] J. Smorodinzew u. A. Adowa: Hoppe-Seylers Z. **182**, 1 (1929) — Chem. Zbl. **1929 II**, 896.

[3] J. Smorodinzew u. A. Adowa: Hoppe-Seylers Z. **183**, 133 (1929) — Chem. Zbl. **1930 I**, 239.

[4] J. Smorodinzew u. A. Adowa: Bull. Soc. Chim. biol. Paris **7**, 1060 (1925) — Chem. Zbl. **1926 I**, 2008.

[5] J. Smorodinzew u. A. Adowa: Bull. Soc. Chim. biol. Paris **7**, 1068 (1925) — Chem. Zbl. **1926 I**, 2009.

[6] J. Smorodinzew u. A. Adowa: Bull. Soc. Chim. biol. Paris **7**, 1154 (1925) — Chem. Zbl. **1926 II**, 233.

[7] E. Abderhalden u. F. Reich: Fermentforschg **11**, 64 (1929) — Chem. Zbl. **1930 I**, 3792.

[8] H. Lüers: Med. Klinik **26**, 209 (1930) — Chem. Zbl. **1930 I**, 2270 — Med. Welt **4**, 343 (1930) — Chem. Zbl. **1930 I**, 3207.

[9] J. A. Smorodinzew u. N. M. Kontschalovskaya: C. r. Soc. Biol. Paris **101**, 993 (1929) — Chem. Zbl. **1930 I**, 2270.

[10] J. Smorodinzew u. C. Lemberg: Biochem. Z. **162**, 266 (1925) — Chem. Zbl. **1926 I**, 693.

[11] H. H. Weber u. H. Gesenius: Biochem. Z. **187**, 410 (1927) — Chem. Zbl. **1927 II**, 2066.

[12] H. Holter: Hoppe-Seylers Z. **196**, 1 (1931) — Chem. Zbl. **1931 I**, 3132.

[13] P. Rona u. H. Kleinmann: Biochem. Z. **155**, 34 (1925) — Chem. Zbl. **1925 I**, 2169.

[14] Y. Uwatoko: Hoppe-Seylers Z. **139**, 76 (1924) — Chem. Zbl. **1924 II**, 2595.

[15] E. Abderhalden u. W. Kröner: Fermentforschg **10**, 12 (1928) — Chem. Zbl. **1928 II**, 2729.

[16] E. Waldschmidt-Leitz u. E. Simons: Hoppe-Seylers Z. **156**, 114 (1926) — Chem. Zbl. **1926 II**, 2443.

[17] S. P. L. Sørensen u. L. Katschioni-Walther: Hoppe-Seylers Z. **174**, 251 — C. r. du Lab. Carlsberg **17**, Nr 7, 1 (1928) — Chem. Zbl. **1928 I**, 3082.

[18] H. H. Weber u. H. Gesenius: Biochem. Z. **187**, 410 (1927) — Chem. Zbl. **1927 II**, 2066.

[19] E. Waldschmidt-Leitz: Hoppe-Seylers Z. **171**, 70 (1928) — Chem. Zbl. **1928 I**, 813.

[20] H. Steudel, J. Ellinghaus u. A. Gottschalk: Hoppe-Seylers Z. **154**, 21, 198 (1926) — Chem. Zbl. **1926 II**, 901, 1429.

[21] H. Steudel u. J. Ellinghaus: Hoppe-Seylers Z. **166**, 84 (1927) — Chem. Zbl. **1927 II**, 944.

[22] A. N. Adowa u. J. A. Smorodinzew: Hoppe-Seylers Z. **183**, 133 (1929) — Chem. Zbl. **1930 I**, 239.

Pepsin spaltet aus dem Caseinogenmolekül Phosphorverbindungen ab, die durch Phosphatase nicht angegriffen werden und auch mit Pepsin keine Phosphorsäure liefern[1]. — In der Abscheidung dieses phosphorhaltigen Zwischenproduktes ist nach Linderstrøm-Lang der Unterschied begründet, den die peptische Verdauung des Caseinogens gegenüber anderen Proteinen aufweist. Das ausgeschiedene Phosphorpepton ist mit den weiter unten aufgeführten P-haltigen Produkten der tryptischen Verdauung nicht identisch, vielleicht stellt es aber deren Vorstufe dar[2].

Caseinogen, das für sich kaum von Kollodiummembranen adsorbiert wird, wird nach der Pepsinspaltung adsorbiert, jedoch bedeutend weniger, als durch Trypsin (s. dort) gespaltenes. Die Adsorbierbarkeit wird nicht durch die Lösung von Peptidbindungen hervorgerufen. Dem Pepsin kommt also die starke desaggregierende Wirkung des Trypsins nicht zu[3].

Nach Dakin racemisiertes Caseinogen wird von Pepsin (und auch von Trypsin) verdaut, wenn auch langsamer als das ursprüngliche Produkt[4].

Tryptische Fermente: Bestimmung der Einwirkung[5, 6]. — Über die Bindung von Trypsin an das Substrat[7, 8].

Die Trypsinspaltung des Caseinogens bzw. des Caseins geht nur in Gegenwart von Enterokinase vor sich[9]. Der Aktivator kann durch das Casein gehemmt werden, so daß es nicht zur Bildung von Trypsinkinase kommt[10]. (Die einzelnen Forscher haben zu ihren Versuchen verschiedene Trypsinpräparate angewendet. Die Allgemeingültigkeit der erhobenen Befunde wird daher zum Teil eingeschränkt. In den neueren Arbeiten sind vielfach reine Fermentlösungen nach Willstätter benutzt worden.) — Auch nach der Dakinschen Methode racemisiertes Caseinogen wird von Trypsin (auch von Pepsin) zerlegt, wenn auch langsamer als das ursprüngliche Produkt[4].

Das Optimum der Spaltung durch Trypsin liegt bei einer Wasserstoffionenkonzentration von $3 \cdot 10^{-6}$ bis $5 \cdot 10^{-7}$ [11], nach Mori bei $p_H = 7,8$ (Trypsin Grübler). Bis zu einer Substratkonzentration von 5% gehorcht die Spaltung der Regel von Schütz. Oberhalb dieser Konzentration fällt der Reaktionskoeffizient mit steigender Substratkonzentration; mit steigender Enzymmenge wächst der Koeffizient, die Größe der Steigerung nimmt mit Zunahme der Fermentmenge ab. Zwischen 50 und 55° beginnt die Verzögerung der Wirkung[12].

(Berechnungen über die Schützsche Regel auf Grund der Langmuirschen Adsorptionstheorie[13].)

Während Waldschmidt-Leitz annimmt, daß die Trypsinwirkung nach einer bestimmten Leistung zum Stillstand kommt[14], nimmt Ehrenberg Hemmung der Trypsinwirkung durch Hemmungskörper an. Es ist nicht geklärt, ob die Bildung der Hemmungskörper ein Teil des enzymatischen Wirkungsvorganges selbst oder nur eine sekundäre Folge der Substratspaltung ist; ferner nicht, ob die Hemmung auf Bildung der Verbindung „Enzym-Hemmungskörper" beruht, oder ob der Hemmungskörper das Endprodukt einer Reaktion darstellt, bei der das Enzym Reaktionsteilnehmer ist und an deren Ablauf die enzymatische Wirkung gebunden ist[15]. In weiteren Untersuchungen kommt Ehrenberg zu folgenden Schlüssen: Die Hemmung der Proteolyse des Caseinogens bzw. Caseins durch die Spaltungsprodukte

---

[1] C. Rimington u. H. D. Kay: Biochemic. J. **20**, 777 (1926) — Chem. Zbl. **1926 II**, 3057.

[2] H. Holter, K. Linderstrøm-Lang u. J. B. Funder: Hoppe-Seylers Z. **206**, 85 (1932) — Chem. Zbl. **1932 I**, 3196.

[3] P. Rona u. E. Mislowitzer: Biochem. Z. **200**, 152 (1928) — Chem. Zbl. **1929 I**, 1575.

[4] K.-H. Lin, H. Wu u. T.-T. Chen: Chin. J. Physiol. **2**, 131 (1928) — Chem. Zbl. **1928 II**, 1006.

[5] R. Willstätter, E. Waldschmidt-Leitz, S. Duñaiturria u. G. Künstner: Hoppe-Seylers Z. **161**, 191 (1926) — Chem. Zbl. **1927 I**, 905.

[6] B. Goldstein: Fermentforschg **9**, 322 (1928) — Chem. Zbl. **1928 II**, 1241.

[7] R. Ehrenberg: Biochem. Z. **184**, 90 (1927) — Chem. Zbl. **1927 II**, 592.

[8] J. H. Northrop: J. gen. Physiol. **6**, 239 (1924) — Chem. Zbl. **1924 I**, 1824.

[9] R. Willstätter: Dtsch. med. Wschr. **52**, 1 (1926) — Chem. Zbl. **1926 I**, 1673.

[10] E. Waldschmidt-Leitz u. K. Linderstrøm-Lang: Hoppe-Seylers Z. **166**, 227, 241 (1927) — Chem. Zbl. **1927 II**, 834/5.

[11] J. H. Long u. M. Hull: J. amer. chem. Soc. **39**, 1051 (1917) — Chem. Zbl. **1917 II**, 633.

[12] S. Mori: J. of Biochem. **8**, 21 (1927) — Chem. Zbl. **1928 I**, 2410.

[13] E. A. Moelwyn-Hughes, J. Pace u. W. C. M. Lewis: J. gen. Physiol. **13**, 323 (1930) — Chem. Zbl. **1930 II**, 575.

[14] E. Waldschmidt-Leitz u. E. Simons: Hoppe-Seylers Z. **156**, 99 (1926) — Chem. Zbl. **1926 II**, 2442.

[15] R. Ehrenberg: Biochem. Z. **149**, 269 (1924) — Chem. Zbl. **1924 II**, 1945.

ist nicht reversibel im Sinne einer dissoziierbaren Verbindung, sondern dynamisch im Sinne eines am Enzym vor sich gehenden mit seiner proteolytischen Wirkung und seinem Verbrauch verbundenen Prozesses[1]. — Auch in anderen Untersuchungen wird die Bildung von Hemmungskörpern während der Einwirkung von Trypsin auf Caseinogen festgestellt. Setzt man zu einer Caseinogenlösung, die nach Waldschmidt-Leitz bis zum Stillstand mit Trypsinkinase abgebaut ist, nochmals die gleiche Menge Caseinogen, so verläuft der Abbau des neuzugefügten Caseinogens langsamer; bei Zusatz der dreifachen Menge salzfreier „Hemmungslösung" wird die Spaltung von Caseinogen völlig verhindert. Auch manche Dipeptide und Aminosäuren hemmen; die beim Abbau entstehenden Hemmungskörper haben jedoch bei gleicher Normalität höhere Wirksamkeit[2].

Zu diesen Befunden vergleiche die Angaben von Kleinmann, nach denen die tryptischen (und auch die mit Säure erhaltenen) Spaltprodukte des Caseins ohne Einfluß auf die tryptische Spaltung sind (hier Kurven des Ablaufs unter verschiedenen Bedingungen)[3].

Über die Hemmung der Trypsinverdauung von Caseinogen durch Alkohol[4]. — Über den Einfluß einer großen Anzahl von Alkoholen auf die Verdauung des Caseinogens durch tryptische Fermente[5].

Bayer 205 hemmt die Trypsinverdauung des Caseins[6].

Von Gelatine wird die Einwirkung des Trypsins auf Caseinogen nicht beeinflußt[7].

Gealterte Pankreaslösung soll stärker auf Caseinogen einwirken als frische. Bei Einwirkung verschiedener Enzymmengen auf Caseinogen unter gleichzeitiger Dialyse wechselt die Menge der einzelnen Spaltprodukte mit der Enzymmenge. Es besteht also nicht nur eine zeitliche Änderung der Abbaugeschwindigkeit, sondern auch ein qualitativ verschiedener Verlauf des Abbaus[8].

Über den Verlauf der Spaltung mit Pankreasfermenten ohne und mit Vorbehandlung durch Pepsin. — Nach Vorbehandlung mit Alkali wird das Caseinogen von den Pankreasfermenten nicht mehr gespalten[9].

Vergleich des Caseinabbaues durch Pankreas mit dem Abbau des Albumins und Globulins[9, 10].

Die Trypsinspaltung des Caseinogens ist nicht als Desaggregierung aufzufassen, sondern als Hydrolyse, die zu Peptonen, Polypeptiden und Aminosäuren durch Lösung von amidartigen Bindungen führt[11, 12]. Allerdings kommt Rona bei seinen Untersuchungen zu dem Schluß, daß neben der Lösung von CONH-Bindungen auch andere chemische Bindungen gelöst und Aggregate zerkleinert werden. Dies geht daraus hervor, daß Casein schon nach kurzer Einwirkung von Trypsin, wenn auch noch keine Peptidbindungen gespalten worden sind, an Kollodiummembranen adsorbiert wird, während reines Caseinogen von diesen nicht aufgenommen wird[13]. Die Teilchenvermehrung drückt sich auch in der starken Steigerung des osmotischen Druckes zu Beginn der Trypsineinwirkung aus[14].

Bei der Einwirkung von Trypsin auf Caseinogen wurden folgende P-haltige Polypeptide, die als „Lactotyrine" bezeichnet werden, isoliert:

$$\text{Lactotyrin } \alpha \quad C_{64}H_{111}N_{15}O_{43}P_4$$
$$\beta \quad C_{67}H_{116}N_{16}O_{44}P_4$$
$$\gamma \quad C_{72}H_{124}N_{18}O_{47}P_4$$

[1] R. Ehrenberg: Biochem. Z. **153**, 362 (1924) — Chem. Zbl. **1925 I**, 1883.

[2] H. H. Weber u. H. Gesenius: Biochem. Z. **187**, 410 (1927) — Chem. Zbl. **1927 II**, 2066.

[3] H. Kleinmann: Biochem. Z. **177**, 89 (1926) — Chem. Zbl. **1927 I**, 463.

[4] E. S. Edie: Biochemic. J. **13**, 219 (1919) — Chem. Zbl. **1919 III**, 764.

[5] E. Abderhalden u. F. Reich: Fermentforschg **11**, 64 (1929) — Chem. Zbl. **1930 I**, 3792.

[6] A. W. Beilinson: J. of exper. biol. Med. **11**, Nr 29, 52 (1929) — Chem. Zbl. **1930 I**, 2273.

[7] J. H. Northrop: J. gen. Physiol. **6**, 239 (1924) — Chem. Zbl. **1924 I**, 1824.

[8] R. Ehrenberg: Biochem. Z. **161**, 348 (1925) — Chem. Zbl. **1926 I**, 158.

[9] E. Abderhalden u. W. Kröner: Fermentforschg **10**, 12 (1928) — Chem. Zbl. **1928 II**, 2729.

[10] B. Lustig: Biochem. Z. **169**, 139 (1926) — Chem. Zbl. **1926 I**, 3241.

[11] R. Willstätter: Dtsch. med. Wschr. **52**, 1 (1926) — Chem. Zbl. **1926 I**, 1673.

[12] E. Waldschmidt-Leitz u. E. Simons: Hoppe-Seylers Z. **156**, 99 (1926) — Chem. Zbl. **1926 II**, 2442.

[13] P. Rona u. E. Mislowitzer: Biochem. Z. **196**, 197 (1928) — Chem. Zbl. **1928 II**, 1446 — Biochem. Z. **200**, 152 (1928) — Chem. Zbl. **1929 I**, 1575. — E. Mislowitzer: Biochem. Z. **203**, 323 (1928) — Chem. Zbl. **1930 I**, 397.

[14] P. Rona u. H. A. Oelkers: Biochem. Z. **217**, 50 (1930) — Chem. Zbl. **1930 I**, 2107.

Alle sind leicht mit saurer Reaktion in Wasser löslich, bilden lösliche Alkali- und Erd-alkalisalze und spalten bei Behandlung mit Alkalien fast den gesamten P als Phosphorsäure ab. Die spezifische Drehung des Lactotyrins α beträgt $[\alpha]_D^{19,5°} = -67,84°$, seines Ammonium-salzes $= -93,82°$. Bei der Hydrolyse des Lactotyrins α ergeben sich 3 Mol Glutaminsäure (vgl. auch [1]), 0,6 Mol Asparaginsäure, etwa 3 Mol Isoleucin, etwa 3 Mol Serin (dessen teilweise Desaminierung zu Ammoniak und Brenztraubensäure führt), 4 Mol Phosphorsäure, und geringe Mengen von Dipeptiden, die alle Serin enthalten, größere Mengen von Tripeptiden und Tetra-peptiden, die ebenfalls im wesentlichen aus Serin bestehen. Die Phosphorsäurereste des Poly-peptids sollen an den OH-Gruppen des Serins sitzen[2]. — Zu ähnlichen Ergebnissen kommt Rimington. Nach ihm entstehen durch Trypsin und auch durch Pepsin organische P-Ver-bindungen aus Caseinogen, die in beiden Fällen verschieden sind. Die von der Trypsinverdauung stammenden werden durch Trypsin nur langsam weiter gespalten, gut jedoch durch die Phos-phatasen aus Knochen und Nieren, die an und für sich Caseinogen nicht spalten[3]. Vgl. auch [4].

Aus diesen tryptischen, P-haltigen Verdauungsprodukten des Caseinogens wurde ein „Phosphopepton" $C_{37}H_{62}O_{33}N_9P_3$ isoliert vom Mol-Gewicht 1254 und einer spezifischen Drehung von $[\alpha]_{5461}^{15°} = -80,53°$. Die Peptidbindungen dieser Substanz werden durch Trypsin wenig angegriffen, wohl aber wird Phosphorsäure freigemacht. Bei der Hydrolyse ergibt sich die Anwesenheit von 3 Mol Oxyglutaminsäure (vgl. dazu auch [1]), 4 Mol Oxyaminobuttersäure und 2 Mol Serin. (Aufstellung einer komplizierten Strukturformel; s. auch Peptone)[5].

Tryptophan wird aus Caseinogen durch Trypsin schnell quantitativ abgespalten[6].

Abspaltung einer Tyrosin und Prolin enthaltenden Verbindung[7].

Bei der Trypsinspaltung des Caseinogens unter gleichzeitiger Dialyse werden nach Lustig frühzeitig geringe Mengen Histidin freigemacht (Analogie mit Serumalbumin und -globulin). Die S-haltigen Bausteine bleiben in den Verdauungsrückständen. Substanzen, die durch Phosphorwolframsäure fällbar sind, treten erst sehr spät im Dialysat auf[8].

Arginin (bzw. ein für Arginin angreifbarer Argininkomplex wird bei der tryptischen Verdauung schon in 3 Stunden zur Hälfte seines Wertes frei. Bei anderen Proteinen — aus-genommen Gelatine — ist die Abspaltungsgeschwindigkeit geringer[9] und [10].

Bei längerer tryptischer Hydrolyse von Caseinogen erhält man nur etwa $^1/_3$ des bei der Säurehydrolyse entstehenden Ammoniaks. Isoliert man den Rückstand der Verdauung durch Fällung mit Phosphorwolframsäure oder ähnlichen Reagenzien und hydrolysiert ihn, so erhält man fast nur Glutaminsäure und Lysin, ferner 8—10% des Gesamt-N als NH_3-N, der nicht aus Lysin stammt. Aus den Verdauungsrückständen der Trypsinwirkung auf Caseinogen kann durch Leber- und Nierenpräparate Ammoniak abgespalten werden. Es wird hieraus auf das Vorkommen von Glutamin oder einem glutaminhaltigen Polypeptid in den Verdauungs-produkten geschlossen[1]. Über die Herkunft des NH_3 s. auch [11].

Bei der Verdauung mit Pankreasfermenten wird Acetaldehyd gebildet[12].

Über die Bildung von fermentativ wirksamen Teilchen aus den Verdauungsprodukten des Caseinogens mit Trypsin[13].

Über die Einwirkung der Verdauungsprodukte auf die Katalasebildung[14].

Außer der proteolytischen Wirkung sollen vom Trypsin noch andere Wirkungen auf Caseinogen ausgeübt werden. Die Umwandlung des Caseinogens in Casein durch Trypsin soll ein hydrolytischer Vorgang sein, bei dem aus 1 Mol Caseinogen 2 Mol Casein gebildet werden, ohne daß eine Proteolyse des ursprünglichen Eiweißkörpers stattfindet[15].

[1] J. M. Luck: Biochemic. J. 18, 679 (1924) — Chem. Zbl. 1924 II, 1352.
[2] S. Posternak: C. r. Acad. Sci. Paris 184, 306 (1927) — Chem. Zbl. 1927 I, 2323.
[3] C. Rimington u. H. D. Kay: Biochemic. J. 20, 777 (1926) — Chem. Zbl. 1926 II, 3057.
[4] H. D. Kay: Biochemic. J. 19, 433 (1925) — Chem. Zbl. 1925 II. 1455.
[5] C. Rimington: Biochemic. J. 21, 1179, 1187 (1927) — Chem. Zbl. 1928 I, 705.
[6] J. Kraus Ragins: J. of biol. Chem. 80, 551 (1928) — Chem. Zbl. 1929 I, 1383.
[7] E. Abderhalden u. H. Sickel: Hoppe-Seylers Z. 138, 108 (1924); 153, 16 (1925).
[8] B. Lustig: Biochem. Z. 169, 139 (1926) — Chem. Zbl. 1926 I, 3241.
[9] A. Hunter: Trans. roy. Soc. Canada 19, V, 1 (1925) — Chem. Zbl. 1926 II, 38.
[10] J. A. Dauphinee u. A. Hunter: Biochemic. J. 24, 1128 (1930) — Chem. Zbl. 1931 II, 1439.
[11] S. Fränkel u. P. Jellinek: Biochem. Z. 130, 592 (1922) — Chem. Zbl. 1922 III, 1263
[12] A. Hoffmeister: Hoppe-Seylers Z. 205, 183 (1932).
[13] R. Ehrenberg: Biochem. Z. 128, 431 (1921) — Chem. Zbl. 1922 III, 178 — Biochem. Z. 149, 269 (1924) — Chem. Zbl. 1924 II, 1945 — Biochem. Z. 153, 362 (1924) — Chem. Zbl. 1925 I, 1883.
[14] W. E. Burge: Amer. J. Physiol. 47, 351 (1918) — Chem. Zbl. 1922 III. 1025.
[15] A. W. Bosworth: J. of biol. Chem. 19, 397 (1914) — Chem. Zbl. 1915 I, 1066.

Über die Milchgerinnung durch reinen Pankreassaft und Darmhautextrakt mit und ohne Zusatz von $CaCl_2$ [1, 2].

Synthetische Wirkungen des Trypsins: Bei der Trypsinverdauung des Caseinogens unter Dialyse bilden sich Häutchen, die die Verdauung hemmen. Diese Häutchenbildung wird als Synthese gedeutet, die durch Sauerstoff gefördert wird [3]. Die Synthese ist jedoch nicht im Sinne einer Umkehr des erreichten enzymatischen Gleichgewichtes anzusehen [4].

Anhydrasewirkung: Wenn man die tryptische Verdauung bis zum Verschwinden der Bromreaktion fortsetzt, so kann man d-Tyrosinanhydrid und d-Tryptophananhydrid isolieren. Man hat also die Wirkung einer Anhydrase vor sich, die zwei gleiche Aminosäuremoleküle zum Anhydrid zusammenlagert unter gleichzeitiger Umkehrung der optischen Drehung (s. unten) [5]. Oxyprolin konnte dabei nicht in Form von Anhydridringen erhalten werden, wohl aber Histidin [6].

Decarboxylasewirkung: Unter den Produkten der prolongierten tryptischen Verdauung wurde Monomethylamin gefunden, das das Decarboxylierungsprodukt des Glykokolls sein soll, woraus die Decarboxylasewirkung des Trypsins geschlossen wird. Diese Befunde bedürfen jedoch der weiteren Nachprüfung [6].

Bei seinen eben beschriebenen Versuchen über die prolongierte tryptische Verdauung des Caseinogens erhielt Fränkel Aminosäuren, die zum Teil einen anderen optischen Drehungssinn aufweisen, als die, die man bei der einfachen tryptischen Verdauung erhält. Es konnten isoliert werden, d-Tyrosin, das eine weit höhere Drehung aufweist als bisher in der Literatur angegeben ist. ferner dl-Valin und d-Valin, l-Prolin, d-Isoleucin, dl-Serin, l-Asparaginsäure, d-Leucinanhydrid, dl-Glutaminsäure, dl-Oxyprolin, dl-Alanin, dl-Valin. Fränkel glaubt, daß die teilweise Umkehrung der Drehungsrichtung durch ein Ferment verursacht wird, für das er den Namen „Waldenase" vorschlägt [7, 8].

Erepsin: Erepsin wirkt auf Casein nicht ein [9, 10].

Erepsin setzt aus mit Pankreas vorgespaltenem Casein kein Tryptophan mehr in Freiheit, da die Abspaltung durch Trypsin (s. dort) quantitativ ist [11].

Die Einwirkung von Pepsin, Trypsin und Erepsin unter verschiedenen Bedingungen ist nicht vollständig, denn Salzsäure macht noch Amino-N frei [12].

Nach Trypsin- und Erepsineinwirkung auf Caseinogen findet durch Pepsin keine Spaltung mehr statt. Pepsin und Trypsin können sich nicht vertreten, unabhängig von der Reihenfolge der Anwendung ist eine bestimmte Wirkung jedes Enzyms festzustellen (Tabellen über die Leistungen der einzelnen Enzyme). Die peptischen Verdauungsprodukte des Caseins können durch Trypsinkinase und durch Trypsin gespalten werden [13]. Vgl. dazu auch [14].

Caseinogen wird von Pepsin und Erepsin stärker aufgespalten als von Trypsinkinase und Erepsin. Nachverdauung mit Trypsinkinase bewirkt im ersten Fall eine weitere Aufspaltung als mit Pepsin im zweiten Fall. — Mit Pankreatin kann tiefergehende Spaltung erzielt werden als mit Trypsinkinase plus Erepsin [15].

[1] E. F. Terroine u. L. Kahn-Marino: Arch. internat. Physiol. **26**, 69 (1926) — Chem. Zbl. **1926 II**, 1955.

[2] E. Waldschmidt-Leitz u. A. Harteneck: Hoppe-Seylers Z. **149**, 203 (1925) — Chem. Zbl. **1926 I**, 1663.

[3] R. Ehrenberg: Biochem. Z. **128**, 431 (1921) — Chem. Zbl. **1922 III**, 178.

[4] R. Ehrenberg: Biochem. Z. **149**, 269 (1924) — Chem. Zbl. **1924 II**, 1946.

[5] S. Fränkel u. E. Feldberg: Biochem. Z. **120**, 218 (1921) — Chem. Zbl. **1921 III**, 964.

[6] S. Fränkel u. P. Jellinek: Biochem. Z. **130**, 592 (1922) — Chem. Zbl. **1922 III**, 1263.

[7] S. Fränkel u. K. Gallia: Biochem. Z. **134**, 308 (1922) — Chem. Zbl. **1923 III**, 70.

[8] S. Fränkel, K. Gallia, A. Liebster u. S. Rosen: Biochem. Z. **145**, 225 (1924) — Chem. Zbl. **1924 I**, 2607.

[9] E. Waldschmidt-Leitz u. A. Harteneck: Hoppe-Seylers Z. **149**, 221 (1925) — Chem. Zbl. **1926 I**, 1664. — E. Waldschmidt-Leitz u. A. Schäffner: Hoppe-Seylers Z. **151**, 31 (1926) — Chem. Zbl. **1926 I**, 2481.

[10] E. Waldschmidt-Leitz u. E. Simons: Hoppe-Seylers Z. **156**, 99 (1926) — Chem. Zbl. **1926 II**, 2443.

[11] J. Kraus Ragins: J. of biol. Chem. **80**, 551 (1928) — Chem. Zbl. **1929 I**, 1383.

[12] A. C. Andersen: Biochem. Z. **70**, 344 (1915) — Chem. Zbl. **1915 II**, 745.

[13] E. Waldschmidt-Leitz u. E. Simons: Hoppe-Seylers Z. **156**, 99 (1926) — Chem. Zbl. **1926 II**, 2442.

[14] E. Abderhalden u. W. Kröner: Fermentforschg **10**, 12 (1928) — Chem. Zbl. **1928 II**, 2729.

[15] E. Abderhalden u. E. Schwab: Fermentforschg **11**, 92 127 (1929—1930) — Chem. Zbl. **1930 I**, 3794—3795.

Bei der Einwirkung von Pepsin, Trypsin und Erepsin geht die Spaltung im Vergleich mit anderen Proteinen mit gleicher Geschwindigkeit vor sich wie die Ausnutzung im Verdauungstractus[1].

Katheptische Fermente: Zur Einwirkung der Proteasen der Milz auf Caseinogen vgl. [2]. — Über die Wirkung der (uneinheitlichen?) Milzproteinase auf Caseinogen[3].

Über die Einwirkung der Fermente aus Leukocyten auf Caseinogen[4].

Über die Labwirkung einiger Organextrakte[5].

Der Kropfsaft einiger einheimischer Pulmonaten spaltet das Caseinogen optimal bei p_H 7 bis 8 [6].

Über die tryptische Wirkung von Parotisspeichel auf Caseinogen[7].

Von Placenta wird Caseinogen ebenfalls zerlegt[8].

Die proteolytische Wirkung des normalen Harns auf Caseinogen ist bei alkalischer Reaktion sehr gering, in vielen Fällen gleich 0. Bei pathologischen Harnen findet man stärkere Proteolyse, am meisten bei eiweißhaltigen Urinen. Die Einwirkung normaler Harne bei saurer Reaktion wird in pathologischen Fällen nicht regelmäßig gesteigert[9].

Einwirkung des aus Schwangerenharn isolierten Fermentkomplexes auf Caseinogen[10].

Einwirkung von normalem Serum und verstärkte Einwirkung von Gravidenserum auf Caseinogen[11]. Vgl. auch [12]. — Einfluß von Blutserum, Plasma und Organextrakten[13].

Von den pflanzlichen Proteasen spaltet der dialysierte Preßsaft der Blätter von Pinguicula vulgaris das Caseinogen der Milch bei neutraler und schwach alkalischer Reaktion teilweise, ohne daß die Milch dabei gerinnt. Das Optimum liegt bei $p_H =$ etwa 8; es handelt sich wahrscheinlich um eine Tryptase[14].

Die Preßsäfte des Eierschwamms (Cantharellus cibarius) bauen Caseinogen ab[15].

In der Hefe findet sich eine Tryptase, die Caseinogen optimal bei $p_H = 7$ spaltet[16], ohne daß ein vollständiger Abbau zu den Aminosäuren stattfindet[17]. Nach neueren Untersuchungen ergibt sich jedoch allgemein, daß die völlig gereinigte Hefeproteinase ihre optimale Wirksamkeit beim isoelektrischen Punkt der Proteine hat, daß sie in frischem Zustand durch H_2S und HCN aktiviert werden kann und daß sie ohne Aktivator unwirksam ist. Beim Stehen bildet sich der Aktivator spontan[18].

Blausäureaktiviertes Papain spaltet in 12 Tagen 47% des Gesamt-N als Amino-N ab. Dabei wird Tyrosin ganz freigelegt[19].

Grünmalzproteinase greift Caseinogen bei 46° und p_H 3,5—5,57 optimal an[20].

Die Protease des Aspergillus oryzae spaltet Caseinogen, sie wirkt ähnlich wie Trypsin bezüglich der Aminosäuren-, besonders der Tryptophanbildung. NH_3 entsteht bei der Hydrolyse nur wenig. Im Gegensatz zu Trypsin ist das Ferment nach 9 tägigem Stehen bei 40° noch

[1] L. Kahn-Marino: Arch. internat. Physiol. **29**, 133 (1927) — Chem. Zbl. **1928 I**, 1059.

[2] S. G. Hedin: Hoppe-Seylers Z. **188**, 261 (1930) — Chem. Zbl. **1930 II**, 71 — Hoppe-Seylers Z. **207**, 213 (1932).

[3] H. Kleinmann u. K. G. Stern: Biochem. Z. **222**, 31, 84 (1930) — Chem. Zbl. **1930 II**, 2142.

[4] R. Willstätter, E. Baumann u. M. Rohdewald: Hoppe-Seylers Z. **185**, 267; **186**, 85 (1929) — Chem. Zbl. **1930 I**, 987. — E. Husfeldt: Hoppe-Seylers Z. **194**, 137 (1931) — Chem. Zbl. **1931 I**, 3476.

[5] K. G. Stern: Biochem. Z. **234**, 116 (1931).

[6] E. Graetz: Hoppe-Seylers Z. **180**, 305 (1929) — Chem. Zbl. **1929 I**, 2998.

[7] O. Voss: Hoppe-Seylers Z. **197**, 42 (1931) — Chem. Zbl. **1931 II**, 459.

[8] B. Arinstein: Biochem. Z. **171**, 15 (1926) — Chem. Zbl. **1926 II**, 233.

[9] S. G. Hedin: Hoppe-Seylers Z. **112**, 252 (1920) — Chem. Zbl. **1921 III**, 146.

[10] E. Abderhalden u. S. Buadze: Fermentforschg **11**, 361 (1930) — Chem. Zbl. **1931 I**, 2774.

[11] L. Flatow: Münch. med. Wschr. **61**, 1500 (1914) — Chem. Zbl. **1915 I**, 953.

[12] F. Hulton: J. of biol. Chem. **25**, 227 (1916) — Chem. Zbl. **1916 II**, 1045.

[13] G. E. Widmark: Hoppe-Seylers Z. **207**, 182 (1932).

[14] K. G. Dernby: Biochem. Z. **80**, 152 (1916) — Chem. Zbl. **1917 I**, 1009.

[15] J. Bares: Chemické Listy **21**, 202 (1927) — Chem. Zbl. **1927 II**, 1353.

[16] R. Willstätter u. W. Graßmann: Hoppe-Seylers Z. **153**, 250 (1926) — Chem. Zbl. **1926 II**, 38.

[17] K. G. Dernby: Biochem. Z. **81**, 107 (1916) — Chem. Zbl. **1917 II**, 111.

[18] W. Grassmann u. H. Dyckerhoff: Hoppe-Seylers Z. **179**, 41 — Unters. über Enzyme **2**, 1708 (1928) — Chem. Zbl. **1929 I**, 909.

[19] T. Leipert u. J. Hüfner: Biochem. Z. **229**, 427 (1930) — Chem. Zbl. **1931 I**, 2345.

[20] R. H. Hopkins u. H. E. Kelly: Biochemic. J. **25**, 256 (1931) — Chem. Zbl. **1931 II**, 1709.

wirksam. Das Optimum der Spaltung liegt bei p_H 5,2—5,3; bei p_H <3,5 oder >9,0 verschwindet die Aktivität. Der Ablauf der Proteolyse gehorcht der Regel von Schütz[1].

Über Autolyse[2].

Verhalten gegen Bakterien: (Unter diesen Arbeiten befinden sich zahlreiche Hinweise auf den Vorgang der Käsereifung.)

Über die Wirkungsweise und Einteilung proteolytischer Milchbakterien[3].

Beim Sauerwerden der Milch wird das Ca-Caseinogenat in freies Protein umgewandelt unter Abspaltung des Ca als Lactat[4]. Der Einfluß der Milchsäurebakterien besteht in reiner Fermentwirkung[5].

Bacterium Casei ε ist der wichtigste Faktor der Käsereifung. Aus mit Pepsin vorverdautem Caseinogen werden die Aminosäuren schneller abgespalten[5, 6]. — Über die Entstehung von Aminosäuren bzw. von Anhydriden während der Käsereifung[7, 8]. Über die Isolierung eines „Caseoglutins" während der Käsereifung[9].

Über die Rolle des B. linens bei der Käsereifung (Käserotschmiere)[10].

Weiteres über die Wirkung proteolytischer Milchbakterien auf Caseinogen[11].

Über den grundsätzlichen Unterschied im proteolytischen Vermögen von nichtverflüssigenden und verflüssigenden Bakterien vgl.[12].

Colibakterien: Der Wirkungsbereich der Coliprotease liegt zwischen p_H 4,5—9,0, das Optimum bei p_H 6,0—6,6. Sie übt im Vergleich zu anderen Körpern (Wittepepton, Gelatine) eine starke Wirkung auf Caseinogen aus. Ein Zusammenhang zwischen der Wachstumsfähigkeit der Bakterien und ihrer proteolytischen Wirkung auf Caseinogen besteht nicht[13]. Über die von der Coliprotease freigelegten Aminosäuren vgl.[14]. Eine zusammenfassende Übersicht über die Colibakterien, nach der der Caseinogenabbau feststeht, findet sich bei Staffe[15].

Streptokokken (gewaschen) greifen reines Caseinogen nicht an. Aus Milchprodukten isolierte Streptokokken wirken auf Caseinogen ein, wenn sie mit größeren Mengen ungewaschener Zellen beimpft werden; dann findet Zunahme von Amino-N statt. Caseinogen und Casein sind in gleicher Weise als N-Quelle für Streptokokken brauchbar[16]. Vgl. dazu[17]. — Der Einfluß intensiver Reinigung des Caseinogens auf das Wachstum von Streptokokken[18]. — Wirkung verschiedener Stämme von Streptococcus lactis auf Koagulation und Proteolyse[19].

Vergleich der Streptokokkenwirkung mit der Einwirkung der „Starters"[20].

Über die Einwirkung von B. cereus und B. fluorescens[21], B. subtilis[22], B. mycoides[23].

[1] K. Oshima: J. Coll. Agriculture 19, 135 (1928) — Chem. Zbl. 1929 II, 436.

[2] R. Ehrenberg u. E. Loewenthal: Klin. Wschr. 2, 81 (1923) — Chem. Zbl. 1923 III, 71.

[3] W. C. Frazier u. P. Rupp: J. Bacter. 16, 65, 187 (1928) — Chem. Zbl. 1930 II, 2537.

[4] L. L. van Slyke u. A. W. Bosworth: J. of biol. Chem. 24, 191 (1916) — Chem. Zbl. 1916 II, 746.

[5] A. J. Virtanen u. E. Lundmark: Milchwirtsch. Forschgn 8, 375 (1929) — Chem. Zbl. 1929 II, 2122.

[6] A. J. Virtanen: Soc. Scientiarum Fennica, Comment. Physico-Mathem. I, 41, 1 (1923) — Chem. Zbl. 1924 II, 63.

[7] O. Laxa: Sbornik Ceskoslovenské Akad Zemedelské 2, 563 (1927) — Chem. Zbl. 1928 I, 603.

[8] W. Grimmer, W. Bodschwinna u. K. Schützler: Milchwirtschaftl. Forschgn 7, 595 (1928) — Chem. Zbl. 1929 II, 106.

[9] W. Grimmer u. B. Wagenführ: Milchwirtschaftl. Forschgn 2, 193 (1925) — Chem. Zbl. 1925 II, 1718 — Ber. Physiol. 31, 492.

[10] F. Steinfatt: Milchwirtsch. Forschgn 9, 1 (1929) — Chem. Zbl. 1930 I, 1631.

[11] W. C. Frazier u. P. Rupp: J. Bacter. 16, 187, 231 (1928) — Chem. Zbl. 1930 I, 3567.

[12] A. Janke u. H. Holzer: Biochem. Z. 213, 142 (1929) — Chem. Zbl. 1930 II, 257.

[13] M. Schierge: Z. exper. Med. 50, 680 (1926) — Chem. Zbl. 1926 II, 1428.

[14] M. Schierge: Hoppe-Seylers Z. 62, 141 (1929) — Chem. Zbl. 1930 II, 756.

[15] A. Staffe: Fortschr. Landw. 3, 302 (1928) — Chem. Zbl. 1928 I, 2623.

[16] G. J. Hucker: Zbl. Bakter. II 76, 321 (1928) — Chem. Zbl. 1929 I, 763.

[17] L. T. Anderegg u. B. W. Hammer: J. Dairy Sci. 12, 114 (1929) — Chem. Zbl. 1929 II, 314.

[18] C. Funk, J. B. Paton u. L. Freedman: J. metabol. Res. 3, 1 (1923) — Chem. Zbl. 1923 III, 1103.

[19] L. A. Harriman u. B. W. Hammer: J. Dairy Sci. 14, 40 (1931) — Chem. Zbl. 1931 I, 3624.

[20] C. Barthel u. W. Sadler: Trans. roy. Soc. Canada 22 V, 233 (1928) — Chem. Zbl. 1929 II, 178. — C. Barthel: Festskrift vor Orla-Jensen, 60 (1931) — Chem. Zbl. 1932 I, 153.

[21] S. A. Waksman u. S. Lomanitz: J. agricult. Res. 30, 263 (1925) — Chem. Zbl. 1925 II, 731.

[22] A. Marxer: C. r. Acad. Sci. Paris 184, 553 (1927) — Chem. Zbl. 1927 I, 2836.

[23] H. Glinka-Tschernorutzky: Biochem. Z. 206, 301, 308 (1929) — Chem. Zbl. 1929 II, 178.

Laberzeugung des Bacillus prodigiones[1].

Über durch Fäulnis plus tryptische Verdauung abgespaltene Caseosen[2].

Physiologisches: Beim Schaf ändert sich der Caseinogengehalt im Verlaufe einer Lactationsperiode wie folgt:

	Zu Beginn der Lactation	Zu Ende der Lactation
Rohprotein	3,89%	7,43%
Reinprotein	3,48%	7,02%
Caseinogen	3,15%	5,98% [3]

Über das Schicksal des Caseins bei Milchretention[4].

Über den Wert von Caseinogen in verschiedenen Futtergemischen[5, 6, 7].

Einfluß des Röstens auf die biologische Wertigkeit[8].

Die N-Ausscheidungskurven nach Verfütterung von Caseinogen zeigen im Vergleich mit Ovovitellin, Edestin, Gliadin, Gelatine keine Unterschiede[9]. — Die Ausnutzung des Caseinogens in der Wachstumsperiode beträgt 96%, die N-Retention 61%; der Retentionskoeffizient für das Wachstum entspricht dem biologischen Wert (68)[10]. — Reinigt man Caseinogen durch Behandlung einer neutralisierten Lösung in NaOH mit Fuller-Erde und oxydiert mit Wasserstoffsuperoxyd oder durch Erhitzen an der Luft, so geht sein Nährwert für Ratten verloren[11]. — Beim Kochen der Milch soll das Caseinogen Veränderungen erleiden, auf Grund deren mit gekochter Milch gefütterte junge Hunde stärker zunehmen als mit Rohmilch ernährte. Fibrin-, Aschen- und Eiweißgehalt des Blutes ist geringer, das Knochenmark ist blutärmer, die Knochenasche geringer als bei „Rohmilchtieren"[12].

Beim Wachstum junger Ratten hat Caseinogen höheren Wert als Eiereiweiß, jedoch fällt dieser Unterschied bei prozentual höheren Eiweißgaben fort[13].

Der geringe Cystingehalt des Caseinogens läßt es bezüglich des Wachstums von weißen Ratten gegenüber dem Lactalbumin als minderwertig erscheinen. Und zwar benötigt man 50% mehr Caseinogen als Lactalbumin für den gleichen Wachstumsfortschritt. Auch bei der Feststellung der Mindestmenge zur Aufrechterhaltung des Körpergewichtes ist das Caseinogen dem Lactalbumin unterlegen. — Durch Zusatz von Cystin kann man das Caseinogen dem Lactalbumin gleichwertig machen[14]. Das Cystin kann hierbei nicht durch Taurin ersetzt werden; der Organismus (weißer Mäuse) benötigt nicht nur Schwefel als solchen, sondern ausdrücklich Cystinschwefel[15].

Der Lysin- und Tryptophangehalt des Caseinogens setzt es instand, Korngluten für das Wachstum junger Ratten ausreichend zu machen[16]. — Der Tryptophangehalt im Eiweiß der Frauenmilch ist höher als in dem der Kuhmilch, so daß bezüglich des Wachstums der geringere Caseinogengehalt der Frauenmilch durch höheren Tryptophangehalt ausgeglichen wird[17].

Bei der Verfütterung von vollständigen Hydrolysaten erweist sich das Caseinogen gegenüber Fleisch nicht als gleichwertig[18]. — Die Ausnutzung der mit 3 proz. Natronlauge erhaltenen

---

[1] J. G. Wahlin: J. Bacter. **16**, 355 (1928). — C. Gorini: J. Bacteriol. **20**, 297 (1930) — Chem. Zbl. **1931 I**, 2218.

[2] W. von Moraczewski: Biochem. Z. **70**, 37 (1915) — Chem. Zbl. **1915 II**, 478.

[3] S. Weiser: Landw. Versuchsstat. **97**, 131 (1921) — Chem. Zbl. **1921 III**, 76.

[4] Ch. Porcher u. E. Muffet: Lait **10**, 394, 528 (1930) — Chem. Zbl. **1930 II**, 644.

[5] Röhmann: Biochem. Z. **64**, 30 (1914) — Chem. Zbl. **1914 II**, 577.

[6] T. B. Osborne, L. B. Mendel, E. L. Ferry u. A. J. Wakeman: J. of biol. Chem. **22**, 241 (1915) — Chem. Zbl. **1915 II**, 1203.

[7] M. A. B. Fixsen: Biochemic. J. **24**, 1794 (1930) — Chem. Zbl. **1931 II**, 870.

[8] A. F. Morgan: J. of biol. Chem. **90**, 771 (1931) — Chem. Zbl. **1931 II**, 1445.

[9] Mendel u. Lewis: J. of biol. Chem. **16**, 55 (1913) — Chem. Zbl. **1914 I**, 46.

[10] E. F. Terroine u. A. M. Mahler-Mendler: Arch. internat. Physiol. **28**, 101 (1927) — Chem. Zbl. **1927 II**, 845.

[11] C. Funk, J. B. Platon u. L. Freedman: J. metabol. Res. **3**, 1 (1923) Chem. Zbl. **1923 III**, 1103.

[12] R. Eichloff: Milchwirtsch. Forschgn **2**, 233 (1926) — Chem. Zbl. **1926 I**, 2486 — Ber. Physiol. **32**, 538.

[13] H. S. Mitchell: Amer. J. Physiol. **74**, 359 (1925) — Chem. Zbl. **1926 I**, 3077.

[14] T. B. Osborne u. L. B. Mendel: J. of biol. Chem. **26**, 1 (1916) — Chem. Zbl. **1917 I**, 592.

[15] H. H. Beard: Amer. J. Physiol. **75**, 658 (1926) — Chem. Zbl. **1926 II**, 1062.

[16] T. B. Osborne u. L. B. Mendel: J. of biol. Chem. **29**, 69 (1916) — Chem. Zbl. **1917 II**, 760.

[17] O. Fürth u. E. Nobel: Biochem. Z. **109**, 103 (1920) — Chem. Zbl. **1921 I**, 61.

[18] E. Abderhalden: Hoppe-Seylers Z. **96**, 1 (1915) — Chem. Zbl. **1916 I**, 801.

Hydrolysenprodukte des Caseinogens bleibt wesentlich hinter der von reinem Caseinogen zurück; die Ursache ist vielleicht in der Abführwirkung der Hydrolysenprodukte zu suchen[1]. — Nährwert von Caseinogen, das in alkalischer Lösung im Autoklaven erhitzt ist[2].

Über den Einfluß der Dicarbon- und Diaminosäurefraktion von Caseinogenhydrolysaten auf den Gesamtstoffwechsel des Hundes[3].

Ergänzungseffekt im Vergleich mit Gliadin und Gelatine[4].

Überreiche Fütterung von Caseinogen statt Fleisch bei weißen Ratten führt zu Gewichtsabnahme und zur Ausbildung schwerer Anämien[5]. Die mittlere Überlebensdauer weißer Ratten bei ausschließlicher Caseinogenfütterung beträgt 41 Tage, die Gewichtsabnahme beim Tode 35%[6]. Dabei ergibt sich eine histologisch nachweisbare Fettanhäufung in der Leber; in diesem Fett haben gegenüber den Kontrolltieren die nichtflüchtigen Fettsäuren erheblich zugenommen[7]. Bei weißen Mäusen erhielt Tscherkes bei ausschließlicher Caseinogenfütterung akute Intoxikationen, die tödlich verliefen; bei weißen Ratten und Tauben jedoch nicht[8].

Bei Verfütterung von 10 g Caseinogen an Kaninchen steigt der Aminosäuregehalt des Blutes nicht, im Gegensatz zur Verabreichung von 3 g Aminosäuren[9].

Verfüttert man Caseinogen neben Benzoesäure an Schweine, so ist die Ausscheidung von Hippursäure im Harn ebenso groß wie bei Benzoesäure allein[10].

Caseinogen wirkt begünstigend auf die Glykogenbildung in der Rattenleber; hydrolysiertes Caseinogen hemmt aber stark[11]. — Der letztere Befund wurde auch für die Glykogenbildung der Schildkrötenleber erhoben[12].

Auf das isolierte Froschherz wirkt Caseinogen erregend (auf Rhythmus und Amplitude)[13].

Über die Änderung der physikalisch-chemischen Eigenschaften von Serum nach parenteraler Zufuhr von Caseinogen[14]. — Über das serologische Verhalten von Caseinogen in frischem und gekochtem Zustande[15]. — Nach wiederholten Injektionen von Caseinogen konnten bei Kaninchen keine Abwehrfermente nachgewiesen werden; auch normales Kaninchenserum bewirkt bei Caseinogen regelmäßige Zunahme von Amino-N[16].

Die permanent-intravenöse Injektion von Caseinogen zeitigt bei Ziegen, Kälbern und Truthähnen Vergiftungserscheinungen, die baldigen Tod zur Folge haben[17]. — Rohes racemisiertes Caseinogen setzt bei Hunden nach intravenöser Injektion Blutdruck und Blutgerinnbarkeit herab; das gereinigte racemisierte Produkt hat diese toxischen Eigenschaften nicht. Die giftige Substanz läßt sich entfernen[18]. — Vgl. dazu über das „Vaughansche rohe lösliche Gift", das man durch Behandeln von Caseinogen mit alkoholischer Natronlauge erhält, und dessen Giftwirkungen[19, 20]. — Vgl. ferner die pharmakologisch dem Histamin nahestehende Substanz im Caseinogen[21].

Serum von Kaninchen, die mit durch Dimethylsulfat methyliertem Caseinogen vorbehandelt waren, gab auch Präcipitation mit normalem Caseinogen; Serum mit Präcipitinen

[1] J. Müller u. H. Murschhauser: Biochem. Z. **93**, 34 (1918) — Chem. Zbl. **1919 I**, 561.

[2] A. Marletta: Biochimica e Ter. sper. **16**, 297 (1930) — Chem. Zbl. **1931 I**, 1471.

[3] D. Rapport u. H. H. Beard: J. of biol. Chem. **80**, 413 (1928) — Chem. Zbl. **1929 II**, 1814.

[4] W. C. Rose: J. of biol. Chem. **94**, 155 (1931). — R. H. Ellis u. W. C. Rose: J. of biol. Chem. **94**, 167 (1931) — Chem. Zbl. **1932 I**, 2062.

[5] L. Savazzini: C. r. Soc. Biol. Paris **93**, 972 (1925) — Chem. Zbl. **1926 II**, 449.

[6] F. Maignon: C. r. Acad. Sci. Paris **166**, 1008 (1918) — Chem. Zbl. **1918 II**, 745.

[7] F. Maignon u. L. Jung: C. r. Soc. Biol. Paris **87**, 545 (1922) — Chem. Zbl. **1923 I**, 171.

[8] L. A. Tscherkes: Biochem. Z. **182**, 35 (1927) — Chem. Zbl. **1927 II**, 711.

[9] J. Bang: Biochem. Z. **74**, 278 (1916) — Chem. Zbl. **1916 II**, 99.

[10] F. A. Csonka: Proc. Soc. exper. Biol. a. Med. **21**, 169 (1924) — Chem. Zbl. **1924 II**, 1222 — Ber. Physiol. **25**, 209.

[11] Tschannen: Biochem. Z. **59**, 202 (1914) — Chem. Zbl. **1914 I**, 1096.

[12] H. B. Richardson: Biochem. Z. **70**, 171 (1915) — Chem. Zbl. **1915 II**, 620.

[13] A. M. Skorodumow: Z. ges. exper. Med. **37**, 259 (1923) — Chem. Zbl. **1924 I**, 686.

[14] L. La Grutta: Riv. Pat. sper. **1**, 332 (1926) — Chem. Zbl. **1927 I**, 1695 — Ber. Physiol. **38**, 248.

[15] A. Versell: Z. Immun.forschg I **24**, 267 (1915) — Chem. Zbl. **1916 I**, 311.

[16] S. Rosenbaum: Biochem. Z. **103**, 30 (1919) — Chem. Zbl. **1920 III**, 23.

[17] Henriques u. Andersen: Hoppe-Seylers Z. **92**, 194 (1914) — Chem. Zbl. **1914 II**, 723.

[18] F. P. Underhill u. B. M. Hendrix: J. of biol. Chem. **22**, 453 (1915) — Chem. Zbl. **1916 I**, 26.

[19] F. P. Underhill u. B. M. Hendrix: J. of biol. Chem. **22**, 465 (1915) — Chem. Zbl. **1916 I**, 26.

[20] Edmunds: Z. Immun.forschg I **17**, 105 (1913) — Chem. Zbl. **1913 I**, 1531.

[21] M. T. Hanke u. K. K. Koeßler: J. of biol. Chem. **43**, 543 (1920) — Chem. Zbl. **1921 II**, 4.

gegen Kuh-Caseinogen reagiert mit Rinderserum, Serum mit Präcipitinen gegen methyliertes Caseinogen dagegen nicht[1]. — Die Sensibilisierung von Meerschweinchen durch Caseinogen ist an das Originalstadium des Eiweißkörpers oder höchstens an einen sehr schwachen Abbau durch Pepsin oder Trypsin gebunden, während die Auslösung des anaphylaktischen Shocks durch weitgehenden Abbau mittels der genannten Fermente erleichtert wird[2].

Über die Steigerung der Katalasebildung und des gesamten Stoffwechsels durch die Produkte der Pankreasverdauung des Caseinogens[3].

Bei einem Hunde wurden nach intravenöser Injektion von Caseinogen 58% des eingeführten N im Harn als Eiweiß ausgeschieden. Nach Isolierung zeigte das Produkt einige Eigenschaften des Caseinogens[4].

Pathologisches: Bei der Maul- und Klauenseuche findet eine Verminderung des Caseinogens (und eine Vermehrung des Albumins) in der Milch statt[5].

Über das Schicksal des Caseinogens bei der Milchretention[6].

Derivate: Chlorderivat. 20 g Caseinogen werden mit 100 ccm einer gesättigten Lösung von Chlor in Tetrachlorkohlenstoff bei Zimmertemperatur geschüttelt, bis das Gewicht des Reaktionsproduktes konstant bleibt. Man erhält so nach Tagen ein weißes unangenehm riechendes Pulver mit 10,5% N und 32,5% Cl, das nur wenig Salzsäure abspaltet. Ein Vergleich mit dem Bromcasein (s. unten) zeigt, daß in den beiden Derivaten die Halogene nicht im Verhältnis ihrer Atomgewichte stehen. Beim Stehen mit Wasser oder verdünnten Alkalien bei Zimmertemperatur wird ein Teil des Chlors ionisiert, wobei man Produkte verschiedenen Cl-Gehaltes bekommt[7].

Bromderivate werden auf analoge Art wie die Chlorderivate erhalten, sie zeigen auch ganz ähnliche Eigenschaften[8].

Bei der Einwirkung von Brom auf Caseinogen sowie von Bromwasser auf alkalische Caseinogenlösungen entstehen nach Lieben Verbindungen mit 5—6% festfixierten Broms. Stöchiometrische Beziehungen sollen dabei nicht bestehen. Der Bromverbrauch von Caseinogenhydrolysaten ist im wesentlichen auf Tyrosin, Histidin und Cystin zurückzuführen[9].

Jodderivate. Durch Einwirkung von Jod in Jodkalilösungen bei 0° auf alkalische Caseinogenlösungen[10]. — Auch die Jodaufnahme wird von Lieben im Sinne einer Adsorption gedeutet, da er keine stöchiometrischen Verhältnisse zwischen Jod-, Tryptophan- und Tyrosingehalt nachweisen konnte[11]. Vgl. dazu und zum Verhalten des J-Derivates gegen Pepsine[12].

Aus bromiertem bzw. jodiertem Caseinogen kann Brom bzw. Jod durch ultraviolette Strahlung als Bromid bzw. Jodid abgespalten werden, nicht jedoch durch Erwärmen auf 80°[13]. — Verhalten gegen Röntgenstrahlen[14].

Bei der Metamorphose der Larven von Fröschen, Kröten und Axolotln erwies sich das jodierte Produkt als wirksam[15].

Nitroderivat: Aus Caseinogenlösungen in Ameisensäure + Aceton beim Versetzen mit Salpetersäure[16].

Phosphoryliertes Caseinogen. Durch Behandlung von Caseinogen mit $POCl_3$ in Tetrachlorkohlenstoff bei schwach alkalischer Reaktion. Das so erhaltene Produkt weist 1,77% P, ein Verhältnis P:N von 0,130 auf. Behandelt man vorher mit Natronlauge bei 37° entphosphoryliertes Caseinogen in gleicher Weise, so erhält man annähernd dieselben Zahlen. Pepsin, 0,25n-Salzsäure oder Knochenphosphatase spalten nur langsam die Phosphorsäure aus diesen

[1] R. Kimura, T. Tawara u. T. Toda: Acta Scholae med. Kioto **7**, 449 (1925) — Chem. Zbl. **1926 II**, 605 — Ber. Physiol. **34**, 765.

[2] F. Arloing u. L. Langeron: C. r. Soc. Biol. Paris **93**, 1305 (1925) — Chem. Zbl. **1926 I**, 1592.

[3] W. E. Burge: Amer. J. Physiol. **47**, 351 (1918) — Chem. Zbl. **1922 III**, 1025.

[4] B. von Aaron: Hoppe-Seylers Z. **98**, 49 (1916) — Chem. Zbl. **1917 II**, 407.

[5] J. Proks: Zitiert nach Chem. Zbl. **1921 II**, 905.

[6] C. Porcher u. E. Muffet: C. r. Soc. Biol. Paris **100**, 1049 (1929) — Chem. Zbl. **1929 II**, 1025.

[7] A. J. J. Vandevelde: Rec. Trav. Chim. Pays-Bas **45**, 825 (1926) — Chem. Zbl. **1927 I**, 610.

[8] A. J. J. Vandevelde: Rec. Trav. Chim. Pays-Bas **44**, 900 (1925) — Chem. Zbl. **1926 I**, 1817.

[9] F. Lieben u. R. Müller: Biochem. Z. **197**, 119 (1928) — Chem. Zbl. **1929 I**, 1353.

[10] A. Oswald: Hoppe-Seylers Z. **95**, 351 (1915) — Chem. Zbl. **1916 I**, 477.

[11] F. Lieben u. D. László: Biochem. Z. **159**, 110 (1925) — Chem. Zbl. **1925 II**, 828.

[12] H. Bauer u. E. Strauss: Biochem. Z. **211**, 163 (1929) — Chem Zbl. **1930 II**, 3582.

[13] F. Lieben u. G. Ehrlich: Biochem. Z. **222**, 221 (1930) — Chem. Zbl. **1930 II**, 1706.

[14] F. Lieben u. H. Kraus: Biochem. Z. **236**, 182 (1931) — Chem. Zbl. **1931 II**, 1309.

[15] E. O. Jensen: C. r. Soc. Biol. Paris **83**, 315 (1920) — Chem. Zbl. **1920 III**, 360.

[16] J. Loiseleur: C. r. Acad. Sci. Paris **191**, 1477 (1930) — Chem. Zbl. **1931 I**, 2485.

Produkten ab, 0,25n-NaOH bei 37° spaltet in 24 Stunden den gesamten Phosphor ab. Trypsin führt das gesamte P in eine säurelösliche organische Phosphorverbindung über, die der Einwirkung von Knochenphosphatase zugänglich ist[1].

Die Behandlung des Caseinogens mit $POCl_3$ verändert die Eigenschaft des Caseinogens, Immunkörper hervorzurufen, nicht[2].

Methylderivate. Durch Methylierung von Caseinogen in alkalischer Lösung mit Dimethylsulfat und Ausfällung mit Schwefelsäure. Ausbeute 70 g aus 200 g Ausgangsmaterial. Weißes Pulver, leicht löslich in heißem Wasser, schwerer in kaltem. Die wässerige Lösung reagiert sauer und wird durch Säuren und Salze ausgefällt. Paulysche und Glyoxylreaktion positiv, Millonsche Reaktion erst nach längerem Kochen. Bei der Hydrolyse ergibt sich, daß fast alles Methyl in der Lysinfraktion wieder zu finden ist[3]. — Bezüglich der N-Verteilung vgl.[4,5].

Durch proteolytische Fermente werden die methylierten Produkte langsamer gespalten als das Ausgangsmaterial[6].

Serum von Tieren, die mit methyliertem Caseinogen vorbehandelt waren, gibt auch Präcipitation mit normalem Caseinogen[7].

Bei Verfütterung von methyliertem und hydrolysiertem Methylderivat konnten im Harn keine Methylaminosäuren gefunden werden, jedoch neben δ-Aminovaleriansäure ein Aurat, dessen Zusammensetzung dem Halbbetain des Lysins entspricht[8]. Neuerdings wurde das ε-Monobetain des Lysins aus konzentriertem Hundeharn isoliert[9].

Methylenderivat: Bedeutend geringerer Gehalt an Humin-N als das Ausgangsmaterial[10]. Die Verdauung durch Pepsin und Trypsin geht wie beim nativen Caseinogen vor sich, jedoch wirkt Schweinenierenbrei auf das Methylenderivat nicht ein[11].

Acetylderivat. Bei seinen Untersuchungen über den Nachweis von Pyrrolen im Eiweiß konnte Troensegaard aus dem Acetylderivat des Caseinogens Piperidin isolieren[12]. — Isolierung zweier Verbindungen $C_9H_{11}N_3O$ und $C_{10}H_{14}N_2O_2$[13]; ferner von $C_{11}H_{22}N_2$ und $C_{14}H_{22}N_2$[14], von $C_7H_{16}N_2$[15].

Benzoylderivat. Durch Einwirkung von Benzoylchlorid in kaliumbicarbonatalkalischer Lösung auf Caseinogen. Das Benzoylderivat ist bei saurer Reaktion unlöslich. Die Benzoylierungszahl beträgt bis zu 20° etwa 9,9%, wovon 6,6% kalt verseifbar sind. Die schwer abspaltbaren Benzoylgruppen sind an N, die leicht abspaltbaren an O gebunden. Benzoyliert man bei höherer Temperatur, so bekommt man auch höhere Benzoylierungszahlen. Dies ist darauf zurückzuführen, daß durch das Bicarbonat leichte Hydrolyse eintritt, bei der neben Aminogruppen vorwiegend auch OH-Gruppen entstehen sollen[16]. — Bei der Benzoylierung von partiell hydrolysiertem Caseinogen und nachfolgender Veresterung mit Methylalkohol ließ sich Benzoylleucylglutaminsäuredimethylester gewinnen[17].

[1] C. Rimington: Biochemic. J. **21**, 272 (1927) — Chem. Zbl. **1927 II**, 442.

[2] E. E. Ecker u. M. A. Simon: Proc. Soc. exper. Biol. a. Med. **26**, 222 (1928) — Chem. Zbl. **1930 I**, 1322.

[3] S. Edlbacher: Hoppe-Seylers Z. **112**, 80 (1921) — Chem. Zbl. **1921 I**, 908.

[4] T. Imai: Hoppe-Seylers Z. **136**, 188 (1924) — Chem. Zbl. **1924 II**, 345.

[5] S. Hirai: Acta Scholae med. Kioto **7**, 527 (1925) — Chem. Zbl. **1926 II**, 1953 — Ber. Physiol. **34**, 616.

[6] T. Imai: Hoppe-Seylers Z. **136**, 173 (1924) — Chem. Zbl. **1924 II**, 345.

[7] R. Kimura, T. Tawara u. T. Toda: Acta Scholae med. Kioto **7**, 449 (1925) — Chem. Zbl. **1926 II**, 605 — Ber. Physiol. **34**, 765.

[8] K. Thomas u. J. Kapfhammer: Ber. Sächs. Ges. Wiss. math.-phys. Kl. **77**, 181 (1925) — Chem. Zbl. **1926 II**, 768.

[9] J. Kapfhammer: Hoppe-Seylers Z. **191**, 112 (1930) — Chem. Zbl. **1930 II**, 3262.

[10] S. Masui: Acta Scholae med. Kioto **13**, 361 (1931) — Chem. Zbl. **1932 I**, 3074.

[11] S. Masui: Acta Scholae med. Kioto **13**, 354 (1931) — Chem. Zbl. **1932 I**, 2336.

[12] N. Troensegaard u. H. G. Mygind: Hoppe-Seylers Z. **184**, 147 (1929) — Chem. Zbl. **1930 I**, 415.

[13] N. Troensegaard, F. Wrede u. H. G. Mygind: Hoppe-Seylers Z. **193**, 49 (1930) — Chem. Zbl. **1931 I**, 949.

[14] N. Troensegaard u. H. G. Mygind: Hoppe-Seylers Z. **199**, 133 (1931).

[15] N. Troensegaard u. H. G. Mygind: Hoppe-Seylers Z. **193**, 171 (1930) — Chem. Zbl. **1931 I**, 2066.

[16] S. Goldschmidt u. W. Schön: Hoppe-Seylers Z. **165**, 279 (1927) — Chem. Zbl. **1927 II**, 91.

[17] E. Abderhalden u. W. Kröner: Hoppe-Seylers Z. **178**, 276 (1928) — Chem. Zbl. **1929 I**, 1919.

Derivate mit Benzaldehyd bzw. Chlorbenzaldehyd: Caseinogen reagiert mit Benzaldehyd bzw. mit Chlorbenzaldehyd in Gegenwart von Kaliumacetat und Acetanhydrid bei 130—135° unter Bildung brauner, amorpher Produkte von saurem Charakter. Der Aldehydrest ist wahrscheinlich an Stickstoff gebunden[1].

Dephosphoryliertes Caseinogen. Das Produkt weist einen geringeren N-Gehalt auf als das Ausgangsmaterial, es wird durch Proteasen nur wenig angegriffen, durch Lab wird es nicht koaguliert[2]. — Durch Behandlung mit $POCl_3$ in Tetrachlorkohlenstoff kann das dephosphorylierte Caseinogen wieder „rückphosphoryliert" werden[3].

Desaminoderivate (vgl. auch S. 190). Darstellung durch Einwirkung von $NaNO_2$ auf Caseinogen in Essigsäure. Nach der Hydrolyse erhält man noch Tyrosin, aber weniger als im Ausgangsmaterial, aber kein Lysin mehr. Die freien Aminogruppen müssen also im wesentlichen die Aminogruppen des Lysins sein[4]. Der Tyrosingehalt beträgt 5% gegenüber 5,8% im Ausgangsmaterial[5]. — Bezüglich der N-Verteilung vgl. [6]. — Steudel konnte bei einem nach derselben Methode hergestellten Produkt keinen freien Amino-N nach van Slyke feststellen, wohl aber konnte bestätigt werden, daß das Tyrosin und auch das Tryptophan bei der Desaminierung nicht verändert werden. Das Desaminoderivat des Caseinogens verhält sich ganz wie ein Eiweißkörper und nicht wie ein Gemenge kleinerer Bruchstücke. Diese Befunde sprechen nicht für die Nebenvalenztheorie des Eiweißaufbaues[7].

Der Cystingehalt der Desamidoderivate beträgt 1,681% gegenüber 0,812 im Caseinogen[8].

Proteolytische Enzyme greifen das Desaminoderivat langsamer an als das ursprüngliche Caseinogen. Jedoch ist der Tierkörper imstande, das Desaminoprodukt zu verwerten[9].

Nach Steudel erweist sich das Desamidocaseinogen bei Ratten und Hunden als nicht vollwertig, da das Lysin fehlt und der Arginin- und Histidingehalt vermindert wird. Durch Lysin kann das Produkt nicht ergänzt werden[10].

Dearginoderivat (vgl. auch S. 190): Durch Behandlung von Caseinogen mit Natriumhypochlorit oder -hypobromit, bis die Farbreaktion mit α-Naphthol[11] ausbleibt. Das Dearginoprodukt ist in saurem Medium unlöslich und zeigt die üblichen Farbreaktionen nur noch schwach. 1 g davon verbraucht 21,08 ccm $^1/_{10}$ n-Barytlösung (gegen Phenolphthalein). Bei der Hydrolyse erhält man Alanin, Valin, Leucin, Prolin, Phenylalanin, Asparaginsäure, Glutaminsäure und Lysin[12].

Deguanidinoderivat: Durch Erhitzen von 1 kg Casein mit 5 1n-NaOH bis zum Verschwinden der α-Naphtholreaktion. Die üblichen Farbreaktionen des erhaltenen Produktes sind positiv. Nach der Fischerschen Methode erhält man folgende Werte für die Aminosäuren:

Alanin	1,5%
Aminovaleriansäure	4,0%
Leucin	10,7%
Prolin	3,6%
Asparaginsäure	1,0%
Glutaminsäure	12,1%
Tyrosin	4,6%
Lysin	2,6%
Phenylalanin	3,2% [13]

---

[1] H. D. Dakin: J. of biol. Chem. **84**, 675 (1929) — Chem. Zbl. **1930 I**, 1792.

[2] C. Rimington: Biochemic. J. **21**, 204 (1927) — Chem. Zbl. **1927 I**, 3014.

[3] C. Rimington: Biochemic. J. **21**, 272 (1927) — Chem. Zbl. **1927 II**, 442.

[4] M. S. Dunn u. H. B. Lewis: J. of biol. Chem. **49**, 327 (1921) — Chem. Zbl. **1922 I**, 467.

[5] H. B. Lewis u. H. Updegraff: J. of biol. Chem. **56**, 405 (1923) — Chem. Zbl. **1923 III**, 1279.

[6] S. Hirai: Acta Scholae med. Kioto **7**, 527 (1925) — Chem. Zbl. **1926 II**, 1953 — Ber. Physiol. **34**, 616.

[7] H. Steudel u. R. Schumann: Hoppe-Seylers Z. **183**, 168 (1929) — Chem. Zbl. **1929 II**, 2207.

[8] H. Steudel u. R. Wohinz: Hoppe-Seylers Z. **196**, 78 (1931) — Chem. Zbl. **1931 I**, 3131. — H. Steudel: Hoppe-Seylers Z. **187**, 203 (1930) — Chem. Zbl. **1930 I**, 3057.

[9] M. S. Dunn u. H. B. Lewis: J. of biol. Chem. **49**, 343 (1921) — Chem. Zbl. **1922 I**, 468.

[10] H. Steudel: Hoppe-Seylers Z. **187**, 203 (1930) — Chem. Zbl. **1930 I**, 3057.

[11] S. Sakaguchi: J. of Biochem. **5**, 133 (1925) — Chem. Zbl. **1926 I**, 1419.

[12] S. Sakaguchi: J. of Biochem. **5**, 143 (1925) — Chem. Zbl. **1926 I**, 1420.

[13] S. Sakaguchi: J. of Biochem. **5**, 159 (1925) — Chem. Zbl. **1926 I**, 1420.

Ovovitelline, Paravitellin.

Vorkommen: Ovovitellin ist im Eigelb zu 20,73% enthalten[1].

Das Forellenei enthält 24,8% Vitellin[2]. — 11 763 g Eisackflüssigkeit aus dem Laich von Hemifusus tuba Gmel liefern 160 g Rohvitellin[3].

Paravitellingehalt des Eigelbs 0,73%[1].

Zusammensetzung: Über die Trennung vom Paravitellin vgl.[1].

Über die Zerlegung des Ovovitellins in einen gerinnbaren und einen löslichen Anteil[4].

S. und T. Posternak konnten das Pepsinverdauungsprodukt des Ovovitellins (Hämatogen Bunges) durch Pankreasfermente in folgende sogenannte Ovotyrine zerlegen:

1. Ovotyrin-α $C_{21}H_{43}O_{24}N_7P_4$.

2. Ovotyrin-β, das das Eisen des Eigelbs enthält und zerlegbar ist, in:

$$\text{Ovotyrin-}\beta_1 \; C_{24}H_{48}O_{26}N_8P_4 \quad \text{und} \quad \text{Ovotyrin-}\beta_2 \; (C_{24}H_{48}O_{26}N_8P_4)_3Fe_2.$$

β_1 und β_2 unterscheiden sich nur durch den Eisengehalt.

3. Ovotyrin-γ $C_{46}H_{84}O_{40}N_{12}P_4$[5]. Die Ovotyrine stellen Polypeptide dar und liefern bei der Einwirkung von 25proz. Salzsäure oder 35proz. Schwefelsäure in der Hitze bei α, β_1 und β_2: Phosphorsäure, Brenztraubensäure, Ammoniak, Arginin, Histidin, Lysin und viel l-Serin. Auf Grund des Gehaltes an Hexonbasen wird auf das dreifache des oben angeführten Molekulargewichtes geschlossen. (Näheres über die Eigenschaften der Ovotyrine siehe unter „Tyrine"; vgl. auch Caseinogen[6].)

Für das Vitellin aus Hühnerei wird folgende Zusammensetzung angegeben:

Asche	0,2 %	
Wasser	5,86%	
N	15,03%	
P	0,92%	
S	0,95%	
Tyrosin	5,01%	Berechnet aus Bestimmungen
Tryptophan	1,24%	nach van Slyke
Cystin	1,19%	1,59%
Arginin	7,77%	8,05%
Histidin	1,22%	0,92%
Lysin	5,38%	8,73%

N-Verteilung nach van Slyke:

Melanin-N	0,47— 0,51%
Amid-N	9,19— 9,25%
Humin-N	1,02— 1,45%
Arginin-N	16,53—16,64%
Histidin-N	1,50— 1,76%
Lysin-N	11,04—11,30%
Cystin-N	1,23— 1,26%
Amino-N	55,00—55,50%
Nichtamino-N des Filtrates	2,62— 2,34%[7]

Tryptophangehalt: 1,40% mit der Aldehydreaktion nach Komm[8].

Das Rohvitellin aus der Eisackflüssigkeit des Laiches von Hemifusus tuba Gmel ergab folgende Zusammensetzung:

---

[1] N. A. Barbieri: Gazz. chim. ital. **47**, 1 (1915) — Chem. Zbl. **1918 I**, 1173.

[2] E. Fauré-Fremiet u. H. Garrault: C. r. Acad. Sci. Paris **174**, 1375 (1922) — Chem. Zbl. **1923 I**, 694.

[3] Y. Komori: J. of Biochem. **6**, 129 (1926) — Chem. Zbl. **1926 II**, 1758.

[4] S. Belfanti: Z. Immun.forschg **56**, 449 (1928) — Chem. Zbl. **1928 II**, 1116.

[5] S. u. T. Posternak: C. r. Acad. Sci. Paris **184**, 909 (1927) — Chem. Zbl. **1927 II**, 93.

[6] S. u. T. Posternak: C. r. Acad. Sci. Paris **185**, 615 (1927) — Chem. Zbl. **1928 I**, 211.

[7] H. O. Calvery u. A. White: J. of biol. Chem. **94**, 635 (1932) — Chem. Zbl. **1932 I**, 2475.

[8] E. Komm: Hoppe-Seylers Z. **156**, 161, 202 (1926) — Chem. Zbl. **1926 II**, 2094.

Alanin	0,71%
Valin	0,27%
Leucin	10,29%
Prolin	1,10%
Phenylalanin	0,22%
Asparaginsäure	1,60%
Tyrosin	0,80%
Arginin	3,73%
Lysin	0,86%
Tryptophan	1,49%
Glykokoll	fehlt
Isoleucin	,,
Glutaminsäure	,,
Serin	,,
Histidin	,, [1]

Physikalisches und chemisches Verhalten: Das Ultraviolettspektrum von Ovovitellin, gelöst in $^1/_{25}$ n-Natronlauge, zeigt ein Band bei λ 3441 bis λ 2640[2].

Das Ovovitellin des Forelleneies ist in alkalischen Medien löslich, fällt aber bei der Neutralisation oder bei einem Überschuß von Säure aus. In Gegenwart zweiwertiger Metallchloride ist es leichter löslich als bei Anwesenheit von Kalium-oder Natriumchlorid. In der Hitze koaguliert es; die Hydrolyse liefert keine reduzierenden Substanzen[3].

Pringsheim erhielt Kondensationsprodukte von Ovovitellin mit reduzierenden Zuckern in kochsalz- oder kalkwasserhaltiger Lösung (z. B. Fructo-Vitellin). Die Kondensation soll in stöchiometrischen Verhältnissen erfolgen, sie ist maximal bei $p_H = 6,4$ [4]. (Andere Forscher — z. B. Neuberg — bestreiten die Zucker-Eiweißkondensation. (Siehe z. B. unter Caseine.)

Hydrolyse: Beim Kochen von Vitellin mit Natronlauge werden 1,6—1,69% des trockenen Proteins in Form von Acetaldehyd abgespalten. Kohlehydrat oder Aminosäuren sind nicht die Vorstufe des Aldehyds, die Bildung scheint vielmehr an die Konstitution des Eiweißes gebunden zu sein[5].

Verhalten gegen Fermente: Pepsin: Bei 24stündiger Pepsineinwirkung finden Steudel und Mitarbeiter das Verhältnis des Zuwachses der Carboxylgruppen zu dem von Aminogruppen wie 4,4 : 1; bei längerer Einwirkung wird dieses Verhältnis etwas kleiner[6].

Vitellase: Das Vitellin gerinnt durch die von B. sinicus hervorgebrachte Diastase, für die Lagrange den Namen Vitellase vorschlägt. Die koagulierende Wirkung der Vitellase äußert sich in physiologischer Lösung stärker als in destilliertem Wasser. Höhere Salzkonzentrationen, insbesondere von Schwermetallen, hindern die Gerinnung. Auch das Calcium hemmt die Gerinnung schon in Konzentrationen, bei denen Na noch unschädlich ist[7]. — Auch im Pankreassaft kommt die Vitellase vor; ihre Wirkung geht beim Erhitzen verloren, jedoch nicht bei entfettetem Eigelb. Mit Natriumfluorid versetzter Pankreassaft ist unwirksam. Gelöste Ca-Salze haben auch hier keinen gerinnungsfördernden Einfluß; bei entfettetem Eigelb ist die Gegenwart von Calcium erforderlich[8].

Physiologisches: Ernährung[9]: Die N-Ausscheidungskurven bei Ovovitellinverfütterung zeigen keine Unterschiede gegen Casein, Edestin, Gliadin und Gelatine[10].

Nach Mc Clendon ist das Ovovitellin die Muttersubstanz des Fettes der frisch ausgekrochenen Larven vom Riesensalamander (Cryptobranchus alleghaniensis), deren Fettgehalt um 8% höher ist als bei den frisch gelegten Eiern. Auch bei den Bachforellen (Salve-

[1] Y. Komori: J. of Biochem. **6**, 129 (1926) — Chem. Zbl. **1926 II**, 1758.

[2] L. Marchlewski u. J. Wierzuchowska: Bull. Int. Acad. Polon Sci. A **1928**, 471 — Chem. Zbl. **1929 I**, 1831.

[3] E. Fauré-Fremiet u. H. Garrault: C. r. Acad. Sci. Paris **174**, 1375 (1922) — Chem. Zbl. **1923 I**, 694.

[4] H. Pringsheim u. M. Winter: Ber. dtsch. chem. Ges. **60**, 278 (1927) — Chem. Zbl. **1927 I**, 1026.

[5] O. Riesser u. Mitarbeiter: Hoppe-Seylers Z. **196**, 201 (1931) — Chem. Zbl. **1931 II**, 583.

[6] H. Steudel, J. Ellinghaus u. A. Gottschalk: Hoppe-Seylers Z. **154**, 198 (1926) — Chem. Zbl. **1926 II**, 1429.

[7] E. Lagrange: Ann. Inst. Pasteur **40**, 242 (1926) — Chem. Zbl. **1926 I**, 3241.

[8] E. Lagrange: Arch. internat. Physiol. **26**, 345 (1926) — Chem. Zbl. **1926 II**, 1955.

[9] Röhmann: Biochem. Z. **64**, 30 (1914) — Chem. Zbl. **1914 II**, 577.

[10] Mendel u. Lewis: J. of biol. Chem. **16**, 55 (1913) — Chem. Zbl. **1914 I**, 46.

linus fontinalis) soll die gleiche Umwandlung stattfinden. Hier ist der Fettgehalt um 5,6%
höher[1].

Über die Beziehungen des Ovovitellins zu den Lipoiden und über die Entgiftung des
Lysocithins durch den löslichen Teil des Vitellins[2].

Derivate: Bromvitellin. Durch Behandlung von Vitellin aus Eigelb mit Brom in indifferenten organischen Lösungsmitteln und Trocknen bei tiefer Temperatur. Bromvitellin ist
hellgelb, unlöslich in organischen Lösungsmitteln, Wasser und verdünnten Säuren, löslich in
verdünnten Alkalien; beim Kochen mit Alkali wird alles Brom in den ionisierten Zustand
übergeführt. Beim Erhitzen verkohlt das Bromderivat. Bromgehalt = 10% (Anwendung
als Nährmittel, Sedativum)[3].

Livetin.

Darstellung: Das Eigelb des Hühner- und Enteneies enthält neben dem Ovovitellin
noch ein zweites Protein, das Livetin. Es wird durch wiederholtes Halbsättigen mit Ammonsulfat von Ovovitellin befreit und durch Dialyse bei $p_H = 5,0$ gereinigt (Bestimmungsmethodik).

Zusammensetzung: N 15,35%,

P 0,05% (ganz reine Präparate enthalten 3,13 mg P auf 1 g N),
S 1,80%,

Tyrosin 5,17%,
Tryptophan 2,14%,
Cystin 3,9%.

Eigenschaften: Das Mindestmolgewicht beträgt 64000, der isoelektrische Punkt liegt
zwischen $p_H = 4,8$ und 5,0, $n_D^{20°} = 0,00190$, $[\alpha]_{5461}^{20} = -55,5°$.

Bei der Dialyse bleibt das Livetin auch nach der Entfernung der Salze in Lösung, verhält
sich also wie ein Pseudoglobulin. Aus seinen Lösungen ist das Livetin fällbar durch Kochen,
auch in Gegenwart von Essigsäure, durch die dreifache Menge Alkohol oder Aceton, Trichloressigsäure, Pikrinsäure, Wolframsäure, Sulfosalicylsäure, Schwermetallsalze, kolloidales Eisenhydroxyd, durch Halbsättigung mit Ammonsulfat, Magnesiumsulfat oder Kochsalz.

Farbreaktionen: Biuret-, Xanthoprotein- und Millonsche Reaktion positiv, Glyoxylsäurereaktion stark, Molische Reaktion schwach, nach Hydrolyse mit Trypsin Paulysche
Reaktion stark, Histidinreaktion nach Totani schwach[4].

Ichthuline.

Das aus Heringseiern durch Extraktion mit $^n/_{10}$-Salzsäure und nachfolgend mit sehr
verdünnter Natronlauge (220 ccm 2n-NaOH auf 12 l Wasser) gewonnene, durch Umfällen
und Waschen mit Alkohol und Äther gereinigte Ichthulin stellt ein weißes Pulver mit 8,82%
Wasser dar, das sämtliche Farbreaktionen der Proteine gibt. Elementarzusammensetzung:

C . . . . 52,34 %
H . . . . 7,56 %
N . . . . 14,09 %
P 0,014%
S 0,895%
Fe . . . . —

N-Verteilung (nach Kossel und Kutscher):

Humin-N I 6,788%
NH$_3$-N 1,811%
Humin-N II 1,705%
Histidin-N 2,454%
Arginin-N 4,500%
Lysin-N 10,070%
Monoaminosäuren-N 61,770%

[1] J. F. Mc Clendon: J. of biol. Chem. **21**, 269 (1915) — Chem. Zbl. **1915 II**, 749.
[2] S. Belfanti: Z. Immun.forschg **56**, 449 (1928) — Chem. Zbl. **1928 II**, 1116.
[3] P. Bergell: D.R.P. 330256, Kl. 12 v. 2. August 1918; Chem. Zbl. **1921 II**, 279.
[4] H. D. Kay u. P. G. Marshall: Biochemic. J. **22**, 1264 (1928) — Chem. Zbl. **1930 II**, 1995.

Gehalt an Aminosäuren:

Glykokoll . . . . 0,0 %
Alanin . . . . 0,31 %
Valin . . . . 2,33 %
Leucin . . . . 9,18 %
Prolin . . . . 0,47 %
Glutaminsäure . . . . 0,0 %
Tyrosin . . . . 3,89 %
Tryptophan . . . . 1,78 %
Cystin . . . . 0,93 %
Histidin . . . . 1,28 %
Arginin . . . . 6,33 %
Lysin . . . . 7,40 % [1,2]

Steudel glaubt, daß das Ichthulin der Heringseier zu den Vitellinen zu rechnen ist[1]. Nach Mc Crudden ist das Ichthulin (der Barben- und Hechtrogen) als ein eisenfreies Globulin aufzufassen, das bei der Hydrolyse keine reduzierende Substanz liefert, und in dem sich der Pyrrolring nicht nachweisen läßt. Die verschiedenen Ichthuline sind untereinander **nicht** identisch. Dem Vitellin steht das Albumin aus dem Rogen näher als das Globulin[3].

Das Protein der Eischalen der Heringseier stellt nach Steudel wahrscheinlich nur eine Modifikation des Ichthulins dar, da die Zusammensetzung nahezu die gleiche ist.

Elementarzusammensetzung:

C . . . . 51,52 %
H . . . . 7,79 %
P . . . . 0,07 %
S . . . . 0,55 %
N . . . . 14,19 %

N-Verteilung:

Humin-N I . . . . 5,381 %
Humin-N II . . . . 1,949 %
NH_3-N . . . . 2,05 %
Histidin-N . . . . 3,997 %
Arginin-N . . . . 14,413 %
Lysin-N . . . . 7,510 %
Monoaminosäuren-N . . . . . . 62,11 %

Gehalt an Aminosäuren:

Glykokoll . . . . 0,0 %
Alanin . . . . 0,35 %
Valin . . . . 3,5 %
Leucin . . . . 15,0 %
Isoleucin . . . . 0,0 %
Serin . . . . 0,0 %
Asparaginsäure . . . . 0,0 %
Glutaminsäure . . . . 0,56 %
Phenylalanin . . . . 0,0 %
Prolin . . . . 2,1 %
Tyrosin . . . . 6,27 %
Cystin . . . . 0,71 %
Tryptophan . . . . 2,0 %
Histidin . . . . 2,09 %
Arginin . . . . 6,35 %
Lysin . . . . 5.55 % [4,5]. Vgl. auch [6,7].

---

[1] H. Steudel u. E. Takahashi: Hoppe-Seylers Z. **127**, 210 (1923) — Chem. Zbl. **1923 III**, 320.
[2] K. Iguchi: Hoppe-Seylers Z. **135**, 188 (1924) — Chem. Zbl. **1924 II**, 485.
[3] F. H. Mc Crudden: Arch. f. exper. Path. **91**, 46 (1921) — Chem. Zbl. **1922 I**, 151.
[4] H. Steudel u. S. Osato: Hoppe-Seylers Z. **127**, 220 (1923) — Chem. Zbl. **1923 III**, 320.
[5] S. Osato: Hoppe-Seylers Z. **131**, 151 (1923) — Chem. Zbl. **1924 I**, 566.
[6] H. Steudel u. S. Osato: Hoppe-Seylers Z. **131**, 60 (1923) — Chem. Zbl. **1924 I**, 565.
[7] H. Steudel u. E. Takahashi: Hoppe-Seylers Z. **131**, 99 (1923) — Chem. Zbl. **1924 I**, 565.

Eidotterproteine des Katzenhaies.

(Acanthias vulgaris.)

Aus dem Eidotter des Katzenhaies wurden 2 Proteine isoliert:

1. Icthulin: Zusammensetzung C 48,80%, H 7,58%, N 14,76%, P 0,62%, S 1,17%. Das Protein stellt ein graues Pulver dar mit positiver Biuret-, Glyoxylsäure- und Millonscher Reaktion. Es ähnelt dem Vitellin des Hühnereies.

2. Thuichthin: Zusammensetzung C 45,6%, H 7,39%, N 12,14%, P 0,039%, S 1,96%. Das Protein weist starke Xanthoprotein-, Biuret- und Glyoxylsäurereaktion, aber nur schwache Millonsche und Molischsche Reaktion auf. Es ähnelt dem Livetin des Hühnereies.

Zur Trennung der beiden Proteine fällt man das Icthulin durch Verdünnen des in Kochsalzlösung gelösten Eidotters und gewinnt aus den Mutterlaugen das Thuichthin durch Halbsättigung mit Ammonsulfat[1].

Muskelproteine.

Allgemeines.

(Vgl. auch S. 107 u. 108.)

Zusammensetzung: Die Zusammensetzung der Muskelproteine soll Geschlechtsverschiedenheiten aufweisen. So soll der Phosphorsäuregehalt bei weiblichen Tieren 13—32% höher sein als bei männlichen, der Amino-N-Gehalt bei männlichen höher, der Histidin-N bei weiblichen viel höher, der Arginingehalt bei weiblichen dagegen niedriger sein. Die Werte bei kastrierten Tieren stehen zwischen denen für männliche und weibliche Tiere[2].

Die Hydrolyse von Fleischmuskelfasern von Ochs, Kalb, Schwein, Hammel, Pferd, Gans und Kabeljau ergibt untereinander sehr ähnliche Werte:

Gesamt-N der Basen	30,43—31,34	
davon		
Arginin-N	12,52—13,40	
Histidin-N	9,19—11,42	
Lysin-N	6,96— 7,84	in %
Gesamt-N des Filtrates	60.90—62,64	Gesamt-N [3]
davon		
Aminosäuren-N	50,12—52.87	
Amid-N	5,76— 6,95	
Melanin-N	0,92— 1,33	

β-Alanin: Kaplansky glaubt, daß das β-Alanin im Carnosin sekundär aus dem Komplex der Atome von Asparagyl- bzw. Lysylhistidin gebildet wird, da das Salzsäurehydrolysat der Muskelproteine diese Aminosäure nicht aufweist[4].

Der Cystingehalt ergibt sich nach der Methode der Jodattitration für

Rindfleisch	0,66%
Hühnerfleisch	0,64%
Salm	0,58% [5]

In der Globulin-Albuminfraktion des Rindfleisches wurde folgende N-Verteilung ermittelt, wobei kein Einfluß des Alters, des Fettgehaltes oder äußerster Entkräftung festzustellen war:

[1] J. Needham: Biochemic. J. **23**, 1222 (1929) — Chem. Zbl. **1930 I**, 3202.

[2] T. Tadokoro: J. Fac. Sci. Hokkaido Jap. Univ. Serie III Chem. **1**, 1 (1930) — Chem. Zbl. **1932 I**, 1681.

[3] K. Beck u. E. Casper: Z. Unters. Lebensmitt. **56**, 437 (1928) — Chem. Zbl. **1929 I**, 1954. — Arb. Reichsgesdh.amt **61**, 187 (1929) — Chem. Zbl. **1930 II**, 1386.

[4] S. Kaplansky: Hoppe-Seylers Z. **158**, 19 (1926) — Chem. Zbl. **1927 I**, 119.

[5] Y. Teruuohi u. L. Okabe: J. of Biochem. **8**, 459 (1928) — Chem. Zbl. **1928 I**, 2850. — Y. Okuda u. T. Kobayashi: Bull. agric. chem. Soc. Jap. **5**, 65 (1929) — Chem. Zbl. **1930 II**, 1213.

Gesamt-N . . . . 12,86—15,21%
NH₃-N . . . . 6,33— 7,83%
Gesamt-Humin-N . . . . 1,81— 3,98%
Arginin-N. . . . . 11,77—14,74%
Cystin-N . . . . 0,78— 1,06%
Lysin-N . . . . 11,83—14,83%
Histidin-N . . . . 3,47— 7,60%
Monoaminosäuren-Amino-N . . . . . . 49,19—59,25%
Monoaminosäuren-Nicht-Amino-N . . . 0,15— 3,73%
Cystin aus S-Bestimmung . . . . . . 2,08— 3,36%
Wasser der lufttrocknen Substanz. . . 7,92—16,46%
Asche . . . . 0,36— 2,15% [1]

Über die Zusammensetzung des Fleisches von Taubenküken und Tauben[2].

In der Starre (Wärme) bleibt die Amido-N-Fraktion der Muskelproteine unverändert, die Diamino-N-Fraktion steigt von 26—27% auf 36%, sinkt aber bei längerer Erholung auf 30—31%[3].

Beim Erhitzen von Muskelproteinen mit Wasser oder ganz verdünnten Säuren oder Laugen auf 140° sind keine großen Veränderungen in der Elementarzusammensetzung und in der N-Verteilung der Diaminosäuren zu bemerken. NH_3- und Cystin-N nehmen mit steigendem p_H ab, Arginin-, Lysin- und Monoamino-N fallen beim Erhitzen, dabei nimmt aber bei p_H 3,4 Arginin etwas zu. Melanin-, Histidin- und Nichtamino-N nehmen beim Erhitzen etwa zu[4].

Über die N-Verteilung in den Hydrolysenprodukten des Dorschmuskels in Abhängigkeit von Fällungsbedingungen und Hydrolysendauer[5].

Das Fleisch von Cryptobranchus Japonicus Hoev. zeigt folgende Zusammensetzung:

Gesamt-N 13,65%
Arginin. 6,69%
Histidin 2,29%
Lysin . . . . 7,41% [6]

Die Zusammensetzung des asche- und wasserfreien Garnelenmuskels (Peneus setiferus L.) weist folgende Zahlen auf:

C 52,93%
H 6,33%
N 16,88%
S 1,55%

Die N-Verteilung nach van Slyke:

Amido-N 8,13
Humin-N 1,29
Cystin-N 1,21   in %
Arginin-N 19,52   Gesamt-N
Histidin-N 6,07
Lysin-N 8,63

Daraus berechnet sich:

Cystin 1,75%
Arginin. 10,24%
Histidin 3,78%
Lysin 7,60%

---

[1] C. R. Moulton u. E. G. Sieveking: J. Assoc. official agricult. Chem. 8, 155 (1925) — Chem. Zbl. 1925 II, 1717.

[2] C. R. Moulton u. W. S. Ritchie: J. Assoc. official agricult. Chem. 8, 158 (1925) — Chem. Zbl. 1925 II, 1717.

[3] H. R. Hewer, H. Jairam u. S. B. Schryver: Biochemic. J. 22, 142 (1928) — Chem. Zbl. 1928 I, 2731.

[4] K. Yamafuji: Bulteno Scienca Fakultato Terkultura, Kjusu Imp. Univ. 4, 106 (1930) — Chem. Zbl. 1931 II, 3106.

[5] J. C. Kernot, J. Knaggs u. N. E. Speer: Biochemic. J. 24, 379 (1930) — Chem. Zbl. 1931 I, 474.

[6] S. Suga: J. pharm. Soc. Jap. 497, 42 (1923) — Chem. Zbl. 1923 III, 1176.

Bei colorimetrischen Bestimmungen:

Cystin . . . . 1,78 %
Tryptophan . . . . 1,21 %
Tyrosin . . . . 4,88 %

Gravimetrisch:

Asparaginsäure . . . . 6,98 %
Glutaminsäure . . . . 15,0 % [1]

Physikalisches und chemisches Verhalten: Auch in den physikalischen Eigenschaften sollen die Muskelproteine Geschlechtsunterschiede aufweisen: Die Muskeln der weiblichen Tiere zeigen nach Tadokoro durchweg höhere Quellkraft und werden in Alkohol entsprechend stärker kontrahiert; sie sind saurer als die der männlichen. Die Proteine der männlichen Tiere zeigen das höhere Drehungsvermögen und das stärkere Bindungsvermögen für Salzsäure[2].

Über die Molgewichtsbestimmung der Muskelfasersubstanz auf Grund der Röntgendiagramme[3].

Zur Darstellung und zur Fraktionierung der einzelnen Muskeleiweißkörper vergleiche außer den bei den einzelnen Proteinen aufgeführten Arbeiten[4, 5].

Zu bemerken ist, daß Herzfeld und Klinger die Muskeleiweißkörper Myosin und Myogen nicht als chemische Individuen anerkennen, sondern sie als Erscheinungsformen auf Grund verschiedener physikalisch-chemischer Zustände der Teilchen betrachten[6]. Vgl. dazu auch[7].

Die Löslichkeit der Muskelproteine ist in Lösungen von Natriumsalzen geringer als in Kaliumsalzen, in Phosphatgemischen größer als in Acetatgemischen. Bei Alterung, Ermüdung und Starre nimmt die Löslichkeit ganz allgemein ab. Es treten Änderungen im kolloiden Zustand der Eiweißkörper auf. Damit geht der Verlust der Fähigkeit, Hexosediphosphorsäure zu bilden, parallel. — Tiefgreifende Änderungen im kolloiden Zustand bestätigt auch Embden; Halogenessigsäurevergiftung setzt die Löslichkeit der Muskelproteine in Phosphatpuffern herab[8, 9].

Über die Fällung der Muskelproteine durch Phenol[10]. (Hier Theoretisches über die Desinfektionswirkung.)

Muskelproteine bilden bei geeigneter Temperatur und bei einem p_H von annähernd 1 dünne Filme von 6—7,5 Å Dicke auf der Wasseroberfläche. Erhöhung der Temperatur begünstigt die Ausbreitung[11]. Vgl. dazu[12].

Über acidimetrische Untersuchungen an Rindfleisch- und Pferdefleischeiweiß und Errechnung des Gehaltes an entstandenen Aminosäuren und Polypeptiden aus den gewonnenen Kurven[13]. Vgl. auch noch[14].

Hydrolyse: Über die Hydrolyse von Dorschmuskeleiweiß mit heißem Wasser und die aus dem Verlauf der Spaltung gefolgerte Annahme eines hitzebeständigen Katalysators[15].

Verhalten gegen Fermente: Pepsin: Über das Verhalten verschiedener Pepsinpräparate gegen Muskeleiweiß[16, 17]. — Fleisch quillt in Pepsin-HCl oder natürlichem Magensaft sehr

[1] D. B. Jones, O. Möller u. C. E. F. Gersdorff: J. of biol. Chem. 65, 59 (1925) — Chem. Zbl. 1926 I, 706.

[2] T. Tadokoro: J. Fac. Science Hokkaido Imp. Univ. Serie III Chem. 1, 1 (1930) — Chem. Zbl. 1932 I, 1681.

[3] R. O. Herzog u. Mitarbeiter: Helvet. chim. Acta 11, 529 (1928) — Chem. Zbl. 1928 II, 163.

[4] P. E. Howe: J. of biol. Chem. 61, 493 (1924) — Chem. Zbl. 1924 II, 2592.

[5] W. S. Ritchie u. A. G. Hogan: J. amer. chem. Soc. 51, 880 (1929) — Chem. Zbl. 1929 I, 2546.

[6] E. Herzfeld u. R. Klinger: Biochem. Z. 94, 1 (1918) — Chem. Zbl. 1919 III, 107.

[7] T. Cahn: Ann. de Physiol. 2, 646 (1926) — Chem. Zbl. 1927 II, 846 — Ber. Physiol. 40, 52.

[8] H. J. Deuticke: Pflügers Arch. 224, 1 (1930) — Chem. Zbl. 1930 I, 3808. — J. Hensay: Pflügers Arch. 224, 44 (1930) — Chem. Zbl. 1930 I, 3808.

[9] G. Embden u. E. Metz: Hoppe-Seylers Z. 192, 233 (1930) — Chem Zbl. 1931 I, 1940.

[10] E. A. Cooper u. E. Sanders: J. physic. Chem. 31, 1 (1927) — Chem. Zbl. 1927 I, 2174.

[11] E. Gorter u. F. Grendel: Trans. Faraday Soc. 22, 477 (1926) — Chem. Zbl. 1927 I, 1800.

[12] Fr. Hĕrcik: Kolloid-Z. 56, 1 (1931) — Chem. Zbl. 1931 II, 2709.

[13] J. Tillmans, P. Hirsch u. F. Strache: Biochem. Z. 199, 399 (1929) — Chem. Zbl. 1929 I, 1353.

[14] J. Tillmans u. P. Hirsch: Biochem. Z. 193, 216 (1928) — Chem. Zbl. 1928 I, 2723.

[15] W. M. Clifford: Biochemic. J. 18, 669 (1924) — Chem. Zbl. 1924 II, 1599.

[16] J. Smorodinzew u. A. Adowa: Hoppe-Seylers Z. 182, 1 (1929) — Chem. Zbl. 1929 II, 896.

[17] A. N. Adowa u. J. A. Smorodinzew: Hoppe-Seylers Z. 183, 133 (1929) — Chem. Zbl. 1930 I, 239.

schnell, das Maximum wird nach 20—30 Minuten erreicht; sodann erfolgt Gewichtsabnahme, da die Auflösung beginnt. Während der Quellung nimmt die Breite der Muskelfaser zu, während ihre Länge fast unverändert bleibt. Die Muskeln jüngerer Tiere, ferner abgelagertes und gefrorenes Fleisch zeigen stärkere Quellbarkeit. Der Herzmuskel quillt weniger als Extremitätenmuskel. Kurzdauernde Einwirkung von Pepsin fördert die Pankreasverdauung wesentlich[1].

Rohes Fleisch wird langsamer von Pepsin oder Trypsin angegriffen als gekochtes; übermäßig gekochtes viel langsamer als normal gekochtes. Am schnellsten wird schwach gebratenes Fleisch verdaut. (Siehe auch Physiologisches[2].)

Die Verdauung von Fleischeiweiß durch Pepsin und danach durch ein Gemisch von Trypsin und Erepsin in vitro geht im Vergleich mit anderen Eiweißkörpern der Ausnutzung im Magendarmkanal parallel; Fleischeiweiß wird gegenüber anderen Eiweißkörpern sehr schnell abgebaut[3].

Über die Einwirkung der proteolytischen Fermente des Eierschwamms, Cantharellus cibarius, auf Fleischprotein[4].

Verhalten gegen Bakterien: Den Beginn der Fäulnis im (Pferde-)Fleisch kann man durch Messung der Wasserstoffionenkonzentration feststellen: Für nicht mehr einwandfreies Fleisch wurde ein p_H von 6,1—6,3 ermittelt, für verdorbenes über 6,3. Das Auftreten von NH_3-Nebeln zeigt sich erst bei einem p_H über 6,3. Bei Beimpfung des Fleisches mit Proteusbacillen geht die Alkalisierung infolge des beschleunigten Eiweißabbaues schneller vor sich als in Kontrollversuchen, während sich die Colistämme verschieden verhalten. Bei Beimpfung mit großen Mengen Paratyphus-B- und Gärtnerbacillen hält die Säuerung im Gewebe infolge der zuckerspaltenden Tätigkeit dieser Bakterien länger an als in den Kontrollen[5].

Physiologisches: Ernährung: Die Verdaulichkeit verschiedener Fleischsorten in rohem und gekochtem Zustande, geprüft im Magen von Hund, Waldkauz, Krähe, Huhn, ergibt übereinstimmend für diese Tiere folgende absteigende Reihe:

Taubenfleisch
Fischfleisch, gekocht
Fischfleisch, roh
Schweinefleisch, gekocht
Schweinefleisch, roh
Rindfleisch, gekocht oder gebraten
Rindfleisch, gekocht und getrocknet
Rindfleisch, roh, getrocknet
Rindfleisch, frisch.

Von den einzelnen Tieren verdaut der Hund nur wenig schneller als der Raubvogel, deutlich schneller als die Krähe und sehr viel rascher als das Huhn[6].

Über den Nährwert von rohem, gekochtem und im Autoklaven erhitzten Muskelfleisch bei Ratten[7].

Über die Verdaulichkeit von rohem und gekochtem Seefischfleisch[8]. — Die Verdaulichkeit von Fischfleisch wird durch vorangehende Fettextraktion nicht beeinträchtigt[9].

Die spezifisch-dynamische Wirkung ist beim Kochfleisch höher und setzt früher ein als beim Rohfleisch[10].

Alkoholgefälltes Pferdefleischeiweiß liefert Antisera von nur geringer Wirksamkeit[11].

Die Ansichten über die Rolle der Myoproteine bei der Muskelkontraktion gehen

---

[1] H. v. Hößlin: Dtsch. Arch. klin. Med. **163**, 28 (1929) — Chem. Zbl. **1929 I**, 1959.
[2] W. M. Clifford: Biochemic. J. **24**, 1728 (1930) — Chem. Zbl. **1931 II**, 266.
[3] L. Kahn-Marino: Arch. internat. Physiol. **29**, 133 (1927) — Chem. Zbl. **1928 I**, 1059.
[4] J. Bares: Chem. Listy **21**, 202 (1927) — Chem. Zbl. **1927 II**, 1353.
[5] F. Schmidt: Arch. Hyg. **100**, 377 (1928) — Chem. Zbl. **1929 I**, 951.
[6] E. Mangold: Klin. Wschr. 8, 1997 (1929) — Chem. Zbl. **1930 I**, 705. — H. Meyer: Z. vergl. Physiol. **10**, 712 (1929) — Chem. Zbl. **1930 II**, 2669.
[7] A. Scheunert u. H. Bischoff: Biochem. Z. **219**, 186 (1930) — Chem. Zbl. **1930 II**, 82.
[8] O. Wille: Fischwirtschaft 5, 148 (1929) — Chem. Zbl. **1930 I**, 704.
[9] J. C. de Ruyter de Wildt: Vereenig. Exploitatie Proofzuivelboerderij Hoorn **1928**, 97 — Chem. Zbl. **1930 I**, 2181.
[10] W. Hilsinger: Arch. Kinderheilk. **83**, 193 (1928) — Chem. Zbl. **1929 I**, 2324.
[11] C. Schweizer: Mitt. Lebensmittelunters. **17**, 263 (1926) — Chem. Zbl. **1928 I**, 1303.

noch auseinander. Eine Reihe von Arbeiten richten sich gegen die Theorie der Eiweiß-quellung[1, 2]. Vgl. dazu [3, 4].

Zusammenfassende Arbeiten siehe bei v. Kries[5] und Herzfeld[6] u. [7]. — Die Lage des isoelektrischen Punktes des Myogens bei $p_H = 6,3$ spricht für die Kontraktionstheorie von Hill und Meyerhof, nach der ein Muskelprotein, dessen isoelektrischer Punkt bei $p_H =$ etwa 6 liegt, als „Verkürzungsprotein" wirkt, während ein anderes Protein, dessen isoelektrischer Punkt weiter im sauren Gebiet etwa bei $p_H = 4,7$ liegt, als Puffersubstanz wirkt und Alkali an das Verkürzungsprotein abgibt[8, 9]. Wenn alles Muskeleiweiß aus Myogen bestände, so könnte dieses nur etwa $1/5$ der Milchsäure neutralisieren, die bei hochgradiger Muskelermüdung entsteht. Es werden aber $1/2-2/3$ der gebildeten Milchsäure neutralisiert, so daß die Annahme eines Muskelproteins mit größerer Pufferkapazität gerechtfertigt ist[10].

Auch Wöhlisch wendet sich gegen die Säurequellungstheorie der Muskelkontraktion, da ja das „Verkürzungsprotein" in eine irreversible Säureverbindung verwandelt würde[11].

Es ist neuerdings gelungen, die Muskelkontraktion röntgenographisch aufzunehmen. Es bestehen Unterschiede zwischen den Bildern vom erregten und vom ruhenden Muskel. Die Diagramme lassen sich nicht mit dem vom getrockneten Muskel vergleichen. Eine Krystallisation von Micellen kommt nicht als Erklärung der Kontraktion in Frage[12].

K. H. Meyer nimmt auf Grund von Vorstellungen, die er aus röntgenographischen Untersuchungen entwickelt, an, daß die Muskelkontraktion durch Formänderung der Eiweiß-ketten bedingt ist. Seine Berechnungen stehen in Einklang mit den Anschauungen von Hill und Meyerhof (s. dort)[13].

Weitere Theorie der Muskelkontraktion[14].

Über die Veränderungen der Zusammensetzung des Muskeleiweißes in der Wärmestarre siehe unter Zusammensetzung und [15].

Myoalbumin.

Darstellung: Muskelpreßsaft (mit etwa 10% Trockensubstanz) wird 4—5mal in der Kälte mit Äther gesättigt und der Niederschlag nach 24stündigem Stehen durch ein Tuch filtriert. Zu 100 ccm der Lösung werden bei niedriger Temperatur 120—130 ccm Aceton gefügt, der erhaltene Niederschlag wird mit 30—40 ccm Wasser ausgewaschen. Die wässerige Lösung enthält nach 2maliger Sättigung mit Äther und Filtration fast reines Myoalbumin. Ausbeute 2,10%[16].

Physikalisches und chemisches Verhalten: Das Myoalbumin soll den Albuminen des Serums, der Milch· und der Eier sehr ähnlich sein. Es koaguliert bei 45—47° bis 69—71° in Klümpchen, die sich bei höherer Temperatur dicht zusammenballen[16].

(Bezüglich der Zusammensetzung vergleiche auch die folgenden Kapitel.)

Die spezifische Drehung des Myoalbumins verschiedener Tiere ist annähernd gleich:

Ochs	−27,39°
Kalb	−27,05°
Schwein	−30°
Gans	−26,40°[16]

[1] L. Wacker: Biochem. Z. **107**, 117 (1920) — Chem. Zbl. **1920 III**, 604.

[2] L. Wacker: Biochem. Z. **120**, 284 (1921) — Chem. Zbl. **1921 III**, 969.

[3] O. Fürth: Biochem. Z. **113**, 42 (1920) — Chem. Zbl. **1921 I**, 586.

[4] O. Fürth: Biochem. Z. **126**, 55 (1921) — Chem. Zbl. **1922 I**, 512.

[5] J. v. Kries: Pflügers Arch. **190**, 66 (1921).

[6] E. Herzfeld u. R. Klinger: Naturwiss. **8**, 359 (1920).

[7] T. Cahn: Ann. de Physiol. **2**, 646 (1926) — Chem. Zbl. **1927 II**, 846 — Ber. Physiol. **40**, 52.

[8] Hill u. Meyerhof: Naturwiss. **12**, 1137 (1924).

[9] H. H. Weber: Biochem. Z. **158**, 443, 473 (1925) — Chem. Zbl. **1925 II**, 659.

[10] H. H. Weber: Biochem. Z. **189**, 407 (1927) — Chem. Zbl. **1928 I**, 3043.

[11] E. Wöhlisch u. H. Schriever: Z. Biol. **83**, 265 (1925) — Chem. Zbl. **1926 I**, 707.

[12] G. Boehm u. K. F. Schotzky: Naturwiss. **18**, 282 (1930) — Chem. Zbl. **1930 I**, 2920.

[13] K. H. Meyer: Kolloid-Z. **53**, 8 (1930) — Chem. Zbl. **1930 II**, 3386 — Biochem. Z. **214**, 253 (1929) — Chem. Zbl. **1930 I**, 2901.

[14] E. Gorter u. F. Grendel: Nature (Lond.) **117**, 552 (1926) — Chem. Zbl. **1926 II**, 1976.

[15] H. R. Hewer, H. Jairam u. S. B. Schryver: Biochemic. J. **22**, 142 (1928) — Chem. Zbl. **1928 I**, 2731.

[16] M. Piettre: C. r. Acad. Sci. Paris **181**, 737 (1925) — Chem. Zbl. **1926 I**, 1828.

Physiologisches: Subcutane Injektionen von Myoalbumin beim Kaninchen rufen nur geringe der Anaphylaxie ähnliche Erscheinungen hervor[1].

Myoglobulin.

Salter isoliert mit ammoniakalischer Ammonchloridlösung ein Globulin aus Muskeln, das mit dem Myosin von Fürth oder dem Paramyosinogen von Halliburton identisch zu sein scheint. Das Maximum der Flockung in verdünnten Salzlösungen liegt bei p_H 6,5. Das Laugenbindungsvermögen beträgt pro Gramm $13 \cdot 10^{-4}$ Mol NaOH und $15 \cdot 10^{-4}$ Mol HCl. In der Löslichkeit ähnelt es dem Edestin, es ist schwerer löslich als andere tierische Globuline[2].

Während Piettre neben 2,10% Albumin 0,53% Globuline findet[1], gibt Ritchie an, daß Muskeln (von Kaninchen) 2,5mal so viel Globulin als Albumin enthalten[3].

Myosin.

Vorkommen: Über den Gehalt des Herzmuskels, M. iliopsoas und des Diaphragmamuskels des Menschen an Myosin[4].

Zusammensetzung: Die Myosine, die man durch saure Pufferlösungen oder durch 0,25proz. Essigsäure aus dem Pferdeherzmuskel gewinnt, sind unter sich einheitlich und unterscheiden sich durch geringeren P-, Fe- und S-Gehalt von den mit alkalischen Pufferlösungen gewonnenen Myostrominen (s. dort)[5].

In der chemischen Zusammensetzung des Myosins (und des Myogens, s. d.) machen sich folgende Geschlechtsverschiedenheiten bemerkbar:

Asche- und Phosphorgehalt	größer beim Myosin aus weiblichem Muskel
freier Amino-N	beim weiblichen nur 80—90% des männlichen Myosins
Arginingehalt	größer beim männlichen
Lysingehalt	größer beim männlichen
Histidingehalt	größer beim weiblichen[6].

Tryptophangehalt: Mit der Kommschen Aldehydreaktion bei Myosin aus Rindfleisch 1,46%[7]. — Tillmans fand bei den Myosinen vom Fleisch verschiedener Tierarten, besonders von Pferd und Rind, keine erheblichen Unterschiede bezüglich des Tryptophangehaltes[8].

Mit der Orcinmethode findet man im Myosin verschiedener Fleischarten einen Zuckergehalt von 0,36—0,89%[9].

Physikalisches und chemisches Verhalten: Das Molekulargewicht des Myoproteins (Myosin?) errechnet sich nach der Oberflächenspannungsmethode zu 1600000[10].

Der isoelektrische Punkt des Myosins, das durch Halbsättigung des Kochsalzextraktes von Muskeln mit Ammonsulfat erhalten wird, liegt bei p_H 3,92[11]. — Weber findet den isoelektrischen Punkt von Myosinsuspensionen und -lösungen bei p_H 5,1—5,2[12], während Wöhlisch für „Ammonsulfat-Myosin" $p_H = 5,4$, für „Dialyse-Myosin" $p_H = 4,8$ angibt[13]. — Für das Myosin, das durch saure Pufferlösungen aus dem Pferdeherzmuskel isoliert wird, gibt Wladimirow den isoelektrischen Punkt $p_H = 6,0$—6,3 an[14]. — Edsall findet aus dem Minimum der Säure- und Basenbindung $p_H = 6,0$[15].

[1] M. Piettre: C. r. Acad. Sci. Paris **181**, 737 (1925) — Chem. Zbl. **1926 I**, 1828.

[2] W. T. Salter: Proc. Soc. exper. Biol. a. Med. **24**, 116 (1926) — Chem. Zbl. **1927 II**, 1855 — Ber. Physiol. **40**, 478.

[3] W. S. Ritchie u. A. G. Hogan: J. amer. chem. Soc. **51**, 880 (1929) — Chem. Zbl. **1929 I**, 2546.

[4] G. Wladimirow: Biochem. Z. **167**, 156 (1926) — Chem. Zbl. **1926 I**, 2212.

[5] M. J. Galwialo u. C. J. Kreines: Biochem. Z. **222**, 123 (1930) — Chem. Zbl. **1930 II**, 1385.

[6] T. Tadokoro, M. Abe u. S. Watanabe: Proc. imp. Acad. Tokyo **3**, 543 (1927) — Chem. Zbl. **1928 I**, 710. — T. Tadokoro: J. Fac. Science Hokkaido Imp. Univ. Serie III Chem. **1**, 1 (1930) — Chem. Zbl. **1932 I**, 1681.

[7] E. Komm: Hoppe-Seylers Z. **156**, 161, 202 (1926) — Chem. Zbl. **1926 II**, 2094.

[8] J. Tillmans u. A. Alt: Biochem. Z. **164**, 135 (1925) — Chem. Zbl. **1926 II**, 279.

[9] J. Tillmans u. K. Philippi: Biochem. Z. **215**, 36 (1929) — Chem. Zbl. **1930 I**, 1662.

[10] L. de Caro: Atti Accad. naz. Lincei, Roma **9**, 1025 (1929) — Chem. Zbl. **1930 I**, 2429.

[11] K. O. Granström: Biochem. Z. **134**, 589 (1922) — Chem. Zbl. **1923 I**, 973.

[12] H. H. Weber: Biochem. Z. **158**, 443, 473 (1925) — Chem. Zbl. **1925 II**, 659.

[13] E. Wöhlisch u. H. Schriever: Z. Biol. **83**, 265 (1925) — Chem. Zbl. **1926 I**, 707.

[14] G. E. Wladimirow: Biochem. Z. **222**, 135 (1930) — Chem. Zbl. **1930 II**, 1386.

[15] J. T. Edsall: J. of biol. Chem. **89**, 289 (1930) — Chem. Zbl. **1931 I**, 2072.

Das spezifische Drehungsvermögen des Myosins vom weiblichen Tier beträgt nur 87—97% des männlichen. Auch in der Oberflächenspannung und Zähigkeit der Lösungen soll das Myosin vom Weibchen geringere Werte aufweisen[1].

Über die Anisotropie des Myosins[2].

Das Myosin ist in verdünnter Natronlauge bei p_H etwa 8 löslich; es ist lyophob. Ammonchlorid löst Myosin auf der alkalischen Seite des isoelektrischen Punktes durch Erhöhung der Lyophilie. Bei Kaninchen und Fröschen scheint das Myosin neben dem Myogen der einzige Eiweißkörper zu sein[3]. — Wladimirow beschreibt das Myosin aus dem Pferdeherzmuskel als einen hydrophilen Eiweißkörper[4].

Über Löslichkeit in Salzlösungen bei verschiedener Wasserstoffionenkonzentration. Analogie mit Edestin[5].

Maltose kann bei p_H 5,3 und 37° mit pepsinverdautem Myosin kondensiert werden[6]. Vgl. auch [7]. (Die Zuckereiweißkondensation wird aber auch bestritten.)

Hydrolyse: Beim Kochen von Myosin mit Natronlauge werden 1,54% des trockenen Proteins in Form von Acetaldehyd abgespalten. Kohlehydrat oder Aminosäuren sind nicht die Vorstufe des Aldehyds, die Bildung scheint vielmehr an die Konstitution des Eiweißes gebunden zu sein[8].

Verhalten gegen Fermente: Myosin wird sowohl von dem Pepsin des Pflanzenfressers als auch dem des Fleischfressers abgebaut; dabei ergibt sich stets eine größere Anzahl von freiwerdenden Carboxylgruppen als von Aminogruppen[9].

Über die Komplementwirkung des mit Pepsin verdauten Myosins bei der Stärkehydrolyse durch Pankreasamylase[6].

Physiologisches: Über Geschlechtsverschiedenheiten der Myosine von männlichen und weiblichen Tieren, wie sie in der Zusammensetzung und im physikalisch-chemischen Verhalten zum Ausdruck kommen, siehe oben und [1].

Myogen.

Darstellung: Zur Reindarstellung des Myogens preßt man die gut durchgespülten hinteren Extremitäten von Kaninchen oder Fröschen aus und dialysiert den Preßsaft in kleinporigen Kollodiumhülsen gegen 10^{-3} bis 10^{-4} molare Essigsäure[3].

Physikalisches und chemisches Verhalten: In den physikalischen und chemischen Eigenschaften der Myogene von männlichen und weiblichen Tieren machen sich ebenso wie in der Zusammensetzung die gleichen Verschiedenheiten bemerkbar, wie beim Myosin (s. d.)[1].

Während Granström[10] nur schwankende Resultate für den isoelektrischen Punkt des Myogens erhielt, gibt Weber p_H 6,3 für Kaninchenmyogen und 6,0 für Myogen von R. esculenta auf Grund kataphoretischer und osmotischer Messungen an[3]. Über die Verschiebung des isoelektrischen Punktes durch Anionen vergleiche unten. Ionisiertes Myogen (durch Säure- oder Alkalizusatz) flockt bei Entladung wieder bei p_H 6,3; auch das durch Alterung denaturierte Myogen weist den isoelektrischen Punkt bei 6,3 auf. — De Caro findet für den isoelektrischen Punkt des Myogens bei den gestreiften Muskeln von Emys $p_H = 6,6$, von Scyllium 6,8—6,9[11]; abweichend gibt Wöhlisch den isoelektrischen Punkt des Myogens mit $p_H = 4,4 \pm 0,2$ an[12].

Die spezifische Drehung frischer Myogenelektrodialysate beträgt bei CO_2-Abschluß

[1] T. Tadokoro, M. Abe u. S. Watanabe: Proc. imp. Acad. Tokyo **3**, 543 (1927) — Chem. Zbl. **1928 I**, 710. — T. Tadokoro: J. Fac. Science Hokkaido Imp. Univ. Serie III Chem. **1**, 1 (1930) — Chem. Zbl. **1932 I**, 1681.

[2] A. L. v. Muralt u. J. T. Edsall: J. of biol. Chem. **89**, 315, 351 (1930) — Chem. Zbl. **1931 I**, 2073.

[3] H. H. Weber: Biochem. Z. **158**, 443, 473 (1925) — Chem. Zbl. **1925 II**, 659.

[4] G. E. Wladimirow: Biochem. Z. **222**, 125 (1930) — Chem. Zbl. **1930 II**, 1386.

[5] J. T. Edsall: J. of biol. Chem. **89**, 289 (1930) — Chem. Zbl. **1931 I**, 2072.

[6] H. Pringsheim u. M. Winter: Biochem. Z. **177**, 406 (1926) — Chem. Zbl. **1927 I**, 461.

[7] H. Pringsheim: Z. angew. Chem. **39**, 1454 (1926) — Chem. Zbl. **1927 I**, 462.

[8] O. Riesser u. Mitarbeiter: Hoppe-Seylers Z. **196**, 201 (1931) — Chem. Zbl. **1931 II** 583.

[9] H. W. Vahlteich: Hoppe-Seylers Z. **176**, 222 (1928) — Chem. Zbl. **1928 II**, 1006.

[10] K. O. Granström: Biochem. Z. **134**, 589 (1922) — Chem. Zbl. **1923 I**, 973.

[11] L. de Caro: Atti Accad. naz. Lincei **9**, 87 (1929) — Chem. Zbl. **1929 I**, 2892.

[12] E. Wöhlisch u. H. Schriever: Z. Biol. **83**, 265 (1925) — Chem. Zbl. **1926 I**, 707.

etwa 31°, ein flaches Drehungsminimum scheint am isoelektrischen Punkt zu liegen, durch Säureionisation steigt die spezifische Drehung auf etwa das Dreifache an[1].

D^{20} von reinem Myogen = 1,35[1].

Das Myogen ist lyophil. Alkali- und Erdalkalisalze vermindern seine Stabilität und bewirken eine reversible Verlagerung des isoelektrischen Punktes nach der sauren Seite; dabei sind die Anionen in folgender Reihe wirksam: Acetat' < Cl' = Lactat' < H_2PO_4' < NO_3' < $^1/_2$ SO_4'' < SCN' ≪ $^1/_2$ Sulfosalicylat''. Die Erscheinungen sollen auf Bildung lyophober Eiweißanionsalze zurückzuführen sein[2]. Vgl. auch [3].

Die Wasserstoffionenbindungskurve eines Millimols Myogen-N läßt sich mit Ausnahme der isoelektrischen Zone gut durch die Dissoziationskurve einer einwertigen Base mit der Dissoziationskonstanten $K_B = 3{,}5 \cdot 10^{-11}$ und einem Gesamtsäurebindungsvermögen von $115 \cdot 10^{-3}$ Millimol H· darstellen. Daraus errechnet sich das Basenäquivalentgewicht des Myogens zu 750. Die OH-Ionenbindung pro Millimol Myogen-N wird, wiederum abgesehen von der isoelektrischen Zone, beschrieben durch die Addition der Dissoziationskurven zweier einwertiger Säuren mit den Dissoziationskonstanten $K_{a1} = 6{,}3 \cdot 10^{-9}$ und $K_{a2} = 10^{-11}$ und einem Gesamtbindungsvermögen von 17 bzw. $89 \cdot 10^{-3}$ Millimol OH'; das Äquivalentgewicht der ersten erkennbaren Dissoziationsstufe errechnet sich daraus zu 5100, während das Gesamtbasenäquivalent elektrotitrimetrisch 815 ergibt, nach Willstätter-Titration 1047; 950 soll der wahrscheinlichste Wert sein[1]. Der Aktivitätsgrad von Myogensäuresalzen fällt in der Reihenfolge Phosphat, Chlorid, Bromid, Nitrat, Rhodanid, Sulfat, während die H·-Bindungskurve aus verschiedenen Säuren in allen Teilen übereinstimmt. Die Alkaliionisation des Myogens ist bei dem p_{aH} des ruhenden Muskels ebenso hoch, wie die Säureionisation bei p_{aH} 5,5, einem Wert, den der Muskel infolge der Selbststeuerung bei der Milchsäurebildung fast nie erreicht[1,3]. (Über die Ablehnung der Säurequellungstheorie der Muskelkontraktion auf Grund dieser Ergebnisse vergleiche auch Muskelproteine. Allgemeines.)

Über die Komplementwirkung des mit Pepsin verdauten Myogens bei der Stärkehydrolyse durch Pankreasamylase und „Zuckereiweißkondensation"[4]. Vgl. auch [5].

Myostromin.

Nach Wladimirow bildet das Myostromin mit dem Myosin (s. d.) zusammen den Grundbestandteil des Muskelgewebes. Man gewinnt das Myostromin durch Extraktion der mit 0,5proz. Kochsalzlösung ausgelaugten Muskulatur mit 0,25proz. Kalilauge. Der Gehalt des Herzmuskels an Myostromin ist größer als im Diaphragmamuskel, in diesem größer als im M. ilio-psoas[6].

Die Myostromine, die man durch alkalische Pufferlösungen oder mit 0,25proz. Natronlauge aus dem Herzmuskel des Pferdes gewinnt, weisen einen höheren P-, Fe- und S-Gehalt als die betreffenden Myosine auf[7].

Der isoelektrische Punkt des Myostromins aus dem Pferdeherzen liegt bei p_H = 5,0—5,5. Es ist ein hydrophober Eiweißkörper[8].

Mucine, Mucoide.
Allgemeines.

Über die Schwierigkeit der Reinigung von Mucinen und Mucoiden und die Unzulänglichkeit der Einteilung dieser Eiweißkörper[9]. Über die Filtration von Mucinen[10].

Levene isoliert aus Mucoiden und Mucinen zwei verschiedene Mucoitinschwefelsäuren, die sich durch die Löslichkeit ihrer Bariumsalze unterscheiden. Die eine Form kommt vor in

[1] H. H. Weber: Biochem. Z. **189**, 407 (1927) — Chem. Zbl. **1928 I**, 3042.
[2] H. H. Weber: Biochem. Z. **158**, 443, 473 (1925) — Chem. Zbl. **1925 II**, 659.
[3] P. Rona u. H. H. Weber: Biochem. Z. **203**, 429 (1928) — Chem. Zbl. **1929 I**, 2541.
[4] H. Pringsheim u. M. Winter: Biochem. Z. **177**, 406 (1926) — Chem. Zbl. **1927 I**, 461.
[5] H. Pringsheim: Z. angew. Chem. **39**, 1454 (1926) — Chem. Zbl. **1927 I**, 462.
[6] G. Wladimirow: Biochem. Z. **167**, 156 (1926) — Chem. Zbl. **1926 I**, 2212.
[7] M. J. Galwialo u. C. J. Kreines: Biochem. Z. **222**, 123 (1930) — Chem. Zbl. **1930 II**, 1385.
[8] G. E. Wladimirow: Biochem. Z. **222**, 135 (1930) — Chem. Zbl. **1930 II**, 1386.
[9] E. Abderhalden: Lehrbuch der physiol. Chemie 5. Aufl. **1**, 397 (1923).
[10] S. Amberg u. F. Sawyer: J. of Pharmacol. **29**, 339 (1926) — Chem. Zbl. **1927 I**, 2050.

Funismucin, Humor vitreus, Cornea, die andere im Mucin der Magenschleimhaut, Serummucoid, Ovomucoid und in Ovarialcysten[1].

Der Hyaloidingehalt (?) zeigt bei den Mucinen folgende Werte:

Submaxillarmucin . . . . 43,25 %
Speichelmucin . . . . 42,0 %
Albuminmucoid . . . . 29,80 %
Ascitesmucoid . . . . 28,6 %
Ovomucoid . . . . 24,47—26,50 %
Seromucoid . . . . 17,70 %.

Auf Grund dieser Befunde nimmt Schmiedeberg eine Einteilung der Proteine insbesondere der Mucine vor[2,3]. — Vgl. auch über die Einbeziehung der Mucine und Mucoide in die Klasse der „Mucigene", unter welchem Begriff viscose, fadenziehende, vergärbare, optischaktive kolloide Lösungen verstanden werden, die durch Hitze nicht, dagegen durch Alkohol und durch verschiedene Säuren und Salze koaguliert werden[4]. — Vgl. hierzu auch über das Fadenziehen biologischer Substanzen[5].

Hydrolyse: Beim Kochen von Mucin mit Natronlauge werden 2,14—3,63 % des trockenen Proteins in Form von Acetaldehyd abgespalten. Kohlehydrat oder Aminosäuren sind nicht die Vorstufe des Aldehyds, die Bildung scheint vielmehr an die Konstitution des Eiweißes gebunden zu sein[6].

Ovomucin.

Antiserum gegen Ovomucin reagiert nicht mit Lösungen von Fibrinogen, Euglobulin oder Albumin aus dem Blutplasma (untersucht am Huhn)[7].

Immunobiologisch zeigt das Ovomucin Verwandtschaft mit dem Ovomucoid[8].

Speichelmucin.

Zur Bestimmung des Mucingehaltes im Speichel wird der alkalisierte Speichel (10 ccm Speichel + 2,5 ccm 5proz. Natronlauge) gegen destilliertes Wasser dialysiert. Dann wird mit 0,02n-Salzsäure versetzt, bis keine Fällung mehr entsteht. Die entstandene Trübung wird nephelometrisch mit einer bekannten Mucinlösung verglichen.

Der durchschnittliche Mucingehalt des Speichels normaler männlicher Personen beträgt nach mechanischer Reizung durch Kauen von Paraffin 0,26 %, die Höchstschwankungen für einzelne Individuen betragen 0,08 %. Nachträgliche chemische Reizungen bedingen Änderungen im Mucingehalt wie folgt: bei Citronensaft: Abnahme um etwa 0,1 %, Zigarettenrauch: keine Änderung, Zucker in kleinen Mengen: Abnahme, in großen Mengen: Erhöhung der Mucinkonzentration[9].

Mucin wird durch Essigsäure, Salzsäure, Gerbsäure, Phosphorsäure, Oxalsäure kräftig gefällt, durch Salpetersäure in feinen Flocken, durch Schwefelsäure gar nicht, durch Äpfelsäure, Weinsäure und Citronensäure in ganz feiner Form ausgeschieden[10].

Es besteht keine direkte Beziehung zwischen Caries und Mucingehalt[10]. Färbung mit Hämatoxylin[11].

Mucin aus Schweinemagen.

Isolierung von Mucoitinschwefelsäure und Glykosamin[12].

[1] P. A. Levene u. J. López-Suárez: J. of biol. Chem. **36**, 105 (1918) — Chem. Zbl. **1919 I**, 472.

[2] O. Schmiedeberg: Arch. f. exper. Path. **87**, 1 (1920) — Chem. Zbl. **1920 III**, 633.

[3] O. Schmiedeberg: Arch. f. exper. Path. **87**, 31 (1920) — Chem. Zbl. **1920 III**, 635.

[4] J. Giral: Ann. Soc. Espanola Fisica Quim. **27**, Techn. Teil 319 (1929) — Chem. Zbl. **1930 I**, 1807.

[5] J. Jochims: Protoplasma (Berl.) **9**, 298 (1930) — Chem. Zbl. **1930 II**, 251.

[6] O. Riesser u. Mitarbeiter: Hoppe-Seylers Z. **196**, 201 (1931) — Chem. Zbl. **1931 II**, 583.

[7] L. Hektoen u. A. G. Cole: J. inf. Dis. **42**, 1 (1928) — Chem. Zbl. **1929 I**, 2546.

[8] K. Goodner: J. inf. Dis. **37**, 285 (1925) — Chem. Zbl. **1926 II**, 1657 — Ber. Physiol. **35**, 737.

[9] J. M. Inouye, S. Forer, M. G. Reische u. E. G. Miller jun.: Proc. Soc. exper. Biol. a. Med. **25**, 153 (1927) — Chem. Zbl. **1929 I**, 1581.

[10] Türkheim: Dtsch. Mschr. Zahnheilk. **44**, 897 (1926) — Chem. Zbl. **1927 II**, 844 — Ber. Physiol. **40**, 79.

[11] J. Bubenaite: Z. Mikrosk. **42**, 181 (1925) — Chem. Zbl. **1926 I**, 175.

[12] P. A. Levene u. J. López-Suárez: J. of biol. Chem. **25**, 511 (1916) — Chem. Zbl. **1917 I**, 92.

Mucin aus Hundemagensaft.

Eigenschaften des Mucins aus Hundemagensaft; Absonderung in den einzelnen Phasen der Verdauung[1].

Gallenmucin.

Das Gallenmucin beeinflußt die Wirkung der Cholsäure auf die Pankreassaftsekretion[2].

Mucin aus Nabelstrang.

Isolierung von Mucoitinschwefelsäure und von Glykosamin[3].
Die isolierte Mucoitinschwefelsäure ist von der aus Schweinemagenmucin verschieden[4].

Mucin aus Cervix uteri.

Das Mucin des Schleimpfropfes der Cervix uteri wird durch Pepsin und Trypsin kaum angegriffen, wohl aber durch menschliches Sperma gelöst, wobei die optimale Wasserstoffionenkonzentration bei p_H 5,5 und 7,6 liegen soll. Die lösende Substanz ist thermolabil und nicht dialysabel. Es ist nicht geklärt, ob sie aus den Spermatozoen stammt oder aus anderen Teilen des männlichen Genitaltraktes[5, 6].

Synovia-Mucin.

Charakterisierung eines echten Mucins aus der Gelenkflüssigkeit[7]. Vgl. auch über die Eiweißstoffe der Gelenkergüsse[8].

Mucin aus Harn.

Isolierung von 0,24% Mucin aus einem stark viscosen Harn[9].

Mucoproteine der Schnecke.

Das Mucoprotein des Schleimes der Schnecken gehört zu der Gruppe, die sich von Mucoitinschwefelsäure ableitet. Es konnte eine der Mucoitinschwefelsäure ähnliche Substanz isoliert werden, die bei teilweiser Spaltung ein Disaccharid, das Mucosin, und bei völliger Zerlegung Glykosamin und eine flüchtige Säure lieferte. Bei Destillation mit Salzsäure entsteht Furfurol. Es ist aber fraglich, ob im Molekül Glykuronsäure oder Galakturonsäure oder eine andere Verbindung dieser Art vorliegt.

Das komplexe Kohlehydrat, das aus dem Mucoprotein des Fußes isoliert wurde, gleicht demjenigen aus dem Schleim, enthält aber eine kleine Menge eines anderen Polysaccharids, das reichlicher im Schneckenkörper vorhanden ist. (Sinistrin Hammarstens.) Die Spaltung ergab Galaktose und 20—30% Essigsäure[10].

Ovomucoid.

Darstellung: Zur Darstellung des Ovomucoids erzeugt man in der Lösung einen Niederschlag von einem Metallhydroxyd aus Metallsalz und Lauge (Laugenüberschuß vermeiden)[11].

[1] D. R. Webster: Trans. roy. Soc. Canada **24**, Sct. V, 199 (1930) — Chem. Zbl. **1931 I**, 2078.
[2] J. Mellanby: J. of Physiol. **61**, 419 (1926) — Chem. Zbl. **1926 II**, 1056.
[3] P. A. Levene u. J. López-Suárez: J. of biol. Chem. **26**, 373 (1916) — Chem. Zbl. **1917 I**, 776.
[4] P. A. Levene u. J. López-Suárez: J. of biol. Chem. **36**, 105 (1918) — Chem. Zbl. **1919 I**, 472
[5] R. Kurzrock u. E. G. Miller jun.: Proc. Soc. exper. Biol. a. Med. **24**, 670 (1927) — Chem. Zbl. **1928 II**, 1344.
[6] R. Kurzrock u. E. G. Miller jun.: Amer. J. Obstetr. **15**, 3 (1928) — Chem. Zbl. **1928 II**, 1344.
[7] C. Achard u. M. Piettre: C. r. Acad. Sci. Paris **191**, 1412 (1930) — Chem. Zbl. **1931 I**, 2355.
[8] C. Achard u. M. Piettre: C. r. Acad. Sci. Paris **192**, 996 (1931) — Chem. Zbl. **1931 I**, 3695.
[9] P. Fleury u. E. Dufan: J. Pharmacie **13**, 417 (1931) — Chem. Zbl. **1931 II**, 2026.
[10] P. A. Levene: J. of biol. Chem. **65**, 683 (1925) — Chem. Zbl. **1926 I**, 1430.
[11] Neumann: Hoppe-Seylers Z. **89**, 149 (1914) — Chem. Zbl. **1914 I**, 1019.

Über die Filtration von Ovomucoidlösungen und ihre Abhangigkeit von Viscosität und Filtermaterial[1].

Zusammensetzung: Über die N-Verteilung im Ovomucoid mit verbesserter van Slyke-scher Methodik[2]. Vgl. auch [3].

Histidin, Arginin und Lysin konnten im Ovomucoid nachgewiesen werden[4].

Der Glykosamingehalt des Ovomucoids beträgt nach Hydrolyse mit 3proz. Salzsäure 25,8 bzw. 26,82% auf Glykose berechnet, je nachdem die Bestimmung in der eiweißhaltigen oder eiweißfreien Lösung erfolgte[4, 5].

Über die Bindungsweise des Glykosamins an Chondroitin- bzw. Mucoitinschwefelsäure vergleiche [5]. Über den Typus der Mucoitinschwefelsäure im Ovomucoid[6].

Über die Isolierung eines Acetylaminopolysaccharids, das die Biuret- und Ninhydrin-reaktion gibt, vergleiche [4].

Das von **Fränkel** und **Jellinek**[7] aus dem Hühnereiweiß (s. S. 101) und auch aus dem Dotteralbumin (s. S. 111) isolierte Kohlehydrat entstammt wahrscheinlich dem Ovomucoid, aus dem es bei der Barythydrolyse (7 Stunden) zu 5,1% gewonnen wird. Die Verbindung entspricht nicht der von **Fränkel** angegebenen Formel, da die NH_2-Gruppe des Glykos-amins nicht substituiert ist. Das Polysaccharid dürfte aus 4 Glykosamin- und 8 Mannose-einheiten aufgebaut sein[8, 9].

Über den Glykosegehalt während der Bebrütung[10].

Physikalisches und chemisches Verhalten: Behandelt man Ovomucoid mit konzentrierter Salpetersäuse in der Hitze, so erhält man u. a. Methylsulfosäure, Oxalsäure, p-Nitrobenzoe-säure, Benzoesäure, Terephthalsäure, Trinitrophenol[11, 12].

Physiologisches: Während der Bebrütung des Hühnereies sinkt der Glykosegehalt des Ovomucoids um etwa 14% [10].

Die Ovomucoidfraktion des Eierklars behält ihren Nährwert auch beim Trocknen (s. oben Eiereiweiß)[13].

Immunobiologisch zeigt das Ovomucoid Verwandtschaft mit dem Ovomucin[14]. — Anti-serum gegen Ovomucoid reagiert nicht mit Lösungen von Fibrinogen, Euglobulin oder Albumin aus dem Blutplasma des Huhnes[15].

Reaktion tuberkulöser Meerschweinchen auf Ovomucoid[16].

Corneamucoid.

An den Trübungen der Cornea, die bei Kalkverätzungen entstehen, ist wahrscheinlich das Mucoid beteiligt, das einerseits durch den Ätzkalk adsorbiert, andererseits gefällt wird. Das adsorbierte Mucoid zeigt veränderte Löslichkeitsverhältnisse gegenüber dem nativen Mucoid. Es ist in Ammoniak unlöslich. Aus verätzter Cornea kann man das unveränderte Mucoid durch $1/_{10}$n-Ammoniak extrahieren und danach das veränderte Mucoid mit verdünnter Salzsäure gewinnen. — Der Calciumgehalt ist in frisch verätzter Kaninchencornea auf das Doppelte erhöht, nach einiger Zeit ergeben sich trotz unveränderter Trübung normale Werte. Aus diesem Verhalten wird die Trübung auf einen irreversiblen Flockungsvorgang zurück-geführt[17].

[1] S. Amberg u. F. Sawyer: J. of Pharmacol. **29**, 339 (1926) — Chem. Zbl. **1927 I**, 2050.
[2] R. H. A. Plimmer u. J. L. Rosedale: Biochemic. J. **19**, 1015 (1925) — Chem. Zbl. **1926 II**, 77.
[3] R. H. A. Plimmer u. J. L. Rosedale: Biochemic. J. **19**, 1004 (1925) — Chem. Zbl. **1926 II**, 77.
[4] Y. Komori: J. of Biochem. **6**, 1 (1926) — Chem. Zbl. **1926 II**, 780.
[5] S. Izumi: Hoppe-Seylers Z. **142**, 175 (1925) — Chem. Zbl. **1925 I**, 2008.
[6] P. A. Levene u. J. López-Suárez: J. of biol. Chem. **36**, 105 (1918) — Chem. Zbl. **1919 I**, 472.
[7] S. Fränkel u. C. Jellinek: Biochem. Z. **185**, 392 (1927) — Chem. Zbl. **1927 II**, 1152.
[8] P. A. Levene u. T. Mori: J. of biol. Chem. **84**, 49 (1929) — Chem. Zbl. **1930 I**, 393.
[9] P. A. Levene u. A. Rothen: J. of biol. Chem. **84**, 63 (1929) — Chem. Zbl. **1930 I**, 394.
[10] J. Needham: Biochemic. J. **21**, 733 (1927) — Chem. Zbl. **1928 II**, 364.
[11] C. T. Mörner: Hoppe-Seylers Z. **93**, 175 (1914) — Chem. Zbl. **1915 II**, 663.
[12] C. T. Mörner: Hoppe-Seylers Z. **95**, 263 (1915) — Chem. Zbl. **1916 I**, 985.
[13] M. A. Boas-Fixsen: Biochemic. J. **25**, 596 (1931) — Chem. Zbl. **1932 I**, 832.
[14] K. Goodner: J. inf. Dis. **37**, 285 (1925) — Chem. Zbl. **1926 II**, 1657 — Ber. Physiol. **35**, 737.
[15] L. Hektoen u. A. G. Cole: J. inf. Dis. **42**, 1 (1928) — Chem. Zbl. **1929 I**, 2546.
[16] L. Dienes: J. of Immun. **18**, 279 (1930) — Chem. Zbl. **1930 II**, 754.
[17] F. Haurowitz u. G. Braun: Hoppe-Seylers Z. **123**, 79 (1922) — Chem. Zbl. **1923 I**, 378.

Mucoid aus der Eisackflüssigkeit von Gastropoden.

Beim Vergleich der Mucoidsubstanz aus der Eisackflüssigkeit von Gastropoden (Hemifusus tuba Gmel) mit dem Ovomucoid ergab sich große Ähnlichkeit mit dem Ovomucoid. Bei der tryptischen Verdauung wurde auch hier ein Acetylaminopolysaccharid isoliert. Die Säurehydrolyse der gesamten Eisackflüssigkeit ergab: Tyrosin, Leucin, Arginin, Lysin; Histidin fehlt[1].

Protamine.

Allgemeines[2].

Zusammensetzung: Über die Isolierung krystallisierter Verbindungen aus Protaminen mit der Methode der Benzaldehydverbindungen[3].

Nach ihrem Gehalt an Arginin, Lysin und Histidin teilt Kossel die Protamine in Mono-, Di- und Triprotamine ein[4]. Nach Methylierung mit Dimethylsulfat zeigen die Protamine starke Unterschiede in der N-Methylzahl[5]. Die lysinfreien Protamine enthalten eine größere Zahl N-Atome, die nicht formoltitrierbar, wohl aber methylierbar sind[6].

(Über die Zusammensetzung vgl. auch Verhalten gegen Fermente.)

Physikalisches und chemisches Verhalten: Der isoelektrische Punkt der Protamine ist abhängig vom Arginingehalt. Er liegt ungefähr bei p_H 10 bis 12[7].

Über den Einfluß von Protaminen auf die Oberflächenspannung von Na-Glykocholatlösungen[8].

Weiteres kolloidchemisches Verhalten siehe auch[9]. Die meisten Protamine geben die Blaurotfärbung mit Dimethylsulfat und konz. Schwefelsäure nicht (Tryptophan neg.)[10].

Verhalten gegen Fermente und Bakterien: Die Protamine — ausgenommen Sturin — werden von reinem Trypsin gespalten; Trypsin-Kinase spaltet auch Sturin und wirkt auf die anderen Protamine kräftiger ein als Trypsin allein. Erepsin und reines Papain wirken nicht nachweislich ein[11,12], dagegen aber blausäureaktiviertes Papain[11] und der frische Milchsaft von Carica papaya[13]. Aus dem Verhalten gegen diese Fermente ergibt sich, daß die Guanidinogruppe des Arginins bei den Protaminen (Gegensatz zu Histonen) nicht an den Peptidbindungen beteiligt ist. Sekundäre Bildung von α-Aminosäuren aus labilen Oxypyrrolen[14] findet nicht statt; die fermentative Hydrolyse ist eine Lösung von Peptidbindungen[15].

Im Pankreas befindet sich eine Protaminase, die Protamine unter Abspaltung von Arginin bzw. basischen Aminosäuren am Carboxylende in höher molekulare Spaltprodukte zerlegt. Die Protaminase ist in Wirkung auf die Hydrolyse basischer Substrate von mittlerer Molekulargröße beschränkt; sie benötigt zum Angriff eine freie Carboxylgruppe im Substrat: Aldehydverbindungen der Protamine werden angegriffen, nicht aber Protaminester[16].

Ein aus Milz dargestelltes „Lienokathepsin" baut Protamine ab[17].

Protaminophage Bakterien[18].

[1] Y. Komori: J. of Biochem. **6**, 1 (1926) — Chem. Zbl. **1926 II**, 780.

[2] A. Kossel: Protamine u. Histone. Leipzig-Wien 1929.

[3] M. Bergmann u. L. Zervas: Hoppe-Seylers Z. **152**, 282 (1926) — Chem. Zbl. **1926 I**, 3060.

[4] A. Kossel u. E. O. Schenck: Hoppe-Seylers Z. **173**, 278 (1928) — Chem. Zbl. **1928 I**, 2096.

[5] S. Edlbacher: Hoppe-Seylers Z. **107**, 52 (1919) — Chem. Zbl. **1919 IV**, 957.

[6] S. Edlbacher: Hoppe-Seylers Z. **108**, 287 (1919) — Chem. Zbl. **1920 III**, 558.

[7] S. Miyake: Hoppe-Seylers Z. **172**, 225 (1927) — Chem. Zbl. **1928 I**, 1532.

[8] R. Sugino: J. of Biochem. **9**, 353 (1928) — Chem. Zbl. **1930 I**, 185.

[9] K. Linderstrøm-Lang: C. r. du Lab. Carlsberg **16**, Nr. 6, 1 (1926) — Chem. Zbl. **1926 II**, 2398.

[10] S. Edlbacher: Hoppe-Seylers Z. **105**, 240 (1919) — Chem. Zbl. **1919 III**, 678.

[11] E. Waldschmidt-Leitz u. T. Kollmann: Hoppe-Seylers Z. **166**, 262 (1927) — Chem. Zbl. **1927 II**, 836. — E. Waldschmidt-Leitz u. A. Harteneck: Hoppe-Seylers Z. **149**, 221 (1925) — Chem. Zbl. **1926 I**, 1664.

[12] E. Waldschmidt-Leitz: Collegium **1928**, 543 — Chem. Zbl. **1929 I**, 759.

[13] O. Ambros u. A. Harteneck: Unters. über Enzyme **2**, 1698 (1929) — Chem. Zbl. **1929 I**, 1114.

[14] N. Troensegaard: Z. angew. Chem. **38**, 623 (1925) — Chem. Zbl. **1925 II**, 1446.

[15] E. Waldschmidt-Leitz: Ber. dtsch. chem. Ges. **59**, 3000 (1927) — Kolloid-Z. **40**, 295 (1926) — Chem. Zbl. **1927 I**, 714.

[16] E. Waldschmidt-Leitz: F. Ziegler, A. Schäffner u. L. Weil: Hoppe-Seylers Z. **197**, 219 (1931) — Chem. Zbl. **1931 II**, 1011.

[17] E. Waldschmidt-Leitz, J. J. Birk u. J. Kahn: Naturwiss. **17**, 85 (1929) — Chem. Zbl. **1929 I**, 3119.

[18] L. E. den Dooren de Jong: Zbl. Bakter. II **71**, 193 (1927) — Chem. Zbl. **1928 II**, 361.

Physiologisches: Nach Kossel geht die Bildung der Protamine im Testikel wie folgt vor sich: Im ruhenden Testikel findet sich ein basisches Dipepton, das als Lysinträger fungiert; bei beginnender Reife kommt ein anderes Dipepton als Argininträger hinzu. Diese beiden Komponenten gehen eine Verbindung ein, der Hexonbasengehalt steigt durch Zufuhr von Arginin und sinkt später durch Abgabe von Lysin. Ein basisches Tripepton lagert sich an und bringt Histidin und Tyrosin in die Verbindung, die in Histon übergeht. Aus diesem entwickelt sich durch Ausscheidung einzelner Aminosäuren das Protamin. Diese Anschauungen werden durch das Verhalten der Protamine gegen Pepsin und Trypsin gestützt [1, 2], vgl. auch [3].

Eine Reihe neuisolierter Protamine ist giftig für Mäuse, Meerschweinchen und Hunde und wirkt gefäßerweiternd und gerinnungshemmend [4]. Die giftigen Eigenschaften der Protamine beruhen auf ihrer eigenartigen Gesamtkonstitution: der hohe Gehalt an Diaminosäuren scheint eine Rolle zu spielen [5]. — Nach parenteraler Protamininjektion entstehen keine protaminspaltenden Fermente im Serum; auch normales Serum baut Protamine nicht ab [6].

Clupein.

Darstellung und Reinigung von einem nicht näher untersuchten Eiweißkörper [7].

Zusammensetzung: Clupein erweist sich bei der Adsorptionsanalyse mit Willstätterschem Eisenhydroxyd [8] als einheitlich [9]. Für die Einheitlichkeit spricht auch die Tatsache, daß sich Clupein nicht mit Ferrocyanwasserstoffsäure oder Sulfosalicylsäure zerlegen läßt (Gegensatz zu Cyprinin), jedoch lassen sich nahe verwandte Clupeine isolieren [1] (vgl. dazu auch die Fraktionierung des Methylesters unten). Clupein enthält eine größere Anzahl N-Atome, die nicht formoltitrierbar, wohl aber mit Dimethylsulfat methylierbar sind [10].

Beim Erhitzen von Clupein während 80 Minuten mit 4 Vol.-% Schwefelsäure auf 160° wird die Biuretreaktion negativ, und man findet neben freiem Arginin und freien Monoaminosäuren Körper peptidartiger Natur, die mindestens zwei miteinander verbundene Argininmoleküle — wahrscheinlich Argininanhydrid — enthalten. Im Protaminmolekül ist hiernach eine Diarginidgruppe anzunehmen [11]. Diese Ansicht wird auch von Kossel bestätigt, der nach protrahierter Hydrolyse mit 70 Vol.-% Schwefelsäure bei 37° ein Arginylarginin neben freiem Arginin (Flaviansäuremethode) findet [12]. Auch Monoaminosäuren stehen im Clupein miteinander in Verbindung [11, 13].

Im Clupein liegt ein Diarginylalanin bzw. -prolin oder -serin vor [14].

(Bezüglich der Zusammensetzung vgl. auch Verhalten gegen Fermente und Derivate).

Physikalisches und chemisches Verhalten: Die isoelektrischen Punkte verschiedener Fraktionen des Clupeins liegen bei p_H 12,13—12,16; in dieser Nähe befindet sich auch das Optimum der Fällung durch Alkohol [15].

Das Clupeinsulfat verhält sich gegen Permutit wie eine einsäurige Base [16]. Clupein gibt keine Färbung mit Dimethylsulfat und konz. H_2SO_4 [17].

Über die Bestimmung der Geschwindigkeit der Salzsäurehydrolyse des Clupeins nach van Slyke bzw. Sørensen [18].

[1] A. Kossel u. E. G. Schenck: Hoppe-Seylers Z. **173**, 278 (1928) — Chem. Zbl. **1928 I**, 2096.

[2] A. Kossel: Naturwiss. **10**, 999 (1922) — Chem. Zbl. **1923 I**, 1046.

[3] G. Russo: Arch. di Sci. biol. **8**, 161 (1926) — Ber. Physiol. **36**, 682 — Chem. Zbl. **1927 I**, 119.

[4] M. Yamagawa: J. Coll. Agric. Tokyo **5**, 419 (1916) — Chem. Zbl. **1925 I**, 1092.

[5] Freund: Pharm. Zentralhalle **55**, 803 (1914) — Chem. Zbl. **1914 II**, 1061.

[6] F. Hulton: J. of biol. Chem. **25**, 163 (1916) — Chem. Zbl. **1922 I**, 598.

[7] K. Felix u. K. Dirr: Hoppe-Seylers Z. **184**, 111 (1929) — Chem. Zbl. **1930 I**, 394.

[8] R. Willstätter, Kraut u. Fremery: Ber. dtsch. chem. Ges. **57**, 1491 (1924) — Chem. Zbl. **1924 II**, 2126.

[9] E. Waldschmidt-Leitz u. A. Schäffner: Ber. dtsch. chem. Ges. **60**, 1147 (1927) — Chem. Zbl. **1927 II**, 92.

[10] S. Edlbacher: Hoppe-Seylers Z. **107**, 52 (1919) — Chem. Zbl. **1919 IV**, 957 — Hoppe-Seylers Z. **108**, 287 (1919) — Chem. Zbl. **1920 III**, 558.

[11] R. E. Groß: Hoppe-Seylers Z. **120**, 167 (1922) — Chem. Zbl. **1922 III**, 925.

[12] A. Kossel u. W. Staudt: Hoppe-Seylers Z. **170**, 91 (1927) — Chem. Zbl. **1928 I**, 362.

[13] N. M. Nelson-Gerhardt: Hoppe-Seylers Z. **105**, 265 (1919) — Chem. Zbl. **1919 III**, 679.

[14] H. Steudel u. E. Peiser: Hoppe-Seylers Z. **122**, 298 (1922) — Chem. Zbl. **1923 I**, 98.

[15] S. Miyake: Hoppe-Seylers Z. **172**, 225 (1927) — Chem. Zbl. **1928 I**, 1533.

[16] K. Felix u. A. Lang: Hoppe-Seylers Z. **182**, 125 (1929) — Chem. Zbl. **1929 II**, 755.

[17] S. Edlbacher: Hoppe-Seylers Z. **105**, 240 (1919) — Chem. Zbl. **1919 III**, 678.

[18] J. Enselme: Bull. Soc. Chim. biol. Paris **12**, 351 (1930) — Chem. Zbl. **1930 II**, 1995.

Beim Kochen von Clupeinsulfat mit Natronlauge werden 0,29—0,44% des trockenen Proteins in Form von Acetaldehyd abgespalten. Kohlehydrat oder Aminosäuren sind nicht die Vorstufe des Aldehyds, die Bildung scheint vielmehr an die Konstitution des Eiweißes gebunden zu sein[1].

Freies Clupein erzeugt bei tropfenweisem Zusatz zu einer starken Hämoglobinlösung einen flockigen dunkelroten Niederschlag, der im Überschuß des Hämoglobins löslich ist. Bei längerem Verreiben mit Wasser löst sich der Niederschlag mit neutraler bzw. schwach alkalischer Reaktion. Die Lösungen zeigen die Spektren des verwendeten Oxy- bzw. Methämoglobins. Bei Kochen der wässerigen Lösung wird nur das Hämoglobin koaguliert, das Protamin bleibt in Lösung. Die schwach alkalische konz. Lösung gibt mit Na-Pikrat einen roten teerähnlichen Niederschlag, leicht löslich im Überschuß des Fällungsmittels. In sehr verdünnten Lösungen entsteht ein gelber amorpher Niederschlag. Ferrocyankalium und Ammonsulfat geben hellrote Niederschläge. Die Fällung mit Hämoglobin hat eine ungefähr konstante Zusammensetzung von 95% Hämoglobin und 5% Clupein. Ist das Clupein im Überschuß, so erhält man Niederschläge mit höherem Protamingehalt. Das Protamin kann nur als freie Base eiweißfällend wirken[2].

Bayer 205 gibt in Gegenwart von NaCl noch in Verdünnungen von 1 : 100000 schwache Trübungen mit Clupeinsulfat[3]. (Hier auch Verhalten gegen trypanocide Substanzen überhaupt.)

Aus äquimolaren wässerigen Lösungen von Clupeinsulfat und sekundärem guanylsaurem Natrium entsteht ein pulveriger weißer Niederschlag von guanylsaurem Clupein: N 23,74%, P 4,56%. — Hefenucleinsaures Clupein: In analoger Weise, ölige Fällung, beim Zerreiben mit Alkohol in Pulver umgewandelt. N 20,75%, P 5,69%[4]. Künstliches nucleinsaures Clupein ergibt — auf N berechnet — denselben Verbrennungswert von 4400 Cal wie die gereinigten Spermatozoenköpfe des Herings, ein Beweis dafür, daß das Clupein als Nucleinsäurederivat vorliegt[5].

Chondroclupein aus Clupeinsulfat in wässeriger Lösung und chondroitinschwefelsaurem K, weißer Niederschlag, Biuretreaktion positiv. N 14,08%, S 3,26%; die Verbindung enthält 52,5% Clupein[6].

Eosinclupein, ziegelroter pulvriger Niederschlag, unlöslich in Wasser. N 11,32%, Br 29,52%[4].

Verhalten gegen Fermente: Die Magenschleimhaut enthält eine Kathepsin genannte Proteinase, von der Clupein gespalten wird[7]. Reines Trypsin hydrolysiert das Clupein[8]. Nach Zusatz von Trypsin-Kinase geht die Spaltung weiter, und zwar ist die spaltende Wirkung von Trypsin-Trypsinkinase größer als bei sofortiger Einwirkung von Trypsinkinase[9, 10, 11, 12].

Am Ende der Verdauung mit Trypsinkinase (von Clupeinhydrochlorid B) lassen sich 6 NH_2-Gruppen mit salpetriger Säure nachweisen und 6 saure Äquivalente titrieren. Ferner wurden 4 Mole Arginin gefunden. Nach der Trypsinverdauung macht Erepsin 4 NH_2-Gruppen, 5 saure Gruppen und weitere 4 Argininmoleküle frei[13].

Erepsin wirkt auf natives Clupein nicht ein[14], wohl aber auf durch Trypsin-Kinase vorgespaltenes, jedoch nur Darmerepsin, nicht Hefeerepsin[9, 10, 11, 12].

[1] O. Riesser u. Mitarbeiter: Hoppe-Seylers Z. **196**, 201 (1931) — Chem. Zbl. **1931 II**, 583.
[2] af Ugglas: Biochem. Z. **61**, 469 (1914) — Chem. Zbl. **1914 II**, 1465.
[3] J. E. Balaban u. H. King: J. chem. Soc. Lond. **1927**, 3068 — Chem. Zbl. **1928 I**, 1036.
[4] H. Steudel u. E. Peiser: Hoppe-Seylers Z. **122**, 298 (1922) — Chem. Zbl. **1923 I**, 98.
[5] J. Ellinghaus: Hoppe-Seylers Z. **164**, 308 (1927) — Chem. Zbl. **1927 I**, 3085.
[6] T. Takahata: Hoppe-Seylers Z. **136**, 82 (1924) — Chem. Zbl. **1924 II**, 666.
[7] R. Willstätter u. E. Bamann: Unters. Enzyme **2**, 1756 (1928) — Hoppe-Seylers Z. **180**, 127 (1929) — Chem. Zbl. **1929 II**, 1115.
[8] R. Willstätter: Dtsch. med. Wschr. **52**, 1 (1926) — Chem. Zbl. **1926 I**, 1672.
[9] E. Waldschmidt-Leitz u. A. Schäffner u. W. Grassmann: Hoppe-Seylers Z. **156**, 68 (1926) — Chem. Zbl. **1926 II**, 2440.
[10] E. Waldschmidt-Leitz: Ber. dtsch. chem. Ges. **59**, 3000 — Kolloid-Z. **40**, 295 (1926) — Chem. Zbl. **1927 I**, 714.
[11] E. Waldschmidt-Leitz u. T. Kollmann: Hoppe-Seylers Z. **166**, 262 (1927) — Chem. Zbl. **1927 II**, 836.
[12] E. Waldschmidt-Leitz: Collegium **1928**, 543 — Chem. Zbl. **1929 I**, 759.
[13] K. Felix u. A. Lang: Hoppe-Seylers Z. **193**, 1 (1930) — Chem. Zbl. **1931 I**, 950.
[14] E. Waldschmidt-Leitz u. A. Harteneck: Hoppe-Seylers Z. **149**, 221 (1925) — Chem. Zbl. **1926 I**, 1664 — E. Waldschmidt-Leitz u. A. Schäffner: Hoppe-Seylers Z. **151**, 31 (1926) — Chem. Zbl. **1926 I**, 2480.

Protaminase spaltet Clupein optimal bei p_H 8,0 unter Abtrennung von Arginin. Das zurückbleibende höher molekulare Spaltprodukt, Clupean, scheint dem Ausgangsmaterial noch sehr nahe zu stehen[1].

Über die Einwirkung von Fermenten aus Leukocyten[2].

Papain allein spaltet nicht[3]. Die Wirkung von Papain-Blausäure ähnelt der von Trypsin; sie besteht in Zerlegung des Clupeins in noch hochmolekulare Bruchstücke, die aber wahrscheinlich anders geartet sind als beim Trypsin[4]. (Hier auch über die Leistung der einzelnen Enzyme in Beziehung zur Gesamthydrolyse und den Einfluß der Reihenfolge ihrer Einwirkung.) — Die enzymatische Hydrolyse des Clupeins ist nicht vollständig, es bleiben fermentativ nicht spaltbare Polypeptide zurück, die wahrscheinlich tertiär gebundenes Prolin enthalten. Aus der Konstanz des Verhältnisses COOH zu NH_2 während der Hydrolyse geht hervor, daß die Guanidinogruppe des Arginins nicht an der Peptidbindung beteiligt sein kann. Die Enzymspaltung des Clupeins ist eine einfache Hydrolyse von Peptidgruppen, sekundäre Bildung von Aminosäuren aus labilen Oxypyrrolen[5] kommt nicht in Betracht[4, 6, 7].

Verhalten gegen die proteolytischen Fermente von Maja sqinado[8].

Physiologisches: Im reifenden Heringstestikel entwickeln sich nach Kossel die basischen Eiweißkörper aus einem Clupeodipepton (nachgewiesen!) und einem Clupeotripepton (wahrscheinlich!) über ein nicht einwandfrei festgestelltes Clupeohiston zu einem unreifen Protamin mit 82% Arginin-N, das durch Abspaltung von Monoaminosäuren das Endclupein mit 91—93% Arginin-N liefert[9].

N- und P_2O_5-Bilanz bei Fütterung von Clupein-Sulfat oder Heringssperma[10].

Ein Abbauprodukt des Clupeins aus 2 Mol Arginin und 1 Mol einer Monoaminosäure — Clupeon genannt — wird bei der Leberdurchströmung von der Arginase nicht angegriffen, aber wahrscheinlich unter Abspaltung der Monoaminosäure umgewandelt[11].

Derivate: Methylester. Durch Veresterung des Clupeins mit Methylalkohol und Salzsäure. Der Ester kann in 4 Fraktionen zerlegt werden: $C_{31}H_{67}N_{18}O_9Cl_5$, $C_{35}H_{75}N_{18}O_9Cl_5$, $C_{65}H_{137}N_{36}O_{17}Cl_9$ und $C_{129}H_{269}N_{72}O_{33}Cl_{17}$. Diese Fraktionen unterscheiden sich in ihrer Löslichkeit, Zusammensetzung, optischen Aktivität und ihrem Gehalt an Methoxyl. Es bestätigt sich also die Kosselsche Ansicht, daß das Clupein aus mehreren einander ähnlichen Protaminen aufgebaut ist[12]. Vgl. dazu auch über Clupeinhydrochlorid[13].

Zur tryptischen und ereptischen Verdauung des Esters vgl. [13].

Benzoylclupein $C_{148}H_{174}N_{36}O_{29}$. Entsteht bei der Einwirkung von überschüssigem Benzoylchlorid auf Clupeinesterhydrochlorid (B). Weißes Pulver. Schmelzpunkt unter Zersetzung unscharf bei 240°. Unlöslich in Alkalien, Säuren und anderen Lösungsmitteln. Es verliert über P_2O_5 9 Moleküle Wasser auf ein Mindestmol. Die Analysen deuten auf den Eintritt von 12 Benzoylgruppen; 8 befinden sich in den 8 Molekülen Arginin und 4 in den Mono-Aminosäuren einschließlich Serin. Mit alkoholischer Salzsäure werden 3 Benzoylgruppen abgespalten, die wahrscheinlich an OH-Gruppen gebunden sind. Die am Arginin stehenden Benzoylreste sind offenbar so nicht abspaltbar.

---

[1] E. Waldschmidt-Leitz, F. Ziegler, A. Schäffner u. L. Weil: Hoppe-Seylers Z. **197**, 219 (1931) — Chem. Zbl. **1931 II**, 1011.

[2] R. Willstätter, E. Bamann u. M. Rohdewald, Hoppe-Seylers Z. **185**, 267; **186**, 85 (1929) — Chem. Zbl. **1930 I**, 987.

[3] E. Waldschmidt-Leitz u. T. Kollmann: Hoppe-Seylers Z. **166**, 262 (1927) — Chem. Zbl. **1927 II**. 836.

[4] E. Waldschmidt-Leitz u. A. Schäffner u. W. Grassmann: Hoppe-Seylers Z. **156**, 68 (1926) — Chem. Zbl. **1926 II**, 2440.

[5] N. Troensegaard: Z. angew. Chem. **38**, 623 (1925) — Chem. Zbl. **1925 II**, 1446.

[6] E. Waldschmidt-Leitz: Ber. dtsch. chem. Ges. **59**, 3000 — Kolloid-Z. **40**, 295 (1926) — Chem. Zbl. **1927 I**, 714.

[7] E. Waldschmidt-Leitz: Collegium **1928**, 543 — Chem. Zbl. **1929 I**, 759.

[8] J. J. Mansour: Versl. Akad. Wetensch. Amsterd., Wis- en natuurkd. Afd. **33**, 858 (1930) — Chem. Zbl. **1931 I**, 1121.

[9] A. Kossel u. E. G. Schenck: Hoppe-Seylers Z. **173**, 278 (1928) — Chem. Zbl. **1928 I**, 2096.

[10] H. Henschel: Z. Biol. **88**, 594 (1929) — Chem. Zbl. **1929 II**, 1176.

[11] K. Felix u. K. Morinaka: Hoppe-Seylers Z. **132**, 152 (1924) — Chem. Zbl. **1924 I**, 1688.

[12] K. Felix u. K. Dirr: Hoppe-Seylers Z. **184**, 111 (1929) — Chem. Zbl. **1930 I**, 394.

[13] K. Felix u. A. Lang: Hoppe-Seylers Z. **193**, 1 (1930) — Chem. Zbl. **1931 I**, 950.

Benzoyl-acetyl-clupein durch Erwärmen des Benzoylclupeins mit überschüssigem Acetanhydrid. Löslich in Wasser, weniger in Alkohol.

Chlorbenzoylclupein analog dem Benzoylclupein[1].

Salmin.

(Vgl. auch Protamin aus Coregonus macrophthalmus.)

Zusammensetzung: Salmin erweist sich bei der Adsorptionsanalyse mit Willstätterschem Eisenhydroxyd[2] als chemisch einheitlich[3]. — Arginin-N 87,8 %[4]. — Das Salmin ist nach Kossel ein Monoprotamin[5]. (Hier auch Arginingehalt einzelner Fraktionen.)

Mit dem Salmin identisch ist das Truttin aus Bachforellen[5]. Sehr ähnlich ist ihm ein Protamin aus Oncorhynchus Tschawytscha, mit 86,2 % Arginin-N und $[\alpha]_D$ auf N berechnet = $-273°$[4].

Physikalisches und chemisches Verhalten: Isoelektrischer Punkt = 12,09[6]. — Mit Dimethylsulfat und konz. H_2SO_4 tritt keine Blaurotfärbung ein[7].

Über Koazervation von Salminlösungen bei Temperaturerniedrigung[8].

Salmin erweist sich bei Na-Glykocholatlösungen nur, wenn es als Kation vorliegt, als oberflächenaktiv. Aus der Oberflächenaktivitäts-p_H-Kurve von Protamin-Na-Glykocholatgemischen wird die basische Dissoziationskonstante des Protamins zu $K_b = 10^{-8,3}$ errechnet[9]. Bei Behandlung mit $^1/_5$n-Alkali bei 100° verhält sich das Salmin ähnlich wie Gelatine; das Arginin wird schneller als bei den übrigen Proteinen abgespalten (α-Naphtholmethode[10, 11]).

Verhalten gegen Fermente: Salmin wird wie Clupein von Trypsin gespalten, weitergehend von Trypsinkinase, nicht von Erepsin und Papain, wohl aber von mit Blausäure aktiviertem Papain[12].

Protaminase spaltet aus Salmin Arginin ab. Das zurückbleibende „Salman" scheint dem Salmin noch sehr nahe zu stehen[13].

Physiologisches: Das proteolytische Vermögen des Blutes von Kaninchen erwies sich gegenüber Salmin nach Injektion von Salminsulfat nicht merklich verschieden von dem des Blutes nicht vorbehandelter Tiere[14].

Protamin aus Coregonus macrophthalmus.

Zusammensetzung und Verhalten: Arginin-N etwa 90,5 % des Gesamt-N. $[\alpha]_D^N = -322,59°$ ($-322,73°$) auf N bezogen. Die optische Drehung ist in saurer Lösung kleiner als in neutraler und nimmt beim Stehen bei Zimmertemperatur weiter ab; die Drehung stimmt mit der des Salmins überein, das Protamin ist daher wohl mit Salmin identisch[15].

---

[1] K. Dirr u. K. Felix: Hoppe-Seylers Z. **205**, 83 (1932) — Chem. Zbl. **1932 I**, 1792.

[2] Willstätter, Kraut u. Fremery: Ber. dtsch. chem. Ges. **57**, 1491 (1924) — Chem. Zbl. **1924 II**, 2126.

[3] E. Waldschmidt-Leitz u. A. Schäffner: Ber. dtsch. chem. Ges. **60**, 1147 (1927) — Chem. Zbl. **1927 II**, 92.

[4] A. Kossel: Hoppe-Seylers Z. **88**, 163 (1913) — Chem. Zbl. **1914 I**, 557.

[5] A. Kossel u. E. G. Schenck: Hoppe-Seylers Z. **173**, 278 (1228) — Chem. Zbl. **1928 I**, 2096.

[6] S. Miyake: Hoppe-Seylers Z. **172**, 225 (1927) — Chem. Zbl. **1928 I**, 1532.

[7] S. Edlbacher: Hoppe-Seylers Z. **105**, 240 (1919) — Chem. Zbl. **1919 III**, 678.

[8] H. Bungenberg de Jong u. H. R. Kruyt: Kolloid-Z. **50**, 39 (1930) — Chem. Zbl. **1930 II**, 1049.

[9] R. Sugino: J. of Biochem. **9**, 353 (1928) — Chem. Zbl. **1930 I**, 185.

[10] S. Sakaguchi: J. of Biochem. **5**, 133 (1925) — Chem. Zbl. **1926 I**, 1419.

[11] S. Sakaguchi: J. of Biochem. **5**, 159 (1925) — Chem. Zbl. **1926 I**, 1420.

[12] E. Waldschmidt-Leitz u. T. Kollmann: Hoppe-Seylers Z. **166**, 262 (1927) — Chem. Zbl. **1927 II**, 836. — E. Waldschmidt-Leitz: Collegium **1928**, 543 — Chem. Zbl. **1929 I**, 759.

[13] E. Waldschmidt-Leitz, F. Ziegler, A. Schäffner u. L. Weil: Hoppe-Seylers Z. **197**, 219 (1931) — Chem. Zbl. **1931 II,**, 1011.

[14] A. E. Taylor u. E. F. Hulton: J. of biol. Chem. **22**, 59 (1915) — Chem. Zbl. **1915 II**, 964.

[15] A. Kossel u. W. Staudt: Hoppe-Seylers Z. **159**, 172 (1926) — Chem. Zbl. **1926 II**, 2606.

Cyprinin.

Beim Cyprinin entfallen auf je eine formoltitrierbare Aminogruppe 3—5 an N gebundene CH_3-Gruppen. (Nach der Methylierung mit Dimethylsulfat)[1].

Der isoelektrische Punkt des Cyprinins liegt abweichend von den meisten anderen Protaminen bei p_H 9,73[2].

Nach der Einteilung von Kossel ist das Cyprinin ein Arginino-Lysino-diprotamin. Die Zusammensetzung ist jedoch nach Art der Gewinnung und des Reifestadiums der Karpfentestikel verschieden, was sich besonders im Arginin-N ausdrückt. Aus den Cyprininen konnten verschiedene basische Peptone (s. d.) und ein Cyprino-Histon isoliert werden. Diese Tatsachen führen zu folgenden Vorstellungen über die Entwicklung der Protamine im Testikel: im ruhenden Testikel findet sich ein als Lysinträger fungierendes Dipepton. Zu Beginn der Reife kommt ein zweites basisches Dipepton als Argininträger hinzu. Diese beiden Komponenten verbinden sich zu nicht scharf definierten Zwischenprodukten, deren Arginingehalt zunächst steigt; darauf findet Absinken von Lysin statt. Durch Anlagerung eines basischen Tripeptons tritt Histidin und Tyrosin in die Verbindung, die in ein Histon übergeht. Bei weiterer Reifung tritt das Lysin größtenteils, das Histidin ganz aus, das Cyprino-Histon geht in Cyprinin über. Das Verhalten des Cyprinins gegen Pepsin und Trypsin bestätigt diese Anschauung: lockere Bindungen, welche den Stellen der Zusammenfügung entsprechen, werden von Pepsin, die festeren von Trypsin gespalten[3].

Cyprinin ist bei intravenöser Injektion für den Hund giftig[3].

Leuciscin.

Protamin aus Leuciscus rutilus.

Zusammensetzung und Verhalten: 1,8 kg Testikel von Leuciscus rutilus liefern 4 g reines Sulfat; rötliches schwach hygroskopisches Pulver. Gesamt-N 14,15%.

Gesamt-Basengehalt 47%
Arginin 14%
Histidin 3%
Lysin 30%
NH_2-N 19%

Millonsche Reaktion positiv, Molischsche, Glyoxyl- und Cystinreaktionen negativ. Isoelektrischer Punkt = 10,57.

Mit Ammoniak oder mit ammoniakalischer Eiweißlösung tritt geringe Trübung ein, ebenso mit Kaliumferrocyanid und Sulfosalicylsäure. Durch Natronlauge wird es zum Unterschied von Lymphdrüsenhiston erst nach Sättigung mit Kochsalz gefällt. Das Sulfat flockt mit Ammoniak. Das Leuciscin ähnelt dem α-Cyprinin[4].

Sturin.

Zusammensetzung: Nach der Flaviansäuremethode ergibt sich für das Sturinsulfat:

Arginin . . . . 68,77 und 96,49%
Histidin . . . . 13,10 und 12,78%
Lysin und Monoaminosäuren . . . . 14,22 und 14,43%[5]

Arginingehalt verschiedener Fraktionen[6]. Beim Sturin entfallen auf je eine formoltitrierbare Aminogruppe 3—5 an N gebundene Methylgruppen[1].

Physikalisches und chemisches Verhalten: Der isoelektrische Punkt des Sturins liegt bei p_H = 11,71[7].

[1] S. Edlbacher: Hoppe-Seylers Z. **107**, 52 (1919) — Chem. Zbl. **1919 IV**, 957 — Hoppe-Seylers Z. **108**, 287 (1919) — Chem. Zbl. **1920 III**, 558.

[2] S. Miyake: Hoppe-Seylers Z. **172**, 225 (1927) — Chem. Zbl. **1928 I**, 1532.

[3] A. Kossel u. E. G. Schenck: Hoppe-Seylers Z. **173**, 278 (1928) — Chem. Zbl. **1928 I**, 2096.

[4] A. Kossel u. W. Staudt: Hoppe-Seylers Z. **171**, 156 (1927) — Chem. Zbl. **1928 I**, 215.

[5] A. Kossel u. W. Staudt: Hoppe-Seylers Z. **156**, 270 (1926) — Chem. Zbl. **1926 II**, 2093.

[6] A. Kossel u. E. G. Schenck: Hoppe-Seylers Z. **173**, 278 (1928) — Chem. Zbl. **1928 I**, 2096.

[7] S. Miyake: Hoppe-Seylers Z. **172**, 225 (1927) — Chem. Zbl. **1928 I**, 1532.

Sturin gibt ebenfalls nicht die blaurote Färbung mit Dimethylsulfat und konz. Schwefelsäure[1].

Bei der Hydrolyse des Sturins im Autoklaven mit Wasser oder mit verdünnten Säuren kann kein Absinken des Amino-N, also auch keine Anhydridbildung beobachtet werden[2].

Verhalten gegen Fermente: Sturin wird von reinem Trypsin nicht gespalten, wohl aber von Trypsinkinase. Erepsin und Papain hydrolysieren nicht, jedoch blausäureaktiviertes Papain[3].

Derivate: Methylesterhydrochlorid $C_{114}H_{240}O_{29}N_{60}Cl_{18}$, weißes, nicht hygroskopisches Pulver, Schmelzp. 250° unter Zersetzung nach vorherigem Sintern bei 150°, $[\alpha]_D^{20} = -63,22°$. Zusammensetzung:

$$CH_3O \dots \dots \dots 1,68\%$$
$$CH_3N \dots \dots \dots 0,37\%$$

in % Gesamt-N

$$NH_2N \dots \dots \dots 7,92$$
$$\text{Arginin-N} \dots \dots \dots 72,71$$
$$\text{Histidin-N} \dots \dots \dots 10,10$$
$$\text{Lysin-N} \dots \dots \dots 1,06$$

Benzoylderivat: Unlöslich in Wasser, Laugen, organischen Lösungsmitteln[4].

Thynnin.

Physikalisches und chemisches Verhalten: Isoelektrischer Punkt = 12,04[5]. Beim Abkühlen der wässerigen Lösung des Protaminsulfats scheidet sich eine schleimige Substanz ab; das hiervon getrennte Protamin gibt Biuretreaktion, rötet sich mit Diazobenzolsulfosäure, gibt mit Wittepepton in ammoniakalischer Lösung einen Niederschlag[6].

Hydrolyse: Arginin-N 79,5%, Monoamidosäure-N 11,0%, darunter 0,6% Tyrosin-N[6]. Ferner wurden isoliert Aminovaleriansäure und Prolin[7]. — Dem Thynnin sehr ähnlich sind die Protamine aus dem Schwertfisch (Xiphias gladius) mit 81,5% Arginin-N und aus Pelamys Sarda[6].

Alalongin.

Protamin aus Thynnus alalonga (germon).

Zusammensetzung und Verhalten: 2,5 g Protaminsulfat aus 0,65 kg, als Öl aus übersättigter wässeriger Lösung. Arginin-N 89,33% des Gesamt-N. $[\alpha]_D^N = -322,15°$ und $-323,06°$ in zwei verschiedenen Präparaten auf N bezogen[8]. Isoelektrischer Punkt des Monoprotamins 12,42[5].

Percin.

Vorkommen: Im Sperma von Perca flavescens (yellow perch aus dem Potomac river) und im Sperma von Stizostedion vitreum (pike perch)[6]. —

Physikalisches und chemisches Verhalten: Isoelektrischer Punkt = 12,40[5].

Reaktionen: Keine Färbung mit Millons Reagens, roter Niederschlag mit Diazobenzolsulfosäure und Soda, Tryptophanreaktion negativ, bleischwärzender Schwefel nicht vorhanden[6].

Hydrolyse: Bei Spaltung mit Schwefelsäure tritt keine Bildung von Huminsubstanzen oder Ammoniak ein.

[1] S. Edlbacher: Hoppe-Seylers Z. **105**, 240 (1919) — Chem. Zbl. **1919 III**, 678.

[2] N. Gawrilow, E. Stachejewa, A. Titowa u. N. Ewergetowa: Biochem. Z. **182**, 26 (1927) — Chem. Zbl. **1927 I**, 2656.

[3] E. Waldschmidt-Leitz u. T. Kollmann: Hoppe-Seylers Z. **166**, 262 (1927) — Chem. Zbl. **1927 II**, 836.

[4] K. Felix u. A. Lang: Hoppe-Seylers Z. **188**, 96 (1930) — Chem. Zbl. **1930 I**, 3447.

[5] S. Miyake: Hoppe-Seylers Z **172**, 225 (1927) — Chem. Zbl. **1928 I**, 1532.

[6] Kossel: Hoppe-Seylers Z. **88**, 163 (1913) — Chem. Zbl. **1914 I**, 557.

[7] Kossel u. Edlbacher: Hoppe-Seylers Z. **88**, 186 (1913) — Chem. Zbl. **1914 I**, 558.

[8] A. Kossel u. W. Staudt: Hoppe-Seylers Z. **171**, 156 (1927) — Chem. Zbl. **1928 I**, 215.

	Perca flavesc.	Stizostedion vitreum	
Histidin	5,6	6,7	
Arginin	78,1	76,3	in % Gesamt-N[1].
Monoamidosäurestickstoff	9,8	7,0	

Ferner wurden nachgewiesen die gleiche Aminovaleriansäure wie beim Thynnin (s. d.) und Prolin[2].

Nach der Einteilung von Kossel gehört das Percin zur Klasse der (Arginino-Histidino)-Diprotamine[3].

Coregonin.

Vorkommen: Zu 30% im getrockneten und extrahierten Spermakopf von Coregonus albus neben 70% Nucleinsäure[4].

Zusammensetzung: 87,3% Arginin-N, 9,4% Monoaminosäure-N[1].

Physikalisches und chemisches Verhalten: Isoelektrischer Punkt = 12,12[5].

Esocin.

Vorkommen: Im Sperma von Esox luteus (Hecht)[1].

Zusammensetzung: Arginin-N 86,3%, Monoamidosäure-N 11,3% des Gesamt-N[1].

Über das Verhältnis von freien formoltitrierbaren Aminogruppen und N-Methylzahlen nach Methylierung mit Dimethylsulfat[7].

Physikalisches und chemisches Verhalten: $[\alpha]_D$ des Sulfats $= -68,9°$, auf Stickstoff berechnet $-327°$[1]. — Isoelektrischer Punkt $= 12,07$[5].

Blaurotfärbung mit Dimethylsulfat und konz. H_2SO_4 tritt nicht ein[6].

Lateolin.

(Protamin aus Lateolabrex japonicus.)

Zusammensetzung: $C_{30}H_{65}O_8N_{16}$[8].

Physikalische und chemische Eigenschaften: Stark alkalisch. — Sulfat sehr leicht löslich in Wasser, unlöslich in Alkohol und Äther; $[\alpha]_D^{20} = -94,61°$. — Pt-Salz orangerot, unlöslich in warmem Wasser, Methylalkohol und Äther[8].

Protamin aus Mugil japonicus.

Zusammensetzung und Verhalten: Sulfat: weißes geschmackloses Pulver, 18,15% H_2SO_4, 23,3% Gesamt-N, davon 1,48% Amino-N.

Das Protamin enthält kein Tyrosin, Phenylalanin, Tryptophan, kein Histidin, Lysin oder Cystin. Arginin 70,58% des freien Protamins und relativ viel in Methanol und Äthanol lösliche Verbindungen.

$[\alpha]_D^{20} = -81,21°$.

Chloroplatinat $C_{36}H_{76}O_{10}N_{19} \cdot 4\,HCl, 2\,PtCl_4$[9].

Salvelin.

Zusammensetzung: Arginin-N 88,9%, Monoaminosäure 7,1%[1].

Physikalisches und chemisches Verhalten: $[\alpha]_D$ für das lufttrockene Salvelinsulfat mit 20,97% N $= -218,9°$, für Salvelinstickstoff $= -1045$[1].

Isoelektrischer Punkt $= 12,09$[5].

[1] Kossel: Hoppe-Seylers Z. **88**, 163 (1913) — Chem. Zbl. **1914 I**, 557.

[2] Kossel u. Edlbacher: Hoppe-Seylers Z. **88**, 186 (1913) — Chem. Zbl. **1914 I**, 558.

[3] A. Kossel u. E. G. Schenk: Hoppe-Seylers Z. **173**, 278 (1928) — Chem. Zbl. **1928 I**, 2096.

[4] V. Lynch: J. of biol. Chem. **44**, 319 (1920) — Chem. Zbl. **1921 I**, 226.

[5] S. Miyake: Hoppe-Seylers Z. **172**, 225 (1927) — Chem. Zbl. **1928 I**, 1532.

[6] S. Edlbacher: Hoppe-Seylers Z. **105**, 240 (1919) — Chem. Zbl. **1919 III**, 678.

[7] S. Edlbacher: Hoppe-Seylers Z. **107**, 52 (1919) — Chem. Zbl. **1919 IV**, 957 — Hoppe-Seylers Z. **108**, 287 (1919) — Chem. Zbl. **1920 III**, 558.

[8] M. Yamagawa: J. Coll. agric. Tokyo **5**, 419 (1916) — Chem. Zbl. **1925 I**, 1092.

[9] R. Hirohata: J. of Biochem. **10**, 251 (1929) — Chem. Zbl. **1929 II**, 179.

Protamin aus Sardina caerulea.

Zusammensetzung: Gesamt-N 18,34%, davon:

Humin-N 0,51%
Amido-N 0,15%
Bas. N 10,36%
Nichtbas. N 7,32%
Tyrosin . . . . ⎫
Cystin . . . . ⎬ vorhanden.
Tryptophan . . . . ⎭

Freier Amino-N ist mehr als die Hälfte Lysin-N vorhanden[1].

Sciaenin.
(Protamin aus Sciaena schlegeli.)

Zusammensetzung: $C_{18}H_{58}O_{10}N_{12}$ (?)[2].

Physikalische und chemische Eigenschaften: Sulfat wenig löslich in kaltem, leicht löslich in heißem Wasser; $[\alpha]_D^{20} = -128,44°$. — Pt-Salz hellbraun[2].

Seriolin.
(Protamin aus Seriola aureovittata.)

Zusammensetzung: $C_{29}H_{59}O_3N_{13}$[2].

Physikalische und chemische Eigenschaften: Sulfat löslich in Wasser; $[\alpha]_D^{20} = -88,44°$. — Pt-Salz gelblichbraun[2].

Scombremin.
(Protamin aus Scombremorus niphonius.)

Zusammensetzung: $C_{28}H_{62}O_6N_{13}$[2].

Physikalische und chemische Eigenschaften: Sulfat sehr leicht löslich in Wasser; $[\alpha]_D^{20} = -118,30°$. — Pt-Salz rötlichorange[2].

Scombrin.

Zusammensetzung: Bei der Adsorptionsanalyse mit Willstätterschem Eisenhydroxyd[3] verhält sich das Scombrin als chemisch einheitlich[4].

Über das Verhältnis von formoltitrierbaren und methylierbaren Aminogruppen[5].

Physikalisches und chemisches Verhalten: Der isoelektrische Punkt des Scombrins liegt bei $p_H = 12$[6]. Mit Dimethylsulfat und konz. H_2SO_4 tritt keine Blaurotfärbung ein[7].

Verhalten gegen Fermente: Reines Trypsin spaltet Scombrin, Trypsinkinase im verstärkten Maße. Erepsin und reines Papain wirken nicht ein, wohl aber blausäureaktiviertes Papain[8, 9].

Scombropin.
(Protamin aus Scombrops boops.)

Zusammensetzung: $C_{25}H_{57}C_4N_{12}$[2].

Physikalische und chemische Eigenschaften: Sulfat leicht löslich in Wasser; $[\alpha]_D^{20} = -76,64°$ — Pt-Salz hellbraun[2].

---

[1] N. S. Dunn: J. of biol. Chem. **70**, 697 (1926) — Chem. Zbl. **1928 II**, 2657.

[2] M. Yamagawa: J. Coll. agric. Tokyo **5**, 419 (1916) — Chem. Zbl. **1925 I**, 1092.

[3] R. Willstätter, Kraut u. Fremery: Ber. dtsch. chem. Ges. **57**, 1491 (1924) — Chem. Zbl. **1924 II**, 2126.

[4] E. Waldschmidt-Leitz u. A. Schäffner: Ber. dtsch. chem. Ges. **60**, 1147 (1927) — Chem. Zbl. **1927 II**, 92.

[5] S. Edlbacher: Hoppe-Seylers Z. **107**, 52 ; **108**, 287 (1919) — Chem. Zbl. **1919 IV**, 957; **1920 III**, 558.

[6] S. Miyake: Hoppe-Seylers Z. **172**, 225 (1927) — Chem. Zbl. **1928 I**, 1532.

[7] S. Edlbacher: Hoppe-Seylers Z. **105**, 240 (1919) — Chem. Zbl. **1919 III**, 678.

[8] E. Waldschmidt-Leitz u. T. Kollmann: Hoppe-Seylers Z. **166**, 262 (1927) — Chem. Zbl. **1927 II**, 836.

[9] E. Waldschmidt-Leitz: Collegium **1928**, 543 — Chem. Zbl. **1929 I**, 759.

Stereolin.

(Protamin aus Stereolepis ishinagi.)

Zusammensetzung: $C_{25}H_{64}O_6N_{14}$[1].

Physikalisches und chemisches Verhalten: Sulfat leicht löslich in Wasser; $[\alpha]_D^{20} = -97,14°$ — Pt-Salz hellrotgelb[1].

Histone.

Allgemeines[2].

Verhalten gegen Fermente: Während der Pepsinverdauung wird auch bei den Histonen das Verhältnis des Zuwachses NH_2 : COOH konstant $= 1$ gefunden[3], obwohl andere Autoren ausschließlich geringen Zuwachs von Aminogruppen gefunden haben[4]. Jedoch hat Waldschmidt-Leitz auch bei der Einwirkung von Trypsin, Trypsinkinase, Papain-Blausäure und Erepsin in den verschiedensten Reihenfolgen einen gleichmäßigen Zuwachs von COOH- und NH_2-Gruppen festgestellt. Pepsin und Papain legen keine Dipeptide frei — die Spaltstücke sind nicht durch Erepsin zerlegbar —, sondern nur größermolekulare Verbindungen. Durch Blausäure aktiviertes Papain liefert Dipeptide. Trypsinkinase und Erepsin spalten neben Polypeptiden überwiegend freie Aminosäuren ab. Der gesamte Hydrolysenprozeß durch Fermente besteht nur im Freilegen von äquivalenten COOH- und NH_2-Gruppen. Entgegen früheren Anschauungen — siehe Thymushiston — beteiligen sich weder die Guanidingruppe des Arginins noch die ε-Aminogruppe des Lysins an den Peptidbindungen[5].

Trypsin muß durch Kinase aktiviert werden, reines Erepsin wirkt auf unvorbehandeltes Histon nicht ein[6].

Physiologisches Verhalten: Von der Entwicklung der Histone im reifenden Testikel der Fische gibt Kossel folgendes Bild: Im ruhenden Testikel befindet sich nur ein als Lysinträger fungierendes basisches Dipepton. Bei beginnender Reife kommt ein zweites Dipepton als Argininträger hinzu. Diese beiden Peptone verbinden sich unter Austausch ihrer Hexonbasen zu nicht scharf definierten Zwischenprodukten, deren Arginingehalt steigt, worauf sodann Lysin austritt. Durch Anlagerung eines basischen Tripeptons wird Histidin und Tyrosin in die Verbindung gebracht, die in Histon übergeht. Ein solches Histon konnte aus Karpfensperma isoliert werden, im Heringstestikel konnte es nur wahrscheinlich gemacht werden. Die Anschauungen Kossels werden durch das Verhalten der Histone gegen Fermente bekräftigt: die leicht spaltbaren Bindungen, die den Stellen der Zusammenfügung entsprechen, werden durch Pepsin, die stärkeren durch Trypsin gelöst. Die Histone gehen im Verlaufe der Reifung dann durch Entfernung von Monoaminosäuren, Lysinverminderung und Histidinausscheidung in die Protamine über[7, 8].

Vgl. auch die N-Umsetzung, die während der Reifung des Hodens von Strongylocentrotus lividus stattfindet[9].

Die Histone üben im Zellkern nicht nur auf Grund ihrer Basizität statische Funktionen aus, sondern auch dynamische, die in enger Beziehung stehen zu dem relativ hohen Gehalt an Arginin, welches wahrscheinlich zur Synthese der Pyrimidinkomplexe in den Nucleinsäuren verwendet wird[10].

Im Gegensatz zu den Proteinen sind die Eiweißbestandteile der zusammengesetzten Proteine giftig. Sie bewirken Blutdrucksenkung, beeinflussen die Atmung und Körperwärme und führen in geringer Menge den Tod herbei. Der Diaminosäuregehalt ist nicht allein ausschlag-

[1] M. Yamagawa: J. Coll. agric. Tokyo **5**, 419 (1916) — Chem. Zbl. **1925 I**, 1092.

[2] A. Kossel: Protamine u. Histone. Leipzig-Wien 1929.

[3] E. Waldschmidt-Leitz u. G. Künstner: Hoppe-Seylers Z. **171**, 70 (1927) — Chem. Zbl. **1928 I**, 813.

[4] H. Steudel u. J. Ellinghaus: Hoppe-Seylers Z. **166**, 84 (1927) — Chem. Zbl. **1927 II**, 944.

[5] E. Waldschmidt-Leitz u. G. Künstner: Hoppe-Seylers Z. **171**, 290 (1927) — Chem. Zbl. **1928 I**, 1428.

[6] E. Waldschmidt-Leitz u. A. Harteneck: Hoppe-Seylers Z. **149**, 221 (1925) — Chem. Zbl. **1926 I**, 1664.

[7] A. Kossel u. E. G. Schenck: Hoppe-Seylers Z. **173**, 278 (1928) — Chem. Zbl. **1928 I**, 2096.

[8] E. G. Schenck: Naturiwss. **18**, 824 (1930) — Chem. Zbl. **1931 I**, 1621.

[9] G. Russo: Arch. di Sci. biol. **8**, 161 — Ber. Physiol. **36**, 682 (1926) — Chem. Zbl. **1927 I**, 119.

[10] K. Felix: Hoppe-Seylers Z. **116**, 150 (1921) — Chem. Zbl. **1922 I**, 56.

gebend für die Giftigkeit, diese scheint vielmehr auf der eigenartigen Gesamtkonstitution zu beruhen[1].

Die pharmakodynamische Wirkung der Histone ist auf die freie Guanidinogruppe des Arginins zurückzuführen, die ihre basische Wirksamkeit durch Einbau der Carboxylgruppe in die Polypeptidkette entfalten kann[2].

Cyprinohiston.

Während der Entwicklung von den Testikeln der Karpfen konnte neben basischen Peptonen ein echtes Histon mit Ammoniak abgetrennt werden. Auf 100 Teile Gesamt-N entfallen

41,57% . . . . . . auf Hexonbasen, darunter
19,05% . . . . . . auf Arginin,
19,07% . . . . . . auf Lysin,
3,45% . . . . . . auf Histidin.

Über die Entwicklung des Cyprinohistons aus den basischen Peptonen zu den Protaminen vergleiche Histone, Allgemeines[3].

Histone der Echinodermen.

Aus den geschlechtsreifen Testikeln der Echinodermen Astropecten aurantiacus, Strongylocentrotus lividus, Echinus acutus wurde je ein Histon isoliert. Das Histon aus Astropecten enthält Tyrosin, kein Tryptophan, kein Cystin, keine Kohlehydrate. Von den bekannten unterscheidet es sich durch niedrigeren Arginin- und höheren Lysingehalt. Die Histidinfraktion gibt starke Rotfärbung mit Diazobenzolsulfosäure, was nicht auf Histidin oder Tyrosin bezogen werden kann. Die Histone aus den beiden anderen Arten zeigen ungefähr gleiche Eigenschaften[4].

Auch aus Echinus esculentus wurde ein Histon isoliert, dessen Arginingehalt dem anderer Histone entspricht, während der Histidin- und Lysingehalt höher ist[5].

Thymushiston.

Darstellung: Zur Darstellung von Thymushiston fällt man den wässerigen Extrakt von Thymusdrüsen mit $CaCl_2$. Der Niederschlag wird gereinigt und mit Schwefelsäure ausgezogen. Im Filtrat fällt man das Histon mit Kochsalz oder Alkohol[6].

Vergleiche dazu auch das abgeänderte Verfahren von Felix, nach dem man aus 1 kg Thymus 25—30 g Histonsulfat gewinnt. Die Überführung in freies Histon geschieht durch Fällung mit Ammoniak beim isoelektrischen Punkt[7].

Zusammensetzung: Bei der Adsorptionsanalyse mit Willstätterschem Eisenhydroxyd[8] erwies sich das Histon aus der Thymusdrüse als chemisch einheitlich[9].

Vgl. auch über den Arginingehalt des Nucleohistons aus Thymusdrüsen[10].

Physikalisches und chemisches Verhalten: Der isoelektrische Punkt des Thymushistons liegt ungefähr bei p_H 8,5[7].

Das Äquivalentgewicht des Thymushistons berechnet sich bei Säuretitration zu 930, bei Basentitration zu 670. Bei der Titration mit Schwefelsäure kommen auf 100 Atome N 8,3

---

[1] Freund: Pharm. Zentralhalle **55**, 803 (1914) — Chem. Zbl. **1914 II**, 1061.

[2] E. Annau: Hoppe-Seylers Z. **205**, 154 (1932) — Chem. Zbl. **1932 I**, 2725. — E. Annau u. V. Augustin: Arch. f. exper. Pathol. **161**, 337 (1931) — Chem. Zbl. **1931 II**, 3015. — E. Annau u. J. Huszak: Arch. f. exper. Pathol. **163**, 541 (1931) — Chem. Zbl. **1932 I**, 1685.

[3] A. Kossel u. E. G. Schenck: Hoppe-Seylers Z. **173**, 278 (1928) — Chem. Zbl. **1928 I**, 2096.

[4] A. Kossel u. S. Edlbacher: Hoppe-Seylers Z. **94**, 264 (1915) — Chem. Zbl. **1915 II**, 1199.

[5] A. Kossel u. W. Staudt: Hoppe-Seylers Z. **159**, 172 (1926) — Chem. Zbl. **1926 II**, 2606.

[6] af Ugglas: Biochem. Z. **61**, 469 (1914) — Chem. Zbl. **1914 II**, 1456.

[7] K. Felix u. A. Harteneck: Hoppe-Seylers Z. **157**, 76 (1926) — Chem. Zbl. **1926 II**, 2606.

[8] R. Willstätter, Kraut u. Fremery: Ber. dtsch. chem. Ges. **57**, 1491 (1924) — Chem. Zbl. **1924 II**, 2126.

[9] E. Waldschmidt-Leitz u. A. Schäffner: Ber. dtsch. chem. Ges. **60**, 1147 (1927) — Chem. Zbl. **1927 II**, 92.

[10] H. Steudel: Hoppe-Seylers Z. **90**, 291 (1914) — Chem. Zbl. **1914 I**, 1963.

Äquivalente Säure, bei Titration mit Natronlauge 11,5 Äquivalente Lauge. Es stehen also den basischen Gruppen des Thymushistons 11,5 eigene saure Gruppen und 8,3 Äquivalente Schwefelsäure gegenüber; statt dieser 20 Säureäquivalente errechnen sich aus der Bausteinanalyse 23. Es müssen also 3 saure Gruppen im Histonmolekül — wahrscheinlich durch Guanidingruppen — neutralisiert werden[1]. (Über die Ausführung der Titrationen und die Indicatoren[2].) Das Säure- und Basenbindungsvermögen ändert sich während der Pepsinverdauung (s. d.).

Bei der Hydrolyse des Thymushistons mit Salzsäure bleibt das Verhältnis Formol-N : N-Methylzahl konstant[3].

Histonlösungen sind durch Ammoniak fällbar, anwesende Salze schützen das Histon vor dem Ausfallen[4].

Histonhämoglobinfällungen zeigen wechselnde Zusammensetzung bei Verwendung alkalischer Histonlösungen, konstante bei Verwendung alkalischer Hämoglobinlösungen (vgl. dazu Protamine[4]).

Verhalten gegen Fermente: Bei der Pepsinverdauung des Histonsulfats können 5 Peptone (s. d.) verschiedener Zusammensetzung isoliert werden[5]. Dabei übersteigt die Summe des Amino-N dieser einzelnen Fraktionen den Amino-N des unverdauten Histons nur wenig, aber die N-Methylzahl ist bedeutend höher. Das Basen- und Säurebindungsvermögen steigt während der Pepsineinwirkung etwa im gleichen Maße (5—6 Äquivalente bezogen auf 100 Atome N). Die geringe Zunahme von sauren Gruppen berechtigt nicht zu dem Schluß, daß esterartige Verknüpfungen im Histon vorkommen. Gegenüber der Zunahme von formoltitrierbarem N ist die Zunahme von zwei weiteren basischen Gruppen festzustellen[6]. Dies ist wahrscheinlich auf Zunahme von freien Guanidingruppen zurückzuführen, so daß also auch Guanidingruppen im Histon an Carboxylgruppen gebunden sind (s. oben Zusammensetzung). — Auch Lysin wird während der Verdauung frei, und zwar auf 100 Atome Histon-N 1 Molekül[7, 8, 9]. Nach genauem Studium der Fermentwirkung auf das Thymushiston ergeben sich neuerdings keine Anhaltspunkte mehr für die Beteiligung von Guanidingruppen des Arginins oder der ε-Aminogruppe des Lysins an den Peptidbindungen des Histons[10].

Reines Trypsin hydrolysiert das Thymushiston[11], reines Erepsin jedoch nicht[12]. Aus der Hydrolyse mit Trypsinkinase und nachfolgend mit Erepsin geht hervor, daß sich das Arginin an den Peptidbindungen beteiligt, die vom Erepsin gespalten werden (Gegensatz zu Protaminen[13]).

Derivate: Histonhydrochlorid: Bei der Zerlegung des Histonpikrates mit ätherischer Salzsäure. $[\alpha]_D = -99{,}5°$[14].

Methylesterhydrochlorid: Weißes Pulver von der Bruttoformel $C_{536}H_{1056}N_{160}Cl_{32}S_8O_{200}$ · $[\alpha]_D = -95{,}5°$. Ein Mindestmol des völlig veresterten Produktes enthält 12 veresterte Carboxylgruppen, 8 CH_3-, 20 freie NH_2-Gruppen, 10 Mol Arginin, 3 Mol Histidin und 32 Mol Salzsäure[14].

Globin.

Darstellung: Zur Darstellung des Globins versetzt man eine verdünnte, möglichst salzfreie Lösung des Hämoglobins mit stark verdünnter Salzsäure, bis sich der anfänglich entstan-

---

[1] K. Felix u. A. Harteneck: Hoppe-Seylers Z. **157**, 76 (1926) — Chem. Zbl. **1926 II**, 2606.
[2] K. Felix u. H. Müller: Hoppe-Seylers Z. **171**, 4 (1927) — Chem. Zbl. **1928 I**, 233.
[3] S. Edlbacher: Hoppe-Seylers Z. **107**, 52 (1919) — Chem. Zbl. **1919 IV**, 957 — Hoppe-Seylers Z. **108**, 287 (1919) — Chem. Zbl. **1920 III**, 558.
[4] af Ugglas: Biochem. Z. **61**, 469 (1914) — Chem. Zbl. **1914 II**. 1456.
[5] K. Felix: Hoppe-Seylers Z. **120**, 94 (1922) — Chem. Zbl. **1922 III**, 735.
[6] K. Felix: Hoppe-Seylers Z. **165**, 103 (1927) — Chem. Zbl. **1927 II**, 113.
[7] K. Felix: Hoppe-Seylers Z. **146**, 103 (1925) — Chem. Zbl. **1925 II**, 2215.
[8] K. Felix: Intern. Physiol. Kongreß Stockholm **1926**, 51 — Ber. Physiol. **38**, 495 — Chem. Zbl. **1927 I**, 2661.
[9] K. Felix: Sitzgsber. Ges. Morph. u. Physiol. Münch. **37**, 82 — Ber. Physiol. **40**, 638 (1927) — Chem. Zbl. **1927 II**, 1974.
[10] E. Waldschmidt-Leitz u. G. Künstner: Hoppe-Seylers Z. **171**, 290 (1927) — Chem. Zbl. **1928 I**, 1428.
[11] R. Willstätter: Dtsch. med. Wschr. **52**, 1 (1926) — Chem. Zbl. **1926 I**, 1673.
[12] E. Waldschmidt-Leitz u. A. Schäffner: Hoppe-Seylers Z. **151**, 31 (1926) — Chem. Zbl. **1926 I**, 2480.
[13] E. Waldschmidt-Leitz: Ber. dtsch. chem. Ges. **59**, 3000 — Kolloid-Z. **40**, 295 (1926) — Chem. Zbl. **1927 I**, 714 — Collegium **1928**, 543 — Chem. Zbl. **1929 I**, 759.
[14] K. Felix u. H. Rauch: Hoppe-Seylers Z. **200**, 27 (1931) — Chem. Zbl. **1931 II**, 2337.

dene braune flockige Niederschlag wieder gelöst hat. Dann schüttelt man mit $^1/_5$ Vol. Alkohol und $^1/_2$ Vol. Äther und trennt die ätherische Schicht ab, nachdem man vorher noch etwas Alkohol und Salzsäure zugegeben hat. Man filtriert und fällt das wässerig alkoholische Filtrat vorsichtig mit stark verdünntem Ammoniak, wobei jeder Überschuß zu vermeiden ist, da sonst das Globin wieder in Lösung geht. Die Reinigung geschieht durch Umfällung[1].

Nach einer anderen Methode werden mit physiologischer NaCl-Lösung gewaschene Rinderblutkörperchen nach dem Zentrifugieren in dem gleichen Vol. Wasser gelöst; die Lösung wird auf 2° abgekühlt und mit 2n-HCl in Säurehämatin übergeführt; dieses wird wieder in eiskaltem Wasser gelöst und mit Äther in Gegenwart von Kieselgur geschüttelt und filtriert. Das Filtrat wird bis zum Eintritt der maximalen Fällung mit $^1/_2$n-Ammoniak versetzt. Der Niederschlag wird bei 0° filtriert, der Äther wird im Vakuum verjagt. Nach der Dialyse bei 0° und Trocknen im Vakuum bei derselben Temperatur enthält das Globin etwa 2% Methämoglobin[2, 3]. Vgl. auch[4].

Nach Wu werden zur Darstellung gewaschene Schafblutzellen mit dem gleichen Volumen Wasser und mit gepulvertem roten Blutlaugensalz versetzt. Nach Beendigung der Sauerstoffentwicklung wird das Blutlaugensalz durch Dialyse, das Stromaeiweiß durch Behandlung mit Tonerde entfernt. Die Lösung wird sauer gemacht, mit Alkoholäther behandelt und neutralisiert. Dabei fällt das denaturierte Globin aus, während das unveränderte Globin sich im Filtrat befindet. Reinigung durch Dialyse gegen Wasser; eine Konzentrierung ohne Denaturierung ist durch Dialyse gegen Eiereiweiß möglich[5].

Zur Darstellung des Globins wäscht Hamsik die Blutkörperchen des defibrinierten Ochsenblutes mit Natriumacetatlösung und fällt mit Aceton. Reinigung durch Umfällung mit Ammoniak[6].

Zur Darstellung und Zusammensetzung des Globins vgl. auch[7].

Zusammensetzung: Der S-Gehalt von Globin aus Pferde- und Rinderhämoglobin ist in beiden Fällen = 0,59—0,60%, von Globin aus dem Hämoglobin der Katze jedoch 0,97—0,98%[8].

Nach Hunter u. Borsook besteht das Globinmolekül aus 2 Mol Tryptophan[9], je 4 Mol Tyrosin und Arginin, 8 Mol Histidin, 10 Mol Lysin und etwa 100 Mol anderer Aminosäuren einschließlich Dicarbonsäuren[10]. Vgl. dazu aber Fürth u. Nobel[11].

Colorimetrisch findet man den Tryptophangehalt zu 3,6%; Tyrosingehalt beträgt 3,5 bis 4%[12].

Cystin wurde nach der Jodattitration zu 0,61% gefunden[13].

Globin bzw. Hämoglobin aus Pferdeblut enthält 7,5—7,6% Histidin, 8,15—8,25% Lysin und 3,45—3,60% Arginin[14].

Es enthält ferner Norvalin[15].

Im Globin wird ferner eine Aminosäure $C_{27}H_{46}N_4O_7$ gefunden, die eine Tetraaminotricarbonsäure sein soll[16].

[1] Freund: Z. öffentl. Chem. **20**, 61 (1914) — Chem. Zbl. **1914 I**, 1199.

[2] R. Hill u. H. F. Holden: Biochem. J. **20**, 1326 (1926) — Chem. Zbl. **1927 I**, 2428.

[3] H. F. Holden u. M. Freeman: Austral. J. exper. Biol. a. med. Sci. **5**, 213 (1928) — Chem. Zbl. **1929 I**, 660.

[4] R. Hill u. H. F. Holden: Biochemic. J. **21**, 625 (1927).

[5] H. Wu: Proc. Soc. exper. Biol. a. Med. **26**, 741, 744 (1929) — Chem. Zbl. **1930 I**, 2899.

[6] A. Hamsik: Hoppe-Seylers Z. **187**, 229 (1930) — Chem. Zbl. **1930 I**, 3056.

[7] F. Haurowitz: Hoppe-Seylers Z. **186**, 141 (1930) — Chem. Zbl. **1930 I**, 3194. — N. Troensegaard: Hoppe-Seylers Z. **199**, 129 (1931).

[8] E. Kaiser: Biochem. Z. **192**, 58 (1928) — Chem. Zbl. **1928 II**, 678.

[9] A. Hunter u. H. Borsook: Trans. roy. Soc. Canada **16 V**, 79 (1922) — Chem. Zbl. **1923 III**, 1231.

[10] A. Hunter u. H. Borsook: J. of biol. Chem. **57**, 507 (1923) — Chem. Zbl. **1923 III**, 1621.

[11] O. Fürth u. E. Nobel: Biochem. Z. **109**, 103 (1920) — Chem. Zbl. **1921 I**, 61.

[12] U. Kiyotaki: Biochem. Z. **134**, 322 (1922) — Chem. Zbl. **1923 III**, 71.

[13] Y. Teruuchi u. L. Okabe: J. of Biochem. **8**, 459 (1928) — Chem. Zbl. **1928 I**, 2850.

[14] Vgl. hierzu Emil Abderhalden, R. Fleischmann u. W. Irion: Fermentforschg **10**, 446 (1929). — Vickerey u. Leavenworth: J. of biol. Chem. **78**, 627 (1928).

[15] Emil Abderhalden u. A. Bahn: Ber. dtsch. chem. Ges. **63**, 914 (1930) — Chem. Zbl. **1930 I**, 3296.

[16] S. Fränkel u. G. Monasterio: Biochem. Z. **213**, 65 (1929) — Chem. Zbl. **1930 II**, 249.

Bei der partiellen Hydrolyse des Globins erhält man ein Histidinpolypeptid, das Leucin und Prolin enthält, aber kein Arginin oder Lysin[1]. (Vgl. auch Kyrin aus Globin.)

Aus verschiedenen Gründen schließt Schenck, daß das Globin verschiedener Tierarten von verschiedener Zusammensetzung ist, auch beim Globin des Menschen sollen individuelle Unterschiede vorhanden sein. Mit dem Alter der Tiere sollen z. B. Arginin-N und Monoaminosäure-N abnehmen, dagegen Lysin-N und Histidin-N zunehmen[2].

Die Unterschiede im Aufbau des Globins sind maßgebend für die Verschiedenheiten der Hämoglobine einzelner Tierarten, da die Hämatinkomponente immer gleich ist[3].

Über die Verschiedenheit der Globinkomponente im Muskel bzw. Bluthämoglobin[4].

Auf 100 Atome N kommen bei erschöpfender Methylierung mit Dimethylsulfat beim Pferdeglobin 19,7 Methylgruppen[5] (hier auch Verhältnis N-Methylzahl: Formolzahl).

Physikalisches und chemisches Verhalten: Nach älteren Arbeiten beträgt der isoelektrische Punkt des Globins $p_H = 8,1$[6], dagegen findet sich in neueren Arbeiten, durch Überführungsversuche ermittelt, $p_H = 6,9—7,0$[7], nach anderen 7,5[8]. Im übrigen soll das Globin Albuminnatur haben und nicht basischen Charakter tragen[7]. Vgl. dazu [9].

Molgewicht von Hämoglobin in Harnstofflösungen[10]. — Nach Svedberg beträgt das Molgewicht von Hämoglobin in reinem Wasser, Kochsalz- und Ammonsulfatlösungen übereinstimmend 68000[11].

1 proz. wässerige Lösungen bewirken Brechungsänderungen von 0,00150[7].

Die spezifische Drehung von frischhergestelltem Globin ist verschieden von der des denaturierten Globins[12].

Über die Ultraviolettabsorption von Oxyhämoglobin und seinen Derivaten vgl. [13]. — Über das Absorptionsspektrum von Globin-Häminlösungen im Vergleich mit Methämoglobinlösungen[14].

Die Koagulationstemperatur beträgt 47°[7].

Über die stabilisierende Wirkung polarer Moleküle (Glykokoll, Harnstoff, Formamid, Acetamid)[15].

Nach Hill und Holden hergestelltes Globin bleibt bei Zimmertemperatur wochenlang undenaturiert; es ist bei p_H 5—10 leicht löslich in Wasser, denaturiert aber schnell durch Säuren, stärkere Alkalien oder organische Agenzien[16]. — Durch Sättigen der Lösungen mit Kochsalz wird es nicht, jedoch teilweise durch Halbsättigung mit Ammonsulfat und vollständig durch 60 proz. Sättigung gefällt. Bei 0° sind die Fällungen reversibel[16]. Über die Trennung und die Unterschiede von denaturiertem und nativem Globin[12]. — Roche schlägt für das „denaturierte Globin" von Hill und Holden die Bezeichnung „Paraglobin" vor. Dieses steht dem natürlichen Globin in seinen physikalisch-chemischen Eigenschaften noch sehr nahe. Kurzes Aufkochen bei p_H 2—4 ändert seine Löslichkeit nicht, kurzes Kochen bei $p_H = 7,0$ wandelt es irreversibel in „denaturiertes Globin" um[17].

Nach Anson und Mirsky ist die Denaturierung und Fällung des Hämoglobins vollständig durch Säuren und nachträgliches Einstellen auf den isoelektrischen Punkt, durch Ammonsulfat, durch Hitze und durch Hitze in saurer Lösung. Konzentrierte Harnstofflösungen

[1] F. Haurowitz: Z. Hoppe-Seylers **162**, 41 (1926) — Chem. Zbl. **1927 I**, 1482.

[2] E. G. Schenck: Arch. f. exper. Pathol. **150**, 160 (1930) — Chem. Zbl. **1930 II**, 1242 — Naturwiss. **18**, 824 (1930).

[3] J. Barcroft: Bull. Soc. Chim. biol. Paris **10**, 279 (1928) — Chem. Zbl. **1928 II**, 1779.

[4] G. B. Ray u. G. H. Paff: Amer. J. Physiol. **94**, 521 (1930) — Chem. Zbl. **1930 II**, 3583.

[5] S. Edlbacher: Hoppe-Seylers Z. **107**, 52; **108**, 287 (1919) — Chem. Zbl. **1919 IV**, 957; **1920 III**, 558.

[6] S. Osata: Biochem. Z. **132**, 485 (1922) — Chem. Zbl. **1923 III**, 237.

[7] F. Haurowitz u. H. Waelsch: Hoppe-Seylers Z. **182**, 82 (1929) — Chem. Zbl. **1929 II**, 310.

[8] J. Roche: C. r. Acad. Sci. Paris **189**, 378 (1929) — Chem. Zbl. **1929 II**, 2335.

[9] K. G. Terroux: J. of Physiol. **71**, 323 (1931) — Chem. Zbl. **1932 I**, 2860.

[10] N. F. Burk u. D. M. Greenberg: J. of biol. Chem. **87**, 197 (1930) — Chem. Zbl. **1931 I**, 1929.

[11] The Svedberg: Nature **128**, 999 (1931) — Chem. Zbl. **1932 I**, 1381.

[12] H. F. Holden u. M. Freeman: Austral. J. exper. Biol. a. med. Sci. **5**, 213 (1928); **7**, 13 (1930) — Chem. Zbl. **1929 I**, 660; **1931 I**, 93.

[13] C. S. Hicks u. H. F. Holden: Austral. J. exper. Biol. a. med. Sci. **6**, 175 (1929) — Chem. Zbl. **1930 II**, 66.

[14] H. Wu: Proc. Soc. exper. Biol. a. Med. **26**, 741 (1929) — Chem. Zbl. **1930 I**, 2899.

[15] B. Jirgensons: Kolloid-Z. **51**, 290 (1930) — Chem. Zbl. **1931 I**, 1888.

[16] R. Hill u. H. F. Holden: Biochem. J. **20**, 1326 (1926) — Chem. Zbl. **1927 I**, 2428.

[17] J. Roche: C. r. Lab. Carlsberg **18**, Nr 4, S. 1 (1930) — Chem. Zbl. **1930 II**, 1556.

denaturieren das Hämoglobin und halten das Protein in Lösung bis zur Entfernung des Harnstoffs. Die Denaturierung des Hämoglobins erfolgt wie bei anderen Proteinen, z. B. auch beim Schütteln und an Grenzflächen. Denaturiertes, beim isoelektrischen Punkt gefälltes Hämoglobin ist in Alkalien und Säuren, beim isoelektrischen Punkt in konzentrierten Lösungen von Harnstoff und in verschiedenen Salzlösungen löslich. Die sauren oder alkalischen Lösungen von vollständig koaguliertem Hämoglobin werden beim Neutralisieren völlig gefällt, nach längerem Stehen jedoch bei schwach-alkalischer Reaktion wird bei der Neutralisation nur ein Teil ausgeflockt, beim anderen Teil ist die Denaturierung scheinbar aufgehoben. Die Menge dieses löslichen Teiles ist abhängig von dem Zustand der prosthetischen Gruppe und der Art des Hämoglobins. (So liefert Rinderhämoglobin geringe Ausbeute an löslichem Hämoglobin, wenn sich die Hämkomponente in oxydiertem Zustand befindet, durch gewisse Salze kann die Löslichkeit stark gesteigert werden. Pferdehämoglobin liefert bei oxydiertem und reduziertem Häm kein lösliches Protein, auf Zusatz von KCN jedoch 30% des denaturierten Proteins an scheinbar nativem Hämoglobin). — Aus durch Hitze oder Aceton-Säure koaguliertem Globin wurde ein lösliches hitzekoagulierbares Globin gewonnen, das sich mit Häm unter Bildung von krystallinem Hämoglobin vereinigen soll. (Ähnliches gilt für Kohlenoxydhämoglobin und Methämoglobin.) — Nach den beiden Autoren ist also die Anwesenheit von sog. „nativem Globin" in den Niederschlägen nicht auf mitgerissenes Globin usw., sondern auf Umkehr der Koagulation zurückzuführen[1]. — Weiteres zur Umkehr der Globulinkoagulation[2].

Durch Natronlauge wird nach Haurowitz die Globinkomponente des Hämoglobins mit verschiedener, aber für jede Spezies konstanter Geschwindigkeit denaturiert. Das denaturierte Hämoglobin läßt sich durch ein Drittel Sättigung mit Ammonsulfat abtrennen. — Das Hämoglobin der Neugeborenen zeigt gegen Natronlauge größere Resistenz als das des Erwachsenen, eine Tatsache, die ebenfalls der Globinkomponente zuzuschreiben ist. Man kann ferner aus dem Verhalten gegen Natronlauge schließen, daß zwei Hämoglobine beim Säugling vorliegen: ein sehr leicht zersetzliches zu 20%, das mit dem des Erwachsenen identisch ist, und ein fetales zu 80%[3]. (Bei perniziöser Anämie wird nur ein Hämoglobin gefunden[4].)

Über viscosimetrische Studien an der Hämoglobinkoagulation[5]. — Dasselbe in Gegenwart von Alkoholen[6].

Zusammenfassendes über Krystallisation, Denaturierung und Flockung[7].

Verhalten des Globins gegen Eisenhydroxydsol[8].

Über Konstitution und elektrochemisches Verhalten des Hämoglobins[9].

Farbreaktion mit Dimethylsulfat und konz. H_2SO_4 ist positiv (Tryptophan)[10].

Verhalten gegen Säuren: Das Globin zeigt für verschieden starke Säuren ein verschiedenes Bindungsvermögen, so daß keine äquivalenten Mengen gebunden werden, und zwar ergibt sich:

	gefunden	für die HCl berechnete äquivalente Menge
Globinhydrochlorid .	5,07% HCl	—
Globinphosphat . .	11,45—12,07% H_3PO_4	12,55%
Globineosinat . . .	32,10—32,59% Eosin	37,98%
Globintaurin	1,16% Taurin	15,59%[11]

[1] M. L. Anson u. A. E. Mirsky: J. gen. Physiol. 13, 121 (1929) — Chem. Zbl. 1930 II, 22. — A. E. Mirsky u. M. L. Anson: J. gen. Physiol. 13, 133 (1929) — Chem. Zbl. 1930 II, 23. — M. L. Anson u. A. E. Mirsky: J. gen. Physiol. 13, 469 (1930) — Chem. Zbl. 1930 II, 23. — A. E. Mirsky u. M. L. Anson: J. gen. Physiol. 13, 477 (1930) — Chem. Zbl. 1930 II, 24. — M. L. Anson u. A. E. Mirsky: J. physic. Chem. 35, 185 (1931) — Chem. Zbl. 1931 I, 2980.

[2] M. L. Anson u. A. E. Mirsky: J. gen. Physiol. 14, 597, 605, 725 (1931) — Chem. Zbl. 1932 I, 240, 2437.

[3] F. Haurowitz: Hoppe-Seylers Z. 183, 78 (1929) — Chem. Zbl. 1930 I, 2425 — Hoppe-Seylers Z. 186, 141 (1930) — Chem. Zbl. 1930 I, 3194.

[4] F. Haurowitz: Hoppe-Seylers Z. 194, 98 (1931) — Chem. Zbl. 1931 I, 2063.

[5] S. L. Pupko: Kolloid-Z. 49, 150 (1929) — Chem. Zbl. 1930 II, 24 — J. russ. phys.-chem. Ges. 61, 2043 (1929) — Chem. Zbl. 1930 II, 1960.

[6] S. L. Pupko: Kolloid-Z. 54, 170 — J. russ. phys.-chem. Ges. 62, 2273 (1931) — Chem. Zbl. 1931 II, 2131.

[7] W. C. M. Lewis: Chem. Reviews 8, 81 (1931) — Chem. Zbl. 1931 I, 3130.

[8] H. Freundlich u. G. Lindau: Biochem. Z. 208, 91 (1929) — Chem. Zbl. 1929 I, 399. — G. Lindau: Biochem. Z. 219, 385 (1930) — Chem. Zbl. 1930 II, 3716.

[9] W. Pauli u. Mitarbeiter: Kolloid-Z. 53, 51 (1930) — Chem. Zbl. 1931 I, 3245.

[10] S. Edlbacher: Hoppe-Seylers Z. 105, 240 (1919) — Chem. Zbl. 1919 III, 678.

[11] N. Ishiyama: Hoppe-Seylers Z. 176, 294 (1928) — Chem. Zbl. 1928 II, 776.

Beziehungen zum Blutfarbstoff: Beim Zusammenbringen entsprechender Mengen Hämatin-Na und Globinhydrochlorid fällt eine in Wasser unlösliche Verbindung mit 54,56% C, 6,87% H, 18,01% N und 0,49% Fe aus, die zwar nicht mit Hämoglobin identisch ist, ihm aber nahesteht und sich mit verdünnter HCl wieder in die Komponenten zerlegen läßt (Gegensatz zu den Protaminen, Ovalbumin und Serumalbumin, die keine Niederschläge ergeben[1]). Diese Vereinigung von Globin und Hämatin zu Methämoglobin erfolgt in einem weiten p_H-Bereich. Bei $p_H < 5$ beträgt sie unter 50%, auf der alkalischen Seite ist sie bis $p_H = 10$ unverändert[2]. — Über die Kupplungsfähigkeit des Globins vgl. auch Hamsik[3].

Mit einer Lösung von Hämin in Natriumcarbonat und Globin entsteht Methämoglobin, das sich in Hämoglobin und Oxyhämoglobin überführen läßt. Die Lage der α-Bande des Oxyhämoglobins aus Hämin und Globin stimmt bis auf 5 Å mit der des Oxyhämoglobins, aus dem das Globin erhalten wurde, überein[2]. Auch Haurowitz[4] konnte bestätigen, das aus den beiden Komponenten echtes Hämoglobin entsteht, das molekularen Sauerstoff bindet. Mit denaturiertem Globin ergeben sich andersgeartete Verbindungen[2, 4, 5].

Über die Rolle des Globins in seinen Verbindungen mit dem Hämkomplex[6].

Über die Reaktionen von Cyanid mit Globinhämochromogen[7].

Hill und Holden beschreiben eine Reihe von Umsetzungen, die das Globin mit den verschiedenen Porphyrinen eingeht. Es ist jedoch frag ich, ob es sich um wirkliche chemische Verbindungen handelt[2, 4]. Vgl. dazu die Arbeiten von Anson[7].

Verhalten gegen Fermente: Die Trypsinverdauung des Globins ist erst nach 8 Tagen vollständig beendet; dabei entsteht ein Zuwachs von 47,56% Amino-N, berechnet auf Gesamt-N; die Leistung des Trypsins beträgt 61,62% der gesamten Spaltung. Während der Trypsinverdauung nimmt die Spaltbarkeit durch Pepsin-Salzsäure kontinuierlich ab. Es ist also nicht möglich, aus (Hämo-)Globin durch Trypsinkinase Produkte zu gewinnen, in denen die durch Pepsin-Salzsäure spaltbaren Bindungen angereichert sind[8].

Hundedarmsaft oder Trypsinpräparate spalten aus dem Globin in Verlauf von 3 Wochen nur 18% des gesamten Tryptophans ab[9]. (Vgl. auch [10]). Bei Behandlung mit Trypsin liefert das Globin eine Aminosäure von der Zusammensetzung $C_{27}H_{46}N_4O_7$, die eine Tetraaminotricarbonsäure sein soll[11].

Oxy- und Kohlenoxydhämoglobin werden durch Pepsin-Salzsäure, Trypsinkinase und Erepsin in annähernd gleichem Umfang abgebaut[12].

Oxyhämoglobin, CO-Hämoglobin, reduziertes Hämoglobin werden von Trypsin annähernd gleich schnell verdaut, wobei 95% der Globinkomponente zu dialysablen Bruchstücken abgebaut werden, während 5% mit den Protohäminmolekülen zu einer „Häminproteose" zusammentreten, deren Eiweiß gegen Pepsin und Trypsin resistent ist. Molgewicht größer als 20000[13].

Über die Einwirkung von Fermenten auf das „Paraglobin"[14].

Physiologisches: Die Eiweißbestandteile der zusammengesetzten Proteine sind im Gegensatz zu den sonstigen Proteinen giftig. Sie bewirken ausgesprochene Blutdrucksenkung, Beeinflussung der Atmung und der Körperwärme und schon in geringer Menge den Tod. Beim Globin scheint der hohe Histidingehalt eine Rolle zu spielen[15]. Für Meerschweinchen beträgt die letale Dosis 0,03—0,06 g Pferdeglobin. Das Auftreten von giftigen

[1] H. Steudel u. E. Kaiser: Hoppe-Seylers Z. **136**, 75 (1924) — Chem. Zbl. **1924 II**, 665.
[2] R. Hill u. H. F. Holden: Biochem. J. **20**, 1326 (1926) — Chem. Zbl. **1927 I**, 2428.
[3] A. Hamsik: Hoppe-Seylers Z. **187**, 229 (1930) — Chem. Zbl. **1930 I**, 3056 — C. r. Soc. Biol. Paris **104**, 243 (1930) — Chem. Zbl. **1931 I**, 1621 — Hoppe-Seylers Z. **190**, 199 (1930) — Chem. Zbl. **1930 II**, 3299.
[4] F. Haurowitz u. H. Waelsch: Hoppe-Seylers Z. **182**, 82 (1929) — Chem. Zbl. **1929 II**, 310.
[5] H. F. Holden u. M. Freeman: Austral. J. exper. Biol. a. med. Sci. **5**, 213 (1928); **7**, 13 (1930) — Chem. Zbl. **1929 I**, 660; **1931 I**, 93.
[6] A. Stheeman: Chem. Weekbl. **27**, 170 (1930) — Chem. Zbl. **1930 I**, 3444.
[7] M. L. Anson u. A. E. Mirsky: J. gen. Physiol. **14**, 43 (1930) — Chem. Zbl. **1931 I**, 2353.
[8] K. Felix u. A. Lang: Hoppe-Seylers Z. **184**, 205 (1929) — Chem. Zbl. **1930 I**, 986.
[9] U. Kiyotaki: Biochem. Z. **134**, 322 (1922) — Chem. Zbl. **1923 III**, 71.
[10] H. Oeller u. R. Stephan: Dtsch. med. Wschr. **40**, 1557 (1914) — Chem. Zbl. **1915 I**, 1096.
[11] S. Fränkel u. G. Monasterio: Biochem. Z. **213**, 65 (1929) — Chem. Zbl. **1930 II**, 249.
[12] E. Abderhalden u. M. Damodaran: Fermentforschg **11**, 345 (1930) — Chem. Zbl. **1930 II**, 73.
[13] F. Haurowitz: Hoppe-Seylers Z. **188**, 161 (1930) — Chem. Zbl. **1930 I**, 3790.
[14] J. Roche: C. r. Lab. Carlsberg **18**, Nr 4, 1 (1930) — Chem. Zbl. **1930 II**, 1556.
[15] Freund: Pharm. Zentralhalle **55**, 803 (1914) — Chem. Zbl. **1914 II**, 1061.

Verbindungen bei der Hämolyse roter Blutkörperchen erklärt sich vielleicht aus der Giftigkeit des Globins[1].

Bei intravenöser Einspritzung halten Kaninchen das Globin bis zu einem Grenzwert im Organismus zurück, scheiden es dann im Harn aus. In großen Gaben ruft das Globin vorübergehende Nephritis hervor[2]. Nach direkter Injektion in die Carotis erfolgt der Übertritt in den Harn schon bei kleineren Mengen. Nach Injektion in eine Bauchvene erfolgt die Ausscheidung bei Überschreitung des Grenzwertes langsamer als nach Benutzung der Ohrvene[3].

Mit Meerschweinchen- oder Rinderglobin hergestellte Antisera von Kaninchen geben (nicht immer) mit dem gleichen Globin unter bestimmten Bedingungen und bei geeigneter Wasserstoffionenkonzentration intensive Komplementbindung. Artspezifität war jedoch nur durch Globin von Meerschweinchen nachzuweisen[4].

Mit Globin läßt sich beim Meerschweinchen kein anaphylaktischer Shock hervorrufen[5].

Derivate: Jodderivat: Das Globin läßt sich in maximal jodiertes Produkt mit 11,4% J und in ein kernjodiertes Produkt mit 7,6% Jod überführen; durch erneute Jodierung läßt sich dieses letztere Produkt in das erstere verwandeln. Das hochjodierte Produkt wird von Pepsin nur wenig angegriffen, wohl aber das minderjodierte, dessen Verdaulichkeit indes durch Erhitzen in wässeriger Lösung herabgesetzt wird[6, 7]. Aus neueren Untersuchungen geht hervor, daß das Globin doppelt soviel Jod am C aufnimmt, als seinem Tyrosingehalt entspricht. Es wird angenommen, daß zwei Jodatome an einen Histidinring gebunden werden.

Nitroderivat. Der für Tryptophan und Tyrosin berechnete NO_2-Wert beträgt 1,55%, gefunden wurden 1,44%. Die Jodierung des Nitroglobins liefert die dreifache Menge des zu erwartenden Jods. Bei der Reduktion von Nitroglobin erhält man Aminoglobin[8].

Tyrosin- und Tryptophanbestimmung in den Derivaten[9].

Acetylderivat: Durch Erwärmen des Globins mit Eisessig und Essigsäurechlorid und durch Erhitzen mit Natriumacetat und Essigsäureanhydrid. Aus diesen Verbindungen konnten heterocyclische Basen isoliert werden (Pyrrolkörpertheorie!)[10]. Isolierung von $C_9H_{11}N_3O$ und $C_{10}H_{14}N_2O_2$[11]; von $C_{14}H_{22}N_2$[12]; von $C_7H_{16}N_2$ und Isoamylamin[13].

Proteinoide.

Allgemeines.

Nomenklatur: Nach dem Vorschlag Abderhaldens wird die alte Bezeichnung „Albuminoide" durch „Proteinoide" ersetzt. Mit Rücksicht auf den reichen Glykokollgehalt dieser Eiweißstoffe ist auch der Name „Glycinamine" angebracht[14].

Verhalten und Zusammensetzung: Über die Molgewichtsbestimmungen und Röntgenuntersuchungen der Skleroproteine[15].

Über die N-Verteilung der Proteinoide vergleiche die einzelnen Vertreter unten und[16].

Auf Grund von Fermentversuchen mit den Oxydationsprodukten bzw. Peptonen von Keratin und Seide schließt Waldschmidt-Leitz, daß auch die Gerüsteiweißkörper aus längeren Polypeptidketten bestehen. Das eigenartige chemische und physiologische Verhalten

[1] Freund: Z. öffentl. Chem. **20**, 61 (1914) — Chem. Zbl. **1914 I**, 1199.

[2] J. Parisot u. L. Caussade: C. r. Soc. Biol. Paris **82**, 1409 (1919) — Chem. Zbl. **1920 I**, 436.

[3] J. Parisot u. L. Caussade: C. r. Soc. Biol. Paris **82**, 1411 (1919) — Chem. Zbl. **1920 I**, 436.

[4] C. H. Browning u. G. H. Wilson: J. of Immun. **5**, 417 (1920) — Chem. Zbl. **1921 III**, 250. — Ber. Physiol. **7**, 235.

[5] H. F. Holden: Austral. J. exper. Biol. a. med. Sci. **5**, 285 (1928) — Chem. Zbl. **1929 I**, 1230.

[6] F. Blum u. E. Strauss: Hoppe-Seylers Z. **112**, 111 (1920) — Chem. Zbl. **1921 I**, 909.

[7] E. Strauss u. R. Grützner: Hoppe-Seylers Z. **112**, 167 (1920) — Chem. Zbl. **1921 I**, 910.

[8] H. Bauer u. E. Strauss: Biochem. Z. **211**, 163 (1929) — Chem. Zbl. **1930 II**, 3582.

[9] H. Bauer u. E. Strauss: Biochem. Z. **211**, 191 (1930) — Chem. Zbl. **1930 I**, 3705.

[10] N. Troensegaard u. B. Koudahl: Hoppe-Seylers Z. **153**, 93 (1926)—Chem. Zbl. **1926 II**, 243.

[11] N. Troensegaard, F. Wrede u. H. G. Mygind: Hoppe-Seylers Z. **193**, 49 (1930) — Chem. Zbl. **1931 I**, 949.

[12] N. Troensegaard u. H. G. Mygind: Hoppe-Seylers Z. **193**, 171 (1930) — Chem. Zbl. **1931 I**, 2066.

[13] N. Troensegaard u. H. G. Mygind: Hoppe-Seylers Z. **199**, 133 (1931).

[14] E. Abderhalden: Lehrbuch d. Physiol. Chem. 5. Aufl. **1**, 398 (1923).

[15] R. O. Herzog: Helvet. chim. Acta **11**, 529 (1928) — Chem. Zbl. **1928 II**, 163.

[16] Z. Stary u. J. Andratschke: Hoppe-Seylers Z. **148**, 83 (1925) — Chem. Zbl. **1926 I**, 686.

dieser Substanzen soll durch eine säureamidartige Verknüpfung der endständigen Gruppen dieser Polypeptidketten zu längeren gestreckten Ringsystemen zu erklären sein[1].

Die Beobachtungen bei der Desaggregierung durch Erhitzen in Amiden sprechen gegen die Annahme, daß in den Scleroproteinen auschließlich Assoziate von Dioxopiperazinen vorliegen[2].

Spongin.

Zusammensetzung: Die N-Verteilung des Spongins weist folgende Werte auf:

$$\begin{array}{ll}
\text{Gesamt-N} & 15,8\% \\
\text{NH}_3\text{-N} & 6,24- 6,41\% \\
\text{Humin-N} & 1,49- 1,51\% \\
\text{Diamino- und Cystin-N} & 14,73-14,8\ \% \\
\text{Monoamino-N} & 77,28-77,54\%
\end{array}$$

vom Gesamt-N [3]

Das Spongin liefert nach 30 stündiger Hydrolyse mit 20 proz. Salzsäure 4,7 % Jodgorgosäure. Die übrige Zusammensetzung zeigt folgende Zahlen:

Glykokoll	14,0%
Alanin	0,2%
Leucin	7,9%
Tyrosin	2,8%
Cystin	Spuren
Prolin	5,7%
Oxyprolin	0,0%
Asparaginsäure	4,5%
Glutaminsäure	18,4%
Tryptophan	0,0%
Arginin	5,9%
Lysin	3,6%
Histidin	0,0%
Ammoniak	0,8% [4]

Physikalisches und chemisches Verhalten: Die Ninhydrinreaktion und die Carbonylreaktion sind beim nativen Spongin negativ, bei längerem Stehen in 2 n-Salzsäure positiv[3]. Nach Clancey ähnelt das Spongin dem Kollagen, da beim längeren Kochen mit Wasser eine alkoholfällbare Substanz in Lösung geht, und nicht dem Chitin oder dem Fibroin[4].

Physiologisches: Spongin hat keine fördernde Wirkung auf die Ansprechbarkeit des Vagus und des Depressors, jedoch wahrscheinlich auf die sympathischen Vasoconstrictoren[5].

Gorgonin.

Darstellung: Die getrockneten Korallenstöcke von Gorgonia cavolinii werden mit 10 proz. Sodalösung gequollen, das abgetrennte Achsenskelett mit verdünnter Sodalösung, Alkohol und Äther, „Abbauen" mit Pepsin und Trypsin gereinigt und getrocknet[3].

Zusammensetzung: Aus dem Gorgonin konnten nach der Hydrolyse isoliert werden:

Tyrosin,
Asparaginsäure,
Glutaminsäure,
Oxalsäure,
Glykokoll,
Alanin,
Leucin und
3, 5-di-Brom-dl-Tyrosin.

[1] E. Waldschmidt-Leitz u. G. v. Schuckmann: Ber. dtsch. chem. Ges. **62**, 1891 (1929) — Chem. Zbl. **1930 I**, 2903.

[2] E. Cherbuliez u. G. de Mandrot: Helvet. chim. Acta **14**, 163 (1931) — Chem. Zbl. **1931 I**, 2342.

[3] Z. Stary u. J. Andratschke: Hoppe-Seylers Z. **148**, 83 (1925) — Chem. Zbl. **1926 I**, 686.

[4] V. J. Clancey: Biochemic. J. **20**, 1186 (1926) — Chem. Zbl. **1927 I**, 1332.

[5] A. Oswald: Pflügers Arch. **166**, 169 (1916) — Chem. Zbl. **1917 I**, 328.

Jedoch scheint auch Brom in anderer Bindung im Gorgonin vorzukommen[1].
Die N-Verteilung, nach van Slyke bestimmt, ergibt folgende Werte:

Gesamt-N . . . . 16,5 —17,0 %
NH$_3$-N . . . . 3,26— 3,36%
Humin-N . . . . 1,11— 1,22%
Diamino- und Cystin-N . . . 22,76—22,95%
Monoamino-N . . . . 72,57—72,78% [2]

Physikalisches und chemisches Verhalten: Die Ninhydrinreaktion ist bei jüngeren Ästen
positiv, freie Aminogruppen waren auch nach van Slyke nachweisbar. Dinitrobenzolreaktion
stark positiv, ebenso Millonsche Reaktion und Xanthoproteinreaktion. Molischsche Reaktion deutlich, Schwefelbleireaktion schwach, Tryptophanreaktion negativ[2].

Verhalten gegen Fermente: Pepsin und Trypsin sind ohne Einwirkung[2].

Physiologisches: Nach Oswald hat das jodhaltige Gorgonin keine fördernde Wirkung
auf die Ansprechbarkeit des Vagus und des Depressors; scheinbar aber auf die sympathischen
Vasoconstrictoren[3].

Conchiolin.

(Siehe auch S. 318.)

Conchiolin wird aus den Muschelschalen von Mythilus edulis durch Behandeln mit kalter
2proz. Salzsäure gewonnen. Die Zusammensetzung zeigt folgende Werte:

Gesamt-N 15,46%
NH$_3$-N 4,17%
Humin-N 6,16%
Diamino- und Cystin-N . . . 19,33%
Monoamino-N 70,34%

Millons- und Xanthoproteinreaktion positiv, Pikrinsäure- und Molischsche Reaktion
deutlich, Schwefelbleireaktion schwach, Tryptophanreaktion positiv[2].

Byssus.

Der Byssus hat folgende N-Verteilung:

Gesamt-N . . . . 15,4 %
NH$_3$-N 5,55%
Humin-N 4,51%
Diamino- und Cystin-N . . . 16,02%
Monoamino-N 73,19%

Millonsche-, Xanthoprotein- und Tryptophanreaktion sind positiv, Schwefelbleireaktion negativ[2].

Sericin.

Darstellung: Zur Darstellung des Sericins erhitzt man Seide im Autoklaven bei 250 cm
Quecksilberdruck auf 100°. Die heiße Lösung gießt man in das 7—8fache Volumen 95proz.
Alkohols, läßt mehrere Stunden stehen, wäscht den Niederschlag mit Alkohol und trocknet
bei niedriger Temperatur über Chlorcalcium; so erhält man ein weißes, leicht pulverisierbares
Produkt, während in der Wärme eine glasige Masse entsteht. Man kann auch die Lösung mit
Ammonsulfat fällen und den Niederschlag durch Dialyse reinigen[4].

Vergleiche dazu über die Trennung des Seidenleims vom Seidenfibroin durch Ammonsulfat[5].

Erhitzt man bei der Darstellung höher als 100° (105°), so erhält man zwar eine größere
Ausbeute, aber ein Sericin von veränderten Eigenschaften. Man kocht daher eingeweichte
Kokons viermal 90 Minuten lang mit dem 20—30fachen Volumen aus und filtriert. Die klare

[1] C. T. Mörner: Hoppe-Seylers Z. **88**, 138 (1913) — Chem. Zbl. **1914 I**, 478.
[2] Z. Stary u. J. Andratschke: Hoppe-Seylers Z. **148**, 83 (1925) — Chem. Zbl. **1926 I**, 686.
[3] A. Oswald: Pflügers Arch. **166**, 169 (1916) — Chem. Zbl. **1917 I**, 328.
[4] E. M. Shelten u. T. B. Johnson: J. amer. chem. Soc. **47**, 412 (1925) — Chem. Zbl. **1925 I**, 1742.
[5] E. Abderhalden u. H. Brockmann: Biochem. Z. **211**, 395 (1929) — Chem. Zbl. **1929 II**, 2898.

gelbe Lösung säuert man mit n-Essigsäure bis p_H 3,9 an, dekantiert nach einigen Stunden, wäscht mit Wasser, kocht mit 25proz. Alkohol aus, trocknet mit Alkohol und Äther und reinigt durch Umlösen und Umfällen aus Ammoniak mit Essigsäure. Die Ausbeute beträgt 27 g von 100 g Kokons[1].

Vergleiche auch über das Entbasten und folgende Arbeiten[2, 3, 4].

Zusammensetzung:

Gesamt-N	15,9 %
Säureamid-N	1,68%
N im Mg-Niederschlag	0,12%
Basen-N	1,51%
Monoamino-N	12,59%
Tryptophan	1,0 %
Tyrosin	6,0 %
Cystin	1,2 %
Arginin	4,3 %
Lysin	0,7 %

Daraus errechnet sich das molekulare Verhältnis der einzelnen Aminosäure zu:

Tryptophan	1,02
Tyrosin	6,89
Cystin	1,04
Arginin	5,14
Lysin	1,0
Histidin	fehlt[2].

Der Argininwert 4,3% wird auch von anderen bestätigt[3, 5]. Türk gibt folgende Werte an:

Tyrosin	5,96%
Leucin	1,79%
Serin	6,81%
Arginin	4,56%
Lysin	1,96%
Histidin	1,02%

Cellobiose konnte nicht nachgewiesen werden[3].

Im Leim der Seide von Bombyx mori wurde l-(−)Tryptophan und l-(+)-Norvalin festgestellt, ferner Chitosamin[6].

Physikalisches und chemisches Verhalten: Der isoelektrische Punkt des Sericins wird von Brossa mit $p_H = 4{,}5—4{,}6$ (Flockungspunkt) angegeben[4]. — Aus dem Minimum der Viscosität und des Bindungsvermögens findet Kodama $p_H = 3{,}9$[7]. Im Einklang damit geben andere Forscher den isoelektrischen Punkt mit $p_H = 3{,}8$ an. (Bedeutung für die Entbastung[8].)

Die Quellung des Sericins hat ebenfalls ein Minimum bei p_H 3,9 und in $^1/_{32}$ n-Salzsäure ein Maximum, obwohl die Löslichkeit mit steigender Salzsäurekonzentration dauernd steigt[1].

Bei der Quellung von Seidenleim erfolgt keine Änderung des Krystallgitters[9].

Der Seidenleim wird erst bei viel höherer Ammonsulfatkonzentration aus Lithiumbromidlösungen ausgeflockt als das Fibroin. Man kann die beiden Körper so trennen[10].

---

[1] K. Kodama: Biochemic. J. **20**, 1208 (1926) — Chem. Zbl. **1927 I**, 2435.
[2] N. Alders: Biochem. Z. **183**, 446 (1927) — Chem. Zbl. **1927 I**, 3159.
[3] W. Türk: Hoppe-Seylers Z. **111**, 70 (1920) — Chem. Zbl. **1921 III**, 1126.
[4] G. A. Brossa: Atti R. Accad. Sci. Torino **60**, 589 (1925) — Chem. Zbl. **1926 I**, 1817.
[5] O. Fürth u. O. Deutschberger: Biochem. Z. **186**, 139 (1927) — Chem. Zbl. **1927 II**, 1482.
[6] E. Abderhalden u. O. Zumstein: Hoppe-Seylers Z. **207**, 141 (1932).
[7] K. Kodama: Biochemic. J. **20**, 1208 (1926) — Chem. Zbl. **1927 I**, 2436.
[8] T. G. Hawley u. M. Harris: Amer. Dyestuff Rep. **19**, 720 (1930) — Chem. Zbl. **1931 I**, 1541.
[9] J. R. Katz: Versl. Akad. Wetensch. Amsterd., Wis- en natuurkd. Afd. **33**, 281 (1924) — Chem. Zbl. **1924 II**, 441.
[10] E. Abderhalden u. H. Brockmann: Biochem. Z. **211**, 395 (1929) — Chem. Zbl. **1929 II**, 2898.

Die Viscosität des Sericins hat ein Minimum bei p_H 3,9, auf der alkalischen Seite 1 und auf der sauren 2 Maxima. Die Viscosität 1proz. Lösungen von Sericin in $1/200$ n-HCl oder NaOH ändert sich zeitlich stärker als die elektrische Leitfähigkeit und die Fällbarkeit am isoelektrischen Punkt. Die Salzsäurelösungen gelatinieren fast[1].

Das Minimum des Bindungsvermögens für Säure und Lauge liegt nahe bei $p_H = 3,9$, jenseits p_H 1,43 und $p_{OH} = 2,35$ steigt die gebundene Säure- bzw. Alkalimenge plötzlich an, was vielleicht auf Spaltung des Proteinmoleküls zurückzuführen ist. Scheinbar existiert keine Sättigungsgrenze für das Bindungsvermögen[1]. Vgl. auch [2].

Über das Entbasten vergleiche folgende Arbeiten: Einfluß der Seife auf die Seidenentbastung[3, 4]. — Der Mechanismus der Entschälung des Sericins durch Kochen mit Säuren ist zu beiden Seiten des isoelektrischen Punktes verschieden. Ist die Acidität kleiner, als dem isoelektrischen Punkt entspricht, so nimmt die Entschälungswirkung mit zunehmendem Säuregrad ab und erreicht im isoelektrischen Punkt ein Minimum. Bei Zusatz von Formaldehyd nimmt die Entschälungswirkung mit steigendem Säuregrad zu. Vgl. dazu [5]. Der Betrag an gebundener Säure steigt mit zunehmender Acidität bis zum isoelektrischen Punkt, auch bei Zusatz von Formaldehyd (vgl. aber über das Bindungsvermögen). Durch Adsorption von H-Ionen erhält das Sericin gelatinierende Eigenschaften, die auf der Dispersion von Sericinteilchen beruhen, die ihrerseits wieder durch Abstoßung der negativen Ladungen bedingt ist. — Bei Säuregraden, die über dem p_H des isoelektrischen Punktes liegen, gelatiniert das Sericin nicht, sondern bildet Sericinhydrochlorid mit der Salzsäure und hat infolgedessen eine leichtere Löslichkeit als das ursprüngliche Sericin. — Die Gelatinierung des Sericins ist hauptsächlich wichtig für die alkalische Entbastung[2, 6]. — Über das Entbasten mit proteolytischen Fermenten[7].

Farbreaktionen: Das Sericin gibt alle Eiweißreaktionen, besonders stark die Kohlehydratreaktionen mit α-Naphthol und mit Thymol[8]. Biuret-, Xanthoprotein-, Millonsche und Voisenetsche Reaktion sind positiv, die Molischsche Reaktion ist schwach[9].

Verhalten gegen Fermente: Bei der Einwirkung von Pepsin auf Sericin ergab sich, daß das Sericin ein Gemisch von Proteinen darstellt, die durch Pepsin verschieden angreifbar sind. Die Menge des gelösten Sericins wächst proportional dem Logarithmus der Enzymkonzentration. (Technische Bedeutung.)[10]

Physiologisches: Über die Scheidung des Sericins von Fibroin durch die Drüsen der Seidenraupe und die Abhängigkeit des physikalischen Aufbaues der Seide von der Fütterung der Raupen[11]. Vgl. dazu auch Seide und [12, 13].

Seidenfibroin.

Analytisches: Bestimmung des Fibroingehaltes der Seide[14].

Zusammensetzung: Das Verhältnis $O : N$ des Seidenfibroins beträgt $1,18 : 1$ [15].

Freie Aminogruppen 0,07 % [16].

Im nativen Seidenfibroin verhält sich Tyrosin : Alanin : Glykokoll wie $1 : 2,1 : 3,6$. (Vgl. auch Nitroderivat.)[17]

[1] K. Kodama: Biochemic. J. **20**, 1208 (1926) — Chem. Zbl. **1927 I**, 2435.

[2] T. Takahashi: J. Soc. chem. Ind. Jap. **31**, 11, 12 (1928) — Chem. Zbl. **1928 I**, 1821.

[3] T. Takahashi: J. Soc. chem. Ind. Jap. **30**, 350 (1927) — Chem. Zbl. **1927 II**, 991.

[4] T. Takahashi: J. Soc. chem. Ind. Jap. **31**, 41 (1928) — Chem. Zbl. **1928 II**, 951.

[5] F. Grove-Palmer: Amer. Dyestuff Rep. **17**, 555 (1928) — Chem. Zbl. **1928 II**, 2287.

[6] T. Takahashi: J. Soc. chem. Ind. Jap. **30**, 149 B, 150 B (1927) — Chem. Zbl. **1928 II**, 2203.

[7] L. Meunier u. J. Vallette: Rev. univ. Soies et Soies artif **4**, 1513 (1929) — Chem. Zbl. **1930 I**, 1402.

[8] W. Türk: Hoppe-Seylers Z. **111**, 70 (1920) — Chem. Zbl. **1921 III**, 1126.

[9] N. Alders: Biochem. Z. **183**, 446 (1927) — Chem. Zbl. **1927 I**, 3159.

[10] E. W. Shelton u. T. B. Johnson: Amer. Dyestuff Rep. **16**, 483 (1927) — Chem. Zbl. **1927 II**, 2365.

[11] E. W. Pierce: Amer. Dyestuff Rep. **17**, 684 (1928) — Chem. Zbl. **1929 I**, 707.

[12] J. Machida: Proc. imp. Acad. Tokyo **2**, 421 (1926) — Chem. Zbl. **1927 I**, 3017.

[13] J. Machida: J. Coll. agricult. Tokyo **9**, 119 (1927) — Chem. Zbl. **1927 II**, 2023.

[14] F. Utz: Chemiker-Ztg **47**, 36 (1923) — Chem. Zbl. **1923 II**, 641.

[15] P. Brigl u. R. Held: Hoppe-Seylers Z. **152**, 230 (1926) — Chem. Zbl. **1926 I**, 3059.

[16] L. Meunier u. G. Rey: C. r. Acad. Sci. Paris **184**, 285 (1927) — Chem. Zbl. **1927 I**, 1767.

[17] T. B. Johnson u. A. J. Hill: J. amer. chem. Soc. **38**, 1392 (1916) — Chem. Zbl. **1917 I**, 586.

In % asche- und wasser-
freier Substanz [1]

Glykokoll	 40,5	. . . . . . 34—35% [2]
d-Alanin	 25,0	. . . . 20% [2]
l-Leucin	 2,5	
Phenylalanin	 1,5	
l-Serin	 1,8	
l-Prolin	 1,0	
l-Tyrosin	 11,0	. . . . . . 10% [2]
Histidin	 0,75	
Arginin	 1,5	
Lysin	 0,85	

Der Arginingehalt zeigt auch mit der Flaviansäuremethode den gleichen Wert 1,5% [3]. Dagegen gibt Vickery für die basischen Aminosäuren folgende Werte an:

Arginin	. . . . 0,74%
Histidin	. . . . 0,07%
Lysin	. . . . 0,25%,

wobei allerdings auf die Schwierigkeiten hinzuweisen ist, die der Ag_2SO_4-Methode bei Proteinen die arm an basischen Aminosäuren sind, entgegenstehen [4]. (Siehe auch die einschlägigen Arbeiten bei Keratin.)

Der Seringehalt beträgt nach neuen Berechnungen auf Grund der Verseifung des Benzoylfibroins (s. d.) etwa 5% [5]. — Gewinnung von d, l-Serin [6].

Der Tryptophangehalt — nach Barythydrolyse und Isolierung des Tryptophans in der Racemform — beträgt für

gewöhnliche Zuchtseide	. . . . 0,6 %
chinesische Tussahseide	. . . . 2,24%
Yamamaiseide	. . . . 2,22% [7].

Demianowski gibt für den Tryptophangehalt der Kokons

kultivierter Rassen	. . . . 0,84—0,88%
gekreuzte Rassen	. . . . 0,93%
wilde Rassen	. . . . 4,69% an [8].

(Siehe auch Physiologisches.)

Über die N-Verteilung in echten und wilden Seiden und das Verhältnis der Basen zu einander vgl. auch [9].

Das Fibroin der „Lun-Yueh"-Kokonseide zeigt folgende Zusammensetzung:

Glykokoll	. . . . 29,03%
Alanin	. . . . 19,23%
Leucin	. . . . 2,88%
Asparaginsäure	. . . . 0,61%
Glutaminsäure	. . . . 1,75%
Serin	. . . . 1,51%
Phenylalanin	. . . . 0,97%
Tyrosin	. . . . 8,94%
Prolin	. . . . 0,61%

Die Seide ähnelt in der Zusammensetzung der bengalischen [10].

Unter den Hydrolysenprodukten des Tussahseidenfibroins (Liao Ning Sing Shen-Tung Filature) fanden Abderhalden u. Heyns neuerdings Norvalin und Chitosamin.

[1] E. Abderhalden: Hoppe-Seylers Z. **120**, 207 (1922) — Chem. Zbl. **1922 III**, 928.

[2] N. Zelinsky u. K. Lawrowsky: Biochem. Z. **183**, 303 (1927) — Chem. Zbl. **1927 I**, 3199.

[3] O. Fürth u. O. Deutschberger: Biochem. Z. **186**, 139 (1927) — Chem. Zbl. **1927 II**, 1482.

[4] H. B. Vickery u. R. S. Block: J. of biol. Chem. **93**, 105 (1931) — Chem. Zbl. **1932 I**, 696.

[5] E. Abderhalden u. H. Brockmann: Biochem. Z. **211**, 395 (1929) — Chem. Zbl. **1929 II**, 2898.

[6] F. S. Daft u. R. D. Coghill: J. of biol. Chem. **90**, 341 (1931) — Chem. Zbl. **1931 I**, 3345.

[7] E. Hiratsuka: Biochem. Z. **157**, 46 (1925) — Chem. Zbl. **1925 II**, 192.

[8] S. Demianowski: Biochem. Z. **193**, 245 (1928) — Chem. Zbl. **1929 I**, 409.

[9] R. Inouye u. K. Sakamoto: Bull. Sericulture Silk-Ind. Japan **4**, 10 (1931) — Chem. Zbl. **1932 I**, 1020.

[10] R. Inouye u. C. C. Ju: Bull. agric. Chem. Soc. Japan **5**, 21 (1929) — Chem. Zbl. **1930 II**, 1303.

Letzteres scheint ein besonderer Baustein des Tussahseidenfibroins zu sein; in gewöhnlicher Seide wurde es nicht aufgefunden.

An Polypeptiden fand sich in Tussahseidenfibroin l-Alanyl-l-tyrosin und Di-l-alanyl-l-alanyl-glycin. Letzteres dürfte aus einer entsprechenden ringförmigen Verbindung während der Aufarbeitung entstanden sein[1].

Über die Verknüpfung der einzelnen Aminosäuren siehe unter Seidenpepton und [2, 3]. Vgl. auch [4] und die Erörterung über das Mol-Gewicht und die Röntgendiagramme.

Von Anhydriden konnten aus Seidenfibroin bzw. aus der ganzen Seide isoliert werden: d-Alaninanhydrid[5].

Leucinanhydrid bei der Autoklavenhydrolyse (s. d.) 0,09% [6].

d-Alanyl-glycinanhydrid bei partieller Hydrolyse mit 50proz. Schwefelsäure zu 5% [7], optimal 85 g aus 1 kg Seidenfibroin[5].

Glycyl-l-tyrosinanhydrid in kleinerer Menge [5, 7].

Über Mischkrystalle, bestehend aus 2 Mol Glykokoll und 2 Mol Alanin, vereinigt durch je 1 Mol Salzsäure, aus den tyrosinfreien Mutterlaugen von hydrolysierter Seide vgl. [8].

SiO_2-Gehalt:

Ostindische Seide 0,05%
Mailänder gelbe Seide. . . . . 0,05—0,08%

der Trockensubstanz[9]. (Hier Literatur über SiO_2 im Stoffwechsel höherer Tiere.)

Über die Abtrennung eines dialysierbaren Anteils von dem Seidenfibroin aus seinen Lösungen in Lithiumbromidlösungen siehe unter Löslichkeit und [10].

Bestimmung der Hydrolysenprodukte durch das Veresterungs- und Acetylierungsverfahren[11].

Physikalisches und chemisches Verhalten: Zusammenfassendes[12].

Der isoelektrische Punkt des Seidenfibroins wurde bestimmt aus dem Minimum der Quellung; er soll bei $p_H = 4,2$ liegen. (Vgl. auch Wolle.)[13]

Elöd gibt für den isoelektrischen Punkt des Fibroins $p_H = 5,1$ an[14].

Andere geben den isoelektrischen Punkt zu p_H 2,2 an[15]. — Eine Suspension von Seidenfibroin zeigt bei der Kataphorese eine isoelektrische Zone von p_H 1,4—2,8[16].

Über die physikalisch-chemischen Eigenschaften des Seidenfibroins beim isoelektrischen Punkt[17].

Über die Abhängigkeit des elektrischen Widerstandes der Seide von der relativen Feuchtigkeit[18]. Über die Wechselstromleitung[19].

---

[1] E. Abderhalden u. K. Heyns: Hoppe-Seylers Z. **202**, 37 (1931) — Chem. Zbl. **1931 II**, 3617.

[2] E. Abderhalden u. W. Stix: Hoppe-Seylers Z. **129**, 143 (1923) — Chem. Zbl. **1923 III**, 1168.

[3] E. Abderhalden u. E. Schnitzler: Hoppe-Seylers Z. **164**, 158 (1927) — Chem. Zbl. **1927 I**, 3198

[4] R. O. Herzog: Hoppe-Seylers Z. **166**, 160 (1927) — Chem. Zbl. **1927 II**, 442.

[5] E. Abderhalden: Hoppe-Seylers Z. **131**, 284 (1923) — Chem. Zbl. **1924 I**, 921.

[6] S. S. Graves, J. T. W. Marshall u. H. W. Eckweiler: J. amer. Chem. Soc. **39**, 112 (1916) — Chem. Zbl. **1917 I**, 950.

[7] E. Abderhalden: Hoppe-Seylers Z. **120**, 207 (1922) — Chem. Zbl. **1922 III**, 928.

[8] E. Abderhalden u. H. Sickel: Hoppe-Seylers Z. **135**, 29 (1924) — Chem. Zbl. **1924 II**, 173.

[9] M. Gonnermann: Hoppe-Seylers Z. **99**, 255 (1917) — Chem. Zbl. **1917 II**, 391.

[10] E. Abderhalden u. H. Brockmann: Biochem. Z. **211**, 395 (1929) — Chem. Zbl. **1929 II**, 2898.

[11] E. Cherbuliez, P. Plattner u. S. Ariel: Helvet. chim. Acta **13**, 1390 (1930) — Chem. Zbl. **1931 I**, 491.

[12] E. M. Shelton u. T. B. Johnson: Ind. Chem. **22**, 387 (1930) — Chem. Zbl. **1930 II**, 2460. — C. E. Mullin u. H. L. Hunter: Textile Colorist **53**, 517, 599 (1931) — Chem. Zbl. **1931 II**, 2532, 2804. — Textile Colorist **53**, 673 (1931) — Chem. Zbl. **1932 I**, 892.

[13] L. Meunier u. G. Rey: C. r. Acad. Sci. Paris **184**, 285 (1927) — Chem. Zbl. **1927 I**, 1767 — Cuir techn **19**, 129 (1927) — Chem. Zbl. **1927 I**, 2693.

[14] E. Elöd, E. Silva u. H. Schroers: Melliand Textilber. **11**, 382 (1930) — Chem. Zbl. **1930 II**, 494.

[15] M. Harris u. T. B. Johnson: Ind. Chem. **22**, 539 (1930) — Chem. Zbl. **1931 I**, 1541.

[16] T. G. Hawley u. T. B. Johnson: Ind. Chem. **22**, 297 (1930) — Chem. Zbl. **1930 I**, 3261.

[17] M. Harris u. T. B. Johnson: Ind. Chem. **22**, 539 (1930) — Chem. Zbl. **1931 I**, 1541.

[18] E. J. Murphy u. A. C. Walker: J. physic. Chem. **32**, 1761 (1928) — Chem. Zbl. **1929 I**, 1064.

[19] E. J. Murphy: J. physic. Chem. **33**, 200 (1929) — Chem. Zbl. **1929 I**, 2256.

Molgewicht, Röntgendiagramme und physikalischer Aufbau: Die Röntgendiagramme verschiedener Seiden sind miteinander identisch, trotzdem die Hydrolyse unterschiedliche Werte im Gehalte an den einzelnen Aminosäuren liefert. Das Seidenfibroin erscheint als ein Gemisch aus einer krystallinen und mehreren amorphen Substanzen. Die krystallographische Elementarzelle ist sehr klein[1, 2]. — Der krystalline Anteil des Seidenfibroins entsteht erst beim Festwerden des Fadens (siehe auch unter Physiologisches)[3].

Der krystalline Anteil des Seidenfibroins kann in nahen Beziehungen zu den von Bergmann[4] dargestellten isomeren Piperazinkörpern stehen[5]. In Resorcin weist das Seidenfibroin ein Mol-Gewicht von 320 auf[2], nach Abderhalden 811,4[6]. (Hier über den Wert der in Resorcin kryoskopisch bestimmten Molgewichte.)

Über die Bestimmung des Translationsgitters[7, 8, 9, 10]. — Bei der Quellung erfolgt keine Änderung des Gitters[11].

Entgegen anderen Auffassungen herrscht bei K. H. Meyer wieder die Ansicht vor, daß in allen hochmolekularen Naturprodukten hochmolekulare Gebilde vorliegen, obwohl röntgenographisch kleine Elementarkörper ermittelt werden. Die Größe dieser Krystallite des Seidenfibroins entspricht angenähert der der Cellulose[12]. Die Hauptvalenzketten sind Polypeptide aus 20 und mehr Glycylalanin- bzw. Alanylglycinresten[1]. Diese beiden Reste haben zusammen eine Länge von 7 Å, was mit der gefundenen Identitätsperiode innerhalb der Faserachse übereinstimmt. Die Länge der Micellen läßt sich auf mehr als 150 Å schätzen, was den 20 Glycylalanylresten entsprechen würde. Wenn auch die Schraubenachsen fehlen und damit das eine Weißenbergsche Bauprinzip für Kettenbausteine nicht anwendbar ist, stimmt in diesem Falle durch die spezielle Form des Glycylalaninanhydrids die Translation sehr nahe mit der Schraubung des halben Glycylalanylrestes überein. Die Entfernung der Hauptvalenzketten voneinander beträgt in der einen Richtung 4,6 Å, in der anderen 5,2 Å. — Die Diagramme der verschiedenen Seiden sind nicht sehr punktreich, die Punkte selbst sind unscharf und der kontinuierliche Untergrund ist sehr stark. — K. H. Meyer, der den krystallinen Anteil des Fibroins auf 40—60% schätzt, nimmt neben einer Rindensubstanz noch eine von den Krystalliten ganz unabhängige Kittsubstanz an[13]. (Vgl. dazu auch [14].)

Über die Röntgendiagramme erschwerter Seiden[15, 16]. Vgl. auch die Erschwerungstheorie.

Über den aggregativen flüssig-krystallinen Zustand von natürlicher Seide[17, 18, 19, 20]. Vgl. auch das Verhalten der Seide bei Quellung in Salzlösungen.

Über das Verhalten verschiedener Seiden im polarisierten Licht[21].

Über den Einfluß der Wasserstoffionenkonzentration auf die photochemische Zersetzung der Seide[22].

Quellung, Löslichkeit und Flockung: Seidenfibroin läßt sich durch konzentrierte wässerige Lösungen stark hydratationsfähiger Salze in den plastischen Zustand und weiterhin

[1] R. Brill: Liebigs Ann. **434**, 204 (1923) — Chem. Zbl. **1924 I**, 1546.

[2] R. O. Herzog u. Mitarbeiter: Helvet. chim. Acta **11**, 529 (1928) — Chem. Zbl. **1928 II**, 163.

[3] R. Brill: Naturwiss. **18**, 622 (1930) — Chem. Zbl. **1930 II**, 1466.

[4] M. Bergmann, A. Miekeley u. E. Kann: Liebigs Ann. **445**, 1 (1925) — Chem. Zbl. **1926 I**, 352.

[5] R. Brill: Liebigs Ann. **446**, 307 (1925) — Chem. Zbl. **1926 I**, 2006.

[6] E. Abderhalden u. J. Heumann: Ber. dtsch. chem. Ges. **63**, 1945 (1930) — Chem. Zbl. **1930 II**, 2633.

[7] R. O. Herzog u. W. Jancke: Z. Physik **52**, 755 (1929) — Chem. Zbl. **1929 I**, 1304.

[8] K. Weißenberg u. Mitarbeiter: Naturwiss. **17**, 181 (1929) — Chem. Zbl. **1929 I**, 2165.

[9] O. Kratzky: Z. physik. Chem. B **5**, 297 (1929) — Chem. Zbl. **1929 II**, 2771.

[10] O. Kratky u. S. Kuriyama: Z. physik. Chem. **11**, 363 (1931) — Chem. Zbl. **1931 I**, 2624.

[11] J. R. Katz: Versl. Akad. Wetensch. Amsterd., Wis- en natuurkd. Afd. **33**, 281 (1924) — Chem. Zbl. **1924 II**, 441.

[12] K. H. Meyer: Z. angew. Chem. **41**, 935 (1928) — Chem. Zbl. **1928 II**, 1871.

[13] K. H. Meyer u. H. Mark: Ber. dtsch. chem. Ges. **61**, 1932 (1928) — Chem. Zbl. **1928 II**, 2566. — K. H. Meyer: Kolloid-Z. **53**, 8 (1930) — Chem. Zbl. **1930 II**, 3386.

[14] S. P. L. Sørensen: Kolloid-Z. **53**, 102 (1930) — Chem. Zbl. **1930 II**, 3423.

[15] R. O. Herzog u. H. W. Gonell: Z. angew. Chem. **39**, 380 (1926) — Chem. Zbl. **1926 I**, 2986.

[16] W. Stockhausen: Seide **34**, 404 (1929) — Chem. Zbl. **1930 I**, 772.

[17] P. P. v. Weimarn: Kolloid-Z. **45**, 161 (1928) — Chem. Zbl. **1928 II**, 1657.

[18] P. P. v. Weimarn: Kolloid-Z. **45**, 162 (1928) — Chem. Zbl. **1928 II**, 1657.

[19] P. P. v. Weimarn: Kolloid-Z. **45**, 36 (1928) — Chem. Zbl. **1928 II**, 302.

[20] P. P. v. Weimarn: Kolloid-Z. **44**, 279 (1928) — Chem. Zbl. **1928 II**, 20.

[21] D. Ongaro: Giorn. Chim. ind. appl. **13**, 114 (1931) — Chem. Zbl. **1931 II**, 792.

[22] M. Harris u. D. A. Jessup: Amer. Dyestuff Rep. **20**, 795 (1931) — Chem. Zbl. **1932 I**, 1730.

in kolloide Lösungen überführen. Dabei nimmt die Dispersionsfähigkeit in folgenden Reihen ab: $LiSCN > LiJ > LiBr > LiCl$; $NaSCN > NaJ$; $Ca(SCN)_2 > CaJ_2 > CaBr_2 > CaCl_2$. Mit $LiSCN$, $CaCl_2$, $Ca(NO_3)_2$ lassen sich bis 30proz. Seidenlösungen erhalten, aus denen das Fibroin durch verschiedene Stoffe, wie auch durch Ultrafiltration in vollkommen plastischen Zustand wieder abgeschieden werden kann. Alkohol fällt in Form langausziehbarer Fäden[1]. Die Geschwindigkeit der Dispersion ist abhängig vom Alter und von der Reinheit des benutzten Fibroins[2, 3]. Die Teilchengröße von Seidenfibroinlösungen in 50proz. Lithiumbromidlösungen ändert sich nicht mit Zeit und Temperatur[4]. (Hier über weitere Eigenschaften des Sols vor und nach der Dialyse.) Nach anderen soll das Seidenfibroin in konzentrierten Salzlösungen einen gewissen Abbau erleiden, der auf labile Peptidbindungen zurückzuführen sein soll, jedoch schreitet der Abbau beim Kochen nicht weiter fort[5]. Auch $NaCl$, $BaCl_2$, $BaBr_2$, $Ba(NO_3)_2$, $Ba(ClO_3)_2$, $NiCl_2$, $SrCl_2$, $Sr(NO_3)_2$, Na_2SiO_3, Li_2SO_4, Cs_2SO_4 dispergieren. Teilweise enthalten diese Lösungen über 40 % Seide. Zur Wiederabscheidung des Seidenfibroins eignen sich unter anderem wässerige oder alkoholisch-wässerige Lösungen von Fluoriden, Sulfaten, Citraten, Tartraten, Acetaten oder Chloriden. (Hinweise auf die technische Bedeutung dieser Befunde.)[6, 7] Fraktionierte Fällungen mit Ammonsulfat sind unmöglich[4]. Benutzt man 30—40proz. Tanninlösungen zur Ausflockung, so zeigt das Koagulum die Eigenschaft des Fibroins und des Tannins. Während im feuchten Zustande die Eigenschaften des Fibroins vorherrschen, treten beim Trocknen die des Tannins hervor, das sich schwer entfernen läßt. Mit fortschreitender Beseitigung des Tannins lassen sich Fäden herstellen, die weder durch Kochen in Wasser noch in 9—15proz. Seifenlösung zerstört werden[8].

Mit fortschreitender Quellung in Salzlösungen tritt die Struktur der Seidenfäden hervor; sie erweisen sich aus sehr dünnen Ultramikrofibrillen zusammengesetzt, die sich im Verlauf der Quellung zu Spiralen zusammendrehen. Diese ordnen sich fast senkrecht zur Längsrichtung des Fadens an, noch ehe er in den Zustand eines hochviscosen Sirups übergegangen ist. Sodann schmelzen sie zu Tröpfchen von länglicher Form, die ebenfalls fast senkrecht zur Längsrichtung des früheren Fadens angeordnet sind. Dabei gehen die im polarisierten Licht sichtbaren Erscheinungen konform mit der Abnahme der kompakten Lagerung der Fasern in den Fäden und der Zerstörung ihrer Parallelorientierung zurück. Beim umgekehrten Vorgang der Ausflockung nimmt die Einwirkung auf das polarisierte Licht infolge der Entstehung von Fibrillen und deren Orientierung wieder zu. Aus Seidenkoagulum hergestellte Fäden verhalten sich ganz ähnlich wie der native Faden[9].

Auf Grund von Röntgenuntersuchungen muß die Quellung von Seidenfibroin als intermicellar aufgefaßt werden[10].

Aus einer Lösung von Seidenfibroin in Lithiumbromid läßt sich ein dialysierbarer Anteil mit positiver Ninhydrinreaktion abtrennen, während der größere nichtdialysierbare Anteil keine Ninhydrinreaktion, wohl aber Anhydridreaktionen gibt[11]. (Vgl. auch unter Seidenpepton.) Der dialysierbare Anteil kann 6,9—8,7 % des wasserfreien Fibroins betragen. Ob es sich dabei um Reste von Seidenleim handelt, ist noch nicht geklärt. Das trübe gelbe Dialysat zeigt außer der Ninhydrinreaktion auch positive Tryptophan- und Biuretreaktion. Säuren und Alkohol erzeugen keine Fällung. Gegen Hitze ist das Dialysat stabil. Beim Stehen bildet sich zuweilen eine Gallerte, beim Eindunsten eine hornartige Masse, die unlöslich in Wasser, aber in 50proz. Lithiumbromidlösung und n-Natronlauge (Gegensatz zu nativem Fibroin) löslich ist[4].

In Ammoniak, Alkalicarbonaten und 1proz. Natronlauge ist das Fibroin un-

---

[1] P. P. v. Weimarn: Canad. Chem. Metall. **10**, 227 (1926) — Chem. Zbl. **1927 I**, 38.

[2] P. P. v. Weimarn u. S. Utzino: Kolloid-Z. **40**, 120 (1926) — Chem. Zbl. **1927 I**, 249.

[3] P. P. v. Weimarn: J. textile Inst. **17**. T 642 (1926) — Chem. Zbl. **1927 I**, 1133.

[4] E. Abderhalden u. H. Brockmann: Biochem. Z. **211**, 395 (1929) — Chem. Zbl. **1929 II**, 2898.

[5] M. Harris u. T. B. Johnson: Ind. Chem. **22**, 965 (1930) — Chem. Zbl. **1930 II**, 2850.

[6] P. P. v. Weimarn: Kolloid-Z. **41**, 148 (1927) — Chem. Zbl. **1927 I**, 2144.

[7] P. P. v. Weimarn: Kolloid-Z. **45**, 36 (1928) — Chem. Zbl. **1928 II**, 302.

[8] P. P. v. Weimarn: Kolloid-Z. **45**, 39 (1928) — Chem. Zbl. **1928 II**, 302.

[9] P. P. v. Weimarn: Kolloid-Z. **46**, 36 (1928) — Chem. Zbl. **1928 II**, 2335.

[10] J. R. Katz: Versl. Akad. Wetensch. Amsterd., Wis- en natuurkd. Afd. **33**, 281 (1924) — Chem. Zbl. **1924 II**, 441.

[11] E. Abderhalden u. E. Schnitzler: Hoppe-Seylers Z. **164**, 159 (1927) — Chem. Zbl. **1927 I**, 3198.

löslich; in 50 proz. Kalilauge löst es sich unter Ammoniakentwicklung[1]. (Vgl. dazu das veränderte Verhalten des nitrierten Fibroins.)

In Schweizers Reagens und in ammoniakalischem Nickeloxyd ist das Fibroin in der Hitze löslich[1]. Die Löslichkeit von Seide in ammoniakalischen Nickellösungen beruht auf der Bildung eines Komplexsalzes von cyclischer Struktur unter Beteiligung des Stickstoffs der Seide. In Gegenwart von Ammonsalz bleibt die Lösung aus. Auch Kupfer- und Kobaltlösungen und wahrscheinlich auch Quecksilberchlorid (in der Kälte) bilden mit der Seide lösliche Komplexe[2].

Viscosität der Fibroinlösungen in Loewes Reagens[3].

Mineralsäuren wirken bei gewöhnlicher Temperatur und nicht zu geringen Konzentrationen unter Abbau der Fasersubstanz auf die Seide ein. Schwache Säuren, z. B. Ameisensäure, werden nur adsorbiert. Stark verdünnte Mineralsäuren wirken bei höheren Temperaturen ebenfalls hydrolytisch[4]. Vgl. dazu auch [1]. — Über Lösungen von Seidenfibroin in Orthophosphorsäure[5, 6].

Dispergierung von Seide in flüssigem Ammoniak[7].

Über die physikalische Chemie von Naturseidelösungen in Säuren und Alkalien[8].

Seidenfibroin ist auch in konzentrierten wässerigen Lösungen von Polyphenolen löslich. Mit Pyrogallol- oder Resorcinlösungen werden in wenigen Minuten 15 bzw. 10—12 proz. Lösungen erhalten, aus denen Alkohol flockige gallertartige Niederschläge fällt[9]. Die Lösungen sind mehr oder weniger polydispers. Der Dispersitätsgrad ist auch bei tiefen Temperaturen von Temperatur und Zeit stark abhängig[10]. Vgl. dazu auch [11]. Benutzung dieser Lösungen zu Mol-Gewichtsbestimmungen und Röntgenuntersuchungen vgl. da und [12, 13, 14].

Seide verhält sich gegen Chromsäure ähnlich wie Wolle; es werden etwa $2^1/_2\%$ Chromsäure maximal salzartig gebunden[15].

Die Vorgänge bei der Seidenerschwerung sind noch nicht genügend geklärt. Das Fibroin soll ein im Wasser unlösliches Additionsprodukt mit Zinnchlorid vom Typus [Sn(Aminosäure)$_4$]Cl$_4$ bilden. Durch den Waschprozeß wird die Verbindung gelockert, so daß unverändertes Fibroin hervorgeht, während sich kolloidale Zinnsäure im Innern der Faser abgelagert hat[16]. Jedoch ist mit der Annahme rein kolloidchemischer Vorgänge die Erschwerung nicht zu klären. Es werden deshalb „Elektroadsorptionen" angenommen[17].

Über den Einfluß der Temperatur und des Lösungsmittels bei der Anlagerung von SnCl$_4$[18] und über die Konzentration der Zinn- und Phosphatlösungen[19].

Bei der Zinnbeschwerung der Seide wird das Beschwerungsmittel nur in krystallinisch gelöstem Zustande von der Faser aufgenommen. Die Aufnahme der Zinnsäure kann nicht durch Ladungsaustausch zwischen ihr und der Faser erfolgen. Während der Erschwerung erleidet die Seide einen geringen hydrolytischen Abbau durch die Einwirkung der Salzsäure; die dabei entstehenden basischen Abbauprodukte begünstigen die Hydrolyse des in die Faser

---

[1] T. B. Johnson, A. J. Hill u. L. P. O'Hara: J. amer. chem. Soc. **37**, 2170 (1915) — Chem. Zbl. **1916 I**, 147.

[2] M. Battegay u. P. Voltz: Bull. Soc. chim. France **27**, 536 (1920) — Chem. Zbl. **1920 IV**, 560.

[3] M. Hirasawa u. K. Kitazawa: Bull. Silk-Ind. Japan **4**, 12 (1931) — Chem. Zbl. **1932 I**, 1020.

[4] E. Elöd: Kolloidchem. Beih. **19**, 298 (1924) — Chem. Zbl. **1925 I**, 166. — E. Elöd, E. Silva u. H. Schroers: Melliand Textilber. **11**, 382 (1930) — Chem. Zbl. **1930 II**, 494.

[5] I. G. Farbenindustrie u. E. Rossner: DRP. 510489, Kl. 29b vom 15. 11. 1928, FP. 684815 vom 13. 11. 1929 — Chem. Zbl. **1930 II**, 2463; **1931 I**, 712.

[6] H. Schmidt: Z. angew. Chem. **44**, 83 (1931) — Chem. Zbl. **1931 I**, 3740.

[7] E. W. Mc Chesney u. C. O. Miller: J. amer. chem. Soc. **53**, 3888 (1931) — Chem. Zbl. **1931 II**, 3006.

[8] P. P. v. Weimarn: Kolloid-Z. **46**, 40 (1928) — Chem. Zbl. **1928 II**, 2336.

[9] P. P. v. Weimarn: Kolloid-Z. **42**, 134 (1927) — Chem. Zbl. **1927 II**, 2651.

[10] R. O. Herzog: Z. angew. Chem. **41**, 426 (1928) — Chem. Zbl. **1928 I**, 3139.

[11] O. Gerngroß: Z. angew. Chem. **41**, 426 (1928) — Chem. Zbl. **1928 I**, 3139.

[12] R. O. Herzog u. Mitarbeiter: Helvet. chim. Acta **11**, 529 (1928) — Chem. Zbl. **1928 II**, 163.

[13] K. H. Meyer, H. Mark: Ber. dtsch. chem. Ges. **61**, 1932 (1928) — Chem. Zbl. **1928 II**, 2566.

[14] R. O. Herzog: Ber. dtsch. chem. Ges. **61**, 2431 (1928) — Chem. Zbl. **1929 I**, 89.

[15] M. Iljinsky u. D. Kodner: Z. angew. Chem. **41**, 283 — J. russ. phys.-chem. Ges. **50**, 193 (1928) — Chem. Zbl. **1928 I**, 2472.

[16] Fichter u. Müller: Chemiker-Ztg **38**, 693 (1914) — Chem. Zbl. **1914 II**, 668.

[17] F. Fichter u. A. Heusler: Helvet. chim. Acta **7**, 587 (1924) — Chem. Zbl. **1924 II**, 256.

[18] F. Fichter u. E. Müller: Färber-Ztg **26**, 253, 274, 289 (1915) — Chem. Zbl. **1916 I**, 189.

[19] W. E. Coughlin: J. physic. Chem. **35**, 2434 (1931) — Chem. Zbl. **1932 I**, 1673.

diffundierten Zinnchlorids, wodurch ein Teil als Zinnsäure bereits vor dem Waschen in der Faser ausfällt. Beim Waschprozeß erfolgt weitere Hydrolyse, wodurch der größte Teil der Zinnsäure kolloid innerhalb der Faser ausgeflockt wird. Die von Fichter und Müller angenommene Molekülverbindung kann von Elöd nicht bestätigt werden[1]. Die Additionsverbindung wird von Elöd als Stannichloridpentahydrat aufgefaßt[1, 2].

Mit Färbemethoden konnte Elöd nachweisen, daß bei reiner Zinnerschwerung das Zinnhydroxyd hauptsächlich in der Kittsubstanz der Faser abgeschieden wird. Bei starker Zinnerschwerung ist das Hydroxyd fadenförmig durch die ganze Faser, entsprechend der Fibrillärstruktur der Seide, verteilt[3].

Die Aluminiumbeizung der Seide wird ebenfalls als chemischer Vorgang aufgefaßt. Vgl. dazu Wolle und [2].

Aus Röntgenuntersuchungen geht hervor, daß die Beschwerungsmittel sich kryptokrystallin abscheiden, wobei das ursprüngliche Punktdiagramm der Seide erhalten bleibt. Eine chemische Verbindung in größeren Mengen entsteht nicht. Am wahrscheinlichsten ist es, daß sich das Beschwerungsmittel in die intermicellare Substanz und die entstehenden Abbauprodukte der Faser einbettet[4]. — Nach Stockhausen verliert die Faser durch den Pinkprozeß weitgehend ihre krystallinen Eigenschaften und Festigkeit[5].

Zur Theorie der Färbungen vergleiche die Arbeiten von Bergmann über die Iso- und Allopiperazine. (Verhalten gegen Malachitgrün und Fuchsin.)[6] — Aus Modellversuchen geht hervor, daß beim Anfärben von Seide (Wolle) den chemischen Kräften eine wesentliche Rolle zukommen muß, da die Aminosäuren und Säureamide ausgesprochene Affinität zu Farbstoffen besitzen. Die chemischen Kräfte gehen dabei von den auxochromen Gruppen der Farbstoffe aus, während die chromophoren Gruppen nicht in Betracht kommen. Es können echte stöchiometrisch zusammengesetzte Verbindungen von Farbstoff und Faser, ferner Adsorptionsverbindungen und Lösungszustände entstehen[7].

Die Färberei als Adsorptionsvorgang und die Tanninadsorption[8].

Farbreaktionen: Biuretreaktion und Millonsche Reaktion sind positiv[9]. Behandelt man Seide mit lauwarmer verdünnter Lauge, so gibt nur das Filtrat, nicht die ausgewaschene Seide, die Biuretreaktion[10, 11, 12].

Diazotierte p-Nitranilinlösung färbt eine mit Wasser verdünnte Lösung von Naturseide in konzentrierter Schwefelsäure auf Zusatz von Alkali rot. (Kunstseide gelb.)[13]

Bei der Hydrolyse von Seide ist 0,2n-Natronlauge wirksamer als 0,2n-Salzsäure. Bezüglich der Reaktionsgeschwindigkeit steht Seide zwischen Gelatine, die schneller, und Caseinogen, das langsamer gespalten wird. Die Regel von Schütz und Borissow

$$x = k \cdot \sqrt{t}$$

gilt für die Alkalispaltung bei $70°$[14].

Wahrscheinlich entstehen während der Hydrolyse unbeständige Zwischenverbindungen[15].

Die Säurehydrolyse des Seidenfibroins durch Salzsäure und Schwefelsäure bei $130°$ ist eine Reaktion zweiter Ordnung, wie sich aus der Berechnung der Reaktionskonstanten ergibt,

[1] F. Fichter u. F. Reichhart: Helvet. chim. Acta **7**, 1078 (1924) — Chem. Zbl. **1925 I**, 589.

[2] E. Elöd: Kolloidchem. Beih. **19**, 298 (1924) — Chem. Zbl. **1925 I**, 166. — E. Elöd, E. Silva u. H. Schroers: Melliand Textilber. **11**, 382 (1930) — Chem. Zbl. **1930 II**, 494.

[3] E. Elöd u. E. Silva: Melliand Textilber. **12**, 757 (1931) — Chem. Zbl. **1932 I**, 2111.

[4] R. O. Herzog u. H. W. Gonell: Z. angew. Chem. **39**, 380 (1926) — Chem. Zbl. **1926 I**, 2986.

[5] W. Stockhausen: Seide **34**, 404, 445 (1929) — Chem. Zbl. **1930 I**, 772, 1402.

[6] M. Bergmann, H. Miekeley u. E. Kann: Biochem. Z. **177**, 1 (1927) — Chem. Zbl. **1927 I**, 1024.

[7] P. Pfeiffer, O. Angern, L. Wang, R. Seydel u. K. Quehl: J. prakt. Chem. **126**, 97 (1930) — Chem. Zbl. **1930 I**, 3831.

[8] R. C. Houck: J. physic. Chem. **32**, 161 (1928) — Chem. Zbl. **1928 I**, 2917.

[9] T. B. Johnson, A. J. Hill u. L. P. O'Hara: J. amer. chem. Soc. **37**, 2170 (1915) — Chem. Zbl. **1916 I**, 147.

[10] M. Battegay u. T. Voltz: Bull. Soc. chim. France **27**, 536 (1920) — Chem. Zbl. **1920 IV**, 560.

[11] E. Abderhalden u. H. Brockmann: Biochem. Z. **211**, 395 (1929) — Chem. Zbl. **1929 II**, 2898.

[12] E. Abderhalden u. E. Schnitzler: Hoppe-Seylers Z. **164**, 159 (1927) — Chem. Zbl. **1927 I**, 3198.

[13] R. Formhals: Chemiker-Ztg **43**, 386 (1919) — Chem. Zbl. **1919 IV**, 508.

[14] J. Jaitschnikow: J. russ. phys.-chem. Ges. **58**, 1377 (1926) — Chem. Zbl. **1927 II**, 1144.

[15] J. Jaitschnikow: Biochem. Z. **190**, 114 (1927) — Chem. Zbl. **1928 I**, 2508.

wenn man das Anwachsen des Aminostickstoffs als Maß für das Fortschreiten der Hydrolyse zugrunde legt[1].

Bei der Hydrolyse von Fibroin mit Salzsäure treten Differenzen zwischen den nach van Slyke und den nach Sørensen bestimmten NH_2-Werten auf, die mit fortschreitender Hydrolyse durch ein Maximum gehen. Enselme deutet die Zunahme der Differenz als Periode der Polypeptidbildung, die Abnahme als Periode der Zerlegung in Aminosäuren[2].

Bereits nach 5 Minuten langer Einwirkung von n-Natronlauge auf in Lithiumbromidlösungen dispergiertes Fibroin bei 38° lassen sich dialysierbare Produkte durch Ninhydrin- und Biuretreaktion nachweisen[3, 4].

Bei der unvollständigen Hydrolyse des Seidenfibroins erhält man Anhydride[5, 6] (siehe auch Zusammensetzung).

Die Hydrolyse mit gesättigter alkoholischer Salzsäure ist nur unvollständig, die Ausbeute an Monoaminosäuren gering; wahrscheinlich liegen noch höhermolekulare Produkte vor[7].

Bei der Hydrolyse des gereinigten Seidenfibroins mit 25proz. Ameisensäure bei 180° werden dieselben Produkte erhalten, wie bei der Hydrolyse mit 4—5proz. Mineralsäuren; das Hydrolysat ist jedoch nur schwach gelblich gefärbt. Bei dieser Arbeitsweise werden die Anhydride aufgespalten. Eine Kondensation der Bausteine findet nicht statt (Gegensatz zu Gelatine s. d.)[8, 9].

Die Autoklavenhydrolyse von 25 g Seide mit 1200 ccm Wasser bei 180—200° und 16 Stunden Dauer liefert 0,09% Leucinanhydrid durch Ätherextraktion[10].

Bei der zerstörenden Destillation des Seidenfibroins erhält man 43% Destillat in Form eines roten Öles, 41% Rückstand, 16% flüchtige Bestandteile[11]. In diesen befanden sich Ammoniak, Kohlensäure, aliphatische Amine, Essigsäure und Propionsäure; in dem Öl: Phenol, p-Kresol, Indol, Chinolin und Pyrrolderivate. Die Bildung von Phenol und p-Kresol wird durch Spaltung des Tyrosins erklärt, das Auftreten von Indol und Chinolin durch pyrogenetische Kondensationsreaktionen, wobei z. B. für die Entstehung des Chinolins folgende Auffassung angeführt wird: Das Phenylalanin soll aus der Dioxopiperazinform (I.) unter Spaltung während der Vakuumdestillation in β-Phenylpropionamid (II.) übergehen. Unter Verlust von Wasser bildet sich das Nitril der Phenylpropionsäure (III.), das in Zimtsäurenitril (IV.) umgewandelt wird. Durch Ringschluß und H-Verschiebung entsteht Chinolin.

$$\langle\ \rangle CH_2\!-\!\underset{\underset{CO-NH}{NH-CO}}{CH}\ \text{I.}\ CH\!-\!CH_2\langle\ \rangle \rightarrow \text{II.}\ CH_2\cdot CH_2\cdot CO\cdot NH_2 \rightarrow$$

$$\rightarrow \text{III.}\ CH_2\!-\!CH_2\ \underset{N}{\overset{\|}{C}} \rightarrow \text{IV.}\ CH\!=\!CH\ \underset{N}{\overset{\|}{C}} \rightarrow \text{V.}\ \underset{N}{\overset{CH=CH}{\diagup}}CH$$

Aliphatische Amine und Fettsäuren entstehen durch Decarboxylierung bzw. Desaminierung der entsprechenden Aminosäuren[12].

[1] D. M. Greenberg u. N. F. Burk: J. amer. chem. Soc. **49**, 275 (1927) — Chem. Zbl. **1927 I**, 1486.

[2] J. Enselme: C. r. Acad. Sci. Paris **190**, 136 (1930) — Chem. Zbl. **1930 I**, 2105 — Bull. Soc. Chim. biol. Paris **12**, 351 (1930) — Chem. Zbl. **1930 II**, 1995.

[3] E. Abderhalden u. H. Brockmann: Biochem. Z. **211**, 395 (1929) — Chem. Zbl. **1929 II**, 2898.

[4] E. Abderhalden u. H. Mahn: Hoppe-Seylers Z. **178**, 253 (1928) — Chem. Zbl. **1929 I**, 89.

[5] E. Abderhalden: Hoppe-Seylers Z. **120**, 207 (1922) — Chem. Zbl. **1922 III**, 928.

[6] E. Abderhalden: Hoppe-Seylers Z. **131**, 284 (1923) — Chem. Zbl. **1924 I**, 921.

[7] Weizmann u. Agashe: Biochemic. J. **7**, 437 (1913) — Chem. Zbl. **1914 I**, 679.

[8] N. Zelinsky u. K. Lawrowsky: Biochem. Z. **183**, 303 (1927) — Chem. Zbl. **1927 I**, 3199.

[9] N. Zelinsky u. K. Lawrowsky: J. russ. phys.-chem. Ges. **59**, 423 (1928) — Chem. Zbl. **1928 I**, 272.

[10] S. S. Graves, J. T. W. Marshall u. H. W. Eckweiler: J. amer. chem. Soc. **39**, 112 (1916) — Chem. Zbl. **1917 I**, 950.

[11] T. B. Johnson u. P. G. Daschavsky: J. amer. chem. Soc. **41**, 1147 (1919) — Chem. Zbl. **1919 III**, 795.

[12] T. B. Johnson u. P. G. Daschavsky: J. of biol. Chem. **62**, 197 (1924) — Chem. Zbl. **1925 I**, 672.

Aus dem Verhalten des Seidenfibroins gegen Hypobromitlösungen ergibt sich die Anwesenheit zweier verschiedener Bestandteile im Fibroin; der gegen Hypobromit beständigere Teil (ca. 23% des Ausgangsmaterials) besteht nur aus Glykokoll und Alanin und weist ein Mindestmolgewicht von 4000 auf. Aus der Lage der Interferenzkreise wird geschlossen, daß Produkte der gleichen Zusammensetzung in der natürlichen Seide vorkommen[1].

Die Produkte, die man durch Einwirkung von Brom-Eisessig oder Wasserstoffsuperoxyd auf Seidenfibroin erhält, sind enzymatisch nicht spaltbar[2].

Bei der Reduktion von Seidenfibroin bzw. Seidenpepton erhält man flüchtige Piperazine: Methylpiperazin[3], 3-Methyl-6-oxymethylpiperazin, das wahrscheinlich aus Alanylserinanhydrid entsteht, und das Reduktionsprodukt eines Anhydrids des von E. Fischer und E. Abderhalden[4] isolierten Tetrapeptids aus 2 Mol Glykokoll, 1 Mol Alanin und 1 Mol Tyrosin[5].

Bei der Ammonolyse von Seidenfibroin erhält man wasserlösliche, z. T. auch alkohollösliche Produkte (siehe auch Fibrin)[6].

Verhalten gegen Fermente: Löst man Seide schnell in kalter konzentrierter Salzsäure und neutralisiert unter starker Kühlung mit Natronlauge, so erhält man eine schwach opaleszierende Lösung, die von Pepsin und Pankreatin gespalten wird; dabei entstehen Produkte, die zum größeren Teil durch Phosphorwolframsäure fällbar sind; der Amino-N nimmt nur wenig zu[7].

Dialysierte Lösungen von Seidenfibroin in Lithiumbromid werden von Pepsinsalzsäure nicht, wohl aber von Pankreasfermenten zerlegt[8]. — Hundemagensaft wirkt auf in Wasser dispergierte Seide ein, mit Trypsinkinase erhält man nach einiger Zeit eine Gallerte. Nach einiger Zeit ist die Hauptmenge des Tyrosins abgespalten.

Erepsin bildet mit in Wasser dispergiertem Seidenfibroin nach einiger Zeit eine Gallerte. Es wirkt nach Behandlung des Fibroins mit Hundemagensaft und Trypsinkinase weiter ein[9].

Physiologisches: In den letzten 7 Tagen vor dem Verpuppen werden etwa 60—70% der Eiweißkörper der verfütterten Maulbeerbaumblätter in Seidenprotein umgewandelt, der Rest wird für das Wachstum der Raupe verbraucht[10].

Die Ernährung der Raupen ist von Einfluß auf den Fibroingehalt der Seide. Dieser ist am größten bei Zusatz von Glykokoll. Bei Mangel an Mineralsalzen treten Unterschiede im physikalischen[11] Aufbau der Seide ein[12].

Sericin und Fibroin werden getrennt abgesondert[13]. Nach operativer Trennung der Drüsenpartien wird Fibroin nur im hinteren Teil, Sericin nur im mittleren Teil der Drüsen sezerniert[12, 14].

Im Gegensatz zu den vorstehend erwähnten Anschauungen hält Wagner es nicht für wahrscheinlich, daß in der Sekretionsdrüse Fibroin erzeugt wird, zu dem später in der Sammeldrüse Sericin hinzukommt; vielmehr soll eine andere Substanz abgesondert werden, die durch noch unbekannte Einflüsse nach und nach in Fibroin und Sericin umgewandelt wird[15].

Seidenraupen, die eben beginnen, ihr Kokon zu spinnen, zeigen im Lichte der Wellenlänge von 3650 Å an verschiedenen Körperstellen eine lebhafte gelbe Fluorescenz, die auch das Blut aufweist. Die Ursache dieser Erscheinung liegt nicht an den Lipoiden noch bei den gefärbten

---

[1] S. Goldschmidt u. K. Strauß: Liebigs Ann. **480**, 263 (1930) — Chem. Zbl. **1930 II**, 747.

[2] E. Waldschmidt-Leitz u. G. v. Schuckmann: Ber. dtsch. chem. Ges. **62**, 1891 (1929) — Chem. Zbl. **1930 I**, 2903.

[3] E. Abderhalden u. W. Stix: Hoppe-Seylers Z. **132**, 238 (1924) — Chem. Zbl. **1924 I**, 2149.

[4] E. Fischer u. E. Abderhalden: Ber. dtsch. chem. Ges. **40**, 3545 (1907).

[5] E. Abderhalden u. E. Schwab: Hoppe-Seylers Z. **139**, 169 (1924) — Chem. Zbl. **1925 I**, 89.

[6] E. W. McChesney u. C. O. Miller: J. amer. chem. Soc. **53**, 3888 (1931) — Chem. Zbl. **1931 II**, 3006.

[7] F. Wessely: Hoppe-Seylers Z. **135**, 117 (1924) — Chem. Zbl. **1924 II**, 476.

[8] E. Abderhalden u. H. Mahn: Hoppe-Seylers Z. **178**, 253 (1928) — Chem. Zbl. **1929 I**, 89.

[9] E. Abderhalden u. H. Brockmann: Biochem. Z. **226**, 209 (1930) — Chem. Zbl. **1930 II**, 3785.

[10] T. Maki: J. Soc. Chem. Ind. Japan **32**, 257 B (1929) — Chem. Zbl. **1930 I**, 2987.

[11] L. Pigorini: Arch. Farmacol. sper. **20**, 225 (1915) — Chem. Zbl. **1916 I**, 168.

[12] E. W. Pierre: Amer. Dyestuff Rep. **17**, 684 (1928) — Chem. Zbl. **1929 I**, 707.

[13] J. Machida: J. Coll. agricult. Tokyo **9**, 119 (1927) — Chem. Zbl. **1927 II**, 2023.

[14] J. Machida: Proc. imp. Acad. Tokyo **2**, 421 (1926) — Chem. Zbl. **1927 I**, 3017.

[15] W. Wagner: Seide **36**, 328, 364 (1931) — Chem. Zbl. **1932 I**, 156.

Bestandteilen des Blutes. Die Fluorescenz beginnt erst mit der Entwicklung des Spinndrüsenapparates und ist nur bei gesunden Raupen zu finden[1].

Aus Debye-Scherrer-Aufnahmen an lebenden Raupen geht hervor, daß der krystalline Anteil des Seidenfibroins erst beim Festwerden auskrystallisiert. Der grundsätzliche Unterschied gegenüber der Bildung des Kunstseidefadens ist der, daß der Naturseidefaden den krystallinen Anteil ohne mechanische Behandlung zu bilden vermag[2].

Tryptophan wird von schwachen und kranken Tieren mehr produziert als von starken und gesunden Raupen[3].

Derivate: Bromderivate: Schüttelt man Seidenfibroin in 50proz. Lithiumbromidlösung mit einer Lösung von Brom in Chloroform, so erhält man 80% der angewandten Substanz in Form eines bromhaltigen flockigen Niederschlages, der sich weder durch Extraktionen noch durch Lösungsmittel fraktionieren läßt. Zusammensetzung:

Glykokoll	25 %
Alanin	26 %
Serin	2,1%
Tyrosin	6,8%.

(Das Tyrosin lag als Dibromtyrosináthylester vor.) Im Rückstand, d. h. in der vom Brom nichtausgefällten Substanz, wurde Glykokoll nachgewiesen, Alanin und Serin wahrscheinlich gemacht, Tyrosin nicht gefunden[4].

Jodderivate: Das Fibroin nimmt 12,7% Jod auf. Bringt man das jodierte Fibroin wieder in Lösung und fällt es dann aus, so erhält man Jodwerte, die zwischen 5,5 und 12,8% schwanken[5].

Nach K. A. Hofmann bindet jodsubstituierte Seide noch weitere Jodmengen in der Art eines Polyjodids, darüber hinaus wird noch Jod gelöst. Polyjodid-Jod und gelöstes Jod, deren Menge 0,186 g/g Seide beträgt, werden auch nach tagelangem Trocknen an der Luft nicht abgegeben[6].

Nitroderivat: Zur Darstellung werden 20 g gereinigter Seide mit 1000 ccm Salpetersäure vom spezifischen Gewicht 1,12 überschichtet. Die Ausbeute an wasserfreiem Produkt beträgt nach 12stündiger Einwirkung bei Zimmertemperatur 19,9 g, sinkt aber bei längerer Einwirkungsdauer. Der Körper zeigt einen N-Gehalt von 18%. Farbe: hellgoldgelb. Verhalten gegen einzelne Reagenzien (Gegensatz zum nativen Fibroin s. d.):

Millons Reagens	keine Färbung,
Biuretreaktion	wegen der Eigenfarbe der Lösung unsicher,
Ammoniak, Alkalicarbonat, 1proz. Natronlauge	unlöslich,
50proz. Kalilauge	heiß löslich unter geringer Ammoniakentwickl.
Essigester	unlöslich,
konz. Mineralsäuren	löslich,
Schweizers Reagenz	unlöslich,
Nickeloxyd in Ammoniak	unlöslich,
Erwärmen	Braunfärbung bei 240°, bei 300° fast schwarz[7].

Bei der Hydrolyse von Nitrofibroin mit Salzsäure bei 120—130° wird neben Glykokoll und Alanin (Estermethode) ein Nitrotyrosin gefunden, das die Nitrogruppe in Orthostellung zur Hydroxylgruppe enthält. Das Verhältnis Nitrotyrosin : Alanin : Glykokoll beträgt 1 : 1,7 : 4,4. Auch Oxalsäure konnte nachgewiesen werden[8, 9, 10]. Vgl. dazu aber [11].

$[\alpha]_D^{17°}$ des Nitrofibroins = —43,39 bis —44,10°[10].

[1] A. Policard u. A. Paillot: C. r. Acad. Sci. Paris **181**, 378 (1925) — Chem. Zbl. **1926 I**, 792.

[2] R. Brill: Naturwiss. **18**, 622 (1930) — Chem. Zbl. **1930 II**, 1466.

[3] S. Demianowski: Biochem. Z. **193**, 245 (1928) — Chem. Zbl. **1929 I**, 409.

[4] E. Abderhalden u. H. Mahn: Hoppe-Seylers Z. **178**, 253 (1928) — Chem. Zbl. **1929 I**, 89.

[5] T. Takahashi: J. Soc. chem. Ind. Jap. **31**, 42 (1928) — Chem. Zbl. **1928 II**, 951.

[6] K. A. Hofmann u. Mitarbeiter: Sitzgsber. preuß. Akad. Wiss., Physik.-math. Kl. **1931**, 536 — Chem. Zbl. **1932 I**, 1065.

[7] T. B. Johnson, A. J. Hill u. L. P. O'Hara: J. amer. chem. Soc. **37**, 2170 (1915) — Chem. Zbl. **1916 I**, 147.

[8] T. B. Johnson: J. amer. chem. Soc. **37**, 2598 (1915) — Chem. Zbl. **1916 I**, 469.

[9] T. B. Johnson: J. amer. chem. Soc. **37**, 1863 (1915) — Chem. Zbl. **1915 II**, 1008.

[10] T. B. Johnson u. A. I. Hill: J. amer. chem. Soc. **38**, 1392 (1916) — Chem. Zbl. **1917 I**, 586.

[11] Inouye: Hoppe-Seylers Z. **81**, 82 (1912) — Chem. Zbl. **1913 I**, 330.

Azoderivate: Zur Darstellung von Azoderivaten beläßt man das Fibroin unter Abschluß von Licht und Luft bei 10—12° 18—24 Stunden in einer Lösung von Natriumnitrit (4—5 g pro Liter plus 10—15 ccm Salzsäure), wäscht es schnell und taucht es im Dunkeln in die kalte Lösung des Phenols oder Amins, je nachdem in Gegenwart von Ammoniak, Natriumbicarbonat, Natriumacetat oder Säure. Die Kupplung geht oft sehr langsam vor sich, mit β-Naphthol z. B. in 12—24 Stunden, mit Resorcin schneller, mit manchen Komponenten gar nicht, so daß nur braune Zersetzungsprodukte der Diazoverbindungen erhalten werden. Bei völliger Kupplung erhält man kräftige Färbungen, die wasch- und seifenecht sind und in der Lichtfestigkeit den Färbungen mit Primulin gleichen. Mit α-Naphthylamin erhaltene Körper, sind nochmals diazotier- und kuppelbar. Aus Modellversuchen geht hervor, daß sich nur das Tyrosin an den Reaktionen beteiligt. Jedoch unterscheiden sich die mit Tyrosin gewonnenen Körper in wesentlichen Punkten von den mit Seide erhaltenen, so daß man von Fibroin- und nicht von Tyrosinfarbstoffen sprechen muß[1]. Es liegen o-Oxyazofarbstoffe vor, was auch durch die Fixierung von Metallsalzen bewiesen wird. Das Tyrosinmolekül bleibt im Proteinmolekül erhalten, spaltet aber bei der Diazotierung einen Teil der NH_2-Gruppe ab[1]. Seide nimmt eine 5,4% Tyrosin entsprechende Menge Diazoverbindung auf ($= \frac{1}{2}$ des Wertes von **Fürth** und **Fischer**)[2]. Durch Reduktion von diazotierter Seide erhält man Aminofibroin[3]. Vgl. auch unter Wolle und [4].

Aminofibroin: Das Aminofibroin erhält man durch Reduktion von nitrierter Seide oder durch Reduktion von diazotierter Seide (s. d.) am besten mit kochender Hydrosulfitlösung. Die Ausführung der Operationen muß im Dunkeln geschehen. Das Aminofibroin enthält ebensoviel N wie das native Fibroin. Das ist dadurch zu erklären, daß bei der Diazotierung eine Diazogruppe eingeführt und gleichzeitig das aliphatische NH_2 des Tyrosins teilweise gegen Hydroxyl ausgetauscht wird. Das Aminofibroin ist leicht diazotierbar und liefert mit Phenolen und Aminen dieselben Färbungen wie mit salpetriger Säure behandeltes Fibroin. Die Affinität des Aminofibroins für saure und substantive Farbstoffe ist nicht geändert, für basische Farbstoffe stark erhöht[2, 3, 5]. Vgl. auch [4].

Methylderivate: Methylierung mit Diazomethan[6].

Der Grenzwert für CH_3 am N beträgt nach sechsmaliger Behandlung mit Diazomethan 2,77%, jedoch steigt dabei die Zahl für OCH_3 von 4,22 auf 4,93%[7]. **Abderhalden** und **Brockmann** konnten zeigen, daß bei kürzerer Einwirkung von Diazomethan Methoxylwerte erhalten werden, die dem Gehalt an Tyrosin entsprechen, wenn man annimmt, daß Tyrosin völlig methoxyliert ist. Bei längerer Einwirkung steigt der Methoxylgehalt bis zu einem konstanten Werte an. Der Methylimidgehalt ist von der Dauer der Diazomethaneinwirkung fast unabhängig[8].

Bei der Methylierung des Seidenfibroins durch 10stündiges Kochen mit 1proz. methylalkoholischer Salzsäure erhält man 1,40% OCH_3, die Werte für CH_3 am N ähneln denen, die man bei der Methylierung mit Diazomethan erhält[7].

Benzoylfibroin: Zur Darstellung des Benzoylfibroins löst man Seidenfibroin in konzentrierter Lithiumbromidlösung, dialysiert und kuppelt die verdünnte Lösung in Gegenwart von Kaliumbicarbonat bei 18—20° mit in Äther gelöstem Benzoylchlorid innerhalb 4 Stunden unter starkem Turbinieren. Der weiße flockige Niederschlag wird abgesaugt und nacheinander mit Wasser, 10proz. Schwefelsäure, Wasser, Alkohol und Äther gewaschen, sehr fein pulverisiert und mit heißem Toluol extrahiert. Die Ausbeute des trockenen Präparates beträgt 90%. Es stellt ein farbloses amorphes Pulver dar und ist unlöslich in den gebräuchlichen Lösungsmitteln, auch in konzentrierter Lithiumbromidlösung. Es verliert im Vakuum von 1 mm Hg bei 138° keine Benzoesäure. Die **Millon**sche Reaktion ist negativ beim Erwärmen, wird aber

[1] A. Morel u. P. Sisley: Bull. Soc. chim. France **43**, 881 (1928) — Chem. Zbl. **1928 II**, 2016.

[2] P. Sisley, A. Simonnet u. J. P. Sisley: Bull. Soc. Chim. France **47**, 1389 (1930) — Chem. Zbl. **1931 I**, 1523.

[3] A. Morel u. P. Sisley: Bull. Soc. chim. France **41**, 1217 (1927) — Chem. Zbl. **1927 II**, 2765.

[4] H. J. Waterman u. J. Groot: Chem. Weekblad **25**, 18 (1928) — Chem. Zbl. **1928 I**, 1095.

[5] A. Morel u. P. Sisley: Bull. Soc. chim. France **43**, 881 (1928) — Chem. Zbl. **1928 II**, 2016 — Bull. Soc. chim. France **43**, 1132 (1928) — Chem. Zbl. **1929 I**, 248.

[6] J. Herzig u. K. Landsteiner: Biochem. Z. **61**, 458 (1914) — Chem. Zbl. **1914 I**, 2058.

[7] J. Herzig u. K. Landsteiner: Mh. Chemie **39**, 269 (1918) — Chem. Zbl. **1918 II**, 630.

[8] E. Abderhalden u. H. Brockmann: Biochem. Z. **226**, 209 (1930) — Chem. Zbl. **1930 II**, 3785.

nach 5 Minuten langer Behandlung mit n-Natronlauge bei Zimmertemperatur positiv. Der Benzoylgehalt beträgt im Mittel 10,13%. Wendet man zur Kupplung mindestens die doppelte Menge Benzoylchlorid an (70 g Säurechlorid auf 5 g Seidenfibroin), so erhält man Substanzen mit dem durchschnittlich höheren Benzoylgehalt von 13,45%[1]. (Über die Benzoylbestimmung vgl. auch [2,3].) Eine Fraktionierung der benzoylierten Produkte, die Rückschlüsse auf die Konstitution des Fibroins erlaubt, ist nicht möglich[1].

p-Chlorbenzoylfibroin und **p-Brombenzoylfibroin** zeigen analoges Verhalten wie das Benzoylfibroin (s. d.). Bei der Einwirkung von verdünntem Alkali auf das Benzoylderivat stellte sich heraus, daß die an den Aminogruppen sitzenden Benzoylreste schwerer abspaltbar sind als die mit Hydroxylgruppen verknüpften. Es kann so gezeigt werden, daß die Oxygruppen der Oxyaminosäuren im Fibroinmolekül unbesetzt sind[1]. — In einer neueren Arbeit wird die Benzoylierung des Seidenfibroins in Pyridin vorgenommen, wodurch ein höherer Gehalt an leicht abspaltbarem Benzoyl erreicht wird. Die Dauer der Benzoylierung ist ohne Einfluß auf den Benzoylgehalt des in bestimmter Weise gereinigten Fibroins, doch nimmt die Festigkeit der Faser ab. Tussahseide läßt sich auf den angegebenen Wegen nicht benzoylieren. Ihre Millonsche Reaktion und ihre Festigkeit bleiben erhalten[4].

Spinnenseide.

Bei der partiellen Hydrolyse von Spinnenseide konnten isoliert werden: Glycyl-l-tyrosinanhydrid, Glycyl-d-alaninanhydrid und, aus der Mutterlauge des letzteren, eine krystalline Verbindung, die Tyrosin und Glutaminsäure enthält[5].

Der Seidenfaden, den die Spinnen erzeugen, ist dem Seidenfibroin analog, aber weder morphologisch noch chemisch mit ihm identisch[6].

Die röntgenographische Untersuchung der Fäden der Madagaskarspinne zeigt, daß Spinnenseide und Raupenseide denselben krystallinen Bestandteil enthalten[7].

Protein aus den Eischalen des Seidenspinners.

Die Eischalen des Seidenspinners zeigen nach Reinigung folgende Zusammensetzung:

Glykokoll	13,72%
Alanin	3,80%
Valin	0,28%
Leucin	1,46%
Isoleucin	0,20%
Prolin	2,17%
Phenylalanin	0,69%
Asparaginsäure	0,37%
Glutaminsäure	4,16%
Serin	1,10%
Cystin	0
Tyrosin	11,19%
Arginin	0,19%
Histidin	vorh.
Lysin	0,39%[8]

[1] E. Abderhalden u. H. Brockmann: Biochem. Z. **211**, 395 (1929) — Chem. Zbl. **1929 II**, 2898.

[2] E. Abderhalden u. H. Brockmann: Fermentforschg **10**, 159 (1928) — Chem. Zbl. **1929 I**, 2314.

[3] E. Aberhdalden u. H. Brockmann: Biochem. Z. **225**, 386, 426 (1930) — Chem. Zbl. **1930 II**, 3781, 3784.

[4] E. Abderhalden u. H. Brockmann: Biochem. Z. **225**, 426 (1930); **226**, 209 (1930) — Chem. Zbl. **1930 II**, 3784; **1930 II**, 3785.

[5] E. Abderhalden: Hoppe-Seylers Z. **131**, 281 (1923) — Chem. Zbl. **1924 I**, 926.

[6] J. Millot: C. r. Soc. Biol. Paris **94**, 10 (1926) — Chem. Zbl. **1926 I**, 2856.

[7] R. O. Herzog u. W. Jancke: Hoppe-Seylers Z. **164**, 306 (1927) — Chem. Zbl. **1927 II**, 668.

[8] M. Tomita: Biochem. Z. **116**, 40 (1921) — Chem. Zbl. **1921 III**, 359.

Proteine aus der Puppe des Seidenspinners.

Gefunden wurden:

Glutaminsäure . . . . 4,17 %
Glykokoll . . . . 1,61 %
Leucin . . . . 2,47 %
Alanin. . . . . 0,78 %
Valin . . . . 0,95 %
Isoleucin. . . . . 1,71 %
l-Prolin . . . . 1,85 %
d, l-Prolin . . . . 0,40 %
Phenylalanin . . . . 1,21 %
d, l-Asparaginsäure . . . . 0,11 %
l-Asparaginsäure . . . . 0,26 %
Serin . . . . ?
Tyrosin . . . . 1,84 %
Cystin. . . . . 0,19 %
Tryptophan . . . . 1,20 %
Histidin. . . . . 0,07 %
Arginin . . . . 0,15 %
Lysin . . . . 0,02 % [1].

Kollagen.
(Vgl. auch Gelatine und Elastin.)

Zusammensetzung: Die Kollagenmicelle soll aus Glykokoll, Alanin, Prolinen, Leucin, Arginin, Lysin, Asparagin- und Glutaminsäure bestehen. Andere vorgefundene Aminosäuren sollen Verunreinigungen sein. Über Strukturprobleme vgl. [2].

Bei der Autoklavenspaltung von Sehnenkollagen mit 1proz. Salzsäure wurde aus der Amylalkoholfraktion eine neue Verbindung in Gestalt des Kupfersalzes einer Tetramintetraoxytetracarbonsäure isoliert [3]. Jedoch ist ihre Struktur nicht bewiesen, vgl. auch [4].

Kollagene aus verschiedenen Geweben haben nicht die gleiche Zusammensetzung. Auch scheint die N-Verteilung von der Vorbehandlung abhängig zu sein [5]. Vgl. dazu auch [6].

Über Unterschiede in der Zusammensetzung des Kollagens aus den Knochen männlicher und weiblicher Tiere [7].

Physikalisches und chemisches Verhalten: Über die Abhängigkeit der physikalischen Eigenschaften des Kollagens von der Vorbehandlung [5].

Das Molgewicht des Kollagens ergibt sich aus den Auswertungen der Röntgenaufnahmen zu etwa 700 [8].

Aus den Diffusionskoeffizienten einer polydispersen Kollagenlösung in m-Kresol errechnet sich das Molekulargewicht zu 2000 bis 2600 [9].

Weiteres über die Molgröße des Kollagens vgl. [10, 11, 12, 13].

[1] S. Wada: Acta Scholae med. Kioto **13**, 201 (1931) — Chem. Zbl. **1932 I**, 2912.

[2] W. Ssadikow: Collegium **1926**, 356 — Ledertechn. Rdsch. **18**, 203 (1926) — Chem. Zbl. **1927 I**, 391.

[3] W. Ssadikow: J. russ. phys.-chem. Ges. **58**, 775 (1926) — Chem. Zbl. **1927 I**, 471.

[4] W. Ssadikow: Biochem. Z. **150**, 361 (1924) — Chem. Zbl. **1924 II**, 1936.

[5] J. Knaggs: Biochemic. J. **23**, 1308 (1930) — Chem. Zbl. **1931 I**, 94.

[6] J. C. Kernot u. J. Knaggs: Proc. roy. Soc. Lond. B **105**, 280 (1929) — Chem. Zbl. **1930 II**, 153.

[7] T. Tadokoro: J. Fac. Sci. Hokkaido Imp. Univ. Serie III Chem. **1**, 1 (1930) — Chem. Zbl. **1932 I**, 1681.

[8] R. O. Herzog u. H. W. Gonell: Ber. dtsch. chem. Ges. **58**, 2228 (1925) — Chem. Zbl. **1926 I**, 304 — Collegium **1926**, 189 — Chem. Zbl. **1926 II**, 533. — R. O. Herzog u. W. Jancke: Ber. dtsch. chem. Ges. **59**, 2487 (1926) — Chem. Zbl. **1927 I**, 847.

[9] R. O. Herzog: Helvet. chim. Acta **11**, 529 (1928) — Chem. Zbl. **1928 II**, 163.

[10] O. Gerngroß: Z. angew. Chem. **41**, 221, 254 (1928) — Chem. Zbl. **1928 I**, 2478.

[11] R. O. Herzog: Z. angew. Chem. **41**, 426 (1928) — Chem. Zbl. **1928 I**, 3139.

[12] O. Gerngroß: Z. angew. Chem. **41**, 426 (1928) — Chem. Zbl. **1928 I**, 3139.

[13] J. H. Clark: Proc. nat. Acad. Sci. U.S.A. **14**, 526 (1928) — Chem. Zbl. **1929 I**, 409.

Über die isoelektrischen Punkte (?) des Kollagens vgl. [1, 2]. Verschiebung des isoelektrischen Punktes durch Enolase (?)[3].

Verhalten gegen Röntgenstrahlen und physikalischer Aufbau: Das Röntgendiagramm der Sehne vom Rattenschwanz ist nach Behandlung mit Trypsinlösung völlig identisch mit dem Röntgendiagramm von Fischschuppen. Ohne diese Behandlung erhält man infolge Gegenwart amorpher neben der krystallinen Substanz verschleierte Diagramme. Auf Grund der Röntgenbilder wird das Kollagen als identisch mit dem bisher als Elastin bezeichneten Körper angesehen[4, 5, 6]. Herzog schließt, daß am Aufbau aller untersuchten Gewebe die gleiche krystalline Substanz beteiligt ist, die Teilchengröße der Kollagenkryställchen beträgt etwa 90 Å. — Im Kollagen selbst scheinen 2 Körper zu existieren[7, 8].

Nach K. H. Meyer liegen in der gespannten Sehne parallel gelagerte Hauptvalenzketten vor, in der geschrumpften Sehne nicht. Im Kollagen ist ein einfacher Eiweißkörper vorhanden, der eine polymerhomologe Reihe aus 2 Aminosäureresten darstellt[9].

Das Röntgenspektrogramm von Kollagen ist gleich mit dem gedehnter Gelatine[10]. Aus den Ergebnissen der Röntgenuntersuchungen schließt Gerngroß, daß im Kollagen ähnlich wie in der Gelatine (s. dort) eine Aggregierung von Polypeptidketten vorliegt, die kleine Krystallitkerne mit langen losen „Fransen" bilden. Die Krystallite sind im Kollagen parallel orientiert, in ungedehnter Gelatine regellos verteilt. Der Zusammenhalt der Krystallite ist im Kollagen stärker als in Gelatine, woraus sich die Unterschiede zwischen beiden Körpern erklären[11]. Vgl. dazu auch [12].

Über die Röntgendiagramme der Kollagenfasern aus Fischhäuten[13].

Heringa kommt auf Grund röntgenologischer Untersuchungen zu folgenden Anschauungen über die Krystallographie des Kollagens: die kollagene Substanz muß zahlreiche longitudinale Spaltflächen besitzen. Die Spaltung tritt spontan auf bei allmählicher Dehydratisierung der Micellen, dabei erhalten die Spaltflächen im Zusammenhang mit der zugleich auftretenden Torsion ebenfalls einen tordierten Verlauf. Bei zunehmender Alterung der um ein Krystallisationszentrum sich anordnenden Micellen fällt die Masse von selbst in umeinander tordierte Fasern auseinander[14]. Weiteres über die Spiralfaserstruktur[15, 16]. — Kollagen und Gelatine sind nicht identisch[17].

Über den Feinbau der kollagenen Faser gibt Küntzel folgende Vorstellung: es ist eine konzentrische Schichtung der Fibrillen anzunehmen derart, daß die Mitte den schwächsten, die Randzone den stärksten Widerstand gegen Verdauung und Verleimung leistet. Die Fibrille ist aus stäbchenartigen, mit ihren Längsachsen in der Faserrichtung liegenden Micellen aufgebaut, die durch eine Kittsubstanz zusammengehalten werden; diese unterscheidet sich von der Micellarsubstanz in ihren chemischen Eigenschaften deutlich. — Mit gedehnter Gelatine (s. dort und oben „Verhalten gegen Röntgenstrahlen") ist Kollagen nur in bezug auf Anordnung der Micellen, nicht aber in Form und in chemischer Form der Micellen gleich[18].

Durch die Untersuchungen von Ettisch wird wahrscheinlich gemacht, daß bei der

[1] A. W. Thomas u. W. W. Kelly: J. amer. chem. Soc. **44**, 195 (1922) — Chem. Zbl. **1923 III**, 494.

[2] A. W. Thomas u. W. W. Kelly: J. amer. chem. Soc. **47**, 833 (1925) — Chem. Zbl. **1925 II**, 12.

[3] N. J. Gawrilow u. A. Simskaja: Biochem. Z. **238**, 44 (1931) — Chem. Zbl. **1932 I**, 169.

[4] R. O. Herzog u. H. W. Gonell: Ber. dtsch. chem. Ges. **58**, 2228 (1925) — Chem. Zbl. **1926 I**, 304.

[5] R. O. Herzog u. H. W. Gonell: Collegium **1926**, 189 — Chem. Zbl. **1926 II**, 533.

[6] R. O. Herzog: Helvet. chim. Acta **11**, 529 (1928) — Chem. Zbl. **1928 II**, 163.

[7] R. O. Herzog u. W. Jancke: Ber. dtsch. chem. Ges. **59**, 2487 (1926) — Chem. Zbl. **1927 I**, 847.

[8] R. O. Herzog u. W. Jancke: Z. physik. Chem. B **12**, 228 (1931) — Chem. Zbl. **1931 I**, 3574.

[9] K. H. Meyer: Biochem. Z. **214**, 253 (1929) — Chem. Zbl. **1930 I**, 2900.

[10] J. R. Katz u. O. Gerngroß: Naturwiss. **13**, 900 (1925) — Chem. Zbl. **1926 I**, 1125.

[11] W. Abitz, O. Gerngroß u. K. Herrmann: Naturwiss. **18**, 754 (1930) — Chem. Zbl. **1930 II**, 2787. — O. Gerngroß, K. Herrmann u. W. Abitz: Biochem. Z. **228**, 409 (1930) — J. R. Katz u. O. Gerngroß: Collegium **1931**, 67 — Chem. Zbl. **1931 I**, 3574.

[12] D. Straup: J. gen. Physiol. **14**, 643 (1931) — Chem. Zbl. **1931 II**, 2295.

[13] F. Halla u. R. Tandler: Z. physik. Chem. B **12**, 89 (1931) — Chem. Zbl. **1931 I**, 3574.

[14] G. C. Heringa u. H. A. Lohr: Versl. Akad. Wetensch. Amsterd., Wis- en natuurkd. Afd. **35**, 756 (1926) — Chem. Zbl. **1926 II**, 3025.

[15] G. C. Heringa u. M. Minnaert: Versl. Akad. Wetensch. Amsterd., Wis- en natuurkd. Afd. **35**, 763 (1926) — Chem. Zbl. **1926 II**, 3025.

[16] G. C. Heringa u. N. H. Kolkmeyer: Versl. Akad. Wetensch. Amsterdam, Wis- en natuurkd. Afd. **35**, 768 (1926) — Chem. Zbl. **1926 II**, 3025.

[17] G. C. Heringa u. H. R. Kruyt: Chem. Weekbl. **28**, 142 (1931) — Chem. Zbl. **1931 II**, 367.

[18] A. Küntzel: Collegium **1926**, 176 — Chem. Zbl. **1926 II**, 683.

Sehnenfaser mehrere parallel aneinanderliegende Molekellagen eine Elementarfibrille bilden. Für das interneurofibrilläre Bindegewebe wurde direkt nachgewiesen, daß die Faserstränge aus stäbchenförmigen Micellen aufgebaut sind, die sich in beständiger Brownscher Drehbewegung im wesentlichen um eine Achse befinden. Die kollagene Bindegewebsfaser muß eine Art permutoider Molekularstruktur besitzen, deren weitere Molekelanordnung sowohl in Gitterstruktur als auch regellos orientiert sein kann[1].

Nach Clark liegt das Kollagen in Sehnen und Haut in flüssig-krystallinem Zustande vor, wobei die Moleküle so geordnet sind, daß die Röntgenstrahlenreflektion an Ebenen mit einem Abstand von etwa 6,2 Å stattfindet (vgl. auch unten Theorien der Sehnenkontraktion)[2].

Auswertung der bisherigen Arbeiten über die röntgenographischen Untersuchungen von Kollagen[3].

Über die Umkehr der Doppelbrechung und daraus gezogene Schlüsse über den physikalischen Aufbau (Umkehrung der Doppelbrechung durch Gerbstoffe)[4]. Vgl. auch [5, 6]. Kritik der bisherigen Arbeiten[3].

Wie aus röntgenographischen Untersuchungen hervorgeht, liegt das Kollagen in Haut und Sehnen in flüssig-krystallinem Zustande vor. Beim Strecken einer lebenden Sehne geht ein Teil der flüssigen Krystalle in feste Krystallite über, wobei die Krystalleinheiten etwa halb so groß sind wie die Doppelmoleküle der ungedehnten Sehne (3,1 Å gegenüber 6,2 Å bei der ungedehnten Sehne). Durch das Strecken werden also Kollagenmoleküle depolymerisiert unter Bildung von Krystalliten im Gleichgewicht mit flüssigen Krystallen. Nach dem Trocknen bleiben nur Krystalle mit einem Abstand von 2,9—3,0 Å, die ungeordnet sind beim Trocknen ohne Spannung und die Faserstruktur aufweisen beim Trocknen mit Spannung. Der Übergang von flüssigen zu festen Krystallen ist wahrscheinlich auf Dehydratation zurückzuführen. Beim Beginn der Krystallisation sollen sehr starke Oberflächenenergien auftreten, so daß beim Dehnen von Sehnen Erhöhung der Kohäsion und des Dehnungswiderstandes auftritt, wodurch die Festigkeit des Fasergewebes erklärt wird[2].

Die thermische Umwandlung des Kollagens bei der Sehnenkontraktion ist nach Wöhlisch ein reversibler Vorgang nach Art der Reaktionen heterogener, vollständiger Gleichgewichte in kondensierten Systemen und kein irreversibler Prozeß der Eiweißkoagulation. Kollagen I geht durch Wärmeeinwirkung in ein Kollagen II über. Dieses Kollagen II befindet sich nach der Annahme von Wöhlisch unterhalb seines Umwandlungspunktes von etwa 59° in einem metastabilen Zustand. Die Umwandlung der beiden Kollagene ineinander ist abhängig von der Temperatur, dem allgemeinen Druck und der Längsspannung, so daß Steigerung des Druckes oder der Spannung den Umwandlungspunkt heraufsetzt. Die thermische Umwandlung des Kollagens ist eine endotherme Reaktion. Die thermische Sehnenkontraktion ist verschieden von der Verkürzung in kalten Säuren und Alkalien. Lockeres kollagenes Gewebe hat einen Umwandlungspunkt von 58,5—59°, während die Sehne eine Umwandlungsspanne von 57,5—75° aufweist[7]. Aus neueren Untersuchungen geht im Widerspruch mit den Befunden Quagliariellos[8] hervor, daß das erhaltene Kollagen II mit Gelatine identisch ist[9]. Vgl. auch [10] und über die Thermolabilität des Kollagens[11].

Kollagen als Komplexkoazervat von zwei oder mehr Stoffen aufgefaßt[12].

Für die Quellung des Kollagens in Salzen gilt — entgegen der Loebschen Auffassung — die Hofmeistersche Ionenreihe[13].

Über die Adsorption von Säuren durch die Haut und Bildung von Solvaten mit dem Hautkollagen [14, 15].

<hr>

[1] G. Ettisch u. A. Szegvari: Protoplasma (Berl.) **1**, 214 (1927) — Chem. Zbl. **1927 II**, 2065.

[2] J. H. Clark: Proc. nat. Acad. Sci. U.S.A. **14**, 526 (1928) — Chem. Zbl. **1929 I**, 409.

[3] R. Tandler: Collegium **1931**, 642 — Chem. Zbl. **1932 I**, 1040.

[4] A. Küntzel: Collegium **1926**, 176 — Chem. Zbl. **1926 II**, 683.

[5] A. Küntzel: Collegium **1925**, 623 — Chem. Zbl. **1926 I**, 3641.

[6] A. Küntzel: Collegium **1929**, 207 — Chem. Zbl. **1929 II**, 1118.

[7] E. Wöhlisch u. R. du Mesnil de Rochemont: Z. Biol. **85**, 406 (1927) — Chem. Zbl. **1927 I**, 2336.

[8] G. Quagliariello: Arch. di Sci. biol. **4**, 139 (1923).

[9] E. Wöhlisch: Biochem. Z. **247**, 329 (1932).

[10] E. Wöhlisch: Z. Biol. **85**, 379 (1926).

[11] A. W. Thomas u. M. W. Kelly: J. amer. chem. Soc. **47**, 833 (1925) — Chem. Zbl. **1925 II**, 12.

[12] G. C. Heringa u. H. R. Kruyt: Chem. Weekbl. **28**, 142 (1931) — Chem. Zbl. **1931 II**, 367.

[13] E. Stiasny u. W. Ackermann: Kolloidchem. Beih. **27**, 219 (1923) — Chem. Zbl. **1923 IV**, 429.

[14] P. Pawlow: Kolloid-Z. **40**, 73 (1926) — Chem. Zbl. **1926 II**, 2543.

[15] P. Pawlow u. G. Timochin: Kolloid-Z. **40**, 129 (1926) — Chem. Zbl. **1927 I**, 42.

Bei der Quellung des Kollagens in Mineralsäuren findet Verkürzung der Faser statt, die ein direktes Maß für die Quellung darstellt[1]. Setzt man die Stärke der Quellung zu der Normalität der Säuren in Beziehung, so findet man für Salzsäure, Salpetersäure und Schwefelsäure keinen maximalen Quellungspunkt, sondern ein sich über einen ziemlich weiten Konzentrationsbereich hinziehendes Maximum. Besonders charakteristisch ist der Abfall der maximalen Quellung zum ungequollenen Zustand, wenn sich bei Konzentrationsverringerung die Normalität der Lösung dem Werte 0,0001 nähert. (Theoretisches über die Quellungsvorgänge.)[2]

Quellung in Milchsäure, Essigsäure, Salzsäure und Schwefelsäure verglichen mit der Gelatinequellung[3].

Quellung der kollagenen Faser in Lösungen oberflächenaktiver Stoffe[4].

Knaggs schließt auf Grund sehr reichhaltiger experimenteller Daten, daß bei der Quellung des Kollagens in verdünnten Säuren und Laugen Änderungen der inneren Struktur und Spaltungen von Ringen auftreten, wodurch wasserbindende Gruppen frei werden[5].

Verschiedenes Verhalten der Kollagene A und B bei der Quellung. B scheint ein Abbauprodukt des ursprünglichen Kollagens zu sein[6]. (Vgl. dazu [7,8,9].)

Über Säurebindung und Quellung[10].

Über die Quellung und Entquellung der kollagenen Bestandteile des Nabelstranggewebes und des Unterhautbindegewebes in Säuren bzw. Alkalien und über Veränderungen in diesem Verhalten bei verschiedenen Krankheitszuständen[11].

Mit Ausnahme der Sehnen des Rattenschwanzes sind alle Sehnen der Säugetiere in Essigsäure und in Mineralsäuren unlöslich[7].

Über die Koagulation von Kollagen durch Neutralsalze[8]. — Über Kollagenkuchen und -gallerte[9].

Nach Loiseleur ist die Flockung eines Kollagensols durch Kochsalz irreversibel. In Gemischen von Kollagensolen mit $AgNO_3$, $AuCl_3$ oder K_2PtCl_6 geht mit der Flockung Reduktion des Metallsalzes einher[12].

Kollagen läßt sich in Kresol mechanisch dispergieren. Die Lösung ist mehr oder weniger polydispers, der Dispersitätsgrad ist auch bei tiefen Temperaturen von Temperatur und Zeit stark abhängig[13].

Über die hydrophilen Eigenschaften des Kollagens und Gerbung[14].

Farbreaktionen: Die Ninhydrinreaktion ist negativ, eine Tatsache, die auf das Vorhandensein cyclischer Strukturen zurückzuführen ist[15].

Hydrolyse: Bei der Druckhydrolyse von Kollagen wird mehr Ammoniak abgespalten als bei der hydrolytischen Spaltung von Gelatine[16].

Über die Isolierung von Anhydridringen, bestehend aus Phenylalanin und Prolin bzw. Glykokoll[16].

Bei der Fraktionierung der Produkte, die man bei der katalytischen Spaltung von Sehnenkollagen mit 1proz. Salzsäure bei 150° erhält, gewinnt man Produkte, deren N-Gehalt niedriger liegt als für Diketopiperazine aus Aminosäuren oder Polypeptiden zu erwarten wäre[17]. (Siehe hier über die einzelnen Fraktionen.)

[1] A. Küntzel: Collegium **1926**, 176 — Chem. Zbl. **1926 II**, 683.

[2] A. Küntzel: Kolloid-Z. **40**, 264 (1926) — Chem. Zbl. **1927 I**, 407.

[3] W. B. Pleass u. J. Lloyd: Biochemic. J. **23**, 358 (1930) — Chem. Zbl. **1930 I**, 1479.

[4] A. v. Kuthy: Biochem. Z. **244**, 342 (1932) — Chem. Zbl. **1932 I**, 2696.

[5] J. Knaggs: Biochemic. J. **23**, 1308 (1930) — Chem. Zbl. **1931 I**, 94. — Vgl. dazu auch J. C. Kernot u. J. Knaggs: Proc. roy. Soc. Lond. B **105**, 280 (1929) — Chem. Zbl. **1930 I**, 153.

[6] J. Nageotte: C. r. Soc. Biol. Paris **104**, 156 (1930) — Chem. Zbl. **1931 II**, 1155.

[7] J. Nageotte: C. r. Soc. Biol. Paris **98**, 15 (1928) — Chem. Zbl. **1928 I**, 2952.

[8] J. Nageotte: C. r. Soc. Biol. Paris **96**, 828 (1927) — Chem. Zbl. **1927 II**, 29.

[9] J. Nageotte: C. r. Soc. Biol. Paris **97**, 559 (1927) — Chem. Zbl. **1927 II**, 1485.

[10] A. Lottermoser u. T. Tacheci: Kolloid-Z. **57**, 56 (1931) — Chem. Zbl. **1932 I**, 1210.

[11] A. Schoch: Arch. f. Dermat. **149**, 323 (1925) — Chem. Zbl. **1926 I**, 146.

[12] J. Loiseleur: C. r. Soc. Biol. Paris **102**, 738 (1929) — Chem. Zbl. **1930 I**, 2066.

[13] R. O. Herzog: Z. angew. Chem. **41**, 426 (1928) — Chem. Zbl. **1928 I**, 3139 — Helvet. chim. Acta **11**, 529 (1928) — Chem. Zbl. **1928 II**, 163.

[14] L. Meunier u. K. Le Viet: C. r. Acad. Sci. Paris **189**, 911 (1929) — Chem. Zbl. **1930 I**, 1912.

[15] W. Ssadikow: Collegium **1926**, 356 — Ledertechn. Rdsch. **18**, 203 (1926) — Chem. Zbl. **1927 I**, 391.

[16] N. J. Gawrilow u. E. Stachejewa: Biochem. Z. **238**, 53 (1931) — Chem. Zbl. **1932 I**, 1039.

[17] W. S. Ssadikow: Biochem. Z. **150**, 365 (1924) — Chem. Zbl. **1924 II**, 1936.

Über den Vorgang der Gelatinebildung aus dem Kollagen s. unter „Gelatine, Darstellung".

Weiteres über die Chemie der Haut: isoelektrischer Punkt und Ionentheorie zur Erklärung der Gerbvorgänge[1].

Die wissenschaftlichen Grundlagen der Lederfabrikation [2, 3].

Chemischer Aufbau der Haut[4].

Verhalten gegen Fermente: Die verschiedenen natürlichen Kollagene weisen eine verschiedene Wasser- und Fermentresistenz auf: es handelt sich um verschiedene biologische Hydratationszustände; auch chemische und fermentative Vorbehandlung liefert solche verschiedene „Hydrokollagene".

Reine Tryptase, die frei ist von Kollagenase, greift das Kollagen in sodaalkalischer Lösung nicht an, weil voraussichtlich cyclische Strukturen die Einwirkung verhindern[5, 6]. Vgl. auch [7]. — Einwirkung von Pankreatin in Abwesenheit von Neutralsalzen und Puffersubstanzen und technischer Beizvorgang[8]. Kritik der Arbeit und über den Einfluß der Temperatur beim Kollagenabbau durch Pankreatin[9]. Vgl. dazu weiter [10]. — Über Verschiebung des isoelektrischen Punktes durch Trypsin[11]. Kollagen wird in saurer (?) oder alkalischer Lösung nur in Gegenwart von Enterokinase schnell verdaut[12].

Kinase allein baut Kollagen in alkalischer Lösung langsam ab, in saurer erfolgt Leimbildung[12].

Über den Einfluß von Salzen auf den Trypsinabbau des Kollagens[13, 14].

Peptase, die frei ist von α-Glutinase, löst Kollagen in saurer Lösung unter Bildung von glutinierenden peptonartigen Stoffen[6].

Kollagenase: Aus Pankreas läßt sich eine Kollagenase isolieren, die in sodaalkalischer Lösung Kollagen verdaut, in saurer Lösung glutiniert. Auch aus Pepsinpräparaten kann man eine Kollagenase erhalten.

Behandlung des Kollagens mit Trinitrophenol beeinflußt die Einwirkung von Kollagenase nicht (im Gegensatz zum Verhalten gegen Pepsin und Pankreatin). Nitrotoluol und Trinitrotoluol haben keinen Einfluß auf die Wirkung der Kollagenase. — Formaldehyd macht Kollagen unangreifbar durch Kollagenase (und Pankreatin); Anisaldehyd, β-Naphthalinsulfochlorid, Phenol und Resorcin beeinflussen den Ablauf der Fermentreaktion nicht. — Nitriertes Kollagen wird in sodaalkalischer Lösung teilweise, in neutraler Lösung nicht verdaut. Ssadikow hält die Kollagenase für ein Ferment peptischer Art[6, 12, 15].

α-Glutinase verwandelt Kollagen in saurer Lösung in gallertartiges Glutin, das gegen Säurewirkung und weiteren Abbau durch α-Glutinase resistent ist (wahrscheinlich kondensierende Wirkung)[6].

β-Glutinase verwandelt Kollagen in sodaalkalischer Lösung in eine Gallerte, die gegen Soda- und Glutinasewirkung resistent ist. Die Glutinasen sollen die primären Produkte der Hydratation des Kollagens vor weiteren hydrolytischen Umwandlungen schützen[6].

Die proteolytischen Fermente der Schmeißfliege (Lucilia sericata) verdauen Kollagen optimal bei p_H 8,5 [16].

---

[1] T. Blackadder: J. amer. Leather chem. Assoc. **18**, 5 (1923) — Chem. Zbl. **1923 II**, 821.

[2] W. Moeller: Z. Leder- u. Gerbereichem. **1**, 188 (1922) — Chem. Zbl. **1922 IV**, 723 — Z. Leder- u. Gerbereichem. **1**, 232, 286, 308, 335 (1922) — Chem. Zbl. **1923 II**, 372.

[3] M. Kaye u. D. J. Lloyd: Biochemic. J. **18**, 1043 (1924) — Chem. Zbl. **1925 I**, 401.

[4] M. Bergmann: Gerber **51**, 13 (1925) — Chem. Zbl. **1925 I**, 2134.

[5] W. Ssadikow: Collegium **1926**, 356 — Ledertechn. Rdsch. **18**, 203 (1926) — Chem. Zbl. **1927 I**, 391.

[6] W. Ssadikow: Collegium **1926**, 512 — Chem. Zbl. **1927 I**, 2384.

[7] A. W. Thomas u. F. L. Seymour-Jones: J. amer. chem. Soc. **45**, 1515 (1923) — Chem. Zbl. **1923 III**, 563.

[8] A. Küntzel u. O. Dietsche: Biochem. Z. **231**, 423, 435 (1931) — Chem. Zbl. **1931 I**, 2633 — Collegium **1931**, 136, 146 — Chem. Zbl. **1931 II**, 585.

[9] F. Stather u. H. Machon: Biochem. Z. **239**, 430 (1931) — Chem. Zbl. **1932 I**, 831.

[10] R. Marriott: J. Int. Soc. Leather Trades' Chemists **16**, 6 (1932) — Chem. Zbl. **1932 I**, 1611. — Hide and Leather **83**, Nr 7, 15 (1932) — Chem. Zbl. **1932 I**, 2800. — M. Bergmann u. G. Pojarlieff: Biochem. Z. **249**, 1 (1932).

[11] V. J. Gawrilow u. A. Simskaja: Biochem. Z. **238**, 44 (1931).

[12] W. Ssadikow: Biochem. Z. **181**, 267 (1927) — Chem. Zbl. **1927 I**, 2837.

[13] E. Stiasny u. W. Ackermann: Kolloidchem. Beih. **27**, 219 (1923) — Chem. Zbl. **1923 IV**, 429.

[14] A. Küntzel u. O. Dietsche: Collegium **1931**, 136, 146, 155 — Chem. Zbl. **1931 II**, 585.

[15] W. Ssadikow: Trans. State Inst. appl. Chem., Moskau **6**, 89 (1927) — Chem. Zbl. **1928 I**, 1130.

[16] R. P. Hobson: Biochemic. J. **25**, 1458 (1931) — Chem. Zbl. **1932 I**, 2336.

Papayotin löst Kollagen in neutraler Lösung bei 80° zu Aminosäuren[1].

Über den Einfluß der proteolytischen Fermente des Eierschwamms, Cantharellus cibarius, auf Kollagen bei verschiedener Wasserstoffionenkonzentration[2].

Physiologisches: Das durch verdünnte Essigsäure in Lösung gebrachte Kollagen der Rattenschwanzsehne zeigt beim Kaninchen Antigeneigenschaften, die durch Einwirkung von Hitze und von Radiumemanation abgeschwächt werden können[3].

Gehalt des Kalbfleisches an Kollagen in Abhängigkeit von Alter und Geschlecht der Tiere[4].

Gelatine.
(Vgl. auch Kollagen und Elastin.)

Darstellung: Zur Darstellung von Gelatine vgl. folgende Arbeiten: Über Reinigungsmethoden[5].

Über die thermische Umwandlung des Kollagens siehe Wöhlisch unter Kollagen.

Die Dynamik der Bildung von Gelatine aus dem Ossein[6]. Der Vorgang der Gelatinierung besteht in einer Hydrolyse der enolanhydrischen Verkettung, Aufspaltung eines zugrunde liegenden micellaren vorläufig noch hypothetischen Rings, der von Aminosäuren gebildet wird:

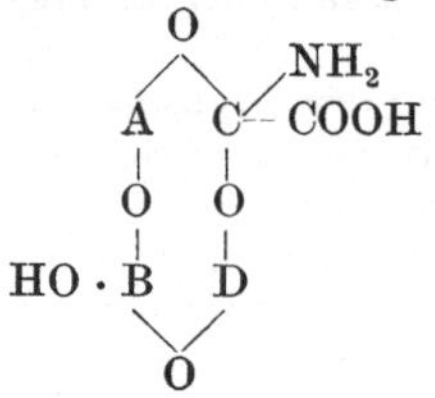

$$
\begin{array}{c}
O \\
/ \ \quad \diagdown NH_2 \\
A \quad\ C\!-\!COOH \\
|\qquad | \\
O\qquad O \\
|\qquad | \\
HO\cdot B\quad\ D \\
\diagdown\ / \\
O
\end{array}
$$

und Verkettung voneinander getrennter Glieder zu hochmolekularen Aggregaten. Demnach wäre Kollagen einfacher gebaut als Glutin[7]. Vgl. auch über den Vorgang der Gelatineherstellung aus Kollagen, die Darstellung von Bogue, nach der Gelatine ein chemisches, kein physikalisches Polymerisationsprodukt des Kollagens sein soll[8].

Über technische Prozesse[9,10].

Aschefreie Gelatine erhält man, indem man das Ausgangsmaterial auf den isoelektrischen Punkt bringt und mit genügend kaltem Wasser wäscht, da sich beim isoelektrischen Punkt weder Verbindungen mit Anionen noch mit Kationen bilden[11,12]. — Vgl. dazu aber [13].

Über die Reinigung von Gelatine durch Ausflockung im elektrischen Felde[14,15,16]. — Kritik älterer Methoden[14].

Analytisches: Bestimmung von anorganischen Verunreinigungen[17] und Analyse von Gelatineaschen[18].

Quantitative Bestimmung von Gelatine[19].

[1] W. Ssadikow: Collegium **1926**, 512 — Chem. Zbl. **1927 I**, 2384.

[2] J. Bareš: Chemické Listy **21**, 202 (1927) — Chem. Zbl. **1927 II**, 1353.

[3] J. Loiseleur u. A. Urbain: C. r. Soc. Biol. Paris **103**, 776 (1930) — Chem. Zbl. **1930 II**, 80.

[4] H. H. Mitchell, T. S. Hamilton u. W. T. Haines: J. Nutrit. **1**, 165 (1928) — Chem. Zbl. **1930 II**, 1715.

[5] H. M. Field: J. amer. chem. Soc. **43**, 667 (1921) — Chem. Zbl. **1921 I**, 1001.

[6] A. B. Manning u. S. B. Schryver: Biochemic. J. **15**, 523 (1921) — Chem. Zbl. **1921 III**, 1288.

[7] W. Ssadikow: Collegium **1926**, 356 — Ledertechn. Rdsch. **18**, 203 (1926) — Chem. Zbl. **1927 I**, 391.

[8] R. H. Bogue: Ind. a. Eng. Chem. **15**, 1154 (1923) — Chem. Zbl. **1924 I**, 1731.

[9] R. H. Bogue: J. Franklin Inst. **193**, 795 (1922) — Chem. Zbl. **1922 IV**, 954 — J. Franklin Inst. **194**, 75 (1922) — Chem. Zbl. **1922 IV**, 714 — J. Ind. a. Engin. Chem. **14**, 795 (1922) — Chem. Zbl. **1922 IV**, 954.

[10] O. Gerngroß: Z. angew. Chem. **38**, 85 (1925) — Chem. Zbl. **1925 I**, 2135.

[11] J. Loeb: J. gen. Physiol. **1**, 237 (1918) — Chem. Zbl. **1920 III**, 417 — J. amer. chem. Soc. **44**, 213 (1922) — Chem. Zbl. **1923 III**, 494.

[12] J. H. Northrop u. M. Kunitz: J. gen. Physiol. **11**, 477 (1928) — Chem. Zbl. **1928 II**, 1673.

[13] C. Dhéré: Ann. de Physiol. **2**, 95 (1926) — Chem. Zbl. **1927 I**, 2046 — Ber. Physiol. **37**, 737.

[14] J. Knaggs, A. B. Manning u. S. B. Schryver: Biochemic. J. **17**, 473 (1923) — Chem. Zbl. **1924 I**, 487.

[15] J. Knaggs u. S. B. Schryver: Biochemic. J. **18**, 1079 (1924) — Chem. Zbl. **1925 I**, 232.

[16] A. B. Manning: Biochemic. J. **18**, 1085 (1924) — Chem. Zbl. **1925 I**, 232.

[17] S. R. Trotman u. R. W. Sutton: Analys. **49**, 271 (1924) — Chem. Zbl. **1924 II**, 1148.

[18] E. Cattelain: J. Pharmacie **29**, 414 (1924) — Chem. Zbl. **1924 II**, 1148.

[19] E. Lenk: Biochem. Z. **177**, 434 (1926) — Chem. Zbl. **1927 I**, 220.

Zusammensetzung: Die Zusammensetzung von Gelatine scheint stark von der Vorbehandlung abhängig zu sein. Elektrodialytisch gereinigte Gelatine enthält in der Anodenflüssigkeit eine Fraktion mit geringem Diamino-N-Gehalt; der durch die Membran zur Kathode diffundierende Anteil wird in einfachere Produkte zerlegt. Die Menge dieser Fraktionen ist gering im Verhältnis zur ausgeflockten Gelatine. Wiederholte Ausflockung aus 1 proz. Lösung im elektrischen Felde ändert den Diamino-N-Gehalt der Gelatine nicht, läßt aber den Monoamino-N allmählich bis zu einem Maximum von etwa 20% ansteigen. Auch die Hausmann-Zahlen wechseln mit der Vorbehandlung. Säurevorbehandlung erniedrigt den Diamino-N mehr als Alkalivorbehandlung. Die Unterschiede werden durch tautomere Verschiebungen erklärt[1]. Wird die Elektrolyse und Flockung mit der Gelatine als Kation durchgeführt, so erhält man sehr wenig N in der über der ausgeflockten Gallerte stehenden Flüssigkeit; liegt die Gelatine als Anion vor, so findet Fraktionierung in 2 hochmolekulare Proteine statt: eine unlösliche Gelatine und eine lösliche „Anagelatine"[2]. In Anlehnung an diese Arbeiten fand Sheppard ein hitzekoagulables Protein (ca. 1%), das den Albuminen ähnelt. Besonders sein Schwefelgehalt ist höher als der von Gelatine; sein isoelektrischer Punkt liegt bei $p_H = 4,0$ [3]. Vgl. dazu auch [4].

Die Hydrolyse einer durch Ausflockung gereinigten Gelatine nach Erhitzen mit Wasser ergibt Zunahme des Nicht-Amino-N, wahrscheinlich infolge Bildung stabiler Ringverbindungen. — Gelatine wird nicht als einheitlicher Eiweißkörper angesehen[5, 6, 7]. Allerdings konnte Daft diese Befunde nicht bestätigen[8].

Bei 24stündigem Stehen von Gelatine mit verdünnten Salzsäuren von $1/_{70}-8,8$ n steigt der Diamino-N von 17,7% auf ein Maximum von etwa 23% bei einer Salzsäurekonzentration von 2—3,5 n-HCl; bei höheren Konzentrationen erfolgt Rückgang des Wertes. Auch unter dem Einfluß der Natronlauge steigen die Diamino-N-Zahlen[9].

Über die Methodik der Bestimmung des Diamino-Stickstoffs vgl. [10].

Über die Hausmann-Zahlen vgl. [1, 11].

Sauerstoffgehalt: Über den Sauerstoffgehalt der Gelatine macht Stary folgende Angaben: Während die Elementaranalyse C = 50,01%, H = 6,83%, N = 17,99%, S + O = 25,17% ergibt, errechnet sich aus den isolierten Aminosäuren C = 51,20%, H = 6,77%, N = 20,00%, S + O = 22,10%, für den verbleibenden unbekannten Anteil C = 46,30%, H = 7,05%, N = 12,00%, S + O = 34,54%. Nach der Hydrolyse mit Salzsäure ergibt sich für chlorfreie Substanz C = 42,4%, H = 8,02%, N = 15,5%, S + O = 34,1%, für die bekannten Aminosäuren C = 42,1%, H = 7,40%, N = 16,9%, S + O = 34,4%. Der Sauerstoffüberschuß des unbekannten Anteils in der Gelatine ist also während der Hydrolyse verlorengegangen. Die sauerstoffhaltigen Reste sind nicht in Kohlehydraten oder unbekannten Oxyaminosäuren zu suchen, ebensowenig im Kohlendioxyd. Stary denkt an eine besondere chemische Bindung des Wassers im Gelatinemolekül[12].

Der freie Amino-N der Gelatine beträgt 3,1% vom Gesamt-N[13].

Rest-N nach Ausfällung mit Phosphormolybdänsäure[14].

Der Aminosäuregehalt beträgt für:

---

[1] J. Knaggs u. S. B. Schryver: Biochemic. J. **18**, 1095 (1924) — Chem. Zbl. **1925 I**, 233. — J. Knaggs: Biochemic. J. **23**, 1308 (1930) — Chem. Zbl. **1931 I**, 94.

[2] S. B. Schryver u. K. V. Thimann: Biochemic. J. **21**, 1284 (1927) — Chem. Zbl. **1928 II**, 1780.

[3] S. E. Sheppard, J. H. Hudson u. R. C. Houck: J. amer. chem. Soc. **53**, 760 (1931) — Chem. Zbl. **1931 I**, 2566.

[4] D. Straup: J. gen. Physiol. **14**, 643 (1931) — Chem. Zbl. **1931 II**, 2294.

[5] J. Knaggs u. S. B. Schryver: Biochemic. J. **18**, 1102 (1924) — Chem. Zbl. **1925 I**, 233.

[6] S. B. Schryver u. K. V. Thimann: Biochemic. J. **21**, 1284 (1927) — Chem. Zbl. **1928 II**, 1780.

[7] S. B. Schryver u. H. W. Buston: Proc. roy. Soc. Lond. B **101**, 519 (1927) — Chem. Zbl. **1927 II**, 1708.

[8] F. S. Daft: Biochemic. J. **23**, 149 (1929) — Chem. Zbl. **1929 II**, 1165 — C. r. Lab. Carlsberg **17**, Nr 12, 1 (1928) — Chem. Zbl. **1929 II**, 2898.

[9] B. Thornley: Biochemic. J. **21**, 1302 (1927) — Chem. Zbl. **1928 II**, 1780.

[10] K. V. Thimann: Biochemic. J. **24**, 357 (1930) — Chem. Zbl. **1930 II**, 1557 — Biochemic. J. **24**, 368 (1930) — Chem. Zbl. **1930 II**, 3162.

[11] K. V. Thimann: Biochemic. J. **20**, 1190 (1926) — Chem. Zbl. **1927 I**, 2581.

[12] Z. Stary: Hoppe-Seylers Z. **186**, 137 (1930) — Chem. Zbl. **1930 I**, 2260.

[13] van Slyke u. Birchard: J. of biol. Chem. **16**, 539 (1913) — Chem. Zbl. **1914 I**, 1192.

[14] T. v. Fellenberg: Mitt. Lebensmittelunters. **18**, 335 (1927) — Chem. Zbl. **1928 I**, 782.

Glykokoll	25,5% (vgl. dazu [1])
Alanin	8,7%
Leucin	7,1%
Serin	0,4%
Phenylalanin	1,4%
Tyrosin	0,01%
Prolin	9,5%
Oxyprolin	14,1%
Asparaginsäure	3,4%
Glutaminsäure	5,8%
Histidin	0,9%
Arginin	8,2%
Lysin	5,9%
NH_3	0,4%

Serin ist wahrscheinlich in größerer Menge vorhanden (vielleicht auch verwandte Substanzen), da seine Abtrennung von Oxyprolin nicht vollständig gelang[2].

Die Carbamatmethode liefert bei 900 g Gelatine vom Gesamt-N als

Glykokoll	18,2%
Glutaminsäure	3,2%
Asparaginsäure	5,6%
Prolin	14,8%
Oxyprolin	11,25%

bei Anwendung von 10 g Gelatine:

Glykokoll	17,44%
Asparaginsäure plus Humin	4,49%
Dicarbonsäuren außer der Asparaginsäure der vorigen Fraktion	6,50%
Leucin plus Serin plus Oxyprolin plus Alanin	17,26%
Prolin	12,06%
Diaminosäuren	26,67%
Nichtcarbamatfraktion	6.93%[3]

Der Cystingehalt der Gelatine durch Titration mit Jodatlösung wird zu 0,04% gefunden[4,5]. — Blankenstein gibt Spuren Cystin an[6].

Es sollen sich in der Gelatine nichtdefinierte S-Verbindungen befinden[2]. — Der S-Gehalt der Gelatine, der 1,5% beträgt, ist nach Rakusin lediglich auf Chondroitin-Schwefelsäure zurückzuführen[7].

Über die Bestimmung von „gegen Silber labilem S"[8].

Der Arginingehalt wird mit der Bergmannschen Methode der Benzylidenverbindungen zu 6,43% d-Arginin gefunden. Andere Versuche ergaben 2,95—4,43 g Arginin aus 100 g Gelatine[1]. — Mit der Flaviansäuremethode findet man 9%[9]. Vgl. dazu [10].

Zur präparativen Gewinnung des Arginins vgl. [11]. — Nach Pratt erhält man durch Überführung des Arginins in die Dinitronaphtholsulfonsäureverbindung, Zersetzen mit

[1] M. Bergmann u. L. Zervas: Hoppe-Seylers Z. **152**, 282 (1926) — Chem. Zbl. **1926 I**, 3060.

[2] H. D. Dakin: J. of biol. Chem. **44**, 499 (1920) — Chem. Zbl. **1921 I**, 454.

[3] H. L. Kingston u. S. B. Schryver: Biochemic. J. **18**, 1070 (1924) — Chem. Zbl. **1925 I**, 231.

[4] Y. Terruuchi u. L. Okabe: J. of Biochem. **8**, 459 (1928) — Chem. Zbl. **1928 I**, 2850.

[5] Y. Okuda u. T. Kobayashi: Bull. Agricult. chem. Soc. Japan **5**, 65 (1929) — Chem. Zbl. **1930 II**, 1213.

[6] A. Blankenstein: Biochem. Z. **218**, 321 (1930) — Chem. Zbl. **1930 I**, 3087.

[7] M. A. Rakusin: Chem.-Ztg. **48**, 249 (1924) — Chem. Zbl. **1924 II**, 412.

[8] S. E. Sheppard u. J. H. Hudson: Ind. Engin. chem. Analyt. Edit. **2**, 73 (1930) — Chem. Zbl. **1930 I**, 3469.

[9] O. Fürth u. O. Deutschberger: Biochem. Z. **186**, 139 (1927) — Chem. Zbl. **1927 II**, 1483.

[10] S. B. Schryver u. H. W. Buston: Proc. roy. Soc. Lond. B **101**, 519 (1927) — Chem. Zbl. **1927 II**, 1708.

[11] H. B. Vickery u. C. S. Leavenworth: J. of biol. Chem. **75**, 115 (1927) — Chem. Zbl. **1928 I**, 800.

Baryt und Umwandlung in Carbonat aus 500 g Gelatine 35—40 g Arginincarbonat[1]. Vgl. auch [2].

Der Lysingehalt, durch die Benzylidenverbindung bestimmt, beträgt 3,48 % als Lysindichlorid berechnet[3]. Vgl. auch [4].

Gewinnung von d,l-Lysin[5].

Abtrennung der Hexonbasen durch Elektrolyse[6].

Über die Auffindung einer neuen „Base" in dem Phosphorwolframsäureniederschlag[7]. Tyrosingehalt 0,25 %[8].

Histidingehalt 0,53 %[8]. Vgl. dazu [9, 10, 11].

Prolin- und Oxyprolingehalt: aus 200 g Gelatine gewinnt man mit der Reinecke-Säure 8 g l-Prolin und etwa 14 g l-Oxyprolin[12].

Mit der Bergmannschen Methode gewinnt man 4,5 g l-Prolin und 2,6 g d,l-Prolin aus 100 g Gelatine[3]. Vgl. dazu auch [13].

Gewinnung von l-Oxyprolin (18—20 g aus 1 kg)[14].

Über die Abtrennung der Aminodicarbonsäuren durch den elektrischen Strom[15].

Vgl. auch über die Ermittlung der Bausteine durch acidimetrische Untersuchungen[16].

Diketopiperazine: Bei der Reduktion von Gelatine gewinnt man 2 Piperazine, deren eines aus dem Diketopiperazin von Glycin und Oxyprolin, deren anderes aus dem vom Prolin und Leucin stammt. Ob diese Diketopiperazine in der Gelatine vorgebildet sind, ist nicht entschieden[17]. Allerdings glauben andere, daß l-Prolylglycinanhydrid und l-Leucylglycinanhydrid in der Gelatine vorkommen[18].

Leucinanhydrid: bei der Autoklavenhydrolyse 0,04 %[19].

γ-Oxyprolylprolinanhydrid $C_{10}H_{14}O_3N_2$[20].

Über Beweise für das Vorkommen von Diketopiperazinen in der Gelatine auf Grund des Ablaufs der Hydrolyse mit Säuren und Alkalien und des Verhaltens der optischen Drehung[21, 22].

Durch die Extraktion mit 95proz. Alkohol, Behandlung mit Aluminiumhydroxyd und Fällung mit Bariumchlorid erhält Rakusin folgende Fraktionen bei Handelsgelatine:

---

[1] A. E. Pratt: J. of biol. Chem. **67**, 351 (1926) — Chem. Zbl. **1926 I**, 3397.

[2] G. L. Foster u. C. L. A. Schmidt: J. amer. chem. Soc. **48**, 1709 (1926) — Chem. Zbl. **1926 II**, 899.

[3] M. Bergmann u. L. Zervas: Hoppe-Seylers Z. **152**, 282 (1926) — Chem Zbl. **1926 I**, 3060.

[4] G. L. Foster: J. amer. chem. Soc. **48**, 1709 (1926) — Chem. Zbl. **1926 II**, 899.

[5] S. B. Schryver u. H. W. Buston: Proc. roy. Soc. Lond. B **101**, 519 (1927) — Chem. Zbl. **1927 II**, 1708.

[6] G. L. Foster u. C. L. A. Schmidt: J. of biol. Chem. **56**, 545 (1923) — Chem. Zbl. **1923 III**, 1493.

[7] D. D. v. Slyke u. A. Hiller: Proc. nat. Acad. Sci. U.S.A. **7**, 185 (1921) — Chem. Zbl. **1922 I**, 412.

[8] M. T. Hanke: J. of biol. Chem. **66**, 475, 489 (1925) — Chem. Zbl. **1926 I**, 2612.

[9] H. B. Vickery u. C. S. Leavenworth: J. of biol. Chem. **68**, 225 (1926) — Chem. Zbl. **1926 II**, 922.

[10] H. B. Vickery u. C. S. Leavenworth: J. of biol. Chem. **72**, 403 (1927) — Chem. Zbl. **1927 I**, 3022.

[11] H. B. Vickery u. C. S. Leavenworth: J. of biol. Chem. **75**, 115 (1927) — Chem. Zbl. **1928 I**, 800.

[12] J. Kapfhammer u. R. Eck: Hoppe-Seylers Z. **170**, 294 (1927) — Chem. Zbl. **1928 I**, 361.

[13] B. W. Town: Biochemic. J. **22**, 1083 (1928) — Chem. Zbl. **1929 I**, 65.

[14] H. K. Klabunde: J. of biol. Chem. **90**, 293 (1931) — Chem. Zbl. **1931 I**, 3121.

[15] G. L. Foster u. C. L. A. Schmidt: J. of biol. Chem. **56**, 545 (1923) — Chem. Zbl. **1923 III**, 1493 — J. amer. chem. Soc. **48**. 1709 (1926) — Chem. Zbl. **1926 II**, 899.

[16] J. Tillmans, P. Hirsch u. F. Strache: Biochem. Z. **199**, 399 (1929) — Chem. Zbl. **1929 I**, 1353.

[17] E. Abderhalden u. E. Schwab: Hoppe-Seylers Z. **148**, 254 (1925) — Chem. Zbl. **1926 I**, 1192.

[18] N. Gawrilow u. K. Lawrowsky: Biochem. Z. **190**, 278 (1927) — Chem. Zbl. **1928 II**, 899.

[19] S. S. Graves, J. W. T. Marshall u. H. W. Eckweiler: J. amer. chem. Soc. **39**, 112 (1916) — Chem. Zbl. **1917 I**, 950.

[20] H. D. Dakin: J. of biol. Chem. **44**, 499 (1920) — Chem. Zbl. **1921 I**, 454.

[21] P. A. Levene u. L. W. Bass: J. of biol. Chem. **82**, 171 (1929) — Chem. Zbl. **1929 II**, 755.

[22] J. Jaitschnikow: J. russ. phys.-chem. Ges. **61**, 109 (1929) — Chem. Zbl. **1929 II**, 1015.

freie NH$_2$-Körper . . . . 0,5 %
freie Kohlehydratkörper 0,96%
Biuretkomplex 49,27%
gebundene Kohlehydrate 23,77%
gebundene Condroitinschwefelsäure . . . . 25,5 %
(siehe auch S-Gehalt unter Cystin S. 260).

Auf Grund der Untersuchungen nimmt Rakusin an, daß die Gelatine sich dem Typus der Chondromucoide nähert[1].

Das Gelatin aus der Haut von Cetacea zeigt folgende Zusammensetzung:

S 0,18%
Gesamt-N 16,33%,
davon NH$_3$N 0,68%
Humin-N 0,71%
Monoamino-N 10,97%
Nichtamino-N 2,78%
Arginin-N 0,45%
Histidin-N 0,31%
Lysin-N 0,38%
Cystin-N 0,05%

Glykokoll, Alanin, Prolin, Leucin, Phenylalanin, Tyrosin und Histidin konnten isolier werden[2].

Die Fischgelatine weist keine erheblichen Unterschiede gegenüber der Knochengelatine vom Rind auf. Namentlich ist die Prolinausbeute und die der Diaminosäuren bei beiden gleich. Höhere Ausbeuten von Aminosäuren bei der Fischgelatine sind auf Abänderungen in der Methodik zurückzuführen[3].

Physikalisches und chemisches Verhalten: Die physikalischen Eigenschaften der Gelatine erscheinen stark von der Vorbehandlung abhängig[4].

Mol-Gewicht: Die Molekülgröße der Gelatine wird im Mittel zu 10900—15500 für technische Produkte zu 18500—5650 angegeben[5].

Aus osmotischen Messungen folgt 30000—40000 [6].

Durch Gefrierpunktserniedrigung im Phenol ergeben sich Mol-Gewichte von über 10000, wenn unter Wasserausschluß gearbeitet wird[7]. Auch von Herzog[8] wird durch Bestimmung der Diffusionsgeschwindigkeit der in Kresol gelösten Gelatine gegen Kresol bestätigt, daß — entgegen den Annahmen anderer[9] — die Teilchengröße sehr erheblich ist und daß die Mol-Gewichte größer sind als einige Hundert. Vgl. dazu auch[10, 11]. — Das Mol-Gewicht von Glutin sinkt nach wochenlangem Kochen mit Wasser beträchtlich, obwohl keine Spaltung von Hauptvalenzbindungen nachzuweisen ist[12, 13].

Bei der Bestimmung des Mol-Gewichtes der Gelatine durch das Sedimentationsgleichgewicht erhält man für den am Boden des Gefäßes befindlichen Teil einen Wert von 70000, während die Lösung große Mengen Zersetzungsprodukte von niederem Mol-Gewicht (etwa

---

[1] M. A. Rakusin: Chemiker-Z. **48**, 249 (1924) — Chem. Zbl. **1924 II**, 412.

[2] S. Oikawa: Tohoku J. exper. Med. **2**, 447, 451, 455 (1922) — Chem. Zbl. **1922 III**, 928 — Ber. Physiol. **14**, 70.

[3] Y. Okuda: J. coll. agric. Tokyo **5**, 355 (1916) — Chem. Zbl. **1925 I**, 1218.

[4] J. Knaggs: Biochemic. J. **23**, 1308 (1930) — Chem. Zbl. **1931 I**, 94.

[5] W. Biltz: Z. physik. Chem. **91**, 705 (1914) — Chem. Zbl. **1916 II**, 1031.

[6] J. Eggert u. J. Reitstötter: Z. physikal. Chem. **123**, 363 (1926) — Chem. Zbl. **1927 I**, 37.

[7] E. J. Cohn u. J. B. Conant: Proc. nat. Acad. Sci. U.S.A. **12**, 433 (1926) — Chem. Zbl. **1926 II**, 2064 — Hoppe-Seylers Z. **159**, 93 (1926) — Chem. Zbl. **1926 II**, 2668.

[8] R. O. Herzog u. H. Cohn: Hoppe-Seylers Z. **169**, 305 (1927) — Chem. Zbl. **1927 II**, 2537.

[9] N. Troensegaard u. J. Schmidt: Hoppe-Seylers Z. **133**, 116 (1924) — Chem. Zbl. **1924 I**, 2373 — Hoppe-Seylers Z. **167**, 312 (1927) — Chem. Zbl. **1927 II**, 1934.

[10] R. O. Herzog: Z. angew. Chem. **41**, 426 (1928) — Chem. Zbl. **1928 I**, 3139.

[11] O. Gerngroß: Z. angew. Chem. **41**, 221, 254 (1928) — Chem. Zbl. **1928 I**, 2478 — Z. angew. Chem. **41**, 426 (1928) — Chem. Zbl. **1928 I**, 3139.

[12] O. Gerngroß u. Mitarb.: Z. angew. Chem. **42**, 968 (1929) — Chem. Zbl. **1930 I**, 927.

[13] O. Gerngroß, O. Graf Triangi u. P. Koeppe: Ber. dtsch. chem. Ges. **63**, 1603 (1930) — Chem. Zbl. **1930 II**, 1863.

10000) enthält[1]. Der polydisperse Zustand der Gelatine wird auf die Vorbehandlung zurückgeführt. Beim isoelektrischen Punkt tritt Aggregation ein[2].

Aus der Röntgenstrahlenbeugung ergibt sich das Mol-Gewicht der kleinsten Gelatineteilchen in Wasser zu 3000[3].

Bei der Elektrolyse des Natriumsalzes der Gelatine (s. Zusammensetzung) erhält man eine lösliche Fraktion, die durch Bestimmung des osmotischen Druckes ein Mol-Gewicht von 50—60000 ergibt[4].

Abhängigkeit der Mol-Gewichte von der Temperatur und Vorgeschichte[5].

Aus Berechnungen über die dielektrische Dispersion ergibt sich ein Mol-Gewicht von 11300[6].

Das Äquivalentgewicht der Gelatine ergibt sich aus Messungen des Diffusionspotentials (stöchiometrische Verbindungen Gelatine-Salzsäure) zu 1090[7].

Über die Ausführung der Äquivalentgewichtsbestimmung durch Titration mit Säuren und Laugen[8]. — Leitfähigkeitstitration ergab ein Äquivalentgewicht von 1160, während mit der H-Elektrode 1090 erhalten wurde[9]. Vgl. dazu das Säurebindungsvermögen, das Werte von etwa 1180 liefert und das Basenbindungsvermögen, durch das man 3290 errechnet[10].

Pufferungsvermögen und Äquivalentgewichte bei verschiedener Gelatinekonzentration[11].

Der isoelektrische Punkt der Gelatine (s. auch optisches Verhalten!) ist sehr häufig bestimmt worden. (Kritik der Bestimmungsmethoden[12].) Er wird übereinstimmend in fast allen Arbeiten zu p_H = 4,7 angegeben[13]. Über die Anwesenheit des „Präarginins" als Ursache des isoelektrischen Punktes bei p_H = 4,7[14].

Von Ostwald wurde bei einer Handelsgelatine auch p_H = 5,2—5,3 (Quellungsminimum in Acetatessigsäurepuffer) gefunden[15], von anderen p_H = 5,25. Uneinheitliche Angaben werden durch die Verschiedenheiten der benutzten Gelatine erklärt[16, 17].

Zwischen 30 und 40° findet Shukow den isoelektrischen Punkt temperaturunabhängig[18].

p_H = 4,5 bis 5 bei Gelatinen verschiedener Herkunft[19]. — Der isoelektrische Punkt als Maß der Güte der Gelatine[15, 19].

Wilson und Kern finden einen zweiten isoelektrischen Punkt als (Punkt minimaler Quellung) bei p_H = 7,7. Die beiden isoelektrischen Punkte sollen der Gel- (p_H = 4,7) bzw. der Solform (p_H = 7,7) angehören. Die Solformen der Gelatine und des Kollagens sollen identisch sein[20]. Vgl. dazu auch Schryver, der die Gelatine in eine Fraktion mit einem isoelektrischen Punkt p_H = 4,8 und eine zweite mit p_H = 5,8 zerlegt[21]. Siehe dazu ferner[22].

[1] K. Krishnamurti u. The Svedberg: J. amer. Chem. Soc. **52**, 2897 (1930) — Chem. Zbl. **1930 II**, 1673.

[2] The Svedberg: Kolloid-Z. **51**, 10 (1930) — Chem. Zbl. **1930 II**, 3815.

[3] P. Krishnamurti: Indian J. Phys. **3**, 307 (1929) — Chem. Zbl. **1929 I**, 2951.

[4] S. B. Schryver u. K. V. Thimann: Biochemic. J. **21**, 1284 (1928) — Chem. Zbl. **1928 II**, 1780.

[5] M. Frankel: Biochem. Z. **240**, 149 (1931) — Chem. Zbl. **1931 II**, 3712. — J. Eggert u. H. Bincer: Biochem. Z. **247**, 85 (1932). — M. Frankel: Biochem. Z. **249**, 476 (1932).

[6] N. Marinesco: C. r. Acad. Sci. Paris **192**, 625 (1931) — Chem. Zbl. **1931 I**, 3541.

[7] A. L. Ferguson u. E. K. Bacon: J. amer. chem. Soc. **49**, 1921 (1927) — Chem. Zbl. **1927 II**, 2045.

[8] A. E. Stearn: J. gen. Physiol. **11**, 377 (1928) — Chem. Zbl. **1928 I**, 2945.

[9] D. J. Hitchcock: J. gen. Physiol. **4**, 733 (1922) — Chem. Zbl. **1923 I**, 100.

[10] W. R. Atkin u. G. W. Douglas: J. amer. Leather chem. Assoc. **19**, 528 (1924) — Chem. Zbl. **1925 I**, 190.

[11] E. B. R. Prideaux: Proc. roy. Soc. Lond. B **108**, 224 (1931) — Chem. Zbl. **1931 II**, 3215.

[12] G. P. Fajerman: Chem. J., Ser. B. J. angew. Chem. **4**, 321 (1931) — Chem. Zbl. **1932 I**, 1504.

[13] L. Michaelis u. T. Nakashima: Biochem. Z. **143**, 484 (1923) — Chem. Zbl. **1924 I**, 1425.

[14] H. S. Simms: J. gen. Physiol. **11**, 629 (1928) — Chem. Zbl. **1928 II**, 1673.

[15] Wo. Ostwald, A. Kuhn u. E. Böhme: Kolloidchem. Beih. **20**, 412 (1925) — Chem. Zbl. **1925 II**, 2117.

[16] J. Shukow u. S. Schtschukarew: J. physic. Chem. **29**, 285 (1925) — Chem. Zbl. **1925 II**, 273.

[17] J. Shukow, S. Schtschukarew u. J. Buschmakin: J. russ. phys.-chem. Ges. **58**, 639 (1926) — Chem. Zbl. **1927 I**, 408.

[18] J. J. Shukow u. W. F. Matussewitsch: J. russ. phys.-chem. Ges. **61**, 1683 (1929) — Chem. Zbl. **1930 II**, 21.

[19] O. Gerngroß u. S. Bach: Biochem. Z. **143**, 542 (1923) — Chem. Zbl. **1924 I**, 1937.

[20] I. A. Wilson u. E. J. Kern: J. amer. chem. Soc. **44**, 2633 (1922) — Chem. Zbl. **1923 I**, 457 — J. amer. chem. Soc. **45**, 3139 (1923) — Chem. Zbl. **1924 I**, 1546.

[21] S. B. Schryver u. K. V. Thimann: Biochemic. J. **21**, 1284 (1927) — Chem. Zbl. **1928 II**, 1780.

[22] D. Straup: J. gen. Physiol. **14**, 643 (1931) — Chem. Zbl. **1931 II**, 2294.

Durch Bestimmung des Minimums des osmotischen Druckes und der Viscosität der Gelatine bei 40° wird nur ein isoelektrischer Punkt bei $p_H = 4,7$ gefunden[1], nach neueren Messungen $p_H = 5,05$[2], bei besonders reinen Präparaten $p_H = 4,85$[3]. — Für den zweiten isoelektrischen Punkt wird zur Erklärung das Phänomen der „unregelmäßigen Reihen" und der Umkehrung des Ladungsvorzeichens an der Oberfläche der Kolloidpartikelchen herangezogen[4]. — Aus der optischen Drehung ergeben sich keine Anhaltspunkte für einen zweiten isoelektrischen Punkt[5].

Auch durch elektroendosmotische Messungen kann nur ein isoelektrischer Punkt für die Gelatine gefunden werden: bei p_H 7,7 findet keine Umkehrung des elektrokinetischen Potentials statt[6]. Die Auffindung eines zweiten isoelektrischen Punktes konnte also nicht bestätigt werden[7].

Der isoelektrische Punkt als Viscositätsminimum bestimmt, fällt nicht immer mit dem Punkt der nichtbevorzugten Wanderungsrichtung der Gelatine unter der Wirkung einer angelegten elektromotorischen Kraft zusammen, eine Tatsache, die aus der Gegenwart basischer Zersetzungsprodukte zu erklären versucht wird[8].

Vgl. auch Küntzel über das Ladungsminimum in Phosphatpuffern in Konzentrationen von $>0,005$ Mol bei p_H 7—8[9].

Formaldehyd verschiebt den isoelektrischen Punkt der Gelatine um 0,45 nach der sauren Seite durch Festlegung der basischen Gruppen und daraus folgende Erhöhung des Wasserstoffionendissoziation[10, 11, 12].

Über die Beziehungen des isoelektrischen Punktes zum Minimum der physikalischen Eigenschaften[13].

Optisches Verhalten: Die Intensität des Tyndall-Phänomens einer Gelatine-Glycerinlösung ist abhängig von der Temperatur und von der thermischen Vorgeschichte. In der Wärme ist sie klein, in der Kälte groß, bei konstanter Temperatur nimmt sie je nach der Vorgeschichte zu oder ab. Die Änderungen erstrecken sich in gleicher Weise auf gelatinierte wie nichtgelatinierte Lösungen, während des Gelatinierens ist die Intensitätsänderung besonders groß[14].

Der Tyndall-Effekt von Lösungen entaschter Gelatine ist bei 40—50° nur gering und wenig abhängig von Temperatur und Wasserstoffionenkonzentration. Unterhalb 30° tritt in einem kleinen Temperaturintervall in einem ganz engen p_H-Bereich ein sehr scharfes Maximum des Tyndall-Effektes auf. Für $p_H < 4,5$ und $p_H > 7,5$ ist das Lichtzerstreuungsvermögen zwischen 50 und 17° annähernd gleich. Spuren von Säuren oder Alkali bringen das Maximum zum Verschwinden, jedoch geht die Abhängigkeit der Intensität des Tyndall-Effektes von der Wasserstoffionenkonzentration nicht mit der Kurve des Bindungsvermögens der Gelatine parallel. Bei niedrigeren Temperaturen und einer Wasserstoffionenkonzentration von etwa $p_H = 5$ wird eine Zunahme des Lichtzerstreuungsvermögens gefunden, was auf Zunahme der Micellengröße deutet (vgl. auch über den isoelektrischen Punkt)[15, 16]. Nach Raman erklärt sich die Abhängigkeit des Tyndall-Effektes von der Wasserstoffionenkonzentration dadurch, daß p_H-Änderungen Änderungen im osmotischen Druck hervorrufen, der überhaupt die Eigenschaften von Gelatinelösungen ändert[17].

[1] D. J. Hitchcock: J. gen. Physiol. **6**, 457 (1924) — Chem. Zbl. **1924 II**, 476.

[2] D. J. Hitchcock: J. gen. Physiol. **12**, 495 (1929) — Chem. Zbl. **1929 I**, 2889.

[3] D. J. Hitchcock: J. gen. Physiol. **14**, 685 (1931) — Chem. Zbl. **1931 II**, 3216.

[4] E. O. Kraemer: J. physic. Chem. **20**, 410 (1925) — Chem. Zbl. **1925 II**, 1264.

[5] R. H. Bogue u. M. T. O'Connell: J. amer. chem. Soc. **47**, 1694 (1925) — Chem. Zbl. **1926 I**, 325.

[6] B. N. Ghosh: J. chem. Soc. Lond. **1927**, 1250 (1927) — Chem. Zbl. **1927 II**, 905.

[7] W. R. Atkin u. G. W. Douglas: J. amer. Leather chem. Assoc. **19**, 528 (1924) — Chem. Zbl. **1925 I**, 190.

[8] S. O. Rawling u. W. Clark: J. chem. Soc. Lond. **121**, 2830 (1922) — Chem. Zbl. **1923 I**, 1128.

[9] A. Küntzel: Biochem. Z. **209**, 326 (1929) — Chem. Zbl. **1930 I**, 349.

[10] O. Gerngroß u. S. Bach: Biochem. Z. **143**, 542 (1923) — Chem. Zbl. **1924 I**, 1937.

[11] O. Gerngroß u. S. Bach: Collegium **1922**, 350 — Chem. Zbl. **1923 I**, 1190.

[12] O. Gerngroß u. S. Bach: Biochem. Z. **143**, 533 (1923) — Chem. Zbl. **1924 I**, 1936.

[13] J. M. Johlin: J. of biol. Chem. **86**, 231 (1930) — Chem. Zbl. **1930 II**, 67 — Proc. Soc. exper. Biol. a. Med. **26**, 702 (1929) — Chem. Zbl. **1929 II**, 1499.

[14] L. Arisz: Kolloidchem. Beih. **7**, 1 (1915) — Chem. Zbl. **1915 II**, 57.

[15] E. O. Kraemer u. S. T. Dexter: J. physic. Chem. **31**, 764 (1927) — Chem. Zbl. **1927 II**, 394.

[16] E. O. Kraemer: Colloid Symposium Monograph **4**, 102 (1926) — Chem. Zbl. **1928 II**, 858.

[17] C. V. Raman: Nature (Lond.) **120**, 158 (1927) — Chem. Zbl. **1927 II**, 1450.

Über die Abhängigkeit der Lichtdiffusion von Gelatinegelen und -solen von der Wasserstoffionenkonzentration vgl. auch [1]. — Lichtzerstreuung während der Quellung [2]. — Kühlt man ein Gelatinesol im isoelektrischen Punkt unter 25° ab, so nimmt die Intensität des gestreuten Lichtes schnell zu, wobei der Depolarisationsfaktor erst kleiner, dann größer wird [3]. Weiteres dazu vgl. [4].

Tyndall-Intensität und Sedimentationskonstante [4].

Der Brechungsexponent der Gelatine ist bei konstanter Temperatur eine lineare Funktion der Konzentration, unabhängig davon, ob Sol oder Gel vorliegt, und von der Anwesenheit von Säure, Alkali oder Salz. Er beträgt bei trockener, aschefreier Handelsgelatine bei 17,5° 0,001824 pro Gramm in 100 ccm Wasser [5].

Einfluß von Neutralsalzen und Wasserstoffionenkonzentration auf den Brechungsindex [6].

Die spezifische Drehung der Gelatine zeigt bei verschiedenen Wellenlängen folgende Werte für $[\alpha]_\lambda^{20°}$:

4359	5461	5780	6660
— 496,8°	— 282,8°	— 248,2°	— 181,1° [7]

Bei der thermischen Desaggregierung der Gelatine fällt die Drehung um so niedriger aus, je höher und je länger die Gelatine vorher erhitzt wurde: nach 650 stündigem Erwärmen auf 37° beträgt sie nur noch 43% des ursprünglichen Wertes. Auch die Veränderungen unter dem Einfluß von Sonnenlicht werden auf einen thermischen Effekt zurückgeführt [8]. Die Veränderungen sind bei milder Behandlung der Lösungen zum Teil reversibel [9].

Die spezifische Drehung ändert sich oberhalb 27,5° wenig mit der Wasserstoffionenkonzentration, Minima liegen bei $p_H = 5$ und $p_H = 8$ bis 9; im Gebiet dieser Minima wird bei tieferen Temperaturen der Temperaturkoeffizient relativ groß (hier Vergleich mit den kolloidchemischen Eigenschaften unter gleichen Bedingungen: Gelbildung, Gallertfestigkeit s. auch Tyndall-Effekt) [1, 10, 11].

Über den Verlauf der Drehung bei verschiedenen Wasserstoffionenkonzentrationen gibt Bogue folgendes an: Bei $p_H = 0,3$ ist $[\alpha]_D^{30} = -90°$, bei $p_H = 2,9$ besteht ein Maximum von $[\alpha]_D^{30} = -134°$, beim isoelektrischen Punkt ein Minimum $[\alpha]_D^{30} = -104°$. Ein weiteres Maximum liegt bei p_H 7—10. Bei höherer Alkalinität tritt rascher Abfall der Drehung ein [12].

Bei Temperaturen, bei denen keine Gelbildung mehr stattfindet, stellt sich nach einer Änderung der Temperatur der Gleichgewichtswert der optischen Aktivität sehr schnell ein. Bei Temperaturen von unter 50° sind auch bei ziemlich extremen Werten der Wasserstoffionenkonzentration die Änderungen der optischen Aktivität reversibel, bei 100° fallen die Drehwerte mit Ausnahme beim isoelektrischen Punkt mit der Zeit schnell ab. In Gegenwart verschiedener Alkalien sind bei 40° die Werte der spezifischen Drehung zwischen p_H 4—8 fast gleich, bei $p_H > 8$ divergieren die Kurven, ein Hauptmaximum liegt immer in der Nähe des isoelektrischen Punktes, ein zweites Maximum bei $p_H =$ etwa 8; in Gegenwart von Barytlauge ist immer eine höhere Drehung (und eine stärkere Tendenz zur Gelbildung) als bei anderen Alkalien zu finden [13]. (Theoretisches über die Beziehungen des optischen zum kolloidalen Verhalten der Gelatine.)

Salze erniedrigen die optische Aktivität von (0,7 proz.) K-Gelatinatlösungen zunehmend in folgender Reihe: KCl < KBr < KJ [14]. In ausführlicheren Untersuchungen bei p_H 6—7

[1] F. Vlès u. E. Vellinger: Arch. Physique biol. **5**, 5 (1926) — Chem. Zbl. **1927 I**, 1799 — Ber. Physiol. **38**, 331.

[2] K. Krishnamurti: Nature (Lond.) **123**, 242 (1929) — Chem. Zbl. **1929 I**, 1552.

[3] K. Krishnamurti: Nature (Lond.) **124**, 690 (1929) — Chem. Zbl. **1930 I**, 2064.

[4] K. Krishnamurti: Proc. roy. Soc. Lond. A **129**, 490 (1930) — Chem. Zbl. **1931 I**, 910 — Proc. roy. Soc. Lond. B **107**, 269 (1930) — Chem. Zbl. **1931 I**, 3661.

[5] Walpole: Kolloid-Z. **13**, 241 (1913) — Chem. Zbl. **1914 I**, 398.

[6] N. Jermolenko: Kolloid-Z. **54**, 66 (1931) — Chem. Zbl. **1931 I**, 1580.

[7] L. F. Hewitt: Biochemic. J. **21**, 216 (1927) — Chem. Zbl. **1927 I**, 2747.

[8] M. Frankel: Hoppe-Seylers Z. **167**, 17 (1927) — Chem. Zbl. **1927 II**, 1007.

[9] M. Frankel: Kolloid-Z. **45**, 35 (1928) — Chem. Zbl. **1928 II**, 1537.

[10] E. O. Kraemer: Colloid Symposium Monograph **4**, 102 (1926) — Chem. Zbl. **1928 II**, 858.

[11] F. Vlès u. E. Vellinger: C. r. Acad. Sci. Paris **180**, 439 (1925) — Chem. Zbl. **1925 I**, 2358.

[12] R. H. Bogue, u. M. T. O'Connell: J. amer. chem. Soc. **47**, 1694 (1925) — Chem. Zbl. **1926 I**, 325.

[13] E. O. Kraemer u. J. R. Fanselow: J. physic. Chem **32**, 894 (1928) — Chem. Zbl. **1928 II**, 2109.

[14] D. C. Carpenter: J. physic. Chem. **31**, 1873 (1927) — Chem. Zbl. **1928 I**, 1750.

ergeben sich für die erniedrigende Wirkung folgende Reihen: 1. $KCNS > KJ > KClO_3 > KNO_3 > KBr > KCl$, CH_3COOK, C_2H_5COOK, $HCOOK$ und 2. $K_2SO_4 > (COOK)_2 > K_2CrO_4$ (hier über die Beziehungen zwischen optischer Aktivität und Sol- und Gelform der Gelatine)[1].

Über die Einwirkung von oberflächenaktiven Stoffen auf die Drehung der Gelatine[2].

Die Multirotation (?) der Gelatine kann ausgedrückt werden durch die Gleichung

$$[\alpha]_D^\tau = K \cdot t^{0,06}$$

($[\alpha]_D^\tau =$ Drehungswinkel der D-Linie bei der Temperatur τ, $t =$ Zeit nach Beginn der Drehungsänderung). Die Konstante K ändert sich mit der Konzentration c linear nach der Gleichung $K = 0,687 \cdot (100\,c + 186)$ und mit der Temperatur τ linear nach der Gleichung $K = 9,17 (38 - \tau)$. Vgl. auch [3,4,5]. Die Mutarotation von Gelatine verschwindet in Rhodansalzlösungen. — Natriumsulfat verstärkt die Mutarotation (Teilchenvergrößerung)[6]. — Die Mutarotation der Gelatine wird durch proteolytische Fermente (s. Papain) schnell erniedrigt[7].

Während der Hydrolyse mit n-Natronlauge bei verschiedenen Temperaturen findet anfangs immer Drehungsabnahme statt, die von einem Anstieg gefolgt ist. Mit steigender Temperatur setzt der Anstieg immer früher ein, ist aber dann weniger stark ausgeprägt. Rückschlüsse auf die während der Hydrolyse abgespaltenen Komponenten lassen sich mit Sicherheit nicht ziehen[8]. — Beim Behandeln der Gelatine mit verdünnten Alkalien wird die Drehung nach links verschoben. Auf Grund von Modellversuchen an Diketopiperazinen, bei denen gezeigt wird, daß bei Spaltung mit 0,1 n-Natronlauge Racemisierung eintritt, bei Hydrolyse mit höheren Konzentrationen jedoch ausbleibt, schließt Levene, daß im Gelatinemolekül Diketopiperazine vorkommen, zumal Gelatine in dieser Hinsicht stark von Albumin, Caseinogen, Edestin und Fibrin abweicht[9,10].

Über die Drehungswerte von Gelatine bei verschiedenen Temperaturen und ihre Beziehungen zur „Gelatinierungskraft"[11].

Die Doppelbrechung von Gelatinegelen verschwindet allmählich bei ungehinderter Quellung in 3 Dimensionen, bleibt aber bei Verhinderung der Quellung in 2 Dimensionen beliebig lange erhalten, solange das Gel gequollen ist (hier auch über die Abhängigkeit der Doppelbrechung von der Gelkonzentration von p_H, von verschiedenen Salzen und über den optischen Elastizitätsmodul)[12].

Die Doppelbrechung der Gelatinefilme beruht auf der Orientierung von asymmetrischen Molekülen oder Micellen, die beim Trocknen oder bei der Dehnung des Gels stattfinden im Sinne der Umkehr des Prozesses Kollagen-Gelatine. So erhält man optischisotrope Gelatinefilme, wenn man beim Eintrocknen auf einer Quecksilberoberfläche für freie Kontraktion in allen Richtungen Sorge trägt, optisch einachsige auf mit Nitrocellulose überzogenen Glasplatten, optisch zweiachsige durch Dehnung der letzteren Filme nach Quellung im Wasser und Trocknen unter Spannung[13].

Die Absorption frisch bereiteter isoelektrischer Gelatine nimmt beim Altern in der Kälte zu für Licht von $\lambda = 256\,\text{m}\mu$ zu $\lambda = 274\,\text{m}\mu$. Diese Erscheinung wird auf das Vorkommen zweier verschiedener Formen der Gelatine zurückgeführt[14].

---

[1] D. L. Carpenter u. J. J. Kucera: J. physic. Chem. **35**, 2619 (1931) — Chem. Zbl. **1932 I**, 1102.

[2] A. v. Kuthy: Biochem. Z. **244**, 337 (1932) — Chem. Zbl. **1932 I**, 2696.

[3] Wo. Ostwald: Kolloid-Z. **17**, 113 (1915) — Chem. Zbl. **1916 I**, 730.

[4] Trunkel: Biochem. Z. **26**, 493 (1910) — Chem. Zbl. **1910 II**, 665.

[5] R. de Izaguirre: An. Soc. españ. Fis. Quim. **21**, 330 (1923) — Chem. Zbl. **1924 I**, 206.

[6] E. Stiasny, S. R. Das Gupta u. P. Tresser: Collegium **1925**, 23 — Chem. Zbl. **1925 II**, 508.

[7] H. C. Gore: Ind. a. Eng. Chem., Analyt. Ed. Physics **1**, 203 (1929) — Chem. Zbl. **1930 I**, 2430.

[8] E. Abderhalden u. H. Mahn: Hoppe-Seylers Z. **174**, 47 (1928) — Chem. Zbl. **1928 I**, 2178.

[9] P. A. Levene u. M. H. Pfaltz: J. of biol. Chem. **70**, 219 (1926) — Chem. Zbl. **1927 I**, 100.

[10] P. A. Levene u. L. W. Bass: J. of biol. Chem. **74**, 715 (1927) — Chem. Zbl. **1928 I**, 536 — J. of biol. Chem. **78**, 145 (1928) — Chem. Zbl. **1928 II**, 1673 — J. of biol. Chem. **82**, 171 (1929) — Chem. Zbl. **1929 II**, 755.

[11] C. R. Smith: Ind. Chem. **12**, 878 (1920) — Chem. Zbl. **1921 II**, 267.

[12] M. Kunitz: J. gen. Physiol. **13**, 565 (1930) — Chem. Zbl. **1930 II**, 2622.

[13] S. E. Sheppard u. J. G. Mc Nally: Colloid Symposium Monograph **7**, 17 (1930) — Chem. Zbl. **1930 II**, 2619.

[14] F. Flès u. C. Cohn: Arch. Physique biol. **5**, 48 (1926) — Chem. Zbl. **1927 I**, 1799 — Ber. Physiol. **38**, 331.

Die Absorption im Ultraviolett ist verschieden, wenn sie auf verschiedenen Seiten des isoelektrischen Punktes bestimmt wird. Vergrößerung des p_H-Wertes bewirkt Zunahme der Absorption von 3500 Å gegen Rot zu, Verminderung dagegen Zunahme der Absorption im Gebiet der kürzeren Wellenlängen (Erklärung durch chemische Änderungen)[1].

Über Absorptionsspektren und Drehungsdispersion vgl. auch [2].

Über Fluorescenz von Gelatine im ultravioletten Licht[3].

Über Phosphorescenz von Gelatine bei tiefen Temperaturen[4].

Verhalten gegen Strahlungen, physikalischer Aufbau: Bei ultravioletter Bestrahlung nimmt Gelatine (im Gegensatz zu anderen Eiweißkörpern) keinen Sauerstoff auf[5]. — Wird die Bestrahlung in offenen Petrischalen bei Temperaturen von nicht über 25° mit einer 40 cm entfernten Quarzlampe vorgenommen (eine Stunde lang), so zeigt sich bei Gelatine in Natriumfluoridlösung eine Abnahme des Erstarrungsvermögens[6]. — Nach Brintzinger zeigt die Gelatine mit steigender Belichtungsdauer mit der Quarzlampe ein geringeres Quellungsvermögen und verringerte Löslichkeit in Wasser. Dabei können reduzierende Substanzen nachgewiesen werden. Aschenarme Gelatine ist weniger lichtempfindlich: der Eisenoxydgehalt der Asche soll die Einwirkung der aktiven Strahlen fördern[7].

Über das Röntgendiagramm (vgl. auch über den Gelbildungsvorgang S. 288ff.) der Gelatine und dessen Auswertung in der Mol-Gewichtsbestimmung[8]. Im Gegensatz zu Kollagen gibt gewöhnliche Gelatine keine charakteristischen Krystallinterferenzen[9]. (Nach Gerngroß zeigt aber intakte Gelatine einen scharfen peripheren, durchaus einer Krystallinterferenz entsprechenden Interferenzring[10]. Siehe auch alle weiteren Arbeiten von Gerngroß und Mitarbeitern unten.) Dagegen zeigt stark gedehnte, an der Luft getrocknete Gelatine das charakteristische Röntgenspektrogramm des Faserkollagens. Es findet bei der Dehnung wahrscheinlich Gleichrichtung der Micellen oder auch der Grundkörper und Moleküle statt[11]. (Über die Unterschiede der Röntgendiagramme gedehnter Gelatine, aufgenommen aus 3 aufeinander senkrechten Richtungen. Auf 200% gedehnte Gelatine liefert ein Faserdiagramm mit der Achse der Orientierung parallel zur Zugrichtung[12].) Jedoch zeigen auch die Diagramme sehr stark gedehnter Gelatine quantitative Unterschiede in den Schwärzungen gegenüber dem Diagramm des Sehnenkollagens[13]. (Hier auch über die Herstellung stark gedehnter Gelatinebänder.) Vgl. auch über die Bestätigung der fibrillären Struktur durch die Spaltbarkeit gedehnter Gelatine[14].

Aus der Röntgenstrahlenbeugung von Gelatinelösungen ergibt sich, daß die Gelatine molekular dispergiert ist[15].

Bei langdauernder Thermolyse (s. dort) verschwinden die Krystallinterferenzen im Röntgendiagramm[16]. — Weiteres zur röntgenographischen Erforschung des Gelatinemicells[17].

Gerngroß schließt aus seinen röntgenographischen Untersuchungen, daß im Gelatinemicell die Polypeptidketten nur in ihrem mittleren Teil durch van der Waalsche Kräfte verbunden sind, während sich an den Kettenenden der seitliche Zusammenhang verliert, so daß

[1] T. Baker u. L. F. Davidson: Nature (Lond.) **116**, 172 (1925) — Chem. Zbl. **1925 II**, 1932.

[2] L. F. Hewitt: Biochemic. J. **21**, 216 (1927) — Chem. Zbl. **1927 I**, 2746.

[3] J. G. Mc Nally u. W. Vanselow: J. amer. chem. Soc. **52**, 3846 (1930) — Chem. Zbl. **1931 I**, 24.

[4] K. Ochiai: Bull. Chem. Soc. Japan **5**, 203 (1930) — Chem. Zbl. **1931 I**, 94.

[5] D. T. Harris: Biochemic. J. **20**, 288 (1926) — Chem. Zbl. **1926 II**, 456.

[6] M. Arthus: Arch. internat. Physiol. **30**, 244 (1928) — Chem. Zbl. **1929 I**, 1083.

[7] H. Brintzinger u. K. Maurer: Kolloid-Z. **41**, 46 (1927) — Chem. Zbl. **1927 I**, 1961.

[8] R. O. Herzog u. H. W. Gonell: Collegium **1926**, 189 — Chem. Zbl. **1926 II**, 533.

[9] Herzog u. Jancke: Festschr. Kaiser-Wilhelm-Gesellschaft **1921**, 118.

[10] O. Gerngroß u. Mitarb.: Z. angew. Chem. **42**, 968 (1929) — Chem. Zbl. **1930 I**, 927.

[11] J. R. Katz u. O. Gerngroß: Naturwiss. **13**, 900 (1925) — Chem. Zbl. **1926 I**, 1125.

[12] J.-J. Trillat: C. r. Acad. Sci. Paris **190**, 265 (1930) — Chem. Zbl. **1930 I**, 3280.

[13] O. Gerngroß u. J. R. Katz: Kolloid-Z. **39**, 181 (1926) — Chem. Zbl. **1926 II**, 2045.

[14] J. R. Katz u. O. Gerngroß: Kolloid-Z. **39**, 180 (1926) — Chem. Zbl. **1926 II**, 2045.

[15] P. Krishnamurti: Indian J. Physics **3**, 307 (1929) — Chem. Zbl. **1929 I**, 2951.

[16] O. Gerngroß, O. Graf Triangi u. P. Koeppe: Ber. dtsch. chem. Ges. **63**, 1603 (1930) — Chem. Zbl. **1930 II**, 1863.

[17] W. Abitz, O. Gerngroß u. K. Herrmann: Naturwiss. **18**, 754 (1930) — Chem. Zbl. **1930 II**, 2787.

die Micellen sich als „ausgefranst" erweisen[1, 2, 3]. Vgl. auch [4]. — Die Änderungen des Röntgenbildes während der Quellung sprechen für die Vorstellung, daß das Wasser in die Räume zwischen den Bündeln der Polypeptidketten eindringt[2].

Röntgenstrahlen wirken ebenso wie ultraviolettes Licht quellungsvermindernd auf Gelatine[5].

Die β-Strahlen des Radiums verändern Gelatine stark: Schwermetallsalze sensibilisieren für die Wirkung der Strahlen[6].

Die thermische Ausdehnung von Gelatinelösungen verschiedener Konzentrationen in Wasser zeigt folgende Werte in Millionstel des Volumens bei 0°:

Temperatur in Grad	Wasser	2%	6%	10proz. Gelatinelösung
0	0	0	0	0
1	— 57	— 60	20	30
2	— 98	— 85	45	60
3	— 120	— 90	70	95
4	— 129	— 80	100	125
5	— 119	— 60	130	160
6	— 99	— 25	170	190
7	— 62	25	200	225
8	— 15	80	235	255
9	47	145	270	299
10	124	215	315	330[7]

Gelatinegele dehnen sich mit ansteigender Temperatur ähnlich wie Wasser aus, jedoch verlaufen die Ausdehnungskurven etwas flacher als die des Wassers. Spezifisches Volumen und mittlerer Ausdehnungskoeffizient steigen für jede Temperatur linear mit den Gelatinekonzentrationen. Die Koeffizienten zeigen folgende Werte:

Gelatine in Proz.	Ausdehnungskoeffizient
0	0,0002414
2,02	0,0002486
5,04	0,0002674
8,90	0,0002891
16,49	0,0003407
24,81	0,0003864

Der Ausdehnungskoeffizient der trocknen Gelatine beträgt 0,000271. Das anomale Verhalten der Gele wird auf Volumenkontraktion bei der Aufnahme von Wasser zurückgeführt (s. auch unter Löslichkeit). — Jeder Gelatinekonzentration enspricht eine Temperatur maximaler Dichte:

Gelatine in Proz.	Temperatur
0	+ 4,0°
3,6	+ 2,5°
7,05	+ 1,3°
13,0	— 1,2°

Diese Erniedrigung ist der Konzentration direkt proportional und abhängig von der Änderung des Volumens der trocknen Gelatine und der Größe der Kontraktion bei der Wasseraufnahme gemäß den Temperaturänderungen[8].

---

[1] W. Abitz, O. Gerngroß u. K. Herrmann: Naturwiss. 18, 754 (1930) — Chem. Zbl. 1930 II, 2787. — K. Herrmann: Physik. Z. 31, 1060 (1930) — Chem. Zbl. 1931 I, 94.

[2] K. Herrmann, O. Gerngroß u. W. Abitz: Z. physik. Chem. B 10, 371 (1930) — Chem. Zbl. 1931 I, 3573.

[3] O. Gerngroß, K. Herrmann u. W. Abitz: Biochem. Z. 228, 409 (1930) — Chem. Zbl. 1931 I, 3574 — Collegium 1931, 53. — J. R. Katz u. O. Gerngroß: Collegium 1931, 67 — Chem. Zbl. 1931 I, 3574.

[4] D. Straup: J. gen. Physiol. 14, 643 (1931) — Chem. Zbl. 1931 II, 2295.

[5] H. Brintzinger u. K. Maurer: Kolloid-Z. 41, 46 (1927) — Chem. Zbl. 1927 I, 1961.

[6] J. Loiseleur: C. r. Acad. Sci. Paris 188, 1570 (1929) — Chem. Zbl. 1929 II, 842.

[7] A. A. Scott: J. physic. Chem. 18, 677 (1914) — Chem. Zbl. 1915 I, 418.

[8] A. Taffel: J. chem. Soc. Lond. 121, 1971 (1922) — Chem. Zbl. 1923 I, 1630.

Die Änderungen der Dichte einer 1proz. Gelatinelösung bei $p_H = 8,0$ gehen in dem Intervall von 0 bis 60° den Änderungen der Dichte des Wassers in dem gleichen Intervall parallel und können durch folgende Formel ausgedrückt werden:

$$D_g = D_w + 0,00290$$

D_g = Dichte der 1proz. Gelatinelösung, D_w = Dichte des Wassers bei derselben Temperatur[1]).

Die Dielektrizitätskonstante wächst in Gelatinelösungen (Konzentrationen 0 bis 0,75%) linear bis zu einem Maximum $\varepsilon = 108$, die Kurve sinkt dann sehr schnell. Der Verlauf der Kurve im verdünnten Medium von $\varepsilon = 80$ bis $\varepsilon = 108$ zeigt an, daß das Gelatinemolekül ein sehr starkes elektrisches Moment besitzt. Wenn die Zahl der Gelatinedipole pro Volumeneinheit eine kritische Konzentration erreicht, wird das elektrische Moment infolge der paarweisen Vereinigung der Dipole durch die dielektrische Anziehung = 0. Die Dielektrizitätskonstante sinkt und wird kleiner als die des Wassers[2,3]. (Über die Auswertung dieser Resultate zur Erklärung des Zustandes der Gelatine in Lösungen s. dort.) Beim isoelektrischen Punkt hat die Dielektrizitätskonstante 2proz. Gelatinelösungen bei 20° ein Minimum, das über der Dielektrizitätskonstanten des reinen Lösungsmittels liegt; mit abnehmendem p_H steigt die Dielektrizitätskonstante rasch, mit zunehmendem etwas langsamer[4].

Dielektrizitätskonstante und Mol-Gewichtsberechnungen[5].

Die Magnetisierungskoeffizienten von Gelatinelösungen steigen von der Konzentration 0 bis 0,8 g pro 100 ccm Lösung gradlinig an, von 0,8 bis 1,4 g pro 100 ccm Lösung ebenfalls gradlinig, aber sehr viel schneller. Der Knickpunkt der Kurve liegt da, wo das Maximum der Dielektrizitätskonstanten (s. oben) von Gelatinelösungen liegt. Durch diese Ergebnisse wird bestätigt, daß die Gelatine in Lösungen in 2 Formen vorliegt, von denen die eine durch Zusammenlagerung zweier Moleküle bei Konzentrationen von über 0,6 g pro 100 ccm Lösung entsteht. Dabei werden die Werte für die Magnetisierungskoeffizienten vergrößert (Gegensatz zur Dielektrizitätskonstanten). Wahrscheinlich stehen die magnetischen und elektrischen Achsen der Dipole senkrecht aufeinander[6].

Der Dampfdruck von Gelatinewassergemischen (Solform) zeigt gegenüber dem von reinem Wasser nur sehr geringe Erniedrigungen, die mit steigender Konzentration schwach anwachsen. Dabei zeigt sich kein merklicher Einfluß der Temperatur. Auf den Dampfdruck von Salzlösungen übt Gelatine wechselnde Einflüsse aus. — Bei der Gelform werden die Dampfdruckdifferenzen mit steigender Temperatur größer infolge Zunahme der Konzentration (Geschwindigkeit der Wasserabgabe und -aufnahme bei bestimmtem Dampfdruck)[7].

Über die Dampfspannungsisothermen von Benzol- und Alkogelen der Gelatine[8].

Kolloidchemisches: Die Gelatine dient als Ausgangsmaterial für zahlreiche kolloidchemische Untersuchungen. Die Ergebnisse sind nicht nur für Gelatine (oder Proteine) spezifisch, sondern gelten häufig für kolloidale Substanzen überhaupt. Bei den im folgenden aufgeführten Arbeiten ist jeweils nur das hauptsächlichste Ergebnis unter einem Stichwort angeführt; da aber die einzelnen kolloiden Eigenschaften nicht unabhängig voneinander sind, müssen auch die Arbeiten unter den fraglichen anderen Stichworten zu Rate gezogen werden.

Über allgemeines kolloidchemisches Verhalten der Gelatine vgl. folgende Arbeiten: Nahezu sämtliche Arbeiten von J. Loeb. Insbesondere [9,10,11,12,13,14].

[1] C. E. Davis u. E. P. Oakes: J. amer. chem. Soc. 44, 464 (1921) — Chem. Zbl. 1922 I, 1201.

[2] N. Marinesco: C. r. Acad. Sci. Paris 188, 1163 (1929) — Chem. Zbl. 1929 II, 146.

[3] N. Marinesco: C. r. Acad. Sci. Paris 187, 718 (1928) — Chem. Zbl. 1929 I, 28.

[4] P. Girard u. N. Marinesco: C. r. Soc. Biol. Paris 102, 726 (1929) — Chem. Zbl. 1930 I, 2059.

[5] N. Marinesco: C. r. Acad. Sci. Paris 192, 625 (1931) — Chem. Zbl. 1931 I, 3541.

[6] M. Fallot: C. r. Acad. Sci. Paris 188, 1498 (1929) — Chem. Zbl. 1929 II, 1511.

[7] K. Gericke: Dissertation Erlangen 1914 — Z. Chem. u. Industrie d. Kolloide 17, 78 (1915) — Chem. Zbl. 1916 I, 163.

[8] W. Bachmann: Z. anorg. Chem. 100, 1 (1917) — Chem. Zbl. 1917 II, 747.

[9] J. Loeb: Die Eiweißkörper und die Theorie der kolloidalen Erscheinungen. Berlin 1924.

[10] J. Loeb: J. Chim. physique 18, 283 (1920) — Chem. Zbl. 1921 III, 908.

[11] L. Meunier: Chim. et Ind. 5, 642 (1921) — Chem. Zbl. 1921 III, 791.

[12] J. Loeb: Trans. Faraday Soc. 16, 153 (1921) — Chem. Zbl. 1922 III, 382.

[13] J. Loeb: Naturwiss. 11, 213 (1923) — Chem. Zbl. 1923 III, 391.

[14] J. Loeb: Science (N. Y.) 56, 731 (1922) — Chem. Zbl. 1923 III, 562.

Über die Ablehnung der Ionenreihen für die Beeinflussung der physikalisch-chemischen Eigenschaften[1, 2, 3, 4, 5].

Über das Donnansche Gleichgewicht, dessen Beziehungen zu den physikalisch-chemischen Eigenschaften der Gelatine: Membranpotentiale[6, 7, 8].

Osmotischer Druck[9, 10].

Viscosität[10, 11].

Quellung[12].

Über den Ursprung der elektrischen Ladungen von Gelatineteilchen[13, 14, 15].

Nach Kruyt kommt der Wasserstoffionenkonzentration nicht die Bedeutung für das kolloidale Verhalten der Gelatine zu, die andere Forscher ihr zusprechen. Man kann auch mit anderen Ionenarten sämtliche Punkte der Eigenschaftskurven erreichen und passieren[16].

Die kolloidchemischen Eigenschaften in ihrer Abhängigkeit von der Zeit[17].

Unterschiede im kolloidchemischen Verhalten harter und weicher Gelatine[18].

Über die physikalischen Eigenschaften der mit Kalialaun vorbehandelten Gelatine[19].

Vergleich des kolloidchemischen Verhaltens der Gelatine mit dem der Seifen[20].

Über Fällungen von Gelatine mit kolloidem und semikolloidem Eisenoxyd[21]. Untersucht man die aus 1,5 proz. Fe_2O_3-Sol und wechselnden Mengen 5 proz. Gelatinelösung bei 25° erhaltenen Niederschläge, so wird bei allen Mischungsverhältnissen festgestellt, daß nur ein geringer Bruchteil der zugesetzten Gelatine gefällt ist. — Das Eisenoxyd wird erst bei Zusatz von sehr viel Gelatine fast völlig ausgeflockt, seine Menge nimmt mit steigender Menge gefällter Gelatine zu und beträgt im Mittel 22,86%. Die nahezu konstante Zusammensetzung der Flockungen wird auf gegenseitige Entladung gleicher Äquivalentaggregatgewichte der Gelatine und des kolloiden Eisenoxyds zurückgeführt[22]. Vgl. auch [23]. — Von einem Äquivalentaggregatgewicht kolloiden Eisenoxyds (oder Chromoxydsols) werden immer etwa 30 000 g Gelatine gefällt. Das Äquivalentaggregatgewicht kann durch verschiedene Vorbehandlungen beeinflußt werden[24].

Beziehungen dieser Reaktionen zur Ladung der Teilchen[25].

Über die Beeinflussung der Koagulationswerte eines Eisenoxydsols mit Kochsalz in Gegenwart von Gelatine: Gelatine flockt ohne Salzzusatz (Komplexbildung zwischen den Teilchen des Eisenoxydsols und der Gelatine?)[26]. Vgl. dazu auch [27].

---

[1] J. Loeb: J. gen. Physiol. **3**, 85 (1920) — Chem. Zbl. **1921 I**, 251.

[2] J. Loeb: J. gen. Physiol. **3**, 247 (1920) — Chem. Zbl. **1921 I**, 371.

[3] J. Loeb: J. gen. Physiol. **3**, 391 (1921) — Chem. Zbl. **1921 I**, 629.

[4] J. Loeb u. M. Kunitz: J. gen. Physiol. **5**, 665, 693 (1923) — Chem. Zbl. **1923 III**, 1492.

[5] M. Kunitz: J. gen. Physiol. **6**, 547 (1924) — Chem. Zbl. **1924 II**, 848.

[6] J. Loeb: J. gen. Physiol. **3**, 667 (1921) — Chem. Zbl. **1921 III**, 1166.

[7] J. Loeb: J. gen. Physiol. **4**, 769 (1922) — Chem. Zbl. **1923 I**, 100.

[8] F. G. Donnan: Kolloid-Z. **51**, 24 (1930) — Chem. Zbl. **1930 II**, 209.

[9] J. Loeb: J. gen. Physiol. **3**, 691 (1921) — Chem. Zbl. **1921 III**, 1166.

[10] J. Loeb: J. gen. Physiol. **4**, 97 (1921) — Chem. Zbl. **1922 I**, 576.

[11] J. Loeb: J. gen. Physiol. **3**, 827 (1921) — Chem. Zbl. **1921 III**, 1167.

[12] J. Loeb: J. gen. Physiol. **4**, 73 (1921) — Chem. Zbl. **1922 I**, 575.

[13] J. Loeb: J. gen. Physiol. **4**, 351 (1921) — Chem. Zbl. **1922 I**, 756.

[14] J. Loeb: J. gen. Physiol. **4**, 463 (1922) — Chem. Zbl. **1922 I**, 1389.

[15] J. Loeb: J. gen. Physiol. **4**, 741 (1922) — Chem. Zbl. **1923 I**, 100.

[16] H. R. Kruyt u. H. J. C. Tendeloo: Versl. Akad. Wetensch. Amsterd., Wis- en natuurkd. Afd. **34**, 408 (1925) — Chem. Zbl. **1926 I**, 32.

[17] R. de Izaguirre: An. Soc. españ. Fis. Quim. **21**, 330 (1923) — Chem. Zbl. **1924 I**, 206.

[18] V. Isajevic: Kolloid-Z. **42**, 339 (1927) — Chem. Zbl. **1927 II**, 1798.

[19] A. Lottermoser u. W. Matthaes: Kolloid-Z. **49**, 103 (1929) — Chem. Zbl. **1930 II**, 67.

[20] M. H. Fischer, G. D. McLaughlin u. M. O. Hooker: Kolloidchem. Beih. **15**, 1; **16**, 99 (1923) — Chem. Zbl. **1923 III**, 646.

[21] R. Wintgen u. E. Meyer: Kolloid-Z. **36**, 369 (1925) — Chem. Zbl. **1925 II**, 530.

[22] R. Wintgen u. E. Meyer: Kolloid-Z. **40**, 136 (1926) — Chem. Zbl. **1927 I**, 252.

[23] R. Wintgen u. E. Meyer: Z. physik. Chem. **107**, 403 (1924) — Chem. Zbl. **1924 I**, 2412.

[24] R. Wintgen u. M. Vöhl: Kolloid-Z. **42**, 140 (1927) — Chem. Zbl. **1927 II**, 2651.

[25] N. Peskow u. W. Ssokolow: J. russ. phys.-chem. Ges. **58**, 823 (1926) — Chem. Zbl. **1927 I**, 1133.

[26] H. Freundlich u. G. Lindau: Biochem. Z. **202**, 236 (1928) — Chem. Zbl. **1929 I**, 2061 — Biochem. Z. **208**, 91 (1929) — Chem. Zbl. **1929 II**, 399.

[27] H. Freundlich u. G. Lindau: Biochem. Z. **234**, 170 (1931).

Über den Einfluß von Gelatinelösungen auf kolloide Gold- und Silberlösungen[1].

Über den Einfluß von Gelatine auf kolloide Goldlösungen nach der Formolmethode von Zsigmondy: Schädigung der spontanen Keimbildung und der Wachstumsgeschwindigkeit[2]. — Gelatine reagiert nicht mit durch Dialyse gereinigten Goldsolen, wohl aber auf Zusatz eines Neutralsalzes (z. B. KCl, $BaCl_2$, nicht K_2CO_3) in etwa $^1/_{1000}$ Normalität (= Konzentration in nichtdialysierten Goldsolen). Der Unterschied zwischen grob- und feindisperser Gelatine ist nur graduell: grobdisperse zeigt stark gesteigerte Elektrolytempfindlichkeit[3]. Weiteres über Gelatine als Schutzkolloid für Goldlösungen: Abnahme der Schutzwirkung bei frisch hergestellten Lösungen[4]. — Abnahme der Schutzwirkung durch vorheriges Erwärmen[5]. — Brauchbarkeit der Goldzahl für technische Zwecke, Zunahme der Goldzahl mit dem Altern[6]. — Ansteigen der Goldzahl zu Beginn der Hydrolyse der Gelatine[7]. Die Goldzahl der Gelatine und ihr Einfluß auf die katalytische Zersetzung von Wasserstoffsuperoxyd durch kolloidales Platin in Gegenwart von Säuren und Basen[8]. — Die Wirkung des Platinsols wird durch Gelatine auf $^1/_{10}$ herabgesetzt[9].

Über Kolloid-Kolloidreaktionen von Gelatine mit Farbstoffsolen (Kongoblausol)[10].

Gelatine und Kongorot[11].

Reaktionen zwischen hydrophilen Solen[12].

Gelatine als Schutzkolloid im System Mastix-Salzsäure und Öl-Salzsäure[13].

Über die Gelatine-Gummi arabicum-Flockung[14]. Beim System Gelatine-Gummi arabicum kann Entmischung beobachtet werden. Diese ist als eine Teilerscheinung hydrophiler Kolloide anzusehen[15, 16]. Vgl. dazu weitere Einzelheiten in den Arbeiten über Koazervation und Komplexkoazervation[17].

Kolloidchemische Reaktionen mit Solen verschiedener Stärkearten in Gelatinesolen: Neben fest-flüssiger Entmischung (Ausflockung) konnte flüssig-flüssige Entmischung beobachtet werden[18]. — Adsorption von Gelatine durch Stärke und Dextrin[19].

Über die Emulgierungsfähigkeit von Gelatinelösungen gegenüber Benzol[20] und Kresolen[21]. Gelatine verschiedener Herkunft als Emulgierungsmittel gegenüber Paraffinöl, Sojabohnenöl, Dorschleberöl und Haifischleberöl[22], gegenüber Petroleum[23].

[1] E. S. Bastin: J. Wash. Acad. Sci. **5**, 64 (1914) — Chem. Zbl. **1915 I**, 981.

[2] K. Hiege: Z. anorg. Chem. **91**, 145 (1914) — Chem. Zbl. **1915 I**, 1053.

[3] M. Spiegel-Adolf: Biochem. Z. **180**, 395 (1927) — Chem. Zbl. **1927 I**, 2175.

[4] W. Biltz: Z. physik. Chem. **91**, 705 (1914) — Chem. Zbl. **1916 II**, 1031.

[5] M. J. Schulte: Pharm. Weekbl. **57**, 822 (1919) — Chem. Zbl. **1920 IV**, 380.

[6] F. A. Elliott u. S. E. Sheppard: Ind. Chem. **13**, 699 (1921) — Chem. Zbl. **1922 II**, 330.

[7] P. B. Ganguly: Quart. J. Indian Chem.-Soc. **3**, 177 (1926) — Chem. Zbl. **1927 I**, 707.

[8] H. V. Tartar u. N. K. Schaffer: J. amer. chem. Soc. **50**, 2604 (1928) — Chem. Zbl. **1928 II**, 2618.

[9] Groh: Z. physik. Chem. **88**, 414 (1914) — Chem. Zbl. **1914 II**, 1295.

[10] W. Pauli u. E. Weiß: Biochem. Z. **203**, 103 (1928) — Chem. Zbl. **1929 I**, 2735.

[11] H. L. Davis u. J. W. Ackermann: J. physic. Chem. **35**, 972 (1931) — Chem. Zbl. **1931 II**, 1544.

[12] W. J. Lesley: Trans. Faraday Soc. **25**, 570 (1929) — Chem. Zbl. **1930 I**, 1444.

[13] Walpole: Biochem. J. **8**, 170 (1914) — Chem. Zbl. **1914 II**, 1019.

[14] F. W. Tiebackx: Kolloid-Z. **31**, 102 (1922) — Chem. Zbl. **1923 I**, 1630.

[15] H. G. Bungenberg de Jong u. W. A. L. Dekker: Biochem. Z. **212**, 318 (1929) — Chem. Zbl. **1930 I**, 1443.

[16] H. G. Bungenberg de Jong u. H. R. Kruyt: Kolloid-Z. **50**, 39 (1930) — Chem. Zbl. **1930 II**, 1049. — H. G. Bungenberg de Jong u. J. Lens: Kolloid-Z. **58**, 209 (1932) — Chem. Zbl. **1932 I**, 2438.

[17] H. R. Kruyt u. A. H. A. de Willigen: Versl. Akad. Wetensch. Amsterd., Wis- en natuurkd. Afd. **34**, 1271 (1931) — Chem. Zbl. **1932 I**, 2438. — H. G. Bungenberg de Jong, W. A. L. Dekker u. Ong San Gwan: Biochem. Z. **221**, 392 (1931) — Chem. Zbl. **1932 I**, 2855. — H. G. Bungenberg de Jong u. W. A. L. Dekker: Biochem. Z. **221**, 403 (1931) — Chem. Zbl. **1932 I**, 2855. — H. G. Bungenberg de Jong u. A. J. W. Kaas: Biochem. Z. **232**, 338 (1931) — Chem. Zbl. **1932 I**, 2855. — H. G. Bungenberg de Jong u. R. F. Westerkamp: Biochem. Z. **234**, 367 (1931) — Chem. Zbl. **1932 I**, 2856. — H. G. Bungenberg de Jong u. J Lens: Biochem. Z. **235**, 185 (1931) — Chem. Zbl. **1932 I**, 2856.

[18] Wo. Ostwald u. R. H. Hertel: Kolloid-Z. **47**, 258 (1929) — Chem. Zbl. **1929 I**, 2515.

[19] S. J. von Przyłecki u. R. Majmin: Biochem. Z. **240**, 98 (1931) — Chem. Zbl. **1932 I**, 1207.

[20] J. Shukow u. J. Buschmakin: J. russ. phys.-chem. Ges. **59**, 1061 (1927) — Chem. Zbl. **1928 I**, 2916.

[21] R. M. Woodman: J. physic. Chem. **30**, 658 (1926) — Chem. Zbl. **1926 II**, 362.

[22] J. C. Kernot u. J. Knaggs: J. Soc. chem. Ind. **47**, T. 96 (1928) — Chem. Zbl. **1928 II**, 27.

[23] H. N. Holmes u. W. C. Child: J. amer. chem. Soc. **42**, 2049 (1920) — Chem. Zbl. **1921 I**, 120.

Bei der Fällung der Gelatine durch **Phenol** steigt der Verteilungskoeffizient des Phenols zwischen Wasser und Gelatine auf 12, nimmt aber mit wachsender Phenolkonzentration noch zu. Der Verteilungskoeffizient von Resorcin zwischen Wasser und Gelatine bleibt bei Erhöhung der Resorcinkonzentration konstant[1] (Beiträge zur Kenntnis der Desinfektionswirkung).

Gelatine nimmt **p-Chinone** — Benzochinon, Toluchinon — in annähernd gleicher Menge auf, obwohl Benzochinon als Desinfektionsmittel sehr viel wirksamer ist als Toluchinon. Adsorptionsvorgänge sollen bei der Aufnahme der Chinone keine große Rolle spielen (Erörterungen über Desinfektionswirkung)[2].

Die Aufnahme von **Sulfosalicylsäure, Äthylamin,** vielleicht auch von **Anilin,** ist ein Adsorptionsvorgang[3].

Bismarckbraun wird irreversibel von Gelatine adsorbiert[4].

Die Adsorption von **Phenolrot** durch Gelatine gehorcht der Adsorptionsisotherme, die Adsorption ist abhängig von der Wasserstoffionenkonzentration[5].

Über die Adsorption von **Rose-Bengale** an Gelatine[6].

Über die Adsorption von **Methylenblauchlorid** an Gelatine und das kataphoretische Verhalten des Systems[7].

(Über die Bindung von basischen und sauren Farbstoffen in stöchiometrischen Verhältnissen vgl. unter „Säure- und Basenbindung".)

Über **Permeabilitätsversuche** mit **Gelatinemembranen:** Durchgang verschiedener oberflächenaktiver und -inaktiver organischer Substanzen und Theoretisches über die Diffusion an der lebenden Zelle, Kritik bisheriger Arbeiten[8].

Über den Einfluß der Wasserstoff- und Hydroxylionenkonzentration auf die Durchlässigkeit von Gelatinemembranen[9]. Der sich daraus ergebende Einfluß der Quellung[10]. — Vgl. dazu die Ergebnisse von **Hitchcock** an Gelatinekollodiummembranen[11,12] und von **Anselmino**[13].

Quellung, Hydratation, Löslichkeit: Von den zahlreichen Theorien über den Vorgang der **Quellung** von Gelatine in Wasser, Neutralsalzen, Säuren und Basen, kann hier nur kurz folgendes erwähnt werden (über die experimentellen Einzelheiten vgl. unten): nach **Loeb** ist der Einfluß der genannten Substanzen auf die Quellung der Gelatine stöchiometrischer Ordnung. Nur die Valenz und nicht die chemische Natur des mit der Gelatine verbundenen Ions beeinflußt den Quellungsgrad. Die Quellung entspricht den Schlußfolgerungen, die aus der Theorie vom **Donnan**schen Gleichgewicht gezogen werden können. Die **Hofmeister**schen Ionenreihen werden abgelehnt, weil die Wasserstoffionenkonzentration nicht berücksichtigt worden ist[14]. (Vgl. die **Loeb**schen Arbeiten oben.)

Weiteres über die **Donnan**sche Theorie als Erklärung der Säurequellung der Gelatine[15,16,17]. Vgl. dazu besonders sämtliche Arbeiten von **Loeb**.

Ablehnung dieser Ansicht[18] und unten.

Arisz hat folgende Ansicht von der Theorie der Quellung: durch das bei der Quellung eindringende Wasser wird eine Größenänderung der Gelatineteilchen und wahrscheinlich auch eine Abnahme ihrer Zusammenhangsintensität herbeigeführt, Vorgänge, die ihrerseits wiederum die Wassermenge, die ein Gelatinegel aufnehmen kann, beeinflussen. Ein Gel, das nach Aufnahme von viel Wasser außerhalb des Wassers aufbewahrt wird, verhält sich anders als ein

[1] E. A. Cooper u. E. Sanders: J. physic. Chem. **31,** 1 (1927) — Chem. Zbl. **1927 I,** 2174.

[2] E. A. Cooper u. S. D. Nicholas: J. Soc. chem. Ind. **46,** 59 (1927) — Chem. Zbl. **1927 I,** 2203.

[3] E. A. Cooper u. J. Mason: J. physic. Chem. **32,** 868 (1928) — Chem. Zbl. **1928 II,** 1990.

[4] N. Rakusin: Biochem. Z. **192,** 167 (1928) — Chem. Zbl. **1928 I,** 2723.

[5] A. Grollman: J. of biol. Chem. **64,** 141 (1925) — Chem. Zbl. **1925 II,** 2251.

[6] S. M. Rosenthal: J. of Pharmacol. **29,** 521 (1926) — Chem. Zbl. **1927 I,** 2322.

[7] A. Fodor u. K. Mayer: Kolloid-Z. **46,** 201 (1928) — Chem. Zbl. **1929 I,** 1549.

[8] R. Collander: Protoplasma (Berl.) **3,** 213 (1927) — Chem. Zbl. **1928 I,** 1157.

[9] O. Risse: Pflügers Arch. **212,** 375 (1926) — Chem. Zbl. **1926 II,** 996.

[10] O. Risse: Pflügers Arch. **213,** 685 (1926) — Chem. Zbl. **1926 II,** 2046.

[11] D. J. Hitchcock: J. gen. Physiol. **8,** 61 (1925) — Chem. Zbl. **1926 I,** 329.

[12] D. J. Hitchcock: J. gen. Physiol. **10,** 179 (1926) — Chem. Zbl. **1926 II,** 2965.

[13] K. J. Anselmino: Biochem. Z. **192,** 390 (1928) — Chem. Zbl. **1928 I,** 2584.

[14] J. Loeb: Die Eiweißkörper und die Theorie der kolloidalen Erscheinungen. Berlin 1924.

[15] H. R. Procter: J. chem. Soc. Lond. **105,** 313 (1914) — Chem. Zbl. **1914 I,** 1587.

[16] H. R. Procter u. J. A. Wilson: J. chem. Soc. Lond. **109,** 307 (1916) — Chem. Zbl. **1916 II,** 401.

[17] R. H. Bogue: J. amer. chem. Soc. **44,** 1343 (1922) — Chem. Zbl. **1923 I,** 489.

[18] E. Stiasny u. S. R. Das Gupta: Collegium **1925,** 13 — Chem. Zbl. **1925 II,** 508.

Gel, daß das innere Quellungsgleichgewicht bei gleichem Wassergehalt erreicht hat (Teilchenverschiedenheit oder Unterschiede im Zusammenhang der Teilchen)[1].

Vgl. auch über die kolloidchemische Erklärung der „Lösung" von Tiebackx[2].

Northrop und Kunitz sehen in der Quellung der Gelatine (in Salzlösungen, Säuren und Basen) ein rein osmotisches Phänomen. Die Ursache des osmotischen Druckes ist eine lösliche Gelatinefraktion, die sich innerhalb eines von einer unlöslichen Fraktion gebildeten Netzwerks befindet. Solange eine Differenz im osmotischen Druck zwischen der Innenseite der Micellen und der äußeren Gelatinelösung herrscht, quellen die Micellen, bis ein Gleichgewicht erreicht wird. (Vgl. bei diesen Arbeiten auch über die Gleichgewichtsbedingungen und die Kinetik der Wasseraufnahme)[3, 4, 5, 6, 7, 8, 9]. — Außer osmotischen Veränderungen im Gel bewirken höhere Konzentrationen mancher Salze Quellungssteigerung durch Einfluß auf die Gelelastizität[10]. Die Quellung der Gelatine hängt ab von ihrem Gehalt an der löslichen Fraktion, das unlösliche Material quillt nur wenig[11]. Vgl. im Gegensatz dazu Sheppard[12] (über die Darstellung dieser Fraktionen s. ebenfalls hier)[13].

Im Gegensatz dazu führen andere Forscher die Quellung der Gelatine beim isoelektrischen Punkt nicht auf osmotische Kräfte, sondern auf „Hydratation" zurück, worunter eine durch die Nebenvalenzen bedingte Wasseraufnahme verstanden wird[14]. Schwellung und Hydratation sind nicht dieselben Vorgänge[15].

Nach Küntzel finden bei der Quellung von Gelatine in Elektrolytlösungen stets gleichzeitig 2 Arten von Quellung statt: Ladungsquellung und Peptisierungsquellung. Letztere überwiegt bei der Quellung in Salzlösungen, erstere bei der Quellung in Säuren und Basen. Die Größe der Ladungsquellung wird durch die Adsorbierbarkeit der Ionen des Elektrolyten bestimmt: bei annähernd gleichstarker Adsorbierbarkeit beider Ionen ist die Ladungsquellung gering, was also bei Neutralsalzen der Fall ist, im anderen Falle, in dem ein Ion stärker adsorbiert wird als das andere, groß, also bei Säuren und Basen[16].

Pleass unterscheidet bei der Quellung der Gelatine 1. die capillare Wasseraufnahme isoelektrischer Gelatine in destilliertem Wasser; 2. die lyotrope Quellung in Salzlösungen von $p_H = 5$; 3. die osmotische Quellung in Säuren und Basen[17].

Nach Ostwald gilt für Lösung und Quellung der Gelatine die Bodenkörperregel. Die spontane Löslichkeit der Gelatine in reinem Wasser nimmt mit steigender Menge Bodenkörper stark zu. Der Einfluß der Bodenkörpermenge ist von der Temperatur abhängig[18]. Die Ursache des Bodenkörpereffektes bei der Quellung von Gelatine in Wasser ist der $CaSO_4$-Gehalt der Gelatine. Das $CaSO_4$ löst sich in der Quellflüssigkeit und setzt die „spezifische Quellung" steigend mit seiner Konzentration herab. Elektrolytfreie Gelatine zeigt einen geringen Effekt. Der Bodenkörpereffekt in Elektrolytlösungen hängt von der quellungsfördernden bzw. -hemmenden Wirkung der betreffenden Elektrolytkonzentration ab (vgl. dazu

[1] L. Arisz: Kolloidchem. Beih. 7, 1 (1915) — Chem. Zbl. 1915 II, 57.
[2] F. W. Tiebackx: Pharm. Weekbl. 60, 727 (1923) — Chem. Zbl. 1923 III, 709.
[3] J. H. Northrop u. M. Kunitz: J. gen. Physiol. 8, 317 (1926) — Chem. Zbl. 1926 II, 2965.
[4] J. H. Northrop u. M. Kunitz: J. gen. Physiol. 10, 161 (1926) — Chem. Zbl. 1927 I, 252.
[5] M. Kunitz: J. gen. Physiol. 10, 811 (1927) — Chem. Zbl. 1927 II, 2537.
[6] J. H. Northrop: J. gen. Physiol. 10, 893 (1927) — Chem. Zbl. 1927 II, 2537.
[7] J. H. Northrop u. M. Kunitz: J. gen. Physiol. 10, 905 (1927) — Chem. Zbl. 1927 II, 2537.
[8] J. H. Northrop u. M. Kunitz: J. physic. Chem. 35, 162 (1931) — Chem. Zbl. 1932 I, 509.
[9] Wo. Ostwald: Kolloid-Z. 49, 60 (1929) — Chem. Zbl. 1930 I, 655.
[10] M. Kunitz: J. gen. Physiol. 13, 565 (1930) — Chem. Zbl. 1930 II, 2622.
[11] M. Kunitz u. J. H. Northrop: J. gen. Physiol. 12, 379 (1929) — Chem. Zbl. 1929 II, 1123.
[12] S. E. Sheppard, J. H. Hudson u. R. C. Houck: J. amer. chem. Soc. 53, 760 (1931).
[13] M. Kunitz: J. gen. Physiol. 12, 289 (1928) — Chem. Zbl. 1929 II, 1123.
[14] H. A. Neville u. E. R. Theis: Colloid Symposium Monograph 7, 41 (1930) — Chem. Zbl. 1930 II, 2623.
[15] H. A. Neville, E. R. Theis u. R. B. K'Burg: Ind. Chem. 22, 57 (1930) — Chem. Zbl. 1930 I, 1881.
[16] A. Küntzel: Biochem. Z. 209, 326 (1929) — Chem Zbl. 1930 I, 349.
[17] W. B. Pleass: Biochemic. J. 24, 1472 (1930) — Chem. Zbl. 1931 II, 3216.
[18] Wo. Ostwald u. R. Köhler: Kolloid-Z. 43, 233 (1927) — Chem. Zbl. 1928 I, 656.

auch die entsprechenden Arbeiten von Wo. Ostwald und Sørensen unter Caseinogen)[1]. Vgl. dazu [2, 3]. Theoretische Erörterungen über die Bodenkörperregel[4].

Über eine aus dem Verhalten der Lichtzerstreuung während der Quellung abgeleitete Theorie[5].

Quellung und Solvatation[6].

Mathematische Beziehungen der Quellung und Entquellung in reinem Wasser und bei Gegenwart von Elektrolyten[7].

Ableitung von Zusammenhängen zwischen Adsorption und Quellung[8].

Anschauungen über die Quellung s. auch in den röntgenographischen Arbeiten von Gerngroß oben.

Über die Richtung der Quellung von Gelatine[9]. Gedehnte Gelatine scheint ausschließlich rechtwinklig zur Deformationsrichtung zu quellen[10].

Die Quellungswärme von Gelatine ist eine Funktion des aufgenommenen Wassers. Zunächst tritt geringe Wasseraufnahme mit stark positiver Wärmetönung ein, daran schließt sich die eigentliche Quellung mit großer Wasseraufnahme ohne merkliche Wärmeentwicklung. Die Quellungswärme der Gelatine erhöht sich in Kochsalz- und Kaliumchloridlösungen proportional dem Salzgehalt; bei anderen Halogensalzen und Nitraten geht die Quellungswärme durch ein Maximum und fällt bei weiterer Steigerung der Konzentration ab. Die Abnahme der Quellungswärme ist von einem Zerfließen der Gelatine begleitet und soll mit einer chemischen Umwandlung verbunden sein. Sulfate erhöhen die Quellungswärme bei niedrigen Konzentrationen nicht proportional, bei höheren proportional dem Salzgehalt. Magnesiumsulfat ähnelt aber in seinem Verhalten den Halogensalzen. Chromate erniedrigen die Quellungswärme. Verantwortlich für die Erhöhung der Quellungswärme scheint die elektrolytische Dissoziation der Salze zu sein[11].

Obwohl der Vorgang der Quellung exotherm ist, wird die Wasseraufnahme der Gelatine durch Erwärmen begünstigt. Diese Tatsache widerspricht dem Le Chatelierschen Prinzip nicht, da ja nur ein scheinbares Gleichgewicht erreicht wird[12].

Bei der Auflösung bzw. Quellung von Gelatine findet Volumenkontraktion statt. Die Kontraktion ist von der Menge des Wassers unabhängig und beträgt für 1 g Gelatine 0,073 ccm bei 15° und 0,065 ccm bei 32°[13]. The Svedberg findet für 1 g Gelatine 0,054 ccm. Bei Gegenwart von Säure oder Base ist die Kontraktion geringer, Salze sind wirkungslos. Mit fallender Temperatur nimmt die Kontraktion zu, ohne daß Unstetigkeiten beim Übergang von Sol in Gel zu bemerken wären[14]. Das wird auch von anderen bestätigt. Zusatz von Säuren, Basen und Salzen erniedrigt die Kontraktion[15].

Nach Marie und Marinesco soll die Volumentraktion/g trockene Gelatine bei konstantem p_H mit steigender Verdünnung rasch abnehmen. Die Kontraktion hat im isoelektrischen Punkt ein Minimum, steigt auf der sauren Seite schnell, auf der alkalischen langsamer an. Beim Neutralpunkt befindet sich ein Podest mit nachfolgendem raschen Anstieg[16].

---

[1] Wo. Ostwald u. P. P. Kestenbaum: Kolloidchem. Beih. **29**, 1 (1929) — Chem. Zbl. **1930 I**, 1443.

[2] Wo. Ostwald u. W. Rödiger: Kolloid-Z. **43**, 225 (1927) — Chem. Zbl. **1928 I**, 656.

[3] Wo. Ostwald, W. Steinbach u. R. Köhler: Kolloid-Z. **43**, 227 (1927) — Chem. Zbl. **1928 I**, 656.

[4] Wo. Ostwald: Kolloid-Z. **43**, 249 (1927) — Chem. Zbl. **1928 I**, 656.

[5] K. Krishnamurti: Nature (Lond.) **123**, 242 (1929) — Chem. Zbl. **1929 I**, 1552.

[6] W. Haller: Kolloid-Z. **56**, 257 (1931) — Chem. Zbl. **1931 II**, 3312.

[7] S. Liepatow: Kolloid-Z. **36**, 222 (1925) — Chem. Zbl. **1925 II**, 272.

[8] C. Terzaghi: Colloid Symposium Monograph **4**, 58 (1926) — Chem. Zbl. **1928 II**, 862.

[9] S. E. Sheppard u. F. A. Elliott: J. amer. chem. Soc. **44**, 373 (1921) — Chem. Zbl. **1922 III**, 678.

[10] S. E. Sheppard u. J. G. Mc Nally: Colloid Symposium Monograph **7**, 17 (1930) — Chem. Zbl. **1930 II**, 2618.

[11] Rosenbaum: Kolloidchem. Beih. **6**, 177 (1914) — Chem. Zbl. **1914 II**, 1294.

[12] E. B. Shreve: J. Franklin Inst. **187**, 319 (1919) — Chem. Zbl. **1919 III**, 359.

[13] A. Taffel: J. chem. Soc. Lond. **121**, 1971 (1922) — Chem. Zbl. **1923 I**, 1630.

[14] The Svedberg: J. amer. chem. Soc. **46**, 2673 (1924) — Chem. Zbl. **1925 I**, 1957.

[15] H. A. Neville, E. R. Theis u. R. B. K'Burg: Ind. Chem. **22**, 57 (1930) — Chem. Zbl. **1930 I**, 1881.

[16] Ch. Marie u. N. Marinesco: C. r. Acad. Sci. Paris **193**, 736 (1931) — Chem. Zbl. **1932 I**, 1639 — J. Chim. physique **29**, 30 (1932) — Chem. Zbl. **1932 I**, 3158.

Die Dichte von Gelatinesolen erreicht bei allen verwendeten Säuren ein Maximum bei $p_H = 3{,}0$ und fällt bis zu einem Minimum, das wahrscheinlich im isoelektrischen Punkt liegt[1]. Vgl. dazu die Kritik von Brown[2].

a) in Wasser: Über den Einfluß der Trocknungsweise auf die Quellungsgeschwindigkeit der Gelatine in Wasser[3].

Die Löslichkeit von elektrolytisch gereinigter Gelatine in Wasser ist gleich 0 (woraus auf Globulinnatur der Gelatine geschlossen wird)[4]. Vgl. auch [5].

Die Rolle des Dispersitätsgrades bei der Wasseraufnahme[6].

Die Temperaturwirkung auf die Löslichkeit[7, 8].

b) in Salzlösungen: Allgemeinere Gesetzmäßigkeiten der Gelatinequellung in Neutralsalzen: Abhängigkeit von Acidität, Temperatur, Salzkonzentrationen und Quellungsdauer[9].

Die Neutralsalze mit einwertigem Kation in $^m/_8$- oder $^m/_4$-Lösungen bilden mit Gelatine hochionisierbare Salze (s. unter Ionisation). Die Bildung dieser Gelatineionen verursacht die „zusätzliche Quellung", wenn das Salz mit destilliertem Wasser fortgewaschen ist. Die alkalischen Erden bilden Salze (z. B. Calciumgelatinat), die keiner Quellung fähig sind[10, 11].

Die zusätzliche Quellung von Gelatinechlorid wird verhindert durch neutrale Salze, und zwar zeigen sich dabei folgende Konzentrationen wirksam: Salze aus einwertigen Metallen und einwertigen Anionen: $^m/_{64}$, Salze aus zweiwertigen Metallen und einwertigen Anionen: $^m/_{128}$ ohne Unterschied bezüglich der sonstigen Art von Anion oder Kation. Bei Salzen mit zweiwertigem Anion: $^m/_{512}$. — Beim Natriumgelatinat wird die zusätzliche Quellung durch Salze vom Typus NaCl bei Konzentrationen $^m/_{32}$ bis $^m/_{64}$, durch solche vom Typus Na_2SO_4 in Konzentrationen $^m/_{64}$ bis $^m/_{128}$ gehemmt, für Salze vom Typus $CaCl_2$ schon in Konzentrationen von $^m/_{256}$ bis $^m/_{512}$. Das gleiche findet man bei Gelatinaten, die durch $^m/_8$- oder $^m/_4$-Lösungen von Kochsalz erhalten waren[12].

Die Quellung einer teilweise gequollenen Gelatineplatte in Salzlösungen ist von der Konzentration der Salzlösungen abhängig. Bei der einen Gruppe von Salzen (NaCl, NaCNS) steigt die Quellung mit der Konzentration, bei der anderen Gruppe (Na_2SO_4) besteht für mittlere Konzentrationen ein Quellungsoptimum, die Wirkung von Natriumacetat liegt zwischen diesen beiden Gruppen. (Nach Moraczewski steigt nur bei den Citraten die Quellung nicht mit der Konzentration[5].) Die erste Gruppe wird vorzugsweise durch die Salze einbasischer, die zweite durch die Salze mehrbasischer Säuren gebildet, jedoch lassen sich die Chloride der Schwermetalle nicht in die erste Gruppe einreihen, da die Quellung in verdünnter Lösung größer ist als in konzentrierter, wobei die hydrolytische Dissoziation ($FeCl_3$) mitsprechen mag. Von den Kationen (außer Lithium) scheinen die zweiwertigen stärker quellend zu wirken als die einwertigen. Bei niedrigen Konzentrationen verschwinden die Unterschiede. Für die Anionen gilt die Hofmeistersche Ionenreihe bei höheren Konzentrationen, mit wachsender Verdünnung verändert sich diese Reihe, so daß bei $^m/_{400}$-Lösungen Umkehrung erfolgt: $SO_4 > CH_3COO > SCN > Cl$[13].

Auch von anderen wird die Hofmeistersche Ionenreihe bestätigt[14]. Und zwar nimmt die Quellung unabhängig von der Wasserstoffionenkonzentration in der Anionenreihe von Hofmeister ab. Loebs Angaben über die Beziehungen der Quellung zum Donnanschen

[1] The Svedberg u. B. A. Stein: J. amer. chem. Soc. **45**, 2613 (1923) — Chem. Zbl. **1924 I**, 2333.

[2] F. E. Brown: J. amer. chem. Soc. **46**, 1207 (1924) — Chem. Zbl. **1925 I**, 1480.

[3] R. A. Gortner u. W. F. Hoffman: J. physic. Chem. **31**, 464 (1927) — Chem. Zbl. **1927 I**, 2809.

[4] A. B. Manning: Biochemie. J. **18**, 1085 (1924) — Chem. Zbl. **1925 I**, 232.

[5] W. v. Moraczewski u. E. Hamerski: Biochem. Z. **208**, 299 (1929) — Chem. Zbl. **1929 II**, 2027.

[6] R. E. Liesegang: Farben-Ztg. **28**, 1021 (1923) — Chem. Zbl. **1923 I**, 1596.

[7] F. Fairbrother u. E. Swan: J. chem. Soc. Lond. **121**, 1237 (1922) — Chem. Zbl. **1923 I**, 770. — F. Fairbrother: Biochemie. J. **18**, 647 (1924) — Chem. Zbl. **1924 II**, 1353.

[8] E. W. J. Mardles: Kolloid-Z. **57**, 183 (1931) — Chem. Zbl. **1932 I**, 926.

[9] K. Rudsit: Kolloid-Z. **53**, 205 (1930) — Chem. Zbl. **1931 I**, 1891.

[10] J. Loeb: J. of biol. Chem. **33**, 531 (1918) — Chem. Zbl. **1919 I**, 30.

[11] J. Loeb: J. of biol. Chem. **35**, 497 (1918) — Chem. Zbl. **1919 I**, 374.

[12] J. Loeb: J. of biol. Chem. **34**, 77 (1918) — Chem. Zbl. **1919 I**, 90.

[13] E. Lenk: Biochem. Z. **73**, 15 (1915) — Chem. Zbl. **1916 I**, 622.

[14] E. B. Shreve: J. Franklin Inst. **187**, 319 (1919) — Chem. Zbl. **1919 III**, 359.

Membranpotential gelten für die Salzquellung nicht[1]. Hydrolytische Vorgänge finden nicht statt (untersucht an Rhodansalzlösungen)[2, 3].

Vgl. auch die Untersuchungen Willheims, nach denen Salicylat am Ende der Hofmeisterschen Reihe und Natriumbenzoat zwischen Natriumjodid und Natriumrhodanid steht[4].

Aus Quellungsversuchen in Lösungen von Na_2SO_4, Na_2HAsO_4, Na-Tartrat, Na-Acetat, Na-Formiat, Na_2MoO_4, Na_2WO_4, $Na_4Fe(CN)_6$, $K_4Fe(CN)_6$, Mono-, Di- und Tri-Na-Citrat, Na_2CrO_4, $Na_2S_2O_3$, NaCl, $NaNO_2$, $Na_2S_2O_6$, $NaBrO_3$, $NaClO_3$, NaBr, $NaNO_3$ geht hervor, daß alle einwertigen Ionen mit Ausnahme der organischen die Quellung fördern, alle mehrwertigen mit Ausnahme von S_2O_6'' und S_4O_6'' sie mindern. Na-Acetat und -Formiat wirken ähnlich wie Tartrat und Sulfat. — Die Wirkung der Hofmeisterschen Reihen soll elektrischer Natur sein[5]. Vgl.[6].

Nach Moraczewski hängt die Quellung von Gelatine in Lösungen von Salzen und Säuren mit dem Raumerfüllungsvermögen des gelösten Stoffes zusammen. In gleichprozentigen Lösungen von NaCl, KCl, $NaNO_3$, KNO_3, NaSCN und KSCN ist die Quellung bei den leichter löslichen Salzen stärker. In gleichkonzentrierten Lösungen wächst das Quellungsvermögen mit sinkender Dichte. Die Salze der zweiwertigen Kationen quellen stärker als solche einwertiger, solche dreiwertiger Kationen stärker als zweiwertiger[7].

Vergleichende Versuche über die Quellung von Gelatine in Gegenwart von Cl- und Bicarbonationen[8].

In gesättigten Lösungen der Chloride der Erdalkalien, mit Ausnahme des Magnesiumchlorids, geht trockne Gelatine in Lösung[9]. (Vgl. dazu auch über die „negative Adsorption"[10, 11, 12, 13].)

Die Quellung von Gelatine in $CaCl_2$, $CaCrO_4$, Ca-Formiat, Ca-Acetat, Ca-Butyrat, Ca-Lactat ist (besonders bei stärkeren Konzentrationen) höher bei tieferen Temperaturen, wenn das betreffende Calciumsalz bei tiefen Temperaturen leichter löslich ist[14].

Löslichkeit in starken Lösungen von Calciumchlorid oder Calciumnitrat[15].

Über Verflüssigung von Gelatine in konzentrierten Zinkchloridlösungen[16].

Die Quellung (und Gelierung) der Gelatine in Gegenwart von Natriumsilicaten[17].

Die Quellung der Gelatine in Salzgemischen verläuft folgendermaßen: wird der eine Elektrolyt in einer Konzentration angewendet, die für sich eine starke Quellung hervorruft, der andere in einer Konzentration, die schwache Quellung verursacht, so verläuft die Quellungskurve des Gemisches in der Mitte zwischen den Kurven für die einzelnen Salze, wobei nur bei sehr hohen Konzentrationen der einen Komponente Ausnahmen bestehen. Werden zwei Salze in Konzentrationen angewendet, in denen jedes für sich gleiche Quellung hervorruft, so ist die Quellung im Gemisch gleich groß. Bei großen Konzentrationen beider Elektrolyte ist die Quellung in der gemischten Salzlösung höher als in den Lösungen der einzelnen Salze. In gemischten Lösungen von $^m/_{1000}$-$HgCl_2$ und $^m/_5$ bis $^m/_{1000}$-$CaCl_2$ quillt Gelatine wie in Calciumchloridlösungen allein[18]. — Über additives Quellungsvermögen in Salzgemischen s. auch[19].

[1] E. Stiasny u. S. R. Das Gupta: Collegium **1925**, 13 — Chem. Zbl. **1925 II**, 508.

[2] E. Stiasny, S. R. Das Gupta u. P. Tresser: Collegium **1925**, 23 — Chem. Zbl. **1925 II**, 508.

[3] E. Stiasny: Kolloid-Z. **35**, 353 (1924) — Chem. Zbl. **1925 I**, 2063.

[4] R. Willheim, M. Mandula, J. Silbermann, G. Nettel u. R. Laub: Kolloid-Z. **48**, 217 (1929) — Chem. Zbl. **1930 I**, 23.

[5] E. H. Buchner: Rec. Trav. chim. Pays-Bas et Belg. (Amsterd.) **46**, 439 (1927) — Chem. Zbl. **1927 II**, 1799.

[6] E. H. Buchner: Rec. Trav. chim. Pays-Bas et Belg. (Amsterd.) **49**, 1150 (1930) — Chem. Zbl. **1931 I**, 2323.

[7] W. von Moraczewski u. S. Grzycki: Biochem. Z. **221**, 331 (1930) — Chem. Zbl. **1931 I**, 470.

[8] E. G. Miller jun.: Biochemic. J. **23**, 876 (1929) — Chem. Zbl. **1931 I**, 727.

[9] M. A. Rakusin u. L. A. Itzkin: Biochem. Z. **149**, 232 (1924) — Chem. Zbl. **1924 II**, 1899.

[10] M. A. Rakusin: Biochem. Z. **130**, 282 (1922) — Chem. Zbl. **1922 III**, 1213.

[11] M. A. Rakusin u. T. Gönke: Biochem. Z. **132**, 82 (1922) — Chem. Zbl. **1923 I**, 4.

[12] M. A. Rakusin u. T. Gönke: Biochem. Z. **137**, 341, 347, 353 (1923) — Chem. Zbl. **1923 III**, 331—332.

[13] M. A. Rakusin: Biochem. Z. **137**, 349 (1923) — Chem. Zbl. **1923 III**, 331.

[14] W. von Moraczewski u. S. Grzycki: Biochem. Z. **236**, 432 (1931) — Chem. Zbl. **1932 I**, 2723.

[15] R. E. Liesegang: Farben-Ztg. **24**, 971 (1919) — Chem. Zbl. **1919 IV**, 150.

[16] T. R. Briggs u. E. M. C. Hiber: J. physic. Chem. **24**, 74 (1920) — Chem. Zbl. **1920 II**, 807.

[17] R. H. Bogue: Ind. Chem. **14**, 32 (1921) — Chem. Zbl. **1922 II**, 529.

[18] E. Lenk: Biochem. Z. **73**, 58 (1915) — Chem. Zbl. **1916 I**, 623.

[19] W. v. Moraczewski u. E. Hamerski: Biochem. Z. **208**, 299 (1929) — Chem. Zbl. **1929 II**, 2027.

Die Quellung von Gelatine in den Lösungen von Salzen mehrwertiger Säuren (Phosphorsäure, Citronensäure, Kohlensäure) ist abhängig von der Natur der Salze und von ihrer Konzentration. Führt man die Versuche mit Mono-, Di- und Trinatriumsalzen aus (Zusatz von NaOH zu den Säuren), so ergibt sich, daß das Minimum der Quellung ungefähr der Anwesenheit des Mononatriumsalzes der Citronensäure bzw. der Phosphorsäure entspricht. — Quellung und Verflüssigung werden als zwei verschiedene Erscheinungen aufgefaßt[1, 2]. Vgl. dazu [3].

Die Wirkung der Puffermischungen ist nicht von der Wasserstoffionenkonzentration abhängig[4, 5]. — Vgl. dazu auch [6, 7].

Hemmung der Gelatinequellung durch Na-Pyrophosphat[8].

c) in Säuren und Basen: Über die Geschwindigkeit der Gellösung in Säuren[9].

Der Temperatureinfluß bei der Lösung der Gelatine in Säuren und Basen[10, 11, 12, 13, 14].

Bei der Quellung der Gelatine in Säuren und Basen bilden sich leicht ionisierbare Salze (s. hierüber besonders unter „Säure-Basen- und Salzbindung")[4, 15].

Das Maximum der Säurequellung liegt bei einer Wasserstoffionenkonzentration von $4 \cdot 10^{-3}$. Bei mehrbasischen Säuren liegt das Maximum bei derselben Wasserstoffionenkonzentration, ist aber etwas kleiner[4].

Die Quellung der Gelatine in Säuren weist keine Beziehungen zur elektrischen Ladung auf; denn während mit steigender Wasserstoffionenkonzentration die Adsorption von H-Ionen und die elektrische Ladung zunehmen, geht die Quellung durch ein Maximum bei $p_H = 2{,}6$. Die Menge der adsorbierten H-Ionen läßt sich aus der Langmuirschen Gleichung berechnen[16].

Vgl. aber dazu Paulis Anschauungen über Hydratation und Ladung[17]. Über „Ladungsquellung"[7].

Das Volumen der Quellflüssigkeiten übt keinen Einfluß auf die Quellung von Gelatine in Wasser, Salzen und Säuren aus, wohl aber in Alkalien infolge der hydrolytischen Aufspaltung der Gelatine[18]. Aber auch hier ist die Quellung unabhängig vom Volumen, wenn man bei tiefen Temperaturen arbeitet, bei denen die Hydrolyse gering ist[19].

Nach Northrop und Kunitz ist die Quellung isoelektrischer Gelatine in Säuren nur abhängig von der Konzentration der überstehenden Lösung und unabhängig vom Volumen der Säure. Bei durch Neutralsalze verunreinigter Gelatine ist die Quellung eine Funktion von Konzentration und Volumen der Säure. Diese Ergebnisse stimmen mit den Theorien von Procter, Wilson und Loeb überein[20].

Der Wasserstoffionenkonzentration kommt für die Säurequellung nach vielen Forschern nicht die Bedeutung zu, die ihr von anderen beigelegt wird. Das Anion spielt ebenfalls eine bedeutende Rolle bei der Säurequellung. In Puffergemischen von Säure und Salz kann die höhere Salzkonzentration bei gleicher Wasserstoffionenkonzentration stärkere Quellung hervorrufen als geringere Salzkonzentration, während im allgemeinen Säure-Salzgemische die Quellung gegenüber reiner Säure von gleicher Wasserstoffionenkonzentration vermindern.

[1] M. H. Fischer u. M. O. Hooker: J. amer. chem. Soc. **40**, 272 (1917) — Chem. Zbl. **1918 I**, 744.

[2] M. H. Fischer u. W. D. Coffman: J. amer. chem. Soc. **40**, 303 (1917) — Chem. Zbl. **1918 I**, 745.

[3] H. E. Patten u. A. J. Johnson: J. of biol. Chem. **38**, 179 (1919) — Chem. Zbl. **1920 III**, 594.

[4] C. R. Smith: J. amer. chem. Soc. **43**, 1350 (1921) — Chem. Zbl. **1921 III**, 1167.

[5] R. H. Kruyt u. H. J. C. Tendeloo: Versl. Akad. Wetensch. Amsterd., Wis- en natuurkd. Afd. **34**, 408 (1925) — Chem. Zbl. **1926 I**, 32.

[6] Wo. Ostwald, A. Kuhn u. E. Böhme: Kolloidchem. Beih. **20**, 412 (1925) — Chem. Zbl. **1925 II**, 2117.

[7] A. Küntzel: Biochem. Z. **209**, 326 (1929) — Chem. Zbl. **1930 I**, 349.

[8] F. Axmacher: Biochem. Z. **248**, 218 (1932).

[9] J. Traube u. F. Köhler: Internat. Z. Biol. **2**, 42 (1914) — Chem. Zbl. **1915 II**, 2.

[10] F. Fairbrother u. E. Swan: J. chem. Soc. Lond. **121**, 1237 (1922) — Chem. Zbl. **1923 I**, 770.

[11] F. Fairbrother: Biochemic. J. **18**, 647 (1924) — Chem. Zbl. **1924 II**, 1353.

[12] W. v. Moraczewski u. E. Hamerski: Biochem. Z. **208**, 299 (1929) — Chem. Zbl. **1929 II**, 2027.

[13] D. J. Lloyd: Biochemic. J. **24**, 1460 (1930) — Chem. Zbl. **1931 II**, 3216.

[14] W. B. Pleass: Biochemic. J. **24**, 1472 (1930) — Chem. Zbl. **1931 II**, 3216.

[15] D. J. Lloyd: Biochemic. J. **14**, 147 (1920) — Chem. Zbl. **1920 III**, 94.

[16] B. N. Ghosh: J. chem. Soc. Lond. **1928**, 711 — Chem. Zbl. **1928 I**, 2790.

[17] W. Pauli: Biochem. Z. **202**, 337 (1928) — Chem. Zbl. **1929 II**, 1415.

[18] D. J. Lloyd: Kolloid-Z. **48**, 342 (1929) — Chem. Zbl. **1929 II**, 2870.

[19] D. J. Lloyd: Kolloid-Z. **54**, 46 (1931) — Chem. Zbl. **1931 I**, 2326.

[20] J. H. Northrop u. M. Kunitz: J. gen. Physiol. **12**, 537 (1929) — Chem. Zbl. **1929 II**, 2027.

— Zweibasische Säuren können in bestimmten p_H-Gebieten stärkere Quellung verursachen als einbasische[1].

Eine Abhängigkeit der Quellwirkung von der Wasserstoffionenkonzentration besteht nach Küntzel nicht. Die Menge der zur Quellung angewandten Säure muß berücksichtigt werden[2, 3].

Vergleich der Quellung in H_2SO_4, HCl und HNO_3. Einfluß der Valenz und der Natur des Anions[4].

Die Quellung der Gelatine in organischen Säuren zeigt bei mittleren Konzentrationen ein Maximum, das bei starken Säuren bei kleineren, bei schwachen Säuren bei größeren Konzentrationswerten liegt. Bei niedrigeren Konzentrationen ist die Quellung (Hydratation) vorwiegend. A. Kuhn läßt es dabei unentschieden, ob die Erhöhung des Wasserbindungsvermögens ein rein chemischer Vorgang oder eine Adsorption ist. Bei höheren Konzentrationen findet Peptisation und Hydrolyse statt, zugleich arbeiten Dehydratation und Flockung der Quellung entgegen[5].

Abhänigkeit der Quellung in Säuren von deren Raumerfüllungsvermögen[6].

Auch Säuren, die als Eiweißfällungsmittel bekannt sind, wirken in kleinen Konzentrationen quellungsfördernd auf Gelatine, z. B. Pikrinsäure und Sulfosalicylsäure[7].

Über die Quellung der Gelatine in verdünnten organischen Säuren im Zusammenhang mit dem Raumerfüllungsvermögen der gelösten Stoffe[8].

Gelatine ist löslich in wasserfreier Ameisen- und Essigsäure[9]. Eigenschaften solcher Lösungen[10].

Benzolsulfonsäure wirkt lösend, Naphthalinsulfonsäuren flocken Gelatine aus ihren wäßrigen Lösungen aus. Die Wirkungen sind für die Anionen charakteristisch[11].

Einfluß von Calciumhydroxyd auf die Quellung der Gelatine[12].

Über die Beeinflussung der Gelatinequellung in Säuren und Basen durch Kochsalz und andere Salze[13]. — Kochsalz bis herab zu einer Konzentration von 0,01-n unterdrückt die Salzsäurequellung der Gelatine. Größere Konzentrationen fällen Säuregelatine aus. Auch die Quellung in Laugen wird durch Kochsalz gehemmt, ohne daß es jedoch auch bei höheren Konzentrationen zur Auswirkung kommt. Beim isoelektrischen Punkt fördert Kochsalz die Quellung. Das Salz wirkt, wenn die Gelatine in elektroneutraler Form vorliegt, durch Adsorption und Hydratation, liegt sie in Form elektrisch geladener Partikel vor, so ist der Salzeffekt rein elektrostatisch[14]. — Natriumnitrat bis zu einer Konzentration von 0,6 Mol unterdrückt die Quellung durch Salpetersäure. Bei größeren Konzentrationen ist die Salzwirkung von der Wasserstoffionenkonzentration abhängig, und zwar bewirken zwischen p_H 4,0 bis 3,5 wachsende Salzkonzentrationen Quellung, bei $p_H = 3,0$ Koagulation. Bei 2 Mol erfolgt bei einer Wasserstoffionenkonzentration, die unterhalb $p_H = 2,3$ liegt, Flockung, über $p_H = 2,3$ Lösung. Bei der Quellung der Gelatine durch Alkali wird durch 0,1 Mol Natriumnitrat herabsetzende Wirkung erzielt. Bei höheren Konzentrationen erfolgt Förderung der Quellung, direkt proportional der Salzkonzentration. Beim isoelektrischen Punkt fördert Natriumnitrat die Quellung: bis zu einer Konzentration von 0,1 Mol proportional dem Logarithmus der Salzkonzentration, bei höheren Konzentrationen direkt proportional der Salzkonzentration. Bei p_H-Werten, die von 5 ansteigen und bei Salzkonzentrationen von 0,1 Mol ist nur die Nitratkonzentration und nicht die Wasserstoffionenkonzentration maßgebend[15]. — Die Quellung in Schwefelsäure wird durch Natriumsulfat (0,01 Mol) stärker gehemmt als die Quellung in Salz- oder Salpetersäure

[1] Wo. Ostwald, A. Kuhn u. E. Böhme: Kolloidchem. Beih. **20**, 412 (1925) — Chem. Zbl. **1925 II**, 2117.

[2] A. Küntzel: Biochem. Z. **209**, 326 (1929) — Chem. Zbl. **1930 I**, 349.

[3] A. Küntzel: Kolloid-Z. **40**, 264 (1926) — Chem. Zbl. **1927 I**, 407.

[4] W. B. Pleass: Biochemic. J. **23**, 358 (1930) — Chem. Zbl. **1930 I**, 1479.

[5] A. Kuhn: Kolloidchem. Beih. **14**, 147 (1921) — Chem. Zbl. **1922 I**, 875.

[6] W. v. Moraczewski u. S. Grzyki: Biochem. Z. **221**, 331 (1930) — Chem. Zbl. **1931 I**, 471.

[7] W. Ostwald u. A. Kuhn: Kolloid-Z. **30**, 234 (1922) — Chem. Zbl. **1922 III**, 1264.

[8] M. von Moraczewski u. S. Grzycki: Biochem. Z. **221**, 331 (1930) — Chem. Zbl. **1931 I**, 470.

[9] J. Loiseleur: C. r. Acad. Sci. Paris **191**, 1391 (1930) — Chem. Zbl. **1931 I**, 1458.

[10] J. Loiseleur: C. r. Acad. Sci. Paris **191**, 1477 (1930) — Chem. Zbl. **1931 I**, 2485.

[11] C. Marie u. A. Buffat: Z. physik. Chem. **130**, 233 (1927) — Chem. Zbl. **1928 I**, 932.

[12] W. B. Pleass: Biochemic. J. **24**, 1472 (1930) — Chem. Zbl. **1931 II**, 3216.

[13] M. H. Fischer: Kolloid-Z. **17**, 1 (1915) — Chem. Zbl. **1915 II**, 1047.

[14] D. J. Lloyd u. W. B. Pleass: Biochemic. J. **21**, 1352 (1927) — Chem. Zbl. **1928 II**, 1781.

[15] D. J. Lloyd u. W. B. Pleass: Biochemic. J. **22**, 1007 (1928) — Chem. Zbl. **1929 II**, 757.

durch die entsprechenden Salze; die Hemmung ist bei 0,5 Mol Na_2SO_4 vollständig. Im alkalischen Gebiet ist die Erniedrigung der Quellung durch Na_2SO_4 ebenfalls stärker als durch NaCl oder $NaNO_3$. In der isoelektrischen Zone besteht bei $p_H = 5$ ein Minimum der Wasserabsorption. In der neutralen Zone bei $p_H = 6{-}8$ besteht Quellungsverminderung in verdünnter Lauge bei Na_2SO_4-Konzentrationen bis 0,02 molar, bei Erhöhung der Konzentration auf 0,3 molar zunächst Quellungszunahme, dann Abnahme bis zur Koagulation[1]. (In diesen Arbeiten zahlreiche weitere Einzelheiten über Temperatur-, p_H- und Konzentrationseinflüsse.)

Vgl. auch Loeb über den Einfluß von Salzen auf die Quellung (und kolloidchemischen Eigenschaften überhaupt) und die Beziehungen zum Donnanschen Gleichgewicht[2].

Über die Gewichtsabnahme von in Alkali oder in Säure gequollener Gelatine in Wasserdampf[3, 4]. — Entquellung findet nicht statt in gesättigtem Dampf[5].

Quellung von Gelatine-Kohlekomplexen[6].

Quellung in flüssigem Ammoniak[7].

d) in Nichtelektrolyten und organischen Agenzien: Über den Einfluß oberflächenaktiver Substanzen auf die Quellung der Gelatine[8].

Über die Steigerung der Gelatinequellung in Formaldehyd, Phthalsäure, Salicylsäure, Salol, Chinasäure, Vanillinsäure, Glycerin, Hydrochinon, Chinaldin und einer Reihe anorganischer Salze und Theoretisches über die Zellstimulation[9].

Über die Wirkung verschiedener Muskelgifte — Veratrin, Strophantin, Digitalin, Chinin, Coffein, Nicotin, Atropin, Novocain — auf die Quellung der Gelatine bei wechselnder Wasserstoffionenkonzentration und Deutung der Wirkung dieser Gifte auf die quergestreifte Muskulatur[10].

Coffein und verwandte Diuretica beeinflussen in Konzentrationen, wie sie bei diuretischer Wirkung im Serum vorliegen, die Quellbarkeit von Gelatine nicht, wonach es Faludi unzulässig erscheint, für die Ursache der Diurese ein verändertes Wasserbindungsvermögen der Serumeiweißkörper verantwortlich zu machen[11].

Nach anderen erniedrigt Coffein das Wasserbindungsvermögen der Gelatine; diese Herabsetzung ist von der Coffeinkonzentration zwar abhängig, aber ihr nicht proportional. Coffein hemmt die Quellung von Gelatine in Tyrodelösung[12].

Über den Einfluß indifferenter Narkotica auf die Lösungsgeschwindigkeit und Quellung bzw. auf die Bildungsgeschwindigkeit von Gelatinegelen[13].

Nichtelektrolyte (Saccharose, Lävulose, Dextrose, Methylalkohol, Propylalkohol, Propylenglykol, Aceton) wirken reduzierend auf den Quellungsgrad der Gelatine, steigend mit der Konzentration der betreffenden Nichtelektrolyte. Bei äquimolaren oder osmotisch äquivalenten Lösungen sind die Nichtelektrolyte verhältnismäßig am wirksamsten in ihrer dehydratisierenden Wirkung bei höheren Konzentrationen. Saccharose ist in gleicher Konzentration erheblich stärker wirksam als die gleich stark wirksamen Lävulose und Dextrose. Die oben angegebenen Alkohole und Aceton stehen bezüglich der dehydratisierenden Wirkung den Monosacchariden nahe[14].

Nichtleiter wie Zuckerarten und Glycerin, die die Oberflächenspannung des Wassers erhöhen, beschleunigen die Gelbildung der Gelatine; bei der Gellösung wirken solche Nichtelektrolyte, die die Oberflächenspannung herabsetzen, fördernd[13].

Mit Ausnahme von Harnstoff und Thioharnstoff ist der Einfluß der Nichtelektrolyte auf die Quellung gering[15].

[1] W. B. Pleass: Biochemic. J. **23**, 358 (1930) — Chem. Zbl. **1930 I**, 1479.

[2] J. Loeb: J. gen. Physiol. **3**, 557 (1921) — Chem. Zbl. **1921 III**, 41.

[3] D. J. Lloyd: Biochemic. J. **14**, 147 (1920) — Chem. Zbl. **1920 III**, 94.

[4] E. H. Buchner: Rec. Trav. chim. Pays-Bas et Belg. (Amsterd.) **48**, 1047 (1929) — Chem. Zbl. **1930 II**, 3583.

[5] E. H. Buchner: C. r. Acad. Sci. Paris **191**, 1323 (1930) — Chem. Zbl. **1931 I**, 911.

[6] H. Handovsky u. A. Weil: Kolloid-Z. **27**, 306 (1920) — Chem. Zbl. **1921 I**, 411.

[7] W. Biltz u. O. Rahlfs: Z. anorg. u. allg. Chem. **197**, 313 (1931) — Chem. Zbl. **1931 II**, 975.

[8] A. v. Kuthy: Biochem. Z. **244**, 319 (1932) — Chem. Zbl. **1932 I**, 2695.

[9] M. Popoff u. K. Seisoff: Biochem. Z. **156**, 97 (1925) — Chem. Zbl. **1925 II**, 43.

[10] O. Riesser u. S. M. Neuschloß: Arch. f. exper. Path. **94**, 190 (1922) — Chem. Zbl. **1922 III**, 1066.

[11] F. Faludi: Z. exper. Med. **62**, 242 (1928) — Chem. Zbl. **1928 II**, 2259.

[12] J. Szeloczey: Biochem. Z. **206**, 290 (1929) — Chem. Zbl. **1929 II**, 765.

[13] J. Traube u. F. Köhler: Internat. Z. Biol. **2**, 42 (1914) — Chem. Zbl. **1915 II**, 2.

[14] Fischer u. Sykes: Kolloid-Z. **14**, 215 (1914) — Chem. Zbl. **1914 II**, 337.

[15] W. v. Moraczewski u. E. Hamerski: Biochem. Z. **208**, 399 (1929) — Chem. Zbl. **1929 II**, 2027

Harnstoff, Pyridin und Äthylamin erhöhen die Hydratation von Gelatine; diese Wirkung ist nicht nur als Alkaliwirkung aufzufassen[1].

Gelatine ist löslich in Benzylalkohol und Phenolen (vgl. auch Mol-Gewichtsbestimmungen). In homologen Reihen sinkt die Löslichkeit mit steigender C-Zahl. Einführung von Chlor in die Phenole vermindert die Löslichkeit, aber weniger als Einführung von Methylgruppen. Vermindernd wirken ferner die Gruppen $-COOCH_3$, $-COOC_5H_{11}$, $-COOC_6H_5$, aufhebend $-NO_2$, $-OCH_3$. α-Naphthol und Benzylalkohol lösen nicht[2].

Dispergierung in Kresol[3].

Die Löslichkeit von Gelatine in gemischten organischen Lösungsmitteln steigt; ebenso wird die lösende Kraft des Wassers durch Zusatz von an sich nicht lösenden Substanzen (z. B. Pyridin, Glycerin, Alkohol) gesteigert. Der Lösung geht immer Schwellung voraus. Das optimale Gemisch von Lösungsmitteln kommt häufig einem einfachen molekularen Verhältnis nahe[4]. Bei höheren Konzentrationen wird die Löslichkeit herabgesetzt[5]. (Theoretisches über die Kolloidchemie dieser Vorgänge.)

Gelatine quillt in Tanninlösungen schwacher Konzentration. Dabei wird die Tanninlösung trübe, das Maximum der Trübung fällt annähernd mit dem Quellungsmaximum zusammen. Die Stärke der Trübung ist von der Vorbehandlung der Gelatine abhängig. Gleiches gilt auch für andere Eiweißfällungsmittel in schwachen Konzentrationen[6].

Die Quellung von Gelatine ist in Lösungen von phenylchinolincarbonsaurem Natrium und dehydrocholsaurem Natrium geringer als in Kochsalzlösungen, doch nicht viel geringer als in Rohrzuckerlösungen. (Zur spezifisch gallentreibenden Wirkung dieser Salze besteht keine Beziehung[7].)

Über die Quellung der Gelatine unter variierten Bedingungen in Gegenwart von Lecithin und Cholesterin und Bedeutung der Befunde für die Quellung pathologischer Gewebe[8].

Verhalten von Gelatinelösungen: Bei Untersuchungen über die Natur von Gelatinelösungen mit Hilfe der Röntgenstrahlenbeugung ergab sich, daß die Gelatine molekular dispergiert ist. Das Mol-Gewicht der kleinsten Teilchen beträgt 3000[9].

Aus Messungen über die Lichtstreuung (s. Tyndall-Effekt) geht hervor, daß die Gelatinesole im isoelektrischen Punkt polydisperse Systeme sind, in denen die Gelatine teils molekular dispergiert ist, teils als polymolare Micellen vorliegt[10].

Aus Messungen über die Dielektrizitätskonstante (s. dort) von Gelatinelösungen in ihrer Abhängigkeit von der Konzentration (0—0,75%) ergibt sich folgendes über die Theorie des Zustandes in der Lösung: Wenn die Zahl der Gelatinedipole pro Volumeneinheit eine kritische Konzentration erreicht, so vereinigen sie sich infolge der dielektrischen Anziehung, so daß das elektrische Moment gleich 0 wird. Die Dielektrizitätskonstante sinkt und wird kleiner als die des Wassers. Nach Überschreitung des Dissoziationspunktes verhält sich das Sol völlig wie ein hydrophiles Kolloid. Vor der Erreichung des Maximums erscheint die Gelatinelösung im Ultramikroskop optisch leer, besitzt keine Viscosität, aber Schutzwirkung auf hydrophobe Kolloide. Zur Gelbildung muß eine größere Konzentration als die, die dem Maximum der Dielektrizitätskonstanten entspricht, vorhanden sein: es müssen assoziierte Doppelmoleküle vorliegen. Ist dies der Fall, ist die Schutzwirkung auf hydrophobe Kolloide gering[11]. Vgl. auch [12].

Die Ergebnisse von Marinesco werden auch durch Untersuchungen über den Magnetisierungskoeffizienten (s. dort) von Gelatinelösungen bestätigt: die Gelatine liegt in Lösungen in 2 Formen vor, von denen die eine in Konzentrationen von über 0,6 g pro 100 ccm Lösung durch Zusammenlagerung zweier Moleküle entsteht[13].

---

[1] M. H. Fischer u. A. Sykes: Kolloid-Z. **16**, 129 (1915) — Chem. Zbl. **1915 II**, 900.

[2] E. A. Cooper u. S. D. Nicholas: Biochemic. J. **19**, 533 (1925) — Chem. Zbl. **1926 I**, 410.

[3] R. O. Herzog: Z. angew. Chem. **41**, 426 (1928) — Chem. Zbl. **1928 I**, 3139.

[4] E. W. J. Mardles: Biochemic. J. **18**, 215 (1924) — Chem. Zbl. **1924 I**, 2270.

[5] E. W. J. Mardles: Kolloid-Z. **57**, 183 (1931) — Chem. Zbl. **1932 I**, 926.

[6] A. Küntzel: Collegium **1928**, 460 — Chem. Zbl. **1928 II**, 1963.

[7] F. Faludi: Z. exper. Med. **61**, 139 (1928) — Chem. Zbl. **1928 II**, 1346.

[8] J. Calé u. V. Morávek: Kolloid-Z. **50**, 141 (1930) — Chem. Zbl. **1930 I**, 2861.

[9] P. Krishnamurti: Indian J. Physics **3**, 307 (1929) — Chem. Zbl. **1929 I**, 2951.

[10] K. Krishnamurti: Nature (Lond.) **124**, 690 (1929) — Chem. Zbl. **1930 I**, 2064.

[11] N. Marinesco: C. r. Acad. Sci. Paris **188**, 1163 (1929) — Chem. Zbl. **1929 II**, 146.

[12] N. Marinesco: C. r. Acad. Sci. Paris **187**, 718 (1928) — Chem. Zbl. **1929 I**, 28.

[13] M. Fallot: C. r. Acad. Sci. Paris **188**, 1498 (1929) — Chem. Zbl. **1929 II**, 1511.

Die Micellen der Gelatinelösungen sollen nach Sheppard bei entsprechender Verdünnung und Temperatur längliche Makromoleküle sein, die bei steigender Konzentration und sinkender Temperatur Tendenz zur Assoziation aufweisen. Gelatine- und Kollagenmicellen sollen im wesentlichen identisch sein und sich nur im Grad der Orientierung und der Assoziation unterscheiden. Die gegenseitige Anziehung der Makromoleküle und das Wasserbindungsvermögen sinkt mit zunehmender Verkürzung der Ketten[1].

Über micellären Zustand von Gelatine (micelläre Suspensionen in Alkohol, Chloroform oder heißem Wasser)[2].

Die Stabilität von Gelatinelösungen: über die Kräfte, die die Stabilität von Gelatinelösungen beim isoelektrischen Punkt bestimmen[3].

Über Astabilisierung und Ladung[4]. Vgl. dazu auch [5].

Über den Einfluß von Salzen auf den Dispersitätsgrad und die Struktur von Gelatinesolen[6].

Über das relative Volumen der dispersen Phase in Gelatine-Alkohol-Wassergemischen[7].

Beim Erwärmen von Gelatinelösungen wird die Gelatine desaggregiert, so daß sie nunmehr durch eine Membran, die vorher für sie unpassierbar war, zum größten Teile hindurchgeht[8]. Die durch kürzere Wärmebehandlung hervorgerufenen Zustandsänderungen von Gelatinelösungen sind teilweise reversibel. Bei länger thermischer Vorbehandlung ändert sich der einmal ausgebildete Endzustand geringeren Assoziationsgrades auch bei nachheriger Rückkehr zu niedrigeren Temperaturen nicht mehr. Der Einfluß der Temperatur ist zwischen 5 und 40° besonders ausgeprägt, an den Grenzen dieses Bereiches werden die kolloiden Eigenschaften schneller konstant als bei mittleren Temperaturen. Lösungen von verschiedenem Assoziationsgrad gleichen sich bei vorübergehender Temperaturerhöhung in ihrem kolloiden Verhalten und im Drehungsvermögen einander an, beim Abkühlen bilden sich die vorherigen differenten Zustände wieder zurück[9]. Bei der Desaggregation oder Desassoziation erfolgt keine Zunahme des Amino-N[10]. Auch bei wochenlangem Kochen ist keine Hydrolyse nachweisbar[11]. (Bei extrem langer Dauer und hohen Temperaturen kann es zu einer geringfügigen Hydrolyse kommen. Vgl. dazu auch [12].) Es findet also bei der Thermolyse keine Einwirkung auf die Hauptvalenzen statt. Das Molekularaggregatgewicht sinkt von 90000 auf 4500, und bei langdauernder Thermolyse verschwinden die Krystallinterferenzen im Röntgendiagramm. Es scheint also eine konstitutive Änderung in den „Grundmolekülen" vor sich zu gehen[13]. Vgl. dazu [14]. Das Absinken des Molekulargewichtes ist nach Frankel nur auf Desassoziationsvorgänge zurückzuführen[15]. Vgl. dazu [16].

Unbehandelte und thermische desassoziierte Gelatinelösungen liefern mit Pepsin die gleichen End-Produkte, jedoch ist der zeitliche Verlauf der Reaktion bei Gelatinen verschiedenen Assoziationsgrades verschieden: Erhöhung des Dispersitätsgrades bewirkt Zunahme der Reaktionsfähigkeit, die sich meist erst in den späteren Phasen der Pepsineinwirkung zeigt[10].

Vgl. hierzu auch über die veränderte Fällbarkeit von bei verschiedenen Temperaturen gealterten Gelatinelösungen durch Ammonsulfat[17].

[1] S. E. Sheppard u. R. C. Houck: J. physic. Chem. **34**, 273 (1930) — Chem. Zbl. **1930 I**, 2857.

[2] A. Chevallier: C. r. Soc. Biol. Paris **97**, 484 (1927) — Chem. Zbl. **1927 II**, 1450.

[3] J. Loeb: Arch. néerl. Physiol. **7**, 510 (1922) — Chem. Zbl. **1923 III**, 494.

[4] N. Peskow u. W. Ssokolow: J. russ. phys.-chem. Ges. **58**, 823 (1926) — Chem. Zbl. **1927 I**, 1133.

[5] N. Peskow: J. russ. phys.-chem. Ges. **49**, 1 (1924) — Chem. Zbl. **1924 I**, 1009.

[6] R. H. Bogue: Chem. metallurg. Engng. **23**, 5, 61 (1920) — Chem. Zbl. **1920 IV**, 606.

[7] H. Siebourg: J. physic. Chem. **35**, 3015 (1931) — Chem. Zbl. **1932 I**, 507.

[8] M. Frankel: Hoppe-Seylers Z. **167**, 17 (1927) — Chem. Zbl. **1927 II**, 1007.

[9] M. Frankel: Kolloid-Z. **45**, 355 (1928) — Chem. Zbl. **1928 II**, 1537.

[10] M. Frankel, Hoppe-Seylers Z. **170**, 247 (1928) — Chem. Zbl. **1928 I**, 307.

[11] O. Gerngroß u. Mitarb.: Z. angew. Chem. **42**, 968 (1929) — Chem. Zbl. **1930 I**, 927.

[12] O. Gerngroß: Eiste Mitt. Neuen Int. Verbandes Materialprüfungen, Gruppe C **136** (1930) — Chem. Zbl. **1932 I**, 1327.

[13] O. Gerngroß, O. Graf Triangi u. P. Koeppe: Ber. dtsch. chem. Ges. **63**, 1603 (1930) — Chem. Zbl. **1930 II**, 1863 — Collegium **1930**, 388 — Chem. Zbl. **1930 II**, 2859.

[14] O. Gerngroß, K. Herrmann u. W. Abitz: Biochem. Z. **228**, 409 (1930) — Chem. Zbl. **1931 I**, 3574 — Collegium **1931**, 53. — J. R. Katz u. O. Gerngroß: Collegium **1931**, 67 — Chem. Zbl. **1931 I**, 3574.

[15] M. Frankel: Biochem. Z. **240**, 149 (1931) — Chem. Zbl. **1931 II**, 3712.

[16] J. Eggert u. H. Bincer: Biochem. Z. **247**, 85 (1932). — M. Frankel: Biochem. Z. **249**, 476 (1932).

[17] A. Nagorny: Kolloid-Z. **41**, 123 (1927) — Chem. Zbl. **1927 II**, 231.

Die Viscosität (J. Loebs Arbeiten s. oben) von Gelatine- (Glycerin-) Lösungen ist abhängig von der thermischen Vorgeschichte, indem sich bei jeder Temperatur ein anderer „Gleichgewichtszustand in der inneren Zusammensetzung" einstellt. Unabhängig von der thermischen Vorgeschichte machen sich mechanische Einflüsse auf die Viscosität geltend[1]. — Bei Bestimmung der Viscosität von Gelatine aus verschiedenen Rohmaterialien ergab sich, daß eine Abhängigkeit von der Vorgeschichte nur oberhalb $p_H = 4,7$ eine Rolle spielt. Kurzes Erhitzen auf 75° zur Herstellung der Lösung ist ohne Einfluß auf die Viscosität[2].

Über die Ungültigkeit der Hatschekschen Formel für die Viscosität von Gelatinesolen[3, 4, 5], vgl.[6, 7].

Gültigkeit der Arrheniusschen Formel[7].

Über die Anwendung der Formel von Le Chatelier[8] auf die innere Reibung von Gelatinelösung[9].

Abhängigkeit der Viscosität von der Konzentration[10] (hier Erörterungen über die Solvatationstheorien von Mark und Fikentscher).

Der Temperaturkoeffizient der Viscosität ist bei rein wäßrigen Lösungen elektrodialytisch gereinigter Gelatine wesentlich höher als bei solchen mit Zusatz von Lauge oder Säure. Dieser Unterschied besteht auch bei Gelatine mit hohem Aschengehalt, jedoch sind die Differenzen geringer. Die hohen Viscositätswerte sollen bei der wäßrigen Gelatine auf der Quellung beruhen, bei Säure- und Alkaligelatine vorzugsweise auf der Verbindung der Gelatine mit der zugefügten Säure oder dem Alkali[11].

Viscositätstemperaturkurve[7].

Viscositätsänderungen bei der Sol-Gel-Umwandlung und beim Altern[12]. Vgl. auch[13].

Beim Altern steigt zunächst die Viscosität einer Gelatinelösung, sie erreicht nach etwa 24 Stunden ein Maximum. Die Geschwindigkeit der Zunahme ist verschieden nach der Konzentration der Lösung, der Wasserstoffionenkonzentration und der Gelatineart. Abnahme der Viscosität nach Erreichung des Maximums ist ein Zeichen eintretender Hydrolyse (Bakterien)[7, 14]. — Die Viscosität einer kalt aufbewahrten Gelatinelösung nimmt mit dem Alter zu, einer bei 37° aufgehobenen ab, wenn man die Messungen bei 20° vornimmt, bei 30° sind die Viscositäten aber gleich. (Hier auch über die Gültigkeit des Hagen-Poiseuilleschen Gesetzes für die Viscosität der auf verschiedene Weise gealterten Gelatinelösungen.) Die kalt gealterte Lösung äußert starke Strukturviscosität[15].

Im isoelektrischen Punkt zeigt die Vicosität von Gelatinesolen bei 35,4° ein Minimum sowohl bei Gegenwart von schwachen als von starken Säuren[16]. — Innere Reibung und Wasserstoffionenkonzentration[17]. Die Kurve Viscosität-Wasserstoffionenkonzentration (bei 40°) zeigt ein Maximum der Viscosität bei $p_H = 3,5$, ein zweites bei $p_H = 11$ bis 12. Ein Minimum liegt zwischen p_H 7 und 8, das bei $p_H = 4,7$ beobachtete Minimum wird von Davis und Oakes

[1] L. Arisz: Kolloidchem. Beih. 7, 1 (1915) — Chem. Zbl. 1915 II, 57.

[2] C. E. Davis u. H. M. Salisbury: Ind. Chem. 20, 829 (1928) — Chem. Zbl. 1929 I, 366. — Kolloid-Z. 49, 270 (1929) — Chem. Zbl. 1930 I, 185.

[3] E. Hatschek: Trans. Faraday Soc. 9, 80 (1913) — Chem. Zbl. 1913 II, 925.

[4] E. Hatschek: Biochemic. J. 10, 325 (1916) — Chem. Zbl. 1917 I, 46.

[5] E. Hatschek: J. physic. Chem. 31, 383 (1927) — Chem. Zbl. 1927 I, 2402.

[6] R. H. Bogue: J. amer. chem. Soc. 43, 1764 (1921) — Chem. Zbl. 1922 I, 1240.

[7] C. E. Davis u. E. T. Oakes: J. amer. chem. Soc. 44, 464 (1921) — Chem. Zbl. 1922 I, 1201.

[8] H. le Chatelier: C. r. Acad. Sci. Paris 179, 718 (1924) — Chem. Zbl. 1925 I, 750 — Ann. Physique 3, 5 (1925) — Chem. Zbl. 1925 I, 1786.

[9] P. Lasareff: C. r. Acad. Sci., U. R. S. S. A. 1928, 37 — Chem. Zbl. 1928 II, 432.

[10] H. Bincer: Veröff. wiss. Zentrallab. photogr. Abt. Agfa 2, 149, 160 (1931) — Chem. Zbl. 1931 II, 2132.

[11] A. Fodor u. K. Mayer: Kolloid-Z. 44, 314 (1928) — Chem. Zbl. 1928 II, 26.

[12] S. N. Banerji u. S. Ghosh: J. Indian. chem. Soc. 7, 923 (1930) — Chem. Zbl. 1931 I, 2851 — Z. anorg. u. allg. Chem. 194 (1930) — Chem. Zbl. 1931 I, 1581.

[13] G. Fuseya, K. Sasakei u. M. Nagano: J. physic. Chem. 34, 2013 (1930) — Chem. Zbl. 1931 I, 3131.

[14] C. E. Davis u. E. T. Oakes u. H. H. Browne: J. amer. chem. Soc. 43, 1526 (1921) — Chem. Zbl. 1922 I, 875.

[15] A. Nagorny: Kolloid-Z. 41, 123 (1927) — Chem. Zbl. 1927 II, 231.

[16] S. O. Rawling u. W. Clark: J. chem. Soc. Lond. 121, 2830 (1922) — Chem. Zbl. 1923 I, 1128.

[17] G. Hedestrand: Z. anorg. u. allg. Chem. 124, 153 (1922) — Chem. Zbl. 1923 I, 254.

nur für ein scheinbares gehalten[1]. Über die theoretische Auswertung dieser Ergebnisse vgl. auch [2].

Über den Einfluß der Wasserstoffionenkonzentration auf die Viscosität vgl. ferner [3].

Sheppard untersucht die Änderungen der Viscosität bei verschiedenem p_H und verschiedener Temperatur. Gelatinelösungen mit gleicher Wasserstoffionenkonzentration zeigen unterhalb einer bestimmten Temperatur mit der Zeit einen Anstieg der Viscosität (Gelatinierung?), bei höheren Temperaturen stetigen Abfall, im dazwischenliegenden Temperaturbereich erst Anstieg, dann Abfall in Abhängigkeit von p_H. Das Maximum soll durch Zusammenwirkung von Gelatinierung und Hydrolyse bedingt sein. Die Formen der Kurven sind vom Alter der Lösungen abhängig. Es wird auf die Struktur der Sole (s. dort) geschlossen[4].

Über Viscositäts- und Dichtekurven von Gelatinesolen in Beziehung zur Paulischen Hydratationstheorie[5], vgl. auch [6, 7].

Über die Einwirkung proteolytischer Vorgänge auf die Viscosität von Gelatine[8, 9, 10].

Nach Behandlung mit Neutralsalzen in $^m/_8$- oder $^m/_{16}$-Lösung und Wegwaschen des Salzüberschusses zeigt sich bei Salzen mit einwertigem Kation die Zähigkeit der Gelatine stark gesteigert, bei Salzen mit zweiwertigem Kation wenig oder gar nicht[11, 12]. — Die Viscosität einer 1proz. Gelatinelösung steigt mit zunehmender Elektrolytkonzentration bei Gegenwart von Kaliumchlorid und Bariumchlorid durch Natronlauge und Salzsäure, steigt bis zu einem Maximum und fällt dann wieder (Beziehungen von Ladungserhöhung, Hydratation, Oberflächenspanne und Viscosität)[13, 14]. — Nach Hedestrand verlaufen die Kurven der inneren Reibung für Gelatinelösungen bei verschiedenem p_H auf Zusatz von Salzen ähnlich wie ohne Zugabe, nur sind die Schwankungen erheblich kleiner. Kochsalz und Natriumsulfat verschieben Minima und Maxima nach der sauren Seite. Calciumchlorid hat herabsetzende Wirkung, so daß es kaum zur Ausbildung eines Minimums kommt. — Links vom Minimum sind nur die negativen, rechts davon nur die positiven Ionen wirksam. SO_4'' setzt die innere Reibung stärker herab als Cl' [15].

Alaune bewirken Erhöhung der Viscosität[16].

Weiteres über Viscositätsänderungen durch Elektrolytzusatz in Beziehung zur Teilchengröße und Grenzflachenpotential[17].

Alkohole erhöhen die Viscosität von wäßrigen Gelatinelösungen steigend mit ihren Mol-Gewichten in folgender Reihe:

$$\text{Wasser} < \text{Methylalkohol} < \text{Äthylalkohol} < \text{Propylalkohol},$$

wenn man die gleiche Zahl Mole verwendet. Verwendet man gleiche Volumina der Alkohole, so tritt eine Umkehr der Viscositätsreihenfolge ein, in dem die methylalkoholischen Gelatinelösungen höhere Viscosität zeigen[18]. — Kaliumbromid erniedrigt, Kaliumsulfat oder Kaliumtartrat erhöhen die Viscosität alkoholisch-wäßriger Gelatinelösungen[19].

[1] C. E. Davis u. E. T. Oakes: J. amer. chem. Soc. **44**, 464 (1921) — Chem. Zbl. **1922 I**, 1201.

[2] H. A. Neville, E. R. Theis u. C. T. Oswald: Ind. Chem. **22**, 60 (1930) — Chem. Zbl. **1930 I**, 1882.

[3] H. Freundlich u. H. Neukircher: Kolloid-Z. **38**, 180 (1926) — Chem. Zbl. **1926 II**, 722.

[4] S. E. Sheppard u. R. C. Houck: J. physic. Chem. **34**, 273 (1930) — Chem. Zbl. **1930 I**, 2857.

[5] W. Pauli: Biochem. Z. **70**, 489 (1915) — Chem. Zbl. **1915 II**, 746.

[6] The Svedberg u. B. A. Stein: J. amer. chem. Soc. **45**, 2613 (1923) — Chem. Zbl. **1924 I**, 2333.

[7] F. E. Brown: J. amer. chem. Soc. **46**, 1207 (1924) — Chem. Zbl. **1925 I**, 1480.

[8] C. E. Davis u. E. T. Oakes u. H. H. Browne: J. amer. chem. Soc. **43**, 1526 (1921) — Chem. Zbl. **1922 I**, 875.

[9] S. Visco: Arch. di Sci. biol. **8**, 471 (1926) — Chem. Zbl. **1927 I**, 2402 — Ber. Physiol. **38**, 484.

[10] J. H. Northrop: J. gen. Physiol. **12**, 529 (1929) — Chem. Zbl. **1929 II**, 2166.

[11] J. Loeb: J. of biol. Chem. **34**, 395 (1918) — Chem. Zbl. **1919 I**, 91.

[12] J. Loeb: J. of biol. Chem. **35**, 497 (1918) — Chem. Zbl. **1919 I**, 374.

[13] N. R. Dhar, D. N. Chakravarti u. M. N. Chakravarti: Kolloid-Z. **44**, 225 (1928) — Chem. Zbl. **1928 I**, 2367.

[14] D. N. Chakravarti u. N. R. Dhar: J. physic. Chem. **30**, 1646 (1926) — Chem. Zbl. **1927 I**, 1561.

[15] G. Hedestrand: Z. anorg. u. allg. Chem. **124**, 153 (1922) — Chem. Zbl. **1923 I**, 254.

[16] R. H. Bogue: Chem. metallurg. Engng. **23**, 5, 61 (1920) — Chem. Zbl. **1920 IV**, 606.

[17] H. R. Kruyt u. H. J. C. Tendeloo: Kolloidchem. Beih. **29**, 413 (1929) — Chem. Zbl. **1930 I**, 344.

[18] A. Janek u. B. Jirgensons: Lettländisch pharm. J. **1927**, Nr 2 — Chem. Zbl. **1927 I**, 2050 Ber. Physiol. **40**, 475 — Chem. Zbl. **1927 II**, 1680.

[19] A. Janek u. B. Jirgensons: Latv. Farm. Zurnals **1927**, Nr 3 — Chem. Zbl. **1928 I**, 1375.

Viscositätsmessungen an Gelatine-Wasser-Alkoholmischungen und Berechnung des relativen Volumens der dispersen Phase[1].

Einfluß von Formaldehyd-, Methyl-, Äthyl- und Amylalkohol und Chloralhydrat auf die Viscosität der Gelatine[2].

Über die Einwirkung von Veratrin, Strophantin, Digitalin, Chinin, Coffein, Nicotin, Atropin und Novocain auf die Viscosität der Gelatine und Theoretisches über den Mechanismus der Wirkung dieser Gifte auf die quergestreifte Muskulatur[3].

„Multiviscosität" und ihre Beziehungen zur Multirotation[4].

Viscosität und Filtrationsgeschwindigkeit[5].

Über Viscosität und Gelatinierungskraft[6].

Einfluß von Gelatine auf die Viscosität von Essigsäure-Wasser-Mischungen[7].

Der osmotische Druck (J. Loebs Arbeiten s. oben) der Gelatinelösungen gehorcht annähernd dem Gesetz von Boyle-Mariotte. Nach Überschreitung eines Maximums sinkt er schnell infolge des Alterns der Lösung[8].

Der osmotische Druck elektrolytfreier Gelatine ist in Gegenwart von Wasser der Konzentration proportional. Das Minimum liegt beim isoelektrischen Punkt. Bei zunehmender Konzentration an H- oder OH-Ionen wächst er bis zu einem Maximum, um dann wieder abzunehmen. Der Maximaldruck für $0,5\,g$ Gelatine und $100\,ccm$ einer einbasisch dissoziierten Säure liegt bei einer Temperatur von $10°$ bei einer Wasserstoffionenkonzentration von $0,8$ bis $1,0 \cdot 10^{-3}$ und beträgt $158\,mm$ Wassersäule; bei einsäurigen Basen ergibt sich entsprechend $0,2 \cdot 10^{-3}$ und $165\,mm$. Bei mehrwertigen Säuren oder Basen wird die H- bzw. OH-Ionenkonzentration für den maximalen Druck gleich gefunden, dieser liegt aber bei etwa $55\,mm$[9].

Die Erhöhung des osmotischen Druckes durch Zusatz geringer Säuremengen beruht nicht auf Erhöhung des Dispersitätsgrades, sondern auf der Differenz der Konzentrationen der krystalloiden Ionen in der Proteinlösung einerseits und in der proteinfreien wäßrigen Lösung andererseits, deren Größe den Gesetzen des Donnanschen Membrangleichgewichtes gehorcht[10, 11].

Bei Salzen und Basen wirkt in neutraler Lösung oder solcher mit $p_H > 4,7$ lediglich das Kation auf den osmotischen Druck: Neutralsalze (und Basen) mit einwertigem Kation vermehren den osmotischen Druck, solche mit zweiwertigem Kation (und Säuren mit zweiwertigem Anion) zeigen keine oder nur geringe Wirkung[12].

Über den osmotischen Druck von konz. Gelatinelösungen, die mit Magnesiumchloridlösungen im Gleichgewicht sind[13].

Über den osmotischen Druck der Gelatine in Natriumsalicylatlösungen[14].

Die Oberflächenspannung von Gelatinelösungen, gemessen nach der Tropfengewichtsmethode, sinkt mit steigender Temperatur (vgl. auch [15]) bei 1proz. Lösungen bis $38°$. Von hier an hört der Temperatureinfluß auf die Oberflächenspannung auf (Übergang von Gel in Sol). Alterung bewirkt einen regelmäßigen schwachen Abfall der Oberflächenspannung[16]. (Hier kritische Literaturübersicht.) Während Davis[16] keine regelmäßigen Beziehungen zwischen Wasserstoffionenkonzentration und Tropfengewicht feststellen konnte, erhielten andere ein Minimum der Oberflächenspannung bei $p_H = 4,4$ bis $4,5$, also etwa im isoelektrischen Punkt

[1] H. Siebourg: J. physic. Chem. **35**, 3015 (1931) — Chem. Zbl. **1932 I**, 507.

[2] R. H. Bogue: Chem. metallurg. Engng. **23**, 5, 61 (1920) — Chem. Zbl. **1920 IV**, 606.

[3] O. Riesser u. S. M. Neuschloß: Arch. f. exper. Path. **94**, 190 (1922) — Chem. Zbl. **1922 III**, 1066.

[4] Wo. Ostwald: Kolloid-Z. **17**, 113 (1915) — Chem. Zbl. **1916 I**, 730.

[5] S. Amberg u. F. Sawyer: J. of Pharmacol. **29**, 339 (1926) — Chem. Zbl. **1927 I**, 2050.

[6] E. T. Oakes u. C. E. Davis: Ind. Chem. **14**, 706 (1922) — Chem. Zbl. **1922 IV**, 954.

[7] E. W. J. Mardles: Kolloid-Z. **57**, 183 (1931) — Chem. Zbl. **1932 I**, 926.

[8] W. Biltz: Z. physik. Chem. **91**, 705 (1914) — Chem. Zbl. **1916 II**, 1031.

[9] C. R. Smith: J. amer. chem. Soc. **43**, 1350 (1921) — Chem. Zbl. **1921 III**, 1167.

[10] J. Loeb: J. amer. chem. Soc. **44**, 1930 (1922) — Chem. Zbl. **1923 III**, 495.

[11] J. Loeb: J. gen. Physiol. **3**, 557 (1921) — Chem. Zbl. **1921 III**, 41.

[12] J. Loeb: J. of biol. Chem. **35**, 497 (1918) — Chem. Zbl. **1919 I**, 374.

[13] B. S. Adair u. E. H. Callow: J. gen. Physiol. **13**, 819 (1930) — Chem. Zbl. **1930 II**, 3254.

[14] E. V. Horne: Biochemic. J. **18**, 1107 (1925) — Chem. Zbl. **1925 I**. 233.

[15] Sugden: J. chem. Soc. Lond. **119**, 1483 (1922) — Chem. Zbl. **1922 II**, 109.

[16] C. E. Davis, H. M. Salisbury u. M. T. Harvey: Ind. Chem. **16**, 161 (1924) — Chem. Zbl. **1924 II**, 595.

(4,7); ein Maximum bei p_H 8 bis 9 und darauffolgendes Absinken[1, 2]. (Vgl. hierzu aber die Kurven der p_H-Oberflächenspannung, die nach der Blasenmethode bestimmt sind[3].) — Nach Jermolenko finden sich zwei Maxima bei p_H = 2,85 und 8,3. Bei Säurekonzentrationen von 10^{-5} bis 10^{-14}-n fällt die Oberflächenspannung der Gelatine allmählich, bei noch kleineren Konzentrationen ist sie gleich der beim isoelektrischen Punkt gefundenen[4]. Andere finden allerdings für 0,4- und 1 proz. Gelatinelösungen im Temperaturintervall von 25—40° nach der Methode von Sugden[5] bei p_H 4,7 und p_H 2,8 bis 3,0 Maxima, bei 3,8 bis 4,0 und bei p_H = 9 Minima[6]. Infolge von Fehlern bei der p_H-Bestimmung wird später das zweite Maximum der Oberflächenspannung bei p_H = 2,0 bis 2,2, das Minimum bei p_H = 3,5 angegeben[7].

Über die Beziehung der Oberflächenspannung zum Donnan-Gleichgewicht[8].

Bei Solen von Gelatine wird die Oberflächenspannung um so geringer gefunden, je größer die Viscosität ist[9].

Über die Oberflächenkonzentration von Gelatine an einer Flüssigkeits-Gasgrenzfläche und über ihren Einfluß auf die Oberflächenspannung[2].

Vgl. auch die Untersuchungen Ostwalds über die Häutchenbildung an Flüssigkeitsoberflächen[10].

Einfluß von Gelatine auf die Oberflächenspannung von Wasser, Formamid, Essigsäure (Erniedrigung) und auf Mischungen von Essigsäure mit 20% Wasser oder gleichen Gewichten von Phenol oder o-Kresol (Erhöhung)[11].

Über die Elastizität von Gelatinelösungen[12]: Anomalie der Viscositätskoeffizienten von Gelatinelösungen bei geringen Drucken. „Fließ-Elastizität" im Zusammenhang mit Gelatinierungsfähigkeit, Abhängigkeit von p_H, von Neutralsalzlösungen. Starke Quellung entspricht geringer Fließ-Elastizität[13].

Über den Einfluß der Wasserstoffionenkonzentration auf die Elastizität von Gelatinelösungen[14]. Vgl. dazu[15, 16]. —Die elastischen Eigenschaften von Gelatinehäutchen stellen keine einfache Funktion der wirklichen Wasserstoffionenkonzentration dar. Einfluß von Alkohol und Glycerin auf die Elastizität[17].

Über die Beziehungen der Elastizität und der Viscosität zur Relaxationszeit nach Maxwells Gleichung und den Einfluß der Wasserstoffionenkonzentration[18].

Grenzflächenspannungen zwischen Gelatinelösungen und Toluol[19] und Benzol[20].

Über die plastischen Eigenschaften von Gelatinesolen und -gelen in ihren Beziehungen zur Struktur derselben[21, 22].

[1] L. de Caro: Atti Acad. naz. Lincei, Roma 1, 729 (1925) — Chem. Zbl. 1925 II, 1512. — L. de Caro u. M. Laporta: Arch. di Sci. biol. 14, 264 (1930) — Chem. Zbl. 1931 I, 1459.

[2] J. M. Johlin: J. physic. Chem. 29, 271 (1925) — Chem. Zbl. 1925 II, 272.

[3] J. M. Johlin: J. of biol. Chem. 87, 319 (1930) — Chem. Zbl. 1930 II, 2141.

[4] N. Jermolenko: Kolloid-Z. 48, 141 (1929) — Chem. Zbl. 1929 II, 1513.

[5] Sugden: J. chem. Soc. Lond. 119, 1483 (1922) — Chem. Zbl. 1922 II, 109.

[6] J. H. S. Johnston u. G. T. Peard: Biochemic. J. 19, 281 (1925) — Chem. Zbl. 1925 II, 1841.

[7] J. H. S. Johnston u. G. T. Peard: Biochemic. J. 20, 816 (1926) — Chem. Zbl. 1927 I, 40.

[8] J. H. S. Johnston: Biochemic. J. 21, 1314 (1927) — Chem. Zbl. 1928 II, 23.

[9] D. N. Chakravarti u. N. R. Dhar: J. physic. Chem. 30, 1646 (1926) — Chem. Zbl. 1927 I, 1561.

[10] Wo. Ostwald u. M. Meißner: Kolloidchem. Beih. 26, 1 (1928) — Chem. Zbl. 1928 I, 2167.

[11] E. W. J. Mardles: Kolloid-Z. 57, 183 (1931) — Chem. Zbl. 1932 I, 926.

[12] E. Sauer u. E. Kinkel: Z. angew. Chem. 38, 413 (1925) — Chem. Zbl. 1925 II, 2117.

[13] H. Netter: Pflügers Arch. 210, 450 (1925) — Chem. Zbl. 1926 II, 365.

[14] H. Freundlich u. H. Neukircher: Kolloid-Z. 38, 180 (1926) — Chem. Zbl. 1926 II, 722.

[15] H. Freundlich u. Schalek: Physik. Z. 108, 153 (1924) — Chem. Zbl. 1924 II, 2077.

[16] G. W. Scarth: J. physic. Chem. 29, 1009 (1925) — Chem. Zbl. 1926 I, 324.

[17] S. E. Sheppard u. S. S. Sweet: J. amer. chem. Soc. 43, 539 (1921) — Chem. Zbl. 1921 I, 1001.

[18] S. E. Sheppard, S. S. Sweet u. A. J. Benedict: J. amer. chem. Soc. 44, 1857 (1921) — Chem. Zbl. 1923 I, 98.

[19] S. E. Sheppard u. S. S. Sweet: J. amer. chem. Soc. 44, 2797 (1922) — Chem. Zbl. 1923 III, 563.

[20] J. Shukow u. J. Buschmakin: J. russ. phys.-chem. Ges. 59, 1061 (1927) — Chem. Zbl. 1928 I, 2916.

[21] S. E. Sheppard: J. physic. Chem. 29, 1224 (1925) — Chem. Zbl. 1926 I, 1515.

[22] R. H. Bogue: J. physic. Chem. 29, 1233 (1925) — Chem. Zbl. 1926 I, 1515.

Über die Ausbreitung von Gelatine in dünnen Schichten auf angesäuertem Wasser[1, 2].

Entquellung, Dehydratation, Gelatinierung, Ausflockung: Theoretisches über den Vorgang der Gelatinierung von Gelatinesolen[3]. — Über die mit der Gelatinierung einhergehenden kolloidchemischen Veränderungen[4].

Über Sol-Gelgleichgewicht[5].

Die Geschwindigkeit der Gelatinierung[6, 7].

Über das Gelierungsvermögen von elektrodialytisch gereinigter Gelatine unter den verschiedensten Bedingungen[8].

Über den löslichen und unlöslichen Teil bei der Gelatineflockung im isoelektrischen Punkt[9].

Die Einwirkung von Elektrolyten auf die Geschwindigkeit der Gelatinisierung folgt meistens der Hofmeisterschen Anionenreihe, nur bei extrem großen oder geringen Konzentrationen sind Abweichungen vorhanden[10]. Vgl. auch [11].

Das Aussalzvermögen verschiedener Salze für Gelatine nimmt in folgender Reihe ab:

$$K_4Fe(CN)_6 > Citrat > Na_2HPO_4 > Na_2SO_4 > Tartrat > Na_2S_2O_3 > Acetat > Formiat.$$

Der Einfluß der Gelatinekonzentration und der Temperatur ist mit Ausnahme von Acetat sehr gering. Konzentriertere Lösungen werden im allgemeinen leichter ausgesalzen (Ausnahme Na_2SO_4 bei 80° und Formiat). In 1proz. Gelatinelösungen nimmt der Flockungswert einiger Salze mit steigender Temperatur ab, der von Acetat und Formiat zu[12].

Gelatinelösungen können durch NaCl, KCl, Na_2SO_4, $(NH_4)_2SO_4$, $NaNO_3$, KNO_3 in zwei flüssige Schichten ausgesalzen werden, jedoch nicht mit K_2SO_4. Die Wirksamkeit der Anionen steigt in folgender Reihe ab: $SO_4 > Cl > NO_3$. Die Gleichgewichte, die Menge und Zusammensetzung der durch Kochsalz ausgesalzenen Schichten bestimmen, gehorchen der Phasenregel für das quaternäre System: Gelatine—NaCl—H-Ion—Wasser[13].

Kochsalz verschiebt das Flockungsoptimum der Gelatine nach der sauren Seite, $CaCl_2$ nach der alkalischen Seite, doch sind für letzteres geringere Konzentrationen nötig als bei NaCl. Die durch $CaCl_2$ bewirkte Verschiebung läßt sich durch Kochsalz antagonistisch aufheben. In kleinen Konzentrationen wirkt $MgCl_2$ ähnlich wie $CaCl_2$[14].

Aussalzen von Gelatinesolen durch Gemische von 2 Salzen[15].

Säuren und Salze, in denen der Einfluß des Kations überwiegt, fördern die Flockung der Gelatine durch Kochsalz, Alkalien und Salze, in denen der Einfluß des Anions überwiegt, hemmen sie. Bei Natriumsulfat wird die Fällung durch Säuren begünstigt, durch Alkalien in schwachen Konzentrationen gehemmt, in hohen begünstigt[16].

Säuren, die stark dissoziiert sind, flocken eine mit Kochsalz gesättigte Gelatinelösung stärker als solche, die schwach dissoziiert sind[17].

Säuren deprimieren die Hydratation in folgender Reihe:

$$CH_3COOH < H_3PO_4 < HCl < H_2SO_4 < HNO_3; \text{ die Kationen: } Sr > Ca > Na, K > Li \text{ [18].}$$

Durch Sulfosalicylsäure wird Gelatinelösung in zwei flüssige Schichten entmischt. Das System Gelatine—Sulfo-Salicylsäure—Wasser zeigt grundsätzliche Unterschiede gegen-

[1] E. Gorter u. F. Grendel: Trans. Faraday Soc. **22**, 477 (1926) — Chem. Zbl. **1927 I**, 1800.

[2] E. Gorter u. F. Grendel: Biochem. Z. **201**, 391 (1928) — Chem. Zbl. **1929 I**, 681.

[3] H. G. Bungenberg de Jong: Z. physik. Chem. **130**, 205 (1927) — Chem. Zbl. **1928 I**, 1155.

[4] E. O. Kraemer u. J. R. Fanselow: J. physic. Chem. **32**, 894 (1928) — Chem. Zbl. **1928 II**, 2109.

[5] R. H. Bogue: J. amer. chem. Soc. **44**, 1313 (1922) — Chem. Zbl. **1923 I**, 489.

[6] R. Shoji: Biochemic. J. **13**, 227 (1919) — Chem. Zbl. **1920 I**, 128.

[7] K. Hirota: J. of Biochem. **9**, 103 (1928) — Chem. Zbl. **1930 I**, 183.

[8] D. J. Lloyd: Biochemic. J. **16**, 530 (1922) — Chem. Zbl. **1922 III**, 1263.

[9] D. Straup: J. gen. Physiol. **14**, 643 (1931) — Chem. Zbl. **1931 II**, 2294.

[10] A. P. Iwanitzkaja: Nachr. d. phys.-chem. Lomonossow-Ges. Moskau **1**, Nr 2, 104 (1919) — Chem. Zbl. **1922 III**, 678.

[11] Wo. Ostwald u. R. Köhler: Kolloid-Z. **43**, 131, 151 (1927) — Chem. Zbl. **1928 I**, 657.

[12] E. H. Buchner: Rec. Trav. chim. Pays-Bas et Belg. (Amsterd.) **46**, 439 (1927) — Chem. Zbl. **1927 II**, 1799.

[13] J. W. Mc Bain u. F. Kellogg: J. gen. Physiol. **12**, 1 (1928) — Chem. Zbl. **1929 I**, 187.

[14] R. Labes u. H. Zain: Arch. f. exper. Path. **146**, 63 (1929) — Chem. Zbl. **1930 I**, 1605.

[15] E. H. Büchner u. G. Postma: Versl. Akad. Wetensch. Amsterd., Wis- en natuurkd. Afd. **34**, 699 (1931) — Chem. Zbl. **1931 II**, 1263.

[16] W. O. Fenn: J. of biol. Chem. **34**, 415 (1918) — Chem. Zbl. **1919 I**, 91.

[17] W. Moeller: Kolloid-Z. **28**, 281 (1921) — Chem. Zbl. **1921 III**, 732.

[18] The Svedberg u. B. A. Stein: J. amer. chem. Soc. **45**, 2613 (1923) — Chem. Zbl. **1924 I**, 2333.

über der Entmischung molekular disperser Systeme, wie aus den Dreiecksdiagrammen hervorgeht. Das entmischte System Gelatine—Sulfosalicylsäure—Wasser hat mindestens einen Freiheitsgrad mehr als ein zweiphasiges System im Sinne der Phasenregel[1]. Die Sulfosalicylsäurefällung wird durch Neutralsalze mit steigender Salzkonzentration zunächst gefördert, dann verhindert, später wieder gefördert. Dabei gilt für die Anionen die Hofmeistersche Ionenreihe: so wird Gelatine ganz allgemein durch Säuren, deren Anionen in der Ionenreihe dem Rhodanid nahe stehen, in zwei flüssige Schichten entmischt[2]. Die thermische Vorbehandlung ist von Bedeutung für die Menge der resultierenden Schichten. (Methodik zur Charakterisierung des Abbaugrades der Gelatine[3].) Die Bedeutung dieser Ergebnisse für die Güteprüfung werden auch von Gerngroß bestätigt[4].

Über Fällung der Gelatine mit Vanadinsäure[5].

Die Fällung der Gelatine durch Elektrolyte ist häufig reversibel[6, 7]. — Die Koagulation der Gelatine durch Schwermetallsalze ist durch Zusatz von Alkalien oder von Neutralsalzen der Alkali- oder Erdalkalimetalle rückgängig zu machen[8].

Die Flockung der Gelatine durch Alkohol wird durch Säuren und Alkalien und durch Salze in bestimmten Konzentrationen gehemmt, bis ein Maximum erreicht ist. Bei den Salzen erweisen sich höherwertige Ionen wirksamer als einwertige. Salze, in denen zweiwertiges Kation mit zweiwertigem Anion verbunden ist, fördern entweder die Fällung oder hindern sie sehr wenig. Die Wirkung der Sulfate, Tartrate und Citrate der Alkalimetalle nimmt in starken Konzentrationen infolge starken Entwässerungsvermögens ab[9]. Bei der Fällung saurer oder alkalischer Gelatine durch Alkohol vermindern Salze mit einwertigen Ionen die Wirkung von Säuren und Alkalien, Salze mit zweiwertigen oder dreiwertigen Kationen die der Alkalien, erhöhen aber die Wirkung der Säuren, außer in hohen Konzentrationen von Salz oder Säure. Salze mit zwei- oder dreiwertigen Anionen vermindern die Säurewirkung, erhöhen dagegen die Alkaliwirkung, mit Ausnahme hoher Konzentrationen, wo umgekehrter Einfluß stattfindet[10]. Bei der Einwirkung von Salzgemischen auf die Alkoholfällung der Gelatine wirken Salze mit einwertigen Ionen antagonistisch gegen alle Salze mit zwei- oder dreiwertigen Ionen, Salze mit zwei- oder dreiwertigen Kationen gegen alle Salze mit zwei- oder dreiwertigen Anionen. Salzpaare mit zweiwertigen Kationen oder solche mit einwertigen Anionen und Kationen zeigen diesen Antagonismus nicht[11]. Vgl. dazu auch die Arbeiten von Loeb[12, 13].

Ein in mäßig verdünntem Alkohol positiv geladenes Gelatinegel verhält sich beim Verdünnen mit der gleichen Alkoholkonzentration anormal, wenn es durch KCl, HCl oder $MgCl_2$ koaguliert wird. $BaCl_2$, $Al(NO_3)_3$ und kleinere Konzentrationen von HCl und $MgCl_2$ haben keine koagulierende Wirkung. Das Sol zeigt Ionenantagonismus bei der Koagulation durch Mischungen von KCl plus K_2SO_4, $MgCl_2$ plus K_2SO_4, HCl plus K_2SO_4, HCl plus KCl. — Ein negativ geladenes Gelatinesol im Alkoholwassergemisch verhält sich anormal gegen Verdünnungen, wenn es durch K_2SO_4, $K_4Fe(CN)_6$ oder KOH koaguliert wird, normal bei Koagulation durch KCl, $BaCl_2$, $MgCl_2$ und HCl. Das negativ geladene Sol zeigt keinen Antagonismus bei der Fällung durch KCl plus K_2SO_4, wohl aber bei Koagulation durch K_2SO_4 plus $MgCl_2$ (hier über die Erscheinung der „Akklimatisation")[14].

Über die gleichzeitige Einwirkung von Alkohol und Elektrolyten auf Gelatine im isoelektrischen Punkt und in alkalischer Lösung[15].

[1] Wo. Ostwald u. R. Köhler: Kolloid-Z. **43**, 131 (1927) — Chem. Zbl. **1928 I**, 657.

[2] Wo. Ostwald u. R. Köhler: Kolloid-Z. **43**, 151 (1927) — Chem. Zbl. **1928 I**, 657.

[3] Wo. Ostwald u. R. Köhler: Kolloid-Z. **43**, 345 (1927) — Chem. Zbl. **1928 I**, 782.

[4] O. Gerngroß u. H. Maier-Bode: Kolloid-Z. **48**, 184 (1929) — Chem. Zbl. **1930 I**, 626.

[5] S. G. T. Bendien u. L. W. Janssen: Rec. Trav. chim. Pays-Bas et Belg. (Amsterd.) **47**, 1042 (1928) — Chem. Zbl. **1929 I**, 907.

[6] Scarpa: Kolloid-Z. **15**, 8 (1914) — Chem. Zbl. **1914 II**, 602.

[7] T. R. Briggs u. E. M. C. Hieber: J. physic. Chem. **24**, 74 (1920) — Chem. Zbl. **1920 II**, 807.

[8] R. A. Kehoe: Univ. Cincinnati J. Lab. klin. Med. **5**, 443 (1920) — Chem. Zbl. **1921 I**, 228 — Ber. Physiol. **4**, 185.

[9] W. O. Fenn: J. of biol. Chem. **33**, 279 (1917) — Chem. Zbl. **1919 I**, 30.

[10] W. O. Fenn: J. of biol. Chem. **33**, 439 (1918) — Chem. Zbl. **1919 I**, 31.

[11] W. O. Fenn: J. of biol. Chem. **34**, 141 (1918) — Chem. Zbl. **1919 I**, 31.

[12] J. Loeb: J. of biol. Chem. **34**, 489 (1918) — Chem. Zbl. **1919 I**, 297.

[13] J. Loeb: J. of biol. Chem. **35**, 497 (1918) — Chem. Zbl. **1919 I**, 374.

[14] S. Ghosh, S. N. Bamerjee u. N. R. Dhar: J. Indian chem. Soc. **6**, 321 (1929) — Chem. Zbl. **1929 II**, 1906.

[15] S. J. Przylecki: C. r. Soc. Biol. Paris **104**, 1077, 1079 (1930) — Chem. Zbl. **1931 I**, 432.

Einfluß oberflächenaktiver Stoffe[1].

Über die Gelatine-Gummi arabicum-Flockung[2]. S. auch S. 271.

Durch Gerbsäure wird Gelatine bei starkem Überschuß an dieser Säure vollständig gefällt[3].

Gerbsäure und andere Gerbstoffe sowie einfachere Phenole dehydratisieren Gelatinesole. Bei genügender Dehydratation erfolgt gleichzeitig Koagulation. Die Dehydratisierende Wirkung nimmt mit der Anzahl der Phenolgruppen stark zu, jedoch machen sich noch zahlreiche andere Einflüsse, besonders p_H, geltend[4].

Die Grenzkonzentrationen an Gelatine sind bei der Fällung durch Tannin für p_H 4,9: 0,003%, für p_H 8,95: 0,013%, bei p_H 10,06: 0,25%[5].

Verhalten der Gelatinegele: Erscheinungen beim Gefrieren von Gelatinegelen[6, 7], beim Trocknen[8].

Über die Struktur der Gelatinegallerten[9, 10, 11, 12]. Vgl. auch [13, 14]. Aus den Untersuchungen von Kraemer geht hervor, daß sich Gelatinegele bezüglich der Brownschen Bewegung wie eine homogene Flüssigkeit verhalten, Heterogenität war nicht feststellbar[15].

Über die poröse Capillarstruktur von Gelatinegelen[16]. — Gallerte aus gequollenen „Molekularketten[17]".

Krystallisationserscheinungen treten auf, wenn man Gelatinelösung mit Formaldehyd mischt. Beim Eintrocknen wird die Gallerte trübe durch Entstehung sphärokrystalliner Strukturen, die auf orientierende Einflüsse der Formaldehydkondensations- und Polymerisationsprodukte auf die Micellen der Gelatine zurückzuführen sind. Es besteht eine gewisse Ähnlichkeit mit den flüssigen Krystallen. — Andere Formen entstehen durch Deformation infolge Spannungserscheinungen während des Eintrocknens der Gallerte[18].

Auch Katz sieht auf Grund röntgenographischer Untersuchungen den Gelatinierungsvorgang als eine Art von Krystallisation an[19].

Bradford gewinnt Gelatine in mikroskopischen Kugeln beim schnellen Erhitzen von 0,5- oder 3proz. Gelatinelösung auf 100° und Eingießen in Krystallisierschalen[20]. — Er betrachtet die Gelatinierung als Krystallisationsvorgang. Sphäritenbildung in einer steril aufbewahrten Gelatinelösung wurde beobachtet. Jedoch liefern diese keine Raumgitterkonfigurationen, die Interferenz der Röntgenstrahlen gestattet. — An der Oberfläche einer Gelatinegallerte sind die Sphärite miteinander verschmolzen, im Gelinneren sind sie nicht vereinigt oder leichter voneinander trennbar: innen und außen ist das Gel also verschieden[21]. Bildung von Sphäriten in ursprünglich klaren, lange stehenden Gelatinegallerten[22].

[1] A. v. Kuthy: Biochem. Z. **244**, 331 (1932) — Chem. Zbl. **1932 I**, 2696.

[2] F. W. Tiebackx: Kolloid-Z. **31**, 102 (1922) — Chem. Zbl. **1923 I**, 1630.

[3] A. W. Thomas u. A. Frieden: Ind. Chem. **15**, 839 (1923) — Chem. Zbl. **1923 II**, 1493.

[4] H. G. Bungenberg de Jong: Rec. Trav. chim. Pays-Bas et Belg. (Amsterd.) **43**, 35 (1924) — Chem. Zbl. **1924 II**, 143.

[5] J. Smorodinzew u. A. Adowa: Hoppe-Seylers Z. **144**, 255 (1925) — Chem. Zbl. **1925 II**, 2117.

[6] T. Moran: Proc. roy. Soc. Lond. A **112**, 30 (1926) — Chem. Zbl. **1926 II**, 1738.

[7] Sir W. B. Hardy: Proc. roy. Soc. Lond. A **112**, 47 (1926) — Chem. Zbl. **1926 II**, 1738.

[8] E. Hatschek: Kolloid-Z. **35**, 67 (1924) — Chem. Zbl. **1924 II**, 2011.

[9] W. Bachmann: Z. anorg. u. allg. Chem. **100**, 1 (1917) — Chem. Zbl. **1917 II**, 747.

[10] W. Bachmann: Kolloid-Z. **23**, 85 (1918) — Chem. Zbl. **1919 I**, 5.

[11] D. J. Lloyd: Biochemic. J. **14**, 147 (1920) — Chem. Zbl. **1920 III**, 94.

[12] R. A. Gortner u. F. Hoffman: Proc. Soc. exper. Biol. a. Med. **19**, 257 (1922) — Chem. Zbl. **1923 I**, 6 — Ber. Physiol. **14**, 450.

[13] F. Fairbother: Biochemic. J. **18**, 647 (1924) — Chem. Zbl. **1924 II**, 1353.

[14] K. Krishnamurti: Proc. roy. Soc. Lond. A **129**, 490 (1930) — Chem. Zbl. **1931 I**, 910.

[15] E. O. Kraemer: J. physic. Chem. **29**, 1523 (1925) — Chem. Zbl. **1926 II**, 172.

[16] B. N. Ghosh: J. chem. Soc. Lond. **1927**, 1250 — Chem. Zbl. **1927 II**, 905.

[17] R. H. Bogue: J. amer. chem. Soc. **44**, 1343 (1922) — Chem. Zbl. **1923 I**, 489.

[18] W. Moeller: Kolloid-Z. **25**, 67, 101 (1919) — Chem. Zbl. **1919 III**, 885.

[19] J. R. Katz, J. C. Derksen u. W. F. Bon: Rec. Trav. chim. Pays-Bas et Belg. (Amsterd.) **50**, 725, 1138 (1931) — Chem. Zbl. **1931 II**, 2744; **1932 I**, 2190.

[20] S. C. Bradford: Biochemic. J. **14**, 91 (1920) — Chem. Zbl. **1920 III**, 94.

[21] S. C. Bradford: Kolloid-Z. **28**, 214 (1921) — Chem. Zbl. **1921 III**, 984.

[22] S. C. Bradford: Biochemic. J. **15**, 553 (1921) — Chem. Zbl. **1922 I**, 198.

Über sich kontrahierende Gerinnsel im Gelatinegel. Unbeständigkeit der Gele beim isoelektrischen Punkt[1].

Fäden, die man durch vorsichtiges Einlaufenlassen einer 10proz. Gelatinelösung in Alkohol gewinnt, zeigen im Polarisationsmikroskop Doppelbrechung. Die Farbenreaktionen im Dunkelfeld sind denen von Kollagenfibrillen gleich[2].

Nach Abramson bilden die Gelatinemicellen bei der Gelbildung „fadenförmige Aggregate", geschlossen aus der Orientierung zylindrischer Teilchen während der Kataphorese[3].

Aus der beim Trocknen von Gelen unter Spannung auftretenden Doppelbrechung schließt Sheppard auf eine Orientierung asymmetrischer Moleküle oder Micellen im Sinne einer Umkehr des Prozesses Kollagen—Gelatine[4].

Nach Pleass bildet das System Gelatine—Wasser ein Fachwerk aus Hydratgelatine unter Wärmeentwicklung, die derjenigen bei der Bildung von Krystallwasserverbindungen analog ist. Trübung ist ein Zeichen von Heterogenität: eine Phase besteht aus Hydratgelatine, die andere aus einer verdünnten Lösung von Wasser in Gelatine. Säuren und Alkalien in bestimmter Konzentration vermindern die Hydratation, die mit Vermehrung des freien Wassers und Abnahme der Gelfestigkeit verbunden ist (s. hier auch über die Abhängigkeit der zur Gelbildung notwendigen Gelatinemenge von Wasserstoffionenkonzentration)[5].

Über die Berechnung der Radien des Netzwerkes von Gelatinegelen durch Diffusionsmessungen[6]. Vgl. dazu [7].

Über den Zustand des Wassers in Gelatinegelen sind durch Ausfrierenlassen folgende Erkenntnisse gewonnen worden: in niedrig konzentrierten Gelen ist locker gebundenes Wasser vorhanden, das leicht abgegeben wird. In höher konzentrierten Gelen soll das Wasser in Form einer chemischen Verbindung oder in fester Lösung vorliegen[8].

Über den Vorgang der Gerbung von Gelatinegelen mit Formaldehyd[9]. — Nur der gerinnbare Anteil der Gelatine beteiligt sich an der Gerbung mit Formaldehyd; der nicht gerinnbare tritt mit dem Aldehyd in chemische Wechselwirkung unter Bildung von Methylenaminosäuren[10].

Über Aciditätserhöhung durch Formaldehyd s. unter „isoelektrischer Punkt" und [11, 12].

Über Scherungswiderstand und dessen Beziehung zur spezifischen Drehung[13, 14].

Über Gallertfestigkeit[13, 15].

Das Verhalten von Gelatinegallerten bezüglich ihrer Elastizität ist nicht wie bei vollkommen elastischen Körpern eine Funktion der Belastung allein, sondern abhängig von einem Zeitfaktor. Der Zeitfaktor leitet sich her von einem reversiblen Fluß der flüssigen Phase in die Zwischenräume der festen und zum geringeren Teil von einer irreversiblen plastischen Deformation der festen Phase. Hier weiteres über die Beziehungen: Elastizität-Temperatur-Konzentration[16].

Über Gelatinierung und Dielektrizitätskonstante s. dort, vgl. [17].

Salz-, Säure- und Basenbindung, Ionisation: Die Neutralsalze bilden mit Gelatine hochionisierte Verbindungen (vgl. dazu die Erklärungen, die für das kolloidchemische Verhalten

[1] D. J. Lloyd: Biochemic. J. **14**, 147 (1920) — Chem. Zbl. **1920 III**, 94 — Biochemic. J. **14**, 584 (1920) — Chem. Zbl. **1921 I**, 30.

[2] R. Collin: C. r. Soc. Biol. Paris **98**, 1353 (1928) — Chem. Zbl. **1928 II**, 1963.

[3] H. A. Abramson: Proc. Soc. exper. Biol. a. Med. **26**, 147 (1928) — Chem. Zbl. **1930 I**, 2858.

[4] S. E. Sheppard u. J. G. Mc Nally: Colloid Symposium Monograph **7**, 17 (1930) — Chem. Zbl. **1930 II**, 2618.

[5] W. B. Pleass: Proc. roy. Soc. Lond. A **126**, 406 (1930) — Chem. Zbl. **1930 I**, 3016.

[6] L. Friedman u. E. O. Kraemer: J. amer. chem. Soc. **52**, 1295 (1930) — Chem. Zbl. **1930 I**, 3416. — L. Friedman: J. amer. chem. Soc. **52**, 1305 (1930) — Chem. Zbl. **1930 I**, 3416.

[7] W. Stills u. G. S. Adair: J. amer. chem. Soc. **53**, 619 (1931) — Chem. Zbl. **1931 I**, 2851.

[8] K. Kinoshita: Bull. chem. Soc. Japan **5**, 261 (1930) — Chem. Zbl. **1931 I**, 240.

[9] L. Reiner: Kolloid-Z. **27**, 195 (1920) — Chem. Zbl. **1921 I**, 371.

[10] W. Moeller: Kolloid-Z. **29**, 45 (1921) — Chem. Zbl. **1921 III**, 791.

[11] O. Gerngroß u. S. Bach: Biochem. Z. **143**, 533 (1923) — Chem. Zbl. **1924 I**, 1936.

[12] W. Moeller: Collegium **1919**, 270 — Chem. Zbl. **1920 II**, 219.

[13] E. O. Kraemer: Colloid Symposium Monograph **4**, 102 (1926) — Chem. Zbl. **1928 II**, 858,

[14] J. R. Fanselow: Colloid Symposium Monograph **6**, 237 (1928) — Chem. Zbl. **1929 II**, 2165.

[15] H.-H. Willrath: Abh. Inst. Seefischerei **1930** — Chem. Zbl. **1931 II**, 2339.

[16] H. J. Poole: Trans. Faraday Soc. **22**, 82, 114 (1925) — Chem. Zbl. **1926 II**, 1516, 1836.

[17] P. Girard u. N. Marinesco: C. r. Soc. Biol. Paris **102**, 726 (1929) — Chem. Zbl. **1930 I**, 2059. — Y. Garreau, P. Girard u. N. Marinesco: C. r. Soc. Biol. Paris **103**, 551 (1930) — Chem. Zbl. **1930 II**, 2238.

von Gelatine in Gegenwart von Salzen gegeben werden). Neutralsalze mit einwertigem Kation in $^m/_8$- oder $^m/_4$-Lösungen vermögen schon solche Salze zu bilden. Diese Gelatinesalze ionisieren sich unter Bildung von positiv geladenen Metallion und negativem Gelatineion, wobei dieses das Anion des Salzes in nichtdissoziierter Bindung enthalten oder nicht enthalten kann (die Bildung solcher Ionen verursacht die sog. zusätzliche Quellung [s. dort])[1]. Die Salzbindung ist von der Wasserstoffionenkonzentration abhängig: auf der sauren Seite des isoelektrischen Punktes vermag sich Gelatine nur mit den Anionen von Neutralsalzen, auf der weniger sauren Seite nur mit Kationen und im isoelektrischen Punkt mit keinem von beiden zu verbinden[2]. Die Kurve, die die Verbindungen der Gelatine mit monovalenten Ionen darstellt, läuft mit den Kurven für die anderen kolloidchemischen Eigenschaften (s. unter diesen) parallel[3]. — Positiv geladene Gelatine kann Kationen adsorbieren, negative Anionen. Es wird jedoch mehr Kation als Anion gebunden[4].

Die durch NaCl bewirkte Zunahme der Ionisation der Gelatine in saurer Lösung erreicht ein Maximum bei ca. $^1/_{1000}$-Molarität (Komplexbildung ?)[5].

Mit Lithiumchlorid bilden sich komplexe Verbindungen[6].

Die Metalle der alkalischen Erden bilden mit der Gelatine Salze, die scheinbar nicht der Ionisierung fähig sind[1]. — Bei der Untersuchung der Elektrolytverteilung zwischen Gelatinegel und $^1/_{100}$ n-Calciumchloridlösungen in Abwesenheit von Membranen wird festgestellt, daß die Gelatine unterhalb des isoelektrischen Punktes für Chlorionen durchlässiger ist, oberhalb aber für Ca-Ionen, während beim isoelektrischen Punkt die Konzentration an Calciumchlorid innerhalb und außerhalb des Gels gleich ist. Oberhalb des isoelektrischen Punktes bildet sich ein Calciumgelatinat, in dem weniger Chlorid enthalten ist als in der Außenflüssigkeit, unterhalb des isoelektrischen Punktes ein Gelatinechlorid, im isoelektrischen Punkt findet wahrscheinlich keine Salzbindung statt[7]. Die selektive Permeabilität des Gelatinegels für Calcium- und Chlorionen bewirkt in einer annähernd neutralen Lösung eine Hydrolyse, die durch Erhöhung der Wasserstoffionenkonzentration nachweisbar ist[8]. (Die Donnanschen Gesetze werden durch die Ergebnisse Bigwoods bestätigt[9]. Vgl. auch [10, 11].) (Girard wendet ein, daß das Gelatinegel selbst in der Art einer Membran wirkt[12].)

Vgl. hierzu auch über die Löslichkeitsbeeinflussung schwer löslicher Kalksalze durch Glutin. Bildung polyvalenter Zwitterionen (?)[10, 13].

Über die Bindung von Zinkchlorid durch Gelatine und das elektrochemische Verhalten dieser Verbindungen im Vergleich mit Serumalbumin und Ovalbumin. (Bildung von Zwitterionen)[14]. — Bindung von Zinksulfat bzw. seinen Ionen[15].

Einfluß von Kupferchlorid auf die Ionisation[10].

Über den Einfluß von Neutralsalzen auf die Kataphorese vgl. [16] und unten.

Die Salzaufnahme aus Lösungen von sekundärem Natriumphosphat plus Kochsalz geschieht in gleicher Weise wie aus den Lösungen der einzelnen Salze. Die Reaktion des Wassers soll für die Salzaufnahme ohne Bedeutung sein[17]. Vgl. dazu auch [18].

Die Annahme, daß Gelatine Säuren und Laugen rein chemisch bindet, wird namentlich von Loeb vertreten. Auf der sauren Seite des isoelektrischen Punktes kann sich die Gelatine

[1] J. Loeb: J. of biol. Chem. **33**, 531 (1918) — Chem. Zbl. **1919 I**, 30 — J. of biol. Chem. **34**, 77 (1918) — Chem. Zbl. **1919 I**, 90.

[2] J. Loeb: J. gen. Physiol. **1**, 39 (1918) — Chem. Zbl. **1920 III**, 416.

[3] J. Loeb: J. gen. Physiol. **1**, 237 (1918) — Chem. Zbl. **1920 III**, 417.

[4] S. Ghosh, S. N. Banerjee u. N. R. Dhar: J. Indian chem. Soc. **6**, 321 (1929) — Chem. Zbl. **1929 II**. 1906.

[5] K. V. Thimann: J. gen. Physiol. **14**, 215 (1930) — Chem. Zbl. **1931 I**, 2324.

[6] H. Remy: Z. physik. Chem. **89**, 529 (1914) — Chem. Zbl. **1915 II**, 60.

[7] E. J. Bigwood: C. r. Soc. Biol. Paris **96**, 131, 136 (1927) — Chem. Zbl. **1927 I**, 1559, 1569.

[8] E. J. Bigwood: C. r. Soc. Biol. Paris **96**, 199 (1927) — Chem. Zbl. **1927 I**, 2283.

[9] E. J. Bigwood: C. r. Soc. Biol. Paris **102**, 322, 324 (1929) — Chem. Zbl. **1930 I**, 3283.

[10] K. V. Thimann: J. gen. Physiol. **14**, 215 (1930) — Chem. Zbl. **1931 I**, 2324.

[11] L. Halpern: J. gen. Physiol. **14**, 575 (1931) — Chem. Zbl. **1931 II**, 2295.

[12] P. Girard: C. r. Soc. Biol. Paris **96**, 328 (1927) — Chem. Zbl. **1927 II**, 230.

[13] W. Pauli u. T. Stenzinger: Biochem. Z. **205**, 71 (1929) — Chem. Zbl. **1929 I**, 2542.

[14] W. Pauli u. M. Schön: Biochem. Z. **153**, 253 (1924) — Chem. Zbl. **1925 II**, 1985.

[15] A. Mutscheller: J. amer. chem. Soc. **42**, 2142 (1920) — Chem. Zbl. **1921 III**, 8.

[16] T. Ito u. W. Pauli: Biochem. Z. **213**, 95 (1929) — Chem. Zbl. **1930 I**, 80.

[17] A. Scala: Ann. Igiene **31**, 289 (1921) — Chem. Zbl. **1922 I**, 100 — Ber. Physiol. **9**, 167.

[18] A. Scala: Ann. Igiene **30**, 251 (1920) — Chem. Zbl. **1921 I**, 333.

nur mit Säuren bzw. Anionen, auf der alkalischen Seite des isoelektrischen Punktes nur mit Laugen bzw. Kationen verbinden. Alle kolloidchemischen Eigenschaften der Gelatine werden von Loeb mit diesen Tatsachen in Beziehung gebracht[1]. Vgl. auch [2]. — Die Menge der von 1 g Gelatine gebundenen Alkalien zeigt für die verschiedenen Metalle bei verschiedenen Konzentrationen identische Kurven in ihrer Abhängigkeit von der Wasserstoffionenkonzentration. D. h. es vereinigen sich 2 mal soviel einwertige als zweiwertige Ionen mit der Gelatine[3].

Bei Säuren findet man analoges Verhalten: es vereinigen sich 2 mal soviel einbasische Säuren als zweibasische Säuren mit einer bestimmten Gelatinemenge. Dies erstreckt sich auch auf mehrbasische Säuren, die einbasisch dissoziieren können: es vereinigen sich ebensoviel Moleküle Phosphor-, Citronen-, Oxal-, Wein- und Bernsteinsäure wie Salzsäure oder Salpetersäure mit Gelatine[4, 5]. Vgl. auch [6].

Verantwortlich für die Säurebindung sind die freien Guanidin- und Aminogruppen, für die Basenbindung der Gehalt an zweibasischen Säuren[7].

Für das Gleichgewicht zwischen verdünnter Salzsäure und Gelatine stellt Procter Massenwirkungsbeziehungen auf[8, 9].

Levis und Daniel kritisieren die Gleichung von Procter und führen die erhaltenen Abweichungen darauf zurück, daß sie eine innere Kompensation zwischen Amino- und Carboxylgruppen annehmen, wodurch isoelektrische Gelatine als schwächere Base wirkt als solche, die schon mit Säure in Reaktion getreten ist. In die Massenwirkungsgleichung, die die beiden Forscher aufstellen und in der der inneren Kompensation Rechnung getragen wird, lassen sich die Daten von Loeb und Procter gut eingliedern[10].

Weiteres über das Gleichgewicht Gelatine-Salzsäure[11, 12].

Salzsäure verbindet sich mit Gelatine in Lösungen mit Säurekonzentrationen von $<0{,}04$-n entsprechend dem Massenwirkungsgesetz, K_b für Gelatine $= 4{,}8 \cdot 10^{-12}$ bei $20°$. In diesem Konzentrationsbereich erfolgt die Bindung durch freie Aminogruppen unter Bildung von Hydrochloriden. In höheren Konzentrationen der Salzsäure wird mehr gebunden als der angegebenen Dissoziationskonstanten entspricht; dieses ist aber nicht auf Freilegung neuer Aminogruppen zurückzuführen. (Bindung von HCl an Peptidbindungen?)

Bei der Basenbindung liegen die Verhältnisse schwieriger. Eine Dissoziationskonstante ließ sich nicht errechnen, bei 0,1 n-Natronlauge finden schon Veränderungen statt[13].

Nach Prideaux hat eine 0,1 proz. Gelatinelösung pro Gramm ein viel größeres Pufferungsvermögen als eine 1 proz. Lösung. Auch bei Berücksichtigung der Hydrolyse ergibt sich ein niedriges Äquivalentgewicht in der verdünnteren Lösung[14].

Bei der Titration von Gelatine mit Salzsäure wird bei p_H 1,7 totale Neutralisation der Aminogruppen erreicht, dann ist 1 g Gelatine 8,74 ccm $^1/_{10}$ n-Salzsäure äquivalent (Äquivalentgewicht 1180). — Bei der Titration mit Natronlauge ist 1 g Gelatine 3,04 ccm $^1/_{10}$ n-NaOH äquivalent (Äquivalentgewicht für freie Carboxylgruppen 3290)[15]. — Harris findet 8,5 ccm $^n/_{10}$-Säure und 6,5—8,7 ccm $^n/_{10}$-Alkali[16]. — Nach der Hydrolyse nimmt das Bindungsvermögen ab (Ausnahme: Gelatinehydrolysat bei $p_H = 10{,}5$)[17].

[1] J. Loeb: Die Eiweißkörper und die Theorie der kolloidalen Erscheinungen. Berlin 1924.
[2] D. J. Lloyd: Biochemic. J. **14**, 147 (1920) — Chem. Zbl. **1920 III**, 94.
[3] J. Loeb: J. gen. Physiol. **4**, 483 (1919) — Chem. Zbl. **1920 III**, 418.
[4] J. Loeb: J. gen. Physiol. **3**, 363 (1918) — Chem. Zbl. **1920 III**, 417.
[5] J. Loeb: J. gen. Physiol. **5**, 559 (1919) — Chem. Zbl. **1920 III**, 418.
[6] C. R. Smith: J. amer. chem. Soc. **43**, 1350 (1921) — Chem. Zbl. **1921 III**, 1167.
[7] W. M. Greenberg u. L. L. A. Schmidt: Proc. Soc. exper. Biol. a. Med. **21**, 281 (1924) — Chem. Zbl. **1924 II**, 1926 — Ber. Physiol. **26**, 167.
[8] Procter: J. chem. Soc. Lond. **105**, 313 (1914) — Chem. Zbl. **1914 I**, 1587.
[9] H. R. Procter u. J. A. Wilson: J. chem. Soc. Lond. **109**, 307 (1916) — Chem. Zbl. **1916 II**, 401.
[10] W. K. Levis u. C. F. Daniel: Colloid Symposium Monograph **4**, 122 (1926) — Chem. Zbl. **1928 II**. 900.
[11] R. Wintgen u. K. Krüger: Kolloid-Z. **28**, 81 (1920) — Chem. Zbl. **1921 I**, 738.
[12] R. Wintgen u. H. Vogel: Kolloid-Z. **30**, 45 (1921) — Chem. Zbl. **1922 III**, 436.
[13] D. J. Lloyd u. C. Mayes: Proc. roy. Soc. Lond. B **93**, 69 (1921) — Chem. Zbl. **1922 I**, 642.
[14] E. B. R. Prideaux: Proc. roy. Soc. Lond. B **108**, 224 (1931) — Chem. Zbl. **1931 II**, 3215.
[15] W. R. Atkin u. G. W. Douglas: J. amer. leather chem. Assoc. **19**, 528 (1924) — Chem. Zbl. **1925 I**, 190.
[16] L. J. Harris: Proc. roy. Soc. Lond. B **97**, 364 (1925) — Chem. Zbl. **1925 II**, 224.
[17] T. B. Robertson: Austral. J. exper. Biol. a. med. Sci. **1**, 31 (1924) — Chem. Zbl. **1925 I**, 93 — Ber. Physiol. **27**, 31.

Bei der Bindung von Salzsäure an Gelatine zeigt die H-Ionenbindung einen linearen Verlauf; sie ist bei niedrigen Säurekonzentrationen fast vollständig, die Chlorionenbindung bleibt dahinter zurück[1]. Die Menge der gebundenen Salzsäure nimmt proportional der zugesetzten Menge zu bis zu einem Maximum[2, 3].

Die H-Ionenbindung bzw. OH-Ionenbindung ist bei bestimmtem p_H unabhängig von der Gelatinekonzentration, sie beträgt z. B. pro 1 g bei $p_H = 2$ $9,1 \cdot 10^{-4}$ Gramm-Ion H[4, 5]. — Hitchcock gibt in einer neueren Untersuchung an, daß 1 g Gelatine sich maximal mit $9,35 \cdot 10^{-4}$ Äquivalenten H$^+$ und mit $1,7 \cdot 10^{-4}$ Äquivalenten Cl′ verbindet[6].

Über das Eindringen von Hydroxylionen in Gelatinegallerten, die Salze enthalten: 0,1 n-NaOH kann nicht in eine 5 proz. Gelatinegallerte eindringen, wenn 0,5 molare Magnesiumchloridlösung anwesend ist. Calciumchlorid und Natriumchlorid in derselben Konzentration rufen keine Hemmung hervor. Ammoniak kann unter jeder Bedingung eindringen[7].

Über die ungleiche Verteilung von H- und OH-Ionen in Gelatinewürfeln, die im Diffusionsgleichgewicht mit einer Elektrolytlösung stehen[8].

Die rein chemische Deutung der Säurebindung, die von verschiedenen Autoren versucht wird, wird von anderen bestritten. Letztere nehmen Adsorptionsvorgänge an[4, 9]. — Für Adsorptionsvorgänge bei der Säure- und Laugenbindung spricht auch die Tatsache, daß Säuregelatine durch Dialyse vollständig von der Säure befreit werden kann[10].

Die Säure- und Basenbindung ist vornehmlich in wässeriger Lösung studiert worden. Belden wendet gasförmige Salzsäure und gasförmiges Ammoniak an und findet, daß Ammoniak nur adsorptiv gebunden wird; von Salzsäure werden 110 mg/g Gelatine chemisch, weitere Mengen adsorptiv gebunden[11].

Über die Menge der adsorbierten H-Ionen, errechnet aus der Langumirschen Gleichung[12].

Der Einfluß, den die Neutralsalze auf die Säurebindung der Gelatine ausüben, ist nicht vereinbar mit der Anschauung von Loeb. Die Bindung von Salzsäure, Salpeter- und Schwefelsäure wird durch Kochsalz, Natriumnitrat und Natriumjodid gesteigert, durch Natriumsulfat herabgesetzt. Die Chloride der Kationen steigern in folgender Reihe K < Na < Ba < Ca. Es wird angenommen, daß die Salzwirkung im sauren und alkalischen Medium sich aus Anionen- und Kationenwirkung summiert[13].

Über die Auswertung der Titrationskurven der Gelatine zur Ermittlung der Bausteine: Gelatine hat saure Gruppen mit „Dissoziationsindices" (negative Logarithmen der Dissoziationskonstanten) bei $p_H = 2,9$ bis 3,5, die quantitativ mit dem Gehalt an Aminodicarbonsäuren zusammenhängen. Die basischen Gruppen bei p_H 6,1 bzw. 10,4 bis 10,6 entsprechen dem Histidin und dem Lysingehalt. (Hier auch über die Anwesenheit des „Präarginins")[14]. — Acidimetrische Untersuchungen zur Feststellung von Bausteinen im Eiweiß[15].

Saure und basische Farbstoffe sollen von der Gelatine ebenfalls in äquivalenten Mengen gebunden werden, und zwar 0,00104 Äquivalente eines sauren Farbstoffes pro Gramm Eiweiß. Dieser Wert entspricht den vorhandenen freien Aminogruppen des Lysins, Histidins und Arginins. Für Adsorptionsvorgänge bestehen keine experimentellen Beweise[16]. Von basischen Farbstoffen bindet Gelatine bei $p_H = 11$ $70 \cdot 10^{-5}$ Äquivalente. Abweichungen sollen durch

[1] F. Modern u. W. Pauli: Biochem. Z. **156**, 482 (1925) — Chem. Zbl. **1926 I**, 124.

[2] W. Pauli: Kolloid-Z. **40**, 185 (1926) — Chem. Zbl. **1927 I**, 572.

[3] F. Modern: An. Asoc. quim. Argentina **15**, 160 (1928) — Chem. Zbl. **1928 II**, 1191.

[4] J. Shukow u. S. Schtschukarew: J. physic. Chem. **29**, 285 (1925) — Chem. Zbl. **1925 II**, 273.

[5] J. Shukow, S. Schtschukarew u. J. Buschmakin: J. russ. phys.-chem. Ges. **58**, 639 (1926) — Chem. Zbl. **1927 I**, 408.

[6] D. J. Hitchcock: J. gen. Physiol. **12**, 495 (1929) — Chem. Zbl. **1929 I**, 2889.

[7] J. Gray: Proc. Cambridge philos. Soc. **1**, 237 (1925) — Chem. Zbl. **1926 I**, 1780 — Ber. Physiol. **32**, 8.

[8] E.-J. Bigwood: C. r. Soc. Biol. Paris **102**, 600, 602 (1929) — Chem. Zbl. **1930 I**, 1946.

[9] R. de Izaguirre: Kolloid-Z. **32**, 47 (1922) — Chem. Zbl. **1923 I**, 1596.

[10] A. Fodor u. C. Epstein: Kolloid-Z. **40**, 51 (1926) — Chem. Zbl. **1926 II**, 2777.

[11] B. C. Belden: J. physic. Chem. **35**, 2164 (1931) — Chem. Zbl. **1931 II**, 2469.

[12] B. N. Ghosh: J. chem. Soc. Lond. **1928**, 711 — Chem. Zbl. **1928 I**, 2790.

[13] J. Csapó: Biochem. Z. **159**, 53 (1925) — Chem. Zbl. **1925 II**, 828.

[14] H. S. Simms: J. gen. Physiol. **11**, 629 (1928) — Chem. Zbl. **1928 II**, 1673.

[15] J. Tillmans, P. Hirsch u. F. Strache: Biochem. Z. **199**, 399 (1929) — Chem. Zbl. **1929 I**, 1353.

[16] L. M. Chapman, D. M. Greenberg u. C. L. A. Schmidt: J. of biol. Chem. **72**, 707 (1927) — Chem. Zbl. **1927 II**, 706.

hydrolytische Vorgänge erklärt werden. Maßgebend für das Bindungsvermögen sollen die Aminodicarbonsäuren sein[1].

Über die Bindungsweise von basischen und sauren Farbstoffen sowie die Existenz eines Ampholytions in isoelektrischen Gelatinelösungen[2, 3].

Gelatine verbindet sich über dem isoelektrischen Punkt (4,7) sehr leicht mit Alkaloiden und anderen Basen (Atropin, Strychnin, Chinin, Adrenalin, Guanidin), unterhalb des isoelektrischen Punktes nicht (Theorie der Giftwirkung dieser Stoffe)[4, 5]. — Über die Verbindungen der Curarealkaloide mit Gelatine und die Schutzwirkung der Eiweißkörper bei Curarevergiftung[6, 7]. Vgl. auch den Einfluß von Giften auf die Viscosität.

Über Konstitution und elektrochemisches Verhalten des Glutins[8].

Die elektrische Leitfähigkeit der Gelatine weist im isoelektrischen Punkt ein Minimum auf, die Gelatine kann also hier nicht im ionisierten Zustand auftreten. Die Form der Leitfähigkeitskurve zu beiden Seiten des isoelektrischen Punktes ist unsymmetrisch. (Parallel mit dieser Kurve laufen die Kurven für osmotischen Druck, innere Reibung, Quellung und Alkoholzahl, die also auch Funktionen des Ionisationsgrades der Gelatine sind)[9]. — Gelatinesulfat- und -bromidlösungen mit demselben p_H besitzen die gleiche Leitfähigkeit[10].

Leitfähigkeit von β-Glutin[11].

Die Leitfähigkeit von Gelatinelösungen mit ganz geringen Salzzusätzen ist größer als die der betreffenden gelatinefreien Salzlösungen. Steigert man den Salzgehalt von 0,01 n- auf z. B. 0,05n-Kaliumsulfat oder 0,5n-Kaliumchlorid, so wird die Leitfähigkeit der wäßrigen Salzlösung größer als die des Gelatinegemisches mit dem gleichen Salzgehalt. Rettig entscheidet nicht, ob hier Änderungen des Dissoziationsgrades oder der Beweglichkeit der Ionen oder Adsorption von Ionen durch die Gelatine vorliegt[12]. — Die Leitfähigkeit von Schwefelsäure und die H-Ionenkonzentration wird bei steigendem Gelatinezusatz immer geringer infolge Bildung neuer Ionen durch die Dissoziation der entstehenden Gelatinesulfatverbindung[13].

Ob der Zusatz von Gelatine bei einer bestimmten Wasserstoffionenkonzentration die Leitfähigkeit (von Kochsalz) erhöht oder erniedrigt, hängt von dem Grad der Ionisation der Gelatine bei dieser Reaktion ab: Ist die Ionisation klein, so wirkt die Molekülgröße der Gelatine hemmend auf die Leitfähigkeit[14].

Der Einfluß der Temperatur auf die Leitfähigkeit der Gelatine zeigt sich in einer Verminderung derselben bei Gelatinierung durch Temperaturerniedrigung[15] [16]. Zwischen 30 und 90° ist die Leitfähigkeit bei einer gegebenen Temperatur höher, wenn sie bei fallender Temperatur erreicht wird[17].

Die Ergebnisse, die Pauli aus den Messungen der Konduktivität und Aktivität von Säuregelatine zieht, können die Anschauungen von Hitchock und Loeb nicht bestätigen. Nach Pauli ist der Ionisationszustand der Gelatine für ihre Eigenschaften maßgebend, wobei dieser Zustand durch die Aktivität charakterisiert werden muß[18]. — Weiteres über die Ionen-

[1] L. M. Chapman Rawlins u. C. L. A. Schmidt: J. of biol. Chem. 82, 709 (1929) — Chem. Zbl. 1929 II, 2467.

[2] A. E. Stearn: J. physic. Chem. 34, 973 (1930) — Chem. Zbl. 1931 I, 471.

[3] A. E. Stearn: J. of biol. Chem. 91, 325 (1931) — Chem. Zbl. 1931 II, 2339.

[4] A. M. Petrunkin u. M. L. Petrunkin: Arch. Sci. biol. Moskau 27, 219 (1927) — Chem. Zbl. 1928 I, 2239.

[5] A. Petrunkina u. M. Petrunkin: J. gen. Physiol. 11, 101 (1927) — Chem. Zbl. 1928 I, 1778.

[6] W. Karassik, A. Petrunkina u. M. Petrunkin: Arch. Sci. biol. Moskau 28, 441 (1929) — Chem. Zbl. 1929 II, 2220.

[7] W. M. Karassik, A. Petrunkina u. M. Petrunkin: Biochem. Z. 210, 70 (1929) — Chem. Zbl. 1930 II, 760.

[8] W. Pauli u. Mitarbeiter: Kolloid-Z. 53, 51 (1930) — Chem. Zbl. 1931 I, 3245.

[9] J. Loeb: J. gen. Physiol. 1, 39 (1918) — Chem. Zbl. 1920 III, 416.

[10] J. Loeb: J. gen. Physiol. 5, 559 (1919) — Chem. Zbl. 1920 III, 418.

[11] R. Wintgen u. H. Vogel: Kolloid-Z. 30, 45 (1921) — Chem. Zbl. 1922 III, 436.

[12] F. Rettig: Kolloid-Z. 27, 165 (1920) — Chem. Zbl. 1921 I, 330.

[13] R. L. Fergusohn u. W. C. France: J. amer. chem. Soc. 43, 2161 (1921) — Chem. Zbl. 1922 I, 1096.

[14] W. W. Palmer: D. W. Atchley u. R. F. Loeb: J. gen. Physiol. 3, 801 (1921) — Chem. Zbl. 1921 III, 986.

[15] M. H. Fischer: Kolloid-Z. 35, 138 (1924) — Chem. Zbl. 1924 II, 2574.

[16] M. H. Fischer u. M. O. Hooker: Kolloidchem. Beih. 23, 200 (1926) — Chem. Zbl. 1926 II, 2281.

[17] S. Visco: Atti Accad. naz. Lincei, Roma 11, 583 (1930) — Chem. Zbl. 1930 II, 1044.

[18] W. Pauli u. H. Wit: Biochem. Z. 174, 308 (1926) — Chem. Zbl. 1928 II, 1752.

aktivität der Gelatine[1]. — Über die Aktivitätskoeffizienten der Ionen im System Glutin-Salzsäure[2, 3].

Ionenaktivität im System Gelatine-HCl bzw. -H_2SO_4.[4]

Gelatine wird im Gegensatz zu den Proteinen, die am isoelektrischen Punkt ausgeflockt werden, bei der Elektrolyse nicht an den Elektroden abgeschieden[5].

Gelatine zeigt schon in $^1/_{10}$ n-Alkalichloridlösungen symmetrische doppelsinnige Elektrophorese; in Gegenwart von Alkalichlorid beginnt die doppelsinnige Wanderung bei Konzentrationen von $8 \cdot 10^{-4}$-n, bei den Chloriden der zweiwertigen Metalle erfolgt bereits in Konzentrationen von $4 \cdot 10^{-3}$-n Umladung (kathodische Überführung). Magnesiumsulfat verhält sich analog den Alkalichloriden, vermag jedoch schon in geringeren Konzentrationen (0,05n) als die Alkalichloride neben überwiegend anodischer auch kathodische, in $^1/_{10}$ n-Lösungen jedoch gleichmäßig doppelsinnige Wanderung der Gelatine zu bewirken. — Calciumrhodanid hemmt die anodische Wanderung der Gelatine schwächer als Calciumchlorid. Die Lage des isoelektrischen Punktes gestattet keine Rückschlüsse für den Wanderungssinn der reinen Gelatine[6].

Der Einfluß der Gelatine auf die Wanderungsgeschwindigkeit von Ionen (Zinksulfat) ergibt Kurven, die sich in 3 Abschnitte zerlegen lassen. Bei 0,28 Molarität des zugefügten Elektrolyten sind die kolloiden Teilchen neutral. Bei geringeren Elektrolytzusätzen sind sie positiv geladen, bei höheren negativ. In dem Bereich mit geringeren Konzentrationen an Elektrolyten ist die Wanderungsgeschwindigkeit der Anionen gleich 0, die der Kationen gleich 1, so daß bei der Elektrolyse die Kationen allein den Strom durch den Elektrolyten zu tragen scheinen. Nur die Anionen werden adsorbiert. Die kolloiden Teilchen wandern zum negativen Pol. — Ist die Konzentration des zugefügten Elektrolyten 0,28 molar, so ist die Wanderungsgeschwindigkeit der Anionen gleich 0, die der Kationen gleich 1. Anionen und Kationen werden von der Gelatine entsprechend ihrer Beweglichkeit adsorbiert; infolgedessen werden mehr Anionen als Kationen aufgenommen. Die Geschwindigkeit der kolloiden Teilchen im elektrostatischen Feld ist gleich 0. — Bei weiter steigenden Elektrolytzusätzen nimmt die Wanderungsgeschwindigkeit der Anionen proportional mit den Zusätzen zu, die der Kationen ab. Die kolloiden Teilchen der Gelatine wandern zur Anode, sind also negativ geladen[7].

Über die Wanderungsgeschwindigkeit von Wasserstoffionen in Gelatinegelen[8].

Die an den Elektroden während der Elektrolyse abgeschiedene Gelatineschicht beeinflußt Polarisation, Zersetzungsspannung, Überspannung und Struktur der abgeschiedenen Metalle[9]. Vgl. dazu aber Greenberg[10].

Elektrochemisches Verhalten der Silbersalze[11].

Einwirkung der Gelatine auf Konzentrationsketten von Silbersalzen[12].

Über das Reihe- und Abscheidungspotential des Zinkes in Zinksulfatlösungen[13].

Über „Eiweißketten" und Theorien der Entstehung bioelektrischer Ströme[14].

Über die elektrolytische Abscheidung von Zink[15], von Kupfer[16, 17, 18, 19, 20], von Blei[21], von Cadmium[22] in Gegenwart von Gelatine.

[1] H. S. Simms: J. gen. Physiol. **11**, 613 (1928) — Chem. Zbl. **1928 II**, 2106.

[2] F. Modern u. W. Pauli: Biochem. Z. **156**, 482 (1925) — Chem. Zbl. **1926 I**, 124.

[3] F. Modern: An. Asoc. quim. Argentina **15**, 160 (1928) — Chem. Zbl. **1928 II**, 1191.

[4] A. Benedicenti u. G. B. Bonino: Arch. di Sci. biol. **14**, 293 (1930) — Chem. Zbl. **1931 I**, 3573.

[5] D. M. Greenberg: Trans. Amer. electrochem. Soc. **54** (1928) — Chem. Zbl. **1928 II**, 1861.

[6] T. Ito u. W. Pauli: Biochem. Z. **213**, 95 (1929) — Chem. Zbl. **1930 I**, 80.

[7] A. Mutscheller: J. amer. chem. Soc. **42**, 2142 (1920) — Chem. Zbl. **1921 III**, 8.

[8] M. Isgarischew u. A. Pomeranzewa: Z. Elektrochem. **29**, 581(1923) — Chem. Zbl. **1924 I**, 1160.

[9] P. K. Frölich: Trans. Amer. electrochem. Soc. **46** (1924) — Chem. Zbl. **1925 I**, 936.

[10] D. M. Greenberg: Trans. Amer. electrochem. Soc. **54** (1928) — Chem. Zbl. **1928 II**, 1861.

[11] E. Goigner u. W. Pauli: Biochem. Z. **235**, 271 (1931).

[12] R. Audubert: C. r. Acad. Sci. Paris **176**, 838 (1923) — Chem. Zbl. **1923 III**, 5.

[13] N. Isgaryschew u. P. Titow: Z. Elektrochem. **33**, 211 (1927) — Chem. Zbl. **1927 II**, 1128.

[14] R. Mond: Pflügers Arch. **203**, 247 (1924) — Chem. Zbl. **1924 II**, 672.

[15] P. K. Frölich: Trans. Amer. electrochem. Soc. **49** (1926) — Chem. Zbl. **1926 I**, 3587.

[16] C. Marie u. A. Buffat: J. Chim. physique **24**, 470 (1927) — Chem. Zbl. **1927 II**, 1439.

[17] C. Marie: C. r. Acad. Sci. Paris **187**, 41 (1928) — Chem. Zbl. **1928 II**, 846.

[18] C. Marie u. M.-L. Claudel: C. r. Acad. Sci. Paris **187**, 170 (1928) — Chem. Zbl. **1928 II**, 2440.

[19] C. Marie u. Gérard: C. r. Acad. Sci. Paris **190**, 864 (1930) — Chem. Zbl. **1930 II**, 523.

[20] R. Taft u. H. E. Messmore: J. physic. Chem. **35**, 2585 (1931) — Chem. Zbl. **1932 I**, 1350.

[21] P. K. Frölich, G. L. Clark u. R. H. Aborn: Trans. Amer. electrochem. Soc. **49** (1926) — Chem. Zbl. **1926 I**, 3587.

[22] E. Milliau: Bull. Soc. Chim. Belgique **34**, 143 (1925) — Chem. Zbl. **1925 II**, 522.

Gelatine als Membran bei Cu-Elektrolysen[1].

Kataphorese von inerten Teilchen (Quarz) in Gelatine[2, 3]. — Über Methodisches zur Bestimmung der kataphoretischen Beweglichkeit von Gelatine durch Einschluß inerter Partikelchen in Gelatineteilchen[4].

Elektrophorese in Gegenwart von Goldsolen[5].

Farbreaktionen: Allgemeine Bemerkungen über die Biuretreaktion[6].

Mit Vanillin-Salzsäure oder -Schwefelsäure gibt Gelatine eine rot-blauviolette Färbung[7]. Vgl. auch [8]. — Nach Kraus Ragins gibt die Gelatine bei der üblichen Verdünnung keine positive Reaktion mit Vanillin-Salzsäure, wohl aber tritt bei hohen Konzentrationen eine schwache Färbung auf, die wahrscheinlich durch Prolin verursacht wird[9].

Rotfärbung mit Chinon[10].

Die Tryptophanreaktion mit Formaldehyd oder p-Dimethylaminobenzaldehyd wird durch Gelatine beschleunigt[11].

Mit Thioninlösung färbt sich Gelatine dunkelblau[12].

Abbauversuche: Erhitzt man gereinigte Gelatine mit Wasser, so erfolgt kein wesentlicher Abstieg der van Slyke- oder Formolzahlen[13]. Siehe dazu auch unter „thermische Desaggregierung".

Erhitzt man Gelatine mit wasserfreiem Glycerin auf 180°, so geht in 2 Stunden die Gelatine in Lösung. Nach Fällung des Gemisches mit Alkohol erhält man gummiartige Massen, aus denen sich Fraktionen mit krystallinem Habitus gewinnen lassen. Sie enthalten keinen Amino-N und geben keine Ninhydrinreaktion. Durch Abbau mit Glycerin bei 130° erhält man einen einheitlichen Körper, der in der Molekulargröße dem Gelatinepepton entspricht; er ist durch Pepsin und Trypsin spaltbar[14].

Beim Erhitzen von Gelatine mit Essigsäureanhydrid erhält man 60% des Ausgangsmaterials in Form eines acetylfreien Produktes. Bei der Fraktionierung dieses Körpers auf Grund der Löslichkeit in organischen Lösungsmitteln gewinnt man in Alkohol leicht lösliche Anteile, die in Zusammensetzung und Molekulargröße einem tetramolekularen Oxyprolylalanin entsprechen. Eine in Alkohol weniger leicht lösliche Fraktion stimmt analytisch mit 4 (1 Mol Oxyprolylalanin plus 3 Moll Oxyprolylglycin) −3 H_2O überein. Auf Grund dieser Befunde und des Verhaltens der isolierten Substanzen schließt Fodor, daß sich in der Gelatine Dipeptide zu Polymerisaten vereinigen, die eine chemische Einheit darstellen. Diese Polymerisate vereinigen sich assoziativ zu kolloiden Micellen, die wiederum zu höheren kolloiden Aggregaten zusammentreten können. Die Fermentwirkung stellt dann den umgekehrten Vorgang: Desaggregation → Desassoziation → Depolymerisation → Hydrolyse dar[15]. — Assoziation und Polymerisation sind möglicherweise durch das Essigsäureanhydrid hervorgerufen, da sich aus Gelatinepepton mit Essigsäureanhydrid höher molekulare Produkte isolieren lassen[16], doch führt andererseits das Intermicellarwasser der Gelatine zu einem stärkeren Abbau durch Essigsäureanhydrid als beim Pepton. — In weiteren Untersuchungen erhält Fodor Fraktionen mit charakteristischen Acetylzahlen; auf Grund der gesamten Befunde wird folgendes Bild gegeben:

Der Grundkörper der Gelatine ist ein Tripeptid bzw. ein Hexapeptid, das aufgebaut wird aus Prolin oder Oxyprolin, Glykokoll und Alanin; andere Aminosäuren konnten noch

[1] M. Chanoz: C. r. Soc. Biol. Paris 98, 695 (1928) — Chem. Zbl. 1928 I, 3078.
[2] H. A. Abramson: Colloid Symposium Monograph 6, 115 (1928) — Chem. Zbl. 1929 II, 2168.
[3] H. A. Abramson: J. gen. Physiol. 12, 587 (1929) — Chem. Zbl. 1929 II, 2168.
[4] H. A. Abramson: J. Amer. electrochem. Soc. 50, 390 (1928) — Chem. Zbl. 1928 I, 2064.
[5] E. B. R. Prideaux u. F. O. Howitt: Proc. roy. Soc. Lond. A 126, 126 (1929) — Chem. Zbl. 1930 II, 1509.
[6] M. Schierge: Z. exper. Med. 67, 260 (1929) — Chem. Zbl. 1930 I, 2124.
[7] E. P. Häußler: Z. anal. Chem. 53, 691 (1914) — Chem. Zbl. 1915 I, 221.
[8] E. P. Häußler: Z. anal. Chem. 53, 363 (1914) — Chem. Zbl. 1914 II, 86.
[9] J. Kraus-Ragins: J. of biol. Chem. 80, 543 (1928) — Chem. Zbl. 1929 I, 1382.
[10] K. Reiners: Z. exper. Med. 67, 327 (1929) — Chem. Zbl. 1930 I, 2929.
[11] E. Komm: Hoppe-Seylers Z. 156, 35 (1926) — Chem. Zbl. 1926 II, 1892.
[12] Straub: Z. Unters. Nahrgsmitt. usw. 27, 801 (1914) — Chem. Zbl. 1914 II, 357.
[13] S. B. Schryver u. K. V. Thimann: Biochemic. J. 21, 1284 (1928) — Chem. Zbl. 1928 II, 1780.
[14] A. Fodor u. R. Schoenfeld: Biochem. Z. 200, 223 (1928) — Chem. Zbl. 1929 I, 1572.
[15] A. Fodor u. C. Epstein: Hoppe-Seylers Z. 171, 222 (1928) — Chem. Zbl. 1928 I, 363.
[16] A. Fodor u. C. Epstein: Biochem. Z. 200, 211 (1928) — Chem. Zbl. 1929 I, 1572.

nicht nachgewiesen werden. Prolin oder Oxyprolin nehmen die Mitte der Polypeptidkette ein, das ursprünglich gebildete Tripeptid soll ein anhydridisiertes Glycylprolylalanin oder Glycyloxyprolylalanin darstellen. In den einzelnen Fraktionen soll es sich um Associate folgender Verbindungen handeln: Acetylglycylprolylalanin, Glycyl- (acetyl-)- oxyprolylalanin, Acetylglycyl- (acetyl-)- oxyprolylalanin, Acetylprolylalanin, Acetyloxyprolylalanin und Oxyprolylalanin[1]. Der Nachweis, daß Verbindungen der genannten Art und Zusammensetzung vorgelegen haben, steht noch aus.

Beim Erhitzen von Gelatine mit Ätzalkalien auf 350° werden aus 100 g Eiweiß erhalten:

Ameisensäure	2 g
Essigsäure	14 g
Propionsäure	1,6 g
Buttersäure	—
Valeriansäure	2 g
Capronsäure	2 g
Caprylsäure	0,5 g
Oxalsäure	40,4 g
Benzoesäure	0,5 g
Methylalkohol	—

Neben der Oxalsäure finden sich wahrscheinlich noch andere zweibasische Säuren (Bernstein-, Adipinsäure?), Ammoniak, fast entsprechend der gesamten Menge Stickstoff in der Gelatine, Skatolcarbonsäuren, aliphatische Kohlenwasserstoffe. Die Oxalsäure dürfte sich vorwiegend vom Glykokoll herleiten, die Fettsäuren von den α-Aminosäuren durch Oxydation, die Ameisensäure aus den ureidischen Gruppen des Guanidins und Arginins[2].

Die Hydrolyse der Gelatine mit Säuren von verschiedener Konzentration und bei verschiedenen Temperaturen, 96°, 130°, 142° ist eine Reaktion zweiter Ordnung, wie sich aus der Berechnung der Reaktionskonstanten ergibt, wenn man das Anwachsen des Aminostickstoffs als Maß der Hydrolyse zugrunde legt[3].

Die Regel $x = k \cdot \sqrt{t}$ gilt für die Säurespaltung der Gelatine bei 100° und für die alkalische Spaltung bei 10°, 37° und 70°[4]. (Verwendet wurden $^1/_5$ n-Normallösungen.) Vgl. auch[5, 6, 7].

Bei der Hydrolyse von Gelatine mit Salzsäure treten Differenzen zwischen den nach van Slyke und den nach Sørensen bestimmten NH_2-Werten auf, die mit fortschreitender Hydrolyse durch ein Maximum gehen. Enselme deutet die Zunahme der Differenz als Periode der Polypeptidbildung, die Abnahme als Periode der Zerlegung in Aminosäuren[8, 9].

Säuren und Laugen ordnen sich nach zunehmenden Spaltungsgeschwindigkeiten bei verschiedenen Temperaturen in folgender Reihe an (Gelatinelösungen in 12,5proz. Lithiumbromidlösung): n-HCl/Zimmertemperatur $< ^1/_2$ n-NaOH/Zimmertemperatur $\simeq$ n-HCl 38° $<$ n-NaOH/Zimmertemperatur $<$ n-HCl 50—55° $<$ n-NaOH 38° $<$ n-HCl 70—75° $<$ n-NaOH 50 bis 55°[10]. (Über die Änderung der Drehung und über die wechselseitige Einwirkung von Säuren, Alkalien und Fermenten s. unter „Drehung" und „Fermente".)

Über die Rolle des Aktivitätskoeffizienten des Wasserstoffions bei der Gelatinehydrolyse[7].

Durch $^1/_5$ n-Natronlauge wird Arginin aus der Gelatine schneller abgespalten als aus anderen Proteinen; die Farbreaktion mit α-Naphthol verschwindet nach 5 Stunden, bei anderen Proteinen erst nach 7 Stunden[11].

Aus einem mit 25proz. Schwefelsäure hergestellten Gelatinehydrolysat konnte nach Veresterung mit Methylalkohol und Destillation im Hochvakuum bei 100—130° Fumarsäuredimethylester isoliert werden, in einer Ausbeute von 5 g aus 1 kg Gelatine[12].

[1] A. Fodor u. C. Epstein: Biochem. Z. 210, 24 (1929) — Chem. Zbl. 1930 I, 82.
[2] L. Dupont: C. r. Acad. Sci. Paris 189, 922 (1929) — Chem. Zbl. 1930 I, 695.
[3] D. M. Greenberg u. N. F. Burk: J. amer. chem. Soc. 49, 275 (1927) — Chem. Zbl. 1927 I, 1486.
[4] J. Jaitschnikow: J. russ. phys.-chem. Ges. 58, 1377 (1926) — Chem. Zbl. 1927 II, 1144.
[5] J. Jaitschnikow: J. russ. phys.-chem. Ges. 61, 109 (1929) — Chem. Zbl. 1929 II, 1015.
[6] P. A. Levene u. L. W. Bass: J. of biol. Chem. 82, 171 (1929) — Chem. Zbl. 1929 II, 755.
[7] J. H. Northrop: J. gen. Physiol. 3, 715 (1921) — Chem. Zbl. 1921 III, 1033.
[8] J. Enselme: C. r. Acad. Sci. Paris 190, 136 (1930) — Chem. Zbl. 1930 I, 2105.
[9] J. Enselme: Bull. Soc. Chim. biol. Paris 12, 351 (1930) — Chem. Zbl. 1930 II, 1995.
[10] E. Abderhalden u. H. Mahn: Hoppe-Seylers Z. 174, 47 (1928) — Chem. Zbl. 1928 I, 2178.
[11] S. Sakaguchi: J. of Biochem. 5, 159 (1925) — Chem. Zbl. 1926 I, 1420.
[12] E. Abderhalden u. R. Haas: Hoppe-Seylers Z. 151, 114 (1926) — Chem. Zbl. 1926 I, 2206.

Beim Kochen von Gelatine mit Natronlauge werden 0,53—0,7% des trockenen Proteins in Form von Acetaldehyd abgespalten. Kohlehydrat oder Aminosäuren sind nicht die Vorstufe des Aldehyds, die Bildung scheint vielmehr an die Konstitution des Eiweißes gebunden zu sein[1].

Bei der Autoklavenhydrolyse von Gelatine mit verdünnter Salzsäure steigt die abgespaltene Kohlensäure mit der Höhe des Druckes, erreicht aber nicht mehr als 2% des Ausgangsmaterials[2]. — Der Amino-N sinkt bei der Autoklavenhydrolyse der Gelatine mit Wasser oder verdünnten Säuren nicht wesentlich[3]. Vgl. dazu[4]. — Jedoch erhält man bei 16stündigem Erhitzen von 25 g Gelatine mit 1200 ccm Wasser im Autoklaven auf 180—200° 0,04% Leucinanhydrid durch Ätherextraktion[5].

Über die Druckhydrolyse mit 10proz. Ameisensäure, bei der Kondensation der Produkte stattfinden soll[6].

Bei der Oxydation von Gelatine erhält man Oxamid[7].

Bei der Einwirkung von Hypochloritlösungen auf Gelatine findet Oxydation und Chlorierung statt. Verlauf der Kurven[8].

Einwirkung von Hypobromitlösungen[9].

Über die Abhängigkeit der Einwirkung von Natriumhypobromit vom Arginingehalt[10].

Gelatine verbraucht mehr Brom als die Summe der Spaltungsprodukte. Der Quotient N : Br beträgt für Gelatine 15,85, für die Spaltungsprodukte 20,4[11].

Zur Reduktion löst man mit methylalkoholischer Kalilauge vorbehandelte Gelatine in Amylalkohol und fügt metallisches Natrium hinzu. Dabei entwickelt sich Ammoniak zu 4—6% des Gesamt-N. Aus den erhaltenen Produkten konnten 3,5% des Protein-N als Pyrrol gewonnen werden (s. auch Acetylgelatine)[12].

Bei der Reduktion von Gelatine erhält man ein Piperazin, das wahrscheinlich aus einem Diketopiperazin aus Glykokoll und Oxyprolin entstanden ist neben einem Produkt, dessen Muttersubstanz Prolin und Leucin in anhydridartiger Bindung enthält[13].

Einfluß von Gelatine auf chemische Reaktionen: Die Reaktion $K_2S_2O_8 + 2 KJ = 2 K_2SO_4 + J_2$ wird durch Gelatine beschleunigt, diese Beschleunigung ist vielleicht auf die Anwesenheit eines organischen Katalysators in der Gelatine oder auf Adsorption der reagierenden Ionen zurückzuführen[14].

Die Hydrolyse von Äthylacetat und Rohrzucker wird von Gelatine in Konzentrationen von 0,1—1% beschleunigt, in größeren Konzentrationen gehemmt[15].

Gelatine hemmt mit steigender Menge die Zersetzung wäßriger Wasserstoffsuperoxydlösungen in der Siedehitze. Dabei bildet sich eine Adsorptionsverbindung von Wasserstoffsuperoxyd mit Gelatine, welche größeren Widerstand gegen die Zersetzung durch Hitze leistet als gelöstes Wasserstoffsuperoxyd. Außerdem findet Anreicherung von molekularem Sauerstoff in der Lösung statt, der auf die Zersetzung dieser Verbindung hemmend einwirkt. Die stabilisierende Wirkung ist nur von der Gelatinekonzentration und der Reaktion, nur wenig von der Konzentration des Wasserstoffsuperoxyds abhängig[16].

[1] O. Riesser u. Mitarbeiter: Hoppe-Seylers Z. **196**, 201 (1931) — Chem. Zbl. **1931 II**, 583.

[2] W. S. Ssadikow: Biochem. Z. **143**, 492 (1923) — Chem. Zbl. **1924 I**, 1387.

[3] N. Gawrilow, E. Stachejewa, A. Titowa u. N. Ewergetowa: Biochem. Z. **182**, 26 (1927) — Chem. Zbl. **1927 I**, 2656.

[4] D. M. Greenberg u. N. F. Burk: J. amer. chem. Soc. **49**, 275 (1927) — Chem. Zbl. **1927 I**, 1486.

[5] S. S. Graves, J. W. T. Marshall u. H. W. Eckweiler: J. amer. chem. Soc. **39**, 112 (1916) — Chem. Zbl. **1917 I**, 950.

[6] N. Zelinsky u. K. Lawrowsky: Biochem. Z. **183**, 303 (1927) — Chem. Zbl. **1927 I**, 3199.

[7] E. Abderhalden u. E. Komm: Hoppe-Seylers Z. **143**, 128 (1925) — Chem. Zbl. **1925 I**, 2009.

[8] N. C. Wright: Biochemic. J. **20**, 524 (1926) — Chem. Zbl. **1926 II**, 1952.

[9] S. Goldschmidt u. C. Steigerwald: Ber. dtsch. chem. Ges. **58**, 1346 (1925) — Chem. Zbl. **1925 II**, 1169.

[10] O. Fürth u. F. Fromm: Biochem. Z. **220**, 69 (1930) — Chem. Zbl. **1930 II**, 746.

[11] M. Siegfried u. H. Reppin: Hoppe-Seylers Z. **95**, 18 (1915) — Chem. Zbl. **1916 I**, 513.

[12] N. Troensegaard: Hoppe-Seylers Z. **112**, 86 (1920) — Chem. Zbl. **1921 I**, 907.

[13] E. Abderhalden u. E. Schwab: Hoppe-Seylers Z. **148**, 254 (1925) — Chem. Zbl. **1926 I**, 1192.

[14] S. O. Rawling u. J. W. Glassett: J. physic. Chem. **29**, 414 (1925) — Chem. Zbl. **1925 II**, 1245.

[15] N. Isgaryschew, M. Bogomolowa: J. russ. phys.-chem. Ges. **56**, 61 (1925) — Chem. Zbl. **1926 I**, 812.

[16] V. Ubelka u. J. Wagner: Kolloidchem. Beih. **22**, 102 (1926) — Chem. Zbl. **1926 II**, 2045.

Über Verbindungen (?) von Gelatine mit Thymonucleinsäure und ihre Fällbarkeit mit Lanthannitrat und Sulfosalicylsäure[1]. Vgl. dazu[2, 3].

Verhalten gegen Fermente: Pepsin: Über die Adsorption von Pepsin an Gelatine[4]. — Die Verteilung des Pepsins zwischen Gelatine und der Lösung ist gleich der Verteilung, die Chlorid oder Bromid unter gleichen Bedingungen aufweisen: das Pepsin verhält sich wie ein einwertiges Anion[5].

Die Geschwindigkeit der Spaltung durch Pepsin gehorcht der Regel von Schütz und Borissow. Aminosäuren bilden sich kaum, dagegen nehmen die nach Willstätter bestimmbaren Peptidcarboxyle zu[6].

Über die Rolle der Säure bei der peptischen Verdauung[7].

Das Verhältnis der durch Pepsin freigelegten Aminogruppen zu den aufgespaltenen Carboxylgruppen ist 1 : 1[8]. Vgl. dazu auch[9]. Dieser Befund wird auch von Felix und anderen[10] bestätigt (hier auch Ausführungen über die Indicatoren und die Methodik der Proteintitration)[11]. Dabei wurde geschlossen, daß auch Prolin und Oxyprolin in peptidartiger Verknüpfung vorliegen können[10]. Dagegen findet Steudel stets einen größeren Zuwachs an Carboxylgruppen als an Aminogruppen[12]. Vgl. dazu auch [13].

Über den Ketopiperazinanteil der nach peptischer Hydrolyse aufgefundenen Spaltprodukte (s. auch Gliadin)[14].

Eine desaggregierende Wirkung des Pepsins auf Gelatine vor Beginn der hydrolytischen Wirkung ließ sich (auf Grund der optischen Drehung) nicht nachweisen[15]).

Über die Änderungen der Viscosität während der Pepsinverdauung der Gelatine[16].

Über die Einwirkung verschiedener Pepsinpräparate auf Gelatine im Vergleich mit dem Einfluß auf andere Proteine[17].

Synthetische Wirkung entfaltet Pepsin auf Gelatine nicht[18].

Gelatinase: Aus rohen Pepsinpräparaten läßt sich eine Gelatinase gewinnen, die 400 mal wirksamer ist als das krystalline Pepsin, gemessen an Viscositätsänderungen, aber nur 3—4 mal stärker bei Bestimmung durch Formoltitration[19].

Trypsin spaltet Gelatine nur in Gegenwart von Enterokinase[20, 21]. Vgl. auch [22].

Über die Bestimmung des Spaltungsverlaufes[23]. — Es wird eine dem Massenwirkungsgesetz gehorchende bimolekulare Reaktion zwischen Enzym und Gelatine angenommen[24].

Die Bildung von Trypsinkinase aus Trypsin und Enterokinase unterbleibt in Gegen-

[1] E. Hammarsten, G. Hammarsten u. T. Teorell: Acta med. scand. (Stockh.) **68**, 219 (1928) — Chem. Zbl. **1929 II**, 756.

[2] E. Hammarsten u. G. Hammarsten: Acta med. scand. (Stockh.) **68** (1928) — Chem. Zbl. **1929 II**, 755.

[3] E. Hammarsten: Acta med. scand. (Stockh.) **68** (1928) — Chem. Zbl. **1929 II**, 756.

[4] M. Rakusin: J. russ. phys.-chem. Ges. **47**, 141 (1915) — Chem. Zbl. **1916 I**, 761.

[5] J. H. Northrop: J. gen. Physiol. **6**, 337 (1924) — Chem. Zbl. **1924 I**, 1945 — J. gen. Physiol. **7**, 603 (1925) — Chem. Zbl. **1925 II**, 1366.

[6] A. N. Adowa u. J. A. Smorodinzew: Hoppe-Seylers Z. **183**, 133 (1929) — Chem. Zbl. **1930 I**, 239.

[7] Wo. Ostwald u. A. Kuhn: Kolloid-Z. **30**, 234 (1922) — Chem. Zbl. **1922 III**, 1264.

[8] E. Waldschmidt-Leitz u. G. Künstner: Hoppe-Seylers Z. **171**, 70 (1927) — Chem. Zbl. **1928 I**, 813.

[9] E. Waldschmidt-Leitz u. E. Simons: Hoppe-Seylers Z. **156**, 99 (1926) — Chem. Zbl. **1926 II**, 2442.

[10] R. K. Cannan u. E. Muntwyler: Biochemic. J. **24**, 1012 (1930) — Chem. Zbl. **1931 II**, 724.

[11] K. Felix u. H. Müller: Hoppe-Seylers Z. **171**, 4 (1927) — Chem. Zbl. **1928 I**, 233.

[12] H. Steudel u. J. Ellinghaus: Hoppe-Seylers Z. **166**, 84 (1927) — Chem. Zbl. **1927 II**, 944.

[13] H. Steudel, J. Ellinghaus u. A. Gottschalk: Hoppe-Seylers Z. **154**, 198 (1926) — Chem. Zbl. **1926 II**, 1429.

[14] A. B. Blanchetière: C. r. Acad. Sci. Paris **191**, 1479 (1930) — Chem. Zbl. **1931 I**, 2886.

[15] M. Frankel: Biochem. Z. **207**, 53 (1929) — Chem. Zbl. **1929 II**, 312.

[16] I. H. Northrop: J. gen. Physiol. **12**, 529 (1929) — Chem. Zbl. **1929 II**, 2166.

[17] I. Smorodinzew u. A. Adowa: Hoppe-Seylers Z. **182**, 1 (1929) — Chem. Zbl. **1929 II**, 896.

[18] H. Wasteneys u. H. Borsook: J. of biol. Chem. **62**, 15 (1924) — Chem. Zbl. **1925 I**, 674.

[19] J. H. Northrop: J. gen. Physiol. **15**, 29 (1931) — Chem. Zbl. **1932 I**, 400.

[20] R. Willstätter: Dtsch. med. Wochenschr. **52**, 1 (1926) — Chem. Zbl. **1926 I**, 1672.

[21] E. Waldschmidt-Leitz: Hoppe-Seylers Z. **132**, 181 (1924) — Chem. Zbl. **1924 I**, 1683.

[22] E. F. Terroine u. L. Kahn-Marino: Arch. internat. Physiol. **26**, 69 (1926) — Chem. Zbl. **1926 II**, 1955.

[23] R. Willstätter, E. Waldschmidt-Leitz, S. Duñaiturria u. G. Künstner: Hoppe-Seylers Z. **161**, 191 (1926) — Chem. Zbl. **1927 I**, 905.

[24] J. Berkson u. L. B. Flexner: J. gen. Physiol. **11**, 433 (1928) — Chem. Zbl. **1928 II**, 2474.

wart von Gelatine, wird aber nach vorheriger Einwirkung von kleinen Trypsinmengen auf die Lösungen des Aktivators durch Gelatine nicht mehr gehemmt[1].

Die Spaltung von Gelatine mit Pankreatin wird durch fermentativ abgebautes Eiweiß gehemmt[2, 3]. — Neutralsalze ($NaCNS$, $NaNO_3$, $NaClO_3$, $NaCl$, Na_2SO_4) haben keinen Einfluß auf die Proteolyse der Gelatine durch Trypsin. Nur 1n- und 2n-Rhodanidlösungen hemmen deutlich. In $^1/_{10}$n-Lösungen fördern die Neutralsalze die tryptische Hydrolyse[4].

Über den hemmenden bzw. fördernden Einfluß verdünnter Lösungen von $CaCl_2$ und $MgCl_2$ in verschiedenen Konzentrationen[5].

Bayer 205 hemmt die Trypsinverdauung der Gelatine stark[6].

Über die Viscosität bei Trypsinverdauung[7].

Nach 3stündiger tryptischer Verdauung liegt die Hälfte des Arginins in der Gelatine in freier, durch Arginase angreifbarer Form vor (Vergleich mit anderen Proteinen)[8].

Über den Ketopiperazinanteil der nach tryptischer Hydrolyse aufgefundenen Spaltprodukte (s. auch Gliadin)[9].

Beim fermentativen Abbau von Gelatine durch Pepsin-Salzsäure und Trypsin entstehen zunächst Polypeptide, erst später Aminosäuren. Nach Vorbehandlung mit n-Natronlauge wirken Pankreasfermente erheblich langsamer auf die Gelatine als ohne diese Vorbehandlung, n-Salzsäure verzögert die Einwirkung nicht so stark. Vorbehandlung mit Pepsin-Salzsäure wirkt ähnlich wie n-Salzsäure. Nach Einwirkung von Pankreassaft spaltet n-Natronlauge Gelatine nur wenig, ist der Abbau durch Pankreassaft sehr weit fortgeschritten, wirkt $^1/_{10}$n-Salzsäure ohne Pepsin-Salzsäure nicht mehr ein (Gegensatz zu Elastin)[10]. Vgl. dazu auch [11].

Erepsin: Erepsin spaltet Gelatine nicht[12]. Vgl. die ältere gegenteilige Angabe von Rice[13].

Bei Pepsin- und nachfolgender Erepsinverdauung wird Gelatine weniger angegriffen als von Trypsinkinase und Erepsin[14].

Magenschleimhautproteinase: In der Magenschleimhaut findet sich eine Proteinase, die Gelatine bei p_H 3,5—5 spaltet. Dieses Ferment ist wahrscheinlich mit Lienoprotease identisch, sie wird als Kathepsin bezeichnet[15].

Milzprotease: In der Milz findet sich neben viel Peptidase ein geringer Gehalt von Proteinase, die optimal bei $p_H = 4$ wirkt[16]. Vgl. dazu [17]. Die Versuche von Waldschmidt-Leitz werden durch die nephelometrische Methode von Kleinmann bestätigt[18]. Als Einheit der Lienoprotease wird diejenige Enzymmenge definiert, welche in 20 ccm Gesamtvolumen (mit 25% Glycerin) bei p_H 4,0 und 30° in 24 Stunden aus 0,18 g Gelatine einen Zuwachs von Aminogruppen bewirkt, der 0,9 ccm 0,2n-Lauge entspricht[16]. Kleinmann führt eine Mikroeinheit ein[18]. — Bei der Autolyse der Milz entsteht ein Aktivator, der durch Blausäure und Schwefelwasserstoff ersetzt werden kann[19].

Beschleunigung der Spaltung durch katheptische Fermente mit Glutathion[20].

Leukocytenproteinase verhält sich wie Lienoproteinase[18].

[1] E. Waldschmidt-Leitz u. K. Linderstrøm-Lang: Hoppe-Seylers Z. **166**, 227 (1927) — Chem. Zbl. **1927 II**, 835.

[2] H. H. Weber u. H. Gesenius: Biochem. Z. **187**, 410 (1927) — Chem. Zbl. **1927 II**, 2066.

[3] Northrop: J. gen. Physiol. **4**, 227 (1921) — Chem. Zbl. **1922 I**, 764.

[4] E. Stiasny u. S. R. Das Gupta: Collegium **1925**, 57 — Chem. Zbl. **1925 II**, 1241.

[5] E. Keeser: Arch. f. exper. Pathol. **160**, 663 (1931) — Chem. Zbl. **1931 II**, 3619.

[6] A. W. Beilinson: J. of exper. Biol. Med. **11**, Nr 29, S. 52 (1929) — Chem. Zbl. **1930 I**, 2273.

[7] S. Visco: Arch. di Sci. biol. **8**, 471 (1926) — Chem. Zbl. **1927 I**, 2402 — Ber. Physiol. **38**, 484.

[8] J. A. Dauphinee u. A. Hunter: Biochemic. J. **24**, 1128 (1930) — Chem. Zbl. **1931 II**, 1439.

[9] A. B. Blanchetière: C. r. Acad. Sci. Paris **191**, 1479 (1930) — Chem. Zbl. **1931 I**, 2886.

[10] E. Abderhalden u. H. Mahn: Hoppe-Seylers Z. **174**, 74 (1928) — Chem. Zbl. **1928 I**, 2178.

[11] J. H. Northrop: J. gen. Physiol. **4**, 57 (1921) — Chem. Zbl. **1922 I**, 474.

[12] E. Waldschmidt-Leitz u. A. Harteneck: Hoppe-Seylers Z. **149**, 221 (1925) — Chem. Zbl. **1926 I**, 1664.

[13] F. E. Rice: J. amer. chem. Soc. **37**, 1319 (1915) — Chem. Zbl. **1915 II**, 352.

[14] E. Abderhalden u. E. Schwab: Fermentforsch. **11**, 92 (1929) — Chem. Zbl. **1930 I**, 3794.

[15] R. Willstätter u. E. Bamann: Hoppe-Seylers Z. **180**, 127 (1929) — Chem. Zbl. **1929 I**, 1115.

[16] E. Waldschmidt-Leitz u. W. Deutsch: Hoppe-Seylers Z. **167**, 285 (1927) — Chem. Zbl. **1927 II**, 1155.

[17] Hedin: J. of biol. Chem. **54**, 177 (1922) — Chem. Zbl. **1923 I**, 1601.

[18] H. Kleinmann u. K. G. Stern: Biochem. Z. **222**, 31, 84 (1930) — Chem. Zbl. **1930 II**, 2142.

[19] E. Waldschmidt-Leitz, I. J. Birk u. J. Kahn: Naturwiss. **17**, 85 (1929) — Chem. Zbl. **1929 I**, 3119.

[20] E. Abderhalden u. W. Geidel: Fermentforschg **13**, 97 (1931) — Chem. Zbl. **1932 I**, 686.

Von Papain wird Gelatine ohne Aktivator gespalten, Zusatz von Blausäure und Schwefelwasserstoff steigert die Wirkung, jedoch wirkt die Blausäure besser als der Schwefelwasserstoff, dessen aktivierende Wirkung auch nicht von der Zeit abhängig ist[1, 2]. — Das Optimum der Spaltung fällt mit dem isoelektrischen Punkt zusammen[3]. Vgl. dazu auch „Hefeproteinase" und[4].

Papain setzt die Viscosität und Gelatinierungsfähigkeit von Gelatine herab; bei letzterer ist die Wirkung abhängig von der Zeit, das Temperaturoptimum liegt bei 70°, Abhängigkeit von der Wasserstoffionenkonzentration besteht nicht. Für die Viscosität liegt das zeitliche Optimum bei 6 Stunden, das Temperaturmaximum bei 90°, die Wirkung ist um so stärker, je weiter man sich von dem isoelektrischen Punkt entfernt[5].

Durch Papain in verschiedenen Mengen wird die Drehung der Gelatine herabgesetzt. Die Beziehung zwischen dem Polarisationsabfall bei 20° und der vorhandenen Papainmenge ist linear bis zu einem Punkt, an dem infolge der Enzymwirkung 40% der Mutarotation (s. dort) verschwunden sind[6]. (Es wird eine Methode zur Bestimmung der proteolytischen Aktivität auf Grund dieser Ergebnisse ausgearbeitet.)

Über den Einfluß des Milchsaftes von Ficus carica auf Gelatinehydrosole[5]. Vgl. dazu auch [7].

Bromelin aus Ananas sativus spaltet Gelatine ohne Aktivator, doch wird durch Blausäure die Wirkung gesteigert; diese Steigerung ist jedoch geringer als beim Papain. Durch Schwefelwasserstoff wird die Spaltung der Gelatine weniger als durch Blausäure gefördert. Das Bromelin verhält sich dem Papain sehr ähnlich. — Die Hydrolyse der Gelatine durch das aktivierte Ananasenzym führt zu Peptidgemischen von niedrigeren Äquivalentgewichten[2]. Das Optimum der Spaltung liegt bei p_H 4,0—5,0[3].

Protease aus Cucurbita Pepo wird in ihrer Wirkung auf Gelatine durch Blausäure und stärker durch Schwefelwasserstoff gehemmt. Das Optimum der Spaltung liegt im schwach alkalischen Gebiet. Die Kürbisprotease weicht also in ihrem Verhalten von dem des Papains und des Bromelins stark ab[2, 3].

Hefeproteinase: Im Gegensatz zu der Annahme von Dernby[8] findet sich in der Hefe nur eine einzige Proteinase, die Gelatine optimal bei $p_H = 5{,}0$ spaltet. Das früher als Hefetrypsin bezeichnete Ferment[9] konnte in Hefeproteinase und Hefepolypeptidase aufgelöst werden. Die Hefeproteinase wird durch Schwefelwasserstoff oder durch Blausäure aktiviert, bildet auch bei längerem Stehen bei neutraler Reaktion spontan einen Aktivator. Die freigelegten Carboxyl- und Aminogruppen sind einander äquivalent[4]. (Hier auch Vergleich mit Papain.)

Das Ferment, das sich in den Micelien von auf stickstofffreien Stärkekuchen gezüchteten Penicillium glaucum befindet, baut Gelatine nur bis zu Peptonen ab (Gegensatz zu Wittepepton)[10].

Penicillium glaucum liefert mit Gelatine kein Glykokoll[11].

Isaria densa erzeugt in Gelatine reichlich Glykokollkrystalle, die nicht aus einem hydrolytischen Prozeß stammen können. — Ähnlich wirkt eine aus der Gurgel von Anginakranken isolierte pathogene Hefe[11].

Unter den proteolytischen Fermenten des Malzes findet sich eine Proteinase, die Gelatine optimal bei $p_H = 4{,}9$ bis 5,0 spaltet. Nach Aktivierung mit Blausäure wird das Optimum bei $p_H = 4{,}6$ bis 4,7 gefunden[12, 13].

---

[1] R. Willstätter u. W. Graßmann: Hoppe-Seylers Z. **138**, 184 (1924) — Chem. Zbl. **1924 II**, 1802.

[2] R. Willstätter, W. Graßmann u. O. Ambros: Hoppe-Seylers Z. **151**, 286 (1926) — Chem. Zbl. **1926 I**, 2359.

[3] R. Willstätter, W. Graßmann u. O. Ambros: Hoppe-Seylers Z. **151**, 307 (1926) — Chem. Zbl. **1926 I**, 2361.

[4] W. Graßmann u. H. Dyckerhoff: Hoppe-Seylers Z. **179**, 41 (1928) — Unters. über Enzyme **2**, 1708 (1928) — Chem. Zbl. **1929 I**, 909.

[5] S. Visco: Arch. di Sci. biol. **9**, 41 (1926) — Chem. Zbl. **1927 II**, 906 — Ber. Physiol. **40**, 15.

[6] H. C. Gore: Ind. a. Eng. Chem., Analyt. Ed. Physics **1**, 203 (1929) — Chem. Zbl. **1930 I**, 2430.

[7] S. Visco: Arch. di Sci. biol. **9**, 74 (1926) — Chem. Zbl. **1927 II**, 906.

[8] Dernby: Biochem. Z. **81**, 107 (1917) — Chem. Zbl. **1917 II**, 111.

[9] R. Willstätter u. W. Graßmann: Hoppe-Seylers Z. **153**, 250 (1926) — Chem. Zbl. **1926 II**, 38.

[10] D. Franceschelli: Zbl. Bakter. II **43**, 305 (1915) — Chem. Zbl. **1915 I**, 1134.

[11] M. Molliard: C. r. Acad. Sci. Paris **167**, 786 (1918) — Chem. Zbl. **1919 III**, 389.

[12] H. Lüers u. L. Malsch: Wschr. Brauerei **46**, 265, 275 (1929) — Chem. Zbl. **1930 I**, 398.

[13] C. K. Mill u. K. Linderstrøm-Lang: Wschr. Brauerei **46**, 298 (1929) — Chem. Zbl. **1929 II**, 1483 — C. r. Trav. Labor. Carlsberg **17**, Nr 10, 1 (1929) — Chem. Zbl. **1930 I**, 399.

Unverdaute Gelatine ist ohne Einfluß auf die Stärkehydrolyse durch Pankreasamylase[1]. Vgl. dazu auch [2]. — Im Gegensatz zu anderen Eiweißkörpern bildet Gelatine mit reduzierenden Zuckern in Gegenwart von Kalkwasser oder Kochsalz keine Kondensationsprodukte[3].

Verhalten gegen Bakterien: Die Bakterien kann man nach ihrem Verhalten gegen Gelatine in 3 Gruppen einteilen: 1. verflüssigen und hydrolysieren nicht, 2. verflüssigen und hydrolysieren partiell, geringe Zunahme von Amino-N, 3. verflüssigen und hydrolysieren stark, erhebliche Zunahme von Amino-N[4, 5].

Über die proteolytischen Enzyme der verflüssigenden Bakterien[6].

Über die Wirkung proteolytischer Milchbakterien auf Gelatine[7].

Coliprotease und die Proteasen der Fäulniserreger spalten Gelatine weniger schnell als Caseinogen[8].

Die aus B. prodigiosus und B. pyocyaneus gewonnenen proteolytischen Fermente haben bei Gelatine ein ähnliches Reaktionsoptimum wie die Tryptase; bei $p_\mathrm{H} = 4$ sind sie nur noch schwach aktiv oder gar unwirksam, bei $p_\mathrm{H} = 8$ erreichen sie ein Maximum in ihrer Wirksamkeit[9].

Die Fermente von B. mycoides spalten Gelatine gut[10]. Vgl. auch [11].

B. sporogenes (bzw. seine Fermente) baut Gelatine bis zu Aminosäuren ab[12].

Verflüssigung durch Saccharomyces anamensis[13].

Wirkung der Gelatine auf die Lebensfähigkeit von Streptokokken[14]. — Die pathogenen Streptokokken sollen neutrale Gelatine nicht verflüssigen[15].

Physiologisches: Ernährung: In den Kurven des N-Ausscheidungsverhältnisses nach Gelatinefütterung bestehen keine Unterschiede gegenüber verschiedenen anderen Proteinen[16]. — Setzt man Gelatine einer stickstofffreien Nahrung zu, so wird die N-Abgabe um 12—16% gegenüber der N-Abgabe bei stickstofffreier Ernährung herabgesetzt[17].

Gelatine soll die Proteinmischung des Weizen- und Haferkorns gut ergänzen. Da weder Tyrosin noch Tryptophan und nur Spuren von Cystin vorhanden sind, wird die ergänzende Wirkung auf den Gehalt an Lysin zurückgeführt, die Wirkung des Maiskornes wird trotz des hohen Lysingehaltes der Gelatine nicht erhöht[18]. — Auch andere Forscher bestätigen die günstige Wirkung der Gelatine durch ihren hohen Lysingehalt als Zusatz zu den Proteinen von Hafer, Weizen oder Gerste. Sie ist jedoch unwirksam bei Fütterung mit Erbsen oder Bohnen. Auch pasteurisierte Milch kann durch Gelatine vorteilhaft ergänzt werden. Die kolloidchemischen Eigenschaften der Gelatine sind dabei von großer Bedeutung[19].

Der Zusatz von Tryptophan genügt, um den Hydrolyseprodukten reiner Gelatine Vollwertigkeit für die Ernährung von Tieren zu geben[20].

Enthält eine Kost Gelatine als einzige Eiweißquelle, so kann diese auch durch Zusatz

[1] H. Pringsheim u. M. Winter: Biochem. Z. **177**, 406 (1926) — Chem. Zbl. **1927 I**, 461.

[2] H. Pringsheim: Z. angew. Chem. **39**, 1454 (1926) — Chem. Zbl. **1927 I**, 462.

[3] H. Pringsheim u. M. Winter: Ber. dtsch. chem. Ges. **60**, 278 (1927) — Chem. Zbl. **1927 I**, 1026.

[4] M. Levine u. D. C. Carpenter: J. Bacter. **8**, 297 (1923) — Chem. Zbl. **1924 I**, 2160 — Ber. Physiol. **22**, 460.

[5] M. Levine u. F. W. Shaw: J. Bacter. **9**, 225 (1924) — Chem. Zbl. **1925 I**, 976 — Ber. Physiol. **28**, 142.

[6] A. J. Virtanen u. J. Tarnanen: Naturwiss. **19**, 397 (1931) — Chem. Zbl. **1931 II**, 1150 — Suomen Kernistilehti **4**, 9 B (1931) — Chem. Zbl. **1932 I**, 1385.

[7] W. C. Frazier u. P. Rupp: J. Bacter. **16**, 187, 231 (1928) — Chem. Zbl. **1930 I**, 3567.

[8] M. Schierge: Z. exper. Med. **50**, 680 (1926) — Chem. Zbl. **1926 II**, 1428.

[9] Moycho: C. r. Acad. Sci. Paris **187**, 681 (1928) — Chem. Zbl. **1928 II**, 2730.

[10] H. Glinka-Tschernorutzky: Biochem. Z. **206**, 308 (1929) — Chem. Zbl. **1929 II**, 178.

[11] H. Glinka-Tschernorutzky: Biochem. Z. **206**, 301 (1929) — Chem. Zbl. **1929 II**, 178.

[12] J. Blanc u. E. Pozerski: C. r. Soc. Biol. Paris **83**, 1315 (1920) — Chem. Zbl. **1921 I**, 93.

[13] Will u. Heinrich: Zbl. Bakter. II **39**, 26 (1913) — Chem. Zbl. **1914 I**, 168.

[14] F. L. Meleney u. Zung-Dau-Zau: Proc. Soc. exper. Biol. a. Med. **21**, 259 (1924) — Chem. Zbl. **1925 I**, 976 — Ber. Physiol. **28**, 144.

[15] H. Tissier u. Y. de Trevise: C. r. Soc. Biol. Paris **83**, 127 (1920) — Chem. Zbl. **1920 I**, 781.

[16] Mendel u. Lewis: J. of biol. Chem. **16**, 55 (1913) — Chem. Zbl. **1914 I**, 46.

[17] R. Robison: Biochemic. J. **16**, 111 (1922) — Chem. Zbl. **1922 III**, 280.

[18] E. V. Mc Collum: N. Simmonds u. W. Pitz: J. of biol. Chem. **28**, 483 (1916) — Chem. Zbl. **1917 I**, 1121.

[19] T. B. Downey: J. metabol. Res. **5**, 145 (1926) — Chem. Zbl. **1926 II**, 2824.

[20] G. Totani: Biochemic. J. **10**, 382 (1916) — Chem. Zbl. **1917 I**, 102.

von Aminosäuren für das Wachstum von Ratten nicht ausreichend gemacht werden; es ist dabei gleichgültig, ob man gewöhnliche oder hydrolysierte Gelatine verwendet [1].

Nährwert bei Ratten [2].

Über die spezifisch-dynamische Wirkung von Gelatine und ihren Hydrolysaten und über den Einfluß von gleichzeitigen Gelatinegaben auf die spezifisch-dynamische Wirkung des Glykokolls [3]. Über die Wirkung einzelner Fraktionen hydrolysierter Gelatine [4, 5, 6].

Ersetzt man in der menschlichen Ernährung Fleisch durch Gelatine, so ist die Ausscheidung von Indol und Phenol herabgesetzt [7].

Nach Verfütterung von Gelatine steigt der Harnstoff-N im Blute ebenso wie nach Eiereiweiß, zugleich aber auch der Aminosäure-N fast ebenso wie nach Glykokoll [8].

Ausschließliche Ernährung weißer Mäuse mit Gelatine bewirkt akute tödliche Intoxikation (proteinogene Toxikose) [9].

Intravenöse Injektion von 1 promill. Gelatinehydrosolen ruft beim Pferde anaphylaktische Erscheinungen hervor [10]. — Bei Kaninchen konnte nach Injektion von Gelatine ein charakteristisches Abwehrferment, eine Gelatinase, nicht nachgewiesen werden (durch Bestimmung der inneren Reibung) [11].

Über die antigenen Eigenschaften der Gelatine vgl. auch [12].

Der Blutzuckergehalt wird durch intravenöse Injektionen von Gelatine nicht beeinflußt [13].

Über die Einwirkung intravenöser Gelatineinjektionen auf die Blutkörperchenzahl [14], auf Blutplättchen und Blutungszeit [15].

Über die intravenöse Verwendung von 5 proz. Gelatinelösungen bei starken Blutverlusten [16].

Derivate: Gelatine-Schwefelsäure: 3 g feinstgepulverter Gelatine werden mit 20 ccm Chloroform und 10 ccm Pyridin aufgeschlämmt und eine Mischung von 2 ccm frisch destillierter Chlorsulfonsäure und 10 ccm wasserfreien Chloroforms wird zugefügt. Nach 6 stündigem Rühren fällt man mit abs. Alkohol. Die Substanz wird durch Umfällen aus 15 ccm Wasser mit 500 ccm Aceton gereinigt; sie ist dann frei von Chlor- und Sulfationen. S-Gehalt 1,77 %. Konz. Salzsäure spaltet erst bei längerem Erhitzen. Die Gelatine-Schwefelsäure gibt beim Aufbewahren Schwefelsäure ab [17].

Jodderivate: Maximal jodierte und kernjodierte Gelatine werden durch Trypsin bei $p_H = 8$ gut (wie die ursprüngliche Gelatine) gespalten. — Durch Erepsin (Präparat anscheinend nicht trypsinfrei!) wird Jodgelatine gut hydrolysiert, die maximal jodierte jedoch weniger als unveränderte Gelatine. — Von Rinderschilddrüsenbrei werden die Jodderivate kaum zerlegt. — Schweinenierenbrei greift die maximal jodierte Gelatine nicht an, wohl aber kernjodierte, und zwar stärker als unveränderte Gelatine [18].

Methylderivate: Über die Methylierung von Gelatine mit Diazomethan [19].

Acetylgelatine (s. auch unter Gliadin!) erhält man durch Acetylierung von Gelatine in Eisessig mit Essigsäurechlorid bei 100°. Hydriert man das erhaltene Produkt durch Natrium in Amylalkohol, so erhält man bei geeigneter Fraktionierung Pyrrolderivate. Es erfolgt Zerlegung der Produkte in einen basischen und einen sauren Anteil: der erstere besteht neben

[1] R. W. Jackson, B. E. Sommer u. W. C. Rose: J. of biol. Chem. **80**, 167 (1928) — Chem. Zbl. **1929 I**, 1709.

[2] D. B. Jones u. E. M. Nelson: J. of biol. Chem. **91**, 705 (1931) — Chem. Zbl. **1931 II**, 1874.

[3] D. Rapport: J. of biol. Chem. **71**, 75 (1926) — Chem. Zbl. **1927 I**, 2336.

[4] D. Rapport u. H. H. Beard: J. of biol. Chem. **73**, 285 (1927) — Chem. Zbl. **1927 II**, 1047.

[5] D. Rapport u. H. H. Beard: J. of biol. Chem. **73**, 299 (1927) — Chem. Zbl. **1927 II**, 1047.

[6] D. Rapport u. H. H. Beard: J. of biol. Chem. **80**, 413 (1928) — Chem. Zbl. **1929 II**, 1814.

[7] P. B. Hawk: Proc. Soc. exper. Biol. a. Med. **20**, 269 (1923) — Chem. Zbl. **1923 III**, 1179 — Ber. Physiol. **19**, 511.

[8] L. A. Tscherkes: Biochem. Z. **182**, 35 (1927) — Chem. Zbl. **1927 II**, 711.

[9] J. Bang: Biochem. Z. **74**, 278 (1916) — Chem. Zbl. **1916 II**, 99.

[10] A. Boquet: C. r. Soc. Biol. Paris **82**, 1127 (1919) — Chem. Zbl. **1920 I**, 230.

[11] S. Rosenbaum: Biochem. Z. **103**, 30 (1919) — Chem. Zbl. **1920 III**, 23.

[12] R. Bruynoghe u. P. Vassiliadis: C. r. Soc. Biol. **103**, 543 (1930) — Chem. Zbl. **1930 II**, 580.

[13] S. Kuriyama: J. of biol. Chem. **29**, 127 (1916) — Chem. Zbl. **1917 II**, 767.

[14] J. Roskam: Arch. internat. Physiol. **18**, 464 (1921) — Chem. Zbl. **1922 III**, 404.

[15] J. Roskam: C. r. Soc. Biol. Paris **84**, 845 (1921) — Chem. Zbl. **1922 I**, 70.

[16] W. L. Wolfson u. F. Teller: Amer. J. med. Sci. **178**, 562 (1929) — Chem. Zbl. **1930 I**, 856.

[17] J. Hatano: Biochem. Z. **145**, 182 (1924) — Chem. Zbl. **1924 I**, 2921.

[18] S. Masui: Acta Scholae med. Kioto **13**, 331 (1931) — Chem. Zbl. **1932 I**, 2336.

[19] Herzig u. Landsteiner: Biochem. Z. **61**, 458 (1914) — Chem. Zbl. **1914 I**, 2059.

Ammoniak aus hydrierten Pyrrolderivaten, der letztere hauptsächlich aus heterocyclischen Säuren, zum geringen Teil aus ätherlöslichen Pyrrolsäuren. Die N-Verteilung bei den einzelnen Fraktionen zeigt folgende Werte:

Basen, starke	Basen, schwache	NH_3	In Äther lösliche Pyrrolsäuren	Säuren, K-Salze leicht löslich in Alkohol	Säuren, K-Salze wenig löslich in Alkohol
34,2	8,4	6,7	$\infty 1,5$	23,5	19,1 %

Vgl. auch [1,2,3].

Die Acetylgelatine kann methyliert werden. Die Methoxylzahlen sind vor der Hydrierung größer als nachher: es werden also Methoxylgruppen bei der Hydrierung abgespalten[4]. Vgl. dazu auch [5].

Die Ergebnisse haben Troensegaard zur Aufstellung seiner Theorie über den Aufbau der Eiweißkörper aus Pyrrolderivaten geführt. Vgl. auch unter Gliadin.

Gerbsaure Gelatine: entsteht durch Fällung einer Gelatinelösung mit Gerbsäurelösung in der Kälte. Weißer käsiger Niederschlag, der sich leicht absetzt. Nach dem Trocknen (bei mittlerer Temperatur) weißes, geruchloses, fast geschmackloses Pulver, sehr wenig löslich in Wasser, unlöslich in verdünnten Säuren, löslich in Alkalien mit rotbrauner Farbe. Mit $FeCl_3$-Lösung Schwarzfärbung. Physiologische Wirkung ähnlich wie Tannalbin und analoge Präparate[6].

Azoderivat. Mit azotiertem Anilin gekuppelte Gelatine weist im Gegensatz zu Gelatine Antigeneigenschaften auf[7].

Derivate mit Benzaldehyd bzw. Chlorbenzaldehyd: Gelatine reagiert mit Benzaldehyd bzw. Chlorbenzaldehyd in Gegenwart von Kaliumacetat und Acetanhydrid bei $130-135°$ unter Bildung brauner amorpher Produkte von saurem Charakter. Der Aldehydrest ist wahrscheinlich an Stickstoff gebunden[8].

Guanidierte Gelatine[9].

Desaminoderivat: Der isoelektrische Punkt der desamidierten Gelatine liegt bei $p_H = 4,0$. Optische Drehung und Schaumbildungsvermögen zeigen beim isoelektrischen Punkt ein Maximum, die Oberflächenspannung hat hier ein Minimum. Die Viscosität zeigt bei p_H 4,0 und bei $p_H = 7,3$ Maxima. — Die Hydroxylgruppen, die die Aminogruppen des Ausgangsmaterials ersetzen, haben sauren Charakter; für das Basenbindungsvermögen ergeben sich $9,7 \cdot 10^{-4}$ Äquivalente pro Gramm. Die Differenz des Basenbindungsvermögens zwischen Gelatine und desamidierter Gelatine entspricht der Differenz im N-Gehalt[10].

Aufnahme von Phenolen und p-Chinonen durch Desaminogelatine[11,12].

Elastin.

(Siehe auch Gelatine und Kollagen.)

Zusammensetzung: Das Verhältnis O : N beträgt im Elastin 1,12 : 1 [13].

Möller sieht das Elastin nicht als einheitlichen Eiweißkörper an[14].

Physikalisches und chemisches Verhalten: Auf Grund des Röntgendiagramms (vgl. auch unter Kollagen und Gelatine) schließt Herzog, daß das Elastin (aus dem Nackenband

[1] N. Troensegaard: Hoppe-Seylers Z. **127**, 137 (1923) — Chem. Zbl. **1923 III**, 237.

[2] N. Troensegaard u. B. Koudahl: Hoppe-Seylers Z. **153**, 93 (1926) — Chem. Zbl. **1926 II**, 243.

[3] N. Troensegaard u. J. Schmidt: Hoppe-Seylers Z. **133**, 116 (1924) — Chem. Zbl. **1924 I**. 2373.

[4] N. Troensegaard: Hoppe-Seylers Z. **130**, 84 (1923) — Chem. Zbl. **1924 I**, 55.

[5] N. Troensegaard: Hoppe-Seylers Z. **112**, 86 (1920) — Chem. Zbl. **1921 I**, 907.

[6] E. Choay: J. Pharmacie **16**, 137 (1917) — Chem. Zbl. **1917 II**, 642.

[7] M. Adant: C. r. Soc. Biol. Paris **103**, 541 (1930) — Chem. Zbl. **1930 I**, 3323.

[8] H. D. Dakin: J. of biol. Chem. **84**, 675 (1929) — Chem. Zbl. **1930 I**, 1792.

[9] K. Thomas u. S. Kapfhammer: Ber. sächs. Ges. wiss. math.-phys. Kl. **77** (1925) — Chem. Zbl. **1926 II**, 769.

[10] Z. C. Loebel: J. physic. Chem. **32**, 763 (1928) — Chem. Zbl. **1928 II**, 27.

[11] E. A. Cooper u. S. D. Nicholas: J. Soc. chem. Ind. **46**, 59 (1927) — Chem. Zbl. **1927 I**, 2203.

[12] E. A. Cooper u. E. Sanders: J. physic. Chem. **31**, 1 (1927) — Chem. Zbl. **1927 I**, 2174.

[13] P. Brigl u. R. Held: Hoppe-Seylers Z. **152**, 230 (1926) — Chem. Zbl. **1926 I**, 3059.

[14] W. Möller: Collegium **1918**, 105, 125 — Chem. Zbl. **1918 II**, 491.

des Rindes) mit Kollagen identisch ist[1, 2, 3]. Über die den Interferenzbildern zugrunde liegende krystallisierte Substanz[4, 5]. — Das Diagramm des Nackenbandes vom Schaf zeigt nach Clark einen größeren Abstand der Krystalle als Kollagen, das des Hundes einen mittleren Wert. Die von Elastin herrührenden Zonen verschwinden beim Trocknen, die verbleibende, sehr undeutliche Zone mit Abständen von 4,0—4,6 Å ist wahrscheinlich auf Fette oder Fettsäuren zurückzuführen[6].

Im gespannten elastischen Band sind nach K. H. Meyer parallel gelagerte Hauptvalenzketten anzunehmen (s. auch Kollagen)[7].

Die Hydrolysengeschwindigkeit des Elastins mit $^1/_5$ n-Salzsäure oder Natronlauge bei verschiedenen Temperaturen gehorcht der Regel von Schütz: die umgesetzte Menge ist der Quadratwurzel aus der Zeit proportional[8]. Dabei bildet sich zunächst ein unbeständiges Zwischenprodukt, wodurch die weitere Spaltung eingeleitet wird[8, 9].

Über den Verlauf des Abbaues von Elastin mit Säuren und Laugen verschiedener Konzentration bei verschiedenen Temperaturen: da sich Elastin nicht durch konz. Lösungen von Lithiumbromid, Calciumrhodanid oder Natriumsulfid in Lösung bringen läßt, muß die Hydrolyse an Lösungen verfolgt werden, die durch normale Salzsäure hergestellt sind. Dabei ergibt sich für die Spaltungsgeschwindigkeiten folgende Reihe n-HCl/Zimmertemperatur $<$ $^1/_2$ n-NaOH/Zimmertemperatur $\cong$ n-HCl bei 38° $<$ n-NaOH/Zimmertemperatur $<$ n-HCl bei 50 bis 55° $<$ n-NaOH bei 38° $<$ n-HCl bei 70—75° $<$ n-NaOH bei 50—55°. Beziehungen zwischen der Zunahme an Aminosäuren und den Veränderungen der optischen Drehung lassen sich nicht festlegen. Beim Abbau mit verdünnter Natronlauge tritt eine Drehungsabnahme ein, auf die wiederum ein Anstieg folgt, der jedoch bei höherer Temperatur früher einsetzt und weniger stark ausgeprägt ist (vgl. auch Verhalten gegen Fermente)[10, 11].

Über die Abspaltung von Kohlensäure aus Elastin mit starker Schwefelsäure oder Kalilauge[12].

Aus dem Hydrolysenprodukt isolierte Engeland ein als Hyphasmin bezeichnetes Produkt von der wahrscheinlichen Zusammensetzung $C_{16}H_{24}O_5N_2$ (Kupfersalz $C_{16}H_{22}O_5N_2Cu$). Die Substanz gibt Millonsche Reaktion, jedoch weniger intensiv als Tyrosin[13].

Beim Kochen von Elastin mit Natronlauge werden 0,36—0,528% des trockenen Proteins in Form von Acetaldehyd abgespalten. Kohlehydrat oder Aminosäuren sind nicht die Vorstufe des Aldehyds, die Bildung scheint vielmehr an die Konstitution des Eiweißes gebunden zu sein[14].

Farbreaktionen: Die Empfindlichkeit der Biuretreaktion beträgt 1 : 1000, der Molischschen Reaktion 1 : 7240[15].

Über die Färbung der elastischen Fasern des Nackenbandes (histologisch)[16].

Hämatoxylin-v. Gieson-Elastinfärbung[17].

Verhalten gegen Fermente: Das Verhalten des Elastins gegen Pepsin und Trypsin haben Abderhalden und Mahn unter den verschiedensten Bedingungen geprüft. Beim fermentativen Abbau entstehen zunächst Polypeptide, erst später Aminosäuren. Vorbehandlung mit n-Natronlauge verzögert die Wirkung der Pankreasfermente stärker als vorherige

---

[1] R. O. Herzog u. H. B. Gonell: Ber. dtsch. chem. Ges. **58**, 2228 (1925) — Chem. Zbl. **1926 I**, 304.

[2] R. O. Herzog u. H. W. Gonell: Collegium **1926**, 189 — Chem. Zbl. **1926 II**, 533.

[3] R. O. Herzog u. Mitarbeiter: Helvet. chim. Acta **11**, 529 (1928) — Chem. Zbl. **1928 II**, 163.

[4] R. O. Herzog u. W. Jancke: Ber. dtsch. chem. Ges. **59**, 2487 (1926) — Chem. Zbl. **1927 I**, 847.

[5] R. O. Herzog u. W. Jancke: Z. physik. Chem. B **12**, 228 (1931) — Chem. Zbl. **1931 I**, 3574.

[6] J. H. Clark: Proc. nat. Acad. Sci. U.S.A. **14**, 526 (1928) — Chem. Zbl. **1929 I**, 409.

[7] K. H. Meyer: Biochem. Z. **214**, 253 (1929) — Chem. Zbl. **1930 I**, 2900.

[8] J. Jaitschnikow: J. russ. phys.-chem. Ges. **58**, 877 (1926) — Chem. Zbl. **1927 I**, 1171.

[9] J. Jaitschnikow: Biochem. Z. **190**, 114 (1927) — Chem. Zbl. **1928 I**, 2508.

[10] E. Abderhalden u. H. Mahn: Hoppe-Seylers Z. **169**, 196 (1927) — Chem. Zbl. **1927 II**, 2550.

[11] E. Abderhalden u. H. Mahn: Hoppe-Seylers Z. **174**, 47 (1928) — Chem. Zbl. **1928 I**, 2178.

[12] Lippich: Hoppe-Seylers Z. **90**, 441 (1914) — Chem. Zbl. **1914 I**, 2112.

[13] R. Engeland: Biochemic. J. **19**, 850 (1925) — Chem. Zbl. **1926 I**, 2708.

[14] O. Riesser u. Mitarbeiter: Hoppe-Seylers Z. **196**, 201 (1931) — Chem. Zbl. **1931 II**, 583.

[15] M. Rakusin, E. Braudo u. G. Pekarski: J. russ. phys.-chem. Ges. **47**, 2051 (1916) — Chem. Zbl. **1916 II**, 428.

[16] W. von Möllendorff u. M. Dörle: Arch. mikrosk. Anat. **100**, 61 (1923) — Chem. Zbl. **1924 II**, 2188.

[17] R. Hollborn: Dtsch. med. Wochenschr. **55**, 915 (1929) — Chem. Zbl. **1929 II**, 773.

Einwirkung von n-Salzsäure. Vorbehandlung mit Pepsin-Salzsäure wirkt ähnlich wie n-Salzsäure. Nach Einwirkung von Pankreassaft findet beim Elastin durch Pepsin-Salzsäure noch geringe Zunahme des Aminostickstoffs statt (Unterschied von Gelatine)[1]. Vgl. auch [2].

Die Wirkung der Kotbeizen ist darauf zurückzuführen, daß das Elastin durch tryptische Fermente stärker angegriffen wird als das Kollagen. Die Kotbeize besteht in der Trennung des Kollagens von Elastin[3]. Weiteres über die Einwirkung von Trypsin auf Elastin und die Natur der Beizvorgänge vgl. [4].

Einwirkung der proteolytischen Fermente von Lucilia sericata (Schmeißfliege)[5]. Auf die Pankreasamylase ist unverdautes Elastin ohne Wirkung[6].

Physiologisches: Über den Gehalt des Kalbfleisches an Elastin in Abhängigkeit von Alter und Geschlecht[7].

Elastin und Bilirubinaffinitäten beim Ikterus[8].

Keratine.
(Haare, Wolle, Federn, Hornsubstanz.)

Vorkommen: Das Keratin stellt das normale Degenerationsprodukt der geschichteten Pflasterepithelien bei allen Vertebraten dar[9].

Die verschiedenen Keratine verteilen sich in der tierischen Hornschicht folgendermaßen: Keratin A stellt die trockene Hülle der Hornzellen, Keratin B und Hornalbumosen stellen den Inhalt dieser Zellen dar. Nur Haar- und Federzellinhalt besteht aus Hornalbumosen mit Keratin C. Die Haut der behaarten Säugetiere und der Vögel enthält vornehmlich Keratin C neben A und Hornalbumosen, die Haut der Reptilien mehr Keratin B neben A und Albumosen. In der Hornschicht des Menschen überwiegen die Albumosen neben Keratin A und B. — Die physikalischen Eigenschaften der Hornsubstanz hängen ab von dem Gehalt an den einzelnen Keratinen[10].

Zusammensetzung: Über die Zerlegung der tierischen Hornschicht in die Keratine A, B und C und Hornalbumosen und die Unterscheidung dieser Keratine durch die Xanthoproteinreaktion (s. dort)[10].

Auch die Wolle kann in mehrere Eiweißkörper zerlegt werden. Löst man Wolle in konz. Salzsäure, so kann man ein Protein A bei $p_H = 4$ bis 5 ausfällen. Aus dem Filtrat fällt nach dem Neutralisieren und Sättigen mit Magnesiumsulfat ein Eiweißkörper in geringer Ausbeute aus. — Ein Protein B gewinnt man durch Lösung des in konz. Salzsäure unlöslichen Teils der Wolle in Ammoniak und Neutralisation dieser Lösung. Das Keratin der Wolle wird also in 2 Fraktionen zerlegt, von denen die eine gegen Säuren, die andere gegen Alkalien widerstandsfähiger ist. Das Protein A soll in der Epithelschicht, das Protein B in der Rinde der Wollfaser vorhanden sein[11].

Über die nach speziellen Hydrolysenmethoden erhaltenen Polypeptide, Anhydride und einzelne neue Bausteine vgl. unter „Hydrolyse".

Calciumgehalt: In Haaren verschiedener Herkunft liegt der Calciumgehalt ganz allgemein bei weißen Haaren niedriger als bei andersgefärbten[12].

N-Gehalt: Der N-Gehalt von Wolle verschiedener Herkunft ist verschieden[13]. — Bar-

[1] E. Abderhalden u. H. Mahn: Hoppe-Seylers Z. **174**, 47 (1928) — Chem. Zbl. **1928 I**, 2178.
[2] E. Abderhalden u. H. Mahn: Hoppe-Seylers Z. **169**, 196 (1927) — Chem. Zbl. **1927 II**, 2550.
[3] W. Möller: Collegium **1918**, 105, 125 — Chem. Zbl. **1918 II**, 491.
[4] J. Schneider jun. u. A. Hàjek: Biochem. Z. **195**, 403 (1928) — Chem. Zbl. **1928 II**, 1520.
[5] R. P. Hobson: Biochemic. J. **25**, 1458 (1931) — Chem. Zbl. **1932 I**, 2336.
[6] H. Pringsheim u. M. Winter: Biochem. Z. **177**, 406 (1926) — Chem. Zbl. **1927 I**, 461.
[7] H. H. Mitchell, T. S. Hamilton u. W. T. Haines: J. Nutrit. **1**, 165 (1928) — Chem. Zbl. **1930 II**, 1715.
[8] F. Rosenthal: Klin. Wochenschr. **9**, 1909 (1930) — Chem. Zbl. **1931 I**, 106.
[9] M. Kollmann: C. r. Soc. Biol. Paris **81**, 963 (1918) — Chem. Zbl. **1919 I**, 482.
[10] P. G. Unna: Med. Klinik **16**, 1276 (1920) — Chem. Zbl. **1921 I**, 1004.
[11] S. R. Trotman, E. R. Trotman u. R. W. Sutton: J. Soc. chem. Ind. **45**, 20 (1926) — Chem. Zbl. **1926 I**, 2061.
[12] K. Ikeuchi: J. of orient. Med. **7** (1927) — Chem. Zbl. **1929 I**, 547.
[13] J. C. Brunnich u. V. S. Rawson: Queensland Agr. J. **15**, 195, 235 (1921) — Chem. Zbl. **1922 III**, 932.

ritt findet, daß der N-Gehalt natürlicher Wolle wenig schwankt (16,5—17,07%). Gefärbte Wollen sollen ein Pigment mit niedrigerem N-Gehalt besitzen als die normalen[1].

Gehalt an Amino- und Carboxylgruppen[2]. — Amino-N von Wolle 0,20% nach v. Slyke bestimmt[3].

S- und Cystingehalt: Über den S-Gehalt vgl. [2]. — Der S-Gehalt verschiedener Wollen, nach Carius bestimmt, schwankt zwischen 3,03—4,13[4]. Rimington gibt den S-Gehalt der Wolle mit 3,02—4,59% an. Der Schwefel soll nur in Form von Cystin vorliegen[5]. — Über die Verteilung des S innerhalb der Faser[6]. Über die S-Verteilung in der Wolle vgl. auch [7].

Bei Wolle entspricht der Cystingehalt 66%, bei Menschenhaar 70% des Gesamtschwefels[8]. — Bei saurer Hydrolyse soll der gesamte Schwefel als Cystin abgespalten werden[9]. — Beim Kamelhaar jedoch werden nur 94% des Gesamtschwefels als Cystin abgespalten, der Verbleib der restlichen 6% ist noch nicht geklärt[10,11]. Vgl. ferner [12,13,14].

Präparativ kann man aus Menschenhaaren oder Wolle 6,3% Cystin[15], mit kalter 1—2proz. Sodalösung 5% Cystin isolieren (vgl. auch unter Hydrolyse)[16].

Für Keratine verschiedener Herkunft werden folgende Cystinwerte angegeben:

Menschenhaar	15,6—21,2%	16,5%[17]
Schafwolle	8 —10,9%	
Federn	7,05—12,2%	
Kaninchenhaar	11,9—14,0%	
Rattenhaar	14,1 %	
Katzenhaar	13,1 %	
Hundehaar	19,0 %	

Dabei ist das Verhältnis von N : S ziemlich konstant. Beziehungen zwischen Farbe, Alter und Rasse und dem Cystingehalt sind nicht festzustellen[18]. Nur bei rotem Haar wurde Vermehrung des Cystin-S festgestellt[19]. Über den Cystin- und Cysteingehalt des menschlichen Haares in Abhängigkeit vom Geschlecht, Alter und Jahreszeit[20]. — Nicht-Cystin-S soll nicht vorhanden sein[18]. Vgl. aber „Methionin" weiter unten.

Teruuchi gibt folgende Werte an:

Menschenhaar	14,26
Pferdehaar	11,07
Wolle	9,12%[21,22]

Marston findet den Cystingehalt der gereinigten Wollfaser zu 13,1%, der Gesamt-S-Gehalt liegt um 0,1% höher als der des Cystins (Besprechung von Fehlwerten)[23].

[1] J. Barritt: J. chem. Soc. Ind. **47**, 69 (1928) — Chem. Zbl. **1928 I**, 2321.

[2] C. E. Mullin: Amer. Dyestuff Reporter **15**, 499 (1926) — Chem. Zbl. **1926 II**, 1803.

[3] L. Meunier u. G. Rey: C. r. Acad. Sci. Paris **184**, 285 (1927) — Chem. Zbl. **1927 I**, 1767.

[4] J. Barritt u. A. T. King: J. Textile Inst. **17**, 386 (1926) — Chem. Zbl. **1926 II**, 2129.

[5] C. Rimington: J. Soc. chem. Ind. **49**, Transact. 139 (1930) — Chem. Zbl. **1930 I**, 3121.

[6] J. Barritt u. A. T. King: J. Textile Inst. **20**, 151, 159, 219 (1929) — Chem. Zbl. **1929 II**, 3197.

[7] A. J. Hall: Amer. Dyestuff Reporter **19**, 231 (1930) — Chem. Zbl. **1930 I**, 3736.

[8] J. Barritt: J. Soc. chem. Ind. **46**, 338 (1927) — Chem. Zbl. **1927 II**, 1774.

[9] C. Rimington: Biochemic. J. **23**, 41 (1929) — Chem. Zbl. **1929 II**, 367.

[10] C. Rimington: Biochemic. J. **23**, 726 (1929) — Chem. Zbl. **1930 I**, 609.

[11] C. Rimington: Biochemic. J. **25**, 71 (1931) — Chem. Zbl. **1932 I**, 2728.

[12] J. Barritt u. C. Rimington: Biochemic. J. **25**, 1072 (1931) — Chem. Zbl. **1932 I**, 2729.

[13] J. Barritt u. A. T. King: Biochemic. J. **25**, 1075 (1931) — Chem. Zbl. **1932 I**, 2729.

[14] J. G. Berker u. A. T. King: Biochemic. J. **25**, 1077 (1931) — Chem. Zbl. **1932 I**, 2729.

[15] C. L. A. Schmidt: Proc. Soc. exper. Biol. a. Med. **19**, 50 (1921) — Chem. Zbl. **1922 I**, 1277.

[16] W. F. Hoffman: J. of biol. Chem. **65**, 251 (1925) — Chem. Zbl. **1926 I**, 145.

[17] H. B. Vickery u. C. S. Leavenworth: J. of biol. Chem. **83**, 523 (1929) — Chem. Zbl. **1929 II**, 3167.

[18] R. H. Wilson u. H. B. Levis: J. of biol. Chem. **73**, 543 (1927) — Chem. Zbl. **1927 II**, 1483.

[19] K. Klinke: Biochem. Z. **160**, 28 (1925) — Chem. Zbl. **1925 II**, 1456.

[20] T. Tadokoro u. H. Ugami: J. of Biochem. **12**, 187 (1930) — Chem. Zbl. **1931 I**, 635.

[21] Y. Teruuchi u. L. Okabe: J. of biol. Chem. **8**, 459 (1928) — Chem. Zbl. **1928 I**, 2850.

[22] Y. Okuda u. T. Kobayashi: Bull. agricult. Chem. Soc. Japan **5**, 65 (1929) — Chem. Zbl. **1930 II**, 1213.

[23] H. R. Marston: Commonwealth of Australia. Council f. Scientific a Industrial Res. Bull. **1928**, Nr 38 — Chem. Zbl. **1929 II**, 507.

Über die Beziehungen des Glutathions zu bestimmten Schwefelgruppen im Keratin[1].

Tyrosingehalt: Im Wollkeratin 4,8%[2].

Tryptophangehalt: 1,8% im Wollkeratin[2].

Prolingehalt durch indirekte Bestimmung nach Komm etwa 22%[3].

Arginingehalt: nach der Flaviansäuremethode in Hornkeratin 4,7%[4]. Marston gibt für Wollkeratin 10,2% an[2]. — Nach neuer Trennungsmethode finden Vickery und Leavenworth 8,0% Arginin im Menschenhaar[5].

Histidingehalt: im Wollkeratin 6,9%[2], 0,5% im menschlichen Haar[5].

Lysingehalt: 2,8% im Wollkeratin[2], 2,5% im menschlichen Haar[5].

Diese Angaben werden durch eine weitere Mitteilung bestätigt: Histidin 0,66%, Arginin 7,8%, Lysin 2,3%. Das Keratin der Schafwolle soll mit dem von Menschen- und Pferdehaar identisch sein[6].

In Keratinen verschiedenster Herkunft (Korallenarten, Gänsefedern, Schlangenhaut, Haar, Schafwolle) wurde das Verhältnis Histidin: Lysin: Arginin immer annähernd 1: 4: 12 gefunden[7]. Vgl. auch [8].

Über die Methodik zur Bestimmung der basischen Aminosäuren vgl. auch [9].

Im Keratin des Rinderhorns konnte Methionin = α-Amino-γ-methylthiobuttersäure nachgewiesen werden[10] (1 g aus 5 kg). Siehe auch die Arbeiten von Küster S. 314 u. 315.

Neu aufgefunden wurden ferner im Keratin des Rinderhorns l-(—)-Histidin und l-(—)-Norvalin[11].

Glutaminsäure wurde im Keratin des Rinderhorns gegenüber älteren Angaben (3%) zu 15% gefunden[11].

Von Sammartino, der die Keratine für Eiweißabbauprodukte hält, die durch Abspaltung von aliphatischen Aminosäuren (ausschließlich Cystin) entstehen, wodurch der Gehalt an Cystin und an aromatischen Aminosäuren zunimmt, wird angegeben, daß die verschiedenen Keratine eines Individuums und dasselbe Keratin eines Individuums in verschiedenen Altersstufen verschiedene Zusammensetzung zeigen:

	Menschenhaare		Hühneraugen		Nägel	
	I	II	I	II	I	II
Gesamt-N	17,36	17,25	17,04	—	16,76	16,21
NH$_3$-N	11,00	11,19	10,02	10,27	9,60	10,18
Melanin-N	3,52	3,47	1,52	1,58	2,42	2,58
Arginin-N	14,91	16,58	12,92	14,82	15,88	17,36
Histidin-N	2,51	3,96	1,68	3,48	3,42	2,06
Cystin-N	6,11	6,70	0,53	0,53	3,38	3,21
Lysin-N	5,38	5,58	12,53	6,65	6,02	5,25
Amino-N des Filtrats der Basen . . .	50,77	53,04	63,89	62,31	55,08	61,34
Nichtamino-N des Filtrats der Basen	4,09	2,62	0,54	2,38	4,47	0,93
Tyrosin	3,642%		4,088%		3,578%	
Tryptophan	1,611%		1,201%		2,243%[12]	

Das Keratin aus der Epidermis von Cetacea (20 g aus 5 kg Speck) zeigt folgende Zusammensetzung:

[1] A. Giroud u. H. Bulliard: C. r. Soc. Biol. Paris 98, 500 (1928) — Chem. Zbl. 1928 II, 1783.

[2] H. R. Marston: Commonwealth of Australia. Council f. Scientific a. Industrial Res. Bull. 1928, Nr 38 — Chem. Zbl. 1929 II, 507.

[3] E. Komm: Hoppe-Seylers Z. 156, 161 (1926) — Chem. Zbl. 1926 II, 2094.

[4] O. Fürth u. O. Deutschberger: Biochem. Z. 186, 139 (1927) — Chem. Zbl. 1927 II, 1482.

[5] H. B. Vickery u. C. S. Leavenworth: J. of biol. Chem. 83, 523 (1929) — Chem. Zbl. 1929 II, 3167.

[6] A. B. Vickery u. R. J. Block: J. of biol. Chem. 86, 107 (1930) — Chem. Zbl. 1930 I, 3684.

[7] R. J. Block u. H. B. Vickery: J. of biol. Chem. 93, 113 (1931) — Chem. Zbl. 1932 I, 696.

[8] H. B. Vickery u. R. J. Block: J. of biol. Chem. 93, 105 (1931) — Chem. Zbl. 1932 I, 696.

[9] H. O. Calvery: J. of biol. Chem. 83, 631 (1929) — Chem. Zbl. 1929 II, 3167.

[10] E. Abderhalden u. K. Heyns: Hoppe-Seylers Z. 207, 191 (1932).

[11] E. Abderhalden u. K. Heyns: Hoppe-Seylers Z. 206, 137 (1932) — Chem. Zbl. 1932 I, 3079.

[12] U. Sammartino: Biochem. Z. 133, 476 (1922) — Chem. Zbl. 1923 III, 319.

```
Wasser . . . . . . . . . . . . . . . . . . 46,1 %
Asche . . . . . . . . . . . . . . . . . . 0,85%
S . . . . . . . . . . . . . . . . . . . . . 0,75%
Gesamt-N . . . . . . . . . . . . . . . . 14,10%
NH₃-N . . . . . . . . . . . . . . . . . . 1,04  ⎫
Humin-N . . . . . . . . . . . . . . . . . 0,30  ⎪
Monoamino-Verbindungen-N . . . . . . . 10,62 ⎪
Nichtamino-Verbindungen-N . . . . . . . 1,52  ⎬ in Prozent
Cystin-N . . . . . . . . . . . . . . . . . 0,23  ⎪ Gesamt-N
Arginin-N . . . . . . . . . . . . . . . . 0,27  ⎪
Lysin-N . . . . . . . . . . . . . . . . . 0,08  ⎪
Histidin-N . . . . . . . . . . . . . . . . 0,12  ⎭
Alanin . . . . . . . . . . . . . . . . . . nachgewiesen
Leucin . . . . . . . . . . . . . . . . . .        „
Glutaminsäure . . . . . . . . . . . . .          „        [1]
```

Physikalisches und chemisches Verhalten: Über das physikalisch-chemische Verhalten des Keratins, insbesondere der Wolle und die Auswertung wissenschaftlicher Ergebnisse für technische Prozesse vgl. folgende Arbeiten: Chemie des gesamten Keratins[2].

Zur Konstitution der Wolle im Vergleich mit Haar und Seide[3,4]. Kolloidchemie der Wolle[5,6]. Untersuchungen physikalischer Eigenschaften der Wolle[7].

Der isoelektrische Punkt der Wolle ergibt sich (als Quellungsminimum) zu $p_H = 3,6$ bis $3,8$[8,9]. Aus elektrischen Messungen resultiert $p_H = 3,4$ für den isoelektrischen Punkt[10].

In einem Bereich von p_H 4—7 ist das Keratin aus Wolle stabil. Die durch Säuren und Alkalien in diesem Bereich ausgelösten Veränderungen sind reversibel. Der isoelektrische Punkt liegt innerhalb des Stabilitätsbereiches (Analogie mit den Svedbergschen Befunden bei löslichen Proteinen) bei $p_H = 4,8$[11].

Über den Isolationswiderstand von Wolle, dessen Abhängigkeit von der relativen Feuchtigkeit, vom Wassergehalt und vom Elektrolytgehalt[12].

Durch die Einwirkung des Sonnenlichtes geht die Doppelbrechung der Haare verloren. Ferner wird Schwefel in Freiheit gesetzt. Der Einfluß des Sonnenlichtes, der sich schon am lebenden Tier bemerkbar macht, wird durch Säuren gefördert, durch Alkalien geschwächt; diese vermögen jedoch die Abspaltung des Schwefels nicht zu verhindern (technische Bedeutung)[13]. — Der Einfluß ultravioletter Strahlen auf die Beweglichkeit des Schwefels in der Wolle wird auch von anderen bestätigt. Man kann die Oxydation des freigesetzten Schwefels mit Methylrot nachweisen. Bestrahlte Wolle hat positive Nitroprussidnatriumreaktion und färbt sich mit Chinon gelb. Die Murexidprobe ist negativ und wird nach dem Auswaschen wieder positiv. Bestrahlte Wolle reduziert aromatische Nitroverbindungen zu Aminoverbindungen[14]. Vgl. auch[15]. — Barritt und King stellen im Gegensatz zu den oben geschilderten Beobachtungen fest, daß der Schwefelgehalt belichteter Wolle höher ist als nicht belichteter. Jedoch werden durch das Belichten die Schuppen aufgebogen und zum Teil entfernt. Nach der Annahme der genannten Forscher enthalten die Schuppen mehr Schwefel

[1] S. Oikawa: Tohoku J. exper. Med. **2**, 451 (1922) — Chem. Zbl. **1922 III**, 928 — Ber. Physiol. **14**, 70.

[2] J. Barritt: J. Textile Inst. **17**, 111 (1926) — Chem. Zbl. **1926 II**, 781.

[3] C. E. Mullin: Amer. Dyestuff Reporter **15**, 413 (1926) — Chem. Zbl. **1926 II**, 1538 — Amer. Dyestuff Reporter **15**, 468, 489 (1926) — Chem. Zbl. **1926 II**, 2129.

[4] C. E. Mullin u. H. L. Hunter: Textile Colorist **53**, 517, 599 (1931) — Chem. Zbl. **1931 II**, 2532, 2804 — Textile Colorist **53**, 673 (1931) — Chem. Zbl. **1932 I**, 892.

[5] C. E. Mullin: Amer. Dyestuff Reporter **15**, 533 (1926) — Chem. Zbl. **1926 II**, 2129.

[6] C. E. Mullin: Amer. Dyestuff Reporter **15**, 445 (1926) — Chem. Zbl. **1926 II**, 1803.

[7] A. Ogrizek: Z. Tierzüchtg **7**, 345 (1926) — Chem. Zbl. **1928 I**, 130 — Ber. Physiol. **41**, 325.

[8] L. Meunier u. G. Rey: C. r. Acad. Sci. Paris **184**, 285 (1927) — Chem. Zbl. **1927 I**, 1767.

[9] L. Meunier u. G. Rey: Cuir Techn. **19**, 129 (1927) — Chem. Zbl. **1927 I**, 2693.

[10] H. R. Marston: Commonwealth of Australia. Council f. Scientific a. Industrial Res. Bull. **1928**, Nr 38 — Chem. Zbl. **1929 II**, 507.

[11] J. B. Speakman u. M. C. Hirst: Nature **127**, 665 (1931) — Chem. Zbl. **1931 II**, 252.

[12] E. J. Murphy u. A. C. Walker: J. physic. Chem. **32**, 1761 (1928) — Chem. Zbl. **1929 I**, 1064.

[13] W. von Bergen: Melliand Textilber. **6**, 745 (1925) — Chem. Zbl. **1926 I**, 1070.

[14] L. Meunier u. G. Rey: Cuir Techn. **19**, 128 (1927) — Chem. Zbl. **1927 I**, 2693.

[15] G. Rey: Rev. gén. Teinture, Impression, Blanchiment, Apprêt **6**, 649, 763, 869 (1928) — Chem. Zbl. **1928 II**, 1635.

als das Innere der Faser, somit kann also der S-Gehalt belichteter Wolle nach Entfernung der Schuppen kleiner sein[1].

Auf die Quellung hat die Bestrahlung mit ultraviolettem Licht keine Wirkung. Dagegen wird aus bestrahlter Wolle durch salpetrige Säure mehr Stickstoff abgespalten als ohne diese Behandlung[2].

Verhalten gegen Röntgenstrahlen, physikalischer Aufbau: Mit trockner, ungedehnter Wolle erhält man Faserdiagramme, aus denen sich charakteristische Abstände von 10,3, 5,15, 4,46 Å ergeben. Weiterhin ergibt sich bei der Analyse des Diagramms, daß Ebenen parallel der Faserachse, andere mit ihrer Normalen in einem Konus vom Halbwinkel 17° rund um die Faserachse liegen und daß daneben noch Ebenen verschiedener Orientierung vorhanden sind. Weiterhin wird aus den Diagrammen und zugleich aus den Befunden der mikroskopischen Untersuchung geschlossen, daß die Wollzelle eine längliche, der Faserachse parallel gerichtete Spindelform besitzt und von Wänden mit 10,3 Å Abstand umgeben ist. Diese bestehen aus mehreren Moleküllagen. Die längsten Fasern sind nach dieser Deutung in der erwähnten Kegelform um die Faserachse angeordnet und durch kürzere Querfasern miteinander verbunden. Die Fasern scheinen viele Moleküle lang, aber nur wenige Moleküle dick zu sein. Auch die Ergebnisse mit gedehnter Wolle sprechen für diese Befunde. — Die Röntgendiagramme von Wollen verschiedener Herkunft unterscheiden sich wenig[3]. Vgl. dazu [4].

Shorter entwickelt vom Aufbau der Wolle (beziehentlich der Faser überhaupt) folgende Vorstellungen: die Faser besteht aus einem elastischen Rahmengebilde (elastische Phase), dessen Zwischenräume ein viscoses Medium enthalten (viscose Phase). Durch Zusammenwirken beider Phasen werden die mechanischen Eigenschaften der Wolle erklärt[5]. Dieser Ansicht widerspricht Speakman. Nach ihm besteht die Wolle aus 2 Gelen, die parallel gelagert sind. Das erste Gel wird als „versteinertes Gel" bezeichnet und umfaßt eine elastische Zellwand, die eine Fibrillarstruktur einschließt, die nicht im physikalischen Gleichgewicht mit einer viscosen Phase steht. Das zweite Gel füllt die Zwischenräume des ersten aus, es ist gelatinös und befähigt zu reversibler Lösung in Wasser und zur Abscheidung daraus[6]. Vgl. dazu [7].

Über die Existenz von Micellen in der Wollfaser[8].

Nach Astburys[9] röntgenographischen Untersuchungen geht Haar (Wolle, Stacheln von Igel und Stachelschwein) beim Dehnen aus einer α-Form in eine β-Form über, deren Diagramm von 30% Dehnung ab vorherrschend wird. Die $\alpha \rightarrow \beta$-Umwandlung soll mit einer Verlängelängerung des Keratinkomplexes um 100% verbunden sein. Auf Grund der Ausmessungen der Bilder entwickelt Astbury[9] folgendes Schema:

5,15 Å   CHR—CO—NH—CHR—CO—NH—CHR—CO—NH ...   (3 · 3,32) Å

[1] J. Barritt u. A. T. King: J. Textile Inst. 20, 151 (1929) — Chem. Zbl. 1929 II, 3197.

[2] L. Meunier u. G. Rey: J. Int. Soc. Leather Trades Chemists 11, 508 (1927) — Chem. Zbl. 1928 I, 1597.

[3] J. Ewles u. J. B. Speakman: Nature 122, 346 (1928) — Chem. Zbl. 1929 I, 1286.

[4] J. Ewles u. J. B. Speakman: Proc. roy. Soc. Lond. B 105, 600 (1930) — Chem. Zbl. 1930 I, 1555.

[5] S. A. Shorter: J. Soc. Dyers Colourists 41, 207 (1925) — Chem. Zbl. 1925 II, 1234.

[6] J. B. Speakman: J. Textile Inst. 17, 457 (1926) — Chem. Zbl. 1926 II, 2645.

[7] S. A. Shorter: J. Textile Inst. 18, 78 (1927) — Chem. Zbl. 1927 II, 1417.

[8] J. B. Speakman: Nature (Lond.) 126, 565 (1930) — Chem. Zbl. 1931 I, 3740.

[9] W. T. Astbury u. H. J. Woods: Nature (Lond.) 126, 913 (1930) — Chem. Zbl. 1931 I, 1931. — W. T. Astbury u. A. Street: Philos. Trans. roy. Soc. Lond. A 230, 75 (1931) — Chem. Zbl. 1931 II, 655.

Der vollkommene Übergang der α- in die β-Form soll in 3 Stufen vor sich gehen. Der Bindungszustand der Schwefelatome steht in Zusammenhang mit den elastischen Eigenschaften (s. hier röntgenographische Untersuchungen am Cystin). In der β-Form des Keratins sollen Molekülketten untereinander durch Cystin- bzw. Cysteinmoleküle verkettet sein. Die Haupt-Mol-Gruppierung wiederholt sich längs der Faserachse mit einer Periode von 5,15 Å. Die primäre Molgruppierung des Haarkeratins soll aus äquimolekularen Mengen von Leucin, Glutaminsäure, Cystin und Arginin bestehen.

Verhalten gegen Röntgenstrahlen in Ameisensäure[1].

Einfluß der Röntgenstrahlen auf die Eigenschaften von Wollfasern[2].

Weiteres über die elastischen und plastischen Eigenschaften der Wolle[3, 4].

Keratin läßt sich durch Lithiumrhodanid und Calciumrhodanid in hochkonzentrierten Lösungen dispergieren. Für Wolle ist dabei Erhitzen auf 170—200° erforderlich[5]. Die Geschwindigkeit der Dispersion hängt u. a. auch von dem Alter und der Reinheit der verwendeten Keratine ab[6].

Quellung von Horn verschiedener Herkunft[7, 8].

Abhängigkeit der Quellung von der Wasserstoffionenkonzentration[9].

Über die Einwirkung von Säuren auf Wolle: Quellung durch Säuren und hydrolytische Vorgänge[10]. Spezifische Einwirkung verschiedener Säuren[11, 12]. — Über Säurebindung[13]. Vgl. dazu auch[18].

Löslichkeit in wasserfreier Ameisensäure[14].

Über Denaturierung von Wolle in Harnstofflösungen[15].

Notizen über die Theorie der Färbung s. auch bei „Seide“.

Über den sauren Charakter der Wolle und dessen Bedeutung für die Färberei[16]. — Beziehungen des isoelektrischen Punktes zum Chemismus der Färbung[17].

Messungen der Verbrennungswärme verschiedener „Wollsalze“ mit Säuren und Beziehungen zu Färbetheorien[18].

Bezüglich der Färbung von Wolle bestreitet Haller, daß die Färbung mit basischen Farbstoffen durch chemische Reaktion mit einer sauren Gruppe der Wolle zustande kommt und daß die Wolle diazotierbar ist[19].

Kolloidchemische Gesichtspunkte beim Färben von Wolle mit sauren Farbstoffen[20].

Farbreaktionen: Biuretreaktion: Anwendung zur Beurteilung der Wolle[21]. — Alkalische Lösungen von Wolle geben infolge ihres S-Gehaltes mit Kupfersalzen schmutzige Niederschläge. Durch vorherige Behandlung der Wolle mit Natriumarsenit erhält man mit Kupfer-

[1] J. B. Speakman u. M. C. Hirst: Nature (Lond.) **127**, 665 (1931) — Chem. Zbl. **1931 II**, 252.

[2] W. T. Astbury u. H. J. Woods: Nature (Lond.) **127**, 663 (1931) — Chem. Zbl. **1931 II**, 252.

[3] J. B. Speakman: Proc. roy. Soc. Lond. B **103**, 377 (1928) — Chem. Zbl. **1929 I**, 1524.

[4] J. B. Speakman: Trans. Faraday Soc. **25**, 169 (1929) — Chem. Zbl. **1929 I**, 3159.

[5] P. P. von Weimarn: Canad. chem. Metallurgy **10**, 227 (1926) — Chem. Zbl. **1927 I**, 38.

[6] P. P. von Weimarn: Kolloid-Z. **40**, 120 (1926) — Chem. Zbl. **1927 I**, 249.

[7] F. Hauer: Kolloid-Z. **35**, 169 (1924) — Chem. Zbl. **1924 II**, 2518.

[8] H. Menschel: Arch. f. exper. Path. **110**, 1 (1925) — Chem. Zbl. **1926 II**, 50.

[9] L. Meunier u. G. Rey: J. Inst. Soc. Leather Trades Chemists **11**, 508 (1927) — Chem. Zbl. **1928 I**, 1597.

[10] C. E. Mullin: Amer. Dyestuff Reporter **15**, 751, 764, 779 (1926) — Chem. Zbl. **1927 I**, 962.

[11] C. E. Mullin: Amer. Dyestuff Reporter **16**, 515, 550 (1927) — Chem. Zbl. **1927 II**, 2365.

[12] H. Wilkinson u. A. G. Tyler: J. Soc. Dyers. Colourists **44**, 241 (1928) — Chem. Zbl. **1928 II**, 1635 — J. Soc. Dyers. Colourists **44**, 369 (1928) — Chem. Zbl. **1929 I**, 1286.

[13] A. K. Hobby: Amer. Dyestuff Reporter **20**, 291 (1931) — Chem. Zbl. **1931 II**, 654.

[14] J. Loiseleur: C. r. Acad. Sci. Paris **191**, 1477 (1930) — Chem. Zbl. **1931 I**, 2485.

[15] W. Ramsden: Nature (Lond.) **127**, 403 (1931) — Chem. Zbl. **1931 II**, 654.

[16] A. Lottermoser u. W. Ettl: Melliand Textilber. **11**, 627, 709 (1930) — Chem. Zbl. **1930 II**, 3216.

[17] T. G. Hawley u. M. Harris: Amer. Dyestuff Reporter **19**, 720 (1930) — Chem. Zbl. **1931 I**, 1541.

[18] W. Pässler u. W. König: Z. angew. Chem. **44**, 288, 304 (1931) — Chem. Zbl. **1931 II**, 2517; **1932 I**, 2525.

[19] Haller: Melliand Textilber. **11**, 382 (1930) — Chem. Zbl. **1930 II**, 471.

[20] H. Boxser: Amer. Dyestuff Reporter **21**, 71 (1932) — Chem. Zbl. **1932 I**, 2771.

[21] M. Becke: Färber-Ztg. **30**, 101, 116, 128 (1919) — Chem. Zbl. **1919 IV**, 122.

arsenit blauviolette Färbung. Nach dem Kochen mit Alkali liefert Wolle mit überschüssigem Kupfersulfat ein rotes Filtrat. Nach längerem Stehen liefern alkalische Wollelösungen mit Kupfersulfat direkt die reine Färbung des Komplexsalzes und fällen alkalische Bleilösungen in der Kälte nicht mehr. Die Säurehydrolysate der Wolle geben mit Kupfersalzen in alkalischer Lösung rote Färbung und keine Kupfersulfidabscheidung[1].

Xanthoproteinreaktion: Das Keratin A der tierischen Hornschicht gibt die Xanthoproteinreaktion nicht und löst sich nicht in rauchender Salpetersäure, Keratin B färbt sich gelb und löst sich schließlich, Hornalbumosen (s. dort) lösen sich sofort mit gelber Farbe in rauchender Salpetersäure[2].

Mit 1:1 verdünnter Schwefelsäure in Gegenwart von Zucker oder mit rauchender Salzsäure liefert Wolle eine Rotfärbung, ohne Zusatz von Zucker Rosafärbung[3].

Farbreaktionen mit Chinon[4].

Mit Giesonscher Lösung färben sich Haare und Federn gelb, die Färbung ist in Wasser oder Alkohol beständig. Mit verdünnter Methylenblaulösung färben sich Haare und Federn nicht, mit Carbolfuchsin färben sich Haare (mikroskopische Unterscheidung tierischer und pflanzlicher Fasern)[5].

Über das Verhalten der Wolle gegen Ninhydrin, Alloxan, Nitroprossidnatrium und die Veränderung dieses Verhaltens bei belichteter Wolle[6].

Bei trocknem Erhitzen unter Atmosphärendruck verkohlt Horn bei 300°. Beim Erhitzen im Vakuum erhält man ebenfalls unter Verkohlung bei 250—270° braun gefärbte Destillate. Im Einschmelzrohr bildet sich bei 200—230° unter Abspaltung von Schwefelwasserstoff und Ammoniak und organischer S-Verbindungen eine dickflüssige braune Masse von alkalischer Reaktion. An den heißeren Stellen tritt unter Abspaltung von Wasser und Ammoniak eine weitergehende Zersetzung ein; die Spaltprodukte führen eine alkalische Hydrolyse herbei. Der bei dieser thermischen Zersetzung erhaltene Rückstand ist reicher an Schwefel als die abgebaute Hornsubstanz. In der wäßrigen Lösung befinden sich Keratosen und Peptone (s. dort)[7, 8].

Erhitzt man Wolle mit Wasser allein oder in Gegenwart von Alkali oder Säure auf 150°, so erhält man je nach den Bedingungen Körper saurer oder basischer Natur in der Lösung, die durch Fuchsin fällbar sind oder mit Eosin oder Ponceau Lacke bilden. Die behandelte Wolle verliert ihre Doppelbrechung zwischen gekreuzten Nicols und ist in trocknem Zustande pulverisierbar[9]. — Neutrale feuchte Wolle wird durch Erhitzen auf 100° in trocknem Luftstrom nicht zersetzt, wohl aber in Gegenwart von Spuren Alkali unter Ammoniakentwicklung hydrolysiert (technische Bedeutung)[10].

Mit Wasser wird Keratin im Autoklaven bei 180° hydrolysiert, wobei sich beträchtliche Mengen Kohlensäure bilden, die die Hydrolyse beschleunigen[11].

Katalytische Spaltung von Horn und Federn mit verdünnter Ameisensäure bei 180° führt nicht zur Bildung von Huminsubstanzen, unter den Spaltprodukten finden sich Aminosäuren, Polypeptide und viel Anhydride[12].

Bei der katalytischen Spaltung von Gänsefedern mit 1proz. Salzsäure im Autoklaven bei 180° geht das ganze Ausgangsmaterial in Lösung; diese zeigt keine Biuretreaktion. Das Hydrolysat enthält keine Aminosäuren. Durch Fraktionierung auf Grund der Löslichkeit erhält man im Ätherextrakt folgende Substanzen: Leucylvalinanhydrid nebst 2 Isomeren,

---

[1] M. Battegay u. T. Voltz: Bull. Soc. Chim. France **27**, 536 (1920) — Chem. Zbl. **1920 IV**, 560.

[2] G. P. Unna: Med. Klinik **16**, 1276 (1920) — Chem. Zbl. **1921 I**, 1004.

[3] P. Waentig: Textile Forschg **1**, 59 (1919) — Chem. Zbl. **1919 IV**, 692.

[4] L. Meunier u. G. Rey: Rev. gén. des matières. colorantes **28**, 66 (1924) — Chem. Zbl. **1924 II**, 129.

[5] G. Straßmann: Vjschr. gerichtl. Med. **59**, 233 (1920) — Chem. Zbl. **1920 IV**, 53.

[6] G. Rey: Rev. gén. Teinture Impression Blanchiment, Apprêt **6**, 1001 (1928) — Chem. Zbl. **1929 I**, 458.

[7] A. Heiduschka u. E. Komm: Hoppe-Seylers Z. **121**, 221 (1922) — Chem. Zbl. **1922 III**, 1200 — Hoppe-Seylers Z. **124**, 37 (1922) — Chem. Zbl. **1923 I**, 545 — Hoppe-Seylers Z. **126**, 130 (1923) — Chem. Zbl. **1923 III**, 71 — Hoppe-Seylers Z. **126**, 261 (1923) — Chem. Zbl. **1923 III**, 312.

[8] A. Heiduschka: Z. angew. Chem. **37**, 481 (1924) — Chem. Zbl. **1924 II**, 1104.

[9] A. Reychler: Bull. Soc. chim. Belgique **29**, 291 (1920) — Chem. Zbl. **1921 II**, 139.

[10] J. L. Raynes: J. Textile Inst. **18**, 46 (1926) — Chem. Zbl. **1927 I**, 1767.

[11] W. S. Ssadikow: Biochem. Z. **136**, 238 (1923) — Chem. Zbl. **1923 III**, 784.

[12] N. Zelinsky u. W. Ssadikow: Biochem. Z. **138**, 156 (1923) — Chem. Zbl. **1923 III**, 1087.

Phenylglycylglycinanhydrid, Leucylprolinanhydrid, Leucylbutalaninanhydrid, Methylprolyl-prolinanhydrid (?), ein Anhydrid $C_{22}H_{36}N_4O_5$, das aus den Säuren

$$COOH \cdot CH(NH_2)CH_2 \cdot (CH_2)_6 \cdot CH(NH_2) \cdot COOH \quad \text{und}$$
$$COOH \cdot CH(NH_2) \cdot CH \cdot (OH) \cdot (CH_2)_6 \cdot CH(NH_2)COOH$$

zusammengesetzt ist, und ein Anhydrid $C_{16}H_{27}N_3O_3$, aus den Säuren

$$COOH \cdot CH(NH_2) \cdot (CH_2)_5 \cdot COOH \quad \text{und}$$
$$NH_2 \cdot CH_2(CH_2)_5 \cdot CH(NH_2) \cdot COOH .$$

Aus den Mutterlaugen dieser Verbindungen erhält man nach der Totalhydrolyse mit konz. HCl Leucin, Alanin und einen Körper mit positiver Millonreaktion, der jedoch nicht Tyrosin ist.

Im Essigesterextrakt finden sich Phenylalanylglycinanhydrid, Tyrosin, Alanin, Valin und Leucin. Nach deren Entfernung erhält man bei der Totalhydrolyse mit konz. Salzsäure Phenyldiaminobuttersäure, Diaminotridekacarbonsäure, Phenylalanin und eine Reihe noch nicht aufgeklärter Aminosäuren, ferner Tridekadicarbonsäure.

Aus dem Chloroformextrakt erhält man Phenylalanylglycin, keine Aminosäuren. Der wasserlösliche Anteil des Chloroformextraktes besteht aus Leucylalaninanhydrid, Leucyl-glycinanhydrid, der in Wasser unlösliche Teil enthält Oxyprolylbutalaninanhydrid und ein Anhydrid $C_{24}H_{40}N_4O_5$, das aus Diaminododekadicarbonsäure und Diaminododekaoxydicarbon-säure zusammengefügt ist.

Beim Amylalkoholextrakt enthält der wasserlösliche Teil außer Tyrosin und But-alanin N-haltige und N-freie Säuren mit hohem Molekulargewicht und einen aminosäurefreien Sirup, der nach 18stündigem Kochen mit 25proz. Schwefelsäure Phenylalanylglycinanhydrid und Leucylvalinanhydrid, ferner neben Aminosäuren unbekannte Diamino- und Oxyamino-säuren, Bernsteinsäure, Suberinsäure und Dodekadicarbonsäure liefert. Ein abermals ver-bleibender aminsosäurefreier Sirup gibt bei der Hydrolyse mit 20proz. Schwefelsäure Amino-undekadicarbonsäure, Aminothioessigsäure und N-freie Säuren. Der wasserlösliche Anteil der Amylalkoholfraktion enthält also komplizierte, schwer aufspaltbare Anhydride. — Der in Wasser unlösliche Teil der Amylalkoholfraktion enthält viel Schwefel und Stickstoff. Isoliert konnten werden: Thioessigsäure, Spuren von Buttersäure und Valeriansäure.

Der nach den beschriebenen Extraktionen zurückbleibende Teil enthält neben bekannten Aminosäuren Aminosuberinsäure und Oxydiaminoacelainsäure. Von der dann noch in Lösung befindlichen Substanz gewinnt man an bisher nicht aufgefundenen Produkten Tetraedekadi-carbonsäure. Nach der Hydrolyse des nunmehr verbleibenden Rückstandes mit 25proz. Schwefelsäure ergeben sich Oxalsäure, Propionsäure, Acelainsäure, Undekadicarbonsäure und Heptedekadicarbonsäure.

An diese Befunde knüpfen Ssadikow und Zelinsky theoretische Erörterungen über den Aufbau des Eiweißes aus „Peptinringen", die durch CH_2-Ketten miteinander ver-bunden sind[1].

Auch Diaminopimelinsäure scheint sich unter den Produkten der katalytischen Spal-tung der Gänsefedern zu finden[2].

Über die weitere Aufarbeitung und Fraktionierung des amylalkoholischen Extraktes vgl. [3]. — Über eine Tetramintetraoxytetracarbonsäure aus Gänsefedern[4].

Über die Berechtigung der aus dem Vorkommen von Anhydridringen in Eiweißspalt-produkten hinsichtlich der Struktur des Keratins gezogenen Schlüsse vgl. [5,6].

Bei der katalytischen Hydrolyse des Roßhaares mit 1proz. Salzsäure bei 180° während 6 Stunden und nachfolgender sukzessiver Extraktion mit Äther, Essigester, Chloro-form und Amylalkohol erhält man: in der ätherischen Lösung Krystalle von Natur der Peptid-anhydride. Nach Beseitigung von S-haltigen Verbindungen durch kaltes Ammoniak Krystalle von der Zusammensetzung

$$C_{21}H_{36}O_4N_4 \quad \text{oder} \quad C_{21}H_{38}O_4N_4,$$

[1] W. S. Ssadikow u. N. D. Zelinsky: Biochem. Z. **136**, 241 (1923) — Chem. Zbl. **1923 III**, 784.
[2] W. S. Ssadikow u. N. D. Zelinsky: Biochem. Z. **147**, 30 (1924) — Chem. Zbl. **1924 II**, 686.
[3] W. S. Ssadikow: Biochem. Z. **150**, 361 (1924) — Chem. Zbl. **1924 II**, 1936.
[4] W. Ssadikow: J. russ. phys.-chem. Ges. **58**, 775 (1926) — Chem. Zbl. **1927 I**, 471.
[5] P. Brigl: Ber. dtsch. chem. Ges. **56**, 1887 (1923) — Chem. Zbl. **1923 III**, 1279.
[6] E. Abderhalden: Biochem. Z. **149**, 572 (1924) — Chem. Zbl. **1924 II**, 1811.

die beim Kochen mit konz. Salzsäure Leucin und Propionsäure liefern. Der Sirup der ätherischen Lösung enthält:

> Valyl-leucinanhydrid oder Leucyl-valinanhydrid,
> wahrscheinlich eine cyclische Base von der Zusammensetzung $C_{15}H_3ON$,
> Methyldiketopiperidin?,
> eine Verbindung $C_{10}H_{16}O_2N_2$ oder $C_{10}H_{18}O_2N_2$,
> eine Verbindung von der Zusammensetzung $C_{20}H_{34}O_5N_4$,
> weitere cyclische Verbindungen.

Im Chloroformauszug im wasserlöslichen Teil:

> Valyl-leucinanhydrid?,
> Alanyl-leucinanhydrid?,
> eine Verbindung $C_{13}H_{20}O_3N_2$;

im wasserunlöslichen Teil:

> Alanyl-leucinanhydrid?,
> Anhydridartiger Sirup, der eine Tetracarbonsäure enthält[1].

Bei der partiellen Hydrolyse von Gänsefedern mit 70proz. Schwefelsäure während 5 Tagen bei Zimmertemperatur und darauffolgender Fraktionierung mit Methylalkohol erhält man Produkte mit roter Biuretreaktion, die sämtlich Glykokoll und Prolin im Verhältnis 1:2 oder 1:3 zeigen[2]. Kürzt man die Hydrolysendauer unter sonst gleichen Bedingungen auf 4 Tage ab, so erhält man eine Substanz, die ebenfalls prolinreich ist, deren Hydrolyse aber eine Vereinigung von 2 Mol Prolin mit einem Mol Oxyprolin und einem Mol Glykokoll — vielleicht als Anhydrid vorliegend — annehmen läßt[3].

Hydrolysiert man Schweineborsten mit 1proz. Salzsäure bei 180° während 8 Stunden, so erhält man nach dem Eindampfen des mit Ammoniak neutralisierten Hydrolysates ein in Methylalkohol lösliches Produkt, das Prolin, Leucin, Glutaminsäure und Glykokoll enthält. Daneben finden sich Produkte ähnlicher Zusammensetzung mit einem variablen Verhältnis Amino-N : Gesamt-N. — Hydrolysiert man die Borsten mit 1proz. Salzsäure bei 120° während 5 Stunden, so gewinnt man nach den bekannten Methoden d-Alanylglycinanhydrid, Diketopiperazin aus Leucin und Prolin, l-Prolyl-d-valinanhydrid und ein Anhydrid aus Prolin, Leucin und Alanin mit positiver Biuretreaktion. — Bei der Hydrolyse mit 70proz. Schwefelsäure bei niedriger Temperatur erhält man ein Dipeptid aus l-Leucin und l-Serin, und ein Dipeptid (Valylvalin?)[4].

Weiterhin ergab die partielle Hydrolyse von Schweineborsten mit 2proz. Salzsäure bei 120° ein Produkt aus 2 Mol Oxyprolin und 1 Mol Glykokoll, Iso-Leucylleucinanhydrid, Alanyl-Glycinanhydrid[5].

Über die Abspaltung von Kohlensäure aus Keratin mit starker Schwefelsäure oder Kalilauge[6].

Die Hydrolyse von Keratin mit $^1/_5$ n-Säure oder Alkali gehorcht der Regel von Schütz[7]. Wahrscheinlich verläuft die Hydrolyse unter Bildung unbeständiger Zwischenprodukte[8].

Über die Einwirkung von Alkalien auf Wolle (und von in der Technik gebrauchten Seifen-Alkalicarbonat- und Ätzalkalilösungen)[9, 10].

Beim Kochen von Keratin mit Natronlauge werden 0,096% des trockenen Proteins in Form von Acetaldehyd abgespalten. Kohlehydrat oder Aminosäuren sind nicht die Vorstufe des Aldehyds, die Bildung scheint vielmehr an die Konstitution des Eiweißes gebunden zu sein[11].

---

[1] W. S. Ssadikow: Biochem. Z. **143**, 504 (1923) — Chem. Zbl. **1924 I**, 1397.

[2] E. Abderhalden u. H. Suzuki: Hoppe-Seylers Z. **127**, 281 (1923) — Chem. Zbl. **1923 III**, 318.

[3] E. Abderhalden: Hoppe-Seylers Z. **129**, 106 (1924) — Chem. Zbl. **1924 II**, 851.

[4] E. Abderhalden u. E. Komm: Hoppe-Seylers Z. **132**, 1 (1924) — Chem. Zbl. **1924 I**, 1676.

[5] E. Abderhalden u. E. Komm: Hoppe-Seylers Z. **134**, 113 (1924) — Chem. Zbl. **1924 I**, 2783.

[6] Lippich: Hoppe-Seylers Z. **90**, 441 (1914) — Chem. Zbl. **1914 I**, 2112.

[7] J. Jaitschnikow: J. russ. phys. Chem. Ges. **58**, 1377 (1926) — Chem. Zbl. **1927 II**, 1144.

[8] J. Jaitschnikow: Biochem. Z. **190**, 114 (1927) — Chem. Zbl. **1928 I**, 2508.

[9] C. E. Mullin: Amer. Dyestuff Reporter **17**, 109 (1928) — Chem. Zbl. **1928 I**, 2219 — Amer. Dyestuff Reporter **17**, 209, 228 (1928) — Chem. Zbl. **1928 I**, 3012 — Amer. Dyestuff Reporter **17**. 345 (1928) — Chem. Zbl. **1928 II**, 1161.

[10] A. T. King: J. Textile Inst. **19**, 41 (1928) — Chem. Zbl. **1928 II**, 202.

[11] O. Riesser u. Mitarbeiter: Hoppe-Seylers Z. **196**, 201 (1931) — Chem. Zbl. **1931 II**, 583.

Bei Behandlung von Wolle mit heißer Sodalösung gehen etwa 25% des Gesamt-S als Sulfid in Lösung, aus der Wolle läßt sich dann kein Cystin mehr isolieren, während Behandlung mit kalter 1—2proz. Sodalösung 5% Cystin gewonnen werden[1]. Vgl. dazu [2, 3].

Mit Ätzkalk bilden sich Sulfide[2].

Durch Behandeln mit wäßrigem oder alkoholischem Ammoniak wird der Schwefelgehalt der Wolle vermindert, ebenso durch Ätzkalklösungen, jedoch nicht in demselben Ausmaß[4].

Schwefelalkalien lösen Hornsubstanz, der Lösung geht eine Quellung voraus. Entscheidend für die Wirkung der Schwefelalkalien sind die SH-Ionen, die die quellungsfördernde Wirkung der OH-Ionen noch übertreffen[5, 6]. In einer späteren Arbeit stellt Pulewka fest, daß der Sulfid-S wahrscheinlich als zweiwertiges freies S-Ion wirkt, HS-Ion und Schwefelwasserstoff wirkungslos sind. Bildung von Polysulfiden hebt die Quellwirkung auf. Der quellenden Wirkung muß eine chemische Reaktion am Hornschwefel zugrunde liegen[7]. — Die Frage nach dem Mechanismus der Einwirkung von Sulfiden wird noch nicht einheitlich beantwortet. Kaye und Marriot geben an, daß Na_2S eher lösend als hydrolysierend auf Haare einwirkt, dabei soll eine Reaktion zwischen dem Schwefel der Haare und dem der Sulfide stattfinden[2]. — Nach Bergmann sind ausgesprochen proteolytische Vorgänge für die Auflösung der Wolle durch kalte Natriumsulfidlösungen verantwortlich zu machen. Löst man Schafwolle in kalter wäßriger Na_2S-Lösung und hydrolysiert nach Verjagung des Schwefelwasserstoffes, so findet man im Hydrolysat 9,7 Teile Cystin gegenüber 13 Teilen bei nichtvorbehandelter Wolle. Die Zerstörung der Wollstruktur durch Natriumsulfid wird also nicht durch besonders bevorzugte Vernichtung des Cystinanteils verursacht, wohl aber kann reduktive Spaltung der Cystindisulfidbindung stattfinden[8]. — Küster und Mitarbeiter legen der Einwirkung von Natriumsulfidlösung auf Keratin folgende Gleichungen zugrunde:

$$2\,Na_2S + 2\,H_2O = 2\,NaSH + 2\,NaOH,$$
$$2\,NaSH + 2\,OH = Na_2S_2 + 2\,H_2O,$$
$$Na_2S_2 + 2\,H = 2\,NaSH.$$

Es laufen also reduzierende und oxydierende Wirkungen auf die organische Substanz nebeneinander. Außerdem finden Reaktionen statt, bei denen unter gleichzeitiger Reduktion der organischen Substanz Oxydation des Sulfids zu Sulfit, Sulfat und Thiosulfat stattfindet. Bei der Lösung von Wolle in Natriumsulfidlösungen wird ein Teil des Keratins unter Abspaltung von Ammoniak und gleichzeitiger Bildung von N-haltigen Produkten abgebaut. Daneben finden sich in Wasser lösliche, nicht dialysable Abbauprodukte. Die Hauptmenge stellt ein in Wasser unlösliches Produkt mit sauren Eigenschaften dar, das lösliche Natriumsalze bildet und durch Essigsäure gefällt werden kann. Die Wolle soll zwei verschiedene Proteine enthalten, wovon das eine rasch zu wasserlöslichen Produkten abgebaut wird, während das andere nur wenig angegriffen wird. — Hydrolysiert man das in Wasser unlösliche saure Abbauprodukt durch Erhitzen mit Wasser im Autoklaven bei 150°, so erhält man ein Gemisch von Aminosäuren und Diketopiperazinen, jedoch in größerer Ausbeute als bei der Druckhydrolyse von Wolle. Durch Fraktionierung gelangt man zu folgenden Ergebnissen: basische Aminosäuren scheinen als Bausteine der Diketopiperazine nicht vorzukommen; Tyrosin konnte trotz positiver Millonreaktion aus den Ätherextrakten des Hydrolysates nicht gewonnen werden. Isoliert wurden Valylleucinanhydrid, Valylalaninanhydrid, Leucylalaninanhydrid, Prolylalaninanhydrid. — Bei der Totalhydrolyse einer Fraktion der durch Na_2S-Einwirkung entstandenen Produkte wurden nachgewiesen: Glykokoll, Alanin, Valin, Leucin, Asparaginsäure, Glutaminsäure, Prolin, aber kein Serin. — Es ist fraglich, ob die Diketopiperazine vorgebildet im Keratin vorhanden sind[9]. — Bei der weiteren Aufarbeitung der erhaltenen

[1] W. E. Hoffman: J. of biol. Chem. **65**, 251 (1925) — Chem. Zbl. **1926 I**, 145.

[2] M. Kaye u. R. Mariot: J. Soc. Leather Trades Chemists **9**, 591 (1925) — Chem. Zbl. **1926 I**, 3203.

[3] H. B. Merrill u. J. W. Fleming: Ind. Chem. **20**, 21 (1928) — Chem. Zbl. **1928 I**, 1828.

[4] H. H. Farrar u. P. E. King: J. Textile Inst. **17**, 588 (1926) — Chem. Zbl. **1927 I**, 3159.

[5] P. Pulewska: Hoppe-Seylers Z. **146**, 130 (1925) — Chem. Zbl. **1925 II**, 2060.

[6] R. Weiß: Hoppe-Seylers Z. **153**, 166 (1926) — Chem. Zbl. **1926 II**, 230.

[7] P. Pulewka: Arch. f. exper. Path. **140**, 181 (1929) — Chem. Zbl. **1929 I**, 2889.

[8] M. Bergmann u. F. Stather: Collegium **1925**, 109 — Ledertechn. Rundschau **17**, 81 (1925) — Chem. Zbl. **1925 II**, 1874.

[9] W. Küster, W. Kumpf u. W. Köppel: Hoppe-Seylers Z. **171**, 114 (1927) — Chem. Zbl. **1928 I**, 439.

Produkte wurden gewonnen: eine zweibasische, schwefelhaltige Aminosäure $C_7H_{14}O_4N_2S$, mit der möglichen Strukturformel[1]

$$HOOC \cdot \underset{NH_2}{CH} \cdot CH_2 \cdot CH_2 \cdot S \cdot CH_2 \cdot \underset{NH_2}{CH} \cdot COOH$$

Über den Einfluß vorheriger Behandlung von Keratin (Haar) mit Alkalien oder Säuren auf die Hydrolyse durch Schwefelnatrium[2].

Einfluß von Natriumsulfid auf gedehntes und ungedehntes Haar[3].

Zum Vorgang der Enthaarung von Häuten vgl. [4].

Bei der Spaltung von Gänsefedern mit Alkohol bei 170—175° während 2 Stunden tritt völlige Lösung ein; die Lösung ist braun, reagiert schwach alkalisch und enthält Ammoniak, Schwefelwasserstoff und organische Schwefelverbindungen. Die Menge des abgespaltenen Ammoniaks beträgt 1,5—1,8% vom Gewicht der Federn. Der nach dem Abdestillieren des Alkohols verbleibende Rückstand bildet nach dem Trocknen im Vakuum bei Wasserbadtemperatur eine hellbraune spröde hygroskopische, in Alkohol wieder lösliche Masse mit 15% Gesamt-N und 0,7% Amino-N. Sie ist im kochenden Wasser zu $^2/_3$ löslich, die Lösung zeigt keine Ninhydrinreaktion und liefert mit alkalischer Kupferlösung eine undeutliche Braunrotfärbung. Durch Ätherextraktion erhält man aus dieser Lösung wenig Diketopiperazine und viel ölige, noch nicht näher bestimmte Substanzen — Peptidbindungen werden bei der Alkoholyse nicht gelöst[5].

Oxydativer Abbau: Bei der Einwirkung von Brom in Eisessig oder von Wasserstoffsuperoxyd in 4n-Schwefelsäure auf Menschenhaar entstehen hauptsächlich hochmolekulare Abbaustufen von verhältnismäßig konstanter Zusammensetzung, die in Laugen leicht löslich und durch Säuren fällbar sind. Trypsin greift die Produkte rasch an. Die Carbonylreaktionen sind negativ[6, 7]. (Über die Schlüsse, die Stary aus den erhaltenen Ergebnissen hinsichtlich des chemischen Aufbaues des Keratins (und der Proteine allgemein) zieht, vgl. [8].)

Die in Alkali löslichen Produkte, die bei der Einwirkung von Wasserstoffsuperoxyd oder Brom-Eisessig auf Keratin aus Menschenhaar entstehen, werden durch Trypsin, nicht durch Erepsin, gespalten, sind also Polypeptide[9].

Bei der Oxydation von Menschenhaar mit Kaliumpermanganatlösung (140 g entfettete Haare in 10 l 2proz. $KMnO_4$-Lösung) erhält man neben einer Oxyprotosulfonsäure eine Oxykeratinsulfonsäure, die bei der Hydrolyse mit konz. Salzsäure optisch inaktive Cysteinsäure liefert[10].

Konz. Salpetersäure liefert aus Keratin in der Hitze Methylsulfosäure[11], Oxalsäure, p-Nitrobenzoesäure, Benzoesäure, Terephthalsäure und Trinitrophenol[12].

Salpetrige Säure nitriert Wolle, wodurch diese gelb gefärbt wird; außerdem wird Stickstoff aus den primären Aminogruppen der Wolle abgespalten[13], und zwar bei ultraviolett bestrahlter Wolle mehr als bei unbestrahlter[14]. In der mit salpetriger Säure behandelten Wolle läßt sich Nitrosamin oder Nitrosophenol nachweisen[15].

---

[1] W. Küster u. W. Irion: Hoppe-Seylers Z. **184**, 225 (1929) — Chem. Zbl. **1930 I**, 920.

[2] E. Agena-Vallau. G. Bornate: Boll. Ind. delle Pelli **4**, 83 (1926) — Chem. Zbl. **1926 II**, 853.

[3] W. T. Astbury u. A. Street: Physiol. Trans. Roy. Soc. Lond. A **230**, 75 (1931) — Chem. Zbl. **1931 II**, 655.

[4] R. H. Marriott: J. Int. Soc. Leathers Trades Chemists **12**, 216, 281, 342 (1928) — Chem. Zbl. **1928 II**, 1514.

[5] C. Gränacher: Helvet. chim. Acta **8**, 784 (1925) — Chem. Zbl. **1926 I**, 1419.

[6] Z. Stary: Hoppe-Seylers Z. **136**, 160 (1924) — Chem. Zbl. **1924 II**, 668.

[7] Z. Stary: Hoppe-Seylers Z. **144**, 147 (1925) — Chem. Zbl. **1925 II**, 933.

[8] Z. Stary: Hoppe-Seylers Z. **175**, 178 (1928) — Chem. Zbl. **1928 II**, 256.

[9] E. Waldschmidt-Leitz u. G. v. Schuckmann: Ber. dtsch. chem. Ges. **62**, 1891 (1929) — Chem. Zbl. **1930 I**, 2903.

[10] T. Lissizin: Biochem. Bull. **4**, 18 (1915) — Hoppe-Seylers Z. **173**, 309 (1928) — Chem. Zbl. **1928 I**, 2098.

[11] C. T. Mörner: Hoppe-Seylers Z. **93**, 175 (1914) — Chem. Zbl. **1915 II**, 663.

[12] C. T. Mörner: Hoppe-Seylers Z. **95**, 263 (1915) — Chem. Zbl. **1916 I**, 985.

[13] S. R. Trotman u. C. R. Wyche: J. Soc. chem. Ind. **43**, 293 (1924) — Chem. Zbl. **1924 II**, 2619.

[14] L. Meunier u. G. Rey: J. Inst. Soc. Leather Chemists **11**, 508 (1927) — Chem. Zbl. **1928 I**, 1597.

[15] G. Rey: Rev. gén. Teinture Impression Blanchiment Apprêt **6**, 1229 (1929) — Chem. Zbl. **1929 I**, 1764.

Vgl. auch Desaminoderivate.

Die Einwirkung von Chlor auf Wolle ist stärker als die von unterchloriger Säure[1]. Die Menge des gebundenen Chlors ist unabhängig von der angewendeten Menge. In saurer Lösung wird mehr Chlor adsorbiert[2]. Bei der Behandlung von Wolle mit Chlor in Gegenwart von Säuren bilden sich Chloramine[3], die noch CO-Gruppen enthalten und Semicarbazide liefern. Bei Gegenwart von Schwefelsäure verliert die Wolle mehr Stickstoff als bei Gegenwart von Salzsäure. Mit unterchloriger Säure erhält man Produkte, die Chlor enthalten, aber keine Semicarbazide geben[4]. — Vgl. auch [5].

Über die physikalischen Änderungen der Wolle durch saure Chlorkalkbäder[6].

Über das Verhalten von Keratin und seinen Hydrolysaten gegen Brom[5].

Über das Verhalten der Wolle gegen CrO_3 und über die Vorgänge bei der Beize[7]. — Die Wollfaser nimmt Chromsäure auch aus eiskalten wäßrigen Lösungen auf, dabei sollen sich gelbe Komplexe von bestimmter Zusammensetzung bilden. 1200 g Wolle binden ein Äquivalent Säure. Läßt man die Chromsäure auf Wollsulfat oder -chlorid einwirken, so werden äquivalente Mengen Säure in Freiheit gesetzt[8, 9].

Über die reduktiven Eigenschaften von Wolle[10].

Über die Einwirkung von Formaldehyd auf Wolle[11].

Verhalten gegen Fermente: Über den Einfluß von Pankreasfermenten auf Wolle[12, 13], auf verschiedene Wollearten[14].

Verhalten gegen Bakterien: Über die Einwirkung von B. subtilis und mesentericus[15]. — Sporenbildende Bacillen, besonders solche, die Gelatine verflüssigen, schädigen Wolle am meisten, Kokken weniger. Die Bakterien zerstören zunächst die Epithelschuppen, legen dann die Rindenzellen frei und vernichten so die Faser[16].

Die Bakterieneinwirkung geht schneller und tiefgreifend vor sich, wenn die Wolle (Schaf) mit wässerigen Alkalien oder kochendem Wasser vorbehandelt ist[17].

Penicillium wirkt nur wenig zerstörend[16].

Physiologisches: Über die Keratinbildung[18]. Vgl. auch [19]. Der Verhornung scheint eine elektive S-Anreicherung nicht vorauszugehen, wie aus vergleichenden Schwefelbestimmungen an der Hornwarze des Pferdes und dem Corpus Malpighi des Rinderhorns hervorgeht[20].

---

[1] S. R. Trotman u. E. R. Trotman: J. Soc. chem. Ind. **41**, 219 (1922) — Chem. Zbl. **1922 IV**, 1198.

[2] S. R. Trotman u. E. R. Trotman: J. Soc. chem. Ind. **45**, 111 (1926) — Chem. Zbl. **1926 II**, 508.

[3] S. R. Trotman u. C. R. Wyche: J. Soc. chem. Ind. **43**, 293 (1924) — Chem. Zbl. **1924 II**, 2619.

[4] S. R. Trotman, E. R. Trotman u. J. Brown: J. Soc. chem. Ind. **47**, 4 (1928) — Chem. Zbl. **1928 II**, 202.

[5] L. Lussiez: Rev. chém. Teinture Impression Blanchiment Apprêt **4**, 1299 (1926) — Chem. Zbl. **1927 I**, 962.

[6] A. Herzog: Melliand Textilber. **9**, 33 (1928) — Chem. Zbl. **1928 I**, 1243.

[7] W. D. Bancroft: J. physic. Chem. **26**, 736 (1922) — Chem. Zbl. **1923 II**, 252.

[8] M. Iljinsky u. D. Kodner: Z. angew. Chem. **41**, 283 (1928) — J. russ. phys.-chem. Ges. **50**, 193 (1928) — Chem. Zbl. **1928 I**, 2472.

[9] K. H. Meyer u. H. Fikentscher: Melliand Textilber. **7**, 605 (1926) — Chem. Zbl. **1926 II** 1788.

[10] R. Haller: Helvet. chim. Acta **13**, 620 (1930) — Chem. Zbl. **1931 I**, 181.

[11] S. R. Trotman u. E. R. Trotman u. J. Brown: J. Soc. Dyers Colourists **44**, 49 (1928) — Chem. Zbl. **1928 I**, 2321.

[12] L. Meunier, P. Chambard u. H. Comte: C. r. Acad. Sci. Paris **184**, 1208 (1927) — Chem. Zbl. **1927 II**, 764.

[13] E. Keeser: Dtsch. med. Wochenschr. **55**, 1833 (1929) — Chem. Zbl. **1930 I**, 705.

[14] C. Fromageot u. A. Porcherel: C. r. Acad. Sci. Paris **193**, 788 (1931) — Chem. Zbl. **1932 I**, 400.

[15] S. R. Trotman u. R. B. Sutton: J. Soc. chem. Ind. **43**, 190 (1924) — Chem. Zbl. **1924 II**, 1294.

[16] S. R. Trotman u. R. B. Sutton: J. Soc. Dyers Colourists **41**, 121 (1925) — Chem. Zbl. **1925 II**, 109.

[17] J. Bartsch: Melliand Textilber. **12**, 760; **13**, 21 (1932) — Chem. Zbl. **1932 I**, 1594.

[18] L. Martinotti: Arch. Zellforsch. **15**, 377 (1921) — Chem. Zbl. **1921 III**, 680 — Ber. Physiol. **8**, 77.

[19] U. Sammartino: Biochem. Z. **133**, 476 (1922) — Chem. Zbl. **1923 III**, 319.

[20] A. Giroud, H. Bulliard u. A. Giberton: C. r. Soc. Biol. Paris **101**, 1024 (1929) — Chem. Zbl. **1930 I**, 2272.

Über die Bedeutung der Hornschicht: Je mehr Keratin im Horn ist, desto fester ist es, je mehr Albumosen, desto weniger fest. Z. B. enthält Ochsenhorn 5mal so viel Keratin B im Verhältnis zu den Albumosen wie die menschliche Hornschicht. Infolge des geringen Keratingehaltes ist die menschliche Haut permeabel und reaktionsfähig, aber gleichzeitig schützend[1].

Die Abbauprodukte des Horns sollen den Haarwuchs anregen. Zugleich soll dabei eine deutliche Verfestigung und Zunahme des Querschnittes der Haare erfolgen[2,3]. Vgl. dazu auch[4,5].

Zulage von Cystin zum Futter weißer Ratten steigert das Haarwachstum[6].

Einfluß der Cystinfütterung auf das Keratin der Kaninchenwolle[7].

Derivate: Nitroderivat: Aus Lösungen in wasserfreier Ameisensäure durch HNO_3.[8]

Desaminoderivat: Behandelt man Wolle mit salpetriger Säure bei gewöhnlicher Temperatur, so werden unter Entwicklung von Stickstoff aliphatische und aromatische Aminogruppen angegriffen. Die Desaminierung hat auf Elastizität, Dehnung und Schrumpfung keinen Einfluß. Chlor wird durch desaminierte Wolle im gleichen Betrage wie vom Ausgangsmaterial aufgenommen. Die Kurve der Chloraufnahme steigt im Anfang schnell an. Der Betrag des aufgenommenen Chlors macht $24-35\%$ aus. Behandelt man das chlorierte Produkt mit Wasserstoffsuperoxyd in saurer Lösung, so verbleiben im Rückstand noch $5,3-6,6\%$ Chlor[9].

Methylderivate: Keratin (Wolle) zeigt nach Behandlung mit methylalkoholischer Salzsäure $3,80\%$ OCH_3 und $1,49\%$ CH_3 am N. Nach 1maliger Behandlung dieses Produktes mit Diazomethan ergeben sich $4,38\%$ OCH_3 und $5,27\%$ CH_3 am N[10]. Nicht mit methylalkoholischer Salzsäure vorbehandelte Wolle zeigt sich gegen Diazomethan ziemlich resistent. Bei wiederholter Behandlung werden jedoch als Grenzwert $5,89\%$ OCH_3 und $6,28\%$ CH_3 am N erreicht[11].

Acetylderivate: Durch Behandeln von Wolle mit Eisessig und Essigsäureanhydrid. Geben beim Behandeln mit salpetriger Säure keinen Stickstoff ab, färben sich nicht mit Chinonlösung[12].

Benzoylderivate des Keratins erhält man durch Behandlung von Wolle mit Benzoylchlorid in Gegenwart von Kaliumbicarbonat. Die Produkte sind in Wasser unlöslich, eine Eigenschaft, die auf die Blockierung der Hydroxylgruppen zurückgeführt wird. Mit der Löslichkeit geht durch die Benzoylierung auch die Aufnahmefähigkeit der Wolle für saure und basische Farbstoffe verloren. Die Abspaltung des Benzoylrestes durch Natronlauge vollzieht sich in scharf definierten Reaktionsstufen[13].

Azoderivate: Wolle, die mit salpetriger Säure behandelt wird, nimmt citronengelbe Färbung an, die am Licht oder durch Alkalien gelbbraun wird. Mit alkalischen Lösungen von Phenolen liefert die gelb gefärbte Faser beständige orangene bis rote Färbung. Es handelt sich hierbei um Bildung von Azofarbstoffen (vgl. auch unter Seidenfibroin und S. 315)[14].

Ovokeratin.

Das Ovokeratin erhält man durch Maceration von Hühnereihäutchen mit Pepsin-HCl, verdünnter Natronlauge und verdünnter Essigsäure. Es ist ein graugelbes Pulver, dreht links und gibt alle Farbreaktionen der Proteine mit Ausnahme der Liebermannschen[15,16].

[1] P. G. Unna: Med. Klinik **16**, 1276 (1920) — Chem. Zbl. **1921 I**, 1004.

[2] C. Brahm u. N. Zuntz: Dtsch. med. Wochenschr. **43**, 1062 (1917) — Chem. Zbl. **1919 II**, 66.

[3] N. Zuntz: Dtsch. med. Wschr. **46**, 145 (1920) — Chem. Zbl. **1920 I**, 477.

[4] P. Waentig: Textile Forsch. **4**, 137 (1922) — Chem. Zbl. **1923 I**, 1377.

[5] O. H. Keys: New Zealand J. agricult. **43**, 262 (1931) — Chem. Zbl. **1932 I**, 2063.

[6] J. R. Beadles, W. W. Braman u. H. H. Mitchell: J. of biol. Chem. **88**, 623 (1930) — Chem. Zbl. **1930 II**, 3801.

[7] J. Barritt, A. T. King u. J. N. Pickard: Biochemic. J. **24**, 1061 (1930) — Chem. Zbl. **1931 I**, 3021.

[8] J. Loiseleur: C. r. Acad. Sci. Paris **191**, 1477 (1930) — Chem. Zbl. **1931 I**, 2485.

[9] S. R. Trotman u. C. R. Wyche: J. Soc. chem. Ind. **43 B**, 293 (1924) — Chem. Zbl. **1924 II**, 2619.

[10] J. Herzig u. K. Landsteiner: Mh. Chem. **39**, 269 (1918) — Chem. Zbl. **1918 II**, 631.

[11] J. Herzig u. K. Landsteiner: Mh. Chem. **39**, 269 (1918) — Chem. Zbl. **1918 II**, 630.

[12] G. Rey: Rev. gén. Impression Blanchiment Apprêt **6**, 1229 (1929) — Chem. Zbl. **1929 I**, 1764.

[13] S. Goldschmidt u. W. Schön: Hoppe-Seylers Z. **165**, 279 (1927) — Chem. Zbl. **1927 II**, 91.

[14] A. Morel u. P. Sisley: Bull. Soc. chim. France **41**, 1217 (1927) — Chem. Zbl. **1927 II**, 2765.

[15] M. A. Rakusin: J. russ. phys.-chem. Ges. **49**, 159 (1917) — Chem. Zbl. **1923 III**, 784.

[16] Z. Stary u. J. Andratschke: Hoppe-Seylers Z. **148**, 83 (1925) — Chem. Zbl. **1926 I**, 686.

S-Gehalt	2,30%	
NH$_3$-N	3,51%	
Humin-N	2,73%	des Gesamt-N
Diamino- und Cystin-N	20,91%	
Monoamino-N	72,85%	

Dinitrobenzol- und Pikrinsäurereaktion stark positiv, ebenso Tryptophanreaktion[1,2]. Vgl. auch über eine möglicherweise im Ovalbumin vorkommende Keratinsubstanz[3].

Kapseleiweiß von Hemifusus tuba Gmel.

Das Kapseleiweiß scheint den Albuminoiden anzugehören und dem Keratin und Elastin nahezustehen[4].

Neurokeratin.

Das Neurokeratin ist der charakteristische Hauptbestandteil der Neurogliazellen des Gehirns. Seine Zusammensetzung weicht im N- und S-Gehalt von der der bekannten Keratine ab:

C	54,87%
H	7,28%
O	23,07%
N	13,17%
S	1,38%
Asche	0,23%
Ammoniak-N	5,24%
Melanin-N	14,51%
Arginin-N	2,69%
Cystin-N	4,40%
Histidin-N	6,28%
Lysin-N	11,73%
N aus Prolin, Oxyprolin, Tryptophan	27,95%
N aus Glutaminsäure, Asparaginsäure, Tyrosin, Leucin, Isoleucin, Alanin oder Glykokoll	25,21%
Fehler und Verluste	1,99%[5]

Das Verhältnis Histidin : Lysin : Arginin beträgt nach Block im Neurokeratin des Schweinehirns 1 : 2 : 2, in anderen Keratinen 1 : 4 : 12. Das Neurokeratin wird daher nicht als echtes Keratin betrachtet, obwohl es ähnliche Löslichkeitsverhältnisse wie andere Keratine aufweist[6]. Vgl. auch [7].

Conchiolin.

Nachtrag zu S. 239.

Zusammensetzung: Die Conchioline aus verschiedenen Muschelschalen weisen einige Unterschiede in der Zusammensetzung auf. Untersucht wurden Anodonta cygnea, Mytilus edulis und Pinna nobilis. Der Gesamt-N-Gehalt des Conchiolins von Mytilus beträgt 16,6%, bei Anodonta für die braune Schalenaußenhaut nur 15,41, für die Perlmutterschicht 15,29%. — Gesamt-S bei Mytilus 0,61%, bei Anodonta 0,75%. Tyrosin: Bei Mytilus 3,57% (nach Zuwerkalow), im Conchiolin der Außenhaut von Anodonta 3,3%, der Perlmutterschicht 1,46%. — Tryptophan (mit der Voisenet-Reaktion): bei Pinna und im Außenhautconchiolin von Anodonta 2,62%, in der Perlmutterschicht 2,78%. — Arginin: bei Mytilus 5,28%, Außenhaut von Anodonta 5,53% und für die Perlmutterschicht 5,31%[8].

[1] M. A. Rakusin: J. russ. phys.-chem. Ges. **49**, 159 (1917) — Chem. Zbl. **1923 III**, 784.

[2] Z. Stary u. J. Andratschke: Hoppe-Seylers Z. **148**, 83 (1925) — Chem. Zbl. **1926 I**, 686.

[3] G. C. Heringa u. S. H. van Kempe Valk: Versl. Akad. Wetensch. Amsterd., Wis- en natuurkd. Afd. **33**, 530 (1930) — Chem. Zbl. **1930 II**, 3797.

[4] J.-J. Sagara: J. of Biochem. **12**, 473 (1930) — Chem. Zbl. **1931 I**, 3017.

[5] B. E. Nelson: J. amer. chem. Soc. **38**, 2558 (1916) — Chem. Zbl. **1917 I**, 658.

[6] R. J. Block: J. of biol. Chem. **94**, 647 (1932) — Chem. Zbl. **1932 I**, 1918. — R. J. Block u. H. B. Vickery: J. of biol. Chem. **93**, 113 (1931) — Chem. Zbl. **1932 I**, 696.

[7] H. B. Vickery u. R. J. Block: J. of biol. Chem. **93**, 105 (1931) — Chem. Zbl. **1932 I**, 696.

[8] F. Friza: Biochem. Z. **246**, 29 (1932) — Chem. Zbl. **1932 I**, 2859.

III. Abbaustufen der Proteine.

Bezüglich der Abbaustufen der Proteine müssen auch die Angaben bei den Eiweißkörpern eingesehen werden, von denen die Abbauprodukte herstammen. Siehe besonders die jeweiligen Unterabschnitte „Hydrolyse" und „Verhalten gegen Fermente".

Albumosen.

Allgemeines.

Zusammensetzung: Der Amino-N der Protoalbumosen beträgt 9,9%, der der Heteroalbumosen 8,1% des Gesamt-N [1].

Physikalische und chemische Eigenschaften: Albumosen geben mit Pikraminsäure eine Dunkelrotfärbung bei gewöhnlicher Temperatur, wenn die Lösung nicht alkalisch ist und keine Salze enthält, deren Säuren durch Pikraminsäure verdrängt werden [2].

Über die Löslichkeit von Proteosen in Aldehyden und anderen organischen Lösungsmitteln [3].

Essigester als Fällungsmittel für Albumosen [4]. Fällung der Albumosen mit Tanretschen Reagens [5].

Die Oberflächenspannung von Albumoselösungen wird durch Zusatz von Salzen herabgesetzt, wobei sich Unterschiede innerhalb der Kationen und Anionen zeigen [6].

Verhalten gegen Fermente: Hetero-, Proto- und Deuteroalbumosen zeigen mit Pepsin ähnliche Verdauungskurven wie die Eiweißkörper selbst. Die optimalen Reaktionen sind bis zu $p_H = 2,9$ verschoben [7].

Physiologisches: Das normale Serum enthält beträchtliche Zeit nach der Nahrungsaufnahme 0,03—0,4% Albumosen, je nach der angewandten Enteiweißungsmethode. Nach einer reichlichen Fleischmahlzeit steigt der Albumosengehalt im arteriellen Blut deutlich. Erheblich höhere Werte finden sich bei febrilen Erkrankungen und Albuminurien. Bei syphilitischen Seren ist der Gehalt an gebundenen Albumosen erhöht. Bei Ikterus, beim Serumshock und beim Peptonshock ist der Albumosengehalt vermindert [8]. Vgl. auch [9].

Die Proteosen verschiedener Herkunft erweisen sich als verschieden giftig (Blutdruck, Uterus). Aus allen Produkten kann Histamin und eine dem Histamin sehr ähnliche Substanz gewonnen werden [10, 11].

Nach Injektion primärer Albumosen beim nichtnarkotisierten Hund sinkt nur der systolische Druck. Der Herzschatten wird kleiner infolge Abflusses des Blutes in die erweiterten großen Venen. Die Gefäße der Haut und Schleimhäute werden infolge peripherisch angreifender Wirkung erweitert. In der Äthernarkose kompliziert sich das Kreislaufsbild durch arterielle Dilatation [12].

Über die Wirkung von injizierter Deuteroalbumose bei Typhuserkrankungen [13].

Derivate: Phosphorylierung von Albumosen [14].

Kupplungsprodukt von Proto- und Heteroalbumose mit diazotiertem Anilin: serologische Untersuchung [15].

[1] van Slyke u. Birchard: J. of biol. Chem. **16**, 539 (1914) — Chem. Zbl. **1914 I**, 1192.

[2] J. Ostromysslenski: J. russ. phys.-chem. Ges. **47**, 317 (1915) — Chem. Zbl. **1916 I**, 682.

[3] E. A. Cooper, S. D. Nicholas: Biochemic. J. **19**, 533 (1925) — Chem. Zbl. **1926 I**, 410.

[4] A. Marie: Ann. Inst. Pasteur **34**, 159 (1920) — Chem. Zbl. **1920 IV**, 3.

[5] C. Achard u. E. Feuillié: C. r. Soc. Biol. Paris **83**, 1514 (1920) — Chem. Zbl. **1921 II**, 343.

[6] L. Berczeller: Biochem. Z. **66**, 173 (1914) — Chem. Zbl. **1915 I**, 263.

[7] W. E. Ringer: Kolloid-Z. **19**, 253 (1916) — Chem. Zbl. **1917 I**, 963.

[8] C. Achard u. E. Feuillié: C. r. Soc. Biol. Paris **83**, 1535 (1920) — Chem. Zbl. **1921 I**, 385 — C. r. Soc. Biol. Paris **83**, 1516 (1920) — Chem. Zbl. **1921 II**, 343.

[9] C. Achard u. E. Feuillié: C. r. Soc. Biol. Paris **86**, 760 (1922) — Chem. Zbl. **1922 III**, 581.

[10] J. J. Abel u. T. Nagayama: J. of Pharmacol. **15**, 347 (1920) — Chem. Zbl. **1920 III**, 521.

[11] T. Nagayama: J. of Pharmacol. **15**, 401 (1920) — Chem. Zbl. **1920 III**, 521.

[12] E. M. K. Geiling u. A. C. Kolls: J. of Pharmacol. **23**, 29 (1924) — Chem. Zbl. **1924 II**, 365.

[13] H. Lüdke: Münch. med. Wschr. **62**, 321 (1915) — Chem. Zbl. **1915 I**, 1277.

[14] C. Neuberg u. M. Oertel: Biochem. Z. **60**, 491 (1914) — Chem. Zbl. **1914 I**, 1586.

[15] K. Landsteiner u. J. van der Scheer: Proc. Soc. exper. Biol. a. Med. **27**, 812 (1930) — Chem. Zbl. **1931 I**, 958.

Fibrinalbumose.

Die Atmidalbumosen, die man nach Neumeister aus Fibrin erhält, zeigen kräftige diastatische Wirkung. Bakterienwirkung, Autolyse oder noch vorhandener Fermentrest kommen hierbei nicht in Frage[1].

Fibrinalbumose ist nach Pepsinwirkung ohne Einfluß auf die Stärkehydrolyse durch Pankreasamylase[2].

Albumosen aus Fleischeiweiß.

Hydrolysiert man die gut gereinigten Albumosen aus Muskeleiweiß mit Säure, so entstehen keine reduzierenden Substanzen[3].

Proteosen aus Ovalbumin.

Über die Zerlegung von mit Pepsinsalzsäure verdautem Eiereiweiß in Protoproteosen, Heteroproteosen, α-Deuteroproteosen und β-Deuteroproteosen vgl. [4].

Albumosen der Darmschleimhaut.

Aus der Magen-Darmschleimhaut können Albumosen gewonnen werden, die deutlich auf Darm und Uterus und auch etwas auf den Blutdruck wirken. Die Gewinnung pharmakologisch wirkungsloser Substanzen ist schwieriger. Während der Verdauung von Fleisch enthält die Darmschleimhaut 3—5 mal soviel Albumosen als nach mehrtägigem Hungern. Das soll darauf zurückzuführen sein, daß außer den Aminosäuren auch Albumosen von den adsorbierenden Flächen des Verdauungskanals aus aufgenommen werden[5].

Glutosen.

Pauli hat verschiedene Glutosen durch Druckerhitzung von Glutinsolen und durch Elektrodialyse hergestellt und Säure- und Laugenbindungsvermögen, ferner Aktivitätsverhältnisse und Hydrolyse der Salze studiert (Vergleich mit Proteinen)[6].

Hornalbumosen, Keratosen.

(Vgl. auch Keratin.)

Darstellung und Zusammensetzung: Zur Darstellung größerer Mengen von Hornalbumosen wird Hornmehl in heiße 1 : 1 verdünnte Schwefelsäure eingetragen. Nach 24 Stunden wird nach Verdünnung mit Wasser filtriert, der Rückstand in 1 : 3 verdünntes Ammoniak eingetragen und abermals filtriert. Dabei hat sich alles außer Keratin A gelöst. Das ammoniakalische Filtrat wird mit dem zuerst erhaltenen sauren vermischt und durch genaue Neutralisation des Ammoniak das Keratin B gefällt. Aus dem Filtrat erhält man die Albumosen durch Halb- und Ganzsättigung mit Ammonsulfat[7].

Keratosen erhält man durch Einwirkung von 2n-Natronlauge auf weiße Kalbshaare[8]. — Darstellung der Deuterokeratose[9].

---

[1] W. Biedermann: Arch. néerl. Physiol. **7**, 151 (1922) — Chem. Zbl. **1923 I**, 364.

[2] H. Pringsheim u. M. Winter: Biochem. Z. **177**, 406 (1926) — Chem. Zbl. **1927 I**, 461.

[3] D. Brocq-Rousseu, Z. Gruzewska u. G. Roussel: C. r. Soc. Biol. Paris **100**, 791 (1929) — Chem. Zbl. **1929 II**, 1015.

[4] G. V. Rudd: Austral. J. exper. Biol. a. med. Sci. **1**, 179, 187 (1924) — Chem. Zbl. **1927 I**, 471 — Ber. Physiol. **36**. 586—587.

[5] J. J. Abel, M. C. Pincoffs u. C. A. Rouiller: Amer. J. Physiol. **44**, 320 (1917) — Chem. Zbl. **1922 III**, 451.

[6] W. Pauli u. Mitarbeiter: Kolloid-Z. **53**, 51 (1930) — Chem. Zbl. **1931 I**, 3245. — W. Pauli u. J. Safrin: Biochem. Z. **233**, 86 (1931) — Chem. Zbl. **1932 I**, 1101.

[7] P. G. Unna u. L. Golodetz: Dermat. Wschr. **64**, 369 (1917) — Chem. Zbl. **1917 II**, 302.

[8] J. A. Wilson u. H. B. Merrill: J. amer. Leather chem. Assoc. **21**, 2 (1926) — Chem. Zbl. **1926 I**, 3204.

[9] H. Langecker: Hoppe-Seylers Z. **108**, 230 (1919) — Chem. Zbl. **1920 III**, 553.

Die von Langecker hergestellten Deuterokeratosen zeigen folgende N-Verteilung:

	Präparat A	Präparat B
Ammoniak-N	2,28 %	2,735 %
Humin-N	3,840 %	2,480 %
Cystin-N	6,765 %	6,930 %
Hexonbasen-N		
Nichtamino-N	15,490 %	18,113 %
Amino-N	11,750 %	8,603 %
Monoaminosäuren-N		
Amino-N	44,158 %	46,549 %
Nichtamino-N	13,693 %	11,923 % [1]

Über die Trennung von Keratosen, die nach Erhitzen von Horn im Einschmelzrohr erhalten werden[2, 3].

Physikalische und chemische Eigenschaften: Der isoelektrische Punkt der Keratose, die nach S. 320, Anm. 8 hergestellt ist, beträgt 4,1[4].

Die Absorptionsbanden einer durch Einwirkung von Ätzkalk auf Wolle erhaltenen Keratose im ultravioletten Licht sind auf die des Tyrosins und des Tryptophans zurückzuführen[5].

Die Deuterokeratosen sind hellgelbe Pulver und erweisen sich als linksdrehend. α_D^{15} bei einem mit Natronlauge erhaltenem Produkt in 2,05 proz. Lösung $-34,7°$, bei einem mit 2 proz. Schwefelsäure hergestelltem Produkt in 0,413 proz. Lösung $-50,9°$[1].

Verhalten gegen Fermente: Die Hydrolyse der Keratose durch Pankreatin geht nur zwischen p_H 5,5 und 11,2 vor sich und hat ihr Optimum bei p_H 7,9. Bei p_H 7,9 bei 40° ist die Hydrolyse abhängig von der Einwirkungszeit und von der Konzentration der Enzyme und der Keratose[4]. — Über die Kinetik der tryptischen Hydrolyse der Keratose vgl. auch [6].

Die Deuterokeratosen sind gegen proteolytische Fermente ziemlich resistent. Trypsin und Erepsin bewirken eine langsame Spaltung[1].

Physiologisches: Hornalbumosen vermögen selbst bei Zulage von Tryptophan und Alanin mit Speck verfüttert beim Hund kein Stickstoffgleichgewicht hervorzurufen; dies beruht auf der durchfallerregenden Wirkung der Hornalbumosen. Es gelingt aber, Stickstoffgleichgewicht zu erhalten, wenn das Nahrungseiweiß bis zu 30 % des Stickstoffs durch Hornalbumose ersetzt wird[7].

Die Abbauprodukte des Horns üben günstigen Einfluß auf das Wachstum der Haare, der Nägel und der Epidermis aus[8, 9, 10].

Peptone.

Allgemeines.

Darstellung und Zusammensetzung: Über die Darstellung von Peptonen aus pflanzlichen und tierischen Eiweißkörpern und ihre Fraktionierung auf Grund der Löslichkeit in Methyl- und Äthylalkohol[11].

Über das Vorkommen von Diketopiperazinen in Peptonen[12, 13].

Methodik der S-Bestimmung[14].

Physikalisches und chemisches Verhalten: Peptone setzen die Oberflächenspannung des Wassers herab, ähnlich wie gallensaure Salze. Die Veränderung der Oberflächenspannung ist von der Reaktion der Lösung abhängig[15]. Dabei soll es nicht gleichgültig sein, ob peptisches

---

[1] H. Langecker: Hoppe-Seylers Z. **108**, 230 (1919) — Chem. Zbl. **1920 III**, 553.

[2] A. Heiduschka u. E. Komm: Hoppe-Seylers Z. **121**, 221 (1922) — Chem. Zbl. **1922 III**, 1200 — Hoppe-Seylers Z. **124**, 37 (1922) — Chem. Zbl. **1923 I**, 545 — Hoppe-Seylers Z. **126**, 261 (1923) — Chem. Zbl. **1923 III**, 312.

[3] A. Heiduschka: Z. angew. Chem. **37**, 481 (1924) — Chem. Zbl. **1924 II**, 1104.

[4] J. A. Wilson u. H. B. Merrill: Ind. Chem. **18**, 185 (1926) — Chem. Zbl. **1926 II**, 313.

[5] L. Marchlewski u. A. Nowotnówna: Bull. Internat. Acad. Polon Sci. Lettres **1925**, 153 — Chem Zbl. **1926 I**, 588.

[6] H. B. Merrill: J. gén. Physiol. **10**, 217 (1926) — Chem. Zbl. **1927 I**, 1029.

[7] C. Neuberg: Biochem. Z. **78**, 233 (1916) — Chem. Zbl. **1917 I**, 422.

[8] C. Brahm u. N. Zuntz: Dtsch. med. Wschr. **43**, 1062 (1917) — Chem. Zbl. **1919 II**, 66.

[9] N. Zuntz: Dtsch. med. Wschr. **46**, 145 (1920) — Chem. Zbl. **1920 I**, 477.

[10] P. Waentig: Textile Forsch. **4**, 137 (1922) — Chem. Zbl. **1923 I**, 1377.

[11] E. Vlahuta: Bul. **17**, 3 (1915) — Chem. Zbl. **1915 I**, 1388.

[12] E. Abderhalden u. R. Haas: Hoppe-Seylers Z. **151**, 114 (1926) — Chem. Zbl. **1926 I**, 2206.

[13] A. Blanchetière: C. r. Acad. Sci. Paris **184**, 405 (1927) — Chem. Zbl. **1927 I**, 2083.

[14] H. W. Redfield u. C. Huckle: J. amer. chem. Soc. **37**, 607 (1915) — Chem. Zbl. **1915 II**, 48.

[15] E. Doumer: C. r. Soc. Biol. Paris **86**, 318 (1922) — Chem. Zbl. **1922 I**, 875.

oder tryptisches Pepton verwendet wird, da die Molekulargröße beider Peptonarten verschieden ist und das peptische Pepton immer Kochsalz enthält[1].

Über den Nachweis von Peptonen mit kolloider Goldlösung und die Anwendung dieser Reaktion für die Abderhaldensche Reaktion[2].

Peptone erhöhen die Löslichkeit von Gips und sehr wahrscheinlich auch die von Calciumphosphat, was auf Bildung von Doppelsalzen oder auf Ionenaustausch zurückgeführt werden kann[3].

Die Absorption von Peptonen im ultravioletten Licht im Vergleich mit der Absorption der Eiweißkörper, Aminosäuren und Polypeptide[4].

Abspaltung von Acetaldehyd (Formaldehyd) während der Bestrahlung[5].

Über die Nephelometrie von Peptonen in Natriumchloridlösungen[6].

Farbreaktionen: Pikraminsäure gibt bei Zimmertemperatur mit Peptonen eine dunkle Rotfärbung, wenn keine Alkalien und keine Salze vorhanden sind, deren Säuren durch Pikraminsäure verdrängt werden[7].

Hydrolyse: Bei der Hydrolyse von Peptonen im Autoklaven mit Wasser oder mit verdünnten Säuren wird in verschiedenen Zerfallsstadien keine Bildung von Anhydrid (kein Absinken des Aminostickstoffes) beobachtet[8].

Der Verlauf der Spaltung von Peptonen mit verdünnten Säuren und Alkalien gehorcht der Regel von Schütz, wobei sich Alkali wirksamer erweist als Säure[9]. Vgl. dazu auch die Verfolgung des Abbaues von Peptonlösungen durch Alkalien, Säuren und Fermente mittels der optischen Drehung[10].

Verhalten gegen Fermente: Methodisches über den Abbau von Peptonen mit Fermenten und wechselweise mit Säuren, Alkalien und Fermenten[10].

Über die Wirkungsweise von Pankreasfermenten auf Peptone unter besonderer Berücksichtigung physikalisch-chemischer Anschauungen[11].

Trypsin baut ohne Aktivierung Peptone ab. Für „desaggregierende" Wirkung bestehen keine Anhaltspunkte, der Abbau ist im wesentlichen ein hydrolytischer Vorgang[12].

Erepsin spaltet Peptone nicht[13]. In späteren Arbeiten wurden jedoch starke Unterschiede in der ereptischen Spaltbarkeit verschiedener Peptone gefunden, die offenbar auf die verschiedene Intensität der Pepsinwirkung bei der Herstellung der Peptone zurückzuführen sind. Für solche durch Erepsin spaltbare Gemische wird der Name „Teleopeptone" vorgeschlagen[14].

Papain spaltet Peptone nur nach Aktivierung mit Blausäure, Bromelin spaltet die Peptone schlecht, diese Wirkung kann jedoch durch Blausäure und Schwefelwasserstoff gefördert werden. — Kürbisprotease zerlegt Peptone am besten bei $p_H = 6,3$. Diese Wirkung wird durch Blausäure und Schwefelwasserstoff gehemmt[15]. — Über die Wirkung der frischen pflanzlichen Milchsäfte[16].

Über das Verhalten der Peptone gegen die proteolytischen Enzyme von Maja squinado[17].

Das Ferment des Giftdrüsensekretes von Trigocephalus blomhoff spaltet Peptone[18].

---

[1] M. Bridel: C. r. Soc. Biol. Paris **86**, 335 (1922) — Chem. Zbl. **1922 I**, 1042.

[2] J. Matzkiewitsch: Dtsch. med. Wschr. **40**, 1221 (1914) — Chem. Zbl. **1915 I**, 1096.

[3] E. P. Häußler: Landw. Versuchsstat. **99**, 61 (1921) — Chem. Zbl. **1922 I**, 755.

[4] E. Abderhalden u. R. Haas: Hoppe-Seylers Z. **155**, 195 (1926) — Chem. Zbl. **1926 II**, 1286. — Chem. Zbl. **1931 I**, 3247.

[5] A. Hoffmeister: Hoppe-Seylers Z. **205**, 183 (1932).

[6] H. Surmond u. P. Provino: Bull. Soc. Chim. biol. Paris **10**, 406 (1928) — Chem. Zbl. **1928 II**, 1241.

[7] J. Ostromyslenski: J. russ. phys.-chem. Ges. **47**, 317 (1915) — Chem. Zbl. **1916 I**, 682.

[8] N. Gawrilow, E. Stachejewa, A. Titowa u. N. Ewergetowa: Biochem. Z. **182**, 26 (1927) — Chem. Zbl. **1927 I**, 2656.

[9] J. Jaitschnikow: J. russ. phys.-chem. Ges. **58**, 1374 (1926) — Chem. Zbl. **1927 II**, 1144.

[10] E. Abderhalden u. H. Mahn: Hoppe-Seylers Z. **169**, 196 (1927) — Chem. Zbl. **1927 II**, 2550.

[11] R. Schönfeld-Reiner: Fermentforsch. **12**, 67 (1930) — Chem. Zbl. **1930 II**, 3427.

[12] R. Willstätter: Dtsch. med. Wschr. **52**, 1 (1926) — Chem. Zbl. **1926 I**, 1672.

[13] E. Waldschmidt-Leitz u. A. Schäffner: Hoppe-Seylers Z. **151**, 31 (1926) — Chem. Zbl. **1926 I**, 2480.

[14] E. Waldschmidt-Leitz u. J. Waldschmidt-Graser: Hoppe-Seylers Z. **166**, 247 (1927) — Chem. Zbl. **1927 II**, 835.

[15] R. Willstätter, W. Graßmann u. O. Ambroß: Hoppe-Seylers Z. **151**, 286, 307 (1926) — Chem. Zbl. **1926 I**, 2359, 2361.

[16] O. Ambroß u. A. Harteneck: Unters. über Enzyme **2**, 1698 (1928) — Chem. Zbl. **1929 I**, 1114.

[17] J. J. Mansour: Versl. Akad. Wetensch. Amsterd., Wis- en natuurkd. Afd. **33**, 858 (1930) — Chem. Zbl. **1931 I**, 1121.

[18] T. Hosizina, H. Takata, Z. Uraki u. S. Sibuya: Arb. med. Univ. Okayama **2**, 201 (1930) — Chem. Zbl. **1931 I**, 3247.

Kulturen von Aspergillus niger erzeugen auf Pepton Oxalsäure und Ammoniak[1]. Ebenso wirken die Citromycesarten[2].

Physiologisches (s. auch Witte-Pepton): Über den Einfluß von Peptonen auf die Gärungsprozesse im Magen-Darmkanal der Wiederkäuer und Schweine[3].

Pepton als einzige Nahrung macht die Leber von Ratten praktisch glykogenfrei. Es hemmt auch die Glykogenbildung bei gleichzeitiger Verabreichung von Kohlehydraten in mäßigen Mengen. Die Reizwirkung auf die Leber gibt sich auch durch Auftreten von Gallenfarbstoffen im Harn zu erkennen[4].

Peptone üben Schutzwirkung aus auf die Darmschleimhaut von Hunden gegen Hundemagensaft[5].

Die Injektion von Peptonen erzeugt Abwehrfermente im Sinne Abderhaldens für das Protein, von dem die Peptone abstammen[6].

Nach Rosenbaum rufen wiederholte Injektionen von Peptonen beim Kaninchen keine spezifischen Abwehrfermente hervor[7].

Nach intravenöser Injektion von Peptonen folgt beim Hund dem Stadium der Shockerscheinungen ein antithrombisches, währenddessen das Blut ungerinnbar und das Tier gegen neue Peptoninjektionen refraktär ist[8]. — Beim Hunde, dessen Leber aus der Zirkulation ausgeschaltet ist, bewirkt Injektion von Peptonen selten ein völliges Ausbleiben der Blutgerinnung. Meistens gerinnt das Blut anscheinend normal, doch löst sich das Gerinnsel schnell wieder auf[9].

Auch der Mensch kann durch Peptoninjektionen sensibilisiert werden, so daß jede Reinjektion eine Urticaria zur Folge hat[10]. — Peptone sollen ebenso wirken können wie die genuinen Eiweißkörper[11].

Weiteres über Peptonimmunität[12]. — Milderung des anaphylaktischen Shocks durch vorherige Injektion von Peptonen[13].

Nach intravenöser Injektion von Peptonen in einer Menge von 0,5—0,75 g pro Kilogramm Körpergewicht zeigt die Blutzuckermenge bei Kaninchen eine geringe Vermehrung, die nur wenige Stunden anhält[14].

Nach intravenöser Zufuhr von Peptonen tritt bei Hunden Hypoglykämie auf[15]. Vgl. dazu auch [16]. — Bei narkotisierten Hunden sinkt der Blutzucker nach Peptoninjektion, wenn der Blutdruck niedrig ist und Blutstauung in der Leber vorliegt. Der Blutzucker steigt mit Anstieg des Blutdruckes und Abnahme der Blutüberfüllung in der Leber. Im Peptonshock bei maximaler Blutüberfüllung in der Leber nimmt der Blutzuckergehalt des Blutes in der Lebervene zu, in der Schenkelvene ab. Auf der Höhe des Peptonshocks geht so wenig Blut aus der Leber in die allgemeine Zirkulation hinaus, daß die Hypoglykämie dadurch nicht beeinflußt wird, obwohl die lokale Stauung in der Leber die Aufspaltung des Glykogens beschleunigt. Nach der Stauung tritt infolge Austritts des Leberblutes Hyperglykämie ein[17].

Über das Verhalten des Pfortaderdruckes nach Peptonzufuhr[18, 19].

[1] W. Butkewitsch: Biochem. Z. **129**, 445 (1922) — Chem. Zbl. **1922 III**, 839.
[2] W. Butkewitsch: Biochem. Z. **129**, 455 (1922) — Chem. Zbl. **1922 III**, 839.
[3] Markoff: Biochem. Z. **57**, 169 (1913) — Chem. Zbl. **1914 I**, 163.
[4] Tschannen: Biochem. Z. **59**, 202 (1914) — Chem. Zbl. **1914 I**, 1096.
[5] Langenskiöld: Skand. Arch. Physiol. (Berl. u. Lpz.) **31**, 1 (1914) — Chem. Zbl. **1914 I**, 1356.
[6] De Waele: Z. Immun.forsch. I **21**, 83 (1914) — Chem. Zbl. **1914 I**, 1590.
[7] F. Rosenbaum: Biochem. Z. **103**, 30 (1919) — Chem. Zbl. **1920 III**, 23.
[8] H. de Waele: C. r. Soc. Biol. Paris **84**, 267 (1921) — Chem. Zbl. **1921 I**, 591.
[9] M. Doyon: C. r. Soc. Biol. Paris **82**, 736 (1919) — Chem. Zbl. **1919 III**, 834.
[10] J. Roskam: C. r. Soc. Biol. Paris **84**, 270 (1921) — Chem. Zbl. **1921 I**, 591.
[11] L. Pasteur Vallery-Radot, P. Blamoutier u. F. Claude: C. r. Soc. Biol. Paris **97**, 1669 (1927) — Chem. Zbl. **1928 I**, 1430.
[12] R. Luzzatto: Boll. Soc. med.-chir. Modena **20—21**, 133 (1920) — Chem. Zbl. **1921 I**, 640 — Ber. Physiol. **5**, 550.
[13] P. Brodin u. C. Richet fils: C. r. Soc. Biol. Paris **84**, 298 (1921) — Chem. Zbl. **1921 I**, 591.
[14] S. Kuriyama: J. of biol Chem. **29**, 127 (1916) — Chem. Zbl. **1917 II**, 767.
[15] H. Mc Guigan u. E. L. Roß: J. of biol. Chem. **30**, 175 (1917) — Chem. Zbl. **1918 I**, 292.
[16] H. Mc Guigan u. E. Roß: J. of biol. Chem. **22**, 417 (1915) — Chem. Zbl. **1915 II**, 1201.
[17] W. W. Brandes u. J. P. Simonds: Amer. J. Physiol. **86**, 618 (1928) — Chem. Zbl. **1929 I**, 406.
[18] I. P. Simonds u. W. W. Brandes: J. of Pharmacol. **35**, 165 (1929) — Chem. Zbl. **1929 I**, 2662.
[19] W. Feldberg, E. Schilf u. H. Zernik: Pflügers Arch. **220**, 738 (1928) — Chem. Zbl. **1929 I**, 672.

Nach Levine wirken verschiedene Peptone nicht einheitlich: während gewöhnlich Peptonextrakte auf Kaninchen ähnlich wie Insulin wirken, erzeugen manche Blutzuckeranstieg[1].

Derivate. Phosphorsäurederivate: Durch Phosphorylieren mit PCl_3, gelöst in Tetrachlorkohlenstoff. Dabei reagieren Hydroxyl- und freie Aminogruppen. Die resultierenden Körper spalten mit Pepsin und Trypsin Phosphorsäure ab, von Labferment werden sie in Gegenwart löslicher Calciumsalze zur Gerinnung gebracht[2].

Edestinpepton.

Bac. mycoides spaltet Edestinpepton gut. Erhöhung der Wasserstoffionenkonzentration auf $p_H = 3$ hemmt die Spaltung, Zusatz von 1% Glykose hat keinen Einfluß[3].

Albuminpeptone.

Über die N-Verteilung von Peptonen aus Ovalbumin vgl. [4].

Die Drehung von Albuminpepton ist größer als die der entsprechenden Albumine. Sie beträgt (für ein technisches Präparat) $[\alpha]_D = -95{,}24°$. Durch Adsorption an Aluminiumoxyd erfolgt Spaltung in zwei Fraktionen, von denen die in Lösung befindliche $[\alpha]_D = -75{,}0°$, die adsorbierte $[\alpha]_D = -156{,}68°$ aufweist[5].

Die Empfindlichkeitsgrenzen der Farbreaktionen für Albuminpeptone zeigen folgende Werte:

Biuretreaktion	1 : 800
Millonsche Reaktion	1 : 800
Liebermannsche Reaktion	1 : 1600
Adamkiewiczsche Reaktion	1 : 6400
Xanthoproteinreaktion	1 : 800
Molischsche Reaktion	1 : 1190
Pettenkofersche Reaktion	1 : 1190 [6]
Ostromyslensskysche Reaktion	1 : 2380 [7]

Verhalten gegen Fermente: Papain spaltet auch Albuminpepton optimal annähernd beim isoelektrischen Punkt ($p_H = 4{,}8$) bei $p_H = 5{,}0$ bis $5{,}2$ [8].

Bromelin spaltet das Albuminpepton optimal bei $p_H = 5{,}0$ [8].

Kürbisprotease spaltet am besten bei $p_H = 6{,}3$ [8].

Hefeproteinase spaltet Albuminpepton ohne Aktivator. Die Geschwindigkeit der Spaltung wird durch Blausäure gesteigert[9].

Fibrinpeptone.

(Vgl. auch Witte-Pepton.)

Zur Darstellung von Fibrinpepton wird das Blutgerinnsel mit verdünnter Schwefelsäure behandelt und mit der Schleimhaut aus Schweinemägen digeriert. Die neutralisierte Lösung wird filtriert und eingedampft, und der Rückstand im Exsiccator getrocknet. Das so gewonnene Pepton hat sich als gleichwertig mit dem Witteschen erwiesen[10].

---

[1] V. E. Levine: Proc. Soc. exper. Biol. a. Med. **24**, 744 (1927) — Chem. Zbl. **1929 I**, 550.

[2] Neuberg u. Oertel: Biochem. Z. **60**, 491 (1914) — Chem. Zbl. **1914 I**, 1586.

[3] H. Glinka-Tschernorutzky: Biochem. Z. **206**, 308 (1929) — Chem. Zbl. **1929 II**, 178.

[4] G. V. Rudd: Austral. J. exper. Biol. a. med. Sci. **1**, 179, 187 (1924) — Chem. Zbl. **1927 I**, 471 — Ber. Physiol. **36**, 586, 587.

[5] M. Rakusin u. E. Braudo: J. russ. phys.-chem. Ges. **47**, 1057 (1915) — Chem. Zbl. **1916 I**, 1033.

[6] M. Rakusin, E. Braudo u. G. Pekarsky: J. russ. phys.-chem. Ges. **47**, 2051 (1916) — Chem. Zbl. **1916 II**, 428.

[7] Ostromysslensky: J. russ. phys.-chem. Ges. **47**, 317 (1915) — Chem. Zbl. **1916 I**, 682.

[8] R. Willstätter, W. Graßmann u. O. Ambroß: Hoppe-Seylers Z. **151**, 307 (1926) — Chem. Zbl. **1926 I**, 2361.

[9] W. Graßmann u. H. Dyckerhoff: Hoppe-Seylers Z. **179**, 41 — Unters. über Enzyme **2**, 1708 (1928) — Chem. Zbl. **1929 I**, 909

[10] F. Bramigk: Zbl. Bakter. I **86**, 427 (1921) — Chem. Zbl. **1921 III**, 489.

Auch durch Ammoniakhydrolyse im Autoklaven bei 150—180° lassen sich aus Fibrin peptonartige Stoffe gewinnen[1].

Physikalisches und chemisches Verhalten: Fibrinpepton beeinflußt die Lösungsstabilität von Fibrinogen deutlich im Sinne der Gerinnungshinderung[2].

Der Quotient N : Br ist beim Trypsin-Fibrinpepton = 2,96, bei der Summe seiner Spaltungsprodukte 3,60[3].

Verhalten gegen Bakterien: Fibrinpepton als Nährboden[1, 4].

Physiologisches: Aus Fibrin hergestelltes Pepton, aus dem das Histamin völlig beseitigt ist, vermag dennoch den „Peptonshock" aufzulösen und am isolierten jungfräulichen Meerschweinchenuterus Kontraktion hervorzurufen. Diese Tatsache wird auf im Pepton vorhandene basische Substanzen zurückgeführt, die durch Kochen mit Salzsäure nicht entfernt werden[5].

Witte-Pepton.

Zusammensetzung (s. auch unter Hydrolyse): „Alkylamid-N" 12,4%[6].

Der Tyrosingehalt des Witte-Peptons beträgt (mit modifizierter Millonscher Reaktion) 6,4—6,6%[7].

Der Cystingehalt des Witte-Peptons beträgt nach der Methode von Blankenstein 1,25%[8].

Der Arginingehalt, durch die Flaviansäuremethode bestimmt, ergibt sich zu 7%[9].

Histamingehalt: In 100 g einer Probe von Witteschem Pepton wurde Histamin in einer Menge, die 3,35 mg des Dichlorids äquivalent sind, gefunden[5, 10]. Das Histamin ist nicht als Produkt der Bakterieneinwirkung aufzufassen, es soll von einem labilen Eiweißzerfallsprodukt stammen[11].

SiO_2-Gehalt = 0,07% der Trockensubstanz[12].

Physikalisches und chemisches Verhalten: Auf angesäuertem Wasser breitet sich Wittepepton in dünnen Schichten aus, jedoch weniger gut als z. B. Caseinogen, Serum- und Muskelproteine. Durch Erhöhung der Temperatur wird die Ausbreitung verschlechtert (Gegensatz zu den genannten Proteinen)[13, 14].

Über die Adsorption von Rose-Bengale an Witte-Pepton[15].

Fällung mit Tannin[16].

Farbreaktionen: Die Ninhydrinreaktion ist mit Witte-Pepton in Verdünnungen 1 : 500 positiv, von 1 : 700 negativ[17].

Vanillinsalzsäure oder -schwefelsäure färbt rot-blauviolett[18]. Vgl. dazu auch [19].

Hydrolyse und Aufspaltung: Bei 16stündigem Erhitzen von Witte-Pepton mit Wasser im Autoklaven auf 180—200° erhält man 1% Leucinanhydrid durch Extraktion mit Äther[20].

Die Summe der Spaltprodukte des Witte-Peptons gibt den Quotienten N : Br 2,09—2,24[3].

Beim Kochen von Witte-Pepton mit Natronlauge werden 2,55—3,07% des trockenen Peptons in Form von Acetaldehyd abgespalten. Kohlehydrat oder Aminosäuren sind nicht

---

[1] W. Ssadikow: Biochem. Z. **205**, 360 (1929) — Chem. Zbl. **1929 II**, 52.

[2] E. Herzfeld u. R. Klinger: Biochem. Z. **71**, 391 (1915) — Chem. Zbl. **1915 II**, 1148.

[3] M. Siegfried u. H. Reppin: Hoppe-Seylers Z. **95**, 18 (1915) — Chem. Zbl. **1916 I**, 513.

[4] F. Bramigk: Zbl. Bakter. I **86**, 427 (1921) — Chem. Zbl. **1921 III**, 489.

[5] M. T. Hanke, K. K. Koeßler: J. of biol. Chem. **43**, 567 (1920) — Chem. Zbl. **1921 I**, 106.

[6] T. Bokorny: Biochem. Z. **100**, 100 (1919) — Chem. Zbl. **1920 I**, 298.

[7] D. Zuwerkalow: Hoppe-Seylers Z. **163**, 185 (1927) — Chem. Zbl. **1927 I**, 2456.

[8] A. Blankenstein: Biochem. Z. **218**, 321 (1930) — Chem. Zbl. **1930 I**, 3087.

[9] O. Fürth u. O. Deutschberger: Biochem. Z. **186**, 139 (1927) — Chem. Zbl. **1927 II**, 1482.

[10] A. G. Auld: Brit. med. J. **1922 I**, 835 — Chem. Zbl. **1922 III**, 399.

[11] J. J. Abel u. E. M. K. Geiling: J. of Pharmacol. **23**, 1 (1924) — Chem. Zbl. **1924 II**, 364.

[12] M. Gonnermann: Hoppe-Seylers Z. **99**, 255 (1917) — Chem. Zbl. **1917 II**, 391.

[13] E. Gorter u. F. Grendel: Trans. Faraday Soc. **22**, 477 (1926) — Chem. Zbl. **1927 I**, 1800.

[14] E. Gorter u. F. Grendel: Biochem. Z. **201**, 391 (1928) — Chem. Zbl. **1929 I**, 681.

[15] S. M. Rosenthal: J. of Pharmacol. **29**, 521 (1926) — Chem. Zbl. **1927 I**, 2322.

[16] H. Lundin u. J. Schröderheim: Biochem. Z. **238**, 1 (1931).

[17] E. Fränkel: Biochem. Z. **67**, 298 (1914) — Chem. Zbl. **1915 I**, 686.

[18] E. P. Häußler: Z. anal. Chem. **53**, 691 (1914) — Chem. Zbl. **1915 I**, 221.

[19] E. P. Häußler: Z. anal. Chem. **53**, 363 (1914) — Chem. Zbl. **1914 II**, 86.

[20] S. S. Graves, J. T. W. Marshall u. H. W. Eckweiler: J. amer. chem. Soc. **39**, 112 (1916) — Chem. Zbl. **1917 I**, 950.

die Vorstufe des Aldehyds, die Bildung scheint vielmehr an die Konstitution des Eiweißes gebunden zu sein[1].

Erwärmt man eine Lösung von Witte-Pepton mit Kupferhydroxyd, so erhält man eine in Wasser lösliche, in Alkohol unlösliche Kupferverbindung, die gereinigt 4,58% Kupfer aufweist und die Zusammensetzung $C_{51}H_{92}N_{14}O_{24}CuS$ hat. Nach Entfernung des Kupfers durch Schwefelwasserstoff verbleibt eine amorphe gelbliche Substanz, die leicht löslich in Wasser und unlöslich in Essigsäure ist. Die wäßrige Lösung gibt weder mit Essigsäure, noch mit gelbem Blutlaugensalz, noch mit konz. Salpetersäure eine Trübung[2]. Zerlegt man diese Verbindung mit Salzsäure, so gewinnt man eine Aminopolycarbonsäure (?), deren Kupfersalz aus konz. wäßriger Lösung durch Zusatz von Aceton in blauen Büscheln krystallisiert, Zusammensetzung: $C_{14}H_{29}O_{20}N_3Cu_2$[3]. — Über die weitere Trennung der Spaltprodukte, unter denen sich Asparaginsäure befindet, s. [4, 5].

Der bei der Behandlung der wäßrigen Lösung von Witte-Pepton mit Kupferhydroxyd entstehende unlösliche Rückstand gibt noch zwei Proteinderivate ab: 1. $C_{67}H_{127}O_{37}N_{19}S_2$, gelbbraune amorphe, ziemlich leicht wasserlösliche Substanz, von saurer Reaktion in Wasser, fällbar durch 20proz. Ammoniumsulfatlösung, Biuretreaktion negativ, Millons- und Xanthoproteinreaktion positiv, Trübung mit Essigsäure und konz. Salpetersäure, diese im Überschuß löslich. 2. $C_{44}H_{83}O_{24}N_{11}S$, gelbliche amorphe Masse, sehr leicht löslich in kaltem Wasser mit schwach alkalischer Reaktion, Biuret-, Millonsche und Xanthoproteinreaktion positiv, keine Trübung mit konz. Salpetersäure, Essigsäure, gelbem Blutlaugensalz oder konz. Kochsalzlösung[6].

Aus einem der mit Kupferhydroxyd erhaltenen Spaltstücke werden Dioxopiperazine und Oxyaminosäuren erhalten[7]. — Weitere Aufarbeitung nach dem Troensegaardschen Acetylierungsverfahren. ⚹ Isolierung eines N, N'-Diacetyldiketopiperazins (?)[8].

Weiteres über die Zerlegung des Witte-Peptons in primäre und sekundäre Albumosen (?) und die histaminhaltige Fraktion[9].

Auch an Witte-Pepton wurde nachgewiesen, daß die vermeintliche Zucker-Eiweiß-kondensation[10] nicht stattfindet. Das geht daraus hervor, daß der Zucker (Glykose, Fructose, Maltose, Lactose) ausdialysierbar ist, daß er nach Enteiweißung mit kolloidalem Eisenhydroxyd oder mit Alkohol in Lösung bleibt und daß er quantitativ in der Eiweißlösung faßbar ist[11]. Vgl. auch [12].

In ammoniakalischer Lösung gibt Witte-Pepton einen Niederschlag mit Thynnin (aus Thunfisch), ebenso mit den Pepsinverdauungsprodukten aus dem Protamin von Pelamys sarda[13].

Verhalten gegen Fermente: Trypsin: Die Abspaltungsgeschwindigkeit von Arginin aus Witte-Pepton bei der tryptischen Verdauung ist ungefähr gleich groß wie bei Gelatine und Casein, bei denen in 3 Stunden die Hälfte des vorhandenen Arginins in Freiheit gesetzt wird[14].

Erepsin: Witte-Pepton wird durch Erepsin vollständig hydrolysiert[15]. Vgl. dazu aber die Ausführungen von v. Euler[16].

Die Kropfsäfte von Pulmonaten (Helix pomatia, Limax maximus, Limax flavus, Agriolimax agrestis, Arion empericorum) spalten Witte-Pepton optimal bei $p_H = 7,6$, wobei ein Unterschied zwischen Pflanzenfressern und Allesfressern nicht festzustellen ist[17].

Von den Fermenten der Placenta wird Witte-Pepton optimal bei p_H 5—7 gespalten[18].

[1] O. Riesser u. Mitarbeiter: Hoppe-Seylers Z. **196**, 201 (1931) — Chem. Zbl. **1931 II**, 583.

[2] A. Bernardi: Biochem. Z. **60**, 56 (1914) — Chem. Zbl. **1914 I**, 1193.

[3] A. Bernardi u. E. Fabris: Biochem. Z. **68**, 441 (1914) — Chem. Zbl. **1915 I**, 748.

[4] A. Bernardi u. B. Saladini: Biochemica e Ter. sper. **19**, 215 (1923) — Chem. Zbl. **1924 I**, 2783. — Ber. Physiol. **23**, 167.

[5] A. Bernardi u. M. Tartarini: Gazz. Chim. Ital. **57**, 227 (1927) — Chem. Zbl. **1927 II**, 93.

[6] A. Bernardi u. E. Fabris: Biochem. Z. **68**, 436 (1914) — Chem. Zbl. **1915 I**, 748.

[7] A. Bernardi u. M. A. Schwarz: Ann. Chim. appl. **20**, 49 (1930) — Chem. Zbl. **1930 I**, 3314.

[8] A. Bernardi u. M. A. Schwarz: Gazz. chim. ital. **61**, 169 (1931) — Chem. Zbl. **1931 II**, 253.

[9] J. J. Abel u. E. M. K. Geiling: J. of Pharmacol. **23**, 1 (1924) — Chem. Zbl. **1924 II**, 364.

[10] H. Pringsheim u. M. Winter: Ber. dtsch. chem. Ges. **60**, 278 (1927) — Chem. Zbl. **1927 I**, 1026.

[11] C. Neuberg u. E. Simon: Ber. dtsch. chem. Ges. **60**, 817 (1927) — Chem. Zbl. **1927 I**, 2323.

[12] C. Neuberg u. M. Kobel: Biochem. Z. **179**, 451 (1926) — Chem. Zbl. **1927 I**, 1329.

[13] A. Kossel: Hoppe-Seylers Z. **88**, 163 (1913) — Chem. Zbl. **1914 I**, 557.

[14] J. A. Dauphinée u. A. Hunter: Biochemic. J. **24**, 1128 (1930) — Chem. Zbl. **1931 II**, 1439.

[15] F. E. Rice: J. amer. chem. Soc. **37**, 1319 (1915) — Chem. Zbl. **1915 II**, 352.

[16] H. v. Euler u. K. Josephson: Hoppe-Seylers Z. **157**, 122 (1926) — Chem. Zbl. **1926 II**, 2977.

[17] E. Graetz: Hoppe-Seylers Z. **180**, 305 (1929) — Chem. Zbl. **1929 I**, 2998.

[18] B. Arinstein: Biochem. Z. **171**, 15 (1926) — Chem. Zbl. **1926 II**, 233.

Über die Einwirkung der Fermente des Eierschwamms (Cantharellus cibarius) auf Witte-Pepton[1].

Pinguiculatryptase spaltet Witte-Pepton teilweise bei neutraler und schwach alkalischer Reaktion, die optimale Wasserstoffionenkonzentration liegt bei p_H = etwa 8[2].

Hefetryptase verdaut das Witte-Pepton, ohne es vollständig zu Aminosäuren abzubauen[3]. Im Gegensatz zu den Befunden Dernbys, der die optimale Spaltung des Witte-Peptons zu p_H = 7,0 angibt, findet Willstätter, daß die Spaltung in schwach saurer Lösung optimal ist. Das Hefetrypsin ähnelt dem Papain, ohne jedoch durch Blausäure aktivierbar zu sein[4]. — Über die Theorie der Einwirkung von Hefe- (und Erbsen-) Maceraten vgl. auch [5]. Grünmalzprotease baut Witte-Pepton ab[6].

Über die Einwirkung der Enzyme in den Mycelien des auf stickstofffreien Stärkekuchen gezüchteten Penicillium glaucum auf Witte-Pepton[7].

Die Protease des Aspergillus oryzae verdaut Witte-Pepton ähnlich wie Trypsin. Ammoniak wird dabei nur wenig gebildet. Das Optimum der Spaltung liegt bei p_H = 5,2 bis 5,3; der Ablauf der Reaktion gehorcht der Schützschen Regel. Zusatz von Kochsalz setzt die Hydrolyse des Peptons proportional der Salzkonzentration herab, Zusatz von Glycerin fördert die Spaltung[8].

Verhalten gegen Bakterien: Witte-Pepton wird durch Proteasen der Colibakterien und Fäulniserreger langsamer gespalten als z. B. Caseinogen. Das Optimum liegt bei p_H 6,0 bis 6,6 für Coliprotease[9].

Bac. mycoides spaltet Witte-Pepton gut[10].

Physiologisches: Beim Durchströmen des überlebenden Meerschweinchenlungenpräparates mit Witte-Pepton, gelöst in Tyrodelösung, tritt Bronchialkrampf auf, der indessen durch dilatierend wirkende Agenzien behoben werden kann[11].

Witte-Pepton hat neben vasoconstrictorischer Wirkung auch vasodilatatorische, die nicht auf die Wirkung von β-Imidazolyläthylamin zurückzuführen ist[12].

Über die Eiweißspeicherung in der Leber bei parentaler Zufuhr von Witte-Pepton[13].

10 g Witte-Pepton per os steigern beim Kaninchen den Aminosäuregehalt des Blutes nicht im Gegensatz zur Verabreichung von 3 g Aminosäure[14].

Aufeinanderfolgende Injektionen von Witte-Peptonlösungen und Natriumoleat wirkt beim Kaninchen je nach der Reihenfolge verschieden. Wird das Pepton zuerst injiziert, so tritt intensive Hämoglobinurie auf, von der sich das Tier wieder erholt. Bei umgekehrter Reihenfolge tritt der Tod rasch unter Atemnot ein[15].

Die intravenöse Injektion von Witte-Pepton erzeugt beim Hunde Hypoglykämie, die 2 Stunden nach der Injektion ihr Maximum erreicht[16].

Über den Einfluß von Witte-Peptoninjektion auf die Adrenalinsekretion[17].

Auld führt die Kreislaufstörung nach intravenöser Injektion von Witte-Pepton auf die Anwesenheit von Histamin zurück, dessen Wirkung durch Pepton gesteigert wird. Mit dem Immunisierungsvorgang hat Histamin nichts zu tun[18]. Eine in siedendem Alkohol lösliche Fraktion des Witte-Peptons, die das Histamin enthält, ist besonders giftig; Gewöhnung oder Toleranz dieser Fraktion gegenüber kann im Gegensatz zu den abgetrennten Albumosen nicht

[1] J. Bares: Chem. Listy 21, 202 (1927) — Chem. Zbl. 1927 II, 1353.
[2] K. G. Dernby: Biochem. Z. 80, 152 (1916) — Chem. Zbl. 1917 I, 1009.
[3] K. G. Dernby: Biochem. Z. 81, 107 (1916) — Chem. Zbl. 1917 II, 111.
[4] R. Willstätter u. W. Graßmann: Hoppe-Seylers Z. 153, 250 (1926) — Chem. Zbl. 1926 II, 38.
[5] A. Fodor, L. Frankenthal u. S. Kuk: Fermentforsch. 10, 274 (1928) — Chem. Zbl. 1929 I, 2322.
[6] R. H. Hopkins u. J. A. Burns: J. Inst. Brewing 36, 9 (1930) — Chem. Zbl. 1930 I, 2325.
[7] D. Franceschelli: Zbl. Bakter. II. 43, 305 (1915) — Chem. Zbl. 1915 I, 1134.
[8] K. Oshima: J. Coll. Agriculture 19, 135 (1928) — Chem. Zbl. 1929 II, 436.
[9] M. Schierge: Z. exper. Med. 50, 680 (1926) — Chem. Zbl. 1926 II, 1428.
[10] H. Glinka-Tschernorutzky: Biochem. Z. 206, 301, 308 (1929) — Chem. Zbl. 1929 II, 178.
[11] Baehr u. Pick: Arch. f. exper. Path. 74, 41 (1913) — Chem. Zbl. 1914 I, 1405.
[12] Kaufmann: Zbl. Physiol. 27, 724 (1913) — Chem. Zbl. 1914 I, 50.
[13] C. E. Cahn-Bronner: Biochem. Z. 66, 289 (1914) — Chem. Zbl. 1915 II, 620.
[14] J. Bang: Biochem. Z. 74, 278 (1916) — Chem. Zbl. 1916 II, 99.
[15] C. Achard u. E. Feuillié: C. r. Soc. Biol. Paris 85, 899 (1921) — Chem. Zbl. 1922 I, 656.
[16] H. Mc Guigan u. E. L. Roß: J. of biol. Chem. 22, 417 (1915) — Chem. Zbl. 1915 II, 1201.
[17] A. Tournade u. H. Hermann: C. r. Soc. Biol. Paris 98, 342 (1928) — Chem. Zbl. 1928 I, 2954.
[18] A. G. Auld: Brit. med. J. 1922 I, 835 — Chem. Zbl. 1922 III, 399.

erzielt werden. Alle Hunde und Katzen reagieren darauf mit Schleimhaut- und Hauthyperämie[1].

Das Pepton vermindert bei der Gerinnung von Citratplasma durch Thrombin die Fibrinmenge, die zur Gerinnung kommt, wirkt aber nicht auf das Thrombin[2].

Aus Witte-Pepton kann man durch Fällung mit Aceton und Reinigen mit Methylalkohol eine Substanz gewinnen, die in einer Menge von 3—4 mg 10 ccm Blut ungerinnbar macht. Die Substanz ähnelt dem Heparin[3].

Beim Kaninchen bewirkt eine intravenöse Injektion von Witte-Pepton zunächst eine Gerinnungsbeschleunigung, dann Verzögerung. Beim antiprothrombinarmen Meerschweinchen wird eine stark positive Phase mit intravasaler Gerinnung und Tod beobachtet (Gegensatz zu bisherigen Beobachtungen). Beim Hund kann die positive Phase während der Injektion nach einer halben Minute beobachtet werden, sie ist aber nach 2 Minuten bereits abgeklungen. Die beobachtete Gerinnungsbeschleunigung nach einer zweiten Injektion wird gedeutet durch Leerung des Antiprothrombindepots. Tödliche Thrombosierung kann man beim Hund nicht hervorrufen, da er zuvor an hochgradiger Kreislaufschwäche stirbt[4].

Eine Menge Witte-Pepton, die grade die Gerinnung von Menschenblut hemmt, steigert die stabilisierende Wirkung des Plasmas gegenüber den Blutplättchen. Bei frisch in paraffinierten Gefäßen aufgefangenem Blut äußert sich der Einfluß kleiner Peptonmengen vor allem darin, daß die Veränderungen im Plasma verlangsamt werden, wodurch sich auch der Zerfall der Blutplättchen verzögert[5].

Derivate: Methylderivat: Bei der Methylierung mit methylalkoholischer Salzsäure verhält sich das Pepton ähnlich wie Gliadin. Nach Behandlung mit 1 proz. methylalkoholischer Salzsäure enthält das Ungelöste 5,91%, das Gelöste, mit Äther Gefällte, 6,20%, der Rückstand 10,10 (9,43)% OCH_3[6].

Caseinpeptone.

Darstellung, Zusammensetzung und Verhalten: Handelscaseinogen, das während dreier Monate mit 1 proz. Salzsäure behandelt wird, liefert nach dem Filtrieren vom unveränderten Caseinogen ein mit 50 proz. Phosphorwolframsäure fällbaren Körper, aus dem sich Pepton isolieren läßt. Zusammensetzung:

Gesamt-N	13,35%
Melanin-N	0,15%
NH_3-N	0,90%
Totalamino-N	5,78%
N im Phosphorwolframsäureniederschlag	5,53%
Amino-N im Phosphorwolframsäureniederschlag	2,78%
Total-N im Filtrat des Phosphorwolframsäureniederschlages	6,16%
Amino-N im Filtrat des Phosphorwolframsäureniederschlages	1,92%
Arginin-N	0,0 %
Histidin-N	0,0 %
Lysin-N	5,23%
Cystin-N	0,30%
Tyrosin-N	0,09%

Im Gegensatz zu Peptonen, die man durch partielle Hydrolyse mit starken Säuren erhält, liegt hier nur wenig Tyrosin im Pepton vor. — Die Natur der Monoaminosäuren ist noch nicht geklärt[7].

Über Darstellung von Caseinpeptonen mit 70 proz. kalter Schwefelsäure und Zerlegung dieser Produkte mit Methyl- und Äthylalkohol in verschiedene Fraktionen[8].

Aus den tryptischen Verdauungsprodukten des Caseinogens läßt sich ein „Phosphopepton" isolieren von der Zusammensetzung $C_{37}H_{62}O_{33}N_9P_3$, dessen Menge etwa 50% des

[1] J. J. Abel u. E. M. K. Geiling: J. of Pharmacol. **23**, 1 (1924) — Chem. Zbl. **1924 II**, 364.
[2] J. O. W. Barratt: Biochemic. J. **22**, 230 (1928) — Chem. Zbl. **1928 II**, 460.
[3] B. E. Brüda: Klin. Wschr. **7**, 1742 (1928) — Chem. Zbl. **1928 II**, 2482.
[4] M. v. Falkenhausen: Arch. f. exper. Path. **142**, 342 (1929) — Chem. Zbl. **1929 II**, 1936.
[5] J. W. Pickering: Proc. roy. Soc. Lond. B **104**, 512 (1929) — Chem. Zbl. **1929 II**, 3234.
[6] J. Herzig u. K. Landsteiner: Mh. Chem. **39**, 269 (1918) — Chem. Zbl. **1918 II**, 631.
[7] Funk u. Mc Leod: Biochemic. J. **8**, 107 (1914) — Chem. Zbl. **1914 II**, 241.
[8] E. Vlahuta: Bul. **17**, 3 (1915) — Chem. Zbl. **1915 I**, 1388.

organisch gebundenen Phosphors des Verdauungsgemisches ausmacht. Das Mol-Gewicht beträgt 1254, die spez. Drehung $[\alpha]_{5461}^{15} = -80,53°$. Das Phosphopepton soll eine neunbasische Säure sein, die bei der Hydrolyse 3 Mol Glutaminsäure, 4 Mol Oxyaminobuttersäure und 2 Mol Serin liefert.

Das Phosphopepton gibt Kupfer- und Bariumsalze sowie eine Brucinverbindung. Ninhydrin- und Biuretreaktion sind positiv, doch sind durch Farbreaktionen außer den oben angeführten keine anderen Aminosäuren nachweisbar. — Trypsin greift das Pepton nur wenig unter Abspaltung von Phosphorsäure an[1].

Die bei der tryptischen Verdauung erhaltenen P-haltigen Peptone sind mit den bei der peptischen gewonnenen nach Linderstrøm-Lang nicht identisch, gehen aber möglicherweise aus diesen hervor (s. auch Tyrine)[2].

Über die Herstellung von Caseinpepton durch Erhitzen mit Ammoniak im Autoklaven auf $150-180°$[3].

Beim Kochen von Caseinpepton mit Natronlauge werden $0,35-0,523\%$ des trockenen Peptons in Form von Acetaldehyd abgespalten. Kohlehydrat oder Aminosäuren sind nicht die Vorstufe des Aldehyds, die Bildung scheint vielmehr an die Konstitution des Eiweißes gebunden zu sein[4].

Physiologisches: Die Fähigkeit des Caseinogens, Meerschweinchen zu sensibilisieren, wird durch den Abbau mit Pepsin und Trypsin vermindert, während die Auslösung des Shocks erleichtert wird. Formolzusatz von $20-25^0/_{00}$ verstärkt sowohl sensibilisierende wie auslösende Fähigkeiten des Peptons, während Zusätze von $10-15^0/_{00}$ leicht abschwächen[5].

Seidenpepton.

Physikalisches und chemisches Verhalten: Das Mol-Gewicht des Seidenpeptons (Höchst) ergibt durch kryoskopische Bestimmungen einen Wert von 232, woraus Fodor auf ein Vorherrschen von Dipeptiden schließt[6].

Farbreaktionen: Die Ninhydrinreaktion mit Seidenpepton ist positiv bei $1:8000$, negativ bei $1:9000$[7].

Seidenpepton, das aus Seidenfibroin durch partielle Hydrolyse mit 70proz. Schwefelsäure hergestellt ist, gibt positive Millon-, Biuret-, Ninhydrin- und Anhydridreaktionen[8].

Durch Einwirkung von ultraviolettem Licht ändert sich die optische Drehung einer Seidenpeptonlösung[9].

Hydrolyse: Seidenpepton zeigt bei einem Alkalinitätsgrad von $p_H = 12,4$ eine Änderung der Wasserstoffionenkonzentration, mit welcher eine Abnahme der Pikrinsäurereaktion und eine Zunahme des Amino-N parallel läuft[10].

Die Spaltung, die Seidenpepton durch n-Alkali (und Fermente) erleidet, läßt sich durch die Drehung der Kupfersalze verfolgen. Knickpunkte in den Kurven geben Anhaltspunkte für die Aufspaltung von Anhydriden und Bildung von Polypeptiden[11].

Bei der Oxydation von Seidenpepton mit Kaliumpermanganat und Zinkmanganat erhält man Oxamid[12], je nach dem Ausgangsmaterial in einer Menge von $2,5-3,9\%$. Die Ausbeuten sind zwischen 0 und 100° fast unabhängig von der Oxydationstemperatur. Bei allmählicher Zugabe von Zinkmanganat zu der siedenden Peptonlösung vermindert sich die Ausbeute.

[1] C. Rimington: Biochemic. J. **21**, 1179 (1927) — Chem. Zbl. **1928 I**, 705.

[2] H. Holter, K. Linderstrøm-Lang u. J. B. Funder: Hoppe-Seylers Z. **206**, 85 (1932) — Chem. Zbl. **1932 I**, 3196.

[3] W. Ssadikow: Biochem. Z. **205**, 360 (1929) — Chem. Zbl. **1929 II**, 52.

[4] O. Riesser u. Mitarbeiter: Hoppe-Seylers Z. **196**, 201 (1931) — Chem. Zbl. **1931 II**, 583.

[5] F. Arloing u. E. Langeron: C. r. Soc. Biol. Paris **93**, 1305, 1308 (1925) — Chem. Zbl. **1926 I**, 1592.

[6] A. Fodor u. R. Schönfeld: Hoppe-Seylers Z. **170**, 231 (1927) — Chem. Zbl. **1928 I**, 362.

[7] E. Fränkel: Biochem. Z. **67**, 298 (1914) — Chem. Zbl. **1915 I**, 686.

[8] E. Abderhalden u. E. Schnitzler: Hoppe-Seylers Z. **164**, 159 (1927) — Chem. Zbl. **1927 I**, 3198.

[9] E. Abderhalden u. R. Haas: Hoppe-Seylers Z. **155**, 200 (1926) — Chem. Zbl. **1926 II**, 1287.

[10] E. Abderhalden u. R. Haas: Hoppe-Seylers Z. **151**. 114 (1926) — Chem. Zbl. **1926 I**, 2206.

[11] E. Abderhalden u. E. Schnitzler: Hoppe-Seylers Z. **164**, 159 (1927) — Chem. Zbl. **1927 I**, 3198.

[12] E. Abderhalden, E. Klarmann u. E. Komm: Hoppe-Seylers Z. **140**, 92 (1924) — Chem. Zbl. **1924 II**, 2757.

Neben Oxamid erhält man Oxalsäure in einer Ausbeute von 30—40%, Ammoniumnitrat und Ammoniumacetat. Auch Aldehyde und Ameisensäure befinden sich wahrscheinlich unter den Oxydationsprodukten. Dagegen ließ sich ein als Zwischenprodukt vermutetes Tetraoxopiperazin nicht isolieren, auch nicht Oxaminsäure[1].

Bei der Reduktion von Seidenpepton erhält man Methylpiperazin[2], 3-Methyl-6-oxymethylpiperazin und ein aus 2 Mol Glykokoll, 1 Mol Alanin und 1 Mol Tyrosin bestehendes Piperazin[3].

Verhalten gegen Fermente: Das durch partielle Säurehydrolyse aus Fibroin entstehende Seidenpepton wird durch Trypsin gespalten, die hier resultierenden Spaltprodukte durch Erepsin. Das Seidenfibroin bzw. das Pepton enthält also Polypeptidketten[4].

Das Optimum der Spaltung des Seidenpeptons durch Hefetrypsin liegt bei $p_H = 7$ [5].

Für die Glykokolleluate der Hefe[6] liegt die optimale Wasserstoffionenkonzentration bei der Spaltung von Seidenpepton bei $p_H = 8$. Die Anwesenheit des Gykokolls hemmt die Spaltung des Seidenpeptons, jedoch nicht so stark als die von Glycyl-dl-Leucin. Die Spaltung des Peptons durch Glykokolleluat wird jedoch merklich gehemmt, wenn man die Glykokollkonzentration auf 2% erhöht. Die Spaltung des Seidenpeptons durch gewöhnliche Macerate wird durch Zusatz von Glykokoll und Leucin sogar gefördert. Die Unterschiede, die sich im Verhalten des Peptons gegenüber den Glykokolleluaten im Vergleich mit Polypeptiden ergeben, erklärt Fodor durch die Annahme, daß die Peptonmoleküle, die an das Glykokoll „verankerte zymophatische Substanz" rascher zu dislozieren vermögen, als einfache Polypeptide[5]. (S. hier weiteres über vergleichende Versuche mit Glykokolleluaten und verschiedenen Substraten.)

Macerationssaft aus Erbsen spaltet Seidenpepton[7]. Im Gegensatz zu Hefepeptidase[8] kann das Erbsenenzym nicht mit Seidenpepton aus dem Kaolinadsorbat eluiert werden[7].

Takadiastase spaltet Seidenpepton zu 90% innerhalb 5 Tagen, wobei die Wasserstoffionenkonzentration konstant $= p_H$ 6,5 bis 6,4 bleiben soll[9].

Glutinpeptone.

Darstellung, Zusammensetzung und Eigenschaften: Ein mit Hilfe der Silberbarytmethode aus Gelatine hergestelltes Pepsinglutinpepton zeigt $[\alpha]_D^{20} = -66$ bis $-72°$.

Der Quotient $CO_2 : N$ beträgt 1 : 7. Amino-N durch Formoltitration 11,5—12,5°, nach van Slyke 11,2—11,6% des Gesamt-N. $^1/_4$ des Gesamt-N ist Arginin-N. Bei der Hydrolyse wurden gefunden Arginin, Lysin, Glykokoll, Glutaminsäure, Leucin, Prolin. — Das Pepton liefert ein Bariumsalz mit etwa 10% Ba[10].

Glutinpepton entsteht durch ein Ferment, das sich in den Mycelien von Penicillium glaucum befindet[11].

Der Quotient $N : Br$ des Trypsinglutinpeptons beträgt 12,71—12,88, steigt nach 10-stündigem Kochen auf 18,1; der Bromverbrauch ist größer als beim Glutin[12].

Gelatinepepton, dessen kryoskopische Molekulargewichtswerte etwa 400 betragen, liefert mit Essigsäureanhydrid Produkte vom Molekulargewicht bis 1500, was durch kondensierende Wirkung im Sinne von Assoziation und Polymerisation erklärt wird. Diese Substanzen sind fermentativ spaltbar, sie sind also keine Dioxopiperazine. Im Gegensatz zur Gelatine liefert

[1] E. Abderhalden u. H. Quast: Hoppe-Seylers Z. **151**, 145 (1926) — Chem. Zbl. **1926 I**, 2206.

[2] E. Abderhalden u. W. Stix: Hoppe-Seylers Z. **132**, 238 (1924).

[3] E. Abderhalden u. E. Schwab: Hoppe-Seylers Z. **139**, 169 (1924).

[4] E. Waldschmidt-Leitz u. G. V. Schuckmann: Ber. dtsch. chem. Ges. **62**, 1891 (1929) — Chem. Zbl. **1930 I**, 2903.

[5] A. Fodor u. R. Schönfeld: Hoppe-Seylers Z. **170**, 231 (1927) — Chem. Zbl. **1928 I**, 362.

[6] A. Fodor u. R. Schönfeld: Hoppe-Seylers Z. **160**, 169 (1926) — Chem. Zbl. **1927 I**, 460.

[7] A. Fodor u. R. Schönfeld: Kolloid-Z. **39**, 56 (1926) — Chem. Zbl. **1926 II**. 593.

[8] A. Fodor, A. Bernfeld u. R. Schönfeld: Kolloid-Z. **37**, 32, 159 (1925) — Chem. Zbl. **1926 I**, 129.

[9] J. Hatano: Biochem. Z. **151**, 335 (1925) — Chem. Zbl. **1925 I**, 973.

[10] M. Siegfried: Hoppe-Seylers Z. **90**, 271 (1914) — Chem. Zbl. **1914 I**, 1957.

[11] D. Franceschelli: Zbl. Bakter. II. **43**, 305 (1915) — Chem. Zbl. **1915 I**, 1134.

[12] M. Siegfried u. H. Reppin: Hoppe-Seylers Z. **95**, 18 (1915) — Chem. Zbl. **1916 I**, 513.

das Gelatinepepton durch Essigsäureanhydrid unter den gleichen Bedingungen keine Oxyprolyldipeptide[1]. Vgl. auch [2].

Elastinpepton.

Über das Verhalten des Peptons gegen Säuren, Alkalien und Fermente[3].

Keratinpepton.

Über die Darstellung von Keratinpepton mit 70proz. Schwefelsäure und Zerlegung dieses Peptons in 4 Fraktionen durch Methyl- und Äthylalkohol[4].

Nach der Methode von Siegfried läßt sich ein Keratinpepton in einer Ausbeute von 1,45—2,1 g aus 1 kg partiell hydrolysierten Keratins gewinnen. Elementarzusammensetzung: $C_{11}H_{20}N_3O_5$, Bariumsalz: $(C_{11}N_3O_5H_{19})_2Ba$. Das Pepton stellt ein weißes Pulver von säuerlichem Geschmack dar, ist leicht löslich in Wasser und in gesättigter Ammonsulfatlösung bei Gegenwart von Ammoniak oder Schwefelsäure, schwer löslich in abs. Alkohol, unlöslich in Äther, Benzol, Nitrobenzol, Anilin. Biuretreaktion positiv, Millonsche-, Molischsche- und Xanthoproteinreaktion schwach, Tryptophan und Cystin negativ. Die bekannten Eiweißfällungsmittel wirken nicht und geben nur schwache Trübungen. $[\alpha]_D$ in wäßriger Lösung $= -15{,}42$ bis $-15{,}92°$[5].

Placentapepton.

Die Ninhydrinreaktion ist positiv bei Verdünnungen von 1:2500, negativ bei 1:8000[6].

Carcinompepton.

Carcinompepton gibt positive Ninhydrinreaktion bei Verdünnungen von 1:250; die Reaktion ist negativ bei 1:300[6].

Tuberkuloselungenpepton.

Verschiedene Tuberkuloselungenpeptone geben die Ninhydrinreaktion in Verdünnungen von 1:280 bzw. von 1:300; die Reaktion ist negativ bei 1:340 bzw. 1:400[6].

Pepton aus Bierhefe.

Zur Darstellung eines Peptons aus Bierhefe trägt man frische Preßhefe in kleinen Portionen in eine stark gekühlte 70proz. Schwefelsäure ein, läßt die Masse 3 Stunden bei niedriger Temperatur und dann 3 Tage bei gewöhnlicher Temperatur unter öfterem Umrühren stehen. Das so erhaltene Gemisch gießt man vorsichtig in Eiswasser, verdünnt unter starker Kühlung, macht mit Barytlauge schwach alkalisch und filtriert. Sodann beseitigt man das Barium durch stark verdünnte Schwefelsäure und erhält so eine schwach sauer reagierende Peptonlösung, die frei ist von Barium und Schwefelsäure.

Die Lösung gibt alle Farbreaktionen der Eiweißstoffe und enthält Phosphorsäure. Sie vermag ferner Glykose und Saccharose zu vergären[7].

Protamintrypsinpeptone.

Die Protamintrypsinpeptone werden nicht durch die Aminopolypeptidasen aus den Organen, sondern nur von denen aus dem Verdauungstractus gespalten[8].

[1] A. Fodor u. C. Epstein: Biochem. Z. **200**, 211 (1928) — Chem. Zbl. **1929 I**, 1572.
[2] A. Fodor u. A. Schönfeld: Biochem. Z. **200**, 223 (1928) — Chem. Zbl. **1929 I**, 1572.
[3] E. Abderhalden u. H. Mahn: Hoppe-Seylers Z. **169**, 196 (1927) — Chem. Zbl. **1927 II**, 2550.
[4] E. Vlahuta: Bul. **17**, 3 (1915) — Chem. Zbl. **1915 I**, 1388.
[5] A. Heiduschka u. E. Komm: Hoppe-Seylers Z. **126**, 130 (1923) — Chem. Zbl. **1923 III** 71.
[6] E. Fränkel: Biochem. Z. **67**, 298 (1914) — Chem. Zbl. **1915 I**, 686.
[7] E. Vlahuta: Bull. Acad. Roum **3**, 123 (1914) — Chem. Zbl. **1915 I**, 1215.
[8] E. Waldschmidt-Leitz, A. Schäffner, J. J. Bek u. E. Blum: Hoppe-Seylers Z. **188**, 17 (1930) — Chem. Zbl. **1930 II**, 71.

Basische Peptone.

Allgemeines.

Darstellung und Eigenschaften: Die basischen Peptone wurden bisher nur in Zellkernen aufgefunden. Kossel teilt sie je nach ihrem Gehalt an 1, 2 oder 3 Hexonbasen in basische Mono-, Di- und Tripeptone ein. 25—65% ihres Gesamt-N entfällt auf die Hexonbasen. Mit Ammoniak und ammoniakalischen Eiweißlösungen bilden sie keinen Niederschlag, auch nicht mit Kaliumferrocyanid und mit Sulfosalicylsäure (Unterschied von den Protaminen und Histonen). Die basischen Peptone stellen wahrscheinlich salzartig gebundene Zwischenprodukte des Eiweißab- oder -aufbaues dar. Die Guanidingruppe des Arginins ist vielleicht maskiert. — Durch Pepsinsalzsäure lassen sich die basischen Peptone noch weiter zerlegen[1, 2].

Physiologisches: Von der Entwicklung der basischen Peptone im reifenden Testikel sowie von ihrem Zusammenhang mit den Protaminen und Histonen gibt Kossel folgendes Bild (untersucht an Karpfentestikel): Im ruhenden Testikel findet sich nur das als Lysinträger funktionierende basische Dipepton I (s. Cyprinopeptone). In dem ersten Reifestadium kommt dazu das basische Dipepton II als Argininträger. Die beiden Komponenten verbinden sich und tauschen ihre Hexonbasen miteinander aus, ein Austausch, der nicht über scharf definierte Zwischenprodukte geht und anfangs durch Zufuhr von Arginin ein Anstieg des Hexonbasengehaltes herbeiführt, worauf dann durch Austritt von Lysin wieder Absinken stattfindet. Das Endprodukt eines solchen Zusammentretens der basischen Peptone I und II ist vielleicht (z. B.) das Pseudocyprinin. Durch Anlagerung des basischen Tripeptons wird die Hauptmenge des Histidins und Tyrosins in die Verbindung gebracht und diese in ein Histon übergeführt. — Ganz ähnlich entwickeln sich die basischen Eiweißstoffe auch im reifenden Heringstestikel, jedoch konnte bisher nur ein Clupeodipepton I mit Sicherheit nachgewiesen und ein Clupeotripepton I wahrscheinlich gemacht werden. — Es ist sehr wahrscheinlich, daß die Umwandlungen in den Eiweißstoffen der Zellkerne nach diesem Schema vor sich gehen[1].

Basische Cyprininpeptone.

Aus dem Cyprinin (s. dort) lassen sich 3 Fraktionen abtrennen, die basische Peptone darstellen:

Basische Cyprinindipeptone I:

Hexonbasen-N	34,82—54,78%	
Arginin-N.	0,36—18,02%	
Lysin-N	28,60%	
Prolin-N	3,6 %	des Gesamt-N
Valin-N	13,7 %	
Alanin-N	13,31%	
Tyrosin wenig.		

Basische Cyprinindipeptone II werden erhalten aus den Mutterlaugen von Pepton I über die Phosphorwolframsäureverbindung:

Hexonbasen-N	29,38—64,04%	
Arginin-N.	13,45—34,02%	des Gesamt-N
Lysin-N	15,93— 3,02%	
Histidin fehlt		
Tyrosin		
Tryptophan	zuweilen vorhanden	

Cyprinotripeptone aus dem Filtrat von Dipepton II:

Hexonbasen-N	44,99—49,51%	
Arginin-N.	1 —15,17%	des Gesamt-N[1]
Lysin-N	3,47—16,98%	
Histidin-N	15,72—30,87%	

---

[1] A. Kossel u. E. G. Schenck: Hoppe-Seylers Z. **173**, 278 (1928) — Chem. Zbl. **1928 I**, 2096.
[2] K. Felix: Hoppe-Seylers Z. **135**, 175 (1924) — Chem. Zbl. **1924 II**, 484.

Basische Clupeopeptone.

Das Clupein läßt sich nicht so einfach wie das Cyprinin in basische Peptone zerlegen. Ein basisches Clupeodipepton ist jedoch isoliert worden[1].

Basische Barbopeptone.

Das basische Barbopepton verhält sich analog wie die basischen Cyprinodipeptone. **Zusammensetzung:**

Hexonbasen-N 50,32%
Arginin-N. 11,50%
Lysin-N 38,82%
Prolin-N . . . . 7,66% [1]

Basisches Pepton aus Thymusdrüsen.

Auch aus Thymusdrüsen läßt sich ein Pepton mit hohem Basengehalt isolieren, wenn man den wäßrigen Extrakt von Thymusdrüsen durch Ansäuren von Nucleohiston befreit, das Filtrat mit Phosphorwolframsäure fällt, den Niederschlag mit Baryt zerlegt und die Lösung der freien Substanz über die Silberverbindung reinigt. Das Sulfat stellt ein hygroskopisches Pulver mit positiver Biuretreaktion und negativer Diazo- und Millonscher Reaktion dar. Ausbeute 0,5 g aus 450 g Thymusdrüsen. Zusammensetzung:

Arginin-N. 62,5%
Monoaminosäure-N 31,2%
Histidin fehlt,
Lysin fehlt[2].

Basisches Pepton aus Darmschleimhaut.

Darstellung und Eigenschaften: Aus Darmschleimhaut läßt sich ein basisches Pepton isolieren, dessen Sulfat sauer reagiert und ein hygroskopisches gelbes Pulver mit folgenden Reaktionen darstellt:

Biuretreaktion. . . . . rotviolett
Diazoreaktion . . . . stark positiv
Millonssche Reaktion . . . . . negativ
Glyoxylsäurereaktion. . . . . . negativ

Mit Natronlauge, Ammoniak, konz. Salpetersäure und Blutlaugensalz entsteht kein Niederschlag, ebensowenig mit Nucleinsäure oder Witte-Pepton.

Zusammensetzung: Gesamt-N 14,58%
freier Amino-N . . . . 30% Gesamt-N

Nach der Hydrolyse: Amino-N . . . . 84 ⎫
Hexonbasen-N . . . . . . 54 ⎬
Arginin-N. . . . . 26,4 ⎬ in Prozent Gesamt-N
Histidin-N . . . . 11 ⎬
Lysin-N . . . . 17 ⎭

Das Produkt ist dem Histopepton ähnlich, unterscheidet sich von diesem jedoch durch die Abwesenheit von Tyrosin.

Verhalten gegen Fermente: Trypsin greift das Pepton nicht an[3].

Basische Peptone aus Magenschleimhaut.

Aus Magenschleimhaut (vom Schwein) lassen sich durch Extraktion mit Wasser basische Peptone extrahieren, die durch Fällung des koagulablen Eiweißes mit Phosphor-

---

[1] A. Kossel u. E. G. Schenk: Hoppe-Seylers Z. **173**, 278 (1928) — Chem. Zbl. **1928 I**, 2096.
[2] K. Felix: Hoppe-Seylers Z. **120**, 91 (1922) — Chem. Zbl. **1922 III**, 735.
[3] K. Felix: Hoppe-Seylers Z. **116**, 150 (1921) — Chem. Zbl. **1922 I**, 56.

wolframsäure isoliert werden können. Eine nach der Silber-Barytmethode abscheidbare Fraktion zeigt folgende Zusammensetzung:

$$\left.\begin{array}{ll}\text{Arginin-N} \dots \dots \dots & 23\ (45) \\ \text{Histidin-N} \dots \dots \dots & 17\ (\ 7) \\ \text{Lysin-N} \dots \dots \dots \dots & 3\ (\ 0)\end{array}\right\}\ \text{Prozent des Gesamt-N}$$

In der nur mit Phosphorwolframsäure fällbaren Fraktion (Lysinfraktion):

$$\left.\begin{array}{ll}\text{Arginin-N} \dots \dots \dots & 14 \\ \text{Histidin-N} \dots \dots \dots & 13 \\ \text{Lysin-N} \dots \dots \dots \dots & 17\end{array}\right\}\ \text{Prozent des Gesamt-N [1]}$$

Basisches Pepton aus Lymphknoten.

Dem aus Lymphknoten isolierten basischen Pepton fehlt die Diazoreaktion.

$$\left.\begin{array}{ll}\text{Arginin-N} \dots \dots \dots & 14 \\ \text{Lysin-N} \dots \dots \dots \dots & 27\end{array}\right\}\ \text{Prozent des Gesamt-N [2]}$$

Histopeptone.

Durch Pepsinverdauung des Kalbsthymushistons erhält man ein Pepton folgender Zusammensetzung (über die einzelnen Fraktionen der Pepsinverdauung vgl. auch [3]):

    . NH_3 fehlt,
Histidin-N 3,6%
Arginin-N. 28,4%
Lysin-N 13,2%
Monoaminosäure-N . . . . 27,0% [4]

Aus dem Filtrat des mit Pikrinsäure ausgefällten Histopeptonpikrates wurde ein mit Silber fällbarer Körper folgender Zusammensetzung isoliert:

Arginin-N. 25,5%
Histidin-N 10,7%
Lysin-N 5,4%
Monoaminosäuren-N 38,6%

Millonsche Reaktion negativ.

Aus dem Filtrat dieser Substanz erhielt man mit Phosphorwolframsäure ein Produkt mit folgender N-Verteilung:

Arginin-N. 17%
Lysin-N 13%
Monoaminosäuren-N 70%
Millonsche Reaktion stark positiv.

Es wird vermutet, daß das Arginin auch mit der im Eiweiß sonst freien Guanidingruppe verkettet ist.

Im Filtrat von Phosphorwolframsäureniederschlag wurden Dipeptide und Lävulinsäure gefunden. Letztere stammt aus dem zur Verwendung gekommenen Pepsinpräparat. Monoaminosäuren waren nicht nachweisbar[5].

Über die Giftigkeit von Histopepton[6].

<hr>

[1] K. Felix: Hoppe-Seylers Z. **135**, 175 (1924) — Chem. Zbl. **1924 II**, 484.
[2] K. Felix: Hoppe-Seylers Z. **116**, 150 (1921) — Chem. Zbl. **1922 I**, 56.
[3] K. Felix: Hoppe-Seylers Z. **146**, 103 (1925) — Chem. Zbl. **1925 II**, 2215.
[4] K. Felix: Hoppe-Seylers Z. **119**, 66 (1921) — Chem. Zbl. **1922 I**, 1415.
[5] K. Felix: Hoppe-Seylers Z. **120**, 94 (1922) — Chem. Zbl. **1922 III**, 735.
[6] Freund: Pharm. Zentralhalle **55**, 803 (1914) — Chem. Zbl. **1914 II**, 1061.

Kyrine.

Kyrin aus Globin.

Das durch partielle Hydrolyse aus Globin dargestellte Kyrin ergibt bei seiner Frak·tionierung durch Silberbaryt oder Quecksilbersulfat in schwefelsaurer Lösung ein Gemisch teils histidinreicher, teils histidinarmer Polypeptide, die 2—3 Aminosäuren enthalten. In dem partiell hydrolysierten Globin ist ein Teil der Hexonbasen mit den basischen Valenzen an andere Aminosäuren gebunden, wodurch die Fällbarkeit mit Phosphorwolframsäure ver·hindert wird. — Ein Histidinpolypeptid konnte als hygroskopisches Pulver, unlöslich in Alko·hol, Äther und Aceton, isoliert werden. Ausbeute 4% des angewandten Globins. Bei der Hydrolyse entstehen 68% Histidin-N und 32% Monoaminosäuren-N einschließlich kleiner Mengen Ammoniak und Huminsubstanzen. Der Aminosäure-N entfällt auf Leucin und Pro·lin. Arginin und Lysin fehlen. Trypsin, aktiviertes Trypsin und Erepsin spalten das Produkt nicht[1].

Caseinokyrinsulfat.

Die bei der partiellen Hydrolyse von Caseinogen resultierende Kyrinfraktion läßt sich noch in 4 weitere Fraktionen zerlegen. Aus einer dieser Fraktion ließ sich ein lysinhaltiges Tripeptid von der Zusammensetzung $C_{16}H_{30}O_5N_4$ isolieren, das ein krystallisiertes Sulfat von der Zusammensetzung $C_{16}H_{30}O_5N_4 \cdot H_2SO_4$ ergab[2].

Tyrine.

Allgemeines.

Die von Posternak als Tyrine bezeichneten Körper stellen phosphorhaltige „Polypep·tide" dar, die durch Einwirkung von Trypsin auf Caseinogen und Ovovitellin (auch aus reifen Hechteiern) gewonnen werden. Bei der Hydrolyse der Tyrine mit starken Säuren (s. unten) tritt neben anderen Produkten stets Brenztraubensäure auf, deren Herkunft durch Des·aminierung von Serin erklärt wird. Da jedoch freies Serin unter gleichen Bedingungen nur 8% seines Stickstoffs als Ammoniak abspaltet, wird angenommen, daß das Serin in den Tyrinen in einer besonderen Bindungsart vorliegt. — Auch Alkalien machen Ammoniak aus den Ty·rinen frei und spalten den gesamten Phosphor als Phosphorsäure ab. Bei der Desaminierung sollen Serin-Phosphorsäureketten zerlegt werden, was an den Polypeptiden, die Serin und Phosphorsäure enthalten und die man aus den Hydrolysaten der Ovotyrine gewinnen kann, bewiesen wird. Für die Spaltung der Serin-Phosphorsäureketten gibt Posternak folgendes Schema:

$$-CO \cdot CH \cdot NH \!\!-\!\!-\!\! CO \cdot CH \cdot NH- \qquad \to 2H_3PO_4 + \qquad -CO \cdot C \cdot NH\!\!-\!\!CO \cdot C \cdot NH-$$
$$\underset{CH_2 \cdot O \cdot PO_3H_2}{|} \quad \underset{CH_2 \cdot O \cdot PO_3H_2}{|} \qquad\qquad\qquad \underset{CH_2}{\|} \qquad \underset{CH_2}{\|}$$

In zweiter Phase wird die α-Aminoacrylsäurekette hydrolysiert unter Bildung von Ammoniak und Brenztraubensäure. Auf dieser Reaktion beruht eine Farbreaktion der Tyrine mit Phloroglucin. Die Reaktion — roter, nach Neutralisieren mit Soda grüner Niederschlag — st mit Caseinogen und Ovovitellin negativ[3].

Ovotyrine.

Ovotyrine erhält man aus Ovovitellin durch Trypsinverdauung nach Vorbehandlung mit Pepsin. Die Ovotyrine zeigen folgende Bruttozusammensetzung:

	Ovotyrin-α	$C_{21}H_{43}O_{24}N_7P_4$
Ovotyrin-β zer- ⎰	Ovotyrin-β_1	$C_{24}H_{48}O_{26}N_8P_4$
legbar in . . . ⎱	Ovotyrin-β_2	$(C_{24}H_{48}O_{26}N_8P_4)_3Fe_2$
	Ovotyrin-γ	$C_{46}H_{84}O_{40}N_{12}P_4$

Die Ovotyrine sind weiße Pulver, unlöslich in neutralen organischen Lösungsmitteln, mit Ausnahme von β ziemlich leicht löslich in Wasser. Die Alkalisalze sind löslich in Wasser, die

---

[1] F. Haurowitz: Hoppe-Seylers Z. **162**, 41 (1926) — Chem. Zbl. **1927 I**, 1482.
[2] P. H. Levene u. J. v. Scheer: J. of biol. Chem. **22**, 425 (1915) — Chem. Zbl. **1915 II**, 1195.
[3] S. u. T. Posternak: C. r. Acad. Sci. Paris **187**, 313 (1928) — Chem. Zbl. **1928 II**, 1335.

Erdalkalisalze sind unlöslich mit Ausnahme der von γ, ferner sind sämtliche Schwermetallsalze unlöslich in Wasser. Alle Ovotyrine drehen links, geben die Biuretreaktion jedoch nicht die Millonsche, γ hat auch positive Molischsche Reaktion.

Bei der Hydrolyse mit 25 proz. Salzsäure oder 35 proz. Schwefelsäure geben α, β_1 und β_2 in allen Fällen Phosphorsäure, Brenztraubensäure, Ammoniak, Arginin, Histidin, Lysin und viel l-Serin. Die Anwesenheit von 3 Hexonbasen fordert eine Verdreifachung der oben angegebenen Molekularformeln. So liefert β_1 $C_{72}H_{144}N_{24}O_{78}P_{12}$, 12 Mol Phosphorsäure, 1,6 Mol Brenztraubensäure, 4,9 Mol Ammoniak, 0,62 Mol Arginin, 0,70 Mol Histidin, 0,75 Mol Lysin und 7,9 Mol l-Serin. Das Ammoniak rührt von der Zerlegung des Serins in Ammoniak und Brenztraubensäure her. Wahrscheinlich ist noch eine N-freie Säure in den Ovotyrinen vorhanden, die aber noch nicht nachgewiesen werden konnte.

Das Ovotyrin-β enthält das Eisen des Eigelbs. Mit Ausnahme des Eisengehaltes sind β_1 und β_2 identisch. Das Ovotyrin-β soll teilweise im Eigelb vorgebildet sein, da man 20 % des gesamten Phosphors durch 5 proz. Sodalösung in dieser Form daraus extrahieren kann. Erwärmt man frisches und geschlagenes Eigelb 10 Tage auf Bruttemperatur, so ist die Menge des extrahierbaren Ovotyrins-β mehr als verdoppelt, was auf im Eigelb enthaltene proteolytische Fermente zurückgeführt wird. — β_2 ist löslich in Alkalien, und zwar in der Kälte ohne Fällung von Eisenhydroxyd, das aber beim Kochen ausfällt [1, 2]. Vgl. auch über die Trennungsverfahren der einzelnen Ovotyrine [3].

Lactotyrine.

Beim Abbau des Caseinogens durch Trypsin kann man phosphorhaltige Verbindungen isolieren, die wahrscheinlich Polypeptide sind und von Posternak als Lactotyrine bezeichnet werden. Er unterscheidet:

$$\text{Lactotyrin-}\alpha \qquad C_{64}H_{111}N_{15}O_{43}P_4$$
$$\text{Lactotyrin-}\beta \qquad C_{67}H_{116}N_{16}O_{44}P_4$$
$$\text{Lactotyrin-}\gamma \qquad C_{72}H_{124}N_{18}O_{47}P_4$$

Genauer untersucht ist das Lactotyrin-α: $[\alpha]_D^{19,5} = -67{,}84°$, Ammoniumsalz $= -93{,}82°$.

Die Hydrolyse mit 25 proz. Salzsäure liefert 3 Mol Glutaminsäure, 0,6 Mol Asparaginsäure, etwa 3 Mol Isoleucin, etwa 3 Mol Serin, das teilweise in Ammoniak und Brenztraubensäure zerlegt wird, 4 Mol Phosphorsäure, geringe Mengen von Dipeptiden (Isoleucylserin, Serylasparaginsäure, Pyruvylserin), größere Mengen von Tripeptiden (Serylserylserin, Pyruvylserylserin) und Tetrapeptiden (Serylserylserylserin, Pyruvylserylserylserin).

Aus den Ergebnissen der Titration des Lactotyrins kann man auf Anwesenheit von 12 Carboxylgruppen schließen, von denen 4 auf das Mol des Polypeptids kommen, während die übrigen sauren Valenzen den 4 zweibasischen Resten der Phosphorsäure angehören. Die Phosphorsäure soll an der Hydroxylgruppe des Serins sitzen.

Alle 3 Lactotyrine lösen sich leicht mit saurer Reaktion in Wasser, bilden lösliche Alkali- und Erdalkalisalze und geben bei der Behandlung mit Ätzalkalien fast den gesamten Phosphor als Phosphorsäure ab [4].

In einer späteren Arbeit beschreibt Posternak ein analoges Produkt, das er durch Reinigung über das Bleisalz erhielt. Zusammensetzung: $C_{58}H_{100}N_{14}O_{42}P_4$. Natriumsalz $[\alpha]_D^{15,5} = -58{,}8°$, Ammoniumsalz $[\alpha]_D^{15,5} = -88{,}4°$. Die Substanz liefert Barium- und Kupfersalze. Bei der Hydrolyse gewinnt man Phosphorsäure, Brenztraubensäure, Glutamin, Asparagin, Isoleucin, Serin und Ammoniak; weitere Amino- oder Oxyaminosäuren konnten nicht erhalten werden [5].

Proteinsäuren, Oxyproteinsäuren.

Vorkommen und Darstellung: Der menschliche Harn enthält durchschnittlich 4,5 % des Gesamt-N in Form von Oxyproteinsäure-N. Bei kachektischen Carcinomkranken und bei Phthisikern werden — nicht in allen Fällen — Werte von 5—9,6 % erhalten (Methodik zur quantitativen Bestimmung) [6].

---

[1] S. u. T. Posternak: C. r. Acad. Sci. Paris **184**, 909 (1927) — Chem. Zbl. **1927 II**, 93.

[2] S. u. T. Posternak: C. r. Acad. Sci. Paris **185**, 615 (1927) — Chem. Zbl. **1928 I**, 211.

[3] S. u. T. Posternak: DRP. 455388, Kl. 12p v. 4. April 1926 — EP. 268806 v. 31. März 1927 — Chem. Zbl. **1928 I**, 2519.

[4] S. Posternak: C. i. Acad. Sci. Paris **184**, 306 (1927) — Chem. Zbl. **1927 I**, 2323.

[5] S. Posternak: C. r. Acad. Sci. Paris **186**, 1762 (1928) — Chem. Zbl. **1928 II**, 2154.

[6] Sassa: Biochem. Z. **64**, 195 (1914) — Chem. Zbl. **1914 II**, 438.

Nach **Damask** schwankt der Oxyproteinsäurestickstoff im Harn bei nichtcarcinomatösen Individuen zwischen 1,5—2,7% des Gesamt-N. Höhere Werte findet man bei Graviden und Tuberkulösen. Bei 42 sicheren Carcinomfällen wurde bei 35 ein Gehalt von 2,8—4,7% Oxyproteinsäure gefunden (Diagnose des Carcinoms)[1].

Nach v. **Fürth** beträgt der Oxyproteinsäure-N des normalen Menschenharns 2,5—3,6% des Gesamt-N (Methodik der quantitativen Bestimmung[2], Kritik der Bestimmung[3]).

Die Oxyproteinsäuren sind mit am Nichtsulfatschwefel des Harns beteiligt[4].

Bestimmung durch Schwefelanalyse[5].

50 l Diazoharn (Fall von schwerer Lungentuberkulose) lieferten 67,33 g Autoxyproteinsäure und 10,79 g Oxyproteinsäure[6].

Über die Beteiligung der Oxyproteinsäure am Restkohlenstoff und Reststickstoff des Blutes[7].

Zur Darstellung der Oxyproteinsäuren des Harns behandelt man den bei sodaalkalischer Reaktion eingedampften Urin mit Kupfersulfat und Kalilauge in Mengenverhältnissen, die ein klares und farbloses Filtrat gewährleisten. Nach Einleiten von Kohlensäure wird dieses auf dem Wasserbad eingeengt mit Quecksilberacetat gefällt, die Fällung mit Schwefelwasserstoff zerlegt, nach Entfernung des Überschusses mit Barytlauge neutralisiert und das Bariumsalz der Oxyproteinsäure mit Alkohol ausgefällt[8]. Vgl. auch [2].

Zusammensetzung und Eigenschaften: Die chemische Natur der Proteinsäuren ist keineswegs geklärt. Nach **Glagolew** sind die Oxyproteinsäuren polypeptidartige Stoffe, die eine bestimmte Menge freier Aminogruppen enthalten, die durch Hydrolyse ansteigt[9]. Nach **Edlbacher** und **Freund** handelt es sich bei den Oxyproteinsäuren im wesentlichen um Harnstoff, dem nur geringe Beimengungen anderer Substanzen anhaften (vgl. unten [8, 10, 11, 12]). Dagegen neigt **Brings** wieder dazu, die Oxyproteinsäuren als Abkömmlinge der Eiweißkörper aufzufassen[13]. — Auch **Giedroyc** wendet sich gegen die Auffassung **Edlbachers**, daß in der Oxyproteinsäure ein Ureid vorliegen soll[14].

Nach **Edlbacher** läßt sich bei der Fraktionierung der Oxyproteinsäuren fast der gesamte N in Form von Harnstoff isolieren, der aber nicht in den unzersetzten zur Herstellung benutzten Bariumsalzen vorgebildet ist, sondern erst beim Zersetzen der Salze entsteht. Im Hydrolysat der Oxyproteinsäuren fehlen Hexonbasen; Aminosäuren sind nur in Spuren nachweisbar. Eine Tetrose, die zuerst vermutet wurde, konnte nicht aufgefunden werden. Es findet sich noch eine als Urein[15] bezeichnete Substanz mit reduzierenden Eigenschaften, deren N durch Urease zu 95,5% als Ammoniak-N bestimmbar ist[16]. — Die Oxyproteinsäuren enthalten keine Monoaminosäuren (Unterschied von den Autoxyproteinsäuren), wohl aber Purinbasen[17].

Die Autoxyproteinsäuren scheinen im wesentlichen polypeptidartige Körper zu sein, an deren Aufbau Monoaminosäuren, Arginin, Histidin und Lysin beteiligt sind[17].

Über kolloidchemische Eigenschaften der Oxyproteinsäuren im Harn und im Blute Krebskranker im Vergleich mit anderen Eiweißkörpern[18].

[1] M. **Damask**: Wien. klin. Wschr. **28**, 499 (1915) — Chem. Zbl. **1915 II**, 89.

[2] O. von **Fürth**: Biochem. Z. **69**, 448 (1915) — Chem. Zbl. **1915 II**, 245.

[3] B. **Weißberg**: Biochem. Z. **233**, 113 (1931) — Chem. Zbl. **1931 I**, 3589.

[4] E. **Salkowski**: Biochem. Z. **79**, 68 (1916) — Chem. Zbl. **1917 I**, 784.

[5] S. **Horiguchi**: J. of Biochem. **14**, 257 (1931) — Chem. Zbl. **1932 I**, 1933.

[6] Y. **Komori**: J. of Biochem. **6**, 297 (1926) — Chem. Zbl. **1926 II**, 2191.

[7] O. **Deutschberger**: Biochem. Z. **198**, 268 (1928) — Chem. Zbl. **1929 I**, 254.

[8] E. **Freund** u. A. **Sittenberger-Kraft**: Biochem. Z. **136**, 145 (1923) — Chem. Zbl. **1923 III**, 687

[9] **Glagolew**: Hoppe-Seylers Z. **89**, 432 (1914) — Chem. Zbl. **1914 I**, 1672.

[10] E. **Freund** u. A. **Sittenberger-Kraft**: Biochem. Z. **157**, 261 (1925) — Chem. Zbl. **1925 II**, 316.

[11] S. **Edlbacher**: Hoppe-Seylers Z. **144**, 278 (1925) — Chem. Zbl. **1925 II**, 940.

[12] H. C. **Andersen** u. R. **Roed-Müller**: Biochem. Z. **70**, 442 (1915) — Chem. Zbl. **1915 II**, 746.

[13] L. **Brings**: Biochem. Z. **154**, 35 (1924) — Chem. Zbl. **1925 I**, 1412.

[14] W. **Giedroyc**: Bull. Soc. Chim. biol. Paris **8**, 222 (1926) — Chem. Zbl. **1926 II**, 1953.

[15] **Moore**: Z. Biol. **45**, 420 (1903) — Chem. Zbl. **1904 I**, 680.

[16] S. **Edlbacher**: Hoppe-Seylers Z. **120**, 71 (1922) — Chem. Zbl. **1922 III**, 750 — Hoppe-Seylers Z. **121**, 164 (1922) — Chem. Zbl. **1922 III**, 1071 — Hoppe-Seylers Z. **131**, 177 (1923) — Chem. Zbl. **1924 I**, 565.

[17] S. **Edlbacher**: Hoppe-Seylers Z. **127**, 187 (1923) — Chem. Zbl. **1923 III**, 264.

[18] A. **Madinaveitia**: An. Soc. españ. Fís. Quim. II **17**, 136 (1919) — Chem. Zbl. **1919 IV**, 812.

Über die Beeinflussung der Löslichkeit der Harnsäure durch verschiedene Fraktionen der Oxyproteinsäuren[1].

Über die Rolle der Oxyproteinsäuren im Eiweißstoffwechsel[2].

Lysalbinsäure, Protalbinsäure.

Zusammensetzung: Nach Paal aus Eiereiweiß hergestellte Protalbinsäure und Lysalbinsäure zeigen folgende Zusammensetzung nach van Slyke:

	Eiweiß	Protalbinsäure	Lysalbinsäure
NH$_3$-N	9,08	5,08	8,21
Humin-N	4,71	4,00	4,49
Cystin-N	0,72	0,11	0,51
Arginin-N	6,05	6,32	6,23
Histidin-N	6,48	7,96	6,42
Lysin-N	10,09	13,73	12,50
Amino-N im Filtrat der Basen	61,26	58,17	58,37
Nichtamino-N im Filtrat der Basen	4,58.	5,22	2,70

Die N-Verteilung ist also dieselbe wie im nativen Eiereiweiß. Der scheinbar höhere Lysingehalt ist wahrscheinlich auf Ornithin zurückzuführen, das durch Einwirkung von Alkali auf Arginin entsteht. — Das Mol-Gewicht der beiden Säuren liegt wahrscheinlich über 800[3]. Vgl. dazu auch [4].

Protalbinsäure und Lysalbinsäure als Schutzkolloid für Kupferoxydulhydrosole[5]. — Protalbinsäure und kolloide Goldlösungen[6]. — Die Goldzahlen von Lysalbin- und Protalbinsäure[7].

Proteidätherschwefelsäuren.

a) **Aus Hypophysenvorderlappen:** Proteidätherschwefelsäure gewinnt man aus frischen Vorderlappen, indem man diese unter Zusatz von Natriumbicarbonat bei tiefer Temperatur zerreibt und zentrifugiert. Die überstehende Flüssigkeit opalesziert stark, hat einen rötlichen Ton; sie wird dialysiert, zentrifugiert und mit einem Kohlensäurestrom bis zum Aufhören der Fällung behandelt. Der entstandene Niederschlag wird in verdünntem Ammoniak gelöst und durch Umfällen gereinigt. Ausbeute 2,28 g aus 300 g Drüse. Zusammensetzung:

C . . . . 57,70—57,96%
H . . . . 9,09— 9,33%
N . . . . 11,31—11,38%
P . . . . 0,39— 0,37%
S . . . . 3,69— 3,40%
S in Form von Schwefelsäure . . . . 2,87— 2,85%

Die Proteidätherschwefelsäure zeigt positive Biuret-, Xanthoprotein- und Millonsche Reaktion, Hopkinssche und Molischsche Reaktionen sind negativ. Cystin fehlt. — Durch Trocknen im Vakuum über Schwefelsäure nimmt die Löslichkeit in Ammoniak ab. — Die frisch hergestellte, in Ammoniak gelöste Säure, wirkt stark beschleunigend auf die Blutgerinnung[8].

b) **Aus der Leber:** Versetzt man gemahlene Rindsleber mit stark verdünnter Essigsäure, erwärmt auf 60—70°, filtriert und fällt das abgekühlte Filtrat mit Trichloressigsäure, neutralisiert nach abermaliger Filtration mit Bleicarbonat, so kann man aus dem entbleiten Filtrat mit Alkohol eine Fällung abtrennen, deren Filtrat nach dem Einengen wiederum mit Alkohol gefällt wird. Dieser Niederschlag gibt die Biuret-, Millonsche und Molischsche Reaktion. Gesamt-N 13,74—13,91%. Tryptophan, Phenylalanin, Cystin fehlen. Die Kohlehydratreaktion stammt weder von Galaktose noch von Pentose. Konz. Salpetersäure, Uranyl-

[1] K. Yabana: Biochem. Z. **213**, 456 (1929) — Chem. Zbl. **1930 I**, 546.
[2] S. Bondzynski: Bull. Soc. Chim. biol. Paris **7**, 61 (1925) — Chem. Zbl. **1925 I**, 1757.
[3] C. Kennedy u. R. A. Gortner: J. amer. chem. Soc. **39**, 2734 (1917) — Chem. Zbl. **1918 II**, 193.
[4] Paal: Ber. dtsch. chem. Ges. **35**, 2195 (1902) — Chem. Zbl. **1902 II**, 285.
[5] Paal u. Dexheimer: Ber. dtsch. chem. Ges. **47**, 2195 (1914) — Chem. Zbl. **1914 II**, 692.
[6] K. Hiege: Z. anorg. u. allg. Chem. **91**, 145 (1914) — Chem. Zbl. **1915 I**, 1053.
[7] R. A. Gortner: J. amer. chem. Soc. **42**, 595 (1919) — Chem. Zbl. **1920 III**, 486.
[8] S. Fränkel u. G. Monasterio: Biochem. Z. **211**, 259 (1929) — Chem. Zbl. **1930 I**, 243.

acetat, Kaliumquecksilberchlorid, Pikrinsäure und Pikrolonsäure geben keine Fällung. Eisenchlorid erzeugt weder Fällung noch Färbung. Phosphormolybdänsäure erzeugt eine Fällung. — Die Proteidätherschwefelsäure reagiert stark sauer, durch Titration mit $^1/_{100}$n-KOH wird als niedrigstes Mol-Gewicht 1570 erhalten[1].

c) Aus Magenschleimhaut: Die Proteidätherschwefelsäure aus Magenschleimhaut zeigt positive Biuret- und Molischsche Reaktion, Millonsche Reaktion, Tryptophan- und Xanthoproteinreaktion negativ[2]. Sie weist 1,67—1,77% Gesamt-S auf, der völlig als ätherartig gebundene Schwefelsäure vorhanden ist[3].

d) Aus Milz: Die Proteidätherschwefelsäure aus Rindermilz ist in Wasser leicht löslich, Biuret- und Molischsche Reaktion positiv, Tryptophanreaktion schwach, Xanthoprotein- und Millonsche Reaktion negativ. S-Gehalt 1,6—1,8%, gänzlich in Form organisch gebundener Schwefelsäure. Die Substanz, deren Einheitlichkeit fraglich ist, kann mit Ammonsulfat ausgesalzen werden[4].

Oxykeratinsulfosäure.

Oxykeratinsulfosäure erhält man durch Oxydation von Menschenhaaren mit 2proz. Kaliumpermanganatlösung, Ansäuren mit verdünnter Salzsäure, Abfiltrieren von der ausgefallenen Oxyprotosulfonsäure, Fällung mit Bleiacetat und erneute Filtration. Das Filtrat wird mit Barytwasser schwach alkalisch gemacht, filtriert und mit basischem Bleiacetat gefällt. Nach der Entfernung des Bleies wird die konz. wäßrige Lösung mit Alkohol zersetzt, der erhaltene Niederschlag mit konz. Salzsäure gespalten und die Lösung wiederum mit Alkohol gefällt. Die aus Wasser erhaltenen Krystalle entsprechen der Formel $C_3H_7O_5NS$ und sind identisch mit der optisch inaktiven Cysteinsäure[5].

Protoctin.

Bei der Hydrolyse der Proteine von Pflanzensamen findet sich eine bisher nicht bekannte Base von der Formel $C_8H_{15}O_3N_3$, für die Schryver den Namen „Protoctin" einführt. So werden z. B. aus Ricinussamenprotein 2%, aus Haferprotein 0,5% der Base, bezogen auf Stickstoff, erhalten. Sie stellt ein gelbliches, leicht zerfließliches Pulver dar, das leicht löslich ist in Wasser, löslich in abs. Alkohol und unlöslich in Äther. Die wäßrige Lösung reagiert alkalisch und adsorbiert Kohlensäure. Das Protoctin entfärbt Kaliumpermanganat in saurer Lösung und wird durch Quecksilberchlorid und Bariumhydroxyd, nicht aber durch Silbernitrat und Alkali gefällt. Die Substanz verkohlt oberhalb 220°, ihr Mol-Gewicht beträgt 192,1. Von den 3 N-Atomen ist nur eins als Amino-N vorhanden. — Die saure Dissoziationskonstante ist $1,8 \cdot 10^{-13}$. — Die Konstitution der Base konnte nicht aufgeklärt werden, dagegen sind eine Anzahl Derivate im Original beschrieben[6].

Nachtrag zum Seidenfibroin (S. 241). E. Abderhalden u. A. Bahn[7] isolierten aus dem Gemisch der bei der Einwirkung von n-NaOH auf Seidenfibrion bei 37° entstehenden Abbauprodukte Glycyl-seryl-prolyl-tyrosyl-prolin und Seryl-prolyl-tyrosyl-prolin.

---

[1] S. Fränkel u. G. Monasterio: Biochem. Z. **211**, 264 (1929) — Chem. Zbl. **1930 I**, 243.
[2] H. Mathis: Biochem. Z. **220**, 493 (1930) — Chem. Zbl. **1930 II**, 579.
[3] H. Mathis: Biochem. Z. **229**, 263 (1930) — Chem. Zbl. **1931 I**, 1466.
[4] A. Ebel: Biochem. Z. **231**, 306 (1931) — Chem. Zbl. **1931 I**, 2778.
[5] T. Lissizin: Hoppe-Seylers Z. **173**, 309 (1928) — Chem. Zbl. **1928 I**, 2098.
[6] S. B. Schryver u. H. W. Buston: Proc. roy. Soc. Lond. B **100**, 360 (1926) — Chem. Zbl. **1926 II**, 2311.
[7] E. Abderhalden u. A. Bahn: Hoppe-Seylers Z. **210**, 241 (1932).

Pyrrolderivate

(Bd. X, S. 39).

Von

Hermann Maurer-Stuttgart.

I. Einkernige Pyrrolderivate.

Die Bezeichnung der Stellung der Substituenten am Pyrrolkern wird in der Literatur auf verschiedene Weise vorgenommen, so daß bei einer wahllosen Übernahme sehr leicht Verwechslungen eintreten können. In vorliegendem Band müssen die einzelnen Substituenten, entsprechend den beigefügten Zahlen, stets in der Richtung von rechts nach links in den Pyrrolkern eingefügt werden, laut folgendem Schema:

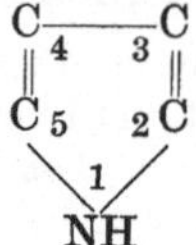

Die in Klammern stehenden Zahlen bedeuten die Bezeichnung, wie sie an den betreffenden Literaturstellen gebraucht worden ist.

Bei den Dipyrryl-methanen und -Methenen ist die Variation in der Bezeichnung noch größer. Bei der vorliegenden Zusammenstellung ist nun des Zusammenhangs halber dieselbe Nomenklatur angewendet worden, wie sie bei den einfachen Pyrrolen gebraucht worden ist, so daß ohne weiteres ersehen werden kann, aus welchen Einzelpyrrolen ein solches Methan zusammengesetzt ist.

Besteht ein solcher Körper z. B. aus einem 3-Propionsäure-4-methyl-5-carbäthoxy-pyrrol- und aus einem 3-Äthyl-4,5-dimethyl-pyrrol-rest, dann lautet die Bezeichnung folgendermaßen:

(3-Propionsäure-4-methyl-5-carbäthoxy-pyrryl)-(3-äthyl-4,5-dimethyl-pyrryl-)-methan.

$$H_3C \cdot C \underline{\hspace{1cm}} C \cdot CH_2 \cdot CH_2 \cdot COOH \qquad H_5C_2 \cdot C \underline{\hspace{1cm}} C \cdot CH_3$$
$$H_5C_2OOC \cdot C \qquad C \underline{\hspace{2cm}} CH_2 \underline{\hspace{2cm}} C \qquad C \cdot CH_3$$
$$NH \qquad\qquad\qquad\qquad NH$$

Zwecks Abkürzung dieser langatmigen Formeln ist nun neuerdings auch eine wesentlich einfachere Formulierung vorgeschlagen worden, nach folgendem Schema:

Obiger Körper hätte demnach dann folgende Bezeichnung:

3-Propionsäure-3'-äthyl-4, 4', 5'-trimethyl-5-carbäthoxy-pyrro-methan.

In der vorliegenden Zusammenstellung ist nun des Zusammenhangs halber stets die alte Bezeichnung gebraucht und die neue nur dann mitangegeben, wenn sie auch in der Literatur anzutreffen ist.

Pyrrol.

Mol-Gewicht: 67,07.

Zusammensetzung: 71,60%; 7,51% H; 20,89% N. C_4H_4N.

Bildung: Neben Indol und anderen Stoffen beim Erhitzen eines Gemisches von Acetylen, Anilin und Kohlensäure auf 600—700°[1]. Beim katalytischen Dehydrieren von Pyrrolidin[2].

Darstellung: 600 g Schleimsäure werden mit 900 ccm konz. Ammoniak ($d = 0,9$) zur Trockene verdampft, das gebildete Ammoniumsalz mit 350 g Glycerin vermischt, über Nacht stehengelassen und dann vorsichtig über freier Flamme destilliert. Ausbeute 37—40%[3].

Physikalische und chemische Eigenschaften: Gibt bei der katalytischen Reduktion eine Reihe von Basen wie Pyrrolidin, Diäthylamin, Methyl-N-propylamin, n-Butylamin usw.[4]. Reagiert mit Formaldehyd in Gegenwart von etwas Schwefelsäure unter Bildung von primären Alkoholen der verschiedensten Zusammensetzung[5]. Gibt mit Chlormethyläther in abs. ätherischer Lösung salzsaures Tripyrrol[6].

Die Verbindung $(C_4H_4N)_2 \cdot Hg \cdot (HgCl_2)_4$ entsteht auf Zusatz von Sublimat zur Lösung des Pyrrols in Eisessig. Schmelzp. 143°. Wird durch Schwefelwasserstoff in der Hitze zerlegt[7].

Beim Verreiben mit Arsensäure bildet sich ein arsenhaltiger Stoff. Schmelzp. 120 bis 130°. Hellgelb gefärbt. Leicht löslich in Pyridin, Eisessig, Mineralsäuren; unlöslich in Alkohol, Äther, Aceton; wenig löslich in Chloroform und Alkalien[8].

Die Base $C_{12}H_{16}O_2N_2$ entsteht durch Einwirkung von Diacetyl auf Pyrrolmagnesiumjodid. Leicht löslich in Chloroform, Pyridin, Aceton, Alkohol; wenig löslich in Benzol, Äther; unlöslich in Wasser, Petroläther. Gibt mit anorganischen und organischen Säuren rotviolette Salze. Das Chlorhydrat spaltet bereits an der Luft Salzsäure ab[9].

Die Base $C_{18}H_{18}O_2N_4$ wird erhalten durch Einwirkung von Oxalsäureester auf Pyrrolmagnesium-jodid. Löslich in Chloroform, Pyridin, Alkohol, Äther; unlöslich in Wasser und Petroläther. Gibt mit Essigsäure ein wasserlösliches violettes Salz; die Salze mit Mineralsäuren sind in Wasser unlöslich[10].

Physiologisches Verhalten: Injektion von Pyrrol erzeugt Melanurie und örtliche Hautschwärzung[11]. Es wirkt stark narkotisierend auf das Zentralnervensystem[12]. Ferner bewirkt es starke und anhaltende Hypothermie (minimale letale Dosis$=0,0022$ g Mol/kg) [Kaninchen][13]. Wirkt beim fiebernden Tier stärker toxisch als beim normalen. Die Temperatursenkung erfolgt in zwei Etappen.

2 (α)-Formyl-pyrrol.

Mol-Gewicht: 95,75.

Zusammensetzung: 63,14% C; 5,30% H; 16,83% O; 14,73% N. C_5H_5ON.

Darstellung: a) Zu 30 g Pyrrol, C_4H_5N, in 105 g Chloroform, 300 ccm Alkohol und 100 ccm Wasser läßt man unter lebhaftem Schütteln bei 50—55° 120 g Kalilauge in 240 ccm Wasser im Lauf einer halben Stunde zufließen. Nach 15 stündigem Stehen bei 50—55° wird auf dem Sandbad rasch abgedampft, das Destillat nach Zusatz von 300 ccm 40 proz. Natriumbisulfitlösung bei 12—18 mm und 60° zur Trockne verdampft, der Rückstand mit 210 g gesättigter Kaliumcarbonatlösung bis eben zum Sieden erhitzt und dann ausgeäthert. Ausbeute 6 g[14].

b) 2. Zu einer Grignard-Lösung aus 30 g Jodäthyl und 5,6 g Magnesium in 30 ccm abs. Benzol und 2 ccm abs. Äther gibt man tropfenweise unter Kühlung 13 g Pyrrol in 8 ccm Ben-

[1] A. Majima, T. Uno u. K. Ono: Ber. dtsch. chem. Ges. **55**, 3854 (1922).

[2] Zelinsky: Ber. dtsch. chem. Ges. **64**, 101 (1931).

[3] S. Elvain u. K. Bollinger: Organ. Synth. **9**, 78 (1929).

[4] N. Putochin: Ber. dtsch. chem. Ges. **55**, 2742 (1922).

[5] W. Tschelinzeff u. B. Maxorow: J. russ. phys.-chem. Ges. **48**, 748 (1916).

[6] H. Fischer u. E. Adler: Hoppe-Seylers Z. **197**, 277 (1931).

[7] H. Fischer u. R. Müller: Hoppe-Seylers Z. **148**, 163 (1925).

[8] H. Fischer u. R. Müller: Hoppe-Seylers Z. **148**, 178 (1925).

[9] N. Narischkyn: Ber. dtsch. chem. Ges. **60**, 1928 (1928).

[10] T. Godnew u. N. Narischkyn: Ber. dtsch. chem. Ges. **58**, 2703 (1925); **59**, 2897 (1926).

[11] P. Saccardi: Arch. ital. Biol. **72**, 208.

[12] A. Rabbeno: Arch. internat. Pharmacodynamie **36**, 172 (1929).

[13] A. Rabbeno: Arch. internat. Pharmacodynamie **36**, 387 (1930).

[14] H. Fischer, H. Beller u. A. Stern: Ber. dtsch. chem. Ges. **61**, 1078 (1928). Vgl. E. Bamberger u. E. Djierdjien: Ber. dtsch. chem. Ges. **44**, 495 (1911); **33**, 538 (1900).

zol. Unter starkem Schütteln werden hierzu 40 ccm Ameisensäureäthylester eingetropft und nachdem noch 15 Minuten erwärmt. Die olivgrüne Masse wird unter Kühlung mit Eiswasser zersetzt, nach Zugabe von Essigsäure mit Äther extrahiert, die Lösung mit Soda ausgeschüttelt, getrocknet, das Lösungsmittel verdampft und der Rückstand im Vakuum destilliert. Ausbeute 30—35% [1].

Eigenschaften: Aus Petroläther lange farblose Nadeln, Schmelzp. 45°. Siedep. 217 bis 219°, Siedep. 15 mm = 114°; n_D^{16} = 1,5939. Wird durch Brom in wässeriger Lösung oxydiert zu Dibrommaleinimid. Durch Brom in wasserfreien Lösungsmitteln entsteht ein Gemisch von Mono- und Dibromaldehyd [2]. Die Reduktion nach Wolff-Kishner gibt 2-Methylpyrrol [3].

C_5HONJ_4 bildet sich bei der Einwirkung von Jod-Jodkaliumlösung in alkalischer Lösung auf das Formylpyrrol. Aus Alkohol farblose Substanz. Schmelzp. 137° [2].

Oxym $C_5H_6ON_2$, Schmelzp. 163°. Gibt durch Reduktion mit Natrium und Alkohol (2-Pyrryl-methyl)-amin. Siedep. 8 mm = 96°; stark alkalisch, besitzt Amingeruch, n_D^{18} = 1,5333; spez. Gewicht D_4^{18} = 1,064; Mol-Refraktion = 29,18 [4].

2[-Vinyl-ω, ω-dicyan]-pyrrol $C_8H_5N_3$ (M = 143,11). Entsteht bei der Kondensation von 0,2 g Formylpyrrol mit 0,2 g Molodinitril in abs. alkoholischer Lösung mittels Methylaminchlorhydrat und Soda. Nach mehrtägigem Stehen wird mit Wasser gefällt. — Aus Alkohol Schmelzp. 136° [5].

2-[Vinyl-ω-cyan-ω-carbäthoxy]-pyrrol $C_{10}H_{10}O_2N_2$ (M=190,15). Bildet sich bei der Kondensation von 0,5 g Formylpyrrol mit 0,6 g Cyanessigester (1 Mol) wie eben beschrieben. Nach 4tägigem Stehen wird abgesaugt und die Mutterlauge mit Wasser versetzt, wonach weitere Krystallisation einsetzt. Ausbeute 0,7 g. — Aus Alkohol große Prismen oder Nadeln, Schmelzp. 139°. Leicht löslich in Eisessig, Äther, Chloroform, Aceton, Alkohol; unlöslich in Petroläther und Wasser [5].

2-[Vinyl-ω, ω-dicarbäthoxy]-pyrrol $C_{12}H_{15}O_4N$ (M=237,19). Wird in üblicher Weise durch Kondensation von 0,2 g Formylpyrrol mit 0,6 g Malonester dargestellt. Nach mehrtägigem Stehen wird mit Wasser gefällt, wobei sich ein bald krystallisierendes Öl abscheidet. — Aus Alkohol-Wasser schwach gelbe Nadeln, Schmelzp. 132°. Leicht löslich in Eisessig, Äther, Chloroform, Aceton, Alkohol; unlöslich in Petroläther und Wasser [5].

2-Acetyl-pyrrol.

C_6H_7ON

Physiologisches Verhalten: α-Acetyl-pyrrol ruft starke Verminderung der Reizbarkeit der nervösen Zentren hervor, die sich bis zur Unterdrückung der Modularreflexe steigern kann. Beim fiebernden Tier sind die narkotischen Wirkungen größer wie beim normalen. Gesamtwirkung (antithermisch und antipyretisch) schwächer wie beim Pyrrol. Minimale antithermische Dosis 0,0013 g Mol/kg [Kaninchen] [6].

Dimethylaminobenzolverbindung $C_{15}H_{16}ON_2$. Durch 1stündiges Erhitzen von 2,18 g α-Acetyl-pyrrol und 3,0 g p-Dimethylaminobenzaldehyd mit 35 ccm 10proz. Kalilauge. Das gebildete Öl erstarrt nach längerem Stehen. Danach wird abgesaugt und mit Wasser gut gewaschen. — Aus Sprit intensiv orange gefärbte Nadeln; Schmelzp. 206° (korr. [7]).

2-Acetyl-3, 4-dijod-pyrrol $C_6H_5ONJ_7$. Bildet sich bei Einwirkung einer 0,5proz. Jod-Jodkalilösung auf das Pyrrol in alkalischer Lösung. — Farblose Krystallnadeln vom Schmelzpunkt 157°. Gut löslich in Äther, Alkohol, Benzol, Essigsäure; wenig in Petroläther, Ligroin und Wasser. Löslich in Alkali, wird daraus durch Säuren wieder gefällt. Ist an der Luft beständig. Wird von Brom unter Abscheidung von Jod zersetzt. Gibt bei der Oxydation mit rauchender Salpetersäure Dijodmaleinimid [8].

---

[1] Vgl. W. Tschelinzeff u. E. Terentjeff: Ber. dtsch. chem. Ges. **47**, 2652 (1914). — N. Putochin: Ber. dtsch. chem. Ges. **59**, 1993 (1926).

[2] A. Terentjeff u. E. Tschelinzeff: Ber. dtsch. chem. Ges. **58**, 66 (1925).

[3] H. Fischer, H. Beller u. A. Stern: Ber. dtsch. chem. Ges. **61**, 1078 (1928).

[4] N. Putochin: Ber. dtsch. chem. Ges. **59**, 1995 (1926).

[5] H. Fischer u. F. Schubert: Hoppe-Seylers Z. **155**, 95 (1925).

[6] A. Rabbeno: Arch. internat. Pharmacodynamie **36**, 172 (1929).

[7] H. Fischer, H. Beyer u. E. Zauker: Liebigs Ann. **486**, 70 (1931).

[8] A. Terentjew u. W. Tschelinzeff: Ber. dtsch. chem. Ges. **58**, 68 (1925).

Pyrrol-1(N)-carbonsäure[1].

Mol-Gewicht: 111,07.

Zusammensetzung: 54,05% C; 4,50% H; 28,84% O; 12,61% N. $C_5H_5O_2N$.

Darstellung: a) Entsteht neben dem Äthylester durch Einwirkung von Chlorkohlensäureester auf Pyrrolnatrium[2]. Die nach Entfernung des Esters verbliebene alkoholisch-wässerige Lösung wird angesäuert und mit Äther extrahiert.

b) Pyrrol-1(N)-carbonsäureäthylester $C_7H_9O_2N$ wird mit 30proz. wässerig-alkoholischer Kalilauge bei Z. Temp. verseift. Ausbeute 36%[1].

Eigenschaften: Aus Äther oder Chloroform-Petroläther farblose, lange Prismen, Schmelzp. 95°. Leicht löslich in Alkohol, Äther; schwerer in Chloroform; sehr schwer in Ligroin, Benzol und Wasser. Spaltet an der Luft oder beim Erhitzen mit Wasser CO_2 ab unter Bildung von Pyrrol. Wird durch verdünnte Mineralsäuren verharzt.

Ammoniumsalz $C_5H_8O_2N_2$. Fällt beim Durchleiten von Ammoniak durch die ätherische Lösung in Form farbloser Schuppen aus. Zersetzt sich beim Erhitzen auf 150° in Pyrrol und Ammoniumcarbonat.

Pyrrol-1-carbonsäurechlorid C_5H_4ONCl. Entsteht beim Einwirken von Phosphorpentachlorid auf die Säure in Chloroform. Ölige Flüssigkeit, bräunt sich an der Luft, riecht schwach nach Benzoylchlorid, reizt die Augen stark; zersetzt sich mit Wasser nur langsam[1].

Pyrrol-1-carbonsäureamid $C_5H_4ON \cdot HN_2$. Bildet sich beim Durchleiten eines trockenen Ammoniakstroms durch die ätherische Lösung des Säurechlorids. — Aus Alkohol-Wasser farblose Krystalle. Schmelzp. 166° [3, 4].

Pyrrol-1-carbonsäurepyrrolid $C_4H_4N \cdot CONC_4H_4$. Entsteht beim Einwirken des Säurechlorids auf Pyrrolkalium in abs. Äther. — Aus Ligroin-Äther farblose Krystalle. Schmelzpunkt 61° [3, 4].

Pyrroyl-1-Glycinester $C_4H_4N \cdot CO \cdot NH \cdot CH_2 \cdot COOC_2H_5$. Durch Einwirken einer ätherischen Lösung des Säurechlorids auf Glykokollester in abs. Äther. — Aus Ligroin-Benzol lange, seidenartige, strahlenförmig angeordnete Nadeln mit pfefferminzartigem Geruch. Schmelzpunkt 77—78° [3, 4].

Pyrroyl-1-Glycin $C_4H_4N \cdot CO \cdot NH \cdot CH_2 \cdot COOH$. Durch Verseifen des Esters mit Kalilauge 1 : 2 bei 30—40°. — Aus Chloroform-Äthylalkohol farblose, kurze, drusenförmig angeordnete Prismen, Schmelzp. 156°. Säuerlich salziger Geschmack. Färbt sich an der Luft hellrosaviolett. Leicht löslich in Alkohol, Aceton; schwerer in Äther und warmem Wasser; schwer löslich in Chloroform, Benzol und Benzin[3, 4].

Pyrrol-1(N)-carbonsäureäthylester[5].

Mol-Gewicht: 139,13.

Zusammensetzung: 60,39% C; 6,52% H; 23,03% O; 10,06% N. $C_7H_9O_2N$.

Darstellung: Pyrrolkalium, unter Toluol hergestellt, wird in kleinen Portionen zu Chlorkohlensäureester in abs. Äther unter Kühlung hinzugefügt. Danach wird vom Chlorkalium abfiltriert, der Äther verdampft und der Rückstand fraktioniert. Ausbeute aus 23 g Pyrrol 40 g Ester = 88%.

Eigenschaften: Siedep. 180°. Gibt bei der Verseifung mit 30proz. wässerig-alkoholischer Kalilauge bei Zimmertemperatur in 36proz. Ausbeute die Säure zurück.

2,5-Diformyl-3-carbäthoxy-4-chlor-pyrrol.

Mol-Gewicht: 229,58.

Zusammensetzung: 47,06% C; 3,48% H; 27,89% O; 6,10% N; 15,47% Cl. $C_9H_8O_4NCl$.

Darstellung: 6 g 2,5-Dimethyl-3-carbäthoxypyrrol in 175 ccm abs. Äther werden unter Eiskühlung tropfenweise mit 24,5 g Sulfurylchlorid (5 Mol) versetzt. Nach 12stündigem Stehen wird auf Eis gegossen, gut mit Wasser ausgewaschen, der Äther verdampft und der

---

[1] W. Tschelinzeff u. B. Maxoroff: Ber. dtsch. chem. Ges. **60**, 194 (1927).

[2] Vgl. G. Ciamician u. A. Dennstedt: Ber. dtsch. chem. Ges. **15**, 2579 (1882). — W. Tschelinzeff: J. russ. phys.-chem. Ges. **1915 I**, 161.

[3] W. Tschelinzeff u. B. Maxoroff: Ber. dtsch. chem. Ges. **60**, 197 (1927).

[4] G. Ciamician u. P. Magnaghi: Ber. dtsch. chem. Ges. **18**, 414 (1885).

[5] W. Tschelinzeff u. B. Maxoroff: Ber. dtsch. chem. Ges. **60**, 194 (1927). — Vgl. G. Ciamician u. M. Dennstedt: Ber. dtsch. chem. Ges. **15**, 2579 (1882).

Rückstand mit Wasserdampf behandelt, wobei die Substanz harzartig wird. Diese Schmiere wird öfters mit viel Wasser ausgekocht und filtriert. Im Filtrat scheidet sich dann der Aldehyd ab. Ausbeute 3 g = 30—35%[1].

Eigenschaften: Aus Wasser farblose Krystalle, Schmelpz. 131°. Ziemlich leicht löslich in Alkohol, Chloroform, Aceton; schwerer in Wasser. Ehrlichsche Reaktion negativ.

2,5-Diformyl-3-carboxy-4-chlor-pyrrol $C_7H_4O_4NCl$ (M = 201,53). 5 g 2,5-Dimethyl-3-carbäthoxy-pyrrol in 175 ccm abs. Äther werden unter Eiskühlung tropfenweise mit 25 g Sulfurylchlorid (5 Mol) versetzt. Nach 12stündigem Stehen wird auf Eis gegossen, gut mit Wasser ausgewaschen, der Äther verdampft, der Rückstand mit Wasserdampf behandelt und die bleibende harzartige Schmiere öfters mit Wasser ausgekocht. Beim Erkalten scheidet sich dann die Carbonsäure aus. Ausbeute 2,5 g = 38%. — Aus Wasser weiße Nadeln, Zersetzungsp. über 237°. Ehrlichsche Reaktion negativ[1].

1-(N)-Methyl-pyrrol.

Mol-Gewicht: 81,09.

Zusammensetzung: 74,07% C; 8,64% H; 17,28% N. C_5H_7N.

Eigenschaften: Die Verbindung $(C_5H_6N)_2Hg(HgCl_2)_4$ bildet sich nach Zusatz von Sublimat zur Lösung des Pyrrols in Eisessig. Zersetzungspunkt 120—130°[2].

1-Phenyl-3-methoxy-pyrrol[3].

Mol-Gewicht: 173,15.

Zusammensetzung: 76,26% C; 6,40% H; 9,25% O; 8,09% N. $C_{11}H_{11}ON$.

Darstellung: Durch Erhitzen des 1-Phenyl-3-methoxy-4-carboxypyrrols $C_{12}H_{11}O_3N$ im Vakuum auf 180—200°; wobei nach lebhafter Kohlensäureentwicklung eine farblose Flüssigkeit abdestilliert, die rasch erstarrt.

Eigenschaften: Weiße, büschelförmig angeordnete Nadeln, Schmelzp. 33—34°. Färbt sich geschmolzen oder gelöst an der Luft rasch braun. Löslich in verdünnter Salzsäure und in allen üblichen organischen Lösungsmitteln außer Petroläther. Fichtenspanreaktion violett. Verharzt in alkoholischer bzw. Eisessiglösung mit Amylnitrit oder Natriumnitrit. Ebenso beim Lösen in heißer konz. Salzsäure, Eisessig-Salzsäure oder Eisessig-Bromwasserstoff. Ist beständig gegen siedende Alkalien und schmelzende Kalilauge. Mit Aluminiumchlorid in Schwefelkohlenstoff entsteht ein brauner, amorpher Stoff ohne Fichtenspanreaktion, Eisenchloridreaktion braun.

1-Phenyl-3-oxy-4-carbäthoxy-pyrrol[4].

Mol-Gewicht: 231,2.

Zusammensetzung: 67,51% C; 5,87% H; 20,56% O; 6,06% N. $C_{13}H_{13}O_3N$.

Darstellung: Durch Verreiben von 2 g α-Chloracetyl-β-anilino-acrylsäureester mit 1 g Kalilauge in 5 ccm Alkohol unter Eiskühlung. Dabei findet erst Lösung statt und dann tritt Erstarrung ein zu einem dicken gelblichen Krystallbrei. Nach Zugabe von Wasser wird filtriert und mit verdünnter Salzsäure angesäuert, wonach der Ester als gelblicher, voluminöser Niederschlag ausfällt. Ausbeute etwa 80%.

Eigenschaften: Aus Alkohol weiche, farblose, verfilzte Nadeln, Schmelzp. 83—84°. Leicht löslich in Aceton, Chloroform; mäßig in Alkohol; unlöslich in Äther, Petroläther, Benzol. Gibt in alkoholischer Lösung mit Eisenchlorid intensive Blaufärbung, die rasch über Grün in Braun umschlägt. Fichtenspanreaktion violettrot. Verharzt beim Stehen mit konz. Salzsäure und beim Erwärmen mit Phenylhydrazin in essigsaurer Lösung. Beim Stehen mit Formaldehyd und Salzsäure in alkoholischer Lösung findet Kondensation statt zu einem rotbraunen Pulver.

1-Phenyl-2-isonitroso-3-keto-4-carbäthoxy-pyrrolin $C_{13}H_{12}O_4N_2$. Wird dargestellt durch Erwärmen des Esters mit der gleichen Menge Amylnitrit, wobei Dunkelfärbung und schließlich Abscheidung von Krystallen eintritt. — Aus Alkohol citronengelbe sechsseitige Prismen, die gegen 175° sintern, dann allmählich schmelzen und sich gegen 185° zersetzen. Wenig löslich in Eisessig; schwer löslich in allen organischen Solventien; leicht löslich in Soda, Eisenchloridreaktion braun.

[1] H. Fischer, E. Sturm u. H. Friedrich: Liebigs Ann. **461**, 262—263 (1928).
[2] H. Fischer u. R. Müller: Hoppe-Seylers Z. **148**, 163 (1925).
[3] E. Benary u. R. Konrad: Ber. dtsch. chem. Ges. **56**, 50 (1923).
[4] E. Benary u. R. Konrad: Ber. dtsch. chem. Ges. **56**, 49 (1923).

$C_{13}H_{12}O_4N_2$. Isomer zu dem 1-Phenyl-2-isonitroso-3-keto-4-carbäthoxy-pyrrolin. Entsteht aus diesem unter der Einwirkung von überschüssigem Natriumnitrit, das in kleinen Portionen zur essigsauren Lösung gegeben wird, bis Erstarrung zu einem dicken Brei eingetreten ist. — Aus Alkohol farblose dicke Nadeln, Schmelzp. 157—158°. Leicht löslich in Alkohol, Äther; unlöslich in Alkalien und Soda. Gibt weder Eisenchlorid- noch Fichtenspanreaktion.

1-Phenyl-3-oxy-4-carbäthoxy-pyrrol-2-azobenzol $C_{19}H_{17}O_3N_3$. Entsteht als braungelber Niederschlag beim Zugeben der äquivalenten Menge einer Diazobenzollösung zu einer eisgekühlten alkalischen des Oxyesters. — Aus Alkohol weiche, orangegelbe Nadeln, Schmelzpunkt 170—172°. Leicht löslich in Äther, Alkohol, Aceton; unlöslich in Wasser. Eisenchloridreaktion blutrot. Läßt sich nicht zur Säure verseifen.

1-Phenyl-3-oxy-4-carboxy-pyrrol[1].

Mol-Gewicht: 203,13.

Zusammensetzung: 65,0% C; 4,47% H; 23,64% O; 6,89% N. $C_{11}H_9O_3N$.

Darstellung: Durch 2 stündiges Erhitzen des Esters $C_{13}H_{13}O_3N$ mit 10 proz. alkoholischer Kalilauge. Dann wird im Vakuum eingedunstet, der Rückstand in Wasser gelöst und die Carbonsäure mit verdünnter Salzsäure ausgefällt.

Eigenschaften: Aus Alkohol oder Aceton kleine Stäbchen; Schmelzp. 172—174° unter Gasentwicklung. Leicht löslich in Alkohol, Aceton; wenig in Chloroform; unlöslich in Äther, Benzol, Petroläther, Tetrachlorkohlenstoff. Eisenchloridreaktion grünblau, wird über grün braunviolett. Fichtenspanreaktion violettrot.

1-Phenyl-3-acetoxy-4-carboxy-pyrrol $C_{13}H_{11}O_4N$. Durch 1 stündiges Erhitzen der Säure mit Essigsäureanhydrid und Natriumacetat. Nachdem wird in Sodalösung gegossen. — Aus Tetrachlorkohlenstoff-Chloroform farblose Nadeln; Schmelzp. 145—147°. Leicht löslich in Alkohol, Aceton, Chloroform; schwer in Äther, Tetrachlorkohlenstoff, Toluol; unlöslich in Petroläther, Benzol. Zersetzt sich beim Erhitzen über den Schmelzpunkt. Beim Erhitzen im Vakuum spaltet sich Essig- und Kohlensäure ab.

1-Phenyl-2-benzolazo-3-oxy-4-carboxy-pyrrol $C_{17}H_{13}O_3N_3$. Entsteht. wenn zu einer eisgekühlten alkalischen Lösung der Säure die äquivalente Menge Diazobenzollösung zugegeben wird. — Aus Alkohol weiche, orangegelbe Nadeln; Schmelzp. 185—187°. Leicht löslich in Alkohol, Chloroform; mäßig in Aceton; schwer in Äther; unlöslich in Wasser, Benzol, Petroläther. Zersetzt sich beim Erhitzen im Vakuum unter starker Gasentwicklung und Bildung von Anilin.

1-Phenyl-3-methoxy-4-carboxy-pyrrol $C_{12}H_{11}O_3N$. Der Methoxyester bildet sich bei portionsweisem Versetzen von 5 g 1-Phenyl-3-oxy-4-carbäthoxy-pyrrol in 50 ccm 4 proz. Natronlauge mit 5 g Dimethylsulfat unter Schütteln. Das dabei sich ausscheidende zähe, gelbe Öl wird in Äther gelöst, der Äther verdampft und der Rückstand mit alkoholischer Kalilauge verseift. Das ausgefallene Kaliumsalz (lange, farblose Nadeln) wird mit verdünnter Salzsäure zerlegt. Die Säure fällt als Öl aus, erstarrt aber rasch. — Aus Alkohol oder Aceton Blättchen; Schmelzp. 166—167° unter Gasentwicklung. Leicht löslich in Alkohol, Aceton; schwer in Äther. Fichtenspanreaktion violettrot. Eisenchlorid fällt aus der alkoholischen Lösung ein rötliches Eisensalz.

1, 2, 3-Triphenyl-2-cyan-5-oxy-tetrahydropyrrol[2].

Mol-Gewicht: 340,29.

Zusammensetzung: 81,2% C; 5,9% H; 4,67% O; 8,23% N. $C_{23}H_{20}ON_2$.

Darstellung: 10 g α-Anilino-phenyl-essigsäurenitril und 7 g Zimtaldehyd in 50 ccm Alkohol werden unter Kühlung mit 5 ccm 2 n-methylalkoholischer Kalilauge versetzt, wobei unter Erwärmung sofort Reaktion und dann allmählich Krystallisation einsetzt. Nach mehrtägigem Stehen wird filtriert und mit Alkohol gut ausgewaschen.

Eigenschaften: Nach mehrmaligem Lösen in Pyridin und fraktioniertem Fällen mit Äther lange, weiße, seidenglänzende Nadeln, Schmelzp. etwa 183° unter Entwicklung von Wasserdampf und Cyanwasserstoff. Ist sehr unbeständig.

1, 2, 3-Triphenyl-5-oxy-dihydropyrrol $C_{22}H_{19}ON$. a) Durch Kochen einer alkoholischen Lösung des Cyanpyrrols. b) Durch $^1/_2$—1 stündiges Erhitzen von α-Anilino-phenyl-essigsäurenitril (10 g) und Zimtaldehyd (7 g) in Alkohol (50 ccm) mit 2 n-methylalkoholischer Kalilauge (2 ccm) und nachfolgendem Ansäuern mit Essigsäure und Krystallisierenlassen. — Durch mehr-

[1] E. Benary u. R. Konrad: Ber. dtsch. chem. Ges. **56**, 48 (1923).
[2] S. Bodforss: Ber. dtsch. chem. Ges. **64**, 1113 (1931).

maliges Umlösen aus Alkohol gelblichweiße, wollige Nadeln, Schmelzp. 160°. Beim Erhitzen auf Temperaturen oberhalb 172° bildet sich Triphenyl-pyrrol[1].

1,2,3-Triphenyl-pyrrol $C_{22}H_{17}N$. Durch Erhitzen der beiden vorstehenden Verbindungen bis zum Nachlassen der Gasentwicklung und Überdestillieren des Rückstands im Wasserstoffstrom; wobei das Destillat rasch wieder erstarrt. Ausbeute quantitativ. — Aus Eisessig feine, weiße Nadeln, Schmelzp. 178°. Löslich in heißem Eisessig; schwer löslich in Alkohol[1].

1-β-Naphthyl-2, 3-diphenyl-2-cyan-5-oxy-tetrahydropyrrol[2].

Mol-Gewicht: 390,331.

Zusammensetzung: 83,04% C; 5,68% H; 4,08% O; 7,2% N. $C_{27}H_{22}ON_2$.

Darstellung: 10 g β-Naphthylamino-phenyl-essigsäurenitril und 6 ccm Zimtaldehyd gelöst in Alkohol werden mit 5 ccm 2n-alkoholischer Kalilauge versetzt. Nach mehrtägigem Stehen wird filtriert.

Eigenschaften: Aus siedendem Aceton mehrmals umkrystallisiert gelblichweiße Nadeln, Schmelzp. 191—195° unter Gasentwicklung. Schwer löslich in den gewöhnlichen Solvenzien.

1-β · Naphthyl-2, 3-diphenyl-pyrrol $C_{26}H_{19}N$. Durch Schmelzen der Cyanverbindung im Ölbad bei 200—220° bis zur Beendigung der Gasentwicklung und abwechselndem Umkrystallisieren des Rückstandes aus Eisessig, Alkohol und Essigester. — Dünne weiße Nädelchen, Schmelzp. 184°. Leicht löslich in Aceton; schwer in Eisessig und Alkohol[2].

1, 2, 5-Triphenyl-pyrrol[3].

Mol-Gewicht: 295,25.

Zusammensetzung: 89,5% C; 5,8% H; 4,74% N. $C_{22}H_{17}N$.

Darstellung: Diphenacyl gelöst in Anilin wird unter Zusatz von etwas Anilinchlorhydrat auf 150—155° erhitzt, wobei sofort heftige Reaktion einsetzt und das Gemisch rasch erstarrt. Ausbeute quantitativ.

Eigenschaften: Aus Eisessig Krystalle vom Schmelzp. 231°.

2-(α)-Methyl-pyrrol (Bd. X, S. 39).
C_5H_7N

Bildung: Aus 2-Formyl-pyrrol C_5H_5ON durch Reduktion mit Natriumäthylat und Hydrazinhydrat bei 170°[4].

Darstellung: 56 g 2-Methyl-3-carbäthoxy-pyrrol $C_8H_{11}O_2N$ werden mit 20 g Ätzkali in wässerig-alkoholischer Lösung 1 Stunde gekocht; der Alkohol verdampft, der Rückstand mit 20 g Ätzkali versetzt und im Ölbad bei 170—200° mit überhitztem Wasserdampf destilliert, wobei das Pyrrol übergetrieben wird. Aufarbeitung wie gewöhnlich. Ausbeute 35 g = 70%[4].

2-Methyl-5-formyl-pyrrol.

Mol-Gewicht: 109,09.

Zusammensetzung: 66,1% C; 6,47% H; 14,59% O; 12,84% N. C_6H_7ON.

Darstellung: a) Durch eintägiges Erhitzen von 2-Methyl-4-carboxy-5-formyl-pyrrol $C_7H_7O_3N$ im Vakuum auf 220°, wobei Sublimation eintritt. Der kohlige Rückstand wird mit heißem Wasser ausgezogen[5].

b) 5 g 2-Methyl-pyrrol C_5H_7N in 50 ccm Äther werden mit einer Grignard-Lösung aus 6,6 g Bromäthyl und 1,5 g Magnesium in 50 ccm Äther 4 Stunden erhitzt. Hernach werden 10 ccm frisch destillierter Ameisensäureäthylester in 50 ccm Äther zugefügt und das Ganze über Nacht weitergekocht. Der Aldehyd findet sich im Ätherauszug[6].

Eigenschaften: Aus Wasser oder Petroläther Krystalle vom Schmelzp. 68—70° (korr.).

Oxym $C_6H_7ON_2$. Durch Erhitzen des Aldehyds in Alkohol mit Hydroxylaminchlorhydrat und Soda. Dann wird heiß filtriert und eingeengt. — Aus Alkohol-Wasser weiße Nadeln; Schmelzp. 153°[6].

[1] S. Bodforss: Ber. dtsch. chem. Ges. **64**, 1113 (1931).
[2] S. Bodforss: Ber. dtsch. chem. Ges. **64**, 1114 (1931).
[3] S. Bodforss: Ber. dtsch. chem. Ges. **64**, 1115 (1931).
[4] H. Fischer, H. Beller u. A. Stern: Ber. dtsch. chem. Ges. **61**, 1078 (1928).
[5] H. Fischer, H. Beller u. A. Stern: Ber. dtsch. chem. Ges. **61**, 1082 (1928).
[6] H. Fischer, H. Beyer u. E. Zaucker: Liebigs Ann. **486**, 68 (1931).

2-Methyl-5-acetyl-pyrrol [1].

Mol-Gewicht: 113,12.

Zusammensetzung: 68,25% C; 7,38% H; 12,99% O; 11,38% N. C_7H_9ON.

Darstellung: a) Aus dem 2-Methyl-4-carboxy-5-acetyl-pyrrol $C_{10}H_{13}O_3N$ durch trockene Destillation.

b) Zu 27 g 2-Methylpyrrol C_5H_7N in 100 ccm Äther wird eine Grignardsche Lösung aus 9 g Magnesium und 37 g Bromäthyl in 100 ccm Äther gegeben und 2 Stunden gekocht. Nachdem werden 45 g Acetylbromid in 200 ccm Äther zugegeben und noch einmal $^1/_2$ Tag gekocht. Anschließend wird mit konz. Chlorammoniumlösung zerlegt, ausgeäthert und der Äther verdampft. Ausbeute 23 g = 55%.

Eigenschaften: Umkrystallisiert aus Ligroin und dann sublimiert, Schmelzp. 89°.

Oxym $C_7H_{10}ON_2$. Wird wie gewöhnlich dargestellt. — Aus Wasser Schmelzp. 150°. Gibt bei 2 stündigem Erwärmen mit viel Essigsäureanhydrid und etwas Natriumacetat ein Acetylderivat $C_9H_{12}O_2N_2$. — Aus Ligroin weiße Nadeln, Schmelzp. 147°.

Ketazin $C_{14}H_{18}N_4$. Die alkoholische Lösung des Pyrrols wird mit überschüssigem Hydrazin versetzt, die doppelte Menge Wasser zugegeben und 3 Tage auf 60—70° erwärmt. — Aus Alkohol gelbe Nadeln, Schmelzp. 183°.

Phenylhydrazon $C_{13}H_{15}N_3$. Aus dem Pyrrol und Phenylhydrazin in essigsaurer Lösung. — Äußerst leicht löslich; verharzt gern; läßt sich infolgedessen nicht umkrystallisieren.

Semicarbazon $C_8H_{12}ON_4$. Durch Erwärmen des Pyrrols mit Semicarbazid in Spritlösung. Isolierung durch Verdampfen des Lösungsmittels und Ausziehen des restlichen braunen Öls mit heißem Wasser, wobei das Semicarbazon ungelöst bleibt. — Aus Wasser Schmelzp. 200°.

Benzylidenderivat $C_{14}H_{13}ON$. 0,5 g Pyrrol, in wenig Benzaldehyd und 10 proz. Natronlauge aufgeschlämmt, werden aufgekocht. Dann wird im Vakuum eingedampft, der Rückstand mit 10 proz. Natronlauge aufgenommen und filtriert. Das Produkt bleibt als unlöslicher Rückstand. — Aus Alkohol gelbe, prismatische Nadeln, Schmelzp. 197°.

Bromverbindung $C_7H_7ONBr_2$. Aus dem Pyrrol und 2 Mol Brom in Eisessig. — Schwer löslich in Ligroin. Löslich in Aceton und viel Chloroform. Zersetzungspunkt sehr unscharf.

Bromverbindung $C_7H_6ONBr_3$. Aus dem Pyrrol und 3 Mol Brom in Eisessig, wobei Temperaturerhöhung bis 30° eintritt. Nach kurzem Stehen Krystallisation. — Aus Ligroin oder Tetrachlorkohlenstoff lange weiße Nadeln oder derbe Masse, Schmelzp. 160°. Leicht löslich in Ligroin, schwer in Eisessig.

2-Methyl-3-carbäthoxy-pyrrol (Bd. X, S. 40).
$C_8H_{11}O_2N$

$C_{14}H_{15}O_5N_3S$. Azofarbstoff mit Diazobenzolsulfosäure. Die Kondensation der beiden Stoffe wird in Gegenwart von Salzsäure vorgenommen. — Aus Methylalkohol-Benzol rotbraune Nädelchen. Leicht löslich in Eisessig, Alkohol, Alkalien, Wasser; schwer löslich in Aceton, Chloroform; unlöslich in Petroläther, Ligroin, Essigester, Benzol [2].

Bis-(2-methyl-3-carbäthoxypyrryl)-phenylmethan $C_{23}H_{26}O_4N_2$. Durch Kondensation von 0,5 g 2-Methyl-3-carbäthoxypyrrol mit 0,4 g Benzaldehyd (1 Mol) mittels Kaliumbisulfat. Ausbeute 95%. — Aus Aceton-Wasser farblose Nadeln, Schmelzp. 231°. Leicht löslich in Aceton, Chloroform; schwer löslich in Alkohol, Eisessig; unlöslich in Ligroin, Äther, Petroläther. Ehrlichsche Reaktion heiß positiv [3].

Bis-(2-methyl-3-carbäthoxypyrryl)-p · tolylmethan $C_{24}H_{28}O_4N_2$. Entsteht bei der Kondensation von 0,5 g Pyrrol mit 0,4 g p-Tolylaldehyd in Gegenwart von Kaliumbisulfat. Ausbeute 90%. — Aus Aceton-Wasser, Schmelzp. 233°. Leicht löslich in Aceton, Chloroform, Eisessig; schwer löslich in Äther und Alkohol; unlöslich in Ligroin, Petroläther und Wasser. Ehrlichsche Reaktion kalt negativ, heiß schwach positiv [3].

Bis-(2-methyl-3-carbäthoxypyrryl)-p · nitrophenylmethan $C_{23}H_{25}O_6N_3$. Bildet sich bei der Kondensation von 0,5 g Pyrrol und 0,5 g p · Nitrobenzaldehyd durch Kaliumbisulfat. — Aus Aceton-Wasser Schmelzp. 254°. Leicht löslich in Aceton, Eisessig; schwer in Alkohol, Chloroform; unlöslich in Äther, Petroläther, Ligroin, Wasser. Ehrlichsche Reaktion heiß positiv [3].

Bis-(2-methyl-3-carbäthoxypyrryl)-p · dimethylaminophenylmethan $C_{25}H_{31}O_4N_3$. Wird hergestellt durch Erwärmen von 0,5 g Pyrrol und 0,5 g p · Dimethylaminobenzaldehyd in abs.

[1] H. Fischer, H. Beyer u. E. Zaucker: Liebigs Ann. **486**, 63 (1931).
[2] H. Fischer u. F. Schubert: Hoppe-Seylers Z. **155**, 80 (1925).
[3] H. Fischer u. F. Schubert: Hoppe-Seylers Z. **155**, 84 (1925).

Alkohol unter Zusatz von konz. Salzsäure. Läßt sich mit Eisenchlorid in alkoholischer Lösung zu einem roten Farbstoff oxydieren (Spektrum 594—561, 500—451 μm)[1].

Bis-(2-methyl-3-carbäthoxypyrryl)-phenyl-methylmethan $C_{24}H_{28}O_4N_2$. Durch Kondensation des Pyrrols mit Acetophenon in abs. Alkohol mittels konz. Salzsäure. Ausbeute 80%. — Aus Alkohol-Wasser Schmelzp. 235°. Leicht löslich in Alkohol; unlöslich in Petroläther und Wasser. Ehrlichsche Reaktion negativ, heiß schwach violett-blau-grünblau[2].

Bis-(2-methyl-3-carbäthoxypyrryl)-diphenylmethan $C_{29}H_{30}O_4N_2$. Durch $^1/_2$ stündiges Erwärmen von 1 g Pyrrol und 0,7 g Benzophenon in abs. Alkohol mittels konz. Salzsäure. Ausbeute 75%. — Leicht löslich in den meisten organischen Solvenzien; unlöslich in Wasser, Ligroin, Äther und Petroläther[2].

Bis-(2-methyl-3-carbäthoxy-pyrryl)-methyl-äthylmethan $C_{20}H_{28}O_4N_2$. Eine Lösung von 0,5 g Pyrrol in 3 ccm Methyläthylketon wird mit etwas konz. Salzsäure 10 Minuten erwärmt. Ausbeute 85%. — Aus verdünnten Alkohol farblose Krystalle, Schmelzp. 182°. Leicht löslich in fast allen organischen Lösungsmitteln; unlöslich in Wasser, Ligroin und Petroläther[2].

Bis-(2-methyl-3-carbäthoxy-pyrryl)-methylmethan $C_{18}H_{24}O_4N_2$. Durch Kondensation von Pyrrol mit Acetaldehyd in abs. alkoholischer Lösung mittels konz. Salzsäure. Ausbeute 85%. — Aus Alkohol farblose Krystalle, Schmelzp. 199,5°. Leicht löslich in Eisessig, Aceton, Chloroform; schwer in Alkohol und Benzol; unlöslich in Äther, Petroläther, Ligroin, Wasser[2].

Bis-(2-methyl-3-carbäthoxy-pyrryl)-dimethylmethan. Gibt mit Chloracetonitril 2-Methyl-3-carbäthoxy-5-chloracetylpyrrol (Schmelzp. 217°) und mit wasserfreier Blausäure 2-Methyl-3-carbäthoxy-5-formylpyrrol[2].

2-Methyl-3-carbäthoxy-5-butyryl-pyrrol $C_{12}H_{17}O_3N$. Durch Kondensation von 1 g Pyrrol in 10 ccm Schwefelkohlenstoff mit 0,6 g Butyrylchlorid mittels 1 g Aluminiumchlorid unter leichtem Erwärmen. — Aus Alkohol farblose Nadeln, Schmelzp. 131°. Leicht löslich in Methanol, Chloroform, Aceton; weniger in Alkohol und Benzol; unlöslich in Ligroin und Petroläther[3].

2-Methyl-3-carbäthoxy-5-benzoyl-pyrrol $C_{15}H_{15}O_3N$. Bildet sich bei Zusatz von 0,7 g Benzoylchlorid zu 0,5 g Pyrrol in 5 g Schwefelkohlenstoff in Gegenwart von 0,5 g Aluminiumchlorid. — Aus Alkohol gelbe Nadeln, Schmelzp. 167°. Leicht löslich in Eisessig, Alkohol, Aceton, Chloroform; unlöslich in Petroläther, Ligroin und Wasser[4].

2-Methyl-3-carbäthoxy-4,5-dibrom-pyrrol $C_8H_9O_2NBr_2$ (M = 310,96). Durch Einwirken von 2 Mol Brom auf 2-Methyl-3-carbäthoxy-pyrrol $C_8H_{11}O_2N$ in Eisessig. Nach starkem Reiben tritt Krystallisation ein. — Aus Alkohol-Wasser Schmelzp. 138—139°[5].

2-Methyl-3-carbäthoxy-5-oxymethyl-pyrrol[6].

Mol-Gewicht: 183,16.

Zusammensetzung: 59,01% C; 7,29% H; 26,05% O; 7,65% N. $C_9H_{13}O_3N$.

Darstellung: Durch katalytische Hydrierung von 0,6 g 2-Methyl-3-carbäthoxy-5-formyl-pyrrol $C_9H_{11}O_3N$ in 16 ccm 96proz. Alkohol in Gegenwart von 0,071 g Platin. Nach dem Filtrieren wird im Vakuum eingeengt.

Eigenschaften: Aus Chloroform-Petroläther farblose Nadeln, Schmelzp. 102°. Leicht löslich in Chloroform, Alkohol, Eisessig, Aceton, Äther; weniger in Wasser; unlöslich in Ligroin und Petroläther. Beim Erhitzen über den Schmelzpunkt entsteht unter Formaldehydentwicklung Bis-(2-Methyl-3-carbäthoxy-pyrryl)-methan (Schmelzp. 304°). Dasselbe ist auch beim Kochen mit Eisessig der Fall. Läßt sich weder acetylieren noch benzoylieren. Ehrlichsche Reaktion kalt schwach, heiß stärker.

2-Methyl-3-carbäthoxy-5-formyl-pyrrol[7].

Mol-Gewicht: 181,14.

Zusammensetzung: 59,67% C; 6,08% H; 7,73% N. $C_9H_{11}O_3N$.

Bildung: Aus Bis-(2-methyl-3-carbäthoxy-pyrryl-)-dimethyl-methan mit Blausäure und Salzsäure[7].

[1] H. Fischer u. F. Schubert: Hoppe-Seylers Z. **155**, 84 (1926).
[2] H. Fischer u. F. Schubert: Hoppe-Seylers Z. **155**, 86—88 (1926).
[3] H. Fischer u. F. Schubert: Hoppe-Seylers Z. **155**, 108 (1926).
[4] H. Fischer u. F. Schubert: Hoppe-Seylers Z. **155**, 109 (1926).
[5] H. Fischer, H. Beller u. A. Stern: Ber. dtsch. chem. Ges. **61**, 1077 (1928).
[6] H. Fischer u. F. Schubert: Hoppe-Seylers Z. **155**, 78 (1926).
[7] H. Fischer u. F. Schubert: Hoppe-Seylers Z. **155**, 76f. (1926).

Darstellung: Ein Gemisch von 2 g 2-Methyl-3-carbäthoxypyrrol $C_8H_{11}O_2N$ und 2 ccm Blausäure in 25 ccm abs. Äther wird unter Kühlung mit Chlorwasserstoff gesättigt. Nach längerem Stehen wird abgesaugt, der Rückstand mit abs. Äther gewaschen, in kaltem Wasser gelöst, filtriert und das Filtrat erwärmt, wonach sich der Aldehyd ausscheidet. Ausbeute 85%.

Eigenschaften: Aus Wasser farblose Nadeln, Schmelzp. 136°. Löslich in den meisten organischen Solvenzien. Ehrlichsche Reaktion heiß schwach positiv. Gibt bei der katalytischen Hydrierung mit Platin und Wasserstoff in Eisessig Bis-(2-Methyl-3-carbäthoxy-pyrryl)-methan[1].

Phenylhydrazon $C_{15}H_{17}O_2N_3$. Durch 30 Minuten langes Erhitzen von 0,5 g Aldehyd in 7 ccm abs. Alkohol mit 0,5 g Phenylhydrazin. Dann wird der Alkohol fast abgedunstet, wonach beim Erkalten und Reiben das Produkt ausfällt. — Aus verdünntem Alkohol schwach gelbe Nadeln, Schmelzp. 143°. Ausbeute 90%[1].

Oxym $C_9H_{12}O_3N_2$. Durch Kondensation von 0,4 g Aldehyd mit einer durch Soda neutralisierten Hydroxylaminchlorhydratlösung in der Kälte (Zimmertemperatur). Nach dem Abdunsten des Alkohols fällt das Oxym auf Zusatz von Wasser aus. — Aus Wasser, Schmelzpunkt 159°. Ausbeute 85%[1].

Semicarbazon $C_{10}H_{14}O_3N_4$. Durch Erwärmen von 0,4 g Aldehyd in Alkohol mit 0,26 g Semicarbazidchlorhydrat in Wasser und 0,28 g Kaliumacetat in Alkohol. — Aus Eisessig gelbe Krystalle. Schmelzp. 263°. Ausbeute 90%[1].

Benzaldehydkondensationsprodukt $C_{12}H_{15}O_3N$. Durch 15 Minuten langes Erhitzen von 0,7 g Aldehyd mit 20 ccm Wasser, 2 ccm Aceton und 1 ccm Kalilauge 1 : 1. wobei erst Gelb- und dann Rotfärbung eintritt. Beim Abkühlen mit Eiswasser Krystallisation. — Aus Alkohol gelbe Nadeln, Schmelzp. 165°. Leicht löslich in Alkohol, Chloroform, Aceton, Eisessig; unlöslich in Petroläther und Wasser[2].

Acetonkondensationsprodukte $C_{12}H_{15}O_3N$. 0,7 g Aldehyd werden mit 20 ccm Wasser, 2 ccm Aceton und 1 ccm Kalilauge 1 : 1 15 Minuten unter Schütteln auf dem Wasserbad erwärmt. Beim Abkühlen Krystallisation in gelben Nadeln. — Aus Alkohol gelbe Nadeln; Schmelzp. 165°. Leicht löslich in Alkohol, Chloroform, Aceton, Eisessig; unlöslich in Wasser und Petroläther. Ausbeute 70%.

Methyläthylketonkondensationsprodukt $C_{13}H_{17}O_3N$. Durch Erhitzen von 0,5 g Aldehyd mit 20 ccm Wasser, 2 ccm Methyläthylketon und 1 ccm Kalilauge 1 : 1. — Aus Alkohol schwach gelbe Krystalle, Schmelzp. 167°. Leicht löslich in Alkohol, Chloroform, Aceton, Eisessig; unlöslich in Petroläther und Wasser[2].

Acetophenonkondensationsprodukt $C_{17}H_{17}O_3N$. Bildet sich beim Erwärmen von 0,5 g Aldehyd in 5 g Alkohol mit 0,5 g Acetophenon und Kalilauge 1 : 1. Nach dem Einengen wird mit Wasser gefällt, wobei ein bald erstarrendes Öl ausfällt. — Aus Alkohol Schmelzp. 166°[2]. Ausbeute 80%.

2-Methyl-3-carboxy-5-formyl-pyrrol $C_7H_7O_3N$ (M = 153,10). Entsteht bei 1 stündigem Erhitzen von 0,2 g des Esters mit 1,3 g Ätznatron in 5 ccm Wasser und so viel Alkohol, daß vollständige Lösung eintritt. Isolierung durch Verdampfen des Alkohols, vorsichtigem Ansäuern mit verdünnter Schwefelsäure, Absaugen des Niederschlags und Auswaschen mit heißem und kaltem Wasser. Ausbeute 85%. — Schmelzp. 280° unter Zersetzung[3].

2-Methyl-3-carbäthoxy-5-[vinyl-ω, ω-dicyan]-pyrrol $C_{12}H_{11}O_2N_3$ (M = 229,18). Wird hergestellt durch Aufkochen einer abs. alkoholischen Lösung von 0,4 g Formylpyrrol und 0,3 g Malonitril (1 Mol) in Gegenwart von etwas 33 proz. Methylaminlösung oder Kaliumcyanid. Nach dem Erkalten wird mit Wasser gefällt. — Aus Alkohol gelbgrüne Nadeln mit starkem Lichtbrechungsvermögen, Schmelzp. 196°. Leicht löslich in Eisessig, Aceton, Chloroform, Alkohol; unlöslich in Ligroin, Petroläther, Wasser. Ehrlichsche Reaktion negativ[4].

2-Methyl-3-carbäthoxy-5-(vinyl-ω-cyan-ω-carbäthoxy)-pyrrol $C_{14}H_{16}O_4N_2$ (M = 276,22). Entsteht bei Kondensation von 0,5 g des Formylpyrrols mit 0,4 g Cyanessigester in alkoholischer Lösung in Gegenwart von Methylaminchlorhydrat und Soda. Nach kurzem Stehen scheidet sich das Produkt ab. Ausbeute 90%. — Aus Alkohol gelbe Nadeln, Schmelzp. 175°. Leicht löslich in Eisessig, Chloroform, Aceton, Pyridin, Benzol, Alkohol; unlöslich in Petroläther und Wasser[4].

---

[1] H. Fischer u. F. Schubert: Hoppe-Seylers Z. **155**, 79 (1926).
[2] H. Fischer u. F. Schubert: Hoppe-Seylers Z. **155**, 82 (1926).
[3] H. Fischer u. F. Schubert: Hoppe-Seylers Z. **155**, 77 (1926).
[4] H. Fischer u. F. Schubert: Hoppe-Seylers Z. **155**, 81 (1926).

2-Methyl-3-carbäthoxy-5-(vinyl-ω, ω-dicarbäthoxy)-pyrrol $C_{16}H_{21}O_6N$ (M=223,25). Bildet sich bei der Kondensation von 0,5 g des Formylpyrrols mit 0,5 g Malonester in Alkohol in eben beschriebener Weise. Nach mehrstündigem Stehen setzt Krystallisation ein. — Aus Alkohol gelbliche Nadeln, Schmelzp. 174°. Leicht löslich in Alkohol, Eisessig, Äther; weniger in Ligroin, unlöslich in Petroläther und Wasser. Ausbeute 0,5 g [1].

2-Methyl-3-carbäthoxy-5-acetyl-pyrrol.

Mol-Gewicht: 195,16.

Zusammensetzung: 61,54% C; 6,67% H; 24,62% O; 7,17% N. $C_{10}H_{13}O_3N$.

Darstellung: a) 9 g 2-Methyl-3-carbäthoxy-pyrrol $C_8H_{11}O_2N$ in 90 g Schwefelkohlenstoff werden unter Eiskühlung mit 14 g Aluminiumchlorid und 23,4 g Acetylchlorid versetzt. Nach $1^1/_2$ stündigem Stehen bei gewöhnlicher Temperatur wird der Schwefelkohlenstoff vorsichtig abdestilliert, die restliche rote Masse mit 50 ccm Alkohol aufgenommen und filtriert. Aus dem Filtrat krystallisiert auf Zusatz von Wasser das Acetyl-pyrrol aus. (Der Rückstand krystallisiert aus Alkohol in dunkel gefärbten Nadeln; Zersetzungsp. 194°. $C_{40}H_{48}O_{10}N_4Cl$.) [2]

b) Zu einer Grignard-Lösung aus 2,7 g Magnesium und 12 g Bromäthyl werden innerhalb 1 Stunde 12 g 2-Methyl-3-carbäthoxy-pyrrol gelöst in Äther, gegeben und nach kurzem Aufkochen über Nacht stehengelassen. Dann werden allmählich 13,2 g Acetylbromid in Äther zufließen gelassen, wonach das Ganze nach kurzem Aufkochen wieder 7 Stunden stehenbleibt. Danach wird mit konz. Chlorammoniumlösung zerlegt. Ausbeute 8,1 g [3].

Eigenschaften: Aus Alkohol farblose Nadeln, Schmelzp. 152°.

Oxym $C_{10}H_{14}O_3N_2$. 1 g Pyrrol in wenig Alkohol wird mit 0,8 g Hydroxylaminchlorhydrat in 2 ccm Wasser und 1 g Kalilauge in 1 ccm Wasser 2 Stunden gekocht. Danach wird in 30 ccm Wasser eingegossen und mit verdünnter Schwefelsäure angesäuert. — Aus Eisessig 0,1 g Produkt vom Schmelzp. 191° [3].

Hydrazon $C_{10}H_{15}O_2N_3$. Durch kurzes Aufkochen von 1 g Pyrrol in wenig Alkohol mit 0,5 ccm Hydrazinhydrat. Beim Erkalten Krystallisation. — Aus Alkohol 0,8 g Produkt vom Schmelzp. 116° [3].

Phenylhydrazon $C_{16}H_{19}O_2N_3$. 1 g Pyrrol in wenig Alkohol wird mit 0,6 g Phenylhydrazin und etwas Eisessig $^1/_2$ Stunde erhitzt. Beim Einengen tritt Krystallisation ein. — Aus Alkohol 0,6 g Produkt vom Schmelzp. 144° [3].

Bromkörper $C_{10}H_{11}O_3NBr_2$. Entsteht beim Bromieren von 0,5 g Pyrrol mit 0,15 g (= 3 Mol) Brom. Beim Stehen Krystallisation. — Aus Eisessig Schmelzp. 214° [3].

2-Methyl-3-carbäthoxy-5-chloracetyl-pyrrol.

Mol-Gewicht: 229,61.

Zusammensetzung: 52,28% C; 5,27% H; 20,88% O; 6,12% N; 15,45% Cl. $C_{10}H_{12}O_3NCl$.

Bildung: Aus Bis-(2-methyl-3-carbäthoxy-pyrryl)-dimethylmethan mit Chloracetonitril [4].

Darstellung: a) 0,5 g 2-Methyl-3-carbäthoxypyrrol $C_8H_{11}O_2N$ und 0,6 g Chloracetylchlorid in Schwefelkohlenstoff werden mit 0,5 g Aluminiumchlorid versetzt. Nach kurzem Erwärmen setzt die Reaktion ein. Nachdem bleibt noch 2 Stunden stehen, dann wird mit Wasser zersetzt und der Schwefelkohlenstoff abdestilliert. Als Rückstand bleibt ein hellbrauner Körper, der mit heißem Alkohol ausgewaschen wird. Ausbeute 0,5 g [5].

b) Wird auch erhalten durch Einleiten von Chlorwasserstoff in eine Lösung des Pyrrols und Chloracetonitril in abs. Äther bis zur Sättigung und Zersetzen des abgeschiedenen salzsauren Imins mit Wasser [4].

Eigenschaften: Aus Alkohol farblose, zu Büscheln angeordnete Nadeln, Schmelzp. 217° unter Zersetzung. Leicht löslich in Alkohol, Aceton, Chloroform, Eisessig; unlöslich in Petroläther und kaltem Wasser. Ehrlichsche Reaktion kalt und heiß positiv.

[1] H. Fischer u. F. Schubert: Hoppe-Seylers Z. **155**, 81 (1926).
[2] H. Fischer u. F. Schubert: Hoppe-Seylers Z. **155**, 103 (1926).
[3] H. Fischer, H. Beyer u. E. Zaucker: Liebigs Ann. **486**, 67 (1931).
[4] H. Fischer u. F. Schubert: Hoppe-Seylers Z. **155**, 88—89 (1926).
[5] H. Fischer u. F. Schubert: Hoppe-Seylers Z. **155**, 104 (1926).

2-Methyl-3-carbäthoxy-5-cyanacetyl-pyrrol[1].

Mol-Gewicht: 206,16.

Zusammensetzung: 64,05% C; 5,86% H; 23,30% O; 6,79% N. $C_{11}H_{12}O_3N$.

Darstellung: a) 1,5 g 2-Methyl-3-carbäthoxy-pyrrol $C_8H_{11}O_2N$ und 0,85 g Malodinitril (1 Mol) in 20 ccm abs. Äther werden mit Chlorwasserstoff unter Kühlung gesättigt. Nach längerem Stehen wird vom Ketimin abgesaugt, dasselbe nach dem Waschen mit Äther in Wasser gelöst, etwas Natronlauge zugesetzt und erwärmt, wonach das Cyanacetylpyrrol ausfällt.

b) Entsteht auch bei 2stündigem Erhitzen von 0,2 g 2-Methyl-3-carbäthoxy-5-Chloracetylpyrrol $C_{10}H_{12}O_3NCl$ mit 0,2 g Cyankalium.

Eigenschaften: Aus Aceton oder Alkohol-Wasser lange Nadeln, Schmelzp. 242° unter Zersetzung. Leicht löslich in Alkohol, Eisessig, Aceton; schwer löslich in Chloroform; unlöslich in Petroläther, Ligroin und Wasser. Ehrlichsche Reaktion negativ.

2-Methyl-3-carbäthoxy-pyrrol-5-glyoxylsäureester[2].

Mol-Gewicht: 253,19.

Zusammensetzung: 56,94% C; 5,97% H; 31,56% O; 5,53% N. $C_{12}H_{15}O_5N$.

Darstellung: 2 g 2-Methyl-3-carbäthoxypyrrol in 20 ccm abs. Äther werden nach Zugabe von 2 g Cyankohlensäureester unter Eiskühlung mit Chlorwasserstoff gesättigt. Nach einigem Stehen wird filtriert, der Rückstand mit Äther gewaschen und dann mit kaltem Wasser verrieben, wobei der Ester sofort ausfällt.

Eigenschaften: Aus Alkohol-Wasser weiße Nadeln, Schmelzp. 128°.

Iminchlorhydrat $C_{12}H_{17}O_4N_2Cl$. Aus Chloroform-Petroläther farblose Nadeln, Schmelzpunkt 180—181° unter Zersetzung.

2-Methyl-4-carbäthoxy-5-acetyl-pyrrol.

Mol-Gewicht: 195,16. Bestimmt in Nitrobenzol zu 205 und 198.

Zusammensetzung: 61,53% C; 6,67% H; 26,52% O; 7,18% N. $C_{10}H_{13}O_3N$.

Bildung: Entsteht als Nebenprodukt bei der Herstellung von 2-Carboxy-3-acetyl-4-methyl-pyrrol durch Kondensation von Aminoaceton mit Oxalaceton in alkalischer Lösung[3]. Entsteht ferner beim Erhitzen des Kaliumsalzes der Säure mit Dimethylsulfat[3].

Darstellung: 1. In eine Lösung von 20 g Aminoacetonchlorhydrat in 20 ccm Wasser und 20 ccm 10proz. Salzsäure werden im Laufe von 8 Stunden 30 g Oxalaceton in 90 ccm 10proz. Natronlauge eingerührt. Nach längerem Stehen tritt Krystallisation ein. (p_H der Lösung = 6.)[4]

Eigenschaften: Aus Alkohol-Wasser weiße Nadeln, Schmelzp. 124—125°.

Anhydryd des Hydrazons $C_8H_9ON_3$. Durch $\frac{1}{2}$stündiges Erhitzen des Pyrrols mit Hydrazinhydrat in alkoholischer Lösung. Bildet sich auch beim Behandeln des Esters oder der Säure mit Hydrazin und Natriumalkoholat. — Aus Alkohol weiße, zu Büscheln angeordnete Nadeln; Schmelzpunkt über 300°[4].

Anhydrid des Phenylhydrazons $C_{14}H_{13}ON_3$ = 2-Methyl-pyrrol-1-phenyl-3-keto-6-methyl-dihydropiperazin-1,6. Durch Kondensieren des Esters oder der Säure mit Phenylhydrazin in 50proz. Essigsäure. — Aus viel Alkohol evtl. mit Wasser Krystalle vom Zersetzungsp. 324°[4].

Anhydrid des Oxyms $C_8H_8O_2N_2$. Entsteht bei 5stündigem Erhitzen von 1,95 g Ester mit 1,4 g Hydroxylaminchlorhydrat und 1 g wasserfreier Soda in alkoholischer Lösung. Isolierung durch Abdestillieren des Alkohols, Aufnahme mit wässeriger Kalilauge, Filtrieren und Fällen mit verdünnter Schwefelsäure. — Aus Eisessig Zersetzungsp. 244°[5]. Gibt bei 5stündigem Erhitzen mit Hydrazinhydrat und Natriumalkoholat auf 150—160° das Ketazin des 2-Methyl-5-acetylpyrrols.

Bromprodukt des Anhydrids $C_8H_7O_2N_2Br$. Durch Bromieren des Anhydrids (0,21 g) in Eisessig (4 ccm) mit 3 Mol Brom (0,18 ccm)[2].

2-Methyl-4-carbäthoxy-5-(α-oxyäthyl)-pyrrol $C_{10}H_{15}O_3N$. Entsteht bei der Reduktion des Esters mit Aluminiumamalgam in ätherischer Lösung. — Aus Benzol weiße Prismen. Schmelzp. 142°[2].

---

[1] H. Fischer u. F. Schubert: Hoppe-Seylers Z. **155**, 79 (1926).
[2] H. Fischer, H. Beller u. A. Stern: Ber. dtsch. chem. Ges. **61**, 1077 (1928).
[3] H. Fischer, E. Sturm u. H. Friedrich: Liebigs Ann. **461**, 245ff. (1928).
[4] H. Fischer, H. Beyer u. E. Zaucker: Liebigs Ann. **486**, 55 (1931).

p-Dimethyl-amino-benzol-Verbindung $C_{19}H_{22}O_3N_2$. Durch Erwärmen des Esters mit p-Dimethylaminobenzaldehyd in salzsäurehaltigem Alkohol. Beim Verdünnen mit Wasser fällt das Kondensationsprodukt aus. — Aus Alkohol-Äther zinnoberrote Nadeln, Schmelzpunkt 231°. Fluoresciert in saurer Lösung stark[1].

Bromverbindung $C_{10}H_{11}O_3NBr_2$. Durch langsames Zutropfen von 1,24 g Brom (2 Mol) zu 1 g Ester (1 Mol) in 3 ccm Eisessig. — Aus Eisessig Schmelzp. 185°[1].

Bromverbindnng $C_{10}H_{10}O_3NBr_3$. Bildet sich bei langsamem Zutropfen von 2,48 g Brom (3 Mol) zu 1 g Ester in 3 ccm Alkohol. — Aus Eisessig weiße Prismen, Schmelzp. 165°[1].

2-Methyl-4-carboxy-5-acetyl-pyrrol $C_8H_9O_3N$ (M=167,12). Entsteht als Nebenprodukt bei der Herstellung des 2-Carboxy-3-acetyl-4-methyl-pyrrols[2]. Wird hergestellt durch Kochen des Esters (5 g) mit wässeriger Natronlauge (3 g Ätznatron in 120 ccm Wasser) bis zur Lösung. Isolierung durch Verdünnen mit der gleichen Menge Wasser, Filtrieren und Fällen mit verdünnter Salzsäure. (Ausbeute 4 g.) — Aus Alkohol Krystalle vom Schmelzp. 305° unter Zersetzung. Beim Erhitzen des Kaliumsalzes mit Diäthylsulfat entsteht der Ester[1].

Phenylhydrazon $C_{14}H_{15}O_2N_3$. Durch Erwärmen der Säure mit Phenylhydrazin. Beim Erkalten scheidet sich das Produkt ab. — Aus Pyridin-Wasser oder Eisessig-Wasser goldgelbe Blättchen, Schmelzp. 238°[1].

Oxym $C_8H_{10}O_3N_2$. Durch Erhitzen des Oxymanhydrids mit verdünnter Natronlauge bis zur Lösung und Fällen mit verdünnter Schwefelsäure. — Aus Alkohol Schmelzp. 233° unter Zersetzung.

2-Methyl-5-carbäthoxy-pyrrol[3].

Mol-Gewicht: 153,14.

Zusammensetzung: 62,71% C; 7,24% H; 20,91% O; 9,14% N. $C_8H_{11}O_2N$.

Darstellung: 35 g 2-Methylpyrrol C_5H_7N in 70 ccm abs. Äther werden langsam zu einer Grignard-Lösung aus 48 g Bromäthyl in 110 ccm abs. Äther und 11,4 g Magnesium gegeben, 1 Stunde gekocht und dann hiezu 48,5 g Chlorkohlensäureester in 150 ccm abs. Äther fließen lassen. Nach Stehen über Nacht wird 2 Stunden gekocht, dann mit konz. Chlorammoniumlösung zerlegt und ausgeäthert. Ausbeute 24 g.

Eigenschaften: Aus Alkohol farblose Krystalle. Schmelzp. 100°.

Acetonkondensationsprodukt $C_{19}H_{26}O_4N_2$ (Dipyrryl-dimethyl) methan. Aus dem Pyrrol beim Versetzen mit Aceton und konz. Salzsäure. — Aus Alkohol-Wasser farblose Krystalle, Schmelzp. 217°[4].

2-Methyl-3, 4-dibrom-5-carbäthoxy-pyrrol $C_8H_9O_2NBr_2$ (M = 310,96). Entsteht beim Versetzen des in Eisessig gelösten Pyrrols mit 3 Mol Brom als schwer löslicher Niederschlag. — Aus Eisessig weiße Nadeln, Schmelzp. 176°[3].

2-Methyl-3-formyl-5-carbäthoxy-pyrrol[5].

MolGewicht: 181,14.

Zusammenlegung: 59,67% C; 6,12% H; 26,48% O; 7,73% N. $C_9H_{11}O_3N$.

Darstellung: 24 g 2-Methyl-5-carbäthoxypyrrol $C_8H_{11}O_2N$ in 150 ccm abs. Äther werden nach Zusatz von 30 ccm wasserfreier Blausäure unter Kühlung mit Salzsäuregas gesättigt. Nach längerem Stehen wird filtriert, der Rückstand in Eiswasser gelöst und nach abermaligem Filtrieren im Filtrat der Aldehyd durch Erhitzen ausgeflockt. Ausbeute 22 g.

Eigenschaften: Aus Alkohol-Wasser, Schmelzp. 119°. Gibt beim Erhitzen mit Natriumäthylat und Hydrazinhydrat auf 160° 2,3-Dimethylpyrrol.

Semicarbazon $C_{10}H_{14}O_3N_4$. Durch Erwärmen von 0,2 g Aldehyd mit 0,3 g Semicarbazidchlorhydrat und 0,3 g Kaliumacetat in alkoholisch-wässeriger Lösung. Nach kurzer Zeit tritt Krystallisation ein. — Aus Eisessig Schmelzp. 258°. Fast unlöslich in Alkohol.

Phenylhydrazon $C_{15}H_{17}O_2N_3$. Durch Erwärmen des Aldehyds mit der berechneten Menge Phenylhydrazin in mit Essigsäure versetzter alkoholischer Lösung. Beim Erkalten tritt Krystallisation ein. Entsteht auf dieselbe Weise auch aus dem Aldimin. — Aus Alkohol Schmelzpunkt 216°.

Aldimin $C_9H_{12}O_2N_2$. Aus Alkohol Schmelzp. 215—216°.

[1] H. Fischer, H. Beyer u. E. Zaucker: Liebigs Ann. **486**, 55 (1931).

[2] H. Fischer, E. Sturm u. H. Friedrich: Liebigs Ann. **461**, 245 ff., (1928).

[3] H. Fischer, H. Beller u. A. Stern: Ber. dtsch. chem. Ges. **61**, 1078 (1928).

[4] H. Fischer, H. Beller u. A. Stern: Ber. dtsch. chem. Ges. **61**, 1079 (1928).

[5] H. Fischer, H. Beller u. A. Stern: Ber. dtsch. chem. Ges. **61**, 1080 (1928).

2-Methyl-3[vinyl-ω-carbäthoxy-ω-cyan]-5-carbäthoxy-pyrrol[1].

Mol-Gewicht: 276,21.

Zusammensetzung: 60,84% C; 5,84% H; 23,16% O; 10,15% N. $C_{14}H_{16}O_4N_2$.

$$H \cdot C \text{---} C \cdot CH = C \overset{CN}{\underset{COOC_2H_5}{\diagdown}}$$
$$H_5C_2OOC \cdot \overset{\|}{C} \quad \overset{\|}{C} \cdot CH_3$$
$$\diagdown \text{NH} \diagup$$

Darstellung: Durch Kondensation von 2-Methyl-3-formyl-5-carbäthoxy-pyrrol (0,9 g) $C_9H_{11}O_3N$ mit Cyanessigester (0,56 g) in Gegenwart von Methylaminchlorhydrat und Pottasche. Nach 1 tägigem Stehen wird filtriert.

Eigenschaften: Aus Alkohol, Schmelzp. 196° (korr.).

2-Methyl-3[äthyl-ω, ω-dicarbonsäureester]-5-carbäthoxy-pyrrol[1].

Mol-Gewicht: 325,27.

Zusammensetzung: 59,06% C; 7,12% H; 29,52% O; 4,30% N. $C_{16}H_{23}O_6N$.

$$H \cdot C \text{---} C \cdot CH_2 \cdot CH \cdot (COOC_2H_5)_2$$
$$H_5C_2OOC \cdot \overset{\|}{C} \quad \overset{\|}{C} \cdot CH_3$$
$$\diagdown \text{NH} \diagup$$

Darstellung: 3 g 2-Methyl-5-carbäthoxypyrrol $C_8H_{11}O_2N$ in 20 ccm Alkohol werden mit 6 ccm Methoxymethylmalonester und 6 ccm konz. Salzsäure 45 Minuten erhitzt. Dann wird auf Eis gegossen und nach 1 tägigem Stehen, wobei das ausgefallene Öl fest geworden ist, filtriert. Bleibt die Krystallisation aus, dann wird in Alkohol gelöst und bei —10° mit Wasser gefällt.

Eigenschaften: Aus Alkohol-Wasser weiße Prismen, Schmelzp. 75°.

2-Methyl-3-[äthyl-ω,ω-dicarbonsäureester]-4-brom-5-carbäthoxy-pyrrol $C_{16}H_{22}O_6NBr$ (M = 404,19). 0,5 g des Esters in wenig Chloroform gelöst werden mit 0,25 g Brom versetzt und einige Zeit stehengelassen. Nachdem wird das Lösungsmittel verdampft. — Aus Alkohol, Schmelzp. 105°[2].

2-Methyl-3-chloracetyl-5-carbäthoxy-pyrrol[3].

Mol-Gewicht: 213,61.

Zusammensetzung: 56,20% C; 5,66% H; 15,44% O; 6,10% N; 16,6% Cl. $C_{10}H_{12}O_2NCl$.

Darstellung: Durch Sättigen einer abs. ätherischen Lösung von 2-Methyl-5-carbäthoxypyrrol $C_8H_{11}O_2N$ und Chloracetonitril mit Chlorwasserstoff. Das dabei erhaltene Iminchlorid wird wie üblich mit Wasser zerlegt.

Eigenschaften: Aus Alkohol farblose Krystalle, Schmelzp. 190°.

2-Methyl-4-propyl-5-carbäthoxy-pyrrol[4].

Mol-Gewicht: 195,1.

Zusammensetzung: 67,66% C; 8,76% H; 16,40% O; 7,18% N. $C_{11}H_{17}O_2N$.

Darstellung: 4—6 g staubtrockenes 2-Methyl-3-carboxy-4-propyl-5-carbäthoxypyrrol $C_{12}H_{17}O_4N$ mit dem gleichen Volumen Quarzsand gemischt, werden in einem Schwertkolben (150—152 ccm) mit freier Flamme vorsichtig erhitzt. Nach Sintern geht das Pyrrol bei 250 bis 270° über und erstarrt zu großen Nadeln. Ausbeute 2—3 g.

Eigenschaften: Aus Alkohol weiße, derbe Krystalle, Schmelzp. 80°.

[1] H. Fischer, H. Beller u. A. Stern: Ber. dtsch. chem. Ges. **61**, 1079 (1928).
[2] H. Fischer, H. Beller u. A. Stern: Ber. dtsch. chem. Ges. **61**, 1079—1080 (1928).
[3] H. Fischer, H. Beller u. A. Stern: Ber. dtsch. chem. Ges. **61**, 1080 (1928).
[4] H. Fischer, M. Goldschmidt u. W. Nüßler: Liebigs Ann. **486**, 34 (1931).

2-Methyl-3-formyl-4-propyl-5-carbäthoxy-pyrrol[1].

Mol-Gewicht: 223,1.

Zusammensetzung: 64,54% C; 7,66% H; 21,52% O; 6,28% N. $C_{12}H_{17}O_3N$.

Darstellung: Eine Lösung von 50 g 2-Methyl-4-propyl-5-carbäthoxy-pyrrol in 90 ccm abs. Äther und 60 ccm Chloroform wird unter Kühlung mit Kältemischung mit 50 ccm Blausäure versetzt und dann mit Salzsäuregas gesättigt. Nach Stehen über Nacht wird im Vakuum bei Zimmertemperatur zur Trockne verdunstet, der Rückstand rasch in Eiswasser gelöst, filtriert und diese Operation mehrmals wiederholt. Die vereinigten Filtrate werden unter Zusatz von etwas Ammoniak auf 60—80° erhitzt. Beim Erkalten Krystallisation. Ausbeute 51 g.

Eigenschaften: Im Vakuum bei 60—100° sublimiert lange weiße Nadeln, Schmelzp. 117°.

2-Methyl-3-acetyl-4-propyl-5-carbäthoxy-pyrrol[2].

Mol-Gewicht: 237,2.

Zusammensetzung: 65,77% C; 8,08% H; 20,24% O; 5,91% N. $C_{13}H_{19}O_3N$.

Darstellung: In 30 g Butyrylessigester in 100 ccm Eisessig wird unter Eiskühlung bei 5—8° sehr langsam eine konz. Lösung von 13,4 g Natriumnitrit in Wasser eingerührt. Nach 1 stündigem Weiterrühren ohne Kühlung werden 20,9 g Acetylaceton zugesetzt und dann unter kräftigem Rühren 25 g Zinkstaub so eingetragen, daß die Temperatur 70° nicht übersteigt. Nachher wird noch bis zum Zusammenballen des Zinkschlamms auf dem Sandbad gekocht (etwa $\frac{1}{2}$ Stunde) und dann in 3 l Eiswasser gegossen; wobei das Pyrrol ausfällt. Ausbeute 27 g.

Eigenschaften: Aus Alkohol-Wasser weiße Nadelbüschel, Schmelzp. 112°.

2-Methyl-3-propionyl-4-propyl-5-carbäthoxy-pyrrol[3].

Mol-Gewicht: 251,2.

Zusammensetzung: 66,88% C; 8,42% H; 19,11% O; 5,59% N. $C_{14}H_{21}O_3N$.

Darstellung: In eine Lösung von 30 g 2-Methyl-4-propyl-5-carbäthoxy-pyrrol und 44 g Propionylchlorid in 160 ccm Schwefelkohlenstoff werden innerhalb 15 Minuten unter Kühlung 40 g wasserfreies Aluminiumchlorid eingetragen, wobei heftige Salzsäureentwicklung einsetzt und das Reaktionsprodukt sich ölig abscheidet. Nach 1 stündigem Erwärmen auf 50° und anschließendem 2 stündigem Stehen bei Zimmertemperatur wird der Schwefelkohlenstoff abgegossen und das Reaktionsprodukt mit viel kaltem Wasser unter abwechselndem Kühlen zersetzt; Beendigung, wenn alles Öl verschwunden. Nachdem wird abgesaugt, in heißem Alkohol gelöst und bei 60—70° warmes Wasser bis zur beginnenden Trübung zugesetzt. Beim Abkühlen Krystallisation. Ausbeute 30 g.

Eigenschaften: Aus Alkohol-Wasser mit Tierkohle Krystalle vom Schmelzp. 119°.

2-Methyl-4-propyl-3, 5-dicarbäthoxy-pyrrol[4].

Mol-Gewicht: 267,1.

Zusammensetzung: 62,92% C; 7,90% H; 23,94% O; 5,24% N. $C_{14}H_{21}O_4N$.

Darstellung: In 180 g Butyrylessigester[4] in 850 ccm Eisessig wird unter Rühren und Eiskühlung bei +5° bis +10° sehr langsam eine konz. Lösung von 80,4 g Natriumnitrit in Wasser eingetropft. Nach Stehen über Nacht bei Zimmertemperatur werden 147,6 g Acetessigester zugegeben und dann allmählich 150 g Zinkstaub in sehr kleinen Portionen eingetragen. Höchsttemperatur 70—80°. Nachdem wird noch längere Zeit auf dem siedenden Wasserbad erhitzt und dann durch ein feinmaschiges Sieb in 5 l Eiswasser gegossen; wobei das Pyrrol als bald erstarrendes Öl ausfällt. Ausbeute 160—180 g.

Eigenschaften: Aus Alkohol-Wasser derbe Nadeln, Schmelzp. 102°.

[1] H. Fischer, M. Goldschmidt u. W. Nüßler: Liebigs Ann. **486**, 35 (1931).
[2] H. Fischer, M. Goldschmidt u. W. Nüßler: Liebigs Ann. **486**, 54 (1931).
[3] H. Fischer, M. Goldschmidt u. W. Nüßler: Liebigs Ann. **486**, 44 (1931).
[4] H. Fischer, M. Goldschmidt u. W. Nüßler: Liebigs Ann. **486**, 33 (1931).

2-Methyl-3-carboxy-4-propyl-5-carbäthoxy-pyrrol[1].

Mol-Gewicht: 239,1.

Zusammensetzung: 60,23% C; 7,11% H; 26,81% O; 5,85% N. $C_{12}H_{17}O_4N$.

Darstellung: 60 g trockenes, pulverisiertes 2-Methyl-4-propyl-3,5-dicarbäthoxy-pyrrol werden so unter Rühren in 120 ccm konz. Schwefelsäure eingetragen, daß die Temperatur 40° nicht überschreitet. Dann wird noch 20 Minuten auf 40° gehalten und nun auf 1 kg zerstoßenes Eis gegossen, die ausgefallene Säure abgesaugt, gewaschen, mit 1 l Wasser angerührt und so viel 8proz. Natronlauge zugesetzt, bis die alkalische Reaktion bestehen bleibt. Nachdem wird filtriert und aus dem Filtrat die Carbonsäure mit verdünnter Schwefelsäure ausgefällt. Sie wird nach dem Absaugen auf Ton gestrichen und nach längerem Stehen vollends auf dem Wasserbad getrocknet. Ausbeute 40 g.

Eigenschaften: Aus Methylalkohol weiße glänzende Prismen, Schmelzp. 217° (korr.) u. Gasentwicklung.

2-Methyl-4-propyl-pyrrol.

Mol-Gewicht: 123,1.

Zusammensetzung: 77,98% C; 10,65% H; 11,3% N. $C_8H_{13}N$.

Bildung: Aus Bis-(3-propyl-4-methyl-5-carbäthoxy-pyrryl)-methan[2] beim Erhitzen mit Eisessig und als Nebenprodukt bei der Decarboxylierung von 2-Methyl-3-carboxy-4-propyl-5-carbäthoxy-pyrrol[3].

Darstellung: 2-Methyl-4-propyl-3,5-dicarboxy-pyrrol $C_{10}H_{13}O_4N$, mit dem gleichen Volumen Quarzsand innig gemischt, wird im Vakuum vorsichtig aus einem Claisenkolben destilliert[3].

Eigenschaften: Farbloses Öl, Siedep. 15 mm = 86—88°. Riecht nach Urin.

2-Methyl-4-propyl-3, 5-dicarboxy-pyrrol[3].

Mol-Gewicht: 211,1.

Zusammensetzung: 56,85% C; 6,19% H; 30,32% O; 6,64% N. $C_{10}H_{13}O_4N$.

Darstellung: a) 6 g 2-Methyl-4-propyl-3,5-dicarbäthoxy-pyrrol werden mit 150 ccm 10proz. Natronlauge einen Tag unter Rückfluß gekocht. Danach wird mit dem gleichen Volumen Wasser verdünnt, filtriert und mit verdünnter Schwefelsäure gefällt. Ausbeute 3 g.

b) 5 g 2-Methyl-3-carboxy-4-methyl-5-carbäthoxy-pyrrol in 35 ccm Alkohol werden mit 3 g Ätzkali 10—12 Stunden auf dem Wasserbad gekocht. Nachdem wird mit dem 5fachen Volumen Wasser verdünnt, filtriert und mit verdünnter Schwefelsäure gefällt. Danach wird abgesaugt, mit Wasser mineralsäurefrei gewaschen und auf Ton getrocknet. Ausbeute 4 g.

Eigenschaften: Aus Alkohol-Wasser winzige weiße Krystalle, Schmelzp. 251° u. Gasentwicklung.

2-Methyl-3, 4-dipropyl-pyrrol[4].

Mol-Gewicht: 394,2.

Zusammensetzung: 79,86% C; 11,65% H; 8,49% N. $C_{11}H_{19}N$.

Darstellung: In einem Autoklaven werden 85 g 2-Methyl-3-propionyl-4-propyl-5-carbäthoxy-pyrrol $C_{14}H_{21}O_3N$ mit 39 g 77proz. Hydrazinhydrat und 32,5 g Natrium in 500 ccm abs. Alkohol 10—12 Stunden auf 160—165° erhitzt. Nach dem Erkalten wird der Alkohol teilweise vertrieben, der Rückstand mit 600 ccm Wasser versetzt und das Pyrrol mit Wasserdampf übergetrieben. Das Destillat wird mit Äther ausgezogen, das Lösungsmittel nach dem Trocknen verdampft und der Rückstand im Vakuum destilliert. Ausbeute 9 g.

Eigenschaften: Farbloses Öl, Siedep. 40 mm = 109—130° (116—124° rein). Erstarrt in Kältemischung glasig.

Pikrat $C_{17}H_{22}O_7N_4$. Eine ätherische Lösung des Pyrrols wird mit überschüssiger feuchtätherischer Pikrinsäure versetzt; wonach rasch Krystallisation eintritt. — Aus sehr wenig Alkohol gelbe Krystalle, Schmelzp. 98°.

---

[1] H. Fischer, M. Goldschmidt u. W. Nüßler: Liebigs Ann. **486**, 34 (1931).
[2] H. Fischer, M. Goldschmidt u. W. Nüßler: Liebigs Ann. **486**, 23 (1931).
[3] H. Fischer, M. Goldschmidt u. W. Nüßler: Liebigs Ann. **486**, 48 (1931).
[4] H. Fischer, M. Goldschmidt u. W. Nüßler: Liebigs Ann. **486**, 45 (1931).

2-Äthyl-pyrrol[1].

Mol-Gewicht: 95,11.

Zusammensetzung: 75,73% C; 9,53% H; 14,73% N. C_6H_9N.

Darstellung: 55 g 2-Acetyl-pyrrol C_6H_7ON[2] werden mit 39 g Natrium in 516 ccm Alkohol und 39 ccm Hydrazinhydrat im Autoklaven 12 Stunden auf 170—175° erhitzt. Danach wird der Alkohol abdestilliert, das Pyrrol mit Wasserdampf übergetrieben, das Destillat ausgeäthert, der Äther nach dem Trocknen abdestilliert und der Rückstand im Vakuum fraktioniert. Ausbeute 26,5 g = 55%.

Eigenschaften: Farbloses Öl vom Siedep. 14 mm = 68°.

2-Äthyl-5-formyl-pyrrol[3].

Mol-Gewicht: 123,11.

Zusammensetzung: 68,32% C; 7,22% H; 13,11% O; 11,35% N. C_7H_9ON.

Darstellung: 1 g Tri-(2-Äthyl-pyrryl)-methan wird 2 Stunden mit 10 ccm Alkohol gekocht. Danach wird der Alkohol abdestilliert und das restliche braune, bald erstarrende Öl mit Petroläther ausgezogen.

Eigenschaften: Aus Petroläther weiße Nadeln, Schmelzp. 52°.

2-Äthyl-5-carbäthoxy-pyrrol[1].

Mol-Gewicht: 167,16.

Zusammensetzung: 64,68% C; 7,79% H; 19,16% O; 8,37% N. $C_9H_{13}O_2N$.

Darstellung: Eine Grignard-Lösung aus 2,5 g Magnesium und 15 g Jodmethyl in 20 ccm Äther wird wie üblich zu 9,5 g 2-Äthyl-pyrrol C_6H_9N in 20 ccm Äther gegeben und 1 Stunde erhitzt. Dann werden 10,5 g Chlorkohlensäureester in 20 ccm Äther zugetropft und nach 1 stündigem Weiterkochen das Gemisch mit gesättigter Chlorammoniumlösung zersetzt. Danach wird mit Äther ausgezogen, der Auszug getrocknet und der nach dem Konzentrieren verbleibende Rückstand im Vakuum fraktioniert.

Eigenschaften: Schmelzp. 48°. Siedep. 15 mm = 134°.

2-Äthyl-pyrrol-5-carbonsäureamid $C_7H_{10}ON_2$. Durch 12 stündiges Erhitzen des Esters mit gesättigtem Ammoniak im Rohr auf 150—165°. Nach dem Abdampfen bleibt das Amid als Rückstand. — Aus Wasser, Schmelzp. 112°.

2-Äthyl-3-formyl-5-carbäthoxy-pyrrol[4].

Mol-Gewicht: 195,16.

Zusammensetzung: 61,51% C; 6,71% H; 24,61% O; 7,17% N. $C_{10}H_{13}O_3N$.

Darstellung: 2 g 2-Äthyl-5-carbäthoxy-pyrrol $C_9H_{13}O_2N$ und 3 ccm Blausäure in abs. Äther werden unter Kühlung mit Chlorwasserstoff gesättigt. Nach einigem Stehen wird filtriert und der Rückstand in Wasser gelöst, wonach nach längerem Stehen der Aldehyd ausfällt.

Eigenschaften: Aus Wasser Nadeln, Schmelzp. 89—90° (korr.).

Oxym $C_{10}H_{14}O_3N_2$. Entsteht bei Zugabe einer alkoholischen Lösung des Aldehyds zu einer wässerigen, mit Soda neutralisierten Lösung von Hydroxylaminchlorhydrat. Nach dem Einengen im Vakuum Krystallisation. — Aus Aceton, Schmelzp. 194° (korr.).

Phenylhydrazon $C_{16}H_{19}O_2N_3$. Durch 2 stündiges Erhitzen von 0,5 g Aldehyd mit Phenylhydrazin in abs. alkoholischer Lösung. — Aus Alkohol weiße Nädelchen, Schmelzp. 188° unter Zersetzung (korr.).

2-Äthyl-4-propyl-3, 5-dicarbäthoxy-pyrrol[5].

Mol-Gewicht: 281,2.

Zusammensetzung: 64,01% C; 8,24% H; 22,76% O; 4,99% N. $C_{15}H_{23}O_4N$.

Darstellung: In 11 g Butyrylessigester in 60 ccm Eisessig wird unter Eiskühlung bei 5—10° sehr langsam eine konz. Lösung von 4,9 g Natriumnitrit in Wasser eingerührt. Nach

[1] H. Fischer, H. Beyer u. E. Zaucker: Liebigs Ann. **486**, 69 (1931).
[2] B. Oddo: Chem. Zbl. **1909 II**, 914.
[3] H. Fischer, H. Beyer u. E. Zaucker: Liebigs Ann. **486**, 68 (1931).
[4] H. Fischer, H. Beller u. A. Stern: Ber. dtsch. chem. Ges. **61**, 1081 (1928).
[5] H. Fischer, M. Goldschmidt u. W. Nüßler: Liebigs Ann. **486**, 53 (1931).

1 stündigem Weiterrühren bei gewöhnlicher Temperatur werden 10 g Propionylessigester zugesetzt und dann allmählich 8 g Zinkstaub zugegeben; wobei die Temperatur 80° nicht übersteigen darf. Dann wird noch bis zur vollständigen Lösung im Wasserbad erhitzt (ca. 2 Stunden) und danach in 1 l Eiswasser gegossen, wobei das Pyrrol ausflockt. Ausbeute 9—10 g.

Eigenschaften: Aus Alkohol-Wasser mit Tierkohle lange, weiße Nadeln, Schmelzp. 91°.

2 (α)-Propionyl-pyrrol.

$$C_7H_9ON$$

2-Propionyl-3, 4-dijod-pyrrol $C_7H_7ONJ_2$. Durch Einwirkung einer 0,5proz. Jod-Jodkalilösung auf das Pyrrol in alkalischer Lösung. — Aus Alkohol weiße Nadeln vom Schmelzp. 148°. Gibt bei der Oxydation mit rauchender Salpetersäure Dijodmaleinimid[1].

2-Propionyl-3, 4, 5-trijod-pyrrol $C_7H_6ONJ_3$. Durch Einwirkung eines Überschusses einer 0,5proz. Jod-Jodkalilösung auf das Pyrrol in alkalischer Lösung[1]. — Silberglänzende Schüppchen vom Schmelzp. 193°, die an der Luft langsam gelb werden.

2 (α)-Isopropyl-pyrrol[2].

Mol-Gewicht: 109,13.

Zusammensetzung: 77,0% C; 10,16% H; 12,83% N. $C_7H_{11}N$.

Darstellung: Entsteht bei der Zinkstaubdestillation von Tetraacetontetrapyrrol. $C_{28}H_{36}N_4$.

Eigenschaften: Farbloses Öl, Siedep. 175°. Ist mit Wasserdämpfen flüchtig; bräunt sich an der Luft. Bildet eine Kaliumverbindung, die zur Reinigung dient.

2-Benzoyl-3, 4, 5-Trijod-pyrrol[3].

Mol-Gewicht: 548,87.

Zusammensetzung: 24,05% C; 1,12% H; 2,9% O; 2,55% N; 69,38% J. $C_{11}H_6ONJ_3$.

Darstellung: Wird hergestellt durch Einwirkung von Jod-Jodkalium auf das 2-Benzoyl-pyrrol in alkalischer Lösung bei 50°.

Eigenschaften: Aus Benzol-Petroläther grünliche Krystalle, Schmelzp. 215°. Löslich in wässerigem Alkali; wird daraus durch Säuren wieder gefällt. Gibt bei der Oxydation mit Salpetersäure Nitrojodpyrrol $C_4H_3O_2N_2J$. — Aus Alkohol, Schmelzp. 245°.

2-Methyl-4-äthyl-pyrrol.

Mol-Gewicht: 109,12.

Zusammensetzung: 77,07% C; 10,09% H; 12,84% N. $C_7H_{11}N$.

Darstellung: a) 102 g 2-Methyl-3-carbäthoxy-4-äthyl-5-propionylpyrrol[4] $C_{13}H_{19}O_3N$ werden mit 240 ccm konz. Schwefelsäure und 90 ccm Wasser 3 Stunden auf dem Wasserbad erhitzt. Dann wird unter Kühlen mit Eis-Kochsalz und Rühren mit Soda alkalisch gemacht, Höchsttemp. 15°. Anschließend wird das Pyrrol mit Wasserdampf übergetrieben, das Destillat mit Chloroform ausgezogen und der nach dem Verdampfen des Lösungsmittels verbliebene Rückstand im Vakuum fraktioniert. Ausbeute 75%[4].

b) 100 g 2-Methyl-3-acetyl-4-äthyl-5-propionylpyrrol $C_{12}H_{11}O_2N$ werden in ein erkaltetes Gemisch von 90 ccm Wasser und 240 ccm konz. Schwefelsäure eingetragen und dann 2 Stunden über 70° erhitzt. Nachdem wird unter Kühlung alkalisch gemacht, ausgeäthert und das Pyrrol wie oben isoliert[5].

Eigenschaften: Siedepunkt bei 20 mm = 86°. Gibt bei der Oxydation mit Chromsäure-Schwefelsäure Äthylmaleinimid $C_6H_7O_2N$.

2-Methyl-3, 5-dibrom-4-äthyl-pyrrol.

Mol-Gewicht: 266,95.

Zusammensetzung: 31,47% C; 3,37% H; 5,23% N; 59,92% Br. $C_7H_9NBr_2$.

[1] A. Terentjeff u. W. Tschelinzeff: Ber. dtsch. chem. Ges. **58**, 69 (1925).

[2] Th. Sabalitschka u. H. Haase: Arch. Pharmaz. **266**, 488 (1928).

[3] A. u. W. Tschelinzeff: Ber. dtsch. chem. Ges. **58**, 70 (1925).

[4] H. Fischer u. J. Klarer: Liebigs Ann. **450**, 199 (1926).

[5] H. Fischer u. R. Bäumler: Liebigs Ann. **468**, 77 (1929).

Darstellung: Kalt in Chloroform suspendiertes 2-Methyl-3-acetyl-4-äthyl-5-brompyrrol $C_9H_{12}ONBr$ wird nach tropfenweisem Versetzen mit überschüssigem Brom kurz im Wasserbad gekocht und daraufhin 5—10 Minuten bei Zimmertemperatur stehengelassen. Dann setzt man Petroläther hinzu bis keine Trübung mehr entsteht, wobei sich ein zähes Öl abscheidet, das nach längerem Reiben erstarrt. Die so erhaltene rötliche Substanz wird durch vorsichtiges Verreiben mit Aceton fast farblos[1].

Eigenschaften: Aus Chloroform-Petroläther lange gebogene Nadeln vom Schmelzp. 161°.

2-Methyl-3-acetyl-4-äthyl-pyrrol.

Mol-Gewicht: 151,16.

Zusammensetzung: 71,52% C; 8,61% H; 10,60% O; 9,27% N. $C_9H_{13}ON$.

Darstellung: a) Durch trockene Destillation von 2-Methyl-3-acetyl-4-äthylpyrrol-5-carbonsäure $C_{10}H_{13}O_3N$; wobei das α-freie Pyrrol bei 280—290° überdestilliert[2].

b) 100 g 2-Methyl-3-acetyl-4-äthyl-5-propionylpyrrol $C_{12}H_{17}O_2N$ werden nach Eintragen in ein kaltes Gemisch von 90 ccm Wasser und 240 ccm konz. Schwefelsäure 2 Stunden auf 65—70° Innentemperatur erhitzt. Nach dem Erkalten wird auf Eis gegossen, wobei das anfangs tiefbraune Produkt allmählich zu einem hellen, festen Körper erstarrt.

Eigenschaften: Aus Benzol-Petroläther oder Wasser oder Petroläther spießige, verfilzte Krystalle, Schmelzp. 129°.

2-Methyl-3-acetyl-4-äthyl-5-brompyrrol $C_9H_{12}ONBr$ (M = 230,07). Entsteht bei Zugabe von 7 g Brom in 10 ccm Eisessig zu 7 g des Pyrrols in 30 g Eisessig, wobei Erwärmung, Dunkelfärbung und schließlich Krystallisation eintritt. — Aus Eisessig farblose Tafeln, Schmelzp. 149°. Schwer löslich in Chloroform und Benzol; unlöslich in Tetrachlorkohlenstoff und Äther[2].

2-Methyl-3-acetyl-4-äthyl-5-propionyl-pyrrol[3].

Mol-Gewicht: 207,20.

Zusammensetzung: 69,56% C; 8,21% H; 15,47% O; 6,76% N. $C_{12}H_{17}O_2N$.

Darstellung: In 300 g Dipropionylmethan in 3 l Eisessig wird unter Kühlung im Kältegemisch eine konz. wässerige Lösung von 208 g Natriumnitrit tropfenweise eingerührt. Nach einigem Weiterrühren bei Zimmertemperatur werden 280 g Acetylaceton zugefügt und dann weiterhin 650 g Zinkstaub so eingetragen, daß die Temperatur 70° nicht übersteigt. Wenn diese Operation beendet ist, wird sofort so lange auf dem Sandbad weitergekocht, bis sich der überschüssige Zinkstaub zusammenballt. Hernach wird unter lebhaftem Rühren in 25 l Wasser eingegossen. Ausbeute 75%.

Eigenschaften: Aus Alkohol-Wasser farblose Nadeln, Schmelzp. 137°.

2-Methyl-3-carbäthoxy-4-äthyl-5-propionyl-pyrrol[4].

Mol-Gewicht: 237,22.

Zusammensetzung: 65,79% C; 8,01% H; 20,30% O; 5,90% N. $C_{13}H_{19}O_3N$.

Darstellung: 75 g Dipropionylmethan in 1 l Eisessig werden unter Rühren und Eis-Kochsalz-Kühlung tropfenweise mit einer konz. wässerigen Lösung von 52 g Natriumnitrit versetzt. Dann wird noch einige Zeit weitergerührt und schließlich bei gewöhnlicher Temperatur 82 g Acetessigester zugegeben. Hernach werden langsam 260 g Zinkstaub eingerührt, wobei die Temperatur 70° nicht übersteigen soll. Nachdem wird 3 Stunden im Wasserbad gekocht und heiß in viel Eiswasser abgesaugt, wobei das Pyrrol ausflockt. Ausbeute 88%.

Eigenschaften: Aus Alkohol farblose Nadeln, Schmelzp. 153°. An der Luft tritt Rotfärbung ein. Löslich in allen organischen Solvenzien außer Petroläther.

2-Methyl-3-carboxy-4-äthyl-5-propionyl-pyrrol $C_{11}H_{15}O_3N$ (M = 209,18). Bildet sich bei 2stündigem Erhitzen von 3 g Ester mit 25 ccm 25proz. Kalilauge. Nachdem wird mit Wasser verdünnt, filtriert und mit Essigsäure gefällt. — Aus Eisessig farblose Nadeln, Schmelzp. 252°[5].

---

[1] H. Fischer u. R. Bäumler: Liebigs Ann. **468**, 72 (1929).

[2] H. Fischer u. R. Bäumler: Liebigs Ann. **468**, 71 ff. (1929).

[3] H. Fischer u. R. Bäumler: Liebigs Ann. **468**, 76 (1929).

[4] H. Fischer u. J. Klarer: Liebigs Ann. **450**, 198 (1926). — Vgl. W. Küster u. K. Schiller: Hoppe-Seylers Z. **155**, 169 (1926).

[5] W. Küster: Hoppe-Seylers Z. **155**, 170 (1926).

2-Methyl-3-propionsäure-4-äthyl-pyrrol[1].

Mol-Gewicht: 181,18.

Zusammensetzung: 66,25% C; 8,35% H; 17,67% O; 7,73% N. $C_{10}H_{15}O_2N$.

Darstellung: 5 g 2-Methyl-3-propionsäure-4-äthyl-5-carbäthoxypyrrol $C_{13}H_{19}O_4N$ werden mit 30 ccm Jodwasserstoff-Eisessig 2 Stunden auf dem Wasserbad erhitzt. Nach Beendigung der Kohlensäureentwicklung wird mit Jodphosphonium entfärbt, im Vakuum zur Trockene verdampft, der Rückstand mit Sodalösung aufgenommen und ausgeäthert. Dann wird mit verdünnter Salzsäure eben kongosauer gemacht, öfters ausgeäthert, der Äther im Vakuum verdunstet und der Rückstand durch Reiben zur Krystallisation gebracht. Ausbeute 2 g.

Eigenschaften: Aus viel Ligroin durch Petroläther wetzsteinförmige Nadeln; aus Benzol große Krystalle, Schmelzp. 78°. Leicht löslich in den meisten organischen Solvenzien. Scheidet sich beim Umkrystallisieren häufig ölig ab.

Pikrat $C_{16}H_{18}O_9N_4$. Aus Alkohol gelbe Prismen, Schmelzp. 140°.

2-Methyl-4-äthyl-5-carbäthoxy-pyrrol.

Mol-Gewicht: 181,2.

Zusammensetzung: 66,29% C; 8,28% H; 18,50% O; 7,73% N. $C_{10}H_{15}O_2N$.

Darstellung: a) Zu einer Grignardlösung aus 11,76 g Magnesium, 44,1 g Bromäthyl in 150 ccm abs. Äther gibt man unter Kühlung tropfenweise 25 g 2-Methyl-4-äthylpyrrol $C_7H_{11}N$ in abs. Äther, erhitzt hierauf $^1/_4$ Stunde und läßt dann anschließend unter Kühlung 31,6 g Chlorkohlensäureester in Äther eintropfen, wobei stürmische Reaktion und Dunkelgrünfärbung eintritt. Nach 2stündigem Erhitzen wird unter Eis-Salz-Kühlung langsam mit einer konz. Chlorammoniumlösung zersetzt, ausgeäthert und nach dem Trocknen mit Pottasche der Äther im Vakuum abdestilliert[2].

b) Entsteht bei der trockenen Destillation von 2-Methyl-4-äthyl-5-carbäthoxy-pyrrol-3-carbonsäure $C_{11}H_{15}O_4N$ unter Abspaltung von Kohlensäure[3].

Eigenschaften: Aus Alkohol-Wasser, Schmelzp. 86°.

2-Methyl-3-Brom-4-äthyl-5-carbäthoxy-pyrrol $C_{10}H_{14}O_2NBr$. (M = 210,1) durch Versetzen von 1 g Pyrrol in Tetrachlorkohlenstoff mit 0,9 g Brom (1 Mol); wobei lebhafte Entwicklung von Bromwasserstoff eintritt. Danach wird das Lösungsmittel verdunstet und der Rückstand auf Ton abgepreßt. — Aus Alkohol-Wasser farblose Prismen, Schmelzp. 124°. Gibt beim Weiterbromieren mit 1 Mol Brom 2-Brommethyl-3-brom-4-äthyl-5-carbäthoxypyrrol[4].

2-Brommethyl-3-brom-4-äthyl-5-carbäthoxy-pyrrol.

Mol-Gewicht: 339,004.

Zusammensetzung: 35,39% C; 3,82% H; 9,53% O; 4,12% N; 47,14% Br. $C_{10}H_{13}O_2NBr_2$.

Darstellung: 2-Methyl-3-acetyl-4-äthyl-5-carbäthoxy-pyrrol $C_{12}H_{17}O_3N$ in Tetrachlorkohlenstoff wird heiß mit überschüssigem Brom versetzt, wobei eine lebhafte Bromwasserstoffentwicklung einsetzt. Beim Erkalten Krystallisation. Ausbeute 80%[5].

Dasselbe Produkt wird auch erhalten beim Bromieren von 2-Methyl-4-äthyl-5-carbäthoxy-pyrrol $C_{10}H_{15}O_2N$ in Tetrachlorkohlenstoff mit überschüssigem Brom sowohl in der Hitze als auch in der Kälte[5], beim Bromieren von 2-Methyl-3-brom-4-äthyl-5-carbäthoxy-pyrrol $C_{13}H_{14}O_2NBr$ mit 1 Mol Brom[5] und beim Weiterbromieren von 2-Brommethyl-3-acetyl-4-äthyl-5-carbäthoxy-pyrrol $C_{12}H_{16}O_3N$[5].

Eigenschaften: Aus Chloroform farblose Nadeln, Schmelzp. 170°.

2-Methyl-3-vinyl-4-äthyl-5-carbäthoxy-pyrrol[6].

Mol-Gewicht: 207,20.

Zusammensetzung: 69,52% C; 8,27% H; 15,45% O; 6,76% N. $C_{12}H_{17}O_2N$.

Darstellung: Durch Erhitzen der 2-Methyl-4-äthyl-5-carbäthoxypyrrol-3-acrylsäure $C_{13}H_{17}O_4N$ zum Schmelzen und Abdestillieren des Vinylpyrrols im Vakuum, nachdem die Kohlensäureentwicklung beendet ist. Das Pyrrol erstarrt in der Vorlage. Ausbeute 65%.

Eigenschaften: Aus Alkohol-Wasser weiße Blättchen, Schmelzp. 79°.

[1] H. Fischer u. G. Stangler: Liebigs Ann. **462**, 256 (1928).
[2] H. Fischer u. J. Klarer: Liebigs Ann. **450**, 200 (1926).
[3] H. Fischer u. G. Stangler: Liebigs Ann. **459**, 83 (1927).
[4] H. Fischer u. R. Bäumler: Liebigs Ann. **468**, 76 (1929).
[5] H. Fischer u. R. Bäumler: Liebigs Ann. **468**, 75ff. (1929).
[6] H. Fischer u. G. Stangler: Liebigs Ann. **459**, 96 (1927).

2-Methyl-3-formyl-4-äthyl-5-carbäthoxy-pyrrol[1].

Mol-Gewicht: 209,19.

Zusammensetzung: 63,15% C; 7,17% H; 22,99% O, 6,69% N. $C_{11}H_{15}O_3N$.

Darstellung: 23 g 2-Methyl-4-äthyl-5-carbäthoxypyrrol $C_{10}H_{15}O_2N$, in Äther-Chloroform gelöst, werden nach Zusatz von 25 ccm Blausäure unter Eis-Kochsalz-Kühlung langsam mit Chlorwasserstoff gesättigt. Nach längerem Stehen wird vom salzsauren Imin filtriert, dasselbe nach dem Auswaschen mit Äther in Eiswasser gelöst und die Lösung mit Ammoniak versetzt, wobei der Aldehyd ausfällt. Ausbeute 86%.

Eigenschaften: Aus Alkohol-Wasser weiße Nadeln, Schmelzp. 118°.

2-Methyl-3-nitrovinyl-4-äthyl-5-carbäthoxy-pyrrol $C_{12}H_{16}O_4N_2$ (M = 252,21). Entsteht durch Kondensation von 1 g des Aldehyds in 5 ccm Alkohol mit 0,5 g Nitromethan in Gegenwart von Dimethylaminchlorhydrat. Nach 3 tägigem Stehen wird abgesaugt. Ausbeute 1,1 g. — Aus Alkohol gelbe Nadeln, Schmelzp. 199° (korr.)[2].

2-Methyl-3-acetyl-4-äthyl-5-carbäthoxy-pyrrol[3].

Mol-Gewicht: 223,20.

Zusammensetzung: 64,54% C; 7,67% H; 21,52% O; 6,27% N. $C_{12}H_{17}O_3N$.

Darstellung: Zu 15 g 2-Methyl-4-äthyl-5-carbäthoxypyrrol $C_{10}H_{15}O_2N$ in trockenem Schwefelkohlenstoff werden 10 g Acetylchlorid nebst 9 g Aluminiumchlorid gegeben und $1\frac{1}{2}$ Stunden erhitzt. Unter starker Salzsäureentwicklung und Aufhellung des Reaktionsgemisches tritt Abscheidung einer zähen, dunklen Masse ein. Nun wird bei 0° Wasser zugesetzt und am absteigenden Kühler vorsichtig erwärmt, wobei nach Beginn der Zersetzung der Schwefelkohlenstoff abdestilliert. Das beim Erkalten erstarrende Reaktionsprodukt wird abgesaugt, auf Ton getrocknet und mit Ligroin extrahiert, wobei viel zähe Verunreinigungen ungelöst bleiben. Aus dem Extrakt krystallisiert beim Abkühlen und Reiben das Acetylpyrrol aus.

Eigenschaften: Graugrüne Krystalle, Schmelzp. 115°.

2-Methyl-3-acetyl-4-äthyl-5-carboxy-pyrrol $C_{10}H_{13}O_3N$ (M = 195,16). Wird erhalten durch 1 stündiges Kochen des Esters mit wässeriger alkoholischer Natronlauge. Isolierung durch Eingießen in Wasser, Filtrieren und Fällen der Pyrrolsäure mit verdünnter Schwefelsäure. Ausbeute quantitativ. — Aus Alkohol-Wasser farblose Nadeln, Schmelzp. 208°[3].

2-Brommethyl-3-acetyl-4-äthyl-5-carbäthoxy-pyrrol[4].

Mol-Gewicht: 302,12.

Zusammensetzung: 47,68% C; 5,33% H; 15,92% O; 4,63% N; 26,44% Br. $C_{12}H_{16}O_3NBr$.

Darstellung: 2-Methyl-3-acetyl-4-äthyl-5-carbäthoxypyrrol $C_{12}H_{17}O_3N$ (1 g) in Tetrachlorkohlenstoff wird mit Brom (0,35 g = 1 Mol) versetzt, wobei sofort Krystallisation eintritt.

Eigenschaften: Farblose Nadeln, Schmelzp. 120°. Läßt sich nicht umkrystallisieren; gibt mit Alkohol-Wasser 2-Oxymethyl-3-acetyl-4-äthyl-5-carbäthoxypyrrol.

2-Oxymethyl-3-acetyl-4-äthyl-5-carbäthoxy-pyrrol[4].

Mol-Gewicht: 239,20.

Zusammensetzung: 60,25% C; 7,12% H; 26,78% O; 5,85% N. $C_{12}H_{17}O_4N$.

Darstellung: 2-Brommethyl-3-acetyl-4-äthyl-5-carbäthoxypyrrol $C_{12}H_{16}O_3NBr$, in heißem Alkohol gelöst, wird in der Hitze mit Wasser bis zur beginnenden Trübung versetzt. Nach 24 Stunden wird abgesaugt.

Eigenschaften: Aus Alkohol-Wasser Nadeln, Schmelzp. 101°.

2-Methyl-4-äthyl-3, 5-dicarbäthoxy-pyrrol.

Mol-Gewicht: 253,22.

Zusammensetzung: 61,62% C; 7,56% H; 25,28% O; 5,54% N. $C_{13}H_{19}O_4N$.

[1] H. Fischer u. J. Klarer: Liebigs Ann. **450**, 200 (1926).
[2] H. Fischer u. G. Stangler: Liebigs Ann. **459**, 97 (1927).
[3] H. Fischer u. R. Bäumler: Liebigs Ann. **468**, 70 (1929).
[4] H. Fischer u. R. Bäumler: Liebigs Ann. **468**, 75 (1929).

Darstellung: In eine Lösung von 30 g Propionylessigester in 150 ccm Eisessig wird bei 5—10° tropfenweise eine konz. wässerige Lösung von 15 g Natriumnitrit eingerührt. Dann hält man 1 Stunde bei gewöhnlicher Temperatur und setzt nun 27 g Acetessigester zu. Hierauf werden allmählich 35 g Zinkstaub eingetragen, wobei die Temperatur 70—80° nicht überstiegen darf und anschließend 2 Stunden auf dem siedenden Wasserbad erhitzt, bis der Zinkstaub gelöst ist. Durch Eingießen in Eiswasser wird das Pyrrol ausgefällt. Ausbeute 30 g[1].

Eigenschaften: Aus Alkohol lange, weiße Nadeln, Schmelzp. 115° (korr.). Leicht löslich in Alkohol, Chloroform, Eisessig; schwer löslich in Ligroin[1].

2-Brommethyl-4-äthyl-3, 5-dicarbäthoxy-pyrrol[2].

Mol-Gewicht: 332,13.

Zusammensetzung: 46,98% C; 5,46% H; 19,27% O; 4,22% N; 24,07% Br. $C_{13}H_{18}O_4NBr$.

Darstellung: 5 g 2-Methyl-4-äthyl-3, 5-dicarbäthoxypyrrol $C_{13}H_{19}O_4N$ in 100 ccm Tetrachlorkohlenstoff werden nach Versetzen mit 3,5 g Brom in 10 ccm Tetrachlorkohlenstoff auf dem Wasserbad solange erhitzt, bis sich kein Bromwasserstoff mehr entwickelt. Nachdem wird das Lösungsmittel abgedampft und die letzten Reste im Vakuum entfernt. Als Rückstand bleibt eine krystalline Masse. Ausbeute nahezu quantitativ (6,3 g).

Eigenschaften: Aus Eisessig-Wasser weiße Nadeln, Schmelzp. 156°.

2-Methyl-4-äthyl-5-carbäthoxy-pyrrol-3-carbonsäure[3].

Mol-Gewicht: 225,18.

Zusammensetzung: 58,63% C; 6,72% H; 28,43% O; 6,22% N. $C_{11}H_{15}O_4N$.

Darstellung: 30 g trockenes, pulverisiertes 2-Methyl-4-äthyl-3, 5-dicarbäthoxypyrrol $C_{13}H_{19}O_4N$ werden langsam in 100 ccm konz. Schwefelsäure eingerührt, wobei die Temperatur 40° nicht überschreiten soll. Nach 20 Minuten Stehen bei 40° gießt man auf fein zerstoßenes Eis, löst dann die dabei ausgefallene Säure in verdünnter Natronlauge, filtriert und fällt im Filtrat die Carbonsäure durch Zugabe von verdünnter Schwefelsäure bis zur schwach kongosauren Rekation. Nach dem Filtrieren wird mit Wasser schwefelsäurefrei gewaschen. Ausbeute 20 g.

Eigenschaften: Aus Aceton-Wasser weiße Nädelchen, Schmelzp. 245°.

2-Methyl-4-äthyl-5-carbäthoxy-pyrrol-3-acrylsäure[4].

Mol-Gewicht: 251,21.

Zusammensetzung: 62,12% C; 6,83% H; 25,47% O; 5,58% N. $C_{13}H_{17}O_4N$.

Darstellung: Durch 4—5stündiges Erhitzen von 5 g 2-Methyl-3-formyl-4-äthyl-5-carbäthoxypyrrol $C_{11}H_{15}O_3N$, 2,5 g Malonsäure und 2,4 g Anilin in 50 ccm Alkohol. Danach wird der Alkohol verdampft, das Anilin mit verdünnter Salzsäure entfernt, der Rückstand in Natronlauge gelöst, filtriert und im Filtrat die Acrylsäure mit Essigsäure gefällt. Nach dem Filtrieren und gutem Auswaschen mit Wasser wird auf Ton getrocknet.

Eigenschaften: Aus Alkohol weiße Nadeln, Schmelzp. 240°.

2-Methyl-3-propionsäure-4-äthyl-5-carbäthoxy-pyrrol[5].

Mol-Gewicht: 253,22.

Zusammensetzung: 61,62% C; 7,56% H; 25,28% O; 5,54% N. $C_{13}H_{19}O_4N$.

Darstellung: Eine Suspension von 5 g 2-Methyl-4-äthyl-5-carbäthoxypyrrol-3-acrylsäure $C_{13}H_{17}O_4N$ in Eiswasser wird unter kräftigem Schütteln portionsweise mit 60 g 3proz. Natriumamalgam versetzt. Dann wird filtriert und die Propionsäure unter Kühlung und Rühren mit verdünnter Schwefelsäure gefällt. Nach dem Absaugen wird mit Wasser schwefelsäurefrei gewaschen. Ausbeute 4,6 g.

Eigenschaften: Aus 70proz. Alkohol weiße Nadeln, Schmelzp. 148°.

[1] H. Fischer u. G. Stangler: Liebigs Ann. **459**, 81 (1927).
[2] H. Fischer u. G. Stangler: Liebigs Ann. **459**, 93 (1927).
[3] H. Fischer u. G. Stangler: Liebigs Ann. **459**, 82 (1927).
[4] H. Fischer u. G. Stangler: Liebigs Ann. **459**, 95 (1927).
[5] H. Fischer u. G. Stangler: Liebigs Ann. **459**, 96 (1927).

2-Brommethyl-3-propionsäure-4-äthyl-5-carbäthoxy-pyrrol[1].

Mol-Gewicht: 332,14.

Zusammensetzung: 46,98% C; 5,46% H; 19,27% O; 4,22% N; 24,07% Br. $C_{13}H_{18}O_4NBr$.

Darstellung: 2,3 g 2-Methyl-3-propionsäure-4-äthyl-5-carbäthoxypyrrol $C_{13}H_{19}O_4N$ in 150 ccm abs. Äther werden unter Umschwenken portionsweise mit 2 g Brom in Äther versetzt. Allmählich entwickelt sich Bromwasserstoff und nach Impfen oder Reiben tritt Krystallisation ein. Nach 2stündigem Stehen wird abgesaugt und mit Äther gewaschen. Ausbeute 2 g.

Eigenschaften: Aus Eisessig fast farblose Tafeln, Schmelzp. 174°. Dient zur Darstellung von Homo-Koproporphyrin I.

2-Carboxy-3-propionsäure-4-äthyl-5-carbäthoxy-pyrrol[2].

Mol-Gewicht: 283,31.

Zusammensetzung: 55,10% C; 6,06% H; 33,89% O; 4,95% N. $C_{13}H_{17}O_6N$.

Darstellung: 25 g 2-Brommethyl-3-propionsäure-4-äthyl-5-carbäthoxypyrrol $C_{13}H_{18}O_4NBr$ in 100 ccm abs. Äther werden unter starkem Schütteln tropfenweise mit 18 g Sulfurylchlorid (2 Mol) versetzt, wobei starke Temperaturerhöhung eintritt. Nach einigen Stehen wird filtriert, mit wenig Äther gewaschen, der Rückstand $^1/_4$ Stunde mit Wasser gekocht, abgesaugt und gut mit heißem Wasser ausgewaschen. Ausbeute 20 g.

Eigenschaften: Aus Eisessig feine Nadeln, Zersetzungsp. 248°.

2-Methyl-5-äthyl-pyrrol = Isoopsopyrrol.

Mol-Gewicht: 109,12.

Zusammensetzung: 77,07% C; 10,09% H; 12,84% N. $C_7H_{11}N$.

Darstellung: Durch Reduktion des 2-Methyl-5-acetyl-pyrrols mit Hydrazinhydrat und Natriumäthylat[3]. Ausbeute 70%.

Eigenschaften: Farbloses Öl. Siedep. 11 mm = 74—75°. Gibt beim Erhitzen mit Ameisensäure im Rohr auf 160° kein Porphyrin[3].

2-Methyl-5-äthyl-pyrrol-azotoluol $C_{14}H_{18}N_3Cl$. Entsteht beim Schütteln einer ätherischen Lösung des Pyrrols mit 0,5 n-Toludiazoniumchloridlösung und 1 Mol Salzsäureüberschuß. Beim Stehen tritt Krystallisation ein. — Aus Benzol, Chloroform-Äther oder Eisessig-Äther orangerote Krystalle; Zersetzungsp. 178°[4].

2-Methyl-5-äthyl-pyrrol-azobenzol $C_{13}H_{16}N_3Cl$. Wie oben mit 0,5-m-Benzoldiazoniumchloridlösung und 1 Mol Salzsäureüberschuß. — Aus Eisessig verfilzte, gelbe Nadeln; Zersetzungsp. 174° (sehr unscharf)[4].

2-Methyl-5-äthyl-pyrrol-azobenzolsulfosäure. Gelbe Krystalle vom Schmelzp. 240—250°[3].

2, 5-Heptendion-dioxym $C_7H_{14}O_2N_2$. Entsteht bei 7stündigem Erhitzen von 1 Mol Pyrrol in wenig Alkohol mit 2 Mol Hydroxylaminchlorhydrat und 1 Mol Natriumcarbonat. Isolierung durch Abdestillieren des Alkohols, Zusatz von Kalilauge bis zur alkalischen Reaktion, Ausäthern, Sättigen mit Kohlensäure, Wiederausäthern und Abdestillieren des Äthers. — Aus Äther durchsichtige, lange Nadeln, Schmelzp. 150°[4].

2-Methyl-3, 4-diäthyl-pyrrol.

Mol-Gewicht: 137,17.

Zusammensetzung: 78,70% C; 11,62% H; 10,21% N. $C_9H_{15}N$.

Darstellung: a) 120 g trockenes 2-Methyl-3-acetyl-5-carbäthoxypyrrol $C_{10}H_{13}O_3N$ verrührt mit einer Lösung von 50,4 g Natrium in 566 ccm abs. Alkohol werden nach Zusatz von 60 ccm Hydrazinhydrat 12 Stunden im Autoklaven auf 160—170° erhitzt. Isolierung durch Wasserdampfdestillation, die beendet ist, wenn sich im Kühler farblose Nadeln eines Nebenproduktes abscheiden. Dann wird das Destillat ausgeäthert und der Ätherrückstand im Vakuum fraktioniert; wobei die Fraktion 98—125°/13 mm weiterverwendet wird[5].

b) Entsteht auf dieselbe Weise auch aus 2-Methyl-3-acetyl-4-äthylpyrrol[5].

Eigenschaften: Farbloses Öl, Siedep. 13 mm 104—105°. Ist an der Luft unbeständig. Mit Wasserdampf flüchtig. Geruch wie bei den trialkylierten Pyrrolen. Dichte $d_{17°} = 0,90996$;

[1] H. Fischer u. G. Stangler: Liebigs Ann. **462**, 260 (1928).
[2] H. Fischer u. G. Stangler: Liebigs Ann. **462**, 264 (1928).
[3] H. Fischer, E. Sturm u. H. Friedrich: Liebigs Ann. **461**, 260 (1928).
[4] H. Fischer, H. Beyer u. E. Zaucker: Liebigs Ann. **486**, 65—66 (1931).
[5] H. Fischer u. R. Bäumler: Liebigs Ann. **468**, 78 (1929).

Molekularrefraktion = 44,197. Bei der Oxydation mit rauchender Salpetersäure entsteht Diäthylmaleinimid[1]. Der Azofarbstoff ist sehr unbeständig[2].

Pikrat $C_{15}H_{18}N_4O_7$. Aus Alkohol-Wasser gelbe Prismen mit zerschlissenen Querkanten, Schmelzp. 101°[3].

Physiologisches Verhalten: In Olivenöl gelöstes Pyrrol subcutan injiziert bewirkt beim Tier zuerst ein typisches Jucken an der Schnauze. Dann folgt Apathie und je nach der Menge früher oder später Exitus. Der Harn gibt positive Aldehydreaktion[3].

2-Methyl-3, 4-diäthyl-5-formyl-pyrrol[1].

Mol-Gewicht: 165,18.

Zusammensetzung: 72,72% C; 9,99% H; 8,81% O; 8,48% N. $C_{10}H_{15}ON$.

Darstellung: 1 g 2-Methyl-3, 4-diäthylpyrrol $C_9H_{15}N$ in 10 ccm abs. Äther werden nach Zusatz von 2 ccm Blausäure unter Kühlung mit Chlorwasserstoff gesättigt. Nach Stehen über Nacht wird im Vakuum konzentriert, der Rückstand mit Alkohol aufgenommen, mit wässeriger Natronlauge versetzt und bis zum Verschwinden des Ammoniakgeruchs gekocht. Nach dem Erstarren der dabei anfallenden klebrigen Masse wird abgesaugt, gewaschen und dann mehrmals mit Wasser ausgekocht. Aus diesen Auszügen krystallisiert nach mehrtägigem Stehen der Aldehyd aus.

Eigenschaften: Aus Wasser große, farblose Tafeln; Schmelzp. 74°.

Das Iminchlorhydrat gibt mit Kupferacetat eine Additionsverbindung. Sehr hygroskopisch, zerfällt dabei in die Komp. Schmelzp. 150°.

2-Methyl-3, 4-diäthyl-5-carbäthoxy-pyrrol.

Mol-Gewicht: 209,32.

Zusammensetzung: 68,89% C; 9,09% H; 14,33% O; 6,69% N. $C_{12}H_{19}O_2N$.

Darstellung: a) Zu einer Grignard-Lösung aus 11,76 g Magnesium und 44,1 g Bromäthyl in Äther werden vorsichtig 25 g 2-Methyl-3, 4-diäthylpyrrol $C_9H_{15}N$ zugetropft und dann 2 Stunden gekocht. Danach werden bei 0° vorsichtig 31,6 g Chlorkohlensäureester in abs. Äther zugegeben und nach 3stündigem Kochen die Reaktionsprodukte mit konz. wässeriger Chlorammoniumlösung zersetzt. Der ätherische Auszug wird nach dem Trocknen im Vakuum konzentriert. Ausbeute 55%[4].

b) Entsteht auch bei der katalytischen Reduktion des 2-Methyl-3-vinyl-4-äthyl-5-carbäthoxypyrrols $C_{12}H_{17}O_2N$ in alkoholischer Lösung. Mit Natriumamalgam geht diese Reaktion nicht[5].

Eigenschaften: Aus Alkohol-Wasser bzw. Alkohol-Aceton farblose Nadeln, Schmelzp. 75°. Sehr leicht löslich in allen Lösungsmitteln.

2-Formyl-3-methyl-pyrrol[6].

Mol-Gewicht: 109,09.

Zusammensetzung: 66,03% C; 6,46% H; 14,54% O; 12,97% N. C_6H_7ON.

Darstellung: Durch vorsichtiges Erhitzen des 2-Formyl-3-methyl-4-carboxy-pyrrols $C_9H_{11}O_3N$ im Vakuum auf 190—200°. Dabei tritt langsam Kohlensäureabspaltung ein und das freie Pyrrol sublimiert.

Eigenschaften: Große farblose Prismen, Schmelzp. 95°.

2, 5-Diformyl-3-methyl-4-chlor-pyrrol[7].

Mol-Gewicht: 171,55.

Zusammensetzung: 48,98% C; 3,53% H; 18,65% O; 8,16 %N; 20,68% Cl. $C_7H_6O_2NCl$.

Darstellung: 2,7 g 2, 4-Dimethyl-5-formyl-pyrrol C_7H_9ON, suspendiert in 50 ccm abs. Äther, werden unter starker Kühlung mit 6 g Sulfurylchlorid (2 Mol) in 20 ccm abs. Äther versetzt, wonach stürmische Reaktion unter Schwefeldioxyd-Entwicklung einsetzt. Nach 12stündigem

[1] H. Fischer u. R. Bäumler: Liebigs Ann. **468**, 80 (1929).
[2] H. Fischer u. R. Bäumler: Liebigs Ann. **468**, 64 (1929).
[3] H. Fischer u. R. Bäumler: Liebigs Ann. **468**, 79 (1929).
[4] H. Fischer u. R. Bäumler: Liebigs Ann. **468**, 93 (1929).
[5] H. Fischer u. G. Stangler: Liebigs Ann. **459**, 97 (1927).
[6] H. Fischer u. O. Wiedemann: Hoppe-Seylers Z. **155**, 63 (1925).
[7] H. Fischer u. W. Kutscher: Liebigs Ann. **481**, 212 (1930).

Stehen wird der Äther im Vakuum weggedampft, der trockene Rückstand mit Wasser übergossen, kurz aufgekocht und heiß filtriert. Beim Abkühlen tritt Krystallisation ein. (Durch Ausäthern der Mutterlauge läßt sich noch mehr Dialdehyd gewinnen.)

Eigenschaften: Aus Wasser voluminöse verfilzte Nadeln, Schmelzp. 145°.

Di-phenylhydrazon $C_{19}H_{18}N_5Cl$. Durch 1 stündiges Erhitzen einer mit Phenylhydrazin versetzten alkoholischen Lösung des Dialdehyds auf dem kochenden Wasserbad. Nach dem Erkalten tritt Krystallisation ein. — Aus Alkohol gelbe Krystalle; Schmelzp. 178°.

2-Acetyl-3-methyl-pyrrol[1].

Mol-Gewicht: 123,11.

Zusammensetzung: 68,26% C; 7,36% H; 13,00% O; 11,38% N. C_7H_9ON.

Darstellung: Durch Erhitzen des 2-Acetyl-3-methyl-4-carboxy-pyrrols $C_8H_9O_3N$ im Kohlensäurestrom, wobei sich Kohlensäure abspaltet und eine nahezu farblose, jedoch schnell erstarrende Flüssigkeit überdestilliert.

Eigenschaften: Aus Alkohol-Wasser schwach gelbliche Blättchen, Schmelzp. 98°.

2-Carbäthoxy-3-methyl-pyrrol[2].

Mol-Gewicht: 153,14.

Zusammensetzung: 62,71% C; 7,24% H; 20,9% O; 9,15% N. $C_8H_{11}O_2N$.

Darstellung: Zu einer Grignard-Lösung aus 1,5 g Bromäthyl, 0,35 g Magnesium und 10 ccm abs. Äther werden 0,85 g 3-Methylpyrrol C_5H_7N tropfenweise zugegeben, wobei lebhafte Reaktion eintritt. Nach 1 stündigem Kochen werden ebenso 1,1 g Chlorkohlensäureester zugefügt. Dabei erfolgt wieder lebhafte Reaktion und Gelbfärbung. Nach mehrstündigem Erhitzen wird unter Eiskühlung mit einer gesättigten Chlorammoniumlösung zersetzt, ausgeäthert, der Äther verdampft und die restliche dunkle Flüssigkeit im Vakuum eingedunstet. Beim Abkühlen tritt dann Krystallisation des Pyrrols ein.

Eigenschaften: Aus Alkohol-Wasser unter guter Kühlung und Reiben farblose Krystalle, Schmelzp. 56°.

2-Carbäthoxy-3-methyl-5-formyl-pyrrol[3].

Mol-Gewicht: 169,14.

Zusammensetzung: 48,96% C; 5,65% H; 37,65% O; 7,74% N. $C_8H_{11}O_3N$.

Darstellung: In eine Lösung von 0,2 g 2-Carbäthoxy-3-methylpyrrol $C_8H_{11}O_2N$ und 0,5 ccm Blausäure in 5 ccm abs. Äther wird unter Kühlung Chlorwasserstoff bis zur Sättigung eingeleitet. Nach längerem Stehen wird abgesaugt, der Rückstand mit abs. Äther gewaschen und mit kaltem Wasser zersetzt.

Eigenschaften: Durch mehrmaliges Umkrystallisieren aus Wasser, Schmelzp. 107°.

Semicarbazon $C_{10}H_{15}O_3N_4$. Durch Erwärmen des Aldehyds (0,02 g) mit Semicarbazid-chlorhydrat (0,02 g) und Calciumacetat (0,02 g) in alkoholischer Lösung. — Aus verdünntem Alkohol glitzernde Krystalle, Schmelzp. 230°.

3-Methyl-4-carbäthoxy-pyrrol[4].

Mol-Gewicht: 153,14.

Zusammensetzung: 62,71% C; 7,24% H; 20,90% O; 9,15% N. $C_8H_{11}O_2N$.

Bildung: Beim Erhitzen des Bis(-3-methyl-4-carboxy-5-carbäthoxy-pyrryl)-äthans auf 180—200°[5] und des Bis-(4-methyl-3-carbäthoxy-5-carboxy-pyrryl)-methans auf 210°[5].

Darstellung: Durch vorsichtiges Erhitzen des 3-Methyl-4-carbäthoxy-5-carboxy-pyrrols $C_9H_{11}O_4N$ über den Schmelzpunkt, wobei Abspaltung von Kohlensäure eintritt und der Monoester als nahezu farbloses, bald erstarrendes Öl übergeht[4]. Entsteht auch bei der trockenen Destillation des Bariumsalzes der Estersäure[6].

Eigenschaften: Aus wenig Alkohol mit Wasser fast farblose, derbe Krystalle, Schmelzpunkt 73°. Löslich in heißem Ligroin, viel heißem Wasser; leicht löslich in Alkohol. Ist sehr reaktionsträge. Kondensiert sich weder mit Formaldehyd noch Ameisensäure und Glyoxal.

[1] H. Fischer u. O. Wiedemann: Hoppe-Seylers Z. **155**, 64 (1926).
[2] H. Fischer u. O. Wiedemann: Hoppe-Seylers Z. **155**, 69 (1926).
[3] H. Fischer u. O. Wiedemann: Hoppe-Seylers Z. **155**, 70 (1926).
[4] H. Fischer u. O. Wiedemann: Hoppe-Seylers Z. **155**, 58 (1926).
[5] H. Fischer u. P. Halbig: Liebigs Ann. **447**, 130 und 135 (1926).
[6] H. Fischer u. O. Wiedemann: Hoppe-Seylers Z. **155**, 71 (1926).

2-Formyl-3-methyl-4-carbäthoxy-pyrrol[1].

Mol-Gewicht: 181,14.

Zusammensetzung: 62,71% C; 6,08% H; 23,47% O; 7,74% N. $C_9H_{11}O_3N$.

Darstellung: In eine Lösung von 2 g 3-Methyl-4-carbäthoxy-pyrrol $C_8H_{11}O_2N$ in 10 ccm abs. Äther und 1 ccm Blausäure wird unter Eiskühlung Chlorwasserstoff bis zur Sättigung eingeleitet. Nach längerem Stehen wird filtriert, der Rückstand mit abs. Äther gewaschen, in kaltem Wasser gelöst, filtriert und das Filtrat erwärmt. Beim Erkalten Krystallisation.

Eigenschaften: Aus Wasser farblose, lange Nadeln, Schmelzp. 121°. Leicht löslich in Alkohol, Äther, Chloroform. Ehrlichsche Reaktion kalt negativ, heiß positiv. Gibt beim Erhitzen mit Natriumäthylat und Hydrazinhydrat 2, 3-Dimethylpyrrol.

Phenylhydrazon $C_{15}H_{17}O_2N_3$. Durch 30minütiges schwaches Erwärmen des Aldehyds (0,2 g) in Alkohol (5 ccm) mit Phenylhydrazin. Nach Zusatz von Wasser Krystallisation. — Aus verdünntem Alkohol Schmelzp. 154°[1].

Semicarbazon $C_{10}H_{15}O_3N_4$. Durch Zusatz von Semicarbazidchlorhydrat (0,2 g) in Wasser und Kaliumacetat (0,2 g) in Alkohol zu einer alkoholischen Lösung des Aldehyds (0,3 g). — Aus verdünntem Alkohol, Schmelzp. 224°[1].

Azlacton. Bildet sich bei 40minütigem Erwärmen des Aldehyds (0,2 g) mit Hippursäure (0,3 g), Natriumazetat (0,5 g) und Essigsäureanhydrid (6 ccm) — Aus Alkohol feine gelbe Krystallbüschel; Schmelzp. 192°[1].

Oxym $C_9H_{12}O_3N_2$. Durch Kondensation des Aldehyds (0,5 g) mit durch Soda neutralisiertem Hydroxylaminchlorhydrat (0,48 g). — Aus Alkohol-Wasser farblose Krystalle; Schmelzp. 167°[1].

2-Formyl-3-methyl-4-carboxy-pyrrol $C_7H_7O_3N$. Wird erhalten durch 1 stündiges Kochen von 0,5 g Ester in wenig Alkohol mit 5 ccm 20proz. Kalilauge. Isolierung durch Verdampfen des Alkohols, Verdünnen des Restes mit Wasser und Zusatz von verdünnter Schwefelsäure unter Kühlung bis zur schwach kongosauren Reaktion. Danach Absaugen der ausgeschiedenen Säure und Auswaschen mit warmem Wasser[1].

2-Acetyl-3-methyl-4-carbäthoxy-pyrrol[2].

Mol-Gewicht: 195,16.

Zusammensetzung: 66,63% C; 6,71% H; 19,48% O; 7,18% N. $C_{10}H_{13}O_3N$.

Darstellung: Durch Einleiten von Chlorwasserstoff in eine Lösung von 1 g 3-Methyl-4-carbäthoxypyrrol $C_8H_{11}O_2N$ und 0,5 g Acetonitril in 15 ccm abs. Äther. Nach längerem Stehen wird filtriert, mit abs. Äther gewaschen, in Wasser gelöst und erwärmt, wonach sich beim Erkalten das Keton abscheidet.

Eigenschaften: Aus Alkohol-Wasser farblose Blättchen, Schmelzp. 117°. Ehrlichsche Reaktion kalt negativ, heiß positiv.

2-Acetyl-3-methyl-4-carboxy-pyrrol $C_8H_9O_3N$ (M = 167,12). Wird erhalten durch $^1/_2$stündiges Erhitzen von 0,5 g Ester in 5 ccm Alkohol mit 0,2 g Ätzkali in 3 ccm Wasser. Isolierung durch Verdampfen des Alkohols, Verdünnen des Rückstandes auf 100 ccm und Einfiltrieren in verdünnte Schwefelsäure. Nach dem Absaugen der ausgefallenen Säure wird mit Wasser gewaschen und auf Ton getrocknet. — Bei 250—260° sublimiert, Schmelzp. 272°[2].

2-Chloracetyl-3-methyl-4-carbäthoxy-pyrrol[3].

Mol-Gewicht: 229,56.

Zusammensetzung: 52,29% C; 5,26% H; 20,90% O; 6,11% N; 15,44% Cl. $C_{10}H_{12}O_3NCl$.

Darstellung: Durch Sättigen einer ätherischen Lösung von 0,2 g 2-Methyl-4-carbäthoxy-pyrrol $C_8H_{11}O_2N$ und 0,15 g Chloracetonitril unter Kühlung mit Chlorwasserstoff. Nach mehrstündigem Stehen wird abgesaugt, der Rückstand mit Äther ausgewaschen und in verdünntem Ammoniak gelöst. Nach kurzem Erwärmen scheidet sich das Chloracetylpyrrol ab.

Eigenschaften: Aus viel Wasser oder Alkohol große flache Nadeln, Schmelzp. 115°.

3-Methyl-4, 5-dicarbäthoxy-pyrrol[4].

Mol-Gewicht: 225,18.

Zusammensetzung: 58,67% C; 6,66% H; 28,45% O; 6,22% N. $C_{11}H_{15}O_4N$.

[1] H. Fischer u. O. Wiedemann: Hoppe-Seylers Z. **155**, 59ff. (1926).
[2] H. Fischer u. O. Wiedemann: Hoppe-Seylers Z. **155**, 63—64 (1926).
[3] H. Fischer u. O. Wiedemann: Hoppe-Seylers Z. **155**, 65 (1926).
[4] H. Fischer u. O. Wiedemann: Hoppe-Seylers Z. **155**, 58 (1926).

Darstellung: In eine Suspension von 3 g fein gepulvertem 3-Methyl-4-carbäthoxy-5-carboxy-pyrrol $C_9H_{11}O_4N$ in 20 ccm abs. Alkohol wird bis zu einem Gehalt von 5% trockener Chlorwasserstoff eingeleitet. Nach einigen Stehen wird fast aller Alkohol und Salzsäure abgedampft und der Rest mit Soda neutralisiert. Dann wird ausgeäthert und aus dieser Lösung der Diester mit Petroläther ausgefällt.

Eigenschaften: Aus Alkohol-Wasser fast farblose, derbe Krystalle, Schmelzp. 63°. Ist reaktionsträge.

3-Methyl-4-carbäthoxypyrrol-5-carbonsäurehydrazid $C_9H_{13}O_3N_3$. Durch 20 minütiges Erhitzen von 2,5 g Pyrrol in 20 ccm abs. Alkohol mit 1,5 g Hydrazinhydrat. Beim Erkalten scheidet sich das Hydrazid ab. — Aus Alkohol glänzende, scharfkantige Blättchen, Schmelzpunkt 165°. Beim Einleiten von Chlorwasserstoff in die absolute alkoholische Lösung scheidet sich das Chlorhydrat in voluminösen Flocken ab. (Leicht löslich in Wasser.)[1]

Benzoylhydrazid $C_{16}H_{17}O_4N_3$. Durch Versetzen der wässerigen Lösung des Chlorhydrats (0,1 g) mit Benzoylchlorid (0,1). — Aus Alkohol, Schmelzp. 232°.

Phenylthiosemicarbazid $C_{16}H_{18}O_3N_4S$. Durch $^1/_2$ stündiges Erhitzen einer abs. alkoholischen Lösung des Hydrazids mit der berechneten Menge Phenylsenföl. — Aus Alkohol glitzernde Blättchen, Schmelzp. 185°.

Glyoxalhydrazid $C_{20}H_{24}O_6N_6$. Bildet sich bei kurzem Erwärmen einer abs. alkoholischen Lösung des Hydrazids mit überschüssiger 10 proz. alkoholischer Glyoxallösung. — Aus Eisessig Schmelzp. 330°.

$C_{20}H_{21}O_6N_6$. Entsteht bei Kondensation äquimolekularer Mengen Hydrazid und 2-Formyl-3-methyl-4-carbäthoxypyrrol. — Aus Alkohol gelbe Flocken, Schmelzp. 221°[1].

Pyrryldiketodiazin $C_7H_7O_2N_3$. Bildet sich bei 4 stündigem Kochen des Diesters mit überschüssigem Hydrazinhydrat. — Durch Sublimation bei 290—310° feine, federförmige Krystalle, Schmelzp. über 360°. Wenig löslich in Eisessig, in allen anderen Solvenzien unlöslich[1].

3-Methyl-4-carbäthoxypyrrol-5-carbonsäureazid. Bildet sich bei Zusatz der berechneten Menge Natriumnitrit zu einer Lösung des Hydrazidchlorhydrats in der 10 fachen Menge Wasser unter Eis-Salz-Kühlung. — Schwer löslich in Wasser. In feuchtem Zustand gegen Wärme sehr empfindlich; trocken ist es beständiger. Zersetzt sich bei 80° explosionsartig[1].

3-Methyl-4-carbäthoxypyrrol-5-carbaminsäuremethylester $C_{10}H_{14}O_4N_2$. Durch 4 stündiges Erhitzen des Azids mit abs. Methylalkohol. — Aus Alkohol-Wasser fast farblose Nadeln, Schmelzp. 108°. Ist bei kurzem Kochen beständig gegen verdünnte Säure oder Lauge. Läßt sich nicht zum Amin verseifen[1].

3-Methyl-4, 5-dicarboxy-pyrrol $C_7H_7O_4N$ (M = 169,1). Wird erhalten durch 1 stündiges Kochen von 0,5 g Ester in Alkohol mit 0,4 g Kalilauge in Wasser. Isolierung durch Verdampfen des Alkohols, Lösen des Rückstandes in Wasser und Ansäuern mit verdünnter Salzsäure unter Kühlung. Der Niederschlag wird abgesaugt und mit warmem Wasser gewaschen. Reinigung durch mehrmaliges Lösen in Lauge und Fällen mit Säure. — Schmelzp. 221°[1].

3-Methyl-4-carbäthoxy-5-carboxy-pyrrol[2] (Bd. X, S. 41).

$$C_9H_{11}O_4N$$

Verbesserte Darstellung: Der Oxalessigester wird in etwas weniger als der angegebenen Menge Kalilauge gelöst und dann unter Schütteln innerhalb von 1—2 Tagen das Aminoazetonchlorhydrat zugegeben unter ständiger Prüfung auf schwache Alkalität. Hierauf läßt man 2 Tage bei 20—30° stehen und säuert dann unter starker Kühlung mit 50 proz. Essigsäure an; filtriert den weißgelben Niederschlag ab und extrahiert nach dem Trocknen mit Alkohol. Ausbeute bis zu 15%.

Eigenschaften: Große, farblose, prismatische Spieße, Schmelzp. 196°. Gibt ein in Alkohol schwer lösliches Kaliumsalz.

3-Methyl-4-carbäthoxy-5-carbomethoxy-pyrrol $C_{10}H_{13}O_4N$. Aus der Estersäure mit Diazomethan in ätherischer Lösung. — Aus Alkohol-Wasser, Schmelzp. 59°. Ist reaktionsträge.

---

[1] H. Fischer u. O. Wiedemann: Hoppe-Seylers Z. **155**, 65—69 (1926).
[2] H. Fischer u. O. Wiedemann: Hoppe-Seylers Z. **155**, 57 (1926). — Vgl. O. Piloti: Ber. dtsch. chem. Ges. **45**, 3749 (1914).

Dimethyl-dicarbäthoxy-pyrokoll $C_{18}H_{18}O_6N_2$. Durch 12 stündiges Erhitzen von 1 g Säure mit 1 g Natriumacetat in 10 ccm Essigsäureanhydrid. Nach dem Zerstören des Anhydrids mit Wasser bleibt das Pyrokoll als unlöslicher Niederschlag. — Aus Alkohol hellgelbe Flocken, Schmelzp. 168°. Schwer löslich in Wasser und Ligroin[1].

Kaliumsalz. Bildet sich beim Erwärmen von 0,5 g Estersäure in 5 ccm Alkohol mit 0,14 g Kalilauge in Alkohol als schwer lösliches, glänzendes feines Krystallpulver[1].

Bariumsalz. Wird erhalten durch Zugabe der berechneten Menge von entwässertem Bariumhydroxyd in abs. Alkohol zu der Estersäure in Alkohol und Abdampfen der Lösung[2]. — Gibt bei der trockenen Destillation 3-Methyl-4-carbäthoxypyrrol.

3-Methyl-pyrrol-4-carbonsäurehydrazid-5-carbonsäure $C_7H_9O_3N_3$. Entsteht bei 2 stündigem Kochen des Kaliumsalzes mit überschüssigem Hydrazinhydrat in alkoholischer Lösung. — Aus Eisessig oder Alkohol, Schmelzp. 235°[1].

2-Cyan-3-methyl-4-carbäthoxy-pyrrol $C_9H_{10}O_2N_2$. Entsteht bei $^3/_4$ stündigem Erhitzen des Oxyms aus dem 2-Formyl-3-methyl-5-carbäthoxy-pyrrol (0,2 g) mit Natriumacetat (0,2 g) und Essigsäureanhydrid (8 ccm). — Aus Alkohol glänzende, bräunliche Blättchen, Schmelzp. 135°.

Als Nebenprodukt entsteht hierbei noch das N-acetylierte Cyanpyrrol $C_{11}H_{12}O_3N_2$. — Aus Alkohol-Wasser farblose Flocken[1].

2-Äthyl-3-methyl-pyrrol.

Mol-Gewicht: 109,12.

Zusammensetzung: 77,07% C; 10,09% H; 12,84% N. $C_7H_{11}N$.

Darstellung: Durch 6 stündiges Erhitzen von 1 g 2-Acetyl-3-methyl-5-carbäthoxy-pyrrol $C_{10}H_{13}O_3N$ mit 0,5 g Natrium in 10 ccm abs. Alkohol und 1 g Hydrazinhydrat auf 150°[3] oder auf dieselbe Weise aus 2-Äthyl-3-formyl-5-carbäthoxypyrrol $C_{10}H_{13}O_3N$ durch 7 stündiges Erhitzen auf 160°[4]. Nach dem Verdünnen mit Wasser wird der Alkohol verjagt, das Pyrrol mit Wasserdämpfen übergetrieben, das Destillat ausgeäthert, der Äther verdampft und der Rückstand mit ätherischer Pikrinsäure versetzt, wonach beim Reiben und Kühlung das Pikrat ausfällt.

Eigenschaften: Mit Wasserdampf flüchtig.

Pikrat $C_{20}H_{25}O_7N_5$. Besteht aus 1 Mol Pikrinsäure und 2 Mol Pyrrol. — Aus Alkohol, Schmelzp. 137°.

2,4-Diäthyl-3-methyl-pyrrol[5].

Mol-Gewicht: 136,16.

Zusammensetzung: 78,7% C; 11,02% H; 10,21% N. $C_9H_{15}N$.

Darstellung: 2,4-Diäthyl-3-formyl-5-carbäthoxy-pyrrol $C_{12}H_{17}O_3N$ (0,5 g) wird im Rohr mit Hydrazinhydrat (0,3 g) und Natrium (0,4 g) in abs. Alkohol (10 ccm) 10 Stunden auf 160° erhitzt. Hernach wird mit Wasserdampf übergetrieben, das Destillat ausgeäthert und das Pyrrol als Pikrat isoliert.

Pikrat $C_{15}H_{18}O_7N_4$. Aus Alkohol Schmelzp. 108°.

3-Acetyl-4-methyl-pyrrol[6].

Mol-Gewicht: 123,11.

Zusammensetzung: 68,29% C; 7,32% H; 13,01% O; 11,38% N. C_7H_9ON.

Darstellung: 2 g 2-Carboxy-3-acetyl-4-methylpyrrol $C_8H_9O_2N$, in 10 proz. Natronlauge gelöst, werden im Bombenrohr 2 Stunden auf 140° erhitzt, wonach beim Erkalten das Methylacetylpyrrol auskrystallisiert. Ausbeute 0,9—1 g = 60—70%.

Dieselbe Reaktion tritt ein, wenn die Carbonsäure bei 50 mm Vakuum destilliert wird.

Eigenschaften: Aus Ligroin Schmelzp. 117°. Ehrlichsche Reaktion positiv.

[1] H. Fischer u. O. Wiedemann: Hoppe-Seylers Z. **155**, 65—67 ff. (1926).
[2] H. Fischer u. O. Wiedemann: Hoppe-Seylers Z. **155**, 71 (1926).
[3] H. Fischer u. O. Wiedemann: Hoppe-Seylers Z. **155**, 64 (1926).
[4] H. Fischer, H. Beller u. A. Stern: Ber. dtsch. chem. Ges. **61**, 1081 (1928).
[5] H. Fischer u. G. Stangler: Liebigs Ann. **459**, 95 (1927).
[6] H. Fischer, E. Sturm u. H. Friedrich: Liebigs Ann. **461**, 259 (1928).

2-Propyl-4-methyl-pyrrol[1].

Mol-Gewicht: 123,15.

Zusammensetzung: 77,90% C; 10,64% H; 11,37% N. $C_8H_{13}N$.

Darstellung: 0,5 g 2-Propyl-3-butyryl-4-methyl-5-carbäthoxy-pyrrol $C_{15}H_{23}O_3N$ werden
2 Stunden mit 12 g Schwefelsäure und 7 g Wasser im Wasserbad erhitzt. Nachdem wird unter
Eiskühlung mit Natronlauge alkalisch gemacht, das Pyrrol mit Wasserdampf überdestilliert,
ausgeäthert und mit Diazobenzolsulfosäure der Azofarbstoff hergestellt. — Bildet kein Pikrat.

Azofarbstoff $C_{14}H_{17}O_3N_3S$. Lange, haarfeine, gelbe Nadeln.

2-Propyl-3-butyryl-4-methyl-pyrrol[2].

Mol-Gewicht: 193,22.

Zusammensetzung: 74,55% C; 9,91% H; 8,29% O; 7,25% N. $C_{12}H_{19}ON$.

Darstellung: Durch Abspaltung von Kohlensäure aus dem 2-Propyl-3-butyryl-4-methyl-
5-carboxy-pyrrol $C_{13}H_{14}O_3N$.

Eigenschaften: Sublimiert Schmelzp. 76°. Färbt sich leicht dunkel und wird schmierig.
Schlecht umkrystallisierbar. Verschmiert auch bei Einwirkung von Brom oder Sulfurylchlorid.

2-Propyl-3-butyryl-4-methyl-pyrrol-5-azobenzolsulfosäure. Durch Lösen des Pyrrols
in Sprit, Zufügen einer Lösung von Diazobenzolsulfosäure in 1proz. Salzsäure und Stehenlassen. — Aus alkoholischer Natronlauge und Zusatz von verdünnter Salzsäure wetzsteinförmige
Blättchen; bis 240° kein Schmelzpunkt.

2-Propyl-3-butyryl-4-methyl-5-formyl-pyrrol[2].

Mol-Gewicht: 221,22.

Zusammensetzung: 70,54% C; 8,66% H; 14,44% O; 6,36% N. $C_{13}H_{19}O_2N$.

Darstellung: Auf die übliche Weise mit Blausäure und Salzsäure in abs. ätherischer
Lösung. Das Iminchlorhydrat wird in Wasser gelöst und der Aldehyd langsam durch Zugeben
von Ammoniak ausgefällt.

Eigenschaften: Aus Wasser lange, glänzende Nadeln, Schmelzp. 93°.

Oxym $C_{13}H_{20}O_2N_2$. Durch 2stündiges Kochen einer Mischung von 2,2 g Aldehyd,
0,7 g Hydroxylaminchlorhydrat in wenig Sprit und 1,5 g Natriumacetat in 2 ccm Wasser.
Beim Erkalten Krystallisation. — Aus Alkohol Schmelzp. 144—145°. Gibt mit Metallsalzen
(Kobalt, Kupfer, Eisen) Färbungen.

2-Formyl-3-chlor-4-methyl-5-carbäthoxy-pyrrol[3].

Mol-Gewicht: 215,6.

Zusammensetzung: 50,11% C; 4,67% H; 22,29% O; 6,49% N; 16,44% Cl. $C_9H_{10}O_3NCl$.

Darstellung: 16,7 g 2, 4-Dimethyl-5-carbäthoxy-pyrrol in 150 ccm abs. Äther werden
unter Umschütteln tropfenweise mit 41 g Sulfurylchlorid versetzt. Dann wird der Äther bei
gewöhnlicher Temperatur im Vakuum abgedampft, der Rückstand in 100 ccm Sprit gelöst
und bei 35° mit wenig Wasser versetzt bis die Hydrolyse des Dichlorids beendet ist.

Eigenschaften: Aus Sprit farblose Krystalle, Schmelzp. 131° (korr.).

Aldazin $C_{18}H_{20}O_4N_4Cl_2$. Aus dem Aldehyd in Eisessig und Hydrazinhydrat. — Aus Pyridin
gelbe Krystalle, Schmelzp. 232° (korr.). Ist in allen Lösungsmitteln außer Pyridin schwer löslich.

Phenylhydrazon $C_{15}H_{16}O_2N_3Cl$. Aus dem Aldehyd in Eisessig und Phenylhydrazin. —
Aus Methanol Krystalle vom Schmelzp. 149° (korr.).

2(5)-Formyl-3(4)-brom-4(3)-methyl-5(2)-carbäthoxy-pyrrol.

Mol-Gewicht-: 260,05.

Zusammensetzung: 41,63% C; 3,87% H; 18,36% O; 5,40% N; 30,74% Br. $C_9H_{10}O_3NBr$.

Bildung: Beim Eintragen der Schiffschen Base aus 2-Anilino-3-brom-4-methyl-5-
carbäthoxy-pyrrol $C_{15}H_{15}O_2N_2Br$ in kochendes Wasser unter Zugabe der berechneten Menge
Salzsäure. Ausbeute 70%[4].

[1] H. Fischer, H. Berg u. A. Schorrmüller: Liebigs Ann. **480**, 154 (1930).
[2] H. Fischer, H. Berg u. A. Schorrmüller: Liebigs Ann. **480**, 153 (1930).
[3] H. Fischer, H. Berg u. A. Schorrmüller: Liebigs Ann. **480**, 155 (1930).
[4] H. Fischer u. P. Ernst: Liebigs Ann. **447**, 152 (1926).

Darstellung: 22 g 2, 4-Dimethyl-3-brom-5-carbäthoxy-pyrrol $C_9H_{12}O_2NBr$ in 150 ccm abs. Äther werden mit 24,5 g Sulfurylchlorid versetzt. Nach dem Stehen über Nacht wird der Äther vom Ausgeschiedenen abgegossen und verdampft. Jeder Rückstand wird für sich in 75 ccm Sprit gelöst und mit wenig Wasser bei 35° das Dichlorprodukt zersetzt[1].

Eigenschaften: Aus Methanol oder Alkohol-Wasser farblose Blättchen, Schmelzp. 134 bis 136°. Sehr leicht löslich in Alkohol, Aceton, Eisessig; schwerer in Chloroform; sehr schwer in heißem, unlöslich in kaltem Wasser. Löslich mit gelber Farbe in heißem wässerigem Alkali. Kondensiert sich nicht mit Pyrrolen. Ehrlichsche Reaktion kalt und heiß negativ[2].

Phenylhydrazon $C_{15}H_{15}O_2N_3Br$. Durch Kochen der abs. alkoholischen Lösung des Aldehyds mit Phenylhydrazin. Krystallisation auf Zusatz von Wasser. — Aus Alkohol stark glitzernde gelbbraune Nadeln; Schmelzp. 144°[2]; 146° (korr.)[1].

Oxym $C_9H_{11}O_3N_2Br$. Durch Erhitzen des Aldehyds in Alkohol mit Hydroxylamin. Krystallisation nach Zugabe von Wasser. — Aus Alkohol spitzige Nadeln, Schmelzp. 155—156°[2].

Semicarbazon $C_{10}H_{13}O_3N_4Br$. Darstellung in der üblichen Weise. — Sechsseitige, nicht hexagonale Blättchen, Zersetzungsp. 260° (Pregl. Block)[2].

Aldazin $C_{18}H_{20}O_4N_4Br_2$. Schmelzp. 226° (korr.)[1].

2(5)-Formyl-3(4)-brom-4(3)-methyl-5(2)-carboxy-pyrrol $C_7H_6O_3NBr$. Durch 1½stündiges Kochen von 26 g Ester mit 7 g Kalilauge in 150 ccm Wasser. Nach dem Abkühlen wird filtriert und im Filtrat die Aldehydsäure mit 10proz. Salzsäure gefällt. — Schmilzt bis 270° nicht[1]. Ehrlichsche Reaktion heiß positiv. Bei langem Kochen mit konz. Salzsäure tritt Violettfärbung ein[1, 2].

2-Formyl-3-bromvinyl-4-methyl-5-carbäthoxy-pyrrol[3].

Mol-Gewicht: 286,08.

Zusammensetzung: 46,16% C; 4,20% H; 16,79% O; 4,89% N; 27,96% Br. $C_{11}H_{12}O_3NBr$.

Darstellung: 2,2 g 2, 4-Dimethyl-3-ω-bromvinyl-5-carbäthoxy-pyrrol aufgeschlämmt in 70 ccm abs. Äther werden mit 2,2 g Sulfurylchlorid versetzt. Nach 12stündigem Stehen wird im Vakuum zur Trockene gebracht und das äußerst luftempfindliche Dichlorprodukt durch kurzes Erwärmen mit wässerigem Alkohol am Wasserbad zersetzt. Nach kurzem Reiben tritt Krystallisation ein. Ausbeute 1,3—1,5 g.

Eigenschaften: Aus Alkohol schräg abgeschnittene Prismen, Schmelzp. 140°.

Aldazin $C_{22}H_{24}O_4N_4Br_2$. Aus dem Aldehyd in Eisessig mit Hydrazinhydrat in der Kälte, wobei sich sofort ein krystalliner citronengelber Niederschlag abscheidet. Nach dem Filtrieren wird erst mit Wasser, dann mit heißem Alkohol ausgewaschen. — Aus Pyridin feine Nädelchen, Schmelzp. 230° unter Zersetzung.

Phenylhydrazon $C_{17}H_{18}O_2N_3Br$. 0,5 g Aldehyd in wenig Alkohol werden mit etwas überschüssigem Phenylhydrazin versetzt. Nachdem wird stark eingeengt; wonach nach längerem Stehen Krystallisation einsetzt. — Aus Methylalkohol rosettenförmig angeordnete Nadeln, Schmelzp. 142° unter Zersetzung.

2-Formyl-3-bromvinyl-4-methyl-5-carboxy-pyrrol $C_9H_8O_3NBr$. Durch ½stündiges Erhitzen von 1 g Aldehyd in 10 ccm Alkohol mit 0,3 g Ätznatron. Das gebildete Natriumsalz krystallisiert aus, es wird abfiltriert, mit abs. Alkohol gewaschen, in Eiswasser gelöst und mit verdünnter Salzsäure zerlegt. Ausbeute 0,5 g. — Aus Methylalkohol kleine Nädelchen, Schmelzpunkt 238° unter Schwarzfärbung und Zersetzung.

2-Propyl-3-butyryl-4-methyl-5-carbäthoxy-pyrrol[4].

Mol-Gewicht: 265,27.

Zusammensetzung: 67,82% C; 8,77% H; 18,13% O; 5,28% N. $C_{15}H_{23}O_3N$.

Darstellung: 45 g Acetessigester in 100 ccm Eisessig werden unter Rühren langsam mit 25 g Natriumnitrit in wenig Wasser versetzt und nach 25minütigem Weiterrühren noch 52 g Dibutyrylmethan[4] hinzugegeben. Danach werden langsam 52 g Zinkstaub eingetragen und gekocht bis sich fast alles Zink gelöst hat. Anschließend wird in viel Wasser gegossen, wobei

[1] H. Fischer, H. Berg u. A. Schorrmüller: Liebigs Ann. **480**, 155 (1930).
[2] H. Fischer u. P. Ernst: Liebigs Ann. **447**, 152 (1926).
[3] H. Fischer u. O. Süs: Liebigs Ann. **484**, 122 (1930).
[4] H. Fischer, H. Berg u. A. Schorrmüller: Liebigs Ann. **480**, 152 (1930).

das Pyrrol ausgefällt wird. Es wird abfiltriert und aus dem Filtrat das überschüssige Dibutyryl-methan mit Kupferacetat gefällt. Ausbeute 28—30 g.

Eigenschaften: Aus Alkohol farblose Krystalle, Schmelzp. 104°.

2-Propyl-3-butyryl-4-methyl-5-carboxy-pyrrol $C_{13}H_{19}O_3N$. Durch 1stündiges Kochen von 7 g Ester mit 5 g Natronlauge in 50 ccm 50proz. Alkohol. Isolierung durch Verdampfen des Alkohols, Aufnahme des Rückstands in 200 ccm Wasser und Einfiltrieren in verdünnte Salzsäure. Nach 5stündigem Stehen wird von der ausgefällten Säure abfiltriert und mineralsäurefrei gewaschen. — Aus 60proz. Alkohol Krystalle vom Schmelzp. 160° unter Gasentwicklung.

3-Propionsäure-4-methyl-pyrrol = Opsopyrrol-carbonsäure.

Mol-Gewicht: 153,13.

Zusammensetzung: 62,71% C; 7,24% H; 20,90% O; 9,15% N. $C_8H_{11}O_2N$.

Bildung: Aus Bis-(3-propionsäure-4-methyl-5-carboxy-pyrryl)-methan durch Erhitzen im Vakuum auf 140°[1]; aus Bis-(3-propionsäure-4-methyl-pyrryl)-methan[1], Phylloporphyrin[2], Pyrroporphyrin[2], Phäophorbid a[2], Chlorin e[2], Methylchlorophyllid[2] durch Erhitzen mit Eisessig-Jodwasserstoff.

Darstellung: Aus Hämin durch Reduktion mit Eisessig-Jodwasserstoff. Der Rückstand der Wasserdampfdestillation bei der Reduktion von 25 g Hämin wird heiß abgesaugt, das Filtrat mit verdünnter Schwefelsäure eben kongosauer gemacht, so oft ausgeäthert, bis der Rückstand nur noch schwache Ehrlichsche Reaktion zeigt und die Extrakte auf 200 ccm eingeengt. Nun wird mit 200 ccm 10proz. Salzsäure ausgeschüttelt, dann die Salzsäure mit 50 ccm Äther gewaschen und jetzt der gesamte Äther noch einmal mit 30 ccm Salzsäure ausgezogen. Nach dem Waschen mit wenig Wasser wird der Äther verdampft und der Rückstand im Vakuum auf dem eben siedenden Wasserbad bis zur Krystallisation erhitzt. Die Operation muß in einem Tag durchgeführt werden. Ausbeute 0,6—1,1 g[3].

Synthesen: a) Das aus 100 g bromierter Kryptopyrrolcarbonsäure erhaltene 2-Carboxy-3-propionsäure-4-methyl-5-carbäthoxy-pyrrol $C_{12}H_{15}O_6N$ wird feucht mit 400 ccm 10proz. Natronlauge im Autoklaven auf 175—180° erhitzt. Nach dem Einengen der alkalischen Lösung wird unter Kühlung mit Schwefelsäure eben kongosauer gemacht, die mit Natriumsulfat gemischte Säure abgesaugt, getrocknet und aus Chloroform-Petroläther umkrystallisiert. Ausbeute 33—35%[4].

b) 10 g Bis-(3-propionsäure-4-methyl-5-carbäthoxy-pyrryl)-methan $C_{23}H_{30}O_8N_2$ werden mit 200 ccm Eisessig-Jodwasserstoff 2 Stunden erhitzt. Dann wird mit Phosphoniumjodid entfärbt, im Vakuum abdestilliert und der ölige Rückstand mit Soda aufgenommen. Nach dem Ansäuern mit Schwefelsäure bis zur schmutzig-kongoblauen Reaktion wird ausgeäthert, der Auszug mit 10proz. Salzsäure ausgeschüttelt und wie bei a) aufgearbeitet. Ausbeute 40—48%.

(In dem salzsauren Auszug befindet sich ein Gemisch von Krypto- und Opsopyrrolcarbonsäure.)[4]

c) 2, 5-Dicarboxy-3-propionsäure-4-methyl-pyrrol $C_{10}H_{11}O_6N$ wird im Vakuum auf 220° erhitzt[4].

Eigenschaften: Durch Sublimation im Hochvakuum bei 100—110° farblose, derbe Krystalle, Schmelzp. 119°. Rein ziemlich beständig gegen Luftsauerstoff, verfärbt sich am Licht rasch. Läßt sich mit 10proz. Salzsäure aus Äther nicht ausziehen. Gibt kein Pikrat. Ehrlichsche Reaktion blaustichig rot; beim Stehen blau. Salpetrige Säure oxydiert zu Hämatinsäure. Gibt mit Diazobenzolsulfosäure über ein rotbraunes Zwischenprodukt einen blauen Azofarbstoff, der mit Alkali rot wird und der sich mit Kochsalz ausfällen läßt, Spektrum λ 645—550 μm. Läßt sich mit methylalkoholischer Salzsäure, Dimethylsufat oder Diazomethan nicht verestern[1, 3, 4].

Nachweis: Durch Überführen in Koproporphyrin entweder durch Erhitzen mit Ameisensäure auf 100[5] bzw. 160°[2, 4] oder durch Umsetzung mit Chlormethyläther in abs. alkoholischer Lösung[6].

---

[1] H. Fischer u. W. Lamatsch: Liebigs Ann. **462**, 245 (1928).
[2] H. Fischer, A. Merka u. E. Plötz: Liebigs Ann. **478**, 203 (1929).
[3] H. Fischer u. A. Treibs: Liebigs Ann. **450**, 142 (1927).
[4] H. Fischer u. W. Lamatsch: Liebigs Ann. **462**, 245—247 (1928).
[5] H. Fischer u. A. Treibs: Liebigs Ann. **450**, 146 u. 215 (1926).
[6] H. Fischer u. E. Adler: Hoppe-Seylers Z. **197**, 277 (1930).

3-Propionsäure-4-methyl-5-formyl-pyrrol[1]
= Opsopyrrolcarbonsäurealdehyd.

Mol-Gewicht: 181,14.

Zusammensetzung: 59,64% C; 6,12% H; 26,51% O; 7,73% N. $C_9H_{11}O_3N$.

Darstellung: Ein Gemisch von 0,5 g Opsopyrrolcarbonsäure $C_8H_{11}O_2N$ in 5 ccm Chloroform und 1 ccm Blausäure in 5 ccm Äther wird unter Eiskühlung mit Salzsäure gesättigt. Nach 5stündigem Stehen wird im Vakuum abgedampft, der Rückstand nach 20minütigem Kochen mit verdünnter Natronlauge, mit verdünnter Schwefelsäure eben kongosauer gemacht und filtriert. Im Filtrat tritt Krystallisation ein.

Eigenschaften: Aus Wasser farblose flache Nadeln, Schmelzp. 152°. Geht durch Reduktion mit Natriumäthylat und Hydrazin bei 160° in Hämopyrrolcarbonsäure über.

3-Propionsäure-4-methyl-5-carbäthoxy-pyrrol[2]
= Carbäthoxylierte Opsopyrrolcarbonsäure.

Mol-Gewicht: 225,18.

Zusammensetzung: 58,64% C; 6,70% H; 28,44% O; 6,22% N. $C_{11}H_{15}O_4N$.

Darstellung: 5 g 2-Carboxy-3-propionsäure-4-methyl-5-carbäthoxypyrrol $C_{12}H_{15}O_6N$ werden im Hochvakuum auf 250° erhitzt. Dabei geht unter Kohlensäureentwicklung ein farbloses Destillat über, das beim Reiben erstarrt. Ausbeute 60%.

Eigenschaften: Aus Chloroform-Petroläther farblose Krystalle, Schmelzp. 106°. Ist im Hochvakuum unzersetzt destillierbar. Ehrlichsche Reaktion positiv.

2-Formyl-3-propionsäure-4-methyl-5-carboxy-pyrrol[2].

Mol-Gewicht: 225,14.

Zusammensetzung: 53,32% C; 4,92% H; 35,54% O; 6,22% N. $C_{10}H_{11}O_5N$.

Darstellung: In eine Lösung von 0,1 g carbäthoxylierter Opsopyrrolcarbonsäure $C_{11}H_{15}O_4N$ (3-Propionsäure-4-methyl-5-carbäthoxypyrrol) in 2 ccm Chloroform und 1 ccm Äther wird nach Zusatz von 1 ccm Blausäure Chlorwasserstoff bis 20 Minuten nach der Sättigung eingeleitet. Nach 12stündigem Stehen wird im Vakuum eingedampft, der Rückstand in wenig Wasser aufgenommen, mit Natronlauge stark alkalisch gemacht und 10—15 Minuten gekocht. Nach dem Ansäuern wird ausgeäthert. Ausbeute 30%. (Vgl. auch S. 425.)

Eigenschaften: Nadeln, Schmelzp. 230°.

2-Carbäthoxy-3-formyl-4-methyl-5-carboxy-pyrrol[3].

Mol-Gewicht: 225,15.

Zusammensetzung: 53,3% C; 4,89% H; 35,58% O; 6,23% N. $C_{10}H_{11}O_5N$.

Darstellung: 2 g 2,4-Dimethyl-3-thioformyl-5-carbäthoxy-pyrrol $C_{10}H_{12}O_3NS$ in 10 ccm abs. Äther aufgeschlämmt, werden langsam mit 4,8 g Sulfurylchlorid ($3^1/_2$ Mol) versetzt. Nach längerem Stehen wird der Äther abgedampft, die gelbe harzähnliche Masse mit 12 ccm Wasser verkocht und filtriert. Im Filtrat tritt Krystallisation ein. Der Filterrückstand wird nun solange mit Wasser ausgekocht, bis die Krystallisation im Filtrat ausbleibt. Ausbeute 0,6 g.

Eigenschaften: Aus Wasser nadelförmige Krystalle, Schmelzp. 169°. Löslich in Soda und Natronlauge.

Schiffsche Base $C_{16}H_{16}O_4N_2$. Durch Kondensation des Aldehyds mit Anilin in alkoholischer Lösung. — Schmelzp. 225°.

Phenylhydrazon $C_{16}H_{17}O_4N_3$. Durch $^1/_2$ stündiges Erhitzen des Aldehyds mit Phenylhydrazin in 50proz. Essigsäure im Wasserbad, Verdünnen mit Wasser und Absaugen nach dem Erkalten. — Gelber Körper, Schmelzp. 235°.

---

[1] H. Fischer u. A. Treibs: Ber. dtsch. chem. Ges. **60**, 379 (1927).

[2] H. Fischer, H. Friedrich, W. Lamatsch u. A. Morgenroth: Liebigs Ann. **466**, 171 (1929).

[3] H. Fischer u. K. Zeile: Liebigs Ann. **483**, 270 (1930).

2, 5-Dicarboxy-3-formyl-4-methyl-pyrrol[1].

Mol-Gewicht: 197,11.

Zusammensetzung: 48,72% C; 3,57% H; 40,65% O; 7,11% N. $C_8H_7O_5N$.

Darstellung: 1 g 2-Carbomethoxy-3-(β-dicyan-vinyl)-4-methyl-5-carbäthoxy-pyrrol $C_{14}H_{13}O_4N_3$ wird 12 Stunden lang mit 60 ccm $^n/_{10}$-Natronlauge im Wasserbad bei 85° erhitzt. Dann wird konzentriert und die Dicarbonsäure unter Kühlung mit verdünnter Schwefelsäure ausgefällt.

Eigenschaften: Zeigt bis 360° keinen Schmelzpunkt, nur allmähliche Dunkelfärbung unter Zersetzung.

2, 5-Dicarbomethoxy-3-formyl-4-methyl-pyrrol $C_{10}H_{11}O_5N$. 1 g Dicarbonsäure in 30 ccm 10proz. Soda wird nach Zugabe von etwas Methylalkohol mit 2 ccm Dimethylsulfat geschüttelt. Nach einigen Stunden ist Krystallisation eingetreten. — Aus Eisessig-Wasser Nadeln, Schmelzp. 180°.

Oxym $C_{10}H_{12}O_5N_2$. 0,5 g Pyrrol in Methylalkohol werden mit einer schwach sodalkalischen Auflösung von 0,2 g Hydroxylaminchlorhydrat kurz aufgekocht. Nach einigem Stehen tritt Krystallisation ein. — Aus Methylalkohol kugelige Aggregate, Schmelzp. 221°.

Semicarbazon $C_{11}H_{14}O_5N_4$. Darstellung wie beim Oxym beschrieben unter Verwendung von Semicarbazid-chlorhydrat. — Nadeln, Schmelzp. 247°.

2-Carboxy-3-chlor-4-methyl-5-carbäthoxy-pyrrol[2].

Mol-Gewicht: 231,59.

Zusammensetzung: 46,64% C; 4,35% H; 27,64% O; 6,05% N; 15,32% Cl. $C_9H_{10}O_4NCl$.

Darstellung: 1 g 2, 4-Dimethyl-3-formyl-5-carbäthoxy-pyrrol $C_{10}H_{13}O_3N$ in 20 ccm abs. Äther aufgeschlämmt, wird mit 2 g Sulfurylchlorid versetzt. Nach 2tägigem Stehen wird mit Wasser gewaschen, der Äther verdunstet und der Rückstand mit Wasser verkocht.

Eigenschaften: Aus Eisessig Nadeln, Schmelzp. 260°.

2-Carbomethoxy-3-ω-bromvinyl-4-methyl-5-carbäthoxy-pyrrol[3].

Mol-Gewicht: 316,10.

Zusammensetzung: 45,57% C; 4,43% H; 20,25% O; 4,43% N; 25,32% Br. $C_{12}H_{14}O_4NBr$.

Darstellung: 2,65 g 2, 4-Dimethyl-3-ω-bromvinyl-5-carbäthoxy-pyrrol $C_{11}H_{14}O_4NBr$, aufgeschlämmt in 80 ccm abs. Äther, werden unter Eiskühlung allmählich mit 4,0 g Sulfurylchlorid (3 Mol) versetzt. Nach eintägigem Stehen wird der Äther im Vakuum abgesaugt, der syrupöse Rückstand vorsichtig mit wenig Methylalkohol versetzt und die Lösung bis zum Aufschäumen am Wasserbad erhitzt; wobei unter lebhafter Salzsäureentwicklung Zersetzung eintritt. Nach kurzem Reiben Krystallisation. Ausbeute 1,5 g.

Eigenschaften: Aus Methylalkohol längliche glänzende Prismen, Schmelzp. 131°.

2, 5-Dicarbäthoxy-3-bromvinyl-4-methyl-pyrrol $C_{13}H_{16}O_4NBr$. Wird wie oben hergestellt unter Verwendung von Äthylalkohol zur Zersetzung. — Feine Prismen, Schmelzp. 115°.

2, 5-Dicarboxy-3-bromvinyl-4-methyl-pyrrol $C_9H_8O_4NBr$. 1,8 g Methylester werden mit 0,5 g Ätznatron in 15 ccm Alkohol etwa 1 Stunde gekocht. Danach wird vom ausgeschiedenen Natriumsalz abfiltriert, der Rückstand mehrmals mit Alkohol gewaschen, in Eiswasser gelöst und mit verdünnter Salzsäure die Dicarbonsäure ausgefällt. Ausbeute ca. 1 g. — Aus Methylalkohol kleine viereckige Täfelchen ohne scharfen Schmelzp., ab 230° Schwärzung und langsame Verkohlung. Gibt bei der katalytischen Reduktion 2, 5-Dicarboxy-3-äthyl-4-methyl-pyrrol.

2, 5-Dicarbäthoxy-3-propionsäure-4-methyl-pyrrol[4].

Mol-Gewicht: 297,23.

Zusammensetzung: 57,33% C; 6,48% H; 31,41% O; 4,78% N. $C_{14}H_{19}O_6N$.

Darstellung: Der Trichlorkörper aus 2 g 2-Brommethyl-3-propionsäure-4-methyl-5-carbäthoxypyrrol ($C_{12}H_{16}O_4NBr$) in abs. Alkohol gelöst, wird mit einer Natriumalkoholatlösung,

[1] H. Fischer u. K. Zeile: Liebigs Ann. **483**, 266 (1930).
[2] H. Fischer u. K. Zeile: Liebigs Ann. **483**, 268 (1930).
[3] H. Fischer u. O. Süs: Liebigs Ann. **484**, 125 (1930).
[4] H. Fischer, H. Friedrich, W. Lamatsch u. K. Morgenroth: Liebigs Ann. **466**, 171 (1928).

enthaltend 0,7 g Natrium, versetzt. Nach 12 Stunden löst man mit wenig Wasser, macht mit verdünnter Schwefelsäure kongosauer, filtriert vom ausgefällten Natriumsulfat ab, versetzt das Filtrat mit Wasser bis zur Trübung und bringt durch Impfen zur Krystallisation. Ausbeute 60%.

Eigenschaften: Aus Chloroform-Petroläther weiße Nadeln, Schmelzp. 147—148°. Ehrlichsche Reaktion rot.

3-Propionsäure-4-methyl-5-carbäthoxy-pyrrol-2-carbonsäure[1].

Mol-Gewicht: 269,20.

Zusammensetzung: 53,33% C; 5,57% H; 35,90% O; 5,20% N. $C_{12}H_{15}O_6N$.

Darstellung: 25 g bromierte Kryptopyrrolcarbonsäure (2-Brommethyl-3-propionsäure-4-methyl-5-carbäthoxypyrrol) $C_{12}H_{16}O_4NBr$ in 50 ccm abs. Äther aufgeschwemmt, werden tropfenweise mit 32,5 g Sulfurylchlorid (3 Mol) versetzt. Nach 12 stündigem Stehen wird der Äther verdampft, der feste Rückstand 2—3 Minuten mit wenig Wasser gekocht und dann abgesaugt. Als Rückstand bleibt ein gelbes Produkt. Ausbeute 90—92%.

Eigenschaften: Aus Eisessig feine weiße Nadeln, Schmelzp. 243°. Läßt sich nicht bromieren. Ehrlichsche Reaktion heiß blau.

3-Propionsäure-4-methyl-pyrrol-2, 5-dicarbonsäure $C_{10}H_{11}O_6N$ (M=241,15). Bildet sich bei $1^1/_2$ stündigem Erhitzen der Estersäure (0,3 g) mit 10proz. Natronlauge (4 ccm) auf dem Wasserbad. Isolierung durch Ausäthern der schwach kongosauer gemachten Reaktionsflüssigkeit. Ausbeute 0,25 g. — Aus Wasser weiße, stumpfe Nadeln, Schmelzp. 220°. Ehrlichsche Reaktion nach 24 Stunden blau. Läßt sich nicht bromieren. Gibt durch Sublimation im Vakuum oder durch Erhitzen mit 10proz. Natronlauge auf 175—180° Opsopyrrolcarbonsäure[1].

2-Brom-3, 5-dicarbäthoxy-4-methyl-pyrrol[2].

Mol-Gewicht: 304,09.

Zusammensetzung: 43,43% C; 4,64% H; 21,02% O; 4,61% N; 26,30% Br. $C_{11}H_{14}O_4NBr$.

Darstellung: 1 g 2-Formyl-3, 5-dicarbäthoxy-4-methyl-pyrrol $C_{12}H_{15}O_5N$ in 50 ccm Eisessig wird mit 1,3 ccm einer Lösung von 1 g Brom in 2 ccm Eisessig versetzt und nach Zugabe von Wasser bis zur beginnenden Trübung kurz aufgekocht. Nach nochmaligem Wasserzusatz läßt man abkühlen. Ausbeute 0,6 g.

Eigenschaften: Aus Alkohol Nadeln, Schmelzp. 147° (korr.).

2-Formyl-3, 5-dicarbäthoxy-4-methyl-pyrrol.

Mol-Gewicht: 253,20.

Zusammensetzung: 56,90% C; 5,92% H; 31,65% O; 5,53% N. $C_{12}H_{15}O_5N$.

Darstellung: a) 3 g 2-Brommethyl-3, 5-dicarbäthoxy-4-methylpyrrol $C_{12}H_{16}O_4NBr$, bei 50—60° in der eben nötigen Menge Eisessig gelöst, werden rasch unter Kühlung in eine wässerige Lösung von 2 g Chromsäure unter Kühlung eingetragen, wobei lebhafte Reaktion eintritt. Nach Beendigung derselben wird mit Wasser so verdünnt, daß noch keine Fällung eintritt und gerade zum Sieden erhitzt. Der beim Erkalten ausgefallene Aldehyd wird abgesaugt und gut mit Wasser gewaschen. Ausbeute 1,3 g = 52%[3].

b) Entsteht auch durch Oxydation von 2-Anilinomethyl-3, 5-dicarbäthoxy-4-methyl-pyrrol in Acetonlösung mit Kaliumpermanganat. Nach dem Abfiltrieren vom Braunstein wird mit wenig konz. Salzsäure versetzt, wobei unter Dunkelfärbung Erwärmung eintritt und der Aldehyd rasch ausfällt[4].

Eigenschaften: Aus Eisessig-Wasser weiße haarfeine, pfauenfederartig verzweigte Nadeln, aus Wasser lange Nadeln, Schmelzp. 124—125°. Leicht löslich in Alkohol, Aceton und Eisessig; schwerer in Chloroform, schwer in Tetrachlorkohlenstoff und heißem Wasser (1 l löst 0,65 g). Gut löslich in verdünnten Alkalien, bei längerem Stehen tritt Zersetzung ein. Reduziert ammoniakalische Silbernitratlösung, Fehlingsche Lösung dagegen nicht. Bei der trockenen Destillation mit Natronkalk entsteht β-Methylpyrrol. Erhitzen mit Hydrazinhydrat und Natriumäthylat gibt 2, 4-Dimethylpyrrol. Kondensiert sich nicht mit Pyrrolen.

[1] H. Fischer u. W. Lamatsch: Liebigs Ann. **462**, 246 (1929).
[2] H. Fischer u. B. Pützer: Ber. dtsch. chem. Ges. **61**, 1072 (1928).
[3] H. Fischer u. P. Halbig: Liebigs Ann. **447**, 137 (1926).
[4] H. Fischer u. P. Ernst: Liebigs Ann. **447**, 154 (1926).

Oxym $C_{12}H_{16}O_5N_2$. Durch 12stündiges Stehenlassen einer alkoholischen Lösung des Aldehyds und Hydroxylamin. — Aus Alkohol Schmelzp. 139°. Gibt beim Erhitzen mit Essigsäureanhydrid und Kaliumacetat 2-Cyan-4-methyl-3, 5-dicarbäthoxypyrrol $C_{12}H_{14}O_4N_2$. (Aus Alkohol-Wasser Nadeln, Schmelzp. 153—154°.)[1]

Hydrazon $C_{12}H_{17}O_4N_3$. Bildet sich bei $^1/_4$ stündigem Erhitzen von 1 g Aldehyd mit 2 Mol Hydrazinhydrat in wenig abs. Alkohol. Isolierung durch Fällen mit Wasser. Ausbeute 0,9 g. — Aus 50proz. Alkohol derbe Prismen, Schmelzp. 100° (korr.)[2].

Aldazin $C_{24}H_{30}O_8N_4$. In 1 g Aldehyd in warmem Eisessig werden tropfenweise 0,5 g Hydrazinhydrat eingerührt oder es werden 0,53 g Hydrazon mit 0,5 g Aldehyd in abs. alkoholischer Lösung erhitzt. Schon in der Wärme tritt Krystallisation ein. Ausbeute sehr gut. — Aus Alkohol citronengelbe Nadeln, Schmelzp. 196° (korr.)[2].

Kupfersalz $C_{24}H_{28}O_8N_4Cu$. Entsteht beim Eintragen von 0,5 g Aldazin in eine siedende Lösung von 16 ccm Schweitzers Reagenz in 9 ccm Eisessig und 20 ccm Alkohol, wobei bald Erstarrung eintritt. — Aus Alkohol bronzefarbene, verfilzte Nadeln, Schmelzp. 203° (korr.)[2]. Enthält ca. 3-aktive Wasserstoffatome[3].

Tetracarbonsäure des Aldazins $C_{16}H_{14}O_8N_4$. Bildet sich beim Erhitzen von 2 g Aldazin mit 10proz. Natronlauge und wenig Alkohol bis zur vollständigen Lösung. Isolierung durch Verdampfen des Alkohols, Verdünnen mit Wasser und Ansäuern mit konz. Schwefelsäure, wonach die Säure als Gel ausfällt. Ausbeute 1,8 g. — Aus Pyridin citronengelbe, verfilzte Nadeln und Büschel[2].

Phenylhydrazon $C_{12}H_{21}O_4N_3$. Durch Kochen der alkoholischen Lösung des Aldehyds mit Phenylhydrazin. — Aus Alkohol Schmelzp. 125°[1].

2-Formyl-3-carbäthoxy-4-methyl-5-carboxy-pyrrol $C_{10}H_{10}O_5N$ (M=224,14). Entsteht bei Zugabe von 1 g Ester zu einer Lösung von 1 g Natrium in 10 ccm abs. Alkohol, der etwas Wasser hinzugefügt worden war. Unter starker Erwärmung erfolgt zunächst Lösung und dann Erstarrung des Ganzen. Jetzt wird mit viel Wasser versetzt, mit Essigsäure angesäuert und nach längerem Stehen filtriert. Aus Wasser seidenglänzende, farblose Nadeln, Zersetzungspunkt 195°. (1 l heißes Wasser löst 6,5 g). Ehrlichsche Reaktion schwach positiv. Spaltet im Hochvakuum bei 180° nur geringe Mengen Kohlensäure ab[1].

2-Formyl-3, 5-dicarboxy-4-methyl-pyrrol $C_8H_7O_5N$ (M = 197,1). Bildet sich beim Verseifen des Diesters mit überschüssigem Alkali. Wird nicht krystallin erhalten. Zersetzungspunkt über 250°[1].

2-Oxymethyl-3, 5-dicarbäthoxy-4-methyl-pyrrol.

Mol-Gewicht: 255,20, bestimmt in Campher zu 263.

Zusammensetzung: 56,44 %C; 6,72% H; 31,35% O; 5,49% N. $C_{12}H_{17}O_5N$.

Darstellung: a) 1, 3 g 2-Formyl-3, 5-dicarbäthoxy-4-methylpyrrol $C_{12}H_{15}O_5N$ in 10 ccm Alkohol aufgeschlämmt, werden nach Zusatz von 0,13 g Platinmohr hydriert. Nach 6 bis 8 Stunden ist die Hydrierung beendet; die klare Lösung wird nun filtriert, das Filtrat mit Wasser bis zur beginnenden Trübung versetzt und mehrere Stunden stehengelassen[4].

b) In eine Lösung von 1 g 2, 4-Di[trichlormethyl]-3, 5-dicarbäthoxy-pyrrol $C_{12}H_{11}O_4NCl_6$ in Eisessig werden allmählich 0,9 g Zinkstaub (6 Mol) eingetragen, wobei Erwärmung eintritt. Nach Beendigung der Reaktion auf dem siedenden Wasserbad wird filtriert und mit Wasser auf das dreifache Volumen verdünnt, wonach Krystallisation einsetzt. Ausbeute 0,4 g = 70%[5].

Eigenschaften: Aus Wasser-Alkohol farnartig verwachsene Krystalle, Schmelzp. 116°. In allen organischen Solvenzien leicht löslich. Verschmiert mit Alkalien unter Gelbfärbung. Ist gegen Säuren ziemlich beständig. Bei der Oxydation mit Chromsäure-Eisessig bildet sich der Aldehyd. Mit Bromwasserstoff-Eisessig entsteht 2-Brommethyl-3, 5-dicarbäthoxy-4-methylpyrrol. Bei längerem Stehenlassen und nachfolgendem Wasserzusatz bildet sich 2, 4-Dimethyl-3, 5-dicarbäthoxypyrrol. Ehrlichsche Reaktion negativ. Beim Erhitzen auf 140 bis 150° entweicht langsam Formaldehyd und es entsteht das Bis-(3, 5-dicarbäthoxy-4-methyl-pyrryl)-methan.

[1] H. Fischer u. P. Halbig: Liebigs Ann. **447**, 138 (1926).
[2] H. Fischer u. B. Pützer: Ber. dtsch. chem. Ges. **61**, 1072 (1928).
[3] H. Fischer u. P. Rothmund: Ber. dtsch. chem. Ges. **61**, 1270 (1928).
[4] H. Fischer u. P. Ernst: Liebigs Ann. **447**, 158 (1926).
[5] H. Fischer, E. Sturm u. H. Friedrich: Liebigs Ann. **461**, 251 u. 266 (1928).

4-Methyl-2,5-dicarbäthoxy-pyrrol-3-carbonsäure (methylphenylamid)[1].

Mol-Gewicht: 358,3.

Zusammensetzung: 63,66% C; 6,19% H; 22,33% O; 7,82% N. $C_{19}H_{22}O_5N_2$.

Darstellung: 12,4 g Oxalyl-acet[methyl-anilid] und 7 g Nitrosoacetessigester in 10 ccm Eisessig werden mit 10 g Zinkstaub zunächst unter guter Kühlung digeriert, dann bis zum Sieden erhitzt, worauf abgesaugt und aus dem Filtrat das Pyrrol unter Zugabe von Wasser gefällt wird. Ausbeute 5,4 g.

Eigenschaften: Aus Eisessig-Wasser farblose Krystalle, Schmelzp. 82°. Löslich in Alkohol, Äther, Chloroform; unlöslich in Wasser und verdünnten Mineralsäuren. Ehrlichsche Reaktion bei Zimmertemperatur allmählich, beim Erhitzen sofort positiv. Beim Erhitzen mit Zinkstaub tritt intensive Fichtenspanreaktion ein. Mit Diazobenzolsulfosäure bildet sich ein roter Farbstoff. Gibt bei der Verseifung mit 10proz. alkoholischer Kalilauge 4-Methyl-2, 5-dicarboxypyrrol-3-carbonsäure[methyl-phenyl-amid]. (Aus 50proz. Alkohol oder aus Wasser farblose Krystalle, Schmelzp. 126°.)

3,5(2,4)-Dicarbäthoxy-4(3)-methyl-pyrrol-2(5)-acrylsäure[2].

Mol-Gewicht: 295,21.

Zusammensetzung: 56,92% C; 5,81% H; 33,52% O; 4,75% N. $C_{14}H_{17}O_6N$.

Darstellung: 10 g 3,5(2,4)-Dicarbäthoxy-4(3)-methyl-2(5)-formyl-pyrrol, 5 g Malonsäure und 4,7 g frisch destilliertes Anilin in 50 ccm Sprit werden 15 Stunden im Wasserbad erhitzt. Nachdem wird der Alkohol verdampft, aus dem Rückstand erst das Anilin durch mehrmaliges kurzes Erwärmen mit verdünnter Salzsäure entfernt und dann die Acrylsäure in 10proz. Natronlauge gelöst. Anschließend wird filtriert und im Filtrat die Acrylsäure mit Salzsäure gefällt. Eine weitere Menge Säure wird aus der Mutterlauge der ersten Fällung durch Aussalzen mit Kochsalz erhalten. Gesamtausbeute 5—7 g.

Eigenschaften: Aus Eisessig-Äther feine prismatische Stäbchen, Schmelzp. 244°.

3,5(2,4)-Dicarbäthoxy-4(3)-methyl-pyrrol-2(5)-propionsäure[3].

Mol-Gewicht: 297,23.

Zusammensetzung: 57,31% C; 6,53% H; 31,38% O; 4,78% N. $C_{14}H_{19}O_6N$.

Darstellung: Zu 3 g 3,5(2,4)-Dicarbäthoxy-4(3)-methyl-pyrrol-2(5)-acrylsäure in 40 ccm Wasser und 1 ccm 10proz. Natronlauge werden unter Rühren während 1 ½ Stunden 30 g 3proz. Natriumamalgam langsam zugegeben. Danach wird filtriert, ausgeäthert, langsam mit verdünnter Salzsäure gefällt und nach längerem Stehen abgesaugt und säurefrei gewaschen. Ausbeute 2,1—2,4 g.

Eigenschaften: Aus Alkohol-Wasser sehr feine gebogene Nadeln, Schmelzp. 209°.

2-Äthyl-4-methyl-pyrrol.

Mol-Gewicht: 109,15.

Zusammensetzung: 77,07% C; 10,09% H; 12,84% N. $C_7H_{11}N$.

Bildung: Aus (2-Äthyl-3-propionyl-4-methyl-pyrryl)-äthylen mit Eisessig-Jodwasserstoff[4].

Darstellung: a) Man erhitzt 3,4 g 2-Äthyl-3-propionyl-4-methyl-5-carbäthoxy-pyrrol $C_{13}H_{19}O_3N$ mit 3 Teilen Wasser und 8 Teilen konz. Schwefelsäure 3 Stunden auf dem Wasserbad. Nachdem unter starker Kühlung und Rühren mit fester Soda alkalisch gemacht worden ist, wird das Pyrrol mit Wasserdampf übergetrieben, das Destillat ausgeäthert, der Äther im Vakuum entfernt und der Rückstand unter vermindertem Druck fraktioniert[4].

b) 2-Äthyl-3-propionyl-4-methyl-pyrrol $C_{10}H_{15}ON$ wird mit einer Mischung von 8 Teilen Wasser und 5 Teilen konz. Schwefelsäure 2 Stunden am siedenden Wasserbad erhitzt. Dann wird unter Kühlung mit Natronlauge neutralisiert, das Pyrrol mit Wasserdampf destilliert und wie unter a) aufgearbeitet[5].

Eigenschaften: Dickes, farbloses Öl, Siedep. 40 mm = 93°. Erinnert im Geruch an 2, 4-Dimethylpyrrol. Verharzt rasch an Licht und Luft.

Pikrat $C_{13}H_{14}O_7N_4$. Gelbe Nadeln aus Alkohol. Schmelzp. 86°[4]. Leicht löslich in Alkohol.

[1] W. Küster u. P. Schlack: Ber. dtsch. chem. Ges. **57**, 412 (1924).
[2] H. Fischer u. A. Schorrmüller: Liebigs Ann. **472**, 249 (1930).
[3] H. Fischer u. A. Schorrmüller: Liebigs Ann. **482**, 250 (1930).
[4] H. Fischer u. J. Klarer: Liebigs Ann. **447**, 59 (1926).
[5] H. Fischer u. A. Kürzinger: Hoppe-Seylers Z. **196**, 231 (1931).

2-Äthyl-4-methyl-pyrrol-azobenzolsulfosäure[1] $C_{13}H_{15}O_3N_3S$. Ist sehr unstabil. Beim Lösen in Natronlauge tritt neben Verschmieren auch wieder Spaltung in das Ausgangsmaterial ein. Dasselbe ist auch beim Kochen mit Wasser der Fall. Umkrystallisierbar bei 60° aus Alkohol[1].

2-Äthyl-3-acetyl-4-methyl-pyrrol[2].

Mol-Gewicht: 151,16.

Zusammensetzung: 71,47% C; 8,66% H; 10,60% O; 9,27% N. $C_9H_{13}ON$.

Darstellung: Durch trockene Destillation der 2-Äthyl-3-acetyl-4-methylpyrrol-5-carbonsäure $C_{10}H_{13}O_3N$ (3,2 g); wobei zwischen 285—293° das Pyrrol überdestilliert und krystallin erstarrt. (Ausbeute 2 g).

Eigenschaften: Aus Wasser farblose Prismen und Blättchen, Schmelzp. 112°.

2-Äthyl-3-propyl-4-methyl-pyrrol[3].

Mol-Gewicht: 151,20.

Zusammensetzung: 79,47% C; 11,26% H; 9,27% N. $C_{10}H_{17}N$.

Darstellung: 5,8 g 2-Äthyl-3-propionyl-4-methyl-5-carbäthoxypyrrol $C_{13}H_{19}O_3N$ werden mit 5 g Natrium in 70 ccm Alkohol und 2,5 g Hydrazinhydrat im Rohr 12 Stunden auf 145° erhitzt. Dann wird mit Wasserdampf destilliert, das Destillat ausgeäthert und der nach Trocknen und Verdampfen des Lösungsmittels verbliebene Rückstand im Vakuum fraktioniert.

Eigenschaften: Schweres Öl von goldgelber Farbe. Siedep. 12 mm = 82°. Verharzt an der Luft sehr rasch.

Pikrat $C_{16}H_{20}O_7N_4$. Schwer löslich in Alkohol, krystallisiert daraus in langen Nadeln, Schmelzp. 168°.

2-Äthyl-3-propionyl-4-methyl-pyrrol.

Mol-Gewicht: 165,18.

Zusammensetzung: 72,67% C; 9,15% H; 9,7% O; 8,48% N. $C_{10}H_{15}ON$.

Darstellung: a) In einem Schwertkolben wird das 2-Äthyl-3-propionyl-4-methyl-5-carboxy-pyrrol $C_{11}H_{15}O_3N$ zunächst vorsichtig zum Schmelzen erhitzt bis die Kohlensäureentwicklung beendet ist. Dann wird das Pyrrol bei 283° überdestilliert[4].

b) In 26 g gereinigtes 100proz. Dipropionylmethan und 14 g Isonitrosoaceton in 120 ccm Eisessig werden unter Kühlung rasch 30 g Zinkstaub bei einer Temperatur der Lösung von 60—70° eingerührt. Nach ½stündigem Weitererhitzen am Sandbad wird in Eiswasser gegossen und nach 2stündigem Stehen filtriert[5].

Eigenschaften: Aus Alkohol-Wasser makroskopische Nadeln, Schmelzp. 90°[4], 98°[5].

Phtalid $C_{18}H_{17}O_3N$. Entsteht bei 4stündigem Erhitzen von 3 g Pyrrol mit 2,7 g Phtalsäureanhydrid und 5 ccm Eisessig im Rohr auf 180°. Nach dem Absaugen wird mit Alkohol ausgewaschen. Ausbeute 88%. — Aus Alkohol große, gelbe Prismen, Schmelzp. 105°[4].

2-Äthyl-3-propionyl-4-methylpyrrol-5-azobenzolsulfosäure $C_{16}H_{19}O_4N_3S$. Durch Schütteln einer ätherischen Lösung des Pyrrols mit einer wässerig-salzsauren von Diazobenzolsulfosäure, wobei der Farbstoff ausfällt. Durch Lösen in Natronlauge und vorsichtigem Fällen mit Salzsäure feine Prismen, die beim Erhitzen unter Schwarzfärbung verpuffen. In Alkohol kaum löslich[4].

2-Äthyl-4-methyl-5-formyl-pyrrol[6].

Mol-Gewicht: 137,14.

Zusammensetzung: 70,04% C; 8,09% H; 11,65% O; 10,22% N. $C_8H_{11}ON$.

Darstellung: Eine Lösung von 5 g 2-Äthyl-4-methyl-pyrrol in 50 ccm abs. Äther und 5 ccm Blausäure wird mit Chlorwasserstoff gesättigt. Nach Stehen über Nacht wird filtriert, der Rückstand sofort in wenig eiskaltem Wasser gelöst, filtriert und unter Eiskochsalzkühlung mit Natronlauge neutralisiert. Der abfiltrierte und getrocknete Rohaldehyd wird am Wasserbad einige Minuten mit Petroläther erhitzt, filtriert und das Filtrat stark eingeengt. Beim Erkalten Krystallisation.

Eigenschaften: Aus Petroläther weiße, prismenförmige Nadeln, Schmelzp. 66°.

[1] H. Fischer u. J. Klarer: Liebigs Ann. **447**, 59 (1926).
[2] H. Fischer u. B. Pützer: Ber. dtsch. chem. Ges. **61**, 1071 (1928).
[3] H. Fischer u. J. Klarer: Liebigs Ann. **447**, 58 (1926).
[4] H. Fischer u. J. Klarer: Liebigs Ann. **447**, 53—55 (1926).
[5] H. Fischer u. A. Kürzinger: Hoppe-Seylers Z. **196**, 231 (1931).
[6] H. Fischer u. A. Kürzinger: Hoppe-Seylers Z. **196**, 232 (1931).

2-Äthyl-3-propionyl-4-methyl-5-formyl-pyrrol[1].

Mol-Gewicht: 193,18.

Zusammensetzung: 68,39% C; 7,77% H; 16,59% O; 7,25% N. $C_{11}H_{15}O_2N$.

Darstellung: In eine Mischung von 3,5 g 2-Äthyl-3-propionyl-4-methylpyrrol $C_{10}H_{15}ON$ in abs. Äther und 4 ccm Blausäure wird unter Eis-Salzkühlung langsam Chlorwasserstoff bis zur Sättigung eingeleitet. Nach längerem Stehen wird filtriert, der Rückstand mit Äther ausgewaschen und dann in Eiswasser gelöst. Diese Lösung wird nach dem Neutralisieren mit Soda auf 50° erwärmt, wobei der Aldehyd auskrystallisiert.

Eigenschaften: Aus Wasser-Alkohol farblose Nadeln, Schmelzp. 140°

Oxym $C_{11}H_{16}O_2N_2$. Durch 8stündiges Erhitzen von 0,8 g Aldehyd in Alkohol mit wässerigem Hydroxylamin. Die zähe Masse wird mit Wasser verrieben; wonach nach längerem Stehen Erstarrung eintritt. Aus Alkohol farblose Prismen, Schmelzp. 212°.

2-Äthyl-3-propionsäure-4-methyl-pyrrol
= Xanthopyrrolcarbonsäure.

Mol-Gewicht: 181,20.

Zusammensetzung: 66,29% C; 8,28% H; 17,71% O; 7,72% N. $C_{10}H_{15}O_2N$.

Darstellung: Durch Erhitzen des 2-Äthyl-3-propionsäure-4-methyl-5-carbäthoxy-pyrrols $C_{13}H_{19}O_4N$ mit überschüssiger wässeriger Natronlauge. Dann wird unter Eis-Kochsalzkühlung tropfenweise mit sehr verdünnter Schwefelsäure schwach sauer gemacht, wobei ein Gemisch der α-carboxylierten und der Xanthopyrrolcarbonsäure ausfällt. Nach dem Absaugen wird zweimal aus heißem Wasser umkrystallisiert, wobei die Carboxylgruppe in der α-Stellung quantitativ abgespalten wird. Ausbeute bis 90%[2].

Die Verseifung kann auch mit Eisessig-Jodwasserstoff durchgeführt werden[3].

Eigenschaften: Aus Wasser farblose Prismen; Schmelzp. 126°[2]. Die alkoholische Lösung färbt sich rapid gelb und zeigt einen intensiven Urobilinstreifen. Ehrlichsche Reaktion intensiv rot und Absorption bei λ 568,1—514... E.A. 410 μm. Nach etwa 3stündigem Stehen Umschlag der Farbe nach Blau, Spektrum jetzt λ I 662—629,3; II 564,6—546; III schw. 480 μm[3].

Pikrat: $C_{16}H_{18}O_9N_4$. Aus Alkohol unter Erwärnen auf 50—60° Krystalle. Schmelzp. 143°.

2-Äthyl-4-Methyl-5-carbäthoxy-pyrrol[4].

Mol-Gewicht: 181,18.

Zusammensetzung: 66,29% C; 8,28% H; 17,70°% O; 7,73% N. $C_{10}H_{15}O_2N$.

Darstellung: In eine Grignardlösung aus 6 g Bromäthyl und 1,4 g Magnesium in abs. Äther läßt man unter Stickstoffatmosphäre 3,2 g 2-Äthyl-4-methyl-pyrrol $C_7H_{11}N$ eintropfen. Nach Beendigung der energischen Reaktion gibt man vorsichtig 4,5 g Chlorkohlensäureester zu und erwärmt anschließend noch 3 Stunden. Die braungrüne Lösung wird dann allmählich mit gutgekühlter gesättigter Chlorammoniumlösung zersetzt, mit Äther ausgezogen und nach dem Trocknen das Lösungsmittel im Vakuum abdestilliert. Ausbeute 88%.

Eigenschaften: Aus Alkohol farblose Krystalle, Schmelzp. 74°.

2-Äthyl-3-formyl-4-methyl-5-carbäthoxy-pyrrol[3].

Mol-Gewicht: 209,18.

Zusammensetzung: 63,15% C; 7,17% H; 22,99% O; 6,69% N. $C_{11}H_{15}O_3N$.

Darstellung: 3,2 g 2-Äthyl-4-methyl-5-carbäthoxypyrrol $C_{10}H_{15}O_2N$ in wenig abs. Äther werden nach Zusatz von 3 ccm Blausäure unter Eiskühlung langsam mit trockenem Chlorwasserstoff gesättigt. Nach längerem Stehen wird der Äther im Vakuum verdampft, die rückständige Masse in Eiswasser gelöst, filtriert und das Filtrat auf 65° erwärmt; wonach sich der Aldehyd abscheidet. Ausbeute 70%.

Eigenschaften: Aus Wasser mit wenig Alkohol farblose Blättchen, Schmelzp. 98°.

Oxym $C_{11}H_{16}O_3N$. Entsteht bei 7stündigem Erhitzen des Aldehyds in Alkohol mit wässerigem Hydroxylamin. — Aus Alkohol Schmelzp. 202°[5].

[1] H. Fischer u. J. Klarer: Liebigs Ann. **447**, 55 (1926).
[2] H. Fischer u. J. Klarer: Liebigs Ann. **447**, 62 (1926).
[3] H. Fischer u. J. Klarer: Liebigs Ann. **442**, 5 (1925).
[4] H. Fischer u. J. Klarer: Liebigs Ann. **442**, 3 (1925).
[5] H. Fischer u. J. Klarer: Liebigs Ann. **442**, 6 (1925).

Azlacton $C_{20}H_{20}O_4N_2$. Bildet sich bei der Kondensation des Aldehyds mit Hippursäure in der üblichen Weise. — Aus Alkohol feine gelbe Nädelchen, Schmelzp. 227°.

Rhodaninkondensationsprodukt $C_{14}H_{16}O_3N_2S_2$. Aus Eisessig gelbbraune Nädelchen. Schmelzp. 208°.

2-Äthyl-3-acetyl-4-methyl-5-carbäthoxy-pyrrol[1].

Mol-Gewicht: 223,20.

Zusammensetzung: 64,54% C; 7,68% H; 21,51% O; 6,27% N. $C_{12}H_{17}O_3N$.

Darstellung: Zu 1 g 2-Äthyl-4-methyl-5-carbäthoxypyrrol $C_{10}H_{15}O_2N$ und 0,9 g Acetylchlorid in 10 ccm Schwefelkohlenstoff wird 1 g Aluminiumchlorid gegeben. Nach Beendigung der einsetzenden Salzsäureentwicklung wird noch 1 Stunde erhitzt, dann der Schwefelkohlenstoff verdampft und der Rückstand mit Wasser versetzt.

Ausbeute aus 13 g Ausgangsmaterial = 13 g.

Eigenschaften: Aus verdünntem Alkohol oder viel Wasser, Schmelzp. 134°.

2-Äthyl-3-acetyl-4-methyl-5-carboxy-pyrrol $C_{10}H_{13}O_3N$ (M = 195,16). Entsteht bei 1 stündigem Kochen des Esters mit überschüssigem Alkali. Isolierung durch Fällen mit verdünnter Schwefelsäure. — Aus verdünntem Alkohol farblose Nadeln, Schmelzp. 204° unter Zersetzung[1].

2-Äthyl-3-propionyl-4-methyl-5-carbäthoxy-pyrrol[2].

Mol-Gewicht: 237,22.

Zusammensetzung: 71,84% C; 8,81% H; 12,81% O; 6,90% N. $C_{13}H_{19}O_3N$.

Darstellung: Zu 12 g Acetessigester in 145 ccm Eisessig rührt man unter Eis-Kochsalzkühlung tropfenweise eine konz. Lösung von 7,6 g Natriumnitrit in Wasser ein. Bei gewöhnlicher Temperatur gibt man dann eine Aufschwemmung von 14 g Dipropionylmethankupfer in 20 ccm Eisessig zu und rührt danach im Lauf einer Stunde 60 g Zinkstaub ein; wobei die Temperatur 70° nicht übersteigen soll. Anschließend wird noch 3 Stunden auf dem Wasserbad erhitzt und dann in kaltes Wasser eingesaugt; wobei das Pyrrol ausfällt.

Eigenschaften: Aus Alkohol farblose Nadeln, Schmelzp. 114°. Färbt sich in unreinem Zustand rasch gelbbraun[3].

2-Äthyl-3-propionyl-4-methyl-5-carboxy-pyrrol $C_{11}H_{15}O_3N$ (M = 209,18). Entsteht bei 8 stündigem Erhitzen des Esters mit starker alkoholischer Kalilauge auf dem Wasserbad. Isolierung durch tropfenweises Zugeben von verdünnter Schwefelsäure bis zur kongosauren Reaktion unter Kühlung, wobei die Carbonsäure ausfällt. Aus Alkohol, Schmelzp. 180° unter lebhafter Kohlensäureentwicklung und Bildung von 2-Äthyl-3-propionyl-4-methyl-pyrrol[2]. (Als Nebenprodukt entsteht 2-Äthyl-4-methyl-pyrrol).

2-Äthyl-4-methyl-5-carbäthoxy-pyrrol-3-acrylsäure[4].

Mol-Gewicht: 251,21.

Zusammensetzung: 62,15% C; 6,77% H; 25,47% O; 5,61% N. $C_{13}H_{17}O_4N$.

Darstellung: Durch ³/₄ stündiges Erhitzen molekularer Mengen von 2-Äthyl-3-formyl-4-methyl-5-carbäthoxypyrrol $C_{10}H_{15}O_3N$ und Malonsäure in 2 Mol Piperidin auf dem Wasserbad unter gutem Umrühren. Dabei bildet sich unter starker Kohlensäureentwicklung eine zähe, gelbe Masse, die in verdünnter Natronlauge gelöst und filtriert wird. Beim Ansäuern des Filtrats mit verdünnter Schwefelsäure fällt die Acrylsäure in gelben Flocken aus. Sie wird rasch scharf abgesaugt und mit wenig Wasser gewaschen.

Eigenschaften: Aus Methylalkohol, Schmelzp. 240°. Ist sehr unbeständig und färbt sich an der Luft rasch rot. Ehrlichsche Reaktion violett.

2-Äthyl-4-methyl-5-carbäthoxy-3[α-cyan]-acrylsäure $C_{14}H_{16}O_4N_2$ (M = 276,21). Bildet sich bei ½ stündigem Erwärmen von 1 g Aldehyd mit 2,2 g Cyanessigsäure in 3 ccm Essigsäureanhydrid auf 100°. Beim Eintragen der roten Lösung in Wasser fällt ein schweres braungrünes Öl aus, das beim Reiben erstarrt. Aus Alkohol hellgelbe Nädelchen, Schmelzp. 209°[5].

[1] H. Fischer u. B. Pützer: Ber. dtsch. chem. Ges. **61**, 1070 (1928).

[2] H. Fischer u. J. Klarer: Liebigs Ann. **447**, 52 (1926).

[3] H. Fischer u. B. Weiß: Ber. dtsch. chem. Ges. **57**, 609 (1924).

[4] H. Fischer u. J. Klarer: Liebigs Ann. **442**, 4 (1925).

[5] H. Fischer u. J. Klarer: Liebigs Ann. **442**, 6 (1925).

2-Äthyl-4-methyl-5-carbäthoxy-pyrrol-3-β-methylmalonester[1].

Mol-Gewicht: 353,31.

Zusammensetzung: 61,19% C; 7,65% H; 27,20% O; 3,96% N. $C_{18}H_{27}O_6N$.

Darstellung: 1,2 g 2-Äthyl-4-methyl-5-carbäthoxypyrrol $C_{10}H_{15}O_2N$ in wenig Alkohol werden nach Zusatz von 2,5 ccm Methoxymethylmalonester und 2,5 ccm konz. Salzsäure 3 Stunden erhitzt. Dann wird in Eiswasser gegossen, wobei sich ein beim Stehen und Umrühren erstarrendes Öl abscheidet. Tritt die Krystallisation nicht ein, dann wird auf Ton gegossen, wonach das Öl fest wird.

Eigenschaften: Aus Alkohol-Wasser, Schmelzp. 78°.

2-Äthyl-4-methyl-5-carbäthoxy-pyrrol-3-β-methylmalonsäure[1].

Mol-Gewicht: 297,23.

Zusammensetzung: 56,56% C; 6,40% H; 32,33% O; 4,71% N. $C_{14}H_{19}O_6N$.

Darstellung: 1,2 g 2-Äthyl-4-methyl-5-carbäthoxypyrrol-3-β-methylmalonester $C_{18}H_{27}O_6N$ in einer Lösung von 0,2 g Natronlauge in 15 ccm Alkohol und 15 ccm Wasser werden solange erwärmt, bis beim Versetzen mit Wasser keine Fällung mehr eintritt. Dann wird der Alkohol abdestilliert und der Rückstand unter guter Kühlung mit konz. Schwefelsäure angesäuert, wobei die Malonsäure ausfällt. Nach dem Absaugen wird mit Wasser schwefelsäurefrei gewaschen.

Eigenschaften: Aus wenig Alkohol mit viel Wasser farblose Krystalle, Schmelzp. 162° unter Entwicklung von Kohlensäure.

2-Äthyl-3-propionsäure-4-methyl-5-carbäthoxy-pyrrol[2].

Mol-Gewicht: 253,22.

Zusammensetzung: 61,66% C; 7,51% H; 25,30% O; 5,53% N. $C_{13}H_{19}O_4N$.

Darstellung: a) Durch Erhitzen von 2-Äthyl-4-methyl-5-carbäthoxy-pyrrol-3-(β-methylmalonsäure) $C_{14}H_{19}O_6N$ im Vakuum zum Schmelzen, wobei sich glatt Kohlensäure abspaltet. Ausbeute fast quantitativ[2].

b) Durch Reduktion der 2-Äthyl-3-methyl-5-carbäthoxy-pyrrol-3-acrylsäure $C_{13}H_{17}O_4N$ in Äther mit aktivem Aluminiumamalgam unter öfterem Schütteln. Nach dem Filtrieren und Trocknen wird im Vakuum konzentriert[2].

Eigenschaften: Aus Wasser oder Alkohol-Wasser farblose Nadeln, Schmelzp. 138°.

3-Äthyl-4-methyl-pyrrol (Bd. IX, S. 368, 403; Bd. X, S. 41).
= Opsopyrrol.

$C_7H_{11}N$.

Bildung: Bei der thermischen Zersetzung von Äthioxanthoporphinogen[3]. Beim Erhitzen von Äthioporphyrin II[4], Mesohämin[5], Phäophorbid[5] und Methylphäophorbid a[5], Bis-(3-äthyl-4-methyl-5-carbäthoxy-pyrryl)-methan[6]; der bromierten Kryptopyrrolmethanbromhydrate I und II und des 3,3'-dimethyl-4,4'-diäthyl-5,5'-dicarboxy-pyrro-ketons[7] mit Eisessig-Jodwasserstoff.

Ferner beim Erhitzen des Bis-(3-äthyl-4-methyl-5-carboxy-pyrryl)-methans mit Eisessig oder mit 5proz. Natronlauge[4] und bei der Reduktion des 2-Carboxy-3-acetyl-4-methyl-pyrrols mit Natriumäthylat-Hydrazinhydrat bei 160°[8].

Darstellung: 25 g Hämin werden mit 500 g Jodwasserstoff ($d = 1,96$) und 450 g Eisessig 2 Stunden in siedendem Wasserbad erhitzt, dann mit 17—18 g Phosphoniumjodid versetzt und wenn die Farbe grünbraun geworden ist die ganze Flüssigkeit im Vakuum soweit wie möglich abdestilliert. Der Rückstand wird mit $^3/_4$ l Wasser aufgenommen, mit Soda stark

[1] H. Fischer u. J. Klarer: Liebigs Ann. **447**, 61 (1926).
[2] H. Fischer u. J. Klarer: Liebigs Ann. **447**, 61—63 (1926); vgl. **441**, 5 (1925).
[3] H. Fischer u. A. Treibs: Liebigs Ann. **457**, 231 (1926).
[4] H. Fischer u. P. Halbig: Liebigs Ann. **450**, 159 (1926).
[5] H. Fischer, A. Merka u. E. Plötz: Liebigs Ann. **478**, 293f. (1929).
[6] H. Fischer u. P. Halbig: Liebigs Ann. **447**, 137 (1926); **448**, 199 (1926); **450**, 160 (1926).
[7] H. Fischer u. H. Orth: Liebigs Ann. **489**, 82 (1930).
[8] H. Fischer, E. Sturm u. H. Friedrich: Liebigs Ann. **461**, 258 (1928).

alkalisch gemacht, das abgeschiedene Öl mit Wasserdampf abdestilliert und das Destillat (400—500 ccm) 2—3mal gut ausgeäthert. Die Extrakte werden nun erst mit 150 ccm 12proz. Salzsäure ausgezogen und der Auszug mit 50 ccm Äther gewaschen, dann wird ein zweites Mal mit 30 ccm 12proz. Salzsäure ausgeschüttelt und dieser Auszug mit 30 ccm Äther behandelt. Die restlichen ätherischen Lösungen werden nachdem mit Sodalösung gewaschen und dann der Äther verjagt. Als Rückstand bleibt Opsopyrrol. Ausbeute 0,7—1,2 g[1].

Synthese: a) 21 g 3-Acetyl-4-methyl-pyrrol, 12 g Natrium in 150 ccm Alkohol und 11,3 g Hydrazinhydrat werden im Autoklaven 8 Stunden auf 160—180° erhitzt. Dann wird mit Wasserdampf abgetrieben, das Destillat ausgeäthert und nach dem Abdunsten des Äthers im Vakuum der leicht gelb gefärbte Rückstand unter vermindertem Druck destilliert. Ausbeute 12,5 g = 70%[2].

b) 5 g 2-Carboxy-3-äthyl-4-methyl-5-carbäthoxy-pyrrol werden mit 50 ccm 10proz. Natronlauge im Rohr 2 Stunden auf 160° erhitzt. Aufarbeitung wie bei a. Ausbeute 50—60%[3]. Die Reaktion geht auch gut mit Eisessig-Jodwasserstoff[3].

c) 3-Äthyl-4-methyl-2,5-dicarboxy-pyrrol wird der trockenen Destillation unterworfen, wobei sich leicht Kohlensäure abspaltet unter Bildung von Opso-pyrrol[4].

Eigenschaften: Farbloses Öl; Siedep. 11 mm etwa 70—75°[3, 5]; Schmelzp. 3°[6]. Ist gegen Luftsauerstoff nur wenig empfindlich. Gibt kein Pikrat[1]. D = 0,9059[5]; Mol-Refraktion = 34,893[5]. Läßt sich mit 12proz. Salzsäure nur unvollkommen aus Äther ausschütteln[1]. Gibt ein amorphes Quecksilbersalz. Ehrlichsche Reaktion intensiv blaustichig[2]. Mit Diazobenzolsulfosäure entsteht ein blauer Azofarbstoff[1]. Beim Erhitzen mit Ameisensäure bildet sich ein in Schmetterlingen krystallisierendes Äthioporphyrin. Ebenso mit Tetramethylglyoxal oder Glyoxylacetat und konz. Salzsäure bei 100°[1]. Auch beim Stehen mit Chlormethyläther in Benzollösung entsteht Porphyrin[7].

Nachweis: Durch Porphyrinbildung mit Ameisensäure oder Chlormethyläther oder durch den blauen Azofarbstoff mit Diazobenzolsulfosäure.

3-Äthyl-4-methyl-5-formyl-pyrrol = Opsopyrrolaldehyd[8].

Mol-Gewicht: 137,138.

Zusammensetzung: 70,03% C; 8,08% H; 11,68% O; 10,21% N. $C_8H_{11}ON$.

Darstellung: Eine Lösung von 1 g Opsopyrrol (3-Äthyl-4-methyl-pyrrol) in 9 ccm Äther und 1 ccm Chloroform wird nach Zusatz von 1 ccm Blausäure mit Chlorwasserstoff gesättigt. Nach längerem Stehen wird filtriert, der Rückstand in Wasser gelöst und langsam verdünnte Natronlauge bis zur alkalischen Reaktion zugegeben, wobei das freie Imin ausflockt. Es wird nun auf dem Wasserbad solange erwärmt, bis letzteres an Volumen stark abnimmt und deutlich Ammoniakgeruch auftritt. Danach wird sofort mit dem Erwärmen aufgehört und abgesaugt. Ausbeute etwa 1 g.

Eigenschaften: Gelbes sandiges Pulver. Verschmiert bei starkem Erwärmen mit Wasser.

2,5-Diformyl-3-äthyl-4-methyl-pyrrol[9].

Mol-Gewicht: 165,14.

Zusammensetzung: 65,45% C; 6,67% H; 19,39% O; 8,49% N. $C_9H_{11}O_2N$.

Darstellung: 1 g 2,4-Dimethyl-3-äthyl-5-formylpyrrol in 80 ccm abs. Äther wird bei 0° tropfenweise mit 2,25 g Sulfurylchlorid (2½ Mol) in 5 ccm abs. Äther versetzt. Nach 12stündigem Stehen wird mit Eiswasser gewaschen, der Äther verdunstet und die restliche schwarze Schmiere mehrere Tage mit viel Wasser unter zeitweisem Zusatz von Alkohol ausgekocht. Die kalte Lösung wird dann 2mal ausgeäthert, der Auszug mit verdünnter Natronlauge geschüttelt, mit Wasser gewaschen und schließlich eingedunstet. Das zurückbleibende Öl wird mit viel Wasser ausgekocht. Nach 14tägigem Stehen tritt Krystallisation ein. Ausbeute 0,01 g.

Eigenschaften: Aus Wasser zu Rosetten angeordnete Spieße, Schmelzp. 84°.

[1] H. Fischer u. A. Treibs: Liebigs Ann. **450**, 141—143 (1926).
[2] H. Fischer, E. Sturm u. H. Friedrich: Liebigs Ann. **461**, 260 (1928).
[3] H. Fischer, E. Sturm u. H. Friedrich: Liebigs Ann. **461**, 271 (1928).
[4] H. Fischer u. H. Orth: Liebigs Ann. **489**, 83 (1931).
[5] H. Fischer u. P. Halbig: Liebigs Ann. **450**, 152 (1926).
[6] H. Fischer, E. Sturm u. H. Friedrich: Liebigs Ann. **461**, 247 (1928).
[7] H. Fischer u. E. Adler: Hoppe-Seylers Z. **197**, 277 (1931).
[8] H. Fischer, E. Baumann u. H. J. Riedl: Liebigs Ann. **475**, 239 (1929).
[9] H. Fischer, E. Baumann u. H. J. Riedl: Liebigs Ann. **475**, 234 (1929).

2-Formyl-3-äthyl-4-methyl-5-(chlor-acetyl)-pyrrol[1].

Mol-Gewicht: 213,5.

Zusammensetzung: 56,13% C; 5,61% H; 15,09% O; 6,57% N; 16,6% Cl. $C_{10}H_{12}O_2NCl$.

Darstellung: 1 g 2,4-Dimethyl-5-(chlor-acetyl)-pyrrol in 20 ccm Äther suspendiert wird bei 0° mit 1,36 g Sulfurylchlorid in 3 ccm Äther versetzt. Nach 2tägigem Stehen wird mit Eiswasser gewaschen, getrocknet und der Äther im Vakuum verdampft.

Eigenschaften: Aus Äther weiße Nadeln, Schmelzp. 113—114°.

3-Äthyl-4-methyl-5-carbäthoxy-pyrrol[2] = Opsocarbäthoxypyrrol.

Mol-Gewicht: 181,18.

Zusammensetzung: 66,25% C; 8,25% H; 17,77% O; 7,73% N. $C_{10}H_{15}O_2N$.

Bildung: Aus dem aus 3-Äthyl-4-methyl-pyrrol mit Hilfe von Phosgen hergestellten Säurechlorid des 3-Äthyl-4-methyl-5-carboxy-pyrrols durch 1—2stündiges Erhitzen oder längerem Stehenlassen mit abs. Alkohol[3].

Darstellung: Durch Erhitzen des 2-Carboxy-3-äthyl-4-methyl-5-carbäthoxypyrrols $C_{11}H_{15}O_4N$ auf 215—220° und Destillation des gebildeten Opsocarbäthoxypyrrols im Vakuum von 11 mm bei 135—145°, nachdem die einsetzende lebhafte Kohlensäureentwicklung beendet ist. Das Destillat, ein hellgelbes Öl, krystallisiert bei Eiskühlung[2]. — Bei Herstellung größerer Mengen wird die Carbonsäure mit der 3fachen Menge Glycerin längere Zeit auf 160° erhitzt[4].

Eigenschaften: Aus Alkohol-Wasser, Schmelzp. 25°. Die Ehrlichsche Reaktion ist erst rot, später blauviolett.

Anilid $C_{14}H_{16}ON_2$. In 1,5 g Opsopyrrol in 20 ccm abs. Äther wird $^1/_2$—$^3/_4$ Stunden ein mäßiger Strom Phosgen eingeleitet. Nachdem wird der Äther abgedunstet und der Rückstand 10—15 Minuten mit der berechneten Menge Anilin erwärmt. Bereits heiß Krystallisation. — Aus Alkohol lange, farblose, seidenglänzende Nadeln, Schmelzp. 177°[4].

2-Brom-3-äthyl-4-methyl-5-carbäthoxy-pyrrol[5].

Mol-Gewicht: 260,1.

Zusammensetzung: 46,15% C; 5,43% H; 12,31% O; 5,38% N; 30,73% Br. $C_{10}H_{14}O_2NBr$.

Darstellung: a) 0,2 g 2-Carboxy-3-äthyl-4-methyl-5-carbäthoxy-pyrrol $C_{11}H_{15}O_4N$ in 1 ccm Eisessig werden mit 2 ccm einer Lösung die 3,7 g Brom in 100 ccm Eisessig enthält, versetzt und dann 1 Stunde auf 60° erwärmt, wobei Kohlensäure- und Bromwasserstoffentwicklung eintritt. Nach dem Versetzen mit Wasser fällt der Bromkörper aus. Ausbeute 62%.

b) Entsteht auch bei der Bromierung von 0,2 g 3-Äthyl-4-methyl-5-carbäthoxy-pyrrol in wenig Eisessig mit 0,1 g Brom in 0,5 ccm Eisessig unter Kühlung. Nach einigem Stehen tritt Krystallisation ein. Ausbeute 90%[6].

Eigenschaften: Aus Eisessig-Wasser weiße Blättchen, Schmelzp. 103° (korr.).

2-Formyl-3-äthyl-4-methyl-5-carbäthoxy-pyrrol.

Mol-Gewicht: 209,18.

Zusammensetzung: 63,12% C; 7,23% H; 32,96% O; 6,69% N. $C_{11}H_{15}O_3N$.

Bildung: Bei der Oxydation des 2-Brommethyl-3-äthyl-4-methyl-5-carbäthoxy-pyrrols mit Chromsäure[7]. Bei der Einwirkung von Sulfurylchlorid auf 2-Methyl-3-äthyl-4-methyl-5-carbäthoxy-pyrrol[8].

Darstellung: a) Durch Verkochen des Salzsäureanlagerungsprodukts der Schiffschen Base aus 2-Anilinomethyl-3-äthyl-4-methyl-5-carbäthoxy-pyrrol mit viel Wasser. Danach wird filtriert. Beim Stehen des Filtrats krystallisiert der Aldehyd rein aus. (Das auf dem Filter gebliebene Öl liefert beim Auskochen mit Wasser noch mehr Aldehyd[7].) Ausbeute 90%.

[1] H. Fischer u. P. Viaud: Ber. dtsch. chem. Ges. **64**, 200 (1931).
[2] H. Fischer, E. Sturm u. H. Friedrich: Liebigs Ann. **461**, 270 (1928).
[3] H. Fischer u. H. Orth: Liebigs Ann. **489**, 80 (1931).
[4] H. Fischer, H. Berg u. A. Schorrmüller: Liebigs Ann. **480**, 114 (1930).
[5] H. Fischer, E. Sturm u. H. Friedrich: Liebigs Ann. **461**, 273 (1928).
[6] H. Fischer, E. Sturm u. H. Friedrich: Liebigs Ann. **461**, 271 (1928).
[7] H. Fischer u. P. Ernst: Liebigs Ann. **447**, 161 (1926).
[8] H. Fischer, E. Sturm u. H. Friedrich: Liebigs Ann. **461**, 269 (1928).

b) Aus 3-Äthyl-4-methyl-5-carbäthoxy-pyrrol mit Blausäure-Salzsäure in abs. Äther in der öfters beschriebenen Weise. Ausbeute 70%[1].

Eigenschaften: Aus Wasser Prismen; Schmelzp. 90°. Sehr leicht löslich in den organischen Solvenzien; sehr schwer in heißem Wasser (0,2 g in 500 ccm). Kondensiert sich nicht mit α-freien Pyrrolen zu Tripyrrylmethanen. Ist alkaliunlöslich[2]. Gibt kein Phenylhydrazon. **Oxym** $C_{11}H_{16}O_3N_2$. Aus Alkohol-Wasser Nadeln; Schmelzp. 150°.

2-Formyl-3-äthyl-4-methyl-5-carboxy-pyrrol[3].

Mol-Gewicht: 181,14.

Zusammensetzung: 59,64% C; 6,12% H; 26,51% O; 7,73% N. $C_9H_{11}O_3N$.

Darstellung: a) Eine Lösung von 1 g 3-Äthyl-4-methyl-5-carbäthoxypyrrol $C_{11}H_{15}O_4N$ in 5 ccm Chloroform wird nach Zusatz von 2 ccm Blausäure mit Chlorwasserstoff gesättigt. Nach 12 Stunden wird das Chloroform bei gewöhnlicher Temperatur im Vakuum abdestilliert, der Rückstand längere Zeit mit verdünnter Natronlauge gekocht und nachdem die Lösung unter Kühlung mit verdünnter Schwefelsäure angesäuert, wobei die Carbonsäure ausfällt. Ausbeute 90%[3].

b) Entsteht auch beim 10 Minuten langen Kochen von 1 g 2-Formyl-3-äthyl-4-methyl-5-carbäthoxypyrrol $C_{11}H_{15}O_3N$ mit 50 ccm 10proz. Natronlauge. Danach wird unter Kühlung mit verdünnter Schwefelsäure angesäuert. Ausbeute 0,7 g = 76%[3].

Eigenschaften: Aus Alkohol-Wasser, Schmelzp. 199° unter Zersetzung und Porphyrinbildung.

2-Carboxy-3-äthyl-4-methyl-5-carbäthoxy-pyrrol.

Mol-Gewicht: 225,18.

Zusammensetzung: 58,63% C; 6,72% H; 28,43% O; 6,22% N. $C_{11}H_{15}O_4N$.

Darstellung: 1 g 2,4-Dimethyl-3-äthyl-5-carbäthoxy-pyrrol $C_{11}H_{17}O_2N$ in 20 ccm abs. Äther wird bei 0° tropfenweise mit 2,08 g Sulfurylchlorid (3 Mol) versetzt. Nach längerem Stehen wird mit Eiswasser gewaschen, der Äther verdampft und der Rückstand, ein zähes Öl, mit Alkohol-Wasser gekocht, wobei Lösung eintritt. Diese Lösung wird ausgeäthert, der Auszug mit 10proz. Natronlauge extrahiert und aus dem Extrakt die Carbonsäure mit verdünnter Schwefelsäure gefällt. Ausbeute 0,7—0,8 g[4].

(Im Äther bleibt gleichzeitig mitgebildetes 2-Formyl-3-äthyl-4-methyl-5-carbäthoxypyrrol zurück[4].)

Eigenschaften: Aus Chloroform-Petroläther, Schmelzp. 211° (korr.). Gibt beim Erhitzen mit Essigsäureanhydrid und Natriumacetat ein Pyrokoll $C_{22}H_{26}O_0N_2$. (Aus Alkohol-Wasser, Schmelzp. 150° und bei trockener Destillation 3-Äthyl-4-methyl-5-carbäthoxy-pyrrol.)[3]

3-Äthyl-4-methyl-2, 5-dicarboxy-pyrrol (Opsopyrrol-dicarbonsäure) $C_9H_{11}O_4N$. Bildet sich bei $\frac{1}{2}$stündigem Kochen der Estersäure (5 g) mit Natronlauge (3 g in 50 ccm Wasser). Isolierung durch Fällen mit verdünnter Schwefelsäure unter Eiskühlung[3]. — Entsteht auch bei der katalytischen Hydrierung des 2,5-dicarboxy-3 · (ω-brom-vinyl)-4-methyl-5-carbäthoxy-pyrrols[5]. Ausbeute fast quantitativ. — Aus Chloroform-Petroläther oder aus Alkohol-Wasser, Schmelzp. 222° (korr.), 238° unter Zersetzung und Porphyrinbildung[3]. Spaltet leicht Kohlensäure ab unter Bildung von Opsopyrrol[6].

2-Cyan-3-äthyl-4-methyl-5-carbäthoxy-pyrrol $C_{11}H_{14}O_2N_2$. Bildet sich bei $\frac{3}{4}$stündigem Erhitzen von 0,3 g 2-Formyl-3-äthyl-4-methyl-5-carbäthoxy-pyrrol-oxym $C_{11}H_{16}O_3N_2$ mit 0,2 g wasserfreiem Natriumacetat und 6 ccm Essigsäureanhydrid. Isolierung durch Eingießen in Wasser. — Aus Alkohol-Wasser, Schmelzp. 131° (korr.)[3].

2, 3-Diäthyl-4-methyl-pyrrol[7].

Mol-Gewicht: 137,17.

Zusammensetzung: 78,77% C; 11,02% H; 10,26% N. $C_9H_{15}N$.

[1] H. Fischer u. H. Orth: Liebigs Ann. **489**, 81 (1931).
[2] H. Fischer u. P. Ernst: Liebigs Ann. **447**, 161 (1926).
[3] H. Fischer, E. Sturm u. H. Friedrich: Liebigs Ann. **461**, 270—272 (1928).
[4] H. Fischer, E. Sturm u. H. Friedrich: Liebigs Ann. **461**, 269 (1928).
[5] H. Fischer u. O. Süs: Liebigs Ann. **484**, 126 (1930).
[6] H. Fischer u. H. Orth: Liebigs Ann. **489**, 83 (1931).
[7] H. Fischer u. B. Pützer: Ber. dtsch. chem. Ges. **61**. 1071 (1928).

Darstellung: Entsteht bei der Reduktion von 1 g 2-Äthyl-3-acetyl-4-methyl-5-carbäthoxy-pyrrol $C_{12}H_{17}O_3N$ mit 0,5 g Natrium in 10 ccm Alkohol und $1^1/_2$ ccm Hydrazinhydrat im Rohr bei 175°. Das Destillat wird nach dem Übertreiben mit Wasserdampf ausgeäthert, der nach dem Verdampfen des Äthers bleibende Rückstand in 25 ccm Eisessig gelöst und in 125 ccm 4proz. Sublimatlösung eingetropft. Die ausgefallene Quecksilberverbindung wird mit H_2S zerlegt. und nach dem Ausäthern in das Pikrat verwandelt, das dann mit Natronlauge zerlegt wird. Der nach dem Ausäthern und Verdampfen des Lösungsmittels verbliebene Rückstand wird im Vakuum destilliert.

Eigenschaften: Farbloses Öl, Siedep. 20 mm = 95—97°. Gibt mit Diazobenzolsulfosäure einen in derben Prismen krystallisierenden Azofarbstoff.

Pikrat $C_{15}H_{18}N_4O_7$. Aus Alkohol Prismen oder Nadeln, Schmelzp. 104,5°.

3 (4)-Propionsäure-4 (3)-äthyl-pyrrol[1].

Mol-Gewicht: 167,15.

Zusammensetzung: 64,63% C; 7,84% H; 19,15% O; 8,38% N. $C_9H_{13}O_2N$.

Darstellung: 18 g 2-Carboxy-3-propionsäure-4-äthyl-5-carbäthoxy-pyrrol $C_{13}H_{17}O_6N$ werden mit 80 ccm 10proz. Natronlauge im Autoklaven 1 Stunde auf 165—170° erhitzt. Unter Eiskühlung wird nach dem Erkalten mit 10proz. Schwefelsäure schwach kongosauer gemacht, von der ausgefallenen Säure abfiltriert und mit Wasser ausgewaschen. Ausbeute 5 g.

Aus der Mutterlauge erhält man durch öfteres Ausäthern noch 1 g Substanz.

Eigenschaften: Aus Chloroform-Petroläther farblose Blättchen; aus Äther Nadeln, Schmelzp. 133°. Unlöslich in Wasser.

2-Formyl-3, 5-dicarbäthoxy-4-propyl-pyrrol[2].

Mol-Gewicht: 281,1.

Zusammensetzung: 59,78% C; 6,75% H; 28,49% O; 4,98% N. $C_{14}H_{19}O_5N$.

Darstellung: 20 g 2-Methyl-3,5-dicarbäthoxy-4-propyl-pyrrol, in 140 ccm abs. Äther gelöst, werden unter Kühlung so mit 20 g Sulfurylchlorid versetzt, daß eben Sieden eintritt. Nach Stehen über Nacht wird die rote Lösung braun und es tritt Krystallisation ein. Danach wird der Äther im Vakuum abgesaugt, der Rückstand in 140 ccm Sprit gelöst, die Lösung bei 35 bis 40° mit Wasser bis zur Trübung versetzt, im Wasserbad kurz auf 80° erwärmt und im Eisschrank gekühlt; wobei das anfangs ausfallende Öl krystallisiert. Ausbeute 10—15 g.

Eigenschaften: Aus Alkohol-Wasser lange Nadeln, Schmelzp. 83°. Sublimiert im Vakuum unzersetzt.

Hydrazon Schmelzp. 118°.

Semicarbazon Schmelzp. 199°.

Phenylhydrazon Schmelzp. 85°.

2-Formyl-3, 5-dicarboxy-4-propyl-pyrrol $C_{10}H_{11}O_5N$. 40 g roher Aldehyd werden mit 23 g Kalilauge in 250 ccm Wasser $1^1/_2$ Stunden gekocht. Nach dem Abkühlen wird filtriert, und im Filtrat die Dicarbonsäure mit verdünnter Salzsäure ausgefällt. Danach wird filtriert, mit Wasser mineralsäurefrei gewaschen und auf Ton getrocknet. — Aus Chloroform-Petroläther weiße Krystalle, Verkohlung über 210°.

2-Oxy-4-carbäthoxy-5-methyl-pyrrol.

Mol-Gewicht: 169,14.

Zusammensetzung: 56,78% C; 6,55% H; 28,39% O; 8,28% N. $C_8H_{11}O_3N$.

Verbesserte Darstellung: In eine Lösung von 75 g Acetbernsteinsäureester in 150 ccm abs. Alkohol wird bei 0° 5—6 Stunden Ammoniak eingeleitet. Nach Stehen über Nacht wird der Alkohol bei 140—150° im Ölbad abdestilliert, der Rückstand nach dem Lösen in wenig Xylol noch einmal $^3/_4$ Stunden erhitzt und dann krystallisieren gelassen. Ausbeute 46 g=80% Rohprodukt. Reinigung durch Vakuumdestillation, Ausbeute 60—70%[3].

Eigenschaften: Lange Nadeln; Schmelzp. 134°. Leicht löslich in Wasser und Alkohol.

Diacetylverbindung $C_{12}H_{15}O_5N$. Durch 1 Minuten langes Erhitzen von 0,5 g Oxypyrrol mit 8 ccm Essigsäureanhydrid und etwas konz. Schwefelsäure, wobei Rotfärbung eintritt.

[1] H. Fischer u. G. Stangler: Liebigs Ann. **462**, 264 (1928).
[2] H. Fischer, M. Goldschmidt u. W. Nüßler: Liebigs Ann. **486**, 50 (1931).
[3] H. Fischer u. J. Müller: Hoppe-Seylers Z. **132**, 87ff. (1924).

Beim Erkalten Krystallisation, die abgesaugt und erst mit Wasser, dann mit Alkohol gewaschen wird. Ausbeute 0,31 g. — Aus Essigester fast farblose Nadeln, Schmelzp. 220° unter Zersetzung. Leicht löslich in Alkohol und Eisessig; schwerer in Essigester; schwer in Äther[1].

Benzoylverbindung $C_{15}H_{15}O_4N$. Durch Versetzen einer Lösung des Oxypyrrols (0,2 g) in 20proz. Natronlauge mit Benzoylchlorid unter Schütteln. Nach längerem Stehen wird mit Essigsäure gefällt. — Aus Alkohol feine Nadeln, Schmelzp. 200°[2].

2-Oxy-4-carbonsäurehydrazid-5-methyl-pyrrol $C_6H_9O_2N_3$. Durch 2stündiges Erhitzen von 4 g Oxypyrrol mit 2,4 g Hydrazinhydrat (2 Mol) auf dem Wasserbad. Es bildet sich ein Krystallbrei. Ausbeute 2 g. — Aus Wasser Stäbchen, aus Eisessig quadratische Blättchen; Zersetzungsp. 233° (Bräunung ab 180°)[3].

2-Oxy-4-carbonsäureazid-5-methyl-pyrrol $C_6H_6O_2N_4$. Durch Einwirken von salpetriger Säure auf das Hydrazid suspendiert in Wasser bis zur vollständigen Lösung. Beim Einstellen in Eis Krystallisation. — Aus Wasser rhombische, gelbliche Blättchen; aus Äther Nadeln; Zersetzungsp. 135°. Verpufft in der Flamme[3].

2-Oxy-5-methyl-pyrryl-4-carbaminsäuremethylester $C_7H_{10}O_3N_2$. Entsteht beim vierstündigen Verkochen des Azids mit Methylalkohol. — Aus Methylalkohol, Schmelzp. 175°. Wird durch Alkali zerlegt. Verschmiert bei längerem Liegen[3].

2-Oxy-3-amino-4-carbäthoxy-5-methyl-pyrrol $C_8H_{12}O_3N_2$.

a) 0,85 g Oxypyrrol in Eisessig werden sehr langsam tropfenweise mit einer konz. Natriumnitritlösung versetzt. In die rote Lösung werden dann langsam 3 g Zinkstaub eingerührt, die Masse noch $^1/_2$ Stunde auf dem Wasserbad erhitzt, abgesaugt und mit Wasser verdünnt, wobei Krystallisation eintritt. Ausbeute 0,25 g[1].

b) Dasselbe Produkt entsteht auch, wenn 1 g 2-Oxy-4-carbäthoxy-5-methyl-pyrrol-3-azobenzol in heißem Alkohol mit Zinkstaub versetzt und in das siedende Gemisch Eisessig in kleinen Anteilen zugegeben wird. Nachdem wird heiß filtriert und im Vakuum eingeengt. Beim Erkalten Krystallisation. Ausbeute 0,3 g[3]. — Aus Alkohol farblose Prismen; Schmelzpunkt 244° (ab 205° Bräunen und Sintern). Leicht löslich in Essig- und Salzsäure; wird daraus durch Alkalien nicht gefällt. Unlöslich in Alkalien. Ehrlichsche Reaktion blau. Kondensiert sich nicht mit Formaldehyd in Gegenwart von Salzsäure; dagegen mit Ameisen- und Blausäure.

2-Oxy-4-carbäthoxy-5-methyl-pyrrol-3-azobenzol $C_{14}H_{15}O_3N_3$. Durch Kondensation von 5 g Oxypyrrol in Alkohol mit 4,5 g Benzoldiazoniumchlorid in 30 ccm Wasser. Beim Stehen Krystallisation. Ausbeute 6,2 g. — Aus Alkohol große, glänzende, gelbe, verfilzte Nadeln; Schmelzp. 223°. Ziemlich leicht löslich in heißem Eisessig; mäßig in heißem Alkohol; schwer in Wasser, kaltem Alkohol, Eisessig, Benzol, Ligroin. Gibt mit ammoniakalischer Kupferlösung einen in orange-dunkelroten Nadeln mit stahlblauem Oberflächenglanz krystallisierendes Isomeres (Ketoform), Schmelzp. 213°. Dieses gibt mit Alkali oder durch öfteres Umkrystallisieren aus Alkohol die ursprüngliche Form zurück. Durch Eintragen von Natrium in eine alkoholische Lösung des Farbstoffs entsteht das Natriumsalz $C_{14}H_{14}O_3N_3Na$ (rote Nadeln). Es wird durch Wasser, Alkohol und Säuren wieder gespalten. $C_{14}H_{14}O_3N_3K$ (orangegelbe Krystalle). Bei der Reduktion des Azofarbstoffs mit Eisessig-Zinkstaub oder auch katalytisch in Gegenwart von Platinmohr bildet sich das 2-Oxy-3-amino-4-carbäthoxy-5-methyl-pyrrol[3].

2-Oxy-4-carbäthoxy-5-methyl-pyrrol-3-azo · p · nitrobenzol $C_{14}H_{14}O_5N_4$. Durch Kondensation des Oxypyrrols mit 1 Mol diazotiertem p-Nitroanilin. — Aus Alkohol-Wasser oder Eisessig-Wasser glatte, zu Büscheln vereinigte dünne Nadeln; Schmelzp. 233°. Schwer löslich in heißem Alkohol, mäßig in Eisessig[3].

2-Oxy-4-carbäthoxy-5-methyl-pyrrol-3-azo-naphtalin $C_{18}H_{17}O_3N_3$. Durch Kondensation des Oxypyrrols mit 1 Mol diazotiertem α-Naphthylamin. — Aus Eisessig-Wasser rote Nadeln; Zersetzungsp. 234°. Schwer löslich in Alkohol[3].

2-Oxy-4-carbäthoxy-5-methyl-pyrryl-phenyl-methan $C_{15}H_{15}O_3N$. Durch $^1/_4$stündiges Erhitzen von 2 g Oxypyrrol in wenig Alkohol mit 3 g Benzaldehyd und etwas konz. Salzsäure. Beim Abkühlen Krystallisation. Ausbeute 2,5 g. — Aus Alkohol gelbe Blättchen, Schmelzpunkt 184°. Leicht löslich in Alkohol. Gibt mit Ehrlichschem Reagenz und Eisenchlorid keine Färbung. Besteht aus 1 Mol Oxypyrrol und 1 Mol Aldehyd[3].

2-Oxy-4-carbäthoxy-5-methyl-pyrryl-p · dimethylaminophenyl-methan $C_{17}H_{20}O_3N_2$. Entsteht bei 10 Minuten langem Erhitzen von 0,9g Oxypyrrol und 0,8g p · Dimethylaminobenz-

[1] H. Fischer u. M. Herrmann: Hoppe-Seylers Z. **122**, 9 (1923).
[2] J. Müller: Hoppe-Seylers Z. **135**, 116 (1924).
[3] H. Fischer u. J. Müller: Hoppe-Seylers Z. **132**, 87ff. (1924).

aldehyd in salzsaurer alkoholischer Lösung. Bereits in der Hitze Krystallisation. Ausbeute 0,8 g. — Aus Alkohol Nadeln, Zersetzungsp. 231°. Gibt mit konz. Salzsäure ein gelbes salzsaures Salz (Zersetzungsp. 210°), das durch Liegen an der Luft bzw. durch Behandeln mit Wasser oder Alkalien zerlegt wird. Das Perchlorat (gelbe Nadeln, Zersetzungsp. 150°) ist beständig an der Luft, wird aber durch kaltes Wasser auch hydrolisiert[1].

2-Oxy-4-carbäthoxy-5-methyl-pyrryl-o · nitrophenylmethan $C_{14}H_{15}O_5N_2$. Bildet sich bei 20 Minuten langem Erhitzen von 0,7 g Oxypyrrol mit 0,6 g o-Nitrobenzaldehyd in alkoholisch-salzsaurer Lösung. Noch in der Hitze Krystallisation. Ausbeute 0,7 g. — Aus Alkohol gelbe, verfilzte Nadeln; Schmelzp. 201°. Leicht löslich in heißem Alkohol[1].

Indigoider Farbstoff $C_{18}H_{20}O_6N_2$. Durch $^1/_2$stündiges Erhitzen des Oxypyrrols in Alkohol mit 1 Mol 40proz. wässeriger Glyoxallösung und wenig konz. Salzsäure. Noch heiß Krystallisation. — Aus Nitrobenzol dunkelrote, monokline Blättchen mit lebhaftem Metallglanz. Verkohlt zwischen 200—300°[1]. Enthält 2 aktive Wasserstoffatome[2].

2-Oxy-3-formyl-4-carbäthoxy-5-methyl-pyrrol.

Mol-Gewicht: 197,14.

Zusammensetzung: 54,84% C; 5,58% H; 32,46% O; 7,11% N. $C_9H_{11}O_4N$.

Darstellung: Zu 3 g 2-Oxy-4-carbäthoxy-5-methyl-pyrrol und 5 ccm Ameisensäureester in 20 ccm siedendem abs. Alkohol werden 0,5 g Natrium langsam zugegeben, wobei erst Rotfärbung, dann Wiederaufhellung und schließlich Abscheidung einer grünlichweißen Gallerte eintritt. Nach 2 Stunden wird in Wasser aufgenommen, filtriert und dann das Filtrat mit Essigsäure angesäuert. Ausbeute 1,6 g[3].

Eigenschaften: Aus Wasser fächerartig angeordnete Stäbchen; aus Alkohol große, flache Nadeln; Schmelzp. 206°. Schwer löslich in heißem Wasser. Beständig gegen Salzsäure.

Aldimin $C_9H_{12}O_3N_2$. Bildet sich wie üblich bei der Einwirkung von Salzsäure und Blausäure auf das Oxypyrrol. — Aus Alkohol farblose, gestreckte Blättchen; Schmelzp. 241°. Unlöslich in Wasser. Läßt sich nicht zum Aldehyd umkochen[3].

Semicarbazon $C_{10}H_{14}O_4N_4$. Durch Zusatz von 0,16 g Semicarbazidchlorhydrat in wenig Wasser und von 0,15 g Kaliumacetat in Alkohol zu einer heißen konz. Lösung von 0,15 g Aldehyd in Alkohol und anschließendem kurzem Aufkochen, wobei sofort ein grauweißer Niederschlag ausfällt. Ausbeute 0,16 g. — Aus Wasser oder Eisessig Nadeln; Schmelzp. 252° nach vorhergehendem Bräunen und Sintern. Schwer löslich in Wasser; leichter in Eisessig[3].

Hydrazon $C_9H_{12}O_3N_3$. Durch Erwärmen von 0,4 g Aldehyd mit 0,6 g Hydrazinhydrat im Wasserbad, wobei erst Lösung und dann Krystallisation eintritt. Trennung von einem Nebenprodukt durch Alkohol. Ausbeute 0,2 g. — Aus Alkohol Stäbchen, Schmelzp. 190°. Färbt sich an der Luft rot. Mittelmäßig löslich in Alkohol. (Nebenprodukt Schmelzp. 230° u. Zersetzung; schwer löslich in Alkohol[3].)

N-Phenylcarbaminsäure-(3-Formyl-4-carbäthoxy-5-methyl-pyrryl)-ester $C_{16}H_{16}O_5N_2$. 1,2 g Aldehyd (1 Mol) und 1,5 g Phenylisocyanat werden kurz auf 180° erhitzt. Dann wird abgeschreckt, das beim Stehen krystallisierte Produkt mit Benzol verrieben, abgesaugt und mit Benzol gewaschen. Grauweißes Pulver, Ausbeute 0,12 g. — Aus Eisessig fast farblose Nadeln; Schmelzp. 171°. Schwer löslich in Alkohol[4].

Semicarbazon des Urethans $C_{17}H_{19}O_5N_4$. 0,15 g Urethan in siedendem Eisessig werden mit einer heißen Mischung von 0,11 g Semicarbazidchlorhydrat in Wasser und 0,1 g Kaliumacetat in Alkohol versetzt und gekocht. Beim Stehen Krystallisation. — Aus Eisessig, Zersetzungsp. 190°[4].

2-Oxy-4-carbäthoxy-5-methyl-pyrrol-3-glyoxylsäureester[5].

Mol-Gewicht: 269,19.

Zusammensetzung: 53,53% C; 5,57% H; 35,7% O; 5,20% N. $C_{12}H_{15}O_6N$.

Darstellung: In 2,0 g 2-Oxypyrrol in 10 ccm siedendem Alkohol werden nach Zusatz von 3,5 g Oxalester 0,7 g Natrium in 12 ccm abs. Alkohol gut eingeschüttelt, wobei starke Rotfärbung eintritt. Nach 2stündigem Weiterkochen auf dem Ölbad wird im Vakuum zur

[1] H. Fischer u. J. Müller: Hoppe-Seylers Z. **132**, 87ff. (1924).
[2] H. Fischer u. J. Postowsky: Hoppe-Seylers Z. **152**, 301 (1925).
[3] H. Fischer u. J. Müller: Hoppe-Seylers Z. **132**, 95 (1924).
[4] J. Müller: Hoppe-Seylers Z. **135**, 115 (1924).
[5] H. Fischer u. J. Müller: Hoppe-Seylers Z. **132**, 99 (1924).

Trockne verdampft, der dunkelrote amorphe Rückstand in Wasser gelöst und der Ester mit Essigsäure gefällt. Ausbeute 2,8 g.

Eigenschaften: Aus Alkohol große glänzende Tafeln, Schmelzp. 180°.

3-Oxy-4-carbäthoxy-5-methyl-pyrrol (Bd. X, S. 927).

$$C_8H_{11}O_3N$$

Eigenschaften: Enthält 2 aktive Wasserstoffatome[1].

Acetylverbindung $C_{10}H_{13}O_4N$. Durch Erhitzen des Oxypyrrols mit Essigsäureanhydrid und Natriumacetat. Beim Erkalten Krystallisation, besonders nach Zugabe von etwas Wasser; Schmelzp. 123°. Leicht löslich in Eisessig, Chloroform, Aceton, Pyridin; unlöslich in Wasser und Äther. Ehrlichsche Reaktion kalt grün, heiß rot. Eisenchloridreaktion schwach grün[2].

Dibenzoylverbindung $C_{22}H_{19}O_5N$. Durch Einwirkung von 3 Mol Benzoylchlorid auf 1 Mol Oxypyrrol in 20proz. Natronlauge. — Aus Alkohol-Wasser schneeweiße, lange Nadeln; Schmelzp. 112°[3].

Bis-(4-carbäthoxy-5-methyl-pyrryl)-furan $C_{16}H_{18}O_5N_2$. Entsteht neben 2, 3′-Bis-3-oxy-4, 4′-carbäthoxy-5, 5′-methyl-pyrrol beim Erhitzen des Oxypyrrols mit Eisessig-Jodwasserstoff und neben Bis-(3-oxy-4-carbäthoxy-5-methyl-pyrryl)-methan bei $^1/_2$ stündigem Erhitzen des Oxypyrrols mit Ameisensäure. — Aus Alkohol-Wasser farblose Blättchen; Schmelzp. 282°. Löslich in Pyridin; schwerer in Eisessig, Aceton, Alkohol. Ehrlichsche Reaktion kalt blaßgrün; heiß dunkelgrün. Eisenchloridreaktion negativ. Gibt mit Natriumacetat und Essigsäureanhydrid erhitzt ein in farblosen Nadeln krystallisierendes Produkt; Zersetzungsp. 230°[4].

Bis-(3-Oxy-4-carbäthoxy-5-methyl-pyrryl)-diketon $C_{18}H_{20}O_8N_2$. Durch 1 stündiges Erhitzen eines Gemisches von 2 Mol wasserfreier Oxalsäure mit 1 Mol Oxypyrrol auf 125° (neben Bis-(4-carbäthoxy-5-methyl-pyrryl)-furan. Trennung, nach Entfernung der Oxalsäure mit warmem Wasser, durch Schütteln mit verdünntem Ammoniak, in dem das letztere Produkt unlöslich ist. — Aus Eisessig gelbe Nadeln, Zersetzungsp. 245—250°. Löslich in Pyridin mit blutroter Farbe; fast unlöslich in Chloroform, Alkohol, Aceton, Ligroin. Leicht löslich in ammoniakalischem Alkohol unter Bildung eines zersetzlichen, rotbraunen Ammoniumsalzes. Ehrlichsche Reaktion negativ; Eisenchloridreaktion stark positiv[4].

3-Oxy-4-carbäthoxy-5-methyl-pyrrolenyl-methen $C_{15}H_{15}O_3N$. Durch Kondensation von 3 g Oxypyrrol und 6 g Benzaldehyd mit Kaliumbisulfat. Beim Erkalten Erstarrung zu einer gelben Masse. — Aus Alkohol glänzende, gelbe Nadeln; Schmelzp. 228°. Leicht löslich in Eisessig, Alkohol, Pyridin; schwer löslich in Chloroform; sehr schwer in Äther, Ligroin, Aceton; unlöslich in Wasser. Ehrlichsche Reaktion rot; Eisenchloridreaktion rot[4].

3-Oxy-4-carbäthoxy-5-methyl-pyrrolenyl-p · dimethylaminophenyl-methen $C_{17}H_{20}O_3N_2$. Durch 2 Minuten langes Kochen von 3 g Oxypyrrol mit 2 g p · Dimethylaminobenzaldehyd in alkoholischer Lösung in Gegenwart von Kaliumbisulfat. Nach dem Filtrieren und Verdünnen mit Wasser Krystallisation. Ausbeute 4 g. — Aus Alkohol-Wasser oder Aceton ockergelbe Nadeln; Schmelzp. 214° (ab 180° Bräunung). Leicht löslich in Aceton, Alkohol; schwer in Chloroform, Äther. Die alkoholische oder Acetonlösung färbt sich auf Zusatz von Salz- oder Schwefelsäure blaurot. Gibt ein salzsaures Salz. Eisenchloridreaktion blaurot[4].

3-Oxy-4-carbäthoxy-5-methyl-pyrrolenyl-o · oxyphenyl-methen $C_{15}H_{15}O_4N$. Durch Kondensation des Oxypyrrols mit Salicylaldehyd bei 90°. — Aus Eisessig braungelbe Nadeln; Schmelzp. 207° u. Zersetzung. Leicht löslich in Pyridin und Natronlauge; schwer in Alkohol, Äther, Benzol, Wasser, Soda. Eisenchloridreaktion dunkelbraun. Lagert in ätherischer Lösung 1 Mol Diazomethan an[5].

3-Oxy-4-carbäthoxy-5-methyl-pyrrol-2-azobenzol $C_{14}H_{15}O_3N_3$. Durch Kondensation des Oxypyrrols mit Benzoldiazoniumchlorid in alkoholischer, wässeriger oder essigsaurer Lösung. Entsteht auch neben 1-p · Tolyl-2, 5-dimethyl-3-carbäthoxy-5-formyl-pyrrol bei der Einwirkung von Diazobenzolchlorid auf (3-Oxy-4-carbäthoxy-5-methyl-pyrrolenyl)-(1-p · Tolyl-2, 5-dimethyl-3-carbäthoxy-pyrryl)-methen[6]. — Aus Eisessig gelbe Stäbchen, aus Alkohol gelbe

[1] H. Fischer u. J. Postowsky: Hoppe-Seylers Z. **152**, 309 (1926).
[2] H. Fischer u. M. Herrmann: Hoppe-Seylers Z. **122**, 14 (1923).
[3] J. Müller: Hoppe-Seylers Z. **135**, 111 (1924).
[4] H. Fischer u. E. Loy: Hoppe-Seylers Z. **128**, 75 (1923).
[5] W. Küster u. W. Maag: Ber. dtsch. chem. Ges. **56**, 64 (1923).
[6] H. Fischer u. F. Müller: Hoppe-Seylers Z. **136**, 102 (1924).

Schüppchen, Schmelzp. 240° (unter Bräunung). Leicht löslich in Eisessig, schwerer in Alkohol; schwer in Chloroform[1].

3-Oxy-4-carbäthoxy-5-methyl-pyrrol-2-azo-p · dichlorbenzol $C_{14}H_{13}O_3N_3Cl_2$. Entsteht beim Versetzen des in Alkohol suspendierten Oxypyrrols mit einer alkoholischen Lösung von diazotiertem p · Dichloranilin als gelber Niederschlag. — Aus Alkohol büschelförmig angeordnete gelbe Stäbchen; Schmelzp. 265°[1].

3-Oxy-4-carbäthoxy-5-methyl-pyrrol-2-azo-p · nitrobenzol $C_{14}H_{14}O_5N_4$. Durch Kupplung des Oxypyrrols mit diazotiertem p · Nitroanilin in Eisessig. Gelber Niederschlag. — Aus Eisessig-Alkohol gelbe Nadeln. Schwer löslich in Eisessig, Alkohol, Chloroform, Äther[1].

3-Oxy-4-carbäthoxy-5-methyl-pyrrol-2-azo-benzolsulfosäure $C_{14}H_{15}O_6N_3S$. Bildet sich bei der Kupplung des Oxypyrrols mit Diazobenzolsulfosäure in Eisessig. Nach kurzem Stehen Krystallisation. — Aus Eisessig feine gelbe Nadeln[1].

3-Oxy-4-carbonsäurenitril-5-methyl-pyrrol ist nicht beständig, sondern kann z. B. als Azoverbindung: 3-Keto-4-carbonsäurenitril-5-methyl-pyrrolin-2-azobenzol isoliert werden. — Entsteht bei eintägigem Stehenlassen von Chloracetyldiacetonitril mit der 20fachen Menge an alkoholischem Ammoniak unter Luftabschluß. Nach dem Vertreiben der Hauptmenge des Ammoniaks wird Diazobenzolchlorid zugegeben, wonach die Azoverbindung ausflockt. Ausbeute 60%. — Aus Alkohol orangefarbene, weiche Nadeln, Zersetzungsp. 200°. Etwas löslich in Aceton, Alkohol; schwer in Wasser, Äther, Benzol, Chloroform; unlöslich in Soda; löslich in verdünnter Natronlauge. Gibt mit Formaldehyd und Salzsäure Methylen-bis-[3-keto-4-carbonsäure-nitril-5-methyl-pyrrolin] $C_{13}H_{12}O_2N_4$. (Orange gefärbte Substanz, Zersetzungspunkt etwa 250°[2].)

3-Oxy-4-carbonsäureanilid-5-methyl-pyrrol $C_{12}H_{12}O_2N_2$. Entsteht beim Verreiben von α-Chloracetyl-β-amino-crotonsäureanilid mit methylalkoholischer Kalilauge, und scheidet sich auf Zusatz von Essigsäure ab. Ausbeute 50%. — Aus Alkohol, Schmelzp. 181°. Löslich in Alkohol, Äther; sehr schwer in Benzol und Wasser. Fichtenspanreaktion kirschrot[3].

1-Phenyl-3-oxy-4-carboxymethyl-5-methyl-pyrrol $C_{13}H_{13}O_3N$. Entsteht beim Versetzen von 10 g α-Chloracetyl-β-anilino-crotonsäuremethylester mit 5 g Kaliumhydroxyd in Methylalkohol unter Kühlung. Nachdem wird im Vakuum abgedunstet, der Rückstand in Wasser gelöst und mit verdünnter Salzsäure angesäuert. Gelber Niederschlag. — Aus Methanol schwach rosa gefärbte, kleine Nädelchen; Schmelzp. 123—124°. Leicht löslich in Chloroform; wenig in Alkohol, Aceton, Toluol; unlöslich in Äther, Petroläther, Benzol. Fichtenspanreaktion kirschrot; Eisenchloridreaktion dunkelgrün, rasch braun werdend. Wird beim Stehen mit konz. Salzsäure nicht verändert[4].

1-Phenyl-2-isonitroso-3-keto-4-carboxymethyl-5-methyl-pyrrolin $C_{13}H_{12}O_4N_2$. Aus dem vorigen mit Amylnitrit. — Aus Methanol hellgelbe Nadeln; Schmelzp. 185—187° unter Schwarzfärbung und Aufschäumen. Leicht löslich in Aceton, Chloroform, Methanol; mäßig in Äther und Essigester; unlöslich in Petroläther, Tetrachlorkohlenstoff, Benzol. Eisenchloridreaktion dunkelrot[4].

1-Phenyl-2-isonitroso-3-keto-4-carboxy-5-methyl-pyrrolin $C_{12}H_{10}O_4N_2$. Aus dem Ester mit 5proz. Natronlauge in der Kälte. — Aus Alkohol gelbliche Nädelchen, Schmelzp. 171 bis 172° unter Braunfärbung und Zersetzung. Eisenchloridreaktion erst dunkelrot, dann rotbraun[4].

1-Phenyl-2-nitrimino-3-keto-4-carbomethoxy-5-methyl-pyrrolin $C_{13}H_{11}O_5N_3$. Aus obigem Oxyester $C_{13}H_{13}O_3N$ mit Natriumnitrit in essigsaurer Lösung. — Orangefarbene, weiche Nadeln aus Eisessig-Wasser, Schmelzp. 192—193° unter Aufschäumen und Schwarzfärbung. Mäßig löslich in Äther, Alkohol, Aceton, Toluol; unlöslich in Chloroform, Petroläther, Benzol. Eisenchloridreaktion rotbraun. Beim Stehen mit 15proz. Natronlauge wird Blausäure abgespalten; mit 5proz. Natronlauge und Soda tritt keine Veränderung ein[4].

1-Phenyl-3-oxy-4-carboxy-5-methyl-pyrrol $C_{12}H_{11}O_3N$. Bildet sich bei mehrstündigem Erhitzen von 2 g Ester $C_{13}H_{13}O_3N$ mit 40 ccm 10proz. Natronlauge und Fällen mit verdünnter Salzsäure. — Aus Alkohol weiße, weiche Nadeln; Schmelzp. 145°. Leicht löslich in Chloroform; wenig in Alkohol, Aceton; unlöslich in Äther, Petroläther, Benzol. Eisenchloridreaktion dunkelrot; Fichtenspanreaktion negativ[4].

[1] H. Fischer u. M. Herrmann: Hoppe-Seylers Z. **122**, 11 (1923).
[2] E. Benary u. G. Schwoch: Ber. dtsch. chem. Ges. **57**, 334 (1924).
[3] E. Benary u. W. Kerkhoff: Ber. dtsch. chem. Ges. **59**, 2550 (1926).
[4] E. Benary u. Konrad: Ber. dtsch. chem. Ges. **56**, 51 (1923).

1-Phenyl-3-oxy-4-carbonsäurenitril-5-methyl-pyrrol $C_{12}H_{10}ON_2$. Durch Verreiben von 9 g C-Chloracetyl-N-phenyl-diacetonitril mit 3,5 g Ätzkali in 10 ccm Methylalkohol. Der entstandene Krystallbrei wird mit verdünnter Salzsäure genau neutralisiert und dann Wasser hinzugefügt. — Aus Methylalkohol weiße Nadeln; Schmelzp. 167°. Leicht löslich in verdünnter Natronlauge; warmem Alkohol, Eisessig, Aceton, Benzol, Chloroform; schwer in Methanol, Äther, Petroläther; unlöslich in Wasser. Fichtenspanreaktion rot; Eisenchloridreaktion rot. Entwickelt beim Kochen mit 5proz. Lauge Ammoniak[1].

1-Phenyl-2-isonitroso-3-keto-4-carbonsäurenitril-5-methyl-pyrrolin $C_{12}H_9O_2N_3$. Aus obigem in alkoholischer Lösung nach Zufügen derselben Menge Natriumnitrit und Ansäuern unter Kühlung. — Aus Methylalkohol weiche, orangegelbe Nadeln; Zersetzungsp. 178° unter Schwarzfärbung (ab 160° dunkelbraun). Leicht löslich in Essigester, Aceton, Benzol, Chloroform; 50proz. Essigsäure, verdünnter Soda; schwer in Äther, Methylalkohol; kaum in Petroläther; unlöslich in Wasser[1].

1-Phenyl-2-nitrimino-3-keto-4-carbonsäurenitril-5-methyl-pyrrolin $C_{12}H_8O_3N_4$. Entsteht entweder aus der Oxyverbindung $C_{12}H_{10}ON_2$ gelöst in Essigsäure beim langsamen Versetzen mit der doppelten Menge Natriumnitrit oder aus der Isonitrosoverbindung mit Eisessig-Natriumnitrit. — Leicht löslich in Aceton, Essigester, verdünnter Soda; mäßig in Äther, Alkohol, Benzol, Chloroform, Eisessig; wenig in Wasser; schwer in Petroläther. Geht bei 24stündigem Stehen mit 5proz. Natronlauge über in 3-Carbamido-4-phenylimido-acetonoxalsäurenitramid $C_{12}H_{12}O_5N_4$[1].

1-p · Methoxy-phenyl-3-oxy-4-carbonsäurenitril-5-methyl-pyrrol $C_{13}H_{12}O_2N_2$. Durch Verreiben von Chloracetyl-N-(p · methoxyphenyl)-diacetonitril mit methylalkoholischer Kalilauge und Ausfällen mit verdünnter Salzsäure. — Aus Alkohol filzige Nadeln; Schmelzp. 190 bis 192° unter Zersetzung. Leicht löslich in Chloroform, Aceton, verdünnter Natronlauge; schwer in Alkohol, Äther, Petroläther; unlöslich in Wasser. Fichtenspanreaktion blutrot; Eisenchloridreaktion rot[2].

2-Formyl-3-oxy-4-carbäthoxy-5-methyl-pyrrol.

Mol-Gewicht: 197,14.

Zusammensetzung: 54,8% C; 5,63% H; 32,46% O; 7,11% N. $C_9H_{11}O_4N$.

Darstellung: a) 2,0 g 3-Oxy-4-carbäthoxy-5-formyl-pyrrol und 3,5 ccm Ameisensäureester in 20 ccm abs. Alkohol werden heiß mit 0,3 g Natrium in kleinen Portionen versetzt, wobei erst Rotfärbung, dann Wiederaufhellen und zuletzt Abscheidung einer gelblichen Gallerte eintritt. Nach $^1/_2$stündigem Weitererhitzen wird heiß mit Wasser versetzt, filtriert und im Filtrat der Aldehyd mit Essigsäure gefällt. Ausbeute 0,4 g[3].

b) 3 g Oxypyrrol und 3 g Blausäure in 10 ccm Chloroform werden unter Eiskühlung langsam mit Chlorwasserstoff gesättigt. Nach einigem Stehen wird im Vakuum eingedunstet, der Rückstand in 50 ccm Wasser gelöst und mit soviel Ammoniak versetzt, bis die Kongoreaktion neutral, die Lackmusreaktion dagegen sauer ist. Nach weiterem $^1/_2$stündigem Erhitzen auf 100° fällt dann beim Erkalten der Aldehyd aus. Ausbeute bei 4 g Einsatz = 3 g[4].

Eigenschaften: Aus Alkohol schwach gelbe Nädelchen, Zersetzungsp. 187—188°. Ziemlich leicht löslich in Alkohol, Eisessig, Chloroform, Pyridin; schwer in heißem Wasser. Ehrlichsche Reaktion heiß rot; Eisenchloridreaktion schwarzviolett[4].

Ammoniumsalz. Durch Einleiten von Ammoniak in eine alkoholische Lösung des Aldehyds. — Fleischfarbene dicke Stäbchen. Leicht dissoziierbar[4].

Aldimin $C_9H_{12}O_3N_2$. Krystallisiert nach dem Versetzen der wässerigen Lösung des salzsauren Imins mit überschüssigem Ammoniak. — Aus Alkohol fast farblose Nädelchen, Zersetzungsp. 235°. Ist sehr beständig, läßt sich aus Wasser unzersetzt umkrystallisieren. Fast unlöslich in abs. Alkohol; unlöslich in Chloroform und Benzol. Ehrlichsche Reaktion kalt grün, heiß rot. Eisenchloridreaktion schwarzviolett. Gibt in salzsaurer Lösung leicht Bis-(3-oxy-4-carbäthoxy-5-methyl-pyrryl)-methenchlorhydrat. Mit verdünnter Natronlauge entsteht der Aldehyd[4].

Acetylverbindung des Aldehyds $C_{11}H_{13}O_5N$. Durch kurzes Erhitzen des Aldehyds mit Essigsäureanhydrid und Schwefelsäure. — Aus Alkohol-Wasser glänzende, fast farblose Stäb-

[1] E. Benary u. W. Lau: Ber. dtsch. chem. Ges. **56**, 595 (1923).
[2] E. Benary u. Konrad: Ber. dtsch. chem. Ges. **56**, 51 (1923).
[3] H. Fischer u. J. Müller: Hoppe-Seylers Z. **132**, 99 (1924).
[4] H. Fischer u. E. Loy: Hoppe-Seylers Z. **128**, 68 (1923).

chen; Schmelzp. 163°. Reagiert nicht mit Eisenchlorid. Beim Kochen mit Alkali wird die Acetylgruppe abgespalten[1].

Amidoguanidonnitrat der Acetylverbindung $C_{12}H_{18}O_7N_6$. Durch kurzes Aufkochen einer alkoholischen Lösung des acetylierten Aldehyds (0,15 g) mit salpetersaurem Aminoguanidin (0,17 g) in salpetersäurehaltigem Wasser. Beim Stehen Krystallisation. — Aus Alkohol oder Wasser weiße quadratische Blättchen, Zersetzungsp. 210°. Schwer löslich in heißem Wasser und Alkohol. Eisessig spaltet Salpetersäure ab. Gibt mit Semicarbazidchlorhydrat/Kaliumacetat das Semicarbazon des Aldehyds[1].

Amidoguanidonnitrat des Aldehyds $C_{10}H_{16}O_6N_6$. Durch Erhitzen des Aldehyds (0,13 g) mit Aminoguanidonnitrat (0,17 g) in der üblichen Weise. — Aus Alkohol oder Wasser gelbe, glänzende, quadratische Blättchen, Zersetzungsp. 263°. Wenig löslich in Alkohol, etwas leichter in heißem Wasser. Eisessig spaltet Salpetersäure ab[1].

Semicarbazon $C_{10}H_{14}O_4N$. Durch Aufkochen einer Lösung von 0,35 g Aldehyd in Alkohol mit 0,2 g Semicarbazidchlorhydrat in wenig Wasser und 0,18 g Kaliumacetat in Alkohol, wobei ein farbloser Niederschlag ausfällt. — Aus Eisessig schwach gelbe Blättchen, Schmelzpunkt 243°[2].

p · Nitrophenylhydrazon $C_{15}H_{16}O_5N_4$. Durch Kochen des Aldehyds (0,22 g) mit salzsaurem p · Nitrophenylhydrazin (0,2 g) in alkoholischer Lösung, wobei rasch Abscheidung eintritt. Ausbeute 0,34 g. — Aus Alkohol oder Eisessig dunkelrote Nadeln; Zersetzungsp. 254°. Schwer löslich in Alkohol und Eisessig[1].

Oxym $C_9H_{12}O_4N_2$. Durch 1 stündiges Kochen einer mit Soda neutralisierten Lösung von 0,7 g Hydroxylaminchlorhydrat in Wasser mit 1 g Aldehyd in Alkohol. Beim Erkalten Krystallisation. — Aus Alkohol farblose Nadeln, Schmelzp. 202°[2].

Acetylverbindung des Oxyms $C_{11}H_{14}O_5N_2$. Durch Erhitzen von 1,5 g Oxym mit 3 ccm Essigsäureanhydrid auf dem Wasserbad bis zur Lösung. Beim Erkalten Krystallisation. — Aus Alkohol weiße Nadeln, Schmelzp. 115°. Leicht löslich in Eisessig und Aceton. Ehrlichsche Reaktion heiß rot; Eisenchloridreaktion vorübergehend grün[2].

N-Phenylcarbaminsäure-(2-formyl-4-carbäthoxy-5-methyl-pyrryl)-ester $C_{16}H_{16}O_5N_2$. Durch kurzes Erhitzen von 0,8 g Aldehyd (1 Mol) mit 1,0 g Phenylisocyanat (2 Mol) auf 180°. Dann wird abgeschreckt, das beim Stehen krystallisierte Produkt mit Benzol verrieben, abgesaugt und mit viel Benzol ausgewaschen. Rosarotes Pulver, Ausbeute 0,95 g. — Aus Alkohol oder Eisessig fast farblose Nadeln; Zersetzungsp. 169°. Schwer löslich in Alkohol, besser in Eisessig. Gibt mit Semicarbazidchlorhydrat/Kaliumacetat des Semicarbazon des Aldehyds[1].

2-Nitro-3-oxy-4-carbäthoxy-5-methyl-pyrrol[3].

Mol-Gewicht: 224,14.

Zusammensetzung: 44,84% C; 4,71% H; 37,37% O; 13,08% N. $C_8H_{10}O_5N_2$.

Bildung: Entsteht mitunter bei der Oxydation von 2 g Benaryschem Pyrrol $C_9H_{11}O_3N$ mit 14 ccm konz. Salpetersäure unter starker Kühlung.

Eigenschaften: Farblose Nadeln, Schmelzp. 100,5° unter Gasentwicklung. Löst sich farblos in Äther; in Wasser mit gelber Farbe; in Alkalien, auch Natriumbicarbonat mit roter Farbe.

2-Nitro-3-methoxy-4-carbäthoxy-5-methyl-pyrrol $C_9H_{12}O_5N_2$. Durch Einwirkung von Diazomethan auf den Ester. — Öl. Leicht löslich in Äther, mit gelber Farbe löslich in verdünnten Alkalien. Unlöslich in Wasser.

2-Nitro-3-oxy-4-carboxy-5-methyl-pyrrol $C_6H_6O_5N_2$. Durch Verseifung des Esters mit 12 proz. Natronlauge bei 55—60°. Aus Äther farblose Nadeln. Schmelzp. 124° unter Gasentwicklung. Leicht löslich in Äther, mit gelber Farbe in Wasser, mit dunkelroter Farbe in Alkalien.

2-Chloracetyl-3-oxy-4-carbäthoxy-5-methyl-pyrrol[4].

Mol-Gewicht: 245,61.

Zusammensetzung: 48,88% C; 4,93% H; 26,06% O; 5,70% N; 14,43% Cl. $C_{10}H_{12}O_4NCl$.

Darstellung: Durch langsames Einleiten von Chlorwasserstoff in eine Lösung von 2,4 g Oxypyrrol $C_9H_{11}O_3N$ und 3 ccm Chloracetonitril in 30 ccm Äther bis zur Sättigung. Nach

[1] J. Müller: Hoppe-Seylers Z. **135**, 112 (1924).
[2] H. Fischer u. E. Loy: Hoppe-Seylers Z. **128**, 68 (1923).
[3] W. Küster u. W. Maag: Ber. dtsch. chem. Ges. **56**, 68 (1923).
[4] H. Fischer u. E. Loy: Hoppe-Seylers Z. **128**, 79 (1923).

längerem Stehen wird filtriert und der Rückstand $\frac{1}{2}$ Stunde mit Wasser erwärmt. Beim Erkalten Krystallisation. Ausbeute 2,7 g.

Eigenschaften: Aus Aceton weiße, dünne Nadeln, Zersetzungsp. 243°. Leicht löslich in Eisessig, Alkohol und Aceton; unlöslich in Wasser. Ehrlichsche Reaktion heiß schwach rot; Eisenchloridreaktion intensiv. Ist beständig gegen konz. Salzsäure und Natronlauge.

2-Dimethylaminoacetyl-3-oxy-4-carbäthoxy-5-methyl-pyrrol $C_{12}H_{19}O_4N_2$. Durch Erhitzen des Oxypyrrols mit einer 50proz. alkoholischen Dimethylaminlösung. — Aus Benzol farblose Nadeln, Schmelzp. 260°.

3-Oxy-4-carbäthoxy-5-methyl-pyrrol-2-glyoxylsäure[1].

Mol-Gewicht: 241,14.

Zusammensetzung: 49,78% C; 4,60% H; 39,81% O; 5,81% N. $C_{10}H_{11}O_6N$.

Darstellung: 2 g Oxy-pyrrol $C_8H_{11}O_3N$ und 4 g Oxalsäurediäthylester werden mit 14 ccm einer Lösung von 1 g Natrium in 20 ccm abs. Alkohol 2 Stunden erhitzt. Nachdem wird der Alkohol im Vakuum abdestilliert, der rotbraune Rückstand in Wasser gelöst und mit verdünnter Salzsäure angesäuert, wobei die rote Farbe nach grün umschlägt und Krystallisation eintritt.

Eigenschaften: Aus Aceton, Eisessig oder Wasser fast farblose, verfilzte Nadeln, Zersetzungsp. 201°. Ehrlichsche Reaktion heiß rot; Eisenchloridreaktion intensiv.

3-Oxy-4-carbäthoxy-5-methyl-pyrrol-2-glyoxylsäureäthylester $C_{12}H_{15}O_6N$. — Aus Alkohol Tafeln; Schmelzp. 180°.

2-Oxy-3,5-dimethyl-4-carbäthoxy-pyrrol.
$C_9H_{13}O_3N$

Verbesserte Darstellung: In 35 g Methylacetylbernsteinsäureester in 70 ccm Alkohol wird unter Eiskühlung 5 Stunden lang trockenes Ammoniak eingeleitet. Nach 2tägigem Stehen in Eis wird abgesaugt, der Rückstand (Schmelzp. 77°) in wenig trockenem Xylol aufgeschlämmt und am Rückfluß erhitzt, wobei unter heftigem Schäumen Alkoholabspaltung eintritt. Nach Beendigung derselben wird noch $\frac{1}{2}$ Stunde weitererhitzt und dann in Eis gestellt, wobei das Oxypyrrol ausfällt. Ausbeute 52%[2].

Eigenschaften: Aus Xylol glänzende Blättchen, Schmelzp. 127°. Gibt mit 50proz. Schwefelsäure α-Methyllävulinsäure. Reagiert weder mit Acetyl- noch mit Benzoylchlorid[2]. Wird durch Eisessig-Jodwasserstoff vollständig gespalten[3].

2-Oxy-3,5-dimethyl-pyrryl-4-carbonsäure-hydrazid $C_7H_{11}O_2N_3$. Durch $\frac{1}{4}$stündiges Erhitzen von 4,7 g Oxypyrrol mit 2 g Hydrazinhydrat (2 Mol). Ausbeute 2,4 g[2]. — Aus Wasser oder Eisessig rhombische Blättchen, Zersetzungsp. 212° (nach Bräunen und Sintern).

2-Oxy-3,5-dimethyl-pyrryl-4-carbonsäure-azid $C_7H_8O_2N_4$. Bildet sich bei Einwirkung von salpetriger Säure auf das Hydrazid in Wasser (2,9 g). Ausbeute 2,5 g. — Aus Chloroform flache Prismen; Zersetzungsp. 114°. Leicht löslich in Alkohol, verpufft in der Flamme[2].

2-Oxy-3,5-dimethyl-pyrryl-4-carbaminsäuremethylester $C_8H_{12}O_3N_2$. Durch $\frac{3}{4}$stündiges Verkochen des Azids mit Methylalkohol. — Aus Methylalkohol glänzende, weiße, zu Rosetten vereinigte Nadeln, Zersetzungsp. 164°. Schwer löslich in Äther. Verschmiert bei längerem Liegen[2].

2-Oxy-3,5-dimethyl-pyrryl-4-carbaminsäureäthylester $C_9H_{14}O_3N_2$. Durch $\frac{1}{4}$stündiges Erhitzen des Azids mit abs. Äthylalkohol. — Aus Alkohol weiße Nadeln, Zersetzungsp. 148°. Entwickelt mit Alkali Ammoniak. Verschmiert bei längerem Liegen unter Verlust von Stickstoff[2].

Acetylverbindung $C_{11}H_{15}O_4N$. Durch Aufkochen von 0,5 g Oxypyrrol mit 5 ccm Essigsäureanhydrid und etwas konz. Schwefelsäure. Starke Gelbfärbung. Nachdem wird die Hälfte des Anhydrids abdestilliert. Beim Erkalten Krystallisation, die abgesaugt und mit Petroläther gewaschen wird. Aus Wasser mit Tierkohle farblose Krystalle, Schmelzp. 118°. — Leicht löslich in Alkohol, Essigester, Benzol, Äther, Methylalkohol, Eisessig; etwas schwerer in Chloroform; schwer in Wasser und Petroläther. Wird durch Eisessig-Jodwasserstoff vollständig zerstört[3].

---

[1] H. Fischer u. E. Loy: Hoppe-Seylers Z. **128**, 78 (1928).

[2] H. Fischer u. J. Müller: Hoppe-Seylers Z. **132**, 84 (1924). — Vgl. Emery: Liebigs Ann. **260**, 137 (1896).

[3] H. Fischer u. M. Herrmann: Hoppe-Seylers Z. **122**, 9 (1923).

2-Nitro-3, 5-dioxy-4-carbäthoxy-pyrrol[1].

Mol-Gewicht: 216,08.

Zusammensetzung: 38,87% C; 3,73% H; 44,43% O; 12,97% N. $C_7H_8O_6N_2$.

$$H_5C_2OOC \cdot C \!\!-\!\! C \cdot OH$$
$$HO \cdot C \quad C \cdot NO_2$$
$$NH$$

Darstellung: Durch Eintragen von 2 g 3-Oxy-4-carbäthoxy-5-methyl-pyrrol $C_8H_{11}O_3N$ oder Benaryschem Indigo in, auf unter 0° abgekühlte, 14 ccm Salpetersäure (spez. Gewicht 1,4). Unter Dunkelrotfärbung und Entwicklung von Stickoxyden allmähliche Lösung. Nach 10—12stündigem Stehen in Eis ist die Farbe gelb geworden. Jetzt wird erst schwach alkalisch gemacht, dann mit verdünnter Schwefelsäure wieder eben angesäuert und ausgeäthert. Der Auszug wird mit Natriumbicarbonat geschüttelt, die alkalische Lösung schwach angesäuert und wieder mit Äther extrahiert. Nach dem Eindunsten des Auszugs bleibt das Pyrrol als Rückstand.

Eigenschaften: Aus Wasser von 75° farblose Nadeln, Schmelzp. 100° unter Gasentwicklung. Leicht und farblos löslich in Alkohol, Aceton, Benzol, Essigester, verdünnten Säuren; mit gelber Farbe in Wasser und Pyridin; mit hellroter Farbe in Natriumbicarbonat; schwer löslich in kaltem Wasser und Schwefelkohlenstoff; unlöslich in Petroläther. Läßt sich mit Barytwasser titrieren. Eisenchloridreaktion positiv. Die wässerige Lösung färbt Wolle und Seide gelb. Gibt mit Bleiessig einen rötlichgelben Niederschlag, mit Kupfersulfat und einer Spur Ammoniak eine grünliche voluminöse Abscheidung. Eine rote alkoholisch-alkalische Lösung wird durch Schwefelwasserstoff sofort entfärbt unter Bildung einer farblosen schwefelhaltigen Verbindung (Schmelzp. 121°).

Kaliumsalz $C_7H_7O_6N_2K$. Mit alkoholischer Kalilauge aus dem Nitropyrrol. — Gelber Niederschlag; verpufft bei 167°. Leicht löslich in Wasser.

Bariumsalz $(C_7H_7O_6N_2)Ba$. Aus Alkohol gelbrote Nadeln; verpuffen bei 165°.

2-Nitro-3-methoxy-4-carboxymethyl-5-oxy-pyrrol $C_7H_8O_6N_2$. Durch Einwirkung von Diazomethan auf das 2-Nitro-3, 5-dioxy-4-carboxy-pyrrol. — Farblose Flüssigkeit, Siedepunkt 145°. Leicht löslich in Äther, Alkohol, Aceton und Benzol; unlöslich in Petroläther, Wasser und verdünnten Alkalien. Eisenchloridreaktion negativ.

2-Nitro-3, 5-dioxy-4-carboxy-pyrrol $C_5H_4O_6N_2$. Durch $\frac{1}{4}$stündiges Erwärmen des Esters mit der 50fachen Menge 12proz. Natronlauge auf 50—60°. — Farblose Nadeln, Zersetzungsp. 124° unter Gasentwicklung. Löst sich farblos in Äther, Aceton und verdünnten Säuren; mit gelber Farbe in Wasser und Pyridin; mit dunkelroter Farbe in Natriumbicarbonat und Laugen. Unlöslich in Benzol, Chloroform, Schwefelkohlenstoff und Petroläther. Beim Einleiten von Ammoniak in die ätherische Lösung scheidet sich ein gelbes Ammoniumsalz ab, $C_5H_{10}O_6N_4$. (Löslich in Wasser mit roter Farbe. Gibt mit alkoholischer Silbernitratlösung ein dunkelrotes Silbersalz $C_5H_2O_6N_2Ag_2$.)

2-Nitro-3, 5-dioxy-4-carboxymethyl-pyrrol $C_6H_6O_6N_2$. Aus der Säure durch Erhitzen mit Methylalkohol — Schwefelsäure. — Aus Wasser farblose Nadeln; Zersetzungsp. 112°. Farblos löslich in Äther, Alkohol, Essigester, Benzol, Schwefelkohlenstoff; mit gelber Farbe löslich in Wasser. Unlöslich in Petroläther. Gibt mit Pyridin gelb gefärbte, in Wasser unlösliche Additionsverbindungen.

2-Nitro-3-methoxy-5-oxy-4-carbäthoxy-pyrrol $C_8H_{10}O_6N_2$. Aus dem Äthylester durch Diazomethan. — Schwach gelbliche Flüssigkeit, Siedep. 146°. Erstarrt auf Eis zu Nadeln. Leicht löslich in Alkohol, Aceton, Benzol; unlöslich in Wasser, Petroläther und verdünnter Kalilauge.

2-Nitro-3-methoxy-5-oxy-4-carboxy-pyrrol $C_6H_6O_6N_2$. Durch Verseifen des Äthylesters mit 12proz. Lauge bei 55°. — Farblose Nadeln. Löslich in Wasser, Alkohol, Aceton, Pyridin; unlöslich in Benzol, Chloroform und Petroläther. Beim Einleiten von Ammoniak in eine ätherische Lösung der Säure scheidet sich ein farbloses Ammoniumsalz ab. Auch das Silbersalz $C_6H_5O_6N_2Ag$ ist farblos.

---

[1] W. Küster u. W. Maag: Ber. dtsch. chem. Ges. **56**, 65 (1923).

2, 3′-Bis-3-oxy-4, 4′-carbäthoxy-5, 5′-methylpyrrol[1].

Mol-Gewicht: 320,26.

Zusammensetzung: 59,97% C; 6,29% H; 25,00% O; 8,74% N. $C_{16}H_{20}O_5N_2$.

$$\begin{array}{ccc}
 & \mathrm{NH} & \\
\mathrm{H_5C_2OOC\cdot C\!-\!\!-\!C\cdot OH} & \mathrm{H\cdot C\quad C\cdot CH_3} & \\
\quad\quad\;\parallel\quad\;\parallel & \quad\parallel\quad\parallel & \\
\quad\quad\;\mathrm{C}\quad\mathrm{C}\!-\!\!-\!\!-\!\!-\!\mathrm{C}\!-\!\!-\!\mathrm{C}\cdot COOC_2H_5 & & \\
 & \mathrm{NH} &
\end{array}$$

Bildung: Bei $1\frac{1}{2}$ stündigem Erhitzen des 3-Oxy-4-carbäthoxy-5-methylpyrrols mit Eisessig-Jodwasserstoff [neben Bis-(4-carbäthoxy-5-methyl-pyrryl)-furan] oder beim Sättigen einer Chloroformlösung des Oxypyrrols und Acetonitril mit Salzsäure[2].

Darstellung: Zu 10 g 3-Oxy-4-carbäthoxy-5-methylpyrrol $C_8H_{11}O_3N$, mit Alkohol zu einem dünnen Brei aufgeschwemmt, werden heiß 5 ccm konz. Salzsäure gegeben und das Ganze unter öfterem Umschütteln 10 Minuten gekocht, wobei schon in der Hitze rotbraune Krystalle ausfallen. Nach dem Erkalten wird mit wässerigem Ammoniak vorsichtig alkalisch gemacht, wobei Farbumschlag von rot nach grünlichgelb eintritt. Ausbeute 6 g = 63%.

Eigenschaften: Aus Äther-Chloroform, Alkohol oder Eisessig farblose sechsseitige Blättchen, Schmelzp. 158—161° [1, 2]. Ehrlichsche Reaktion grün; beim Kochen mit Benzaldehyd-Salzsäure tritt ebenfalls Grünfärbung ein. Gibt mit Diazobenzolsulfosäure in salzsaurer Lösung einen grünen Azofarbstoff, mit festem Benzoldiazoniumchlorid einen violetten, der auf Zusatz von Salzsäure grün wird (aus Äther und Chloroform sechsseitige Blättchen). Eisenchloridreaktion positiv. Leicht löslich in Aceton, Chloroform, Alkohol; schwer in Eisessig, Benzol, unlöslich in Wasser[1].

Acetylprodukt: 2, 3′-Bis-3-acetoxy-4, 4′-carbäthoxy-5, 5′-methyl-pyrrol $C_{18}H_{22}O_6N_2$. Durch 5 Minuten langes Kochen des Oxypyrrols mit Essigsäureanhydrid und Natriumacetat und nachfolgender Zugabe von Wasser bis zur vollständigen Lösung des Anhydrids. Die beim Erkalten ausfallenden Krystalle werden mehrmals aus Eisessig-Wasser, Alkohol-Wasser und Aceton-Wasser umkrystallisiert. — Farblose Stäbchen, Schmelzp. 169—170°. Leicht löslich in Eisessig, Alkohol, Aceton; etwas schwerer in Benzol, schwer in Ligroin. Gibt mit Benzol-diazoniumchlorid einen Azofarbstoff $C_{24}H_{26}O_6N_4$. Braune unregelmäßige Blättchen, Schmelzpunkt 176°[1].

2, 3′-Bis-3-oxy-4, 4′-carbäthoxy-5, 5′-methyl-2′-chloracetyl-pyrrol $C_{18}H_{21}O_6N_2Cl$. Durch Sättigung einer Lösung von 1 g Pyrrol und 1 ccm Chloracetonitril in 8 ccm abs. Äther mit Chlorwasserstoff unter Kühlung. Das ausgeschiedene Iminchlorhydrat wird abfiltriert, über Natronkalk im Vakuum getrocknet und mit Natriumacetat zersetzt. — Aus Alkohol Nadeln bzw. 6eckige Blättchen, Schmelzp. 183°[3].

p · Nitrophenyl - di - (2, 3′ - bis - 3 - oxy - 4, 4′ - carbäthoxy - 5, 5′ - methyl) - pyrrylmethan $C_{39}H_{43}O_{12}N_5$. Durch Zusammenschmelzen von 0,3 g p-Nitrobenzaldehyd mit 1,27 g Pyrrol. — Aus Chloroform-Petroläther, gelbe Nadeln, Schmelzp. 173°[3].

Phenyl-di(2, 3′-bis-3-oxy-4, 4′-carbäthoxy-5, 5′-methyl) - pyrrylmethan $C_{39}H_{44}O_{10}N_4$. Durch Kondensation von 0,5 g Benzaldehyd und 1,7 g Pyrrol in 10 ccm abs. Alkohol mittels Kaliumbisulfat. — Aus Aceton-Wasser farblose Blättchen, Schmelzp. 208° unter Verkohlung. Leicht löslich in Aceton, Alkohol, Chloroform. Ehrlichsche Reaktion kalt deutlich, heiß intensiv schmutziggrün[3].

2, 3′-Bis-3-oxy-4, 4′-carbäthoxy-5, 5′-methyl-2′-formylpyrrol[3].

Mol-Gewicht: 348,26.

Zusammensetzung: 58,59% C; 5,79% H; 27,67% O; 8,05% N. $C_{17}H_{20}O_6N_2$.

Darstellung: In eine Aufschwemmung von 1 g 2, 3′-Bis-3-oxy-4, 4′-carbäthoxy-5, 5′-methyl-pyrrol $C_{16}H_{20}O_5N_2$ in 15 ccm abs. Äther wird nach Zusatz von 2 ccm Blausäure unter Eis-Salzkühlung Chlorwasserstoff eingeleitet. Bald scheiden sich rotbraune Krystalle aus, die nach mehrstündigem Einleiten farblos werden. Jetzt werden wieder 2 ccm Blausäure zu-

[1] H. Fischer u. M. Heyse: Liebigs Ann. **439**, 260 (1924). — Vgl. E. Benary: Ber. dtsch. chem. Ges. **46**, 1363 (1913) und Hoppe-Seylers Z. **129**, 306 (1923).

[2] H. Fischer u. E. Loy: Hoppe-Seylers Z. **128**, 81 (1923).

[3] H. Fischer u. M. Heyse: Liebigs Ann. **439**, 260—264 (1924).

gegeben und vollständig mit Salzsäure gesättigt. Nach dem Absaugen und Trocknen über Natronkalk im Vakuum wird mit Wasser verkocht. Ausbeute $0,8\,g = 73\%$.

Eigenschaften: Nach öfterem Umkrystallisieren aus Alkohol-Wasser schwach grünliche, fadenförmige Krystalle, Schmelzp. 200° u. Zersetzung (Bräunung bei 185°). Sehr leicht löslich in heißem Eisessig; leicht in Chloroform und Aceton; fast unlöslich in Benzol. Eisenchlorid färbt über dunkelgrün gelbbraun. Ehrlichsche Reaktion kalt negativ; heiß grün; auf Zusatz von Wasser verschwindet die Farbe.

p-Nitrophenylhydrazon $C_{23}H_{25}O_7N_5$. Durch Zusammengießen alkoholischer Lösungen äquimolekularer Mengen des Aldehyds und durch Natriumacetat abgestumpftem p-Nitrophenylhydrazin und kurzem Kochen. — Kurze, braune Nadeln aus Eisessig-Wasser.

2, 3′-Bis-3-acetoxy-4, 4′-carbäthoxy-5, 5′-methyl-2′-formyl-pyrrol $C_{19}H_{22}O_7N_2$. Durch 5 Minuten langes Kochen des Aldehyds mit Essigsäureanhydrid und Natriumacetat oder durch Sättigen einer Suspension von 0,4 g 2, 3′-Bis-3-acetoxy-4, 4′-carbäthoxy-5, 5′-methylpyrrol in 5 ccm Äther, dem $1^1/_4$ ccm Blausäure zugesetzt sind, mit Chlorwasserstoff und Zersetzen des ausgefallenen salzsaurem Imins mit Ammoniak in der Hitze. — Nach 2maligem Umkrystallisieren aus Eisessig-Wasser, dann Alkohol-Wasser farblose Rhomboeder. Schmelzp. 206,5°. Leicht löslich in Aceton, Chloroform, Alkohol; schwerer in Benzol; fast unlöslich in Ligroin und Petroläther. Ehrlichsche Reaktion kalt schwach gelbgrün, heiß schmutzig violett mit Fluorescenz nach grün. Die Farbe verschwindet auf Zusatz von Wasser oder Alkohol, es tritt aber violette Fluorescenz auf.

p-Nitrophenylhydrazon $C_{25}H_{28}O_6N_4$. Darstellung wie oben. Aus Alkohol zu Büscheln aneinandergelagerte, leuchtend orangefarbene Nadeln, Schmelzp. 262° unter Zersetzung.

2, 4′-[5-methyl-4-carboxäthyl-3-pyrrolon]-[3′-acetyl-tetronsäure][1].

Mol-Gewicht: 245,18.

Zusammensetzung: 57,31% C; 5,16% H; 32,75% O; 4,78% N. $C_{14}H_{15}O_6N$.

Darstellung: Acetyltetronsäureamid (gewonnen aus 5 g Chloracetylaminocrotonsäureester) wird mit 5 g Chloracetylaminocrotonsäureester fein verrieben und unter Kühlung in 30 ccm 13proz. alkoholische Kalilauge eingetragen. Nach 3stündigem Stehen unter Rühren wird vorsichtig kongosauer gemacht, der sich allmählich abscheidende gelbe Niederschlag abgesaugt, mit kaltem Wasser gewaschen und dann mit 50 ccm Wasser ausgekocht. Ausbeute 1 g.

Eigenschaften: Aus Alkohol gelbe Nadeln, Schmelzp. 190° u. Zersetzung. Wenig löslich in Aceton, Chloroform, Toluol; sehr schwer in Wasser und Salzsäure. Leicht löslich in Alkalien, wird daraus durch Säuren wieder unverändert abgeschieden. Eisenchloridreaktion dunkelbraun. Wird durch Diazomethan verestert unter Verharzung.

$C_{16}H_{19}O_6N$. Rotbraunes Harz, Schmelzp. 75° u. Zersetzung. Leicht löslich in Alkohol, Chloroform, Benzol; unlöslich in Petroläther, Wasser und Alkalien. In Salzsäure löslich mit gelber Farbe. Eisenchloridreaktion negativ.

Anhydro-2, 3′-bis-[3-keto-4-carbonsäurenitril-5-phenyl-pyrrolin]-hydrat[2].

Mol-Gewicht: 368,28. Bestimmt in schmelzendem Anilin zu 375,37.

Zusammensetzung: 71,73% C; 4,38% H; 8,67% O; 15,22% N. $C_{22}H_{16}O_2N_4$.

---

[1] W. Küster u. W. Maag: Ber. dtsch. chem. Ges. **56**, 61 (1923).
[2] E. Benary u. W. Lau: Ber. dtsch. chem. Ges. **56**, 597 (1923).

Darstellung: Durch 1 tägiges Stehenlassen von Chloracetyl-benzoacetonitril mit der 20-fachen Menge methylalkoholischem Ammoniak unter Luftabschluß. Danach wird mit Wasser verdünnt, mit Salzsäure gefällt, der rotviolette Niederschlag abgesaugt; noch einmal aus verdünnter Natronlauge umgefällt und dann mit Äther und Petroläther gewaschen.

Eigenschaften: Rotviolettes Pulver, Zersetzung gegen 250°. Leicht löslich in Alkohol, Essigester, Aceton; mäßig löslich in Benzol, Chloroform; wenig in Äther, Toluol; unlöslich in Petroläther, Wasser. Löslich in Alkalien mit intensiv dunkelroter Farbe; wird hieraus durch Säuren in roten Flocken gefällt.

Anhydro-2,3′-bis-[3-keto-4-carbonsäurenitril-5-p-methoxyphenyl-pyrrolin] $C_{24}H_{18}O_3N_4$. Aus C-Chloracetyl-p·anisylacetodinitril und Ammoniak.—Dunkelviolettes Pulver, Zersetzungspunkt etwa 200°. Leicht löslich in Aceton und verdünnter Natronlauge; wenig in Alkohol, Chloroform, Essigester; schwer in Benzol; unlöslich in Wasser, Äther, Petroläther[1].

Anhydro-2,3′-bis-[3-keto-4-carbonsäurenitril-5-(p-tolyl)-pyrrolin]-hydrat $C_{24}H_{20}O_2N_4$. Entsteht aus C-Chloracetyl-p-toluacetodinitril und der 10 fachen Menge methylalkoholischen Ammoniaks. Nach Entfernung des überschüssigen Ammoniaks wird mit Salzsäure gefällt. — Aus ammoniakhaltigem Alkohol dunkelviolettrotes Pulver. Zersetzungsp. etwa 200°. Löslich in Alkohol, Essigester, verdünnter Natronlauge, weniger in Chloroform; wenig in Äther, Petroläther, Benzol; unlöslich in Wasser[2].

2,3-Dimethyl-pyrrol (Bd. IX, S. 376; Bd. X, S. 44).

Mol-Gewicht: 95,11.

Zusammensetzung: 75,73% C; 9,54% H; 14,73% N. C_6H_9N.

Darstellung: a) 10 g 2,3-Dimethyl-4-carbäthoxy-5-carboxy-pyrrol werden 20 Stunden mit 35 ccm 20proz. Kalilauge gekocht und dann nach Zusatz von 15 g Eis die Dicarbonsäure unter Eis-Salzkühlung durch Zugabe von verdünnter Schwefelsäure bis zur schwach kongosauren Reaktion gefällt, rasch filtriert und scharf getrocknet. 10 g dieser Säure werden in dem 3 fachen Volumen trockenen Glycerins suspendiert und zunächst unter Normaldruck auf 210° erhitzt, wobei Pyrrol abdestilliert. Nach dem Abkühlen wird im Vakuum bis auf 180° erhitzt. Das Destillat wird in Äther gelöst, das Glycerin mit Wasser ausgewaschen und nun das auf das doppelte Volumen verdünnte Waschwasser wieder bis zum Verschwinden der Ehrlichschen Reaktion ausgeäthert. Der nach dem Trocknen und Abdunsten des Äthers verbleibende Rückstand wird im Vakuum fraktioniert. Ausbeute 4,5 g[3].

b) 22 g 2-Methyl-3-formyl-5-carbäthoxy-pyrrol $C_9H_{11}O_3N$ werden im Autoklaven mit 12 g Natrium in 170 ccm abs. Alkohol und 25 g Hydrazinhydrat erhitzt, wobei die Temperatur im Laufe von 5 Stunden auf 160° gesteigert und hier noch eine weitere Stunde gehalten wird. Aufarbeitung in der üblichen Weise durch Wasserdampfdestillation, Aufnehmen in Äther und Fraktionieren[4].

c) Dasselbe Pyrrol entsteht, wenn 2 g 2-Formyl-3-methyl-4-carbäthoxy-pyrrol $C_9H_{11}O_3N$ mit 1 g Natrium in 20 ccm abs. Alkohol und 2 g Hydrazinhydrat 6 Stunden im Rohr auf 150—160° erhitzt werden[5].

Eigenschaften: Farbloses Öl, Siedep. 12 mm = 63°[5]; Siedep. 14 mm = 65°[3]. Löslich in Äther.

Pikrat $C_{18}H_{21}O_7N_5$. Besteht aus 2 Mol Pyrrol und 1 Mol Pikrinsäure. Aus Alkohol gelbe Krystalle, Schmelzp. 144°[4] (146—147°)[5].

2,3-Dimethyl-5-formyl-pyrrol[6].

Mol-Gewicht: 123,12.

Zusammensetzung: 68,26% C; 7,36% H; 13,01% O; 11,37% N. C_7H_9ON.

Darstellung: Durch Erhitzen des 2,3-Dimethyl-4-carboxy-5-formylpyrrols C_8H_9ON in Kohlensäure- oder Stickstoffatmosphäre bei 140 mm auf 280°, wobei der freie Aldehyd sublimiert.

Eigenschaften: Aus Wasser, Schmelzp. 126°. Leicht löslich in Alkohol, schwerer in Wasser.

[1] E. Benary u. G. Schwoch: Ber. dtsch. chem. Ges. **57**, 336 (1924).
[2] E. Benary u. G. Schwoch: Ber. dtsch. chem. Ges. **57**, 335 (1924).
[3] H. Fischer u. W. Kutscher: Liebigs Ann. **481**, 199 (1930).
[4] H. Fischer, H. Beller u. A. Stern: Ber. dtsch. chem. Ges. **61**, 1081 (1928).
[5] H. Fischer u. O. Wiedemann: Hoppe-Seylers Z. **155**, 59 (1926).
[6] H. Fischer u. H. Beller: Liebigs Ann. **444**, 245 (1925).

2, 3-Dimethyl-5-acetyl-pyrrol[1].

Mol-Gewicht: 137,14.

Zusammensetzung: 70,03% C; 8,09% N; 11,76% O; 10,22% N. $C_8H_{11}ON$.

Darstellung: Durch trockene Destillation von 2, 3-Dimethyl-5-acetylpyrrol-4-carbonsäure $C_9H_{11}O_3N$ [2]. Das sofort erstarrende Destillat ist rotgelb und riecht nach 2, 3-Dimethylpyrrol.

Eigenschaften: Aus Alkohol-Wasser farblose Krystalle, Schmelzp. 112,5°. Ist reaktionsträge. Ehrlichsche Reaktion kalt negativ, heiß positiv.

2, 3-Dimethyl-4-propyl-pyrrol[3].

Mol-Gewicht: 137,17.

Zusammensetzung: 78,77% C; 11,01% H; 10,21% N. $C_9H_{15}N$.

Darstellung: In eine heiße Lösung von 43 g Natrium in 600 ccm abs. Alkohol werden 100 g trockenes 2-Methyl-3-formyl-4-propyl-5-carbäthoxy-pyrrol $C_{12}H_{17}O_3N$ eingerührt, dann 54 ccm 70proz. Hydrazinhydrat zugegeben und das Ganze im Autoklaven 12 Stunden auf 160—170° erhitzt. Nach dem Erkalten wird mit 600 ccm Wasser verdünnt, der Alkohol abdestilliert und dann das Pyrrol mit Wasserdampf übergetrieben (Dauer 5—6 Stunden). Das Destillat wird mit Äther ausgezogen, der Auszug getrocknet, das Lösungsmittel abdestilliert und der Rückstand im Vakuum fraktioniert. Ausbeute 45—50 g = 70%.

Eigenschaften: Farblose Flüssigkeit, Siedep. 14 mm = 96—98°.

Pikrat $C_{15}H_{18}O_7N_4$. Eine ätherische Lösung des Pyrrols wird mit überschüssiger feucht ätherischer Pikrinsäurelösung versetzt, wobei sofort das Pikrat ausfällt. — Aus Alkohol hellgelbe Krystalle, Schmelzp. 127°.

2, 3-Dimethyl-4-propyl-5-formyl-pyrrol[4].

Mol-Gewicht: 165,1.

Zusammensetzung: 72,68% C; 9,14% H; 9,68% O; 8,50% N. $C_{10}H_{15}ON$.

Darstellung: Eine Lösung von 2 g 2, 3-Dimethyl-4-propyl-pyrrol in 25 ccm abs. Äther mit etwas Chloroform und 2 ccm Blausäure wird unter Kühlung mit Kältemischung mit Chlorwasserstoff gesättigt. Nach Stehen über Nacht wird zur Trockne verdampft, der Rückstand in 1 l Wasser gelöst und filtriert. Beim Stehen tritt Krystallisation des Aldehyds ein. Der Rückstand wird mit der Mutterlauge noch mehrmals ausgekocht. Gesamtausbeute 1 g.

Eigenschaften: Aus Wasser mit Tierkohle weiße, perlmutterglänzende, dünne Schuppen. Schmelzp. 75°.

2, 3-Dimethyl-5-propionyl-pyrrol[5].

Mol-Gewicht: 151,16.

Zusammensetzung: 71,48% C; 8,67% H; 10,58% O; 9,27% N. $C_9H_{13}ON$.

Darstellung: Eine Grignard-Lösung aus 0,8 g Magnesium und 3,5 g Bromäthyl in 50 ccm abs. Äther wird tropfenweise mit 2 g 2, 3-Dimethylpyrrol C_6H_9N in 5 ccm Äther versetzt und ½ Stunde gekocht. Danach läßt man 2 g Propionylchlorid in Äther zutropfen, erwärmt wieder ½ Stunde, zerlegt nach dem Erkalten mit konz. Chlorammoniumlösung und äthert aus.

Eigenschaften: Aus Alkohol, Schmelzp. 128° (korr.).

2, 3-Dimethyl-4-carbäthoxy-5-acetyl-pyrrol[6].

Mol-Gewicht: 209,18.

Zusammensetzung: 63,16% C; 7,18% H; 12,96% O; 6,70% N. $C_{11}H_{15}O_3N$.

Darstellung: In eine Lösung von 0,25 g 2, 3-Dimethyl-4-carbäthoxypyrrol $C_9H_{13}O_2N$ und 0,15 g Acetonitril in 5 ccm abs. Äther wird 4 Stunden lang Chlorwasserstoff eingeleitet. Nach längerem Stehen wird filtriert, der Rückstand in kaltem Wasser gelöst und verkocht, wobei sich das Acetylpyrrol abscheidet.

---

[1] H. Fischer u. H. Beller: Liebigs Ann. **444**, 246 (1925).

[2] Vgl. H. Fischer u. H. Beller: Liebigs Ann. **444**, 240 (1925). — O. Piloty: Liebigs Ann. **395**, 72 (1913) — Ber. dtsch. chem. Ges. **45**, 2586 (1912).

[3] H. Fischer, M. Goldschmidt u. W. Nüßler: Liebigs Ann. **486**, 35 (1931).

[4] H. Fischer, M. Goldschmidt u. W. Nüßler: Liebigs Ann. **486**, 54 (1931).

[5] H. Fischer, H. Beller u. A. Stern: Ber. dtsch. chem. Ges. **61**, 1082 (1928).

[6] H. Fischer u. H. Beller: Liebigs Ann. **444**, 245 (1925).

Eigenschaften: Aus Wasser große Krystalle, Schmelzp. 129—130°. Leicht löslich in Alkohol und Äther. Ehrlichsche Reaktion kalt negativ, heiß positiv.

2,4-Dimethyl-4-carboxy-5-acetyl-pyrrol $C_9H_{11}O_3N$. Zwecks Erhöhung der Ausbeute bei der Darstellung nach Piloty[1] ist es zweckmäßig, das an und für sich in beträchtlicher Menge entstehende Tetramethylpyrazin schon von vornherein zuzugeben. Ausbeute 30%[2].

2,3-Dimethyl-4-carbäthoxy-5-formyl-pyrrol[3].

Mol-Gewicht: 195,16.

Zusammensetzung: 61,51% C; 6,72% H; 24,59% O; 7,18% N. $C_{10}H_{13}O_3N$.

Darstellung: Eine Lösung von 3 g 2,3-Dimethyl-4-carbäthoxy-pyrrol $C_7H_{13}O_2N$ und 2 ccm Blausäure in abs. Äther wird unter Eiskühlung mit Chlorwasserstoff gesättigt. Nach einigem Stehen wird abgesaugt, der Rückstand mit abs. Äther gewaschen, dann in kaltem Wasser gelöst, filtriert und das Filtrat stehen gelassen, worauf der Aldehyd ausflockt.

Eigenschaften: Aus viel Wasser feine, fast weiße Nadeln, Schmelzp. 129°. Ehrlichsche Reaktion kalt negativ, heiß positiv.

Oxym $C_{10}H_{14}O_3N_2$. Entsteht durch Behandeln von 0,49 g Aldehyd in alkoholischer Lösung mit 0,35 g salzsaurem Hydroxylamin und Soda in der üblichen Weise. Schmelzp. 140°.

Semicarbazon $C_{11}H_{16}O_3N_4$. Darstellung wie üblich durch Versetzen einer alkoholischen Lösung des Aldehyds mit Semicarbazidchlorhydrat und Soda in Wasser. Schmelzp. 212°.

Rhodaninkondensationsprodukt $C_{13}H_{14}O_3N_2S_2$. Schmelzp. 242°.

2,3-Dimethyl-4-carboxy-5-formyl-pyrrol $C_8H_9O_3N$ (M = 164,12). Wird hergestellt durch 1stündiges Kochen von 0,5 g Ester mit 10 ccm 15proz. Natronlauge. Dann wird mit Wasser verdünnt, filtriert und im Filtrat die Pyrrolsäure durch Zusatz von verdünnter Schwefelsäure bis zur kongosauren Reaktion gefällt. — Aus viel Wasser Zersetzungsp. 259°. Leicht löslich in Alkohol; schwer in Wasser; unlöslich in Benzol und Chloroform[3].

2,3-Dimethyl-5-carbäthoxy-pyrrol (Bd. X, S. 44).

$$C_9H_{13}O_2N$$

Polymere Verbindung $C_{21}H_{26}O_6N_3$. Entsteht bei der Darstellung des 2,3-Dimethyl-5-carbäthoxy-pyrrols als Nebenprodukt. — Aus Alkohol lange Nadeln; Schmelzp. 274—275°. Schwer löslich in Alkohol[4].

2,3-Dimethyl-4-brom-5-carbäthoxy-pyrrol[5].

Mol-Gewicht: 245,07.

Zusammensetzung: 43,90% C; 4,88% H; 13,01% O; 5,69% N; 32,52% Br. $C_9H_{12}O_2NBr$.

Darstellung: 1 g 2,3-Dimethyl-5-carbäthoxypyrrol $C_9H_{13}O_2N$ in Tetrachlorkohlenstoff wird bei 70° mit 1 Mol Brom versetzt. Unter Bromwasserstoffentwicklung tritt Krystallisation ein. Nach längerem Stehen wird mit Alkohol versetzt und filtriert.

Eigenschaften: Aus wenig Alkohol, Schmelzp. 157° (korr.).

2,3-Dimethyl-4-acetyl-5-carbäthoxy-pyrrol[6].

Mol-Gewicht: 209,19.

Zusammensetzung: 63,12% C; 7,23% H; 32,95% O; 6,70% N. $C_{11}H_{15}O_3N$.

Darstellung: 1 g 2,3-Dimethyl-5-carbäthoxy-pyrrol gelöst in 10 ccm Schwefelkohlenstoff werden mit 2 g Acetylchlorid nebst 1,5 g Aluminiumchlorid versetzt und auf dem Wasserbad erwärmt. Nach 1 Stunde wird der Schwefelkohlenstoff abgegossen und der Rückstand mit Wasser zersetzt, wobei Krystallisation eintritt. Sie wird unter Erwärmen in 4 ccm Alkohol gelöst und der dann auskrystallisierte Teil nochmals in 2 ccm Alkohol gelöst. Ausbeute 50%.

Eigenschaften: Aus Alkohol durchsichtige Prismen, Schmelzp. 137°. Mischschmelzpunkt mit Ausgangsmaterial 96°. Leicht löslich in heißem Alkohol; schwer in kaltem.

[1] Vgl. O. Piloty: Liebigs Ann. **395**, 72 (1913) — Ber. dtsch. chem. Ges. **45**, 2586 (1912).
[2] H. Fischer u. H. Beller: Liebigs Ann. **444**, 245 (1925).
[3] H. Fischer u. H. Beller: Liebigs Ann. **444**, 244 (1925). — Vgl. O. Piloty u. R. Wilke: Ber. dtsch. chem. Ges. **45**, 2588 (1913).
[4] H. Fischer u. W. Kutscher: Liebigs Ann. **481**, 214 (1930).
[5] H. Fischer, H. Beller u. A. Stern: Ber. dtsch. chem. Ges. **61**, 1082 (1928).
[6] H. Fischer u. W. Kutscher: Liebigs Ann. **481**, 201 (1930).

2, 3-Dimethyl-4-β-chloracetyl-5-carbäthoxy-pyrrol[1].

Mol-Gewicht: 243,64.

Zusammensetzung: 54,17% C; 5,79% H; 19,72% O; 5,75% N; 14,57% Cl. $C_{11}H_{14}O_3NCl$.

Darstellung: 1 g 2, 3-Dimethyl-5-carbäthoxy-pyrrol $C_9H_{13}O_2N$ in 10 ccm Schwefelkohlenstoff gelöst, wird mit 2 g Chloracetylchlorid und 1,5 g Aluminiumchlorid versetzt, wonach sofort unter starker Erwärmung Reaktion einsetzt. Nach Beruhigung wird noch etwa 1 Stunde bis zum Ausfallen des Anlagerungsprodukts als dunkles Öl im Wasserbad weitererwärmt. Nach dem Erkalten wird der Schwefelkohlenstoff abgegossen und der Rückstand mit Wasser zersetzt. Unter stürmischer Reaktion scheidet sich ein öliger Körper ab, der mit Äther ausgeschüttelt wird. Nach dem Verdunsten desselben bleibt ein dunkles, bald krystallisierendes Öl. Reinigung durch Lösen in Alkohol, aus dem nach langem Stehen Krystallisation eintritt.

Eigenschaften: Aus Alkohol lange weiße Nadeln, Schmelzp. 103°. Mischschmelzpunkt mit dem Ausgangsmaterial 77°.

2, 3-Dimethyl-4-propyl-5-carbäthoxy-pyrrol[2].

Mol-Gewicht: 209,2.

Zusammensetzung: 68,83% C; 9,15% H; 15,32% O; 6,70% N. $C_{12}H_{19}O_2N$.

Darstellung: Zu einer Grignard-Lösung aus 16 g Magnesium, 150 ccm abs. Äther, 60 g Bromäthyl in 100 ccm abs. Äther werden langsam unter Umschütteln 30 g 2, 3-Dimethyl-4-propyl-pyrrol in 180 ccm Äther fließen gelassen und dann 2 Stunden erhitzt. Danach werden unter Eiskühlung langsam 45 g Chlorkohlensäureester im doppelten Volumen Äther zugegeben, abermals 5 Stunden gekocht und dann mit einer konz. wässerigen Chlorammoniumlösung zersetzt. Nachdem wird der Äther abgetrennt, zuerst mit Chlorammoniumlösung, dann mit Wasser ausgeschüttelt, getrocknet und filtriert. Nach dem Verdunsten des Lösungsmittels bleibt das Pyrrol als Rückstand. Ausbeute 33 g.

Eigenschaften: Aus Alkohol-Wasser, Schmelzp. 102°.

2-Brommethyl-3-methyl-4-propyl-5-carbäthoxy-pyrrol[2].

Mol-Gewicht: 288,1.

Zusammensetzung: 49,99% C; 6,30% H; 11,11% O; 4,85% N; 27,75% Br. $C_{12}H_{18}O_2NBr$.

Darstellung: 5 g 2, 3-Dimethyl-4-propyl-5-carbäthoxy-pyrrol $C_{12}H_{19}O_2N$ werden bei 35 bis 40° allmählich mit 9,5 ccm einer Lösung von 5 g Brom in 10 ccm Eisessig versetzt, wobei zunächst Lösung und dann nach einiger Zeit, besonders nach Impfen, Krystallisation erfolgt. Nach 2—3 stündigem Stehen wird abgesaugt und mit Äther gewaschen. (Ausbeute aus 21 g Pyrrol = 26 g Bromprodukt.) Nun wird mit trockenem Benzol rasch erwärmt, wobei eine spontane Bromwasserstoffentwicklung einsetzt. Bei raschem Abkühlen Krystallisation.

Eigenschaften: Aus Benzol feine verfilzte Nadeln, Schmelzp. 156°.

2, 3-Dimethyl-4-propionyl-5-carbäthoxy-pyrrol[3].

Mol-Gewicht: 223,21.

Zusammensetzung: 64,53% C; 7,68% H; 21,51% O; 6,28% N. $C_{12}H_{17}O_3N$.

Darstellung: 1 g 2, 3-Dimethyl-5-carbäthoxy-pyrrol suspendiert in 10 ccm Schwefelkohlenstoff, wird mit 2 g reinem Propionylchlorid versetzt und dann 1,5 g fein gepulvertes Aluminiumchlorid zugegeben, wonach bald Reaktion einsetzt. Nach 1 Stunde wird der Schwefelkohlenstoff abgegossen und der Rückstand mit Wasser zersetzt. Das sich abscheidende Öl wird in Äther aufgenommen; nach dem Verdunsten des letzteren bleiben Krystalle.

Eigenschaften: Aus Alkohol-Wasser Blättchen, Schmelzp. 102°.

2, 3-Dimethyl-4-propionyl-5-carboxy-pyrrol[3].

Mol-Gewicht: 195,16.

Zusammensetzung: 61,51% C; 6,72% H; 24,59% O; 7,18% N. $C_{10}H_{13}O_3N$.

Darstellung: a) 2, 3-Dimethyl-4-propionyl-5-carbäthoxy-pyrrol wird $^{1}/_2$ Stunde lang mit 10 proz. Natronlauge gekocht. Nach dem Erkalten wird mit verdünnter Salzsäure gefällt.

[1] H. Fischer u. W. Kutscher: Liebigs Ann. **481**, 200 (1930).
[2] H. Fischer, M. Goldschmidt u. W. Nüßler: Liebigs Ann. **486**, 38 (1931).
[3] H. Fischer u. W. Kutscher: Liebigs Ann. **481**, 211 (1930).

b) 14 g Aminobutanonchlorhydrat in 35 ccm Wasser werden mit 20 ccm verdünnter Salzsäure versetzt und dann 20 g Propionylbenztraubensäureester gemischt mit 10proz. Natronlauge eingerührt. Nach 24stündigem Stehen wird abgesaugt, das Tetramethylpyrazin mit Wasserdampf abgeblasen, der Rückstand mit viel Alkohol-Äthergemisch übergossen und abgesaugt. Als Rückstand bleibt die Säure[1].

Eigenschaften: Aus heißem Alkohol längliche Prismen, Schmelzp. 187°. Leicht löslich in heißem Alkohol, schwer in kaltem.

2, 3-Dimethyl-4-carbäthoxy-5-carboxy-pyrrol (Bd. X, S. 44)[2].
$$C_{10}H_{13}O_4N$$

Verbesserte Darstellung: Zu 100 g festem Aminobutanon-chlorhydrat in 140 ccm Wasser werden 70 ccm 10proz. Salzsäure gegeben und dann im Lauf von 6—8 Stunden eine Suspension von 190 g trockenem Natriumoxalessigester in 165 ccm Wasser und 290 ccm 10proz. Natronlauge in kleinen Portionen eingerührt. Allmählich fällt die Estersäure, vermischt mit Tetramethylpyrazin, aus. Nach längerem Stehen wird abgesaugt, das Pyrazin mit Wasserdampf abdestilliert und der Rückstand mit Alkohol 24 Stunden lang extrahiert. Ausbeute 30—50 g. (Im Laufe von mehreren Tagen fällt aus der Mutterlauge von der Kondensation noch etwas Estersäure aus.)

Eigenschaften: Prismen vom Schmelzp. 201°. Leicht löslich in heißem Alkohol; sehr schwer löslich in kaltem.

2, 4 (α, β′)-Dimethyl-pyrrol (Bd. X, S. 48).
$$C_6H_9N$$

Bildung: Aus (4-Methyl-3, 5-dibrom-pyrryl)-(2, 4-dimethyl-3-brom-pyrrolenyl)-methen-bromhydrat[3], 2,4-Dimethyl-3-vinyl-5-carboxy-pyrrol[4], 2, 4-Dimethyl-3-(ω-brom-vinyl)-5-carbäthoxy-pyrrol[5] und 2, 4-Dimethyl-3-carbäthoxy-5-formyl-pyrrol[6] beim Erhitzen mit Eisessig-Jodwasserstoff[5]. Aus 2, 4-Dimethyl-3, 5-dicarbäthoxy-pyrrol mit Hydrazinhydrat bei 200°[7]; aus 2, 4-Dimethyl-5-carbäthoxy-3-(cyanacetyl)-pyrrol[8] und 2-Formyl-4-methyl-3, 5-dicarbäthoxy-pyrrol[9] mit Natriumäthylat-Hydrazinhydrat bei 200—240°. Aus 2, 4-Dimethyl-5-carbonsäurehydrazid mit konz. Schwefelsäure[10]; aus 2, 4-Dimethyl-5-carboxypyrrol-3-arrylsäure durch Destillation im Vakuum bei 200—225°[11]. Aus dem Ketimin des 2, 4-Dimethyl-5-acetyl-pyrrols durch katalytische Reduktion[12]. Aus Tris-(2, 4-dimethyl-3-acetyl-pyrryl)-methan[13] und aus Tetra-(2, 4-dimethyl-3-carbäthoxy-pyrryl)-äthan[14] beim Erhitzen mit Jodwasserstoffsäure. Aus 2, 4-Dimethyl-3-propionyl-pyrrol mit 75proz. Schwefelsäure[15].

Darstellung: Zu 150 ccm Wasser in einem 4-l-Kolben läßt man unter Umschwenken 450 ccm konz. Schwefelsäure fließen und trägt bei 100° rasch 200 g 2, 4-Dimethyl-3, 5-dicarbäthoxy-pyrrol in kleinen Portionen ein. Das Pyrrol löst sich unter Kohlensäureentwicklung. Danach wird auf dem Wasserbad bis zur Beendigung der Gasentwicklung erhitzt, dann zuerst in Wasser, hernach in Eis-Kochsalz gekühlt und anschließend unter Weiterkühlung in eine 40proz. Lösung von 750 g Ätznatron in Wasser eingerührt, wobei die Temperatur nicht über 25° steigen darf. Das ölig abgeschiedene Dimethylpyrrol wird mit Wasserdampf abgetrieben, das Destillat mit Äther aufgenommen, letzterer verdampft und der Rückstand destilliert. Ausbeute 27 g = 32%[16].

[1] H. Fischer u. W. Kutscher: Liebigs Ann. **481**, 211 (1930).
[2] H. Fischer u. W. Kutscher: Liebigs Ann. **481**, 199 (1930); vgl. Liebigs Ann. **444**, 240 (1925).
[3] H. Fischer, A. Treibs u. G. Hummel: Hoppe-Seylers Z. **185**, 52 (1929).
[4] H. Fischer u. B. Walach: Ber. dtsch. chem. Ges. **58**, 2822 (1925).
[5] H. Fischer u. O. Süs: Liebigs Ann. **484**, 120 (1930).
[6] H. Fischer u. W. Zerweck: Ber. dtsch. chem. Ges. **56**, 525 (1923).
[7] H. Fischer u. B. Walach: Liebigs Ann. **447**, 41 (1926). — H. Fischer u. J. Müller: Hoppe-Seylers Z. **132**, 102 (1923).
[8] H. Fischer u. B. Weiß: Ber. dtsch. chem. Ges. **57**, 609 (1924).
[9] H. Fischer u. P. Halbig: Liebigs Ann. **447**, 137 (1926).
[10] H. Fischer, O. Süs u. F. G. Weilguny: Liebigs Ann. **481**, 190 (1930).
[11] H. Fischer u. K. Zeile: Liebigs Ann. **483**, 264 (1930).
[12] H. Fischer, B. Weiß u. M. Schubert: Ber. dtsch. chem. Ges. **56**, 1196 (1923).
[13] H. Fischer u. H. Amann: Ber. dtsch. chem. Ges. **56**, 2375 (1923).
[14] H. Fischer u. M. Schubert: Ber. dtsch. chem. Ges. **56**, 2381 (1923).
[15] W. Küster: Zelle u. Gewebe **12**, 17—19 (1924).
[16] H. Fischer u. B. Walach: Liebigs Ann. **447**, 41 (1926).

Eigenschaften: Siedep. 720 mm = 162—164°. Gibt in essigsaurer Lösung mit Brom ein gebromtes Methen $C_{12}H_{11}N_2Br_3$[1]. Chlormethyläther führt in Benzollösung schon in der Kälte in Bis-(2, 4-Dimethyl-pyrryl)-methenchlorhydrat über[2].

Quecksilberverbindung $(C_6H_8N)_2 \cdot (HgCl_2)_4$. Fällt aus der essigsauren Lösung des Pyrrols durch Sublimat als rein weißer Niederschlag. Unlöslich in fast allen Solvenzien. Schmelzp. 136°. Wird durch Schwefelwasserstoff in der Hitze zerlegt[3]. Zersetzt sich bei längerem Lagern unter Rotfärbung; besonders rasch in feuchtem Zustand.

2, 4-Dimethyl-3-amino-pyrrol[4].

Mol-Gewicht: 110,13.

Zusammensetzung: 65,5% C; 9,17% H; 25,43% N. $C_6H_{10}N_2$.

Darstellung: 2, 4-Dimethyl-3-amino-5-carboxy-pyrrol $C_7H_{10}O_2N_2$ mit Wasser etwas angefeuchtet, wird im Wasserbad auf 75° erhitzt. Dabei tritt unter lebhafter Kohlensäureentwicklung Verflüssigung ein und dann erstarrt die Masse zu einem Brei. Nach dem Erkalten wird abgesaugt. Ausbeute etwa 50%.

Eigenschaften: Im Vakuum bei 110—120° umsublimiert makroskopische Tafeln, Schmelzpunkt 127°. Beim Liegen an der Luft nach wenigen Stunden Verfärbung und Geruch nach Ammoniak. Läßt sich nicht diazotieren.

2, 4-Dimethyl-3-(acetyl-amino)-pyrrol $C_8H_{12}ON_2$. Durch Vakuumsublimation des 2, 4-Dimethyl-3-(acetyl-amino)-5-carboxy-pyrrols oder durch Acetylieren des 2, 4-Dimethyl-3-amino-pyrrols. — Sublimiert große farblose Prismen, Schmelzp. 205°.

2-Trichlormethyl-3-chlor-4-methyl-5-acetoxy-pyrrol[5].

Mol-Gewicht: 290,45.

Zusammensetzung: 33,01% C; 2,41% H; 11,00% O; 4,81% N; 48,77% Cl. $C_8H_7O_2NCl_4$.

$$H_3C \cdot \underset{\displaystyle H_3C \cdot CO \cdot O \cdot \overset{\|}{C}}{C} \!\!-\!\!\!-\!\! \underset{\displaystyle \overset{\|}{C} \cdot CCl_3}{C} \cdot Cl$$
$$\diagdown NH \diagup$$

Darstellung: Unter Eiskühlung wird 1 g 2, 4-Dimethyl-3-acetyl-5-carboxy-pyrrol $C_9H_{11}O_3N$ in 3—4 ccm abs. Äther mit 1,4 ccm Sulfurylchlorid versetzt (3 Mol). Dabei löst sich das Pyrrol, beim Reiben krystallisiert dann ein Teil des Chlorprodukts aus, der Rest wird erhalten durch Verdampfen des Äthers und Verreiben des öligen Rückstands mit Methanol. Ausbeute 0,3 bis 0,4 g.

Eigenschaften: Aus Benzol farblose rautenförmige Blättchen, Schmelzp. 151—152°. Ist reaktionsträge.

2, 4-Dimethyl-3-formyl-pyrrol[6].

Mol-Gewicht: 123,11.

Zusammensetzung: 68,25% C; 7,37% H; 12,99% O; 11,39% N. C_7H_9ON.

Darstellung: Durch vorsichtige Destillation von 2, 4-Dimethyl-3-formyl-5-carboxypyrrol $C_8H_9O_3N$ im Vakuum. Der ölig abdestillierende Aldehyd erstarrt rasch. Die braune kyrstalline Masse wird auf Ton abgepreßt.

Eigenschaften: Aus Chloroform-Ligroin oder heißem Wasser, Schmelzp. 126°. Ehrlichsche Reaktion kalt positiv.

2, 4-Dimethyl-3-formyl-5-brom-pyrrol C_7H_8ONBr (M = 202,03). Entsteht bei raschem Zugeben von 1 ccm einer 10proz. Brom-Eisessiglösung zu 0,25 g des Aldehyds in wenig Eisessig und sofortigem Eingießen des Ganzen in viel Wasser, wonach das Brompyrrol ausfällt. — Aus Alkohol-Wasser, Schmelzp. 149° unter Zersetzung. Leicht löslich in Alkohol, Eisessig, Chloroform; schwerer in Wasser. Zersetzt sich bei längerem Liegen an der Luft unter Rotfärbung[7].

[1] H. Fischer u. M. Scheyer: Liebigs Ann. **434**, 242 (1923).
[2] H. Fischer u. E. Adler: Hoppe-Seylers Z. **197**, 276 (1931).
[3] H. Fischer u. J. Müller: Hoppe-Seylers Z. **132**, 102 (1924).
[4] H. Fischer u. K. Zeile: Liebigs Ann. **483**, 259 (1930).
[5] H. Fischer u. E. Adler: Hoppe-Seylers Z. **197**, 271 (1931).
[6] H. Fischer, B. Weiß u. M. Schubert: Ber. dtsch. chem. Ges. **56**, 1200 (1923).
[7] H. Fischer u. K. Zeile: Liebigs Ann. **462**, 221 (1928).

2, 4-Dimethyl-3-nitro-pyrrol[1].

Mol-Gewicht: 140,11.

Zusammensetzung: 51,43% C; 5,76% H; 22,81% O; 20,00% N. $C_6H_8O_2N_2$.

Darstellung: 2, 4-Dimethyl-3-nitropyrrol-5-carbonsäure $C_7H_8O_4N_2$ [2] wird 2 Tage im Öl-bad auf 200° erhitzt, wobei Kohlendioxyd abgespalten wird und ein gelber Körper sublimiert.

Eigenschaften: Sublimiert Schmelzp. 138° (korr.). Leicht löslich in Natronlauge.

2, 4-Dimethyl-3-nitro-5-formyl-pyrrol[3].

Mol-Gewicht: 168,12.

Zusammensetzung: 50,00% C; 4,80% H; 28,53% O; 16,67% N. $C_7H_8O_3N_2$.

Darstellung: Durch Sättigen eines Gemisches von 0,3 ccm 2, 4-Dimethyl-3-nitropyrrol $C_6H_8O_2N_2$ und 1 ccm Blausäure in 10 ccm Äther mit Chlorwasserstoff. Nach dem Stehen wird abgesaugt, der Rückstand mit Äther gewaschen, in Wasser gelöst und stehengelassen, wonach der Aldehyd allmählich ausfällt.

Eigenschaften: Aus Wasser Nädelchen.

2, 4-Dimethyl-3-acetyl-pyrrol (Bd. X, S. 52).

$C_8H_{11}ON$

Eigenschaften: Gibt mit Pyridin eine Molekülverbindung[4]. Schmelzp. 185°. Beim Bromieren entsteht ein Methan von der Zusammensetzung $C_{14}H_{15}ON_2Br_5$ [5].

Semicarbazon $C_9H_{14}ON_4$. Bildet sich beim 4stündigen Erhitzen von 1 Mol Pyrrol (0,5 g) mit einer konz. heißen Lösung von 1 Mol Semicarbazidchlorhydrat (0,4 g) und 1 Mol Kaliumacetat (0,4 g) in Alkohol. Isolierung durch Konzentrieren im Vakuum und Waschen der Krystalle mit Alkohol und Wasser. — Aus Alkohol Schmelzp. 203—204°[6].

Ketazin $C_{16}H_{22}N_4$. Entsteht neben Kryptopyrrol bei der Reduktion des Pyrrols mit Natriumäthylat und Hydrazinhydrat. Bleibt bei der Wasserdampfdestillation im Kolben zurück. Isolierung durch Ausziehen mit Chloroform. — Aus Alkohol Schmelzp. 212°. Gibt mit 10proz. ätherischer Pikrinsäure ein Pikrat, Schmelzp. 208°[6] (Bd. X, S. 52).

2, 4-Dimethyl-3-acetyl-5-jod-pyrrol $C_8H_{10}ONJ$. Entsteht beim Zutropfen einer gesättigten Lösung von 4 g Jod in Jodkali zu einer erhitzten Lösung von 4 g Pyrrol in 5 ccm Alkohol und 100 ccm Wasser. Ausbeute 4 g. — Aus Alkohol-Wasser Zersetzungsp. 160°. Gibt bei Einwirkung von 2 Mol Brom dasselbe Produkt, das aus dem Acetyl-pyrrol selbst mit 4 Mol Brom entsteht[7].

2, 4-Dimethyl-3-acetyl-pyrrol-5-azobenzolsulfosäure $C_{14}H_{15}O_4N_3S$. Bildet sich bei Zugabe von 5 g Diazobenzolsulfosäure in 500 ccm Wasser zu 4 g 2, 4-Dimethyl-3-acetyl-5-carboxy-pyrrol in 25 ccm $^n/_1$-Natronlauge und 25 ccm Wasser. Auf Zusatz von 50 ccm $^n/_1$-Salzsäure fällt der Farbstoff aus. — Aus Alkali durch Säure schimmernde, feine, bläulichrote Nädelchen[8].

2, 4-Dimethyl-3-acetyl-pyrrol-5-p·nitroazobenzol $C_{14}H_{14}O_3N_4$. Entsteht beim Kuppeln der Acetylpyrrolcarbonsäure mit diazotiertem p-Nitranilin in essigsaurer Lösung. — Orange-farbene Krystalle; Schmelzp 198 unter Zersetzung[8].

Benzidinfarbstoff $C_{28}H_{28}O_2N_6$. Durch Kondensation des Pyrrols mit diazotiertem Benzidin. — Aus Chloroform hellorangefarbene Substanz; Schmelzp. 298°. Unlöslich in Alkohol, Petroläther; sehr schwer in Benzol, Aceton, Äther, Essigester, Chloroform, Eisessig[9].

2, 4-Dimethyl-3-acetyl-pyrryl-diphenylmethan $C_{21}H_{21}ON$. Durch 1stündiges Erhitzen von 2 g Pyrrol und 2 g Benzhydrol in 15 ccm Eisessig. — Aus Alkohol Schmelzp. 165°. Zeigt mit konz. Schwefelsäure Halochromie[9].

Bis[2, 4-dimethyl-3-acetyl-pyrryl)-methylamin $C_{17}H_{23}O_2N_3$. Bildet sich, wenn das salz-saure Imin des 2, 4-Dimethyl-3-acetyl-5-formylpyrrols (s. dort) mit überschüssigem Ammoniak versetzt wird. — Aus Alkohol-Petroläther farblose Prismen, Schmelzp. 165° unter Gasentwick-

[1] H. Fischer, H. Beller u. A. Stern: Ber. dtsch. chem. Ges. **61**, 1082 (1928).

[2] H. Fischer u. W. Zerweck: Ber. dtsch. chem. Ges. **55**, 1953 (1922).

[3] H. Fischer, H. Beller u. A. Stern: Ber. dtsch. chem. Ges. **61**, 1082 (1928).

[4] H. Fischer u. K. Schneller: Hoppe-Seylers Z. **128**, 236 (1923).

[5] H. Fischer u. H. Scheyer: Liebigs Ann. **434**, 250 (1923).

[6] H. Fischer u. M. Schubert: Ber. dtsch. chem. Ges. **56**, 1207 (1923).

[7] H. Fischer u. H. Scheyer: Liebigs Ann. **439**, 193 (1924).

[8] H. Fischer u. Fr. Rottweiler: Ber. dtsch. chem. Ges. **56**, 518 (1923).

[9] H. Fischer u. K. Schneller: Hoppe-Seylers Z. **128**, 251 (1923).

lung. Bei 100° über Phosphorpentoxyd im Vakuum getrocknet Schmelzp. 167—168°. Ist hygroskopisch[1].

$C_{27}H_{30}O_6N_2$. Entsteht unter der Einwirkung von Bromcyan in Pyridin auf das Pyrrol. — Nach öfterem Umkrystallisieren aus Alkohol farblose, stark lichtbrechende Rhomboeder; Schmelzp. 218°. Sehr schwer löslich in allen organischen Solvenzien. Gibt bei der Hydrolyse mit konz. Salzsäure 2 Mol Pyrrol, 2 Mol Pyridin und 2 Mol Ammoniak. Unter der Einwirkung einer 10proz. Lösung von Brom in Eisessig entsteht 2,4-Dimethyl-3-acetyl-5-brompyrrol. Enthält 2 aktive Wasserstoffatome[2].

$C_{14}H_{14}O_3N_2S$. Durch Kondensation des Pyrrols mit o-Nitrophenylschwefelchlorid in Benzol. — Aus Alkohol grünlichgelber Körper, Schmelzp. 252°. Sehr schwer löslich in Alkohol, Essigester, Benzol, Benzin, Chloroform, Aceton. Leicht löslich in konz. Schwefelsäure; wird daraus durch Wasser wieder unverändert gefällt. Ehrlichsche Reaktion heiß allmählich positiv[3].

2,4-Dimethyl-3-acetyl-5-amino-pyrrol[4].

Mol-Gewicht: 152,15.

Zusammensetzung: 63,12% C; 7,95% H; 18,42% N, 10,51% O. $C_8H_{12}ON_2$.

Darstellung: 2 g 2,4-Dimethyl-3-acetylpyrrol-5-azobenzolsulfosäure $C_{14}H_{15}O_4N_3S$. gelöst in 10 ccm n-Natronlauge und 10 ccm Wasser werden nach Zugabe von 0,2 g Platinschwarz hydriert. Nach 4 Stunden wird filtriert und mit Chloroform zweimal ausgeschüttelt. Die Lösung hinterläßt beim Eindunsten einen roten Lack.

Eigenschaften: Aus Alkohol schmale Langstäbchen, die bei 230° dunkel werden, sintern und bei 233° unter Zersetzung schmelzen. Leicht löslich in verdünnten Säuren, gut in Alkohol, wenig in Äther. Die salzsaure Lösung ist rotbraun. Ehrlichsche Reaktion in der Kälte negativ, in der Hitze schwach rosa.

Pikrat $C_{14}H_{15}O_8N_5$. Wird erhalten mit alkoholischer Pikrinsäure. Färbt sich ab 175° dunkel und schmilzt zwischen 175—190° je nach dem Erhitzen. Schwer löslich in Alkohol.

2,4-Dimethyl-3(β-oxyacetyl)-pyrrol[5].

Mol-Gewicht: 153,14.

Zusammensetzung: 62,75% C; 7,20% H; 20,90% O; 9,15% N. $C_8H_{11}O_2N$.

Darstellung: 1 g 2,4-Dimethyl-3-(β-oxyacetyl)-5-carboxy-pyrrol $C_9H_{11}O_4N$ wird unter Evakuieren 24 Stunden auf 210—230° erhitzt, wobei das α-freie Pyrrol sublimiert. Sublimat und verkohlter Rückstand werden mit heißem Wasser behandelt. Ausbeute 30%.

Eigenschaften: Aus Wasser leicht bräunlich gefärbte Nadeln, Schmelzp. 143°. Leicht löslich in Alkohol, Pyridin; schwer löslich in Choloroform.

2,4-Dimethyl-3(β-methoxyacetyl)-pyrrol[6].

Mol-Gewicht: 167,16.

Zusammensetzung: 64,62% C; 7,84% H; 19,14% O; 8,38% N. $C_9H_{13}O_2N$.

Darstellung: 1 g 2,4-Dimethyl-3(β-methoxyacetyl)-pyrrol-5-carbonsäure $C_{10}H_{13}O_4N$ wird solange im Vakuum auf 170° erhitzt, bis der Bodensatz völlig geschmolzen ist. Nach weiteren 15 Minuten läßt man unter Vakuum erkalten und kocht mit destilliertem Wasser aus, wobei sich das Pyrrol herauslöst. Ausbeute 65%.

Eigenschaften: Aus Wasser, Schmelzp. 127°. Leicht löslich in Alkohol, Pyridin, Äther, heißem Wasser; unlöslich in kaltem Wasser.

2,4-Dimethyl-3-β-methoxy-acetyl-5-formyl-pyrrol[7].

Mol-Gewicht: 195,16.

Zusammensetzung: 61,51% C; 6,78% H; 24,53% O; 7,18% N. $C_{10}H_{13}O_3N$.

Darstellung: Durch eine Suspension von 1 g 2,4-Dimethyl-3-methoxy-acetyl-pyrrol in 15 ccm abs. Äther und 1½ ccm wasserfreier Blausäure wird 6 Stunden lang ein langsamer

[1] H. Fischer u. H. Amann: Ber. dtsch. chem. Ges. **56**, 2331 (1923).
[2] H. Fischer u. P. Ernst: Ber. dtsch. chem. Ges. **59**, 140 (1926).
[3] H. Fischer u. M. Herrmann: Hoppe-Seylers Z. **122**, 17 (1923).
[4] H. Fischer u. Fr. Rottweiler: Ber. dtsch. chem. Ges. **56**, 514 (1923).
[5] H. Fischer u. K. Zeile: Liebigs Ann. **462**, 228 (1928).
[6] H. Fischer u. K. Zeile: Liebigs Ann. **462**, 229 (1928).
[7] H. Fischer u. W. Kutscher: Liebigs Ann. **481**, 207 (1930).

Strom von Salzsäuregas geleitet. Nachdem wird abgesaugt, der Rückstand im Vakuum über Ätznatron getrocknet, dann in wenig kaltem Wasser gelöst, etwas verdünnte Natronlauge zugegeben und kurz aufgekocht, wonach beim Erkalten Krystallisation eintritt. (Beim Ausbleiben der letzteren wird mit Äther ausgeschüttelt.) Ausbeute 71%.

Eigenschaften: Aus wenig Alkohol weiße Nadeln, Schmelzp. 127°.

2, 4-Dimethyl-3-(β-äthoxy-acetyl)-pyrrol[1].

Mol-Gewicht: 181,18.

Zusammensetzung: 66,26% C; 8,35% H; 17,65% O; 7,74% N. $C_{10}H_{15}O_2N$.

Darstellung: Genau wie beim Methoxy-acetyl-Produkt beschrieben. Ausbeute 65%.

Eigenschaften: Aus Benzol weißes Krystallpulver, Schmelzp. 89°.

2, 4-Dimethyl-3-(β-äthoxy-acetyl)-5-formyl-pyrro l[2].

Mol-Gewicht: 209,18.

Zusammensetzung: 63,17% C; 7,22% H; 22,91% O; 6,7% N. $C_{11}H_{15}O_3N$.

Darstellung: Genau wie beim Methoxy-acetyl-Derivat beschrieben, nur wird die wässerige Lösung des Iminchlorids bloß auf 70° erhitzt, wobei sich der Aldehyd meist sofort zusammenballt und nach dem Erkalten abfiltriert wird. Durch Ausätherm der Mutterlauge wird die Ausbeute erhöht.

Eigenschaften: Aus Benzol Nadeln, Schmelzp. 121°. Sehr leicht löslich in Alkohol, krystallisiert daraus nicht aus; auf Zugabe von Wasser entstehen ölige Schmieren.

Tris(1-oxymethyl-2, 4-dimethyl-3-acetyl-pyrrol)[3].

Mol-Gewicht: 501,48.

Zusammensetzung: 64,62% C; 7,83% H; 19,17% O; 8,38% N. $(C_9H_{13}O_2N)_3$.

Darstellung: Durch Erwärmen von 3 g 2, 4-Dimethyl-3-acetylpyrrol $C_8H_{11}ON$ mit überschüssiger 30proz. Formaldehydlösung und etwas Natronlauge auf 80°. Nach dem Ansäuern erstarrt die Flüssigkeit zu einem Krystallbrei.

Eigenschaften: Aus abs. Alkohol, Schmelzp. 185°. Leicht löslich in Alkohol und Chloroform, unlöslich in Wasser und Äther. Gibt mit Eisessig und Salzsäure keine Farbenreaktion.

2, 4-Dimethyl-3-acetyl-5-oxy-pyrrol[4].

Mol-Gewicht: 153,14.

Zusammensetzung: 62,74% C; 7,19% H; 20,92% O; 9,15% N. $C_8H_{11}O_2N$.

Darstellung: In eine eiskochsalzgekühlte Lösung von 30 g α-Methyl-β, β'-diacetyl-propionsäureester[5] in 30 ccm abs. Äther wird 6 Stunden lang ein kräftiger, trockener Ammoniakstrom eingeleitet, wobei sich ein dicker Krystallbrei (Aminoverbindung) abscheidet, der aber bei gewöhnlicher Temperatur wieder in Lösung geht. Nachdem wird 6 Stunden unter Rückfluß gekocht und hierauf der Äther, zuletzt im Vakuum, vollständig abdestilliert. Aus dem rückständigen schwach gelblichen Öl scheiden sich beim Stehen bei 0° farblose Stäbchen aus. Ausbeute 2,5—3 g.

Eigenschaften: Aus Benzol Schmelzp. 143°. Löslich in heißem Alkohol, Benzol, Chloroform; leicht in Eisessig. Ehrlichsche Reaktion heiß schwach kirschrot.

Isomeres $C_8H_{11}O_2N$. Krystallisiert nach 8wöchigem Stehen aus der Mutterlauge des Oxypyrrols. — Aus Eisessig flache Prismen und kleine Rhomben, Schmelzp. 196°. Schwer löslich in Alkohol[4].

Isomeres $C_8H_{11}O_2N$. Entsteht mitunter beim Einleiten des Ammoniaks in eine Lösung des Propionsäureesters in abs. Äther oder abs. Alkohol oder abs. Xylol bis zur Sättigung und mehrtägigem Stehenlassen. Bildet sich ferner beim Erhitzen der mit Ammoniak gesättigten alkoholischen Lösung des Propionsäureesters auf 110° im Rohr. — Aus Alkohol Schmelzp. 173°. Verändert sich beim Kochen in Xylol nicht weiter. Ehrlichsche Reaktion heiß kirschrot.

[1] H. Fischer u. W. Kutscher: Liebigs Ann. **481**, 206 (1930).
[2] H. Fischer u. W. Kutscher: Liebigs Ann. **481**, 207 (1930).
[3] H. Fischer u. C. Nenitzescu: Liebigs Ann. **443**, 121 (1925).
[4] H. Fischer u. E. Adler: Hoppe-Seylers Z. **197**, 269 (1931).
[5] F. R. March: C. r. Acad. Sci. Paris **134**, 179 (1902).

2, 4-Dimethyl-3-acetyl-4-acetoxy-pyrrol $C_{10}H_{13}O_3N$. Durch Lösen von 0,2 g Oxypyrrol in 1 ccm Essigsäureanhydrid unter Erwärmen auf dem Wasserbad; Zugabe von etwas konz. Schwefelsäure (Rotfärbung) und 2—3 minütigem Weiterwärmen. Schon in der Wärme tritt Krystallisation von bräunlichen derben Prismen ein. — Wird farblos durch öfteres Umkrystallisieren mit Tierkohle. Schmelzp. 202—203°. Löslich in heißem Eisessig und viel heißem Methanol.

2-Trichlormethyl-3-acetyl-4-methyl-5-oxy-pyrrol[1].

Mol-Gewicht: 256,50.

Zusammensetzung: 37,48% C; 3,13% H; 12,78% O; 5,42% N; 41,19% Cl. $C_8H_8O_2NCl_3$.

Darstellung: Zu einer Aufschlämmung von 1 g 2, 4-Dimethyl-3-acetyl-5-oxypyrrol in 5 ccm abs. Äther läßt man unter Eiskühlung 1,6 ccm Sulfurylchlorid (3 Mol) fließen. Dabei geht das Pyrrol erst in Lösung und dann scheidet sich der Chlorkörper ab. Nach $^1/_2$ stündigem Stehen wird abgesaugt. — Ausbeute 0,6 g.

Eigenschaften: Aus Benzol farblose prismatische Nadeln, Schmelzp. 152°. Ziemlich löslich in Alkohol, wenig in Äther. Ist reaktionsträge.

$C_8H_7O_2NCl_2$. Durch Lösen des Pyrrols in 10 proz. Natronlauge. Das Pyrrol löst sich erst auf und dann fällt die Natriumverbindung (stark irisierende Blättchen) aus. Sie wird in Wasser gelöst und die Carbonsäure mittels Mineralsäure ausgefällt. — Aus Alkohol-Wasser Schmelzp. 141°. Mischschmelzpunkt mit dem Ausgangsmaterial 115°.

2, 4-Dimethyl-3-acetyl-5-chloracetyl-pyrrol[2].

Mol-Gewicht: 213,62.

Zusammensetzung: 56,23% C; 5,66% H; 15,42% O; 6,56% N; 16,13% Cl. $C_{10}H_{12}O_2NCl$.

Darstellung: In eine Lösung von 1 g 2, 4-Dimethyl-3-acetylpyrrol $C_8H_{11}ON$ (1 Mol) und 2,2 g Chloracetonitril (2 Mol) in 20 ccm abs. Äther wird unter lebhaftem Schütteln $1^1/_2$ Stunden lang rasch Salzsäure eingeleitet. Nach längerem Stehen wird abgesaugt und der Rückstand mit Wasser kräftig geschüttelt. Ausbeute 93%.

Eigenschaften: Aus Alkohol farblose, flittrige, seideglänzende Blättchen, Schmelzp. 193°. Leicht löslich in Eisessig, Chloroform, Aceton, Pyridin, heißem Alkohol; unlöslich in Äther und Wasser. Ehrlichsche Reaktion heiß schwach positiv. Reizt die Nasenschleimhäute.

2, 4-Dimethyl-3-acetyl-5-aminoacetyl-pyrrol $C_{10}H_{14}O_2N_2Cl$. Entsteht bei der Einwirkung von alkoholischem Ammoniak auf das Chloracetylpyrrol bei 90—100°. Schwer löslich in warmem Alkohol, Eisessig, Pyridin; unlöslich in Wasser und Äther. Löslich in kalter konz. Schwefelsäure mit veilchenblauer, in heißer mit stahlblauer Farbe.

2, 4-Dimethyl-3-acetyl-5-dimethylaminoacetyl-pyrrol. Durch 30 minütige Einwirkung einer 33 proz. abs. alkoholischen Dimethylaminlösung auf das Chloracetylpyrrol bei 100°. — Aus Alkohol filzige Nadeln, Schmelzp. 104°. Leicht löslich in allen gebräuchlichen Lösungsmitteln. Zersetzt sich an der Luft zu einem braunen Öl. Beim Verdunsten der wässerigen schwefelsäurehaltigen Lösung des Pyrrols hinterbleibt das Sulfat, Schmelzp. 56°.

2, 4-Dimethyl-3-acetyl-5-(trichlor-acetyl)-pyrrol[3].

Mol-Gewicht: 282,5.

Zusammensetzung: 42,48% C; 3,54% H; 11,38% O; 4,95% N; 37,65% Cl. $C_{10}H_{10}O_2NCl_3$.

$$H_3C \cdot C\text{---}C \cdot CO \cdot CH_3$$
$$Cl_3C \cdot CO \cdot C \quad C \cdot CH_3$$
$$NH$$

Darstellung: Eine Lösung von 2 g 2, 4-Dimethyl-3-acetyl-pyrrol und 2,8 ccm Trichloacetonitril in 5 ccm Chloroform wird mit Salzsäure gesättigt und das gebildete Chlorhydrat mit Wasser zerlegt. Ausbeute gut.

Eigenschaften: Aus Benzin Krystalle vom Schmelzp. 145—146°.

[1] H. Fischer u. E. Adler: Hoppe-Seylers Z. **197**, 271 (1931).
[2] H. Fischer u. K. Schneller: Hoppe-Seylers Z. **128**, 243 (1923).
[3] H. Fischer u. P. Viaud: Ber. dtsch. chem. Ges. **64**, 197 (1931).

2, 4-Dimethyl-3-acetyl-5-formyl-pyrrol[1,2].

Mol-Gewicht: 165,14.

Zusammensetzung: 65,43% C; 6,71% H; 19,38% O; 8,48% N. $C_9H_{11}O_2N$.

Darstellung: In eine Aufschlämmung von 9 g 2, 4-Dimethyl-3-acetylpyrrol $C_8H_{11}ON$ in 50 ccm abs. Äther leitet man nach Zusatz von 6 ccm Blausäure unter Eiskühlung und öfterem Umrühren 6 Stunden lang möglichst langsam Chlorwasserstoff ein. Nach mehrstündigem Stehen wird der Äther im Vakuum verdampft, der Rückstand nach 1 tägigem Stehen über festem Ätzkali in kaltem Wasser gelöst, die blaurote Lösung nach 24 stündigem Stehen von dem ebenso gefärbten Niederschlag abgesaugt und dann der Rückstand mit ammoniakhaltigem Wasser öfters ausgekocht. Beim Erkalten krystallisiert der Aldehyd aus. Ausbeute bis 64,6%.

Als Nebenprodukt entsteht Tri-(2, 4-dimethyl-3-acetylpyrryl)-methan.

Eigenschaften: Aus heißem Wasser oder Alkohol farblose Nadeln, Schmelzp. 166°. Leicht löslich in Eisessig, Chloroform, heißem Wasser; weniger leicht in Alkohol; etwas in viel kaltem Wasser. Kuppelt weder mit p-Nitroanilin noch mit Diazobenzolsulfosäure; gibt keine Bisulfitverbindung; reduziert ammoniakalische Silbernitratlösung nicht; mit fuchsin-schwefliger Säure tritt keine Rötung ein. Gibt unter der Einwirkung von konz. Salzsäure Bis-(2, 4-dimethyl-3-acetylpyrryl)-methenchlorhydrat.

Aldazin $C_{18}H_{22}O_2N_4$. Durch mehrstündiges Erhitzen des Aldehyds mit überschüssigem Hydrazinhydrat auf dem Wasserbad. — Aus Pyridin-Wasser. Zersetzungsp. 299° unter Abspaltung von Stickstoff[1].

Phenylhydrazon $C_{15}H_{17}ON_3$. Durch Erhitzen einer Lösung des Aldehyds und der äquivalenten Menge Phenylhydrazin in Eisessig. Nachdem wird mit Wasser versetzt, wobei das Kondensationsprodukt ausfällt. — Aus Eisessig-Wasser farblose Prismen, Schmelzp. 244°[1].

Oxym $C_9H_{12}O_2N_2$. Entsteht bei Zugabe einer mit fester Soda neutralisierten konz. wässerigen Lösung von Hydroxylaminchlorhydrat zu einer wässerigen Lösung des Aldehyds. Nach 12 stündigem Stehen wird das Kondensationsprodukt durch Zugabe von Wasser ausgefällt. — Aus Alkohol-Wasser farblose Blättchen, Schmelzp. 203°[1].

Semicarbazon $C_{10}H_{14}O_2N_4$. Äquivalente Mengen des Aldehyds in Alkohol und von Semicarbazidchlorhydrat und Kaliumacetat in Wasser werden 1 Stunde lang erhitzt. Beim Erkalten tritt Krystallisation ein. — Aus Eisessig-Wasser farblose Prismen, Schmelzp. 263° unter Zersetzung. Gibt beim Erhitzen mit Natriumäthylat auf 150—160° das Aldazin[1].

2, 4-Dimethyl-3-acetyl-5(ω-cyan-ω-carbäthoxy-vinyl)-pyrrol $C_{14}H_{16}O_2N_2$ (M=244,22). Bildet sich bei 4—5 tägigem Stehenlassen des Aldehyds (0,5 g) mit Cyanessigester (0,45 g) in abs. alkoholischer Lösung in Gegenwart von Methylaminchlorhydrat und Soda. — Aus Alkohol gelbe Krystalle, Schmelzp. 174°[3].

2, 4-Dimethyl-3-propyl-pyrrol[4].

Mol-Gewicht: 137,17.

Zusammensetzung: 78,83% C; 10,95% H; 10,22% N. $C_9H_{15}N$.

Darstellung: 100 g 2, 4-Dimethyl-3-propionyl-5-carbäthoxy-pyrrol werden in eine noch warme Lösung von 55,5 g Natrium in 667 g abs. Alkohol eingerührt, dann 50 ccm 77 proz. Hydrazinhydrat hinzugegeben und das Ganze im Autoklaven 12 Stunden auf 160—165° erhitzt. Nach dem Erkalten wird mit Wasser verdünnt, der Alkohol zum größten Teil abgedunstet und dann das Pyrrol mit Wasserdampf überdestilliert. Isolierung auf die übliche Weise. Ausbeute 25—26 g = ca. 40%.

Eigenschaften: Zweimal fraktioniert wasserklares Öl, Siedep. 15 mm = 98—100°. Bräunt sich an der Luft rasch. Färbt die Haut intensiv rot. In Kältemischung erhält man weiße rosettenartig angeordnete Nadeln, Schmelzp. 13,5°. $d_{20}° = 0,8988$. Molarrefraktion = 44,23. Gibt bei der Oxydation mit Chromsäure-Schwefelsäure Methyl-propylmaleinimid.

Pikrat $C_{15}H_{18}O_6N_4$. Durch Versetzen einer ätherischen Lösung des Pyrrols mit ätherischer Pikrinsäure im Überschuß. Das Pikrat fällt rasch in feinen, gelben Nadeln aus. — Aus Essigester oder Alkohol durch Nadeln, Schmelzp. 134° (korr.). Ist feucht luft- und wärmeempfindlich.

[1] H. Fischer u. H. Amann: Ber. dtsch. chem. Ges. **56**, 2324 (1923).
[2] H. Weidmann: Dissertation Münchener Staatslaboratorium 1920.
[3] H. Fischer u. B. Weiß: Ber. dtsch. chem. Ges. **57**, 607 (1924).
[4] H. Fischer, M. Goldschmidt u. W. Nüßler: Liebigs Ann. **486**, 14 (1931).

2, 4-Dimethyl-3-propyl-pyrrol-5-azobenzolsulfosäure $C_{15}H_{19}O_3N_3S$. Zu einer frisch be-reiteten, gesättigten, schwach salzsauren, wässerigen Diazobenzolsulfosäurelösung wird vor-sichtig Propylpyrrol in Äther gegeben und das Ganze unter Kühlung gut durchgeschüttelt. Der Azofarbstoff fällt krystallin aus. — Umkrystallisieren durch Lösen in 12proz. Natronlauge, Zugabe von etwas Alkohol und Fällen mit Salzsäure. Braunrote Krystalle, Schmelzp. 248°.

Oxym $C_8H_{12}O_2N_2$. Pyrrol in 20proz. Schwefelsäure wird unter Kühlung und Rühren tropfenweise mit 3 Mol Natriumnitrit in Wasser versetzt. Das Oxym fällt aus. — Aus viel Wasser mit Tierkohle farblose lange Nadeln, Schmelzp. 198°[1].

2, 4-Dimethyl-3-propyl-5-formyl-pyrrol[1].

Mol-Gewicht: 165,18.

Zusammensetzung: 72,73% C; 9,09% H; 9,18% O; 8,40% N. $C_{10}H_{15}ON$.

Darstellung: Eine Mischung von 4 g 2, 4-Dimethyl-3-propyl-pyrrol, 5 ccm Blausäure, 5 ccm Chloroform und 35 ccm abs. Äther wird unter Eiskühlung mit Salzsäuregas gesättigt. Nach dem Stehen über Nacht wird im Vakuum zur Trockene verdampft, der Rückstand 2—5mal mit viel Wasser ausgelaugt, die Lösung gekocht und heiß filtriert. Nach 4—5stün-digem Stehen beginnt Abscheidung des Aldehyds. Ausbeute aus 18 g Pyrrol = 14 g.

Eigenschaften: Aus Wasser feine, farblose Nadeln. Sublimiert im Vakuum bei 80—100°.

2, 4-Dimethyl-3-propyl-pyrrol-5-glyoxylsäureester[1].

Mol-Gewicht: 237,23.

Zusammensetzung: 66,82% C; 8,02% H; 19,26% O; 5,90% N. $C_{13}H_{19}O_3N$.

Darstellung: Eine Mischung von 2 g 2, 4-Dimethyl-3-propyl-pyrrol, 3 g Cyankohlen-säureester und 20 ccm abs. Äther wird unter Eiskühlung mit Salzsäuregas gesättigt. Nach Stehen über Nacht wird filtriert, das Filtrat im Vakuum eingedampft, der Rückstand in Wasser gelöst, filtriert und mit Ammoniak gefällt.

Eigenschaften: Aus Alkohol, Schmelzp. 192°.

2, 4-Dimethyl-3-propionyl-pyrrol[2].

Mol-Gewicht: 151,16.

Zusammensetzung: 71,52% C; 8,61% H; 10,60% O; 9,27% N. $C_9H_{13}ON$.

Darstellung: Durch trockene Destillation des 2, 4-Dimethyl-3-propionyl-5-carboxy-pyrrols $C_{10}H_{13}O_3N$. Dabei destilliert ein gelbes, bald erstarrendes Öl über. Ausbeute 65%. (Aus 22 g Säure = 15 g)[3].

Eigenschaften: Aus Alkohol farblose Krystalle, Schmelzp. 123°. Löslich in Aceton, Alkohol, Chloroform, Benzol; unlöslich in Ligroin, Petroläther und Wasser. Ehrlichsche Re-aktion kalt und heiß positiv.

Ketazin $C_{18}H_{26}N_4$. Durch 5stündiges Erhitzen von 2 g Pyrrol mit 0,7 g 77proz. Hydr-azinhydrat in 1 ccm abs. Alkohol. Dann wird mit demselben Volumen Alkohol verdünnt, filtriert, das Filtrat mit Essigsäure bis eben noch zur Lackmus-alkalischen Reaktion versetzt und nun unter gelindem Erwärmen Wasser bis zur Trübung zugegeben. Nach längerem Stehen Krystallisation. Ausbeute 0,3 g. — Aus Alkohol kanariengelbe Nadeln, Schmelzp. 159° (korr.)[4].

2, 4-Dimethyl-3-propionyl-5-formyl-pyrrol[3].

Mol-Gewicht: 179,16.

Zusammensetzung: 67,00% C; 7,32% H; 18,85% O; 7,83% N. $C_{10}H_{13}O_2N$.

Darstellung: Eine Aufschlämmung von 4 g 2, 4-Dimethyl-3-propionyl-pyrrol in 60 ccm abs. Äther und 6 ccm Blausäure wird unter guter Kühlung mit Chlorwasserstoff langsam ge-sättigt. Nach Stehen über Nacht wird der Äther verdampft, der Rückstand in Eiswasser gelöst, rasch filtriert und aufgekocht. Der Aldehyd krystallisiert dabei aus. Ausbeute 3,5 g.

Eigenschaften: Aus Alkohol weiße Nadeln, Schmelzp. 169°.

---

[1] H. Fischer, M. Goldschmidt u. W. Nüßler: Liebigs Ann. **486**, 15, 16 (1931).
[2] H. Fischer u. F. Schubert: Hoppe-Seylers Z. **155**, 106 (1926).
[3] H. Fischer, M. Goldschmidt u. W. Nüßler: Liebigs Ann. **486**, 52 (1931).
[4] H. Fischer, M. Goldschmidt u. W. Nüßler: Liebigs Ann. **486**, 17 (1931).

2,4-Dimethyl-3-(β-nitro-vinyl)-pyrrol[1].

Mol-Gewicht: 166,13.

Zusammensetzung: 57,80% C; 6,07% H; 19,26% O; 16,87% N. $C_8H_{10}O_2N_2$.

Darstellung: Zu 1 g 2,4-Dimethyl-3-formylpyrrol C_7H_9ON in möglichst wenig abs. Alkohol gibt man 0,5 g Nitromethan, etwas Methylaminchlorhydrat und Soda. Nach 2 Tagen ist ein Teil des Nitropyrrols auskrystallisiert, der Rest wird mit Wasser gefällt.

Eigenschaften: Aus Alkohol-Wasser dunkelgelbe Prismen, Schmelzp. 149°. Leicht löslich in Alkohol, Eisessig, Chloroform; schwerer in Wasser. Mit roter Farbe unter Salzbildung löslich in Alkalihydroxyd- und Kaliummethylatlösung.

2,4-Dimethyl-3-(β-cyan-vinyl)-5-carbäthoxy-pyrrol[2].

Mol-Gewicht: 218,1. Bestimmt nach Rast in Campher zu 216,6.

Zusammensetzung: 66,03% C; 6,47% H; 14,65% O; 12,85% N. $C_{12}H_{14}O_2N_2$.

Darstellung: In eine Lösung des 2,4-Dimethyl-3-(α-oxy-β-cyan-äthyl)-5-carbäthoxy-pyrrols $C_{12}H_{16}O_3N_2$ in abs. Äther wird 10 Minuten lang trockenes Salzsäuregas eingeleitet. Nach einigem Stehen wird der Äther verdunstet. Als Rückstand bleibt das Cyan-vinyl-pyrrol.

Eigenschaften: Aus Alkohol Krystalle vom Schmelzp. 201°. Schwer löslich in kaltem, leicht löslich in heißem Alkohol.

2,4-Dimethyl-3-(β-dicyan-vinyl)-pyrrol[1].

Mol-Gewicht: 171,15.

Zusammensetzung: 70,14% C; 5,30% H; 24,56% N. $C_{10}H_9N_3$.

Darstellung: Durch Kondensation von 1 g 2,4-Dimethyl-3-formyl-pyrrol mit 0,5 g Malodinitril in abs. alkoholischer Lösung unter Zusatz von Methylaminchlorhydrat und Soda. Nach 2tägigem Stehen wird mit Wasser gefällt. Ausbeute 1 g.

Eigenschaften: Aus Alkohol-Wasser gelbliche Nadeln, Schmelzp. 148°. Leicht löslich in Alkohol, Eisessig, Chloroform; schwerer in Wasser. Gibt beim Verkochen mit Natronlauge 1:1 den Aldehyd zurück.

2,4-Dimethyl-3-(β-dicyan-vinyl)-5-formyl-pyrrol[3].

Mol-Gewicht: 199,15.

Zusammensetzung: 66,30% C; 4,52% H; 8,10% O; 21,08% N. $C_{11}H_9ON_3$.

Darstellung: Durch eine Aufschlämmung von 1 g 2,4-Dimethyl-3(β-dicyanvinyl)pyrrol $C_{11}H_9ON$ in 3 ccm Chloroform und 3 ccm Äther leitet man nach Zusatz von 1 ccm Blausäure trockenen Chlorwasserstoff bis zur Sättigung. Nach einigem Stehen gießt man von dem teilweise öligen Iminchlorhydrat ab und löst nach dem Waschen mit Äther in viel Eiswasser. Beim Aufkochen fällt dann der Aldehyd aus.

Eigenschaften: Aus Eisessig Nadeln, Schmelzp. 207°. Schwer löslich in Alkohol und Wasser, leichter in Eisessig. Wird durch 10proz. Natronlauge in 2,4-Dimethyl-3,5-diformylpyrrol übergeführt.

2,4-Dimethyl-5-formyl-pyrrol (Bd. X, S. 922).

$$C_7H_9ON$$

Neue Darstellung: Eine Lösung von 4 g 2,4-Dimethylpyrrol und 8 ccm Blausäure in 40 ccm wasserfreiem Chloroform wird unter Eiskühlung mit Chlorwasserstoff gesättigt. Nach einigem Stehen wird im Vakuum zur Trockene gebracht, der Rückstand in kaltem Wasser gelöst und dann Natronlauge zugegeben, wonach sich unter starker Ammoniakentwicklung der Aldehyd sofort abscheidet. Ausbeute 4,75 g = 92%. (Man kann auch so verfahren, daß man das Chloroform zweimal mit Wasser ausschüttelt und dann mit Lauge versetzt.)[4]

Aldazin $C_{16}H_{22}ON_4$. Bildet sich beim Erhitzen von 2 g Aldehyd mit 2 ccm Hydrazinhydrat in 10 ccm Eisessig. Beim Erkalten tritt Krystallisation ein. Aus Alkohol gelbe Nadeln; Schmelzp. 251° (korr.)[5].

[1] H. Fischer u. K. Zeile: Liebigs Ann. **462**, 224 (1928).

[2] H. Fischer u. W. Kutscher: Liebigs Ann. **481**, 209 (1930).

[3] H. Fischer u. K. Zeile: Liebigs Ann. **462**, 226 (1928).

[4] H. Fischer u. W. Zerweck: Ber. dtsch. chem. Ges. **56**, 523 (1923). — Vgl. H. Fischer u. C. Nenitzescu: Liebigs Ann. **443**, 128 (1925).

[5] H. Fischer u. B. Pützer: Ber. dtsch. chem. Ges. **61**, 1073 (1928).

2, 4-Dimethyl-3-brom-5-formyl-pyrrol C_7H_8ONBr (M=202,03). Wird hergestellt durch langsames Einleiten von Chlorwasserstoff in eine Suspension von 2, 4-Dimethyl-3-brom-5-carboxypyrrol $C_7H_8O_2N$ in abs. Äther nach Zugabe von überschüssiger Blausäure. Nach ca. 1 Stunde beginnt Entwicklung von Kohlensäure und nach mehreren Stunden Abscheidung des Iminchlorhydrats. Nach längerem Stehen wird filtriert, der Rückstand mit Äther gewaschen, in Eiswasser gelöst, wieder filtriert und das Filtrat auf dem Wasserbad erwärmt, wonach sich nach Zusatz von etwas Ammoniak der Aldehyd abscheidet. Ausbeute mäßig. — Aus Wasser farblose, oft x-förmig verwachsene Prismen; Schmelzp. 166—167° unter Zersetzung[1].

Phenylhydrazon $C_{13}H_{14}N_3Br$. Entsteht bei der Einwirkung von Phenylhydrazin auf den Aldehyd in abs. Alkohol. — Aus Alkohol-Wasser Rosetten, Zersetzungsp. 99—100°.

Semicarbazon $C_8H_{11}ON_4Br$. Derbe Prismen, Schmelzp. 223—224° unter Zersetzung.

2, 4-Dimethyl-3,5-diformyl-pyrrol.

Mol-Gewicht: 151,12.

Zusammensetzung: 63,57% C; 5,96% H; 21,30% O; 9,27% N. $C_8H_9O_2N$.

Darstellung: a) Eine Lösung von 2, 4-Dimethyl-3-(β-dicyanvinyl)-5-formylpyrrol $C_{11}H_9ON_3$ (0,2 g) in 10proz. Natronlauge (15 ccm) wird solange langsam auf dem Wasserbad konzentriert, bis sich unter Ammoniakentwicklung ein gelblicher Salzbrei gebildet hat. Von da ab wird noch weiter 5 Stunden unter Rückfluß auf dem Wasserbad erhitzt, dann die Masse mit verdünnter Schwefelsäure bis zur kongosauren Reaktion verrieben und schließlich abgesaugt[2].

b) Entsteht auch aus 2, 4-Dimethyl-3-(ω-cyan-ω-carbäthoxyvinyl)-5-formylpyrrol. $C_{12}H_{14}O_2N_2$ durch 4stündiges Erhitzen mit 50proz. Kalilauge. Nachdem wird filtriert, der Rückstand in Wasser gelöst und mit verdünnter Schwefelsäure angesäuert. Der Niederschlag wird nach dem Filtrieren gewaschen, getrocknet und im Vakuum sublimiert[3].

Eigenschaften: Aus Alkohol, Schmelzp. 165—166°. Ehrlichsche Reaktion negativ[3]. Löslich in Kalilauge, unlöslich in Wasser.

2, 4-Dimethyl-5-acetyl-pyrrol[4] (Bd. X, S. 50 und 923).

Mol-Gewicht: 137,14.

Zusammensetzung: 70,03% C; 8,08% H; 11,72% O; 10,17% N. $C_8H_{11}ON$.

Bildung: Durch Reduktion des 2, 4-Dimethyl-5-(trichlor-acetyl)-pyrrols mit Zinkstaub-Eisessig[5].

Darstellung: Eine Lösung von 0,9 g 2, 4-Dimethylpyrrol C_6H_9N (1 Mol) und 0,8 g Acetonitril (2 Mol) in 5 ccm abs. Äther werden unter Eiskühlung mit Chlorwasserstoff gesättigt. Nach 1tägigem Stehen wird abgesaugt, der Rückstand mit salzsäurehaltigem abs. Äther gewaschen, mit wenig Wasser verrieben, abgesaugt und das Filtrat mit wenig verdünnter Natronlauge versetzt. Der voluminöse Niederschlag wird rasch filtriert, mit 25 ccm Wasser bis zum Verschwinden des Ammoniakgeruchs gekocht und wieder rasch filtriert. Beim Erkalten tritt Krystallisation ein.

Eigenschaften: Aus Alkohol-Wasser farblose Nadeln, Schmelzp. 121°.

Ketimin $C_8H_{12}N_2$ (M = 136,15). Darstellung s. oben. Aus wenig abs. Alkohol Schmelzpunkt 141°. Leicht löslich in Chloroform; weniger leicht in Alkohol; schwer in Ligroin und Petroläther; sehr schwer in Wasser. Sublimiert bei 100° unzersetzt in feinen Nadeln. Bei der katalytischen Reduktion entsteht 2, 4-Dimethylpyrrol.

$C_{14}H_{14}O_3N_2S$. Durch Kondensation des Pyrrols mit o-Nitrophenylschwefelchlorid in Benzollösung. — Aus Alkohol grünlicher Körper, Schmelzp. 217—218°. Ziemlich schwer löslich in Essigester, Benzol, Alkohol, Aceton, Eisessig, Methylalkohol; sehr schwer in Äther; unlöslich in Petroläther; löslich in Chloroform. Ehrlichsche Reaktion kalt negativ, heiß positiv[6].

$C_{16}H_{20}O_2N_2S$. Entsteht bei der Kondensation des Pyrrols mit Schwefelchlorür in Chloroform, Benzol oder Schwefelkohlenstoff. Aus Eisessig hellrosa gefärbte kleine Prismen, Schmelz-

[1] H. Fischer u. P. Ernst: Liebigs Ann. **447**, 148 (1926).
[2] H. Fischer u. K. Zeile: Liebigs Ann. **462**, 226 (1928).
[3] H. Fischer u. H. Wasenegger: Liebigs Ann. **461**, 295 (1928).
[4] H. Fischer, B. Weiß u. M. Schubert: Ber. dtsch. chem. Ges. **56**, 1196 (1923). — Vgl. Magnanini: Ber. dtsch. chem. Ges. **21**, 2866 (1888). — Vgl. C. N. Zanetti u. Levi: Ber. dtsch. chem. Ges. **27**, Ref. 585 (1894).
[5] H. Fischer u. P. Viaud: Ber. dtsch. chem. Ges. **64**, 195 (1931).
[6] H. Fischer u. M. Herrmann: Hoppe-Seylers Z. **122**, 18 (1923).

punkt 317°. Ziemlich leicht löslich in Eisessig; schwer in Alkohol, Chloroform, Essigester, Aceton; unlöslich in Äther, Benzol, Methanol, Petroläther, Schwefelkohlenstoff. Ehrlichsche Reaktion heiß positiv[1].

2, 4-Dimethyl-5-chloracetyl-pyrrol[2].

Mol-Gewicht: 171,6.

Zusammensetzung: 55,96% C; 5,88% H; 9,33% O; 8,16% N; 20,67% Cl. $C_8H_{10}ONCl$.

Darstellung: Eine Lösung von 1 g 2, 4-Dimethylpyrrol C_6H_9N (1 Mol) und 1 g Chloracetonitril ($1^1/_4$ Mol) in 5 ccm abs. Äther wird unter Eiskühlung mit Chlorwasserstoff gesättigt; wobei sich zuerst ein dunkles, jedoch bald erstarrendes Öl abscheidet. Nach $^1/_2$ stündigem Stehen wird abgesaugt, der Rückstand mit abs., salzsäuregesättigtem Äther gewaschen, im Vakuum über Ätzkali getrocknet, in kaltem Wasser gelöst und erhitzt, wonach beim Erkalten Krystallisation eintritt. Ausbeute 1,1 g.

Eigenschaften: Aus Alkohol farblose Nadeln, Schmelzp. 143°. Leicht löslich in Chloroform, Äther; ziemlich schwer in Alkohol; sehr schwer in Petroläther, unlöslich in Wasser.

2, 4-Dimethyl-5-(dimethylamino-aceto)-pyrrol $C_{10}H_{16}ON_2$. 0,2 g Chloracetylpyrrol werden mit 2 ccm abs. alkoholischer Dimethylaminlösung $^1/_2$ Stunde im Rohr auf 100° (Wasserbad) erhitzt. Der nach dem Eindunsten verbleibende Rückstand wird in heißem Wasser gelöst, filtriert und mit Natronlauge gefällt. — Aus verdünnter Salzsäure mit Natronlauge gefällt. Schmelzp. 110°[3].

Chlorhydrat. Aus Chloroform-Petroläther Nadeln, Schmelzp. 137°[3].

2, 4-Dimethyl-5-(anilino-acetyl)-pyrrol $C_{10}H_{16}ON$. Entsteht beim Umsetzen des Chloracetylpyrrols mit Anilin in der Kälte. — Aus Alkohol Schmelzp. 205—210° unter Zersetzung[4].

2, 4-Dimethyl-3-brom-5-chloracetyl-pyrrol $C_8H_{10}ONBrCl$. Aus Alkohol, Schmelzp. 184 bis 186°. Gibt mit Anilin in der Kälte 2, 4-Dimethyl-3-brom-5-(anilino-acetyl)-pyrrol $C_{14}H_{15}ON_2Br$. (Aus Alkohol Schmelzp. 205—210° unter Zersetzung)[4].

2, 4-Dimethyl-5-(trichlor-acetyl)-pyrrol[5].

Mol-Gewicht: 240,5.

Zusammensetzung: 39,84% C; 3,32% H; 6,07% O; 5,71% N; 45,06% Cl. $C_8H_8ONCl_3$.

Darstellung: Eine Lösung von 10 ccm 2, 4-Dimethyl-pyrrol und 15,5 ccm Trichloracetonitril in 45 ccm Chloroform wird bei 0° mit Chlorwasserstoffgas gesättigt. Nach Stehen über Nacht wird filtriert und der Rückstand mit Wasser zerlegt. Ausbeute 22 g.

Eigenschaften: Aus Alkohol Krystalle vom Schmelzp. 108—109°. Wird durch 4stündiges Kochen mit abs. Alkohol nicht verändert. Beim Kochen mit Zinkstaub-Eisessig entsteht 2, 4-Dimethyl-5-acetyl-pyrrol.

2, 4-Dimethyl-3-brom-5-(trichlor-acetyl)-pyrrol $C_8H_7ONCl_3Br$. 10 g Pyrrol suspendiert in 5 ccm Eisessig werden mit 36 ccm einer 25proz. Brom-Eisessiglösung übergossen. Heftige Bromwasserstoffentwicklung. Man hält $^3/_4$ Stunden bei 30—40° und kühlt dann ab. Krystallisation. — Ausbeute 11,5 g. — Aus Ligroin Krystalle vom Schmelzp. 145—146°.

2,4-Dimethyl-5-propionyl-pyrrol[6].

Mol-Gewicht: 151,16.

Zusammensetzung: 71,52% C; 8,60% H; 10,61% O; 9,27% N. $C_9H_{13}ON$.

Darstellung: Durch Erhitzen des 2, 4-Dimethyl-3-carboxy-5-propionylpyrrols $C_{10}H_{13}O_3N$ auf 300°, wobei ein rasch erstarrendes Öl überdestilliert. Ausbeute 68%.

Eigenschaften: Aus Alkohol farblose Nadeln, Schmelzp. 123°. Leicht löslich in Alkohol, Chloroform, Eisessig; schwer in Petroläther und Wasser. Fichtenspanreaktion stark positiv. Gibt mit Diazobenzolsulfosäure einen Farbstoff, der im auffallenden Licht goldglänzend, im durchfallenden blau erscheint.

---

[1] H. Fischer u. M. Herrmann: Hoppe-Seylers Z. **122**, 24 (1923).

[2] H. Fischer, B. Weiß u. M. Schubert: Ber. dtsch. chem. Ges. **56**, 1197 (1923)

[3] H. Fischer, B. Weiß u. M. Schubert: Ber. dtsch. chem. Ges. **56**, 1198 (1923).

[4] H. Fischer u. P. Viaud: Ber. dtsch. chem. Ges. **64**, 197 (1931).

[5] H. Fischer u. P. Viaud: Ber. dtsch. chem. Ges. **64**, 195 (1931).

[6] W. Küster: Zelle u. Gewebe **12**, 18 (1924).

2, 4-Dimethyl-pyrrol-5-glyoxylsäureester[1].

Mol-Gewicht: 195.

Zusammensetzung: 61,53% C; 6,60% H; 24,70% O; 7,17% N. $C_{10}H_{13}O_3N$.

Darstellung: 2 ccm 2, 4-Dimethyl-pyrrol und 2 ccm Cyankohlensäureester in 7 ccm Chloroform werden bei 0° mit Chlorwasserstoff gesättigt. Nach 24 stündigem Stehen wird im Vakuum eingedampft, der ölige Rückstand dreimal mit Eiswasser behandelt und filtriert. Im Filtrat tritt beim Stehen Krystallisation ein.

Eigenschaften: Aus Alkohol-Wasser, Krystalle vom Schmelzp. 60—61°.

2, 4-Dimethyl-pyrrol-5-glyoxylsäure $C_8H_9O_3N$. Durch Verseifen des Esters mit 10 proz. Natronlauge. Aus Wasser Schmelzp. 164—165°.

2, 4-Dimethyl-5-(β-dicyan-vinyl)-pyrrol[2].

Mol-Gewicht: 171,15.

Zusammensetzung: 70,14% C; 5,30% H; 24,56% N. $C_{10}H_9N_3$.

Darstellung: Durch Kondensation von 1 g 2, 4-Dimethyl-5-formyl-pyrrol mit 0,5 g Malodinitril in abs. Alkohol unter Zusatz von Methylaminchlorhydrat und Soda. Nach 2 tägigem Stehen wird mit Wasser gefällt.

Eigenschaften: Gelbe Prismen, Schmelzp. 148°. Leicht löslich in Chloroform, schwer in Alkohol. Beim Verkochen mit wässerigem Alkali 1:1 bildet sich der Aldehyd zurück.

2, 4-Dimethyl-3-(ω-cyan-ω-carbäthoxy-vinyl)-pyrrol.

Mol-Gewicht: 214,2.

Zusammensetzung: 67,25% C; 6,53% H; 13,37% O; 12,85% N. $C_{12}H_{14}O_2N_2$.

Darstellung: a) Durch Erhitzen des 2, 4-Dimethyl-3-(ω-cyan-ω-carbäthoxy-vinyl)-5-carboxypyrrols $C_{10}H_{10}O_2N_2$ im Vakuum bis zum Schmelzen und anschließender Destillation nach Beendigung der Hauptreaktion[3].

b) Durch Kondensation von 0,5 g 2, 4-Dimethyl-3-formylpyrrol mit 0,45 g Cyanessigsäureäthylester in abs. Alkohol in Gegenwart von Methylaminchlorhydrat und Soda. Nach 5 tägigem Stehen wird filtriert und mit Wasser gewaschen[4].

Eigenschaften: Schmelzp. 121°. Durch Verseifen mit 50 proz. wässeriger Kalilauge entsteht 2, 4-Dimethyl-3-formylpyrrol zurück[4].

2, 4-Dimethyl-3-(ω-cyan-ω-carboxy)-vinyl-pyrrol $C_{10}H_{10}O_2N_2$ (M=190,14). Wird hergestellt durch Verseifen des Esters mit wässerig-alkalischer Kalilauge. Beim Ansäuern Krystallisation. — Aus Alkohol-Wasser gelbe Nadeln, Schmelzp. 210° unter Zersetzung[3].

2, 4-Dimethyl-3-(ω-cyan-ω-carbäthoxy-vinyl)-5-formyl-pyrrol[3].

Mol-Gewicht: 246,20.

Zusammensetzung: 63,41% C; 5,71% H; 19,55% O; 11,43% N. $C_{13}H_{14}O_3N_2$.

Darstellung: Durch Sättigen eines Gemisches von 10 g 2, 4-Dimethyl-3(ω-cyan-ω-carbäthoxy-vinyl)-pyrrol $C_{12}H_{14}O_2N_2$ in 10 ccm Chloroform, 30 ccm Äther und 10 ccm wasserfreier Blausäure unter Eiskühlung mit einem langsamen Chlorwasserstoffstrom. Nach mehrstündigem Stehen wird abgesaugt. Ausbeute 10,5 g.

Eigenschaften: Aus Alkohol rötlich seidenglänzende Nadeln, Schmelzp. 200°.

Oxym $C_{13}H_{15}O_3N_3$. Durch Versetzen des Aldehyds in Alkohol mit einer wässerigen durch Natriumbicarbonat neutralisierten Hydroxylaminchlorhydratlösung, wobei das Oxym sofort ausfällt. — Gelbe Nadeln, Schmelzp. 185°. Löslich in Alkohol, Essigsäure, Pyridin, Chloroform.

Semicarbazon $C_{14}H_{17}O_3N_5$. 1 g Aldehyd wird mit einer neutralisierten, wässerigen Lösung von 0,5 g Semicarbazidchlorhydrat versetzt, wonach sofort Abscheidung eintritt. — Aus Pyridin gelbe Nädelchen, Schmelzp. 253°.

[1] H. Fischer u. P. Viaud: Ber. dtsch. chem. Ges. **64**, 197 (1931).
[2] H. Fischer u. K. Zeile: Liebigs Ann. **461**, 225 (1928).
[3] H. Fischer u. B. Weiß: Ber. dtsch. chem. Ges. **57**, 606 (1924).
[4] H. Fischer u. H. Wasenegger: Liebigs Ann. **461**, 291 (1928).

Azlacton $C_{22}H_{19}O_4N_3$. Entsteht bei 5stündigem Kochen von 0,6 g Aldehyd und 0,5 g Hippursäure in 15 ccm Essigsäureanhydrid. Isolieren durch Verdunsten des Anhydrids. — Aus Alkohol rote Krystalle vom Schmelzp. 185°.

2, 4-Dimethyl-3(ω-cyan-ω-carboxy)-vinyl-5-formyl-pyrrol $(C_{11}H_{10}O_3N_2) \cdot H_2O$. (M = 236,17). Wird hergestellt durch Verseifen des Esters mit wässerig-alkoholischer Natronlauge unter Ersatz des verdampfenden Alkohols durch Wasser. Isolierung durch Fällen mit verdünnter Schwefelsäure. Ausbeute 50%. — Aus Eisessig Nadeln, aus Eisessig-Wasser Rauten, Schmelzp. 240°[1].

2, 4-Dimethyl-pyrrol-3-propionsäure = Kryptopyrrolcarbonsäure
(Bd. IX, S. 383, 406; Bd. X, S. 61).

$$C_9H_{13}O_2N$$

Bildung: Aus 2, 4-Dimethyl-3-propionsäure-5-carbäthoxy-pyrrol[2], 2, 4-Dimethyl-3-propionsäurenitril-5-carbäthoxy-pyrrol[3]; 2, 4-Dimethyl-3-(ω-cyan-ω-carbäthoxy-äthyl)-5-carbäthoxy-pyrrol[3]; 2, 4-Dimethyl-3-(ω-cyan-ω-carboxy-äthyl)-5-carbäthoxy-pyrrol[2]; Bis-(3-propionsäure-4-methyl-5-carbäthoxy-pyrryl)-methan[4]; Bis-(3-propionsäurenitril-4-methyl-5-carbäthoxy-pyrryl)-methan[3] und Bilirubin[5] beim Erhitzen mit Eisessig-Jodwasserstoff.

Darstellung: a) 1,1 g 2, 4-Dimethyl-3-propionsäure-5-carbäthoxypyrrol werden mit 0,8 g Ätznatron (4 Mol) in wenig Wasser 1 Stunde gekocht. Nach dem Abkühlen auf 0° wird schwach kongosauer gemacht, wobei unter Kohlensäureentwicklung Krystallisation, bestehend aus einem Gemisch von 2, 4-Dimethyl-5-carboxypyrrol-3-propionsäure und 2, 4-Dimethyl-pyrrol-3-propionsäure eintritt. Nach dem Filtrieren wird mit Wasser erhitzt, wobei die erste Säure vollständig in die zweite übergeht. Ausbeute 70%. Sie vergrößert sich durch Ausäthern sämtlicher abfallender Mutterlaugen[4].

b) 1 g 2, 4-Dimethyl-5-carbäthoxy-pyrrol-3-β-methylmalonester wird mit 10 ccm Eisessig und 2 ccm Jodwasserstoff (D = 1,96) 2 Stunden auf 100° erhitzt. Dann wird mit Jodphosphonium entfärbt, der Eisessig im Vakuum abdestilliert, der Rückstand mit Soda aufgenommen, ausgeäthert und schließlich der alkalische Teil nach dem Ansäuern mit Schwefelsäure bis zur schmutzig-kongosauren Reaktion noch einmal ausgeäthert. Beim Verdunsten des Äthers bleibt ein rasch krystallisierendes Öl[2].

Eigenschaften: Aus Wasser makroskopische derbe Prismen, Schmelzp. 140—141°. Färbt sich an der Luft rot. Auch das analytische Produkt färbt sich bei mehrjährigem Lagern, selbst wenn es vor Licht und Luft geschützt bleibt. Die rote Substanz ist in Äther unlöslich[4].

Pikrat $C_{15}H_{16}O_9N_4$. Durch Versetzen der ätherischen Lösung der Säure mit wässerig-ätherischer Pikrinsäure. — Aus Alkohol Schmelzp. 156°[4].

Oxym = Isonitrosokryptopyrrolcarbonsäure $C_8H_{10}O_4N_2$ entsteht durch Lösen der Säure in 40proz. Schwefelsäure und Versetzen mit Natriumnitritlösung. Krystallisiert nach längerem Stehen in Eis und Reiben mit dem Glasstab. — Aus Wasser, Schmelzp. 215°[4].

2, 4-Dimethyl-pyrrol-3-propionsäurehydrazid $C_9H_{15}ON_3$. Durch Eintragen von Kryptopyrrolcarbonsäure-methylester in 2 Mol Hydrazinhydrat und Erhitzen im Wasserbad unter Rückfluß. Anfangs erfolgt Lösung und nach 10—15 Minuten tritt Erstarrung zu einer festen Masse ein, die dann mit Alkohol verrieben und mit Äther gewaschen wird. Die eingeengten Filtrate geben beim Kochen mit neuem Hydrazinhydrat noch mehr Hydrazid. — Aus Wasser lange, weiße Nadeln, Schmelzp. 177°. Gibt mit Ameisensäure-Bromwasserstoff das Methen der Kryptopyrrolcarbonsäure[6].

2, 4-Dimethyl-pyrrol-3-propionsäurehydrazid-5-azobenzol $C_{15}H_{19}ON_5$. Durch Lösen des Hydrazids in verdünnter Salzsäure, Überschichten mit wenig Äther und Zugabe einer eisgekühlten, salpetrigsäurefreien, frisch hergestellten Benzol-Diazoniumchloridlösung. Beim Schütteln tritt Farbenumschlag nach Orangerot und Abscheidung des Chlorhydrats in feinen Nadeln ein. Dieses gibt durch Zersetzen mit Lauge oder Pyridin die freie Base. — Aus Chloroform-Petroläther Krystalle vom Schmelzp. 170°[6].

---

[1] H. Fischer u. H. Wasenegger: Liebigs Ann. **461**, 294 (1928).
[2] H. Fischer u. P. Heisel: Liebigs Ann. **457**, 99 (1927).
[3] H. Fischer u. H. Wasenegger: Liebigs Ann. **461**, 287f. (1928).
[4] H. Fischer u. C. Nenitzescu: Liebigs Ann. **443**, 126 (1925).
[5] H. Fischer, A. Merka u. E. Plötz: Liebigs Ann. **478**, 203 (1929).
[6] H. Fischer, O. Süs u. F. G. Weilguny: Liebigs Ann. **481**, 175 (1930).

2, 4-Dimethyl-3-propionsäure-5-formyl-pyrrol[1]
= Kryptopyrrolcarbonsäurealdehyd.

Mol-Gewicht: 195,16.

Zusammensetzung: 71,54% C; 6,66% H; 14,62% O; 7,18% N. $C_{10}H_{13}O_3N$.

Darstellung: 0,2 g Kryptopyrrolcarbonsäure $C_9H_{13}O_2N$ und 0,5 ccm Blausäure in 5 ccm Chloroform werden unter Eiskühlung mit Chlorwasserstoff gesättigt. Nach 1 tägigem Stehen wird im Vakuum bei Zimmertemperatur verdampft, das rückständige, dicke braune Öl in Wasser gelöst, nach dem Versetzen mit verdünnter Natronlauge bis zum Verschwinden des Ammoniakgeruchs gekocht; dann mit verdünnter Salzsäure kongosauer gemacht, das ausgeschiedene dunkle Öl mit Äther extrahiert und dann letzterer verdampft.

Eigenschaften: Aus Wasser farblose Krystalle, Schmelzp. 151°. Ehrlichsche Reaktion kalt negativ, heiß stark positiv.

Iminchlorhydrat $C_{10}H_{14}O_2N_2Cl$. Krystallisiert aus, wenn die Lösung des braunen Öls (s. oben) einige Tage stehen bleibt. — Aus Alkohol-Äther farblose Nadeln; Schmelzp. 208°.

Semicarbazon $C_{11}H_{16}O_3N_4$. Durch Zusammengeben einer alkoholischen Lösung des Aldehyds mit einem Gemisch der Lösungen von molaren Mengen salzsaurem Semicarbazon in Wasser und Kaliumacetat in berechneten Mengen. Beim Stehen Krystallisation. — Aus Alkohol büschelförmige Nadeln, Schmelzp. 223°.

2, 4-Dimethyl-3-propionsäure-5-(chloracetyl)-pyrrol[2].

Mol-Gewicht: 243,5.

Zusammensetzung: 54,20% C; 5,75% H; 19,74% O; 5,75% N; 14,56% Cl. $C_{11}H_{14}O_3NCl$.

Darstellung: 0,3 ccm Chloracetonitril in 2 ccm Chloroform werden mit Chlorwasserstoff gesättigt, dann hierzu 0,6 g 2, 4 Dimethyl-pyrrol-3-propionsäure gegeben und nun noch einige weitere Minuten Chlorwasserstoff eingeleitet. Nach 12 stündigem Stehen im Eisschrank wird von der Krystallisation abgesaugt, das Filtrat eingedampft und der Rückstand mit Wasser zerlegt. Ausbeute 0,56 g.

Eigenschaften: Aus Alkohol-Wasser Schmelzp. 212—213°.

2, 4-Dimethyl-3-carbäthoxy-pyrrol (Bd. X, S. 922).

$$C_9H_{13}O_2N$$

2, 4-Dimethyl-3-carbäthoxy-5-jodpyrrol $C_9H_{12}O_2NJ$. Entsteht durch Einwirkung einer Lösung von 2,8 g Jod in Jodkali auf eine heiße Lösung von 2 g Pyrrol in 30 ccm Alkohol und 100 ccm Wasser. Ausbeute 3 g[3]. — Aus Alkohol-Wasser Schmelzp. 146°. Gibt bei Einwirkung von 2 Mol Brom (5-Brom-4-methyl-2-carboxäthyl-pyrryl)-(2, 4-dimethyl-3-carboxäthyl-pyrrolenyl)-methen-bromhydrat[4].

Benzidinfarbstoff $C_{36}H_{32}O_4N_6$. Durch Kuppelung des Pyrrols mit diazotiertem Benzidin. — Orangerote Krystalle mit grünem Oberflächenglanz. Unlöslich in Alkohol, Petroläther; sehr schwer in Benzol, Aceton, Äther, Essigester, Chloroform, Eisessig. Löslich in konz. Schwefelsäure mit violetter Farbe; unlöslich in verdünnten Säuren und Alkalien[5].

Pyridinverbindung $C_{23}H_{31}O_4N_3$ (2 Mol Pyridin + 1 Mol Pyrrol). Entsteht bei der Einwirkung von Acetylchlorid bzw. Benzoylchlorid auf das Pyrrol in Pyridin. — Aus Alkohol farblose Nadeln, Schmelzp. 173—174°. Ist nur in reinstem Zustand beständig. Ehrlichsche Reaktion kalt positiv[6].

Chinolinverbindung: Nadeln, Schmelzp. 206—210°[6].

$C_{15}H_{16}O_4N_2S$. Entsteht bei der Kondensation des Pyrrols mit o-Nitrophenylschwefelchlorid in Benzollösung. — Aus Alkohol gelbe Oktaeder. Schmelzp. 191—192°. Leicht löslich in Essigester, Aceton, Chloroform, Pyridin; schwerer in Alkohol, Benzol, Eisessig, Äther; unlöslich in Petroläther und Wasser. Ehrlichsche Reaktion kalt negativ, heiß positiv[7].

[1] F. Fischer u. M. Schubert: Ber. dtsch. chem. Ges. **57**, 615 (1924).
[2] H. Fischer u. P. Viaud: Ber. dtsch. chem. Ges. **64**, 200 (1931).
[3] H. Fischer u. H. Scheyer: Liebigs Ann. **439**, 194 (1924).
[4] H. Fischer u. H. Scheyer: Liebigs Ann. **439**, 195 (1924).
[5] H. Fischer u. K. Schneller: Hoppe-Seylers Z. **128**, 250 (1923).
[6] H. Fischer u. K. Schneller: Hoppe-Seylers Z. **128**, 235 (1923).
[7] H. Fischer u. M. Herrmann: Hoppe-Seylers Z. **122**, 17—21 (1923).

$C_{18}H_{24}N_2S_2$. Durch Kondensation des Pyrrols mit Schwefelchlorür in trockenem Äther. — Aus Chloroform hellgelbe, breite, kurze Prismen Schmelzp. 195°. Leicht löslich in Alkohol, Essigester, Chloroform, Benzol, Eisessig, Aceton; unlöslich in Äther, Petroläther, Wasser. Ehrlichsche Reaktion kalt negativ, heiß positiv[1].

$C_{18}H_{24}O_4N_2S$. Durch Kondensation mit Schwefelchlorid in Äther. Aus Alkohol-Wasser fast farblose, lange Nadeln; Schmelzp. 197°. Leicht löslich in Alkohol, Essigester, Chloroform, Benzol, Eisessig. Ehrlichsche Reaktion negativ, heiß positiv[1].

Sublimatverbindung $(C_9H_{12}NO_2)_2 \cdot Hg \cdot (HgCl_2)_4$. Entsteht bei Zusatz einer warmen alkoholischen Sublimatlösung zu einer ebensolchen des Pyrrols. — Schmelzp. 180—200°. Aus Aceton oder Alkohol, sehr lange, teils gebogene Nadeln, Schmelzp. 218° unter Zersetzung. Schwer löslich in Wasser und Äther; leicht löslich in Pyridin und Eisessig. Wird durch Schwefelwasserstoff zerlegt[2].

Bis-(2, 4-dimethyl-3-carbäthoxypyrryl)-phenylmethan $C_{25}H_{30}O_4N_2$. Entsteht durch Reduktion des salzsauren Imins des 2, 4-Dimethyl-3-carbäthoxy-5-benzoylpyrrols in alkoholischer Lösung mit Natriumamalgam. Aus Alkohol farblose Blättchen, Schmelzp. 182°. Leicht löslich in Alkohol, Aceton, Eisessig, Chloroform mit rosa Farbe; leicht löslich in Pyridin und Äther mit gelber Farbe; unlöslich in Wasser. Färbt sich an der Luft rot. Ehrlichsche Reaktion kalt positiv; Eisenchloridreaktion intensiv rot[3].

2, 4-Dimethyl-3-carbäthoxypyrryl-tetramethyl-p-diaminodiphenylmethan $C_{28}H_{33}O_2N_2$. Durch 3stündiges Erhitzen von 1 Mol 2, 4-Dimethyl-3-carbäthoxy-pyrrol (1,3 g) mit 1 Mol Tetramethyl-p-diaminobenzhydrol (2,4 g) in Anwesenheit von Kaliumbisulfat. — Aus Alkohol farblose, feine Blättchen, Schmelzp. 176°. Leicht löslich in Chloroform, Eisessig, Benzol, Aceton und Pyridin; schwer in Alkohol und Äther; unlöslich in Petroläther. Die Eisessiglösung ist kalt rosa, heiß blau gefärbt und zeigt starke Absorption im Rot und an der Grenze zwischen Grün und Blau. Die Lösung in konz. Salzsäure ist gelb, wird beim Verdünnen blau. Unlöslich in Alkalien. Färbt sich an der Luft blau[4].

$C_{20}H_{24}O_3N_4$. Entsteht unter der Einwirkung von Pyridin und Bromcyan auf das Pyrrol. — Aus Aceton gelb gefärbte Blättchen, Schmelzp. 151°. Leicht löslich in allen organischen Lösungsmitteln. Beim Erwärmen mit konz. Salzsäure wird 1 Mol Ausgangsmaterial zurückerhalten; wird gleichzeitig Ameisensäure zugesetzt, dann entsteht Bis-(2, 4-Dimethyl-3-carbäthoxy-pyrrol)-methenchlorhydrat. Wird bei der Anfangskondensation oder zu der alkoholischen Lösung das Kondensationsprodukts Bromwasserstoffsäure zugesetzt, dann bildet sich das Bromhydrat eines Farbstoffs. (Aus Eisessig-Alkohol blaue Nadeln, Zersetzungsp. 220—225°.) Dieser gibt mit Ammoniak die freie Base (kein Schmelzpunkt), aus der sich dann wieder ein Chlorhydrat (aus Eisessig-Salzsäure blaugrüne Nadeln, Zersetzungsp. 190—194°) und ein Perchlorat (aus Alkohol-Perchlorsäure feine Nädelchen, zersetzt sich explosionsartig über 300°) herstellen läßt[5].

2, 4-Dimethyl-3-carbäthoxy-pyrrol-5-azobenzol $C_{15}H_{17}O_2N_3$. Wird dargestellt durch Kuppeln von 2, 4-Dimethyl-3-carbäthoxypyrrol mit Diazobenzolchlorid in essigsaurer Lösung. — Kleine gelbe Nadeln, Schmelzp. 127°. Pikrat, Schmelzp. 156—158° unter Zersetzung; Styphnat Schmelzp. 163° unter Zersetzung[6].

(p-Dimethylaminophenyl)-(2, 4-dimethyl-3-carbäthoxy-pyrrolen)-methen-perchlorat $C_{18}H_{23}O_6N_2Cl$. Entsteht beim Versetzen von 1,7 g 2, 4-Dimethyl-3-carbäthoxy-pyrrol und 1,6 g Dimethylaminobenzaldehyd mit überschüssiger Perchlorsäure. Violette rechteckige Platten, löslich im Alkohol[7].

Bis-(2, 4-dimethyl-3-carbäthoxy-pyrryl)-phenyl-methyl-methan $C_{26}H_{32}O_4N_2$. Durch Kondensation des Pyrrols (0,5 g) mit Acetophenon (0,7 g) in alkoholischer Lösung mittels konz. Salzsäure oder Kaliumbisulfat. — Aus Aceton-Wasser kleine farblose Nadeln, Schmelzp. 221°. Leicht löslich in Eisessig, Chloroform, Aceton; schwer in Alkohol, Benzol; unlöslich in Äther, Petroläther und Wasser. Ehrlichsche Reaktion kalt negativ, heiß positiv, Farbe carminrot-violett-tiefblau[8].

[1] H. Fischer u. M. Herrmann: Hoppe-Seylers Z. **122**, 17—21 (1923).
[2] H. Fischer u. R. Müller: Hoppe-Seylers Z. **148**, 166 (1925).
[3] H. Fischer u. K. Schneller: Hoppe-Seylers Z. **128**, 249 (1923).
[4] H. Fischer u. K. Schneller: Hoppe-Seylers Z. **128**, 253 (1923).
[5] H. Fischer u. P. Ernst: Ber. dtsch. chem. Ges. **59**, 143 (1926).
[6] H. Fischer u. Fr. Rottweiler: Ber. dtsch. chem. Ges. **56**, 519 (1923).
[7] H. Fischer u. C. Nenitzescu: Hoppe-Seylers Z. **145**, 305 (1925).
[8] H. Fischer u. F. Schubert: Hoppe-Seylers Z. **155**, 84 (1926).

Bis-(2, 4-dimethyl-3-carbäthoxy-pyrryl)-diphenylmethan $C_{31}H_{34}O_4N_2$. Entsteht bei Kondensation von 0,3 g Pyrrol mit 0,2 g Benzophenon in alkoholischer Lösung durch konz. Salzsäure. — Aus Aceton-Wasser, Schmelzp. 224°. Schwer löslich in Alkohol, löslich in Benzol, Aceton, Chloroform, Eisessig. Ehrlichsche Reaktion kalt negativ, heiß positiv[1].

2, 4-Dimethyl-3-carbäthoxy-5-butyryl-pyrrol $C_{13}H_{19}O_3N$. Bildet sich bei Kondensation des Pyrrols (1 g) mit Butyrylchlorid (0,7 g) in 10 g Schwefelkohlenstoff mittels Aluminiumchlorid (1 g) unter leichtem Erwärmen. Trennung von einem Nebenprodukt (Schmelzp. 190°) durch Auskochen des entstandenen hellbraunen Stoffs mit Ligroin, wobei sich das Butyrylpyrrol löst. — Schmelzp. 136°. Leicht löslich in Äther, Chloroform, Benzol, Alkohol, Aceton; unlöslich in Petroläther und Wasser. Ehrlichsche Reaktion kalt negativ, heiß schwach positiv[2].

2, 4-Dimethyl-3-carbäthoxy-5-benzoyl-pyrrol $C_{16}H_{17}O_3N$. Durch Kondensation von 0,5 g Pyrrol in 5 g Schwefelkohlenstoff mit 0,5 g Benzoylchlorid in Gegenwart von 0,5 g Aluminiumchlorid unter schwachem Erwärmen. — Aus Alkohol farblose Nadeln, Schmelzp. 108°[2].

2, 4-Dimethyl-3-carbäthoxy-5-brom-pyrrol $C_9H_{12}O_2NBr$. ($M = 246,07$). Wird erhalten durch Zugabe von 1 g Brom (1 Mol) in wenig Äther zu 1 g Pyrrol in 30 ccm Äther, wobei Rotbraunfärbung und Bromwasserstoffentwicklung einsetzt. Nachdem wird sofort mit Soda behandelt und im Vakuum eingedampft. — Aus Alkohol-Wasser derbe Platten, Schmelzp. 96° unter Zersetzung[3].

2, 4-Dimethyl-pyrrol-3-carbonsäurehydrazid $C_7H_{11}ON_3$. 3 g Pyrrol werden mit 6 g Hydrazinhydrat 48 Stunden im Rohr auf 130° erhitzt. Beim Erkalten tritt Krystallisation ein. — Aus Alkohol Krystalle, Zersetzungsp. 210°[4].

2, 4-Dimethyl-3-carbäthoxy-pyrrol-5-phenylsulfid $C_{15}H_{17}O_2NS$. Bildet sich beim Versetzen von 0,45 g Pyrrol in 15 ccm abs. Äther mit 0,4 g Phenylschwefelchlorid[5] in 5 ccm Äther unter leichter Erwärmung und Farbvertiefung. Isolierung durch Waschen mit Sodalösung und Verdampfen der Äthers. Ausbeute fast quantitativ. — Aus Alkohol-Wasser rosa Nadeln, Schmelzp. 111°. Ehrlichsche Reaktion heiß positiv[6].

2-Chlormethyl-3-carbäthoxy-4-methyl-5-oxy-pyrrol[7].

Mol-Gewicht: 217,61.

Zusammensetzung: 49,67% C; 5,53% H; 22,06% O; 6,43% N; 16,31% Cl. $C_9H_{12}O_3NCl$.

Darstellung: 1 g 2, 4-Dimethyl-3-carbäthoxy-5-oxy-pyrrol $C_9H_{13}O_3N$ suspendiert in 4 ccm abs. Äther, wird unter Eiskühlung mit 0,7 ccm Sulfurylchlorid ($1^1/_4$ Mol) auf einmal versetzt, wobei sofort Lösung und Gelb- bis Orangefärbung und dann Krystallisation in Form von goldgelben, zugespitzten, büschelförmig verwachsenen Prismen einsetzt. Durch längeres Kochen mit Benzol, Methyl- oder Äthylalkohol wird die Krystallisation farblos. Ausbeute 0,5—0,8 g.

Eigenschaften: Aus Benzol farblose Krystalle vom Schmelzp. 186°.

Schiffsche Base $C_{15}H_{16}O_3N_2$. Entsteht bei 2stündigem Erwärmen des Pyrrols mit der sechsfachen Menge frisch destilliertem Anilin auf dem Wasserbad. Beim Erkalten bildet sich ein Krystallbrei (gelbe Nadeln), der mit verdünnter Salzsäure gewaschen wird. Reinigen durch öfteres Umkrystallisieren aus Benzol. — Aus Methyl- oder Äthylalkohol, derbe gelbbraune Prismen mit grünviolettem Oberflächenglanz, Schmelzp. 241°[7].

2-Trichlormethyl-3-carbäthoxy-4-methyl-5-oxy-pyrrol[8].

Mol-Gewicht: 286,51.

Zusammensetzung: 37,71% C; 3,49% H; 16,76% O; 4,89% N; 37,15% Cl. $C_9H_{10}O_3NCl_3$.

Darstellung: Eine Aufschlämmung von 1 g 2, 4-Dimethyl-3-carbäthoxy-5-oxy-pyrrol in abs. Äther wird unter Eiskühlung rasch mit 1,4 ccm Sulfurylchlorid ($3^1/_3$ Mol) versetzt, wobei unter heftiger Reaktion erst Gelbfärbung dann Farbloswerden und schließlich Krystallisation eintritt. Nach $^1/_2$stündigem Stehen wird abgesaugt.

[1] H. Fischer u. F. Schubert: Hoppe-Seylers Z. **155**, 84 (1926).
[2] H. Fischer u. F. Schubert: Hoppe-Seylers Z. **155**, 108—111 (1926).
[3] H. Fischer u. R. Bäumler: Liebigs Ann. **468**, 73 (1929).
[4] H. Fischer, O. Süs u. F. G. Weilguny: Liebigs Ann. **481**, 192 (1930).
[5] Lecher: Ber. dtsch. chem. Ges. **57**, 755 (1924); **58**, 409 (1925).
[6] H. Fischer, E. Sturm u. H. Friedrich: Liebigs Ann. **461**, 268 (1928).
[7] H. Fischer u. E. Adler: Hoppe-Seylers Z. **197**, 268 (1931).
[8] H. Fischer u. E. Adler: Hoppe-Seylers Z. **197**, 269 (1931).

Eigenschaften: Aus Benzol derbe Polyeder oder Platten, Schmelzp. 117°. Ist reaktionsträge. Beständig gegen siedendes Wasser.

$C_9H_9O_3NCl_2$. Aus dem 2-Trichlormethyl-pyrrol mit 10proz. Natronlauge, wobei erst Lösung und dann Abscheidung einer Natriumverbindung eintritt (glänzende Blättchen). Nach dem Absaugen wird in Wasser gelöst und durch Zugabe von Mineralsäure gefällt. — Aus Alkohol-Wasser farblose Nadeln, Schmelzp. 185°.

Anilid $C_{21}H_{21}O_3N_3$. Durch $^3/_4$stündiges Erwärmen von 1 g Pyrrol mit 6 g Anilin im Wasserbad. Die beim Abkühlen erhaltene Krystallmasse wird abgesaugt und mit Wasser und Alkohol-Äther gewaschen. — Aus Alkohol leuchtend orangerote Nadelbüschel, Schmelzp. 227°. Löslich in 10proz. Salzsäure, fällt beim Neutralisieren wieder unverändert aus.

2-Brommethyl-3-carbäthoxy-4-methyl-5-oxy-pyrrol[1].

Mol-Gewicht: 263,08.

Zusammensetzung: 41,22% C; 4,62% H; 18,32% O; 5,34% N; 30,50% Br. $C_9H_{13}O_3NBr$.

Darstellung: Zu 1 g 2, 4-Dimethyl-3-carbäthoxy-5-oxy-pyrrol in Chloroform gelöst, werden unter guter Eiskühlung 1,8 ccm 50proz. Bromlösung in Chloroform gegeben und nach kurzem Stehen das Lösungsmittel abgedunstet. Aus der rückständigen Schmiere ist nach längerem Stehen das Bromprodukt auskrystallisiert und wird dann schnell aus Methanol unter Zusatz von Blutkohle umkrystallisiert.

Eigenschaften: Aus Methanol, Zersetzungsp. 169°.

Tris-(1-oxymethyl-2, 4-dimethyl-3-carbäthoxy-pyrrol)[2].

Mol-Gewicht: 591,54.

Zusammensetzung: 60,88% C; 7,67% H; 24,35% O; 7,10% N. $(C_{10}H_{15}O_3N)_3$.

Darstellung: 3 g 2, 4-Dimethyl-3-carbäthoxypyrrol werden mit 9 ccm Formaldehydlösung und etwas 30proz. Natronlauge bis zur vollständigen Lösung erhitzt. Danach wird mit viel Wasser verdünnt und schwach angesäuert, wobei sich ein Öl abscheidet, das nach längerem Stehen in Eis erstarrt.

Eigenschaften: Aus abs. Alkohol Krystalle, Schmelzp. 175° unter Gasentwicklung. Gibt mit Eisessig und Salzsäure intensiv rote Färbung.

2, 4-Dimethyl-3-carbäthoxy-5-oxymethyl-pyrrol.

Mol-Gewicht: 197,18.

Zusammensetzung: 60,87% C; 7,67% H; 24,36% O; 7,10% N. $C_{10}H_{15}O_3N$.

Darstellung: a) 6 g 2, 4-Dimethyl-3-carbäthoxypyrrol $C_9H_{13}O_2N$ werden mit 18 ccm 40proz. Formaldehyd und etwas Natronlauge bis zur vollkommenen Lösung im Wasserbad auf 80° erwärmt. Dann wird mit dem doppelten Volumen Wasser verdünnt, wobei sich ein Öl abscheidet, das beim Stehen in Eis krystallisiert[3].

b) 1,1 g 2, 4-Dimethyl-3-carbäthoxy-5-formylpyrrol $C_{10}H_{13}O_3N$ in 30 ccm 96proz. Alkohol aufgeschwemmt werden nach Zusatz von 0,1 g Platin 5 Stunden hydriert. Dann wird filtriert, das Filtrat im Vakuum eingeengt, die ausgefallenen Krystalle abgesaugt, wieder in kaltem Alkohol gelöst und noch einmal eingeengt[4].

c) 2 g Aldehyd, in wasserhaltigem Äther gelöst, werden mit einem Überschuß an aktiven Aluminiumamalgam[5] versetzt und mehrere Stunden stehengelassen. Dann wird filitiert, der Rückstand mehrmals mit Äther ausgezogen und die gesamten ätherischen Lösungen nach dem Trocknen im Vakuum eingeengt. Der Rückstand wird in Alkohol gelöst und wie bei b) weiterbehandelt[6].

Eigenschaften: Aus Alkohol oder sodahaltigem Wasser, Schmelzp. 119°. Außer Äther leicht löslich in allen organischen Lösungsmitteln[3]. Ist durch Wasser aus der alkoholischen Lösung nicht fällbar. Ehrlichsche Reaktion heiß positiv. Gibt beim trockenen Erhitzen Bis-(2, 4-dimethyl-3-carbäthoxypyrryl)-methan. Dasselbe ist auch beim Erhitzen mit verdünnter Mineralsäuren, Eisessig, methylalkoholischer Kalilauge und Wasser der Fall[4].

[1] H. Fischer u. E. Adler: Hoppe-Seylers Z. **197**, 278 (1931).

[2] H. Fischer u. C. Nenitzescu: Liebigs Ann. **443**, 121 (1925).

[3] H. Fischer u. C. Nenitzescu: Liebigs Ann. **443**, 119 (1925).

[4] H. Fischer u. A. Stern: Liebigs Ann. **446**, 234, 235 (1926).

[5] F. Hahn u. Thieler: Ber. dtsch. chem. Ges. **57**, 6 1 (1924).

[6] H. Fischer u. A. Stern: Liebigs Ann. **446**, 236 (1926).

2, 4-Dimethyl-3-carbäthoxy-5-acetyl-pyrrol (Bd. X, S. 923).

Mol-Gewicht: 209,20.

Zusammensetzung: 63,16% C; 7,18% H; 22,96% O; 6,70% N. $C_{11}H_{15}O_3N$.

Darstellung: a) 2 g 2, 4-Dimethyl-3-carbäthoxypyrrol in 20 g Schwefelkohlenstoff werden zuerst mit 1 g frisch destilliertem Acetylchlorid und dann mit 1 g sublimiertem Aluminiumchlorid versetzt. Nach schwachem Erwärmen setzt heftige Reaktion unter Salzsäureentwicklung ein, nach deren Beendigung noch 1 Stunde erwärmt wird. Nach längerem Stehen wird unter Kühlung mit Wasser versetzt und der Schwefelkohlenstoff abdestilliert. Der rückständige blauviolette Körper, ein Gemisch, wird nach dem Erhitzen mit Wasser mit Ligroin gekocht und rasch filtriert, wobei das Acetylpyrrol ins Filtrat geht und sich dort bei Abkühlung abscheidet. (Eine zweite Trennung ist möglich durch Digerieren mit kaltem Alkohol, Absaugen und Fällen des Filtrats mit Wasser.). Der unlösliche Rückstand schmilzt bei 207°[1].

b) Entsteht auch beim Einleiten von Chlorwasserstoff in eine Lösung von 2, 4-Dimethyl-3-carbäthoxy-pyrrol und Cyanessigsäure in abs. ätherischer Lösung und Zersetzen des entstandenen salzsauren Ketimins mit Wasser. Ausbeute 80%[2].

Eigenschaften: Aus Alkohol Nadeln, Schmelzp. 139°. Enthält ein aktives Wasserstoffatom[3].

2, 4-Dimethyl-3-carbäthoxy-5-chloracetyl-pyrrol[4].

Mol-Gewicht: 243,63.

Zusammensetzung: 54,17% C; 5,79% H; 19,74% O; 5,75% N; 14,55% Cl. $C_{11}H_{14}O_3NCl$.

Darstellung: 0,5 g 2, 4-Dimethyl-3-carbäthoxy-pyrrol in 5 g Schwefelkohlenstoff werden mit 0,6 g Chloracetylchlorid und 0,5 g Aluminiumchlorid versetzt. Nach 2 stündigem Erwärmen wird vorsichtig mit Wasser zersetzt und der Schwefelkohlenstoff abdestilliert. Ausbeute 0,6 g.

Eigenschaften: Zweimal aus Alkohol umkrystallisiert farblose Nadeln, Schmelzp. 187°.

2, 4-Dimethyl-3-carbäthoxy-5-chloracetaminomethyl-pyrrol $C_{12}H_{17}O_3N_2Cl$ (M=272,67). Entsteht beim Erhitzen von 4 g 2, 4-Dimethyl-3-carbäthoxypyrrol $C_9H_{13}O_2N$ in wenig Alkohol mit 4 g Methylchloracetamid[5] und 4 ccm konz. Salzsäure. Nach 5 Minuten ist die Reaktion beendigt und das Pyrrol wird mit Wasser gefällt. — Aus Wasser Schmelzp. 194° unter Zersetzung[6].

2, 4-Dimethyl-3-carbäthoxy-5-propionyl-pyrrol.

Mol-Gewicht: 223,20.

Zusammensetzung: 64,58% C; 7,62% H; 21,08% O; 6,72% N. $C_{12}H_{17}O_3N$.

Darstellung: a) Durch Kondensation des 2, 4-Dimethyl-3-carbäthoxy-pyrrols mit Propionylchlorid in Schwefelkohlenstofflösung mittels Aluminiumchlorid. Durch schwaches Erwärmen wird die Reaktion eingeleitet und 1¹/₂ Stunden in Gang gehalten. Dann wird mit Wasser zersetzt, das Lösungsmittel abdestilliert, das restliche schwach rosa gefärbte Produkt mit Alkohol gekocht und anschließend rasch in Wasser filtriert. Ausbeute mäßig. (Als Rückstand bleibt ein Nebenprodukt von Schmelzp. 233°.)[7]

b) Entsteht auch beim Erhitzen von Isonitrosopropionylaceton und Acetessigester in Eisessig mit Zinkstaub. Ausbeute 66%[8].

Eigenschaften: Aus Alkohol-Wasser farblose Nadeln, Schmelzp. 145° bzw. 151°. Leicht löslich in Aceton, Chloroform, Alkohol, Eisessig; unlöslich in Wasser, Petroläther, Ligroin. Ehrlichsche Reaktion schwach positiv. Gibt mit 75 proz. Schwefelsäure 2, 4-Dimethylpyrrol[8]; unter der Einwirkung von konz. Salpetersäure bildet sich 2, 4-Dimethyl-3-carbäthoxy-5-nitropyrrol[8].

2, 4-Dimethyl-3-carboxy-5-propionyl-pyrrol $C_{10}H_{13}O_3N$ (M = 195,16). Entsteht bei Verseifung des Esters mit 10 proz. alkoholischer Kalilauge. — Aus Eisessig Nadeln Schmelzp. 255°. Schwer löslich in Alkohol, Äther, Chloroform; unlöslich in Wasser. Das Bariumsalz krystallisiert aus heißem Wasser in farblosen Prismen. $C_{20}H_{24}O_6N_2Ba$[8].

---

[1] H. Fischer u. F. Schubert: Hoppe-Seylers Z. **155**, 102 (1925).

[2] H. Fischer u. K. Schneller: Hoppe-Seylers Z. **128**, 248 (1923).

[3] H. Fischer u. J. Postowsky: Hoppe-Seylers Z. **152**, 308 (1925).

[4] H. Fischer u. F. Schubert: Hoppe-Seylers Z. **155**, 103 (1926).

[5] Einhorn: Liebigs Ann. **343**, 265 (1905).

[6] H. Fischer u. C. Nenitzescu: Liebigs Ann. **443**, 123 (1925).

[7] H. Fischer u. F. Schubert: Hoppe-Seylers Z. **155**, 106 (1926).

[8] W. Küster: Zelle u. Gewebe **12**, 17—19 (1924).

2, 4-Dimethyl-3-carbäthoxy-5-formyl-pyrrol (Bd. X, S. 922).

$$C_{10}H_{13}O_2N$$

Eigenschaften: Gibt bei katalytischer Reduktion in eisessigsaurer Lösung Bis-(2, 4-dimethyl-3-carbäthoxy-pyrryl)-methan. Beim Erhitzen mit Eisessig-Jodwasserstoff entsteht 2, 4-Dimethylpyrrol[1].

Oxym $C_{10}H_{14}O_3N_2$. Durch Versetzen einer alkoholischen Lösung des 2, 4-Dimethyl-3-carbäthoxy-4-formylpyrrols mit einer durch Soda neutralisierten wäßrigen Lösung von Hydroxylaminchlorhydrat. Aus 50 proz. Alkohol farblose Krystalle, Schmelzp. 233° unter Gasentwicklung[1].

2, 4-Dimethyl-3-carboxy-5-formyl-pyrrol $C_8H_9O_3N$ (M = 167,12). Wird hergestellt durch Kochen von 1 g des Esters in Alkohol mit 0,6 g Ätznatron in 20 ccm Wasser, bis beim Abkühlen keine Abscheidung mehr eintritt. Nach dem Filtrieren und Ansäuern des Filtrats mit verdünnter Schwefelsäure fällt die Carbonsäure aus. — Aus 10 proz. Alkohol farblose Krystalle. Schmelzp. 283/284° unter Gasentwicklung[1].

2, 4-Dimethyl-3-carbäthoxy-5-nitrovinyl-pyrrol $C_{11}H_{14}O_4N_2$ (M = 238,22). Durch Kondensation von 0,5 g Aldehyd in abs. Alkohol mit 0,2 g Nitromethan in Gegenwart von durch Soda neutralisiertem Methylaminchlorhydrat. Nach 7 tägigem Stehen wird vorsichtig mit Wasser gefällt und filtriert. — Aus Alkokol Krystalle, Schmelzp. 165°[2].

2, 4-Dimethyl-3-carbäthoxy-pyrroyl-5-essigsäuremethylester.

Mol-Gewicht: 267,22.

Zusammensetzung: 58,42% C; 6,41% H; 29,93% O; 5,24% N. $C_{13}H_{17}O_5N$.

Darstellung: In eine Lösung von 3 g 2, 4-Dimethyl-3-carbäthoxypyrrol (1 Mol) und 4 g Cyanessigsäuremethylester (2 Mol) in 20 ccm Äther wird unter Kühlung 1 Stunde lang ein langsamer Salzstrom eingeleitet. Nach längerem Stehen in Eis wird der Äther im Vakuum abgesaugt und der Rückstand durch 6 minütiges Erhitzen mit Wasser bei 60—65° in das Keton verwandelt, Ausbeute 3,2 g = 85%[3].

Eigenschaften: Aus Alkohol lange, farblose, seideglänzende Nadeln, Schmelzp. 124°. Leicht löslich in Chloroform, Aceton, Pyridin; löslich in warmem Eisessig, Alkohol, Benzol; unlöslich in Äther und Wasser. Ehrlichsche Reaktion heiß schwach positiv[3].

2, 4-Dimethyl-3-carbäthoxy-pyrryl-pyrazolon-3 $C_{12}H_{15}O_3N_3$. Durch 2 stündiges Erhitzen des 2, 4-Dimethyl-3-carbäthoxy-pyrroyl-5-essigsäureäthylesters (0,8 g)[4] mit Hydrazinhydrat (0,15 g) auf dem Wasserbad. Beim Erkalten Krystallisation. — Aus Eisessig farblose, sehr feine, seideglänzende Nadeln; Schmelzp. 268°. Löslich in heißem Eisessig und Pyridin; sehr schwer in Alkohol, Aceton, Chloroform; unlöslich in Äther, Benzol, Schwefelkohlenstoff und Wasser[3].

2, 4 (3,5)-Dimethyl-3 (4)-carbäthoxy-pyrrol-5 (2)-acrylsäure.

Mol-Gewicht: 237,20.

Zusammensetzung: 60,73% C; 6,32% H; 27,04% O; 5,91% N. $C_{12}H_{15}O_4N$.

Darstellung: 10 g 2, 4-Dimethyl-3-carbäthoxy-5-formylpyrrol $C_{10}H_{13}O_2N$ und 10 g Malonsäure werden mit 100 ccm bei —10° mit Ammoniak gesättigtem Alkohol unter ständigem Rühren zur Trockne verdampft. Nach mehrmaliger Wiederholung dieser Operation mit neuem Alkohol wird der Rückstand 1 Stunde allein erhitzt, dann mit 5 proz. warmer Natronlauge aufgenommen, filtriert und das Filtrat mit verdünnter Schwefelsäure versetzt. Die ausgefallene Säure wird nach dem Waschen und Trocknen pro 10 g mit 5 g Kalilauge in 300 ccm abs. Alkohol geschüttelt, filtriert und der Rückstand gründlich mit Alkohol ausgezogen. Der Rest wird in Wasser gelöst, filtriert, und das Filtrat mit verdünnter Schwefelsäure kongosauer gemacht, wonach die Acrylsäure als dicke Gallerte ausfällt. Ausbeute bis zu 86%. (Gleichzeitig entstandene 2, 4-Dimethyl-3-carbäthoxypyrrol-5-(vinyl-ω-ω-dicarbonsäure) bleibt in der Mutterlauge. Beim Schütteln mit Eisessig-Bromwasserstoff entsteht aus ihr mit 52 proz. Ausbeute ebenfalls Acrylsäure.)[5]

---

[1] H. Fischer u. W. Zerweck: Ber. dtsch. chem. Ges. **56**, 524 (1923).
[2] H. Fischer u. B. Weiß: Ber. dtsch. chem. Ges. **57**, 606 (1924).
[3] H. Fischer u. K. Schneller: Hoppe-Seylers Z. **128**, 247 (1923).
[4] H. Fischer u. W. Zerweck: Ber. dtsch. chem. Ges. **55**, 2395 (1922).
[5] W. Küster, E. Brudi u. G. Koppenhöfer: Ber. dtsch. chem. Ges. **58**, 1016—1020 (1925).

Eigenschaften: Grüngelber, amorpher Stoff, Schmelzp. 265°. Vollständig unlöslich in den gebräuchlichen Lösungsmitteln. Wird durch heiße Ameisen- oder Essigsäure zersetzt. Nimmt 2 Brom auf und spaltet bei 120° wieder 1 Brom ab. Verharzt mit Eisessig-Bromwasserstoff.

Kaliumsalz $C_{12}H_{14}O_4NK$. Unlöslich in Alkohol.

Silbersalz $C_{12}H_{14}O_4NAg$. Grüngelber, käsiger Niederschlag, unlöslich in Alkohol.

Methylester $C_{13}H_{17}O_4N$. Durch Erhitzen des Silbersalzes mit Jodmethyl in Xylollösung oder durch Abspaltung von Kohlensäure aus dem sauren Methylester der 2, 4-Dimethyl-3-carbäthoxy-pyrryl-5-vinyl-ω-ω-dicarbonsäure.

Äthylester $C_{14}H_{19}O_4N$. Aus dem Silbersalz und Bromäthyl durch Erhitzen in Xylol. — Gelborange farbige Blättchen, Schmelzp. 155—156°.

2, 4 (3, 5)-Dimethyl-3 (4)-carbäthoxy-pyrrol-5 (2)-propionsäure[1]
(Bd. X, S. 59).

Mol-Gewicht: 239,20.

Zusammensetzung: 60,21% C; 7,17% H; 26,76% O; 5,86% N. $C_{12}H_{17}O_4N$.

Darstellung: a) 2 g 2, 4-Dimethyl-3-carbäthoxypyrrol-5[äthyl-ω, ω-dicarbonsäure] $C_{13}H_{17}O_6N$ werden bis zur Beendigung der Kohlensäureentwicklung 3° über den Schmelzpunkt erhitzt. Die Schmelze wird in 5 proz. Soda gelöst, mit Äther ausgezogen, mit verdünnter Schwefelsäure angesäuert und wieder mit Äther extrahiert. Der nach dem Verdampfen des Äthers verbleibende Rückstand wird aus heißem Wasser umkrystallisiert. Ausbeute 76%.

b) 2 g 2, 4-Dimethyl-3-carbäthoxy-5-acrylsäure $C_{12}H_{15}O_4N$ in 50 ccm 2 proz. Natronlauge werden unter starkem Rühren im Laufe von 3 Stunden mit 25 g 5 proz. Natriumamalgam versetzt. Nach 1 stündigem Weiterrühren wird angesäuert und wie oben weiterverfahren. Ausbeute 90%[2].

Eigenschaften: Aus heißem Wasser farblose Nädelchen, Schmelzp. 120°. Die neutralisierte wässerige Lösung gibt mit Erdalkalien keinen Niederschlag; Eisenchlorid gibt eine blaurote Färbung, Kupfersulfat eine grüne.

2, 4-Dimethyl-3-carbäthoxy-5-(ω-cyan-ω-carbäthoxy-vinyl)-pyrrol[3].

Mol-Gewicht: 290,24.

Zusammensetzung: 62,04% C; 6,25% H; 22,05% O; 9,66% N. $C_{15}H_{18}O_4N_2$.

Darstellung: 1,1 g 2, 4-Dimethyl-3-carbäthoxy-5-formylpyrrol $C_{10}H_{13}O_2N$ werden mit 1,1 g Cyanessigester in abs. Alkohol in Gegenwart von Methylaminchlorhydrat und Soda kondensiert. Nach 4 tägigem Stehen wird filtriert.

Eigenschaften: Aus Alkohol gelbe Krystalle, Schmelzp. 153°.

2, 4 (3,5)-Dimethyl-3 (4)-carbäthoxy-pyrrol-5 (2)-[vinyl-ω, ω-dicarbonsäureester].

Mol-Gewicht: 337,28.

Zusammensetzung: 60,53% C; 6,82% H; 28,50% O; 4,15% N. $C_{17}H_{23}O_6N$.

$$H_3C \cdot C \text{—} C \cdot COOC_2H_5$$
$$(H_5C_2OOC)_2C\text{=}HC \cdot C \quad C \cdot CH_3$$
$$NH$$

Bildung: Aus dem Silbersalz der 2, 4-Dimethyl-3-carbäthoxy-pyrrol-5-[vinyl-ω, ω-dicarbonsäure] durch Erhitzen mit Bromäthyl in Benzollösung[4].

Darstellung: a) 10 g 2, 4-Dimethyl-3-carbäthoxy-5-formyl-pyrrol werden mit 30 g Malonester und 30 g Essigsäureanhydrid im Rohr 5 Stunden auf 150° erhitzt. Dann wird mit Wasser bis zur Abscheidung eines dunklen Öls versetzt, letzteres unter Einstellen in Eis bis zur Erstarrung mit Wasser gewaschen, auf Ton getrocknet und in 80 proz. heißem Alkohol gelöst,

[1] W. Küster u. H. Maurer: Ber. dtsch. chem. Ges. **56**, 2480 (1923).
[2] W. Küster, C. Brudi u. G. Koppenhöfer: Ber. dtsch. chem. Ges. **58** 1021 (1925).
[3] H. Fischer u. B. Weiß: Ber. dtsch. chem. Ges. **57**, 606 (1924).
[4] W. Küster, E. Brudi u. K. Koppenhöfer: Ber. dtsch. chem. Ges. **58**, 1021 (1925).

wobei dunkle Harze zurückbleiben. Beim Erkalten Krystallisation. Zur Reinigung muß das Umkrystallisieren öfters wiederholt werden. Ausbeute bis zu 60%[1].

b) 3 g Aldehyd werden mit 2,6 g Malonester und 1 g Diäthylamin in 150 ccm abs. Alkohol mehrere Stunden erhitzt und dann der Alkohol verdampft. Das Kondensationsprodukt bleibt als Rückstand. Ausbeute 92%[2].

Eigenschaften: Aus 80proz. Alkohol goldgelbe verfilzte Nadeln; Schmelzp. 86—87°. Leicht löslich in Äther, heißem Alkohol, Petroläther, Benzol; unlöslich in Wasser.

2, 4 - Dimethyl - 3 - carbäthoxy - pyrrol - 5 - (äthyl - α, ω-dijod-ω, ω-dicarbonsäureester) $C_{17}H_{23}O_6NJ_2$. Entsteht in 47proz. Ausbeute bei der Einwirkung von Jod auf den -5-(vinyl-ω, ω-dicarbonsäureester) in ätherischer Lösung im Sonnenlicht. — Aus Äther bernsteingelbe Quadern; Schmelzp. 175°. Durch Natriumthiosulfat wird das Jod wieder abgespalten[2].

2, 4 (3, 5) - Dimethyl - 3 (4) - carbäthoxy - pyrrol - 5 (2)-[vinyl-ω-ω-dicarbonsäure][3].

Mol-Gewicht: 281,2. Gef. zu 288 bzw. 297 durch Gefrierpunktserniedrigung in Campher. Zusammensetzung: 55,50% C; 5,38% H; 34,09% O; 4,98% N. $C_{13}H_{15}O_6N$.

Darstellung: a) Durch 24stündiges Erhitzen von 5 g 2, 4-Dimethyl-3-carbäthoxy-5-formylpyrrol und 5 g Malonsäure in 150 ccm abs. Alkohol unter Zusatz von 3 ccm Diäthylamin. Nach dem Erkalten wird von der ausgefallenen Säure filtriert. Ausbeute fast quantitativ.

b) Entsteht auch neben der -5-Acrylsäure bei der Kondensation des Aldehyds mit Malonsäure in Gegenwart von Ammoniak.

Eigenschaften: Aus warmem Eisessig (0,5 : 20 ccm) seideglänzende, hellgrüne, rechteckige Krystalle, Schmelzp. 199—200° unter Gasentwicklung. Zersetzt sich beim Kochen mit Eisessig. Gibt mit Eisessig-Bromwasserstoff unter Abspaltung von Kohlensäure in 57proz. Ausbeute die -5-Acrylsäure.

Silbersalz $C_{13}H_{16}O_6NAg_2$. Aus dem Ammoniumsalz (gewonnen als weiße Flocken durch Einwirkung von Ammoniak auf die Chloroformlösung der Säure) mit Silbernitrat. Grüngelber flockiger Niederschlag.

Primäres Silbersalz $C_{13}H_{14}O_6NAg$. Bildet sich bei Zusatz von Silbernitrat zu einer ammoniakalischen mit verdünnter Salpetersäure bis eben zum Ausfallen der organischen Säure versetzten Lösung der Dicarbonsäure. Grüngelber Niederschlag.

Natriumsalz $C_{13}H_{13}O_6NNa_2$. In Alkohol schwer löslich.

Kaliumsalz $C_{13}H_{13}O_6NK_2$. In Alkohol leicht löslich.

Das Zink- und das Cadmiumsalz stellt eine gelbe, das Kupfersalz eine grüngelbe, das Nickelsalz eine hellgrüne wasserlösliche Substanz dar.

Monomethylester $C_{14}H_{17}O_6N$. Bildet sich beim Erhitzen des sauren Silbersalzes mit überschüssigem Jodmethyl in Benzol im Rohr auf 95—100°. — Aus 96proz. Alkohol farblose, feine Nadeln, Schmelzp. 161°. Verliert bei 167° 1 Mol Kohlensäure unter Bildung des 5-Acrylsäureesters. Beim Einleiten von Ammoniak in die Benzollösung fällt sofort ein weißes Ammonsalz aus.

Monoäthylester $C_{15}H_{19}O_6N$. Entsteht beim Erhitzen des sauren Silbersalzes mit überschüssigem Bromäthyl in Benzol auf 95—100°. — Aus Alkohol verfilzte seideglänzende Nadeln, Schmelzp. 114°; Zersetzungsp. 174°. Gibt kein Ammonsalz.

Betain $C_{15}H_{19}O_6N$. Durch 60stündiges Kochen der Dicarbonsäure mit abs. Alkohol. — Gelbe Prismen, Schmelzp. 183°. Wird durch Salzsäure nicht gespalten.

Intramolekulares Anhydrid $C_{14}H_{15}O_5N$. Entsteht bei 60stündigem Kochen der Dicarbonsäure mit abs. Methylalkohol. — Gelbgrüne Blättchen ohne Schmelzpunkt.

2, 4 (3, 5)-Dimethyl-3 (4)-carbäthoxy-pyrrol-5 (2)-[äthyl-ω, ω-dicarbonsäure].

Mol-Gewicht: 283,21.

Zusammensetzung: 55,12% C; 6,0% H; 33,94% O; 4,94% N. $C_{13}H_{17}O_6N$.

Darstellung: a) 5 g 2, 4-Dimethyl-3-carbäthoxy-pyrrol-5[vinyl-ω, ω-dicarbonsäureester] in 100 ccm 96proz. Alkohol werden nach Zusatz von 50 g feingepulvertem 5proz. Natriumamalgam 8 Stunden geschüttelt und nach jeder Stunde 30 ccm Wasser hinzugegeben. Dann

---

[1] W. Küster u. H. Maurer: Ber. dtsch. chem. Ges. **56**, 2479 (1923).

[2] W. Küster, E. Brudi u. K. Koppenhöfer: Ber. dtsch. chem. Ges. **58**, 1021 (1925).

[3] W. Küster, E. Brudi u. G. Koppenhöfer: Ber. dtsch. chem. Ges. **58**, 1018—1021 (1925).

wird filtriert, ausgeäthert, der wässerige Teil abgekühlt, nachdem mit verdünnter Salzsäure kongosauer gemacht und wieder ausgeäthert. Nach dem Waschen und Trocknen wird der Äther abdestilliert und der Rückstand mit kaltem Essigester digeriert. Ausbeute 40%[1].

b) Dieselbe Säure entsteht auch bei der Reduktion des sauren Esters oder des Betains der 5-(vinyl-ω,-ω-dicarbonsäure) mit Natriumamalgam[2].

Eigenschaften: Weißes Pulver, Schmelzp. 218° unter Gasentwicklung[1]; aus Alkohol schwach grüngelbe Nadeln, Schmelzp. 232°[2]. Leicht löslich in Alkohol, Äther; schwer in Essigester, unlöslich in Petroläther und Benzol[1]. Die neutrale Lösung wird weder durch Erdalkalisalze noch durch Kupfersulfat gefällt. Eisenchlorid gibt erst in der Hitze einen rotbraunen Niederschlag, der beim Erkalten nicht wieder verschwindet[1].

Isomere Verbindung $C_{13}H_{17}O_6N$. Entsteht bei der Reduktion der 2, 4-Dimethyl-3-carbäthoxy-pyrrol-5-(vinyl-ω,ω-dicarbonsäure) gelöst in 80proz. Alkohol, der 1% Kalilauge enthält mit Natriumamalgam[2].

β-[2, 4(3, 5)-Dimethyl-3-carbäthoxy-pyrryl-5]-alanin[3].

Mol-Gewicht: 254,24.

Zusammensetzung: 56,66% C; 7,13% H; 25,19% O; 11,02% N. $C_{12}H_{18}O_4N_2$.

$$\begin{array}{c}
\text{H}_3\text{C} \cdot \text{C}\!-\!\!-\!\text{C} \cdot \text{COOC}_2\text{H}_5 \\
\text{HOOC} \cdot \text{HC} \cdot \text{H}_2\text{C} \cdot \text{C} \qquad \text{C} \cdot \text{CH}_3 \\
\qquad\qquad\quad \text{NH}_2 \qquad\quad \text{NH}
\end{array}$$

Darstellung: a) 1 g 5, 5-Di-(2, 4-Dimethyl-3-carbäthoxy-pyrryl)-methyl-2, 5-diketopiperazin werden mit 10 g Bariumhydroxyd in 75 ccm Wasser mehrere Stunden unter Rückfluß gekocht. Nach Zusatz von 50 ccm Wasser wird filtriert, das Barium mit verdünnter Schwefelsäure vollständig ausgefällt, das Filtrat im Vakuum zur Trockene verdampft und der Rückstand aus 90proz. Alkohol umkrystallisiert. Ausbeute 55%.

b) 0,6 g β-(2, 4-Dimethyl-3-carbäthoxy-pyrryl)-brenztraubensäure-oxym in der 5fachen Menge abs. Alkohol werden 1—2 Stunden mit 2proz. Natriumamalgam erhitzt, unter Aufrechterhaltung der sauren Reaktion mit Milchsäure. Nachdem wird filtriert und das Filtrat in einer Kältemischung stark abgekühlt, wobei fast alle Aminosäure auskrystallisiert. (Beim Eindampfen der Mutterlauge und Verreiben des Rückstandes mit abs. Alkohol wird noch etwas Säure erhalten.) Ausbeute ca. 62%.

Eigenschaften: Aus Alkohol dünne Blättchen; Zersetzungsp. 180—186°. Schwer löslich in heißem Wasser, Alkohol und Chloroform. Gibt kein Kupfersalz.

[2, 4(3, 5)-Dimethyl-3(4)-carbäthoxy-pyrrol]-rhodanin[4].

Mol-Gewicht: 310,32.

Zusammensetzung: 50,28% C; 4,55% H; 15,47% O; 9,03% N; 20,67% S. $C_{13}H_{14}O_3N_2S_2$.

$$\begin{array}{c}
\text{NH}\!-\!\text{CO} \qquad \text{H}_3\text{C} \cdot \text{C}\!-\!\!-\!\text{C} \cdot \text{COOC}_2\text{H}_5 \\
\text{SC} \qquad \text{C}\!=\!\!=\!\text{HC} \cdot \text{C} \qquad \text{C} \cdot \text{CH}_3 \\
\qquad \text{S} \qquad\qquad\qquad\qquad \text{NH}
\end{array}$$

Darstellung: 1,95 g 2, 4-Dimethyl-3-carbäthoxy-5-formyl-pyrrol werden mit 1,65 g Rhodanin in 45 ccm Eisessig, enthaltend 2,6 g geschmolzenes Natriumacetat, 4 Stunden im Luftbad zum Sieden erhitzt. Allmählich Dunkelfärbung und bereits nach etwa 2 Stunden Abscheidung von Krystallen. Dann wird kalt von dem Krystallbrei abgesaugt und umkrystallisiert. Ausbeute 80%.

Eigenschaften: Aus Äther-Alkohol 1:1 oder Aceton scharlachrote, stark verfilzte Nadeln; Schmelzp. 253—255° unter Gelbbraunfärbung. Unlöslich in Wasser; schwer löslich in Alkohol und Äther; löslich in Aceton.

Phenylhydrazon des Rhodanins $C_{19}H_{20}O_3N_4S$. 1 g Rhodanin in 30 ccm Äther-Alkohol 1:1 wird mit einem Überschuß einer Lösung von Phenylhydrazin in verdünnter Essigsäure

[1] W. Küster u. H. Maurer: Ber. dtsch. chem. Ges. **56**, 2479 (1923).
[2] W. Küster, E. Brudi u. G. Koppenhöfer: Ber. dtsch. chem. Ges. **58**, 1021 (1925).
[3] W. Küster u. G. Koppenhöfer: Hoppe-Seylers Z. **172**, 132 (1927).
[4] W. Küster u. G. Koppenhöfer: Hoppe-Seylers Z. **172**, 133f. (1927).

(1 Vol Phenylhydrazin $+$ 1 Vol 50proz. Essigsäure $+$ 5 Vol. Wasser) kurz gekocht. Beim Erkalten Krystallisation. — Aus Benzol derbe, rote, stark verfilzte Nadeln; Schmelzp. 272 bis 275° unter Zersetzung.

β-(2,4-Dimethyl-3(4)-carbäthoxy-pyrrol-5(2)-thiobrenztraubensäure $C_{12}H_{15}O_4NS$. 1,5 g Rhodanin werden mit 8 g Bariumhydroxyd in 50 ccm Wasser unter Umschütteln bis zur vollständigen Lösung erhitzt. Dann wird heiß abgesaugt, in Kältemischung stark abgekühlt und nun vorsichtig mit einer 1proz. Salzsäure angesäuert. Die in hellgelben Flocken abgeschiedene Säure kann nur durch wiederholtes Umfällen aus Natronlauge-Salzsäure gereinigt werden. Mit Lösungsmitteln sofort Verschmierung. Gibt beim Erhitzen mit einer 10proz. Monochloressigsäurelösung auf 140° die Verbindung $C_{12}H_{15}ON$. (Aus 96proz. Alkohol gelbliche Prismen, Schmelzp. 192°.)

β-(2,4-Dimethyl-3-carbäthoxy-pyrryl-5)-brenztraubensäure-oxym $C_{12}H_{15}O_5N_2$. 1 g Pyrryl-thiobrenztraubensäure wird mit 10 ccm einer Lösung von 3 g Natrium in 100 ccm Alkohol und 10 g in wenig Wasser gelöstem Hydroxylaminchlorhydrat 1 Stunde gekocht. Dann wird der Alkohol vertrieben, der syrupöse Rückstand in wenig verdünnter Natronlauge gelöst und bei —10° das Oxym mit 1proz. Schwefelsäure ausgefällt. — Aus Benzol-Toluol farblose Blättchen, Schmelzp. 218°.

5,5(2,2)-Di-[2,4(3,5)-dimethyl-3-carbäthoxy-pyrrol]-2,5-diketopiperazin[1].

Mol-Gewicht: 468,38.

Zusammensetzung: 61,50% C; 6,02 %H; 20,51% O; 11,97% N. $C_{24}H_{28}O_6N_4$.

$$H_5C_2OOC \cdot C\!\!-\!\!C \cdot CH_3 \qquad\qquad\qquad H_3C \cdot C\!\!-\!\!C \cdot COOC_2H_5$$
$$\qquad\qquad\overset{\displaystyle CO\!-\!NH}{} $$
$$H_3C \cdot C\quad C \cdot CH\!\!=\!\!C\!\!\diagdown\quad\diagup C\!\!=\!\!CH \cdot C\quad C \cdot CH_3$$
$$\qquad\qquad\underset{\displaystyle NH\!-\!CO}{} $$
$$\overset{NH}{}\qquad\qquad\qquad\qquad\qquad\overset{NH}{}$$

Darstellung: 1,95 g reinstes 2,4-Dimethyl-3-carbäthoxy-5-formyl-pyrrol innig verrieben mit 0,45 g Glycinanhydrid werden mit 45 ccm Eisessig, enthaltend 2,15 g geschmolzenes Natriumacetat 7—8 Stunden im Luftbad zum Sieden erhitzt. Dabei Lösung und allmählich Dunkelfärbung. Beim langsamen Erkalten Abscheidung von glitzernden, bläulich-violetten Krystallen, die nach dem Abfiltrieren mehrmals mit Wasser ausgekocht, dann zweimal aus Eisessig und hernach aus Alkohol umkrystallisiert werden.

Eigenschaften: Aus Alkohol rote Krystalle; Schmelzp. 268—269°. Sehr leicht löslich in Chloroform; leicht in Eisessig; schwerer in Alkohol, Äther und Aceton. Die alkoholische Lösung zeigt zwei scharfe Bänder: I 530—520; II 500—450 μm.

Silbersalz $C_{24}H_{26}O_6N_4Ag_2$. Durch Versetzen der alkoholischen Lösung des Pyrrols mit der doppelten berechneten Menge Silbernitrat und tropfenweisem Zufügen von Ammoniak. Weißer Niederschlag. Verpufft beim Erhitzen und zersetzt sich rasch beim Stehen.

(N?)-Dimethylverbindung $C_{26}H_{32}O_6N_4$. Durch Kochen des Silbersalzes mit überschüssigem Jodmethyl. — Aus Alkohol ziegelrote, büschelförmig angeordnete Nädelchen, Schmelzpunkt 156°.

5,5(2,2)-Di-[2,4(3,5)-Dimethyl-3-carbäthoxy-pyrryl]-methyl-2,5-diketopiperazin $C_{24}H_{32}O_6N_4$. 2 g Pyrrol-Verbindung in 120 ccm 90proz. Alkohol werden mit frischen Alumuniumamalgam unter steter Neutralisation mit 2,5proz. Schwefelsäure bis zur Lösung geschüttelt. Dann wird noch 1 Stunde auf dem Wasserbad bis zur reinen Gelbfärbung der Lösung erhitzt, hernach filtriert, der Alkohol im Vakuum abdestilliert und der Rückstand aus abs. Alkohol unter Zusatz von Tierkohle umkrystallisiert. Ausbeute fast quantitativ. — Aus Alkohol farblose Nadeln, Schmelzp. 122°. Leicht löslich in Alkohol und Chloroform, schwer in Äther und Eisessig, fast unlöslich in Petroläther. (Derselbe Stoff entsteht auch bei der Einwirkung auf die alkoholische Suspension des Pyrrols).

2,4-Dimethyl-5-carbäthoxyl-pyrrol.

Mol-Gewicht: 167,16.

Zusammensetzung: 64,63% C; 7,84% H; 19,42% O; 8,11% N. $C_9H_{13}O_2N$.

[1] W. Küster u. G. Koppenhöfer: Hoppe-Seylers Z. **172**, 130f. (1927).

Darstellung: a) Zu einer Grignardlösung aus 6 g Bromäthyl und 1,4 g Magnesium gibt man tropfenweise 3,4 g 2, 4-Dimethylpyrrol im doppelt enVolum Äther. Unter lebhafter Reaktion färbt sich die Lösung dunkelbraun, und schließlich fällt die Grignardverbindung als dunkles Öl aus. Nun läßt man weiterhin 4,3 g Chlorameisensäureester zutropfen und erhitzt dann noch 5 Stunden. Nach dem Abkühlen mit Eis zersetzt man mit einer eisgekühlten Chlorammoniumlösung, äthert aus, dampft ab und streicht den Rückstand auf Tonteller. Ausbeute 60—70% [1].

b) 2, 4-Dimethyl-5-carbäthoxypyrrol-3-carbonsäure wird bei gewöhnlichem Druck destilliert, wobei Kohlensäure abgespalten wird. Ausbeute bis 70% [2].

Eigenschaften: Aus Alkohol farblose Nadeln, Schmelzp. 125°. Löslich in den meisten organischen Solvenzien. Ehrlichsche Reaktion in der Kälte positiv.

Dimeres 2, 4-Dimethyl-5-carbäthoxy-pyrrol $C_{18}H_{24}O_4N$. Bleibt als Rückstand bei der Darstellung des 2, 4-Dimethyl-3-formyl-5-carbäthoxy-pyrrols. Trennung von beigemengtem monomerem Produkt durch mehrfaches Lösen in heißem Alkohol. — Feine Nadeln, Schmelzpunkt 236°. Sehr schwer löslich in kaltem Alkohol, gut in heißem [3].

2, 4-Dimethyl-5-carbäthoxy-3-jod-pyrrol $C_9H_{12}O_2NJ$. Entsteht bei Einwirkung von 2,8 g Jod in Jodkali auf eine heiße Lösung von 2 g Pyrrol in 30 ccm Alkohol und 100 ccm Wasser. Ausbeute 3 g. — Aus Alkohol-Wasser Schmelzp. 141° [4].

2, 4-Dimethyl-5-carbäthoxy-3-butyryl-pyrrol $C_{13}H_{19}O_3N$. Bildet sich bei Einwirkung von 0,7 g Butyrylchlorid auf 1 g Pyrrol in 10 g Schwefelkohlenstoff in Gegenwart von 1 g Aluminiumchlorid. — Aus Alkohol glitzernde Blättchen, Schmelzp. 116°. Leicht löslich in Aceton, Alkohol, Eisessig, Chloroform; schwer löslich in Ligroin, Wasser; unlöslich in Petroläther. Ehrlichsche Reaktion kalt negativ, heiß schwach positiv [5].

2, 4-Dimethyl-5-carbäthoxy-3-benzoyl-pyrrol $C_{16}H_{17}O_3N$. Durch Kondensation des Pyrrols mit Benzoylchlorid mittels Aluminiumchlorid in Schwefelkohlenstofflösung. Ausbeute 90%. Aus Alkohol farblose Nadeln, Schmelzp. 118°. Leicht löslich in Alkohol, Chloroform, Aceton, Eisessig; unlöslich in Petroläther und Wasser. Ehrlichsche Reaktion heiß positiv [5].

2, 4-Dimethyl-5-carbäthoxy-pyrrol-3-phenylsulfid $C_{15}H_{17}O_2NS$. Entsteht beim Zusammengeben einer Lösung von 0,45 g Pyrrol in Äther mit 0,4 g Phenylschwefelchlorid [6] in 5 ccm Äther unter Erwärmung und Farbvertiefung. Isolierung durch Waschen mit Soda und Verdampfen des Äthers. Ausbeute fast theoretissch. — Weiße Nadeln, Schmelzp. 157°. Ehrlichsche Reaktion heiß positiv [7].

2, 4-Dimethyl-pyrrol-5-carbonsäurehydrazid $C_7H_{11}ON_3$. Bildet sich bei 24stündigem Erhitzen von 15 g Ester mit 15 g Hydrazinhydrat im Rohr auf 130°. Nach dem Erkalten tritt Krystallisation ein. Ausbeute 13,5 g. Entsteht auch ebenso aus 2, 4-Dimethyl-3-vinyl-5-carbäthoxy-pyrrol. — Aus Methanol Nadeln, Schmelzp. 182° unter Zersetzung [8].

Chlorhydrat $C_7H_{12}ON_3Cl$. Durch Zugabe von konz. Salzsäure zu einer heißen Lösung des Hydrazids in abs. Alkohol; wonach das Chlorhydrat ausfällt. — Aus abs. Alkohol rautenförmige, perlmutterglänzende Blättchen, Zersetzungsp. 261°.

$C_{10}H_{15}ON_3$. Durch $^1/_2$stündiges Erhitzen des Hydrazids mit überschüssigem Aceton am Wasserbad. Beim Erkalten setzt Krystallisation ein. — Aus Aceton lange, verfilzte Nadeln, Schmelzp. 208° [8].

$C_{17}H_{22}O_3N_4$. Durch Erwärmen des Hydrazids (0,5 g) mit 2, 4-Dimethyl-3-formyl-5-carbäthoxy-pyrrol (0,5 g) in Eisessig auf dem Wasserbad, wonach rasch Krystallisation eintritt. — Aus viel Pyridin Nädelchen, Zersetzungsp. 280°. Schwer löslich in Eisessig [8].

$C_{15}H_{14}O_2N_4$. Durch Erwärmen des Hydrazids (0,5 g) mit Isatin (0,5 g) in Eisessig-Lösung auf dem Wasserbad; wobei rasch ein eigelber Niederschlag ausfällt. — Aus Pyridin kurze Prismen, Zersetzungsp. 299°. Schwer löslich in Eisessig.

$C_{13}H_{19}O_3N_2$. Durch $^1/_4$stündiges Erwärmen des Hydrazids mit der vierfachen Menge Acetessigester unter Zusatz von etwas Eisessig auf dem Wasserbad. Nach dem Erkalten erstarrt die Lösung. — Aus Eisessig büschelförmige Nädelchen, Schmelzp. 147° [8].

[1] H. Fischer, B. Weiß u. M. Schubert: Ber. dtsch. chem. Ges. **56**, 1199 (1923).
[2] H. Fischer u. B. Walach: Ber. dtsch. chem. Ges. **58**, 2820 (1925).
[3] H. Fischer u. W. Kutscher: Liebigs Ann. **481**, 214 (1930).
[4] H. Fischer u. H. Scheyer: Liebigs Ann. **439**, 194 (1924).
[5] H. Fischer u. F. Schubert: Hoppe-Seylers Z. **155**, 108—111 (1926).
[6] Lecher: Ber. dtsch. chem. Ges. **57**, 755 (1924); **58**, 409 (1925).
[7] H. Fischer, E. Sturm u. H. Friedrich: Liebigs Ann. **461**, 268 (1928).
[8] H. Fischer, O. Süs u. F. G. Weilguny: Liebigs Ann. **481**, 185ff. (1930).

2, 4-Dimethyl-pyrrol-5-carbonsäureazid $C_7H_8ON_4$. 10 g Hydrazid in 300 ccm Eisessig werden bei 0° tropfenweise so mit einer konz. wässerigen Lösung von 6,5 g Natriumnitrit versetzt, daß kein Auftreten von freiem Stickoxyd stattfindet. Nachdem wird mit Eiswasser das Azid ausgefällt. — Aus Äther Blättchen, Zersetzungsp. 121°[1].

$C_9H_{14}O_3N$. Durch Erhitzen des Azids mit abs. Alkohol. — Aus Äther-Petroläther Prismen, Schmelzp. 148°.

$C_{34}H_{54}O_3N_3$. Durch Erhitzen des Azids mit Cholesterin in Xylollösung. — Schmelzp. 208° unter Zersetzung.

$C_{15}H_{21}ON_3$. Durch Erhitzen des Azids mit der doppelten Menge Kryptopyrrol im Paraffinbad im Stickstoffstrom. Nach Beendigung der bei 100—105° einsetzenden Stickstoffentwicklung wird erkalten gelassen und aus der Krystallisation das restliche Kryptopyrrol durch öfteres Digerieren mit Äther entfernt. — Aus Äthylalkohol farblose Nadeln, Schmelzp. 175°.

(2, 4-Dimethyl-pyrryl-5)-(phenyl)-harnstoff $C_{13}H_{15}ON_3$. Durch Erhitzen von 0,5 g Azid mit 1,5 ccm Anilin im Ölbad auf 105—110° bis zur Beendigung der Stickstoffentwicklung. Beim Einstellen in Eis und Reiben erfolgt Krystallisation. — Aus Alkohol verfilzte Nadeln, Schmelzp. 167° unter Zersetzung[1].

Bis-(2, 4-Dimethyl-pyrryl-5)-harnstoff $C_{13}H_{18}ON_4$. 1,5 g Azid in 20 ccm Wasser werden unter Erwärmen mit Alkohol bis zur Lösung versetzt. Nach 3stündigem Erhitzen und Stehen über Nacht ist Krystallisation eingetreten. — Aus Methanol lange, spießige Nadeln, Zersetzungspunkt 205°[1].

2, 4-Dimethyl-3-brom-pyrryl-5-carbonsäureazid $C_7H_7ON_4Br$. 2 g Hydrazid in 60 ccm Eisessig werden allmählich mit 2,2 g Brom (1 Mol) in 5 ccm Eisessig versetzt; wobei sofort das bromierte Hydrazid ausfällt. Es wird rasch abgesaugt, in Eiswasser gelöst und durch Zugabe von 1,5 g Natriumnitrit in das bromierte Azid verwandelt, das ebenfalls auskrystallisiert. — Aus Aceton Krystalle vom Schmelzp. 146° unter Zersetzung[1].

2, 4-Dimethyl-3-formyl-pyrrol-5-carbonsäureazid $C_8H_8O_2N_4$. Eine Lösung von 1 g Azid in 5 ccm abs. Äther und 5 ccm Chloroform wird nach Zusatz von 2 ccm Blausäure mit Salzsäuregas unter Kühlung gesättigt. Nach längerem Stehen wird vom ausgeschiedenen Iminchlorhydrat abfiltriert, der Rückstand mit abs. Äther gewaschen und in Eiswasser gelöst. Nach kurzem Stehen scheidet sich der Aldehyd ab. Ausbeute 1 g. — Aus Aceton-Wasser Prismen, Schmelzp. 137° unter Zersetzung[1].

2, 4-Dimethyl-5-acetylamino-pyrrol $C_8H_{14}O_2N_2$. 5 g Azid gelöst in 30 ccm Eisessig und 30 ccm Wasser werden $^1/_2$ Stunde auf dem siedenden Wasserbad erhitzt, wobei unter lebhafter Stickstoffentwicklung das Azid in Lösung geht. Nachdem wird im Vakuum abgedampft, der syrupöse Rückstand mit Aceton versetzt und durch Reiben die Krystallisation eingeleitet. Hierbei wird das Aceton mehrmals gewechselt. Ausbeute 1 g. — Aus abs. Alkohol durch langsames Fällen mit abs. Äther kurze Prismen. Zersetzungsp. 188°[1].

2, 4-Dimethyl-pyrrol-5-carbonsäureamid $C_7H_{10}ON_2$. 2 g 2, 4-Dimethylpyrrol-5-carbonsäureazid, in 60 g einer 40proz. Natriumbisulfitlösung suspendiert, werden am siedenden Wasserbad kurz erwärmt und dann 7—8 g Zinkstaub so eingetragen, daß kein Überschäumen infolge Gasentwicklung eintritt. Nach $1^1/_2$ stündigem Erhitzen hat sich an der Oberfläche der Flüssigkeit ein Öl angesammelt, das nach dem Erkalten erstarrt. Nach dem Abfiltrieren wird auf Ton getrocknet und das Amid aus der Krystallmasse mit Äther angezogen. Ausbeute 0,5 g. — Aus viel Äther lange, farblose Prismen, Schmelzp. 163°[1].

2, 4-Dimethyl-5-carboxy-pyrrol $C_7H_9O_2N$ (M = 139,11). Darstellung durch Verseifen des Esters mit 50proz. Kalilauge. Isolierung durch Filtrieren, Ansäuern des Filtrats mit der gerade hinreichenden Menge eiskalter, verdünnter Schwefelsäure, raschem Ausäthern, Lösen des Ätherrückstands in Benzol und Fällen mit Ligroin unter Eiskühlung. Die Säure entsteht ferner noch beim Einleiten von Kohlensäure in die Grignardsche Verbindung des 2, 4-Dimethylpyrrols. — Weiße Krystalle Schmelzp. 136°[2].

2, 4-Dimethyl-3-amino-5-carbäthoxy-pyrrol.

Mol-Gewicht: 182,17.

Zusammensetzung: 59,30% C; 7,74% H; 17,57% O; 15,39% N. $C_9H_{14}O_2N_2$.

Darstellung: a) In eine auf 0° abgekühlte Mischung von 350 ccm Schwefelsäure und 150 ccm Wasser werden 50 g 2, 4-Dimethyl-5-carbäthoxy-pyrrol eingerührt. Nach völliger Lösung wird auf —10 bis —12° gekühlt und eine Lösung von 22 g Natriumnitrit in 30 ccm Was-

---

[1] H. Fischer, O. Süs u. F. G. Weilguny: Liebigs Ann. **481**, 185ff. (1930).
[2] H. Fischer, B. Weiß u. M. Schubert: Ber. dtsch. chem. Ges. **56**, 1199 (1923).

ser so schnell eingetropft, daß die Temperatur 8° nicht übersteigt. Nach einigem Weiterrühren wird in 8 l Eiswasser gegossen, wobei das 2, 4-Dimethyl-3-nitroso-5-carbäthoxy-pyrrol als hellgrau-grüner Niederschlag fällt, der abgesaugt, mit Eiswasser gewaschen und gut abgepreßt wird. Nachdem wird in ca. 50—80 ccm gekühlter 11proz. Natronlauge gelöst, filtriert und bei Temperaturen bis 8° durch Einrühren von 1,2 kg 3proz. Natriumamalgam reduziert. Ende der Reaktion, wenn eine filtrierte Probe mit Natriumamalgam keine Trübung mehr gibt. Das Aminopyrrol fällt als gelber Niederschlag aus. Ausbeute 20—25 g[1].

b) Entsteht auch bei der Reduktion von 2, 4-Dimethyl-3-nitro-5-carbäthoxy-pyrrol $C_9H_{12}O_4N_2$ mit aktivem Aluminiumamalgam in wässerigem Äther. Nach mehrstündigem ruhigen Stehen wird filtriert, der Rückstand mehrmals ausgeäthert, die ätherischen Lösungen eingedampft, der Rückstand in Alkohol gelöst und im Vakuum bis zur beginnenden Krystallisation eingeengt[2].

Eigenschaften: Aus Alkohol farblose Nädelchen, Schmelzp. 125,5°[2]. Läßt sich auch durch Destillation im Vakuum bei 140—150° reinigen[1]. Leicht löslich in Äther und Alkohol. Aus Alkohol mit Wasser nicht fällbar. Färbt sich an der Luft gelb. Entwickelt beim Kochen mit Natronlauge einen pyridinartigen Geruch. Ehrlichsche Reaktion erst nach langem Kochen schwach rot. Gibt mit Dimethylsulfat 1, 2, 4-Trimethyl-5-carbäthoxy-3-dimethylaminopyrrol $C_{11}H_{18}O_2N_2$ (aus Alkohol-Wasser, Schmelzp. 87°)[2].

Chlorhydrat $C_9H_{15}O_2N_2Cl$. Durch Lösen des Aminopyrrols in Äther und Versetzen mit ätherischer Salzsäure[1]. Schmelzp. 291°[2].

Pikrat $C_{15}H_{17}O_9N_5$. Schmelzp. 191°[2].

2, 4-Dimethyl-5-carbäthoxy-pyrrol-3-diazoniumchlorid $C_{19}H_{22}O_2N_3Cl$. Aus dem Chlorhydrat mittels Isoamylnitrit. Nach der Reaktion wird der Alkohol im Vakuum teilweise verdampft und dann mit Äther gefällt. Ausbeute = 90%. — Aus Alkohol-Äther farblose, prismatische Nadeln, die sich bei 173° unter Verpuffung zersetzen. Beim Erhitzen auf dem Spatel tritt Aufflammen ein. Zeigt die Kupplungsreaktionen der Diazoverbindungen. Ist sehr stabil, spaltet in kochendem Wasser nur langsam Stickstoff ab. Bei langem Verkochen bildet sich 2, 4-Dimethyl-5-carbäthoxy-pyrrol[1].

2, 4-Dimethyl-5-carbäthoxy-pyrrol-3-azo-β-Naphthol. Durch Kupplung der Diazoverbindung mit β-Naphthol. — Aus Benzol lange, gelbrote, feine, verfilzte Nadeln, Schmelzp. 234°[2]. Leicht löslich in heißem Benzol; sehr schwer in Alkohol und Äther; unlöslich in kaltem Benzol und Wasser.

2, 4-Dimethyl-3-amino-acetyl-5-carbäthoxy-pyrrol $C_{11}H_{16}O_3N_2$. 10 g Aminopyrrol werden mit 12 g Essigsäureanhydrid versetzt, wobei starke Erwärmung eintritt und dann noch kurz auf dem Wasserbad erwärmt. Beim Erkalten tritt Krystallisation ein. — Aus Alkohol farblose, prismatische Nadeln, Schmelzp. 201°. Ausbeute etwa 60%[1].

2, 4-Dimethyl-3-amino-5-carboxy-pyrrol $C_7H_{10}O_2N_2$. 5 g Ester in 15 ccm 10proz. Natronlauge werden bis zur vollständigen Lösung erwärmt. Dann wird unter Eiskühlung tropfenweise mit 85% der zur Neutralisation nötigen Menge verdünnter Schwefelsäure versetzt, wonach beim Reiben die Carbonsäure ausfällt. — Aus Natronlauge mit verdünnter Essigsäure farblose, längliche Blättchen. Verfärbt sich allmählich bei gewöhnlicher Temperatur; bei 75° spaltet sich lebhaft Kohlensäure ab[1].

Acetylverbindung $C_9H_{12}O_3N_2$. 5 g 2,4-Dimethyl-3-aminoacetyl-5-carbäthoxy-pyrrol werden 1 Stunde mit 25 ccm 10proz. Natronlauge und 5 ccm Alkohol gekocht. Nach dem Wegkochen des Alkohols wird mit verdünnter Schwefelsäure gefällt. Ausbeute = 80%. — Entsteht auch beim Acetylieren des 2, 4-Dimethyl-3-amino-5-carboxy-pyrrols. — Aus Alkohol farblose, kleine prismatische Nadeln, Schmelzp. 203° unter Zersetzung. Färbt sich an der Luft schwach rosa[1].

2, 4-Dimethyl-3-brom-5-carbäthoxy-pyrrol[3].

Mol-Gewicht: 246,07.

Zusammensetzung: 43,90% C; 4,90% H; 13,05% O; 5,65% N; 32,50% Br. $C_9H_{12}O_2NBr$.

Bildung: Aus 2, 4-Dimethyl-3-vinyl-5-carbäthoxypyrrol[4]; 2, 4-Dimethyl-3 (α-methoxy-äthyl)-5-carbäthoxypyrrol[5] und 2 - Dimethyl - 3 - (α-oxyäthyl) - 5 - carbäthoxypyrrol[5] beim Bromieren in essigsaurer Lösung.

[1] H. Fischer u. K. Zeile: Liebigs Ann. **483**, 257 ff. (1930).
[2] H. Fischer u. A. Stern: Liebigs Ann. **446**, 239 ff. (1926).
[3] H. Fischer u. P. Ernst: Liebigs Ann. **447**, 147 (1926).
[4] H. Fischer u. K. Zeile: Liebigs Ann. **462**, 216 (1928).
[5] H. Fischer u. K. Zeile: Liebigs Ann. **462**, 219 (1928).

Darstellung: 16,7 g 2, 4-Dimethyl-5-carbäthoxypyrrol $C_9H_{13}O_2N$ in wenig siedendem Tetrachlorkohlenstoff werden rasch tropfenweise mit 16 g Brom im dreifachen Volumen Tetrachlorkohlenstoff versetzt, wobei stürmische Bromwasserstoffentwicklung einsetzt. Beim Erkalten krystallisiert das Brompyrrol aus. Nach dem Filtrieren wird mit wenig Petroläther ausgewaschen. Ausbeute quantitativ.

Eigenschaften: Aus Alkohol-Wasser, Schmelzp. 150°; aus Chloroform-Petroläther Zersetzungsp. 166°.

2-Brommethyl-3-brom-4-methyl-5-carbäthoxy-pyrrol.

Mol-Gewicht: 324,98.

Zusammensetzung: 33,24% C; 3,41% H; 9,86% O; 4,31% N; 49,18% Br. $C_9H_{11}O_2NBr_2$.

Bildung: Aus 2, 4-Dimethyl-3-acetyl-5-carbäthoxy-pyrrol unter der Einwirkung von 4 Mol Brom[1,2].

Darstellung: a) 5,6 g 2, 4-Dimethyl-3-brom-5-carbäthoxy-pyrrol $C_9H_{12}O_2NBr$ in 50 ccm Tetrachlorkohlenstoff werden bei 40—50° mit 3,7 g Brom im 5—7fachen Volumen Tetrachlorkohlenstoff versetzt, wobei unter lebhafter Bromwasserstoffentwicklung Temperaturerhöhung eintritt, die 50° nicht übersteigen darf. Nach dem Abkühlen wird filtriert, der Rückstand mit wenig Tetrachlorkohlenstoff und Petroläther gewaschen und dann mit Tetrachlorkohlenstoff ausgekocht. Im Filtrat Krystallisation des Bromprodukts[3]. Ausbeute 85%.

b) 1 g 2, 4-Dimethyl-5-carbäthoxypyrrol in 20 ccm Eisessig wird mit 2 g Brom versetzt; hierauf kurz zum Sieden erhitzt und dann rasch abgekühlt. Beim Stehen Krystallisation[4].

Eigenschaften: Aus Tetrachlorkohlenstoff oder Chloroform-Petroläther umkrystallisiert. Schmelzp. 165—168° unter Zersetzung.

2-Methoxymethyl-3-brom-4-methyl-5-carbäthoxy-pyrrol $C_{10}H_{14}O_3NBr$. Durch Erwärmen von 0,3 g Bromprodukt mit 15 ccm Methylalkohol und Versetzen der Lösung mit Wasser. Beim Einstellen in Eis Krystallisation. — Aus Aceton-Wasser farblose Nadeln, Schmelzp. 98—99°[2].

2-Äthoxymethyl-3-brom-4-methyl-5-carbäthoxy-pyrrol $C_{11}H_{16}O_3NBr$. Durch Lösen von 5 g Bromverbindung in 30 ccm Alkohol unter Erwärmen und anschließendem Versetzen mit Wasser bis zur milchigen Trübung. Nach Einstellen in Eis Krystallisation. Ausbeute 2 g. — Aus Alkohol-Wasser farblose Nadeln, Schmelzp. 101°[2].

α-(3-Brom-4-methyl-5-carbäthoxy-2-methylenpyrrol)-α-phenylhydrazin $C_{15}H_{18}O_2N_3$Br. 0,5 g des Brompyrrols werden mit 2 ccm Phenylhydrazin versetzt und das Ganze nach Beendigung der Selbsterwärmung bis zur vollständigen Lösung erhitzt. Der beim Abkühlen ausgefallene Niederschlag wird in Alkohol gelöst und daraus durch Wasser abgeschieden. Ausbeute 0,5 g. — Aus Alkohol Schmelzp. 126°[4].

2-Acetoxymethyl-3-brom-4-methyl-5-carbäthoxy-pyrrol $C_{15}H_{17}O_2N_2$Br. Durch kurzes Kochen des in Eisessig gelösten Bromprodukts mit viel überschüssigem Kaliumacetat. Noch heiß wird mit Wasser bis zur beginnenden Trübung versetzt und langsam erkalten gelassen. Ausbeute quantitativ. — Aus Alkohol oder Eisessig-Wasser Schmelzp. 107—109°. Sehr leicht löslich in Aceton, Alkohol, Eisessig; sehr schwer in heißem Wasser. Verschmiert mit Alkali. Ehrlichsche Reaktion negativ[5].

2-Chloracetoxymethyl-3-brom-4-methyl-5-carbäthoxy-pyrrol $C_{11}H_{13}O_4NBrCl$. Durch mehrstündiges Kochen der Bromverbindung mit 4 Mol chloressigsaurem Kalium in abs. Aceton. Nach Versetzen mit Wasser Krystallisation. — Aus Aceton-Wasser verfiltzte Nadeln, Schmelzpunkt 150—153°; Zersetzungsp. 172°[5].

2-Anilinomethyl-3-brom-4-methyl-5-carbäthoxy-pyrrol $C_{15}H_{17}O_2N_2$Br. Durch portionsweises Eintragen des Brompyrrols in die achtfache Menge frisch destilliertes Anilin. Nach 1 stündigem Stehen wird mit Wasser versetzt und in viel überschüssige Salzsäure eingegossen. Ausbeute 50—60%. — Aus Alkohol-Wasser lanzettartige Blättchen, in der Mitte verwachsen; Schmelzp. 128—129°. Das Produkt ist sehr schwach basisch; es löst sich in geringer Menge in konz. Salzsäure; fällt aber beim Verdünnen wieder aus[5].

2-Anilinomethyl-3-brom-4-methyl-5-carboxy-pyrrol $C_{13}H_{13}O_2N_2$Br. Durch Verseifen des Anilid-esters mit der berechneten Menge Natronlauge. — Zersetzungsp. 197°. Löslich in Alkalien und Säuren. Spaltet beim Erhitzen Anilin ab[6].

[1] H. Fischer u. H. Scheyer: Liebigs Ann. **439**, 193 (1924).
[2] H. Fischer u. H. Scheyer: Liebigs Ann. **434**, 247 (1923).
[3] H. Fischer u. P. Ernst: Liebigs Ann. **447**, 147 (1926).
[4] H. Fischer u. H. Scheyer: Liebigs Ann. **439**, 190 (1924).
[5] H. Fischer u. P. Ernst: Liebigs Ann **447**, 149 (1926).
[6] H. Fischer u. P. Ernst: Liebigs Ann. **447**, 156 (1926).

Schiffsche Base $C_{15}H_{15}O_2N_2Br$. Entsteht beim langsamen Einrühren einer gesättigten Lösung von $1^1/_3$ Mol Kaliumpermanganat in 3 Teilen Aceton und 1 Teil Wasser in eine Aufschlämmung von 1 Mol Anilidester in Aceton unter Kühlung. Nach einiger Zeit wird filtriert und das Aceton verdampft. Ausbeute 70%. — Aus Alkohol zugespitzte Prismen, Schmelzp. 127 bis 128°. Gibt bei der katalytischen Hydrierung das Anilid zurück. Addiert in alkoholischer Lösung 1 Mol Salzsäure zu $C_{15}H_{16}O_2N_2BrCl$. — (Aus Alkohol mit etwas Salzsäure prismatische Krystalle, Zersetzungsp. 216°.) Beim Verkochen mit Wasser entsteht 2-Formyl-3-brom-4-methyl-5-carbäthoxy-pyrrol[1].

2, 4-Dimethyl-3-formyl-5-carbäthoxy-pyrrol.

Mol-Gewicht: 195,16.

Zusammensetzung: 61,51% C; 6,72% H; 24,59% O; 7,18% N. $C_{10}H_{13}O_3N$.

Darstellung: 3 g 2, 4-Dimethyl-5-carbäthoxy-pyrrol und 2 ccm Blausäure in abs. Äther werden unter Eiskühlung ziemlich rasch mit Chlorwasserstoff gesättigt. Nach längerem Stehen wird vom Iminchlorid abgesaugt, mit Äther gewaschen, in kaltem Wasser gelöst, filtriert und das Filtrat erwärmt, worauf der Aldehyd ausflockt[2].

Eigenschaften: Aus heißem Wasser Nadeln, Schmelzp. 145°. Löslich in den meisten organischen Solvenzien. Ehrlichsche Reaktion kalt schwach, heiß stärker positiv. Gibt bei der katalytischen Reduktion in eisessigsaurer Lösung Bis-(2, 4-dimethyl-5-carbäthoxy-pyrryl)-methan[3].

Phenylhydrazon $C_{16}H_{19}O_2N_3$. Aus Alkohol, Schmelzp. 204°.

Azlacton $C_{19}H_{18}O_4N_2$. Aus viel Alkohol, Schmelzp. 232°.

Oxym $C_{10}H_{14}O_3N_2$. Entsteht beim schwachen Erwärmen des Aldehyds in Alkohol mit einer durch Soda neutralisierten Lösung von Hydroxylaminchlorhydrat. Aus Alkohol, Schmelzp. 196—197°[4].

Semicarbazon $C_{11}H_{16}O_3N_4$. Aus Eisessig oder Alkohol, Schmelzp. 285° unter Zersetzung.

2, 4-Dimethyl-3-thioformyl-5-carbäthoxy-pyrrol $C_{10}H_{13}O_2NS$. Zu 10 g 2, 4-Dimethyl-3-formyl-5-carbäthoxy-pyrrol in 180 ccm abs. Alkohol und 20 ccm abs. alkoholischem Chlorwasserstoff (36%) wird 6 Stunden lang Schwefelwasserstoff eingeleitet[5]. Nach dem Stehen über Nacht wird filtriert und mit kaltem Alkohol und Wasser chlor- und schwefelwasserstofffrei gewaschen. Ausbeute = 48%. — Aus Alkohol Nädelchen, Schmelzp. 248°. Leicht löslich in heißem Alkohol; sehr schwer in kaltem Alkohol, Wasser und Äther. Ehrlichsche Reaktion heiß positiv[6]. Gibt beim Behandeln mit Alkohol leicht das Formylpyrrol zurück. Kondensiert sich nicht mit Malonsäure. Gibt bei der Reduktion nach Wolff-Kishner 2, 3, 4-Trimethyl-pyrrol[6].

2, 4-Dimethyl-3-formyl-5-carboxy-pyrrol $C_8H_9O_3N$ (M = 167,12). Darstellung durch Erhitzen des Esters mit wässeriger Kalilauge 1:1 bis zur völligen Lösung. Isolierung durch Filtrieren, Versetzen des Filtrats mit Eis, und Einrühren von verdünnter Schwefelsäure bis zum kleinen Überschuß; Filtrieren der ausgefällten Säure und Waschen mit kaltem und warmem Wasser. — Aus viel Alkohol Schmelzp. 230° unter vorheriger teilweiser Zersetzung[2].

2, 4-Dimethyl-3-oxymethyl-5-carbäthoxy-pyrrol[7].

Mol-Gewicht: 197,18.

Zusammensetzung: 60,87% C; 7,67% H; 24,46% O; 7,10% N. $C_{10}H_{15}O_3N$.

Darstellung: a) 1 g 2, 4-Dimethyl-3-formyl-5-carbäthoxypyrrol $C_{10}H_{13}O_3N$ gelöst in 25 ccm 96proz. Alkohol wird nach Zusatz von 0,1 g Platinmohr 5 Stunden bei gewöhnlicher Temperatur mit Wasserstoff geschüttelt. Dann wird filtriert, das Filtrat im Vakuum eingeengt, die dabei abgeschiedenen Krystalle noch einmal in kaltem Alkohol gelöst und wieder bis zur Krystallisation konzentriert.

b) 2 g Aldehyd in wasserhaltigem Äther gelöst werden mit einem Überschuß an aktivem Aluminiumamalgam mehrere Stunden stehengelassen. Nach dem Filtrieren wird der Rückstand mehrmals mit Äther ausgezogen und dann die gesamten ätherischen Lösungen nach dem Trocknen im Vakuum eingeengt. Der Rückstand wird wie bei a) weiterbehandelt.

[1] H. Fischer u. P. Ernst: Liebigs Ann. **447**, 149 (1926).
[2] H. Fischer u. M. Schubert: Ber. dtsch. chem. Ges. **56**, 1200 (1924).
[3] H. Fischer u. A. Stern: Liebigs Ann. **446**, 236 (1926).
[4] H. Fischer, B. Weiß u. M. Schubert: Ber. dtsch. chem. Ges. **56**, 1201 (1923).
[5] H. Fischer u. K. Zeile: Liebigs Ann. **483**, 269 (1930).
[6] H. Fischer u. A. Stern: Liebigs Ann. **446**, 238 (1926).
[7] H. Fischer u. A. Stern: Liebigs Ann. **446**, 234—236 (1926).

Eigenschaften: Aus Alkohol Schmelzp. 146°. Leicht löslich in fast allen organischen Solvenzien. Ist aus der alkoholischen Lösung mit Wasser nicht fällbar. Ehrlichsche Reaktion in der Hitze positiv. Beim trockenen Erhitzen tritt unter Abspaltung von Formaldehyd Bildung des Bis-(2, 4-dimethyl-5-carbäthoxypyrryl)-methans ein. Dasselbe ist auch beim Behandeln mit verdünnten Säuren der Fall.

2, 4-Dimethyl-3-vinyl-5-carbäthoxy-pyrrol[1].

Mol-Gewicht: 193,18. Durch Siedepunktserniedrigung in Methylalkohol bestimmt zu 191. Zusammensetzung: 68,35% C; 7,82% H; 16,58% O; 7,25% N. $C_{11}H_{15}O_2N$.

Bildung: Beim Schmelzen von 2, 4-Dimethyl-3-oxyäthyl-5-carbäthoxypyrrol neben dem dimeren Stoff $(C_{11}H_{15}O_2N)_2$.

Darstellung: In Portionen zu 1 g wird die 2, 4-Dimethyl-5-carbäthoxypyrrol-3-acrylsäure $C_{12}H_{15}O_4N$ bei 12—15 mm im Ölbad im Verlauf von 6—7 Stunden bis auf 220° erhitzt; wobei das Vinylpyrrol sublimiert. Ausbeute 70%[1].

Eigenschaften: Aus verdünntem Alkohol farblose, rhombische Prismen, Schmelzp. 112°. Durch Sublimation rautenförmige Blättchen mit ebenen Winkel von 62°. Vollkommene Spaltbarkeit senkrecht zur Blättchenebene, parallel der längeren Diagonale. Leicht löslich in Alkohol, Eisessig, Äther, Benzol; schwer löslich in Ligroin und Wasser. Ehrlichsche Reaktion kalt negativ, heiß blau. Addiert 2 Atome Brom unter Bildung von 2, 4-Dimethyl-3-(α, β-dibromäthyl)-5-carbäthoxypyrrol[2]; ferner Chlorwasserstoff zu 2, 4-Dimethyl-3-(α-chloräthyl)-5-carbäthoxypyrrol[2]. Durch katalytische Reduktion entsteht carbäthoxyliertes Kryptopyrrol[3]. Beim Bromieren in Eisessig wird das Vinyl durch Brom ersetzt; dabei entsteht 2, 4-Dimethyl-3-brom-5-carbäthoxypyrrol. Enthält ein aktives Wasserstoffatom[4]. Wird beim Erhitzen mit Methylalkohol umgeestert zu 2, 4-Dimethyl-3-vinyl-5-carboxmethylpyrrol[5].

Dimeres 2, 4-Dimethyl-3-vinyl-5-carbäthoxypyrrol $C_{22}H_{30}O_4N_2$ (M=386,37). Wird erhalten durch vorsichtiges Erhitzen des 2, 4-Dimethyl-3-(α-oxyäthyl)-5-carbäthoxy-pyrrols im Vakuum, wobei lebhaftes Aufwallen, Trübung und Wasserabscheidung eintritt. Nach Steigerung der Temperatur auf 150° findet Sublimation des Dimeren statt. Dasselbe Produkt entsteht auch bei längerem Kochen des 2, 4-Dimethyl-3-(α-chloräthyl)-5-carbäthoxy-pyrrols mit Petroläther. — Aus Eisessig Prismen, Schmelzp. 187°. Mäßig löslich in Eisessig, schwerer in Alkohol, wenig in niedrig siedenden Lösungsmitteln[6]. Enthält ein aktives Wasserstoffatom[7].

2, 4-Dimethyl-3-vinyl-5-carboxy-pyrrol $C_9H_{11}O_2N$ (M=166,43). Bildet sich bei 3stündigem Kochen von 4 g Ester in wenig Alkohol mit 25 ccm 5proz. Natronlauge. Isolierung durch Verjagen des Alkohols, Verdünnen des Rückstands mit Wasser, Filtrieren und Fällen mit Essigsäure unter Kühlung. — Aus Methylalkohol farblose, hygroskopische Blättchen, Schmelzpunkt 101—102°. Gibt mit Schwefelsäure neben starker Verharzung einen amorphen orangeroten Stoff. Bei der katalytischen Reduktion entsteht über die Kryptopyrrolcarbonsäure Kryptopyrrol[3].

2-Carboxy-3-(chlor-vinyl)-4-methyl-5-carbäthoxy-pyrrol $C_{11}H_{12}O_4NCl$. 1 g 2, 4-Dimethyl-5-carbäthoxy-pyrrol-3-acrylsäure in 100 ccm abs. Äther aufgeschlämmt, wird mit 5 ccm Sulfurylchlorid versetzt. Nach 5 tägigem Stehen wird mit Wasser gewaschen und der Äther verdunstet. — Aus Eisessig prismatische Krystalle, Schmelzp. 241°[8].

2, 5-Dicarboxy-3-(chlor-vinyl)-4-methyl-pyrrol $C_9H_8O_4NCl$. Durch Verseifung des Esters mit 10proz. Natronlauge unter kurzem Erwärmen im siedenden Wasserbad. — Aus Eisessig sternförmig vereinigte Nadeln ohne Schmelzpunkt[8].

2, 4-Dimethyl-3-ω-bromvinyl-5-carbäthoxy-pyrrol[9].

Mol-Gewicht: 272,07.
Zusammensetzung: 48,53% C; 5,14% H; 11,81% O; 5,11% N; 29,41% Br. $C_{11}H_{14}O_2NBr$.

[1] H. Fischer u. B. Walach: Ber. dtsch. chem. Ges. **58**, 2821 (1925).
[2] H. Fischer u. K. Zeile: Liebigs Ann. **462**, 216 (1928).
[3] H. Fischer u. J. Klarer: Liebigs Ann. **439**, 174 (1924).
[4] H. Fischer u. J. Postowsky: Hoppe-Seylers Z. **152**, 308 (1925).
[5] H. Fischer u. K. Zeile: Liebigs Ann. **462**, 218 (1928).
[6] H. Fischer u. K. Zeile: Liebigs Ann. **462**, 220 (1928).
[7] H. Fischer u. J. Postowski: Hoppe-Seylers Z. **152**, 309 (1926).
[8] H. Fischer u. K. Zeile: Liebigs Ann. **483**, 267 (1930).
[9] H. Fischer u. O. Süs: Liebigs Ann. **484**, 119ff. (1930).

Darstellung: 8 g 2, 4 - Dimethyl - 5 - carbäthoxy - pyrrol - 3 - (α, β - dibrom) - propionsäure $C_{12}H_{14}O_4NBr_2$ in 25 ccm Alkohol werden mit 100 ccm Wasser am siedenden Wasserbad bis zum Auflösen der Gasentwicklung erhitzt. Beginnt das zunächst an der Oberfläche schwimmende Öl krystallin zu werden, dann werden wieder 50 ccm Wasser zugegeben und noch 10 Minuten weiter erhitzt. Nachdem wird auf Eis gegossen, filtriert, der Rückstand mit Sodalösung geschüttelt und nochmals ausgeäthert. Der filtrierte, nochmals mit Soda dann mit Wasser gewaschene Auszug wird eingedampft, wonach der Rückstand krystallisiert. Ausbeute 2,5 g.

Eigenschaften: Aus Äthylalkohol oder Benzol stäbchenförmige Prismen, Schmelzp. 158° unter Zersetzung. Gibt beim Erhitzen mit Jodwasserstoff-Eisessig 2, 4-Dimethylpyrrol. Bei der katalytischen Hydrierung entsteht Kryptocarbäthoxypyrrol.

2, 4-Dimethyl-3-(α-brom-β-dibrom-äthyl)-5-carbäthoxy-pyrrol $C_{12}H_{17}O_2NBr_3$. 3 g Bromvinylpyrrol aufgeschlämmt in 20 ccm Schwefelkohlenstoff werden unter Eiskühlung langsam mit 1,8 g Brom (1 Mol) in 5 ccm Schwefelkohlenstoff versetzt, wobei vollständige Lösung eintritt. Nachdem wird von gebildeten Schmieren abfiltriert und das Lösungsmittel im Vakuum abgesaugt. Der krystalline Rückstand wird mehrmals mit Schwefelkohlenstoff digeriert. Ausbeute ca. 1, 3 g. — Aus Schwefelkohlenstoff-Petroläther Krystalle ohne scharfen Schmelzpunkt.

2, 4-Dimethyl-3-(α, β-dimethoxy-äthyl)-5-carbäthoxy-pyrrol $C_{13}H_{21}O_4N$. 1 g Bromvinylpyrrol in 10 ccm abs. Methylalkohol wird mit 1 g fein zerriebenem Silbercyanid 7 Stunden im Rohr auf 90—95° erhitzt. Nach dem Filtrieren wird im Vakuum zur Trockene eingedunstet. — Dasselbe Produkt bildet sich auch bei Verwendung von Silberoxyd, molarem Silber und Kupferpulver. — Durch Sublimation zwischen 165—170° farblose rautenförmige Prismen, Schmelzpunkt 112°. Ausbeute 0,5 g. Löslich in Methylalkohol.

2, 4-Dimethyl-3-ω-vinyläther-5-carbäthoxy-pyrrol $C_{13}H_{19}O_3N$. Durch Erhitzen des Bromvinylpyrrols mit Äthylalkohol wie eben beschrieben. — Sublimiert und aus Äthylalkohol umkrystallisiert Krystalle vom Schmelzp. 87°.

2-Chlormethyl-3-bromvinyl-4-methyl-5-carbäthoxy-pyrrol $C_{11}H_{13}O_2NClBr$. 1 g Bromvinyl-pyrrol aufgeschlämmt in 30 ccm abs. Äther wird mit 0,6 g Sulfurylchlorid versetzt. Nach längerem Stehen wird filtriert und auf ein kleines Volumen eingeengt, wonach beim Erkalten Krystallisation eintritt. Ausbeute 1,2 g. — Aus Äther lange, weiße Nadeln, Schmelzpunkt 168°. Ist nicht sehr reaktionsfähig.

2, 4-Dimethyl-3-(α-chloräthyl)-5-carbäthoxy-pyrrol[1].

Mol-Gewicht: 229,65.

Zusammensetzung: 57,52% C; 7,03% H; 13,91% O; 6,10% N; 15,44% Cl. $C_{11}H_{16}O_2NCl$.

Darstellung: In eine Lösung von 2, 4-Dimethyl-3-vinyl-5-carbäthoxypyrrol in abs. Petroläther wird Chlorwasserstoff eingeleitet. Dann wird im Vakuum eingeengt, wobei das (α-Chloräthyl-)Derivat krystallin ausfällt.

Eigenschaften: Große farblose Krystalle; Schmelzp. 95°. Leicht löslich in den üblichen Lösungsmitteln; schwerer in Petroläther. Verliert beim Umkrystallisieren Salzsäure. Mit Kaliummethylat entsteht das 2, 4-Dimethyl-3-(α-methoxy)-5-carbäthoxy-pyrrol.

2, 4-Dimethyl-3-(α, β-dibromäthyl)-5-carbäthoxy-pyrrol[1].

Mol-Gewicht: 353,02.

Zusammensetzung: 37,40% C; 4,28% H; 9,06% O; 3,97% N; 45,29% Br. $C_{11}H_{15}O_2NBr_2$.

Darstellung: Entsteht beim Durchsaugen von Bromdampf in mäßiger Geschwindigkeit durch eine Lösung von 2, 4-Dimethyl-3-vinyl-5-carbäthoxypyrrol in abs. Petroläther (oder Schwefelkohlenstoff). Das Produkt fällt als pulveriger Niederschlag aus.

Eigenschaften: Sternförmig vereinigte Nadeln, Schmelzp. 133°. Leicht löslich in den gebräuchlichen Solvenzien, schwer in Petroläther. Spaltet leicht Brom ab.

2, 4-Dimethyl-3-(α-oxyäthyl)-5-carbäthoxy-pyrrol[2].

Mol-Gewicht: 211,20.

Zusammensetzung: 62,51% C; 8,12% H; 22,74% O; 6,63% N. $C_{11}H_{17}O_3N$.

---

[1] H. Fischer u. K. Zeile: Liebigs Ann. **462**, 216, 217 (1928).
[2] H. Fischer u. K. Zeile: Liebigs Ann. **462**, 219 (1928).

Bildung: Aus 2, 4-Dimethyl-3-dimethylaminoacetyl-5-carbäthoxy-pyrrol durch Reduktion mit Aluminiumamalgam[1].

Darstellung: Zu einer Grignardlösung aus 0,6 g Magnesium, 3,6 g Jodmethyl und 15 ccm abs. Äther werden unter Kühlung langsam 5 g 2, 4-Dimethyl-3-formyl-5-carbäthoxypyrrol in Äther aufgeschlämmt, gegeben. Dann wird noch 20 Minuten erwärmt, schließlich mit gesättigter eiskalter Chlorammoniumlösung zersetzt und ausgeäthert. Nach dem Verdunsten des Äthers bleibt ein gelbes, beim Reiben erstarrendes Öl. Man behandelt dieses zunächst mit wenig Schwefelkohlenstoff, saugt ab und krystallisiert den Rückstand um.

Eigenschaften: Aus wenig Benzol unter Zusatz von etwas Petroläther derbe Prismen, Schmelzp. 100,5°. Leicht löslich in den meisten Lösungsmitteln, schwerer in Benzol und Schwefelkohlenstoff, schwer in Petroläther. Beim Bromieren in Eisessig bildet sich unter Ersatz der Oxyäthylgruppe durch Brom 2, 4-Dimethyl-3-brom-5-carbäthoxypyrrol. Durch Schmelzen im Vakuum entsteht monomeres und dimeres 3-Vinylpyrrol. Durch Einwirkung von Phosphorpentachlorid in Schwefelkohlenstoff und nachfolgender Behandlung mit Kaliummethylat wird das 2, 4-Dimethyl-3-(α-methoxyäthyl)-5-carbäthoxypyrrol erhalten.

2, 4-Dimethyl-3-(α-methoxy-äthyl)-5-carbäthoxy-pyrrol[2].

Mol-Gewicht: 225,22.

Zusammensetzung: 63,96% C; 8,55% H; 21,27% O; 6,22% N. $C_{12}H_{19}O_3N$.

Darstellung: a) 2,4-Dimethyl-3-vinyl-5-carbäthoxypyrrol in wenig abs. Methylalkohol wird mit überschüssiger frisch bereiteter methylalkoholischer Salzsäure versetzt. Wenn die Farbe dunkelrot geworden ist, wird unter Kühlung mit Natronlauge neutralisiert, wobei die Farbe verschwindet und das amorphe Produkt ausfällt. Ausbeute 60—70%.

b) 2, 4-Dimethyl-3-(α-chloräthyl)-5-carbäthoxypyrrol (0,2 g) in möglichst wenig abs. Methylalkohol wird mit einer 10proz. Kaliummethylatlösung (1 ccm) versetzt; wobei die anfangs rötliche Farbe nach gelb umschlägt. Dann gießt man auf Eiswasser, wobei das Methoxyprodukt ausfällt.

c) 2, 4-Dimethyl-3-(α-oxyäthyl)-5-carbäthoxypyrrol (0,2 g) in 20 ccm abs. Schwefelkohlenstoff wird mit Phosphorpentachlorid (0,1 g) versetzt und bis zur Lösung des letzteren geschüttelt. Dann wird im Vakuum abgedampft, der Rückstand mit Kaliummethylatlösung behandelt und in Eiswasser gegossen.

Eigenschaften: Aus Wasser oder sublimiert, Schmelzp. 115°. Leicht löslich in den meisten Lösungsmitteln, schwer in Petroläther und Wasser. Durch Oxydation in Eisessig mit Chromsäure wird 2, 4-Dimethyl-3-vinyl-5-carbäthoxypyrrol neben 2, 4-Dimethyl-3-carboxy-5-carbäthoxypyrrol erhalten. Bromierung in Eisessig führt zum 2,4-Dimethyl-3-brom-5-carbäthoxypyrrol.

2, 4-Dimethyl-3-acetyl-5-carbäthoxy-pyrrol (Bd. X, S. 53).

$$C_{11}H_{15}O_3N.$$

Bildung: Aus 2, 4-Dimethyl-3-äthoxy-acetyl-5-carbäthoxy-pyrrol mit Aluminiumamalgam[3].

Darstellung: a) 670 g Acetessigester in 1400 ccm Eisessig werden unter Turbinieren und Eiskühlung tropfenweise mit einer konz. Lösung von 410 g Natriumnitrit in Wasser so versetzt, daß die Temperatur nicht über 12° steigt und hierzu dann nach 10 Minuten Weiterrühren noch 580 g Acetylaceton zugegeben. In diese Lösung werden nun unter kräftigem Rühren 750 g Zinkstaub so eingetragen, daß die Temperatur 70° nicht übersteigt; dann wird anschließend auf dem Sandbad bis zur Lösung bzw. bis zum Zusammenballen des Zinkstaubs gekocht und darnach die heiße Lösung ln 50 l Wasser eingerührt. Ausbeute 600—650 g = 55%[4].

b) Zu 1 g 2, 4-Dimethyl-5-carbäthoxypyrrol $C_9H_{13}O_2N$ und 0,9 g Acetylchlorid in 10 g Schwefelkohlenstoff wird 1 g Aluminiumchlorid gegeben und schwach erwärmt, wonach die Reaktion unter lebhafter Salzsäureentwicklung einsetzt, nach deren Beendigung unter öfterem Umschütteln und schwachem Erwärmen noch 1 Stunde stehengelassen wird. Nachdem wird unter Kühlung mit Wasser zersetzt und der Schwefelkohlenstoff abdestilliert. Als Rückstand bleibt ein brauner Körper. Ausbeute 1,25 g[5].

[1] H. Fischer u. W. Kutscher: Liebigs Ann. **481**, 202 (1930).
[2] H. Fischer u. K. Zeile: Liebigs Ann. **462**, 217, 218, 220 (1928).
[3] H. Fischer u. W. Kutscher: Liebigs Ann. **481**, 203f. (1930).
[4] H. Fischer, E. Baumann u. H. J. Riedel: Liebigs Ann. **476**, 238 (1929).
[5] H. Fischer u. F. Schubert: Hoppe-Seylers Z. **155**, 102 (1926).

Eigenschaften: Aus Alkohol farblose Nadeln, Schmelzp. 143°. Bei der Kondensation mit Oxalester entsteht 2, 4-Dimethyl-5-carbäthoxy-pyrrol-3-äthanonoxalester $C_{15}H_{19}O_6N$[1]. Mit Sublimat bildet sich eine Quecksilberverbindung[2].

Hydrazon $C_{11}H_{17}O_3N_3$. Durch 8stündiges Erhitzen von 2 g Pyrrol mit 1 g Hydrazinhydrat. Das gebildete klare Öl, das beim Erkalten harzig erstarrt, wird mit Wasser solange verrieben, bis es vollständig in weiße Flocken umgewandelt ist. — Aus Chloroform-Petroläther, Schmelzp. 137°[3].

2, 4-Dimethyl-3-acetyl-5-carboxy-pyrrol $C_9H_{11}O_3N$. Bildet sich beim Erhitzen des 2, 4-Dimethyl-5-carbäthoxy-pyrrol-3-äthanonoxalesters. — Schmelzp. 231°[1].

2, 4-Dimethyl-3-acetyl-pyrrol-5-carbonsäureamid $C_9H_{12}O_2N_2$. Entsteht aus dem Ester bei 6stündigem Erhitzen mit Ammoniak auf 150—160°[3].

2, 4-Dimethyl-3-(β-chloracetyl)-5-carbäthoxy-pyrrol.

Mol-Gewicht: 243, 63.

Zusammensetzung: 54,17% C; 5,79% H; 19,74 %O; 5,75% N; 14,55% Cl. $C_{11}H_{14}O_3NCl$.

Darstellung: a) 0,5 g 2, 4-Dimethyl-5-carbäthoxy-pyrrol $C_9H_{13}O_2N$ und 0,7 g Chloracetylchlorid in 5 g Schwefelkohlenstoff werden mit 0,5 g Aluminiumchlorid versetzt. Nach kurzem Erwärmen setzt die Reaktion ein, die Lösung färbt sich rot und allmählich fällt ein dunkles Öl aus. Nachdem wird mit Wasser zersetzt und der Schwefelkohlenstoff abdestilliert[4].

b) Dasselbe Prosukt wird erhalten, wenn eine Lösung des Pyrrols und Chloracetonitril in wasserfreiem Äther mit Chlorwasserstoff gesättigt und das auskrystallisierte salzsaure Ketimin mit Wasser zersetzt wird[5].

Eigenschaften: Aus Alkohol Krystalle vom Schmelzp. 163°. Ehrlichsche Reaktion heiß schwach positiv. Der Staub reizt schwach zum Niesen. Bei 4stündigem Erhitzen mit Kaliumcyanid in wässerig-alkoholischer Lösung entsteht das 2, 4-Dimethyl-5-carbäthoxy-3-cyanacetyl-pyrrol $C_{12}H_{14}O_3N_2$. (Aus Alkohol Schmelzp. 172—173°.)

2-Brommethyl-3-(β-chloracetyl)-4-methyl-5-carbäthoxy-pyrrol $C_{11}H_{13}O_3NClBr$. Durch Suspendieren von 3 g Pyrrol in einer Lösung von 0,7 ccm Brom in 100 ccm abs. Äther, wonach beim Umrühren allmählich Lösung eintritt unter Entwicklung von Bromwasserstoff. Isolierung durch Verdunsten des Äthers. — Aus Alkohol farblose Prismen, Schmelzp. 147°[6].

2, 4-Dimethyl-3-(β-oxy-acetyl)-5-carboxy-pyrrol $C_9H_{11}O_4N$ (M=197,14). Eine siedende Lösung von 3 g Natronlauge in 100 ccm Wasser wird allmählich mit 5 g Chloracetylpyrrol versetzt und solange unter Ersatz des verdunsteten Wassers gekocht, bis sich alles gelöst hat. Dann wird filtriert und im Filtrat die Carbonsäure durch Zugabe von verdünnter Schwefelsäure gefällt. — Helles Pulver, Schmelzp. 231°. Leicht löslich in Alkohol, Pyridin, Aceton; schwer in Äther, unlöslich in Wasser[7].

2, 4-Dimethyl-3-(β-dimethylamino-acetyl)-5-carbäthoxy-pyrrol-chlorhydrat $C_{13}H_{21}O_3N_2Cl$. Entsteht bei 2stündigem Erhitzen von 10 g Chloracetyl-pyrrol gelöst in 125 ccm abs. Alkohol mit 15 g 33proz. abs. alkoholischer Dimethylaminlösung. Dann wird der Alkohol verdunstet und der schmierige braune Rückstand durch Verrühren mit Äther gereinigt. Ausbeute 50%. — Aus Äther-Alkohol schneeweißes Pulver, Schmelzp. 214°. Löslich in Alkohol, Wasser; unlöslich in Äther, Pyridin. Gibt mit Alkalien das freie Pyrrol $C_{13}H_{10}O_3N_2$; (Schmelzp. 87 bis 88°)[7]. Bei der Reduktion mit Aluminiumamalgam entsteht 2, 4-Dimethyl-3-(α-oxy-äthyl)-5-carbäthoxy-pyrrol $C_{11}H_{17}O_3N$. Pikrat Schmelzp. 168°[8].

2, 4-Dimethyl-3-(β-methoxy-acetyl)-5-carbomethoxy-pyrrol.

Mol-Gewicht: 225,18.

Zusammensetzung: 58,63% C; 6,72% H; 28,43% O; 6,22% N. $C_{11}H_{15}O_4N$.

Darstellung: 5 g 2, 4-Dimethyl-3-(β-chloracetyl)-5-carbäthoxy-pyrrol in wenig abs. Methylalkohol gelöst, werden mit 0,5 g Natrium in 10 ccm abs. Methylalkohol versetzt; die gelbe

[1] H. Fischer u. J. Müller: Hoppe-Seylers Z. **132**, 100 (1924).
[2] H. Fischer u. R. Müller: Hoppe-Seylers Z. **148**, 167 (1925).
[3] H. Fischer u. M. Schubert: Ber. dtsch. chem. Ges. **56**, 1207 (1923).
[4] H. Fischer u. F. Schubert: Hoppe-Seylers Z. **155**, 104 (1926).
[5] H. Fischer, B. Weiß u. M. Schubert: Ber. dtsch. chem. Ges. **56**, 1201 (1923).
[6] H. Fischer u. W. Kutscher: Liebigs Ann. **481**, 205 (1930).
[7] H. Fischer u. K. Zeile: Liebigs Ann. **462**, 227, 228 (1928).
[8] H. Fischer u. W. Kutscher: Liebigs Ann. **481**, 202 (1930).

Lösung 6 Stunden auf dem Wasserbad gekocht, heiß filtriert und eingedunstet. Der gelblich-weiße Rückstand wird mit destilliertem Wasser übergossen, gut verrieben und nach einigem Stehen filtriert. Der jetzige Rückstand wird in Methylalkohol gelöst, aus dem beim Stehen Krystallisation eintritt. Ausbeute 90%[1].

Eigenschaften: Aus Methanol seidenglänzende Nadeln, Schmelzp. 139° unter vorherigem Sintern. Sehr leicht löslich in Alkohol, Äther und Essigester; unlöslich in Wasser und Ligroin. Bei der Reduktion mit Aluminiumamalgam entsteht 2, 4-Dimethyl-3-acetyl-5-carbomethoxy-pyrrol.

2, 4-Dimethyl-3-(β-methoxy-acetyl)-5-carboxy-pyrrol $C_{10}H_{13}O_4N$. 5 g Ester werden in einer Lösung von 1 g Natriumhydroxyd in 30 ccm Wasser bis zur Lösung schwach erwärmt. Nach dem Erkalten wird mit verdünnter Schwefelsäure neutralisiert, wonach beim Reiben die Carbonsäure auskrystallisiert. Nach dem Absaugen wird schwefelsäurefrei gewaschen und vorsichtig getrocknet. Ausbeute 90%. — Aus Aceton-Chloroform weißes Krystallpulver. Schmelzp. 188° unter Zersetzung. Gibt beim Behandeln mit Dimethylsulfat den Ester zurück[1].

2, 4-Dimethyl-3-(β-äthoxy-acetyl)-5-carbäthoxy-pyrrol[2].

Mol-Gewicht: 253,23.

Zusammensetzung: 61,63% C; 7,05% H; 25,79% O; 5,53% N. $C_{13}H_{19}O_4N$.

Darstellung: Genau so wie beim Methoxy-acetyl-Produkt beschrieben unter Verwendung von Natriumäthylat.

Eigenschaften: Aus Essigester farblose Rhomboeder, Schmelzp. 113—114° nach vorherigem Sintern. Leicht löslich in Äther, Eisessig, Aceton, Alkohol; unlöslich in Wasser[2]. Gibt bei der Reduktion mit Aluminiumamalgam 2, 4-Dimethyl-3-acetyl-5-carbäthoxy-pyrrol[3].

2, 4-Dimethyl-3-(β-äthoxy-acetyl)-5-carboxy-pyrrol $C_{11}H_{15}O_4N$. 10 g Ester werden mit 2,4 g Natriumhydroxyd in 100 ccm Wasser bis zur Lösung erhitzt. Weiterbehandlung wie beim Methoxy-acetyl-Produkt. Ausbeute 90%. — Aus Alkohol weißes Krystallpulver; Schmelzpunkt 175—180°[3].

2, 4-Dimethyl-3-(β-cyanacetyl)-5-carbäthoxy-pyrrol.

Mol-Gewicht: 234,2.

Zusammensetzung: 61,51% C; 6,02% H; 20,51% O; 11,96% N. $C_{12}H_{14}O_3N_2$.

Darstellung: 0,5 g 2, 4-Dimethyl-3-(β-chlor-acetyl)-5-carbäthoxy-pyrrol in 15 ccm Alkohol werden mit 0,2 g Kaliumcyanid in wenig Wasser versetzt und 4 Stunden gekocht. Nach dem Erkalten der gelben Lösung wird bis zur Trübung mit Wasser und Eis versetzt, wonach nach einigem Stehen Krystallisation eintritt[4].

Eigenschaften: Aus Alkohol Krystalle vom Schmelzp. 172—173°. Gibt bei 6stündigem Erhitzen mit Natriumäthylat-Hydrazinhydrat auf 240° 2, 4-Dimethyl-pyrrol[5].

2, 4-Dimethyl-3-(α-oxy-β-cyan-äthyl)-5-carbäthoxy-pyrrol[6].

Mol-Gewicht: 236,21.

Zusammensetzung: 60,98% C; 6,83% H; 20,32% O; 11,87% N. $C_{12}H_{16}O_3N_2$.

Darstellung: 1 g 2, 4-Dimethyl-3-cyanacetyl-5-carbäthoxy-pyrrol suspendiert in viel Äther, wird mit 3 g Aluminiumamalgam versetzt. Nach dem Stehen über Nacht wird abgesaugt und der Äther verdunstet. (Aus dem Aluminiumhydroxyd-Schlamm kann mit Alkohol restliches Ausgangsmaterial zurückgewonnen werden.)

Eigenschaften: Aus Äther weißer Körper. Schmelzp. 134—136°. Leicht löslich in Alkohol und in Äther.

2, 4-Dimethyl-5-carbäthoxy-3-(trichlor-acetyl)-pyrrol[7].

Mol-Gewicht: 324,5.

Zusammensetzung: 42,23% C; 3,84% H; 16,53% O; 4,32% N; 34,08% Cl. $C_{12}H_{12}O_3NCl_3$.

[1] H. Fischer u. W. Kutscher: Liebigs Ann. **481**, 202ff. (1930).
[2] H. Fischer u. K. Zeile: Liebigs Ann. **462**, 230 (1928).
[3] H. Fischer u. W. Kutscher: Liebigs Ann. **481**, 203ff. (1930).
[4] H. Fischer, B. Weiß u. M. Schubert: Ber. dtsch. chem. Ges. **56**, 1202 (1923).
[5] H. Fischer u. B. Weiß: Ber. dtsch. chem. Ges. **57**, 609 (1924).
[6] H. Fischer u. W. Kutscher: Liebigs Ann. **481**, 208 (1930).
[7] H. Fischer u. P. Viaud: Ber. dtsch. chem. Ges. **64**, 195 (1931).

Darstellung: Eine Mischung von 3 g 2, 4-Dimethyl-5-carbäthoxy-pyrrol und 5 ccm Trichloracetonitril mit 10 ccm abs. Äther und 10 ccm Chloroform wird bei 0° mit Chlorwasserstoff gesättigt. Nach Stehen über Nacht wird filtriert und der Rückstand mit Alkohol und Wasser zerlegt. Ausbeute 60—70%.
Eigenschaften: Aus Alkohol-Wasser Krystalle vom Schmelzp. 173—174°.

2, 4-Dimethyl-3-propyl-5-carbäthoxy-pyrrol[1].

Mol-Gewicht: 199,22.
Zusammensetzung: 72,31% C; 9,53% H; 11,46% O; 6,70% N. $C_{12}H_{19}O_2N$.
Darstellung: Zu einer Grignardlösung, hergestellt durch 6stündiges Kochen von 21,15 g Magnesium in 200 ccm abs. Äther mit 80 g Bromäthyl in 180 ccm abs. Äther, läßt man allmählich 41 g 2, 4-Dimethyl-3-propyl-pyrrol $C_9H_{15}N$ fließen und kocht dann 5 Stunden auf dem Wasserbad. Alsdann werden 60,6 g Chlorkohlensäureester in 100 ccm abs. Äther zugetröpfelt und noch einmal 3—4 Stunden erhitzt. Nach Stehen über Nacht wird vorsichtig mit kalt gesättigter Chlorammoniumlösung zerlegt, ausgeäthert, filtriert und der Äther abdestilliert. Aus dem Rückstand krystallisiert beim Stehen der Ester aus. (Nach dem Absaugen kann aus der Mutterlauge durch Vakuumdestillation noch etwas Ester gewonnen werden.) Gesamtausbeute 70%.
Eigenschaften: Aus Alkohol Krystalle vom Schmelzp. 98° (korr.).

2-Brommethyl-3-propyl-4-methyl-5-carbäthoxy-pyrrol[1].

Mol-Gewicht: 368,05.
Zusammensetzung: 39,14% C; 4,93% H; 7,50% O; 5,00% N; 43,43% Br. $C_{12}H_{18}O_2NBr_2$.
Darstellung: 4 g 2, 4-Dimethyl-3-propyl-5-carbäthoxy-pyrrol, suspendiert in 15—20 ccm abs. Äther, werden unter Kühlung mit einer Kältemischung so rasch mit der berechneten Menge Brom versetzt, daß die Temperatur +5° nicht übersteigt. Beim Reiben tritt Krystallisation ein. Nach 20 Minuten langem Stehen wird rasch abgesaugt und mit Äther gewaschen. Ausbeute aus 175 g Pyrrol = 213 g Bromprodukt.
Eigenschaften: Schmelzp. 148°. Ist für das Weiterarbeiten rein genug.

2, 4-Dimethyl-3-(α-oxy-ω-cyan-propyl)-5-carbäthoxy-pyrrol[2].

Mol-Gewicht: 250,23.
Zusammensetzung: 62,37% C; 7,25% H; 19,18% O; 11,20% N. $C_{13}H_{18}O_3N_2$.
Darstellung: 1 g 2, 4-Dimethyl-3-(ω-cyan-propionyl)-5-carbäthoxy-pyrrol in feuchtem Äther suspendiert wird mit 2 g Aluminiumamalgam über Nacht stehengelassen. Dann wird filtriert und der Äther verdunstet. Als Rückstand bleibt der Oxykörper. Ausbeute 50—60%. (Aus dem Aluminiumhydroxyd-Schlamm kann mit Alkohol restliches Ausgangsmaterial ausgezogen werden.)
Eigenschaften: Aus Alkohol-Wasser Nadeln, Schmelzp. 113—115°.

2, 4-Dimethyl-3-propionyl-5-carbäthoxy-pyrrol.

Mol-Gewicht: 223,2.
Zusammensetzung: 64,58° C; 7,62% H; 21,52% O; 6,28% N. $C_{12}H_{17}O_3N$.
Darstellung: 50 g fein gepulvertes 2, 4-Dimethyl-5-carbäthoxy-pyrrol $C_9H_{13}O_2N$ und 43 g frisch destilliertes Propionylchlorid werden unter Umschütteln und unter Eiskühlung im Lauf von $1/4$—$1/2$ Stunde mit 43 g Aluminiumchlorid in 5—6 Portionen geteilt versetzt, wobei starke Salzsäurebildung eintritt. Nach Beendigung der Hauptreaktion wird 3 Stunden auf 50° erwärmt und nach dem Stehen über Nacht mit Eiswasser zersetzt. Anschließend wird scharf abgesaugt und mit viel Wasser gewaschen. Ausbeute 50 g = 83%[3].
Eigenschaften: Aus Alkohol-Wasser umgefällt und 2mal aus Alkohol umkrystallisiert. Schmelzp. 140°. Leicht löslich in Alkohol, Aceton, Chloroform, Eisessig; unlöslich in Ligroin und Wasser[4].

---

[1] H. Fischer, M. Goldschmidt u. W. Nüßler: Liebigs Ann. **486**, 22 (1931).
[2] H. Fischer u. W. Kutscher: Liebigs Ann. **481**, 210 (1930).
[3] H. Fischer, M. Goldschmidt u. W. Nüßler: Liebigs Ann. **486**, 13 (1930).
[4] H. Fischer u. F. Schubert: Hoppe-Seylers Z. **155**, 105 (1926).

2, 4-Dimethyl-3-propionyl-5-carboxy-pyrrol $C_{10}H_{13}O_3N$. 1 g Ester in Alkohol wird mit 0,1 g Ätznatron 2 Stunden gekocht. Dann wird der Alkohol abgetrieben, der Rückstand mit Wasser verdünnt, filtriert und die Carbonsäure mit verdünnter Schwefelsäure ausgefällt. Ausbeute aus 30 g Ester = 26 g. — Prismatische Nädelchen, Schmelzp. 213—214° unter Zersetzung[1].

2-Brommethyl-3-propionyl-4-methyl-5-carbäthoxy-pyrrol $C_{12}H_{16}O_3NBr$. 4,2 g Ester in Eisessig werden mit 3 g Brom (1 Mol) in Eisessig versetzt. Die sich bildenden Krystalle werden mit Äther gewaschen. Ausbeute 3,5 g. — Aus Alkohol, Schmelzp. 145° (korr.)[1].

Pyrazolin $C_{18}H_{32}N_4$. Vom Rückstand bei der Herstellung des 2, 4-Dimethyl-3-propyl-pyrrols wird die Fraktion 140—145° bei 15 mm isoliert. 50 g dieses Produkts werden in 50 g Alkohol gelöst, dann 5 g feuchte Diazobenzolsulfosäure in Salzsäure zugefügt und nach einigem Stehen mit Wasser auf 1 l verdünnt. Von ausgeschiedenem Azofarbstoff wird filtriert, das Filtrat mit Äther ausgezogen, der Auszug nach dem Trocknen eingedampft und der Rückstand im Vakuum fraktioniert. Ausbeute 45 g. — Siedep. 15—16 mm = 141—145°.

Dichlorhydrat $C_{18}H_{32}N_4 \cdot 2\,HCl$. Fällt aus beim Einleiten von Salzsäuregas in eine abs. ätherische Lösung des Pyrazolins. — Aus Äther durch Eindunsten an der Luft schneeweiße Nadeln, Schmelzp. 145°. Sehr leicht löslich in Alkohol, Essigester, Eisessig, Chloroform, Benzol, Aceton, Schwefelkohlenstoff, Tetrachlorkohlenstoff, Wasser.

Dipikrat $C_{18}H_{32}N_4 \cdot 2\,C_6H_3O_7N_3$. Eine ätherische Pyrazolinlösung wird mit feucht ätherischer Pikrinsäurelösung im Überschuß versetzt. Dann wird der Äther langsam verdunstet, der Rückstand mit kaltem Wasser gewaschen. — Aus alkoholhaltigem Wasser tiefgelbe, derbe, prismatische Nadeln, Schmelzp. 137° (korr.)[1].

2, 4-Dimethyl-3-(β-chlorpropionyl)-5-carbäthoxy-pyrrol[2].

Mol-Gewicht: 257,66.

Zusammensetzung: 55,9% C; 6,26% H; 18,65% O; 5,43% N; 13,76% Cl. $C_{12}H_{16}O_3NCl$.

Darstellung: 3,5 g 2, 4-Dimethyl-5-carbäthoxypyrrol $C_9H_{13}O_2N$, in 30 ccm Schwefelkohlenstoff suspendiert, werden mit 4 g β-Chlorpropionylchlorid und 4 g frischem Aluminiumchlorid versetzt, wobei sofort die Reaktion unter starker Salzsäureentwicklung einsetzt und sich nach einiger Zeit das Anlagerungsprodukt als zähes Öl absetzt. Dann wird noch $1\frac{1}{2}$ Stunden erhitzt und nun vorsichtig unter Kühlung mit Wasser zersetzt, wobei stürmische Reaktion eintritt. Nach dem Absaugen wird der bräunlich gefärbte Rückstand in warmem Alkohol gelöst, wonach beim Abkühlen Krystallisation einsetzt. Aus der Mutterlauge fällt auf Zusatz von Wasser noch etwas Pyrrol aus. Ausbeute 55%.

Eigenschaften: Aus Alkohol weiße Nadeln, Schmelzp. 138°. Leicht löslich in Aceton, Chloroform, Alkohol; schwer löslich in Äther.

2, 4-Dimethyl-3-(β-dimethylaminopropionyl)-5-carbäthoxy-pyrrol-chlorhydrat $C_{14}H_{23}O_3N_2Cl$. Aus dem β-Chlorpropionylpyrrol durch Erhitzen mit 33proz. alkoholischer Dimethylaminlösung in 65proz. Ausbeute. — Aus Alkohol-Äther weiße Krystalle, Schmelzp. 184°. Leicht löslich in Wasser und Alkohol, unlöslich in Äther und Pyridin[2].

2, 4-Dimethyl-3-(β-dimethylaminopropionyl)-5-carbäthoxy-pyrrol $C_{14}H_{22}O_3N_2$. Durch Zerlegen des Chlorhydrats mit wässeriger Natronlauge, wobei ein schnell erstarrendes Öl ausfällt. — Feine, weiße Nadeln, Schmelzp. 78°. Leicht löslich in Alkohol, Pyridin, Äther[2]. Pikrat Schmelzpunkt 172—173°[3].

2, 4-Dimethyl-3-(α-oxy-γ-dimethylamino-propyl)-5-carbäthoxy-pyrrol $C_{14}H_{24}O_3N_2$. 5 g der obigen freien Base, gelöst in 250 ccm Äther unter Zugabe von etwas Alkohol, werden mit 10 g Aluminiumamalgam versetzt. Nach dem Stehen über Nacht wird filtriert und der Äther verdunstet. — Aus Benzol lange Prismen, Schmelzp. 122°. Leicht löslich in den meisten Solvenzien, schwerer in kaltem Benzol, schwer in Petroläther. Verliert auf Zugabe von Salzsäure oder Benzoylchlorid Wasser[3].

2, 4-Dimethyl-3-(γ-dimethylamino-allyl)-5-carbäthoxy-pyrrol $C_{14}H_{22}O_2N_2$. In eine Lösung von 1 g der Oxyverbindung in abs. Äther wird 1 Stunde lang trockener Chlorwasserstoff eingeleitet. Nach 2stündigem Stehen wird filtriert, der Rückstand kurz über Natronlauge im Vakuum getrocknet, in Wasser gelöst und mit verdünnter Natronlauge versetzt. Die freie Base fällt als Öl aus, das beim Reiben krystallisiert. (Dasselbe Produkt entsteht auch bei

[1] H. Fischer, M. Goldschmidt u. W. Nüßler: Liebigs Ann. **486**, 13, 16 (1930).

[2] H. Fischer u. K. Zeile: Liebigs Ann. **462**, 226 ff. (1928).

[3] H. Fischer u. W. Kutscher: Liebigs Ann. **481**, 204 (1930).

Einwirkung von Benzoylchlorid auf das Oxypyrrol.) — Aus Alkohol-Wasser weiße Nadeln, Schmelzp. 95°. Sehr leicht löslich in Alkohol, Äther, Benzol, Chloroform; schwer in Petroläther. Die ätherische Lösung entfärbt Bromlösung und alkalische Permanganatlösung sofort.

Pikrat. Aus heißem Alkohol Krystalle vom Schmelzp. 182°.

Chlorhydrat. Aus Alkohol-Äther, Schmelzp. 187°[1].

2, 4-Dimethyl-3-(ω-cyan-propionyl)-5-carbäthoxy-pyrrol[2].

Mol-Gewicht: 249,13.

Zusammensetzung: 62,86% C; 6,50% H; 19,34% O; 11,30% N. $C_{13}H_{16}O_3N_2$.

Darstellung: 5 g 2, 4-Dimethyl-3-(γ-chlor-propionyl)-5-carbäthoxy-pyrrol in 100 ccm Spiritus werden mit einer wässerigen Lösung von 2 g Natriumcyanid 2 Stunden unter Rückfluß gekocht. Nachdem wird mit Wasser gefällt und abgesaugt.

Eigenschaften: Aus Alkohol Nadeln, Schmelzp. 173°. Gut löslich in heißem Alkohol, fast unlöslich in kaltem.

2, 4-Dimethyl-3-ketobuttersäure-5-carboxy-pyrrol $C_{11}H_{13}O_5N$. 10 g Cyan-propionylpyrrol werden mit 30 ccm 20proz. Natronlauge bis zum Nachlassen der Ammoniakentwicklung gekocht. Nach dem Erkalten wird mit verdünnter Salzsäure gefällt. — Aus Alkohol kleine Prismen, Schmelzp. 188°[3].

Dimethylester $C_{13}H_{17}O_6N$. Aus der Dicarbonsäure mit Diazomethan oder Dimethylsulfat. — Aus Alkohol-Wasser Nadeln, Schmelzp. 131°. Sehr leicht löslich in Äther und Alkohol. Gibt bei der Reduktion mit Amalgam den Dimethylester des 2, 4-Dimethyl-3-(α-oxy-γ-carboxy-propyl-)-5-carboxy-pyrrols $C_{13}H_{19}O_5N$.

2, 4-Dimethyl-3-ketobuttersäure-pyrrol $C_{10}H_{13}O_3N$. 20 g Cyanpropionylpyrrol werden mit 5 g Ätzkali in 20 ccm abs. Alkohol 8 Stunden auf 165° erhitzt. Danach wird der Alkohol im Vakuum verdampft, der Rückstand in Wasser gelöst, angesäuert und ausgeäthert. Die Säure bleibt als Rückstand nach Verdampfen des Äthers. — Entsteht auch bei Abspaltung von Kohlensäure aus dem 2, 4-Dimethyl-3-keto-buttersäure-5-carboxy-pyrrol. — Aus Alkohol-Wasser feine Nadeln, Schmelzp. 175°[3].

2, 4-Dimethyl-3-isovaleroyl-5-carbäthoxy-pyrrol[4].

Mol-Gewicht: 251,25.

Zusammensetzung: 66,93% C; 8,37% H; 19,13% O; 5,57% N. $C_{14}H_{21}O_3N$.

Darstellung: Zu 30 g 2, 4-Dimethyl-5-carbäthoxypyrrol in Schwefelkohlenstoff werden 50 g Isovaleroylchlorid gegeben und dann in kleinen Portionen 50 g Aluminiumchlorid zugefügt. Nach 1½stündigem Kochen scheidet sich unter starker Salzsäureentwicklung eine zähe, dunkle Masse ab. Diese wird bei 0° mit Wasser zersetzt und der Schwefelkohlenstoff abdestilliert. Nach dem Erkalten wird filtriert, ausgewaschen, auf Ton getrocknet und das so erhaltene Gemisch von Ausgangsmaterial und Kondensationsprodukt durch öfteres Umkrystallisieren aus wenig Alkohol getrennt. Ausbeute 50—55%.

Eigenschaften: Aus Alkohol derbe, farblose, schräg abgeschnittene Prismen, Schmelzpunkt 99°. Riecht schwach nach Valeriansäure.

2, 4-Dimethyl-5-carbäthoxy-pyrryl-3-glyoxylsäuremethylester[5].

Mol-Gewicht: 253,2.

Zusammensetzung: 56,89% C; 5,97% H; 31,59% O; 5,55% N. $C_{12}H_{15}O_5N$.

Darstellung: 1,67 g 2, 4-Dimethyl-5-carbäthoxypyrrol und 0,85 g Cyankohlensäuremethylester in abs. Äther werden mit Chlorwasserstoff gesättigt. Nach längerem Stehen wird vom Iminchlorid filtriert, der Rückstand in Wasser gelöst und nochmals filtriert. Im Filtrat scheidet sich dann der Ester rasch ab.

Eigenschaften: Aus Alkohol farblose Nadeln, Schmelzp. 133°.

[1] H. Fischer u. W. Kutscher: Liebigs Ann. **481**, 204 (1930).
[2] H. Fischer u. W. Kutscher: Liebigs Ann. **481**, 209 (1930).
[3] H. Fischer u. W. Kutscher: Liebigs Ann. **481**, 211 (1930).
[4] H. Fischer u. R. Bäumler: Liebigs Ann. **468**, 97 (1929).
[5] H. Fischer u. B. Weiß: Ber. dtsch. chem. Ges. **57**, 609 (1924).

2, 4-Dimethyl-5-carbäthoxy-pyrrol-3-glyoxylsäureäthylester $C_{13}H_{17}O_5N$ (M = 267,21).
Wird wie oben hergestellt aus 10 g 2, 4-Dimethyl-5-carbäthoxypyrrol in 30 ccm abs. Äther und
30 ccm Chloroform und 8 g Cyankohlensäureester. Ausbeute fast quantitativ. — Aus Alkohol
Schmelzp. 127,5°[1].

2, 4-Dimethyl-5-carbäthoxypyrrol-3-äthanonoxalester[2].

Mol-Gewicht: 309,23.
Zusammensetzung: 58,25% C; 6,15% H; 31,07% O; 4,53% N. $C_{15}H_{19}O_6N$.

$$H_3C \cdot C\text{---}C \cdot CO \cdot COOC_2H_5$$
$$H_5C_2OOC \cdot C \quad C \cdot CH_3$$
$$NH$$

Darstellung: Durch langsames Zugeben von 4 g Natrium zu 10 g 2, 4-Dimethyl-5-carb-
äthoxypyrrol und 25 g Oxalester in heißem Alkohol, wobei Tiefrotfärbung eintritt. Nach
2 Stunden wird kalt mit verdünnter Essigsäure gefällt. Ausbeute 14,5 g.
Eigenschaften: Aus Alkohol feine, farblose, verfilzte Nadeln, Schmelzp. 150,5°. Leicht
löslich in heißem Alkohol, unlöslich in Wasser. Ehrlichsche Reaktion heiß schwach positiv.
Eisenchlorid gibt intensive Rotfärbung. Ist beständig gegen Eisessig, unbeständig gegen Salzsäure. Natriumäthylat gibt eine feste, beständige, wasserlösliche Natriumverbindung. Verdünntes Alkali spaltet zu 2, 4-Dimethyl-3-acetyl-5-carboxy-pyrrol (Schmelzp. 231°).
Semicarbazon $C_{16}H_{22}O_6N_4$. Durch kurzes Erhitzen einer Lösung von 0,5 g Ester, 0,22 g
Semicarbazidchlorhydrat und 0,2 g Kaliumacetat in Alkohol. Beim Stehen Krystallisation in
glänzenden weißen Prismen. Ausbeute 0,36 g. — Aus Wasser kleine Krystalldrusen; Schmelzpunkt 201°.
Ketazin-Hydrazid $C_{13}H_{17}O_3N_5$. 0,3 g Ester werden mit 0,3 g Hydrazinhydrat am Wasserbad erwärmt. Dabei tritt erst Verflüssigung und dann Wiedererstarren ein. Nachdem wird
mit Alkohol verrieben und abgesaugt. Ausbeute 0,2 g. — Aus Alkohol oder Wasser Nadeln;
Schmelzp. 239° u. Zersetzung. Schwer löslich in Alkohol; leichter in Wasser.

2, 4-Dimethyl-5-carbäthoxypyrrol-3-acrylsäure.

Mol-Gewicht: 237,2. Bestimmt in Campher zu 258.
Zusammensetzung: 60,74% C; 6,37% H; 26,98% O; 5,91% N. $C_{12}H_{15}O_4N$.
Darstellung: a) Durch 6—8stündiges Erhitzen von 10 g 2, 4-Dimethyl-3-formyl-5-carb-
äthoxy-pyrrol $C_{10}H_{13}O_3N$, 5 g Malonsäure und 5 ccm Anilin in 50 ccm Alkohol. Danach wird
der Alkohol abdestilliert, der mit verdünnter Salzsäure verriebene Rückstand auf dem Wasserbad erwärmt, kalt abgesaugt und mit Wasser gewaschen. Dann wird in verdünnter Lauge
aufgenommen, filtriert, im Filtrat die Acrylsäure unter Eiskühlung mit verdünnter Salzsäure
gefällt, abfiltriert und gut mit Wasser ausgewaschen. Ausbeute 10 g = 85%. (Eignet sich gut
für die Reduktion, die Bildung des Vinylpyrrols gelingt nur in Spuren, gut erst in Gegenwart
von Katalysatoren[3].)
b) 2 g Aldehyd (1 Mol), 1,2 g Malonsäure (1 Mol) und 1,8 g Piperidin werden auf dem
Wasserbad bis zum Aufhören der Kohlensäureentwicklung erhitzt. Dann wird kalt in 100 ccm
$^n/_5$-Natronlauge gelöst, filtriert und das Filtrat mit verdünnter Schwefelsäure angesäuert.
Ausbeute nahezu quantitativ. (Eignet sich gut für die Darstellung des Vinylpyrrols[4].)
Eigenschaften: Aus Methyl- oder Äthylalkohol unter Zusatz von Tierkohle farblose
Krystalle, Schmelzp. 240° u. Zersetzung[3]. Gibt bei der Oxydation mit Eisessig-Chromsäure
2, 4-Dimethyl-5-carbäthoxy-pyrrol-3-carbonsäure[5].
2, 4 - Dimethyl - 3 - acrylsäure - pyrrol - 5 - carbonsäurehydrazid + Hydrazin $C_{16}H_{17}O_4N_5$.
Durch 12stündiges Erhitzen von 6 g Acrylsäure mit 6 g Hydrazinhydrat im Rohr auf 130°. Nach
dem Erkalten wird der erhaltene Krystallbrei mehrmals mit Wasser gewaschen und auf Ton
getrocknet. — Aus Methanol feine Nadeln, Schmelzp. 180°. Enthält 1 Mol Hydrazin, das auch

[1] H. Fischer u. A. Andersag: Liebigs Ann. **458**, 137 (1927).
[2] H. Fischer u. J. Müller: Hoppe-Seylers Z. **132**, 100 (1924).
[3] H. Fischer u. A. Andersag· Liebigs Ann. **450**, 215 (1926).
[4] H. Fischer u. C. Nenitzescu: Ber. dtsch. chem. Ges. **58**, 2820 (1925).
[5] H. Fischer u. O. Süs: Liebigs Ann. **484**, 130 (1930).

nicht durch Sublimieren bei 190° entfernt werden kann. (Die Reaktion kann auch mit dem Acrylsäureester ausgeführt werden[1].)

2, 4-Dimethyl-3-acrylsäure-pyrrol-5-carbonsäureazid $C_{10}H_{10}O_3N_4$. 3 g Hydrazid in verdünnter Salzsäure gelöst werden tropfenweise mit einer konz. wässerigen Lösung von 2,5 g Natriumnitrit versetzt, so daß die Temperatur 0° nicht übersteigt. Das Azid krystallisiert allmählich aus. Es wird abgesaugt und auf Ton getrocknet. — Zersetzungsp. 129° unter stürmischer Gasentwicklung[1].

2, 4-Dimethyl-3-acrylsäure-pyrrol-5-isoamylurethan $C_{15}H_{22}O_4N_2$. Durch Erhitzen des Azids (0,3 g) in Isoamylalkohol (1 ccm) im Ölbad auf 105—110° bis zur Beendigung der Stickstoffentwicklung. Nach Einstellen in Eis und Reiben tritt Krystallisation ein. — Aus Methanol farblose Nadeln, Schmelzp. 178°[1].

2, 4-Dimethyl-5-carboxy-pyrrol-3-acrylsäure $C_{10}H_{11}O_4N$. Durch 2 stündiges Erhitzen von 67 g Ester mit 40 g Ätznatron und Wasser bis eben zur Lösung. Nach dem Erkalten wird die Dicarbonsäure ausgefällt. Ausbeute 52 g. — Färbt sich an der Luft braun. Gibt bei der Destillation im Vakuum bei 200—225° 2, 4-Dimethyl-pyrrol und Bis-(2, 4-dimethyl-pyrryl-)-methen[2]:

2, 4-Dimethyl-5-carbäthoxy-pyrrol-3-acrylsäuremethylester $C_{13}H_{17}O_4N$. 1 g Acrylsäure gelöst in 15 ccm 10proz. Soda wird mit 2 ccm Dimethylsulfat und etwas Methylalkohol einige Stunden bei stets schwach alkalischer Reaktion geschüttelt. Der Ester fällt krystallisiert aus. — Bildet sich auch beim Verestern mit Methylalkohol-Salzsäure. — Aus Eisessig-Wasser derbe Nadeln, Schmelzp. 150°[3].

2, 4-Dimethyl-5-carbäthoxy-pyrrol-3-(α, β · dibrom)-propionsäure $C_{12}H_{14}O_4NBr_2$. 5 g Acrylsäure, in der 10fachen Menge Schwefelkohlenstoff suspendiert, werden allmählich mit 1, 4 ccm Brom in 5 ccm Schwefelkohlenstoff versetzt. Nach Reiben tritt Krystallisation ein, die nach 3 stündigem Stehen abfiltriert, mit Petroläther gewaschen und auf Ton getrocknet wird. Ausbeute etwa 8 g. — Aus der stark konz. abs. ätherischen Ätherlösung mit Petroläther Krystalle ohne scharfen Schmelzpunkt. Leicht löslich in Alkohol und Äther; schwer löslich in Schwefelkohlenstoff und Petroläther. Gibt mit Aceton Bromaceton unter Bildung von Acrylsäure (60%) und 2, 4-Dimethyl-5-carbäthoxy-3-ω-bromvinyl-pyrrol. Dasselbe ist auch mit Zinkstaub der Fall[4].

2, 4-Dimethyl-5-carbäthoxy-pyrrol-3-acrylsäureäthylester[5].

Mol-Gewicht: 265,23.

Zusammensetzung: 63,39% C; 7,17% H; 24,15% O; 5,29% N. $C_{14}H_{19}O_4N$.

Darstellung: a) In 50 g gut gereinigte 2, 4-Dimethyl-5-carbäthoxy-pyrrol-3-acrylsäure in 400 ccm abs. Äthylalkohol wird unter Erwärmen am Wasserbad ein mäßiger Strom von trockenem Chlorwasserstoff eingeleitet, bis alle Acrylsäure gelöst ist. Beim Stehen in Eis tritt Krystallisation ein. Nach dem Absaugen derselben wird mit eisgekühlter Sodalösung durchgeschüttelt, dann mit Äther ausgezogen und der Auszug zur Trockne verdampft. Ausbeute 40 g. (Aus der alkoholischen Mutterlauge scheidet sich nach längerem Stehen noch weiterer Ester ab.)

b) 4 g 2, 4-Dimethyl-3-formyl-5-carbäthoxy-pyrrol in Alkohol werden 4 Stunden lang mit 2,2 g frischem Malonsäuremonoäthylester und 2 g Anilin am Wasserbad erhitzt. Nach dem Verdampfen des Alkohols wird der sirupöse Rückstand mit verdünnter Salzsäure digeriert, wonach Krystallisation eintritt. Ausbeute 2 g.

Eigenschaften: Aus Äthylalkohol Nadeln vom Schmelzp. 134°.

2, 4-Dimethyl-5-carbäthoxy-pyrrol-3-acrylsäureesterdibromid $C_{14}H_{19}O_4NBr_2$. 6 g Ester in 30 ccm Schwefelkohlenstoff gelöst werden langsam unter Eiskühlung mit 3,6 g Brom (1 Mol) versetzt. Nach dem Abfiltrieren von gebildeten Schmieren wird im Vakuum stark eingeengt, wobei der größte Teil des Dibromids auskrystallisiert, der Rest wird aus der Mutterlauge durch Zusatz von Petroläther gefällt. — Aus Schwefelkohlenstoff feine Nädelchen, Schmelzp. 121° u. Zersetzung. Gibt beim Erwärmen mit Zinkstaub-Eisessig den Acrylsäureäthylester zurück. Bei katalytischer Reduktion entsteht carbäthoxylierte Kryptopyrrolcarbonsäure.

2, 4-Dimethyl-5-carbäthoxy-3-(ω-carbäthoxy-ω'-äthoxy-vinyl)-pyrrol $C_{16}H_{23}O_5N$. 3 g Acrylsäureesterdibromid werden allmählich in eine Lösung von 1,2 g Ätzkali (3 Mol) in abs.

---

[1] H. Fischer, O. Süs u. F. G. Weilguny: Liebigs Ann. **481**, 177 (1930).
[2] H. Fischer u. K. Zeile: Liebigs Ann. **483**, 264 (1930).
[3] H. Fischer u. K. Zeile: Liebigs Ann. **483**, 268 (1930).
[4] H. Fischer u. O. Süs: Liebigs Ann. **484**, 118 (1930).
[5] H. Fischer u. O. Süs: Liebigs Ann. **484**, 126 (1930).

Äthylalkohol eingetragen. Sofort setzt stürmische Reaktion ein, nach deren Beendigung noch 5 Stunden weitererhitzt wird. Anschließend wird heiß filtriert, der Alkohol im Vakuum bei 40—50° verdampft und der Rückstand mit Eiswasser digeriert. — Aus Äthylalkohol Krystalle vom Schmelzp. 136°. Sublimiert beim Erhitzen im Vakuum auf 170°. Ausbeute 2,5 g.

2, 4-Dimethyl-5-carbäthoxy-pyrrol-3-(α, β-dimethyl)-acrylsäure-äthylester $C_{16}H_{25}O_6N$. Aus dem Acrylsäureesterdibromid mit methylalkoholischer Kalilauge nach obiger Vorschrift. Ausbeute 2,2—2,5 g. — Feine, zu Drusen vereinigte Nädelchen, Schmelzp. 178°.

2-Brommethyl-3-propionsäurenitril-4-methyl-5-carbäthoxy-pyrrol[1].

Mol-Gewicht: 299,12.

Zusammensetzung: 48,16% C; 5,05% H; 10,98% O; 9,30% N; 26,51% Br. $C_{12}H_{15}O_2N_2Br$.

Darstellung: 0,5 g 2, 4-Dimethyl-3-propionsäurenitril-5-carbäthoxypyrrol $C_{12}H_{16}O_2N_2$ in 400 ccm trockenem Tetrachlorkohlenstoff werden tropfenweise mit 2,5 g Brom in 30 ccm Tetrachlorkohlenstoff versetzt. Nach $^1/_4$ stündigem Stehen wird ein Teil des Lösungsmittels abdestilliert, wonach sich beim Abkühlen das Bromderivat abscheidet.

Eigenschaften: Aus Tetrachlorkohlenstoff weiße Nadeln, Schmelzp. 185°.

2 - Methoxymethyl - 3 - propionsäurenitril - 4 - methyl - 5 - carbäthoxypyrrol $C_{13}H_{18}O_3N_2$. Durch Erwärmen des Bromkörpers mit Methylalkohol. Isolierung durch Ausfällen mit Wasser. — Aus Methylalkohol weiße Nadeln, Schmelzp. 140°.

2-Äthoxymethyl-3-propionitril-4-methyl-5-carbäthoxypyrrol $C_{14}H_{20}O_3N_2$. Bildet sich beim Erwärmen des Bromkörpers mit Äthylalkohol und anschließender Abscheidung mit Wasser. — Aus Alkohol weiße Nadeln, Schmelzpunkt 113°.

2, 4-Dimethyl-3-propionsäure-5-carbäthoxy-pyrrol
= Carbäthoxylierte Kryptopyrrolcarbonsäure (Bd. X, S. 59).

Mol-Gewicht: 239,21.

Zusammensetzung: 60,23% C; 7,17% H; 26,74% O; 5,86% N. $C_{12}H_{17}O_4N$.

Bildung: Aus 2, 4-Dimethyl-5-carbäthoxy-pyrrol-3-acrylsäuredibromid durch katalytische Reduktion[2].

Darstellung: a) Die aus 10 g 2, 4-Dimethyl-3-formyl-5-carbäthoxypyrrol erhaltene 2, 4-Dimethyl-5-carbäthoxypyrrol-3-acrylsäure $C_{12}H_{15}O_4N$ wird nach dem Verrühren mit 150 ccm Wasser innerhalb 3 Stunden unter Schütteln mit 150 g 3 proz. Natriumamalgam versetzt. Nach weiterem 2 stündigem Schütteln wird filtriert, das Filtrat nach dem Ausschütteln mit Äther unter Eiskühlung mit 30 ccm 50 proz. Essigsäure versetzt, die ausgefallene Säure rasch abgesaugt und mit Wasser ausgewaschen. Ausbeute 7,5—8 g = 75%[3].

b) Bildet sich auch aus der 2, 4-Dimethyl-5-carbäthoxypyrryl-3-(β-methylmalonsäure) $C_{13}H_{17}O_6N$ durch Erhitzen über den Schmelzpunkt bis zum Aufhören der Kohlensäureentwicklung. Die Schmelze wird in Soda aufgenommen, ausgeäthert, mit verdünnter Salzsäure kongosauer gemacht und wieder ausgeäthert. Der nach dem Verdampfen des Äthers verbleibende Rückstand wird umkrystallisiert. Ausbeute 80—87%[4].

Eigenschaften: Aus Wasser farblose Blättchen, Schmelzp. 152°[4] (159°)[5]. Bei der Oxydation mit Chromtrioxyd-Eisessig entsteht neben viel Bernsteinsäure[5] mitunter auch Hämatinsäure in geringer Menge[4]. Gibt beim Erhitzen mit Eisessig-Bromwasserstoff im Rohr auf 180° Porphyrin[6].

Methylester $C_{13}H_{19}O_4N$. Bildet sich bei längerem Stehen der Säure mit abs. methylalkoholischer Salzsäure bei Zimmertemperatur. Aufarbeitung nach der üblichen Weise. Das Rohprodukt wird mit Ligroin extrahiert. — Aus Methanol-Wasser rhombische Tafeln, Schmelzp. 104°. Löslich in Ligroin[7].

2, 4-Dimethyl-5-carbomethoxy-pyrrol-3-propionsäuremethylester $C_{12}H_{17}O_4N$. Durch $^1/_2$- bis $^3/_4$ stündiges Einleiten von trockenem Phosgen in mäßigem Strom in eine Lösung von 2,5 g Kryptopyrrolcarbonsäuremethylester in 50—60 ccm abs. Äther. Nachdem wird die

[1] H. Fischer u. H. Wasenegger: Liebigs Ann. **461**, 286 (1928).

[2] H. Fischer u. O. Süs: Liebigs Ann. **484**, 118 (1930).

[3] H. Fischer u. A. Andersag: Liebigs Ann. **450**, 216 (1926).

[4] W. Küster u. H. Maurer: Ber. dtsch. chem. Ges. **50**, 2481 (1925) — Vgl. Liebigs Ann. **443**, 126 (1925).

[5] H. Fischer u. A. Andersag: Liebigs Ann. **458**, 127 (1927).

[6] H. Fischer, E. Sturm u. H. Friedrich: Liebigs Ann. **461**, 277 (1928).

[7] H. Fischer, O. Süs u. F. G. Weilguny: Liebigs Ann. **481**, 169 ff. (1930).

rote Lösung im Vakuum bei gewöhnlicher Temperatur zur Trockne eingeengt und der Rückstand sofort mit Methylalkohol versetzt. Ausbeute quantitativ. — Lange prismatische Nadeln, Schmelzp. 108°[1].

Entsteht ferner infolge Umesterung bei 2stündigem Erhitzen von 2, 4-Dimethyl-5-carbäthoxy-pyrrol-3-propionsäure mit gesättigter abs. methylalkoholischer Salzsäure. — Schmelzpunkt 96°[2].

2, 4-Dimethyl-5-carbäthoxy-pyrrol-3-propionsäureäthylester $C_{14}H_{21}O_4N$. 1 g 2, 4-Dimethyl-5-carbäthoxy-pyrrol-3-acrylsäureester-dibromid $C_{14}H_{19}O_4NBr_2$ in abs. Äther wird unter Zusatz von 0,5 g Platinmohr reduziert. Nach dem Filtrieren wird im Vakuum eingedampft. — Aus Ligroin Schmelzp. 73°. Ausbeute 0,5 g[2].

2, 4-Dimethyl-5-carbäthoxy-pyrrol-3-propionsäurehydrazid $C_{12}H_{19}O_3N$. Durch Eintragen von 10 g Methylester in 3—4 Anteilen in eine warme Lösung von 4 g Hydrazinhydrat (2 Mol) in 6 g Alkohol, wobei erst Lösung und dann Wiedererstarrung eintritt. Nach 3stündigem Kochen auf dem Wasserbad wird abgesaugt, der Rückstand mit Alkohol verrührt, filtriert und dann mit Alkohol und Äther gedeckt. Nach dem Einengen der Filtrate, Zusatz von etwas Hydrazinhydrat und $1\frac{1}{2}$stündigem Kochen scheidet sich weiteres Hydrazid ab. Ausbeute fast theroretisch. — Aus Alkohol-Wasser derbe weiße Nadeln, Schmelzp. 211°[3].

Chlorhydrat $C_{12}H_{20}O_3N_3Cl$. Durch Verreiben des Hydrazids mit konz. Salzsäure und Absaugen im Vakuum neben Ätzkali oder durch Einleiten von Salzsäure in eine Lösung des Hydrazids in abs. Alkohol und Äther. — Aus warmem Alkohol und Äther büschelige Nadeln, Schmelzp. 238° u. Zersetzung[3].

Benzoylverbindung $C_{11}H_{23}O_4N_3$. Durch Lösen von 1 g Hydrazid in Pyridin, Zufügen von 0,7 g Benzoylchlorid, 1stündigem Erwärmen am Wasserbad auf 100° und Versetzen mit Wasser. Das ausfallende Öl wird beim Stehen allmählich fest. — Aus Chloroform-Petroläther oder verdünntem Methanol weiße, büschelförmige, gebogene Nadeln; Schmelzp. 163° (korr.)[3].

Benzalverbindung $C_{19}H_{23}O_3N_3$. Durch Lösen des Hydrazids in Benzaldehyd unter Erwärmen und anschließendem 15 Minuten langem Erhitzen im Wasserbad, wobei Erstarrung eintritt. Danach Entfernung des überschüssigen Benzaldehyds durch mehrmalige Digestion mit Äther. — Aus Chloroform-Äther feine Nadeln, Schmelzp. 198°[4].

2, 4-Dimethyl-5-carbäthoxy-pyrrol-3-propionsäureazid $C_{12}H_{16}O_3N_4$. Zu einer Lösung von 10 g salzsaurem Hydrazid in 100 ccm Wasser werden bei 0° 2,4 g Natriumnitrit in 20 ccm Wasser tropfenweise so eingerührt, daß das entstehende Azid Zeit zum Krystallisieren hat. Danach wird abgesaugt, mit Eiswasser gewaschen, wieder gut abgesaugt und bei gewöhnlicher Temperatur getrocknet. — Aus Äther Nadeln, Schmelzp. 102° u. Zersetzung. Verpufft beim Erhitzen über den Schmelzpunkt. Gibt mit 5proz. Natronlauge bei 30° die Propionsäure zurück[4].

2, 4-Dimethyl-5-carbäthoxy-pyrrol-3-propionamid $C_{12}H_{18}O_3N_2$. Durch Reduktion des Azids in Eisessig mit überschüssigem Zinkstaub unter Kühlung, wobei die Reaktion anfangs unter starker Gasentwicklung verläuft, dann aber bald zum Stillstand kommt. Nach 1tägigem Stehen bei Zimmertemperatur wird kurz im Wasserbad erwärmt, heiß abgesaugt und das Filtrat mit Wasser verdünnt. — Aus Eisessig-Wasser zu Bündeln geordnete weiße Nadeln; Schmelzp. 199°[4].

(2- 4-Dimethyl-5-carbäthoxy-3-pyrryl-äthyl)-(phenyl)-harnstoff $C_{18}H_{23}O_3N_3$. Durch Erwärmen des Azids (1 g) mit Anilin (1 ccm) bis nahe zum Siedepunkt, wo lebhafte Stickstoffentwicklung einsetzt. Der beim Erkalten erhaltene Krystallbrei wird nach dem Verrühren mit Äther abgesaugt. Der Harnstoff entsteht auch beim Erhitzen des Azids mit Anilin in Äther. — Aus Alkohol weiße Nadeln, Schmelzp. 195—198°. Schwer löslich in Äther[4].

Di-(2,4-Dimethyl-5-carbäthoxy-3-pyrryl-äthyl)-harnstoff $C_{23}H_{34}O_5N_4$. Durch Erwärmen des Azids in Wasser auf etwa 80°, wobei stürmische Stickstoff- und Kohlensäureentwicklung eintritt. Mäßigung der Reaktion durch Zusatz von Alkohol bis zu einem Gehalt von 40—45%. Nach 4stündigem Erwärmen wird vom ausgefallenen Harnstoff abgesaugt. — Aus Alkohol oder Eisessig weiße Prismen; Schmelzp. 260°. Schwer löslich in Alkohol[4].

2, 4-Dimethyl-5-carbäthoxy-3-pyrryl-äthyl-isocyansäureester $C_{12}H_{16}O_3N_2$. Mit abs. Xylol verrührtes reinstes trockenes Azid wird unter Ausschluß von Feuchtigkeit über freier

[1] H. Fischer u. H. Orth: Liebigs Ann. **489**, 79 (1931).
[2] H. Fischer u. O. Süs: Liebigs Ann. **484**, 128 (1930).
[3] H. Fischer, O. Süs u. F. G. Weilguny: Liebigs Ann. **481**, 169ff. (1930).
[4] H. Fischer, O. Süs u. F. G. Weilguny: Liebigs Ann. **481**, 169 (1930).

Flamme erwärmt, wobei unter Schäumen Lösung eintritt und beim Erkalten der Ester auskrystallisiert. — Aus abs. Xylol lange weiße Nadeln, Schmelzp. 117°[1].

2,4-Dimethyl-5-carbäthoxy-pyrryl-3-äthyl-(ω-urethan) $C_{14}H_{22}O_4N_2$. Durch 15 Minuten langes Kochen des Isocyansäureesters mit abs. Alkohol am Wasserbad und anschließendem Versetzen mit Wasser oder durch Eintragen von trockenem Azid in abs. Alkohol, Erwärmen am Wasserbad bis die Stickstoffentwicklung nachgelassen hat und nachfolgendem weiterem 5stündigem Kochen. Isolierung durch Verdampfen des Alkohols. — Aus Alkohol-Wasser weiße Nadeln, Schmelzp. 128—130°[1].

2,4-Dimethyl-3-äthyl-(ω-amino)-5-carbäthoxy-pyrrol $C_{11}H_{18}O_2N_4$. Durch Erwärmen des Urethans mit konz. Salzsäure unter Rühren bis zur Beendigung der heftigen Gasentwicklung und bis kurz vor das Sieden der Säure. Danach wird noch 15 Minuten im siedenden Wasserbad erwärmt, mit der 4fachen Menge Wasser verdünnt, filtriert und die alkalisch gemachte Lösung mehrmals mit Äther ausgezogen. Das nach dem Abdampfen des Äthers bleibende hellbraune Öl wird im Vakuum destilliert. — Siedep. 16 mm = 207°. Farbloses zähes Öl, das an der Luft rasch dunkel wird. Leicht löslich in Äther, Alkohol, Aceton und Säuren; unlöslich in Wasser. Geht aus Äther quantitativ an 1proz. Salzsäure. Ist mit Wasserdampf nicht flüchtig. Ehrlichsche Reaktion stark positiv. Gibt bei längerem Kochen mit überschüssigem Chlorkohlensäureester 2,4-Dimethyl-5-carbäthoxy-pyrryl-3-äthyl-(ω-urethan).

Benzoylverbindung $C_{18}H_{22}O_3N_2$. Durch Schütteln des salzsauren Amins mit überschüssiger Lauge und Benzoylchlorid in der Kälte, wobei sich braune Flocken abscheiden. — Aus Alkohol-Wasser büschelige, weiße Nadeln, Schmelzp. 157°.

Pikrat $C_{17}H_{21}O_8N_5$. Durch Versetzen der Ätherlösung des Amins mit feuchter ätherischer Pikrinsäure. Beim Reiben tritt Krystallisation ein. — Aus Chloroform-Äther gelbe Nadeln, Schmelzp. 121°.

Chlorhydrat. Scheidet sich beim Einleiten von trockenem Salzsäuregas in die abs. ätherische Lösung des Amins als hellgelbes Öl ab[1].

2,4-Dimethyl-3-äthyl-(ω-amino)-pyrrol $C_{14}H_{17}O_7N_5$. Durch 3stündiges Erwärmen des Aminopyrrols mit überschüssigem Eisessig-Jodwasserstoff. Isolierung durch Entfärbung mit Phosphoniumjodid, Abdestillieren des Eisessigs im Vakuum und Ausziehen des alkalisch gemachten Rückstandes mit Äther. Durch Zugabe von Pikrinsäure zur ätherischen Lösung erhält man das Pikrat vom Schmelzp. 185°. Gibt mit Sulfurylchlorid oder Brom explosionsartige Reaktion[1].

2-Brommethyl-3-propionsäure-4-methyl-5-carbäthoxy-pyrrol[2].

Mol-Gewicht: 318,12.

Zusammensetzung: 45,28% C; 5,07% H; 20,13% O; 4,40% N; 25,12% Br. $C_{12}H_{16}O_4NBr$.

Darstellung: 0,6 g 2,4-Dimethyl-3-propionsäure-5-carbäthoxypyrrol mit 1 ccm Eisessig verrührt werden mit 0,5 g Brom ($1\frac{1}{4}$ Mol) in 2 ccm Eisessig versetzt. Dabei geht die Säure in Lösung, und nach kurzer Zeit tritt wieder Krystallisation in Nadeln ein. Nach 12stündigem Stehen wird abgesaugt und mit wenig Eisessig und Äther gewaschen. Ausbeute 0,5 g = 62%.

In der Mutterlauge befindet sich das Äthan der Kryptopyrrolcarbonsäure[3].

Eigenschaften: Aus Eisessig farblose Nadeln, Schmelzp. 176° u. Zersetzung.

2-Methoxymethyl-3-propionsäure-4-methyl-5-carbäthoxy-pyrrol $C_{13}H_{19}O_5N$ wird genau so hergestellt wie die Äthoxyverbindung unter Verwendung von Methylalkohol. — Schmelzp. 75°[4].

2-Äthoxymethyl-3-propionsäure-4-methyl-5-carbäthoxy-pyrrol $C_{14}H_{21}O_5N$. Bildet sich bei möglichst raschem Lösen von 3 g der 2-Brommethylverbindung in der 10fachen Menge Alkohol auf dem Wasserbad und sofortigem Versetzen mit Wasser bis zur leichten Trübung. Beim Einstellen in Eis Krystallisation. Ausbeute fast quantitativ. — Aus Alkohol-Wasser prismatische Nadeln, ebenso aus Chloroform-Petroläther; Schmelzp. 151—152°. Schon in der Kälte leicht löslich in den gebräuchlichen Solvenzien mit Ausnahme von Petroläther[4].

2-Cyanmethyl-(acetonitril)-3-propionsäure-4-methyl-5-carbäthoxypyrrol $C_{13}H_{16}O_4N_2$. Durch $\frac{1}{2}$stündiges Erhitzen des 2-Brommethylprodukts mit $2\frac{1}{2}$ Mol Cyankalium in 50proz.

---

[1] H. Fischer, O. Süs u. F. G. Weilguny: Liebigs Ann. **481**, 169 (1930).
[2] H. Fischer u. A. Andersag: Liebigs Ann. **450**, 216 (1926).
[3] H. Fischer u. W. Lamatsch: Liebigs Ann. **462**, 245 (1928).
[4] H. Fischer u. E. Adler: Hoppe-Seylers Z. **197**, 266 (1931).

Alkohol und Fällen mit verdünnter Salzsäure nach dem Erkalten. — Aus Alkohol farblose Nadeln. Schmelzp. 176°[1]

2-Methylanilin-3-propionsäure-4-methyl-5-carbäthoxy-pyrrol $C_{18}H_{22}O_4N_2$. Durch Verreiben des 2-Brommethyl-derivats mit überschüssigem Anilin und Entfernen des nicht umgesetzten Anilins mit verdünnter Salzsäure nach 2stündigem Stehen. — Aus Alkohol farblose, lange Nadeln; Schmelzp. 162°[1].

2-Formyl-3-propionsäure-4-methyl-5-carbäthoxy-pyrrol[2].

Mol-Gewicht: 253,2.

Zusammensetzung: 56,90% C; 5,97% H; 31,60% O; 5,53% N. $C_{12}H_{15}O_5N$.

Darstellung: 1 g 2-Brommethyl-3-propionsäure-4-methyl-5-carbäthoxypyrrol bei 60° in Eisessig eben gelöst werden mit einer Lösung von 0,42 g Chromtrioxyd in 7 ccm Wasser titriert, dann einige Minuten auf 80° erwärmt, mit Wasser auf 100 ccm verdünnt und mit auf 40° erwärmtem Benzol extrahiert. Der Extrakt wird nach dem Waschen mit Wasser eingeengt. Ausbeute 0,25 g = 40%.

Dieselbe Operation läßt sich auch mit Bleinitrat ausführen.

Eigenschaften: Aus Wasser farblose, mitunter seidenglänzende Nadeln, Schmelzp. 173°.

2-Formyl-3-propionsäure-4-methyl-5-carboxy-pyrrol $C_{10}H_{11}O_5N$. Entsteht bei 1stündigem Erhitzen des Esters (0,1 g) mit alkoholischer Kalilauge (0,5 g Ätzkali in 10 ccm abs. Alkohol). Während des Kochens fällt das Kaliumsalz krystallin aus. Nach längerem Stehen wird abgesaugt und der Rückstand mit Ameisensäure unter Erwärmen zerlegt, wonach beim Erkalten Krystallisation eintritt. Ausbeute 90%. — Aus Ameisensäure farblose Nadeln; aus Wasser rhombisch begrenzte Blättchen oder Spieße; Zersetzungsp. 230° u. Aufschäumen und Porphyrinbildung; ab 185° Verfärbung[2]. (Vgl. S. 371.)

2,4-Dimethyl-3-(β-nitro-vinyl)-5-carbäthoxy-pyrrol.

Mol-Gewicht: 182,17%.

Zusammensetzung: 59,30% C; 7,74% H; 17,57% O; 15,39% N. $C_9H_{14}O_2N_2$.

Darstellung: a) 5 g 2,4-Dimethyl-3-formyl-5-carbäthoxy-pyrrol $C_{10}H_{13}O_3N$ in 20 ccm Alkohol werden mit 10 g Nitromethan und 0,5 ccm 30proz. alkoholischer Methylaminlösung 1 Stunde im siedenden Wasserbad gekocht, wobei entwichenes Methylamin immer wieder ersetzt wird. Beim Erkalten tritt Krystallisation ein[3].

b) Entsteht auch bei der Kondensation des Aldehyds mit Nitroessigsäure auf dieselbe Weise[4].

Eigenschaften: Aus Eisessig gelber Körper, Schmelzp. 230—232°. Schwer löslich in Alkohol, Chloroform und Eisessig. Beim Aufkochen mit Kaliummethylat scheidet sich momentan ein in roten Nadeln krystallisierendes Kaliumsalz ab. Dieses ist leicht hydrolisierbar. Gibt mit Brom in Eisessiglösung die Verbindung $C_{11}H_{13}O_4N_2Br$ (aus Eisessig gelbe Nadeln vom Schmelzp. 177°), die dann bei stundenlangem Kochen mit Wasser 2,4-Dimethyl-3-formyl-5-carbäthoxy-pyrrol liefert[4].

Nitromethananlagerungsprodukt $C_{12}H_{17}O_6N_3$. 1 g Nitro-vinyl-pyrrol wird mit 3 g Nitromethan und 2 ccm 30proz. Methylaminlösung solange am siedenden Wasserbad unter öfterer Erneuerung des Amins erhitzt, bis der gelbe Farbstoff einer graubraunen Mischfarbe Platz gemacht hat. — Durch öfteres Umkrystallisieren aus Eisessig evtl. mit Tierkohle farblose Prismen, Schmelzp. 180°. — Entsteht auch direkt aus 2,4-Dimethyl-3-formyl-5-carbäthoxy-pyrrol[3].

2,4-Dimethyl-3-(β-dicyan-vinyl)-5-carbäthoxy-pyrrol.

Mol-Gewicht: 243,20.

Zusammensetzung: 64,16% C; 5,38% H; 13,17% O; 17,29% N. $C_{13}H_{13}O_2N_3$.

Darstellung: Durch 2stündiges Erhitzen von 0,2 g 2,4-Dimethyl-3-formyl-5-carbäthoxy-pyrrol $C_{10}H_{13}O_3N$ mit 0,1 g Malodinitril und 1 ccm Essigsäureanhydrid. Nach dem Erkalten wird mit Wasser versetzt[5].

[1] H. Fischer u. A. Andersag: Liebigs Ann. **458**, 137 (1927).
[2] H. Fischer u. A. Andersag: Liebigs Ann. **458**, 138 (1927).
[3] H. Fischer u. K. Zeile: Liebigs Ann. **483**, 264 (1930). — Vgl. H. Fischer u. B. Weiß: Ber. dtsch. chem. Ges. **57**, 605 (1924).
[4] H. Fischer u. K. Zeile: Liebigs Ann. **462**, 221 (1928).
[5] H. Fischer u. B. Weiß: Ber. dtsch. chem. Ges. **57**, 609 (1924).

Eigenschaften: Aus Alkohol, Schmelzp. 214°.

2-Carbomethoxy-3-(β-dicyan-vinyl)-4-methyl-5-carbäthoxy-pyrrol $C_{14}H_{18}O_4N_3$. 1 g Pyrrol aufgeschlämmt in 10 ccm Methylalkohol wird heiß vorsichtig mit 2 ccm Brom versetzt, wobei rasch ein dicker Krystallbrei ausfällt, der nach einigem Stehen filtriert und mit Methylalkohol bromfrei gewaschen wird. — Aus Methylalkohol seideglänzende Nadeln, Schmelzpunkt 187°. Löslich in heißem Eisessig; schwer in Methylalkohol[1].

2-Carboxy-3-(β-dicyan-vinyl)-4-methyl-5-carbäthoxy-pyrrol $C_{13}H_{11}O_3N_3$. 1 g Pyrrol, in 20 ccm abs. Äther aufgeschlämmt, wird mit 2 ccm Sulfurylchlorid versetzt. Nach 2tägigem Stehen wird mit Wasser gewaschen, der Äther verdunstet und der Rückstand $^1/_2$ Stunde mit Wasser verkocht. — Aus Eisessig Nadeln, Schmelzpunkt über 360°. Löslich in heißem Eisessig, schwer in Alkohol[1].

2-Brommethyl-4-methyl-3-(β-dicyan-vinyl)-5-carbäthoxy-pyrrol[2].

Mol-Gewicht: 313,11.

Zusammensetzung: 48,44% C; 3,76% H; 9,93% O; 13,05% N; 24,82% Br. $C_{13}H_{12}O_2N_3Br$.

Darstellung: Eine heiß gesättigte Lösung von 0,5 g 2, 4-Dimethyl-3-(β-dicyan-vinyl)-5-carbäthoxy-pyrrol in Eisessig wird vorsichtig mit 3 ccm Brom versetzt; dann wird 15 Minuten am siedenden Wasserbad erhitzt; von den ausgeschiedenen goldgelben Nadeln (Perbromid) abfiltriert, auf Ton getrocknet und dann mit bisulfitlaugehaltigem Wasser einige Minuten erhitzt, wobei ein farbloser Körper resultiert.

Eigenschaften: Aus Eisessig Prismen, Schmelzp. 258°. Löslich in Eisessig, Alkohol, Chloroform; wenig in Petroläther. Ist reaktionsträge.

2, 4-Dimethyl-3-(ω-cyan-ω-carbäthoxy-vinyl)-5-carbäthoxy-pyrrol.

Mol-Gewicht: 190,24.

Zusammensetzung: 62,04% C; 6,25% H; 22,05% O; 9,66% N. $C_{15}H_{18}O_4N_2$.

Darstellung: a) Durch 8—10stündiges Erhitzen von 50 g 2, 4-Dimethyl-3-formyl-5-carbäthoxypyrrol, 29 g Cyanessigester und 23 g Anilin in 800 ccm Alkohol. Die nach dem Erkalten ausgeschiedenen Krystalle werden in Alkohol gelöst und bis zum Wiedereintritt der Krystallisation mit 10proz. Salzsäure versetzt. Ausbeute 90—95%[3].

b) Entsteht auch in Gegenwart von Methylaminchlorhydrat als Kondensationsmittel[3].

Eigenschaften: Aus Alkohol farblose Krystalle, Schmelzp. 165°. Unlöslich in Wasser, schwer löslich in kaltem Alkohol, Eisessig und Chloroform; leicht löslich in heißem Eisessig und Alkohol. Ehrlichsche Reaktion kalt sehr schwach, heiß stark positiv. Färbt sich mit Alkalien gelb. Gibt beim Verseifen mit 50proz. wässeriger Kalilauge 2, 4-Dimethyl-3-formyl-5-carboxy-pyrrol[4].

2,4-Dimethyl-3-(ω-cyan-ω-carbäthoxy-vinyl)-5-carboxy-pyrrol $C_{13}H_{14}O_4N_2$ (M=262,2). Entsteht bei 8stündigem Erhitzen von 10 g 2, 4-Dimethyl-3-formyl-5-carboxy-pyrrol mit 7 g Cyanessigester und 5 g Anilin in alkoholischer Lösung, wobei sich das Kondensationsprodukt allmählich abscheidet. — Aus Eisessig weiße Nadeln, Schmelzp. 242°. Schwer löslich in allen Lösungsmitteln. Beim Erhitzen mit Essigsäureanhydrid im Ölbad auf 150° bildet sich das Pyrrokoll $C_{22}H_{24}O_6N_4$. Weiße Nadeln, Schmelzp. 276°. Es ist in allen Lösungsmitteln schwer löslich und gibt beim Erhitzen mit 30proz. Kalilauge 2, 4-Dimethyl-3-formyl-5-carboxy-pyrrol[5].

2, 4-Dimethyl-3-(ω-cyan-ω-carboxy-vinyl)-5-carbäthoxy-pyrrol $C_{13}H_{14}O_4N_2$ (M=262,2). Entsteht bei $^3/_4$stündigem Erhitzen von 0,59 g 2, 4-Dimethyl-3-formyl-5-carbäthoxy-pyrrol mit 1 g Cyanessigsäure und 2 ccm Essigsäureanhydrid auf dem Wasserbad bis zum Eintreten der Krystallisation. Nach dem Erkalten wird dann noch Wasser zugegeben. Ausbeute sehr gut. — Aus Alkohol gelbe Nadeln, Schmelzp. 239°. Leicht löslich in heißem Eisessig und Alkohol, schwer in kaltem[4].

[1] H. Fischer u. K. Zeile: Liebigs Ann. **483**, 266 (1930).
[2] H. Fischer u. K. Zeile: Liebigs Ann. **483**, 265 (1930).
[3] H. Fischer u. H. Wasenegger: Liebigs Ann. **461**, 283 (1928).
[4] H. Fischer u. B. Weiß: Ber. dtsch. chem. Ges. **57**, 606 (1924).
[5] H. Fischer u. H. Wasenegger: Liebigs Ann. **461**, 289 (1928).

2-Brommethyl-3-(ω-cyan-ω-carbäthoxy-vinyl)-4-methyl-5-carbäthoxy-pyrrol[1].

Mol-Gewicht: 369,15.

Zusammensetzung: 48,78% C; 4,64% H; 17,31% O; 7,59% N; 21,68% Br. $C_{15}H_{17}O_4N_2Br$.

Darstellung: a) Durch portionsweise Zugabe von 2,75 g Brom in 50 g Tetrachlorkohlenstoff zu 5 g 2, 4-Dimethyl-3-(ω-cyan-ω-carbäthoxy-vinyl)-5-carbäthoxypyrrol $C_{15}H_{18}O_4N_2$ in 1200 ccm Tetrachlorkohlenstoff im Sonnenlicht bei 25°. Wenn die Bromfarbe verschwunden ist, wird das Lösungsmittel fast abdestilliert. Beim Weitertrocknen im Vakuum bleibt eine zähe Masse, die nicht krystallisiert.

Eigenschaften: Aus Eisessig Oktaeder, Schmelzp. 135°.

2-Methoxymethyl-3-(ω-cyan-ω-carbäthoxy-vinyl)-4-methyl-5-carbäthoxypyrrol $C_{16}H_{20}O_5N_2$. Aus dem Bromkörper durch Erwärmen mit Methylalkohol. Beim Stehen Krystallisation. — Weiße Nadeln, Schmelzp. 101°.

2-Äthoxymethyl-3-(ω-cyan-ω-carbäthoxy-vinyl)-4-methyl-5-carbäthoxy-pyrrol $C_{17}H_{22}O_5N_2$. Durch Erwärmen des Bromderivats mit Äthylalkohol. Beim Stehen Krystallisation. — Weiße Nadeln, Schmelzp. 120°. Gibt beim Schütteln mit Eisessig-Bromwasserstoff die Brommethylverbindung zurück.

2, 4-Dimethyl-3-(ω-cyan-ω-carbäthoxy-äthyl)-5-carbäthoxy-pyrrol[2].

Mol-Gewicht: 278,24.

Zusammensetzung: 61,75° C; 7,24% H; 25,98% O; 5,03% N. $C_{15}H_{20}O_4N_2$.

Darstellung: In 40 g 2, 4-Dimethyl-3-(ω-cyan-ω-carbäthoxy-vinyl)-5-carbäthoxypyrrol $C_{15}H_{18}O_4N_2$ in 2 l mit Essigsäure angesäuertem Alkohol wird unter Schütteln im Lauf eines Tages das 8fache der berechneten Menge 2proz. Natriumamalgam in Portionen von 10—20 g zugegeben. Die Lösung darf nie alkalisch werden. Die Reaktion ist beendet, wenn eine Probe den Schmelzp. 133° zeigt. Dann wird filtriert, die Mutterlauge eingeengt und mit Wasser versetzt. Ausbeute bis 35 g.

Eigenschaften: Schmelzp. 133°. Gibt mit Eisessig-Jodwasserstoff Kryptopyrrolcarbonsäure[3]. Mit alkoholischer Salzsäure entsteht 2, 4-Dimethyl-3-(β-methyl-malonester)-5-carbäthoxypyrrol[4]. Erhitzen mit Eisessig-Bromwasserstoff gibt 2, 4-Dimethyl-5-carbäthoxypyrrol-3-[β-methylmalonsäure][4].

2, 4-Dimethyl-3-(ω-cyan-ω-carboxy-äthyl)-5-carbäthoxy-pyrrol $C_{13}H_{16}O_4N_2$ (M = 264,21). Wird hergestellt durch katalytische Reduktion von 2 g 2, 4-Dimethyl-3-(ω-cyan-ω-carboxy-vinyl)-5-carbäthoxy-pyrrol in 10 ccm $^n/_{10}$-Natronlauge und 80 ccm Wasser unter Zusatz von 0,1 g kolloidalem Platin, wobei die letzten Teile Wasserstoff erst nach Ansäuern mit Essigsäure aufgenommen werden. Isolierung durch Filtrieren, Ansäuern mit verdünnter Schwefelsäure und Stehenlassen bis zum Krystallinwerden des Niederschlags. (Die Reduktion geht ebenso mit Natriumamalgam in alkalischem Medium.) — Aus heißem Wasser farblose Krystalle, Schmelzp. 184°[5].

2, 4-Dimethyl-3-propionsäurenitril-5-carbäthoxy-pyrrol $C_{12}H_{16}O_2N_2$ (M = 220,21). Entsteht beim Erhitzen des —3-(ω-cyan-ω-carboxy-äthyl)-pyrrols in kleinen Portionen im Vakuum bis zur Beendigung der Kohlensäureabspaltung. Danach wird mit Wasser ausgekocht und filtriert. — Aus Wasser oder Alkohol, Schmelzp. 134°[5].

2-Brommethyl-3-(ω-cyan-ω-carbäthoxy-äthyl)-4-methyl-5-carbäthoxy-pyrrol[2].

Mol-Gewicht: 371,14.

Zusammensetzung: 48,52% C; 5,15% H; 17,22% O; 7,55% N; 21,56% Br. $C_{15}H_{19}O_4N_2Br$.

Darstellung: 6 g 2, 4-Dimethyl-3-(ω-cyan-ω-carbäthoxy-äthyl)-5-carbäthoxypyrrol in 400 ccm Tetrachlorkohlenstoff werden unter Rühren und Schütteln bei 20° mit 3,3 g Brom in 30 ccm Tetrachlorkohlenstoff versetzt, wobei sofort Bromwasserstoff entweicht. Nach 15 Minuten langem Stehen wird auf 40 ccm konzentriert und filtriert. Nach einigem Stehen tritt im Filtrat Krystallisation ein. Ausbeute 6,5 g.

[1] H. Fischer u. H. Wasenegger: Liebigs Ann. **461**, 288 (1928).
[2] H. Fischer u. H. Wasenegger: Liebigs Ann. **461**, 283 (1928).
[3] H. Fischer u. H. Wasenegger: Liebigs Ann. **461**, 287 (1928).
[4] H. Fischer u. H. Wasenegger: Liebigs Ann. **461**, 290 (1928).
[5] H. Fischer u. B. Weiß: Ber. dtsch. chem. Ges. **57**, 607—608 (1924).

Eigenschaften: Aus Tetrachlorkohlenstoff, Schmelzp. 129°.

2-Methoxymethyl-3-(ω-cyan-ω-carbäthoxy-äthyl)-4-methyl-5-carbäthoxypyrrol

$C_{16}H_{22}O_5N_2$. Durch Kochen des Bromkörpers mit Methylalkohol. Auf Zugabe von Wasser Krystallisation. Ausbeute fast theoretisch. — Aus Methylalkohol weiße Nadeln, Schmelzp. 113°.

2-Äthoxymethyl-3-(ω-cyan-ω-carbäthoxy-äthyl)-4-methyl-5-carbäthoxypyrrol

$C_{17}H_{24}O_5N_2$. Entsteht beim Erwärmen des Bromkörpers mit Äthylalkohol. Nach Versetzen mit Wasser Krystallisation. Ausbeute fast theroretisch. Schmelzp. 123°.

2-Anilinomethyl-3-(ω-cyan-ω-carbäthoxy-äthyl)-4-methyl-5-carbäthoxypyrrol

$C_{21}H_{25}O_4N_3$. Durch 2stündiges Erwärmen des Bromkörpers (1 g) mit Anilin (12 g) und Versetzen mit 10proz. Salzsäure bis zur vollständigen Lösung des Anilins. Beim Stehen Krystallisation. Ausbeute 80%. — Aus Alkohol, Schmelzp. 138°[1].

2,4(3,5)-Dimethyl-5(2)-carbäthoxy-pyrrol-3(4)-[vinyl-ω, ω-dicarbonsäureester][2].

Mol-Gewicht: 337,28.

Zusammensetzung: 60,53% C; 6,82% H; 28,50% O; 4,15% N. $C_{17}H_{23}O_6N$.

Darstellung: Durch $3^1/_2$stündiges Erhitzen von 5 g 2,4-Dimethyl-3-formyl-5-carbäthoxy-pyrrol $C_{10}H_{13}O_3N$, 12,5 g Malonester und 15 g Essigsäureanhydrid im Rohr auf 170°. Nachdem wird in Wasser gegossen, das Reaktionsprodukt ausgekocht bis im Filtrat kein Aldehyd mehr ausfällt und dann der Rückstand aus 80proz. Alkohol umkristallisiert.

Eigenschaften: Aus 80proz. Alkohol farblose Nadeln, Schmelzp. 119—120°. Löslich in Äther, Aceton, Essigester und Benzol; unlöslich in Petroläther.

2,4-Dimethyl-5-carbäthoxy-pyrrol-3-(β-methyl-malonester).

Mol-Gewicht: 339,3.

Zusammensetzung: 60,15% C; 7,43% H; 28,29% O; 4,13% N. $C_{17}H_{25}O_6N$.

Bildung: Beim Einleiten von Salzsäure in eine alkoholische Lösung des 2,4-Dimethyl-3-(ω-cyan-ω-carbäthoxy-äthyl)-5-carbäthoxy-pyrrols[3].

Darstellung: 3,4 g 2,4-Dimethyl-5-carbäthoxy-pyrrol $C_9H_{13}O_2N$ in 20 ccm Alkohol werden nach Zusatz von 6 ccm β-Methoxymethylmalonester[4] und 6 ccm konz. Salzsäure eine Stunde gekocht. Nach Zusatz von Wasser fällt das Reaktionsprodukt als bald erstarrendes Öl aus. Es wird auf Ton getrocknet. Ausbeute 6,2 g = 90%[5].

Eigenschaften: Aus Alkohol-Wasser farblose Krystalle; Schmelzp. 107°. Gibt bei der Reduktion mit Eisessig-Jodwasserstoff Kryptopyrrolcarbonsäure[6]. Enthält 2 aktive Wasserstoffatome[7].

2-Brommethyl-4-methyl-5-carbäthoxy-pyrrol-3-(β-methylmalonester)[6, 8].

Mol-Gewicht: 418,21.

Zusammensetzung: 48,79% C; 5,79% H; 22,96% O; 3,35% N; 19,11% Br. $C_{17}H_{24}O_6NBr$.

Darstellung: 20 g 2,4-Dimethyl-5-carbäthoxypyrrol-3-(β-methylmalonester) in Äther gelöst werden allmählich mit 10 g Brom (1,1 Mol) in wenig Äther versetzt. Beim Umschütteln löst sich das Brom unter Entwicklung von Bromwasserstoff. Nach etwa 2 Stunden wird der Äther verdunstet und der Rückstand auf Ton getrocknet. Ausbeute 23 g = 93%.

Eigenschaften: Aus Äther-Petroläther Nadeln, Schmelzp. 90°.

Anilid $C_{23}H_{30}O_6N_2$. Entsteht beim Eintragen des trockenen, fein pulverisierten Bromkörpers in die 8—10fache Menge Anilin. Nach mehrstündigem Stehen wird in überschüssige verdünnte Salzsäure eingegossen, wobei das Anilid ausfällt. Ausbeute 60%. — Aus Alkohol Prismen, Schmelzp. 100°.

[1] H. Fischer u. H. Wasenegger: Liebigs Ann. **461**, 283, 284 (1928).

[2] W. Küster u. H. Maurer: Ber. dtsch. chem. Ges. **56**, 2480 (1923).

[3] H. Fischer u. P. Heisel: Liebigs Ann. **457**, 99 (1927).

[4] Simonsen: Soc. **93**, 1777 (1911).

[5] H. Fischer u. C. Nenitzescu: Liebigs Ann. **443**, 125 (1925).

[6] H. Fischer u. H. Wasenegger: Liebigs Ann. **461**, 290 (1928).

[7] H. Fischer u. E. Walter: Ber. dtsch. chem. Ges. **60**, 1989 (1929).

[8] H. Fischer u. P. Heysel: Liebigs Ann. **457**, 89—90 (1927).

2, 4-Dimethyl-5-carbäthoxy-pyrrol-3-(β-methyl-malonsäure).

Mol-Gewicht: 283,21.

Zusammensetzung: 55,11% C; 6,05% H; 23,65% O; 4,95% N. $C_{13}H_{17}O_6N$.

Bildung: Bei der Verseifung des 2, 4-Dimethyl-3-(ω-cyan-ω-carbäthoxy-äthyl)-5-carbathoxy-pyrrols $C_{15}H_{20}O_4N_2$ mit Eisessig-Bromwasserstoff[1].

Darstellung: a) 7 g 2, 4-Dimethyl-5-carbäthoxy-pyrrol-3-(β-methylmalonsäureester) in Alkohol werden 4 Stunden mit 2,5 g Ätznatron in 80 ccm Alkohol gekocht. Das ausgefallene Dinatriumsalz wird in möglichst wenig Wasser gelöst und die Malonsäure durch Zugabe von verdünnter Schwefelsäure bis eben zur kongosauren Reaktion ausgefällt. Nachdem wird abgesaugt und mit Wasser schwefelsäurefrei gewaschen[2]. Ausbeute 93%.

b) 2, 4(3, 5)-Dimethyl-(5(2)-carbäthoxy-pyrrol-3-(vinyl-ω,ω-dicarbonsäureester)$C_{17}H_{23}O_6N$ wird mit 5proz. Natriumamalgam in wässerig-alkoholischer Lösung reduziert, wobei auch gleichzeitig Verseifung eintritt. Ausbeute 60%[3].

Eigenschaften: Aus 90proz. Essigsäure farblose Blättchen, Schmelzp. 184/185—192° unter Gasentwicklung. Löslich in Alkohol und Eisessig; wenig in Wasser und Essigester; unlöslich in Aceton und Benzol. Die neutrale Lösung gibt beim Erhitzen mit Chlorcalcium eine Fällung in Form feiner Nädelchen.

2, 4-Dimethyl-5-carbäthoxy-pyrrol-3-(β-methylmalonsäuredimethylester) $C_{15}H_{21}O_6N$. Durch 1stündiges Stehenlassen der Säure in 5proz. chlorwasserstoffhaltigem Methylalkohol. Nachdem wird das Lösungsmittel verdunsten gelassen. — Aus Methylalkohol Schmelzp. 127°[2].

2, 4-Dimethyl-5-carboxy-pyrrol-3-[β-methylmalonsäure].

Mol-Gewicht: 255,17.

Zusammensetzung: 51,75% C; 5,13% H; 37,64% O; 5,48% N. $C_{11}H_{13}O_6N$.

Darstellung: 25 g 2, 4-Dimethyl-5-carbäthoxy-pyrrol-3-[β-methyl-malonester] $C_{17}H_{25}O_6N$ werden mit 14 g Natronlauge in wässerig-alkoholischer Lösung erhitzt, wobei das Trinatriumsalz ausfällt, dessen Abscheidung durch Zusatz von Alkohol vervollständigt wird[4]. Nach dem Absaugen und Auswaschen mit Alkohol und Äther wird in Wasser gelöst und unter Eis-Salzkühlung bei —5° tropfenweise mit konz. Salzsäure bis eben zur kongosauren Reaktion versetzt (Höchsttemperatur —3°). Die ausgefällte Säure wird abgesaugt und auf Ton im Vakuum über Schwefelsäure-Kalilauge getrocknet. Reinigung durch Extraktion mit Äther[1, 5].

Eigenschaften: Zersetzt sich ab 85°; bei 135° unter Gasentwicklung klares Schmelzen und Rotfärbung[1]. Ist nicht krystallinisch zu erhalten[1]. Leicht löslich in Wasser und Alkohol; fast gar nicht in Aceton, Äther, Chloroform, Petroläther. Spaltet sehr leicht Kohlensäure ab[4].

Trinatriumsalz $C_{11}H_{10}O_6NNa_3$. Leicht löslich in Wasser; schwer in Alkohol. Ist sehr hygroskopisch. Gibt mit Dimethylsulfat einen Triester $C_{14}H_{19}O_6N$.

Bariumsalz. Unlöslich in Wasser.

2, 4-Dimethyl-3, 5-dicarbäthoxy-pyrrol (Bd. X, S. 54, 921).

Eigenschaften: Durch Erhitzen mit Hydrazinhydrat auf 200° werden beide Carbäthoxygruppen abgespalten unter Bildung von 2. 4-Dimethylpyrrol[6].

2, 4-Dimethyl-pyrrol-3, 5-dicarbonsäurehydrazid $C_8H_{13}O_2N_5$. 3 g Pyrrol werden mit 6 g Hydrazinhydrat 24 Stunden im Rohr auf 130—135° erhitzt. Beim Erkalten Krystallisation. — Aus viel Alkohol kleine perlmutterglänzende Täfelchen; Schmelzp. 254° u. Zersetzung[7].

2-Brommethyl-4-methyl-3, 5-dicarbäthoxy-pyrrol.

Mol-Gewicht: 318,12.

Zusammensetzung: 45,27% C; 5,07% H; 20,13% O; 4,40% N; 25,13% Br. $C_{12}H_{16}O_4NBr$.

[1] H. Fischer u. H. Wasenegger: Liebigs Ann. **461**, 290 (1928).
[2] H. Fischer u. R. Siebert: Liebigs Ann. **483**, 8 (1930). — Vgl. H. Fischer u. C. Nenitzescu: Liebigs Ann. **443**, 125 (1925).
[3] W. Küster u. H. Maurer: Ber. dtsch. chem. Ges. **56**, 2480 (1923).
[4] H. Fischer u. C. Nenitzescu: Hoppe-Seylers Z. **145**, 301 (1925).
[5] H. Fischer u. H. Helberger: Liebigs Ann. **483**, 8 (1930).
[6] H. Fischer u. J. Müller: Hoppe-Seylers Z. **132**, 102 (1923).
[7] H. Fischer, O. Süs u. F. G. Weilguny: Liebigs Ann. **481**, 191 (1930).

Darstellung: 5 g 2, 4-Dimethyl-3, 5-dicarbäthoxypyrrol $C_{12}H_{17}O_4N$ unter schwachem Erwärmen in 13 ccm Eisessig gelöst werden bei 38—45° auf einmal mit 12 g Brom (4 Mol) in 2 ccm Eisessig versetzt. Dabei tritt Erwärmung ein und nach einigen Stunden beginnt Krystallisation. Nach längerem Stehen wird abgesaugt und der Rückstand einmal mit Eisessig und zweimal mit 60proz. Essigsäure gewaschen. Die Mutterlauge scheidet bei langem Stehen noch mehr Bromprodukt ab, der Rest wird dann durch allmähliches Zutropfen von Bisulfitlauge bei höchstens 20° gefällt[1,2].

Eigenschaften: Durch Umfällen aus Chloroform mit Petroläther feine, seidenglänzende Fäden, Schmelzp. 155—156°. Sehr leicht löslich in Chloroform, leicht in Eisessig, Ligroin, Benzol. Gibt bei der Reduktion mit Platinmohr und Wasserstoff in Eisessig 2, 4-Dimethyl-3, 5-dicarbäthoxypyrrol[1].

2-Methoxymethyl-4-methyl-3, 5-dicarbäthoxyprrol $C_{13}H_{19}O_5N$. Durch schwaches Erwärmen von 1,5 g Bromprodukt in 10 ccm Methylalkohol und nachfolgendem Zusatz von Wasser bis zur Trübung. Nach Einstellen in Eis Krystallisation. — Aus Methylalkohol-Wasser bzw. Aceton-Wasser farblose Nadeln, Schmelzp. 79°. Gibt mit starker Salz- bzw. Bromwasserstoffsäure das entsprechende 2-Halogenmethylpyrrol zurück. Bei längerer Einwirkung entsteht dagegen Bis-(4-Methyl-3, 5-dicarbäthoxypyrryl-2)-methan[1].

2-Äthoxymethyl-4-methyl-3, 5-dicarbäthoxypyrrol $C_{14}H_{21}O_5N$. Durch Erwärmen von 3,4 g Bromprodukt mit 30 ccm Äthylalkohol und Ausfällen mit Wasser. Nach Einstellen in Eis Krystallisation. — Ausbeute 2,2 g. Aus Aceton-Wasser feine glänzende Fäden, Schmelzp. 72°[1].

α-(4-Methyl-3, 5-dicarbäthoxy-2-methylenpyrrol)-α-phenylhydrazin $C_{18}H_{23}O_4N_3$. Durch kurzes Erwärmen des Bromkörpers (0,5 g) mit Phenylgydrazin und sofort anschließendem Wiederabkühlen. Dabei Krystallisation, die durch Umfällen aus Alkohol-Wasser gereinigt wird. — Aus Alkohol. Schmelzp. 120—121°[3].

Benzaldehydverbindung $C_{22}H_{22}O_2N_3Br$. 1 g des Phenylhydrazins, 0,5 g Benzaldehyd und 5 ccm Alkohol werden miteinander zum Sieden erhitzt. Beim Abkühlen Krystallisation. Ausbeute 0,5 g. — Aus Alkohol farblose Rhomboeder, Schmelzp. 116—117°[3].

α, α'-Bis-(4-methyl-3, 5-dicarbäthoxy-4-methylenpyrrol)-hydrazin $C_{24}H_{34}O_8N_4$. 3 g Brompyrrol werden mit 1,5 ccm Hydrazinhydrat versetzt und nach Beendigung der Selbsterwärmung noch weitere 5 Minuten unter Schütteln erhitzt. Dabei bilden sich 2 Schichten, von denen die untere beim Abkühlen erstarrt. — Aus Alkohol Schmelzp. 130—131°. Gibt beim Erhitzen mit einer alkoholisch-ammoniakalischen Kupferchlorürlösung, der Eisessig bis zur sauren Reaktion zugesetzt worden ist, Bis-(4-methyl-3-, 5-dicarbäthoxy-2)-dipyrryl-äthan[3].

Benzaldehydverbindung $C_{31}H_{38}O_8N_4$. Darstellung aus 1 g des Hydrazins und 0,4 g Benzaldehyd wie vorher beschrieben. — Aus Alkohol Schmelzp. 129—130°[3].

Pyrrolaldehydverbindung $C_{34}H_{35}O_{10}N_5$. Durch Erhitzen eines innigen Gemisches aus 0,4 g des Dipyrrylhydrazins und 0,14 g 2, 4-Dimethyl-3-formyl-5-carbäthoxy-pyrrol auf 130° bis zur Beendigung der Blasenentwicklung. Beim Abkühlen Erstarrung der Schmelze. Ausbeute 0,35 g. — Aus Alkohol Schmelzp. 162—163°[3].

2-Anilinomethyl-4-methyl-3,5-dicarbäthoxy-pyrrol $C_{18}H_{22}O_4N_2$. Durch Eintragen von 0,5 g Brompyrrol in 5 ccm Anilin und nach der einsetzenden Selbsterwärmung Eingießen in verdünnte überschüssige Salzsäure; wobei krystalline Abscheidung eintritt. Ausbeute 0,6 g. — Aus Alkohol wetzsteinartige Krystalle, Schmelzp. 125—126°[4].

2-Anilinomethyl-3-carbäthoxy-4-methyl-5-carboxy-pyrrol $C_{16}H_{18}O_4N_2$. Aus dem Ester durch Verseifen mit Natronlauge. — Aus Alkohol-Wasser Nadeln mit dem Zersetzungsp. 186°. Löslich in verdünnten Alkalien und Mineralsäuren, unlöslich in Essigsäure. Spaltet bei der trockenen Destillation Anilin ab[4].

Schiffsche Base $C_{18}H_{20}O_4N_2$. Bildet sich bei der Oxydation des Anilids $C_{18}H_{22}O_4N_2$, aufgeschlämmt in Aceton, mit $2/3$ Mol Kaliumpermanganat gelöst in 3 Teilen Aceton und 1 Teil Wasser. Nachdem wird filtriert und das Filtrat eingedampft. Das rückständige gelbe Öl erstarrt schwer. — Aus Alkohol gelbliche Prismen mit aufgesetzten Pyramiden an den Enden. Schmelzp. 82°. Gibt bei der katalytischen Hydrierung das Anilid zurück. Salzsäure spaltet in salzsaures Anilin und 2-Formyl-4-methyl-3, 5-dicarbäthoxypyrrol[4].

2-Acetoxymethyl-4-methyl-3, 5-dicarbäthoxy-pyrrol $C_{14}H_{19}O_3N$. Durch 1—2stündiges Kochen des Bromprodukts mit der 2—4fachen Menge Natriumacetat in Eisessig. Beim Ab-

[1] H. Fischer u. H. Scheyer: Liebigs Ann. **434**, 243ff. (1923).
[2] H. Fischer u. P. Halbig: Liebigs Ann. **447**, 129 (1926).
[3] H. Fischer u. H. Scheyer: Liebigs Ann. **439**, 189ff. (1927).
[4] H. Fischer u. P. Ernst: Liebigs Ann. **447**, 153 (1926).

kühlen Krystallisation. — Erst aus Chloroform-Petroläther und dann aus Alkohol umkrystallisiert Nadeln, Schmelzp. 114—115°. Gibt unter der Einwirkung von 2proz. methylalkoholischer Salzsäure die entsprechende 2-Methoxymethylverbindung, bei längerer Einwirkung entsteht Bis-(3, 5-dicarbäthoxy-4-methyl-pyrryl)-methan[1].

2-Methyl-4-oxymethyl-3, 5-dicarbäthoxy-pyrrol[2].

Mol-Gewicht: 255,2. In Campher bestimmt zu 229.

Zusammensetzung: 56,43% C; 6,72% H; 31,36% O; 5,49% N. $C_{12}H_{17}O_5N$.

Darstellung: a) 5 g 2, 4-Dimethyl-3, 5-dicarbäthoxypyrrol $C_{12}H_{17}O_4N$ in 30 ccm Eisessig werden bei 60—70° mit 5,6 g Chromtrioxyd (= 4 O) versetzt und nach der lebhaft einsetzenden Reaktion noch 10 Minuten auf dem Wasserbad erhitzt. Nach dem Verdünnen mit 120 ccm Wasser wird filtriert, das Filtrat im Vakuum bei 60—70° eingedampft, der Rückstand nach dem Lösen in Wasser schwach kongosauer gemacht und ausgeäthert. Der Auszug wird mit 5proz. Natronlauge ausgeschüttelt und das Reaktionsprodukt aus dem alkalischen Teil mit Säure gefällt. Ausbeute 1 g.

b) Entsteht auch aus 2-Dibrommethyl-4-oxymethyl-3, 5-dicarbäthoxy-pyrrol bei 2stündigem Kochen in Eisessiglösung mit Zinkstaub oder durch Reduktion in alkoholischer Lösung in Gegenwart von Platin.

Eigenschaften: Aus Alkohol-Wasser derbe Prismen, Schmelzp. 132°. Leicht löslich in Alkohol, Äther, Aceton, Eisessig, Benzol, Alkalien und Ammoniak. Erwärmen mit Alkali, führt zu Zersetzung unter Entwicklung von Ammoniak. Ebenso zerstört Jodwasserstoff. Läßt sich mit Phosphortrisulfid, Natrium-, Zink- oder Aluminiumamalgam sowie mit Zink-Eisessig nicht reduzieren. Auch nicht katalytisch mit Platin. Destilliert unzersetzt, sogar über Zinkstaub. Enthält ein aktives Wasserstoffatom. Beim Bromieren mit 3 Mol Brom in Eisessig entsteht 2-Dibrommethyl-4-Oxymethyl-3, 5-dicarbäthoxypyrrol.

Acetylprodukt $C_{14}H_{19}O_6N$. Entsteht beim Erhitzen des Oxymethylpyrrols mit Natriumacetat und Essigsäureanhydrid. — Aus Alkohol, Schmelzp. 40°. Löslich in den meisten organischen Solvenzien.

2-Brommethyl-4-oxymethyl-3, 5-dicarbäthoxy-pyrrol[3].

Mol-Gewicht: 334,12.

Zusammensetzung: 43,11% C; 4,82% H; 23,91% O; 4,19% N; 23,97% Br. $C_{12}H_{16}O_5NBr$.

Darstellung: 2-Methyl-4-oxymethyl-3, 5-dicarbäthoxypyrrol in Eisessig wird nach Zugabe von $1^1/_4$ Mol Brom einen Tag stehengelassen und dann mit Wasser das Pyrrol ausgefällt.

Eigenschaften: Aus Eisessig-Wasser; Alkohol-Wasser; Chloroform-Ligroin farblose Krystalle, Schmelzp. 96,5°. Gibt bei der Nitrierung 2, 4-Dinitro-3, 5-dicarbäthoxypyrrol.

Anilid $C_{18}H_{22}O_5N_2$. Durch Erhitzen des Bromkörpers mit Anilin auf 100°. — Aus viel Wasser, Schmelzp. 95°.

2-Dibrommethyl-4-oxymethyl-3, 5-dicarbäthoxy-pyrrol.

Mol-Gewicht: 413,03. In Campher bestimmt zu 368.

Zusammensetzung: 34,87% C; 3,58% H; 19,46% O; 3,39% N; 38,70% Br. $C_{12}H_{15}O_5NBr_2$.

Darstellung: a) durch Versetzen von 2, 4-Dimethyl-3, 5-dicarbäthoxypyrrol in Eisessig bei 40—50° mit 3 Mol Brom und einer wässerigen Lösung von $^1/_2$ Mol Natriumbromat in kleinen Portionen. Beim Erkalten tritt Krystallisation ein[4].

b) Entsteht auch aus 2-Methyl-4-oxymethyl-3, 5-dicarbäthoxypyrrol unter der Einwirkung von 3 Mol Brom in Eisessig[4].

Eigenschaften: Aus Eisessig-Wasser derbe Platten, Schmelzp. 130—131°. Löslich in verdünnten Alkalien besonders heiß; bei längerer Einwirkung tritt Zersetzung ein. Dasselbe ist auch beim Erhitzen mit Eisessig-Jodwasserstoff auf 100° der Fall. Umkrystallisierbar aus Alkohol.

Phenylhydrazon $C_{18}H_{21}O_5N_3$. Bildet sich bei kurzem Kochen des Bromkörpers in Eisessig mit Phenylhydrazin. — Aus Eisessig-Wasser Oktaeder, Schmelzp. 199°. Umkrystallisierbar aus Alkohol.

Hydrazon $C_{12}H_{17}O_5N_3$. Entsteht beim Kochen des Bromkörpers mit 3 Mol Hydrazin. Aus Alkohol-Wasser Stäbchen, Schmelzp. 143°.

---

[1] H. Fischer u. P. Halbig: Liebigs Ann. **447**, 139 (1926).
[2] H. Fischer u. A. Treibs: Liebigs Ann. **457**, 246 (1927).
[3] H. Fischer u. B. Pützer: Ber. dtsch. chem. Ges. **61**, 1071 (1928).
[4] H. Fischer u. A. Treibs: Liebigs Ann. **457**, 245 (1927).

2, 4-Di-(trichlormethyl)-3, 5-dicarbäthoxy-pyrrol[1].

Mol-Gewicht: 445,92.

Zusammensetzung: 32,29% C; 2,47% H; 14,34% O; 3,14% N; 47,76% Cl. $C_{12}H_{11}O_4NCl_6$.

Darstellung: 15 g 2, 4-Dimethyl-3, 5-dicarbäthoxypyrrol $C_{12}H_{17}O_4N$ aufgeschlämmt in 250 ccm abs. Äther werden unter Eiskühlung tropfenweise mit 51 g Sulfurylchlorid (6 Mol) versetzt. Nach $^1/_2$ tägigem Stehen wird auf zerkleinertes Eis gegossen und der ätherische Teil nochmals gut mit Wasser gewaschen. Nach dem Verdampfen des Äthers hinterbleibt ein zähes Öl. Ausbeute 24 g = 86%.

Eigenschaften: Aus Alkohol-Wasser weiße körnige, monokline prismatische Krystalle, Schmelzp. 72°. Aus 90proz. Alkohol im Temperaturgefälle 40—20° werden nahezu zentimetergroße Krystalle, meistens Zwillinge, erhalten.

a : b : c = 1,4041 : 1 : 1,6005; $\beta = 111°\ 20'$. Ehrlichsche Reaktion negativ. Beim Einwirken von Kalilauge tritt unter Dunkelfärben Entwicklung von Chloroform, Alkohol, dann Carbylamin und schließlich Ammoniak ein. Leicht löslich in Alkohol, Aceton, Chloroform; unlöslich in Wasser. Gibt unter der Einwirkung von Chromsäure-Eisessig konz. Salpetersäure oder konz. Schwefelsäure ein Pentachloroxypyrrol $C_{12}H_{12}O_5NCl_5$.

2-(α-oxy-äthyl)-3, 5-dicarbäthoxy-4-methyl-pyrrol[2].

Mol-Gewicht: 269,23.

Zusammensetzung: 58,19% C; 6,76% H; 29,83% O; 5,22% N. $C_{13}H_{19}O_5N$.

Darstellung: Eine Grignard-Lösung aus 0,35 g Magnesium und 2,1 g Jodmethyl in 15 ccm Äther wird tropfenweise mit 1 g 2-Formyl-3, 5-dicarbäthoxy-4-methyl-pyrrol in 85 ccm Äther versetzt. Nach Beendigung der mäßigen Reaktion wird noch 20 Minuten erhitzt, dann nach längerem Stehen mit Eis und verdünnter Schwefelsäure zersetzt und ausgeäthert. Nach dem Verdampfen des Äthers bleibt ein grünliches Öl, das beim Stehen krystallin wird.

Eigenschaften: Aus Wasser, Schmelzp. 95° (korr.).

2, 4-Dimethyl-3-carbäthoxy-5-carboxy-pyrrol (Bd. X, S. 55, 923)[3].

Mol-Gewicht: 211,16. Gefunden in Eisessig zu 187. Festgestellt durch Titration mit $^n/_{10}$-Kalilauge zu 209,8.

Zusammensetzung: 56,87% C; 6,16% H; 30,34% O; 6,63% N. $C_{10}H_{13}O_4N$.

Darstellung: Durch rasches Zugeben von 3 g verdichtetem Phosgen (Kahlbaum) zu 1 g 2, 4-Dimethyl-3-carbäthoxypyrrol in Eisessig, wobei nach einiger Zeit stürmische Reaktion und Erwärmung einsetzt. Beim Erkalten tritt Krystallisation ein. Ausbeute 1 g. — Schmelzpunkt 203°.

2, 4-Dimethyl-3-carbäthoxypyrrol-5-carbonsäurechlorid $C_{10}H_{12}O_3NCl$. Entsteht bei der Einwirkung einer 30proz. Lösung von Phosgen in Toluol auf das 2, 4-Dimethyl-3-carbäthoxypyrrol in wasserfreiem Toluol, wobei die Temperatur allmählich auf 50—60° gesteigert wird. — Aus Alkohol farblose Blättchen. Schmelzp. 192°. Zersetzt sich an der Luft rasch unter Rotfärbung.

2, 4-Dimethyl-3-carbäthoxy-5-cyanpyrrol $C_{10}H_{12}O_2N_2$. Bildet sich bei $^1/_2$ stündigem Erhitzen des 2, 4-Dimethyl-3-carbäthoxy-5-formyl-pyrrol-oxyms ($C_{10}H_{14}O_3N_2$) mit Essigsäureanhydrid und wasserfreiem Natriumacetat. Isolierung durch Versetzen mit heißem Wasser, Abdestillieren des Hauptteils der Flüssigkeit und Verdünnen des Restes mit heißem Wasser, wonach beim Erkalten Krystallisation eintritt. — Aus Wasser farblose Krystalle, Schmelzp. 159°[4].

2, 4-Dimethyl-3-carbonsäure-5-carbäthoxy-pyrrol.

Mol-Gewicht: 422,32. Nach Rast gefunden zu 424.

Zusammensetzung: 56,85% C; 6,20% H; 30,31% O; 6,64% N. $C_{10}H_{13}O_4N$.

Bildung: bei der Oxydation von 2, 4-Dimethyl-3-vinyl-5-carbäthoxypyrrol und von 2, 4-Dimethyl-3-(α-methoxyäthyl)-5-carbäthoxypyrrol mit Chromsäure in Eisessiglösung[5]. Ebenso bei der Oxydation von 2, 4-Dimethyl-5-carbäthoxy-pyrrol-3-acrylsäure[6].

[1] H. Fischer, E. Sturm u. H. Friedrich: Liebigs Ann. **461**, 263 (1928).
[2] H. Fischer u. B. Pützer: Ber. dtsch. chem. Ges. **61**, 1073 (1928).
[3] H. Fischer u. K. Schneller: Hoppe-Seylers Z. **128**, 246 (1923).
[4] H. Fischer u. W. Zerweck: Ber. dtsch. chem. Ges. **56**, 524 (1923).
[5] H. Fischer u. K. Zeile: Liebigs Ann. **462**, 218 (1928).
[6] H. Fischer u. O. Süs: Liebigs Ann. **484**, 130 (1930).

Darstellung: 100 g getrocknetes 2, 4-Dimethyl-3, 5-dicarbäthoxy-pyrrol $C_{12}H_{17}O_4N$ werden fein pulverisiert, so rasch in 200 ccm konz. Schwefelsäure eingerührt, daß 40° nicht überstiegen werden. Danach hält man die Temperatur noch 20 Minuten; rührt dann in 2 kg zerstoßenes Eis ein, filtriert die ausgefallene Säure ab, wäscht mit Wasser und suspendiert in 1 l Wasser. Durch Einrühren von 20proz. Natronlauge bis zur alkalischen Reaktion wird die Säure gelöst, filtriert und im Filtrat durch Zugabe von verdünnter Schwefelsäure wieder ausgefüllt. Nach dem Filtrieren wird mit Wasser gut ausgewaschen[1].

Eigenschaften: Aus Alkohol farblose, derbe Nadeln, Schmelzp. 273°. Löslich in Aceton und Eisessig. Ist im Vakuum beim raschen Erhitzen unzersetzt flüchtig; unter gewöhnlichem Druck erhitzt, tritt dagegen Abspaltung von Kohlensäure ein. Geht mit 66proz. Bromwasserstoffsäure und Perhydrol über einen gefärbten Stoff in Brommethyl-carboxäthyl-maleinimid über[2].

2, 4-Dimethyl-3-cyan-5-carbäthoxy-pyrrol $C_{10}H_{12}O_2N_2$ (M = 192,16). Bildet sich aus dem 2, 4-Dimethyl-3-formyl-5-carbäthoxy-pyrrol-oxym durch $^3/_4$ stündiges Erhitzen mit Essigsäureanhydrid und wasserfreiem Natriumacetat. — Aus Alkohol, Schmelzp. 171°[3].

2, 4-Dimethyl-3-äthyl-pyrrol = Kryptopyrrol
(Bd. IX, S. 372, 405; Bd. X, S. 59).

$$C_8H_{13}N$$

Bildung: Aus den bromierten Kryptopyrrolmethen-bromhydraten I und II mit Eisessig-Jodwasserstoff oder Zinkstaubdestillation[4]; aus Di-kryptopyrrylketon mit Eisessig-Jodwasserstoff oder Natriumäthylat[5]; aus Di-kryptopyrryl-methan mit Eisessig-Zinkstaub[6]; aus Neoxanthobilirubinsäure[7], Phylloporphyrin[8], Rhodoporphyrin[8], Chlorin[8], Methylchlorophyllid[8], Bilirubin[8], Bis-(3-äthyl-4-methyl-5-carbäthoxy-pyrryl)-methan[9] mit Eisessig-Jodwasserstoff.

Darstellung: a) 30 g Natrium werden evtl. unter Erhitzen in 430 ccm abs. Alkohol gelöst, dann 72 g 2, 4-Dimethyl-3-acetyl-5-carbäthoxy-pyrrol $C_{11}H_{15}O_3N$ eingerührt, 36 g Hydrazinhydrat zugefügt und schließlich im Autoklaven 12 Stunden auf 170—175° erhitzt. Nach dem Abkühlen auf 50° wird der Autoklav geleert, sorgfältig mit Sprit ausgewaschen, dann aus der Gesamtflüssigkeit der größte Teil des Alkohols abdestilliert und der Rückstand mit Wasserdampf behandelt. Der abdestillierte Alkohol wird mit Wasser verdünnt, 2mal mit Äther ausgezogen und mit dem Ätherextrakt dann das Wasserdampfdestillat ausgeschüttelt. Nach dem Trocknen wird der Äther abdestilliert, der Rückstand zur Entfernung von Wasser auf 130° erhitzt und danach im Vakuum destilliert. Ausbeute roh: 33 g, rein: 28—30 g[10].

Das Pyrrol läßt sich auch auf dieselbe Weise aus 2, 4-Dimethyl-3-acetylpyrrol $C_8H_{11}ON$[11] (Ansatz: 1 g Pyrrol; 2,1 g Natrium in 30 ccm Alkohol und 1,25 g Hydrazinhydrat) herstellen[12].

b) 5,4 g 2, 4-Dimethyl-3, 5-diäthylpyrrol $C_{10}H_{17}N$ werden mit 5,4 g Phthalsäureanhydrid und 6 ccm Eisessig im Rohr 6 Stunden auf 190° erhitzt. Dann wird mit Eisessig herausgelöst, alkalisch gemacht, mit Alkohol bis zur klaren Lösung versetzt, 3 Std. gekocht, filtriert und nun durch Zugabe von verdünnter Salzsäure gefällt. Die so erhaltene Säure wird mit Eisessig-Jodwasserstoff 1$^1/_2$ Stunden erhitzt (Wasserbad), mit Jodphosphonium entfärbt, der Eisessig im Vakuum abdestilliert, der Rückstand sodaalkalisch gemacht und dann das Pyrrol als Pikrat isoliert[13].

c) 1 g 2, 4-Dimethyl-3-vinyl-5-carboxy-pyrrol $C_9H_{11}O_2N$ in Methylalkohol wird in Gegenwart von 10proz. Platinmohr 6 Stunden lang hydriert. Dann wird mit Wasserdampf destilliert und das Pyrrol wie üblich isoliert. Ausbeute fast quantitativ[14].

[1] H. Fischer u. B. Walach: Ber. dtsch. chem. Ges. **58**, 2820 (1925).
[2] W. Küster u. G. Koppenhöfer: Ber. dtsch. chem. Ges. **60**, 1780 (1927).
[3] H. Fischer, B. Weiß u. M. Schubert: Ber. dtsch. chem. Ges. **56**, 1201 (1923).
[4] H. Fischer u. A. Treibs: Liebigs Ann. **450**, 189f. (1926).
[5] H. Fischer u. H. Orth: Liebigs Ann. **489**, 73 (1931).
[6] H. Fischer, P. Halbig u. B. Walach: Liebigs Ann. **452**, 296—300 (1927).
[7] H. Fischer u. R. Heß: Hoppe-Seylers Z. **194**, 209f. (1931).
[8] H. Fischer, A. Merka u. E. Plötz: Liebigs Ann. **478**, 203ff. (1929).
[9] H. Fischer u. P. Halbig: Liebigs Ann. **450**, 160 (1926).
[10] H. Fischer, E. Baumann u. H. J. Riedl: Liebigs Ann. **475**, 239 (1929). — Vgl. H. Fischer u. M. Schubert: Ber. dtsch. chem. Ges. **56**, 612 (1924); **57**, 612 (1925).
[11] C. Zanetti u. E. Levy: Gazz. chim. **24 I**, 456; **27**, 585 (1924).
[12] H. Fischer u. H. Amann: Ber. dtsch. chem. Ges. **56**, 2330 (1923).
[13] H. Fischer u. B. Walach: Liebigs Ann. **447**, 46 (1926).
[14] H. Fischer u. B. Walach: Ber. dtsch. chem. Ges. **58**, 2822 (1925).

Eigenschaften: Gibt mit Sublimat in Eisessiglösung eine schwer lösliche Doppelverbindung, die durch Schwefelwasserstoff wieder zerlegt wird[1]. Bildet beim Erhitzen mit Eisessig-Bromwasserstoff auf 170° kein Porphyrin[2]. Mit Chlormethyläther in Benzollösung entsteht Bis-(2, 4-Dimethyl-3-äthyl-pyrryl)-methenchlorhydrat[3].

(2, 4-Dimethyl-3-äthyl-pyrryl)-isocyanat $C_{15}H_{18}ON_2$. Durch 4stündiges Erhitzen des Pyrrols (0,5 g) mit Phenylisocyanat auf 95° unter Ausschluß von Feuchtigkeit. Nach längerem Stehen ist Krystallisation eingetreten. Reinigung durch Absaugen und Waschen mit Äther. — Aus Alkohol-Wasser farblose Nadeln, Schmelzp. 131°[4].

$C_{13}H_{16}NSBr$. Durch Kondensation des Pyrrols (1,2 g) mit Thiophen-α-aldehyd (1,1 g) in Sprit (3 ccm) in Gegenwart von Bromwasserstoffsäure. Beim Reiben tritt Krystallisation ein, die durch Zusatz von Äther vermehrt wird. Ausbeute 2 g. — Aus Alkohol-Äther gelbe rechteckige Blättchen, Schmelzp. 133°. Läßt sich nicht bromieren[5].

2, 4-Dimethyl-3-äthyl-5-acetyl-pyrrol[6].

Mol-Gewicht: 165.

Zusammensetzung: 72,72% C; 9,36% H; 9,44% O; 8,48% N. $C_{10}H_{15}ON$.

Bildung: Bei der Reduktion des 2, 4-Dimethyl-3-äthyl-5-(trichloracetyl)-pyrrols mit Zinkstaub-Eisessig.

Darstellung: 1 ccm Kryptopyrrol wird 2 Stunden mit 5 ccm Eisessig gekocht. Danach wird in 30 ccm Chloroform gegossen, die Lösung mit Wasser gewaschen, getrocknet und eingeengt. Es bleibt ein Öl, das mit Petroläther rasch erstarrt. ·

Eigenschaften: Krystalle vom Schmelzp. 111—112°.

2, 4-Dimethyl-3-äthyl-5-chloracetylpyrrol[7].

Mol-Gewicht: 199,63.

Zusammensetzung: 60,12% C; 7,07% H; 8,02% O; 7,02% N; 17,77% Cl. $C_{10}H_{14}ONCl$.

Darstellung: 1,4 g Kryptopyrrol-Rohöl[8] und 15 ccm Chloracetonitril in 8 ccm Chloroform werden unter Eiskühlung mit Chlorwasserstoff gesättigt. Nach längerem Stehen wird abgesaugt, der Rückstand mit Wasser verrieben und im Wasserbad erhitzt, wobei Abscheidung eintritt. Aus der Chloroform-Mutterlauge erhält man beim Verdunsten im Vakuum ein beim Verreiben mit Wasser erstarrendes Öl, das beim Erhitzen noch weiteren Aldehyd liefert. Ausbeute 0,8 g.

Eigenschaften: Aus Alkohol, Schmelzp. 149°. Sehr leicht löslich in Chloroform, Alkohol; sehr schwer in Petroläther, Wasser. Ehrlichsche Reaktion kalt negativ, heiß positiv.

2, 4 - Dimethyl - 3 - äthyl - 5 - (dimethylamino - acetyl)-pyrrol-chlorhydrat $C_{12}H_{21}ON_2Cl$. Durch $1\frac{1}{2}$ stündiges Erhitzen von 0,2 g Chloracetylpyrrol mit 1,5 ccm 50 proz. alkoholischer Dimethylaminlösung bei 100° im Rohr. Nachdem wird eingedunstet. Ausbeute 0,2 g. — Aus Chloroform-Petroläther Nadeln, Schmelzp. 201—202°[7].

2, 4-Dimethyl-3-äthyl-5-(anilino-acetyl)-pyrrol $C_{16}H_{20}ON_2$. Durch Versetzen des Chloracetylpyrrols mit Anilin in der Kälte. — Aus Alkohol Schmelzp. 181—183°[9].

2-Chlormethyl-3-äthyl-4-methyl-5-(chloracetyl)-pyrrol $C_{10}H_{13}ONCl_2$. 1 g Pyrrol in 20 ccm Äther wird bei 0° langsam mit 0,68 g Sulfurylchlorid in 3 ccm Äther versetzt. Nach Stehen über Nacht wird von der eingetretenen Krystallisation abgesaugt. — Aus Äther Nadeln, Schmelzp. 123—125°[9].

2, 4-Dimethyl-3-äthyl-5-(trichlor-acetyl)-pyrrol[6].

Mol-Gewicht: 268,5.

Zusammensetzung: 44,68% C; 4,47% H; 6,02% O; 5,21% N; 39,62% Cl. $C_{10}H_{12}ONCl_3$.

---

[1] H. Fischer u. R. Müller: Hoppe-Seylers Z. **148**, 167 (1925).
[2] H. Fischer, E. Sturm u. H. Friedrich: Liebigs Ann. **461**, 274 (1928).
[3] H. Fischer u. E. Adler: Hoppe-Seylers Z. **197**, 276 (1931).
[4] H. Fischer, O. Süs u. F. G. Weilguny: Liebigs Ann. **481**, 181 (1930).
[5] H. Fischer u. A. Schorrmüller: Liebigs Ann. **482**. 248 (1930).
[6] H. Fischer u. P. Viaud: Ber. dtsch. chem. Ges. **64**, 196 (1931).
[7] H. Fischer u. M. Schubert: Ber. dtsch. chem. Ges. **56**, 1208 (1923).
[8] H. Fischer u. M. Schubert: Ber. dtsch. chem. Ges. **56**, 1207 (1923).
[9] H. Fischer u. P. Viaud: Ber. dtsch. chem. Ges. **64**, 200 (1931).

Darstellung: Eine Lösung von 2 ccm Kryptopyrrol und 2,8 g Trichloracetonitril in 6 ccm Chloroform wird mit Chlorwasserstoff gesättigt. Nach Stehen über Nacht wird abgesaugt und der Rückstand mit 200 ccm Wasser zerlegt. Ausbeute 4 g.

Eigenschaften: Aus Ligroin Krystalle vom Schmelzp. 101—102°. Gibt bei der Behandlung mit Eisessig-Zinkstaub 2, 4-Dimethyl-3-äthyl-5-acetyl-pyrrol.

2, 4-Dimethyl-3-äthyl-5-formyl-pyrrol = Krytopyrrolaldehyd.

Mol-Gewicht: 151,16.

Zusammensetzung: 71,47% C; 8,67% H; 10,59% O; 9,27% N . $C_9H_{13}ON$.

Darstellung: Eine Lösung von 4 g Kryptopyrrol in 5 ccm Chloroform und 35 ccm Äther wird nach Zusatz von 4 ccm Blausäure unter Eiskühlung mit Chlorwasserstoff gesättigt. Nach längerem Stehen wird im Vakuum konzentriert, der Rückstand in Alkohol gelöst und nach Zusatz von verdünnter Natronlauge unter Vermeidung des Eindampfens gekocht, bis Ammoniak und Alkohol entwichen sind. Nach Zugabe von heißem Wasser bis zur Lösung wird filtriert. Ausbeute bis 90%[1].

Eigenschaften: Aus Wasser lange, farblose Nadeln, Schmelzp. 105—106°. Leicht löslich in Chloroform, Äther, Eisessig, Alkohol; ziemlich schwer in Petroläther und Ligroin; schwer in Wasser[2].

Imin des Aldehyds $C_{15}H_{17}O_7N_5$. Wird erhalten, wenn das im Vakuum konz. Produkt in Wasser gelöst und dann mit verdünnter Natronlauge versetzt wird, wobei gelbe Flocken ausfallen, die rasch abgesaugt, filtriert, mit Wasser gewaschen und nun mit Äther bis zur Farblosigkeit desselben ausgezogen werden. Der nach dem Verdampfen des Äthers bleibende Rückstand stellt das Imin dar. Gibt beim Versetzen mit überschüssiger ätherischer Pikrinsäure ein Pikrat. (Aus Alkohol gelbe Nadeln, Schmelzp. 205°)[2].

C-Dikryptopyrryl-methylamin? Bleibt als Rückstand beim Ausziehen mit Äther wie beim Imin beschrieben. — Aus abs. Alkohol farblose Krystalle, Schmelzp. 148°[2]. Gibt mit Semicarbazid-chlorhydrat, wobei intermediär eine tief violette Farbe auftritt, das Semicarbazon[3] und mit Hydrazinhydrat das Aldazin des Aldehyds[1]. Beim längeren Kochen mit Wasser tritt keine Aufspaltung ein[3]. Gibt ein Kupfersalz[1]. Beim Behandeln mit Alkali tritt Umwandlung ein zu einem Isomeren, Schmelzp. 198°, das schwächer basisch ist. kein Kupfersalz gibt, nicht mit Semicarbazid reagiert und in 25proz. Salzsäure nur schwer löslich ist[1].

Oxym $C_9H_{14}ON_2$. Darstellung auf die übliche Weise. — Aus Alkohol-Wasser farblose Nadeln, Schmelzp. 118°. Gibt ein Pikrat, Schmelzp. 155°[2].

2, 4-Dimethyl-3-äthyl-5-cyanpyrrol $C_9H_{12}N_2$. Durch 2stündiges Erhitzen des Oxyms mit Essigsäureanhydrid. Isolieren durch Eingießen in Wasser, Aufkochen und Filtrieren. Entsteht auch aus 2, 4-Dimethyl-3-äthyl-5-(trichlor-acetimin)-pyrrol-chlorhydrat mit 20proz. methylalkoholischer Kalilauge[4]. — Aus Alkohol-Wasser violette Prismen, Schmelzp. 134°[1].

Semicarbazon $C_{10}H_{16}ON_4$. Durch Erhitzen des Aldehyds (0,1 g) mit salzsaurem Semicarbazid (0,06 g) und Natriumacetat (0,6 g) in wäßriger Lösung. — Aus Alkohol, Schmelzpunkt 203°. Gibt ein Pikrat, Schmelzp. 162° aus Alkohol[2].

Aldazin $C_{18}H_{26}N_4$. Durch 6stündiges Erhitzen des Aldehyds mit überschüssigem Hydrazinhydrat auf 100°. Beim Erkalten tritt Krystallisation ein. — Aus Alkohol gelbe Nadeln, Schmelzp. 172°[1].

Azlacton $C_{18}H_{18}O_2N_2$. Durch 1stündiges Erhitzen des Aldehyds (0,5 g) mit Hippursäure (0,6 g), wasserfreiem Natriumacetat (0,25 g) und Essigsäureanhydrid (5 ccm). Isolierung durch Zersetzen mit Wasser, Aufnahme des Niederschlags mit Alkohol und Fällen mit Wasser. — Aus Alkohol braunrote Nadeln mit schwach bläulichem Schimmer, Schmelzp. 172°[1].

Oxindol-Kondensationsprodukt $C_{17}H_{18}ON_2$. Bildet sich bei 5 Minuten langem Erhitzen äquimolarer Mengen Aldehyd und Oxindol in Gegenwart von Piperidin. Die Masse erstarrt beim Erkalten. — Aus Alkohol orangefarbene, verfilzte Nadeln, Schmelzp. 227° (Braunfärbung ab 196°)[1].

---

[1] H. Fischer, P. Halbig u. B. Walach: Liebigs Ann. **452**, 292 (1927).
[2] H. Fischer u. M. Schubert: Ber. dtsch. chem. Ges. **56**, 1208 (1923).
[3] H. Fischer u. M. Schubert: Ber. dtsch. chem. Ges. **57**, 612 (1924).
[4] H. Fischer u. P. Viaud: Ber. dtsch. chem. Ges. **64**, 196 (1931).

2, 4-Dimethyl-3-äthyl-5-(ω-cyan-ω-carbäthoxy-vinyl)-pyrrol $C_{14}H_{18}O_2N_2$. Bildet sich durch 5 Minuten langes Erhitzen äquimolarer Mengen Aldehyd und Cyanessigester mit Piperidin. Das Produkt erstarrt beim Erkalten. — Aus Alkohol kanariengelbe Krystalle, Schmelzpunkt 122°[1].

2, 4-Dimethyl-3-äthyl-5-carbäthoxy-pyrrol
= Carbäthoxyliertes Kryptopyrrol.

Mol-Gewicht: 195,20.

Zusammensetzung: 67,65% C; 8,78% H; 16,39% O; 7,18% N. $C_{11}H_{17}O_2N$.

Bildung: Aus 2, 4-Dimethyl-3-(ω-bromvinyl-)-5-carbäthoxy-pyrrol[2] durch katalytische Reduktion; ebenso auch aus 2, 4-Dimethyl-5-carbäthoxy-pyrrol-3-acrylsäureester-dibromid[2].

Darstellung: Durch Hydrieren von 2, 4-Dimethyl-3-vinyl-5-carbäthoxypyrrol $C_{11}H_{15}O_2N$ in Methylalkohol unter Zugabe von 2proz. Platinmohr[3].

Eigenschaften: Aus verdünntem Alkohol farblose Nadeln, Schmelzp. 94°[3]. Gibt mit Sulfurylchlorid ein Produkt, das beim Kochen mit Alkohol-Wasser 2-Carboxy-3-äthyl-4-methyl-5-carbäthoxy-pyrrol liefert[4].

2, 4-Dimethyl-3-äthyl-pyrrol-5-carbonsäurehydrazid $C_9H_{15}ON_3$. Durch 48stündiges Erhitzen von 10 g Pyrrol mit 20 g Hydrazinhydrat im Rohr auf 130°. Nach dem Erkalten wird von den zentimetergroßen Krystallen abfiltriert und der Rückstand gut mit Wasser, dann mit Alkohol und schließlich mit Äther gewaschen. Ausbeute 9 g. — Große, rautenförmige Prismen, Zersetzungsp. 216°[5].

Salzsaures Salz $C_9H_{16}ON_3Cl$. Durch Versetzen einer alkoholischen Lösung des Hydrazids mit etwas konz. Salzsäure in der Hitze. Nach dem Erkalten tritt Krystallisation ein. — Aus Alkohol feine Nädelchen, Schmelzp. 288° u. Zersetzung.

Benzoylverbindung $C_{16}H_{19}O_2N_3$. 2 g Hydrazid in abs. Pyridin werden heiß mit 1,7 g Benzoylchlorid versetzt und 1 Stunde am Wasserbad mäßig erhitzt. Nach dem Eingießen in Eis tritt Krystallisation ein. — Aus feuchtem Methanol Nadeln, Schmelzp. 233°.

$C_{16}H_{17}ON_3$. Durch Erhitzen des Hydrazids mit überschüssigem Benzoylchlorid direkt oder in Eisessig. — Aus Methanol verfilzte Nadeln, Schmelzp. 204°.

Benzalverbindung $C_{16}H_{19}ON_3$. Das Hydrazid (0,5 g) in Eisessig gelöst wird mit Benzaldehyd (0,3 g) versetzt und die dunkel gewordene Lösung kurz auf dem Wasserbad erwärmt, wonach Krystallisation eintritt. — Aus Methanol büschelförmig angeordnete Nadeln, Schmelzpunkt 213°. Schwer löslich in Eisessig.

Acetylverbindung $C_{11}H_{17}O_2N_3$. Durch Erhitzen des Hydrazids mit Essigsäureanhydrid. Nach dem Erkalten Krystallisation. — Aus Alkohol paketförmig vereinigte Prismen, Schmelzpunkt 197°[5].

2, 4-Dimethyl-3-äthyl-pyrrol-5-carbonsäureazid $C_9H_{12}ON_4$. 9 g fein pulverisiertes Hydrazid in 200 ccm Eisessig werden bei 0° tropfenweise so mit einer konz. wässerigen Lösung von 7,5 g Natriumnitrit (etwa 2 Mol) versetzt, daß die Entwicklung von Stickoxyd vermieden wird. Nachdem wird mit Eiswasser solange verdünnt, bis bei einer filtrierten Probe beim weiteren Verdünnen keine Fällung mehr eintritt. Danach wird filtriert, der Rückstand mit Wasser gewaschen und auf Ton abgepreßt. Ausbeute 7—8 g. — Aus Äther lange Nadeln, Zersetzungsp. 126°. Gibt mit Anilin Diphenylharnstoff[5].

$C_{17}H_{25}ON_3$. Durch Erhitzen des Azids mit der doppelten Menge Kryptopyrrol im Paraffinbad im Stickstoffstrom. Ab 95° tritt Stickstoffabspaltung ein; nach Beendigung derselben wird erkalten gelassen, wobei Krystallisation einsetzt, aus der das restliche Kryptopyrrol durch öfteres Digerieren mit Äther entfernt wird. — Aus Methanol weiße Nadeln, Schmelzpunkt 195°[5].

2-Chlormethyl-3-äthyl-4-methyl-pyrrol-5-carbonsäureazid $C_9H_{11}ON_4Cl$. 1 g Azid in 30 ccm abs. Äther wird ohne Kühlung mit 0,8 g Sulfurylchlorid versetzt. Nach 4stündigem Stehen wird von den ausgefallenen Nadeln abfiltriert und die Mutterlauge eingeengt, wobei noch etwas Chlorkörper erhalten wird. Ausbeute 1,2 g. — Aus Äther Nadeln, Schmelzp. 152° u. Zersetzung. Gibt mit Methylalkohol das entsprechende Methoxyderivat $C_{10}H_{14}O_2N_4$[5].

---

[1] H. Fischer, P. Halbig u. B. Walach: Liebigs Ann. **452**, 292 (1927).

[2] H. Fischer u. O. Süs: Liebigs Ann. **484**, 119f. (1930).

[3] H. Fischer u. B. Walach: Ber. dtsch. chem. Ges. **58**, 2821 (1925).

[4] H. Fischer, E. Sturm u. H. Friedrich: Liebigs Ann. **461**, 269 (1928).

[5] H. Fischer, O. Süs u. F. G. Weilguny: Liebigs Ann. **481**, 178ff. (1931).

2-Dichlormethyl-3-äthyl-4-methyl-pyrrol-5-carbonsäureazid $C_9H_{10}ON_4Cl_2$. 1 g Azid in 30 ccm abs. Äther wird auf zwei Portionen mit 1,5 g Sulfurylchlorid versetzt. Nach 1 stündigem Stehen wird die tiefbraune Lösung im Vakuum konzentriert und der Rückstand mit Äther gereinigt. Ausbeute 1 g. — Aus Äther längliche Prismen, Schmelzp. 140° unter explosionsartiger Zersetzung[1].

2-Formyl-3-äthyl-4-methyl-pyrrol-5-carbonsäureazid $C_9H_{10}O_2N_4$. Durch kurzes Erwärmen der Dichlorverbindung mit Methanol und Wasser am Wasserbad. Dabei entsteht ein dunkelbraunes Öl, das mit Wasser digeriert wird. Es erstarrt nach mehrtägigem Stehen. Danach wird in Eisessig gelöst und mit Hydrazinhydrat das Azin $C_{18}H_{20}O_2N_{10}$ hergestellt. Reinigung durch Lösen in Pyridin bei 50° und Fällen mit Wasser. — Feine Nädelchen, Schmelzpunkt 142° u. Zersetzung[1].

2-Brommethyl-3-äthyl-4-methylpyrrol-5-carbonsäureazid $C_9H_{11}ON_4Br$. 1 g Azid in 15 ccm Eisessig wird tropfenweise mit 0,85 g Brom (1 Mol) versetzt. Allmählich entwickelt sich unter Erwärmung Bromwasserstoff und beim Reiben tritt Krystallisation ein. Ist alles zu einem festen Brei erstarrt, wird sofort abgesaugt. Ausbeute 0,7 g. — Aus Chloroform Nadeln, Schmelzp. 146° u. Zersetzung[1].

2-Methoxymethyl-3-äthyl-4-methyl-pyrrol-5-carbonsäureazid $C_{10}H_{14}O_2N_4$. Durch Lösen des Chlor- oder Bromkörpers in Methanol unter schwachem Erwärmen und Zugabe von Wasser zur kalten Lösung. — Aus Äther-Petroläther Nadeln, Schmelzp. 95° u. Zersetzung[1].

$C_{11}H_{18}O_3N_2$. Durch Erhitzen des Azids mit abs. Äthylalkohol. — Aus Benzol große rautenförmige Prismen, Schmelzp. 128°. Gibt mit Hydrazinhydrat die Verbindung $C_{10}H_{17}N_5$. (Aus Benzol Prismen, Schmelzp. 158°[1].)

$C_{10}H_{16}O_3N_2$. Durch Verkochen des Azids mit Methanol. — Längliche Prismen, Schmelzpunkt 146°[1].

$C_{36}H_{58}O_3N_2$. Durch Erhitzen des Azids mit Cholesterin in abs. Xylol auf 95—100° im Ölbad. — Aus viel Benzol Krystalle vom Schmelzp. 213° u. Zersetzung[1].

2-Chlormethyl-3-äthyl-4-methyl-5-carbäthoxy-pyrrol[2].

Mol-Gewicht: 229,65.

Zusammensetzung: 57,52% C; 7,03% H; 13,90% O; 6,10% N; 15,45% Cl. $C_{11}H_{16}O_2NCl$.

Darstellung: In eine Lösung von 1 g 2, 4-Dimethyl-3-äthyl-5-carbäthoxypyrrol in 20 ccm abs. Äther werden bei 0° 1,4 g Sulfurylchlorid (2 Mol) eingetropft. Nach längerem Stehen wird von Ausgeschiedenem abfiltriert.

Eigenschaften: Aus Äther-Petroläther weiße Nadeln, Schmelzp. 130° (korr.). Beim längeren Verkochen mit Wasser bildet sich unter Abspaltung von Formaldehyd Bis-(3-äthyl-4-methyl-5-carbäthoxy-pyrryl)-methan.

2-Brommethyl-3-äthyl-4-methyl-5-carbäthoxy-pyrrol[3].

Mol-Gewicht: 274,11.

Zusammensetzung: 44,16% C; 5,88% H; 16,07% O; 4,74% N; 29,15% Br. $C_{11}H_{16}O_2NBr$.

Darstellung: 0,8 g 2, 4-Dimethyl-3-äthyl-5-carbäthoxypyrrol in 2 ccm Eisessig werden bei 35—40° tropfenweise mit 1 g Brom in 1 ccm Eisessig versetzt, wobei die Temperatur 50 bis 55° nicht überschreiten soll. Nach etwa 1 Stunde beginnt die Abscheidung des Bromkörpers (evtl. Reiben mit einem Glasstab). Nach 3—4 Stunden wird filtriert, mit wenig Eisessig und Petroläther gewaschen und auf Ton getrocknet. Ausbeute 75%.

Eigenschaften: Rötliche Krystallmasse, Schmelzp. 128—132°. Gibt bei der Oxydation mit Chromsäure-Eisessig in schlechter Ausbeute 2-Formyl-3-äthyl-4-methyl-5-carbäthoxypyrrol[4].

2-Anilinomethyl-3-äthyl-4-methyl-5-carbäthoxy-pyrrol $C_{17}H_{22}O_2N_2$. Durch Erwärmen des Brommethylpyrrols mit der 10—15fachen Menge Anilin bis zur völligen Lösung. Nach 1 stündigem Stehen in der Kälte wird unter guter Kühlung in verdünnte Salzsäure gegossen. Das zunächst ausfallende Öl erstarrt bald krystallin und wird nach dem Abfiltrieren erst mit viel Wasser und dann nach Trocknung im Luftstrom mit Petroläther gewaschen. Ausbeute 40

[1] H. Fischer, O. Süs u. F. G. Weilguny: Liebigs Ann. **481**, 178 ff. (1931).
[2] H. Fischer, E. Sturm u. H. Friedrich: Liebigs Ann. **461**, 268 (1928).
[3] H. Fischer u. P. Ernst: Liebigs Ann. **447**, 159 (1926).
[4] H. Fischer u. P. Ernst: Liebigs Ann. **447**, 161 (1926).

bis 50%. — Aus Alkohol makroskopische Nadeln, Schmelzp. 144—145°. Löslich in konz. Salzsäure, Alkohol, Aceton, Eisessig, Chloroform[1].

Schiffsche Base $C_{17}H_{20}O_2N_2$. In etwas natronlaugehaltigem Aceton gelöstes Anilid wird in kleinen Portionen und unter Kühlung mit nicht ganz 1 Mol Kaliumpermanganat in Aceton versetzt. Nach $1\frac{1}{2}$ stündigem Stehen wird filtriert und Filtrat nebst Ätherextrakt des Rückstandes eingedunstet. Das rückständige Öl krystallisiert beim Reiben. Ausbeute 80%. — Aus Alkohol gelbe, lanzettische Blättchen; Schmelzp. 133°[1].

$C_{17}H_{21}O_2N_2Cl$. Durch tropfenweises Zugeben von konz. Salzsäure zur konz. alkoholischen Lösung der Schiffschen Base unter Kühlung. Unter geringer Rotfärbung und Erwärmung scheiden sich stäbchenförmige Krystalle ab. — Aus wenig salzsäurehaltigem Alkohol Krystalle vom Schmelzp. 196°[1].

2-Methoxymethyl-3-äthyl-4-methyl-5-carbäthoxy-pyrrol. Wird erhalten durch möglichst rasches Lösen der Brommethylverbindung in der 10fachen Menge Methanol auf dem Wasserbad und sofortigem Versetzen mit Wasser bis zur bleibenden Trübung. Nach dem Einstellen in Eis tritt Krystallisation ein. — Schmelzp. 73°. Sehr leicht löslich in allen organischen Solvenzien[2].

2-Äthoxymethyl-3-äthyl-4-methyl-5-carbäthoxy-pyrrol. Wird genau so hergestellt wie die Methoxyverbindung mit Alkohol als Lösungsmittel. — Schmelzp. 54°[2].

2, 4-Dimethyl-3-äthyl-5-glyoxylsäureester-pyrrol[3].

Mol-Gewicht: 223,21.

Zusammensetzung: 64,53% C; 7,68% H; 21,52% O; 6,27% N. $C_{12}H_{17}O_3N$.

Darstellung: 0,7 g Kryptopyrrol und 2,0 g Cyanameisensäureester in abs. Äther werden mit Chlorwasserstoff gesättigt. Dann wird der Äther verdunstet und das rückständige salzsaure Imin mit Wasser verkocht.

Eigenschaften: Aus Alkohol Nadeln, Schmelzp. 80°.

Salzsaures Imin $C_{12}H_{19}O_2N_2Cl$. Aus Chloroform-Petroläther derbe viereckige Platten, Schmelzp. 180°.

2, 4-Dimethyl-3-äthyl-5-glyoxylsäure-pyrrol $C_{10}H_{13}O_3N$ (M = 195,16). Entsteht bei kurzem Erhitzen des Esters mit 20proz. Natronlauge, wonach sich beim Erkalten das Natriumsalz in gelben Blättchen abscheidet. Isolierung durch Verdünnen mit Wasser bis zur Lösung und Zugabe von verdünnter Schwefelsäure bis zur schwach kongosauren Reaktion. Ausbeute quantitativ. — Aus Alkohol gelbe Prismen; färbt sich ab 150° dunkel; zersetzt sich bei höherer Temperatur. Schwer löslich in Wasser[3].

2, 4-Dimethyl-5-äthyl-pyrrol[4] (Bd. X, S. 56).

$$C_8H_{13}N$$

Darstellung: 40 g 2, 4-Dimethylpyrrol werden mit 10,3 g Natrium in 250 ccm abs. Alkohol im Autoklaven 6 Stunden auf 215—220° erhitzt. Dann wird mit Wasserdampf abgetrieben, ausgeäthert, überschüssiges 2, 4-Dimethylpyrrol durch Auskuppeln mit Diazobenzolsulfosäure entfernt und dann der Ätherrückstand im Vakuum fraktioniert. Ausbeute 39,8 g = 77%.

Eigenschaften: Farbloses Öl, Siedep. 20 mm 93—95°.

2, 4-Dimethyl-3-formyl-5-äthyl-pyrrol[5].

Mol-Gewicht: 151,16.

Zusammensetzung: 71,5% C; 8,67% H; 10,56% O; 9,27% N. $C_9H_{13}ON$.

Darstellung: Ein Gemisch von 7 g 2, 4-Dimethyl-5-äthylpyrrol in 14 ccm Blausäure und 2 ccm Wasser wird unter Eiskühlung langsam mit Chlorwasserstoff gesättigt. Nach 4stündigem Stehen wird Eis bis zur vollständigen Lösung des Krystallbreis zugegeben und die dunkelrote, dicke Lösung nach längerem Stehen unter guter Kühlung in überschüssige 30proz. Natronlauge eingerührt. Der dabei als Harz ausfallende Aldehyd wird nach 1stündigem Stehen ab-

[1] H. Fischer u. P. Ernst: Liebigs Ann. **447**, 160 (1926).
[2] H. Fischer u. E. Adler: Hoppe-Seylers Z. **197**, 266 (1931).
[3] H. Fischer, P. Halbig u. B. Walach: Liebigs Ann. **452**, 294—295 (1927).
[4] H. Fischer u. B. Walach: Liebigs Ann. **447**, 42 (1926).
[5] H. Fischer u. B. Walach: Liebigs Ann. **447**, 42—43 (1926).

filtriert, dann mit 1 l Wasser unter gleichzeitiger Wasserdampfdestillation gekocht, filtriert und der Rückstand noch 2mal derselben Operation unterworfen. Nach Einengen der Filtrate auf 200 ccm krystallisiert der Aldehyd aus. Ausbeute 6 g = 77%.

Eigenschaften: Aus Wasser Nadeln, Schmelzp. 128°. Löslich in Methyl- und Äthylalkohol, Eisessig, Chloroform, Essigester; weniger löslich in Wasser, Äther, Benzol; schwer löslich in Ligroin und Petroläther. Kondensiert sich nicht mit trisubstituierten Pyrrolen zu Tripyrrylmethanen.

Oxym $C_9H_{14}ON_2$. Durch Erhitzen des Aldehyds mit durch Kaliumacetat neutralisiertem Semicarbazidchlorhydrat in wässerig-alkoholischer Lösung. — Aus verdünntem Alkohol Nadeln; Schmelzp. 118,5° [1, 2].

Nitril = 2, 4-Dimethyl-3-cyan-5-äthylpyrrol $C_9H_{12}N_2$. Entsteht aus dem Oxym in der üblichen Weise. — Aus verdünntem Alkohol derbe Prismen; Schmelzp. 112° [1, 2].

Aldazin $C_{18}H_{26}N_4$. Durch längeres Erhitzen des Aldehyds mit Hydrazinhydrat, Ausfällen mit Wasser und Absaugen. — Aus Alkohol derbe Nadeln, Schmelzp. 207° unter Dunkelfärbung [1, 2].

Azlacton $C_{18}H_{18}O_2N_2$. Bildet sich beim Erhitzen des Aldehyds mit Hippursäure, wobei zuerst unter Gelb-, Rot-, Braunfärbung Lösung und dann nach einiger Zeit Abscheidung des Kondensationsproduktes eintritt. Nach $1/2$ stündigem Kochen Eingießen in Wasser, Absaugen des Niederschlages und Auskochen mit Wasser. — Aus Alkohol orangerote Krystalle, Schmelzpunkt 193° [1, 2].

2,4-Dimethyl-5-äthylpyrrol-3-benzoylaminoacrylsäure $C_{18}H_{20}O_3N_2$. Durch Kochen des Azlactons mit 1proz. Natronlauge bis zum Beginn der Ammoniakentwicklung. Nachdem wird filtriert, die heiße Lösung mit verdünnter Schwefelsäure schwach kongosauer gemacht und dann abgesaugt. Reinigung durch mehrmaliges Umfällen aus Lauge-Säure. — Schmelzp. 183° [1].

Semicarbazon $C_{10}H_{16}ON_4$. Wird hergestellt durch Umsetzen des Aldehyds mit Semicarbazidchlorhydrat und Kaliumacetat in wässerig-alkoholischer Lösung und anschließendem Ausfällen mit Wasser. — Aus Alkohol gelbliche Nadeln, Schmelzp. 203° [2, 3].

2, 4-Dimethyl-5-äthyl-pyrrol-3-acrylsäure [2].

Mol-Gewicht: 193,2.

Zusammensetzung: 68,33% C; 7,83% H; 16,57% O; 7,25% N. $C_{11}H_{15}O_2N$.

Darstellung: 3,1 g 2, 4-Dimethyl-3-formyl-5-äthyl-pyrrol $C_9H_{13}ON$ (1 Mol), 2,4 g Malonsäure (1 Mol), 6 ccm Piperidin (2 Mol) und 20 ccm Alkohol werden auf dem siedenden Wasserbad eingedampft und vom ersten Auftreten von Kohlensäurebläschen an noch $1/2$ Stunde unter Rühren weitererhitzt. Dann wird unter Erwärmen in 100 ccm 5proz. Natronlauge unter Zusatz von Tierkohle gelöst, kalt filtriert und im Filtrat mit verdünnter Salzsäure eben kongosauer gemacht, wobei die Acrylsäure ausfällt. Ausbeute 2,3 g = 58%.

Eigenschaften: Aus Methyl- und Äthylalkohol unter Zusatz von Tierkohle derbe, wetzsteinähnliche, farblose Prismen; Schmelzp. 205°. Leicht löslich in Methyl- und Äthylalkohol, Aceton, Essigester, Eisessig; unlöslich in Äther. Ehrlichsche Reaktion kalt negativ, heiß intensiv; beim Verdünnen blau mit Stich ins Rötliche.

2, 4-Dimethyl-5-äthyl-pyrrol-3-propionsäure [4].

Mol-Gewicht: 195,2.

Zusammensetzung: 67,65% C; 8,78% H; 16,39% O; 7,18% N. $C_{11}H_{17}O_2N$.

Darstellung: Zu 0,8 g 2, 4-Dimethyl-5-äthylpyrrol-3-acrylsäure in wenig 1proz. Natronlauge werden nach Verdünnen mit 20 ccm Wasser bei 60—70° innerhalb von 3 Stunden 24 g 5proz. Natriumamalgam in kleinen Portionen eingerührt. Nach Abfiltrieren wird unter Kühlung mit verdünnter Salzsäure kongosauer gemacht, mehrmals ausgeäthert, gut ausgewaschen, getrocknet, über Schwefelsäure im Vakuum konzentriert und das restliche braune Öl noch 24 Stunden weitergetrocknet. Dann wird bei 1 mm und 20° Badtemperatur destilliert. Das resultierende helle, zähe Öl erstarrt nach mehrtägigem Stehen und wird dann zwischen gehärteten Filtern bei 220 Atm. abgepreßt.

Eigenschaften: Farbloses Pulver; Schmelzp. 43—44°. Färbt sich an der Luft rasch braun.

[1] H. Fischer u. W. Zerweck: Ber. dtsch. chem. Ges. **56**, 522 (1923).
[2] H. Fischer u. B. Walach: Liebigs Ann. **447**, 44 (1926).
[3] H. Fischer u. W. Zerweck: Ber. dtsch. chem. Ges. **55**, 1942 (1922).
[4] H. Fischer u. B. Walach: Liebigs Ann. **447**, 45 (1926).

2, 5-Dimethyl-4-carbäthoxy-pyrrol (Bd. X, S. 62, 926).

$$C_9H_{13}O_2N$$

2, 5-Dimethyl-4-carbäthoxy-3-jod-pyrrol $C_9H_{12}O_2NJ$. Entsteht bei Einwirkung einer gesättigten Lösung von 0,7 g Jod in Jodkali auf eine siedende Lösung von 0,5 g Pyrrol in 5 ccm Alkohol und 15 ccm Wasser. Die Jodaufnahme erfolgt anfangs rasch, dann langsamer. — Aus Alkohol-Wasser glänzende Prismen; Schmelzp. 136°[1].

$C_{15}H_{16}O_4N_2S$. Durch Kondensation des Pyrrols mit o-Nitrophenylschwefelchlorid in Benzollösung. — Aus Alkohol feine gelbe Prismen, Schmelzp. 199°. Leicht löslich in Essigester, Eisessig, Methylalkohol, Aceton, Benzol; schwerer in Alkohol und Äther; unlöslich in Petroläther und Wasser[2].

$C_{18}H_{24}O_4N_2S_2$. Entsteht bei Einwirkung von Schwefelchlorür auf eine ätherische Lösung des Pyrrols. — Aus Alkohol schwach gelbe, quadratische Blättchen, Schmelzp. 272°. Ziemlich leicht löslich in Alkohol, Eisessig; schwerer in Chloroform, Essigester und Aceton; unlöslich in Benzol, Äther und Petroläther[2].

2, 5-Dimethyl-4-carbäthoxy-pyrryl-diphenylmethan $C_{22}H_{23}O_2N$. Durch 1 stündiges Erhitzen von 1 g Pyrrol mit 1,25 g Benzhydrol in 15 ccm Eisessig. — Aus Alkohol, Schmelzp. 142°. Zeigt mit Schwefelsäure Halochromie[3].

Quecksilbersalz $(C_9H_{12}O_2N)_2 \cdot Hg \cdot HgCl_4$. Bildet sich beim Versetzen einer Lösung des Pyrrols in Eisessig mit einer 4 proz. wässerigen Sublimatlösung als weißer, in Nadeln krystallisierender Niederschlag. — Aus Aceton, Schmelzp. 239°; aus Pyridin-Wasser spitze Prismen; Schmelzp. 255° u. Zersetzung. Wird durch Schwefelwasserstoff zerlegt. Gibt mit Jod-Jodkali 2, 5-Dimethyl-3-carbäthoxy-4-jodpyrrol[4].

2, 5-Dimethyl-4-carbäthoxy-pyrryl-arsinsäure $C_9H_{14}N_2 \cdot AsO_5$. Durch Erhitzen von 0,3 g Pyrrol mit 1 g Arsensäure auf 120°. — Aus Wasser farblose Prismen, Schmelzp. 245—247°. Färbt sich an der Luft schwach rosa. Löslich in Alkohol, Eisessig; unlöslich in Äther, Chloroform. Gibt ein in Wasser leicht lösliches Natriumsalz[5].

2, 5-Dimethyl-3-cyan-4-carbäthoxy-pyrrol $C_{10}H_{12}O_2N_2$. Aus dem Oxym des 2, 5-Dimethyl-3-carbäthoxy-4-formylpyrrols durch $^1/_2$ stündiges Erhitzen mit Essigsäureanhydrid und Natriumacetat. Isolierung durch Zusatz von heißem Wasser, Abdestillieren des Hauptteils der Flüssigkeit und erneutem Zusatz von Wasser. Beim Erkalten Krystallisation. — Farblose, glitzernde, zu Sternchen angeordnete Krystalle; Schmelzp. 152°[6].

2, 5-Dimethyl-3-phenylsulfid-4-carbäthoxy-pyrrol $C_{15}H_{17}O_2NS$. Durch Schütteln von 0,45 g Pyrrol in 15 ccm abs. Äther mit 0,4 g Phenylschwefelchlorid[7] in 5 ccm Äther. Sofort Erwärmung und Farbvertiefung. Isolierung durch Waschen mit Soda und Verdampfen des Äthers. Ausbeute fast quantitativ. — Weiße Nadeln; Schmelzp. 143°. Ehrlichsche Reaktion heiß positiv[8].

2, 5-Dimethyl-4 (3)-carbäthoxy-3 (4)-amino-pyrrol-chlorhydrat[9].

Mol-Gewicht: 218,64.

Zusammensetzung: 49,41% C; 6,91% H; 14,65% O; 12,82% N; 16,21% Cl. $C_9H_{15}O_2N_2Cl$.

Darstellung: 2 g 2, 5-Dimethyl-3-carbäthoxy-pyrrol-4-azobenzolsulfosäure in 10 ccm n-Natronlauge und 10 ccm Wasser werden nach Zugabe von 0,2 g Platinschwarz katalytisch hydriert. Dann wird filtriert, das Filtrat mit 15 ccm konz. Natronlauge versetzt und mit Chloroform ausgezogen. Der nach dem Verdunsten des letzteren verbleibende klebrige Lack wird nach Aufnahme in wenig Alkohol filtriert und das Filtrat im Vakuum konzentriert. Der ölige Rückstand erstarrt sofort nach Zugabe von wenig konz. Salzsäure. Ausbeute schlecht.

Eigenschaften: Aus verdünnter Salzsäure farblose, rechteckige Blättchen; aus Alkohol feine Nadeln. Zersetzungsp. 212° unter vorherigem Dunkelwerden und Sintern. Leicht lös-

[1] H. Fischer u. H. Scheyer: Liebigs Ann. **439**, 194 (1924).
[2] H. Fischer u. M. Hermann: Hoppe-Seylers Z. **122**, 16 f. (1922).
[3] H. Fischer u. K. Schneller: Hoppe-Seylers Z. **128**, 253 (1923).
[4] H. Fischer u. R. Müller: Hoppe-Seylers Z. **148**, 165 (1925).
[5] H. Fischer u. R. Müller: Hoppe-Seylers Z. **148**, 176 (1925).
[6] H. Fischer u. W. Zerweck: Ber. dtsch. chem. Ges. **56**, 524 (1923).
[7] Lecher: Ber. dtsch. chem. Ges. **57**, 755 (1924); **58**, 409 (1925).
[8] H. Fischer, E. Sturm u. H. Friedrich: Liebigs Ann. **461**, 268 (1928).
[9] H. Fischer u. Fr. Rottweiler: Ber. dtsch. chem. Ges. **56**, 516 (1923).

lich in Wasser, schwer in Alkohol, fast unlöslich in Äther. Ehrlichsche Reaktion in der Kälte und in der Wärme negativ.

Pikrat $C_{15}H_{17}O_9N_5$ sintert bei 150° und zersetzt sich je nach dem Erhitzen zwischen 185—195°.

2, 5-Dimethyl-3 (4)-acetaminomethyl-4 (3)-carbäthoxy-pyrrol[1].

Mol-Gewicht: 238,22.

Zusammensetzung: 60,48% C; 7,62% H; 20,44% O; 11,46% N. $C_{12}H_{18}O_3N_2$.

Darstellung: 2 g 2, 5-Dimethyl-4(3)-carbäthoxypyrrol werden nach dem Versetzen mit einem großen Überschuß von Methylchloracetamid[2] und etwas Salzsäure auf dem Wasserbad bis zum Eintreten der Reaktion erwärmt und dann gekühlt, wobei das Pyrrol in Lösung geht. Nach 10 Minuten kühlt man auf 0° ab und macht alkalisch, wonach das Pyrrol ausfällt.

Eigenschaften: Aus Wasser, Schmelzp. 158° unter vorheriger Sinterung. Leicht löslich in Alkohol, schwerer in Äther. Besitzt ausgesprochen basischen Charakter. Wird beim Lösen in verdünnter Säure und Fällen mit Lauge nicht verändert.

2, 5-Dimethyl-3-chloracetaminomethyl-4-carbäthoxy-pyrrol $C_{12}H_{17}O_3N_2Cl$, $M = 272,67$. Wird erhalten durch Zusatz von 4 g Methylchloracetamid[2] und 4 ccm konz. Salzsäure zu 4 g 2, 5-Dimethyl-4(3)-carbäthoxypyrrol und 5 Minuten langem Erhitzen zum Sieden, wobei sich die Lösung intensiv rot färbt. Nachdem wird mit Wasser gefällt. — Aus Wasser, Schmelzpunkt 152°. Besitzt keine basischen Eigenschaften. Beim Kochen mit 1 Teil konz. Salzsäure und 2 Teilen Alkohol sowie beim gelinden Erwärmen mit 47 proz. Bromwasserstoffsäure tritt nur Zersetzung, aber keine Verseifung ein[1].

2, 5-Dimethyl-3-diäthylaminomethyl-4-carbäthoxy-pyrrol-perchlorat $C_{14}H_{25}O_6N_2Cl$ ($M = 352,75$). Entsteht bei 1 stündigem Kochen von 1 g 2, 5-Dimethyl-4-carbäthoxy-pyrrol mit 5 ccm eines Gemisches nach Henry[3] (6,9 ccm 30 proz. Formaldehyd und 5 g Diäthylamin mit Wasser auf 50 ccm verdünnt). Nach Zusatz von 20 proz. Perchlorsäure und Verdünnen mit Wasser scheidet sich das Perchlorat ab. — Umscheidbar aus Alkohol-Wasser. Die Krystalle verpuffen beim Schmelzen auf dem Spatel[1].

2, 5-Dimethyl-3-N-piperidinomethyl-4-carbäthoxy-pyrrol-perchlorat $C_{15}H_{25}O_6N_2Cl$ ($M = 364,75$). Bildet sich bei 1 stündigem Kochen eines äquimolekularen Gemisches von Pyrrol, Formaldehyd und Piperidin. — Umkrystallisierbar aus Wasser-Alkohol. Die Krystalle verpuffen beim Erhitzen. Die freie Base läßt sich aus dem Perchlorat nicht herstellen[1].

Tris-(1-oxymethyl-2, 5-dimethyl-4 (3)-carbäthoxy-pyrrol)[4].

Mol-Gewicht: 591,54. Bestimmt in Alkohol zu 555,68.

Zusammensetzung: 60,88% C; 7,67% H; 24,35% O; 7,10% N. $(C_{10}H_{15}O_3N)_3$.

$$H_5C_2OOC \cdot C{=\!=}C \cdot H$$
$$H_3C \cdot C \quad C \cdot CH_3$$
$$N \cdot CH_2OH$$

Darstellung: Durch Erhitzen von 3 g 2, 5-Dimethyl-4(3)-carbäthoxypyrrol mit 9 ccm Formaldehydlösung und etwas 30 proz. Natronlauge bis zur vollständigen Lösung. Dann wird mit viel Wasser verdünnt und schwach angesäuert, wobei sich ein Öl abscheidet, das nach längerem Stehen in Eis krystallin erstarrt.

Eigenschaften: Aus abs. Alkohol Krystalle, Schmelzp. 169° unter lebhafter Gasentwicklung. Leicht löslich in Alkohol und Chloroform, unlöslich in Wasser und Äther. Gibt beim Erhitzen mit Eisessig und Salzsäure intensive violette Färbung. Beim Erhitzen im Ölbad auf 220° entsteht unter Formaldehydentwicklung Bis-(2, 5-dimethyl-(3)-carbäthoxypyrryl)-methan. Dasselbe ist auch der Fall beim Lösen in siedendem Alkohol und Verdünnen mit dem gleichen Volumen konz. Ammoniak. Ehrlichsche Reaktion heiß stark positiv.

[1] H. Fischer u. C. Nenitzescu: Liebigs Ann. **443**, 122—124 (1925).
[2] Einhorn: Liebigs Ann. **343**, 265 (1905).
[3] Henry: Bull. **3**, 158 (1895).
[4] H. Fischer u. C. Nenitzescu: Liebigs Ann. **443**, 124 (1925).

2, 5-Dimethyl-3 (4)-oxymethyl-4 (3)carbäthoxy-pyrrol.

Mol-Gewicht: 197,18.

Zusammensetzung: 60,87% C; 7,67% H; 24,35% O; 7,11% N. $C_{10}H_{15}O_3N$.

Darstellung: a) 1,7 g 2, 5-Dimethyl-4(3)-carbäthoxypyrrol in Alkohol gelöst werden zuerst mit 3 ccm 40proz. Formaldehydlösung, dann mit 1,2 g Cyankali in Wasser versetzt und 1 Stunde gekocht. Nach Zusatz von Wasser zu der roten Lösung tritt starker Ammoniakgeruch und Abscheidung von voluminösen, filzartigen Krystallen ein[1].

b) 2 g 2, 5-Dimethyl-3(4)-formyl-4(3)-carbäthoxy-pyrrol $C_{10}H_{13}O_3N$ in 30 ccm 96proz. Alkohol werden in Gegenwart von 0,2 g Platinmohr bei Zimmertemperatur mit Wasserstoff 7 Stunden lang geschüttelt. Nach dem Filtrieren wird das Filtrat im Vakuum bis zur Krystallisation eingeengt[2].

c) Zu 2 g Aldehyd, in wasserhaltigem Äther gelöst, wird unter Kühlung Aluminiumamalgam im Überschuß gegeben und das Ganze mehrere Stunden stehengelassen. Hernach wird filtriert, der Rückstand mehrmals mit Äther ausgezogen und die gesamten ätherischen Lösungen nach dem Trocknen im Vakuum eingeengt. Der dabei erhaltene Rückstand wird in Alkohol gelöst und im Vakuum konzentriert[2].

Eigenschaften: Aus Wasser bzw. Alkohol feine verfilzte Nadeln, Schmelzp. 131—132°. In fast allen organischen Lösungsmitteln außer Äther leicht löslich. Spaltet beim trockenen Erhitzen oder Kochen mit Salzsäure, Eisessig usw. Formaldehyd ab unter Bildung des Bis-(2, 5-dimethyl-4(3)-carbäthoxypyrryl)-methans. Färbt sich an der Luft rosa. Ehrlichsche Reaktion heiß positiv. Absorbiert in konz. Lösung alle Farben außer rot.

2, 5-Dimethyl-3 (4)-dichloracetyl-4 (3)-carbäthoxy-pyrrol[3].

Mol-Gewicht: 278,09.

Zusammensetzung: 47,49% C; 4,71% H; 18,27% O; 5,03% N; 25,50% Cl. $C_{11}H_{13}O_3NCl_2$.

Darstellung: In eine Lösung von 1 g 2, 5-Dimethyl-4(3)-carbäthoxypyrrol (1 Mol) und 1 g Dichloracetonitril ($1^1/_2$ Mol) in 10 ccm Chloroform wird 1 Stunde lang Salzsäure eingeleitet. Nach längerem Stehen wird das Chloroform abgedunstet und das rückständige rotbraune Öl mit Wasser und etwas Ammoniak zerlegt.

Eigenschaften: Aus Alkohol farblose, filzige Nadeln, Schmelzp. 171°. Leicht löslich in Eisessig, Chloroform, Aceton, Pyridin; weniger in warmem Benzol und Alkohol, unlöslich in Äther und Wasser. Löslich in konz. Schwefelsäure mit goldgelber Farbe.

2, 5-Dimethyl-3 (4)-formyl-4 (3)-carbäthoxy-pyrrol (Bd. X, S. 925).

$$C_{10}H_{13}O_3N$$

Semicarbazon $C_{11}H_{16}O_3N_4$. Entsteht beim Versetzen von 0,6 g Aldehyd in Alkohol mit einer wässerigen Lösung von 0,45 g Semicarbazidchlorhydrat und 0,45 g Kaliumacetat. Nach einigem Stehen tritt Krystallisation ein. — Aus Alkohol kleine farblose Krystalle, die bei 244° sintern und sich bei 257° unter Gasentwicklung zersetzen. Gibt mit Natriumäthylat 2, 4, 5-Trimethyl-pyrrol[4].

Oxym $C_{10}H_{14}O_3N_2$. 0,45 g Semicarbazidchlorhydrat und 0,45 g Kaliumacetat in Wasser werden mit 0,6 g Aldehyd in Alkohol versetzt. Dabei tritt erst Lösung und dann Abscheidung des Oxyms ein. Vermehrung durch Zugabe von Wasser. Ausbeute 0,7 g[4].

2, 5-Dimethyl-4-carboxy-3-formyl-pyrrol $C_8H_9O_3N$ (M = 167,12). Wird erhalten durch $1^1/_2$ stündiges Kochen einer heiß gesättigten alkoholischen Lösung von 1 g Ester mit 0,6 g Natronlauge in 20 ccm Wasser. Isolierung durch Filtrieren, Verdünnen des Filtrats mit Wasser und Fällen der Carbonsäure mit verdünnter Schwefelsäure. — Aus Wasser farblose Nadeln, Schmelzp. 248° unter Gasentwicklung[4].

2, 5-Dimethyl-3-thioformyl-4-carbäthoxy-pyrrol $C_{10}H_{13}O_2NS$. Bildet sich beim Einleiten von reinem Schwefelwasserstoff in eine Lösung von 1 g 2, 5-Dimethyl-4-carbäthoxy-3-formylpyrrol in 15 ccm abs. Alkohol und 20 ccm abs. alkoholischer Salzsäure. Nach 3 Stunden wird filtriert und mit kaltem Alkohol und Wasser chlor- und schwefelwasserstofffrei gewaschen.

[1] H. Fischer u. C. Nenitzescu: Liebigs Ann. **443**, 119 (1925).
[2] H. Fischer u. A. Stern: Liebigs Ann. **446**, 233—236 (1926).
[3] H. Fischer u. K. Schneller: Hoppe-Seylers Z. **128**, 245 (1923).
[4] H. Fischer u. W. Zerweck: Ber. dtsch. chem. Ges. **56**, 524ff. (1923).

— Aus Alkohol würfelförmige Krystalle, Schmelzp. 231°. Löslich in viel heißem Alkohol; unlöslich in Wasser, Äther und kaltem Alkohol. Ehrlichsche Reaktion heiß positiv. Beim Erhitzen über den Schmelzpunkt tritt Geruch nach Schwefel auf[1].

2, 5-Dimethyl-4-carbäthoxy-pyrrol-3-acrylsäure[2].

Mol-Gewicht: 237,19.

Zusammensetzung: 60,76% C; 6,33% H; 26,08% O; 6,83% N. $C_{12}H_{15}O_4N$.

Darstellung: 2 g 2, 5-Dimethyl-3-formyl-4-carbäthoxypyrrol, 1 g Malonsäure und 2 ccm Piperidin (2 Mol) in 15 ccm Alkohol gelöst werden nach dem Verdampfen des Alkohols auf dem stark siedenden Wasserbad unter starkem Umrühren noch 30 Minuten weitererhitzt, wobei infolge Kohlensäureentwicklung starke Aufblähung der hellgelben Masse eintritt. Nachdem wird mit 1proz. Natronlauge aufgenommen, filtriert und im Filtrat die Acrylsäure mit verdünnter Schwefelsäure ausgefällt. Ausbeute 2,3 g = 95%.

Eigenschaften: Aus Alkohol-Wasser schöne, gelbe Tafeln, Schmelzp. 230° unter Gasentwicklung. Ehrlichsche Reaktion violett.

2, 5-Dimethyl-4-carbäthoxy-pyrrol-3-propionsäure[2].

Mol-Gewicht: 239,2.

Zusammensetzung: 60,22% C; 7,15% H; 26,77% O; 5,86% N. $C_{12}H_{17}O_4N$.

Darstellung: a) Durch Reduktion der 2, 5-Dimethyl-4-carbäthoxy-pyrrol-3-acrylsäure (1,7 g), in wenig Wasser suspendiert, mit 5proz. Natriumamalgam (40 g) unter 2stündigem Erwärmen auf dem Wasserbad. Hernach wird filtriert und im Filtrat durch Ansäuern die Propionsäure ausgefällt. Ausbeute 1,15 g = 68%. (Ausäthern der Mutterlauge gibt noch etwas weniger reines Produkt[2].)

b) Durch kurzes Erhitzen von Dimethyldiadipinsäureester (erhalten durch Kondensation von γ-Acetyl-γ-brombuttersäureester und Natriumacetessigester in äquimolaren Mengen) mit überschüssigem Ammoniumacetat im Rohr auf 160°. Dann wird durch Vakuumdestillation der Eisessig entfernt, mit Wasser das Ammoniumacetat herausgelöst, das restliche Öl unter kurzem Kochen in konz. Alkali gelöst und aus dieser Lösung durch Ansäuern die Propionsäure wieder ausgefällt[2].

c) Durch Decarboxylierung der 2, 5-Dimethyl-4-carbäthoxy-pyrrol-3 (β-methylmalonsäure) in Portionen von 20 mg unter Erhitzen über den Schmelzpunkt[3]. Ausbeute aus 3,3 g = 2,3 g.

Eigenschaften: Aus Alkohol-Wasser Prismen, die zu X-förmigen Zwillingen verwachsen sind, Schmelzp. 178°. Leicht löslich in Alkohol und Essigester; schwerer in Chloroform; schwer in kaltem Wasser.

2, 5-Dimethyl-3 (4)-(ω-cyan-ω-carbäthoxy-vinyl)-4 (3)-carbäthoxy-pyrrol[4].

Mol-Gewicht: 290,24.

Zusammensetzung: 62,04% C; 6,25% H; 22,05% O; 9,66% N. $C_{15}H_{18}O_4N_2$.

Darstellung: Zu 1,9 g 2, 5-Dimethyl-3(4)-formyl-4(3)-carbäthoxy-pyrrol, gelöst in 20 bis 30 ccm abs. Alkohol, werden nach Zugabe von etwas Methylaminchlorhydrat und Soda 1,1 g Cyanessigester hinzugefügt und bei Zimmertemperatur 12—24 Stunden stehengelassen. Dann gibt man vorsichtig kaltes Wasser tropfenweise hinzu, wobei sich ein farbloser, voluminöser Krystallbrei abscheidet.

Eigenschaften: Aus Alkohol-Wasser schneeweiße Nadeln, Schmelzp. 139°. Ehrlichsche Reaktion erst nach langem Kochen positiv.

2, 5-Dimethyl-4 (3)-carbäthoxy-pyrrol-3-[β-methylmalonester][3].

Mol-Gewicht: 339,30.

Zusammensetzung: 60,15% C; 7,43% H; 28,29% O; 4,13% N. $C_{17}H_{25}O_6N$.

---

[1] H. Fischer u. A. Stern: Liebigs Ann. **446**, 237 (1926).
[2] H. Fischer u. C. Nenitzescu: Liebigs Ann. **439**, 182 (1924).
[3] H. Fischer u. C. Nenitzescu: Hoppe-Seylers Z. **145**, 306 (1925).
[4] H. Fischer u. K. Smeykal: Ber. dtsch. chem. Ges. **56**, 2376 (1923).

Darstellung: 7 g 2, 5-Dimethyl-4-carbäthoxypyrrol in 40 ccm Alkohol werden nach Zusatz von 12 ccm Methoxymethylmalonester und 12 ccm konz. Salzsäure 2 Stunden gekocht. Auf Zusatz von Wasser fällt ein Öl aus, das bei längerem Stehen in Eis erstarrt. Nachdem wird auf Ton abgepreßt. Ausbeute 7 g.

Eigenschaften: Aus Wasser, Schmelzp. 81°.

2, 5-Dimethyl-4-carbäthoxy-pyrrol-3-[β-methylmalonsäure][1].

Mol-Gewicht: 283,21.

Zusammensetzung: 55,11% C; 6,05% H; 33,89% O; 4,95% N. $C_{13}H_{17}O_6N$.

Darstellung: 4,8 g des Esters werden mit 1,1 g Natronlauge in wässerigem Alkohol 2 Stunden gekocht; dann die Hauptmenge des Alkohols weggedampft, auf 0° abgekühlt und angesäuert, wobei die Malonsäure ausfällt. Ausbeute 3,3 g.

Eigenschaften: Aus Wasser, Schmelzp. 195°.

1-Phenyl-2, 5-dimethyl-3(4)-formyl-4(3)-carbäthoxy-pyrrol.

Mol-Gewicht: 271,22.

Zusammensetzung: 70,80% C; 6,32% H; 17,71% O; 5,17% N. $C_{16}H_{17}O_3N$.

Darstellung: Eine Lösung von 1 g 1-Phenyl-2, 5-dimethyl-4-carbäthoxy-pyrrol $C_{15}H_{17}O_2N$ in 10 ccm abs. Äther wird mit 1 ccm Blausäure versetzt und unter starker Kühlung langsam mit Chlorwasserstoff gesättigt. Nach längerem Stehen wird abgesaugt, das ätherische Filtrat im Vakuum konzentriert, der Rückstand in Wasser gelöst, filtriert und das Filtrat schwach erwärmt. Nach 10—12 stündigem Stehen ist der Aldehyd ausgeschieden. — Ausbeute 80 bis 90% [2].

Eigenschaften: Aus Alkohol-Wasser farblose Krystalle, Schmelzp. 82°. Leicht löslich in den meisten organischen Lösungsmitteln, fast unlöslich in Wasser. Ehrlichsche Reaktion heiß positiv.

Phenylhydrazon $C_{22}H_{23}O_2N_3$. Durch 3 stündiges Kochen des Aldehyds in abs. alkoholischer Lösung mit Phenylhydrazin und anschließendem Ausfällen mit Wasser. — Aus Alkohol-Wasser farblose Krystalle, Schmelzp. 156—160° [2].

Oxym $C_{16}H_{18}O_3N_2$. 1 Mol Aldehyd in Alkohol wird mit 2 Mol durch Soda neutralisiertem Hydroxylaminchlorhydrat in Wasser 1 Stunde auf 70° erwärmt. Beim Verdünnen mit Wasser tritt Krystallisation ein. — Aus Alkohol-Wasser farblose Krystalle, Schmelzp. 150° [2].

Azlacton $C_{25}H_{22}O_4N_2$. Durch 40 Minuten langes Erwärmen von 0,6 g Aldehyd mit 0,9 g Hippursäure und 1,1 g Natriumacetat in 5,4 ccm Essigsäureanhydrid. Nach dem Eingießen in Wasser fällt ein Öl aus, das rasch zu einer gelben Masse erstarrt. — Aus Alkohol hellgelbe Krystalle, Schmelzp. 161° [2].

1-Phenyl-2, 5-dimethyl-3-formyl-4-carboxy-pyrrol $C_{14}H_{13}O_3N$. Durch Verseifen des Esters mit wässerig-alkoholischer Kalilauge. Isolieren durch Verdünnen der Lösung mit Wasser und Fällen mit verdünnter Schwefelsäure. — Aus Alkohol Schmelzp. 240° [2].

1-Phenyl-2, 5-dimethyl-3(4)-thioformyl-4(3)-carbäthoxy-pyrrol $C_{16}H_{17}O_2NS$. Durch Einleiten von Schwefelwasserstoff in eine mit Salzsäure versetzte alkoholische Lösung des Aldehyds. — Schmelzp. 241°. Leicht löslich in Chloroform und heißem Alkohol; schwer in kaltem; unlöslich in Äther und Wasser [3].

1-Phenyl-2, 5-dimethyl-3-nitrovinyl-4-carbäthoxy-pyrrol $C_{17}H_{18}O_4N_2$ (M = 314,25). Entsteht durch Kondensation des Aldehyds (0,27 g) mit Nitroessigsäure (0,105 g) in abs. alkoholischer Lösung unter Zusatz von Methylaminchlorhydrat und Soda. Dabei tritt Gelbfärbung ein und nach 12 Stunden scheiden sich Krystalle ab. — Aus Alkohol gelbe, lange Nadeln, Schmelzp. 130—132° [2].

1 - Phenyl - 2, 5 - dimethyl - 3 - (ω - cyan - ω - carbäthoxy - vinyl) - 4 - carbäthoxy - pyrrol $C_{21}H_{22}O_4N_2$ (M = 266,30). Bildet sich bei Kondensation des Aldehyds (2,7 g) mit Cyanessigester (1,1 g) in der üblichen Weise. Nach 12 stündigem Stehen ist ein Teil krystallisiert, der Rest wird mittels Wasser aus der Mutterlauge gefällt. — Aus Alkohol farblose Nadeln, Schmelzpunkt 110°. Ehrlichsche Reaktion erst nach langem Kochen positiv [2].

---

[1] H. Fischer u. C. Nenitzescu: Hoppe-Seylers Z. **145**, 306 (1925).

[2] H. Fischer u. K. Smeykal: Ber. dtsch. chem. Ges. **56**, 2372—2376 (1923).

[3] H. Fischer u. A. Stern: Liebigs Ann. **446**, 238 (1926).

1-[p-Nitrophenyl]-2, 5-dimethyl-pyrrol-3, 4-dicarbonsäureester[1].

Mol-Gewicht: 344,27.

Zusammensetzung: 62,77% C; 5,85% H; 23,30% O; 8,08% N. $C_{18}H_{20}O_5N_2$.

Darstellung: Durch Kondensation von p-Nitroanilin und Diacetbernsteinsäureester in Eisessig.

Eigenschaften: Aus verdünntem Alkohol weiße Krystalle, Schmelzp. 94°. Mit konz. Salzsäure tritt Spaltung ein unter Rückbildung von p-Nitroanilin. Durch Reduktion mit Salzsäure-Zinkstaub entsteht 1-[p-Aminophenyl]-2, 5-dimethylpyrrol-3, 4-dicarbonsäureester.

1-[p-Aminophenyl]-2, 5-dimethyl-pyrrol-3, 4-dicarbonsäureester $C_{18}H_{22}O_4N_2$. Entsteht aus 5 g der entsprechenden Nitroverbindung in 75 ccm Alkohol und 15 ccm Salzsäure beim Zufügen von Zinkstaub in kleinen Portionen unter Erwärmen, bis die anfangs bräunliche Lösung farblos geworden ist. Isolierung durch Filtrieren und Versetzen mit Natriumacetat und Wasser, wodurch Ausfällung eintritt. Ausbeute 3 g. — Aus verdünntem Alkohol weiße Nadeln, Schmelzp. 117°. Löslich in Mineralsäuren unter Salzbildung. Wird durch alkoholische Kalilauge zur entsprechenden Dicarbonsäure verseift, deren salzsaures Salz $C_{14}H_{15}O_4N_2Cl$ in Wasser schwer löslich ist. Der Ester läßt sich diazotieren und kuppelt dann mit anderen Stoffen zu Azoverbindungen[1].

1-[p-Acetylamino-phenyl]-2, 5-dimethyl-pyrrol-3, 4-dicarbonsäureester[2].

Mol-Gewicht: 372,31.

Zusammensetzung: 64,93% C; 6,49% H; 21,06% O; 7,52% N. $C_{20}H_{24}O_5N_2$.

Darstellung: 5,1 g Diacetbernsteinsäureester in 25 ccm Eisessig und 3 g Acet-p-Phenylendiamin in 15 ccm Eisessig werden heiß zusammengegeben und dann noch 2 Stunden gekocht. Beim Erkalten tritt Krystallisation ein. Ausbeute 6 g.

Eigenschaften: Aus Alkohol weiße, lange Nadeln, Schmelzp. 198—199°. Leicht löslich in Eisessig, Alkohol, Äther und den übrigen Solvenzien, löslich in Mineralsäuren, schwer löslich in Alkalien. Alkoholische Kalilauge bewirkt Verseifung der Estergruppen. Beim langen Kochen mit 30proz. wässeriger Kalilauge entsteht 1-[p-Aminophenyl]-2, 5-dimethylpyrrol-3, 4-dicarbonsäure. Durch konz. Salzsäure bzw. konz. Schwefelsäure tritt Aufspaltung in die Komponenten ein. Mit Hydrazin entsteht das cyclische Hydrazid der Dicarbonsäure; Schmelzpunkt über 300°.

1-[p-Acetylamino-phenyl]-2, 5-dimethylpyrrol-3, 4-dicarbonsäure $C_{16}H_{16}O_5N_2$ (M = 316,23) Entsteht bei Verseifung des Esters mit alkoholischer Kalilauge (6 g Ester in 50 ccm Alkohol und 4 g Kalilauge in 25 ccm Alkohol). Ausbeute 70%. — Aus Alkohol weiße Krystalle, Schmelzp. 252° unter Gasentwicklung.

1-[p-Acetylamino-phenyl]-2, 5-dimethyl-pyrrol $C_{14}H_{16}ON_2$. Entsteht aus der Dicarbonsäure durch Erhitzen auf 250—255° im Vakuum. Die erhaltene rote Schmelze wird aus Alkohol-Wasser unter Zusatz von Tierkohle umkrystallisiert. Bildet sich ferner noch bei der Kondensation molekularer Mengen von Acetylaceton und Acet-p-phenylendiamin in Eisessig. — Aus Alkohol-Wasser farblose Krystalle, Schmelzp. 192°. Leicht löslich in allen organischen Solvenzien, Fichtenspanreaktion positiv[2].

1-p-Tolyl-2, 5-dimethyl-4 (3)-carbäthoxy-pyrrol[3].

Mol-Gewicht: 245,24.

Zusammensetzung: 77,51% C; 7,81% H; 9,25% O; 5,43% N. $C_{16}H_{19}O_2N$.

Darstellung: 100 g p-Toluidin, 25 g Chloraceton und 35 g Acetessigester werden auf dem Wasserbad bis zum Eintritt der unter Erwärmen verlaufenden Selbstreaktion erwärmt und diese dann durch Kühlen auf normalem Maß gehalten. Dann wird noch 1—2 Stunden erwärmt und nach dem Abkühlen, wobei sich p-Toluidinchlorhydrat abscheidet, das ölige dunkelbraune Reaktionsprodukt unter Kühlen mit konz. Salzsäure versetzt, wobei sämtliches p-Toluidin als Chlorhydrat gefällt wird. Der Krystallbrei wird mit Äther extrahiert und der nach dem Verdunsten bleibende Rückstand mit Wasserdampf behandelt. Der zähe Destil-

---

[1] C. Bülow u. W. Dirk: Ber. dtsch. chem. Ges. **57**, 1283—1284 (1924).
[2] C. Bülow u. W. Dirk: Ber. dtsch. chem. Ges. **57**, 1281 (1924).
[3] H. Fischer u. K. Smeykal: Ber. dtsch. chem. Ges. **56**, 2373 (1923).

lationsrückstand wird mit wenig Äther ausgezogen, nach dem Trocknen das Lösungsmittel verdampft und das restliche dicke Öl im Vakuum destilliert.

Eigenschaften: Aus wenig Methylalkohol farblose Krystalle, Schmelzp. 55°. Siedep. 16 mm = 210—215°.

1-p-Tolyl-2, 5-dimethyl-4-carboxy-pyrrol $C_{14}H_{15}O_2N$ (M = 229,2). Entsteht bei der Verseifung des Esters mit konz. Kalilauge. Isolierung durch Verdünnen mit Wasser, Filtrieren und Fällen der Carbonsäure mit verdünnter Schwefelsäure im Filtrat. — Aus Alkohol große, derbe Krystalle, Schmelzp. 240°. Gibt bei der trockenen Destillation 1-p-Tolyl-2, 5-dimethyl-pyrrol, Schmelzp. 46°[1].

1-p-Tolyl-2, 5-dimethyl-3 (4)-formyl-4 (3)-carbäthoxy-pyrrol.

Mol-Gewicht: 285,25.

Zusammensetzung: 71,53% C; 6,72% H; 16,84% O; 4,91% N. $C_{17}H_{19}O_3N$.

Darstellung: Unter starker Kühlung wird in eine Lösung von 5 g 1-p-Tolyl-2, 5-dimethyl-4(3)-carbäthoxy-pyrrol und 4 ccm Blausäure in 25 ccm abs. Äther trockener Chlorwasserstoff bis zur Sättigung eingeleitet. Nach längerem Stehen wird dann filtriert, das Filtrat im Vakuum eingeengt und das zurückbleibende salzsaure Imin des Aldehyds nach dem Lösen in Wasser 15 Minuten auf dem siedenden Wasserbad erwärmt. Nach 5—6 stündigem Stehen ist der Aldehyd ausgeflockt. Ausbeute 80—90%[2].

Eigenschaften: Aus wenig Alkohol schneeweiße, glänzende Krystalle, Schmelzp. 133°. Leicht löslich in warmem Alkohol und Äther; unlöslich in Wasser. Ehrlichsche Reaktion erst heiß positiv.

Phenylhydrazon $C_{23}H_{25}O_2N_3$. Durch 2—3 stündiges Erhitzen der abs. alkoholischen Lösung des Aldehyds mit Phenylhydrazin. Isolierung durch Verdünnen mit Wasser und langsamem Abdunstenlassen der Lösung. — Aus Alkohol-Wasser stark lichtbrechende Krystalle, Schmelzp. 92—96°[2].

Oxym $C_{17}H_{20}O_3N_2$. Entsteht beim Erwärmen eines Gemisches aus dem Aldehyd (0,28 g) gelöst in Alkohol und aus einer mit Soda neutralisierten wässerigen Lösung von Hydrazinchlorhydrat (0,14 g). Zur Abscheidung wird heiß mit Wasser verdünnt, wonach beim Erkalten Krystallisation eintritt. — Aus Alkohol-Wasser farblose glänzende Nadeln, Schmelzp. 138°. Wird beim Kochen mit Essigsäureanhydrid und Natriumacetat acetyliert. Acetylverbindung $C_{19}H_{23}O_4N_2$ farblose, stark lichtbrechende Krystalle, Schmelzp. 124°[2].

Azlacton $C_{26}H_{24}O_4N_2$. Bildet sich bei 40 Minuten langem Erwärmen von 0,6 g Aldehyd mit 0,9 g Hippursäure, 1,1 g Natriumacetat und 5,4 g Essigsäureanhydrid. Isolierung durch Eingießen in Wasser und öfterem Umkrystallisieren des ausgefallenen Öls. — Aus Alkohol gelbe Krystallblättchen. Schmelzp. 191°[2].

Semicarbazon $C_{18}H_{22}O_3N_4$. Durch Zugeben von Kaliumacetat (0,2 g) und Semicarbazidchlorhydrat (0,23 g) in Wasser zu einer Lösung des Aldehyds (0,3 g) in warmem Alkohol. Nach kurzer Zeit tritt Trübung und Erstarrung ein. — Aus Alkohol farblose, stark lichtbrechende Krystalle, Schmelzp. 240°[2].

1-p · Tolyl-2, 5-dimethyl-3-nitrovinyl-4-carbäthoxy-pyrrol $C_{18}H_{20}O_4N_2$ (M = 328,27). Entsteht durch Kondensation des Aldehyds (0,28 g) mit Nitroessigsäure (0,105 g) in abs. alkoholischer Lösung unter Zusatz von Methylaminchlorhydrat und Soda. Nach 1—2 tägigem Stehen ist Krystallisation eingetreten. — Aus Alkohol glänzende gelbe Krystallblättchen, Schmelzp. 125—133°[2].

1-p · Tolyl-2, 5-dimethyl-3-(ω-cyan-ω-carbäthoxy-vinyl)-4-carbäthoxy-pyrrol $C_{22}H_{24}O_4N_2$ (M = 380,32). Bildet sich bei Kondensation des Aldehyds (2,8 g) mit Cyanessigester (1,1 g) wie üblich. Nach längerem Stehen tritt Krystallisation ein. — Aus Alkohol feine, weiße Nadeln, Schmelzp. 121°. Ehrlichsche Reaktion erst nach langem Kochen positiv[2].

1-p · Tolyl-2, 5-dimethyl-3(4)-thioformyl-4(3)-carbäthoxy-pyrrol $C_{17}H_{19}O_2NS$. Wird erhalten durch Einleiten von Schwefelwasserstoff in eine mit Salzsäure versetzte alkoholische Lösung des Aldehyds. Schmelzp. 246°[3].

1-p · Tolyl-2, 5-dimethyl-3-formyl-4-carboxy-pyrrol $C_{15}H_{16}O_3N$. Durch Verseifen des Esters mit wässerig-alkoholischer Kalilauge. — Aus Alkohol farblose Nadeln, Schmelzp. 212°[2].

[1] H. Fischer u. K. Smeykal: Ber. dtsch. chem. Ges. **56**, 2373 (1923).
[2] H. Fischer u. K. Smeykal: Ber. dtsch. chem. Ges. **56**, 2374—2376 (1923).
[3] H. Fischer u. A. Stern: Liebigs Ann. **445**, 238 (1926).

3, 4 (β-β')-Dimethyl-pyrrol[1].

Mol-Gewicht: 95,11.

Zusammensetzung: 75,73% C; 9,54% H; 14,73% N. C_6H_9N.

Bildung: Bei der Reduktion der Mutterlaugen von der Bromierung des 2, 3, 4-Trimethyl-5-carbäthoxypyrrols mit Jodwasserstoff-Eisessig[2]. Ebenso auch aus Oktamethyl-porphin[1].

Darstellung: 5 g Bis-(3, 4-dimethyl-5-carboxy-pyrryl)-methan mit dem gleichen Volumen Kupferbronze innigst gemischt, werden in Röhrchen im Vakuum auf dem Ölbad erhitzt. Bei 150—160° beginnt Destillation eines farblosen, in der Vorlage krystallin erstarrenden Öles.[3] Nach 4—5 stündigem Erhitzen bis auf 220° wird abgebrochen, die Vorlage mit Äther ausgespült und dieser Auszug, zwecks Entfernung des entstandenen Trimethylpyrrols, mit Pikrinsäure übersättigt. Nach mehrstündigem Stehen in Eis wird filtriert, im Filtrat die Pikrinsäure mit 1 proz. Natronlauge entfernt und der Äther nach dem Auswaschen mit Wasser und Trocknen abgedampft. Das rückständige Öl wird im Vakuum destilliert. Ausbeute 0,8 g.

Eigenschaften: Farblose Blättchen, Schmelzp. 33°, Siedep. 14 mm = 65,5 bis 66°. Ist luftbeständig, besitzt benzolähnlichen Geruch; ist mit Wasser- und Ätherdämpfen leicht flüchtig und verdunstet leicht. Ehrlichsche Reaktion kalt intensiv violett bis tief violettblau. Ist reaktionsträge, gibt kein Pikrat, mit Diazobenzolsulfosäure entsteht ein blauer Azofarbstoff[4]. Beim Kochen mit Eisessig tritt Acetylierung ein[5]. Ist sublimierbar.

Nachweis: Durch Überführung in Oktamethyl-porphin mittels Erhitzen mit Ameisensäure oder Ameisensäure und Glyoxaltetramethylacetal auf 160°[6].

2-Äthyl-3, 4-dimethyl-pyrrol (Bd. X, S. 67)[7].

$C_8H_{13}N$

Darstellung: Aus dem 2-Äthyl-3-formyl-4-methyl-5-carbäthoxypyrrol durch Reduktion mit Natriumäthylat und Hydrazinhydrat. Isolierung als Pikrat.

Eigenschaften: Pikrat $C_{14}H_{16}O_7N_4$. Aus Alkohol, Schmelzp. 122,5° (korr.).

4, 5-Dimethyl-pyrrol-3-propionsäure = Hämopyrrolcarbonsäure
(Bd. VI, S. 259; Bd. IX, S. 380; Bd. X, S. 45).

$C_9H_{13}O_2N$

Bildung: Durch Reduktion der Phthalidsäure aus der Hämopyrrolcarbonsäure mit Jodwasserstoff-Eisessig[8]. Ebenso auch aus Bis-(3-propionsäure-4-methyl-pyrryl)-methan[9]; Phylloporphyrin[10], Phärphorbid a und b[10], Chlorin e[10]; Methylchlorophyllid[10]; Mesorhodin[10]; Rhodoporphyrin[10]; Pyrroporphyrin[10], Rhodin g[10]; Koproporphyrin[10].

Darstellung: a) 5 g 3-Propionsäure-4-methyl-pyrrol (Opsopyrrolcarbonsäure) in 15 ccm Chloroform-Äther und 4 ccm Blausäure werden mit Chlorwasserstoff gesättigt. Nach einigem Stehen wird eingedampft, der Rückstand über Natronlauge getrocknet und mit wenig Wasser ausgezogen. Der jetzige Rückstand wird getrocknet, pulverisiert und 9 Stunden mit Natriumäthylat und Hydrazinhydrat auf 160° erhitzt. Nachdem wird der Alkohol abdestilliert, der Rückstand mit verdünnter Schwefelsäure vorsichtig kongosauer gemacht, der ausgefallene Niederschlag (Natriumsulfat und Hämopyrrolcarbonsäure) abgesaugt, getrocknet, mit Äther extrahiert, der Äther nach dem Trocknen verdampft und der Rückstand im Hochvakuum sublimiert. Ausbeute aus 60 g = 20 g[9].

b) Wie unter a. läßt sich die Reduktion auch mit dem freien Opsopyrrolcarbonsäurealdehyd ausführen. (0,05 g Aldehyd werden mit 25 mg Hydrazinhydrat und 17,5 mg Natrium in 5 ccm abs. Alkohol 4 Stunden auf 160° erhitzt[8].)

---

[1] H. Fischer u. B. Walach: Liebigs Ann. **450**, 128 (1926).
[2] H. Fischer u. B. Walach: Liebigs Ann. **450**, 131 (1926).
[3] Der kohlige Rückstand enthält Oktamethylporphin. Liebigs Ann. **450**, 171 (1926).
[4] H. Fischer u. B. Walach: Liebigs Ann. **450**, 112 (1926).
[5] H. Fischer u. B. Walach: Liebigs Ann. **452**, 282 (1927).
[6] H. Fischer u. B. Walach: Liebigs Ann. **450**, 177 ff. (1926).
[7] H. Fischer u. B. Pützer: Ber. dtsch. chem. Ges. **61**, 1071 (1928).
[8] H. Fischer u. A. Treibs: Ber. dtsch. chem. Ges. **60**, 380—381 (1927).
[9] H. Fischer u. W. Lamatsch: Liebigs Ann. **462**, 248 (1928).
[10] H. Fischer, A. Merka u. E. Plötz: Liebigs Ann. **478**, 203 f. (1929).

Eigenschaften: Durch Hochvakuumsublimation Prismen und Sechsecke; Schmelzpunkt 130° (korr.); aus Chloroform-Petroläther Schmelzp. 129,5—130°. Läßt sich mit Methylalkohol-Salzsäure leicht verestern.

Aldiminchlorhydrat des Hämopyrrolcarbonsäuremethylesters[1].

Mol-Gewicht: 243,66.

Zusammensetzung: 54,21% C; 6,62% H; 13,17% O; 11,45% N; 14,55% Cl. $C_{11}H_{16}O_2N_2Cl$.

Darstellung: 0,8 g Hämopyrrolcarbonsäureester in 10 ccm abs. Äther und 1 ccm Blausäure werden unter Eiskühlung mit trockener Salzsäure gesättigt. Nach 1 tägigem Stehen wird abgesaugt, der Rückstand über Ätzkali getrocknet, mit heißem Alkohol ausgewaschen und aus heißem Wasser umkrystallisiert.

Eigenschaften: Aus Wasser farblose Krystalle; Schmelzp. 173°. Verharzt beim Kochen mit Natronlauge unter Abspaltung von Ammoniak.

Phthalid der Hämopyrrolcarbonsäure[2].

Mol-Gewicht: 297,21.

Zusammensetzung: 68,66% C; 5,08% H; 21,55% O; 4,71% N. $C_{17}H_{15}O_4N$.

Darstellung: 5 g Phyllopyrrolcarbonsäure $C_{10}H_{15}O_2N$ (2, 4, 5-Trimethyl-3-propionsäurepyrrol) werden mit 5 g Phthalsäureanhydrid und 10 ccm Eisessig 4 Stunden auf 185—195° erhitzt. Nach 2 tägigem Stehen ist Krystallisation eingetreten.

Ausbeute bei 20 g Einsatz = 6,1 g.

Eigenschaften: Aus Pyridin-Methylalkohol gelbe Nadeln oder Büschel brauner Nadeln, Schmelzp. 227—228°.

Phthalidsäure der Hämopyrrolcarbonsäure $C_{17}H_{17}O_5N$ (M=315,23). Darstellung durch Kochen ($^1/_2$ Stunde) des Phthalids (0,8 g) in Alkohol (50 ccm) mit 50proz. Kalilauge (5 ccm). Isolierung durch Verdampfen des größten Teils des Alkohols, Versetzen des Rückstands mit 100 ccm Wasser und Ansäuern bis zur kongosauren Reaktion, wobei Krystallisation eintritt. — Ausbeute 0,6 g. Aus Methylalkohol-Wasser farblose Prismen, Schmelzp. 205° (korr.). Gibt beim Erhitzen mit Eisessig-Jodwasserstoff Hämopyrrolcarbonsäure[2].

2-Formyl-3-propionsäure-4, 5-dimethyl-pyrrol[3]
= Hämopyrrolcarbonsäurealdehyd.

Mol-Gewicht: 195,17.

Zusammensetzung: 61,50% C; 6,72% H; 24,60% O; 7,18% N. $C_{10}H_{13}O_3N$.

Darstellung: 0,8 g frisch umkrystallisierte Hämopyrrolcarbonsäure, suspendiert in 5 ccm Chloroform und 1,5 ccm Blausäure, werden unter Kühlung mit Salzsäuregas gesättigt. Nach weiterem halbstündigem Gaseinleiten wird über Nacht in den Eisschrank gestellt, dann das Chloroform im Vakuum verdampft, der Rückstand im Vakuum über Ätzkali getrocknet, in Eiswasser, das etwas verdünnte Natronlauge enthält, gelöst, dann überschüssige Natronlauge zugegeben und 20 Minuten am Wasserbad erhitzt. Nach vorsichtigem Neutralisieren mit Eisessig wird 10 mal mit der gleichen Menge Äther ausgeschüttelt und der Äther im Vakuum verdampft.

Eigenschaften: Aus Chloroform-Petroläther, Schmelzp. 155° (korr.).

Semicarbazon $C_{11}H_{16}O_3N_4$. Durch Versetzen von 70 mg Aldehyd in Alkohol mit 35 mg Semicarbazidchlorhydrat in Wasser und 35 mg Kaliumacetat in Alkohol. Beim Stehen Krystallisation. — Aus Alkohol lange Prismen, Schmelzp. 190° unter Zersetzung (korr.); ab 160° Verfärbung.

Oxym $C_{10}H_{14}O_3N$. 0,1 g Aldehyd in wenig Alkohol werden mit einer durch Natriumbicarbonat neutralisierten wässerigen Lösung von salzsaurem Hydroxylamin (70 mg) kurz erwärmt und dann die Lösung im Exsiccator eingeengt. — Aus Wasser, Schmelzp. 152° (korr.).

Methylester $C_{11}H_{15}O_3N$. 1 g Pyrrol in 50 ccm Äther wird solange mit ätherischer Diazomethanlösung versetzt, bis Lösung eingetreten und die Stickstoffentwicklung beendet ist.

---

[1] H. Fischer u. M. Schubert: Ber. dtsch. chem. Ges. **57**, 614 (1924).

[2] H. Fischer u. A. Treibs: Ber. dtsch. chem. Ges. **60**, 380—381 (1927).

[3] H. Fischer, K. Platz u. K. Morgenroth: Hoppe-Seylers Z. **182**, 283 (1929).

Nach mehrstündigem Stehen wird filtriert, mit fester Soda geschüttelt und im Vakuum eingeengt. — Aus Alkohol durch vorsichtiges Zugeben von Wasser unter Eiskühlung oder aus Ligroin umkrystallisiert. Schmelzp. 89°.

3 (4)-Äthyl-4, 5 (2, 3)-dimethyl-pyrrol = Hämopyrrol
(Bd. VI, S. 254; Bd. IX, S. 369; Bd. X, S. 42).

$C_8H_{13}N$

Bildung: Unter der Einwirkung von Eisessig-Jodwasserstoff aus (2-Brommethyl-3-äthyl-4-methyl-pyrryl)-(3-äthyl-4, 5-dimethyl-pyrrolenyl)-methenbromhydrat[1], Mesorhodin, Mesochlorin, Rhodoporphyrin, Pyrroporphyrin, Phylloporphyrin, Phäophorbid a und b, Methylchlorophyllid, Rhodin g, Chlorin e[2].

Ferner unter der Einwirkung von Eisessig-Bromwasserstoff aus Mesobilirubinogen[3]; beim Erhitzen mit Natriumäthylat-Hydrazinhydrat auf 165° aus 2, 3-Dimethyl-4-acetyl-5-carbäthoxy-pyrrol[4].

Darstellung: a) 22 g 2-Methyl-3-formyl-4-äthyl-5-carbäthoxy-pyrrol $C_{11}H_{15}O_3N$ in einer Auflösung von 11 g Natrium in 143 ccm Alkohol nebst 12 g Hydrazinhydrat werden 12 Stunden im Autoklaven auf 160° erhitzt. Danach erfolgt Wasserdampfdestillation, Ausziehen des Destillats mit Chloroform; Trocknen des Auszugs mit Pottasche, Abdestillieren des Lösungsmittels im Vakuum und Fraktionieren des Rückstands unter vermindertem Druck. Ausbeute 77%[1].

b) 3 g 2, 3-Dimethyl-4-acetyl-5-carbäthoxy-pyrrol $C_{11}H_{15}O_3N$ werden mit 1,3 g Natrium in 18 ccm Alkohol und 1,5 g Hydrazinhydrat 8 Stunden auf 165°[4] oder 0,75 g 3-Äthyl-4-methyl-5-formyl-pyrrol mit 0,25 g Natrium in 20 ccm abs. Alkohol und 0,4 g Hydrazinhydrat 5 Stunden auf 160—165°[5] erhitzt und wie bei a) aufgearbeitet.

Ausbeute in allen Fällen gut.

Eigenschaften: Siedep. 12 mm = 83°; Siedep. 16 mm = 113°[1].

Pikrat $C_{14}H_{16}O_7N_4$. Aus Alkohol hellgelbe Nadeln; Schmelzp. 123°.

2 (5)-Formyl-3 (4)-äthyl-4, 5 (2, 3)-dimethyl-pyrrol
= Hämopyrrolaldehyd.

Mol-Gewicht: 151,16.

Zusammensetzung: 71,47% C; 8,66% H; 10,61% O; 9,26% N. $C_9H_{13}ON$.

Darstellung: a) 1 g Hämopyrrol (3-Äthyl-4, 5-dimethyl-pyrrol) in 10 ccm abs. Äther nebst 1 ccm Blausäure werden mit Salzsäuregas gesättigt. Nach längerem Stehen in Eis wird im Vakuum eingeengt, der Rückstand (salzsaures Imin) mit alkoholischer Natronlauge gekocht, der Alkohol vollständig abdestilliert und der Rückstand mit kaltem Wasser ausgezogen. Ausbeute 1 g[6, 7].

2. Dasselbe Produkt entsteht auch aus der 3(4)-Äthyl-4, 5(2, 3)-dimethyl-pyrrol-2(5)-glyoxylsäure durch Abspaltung von Kohlendioxyd bei 190° im Vakuum[6].

Eigenschaften: Aus Alkohol farblose Nadeln. Schmelzp. 85°. Unlöslich in Wasser.

Semicarbazon $C_{10}H_{16}ON_4$. Entsteht beim Verreiben von 1 Mol Aldehyd oder Dipyrryl-methylamin oder eines Gemisches beider in Alkohol mit einer alkoholischen Lösung von 1 Mol Kaliumacetat und einer wässerigen von 1 Mol Semicarbazidchlorhydrat, wobei zuerst Farbenumschlag über tiefviolett nach gelbrot eintritt und dann ein farbloser Niederschlag ausfällt. — Aus Chloroform Schmelzp. 195°[7].

C-Dihämopyrryl-methylamin $C_{17}H_{27}N_3$. Wird erhalten, wenn der bei der Darstellung des Aldehyds nach dem Verdampfen im Vakuum verbliebene Rückstand in Wasser gelöst und mit verdünnter Natronlauge versetzt wird. Der dabei ausgefallene gelbe Niederschlag wird trocken mit Äther bis zur Farblosigkeit desselben extrahiert. Dabei bleibt das Amin als Rückstand. — Farblose Nadeln, Schmelzp. 150°[7]. Gibt mit Semicarbazid das Semicarbazon des Aldehyds[7].

---

[1] H. Fischer u. J. Klarer: Liebigs Ann. **450**, 201 (1926).

[2] H. Fischer, A. Merka u. E. Plötz: Liebigs Ann. **478**, 293 (1929).

[3] H. Fischer u. F. Lindner: Hoppe-Seylers Z. **160**, 14 (1926).

[4] H. Fischer u. W. Kutscher: Liebigs Ann. **481**, 201 (1930).

[5] H. Fischer, E. Baumann u. H. J. Riedl: Liebigs Ann. **475**, 240 (1929).

[6] H. Fischer u. G. Stangler: Liebigs Ann. **459**, 98 (1927).

[7] H. Fischer u. M. Schubert: Ber. dtsch. chem. Ges. **57**, 613 (1924).

Imin des Aldehyds $C_9H_{14}N_2$ befindet sich in der ätherischen Lösung vom C-Dihämopyrryl-methylamin. Isolierung durch Versetzen des Auszugs mit ätherischer Pikrinsäure, wonach das Pikrat $C_{15}H_{17}O_7N_5$ ausfällt. — Aus Alkohol Schmelzp. 200° (ab 195° Zersetzung)[1].

2 (5)-Chloracetyl-3 (4)-äthyl-4, 5 (2, 3)-dimethyl-pyrrol[2].

Mol-Gewicht: 199,81.

Zusammensetzung: 60,08% C; 7,06% H; 8,01% O; 7,02% N; 17,83% Cl. $C_{10}H_{14}ONCl$.

Darstellung: a) 1,4 g Hämopyrrol und 15 g Chloracetonitril in 8 ccm Chloroform werden unter Eiskühlung mit Chlorwasserstoff gesättigt. Nach längerem Stehen wird abgesaugt und der Rückstand mit Wasser verkocht. Die Mutterlauge wird im Vakuum eingedampft und das restliche Öl mit Wasser erhitzt. In beiden Fällen fällt dann das Pyrrol krystallin aus.

Eigenschaften: Aus Alkohol farblose Nadeln, Schmelzp. 140°. Gibt mit 33proz. abs. alkoholischer Dimethylaminlösung bei $1^1/_2$ stündigem Erhitzen im Rohr auf 100° 2(5)-Dimethylaminoacetyl-3(4)-äthyl-4, 5(2, 3)-dimethyl-pyrrol $C_{12}H_{20}ON_2$. Farblose Nadeln, Schmelzpunkt 73°[3].

2 (5)-Carbäthoxy-3 (4)-äthyl-4, 5 (2, 3)-dimethyl-pyrrol[4]
= Carboxyliertes Hämopyrrol.

Mol-Gewicht: 195,20.

Zusammensetzung: 67,74% C; 8,78% H; 16,3% O; 7,18% N. $C_{11}H_{17}O_2N$.

Darstellung: Unter ständigem Umschütteln läßt man zu 25 g Hämopyrrol in 150 ccm abs. Äther eine Grignard-Lösung aus 6 g Magnesium, 25 g Bromäthyl und 150 ccm Äther langsam zufließen, gibt dann nach 2 stündigem Kochen unter Eiskühlung allmählich 23 g Chlorkohlensäureester im doppelten Volum Äther zu und kocht noch einmal 5—6 Stunden. Anschließend wird mit konz. wässeriger Chlorammoniumlösung zerlegt, ausgeäthert und dann nacheinander mit konz. Chlorammoniumlösung, 15proz. Salzsäure und Wasser gewaschen. Ausbeute 25—30 g.

Eigenschaften: Aus Alkohol-Wasser weiße Blättchen, Schmelzp. 97°.

2(5)-carboxy-3(4)-äthyl-4, 5-(2, 3)-dimethyl-pyrrol $C_9H_{13}O_2N$ (M = 167,16). Darstellung durch 4 stündiges Kochen von 2 g Ester in 60 ccm Alkohol mit 30 ccm 8proz. Natronlauge. Isolierung durch Verdampfen des Alkohols, Verdünnen mit Wasser, Filtrieren und Fällen der Carbonsäure durch Zugabe von 10proz. Salzsäure bis zur schwach kongosauren Reaktion zum Filtrat. — Aus Chloroform-Petroläther weiße Nadeln, Schmelzp. 142° unter Zersetzung[4].

2 (5)-Carbäthoxy-3 (4)-äthyl-4 (3)-methyl-5 (2)-brommethyl-pyrrol[5].

Mol-Gewicht: 274,11.

Zusammensetzung: 48,16% C; 5,89% H; 11.68% O; 5,11% N; 29,16% Br. $C_{11}H_{16}O_2NBr$.

Darstellung: 10 g Hämocarbäthoxypyrrol (2-carbäthoxy-3-äthyl-4, 5-dimethylpyrrol) in 10 ccm Eisessig werden bei 35—40° allmählich mit 7,5 ccm einer Lösung von 40 g Brom in 20 g Eisessig versetzt, wobei die Temperatur 40° nicht übersteigen soll. Nach 2 stündigem Stehen wird abgesaugt, mit Eisessig und Äther gewaschen und getrocknet. Dieses Produkt, wahrscheinlich ein labiles Bromhydrat, wird nach Übergießen mit trockenem Benzol rasch erwärmt, wobei es sich unter Bromwasserstoffentwicklung löst (längeres Erwärmen bedingt Zersetzung). Beim raschen Abkühlen fällt dann das Bromprodukt aus. Ausbeute 60%.

Eigenschaften: Aus Benzol feine, weiße, verfilzte Nadeln, Schmelzp. 134°. Gibt beim Erhitzen mit Methylalkohol-Bromwasserstoff Bis-[2(5)-carbäthoxy-3(4)-äthyl-4(3)-methyl-pyrryl]-methan.

Bromhydrat $(C_{11}H_{16}O_2NBr)_2 \cdot HBr$. Aus Chloroform-Petroläther in der Kälte kleine, fast farblose Prismen, Zersetzungsp. 115°. Leicht zersetzlich.

---

[1] H. Fischer u. M. Schubert: Ber. dtsch. chem. Ges. **57**, 613 (1924).
[2] H. Fischer u. M. Schubert: Ber. dtsch. chem. Ges. **57**, 612 (1924).
[3] H. Fischer u. M. Schubert: Ber. dtsch. chem. Ges. **57**, 613 (1924).
[4] H. Fischer u. G. Stangler: Liebigs Ann. **459**, 83—84 (1927).
[5] H. Fischer u. G. Stangler: Liebigs Ann. **459**, 85 (1927).

3 (4)-Äthyl-4, 5 (2, 3)-dimethyl-pyrrol-2 (5)-glyoxylsäureester[1].

Mol-Gewicht: 223,21.

Zusammensetzung: 64,53% C; 7,68% H; 21,51% O; 6,28% N. $C_{12}H_{17}O_3N$.

Darstellung: 1 g Hämopyrrol und 1,5 g Cyankohlensäureester in 10 ccm abs. Äther werden mit Chlorwasserstoff gesättigt. Der nach dem Abdunsten des Äthers verbleibende Syrup krystallisiert nach einigem Stehen. (Salzsaures Imin $C_{12}H_{19}O_2N_2Cl$; aus Chloroform-Petroläther, Schmelzp. 146°.) Er wird in Wasser gelöst und längere Zeit stehengelassen, wobei der Ester auskrystallisiert.

Eigenschaften: Aus Alkohol weiße Nadeln, Schmelzp. 83°.

3(4)-Äthyl-4, 5 (2, 3)-dimethyl-pyrrol-2(5)-glyoxylsäure $C_{10}H_{13}O_3N$ (M = 195,16). Darstellung durch 3 stündiges Kochen des Esters (0,5 g) mit wässerig-alkoholischer Natronlauge (0,4 g Ätznatron). Isolierung durch Verdampfen des Alkohols. Aufnehmen des Rückstandes in Wasser, Filtrieren und Fällen der Carbonsäure mit verdünnter Schwefelsäure im Filtrat. Ausbeute 0,3 g. — Aus Chloroform-Petroläther, Schmelzp. 191° unter Zersetzung. Gibt beim Erhitzen im Vakkum auf 190° Hämopyrrolaldehyd[1].

2, 4-Diäthyl-3, 5-dipropionyl-pyrrol[2].

Mol-Gewicht: 235,25.

Zusammensetzung: 71,44% C; 9,00% H; 13,60% O; 5,96% N. $C_{14}H_{21}O_2N$.

Darstellung: Zu 2 g Nitrosodipropionylmethan und 1,6 g Dipropionylmethan in Eisessig werden unter Kühlung 25 g Zinkstaub gegeben; dann noch 1 Stunde auf dem Wasserbad erwärmt und heiß in Wasser filtriert. Dem Zinkstaub wird das restliche Pyrrol durch Auskochen mit Eisessig oder Alkohol entzogen. Ausbeute 1,8 g = 60%.

Eigenschaften: Aus verdünntem Alkohol feine Nadeln, Schmelzp. 128°. Leicht löslich in allen organischen Solvenzien außer Petroläther; unlöslich in Wasser. Fichtenspanreaktion negativ; wird positiv beim Erhitzen mit Zinkstaub. Gibt weder mit Pikrinsäure in ätherischer noch mit Sublimat in alkoholischer Lösung eine Fällung.

2, 4-Diäthyl-5-carbäthoxy-pyrrol[3].

Mol-Gewicht: 195,2.

Zusammensetzung: 67,64% C; 8,78% H; 16,40% O; 7,18% N. $C_{11}H_{17}O_2N$.

Darstellung: Durch trockene Destillation der 2, 4-Diäthyl-5-carbäthoxy-pyrrol-3-carbonsäure $C_{12}H_{17}O_4N$. Ausbeute 60%.

Eigenschaften: Aus verdünntem Alkohol weiße, derbe Prismen. Schmelzp. 49°. Leicht löslich in allen organischen Lösungsmitteln.

2, 4-Diäthyl-3-formyl-5-carbäthoxy-pyrrol[4].

Mol-Gewicht: 223,2.

Zusammensetzung: 64,53% C; 7,68% H; 21,51% O; 6,28% N. $C_{12}H_{17}O_3N$.

Darstellung: Ein Gemisch von 1 g 2, 4-Diäthyl-5-carbäthoxypyrrol in 5 ccm Äther und 1 ccm Blausäure wird unter Eis-Salzkühlung mit Chlorwasserstoffgas gesättigt. Nach einigem Stehen wird filtriert und der Rückstand in kaltem Wasser gelöst, wonach beim Stehen der Aldehyd ausfällt. Ausbeute 0,6 g.

Eigenschaften: Durch Sublimation im Vakuum, Schmelzp. 84°.

2, 4-Diäthyl-3, 5-dicarbäthoxy-pyrrol[3].

Mol-Gewicht: 267,25.

Zusammensetzung: 62,88% C; 7,92% H; 23,96% O; 5,24% N. $C_{14}H_{21}O_4N$.

Darstellung: In 30 g Propionylessigester gelöst in 200 ccm Eisessig wird bei 5—10° sehr langsam eine konz. Lösung von 7,5 g Natriumnitrit in Wasser eingerührt. Dann rührt man noch längere Zeit bei gewöhnlicher Temperatur weiter und gibt schließlich allmählich 24 g Zinkstaub zu so, daß die Temperatur 80° nicht übersteigt. Nach 2 stündigem Rühren

[1] H. Fischer u. G. Stangler: Liebigs Ann. **459**, 97—98 (1927).
[2] H. Küster: Hoppe-Seylers Z. **155**, 170 (1926).
[3] H. Fischer u. G. Stangler: Liebigs Ann. **459**, 94 (1927).
[4] H. Fischer u. G. Stangler: Liebigs Ann. **459**, 95 (1927).

unter Erhitzen auf dem Wasserbad wird das Reaktionsgemisch in Eiswasser gegossen, wobei das Pyrrol ausfällt.

Eigenschaften: Aus Alkohol-Wasser weiße Nadeln, Schmelzp. 97°.

2, 4-Diäthyl-3-carboxy-5-carbäthoxy-pyrrol $C_{12}H_{17}O_4N$ (M = 239,21). Darstellung aus dem Ester durch Verseifen mit konz. Schwefelsäure bei 40°. Das Reaktionsprodukt wird auf Eis gegossen, abfiltriert und der Rückstand in Alkali gelöst. Vom Nichtgelösten wird abgesaugt und im Filtrat die Carbonsäure durch Zugabe von verdünnter Schwefelsäure bis zur kongosauren Reaktion gefällt. Ausbeute 70%. — Aus Aceton Prismen, Schmelzp. 220°[1].

2, 4-Dipropyl-3, 5-dicarbäthoxy-pyrrol[2].

Mol-Gewicht: 295,2.

Zusammensetzung: 65,04% C; 8,54% H; 21,68% O; 4,74% N. $C_{16}H_{25}O_4N$.

Darstellung: In 30 g Butyrylessigester in 180 ccm Eisessig wird bei 5—10° sehr langsam eine konz. Lösung von 6,7 g Natriumnitrit in Wasser eingerührt. Nach 1 stündigem Weiterrühren bei gewöhnlicher Temperatur wird mit Zinkstaub reduziert und aufgearbeitet, wie bei der Darstellung des 2-Äthyl-4-propyl-3, 5-dicarbäthoxy-pyrrols beschrieben. Ausbeute 9—10 g.

Eigenschaften: Aus wenig Alkohol feine weiße Nadeln, Schmelzp. 87°.

1, 2, 5-Trimethyl-3-carbäthoxy-pyrrol[3].

Mol-Gewicht: 181,18.

Zusammensetzung: 66,26% C; 8,34% H; 17,67% O; 7,73% N. $C_{10}H_{15}O_2N$.

Darstellung: Eine Mischung von 1 g Chloraceton und 1,5 g Acetessigester wird unter Kühlung in 12 ccm einer 33 proz. wässerigen Methylaminlösung eingegossen, wobei zunächst Lösung, dann unter Erwärmen farblose Trübung und Abscheidung eines Öls eintritt. Nach Erwärmen zwecks Klärung wird das Öl abgetrennt und mit verdünnter Salzsäure geschüttelt, wobei es fest wird.

Eigenschaften: Aus Methylalkohol, Schmelzp. 48°.

1, 2, 5-Trimethyl-3-carbäthoxypyrrol-4-azobenzolsulfosäure $C_{16}H_{19}O_5N_3S$. Entsteht durch Kuppeln von 1 Mol Pyrrol in wenig Alkohol mit 1 Mol Diazobenzolsulfosäure in wenig Wasser. Nachdem wird mit $^n/_{10}$-Salzsäure schwach angesäuert und mit Kochsalz ausgeschieden. — Aus Alkohol orangegelbe, glänzende Blättchen. Leicht löslich in Wasser und heißem Äther; schwer in kaltem Wasser und Alkohol; unlöslich in kaltem Äther[4].

1, 2, 5-Trimethyl-3-carbäthoxy-4-formyl-pyrrol[5].

Mol-Gewicht: 209,18.

Zusammensetzung: 63,13% C; 7,23% H; 22,94% O; 6,70% N. $C_{11}H_{15}O_3N$.

Darstellung: Eine Lösung von 1 g 1, 2, 5-Trimethyl-3-carbäthoxypyrrol in 15 ccm Äther, der 1 ccm Blausäure zugesetzt worden ist, wird unter guter Kühlung mit Chlorwasserstoff gesättigt. Nach einigem Stehen wird filtriert, der Rückstand über Natronkalk getrocknet, in Wasser gelöst, noch einmal filtriert und dann bis zum Auftreten der ersten Krystalle auf dem Wasserbad erwärmt. Beim langsamen Erkalten scheidet sich dann der Aldehyd vollends ab. Ausbeute 90%.

Eigenschaften: Aus Alkohol-Wasser schneeweiße, lange Nadeln, Schmelzp. 97°. Löslich in Alkohol und viel heißem Wasser. **Ehrlich** sche Reaktion kalt schwach, heiß stark positiv.

Phenylhydrazon $C_{17}H_{21}O_2N_3$.

2, 3, 4-Trimethyl-pyrrol (Bd. IX, S. 377; Bd. X, S. 46).

$$C_7H_{11}N$$

Bildung: Bei der Reduktion des 2, 4-Dimethyl-3-formyl-5-carbäthoxy-semicarbazons[6] und des 2, 4-Dimethyl-3-thioformyl-5-carbäthoxy-pyrrols[7] mit Natriumäthylat; bei der

[1] H. Fischer u. G. Stangler: Liebigs Ann. **459**, 94 (1927).

[2] H. Fischer, M. Goldschmidt u. W. Nüßler: Liebigs Ann. **486**, 53 (1931).

[3] H. Fischer u. K. Smeykal: Ber. dtsch. chem. Ges. **56**, 2374 (1923).

[4] H. Fischer u. A. Stern: Liebigs Ann. **446**, 239 (1926).

[5] H. Fischer u. K. Smeykal: Ber. dtsch. chem. Ges. **56**, 2375 (1923).

[6] H. Fischer, B. Weiß u. M. Schubert: Ber. dtsch. chem. Ges. **56**, 1201 (1923).

[7] H. Fischer u. A. Stern: Liebigs Ann. **446**, 238 (1926).

Reduktion des 2, 3, 4-Trimethyl-5-acetyl-pyrrols mit Natriumäthylat-Hydrazinhydrat[1] oder Eisessig-Jodwasserstoff[2]; bei der Spaltung von Octamethylporphin mit Jodwasserstoff-Eisessig[3] und ebenso aus (3, 4-Dimethyl-5-brom-pyrryl)-(2, 3, 4-Trimethyl-pyrrolenyl)-methen[4].

Darstellung: 80 g 2, 4-Dimethyl-3-formyl-5-carbäthoxy-pyrrol $C_{10}H_{13}O_3N$ werden unter Rühren in 400 g Äthylat (30 g Natrium in 400 ccm abs. Alkohol) eingetragen; hierzu 35 ccm Hydrazinhydrat gegeben und das Ganze im Autoklaven 12—20 Stunden auf 150—170° erhitzt. Dann wird mit wenig Wasser verdünnt, der Alkohol abdestilliert, das Pyrrol mit Wasserdampf übergetrieben, das Destillat ausgeäthert, der Äther getrocknet und verdampft und der Rückstand im Vakuum destilliert. Ausbeute 35,6 g = 80%. (Im abdestillierten Äther befindet sich noch eine größere Menge Pyrrol, die als Pikrat abgeschieden werden kann.)[2,5]

Eigenschaften: Schmelzp. 39°. Ist sehr reaktionsfähig[5]. Beim Kochen mit Eisessig tritt Acetylierung ein[6]. Enthält ein aktives Wasserstoffatom[7].

Pikrat: $C_{13}H_{14}O_7N_4$. Darstellung mit ätherischer Pikrinsäure. Schmelzp. 147—148°.

2, 3, 4-Trimethyl-5-formyl-pyrrol[8].

Mol-Gewicht: 140,16.

Zusammensetzung: 70,03% C; 8,09% H; 11,65% O; 10,23% N. $C_8H_{14}ON$.

Darstellung: 12,1 g 2, 3, 4-Trimethylpyrrol in 20 ccm Chloroform und 20 ccm abs. Äther werden nach dem Versetzen mit 14 ccm Blausäure unter Eiskühlung rasch mit Chlorwasserstoff gesättigt. Dabei fällt zuerst das salzsaure Salz des Pyrrols aus; es löst sich aber wieder und erst nach der Sättigung krystallisiert das salzsaure Imin. Nach mehrstündigem Stehen wird in Wasser gelöst, filtriert und das Filtrat mit verdünnter Natronlauge versetzt. Vom ausgefallenen freien Imin wird filtriert, der Rückstand in 90 proz. Alkohol gelöst und bis zum Verschwinden des Ammoniakgeruchs gekocht. Dann wird mit Wasser bis zur Trübung versetzt, wonach sich beim Erkalten der Aldehyd abscheidet. Ausbeute 10,7 g = 71%.

Eigenschaften: Aus Alkohol-Wasser farblose prismatische Blättchen, Schmelzp. 147°. Leicht löslich in Chloroform, Alkohol, Methylalkohol, Aceton; schwer löslich in Wasser und Benzol, unlöslich in Ligroin und Petroläther.

Oxym $C_8H_{12}ON_2$. Wird wie üblich mit salzsaurem Hydroxylamin hergestellt. — Aus Wasser derbe Nadeln, Schmelzp. 123°.

2, 3, 4-Trimethyl-5-cyanpyrrol $C_8H_{10}N_2$. Entsteht aus dem Oxym durch Kochen mit Essigsäureanhydrid und Natriumacetat. — Aus Wasser Nadeln, Schmelzp. 137°.

Semicarbazon: $C_9H_{14}ON_4$. Aus Alkohol farblose Nadeln, Schmelzp. 230°.

Iminchlorhydrat $C_8H_{13}N_2Cl$. Aus Chloroform-Petroläther farblose Blättchen, unscharfer Schmelzp. 226°.

Freies Imin $C_8H_{12}N_2$. Aus Alkohol Stäbchen, Schmelzp. 146°. Gibt ein Pikrat $C_{14}H_{15}O_7N_5$. Aus Alkohol gelbe Nadeln, die bei 245° verpuffen.

2, 3, 4-Trimethyl-5-acetyl-pyrrol.

Mol-Gewicht: 151,16.

Zusammensetzung: 71,48% C; 8,67% H; 10,58% O; 9,27% N. $C_9H_{13}ON$.

Bildung: Aus 2, 3, 4-Trimethylpyrrol und Eisessig[9]; als Nebenprodukt bei der Darstellung von Octamethylporphin aus Bis-(3, 4-Dimethyl-5-carboxypyrryl)-methen[9]; bei der Reduktion von 2, 3, 4-Trimethyl-(5-trichloracetyl)-pyrrol[10].

Darstellung: Zu einer Grignardverbindung, hergestellt aus 1,7 g Magnesium und 7,1 g Bromäthyl in abs. Äther läßt man 4 g 2, 3, 4-Trimethylpyrrol in 30 ccm abs. Äther eintropfen, erhitzt $^1/_2$ Stunde und gibt dann weiterhin unter Eiskühlung noch 3,7 g Acetylchlorid in 20 ccm abs. Äther vorsichtig zu. Nach 3 stündigem Erhitzen wird mit gesättigter Chlor-

---

[1] H. Fischer u. H. Amann: Ber. dtsch. chem. Ges. **56**, 2330 (1923).
[2] H. Fischer u. B. Walach: Liebigs Ann. **447**, 47 (1926).
[3] H. Fischer u. B. Walach: Liebigs Ann. **450**, 178 ff. (1926).
[4] H. Fischer u. B. Walach: Liebigs Ann. **450**, 129 (1926).
[5] H. Fischer u. B. Walach: Liebigs Ann. **450**, 114 (1926).
[6] H. Fischer, P. Halbig u. B. Walach: Liebigs Ann. **452**, 282 (1927).
[7] H. Fischer u. J. Postowsky: Hoppe-Seylers Z. **152**, 308 (1925).
[8] H. Fischer u. B. Walach: Liebigs Ann. **450**, 115, 116 (1926).
[9] H. Fischer, P. Halbig u. B. Walach: Liebigs Ann. **452**, 282 (1927).
[10] H. Fischer u. P. Viaud: Ber. dtsch. chem. Ges. **64**, 197 (1931).

ammoniumlösung zersetzt und der Ätherauszug nacheinander mit Chlorammoniumlösung, verdünnter Salzsäure, verdünnter Natronlauge und Wasser gewaschen[1].

Eigenschaften: Aus Alkohol derbe, farblose Prismen, Schmelzp. 137°. Mit Wasserdämpfen flüchtig. **Ehrlich**sche Reaktion kalt negativ, heiß positiv. Gibt mit Eisessig-Jodwasserstoff 2, 3, 4-Trimethyl-pyrrol[2] und mit Natriumäthylat-Hydrazinhydrat 2, 3, 4-Trimethyl-5-äthyl-pyrrol[1].

2, 3, 4-Trimethyl-5-chloracetyl-pyrrol[3].

Mol-Gewicht: 185,6.

Zusammensetzung: 58,21% C; 6,52% H; 8,61% O; 7,55% N; 19,11% Cl. $C_9H_{12}ONCl$.

Darstellung: 2 g 2, 3, 4-Trimethylpyrrol in 10 ccm Chloroform-Äther werden nach Zusatz von 3,5 g Chloracetonitril (2 Mol) unter Eiskühlung mit Salzsäuregas gesättigt. Nach mehrstündigem Stehen wird filtriert und der Rückstand mit Wasser verkocht. Ausbeute 2 g.

Eigenschaften: Aus Alkohol derbe, farblose Nadeln, Schmelzp. 177° (unter Zersetzung). Gibt mit Anilin in der Kälte 2, 3, 4-Trimethyl-5-(anilino-acetyl)-pyrrol $C_{14}H_{16}ON_2$. (Aus Alkohol, Schmelzp. 207°.)

2, 3, 4-Trimethyl-5-(trichlor-acetyl)-pyrrol[4].

Mol-Gewicht: 254,5.

Zusammensetzung: 42,43% C; 3,91% H; 6,36% O; 5,5% N; 41,8% Cl. $C_9H_{10}ONCl_3$.

Darstellung: Eine Lösung von 2, 3, 4-Trimethyl-pyrrol und Trichloracetonitril in Chloroform wird mit Chlorwasserstoff gesättigt und das gebildete Imin-chlorhydrat mit Wasser zerlegt. Ausbeute 90%.

Eigenschaften: Aus Ligroin Krystalle vom Schmelzp. 114—115°. Gibt bei der Reduktion 2, 3, 4-Trimethyl-5-acetyl-pyrrol.

2, 3, 4-Trimethyl-5-carbäthoxy-pyrrol[5].

Mol-Gewicht: 181,18.

Zusammensetzung: 66,26% C; 7,79% H; 18,22% O; 7,73% N. $C_{10}H_{15}O_2N$.

Darstellung: Zu einer Grignardlösung aus 10,1 g Magnesium und 42,5 g Bromäthyl in 350 ccm abs. Äther läßt man 24,1 g 2, 3, 4-Trimethyl-pyrrol in 50 ccm abs. Äther zutropfen, wobei stürmische Gasentwicklung einsetzt. Dann wird $^3/_4$ Stunden erwärmt und anschließend tropfenweise 30,5 g Chlorkohlensäureester in 50 ccm Äther zugegeben. Nachdem wird 4 bis 5 Stunden erhitzt, dann unter Eiskühlung mit gesättigter Chlorammoniumlösung zersetzt und der Ätherauszug nacheinander mit Ammoniumchloridlösung, verdünnter Salzsäure, verdünnter Natronlauge und Wasser gewaschen. Der nach dem Verdampfen des Äthers verbliebene Rückstand wird auf Ton gepreßt. Ausbeute 28 g = 70%.

Eigenschaften: Aus Alkohol prismatische Blättchen, Schmelzp. 128°. Leicht löslich in Alkohol, Chloroform, Äther, Benzol; schwer löslich in Wasser, Ligroin und Petroläther. **Ehr**lichsche Reaktion kalt negativ, heiß stark positiv.

2, 3, 4-Trimethyl-5-carboxy-pyrrol $C_8H_{11}O_2N$ (M = 153,14). Entsteht bei 3 stündigem Erhitzen von 1,1 g Ester in 30 ccm Alkohol mit 15 ccm 5 proz. Natronlauge. Isolierung durch Verdampfen des Alkohols, Verdünnen des Rückstandes mit Wasser, Ausäthern, Befreien der wässerigen Lösung von Äther im Vakuum, Filtrieren und Ansäuern des Filtrats unter Eiskühlung mit 50 proz. Essigsäure, wonach die Carbonsäure ausfällt. — Aus 50—60 proz. Alkohol bei 50° umkrystallisiert, drusenförmig verwachsene, farblose Nadeln, Schmelzp. 126° unter Zersetzung. **Ehrlich**sche Reaktion kalt stark positiv unter Kohlensäureentwicklung[5].

2-Brommethyl-3, 4-Dimethyl-5-carbäthoxy-pyrrol[6].

Mol-Gewicht: 260,1.

Zusammensetzung: 46,15% C; 5,42% H; 12,44% O; 5,26% N; 30,73% Br. $C_{10}H_{14}O_2NBr$.

Darstellung: 1 g 2, 3, 4-Trimethyl-5-carbäthoxypyrrol $C_{10}H_{15}O_2N$ in 3,5 ccm Eisessig werden mit 1,8 ccm einer Lösung von 36 g Brom in 40 ccm Eisessig versetzt, wobei unter Ent-

[1] H. **Fischer** u. B. **Walach:** Liebigs Ann. **450**, 122 (1926).
[2] H. **Fischer** u. B. **Walach:** Liebigs Ann. **452**, 282 (1927).
[3] H. **Fischer** u. Br. **Walach:** Liebigs Ann. **450**, 123 (1926).
[4] H. **Fischer** u. P. **Viaud:** Ber. dtsch. chem. Ges. **64**, 197 (1931).
[5] H. **Fischer** u. B. **Walach:** Liebigs Ann. **450**, 125—126 (1926).
[6] H. **Fischer** u. B. **Walach:** Liebigs Ann. **450**, 126 (1926).

wicklung von Bromwasserstoff alsbald Abscheidung des Brompyrrols eintritt. Nach mehrstündigem Stehen wird filtriert. Ausbeute 85%.

Eigenschaften: Aus Eisessig farblose, dünne Nadeln, Schmelzp. 128° unter Zersetzung. Das locker gebundene Brom wird schon beim Erwärmen mit Eisessig abgegeben. Dabei bildet sich teilweise Bis-(3, 4-dimethyl-5-carbäthoxy-pyrryl)-methan. Dasselbe entsteht auch beim Verkochen mit viel Wasser oder unter der Einwirkung von Hydrazinhydrat. Mit Alkohol erhält man ein Gemisch aus Äthoxyverbindung und Methan. Beim Kochen mit Benzol und Zinkstaub oder bei der Reduktion mit Zink-Eisessig bildet sich Trimethylcarbäthoxypyrrol zurück.

2, 3, 4-Trimethylpyrrol-5-glyoxylsäureester[1].

Mol-Gewicht: 206,16.

Zusammensetzung: 64,05% C; 5,87% H; 23,28% O; 6,80% N. $C_{11}H_{12}O_3N$.

Darstellung: Eine Lösung von 2,1 g 2, 3, 4-Trimethylpyrrol in abs. Äther wird nach Zusatz von 2,1 g Cyankohlensäureester (1,1 Mol) unter Eiskühlung mit Chlorwasserstoff gesättigt. Dann wird im Vakuum eingedampft, der Rückstand (salzsaures Imin) aus Chloroform-Petroläther umkrystallisiert und neu mit Alkohol-Wasser verkocht.

Eigenschaften: Aus Alkohol farblose, lange Stäbchen, Schmelzp. 112°.

Salzsaures Imin $C_{11}H_{14}O_2N_2Cl$. Aus Chloroform-Petroläther derbe, schwach rosa gefärbte Stäbchen, Schmelzp. 156° unter Zersetzung.

2, 3, 4-Trimethyl-5-äthyl-pyrrol = Isomeres Phyllopyrrol
(Bd. IX, S. 375; Bd. X, S. 70).
$C_9H_{15}N$

Darstellung: a) Durch Reduktion von 3 g 2, 4-Dimethyl-3-formyl-5-äthylpyrrol $C_9H_{13}ON$ mit 1 g Natrium in 25 ccm abs. Alkohol und 2 g Hydrazinhydrat unter 6stündigem Erhitzen im Rohr auf 150°. Isolierung durch Wasserdampfdestillation, Extrahieren des Destillates mit Äther und Fällung aus diesem Auszug mit ätherischer Pikrinsäure. Ausbeute 70%[2].

b) Auf dieselbe Weise aus 1 g 2, 3, 4-Trimethyl-5-acetylpyrrol $C_9H_{13}ON$, 0,5 g Natrium in 6 ccm abs. Alkohol und 0,5 g Hydrazinhydrat unter 5stündigem Erhitzen auf 175°. Ausbeute 50%[1].

c) Aus 1 g 2, 3, 4-Trimethylpyrrol, 1,5 g Natrium in 15 ccm abs. Alkohol durch 5stündiges Erhitzen auf 230°. Ausbeute 2,4 g = 75%[3].

Isolierung aus dem Pikrat durch Zerlegen mit 1proz. Natronlauge, Einleiten von Wasserdampf, Aufnehmen der im Destillat auftretenden Krystalle mit Äther, Verdampfen derselben und Fraktionieren des Rückstandes im Vakuum. Weiterreinigung dann noch durch Vakuumsublimation über Bariumoxyd[3].

Eigenschaften: Durch Sublimation farblose, nadelförmige Krystalle, Schmelzp. 38—39°, Siedep. 27 mm 114—115°. Ehrlichsche Reaktion kalt negativ, beim Kochen intensiv positiv[2].

Pikrat $C_{15}H_{18}O_7N_4$. Aus Alkohol derbe prismatische Krystalle mit paralleler Auslöschung. Schmelzp. 103°[2, 3].

2, 4, 5-Trimethyl-pyrrol (Bd. X, S. 65).
$C_7H_{11}N$

Darstellung: Durch Reduktion des Semicarbazons[4] des 2, 5-Dimethyl-3-carbäthoxy-4-formylpyrrols $C_{11}H_{16}O_3N_4$[5] und des 2, 3, 4-Trimethyl-5-acetyl-pyrrols $C_9H_{13}ON$[6] mit Natriumäthylat bei 150—160°.

Aus Tetra-(2, 4-dimethyl-3-carbäthoxy-pyrryl)-äthan mit Eisessig-Jodwasserstoff[7].

Eigenschaften: Quecksilberverbindung $(C_7H_{10}N)_2Hg(HgCl_2)_4$ fällt aus essigsaurer Lösung auf Zusatz von Sublimat. — Schmelzp. 120—125° unter Zersetzung. Wird durch H_2S zerlegt[8].

Arsinsäure $C_7H_{12}O_3NAs$ entsteht aus dem Pyrrol und Arsensäure bei 95°. Löslich in Soda[8].

[1] H. Fischer u. B. Walach: Liebigs Ann. **450**, 123 (1926).
[2] H. Fischer u. B. Walach: Liebigs Ann. **447**, 44 (1926).
[3] H. Fischer u. B. Walach: Liebigs Ann. **447**, 46 (1926).
[4] H. Fischer u. W. Zerweck: Ber. dtsch. chem. Ges. **56**, 525 (1923).
[5] H. Fischer u. W. Zerweck: Ber. dtsch. chem. Ges. **55**, 1947 (1922).
[6] H. Fischer u. H. Amann: Ber. dtsch. chem. Ges. **56**, 2330 (1923).
[7] H. Fischer u. M. Schubert: Ber. dtsch. chem. Ges. **56**, 2381 (1923).
[8] H. Fischer u. R. Müller: Hoppe-Seylers Z. **148**, 163 (1925).

$C_{13}H_{14}O_2N_2S$. Durch Kondensation des Pyrrols mit o-Nitrophenylschwefelchlorid in Benzol. — Aus Alkohol büschelförmig angeordnete Nadeln, Schmelzp. 151—152°, Farbe ziegelrot. Leicht löslich in Alkohol, Äther, Aceton, Essigester, Chloroform, Eisessig, Benzol; schwerer in Petroläther, unlöslich in Wasser. Leicht löslich in konz. Schwefelsäure. Ehrlichsche Reaktion kalt negativ, heiß positiv[1].

2, 4, 5-Trimethyl-3-benzoylpyrrol $C_{14}H_{15}ON$. Bildet sich beim Erwärmen von 1 g Pyrrol mit 1,5 g Benzoylchlorid in Schwefelkohlenstoff in Gegenwart von 1 g Aluminiumchlorid. Nach Auskochen der bei der Zersetzung mit Wasser erhaltenen braunen Masse mit verdünntem Ammoniak wird umkrystallisiert. — Aus Alkohol farblose Nadeln, Schmelzp. 174°. Löslich in Alkohol, Eisessig, Chloroform; unlöslich in Äther, Petroläther und Ligroin[2].

2, 4, 5-Trimethyl-3-amino-pyrrol[3].

Mol-Gewicht: 124,15.

Zusammensetzung: 67,7% C; 9,60% H; 22,58% N. $C_7H_{12}N_2$.

Darstellung: 2 g 2, 4, 5-Trimethylpyrrol-3-azobenzolsulfosäure $C_{11}H_{11}O_3N_3S$. in 10 ccm n-Natronlauge und 10 ccm Wasser nebst 0,15 g Platinschwarz werden bei Zimmertemperatur mit Wasserstoff geschüttelt. Nach 12 Stunden wird das in gelben Flocken ausgeschiedene Amin und das Platin abgesaugt und in wenig Alkohol gelöst. Das Filtrat wird im Vakuum bei 50° eingedampft und im Rückstand das Amin mit 15 ccm, in kleinen Anteilen zugegebenem Alkohol gelöst. Die vereinigten alkoholischen Lösungen werden dann bei 40° im Vakuum bis zur Krystallisation eingeengt und so stehengelassen.

Eigenschaften: Aus Alkohol weiße Krystalle mit häufig auftretenden quadratischen Flächen. Schmelzp. 186° unter Zersetzung. Schwer löslich in Wasser, leicht in verdünnten Säuren. Fällt aus stark konzentrierter salzsaurer Lösung durch Zusatz starker Lauge amorph aus. Ist aus Alkohol durch Äther nur unvollständig fällbar. Darf nicht in heißem Alkohol gelöst werden, weil Verschmierung eintritt. Ehrlichsche Reaktion kalt und heiß negativ.

Chlorhydrat $C_7H_{13}N_2Cl$. Wird erhalten durch Einengen einer 2n-salzsauren Lösung im Vakuum. —|Schmelzp. 234° unter Zersetzung. Langprismatische Krystalle, parallel auslöschend. Hygroskopisch, enthält Krystallflüssigkeit, die bei 85—92° abgegeben wird. Die wässerige Lösung ist intensiv braunrot, reagiert gegen Kongopapier negativ. Ehrlichsche Reaktion gelb.

Pikrat $C_{13}H_{15}O_7N_5$. Wird hergestellt mit alkoholischer Pikrinsäure. — Schmelzp. 210 bis 230° unter Zersetzung, nach vorangegangenem Schwarzfärben bei 180°.

2, 3, 5 (2, 4, 5)-Trimethyl-3 (4)-acetyl-pyrrol[4] (Bd. X, S. 67).

$$C_9H_{13}ON$$

Darstellung: a) 2 g 2, 4, 5(2, 3, 5)-Trimethylpyrrol in 20 ccm Schwefelkohlenstoff werden mit 1,8 g Acetylchlorid und 2 g Aluminiumchlorid versetzt. Nach kurzem Erwärmen setzt die Reaktion ein unter Ausscheidung eines roten Harzes. Nach Beendigung derselben wird noch ½ Stunde weiter erwärmt, dann der Schwefelkohlenstoff abdestilliert und der Rückstand mit Wasser zersetzt. (Als Nebenprodukt entsteht ein in Wasser leicht löslicher roter Stoff.)

b) Bildet sich auch beim Verseifen des 2, 4, 5-Trimethyl-3-cyanacetylpyrrols mit alkoholischer Kalilauge im Rohr bei 160°[5].

Eigenschaften: Aus Alkohol farblose Krystalle, Schmelzp. 207—209°. Gibt beim Erhitzen mit Hydrazinhydrat und Natriumäthylat 2, 4, 5-Trimethylpyrrol[6].

2, 4, 5-Trimethyl-3-(chloracetyl)-pyrrol.

$$C_9H_{12}ONCl$$

2, 4, 5-Trimethyl-3-dimethylaminoacetyl-pyrrol-chlorhydrat $C_{11}H_{19}ON_2Cl$. Durch 1½stündiges Erhitzen von 0,3 g Chloracetylpyrrol[7] mit 2½ ccm einer 50proz. alkoholischen

[1] H. Fischer u. M. Herrmann: Hoppe-Seylers Z. **122**, 19 (1923).
[2] H. Fischer u. F. Schubert: Hoppe-Seylers Z. **155**, 110 (1926).
[3] H. Fischer u. Fr. Rottweiler: Ber. dtsch. chem. Ges. **56**, 514 (1923).
[4] H. Fischer u. F. Schubert: Hoppe-Seylers Z. **155**, 109 (1926).
[5] H. Fischer u. W. Zerweck: Ber. dtsch. chem. Ges. **56**, 523 (1923).
[6] H. Fischer u. H. Amann: Ber. dtsch. chem. Ges. **56**, 2330 (1923).
[7] H. Fischer u. W. Zerweck: Ber. dtsch. chem. Ges. **55**, 2399 (1922).

Dimethylaminlösung im Rohr auf 100°. Nach dem Erkalten läßt man eindunsten. — Aus abs. Alkohol durch Fällen mit Äther farblose Krystalle; Schmelzp. 248°. Leicht löslich in Wasser[1].

2, 4, 5-Trimethyl-3-dimethylaminoacetyl-pyrrol $C_{11}H_{18}ON_2$. Scheidet sich ab bei Zusatz von verdünnter Natronlauge zu einer wässerigen Lösung des salzsauren Salzes. — Aus Wasser, Schmelzp. 130°[1]. Bewirkt keine Veränderung der Pupillenweite beim überlebenden Froschauge[1,2].

2, 4, 5-Trimethyl-3-[phthalimido-acetyl]-pyrrol $C_{17}H_{16}O_3N_2$. Bildet sich bei 2 stündigem Erhitzen von 0,5 g Chloracetylpyrrol mit 0,5 g Phthalimidkalium auf 140°. Reinigung durch Auskochen mit Wasser. — Aus Eisessig, Schmelzp. 227°.[1]

2, 4, 5-Trimethyl-3-propionyl-pyrrol[3].

Mol-Gewicht: 165,18.

Zusammensetzung: 72,72% C; 9,09% H; 9,07% O; 8,49% N. $C_{10}H_{15}ON$.

Darstellung: 1 g 2, 4, 5-Trimethylpyrrol in 10 g Schwefelkohlenstoff wird mit 1 g Propionylchlorid und 1 g Aluminiumchlorid unter Erwärmen in Reaktion gebracht. Nach $^1/_2$ Stunde wird der Schwefelkohlenstoff abdestilliert und das restliche dunkelrote Harz mit Wasser zersetzt, wobei ein dunkelbrauner Körper entsteht. Ausbeute 0,7 g.

Eigenschaften: Aus verdünntem Alkohol schwach rosa gefärbte Nadeln, Schmelzp. 154°. Leicht löslich in Alkohol, Eisessig, Chloroform, Benzol, Aceton; unlöslich in Äther, Petroläther, Ligroin.

2, 4, 5-Trimethyl-3-formyl-pyrrol.

Mol-Gewicht: 137,14.

Zusammensetzung: 70,03% C; 8,09% H; 11,76% O; 10,22% N. $C_8H_{11}ON$.

Darstellung: 8 g 2, 4, 5-Trimethylpyrrol werden mit 16 ccm Blausäure und 2 ccm Wasser versetzt und unter Kühlung mit Chlorwasserstoff gesättigt. Wenn die Sättigung erreicht ist, setzt heftige Reaktion ein, die Masse färbt sich dunkel und erstarrt zu einem Brei, der sofort auf Ton gestrichen wird. Weiterreinigung durch Lösen in Eisessig und Fällen mit wenig Äther. 5 g des gereinigten salzsauren Imins werden nach dem Lösen in wenig Wasser in der Kälte mit Ammoniak versetzt; wonach sich dann der Aldehyd abscheidet. Ausbeute 3,5 g = 88%[4].

Eigenschaften: Aus Wasser farblose Krystalle, Schmelzp. 143,5°. Leicht löslich in Eisessig, Alkohol, Aceton, Äther, Chloroform, Essigester, Wasser und Benzol. Ziemlich schwer löslich in heißem Ligroin. Ehrlichsche Reaktion kalt negativ, heiß positiv[4]. Reduktion mit Eisessig-Jodwasserstoff gibt 2, 4, 5-Trimethylpyrrol. Beim Kochen mit 20 proz. Lauge tritt keine Veränderung ein[4], beim Kochen mit Salzsäure wird der Formylrest abgespalten[5]. Gibt mit Piperidin eine Additionsverbindung $C_{13}H_{22}ON_2$[6].

Aldimin-chlorhydrat $C_8H_{13}N_2Cl$. S. o. Gut löslich in Wasser, Eisessig und Alkohol, unlöslich in den anderen Solvenzien. Ist vollkommen luftbeständig[7].

Phenylhydrazon $C_{14}O_{17}N_3$. Durch $3^1/_2$ stündiges Kochen des Aldehyds in abs. alkoholischer Lösung mit Phenylhydrazin und Ausfällen des Kondensationsproduktes mit Wasser. — Aus verdünntem Alkohol derbe, bräunliche Krystalle, Schmelzp. 138°[4].

Oxym $C_8H_{12}ON_2$. Aus dem Aldehyd, salzsaures Hydroxylamin und Soda in wässerig-alkoholischer Lösung. — Aus Wasser farblose Nadeln, Schmelzp. 164°[4].

Semicarbazon. Entsteht aus dem Aldehyd, Semicarbazidchlorhydrat und Kaliumacetat in wässerig-alkoholischer Lösung. — Aus verdünntem Alkohol derbe Krystalle, Schmelzpunkt 198°. Gibt mit Natriumäthylat bei 150—160° 2, 3, 4, 5-Tetramethylpyrrol[4].

Aldazın. Bildet sich bei 7 stündigem Erhitzen von 0,5 g Aldehyd mit 0,7 g Hydrazinhydrat im Wasserbad. — Schmelzp. 273° nach vorheriger Dunkelfärbung[4].

Azlacton. $C_{17}H_{16}O_2N_2$. Wird erhalten bei $^1/_2$ stündigem Erhitzen eines gut zerriebenen Gemisches von 0,8 g Aldehyd, 1,6 g Hippursäure und 1,2 g Natriumacetat mit 7,0 g Essigsäure-

[1] H. Fischer u. W. Zerweck: Ber. dtsch. chem. Ges. **56**, 527 (1923).

[2] Vgl. Cushny: J. of Physiol. **30**, 176 (1904).

[3] H. Fischer u. F. Schubert: Hoppe-Seylers Z. **155**, 110 (1926).

[4] H. Fischer u. C. Nenitzescu: Liebigs Ann. **443**, 128 (1925). — Vgl. H. Fischer u. W. Zerweck: Ber. dtsch. chem. Ges. **56**, 521 (1923).

[5] H. Fischer u. M. Heyse: Liebigs Ann. **439**, 258 (1924).

[6] H. Fischer u. C. Nenitzescu: Liebigs Ann. **439**, 184 (1924).

[7] H. Fischer u. C. Nenitzescu: Liebigs Ann. **443**, 128 (1925).

anhydrid im Wasserbad. Dabei erst Lösung unter Gelb- bis Rotbraunfärbung und dann Abscheidung des Azlactons. Nachdem wird heiß in Wasser gegossen, abgesaugt und 2mal mit Wasser ausgekocht. — Aus Alkohol orange bis rotbraune Nadeln, Schmelzp. 198°[1].

2, 4, 5-Trimethyl-pyrrol-3-benzoylamino-acrylsäure $C_{17}H_{18}O_3N_2$. 0,9 g Azlacton werden mit 45 ccm 1proz. Natronlauge bis zur Ammoniakentwicklung gekocht (20 Minuten). Nachdem wird filtriert, das Filtrat mit verdünnter Schwefelsäure schwach kongosauer gemacht und der schwach gelbliche Niederschlag abgesaugt. — Aus Lauge-Säure ausgefällt Schmelzp. 178° unter Gasentwicklung.

Rhodaninkondensationsprodukt. Durch mehrstündiges Kochen von 0,5 g Aldehyd, 0,25 g Rhodanin und 0,6 g wasserfreiem Natriumacetat mit 10 ccm Eisessig. Beim Erkalten Krystallisation. — Aus Eisessig braunrote Krystalle, Schmelzp. 286°[1].

2, 4, 5-Trimethyl-3-cyan-pyrrol[2].

Mol-Gewicht: 134,14.

Zusammensetzung: 71,59% C; 7,59% H; 10,38% O; 10,44% N. $C_8H_{10}N_2$.

Darstellung: Aus 0,3 g 2, 4, 5-Trimethyl-pyrrol-3-formyloxym $C_8H_{12}ON_2$ durch $^1/_2$ stündiges Erhitzen mit 0,4 g wasserfreiem Natriumacetat und 16 ccm Essigsäureanhydrid. Hernach wird mit heißem Wasser zersetzt und neutralisiert, wobei sich das Nitril abscheidet.

Eigenschaften: Aus Wasser. Schmelzp. 140°.

2, 4, 5-Trimethyl-pyrrol-3-acrylsäure.

Mol-Gewicht: 179,16.

Zusammensetzung: 67,01% C; 7,31% H; 17,80% O; 7,88% N. $C_{10}H_{13}O_2N$.

Darstellung: a) 3 g reines 2, 4, 5-Trimethyl-3-formylpyrrol $C_8H_{11}ON$, 2,4 g Malonsäure und 4,5 ccm Piperidin (2 Mol) in 15 ccm Alkohol werden unter Umrühren auf dem Wasserbad eingedampft und dann solange weitererhitzt, bis die einsetzende Kohlensäureentwicklung beendet ist (mindestens 50 Min.). Dann wird in 1proz. Natronlauge aufgenommen, filtriert und im Filtrat die Acrylsäure durch verdünnte Schwefelsäure ausgefällt[3].

b) Die Kondensation kann noch besser in Gegenwart von Anilin bei 50° erreicht werden. Die Acrylsäure wird dann leicht vom Anilin durch Salzsäure befreit[4].

Eigenschaften: Durch Lösen in überschüssigem Aceton und Fällen mit Wasser grüne, kleine Prismen, Schmelzp. 203°. Leicht löslich in Alkohol und Aceton; schwerer in Äther; unlöslich in Chloroform und Petroläther. Beim Kochen mit den meisten Lösungsmitteln tritt Dunkelfärbung ein. Ehrlichsche Reaktion violett; beim Verdünnen Umschlag nach blau.

2,4,5-Trimethyl-3-(vinyl-ω-nitril)-pyrrol $C_{10}H_{12}N_2$ (M=160,16). Wird dargestellt durch kurzes Schmelzen von 2 g 2, 4, 5-Trimethyl-3-(vinyl-ω-carboxy-ω-nitril)-pyrrol in Portionen von 15 mg über freier Flamme. Die beim Abkühlen erstarrte Schmelze wird in Alkohol gelöst und mit Wasser gefällt. Ausbelte 76%. — Aus Alkohol olivgrüne Nadeln; Schmelzp. 154°[5].

2, 4, 5-Trimethylpyrrol-3-propionsäure = Phyllopyrrolcarbonsäure
(Bd. IX, S. 407; Bd. X, S. 67).

$$C_{10}H_{15}O_2N$$

Darstellung: a) Die bei der Kondensation von 3 g 2, 4, 5-Trimethyl-4-formylpyrrol mit 2,4 g Malonsäure erhaltene 2, 4, 5-Trimethylpyrrol-3-acrylsäure wird nach dem Versetzen mit der berechneten Menge Natronlauge in 40 ccm Wasser mit 50 g 5proz. Natriumamalgam $1^1/_2$—2 Stunden gelinde erwärmt. Dann wird heiß filtriert, das kalte Filtrat mit Schwefelsäure schwach kongosauer gemacht und ausgeäthert, der Auszug nach dem Trocknen eingedampft (Vakuum) und das restliche Öl durch Reiben mit einem Glasstab zur Krystallisation gebracht. Ausbeute 1,2 g[6].

[1] H. Fischer u. C. Nenitzescu: Liebigs Ann. **443**, 128 (1925). — Vgl. H. Fischer u. W. Zerweck: Ber. dtsch. chem. Ges. **56**, 521 (1923).

[2] H. Fischer u. W. Zerweck: Ber. dtsch. chem. Ges. **56**, 524 (1923).

[3] H. Fischer u. C. Nenitzescu: Liebigs Ann. **439**, 179 (1924).

[4] H. Fischer u. A. Treibs: Ber. dtsch. chem. Ges. **60**, 380 (1927).

[5] H. Fischer u. C. Nenitzescu: Liebigs Ann. **439**, 182 (1924).

[6] H. Fischer u. C. Nenitzescu: Liebigs Ann. **439**, 180 (1924).

b) 1,2 g 2, 4, 5-Trimethyl-3-(vinyl-ω, ω-dinitril)-pyrrol in 200 ccm 80proz. Alkohol werden mit 20 g 5proz. Natriumamalgam 2 Stunden erwärmt. Dann wird filtriert, das Filtrat mit dem gleichen Volumen 20proz. alkoholischer Kalilauge versetzt und 6 Stunden gekocht, wobei intensive Ammoniakentwicklung auftritt. Nach dem Verdampfen des größten Teils des Alkohols wird ausgeäthert, dann der wässerige Teil schwach kongosauer gemacht und wie unter a) weiterbehandelt[1].

c) 0,5 g 2, 5-Dimethyl-4-carbäthoxypyrrol-3-propionsäure $C_{12}H_{17}O_4N$ werden mit 1 g Kalium in 8 ccm Methylalkohol 4 Stunden im Rohr auf 220° erhitzt. Nach dem Erkalten und Verdünnen mit Wasser wird ausgeäthert, der wässerige Teil kongosauer gemacht und wie üblich aufgearbeitet[2].

Eigenschaften: Die beim Reiben mit dem Glasstab oder durch Animpfen aus dem Öl erhaltenen Krystalle zeigen den Schmelzp. 87—88°. Aus Wasser vielseitige Prismen, Schmelzpunkt 88°. Für das Weiterarbeiten ist Umkrystallisieren nicht nötig, da das Produkt rein genug ist und nur große Verluste eintreten. Ziemlich leicht löslich in kaltem Wasser.

2, 4, 5-Trimethyl-3-(vinyl-ω, ω-dinitril)-pyrrol[3].

Mol-Gewicht: 185,17.

Zusammensetzung: 71,31% C; 5,98% H; 22,7% N. $C_{11}H_{11}N_3$.

Darstellung: 1,5 g 2, 4, 5-Trimethyl-3-formylpyrrol, 1,2 g Malonitril (2 Mol) und 4 ccm Essigsäureanhydrid wurden kurze Zeit auf dem Wasserbad erwärmt. Nach dem Erkalten wird abgesaugt. Ausbeute quantitativ.

Eigenschaften: Aus Alkohol-Wasser gelbgrüne Nadeln, Schmelzp. 185°. Leicht löslich in Alkohol und Aceton, schwer in Äther und Chloroform. Mit konz. Alkali tritt Spaltung zum Aldehyd ein; konz. Säuren zersetzen weitgehend. Läßt sich nicht reduzieren.

2, 4, 5-Trimethyl-3-[ω-cyan-ω-carbäthoxy-vinyl]-pyrrol[4].

Mol-Gewicht: 232,21.

Zusammensetzung: 67,21% C; 6,9% H; 13,82% O; 12,07% N. $C_{13}H_{16}O_2N_2$.

Darstellung: Durch Kondensation von 0,4 g 2, 4, 5-Trimethyl-3-formylpyrrol mit 0,35 g Cyanessigester in abs. Alkohol in Gegenwart von etwas Methylaminchlorhydrat und Soda. Nach 5tägigem Stehen wird filtriert.

Eigenschaften: Aus Alkohol dunkelgelbe Krystalle, Schmelzp. 147°.

2, 4, 5-Trimethyl-3-[ω-cyan-ω-carboxy-vinyl]-pyrrol $C_{11}H_{12}O_2N_2$ (M = 204,17). Entsteht bei der Kondensation von 5 g 2, 4, 5-Trimethyl-3-formylpyrrol mit 5 g Cyanessigsäure in Gegenwart von 50 ccm 20proz. Kalilauge unter Zusatz von Alkohol bis zur klaren Lösung. Nach 2täg. Stehen wird mit verdünnter Schwefelsäure gefällt. Ausbeute 5,6 g = 75%. Dieselbe Säure bildet sich aus den Komponenten in abs. alkoholischer Lösung bei Zusatz von Natriumamid bis zur intensiven Gelbgrünfärbung. — Aus Aceton-Wasser grünlich gefärbte Krystalle, Schmelzp. 214° unter Aufschäumen. Leicht löslich in Aceton, Alkohol und Äther. Gibt mit konz. Alkali den Aldehyd zurück, konz. Säuren zersetzen weitergehend. Reduktion mit 5proz. Natriumamalgan führt teilweise zum 2, 4, 5-Trimethylpyrrol, ebenso die Reduktion mit Zink und Natronlauge unter Erhitzen[5].

2, 4, 5-Trimethyl-3-äthyl-pyrrol = Phyllopyrrol
(Bd. IX, S. 374; Bd. X, S. 66).

$C_9H_{15}N$.

Bildung: Bei der Reduktion des bromierten Kryptopyrrolmethenbromhydrats I und II mit Eisessig-Jodwasserstoff[6]; ebenso aus Phylloporphyrin und Phäophorbid a[7].

[1] H. Fischer u. A. Treibs: Ber. dtsch. chem. Ges. **60**, 380 Anm. (1927).

[2] H. Fischer u. C. Nenitzescu: Liebigs Ann. **439**, 182 (1924).

[3] H. Fischer u. C. Nenitzescu: Liebigs Ann. **439**, 180 (1924).

[4] H. Fischer u. B. Weiß: Ber. dtsch. chem. Ges. **57**, 607 (1924).

[5] H. Fischer u. C. Nenitzescu: Liebigs Ann. **439**, 181 (1924).

[6] H. Fischer u. A. Treibs: Liebigs Ann. **450**, 189f. (1926).

[7] H. Fischer, A. Merka u. E. Plötz: Liebigs Ann. **478**, 203 (1929).

Darstellung: a) 0,6 g Semicarbazon des 2, 4-Dimethyl-3-äthyl-5-formylpyrrols $C_{10}H_{16}ON_4$ werden mit 0,7 g Natrium in 10 ccm Alkohol im Rohr 7 Stunden auf 150—160° erhitzt. Isolierung durch Wasserdampfdestillation, Ausziehen von Destillat und Kühler mit Chloroform, Eindampfen des Auszugs im Vakuum, Aufnahme des Rückstandes in wenig Äther und Zusatz von 3 ccm 10proz. Pikrinsäure, wonach rasch das Pikrat ausfällt. Ausbeute 0,3 g[1].

b) 0,5 g (3-Äthyl-4-methyl-5-carbäthoxy)-(2′, 4′-dimethyl-3′-äthyl)-2, 5′-dipyrrylmethan werden 4 Stunden mit Eisessig-Jodwasserstoff (d = 1,475) auf 100° erhitzt. Dann wird mit Phosphoniumjodid entfärbt, mit Wasserdampf destilliert, der im Kühler sich absetzende weiße Körper in Äther gelöst und mit 0,3 g Pikrinsäure versetzt. Das Pikrat wird mit Natronlauge unter Äther zerlegt, der Äther verdampft und der Rückstand im Vakuum bei Wasserbadtemperatur sublimiert. Ausbeute sehr gut[2].

Eigenschaften: Durch Sublimation rechteckige Krystalle, Schmelzp. 67°.

1, 2, 3, 5-Tetramethyl-pyrrol-4-carbonsäuremethylester[3].

Mol-Gewicht: 169,17.

Zusammensetzung: 63,87% C; 8,99% H; 18,84% O; 8,28% N. $C_9H_{15}O_2N$.

Darstellung: 14 g Acetessigsäuremethylester, 12 g Methyl-α-chloräthylketon werden mit 10,5 g 33proz. wässeriger Methylaminlösung mehrere Stunden auf dem Wasserbad erhitzt. Das zweischichtige Reaktionsprodukt wird mit Wasserdampf behandelt und die Destillation unterbrochen, wenn im Kühler Krystalle erscheinen. Beim Erkalten tritt im Rückstand Krystallisation ein. Ausbeute schlecht.

Eigenschaften: Aus Ligroin, Schmelzp. 101°.

Äthylester $C_{10}H_{17}O_2N$. Entsteht beim Vermischen von 39 g Diacetylbuttersäureester mit überschüssiger 33proz. wässeriger Methylaminlösung. Nach einigem Stehen krystallisiert der ölige Niederschlag. Ausbeute 16 g. — Läßt sich aus Alkohol umkrystallisieren und im Vakuum destillieren.

2, 3, 4, 5-Tetramethyl-pyrrol (Bd. IX, S. 378; Bd. X, S. 69).

$$C_8H_{13}N$$

Bildung: Beim Erhitzen des (3, 4-Dimethyl-5-brom-pyrrol)-(2, 3, 4-trimethyl-pyrrolenyl)-methenbromhydrats mit Eisessig oder syrupöser Phosphorsäure[4]; bei der Reduktion des 2, 4, 5-Trimethyl-3-formyl-pyrrol-semicarbazons mit Natriumäthylat[5]; bei der Reduktion des Octamethylporphins und seines Eisensalzes mit Jodwasserstoff-Eisessig[4]; bei der Einwirkung von Kaliummethylat auf Tetra-(2, 4-Dimethyl-3-carbäthoxy-pyrrol)-äthylen[6].

Darstellung: a) 2 g 2, 3, 4-Trimethyl-5-formyl-pyrrol $C_8H_{11}ON$ werden mit 1 g Natrium in 10 ccm abs. Alkohol und 1 ccm Hydrazinhydrat im Rohr 5 Stunden auf 180° erhitzt. Beim Destillieren mit Wasserdampf krystallisiert das Pyrrol bereits im Kühler. Ausbeute 1,7 g = 92%[7].

b) Dasselbe Pyrrol entsteht auch auf die gleiche Weise aus 2, 3, 4-Trimethyl-pyrrol-5-glyoxylsäureester (0,7 g Ester, 0,5 g Natrium in 10 ccm abs. Alkohol; 0,5 g Hydrazinhydrat bei $3^1/_2$stündigem Erhitzen auf 165°. Als Zwischenprodukt bildet sich hierbei vermutlich 2, 3, 4-Trimethyl-pyrrol-3-essigsäure (Öl, Ehrlichsche Reaktion kalt und heiß negativ, gibt kein Pikrat), die dann beim Erhitzen auf 50—60° Kohlensäure abspaltet. Isolierung wie unter a)[7].

Eigenschaften: Schöne flach ausgebildete, farblose Krystalle, Schmelzp. 112° unter Grünfärbung. Sublimiert im Vakuum bei 50°.

Pikrat $C_{14}H_{16}O_7N_4$. Derbe gelbe Krystalle, Schmelzp. 130°.

[1] H. Fischer u. M. Schubert: Ber. dtsch. chem. Ges. **56**, 1209 (1923).
[2] H. Fischer, E. Baumann u. H. J. Riedl: Liebigs Ann. **475**, 236 (1929).
[3] G. Korschun u. C. Roll: Bull Soc. chim. France (4) **33**, 1107—1108 (1923).
[4] H. Fischer u. B. Walach: Liebigs Ann. **450**, 176ff. (1926).
[5] H. Fischer u. W. Zerweck: Ber. dtsch. chem. Ges. **56**, 525 (1923).
[6] H. Fischer u. M. Schubert: Ber. dtsch. chem. Ges. **56**, 2381 (1923).
[7] H. Fischer u. B. Walach: Liebigs Ann. **450**, 116, 124, (1926).

II. Zweikernige Pyrrolderivate.

(Pyrryl)-(2, 3, 4-trimethyl-pyrrolenyl)-methenbromhydrat.
3′, 4′, 5′-Trimethyl-pyrromethenbromhydrat[1].

Mol-Gewicht: 267,12.
Zusammensetzung: 53,90% C; 5,62% H; 10,49% N; 29,80% Br. $C_{12}H_{15}N_2Br$.

$$
\begin{array}{ll}
H\cdot C\!\!-\!\!C\cdot H & H_3C\cdot C\!\!=\!\!C\cdot CH_3 \\
H\cdot C\quad C\!\!-\!\!\!-\!\!\!-CH\!\!=\!\!\!=\!\!\!=C\quad C\cdot CH_3 \\
\quad NH & \quad NHBr
\end{array}
$$

Darstellung: Molekulare Mengen von Pyrrol-α-aldehyd und 2, 3, 4-Trimethyl-pyrrol, $C_7H_{11}N$ mit wenig Alkohol verrieben, werden mit Bromwasserstoffsäure versetzt. Unter geringem Erwärmen tritt Bildung des Methen-bromhydrats ein.

Eigenschaften: Aus Eisessig braune Nadeln. Besitzt großen Nießreiz.

3, 4, 5-Tribrom-3′, 4′, 5′-Trimethyl-pyrromethen-bromhydrat $C_{12}H_{12}N_2Br_4$. Aus dem Bromhydrat durch Bromieren.

Bis-(2-methyl-4-propyl-pyrryl)-methenbromhydrat.
5, 5′(2, 2′)-Dimethyl-3, 3′(4, 4′)-dipropyl-pyrromethenbromhydrat[2].

Mol-Gewicht: 337,1.
Zusammensetzung: 60,52% C; 7,47% H; 8,30% N; 23,71% Br. $C_{17}H_{25}N_2Br$.

$$
\begin{array}{ll}
H\cdot C\!\!-\!\!C\cdot CH_2\cdot CH_2\cdot CH_3 & H_3C\cdot H_2C\cdot H_2C\cdot C\!\!=\!\!C\cdot H \\
H_3C\cdot C\quad C\!\!-\!\!\!-\!\!\!-CH\!\!=\!\!\!=\!\!\!=C\quad C\cdot CH_3 \\
\quad NH & \quad NHBr
\end{array}
$$

Darstellung: 1 g 2-Methyl-4-propyl-pyrrol $C_8H_{13}N$ wird mit überschüssiger Ameisensäure und etwas Bromwasserstoffsäure gekocht und die Lösung dabei konzentriert. Beim Erkalten Krystallisation. Ausbeute quantitativ.

Eigenschaften: Aus Ameisensäure lila schillernde, gelbbraune Nadeln, Schmelzp. 190°.

Pikrat. Aus der freien Base in Äther mit ätherischer Pikrinsäure im Überschuß, wobei sofort Krystallisation eintritt. — Glänzende prismatische Krystalle ohne Schmelzpunkt.

Kupfersalz $C_{34}H_{48}N_4Cu$. Bromhydrat in heißem Alkohol gelöst wird mit ammoniakalischer Kupfersalzlösung versetzt und kurz aufgekocht. — Grün glänzende Nadeln ohne scharfen Schmelzpunkt; Sinterung bei 160°.

Bis-(2-methyl-3, 4-dipropyl-pyrryl)-methenbromhydrat.
3, 3′, 4, 4′-Tetrapropyl-5, 5′-dimethyl-pyrromethenbromhydrat[3].

Mol-Gewicht: 411,2.
Zusammensetzung: 67,14% C; 6,37% H; 6,64% N; 19,43% Br. $C_{23}H_{27}N_2Br$.

$$
\begin{array}{ll}
H_3C\cdot H_2C\cdot H_2C\cdot C\!\!-\!\!C\cdot CH_2\cdot CH_2\cdot CH_3 & H_3C\cdot H_2C\cdot H_2C\cdot C\!\!=\!\!C\cdot CH_2\cdot CH_2\cdot CH_3 \\
H_3C\cdot C\quad C\!\!-\!\!\!-\!\!\!-CH\!\!=\!\!\!=\!\!\!=C\quad C\cdot CH_3 \\
\quad NH & \quad NHBr
\end{array}
$$

[1] H. Fischer u. A. Kirstahler: Hoppe-Seylers Z. **197**, 80 (1931).
[2] H. Fischer, M. Goldschmidt u. W. Nüßler: Liebigs Ann. **486**, 49 (1931).
[3] H. Fischer, M. Goldschmidt u. W. Nüßler: Liebigs Ann. **486**, 45 (1931).

Darstellung: 2-Methyl-3, 4-dipropyl-pyrrol $C_{11}H_{21}N$ gelöst in überschüssiger Ameisensäure wird mit etwas 48proz. Bromwasserstoffsäure versetzt und das Ganze stark eingeengt. Nach längerem Stehen Krystallisation.

Eigenschaften: Aus Ameisensäure prismatische Krystalle, Schmelzp. 152°.

Pyrromethenperbromid aus 2-Methyl-3, 4-dipropyl-pyrrol[1].

Mol-Gewicht: 1051,1.

Zusammensetzung: 50,23% C; 6,44% H; 5,33% N; 38,01% Br. $C_{22}H_{33}N_2Br_3 + C_{22}H_{34}N_2Br_2$.

Darstellung: 1 g 2, 4-Dimethyl-3, 4-dipropyl-pyrrol $C_{11}H_{21}N$ in 5 ccm Eisessig wird unter Reiben mit 7 ccm einer Lösung von 5 g Brom in 10 ccm Eisessig versetzt; wobei Erwärmung und lebhafte Bromwasserstoffentwicklung einsetzt. Die Lösung wird olivgrün. Beim Erkalten Krystallisation. Nach Stehen über Nacht absaugen und mit Eisessig (verd.) waschen. Ausbeute 0,8—1 g.

Eigenschaften: Violett glänzende, derbe, viereckige Blättchen, Schmelzp. 113°. Dient zur Darstellung von Octapropyl-porphin. Die Substanz ist ein Gemisch von 3, 4, 3′, 4′-Tetrapropyl-5-brom-5-methyl-pyrromethenbromhydrat und 3, 4, 3′, 4′-Tetrapropyl-5-brom-5′-brommethyl-pyrromethenbromhydrat.

Bis-(2-methyl-3-carbäthoxy)-pyrrylmethan[2].

Mol-Gewicht: 636,6. Bestimmt in Campher zu 611.

Zusammensetzung: 65,45% C; 6,92% H; 18,83% O; 8,8% N. $C_{17}H_{22}O_4N_2$.

$$H_5C_2OOC\cdot C\!-\!\!-\!C\cdot H \qquad\qquad H\cdot C\!-\!\!-\!C\cdot COOC_2H_5$$
$$H_3C\cdot C \quad C\!-\!\!-\!\!-\!\!-CH_2\!-\!\!-\!\!-\!\!-C \quad C\cdot CH_3$$
$$NH \qquad\qquad\qquad\qquad NH$$

Bildung: Beim Kochen des 2-Methyl-3-carbäthoxy-5-oxymethylpyrrols $C_9H_{13}O_3N$ mit Eisessig und bei der katalytischen Reduktion des 2-Methyl-3-carbäthoxy-5-formylpyrrols $C_9H_{11}O_3N$ in Eisessig[3].

Darstellung: Durch Erwärmen von 0,5 g 2-Methyl-3-carbäthoxypyrrol $C_8H_{11}O_2N$ in 10 ccm abs. Alkohol mit 3 ccm 40proz. Formalin und etwas konz. Salzsäure. Ausbeute 90%.

Eigenschaften: Aus Eisessig haarfeine, farblose Nadeln, Schmelzp. 333°. Löslich in Pyridin, Eisessig; unlöslich in allen anderen organischen Solvenzien. Läßt sich mit Ferrichlorid oder Salpetersäure nicht zum Methen oxydieren.

Bis-(2-methyl-3-carbäthoxy-pyrryl)-methenchlorhydrat.

Mol-Gewicht: 352,73.

Zusammensetzung: 57,86% C; 6,90% H; 17,26% O; 7,93% N; 10,05% Cl. $C_{17}H_{21}O_4N_2Cl$.

Bildung: Bei der Zersetzung von Tri-(2-methyl-3-carbäthoxy-pyrryl)-methan mit konz. Salzsäure[4], bei der Kondensation des 2-Methyl-3-carbäthoxypyrrols mit Glyoxal in verdünnter alkoholischer Lösung[5].

Darstellung: 1 g 2-Methyl-3-carbäthoxy-5-formylpyrrol $C_9H_{11}O_3N$ in 20 ccm abs. Alkohol wird mit 20 ccm gesättigter alkoholischer Salzsäure versetzt. Die Lösung färbt sich rasch braun, grün, indigoblau, und schließlich scheiden sich rote Nadeln ab. Nach dem Absaugen wird mit Aceton gewaschen. Ausbeute 0,74 g[4].

Eigenschaften: Aus Chloroform-Aceton dünne rote Nadeln, Schmelzp. 198°. Löslich in Alkohol, Chloroform; schwer löslich in Aceton, Toluol; unlöslich in Äther, Petroläther, Ligroin.

Bis-(2-methyl-3-carbäthoxy-pyrryl)-methen $C_{17}H_{20}O_4N_2$. Durch Zerlegen des in Alkohol aufgeschlämmten Chlorhydrats mit verdünntem Ammoniak. Isolierung durch starkes Abkühlen oder Zusatz von Wasser. — Aus Äthylalkohol $C_{17}H_{20}O_4N_2 + C_2H_5OH$, Schmelzp. 179—180° unter Zersetzung; aus Methylalkohol $C_{17}H_{20}O_4N_2 + CH_3OH$. Löslich in den meisten organischen Lösungsmitteln. Gibt mit Salzsäure das Chlorhydrat und mit Perchlorsäure ein Perchlorat[4].

[1] H. Fischer, M. Goldschmidt u. W. Nüßler: Liebigs Ann. **486**, 46 (1931).
[2] H. Fischer u. F. Schubert: Hoppe-Seylers Z. **155**, 87 (1925).
[3] H. Fischer u. F. Schubert: Hoppe-Seylers Z. **155**, 78 (1925).
[4] H. Fischer u. F. Schubert: Hoppe-Seylers Z. **155**, 90 (1925).
[5] H. Fischer u. F. Schubert: Hoppe-Seylers Z. **155**, 92 (1925).

Bis-(2-methyl-3-carbäthoxy-4-brom-pyrryl)-methen[1].

Mol-Gewicht: 474,01.

Zusammensetzung: 43,03% C; 3,80% H; 13,51% O; 5,90% N; 33,76% Br. $C_{17}H_{18}O_4N_2Br_2$.

$$H_5C_2OOC \cdot C\!=\!\!=\!C \cdot Br \qquad\qquad Br \cdot C\!=\!\!=\!C \cdot COOC_2H_5$$
$$H_3C \cdot C \quad C\!-\!\!-\!\!-\!\!-CH\!=\!\!=\!\!=\!C \quad C \cdot CH_3$$
$$\diagdown\!\!\diagup \qquad\qquad\qquad \diagdown\!\!\diagup$$
$$NH \qquad\qquad\qquad\qquad N$$

Darstellung: Zu einer schwach erwärmten Lösung von 1,6 g 2-Methyl-3-carbäthoxy-5-formylpyrrol $C_9H_{11}O_3N$ in Eisessig werden 1,2 g Brom (4 Mol) in Eisessig hinzugefügt. Nach 1 tägigem Stehen wird vom ausgefallenen Chlorhydrat abgesaugt und mit Eisessig und Wasser gewaschen. Ausbeute 1,2 g. Durch Schütteln mit Sodalösung in Chloroform wird daraus das freie Methen in üblicher Weise dargestellt.

Eigenschaften: Aus Chloroform-Petroläther hellrote Krystalle, Schmelzp. 214°. Löslich in Alkohol, Aceton, Eisessig; unlöslich in Ligroin und Petroläther.

Bromhydrat $C_{17}H_{18}O_4N_2Br_3$. Aus Chloroform-Petroläther Nadeln, Schmelzp. 185° unter Zersetzung. Leicht löslich in Alkohol, Eisessig, Chloroform, Benzol; schwer in Aceton; unlöslich in Petroläther[1].

Nickelsalz $C_{34}H_{34}O_8N_4Br_4Ni$. Durch Zusatz von Nickelnitratlösung zu einer heißen alkoholischen Lösung des Methens. — Grün schillernde Krystalle.

Kupfersalz $C_{34}H_{34}O_8N_4Br_4Cu$. Entsteht beim Versetzen einer alkoholischen Lösung des Methens mit Kupferacetatlösung. — Grüne Nadeln.

Zinksalz $C_{34}H_{34}O_8N_4Br_4Zn$. Darstellung durch Hinzufügung einer alkoholischen Zinkacetatlösung zur alkoholischen des Methens. — Orangerote Krystalle mit grünlicher Fluorescenz.

Cobaltsalz $C_{34}H_{34}O_8N_4Br_4Co$. Bildet sich, wenn zu einer alkoholischen Lösung des Methens Cobaltnitratlösung und etwas Ammoniak zugegeben wird. — Grün schillernde Krystalle, die im durchfallenden Licht rot erscheinen[1].

Bis-(2-methyl-5-carbäthoxypyrryl)-methan[2].

Mol-Gewicht: 318,28.

Zusammensetzung: 64,15% C; 6,92% H; 27,13% O; 8,80% N. $C_{17}H_{22}O_4N_2$.

$$H \cdot C\!-\!\!-\!C\!-\!\!-\!\!-\!\!-CH_2\!-\!\!-\!\!-\!\!-C\!-\!\!-\!C \cdot H$$
$$H_5C_2OOC \cdot C \quad C \cdot CH_3 \qquad H_3C \cdot C \quad C \cdot COOC_2H_5$$
$$\diagdown\!\!\diagup \qquad\qquad\qquad \diagdown\!\!\diagup$$
$$NH \qquad\qquad\qquad NH$$

Darstellung: 2-Methyl-5-carbäthoxypyrrol $C_8H_{11}O_2N$ gelöst in warmem 40 proz. Formaldehyd wird mit konz. Salzsäure versetzt, bis das Methan ausfällt.

Eigenschaften: Aus Alkohol oder Eisessig kugelige Aggregate, Schmelzp. 195—196°.

Bis-(2-äthyl-5-carbäthoxy-pyrryl-3)-methan[3].

Mol-Gewicht: 346,32.

Zusammensetzung: 65,89% C; 7,51% H; 18,54% O; 8,09% N. $C_{19}H_{26}O_4N_2$.

$$H \cdot C\!-\!\!-\!C\!-\!\!-\!\!-\!\!-CH_2\!-\!\!-\!\!-\!\!-C\!-\!\!-\!C \cdot N$$
$$H_5C_2OOC \cdot C \quad C \cdot C_2H_5 \qquad H_5C_2 \cdot C \quad C \cdot COOC_2H_5$$
$$\diagdown\!\!\diagup \qquad\qquad\qquad \diagdown\!\!\diagup$$
$$NH \qquad\qquad\qquad NH$$

Darstellung: 1 g 2-Äthyl-5-carbäthoxypyrrol $C_9H_{13}O_2N$ in wenig Alkohol wird mit 8 ccm 40 proz. Formaldehyd versetzt und dann 1 ccm konz. Salzsäure zugegeben, wonach das Methan sofort ausfällt.

Eigenschaften: Aus Alkohol, Schmelzp. 197 (korr.).

[1] H. Fischer u. F. Schubert: Hoppe-Seylers Z. **155**, 93 (1925).
[2] H. Fischer, H. Beller u. A. Stern: Ber. dtsch. chem. Ges. **61**, 1079 (1928).
[3] H. Fischer, H. Beller u. A. Stern: Ber. dtsch. chem. Ges. **61**, 1081 (1928).

Bis-(2-methyl-3-acetyl-4-äthyl-pyrryl)-methan[1].

Mol-Gewicht: 314, 32.

Zusammensetzung: 72,61% C; 8,28% H; 10,90% O; 8,21% N. $C_{19}H_{26}O_2N_2$.

Darstellung: Durch Verkochen von 2-Methyl-3-acetyl-4-äthyl-pyrrol $C_9H_{13}ON$ mit 40 proz. Formaldehydlösung, wobei zunächst Lösung eintritt und dann das Methan auskrystallisiert.

Eigenschaften: Aus Pyridin-Wasser farblose Blättchen, Schmelzp. 259°.

Bis-(2-methyl-4-äthyl-pyrryl)-methenperchlorat[2].

Mol-Gewicht: 328,90.

Zusammensetzung: 54,88% C; 6,40% H; 19,45% O; 8,54% N; 10,83% Cl. $C_{15}H_{21}O_4N_2Cl$.

$$\begin{array}{ccccccc}
H \cdot C\!\!-\!\!C \cdot C_2H_5 & & & & H_5C_2 \cdot C\!\!=\!\!C \cdot H \\
H_3C \cdot C \quad C\!\!-\!\!\!-\!\!\!-\!\!\!-\!\!CH\!\!=\!\!\!=\!\!\!=\!\!C \quad C \cdot CH_3 \\
NH & & & & N \cdot HClO_4
\end{array}$$

Darstellung: Durch mehrmaliges Aufkochen einer Lösung von 2-Methyl-4-äthylpyrrol $C_7H_{11}N$ in Alkohol mit Ameisensäure und Perchlorsäure. Beim Erkalten scheidet sich das Perchlorat ab.

Eigenschaften: Aus Alkohol leuchtend rote, makroskopische Nadeln.

Eisensalz des Bis-(2-methyl-4-äthyl-pyrryl)-methens $C_{30}H_{40}N_4Fe$. Entsteht beim Versetzen einer heißen alkoholischen Lösung des Perchlorats mit einer Lösung von Ferroacetat in 50 proz. Alkohol. Nach Zugabe von etwas Ammoniak tritt Krystallisation ein. — Aus ammoniakalischem Alkohol blaugrün schillernde Krystalle, Schmelzp. 165°[3].

[2(5)-Methyl-3-brom-4(3)-äthyl-pyrryl]-(2-brommethyl-3-brom-4-äthyl-pyrrolenyl)-methenbromhydrat[1].

Mol-Gewicht: 545,92.

Zusammensetzung: 32,96% C; 3,29% H; 5,13% N; 58,65% Br. $C_{15}H_{18}N_2Br_4$.

$$\begin{array}{ccccccc}
Br \cdot C\!\!-\!\!C \cdot C_2H_5 & & & & H_5C_2C\!\!=\!\!C \cdot Br \\
H_3C \cdot C \quad C\!\!-\!\!\!-\!\!\!-\!\!\!-\!\!CH\!\!=\!\!\!=\!\!\!=\!\!C \quad C \cdot CH_2Br \\
NH & & & & NHBr
\end{array}$$

Darstellung: Durch Versetzen von Bis-(2-methyl-3-acetyl-4-äthylpyrryl)-methan in heißem Eisessig mit einem Überschuß an Brom, wobei lebhafte Bromwasserstoffentwicklung eintritt. Nach dem Erkalten und Reiben krystallisiert das Methenbromhydrat aus.

Eigenschaften: Aus Chloroform-Petroläther intensiv gelbe, in der Durchsicht rote, feine Nadeln ohne Schmelzpunkt.

Bis-(2-methyl-3-propionsäure-4-äthyl-pyrryl)-methenbromhydrat[4].

Mol-Gewicht: 453,27.

Zusammensetzung: 55,61% C; 6,45% H; 19,12% O; 6,18% N; 12,64% Br. $C_{21}H_{29}O_4N_2Br$.

$$\begin{array}{ccccccc}
HOOC \cdot H_2C \cdot H_2C \cdot C\!\!-\!\!C \cdot C_2H_5 & & & H_5C_2 \cdot C\!\!=\!\!C \cdot CH_2 \cdot CH_2 \cdot COOH \\
H_3C \cdot C \quad C\!\!-\!\!\!-\!\!\!-\!\!CH\!\!=\!\!\!=\!\!\!=\!\!C \quad C \cdot CH_3 \\
NH & & & NHBr
\end{array}$$

Darstellung: Durch 1 stündiges Erhitzen von 4 g 2-Methyl-3-propionsäure-4-äthylpyrrol $C_{10}H_{15}O_2N$ in 15 ccm Ameisensäure und 5 ccm Bromwasserstoffsäure auf dem Wasserbad.

---

[1] H. Fischer u. R. Bäumler: Liebigs Ann. **468**, 74 (1929).
[2] H. Fischer u. J. Klarer: Liebigs Ann. **450**, 199 (1926).
[3] H. Fischer u. J. Klarer: Liebigs Ann. **448**, 193 (1926).
[4] H. Fischer u. G. Stangler: Liebigs Ann. **462**, 262 (1928).

Nach dem Einengen und Abkühlen krystallisiert das Bromhydrat aus, das nach einigem Stehen abgesaugt und mit Äther gewaschen wird.

Eigenschaften: Aus Eisessig rötliche Prismen. Dient zur Darstellung von Homokopro-porphyrin IV.

Bis-(2-brommethyl-3-propionsäure-4-äthyl-pyrryl)-methenbromhydrat[1].

Mol-Gewicht: 611,1.

Zusammensetzung: 41,24% C; 4,46% H; 10,47% O; 4,59% N; 39,24% Br. $C_{21}H_{27}O_4N_2Br_3$.

Darstellung: Zu 0,9 g Bis-(2-methyl-3-propionsäure-4-äthylpyrryl)methenbromhydrat in 1,5 ccm Eisessig wurden 0,7 g Brom gegeben und bis zur Beendigung der Bromwasserstoffentwicklung gekocht. Die Krystallisation beginnt schon in der Wärme. Nach einigem Stehen wird abgesaugt und erst mit Eisessig, dann mit Äther gewaschen. Ausbeute 1 g.

Eigenschaften: Aus Eisessig rote Nadeln.

Bis-(2-brom-3,4-diäthyl-pyrryl)-methenbromhydrat[2].
5,5'-Dibrom-3,4-3',4'-tetraäthyl-pyrryl-pyrrolenyl-methenbromhydrat.

Mol-Gewicht: 495,05.

Zusammensetzung: 41,22% C; 4,68% H; 5,66% N; 48,44% Br. $C_{17}H_{23}N_2Br_3$.

Darstellung: Durch Versetzen von 0,5 g Bis-(2-carboxy-3,4-diäthylpyrryl)-methan $C_{19}H_{26}O_4N_2$ in 1 ccm Eisessig mit 0,77 g Brom (2 Mol) in 1 ccm Eisessig und 12 stündigem Stehenlassen.

Eigenschaften: Aus Eisessig derbe rote Prismen. Dient zur Darstellung von Octaäthylporphin. Schmelzp. 206° (Pregl-Block).

(3,4-Diäthyl-5-brom-pyrryl)-(2-methyl-3,4-diäthyl-pyrrolenyl)-methenbromhydrat[3].

Mol-Gewicht: 430,16.

Zusammensetzung: 50,23% C; 6,04% H; 6,51 %N; 37,20% Br. $C_{18}H_{26}N_2Br_2$.

$$
\begin{array}{ccc}
H_5C_2 \cdot C\!\!-\!\!C \cdot C_2H_5 & \quad & H_5C_2 \cdot C\!\!=\!\!C \cdot C_2H_5 \\
Br \cdot C \quad C\!\!-\!\!\!-\!\!\!-CH\!\!=\!\!\!-\!\!\!C \quad C \cdot CH_3 \\
NH & \quad & NHBr
\end{array}
$$

Darstellung: 1 g 2-Methyl-3,4-diäthylpyrrol $C_9H_{15}N$ in 5 ccm Eisessig wird bei Tageslicht mit 7,5 ccm einer Lösung von 50 g Brom in 100 ccm Eisessig versetzt, wobei unter starker Erwärmung Bromwasserstoffentwicklung und Grünfärbung eintritt. Beim Abkürzen tritt Krystallisation ein (Perbromid). Nach einigem Stehen wird abgesaugt und der Rückstand aus Benzol-Petroläther umkrystallisiert.

Eigenschaften: Rote Blättchen mit grünlichem Oberflächenglanz, Schmelzp. 194°.

Perbromid $C_{18}H_{26}N_2Br_3$ s. oben. Aus Eisessig häufig durchwachsene, blauviolette und sehr kleine, intensiv rote Blättchen, Schmelzp. 132°.

(3,4-Diäthyl-5-brom-pyrryl)-(2-methyl-3,4-diäthyl-pyrrolenyl)-methen $C_{18}H_{25}N_2Br$. Bildet sich bei tropfenweisem Zugeben von wässerigem Ammoniak zu einer Lösung des Perbromids oder Bromhydrats in heißem Alkohol bis zur Trübung. Nachdem wird erhitzt und beim Erkalten mit einem Glasstab gerieben. — Aus Alkohol-Wasser braunrote verfilzte Nadeln, Schmelzp. 97°. Verwittert sehr rasch an der Luft. Gibt beim Schütteln mit Eisessig-Bromwasserstoff das Bromhydrat zurück[3].

Bis-(3,4-diäthyl-5-carboxy-pyrryl)-methan[2].

Mol-Gewicht: 356,32.

Zusammensetzung: 65,89% C; 7,52% H; 18,49% O; 8,10% N. $C_{19}H_{26}O_4N_2$.

[1] H. Fischer u. G. Stangler: Liebigs Ann. **462**, 263 (1928).
[2] H. Fischer u. R. Bäumler: Liebigs Ann. **468**, 94 (1929).
[3] H. Fischer u. R. Bäumler: Liebigs Ann. **468**, 83 ff. (1929).

Darstellung: 1 g 2-Methyl-3, 4-diäthyl-5-carbäthoxypyrrol $C_{12}H_{19}O_2N$ in 10 ccm abs. Äther wird mit 0,76 g Brom (1 Mol) versetzt; wobei unter Bromwasserstoffentwicklung zunächst ein dunkles Öl ausfällt, das nach dem Stehen durch tropfenweisen Zusatz von Benzol und Reiben mit dem Glasstab erstarrt. (Ausbeute 46%.) Schmelzp. 105°. Nun wird mit Methylalkohol und Formaldehyd erst 6 Stunden gekocht, dann nach Zusatz von verdünnter Natronlauge bis zur Trübung noch einmal 3 Stunden erhitzt, mit viel Wasser verdünnt, nach einigem Stehen filtriert und schließlich bei 0° die Dicarbonsäure mit verdünnter Schwefelsäure gefällt. Nach dem Filtrieren wird der Rückstand mit Benzol ausgekocht.

Eigenschaften: Aus Alkohol Wasser farblose, langgestreckte, häufig verwachsene Rhomben, Schmelzp. 186°. Färbt sich bei längerem Aufbewahren dunkel.

Bis-(2-methyl-3, 4-diäthyl-pyrryl)-methenperchlorat.
5, 5′-Dimethyl-3, 4-3′, 4′-tetraäthyl-pyrryl-pyrrolenyl-methenperchlorat[1].

Mol-Gewicht: 384,81.

Zusammensetzung: 59,36% C; 7,55% H; 16,89% O; 7,29% N; 9,11% Cl. $C_{19}H_{29}O_4N_2Cl$.

Darstellung: Durch 1stündiges Erhitzen von 2-Methyl-3, 4-diäthylpyrrol $C_9H_{15}N$ mit überschüssiger Ameisensäure und etwas Perchlorsäure. Beim Eindunsten im Vakuum Krystallisation.

Eigenschaften: Aus Chloroform-Petroläther, Schmelzp. 173°.

Bromhydrat $C_{19}H_{29}N_2Br$. Wie oben, jedoch mit Bromwasserstoffsäure. — Aus Chloroform Petroläther, Schmelzp. 202°.

Bis-(2-methyl-3, 4-diäthyl-pyrryl)-methen $C_{19}H_{28}N_2$ (M = 284,34). Durch Versetzen des Bromhydrats in warmem Alkohol mit konz. Ammoniak bis zur bleibenden Trübung, wonach beim Reiben Krystallisation eintritt. — Aus ammoniakalischem Alkohol gelbe Rhomben, Schmelzp. 92°. Sehr unbeständig.

Kupfersalz des Methens $C_{38}H_{54}N_4Cu$. Aus dem Perchlorat mit ammoniakalischer Kupfersalzlösung. — Aus Alkohol grünblaue Prismen; Schmelzp. 176°[1].

Bis-[2 (5)-brommethyl-3, 4-diäthyl-pyrryl]-methenbromhydrat.
2, 2′(5, 5′)-Dibrommethyl-3, 4-3′, 4′-tetraäthyl-pyrryl-pyrrolenyl-methenbromhydrat[2].

Mol-Gewicht: 523,09.

Zusammensetzung: 43,59% C; 5,16% H; 5,36% N; 45,88% Br. $C_{19}H_{27}N_2Br_3$.

Darstellung: 0,5 g Bis-(2-methyl-3, 4-diäthyl-pyrryl)-methenbromhydrat in wenig Eisessig aufgeschlämmt, werden mit 0,43 g Brom (2 Mol) in wenig Eisessig versetzt und 1½ Stunden erhitzt, wonach beim Erkalten Krystallisation eintritt.

Eigenschaften: Aus Chloroform-Petroläther rote Prismen mit blaugrünem Oberflächenglanz. Kein Schmelzpunkt.

(2, 4-Dibrom-3-methyl-pyrryl)-(2, 4-dimethyl-3-äthyl-pyrrolenyl)-methen-bromhydrat.
4, 3′, 5′-Trimethyl-4′-äthyl-3, 5-dibrom-pyrromethenbromhydrat[3].

Mol-Gewicht: 452, 98.

Zusammensetzung: 37,08% C; 3,75% H; 6,17% N; 53,00% Br. $C_{14}H_{17}N_2Br_3$.

$$\begin{array}{ccccccc}
H_3C\cdot C\!\!&\!\!\!-\!\!\!&\!\!C\cdot Br & & H_3\cdot CH_3\cdot C\!\!&\!\!\!=\!\!\!&\!\!C\cdot C_2H_5 \\
\| & & \| & & & | & | \\
Br\cdot C & & C\!\!-\!\!\!\!\!-\!\!\!-\!\!CH\!\!=\!\!\!=\!\!\!-\!\!C & & C\cdot CH_3 \\
\diagdown & \diagup & & \diagdown & \diagdown\!\!\!\| \\
NH & & & & NHBr
\end{array}$$

---

[1] H. Fischer u. R. Bäumler: Liebigs Ann. **468**, 82 (1929).
[2] H. Fischer u. R. Bäumler: Liebigs Ann. **468**, 83 (1929).
[3] H. Fischer u. H. Berg: Liebigs Ann. **482**, 197 f. (1930).

Darstellung: 5 g 4, 3′, 5′-Trimethyl-3-brom-4′-äthyl-5-carboxy-pyrromethenbrom-
hydrat werden mit 35 ccm Ameisensäure und 5 g Brom in der Kälte versetzt, wonach stürmische Kohlensäureentwicklung eintritt und ein gelbes Bromadditionsprodukt
ausfällt. Nach 5—10 Minuten Stehen wird auf dem Wasserbad bis zur Beendigung
der Bromwasserstoffentwicklung erhitzt, wobei teilweise Krystallisation einsetzt. Nach
dem Erkalten bleibt noch 2—3 Stunden stehen, dann wird abgesaugt, mit wenig
Ameisensäure gewaschen, scharf abgepreßt und im Vakuum über Ätznatron getrocknet.
Ausbeute 5—6 g.

Eigenschaften: Aus Eisessig stahlblaue, aus Aceton kupferfarbene Nadeln. Zersetzungspunkt 175°. Dient zur Darstellung von Pyrro- und Brompyrroporphyrin III und XII und
Deuterätio- und Bromdeuterätioporphyrin II.

Bis-(3-methyl-4-propyl-5-brom-pyrryl)-methenbromhydrat.
3, 3′-Dimethyl-4, 4′-dipropyl-5, 5′-dibrom-pyrromethenbromhydrat[1].

Mol-Gewicht: 495.
Zusammensetzung: 41,21% C; 4,69% H; 5,66% N; 48,44% Br. $C_{17}H_{23}N_2Br_3$.

$$
\begin{array}{ccc}
H_7C_3 \cdot C \!\!-\!\! C \cdot CH_3 & \qquad & H_3C \cdot C \!\!=\!\! C \cdot C_3H_7 \\
Br \cdot C \quad C \!\!-\!\! CH \!\!=\!\! C \quad C \cdot Br \\
\diagdown NH \diagup & \qquad & \diagdown NHBr \diagup
\end{array}
$$

Darstellung: 1 g frisches 3, 3′-Dimethyl-4, 4′-dipropyl-5, 5′-dicarboxy-pyrromethan aufgeschlämmt in 5 ccm Ameisensäure wird mit 0,7—0,8 ccm einer Lösung von 5 g Brom in 10 ccm
Ameisensäure versetzt. Beim Reiben scheidet sich das Bromhydrat ab (Kohlensäureentwicklung). Nach ½stündigem Stehen in Eiswasser absaugen und waschen mit Äther. Ausbeute
bis zu 1 g.

Eigenschaften: Aus Ameisensäure mit etwas Bromwasserstoffsäure kleine rote Nadeln
ohne Schmelzpunkt. Dient zur Darstellung von Tetramethyl-tetrapropyl-porphin IV.

3, 3′-Dimethyl-4, 4′-dipropyl-5, 5′-dibrom-pyrromethen $C_{17}H_{22}N_2Br_2$. Das Bromhydrat
in wenig heißem Alkohol wird mit wässeriger Ammoniaklösung bis fast zur Trübung versetzt.
Beim Abkühlen Krystallisation. — Aus Alkohol gelbbraune Sternchen, Schmelzp. 141°.

Bis-(3-methyl-4-carbäthoxy-pyrryl)-methen[2].

Mol-Gewicht: 316,27.
Zusammensetzung: 64,52% C; 6,33% H; 20,27% O; 8,84% N. $C_{17}H_{20}O_4N_2$.

$$
\begin{array}{ccc}
H_5C_2OOC \cdot C \!\!-\!\! C \cdot CH_3 & \qquad & H_3C \cdot C \!\!=\!\! C \cdot COOC_2H_5 \\
C \quad C \!\!-\!\! CH \!\!=\!\! C \quad C \\
\diagdown NH \diagup & \qquad & \diagdown N \diagup
\end{array}
$$

Darstellung: Ein äquimolekulares Gemisch von 2-Formyl-3-methyl-4-carbäthoxypyrrol
$C_9H_{11}O_3N$ und 3-Methyl-4-carbäthoxypyrrol $C_8H_{11}O_2N$ wird mit etwas konz. Salzsäure verrührt, wonach unter Dunkelfärbung Lösung eintritt und nach Reiben mit dem Glasstab das
Chlorhydrat des Methens als voluminöser roter Krystallbrei ausfällt. Nach dem Filtrieren
wird in Ameisensäure gelöst, mit konz. Salzsäure ausgefällt, dann in Äther suspendiert und
mit verdünnter Natronlauge zerlegt. Nach dem Verdunsten des Äthers hinterbleibt das Methen
in Form orangefarbener, langer Nadeln.

Eigenschaften: Aus Alkohol orangefarbene Nadeln, Schmelzp. 129°. Ist sehr beständig
und reaktionsfähig.

---

[1] H. Fischer, M. Goldschmidt u. W. Nüßler: Liebigs Ann. **486**, 40 (1931).
[2] H. Fischer u. O. Wiedemann: Hoppe-Seylers Z. **155**, 61 (1926).

Chlorhydrat $C_{17}H_{21}O_4N_2Cl$. Schmelzp. 195°. Leicht löslich in Alkohol, Eisessig, Wasser; schwerer in Äther. Zersetzt sich in allen Lösungsmitteln schon beim geringen Erwärmen.

Bis-(2-formyl-3-methyl-4-carbäthoxy-pyrryl)-methan[1].

Mol-Gewicht: 374,3.

Zusammensetzung: 60,93% C; 5,93% H; 25,65% O; 7,49% N. $C_{19}H_{22}O_6N_2$.

Darstellung: In eine Lösung von 0,7 g trockenem Bis-(3-methyl-4-carbäthoxy-pyrryl)-methan $C_{17}H_{22}O_4N_2$ in wasserfreiem Chloroform leitet man nach Zugabe von 1 ccm Blausäure solange Chlorwasserstoff unter Eiskühlung ein, bis alles zu einem Krystallbrei erstarrt ist. Dann wird abgesaugt, mit Chloroform ausgewaschen, auf Ton gepreßt und schließlich mit 50 proz. Alkohol verkocht, wobei zunächst alles in Lösung geht, um dann plötzlich zu einem dicken Krystallbrei zu erstarren.

Eigenschaften: Aus Alkohol lanzettförmige Nadeln, Schmelzp. 188°. Leicht löslich in Chloroform, Alkohol; fast unlöslich in Wasser. Leicht löslich in warmer konz. Salzsäure unter Bildung eines dunkelbraunen, schwerlöslichen, amorphen Produktes, das in Eisessig-Salzsäure gelöst folgendes Spektrum zeigt: λ 628,2; 578,5; 487,0; End. Abs. 433,0 μm.

Diphenylhydrazon $C_{31}H_{34}O_4N_6$. Durch Kochen des Aldehyds in alkoholischer Lösung mit Phenylhydrazin, wobei das Hydrazon in der Hitze ausfällt. — Aus Eisessig kleine Würfel, Schmelzp. 246—247° unter Dunkelfärbung. Schwer löslich in Alkohol.

Dioxym $C_{19}H_{24}O_6N_4$. Eine chloroform-alkoholische Lösung des Aldehyds (0,37 g) wird mit einer neutralisierten Hydroxylamin-chlorhydratlösung (0,21 g) längere Zeit bei 40° stehengelassen. — Aus Alkohol, Schmelzp. 221° (ab 215° Verfärbung).

(3-Methyl-4-carbäthoxy-pyrryl)-(2, 4-dimethyl-3-carbäthoxy-pyrrolenyl)-methenchlorhydrat[2].

Mol-Gewicht: 366,75.

Zusammensetzung: 58,92% C; 6,34% H; 17,43% O; 7,64% N; 9,67% Cl. $C_{18}H_{23}O_4N_2Cl$.

Darstellung: Durch Kondensation äquimolekularer Mengen von 2-Formyl-3-methyl-4-carbäthoxypyrrol $C_8H_{11}O_3N$ und 2, 4-Dimethyl-3-carbäthoxypyrrol $C_9H_{13}O_2N$ in wenig Alkohol mittels konz. Salzsäure. Nach kurzem Erwärmen scheidet sich das Methenchlorhydrat ab.

Eigenschaften: Aus viel Alkohol glänzende, rotgelbe Nadeln, die bei 190° sintern und bei 218° schmelzen.

Bis-(3-methyl-4-propyl-5-carbäthoxy-pyrryl)-methan.
3, 3′-Dimethyl-4, 4′-dipropyl-5, 5′-dicarbäthoxy-pyrromethan[3].

Mol-Gewicht: 402,4.

Zusammensetzung: 66,13% C; 8,51% H; 18,40% O; 6,96% N. $C_{23}H_{34}O_4N_2$.

Darstellung: 10 g rohes 2 - Brommethyl - 3 - methyl - 4 - propyl - 5 - carbäthoxy - pyrrol $C_{12}H_{18}O_2NBr$ in 40 ccm Methylalkohol werden mit 5—10 Tropfen Formalin 2—3 Stunden unter Rückfluß gekocht. Nach Stehen über Nacht wird von der Krystallisation abgesaugt und aus der Mutterlauge der Rest des Methans mit heißem Wasser gefällt. Gesamtausbeute bei 26 g Einsatz = 15 g.

Eigenschaften: Aus Methylalkohol weiße Nadeln, Schmelzp. 132°.

3, 3′-Dimethyl-4, 4′-dipropyl-5, 5′-dicarboxy-pyrromethan $C_{19}H_{26}O_4N_2$. 14 g Ester in 300 ccm Alkohol werden mit 3 Mol Natronlauge erhitzt, bis eine Probe mit Wasser keinen nennenswerten Niederschlag mehr gibt (3—4 Stunden), wobei teilweise Abscheidung des Natriumsalzes eintritt. Nachdem wird der Alkohol vertrieben, mit heißem Wasser verdünnt, filtriert und das Filtrat unter Eiskühlung tropfenweise mit verdünnter Schwefelsäure bis zur schwach kongosauren Reaktion versetzt, wobei die Dicarbonsäure ausfällt. Nach dem Absaugen wird mit Wasser mineralsäurefrei gewaschen und auf Ton getrocknet. Ausbeute 8—9 g. — Aus Alkohol mit Tierkohle weiße Krystalle, Schmelzp. 165°.

---

[1] H. Fischer u. P. Halbig: Liebigs Ann. **447**, 136 (1926).
[2] H. Fischer u. O. Wiedemann: Hoppe-Seylers Z. **155**, 62 (1926).
[3] H. Fischer, M. Goldschmidt u. W. Nüßler: Liebigs Ann. **486**, 39 (1931).

(2-Carboxy-3-methyl-4-brom-pyrryl)-(2, 4-dimethyl-3-äthyl-pyrrolenyl)-methenbromhydrat.
4, 3′, 5′-Trimethyl-3-brom-4′-äthyl-5-carboxy-pyrromethen-bromhydrat[1].

Mol-Gewicht: 338,16.

Zusammensetzung: 53,25% C; 5,36% H; 4,15% O; 8,28% N; 28,96% Br. $C_{15}H_{18}O_2N_2Br$.

$$\begin{array}{ccccc}
H_3C \cdot C\!\!-\!\!C \cdot Br & & & H_3C \cdot C\!\!=\!\!C \cdot C_2H_5 & \\
HOOC \cdot C \quad C\!\!-\!\!\!-\!\!\!-\!\!\!-\!\!CH\!\!=\!\!\!=\!\!\!=\!\!C \quad C \cdot CH_3 & & & & \\
NH & & & NHBr &
\end{array}$$

Darstellung: 2,1 g 2-Carboxy-3-methyl-4-brom-5-formyl-pyrrol $C_7H_6O_3NBr$ mit 1 g Kryptopyrrol $C_8H_{13}N$ innig verrieben, werden mit 1 ccm Eisessig durchgerührt, wobei anfänglich fast vollständige Lösung und dann Erstarrung eintritt. Zu der festen Masse werden 2 ccm 48 proz. Bromwasserstoffsäure gegeben und damit gut durchgearbeitet, wobei das Bromhydrat rasch hellrot auskrystallisiert. Nach 15 Minuten Stehen wird filtriert und mit wenig Eisessig und Äther nachgewaschen. Ausbeute 3 g.

Eigenschaften: Orangefarbene Nadeln, die sich bei 130° schwarz färben und allmählich zersetzen. Läßt sich nicht umkrystallisieren[1]. Dient zur Darstellung von Pyrroätioporphyrin I[2].

4, 3′, 5′-Trimethyl-3-brom-4′-äthyl-5-carboxy-pyrromethen. Durch Lösen des Bromhydrats in Aceton und Zerlegen mit wenig konz. Ammoniak. — Rhombische Blättchen. Sehr zersetzlich.

(2-Carboxy-3-methyl-4-brom-pyrryl)-(3-propionsäure-4, 5-dimethyl-pyrrolenyl)-methenbromhydrat.
3-Brom-4, 4′, 5′-trimethyl-5-carboxy-3′-propionsäure-pyrromethen-bromhydrat[3].

Mol-Gewicht: 462,1.

Zusammensetzung: 41,52% C; 3,92% H; 13,88% O; 6,09% N; 34,59% Br. $C_{16}H_{18}O_4N_2Br_2$.

$$\begin{array}{ccccc}
H_3C \cdot C\!\!-\!\!C \cdot Br & & HOOC \cdot H_2C \cdot H_2C \cdot C\!\!=\!\!C \cdot CH_3 & \\
HOOC \cdot C \quad C\!\!-\!\!\!-\!\!\!-\!\!\!-\!\!CH\!\!=\!\!\!=\!\!\!=\!\!C \quad C \cdot CH_3 & & & \\
NH & & NHBr &
\end{array}$$

Darstellung: 1 g 2-Carboxy-3-methyl-4-brom-5-formyl-pyrrol $C_7H_6O_3NBr$ und 7,2 g Hämopyrrolcarbonsäure mit wenig Eisessig zu einem dicken Brei verrührt, werden mit 1 ccm 48 proz. Bromwasserstoffsäure versetzt. Beim Reiben tritt rasch Krystallisation ein.

Eigenschaften: Aus Eisessig gelbe bis rote Nadeln, Zersetzungsp. 230° (ab 170° Schwarzfärbung). Zersetzt sich beim Umkrystallisieren gern. Dient zur Darstellung von Pyrroporphyrin XV.

(3, 5-Dibrom-4-methyl-pyrryl)-(2, 4-dimethyl-3-propionyl-pyrrolenyl)-methenbromhydrat.
3, 5-Dibrom-4, 3′, 5′-trimethyl-4′-propionyl-pyrromethenbromhydrat[4].

Mol-Gewicht: 452,97.

Zusammensetzung: 37,50% C; 4,00% H; 11,5% O; 7,00% N; 40,00% Br. $C_{15}H_{17}OBr_3$.

Darstellung: 2, 4-Dimethyl-3-propionyl-5-carboxy-pyrrol $C_{10}H_{13}O_3N$ in Eisessig wird mit Brom im Überschuß versetzt. Das Bromhydrat krystallisiert aus.

Eigenschaften: Rote Krystalle ohne Schmelzpunkt.

3, 5-Dibrom-4′, 3′, 5′-trimethyl-4′-propionyl-pyrromethen $C_{15}H_{16}ON_2Br_2$. Aus dem Bromhydrat mit Alkohol-Ammoniak wie üblich. — Orangerote Blättchen, Zersetzungsp. 175°.

───────────

[1] H. Fischer u. H. Berg: Liebigs Ann. **482**, 196 (1930).
[2] H. Fischer u. A. Schorrmüller: Liebigs Ann. **482**, 239 (1930).
[3] H. Fischer, H. Berg u. A. Schorrmüller: Liebigs Ann. **480**, 143 (1930).
[4] H. Fischer, M. Goldschmidt u. W. Nüßler: Liebigs Ann. **486**, 52 (1931).

(3, 5-Dibrom-4-methyl-pyrryl)-(2, 4-dimethyl-3-brom-pyrrolenyl)-methen-bromhydrat.

Mol-Gewicht: 503,85.

Zusammensetzung: 28,58% C; 2,40% H; 5,56% N; 63,45% Br. $C_{12}H_{12}N_2Br_4$.

$$\begin{array}{ccccccc} H_3C \cdot C\!\!-\!\!C \cdot Br & & & & H_3C \cdot C\!\!=\!\!C \cdot Br \\ \| \quad \| & & & & | \quad | \\ Br \cdot C \quad C\!\!-\!\!\!-\!\!\!-\!\!CH\!\!=\!\!\!=\!\!\!-C \quad C \cdot CH_3 \\ \diagdown \; \diagup & & & & \diagdown \; \diagup \\ NH & & & & NHBr \end{array}$$

Bildung: Bei der Einwirkung von Brom auf 2, 4-Dimethyl-5-formyl-pyrrol $C_6H_{10}ON$[1], 2, 4-Dimethyl-3-brom-5-carboxy-pyrrol $C_7H_8O_2NBr$[2] und 2, 4-Dimethyl-3-acetyl-pyrrol $C_8H_{11}ON$[1].

Darstellung: 30 g 2, 4-Dimethyl-pyrrol C_6H_9N in 600 ccm Eisessig werden unter Eiskühlung mit 144 g Brom (3 Mol) in 150 ccm Eisessig auf einmal versetzt. Nach 1 tägigem Stehen wird abgesaugt und mit Eisessig und Petroläther gewaschen. Ausbeute 76 g = 96%[3].

Eigenschaften: Nach 2maligem Umfällen aus Chloroform-Petroläther rote Nadeln, die sich ab 210° dunkel färben und bei 260° noch nicht schmelzen. Bei der Oxydation mit Chromsäure-Schwefelsäure entsteht Bromcitraconimid.

(3, 5-Dibrom-4-methyl-pyrryl)-(2, 4-dimethyl-3-brom-pyrrolenyl)-methen[4].

Mol-Gewicht: 422,9. Ermittelt durch Siedepunktserhöhung in Benzol zu 435,7.

Zusammensetzung: 34,05% C; 2,62% H; 6,63% N; 56,70% Br. $C_{12}H_{11}N_2Br_3$.

Darstellung: 1,3 g bromwasserstoffsaures Salz, in 30 ccm Chloroform suspendiert, werden mit 50 ccm 10proz. Sodalösung kräftig geschüttelt. Nach dem Auswaschen mit Wasser und Trocknen wird das Chloroform im Vakuum bei Zimmertemperatur verdampft. Ausbeute 1 g.

Eigenschaften: Aus Aceton dunkelrote Nadeln. Verpufft beim raschen Erhitzen bei 192° unter Hinterlassung eines kohligen Rückstandes. Sehr leicht löslich in Chloroform; leicht in Benzol; weniger leicht in Aceton, Methylalkohol, Äthylalkohol und Äther.

Kupfersalz $C_{24}H_{20}N_4Br_6Cu$. Durch Einwirkung ammoniakalischer Kupfersalzlösung auf das Methen in Alkohol, bis keine neue Fällung mehr eintritt, wobei das Salz sofort ausfällt. — Feine Nadeln, im durchfallenden Licht rot, im auffallenden grün. Beim schnellen Erhitzen Zersetzung bei 211°. Leicht löslich in Chloroform, löslich in Benzol, weniger in Aceton. In Eisessig tritt beim Lösen Zersetzung ein. Spektrum in konz. Chloroformlösung: Unscharf 662,6—635,0; End. Abs. 573,9. Spektrum nach starker Verdünnung: 530,0—518,3; 438,4—462,4; End. Abs. 408,5 μm.

Zinksalz $C_{24}H_{20}N_4Br_6Zn$. Entsteht beim Zusammengeben einer heißen alkoholischen Lösung der Base mit einer heißen, gesättigten, schwach essigsauren alkoholischen Lösung von Zinkacetat. Scheidet sich ab in Form schwalbenschwanzartig verwachsener Prismen, die im auffallenden Licht rot-goldgelb-grün glänzen. Die alkoholische Lösung zeigt starke rotgrüne Fluorescenz. Spektrum in verdünnter Chloroformlösung: 538,5—463; End. Abs. 409,2 μm.

(3, 5-Dibrom-4-methyl-pyrryl)-(3-propionsäure-4, 5-dimethyl-pyrrolenyl)-methenbromhydrat.
3, 5-Dibrom-4, 4′, 5′-trimethyl-3′-propionsäure-pyrromethen-bromhydrat[5].

Mol-Gewicht: 496,99.

Zusammensetzung: 36,15% C; 3,42% H; 6,27% O; 5,63% N; 48,35% Br. $C_{15}H_{17}O_2N_2Br_3$.

[1] H. Fischer u. R. Bäumler: Liebigs Ann. **468**, 97 (1929).
[2] H. Fischer u. P. Ernst: Liebigs Ann. **447**, 148 (1926).
[3] H. Fischer u. B. Pützer: Ber. dtsch. chem. Ges. **61**, 1070 (1928). — H. Fischer u. H. Scheyer: Liebigs Ann. **434**, 248 (1923).
[4] H. Fischer u. H. Scheyer: Liebigs Ann. **434**, 248—251 (1923).
[5] H. Fischer, H. Berg u. A. Schorrmüller: Liebigs Ann. **480**, 143 (1930).

Darstellung: 1 g 3-Brom-4, 4', 5'-trimethyl-5-carboxy-3'-propionsäure-pyrromethenbrom-hydrat, mit 2 ccm Eisessig aufgeschlämmt, werden nach Versetzen mit 1 ccm einer Brom-Eisessiglösung (enthaltend 50 g Brom in 100 ccm Eisessig) vorsichtig auf dem Wasserbad bei 40—50° bis zum Nachlassen der Bromwasserstoffentwicklung erhitzt.

Eigenschaften: Aus Eisessig rautenförmige Täfelchen, die sich bei 205° schwarz färben, aber bis 170° nicht schmelzen.

Bis-(3-propyl-4-methyl-5-brom-pyrryl)-methenbromhydrat.
4, 4'-Dimethyl-3, 3'-dipropyl-5, 5'-dibrom-pyrromethenbromhydrat[1].

Mol-Gewicht: 495,05.
Zusammensetzung: 41,21% C; 4,69% H; 5,66% N; 48,44% Br. $C_{17}H_{23}N_2Br_3$.

$$H_3C \cdot C{\longrightarrow}C \cdot C_3H_7 \qquad\qquad H_7C_3 \cdot C{=\!\!=}C \cdot CH_3$$
$$Br \cdot C \quad C{\longrightarrow\!\!\!\longrightarrow}CH{=\!\!\!=\!\!\!=}C \quad C \cdot Br$$
$$NH \qquad\qquad\qquad\qquad NHBr$$

Darstellung: 2 g 4, 4'-Dimethyl-3, 3'-dipropyl-5, 5'-dicarboxy-pyrryl-methan suspendiert in 4 ccm Ameisensäure, werden in 3 Portionen mit 1,2 ccm einer Lösung von 58 g Brom in 100 ccm Eisessig versetzt. Nach $^1/_2$ stündigem Stehen wird abgesaugt und mit Äther gewaschen. Ausbeute 1,8—2 g.

Eigenschaften: Aus Ameisensäure mit etwas Bromwasserstoffsäure schwarzviolette, kleine, prismatische Krystalle ohne Schmelzpunkt. Dient zur Darstellung von Tetramethyl-tetraäthyl-porphin II, III und IV.

4, 4'-Dimethyl-3, 3'-dipropyl-5, 5'-dibrom-pyrromethen $C_{17}H_{22}N_2Br_2$. Aus dem Bromhydrat, suspendiert in wenig Alkohol und Ammoniak. Die Base fällt krystallin aus. — Aus Alkohol-Essigester orangebraune Nadeln, Schmelzp. 146°.

Pikrat. Durch Versetzen der in Äther gelösten Base mit überschüssiger feucht ätherischer Pikrinsäure; das Pikrat scheidet sich rasch krystallin ab. — Aus Alkohol orangefarbene Prismen, Schmelzp. 181° unter Zersetzung[1].

Bis-(3-propyl-4-methyl-5-brommethyl-pyrryl)-methenbromhydrat.
5, 5'-Dibrommethyl-4, 4'-dimethyl-3, 3'-dipropyl-pyrromethen-
bromhydrat[2].

Mol-Gewicht: 522,9.
Zusammensetzung: 43,60% C; 5,21% H; 5,35% N; 45,84% Br. $C_{19}H_{27}N_2Br_3$.

$$H_3C \cdot C{\longrightarrow}C \cdot C_3H_7 \qquad\qquad H_7C_3 \cdot C{=\!\!=}C \cdot CH_3$$
$$BrH_2C \cdot C \quad C{\longrightarrow\!\!\!\longrightarrow}CH{=\!\!\!=\!\!\!=}C \quad C \cdot CH_2Br$$
$$NH \qquad\qquad\qquad\qquad NHBr$$

Darstellung: 1,5 g 5, 5', 4, 4'-Tetramethyl-3, 3'-dipropyl-pyrromethen-bromhydrat in 5 ccm Eisessig werden heiß mit 1,1 ccm einer Lösung von 5 g Brom in 10 ccm Eisessig versetzt und dann unter Reiben 2 Minuten im siedenden Wasserbad erhitzt. Nach 2 stündigem Stehen wird abgesaugt und mit Petroläther gewaschen. Ausbeute bis 0,3 g.

Eigenschaften: Aus Eisessig rote Nadelbüschel ohne scharfen Schmelzpunkt. Dient zur Darstellung von Tetramethyl-tetrapropyl-porphin.

---

[1] H. Fischer, M. Goldschmidt u. W. Nüßler: Liebigs Ann. **486**, 24 (1931).
[2] H. Fischer, M. Goldschmidt u. W. Nüßler: Liebigs Ann. **486**, 25 (1931).

(3-Propyl-4-methyl-5-brom-pyrryl)-(2-brommethyl-3-propyl-4-methyl-pyrrolenyl)-methenbromhydrat.
5-Brom-5'-brommethyl-4, 3'-dimethyl-3, 4'-dipropyl-pyrromethen-bromhydrat[1].

Mol-Gewicht: 509,05.

Zusammensetzung: 42,44% C; 4,91% H; 20% O; 5,50% N; 47,15% Br. $C_{18}H_{25}N_2Br_3$.

$$
\begin{array}{ccccccc}
H_3C \cdot C & \!\!\!\!-\!\!\!\!- & C \cdot C_3H_7 & & H_3C \cdot C & \!\!\!\!=\!\!\!\! & C \cdot C_3H_7 \\
\| & & \| & & | & & | \\
Br \cdot C & C & \!\!\!-\!\!\!-\!\!\!-\!\!\!-\!\!\! CH\!\!=\!\!\!-\!\!\!-\!\!\!-\!\!\!-\!\! & C & C \cdot CH_2Br \\
& NH & & & & NHBr
\end{array}
$$

Darstellung: 0,6 g 2, 4-Dimethyl-3-propyl-pyrrol $C_9H_{15}N$ in 3 ccm Eisessig und 3 ccm Tetrachlorkohlenstoff werden mit 2 ccm einer Brom-Eisessiglösung (enthaltend 1,9 g Brom) versetzt. Starke Bromwasserstoffentwicklung. Nach Reiben und Impfen Krystallisation. Nach 5 stündigem Stehen wird abgesaugt und mit Äther gewaschen. Ausbeute aus 10 g Pyrrol = 3—4 g Bromhydrat.

Eigenschaften: Aus Tetrachlorkohlenstoff blauviolett schillernde Blättchen, Schmelzpunkt 130°. Gibt beim Kochen mit Aceton Bromaceton. Weder mit Ameisensäure noch mit Eisessig oder hochsiedenden Flüssigkeiten, wie Nitrobenzol oder konz. Schwefelsäure, entsteht Porphyrin; wohl aber beim Erhitzen über den Schmelzpunkt oder mit Eisessig Bromwasserstoff oder mit Bernsteinsäure. Dient zur Darstellung von Tetramethyl-tetrapropyl-porphin I.

$C_{18}H_{26}N_2Br_2$. Aus dem Bromhydrat beim Umkrystallisieren aus Methyl- oder Äthyl-alkohol, Benzol, Xylol. — Braunrote Täfelchen, Schmelzp. 207°.

Pikrat: $C_{24}H_{28}O_7N_5Br$. Durch Lösen in Tetrachlorkohlenstoff, Schütteln mit Soda-lösung, Auswaschen mit Wasser, Verdampfen des Lösungsmittels, Aufnehmen des öligen Rückstandes in Äther, Versetzen mit feucht ätherischer Pikrinsäure und Reiben, wonach Krystallisation einsetzt. — Aus wenig Alkohol-Äther gelbbraune Krystalle, Schmelzp. 182° unter Sintern.

Chlorhydrat. Entsteht aus beiden Methenen beim Erhitzen einer alkoholischen Suspension mit konz. Salzsäure. Krystallisation nach 1 tägigem Stehen. — Aus Chloroform-Äther braunrote Nadeln, Schmelzp. 178°.

(3-Propyl-4-methyl-5-brommethyl-pyrryl)-(3-methyl-4-propyl-5-brommethyl-pyrrolenyl)-methenbromhydrat.
5, 5'-Dibrommethyl-3', 4-dimethyl-3, 4'-dipropyl-pyrromethen-bromhydrat[2].

Mol-Gewicht: 522,9.

Zusammensetzung: 43,60% C; 5,21% H; 5,35% N; 45,84% Br. $C_{19}H_{27}N_2Br_3$.

$$
\begin{array}{ccccccc}
H_3C \cdot C & \!\!\!\!-\!\!\!\!- & C \cdot C_3H_7 & & H_3C \cdot C & \!\!\!\!=\!\!\!\! & C \cdot C_3H_7 \\
\| & & \| & & | & & | \\
BrH_2C \cdot C & C & \!\!\!-\!\!\!-\!\!\!-\!\!\!-\!\!\! CH\!\!=\!\!\!-\!\!\!-\!\!\!-\!\!\!-\!\! & C & C \cdot CH_2Br \\
& NH & & & & NHBr
\end{array}
$$

Darstellung: 1 g 5, 5', 4, 3'-Tetramethyl-3, 4'-dipropyl-pyrromethenbromhydrat, mit 1,5 ccm Eisessig verrührt, wird mit 2,2 ccm einer Lösung von 5 g Brom in 10 ccm Eisessig versetzt. Dann wird 2—3 Minuten im Wasserbad auf 80—90° erwärmt, etwas Wasser zugegeben, nach ½ stündigem Stehen abgesaugt und mit Äther oder Petroläther gewaschen. Ausbeute 0,5 bis 0,8 g.

Eigenschaften: Rotbraune Blättchen ohne Schmelzpunkt. Gibt keine freie Base. Dient zur Darstellung von Tetramethyl-tetrapropyl-porphin IV.

---

[1] H. Fischer, M. Goldschmidt u. W. Nüßler: Liebigs Ann. **486**, 18 (1931).
[2] H. Fischer, M. Goldschmidt u. W. Nüßler: Liebigs Ann. **486**, 37 (1931).

Bis-(2-propyl-3-butyryl-4-methyl-pyrryl)-methan.
3, 3'-Dimethyl-4, 4'-dibutyryl-5, 5'-dipropyl-pyrromethan[1].

Mol-Gewicht: 398,45.

Zusammensetzung: 75,32% C; 9,62% H; 8,03% O; 7,03% N. $C_{25}H_{38}O_2N_2$.

Darstellung: Das 2-Propyl-3-butyryl-4-methyl-pyrrol $C_{12}H_{21}N$ wird in Sprit gelöst, dann 40proz. Formaldehydlösung zugegeben und aufgekocht. Beim Reiben nach dem Abkühlen tritt Krystallisation ein. (Säurezusatz bewirkt Verschmierung.) Ausbeute 75—80%.

Eigenschaften: Aus Eisessig Krystalle vom Schmelzp. 149°.

Bis-(2-propyl-3-butyryl-4-methyl-pyrryl)-methenbromhydrat.
3, 3'-Dimethyl-4, 4'-dibutyryl-5, 5'-dipropyl-pyrromethenbromhydrat[1].

Mol-Gewicht: 477,36.

Zusammensetzung: 62,66% C; 7,81% H; 6,94% O; 5,85% N; 16,74% Br. $C_{25}H_{37}O_2N_2Br$.

Darstellung: 2-Propyl-3-butyryl-4-methyl-pyrrol $C_{12}H_{21}N$, in wenig Ameisensäure gelöst, wird mit etwas Bromwasserstoffsäure versetzt und kurz am Wasserbad erwärmt. Danach wird eingedunstet.

Eigenschaften: Grünbraune, stark glänzende Blättchen, Schmelzp. 172° unter Zersetzung.

Perbromid $C_{25}H_{37}O_2N_2Br_5$. Durch 5 Minuten langes Erwärmen des Bromhydrats (0,45 g) in wenig Eisessig mit 0,35 g Brom im kochenden Wasserbad. Beim Erkalten Krystallisation. — Aus viel Eisessig ziegelrote Krystalle. Schmelzp. 178° (ab 170° Dunkelfärbung).

3, 3'-Dimethyl-4, 4'-dibutyryl-5, 5'-dipropyl-pyrromethen $C_{25}H_{36}O_2N_2$. Das Bromhydrat wird in wenig Alkohol gelöst, etwas Ammoniak zugegeben und bis zur Lösung erhitzt. Beim Erkalten tritt Krystallisation ein. — Aus Alkohol feine gelbe Nadeln, Schmelzp. 92°.

Bis-(3-carbäthoxy-4-methyl-pyrryl)-methan[2].

Mol-Gewicht: 318,38.

Zusammensetzung: 64,11% C; 6,97% H; 20,12% O; 8,80% N. $C_{17}H_{22}O_4N_2$.

$$H_3C \cdot C \!-\! C \cdot COOC_2H_5 \qquad\qquad H_5C_2OOC \cdot C \!-\! C \cdot CH_3$$
$$H \cdot C \quad C \!-\!\!\!-\!\!\!-\!\!\!-\!\!\!-\!\!\!- CH_2 \!=\!\!=\!\!=\!\!=\!\!= C \quad C \cdot H$$
$$\underset{NH}{\diagdown\diagup} \qquad\qquad\qquad\qquad\qquad \underset{NH}{\diagdown\diagup}$$

Darstellung: Durch Erhitzen des Bis-(3-carbäthoxy-5-carboxy-4-methylpyrryl)-methans $C_{17}H_{18}O_8N_2$ unter Erwärmen auf dem Ölbad auf 210°, wobei im Lauf von 5—6 Stunden Sublimation eintritt. (Über diesem Sublimat sitzt ein zweites. Es ist dies 3-Methyl-4-carbäthoxy-pyrrol).

Eigenschaften: Aus Alkohol, Schmelzp. 173°. Gut löslich in Chloroform, weniger in Äther. Gibt intensive Ehrlichsche Reaktion.

(3-Carbäthoxy-4-methyl-5-brom-pyrryl)-(2, 4-dimethyl-3-carbäthoxy-pyrrolenyl)-methen.

Mol-Gewicht: 309,2.

Zusammensetzung: 52,80% C; 5,17% H; 13,43% O; 9,06% N; 19,54% Br. $C_{18}H_{21}O_4N_2Br$.

Darstellung: Durch Einwirkung von 2 Mol Brom auf 2, 4-Dimethyl-3-carbäthoxypyrrol[3, 4] oder auf 2, 4-Dimethyl-3-carbäthoxy-5-jodpyrrol[4] in Eisessig.

Durch Einwirkung von 1 Mol Brom (0,4 g) auf 2, 4-Dimethyl-3-carbäthoxy-5-brompyrrol $C_9H_{12}O_2NBr$ in wenig Eisessig. Der nach dem Filtrieren gebliebene Rückstand wird mit Alkohol und Äther gewaschen (Ausbeute 0,33 g, Schmelzp. 260°)[5].

Das nach 3, 4 oder 5 erhaltene Bromhydrat wird nach dem Lösen in Chloroform mit verdünnter Natronlauge zerlegt und nach dem Waschen und Trocknen das Chloroform im Vakuum verdampft.

[1] H. Fischer, H. Berg u. A. Schorrmüller: Liebigs Ann. **480**, 154 (1930).
[2] H. Fischer u. P. Halbig: Liebigs Ann. **447**, 135 (1926).
[3] H. Fischer u. H. Scheyer: Liebigs Ann. **434**, 240 (1923).
[4] Vgl. H. Fischer u. H. Scheyer: Liebigs Ann. **439**, 195 (1924).
[5] H. Fischer u. R. Bäumler: Liebigs Ann. **468**, 73 (1929).

Eigenschaften: Aus Aceton-Wasser, Schmelzp. 153—154°. Addiert in alkoholischer Lösung unter Entfärbung 1 Mol Hydrazinhydrat zu $C_{18}H_{21}O_4N_2Br-H_2N \cdot NH_2$. Farblose Krystalle, die beim Umkrystallisieren oder Liegenlassen an der Luft Spaltung in die Komponenten erleiden [1,2]. Enthält etwa ein aktives Wasserstoffatom [1].

Kupfersalz $C_{36}H_{40}O_8N_4Br_2 \cdot Cu$. Durch Einwirkung einer ammoniakalischen Kupfersalzlösung auf eine alkoholische des Methens. — Rote Rhomboeder mit grünem metallischem Oberflächenglanz. Aus Aceton-Wasser umgefällt, Zersetzungsp. 194—196°. Leicht löslich in Chloroform und Aceton, weniger löslich in Alkohol. Spektrum in konz. Chloroformlösung: Unscharf 668,5—636,9; End. Abs. nach geringer Vorbeschattung 581,2 $\mu\mu$.

Spektrum in sehr verdünnter Chloroformlösung: 544,7—528,7; 497,5—474,7; End. Abs. 409,2 [2].

Zinksalz $C_{36}H_{40}O_8N_4Br_2 \cdot Zn$. Entsteht beim Zusammenbringen einer heißen Lösung des Farbstoffs mit einer schwach essigsauren Lösung von Zinkacetat in Alkohol. Die Lösung fluoresciert intensiv grün. — Flache rote Prismen mit metallisch goldenem Glanz. Aus Aceton mit Wasser gefällt, Schmelzp. 242° [2].

(3-Carbäthoxy-4-methyl-5-oxy-pyrryl)-(2,4-dimethyl-pyrrolenyl)-methen [3].

Mol-Gewicht: 274,24.

Zusammensetzung: 65,66% C; 6,62% H; 17,51% O; 10,21% N. $C_{15}H_{18}O_3N_2$.

Darstellung: 2-Brommethyl-3-carbäthoxy-4-methyl-5-oxy-pyrrol $C_9H_{12}O_3NBr$ wird mit überschüssigem 2,4-Dimethylpyrrol in Methanol $^1/_2$ Stunde gekocht.

Eigenschaften: Aus Eisessig oder viel Benzol ziegelrote Nadeln, Schmelzp. 264°.

(3-Carbäthoxy-4-methyl-5-oxy-pyrryl)-(2,4-dimethyl-3-acetyl-pyrrolenyl)-methen [3].

Mol-Gewicht: 316,26.

Zusammensetzung: 64,52% C; 6,38% H; 20,24% O; 8,86% N. $C_{17}H_{20}O_4N_2$.

Darstellung: 2-Brommethyl-3-carbäthoxy-4-methyl-5-oxy-pyrrol $C_9H_{12}O_3NBr$ wird mit überschüssigem 2,4-Dimethyl-3-acetyl-pyrrol $C_8H_{11}ON$ in Äthylalkohol 1—2 Tage im Wasserbad auf 60° erwärmt.

Eigenschaften: Aus Eisessig orangefarbene dünne Nadeln, Schmelzp. 286°.

(3-Carbäthoxy-4-methyl-5-oxy-pyrryl)-(2,4-dimethyl-3-carbäthoxy-pyrrolenyl)-methen [3].

Mol-Gewicht: 346,28.

Zusammensetzung: 62,40% C; 6,42% H; 23,09% O; 8,09% N. $C_{18}H_{22}O_5N_2$.

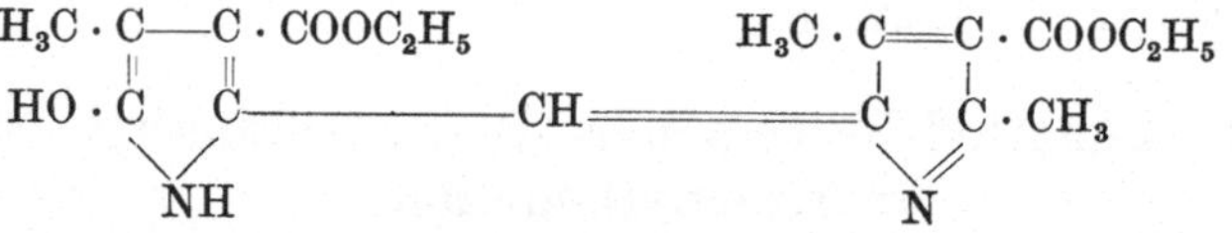

Darstellung: 2-Brommethyl-3-carbäthoxy-4-methyl-5-oxy-pyrrol $C_9H_{12}O_3NBr$ im Methylalkohol wird mit überschüssigem 2,4-Dimethyl-3-carbäthoxy-pyrrol $^1/_2$ Stunde gekocht. Beim Erkalten scheidet sich das Methen in orangefarbenen Krystallen ab.

Eigenschaften: Aus Benzol oder aus Chloroform durch Fällen mit Petroläther, Schmelzpunkt 266°.

(3-Carbäthoxy-4-methyl-5-oxypyrryl)-(2,4-dimethyl-3-äthyl-pyrrolenyl)-methen.
4,3',5'-Trimethyl-3-carbäthoxy-5-oxy-4'-äthyl)-pyrromethen [3].

Mol-Gewicht: 302,28.

Zusammensetzung: 67,50% C; 7,35% H; 15,88% O; 9,27% N. $C_{17}H_{22}O_3N_2$.

[1] H. Fischer u. P. Rothmund: Ber. dtsch. chem. Ges. **61**, 1270 (1928).
[2] H. Fischer u. H. Scheyer: Liebigs Ann. **439**, 195 (1924).
[3] H. Fischer u. E. Adler: Hoppe-Seylers Z. **197**, 279 (1931).

Darstellung: 2-Chlor-(Brom)-methyl-3-carbäthoxy-4-methyl-5-oxy-pyrrol wird mit einem Überschuß von Kryptopyrrol $C_8H_{13}N$ $^1/_2$ Stunde in methylalkoholischer Lösung gekocht. Nach dem Erkalten wird vom ausgeschiedenen Methen abfiltriert.

Eigenschaften: Aus Eisessig alizarinähnliche Nadeln, Schmelzp. 250°.

(4,3′,5′-Trimethyl-3-carboxy-5-oxy-4′-äthyl)-pyrromethen $C_{16}H_{18}O_3N_2$. Bildet sich bei 1 stündigem Erhitzen von 0,5 g Ester mit 20 ccm verdünnter Natronlauge und 5 ccm Alkohol auf dem Wasserbad. Nachdem wird filtriert und aus dem Filtrat die Carbonsäure mittels verdünnter Salzsäure gefällt. — Aus Pyridin wetzsteinförmige Krystalle von tiefroter Farbe und grünem Oberflächenglanz. Schmelzp. 296° unter Zersetzung[1].

(3-Carbäthoxy-4-methyl-5-oxy-pyrryl)-(3-propionsäuremethylester-4-methyl-pyrrolenyl)-methen.
4,3′-Dimethyl-3-carbäthoxy-5-oxy-4′-propionsäuremethylester-pyrromethen[2].

Mol-Gewicht: 346,28.

Zusammensetzung: 62,39% C; 6,41% H; 23,11% O; 8,09% N. $C_{18}H_{22}O_5N_2$.

Darstellung: 0,8 g 2-Chlormethyl-3-carbäthoxy-4-methyl-5-oxy-pyrrol $C_9H_{12}O_3NCl$ und 0,6 g Opsopyrrolcarbonsäure (3-Propionsäure-4-methyl-pyrrol) $C_8H_{11}O_2N$ in 50 ccm abs. Methanol werden $^1/_2$ Stunde gekocht. Nach dem Einengen der dunkelroten Lösung auf die Hälfte scheidet sich beim Erkalten der Ester in dunkelgefärbten Nadeln ab. Ausbeute 0,2 g.

Eigenschaften: Aus Pyridin, viel Methanol oder am besten aus Chloroform-Petroläther orangegelbe prismatische Nadeln, Schmelzp. 198°. Ehrlichsche Reaktion negativ.

4,3′-Dimethyl-3-carbäthoxy-5-oxy-4′-propionsäureäthylester-pyrromethen $C_{19}H_{24}O_5N_2$. Bildet sich beim 1 stündigen Erhitzen von 1,7 g 2-Brommethyl-3-carbäthoxy-4-methyl-5-oxy-pyrrol $C_9H_{12}O_3NBr$ oder der äquivalenten Menge 2-Chlormethyl-3-carbäthoxy-4-methyl-5-oxy-pyrrol mit 1 g Opsopyrrocarbonsäure in 80 ccm abs. Alkohol auf dem Wasserbad. Isolierung wie beim Methylester beschrieben. Ausbeute 0,5—0,7 g. — Aus Chloroform-Petroläther orangefarbene Nadeln, Schmelzp. 159°.

(3-Carbäthoxy-4-methyl-5-oxy-pyrryl)-(2,4-dimethyl-3-propionsäure-pyrrolenyl)-methen.
4,3′,5′-Trimethyl-3-carbäthoxy-5-oxy-4′-propionsäure-pyrromethen[3].

Mol-Gewicht: 346,29.

Zusammensetzung: 62,40% C; 6,42% H; 23,09% O; 8,09% N. $C_{18}H_{22}O_5N_2$.

Darstellung: 0,43 g 2-Brommethyl-3-carbäthoxy-4-methyl-5-oxy-pyrrol $C_9H_{12}O_3NBr$ und 0,5 g Kryptopyrrolcarbonsäure $C_9H_{13}O_2N$ (3,6 Mol) in 10 ccm Methylalkohol werden solange gekocht, bis keine Ausscheidung mehr eintritt (ca. 12 Min.). Nach dem Erkalten wird filtriert und mit Methanol gewaschen. Ausbeute 0,51 g = 90%. Bildet sich auch aus dem 2-Chlormethyl-3-carbäthoxy-4-methyl-5-oxy-pyrrol auf dieselbe Art und Weise[4].

Eigenschaften: Aus Amylalkohol oder viel Äthylalkohol scharlachrote Nadeln, Schmelzpunkt 286°. Gibt bei 10 stündigem Erhitzen mit Eisessig-Bromwasserstoff auf 145° Porphyrin.

Acetylverbindung $C_{20}H_{24}O_6N_2$. Durch Umkrystallisieren des Methens aus Eisessig. Schmelzp. 241°.

4,3′,5′-Trimethyl-3-carboxy-5-oxy-4′-propionsäure-pyrromethen $C_{16}H_{18}O_5N_2$. Entsteht bei 3 stündigem Erhitzen von 1 g Ester mit 10 proz. Natronlauge auf dem Wasserbad; wobei die erst dunkle, rotgrüne Lösung intensiv orangerot wird. Nach dem Erkalten wird angesäuert; wobei ein roter flockiger Niederschlag ausfällt. — Aus Pyridin tiefrote Nadeln, Schmelzp. 294° unter Zersetzung[3]. Läßt sich nicht decarboxylieren[4].

[1] H. Fischer u. E. Adler: Hoppe-Seylers Z. **197**, 279 (1931).
[2] H. Fischer u. E. Adler: Hoppe-Seylers Z. **197**, 274 (1931).
[3] H. Fischer u. E. Adler: Hoppe-Seylers Z. **197**, 280 (1931).
[4] H. Fischer u. E. Adler: Hoppe-Seylers Z. **197**, 268, 273 (1931).

Bis-(3-[acetyl-amino]-4-methyl-5-carbäthoxy-2-dipyrryl)-methen[1].

Mol-Gewicht: 432, 37.

Zusammensetzung: 58,30% C; 6,53% H; 22,21% O; 12,96% N. $C_{21}H_{28}O_6N_4$.

$$H_3C \cdot C\text{---}C \cdot NH \cdot COCH_3 \qquad H_3COC \cdot HN \cdot C\text{==}C \cdot CH_3$$
$$H_5C_2OOC \cdot C \quad C\text{---------}CH\text{==}C \quad C \cdot COOC_2H_5$$
$$NH \qquad\qquad N$$

Darstellung: 1 g 2, 4-Dimethyl-3-(acetyl-amino)-5-carbäthoxy-pyrrol $C_{11}H_{16}O_3N_2$ wird nach Versetzen mit 4,3 ccm einer 30proz. Brom-Eisessiglösung 20 Minuten im 60° warmen Wasserbad erwärmt und dann 12 Stunden stehengelassen. Der in Nadeln krystallisierte Bromkörper wird abgesaugt, mit Eisessig-Äther gewaschen und dann mit Wasser verkocht, wobei viel Formaldehyd entweicht. Als Rückstand bleibt das Methen. — Ausbeute fast quantitativ.

Eigenschaften: Aus wenig Alkohol prismatische Nadeln (Sinterungsp. 189°); aus Aceton rhomboedrische derbe Krystalle (Sinterungsp. 214°); aus Eisessig-Wasser Nadeln (Sinterungspunkt 204°); Schmelzpunkt für alle 3 Arten 251°. Durch Umkristallisieren aus den entsprechenden Lösungsmitteln gehen die Krystallarten ineinander über.

Bis-(3-(acetyl-amino)-4-methyl-5-carboxy-2-dipyrryl)-methen $C_{17}H_{20}O_6N_4$. Durch 10 minütiges Erwärmen des Esters mit 10proz. Natronlauge und etwas Alkohol auf dem Wasserbad und Fällen der Dicarbonsäure mit verdünnter Essigsäure unter Eiskühlung. — Farblose prismatische Nadeln, Schmelzp. 214°.

(3-Bromvinyl-4-methyl-5-carbäthoxy-pyrryl)-(2, 4-dimethyl-3-äthyl-pyrrolenyl)-methenbromhydrat[2].

Mol-Gewicht: 472,15.

Zusammensetzung: 48,31% C; 5,08% H; 11,80% O; 5,92% N; 33,89% Br. $C_{11}H_{24}O_2N_2Br$.

$$H_3C \cdot C\text{---}C \cdot CH\text{==}CHBr \qquad H_3C \cdot C\text{==}C \cdot C_2H_5$$
$$H_5C_2OOC \cdot C \quad C\text{---------}CH\text{==}C \quad C \cdot CH_3$$
$$NH \qquad\qquad NHBr$$

Darstellung: 0,15 g 2-Formyl-3-bromvinyl-4-methyl-5-carbäthoxypyrrol $C_{11}H_{12}O_3NBr$ mit wenig Eisessig angefeuchtet und mit 0,2 g Kryptopyrrol verrieben, werden mit etwas 48proz. Bromwasserstoffsäure versetzt. Dabei tritt erst Lösung und dann Krystallisation des Bromhydrats ein. Isolierung durch Absaugen und Auswaschen mit Äther.

Eigenschaften: Aus Eisessig feine ziegelrote Nädelchen ohne scharfen Schmelzpunkt (ab 170° Schwärzung). Kann nicht verseift werden. Läßt sich bromieren.

(3-Bromvinyl-4-methyl-5-carboxy-pyrryl)-(2, 4-dimethyl-3-äthyl-pyrrolenyl-methen-bromhydrat $C_{17}H_{20}O_2N_2Br_2$. 2 g 2-Formyl-3-bromvinyl-4-methyl-5-carboxypyrrol $C_9H_8O_3NBr$ und 2 g Kryptopyrrol werden mit Eisessig gut durchgefeuchtet. Dabei bildet sich das Carbinol, das sich auf Zusatz von 48proz. Bromwasserstoffsäure in das Bromhydrat verwandelt. Nach dem Absaugen wird mit Äther gewaschen. Ausbeute aus 8 g Aldehyd = 11,5 g Methenbromhydrat. — Aus Eisessig prismatische Nadeln.

Bis-(3-propyl-4-methyl-5-carbäthoxy-pyrryl)-methan. 4, 4′-Dimethyl-3, 3′-dipropyl-5, 5′-dicarbäthoxy-pyrromethan[3].

Mol-Gewicht: 402,41.

Zusammensetzung: 68,56% C; 8,43% H; 16,06% O; 6,95% N. $C_{23}H_{34}O_4N_2$.

$$H_3C \cdot C\text{---}C \cdot C_3H_7 \qquad H_7C_3 \cdot C\text{---}C \cdot CH_3$$
$$H_5C_2OOC \cdot C \quad C\text{---------}CH_2\text{---------}C \quad C \cdot COOC_2H^5$$
$$NH \qquad\qquad NH$$

[1] H. Fischer u. K. Zeile: Liebigs Ann. **483**, 260 (1930).
[2] H. Fischer u. O. Süs: Liebigs Ann. **484**, 123 (1930).
[3] H. Fischer, M. Goldschmidt u. W. Nüßler: Liebigs Ann. **486**, 23 (1931).

Darstellung: 213 g rohes 2-Brommethyl-3-propyl-4-methyl-5-carbäthoxy-pyrrol $C_{12}H_{18}O_2NBr$ in 750 ccm Methylalkohol werden 3—4 Stunden mit 5—10 Tropfen Formalin gekocht. Dann wird heiß bis zur Trübung Wasser zugesetzt und abgekühlt. Das Methan scheidet sich als zäher Klumpen ab. Ausbeute 140 g.

Eigenschaften: Aus Alkohol Krystalle vom Schmelzp. 166°.

4, 4'-Dimethyl-3, 3'-dipropyl-5, 5'-dicarboxy-pyrromethan $C_{19}H_{26}O_4N_2$. Durch Verseifen des Methans in alkoholischer Lösung mit 3 Mol Natronlauge, bis eine Probe mit Wasser keinen Niederschlag mehr gibt. Dann wird der Alkohol vertrieben, der Rückstand mit Wasser verdünnt und filtriert. Das Filtrat wird solange vorsichtig mit verdünnter Schwefelsäure versetzt, bis alle Dicarbonsäure ausgefallen ist. Dann wird abgesaugt, mit Wasser gewaschen und auf Ton getrocknet. Ausbeute 140 g = 80%. — Zersetzungsp. um 140°. Läßt sich nicht umkrystallisieren. Gibt beim Erhitzen mit Eisessig neben Porphyrin 2-Methyl-4-propyl-pyrrol. Dient zur Darstellung von Tetramethyl-tetrapropyl-porphin II.

Bis-[3 (4)-(ω-cyan-ω-carbäthoxy-äthyl)-4 (3)-methyl-5 (2)-carbäthoxy-pyrryl]-methan[1].

Mol-Gewicht: 568,47.

Zusammensetzung: 61,26% C; 6,33% H; 22,70% O; 9,71% N; $C_{29}H_{36}O_8N_4$.

Darstellung: Durch 6stündiges Erhitzen von 2-Brommethyl-4-Methyl-3-(ω-cyan-ω-carbäthoxy-äthyl)-5-carbäthoxypyrrol $C_{15}H_{19}O_4N_2Br$ mit viel Wasser unter Durchleiten eines Gasstromes zwecks Vermeidung von Stoßen. Wenn der bei Beginn des Kochens geschmolzene Körper wieder erstarrt ist, wird er vor dem Weitererhitzen gepulvert. Ausbeute fast theoretisch.

Eigenschaften: Aus Alkohol weiße Nadeln, Schmelzp. 172°.

Bromverbindung $C_{29}H_{34}O_8N_4Br_2$. Aus dem Methan unter der Einwirkung von Brom in essigsaurer Lösung. Ausbeute 40%. — Aus Eisessig oder Alkohol, Schmelzp. 131°[2].

Bis-[3(4)-(ω-cyan-ω-carboxy-äthyl)-4(3)-methyl-5(2)-carbäthoxy-pyrryl]-methan $C_{25}H_{28}O_8N_4$ (M = 512,39). Entsteht beim schwachen Erwärmen von 1 g Ester in Alkohol mit $^1/_2$ ccm 10proz. Natronlauge. Isolierung durch Verdünnen mit Wasser, Filtrieren und Fällen der Dicarbonsäure durch Zugabe von Salzsäure zum Filtrat. — Schmelzp. 220°[1].

Bis-(3, 5-dicarbäthoxy-4-methyl-pyrryl)-methan.

Mol-Gewicht: 462,3. Bestimmt durch Gefrierpunktserniedrigung in Benzol zu 434.

Zusammensetzung: 59,70% C; 6,54% H; 26,70% O; 6,06% N. $C_{23}H_{30}O_8N_2$.

Bildung: Beim Erhitzen von 2-Methoxymethyl-3, 5-dicarbäthoxy-4-methyl-pyrrol oder von 2-Äthoxymethyl-3, 5-dicarbäthoxy-4-methyl-pyrrol $C_{14}H_{21}O_5N$ in Schwefelkohlenstoff mit Aluminiumchlorid[3]. Dabei läßt sich auch die Zwischenverbindung $C_{24}H_{34}O_8N_2 \cdot AlCl_3 \cdot Cl_2 =$ 2 Pyrrol + 2 $AlCl_3$ — 2 HCl isolieren[4]. Entsteht ferner beim Kochen des 2-Brommethyl-3, 5-dicarbäthoxy-4-methyl-pyrrols mit Zink in Benzol[4] und aus 2-Oxymethyl-3, 5-dicarbäthoxy-4-methyl-pyrrol beim trockenen Erhitzen[3].

Darstellung: 12 g 2-Brommethyl-3, 5-dicarbäthoxy-4-methyl-pyrrol $C_{12}H_{16}O_4NBr$ in 20 ccm heißem Methylalkohol werden im Lauf von $^1/_2$ Stunde mit 10 ccm Bromwasserstoff $(d = 1,49)$ in kleinen Portionen versetzt und dann 6—7 Stunden erhitzt. Beim Erkalten tritt Krystallisation einer schwarzen, schmierigen Masse ein, die abgesaugt, abgepreßt und mit Spiritus ausgewaschen wird. Ausbeute bis 65%.

Eigenschaften: Aus Alkohol an zwei gegenüberliegenden Enden abgeplattete Rhomben, Schmelzp. 134°. Sehr leicht löslich in Chloroform, etwas löslich in Aceton und Alkohol, unlöslich in Petroläther. Bei der Reduktion mit Eisessig-Jodwasserstoff entsteht 2, 4-Dimethyl-pyrrol.

Bis-(3-carbäthoxy-5-carboxy-4-methyl-pyrryl)-methan $C_{17}H_{18}O_8N_2$ (M=378,25). Durch Kochen von 4g Diester in Alkohol mit 0,69g Ätznatron, bis Zusatz von Wasser keine Trübung mehr gibt. Isolierung durch Verdampfen des Alkohols, Lösen des Rückstandes in warmem Wasser, Filtrieren, Zugabe desselben Volumens Alkohol und Fällen durch Einrühren von verdünnter Schwefelsäure bei 70°. Ausbeute 2,98 g = 100%. — Aus Alkohol, Schmelzp. 254° unter Zersetzung[1].

Bis-(3, 5-dicarboxy-4-methyl-pyrryl)-methan $C_{15}H_{14}O_8N_2$ (M = 350,21). Durch 2stündiges Erhitzen des Esters mit 4 Mol Natronlauge in alkoholisch-wässeriger Lösung. Danach erfolgt Verdampfen des Alkohols, Verdünnen des Rückstandes mit Wasser, Filtrieren und Fällen der Tetracarbonsäure durch Zusatz von verdünnter Schwefelsäure zum Filtrat. — Schmelzpunkt über 350°. Gibt beim Erhitzen im Vakuum auf 160° Tetramethylporphyrin[2].

[3, 5 (2, 4)-Dicarbäthoxy-4 (3)-methyl-pyrryl]-[2, 4-dimethyl-3-äthyl-pyrrolenyl]-methenbromhydrat.

3, 5-Dicarbäthoxy-4, 3′, 5′-trimethyl-4′-äthyl-pyrromethenbromhydrat[3].

Mol-Gewicht: 439,31.

Zusammensetzung: 54,65% C; 6,20% H; 14,58% O; 6,38% N; 18,19% Br. $C_{20}H_{27}O_4N_2Br$.

Darstellung: 1 g 2(5)-Formyl-3. 5(2, 4)-dicarbäthoxy-4(3)-methyl-pyrrol $C_{12}H_{15}O_4N$ werden mit 0,5 g Kryptopyrrol $C_7H_{11}N$ in 2 ccm Eisessig verrührt und dann 1 ccm Bromwasserstoffsäure zugesetzt, wonach beim Reiben Krystallisation einsetzt, die durch Zugabe von Äther vermehrt wird.

Eigenschaften: Aus ganz wenig Eisessig durch kurzes Erwärmen am Wasserbad kurze, braungelbe, schief abgeschnittene Stäbchen, Schmelzp. 160—162 (ab 130° Dunkelfärbung). Verschmiert in Lösungsmitteln sehr leicht.

3, 5-Dicarbäthoxy-4, 3′, 5′-trimethyl-4′-äthyl-pyrromethen $C_{20}H_{26}O_4N_2$. Das Bromhydrat wird schnell in wenig heißem Sprit gelöst, dann Ammoniak zugesetzt und unter Kühlung solange gerieben, bis das Methen krystallisiert. Nach mehrstündigem Stehen wird abgesaugt. — Aus Sprit und Wasser lange rotgelbe, zu Büscheln vereinigte Nadeln, Schmelzp. 107°. Sehr leicht löslich in Sprit.

(3, 5-Dicarbäthoxy-4-methyl)-(2, 4-dimethyl-3-carbäthoxy-pyrrylmethan.

Mol-Gewicht: 404,35 (ermittelt durch Schmelzpunkterniedrigung in Campher [Rast] zu 400).

Zusammensetzung: 62,35% C; 6,97% H; 23,75% O; 6,93% N. $C_{21}H_{28}O_6N_2$.

Darstellung: a) Zu 1,06 g 2-Brommethyl-3, 5-dicarbäthoxy-4-methylpyrrol $C_{12}H_{16}O_4NBr$, gelöst in siedendem Methylalkohol, werden 0,65 g 2, 4-Dimethyl-3-carbäthoxypyrrol $C_9H_{13}O_2N$ (1 Mol) und einige Tropfen konz. Salzsäure gegeben und das Ganze auf dem Wasserbad erhitzt, wobei sich das Methan rasch abscheidet. Es wird heiß abgesaugt[4].

b) Entsteht auch beim Zusammenschmelzen von 1 Mol 2-Oxymethyl-3, 5-Dicarbäthoxy-4-methylpyrrol $C_{12}H_{17}O_5N$ mit 1 Mol 2, 4-Dimethyl-3-carbäthoxypyrrol[5].

Eigenschaften: Aus Alkohol zu Haufen angeordnete Nadeln, Schmelzp. 157—158°[4].

(3, 5-Dicarbäthoxy-4-methyl)-(2, 5-dimethyl-4 (3)-carbäthoxy)-pyrrylmethan.

Mol-Gewicht: 404,35. Gefunden nach Rast zu 400.

Zusammensetzung: 62,35% C; 6,97% H; 23,70% O; 6,93% N. $C_{21}H_{28}O_6N_2$.

Darstellung: a) Durch Erhitzen von 2-Brommethyl-3. 5-dicarbäthoxy-4-methylpyrrol $C_{12}H_{16}O_4NBr$ (1,06 g) in methylalkoholischer Lösung mit 2, 5-Dimethyl-4(3)-carbäthoxypyrrol $C_9H_{13}O_2N$ 0,65 g unter Zusatz von wenig konz. Salzsäure; wobei sich das Methan rasch abscheidet. Es wird heiß abgesaugt[4].

b) Bildet sich auch beim Zusammenschmelzen von 1 Mol α-Oxymethyl-3, 5-dicarbäthoxy-4-methyl-pyrrol $C_{12}H_{17}O_5N$ und 1 Mol 2, 5-Dimethyl-4(3)-carbäthoxypyrrol[5].

Eigenschaften: Aus Alkohol Nadeln, Schmelzp. 156—157°.

[1] H. Fischer u. P. Halbig: Liebigs Ann. **447**. 133 f. (1926).
[2] H. Fischer u. P. Halbig: Liebigs Ann. **448**, 204 (1926.
[3] H. Fischer u. A. Schorrmüller: Liebigs Ann. **482**, 250 (1930).
[4] H. Fischer u. P. Halbig: Liebigs Ann. **447**, 132 (1926).
[5] H. Fischer u. P. Ernst: Liebigs Ann. **447**, 159 (1926).

[3, 5 (2, 4)-Dicarbäthoxy-4 (3)-methyl-pyrryl]-[2, 4-dimethyl-3-propionsäure-pyrrolenyl]-methenbromhydrat.
3, 5-Dicarbäthoxy-4, 3′, 5′-trimethyl-4′-propionsäure-pyrromethen-bromhydrat[1].

Mol-Gewicht: 483,26.

Zusammensetzung: 52,16% C; 5,63% H; 19,88% O; 16,54% Br; 5,79% N. $C_{21}H_{27}O_6N_2Br$.

Darstellung: Zu einer gut gekühlten Mischung von 1,25 g 2(5)-formyl-3, 5(2, 4)-Dicarboxy-4(3)-methyl-pyrrol und 0,85 g Kryptopyrrolcarbonsäure $C_9H_{13}O_2N$ werden 12 ccm Eisessig und 2 ccm Bromwasserstoff gegeben. Nach mehrstündigem Stehen wird abgesaugt und mit Eisessig-Äther gewaschen. Ausbeute 40—80%.

Eigenschaften: Durch Lösen in schwach erwärmtem Eisessig und sofortigem Fällen mit Äther schwarz glänzende, gelb durchscheinende Tafeln, Schmelzp. 137—138° unter Zersetzung. Sehr leicht zersetzlich.

[3 (4)-propionsäure-4 (3)-methyl-pyrryl]-[2, 4 (3′, 5′)-dimethyl-pyrrolenyl]-methenbromhydrat[2].

Mol-Gewicht: 338,16.

Zusammensetzung: 53,08% C; 5,65% H; 9,44% O; 8,26% N; 23,57% Br. $C_{15}H_{18}O_2N_2Br$.

$$HOOC \cdot H_2C \cdot H_2C \cdot C\!\!=\!\!\!=\!\!C \cdot CH_3 \qquad\qquad H_3C \cdot C\!\!=\!\!C \cdot H$$

Darstellung: Durch Kondensation von 1,5 g 3-Propionsäure-4-methyl-pyrrol mit 1,2 g 2, 4-Dimethyl-5-formyl-pyrrol unter Verreiben mit wenig Alkohol und Bromwasserstoffsäure.

Eigenschaften: Aus Eisessig rote Nadeln; Schmelzp. 220—221° unter Zersetzung. Dient zur Darstellung von Deuteroporphyrin V.

[2(5)-Brom-3(4)-propionsäure-4(3)-methyl-pyrryl] (-2 (5′)brommethyl-4(3′)-methyl-pyrrolenyl)-methenbromhydrat $C_{15}H_{17}O_2N_2Br_3$. 1 g Bromhydrat mit wenig Eisessig zu einem dünnen Brei verrührt wird mit der gleichen Menge Brom versetzt und kurz auf dem Wasserbad erwärmt. Nach 5 stündigem Stehen Aufarbeiten. Ausbeute 1,35 g. — Ziegelrote Prismen, die sich oberhalb 200° dunkel färben, ohne bis 280° zu schmelzen. Dient zur Darstellung von Deuteroporphyrin V.

(3-Propionsäure-4-methyl-5-carboxy-pyrryl)-(2, 4-dimethyl-pyrrolenyl)-methenbromhydrat.
4, 3′, 5′-Trimethyl-3-propionsäure-5-carboxy-pyrromethenbromhydrat[3].

Mol-Gewicht: 383,17.

Zusammensetzung: 50,13% C; 5,00% H; 16,70% O; 7,31% N; 20,86% Br. $C_{16}H_{19}O_4N_2Br$.

$$H_3 \cdot C\!\!=\!\!C \cdot CH_2 \cdot CH_2 \cdot COOH \qquad\qquad H_3C \cdot C\!\!=\!\!C \cdot H$$

Darstellung: 0,5 g 2(5)-Formyl-3(4)-propionsäure-4(3)methyl-5(2)-carboxy-pyrrol $C_{10}H_{11}O_5N$ feinst gepulvert und 0,22 g 2, 4-Dimethyl-pyrrol C_6H_9N werden nach Zugabe von wenig Eisessig gekühlt und dann unter ständigem Reiben einige Tropfen 48 proz. Bromwasserstoffsäure zugesetzt. Das auskrystallisierte Bromhydrat wird rasch filtriert und mit Eisessig-Äther gewaschen. Ausbeute 0,6 g.

Eigenschaften: Rote Nädelchen, Zersetzungsp. 168° unter Schwarzfärbung. Dient zur Darstellung von Pyrroporphyrin III.

[1] H. Fischer u. A. Schorrmüller: Liebigs Ann. **482**, 251 (1930).
[2] H. Fischer u. A. Schorrmüller: Liebigs Ann. **473**, 245 (1929).
[3] H. Fischer u. H. Berg: Liebigs Ann. **482**, 207 (1930).

[3 (4)-Propionsäure-4 (3)-methyl-pyrryl]-[2, 4 (3, 5)-dimethyl-3 (4)-äthyl-pyrrolenyl]-methenbromhydrat[1].
3, 3′, 5′-Trimethyl-4-propionsäure-4′-äthyl-pyrromethenbromhydrat[2].

Mol-Gewicht: 367,21.

Zusammensetzung: 55,59% C; 6,31% H; 8,71% O; 7,63% N; 21,76% Br. $C_{17}H_{23}O_2N_2Br$.

$$HOOC \cdot H_2C \cdot H_2C \cdot C\!-\!C \cdot CH_3 \qquad\qquad H_3C \cdot C\!=\!C \cdot C_2H_5$$
$$H \cdot C \quad C\text{———}CH\text{====}C \quad C \cdot CH_3$$
$$NH \qquad\qquad\qquad\qquad\qquad NHBr$$

Darstellung: 0,5 g Opsopyrrolcarbonsäurealdehyd (3-Propionsäure-4-methyl-5-formyl-pyrrol) $C_9H_{11}O_3N$ und 0,4 g Kryptopyrrol $C_8H_{13}N$ werden mit 2 ccm Alkohol und 1 ccm Bromwasserstoffsäure verrührt, wonach rasch Krystallisation eintritt, die nach 3 Stunden abgesaugt wird. Ausbeute 0,7 g.

Eigenschaften: Das Produkt enthält noch Opsopyrrolcarbonsäuremethenbromhydrat, kann jedoch so zur Weiterbromierung verwendet werden. Dient zur Darstellung von Phylloporphyrin und Mesoporphyrin V [2].

[2 (5)-Brom-3 (4)-propionsäure-4 (3)-methyl-pyrryl]-[2, 4 (3, 5)-dimethyl-3 (4)-äthyl-pyrrolenyl]-methenbromhydrat[3].

Mol-Gewicht: 446,12.

Zusammensetzung: 45,74% C; 4,97% H; 7,14% O; 6,28% N; 35,87% Br. $C_{17}H_{22}O_2N_2Br_2$.

Darstellung: 0,6 g (3(4)-Propionsäure-4(3)-methylpyrryl)-(2, 4(3, 5)-dimethyl-3(4)-äthyl-pyrrolenyl)-methenbromhydrat werden mit 1,5 ccm einer Lösung von 50 g Brom in 200 ccm Eisessig versetzt, wonach nach einigem Stehen Krystallisation eintritt. (Das beigemengte Opsopyrrolcarbonsäuremethenbromhydrat bleibt in der Mutterlauge.) Ausbeute 72%.

Eigenschaften: Aus Chloroform-Petroläther Krystalle, die bei 215° schwarz werden und bei 251° unter Zersetzung schmelzen. Dient zur Darstellung von Mesoporphyrin V.

[3 (4)-Propionsäure-4 (3)-methyl-pyrryl]-[3-äthyl-4, 5-dimethyl-pyrrolenyl]-methenbromhydrat[3].

Mol-Gewicht: 355,2.

Zusammensetzung: 54,07% C; 6,52% H; 6,22% O; 7,88% N; 25,31% Br. $C_{16}H_{23}O_2N_2Br$.

$$HOOC \cdot H_2C \cdot H_2C \cdot C\!-\!C \cdot CH_3 \qquad\qquad H_5C_2 \cdot C\!=\!C \cdot CH_3$$
$$H \cdot C \quad C\text{———}CH\text{====}C \quad C \cdot CH_3$$
$$NH \qquad\qquad\qquad\qquad\qquad NHBr$$

Darstellung: 1 g Opsopyrrolcarbonsäurealdehyd (3-Propionsäure-4-methyl-5-formyl-pyrrol) $C_9H_{11}O_3N$ und 0,8 g Hämopyrrol $C_8H_{13}N$ werden in 2 ccm Alkohol und 1,5 ccm Bromwasserstoffsäure gelöst, wobei nach einiger Zeit Krystallisation eintritt. Ausbeute 60%.

Eigenschaften: Die Substanz enthält noch Opsopyrrolcarbonsäuremethenbromhydrat.

[2 (5)-Brom-3 (4)-propionsäure-4 (3)-methyl-pyrryl]-[3-äthyl-4, 5-dimethyl-pyrrolenyl]-methenbromhydrat[3].

Mol-Gewicht: 434,11.

Zusammensetzung: 44,24% C; 5,11% H; 7,38% O; 6,45% N; 36,82% Br. $C_{16}H_{22}O_2N_2Br_2$.

[1] H. Fischer, H. Friedrich, W. Lamatsch u. K. Morgenroth: Liebigs Ann. **466**, 173 (1929).

[2] H. Fischer u. H. Hellberger: Liebigs Ann. **480**, 255 (1930).

[3] H. Fischer, H. Friedrich, W. Lamatsch u. K. Morgenroth: Liebigs Ann. **466**, 176 (1929).

Darstellung: Durch Lösen von 1 g (3(4)-Propionsäure-4(3)-methylpyrryl)-(3-äthyl-4, 5-di-methylpyrrolenyl)-methenbromhydrat in 1,5 ccm einer Lösung von 50 g Brom in 200 ccm Eisessig. Ausbeute 85%. (Das Opsopyrrolcarbonsäuremethenbromhydrat bleibt hierbei in Lösung.)

Eigenschaften: Aus Eisessig braungelbe Stäbchen. Dient zur Darstellung von Meso-porphyrin II.

Bis-(3-propionsäure-4-methyl-pyrryl)-methen-bromhydrat.
[3 (4)-Propionsäure-4 (3)-methyl-pyrryl]-[3 (4)-propionsäure-4 (3)-methyl-pyrrolenyl)-methenbromhydrat.
Opsopyrrolcarbonsäure-methen-bromhydrat.

Mol-Gewicht: 397,19.

Zusammensetzung: 51,38% C; 5,20% H; 16,22% O; 7,05% N; 20,15% Br. $C_{17}H_{21}O_4N_2Br$.

$$HOOC \cdot H_2C \cdot H_2C \cdot C{-\!-}C \cdot CH_3 \qquad\qquad H_3C \cdot C{=\!=}C \cdot CH_2 \cdot CH_2 \cdot COOH$$
$$H \cdot C \quad C{-\!-\!-\!-\!-}CH{=\!=\!=\!=\!=}C \quad C \cdot H$$
$$NH \qquad\qquad\qquad\qquad NHBr$$

Darstellung: a) 2 g Opsopyrrolcarbonsäure (3-Propionsäure-4-methyl-pyrrol) $C_8H_{11}O_2N$, 10 ccm Ameisensäure und 3 ccm Bromwasserstoffsäure werden im Wasserbad 5 Minuten auf 50° erwärmt, wobei das Methen in Stäbchen ausfällt. Nach dem Absaugen wird mit wenig Äther gewaschen. Ausbeute 15—20%[1].

b) 0,2 g 3-Propionsäure-4-methyl-5-formyl-pyrrol $C_9H_{11}O_3N$ werden mit etwa 10 Tropfen 50proz. Bromwasserstoffsäure erhitzt. Nach 12stündigem Stehen ist Krystallisation eingetreten. Ausbeute 0,12 g[2].

Eigenschaften: Aus Alkohol mit sehr großem Materialverlust gelbe, breite Stäbchen; Schmelzp. 194—195° unter Zersetzung. Spaltung mit Eisessig-Jodwasserstoff gibt Opso- und Hämopyrrolcarbonsäure. Gibt mit Ameisensäure kein Porphyrin, wohl aber mit Formaldehyd und mit Bromwasserstoffsäure bei 120—125°[1]. Dient zur Darstellung von Koproporphyrin II[1] und von Mesoporphyrin IV[3] und XI[4].

Hydrochlorid $C_{17}H_{21}O_4N_2Cl$. Entsteht beim Erhitzen des Opsopyrrolcarbonsäurealdehyds (0,5 g) mit Ameisensäure (5 Tropfen) und konz. Salzsäure (20 Tropfen). Nach 8stündigem Stehen Krystallisation[5]. Bildet sich auch nach a) bei Anwendung von Salzsäure[1].

[2 (5)-Brom-3 (4)-propionsäure-4 (3)-methyl-pyrryl]-[2 (5)-brom-3 (4)-propionsäure-4 (3)-methyl-pyrrolenyl]-methenbromhydrat[6].
Bromiertes Opsopyrrolcarbonsäuremethenbromhydrat.

Mol-Gewicht: 555,02.

Zusammensetzung: 36,77% C; 3,43% H; 11,51% O; 5,05% N; 43,24% Br. $C_{17}H_{19}O_4N_2Br_3$.

$$HOOC \cdot H_2C \cdot H_2C \cdot C{-\!-}C \cdot CH_3 \qquad\qquad H_3C \cdot C{=\!=}C \cdot CH_2 \cdot CH_2 \cdot COOH$$
$$Br \cdot C \quad C{-\!-\!-\!-\!-}CH{=\!=\!=\!=\!=}C \quad C \cdot Br$$
$$NH \qquad\qquad\qquad\qquad NHBr$$

Darstellung: Durch Weiterbromieren des Opsopyrrolcarbonsäuremethenbromhydrats unter Erwärmen.

Eigenschaften: Aus Chloroform-Petroläther feine, gelbe Nadeln.

[1] H. Fischer u. W. Lamatsch: Liebigs Ann. **462**, 247 (1928).
[2] H. Fischer u. W. Lamatsch: Liebigs Ann. **462**, 249, 250 (1928).
[3] H. Fischer u. A. Kirrmann: Liebigs Ann. **475**, 274 (1929).
[4] H. Fischer u. A. Rothhaas: Liebigs Ann. **484**, 100 (1930).
[5] H. Fischer u. A. Treibs: Ber. dtsch. chem. Ges. **60**, 379 (1927).
[6] H. Fischer u. W. Lamatsch: Liebigs Ann. **462**, 249 (1928).

Bis-(3-propionsäure-4-methyl-5-brom-pyrryl)-methenbromhydrat[1,2].
3,3'-Dipropionsäure-4,4'-dimethyl-5,5'-dibrom-pyrromethen-bromhydrat[3].

Mol-Gewicht: 555,01.

Zusammensetzung: 36,77% C; 5,43% H; 9,65% O; 5,05% N; 43,2% Br. $C_{17}H_{19}O_4N_2Br_3$.

$$H_3C \cdot C\!\!-\!\!C \cdot CH_2 \cdot CH_2 \cdot COOH \qquad HOOC \cdot H_2C \cdot H_2C \cdot C\!\!=\!\!C \cdot CH_3$$
$$Br \cdot C \quad C\!\!-\!\!\!-\!\!\!-\!\!\!-\!\!\!-CH\!\!=\!\!\!=\!\!\!=\!\!\!=\!\!\!=C \quad C \cdot Br$$
$$\diagdown NH \diagup \qquad\qquad\qquad\qquad\qquad \diagdown NHBr \diagup$$

Darstellung: 0,8 g Bis-(3-propionsäure-4-methyl-5-carboxy-pyrryl)-methan $C_{23}H_{30}O_8N_2$ werden mit 1 g Brom in 1 ccm Ameisensäure (Essigsäure) bromiert. Unter lebhafter Kohlensäureabspaltung tritt Lösung ein. Nachdem wird auf dem Wasserbad bis zur Beendigung der Bromwasserstoffentwicklung erhitzt. Beim Stehen Krystallisation[2].

Eigenschaften: Aus Eisessig rote Prismen, ebenso aus Ameisensäure; Schmelzpunkt über 250°. Dient zur Darstellung von Mesoporphyrin XIII[4]; Porphintricarbonsäure VII[1]; Koproporphyrin III[5] und IV[2,6].

(3-Propionsäure-4-methyl-5-brom-pyrryl)-(2,4-dimethyl-3-propionsäure-pyrrolenyl)-methen-bromhydrat[7].
4,3',5'-Trimethyl-3,4'-dipropionsäure-5-brom-pyrromethen-bromhydrat[8].
Bromiertes Kryptopyrrolcarbonsäure-methenbromhydrat.

Mol-Gewicht: 490,13.

Zusammensetzung: 44,09% C; 4,53% H; 13,05% O; 5,72% N; 32,61% Br. $C_{18}H_{22}O_4N_2Br_2$.

$$H_3C \cdot C\!\!-\!\!C \cdot CH_2 \cdot CH_2 \cdot COOH \qquad\qquad H_3C \cdot C\!\!=\!\!C \cdot CH_2 \cdot CH_2 \cdot COOH$$
$$Br \cdot C \quad C\!\!-\!\!\!-\!\!\!-\!\!\!-\!\!\!-CH\!\!=\!\!\!=\!\!\!=\!\!\!=\!\!\!=C \quad C \cdot CH_3$$
$$\diagdown NH \diagup \qquad\qquad\qquad\qquad\qquad \diagdown NHBr \diagup$$

Darstellung: 0,5 g Kryptopyrrolcarbonsäure $C_9H_{13}O_2N$ mit 1 ccm Eisessig verrührt werden mit 1 g Brom (2 Mol) in 4 ccm Eisessig versetzt. Dabei tritt Erwärmung ein und über Nacht scheidet sich das Bromhydrat ab. Nach dem Absaugen wird mit Eisessig und Äther gewaschen. Ausbeute 0,4 g.

Eigenschaften: Aus Eisessig rote Prismen; Zersetzungspunkt über 220°. Dient zur Darstellung von Koproporphyrin I[7]; Mesoporphyrin I und XIV[8].

(3-Propionsäuremethylester-4-methyl-5-brom-pyrryl)-(2,4-dimethyl-3-propionsäuremethylester-pyrrolenyl)-methenbromhydrat.
4,3',5'-Trimethyl-3,4'-dipropionsäuremethylester-5-brom-pyrromethenbromhydrat[9].

Mol-Gewicht: 518,17.

Zusammensetzung: 46,33% C; 5,05% H; 12,35% O; 5,41% N; 30,86% Br. $C_{20}H_{26}O_4N_2Br_2$

Darstellung: 20 g 4,3',5'-Trimethyl-3,4'-dipropionsäure-5-brom-pyrromethenbromhydrat werden mit 200 ccm 5proz. methylalkoholischem Bromwasserstoff 30—45 Minuten am Rückfluß gekocht. Dann wird der Alkohol bis zum Beginn der Krystallisation abgedampft und anschließend erkalten gelassen, wobei die Lösung zu einem Brei starker Prismen erstarrt. Isolierung durch Absaugen und Auswaschen mit Äther.

Eigenschaften: Aus Chloroform-Methylalkohol, Krystalle vom Schmelzp. 200°.

[1] H. Fischer u. A. Andersag: Liebigs Ann. **458**, 135 (1927).
[2] H. Fischer, K. Platz u. A. Morgenroth: Hoppe-Seylers Z. **182**, 278 (1930).
[3] H. Fischer, K. Platz, H. Helberger u. H. Niemann: Liebigs Ann. **479**, 31 (1930).
[4] H. Fischer u. A. Kirrmann: Liebigs Ann. **475**, 284 (1929).
[5] H. Fischer, K. Platz u. A. Morgenroth: Liebigs Ann. **482**, 283 (1929).
[6] H. Fischer u. A. Kürzinger: Hoppe-Seylers Z. **196**, 226 (1931).
[7] H. Fischer u. A. Andersag: Liebigs Ann. **450**, 212 (1926).
[8] H. Fischer u. A. Kirrmann: Liebigs Ann. **475**, 276 (1928).
[9] H. Fischer u. W. Fröwis: Hoppe-Seylers Z. **195**, 56 (1931).

(3-Propionsäuremethylester-4-methyl-5-brom-pyrryl)-(2,4-dimethyl-3-propionsäuremethylester-pyrrolenyl)-methen.
4,3′,5′-Trimethyl-3,4′-dipropionsäuremethylester-5-brom-pyrromethen[1].

Mol-Gewicht: 437,2.

Zusammensetzung: 54,91% C; 5,76% H; 14,64% O; 6,41% N; 18,28% Br. $C_{20}H_{25}O_4N_2Br$.

Darstellung: Durch Zerlegen des in Chloroform gelösten 4,3′,5′-Trimethyl-3,4′-dipropionsäuremethylester-5-brom-pyrromethenbromhydrats mit verdünnter Natronlauge. Nachdem wird die Chloroformlösung gut mit Wasser gewaschen, filtriert, stark eingeengt und der Rückstand mit der doppelten Menge kaltem Methylalkohol versetzt. Beim Reiben Krystallisation.

Eigenschaften: Aus Chloroform-Methylalkohol oder Alkohol-Wasser gelbe Nadeln, Schmelzp. 117°.

4,3′,5′-Trimethyl-3,4′-dipropionsäuremethylester-5-phenylamino-pyrromethen-bromhydrat $C_{26}H_{32}O_4N_3Br$. 2 g Methen werden mit 2—4 ccm Anilin 1 Stunde auf dem Wasserbad erwärmt. Die heiße Lösung wird in Äther filtriert, wobei das Anilid in rotvioletten Krystallen ausfällt. — Aus Chloroform-Äther, Schmelzp. 186°.

Freies Anilid $C_{26}H_{31}O_4N_3$. Durch Zerlegen des bromwasserstoffsaurem Anilids in Chloroform mit verdünnter Sodalösung. Nach dem Waschen und Trocknen der Chloroformlösung wird auf ein kleines Volumen eingeengt, in die 4—6fache Menge Methylalkohol gegossen und kurze Zeit gekocht. Beim Stehen Krystallisation. — Gelbe Nadeln, Schmelzp. 145°.

Kupfersalz $C_{52}H_{60}O_8N_6Cu$. Durch kurzes Kochen des Anilids in heißem Methylalkohol mit kalter ammoniakalischer Kupfersalzlösung. Beim Stehen Krystallisation. — Aus Methylalkohol derbe Krystalle mit grünbraunem metallischem Oberflächenglanz, Schmelzp. 120°. Löst sich in den meisten Solvenzien mit roter Farbe.

4,3′,5′-Trimethyl-3,4′-dipropionsäureamid-5-brom-pyrromethen $C_{18}H_{23}O_2N_4Br$. 2 g Methen werden mit 10—15 ccm abs. methylalkoholischer Ammoniaklösung 5—6 Stunden im Rohr auf 100° erhitzt. Das Amid krystallisiert in gelbbraunen Krystallen aus. Ausbeute 0,8 g. — Aus Aceton kleine Prismen, Zersetzungsp. 260—270° (bei etwa 185° Dunkelfärbung). Leicht löslich in Säuren, schwer löslich in den organischen Lösungsmitteln. In der Kälte unlöslich und resistent in Alkalien, in der Hitze dagegen Spaltung.

4,3′,5′-Trimethyl-3,4′-dipropionsäuremethylamid-5-brom-pyrromethen $C_{20}H_{27}O_2N_4Br$. 0,5 g Methen werden mit 5—6 ccm 30proz. abs. methylalkoholischem Methylamin auf dem Wasserbad bis zur Lösung gekocht ($^1/_2$—1 Minute) und dann längere Zeit stehengelassen, wonach Krystallisation eintritt. (Durch Wasserzusatz erhält man aus der Mutterlauge noch weitere Mengen.) Nach dem Abfiltrieren wird der Rückstand mit Aceton extrahiert. — Aus Aceton durch Einengen orangefarbene, flockig zusammengeballte Nadeln, Schmelzp. 212° unter Zersetzung. Unlöslich in wässerigen Alkalien. Beim vollständigen Abdampfen der Acetonlösung tritt Verschmierung ein.

4,3′,5′-Trimethyl-3,4′-dipropionsäure-methylamid-5-methoxy-pyrromethen $C_{21}H_{30}O_3N_4$. 1 g vorstehenden Methylamids wird mit 50 ccm 10proz. methyl-alkoholischem Kaliumhydroxyd 1 Stunde auf dem siedenden Wasserbad erhitzt, wobei bald Lösung eintritt. Nach Verdampfen von $^2/_3$ des Alkohols krystallisiert das Methoxyprodukt in kanariengelben Nadeln. Reinigung durch Waschen mit Wasser. — Aus Aceton Krystalle vom Schmelzp. 225°.

(3-Propionsäuremethylester-4-methyl-5-oxy-pyrryl)-(2,4-dimethyl-3-propionsäuremethylester-pyrrolenyl-methen.
4,3′,5′-Trimethyl-3,4′-dipropionsäuremethylester-5-oxy-pyrromethen[2].

Mol-Gewicht: 374,23.

Zusammensetzung: 64,13% C; 7,00% H; 21,38% O; 7,49% N. $C_{20}H_{26}O_5N_2$.

$$H_3C \cdot C\!\!-\!\!C \cdot CH_2 \cdot CH_2 \cdot COOCH_3 \qquad\qquad H_3C \cdot C\!\!=\!\!C \cdot CH_2 \cdot CH_2 \cdot COOCH_3$$
$$HO \cdot C \quad C\!\!-\!\!\!-\!\!\!-\!\!\!-\!\!\!-\!\!CH\!\!=\!\!\!=\!\!\!=\!\!C \quad C \cdot CH_3$$
$$NH \qquad\qquad\qquad\qquad\qquad\qquad\qquad\qquad N$$

---

[1] H. Fischer u. H. Fröwis: Hoppe-Seylers Z. **195**, 57 (1931).
[2] H. Fischer u. W. Fröwis: Hoppe-Seylers Z. **195**, 61 (1931).

Darstellung: a) 1 g 4, 3′, 5′-Trimethyl-3, 4′-dipropionsäuremethylester-5-brom-pyrromethen in 30—40 ccm Eisessig wird mit 0,6 g Silberacetat 1 Stunde im siedenden Wasserbad erhitzt. Nach dem Filtrieren wird in Chloroform aufgenommen, der Eisessig mit Wasser und Alkali weggewaschen, die Lösung stark eingeengt und mit Methylalkohol versetzt. Ausbeute 0,25 g.

Dasselbe Produkt entsteht auch beim Erhitzen des bromierten Methens (0,5 g) mit Methylat (1 g Natrium, 13 ccm Methylalkohol) auf 170—180° im Rohr (3 Stunden). Aufarbeitung wie bei b) beschrieben.

b) 1 g 4, 3′, 5′-Trimethyl-3, 4′-dipropionsäuremethylester-5-methoxy-pyrromethen wird mit 4 g Resorcin ½ Stunde im Ölbad auf 170—180° erhitzt. Die Schmelze wird in Chloroform-Methylalkohol gelöst, dann Resorcin und Alkohol mit verdünnter Natronlauge weggewaschen, die Chloroformlösung auf ein kleines Volumen eingeengt und mit Methylalkohol versetzt. Ausbeute 0,25 g.

Das gleiche Produkt entsteht auch beim Erhitzen des Ätheresters (0,5 g) mit Methylat (10 ccm Methylalkohol, 0,7 g Natrium) auf 170—180°. Das Verseifungsprodukt wird in 40 ccm aufstehender Soda aufgenommen und mit Dimethylsulfat verestert.

Eigenschaften: Aus Chloroform-Methylalkohol gelbe Stäbchen, Schmelzp. 180°. Beim Unterschichten einer wässerigen salzsauren Diazobenzolsulfosäurelösung mit einer Chloroformlösung des Methens färbt sich die Wasserschicht violett und das Chloroform grün. Die Hydroxylgruppe wird beim Erhitzen mit Bromwasserstoff-Eisessig nur spurenweise durch Brom ersetzt. Geht mit Natriumamalgam leicht in das Methan über. Mit Diazobenzolsulfosäure entsteht ein violetter Farbstoff.

<h3 style="text-align:center">(3-Propionsäuremethylester-4-methyl-5-methoxy-pyrryl)-
(2, 4-dimethyl-3-propionsäuremethylester-pyrrolenyl)-methen.
4, 3′, 5′-Trimethyl-3, 4′-Dipropionsäuremethylester-5-methoxy-pyrro-
methen[1].</h3>

Mol-Gewicht: 388,24.

Zusammensetzung: 64,91 % C; 7,27 % H; 20,6 % O; 7,22 % N. $C_{21}H_{28}O_5N_2$.

Darstellung: 5 g 4, 3′, 5′-Trimethyl-3, 4′-dipropionsäuremethylester-5-brom-pyrromethen in 100 ccm Methylalkohol werden mit 10 g Ätznatron 1 Stunde auf dem Wasserbad gekocht. Nach dem Filtrieren wird das Filtrat auf etwa ⅓ eingeengt, mit 30—40 ccm Eiswasser versetzt und 20—25 ccm Schwefelsäure zugegeben. Dieses Gemisch wird nach Zugabe von 60 bis 80 ccm aufstehender Soda und 10 ccm Dimethylsulfat 5—6 Stunden geschüttelt, wobei der Äther-Ester auskrystallisiert. Nach dem Absaugen wird mit Wasser gewaschen, bei 50 bis 60° getrocknet und ¼—½ Stunde mit Methylalkohol und Tierkohle gekocht. Beim Einengen des alkoholischen Auszugs tritt Krystallisation ein, besonders beim Reiben. Ausbeute 2—2,3 g.

Eigenschaften: Aus Methylalkohol gelbe Stäbchen, Schmelzp. 88°. Gibt mit Diazobenzolsulfosäure eine violette Färbung. Dient zur Synthese von Koproporphyrin I.

<h3 style="text-align:center">[3 (4)-Propionsäure-4 (3)-methyl-pyrryl]-[3-propionsäure-4,5-di-
methylpyrrolenyl]-methenbromhydrat[2].</h3>

Mol-Gewicht: 411,21.

Zusammensetzung: 52,55 % C; 5,59 % H; 15,59 % O; 6,81 % N; 19,46 % Br. $C_{18}H_{23}O_4N_2Br$.

$$HOOC \cdot H_2C \cdot H_2C \cdot C{=\!\!=}C \cdot CH_3 \qquad\qquad HOOC \cdot H_2C \cdot H_2C \cdot C{=\!\!=}C \cdot CH_3$$
$$H \cdot C \quad C\text{————}CH{=\!\!\!=\!\!\!=}C \quad C \cdot CH_3$$
$$NH \qquad\qquad\qquad\qquad\qquad\qquad NHBr$$

Darstellung: Ein inniges Gemisch von 0,75 g 3-Propionsäure-4-methyl-5-formylpyrrol $C_9H_{11}O_3N$ und 0,75 g 3-Propionsäure-4, 5-dimethylpyrrol $C_9H_{13}O_2N$ wird nach Anfeuchten mit

---

[1] H. Fischer u. W. Fröwis: Hoppe-Seylers Z. **195**, 60 (1931).

[2] H. Fischer, H. Friedrich, W. Lamatsch u. K. Morgenroth: Liebigs Ann. **466**, 170 (1928).

Alkohol mit 1 ccm Bromwasserstoffsäure versetzt. Nach 2 Tagen wird abgesaugt und mit Eisessig gewaschen.

Eigenschaften: Aus Eisessig bei 2—3tägigem Stehen rote Nadeln, Schmelzp. 175° (ab 120° Dunkelfärbung). Dient zur Darstellung von Mesoporphyrin I[1].

[2(5)-Brom-3(4)-propionsäure-4(3)-methyl-pyrryl]-[3-propionsäure-4,5-dimethyl-pyrrolenyl]-methenbromhydrat[2].

Mol-Gewicht: 490,12.

Zusammensetzung: 44,09% C; 4,73% H; 12,82% O; 5,71% N; 32,65% Br. $C_{18}H_{22}O_4N_2Br_2$.

Darstellung: 0,3 g (3(4)-Propionsäure-4(3)-methylpyrryl)-(3-propionsäure-4, 5-dimethyl-pyrrolenyl)-methenbromhydrat in 10 Tropfen Eisessig werden mit 0,55 ccm einer Lösung von 50 g Brom in 200 ccm Eisessig kalt gelöst. Nach 2tägigem Stehen wird abgesaugt und mit Äther gewaschen. Ausbeute 0,32 g.

Eigenschaften: Aus Eisessig prismatische, gelbe Blättchen. Unlöslich in Äther. Dient zur Darstellung von Koproporphyrin I.

Bis-[3(4)-propionsäurenitril-4(3)-methyl-5(2)-carbäthoxy-pyrryl]-methan[3].

Mol-Gewicht: 424,38.

Zusammensetzung: 65,09% C; 6,60% H; 15,06% O; 13,25% N. $C_{23}H_{28}O_4N_4$.

Darstellung: a) Durch Abspaltung von Kohlensäure aus Bis-(3(4)-(ω-cyan-ω-carboxy-äthyl)-4(3)-methyl-5(2)-carbäthoxy)-methan mittels Erhitzen im Metallbad im Vakuum. Nach Beendigung der Gasentwicklung wird in wenig Alkohol gelöst und mit verdünntem Ammoniak gefällt[3].

b) Durch 8stündiges Erhitzen von 2-Brommethyl-3-propionsäurenitril-4-methyl-5-carbäthoxy-pyrrol $C_{12}H_{15}O_2N_2Br$ mit viel Wasser unter Einleiten von Luft[3].

Eigenschaften: Aus Alkohol Krystalle vom Schmelzp. 144°. Gibt durch Reduktion mit Eisessig-Jodwasserstoff Kryptopyrrolcarbonsäure.

Bis-(3-propionsäure-4-methyl-5-carbäthoxy-pyrryl)-methan.

Mol-Gewicht: 462,37.

Zusammensetzung: 59,72% C; 6,54% H; 27,68% O; 6,06% N. $C_{23}H_{30}O_8N_2$.

Darstellung: a) 6,4 g 2-Brommethyl-3-propionsäure-4-methyl-5-carbäthoxypyrrol $C_{12}H_{16}O_4NBr$ werden mit 50 ccm Wasser 4 Stunden gekocht, wobei starke Formaldehydentwicklung eintritt und die farblosen Nadeln des Bromkörpers in Prismen übergehen. Dann wird kalt abgesaugt und mit Wasser gewaschen. Ausbeute 4,4 g[4].

b) Entsteht auch bei 1stündigem Verseifen von Bis-(3(4)-propionsäurenitril-(4(3)-methyl-5(2)-carbäthoxy-pyrryl)-methan mit 2 Mol Natronlauge in alkoholisch-wässeriger Lösung[5].

Eigenschaften: Aus Alkohol Prismen, Schmelzp. 201°. Gibt bei 8stündigem Stehen mit Eisessig Porphyrin; ebenso beim Kochen mit Ameisensäure. Bei 15stündigem Erhitzen auf dem Wasserbad im Vakuum entsteht Opsopyrrolcarbonsäure[5].

Bis-(3-propionsäure-4-methyl-5-carboxy-pyrryl)-methan $C_{19}H_{22}O_8N_2$ (M = 406,3). Bildet sich bei 6stündigem Erhitzen von 4 g Ester mit 40 ccm 10proz. Natronlauge. Isolierung durch Zugabe von verdünnter Schwefelsäure bis zur kongosauren Reaktion unter starker Kühlung, Absaugen, Auswaschen des Rückstands mit Wasser und Trocknen im Exsiccator. Ausbeute 3 g = 80%. — Aus Alkohol-Wasser wetzsteinförmige Krystalle, Schmelzp. 176° unter Zersetzung[4]. Gibt beim Erhitzen im Vakuum auf 140° Opsopyrrolcarbonsäure[6]. Dient zur Synthese von Koproporphyrin II.

[1] H. Fischer u. A. Kirrmann: Liebigs Ann. **475**, 280 (1929).

[2] H. Fischer, H. Friedrich, W. Lamatsch u. K. Morgenroth: Liebigs Ann. **466**, 172 (1929).

[3] H. Fischer u. H. Wasenegger: Liebigs Ann. **461**, 286—287 (1928).

[4] H. Fischer u. A. Andersag: Liebigs Ann. **450**, 217 (1926).

[5] H. Fischer u. H. Wasenegger: Liebigs Ann. **461**, 288 (1928).

[6] H. Fischer u. W. Lamatsch: Liebigs Ann. **462**, 245 (1928).

[3-(β-Methyl-malonsäure)-4-methyl-5-brom-pyrryl]-[3-(β-methyl-malonsäure-4-methyl-pyrrolenyl-methenbromhydrat.
3,4'-Di-(β-methylmalonsäure)-4,3',5'-trimethyl-5-brom-pyrromethen-bromhydrat[1].

Mol-Gewicht: 578,14.

Zusammensetzung: 41,53% C; 3,84% H; 22,14% O; 4,85% N; 27,64% Br. $C_{20}H_{22}O_8N_2Br_2$.

$$H_3C \cdot C{-}C \cdot CH_2 \cdot CH \cdot (COOH)_2 \qquad\qquad H_3C \cdot C{=}C \cdot CH_2 \cdot CH \cdot (COOH)_2$$
$$Br \cdot C \quad C{-}\!\!-\!\!-\!\!-\!\!-\!\!-\!\!-\!\!-\!\!-\!\!-\ CH{=}\!\!=\!\!=\!\!=\!\!=\!\!=\!\!-\!\!-\ C \quad C \cdot H$$
$$\qquad NH \qquad\qquad\qquad\qquad\qquad\qquad\qquad\qquad NHBr$$

Darstellung: 3 g rohe, fein gepulverte, staubtrockene 2,4-Dimethyl-5-carboxy-pyrryl-3-β-methylmalonsäure, mit 3 ccm Eisessig verrührt, werden unter Kühlung allmählich mit 6 ccm einer Brom-Eisessiglösung (enthaltend 0,5 g Brom in 1 ccm Eisessig) versetzt, wobei lebhafte Kohlensäure- und Bromwasserstoffentwicklung eintritt. Nach mehrstündigem Stehen wird von dem gebildeten Krystallbrei abgesaugt und mit Eisessig und Äther gewaschen.

Eigenschaften: Aus Eisessig gelbe Nadeln, Zersetzungsp. 181°. Läßt sich nicht ganz unzersetzt umkrystallisieren. Dient zur Darstellung von Iso-uroporphyrinester I und Koproester I.

Tetramethylester $C_{24}H_{30}O_8N_2Br_2$ (634,22). Durch Einleiten von trockenem Bromwasserstoff in die kalt gesättigte methylalkoholische Lösung des Bromhydrats. Nach kurzem Stehen tritt Krystallisation ein. — Aus Methanol derbe Prismen, Zersetzungsp. 202°.

3,4'-Di-(β-methylmalonsäureester)-4,3',5'-trimethyl-5-brom-pyrromethen $C_{24}H_{29}O_8N_2Br$ (553,29). Das im Chloroform gelöste Ester-bromhydrat wird mit Sodalösung geschüttelt. Nachdem wird mit Wasser gewaschen, filtriert, bis fast zur Trockene eingedampft und mit siedendem Methanol versetzt. Beim Erkalten krystallisiert die Base in gelben Nadeln, Schmelzp. 113°.

Kupfersalz $C_{48}H_{56}O_{16}N_4Br_2Cu$. Eine heiße methylalkoholische Lösung der Esterbase wird solange mit einer schwach essigsauren, heiß gesättigten Lösung von Kupferacetat in Wasser versetzt, bis keine Fällung mehr erfolgt. Nach kurzem Weitererhitzen wird in Chloroform aufgenommen, dann mit Wasser gewaschen, getrocknet eingeengt und mit heißem Methanol versetzt, wonach beim langsamen Erkalten Krystallisation eintritt. — Aus Methanol lange, derbe Nadeln mit grünlichem, metallischem Oberflächenglanz. Zersetzungsp. 152°.

Zinksalz $C_{48}H_{56}O_{16}N_4Br_2Zn$. Die heiße methylalkoholische Lösung der Esterbase wird mit einer schwach essigsauren, heiß gesättigten, wässerigen Zinkacetlösung versetzt, bis keine Fällung mehr eintritt. Nachdem wird zum Sieden erhitzt, Methylalkohol bis eben zur Lösung zugegeben, filtriert und langsam erkalten gelassen. — Aus Methanol derbe Spieße mit metallischem Oberflächenglanz; Zersetzungsp. 149°.

Nickelsalz $C_{48}H_{56}O_{16}N_4Br_2Ni$. Die heiße methylalkoholische Lösung der Esterbase wird mit ammoniakalischer Nickellösung versetzt, bis kein Niederschlag mehr eintritt. — Aus Chloroform-Methanol derbe Nadeln mit metallischem Oberflächenglanz, Zersetzungsp. 147°.

Cadmiumsalz $C_{48}H_{56}O_{16}N_4Br_2Cd$. Die heiße methylalkoholische Lösung der Esterbase wird mit einer essigsauren, heiß konz. wässerigen Cadmiumchloridlösung versetzt. Aufarbeitung wie beim Kupfersalz beschrieben. — Aus Methanol derbe Krystalle mit metallischem Oberflächenglanz, Zersetzung ab 115°.

Mangansalz $C_{48}H_{56}O_{16}N_4Br_2Mn$. Darstellung wie beim Cadmiumsalz unter Verwendung von Mangansulfat. — Aus Methanol-Chloroform Nadeln mit metallischem Oberflächenglanz, Zersetzungsp. 153°.

Kobaltsalz $C_{48}H_{56}O_{16}N_4Br_2Co$. Darstellung wie beim Cadmiumsalz unter Verwendung von Kobaltacetat. — Aus Chloroform-Methanol derbe Krystalle mit bläulichem Oberflächenglanz, Zersetzungsp. 151°.

---

[1] H. Fischer u. H. Helberger: Liebigs Ann. **483**, 10 (1930).

[3-(β-Methylmalonester)-4-methyl-5-carbäthoxy]-[2′, 4′(3′, 5′)-di-methyl]-2, 5′(2, 2′)-dipyrrylmethan[1].

Mol-Gewicht: 432,4.

Zusammensetzung: 63,85% C; 7,46% H; 22,21% O; 6,48% N. $C_{23}H_{32}O_6N_2$.

$$\mathrm{H_3C \cdot C{-}C \cdot CH_2 \cdot CH \cdot (COOC_2H_5)_2} \qquad \mathrm{H_3C \cdot C{-}C \cdot H}$$
$$\mathrm{H_5C_2OOC \cdot C \quad C{-\!-\!-}CH_2{-\!-\!-}C \quad C \cdot CH_3}$$
$$\mathrm{NH} \qquad\qquad\qquad\qquad \mathrm{NH}$$

Darstellung: Eine Grignard-Lösung, hergestellt aus 1,15 g Bromäthyl, in 4 ccm abs. Äther und 0,25 g Magnesium läßt man in 1 g 2, 4-Dimethylpyrrol C_6H_9N eintropfen, erhitzt danach 1 Stunde lang, gibt dann noch 2 g 2-Brommethyl-3-methylmalonester-4-methyl-5-carbäthoxy-pyrrol ($C_{17}H_{24}O_6NBr$) in 20 ccm abs. Äther zu, wobei ein fester Körper ausfällt, und erhitzt wieder 3 Stunden. Nachdem wird abgesaugt, der Rückstand mit abs. Äther gewaschen und dann unter Äther mit konz. Chlorammoniumlösung zerlegt. Nach dem Trocknen des ätherischen Teils wird das Lösungsmittel verdampft. Ausbeute 0,5 g.

Eigenschaften: Aus Sprit lange Prismen, Schmelzp. 105°.

[3-(β-Methylmalonester)-4-methyl-5-carbäthoxy]-[2′, 4′-dimethyl-3′-äthyl]-2, 5′-dipyrrylmethan[2].

Mol-Gewicht: 488,45.

Zusammensetzung: 65,17% C; 7,88% H; 18,86% O; 6,09% N. $C_{25}H_{36}O_6N_4$.

Darstellung: Eine Grignard-Lösung aus 1,15 g Bromäthyl in 4 ccm abs. Äther und 0,25 g Magnesium wird in 1,2 g 2, 4-Dimethyl-3-äthylpyrrol ($C_8H_{13}N$) eingetropft und danach 1 Stunde erhitzt. Zu dieser Lösung werden nun langsam 2 g 2-Brommethyl-3-methylmalonester-4-methyl-5-carbäthoxypyrrol ($C_{17}H_{24}O_6NBr$) in 20 ccm abs. Äther zugegeben, wobei ein fester Körper ausfällt, der nach 3 stündigem Kochen abgesaugt und mit abs. Äther gewaschen wird. Hernach wird unter Äther mit konz. Chlorammoniumlösung zersetzt, der ätherische Teil getrocknet und zur Trockne verdampft. Ausbeute 1 g.

Eigenschaften: Aus wenig Sprit lange Stäbchen, Schmelzp. 139°.

Bis-[3-(β-methylmalonsäureester)-4-methyl-5-carbäthoxy-pyrryl]-methan.

Mol-Gewicht: 662,55.

Zusammensetzung: 59,79% C; 7,00% H; 28,98% O; 4,23% N. $C_{33}H_{46}O_{12}N_2$.

Darstellung: Roher 2-Brommethyl-4-methyl-5-carbäthoxypyrrol-3-β-methylmalonester $C_{17}H_{24}O_6NBr$ wird nach dem Waschen mit kaltem Wasser in viel heißes Wasser eingetragen und mehrere Stunden gekocht, wobei unter starker Formaldehydentwicklung Schmelzen eintritt. Beim Erkalten erhält man eine glasartige, feste, amorphe Masse[3]. Ausbeute 85%.

Bildet sich bei der Verseifung von Bis-(3-ω-cyan-ω-carbäthoxy-äthyl)-4-methyl-5-carbäthoxy-pyrryl)-methan $C_{29}H_{36}O_8N_4$ mit alkoholischer Salzsäure in der Kälte[4].

Eigenschaften: Aus Alkohol weiße Prismen, Schmelzp. 126°. Enthält 5 aktive Wasserstoffatome[5].

Bis-[3-(β-methylmalonsäuredimethylester)-4-methyl-5-carbäthoxy-pyrryl]-methan $C_{29}H_{38}O_{12}N_2$. Durch Kochen obigen Bromkörpers mit Methylalkohol-Bromwasserstoff. Beim Erkalten Krystallisation. Ausbeute 70%. Aus Methylalkohol Prismen, Schmelzp. 168°[3].

Hexanatriumsalz des Bis-(3-β-methylmalonsäure-4-methyl-5-carboxy-pyrryl-2)-methans $C_{33}H_{40}O_{12}N_2Na_6$. Entsteht beim Erhitzen des Methans in wässerig-alkoholischer Lösung mit Natronlauge in geringem Überschuß. Isolierung durch Verjagen des Alkohols, Verdünnen mit Wasser, Filtrieren, Konzentrieren des Filtrats und Trocknen des Rückstands über Schwefelsäure. — Das Salz ist schwer zu reinigen und hygroskopisch. Ebenso kann die daraus durch

[1] H. Fischer, E. Baumann u. H. J. Riedel: Liebigs Ann. **475**, 238 (1929).
[2] H. Fischer, E. Baumann u. H. J. Riedel: Liebigs Ann. **475**, 237 (1929).
[3] H. Fischer u. P. Heisel: Liebigs Ann. **457**, 90 (1927).
[4] H. Fischer u. H. Wasenegger: Liebigs Ann. **461**, 287 (1928).
[5] H. Fischer u. E. Walter: Ber. dtsch. chem. Ges. **60**, 1989—1990 (1929).

Ansäuern erhaltene Hexacarbonsäure nicht rein dargestellt werden. Sie ist selbst nach mehrmaligen Reinigungsversuchen aus Alkohol bzw. Alkohol-Petroläther stets aschehaltig. Schmelzpunkt etwa 176°[1].

Bis-(2-äthyl-4-methyl-pyrryl)-methenbromhydrat.
3, 3′-Dimethyl-5, 5′-diäthyl-pyrromethenbromhydrat.

Mol-Gewicht: 309,18.

Zusammensetzung: 58,23% C; 6,85% H; 9,06% N; 25,85% Br. $C_{15}H_{21}N_2Br$.

$$\begin{array}{ccccc}
H \cdot C\!-\!C \cdot CH_3 & & & H_3C \cdot C\!=\!C \cdot H \\
H_5C_2 \cdot C \quad C\!-\!\!\!-\!\!\!-CH\!=\!\!=\!C \quad C \cdot C_2H_5 \\
NH & & & NHBr
\end{array}$$

Darstellung: a) Äquimolare Mengen von 2-Äthyl-4-methyl-5-formyl-pyrrol $C_8H_{11}ON$ und von 2-Äthyl-4-methyl-pyrrol $C_7H_{11}N$ in Alkohol gelöst werden mit 48 proz. Bromwasserstoffsäure versetzt. Nach kurzer Zeit Krystallisation[2].

b) 2-Äthyl-4-methyl-pyrrol in Ameisensäure gelöst wird mit 48 proz. Bromwasserstoffsäure kurze Zeit am Wasserbad erhitzt. Beim Erkalten Krystallisation. Filtrieren und Auswaschen mit Eisessig und Äther[2].

Eigenschaften: Aus Eisessig oder Chloroform-Äther ziegelrote abgerundete Stäbchen, Schmelzp. 202°. Übt Nießreiz aus.

Bis-(2-äthyl-4-methyl-pyrryl)-methen-perchlorat $C_{15}H_{21}O_4N_2Cl$. Durch Erhitzen von 2-Äthyl-4-methyl-pyrrol in wenig Alkohol mit Ameisen- und Perchlorsäure. Beim Erkalten Krystallisation. — Aus Alkohol leuchtend rote Nadeln, die bei 240° verpuffen[3].

Bis-(2-äthyl-4-methyl-pyrryl)-methen.
$$C_{15}H_{21}N_4$$

Eisensalz $C_{30}H_{40}N_4Fe$. Durch Zugabe einer heißen Lösung von Ferroacetat in 50 proz. Alkohol (1 Mol) zu einer heißen konz. alkoholischen Lösung des Methenperchlorats (2 Mol). Auf Zusatz von etwas konz. wässeriger Seignettesalzlösung nebst Ammoniak und kurzem Aufkochen scheidet sich das Salz krystallin ab. Entsteht auch bei Verwendung von Ferrosulfat und Ferroammoniumsulfat. — Aus wenig ammoniakalischem Alkohol bei 70° umkrystallisiert, leuchtend grüne, makroskopische Krystalle, Schmelzp. 190°. Sehr leicht löslich in Äther, Petroläther, Chloroform, Benzol, Ligroin. Wenig löslich in Alkohol. Beim Erhitzen in Alkohol tritt sehr leicht Spaltung ein in freies Methen und Eisenoxyd. Dasselbe ist auch bei längerem Stehen in den Lösungsmitteln der Fall, besonders leicht in Pyridin. Besitzt keine sauerstoffübertragende Wirkung. Aufstrich und Lösung zeigen kirschrote Farbe.

Spektrum in konz. Alkohol. Absorption in Blau; beim Verdünnen mit Wasser tritt starke Fluorescenz ein.

Spektrum in verdünntem Alkohol: I. $\underline{530,6-519.8}$; II. $\underline{472,5-457,1}$; E. abs. 403,6
         525,7   464,8

Auf Zusatz von wenig Salzsäure bleiben Spektrum und Fluorescenz erhalten. Auf Zusatz von mehr Säure tritt dagegen Zerfall ein in das freie Methen und Eisenoxyd[4].

Kupfersalz $C_{30}H_{40}N_4Cu$. Durch Erhitzen einer alkoholischen Lösung des Methenperchlorats mit einer wässerigen Kupferacetatlösung. — Aus Alkohol metallisch glänzende, grüne Blättchen[3].

Kobaltsalz $C_{30}H_{40}N_4Co$. Durch Erhitzen einer Lösung des Methenperchlorats in Alkohol mit Kobaltnitrat in Wasser unter Ammoniakzusatz. — Aus Alkohol metallisch glänzende, grüne Blättchen[3].

Bis-(2-äthyl-3-propionyl-4-methyl-pyrryl-5)-methan[5].

Mol-Gewicht: 342,36.

Zusammensetzung: 73,68% C; 8,77% H; 9,37% O; 8,18% N. $C_{21}H_{30}O_2N._2$

[1] H. Fischer u. P. Heisel: Liebigs Ann. **457**, 91 (1927).
[2] H. Fischer u. A. Kürzinger: Hoppe-Seylers Z. **196**, 232 (1931).
[3] H. Fischer u. J. Klarer: Liebigs Ann. **447**, 60 (1926).
[4] H. Fischer u. J. Klarer: Liebigs Ann. **448**, 190 (1926).
[5] H. Fischer u. J. Klarer: Liebigs Ann. **447**, 53 (1926).

Darstellung: 0,8 g 2-Äthyl-3-propionyl-4-methylpyrrol $C_{10}H_{15}ON$ und 1,7 g Formaldehyd in 10 ccm abs. Alkohol werden nach Zusatz von 2 Tropfen konz. Salpetersäure kurz aufgekocht, wonach sich nach Reiben mit einem Glasstab das Methan abscheidet.

Eigenschaften: Schwer löslich in Alkohol, krystallisiert daraus in schönen Nadeln.

Bis-(2-äthyl-3-propionyl-4-methyl-pyrryl-5)-methenchlorhydrat.

Mol-Gewicht: 376,82.

Zusammensetzung: 67,02% C; 7,71% H; 8,37% O; 7,44% N; 9,46% Cl. $C_{21}H_{29}O_2N_2Cl$.

Bildung: Bei der Spaltung von Tetra-(2-äthyl-3-propionyl-4-methyl-pyrryl)-äthylen mit Ferrichlorid[1].

Darstellung: a) 0,6 g Dipyrrylmethan in Alkohol werden mit wässerigem Eisenchlorid einige Minuten zum Sieden erhitzt. Beim Erkalten scheidet sich das Chlorhydrat krystallin ab[1].

b) Entsteht auch durch mehrmaliges Aufkochen einer mit Ameisensäure und Salzsäure versetzten alkoholischen Lösung von 2-Äthyl-3-propionyl-4-methylpyrrol. Beim Erkalten tritt dann Krystallisation ein[1].

Eigenschaften: Aus Alkohol leuchtend rote Nadeln, Schmelzp. 143°.

Bis-(2-äthyl-3-propionyl-4-methyl-pyrryl-5)-methen[1].

Mol-Gewicht: 340,35.

Zusammensetzung: 74,04% C; 8,28% H; 9,35% O; 8,33% N. $C_{21}H_{28}O_2N_2$.

Darstellung: Durch Versetzen einer abs. alkoholischen Lösung des Chlorhydrats mit wenig Ammoniak, wobei sofort Gelbfärbung und Abscheidung des Methens eintritt.

Eigenschaften: Aus Alkohol gelbe Nadeln, Schmelzp. 167°.

Eisensalz $C_{42}H_{56}O_4N_4Fe$. Entsteht beim Zusammengeben einer heißen Lösung von Ferroacetat in 75proz. Alkohol mit einer heißen Lösung des Methensalzes in 75—80proz. Alkohol, wonach nach Zusatz von etwas Ammoniak (2—3 Tropfen) und konz. Seignettesalzlösung (2 Tropfen) und Abkühlen beim Reiben Krystallisation eintritt. Reinigung durch Umkrystallisieren aus 70proz. Alkohol unter Zusatz von etwas Ammoniak und raschem Abkühlen. — Aus Alkohol grünlich schillernde Blättchen, Schmelzp. 184—185°. Aufstrich und Lösung kirschrot, Lösung fluoresciert stark; auf Zugabe von Spuren einer Säure entsteht das freie Methen. Beim Einleiten von Chlor in eine Tetrachlorkohlenstofflösung wird diese farblos[2].

Kupfersalz $C_{42}H_{56}O_4N_4Cu$. Entsteht beim Versetzen einer alkoholischen Lösung des Methens mit schwach ammoniakalischer Kupferacetatlösung und kurzem Aufkochen. Beim Reiben Krystallisation. — Aus Alkohol metallisch glänzende, grüne Blättchen; Schmelzpunkt 220°[1].

Kobaltsalz $C_{42}H_{56}O_4N_4Co$. Bildet sich bei Zusatz einer ammoniakalischen Kobaltacetatlösung zu einer alkoholischen Lösung des Methens. — Aus Alkohol dunkelgrüne, schillernde Blättchen; Schmelzp. 247°. Aufstrich und Lösung sind rot und zeigen Fluorescenz[1].

Zinksalz $C_{42}H_{56}O_4N_4Zn$. Wird hergestellt durch Versetzen einer alkoholischen Lösung des Methens mit einer ammoniakalischen Zinkacetatlösung. — Aus Alkohol feine, lange, verfilzte, orangegelbe Nadeln[1].

Bis-(3-äthyl-4-methyl-pyrryl)-methan.

Mol-Gewicht: 230,27.

Zusammensetzung: 78,20% C; 9,62% H; 12,21% N. $C_{15}H_{22}N_2$.

$$H_3C \cdot C\!\!-\!\!C \cdot C_2H_5 \qquad\qquad H_5C_2 \cdot C\!\!-\!\!C \cdot CH_3$$
$$H \cdot C \quad C\!\!-\!\!\!-\!\!\!-\!\!\!-\!\!CH_2\!\!-\!\!\!-\!\!\!-\!\!\!-C \quad C \cdot H$$
$$NH \qquad\qquad\qquad NH$$

Darstellung: Beim Erhitzen von Bis-(3-äthyl-4-methyl-5-carboxypyrryl-2)-methan $C_{17}H_{22}O_4N_4$ mit 5proz. Natronlauge unter langsamem Abdestillieren des Wassers[3].

Eigenschaften: Sublimiert, Schmelzp. 56° (korr.). Ehrlichsche Reaktion stark positiv. Bildet mit Eisessig leicht Porphyrin.

---

[1] H. Fischer u. J. Klarer: Liebigs Ann. **447**, 54, 57 (1926).

[2] H. Fischer u. J. Klarer: Liebigs Ann. **448**, 192 (1926).

[3] H. Fischer, P. Halbig u. B. Walach: Liebigs Ann. **452**, 287 (1927).

3, 3'-Dimethyl-4, 4-diäthyl-pyrromethenbromhydrat.
Bis-(3-äthyl-4-methyl-pyrryl)-methenbromhydrat[1].
Opsopyrrolmethenbromhydrat.

Mol-Gewicht: 309,18.

Zusammensetzung: 58,25% C; 6,80% H; 9,06% N; 25,89% Br. $C_{15}H_{21}N_2Br$.

$$H_5C_2 \cdot C \!\!-\!\! C \cdot CH_3 \qquad\qquad H_3C \cdot C \!\!=\!\! C \cdot C_2H_5$$
$$H \cdot C \quad C \!\!-\!\!-\!\!-\!\!-\!\! CH \!\!=\!\!=\!\! C \quad C \cdot H$$
$$NH \qquad\qquad\qquad\qquad NH \cdot Br$$

Darstellung: Aus Opsopyrrol (3-Äthyl-4-methylpyrrol) $C_7H_{11}N$ durch Erwärmen mit einem Überschuß von Ameisensäure. Dabei geht die Farbe über grünlichgelb in intensives Rot über und im Spektrum erscheint langsam ein Streifen in Rot. Nun wird mit Bromwasserstoffsäure versetzt, wobei Krystallisation eintritt.

Eigenschaften: Aus Eisessig büschelförmig angeordnete Nadeln neben rechteckigen Blättchen. Gibt bei Reduktion mit Eisessig-Zinkstaub Porphyrin.

Bis-(2-brom-3-äthyl-4-methyl-pyrryl)-methenbromhydrat.
3, 3'-Dimethyl-4, 4'-diäthyl-5, 5'-dibrom-pyrromethenbromhydrat[2].
Bromiertes Opsopyrrolmethen-bromhydrat.

Mol-Gewicht: 467,01.

Zusammensetzung: 38,34% C; 4,10% H; 6,0% N; 51,39% Br. $C_{15}H_{19}N_2Br_3$.

$$H_5C_2C \!\!-\!\! C \cdot CH_3 \qquad\qquad H_3C \cdot C \!\!=\!\! C \cdot C_2H_5$$
$$Br \cdot C \quad C \!\!-\!\!-\!\!-\!\!-\!\! CH \!\!=\!\!=\!\! C \quad C \cdot Br$$
$$NH \qquad\qquad\qquad\qquad NHBr$$

Darstellung: a) Durch Versetzen des Opsopyrrolmethen-bromhydrats in Eisessig mit einem geringen Überschuß an Brom bei 30—40°. Ausbeute 90%[3].

b) 1 g Bis-(2-carboxy-3-äthyl-4-methyl-pyrryl)-methan $C_{17}H_{22}O_4N_2$, aufgeschwemmt in kaltem Eisessig, wird auf einmal mit 1 g Brom versetzt, wobei unter Erwärmung Abspaltung von Kohlensäure, von Bromwasserstoff und Krystallisation eintritt. Nach dem Erkalten wird abgesaugt und mit Eisessig-Äther gewaschen[4].

Eigenschaften: Aus Eisessig rote Nadeln ohne scharfen Schmelzpunkt[3]; ab 150° langsame Zersetzung[3, 4]. Löslich in heißem Eisessig und in Ameisensäure[4]. Dient zur Darstellung von Äthioporphyrin II[4]; Porphinmonocarbonsäure II, IV, V, VIII[5], Pyrroporphin VI[6], Pyrroätioporphyrin V[7], Phylloätioporphyrin[8], Pyrroätioporphyrin VIII[9] und Mesoporphyrin VIII[10].

Bis-(2-brom-3-äthyl-4-methyl-pyrryl)-methen $C_{15}H_{18}N_2Br_2$. Das Bromhydrat wird mit etwas Ammoniak benetzt und mit wässerigem Ammoniak oder Pyridin zerlegt, abgesaugt, mit Wasser gewaschen und dann mit Alkohol extrahiert[4]. Rote Nadeln, Schmelzp. 180° (175 bis 176°)[4].

Pikrat: Aus Alkohol rote Nadeln; Schmelzp. 169°[4].

---

[1] H. Fischer, E. Sturm u. H. Friedrich: Liebigs Ann. **461**, 261 (1928).
[2] H. Fischer u. A. Schorrmüller: Liebigs Ann. **482**, 236 (1930).
[3] H. Fischer, E. Sturm u. H. Friedrich: Liebigs Ann. **461**, 262 (1928).
[4] H. Fischer u. G. Stangler: Liebigs Ann. **459**, 88 (1927).
[5] H. Fischer, H. Grosselfinger u. G. Stangler: Liebigs Ann. **461**, 237 (1927)
[6] H. Fischer u. A. Schorrmüller: Liebigs Ann. **473**, 229 (1929).
[7] H. Fischer, H. Berg u. A. Schorrmüller: Liebigs Ann. **480**, 126 (1930).
[8] H. Fischer u. H. Helberger: Liebigs Ann. **480**, 213 (1930).
[9] H. Fischer u. A. Schorrmüller: Liebigs Ann. **482**, 241 (1930).
[10] H. Fischer u. A. Rothhaas: Liebigs Ann. **483**, 110 (1930).

Bis-[3(4)-äthyl-4(3)-methyl-5(2)-brom-pyrryl)-methenbromhydrat[1].
3,3′-Diäthyl-4,4′-dimethyl-5,5′-dibrom-pyrromethenbromhydrat[2].

Mol-Gewicht: 467,01.

Zusammensetzung: 38,34% C; 4,10% H; 6,0% N; 51,39% Br. $C_{15}H_{19}N_2Br_3$.

$$H_3C \cdot C\!-\!C \cdot C_2H_5 \qquad\qquad H_5C_2 \cdot C\!=\!C \cdot CH_3$$
$$Br \cdot C \quad C\!-\!\!-\!\!-\!\!-CH\!=\!\!=\!\!=\!\!=C \quad C \cdot Br$$
$$NH \qquad\qquad\qquad\qquad NHBr$$

Darstellung: 1 g Bis-[3(4)-äthyl-4(3)-methyl-5(2)-carboxy-pyrryl]-methan (Kryptopyrrol-methan-dicarbonsäure), aufgeschlämmt in kaltem Eisessig, wird nach Zusatz von 3 Mol Brom gut durchgerieben, wobei Erwärmung und Entwicklung von Bromwasserstoff einsetzt und das Bromhydrat ausfällt. Nach 2 stündigem Stehen wird abgesaugt und mit Eisessig gewaschen[1, 3].

Eigenschaften: Aus Eisessig Stäbchen, Schmelzpunkt über 270°. Schwer löslich in den meisten organischen Lösungsmitteln[1]. Gibt mit Eisessig und Eisessig-Bromwasserstoff kein Porphyrin[3]. Dient zur Darstellung von Porphyrinmonocarbonsäure IV; VII[3], VI[4]; Mesoporphyrin XII[5]; Isophyllo-ätioporphyrin[2]; Mesoporphyrin VI[6]; Pyrroporphyrin XXI[6]; Rhodoporphyrin XXI[6]; Pyrroäthioporphyrin II, IV, VI[7]; Ätioporphyrin III[8].

Bis-(3-äthyl-4-methyl-5-brom-pyrryl)-methen $C_{15}H_{18}N_2Br_2$. Durch Zerlegen des in Chloroform gelösten Bromhydrats mit verdünntem Ammoniak. — Aus Alkohol, Schmelzpunkt 182° (korr.)[1].

Bis-(2-brommethyl-3-äthyl-4-methyl-pyrryl)-methenbromhydrat.
3,3′-Dimethyl-4,4′-diäthyl-5,5′-dibrommethyl-pyrromethen-
bromhydrat[9].

Mol-Gewicht: 494,94.

Zusammensetzung: 41,22% C; 4,68% H; 5,68% N; 48,24% Br. $C_{17}H_{23}N_2Br_3$.

$$H_5C_2 \cdot C\!-\!C \cdot CH_3 \qquad\qquad H_3C \cdot C\!=\!C \cdot C_2H_5$$
$$BrH_2C \cdot C \quad C\!-\!\!-\!\!-\!CH\!=\!\!=\!\!=\!\!=C \quad C \cdot CH_2Br$$
$$NH \qquad\qquad\qquad\qquad NHBr$$

Darstellung: Durch Bromieren des Di-(2, 4-dimethyl-3-äthyl-pyrryl)-methenbromhydrats mit 2 Mol Brom in heißem Eisessig.

3,3′-Dimethyl-4,4′-diäthyl-5,5′-dimethoxymethyl-pyrromethenbromhydrat $C_{19}H_{29}O_2N_2Br$. Durch ½ stündiges Erhitzen des Bromhydrats (5 g) mit abs. Methylalkohol (50 ccm). Nachdem wird heiß filtriert und das Filtrat auf die Hälfte eingedampft, wonach Krystallisation eintritt. — Aus Methylalkohol lange, gelbe, verfilzte Nadeln, Zersetzungsp. 178°[10].

Kupfersalz $C_{38}H_{54}O_4N_4Cu$. Durch kurzes Erwärmen einer methylalkoholischen Lösung des Methoxy-bromhydrats mit ammoniakalischem Kupferacetat. Nachdem wird der Niederschlag abfiltriert und erst mit Wasser, dann mit Eisessig und schließlich mit Äther gewaschen. — Aus Chloroform-Methylalkohol grüne, rautenförmige Krystalle, Schmelzp. 168°[11].

3,3′-Dimethyl-4,4′-diäthyl-5,5′-dibrommethyl-pyrromethen $C_{19}H_{28}O_2N_2$. Das Bromhydrat wird in heißem Aceton gelöst und mit verdünntem Ammoniak zerlegt. Beim Abkühlen Krystallisation. — Aus Methylalkohol flache Prismen, Schmelzp. 85°[11].

[1] H. Fischer, P. Halbig u. B. Walach: Liebigs Ann. **452**, 283 (1927).
[2] H. Fischer u. H. Helberger: Liebigs Ann. **480**, 251 (1930).
[3] H. Fischer, H. Grosselfinger u. G. Stangler: Liebigs Ann. **461**, 233 (1928).
[4] H. Fischer, K. H. Weichmann u. K. Zeile: Liebigs Ann. **475**, 256 (1929).
[5] H. Fischer, H. Friedrich, W. Lamatsch u. K. Morgenroth: Liebigs Ann. **466**, 165 (1928).
[6] H. Fischer u. A. Schorrmüller: Liebigs Ann. **473**, 232 (1929).
[7] H. Fischer u. A. Schorrmüller: Liebigs Ann. **482**, 241 (1930).
[8] H. Fischer u. G. Stangler: Liebigs Ann. **459**, 76 (1928).
[9] H. Fischer u. A. Kürzinger: Hoppe-Seylers Z. **196**, 233 (1931).
[10] H. Fischer u. A. Kürzinger: Hoppe-Seylers Z. **196**, 233ff. (1931).
[11] H. Fischer u. A. Kürzinger: Hoppe-Seylers Z. **196**, 223ff. (1931).

3, 3′ - Dimethyl - 4, 4′ - diäthyl - 5, 5′ - diäthoxymethyl - pyrromethenbromhydrat

$C_{21}H_{33}O_2N_2Br$. Darstellung wie beim entsprechenden Methoxykörper beschrieben unter Verwendung von abs. Äthylalkohol. — Aus Alkohol gelbe Nadeln, Zersetzungsp. 180°[1].

(3-Äthyl-4-methyl-5-brom-pyrryl)-(2-äthyl-3-brom-4-methyl-pyrrolenyl)-methenbromhydrat.

4, 3′-Dimethyl-3, 5′-diäthyl-5, 4′-dibrom-pyrromethenbromhydrat[2].

Mol-Gewicht: 467,0.

Zusammensetzung: 38,55% C; 4,10% H; 6,00% N; 51,35% Br. $C_{15}H_{19}N_2Br_3$.

$$H_3C \cdot C\!\!-\!\!C \cdot C_2H_5 \qquad\qquad H_3C \cdot C\!\!=\!\!C \cdot Br$$
$$Br \cdot C \quad C\!\!-\!\!\!-\!\!\!-\!\!CH\!\!=\!\!\!=\!\!\!=\!\!C \quad C \cdot C_2H_5$$
$$NH \qquad\qquad\qquad N \cdot HBr$$

Darstellung: 0,8 g 4, 3′-Dimethyl-3, 5′-diäthyl-5-carboxy-pyrromethenbromhydrat, in 3 ccm Eisessig aufgeschlämmt, werden mit 0,4 ccm Brom versetzt, wonach stürmische Kohlensäureentwicklung einsetzt. Nachdem wird noch 3 Minuten auf dem Wasserbad erhitzt. Nach dem Erkalten tritt Krystallisation ein. Ausbeute 0,8 g.

Eigenschaften: Aus Eisessig dunkelviolette, glänzende Prismen. Dient zur Darstellung von Phylloporphyrin.

(3-Äthyl-4-methyl-5-brom-pyrryl)-(2, 4-dimethyl-pyrrolenyl)-methenbromhydrat.

3-Äthyl-4, 3′, 5′-trimethyl-5-brom-pyrromethenbromhydrat[3].

Mol-Gewicht: 374,07.

Zusammensetzung: 44,93% C; 4,85% H; 7,46% N; 42,79% Br. $C_{14}H_{18}N_2Br_2$.

$$H_3C \cdot C\!\!-\!\!C \cdot C_2H_5 \qquad\qquad H_3C \cdot C\!\!=\!\!C \cdot H$$
$$Br \cdot C \quad C\!\!-\!\!\!-\!\!\!-\!\!CH\!\!=\!\!\!=\!\!\!=\!\!C \quad C \cdot CH_3$$
$$NH \qquad\qquad\qquad NHBr$$

Darstellung: 2 g 3-Äthyl-4, 3′, 5′-trimethyl-5-carboxy-pyrromethenbromhydrat in 5 ccm Eisessig und 5 ccm einer Brom-Eisessiglösung (50 g Brom in 100 ccm Eisessig) werden auf dem siedenden Wasserbad erhitzt. Nach dem Erkalten tritt Krystallisation ein. Nach 2—3stündigem Stehen wird abgesaugt und mit Eisessig und Äther gewaschen. Ausbeute 2 g.

Eigenschaften: Aus Eisessig rote prismatische Nadeln, die sich bei 135° schwarz färben, und bis 270° nicht schmelzen. Dient zur Darstellung von Pyrroporphyrin XV.

(3-Äthyl-4-methyl-5-brom)-(2, 4-dimethyl-3-brom-pyrrolenyl)-methenbromhydrat.

4, 3′, 5′-Trimethyl-3-äthyl-5, 4′-dibrom-pyrromethenbromhydrat[4].

Mol-Gewicht: 452,96.

Zusammensetzung: 37,08% C; 3,75% H; 6,17% N; 53,00% Br. $C_{14}H_{17}N_2Br_3$.

$$H_3C \cdot C\!\!-\!\!C \cdot C_2H_5 \qquad\qquad H_3C \cdot C\!\!=\!\!C \cdot Br$$
$$Br \cdot C \quad C\!\!-\!\!\!-\!\!\!-\!\!CH\!\!=\!\!\!=\!\!\!=\!\!C \quad C \cdot CH_3$$
$$NH \qquad\qquad\qquad NHBr$$

[1] H. Fischer u. A. Kürzinger: Hoppe-Seylers Z. **196**, 223 ff. (1931).
[2] H. Fischer u. H. Helberger: Liebigs Ann. **480**, 255 (1930).
[3] H. Fischer, H. Berg u. A. Schorrmüller: Liebigs Ann. **480**, 135 (1930).
[4] H. Fischer u. H. Berg: Liebigs Ann. **482**, 201 (1930).

Darstellung: 5 g 4, 3′, 5′-Trimethyl-3-äthyl-5-carboxy-pyrromethenbromhydrat werden mit 30 ccm Ameisensäure und 6,5 g Brom versetzt, wonach stürmische Kohlensäureentwicklung einsetzt, nach deren Beendigung dann noch auf dem Wasserbad bis zum Aufhören der Bromwasserstoffentwicklung erhitzt wird. Nach dem Erkalten bleibt noch mehrere Stunden stehen, dann wird filtriert und mit Eisessig und Äther gewaschen.

Eigenschaften: Aus Aceton derbe grüne Blättchen, die sich bei 215° schwarz färben. Dient zur Darstellung von Pyrroporphyrin II und Deuteroätioporphyrin II.

(3-Äthyl-4-methyl-5-chlor-pyrryl)-(2, 4-dimethyl-3-äthyl-pyrrolenyl)-methenchlorhydrat[1].

Mol-Gewicht: 313,2.

Zusammensetzung: 61,54% C; 7,05% H; 8,97% N; 22,44% Cl. $C_{16}H_{22}N_2Cl_2$.

Darstellung: In 1 g frisch destilliertes Kryptopyrrol $C_8H_{13}N$ in 100 ccm abs. Äther werden unter Eiskühlung 2,2 g Sulfurylchlorid (2 Mol) in 10 ccm abs. Äther tropfenweise eingerührt. Beim Reiben erfolgt Krystallisation. Danach wird abgesaugt und der schwarze Rückstand mit Aceton solange abgedeckt, bis er orange geworden ist. Ausbeute 0,05 g.

Eigenschaften: Aus Chloroform-Petroläther, Schmelzp. 203° unter Zersetzung ab 170°. Gibt beim Erhitzen mit Ameisensäure kein Porphyrin, wohl aber in der Bernsteinschmelze. Beim Erhitzen mit 3 Mol Brom in Eisessig, bis kein Halogenwasserstoff mehr entweicht, erhält man einen in scharlachroten Nädelchen krystallisierenden Stoff (Schmelzpunkt über 350°, ab 145° Dunkelfärbung), der mit konz. Schwefelsäure oder beim Schmelzen sofort Porphyrin gibt.

Perbromid $C_{16}H_{22}N_2Cl_2Br_2$. Durch Bromieren des Chlorhydrats in Eisessig mit ein und mehr Mol Brom, wobei starke Selbsterwärmung eintritt. — Gibt mit Aceton Bromaceton. Durch trockenes Erhitzen oder durch Bernsteinschmelze entsteht Porphyrin.

Jodhydrat $C_{16}H_{22}N_2Cl \cdot J$. Durch Versetzen des Chlorhydrats (0,1 g) in heißem Eisessig (5 ccm) mit einer heißen gesättigten Lösung von Jodkalium (0,11 g) in Wasser und kurzem Weitererhitzen. Beim Erkalten Krystallisation. — Aus Eisessig Krystalle mit stahlblauem Oberflächenglanz. Schmelzp. 179° unter Zersetzung.

Pikrat $C_{22}H_{24}O_7N_5Cl$. Entsteht beim Lösen der freien Base in Äther und Versetzen mit feucht ätherischer Pikrinsäure. — Durch Umfällen aus Chloroform-Petroläther feine braungelbe Nädelchen, Schmelzp. 183° unter Zersetzung.

Anilidchlorhydrat $C_{22}H_{28}N_3Cl$. Durch Lösen des Chlorhydrats in Toluol und Erwärmen mit Anilin. — Durch Umfällen aus Chloroform-Petroläther rote Blättchen; Schmelzpunkt 235° unter Zersetzung. Gibt nach dem Lösen in Alkohol und kurzem Kochen das freie Anilid $C_{22}H_{27}N_3$ des Kryptopyrrolmethens II.

(3 - Äthyl - 4 - methyl - 5 - chlor-pyrryl) - (2, 4 - dimethyl - 3 - äthyl - pyrrolenyl) - methen $C_{16}H_{21}N_2Cl$. Darstellung entweder durch Lösen des Chlorhydrats in Pyridin und schwachem Erwärmen, wonach nach dem Versetzen mit Wasser und Reiben Krystallisation eintritt oder in der üblichen Weise durch Lösen in Chloroform und Schütteln mit Alkali. — Aus Alkohol gelbe Nadeln, Schmelzp. 106°. Gibt weder mit konz. Schwefelsäure noch beim trockenen Erhitzen Porphyrin, wohl aber in der Bernsteinschmelze.

(3-Äthyl-4-methyl-5-oxy-pyrryl)-(2, 4-dimethyl-3-äthyl-pyrrolenyl)-methen.
4, 3′, 5′-Trimethyl-3, 4′-diäthyl-5-oxy-pyrromethen[2].

Mol-Gewicht: 258,20.

Zusammensetzung: 74,36% C; 8,59% H; 6,2% O; 10,85% N. $C_{16}H_{22}ON_2$.

Darstellung: 1 g 4, 3′, 5′-Trimethyl-3, 4′-diäthyl-5-methoxy-pyrromethen wird ½ Stunde mit 4 g Resorcin auf 170—180° erhitzt. Danach wird in Chloroform-Methylalkohol gelöst, Resorcin und Methylalkohol mit verdünnter Natronlauge weggewaschen, die Chloroformlösung auf ein kleines Volumen eingeengt und mit Methylalkohol versetzt. Ausbeute 50 mg.

Eigenschaften: Aus Chloroform-Methylalkohol, Schmelzp. 243°.

[1] H. Fischer, E. Baumann u. H. J. Riedl: Liebigs Ann. **476**, 229 (1929).
[2] H. Fischer u. W. Fröwis: Hoppe-Seylers Z. **195**, 63 (1931).

(3-Äthyl-4-methyl-5-brom-pyrryl)-(2-brommethyl-3-äthyl-4-methyl-pyrrolenyl)-methenbromhydrat.
Bromiertes Kryptopyrrolmethenbromhydrat I.

Mol-Gewicht: 481,03.

Zusammensetzung: 39,93% C; 4,40% H; 5,82% N; 49,84% Br. $C_{16}H_{21}N_2Br_3$.

$$
\begin{array}{ccccccc}
H_3C \cdot C \!\!-\!\! C \cdot C_2H_5 & & & & H_3C \cdot C \!\!=\!\! C \cdot C_2H_5 \\
\| \quad \| & & & & | \quad | \\
Br \cdot C \quad C \!\!-\!\!\!-\!\!\!-\!\! CH \!\!=\!\!\!=\!\! C \quad C \cdot CH_2Br \\
\diagdown\!\!\diagup & & & & \diagdown\!\!\diagup \\
NH & & & & NHBr
\end{array}
$$

Darstellung: 10 g Kryptopyrrol (2, 4-Dimethyl-3-äthyl-pyrrol) $C_8H_{13}N = 12$ ccm in 80 ccm Eisessig werden auf einmal mit 10 ccm Brom ($2\frac{1}{2}$ Mol) in 50 ccm Eisessig versetzt, wonach unter lebhafter Bromwasserstoffentwicklung starke Erwärmung eintritt und nach kurzem Reiben Krystallisation einsetzt. Nach 8—10 stündigem Stehen wird abgesaugt, mit Petroläther gewaschen und dann bei 40° mit Chloroform erschöpfend ausgezogen. Dabei geht Methen I in Lösung, Methen II (s. dort) bleibt als Rückstand. Die Chloroformauszüge werden eingedampft und der grün schillernde Rückstand mit trockenem Aceton gewaschen. Ausbeute wechselnd, sie ist abhängig von der Erwärmung beim Bromieren; bei höherer Temperatur entsteht mehr Methen I[1, 2].

Eigenschaften: Aus Chloroform-Petroläther braunrote Nadeln, aus Eisessig rote Prismen, Schmelzpunkt über 350°. Leicht löslich in heißem Chloroform und Eisessig; unlöslich in Petroläther[1]. Gibt mit konz. Schwefelsäure[3] oder Ameisensäure[4] oder Bernsteinsäure[1] und beim trockenen Erhitzen[3] sofort Äthioporphyrin. Bei der Reduktion mit Eisessig-Jodwasserstoff entsteht vorwiegend Kryptopyrrol neben viel Phyllopyrrol und wenig Opsopyrrol[3]. Beim Behandeln mit Eisessig-Jodkali entsteht das Jodhydrat von Methen II[1]. Die Zinkstaubdestillation liefert Kryptopyrrol[1]. Die Oxydation mit Salpetersäure[2] oder mit Bleidioxyd in 40 proz. Schwefelsäure[3] ergibt $1\frac{1}{2}$ Mol Methyläthylmaleinimid. Dient zur Synthese von Pyrroporphyrin XV[5], XVIII[6], Porphinmonocarbonsäure I[7], III[7] und Pyrroäthioporphyrin I[8].

(3-Äthyl-4-methyl-5-brom-pyrryl)-(2-äthoxymethyl-3-äthyl-4-methyl-pyrrolenyl)-methen $C_{18}H_{25}ON_2Br$. Das Bromhydrat wird aus Alkohol umkrystallisiert, der ausgeschiedene Körper nach dem Lösen in Chloroform mit Natronlauge geschüttelt, das Chloroform mit Wasser gewaschen und dann verdunstet. Der rückständige grün schillernde Brei erstarrt beim Reiben. — Aus Alkohol-Wasser goldgelbe Nadeln, Schmelzp. 73°. Gibt mit konz. Schwefelsäure und mit Schwefelsäure, die Brom gelöst enthält, Porphyrin. Mit Eisessig-Bromwasserstoff entsteht das bromierte Methen-Bromhydrat zurück.

Zinksalz $C_{36}H_{48}O_2N_4Br \cdot Zn$. Durch Schütteln der Base (0,1 g) in Alkohol (8 ccm) mit aktivem Zinkstaub (0,1 g), wobei unter Erwärmung Erstarrung erfolgt. Isolierung durch Erwärmen, Filtrieren und Wiedererkaltenlassen. — Aus Alkohol-Wasser braungelbe Prismen, Schmelzp. 140°. Die Bernsteinschmelze bei 190° oder Versetzen mit konz. Schwefelsäure gibt Porphyrin[1].

Pikrat $C_{24}H_{28}O_8N_5Br$. Aus Chloroform-Petroläther braungelbe Nadeln, Schmelzp. 145° unter Zersetzung[1].

(3-Äthyl-4-methyl-5-brom-pyrryl)-(2-methoxymethyl-3-äthyl-4-methyl-pyrrolenyl)-methen $C_{17}H_{23}ON_2Br$. Darstellung wie beim Äthoxyderivat beschrieben. — Aus Methylalkohol goldgelbe Nadeln, Schmelzp. 84° (enthält noch etwas Bromverbindung). Gibt beim Erhitzen mit Ameisensäure auf 100° oder mit Bernsteinsäure auf 150—200° Porphyrin. Unter der Einwirkung von Eisessig-Bromwasserstoff entsteht das bromierte Methenbromhydrat zurück[1].

---

[1] H. Fischer, E. Baumann u. H. J. Riedl: Liebigs Ann. **475**, 216—217 (1929).

[2] H. Fischer u. J. Klarer: Liebigs Ann. **448**, 185 (1926).

[3] Vgl. H. Fischer u. J. Klarer: Liebigs Ann. **450**, 189—194 (1926).

[4] H. Fischer u. J. Klarer: Liebigs Ann. **457**, 220 (1927).

[5] H. Fischer, H. Berg u. A. Schorrmüller: Liebigs Ann. **480**, 144 (1930).

[6] H. Fischer u. A. Schorrmüller: Liebigs Ann. **473**, 235 (1929).

[7] H. Fischer, H. K. Weichmann u. K. Zeile: Liebigs Ann. **475**, 254 (1929).

[8] H. Fischer u. A. Schorrmüller: Liebigs Ann. **482**, 239 (1930).

Perbromid des Methenbromhydrats $C_{16}H_{21}N_2Br_4$. Durch Bromieren von 1 g Methenbromhydrat in 10 ccm heißem Eisessig mit 0,33 g Brom (1 Mol) in 1 ccm Eisessig. Die beim Erkalten eingetrocknete Krystallisation wird abgesaugt und mit Petroläther gewaschen. — Hellrote Prismen, Schmelzp. 98°. Entwickelt mit Aceton Bromaceton. Gibt weder beim Schmelzen noch beim Erhitzen mit konz. Schwefelsäure oder Ameisensäure Porphyrin, wohl aber in der Bernsteinsäureschmelze. Gibt auch die freie Äthoxy-Base (s. oben)[1].

Anilid $C_{22}H_{28}N_3Br$. Entsteht bei 5 Minuten langem Erhitzen von 0,3 g Methen in 10 ccm Toluol mit 8 Tropfen Anilin. Beim Erkalten tritt Krystallisation ein. — Aus Toluol rotviolett schillernde, wetzsteinförmige Blättchen, Schmelzp. 240°. Leicht löslich in Alkohol, Chloroform, Eisessig; schwer in Toluol. Beim Erhitzen bildet sich ein intensiv roter Dampf, Porphyrin entsteht nicht. Dagegen wird mit Eisessig-Bromwasserstoff bei 120° Äthioporphyrin erhalten. Eine rote alkoholische Lösung des Anilids wird mit Natronlauge gelb und nach Zusatz von heißem Wasser fällt ein unbeständiger Körper aus, der in Lösung bleibende Stoff gibt mit Säuren wieder das Ausgangsmaterial. Aus ihm wird auch nach obiger Methode Porphyrin erhalten[2].

Perbromid des (3-Äthyl-4-methyl-5-brom-pyrryl)-(2, 4-dimethyl-3-äthyl-pyrrolenyl)-methenbromhydrats.
Bromiertes Kryptopyrrolmethenbromhydrat II.

Mol-Gewicht: 561,95.

Zusammensetzung: 34,17% C; 3,95% H; 4,99% N; 56,90% Br. $C_{16}H_{22}N_2Br_4$.

Darstellung: a) Entsteht neben dem Kryptopyrrolmethenbromhydrat I bei der Bromierung des Kryptopyrrols und bleibt als Rückstand beim Ausziehen mit auf 40° erwärmtem Chloroform[3].

b) 10 ccm Brom in 50 ccm Eisessig werden in die gekühlte Lösung von 10 g Kryptopyrrol in 70 ccm Eisessig gegeben. Temperatur höchstens 30°. Reinigung der Krystallisation durch Digerieren mit Chloroform[4].

c) 0,5 g (3-Äthyl-4-methyl-5-carboxy-pyrryl)-(2, 4-dimethyl-3-äthyl-pyrrolenyl)-methenbromhydrat in heißem Eisessig werden mit 0,06 g Brom (3 Mol) in Eisessig auf einmal versetzt, wobei sofort lebhafte Kohlensäureentwicklung einsetzt. Beim Erkalten tritt Krystallisation ein[3].

d) 0,58 g (3-Äthyl-4-methyl-5-carboxy)-(2', 4'-dimethyl-3'-äthyl)-2, 5'-dipyrrylmethan in 6 ccm Eisessig werden mit 0,96 g Brom (3 Mol) versetzt. Beim Reiben tritt rasch Krystallisation ein. Nach 2 stündigem Stehen wird abgesaugt, mit Eisessig, Äther, Petroläther gewaschen; über Alkali getrocknet und dann bei 40° 10 Minuten lang mit Chloroform digeriert[3].

Eigenschaften: Dunkelweinrote gedrungene Prismen[4]. Schmelzp. 149—150° und starker Zersetzung. Unlöslich in Chloroform. Färbt sich mit konz. Schwefelsäure nur olivgrün[3]. Beim Eingießen des Reaktionsprodukts in Eis fällt ein ziegelroter Stoff aus, der aus Chloroform-Petroläther in roten Prismen vom Schmelzp. 350° krystallisiert, aus dem aber beim Behandeln mit Alkali die freie Base des Methens entsteht[3]. — Bei 24 stündigem Kochen mit Ameisensäure entsteht Porphyrin[3]; wird dagegen im Rohr mit Ameisensäure auf 140°, mit Essigsäure auf 150° oder in der Bernsteinschmelze auf 180° erhitzt, dann ist schon nach 3 Stunden Porphyrinbildung eingetreten[3]. — Das Bromhydrat zersetzt sich beim Umkrystallisieren. Aus Eisessig werden rote Prismen erhalten (Erweichung bei 160° ohne bis 290° vollkommen zu schmelzen), die mit Aceton Bromaceton und mit konz. Schwefelsäure Porphyrin geben[3]. Bei 5 Minuten langem Kochen mit Eisessig wird dagegen ein braunroter Stoff erhalten (Schmelzpunkt über 290°), der kein Bromaceton gibt, aus dem aber mit konz. Schwefelsäure sofort Porphyrin entsteht. Mit Alkali bildet sich aus ihm die freie Base des Methens I[3]. — Die Oxydation mit Salpetersäure[5] oder mit Bleidioxyd in 40 proz. Schwefelsäure[2] liefert $1^1/_2$ Mol Methyl-äthyl-maleinimid. Die Reduktion mit Eisessig-Jodwasserstoff führt vorwiegend zu Kryptopyrrol neben viel Phyllopyrrol und wenig Opsopyrrol[5]. Bei der Zinkstaubdestillation entsteht nur Kryptopyrrol[5]. Das Perbromid spaltet leicht 2 Brom ab unter Bildung des Methenbromhydrats $C_{16}H_{22}N_2Br_2$[3].

[1] H. Fischer, E. Baumann u. H. J. Riedl: Liebigs Ann. **475**, 216—217 (1929).
[2] H. Fischer u. J. Klarer: Liebigs Ann. **450**, 189—194 (1926).
[3] H. Fischer, E. Baumann u. H. J. Riedl: Liebigs Ann. **475**, 221 ff. (1929).
[4] H. Fischer u. A. Kirrmann: Liebigs Ann. **475**, 277 (1929).
[5] H. Fischer u. J. Klarer: Liebigs Ann. **448**, 185; **450**, 194 (1926).

4, 3′, 5′-Trimethyl-3, 4′-diäthyl-5′-brom-pyrromethenbromhydrat[1] = **(3-Äthyl-4-methyl-5-brom-pyrryl)-(2, 4-dimethyl-3-äthyl-pyrrolenyl)-methenbromhydrat** $C_{16}H_{22}N_2Br_2$. Durch kurzes Aufkochen des Perbromids (0,1 g) in Alkohol (8 ccm) nach Zusatz von 3 Tropfen $^n/_{10}$-Natronlauge und Versetzen mit Wasser bis zur Trübung. — Aus Alkohol braunviolette Prismen, Schmelzp. 215° unter starker Zersetzung. Gibt sowohl in der Bernsteinschmelze als auch beim Erhitzen mit Eisessig oder Eisessig-Bromwasserstoff innerhalb von 3 Stunden Porphyrin. Läßt sich durch Erhitzen mit 2 Mol Brom in Eisessig auf 50° in das Perbromid zurückverwandeln. Bei 10 Minuten langem starkem Sieden entsteht dagegen Methen I[2]. Dient zur Darstellung von Mesoporphyrin I[1].

Chlorhydrat $C_{16}H_{22}N_2BrCl$. Durch kurzes Aufkochen der in Alkohol gelösten freien Base mit etwas konz. Salzsäure. Beim Erkalten tritt Krystallisation ein. — Aus Alkohol leuchtend rote Prismen; Schmelzp. 212°[2].

Jodhydrat $C_{16}H_{22}N_2BrJ$. Wie oben mit Jodwasserstoffsäure. Das Jodhydrat fällt sofort aus. Entsteht auch durch Behandeln von Methen I mit Eisessig-Jodkali. — Aus Chloroform-Petroläther, Schmelzp. 213°, aus Eisessig dunkelblaue Prismen, Schmelzp. 208° unter Zersetzung[2].

Pikrat $C_{22}H_{24}O_7N_5Br$. Durch Aufkochen der alkoholischen Lösung der freien Base mit alkoholischer Pikrinsäure. — Aus Alkohol hellbraune, feine Nadeln; Schmelzp. 188° unter Zersetzung[2].

(3-Äthyl-4-methyl-5-brom-pyrryl)-(2, 4-dimethyl-3-äthyl-pyrrolenyl)-methen $C_{16}H_{21}N_2Br$. Durch Zerlegen des Bromhydrats in Chloroformlösung mit Alkali in der üblichen Weise. — Aus Alkohol-Wasser goldgelbe Nadeln; Schmelzp. 103°. Gibt in der Bernsteinschmelze nur Spuren Porphyrin; besser dagegen beim Erhitzen mit Kupferpulver im Ölbad. Beim Bromieren in Eisessig unter Erhitzen bis zum Sieden erhält man mit 1 Mol Brom das Bromhydrat, mit 2 und mehr Mol Brom das Perbromid. Wird dagegen mit 1 und mehr Mol Brom erhitzt bis kein Bromwasserstoff mehr entweicht, dann entsteht Methen I. Mit Eisessig-Bromwasserstoff entsteht wieder das Bromhydrat zurück. Mit konz. Schwefelsäure wird kein Porphyrin erhalten.

Zinksalz $(C_{16}H_{20}N_2Br_2) \cdot Zn$. Durch Schütteln der Base (0,1 g) in Alkohol (6 ccm) mit aktivem Zinkstaub (0,1 g), wobei unter Erwärmung das Gemisch erstarrt. Isolierung durch Lösen in Chloroform und Verdampfen bis zur Trockene. — Aus Alkohol-Wasser gelbe Stäbchen, teilweise mit metallisch grüner Oberfläche, Schmelzp. 180°[2].

Anilidbromhydrat $C_{22}H_{28}N_3Br$. Entsteht bei kurzem Erhitzen von 0,5 g der freien Base in 10 ccm Toluol mit 8 Tropfen frisch destilliertem Anilin. Beim Erkalten tritt Krystallisation ein. Ausbeute 0,3 g. — Aus Chloroform-Petroläther rotviolette Krystalle, Schmelzp. 240°[2].

Anilidchlorhydrat $C_{22}H_{28}N_3Cl$. Durch Erhitzen des Anilids mit alkoholischer Salzsäure. — Aus Alkohol, Schmelzp. 234°[2].

Pikrat $C_{28}H_{30}O_7N_6$. Krystalle vom Schmelzp. 209°[2].

Freies Anilid $C_{22}H_{27}N_3$. Durch Versetzen der warmen alkoholischen Lösung des Bromhydrats mit Alkali, wobei die Farbe von Rot nach Gelb umschlägt. — Aus Alkohol-Wasser große, braungelbe Nadeln, Schmelzp. 116°. Gibt weder in der Bernsteinschmelze noch beim Erhitzen mit Ameisensäure Porphyrin[2].

Kupfersalz $C_{44}H_{52}N_6Cu$. Durch kurzes Aufkochen einer mit ammoniakalischer Kupfersalzlösung versetzten heißen konz. alkoholischen Lösung des Anilids. Beim Erkalten tritt Krystallisation ein. — Aus viel Alkohol Krystalle mit metallisch grünem Oberflächenglanz. Löst sich mit roter Farbe in den meisten Solvenzien. Spektrum in Chloroform (Spalt $^1/_{10}$ mm): Verwaschen $\underset{529,0}{537,2—505,0}$; E. abs. etwa 410. Spektrum in Eisessig: I. $\underset{521,1}{537,4—520,6}$; II. s. schwach 492,8; E. abs. etwa 410[2].

4, 3′, 5′-Trimethyl-3, 4′-diäthyl-5-methoxy-pyrromethen $C_{17}H_{24}ON_2$. 1 g Brommethen wird mit 30 ccm 10 proz. methylalkoholischer Kalilauge 1 Stunde auf dem Wasserbad gekocht. Danach wird filtriert und eingeengt, wonach Krystallisation eintritt. — Ausbeute 0,7 g. — Aus Methylalkohol gelbe Nadeln, Schmelzp. 70°. Gibt in der Resorcinschmelze das 4, 3′, 5′-Trimethyl-3, 4′-diäthyl-5-oxy-pyrromethen[3].

[1] H. Fischer u. A. Kirrmann: Liebigs Ann. **475**, 276 (1929).
[2] H. Fischer, E. Baumann u. H. J. Riedl: Liebigs Ann. **475**, 221 ff. (1929).
[3] H. Fischer u. W. Fröwis: Hoppe-Seylers Z. **195**, 62 (1931).

(3-Äthyl-4-methyl-pyrryl)-(4, 5-dimethyl-3-äthyl-pyrrolenyl)-methenbromhydrat[1].

Mol-Gewicht: 323,20.

Zusammensetzung: 59,42% C; 7,17% H; 8,67% N; 24,73% Br. $C_{16}H_{23}N_2Br$.

$$H_5C_2 \cdot C—C \cdot CH_3 \qquad\qquad H_5C_2 \cdot C{=}C \cdot CH_3$$
$$H \cdot C \quad C————CH{=}{=}{=}{=}C \quad C \cdot CH_3$$
$$NH \qquad\qquad\qquad NHBr$$

Darstellung: Bildet sich bei 3—5 stündigem Stehenlassen einer Lösung von 0,5 g 3-Äthyl-4, 5-dimethyl-pyrrol ($C_8H_{13}N$) und 0,5 g 3-Äthyl-4-methyl-5-formyl-pyrrol ($C_8H_{11}ON$) in bromwasserstoffhaltigem Alkohol. Ausbeute 0,55—0,7 g.

Eigenschaften: Aus Eisessig, Schmelzp. 188°.

(3-Äthyl-4-methyl-pyrryl)-(4, 5-dimethyl-3-äthyl-pyrrolenyl)-methen $C_{16}H_{22}N_2$. Durch Lösen des Bromhydrats in ammoniakhaltigem Alkohol. — Gelbe Nadeln, Schmelzp. 83°.

(3-Äthyl-4-methyl-5-oxy-pyrryl)-(3-propionsäure-4-methyl-pyrrolenyl)-methen.
3-Äthyl-3′, 4-dimethyl-4′-propionsäure-5-oxy-pyrromethen[2].
Neo-xanthobilirubinsäure.

Mol-Gewicht: 288,18. Bestimmt durch Siedepunktserhöhung in Eisessig zu 253,6; 251; 263. In Pyridin zu 283; 279.

Zusammensetzung: 66,62% C; 7,00% H; 16,65% O; 9,73% N. $C_{16}H_{20}O_3N_2$.

$$H_3C \cdot C—C \cdot C_2H_5 \qquad\qquad H_3C \cdot C{=}C \cdot CH_2 \cdot CH_2 \cdot COOH$$
$$HO \cdot C \quad C————CH{=}{=}{=}{=}C \quad C \cdot H$$
$$NH \qquad\qquad\qquad N$$

Darstellung: In 15 g siedendes Resorcin werden 0,5 g Mesobilirubin eingetragen, dann $^1/_2$ Minute gekocht und anschließend sofort in dünnem Strahl in 400 ccm destilliertes Wasser eingegossen, wonach sich nach kurzer Zeit gelbe Flocken abscheiden. Nach Stehen über Nacht wird abgesaugt, gut mit destilliertem Wasser gewaschen, bei 100° getrocknet und dann mit Chloroform extrahiert, aus dem die Säure sich krystallin abscheidet. Nach dem Filtrieren wird mit Methylalkohol gewaschen. Ausbeute 0,23 g.

Eigenschaften: Aus Chloroform große hellgelbe Spieße; aus Methylalkohol lange, gelbe Nadeln, Schmelzp. 229°. Leicht löslich in heißem Pyridin und Eisessig; schwer löslich in Methylalkohol; schwerer in Chloroform und den andern gebräuchlichen Solvenzien. Löslich in Alkalien, auch Bicarbonat; unlöslich in verdünnten Mineralsäuren. Gibt ein in 25 proz. Natronlauge unlösliches Natriumsalz. Ehrlichsche Reaktion kalt negativ, beim Erhitzen Grünfärbung. Spektrum: I. intensiv 680—655 ...; II. verwaschen 600—580 $\mu\mu$. Grün stark aufgehellt. Mit Gmelins Reagens Grünfärbung, die langsam in Gelb übergeht. Durch Reduktion mit Eisessig-Jodwasserstoff entsteht Kryptopyrrol, Hämopyrrol und Hämopyrrolcarbonsäure. Bei gelinder Reduktion mit Eisessig-Jodwasserstoff oder mit 5 proz. Natriumamalgam oder bei der katalytischen Reduktion entsteht Neobilirubinsäure. Bei der Oxydation mit konz. Salpetersäure bildet sich Methyläthyl-maleinimid.

Neo-xanthobilirubinsäuremethylester $C_{17}H_{22}O_3N_2$. 0,2 g Säure werden mit 10 ccm abs. methylalkoholischer Salzsäure 10 Minuten gekocht. Dann wird kalt mit Äther versetzt, erst mit eiskalter verdünnter Natronlauge, hernach mit Wasser gewaschen, getrocknet und auf ein kleines Volumen eingeengt. Der Ester krystallisiert in grüngelben Nadeln. — Aus Methylalkohol große büschelförmige Blättchen, Schmelzp. 190°. Spielend löslich in Chloroform und Pyridin; mittelschwer in Methyl- und Äthylalkohol; schwer in Äther, Benzol und andern Kohlenwasserstoffen.

---

[1] H. Fischer, E. Baumann u. H. J. Riedl: Liebigs Ann. **475**, 240 (1929).
[2] H. Fischer u. R. Heß: Hoppe-Seylers Z. **194**, 209 ff. (1931).

Azofarbstoff $C_{23}H_{26}O_3N \cdot 2\,NCl$. 0,1 g Ester in wenig Methylalkohol werden mit 1 ccm Benzoldiazoniumchloridlösung (9,3 g Anilin in 40 ccm verdünnter Salzsäure (1 : 1) bei 0° diazotiert mit 7,2 g Natriumnitrit in 20 ccm Wasser und auf 280 ccm aufgefüllt) versetzt. Beim Schütteln Ausflockung des Farbstoffs. — Aus methylalkoholischer Salzsäure dunkle Nadeln mit grünem Oberflächenglanz, Schmelzp. 193° unter Zersetzung[1].

Bromprodukt $C_{16}H_{19}O_3N_2Br$. 0,3 g Säure in 2 ccm Eisessig heiß gelöst und schnell auf Zimmertemperatur abgekühlt werden mit 0,17 g Brom (= 1 Mol) in 2 ccm Eisessig versetzt. Sofort Krystallisation. Nach Durchrühren und 10 Minuten langem Stehen absaugen und erst mit Eisessig, dann mit Methylalkohol waschen: — Aus Pyridin-Methylalkohol feine gelbe Nädelchen, bis 350° keinen Schmelzpunkt. (Dunkelfärbung bei 171°, dann Sinterung und Aufblähung bei 213°[1].)

Phthalid $C_{24}H_{22}O_5N_2$. 0,2 g Säure werden $3^1/_2$—4 Stunden mit 0,22 g Phthalsäureanhydrid und 1 ccm Eisessig im Rohr auf 180—190° erhitzt. Nach 1 tägigem Stehen absaugen und erst mit Eisessig, dann mit Äther waschen. Orangegelbe Nadeln. — Aus Pyridin-Methylalkohol äußerst feine, verfilzte und verbogene Nadeln, Schmelzp. 298°. Schwer löslich in allen gebräuchlichen Solvenzien außer Pyridin[1].

Bis-(Neoxanthobilirubinsäure)-isobuten-methyl-methan $C_{38}H_{48}O_6N_4$. 0,1 g Säure mit 2 ccm Aceton aufgeschlämmt werden mit wenig 25proz. Salzsäure versetzt, wobei Lösung eintritt. Nach 2 Minuten langem Erhitzen wird mit Wasser verdünnt, von den ausgefallenen Flocken abgesaugt und ausgewaschen. — Aus Methylalkohol-Äther feine hellgelbe Nädelchen; aus einer übersättigten Lösung große sechsseitige Prismen, Schmelzp. 246°. Leicht löslich in Methylalkohol, Pyridin, Eisessig; schwer in Chloroform und Äther. Gmelinsche Reaktion negativ[1].

Bis-(Neoxanthobilirubinsäure)-methyl-methan $C_{34}H_{42}O_6N_4$. 0,1 g Säure mit 0,1 ccm Paraldehyd und 0,1 ccm 25proz. Salzsäure verrührt (Rotfärbung) werden kurz erwärmt und nach dem Abkühlen mit Wasser verdünnt, die Fällung abgesaugt, gewaschen und mit Methylalkohol abgedeckt. — Aus Pyridin-Methylalkohol ockergelbe Prismen mit rautenförmigem Querschnitt, Schmelzp. 267°. Leicht löslich in Pyridin; mittelschwer in Chloroform; sehr schwer in Methylalkohol. Gmelinsche Reaktion von Gelb über Grünstichig nach Dunkelgelb[1].

Kondensationsprodukt mit Aldol. Durch kurzes Erhitzen der Säure (0,05 g) mit Aldol (0,05 ccm) und 25proz. Salzsäure (0,5 ccm), Verdünnen mit Wasser und Absaugen. — Aus Methylalkohol gelbe Nadeln, Schmelzp. 267°[1].

(3-Äthyl-4-methyl-5-oxy-pyrryl)-(3-propionsäure-4-methyl-pyrryl)-methan.

3-Äthyl-3′, 4′-dimethyl-4′-propionsäure-5-oxy-pyrromethan[2].

Neo-bilirubinsäure.

Mol-Gewicht: 290,28.

Zusammensetzung: 66,15% C; 7,64% H; 16,56% O; 9,65% N. $C_{16}H_{22}O_3N_2$.

$$H_3C \cdot C\!\!-\!\!C \cdot C_2H_5 \qquad\qquad H_3C \cdot C\!\!-\!\!C \cdot CH_2 \cdot CH_2 \cdot COOH$$
$$HO \cdot C \quad C\!\!-\!\!\!-\!\!\!-CH_2\!\!-\!\!\!-\!\!\!-C \quad C \cdot H$$
$$NH \qquad\qquad\qquad\qquad\qquad NH$$

Darstellung: a) 0,2 g Neoxanthobilirubinsäure aufgeschlämmt in 1,5 ccm $^n/_{10}$-Natronlauge und 2 ccm Wasser werden mit 1 g 5proz. Natriumamalgam bis zur Farblosigkeit der Lösung geschüttelt (10—15 Minuten). Nachdem wird filtriert, mit der 3fachen Menge Chloroform versetzt und unter Schütteln mit verdünnter Schwefelsäure eben kongosauer gemacht. Nach 3maligem Extrahieren mit Chloroform werden die vereinigten Auszüge filtriert und im Vakuum eingeengt. Die Säure krystallisiert spontan. Ausbeute fast quantitativ.

b) 0,5 g Neoxanthosäure in 50 ccm $^n/_{20}$-Natronlage werden nach Zusatz von 1proz. kolloidaler Palladiumlösung reduziert (4,5 ccm Palladiumlösung, die in 3 Portionen zu je 1,5 ccm im Abstand von 2 Stunden zugegeben werden). Nachdem wird mit viel Chloroform versetzt, mit Schwefelsäure schwach kongosauer gemacht, filtriert und wie unter a) aufgearbeitet.

---

[1] H. Fischer u. R. Heß: Hoppe-Seylers Z. **194**, 209ff. (1931).
[2] H. Fischer u. R. Heß: Hoppe-Seylers Z. **194**, 214 (1931).

c) 0,2 g Neosäure werden $^3/_4$ Stunden mit 6 ccm Eisessig und 3 ccm Jodwasserstoff im siedenden Wasserbad erhitzt. Nachdem wird mit Phosphoniumjodid versetzt, im Vakuum abgedampft, der sirupöse Rückstand in Soda gelöst, mit Äther versetzt, mit Schwefelsäure eben kongosauer gemacht und 4mal mit Äther ausgezogen. Aufarbeitung wie bei a) beschrieben.

Eigenschaften: Aus Chloroform farblose Prismen mit rautenförmigem Querschnitt oder rhomboedrische Prismen, Schmelzp. 183°. Läßt sich auch aus Methylalkohol-Äther umkrystallisieren. Leicht löslich in Alkohol; schwer in Chloroform, Äther und Kohlenwasserstoffen. Ehrlichsche Reaktion intensiv positiv; im Spektrum findet sich nur der Streifen in Grün, der Urobilinstreifen fehlt. Die Fluorescenzprobe und die Gmelinsche Reaktion sind negativ.

Benziliden-neobilirubinsäure.

Mol-Gewicht: 378,34.

Zusammensetzung: 72,98% C; 6,93% H; 12,68% O; 7,41% N. $C_{23}H_{26}O_3N_2$.

$$\begin{array}{l} H_3C \cdot C\!\!-\!\!C \cdot C_2H_5 \qquad\qquad H_3C \cdot C\!\!=\!\!C \cdot CH_2 \cdot CH_2 \cdot COOH \\ HO \cdot C \quad C\!\!-\!\!-\!\!CH_2\!\!-\!\!-\!\!C \quad C\!\!=\!\!CH \cdot C_6H_5 \\ \qquad\quad NH \qquad\qquad\qquad\qquad\qquad N \end{array}$$

Darstellung: a) 0,1 g Neobilirubinsäure werden mit 2 ccm 25proz. Salzsäure und 0,1 ccm Benzaldehyd unter Rühren $^1/_2$ Stunde auf dem siedenden Wasserbad erhitzt. Dabei wird die Lösung braunrot, es erscheinen ölige Tropfen, die bald schmierig und dann fest und flockig werden. Danach wird gekühlt, mit Wasser verdünnt, abgesaugt, gut gewaschen und mit Methylalkohol gereinigt. Rückstand hellgelb. Ausbeute fast quantitativ[1].

b) 0,5 g Mesobilirubin in 20 ccm $^n/_{10}$-Natronlauge und 5 ccm Wasser werden mit Natriumamalgam bis zur Farblosigkeit reduziert. Dann wird rasch abgegossen, in Gegenwart von Chloroform mit Schwefelsäure angesäuert, vorsichtig ausgeschüttelt, die Chloroformlösung mit 20—25proz. Salzsäure extrahiert und dieser Auszug mit überschüssigem Benzaldehyd 20 Minuten am Wasserbad gekocht. Beim Erkalten setzt sich das Kondensationsprodukt, besonders nach Verdünnung mit Wasser, als Schmiere ab, die nach dem Abgießen der Flüssigkeit durch Verrühren mit Methylalkohol gelöst wird. Nach längerem Stehen Krystallisation[2].

Die Reaktion mit Benzaldehyd kann auch mit reinem Mesobilirubinogen als Ausgangsmaterial ausgeführt werden[3].

Eigenschaften: Aus Eisessig leuchtend gelbe verfilzte Nadeln, Schmelzp. 248°[1]; aus Methylalkohol langgestreckte gelbe Nädelchen, Schmelzp. 240°. Leicht löslich in Eisessig; schwer in Alkohol und Chloroform; unlöslich in Benzol. Wird durch Kochen mit Salzsäure grün. Löslich in $^n/_{10}$-Natronlauge unter Erwärmen; beim Erkalten scheidet sich ein schwer lösliches Natriumsalz ab. Bei der Oxydation mit konz. Salpetersäure oder mit Chromsäure-Schwefelsäure entstehen Methyl-äthyl-maleinimid und Benzoesäure[3]. Läßt sich weder mit Natriummethylat noch katalytisch mit Platinmohr reduzieren. Enthält 4 aktive Wasserstoffatome[4].

Methylester $C_{24}H_{28}O_3N_2$. In 0,1 g Säure, aufgeschlämmt in 3 ccm abs. Methylalkohol, wird solange Salzsäure eingeleitet, bis die Lösung heiß gesättigt ist. Nach dem Einengen auf 1 ccm beim Stehen Krystallisation des Esterchlorhydrats in roten Prismen. Dieses zerfällt beim Liegen an der Luft oder in Berührung mit Lösungsmitteln, wie Äther, Alkohol usw. — Aus Chloroform-Petroläther feine, verfilzte, gelbe Nadeln; Schmelzp. 204[3] und 212°[1]. Krystallisiert in zwei Formen: a) Sehr dünne, rautenförmige, lange Blättchen mit ebenem Winkel 28°. Auslöschungsschiefe etwa 34° mit blaßgelber Farbe; senkrecht dazu gelb. b) Linealförmige, langprismatische Krystalle. Auslöschungsschiefe 23—24° mit hellgrünlichgelber Farbe; senkrecht dazu kanariengelb (Steinmetz). Sehr leicht löslich in Chloroform; weniger in Alkohol[3].

---

[1] H. Fischer u. R. Heß: Hoppe-Seylers Z. **194**, 216 (1931).
[2] H. Fischer u. G. Niemann: Hoppe-Seylers Z. **146**, 207 (1925).
[3] H. Fischer u. G. Niemann: Hoppe-Seylers Z. **137**. 312 (1924).
[4] H. Fischer u. J. Postowsky: Hoppe-Seylers Z. **152**, 309 (1926).

p-Nitrobenzyliden-neobilirubinsäure $C_{24}H_{27}O_5N_3$. 0,15 g Mesobilirubinogen in 5 ccm 25proz. Salzsäure werden mit 0,07 g p-Nitrobenzaldehyd wie unter b) am Wasserbad erhitzt. Dann wird mit Wasser verdünnt, von den Schmieren abgegossen und diese mit Methylalkohol verrieben. Das Kondensationsprodukt bleibt als Rückstand. — Aus Methylalkohol feinste Nadeln; Schmelzp. 353°. Ausbeute 10 mg[1].

Benzyl-neobilirubinsäure[2].

Mol-Gewicht: 380,4.

Zusammensetzung: 72,59% C; 7,42% H; 12,62% O; 7,37% N. $C_{23}H_{28}O_3N_2$.

$$H_3C \cdot C\!\!-\!\!C \cdot C_2H_5 \qquad\qquad H_3C \cdot C\!\!-\!\!C \cdot CH_2 \cdot CH_2 \cdot COOH$$
$$HO \cdot C \quad C\!\!-\!\!\!-\!\!\!-CH_2\!-\!\!\!-\!\!\!-C \quad C \cdot CH_2 \cdot C_6H_5$$
$$\underset{NH}{\diagdown\diagup} \qquad\qquad\qquad\qquad \underset{NH}{\diagdown\diagup}$$

Darstellung: a) 0,15 g Benzyliden-neobilirubinsäure werden mit 6 ccm Eisessig und 3 ccm Jodwasserstoff (d = 1,96) 1 Stunde im siedenden Wasserbad erhitzt. Nachdem wird mit Phosphoniumjodid versetzt, die Lösung im Vakuum abdestilliert, der sirupöse Rückstand in Soda gelöst, mit Äther versetzt und unter Schütteln mit Schwefelsäure kongosauer gemacht. Danach wird 4mal ausgeäthert, die Auszüge filtriert und eingeengt, wonach spontan Krystallisation einsetzt. Ausbeute 70%.

b) Dasselbe Produkt entsteht auch bei der Reduktion des Bis-(neoxantho-bilirubinsäure)-phenyl-methans in genau derselben Weise wie unter a. Ausbeute aus 0,2 g = 85 mg.

Eigenschaften: Aus wenig Methylalkohol weiße Krystalle, Schmelzp. 189°. Aus Äther farblose Rhomboeder bzw. farblose Prismen. Wird durch Brom in Eisessig wieder zur Benzylidenverbindung zurückoxydiert. Gibt bei der Oxydation Methyl-äthylmaleinimid, Benzoesäure und Hämatinsäure. Ehrlichsche Reaktion negativ. Enthält 3 aktive Wasserstoffatome[3].

(3-Äthyl-4-methyl-5-carboxy-pyrryl)-(2, 4-dimethyl-3-propionsäure-pyrrolenyl)-methenbromhydrat.
3-Äthyl-4, 3′, 5′-trimethyl-5-carboxy-4′-propionsäure-pyrromethen-bromhydrat[4].

Mol-Gewicht: 435,22.

Zusammensetzung: 55,16% C; 5,32% H; 14,71% O; 6,45% N; 18,36% Br. $C_{20}H_{23}O_4N_2Br$.

$$H_3C \cdot C\!\!-\!\!C \cdot C_2H_5 \qquad\qquad H_3C \cdot C\!\!=\!\!=\!\!C \cdot CH_2 \cdot CH_2 \cdot COOH$$
$$HOOC \cdot C \quad C\!\!-\!\!\!-\!\!\!-CH\!\!=\!\!\!=\!\!\!=\!\!C \quad C \cdot CH_3$$
$$\underset{NH}{\diagdown\diagup} \qquad\qquad\qquad\qquad \underset{NHBr}{\diagdown\diagup}$$

Darstellung: Aus 1 g 2(5)-Formyl-3(4)-äthyl-4(3)-methyl-5(2)-carboxy-pyrrol und 0,92 g Kryptopyrrolcarbonsäure wird mit etwas Alkohol ein dicker Brei angerührt und hierzu nach Einstellen in eine Kältemischung 1 ccm gekühlte 48proz. Bromwasserstoffsäure zugegeben. Schon nach kurzer Zeit muß Krystallisation einsetzen, wonach alsbald abgesaugt wird. (Kohlensäureentwicklung darf nicht auftreten.) Ausbeute 1,5—2 g.

Eigenschaften: Gelbrote Nadeln, die sich bei 165° schwarz färben und bei 170° zersetzen. Läßt sich nicht umkrystallisieren. Ist gut getrocknet haltbar. Spaltet leicht Kohlensäure ab unter vollständiger Zerstörung. Dient zur Darstellung von Porphin-monopropionsäure I[5].

---

[1] H. Fischer u. G. Niemann: Hoppe-Seylers Z. **137**, 312 (1924).
[2] H. Fischer u. R. Heß: Hoppe-Seylers Z. **194**, 217 (1931).
[3] H. Fischer u. J. Postowsky: Hoppe-Seylers Z. **152**, 309 (1926).
[4] H. Fischer u. H. Berg: Liebigs Ann. **482**, 202 (1930).
[5] H. Fischer, H. K. Weichmann u. K. Zeile: Liebigs Ann. **475**, 254 (1929).

(3-Äthyl-4-methyl-5-brom-pyrryl)-(2, 4-dimethyl-3-propionsäure-pyrrolenyl)-methenbromhydrat.
3-Äthyl-4, 3′, 5′-trimethyl-5-brom-4′-propionsäure-pyrromethen-bromhydrat[1].

Mol-Gewicht: 446,12.

Zusammensetzung: 45,67% C; 4,94% H; 7,21% O; 6,28% N; 35,90% Br. $C_{17}H_{22}O_2N_2Br_2$.

$$H_3C \cdot C{-}C \cdot C_2H_5 \qquad H_3C \cdot C{=}C \cdot CH_2 \cdot CH_2 \cdot COOH$$
$$Br \cdot C \quad C{-}{-}{-}CH{=}{=}{=}C \quad C \cdot CH_3$$
$$\underset{NH}{} \qquad\qquad \underset{NHBr}{}$$

Darstellung: 1 g 3-Äthyl-4, 3′, 5′-trimethyl-5-carboxy-4′-propionsäure-pyrromethen-bromhydrat wird nach Verrühren mit 1 ccm Ameisensäure mit 2 ccm einer Brom-Eisessiglösung (enthaltend 50 g Brom in 100 ccm Eisessig) versetzt und bei 70° bis zur Beendigung der Bromwasserstoffentwicklung bromiert. Beim Erkalten tritt Krystallisation ein. Nach mehrstündigem Stehen wird filtriert und mit wenig Eisessig und Äther gewaschen. Ausbeute mindestens 1 g.

Eigenschaften: Aus Eisessig zinnoberrote Nadeln, die sich bei 190° schwarz färben und bei 216° zersetzen. Dient zur Darstellung von Pyrroporphyrin II und III und Mesoporphyrin II.

Kaliumsalz. Durch Lösen von 1,0 g Bromhydrat in 1,5 ccm 12proz. Kalilauge unter gelindem Erwärmen auf dem Wasserbad. Beim Erkalten tritt Krystallisation ein. — Kupferrote, lanzettförmige Krystalle[2].

Xanthobilirubinsäure.
(3-Äthyl-4-methyl-5-oxy-pyrryl)-(2, 4-dimethyl-3-propionsäure-pyrrolenyl)-methen.
4, 3′, 5′-Trimethyl-3-äthyl-4′-propionsäure-5-oxy-pyrromethen[3].

Mol-Gewicht: 307,28.

Zusammensetzung: 67,55% C; 7,29% H; 15,89% O; 9,27% N. $C_{17}H_{22}O_3N_2$.

$$H_3C \cdot C{-}C \cdot C_2H_5 \qquad H_3C \cdot C{-}{-}C \cdot CH_2 \cdot CH_2 \cdot COOH$$
$$HO \cdot C \quad C{-}{-}{-}CH{=}{=}{=}C \quad C \cdot CH_3$$
$$\underset{NH}{} \qquad\qquad \underset{N}{}$$

Bildung: Aus dem Methyläther der Säure durch Schmelzen mit Resorcin bei 200° oder durch Erhitzen mit Natriummethylat auf 180°.

Synthese: a) 1,5 g 4, 3′, 5′-Trimethyl-3-äthyl-4′-propionsäure-5-brom-pyrromethen-bromhydrat werden mit 1,2 g Silberacetat (3 Mol) in 60 ccm Eisessig $1\frac{1}{2}$ Stunden unter Rückfluß erhitzt. Dabei allmählich Farbenumschlag von Rot nach Olivgrün. Nachdem wird durch ein gehärtetes Filter gesaugt und das Filtrat auf 5 ccm eingeengt. Beim Erkalten Krystallisation. Ausbeute 300 mg = 33%.

b) Dasselbe Produkt entsteht, wenn das Methenbromhydrat (0,5 g) mit wasserfreiem Kaliumacetat (0,3 g) in Eisessig (30 ccm) $1\frac{1}{2}$ Stunden gekocht wird. Nach dem Erkalten wird abgesaugt und das dunkelgrüne Filtrat im Vakuum eingeengt. Es wird so ein Gemisch von Bromkalium und Säure erhalten, aus dem ersteres mit viel Wasser herausgewaschen werden kann. Ausbeute bis zu 33%.

Eigenschaften: Zuerst aus Pyridin, dann aus Eisessig umkrystallisiert schlanke citronengelbe Prismen, Schmelzp. 190—191°. Löslich in kalter Soda und $^n/_{10}$-Kalilauge; in stärkerer Natronlauge erst beim Erwärmen löslich, beim Erkalten krystallisiert das schwer lösliche Natriumsalz aus. Schwer löslich in den meisten organischen Solvenzien; etwas löslich in heißem Methyl- und Äthylalkohol; ziemlich löslich in heißem Eisessig; leicht in heißem

---

[1] H. Fischer u. H. Berg: Liebigs Ann. **482**, 202 (1930).
[2] H. Fischer u. E. Adler: Hoppe-Seylers Z. **197**, 258 (1931).
[3] H. Fischer u. E. Adler: Hoppe-Seylers Z. **197**, 253ff. (1931).

Pyridin. Aus Pyridin krystallisieren große Würfel und Polyeder, die Krystallpyridin enthalten; sie zerfallen in Berührung mit anderen Lösungsmitteln sofort. Aus Pyridin-Methylalkohol krystallisieren Würfel und Nadeln; aus viel Methylalkohol nur Nadeln. Bei längerem Kochen mit Eisessig tritt Grünfärbung ein. Beim Erhitzen mit Natriummethylat (4 Stunden auf 220° im Rohr) keine Veränderung. Ehrlichsche und Gmelinsche Reaktion negativ. Enthält 3 aktive Wasserstoffatome[1].

Natriumsalz. Durch Erwärmen der Säure mit konz. Natronlauge. Beim Erkalten Krystallisation. Bildet sich ferner beim Erhitzen der Säure mit Natriummethylat. — Gelbe kurze Nadeln oder Stäbchen.

Methylester $C_{18}H_{24}O_3N_2$. a) In eine Suspension der Säure (0,1 g) in abs. Methylalkohol (10 ccm) wird erst ohne Kühlung Salzsäure bis zur Lösung eingeleitet und dann unter Wasserkühlung vollends gesättigt. Beim Einengen auf ein kleines Volumen spontane Krystallisation des Esterchlorhydrats. Gewinnung der freien Base durch kurzes Erwärmen einer Aufschlämmung des Chlorhydrats in Wasser auf dem Wasserbad. — b) 0,5 g 4, 3′, 5-Trimethyl-3-äthyl-4′-propionsäure-5-brom-pyrromethen-bromhydrat werden mit 10 ccm 10proz. Natriummethylat im Rohr 3 Stunden auf 180° erwärmt. Nachdem wird essigsauer gemacht, 30 ccm Sodalösung zugegeben, mehrere Stunden mit 3 ccm Dimethylsulfat geschüttelt, die Flüssigkeit abgegossen, der Rückstand in Chloroform gelöst, gewaschen, getrocknet, auf etwa $\frac{1}{2}$ eingeengt und der Ester mit Methylalkohol abgeschieden (Ausbeute 50 mg). — c) Der Ester bildet sich ferner noch aus dem Methyläther der Xanthosäure unter der Einwirkung von methylalkoholischer Salzsäure oder beim Erhitzen mit Natriummethylat auf 180°. — Aus Chloroform-Petroläther citronengelbe, abgeschrägte Prismen, oft überkreuzt und zu Büscheln verwachsen. Schmelzp. 212°.

Methyl-ester-chlorhydrat (s. oben). Büschel von bräunlichroten, breiten Nadeln. Spaltet schon beim bloßen Erwärmen leicht Salzsäure ab. Es ist beständig gegen Petroläther und Äther. Verwittert an der Luft langsam.

(3-Äthyl-4-methyl-5-oxy-pyrryl)-(2, 4-dimethyl-3-propionsäure-pyrryl)-methan (Bd. IX, S. 395).
Bilirubinsäure[2].

$$C_{17}H_{24}O_3N_2$$

$$\begin{array}{c}
H_3C\cdot C\!-\!\!-\!C\cdot C_2H_5 \qquad\qquad H_3C\cdot C\!-\!\!-\!C\cdot CH_2\cdot CH_2\cdot COOH \\[2pt]
HO\cdot C\quad C\!-\!\!-\!\!-\!\!-\!CH_2\!-\!\!-\!\!-\!C\quad C\cdot CH_3 \\[2pt]
\diagdown NH \diagup \qquad\qquad\qquad\qquad \diagdown NH \diagup
\end{array}$$

Darstellung: a) 0,1 g synthetische Xanthobilirubinsäure, suspendiert in 1 ccm $^n/_{10}$-Natronlauge und 3 ccm Wasser, werden mit 0,5 g 5proz. Natriumamalgam bis zur völligen Lösung und Farblosigkeit geschüttelt (die Alkalikonzentration darf nicht zu hoch werden, weil sonst das schlecht hydrierbare Natriumsalz der Xanthosäure ausfällt). Nachdem Filtrieren wird mit 10 ccm Chloroform überschichtet, unter öfterem Schütteln mit verdünnter Schwefelsäure schwach kongosauer gemacht, 3 mal mit Chloroform ausgeschüttelt, getrocknet, filtriert, auf 1—2 ccm eingeengt und mit dem gleichen Volumen Petroläther versetzt. Dabei fällt ein Öl aus, das beim Reiben grießelig wird. Ausbeute 80 mg.

b) 0,1 g Xanthosäure werden mit 5 ccm Eisessig-Jodwasserstoff 2 : 1 1 Stunde im siedenden Wasserbad erhitzt. Nach Entfärben mit Phosphoniumjodid wird im Vakuum konzentriert, der gelbe Sirup in Soda gelöst, die Lösung mit Chloroform überschichtet und wie bei a) aufgearbeitet[2].

Eigenschaften: Aus Methylalkohol mit wenig Wasser farblose, dreiseitige oder kreissegmentartige Blättchen. Schmelzp. 187—188°. Leicht löslich in Alkohol; schwer löslich in Äther; unlöslich in Petroläther. Enthält 3 aktive Wasserstoffatome[1].

Methylester. Enthält 2 aktive Wasserstoffatome[1].

[1] H. Fischer u. J. Postowsky: Hoppe-Seylers Z. **152**, 309 (1926).
[2] H. Fischer u. E. Adler: Hoppe-Seylers Z. **197**, 257 (1931).

(3-Äthyl-4-methyl-5-methoxy-pyrryl)-(2, 4-dimethyl-3-propionsäure-pyrrolenyl)-methen.

(4, 3′, 5′-Trimethyl-3-äthyl-5-methoxy-4′-propionsäure)-pyrromethen[1].

Mol-Gewicht: 316,30.

Zusammensetzung: 68,31% C; 7,65% H; 15,17% O; 8,87% N. $C_{18}H_{24}O_3N_2$.

Darstellung: 0,8 g Kaliumsalz des (3-Äthyl-4-methyl-5-brom-pyrryl)-(2, 4-dimethyl-3-propionsäure-pyrrolenyl)-methens werden mit 5 g Kalilauge in 50 ccm Methylalkohol eine Stunde auf dem Wasserbad erhitzt. Nach dem Erkalten wird filtriert, auf die Hälfte konzentriert, mit 30 ccm Wasser versetzt und der Alkohol vollends weggekocht. Beim Abkühlen scheidet sich das hellockergelb gefärbte Kaliumsalz des 5-Methoxy-methens ab. Eine kleine Probe des Salzes wird nun auf einem Uhrglas in einigen Tropfen Methylalkohol gelöst und dann mit 1 Tropfen Eisessig versetzt. Beim Verdunsten des Alkohols und Reiben scheidet sich die freie Säure in gelben Nadeln ab. Sind die ersten Krystalle vorhanden, dann gibt man wieder etwas Kaliumsalz hinzu und stellt wie oben beschrieben nun freie Säure her. Wenn alles Kaliumsalz verbraucht ist, wird abgesaugt und mit Wasser gewaschen.

Eigenschaften: Aus Chloroform-Petroläther büschelförmig verwachsene gelbe Nadeln, Schmelzp. 145—146°. In der Kälte leicht löslich in allen organischen Solvenzien mit Ausnahme der Kohlenwasserstoffe. Löslich mit gelber Farbe in $^n/_{10}$-Natronlauge und verdünnter Soda. Unter Erwärmen löslich in 10proz. Natronlauge, beim Erkalten krystallisiert dann das Natriumsalz in gelben Nädelchen aus. Geht bei der Einwirkung von mit Salzsäure gesättigtem Methylalkohol oder beim Erhitzen mit Natriummethylat auf 180° unter Verseifung der Methoxygruppe über in den Methylester des 4, 3′, 5′-Trimethyl-3-äthyl-5-oxy-4′-propionsäure)-pyrromethens. Durch Schmelzen mit Resorcin bei 200° entsteht die freie Säure.

Methylester $C_{19}H_{26}O_3N_2$. Durch Lösen des Methens (0,1 g) in abs. Alkohol (0,5 ccm) und 12stündigem Stehenlassen mit ätherischer Diazomethanlösung. Nach dem Einengen auf ein kleines Volumen tritt Krystallisation ein. — Aus wenig eiskochsalzgekühltem Methylalkohol gelbe prismatische Nadeln, Schmelzp. 62°. Spielend leicht löslich in allen organischen Solvenzien, auch in Petroläther.

Bis-[2(5)-carbäthoxy-3(4)-äthyl-4(3)-methyl-pyrryl]-methan[2].

Mol-Gewicht: 470,4.

Zusammensetzung: 67,33% C; 8,07% H; 17,11% O; 7,49% N. $C_{21}H_{30}O_4N_2$.

$$\begin{array}{ccccc}
H_5C_2\cdot C & C\cdot CH_3 & & H_3C\cdot C & C\cdot C_2H_5 \\
\| & \| & & \| & \| \\
H_5C_2OOC\cdot C & C\!\!-\!\!-\!\!-\!\!CH_2\!\!-\!\!-\!\!-C & C\,COOC_2H_5 \\
\diagdown\!\!NH\!\!\diagup & & \diagdown\!\!NH\!\!\diagup
\end{array}$$

Darstellung: 10 g 2(5)-Carbäthoxy-3(4)-äthyl-4(3)-methyl-5(2)-brommethyl-pyrrol $C_9H_{12}O_2NBr$ in 50 ccm Methylalkohol werden mit Bromwasserstoffsäure erhitzt, wobei schon in der Hitze der größte Teil des Methans auskrystallisiert. Nach dem Stehen wird abgesaugt und mit kaltem Methylalkohol gewaschen. (Dieselbe Reaktion läßt sich auch mit dem labilen Bromhydrat obigen Pyrrols ausführen.) Ausbeute 5 g.

Eigenschaften: Aus Methylalkohol feine, weiße Nädelchen, Schmelzp. 148°.

Bis-(2(5)-carboxy-3(4)-äthyl-4(3)-methyl-pyrryl)-methan $C_{17}H_{22}O_4N_2$ (M = 318,28). Wird erhalten durch 3stündiges Kochen von 5 g Ester mit 3 g Ätznatron in 50 ccm Alkohol und 20 ccm Wasser. Isolierung durch Verdampfen des Alkohols, Verdünnen des Rückstands mit Wasser, Filtrieren und Fällen der Dicarbonsäure durch Zusatz von verdünnter Schwefelsäure bis zur schwach kongosauren Reaktion zum Filtrat. Der amorphe weiße Niederschlag, der sich allmählich (besonders beim Stehen im Sonnenlicht) dunkel färbt, wird rasch abgesaugt, mit Wasser schwefelsäurefrei gewaschen und auf Ton getrocknet. Ausbeute 2,5 g. — Aus Alkohol Krystalle vom Schmelzpunkt 211°[2]. Spaltet beim Erhitzen keine Kohlensäure ab[3].

[1] H. Fischer u. E. Adler: Hoppe-Seylers Z. **197**, 259 (1931).
[2] H. Fischer u. G. Stangler: Liebigs Ann. **459**, 85—86 (1927).
[3] H. Fischer u. G. Stangler: Liebigs Ann. **459**, 92 (1927).

Bis-(2-carboxy-3-äthyl-4-methyl-pyrryl)-keton.
3, 3'-Dimethyl-4, 4'-diäthyl-5, 5'-dicarboxy-pyrroketon[1]

Mol-Gewicht: 332,26.

Zusammensetzung: 61,44% C; 6,02% H; 24,11% O; 8,43% N. $C_{17}H_{20}O_5N_2$.

$$H_5C_2 \cdot C \!-\! C \cdot CH_3 \qquad\qquad H_3C \cdot C \;\; C \cdot C_2H_5$$
$$HOOC \cdot C \quad C \!-\!\!-\!\!-\!\!-\! CO \!-\!\!-\!\!-\!\!-\! C \quad C \cdot COOH$$
$$NH \qquad\qquad\qquad\qquad NH$$

Darstellung: 2,0 g 3, 3', 5, 5'-Tetramethyl-4, 4'-diäthyl-pyrroketon, in 25—30 ccm abs. Äther suspendiert, werden mit 6,4 g Sulfurylchlorid (7 Mol) unter Kühlung versetzt. Nach Stehen über Nacht wird mit Eiswasser zersetzt, die ätherische Lösung mit Wasser gewaschen. der Äther verdampft und der dunkle ölige Rückstand mit Wasser verkocht, bis er beim Erkalten fest wird. Nachdem wird in 10proz. Natronlauge gelöst, filtriert und unter Kühlung und Reiben mit verdünnter Schwefelsäure vorsichtig gefällt. — Ausbeute 0,7 g = 30—35%.

Eigenschaften: Aus Alkohol-Wasser, Zersetzungsp. 246°. Resistent gegen Ameisensäure. Mit Jodwasserstoff-Eisessig entsteht Opsopyrrol.

Dimethylester $C_{19}H_{24}O_5N_2$. a) 0,5 g Säure in wenig Methylalkohol werden mit überschüssigem Diazomethan in abs. Äther versetzt. Nach einigem Stehen wird mit Soda geschüttelt, mit Wasser gewaschen, getrocknet und der Äther verdampft. b) Der Ester bildet sich auch beim Schütteln der in Soda gelösten Säure mit überschüssigem Dimethylsulfat. Abscheidung an der Gefäßwand. — Farblose Prismen, Schmelzp. 191—192°.

Bis-(3-äthyl-4-methyl-5-carbäthoxy-pyrryl)-methan[2].
Kryptopyrrolmethandicarbonsäureester.
3, 3'-Diäthyl-4, 4'-dimethyl-5, 5'-dicarbäthoxy-pyrromethan[3].

Mol-Gewicht: 374,36.

Zusammensetzung: 67,33% C; 8,08% H; 17,11% O; 7,48% N. $C_{21}H_{30}O_4N_2$.

$$H_3C \cdot C \!-\! C \cdot C_2H_5 \qquad\qquad H_5C_2 \cdot C \!-\! C \cdot CH_3$$
$$H_5C_2OOC \cdot C \quad C\!-\quad\quad CH_2 \!-\!\!-\!\!-\!\!-\! C \quad C \cdot COOC_2H_5$$
$$NH \qquad\qquad\qquad\qquad NH$$

Darstellung: 8 g 2-Brommethyl-3-äthyl-4-methyl-5-carbäthoxypyrrol $C_{11}H_{16}O_2NBr$ in wenig Methylalkohol gelöst werden 1—2 Stunden zum Sieden erhitzt, wonach beim Abkühlen das Methan auskrystallisiert. Ausbeute 45% [2].

Entsteht auch auf dieselbe Weise aus 2-Chlormethyl-3-äthyl-4-methyl-5-carbäthoxy-pyrrol $C_{11}H_{16}O_2NCl$[4].

Eigenschaften: Aus Alkohol farblose Nadeln, Schmelzp. 126°. Sehr leicht löslich im allen organischen Lösungsmitteln. Mit Brom in Eisessig bildet sich das entsprechende Methen, dagegen nicht mit Ferrichlorid.

Dihydrazid $C_{17}H_{26}O_2N_3$. 1 g Methan wird mit der doppelten Menge Hydrazinhydrat im Rohr auf 130° erhitzt. Die beim Erkalten erhaltene Krystallisation wird mehrmals mit viel Alkohol ausgekocht. — Zersetzungsp. 238°. In allen organischen Solvenzien unlöslich[3].

Bis-(3-Äthyl-4-methyl-5-carboxy-pyrryl-2)-methan[5].
Kryptopyrrolmethandicarbonsäure.

Mol-Gewicht: 316,28.

Zusammensetzung: 64,11% C; 6,97% H; 20,07% O; 8,85% N. $C_{17}H_{22}O_4N_2$.

[1] H. Fischer u. H. Orth: Liebigs Ann. **489**, 82 (1930).
[2] H. Fischer u. P. Halbig: Liebigs Ann. **447**, 137 (1926); **448**, 199 (1926).
[3] H. Fischer, O. Süs u. F. G. Weilguny: Liebigs Ann. **481**, 191 (1930).
[4] H. Fischer, E. Sturm u. H. Friedrich: Liebigs Ann. **462**, 269 (1928).
[5] H. Fischer u. P. Halbig: Liebigs Ann. **448**, 199 (1926); vgl. **447**, 137 (1926).

Darstellung: 2 g Ester in Alkohol werden mit 0,6 g Ätznatron in Wasser 2 Stunden gekocht. Dann wird der Alkohol verdunstet, nach Zusatz von Wasser noch einmal $^1/_2$ Stunde gekocht, nach dem Erkalten vom Unverseiften abfiltriert und im Filtrat mit verdünnter Schwefelsäure die Dicarbonsäure ausgefällt. (Beim Fällen der Säure in der Hitze tritt Porphyrinbildung ein.) Ausbeute quantitativ.

Eigenschaften: Aus Alkohol-Wasser, Schmelzp. 170° unter Zersetzung. Leicht löslich in Äther und Chloroform[1]. Gibt beim Erwärmen mit Eisessig die Verbindung $(C_8H_{11}N)_x$. (Aus Alkohol farblose Krystalle. Geht in Lösung rasch in Porphyrin über).[2] Beim Erhitzen mit 5proz. Natronlauge unter Druck oder mit Eisessig unter Durchleiten von Wasserstoff entsteht Opsopyrrol (neben Ätioporphyrin II)[3]. Bei 20stündigem Erhitzen auf 100° im Vakuum bildet sich Ätioporphyrin II[1], beim Erhitzen mit Eisessig-Natriumacetat und Ferrichlorid Ätiohämin II[4].

Bis-(3-Äthyl-4-methyl-5-carbäthoxy-pyrryl)-methen[5].
Opsopyrrolmethendicarbonsäureester.

Mol-Gewicht: 372,35.

Zusammensetzung: 67,71% C; 7,58% H; 17,19% O; 7,52% N. $C_{21}H_{28}O_4N_2$.

$$\begin{array}{l}
H_3C\cdot C\!-\!\!-\!C\cdot C_2H_5 \qquad\qquad H_5C_2\cdot C\!=\!\!=\!C\cdot CH_3\\
H_5C_2OOC\cdot C\quad C\!-\!\!-\!\!-\!\!-\!CH\!=\!\!=\!\!=\!C\quad C\cdot COOC_2H_5\\
\qquad\qquad NH \qquad\qquad\qquad\qquad\qquad N
\end{array}$$

Darstellung: Die Mutterlauge von der Bromierung des 2, 4-Dimethyl-3-äthyl-5-carbäthoxypyrrols wird bei gewöhnlicher Temperatur konzentriert, der Rückstand in wenig Eisessig aufgenommen und filtriert. Der Filterrückstand (Schmelzp. 144—146° unter Zersetzung) wird in Chloroform gelöst und mit Natriumacetatlösung geschüttelt, wonach gewaschen, filtriert und bei gewöhnlicher Temperatur konzentriert wird. Der schmierige Rückstand krystallisiert beim Reiben.

Eigenschaften: Aus Aceton Blättchen, Schmelzp. 132—134° unter Zersetzung. Leicht löslich in allen organischen Solvenzien.

(3-Äthyl-4-methyl-5-carboxy-pyrryl)-(2-äthyl-4-methyl-pyrrolenyl)-methenbromhydrat.
4, 3′-Dimethyl-3, 5′-diäthyl-5-carboxy-pyrromethenbromhydrat[6].

Mol-Gewicht: 397,2.

Zusammensetzung: 51,39% C; 5,33% H; 16,00% O; 7,05% N; 20,23% Br. $C_{17}H_{21}O_4N_2Br$.

Darstellung: 1,2 g 2-Formyl-3-äthyl-4-methyl-5-carboxypyrrol $C_9H_{11}O_3N$, in 2 ccm Eisessig aufgeschlämmt, wird unter starker Kühlung mit 0,75 g 2-Äthyl-4-methyl-pyrrol versetzt und dann 3 ccm stark gekühlte 48proz. Bromwasserstoffsäure zugegeben. Nach Animpfen und Reiben unter ständiger Kühlung tritt Krystallisation ein. Nach kurzem Stehen wird abgesaugt und mit Äther gewaschen. Ausbeute 1,2—1,7 g.

Eigenschaften: Kleine verfilzte orangerote Nadeln, Schmelzp. 165° unter starker Zersetzung. Spaltet beim Umkrystallisieren Kohlensäure ab.

[3-Äthyl-4-methyl-5-carbäthoxy]-[2′, 4′(3′, 5)-dimethyl]-
2, 5′-(2, 2′)-dipyrrylmethan[7].

Mol-Gewicht: 288,30.

Zusammensetzung: 70,78% C; 8,39% H; 11,11% O; 9,72% N. $C_{17}H_{24}O_2N_2$.

$$\begin{array}{l}
H_3C\cdot C\!-\!\!-\!C\cdot C_2H_5 \qquad\qquad H_3C\cdot C\!-\!\!-\!C\cdot H\\
H_5C_2OOC\cdot C\!-\!\!-\!C\!-\!\!-\!\!-\!CH_2\!-\!\!-\!\!-\!C\!-\!\!-\!C\cdot CH_3\\
\qquad\qquad NH \qquad\qquad\qquad\qquad\qquad NH
\end{array}$$

[1] H. Fischer u. P. Halbig: Liebigs Ann. **448**, 200 (1926).
[2] H. Fischer u. P. Halbig: Liebigs Ann. **450**, 159 (1926).
[3] H. Fischer u. P. Halbig: Liebigs Ann. **459**, 92 (1927).
[4] H. Fischer u. P. Halbig: Liebigs Ann. **448**, 197 (1926).
[5] H. Fischer u. P. Ernst: Liebigs Ann. **447**, 159 (1926).
[6] H. Fischer u. H. Helberger: Liebigs Ann. **480**, 254 (1930).
[7] H. Fischer, E. Baumann u. H. J. Riedel: Liebigs Ann. **475**, 237 (1929).

Darstellung: Eine Grignard-Lösung aus 1,15 g Bromäthyl in 4 ccm abs. Äther und 0,25 g Magnesium wird in 1,0 g 2, 4-Dimethylpyrrol C_6H_9N in 4 ccm Äther eingetropft und hernach noch 1 Stunde gekocht. Dann werden weiterhin noch 2 g 2-Brommethyl-3-äthyl-4-methyl-5-carbäthoxypyrrol $C_{11}H_{16}O_2NBr$, aufgeschlämmt in 20 ccm Äther, eingeschüttelt und das Gemisch noch einmal 3 Stunden gekocht, wobei mitunter Rotfärbung eintritt. Das Methan scheidet sich schon nach kurzer Zeit ab. Anschließend wird mit konz. Chlorammoniumlösung zersetzt, das Methan abfiltriert und der ätherische Teil des Filtrats eingedampft, wobei als Rückstand noch weiteres Methan bleibt, das durch Decken mit wenig Äther gereinigt wird. Ausbeute 1,5 g.

Eigenschaften: Aus Sprit, Schmelzp. 129°.

(3-Äthyl-4-methyl-5-carboxy-pyrryl)-(2, 4-dimethyl-pyrrolenyl)-methenbromhydrat.
3-Äthyl-4, 3′, 5′-trimethyl-5-carboxy-pyrromethenbromhydrat[1].

Mol-Gewicht: 239,17.

Zusammensetzung: 53,12% C; 5,61% H; 9,41% O; 8,24% N; 23,62% Br. $C_{15}H_{19}O_2N_2Br$.

Darstellung: 2 g 2-Formyl-3-äthyl-4-methyl-5-carboxy-pyrrol $C_9H_{11}O_3N$ und 1 g 2, 4-Dimethyl-pyrrol C_6H_9N, in 2 ccm Eisessig innig verrieben, werden unter Eiskühlung rasch mit 1,5 ccm in Kältemischung vorgekühlter 48 proz. Bromwasserstoffsäure versetzt. Nach kurzem Reiben muß das Bromhydrat krystallisieren (Impfen). Kohlensäureentwicklung darf nicht in stärkerem Maß einsetzen. Nach der Krystallisation wird noch 5—10 Minuten in Kältemischung gestellt, rasch filtriert und erst mit Eisessig, dann mit Äther gewaschen. Trocknung im Vakuum bei 20°. Ausbeute 2,5—3 g.

Eigenschaften: Wetzsteinförmige, hellrote Krystalle, die sich bei 115° schwarz färben und bei 120° zersetzen. Ist nicht haltbar.

[3-Äthyl-4-methyl-5-carbäthoxy]-[2′, 4′(3′, 5′)-dimethyl-3′(4′)-äthyl]-2, 5′(2, 2′)-dipyrryl-methan[2].

Mol-Gewicht: 316,34.

Zusammensetzung: 72,10% C; 8,92% H; 10,12% O; 8,86% N. $C_{19}H_{28}O_2N_2$.

$$H_3C \cdot C\!\!-\!\!C \cdot C_2H_5 \qquad\qquad H_3C \cdot C\!\!-\!\!C \cdot C_2H_5$$
$$H_5C_2OOC \cdot \overset{\|}{C}\quad\overset{\|}{C}\!\!-\!\!-\!\!-\!\!CH_2\!\!-\!\!-\!\!-\overset{\|}{C}\quad\overset{\|}{C} \cdot CH_3$$
$$NH \qquad\qquad\qquad\qquad\qquad NH$$

Darstellung: Eine Grignard-Lösung, hergestellt aus 1,15 g Bromäthyl in 4 ccm abs. Äther und 0,25 g Magnesium, läßt man zu 1,2 g Kryptopyrrol in 4 ccm Äther tropfen und kocht 1 Stunde. Dann werden weiterhin 2 g 2-Brommethyl-3-äthyl-4-methyl-5-carbäthoxypyrrol $C_{11}H_{16}O_2NBr$, aufgeschlämmt in 20 ccm Äther, eingeschüttelt und wieder 3 Stunden gekocht, wobei intensive Rotfärbung eintritt und schon nach kurzer Zeit das Methan ausfällt. Nachdem wird mit konz. Chlorammoniumlösung zersetzt, vom Methan abfiltriert, im Filtrat der ätherische vom wässerigen Teil getrennt und der Äther verdampft, wobei als Rückstand noch weiteres Methan bleibt, das mit wenig Äther gereinigt wird. Ausbeute 1,8 g.

Eigenschaften: Aus Weingeist lange Prismen. Schmelzp. 142°. Löslich in Alkohol, Eisessig, Chloroform; schwer in Äther; schlecht in Petroläther. Enthält 2 aktive Wasserstoffatome. Gibt bei der Reduktion mit Eisessig-Jodwasserstoff 2, 4, 5-Trimethyl-3-äthylpyrrol.

(3-Äthyl-4-methyl-5-carboxy-pyrryl)-(2, 4(3, 5)-dimethyl-3(4)-äthyl-pyrryl)-methan $C_{17}H_{24}O_2N_2$. Entsteht bei 4 stündigem Kochen des Methans (0,32 g) mit 3 Mol Natronlauge (0,12 g) in alkoholischer Lösung. Isolierung durch Eindampfen, Aufnahme in Wasser, Filtrieren und Fällen der Säure durch tropfenweise Zugabe von 5 proz. Salzsäure bis zur kongosauren Reaktion bei 0°. Ausbeute quantitativ. — Aus Äther-Petroläther feine Nadeln,

[1] H. Fischer, H. Berg u. A. Schorrmüller: Liebigs Ann. **480**, 134 (1930).
[2] H. Fischer, E. Baumann u. H. J. Riedl: Liebigs Ann. **475**, 235 (1929).

Schmelzp. 145° unter Zersetzung. Löslich in Äther, Chloroform; schwer löslich in Petroläther; unlöslich in Wasser. Gibt auf Zusatz von 3 Mol Brom in Eisessig Kryptopyrrolmethenbromhydrat II.

(3-Äthyl-4-methyl-5-carbäthoxy-pyrryl)-(2, 4-dimethyl-3-äthyl-pyrrolenyl)-methenbromhydrat[1].

Mol-Gewicht: 495,25.

Zusammensetzung: 57,70% C; 6,89% H; 8,09% O; 7,09% N; 20,23% Br. $C_{19}H_{27}O_2N_2Br$.

$$H_3C \cdot C\!\!-\!\!C \cdot C_2H_5 \qquad\qquad H_3C \cdot C\!\!=\!\!C \cdot C_2H_5$$
$$H_5C_2OOC \cdot C \quad C\!\!-\!\!-\!\!-\!\!-\!\!CH\!\!=\!\!-\!\!-\!\!-\!\!C \quad C \cdot CH_3$$
$$\diagdown\!\diagup \qquad\qquad\qquad\qquad\qquad \diagdown\!\diagup$$
$$NH \qquad\qquad\qquad\qquad\qquad NHBr$$

Darstellung: Durch tropfenweise Zugabe von Bromwasserstoffsäure zu einer Lösung von 0,3 g 2-Formyl-3-äthyl-4-methyl-5-carbäthoxypyrrol $C_{11}H_{15}O_3N$ und 0,18 g Kryptopyrrol $C_8H_{13}N$ in 1 ccm Alkohol. Beim Reiben mit dem Glasstab tritt Krystallisation ein. Ausbeute 80—90%.

Eigenschaften: Aus Chloroform-Petroläther, Schmelzp. 160° unter Zersetzung (korr.).

(3-Äthyl-4-methyl-5-carboxy-pyrryl)-(2, 4-dimethyl-3-äthyl-pyrrolenyl)-methenbromhydrat[2].

Mol-Gewicht: 367,21.

Zusammensetzung: 55,57% C; 6,31% H; 8,71% O; 7,65% N; 21,76% Br. $C_{17}H_{23}O_2N_2Br$.

Darstellung: 0,5 g 2-Formyl-3-äthyl-4-methyl-5-carboxy-pyrrol $C_9H_{11}O_3N$ und 0,35 g 2, 4-Dimethyl-3-äthyl-pyrrol, gelöst in je 1 ccm Eisessig, werden unter Kühlung tropfenweise mit Bromwasserstoffsäure versetzt, wonach nach kurzem Reiben Krystallisation eintritt. Nach 1 tägigem Stehen wird abgesaugt.

Eigenschaften: Aus Chloroform-Petroläther, Schmelzp. 139° unter Zersetzung. Gibt mit 3 Mol Brom in Eisessig Kryptopyrrolmethenbromhydrat II.

(3-Äthyl-4-methyl-5-carboxy-pyrryl)-(2, 4-dimethyl-3-propyl-pyrrolenyl)-methenbromhydrat.
4, 3′, 5′-Trimethyl-3-äthyl-4′-propyl-5-carboxy-pyrromethen-bromhydrat[3].

Mol-Gewicht: 381,2.

Zusammensetzung: 56,68% C; 6,61% H; 8,4% O; 7,35% N; 20,96% Br. $C_{18}H_{25}O_2N_2Br$.

$$H_3C \cdot C\!\!-\!\!C \cdot C_2H_5 \qquad\qquad H_3C \cdot C\!\!=\!\!C \cdot C_3H_7$$
$$HOOC \cdot C \quad C\!\!-\!\!-\!\!-\!\!-\!\!CH\!\!=\!\!-\!\!-\!\!-\!\!C \quad C \cdot CH_3$$
$$\diagdown\!\diagup \qquad\qquad\qquad\qquad\qquad \diagdown\!\diagup$$
$$NH \qquad\qquad\qquad\qquad\qquad NHBr$$

Darstellung: Äquimolare Mengen 2-Formyl-3-äthyl-4-methyl-5-carboxy-pyrrol und 2, 4-Dimethyl-3-propyl-pyrrol $C_9H_{15}N$ mit wenig Eisessig angerührt werden mit 48proz. Bromwasserstoffsäure verrieben. Nach kurzer Zeit tritt Erstarrung ein. Nach Stehen über Nacht wird abgesaugt.

4, 3′-Dimethyl-3-äthyl-4′-propyl-5-brom-5′-brommethyl-pyrromethenbromhydrat $C_{17}H_{24}N_2Br_2$. Entsteht bei $\frac{1}{4}$ stündigem Kochen von 1 g obigen Bromhydrats mit 2 ccm 50proz. Brom-Eisessiglösung auf dem siedenden Wasserbad, wobei die anfangs flüssige Masse rasch zu violettblauen Krystallen erstarrt. Ausbeute 0,8—0,9 g. — Aus Eisessig grün schimmernde bis orangerote Blättchen; Zersetzungsp. 195°. Dient zur Darstellung des 1, 3, 5, 8-Tetramethyl-2, 4-diäthyl-6-propyl-7-propionsäureporphins und des Tetramethyl-diäthyl-dipropyl-porphins.

[1] H. Fischer, E. Sturm u. H. Friedrich: Liebigs Ann. **461**, 273 (1928).
[2] H. Fischer, E. Baumann u. H. J. Riedl: Liebigs Ann. **475**, 233 (1929).
[3] H. Fischer u. A. Rothhaas: Liebigs Ann. **484**, 101 (1930).

(3-Äthyl-4-methyl-5-carbäthoxy-pyrryl)-(2, 4-dimethyl-3-carboxy-pyrrolenyl)-methenbromhydrat.
3, 5, 4′-Trimethyl-4-carbäthoxy-3′-äthyl-5′-carboxy-pyrromethen-bromhydrat[1].

Mol-Gewicht: 411,21.

Zusammensetzung: 52,5% C; 5,63% H; 15,68% O; 6,81% N; 19,43% Br. $C_{18}H_{23}O_4N_2Br$.

Darstellung: 1,8 g 2-Formyl-3-äthyl-4-methyl-5-carboxy-pyrrol $C_9H_{11}O_3N$ und 1,7 g 2, 4-Dimethyl-3-carbäthoxy-pyrrol $C_9H_{13}O_2N$, mit wenig Eisessig zu einem dünnen Brei verrieben, werden mit etwas Bromwasserstoffsäure versetzt und unter stetem Reiben geimpft. Bei Entwicklung von Kohlensäure wird sofort in Eiskochsalzmischung gekühlt. Nach 15 bis 20 Minuten wird mit Äther versetzt, abgesaugt und mit Äther gewaschen. (Bei längerem Stehen oder Erwärmen tritt Verschmierung ein.) Ausbeute bis 2,5 g.

Eigenschaften: Feine, spitzige, gelbe Nadeln, Schmelzp. 224° unter Abspaltung von Kohlensäure.

3, 5, 4′-Trimethyl-4-carbäthoxy-3′-äthyl-5′-carboxy-pyrromethen $C_{18}H_{22}O_4N_2$. Aus dem Bromhydrat in Alkohol mit Ammoniak. — Aus Alkohol lange, glänzende, ziegelrote Nadeln, Schmelzp. 192°. Schwer löslich in Alkohol und Äther. Gibt mit Ammoniak kein Salz.

Bromprodukt. 0,5 g Methenbromhydrat, suspendiert in 2 ccm Eisessig, werden mit 2 ccm Bromlösung (50 g Brom in 100 ccm Eisessig) versetzt. Rasch fällt ein Perbromid aus (goldglänzende, federartige Nadeln), das am Wasserbad unter Kohlensäureabspaltung wieder in Lösung geht. Nach 15 Minuten langem Kochen bleibt noch 10—12 Stunden stehen, dann wird abgesaugt und die Mutterlauge mit Äther gefällt. Ausbeute 0,6 g. — Schmelzp. 225—230° (ab 165° Dunkelfärbung). Das Produkt ist ein Gemisch von Perbromid und nichtbromiertem Methen. Dient zur Darstellung von Rhodoporphyrin XV. Gibt mit Aceton Bromaceton unter Bildung des 3, 5, 4′-Trimethyl-4′-carbäthoxy-3′-äthyl-pyrromethenbromhydrats.

(3-Äthyl-4-methyl-5-carbäthoxy-pyrryl)-(2, 4-dimethyl-3-propion-säure-pyrrolenyl)-methenbromhydrat[2].

Mol-Gewicht: 439,25.

Zusammensetzung: 54,66% C; 6,20% H; 14,57% O; 6,37% N; 18,20% Br. $C_{20}H_{27}O_4N_2Br$.

Darstellung: Durch tropfenweise Zugabe von Bromwasserstoffsäure zu einer Lösung von 0,5 g 2-Formyl-3-äthyl·4-methyl-5-carbäthoxypyrrol $C_{11}H_{15}O_3N$ und 0,4 g Kryptopyrolcarbonsäure $C_9H_{13}O_2N$, wonach beim Reiben Krystallisation eintritt. Ausbeute 80—90%.

Eigenschaften: Aus Chloroform-Petroläther; Schmelzp. 197°. Läßt sich nicht verseifen, es tritt hierbei Verschmierung ein[3].

[3-Äthyl-4-methyl-5-carbäthoxy-pyrryl]-[4, 5 (2, 3)-dimethyl-3 (4)-propionsäuremethylester-pyrrolenyl]-methenbromhydrat[2].

Mol-Gewicht: 453,27.

Zusammensetzung: 55,62% C; 6,44% H; 24,13% O; 6,17% N; 17,64% Br. $C_{21}H_{29}O_4N_2Br$.

Darstellung: Durch tropfenweise Zugabe von Bromwasserstoffsäure zu einer Lösung von 2-Formyl-3-äthyl-4-methyl-5-carbäthoxypyrrol $C_{11}H_{15}O_3N$ (0,2 g) und Hämopyrrolcarbonsäuremethylester $C_{10}H_{15}O_2N$ (0,16 g) in 1 ccm Alkohol. Nach kurzem Reiben krystallisiert das Bromhydrat aus. Ausbeute 80—90%.

Eigenschaften: Aus Chloroform-Petroläther, Schmelzp. 168° unter Zersetzung (korr.).

(3-Äthyl-4-methyl-5-carboxy-pyrryl)-(3-propionsäure-4, 5-dimethyl-pyrrolenyl)-methenbromhydrat.
4, 4′, 5′-Trimethyl-3-äthyl-5-carboxy-3′-propionsäure)-pyrromethen-bromhydrat[4].

Mol-Gewicht: 411,21.

Zusammensetzung: 52,5% C; 5,63% H; 15,63% O; 19,43% Br; 6,81% N. $C_{18}H_{23}O_4N_2Br$.

[1] H. Fischer, H. Berg u. A. Schorrmüller: Liebigs Ann. **480**, 129 (1930).
[2] H. Fischer, E. Sturm u. H. Friedrich: Liebigs Ann. **461**, 273 (1928).
[3] H. Fischer u. E. Berg: Liebigs Ann. **482**, 193 (1930).
[4] H. Fischer u. E. Adler: Hoppe-Seylers Z. **197**, 262 (1931).

Darstellung: Aus einem gut verriebenen Gemisch von 2,1 g Hämopyrrolcarbonsäure und 2,4 g 2-Formyl-3-äthyl-4-methyl-5-carboxy-pyrrol wird eine kleine Menge auf einem Uhrglas mit Methylalkohol angeteigt, mit etwas eiskalter 48 proz. Bromwasserstoffsäure bis zum Erstarren verrieben und diese Operation mit dem Rest des Gemisches solange wiederholt, bis alles verbraucht ist. Nach einigem Stehen wird abgesaugt und mit wenig Methanol gewaschen. Ausbeute 4,2 g.

Eigenschaften: Die Substanz ist sehr leicht zersetzlich. Beim Erhitzen in Eisessig spaltet sich Kohlensäure ab.

(3-Äthyl-4-methyl-5-brom-pyrryl)-(3-propionsäure-4,5-dimethyl-pyrrolenyl)-methenbromhydrat.
4,4′,5′-Trimethyl-3-äthyl-5-brom-3′-propionsäure-pyrromethen-bromhydrat[1].

Mol-Gewicht: 446,12.

Zusammensetzung: 45,74% C; 4,97% H; 7,17% O; 6,28% N; 35,84% Br. $C_{17}H_{22}O_2N_2Br_2$.

Darstellung: 1 g 4,4′,5′-Trimethyl-3-äthyl-5-carboxy-3′-propionsäure-pyrromethen-bromhydrat in 1 ccm Eisessig wird mit 1,2 ccm einer Brom-Eisessig-Lösung (1 ccm Lösung = 0,5 g Brom) 10—15 Minuten auf 70° erwärmt. Beim Abkühlen tritt Krystallisation ein. Ausbeute 0,9—1 g.

Eigenschaften: Aus Eisessig ziegelrote rhombische Krystalle; Schmelzp. 214° unter Zersetzung.

(3-Äthyl-4-methyl-5-oxy-pyrryl)-(3-propionsäure-4,5-dimethyl-pyrrolenyl)-methen.
4,4′,5′-Trimethyl-3-äthyl-5-oxy-3′-propionsäure-pyrromethen[2].

Mol-Gewicht: 302,3.

Zusammensetzung: 67,55% C; 7,29% H; 15,89% O; 9,27% N. $C_{17}H_{22}O_3N_2$.

$$\text{H}_3\text{C} \cdot \text{C}\!-\!\!-\!\text{C} \cdot \text{C}_2\text{H}_5 \qquad\qquad \text{HOOC} \cdot \text{H}_2\text{C} \cdot \text{H}_2\text{C} \cdot \text{C}\!=\!\text{C} \cdot \text{CH}_3$$
$$\text{HO} \cdot \text{C} \quad \text{C}\!\!-\!\!\!-\!\!\!-\!\!\text{CH}\!\!-\!\!\!-\!\!\!-\!\!\text{C} \quad \text{C} \cdot \text{CH}_3$$
$$\text{NH} \qquad\qquad\qquad\qquad\qquad\qquad \text{N}$$

Darstellung: 1 g 4,4′,5′-Trimethyl-3-äthyl-5-brom-3′-propionsäure-pyrromethenbromhydrat wird mit 1 g Silberacetat in 45 ccm Eisessig 1½ Stunden im siedenden Wasserbad erhitzt. Nachdem wird vom Bromsilber abfiltriert und das dunkelgrüne Filtrat im Vakuum auf ein kleines Volumen eingeengt, bis die Säure krystallisiert. Ausbeute 0,26 g = 50%.

Entsteht auch beim Erhitzen mit Kaliumacetat. Beim Abkühlen krystallisieren dann Bromkalium und die Säure miteinander aus. Trennung durch Absaugen und Waschen mit Wasser.

Eigenschaften: Aus Pyridin-Methanol gelbe Prismen, Schmelzp. 289—290°. Aus Pyridin prismatische Nadeln ohne Krystallpyridin. Die Säure gibt mit Xanthobilirubinsäure eine Depression von 1—2°; sie ist in Eisessig auch etwas schwerer löslich als diese.

Methylester $C_{18}H_{24}O_3N_2$. Wie üblich durch Verestern der Säure mit methylalkoholischer Salzsäure. Das Esterchlorhydrat krystallisiert in roten rhombischen Tafeln. Der freie Ester krystallisiert aus Chloroform-Petroläther in citronengelben, an den Enden schräg abgeschnittenen, schlanken Prismen, Schmelzp. 205°. Gibt mit dem Ester der Xanthobilirubinsäure eine Depression auf 180°.

4,4′,5′-Trimethyl-3-äthyl-5-oxy-3′-propionsäure-pyrromethan $C_{17}H_{24}O_3N_2$. Durch Reduktion des Methens mit 5 proz. Natriumamalgam wie üblich. — Aus Methylalkohol oder Methylalkohol-Wasser derbe rhombische Tafeln, Schmelzp. 174°. Mischschmelzpunkt mit Bilirubinsäure 160—165°.

---

[1] H. Fischer u. E. Adler: Hoppe-Seylers Z. **197**, 262 (1931).
[2] H. Fischer u. E. Adler: Hoppe-Seylers Z. **197**, 263 (1931).

Bis-(2, 3-diäthyl-4-methyl-pyrryl)-methenbromhydrat.
3, 3'-Dimethyl-4, 5, 4', 5'-tetraäthyl-pyrromethenbromhydrat[1].

Mol-Gewicht: 365,26.

Zusammensetzung: 62,45% C; 8,00% H; 7,67% N; 21,89% Br. $C_{19}H_{29}N_2Br$.

$$H_5C_2 \cdot C \!\!-\!\! C \cdot CH_3 \qquad\qquad H_3C \cdot C \!\!=\!\! C \cdot C_2H_5$$
$$H_5C_2 \cdot C \quad C \!\!-\!\! \qquad CH \!\!=\!\! C \quad C \cdot C_2H_5$$
$$NH \qquad\qquad\qquad NHBr$$

Darstellung: 2, 3-Diäthyl-4-methyl-pyrrol $C_9H_{15}N$ in wenig Ameisensäure gelöst wird mit 48 proz. Bromwasserstoffsäure einige Zeit am Wasserbad erhitzt. Schon in der Hitze Krystallisation. Nach einigem Stehen wird filtriert und erst mit Eisessig, dann mit Äther gewaschen.

Eigenschaften: Aus Eisessig prismatische Stäbchen, Schmelzp. 190°.

(3, 5-Dibrom-4-äthyl-pyrryl) - (3'-äthyl-4'-brom-5'-methyl-pyrrolenyl)- methenbromhydrat[2].

Mol-Gewicht: 531,77.

Zusammensetzung: 31,6% C; 3,01% H; 5,27% N; 60,11% Br. $C_{14}H_{16}N_2Br_4$.

$$H_5C_2 \cdot C \!\!-\!\! C \cdot Br \qquad\qquad H_5C_2 \, C \!\!=\!\! C \cdot Br$$
$$Br \cdot C \quad C \!\!-\!\! \qquad CH \!\!=\!\! C \quad C \cdot CH_3$$
$$NH \qquad\qquad\qquad NHBr$$

Darstellung: 5 g 2-Methyl-4-äthyl-pyrrol $C_7H_{11}N$ in 100 ccm Eisessig werden mit 8 g Brom in 20 ccm Eisessig versetzt. Nach Stehen über Nacht Krystallisation, die abgesaugt und mit Eisessig-Petroläther gewaschen wird. Ausbeute 6,5 g.

Eigenschaften: Quadratische Krystalle.

(3, 5 - Dibrom - 4 - äthyl - pyrryl) - (3' - äthyl - 4' - brom - 5' - methyl - pyrrolenyl) - methen $C_{14}H_{15}N_2Br_3$. 1,3 g Bromhydrat in Chloroform werden mit $^n/_{10}$-Natronlauge bis zur Aufhellung der violetten Lösung geschüttelt. Nach dem Waschen mit Wasser wird das Chloroform abgedunstet. Ausbeute 0,65 g. — Aus Aceton-Wasser umkrystallisiert; Schmelzp. 133°.

Perbromid des (3, 5-dibrom-4-äthyl-pyrryl)-(2-methyl-3-acetyl-4-äthyl-pyrrolenyl)-methenbromhydrats?[3]
Bromiertes 2-Methyl-3-acetyl-4-äthylpyrrol.

Mol-Gewicht: 652,83.

Zusammensetzung: 29,40% C; 2,60% H; 2,46% O; 4,28% N; 61,26% Br. $C_{16}H_{17}ON_2Br_{.5}$.

Darstellung: Durch Versetzen von 2-Methyl-3-acetyl-4-äthylpyrrol $C_9H_{13}ON$ in wenig kaltem Eisessig mit 4 Mol Brom in Form einer Lösung von 50 g Brom in 100 ccm Eisessig, wobei starke Erwärmung eintritt. Nach mehrstündigem Stehen und Reiben setzt Krystallisation ein.

Eigenschaften: Rote Prismen mit blauviolettem Oberflächenglanz, Schmelzpunkt über 260°. Dunkelfärbung ab 100°. Gibt kein Porphyrin. Bei der Oxydation mit Eisessig-Chromsäure bzw. Bleidioxyd-Schwefelsäure entsteht vermutlich Brom-äthyl-maleinimid[4].

(3, 5-Dibrom-4-äthyl-pyrryl)-(2-methyl-3-acetyl-4-äthyl-pyrrolenyl)-methen. Durch Zerlegen des Bromhydrats in Chloroform mit Soda. Die dabei erhaltene dunkle, zähe Masse wird erst nach langem Stehen und Verreiben mit Methylalkohol fest. Läßt sich nicht umkrystallisieren. Schmelzpunkt roh 110°. Spontane Zersetzung bei 175°.

[1] H. Fischer u. A. Kürzinger: Hoppe-Seylers Z. **196**, 233 (1931).
[2] H. Fischer, A. Treibs u. G. Hummel: Hoppe-Seylers Z. **185**, 53 (1929).
[3] H. Fischer u. R. Bäumler: Liebigs Ann. **468**, 72 (1929).
[4] H. Fischer u. R. Bäumler: Liebigs Ann. **468**, 60 (1929).

Bis-[3(4)acetyl-4(3)-äthyl-5(2)-carbäthoxy-pyrryl]-methan[1].

Mol-Gewicht: 430,37.
Zusammensetzung: 64,25% C; 6,98% H; 22,25% O; 6,52% N. $C_{23}H_{30}O_6N_2$.

$$H_5C_2 \cdot C\!-\!\!-\!C \cdot CO \cdot CH_3 \qquad H_3C \cdot OC \cdot C\!-\!\!-\!C \cdot C_2H_5$$
$$H_5C_2OOC \cdot C \quad C\!-\!\!\!-\!\!\!-\!\!\!-CH_2\!-\!\!\!-\!\!\!-\!\!\!-C \quad C \cdot COOC_2H_5$$
$$NH \qquad\qquad NH$$

Darstellung: Durch Erhitzen von 2-Brommethyl-3-acetyl-4-äthyl-5-carbäthoxypyrrol $C_{13}H_{16}O_3NBr$ mit Wasser und etwas Formaldehyd. Es wird heiß filtriert. Beim Erkalten des Filtrats krystallisiert das Methan aus.
Eigenschaften: Aus Alkohol-Wasser farblose Nadeln, Schmelzp. 115°.

Bis-(3, 5-dicarbäthoxy-4-äthyl-pyrryl)-methan[2].

Mol-Gewicht: 490,31.
Zusammensetzung: 61,19% C; 6,99% H; 26,11% O; 5,71% N. $C_{25}H_{34}O_8N_2$.
Darstellung: Durch Verkochen des 2-Brommethyl-3, 5-dicarbäthoxy-4-äthylpyrrols $C_{13}H_{18}O_4NBr$ mit Methylalkohol und Bromwasserstoffsäure. Aus der stark eingeengten Lösung krystallisiert das Methan dann aus.
Eigenschaften: Aus Alkohol-Wasser weiße Nadeln, Schmelzp. 130°. Gibt durch Verseifen mit alkoholischer Natronlauge die Tetracarbonsäure, die leicht zersetzlich ist.

Bis-[3(4)-propionsäure-4(3)-äthyl-5(2)-brom-pyrryl]-methen-bromhydrat[3].

Mol-Gewicht: 583,06.
Zusammensetzung: 39,11% C; 3,98% H; 10,97% O; 4,81% N; 41,13% Br. $C_{19}H_{23}O_4N_2Br_2$.

$$H_5C_2 \cdot C\!-\!\!-\!C \cdot CH_2 \cdot CH_2 \cdot COOH \qquad HOOC \cdot H_2C \cdot H_2C \cdot C\!=\!C \cdot C_2H_5$$
$$Br \cdot C \quad C\!-\!\!\!-\!\!\!-\!\!\!-CH\!=\!\!\!=\!\!\!=C \quad C \cdot Br$$
$$NH \qquad\qquad NHBr$$

Darstellung: Zu 0,4 g Bis-(3-propionsäure-4-äthyl-5-carboxypyrryl)-methan suspendiert in 1,5 ccm Eisessig werden auf einmal 0,5 g Brom gegeben. Dabei tritt heftige Reaktion ein, und beim Abkühlen krystallisiert das Bromhydrat aus. Nach dem Absaugen wird mit Eisessig und Äther gewaschen.
Eigenschaften: Aus Ameisensäure rote Krystalle vom unscharfen Schmelzp. 200°. Dient zur Darstellung von Homo-Koproporphyrin IV.

Bis-(3-propionsäure-4-äthyl-5-carbäthoxy-pyrryl)-methan[4].

Mol-Gewicht: 490,41.
Zusammensetzung: 61,19% C; 6,99% H; 26,11% O; 5,71% N. $C_{25}H_{34}O_8N_2$.

$$H_5C_2 \cdot C\!-\!\!-\!C \cdot CH_2 \cdot CH_2 \cdot COOH \qquad HOOC \cdot H_2C \cdot H_2C \cdot C\!-\!\!-\!C \cdot C_2H_5$$
$$H_5C_2OOC \cdot C \quad C\!-\!\!\!-\!\!\!-\!\!\!-CH_2\!-\!\!\!-\!\!\!-\!\!\!-C \quad C \cdot COOC_2H_5$$
$$NH \qquad\qquad NH$$

Darstellung: 5 g 2-Brommethyl-3-propionsäure-4-äthyl-5-carbäthoxypyrrol $C_{13}H_{18}O_4NBr$ werden 4 Stunden mit Wasser erhitzt. Dabei wird der Bromkörper unter Abspaltung von Formaldehyd erst flüssig und erstarrt dann wieder. Ausbeute 2 g.

[1] H. Fischer u. R. Bäumler: Liebigs Ann. **468**, 75 (1929).
[2] H. Fischer u. G. Stangler: Liebigs Ann. **459**, 93 (1927).
[3] H. Fischer u. G. Stangler: Liebigs Ann. **462**, 262 (1928).
[4] H. Fischer u. G. Stangler: Liebigs Ann. **462**, 260—261 (1928).

Eigenschaften: Aus Alkohol oder Eisessig farblose Nadeln, Schmelzp. 161°.

Bis-(3-propionsäure-4-äthyl-5-carboxy-pyrryl)-methan $C_{21}H_{26}O_8N_2$ (M = 434,33). Bildet sich bei 3stündigem Kochen von 2 g Ester mit 60 ccm 5proz. Natronlauge. Isolierung durch Fällen mit verdünnter Schwefelsäure. — Aus Aceton farblose Krystalle, Zersetzungsp. 180°. Ist sehr unbeständig[1]. Dient zur Darstellung von Homo-koproporphyrin II.

[3(4)-Propionsäure-4(3)-äthyl-5(2)-brom-pyrryl]-(2-methyl-4-äthyl-3-propionsäure-pyrrolenyl-methenbromhydrat[2].

Mol-Gewicht: 518,17.

Zusammensetzung: 46,33% C; 5,06% H; 12,15% O; 5,41% N; 31,05% Br. $C_{20}H_{26}O_4N_2Br_2$.

```
H5C2 · C——C · CH2 · CH2 · COOH          H5C2 · C===C · CH2 · CH2 · COOH
       ‖  ‖                                    ‖   ‖
Br · C  C———————————CH==================C   C · CH3
      \ /                                    \ //
       NH                                    NHBr
```

Darstellung: 0,4 g 2-Methyl-3-propionsäure-4-äthylpyrrol $C_{10}H_{15}O_2N$ in 2 ccm Eisessig werden auf einmal mit 1 g Brom (3 Mol) versetzt. Nach Beendigung der heftigen Reaktion läßt man den Eisessig an der Luft verdunsten, wobei allmählich Krystallisation eintritt. Ausbeute 0,4 g.

Eigenschaften: Aus Eisessig-Äther rötliche Prismen, Zersetzungsp. 230°. Dient zur Darstellung von Homokoproporphyrin I.

Perbromid des (4-propyl-5-brom-pyrryl)-(2-methyl-4-propyl-pyrrolenyl)-methenbromhydrats.
Pyrromethenbromhydrat aus 2-Methyl-4-propyl-pyrrol[3].

Mol-Gewicht: 561,8.

Zusammensetzung: 34,18% C; 4,95% H; 4,99% N; 56,88% Br. $C_{16}H_{22}N_2Br_4$.

```
 ⎡ H7C3 · C——C · H          H7C3 · C===C · H   ⎤
 ⎢        ‖  ‖                     ‖   ‖        ⎥
 ⎢ Br · C  C————————CH==========C   C · CH3    ⎥ Br2
 ⎢       \ /                      \ //          ⎥
 ⎣        NH                      NHBr         ⎦
```

Darstellung: 0,5 g 2-Methyl-4-propyl-pyrrol $C_8H_{13}N$ in 3 ccm Eisessig werden bis zur Erstarrung in einer Kältemischung gekühlt, dann der Brei zerdrückt und in kleinen Portionen 2,3 ccm einer Lösung von 5 g Brom in 10 ccm Eisessig zugegeben. Höchsttemperatur $+10°$. Nach einigem Rühren bleibt noch 15 Minuten in der Kältemischung und dann über Nacht im Eisschrank stehen. Nach dem Auftauen wird filtriert und mit Petroläther gewaschen. Ausbeute 0,1 g.

Eigenschaften: Aus Eisessig blaugrüne glänzende Krystalle ohne Schmelzpunkt. Ist sehr stabil.

(3-Carboxy-4-propyl-pyrryl)-(2-methyl-4-propyl-pyrrolenyl)-methenbromhydrat.
4,3′-Dipropyl-5′-methyl-3-carboxy-pyrromethenbromhydrat[4].

Mol-Gewicht: 367,1.

Zusammensetzung: 55,57% C; 6,32% H; 7,63% N; 21,77% Br. $C_{17}H_{23}O_2N_2Br$.

```
 H7C3 · C——C · COOH          H7C3 · C===C · H
        ‖  ‖                        ‖   ‖
 H · C  C——— ———CH==========C   C · CH3
       \ /                        \ //
        NH                        NHBr
```

---

[1] H. Fischer u. G. Stangler: Liebigs Ann. **462**, 260—261 (1928).
[2] H. Fischer u. G. Stangler: Liebigs Ann. **462**, 257 (1928).
[3] H. Fischer, M. Goldschmidt u. W. Nüßler: Liebigs Ann. **486**, 50 (1931).
[4] H. Fischer, M. Goldschmidt u. W. Nüßler: Liebigs Ann. **486**, 51 (1931).

Darstellung: 10 g 2-Formyl-3, 5-dicarboxy-4-propylpyrrol $C_{10}H_{11}O_5N$ und 5 g 2-Methyl-4-propyl-pyrrol $C_8H_{13}N$, vermischt mit 4—8 ccm Alkohol, werden mit 3—4 ccm 48proz. Bromwasserstoffsäure verrieben. Unter Erwärmen bildet sich ein Sirup, der unter Kohlensäureentwicklung beim Reiben erstarrt. Nach weiterem Durcharbeiten und 1 stündigem Stehen wird abgesaugt und mit Petroläther gewaschen. Ausbeute quantitativ.

Eigenschaften: Zersetzungspunkt um 100°. Läßt sich nicht umkrystallisieren.

Bis-(2-oxy-4-carbäthoxy-5-methyl-pyrryl)-methen[1].

Mol-Gewicht: 348,26.

Zusammensetzung: 58,17% C; 5,78% H; 28,00% O; 8,05% N. $C_{17}H_{20}O_6N_2$.

Darstellung: Molekulare Mengen des 2-Oxy-3-formyl-4-carbäthoxy-5-methyl-pyrrols $C_9H_{11}O_4N$ und des 2-Oxy-4-carbäthoxy-5-methyl-pyrrols werden nach dem Verreiben mit Kaliumbisulfat kurze Zeit im Ölbad auf 130—140° erhitzt. Nachdem wird die schwarzbraune Schmelze mit Alkohol ausgekocht.

Eigenschaften: Aus Alkohol braungelbe Prismen; Schmelzp. 254°.

(2-Oxy-4-carbäthoxy-5-methyl-pyrryl)-(3-oxy-4-carbäthoxy-5-methyl-pyrrolenyl)-methen[1].

Mol-Gewicht: 348,26.

Zusammensetzung: 58,17% C; 5,79% H; 27,99% O; 8,05% N. $C_{17}H_{20}O_6N_2$.

Darstellung: Durch Erhitzen molekularer Mengen des 2-Oxy-3-formyl-4-carbäthoxy-5-methyl-pyrrols $C_9H_{11}O_4N$ und des 3-Oxy-4-carbäthoxy-5-methyl-pyrrols $C_8H_{11}O_3N$ in Alkohol mit konz. Salzsäure oder Kaliumbisulfat.

Eigenschaften: Aus Alkohol gelbe Nadeln; Schmelzp. 250°. Sehr schwer löslich in Alkohol.

(2-Oxy-4-carbäthoxy-5-methyl-pyrrolenyl)-(2, 4-dimethyl-3-carbäthoxy-pyrrolenyl)-methen[2].

Mol-Gewicht: 346,28.

Zusammensetzung: 62,42% C; 6,35% H; 23,14% O; 8,09% N. $C_{18}H_{22}O_5N_2$.

Darstellung: Durch 5stündiges Erhitzen von 1,0 g 2-Oxy-4-carbäthoxy-5-methylpyrrol $C_8H_{11}O_3N$ mit 1,16 g 2, 4-Dimethyl-3-carbäthoxy-5-formylpyrrol $C_{10}H_{13}O_3N$ in Alkohol in Gegenwart von Salzsäure. Die ausfallenden Krystalle stellen ein Gemisch dar, das aus Alkohol-Wasser durch fraktionierte Krystallisation getrennt werden kann. Ausbeute 1,1 g.

Eigenschaften: Aus Alkohol orangegelbe spitze Prismen, Schmelzp. 210°. Gibt kein salzsaures Salz, aber eine Natriumverbindung (aus Alkohol rote Schiffchen), die durch Eisessig wieder gespalten wird. Mit kochendem Alkali tritt keine Zersetzung ein. (Als Nebenprodukt entsteht ein in zugespitzten Prismen krystallisierender orangeroter Körper, Schmelzpunkt 162—163°.)

(2-Oxy-4-carbäthoxy-5-methyl-pyrrolenyl)-(2, 4-dimethyl-5-carbäthoxy-pyrrolenyl)-methen[3].

Mol-Gewicht: 346,28.

Zusammensetzung: 62,42% C; 6,35% H; 23,14% O; 8,09% N. $C_{18}H_{22}O_5N_2$.

Darstellung: Durch Kondensation von 0,36 g 2-Oxy-4-carbäthoxy-5-methylpyrrol $C_8H_{11}O_3N$ mit 0,4 g 2,4-Dimethyl-3-formyl-5-carbäthoxy-pyrrol $C_{10}H_{13}O_3N$ in alkoholischer Lösung in Gegenwart von Salzsäure.

Eigenschaften: Aus Alkohol gelbe Nadeln, Zersetzungsp. 266°.

(2-Oxy-4-carbäthoxy-5-methyl-pyrrolenyl)-(1-p-Tolyl-2, 5-dimethyl-4-carbäthoxy-pyrrolenyl)-methen[4].

Mol-Gewicht: 436,37.

Zusammensetzung: 68,80% C; 6,42% H; 18,36% O; 6,42% N. $C_{25}H_{28}O_5N_2$.

[1] H. Fischer u. J. Müller: Hoppe-Seylers Z. **132**, 98 (1924).
[2] H. Fischer u. J. Müller: Hoppe-Seylers Z. **132**, 94 (1924).
[3] H. Fischer u. J. Müller: Hoppe-Seylers Z. **132**, 92 (1924).
[4] H. Fischer u. E. Loy: Hoppe-Seylers Z. **128**, 81 (1923).

Darstellung: Durch Erhitzen von 3,65 g 1-p-Tolyl-2, 5-dimethyl-3-formyl-4-carbäthoxy-pyrrol $C_{17}H_{19}O_3N$ und 2,2 g 2-Oxy-4-carbäthoxy-5-methylpyrrol $C_8H_{11}O_3N$ in alkoholischer Lösung in Gegenwart von Kaliumbisulfat. Beim Erkalten Krystallisation. Ausbeute 4,7 g.

Eigenschaften: Aus Alkohol und aus Chloroform-Petroläther glänzende gelbe Blättchen, Schmelzp. 211°. Leicht löslich in heißem Alkohol und in heißem Eisessig; fast unlöslich in Äther. Ehrlichsche Reaktion kalt und heiß schwach. Gibt mit Eisenchlorid eine intensiv rote Färbung. Wird durch Diazobenzolsulfosäure in salzsaurer Lösung gespalten in den Aldehyd und in den Azofarbstoff des Oxypyrrols. Gibt mit konz. Salzsäure ein salzsaures Salz, das durch heißes Wasser leicht hydrolisiert wird.

Bis-(3-oxy-4-carbäthoxy-5-methyl-pyrryl)-methen[1].

Mol-Gewicht: 348,26.

Zusammensetzung: 58,17% C; 5,79% H; 27,99% O; 8,05% N. $C_{17}H_{20}O_6N_2$.

Bildung: Beim Erhitzen der wässerigen Lösung des salzsauren Imins vom 2-Formyl-3-oxy-4-carbäthoxy-5-methyl-pyrrol. Bei Selbstkondensation des Aldehyds allein oder beim Kondensieren des Aldehyds mit 3-Oxy-4-carbäthoxy-5-methyl-pyrrol in alkoholischer Lösung mittels Kaliumbisulfat oder konz. Salzsäure.

Darstellung: Durch $1/2$ stündiges Erhitzen von 5 g 3-Oxy-4-carbäthoxy-5-methyl-pyrrol mit 10 ccm 90proz. Ameisensäure im Wasserbad. Nach 1 tägigem Stehen ist die Krystallisation beendet. Ausbeute 4,5 g. (In der Mutterlauge gelöst, bleibt Bis-(4-carbäthoxy-5-methyl-pyrryl)-furan.)

Eigenschaften: Aus Eisessig oder Alkohol gelbe glänzende Nadeln; Zersetzungspunkt 270—275°. Gibt mit ammoniakalischem Alkohol ein orangerotes, zersetzliches Ammoniak-additionsprodukt, das in Blättchen krystallisiert. Ehrlichsche Reaktion negativ; Eisenchloridreaktion stark positiv. Wird durch Eisessig-Jodwasserstoff nicht verändert.

(3-Oxy-4-carbäthoxy-5-methyl-pyrryl)-(2, 4-dimethyl-3-acetyl-pyrrolenyl)-methen[2].

Mol-Gewicht: 316,26.

Zusammensetzung: 64,53% C; 6,37% H; 20,24% O; 8,86% N. $C_{17}H_{20}O_4N_2$.

Darstellung: 1,5 g 2-Formyl-3-oxy-4-carbäthoxy-5-methyl-pyrrol $C_9H_{11}O_4N$ und 1,05 g 2,4-Dimethyl-3-acetylpyrrol $C_8H_{11}ON$ in 20 ccm Alkohol werden heiß mit etwas konz. Salzsäure versetzt, wonach das Chlorhydrat auskrystallisiert. Nach dem Absaugen und Trocknen auf Ton wird dieses aus heißem Alkohol und wenig Salzsäure umkrystallisiert, in Chloroform gelöst und mit Sodalösung zerlegt.

Eigenschaften: Aus viel Alkohol gelbe, meist sechsseitige Blättchen. Durch Umfällen aus Eisessig mit Äther gelbe, zu Nestern vereinigte Nadeln, Schmelzp. 245°. Leicht löslich in heißem Eisessig.

Chlorhydrat $C_{17}H_{21}O_4N_2Cl$. Aus Alkohol-Salzsäure rote Nadeln, Schmelzp. 195°.

(3-Oxy-4-carbäthoxy-5-methyl-pyrryl)-(2, 4-dimethyl-3-carbäthoxy-pyrrolenyl)-methen[3].

Mol-Gewicht: 346,28.

Zusammensetzung: 62,38% C; 6,40% H; 23,12% O; 8,10% N. $C_{18}H_{22}O_5N_2$.

Darstellung: Durch 5 Minuten langes Erhitzen von 1,5 g 2-Formyl-3-oxy-4-carbäthoxy-5-methyl-pyrrol $C_9H_{11}O_4N$ mit 1,5 g 2, 4-Dimethyl-3-carbäthoxypyrrol $C_9H_{13}O_2N$ in alkoholischer Lösung in Gegenwart von Kaliumbisulfat. Beim Erkalten Krystallisieren.

Eigenschaften: Bei langsamer Krystallisation aus viel Alkohol orangefarbene Blättchen, bei schneller Krystallisation gelbe Nadeln (auch aus Chloroform), Schmelzp. 244—245°[2]. Zersetzungsp. 245°. Ziemlich löslich in Eisessig, Chloroform, Pyridin; unlöslich in Wasser. Ehrlichsche Reaktion negativ, mit Eisenchlorid Dunkelfärbung. Mit konz. Salzsäure bildet sich ein rotes, salzsaures Salz, das in Chloroform beständig, in Alkohol unbeständig ist. Aus Chloroform-Petroläther, Zersetzungsp. 206°. Wird durch Eisessig-Jodwasserstoff nicht verändert. Mit alkoholischem Ammoniak bildet sich eine unbeständige, in hellbraunen Blättchen krystallisierende Ammoniumverbindung.

[1] H. Fischer u. E. Loy: Hoppe-Seylers Z. **128**, 72—76 (1923).
[2] H. Fischer u. M. Heyse: Liebigs Ann. **439**, 256, 257 (1924).
[3] H. Fischer u. E. Loy: Hoppe-Seylers Z. **128**, 73 (1923).

(3- Oxy-4-carbäthoxy-5-methyl-pyrryl) - (2, 4 - dimethyl-3-carbäthoxy-pyrryl) - methan
$C_{18}H_{24}O_5N_2$. Durch katalytische Reduktion des Methans in Gegenwart von Platinschwarz. —
Aus Alkohol farblose Nadeln, Schmelzp. 191°. Leicht löslich in Alkohol, Eisessig, Benzol,
Chloroform.

(3-Oxy-4-carbäthoxy-5-methyl-pyrrolenyl)-(1-phenyl-2, 5-dimethyl-3-carbäthoxy-pyrryl)-methen[1].

Mol-Gewicht: 424,56.

Zusammensetzung: 67,86% C; 6,65% H; 18,89% O; 6,6% N. $C_{24}H_{28}O_5N_2$.

Darstellung: Durch Kondensation äquimolekularer Mengen des Oxypyrrols $C_8H_{11}O_3N$
und des 1-Phenyl-2, 5-dimethyl-3-formyl-4-carbäthoxy-pyrrols $C_{16}H_{17}O_3N$ in der üblichen
Weise.

Eigenschaften: Aus Chloroform-Ligroin gelbe Nädelchen, die langsam ab 210° verkohlen.

(2, 3 (4, 5)-Dimethyl-pyrryl)-(2, 4-dimethyl-pyrrolenyl)-methen-bromhydrat[2] = 4, 3′, 5, 5′-Tetramethyl-pyrromethenbromhydrat[3].

Mol-Gewicht: 281,14.

Zusammensetzung: 55,52% C; 6,09% H; 19,99% O; 9,97% N; 28,43% Br. $C_{13}H_{17}N_2Br$.

$$
\begin{array}{ccc}
H_3C \cdot C\!\!-\!\!C \cdot H & \qquad & H_3C \cdot C\!\!=\!\!C \cdot H \\
H_3C \cdot C \quad C\!\!-\!\!-\!\!CH\!\!=\!\!\!-\!\!C \quad C \cdot CH_3 \\
NH & \qquad & NHBr
\end{array}
$$

Darstellung: 1 g 2, 3-Dimethylpyrrol C_6H_9N und 1,3 g 2, 4-Dimethyl-5-formylpyrrol
C_7H_9ON in wenig Alkohol gelöst werden mit 3—4 ccm konz. Bromwasserstoffsäure (D = 1,49)
versetzt, wonach nach kurzem Stehen Krystallisation eintritt, die nach einigen Stunden abgesaugt und zuerst mit bromwasserstoffhaltigem Alkohol, hernach mit Wasser gewaschen
wird. Ausbeute 2,2 g.

Eigenschaften: Aus Eisessig bläulich fluorescierende Krystalle oder rote Nadeln, Schmelzpunkt 217°, ab 185° Dunkelfärbung. Löslich in Chloroform, heißem Alkohol, heißem Eisessig.
Übt starken Nießreiz aus.

(2, 3-Dimethyl-pyrryl)-(2, 4-dimethyl-pyrrolenyl)-methen $C_{13}H_{16}N_2$. Durch Einwirkung
von Ammoniak auf das Bromhydrat. — Aus Alkohol Nadeln, oft zu Rosetten angeordnet,
Schmelzp. 115° (korr.). Übt ebenfalls starken Nießreiz aus.

Bromiertes (2, 3 (4, 5)-Dimethyl-pyrryl)-(2, 4-dimethyl-pyrrolenyl)-methenbromhydrat.
4, 5, 3′, 5′-Tetramethyl-3, 4′-dibrom-pyrromethenbromhydrat[4].

Mol-Gewicht: 438,96.

Zusammensetzung: 35,55% C; 3,44% H; 6,38% N; 54,63% Br. $C_{13}H_{15}N_2Br_3$.

$$
\begin{array}{ccc}
H_3C \cdot C\!\!-\!\!C \cdot Br & \qquad & H_3C \cdot C\!\!=\!\!C \cdot Br \\
H_3C \cdot C \quad C\!\!-\!\!-\!\!CH\!\!=\!\!C \quad C \cdot CH_3 \\
NH & \qquad & NHBr
\end{array}
$$

Darstellung: Zu 0,5 g (2, 3(4, 5)-Dimethylpyrryl)-(2, 4-dimethylpyrrolenyl)-methenbrom-
hydrat in 50 ccm Eisessig gibt man heiß 0,62 g Brom (2 Mol), wonach unter starker Bromwasserstoffentwicklung rasch Krystallisation eintritt. Nach mehrstündigem Stehen wird abgesaugt
und mit wenig Eisessig gewaschen. Ausbeute 0,6—0,7 g.

Eigenschaften: Aus Eisessig rote Nadeln, Schmelzpunkt über 300° (ab 220° Dunkelfärbung). Dient zur Darstellung von Deuteroporphyrin[4] und Deuteroätioporphyrin IX[5].

[1] H. Fischer u. E. Loy: Hoppe-Seylers Z. **128**, 84 (1923).
[2] H. Fischer u. A. Kirstahler: Liebigs Ann. **466**, 181 (1928).
[3] H. Fischer u. E. Jordan: Hoppe-Seylers Z. **191**, 57 (1930).
[4] H. Fischer u. A. Kirstahler: Liebigs Ann. **466**, 182 (1929).
[5] H. Fischer u. A. Kirstahler: Hoppe-Seylers Z. **198**, 53 (1931).

4, 5, 3′, 5′-Tetramethyl-3, 4′-dibrom-pyrromethen $C_{13}H_{14}N_2Br_2$. Das Bromhydrat in Chloroform wird mit Natronlauge bis zur Farbaufhellung geschüttelt, dann mit Wasser gewaschen, getrocknet, auf ein kleines Volumen eingeengt und mit Aceton versetzt. Krystallisation. — Aus Chloroform-Methylalkohol derbe, orangerote lange Prismen, Schmelzp. 182°[1]. Gibt bei der Oxydation mit Chromsäure-Schwefelsäure Brom-citraconimid.

(2, 3-Dimethyl-pyrryl)-(2, 4-dimethyl-3-äthyl-pyrrolenyl)-methen-bromhydrat.
4, 5, 3′, 5′-Tetramethyl-4′-äthyl-pyrromethenbromhydrat[2].

Mol-Gewicht: 309,18.
Zusammensetzung: 58,23% C; 6,85% H; 9,06% N; 25,85% Br. $C_{15}H_{21}N_2Br$.

$$
\begin{array}{ccccccc}
H_3C\cdot C\!-\!\!-\!C\cdot H & & & & H_3C\cdot C\!=\!\!=\!C\cdot C_2H_5 \\
H_3C\cdot C\quad\ C\!-\!\!-\!\!-\!\!-\!\!-\!CH\!=\!\!=\!\!=\!\!=\!C\quad\ C\cdot CH_3 \\
\qquad\ NH & & & & \qquad NHBr
\end{array}
$$

Darstellung: Durch Kondensation von 1 g 2, 3-Dimethyl-5-formyl-pyrrol C_7H_9ON mit 1 g 2, 4-Dimethyl-3-äthyl-pyrrol $C_8H_{13}N$[2] oder von 1 g 2, 3-Dimethyl-pyrrol C_6H_9N und 1,59 g 2, 4-Dimethyl-3-äthyl-5-formyl-pyrrol[3] in 15 ccm Alkohol mittels 3 ccm Bromwasserstoffsäure (d = 1,49). Nach kurzem Reiben Krystallisation, die nach 2 stündigem Stehen abgesaugt und mit bromwasserstoffsäurehaltigem Alkohol gewaschen wird.

Eigenschaften: Aus Alkohol violettbraune Nadeln, Schmelzp. 214°[3]. Aus Eisessig große, zu Drusen zusammengelagerte Prismen mit starkem grünblauem Oberflächenglanz. Schmelzpunkt 233° unter Zersetzung[2]. Dient zur Darstellung von Pyrroätioporphyrin VI[2].

4, 5, 3′, 5′-Tetramethyl-4′-äthyl-pyrromethen $C_{15}H_{20}N_2$. Durch Zerlegen des in Alkohol gelösten Bromhydrats mit Ammoniak. — Zersetzungspunkt über 300°[2].

(2, 3-Dimethyl-4-brom-pyrryl)-(2-brommethyl-3-äthyl-4-methyl-pyrrolenyl)-methenbromhydrat.
4, 5, 3′-Trimethyl-3-brom-4′äthyl-5′-brommethyl-pyrromethen-bromhydrat[3].

Mol-Gewicht: 466,9.
Zusammensetzung: 38,55% C; 4,09% H; 6,00% N; 51,30% Br. $C_{15}H_{19}N_2Br_3$.

Darstellung: 1 g 4, 5, 3′, 5′-Tetramethyl-4′-äthyl-pyrromethenbromhydrat in 25 ccm Eisessig wird in der Siedehitze mit 2,07 g Brom (= 4 Mol) in wenig Eisessig versetzt. Sofort tritt Krystallisation ein. Ausbeute 1,5 g. (Perbromid, Schmelzp. 138°, lange Nadeln.)

Eigenschaften: Aus Eisessig lange Prismen ohne Schmelzpunkt.

(2, 3-Dimethyl-pyrryl)-(3-äthyl-4, 5-dimethyl-pyrrolenyl)-methen-bromhydrat.
4, 5, 4′, 5′-Tetramethyl-3′-äthyl-pyrromethenbromhydrat[4].

Mol-Gewicht: 309,18.
Zusammensetzung: 58,23% N; 6,85% H; 9,06% N. $C_{15}H_{21}N_2Br$.

$$
\begin{array}{ccccccc}
H_3C\cdot C\!-\!\!-\!C\cdot H & & & & H_5C_2\cdot C\!=\!\!=\!C\cdot CH_3 \\
H_3C\cdot C\quad\ C\!-\!\!-\!\!-\!\!-\!\!-\!CH\!=\!\!=\!\!=\!\!=\!C\quad\ C\cdot CH_3 \\
\qquad\ NH & & & & \qquad NHBr
\end{array}
$$

[1] H. Fischer u. A. Kirstahler: Liebigs Ann. **198**, 53 (1931).
[2] H. Fischer u. A. Schorrmüller: Liebigs Ann. **482**, 242 (1930).
[3] H. Fischer u. A. Kirstahler: Hoppe-Seylers Z. **197**, 58 (1931).
[4] H. Fischer u. A. Schorrmüller: Liebigs Ann. **482**, 241 (1930).

Darstellung: Wird erhalten durch Kondensation von 5,8 g 2, 3-Dimethyl-5-formyl-pyrrol mit 6 g Hämopyrrol in alkoholischer Lösung in Gegenwart von Bromwasserstoffsäure. Ausbeute 12 g.

Eigenschaften: Orangefarbene Krystalle mit grünem Oberflächenglanz, Schmelzp. 230° (unter Zersetzung). Dient zur Darstellung von Pyrroätioporphyrin II und VIII.

(2, 3-Dimethyl-pyrryl)-(2, 4-dimethyl-3-carbäthoxy-pyrryl)-methen-bromhydrat.
4, 5, 3′, 5′-Tetramethyl-4′-carbäthoxy-pyrromethenbromhydrat[1].

Mol-Gewicht: 432,0.

Zusammensetzung: 44,45% C; 4,65% H; 7,41% O; 6,48% N; 37,01% Br. $C_{16}H_{20}O_2N_2Br_2$.

$$H_3C \cdot C\text{---}C \cdot H \qquad\qquad H_3C \cdot C\text{==}C \cdot COOC_2H_5$$
$$H_3C \cdot C \qquad C\text{--------}CH\text{======}C \qquad C \cdot CH_3$$
$$\overset{}{NH} \qquad\qquad\qquad\qquad \overset{}{NHBr}$$

Darstellung: 1 g 2, 3-Dimethyl-pyrrol $C_8H_{13}N$ und 2,05 g 2, 4-Dimethyl-3-carbäthoxy-5-formyl-pyrrol $C_{10}H_{13}O_3N$ in 20 ccm Alkohol werden warm mit 3 ccm 48proz. Bromwasserstoffsäure versetzt. Beim Stehen Krystallisation. Ausbeute 3,3 g = 89,7%.

Eigenschaften: Aus Eisessig prismatische Nadeln, Schmelzp. 216 unter Zersetzung (korr.).

4, 5, 3′, 5′-Tetramethyl-3-brom-4′-carbäthoxy-pyrromethenbromhydrat $C_{16}H_{20}O_2N_2Br_2$. 1 g Bromhydrat in 25 ccm heißem Eisessig wird mit $3^1/_2$ Mol Brom versetzt und gekocht, bis die Hauptmenge des Bromwasserstoffs und überschüssigen Broms entwichen ist. Beim Erkalten Krystallisation. Ausbeute 1,2 g. — Aus Eisessig rote Nadeln, ohne Schmelzpunkt (Dunkelfärbung und Sinterung bis 300°). Dient zur Darstellung des 1, 3, 5, 8-Tetramethyl-4-carboxy-6, 7-dipropionsäure-porphins.

Bis-(2, 3-dimethyl-4-propyl-pyrryl)-methenbromhydrat.
5, 5′, 4, 4′-Tetramethyl-3, 3′-dipropyl-pyrromethenbromhydrat[2].

Mol-Gewicht: 365,1.

Zusammensetzung: 62,44% C; 8,01° H; 7,67% N; 21,88% Br. $C_{19}H_{29}N_2Br$.

Darstellung: 11 g 2, 3-Dimethyl-4-propyl-pyrrol $C_9H_{15}N$ in 35 ccm Ameisensäure werden mit 3 ccm 48proz. Bromwasserstoffsäure 5 Minuten zum Sieden erhitzt. Beim Erkalten Krystallisation, die durch wiederholtes Einengen der Mutterlauge vermehrt werden kann. Gesamtausbeute 12,5 g.

Eigenschaften: Aus Ameisensäure rautenförmige, viereckige Blättchen, Schmelzp. 184°.

Pikrat $C_{25}H_{31}O_7N_5$. Eine heiße alkoholische Lösung des Bromhydrats wird mit Ammoniak bis etwa zur Trübung versetzt, ausgeäthert, der Auszug mit Wasser gewaschen, filtriert und dann feuchtätherische Pikrinsäure hinzugegeben. Nach längerem Stehen Krystallisation. — Aus Alkohol blaugrün schillernde Nadeln, Zersetzungsp. 179—180° unter Sintern.

(2, 3-Dimethyl-4-propyl-pyrryl)-(2, 4-dimethyl-3-propyl-pyrrolenyl)-methenbromhydrat.
5, 5′, 4, 3′-Tetramethyl-3, 4′-dipropyl-pyrromethenbromhydrat[3].

Mol-Gewicht: 365,1.

Zusammensetzung: 62,44% C; 8,01% H; 7,67% N; 21,88% Br. $C_{19}H_{29}N_2Br$.

Darstellung: 18 g 2, 4-Dimethyl-3 propyl-5-formyl-pyrrol $C_{10}H_{15}ON$ und 15,3 g 2, 3-Dimethyl-4-propyl-pyrrol $C_9H_{15}N$, mit 2 g Alkohol verrieben, werden mit 2 ccm 48proz. Bromwasserstoffsäure versetzt. Beim Reiben Krystallisation. Ausbeute 40 g.

---

[1] H. Fischer u. A. Kirstahler: Hoppe-Seylers Z. **197**, 72 (1931).
[2] H. Fischer, M. Goldschmidt u. W. Nüßler: Liebigs Ann. **486**, 25 (1931).
[3] H. Fischer, M. Goldschmidt u. W. Nüßler: Liebigs Ann. **486**, 36 (1931).

Eigenschaften: Aus Alkohol gelbbraune, grünlich schimmernde Nadeln ohne scharfen Schmelzpunkt; Zersetzungsp. 182° (Sintern bei 177°).

Pikrat $C_{25}H_{31}O_7N_5$. Die heiße alkoholische Lösung des Bromhydrats wird mit Ammoniak bis eben zur Trübung versetzt. Dann wird ausgeäthert und zu dem Auszug nach dem Waschen mit Wasser feuchtätherische Pikrinsäure gegeben. Beim Stehen tritt Krystallisation ein. — Aus Essigester-Äther orangegelbe Nadeln, Zersetzungsp. 162°.

Perbromid $C_{19}H_{29}N_2Br_3$. 1 g Bromhydrat aufgeschlämmt in 1—1,5 ccm Eisessig wird mit 2,2 ccm einer Lösung von 5 g Brom in 10 ccm Eisessig versetzt. Nach vorübergehender Lösung tritt Krystallisation ein, die nach dem Absaugen mit Äther gewaschen wird. — Dunkelweinrote Krystalle, Schmelzp. 100°. Spaltet sehr leicht Bromwasserstoff ab. Läßt sich nicht unverändert umkrystallisieren.

Bis-(2, 3-Dimethyl-4-carbäthoxy-pyrryl)-methan[1].

Mol-Gewicht: 346,32.

Zusammensetzung: 65,86% C; 7,56% H; 18,49% O; 8,09% N. $C_{19}H_{26}O_4N_2$.

Darstellung: 0,5 g 2, 3-Dimethyl-4-carbäthoxypyrrol $C_9H_{13}O_2N$ in wenig Alkohol, 2 ccm 40proz. Formaldehydlösung und wenig konz. Salzsäure werden 2 Minuten lang gekocht. Nach längerem Stehen wird abgesaugt. Ausbeute nahezu quantitativ.

Eigenschaften: Aus 80proz. Alkohol feine, farblose, verfilzte Nadeln, Schmelzp. 180°. Leicht löslich in heißem Alkohol, unlöslich in Wasser. Enthält 2 aktive Wasserstoffatome[2].

Bis-(2, 3-Dimethyl-4-carbäthoxy-pyrryl)-methenchlorhydrat[3].

Mol-Gewicht: 380,77.

Zusammensetzung: 59,91% C; 6,61% H; 16,82% O; 7,36% N; 9,3% Cl. $C_{19}H_{25}O_4N_2Cl$.

Bildung: Bei der Spaltung des Tetra-(2, 3-dimethyl-4-carbäthoxy-pyrryl)-äthans mit Ferrichlorid[4].

Darstellung: a) Äquimolare Mengen von 2, 3-Dimethyl-4-carbäthoxy-5-formyl-pyrrol $C_{10}H_{13}O_3N$ und 2, 3-Dimethyl-4-carbäthoxypyrrol werden nach innigem Verreiben mit wenig konz. Salzsäure kurz aufgekocht, wonach beim Erkalten Abscheidung des Methens eintritt.

b) Entsteht auch bei der Oxydation des entsprechenden Methans mit Eisenchlorid.

Eigenschaften: Aus Chloroform-Petroläther rote Nadeln, Schmelzp. 163° (ab 152° Verfärbung). Leicht löslich in Chloroform, Alkohol, Wasser, Eisessig; schwer löslich in Äther; unlöslich in Petroläther.

Spektrum in Eisessig: 559,9—465,8; End. abs. ab 417.

Bis-(2, 3-Dimethyl-4-carbäthoxy-pyrryl)-methen[3].

Mol-Gewicht: 344,21.

Zusammensetzung: 66,24% C; 7,03% H; 18,60% O; 8,13% N. $C_{19}H_{24}O_4N_2$.

Darstellung: Durch Schütteln des in Äther suspendierten Chlorhydrats mit verdünnter Natronlauge.

Eigenschaften: Aus Äther rote Krystalle, Schmelzp. 156°. Leicht löslich in Chloroform, Eisessig, Alkohol und Äther. Enthält 1 aktives Wasserstoffatom[5].

Spektrum in Äther: Absorption ab 517 $\mu\mu$. Beginn verwaschen.

Spektrum in Eisessig: 551—508,7 nachbeschattet bis 484 $\mu\mu$; Beginn und Ende verwaschen.

Kupfersalz $C_{38}H_{46}O_8N_4Cu$. Durch Erwärmen einer alkoholischen Lösung des Methens mit konz. ammoniakalischer Kupferacetatlösung. — Aus Methylalkohol-Wasser metallglänzende feine Nadeln. Leicht löslich in Äther, Chloroform, Eisessig, Essigester; schwerer in Alkohol, unlöslich in Wasser.

Spektrum in verdünntem Chloroform: I stark 570,3—544; II schwächer 516,5—485,3 $\mu\mu$.

Auf Zusatz von Eisessig: stark 550,3—512. Nachbeschattet bis 485,4 $\mu\mu$.

[1] H. Fischer u. H. Beller: Liebigs Ann. **444**, 246 (1925).

[2] H. Fischer u. E. Walter: Ber. dtsch. chem. Ges. **60**, 1989 (1927).

[3] H. Fischer u. H. Beller: Liebigs Ann. **444**, 247 (1925).

[4] H. Fischer u. H. Beller: Liebigs Ann. **444**, 243 (1925).

[5] H. Fischer u. E. Walter: Ber. dtsch. chem. Ges. **60**, 1989—1990 (1929).

(2, 3-Dimethyl-4-carbäthoxy-pyrryl)-(2-carboxy-3-methyl-4-propionsäure-pyrrolenyl)-methenbromhydrat.
4, 5, 4′-Trimethyl-3-carbäthoxy-3′-propionsäure-5′-carboxy-pyrromethenbromhydrat[1].

Mol-Gewicht: 411,2.

Zusammensetzung: 52,54% C; 5,63% H; 15,57% O; 6,82% N; 19,44% Br. $C_{18}H_{23}O_4N_2Br$.

$$H_3C \cdot C \!-\! C \cdot COOC_2H_5 \qquad\qquad HOOC \cdot H_2C \cdot H_2C \cdot C \!=\! C \cdot CH_3$$

$$H_3C \cdot C \quad C \!-\!-\!-\!-\!-\!-\!-\! CH \!=\!=\!=\!=\!=\! C \quad C \cdot COOH$$

$$NH \qquad\qquad\qquad\qquad\qquad\qquad NHBr$$

Darstellung: 0,2 g 2, 3-Dimethyl-4-carbäthoxy-5-formyl-pyrrol $C_{10}H_{13}O_3N$ und 0,2 g 2-Carboxy-3-methyl-4-propionsäure-pyrrol $C_9H_{11}O_4N$ in wenig Eisessig werden mit Bromwasserstoffsäure versetzt und dann 6—8 Stunden stehengelassen, wobei das Bromhydrat als grünes Krystallpulver ausfällt. Ausbeute 0,3 g.

Eigenschaften: Aus Eisessig grünglänzende, schief abgeschnittene Stäbchen. Spaltet leicht Kohlensäure ab.

Bromprodukt. 0,5 g Bromhydrat in wenig Eisessig werden nach Zusatz von 0,5 g Brom 15—20 Minuten im kochenden Wasserbad erhitzt und dann mehrere Stunden stehengelassen, wobei Krystallisation eintritt. — Aus Eisessig verfilzte hellrote Nadeln, die sich gegen 225° dunkel färben und langsam zersetzen. Gibt mit Aceton Bromaceton. Ausbeute 0,45—0,5 g. Dient zur Darstellung von Rhodoporphyrin XV.

4, 5, 4′-Trimethyl-3-carbäthoxy-3′-propionsäure-pyrromethenbromhydrat $C_{17}H_{23}O_2N_2Br$. Entsteht bei 2maligem Umkrystallisieren obigen Bromhydrats aus Eisessig. — Schmelzp. 192—193° unter Zersetzung.

Bis-(2, 3-dimethyl-5-carbäthoxy-pyrryl)-methan[2].

Mol-Gewicht: 346,32.

Zusammensetzung: 65,86% C; 7,56% H; 18,49% O; 8,09% N. $C_{19}H_{26}O_4N_2$.

Darstellung: 0,2 g 2, 3-Dimethyl-5-carbäthoxypyrrol $C_9H_{13}O_2N$ in Alkohol werden mit 1 ccm 40proz. Formaldehyd und etwas konz. Salzsäure 8—10 Minuten erhitzt. Dann wird mit Wasser versetzt, worauf das Methan ausflockt.

Eigenschaften: Aus verdünntem Alkohol fast weiße Nadeln, Schmelzp. 207—208°. Enthält 2 aktive Wasserstoffatome[3].

Bis-(2, 4-dimethyl-pyrryl)-methenperchlorat[4].

Mol-Gewicht: 300,68.

Zusammensetzung: 51,9% C; 5,61% H; 21,38% O; 9,32% N; 11,79% Cl. $C_{13}H_{17}O_4N_2Cl$.

$$H \cdot C \!-\!-\! C \cdot CH_3 \qquad\qquad H_3C \cdot C \!=\! C \cdot H$$

$$H_3C \cdot C \quad C \!-\!-\!-\!-\!-\! CH \!=\!=\!=\!=\! C \quad C \cdot CH_3$$

$$NH \qquad\qquad\qquad\qquad\qquad N \cdot HClO_4$$

Darstellung: Durch mehrmaliges Aufkochen von 1 g 2, 4-Dimethylpyrrol C_6H_9N in 2 g 90proz. Ameisensäure und 10 Tropfen 20proz. Perchlorsäure. Nach 1tägigem Stehen wird filtriert. Ausbeute 0,5 g.

Eigenschaften: Aus Aceton-Petroläther rotbraune Nadeln, Schmelzpunkt über 260° nach Verfärbung bei 200°.

[1] H. Fischer, H. Berg u. A. Schorrmüller: Liebigs Ann. **480**, 134 (1930).
[2] H. Fischer u. H. Beller: Liebigs Ann. **444**, 248 (1925).
[3] H. Fischer u. E. Walter: Ber. dtsch. chem. Ges. **60**, 1989—1990 (1929).
[4] H. Fischer, B. Weiß u. M. Schubert: Ber. dtsch. chem. Ges. **56**, 1198 (1923).

Bis-(2, 4-dimethylpyrryl)-methen.

Mol-Gewicht: 200,21.

Zusammensetzung: 77,95% C; 8,05% H; 14,0% N. $C_{13}H_{16}N_2$.

Bildung: Aus 2, 4-Dimethyl-5-carboxy-pyrrol-5-acrylsäure durch Vakuumdestillation bei 210—225°[1].

Darstellung: Durch Suspension des Perchlorats in überschüssiger verdünnter Natronlauge und gelindem Erwärmen, wobei die rotbraunen Nadeln strohgelb werden[2] oder durch Zerlegen des Chlorhydrats mit wässeriger Natronlauge und Ausschütteln mit Chloroform[3].

Eigenschaften: Aus Alkohol-Wasser gelbe Nadeln. Schmelzp. 117°[2]. Aus Aceton, Schmelzp. 118°[3]. Besitzt heftigen Nießreiz[3]; Ehrlichsche Reaktion negativ; reagiert nicht mit Diazobenzolsulfosäure; färbt die Haut intensiv gelb[4]. Löslich in Eisessig mit intensiv grüner Farbe. Spektrum 630—600. Mit 20proz. Perchlorsäure Spektrum 598—575; 550—525; 490—430 $\mu\mu$[4].

Chlorhydrat $C_{13}H_{17}N_2Cl$. Entsteht beim Erwärmen von 2, 4-Dimethyl-5-formylpyrrol mit konz. Salzsäure[3] oder bei mehrtägigem Stehen von 1 g 2, 4-Dimethylpyrrol und 0,4 g Chlormethyläther in abs. Benzol[5].

Kupfersalz $C_{26}H_{30}N_4Cu$. Durch Einwirkung einer ammoniakalischen Kupferlösung auf die alkoholische des Methens. — Aus Chloroform-Äther grüne Nadeln[6].

Spektrum der konz. Chloroformlösung: 643—577,7; E. Abs. 556,2 $\mu\mu$[6].

Spektrum der stark verdünnten Chloroformlösung: 515—440[6] bzw. 508,3—493,2; 461 bis 442,8; E. Abs. 406,1 $\mu\mu$[7].

Zusatz von Eisessig bewirkt Farbenumschlag nach Zeisiggrün, Spektrum 480—450. Wird die Chloroformlösung mit Salzsäure geschüttelt, dann färbt sich diese schwach rosa. Spektrum der salzsauren Lösung: 500—485; Spektrum der Chloroformlösung 500—450. Das Kupfersalz ist gegen Säuren sehr unbeständig, gegen Alkalien dagegen sehr resistent[8].

Zinksalz $C_{26}H_{30}N_4Zn$. Durch Erhitzen einer alkoholischen Lösung des Methens mit Zinkacetat. — Aus Alkohol rote Nadeln. Krystalle und Lösung fluorescieren stark. Leicht löslich in Äther, Aceton, Chloroform. Spektrum: scharf 508,0—501,7[9].

Nickelsalz $C_{26}H_{30}N_4Ni$. Entsteht beim Erwärmen einer alkoholischen Lösung des Methens mit Nickelnitrat in Gegenwart von Ammoniak. — Aus Alkohol braune hexagonale Blättchen, Schmelzp. 218 unter Zersetzung. Leicht löslich in Chloroform, Aceton, Äther[9].

Kobaltsalz $C_{26}H_{30}N_4Co$. Bildet sich beim Aufkochen einer alkoholischen Lösung des Methens mit Kobaltnitrat. — Aus Aceton grünschillernde Krystalle. Spektrum: verwaschen 560,8—548,0[9].

Bis-(2, 4-Dimethyl-3-brom-pyrryl)-methenbromhydrat.
3, 5, 3', 5'-Tetramethyl-4, 4'-dibrom-pyrromethenbromhydrat.

Mol-Gewicht: 438,96.

Zusammensetzung: 35,53% C; 3,41% H; 5,30% N; 55,76% Br. $C_{13}H_{15}N_2Br_3$.

Bildung: Aus 3, 5, 3', 5'-Tetramethyl-4, 4'-dipropionyl-pyrromethenbromhydrat $C_{19}H_{24}O_2N_2$ durch Bromieren auf dem siedenden Wasserbad[10].

Darstellung: Durch Bromieren des Bis-(2, 4-dimethyl-pyrryl)-methens[7].

Eigenschaften: Aus Eisessig perlmutterglänzende Nadeln, Schmelzp. 217°.

Bis-(2, 4-dimethyl-3-brom-pyrryl)-methenchlorhydrat $C_{13}H_{15}N_2Cl \cdot Br_2$. Durch Erwärmen einer alkoholischen Lösung des 2, 4-Dimethyl-3-brom-5-formyl-pyrrols C_7H_8ONBr mit wenig konz. Salzsäure, wobei Violettfärbung eintritt. Beim Erkalten Krystallisation. — Aus Alkohol blauschillernde Krystalle[11].

[1] H. Fischer u. K. Zeile: Liebigs Ann. **483**, 264 (1930).

[2] H. Fischer, B. Weiß u. M. Schubert: Ber. dtsch. chem. Ges. **56**, 1199 (1923).

[3] H. Fischer u. W. Zerweck: Ber. dtsch. chem. Ges. **56**, 526 (1923).

[4] H. Fischer u. M. Schubert: Ber. dtsch. chem. Ges. **56**, 1202 (1923).

[5] H. Fischer u. E. Adler: Hoppe-Seylers Z. **197**, 276 (1931).

[6] H. Fischer u. M. Schubert: Ber. dtsch. chem. Ges. **56**, 1211 (1923).

[7] H. Fischer u. H. Scheyer: Liebigs Ann. **434**, 234 (1923).

[8] H. Fischer u. W. Zerweck: Ber. dtsch. chem. Ges. **56**, 576 (1923).

[9] H. Fischer u. M. Schubert: Ber. dtsch. chem. Ges. **57**, 617 (1924); vgl. **56**, 2384 (1923).

[10] H. Fischer, M. Goldschmidt u. W. Nüßler: Liebigs Ann. **486**, 52 (1931).

[11] H. Fischer u. P. Ernst: Liebigs Ann. **447**, 149 (1926).

Bis-(2, 4-dimethyl-pyrryl)-keton.
3, 3′, 5, 5′-Tetramethyl-pyrroketon[1].

Mol-Gewicht: 216,21.
Zusammensetzung: 72,22% C; 7,41% H; 7,41% O; 12,96% N. $C_{13}H_{16}ON_2$.

$$\text{H·C{=}C·CH}_3 \qquad \text{H}_3\text{C·C{=}C·H}$$
$$\text{H}_3\text{C·C}\quad\text{C{-}{-}CO{-}{-}C}\quad\text{C·CH}_3$$
$$\text{NH} \qquad\qquad \text{NH}$$

Darstellung: Zu 9,5 g 2, 4-Dimethyl-pyrrol in 30 ccm abs. Äther wird langsam eine Grignard-Lösung aus 11,0 g Bromäthyl und 2,5 g Magnesium in 25 ccm Äther getropft und anschließend 3—4 Stunden auf dem Wasserbad erwärmt. Dann werden weiterhin vorsichtig 30 ccm einer 20proz. Phosgen-Toluol-Lösung zugetropft. Lebhafte Reaktion. Nach Stehen über Nacht wird wie üblich zersetzt, die wässerige Schicht abgetrennt und der ausgeschiedene Rohkörper abgesaugt. (Ein weiterer Teil kann durch Verdampfen des Äthers gewonnen werden.) Ausbeute 85—90%.

Eigenschaften: Aus Aceton farblose, glänzende Nadeln, Schmelzp. 238°. Löslich in Alkohol, Eisessig, Aceton. Mit Brom in Eisessig bildet sich ein Bromhydrat (gelbe Nadeln, bis 295 kein Schmelzpunkt), das beim Erhitzen mit Eisessig wieder das Ausgangsmaterial liefert.

Hydrazon $C_{13}H_{18}N_4$. Darstellung wie beim Di-kryptopyrrol-keton angegeben (s. S. 558). — Aus Alkohol-Wasser prismatische, gelbe Nadeln, Schmelzp. 118°. Färbt die Haut intensiv gelb an.

Acetylderivat des Hydrazons $C_{15}H_{20}ON_4$. Darstellung wie früher beschrieben (s. S. 558). — Aus Methylalkohol-Wasser, farblose Prismen, Schmelzp. 196—197°.

Thiocarboxyhydrazid $C_{27}H_{34}N_8S$. Darstellung wie früher beschrieben (s. S. 558). — Schmelzp. 242°.

Ketazin $C_{26}H_{32}N_6$. Wird wie früher beschrieben erhalten (s. S. 558). — Hellgelbe, rhombische Tafeln, Schmelzp. 234°. Enthält etwa 4 aktive Wasserstoffatome. Gmelinsche Reaktion über Grün nach Rot. Die Endfärbung geht in die Salpetersäure.

3, 3′, 5, 5′-Tetramethyl-chlor-pyrromethenchlorhydrat[2].

Mol-Gewicht: 271,13.
Zusammensetzung: 57,60% C; 5,90% H; 10,33% N; 26,16% Cl. $C_{13}H_{16}N_2Cl_2$.

$$\text{H·C{=}C·CH}_3 \qquad \text{H}_3\text{C·C{=}C·H}$$
$$\text{H}_3\text{C·C}\quad\text{C{-}{-}C{=}C}\quad\text{C·CH}_3$$
$$\text{NH} \qquad \text{Cl} \qquad \text{NHCl}$$

Darstellung: 2,0 g 3, 3′, 5, 5′-Tetramethyl-pyrroketon werden mit 15 ccm 20proz. Phosgen-Toluol-Lösung im Rohr 2 Stunden auf 100—110° erhitzt. Nachdem wird abgesaugt und der Rückstand mit wenig Benzol und Petroläther gewaschen. Ausbeute 90%.

Eigenschaften: Röte, zu Büscheln vereinigte Nadeln mit grünem Oberflächenglanz, Schmelzp. 171°. Die Krystalle verlieren bei längerem Liegen an der Luft und beim Trocknen bei höherer Temperatur ihren Glanz und werden dunkelbraun. Löslich in Chloroform, abs. Alkohol; schwer löslich in Aceton. Gibt schwache Urobilinreaktion.

3, 3′, 5, 5′-Tetramethyl-Chlor-pyrromethen $C_{13}H_{15}N_2Cl$. Durch Lösen des Chlorhydrats in Chloroform und Zerlegen mit Soda. — Gelbe Prismen mit schwachem Oberflächenglanz; ohne scharfen Schmelzpunkt.

---

[1] H. Fischer u. H. Orth: Liebigs Ann. **489**, 76 (1931).
[2] H. Fischer u. H. Orth: Liebigs Ann. **489**, 85 (1931).

Bis-[2, 4 (3, 5)-dimethyl-pyrryl]-5, 5′ (2, 2′)-äthanon (α) [1].

Mol-Gewicht: 230,23.

Zusammensetzung: 73,0 % C; 7,88 % H; 6,95 % O; 12,17 % N. $C_{14}H_{18}ON_2$.

$$\begin{array}{ccccc}
H \cdot C\!-\!C \cdot CH_3 & & & & H_3C \cdot C\!-\!C \cdot H \\
H_3C \cdot C \quad C\!-\!\!\!-\!\!\!-CO\!-\!CH_2\!=\!\!\!=\!\!\!=C \quad C \cdot CH_3 \\
\diagdown NH \diagup & \quad \alpha \quad \beta & & & \diagdown NH \diagup
\end{array}$$

Darstellung: Eine Grignard-Lösung aus 1,6 g Magnesium, 7 g Bromäthyl und 20 ccm abs. Äther wird mit 6 ccm 2, 4-Dimethyl-pyrrol C_6H_9N und 10 g 2, 4-Dimethyl-5-(chloracetyl)-pyrrol $C_8H_{10}ON$ in 20 ccm Äther versetzt und nach Abklingen der lebhaft einsetzenden Reaktion noch 5 Stunden auf dem Wasserbad erhitzt. Nachdem wird mit konz. Chlorammoniumlösung zerlegt.

Eigenschaften: Aus Alkohol oder Benzol Krystalle vom Schmelzp. 179° (korr.).

[2, 4 (3, 5)-Dimethyl-pyrryl] - [2, 4 (3′, 5′) - dimethyl-3 (4′) - äthyl-pyrryl] - 5, 5′ (2, 2′)-äthanon (α) [2].

Mol-Gewicht: 258,27.

Zusammensetzung: 74,37 % C; 8,59 % H; 6,19 % O; 10,85 % N. $C_{16}H_{22}ON_2$.

$$\begin{array}{ccccc}
H \cdot C\!-\!C \cdot CH_3 & & & & H_3C \cdot C\!-\!C \cdot C_2H_5 \\
H_3C \cdot C \quad C\!-\!\!\!-\!\!\!-CO\!-\!CH_2\!-\!\!\!-\!\!\!-C \quad C \cdot CH_3 \\
\diagdown NH \diagup & \quad \alpha \quad \beta & & & \diagdown NH \diagup
\end{array}$$

Darstellung: Wird gewonnen durch Kondensation von 2, 4-Dimethyl-5-(chloracetyl)-pyrrol $C_8H_{10}ON$ mit 2, 4-Dimethyl-3-äthyl-pyrrol $C_8H_{13}N$ in der üblichen Weise (vgl. oben).

Eigenschaften: Aus Alkohol Schmelzp. 162—163°.

Bis-(2, 4-dimethyl-3-acetylpyrryl)-methen.

Mol-Gewicht: 284,26.

Zusammensetzung: 71,78 % C; 7,09 % H; 11,28 % O; 9,85 % N. $C_{17}H_{20}O_2N_2$.

Darstellung: Durch Zerlegen des durch Einwirkung von konz. Salzsäure auf 2, 4-Dimethyl-3-acetyl-5-formylpyrrol $C_9H_{11}O_{23}N$ oder auf Tris-(2, 4-dimethyl-3-acetylpyrryl)-methan $C_{25}H_{13}O_3N_3$ [3] entstehenden Chlorhydrats in der üblichen Weise oder durch Einwirkung von alkoholischer Salzsäure auf (2, 5-Dimethyl-3-carbäthoxy)-di-(2, 4-dimethyl-3-acetyl)-pyrryl-methan $C_{26}H_{33}O_4N_3$ [4].

Eigenschaften: Durch Reduktion mit Wasserstoff und Platinmohr entsteht Bis-(2, 4-dimethyl-3-acetylpyrryl)-methan [3].

Kupfersalz $C_{34}H_{38}O_4N_4Cu$. Das in Alkohol gelöste Methen wird mit Schweitzers Reagens versetzt, wobei sofort Abscheidung eintritt. Nach Erhitzen und Zugabe von verdünnter Essigsäure wird filtriert. — Aus Chloroform-Äther rotbraune, mit grünem Oberflächenglanz schillernde Prismen. Löslich in Chloroform und Pyridin mit braunroter Farbe. Beim Kochen mit Eisessig tritt Grünfärbung ein und es zeigt sich im Rot ein Absorptionsstreifen [3].

Nickelsalz $C_{34}H_{38}O_4N_4Ni$. Die alkoholische Lösung des Methens wird zu einer alkoholischen Nickelnitratlösung gegeben, mit Ammoniak alkalisch gemacht, erhitzt und dann mit verdünnter Essigsäure versetzt, wobei Ausfällung eintritt. — Aus Chloroform-Äther sechseckige, intensiv grünen Oberflächenglanz zeigende Blättchen, Zersetzungspunkt etwa 290°. Zeigt intensive Absorption im Grünblau [3].

Zinksalz $C_{34}H_{38}O_4N_4Zn$. Zur alkoholischen Lösung der Base wird eine alkoholische Zinkacetatlösung gegeben. Der ausfallende Niederschlag durch Zufügen von verdünnter Essigsäure

[1] H. Fischer u. P. Viaud: Ber. dtsch. chem. Ges. **64**, 199 (1931).
[2] H. Fischer u. P. Viaud: Ber. dtsch. chem. Ges. **64**, 198 (1931).
[3] H. Fischer u. H. Amann: Ber. dtsch. chem. Ges. **56**, 2327 (1923). — H. Weidmann: Dissertation München, Staatslaboratorium.
[4] H. Fischer u. M. Heyse: Liebigs Ann. **439**, 253 (1924).

gelöst und schließlich durch Zugabe von Wasser bis zur Trübung und Einstellen in Eis das Salz zur Krystallisation gebracht. — Aus Benzol-Äther zinnoberrote, sechseckige Blättchen mit silberglänzender Oberfläche. Die alkoholische Lösung ist gelb und fluoresciert grün[1].

Bis-(2, 4-dimethyl-3-acetyl-pyrryl)-methen-jodhydrat $C_{17}H_{21}O_2N_2J$. Durch Einwirkung von kalter Jodwasserstoffsäure auf Tris-(2, 4-dimethyl-3-acetyl-pyrryl)-methan. — Zersetzungsp. 239°[1].

Bis-[2, 4-dimethyl-3-(β-methoxy-acetyl)-pyrryl]-methenbromhydrat.
3, 5-3′, 5′-Tetramethyl-4, 4′methoxy-acetyl-pyrromethenbromhydrat[2].

Mol-Gewicht: 425,23.

Zusammensetzung: 53,63% C; 5,93% H; 14,96% O; 6,59% N; 18,79% Br. $C_{19}H_{25}O_4N_2Br$.

$$H_3COH_2C \cdot H_2C \cdot C{-}C \cdot CH_3 \qquad\qquad C{=}C \cdot CH_2 \cdot CH_2OCH_3$$
$$H_3C \cdot C \quad C{-}{-}{-}CH{=} \ \cdots\ C \quad C \cdot CH_3$$
$$NH \qquad\qquad\qquad N \cdot HBr$$

Darstellung: 0,1 g 2, 4-Dimethyl-3-(β-methoxy-acetyl)-pyrrol $C_9H_{15}O_2N$ und 0,117 g 2, 4-Dimethyl-3-(β-methoxy-acetyl)-5-formyl-pyrrol $C_{10}H_{13}O_3N$, mit sehr wenig Alkohol zu einem dicken Brei verrührt, werden mit etwa 50proz. Bromwasserstofflösung versetzt, wobei erst Lösung und dann nach Reiben Bildung eines kirschroten Krystallbreis eintritt. Nachdem wird mit wenig Alkohol verrührt und abgesaugt. Ausbeute 73%.

Eigenschaften: Aus Chloroform-Petroläther, Schmelzp. 174°.

3, 5-3′, 5′Tetramethyl-4, 4′-methoxy-acetyl-pyrromethen $C_{19}H_{24}O_4N_2$. Bildet sich beim Suspendieren des Bromhydrats in Wasser und Zerlegen mit verdünntem Ammoniak. — Intensiv rotes Krystallpulver, Schmelzp. 143°.

Bis-[2, 4-dimethyl-3-(β-oxyacetyl)-pyrryl]-methan[3].

Mol-Gewicht: 316,28.

Zusammensetzung: 64,11% C; 6,97% H; 20,12% O; 8,80% N. $C_{17}H_{22}O_4N_2$.

Darstellung: Zu 1 g 2, 4-Dimethyl-3-(β-oxyacetyl)-pyrrol $C_8H_{11}O_2N$ in wenig Alkohol gibt man 3 ccm Formalinlösung, bringt an einem Glasstab einen Tropfen konz. Salzsäure in die Flüssigkeit, reibt an der Gefäßwand und läßt stehen, wonach nach einiger Zeit ein fein krystallisierter Körper ausfällt.

Eigenschaften: Schmelzp. 252° unter vorherigem Sintern. Schwer löslich in Alkohol und kaltem Eisessig; gut löslich in heißem Eisessig, leicht löslich in heißem Pyridin.

Bis-[2, 4-dimethyl-3-(β-äthoxy-acetyl)-pyrryl]-methenbromhydrat.
3, 5-3′, 5′-Tetramethyl-4, 4′-(β-äthoxy-acetyl)-pyrromethenbrom-
hydrat[2].

Mol-Gewicht: 453,28.

Zusammensetzung: 55,61% C; 6,34% H; 14,21% O; 6,22% N; 17,62% Br. $C_{21}H_{29}O_4N_2Br$.

Darstellung: 0,1 g 2, 4-Dimethyl-3-(β-äthoxy-acetyl)-pyrrol $C_{10}H_{15}O_2N$ und 0,126 g 2, 4-Dimethyl-3-(β-äthoxy-acetyl)-5-formyl-pyrrol $C_{11}H_{15}O_3N$ werden mit wenig Alkohol verrührt und dann mit etwas Bromwasserstoffsäure versetzt. Nach längerem Reiben tritt Krystallisation ein (mitunter auch erst nach kurzem Einstellen ins Vakuum).

Eigenschaften: Aus Chloroform-Petroläther braunes Pulver, Schmelzp. 169° unter Zersetzung.

3, 5-3′, 5-Tetramethyl-4, 4′-(β-äthoxy-acetyl)-pyrromethen $C_{21}H_{28}O_4N_2$. Durch Zerlegen einer wässerigen Suspension des Bromhydrats mit verdünntem Ammoniak. — Braunes Pulver, Schmelzp. 129°.

---

[1] H. Fischer u. H. Amann: Ber. dtsch. chem. Ges. **56**, 2327 (1923).
[2] H. Fischer u. W. Kutscher: Liebigs Ann. **481**, 208 (1930).
[3] H. Fischer u. K. Zeile: Liebigs Ann. **462**, 229 (1928).

Bis-(2, 4-dimethyl-3-acetyl)-pyrro-äthyl-methan[1].

Mol-Gewicht: 314,32.
Zusammensetzung: 72,85% C; 7,99% H; 10,25% O; 8,91% N. $C_{19}H_{26}O_2N_2$.

$$H_3C \cdot OC \cdot C\!-\!C \cdot CH_3 \qquad\qquad H_3C \cdot C\!-\!C \cdot CO \cdot CH_3$$
$$H_3C \cdot \overset{\|}{C}\quad \overset{\|}{C}\!-\!\!-\!\!-\!\!-CH\!-\!\!-\!\!-\!\!-\overset{\|}{C}\quad \overset{\|}{C} \cdot CH_3$$
$$\underset{NH}{} \qquad\qquad \underset{C_2H_5}{} \qquad\qquad \underset{NH}{}$$

Darstellung: 10 g 2, 4-Dimethyl-pyrrol und 4 g Propionaldehyd werden mit 1 Tropfen konz. Salzsäure versetzt, wobei sofort lebhafte Reaktion einsetzt, nach deren Abklingen noch 10 Minuten im Wasserbad auf 60° erwärmt wird. Es bildet sich ein Krystallbrei, der nach dem Abkühlen mit Äther ausgewaschen wird. Ausbeute 10,5 g = 87%.
Eigenschaften: Aus Alkohol Krystalle vom Schmelzp. 208—209°.

Bis-(2, 4-dimethyl-3-acetyl)-pyrro-propyl-methan[1].

Mol-Gewicht: 328,34.
Zusammensetzung: 73,20% C; 8,53% H; 19,74% O; 8,53% N. $C_{20}H_{28}O_2N_2$.
Darstellung: Durch Kondensation von 2, 4-Dimethyl-3-acetyl-pyrrol mit n-Butyraldehyd mittels Salzsäure. Aufarbeiten genau wie beim vorhergehenden Äthyl-Methan beschrieben.
Eigenschaften: Aus Eisessig Krystalle vom Schmelzp. 213—214°.

Bis-(2, 4-dimethyl-5-chloracetylpyrryl)-methan[2].

Mol-Gewicht: 355,18.
Zusammensetzung: 57,45% C; 5,68% H; 9,02% O; 7,89% N; 19,96% Cl. $C_{17}H_{20}O_2N_2Cl_2$.

$$H_3C \cdot C\!-\!C\!-\!\!-\!\!-CH_2\!-\!\!-\!\!-C\!-\!C \cdot CH_3$$
$$ClH_2COC \cdot \overset{\|}{C}\quad \overset{\|}{C} \cdot CH_3 \qquad\qquad H_3C \cdot \overset{\|}{C}\quad \overset{\|}{C} \cdot COCH_2Cl$$
$$\underset{NH}{} \qquad\qquad\qquad \underset{NH}{}$$

Darstellung: Eine heiße abs. alkoholische Lösung von 2, 4-Dimethyl-5-chlormethyl-pyrrol $C_8H_{10}ONCl$ (0,5 g in 10 ccm Alkohol) wird mit 40proz. Formaldehyd (2 ccm) und etwas konz. Salzsäure $^1/_2$ Minute zum Sieden erhitzt. Nach längerem Stehen in der Kälte wird abgesaugt. (Ausbeute 0,4 g.)
Eigenschaften: Aus Eisessig, Schmelzp. 258°. Schwer löslich in Eisessig; sehr schwer in Alkohol, Chloroform, Äther, Aceton, Petroläther, Benzol und Wasser.

Bis-(2,4-dimethyl-5-dimethylaminoacetyl-pyrryl)-methan $C_{21}H_{32}O_2N_4$. Durch $^1/_2$ stündiges Erhitzen von 0,1 g Methan mit 1 ccm 30proz. abs. alkoholischer Dimethylaminlösung im Rohr auf 100° (Wasserbad). Nachdem wird eingedunstet, der Rückstand nach Verreiben mit Wasser in diesem unter Erwärmen gelöst, filtriert und das Filtrat mit verdünnter Natronlauge versetzt, wobei Fällung eintritt. — Aus wenig Alkohol auf Zusatz von Wasser und verdünnter Natronlauge farblose Nadeln, Schmelzp. 170° nach vorheriger Sinterung.

Bis-(2, 4-dimethyl-3-propyl-pyrryl)-methenbromhydrat.
3, 5, 3′,5′-Tetramethyl-4, 4′-dipropyl-pyrromethenbromhydrat[3].

Mol-Gewicht: 365,26.
Zusammensetzung: 62,44% C; 8,0% H; 7,67% N; 21,88% Br. $C_{19}H_{29}N_2Br$.

$$H_3C \cdot H_2C \cdot H_2C \cdot C\!-\!C \cdot CH_3 \qquad\qquad H_3C \cdot C\!=\!C \cdot CH_2 \cdot CH_2 \cdot CH_3$$
$$H_3C \cdot \overset{\|}{C}\quad \overset{\|}{C}\!-\!\!-\!\!-\!\!-CH\!=\!\!=\!\!=\!C\quad C \cdot CH_3$$
$$\underset{NH}{} \qquad\qquad\qquad \underset{N \cdot HBr}{}$$

[1] H. Fischer u. P. Viaud: Ber. dtsch. chem. Ges. **64**, 198 (1931).
[2] H. Fischer, B. Weiß u. M. Schubert: Ber. dtsch. chem. Ges. **56**, 1198 (1923).
[3] H. Fischer, M. Goldschmidt u. W. Nüßler: Liebigs Ann. **486**, 28 (1931).

Darstellung: 15 g 2, 4-Dimethyl-3-propyl-pyrrol $C_9H_{15}N$ in 30 ccm Ameisensäure werden mit Bromwasserstoffsäure 5 Minuten zum Sieden erhitzt. Beim Erkalten tritt Krystallisation ein. Ausbeute 25 g.

Eigenschaften: Aus Ameisensäure rote Nadelbüschel, Schmelzp. 208°.

3, 5, 3′, 5′-Tetramethyl-4,4′-dipropyl-pyrromethen $C_{19}H_{28}N_2$. Eine alkoholische Lösung des Bromhydrats wird mit Ammoniak versetzt, wonach das Methen auskrystallisiert. — Aus Alkohol gelbe Blättchen, Schmelzp. 95°.

Bis-(2-brommethyl-3-propyl-4-methyl-pyrryl)-methenbromhydrat.
3, 3′-Dimethyl-4, 4′-dipropyl-5, 5′-dibrommethyl-pyrromethen-bromhydrat[1].

Mol-Gewicht: 523,1.

Zusammensetzung: 43,64% C; 5,20% H; 5,35% N; 45,89% Br. $C_{19}H_{27}N_2Br_3$.

Darstellung: 1 g 3, 5, 3′, 5′-Tetramethyl-4, 4′-dipropyl-pyrromethenbromhydrat in 2 ccm Eisessig aufgeschlämmt wird mit 1,7 ccm einer Lösung von 5 g Brom in 10 ccm Eisessig $1\frac{1}{2}$ Stunden im siedenden Wasserbad erhitzt. Beim Erkalten tritt Krystallisation ein, die abgesaugt und mit Äther gewaschen wird. Ausbeute aus 13 g Bromhydrat = 12 g Bromprodukt.

Eigenschaften: Aus viel Eisessig Krystalle mit Zersetzungspunkt über 200°. Dient zur Darstellung von Tetramethyl-tetrapropyl-porphin III.

(2, 4-Dimethyl-3-propyl-pyrryl)-(3-äthyl-4-methyl-pyrrolenyl)-methenbromhydrat.
3, 5, 3′-Trimethyl-4-propyl-4′-äthyl-pyrromethenbromhydrat[2].

Mol-Gewicht: 337,22.

Zusammensetzung: 60,51% C; 7,48% H; 8,31% N; 23,71% Br. $C_{17}H_{25}N_2Br$.

$$H_3C\cdot H_2C \cdot H_2C \cdot C\text{---}C \cdot CH_3 \qquad\qquad H_3C \cdot C\text{==}C \cdot C_2H_5$$
$$H_3C \cdot C \quad C\text{------}CH\text{======}C \quad C \cdot H$$
$$NH \qquad\qquad\qquad\qquad NHBr$$

Darstellung: 10 g 2, 4(3, 5)-Dimethyl-3(4)-propyl-5(2)-formyl-pyrrol $C_9H_{15}ON$ und 6,5 g Opsopyrrol $C_7H_{11}N$ in 5 ccm Alkohol werden mit 5 ccm 48 proz. Bromwasserstoffsäure versetzt. Unter schwacher Erwärmung tritt Kondensation zum Methen ein. — Ausbeute 17 g.

Eigenschaften: Aus Alkohol orangerote, schillernde Blättchen, Schmelzp. 211° (korr.).

(2, 4-Dimethyl-3-propyl-pyrryl)-(2-brom-3-äthyl-4-methyl-pyrrolenyl)-methenbromhydrat.
3, 5, 3′-Trimethyl-4-propyl-4′-äthyl-5′-brom-pyrromethenbromhydrat[2].

Mol-Gewicht: 415,96.

Zusammensetzung: 49,06% C; 5,77% H; 6,73% N; 38,42% Br. $C_{17}H_{24}N_2Br_2$.

Darstellung: 1 g 3, 5, 3′-Trimethyl-4-propyl-4′-äthyl-pyrromethenbromhydrat mit wenig Eisessig angerührt werden mit 1 ccm 50 proz. Brom-Eisessiglösung versetzt. Nach Stehen über Nacht wird abgesaugt.

Eigenschaften: Aus Eisessig grünschimmernde, prismatische Krystalle, Schmelzp. 208° (korr.). Dient allein oder besser noch einmal auf dem siedenden Wasserbad mit einem weiteren Mol Brom nachbromiert zur Synthese des 1, 3, 5, 8-Tetramethyl-2, 4-diäthyl-7-propyl-6-propionsäureporphin.

[1] H. Fischer, M. Goldschmidt u. W. Nüßler: Liebigs Ann. **486**, 28 (1931).
[2] H. Fischer u. A. Rothhaas: Liebigs Ann. **484**, 103 (1930).

Bis-(2, 4-dimethyl-3-propionyl-pyrryl)-methan.
3, 5, 3′, 5′-Tetramethyl-4, 4′-dipropionyl-pyrromethan[1].

Mol-Gewicht: 314,32.

Zusammensetzung: 72,56% C; 8,34% H; 10,4% O; 8,70% N. $C_{19}H_{26}O_2N_2$.

$$H_3C \cdot H_2C \cdot OC \cdot C{=\!\!=}C \cdot CH_3 \qquad\qquad H_3C \cdot C{=\!\!=}C \cdot CO \cdot CH_2 \cdot CH_3$$
$$H_3C \cdot C \quad C{-\!\!-\!\!-}CH_2{-\!\!-\!\!-}C \quad C \cdot CH_3$$
$$NH \qquad\qquad\qquad\qquad NH$$

Darstellung: 2 g 2, 4-Dimethyl-3-propionyl-pyrrol $C_9H_{13}ON$ werden in Formaldehyd-lösung kurz aufgekocht, wobei die Masse zu einem weißen Krystallbrei erstarrt. Ausbeute 1,9 g.

Eigenschaften: Aus Alkohol Krystalle vom Schmelzp. 225°.

(Bis-2, 4-dimethyl-3-propionyl-pyrryl)-methenbromhydrat.
3, 5, 3′, 5′-Tetramethyl-4, 4′-dipropionyl-methenbromhydrat[2].

Mol-Gewicht: 393,23.

Zusammensetzung: 58,01% C; 6,41% H; 8,22% O; 7,13% N; 20,32% Br. $C_{19}H_{25}O_2N_2$.

Darstellung: Durch 10 Minuten langes Erhitzen äquimolarer Mengen von 2, 4-Dimethyl-3-propionyl-5-formyl-pyrrol $C_{10}H_{13}O_2N$ und 2, 4-Dimethyl-3-propionyl-pyrrol $C_9H_{13}ON$ in Alkohol unter Zusatz von etwas Bromwasserstoffsäure. Das Bromhydrat krystallisiert aus. — Ausbeute fast quantitativ.

Eigenschaften: Rotgelbe Nadeln, Schmelzp. 222°.

3, 5, 3′, 5′-Tetramethyl-4, 4′-dipropionyl-pyrromethen $C_{19}H_{24}O_2N_2$. Durch Lösen des Bromhydrats in Alkohol und vorsichtigem Fällen mit Ammoniak. — Aus Alkohol gelbrote Blättchen, Schmelzp. 197°.

Bis-(2, 4-dimethyl-3-formyl-pyrryl)-methan[3].

Mol-Gewicht: 258,25.

Zusammensetzung: 69,72% C; 6,97% H; 12,45% O; 10,86% N. $C_{15}H_{18}O_2N_2$.

$$OHC \cdot C{-\!\!-}C \cdot CH_3 \qquad\qquad H_3C \cdot C{-\!\!-}C \cdot CHO$$
$$H_3C \cdot C \quad C{-\!\!-\!\!-}CH_2{-\!\!-\!\!-}C \quad C \cdot CH_3$$
$$NH \qquad\qquad\qquad\qquad NH$$

Bildung: Aus Bis-(2, 4-dimethyl-3-(β-nitrovinyl)-pyrryl-methan $C_{17}H_{20}O_4N_4$[3] und aus Bis-(2, 4-dimethyl-3-(β-dicyan-vinyl)-pyrryl-methan $C_{21}H_{18}N_6$[3] beim Erhitzen mit Alkali.

Darstellung: 1 g 2, 4-Dimethyl-3-formyl-pyrrol C_7H_9ON, in wenig heißem Alkohol gelöst, wird einige Stunden mit 5 ccm Formalinlösung erhitzt, wobei das Methan auskrystallisiert. Nach dem Absaugen wird mit Alkohol und Äther gewaschen. Ausbeute fast quantitativ.

Eigenschaften: Aus Pyridin-Wasser, Schmelzp. 286°. Leicht löslich in Pyridin; schwer löslich in Alkohol und Eisessig.

Kondensationsprodukt mit Anilin $C_{21}H_{21}N_3$. Durch Erhitzen des Methans (1 g) mit Anilin (2 ccm) in abs. Alkohol (15 ccm). — Aus Alkohol-Wasser oder Chloroform-Petroläther farblose Nadeln, Schmelzp. 165°. Spaltet sich beim Erwärmen mit Salzsäure in die Komponenten. Enthält ein aktives Wasserstoffatom[4]. Leicht löslich in Alkohol, Eisessig, Chloroform; schwer in Benzol und dessen Homologen.

Kondensation mit Wursters Base $C_{23}H_{26}N_4$. Ausführung wie vorher, jedoch unter Durchleiten eines sauerstofffreien Stickstoffstroms. — Aus Benzol verfilzte Nadeln, Schmelz-

[1] H. Fischer, M. Goldschmidt u. W. Nüßler: Liebigs Ann. **486**, 53 (1931).
[2] H. Fischer, M. Goldschmidt u. W. Nüßler: Liebigs Ann. **486**, 52 (1931).
[3] H. Fischer u. K. Zeile: Liebigs Ann. **462**, 222f. (1928).
[4] H. Fischer u. K. Zeile: Liebigs Ann. **461**, 223 (1928).

punkt 145°. Färbt sich an der Luft rasch gelb, bei längerem Erhitzen rot. Spaltet sich mit Salzsäure in die Komponenten. Leicht löslich in den meisten Solvenzien außer Petroläther.

Bis-(2, 4-dimethyl-3-formyl-pyrryl)-methenbromhydrat[1].

Mol-Gewicht: 337,15.

Zusammensetzung: 53,50% C; 5,10% H; 9,34% O; 8,31% N; 23,71% Br. $C_{15}H_{17}O_2N_2Br$.

$$OHC \cdot C\text{---}C \cdot CH_3 \qquad H_3C \cdot C\text{==}C \cdot CHO$$
$$H_3C \cdot C \quad C\text{--------}CH\text{------}C \quad C \cdot CH_3$$
$$NH \qquad\qquad\qquad NHBr$$

Darstellung: Aus dem Bis-(2, 4-dimethyl-3-formyl-pyrryl)-methan (0,25 g) in Eisessig (75 ccm) durch Einwirkung einer 30proz. Brom-Eisessiglösung (0,5 ccm). Nach 1tägigem Stehen wird filtriert.

Eigenschaften: Sehr unbeständig. Schon beim Erhitzen mit Eisessig entsteht eine Verbindung $C_{14}H_{17}O_2N_2Br$ (blau schillernde Nadeln). Beim Behandeln der Chloroformlösung sowohl des Roh- als auch des mit Eisessig erhaltenen Produkts mit Soda entsteht die Verbindung $C_{14}H_{17}O_2N_2$ (aus Aceton braune Prismen, Sinterung ab 207°; Aufblähen und Schwarzfärbung 255—260°).

(2, 4-Dimethyl-pyrryl)-(3-äthyl-4-methyl-pyrrolenyl)-methenbromhydrat.
3, 5, 3′-Trimethyl-4′-äthyl-pyrromethenbromhydrat[2].

Mol-Gewicht: 295,16.

Zusammensetzung: 56,95% C; 6,45% H; 9,50% N; 27,10% Br. $C_{14}H_{19}N_2Br$.

Darstellung: 1 g 2, 4-Dimethyl-5-formyl-pyrrol C_7H_8ON und 0,9 g Opsopyrrol $C_7H_{11}N$, mit 3 ccm Sprit innig gemischt, werden unter Kühlung mit 0,5 ccm 48proz. Bromwasserstoffsäure verrieben. Beim weiteren Reiben tritt Krystallisation ein.

Eigenschaften: Aus Eisessig bronzefarbene, flache Stäbchen, Zersetzungsp. 170°.

2,4-Dimethyl-3-brom-pyrryl)-(2-brom-3-äthyl-4-methyl-pyrrolenyl)-methenbromhydrat.
3, 5, 3′-Trimethyl-4, 5′-dibrom-4′-äthyl-pyrromethenbromhydrat[2].

Mol-Gewicht: 452,98.

Zusammensetzung: 37,08% C; 3,75% H; 6,17% N; 53,00% Br. $C_{14}H_{17}N_2Br_3$.

$$Br \cdot C\text{---}C \cdot CH_3 \qquad H_3C \cdot C \quad C \cdot C_2H_5$$
$$H_3C \cdot C \quad C\text{--------}CH\text{======}C \quad C \cdot Br$$
$$NH \qquad\qquad\qquad NHBr$$

Darstellung: 2 g 3, 5, 3′-Trimethyl-4′-äthyl-pyyromethenbromhydrat, mit 2 ccm Eisessig angerührt, werden nach Zusatz von 4 ccm einer Brom-Eisessiglösung (enthaltend 50 g Brom in 100 ccm Eisessig) auf dem siedenden Wasserbad bis zum Nachlassen der Bromwasserstoffentwicklung erhitzt.

Eigenschaften: Aus Eisessig rote Nädelchen, Zersetzungsp. 225° unter Schwarzfärbung. Dient zur Darstellung von Pyrroporphyrin IX, Pyrroätioporphyrin III[3].

[1] H. Fischer u. K. Zeile: Liebigs Ann. **461**, 223 (1928).
[2] H. Fischer, H. Berg u. A. Schorrmüller: Liebigs Ann. **480**, 146 (1930).
[3] H. Fischer u. A. Schorrmüller: Liebigs Ann. **482**, 240 (1930).

(2, 4-Dimethyl-pyrryl)-(3-äthyl-4, 5-dimethyl-pyrrolenyl)-methen-bromhydrat.
3, 5, 4′, 5′-Tetramethyl-3′-äthyl-pyrromethenbromhydrat[1].

Mol-Gewicht: 309,18.
Zusammensetzung: 58,23% C; 6,85% H; 9,06% N; 25,85% Br. $C_{15}H_{21}N_2Br$.

$$\begin{array}{ccccc}
H \cdot C\!\!-\!\!C \cdot CH_3 & & & C_2H_5 \cdot C\!\!=\!\!C \cdot CH_3 \\
H_3C \cdot C \quad C\!\!-\!\!\!-\!\!\!-\!\!CH\!\!=\!\!\!=\!\!\!=\!\!C \quad C \cdot CH_3 \\
NH & & & N \cdot HBr
\end{array}$$

Darstellung: 1,3 g 2,4-Dimethyl-5-formylpyrrol C_7H_9ON und 1,3 g Hämopyrrol $C_8H_{13}N$ in wenig Sprit werden mit 3 ccm Bromwasserstoffsäure versetzt und tüchtig verrieben, wobei unter Erwärmung das Bromhydrat ausfällt. Ausbeute 92%.

Eigenschaften: Aus Eisessig grünglänzende Blättchen, Schmelzp. 203—206° unter Zersetzung. Dient zur Darstellung von Pyrroätioporpyhrin IV und V[2].

3, 5, 4′, 5′-Tetramethyl-3′-äthyl-pyrromethen $C_{15}H_{20}N_2$. Aus dem Bromhydrat in Alkohol mit Ammoniak. — Aus Alkohol-Wasser lange rotgelbe Nadeln, Schmelzp. 116°. Leicht löslich in allen organischen Solvenzien.

Kupfersalz. Kleine moosgrüne Stäbchen, Schmelzp. 197° (ab 100° Dunkelfärbung und Sintern). Schwer löslich in Alkohol, leicht in Chloroform. Gibt ein intensiv fluorescierendes Zinksalz.

[2, 4(3, 5)-Dimethyl-pyrryl]-[2, 4(3′, 5′)-dimethyl-3(4′)-propion-säure-pyrrolenyl)-methenbromhydrat[3].

Mol-Gewicht: 353,19.
Zusammensetzung: 54,37% C; 6,00% H; 9,06% O; 7,93% N; 22,64% Br. $C_{16}H_{21}O_2N_2Br$.

$$\begin{array}{ccccc}
H \cdot C\!\!-\!\!C \cdot CH_3 & & & H_3C \cdot C\!\!=\!\!C \cdot CH_2 \cdot CH_2 \cdot COOH \\
H_3C \cdot C \quad C\!\!-\!\!\!-\!\!\!-\!\!CH\!\!=\!\!\!=\!\!\!=\!\!C \quad C \cdot CH_3 \\
NH & & & NHBr
\end{array}$$

Darstellung: 1,7 g Kryptopyrrolcarbonsäure und 1,2 g 2, 4-Dimethyl-5-formyl-pyrrol, unter schwachem Erwärmen in 12 ccm Sprit gelöst, werden mit 1 ccm Bromwasserstoffsäure versetzt. Beim Reiben bildet sich ein dicker Krystallbrei, der nach mehrstündigem Stehen abgesaugt und mit wenig Sprit gewaschen wird. Ausbeute 85%.

Eigenschaften: Aus Eisessig gelbrote Krystalle, Schmelzp. 223° unter Zersetzung. Dient zur Darstellung von Pyrroporphyrin VI, XXI.

(2, 4-Dimethyl-pyrryl)-(2,4-dimethyl-3-propionsäure-pyrrolenyl)-methen $C_{16}H_{20}O_2N_2$. Durch Lösen des Bromhydrats in wenig Alkohol unter Zusatz von etwas Pyridin und Wasser. — Feine gelbe, zu Büscheln vereinigte Nädelchen, Schmelzp. 172° (ab 145° Dunkelfärbung).

(2, 4-Dimethyl-3-brom-pyrryl)-(2, 4-dimethyl-3-propionsäure-pyrrolenyl)-methen-bromhydrat $C_{16}H_{20}O_2N_2Br_2$. 0,4 g Bromhydrat in heißem Eisessig werden mit 0,2 g Brom versetzt und 5 Minuten auf 50° erwärmt. Nach 6stündigem Stehen Absaugen. Ausbeute 92%. — Aus viel Eisessig hell ziegelrote Nadeln, Schmelzp. 228—230°. Gibt keine freie Base. Beim Kochen mit 5proz. abs. alkoholischer Bromwasserstofflösung entsteht der Ester des Methenbromhydrats.

2, 4-Dimethyl-3-brom-pyrryl)-(2, 4-dimethyl-3-propionsäureäthylester-pyrrolenyl)-methen $C_{18}H_{23}O_2N_2Br$. Aus dem veresterten Bromhydrat mit Alkohol und Ammoniak. — Aus Alkohol feine hellgelbe Nadeln; Schmelzp. 106°.

$C_{16}H_{19}O_2N_2Br_3$. Durch 15 Minuten langes Erhitzen von 0,4 g Bromhydrat $C_{16}H_{21}O_2N_2Br$ mit 0,5 g Brom auf dem Wasserbad. Dabei geht alles in Lösung. Beim Abkühlen Krystallisation. — Aus Eisessig carminrote Nadeln, die bis 245° nicht schmelzen.

---

[1] H. Fischer, H. Berg u. A. Schorrmüller: Liebigs Ann. **480**, 126 (1930).
[2] H. Fischer u. A. Schorrmüller: Liebigs Ann. **482**, 243 (1930).
[3] H. Fischer u. A. Schorrmüller: Liebigs Ann. **473**, 227 (1929).

(2, 4-Dimethyl-3-amino-pyrryl)-(2, 4-dimethyl-3-amino-pyrrolenyl)-methentribromhydrat[1].

Mol-Gewicht: 473,03.

Zusammensetzung: 32,98% C; 4,48% H; 11,85% N; 50,69% Br. $C_{13}H_{21}N_4Br_3$.

Darstellung: a) 0,2 g 2, 4-Dimethyl-3-amino-5-carboxy-pyrrol $C_7H_{10}O_2N_2$ werden mit 2 ccm Ameisensäure und 2 ccm Bromwasserstoffsäure gekocht, wobei Rotfärbung eintritt. Nach 2—3 Minuten langem Kochen wird noch etwas Bromwasserstoffsäure zugegeben, wonach das Tribromhydrat auszukrystallisieren beginnt. Beim Erkalten scheidet es sich vollständig aus.

b) Entsteht ebenso auch aus 2, 4-Dimethyl-3-(acetyl-amino)-5-carboxypyrrol und bei längerem Erhitzen auch aus den entsprechenden Estern.

Eigenschaften: Aus Wasser derbe, oberflächlich violett schillernde Krystalle; durch Ausfällen mit Bromwasserstoffsäure gelbrote Prismen; Zersetzungspunkt über 280°. Leicht löslich in Wasser. Farbe in stark bromwasserstoffhaltiger Lösung gelb bis gelbgrün; in verdünnter Lösung rot.

Bis-(2, 4-Dimethyl-3-amino-pyrryl)-methenbromhydrat $C_{13}H_{19}N_4Br$. Aus dem Tribromhydrat in konz. wässeriger Lösung mit Natriumacetat. — Kleine dunkelviolette Nädelchen, Schmelzp. 234°.

(2, 4-Dimethyl-3-acetyl-pyrryl)-(3-oxy-4-carbäthoxy-5-methyl-pyrrolenyl)-methen[2].

Mol-Gewicht: 316,26.

Zusammensetzung: 64,53% C; 6,37% H; 20,24% O; 8,86% N. $C_{17}H_{20}O_4N_2$.

Darstellung: Durch kurzes Erwärmen von 1 g 2, 4-Dimethyl-3-acetyl-5-formylpyrrol $C_9H_{11}O_2N$ und 1 g 3-Oxy-4-carbäthoxy-5-methylpyrrol $C_8H_{11}O_3N$ mit salzsäurehaltigem Alkohol, wonach das Chlorhydrat auskrystallisiert, das dann abgesaugt und auf Ton gepreßt wird. Nach dem Umkrystallisieren aus Alkohol-Salzsäure wird dieses mit ammoniakalischem Alkohol erwärmt, wonach beim Abkühlen Krystallisation eintritt.

Eigenschaften: Durch Umfällen aus Eisessig-Äther gelbe, sternförmig ineinandergelagerte Nadeln, Schmelzp. 253°. Löslich in Alkohol und Eisessig.

Chlorhydrat $C_{17}H_{21}O_4N_2$. Aus Alkohol-Salzsäure hellrote, derbe Nadeln, Zersetzungspunkt 203°.

(2, 4-Dimethyl-3-formyl-pyrryl)-(2', 4'-dimethyl-3'-acetyl-pyrrolenyl-)methenbromhydrat[3].

Mol-Gewicht: 351,17.

Zusammensetzung: 54,67% C; 5,45% H; 9,14% O; 7,96% N; 22,75% Br. $C_{16}H_{19}O_2N_2Br$.

Darstellung: 1 g 2, 4-Dimethyl-3, 5-diformyl-pyrrol und 0,9 g 2, 4-Dimethyl-3-acetyl-pyrrol, in wenig heißem Alkohol gelöst, werden mit 0,5 ccm 48proz. Bromwasserstoffsäure versetzt, wobei bald Krystallisation einsetzt, die nach 2 Tagen beendet ist.

Eigenschaften: Aus Eisessig sechseckige Platten oder derbe Aggregate.

(2, 4 - Dimethyl - 3 - formyl-pyrryl) - (2', 4' - dimethyl - 3' - acetyl - pyrrolenyl - methen $C_{16}H_{18}O_2N_2$. Aus dem Bromhydrat in Chloroform mit Soda. — Aus Chloroform-Methylalkohol Prismen, Schmelzp. 210°.

(2, 4-Dimethyl-3-formyl-pyrryl)-(2, 4-dimethyl-3-äthyl-pyrrolenyl)-methenbromhydrat.
5, 5', 3, 3'-Tetramethyl-4-äthyl-4'-formyl-pyrromethenbromhydrat[4].

Mol-Gewicht: 337,19.

Zusammensetzung: 56,96% C; 6,28% H; 4,75% O; 8,31% N; 23,70% Br. $C_{16}H_{21}ON_2Br$.

[1] H. Fischer u. K. Zeile: Liebigs Ann. **483**, 262 (1930).
[2] H. Fischer u. M. Heyse: Liebigs Ann. **439**, 257 (1924).
[3] H. Fischer u. K. Zeile: Liebigs Ann. **483**, 268 (1930).
[4] H. Fischer u. K. Zeile: Liebigs Ann. **483**, 269 (1930).

Darstellung: 0,5 g 2, 4-Dimethyl-3, 5-diformyl-pyrrol $C_8H_9O_2N$ und 0,4 g Kryptopyrrol in wenig Alkohol werden nach Zugabe von 0,25 ccm 48proz. Bromwasserstoffsäure auf dem Wasserbad erhitzt, wobei rasch Krystallisation einsetzt.

Eigenschaften: Aus Eisessig derbe Prismen.

Bis-(2, 4-dimethyl-3-carbäthoxy-pyrryl)-methan (Bd. X, S. 77).

$$C_{19}H_{26}O_2N_4$$

Bildung: Beim trockenen Erhitzen des 2, 4-Dimethyl-3-carbäthoxy-5-oxymethylpyrrols auf Temperaturen über 130° oder beim Kochen mit Eisessig-Salzsäure, verdünnten Mineralsäuren, methylalkoholischer Kalilauge und Wasser[1]. Entsteht ferner bei der Reduktion des 2, 4-Dimethyl-3-carbäthoxy-5-formyl-pyrrols[1] und des Bis-(2, 4-dimethyl-3-carbäthoxy-pyrryl)-methens[2].

Darstellung: Durch Erhitzen des 2, 4-Dimethyl-3-carbäthoxy-pyrrols mit Formaldehyd in Gegenwart von Diäthylamin[3].

Eigenschaften: Enthält 2 aktive Wasserstoffatome[4].

Bis-(2, 4-Dimethyl-3-carbäthoxy-pyrryl)-methenchlorhydrat
(Bd. X, S. 77).

$$C_{19}H_{25}O_4N_2Cl.$$

Bildung: Aus Tri-(2, 4-dimethyl-3-carbäthoxy-pyrryl)-methan durch Spalten mit Salzsäure[5]. Aus Tetra-(2, 4-dimethyl-3-carbäthoxy-pyrryl)-äthan durch Spaltung mit Ferrichlorid[6], aus (2, 4-Dimethyl-5-carbäthoxy)-di-(2, 4-dimethyl-3-carbäthoxy)-pyrryl-methan mit alkoholischer Salzsäure[7].

Darstellung: Durch Erwärmen des 2, 4-Dimethyl-3-carbäthoxy-pyrrols $C_9H_{13}O_2N$ in konz. Salzsäure mit überschüssiger Ameisensäure, wobei rasch Krystallisation einsetzt[8]. Ferner durch kurzes Aufkochen eines äquimolaren Gemisches von 2, 4-Dimethyl-3-äthyl-5-formyl-pyrrol und 2, 4-Dimethyl-3-carbäthoxy-pyrrol mit wenig konz. Salzsäure, wobei beim Erkalten Krystallisation eintritt[9].

Eigenschaften: Aus Alkohol rote Nadeln mit blauem Oberflächenglanz, Schmelzp. 213°.

Bromhydrat $C_{19}H_{25}O_4N_2Br$. Entsteht bei der Einwirkung von Brom auf 2, 4-Dimethyl-3-carbäthoxy-pyrrol in Tetrachlorkohlenstoff[10]. Enthält 3 aktive Wasserstoffatome[11].

Bis-(2, 4-dimethyl-3-carbäthoxy-pyrryl)-methen.

Mol-Gewicht: 344,07.

Zusammensetzung: 66,24% C; 7,03% H; 18,60% O; 8,13% N. $C_{19}H_{24}O_4N_2$.

Darstellung: Durch Schütteln des in Chloroform gelösten Chlorhydrats mit verdünnter Natronlauge und Verdunsten des Lösungsmittels[8].

Eigenschaften: Aus Aceton beim langsamen Erkalten dunkelrote lange Nadeln, Schmelzpunkt 190°. Gibt bei der katalytischen Reduktion das Methan[2]. Spaltet sich beim Erhitzen im Vakuum in 2, 4-Dimethyl-3-carbäthoxy-pyrrol. Enthält 1—2 aktive Wasserstoffatome[11, 12].

Eisensalz $C_{38}H_{46}O_4N_4Fe$. Durch Verreiben von 0,5 g Methenperchlorat in 80proz. ammoniakhaltigen Alkohol mit einer heißen Lösung von Ferroacetat in 50proz. Alkohol. Nach Zugabe von wenig Ammoniak und etwas konz. Seignettesalzlösung fällt beim Abkühlen und

[1] H. Fischer u. A. Stern: Liebigs Ann. **446**, 234, 236 (1926).
[2] H. Fischer u. H. Amann: Ber. dtsch. chem. Ges. **56**, 2324 (1923).
[3] H. Fischer u. C. Nenitzescu: Liebigs Ann. **443**, 124 (1925).
[4] H. Fischer u. E. Walter: Ber. dtsch. chem. Ges. **60**, 1989—1990 (1929).
[5] H. Fischer u. H. Amann: Ber. dtsch. chem. Ges. **56**, 2325 (1923).
[6] H. Fischer u. M. Schubert: Ber. dtsch. chem. Ges. **56**, 2381 (1923).
[7] H. Fischer u. M. Heyse: Liebigs Ann. **439**, 256 (1924).
[8] H. Fischer u. W. Zerweck: Ber. dtsch. chem. Ges. **56**, 526 (1923).
[9] H. Fischer u. M. Schubert: Ber. dtsch. chem. Ges. **56**, 1209 (1923).
[10] H. Fischer u. R. Bäumler: Liebigs Ann. **468**, 97 (1929).
[11] H. Fischer u. P. Rothmund: Ber. dtsch. chem. Ges. **61**, 1270 (1928).
[12] H. Fischer u. J. Postowsky: Hoppe-Seylers Z. **152**, 309 (1926).

Reiben das Salz aus. — Aus ammoniakalischem Alkohol blaugrünschillernde Blättchen, Schmelzp. 195°. Sehr leicht löslich in Petroläther, Chloroform, Benzol. Zerfällt in heißem Alkohol sehr leicht in das Methen und Eisenoxyd. Die Lösung zeigt starke Fluorescenz, die auf Zusatz von Salzsäure verschwindet. Das Spektrum zeigt 2 Streifen[1].

Zinksalz $C_{38}H_{46}O_8N_4Zn$. Durch Erhitzen des Methens mit Zinkacetat in alkoholischer Lösung. — Aus Alkohol große, ziegelrote, rhomboedrische Tafeln; Schmelzp. 215°. Krystalle und Lösungen zeigen lebhafte rotgrüne Fluorescenz. Leicht löslich in Aceton, Chloroform, Äther und Petroläther[2].

Spektrum in Aceton: 514,4—506,9 $\mu\mu$.

Kupfersalz $C_{38}H_{46}O_8N_4Cu$. Durch Erhitzen des Methens in Alkohol mit Schweitzers Reagenz. — Aus Alkohol sechseckige Blättchen mit intensiv grünem Oberflächenglanz, im durchfallenden Licht rot. Leicht löslich in Aceton, Chloroform, Äther und Petroläther. Schwefelwasserstoff und Ammoniumsulfid fällen kein Kupfersulfid.

Spektrum in Aceton: Nach starker Vorbeschattung verwaschen 540,3—528,8 $\mu\mu$.

Spektrum in konz. Aceton: verwaschen 637,4—617,6 $\mu\mu$[3].

Nickelsalz $C_{38}H_{46}O_8N_4Ni$. Durch Zusammengießen einer heißen Lösung des Methens in Alkohol mit einer heißen Nickelnitratlösung nebst etwas Natriumacetat und kurzem Aufkochen. — Aus Aceton Nadeln mit grünschillerndem Oberflächenglanz, in der Durchsicht braunrot. Zersetzungsp. 220°. Leicht löslich in Chloroform, Petroläther, Äther; weniger löslich in Aceton; sehr schwer löslich in Alkohol.

Spektrum: Nach starker Vorbeschattung verwaschen 532,1—522,3 $\mu\mu$[3].

Kobaltsalz $C_{38}H_{46}O_8N_4Co$. Wird wie das Nickelsalz hergestellt. — Aus Aceton Nadeln mit grünem Oberflächenglanz. Zersetzungsp. 220°. Leicht löslich in Aceton, Chloroform, Äther, Benzol; schwer löslich in Petroläther. Zeigt in stark verdünnter Lösung schwachrote Fluorescenz.

Spektrum: Schwach 604,5—596,8; nach Vorbeschattung 521—510,6 $\mu\mu$[3].

Bis-(2, 4-dimethyl-3-carbäthoxy-pyrryl)-keton.
3, 3′, 5, 5′-Tetramethyl-4, 4′-dicarbäthoxy-pyrro-keton[4].

Mol-Gewicht: 296,31.
Zusammensetzung: 63,33% C; 6,66% H; 22,23% O; 7,78% N. $C_{19}H_{24}ON_2$.

$$\begin{array}{ccc}
H_5C_2OOC\cdot C\!-\!\!-\!C\cdot CH_3 & & H_3C\cdot C\!-\!\!-\!C\cdot COOC_2H_5 \\
H_3C\cdot C\quad C\!-\!\!-\!\!-\!CO\!-\!\!-\!\!-\!C\quad C\cdot CH_3 & & \\
NH & & NH
\end{array}$$

Darstellung: 6,0 g 2, 4-Dimethyl-3-carbäthoxy-pyrrol, auf dem siedenden Wasserbad in der 5fachen Menge abs. Toluol gelöst, werden heiß tropfenweise mit 50 ccm einer 5proz. Phosgen-Toluollösung versetzt. Die rote Farbe schlägt dabei nach Gelb bis Braun um. Nach 2 bis 3 Stunden Stehen wird im Vakuum auf ein kleines Volumen eingeengt. Beim Erkalten Krystallisation. Ausbeute 90%[4].

Eigenschaften: Aus Alkohol farblose Nadeln, Schmelzp. 221°. Verhältnismäßig schwer löslich in Alkohol. Gibt mit 2 Mol Brom in Eisessig ein Bromhydrat (gelbe Nadeln, Schmelzpunkt 197°), das aber beim Erhitzen mit Eisessig wieder das Ausgangsmaterial zurücklieferte. Mit 4 Mol Brom erfolgt Bildung des 3, 4′-Dicarbäthoxy-4, 3′, 5′-trimethyl-5-brom-pyrromethenbromhydrats.

Hydrazon $C_{19}H_{26}O_4N_4$. Darstellung wie beim Di-kryptopyrrol-keton beschrieben (s. S. 558). — Abgeschrägte, kurze, hellgelbe Prismen, Schmelzp. 197°. Mäßig löslich in Alkohol. Färbt die Haut intensiv gelb an.

3, 3′, 5, 5′-Tetramethyl-4, 4′-dicarboxy-pyrroketon $C_{15}H_{16}O_5N_2$. Durch $^1/_2$stündiges Erhitzen des Esters (0,5 g) mit 50proz. Kalilauge (8 ccm) und etwas Alkohol auf dem Wasser-

[1] H. Fischer u. M. Schubert: Ber. dtsch. chem. Ges. **56**, 2384 (1923).
[2] H. Fischer u. H. Scheyer: Liebigs Ann. **434**, 249 (1923).
[3] H. Fischer u. M. Schubert: Ber. dtsch. chem. Ges. **57**, 616 (1924). — H. Fischer u. J. Klarer: Liebigs Ann. **448**, 192 (1926).
[4] H. Fischer u. H. Orth: Liebigs Ann. **489**, 78 (1931).

bad. Nachdem wird mit Wasser auf das 3fache Volumen verdünnt, mit 10proz. Schwefelsäure gefällt, abfiltriert und mit Wasser gut ausgewaschen. — Aus Alkohol farblose Prismen, Schmelzp. 254° unter Zersetzung[1].

(2, 4-Dimethyl-3-carbäthoxy-pyrryl)-(3-äthyl-4-methyl-pyrrolenyl)-methenbromhydrat.
3, 5, 4'-Trimethyl-4-carbäthoxy-3'-äthyl-pyrromethenbromhydrat[2].

Mol-Gewicht: 367,21.

Zusammensetzung: 55,67% C; 6,31% H; 8,62% O; 7,62% N; 21,78% Br. $C_{17}H_{23}O_2N_2Br$.

$$H_5C_2OOC \cdot C - C \cdot CH_3 \qquad\qquad H_5C_2 \cdot C = C \cdot CH_3$$
$$H_3C \cdot C \quad\; C - - - - CH = = = = C \quad\; C \cdot H$$
$$\underset{NH}{\diagdown\diagup} \qquad\qquad\qquad\qquad \underset{NHBr}{\diagdown\diagup}$$

Darstellung: Durch zweimaliges Umkrystallisieren des 3, 5, 4'-Trimethyl-4-carbäthoxy-3'-äthyl-5-carboxy-pyrromethenbromhydrats aus Eisessig.

Eigenschaften: Aus Eisessig gelbe rautenförmige Blättchen, Schmelzp. 197° unter Zersetzung.

(2, 4 - Dimethyl - 3 - carbäthoxy-pyrryl)-(3-äthyl-4-methyl-5-carbäthoxy-pyrrolenyl)-methenbromhydrat.
3, 5, 4'-Trimethyl-4, 5'-dicarbäthoxy-3'-äthyl-pyrromethen-bromhydrat[2].

Mol-Gewicht: 439,25.

Zusammensetzung: 54,65% C; 6,20% H; 14,57% O; 6,38% N; 18,20% Br. $C_{20}H_{27}O_4N_2Br$.

Darstellung: 0,2 g 2-Formyl-3-äthyl-4-methyl-5-carbäthoxy-pyrrol und 0,2 g 2, 4-Dimethyl-3-carbäthoxy-pyrrol, mit wenig Eisessig zu einem dünnen Brei verrieben, werden mit etwas Bromwasserstoffsäure versetzt, wonach beim Weiterreiben rasch Krystallisation eintritt. Dann wird mit Äther gefällt und nach kurzem Stehen filtriert. Ausbeute 0,4 g.

Eigenschaften: Aus Eisessig orangegelbe, stumpfe Nadeln, Schmelzp. 172° unter Zersetzung. Leicht löslich in heißem Eisessig. Wird beim Verseifen zersetzt.

(2, 4 (3, 5)-Dimethyl-3 (4)-carbäthoxy-pyrryl)-(2, 4-dimethyl-pyrrolenyl)-methen[3].

Mol-Gewicht: 273,27.

Zusammensetzung: 70,30% C; 7,74% H; 11,94% O; 10,02% N. $C_{16}H_{21}O_2N_2$.

Darstellung: Durch Kondensation von 2 g 2, 4(3, 5)-Dimethyl-3(4)-carbäthoxy-5(2)-formylpyrrol $C_{10}H_{13}O_2N$ mit 1 g 2, 4-Dimethylpyrrol C_6H_9N mittels Salzsäure in der schon öfters beschriebenen Weise entsteht in 95proz. Ausbeute das Chlorhydrat, das dann in Chloroform gelöst durch Schütteln mit Soda zerlegt wird.

Eigenschaften: Schmelzp. 120°.

(2, 4-Dimethyl-3-carbäthoxy-pyrryl)-(3-carbäthoxy-4-methyl-5-chlor-pyrrolenyl)-methenchlorhydrat[4].

Mol-Gewicht: 401,21.

Zusammensetzung: 53,86% C; 5,49% H; 15,97% O; 6,98% N; 17,70% Cl. $C_{18}H_{22}O_4N_2Cl_2$.

Darstellung: 1 g 2, 4-Dimethyl-3-carbäthoxypyrrol $C_{10}H_{13}O_2N$ in 25 ccm abs. Äther wird unter Eiskühlung tropfenweise mit 1,6 g Sulfurylchlorid (2 Mol) versetzt. Wenn fast alles

[1] H. Fischer u. H. Orth: Liebigs Ann. **489**, 78 (1931).
[2] H. Fischer, H. Berg u. A. Schorrmüller: Liebigs Ann. **480**, 129 (1930).
[3] H. Fischer, P. Halbig u. B. Walach: Liebigs Ann. **452**, 280 (1927).
[4] H. Fischer, E. Sturm u. H. Friedrich: Liebigs Ann. **461**, 267 (1928).

zugetropft ist, tritt Trübung und Abscheidung eines hochrot gefärbten Produkts ein; das nach einigem Stehen abgesaugt und mehrmals mit Äther gewaschen wird. Ausbeute aus 5 g 2,8 g = 23—24%.

Eigenschaften: Feine, dünne, rotgefärbte Nadeln mit einem Stich ins Blaue, Schmelzpunkt 143°. Leicht löslich in Alkohol und Chloroform, schwerer in Aceton; sehr schwer in Äther und Ligroin, unlöslich in Wasser.

[2, 4 (3, 5)-Dimethyl-3 (4)-carbäthoxy-pyrryl]-[2, 4 (3, 5)-dimethyl-3 (4)-propionsäure-pyrrolenyl]-methenbromhydrat[1].

Mol-Gewicht: 424,25.

Zusammensetzung: 53,63% C; 5,93% H; 25,05% O; 6,59% N; 18,80% Br. $C_{19}H_{24}O_4N_2Br$.

$$H_5C_2OOC \cdot C\!\!-\!\!C \cdot CH_3 \qquad\qquad H_3C \cdot C\!\!=\!\!C \cdot CH_2CH_2COOH$$
$$H_3C \cdot C \quad C\!\!-\!\!-\!\!-\!\!CH\!\!=\!\!=\!\!C \quad C \cdot CH_3$$
$$NH \qquad\qquad NHBr$$

Darstellung: Durch Kondensation von 2,55 g Kryptopyrrolcarbonsäure mit 3,0 g 2, 4-Dimethyl-3-carbäthoxy-5-formyl-pyrrol in alkoholischer Lösung mittels Bromwasserstoffsäure. — Ausbeute 5,5 g.

Eigenschaften: Aus Eisessig Krystalle vom Schmelzp. 205°. Dient zur Darstellung von Rhodoporphyrin XXI.

Perbromid $C_{19}H_{24}O_4N_2Br_2$. Durch kurzes Erwärmen von 1 g Methenbromhydrat $C_{19}H_{24}O_4N_2Br$ (1 g) mit Brom (1 g). — Schmelzp. 164°. Entwickelt mit Aceton Bromaceton unter Rückbildung des Ausgangsmaterials.

(2, 4-Dimethyl-3-carbäthoxy-pyrryl)-(2, 4-dimethyl-3-propionsäureäthylester-pyrrolenyl)-methenbromhydrat $C_{21}H_{25}O_4N_2Br$. 0,75 g Bromhydrat werden mit 10proz. abs. alkoholischer Bromwasserstofflösung 10 Minuten gekocht. Schon in der Hitze Krystallisation in haarfeinen, sehr langen gelben Nadeln, Schmelzp. 169°. Schwer löslich in Alkohol, unlöslich in Äther.

(2, 4-Dimethyl-3-carbäthoxy-pyrryl)-(2, 4-dimethyl-3-propionsäureäthylester-pyrrolenyl)-methen $C_{21}H_{24}O_4N_2$. Wird wie üblich dargestellt. — Schmelzp. 100°.

Bis-(2, 4-dimethyl-5-carbäthoxypyrryl)-methan[2].

Mol-Gewicht: 346. Gefunden in Campher zu 340.

Zusammensetzung: 65,86% C; 7,57% H; 18,48% O; 8,09% N. $C_{19}H_{26}O_4N_2$.

Darstellung: Durch Kondensieren von 2, 4-Dimethyl-5-carbäthoxypyrrol $C_{10}H_{13}O_2N$ mit überschüssigem Formaldehyd in alkalischer Lösung und nachfolgendem Ansäuern.

Eigenschaften: Aus Alkohol, Schmelzp. 229—230°.

[2, 4 (3, 5)-Dimethyl-3 (4)-propionsäure-pyrryl]-[3 (4)-äthyl-4 (3)-methyl-pyrrolenyl]-methenbromhydrat[3].

Mol-Gewicht: 367,21.

Zusammensetzung: 55,58% C; 6,27% H; 7,63% N; 21,8% Br; 8,72% O. $C_{17}H_{23}O_2N_2Br$.

$$HOOC \cdot H_2C \cdot H_2C \cdot C\!\!-\!\!C \cdot CH_3 \qquad\qquad H_3C \cdot C\!\!=\!\!C \cdot C_2H_5$$
$$H_3C \cdot C \quad C\!\!-\!\!-\!\!-\!\!CH\!\!=\!\!=\!\!C \quad C \cdot H$$
$$NH \qquad\qquad NHBr$$

Darstellung: 1 g 2, 4-Dimethyl-3-propionsäure-5-formyl-pyrrol (Kryptopyrrolcarbonsäurealdehyd) $C_{10}H_{13}O_3N$ und 1 g 3-Äthyl-4-methyl-pyrrol $C_7H_{11}N$ werden nach dem Verreiben

[1] H. Fischer u. A. Schorrmüller: Liebigs Ann. **473**, 235 (1929).
[2] H. Fischer u. C. Nenitzescu: Liebigs Ann. **443**, 121 (1925).
[3] H. Fischer, H. K. Weichmann u. K. Zeile: Liebigs Ann. **475**, 255 (1929).

mit wenig Methylalkohol mit 2 ccm Bromwasserstoffsäure versetzt. Beim Reiben tritt Krystallisation ein. Isolierung durch Absaugen und Auswaschen mit Alkohol. Ausbeute 2 g.

Eigenschaften: Aus Eisessig goldgelbe Nadeln, Schmelzp. 235—240°. Dient zur Darstellung der Porphinmonopropionsäure III.

(3-Methyl-4-äthyl-5-oxy-pyrryl)-(2,4-dimethyl-3-propionsäure-pyrrolenyl)-methen.
3,3′,5′-Trimethyl-4-äthyl-5-oxy-4′propionsäure-pyrromethen[1].

Mol-Gewicht: 302, 28.

Zusammensetzung: 67,55% C; 7,29% H; 15,89% O; 9,27% N. $C_{17}H_{22}O_3N_2$.

$$H_5C_2 \cdot C\!-\!C \cdot CH_3 \qquad\qquad H_3C \cdot C\!=\!C \cdot CH_2 \cdot CH_2 \cdot COOH$$
$$HO \cdot C \quad C\!-\!\!-\!\!-\!CH\!=\!\!=\!C \quad C \cdot CH_3$$
$$\underset{NH}{} \qquad\qquad\qquad\qquad \underset{N}{}$$

Darstellung: 0,5 g (3, 3′, 5′-Trimethyl-4-äthyl-5-brom-4′-propionsäure)-pyrromethen-bromhydrat werden mit 0,5 g Silberacetat in 30 ccm Eisessig $1\frac{1}{2}$ Stunden unter Rückfluß erhitzt. Nachdem wird heiß filtriert und bis zur beginnenden Krystallisation eingeengt.

Eigenschaften: Zuerst aus Pyridin, dann aus Eisessig umkrystallisiert citronengelbe prismatische Nadeln, Schmelzp. 289—290°. Mischschmelzpunkt mit der Xanthobilirubinsäure 1—2° Depression. Löslich in kalter $^n/_{10}$-Natronlauge und Soda; in stärkerer Lauge erst beim Erwärmen, beim Erkalten scheidet sich das schwer lösliche Natriumsalz ab. Schwer löslich in den meisten organischen Lösungsmitteln; löslich in heißem Pyridin und Eisessig. Aus Pyridin gelbe sechsseitige Täfelchen mit Krystallpyridin, die sehr unbeständig sind. Ehrlichsche und Gmelinsche Reaktion negativ. Wird durch 4stündiges Erhitzen mit Natriummethylat auf 220° nicht verändert.

Natriumsalz. Entsteht beim Erwärmen der Säure mit nicht zu verdünnter Natronlauge, wonach beim Erkalten Krystallisation eintritt oder durch Erhitzen der Säure mit Natriummethylat auf 220°. — Gelbe kugelförmige Aggregate.

Methylester $C_{18}H_{24}O_3N_2$. Durch Verestern der Säure mit methylalkoholischer Salzsäure wie bei der Xanthobilirubinsäure beschrieben.

In eine Suspension von 0,1 g Säure in 10 ccm abs. Methylalkohol wird ohne zu kühlen solange Salzsäure eingeleitet, bis alles gelöst ist. Dann wird unter Kühlung mit Wasser noch weitere Salzsäure bis zur Sättigung eingeleitet und hernach auf ein kleines Volumen eingeengt, wonach sich beim Reiben das Esterchlorhydrat in braunroten prismatischen Nadeln abscheidet. Es wird durch Aufschlämmen in Wasser und kurzem Erwärmen zerlegt. — Der freie Ester krystallisiert aus Chloroform-Petroläther in leuchtend citronengelben abgeschrägten Prismen. Schmelzp. 197°. Mischschmelzpunkt mit Xanthobilirubinsäureester 170—175°.

3,3′,5′-Trimethyl-4-äthyl-5-oxy-4′-propionsäure-pyrro-methan $C_{17}H_{24}O_3N_2$. Durch Reduktion des Methens mit Natriumamalgam wie bei der Bilirubinsäure beschrieben. — Aus Methylalkohol-Wasser farblose, rechteckige Täfelchen mit abgerundeten Ecken, Schmelzp. 207°. Mischschmelzpunkt mit Bilirubinsäure 181°. Sehr leicht löslich in Chloroform; leicht löslich in Alkohol; schwer in Äther; unlöslich in Petroläther. Ehrlichsche und Gmelinsche Reaktion negativ.

(2,4-Dimethyl-3-propionsäure-pyrryl)-(2,4-dimethyl-3-äthyl-pyrrolenyl)-methenchlorhydrat[2].
3,3′-Dimethyl-4-äthyl-4′-propionsäure-5,5′-dimethyl-pyrromethenchlorhydrat[3].

Mol-Gewicht: 336, 77.

Zusammensetzung: 64,16% C; 7,48% H; 9,53% O; 8,3% N; 10,53% Cl. $C_{18}H_{25}O_2N_2Cl$.

[1] H. Fischer u. E. Adler: Hoppe-Seylers Z. **197**, 260 (1931).
[2] H. Fischer u. M. Schubert: Ber. dtsch. chem. Ges. **57**, 615 (1924).
[3] H. Fischer, K. Platz, H. Hellberger u. H. Niemann: Liebigs Ann. **479**, 31 (1930).

Darstellung: a) Durch Erhitzen äquimolarer Mengen von Kryptopyrrolcarbonsäure-aldehyd (2, 4-Dimethyl-3-propionsäure-4-formylpyrrol) $C_{10}H_{13}O_3N$ und Kryptopyrrol $C_8H_{13}N$ mit wenig konz. Salzsäure. Nach 2tägigem Stehen wird abgesaugt und mit wenig konz. Salzsäure nachgewaschen[1].

b) Durch Kondensation von Kryptopyrrolaldehyd (2, 4-Dimethyl-3-äthyl-5-formyl-pyrrol) $C_9H_{13}ON$ mit Kryptopyrrolcarbonsäure $C_9H_{13}O_2N$ in Gegenwart von alkoholischer Salzsäure in der Kälte, wobei Dunkelrotfärbung eintritt und nach dem Reiben das Chlorhydrat ausfällt[2, 3].

Eigenschaften: Aus Chloroform-Petroläther dünne rotbraune Nadeln; Schmelzp. 215°. Gibt mit Eisessig-Bromwasserstoff geringe Mengen Porphyrin[2].

Kupfersalz $C_{36}H_{46}O_4N_4Cu$. Fällt sofort aus beim Versetzen einer alkoholischen Lösung des Methens mit einer konz. ammoniakalischen Kupfersalzlösung, bis keine Entfärbung mehr eintritt. — Rotbraune Nadeln. Spektrum in Chloroform: I 649,5—629,6; End. Abs. 567,2 $\mu\mu$. Bei sehr starker Verdünnung treten noch zwei weitere Streifen hinzu: II 527,3—514,2; III 480,6 bis 457,3 $\mu\mu$.

Zinksalz $C_{36}H_{46}O_4N_4Zn$. Zeigt in alkoholischer Lösung starke Fluorescenz. Spektrum: 509,2—496,5 .... 465 $\mu\mu$.

3, 3′ - Dimethyl - 4 - äthyl - 4′ - propionsäure - 5, 5′ - dimethyl-pyrromethenbromhydrat $C_{18}H_{25}O_2N_2Br$. Durch Kondensation äquimolarer Mengen von Kryptopyrrolaldehyd und Kryptopyrrolcarbonsäure mit Hilfe von Alkohol und Bromwasserstoffsäure in der Kälte. Ausbeute 85%. — Lange rote Nadeln[3, 4].

(2-Brommethyl-4-methyl-3-propionsäure-pyrryl)-(2-brommethyl-4-methyl-3-äthyl-pyrrolenyl)-methenbromhydrat.
3, 3′-Dimethyl-4-äthyl-4′-propionsäure-5, 5′-dibrommethyl-pyrromethenbromhydrat[4].

Mol-Gewicht: 539,05.

Zusammensetzung: 40,07% C; 4,3% H; 5,94% O; 5,20% N; 44,49% Br. $C_{18}H_{23}O_2N_2Br_3$.

$$\begin{array}{ccc}
HOOC\cdot H_2C\cdot H_2C\cdot C\!-\!C\cdot CH_3 & & H_3C\cdot C\!=\!C\cdot C_2H_5 \\
BrH_2C\cdot C \quad C\!-\!\!-\!\!-\!CH\!=\!C \quad C\cdot CH_2Br \\
NH & & N
\end{array}$$

Darstellung: 0,762 g 3, 3′-Dimethyl-4-äthyl-4′-propionsäure-5, 5-dimethylpyrromethen-bromhydrat, bei Wassertemperatur in 3 ccm Eisessig gelöst, werden mit 0,68 g Brom in Eisessig (50 g Brom in 100 ccm Eisessig) bromiert und nachdem noch $^1/_4$ Stunde weiter erhitzt. Unter starker Entwicklung von Bromwasserstoff tritt bald Krystallisation ein. Nach 3 stündigem Stehen wird abgesaugt und mit Eisessig-Äther gewaschen. Ausbeute 66%[4].

Eigenschaften: Aus Eisessig Krystalle, die sich bei etwa 180° färben, ohne bei 275° zu schmelzen. Dient zur Darstellung von Porphinmonocarbonsäure II u. VII[5] und von Porphin-tricarbonsäure VII[4].

[2, 4-Dimethyl-3-propionsäure-pyrryl]-[3 (4)-äthyl-4, 5 (2, 3)-dimethyl-pyrrolenyl]-methenbromhydrat[6].

Mol-Gewicht: 381, 23.

Zusammensetzung: 56,67% C; 6,61% H; 8,4% O; 7,35% N; 20,97% Br. $C_{18}H_{25}O_2N_2Br$.

Darstellung: Durch Versetzen einer Lösung von 0,5 g Kryptopyrrolcarbonsäure $C_9H_{13}O_2N$ und 0,45 g Hämopyrrolaldehyd (2-Formyl-3-äthyl-4, 5-dimethylpyrrol) $C_9H_{13}ON$ in wenig Methylalkohol mit 1 ccm Bromwasserstoffsäure unter Kühlung. Nach längerem Stehen wird

[1] H. Fischer u. M. Schubert: Ber. dtsch. chem. Ges. **57**, 615 (1924).
[2] H. Fischer u. M. Schubert: Ber. dtsch. chem. Ges. **56**, 1210 (1923).
[3] H. Fischer, H. Grosselfinger u. G. Stangler: Liebigs Ann. **461**, 233 (1928).
[4] H. Fischer, K. Platz, H. Helberger u. H. Niemann: Liebigs Ann. **479**, 31 (1930).
[5] H. Fischer, H. Grosselfinger u. G. Stangler: Liebigs Ann. **461**, 232 (1928).
[6] H. Fischer, H. Grosselfinger u. G. Stangler: Liebigs Ann. **461**, 241 (1928).

abgesaugt und zuerst mit Methylalkohol, dann mit Wasser gewaschen. (Aus der Mutterlauge fällt auf Zusatz von Wasser noch etwas Bromhydrat aus.) Gesamtausbeute 0,8 g.
Eigenschaften: Aus Eisessig rötlich-gelbe Nadeln, Zersetzungsp. 176°.

[2-Brommethyl-4-methyl-3-propionsäurepyrryl] -[3 (4) -äthyl-4 (3) - methyl-5 (2) -brommethyl-pyrrolenyl] -methenbromhydrat[1].

Mol-Gewicht: 539,05.

Zusammensetzung: 40,08 % C; 4,30 % H; 5,93 % O; 5,20 % N; 44,49 % Br. $C_{18}H_{23}O_2N_2Br_3$.

$$\begin{array}{ccc}
HOOC\cdot H_2C\cdot H_2C\cdot C\!-\!C\cdot CH_3 & \qquad & H_5C_2\cdot C\!=\!C\cdot CH_3 \\
BrH_2C\cdot C\quad C\!-\!-\!-\!CH\!=\!=\!C\quad C\cdot CH_2Br & & \\
NH & & NHBr
\end{array}$$

Darstellung: 0,3 g (2, 4-Dimethyl-3-propionsäurepyrryl)-(3-äthyl-4, 5-dimethylpyrrolenyl)-methenbromhydrat in heißem Eisessig werden mit 0,32 g Brom versetzt und solange erhitzt, bis die Hauptmenge des gebildeten Bromwasserstoffs entwichen ist. Beim Erkalten tritt Krystallisation ein, die abgesaugt und zuerst mit Eisessig und dann mit Äther gewaschen wird. Ausbeute 0,35 g[1].

Eigenschaften: Aus Eisessig rote Nadeln ohne scharfen Schmelzpunkt. Dient zur Darstellung der Porphinmonocarbonsäuren IV und V.

[2, 4 (3, 5) -Dimethyl-3 (4) -propionsäurepyrryl] -[3 (4) -propionsäure- 4 (3) -methyl-pyrrolenyl] -methenbromhydrat[2].

Mol-Gewicht: 411,11.

Zusammensetzung: 52,55 %. C; 5,59 % H; 15,59 % O; 19,46 % Br; 6,81 % N. $C_{18}H_{23}O_4N_2Br$.

$$\begin{array}{ccc}
HOOC\cdot H_2C\cdot H_2C\cdot C\!-\!C\cdot CH_3 & \qquad & H_3C\cdot C\!=\!C\cdot CH_2\cdot CH_2\cdot COOH \\
H_3C\cdot C\quad C\!-\!-\!-\!CH\!=\!=\!C\quad C\cdot H & & \\
NH & & NHBr
\end{array}$$

Darstellung: 0,5 g Opsopyrrolcarbonsäure (3-Propionsäure-4-methylpyrrol) $C_8H_{11}O_2N$ mit 0,5 g Kryptopyrrolcarbonsäurealdehyd (2, 4-Dimethyl-3-propionsäure-5-formylpyrrol) $C_{10}H_{13}O_3N$ werden mit wenig Alkohol angefeuchtet und dann mit 1 ccm Bromwasserstoffsäure versetzt. Beim Umrühren tritt Lösung und schließlich Krystallisation ein. Ausbeute 66 %.

Eigenschaften: Aus Eisessig feine gelbe Nadeln, die bei 150—180° dunkel werden und bei 200° unter Zersetzung schmelzen. Dient zur Darstellung von Koproporphyrin II.

[2, 4 (3, 5) -Dimethyl-3 (4) -propionsäure-pyrryl] -[2 (5) -brom- 3(4) -propionsäure-4 (3) -methyl] -pyrromethenbromhydrat[2].

Mol-Gewicht: 490,12.

Zusammensetzung: 44,08 % C; 4,52 % H; 13,04 % O; 5,71 % N; 32,65 % Br. $C_{18}H_{22}O_4N_2Br_2$.

Darstellung: 0,5 g [2, 4(3, 5)-Dimethyl-3(4)-propionsäurepyrryl]-[3(4)-propionsäure-4(3)-methylpyrrolenyl]-methenbromhydrat in 1 ccm Eisessig werden mit 0,85 ccm einer Lösung von 50 g Brom in 200 ccm Eisessig versetzt. Nach 3 Stunden Stehen wird abgesaugt und mit Eisessig-Äther gewaschen.

Eigenschaften: Aus Eisessig rote prismatische Stäbchen. Dient zur Darstellung von Koproporphyrin II.

---

[1] H. Fischer, H. Grosselfinger u. G. Stangler: Liebigs Ann. **461**, 241 (1928).
[2] H. Fischer, H. Friedrich, W. Lamatsch u. K. Morgenroth: Liebigs Ann. **466**, 172 (1929).

Bis-(2, 4-dimethyl-3-propionsäure-pyrryl)-methenbromhydrat.
[2, 4(3, 5)-Dimethyl-3(4)-propionsäure-pyrryl]-[2, 4(3, 5)-dimethyl-3(4)propionsäure-pyrrolenyl)-methenbromhydrat.
3, 3'-5, 5'-Tetramethyl-4, 4'-dipropionsäure-pyrromethenbromhydrat.

Mol-Gewicht: 425,23.

Zusammensetzung: 53,64% C; 5,88% H; 14,86% O; 6,59% N; 19,03% Br. $C_{19}H_{25}O_4N_2Br$.

Darstellung: a) 1 g Kryptopyrrolcarbonsäure $C_9H_{13}O_2N$, in möglichst wenig Ameisensäure gelöst, wird mit 45 Tropfen 48proz. Bromwasserstoffsäure 2 Stunden erhitzt. Beim Erkalten tritt Krystallisation ein. Nach einigem Stehen wird abgesaugt und mit Äther gewaschen[1].

b) 4,8 g 2, 4-Dimethyl-3-propionsäure-5-carbäthoxypyrrol $C_{12}H_{17}O_4N$, in möglichst wenig Ameisensäure gelöst, werden mit 4 ccm 48proz. Bromwasserstoffsäure bis zur Beendigung der Kohlensäureentwicklung erhitzt. Aufarbeiten wie bei a). Ausbeute 70%[1].

Eigenschaften: Aus Eisessig rotgelb gefärbte, grünblau schillernde, feine, flimmernde Nädelchen, Schmelzp. 214—215° (korr.). Leicht löslich in Ameisensäure, schwerer in Eisessig, unlöslich in Äther.

Chlorhydrat $C_{19}H_{25}O_4N_2Cl$. Wird wie unter a) und b) unter Zusatz von Salzsäure dargestellt[1]. Entsteht auch durch Erhitzen von Kryptopyrrolcarbonsäurealdehyd (2, 4-Dimethyl-3-propionsäure-5-formylpyrrol) mit verdünnter Salzsäure. — Aus Alkohol rote Nadeln, Schmelzpunkt 235°[2].

Pikrat $C_{25}H_{27}O_{11}N_2$. Aus dem freien Methen mit ätherischer Pikrinsäure. — Aus Alkohol rote Nadeln, Schmelzp. 214°.

3, 3', 5, 5'-Tetramethyl-4, 4'-dipropionsäurehydrazid-pyrromethen $C_{19}H_{28}O_2N_6$. 3, 3', 5, 5'-Tetramethyl-4, 4'-dipropionsäureäthylester-pyrromethen in wenig Alkohol wird nach und nach mit 4 Mol Hydrazinhydrat versetzt und danach 4 Stunden unter Rückfluß gekocht, wobei erst Lösung und dann Abscheidung des Dihydrazids eintritt. Nachdem wird mit Alkohol verrührt, abgesaugt und getrocknet. — Zweimal aus Alkohol oder Pyridin-Äther umkrystallisiert, Schmelzp. 259°[3].

Bis-(2-Brommethyl-3-propionsäure-4-methyl-pyrryl)-methenbromhydrat.
[2(5)-Brommethyl-4(3)-methyl-3(4)-propionsäurepyrryl]-[2(5)-brommethyl-4(3)-methyl-3(4)-propionsäurepyrrolenyl]-methenbromhydrat.
3, 3'-Dimethyl-4, 4'-dipropionsäure-5, 5'-dibrommethyl-pyrromethen-bromhydrat[3].

Mol-Gewicht: 583,06.

Zusammensetzung: 39,12% C; 3,97% H; 10,98% O; 4,81% N; 41,12% Br. $C_{19}H_{23}O_4N_2Br$.

$$HOOC \cdot H_2C \cdot H_2C \cdot C{-}C \cdot CH_3 \qquad H_3C \cdot C{=}C \cdot CH_2 \cdot CH_2 \cdot COOH$$
$$BrH_2CC \quad C{-}\!-\!-\!-CH{=\!=\!=}C \quad C \cdot CH_2Br$$
$$NH \qquad\qquad\qquad\qquad NHBr$$

Darstellung: 5 g Bis-(2, 4-dimethyl-3-propionsäurepyrryl)-methenbromhydrat, in 20 ccm Eisessig aufgeschlämmt, werden nach Zusatz von 4 ccm Brom unter Reiben mit dem Glasstab im siedenden Wasserbad erhitzt; wobei nach kurzer Zeit alles erstarrt ist. Nach längerem Stehen wird abgesaugt und mit Eisessig-Äther gewaschen.

Eigenschaften: Aus Ameisensäure rote Prismen. Schwer löslich in Eisessig. Dient zur Synthese von Koproporphyrin II[4] und V[5] und Mesoporphyrin XII[4].

[1] H. Fischer, H. Friedrich, W. Lamatsch u. K. Morgenroth: Liebigs Ann. **466**, 165—166 (1929).

[2] H. Fischer u. M. Schubert: Ber. dtsch. chem. Ges. **57**, 615 (1924).

[3] H. Fischer, O. Süs u. F. G. Weilguny: Liebigs Ann. **481**, 176 (1930).

[4] H. Fischer, W. Lamatsch u. K. Morgenroth: Liebigs Ann. **466**, 166 (1929).

[5] H. Fischer, K. Platz u. K. Morgenroth: Hoppe-Seylers Z. **182**, 283 (1929).

3, 3′-Dimethyl-4, 4′-dipropionsäuremethylester-5, 5′-dimethoxymethyl-pyrromethen-bromhydrat $C_{23}H_{33}O_6N_2Br$. 5 g Bromhydrat in 50 ccm abs. Methylalkohol werden 1 Stunde gekocht, danach heiß filtriert und auf die Hälfte eingeengt. Krystallisation: gelbe, lange, verfilzte feine Nadeln. Nach dem Filtrieren mit wenig Methylalkohol auswaschen. — Aus Methylalkohol oder Chloroform-Äther, Schmelzp. 172—173°. Spielend löslich in Chloroform, leicht in Aceton, löslich in Methylalkohol, Benzol, Eisessig; schwer in Äther. Gibt mit Bromwasserstoff-Eisessig das Ausgangsmaterial zurück[1].

Kupfersalz $C_{46}H_{62}O_{12}N_4Cu$. Durch kurzes Erwärmen einer methylalkoholischen Lösung des Bromhydrats mit ammoniakalischem Kupferacetat. Das Salz krystallisiert aus. Nach dem Filtrieren wird erst mit Wasser, dann mit Eisessig und schließlich mit Äther gewaschen. — Aus Chloroform-Methylalkohol grüne, rautenförmige Krystalle, Schmelzp. 114°[1].

3, 3′-Dimethyl-4, 4′-dipropionsäuremethylester-5, 5′-dimethoxymethyl-pyrromethen $C_{23}H_{32}O_6N_2$. Durch Zerlegen des Bromhydrats in möglichst wenig Methylalkohol mit verdünntem Ammoniak. Beim Kühlen mit Kältemischung scheiden sich Schmieren ab, die beim Reiben krystallisieren. Nachdem wird filtriert, mit wenig Methylalkohol gewaschen und sofort umkrystallisiert. — Aus Methylalkohol würfelförmige Krystalle, Schmelzp. 71°[1].

3, 3′-Dimethyl-4, 4′-dipropionsäureäthylester-5, 5′-diäthoxymethyl-pyrromethenbromhydrat $C_{27}H_{41}O_6N_2Br$. Darstellung genau wie bei der entsprechenden Methoxyverbindung beschrieben unter Verwendung von abs. Äthylalkohol und längerem Kochen. — Aus Äthylalkohol oder Chloroform-Äther feine, verfilzte, gelbe Nadeln, Zersetzungsp. 182°. Mit Bromwasserstoff-Eisessig entsteht das Ausgangsmaterial zurück.

3, 3′-Dimethyl-4, 4-dipropionsäureäthylester-5, 5′-diäthoxymethyl-pyrromethen $C_{27}H_{40}O_6N_2$. Durch Lösen der Äthoxyverbindung in heißem Äthylalkohol, Versetzen mit verdünntem Ammoniak und sofortigem Kühlen mit Eis-Kochsalz. — Aus wenig Alkohol gelbe prismatische Stäbchen, Schmelzp. 56°[1].

3, 3′-Dimethyl-4, 4′-dipropionsäuremethylester-5, 5′-dimethyl-mercaptomethyl-pyrromethenbromhydrat $C_{23}H_{33}O_4N_2S_2Br$. Durch Eintragen des Methoxy-bromhydrats in eine methylalkoholische Lösung von Methylmercaptan und Erhitzen auf 40° am Wasserbad. Nachdem wird der Alkohol verdampft. — Aus Methylalkohol grünlichgelbe, prismatische Stäbchen, Schmelzp. 180° unter Zersetzung[1].

3, 3′-Dimethyl-4, 4′-dipropionsäuremethylester-5, 5′-diäthyl-mercaptomethyl-pyrromethenbromhydrat $C_{25}H_{37}O_4N_2S_2Br$. Eine heiße Lösung des Methoxy-bromhydrats in heißem Methylalkohol wird nach Versetzen mit überschüssigem Äthylmercaptan ½ Stunde im Wasserbad auf 45—50° erhitzt. Nachdem wird die grüne Lösung eingedampft. — Aus Methylalkohol oder Aceton gelbgrüne, schillernde, rechteckige Blättchen, Schmelzp. 186°[1].

Bis-(2, 4-dimethyl-3-propionsäuremethylester-pyrryl)-keton.
3, 3′-5, 5′-Tetramethyl-4, 4′-dipropionsäuremethylester-pyrroketon[2].

Mol-Gewicht: 388,35.

Zusammensetzung: 64,95% C; 7,22% H; 20,61% O; 7,22% N. $C_{21}H_{28}O_5N_2$.

$$H_3COOC \cdot H_2C \cdot H_2C \cdot C\!\!=\!\!C \cdot CH_3 \qquad\qquad H_3C \cdot C\!\!=\!\!C \cdot CH_2 \cdot CH_2 \cdot COOCH_3$$
$$H_3C \cdot C \qquad C\!\!-\!\!-\!\!-\!\!CO\!\!-\!\!-\!\!-\!\!C \qquad C \cdot CH_3$$
$$NH \qquad\qquad\qquad\qquad\qquad NH$$

Darstellung: In 2,5 g Kryptopyrrolcarbonsäuremethylester, gelöst in 50—60 ccm abs. Äther, wird ½—¾ Stunden ein mäßiger Strom trockenen Phosgens eingeleitet. Nachdem wird die dunkelrote Lösung bei Zimmertemperatur im Vakuum zur Trockene eingeengt, der Rückstand in der 10fachen Menge Schwefelkohlenstoff aufgenommen und hiezu die äquivalente Menge Kryptopyrrolcarbonsäuremethylester und die gleiche Menge frisches Aluminiumchlorid gegeben. Sofort setzt Reaktion ein, zu deren Beendigung noch 2 Stunden auf dem Wasserbad erwärmt wird. Dabei scheidet sich ein dunkles zähes Öl ab. Nach dem Abgießen der überstehenden klaren Flüssigkeit wird dieses unter guter Kühlung vorsichtig mit Eiswasser zersetzt, das gebildete Keton abgesaugt und mit eiskaltem Methylalkohol und Äther gewaschen. Ausbeute 20—30%.

---

[1] H. Fischer u. A. Kürzinger: Hoppe-Seylers Z. **196**, 222 (1931).
[2] H. Fischer u. H. Orth: Liebigs Ann. **489**, 79 (1931).

Eigenschaften: Aus Methylalkohol-Wasser goldgelbe glänzende Nadeln oder Schuppen; Schmelzp. 137°. Leicht löslich in fast allen Lösungsmitteln; unlöslich in Äther.

3, 3′, 5, 5′-Tetramethyl-4, 4′-dipropionsäure-pyrroketon $C_{19}H_{24}O_5N_2$. 1,0 g Ester wird mit 4 ccm 10 proz. Natronlauge und etwas Methylalkohol $^1/_2$ Stunde auf dem siedenden Wasserbad erwärmt. Dann wird unter guter Kühlung tropfenweise Schwefelsäure bis zur schwach kongosauren Reaktion zugesetzt und die Fällung sofort abgesaugt und säurefrei gewaschen. Ausbeute 0,8—0,9 g. — Aus Alkohol-Wasser meist schwach gelbliche, sechsseitige Tafeln, Schmelzp. 217—218°.

3, 3′, 5, 5′-Tetramethyl-4, 4′-dipropionsäuremethylester-chlor-pyrromethenchlorhydrat[1].

Mol-Gewicht: 443,27.

Zusammensetzung: 56,88% C; 6,36% H; 14,67% O; 6,09% N; 16,0% Cl. $C_{21}H_{28}O_4N_2Cl_2$.

$$H_3COOC \cdot H_2C \cdot H_2C \cdot C{=\!=\!=}C \cdot CH_3 \qquad H_3C \cdot C{=\!=\!=}C \cdot CH_2 \cdot CH_2 \cdot COOCH_3$$
$$H_3C \cdot C \quad C{-\!-\!-}C{=\!=\!=}C \quad C \cdot CH_3$$
$$\underset{NH}{\quad} \quad \underset{Cl}{\quad} \quad \underset{NHCl}{\quad}$$

Darstellung: 1,0 g 3, 3′, 5, 5′-Tetramethyl-4, 4′-dipropionsäuremethylester-pyrroketon wird mit der 3 fachen berechneten Menge Phosgen in Toluol (20 proz. Lösung) versetzt. Bereits nach $^1/_4$ Stunde tritt die Krystallisation des Methenchlorhydrats ein. Ausbeute quantitativ.

Eigenschaften: Rote, meist strahlig angeordnete Prismen, mit stahlblauem Oberflächenglanz; Schmelzp. 139° unter Zersetzung. Beim Liegen an der Luft bzw. beim Trocknen bei 40° werden die Krystalle olivgrün. Löslich in Aceton. Zeigt schwache Urobilinreaktion.

3, 3′, 5, 5′-Tetramethyl-4, 4′-dipropionsäuremethylester-chlor-pyrromethen $C_{21}H_{27}O_4N_4Cl$. Wird wie üblich dargestellt. — Prismen, in der Durchsicht gelb; im auffallenden Licht grün.

(2, 4-Dimethyl-3-propionsäure-pyrryl)-(3-propionsäure-4, 5-dimethyl-pyrrolenyl)-methenbromhydrat.
3, 4′, 5, 5′-Tetramethyl-3′, 4-dipropionsäure-pyrromethenbromhydrat[2].

Mol-Gewicht: 413,23.

Zusammensetzung: 52,29% C; 6,09% H; 15,52% O; 6,77% N; 19,33% Br. $C_{18}H_{25}O_4N_2Br$.

$$HOOC \cdot H_2C \cdot H_2C \cdot C{-\!-\!-}C \cdot CH_3 \qquad HOOC \cdot H_2C \cdot H_2C \cdot C{=\!=\!=}C \cdot CH_2$$
$$H_3C \cdot C \quad C{-\!-\!-}CH{=\!=\!=}C \quad C \cdot CH_3$$
$$\underset{NH}{\quad} \qquad \underset{NHBr}{\quad}$$

Darstellung: 1,2 g Kryptopyrrolcarbonsäurealdehyd und 1,0 g Hämopyrrolcarbonsäure, in 10 ccm warmem Alkohol gelöst, werden kalt mit 1 ccm 48 proz. Bromwasserstoffsäure versetzt. Nach längerer Zeit und intensivem Reiben tritt Krystallisation ein. — Ausbeute 1,5 g = 60%.

Eigenschaften: Löslich in Eisessig, Chloroform, Alkohol, Äther; wenig in Wasser; nicht löslich in Petroläther. Schmelzp. 232°.

3, 4′, 5, 5′-Tetramethyl-3′, 4-dipropionsäuredimethylester-pyrromethenbromhydrat $C_{20}H_{29}O_4N_2Br$. Durch Verestern des Bromhydrats mit Methylalkohol-Salzsäure in der Kälte. Isolierung durch Verdunsten des Alkohols im Vakuum. — Aus Chloroform-Petroläther rote Prismen ab 180° Dunkelfärbung und Zersetzung. Dient zur Darstellung von Mesoporphyrin VI und VIII.

3, 4′, 5, 5′-Tetramethyl-3′, 4-dipropionsäure-pyrromethenchlorhydrat $C_{18}H_{25}O_4N_2Cl$. Darstellung genau wie beim Bromhydrat unter Verwendung von 1 ccm konz. Salzsäure. Nach

[1] H. Fischer u. H. Orth: Liebigs Ann. **489**, 85 (1931).
[2] H. Fischer u. A. Rothhaas: Liebigs Ann. **484**, 104 (1930).

kurzem Reiben tritt Krystallisation ein. — Schmelzp. 173°. Löslich in Eisessig, Chloroform, Alkohol-Äther; wenig in Wasser; unlöslich in Petroläther.

3, 4′, 5, 5′ - Tetramethyl - 3′, 4 - dipropionsäuredimethylester - pyrromethenchlorhydrat $C_{20}H_{29}O_4N_2Cl$. Veresterung wie beim Bromhydrat beschrieben. Entsteht auch bei der Kondensation äquimolarer Mengen von Kryptopyrrolcarbonsäurealdehyd und Hämopyrrolcarbonsäuremethylester in alkoholisch-salzsaurer Lösung und nachfolgender Veresterung des Zwischenprodukts (3, 4′, 5, 5′-Tetramethyl-3-propionsäure-4′-propionsäuremethylesterpyrromethenchlorhydrat). — Bildet 2 Krystallformen: Orangegefärbte Nadeln, Schmelzp. 175° und rubinrote Krystallblöcke, Schmelzp. 140°; Mischschmelzp. beider 145°). Aus Methylalkohol-Salzsäure, gelbe Nadeln, Schmelzp. 169—170°).

(2-Brommethyl-3-propionsäure-4-methyl-pyrryl)-(3-propionsäure-4-methyl-5-brommethyl-pyrrolenyl)-methenbromhydrat.
3, 4′-Dimethyl-3′, 4-dipropionsäure-5, 5′-dibrommethyl-pyrromethen-bromhydrat[1].

Mol-Gewicht: 582,9.

Zusammensetzung: 39,11 % C; 3,98 % H; 10,98 % O; 4,80 % N; 41,13 % Br. $C_{19}H_{23}O_4N_2Br_3$

$$HOOC \cdot H_2C \cdot H_2C \cdot C\!\!-\!\!-\!\!C \cdot CH_3 \qquad HOOC \cdot H_2C \cdot H_2C \cdot C\!\!=\!\!C \cdot CH_3$$
$$BrH_2CC \quad C\!\!-\!\!-\!\!-\!\!-\!\!CH\!\!=\!\!-\!\!-\!\!-\!\!C \quad C \cdot CH_2Br$$
$$NH \qquad\qquad\qquad NHBr$$

Darstellung: 0,22 g 3, 4′, 5, 5′-Tetramethyl-3′, 4-dipropionsäure-pyrromethenbromhydrat werden mit 0,6 ccm Eisessig und 0,16 ccm einer Brom-Eisessiglösung (enthaltend 0,16 g Brom = 2 Mol) versetzt; wobei schwache Erwärmung eintritt. Nach mehrtägigem Stehen wird abgesaugt und mit Eisessig mehrmals kurz gewaschen. Ausbeute 0,17 g = 60 %.

Eigenschaften: Aus Eisessig dunkelrote Nadeln, Schmelzp. 191°. Löslich in Ameisensäure, Aceton, Chloroform.

Trichlorhydrat des Bis-[2, 4-dimethyl-3-äthyl-(ω-amino)-pyrryl]-methens[2].

Mol-Gewicht: 395,73.

Zusammensetzung: 51,56 % C; 7,38 % H; 14,16 % N; 26,89 % Cl. $C_{17}H_{29}N_4Cl_3$.

$$HCl \cdot H_2N \cdot H_2C \cdot H_2C \cdot C\!\!-\!\!-\!\!C \cdot CH_3 \qquad H_3C \cdot C\!\!=\!\!C \cdot CH_2 \cdot CH_2 \cdot NH_2 \cdot HCl$$
$$H_3C \cdot C \quad C\!\!-\!\!-\!\!-\!\!CH\!\!=\!\!-\!\!-\!\!C \quad C \cdot CH_3$$
$$NH \qquad\qquad NHCl$$

Darstellung: 2, 4-Dimethyl-3-äthyl-(ω-amino)-5-carbäthoxypyrrol $C_{11}H_{19}O_2N$ wird mit Ameisensäure-Salzsäure im Rohr auf 125° erhitzt.

Eigenschaften: Große, rote Nadeln. Gibt keine freie Base.

Bis-[2, 4-Dimethyl-3-äthyl-(ω-urethan)-5-carbäthoxy-pyrryl]-methen[3].

Mol-Gewicht: 431, 43.

Zusammensetzung: 63,99 % C; 8,18 % H; 14,84 % O; 12,99 % N. $C_{23}H_{35}O_4N_4$.

$$O\!\!=\!\!C \cdot HN \cdot H_2C \cdot H_2C \cdot C\!\!-\!\!-\!\!C \cdot CH_3 \qquad H_3C \cdot C\!\!=\!\!C \cdot CH_2 \cdot CH_2 \cdot NH \cdot C\!\!=\!\!O$$
$$OC_2H_5 \qquad H_3C \cdot C \quad C\!\!-\!\!-\!\!-\!\!CH\!\!=\!\!-\!\!-\!\!C \quad C \cdot CH_3 \qquad OC_2H_5$$
$$NH \qquad\qquad N$$

[1] H. Fischer u. A. Rothhaas: Liebigs Ann. **484**, 105 (1930).
[2] H. Fischer, O. Süs u. F. G. Weilguny: Liebigs Ann. **481**, 175 (1931).
[3] H. Fischer, O. Süs u. F. G. Weilguny: Liebigs Ann. **481**, 169 (1930).

Darstellung: Zu 1 g 2, 4-Dimethyl-3-äthyl-(ω-urethan)-5-carbäthoxy-pyrrol $C_{14}H_{22}O_4N$ in wenig heißer Ameisensäure gelöst, werden 15 Tropfen konz. Salzsäure gegeben und das Ganze dauernd noch 3 Stunden im Wasserbad erwärmt. Beim Erkalten krystallisiert das Chlorhydrat, das mit alkoholischer Lauge zerlegt wird.

Eigenschaften: Derbe, zu Drusen vereinigte Nadeln, Schmelzp. 177°.

Bis-[2, 4-dimethyl-3-(β-nitrovinyl)-pyrryl]-methan[1].

Mol-Gewicht: 344,28.

Zusammensetzung: 59,27% C; 5,71% H; 16,77% O; 16,25% N. $C_{17}H_{20}O_4N_4$.

Darstellung: Durch Erhitzen von 2, 4-Dimethyl-3-(β-nitrovinyl)-pyrrol $C_8H_{10}O_2N_2$ (0,2 g) mit Formalin (5 ccm), wobei das Methan sofort ausfällt.

Eigenschaften: Aus Pyridin-Wasser rote Nadeln. Schwer löslich in Eisessig und Alkohol. Löslich in viel Natronlauge mit orangegelber, in wenig Methylalkohol mit dunkelroter Farbe. Beim Verkochen mit Alkali entsteht Bis-(2, 4-dimethyl-3-formylpyrryl)-methan.

Bis-[2, 4-dimethyl-3-(β-dicyan-vinyl)-pyrryl]-methan[2].

Mol-Gewicht: 354,31.

Zusammensetzung: 71,15% C; 5,13% H; 23,73% N. $C_{21}H_{18}N_6$.

Darstellung: Durch Erhitzen von 2, 4-Dimethyl-3-(β-dicyanvinyl)-pyrrol $C_{10}H_9N_3$ mit Formalin, wobei das Methan auskrystallisiert.

Eigenschaften: Gelbe Nadeln. Löslich nur in Pyridin. Beim Verkochen mit Alkali entsteht Bis(2, 4-dimethyl-3-formylpyrryl)-methan.

Bis-[2, 4-dimethyl-3-(ω-cyan-ω-carbäthoxy-vinyl)-pyrryl]-methan[3].

Mol-Gewicht: 448,39.

Zusammensetzung: 66,96% C; 6,25% H; 14,29% O; 12,50% N. $C_{25}H_{28}O_4N_4$.

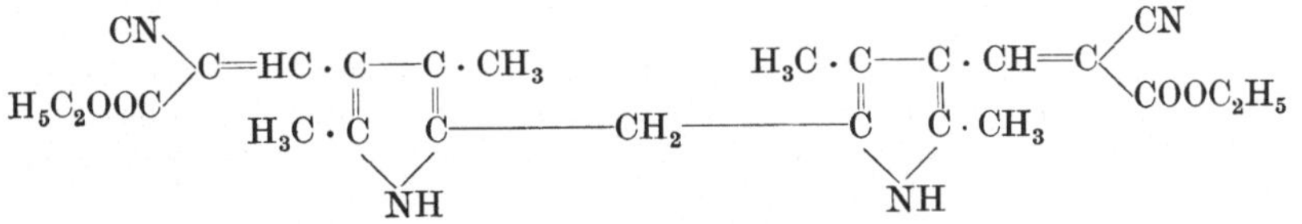

$$\begin{array}{c}
\text{NC} \\
\text{H}_5\text{C}_2\text{OOC}
\end{array}\!\!\!\!\!\!C\!\!=\!\!HC\cdot\underset{\underset{\text{H}_3\text{C}\cdot\text{C}}{\|}}{C}\!\!-\!\!\underset{\underset{\text{C}}{\|}}{C}\cdot\text{CH}_3$$

Darstellung: Durch Erhitzen von 2, 4-Dimethyl-3-(ω-cyan-ω-carbäthoxy-vinyl)-pyrrol $C_{12}H_{14}O_2N_2$ (0,4 g) mit Formalin (4 ccm), wobei zuerst Lösung eintritt und dann plötzlich das Methan ausfällt.

Eigenschaften: Aus Alkohol, Schmelzp. 217°. Bildet zwei Formen, eine farblose in Alkhol leichter lösliche und eine grüne in wetzsteinähnlichen Formen krystallisierende und in Alkohol schwer lösliche. Der Schmelzpunkt beider ist gleich, der Mischschmelzpunkt gibt keine Depression. Gibt durch Verseifung mit wässerig-alkoholischer Kalilauge Bis-[2, 4-dimethyl-3-(ω-cyan-ω-carboxy-vinyl)-pyrryl]-methan $C_{21}H_{20}O_4N_4$. (Schmelzp. 268°, krystallisiert nicht.)

Bis-[2, 4-dimethyl-3-(ω-cyan-ω-carbäthoxy-vinyl)-pyrryl]-methen[4].

Mol-Gewicht: 446,37.

Zusammensetzung: 67,11% C; 6,04% H; 14,32% O; 12,53% N. $C_{25}H_{26}O_4N_4$.

Darstellung: 1,2 g 2, 4-Dimethyl-3-(ω-cyan-ω-carbäthoxy-vinyl)-5-formylpyrrol $C_{13}H_{14}O_3N_2$ und 1 g 2, 4-Dimethyl-3(ω-cyan-ω-carbäthoxy-vinyl)-pyrrol $C_{12}H_{14}O_2N_2$ werden in heißem Alkohol gelöst und dann nach dem Erkalten etwas konz. Salzsäure zugesetzt, wonach nach einiger Zeit das salzsaure Methen krystallisiert. Es wird in Chloroform aufgenommen und mit 10 proz. Soda geschüttelt, worauf sofort das freie Methen ausfällt.

[1] H. Fischer u. K. Zeile: Liebigs Ann. **462**, 224 (1928).
[2] H. Fischer u. K. Zeile: Liebigs Ann. **462**, 225 (1928).
[3] H. Fischer u. H. Wasenegger: Liebigs Ann. **461**, 293 (1928).
[4] H. Fischer u. H. Wasenegger: Liebigs Ann. **461**, 292 (1928).

Eigenschaften: Aus Pyridin-Wasser dunkelrote Nadeln, Sinterung bei 250°.

Bromhydrat $C_{25}H_{27}O_4N_4Br$. Entsteht beim Versetzen einer eisessigsauren Lösung des Bis-(2, 4-dimethyl-3-(ω-cyan-ω-carbäthoxy-vinyl)-pyrryl)-methans mit 1 Mol Brom. — Aus Eisessig rote Krystalle, Schmelzp. 215° nach vorheriger Schwarzfärbung[1].

Bis-[2, 4-dimethyl-3-(β-methylmalonsäuredimethylester)-pyrryl]-methenchlorhydrat.
3, 5, 3', 5'-Tetramethyl-4, 4'-(β-methylmalonsäuredimethylester)-pyrromethenchlorhydrat[2].

Mol-Gewicht: 524,87.

Zusammensetzung: 57,18% C; 6,34% H; 24,38% O; 5,34% N; 6,76% Cl. $C_{25}H_{33}O_8N_2Cl$.

$$(H_3COOC)_2 \cdot HC \cdot H_2C \cdot \underset{\underset{\underset{NH}{\diagdown\diagup}}{\overset{|}{H_3C \cdot C \quad C}}}{C{-}C} {-}CH{=}\underset{\underset{\underset{NHCl}{\diagdown\diagup}}{\overset{|}{C \quad C \cdot CH_3}}}{C} \quad H_3C \cdot C{=}C \cdot CH_2 \cdot CH \cdot (COOCH_3)_2$$

Darstellung: In eine kalte konz. Lösung von 2, 4-Dimethyl-5-carboxy-pyrrol-3-(β-methyl-malonsäure) in abs. Methylalkohol wird 30 Minuten lang trockener Chlorwasserstoff eingeleitet. Nach 2 tägigem Stehen wird der Alkohol bei 40° im Vakuum verdampft und das restliche mit Krystallen durchsetzte Öl mehrere Tage im Vakuum über Schwefelsäure gestellt; wobei sich eine plastische Masse bildet[2].

Eigenschaften: Aus Chloroform-Petroläther und aus Methanol goldgelbe Nadeln, Zersetzungsp. 211—218°. Wird durch 10 proz. Natronlauge bei 50° glatt verseift[3].

Bis-[2, 4-dimethyl-3-(β-methylmalonsäure)-pyrryl]-methenperchlorat $C_{21}H_{24}O_8N_2$ $\cdot$ $HClO_4$. Durch kurzes Kochen des Trinatriumsalzes des 2, 4-Dimethyl-3-(β-methylmalonsäure)-5-carboxy-pyrrols mit überschüssiger Ameisen- und Perchlorsäure. Beim Erkalten Krystallisation, die durch Eindampfen der Mutterlauge noch vermehrt wird. — Lange orangegelbe Nadeln. Wird unter der Einwirkung von methylalkoholischer Salzsäure in den Tetramethyl-ester des Chlorhydrats übergeführt[3].

Tetranatriumsalz des freien Methens $C_{21}H_{40}O_8N_2Na_4$. Bildet sich beim Erwärmen des Tetramethylesters des Methenchlorhydrats mit 10 proz. Natronlauge auf 50°, ferner auch beim gelinden Erwärmen obigen Perchlorats mit Natronlauge. Die Ausscheidung wird durch Zugabe von Alkohol vervollständigt. — Leicht löslich in Wasser, unlöslich in Alkohol[3].

Kupfersalz des Esters $C_{50}H_{62}O_{16}N_4Cu$. Durch kurzes Aufkochen einer alkoholischen Lösung des Methens mit ammoniakalischer Kupfersalzlösung. — Aus Alkohol braune Rhomboeder[4].

(p-Dimethylamino-phenyl)-(2, 4-dimethyl-pyrrolen-3 [β-methyl-malonsäure])-methenchlorhydrat[5].

Mol-Gewicht: 401,8.

Zusammensetzung: 59,79% C; 6,52% H; 17,89% O; 6,97% N; 8,83% Cl. $C_{19}H_{23}O_4N_2Cl$ + $^1/_2$ C_2H_5OH.

Darstellung: Bildet sich beim Versetzen von 3,2 g des Trinatriumsalzes der 2, 4-Dimethyl-5-carboxy-pyrrol-3-[β-methylmalonsäure] in 10 ccm Wasser mit 1,6 g p-Dimethyl-aminobenzaldehyd und 15 ccm 10 proz. Salzsäure als schwer löslicher Niederschlag. Ausbeute 3,7 g.

Eigenschaften: Zu Rosetten gruppierte violette Nadeln, Schmelzp. 190°. Wird auf Zusatz von konz. Salzsäure farblos. Gibt kein komplexes Kupfersalz. Alkoholische Eisenchloridlösung bewirkt violettrote Fällung.

Perchlorat $C_{19}H_{23}O_8N_2Cl$ (M = 378,76). Wird wie oben dargestellt unter Verwendung von Perchlorsäure. — Aus Alkohol-Perchlorsäure rechteckige Platten, die im auffallenden Licht grünviolett, im durchfallenden braun erscheinen.

---

[1] H. Fischer u. H. Wasenegger: Liebigs Ann. **461**, 294 (1928).
[2] H. Fischer u. R. Siebert: Liebigs Ann. **483**, 9 (1930).
[3] H. Fischer u. C. Nenitzescu: Hoppe-Seylers Z. **145**, 302 (1925).
[4] H. Fischer u. P. Heisel: Liebigs Ann. **457**, 100 (1927).
[5] H. Fischer u. C. Nenitzescu: Hoppe-Seylers Z. **145**, 303—305 (1925).

Dinatriumsalz $C_{19}H_{20}O_4N_2Na_2$. Aus dem Chlorhydrat oder dem Perchlorat durch Lösen in Natronlauge und Fällen mit Alkohol. — Ist intensiv gelb gefärbt, auch in wässeriger Lösung. Beim Verdünnen wird die Farbe rot. Wird auf Zusatz von Salzsäure zuerst rot, dann farblos.

Bis-(2, 4-dimethyl-3-äthyl-pyrryl)-methen.
Di-kryptopyrrryl-methen.

Mol-Gewicht: 256,3.

Zusammensetzung: 79,62% C; 9,44% H; 10,93% N. $C_{17}H_{24}N_2$.

Darstellung: a) Ein Gemisch von 1,5 g Kryptopyrrol $C_8H_{13}N$ in 5 ccm Chloroform und 1 ccm Blausäure wird ohne Kühlung rasch mit Salzsäure gesättigt. Nach 5 stündigem Stehen wird das Chloroform im Vakuum verdampft und der Rückstand, ein rotes Pulver, mit alkoholischer Natronlauge gekocht, wonach beim Erkalten das Methen auskrystallisiert[1, 2].

b) Kryptopyrrol wird 2—5 Minuten mit einem kleinen Überschuß an Ameisensäure gekocht, dann Perchlorsäure oder Salzsäure, Bromwasserstoffsäure, Schwefelsäure, Arsensäure im Überschuß zugesetzt und noch einmal kurz erhitzt. Beim Abkühlen krystallisieren dann die entsprechenden Salze, das Methen-perchlorat oder -chlorhydrat, -bromhydrat, -sulfat, -arsenat aus. Zwecks Zerlegung wird in warmem Alkohol gelöst, unterkühlt und dann 25 proz. Ammoniak zugesetzt, wonach beim Einstellen in Eis das Methen auskrystallisiert. Ausbeute 50—60%[1].

Eigenschaften: Aus Alkohol goldorange glänzende Blättchen. Schmelzp. 151%. Wird durch Natriumamalgam nicht reduziert. Bei Reduktion mit Eisessig-Zinkstaub entsteht Kryptopyrrol. Die Oxydation mit Salpetersäure und Chromsäure gibt Methyläthylmaleinimid[1]. Enthält ein aktives Wasserstoffatom[3].

Pikrat $C_{23}H_{27}O_7N_2$. Fällt sofort aus beim Versetzen einer ätherischen Lösung des Methens mit ätherischer Pikrinsäure. — Aus Alkohol rotbraune Nadeln. Zersetzungsp. ab 174°[1].

Perchlorat $C_{17}H_{25}O_4N_2Cl$. Entsteht in fast quantitativer Ausbeute bei 2 tägigem Erhitzen von Kryptopyrrol mit Ameisensäure und Perchlorsäure auf dem siedenden Wasserbad[1, 4]. — Aus Chloroform-Ligroin, Zersetzungsp. 240° unter Gasentwicklung[2].

Arsensaures Salz $C_{17}H_{27}O_4N_2As$. Aus Alkohol blauschillernde, kurze Prismen; Zersetzungsp. 211° unter Gasentwicklung[1].

Chlorhydrat $C_{17}H_{25}N_2Cl$. Entsteht sowohl bei 3 tägigem Stehen als auch bei $^1/_2$ stündigem Erhitzen einer Lösung von 3 g Kryptopyrrol (2 Mol) und 1 g Chlormethyläther (1 Mol) in abs. Benzol. In beiden Fällen krystalline Abscheidung. — Große Krystalle, Schmelzp. 235°[5].

Kupfersalz $C_{34}H_{46}N_4Cu$. Entsteht beim Versetzen von 0,2 g Methen in Alkohol mit einer ammoniakalischen Kupferacetatlösung und kurzem Aufkochen. Ausbeute 0,2 g[1]. — Aus Alkohol grüne glänzende Kryställchen, Schmelzp. 185—187°. Schwer löslich in Alkohol. Spektrum: 517,3—503,4 $\mu\mu$.

Nickelsalz $C_{34}H_{46}N_4Ni$. Wird erhalten durch Versetzen von 0,2 g Methen in Alkohol mit einer ammoniakalischen Nickelnitratlösung und kurzem Erhitzen. Die Lösung färbt sich blutrot und es tritt Krystallisation ein. Ausbeute 0,2 g. — Aus Alkohol dunkelbronzeglänzende Nädelchen, Schmelzp. 200—203°. Leicht löslich in Aceton, Petroläther, Äther, Chloroform; weniger in Alkohol. Spektrum: 532—508 $\mu\mu$ verwaschen[1].

Kobaltsalz $C_{34}H_{46}N_4Co$. Darstellung wie beim Nickelsalz. Es tritt Blutrotfärbung und Krystallisation ein. Ausbeute 0,18 g. — Aus Aceton grünglänzende, derbe Krystallkörner; Schmelzp. 198°. Leicht löslich in Chloroform, mäßig in Aceton, Petroläther und Äther. Spektrum: 515,4—504,7 $\mu\mu$[1].

Zinksalz $C_{34}H_{46}N_4Zn$. 1,2 g Methen in Alkohol werden mit einer ammoniakhaltigen Zinknitratlösung kurz aufgekocht. Nach einigem Stehen tritt Krystallisation ein. — Aus Alkohol orangefarbene, dünne Nadeln mit grüner Fluorescenz; Schmelzp. 197°. Leicht löslich in Aceton, Äther, Petroläther, Chloroform. Die Lösungen zeigen grüne Fluorescenz. Spektrum: 515,5—504,3; Schatten bis 475,2 $\mu\mu$[1].

Mercurisalz. Entsteht als roter Niederschlag bei Zugabe einer alkoholischen Sublimatlösung zu einer Lösung von 0,2 g Methen in Alkohol. — Aus Chloroform rote Nädelchen; Schmelzp. ab 160° unter Zersetzung. Schwer löslich in Aceton, Chloroform; fast unlöslich in Petroläther[1].

---

[1] H. Fischer, P. Halbig u. B. Walach: Liebigs Ann. **452**, 296—300 (1927).

[2] H. Fischer u. M. Schubert: Ber. dtsch. chem. Ges. **56**, 1210 (1923).

[3] H. Fischer u. J. Postowsky: Hoppe-Seylers Z. **152**, 309 (1926).

[4] H. Fischer, E. Sturm u. H. Friedrich: Liebigs Ann. **461**, 274 (1928). — Vgl. H. Fischer u. M. Schubert: Ber. dtsch. chem. Ges. **56**, 1210 (1923).

[5] H. Fischer u. E. Adler: Hoppe-Seylers Z. **197**, 276 (1931).

Bis-[2, 4 (3, 5)-Dimethyl-3 (4)-äthyl-pyrryl]-äthanon (α)[1].

Mol-Gewicht: 286,32.

Zusammensetzung: 75,47% C; 9,15% H; 5,59% O; 9,79% N. $C_{18}H_{26}ON_2$.

$$H_5C_2 \cdot C{-}C \cdot CH_3 \qquad\qquad H_3C \cdot C{-}C \cdot C_2H_5$$
$$H_3C \cdot C \quad C{-}{-}{-}CO{-}CH_2{-}{-}{-}C \quad C \cdot CH_3$$
$$(\alpha)$$
$$NH \qquad\qquad\qquad\qquad NH$$

Darstellung: Zu einer Grignardschen Lösung aus 6,0 g Bromäthyl, 1,3 g Magnesium und 15 ccm abs. Äther läßt man langsam 6,2 g Kryptopyrrol in abs. Äther tropfen und erhitzt dann $^1/_2$ Stunde auf dem Wasserbad. Nach dem Abkühlen werden in kleinen Portionen 10 g 2, 4-Dimethyl-3-äthyl-5-chloracetyl-pyrrol suspendiert in abs. Äther zugesetzt. Nach Beendigung der stürmischen Reaktion wird 3 Stunden auf dem Wasserbad gekocht und dann vorsichtig mit kalter Chlorammoniumlösung zersetzt. Nach Verdunsten des Äthers hinterbleibt das Äthanon.

Eigenschaften: Aus Alkohol lange, büschelförmig angeordnete Nadeln, Schmelzp. 142 bis 143° (korr.) unter vorherigem Sintern. Schwer löslich in kaltem Alkohol.

Bis-(2, 4-dimethyl-3-äthyl-pyrryl)-keton.
3, 3′-5, 5-Tetramethyl-4, 4′-diäthyl-pyrroketon[2].

Mol-Gewicht: 272,3.

Zusammensetzung: 75,00% C; 8,82% H; 5,89% O; 10,29% N; $C_{17}H_{24}ON_2$.

$$H_5C_2 \cdot C{-}C \cdot CH_3 \qquad\qquad H_3C \cdot C{-}C \cdot C_2H_5$$
$$H_3C \cdot C \quad C{-}{-}{-}CO{-}{-}{-}C \quad C \cdot CH_3$$
$$NH \qquad\qquad\qquad\qquad NH$$

Darstellung: Eine Grignard-Lösung aus 10,7 g Bromäthyl, 2,1 g Magnesium und 25 ccm Äther wird unter Umschütteln langsam in 10 g Kryptopyrrol in 30 ccm abs. Äther eingetropft. Nach 3—4stündigem Erwärmen auf dem Wasserbad werden weiterhin noch 30 ccm einer 20proz. Lösung von Phosgen in Toluol zugetropft, wobei sich unter heftiger Reaktion ein gelb- bis braungefärbter Körper abscheidet. Nach Stehen über Nacht wird wie üblich zersetzt, die wässerige Schicht abgetrennt, der ausgeschiedene Rohkörper abgesaugt und mehrmals mit Alkohol und Äther gewaschen.

Eigenschaften: Farblose, lange Nadeln, Schmelzp. 207°. Löslich in Eisessig, Alkohol, Chloroform, Pyridin; unlöslich in Äther. Gibt mit Natriumäthylat bei 160—165° und mit Jodwasserstoffeisessig Kryptopyrrol. Mit Brom erfolgt Bildung der bromierten Methene des Kryptopyrrols.

Hydrazon $C_{17}H_{26}N_4$. Durch 5—6stündiges Erhitzen des Ketons (2,7 g) mit der 3- bis 4fachen Menge Hydrazin auf 160°. Danach wird das überschüssige Hydrazin abgegossen, der Rückstand mit Wasser verrieben und abgesaugt. — Aus Alkohol-Wasser prismatische Tafeln, Schmelzp. 126°. Leicht löslich in allen Lösungsmitteln. Färbt die Haut gelb.

Acetylderivat des Hydrazons $C_{19}H_{28}ON_4$. Durch Anteigen des Hydrazons mit überschüssigem Essigsäureanhydrid, wobei unter Erwärmung Rotfärbung und Lösung eintritt. Beim Erkalten Krystallisation. — Aus Methylalkohol-Wasser lange Prismen. Schmelzp. 200°. Löslich in den meisten gebräuchlichen Lösungsmitteln.

Thiocarbohydrazid $C_{35}H_{50}N_8S$. 0,5 g Hydrazon in 2 ccm Benzol werden mit 0,3 g trocknem Schwefelkohlenstoff versetzt. Schon in der Kälte Beginn der Reaktion, die durch 2—3stündiges Erhitzen auf dem Wasserbad beendet wird. Noch heiß Krystallisation in gelben Nadeln. — Aus viel Chloroform büschelförmig vereinigte Nadeln; Schmelzp. 239°. Schwer löslich in Alkohol. Wird durch Eisessig zum Keton gespalten.

Ketazin $C_{34}N_{48}N_6$. Durch 2stündiges Erhitzen des Hydrazons (1 g) auf 170—180° bei 12—15 mm Vakuum. Unter lebhafter Gasentwicklung bildet sich eine rote Schmelze, die

---

[1] H. Fischer u. W. Kutscher: Liebigs Ann. **481**, 213 (1930).
[2] H. Fischer u. H. Orth: Liebigs Ann. **489**, 73 (1931).

nach dem Erstarren beim Abkühlen in heißem Alkohol gelöst wird. Beim Stehen und Reiben Krystallisation in orangefarbenen Rhomben. — Schmelzp. 209°. Löslich in viel Alkohol, Chloroform, Eisessig; leicht löslich in Äther. Enthält etwa 4 aktive Wasserstoffatome. Zieht auf Seide und Wolle orangefarben, auf Baumwolle lachsfarben, auf chromierte Baumwolle braunrot auf. Ist gegen Seife kochecht. Gibt in Chloroform gelöst eine Art Gmelinsche Reaktion: Grünfärbung, die über Rot nach Rotviolett und Rotgelb übergeht. In Rotviolett zeigt sich ein Absorptionsstreifen im Orange.

Kupfersalz. Durch Umsetzen des Ketazins mit Kupferacetat in schwach ammoniakalischer methylalkoholischer Lösung. Beim Erkalten Krystallisation. — Aus Methylalkohol-Chloroform rote, rautenförmige Tafeln; Schmelzp. 240—242°.

3, 3′, 5, 5′-Tetramethyl-4, 4′-diäthyl-chlor-pyrromethenchlorhydrat[1].

Mol-Gewicht: 327,22.

Zusammensetzung: 62,39% C; 7,33% H; 8,56% N; 21,71% Cl. $C_{17}H_{24}N_2Cl_2$.

$$H_5C_2 \cdot C \!\!-\!\! C \cdot CH_3 \qquad\qquad H_3C \cdot C \!=\! C \cdot C_2H_5$$
$$H_3C \cdot C \quad C \!\!-\!\!\!-\!\!\!-\!\! C \!=\!\!=\! C \quad C \cdot CH_3$$
$$\overset{\diagdown\diagup}{NH} \qquad \overset{|}{Cl} \qquad \overset{\diagdown\diagup}{NHCl}$$

Darstellung: 2,7 g 3, 3′, 5, 5′-Tetramethyl-4, 4′-diäthyl-pyrroketon werden unter guter Kühlung mit 15—20 ccm einer 20proz. Phosgen-Toluollösung übergossen. Nach 5—10 Minuten Reaktion unter Kohlensäureentwicklung, Rotfärbung und Lösung des Ketons. Nach Stehen über Nacht unter Ausschluß von Feuchtigkeit im Eisschrank Krystallisation in roten Prismen mit stahlblauem Oberflächenglanz. (Ist die Krystallisation ausgeblieben, dann wird vorsichtig Petroläther zugegeben, in Eis gestellt und wiederholt mit dem Glasstab gerieben, wobei die ausgefallenen Schmieren fest werden.) Nach dem Absaugen wird mit Benzol und Petroläther gewaschen. Ausbeute 3,0—3,1 g.

Eigenschaften: Aus Aceton rote, zu Garben vereinigte Nadeln, Schmelzp. 157—158°. Gibt beim Erhitzen mit Wasser das Keton zurück. Löslich in Aceton. Zeigt schwache Urobilinreaktion.

3, 3′, 5, 5′-Tetramethyl-4, 4′-diäthyl-pyrromethen $C_{17}H_{23}N_2Cl$. 0,5 g Chlorhydrat in Chloroform werden mit Soda zerlegt. Nach dem Versetzen mit Wasser und Trocknen wird das Chloroform verdampft. — Aus Aceton in der Durchsicht gelbe Prismen mit dunkelgrünem Oberflächenglanz; ohne Schmelzpunkt (ab 240° Sinterung).

(2, 4-Dimethyl-3-äthyl-pyrryl)-(pyrrolenyl)-methenbromhydrat.
3, 5-Dimethyl-4-äthyl-pyrromethenbromhydrat[2].

Mol-Gewicht: 281,14.

Zusammensetzung: 55,5% C; 6,10% H; 9,09% N; 28,56% Br. $C_{13}H_{17}N_2Br$.

$$H_5C_2 \cdot C \!\!-\!\! C \cdot CH_3 \qquad\qquad H \cdot C \!=\! C \cdot H$$
$$H_3C \cdot C \quad C \!\!-\!\!\!-\!\!\!-\! CH \!=\!\!=\! C \quad C \cdot H$$
$$\overset{\diagdown\diagup}{NH} \qquad\qquad \overset{\diagdown\diagup}{NHBr}$$

Darstellung: 1,0 g Pyrrol-α-Aldehyd in wenig Eisessig wird mit 1,3 g Kryptopyrrol und etwas Bromwasserstoffsäure versetzt. Bei starkem Kühlen und längerem Reiben Krystallisation. Ausbeute 1,1—1,4 g.

Eigenschaften: Aus Eisessig lange, gelbe, schief abgeschnittene Stäbchen, Schmelzp. 193° unter Zersetzung (ab 145° Dunkelfärbung).

3-Methyl-4-äthyl-5-brommethyl-5′-brom-pyrromethenbromhydrat $C_{11}H_{15}N_2Br_3$. Eine Aufschlämmung von 0,85 g Bromhydrat in 2 ccm Eisessig wird mit 5 ccm einer 10proz. Bromlösung versetzt und 10 Minuten am kochenden Wasserbad erwärmt. Nach 3stündigem Stehen wird abgesaugt. Ausbeute 1,1 g. — Verfärbt sich über 200° ohne bis 300° zu schmelzen. Gibt mit Aceton Bromaceton. Dient zur Darstellung des 1, 5-Dimethyl-2, 6-diäthyl-porphins.

[1] H. Fischer u. H. Orth: Liebigs Ann. **489**, 83 (1931).
[2] H. Fischer u. A. Schorrmüller: Liebigs Ann. **482**, 244 (1930).

(2, 4-Dimethyl-3-äthyl-pyrryl) - (2-äthyl-4-methyl-pyrrolenyl) - methen-bromhydrat.
3, 3′, 5-Trimethyl-4, 5′-diäthyl-pyrromethenbromhydrat[1].

Mol-Gewicht: 323,20.

Zusammensetzung: 59,42% C; 7,17% H; 8,07% N; 24,74% Br. $C_{16}H_{23}N_2Br$.

$$\begin{array}{cccc}
H_5C_2 \cdot C\!-\!C \cdot CH_3 & & H_3C \cdot C\!=\!\!=\!C \cdot H \\
H_3C \cdot C \quad\; C\!-\!\!-\!\!-\!\!-\!\!-CH\!=\!\!\!=\!\!\!=\!C \quad C \cdot C_2H_5 \\
\backslash NH\!/ & & \backslash NHBr\!/
\end{array}$$

Darstellung: 2,4 g 2-Äthyl-4-methyl-pyrrol $C_7H_{11}N$ und 2,8 g Kryptopyrrolaldehyd $C_9H_{13}ON$ in 10 ccm Sprit werden unter Eiskühlung mit 1,5 ccm 48proz. Bromwasserstoffsäure versetzt. Nach kurzem Reiben tritt Krystallisation ein. Ausbeute 4,5 g.

Eigenschaften: Aus Sprit orangegelbe Nadeln, Schmelzp. 175°. Läßt sich aus Pyridin bei schnellem Arbeiten unzersetzt umkrystallisieren; erst bei längerem Erhitzen tritt Zersetzung unter Grünfärbung ein. Die freie Base ist sehr zersetzlich. Dient zur Darstellung des Iso-phyllo-ätioporphyrins. Gibt mit Zinkacetat ein intensiv fluorescierendes Zinksalz.

[2, 4(3, 5)-Dimethyl-3(4)-äthyl-pyrryl]-[2′, 4′(3′, 5′)-dimethyl-pyrryl]-5, 5′(2, 2′)-äthanon (α)[2].

Mol-Gewicht: 258.

Zusammensetzung: 74,37% C; 8,59% H; 6,19% O; 10,85% N. $C_{16}H_{22}ON_2$.

$$\begin{array}{cccc}
H_5C_2 \cdot C\!-\!C \cdot CH_3 & & H_3C \cdot C\!-\!C \cdot H \\
H_3C \cdot C \quad\; C\!-\!\!-\!\!-\!\!-CO \cdot CH_2\!-\!\!-\!\!-\!\!-C \quad C \cdot CH_3 \\
\backslash NH\!/ & (\alpha) & \backslash NH\!/
\end{array}$$

Darstellung: Wird erhalten durch Kondensation von 2, 4-Dimethyl-pyrrol C_6H_9N mit 2, 4-Dimethyl-3-äthyl-5-(chloracetyl)-pyrrol $C_{10}H_{14}ONCl$ in der üblichen Weise (siehe S. 558).

Eigenschaften: Aus Alkohol, Schmelzp. 156°.

[2, 4(3, 5)-Dimethyl-3(4)-äthyl-pyrryl]-[2, 4(3′, 5′)-dimethyl-3(4′)-acetyl-pyrrolenyl]-methenbromhydrat[3].

Mol-Gewicht: 351,21.

Zusammensetzung: 58,00% C; 6,60% H; 4,66% O; 7,98% N; 22,76% Br. $C_{17}H_{23}ON_2Br$.

Darstellung: Durch Kondensation von 1,5 g 2, 4-Dimethyl-3-äthyl-5-formyl-pyrrol mit 1,4 g 2, 4-Dimethyl-3-acetyl-pyrrol in Alkohol mittels Bromwasserstoffsäure. Nach längerem Reiben oder Impfen Krystallisation. Ausbeute 1,9 g.

Eigenschaften: Schmelzp. 237° unter Zersetzung.

[2, 4(3, 5)-Dimethyl-3(4)-äthyl-pyrryl]-[2, 4 (3′, 5′)-dimethyl-3 (4′)-acetyl-pyrrolenyl-methen $C_{17}H_{22}ON_2$. Durch Lösen des Bromhydrats in wenig heißem Sprit und Zusatz von Ammoniak. Beim Erkalten Krystallisation in hellgelben rechteckigen Blättchen, Schmelzp. 159°.

Perbromprodukt $C_{17}H_{23}ON_2Br_3$. Durch Bromieren von 1 g Bromhydrat mit 1 g Brom in Eisessig bei 40—50°. Ausbeute fast theoretisch. — Dünne gelbrote Blättchen, Schmelzpunkt 202° unter Zersetzung. Entwickelt mit Aceton Bromaceton unter Rückbildung des Ausgangsmaterials.

[1] H. Fischer u. H. Helberger: Liebigs Ann. **480**, 251 (1930).
[2] H. Fischer u. P. Viaud: Ber. dtsch. chem. Ges. **64**, 199 (1931).
[3] H. Fischer u. H. Orth: Liebigs Ann. **473**, 241 (1929).

[2,4(3,5)-Dimethyl-3(4)-äthyl-pyrryl]-(2,4-dimethyl-3-carbäthoxy-pyrrolenyl)-methen[1].

Mol-Gewicht: 300,30.

Zusammensetzung: 71,91% C; 8,05% H; 10,71% O; 9,33% N. $C_{18}H_{24}O_2N_2$.

Darstellung: Das Chlorhydrat entsteht durch Kondensation von 1,5 g Kryptopyrrol-aldehyd (2,4-Dimethyl-3-äthyl-5-formylpyrrol) $C_9H_{13}ON$ mit 1,7 g 2,4-Dimethyl-3-carb-äthoxypyrrol $C_9H_{13}O_2N$ mittels Salzsäure in der üblichen Weise. Ausbeute 2,7 g = 80,7%. Aus diesem wird dann mit Hilfe von Soda und Chloroform das freie Methen erhalten[1].

Eigenschaften: Aus Alkohol Nadeln, Schmelzp. 132°. Löslich in Alkohol und Chloroform[1].

Bromhydrat $C_{18}H_{25}O_2N_2Br$. Darstellung wie oben, jedoch mit Bromwasserstoffsäure. Ausbeute besser. — Schmelzp. 203° unter Zersetzung[2].

Perbromid. Durch Bromieren des Bromhydrats mit 2 Mol Brom. — Zinnoberrote glas-glänzende Nadeln, Schmelzp. 145° unter Zersetzung[2].

[2,4(3,5)-Dimethyl-3(4)-äthyl-pyrryl]-[3(4)propionsäure-4(3)-methyl-pyrrolenyl]-methenbromhydrat[2].
3,5,3'-Trimethyl-4-äthyl-4'-propionsäure-pyrromethenbromhydrat[3].

Mol-Gewicht: 367,21.

Zusammensetzung: 55,58% C; 6,26% H; 18,74% O; 21,79% Br; 7,63% N. $C_{17}H_{23}O_2N_2Br$.

$$H_5C_2 \cdot C\!-\!C \cdot CH_3 \qquad\qquad H_3C \cdot C\!=\!C \cdot CH_2 \cdot CH_2 \cdot COOH$$
$$H_3C \cdot C\quad C\!-\!\!-\!\!-\!CH\!=\!\!=\!C\quad C \cdot H$$
$$\qquad NH \qquad\qquad\qquad\qquad NHBr$$

Darstellung: 6 g Kryptopyrrolaldehyd (2,4-Dimethyl-3-äthyl-5-formyl-pyrrol) $C_9H_{13}ON$ und 5 g Opsopyrrolcarbonsäure (3-Propionsäure-4-methyl-pyrrol) $C_8H_{11}O_2N$, mit 7 ccm Alkohol verrührt, werden unter Eiskühlung mit 6 ccm 48proz. Bromwasserstoffsäure versetzt. Nach dem Reiben tritt Krystallisation ein. Nach 1 stündigem Stehen in Eis wird abgesaugt und erst mit wenig 60proz. Alkohol und dann mit Äther gewaschen. Ausbeute 9 g.

Eigenschaften: Aus Eisessig orangefarbene, wetzsteinförmige Krystalle[3]; aus Chloroform-Petroläther gelbe Nadeln[4], Zersetzungsp. 214° (ab 200° Dunkelfärbung). Dient zur Synthese von Mesoporphyrin V[3], von 1,3,5,8-Tetramethyl-2,4-diäthyl-6-propyl-7-propionsäurepor-phin[5], von Porphinmonocarbonsäure III[6] und von Koproporphyrin I[7].

[2,4(3,5)-Dimethyl-3(4)-äthyl-pyrryl]-[2(5)-brom-3(4)-propionsäure-4(3)-methyl-pyrrolenyl]-methenbromhydrat[4].
3,5,3'-Trimethyl-4-äthyl-4'propionsäure-5'-brom-pyrromethen-bromhydrat[3].

Mol-Gewicht: 446,12.

Zusammensetzung: 45,78% C; 4,97% H; 7,1% O; 6,28% N; 35,87% Br. $C_{17}H_{22}O_2N_2Br_2$.

$$H_5C_2 \cdot C\!-\!C \cdot CH_3 \qquad\qquad H_3C \cdot C\!=\!C \cdot CH_2 \cdot CH_2 COOH$$
$$H_3C \cdot C\quad C\!-\!\!-\!\!-\!CH\!=\!\!=\!C\quad C \cdot Br$$
$$\qquad NH \qquad\qquad\qquad\qquad NHBr$$

[1] H. Fischer, P. Halbig u. B. Walach: Liebigs Ann. **452**, 281 (1927).
[2] H. Fischer u. A. Schorrmüller: Liebigs Ann. **473**, 243 (1929).
[3] H. Fischer, H. Berg u. A. Schorrmüller: Liebigs Ann. **480**, 136 (1920).
[4] H. Fischer, H. Friedrich, W. Lamatsch u. K. Morgenroth: Liebigs Ann. **466**, 175 (1929).
[5] H. Fischer u. A. Rotthaas: Liebigs Ann. **484**, 102 (1930).
[6] H. Fischer, H. K. Weichmann u. K. Zeile: Liebigs Ann. **475**, 253 (1929).
[7] H. Fischer u. H. Berg: Liebigs Ann. **482**, 213 (1930).

Darstellung: 5,0 g 3, 5, 3′-Trimethyl-4-äthyl-4′-propionsäure-pyrromethenbromhydrat, mit 2 ccm Eisessig verrührt, werden nach Zusatz von 5 ccm einer Brom-Eisessiglösung (enthaltend 50 g Brom in 100 ccm Eisessig) auf dem Wasserbad bis zur Beendigung der Bromwasserstoffentwicklung erhitzt. Nach 2stünd. Stehen wird abgesaugt und mit Eisessig-Äther gewaschen[1].

Eigenschaften: Aus Chloroform-Alkohol[2] oder Petroläther[2] oder Eisessig[1] hell orangefarbene Nadeln, Schmelzp. 224°. Dient zur Darstellung von Mesoporphyrin V[2], von Rhodoporphyrin XV[3], von Pyrroporphyrin XV[1] und von 1, 3, 5, 8-Tetramethyl-2, 4-diäthyl-6-propyl-7-propionsäure-porphin[4].

[2, 4-Dimethyl-3-äthyl-pyrryl]-[3 (4)-propionsäuremethylester-4, 5 (2, 3)-dimethyl-pyrrolenyl]-methenbromhydrat[5].

Mol-Gewicht: 395,25.

Zusammensetzung: 57,70% C; 6,89% H; 8,1% O; 7,09% N; 20,22% Br. $C_{19}H_{27}O_2N_2Br$.

Darstellung: Durch Versetzen von 0,18 g Hämopyrrolcarbonsäuremethylester $C_{10}H_{14}O_2N$ und 0,15 g Kryptopyrrolaldehyd $C_9H_{13}ON$ in 2 ccm Methylalkohol mit 0,5 ccm Bromwasserstoffsäure. Krystallisation erfolgt rasch nach Zugabe von etwas Wasser und Reiben mit dem Glasstab. Nach dem Absaugen wird mit Methylalkohol und Wasser nachgewaschen. Ausbeute 0,3 g.

Eigenschaften: Aus Methylalkohol rote Prismen, Schmelzp. 280°.

(2-Brommethyl-3-äthyl-4-methyl-pyrryl)-[3 (4)-propionsäuremethylester-4 (3)-methyl-5 (2)-brommethyl-pyrrolenyl]-methenbromhydrat.

Mol-Gewicht: 553,07.

Zusammensetzung: 41,23% C; 4,56% H; 5,78% O; 5,07% N; 43,36% Br. $C_{19}H_{25}O_2N_2Br_3$.

Darstellung: 0,39 g (2, 4-Dimethyl-3-äthylpyrryl)-(4, 5-dimethyl-3-propionsäuremethylester-pyrrolenyl)-methenbromhydrat, in 20 ccm warmem Eisessig gelöst, werden mit 0,32 g Brom versetzt. Nach 1 stündigem Stehen wird durch vorsichtigen Zusatz von Äther und kräftiges Reiben mit dem Glasstab das Methenbromhydrat zur Abscheidung gebracht. (Bei Vorhandensein von Impfkrystallen kann das Bromhydrat auch durch Zusatz von Petroläther gefällt werden.) Ausbeute 0,43 g[6].

Eigenschaften: Aus Eisessig-Äther dunkelrote prismatische Nadeln. Zersetzungsp. etwa 225°. Dient zur Synthese von Porphinmonocarbonsäure IV[6] und VI[7].

(2, 4-Dimethyl-3-äthyl-pyrryl)-[2, 4-dimethyl-3-(ω-cyan-ω-carbäthoxy-vinyl)-pyrrolenyl]-methenchlorhydrat[8].

Mol-Gewicht: 387,8.

Zusammensetzung: 64,98% C; 6,74% H; 8,36% O; 10,82% N; 9,1% Cl. $C_{21}H_{26}O_2N_3Cl$.

Darstellung: Zu einer eisgekühlten Lösung von 0,5 g 2, 4-Dimethyl-3-äthyl-5-formyl-pyrrol $C_9H_{13}ON$ und 0,9 g 2, 4-Dimethyl-3-(ω-cyan-ω-carbäthoxy-vinyl)-pyrrol $C_{12}H_{14}O_2N$ in Alkohol gibt man im Abstand von 5 Minuten 5 mal 1 Tropfen konz. Salzsäure und läßt 1 Tag stehen, wonach Krystallisation eingetreten ist.

Eigenschaften: Aus Eisessig orangefarbige Nadeln, Schmelzp. 220°.

(2, 4-Dimethyl-3-äthylpyrryl) - [2, 4-dimethyl-3-(ω-cyan-ω-carbäthoxy-vinyl)-pyrrolenyl]-methen $C_{21}H_{35}O_2N_3$; M = 351,33. Wird hergestellt durch Schütteln der Chloroformlösung des Chlorhydrats mit 10proz. Sodalösung, Auswaschen des Chloroforms mit Wasser und Verdampfen. — Aus Eisessig dunkelrote Nadeln, Schmelzp. 132°.

[1] H. Fischer, H. Berg u. A. Schorrmüller: Liebigs Ann. **480**, 136 (1930).

[2] H. Fischer, H. Friedrich, W. Lamatsch u. K. Morgenroth: Liebigs Ann. **466**, 175 (1929).

[3] H. Fischer, H. Berg u. A. Schorrmüller: Liebigs Ann. **480**, 131 (1930).

[4] H. Fischer u. A. Rothhaas: Liebigs Ann. **484**, 102 (1930).

[5] H. Fischer, H. Grosselfinger u. G. Stangler: Liebigs Ann. **461**, 238 (1928).

[6] H. Fischer, H. Grosselfinger u. G. Stangler: Liebigs Ann. **461**, 239 (1928).

[7] H. Fischer u. H. K. Weichmann: Liebigs Ann. **475**, 256 (1929).

[8] H. Fischer u. H. Wasenegger: Liebigs Ann. **461**, 292—293 (1923).

Bis-(2, 5-dimethyl-pyrryl)-methenperchlorat.
(2, 5-Dimethyl-pyrryl)-(2, 5-dimethyl-pyrrolenyl)-methenperchlorat.

Mol-Gewicht: 300,68.

Zusammensetzung: 51,92% C; 5,66% H; 21,31% O; 9,32% N; 11,79% Cl. $C_{13}H_{17}O_4N_2Cl$.

$$H \cdot C\!-\!C\!-\!-\!-\!-\!-\!CH\!=\!=\!=\!=\!C\!-\!-\!CH$$
$$H_3C \cdot C \quad C \cdot CH_3 \qquad\qquad H_3C \cdot C \quad C \cdot CH_3$$
$$NH \qquad\qquad\qquad\qquad NHClO_4$$

Darstellung: a) 5 g 2, 5-Dimethyl-3-carbäthoxypyrrol $C_9H_{13}O_2N$, unter Erwärmen in 40 ccm 85 proz. Ameisensäure gelöst, werden nach Zugabe von 15 ccm 20 proz. Perchlorsäure 15—20 Minuten auf dem Wasserbad erhitzt; wonach beim Erkalten Krystallisation eintritt. Nach dem Absaugen wird mit Wasser gewaschen[1].

b) 1 g 2, 5-Dimethylpyrrol in 7 ccm 85 proz. Ameisensäure wird mit 4 ccm 20 proz. Perchlorsäure 10 Minuten lang gekocht[2].

Eigenschaften: Aus Alkohol zentimeterlange, orangefarbene Nadeln, die bei 220—230° verpuffen. Etwas löslich in Wasser, Alkohol, Eisessig, Chloroform. Der Staub reizt die Nasen- und Rachenschleimhäute und verursacht starken Niesreiz.

(2, 5-Dimethyl-pyrryl)-(2, 5-dimethyl-pyrrolenyl)-methen[3].

Mol-Gewicht: 218,23.

Zusammensetzung: 71,49% C; 8,31% H; 7,36% O; 12,84% N. $C_{13}H_{16}N_2 \cdot H_2O$.

Darstellung: Eine Lösung des Perchlorats in Alkohol oder Aceton wird nach dem Verdünnen mit soviel Wasser, daß noch keine Krystallisation eintritt, filtriert und das Filtrat mit Natriumhydroxydlösung 1 : 50 in kleinem Überschuß versetzt, wobei sich allmählich die Base abscheidet. Nach dem Filtrieren wird mit Wasser gewaschen[3].

Eigenschaften: Lange orangegelbe Nadeln. Verkohlt über 200°. Schwer löslich in Wasser, leicht in den üblichen organischen Solvenzien. Addiert gern anorganische Substanzen.

Hydrochlorid $C_{13}H_{17}N_2Cl$. Durch Auflösen der Base in heißer konz. Salzsäure. Entsteht ferner bei der Selbstkondensation des 2, 5-Dimethyl-3-carbäthoxy-4-formylpyrrols, beim Erhitzen mit rauchender Salzsäure. Beim Erkalten Krystallisation in langen, roten Nadeln. Leicht löslich in Wasser und Alkohol.

Sulfat $C_{13}H_{18}O_4N_2S$. Durch Erwärmen mit verdünnter Schwefelsäure. Beim Erkalten Krystallisation in rotbraunen Nadeln. Wenig löslich in Wasser.

(1-Phenyl-2, 5-dimethyl-pyrryl)-(1-Phenyl-2, 5-dimethyl-pyrrolenyl)-methenperchlorat[4].

Mol-Gewicht: 452,80.

Zusammensetzung: 66,27% C; 5,57% H; 14,15% O; 6,19% N; 7,82% Cl. $C_{25}H_{25}O_4N_2Cl$.

Darstellung: 5 g 1-Phenyl-2, 5-dimethyl-3-carbäthoxypyrrol $C_{15}H_{17}O_2N$, gelöst in 85 proz. warmer Ameisensäure, werden nach Zugabe von 15 ccm 20 proz. Perchlorsäure 1 Stunde auf dem Wasserbad erhitzt und dann heiß in eine Schale gegossen, wonach beim Erkalten Krystallisation eintritt. Nach dem Absaugen wird mit heißem Wasser gewaschen.

Eigenschaften: Aus viel Alkohol rotbraune Blättchen, Schmelzp. 245° unter Zersetzung. Schwer löslich in Wasser und in den üblichen Lösungsmitteln. Leichter löslich in 85 proz. Ameisensäure.

(1-Oxy-2, 5-dimethyl-pyrryl)-(1-oxy-2, 5-dimethyl-pyrrolenyl)-methenperchlorat[5].

Mol-Gewicht: 332,68.

Zusammensetzung: 46,90% C; 5,15% H; 28,87% O; 8,42% N; 10,66% Cl. $C_{13}H_{17}O_6N_2Cl$.

Darstellung: 5 g 1-Oxy-2, 5-dimethyl-3, 5-dicarbäthoxypyrrol $C_{12}H_{14}O_5N$ in 30 ccm 88 proz. Ameisensäure werden nach Zusatz von 15 ccm 20 proz. Perchlorsäure auf dem Sand-

[1] H. Fischer u. K. Smeykal: Ber. dtsch. chem. Ges. **57**, 546 (1924). — Vgl. Weichmann: Dissertation München 1920, Staatslaboratorium.

[2] H. Fischer u. K. Smeykal: Ber. dtsch. chem. Ges. **57**, 547 (1924).

[3] H. Fischer u. K. Smeykal: Ber. dtsch. chem. Ges. B **57**, 547—549 (1924).

[4] H. Fischer u. K. Smeykal: Ber. dtsch. chem. Ges. **57**, 548 (1924).

[5] H. Fischer u. K. Smeykal: Ber. dtsch. chem. Ges. **57**, 549 (1924).

bad 30 Minuten zum Sieden erhitzt. Dann wird auf die Hälfte konzentriert, wonach beim Erkalten Krystallisation eintritt.

Eigenschaften: Aus Eisessig rote Nadeln; Zersetzungsp. 210—215°. Leicht löslich in Alkohol und Eisessig; schwer löslich in Wasser.

Bis-(2, 5-dimethyl-4-carbäthoxy-pyrryl)-methan (Bd. X, S. 83).

$$C_{19}H_{26}O_4N_2.$$

Bildung: Beim 2stündigen trockenen Erhitzen des 2, 5-Dimethyl-3-oxymethyl-4-carbäthoxypyrrols auf 150°[1,2] oder beim Kochen desselben mit Eisessig oder Salzsäure[1]. Entsteht auch bei der katalytischen Reduktion des 2, 5-Dimethyl-3-formyl-4-carbäthoxypyrrols in eisessigsaurer Lösung in Gegenwart von Platinmohr[1]. Aus Tris-(1-oxy-methyl-2, 5-dimethyl-4-carbäthoxy-pyrrol) in siedendem Alkohol beim Versetzen mit dem gleichen Volumen konz. Ammoniak und kurzem Erhitzen[2].

(2, 5-Dimethyl-4(3)-carbäthoxy-pyrryl)-(2, 5-dimethyl-4(3)-carbäthoxy-pyrrolenyl)-methenchlorhydrat.

Mol-Gewicht: 342,74.

Zusammensetzung: 56,03% C; 6,76% H; 28,68% O; 8,18% N; 10,35% Cl. $C_{16}H_{23}O_4N_2Cl$.

Darstellung: 3 g 2, 5-Dimethyl-3-(4)formyl-4(3)-carbäthoxypyyrol $C_{10}H_{13}O_3N$ in 40 ccm rauchender Salzsäure werden $^1/_2$ Stunde auf dem siedenden Wasserbad erhitzt, dann mit 40 ccm warmem Wasser verdünnt und erkalten gelassen, wobei Krystallisation eintritt[3].

Eigenschaften: Aus wenig Alkohol feine, glänzende, rote Nadeln, Schmelzp. 181°. Leicht löslich in den gebräuchlichen Lösungsmitteln. Beträchtlich löslich in kaltem Alkohol und Wasser.

(2, 5-Dimethyl-4(3)-carbäthoxy-pyrryl) - (2,5-dimethyl-4(3)-carbäthoxy-pyrrolenyl)-methen $C_{16}H_{22}O_4N_2$. Durch Zerlegen des Hydrochlorids in wässerig alkoholischer Lösung mit stark verdünnter Natronlauge, wobei sofort die Base ausfällt. — Gelbes Pulver, das zwischen 220 und 230° verkohlt.

Bis-(1-phenyl-2, 5-dimethyl-4-carbäthoxy-pyrryl)-methan[4].

Mol-Gewicht: 498,46.

Zusammensetzung: 76,66% C; 6,87% H; 10,85% O; 5,62% N. $C_{31}H_{34}O_4N_2$.

Darstellung: 5 g 1-Phenyl-2, 5-dimethyl-4-carbäthoxy-pyrrol $C_{16}H_{17}O_3N$ in 20 ccm 96proz. Alkohol werden mit 3 ccm Formaldehydlösung und 0,5 ccm 38proz. Salzsäure kurz aufgekocht. Beim Erkalten Krystallisation.

Eigenschaften: Große zugespitzte Prismen, Schmelzp. 102°. Gibt mit Chloranil in Aceton erst schwache Grün-, dann allmählich intensive Rotfärbung.

Bis-(1-phenyl-2, 5-dimethyl-4-carbäthoxy-pyrryl)-aminomethyl-methan[4].

Mol-Gewicht: 527,5.

Zusammensetzung: 72,63% C; 7,07% H; 7,33% O; 7,97% N. $C_{32}H_{37}O_4N_3$.

Darstellung: 2,4 g 1-Phenyl-2, 5-dimethyl-4-carbäthoxy-pyrrol werden fein gepulvert in 5 ccm Aminoacetal gelöst, die Lösung unter tüchtigem Umschütteln vorsichtig tropfenweise mit 38proz. Salzsäure eben angesäuert, dann 10—15 Minuten zum Sieden erhitzt und hierauf 2 Stunden ins siedende Wasserbad gestellt. Beim anschließenden langsamen Erkalten Erstarrung zu einer harzigen braunroten Masse, die mit Alkohol und Äther auf ein Filter gebracht wird.

Eigenschaften: Aus Amylalkohol farblose Rhomboeder, Schmelzp. 246° (Sinterung bei 242°).

(1-Phenyl-2, 5-dimethyl-4-carbäthoxy-pyrryl)-(3-oxy-4-carbäthoxy-5-methyl-pyrrolenyl)-methen[5].

Mol-Gewicht: 424,56.

Zusammensetzung: 67,86% C; 6,65% H; 18,89% O; 6,6% N. $C_{24}H_{28}O_5N_2$.

[1] H. Fischer u. A. Stern: Liebigs Ann. **446**, 233—236 (1926).
[2] H. Fischer u. C. Nenitzescu: Liebigs Ann. **443**, 120 (1924).
[3] H. Fischer u. K. Smeykal: Ber. dtsch. chem. Ges. **57**, 549 (1924).
[4] W. Küster u. G. Koppenhöfer: Hoppe-Seylers Z. **172**, 136 (1927).
[5] H. Fischer u. E. Loy: Hoppe-Seylers Z. **128**, 84 (1923).

Darstellung: Durch Kondensation äquimolarer Mengen des 1-Phenyl-2, 5-dimethyl-3-formyl-4-carbäthoxy-pyrrols $C_{16}H_{17}O_3N$ und des 3-Oxy-4-carbäthoxy-5-methyl-pyrrols $C_8H_{11}O_3N$ in der üblichen Weise.

Eigenschaften: Aus Chloroform-Ligroin gelbe Nädelchen, die langsam ab 210° verkohlen.

(3, 4-Dimethyl-5-brom-pyrryl)-(3, 4-dimethyl-5-brom-pyrrolenyl)-methen.
Bis-(3, 4-Dimethyl-5-brom-pyrryl)-methen.
3, 3′, 4, 4′-Tetramethyl-5, 5′-dibrom-pyrromethen[1].

Mol-Gewicht: 358,14.

Zusammensetzung: 43,58% C; 3,94% H; 7,83% N; 44,64% Br. $C_{13}H_{14}N_2Br_2$.

Darstellung: Bis-(3, 4-Dimethyl-5-carboxy-pyrryl)-methan, in wenig Eisessig suspendiert, wird mit überschüssiger 25proz. Brom-Eisessiglösung übergossen, wobei unter lebhafter Reaktion Kohlensäure und Bromwasserstoff entweichen und das Bromhydrat krystallin ausfällt. Nach längerem Stehen wird abgesaugt, aus Eisessig umkrystallisiert und durch Lösen in Pyridin zerlegt[2].

Eigenschaften: Aus Pyridin-Wasser dünne, feine orangegelb gefärbte Nadeln, Schmelzpunkt 198° unter Zersetzung.

Bromhydrat $C_{13}H_{15}N_2Br_3$ (54,62% Br). Aus Eisessig feine orangerote Nadeln. Dient zur Darstellung des 1, 3, 5, 6, 7, 8-Hexamethylporphins[1], des 1, 2, 3, 4, 6, 7-Hexamethyl-5, 8-diäthyl-porphins[3] und des Oktamethylporphins[4].

(3, 4-Dimethyl-5-brom-pyrryl)-(2, 3, 4-trimethyl-pyrrolenyl)-methen[5].

Mol-Gewicht: 293,14.

Zusammensetzung: 57,33% C; 5,84% H; 9,76% N; 27,26% Br. $C_{14}H_{17}N_2Br$.

Darstellung: 1 g 2, 3, 4-Trimethylpyrrol $C_7H_{11}N$ in 20 ccm Eisessig wird auf einmal unter Kühlung mit Wasser mit 2,4 g Brom (1,5 Mol) in 6 ccm Eisessig ohne Schütteln oder Rühren versetzt. Nach längerem Stehen wird abgesaugt, nacheinander mit Eisessig Tetrachlorkohlenstoff und Petroläther gewaschen und der Rückstand (Ausbeute 65%) mehrmals mit Eisessig ausgekocht. Aus den Extrakten krystallisiert das Methenbromhydrat aus. Aus diesem wird das freie Methen erhalten durch Zerlegen in ätherischer Lösung mit Pyridin.

Eigenschaften: Aus Alkohol orange gefärbte Blättchen, Schmelzp. 156°. Gibt durch Reduktion mit Eisessig-Jodwasserstoff 3, 4-Dimethylpyrrol, 2, 3, 4-Trimethylpyrrol und 2, 3, 4, 5-Tetramethylpyrrol.

Bromhydrat $C_{14}H_{18}N_2Br_2$. Dunkelrote Krystalle. Gibt mit konz. Schwefelsäure kein Porphyrin, wohl aber mit Eisessig und sirupöser Phosphorsäure bei 200—205°.

Kupfersalz $C_{28}H_{32}N_4Br_2Cu$. Rote Nadeln mit grünem Oberflächenglanz. Verpufft explosionsartig bei 203—204°.

(3, 4-Dimethyl-5-brom-pyrryl)-(2-brommethyl-3, 4-dimethyl-pyrrolenyl)-methenbromhydrat[6].

Mol-Gewicht: 452,99.

Zusammensetzung: 37,12% C; 3,78% H; 6,19% N; 52,93% Br. $C_{14}H_{17}N_2Br_3$.

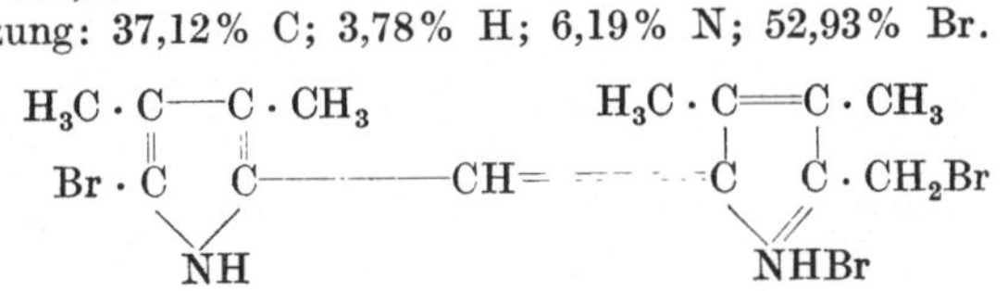

$$\begin{array}{ccccccc}
H_3C \cdot C\!\!-\!\!C \cdot CH_3 & & & & & H_3C \cdot C\!\!=\!\!C \cdot CH_3 \\
\ \ \ \ \| \quad \ \| & & & & & \ \ \ \ \ | \quad \ | \\
Br \cdot C \quad C\!\!-\!\!\!-\!\!\!-\!\!\!-\!\!\!-\!\!\!-\!\!CH\!\!=\!\!-\!\!-\!\!-\!\!-C \quad C \cdot CH_2Br \\
\ \ \ \ \diagdown\ \diagup & & & & & \ \ \ \ \diagdown\ \diagup \\
\ \ \ \ NH & & & & & \ \ \ \ \ NHBr
\end{array}$$

Darstellung: Der bei der Herstellung des (3, 4-Dimethyl-5-brompyrryl)-(2, 3, 4-trimethyl-pyrrolenyl)-methenbromhydrats beim Auskochen mit Eisessig hinterbliebene Rückstand-

[1] H. Fischer u. E. Jordan: Hoppe-Seylers Z. **191**, 57 (1930).
[2] H. Fischer u. B. Walach: Liebigs Ann. **450**, 131—132 (1926).
[3] H. Fischer, P. Halbig u. B. Walach: Liebigs Ann. **452**, 281 (1931).
[4] H. Fischer u. B. Walach: Liebigs Ann. **450**, 171 (1926).
[5] H. Fischer u. B. Walach: Liebigs Ann. **450**, 129—130 (1926).
[6] H. Fischer u. B. Walach: Liebigs Ann. **450**, 130 (1926).

wird mit Chloroform extrahiert und diese Extraktion mit dem schon in warmem Chloroform ausgeschiedenen Körper wiederholt, bis sein Bromgehalt konstant bleibt.

Eigenschaften: Aus Chloroform orangerote, prismatische Blättchen. Gibt mit konz. Schwefelsäure Oktamethylporphin.

Bis-(3, 4-dimethyl-5-carbäthoxy-pyrryl)-methan[1].

Mol-Gewicht: 346,3 (bestimmt in Campher zu 350,6).

Zusammensetzung: 65,86% C; 7,57% H; 18,48% O; 8,09% N. $C_{19}H_{26}O_4N_2$.

Darstellung: Durch Zugabe von 3 ccm Bromwasserstoffsäure ($d = 1,49$) zu einer siedenden Lösung von 3 g 2-Brommethyl-3, 4-dimethyl-5-carbäthoxypyrrol $C_{10}H_{14}O_2NBr$. in 30 ccm Methylalkohol, wobei nach kurzer Zeit Krystallisation eintritt. Nach 2 stündigem Kochen läßt man erkalten und filtriert. Ausbeute 1,5 g = 75%.

Eigenschaften: Aus Alkohol dünne, feine, farblose Nadeln, Schmelzp. 198°.

Bis-(3, 4-dimethyl-5-carboxy-pyrryl)-methan $C_{15}H_{18}O_4N_2$ ($M = 290,24$). 2,9 g Ester in siedendem Alkohol werden tropfenweise mit 4 g Ätznatron in 50 proz. Alkohol versetzt und solange erhitzt, bis beim Verdünnen mit Wasser keine Trübung mehr eintritt. Isolierung durch Abdestillieren des Alkohols, Verdünnen mit Wasser, Filtrieren und Fällen der Dicarbonsäure mit 50 proz. Essigsäure unter Eiskühlung. — Aus Alkohol feine, farblose Nädelchen ohne Schmelzpunkt[1]. Gibt beim Erhitzen im Vakuum 3, 4-Dimethylpyrrol und Oktamethylporphin[2].

(3-Äthyl-4, 5-dimethyl-pyrryl)-(pyrrolenyl)-methenbromhydrat.
4, 5-Dimethyl-3-äthyl-pyrromethenbromhydrat[3].

Mol-Gewicht: 281,14.

Zusammensetzung: 55,50% C; 6,10% H; 9,09% N; 28,56% Br. $C_{13}H_{17}N_2Br$.

$$\begin{array}{ccccc}
H_3C \cdot C \!-\! C \cdot C_2H_5 & & & H \cdot C \!=\! C \cdot H & \\
H_3C \cdot C \quad C \!-\!\!-\!\!-\!\! CH \!=\!\!=\! C \quad C \cdot H & \\
\diagdown NH \diagup & & & \diagdown NHBr \diagup &
\end{array}$$

Darstellung: Wird erhalten aus Pyrrol-α-aldehyd und Hämopyrrol in Eisessig in Gegenwart von Bromwasserstoffsäure.

Eigenschaften: Rotgelbe, zu Büscheln vereinigte Nadeln, Schmelzp. 197°.

3-Äthyl-4-methyl-5-brommethyl-5'-brom-pyrromethenbromhydrat $C_{13}H_{15}N_2Br_3$. Durch Bromieren des Bromhydrats mit 3 Mol Brom. — Ab 145° Dunkelfärbung und langsame Zersetzung. Löslich in Eisessig. Dient zur Darstellung von 1, 5-Dimethyl-2, 6-diäthyl-porphin.

(3-Propionsäure-4, 5-dimethyl-pyrryl)-(3-äthyl-4-methyl-pyrrolenyl)-methenbromhydrat.
3-Propionsäure-4, 5, 3'-trimethyl-4'-äthyl-pyrromethenbromhydrat[4].

Mol-Gewicht: 447,13.

Zusammensetzung: 55,60% C; 6,27% H; 8,07% O; 7,63% N; 21,80% Br. $C_{17}H_{23}O_2N_2Br_2$.

$$\begin{array}{ccccc}
H_3C \cdot C \!-\! C \cdot CH_2 \cdot CH_2 \cdot COOH & & & H_3C \cdot C \!=\! C \cdot C_2H_5 & \\
H_3C \cdot C \quad C \!-\!\!-\!\!-\!\! CH \!=\!\!=\! C \quad C \cdot H & \\
\diagdown NH \diagup & & & \diagdown NHBr \diagup &
\end{array}$$

Darstellung: 1,6 g Hämopyrrolcarbonsäurealdehyd und 0,9 g Opsopyrrol werden mit 1 ccm Sprit verrieben und dann 0,5 ccm 48 proz. Bromwasserstoffsäure zugegeben, wonach nach kurzem Reiben das Bromhydrat auskrystallisiert. Nach 2 stündigem Stehen wird filtriert und erst mit Eisessig, dann mit Äther gewaschen. Ausbeute 2,1—2,5 g.

Eigenschaften: Aus Eisessig braune prismatische Stäbchen, Zersetzungsp. 178°, Schwarzfärbung 170°.

[1] H. Fischer u. B. Walach: Liebigs Ann. **450**, 127 (1926).
[2] H. Fischer u. B. Walach: Liebigs Ann. **450**, 171 (1926).
[3] H. Fischer u. A. Schorrmüller: Liebigs Ann. **482**, 246 (1930).
[4] H. Fischer u. H. Berg: Liebigs Ann. **482**, 212 (1930).

(3-Propionsäure-4, 5-dimethyl-pyrryl)-(2-brom-3-äthyl-4-methyl-pyrrolenyl)-methenbromhydrat.
3-Propionsäure-4, 5, 3′-trimethyl-4′-äthyl-5′-brom-pyrromethen-bromhydrat[1].

Mol-Gewicht: 446,12.

Zusammensetzung: 45,72% C; 4,72% H; 7,27% O; 6,34% N; 35,95% Br. $C_{17}H_{22}O_2N_2Br_2$.

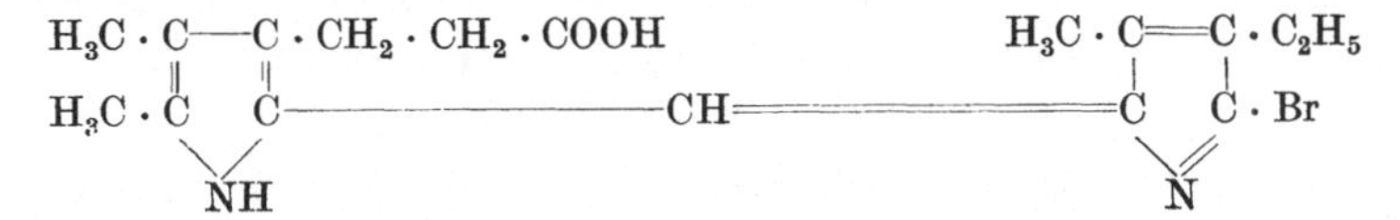

$$
\begin{array}{cc}
H_3C \cdot C{=\!=}C \cdot CH_2 \cdot CH_2 \cdot COOH & \quad H_3C \cdot C{=\!=}C \cdot C_2H_5 \\
H_3C \cdot C \quad C{-\!\!-\!\!-}CH{=\!=\!=}C \quad C \cdot Br & \\
\underset{NH}{\diagdown\diagup} & \underset{N}{\diagdown\diagup}
\end{array}
$$

Darstellung: 1 g 3-Propionsäure-4, 5, 3′-trimethyl-4′äthyl-pyrromethenbromhydrat, mit 1 ccm Eisessig angerührt, wird mit 2 ccm einer Brom-Eisessiglösung, enthaltend 50 g Brom in 100 ccm Eisessig, auf dem 70° warmen Wasserbad bis zur Beendigung der Bromwasserstoffentwicklung erwärmt. Nach dem Erkalten tritt Krystallisation ein. Nach mehrstündigem Stehen wird filtriert und erst mit Eisessig, dann mit Äther gewaschen. Ausbeute 1,2 g.

Eigenschaften: Gelbe, mitunter auch rote, verfilzte Nadeln, Zersetzungsp. 204°. Dient zur Synthese von Mesoporphyrin II.

(3-Methyl-4-äthyl-5-oxy-pyrryl)-(3-propionsäure-4, 5-dimethyl-pyrrolenyl)-methen.
3, 4′, 5′-Trimethyl-4-äthyl-5-oxy-3′propionsäure-pyrromethen[2].

Mol-Gewicht: 302,28.

Zusammensetzung: 67,55% C; 7,29% H; 15,89% O; 9,27% N. $C_{17}H_{22}O_3N_2$.

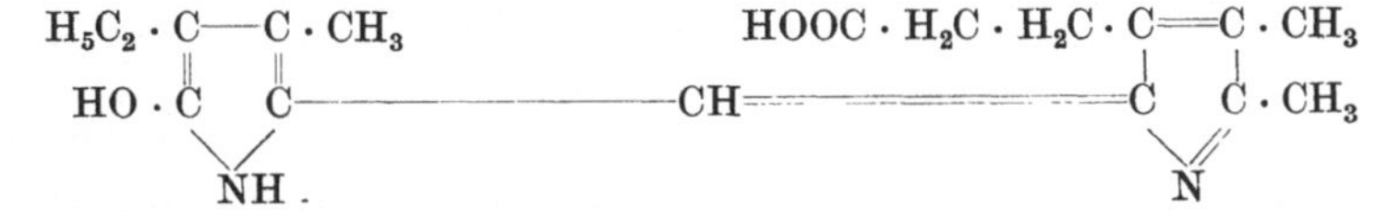

$$
\begin{array}{cc}
H_5C_2 \cdot C{-\!\!-}C \cdot CH_3 & \quad HOOC \cdot H_2C \cdot H_2C \cdot C{=\!=}C \cdot CH_3 \\
HO \cdot C \quad C{-\!\!-\!\!-}CH{=\!=\!=}C \quad C \cdot CH_3 & \\
\underset{NH}{\diagdown\diagup} & \underset{N}{\diagdown\diagup}
\end{array}
$$

Darstellung: Durch Erhitzen des 3′, 4′, 5′-Trimethyl-4-äthyl-5-brom-3′-propionsäure-pyrromethenbromhydrats mit Kaliumacetat in der üblichen Weise.

Eigenschaften: Aus Eisessig citronengelbe Prismen, Schmelzp. 265°. Aus Pyridin gelbe Nadeln ohne Krystallpyridin. Mischschmelzpunkt mit Xanthobilirubinsäure 265—270°.

Methylester $C_{18}H_{24}O_3N_2$. Durch Veresterung der Säure in der üblichen Weise mit Methylalkohol-Salzsäure. Esterchlorhydrat rote Krystalle. Der freie Ester krystallisiert aus Chloroform-Petroläther in langen, büschelförmig vereinigten gelben Nadeln, Schmelzp. 173°. Mischschmelzpunkt mit Xanthobilirubinsäure zeigt Depression.

3, 4′, 5′-Trimethyl-4-äthyl-5-oxy-3′-propionsäure-pyrromethan $C_{17}H_{24}O_3N_2$. Durch Reduktion des Methens mit 5proz. Natriumamalgam in der üblichen Weise. — Aus Methylalkohol-Wasser langgestreckte, rechteckige, farblose Täfelchen, die häufig überkreuzt und zu Rosetten verwachsen sind; Schmelzp. 171°. Gibt mit Bilirubinsäure scharfe Depression.

(3-Propionsäure-4, 5-dimethyl-pyrryl)-(2, 4-dimethyl-3-äthyl-pyrrolenyl)-methenchlorhydrat[3].

Mol-Gewicht: 336,77.

Zusammensetzung: 63,97% C; 7,76% H; 9,41% O; 8,3% N; 10,56% Cl. $C_{18}H_{25}O_2N_2Cl$.

Darstellung: Durch Aufkochen einer Lösung von äquimolaren Mengen des 2, 4-Dimethyl-3-äthyl-5-formylpyrrols $C_9H_{13}ON$ und des 3-Propionsäure-4, 5-dimethylpyrrols (Hämopyrrolcarbonsäure) $C_9H_{13}O_2N$ in wenig konz. Salzsäure. Nach 1 tägigem Stehen wird abgesaugt und mit wenig konz. Salzsäure gewaschen.

Eigenschaften: Aus Chloroform-Petroläther braunrote Nadeln, Schmelzp. 220°.

[1] H. Fischer u. H. Berg: Liebigs Ann. **482**, 212 (1930).
[2] H. Fischer u. R. Adler: Hoppe-Seylers Z. **197**, 264 (1931).
[3] H. Fischer u. M. Schubert: Ber. dtsch. chem. Ges. **56**, 1210 (1923).

Kupfersalz $C_{36}H_{46}O_4N_4Cu$. Scheidet sich ab beim Versetzen einer alkoholischen Lösung des Methens mit einer konz. ammoniakalischen Kupfersalzlösung bis keine Entfärbung mehr eintritt. — Rotbraune Nadeln[1].

Zinksalz $C_{36}H_{46}O_4N_4Zn$. Zeigt in alkoholischer Lösung starke Fluorescenz. Spektrum: $513,8-503,9\ldots\ldots 464,8\,\mu\mu$[2].

[3(4)-Propionsäuremethylester-4,5(2,3)-dimethyl-pyrryl]-[3(4)äthyl-4,5(2,3)-dimethyl-pyrrolenyl)-methenbromhydrat[3].

Mol-Gewicht: 495,25.

Zusammensetzung: 57,70% C; 6,89% H; 8,1% O; 7,09% N; 20,22% Br. $C_{19}H_{27}O_2N_2Br$.

Darstellung: 0,18 g Hämopyrrolcarbonsäuremethylester $C_{10}H_{15}O_2N$ und 0,15 g Hämo-pyrrolaldehyd $C_9H_{13}ON$ (2-Formyl-3-äthyl-4, 5-dimethylpyrrol), in 1,5 ccm Methylalkohol gelöst, werden mit 0,5 ccm Bromwasserstoffsäure versetzt. Nach längerem Stehen und Zusatz von etwas Wasser tritt Krystallisation ein. Ausbeute 0,3 g.

Eigenschaften: Aus Chloroform-Petroläther rötlich-gelbe Prismen mit starkem, grünem Oberflächenglanz, Schmelzp. 185°.

[3(4)-Propionsäuremethylester-4(3)-methyl-5(2)-brommethyl-pyrryl]-[3(4)-äthyl-4(3)-methyl-5(2)-brommethyl-pyrrolenyl]-methen-bromhydrat.[4]

Mol-Gewicht: 653,07.

Zusammensetzung: 41,23% C; 4,56% H; 5,78% O; 5,07% N; 43,36% Br. $C_{19}H_{25}O_2N_2Br_3$.

$$H_3C \cdot C\!-\!\!-\!C \cdot CH_2 \cdot CH_2 \cdot COOCH_3 \qquad\qquad H_5C_2 \cdot C\!=\!\!=\!C \cdot CH_3$$
$$BrH_2C \cdot C \quad C\!-\!\!\!-\!\!\!-\!\!\!-\!CH\!=\!\!=\!\!\cdots\!\!=\!\!C \quad C \cdot CH_2Br$$
$$NH \qquad\qquad\qquad\qquad\qquad\qquad\qquad NHBr$$

Darstellung: 0,3 g (3-Propionsäuremethylester-4, 5-dimethyl-pyrryl)-(3-äthyl-4, 5-dimethyl-pyrrolenyl)-methenbromhydrat, in 1 ccm Eisessig gelöst, werden mit 0,25 g Brom versetzt, kurz aufgekocht und 1 Stunde abgekühlt. Dann gibt man solange kleine Mengen Äther dazu, bis eine zunächst schmierige Ausfällung erfolgt. Bei längerem Reiben mit dem Glasstab tritt Krystallisation ein, die durch weiteren Zusatz von Äther vollendet wird. Ausbeute 0,25 g.

Eigenschaften: Durch Lösen in wenig Eisessig und Ausfällen mit Äther rote Prismen ohne scharfen Zersetzungspunkt. Dient zur Darstellung von Porphinmonocarbonsäure VIII.

Bis-[3(4)-Propionsäure-4,5(2,3)-dimethyl-pyrryl]-methenchlorhydrat[5].
Hämopyrrolcarbonsäure-methenchlorhydrat[5].

Mol-Gewicht: 380,78.

Zusammensetzung: 59,90% C; 6,62% H; 16,81% O; 7,36% N; 9,31% Cl. $C_{19}H_{25}O_4N_2Cl$.

$$H_3C \cdot C\!-\!\!-\!C \cdot CH_2 \cdot CH_2 \cdot COOH \qquad HOOC \cdot H_2C \cdot H_2C \cdot C\!=\!\!=\!C \cdot CH_3$$
$$H_3C \cdot C \quad C\!-\!\!\!-\!\!\!-\!\!\!-\!CH\!=\!\!=\!\!\cdots\!\!=\!\!C \quad C \cdot CH_3$$
$$NH \qquad\qquad\qquad\qquad\qquad\qquad NHCl$$

Darstellung: 3,4 g 3(4)-Propionsäuremethylester-4, 5(2, 3)-dimethylpyrrol $C_{10}H_{15}O_2N$ in 10 ccm Ameisensäure werden nach Zusatz von 20 ccm Salzsäure 3 Stunden gekocht und

[1] H. Fischer u. M. Schubert: Ber. dtsch. chem. Ges. **56**, 1210 (1923).
[2] H. Fischer u. M. Schubert: Ber. dtsch. chem. Ges. **56**, 2384 (1923).
[3] H. Fischer, H. Grosselfinger u. G. Stangler: Liebigs Ann. **461**, 242 (1928).
[4] H. Fischer, H. Grosselfinger u. G. Stangler: Liebigs Ann. **461**, 243 (1928).
[5] H. Fischer u. B. Walach: Liebigs Ann. **452**, 284 (1927).

dann auf ein kleines Volumen eingeengt, wonach beim Erkalten Krystallisation eintritt. Ausbeute 3,2 g.

Eigenschaften: Grünrote, metallisch glänzende Prismen, Schmelzp. 212° unter Zersetzung.

Zinksalz $C_{38}H_{46}O_4N_2Zn$. Die alkoholische Lösung fluoresciert stark.

Spektrum: $508{,}3{-}497{,}8\,\mu\mu$[1].

Kupfersalz $C_{38}H_{46}O_4N_2Cu$. Entsteht beim Versetzen einer alkoholischen Lösung des Chlorhydrats mit überschüssiger ammoniakalischer Kupferlösung. — Derbe grünschillernde Krystalle. Spektrum in verdünnter alkoholischer Lösung: scharf $520{-}516\,\mu\mu$[2].

Bis-(3-Äthyl-4, 5-dimethyl)-pyrro-keton.
4, 4′, 5, 5′-Tetramethyl-3, 3′-diäthyl-pyrro-keton[3].

Mol-Gewicht: 272,3.

Zusammensetzung: 75,00% C; 8,82% H; 5,89% O; 10,29% N. $C_{17}H_{24}ON_2$.

$$
\begin{array}{ccccccc}
H_3C\cdot C\!\!-\!\!-\!\!C\cdot C_2H_5 & & & & & H_5C_2\cdot C\!-\!C\cdot CH_3 \\
H_3C\cdot C\quad C\!-\!\!-\!\!-\!\!CO\!-\!\!-\!\!-\!C\quad C\cdot CH_3 \\
\diagdown_{NH}\diagup & & & & & \diagdown_{NH}\diagup
\end{array}
$$

Darstellung: Wie beim isomeren 3, 3′, 5, 5′-Tetramethyl-4, 4′-diäthyl-pyrro-keton beschrieben, jedoch unter Verwendung von Hämopyrrol. Ausbeute 60—65%. (Vgl. S. 558.)

Eigenschaften: Aus Aceton lange farblose Nadeln, Schmelzp. 179°. Löslich in Äther; leichter löslich in den meistgebräuchlichen Lösungsmitteln wie das Isomere.

Hydrazon $C_{17}H_{26}N_4$. Darstellung wie beim Isomeren beschrieben (s. S. 558). — Ist intensiv gelb bis orange gefärbt. Aus Alkohol-Wasser, Schmelzp. 104°. Löslichkeiten wie beim Isomeren. Färbt die Haut gelb.

Ketazin $C_{34}H_{48}N_6$. Darstellung wie beim Isomeren (s. S. 558). — Aus Alkohol orangefarbene Krystalle, Schmelzp. 226°. In Alkohol leichter löslich als das Isomere. Gmelinsche Reaktion über Rotviolett nach Gelborange. Die rotviolette Phase zeigt 2 Absorptionsstreifen.

4, 4′, 5, 5′-Tetramethyl-3, 3′-diäthyl-chlor-pyrro-methenchlorhydrat[4].

Mol-Gewicht: 327,23.

Zusammensetzung: 62,39% C; 7,33% H; 8,56% N; 21,71% Cl. $C_{17}H_{24}N_2Cl_2$.

$$
\begin{array}{ccccccc}
H_3C\cdot C\!\!-\!\!-\!\!C\cdot C_2H_5 & & & & H_5C_2\cdot C\!\!=\!\!C\cdot CH_3 \\
H_3C\cdot C\quad C\!-\!\!-\!C\!=\!\!=\!\!=\!C\quad C\cdot CH_3 \\
\diagdown_{NH}\diagup \quad \underset{Cl}{} \quad \diagdown_{NHCl}\diagup
\end{array}
$$

Darstellung: 0,9 g 4, 4′, 5, 5′-Tetramethyl-3, 3′-diäthyl-pyrroketon werden unter Kühlung mit der 3fachen berechneten Menge Phosgen in Toluol (20proz. Lösung) versetzt. Dabei tritt sofort Reaktion unter Kohlensäureentwicklung und Rotfärbung ein. Nach Stehen über Nacht im Eisschrank Krystallisation. Ausbeute quantitativ (Beschleunigung der Krystallisation durch Zugabe von Petroläther möglich).

Eigenschaften: Lange, lachsfarbene, meist zu Garben vereinigte Nadeln, ohne Schmelzpunkt (ab 180° Sinterung). Löslich in Aceton. Gibt schwache Urobilinreaktion.

4, 4′, 5, 5′-Tetramethyl-3, 3′-diäthyl-chlor-pyrromethen $C_{17}H_{23}N_2Cl$. Durch Zerlegen des in Chloroform gelösten Bromhydrats mit Soda. — Gelbe Prismen mit lebhaftem blaugrünem Oberflächenglanz; ohne scharfen Schmelzpunkt.

[1] H. Fischer u. M. Schubert: Ber. dtsch. chem. Ges. **56**, 2384 (1923).
[2] H. Fischer u. M. Schubert: Ber. dtsch. chem. Ges. **56**, 1211 (1923).
[3] H. Fischer u. H. Orth: Liebigs Ann. **489**, 76 (1931).
[4] H. Fischer u. H. Orth: Liebigs Ann. **489**, 84 (1931).

(3-Äthyl-4, 5-dimethyl-pyrryl) - (2-äthyl-4-methyl-pyrrolenyl) - methen-bromhydrat.
4, 5, 3′-Trimethyl-3, 5′-diäthyl-pyrromethenbromhydrat[1].

Mol-Gewicht: 323,2.

Zusammensetzung: 59,42% C; 7,17% H; 8,67% N; 24,74% Br. $C_{16}H_{23}N_2Br$.

$$H_3C \cdot C\!\!-\!\!C \cdot C_2H_5 \qquad\qquad H_3C \cdot C\!\!=\!\!C \cdot H$$
$$H_3C \cdot C \quad C\!-\!\!-\!\!-\!\!-CH\!\!=\!\!=\!\!=\!C \quad C \cdot C_2H_5$$
$$\underset{NH}{\diagdown\diagup} \qquad\qquad \underset{NHBr}{\diagdown\diagup}$$

Darstellung: 0,8 g Hämopyrrolaldehyd und 0,7 g 2-Äthyl-4-methyl-pyrrol $C_7H_{11}N$ in 4 ccm Sprit werden unter Eiskühlung mit 1 ccm 48proz. Bromwasserstoffsäure versetzt. Beim Reiben tritt Krystallisation ein. Ausbeute 1,4 g.

Eigenschaften: Aus Eisessig-Äther rote Prismen mit stark violettem Oberflächenglanz, Schmelzpunkt gegen 190° (Sintern ab 170°). Dient zur Darstellung von Phylloätioporphyrin.

(3-Äthyl-4, 5-dimethyl-pyrryl)-(2-propyl-4-methyl-pyrrolenyl)-methenbromhydrat.
4, 5, 3′-Trimethyl-3-äthyl-5′-propyl-pyrromethenbromhydrat[2].

Mol-Gewicht: 337,22.

Zusammensetzung: 60,51% C; 7,47% H; 23,71% O; 8,31% N. $C_{17}H_{25}N_2Br$.

$$H_3C \cdot C\!\!-\!\!C \cdot C_2H_5 \qquad\qquad H_3C \cdot C\!\!=\!\!C \cdot H$$
$$H_3C \cdot C \quad C\!-\!\!-\!\!-\!\!-CH\!\!=\!\!=\!\!=\!C \quad C \cdot CH_2 \cdot CH_2 \cdot CH_3$$
$$\underset{NH}{\diagdown\diagup} \qquad\qquad \underset{NHBr}{\diagdown\diagup}$$

Darstellung: 0,8 g Hämopyrrolaldehyd und 0,7 g 2-Propyl-4-methyl-pyrrol $C_8H_{13}N$ in 4 ccm Sprit werden mit 1 ccm 48proz. Bromwasserstoffsäure versetzt. Beim Reiben tritt Krystallisation ein. Ausbeute 1,4 g.

Eigenschaften: Aus Eisessig-Äther rote Prismen mit violettem Oberflächenglanz; Schmelzpunkt 188°. Dient zur Darstellung eines homologen Phyllo-ätio-porphyrins.

(3-Äthyl-4-methyl-5-brommethyl-pyrryl)-(2, 4-dimethyl-3-brom-pyrrolenyl)-methenbromhydrat.
4, 3′, 5′-Trimethyl-3-äthyl-5-brommethyl-4′-brom-pyrromethen-bromhydrat[3].

Mol-Gewicht: 466,9.

Zusammensetzung: 38,55% C; 4,09% H; 6,00% N; 51,36% Br. $C_{15}H_{19}N_2Br_3$.

$$H_3C \cdot C\!\!-\!\!C \cdot C_2H_5 \qquad\qquad H_3C \cdot C\!\!=\!\!C \cdot Br$$
$$BrH_2C \cdot C \quad C\!-\!\!-\!\!-\!\!-CH\!\!=\!\!=\!C \quad C \cdot CH_3$$
$$\underset{NH}{\diagdown\diagup} \qquad\qquad \underset{NHBr}{\diagdown\diagup}$$

Darstellung: 1 g 4, 5, 3′, 5′-Tetramethyl-3-äthyl-pyrromethen-bromhydrat in 15 ccm Eisessig werden bei Siedetemperatur mit 1,3 g Brom (= 2,5 Mol) versetzt. Sofort tritt Krystallisation ein. Nach 2stündigem Stehen Absaugen und mit Eisessig waschen. Ausbeute 1,6 g.

Eigenschaften: Aus Eisessig rote Prismen, Schmelzp. 315° unter Zersetzung (vorher Dunkelfärbung).

[1] H. Fischer u. H. Helberger: Liebigs Ann. **480**, 252 (1930).
[2] H. Fischer u. H. Helberger: Liebigs Ann. **480**, 253 (1930).
[3] H. Fischer u. A. Kirstahler: Hoppe-Seylers Z. **197**, 66 (1931).

(3-Äthyl-4, 5-dimethyl-pyrryl)-(2, 4-dimethyl-3-äthyl-pyrrolenyl)-methenchlorhydrat[1].

Mol-Gewicht: 392,76.

Zusammensetzung: 69,70% C; 8,61% H; 9,57% N; 9,03% Cl. $C_{17}H_{25}N_2Cl$.

Darstellung: Durch Erwärmen von 15 g Kryptopyrrolaldehyd $C_9H_{13}ON$ und 12 g Hämopyrrol $C_8H_{13}N$ in alkoholischer Lösung mit 2 ccm konz. Salzsäure, wobei das Chlorhydrat rasch ausfällt. Nach dem Absaugen wird zuerst mit salzsäurehaltigem Alkohol, dann mit Wasser gut ausgewaschen.

Eigenschaften: Prachtvolle rötlichgelbe Krystalle mit blauer Fluorescenz. Läßt sich aus Chloroform-Petroläther umkrystallisieren. Über 200° Zersetzung ohne scharfen Schmelzpunkt. Löslich in Alkohol, Eisessig, Chloroform, Äther; wenig in Wasser. Dient zur Darstellung von Ätioporphyrin III[2].

(3-Äthyl-4, 5-dimethyl-pyrryl)-(2, 4-dimethyl-3-äthyl-pyrrolenyl)-methen[1].

Mol-Gewicht: 256,3.

Zusammensetzung: 79,62% C; 9,44% H; 10,93% N. $C_{17}H_{24}N_2$.

Darstellung: Durch Schütteln der ätherischen Lösung des entsprechenden Chlorhydrats mit Ammoniak. Nach dem Waschen wird mit calcinierter Soda getrocknet und im Vakuum eingedunstet. Der Rückstand krystallisiert beim Reiben mit dem Glasstab.

Eigenschaften: Aus Alkohol-Wasser gelbe prismatische Krystalle, Schmelzp. 80°. Färbt sich an der Luft braun. Leicht löslich in allen organischen Lösungsmitteln. Verschmiert leicht mit Alkalien.

Pikrat $C_{23}H_{27}O_7N_5$. Aus Alkohol gelbe Nadeln, Schmelzp. 185° unter Zersetzung.

[3(4)-Äthyl-4(3)-methyl-5(2)-brommethyl-pyrryl]-(2-brommethyl-3-äthyl-4-methyl-pyrrolenyl)-methenbromhydrat[3].

Mol-Gewicht: 500,1.

Zusammensetzung: 41,22% C; 5,68% H; 5,66% N; 48,44% Br. $C_{17}H_{23}N_2Br_3$.

```
      H₃C · C——C · C₂H₅              H₃C · C═══C · C₂H₅
            |   ‖                           |     |
 BrH₂C · C   C⁻           CH══════════C     C · CH₂Br
          \ /                              \ //
          NH                               NHBr
```

Darstellung: 1 g (3(4)-äthyl-4, 5(2, 3)-dimethyl-pyrryl)-(2, 4-dimethyl-3-äthyl-pyrrolenyl)-methen in 15 ccm Eisessig werden nach Zusatz von 1,1 g Brom (2 Mol) gekocht, bis die Bromdämpfe fast verschwunden sind, wobei schon in der Hitze Krystallisation eintritt. Nach dem Erkalten wird abgesaugt und mit Eisessig und Äther gewaschen. Ausbeute 1,1 g.

Eigenschaften: Aus Eisessig rote Nadeln, Zersetzungspunkt über 230°. Gibt mit Alkali nicht das freie Methen. Dient zur Synthese von Ätioporphyrin III[2, 3] und Mesoporphyrin XI[4].

Perbromid des [2(5)-Brom-3-äthyl-4-methyl-pyrryl]-[3(4)-äthyl-4, 5(2, 3)-dimethyl-pyrrolenyl]-methenbromhydrats[5].
Perbromid des bromierten Hämopyrrolmethenbromhydrats I.

Mol-Gewicht: 561,95.

Zusammensetzung: 34,17% C; 3,95% H; 4,99% N; 56,90% Br. $C_{16}H_{22}N_2Br_4$.

```
  ⎡ H₅C₂ · C——C · CH₃                     H₅C₂ · C═══C · CH₃ ⎤
  ⎢        ‖   ‖                                 |     |      ⎥
  ⎢ Br · C   C————————CH═══════════C     C · CH₃ ⎥ Br₂
  ⎢        \ /                              \ //             ⎥
  ⎣        NH                               NHBr            ⎦
```

Darstellung: a) 2 g Hämopyrrol $C_8H_{13}N$ in 20 ccm Eisessig werden rasch mit 7,6 g Brom (3 Mol) in 10 ccm Eisessig versetzt. Unter starker Bromwasserstoffentwicklung tritt Reaktion

---

[1] H. Fischer u. G. Stangler: Liebigs Ann. **459**, 75 (1927).
[2] H. Fischer u. G. Stangler: Liebigs Ann. **462**, 265 (1928).
[3] H. Fischer u. G. Stangler: Liebigs Ann. **459**, 79 (1927).
[4] H. Fischer u. A. Rothhaas: Liebigs Ann. **484**, 100 (1930).
[5] H. Fischer u. G. Stangler: Liebigs Ann. **459**, 89 (1927).

ein, worauf sofort gekühlt und durch Reiben mit dem Glasstab die Krystallisation eingeleitet wird. . Nach längerem Stehen wird abgesaugt und mit Eisessig und Äther gewaschen. Ausbeute 2—2,5 g.

b) Entsteht auch aus dem 2(5)-Carboxy-3(4)-äthyl-4, 5(2, 3)-dimethylpyrrol $C_9H_{13}O_2N$ beim Versetzen mit einem Überschuß an Brom.

Eigenschaften: Aus Eisessig rote Blättchen, Schmelzp. 140°. Gibt beim Behandeln mit Natronlauge in Chloroformlösung das (2-Brom-3-äthyl-4-methylpyrryl)-3(4)-äthyl-(4, 5(2, 3)-dimethyl-pyrrolenyl)-methen[1] und bei längerem Kochen mit Eisessig oder beim Übergießen mit Aceton das entsprechende Bromhydrat. Mit konz. Schwefelsäure entsteht kein Porpyhrin, wohl aber mit Ameisensäure[2].

[2(5)-Brom-3(4)-äthyl-4(3)-methyl-pyrryl]-[3(4)-äthyl-4, 5(2, 3)-dimethyl-pyrrolenyl)-methenbromhydrat.
Bromiertes Hämopyrrolmethenbromhydrat I.

Mol-Gewicht: 402,11.

Zusammensetzung: 47,76% C; 5,51% H; 6,95% N; 39,75% Br. $C_{16}H_{22}N_2Br_2$.

$$
\begin{array}{ccccccc}
H_5C_2\cdot C\!\!-\!\!\!-\!\!C\cdot CH_3 & & & & H_5C_2\cdot C\!\!=\!\!C\cdot CH_3 \\
\big\| \quad \big\| & & & & \big| \quad \big| \\
Br\cdot C \quad\ C\!\!-\!\!\!-\!\!\!-\!\!\!-\!\!CH\!\!=\!\!\!=\!\!\!=\!\!C \quad\ C\cdot CH_3 \\
\diagdown\ \diagup & & & & \diagdown\ \diagup\!\!\diagup \\
NH & & & & NHBr
\end{array}
$$

Bildung: Aus seinem Perbromid $C_{16}H_{22}N_2Br_4$ unter der Einwirkung von Aceton oder Eisessig[3].

Darstellung: a) 2 g Hämopyrrol $C_8H_{13}N$ in 15 ccm Eisessig werden auf einmal mit 2 ccm Brom in 10 ccm Eisessig versetzt, wobei unter starker Erwärmung Bromwasserstoffentwicklung und Dunkelfärbung einsetzt. Nach längerem Stehen wird abgesaugt und mit Petroläther gewaschen[4].

b) 0,5 g 2(5)-carboxy-3(4)-acetyl-4, 5(2, 3)-dimethyl-pyrrol) $C_9H_{13}O_2N$), in 3 ccm Eisessig suspendiert werden mit 0,8 g Brom in 1 ccm Eisessig versetzt. Unter stürmischer Kohlensäure- und Bromwasserstoffentwicklung tritt Reaktion ein und beim Abkühlen krystallisiert das Bromhydrat aus[3].

c) 0,2 g (3-Äthyl-4-methyl-pyrryl)-(3-äthyl-4,5-dimethyl-pyrrolenyl)-methenbromhydrat in Eisessig werden bei 40° mit 0,1 g Brom versetzt. Nach 12stündigem Stehen wird abgesaugt. Ausbeute 0,2 g[5].

Eigenschaften: Aus Chloroform-Petroläther leuchtend rote, kurze Prismen, Zersetzungspunkt 225—230°. Gibt bei der Reduktion mit Eisessig-Jodwasserstoff viel Hämopyrrol, wenig Phyllo- und Opso-pyrrol. Mit konz. Schwefelsäure entsteht kein Porphyrin, wohl aber mit Ameisensäure. Dient zur Herstellung von Rhodoporphyrin XV[6], Ätioporphyrin I[6], Porphinmonocarbonsäure III[7] und Mesoporphyrin I[8] und XIV[9], Pyrroätioporphyrin III[10].

[2(5)-Brom-3(4)-äthyl-4(3)-methyl-pyrryl]-[3(4)-äthyl-4, 5(2, 3)-dimethyl-pyrrolenyl]-methen[2].

Mol-Gewicht: 321,2.

Zusammensetzung: 59,8% C; 6,58% H; 8,72% N; 24,9% Br. $C_{16}H_{21}N_2Br$.

Darstellung: Aus dem Perbromid des Methenbromhydrats oder diesem selbst durch Lösen in Chloroform und Schütteln mit verdünnter Natronlauge. Nach dem Waschen wird im Vakuum eingedunstet und die restliche dunkle Schmiere mit Alkohol verrieben. Entsteht auch aus dem Bromhydrat mit Alkohol-Ammoniak.

[1] H. Fischer u. G. Stangler: Liebigs Ann. **459**, 90 (1927).
[2] H. Fischer u. G. Stangler: Liebigs Ann. **459**, 91 (1927).
[3] H. Fischer u. G. Stangler: Liebigs Ann. **459**, 90—91 (1927).
[4] H. Fischer u. J. Klarer: Liebigs Ann. **450**, 196 (1926).
[5] H. Fischer, E. Baumann u. H. J. Riedl: Liebigs Ann. **475**, 241 (1929).
[6] H. Fischer, H. Berg u. A. Schorrmüller: Liebigs Ann. **480**, 134 (1930).
[7] H. Fischer, H. K. Weichmann u. K. Zeile: Liebigs Ann. **475**, 253 (1929).
[8] H. Fischer u. A. Kirrmann: Liebigs Ann. **475**, 276 (1929).
[9] H. Fischer u. A. Kirrmann: Liebigs Ann. **475**, 281 (1929).
[10] H. Fischer u. A. Schorrmüller: Liebigs Ann. **482**, 240 (1930).

Eigenschaften: Aus Alkohol gelbe Krystalle, Schmelzp. 125—126°.

Kupfersalz $C_{32}H_{40}N_4Br_2Cu$. Durch Versetzen einer alkoholischen Lösung des Farbstoffs mit ammoniakalischer Kupfersalzlösung. — Rote Nadeln mit smaragdgrünem Oberflächenglanz, Schmelzpunkt unscharf bei 158°[1].

(2-Brom-3-äthyl-4-methyl-pyrryl)-[3(4)-äthyl-4(3)-methyl-5(2)-brommethyl-pyrrolenyl]-methenbromhydrat[2].
2fach bromiertes Hämopyrrolmethenbromhydrat I.
3,4'-Dimethyl-4,3'-diäthyl-5-brom-5'-brommethyl-pyrro-methen-bromhydrat[3].

Mol-Gewicht: 481,03.

Zusammensetzung: 39,92% C; 4,40% H; 5,83% N; 49,85% Br. $C_{16}H_{21}N_2Br_3$.

$$\begin{array}{cccc}
H_5C_2\cdot C\!\!-\!\!C\cdot CH_3 & & H_5C_2\cdot C\!\!=\!\!C\cdot CH_3 \\
Br\cdot C\quad C\!\!-\!\!\!-\!\!\!-CH\!\!=\!\!\!=\!\!\!=C\quad C\cdot CH_2Br \\
\diagdown NH\diagup & & \diagdown NHBr\diagup
\end{array}$$

Darstellung: 1 g (2-Brom-3-äthyl-4-methylpyrryl)-[3(4)-äthyl-4, 5-dimethyl-pyrrolenyl]-methen oder dessen Perbromid in 10 ccm Eisessig wird nach Zugabe von 1 g Brom solange gekocht, bis die Bromdämpfe verschwunden sind, wonach beim Abkühlen Krystallisation des neuen Methenbromhydrats eintritt. Ausbeute 0,1 g.

Eigenschaften: Aus Chloroform-Petroläther rötliche Prismen mit grüner Fluorescenz. Zersetzungspunkt unscharf bei etwa 240°. Leicht löslich in Eisessig. Gibt kein freies Methen Mit konz. Schwefelsäure entsteht sofort Porphyrin. Dient zur Darstellung von Ätioporphyrin I[2] und von 1,3,5,6,7-Pentamethyl-2,4-diäthyl-8-propionsäureporphin[3].

Bis-[3(4)-äthyl-4,5(2,3)-dimethyl-pyrryl-2]-methenchlorhydrat[4].
Hämopyrrolmethenchlorhydrat II.

Mol-Gewicht: 392,76.

Zusammensetzung: 69,70% C; 8,61% H; 9,57% N; 9,03% Cl. $C_{17}H_{25}N_2Cl$.

$$\begin{array}{cccc}
H_3C\cdot C\!\!-\!\!C\cdot C_2H_5 & & H_5C_2\cdot C\!\!=\!\!C\cdot CH_3 \\
H_3C\cdot C\quad C\!\!-\!\!\!-\!\!\!-CH\!\!=\!\!\!=\!\!\!=C\quad C\cdot CH_3 \\
\diagdown NH\diagup & & \diagdown NHCl\diagup
\end{array}$$

Darstellung: Hämopyrrolaldehyd (2-Formyl-3-äthyl-4, 5-dimethylpyrrol) $C_9H_{13}ON$ wird mit wenig konz. Salzsäure mehrmals aufgekocht, wobei Rotfärbung eintritt. Nach längerem Stehen wird abgesaugt.

Eigenschaften: Aus Chloroform-Petroläther, derbe violettrote Krystalle. Schmelzp. 215°.

[3(4)-Äthyl-4(3)-methyl-5(2)-brommethyl-pyrryl]-[3(4)-äthyl-4(3)-methyl-5(2)-brommethyl-pyrrolenyl]-methenbromhydrat[5].
2fach bromiertes Hämopyrrolmethenbromhydrat II.

Mol-Gewicht: 494,36.

Zusammensetzung: 41,22% C; 4,68% H; 5,66% N; 48,44% Br. $C_{17}H_{23}N_2Br_3$.

$$\begin{array}{cccc}
H_3C\cdot C\!\!-\!\!C\cdot C_2H_5 & & H_5C_2\cdot C\!\!=\!\!C\cdot CH_3 \\
BrH_2C\cdot C\quad C\!\!-\!\!\!-\!\!\!-CH\!\!=\!\!\!=\!\!\!=C\quad C\cdot CH_2Br \\
\diagdown NH\diagup & & \diagdown NHBr\diagup
\end{array}$$

[1] H. Fischer u. H. Scheyer: Liebigs Ann. **434**, 251 (1923). — H. Fischer, E. Baumann u. H. J. Riedl: Liebigs Ann. **475**, 241 (1929).

[2] H. Fischer u. G. Stangler: Liebigs Ann. **459**, 91 (1927).

[3] H. Fischer, O. Moldenhauer u. O. Süs: Liebigs Ann. **485**, 23 (1923).

[4] H. Fischer u. M. Schubert: Ber. dtsch. chem. Ges. **57**, 614 (1924).

[5] H. Fischer u. G. Stangler: Liebigs Ann. **459**, 79 (1927).

Darstellung: 1 g Bis-(3(4)-äthyl-4, 5(2, 3)-dimethyl-pyrryl)-methenbromhydrat in 15 ccm Eisessig wird nach Zugabe von 1,1 g Brom (2 Mol) solange gekocht, bis fast keine Bromdämpfe mehr zu sehen sind. Schon in der Hitze tritt Krystallisation ein. Ausbeute 1 g.

Eigenschaften: Aus Eisessig rötliche Nadeln mit stark grüner Fluorescenz.

(3-Äthyl-4, 5-dimethyl-pyrryl)-[3(4)-propionsäure-4(3)-methyl-pyrrol-enyl]-methenbromhydrat[1].
3-Äthyl-4, 5, 3'-trimethyl-4'-propionsäure-pyrromethenbromhydrat[2].

Mol-Gewicht: 367,21.

Zusammensetzung: 55,58% C; 6,26% H; 8,74% O; 7,63% N; 21,79% Br. $C_{17}H_{23}O_2N_2Br$.

Darstellung: 1 g Hämopyrrolaldehyd (2-formyl-3-äthyl-4, 5-dimethyl-pyrrol) $C_9H_{13}ON$ und 1 g Opsopyrrolcarbonsäure (3-Propionsäure-4-methyl-pyrrol) $C_8H_{11}O_2N$ mit 2 ccm Sprit verrieben, werden unter Kühlung mit 0,5 ccm 48proz. Bromwasserstoffsäure versetzt. Beim Reiben tritt Krystallisation ein. Nach einigem Stehen wird abgesaugt. Ausbeute 53%[1].

Eigenschaften: Aus Eisessig rote Oktaeder, Schmelzp. 209° unter Zersetzung (ab 184° Dunkelfärbung).

(3-Äthyl-4, 5-dimethyl-pyrryl)-[2-brom-3(4)-propionsäure-4(3)-methyl-pyrrolenyl]-methenbromhydrat[1].
3-Äthyl-4, 5, 3'-trimethyl-4'-propionsäure-5'-brom-pyrromethen-bromhydrat[2].

Mol-Gewicht: 446,12.

Zusammensetzung: 45,74% C; 4,97% H; 7,14% O; 6,28% N; 35,87% Br. $C_{17}H_{22}O_2N_2Br_2$.

$$H_3C \cdot C\text{---}C \cdot C_2H_5 \qquad\qquad H_3C \cdot C{=}C \cdot CH_2 \cdot CH_2 \cdot COOH$$
$$H_3C \cdot C\quad C\text{------}CH{=}\text{------}C\quad C \cdot Br$$
$$\underset{NH}{\diagdown\diagup} \qquad\qquad\qquad\qquad \underset{NHBr}{\diagdown\diagup}$$

Darstellung: 1 g 3-Äthyl-4, 5, 3'-trimethyl-4'-propionsäure-pyrromethenbromhydrat in 2 ccm Eisessig wird nach Zugabe von 2 ccm einer Brom-Eisessiglösung (enthaltend 50 g Brom in 100 ccm Eisessig) auf dem siedenden Wasserbad bis zum Abklingen der Bromwasserstoff-entwicklung erhitzt[2]. Nach längerem Stehen wird abgesaugt und mit Eisessig-Äther gewaschen. Ausbeute 89%[1].

Eigenschaften: Aus Eisessig braungelbe bis hellrote, prismatische Stäbchen. Dient zur Darstellung von Mesoporphyrin II[1], Pyrroporphyrin IX[2] und 1, 3, 5, 8-Tetramethyl-3, 4-di-äthyl-7-propyl-6-propionsäureporphin[3].

Bis-(2, 3, 4-trimethyl-pyrryl)-methen[4].
(2, 3, 4-Trimethyl-pyrryl)-(2, 3, 4-trimethyl-pyrrolenyl)-methen.
3, 4, 5, 3', 4', 5'-Hexamethyl-pyrromethen[5].

Mol-Gewicht: 228,25.

Zusammensetzung: 78,9% C; 8,83% H; 12,28% N. $C_{15}H_{20}N_2$.

Bildung: Bei der Kondensation von 3, 3'-Dimethyl-4, 4'-dipropionsäuremethylester-5, 5'-dimethoxy-pyrromethenbromhydrat mit 2, 3, 4-Trimethylpyrrol[5].

---

[1] H. Fischer, H. Friedrich, W. Lamatsch u. K. Morgenroth: Liebigs Ann. **466**, 177 (1929).

[2] H. Fischer, H. Berg u. A. Schorrmüller: Liebigs Ann. **480**, 147 (1930).

[3] H. Fischer u. A. Rothhaas: Liebigs Ann. **484**, 103 (1930).

[4] H. Fischer u. B. Walach: Liebigs Ann. **450**, 117—119 (1926).

[5] H. Fischer u. A. Kürzinger: Hoppe-Seylers Z. **195**, 228 (1931).

Darstellung: 1,5 g 2, 3, 4-Trimethyl-5-formylpyrrol $C_8H_{14}ON$ und 1,2 g 2, 3, 4-Trimethyl-pyrrol $C_7H_{11}N$ in wenig warmem Alkohol gelöst, werden mit 1 ccm konz. Salzsäure erhitzt, wobei nach kurzer Zeit das Chlorhydrat auskrystallisiert (Ausbeute 2,7 g = 94%). Nach dem Absaugen und Umkrystallisieren aus Chloroform-Petroläther wird in Chloroform gelöst und mit verdünntem Ammoniak durchgeschüttelt. Nach dem Verdampfen des Chloroforms bleibt das Methen als Rückstand[1].

Eigenschaften: Aus Alkohol rote Blättchen, Schmelzp. 172°. Ist mit Wasserdampf flüchtig. Bei der trockenen Destillation entsteht 2, 3, 4-Trimethylpyrrol.

Chlorhydrat $C_{15}H_{21}N_2Cl$. Aus Chloroform-Petroläther hellrote Nadeln mit grünem Oberflächenglanz. Schmelzp. 287—288[1].

Pikrat $C_{21}H_{23}O_7N_5$. Fällt sofort aus beim Versetzen der ätherischen Lösung des Methens mit ätherischer Pikrinsäure. — Aus Alkohol sechseckige, goldglänzende Blättchen, die stark isisieren. Verpufft bei 230—232°[1].

Sublimatverbindung $C_{15}H_{20}N_2Cl_2Hg$. Durch Versetzen der ätherischen Lösung des Methens mit überschüssiger 5proz. wässeriger Sublimatlösung, wobei sofort Abscheidung eines dicken rotbraunen Breis eintritt. — Aus Chloroform-Petroläther feine orangerote, verfilzte Nädelchen, Schmelzp. 243° unter Zersetzung. Wird durch Schwefelwasserstoff zerlegt[1].

Kupfersalz $C_{30}H_{38}N_4Cu$. Scheidet sich sofort ab bei Zugabe einer Kupfersalzlösung zur alkoholischen Lösung des Methens. — Aus Chloroform-Alkohol grüne Nädelchen, oft drusenförmig verwachsen, mit starkem Oberflächenglanz. Schmelzp. 208°. Leicht löslich in Chloroform, Aceton; schwer löslich in Alkohol. Spektrum in Chloroform stark verschwommen: I 518,9; II 474,2; End. Abs. 415,5 $\mu\mu$[1].

Nickelsalz $C_{30}H_{38}N_4Ni$. Darstellung wie schon öfters beschrieben. — Aus Chloroform-Alkohol rote Nädelchen, Schmelzp. 296°. Leicht löslich in Chloroform, Aceton; schwer löslich in Alkohol. Spektrum in Chloroform verschwommen: I 509,4; II 488,9 deutlich; III 460,2 sehr schwach; End. Abs. 422,5 $\mu\mu$[1].

Kobaltsalz $C_{30}H_{38}N_4Co$. Rote derbe Nadeln mit intensiv rotem Oberflächenglanz. Sublimiert über 330° unzersetzt. Leicht löslich in Chloroform, Aceton; schwer löslich in Alkohol. Spektrum in Chloroform (korr.): I 618,0 sehr deutlich; II 593,6 schwach; III 569,6 deutlich; End. Abs. 541,3. Spektrum in stark verdünnter Lösung: I 619,2; II 562,7; III 507,4; IV 479,4; End. Abs. 415,4 $\mu\mu$[1].

Zinksalz $C_{30}H_{38}N_4Zn$. Entsteht beim Versetzen des Methens in Alkohol mit einer ammoniakalischen, alkoholischen Zinkacetatlösung. — Aus Chloroform-Alkohol wetzsteinähnliche Krystalle, die in der Durchsicht rot und von intensiv grünem Oberflächenglanz sind. Schmelzpunkt etwa 310° unter teilweiser Sublimation. Leicht löslich in Chloroform und Aceton; schwer löslich in Alkohol. Die Lösung fluoresciert stark. Spektrum in Alkohol: 507,6 deutlich; End. Abs. 418,6 $\mu\mu$[1].

[2, 3, 4 (3, 4, 5)-Trimethyl-pyrryl]-[2′, 4′ (3′, 5′)-dimethyl-pyrryl]-2, 2′-äthanon (α)[2].

Mol-Gewicht: 245,26.

Zusammensetzung: 73,77% C; 8,20% H; 6,55% O; 11,48% N. $C_{15}H_{21}ON_2$.

$$H_3C \cdot C \qquad C \cdot CH_3 \qquad\qquad H_3C \cdot C\text{---}C \cdot H$$
$$H_3C \cdot C \quad C\text{————}CO \cdot CH_2\text{————}C \quad C \cdot CH_3$$
$$\underset{\alpha}{}\quad\underset{\beta}{}$$
$$NH \qquad\qquad\qquad\qquad\qquad NH$$

Darstellung: Eine Grignard-Lösung aus 0,8 g Magnesium und 2,5 ccm Bromäthyl in 7 ccm Äther wird mit 3 g 2, 4-Dimethyl-pyrrol C_6H_9N und 3 g 2, 3, 4-Trimethyl-5-(chloracetyl)-pyrrol $C_9H_{12}ONCl$ in 20 ccm Äther versetzt. Nach Beendigung der lebhaft einsetzenden Reaktion wird noch 4 Stunden am Wasserbad erhitzt und danach kalt mit konz. Chlorammoniumlösung zerlegt.

Eigenschaften: Aus Alkohol Krystalle vom Schmelzp. 168°.

---

[1] H. Fischer u. B. Walach: Liebigs Ann. **450**, 117 (1926).
[2] H. Fischer u. P. Viaud: Ber. dtsch. chem. Ges. **64**, 198 (1931).

[2, 3, 4 (3, 4, 5)-Trimethyl-pyrryl]-[2', 4' (3', 5')-dimethyl-3' (4')-äthyl-pyrryl]-5, 5' (2, 2')-äthanon (α) [1].

Mol-Gewicht: 272,3.

Zusammensetzung: 74,97% C; 8,86% H; 5,88% O; 10,29% N. $C_{17}H_{24}ON_2$.

$$H_3C \cdot C\!-\!C \cdot CH_3 \qquad\qquad H_3C \cdot C\!-\!C \cdot C_2H_5$$
$$H_3C \cdot C \quad C\!-\!\!-\!\!-\!CO \cdot CH_2\!-\!\!-\!\!-\!C \quad C \cdot CH_3$$
$$\underset{NH}{\diagdown\diagup} \qquad\quad \underset{\alpha}{} \quad \underset{\beta}{} \qquad\quad \underset{NH}{\diagdown\diagup}$$

Darstellung: Durch Umsetzung von 2, 3, 4-Trimethyl-5-(chloracetyl)-pyrrol) $C_9H_{12}ONCl$ mit 2, 4-Dimethyl-3-äthyl-pyrrol $C_8H_{13}N$ in der bekannten Weise (s. S. 558).

Eigenschaften: Aus Alkohol, Schmelzp. 157°.

(2, 3, 4-Trimethyl-pyrryl)-(2, 4-dimethyl-pyrrolenyl)-methen-chlorhydrat [2].

Mol-Gewicht: 250,7.

Zusammensetzung: 65,44% C; 7,62% H; 11,18% N. $C_{14}H_{19}N_2Cl$.

Darstellung: a) Durch Erwärmen von 2 g 2, 3, 4-Trimethyl-5-formylpyrrol $C_8H_{14}ON$ und 1,5 g 2, 4-Dimethylpyrrol C_6H_9N in wenig Alkohol mit etwas konz. Salzsäure, wonach das Chlorhydrat rasch ausfällt. Ausbeute 3,15 g = 86%.

b) Entsteht auch bei der Kondensation von 2, 3, 4-Trimethylpyrrol $C_7H_{11}N$ mit 2, 4-Dimethyl-5-formylpyrrol C_7H_9ON. Ausbeute 82%.

Eigenschaften: Aus Chloroform-Petroläther beiderseits zugespitzte, hellrote Stäbchen, Schmelzp. 244° unter Zersetzung.

(2, 3, 4-Trimethylpyrryl)-(2, 4-dimethylpyrrolenyl)-methen $C_{14}H_{18}N_2$ (M = 214,23). Entsteht beim Schütteln der Chloroformlösung des Chlorhydrats mit verdünntem Ammoniak. — Aus Alkohol orange gefärbte Nadeln, Schmelzp. 98—99°. Mit Wasserdampf leicht flüchtig.

Sublimatverbindung $C_{14}H_{18}N_2Cl_2Hg$. Fällt als dunkelroter Niederschlag beim Durchschütteln einer ätherischen Lösung des Methens mit 5proz. wässeriger Sublimatlösung. — Aus Chloroform-Petroläther kleine dunkelrote Nädelchen, Schmelzp. 182—183° unter Zersetzung. Wird durch Schwefelwasserstoff zerlegt.

Kupfersalz $C_{28}H_{34}N_4Cu$. Aus Chloroform-Alkohol büschelförmig verwachsene, dünne, rote Nadeln, Schmelzp. 220°. Spektrum in Chloroform: I 510,6 verschwommen; II 468,6 sehr schwach; End. Abs. 413 $\mu\mu$.

Nickelsalz $C_{28}H_{34}N_4Ni$. Aus Chloroform-Alkohol rote, derbe, beiderseits zugespitzte Stäbchen mit intensiv grünem Oberflächenglanz; Zersetzungsp. 256° unter teilweiser Sublimation. Spektrum in Chloroform: I 501,2 verschwommen; II 452, 4 schwach; End. Abs. 418 $\mu\mu$.

Kobaltsalz $C_{28}H_{34}N_4Co$. Rote, derbe Stäbchen mit grüner Oberfläche, Schmelzp. 271° unter teilweiser Sublimation. Spektrum in Chloroform: I 619,7 deutlich; II 492,4 deutlich; End. Abs. 415 $\mu\mu$.

Zinksalz $C_{28}H_{34}N_4Zn$. Aus Alkohol rote Blättchen, Schmelzp. 277°. Die Lösungen zeigen gelbe Fluorescenz.

(2, 3, 4-Trimethyl-pyrryl)-(2, 4-dimethyl-3-carbäthoxy-pyrrolenyl)-methen.

Mol-Gewicht: 286,28.

Zusammensetzung: 71,29% C; 7,75% H; 9,79% N. $C_{17}H_{22}O_2N_2$.

Darstellung: Durch Erwärmen von 2 g 2, 4-Dimethyl-3-carbäthoxy-5-formylpyrrol $C_{10}H_{13}O_2N$ mit 1,2 g 2, 3, 4-Trimethylpyrrol $C_7H_{11}N$ in wenig Alkohol mit etwas konz. Salzsäure, wobei sich rasch das Chlorhydrat abscheidet. Ausbeute 3,15 g = 90% [3].

Durch dieselbe Kondensation von 2, 3, 4-Trimethyl-5-formylpyrrol $C_8H_{14}ON$ mit 2, 4-Dimethyl-3-carbäthoxypyrrol $C_9H_{13}O_2N$ [4].

Das freie Methen entsteht, wenn das aus Chloroform-Petroläther umkrystallisierte Chlorhydrat in Chloroform gelöst und mit verdünntem Ammoniak geschüttelt wird.

---

[1] H. Fischer u. P. Viaud: Ber. dtsch. chem. Ges. **64**, 199 (1931).
[2] H. Fischer u. B. Walach: Liebigs Ann. **450**, 119 (1926).
[3] H. Fischer u. B. Walach: Liebigs Ann. **450**, 120—122 (1926).
[4] H. Fischer u. M. Schubert: Ber. dtsch. chem. Ges. **57**, 610 (1924).

Eigenschaften: Aus Alkohol gelbe, verwachsene oder verfilzte Krystalle, Schmelzp. 127°. Die trockene Destillation im Vakuum gibt 2, 3, 4-Trimethylpyrrol und 2, 4-Dimethyl-3-carbäthoxypyrrol. Gibt keine krystallisierte Sublimatverbindung.

Pikrat $C_{23}H_{25}O_9N_5$. Durch Versetzen einer ätherischen Lösung des Pyrrols mit feucht-ätherischer Pikrinsäure. Aus Alkohol prismatische Stäbchen von rhombischem Querschnitt; Schmelzp. 203°.

Kupfersalz $C_{34}H_{42}O_4N_4Cu$. Rotbraune, aus kugeligen Aggregaten verwachsene kleine Nadeln, Schmelzp. 211°.

Nickelsalz $C_{34}H_{42}O_4N_4Ni$. Rote Blättchen, Schmelzp. 288° unter teilweiser Sublimation. Spektrum in Chloroform: I 498,1 verschwommen; II 451,1 verschwommen; End. Abs. 419.

Kobaltsalz $C_{34}H_{42}O_4N_4Co$. Lange rote Blättchen mit grünem Oberflächenglanz, Schmelzpunkt 249° unter teilweiser Sublimation. Spektrum in Chloroform: I 605,9 sehr deutlich; II 583,4 schwach; III 561 deutlich; End. Abs. 522,2.

Zinksalz $C_{34}H_{42}O_4N_4Zn$. Aus Chloroform-Alkohol rote Blättchen mit grünem Oberflächenglanz; in der Durchsicht gelb. Schmelzp. 250. Die Lösungen zeigen gelbe Fluorescenz.

Bis-[2, 4, 5 (2, 3, 5)-trimethyl-pyrryl-3 (4)]-methan[1].

Mol-Gewicht: 230,27.

Zusammensetzung: 78,20% C; 9,36% H; 12,17% N. $C_{15}H_{22}N_2$.

Darstellung: a) 4 g 2, 4, 5 (2, 3, 5)-Trimethylpyrrol $C_7H_{11}N$ in 20 ccm Alkohol werden mit 6 g Methylolchloracetamid[2] $^1/_2$ Stunde gekocht. Nachdem wird mit Wasser verdünnt, wobei das Methan ausfällt.

b) Entsteht auch bei der Einwirkung eines Gemisches von Formaldehydlösung und Diäthylamin[3] auf das Trimethylpyrrol[1].

Eigenschaften: Aus Alkohol, Schmelzp. 196—197° unter Dunkelfärbung. Schwer löslich in Alkohol, unlöslich in Wasser. Löslich in verdünnter Salzsäure. Gibt mit Eisenchlorid in Salzsäure einen voluminösen Niederschlag; mit Brom in Eisessig fällt in der Kälte ein unlöslicher Niederschlag; mit Eisessig-Natriumnitrit entsteht sofort Tiefrotfärbung.

Bis-(3-carbäthoxy-4-methyl-pyrryl-2)-äthan[4].

Mol-Gewicht: 332,30.

Zusammensetzung: 65,02% C; 7,28% H; 19,27% O; 8,43% N. $C_{18}H_{24}O_4N_2$.

$$H_3C\cdot C\!-\!C\cdot COOC_2H_5 \qquad H_5C_2OOC\cdot C\!-\!C\cdot CH_3$$
$$H\cdot C \quad C\!-\!\!-\!\!-\!CH_2\!-\!CH_2\!-\!\!-\!\!-C \quad C\cdot H$$
$$NH \qquad\qquad NH$$

Darstellung: 1 Mol Bis-(4-methyl-3, 5-dicarbäthoxypyrryl-2)-äthan in Alkohol wird 2 Stunden mit 2 Mol wässeriger Natronlauge erhitzt. Nach dem Abdampfen des Alkohols wird in Wasser gelöst, abgekühlt, filtriert, das Filtrat mit derselben Menge Alkohol verdünnt und nun bei 70° unter Rühren die Dicarbonsäure mit verdünnter Schwefelsäure ausgefällt. (Schmelzp. 225 unter Zersetzung.) Nach dem Auswaschen mit Wasser und Trocknen wird diese Säure in kleinen Portionen im Vakuum bei 180—200° erhitzt, wobei Kohlensäureabspaltung eintritt. Ausbeute aus 6 g 2 g = 43%.

Nebenbei entsteht in geringer Menge 3-Carbäthoxy-4-methylpyrrol.

Eigenschaften: Weißes Produkt bei der Destillation. Aus Alkohol längliche Plättchen, Schmelzp. 171°. Löslich in Chloroform, Alkohol und Äther; unlöslich in Wasser.

---

[1] H. Fischer u. C. Nenitzescu: Liebigs Ann. **443**, 123 (1925).
[2] Einhorn: Liebigs Ann. **343**, 265 (1915).
[3] Henry: Bl. (3) **13**, 158 (1895).
[4] H. Fischer u. P. Halbig: Liebigs Ann. **447**, 130 (1926).

Bis-(3-carbäthoxy-4-methyl-5-formyl-pyrryl-2)-äthan[1].

Mol-Gewicht: 388,31.

Zusammensetzung: 61,82% C; 6,23% H; 28,33% O; 7,22% N. $C_{20}H_{24}O_6N_2$.

$$\begin{array}{ccc}
H_3C \cdot C\text{---}C \cdot COOC_2H_5 & \qquad & H_5C_2OOC \cdot C\text{---}C \cdot CH_3 \\
OHC \cdot C \quad C\text{-----}CH_2\text{---}CH_2\text{-----}C \quad C \cdot CHO \\
NH & & NH
\end{array}$$

Darstellung: Eine Lösung von 1 g Bis-(3-carbäthoxy-4-methylpyrryl-2)-äthan in Chloroform wird nach Zugabe von 1 ccm wasserfreier Blausäure unter Eiskühlung mit Chlorwasserstoff gesättigt. Nach einigem Stehen wird abgesaugt, der Rückstand mit Chloroform und Äther gewaschen und mit verdünntem Alkohol verkocht, wonach beim Erkalten der Aldehyd ausfällt.

Eigenschaften: Aus Alkohol langgestreckte, rosettenartig verwachsene Nadeln, Schmelzpunkt 219°. Leicht löslich in Chloroform, unlöslich in Wasser.

Phenylhydrazon $C_{32}H_{36}O_4N_6$. Durch $^1/_4$stündiges Kochen der alkoholischen Lösung des Aldehyds mit Phenylhydrazin. Beim Stehen Krystallisation. — Aus Pyridin-Alkohol farblose Krystalle, Schmelzp. 248° unter Zersetzung. Löslich in Eisessig; fast unlöslich in Alkohol, Chloroform, Benzol, Xylol.

Oxym $C_{20}H_{13}O_6N_4$. Durch 1tägiges Stehenlassen einer Alkohol-Chloroformlösung des Aldehyds mit $2^1/_4$ Mol Hydroxylaminchlorhydrat und Soda bei 40°. Nachdem wird bei 40° das Lösungsmittel verdampft und mit Wasser gefällt. — Aus Pyridin-Alkohol, Schmelzpunkt 245° unter Zersetzung. Schwer löslich in allen Solvenzien.

Bis-(4-methyl-3, 5-dicarbäthoxy-pyrryl-2)-äthan[2].

Mol-Gewicht: 476,4. Bestimmt in Campher zu 441.

Zusammensetzung: 60,47% C; 6,77% H; 26,88% O; 5,88% N. $C_{24}H_{32}O_8N_2$.

$$\begin{array}{ccc}
H_3C \cdot C\text{---}C \cdot COOC_2H_5 & \qquad & H_5C_2OOC \cdot C\text{---}C \cdot CH_3 \\
H_5C_2OOC \cdot C \quad C\text{-----}CH_2\text{---}CH_2\text{-----}C \quad C \cdot COOC_2H_5 \\
NH & & NH
\end{array}$$

Darstellung: Durch Eintragen von 0,5 g α, α'-Bis-(4-methyl-3, 5-dicarbäthoxy-2-methylenpyrrol)-hydrazin in ein siedendes Gemisch von 10 ccm Alkohol und 8 ccm einer ammoniakalischen Kupferlösung, dem Eisessig bis zur sauren Reaktion zugeführt worden ist, wobei augenblicklich stürmische Stickstoffentwicklung und Grünfärbung einsetzt. Nach 2 Minuten langem Sieden wird abgekühlt. Ausbeute 0,4 g.

Eigenschaften: Aus Alkohol feine Nadeln, Schmelzp. 161°. Bei der Reduktion mit Eisessig-Jodwasserstoff entsteht Bis-(4-Methyl-pyrryl-2)-äthan[3].

Bis-(4-methyl-3, 5-dicarboxy-pyrryl)-äthan. Durch Kochen von 1 g Ester mit 0,5 g Ätznatron in 15 ccm Alkohol und 20 ccm Wasser bis zur Lösung. Nach dem Verdampfen des Alkohols wird auf 10—15 ccm eingeengt, wonach beim Abkühlen das Natriumsalz $C_{20}H_{22}O_8N_2Na_2$ in Form hexagonaler Krystalle ausfällt. Ausbeute 0,6—0,7 g. — Besitzt keinen Schmelzpunkt. Leicht löslich in Wasser.

III. Dreikernige Pyrrolderivate.

Tri-(2-äthyl-pyrryl)-methan[4].

Mol-Gewicht: 296,32.

Zusammensetzung: 77,22% C; 8,55% H; 14,23% N; 5,00% C. $O_{19}H_{25}N_3$.

$$CH\!\!\left[\begin{array}{cc}
H \cdot C\text{---}C \cdot H \\
\text{---}C \quad C \cdot C_2H_5 \\
NH
\end{array}\right]_3$$

[1] H. Fischer u. P. Halbig: Liebigs Ann. **447**, 130 (1926).
[2] H. Fischer u. H. Scheyer: Liebigs Ann. **439**, 192 (1924).
[3] H. Fischer u. P. Halbig: Liebigs Ann. **447**, 131 (1926.)
[4] H. Fischer, H. Beyer u. E. Zaucker: Liebigs Ann. **486**. 68 (1931).

Darstellung: Eine Grignard-Lösung aus 1,5 g Magnesium und 6,6 g Bromäthyl in 50 ccm Äther und 5 g 2-Äthyl-pyrrol C_6H_9N in 50 ccm Äther werden nach 4 stündigem Kochen mit 10 ccm frisch destilliertem Ameisensäureäthylester in 50 ccm Äther versetzt und das Ganze über Nacht weitererhitzt. Der Ätherauszug krystallisiert sofort.

Eigenschaften: Aus wenig Methylalkohol Krystalle vom Schmelzp. 162° (korr.). Färbt sich mit konz. Bromwasserstoff rot. Beim Erhitzen mit Alkohol entsteht 2-Äthyl-5-formyl-pyrrol.

Tri-(2-methyl-3-carbäthoxy-pyrryl)-methan[1].

Mol-Gewicht: 469,40.

Zusammensetzung: 63,97% C; 6,61% H; 20,46% O; 8,96% N. $C_{25}H_{31}O_6N_3$.

$$CH{<}\left[\begin{array}{c} H \cdot C{-\!-}C \cdot COOC_2H_5 \\ \| \quad\quad \| \\ {-}C \quad\; C \cdot CH_3 \\ \diagdown\diagup \\ NH \end{array}\right]_3$$

Darstellung: Durch Kondensation von 0,8 g 2-Methyl-3-carbäthoxy-pyrrol $C_8H_{11}O_2N$ (2 Mol) mit 0,5 g 2-Methyl-3-carbäthoxy-5-formylpyrrol $C_9H_{11}O_3N$ (1 Mol) in 10 ccm Alkohol mittels konz. Salzsäure unter Erwärmen. Dabei färbt sich die Lösung braun und schon in der Hitze tritt Krystallisation ein. Ausbeute 85%.

Eigenschaften: Aus Alkohol orangefarbene, hexagonale Blättchen, Schmelzp. 246°. Leicht löslich in Alkohol, Eisessig, Chloroform, Aceton; unlöslich in Toluol, Ligroin, Petroläther und Wasser. Gibt beim Erwärmen mit Salzsäure oder alkoholischer Salzsäure Bis-(2-methyl-3-carbäthoxy-pyrryl)-methenchlorhydrat (Schmelzp. 195—198°. Aus Chloroform-Aceton dünne rote Nadeln.)

Tri-(2,4-dimethyl-3-acetyl-pyrryl)-methan.

Mol-Gewicht: 444,3. Bestimmt in Pyridin zu 482,1.

Zusammensetzung: 70,23% C; 7,71% H; 12,61% O; 9,45% N. $C_{25}H_{31}O_3N_3 + \frac{1}{2}\, C_2H_5OH$.

$$CH{<}\left[\begin{array}{c} H_3C \cdot C{-\!-}C \cdot CO \cdot CH_3 \\ \| \quad\quad \| \\ {-}C \quad\; C \cdot CH_3 \\ \diagdown\diagup \\ NH \end{array}\right]_3$$

Darstellung: a) 0,5 g 2,4-Dimethyl-3-acetyl-3-formylpyrrol $C_9H_{11}O_2N$ und 0,83 g 2,4-Di-methyl-3-acetyl-pyrrol $C_8H_{12}ON_2$ (2 Mol) werden mit 1 g Ätzkali in 10 ccm abs. Alkohol eine Stunde auf dem Wasserbad erhitzt. Dann wird mit verdünnter Salzsäure angesauert, mit Wasser verdünnt, öfters mit Chloroform ausgezogen, die Extrakte eingedampft und die resultierende Schmiere mit etwas abs. Alkohol zur Krystallisation gebracht. Nach 2 stündigem Stehen in Eis wird abgesaugt und mit Alkohol ausgewaschen. Ausbeute 1 g = 77%[2].

Entsteht auch bei Kondensation der Komponenten in Gegenwart von Kaliumbisulfat. Ausbeute 69%[3].

b) Bleibt als verharzte, braunschwarze, spröde Masse beim erschöpfenden Auskochen der durch Spaltung des salzsauren Imins des 2,4-Dimethyl-3-acetyl-5-formylpyrrols mit kaltem Wasser entstehenden blauroten Krusten auf dem Filter. Durch Lösen in viel Alkohol und Einstellen in Eis erhält man beim Reiben ein krystallines Pulver[4].

c) Darstellung auch analog dem Zwischenprodukt von Piloty[5], wobei die verdampften Chloroformextrakte mit abs. Methylalkohol aufgenommen werden[6].

Eigenschaften: Aus Alkohol farblose, schief abgeschnittene Prismen, Schmelzp. 265° (aus Methanol, Schmelzp. 270°), die sich an der Luft rasch rot färben. Leicht löslich in Pyridin. Ziemlich leicht in Eisessig unter Grünfärbung; schwer in heißem Alkohol und in

[1] H. Fischer u. F. Schubert: Hoppe-Seylers Z. **155**, 90 (1925).
[2] H. Fischer u. H. Amann: Ber. dtsch. chem. Ges. **56**, 2325 (1923).
[3] H. Fischer u. M. Heyse: Liebigs Ann. **439**, 251 (1924).
[4] H. Fischer u. H. Amann: Ber. dtsch. chem. Ges. **56**, 2329 (1923).
[5] Piloty: Ber. dtsch. chem. Ges. **47**, 2542 (1914).
[6] H. Fischer u. H. Amann: Ber. dtsch. chem. Ges. **56**, 2328 (1923).

Chloroform, unlöslich in Wasser und Natronlauge. Spaltet sich mit Salzsäure in Bis-(2, 4-dimethyl-3-acetylpyrryl)-methenchlorhydrat und 2, 4-Dimethyl-3-acetylpyrrol. Mit Eisessig-Jodwasserstoff in der Kälte entsteht Bis-(2, 4-dimethyl-3-acetylpyrrylmethenjodhydrat (Zersetzungsp. 229°). In der Wärme bildet sich dagegen 2, 4-Dimethylpyrrol. Durch Lösen in Eisessig und Fällen mit Äther entstehen farblose Prismen, Schmelzp. 187° unter Gasentwicklung (sie enthalten 1 Mol Krystalleisessig). Diese geben dann aus Alkohol wieder den Schmelzp. 265°.

Tri-(2, 4-dimethyl-3-carbäthoxy-pyrryl)-methan.

Mol-Gewicht: 511,46. Bestimmt durch Siedepunktserhöhung in Chloroform zu 500. 494, 529.

Zusammensetzung: 65,72% C; 7,29% H; 18,78% O; 8,21% N. $C_{28}H_{37}O_6N_3$.

$$\mathrm{CH}\!\!\left[\begin{array}{c} H_3C\cdot C\!\!-\!\!C\cdot COOC_2H_5 \\ \mathbin{\|}\qquad\mathbin{\|} \\ -C\qquad C\cdot CH_3 \\ \diagdown\ \diagup \\ NH \end{array}\right]_3$$

Darstellung: a) Durch trockene Kondensation von 0,4 g 2, 4-Dimethyl-3-carbäthoxy-5-formyl-pyrrol $C_{10}H_{13}O_2N$ und 0,68 g 2, 4-Dimethyl-3-carbäthoxy-pyrrol $C_9H_{13}O_2N$ in Gegenwart von Kaliumbisulfat. Die Schmelze wird in wenig heißem Alkohol gelöst, beim Abkühlen Krystallisation (Zusatz von Wasser bewirkt Verschmieren). Ausbeute 0,82 g = 80%[1].

b) Zu 8 g 2, 4-Dimethyl-3-carbäthoxy-pyrrol in 80 ccm Chloroform wird eine Lösung von 13,8 g Kalilauge in 40 ccm Methylalkohol gegeben und dann nach der Vorschrift von Piloty[2] aufgearbeitet. Ausbeute 2,5 g[3].

Eigenschaften: Aus verdünntem Alkohol kurze, farblose Prismen, Schmelzp. 194°. Färbt sich am Licht rasch rot. Löslich in Alkohol, Chloroform, Eisessig (Grünfärbung); schwer in Äther, unlöslich in Wasser. Alkoholische Salzsäure, konz. wässerige Salzsäure und Eisenchlorid spalten in Bis-(2, 4-dimethyl-3-carbäthoxy-pyrryl)-methenchlorhydrat und in 2, 4-Dimethyl-3-carbäthoxy-pyrrol[1,3]. Gibt in Eisessig mit Kaliumdichromat intensive Rotfärbung, die Lösung zeigt völlige Absorption von Gelb bis Violett[2]. Mit Eisessig-Jodwasserstoff entsteht 2, 4-Dimethyl-pyrrol[3].

ω-Äthoxymethylfuryl-di-(2, 4-dimethyl-3-acetyl)-pyrryl-methan[4].

Mol-Gewicht: 381,36.

Zusammensetzung: 73,97% C; 7,6% H; 11,08% O; 7,35% N. $C_{23}H_{29}O_3N_2$.

$$H_5C_2OH_2C\cdot\underset{\displaystyle O}{\overset{\textstyle H\cdot C\!-\!C\cdot H}{C\qquad C}}\!-\!CH\!\!\left[\begin{array}{c} H_3C\cdot C\!\!-\!\!C\cdot COCH_3 \\ \mathbin{\|}\qquad\mathbin{\|} \\ -C\qquad C\cdot CH_3 \\ \diagdown\ \diagup \\ NH \end{array}\right]_2$$

Darstellung: Durch Erwärmen von 1,42 g 2, 4-Dimethyl-3-acetylpyrrol $C_8H_{12}ON_2$ mit 0,8 g Äthoxymethylfurfurol und etwas Kaliumbisulfat im Wasserbad, bis das Reaktionsprodukt eine zähe Konsistenz angenommen hat. Hierauf wird in heißem Alkohol gelöst, mit Tierkohle gekocht, filtriert und mit Wasser gefällt. Ausbeute 50%.

Eigenschaften: Aus Alkohol-Wasser schwach fleischfarbige, schief abgeschnittene Prismen, Schmelzp. 196,5°.

ω-Äthoxymethylfuryl-di-(2, 4-dimethyl-3-carbäthoxy)-pyrryl-methan[5].

Mol-Gewicht: 441,41.

Zusammensetzung: 67,99% C; 7,53% H; 18,27% O; 6,21% N. $C_{25}H_{33}O_5N_2$.

$$H_5C_2OH_2C\cdot\underset{\displaystyle O}{\overset{\textstyle HC\!-\!CH}{C\qquad C}}\!-\!CH\!\!\left[\begin{array}{c} H_3C\cdot C\!\!-\!\!C\cdot COOC_2H_5 \\ \mathbin{\|}\qquad\mathbin{\|} \\ -C\qquad C\cdot CH_3 \\ \diagdown\ \diagup \\ NH \end{array}\right]_2$$

[1] H. Fischer u. M. Heyse: Liebigs Ann. **439**, 255 (1924).
[2] O. Piloty: Ber. dtsch. chem. Ges. **47**, 2542 (1914).
[3] H. Fischer u. H. Amann: Ber. dtsch. chem. Ges. **56**, 2328 (1923).
[4] H. Fischer u. M. Heyse: Liebigs Ann. **439**, 258 (1924).
[5] H. Fischer u. M. Heyse: Liebigs Ann. **439**, 259 (1924).

Darstellung: Durch Erwärmen von 1,7 g 2, 4-Dimethyl-3-carbäthoxypyrrol $C_9H_{13}O_2N$ und 0,8 g Äthoxymethylfurfurol mit Kaliumbisulfat im Wasserbad. Dann wird in Alkohol gelöst, mit Tierkohle behandelt, filtriert, das Filtrat konzentriert und in der Hitze mit Wasser bis zur bleibenden Trübung versetzt, wonach beim Erkalten Krystallisation eintritt. Ausbeute 2,19 g = 90%.

Eigenschaften: Durch öfteres Umkrystallisieren aus 70proz. Alkohol farblose Stäbchen die bei 94° oberflächlich erweichen und bei 99° schmelzen. Zersetzung bei 105°.

(3-Brom-4-methyl-5-carbäthoxy)-di-(2, 4-dimethyl-3-carbäthoxy)-pyrryl-methan[1].

Mol-Gewicht: 575,35.

Zusammensetzung: 56,33% C; 5,78% H; 16,69% O; 7,31% N; 13,89% Br. $C_{27}H_{33}O_6N_3Br$.

$$\begin{array}{c} H_3C\cdot C\!\!-\!\!C\cdot Br \\ H_5C_2OOC\cdot C\quad C\!\!-\!\!CH\!\!<\!\!\left[\begin{array}{c} H_3C\cdot C\!\!-\!\!C\cdot COOC_2H_5 \\ -C\quad C\cdot CH_3 \\ NH \end{array}\right]_2 \\ NH \end{array}$$

Darstellung: Durch trockene Kondensation von 1 Mol 2-Formyl-3-brom-4-methyl-5-carbäthoxy-pyrrol $C_9H_{10}O_3NBr$ und 2 Mol 2, 4-Dimethyl-3-carbäthoxypyrrol $C_9H_{13}O_2N$. Reinigung der Schmelze durch öfteres Umkrystallisieren aus Alkohol-Wasser.

Eigenschaften: Aus Alkohol Wasser Prismen, Schmelzp. 227—228°. Schwer löslich in allen Lösungsmitteln. Beständig gegen konz. Salzsäure. Ehrlichsche Reaktion heiß positiv.

(2, 4-Dimethyl-3-acetyl)-di-(2, 4-dimethyl-3-carbäthoxy)-pyrryl-methan[2].

Mol-Gewicht: 481,44.

Zusammensetzung: 67,32% C; 7,33% H; 16,62% O; 8,73% N. $C_{27}H_{35}O_5N_3$.

$$\begin{array}{c} H_3COC\cdot C\!\!-\!\!C\cdot CH_3 \\ H_3C\cdot C\quad C\!\!-\!\!CH\!\!<\!\!\left[\begin{array}{c} H_3C\cdot C\!\!-\!\!C\cdot COCH_3 \\ -C\quad C\cdot CH_3 \\ NH \end{array}\right]_2 \\ NH \end{array}$$

Darstellung: Durch Zusammenschmelzen von 1 Mol 2, 4-Dimethyl-3-acetyl-5-formyl-pyrrol $C_9H_{11}O_2N$ mit 2 Mol 2, 4-Dimethyl-3-carbäthoxypyrrol $C_9H_{13}O_2N$ in Gegenwart von Kaliumbisulfat. Die Schmelze löst sich leicht in heißem Alkohol, erst bei längerem Stehen tritt Krystallabscheidung ein, die dann durch tropfenweise Zugabe von Wasser vervollständigt wird.

Eigenschaften: Aus Alkohol farblose Nadeln, Schmelzp. 146°. Enthält 1 Mol Krystallalkohol. Färbt sich am Licht rosa. Leicht löslich in Aceton und Chloroform, schwer in Benzol, fast unlöslich in Äther. Durch rasches Ausfällen aus Alkohol mit Wasser sind die Krystalle fast frei von Krystallalkohol; Schmelzp. 219°. (Sinterung ab 146°.)

(2, 4-Dimethyl-5-carbäthoxy)-di-(2, 4-dimethyl-3-acetyl)-pyrryl-methan[3].

Mol-Gewicht: 451,42.

Zusammensetzung: 69,13% C; 7,37% H; 14,19% O; 9,31% N. $C_{26}H_{33}O_4N_3$.

$$\begin{array}{c} H_3C\cdot C\!\!-\!\!C\!\!-\!\!CH \\ H_5C_2OOC\cdot C\quad C\cdot CH_3\!\!>\!\!\left[\begin{array}{c} -C\!\!-\!\!C\cdot CH_3 \\ H_8C\cdot C\quad C\cdot COCH_3 \\ NH \end{array}\right]_2 \\ NH \end{array}$$

[1] H. Fischer u. P. Ernst: Liebigs Ann. **447**, 156 (1926).
[2] H. Fischer u. M. Heyse: Liebigs Ann. **439**, 252 (1924).
[3] H. Fischer u. M. Heyse: Liebigs Ann. **439**, 256 (1924).

Darstellung: Durch trockene Kondensation von 0,5 g 2, 4-Dimethyl-5-carbäthoxy-3-formylpyrrol $C_{10}H_{13}O_2N$ mit 0,7 g 2, 4-Dimethyl-3-acetylpyrrol $C_8H_{11}ON$ mittels Kaliumbisulfat. Die Schmelze wird in Alkohol gelöst und mit Wasser versetzt, wobei ein Öl ausfällt, das bei mehrtägigem Stehen unter Wasser fest wird.

Eigenschaften: Aus Alkohol kurze, spitz abgeschnittene Prismen, Schmelzp. 247°.

(2, 4-Dimethyl-5-carbäthoxy)-di-(2, 4-dimethyl-3-carbäthoxy)-pyrryl-methan[1].

Mol-Gewicht: 511,46.

Zusammensetzung: 65,71% C; 7,30% H; 18,77% O; 8,22% N. $C_{28}H_{37}O_6N_3$.

$$\begin{array}{c}\text{H}_3\text{C}\cdot\text{C}-\text{C}-\text{CH}-\left[\text{H}_3\text{C}\cdot\text{C}-\text{C}\cdot\text{COOC}_2\text{H}_5\right.\\ \text{H}_5\text{C}_2\text{OOC}\cdot\text{C}\quad\text{C}\cdot\text{CH}_3\quad\quad -\text{C}\quad\text{C}\cdot\text{CH}_3\\ \text{NH}\quad\quad\quad\quad\text{NH}\quad\quad\quad\Big]_2\end{array}$$

Darstellung: Durch Zusammenschmelzen von 0,4 g 2, 4-Dimethyl-5-carbäthoxy-3-formylpyrrol $C_{10}H_{13}O_2N$ mit 0,68 g 2,·4-Dimethyl-3-carbäthoxypyrrol $C_9H_{13}O_2N$. Die Schmelze ist in Alkohol leicht löslich und fällt auf Zusatz von Wasser als allmählich erstarrendes Öl aus. Reinigung durch mehrmaliges Krystallisieren aus Alkohol, zuletzt durch Umfällen aus Chloroform-Petroläther.

Eigenschaften: Aus Chloroform-Petroläther farblose Rauten und Rhomboeder; Schmelzpunkt 201°. Färbt sich an der Luft rasch rotbraun. Sehr leicht löslich in Aceton, leicht in Alkohol. Beim Erhitzen mit Alkohol-Salzsäure tritt Spaltung ein in Bis-(2, 4-Dimethyl-3-carbäthoxypyrryl)-methenchlorhydrat und in 2, 4-Dimethyl-5-carbäthoxypyrrol.

(2, 5-Dimethyl-3-carbäthoxy)-di-(2, 4-dimethyl-3-carbäthoxy)-pyrryl-methan[2].

Mol-Gewicht: 511,46.

Zusammensetzung: 65,71% C; 7,30% H; 18,77% O; 8,22% N. $C_{28}H_{37}O_6N_3$.

$$\begin{array}{c}\text{H}_5\text{C}_2\text{OOC}\cdot\text{C}-\text{C}-\text{CH}-\left[\text{H}_3\text{C}\cdot\text{C}-\text{C}\cdot\text{COOC}_2\text{H}_5\right.\\ \text{H}_3\text{C}\cdot\text{C}\quad\text{C}\cdot\text{CH}_3\quad\quad -\text{C}\quad\text{C}\cdot\text{CH}_3\\ \text{NH}\quad\quad\quad\quad\text{NH}\quad\quad\quad\Big]_2\end{array}$$

Darstellung: 0,4 g 2, 5-Dimethyl-3-carbäthoxy-4-formylpyrrol $C_{10}H_{13}O_3N$ und 0,68 g 2, 4-Dimethyl-3-carbäthoxypyrrol $C_9H_{13}O_2N$ werden unter Zusatz von Kaliumbisulfat zusammengeschmolzen. Die in wenig heißem Alkohol gelöste Schmelze bleibt bis zum Eintritt der krystallinischen Abscheidung stehen, dann erst wird zur völligen Abscheidung tropfenweise Wasser zugesetzt, wobei das Methan auch mitunter als bald erstarrendes Öl ausfällt.

Eigenschaften: Aus Alkohol fadenförmige, farblose Krystalle, Schmelzp. 184°. Sehr leicht löslich in Chloroform; leicht in Aceton und Eisessig. Färbt sich am Licht rasch rot

(2, 5-Dimethyl-3-carbäthoxy)-di-(2, 4-dimethyl-3-acetyl)-pyrryl-methan[3].

Mol-Gewicht: 451,29. Bestimmt durch Siedepunktserhöhung in Alkohol zu 459.

Zusammensetzung: 69,13% C; 7,37% H; 14,19% O; 9,31% N. $C_{26}H_{33}O_4N_3$.

$$\begin{array}{c}\text{H}_5\text{C}_3\text{OOC}\cdot\text{C}-\text{C}-\text{CH}-\left[\text{H}_3\text{C}\cdot\text{C}-\text{C}\cdot\text{COCH}_3\right.\\ \text{H}_3\text{C}\cdot\text{C}\quad\text{C}\cdot\text{CH}_3\quad\quad -\text{C}\quad\text{C}\cdot\text{CH}_3\\ \text{NH}\quad\quad\quad\quad\text{NH}\quad\quad\quad\Big]_2\end{array}$$

[1] H. Fischer u. M. Heyse: Liebigs Ann. **439**, 256 (1924).
[2] H. Fischer u. M. Heyse: Liebigs Ann. **439**, 254 (1924).
[3] H. Fischer u. M. Heyse: Liebigs Ann. **439**, 253 (1924).

Darstellung: Durch 3-minütiges Zusammenschmelzen von 0,5 g 2,5-Dimethyl-3-carbäthoxy-4-formylpyrrol $C_{10}H_{13}O_3N$ mit 0,7 g 2,4-Dimethyl-3-acetylpyrrol $C_8H_{11}ON$ unter Zusatz von Kaliumbisulfat. Dann wird mit Alkohol erwärmt, wobei ein Teil sich löst, ein anderer dagegen krystallisiert. Wenn von der ursprünglichen Schmelze nichts mehr vorhanden ist und genügend krystallisiertes Produkt sich gelöst hat, dann wird tropfenweise Wasser bis zur Ausfällung zugegeben. Nach dem Filtrieren wird der Rückstand 2mal mit je $^1/_4$ l Wasser ausgekocht. Ausbeute 0,81 g = 70%.

Eigenschaften: Aus Alkohol farblose dünne Nadeln, Schmelzp. 231° unter Zersetzung. Färbt sich am Licht rosa. Leicht löslich in Eisessig, weniger leicht in Chloroform; sehr schwer löslich in Aceton. Beim Erwärmen mit alkoholischer Salzsäure auf 50—60° tritt Spaltung ein in Bis-(2,4-dimethyl-3-acetyl-pyrryl)-methenchlorhydrat und in 2,5-Dimethyl-3-carbäthoxypyrrol.

(3,5-Dicarbäthoxy-4-methyl)-di-(2,4-dimethyl-3-acetyl)-pyrryl-methan[1].

Mol-Gewicht: 509,45.

Zusammensetzung: 63,24% C; 6,92% H; 22,75% O; 8,09% N. $C_{28}H_{35}O_6N_3$.

Darstellung: Durch Zusammenschmelzen von 1 Mol 2-Formyl-3,5-dicarbäthoxy-4-methyl-pyrrol $C_{12}H_{15}O_5N$ und 2 Mol 2,4-Dimethyl-3-acetylpyrrol $C_8H_{11}ON$ über freier Flamme. Die Schmelze wird durch öfteres Umkrystallisieren aus Alkohol-Wasser rein erhalten.

Eigenschaften: Aus Alkohol-Wasser Prismen, Schmelzp. 254—255°. (Aus reinem Alkohol enthalten sie Krystallalkohol.) In allen organischen Solvenzien schwer löslich. Ist beständig gegen konz. Salzsäure. Ehrlichsche Reaktion heiß positiv.

(3,5-Dicarbäthoxy-4-methyl)-di-(2,4-dimethyl-3-carbäthoxy)-pyrryl-methan[1].

Mol-Gewicht: 569,5.

Zusammensetzung: 63,24% C; 6,90% H; 22,55% O; 7,31% N. $C_{30}H_{39}O_8N_3$.

Darstellung: Durch vorsichtiges Zusammenschmelzen von 1 Mol 2-Formyl-3,5-dicarbäthoxy-4-methylpyrrol $C_{12}H_{15}O_5N$ mit 2 Mol 2,4-Dimethyl-3-carbäthoxypyrrol $C_9H_{13}O_2N$ über freier Flamme, wobei unter Aufschäumen das entstandene Wasser entweicht. Die Schmelze erstarrt beim Anreiben mit Alkohol krystallin und wird durch wiederholtes Umkrystallisieren aus Alkohol-Wasser rein.

Eigenschaften: Aus Alkohol-Wasser Prismen, Schmelzp. 179°. (Aus reinem Alkohol umkrystallisiert enthalten sie stets Krystallalkohol.) In allen organischen Lösungsmitteln schwer löslich. Gibt in Eisessig mit Kaliumdichromat intensive Rotfärbung. Ist beständig gegen konz. Salzsäure. Ehrlichsche Reaktion heiß positiv.

(3,5-Dicarbäthoxy-4-methyl)-di-(2,4-dimethyl-5-carbäthoxy)-pyrryl-methan[1].

Mol-Gewicht: 570,49.

Zusammensetzung: 63,13% C; 6,71% H; 22,78% O; 7,38% N. $C_{30}H_{39}O_8N_3$.

Darstellung: Durch Zusammenschmelzen von 1 Mol 2-Formyl-3,5-dicarbäthoxy-4-methylpyrrol $C_{12}H_{15}O_5N$ und 2 Mol 2,4-Dimethyl-5-carbathoxypyrrol $C_9H_{13}O_2N$. Die Schmelze wird durch mehrmaliges Umkrystallisieren aus Alkohol-Wasser gereinigt.

Eigenschaften: Aus Alkohol-Wasser Prismen, Schmelzp. 199—200°. In allen organischen Lösungsmitteln schwer löslich. Beständig gegen konz. Salzsäure. Ehrlichsche Reaktion heiß positiv.

1,8-Dioxy-2,4,7-trimethyl-5-äthyl-3,6-dicarbäthoxy-tripyrren[2].

Mol-Gewicht: 316,30.

Zusammensetzung: 67,55% C; 7,29% H; 15,89% O; 9,27% N. $C_{17}H_{22}O_3N_2$.

$$
\begin{array}{ccc}
H_3C \cdot \underset{|2\quad 3|}{C=\!\!=C} \cdot COOC_2H_5 & H_3C \cdot \underset{\|4\quad 5\|}{C-\!\!-C} \cdot C_2H_5 & H_5C_2OOC \cdot \underset{|6\quad 7\|}{C=\!\!=C} \cdot CH_3 \\
HO \cdot \underset{1}{C}\quad C=\!\!=\!\!=\!\!=\!\!=CH\!-\!\!-\!\!-\!\!-C\quad C\!-\!\!-\!\!-\!\!-CH=\!\!=\!\!=\!\!=C\quad_8C \cdot OH \\
\diagdown N\diagup \qquad \diagdown NH\diagup \qquad \diagdown N\diagup
\end{array}
$$

---

[1] H. Fischer u. P. Ernst: Liebigs Ann. **447**, 156 (1926).
[2] H. Fischer u. E. Adler: Hoppe-Seylers Z. **200**, 229 (1931).

Darstellung: 1 g 2-Chlormethyl-3-carbäthoxy-4-methyl-5-oxy-pyrrol gelöst in etwa
40 ccm Benzol wird mit 0,5 g Opsopyrrol 2 Stunden auf dem Wasserbad gekocht. Beim Einengen der tiefvioletten Lösung bei gewöhnlicher Temperatur tritt Abscheidung des Reaktionsproduktes ein.

Eigenschaften: Aus Pyridin braunviolette Stäbchen mit grünem Oberflächenglanz
Schmelzp. 238° unter Zersetzung. Leicht löslich in heißem Pyridin und Eisessig; schwer in
Alkohol und Chloroform. Die violetten Lösungen zeigen nur schwache diffuse Absorption im
Grün. Eine alkoholische Lösung wird mit alkoholischem Zinkacetat blau; beim Stehen Ab-
scheidung eines nicht fluorescierenden Zinksalzes. Wird jedoch schwach ammoniakalisch ge-
macht, dann tritt beim Stehen Aufhellung und intensive Fluorescenz ein und es zeigt sich eine
dem Urobilinstreifen ganz ähnliche, nur mehr verwaschene Absorption. Löslich in konz.
Schwefelsäure mit intensiv blauer Farbe; scharfe Absorption bei 645 $\mu\mu$. Auf Zugabe von
Nitrit über Violett (unscharfe Absorption bei 580 $\mu\nu$) rasche Aufoxydation nach Hellgelb.
Gmelinsche Reaktion negativ.

2, 4, 7-Trimethyl-3, 5, 6-triäthyl-1, 8-dicarbäthoxy-tripyrran[1].

Mol-Gewicht: 495,5.
Zusammensetzung: 70,25% C; 8,34% H; 12,93% O; 8,48% N. $C_{29}H_{41}O_4N_3$.

$$H_3C \cdot C—C \cdot C_2H_5 \qquad\qquad H_3C \cdot C—C \cdot CH_3 \qquad\qquad H_5C_2 \cdot C—C \cdot CH_3$$
$$H_5C_2OOC \cdot C \qquad C———CH_2———C \qquad C———CH_2———C \qquad C \cdot COOC_2H_5$$
$$\qquad\quad NH \qquad\qquad\qquad NH \qquad\qquad\qquad NH$$

Darstellung: 2 g 2-Äthoxymethyl-3-äthyl-4-methyl-5-carbäthoxy-pyrrol $C_{13}H_{21}O_3N$ (2 Mol)
und 0,6 g Opsopyrrol $C_7H_{11}N$ (1 Mol) in 30 ccm Benzol werden unter Zusatz von 2 Tropfen
48 proz. Bromwasserstoffsäure 2 Stunden auf dem Wasserbad gekocht. Dann wird die rote
Lösung auf 5 ccm eingeengt, wonach beim Abkühlen und Reiben Krystallisation eintritt.

Eigenschaften: Aus Benzol farblose Stäbchen, aus Eisessig rechteckige Täfelchen, Schmelzpunkt 195°. Ziemlich löslich in Benzol und Äther; schwerer in Alkohol. Färbt sich an der Luft
rosa. Ehrlichsche und Gmelinsche Reaktion negativ. Gibt mit alkoholischem Zinkacetat
beim Belichten deutlich rotgrüne Fluorescenz; das Spektrum zeigt den Urobilinstreifen bei
500 $\mu\mu$.

1, 8-Dioxy-2, 4, 7-trimethyl-5-propionsäure-3, 6-dicarbäthoxy-tripyrren[2].

Mol-Gewicht: 526,38.
Zusammensetzung: 61,03% C; 5,72% H; 24,03% O; 8,22% N. $C_{26}H_{28}O_9N_3$.

$$H_3C \cdot C=C \cdot COOC_2H_5 \qquad H_3C \cdot C—C \cdot CH_2 \cdot CH_2 \cdot COOH \qquad H_5C_2OOC \cdot C=C \cdot CH_3$$
$$HO \cdot C \quad C====CH———C \quad C———————CH====C \quad C \cdot OH$$
$$\qquad N \qquad\qquad\qquad NH \qquad\qquad\qquad\qquad N$$

Darstellung: 1 g 2-Chlormethyl-3-carbäthoxy-4-methyl-5-oxy-pyrrol (oder die entsprechende 2-Brommethylverbindung) werden mit 0,5 g Opsopyrrolcarbonsäure in 60 ccm
Benzol 3 Stunden lang auf dem Wasserbad gekocht. Schon in der Hitze tritt Abscheidung
einer Krystallkruste aus der tiefvioletten Lösung ein.

Eigenschaften: Aus viel Alkohol feine braunviolette Nadeln; Schmelzp. 245°. Löslich
in heißem Eisessig und Pyridin; mit steigender Reinheit immer schwerer in heißem Alkohol.
Zinkacetatprobe genau wie beim 1, 8-Dioxy-2, 4, 7-trimethyl-5-äthyl-3, 6-dicarbäthoxy-tri-
pyrran. Löslich in konz. Schwefelsäure mit tiefblauer Farbe; scharfe Absorption bei 620 $\mu\mu$;
auf Zugabe von Nitrit sofortige Aufhellung nach Hellgelb. Gmelinsche Reaktion negativ.

[1] H. Fischer u. E. Adler: Hoppe-Seylers Z. **197**, 268 (1931).
[2] H. Fischer u. E. Adler: Hoppe-Seylers Z. **200**, 230 (1931).

(2, 4, 7-Trimethyl-5-äthyl-1, 8-dicarbäthoxy-3, 6-dipropionsäure)-tripyrran[1].

Mol-Gewicht: 291,6. Gefunden durch Titration zu 271,3 und 280,9.

Zusammensetzung: 63,77% C; 7,09% H; 21,94% O; 7,20% N. $C_{31}H_{41}O_8N_3$.

$$H_3C \cdot C{-\!\!-}C \cdot CH_2 \cdot CH_2 \cdot COOH \qquad H_3C \cdot C{-\!\!-}C \cdot C_2H_5 \qquad HOOC \cdot H_2C \cdot H_2C \cdot C{-\!\!-}C \cdot CH_3$$
$$H_5C_2OOC \cdot C \quad C{-\!\!-\!\!-}CH_2{-\!\!-\!\!-}C \quad C{-\!\!-\!\!-}CH_2{-\!\!-\!\!-}C \quad C \cdot COOC_2H_5$$
$$NH \qquad\qquad NH \qquad\qquad NH$$

Darstellung: 2 g 2-Äthoxymethyl-3-propionsäure-4-methyl-5-carbäthoxy-pyrrol (2 Mol) und 0,6 g Opsopyrrol (1 Mol) in 50 ccm Benzol werden mit 1—2 Tropfen 48proz. Bromwasserstoffsäure 2 Stunden auf dem Wasserbad gekocht, wobei leichte Rotfärbung eintritt. Danach wird auf 10—15 ccm eingeengt. Beim Erkalten tritt Krystallisation ein, die abgesaugt und mit wenig Alkohol-Äther gewaschen wird. Ausbeute 1,2 g.

Eigenschaften: Aus Eisessig farblose Stäbchen, Schmelzp. 217°. Färbt sich an der Luft allmählich rosa. Leicht löslich in heißem Eisessig; ziemlich leicht in heißem Alkohol; schwer löslich in Chloroform, Äther, Petroläther. Ehrlichsche und Gmelinsche Reaktion negativ. Wird mit Eisenchlorid intensiv rot, die Lösung zeigt Methenspektrum und auf Zusatz von Zinkacetat tritt Fluorescenz auf. Gibt auf Zusatz von Zinkacetat erst im Sonnenlicht rotgrüne Fluorescenz und Spektrum: Breites Band bei 500 $\mu\mu$ (Urobilinstreifen).

(2, 4, 7-Trimethyl-5-äthyl-1, 8-dicarboxy-3, 6-dipropionsäure)-tripyrran. Entsteht bei 3stündigem Erhitzen von 1 g Ester mit 0,3 g Natronlauge in 15 ccm Alkohol und 15 ccm Wasser im siedenden Wasserbad. Isolierung durch Verdampfen des Alkohols, Filtrieren der Lösung und Zugabe von 10proz. Salzsäure, wonach die Tetracarbonsäure als voluminöser, schwach bräunlicher Niederschlag ausfällt. — Kann nicht krystallisiert erhalten werden. Färbt sich schon beim Trocknen im Exsiccator rot. Zersetzung bei 140° unter Dunkelfärbung und Porphyrinbildung. Leicht löslich in Alkohol, Eisessig, Ameisensäure; unlöslich in Chloroform, Petroläther, Äther. Gibt beim trockenen Erhitzen und in Lösungsmitteln, besonders Eisessig und Ameisensäure Porphyrin. Ehrlichsche Reaktion positiv.

IV. Vierkernige Pyrrolderivate.

Tetra-(2-methyl-3-carbäthoxy-pyrryl)-äthan[2].

Mol-Gewicht: 634,54.

Zusammensetzung: 64,35% C; 6,62% H; 20,2% O; 8,83% N. $C_{34}H_{42}O_8N_4$.

$$H_5C_2OOC \cdot C{-\!\!-}C \cdot H \qquad\qquad H \cdot C{-\!\!-}C \cdot COOC_2H_5$$
$$H_3C \cdot C \quad C{-\!\!-\!\!-}CH{-\!\!-\!\!-}C \quad C \cdot CH_3$$
$$NH \qquad\qquad\qquad NH$$
$$NH \qquad\qquad\qquad NH$$
$$H_3C \cdot C \quad C{-\!\!-\!\!-}CH{-\!\!-\!\!-}C \quad C \cdot CH_3$$
$$H_5C_3OOC \cdot C{-\!\!-}C \cdot H \qquad\qquad H \cdot C{-\!\!-}C \cdot COOC_2H_5$$

Darstellung: In ein Gemisch von 1 g 2-Methyl-3-carbäthoxy-pyrrol $C_8H_{11}O_2N$ in 3 ccm abs. Alkohol und 2 g einer 10proz. alkoholischen Glyoxallösung wird unter starker Kühlung langsam Chlorwasserstoff eingeleitet, wobei Dunkelrotfärbung eintritt und beim Reiben Krystallisation einsetzt. Nach einigem Stehen wird abgesaugt und mit verdünntem Alkohol gewaschen. Ausbeute 70%.

Eigenschaften: Aus Weingeist farblose, prismatische Stäbchen, Schmelzp. 273°. Löslich in Eisessig, Alkohol, Aceton, Schwefelkohlenstoff, Essigester, Pyridin; schwer löslich in Chloroform; unlöslich in Äther, Ligroin, Petroläther, Wasser. Verändert sich beim Kochen mit mäßig konz. Salzsäure unter Bildung eines roten, amorphen Körpers.

---

[1] H. Fischer u. E. Adler: Hoppe-Seylers Z. **197**, 266 (1931).
[2] H. Fischer u. F. Schubert: Hoppe-Seylers Z. **155**, 92 (1925).

Tetra-(2-äthyl-3-propionyl-4-methylpyrryl)-äthan[1].

Mol-Gewicht: 670,71.

Zusammensetzung: 73,90% C; 8,50% H; 9,39% O; 8,21% N. $C_{42}H_{58}O_4N_4$.

$$H_3C \cdot H_2C \cdot OC \cdot C{-\!\!-}C \cdot CH_3 \qquad\qquad H_3C \cdot C{-\!\!-}C \cdot CO \cdot CH_2 \cdot CH_3$$

Darstellung: Durch Zusatz von 1 Tropfen konz. Salzsäure oder Salpetersäure zu einer heißen Lösung von 0,2 g 2-Äthyl-3-propionyl-4-methylpyrrol $C_{10}H_{15}ON$ in 1 ccm Alkohol und anschließendem mehrmaligem Aufkochen. Nach längerem Stehen scheiden sich an den Gefäßwänden grobe, farblose, durchscheinende Krystalle ab, die jedoch nach dem Absaugen Krystallalkohol abgeben und in ein weißes Pulver zerfallen.

Eigenschaften: Aus Alkohol, Schmelzp. 249°. Reduktion mit Eisessig-Jodwasserstoff gibt 2-Äthyl-4-methylpyrrol mit 20proz. Ausbeute.

Tetra-(2-äthyl-3-propionyl-4-methyl-pyrryl)-äthylen[1].

Mol-Gewicht: 668,7.

Zusammensetzung: 74,12% C; 7,86% H; 10,16% O; 7,86% N. $C_{42}H_{56}O_4N_4$.

$$H_3C \cdot H_2C \cdot OC \cdot C{-\!\!-}C \cdot CH_3 \qquad\qquad H_3C \cdot C{-\!\!-}C \cdot CO \cdot CH_2 \cdot CH_3$$

Darstellung: Durch 2 Minuten langes Erhitzen von 0,5 g Tetrapyrryläthan in abs. Alkohol mit sehr verdünnter alkoholischer Eisenchloridlösung. Beim Abkühlen tritt Krystallisation ein.

Eigenschaften: Aus Alkohol gelbe, radial angeordnete Nadeln, Schmelzp. 209°. Die alkoholische Lösung ist intensiv gelb gefärbt und zeigt schwache Fluorescenz. Gibt durch Reduktion mit 2proz. Natriumamalgam das Äthan zurück. Mit Jodwasserstoff-Eisessig bildet sich 2-Äthyl-4-methyl-pyrrol. Mit konz. Eisenchlorid entsteht Bis-(2-äthyl-3-propionyl-4-methylpyrryl)-methenchlorhydrat.

Tetra-(3-propionsäure-4-methyl-5-carbäthoxy-pyrryl)-2-äthan.

Mol-Gewicht: 912,73.

Zusammensetzung: 59,85% C; 6,34% H; 27,74% O; 6,07% N. $C_{46}H_{58}O_{16}N_4$.

$$H_3C \cdot C{-\!\!-}C \cdot CH_2 \cdot CH_2 \cdot COOH \qquad\qquad HOOC \cdot H_2C \cdot H_2C \cdot C{-\!\!-}C \cdot CH_3$$

---

[1] H. Fischer u. J. Klarer: Liebigs Ann. **447**, 56, 57 (1926).

Bildung: Als Nebenprodukt bei der Darstellung des 2-Brommethyl-3-propionsäure-4-methyl-5-carbäthoxy-pyrrols[1].

Darstellung: 0,2 g Bis-(3-propionsäure-4-methyl-5-carbäthoxy-pyrryl)-methan heiß gelöst in 2 ccm Eisessig werden mit 5 Tropfen konz. wässeriger Eisenchloridlösung versetzt und im Wasserbad auf 60° erwärmt. Nach 15 Minuten beginnt die Krystallisation des Äthans. Nachdem wird mit viel Alkohol versetzt, nach Stehen über Nacht abgesaugt und mehrmals mit heißem Eisessig ausgewaschen. Ausbeute 0,05 g = 25 %[2].

Eigenschaften: Aus Eisessig-Wasser farblose, derbe Prismen, Schmelzp. 275° (korr.). Löslich in Eisessig; unlöslich in Alkohol, Chloroform, Äther.

Octa-äthylester des Äthans $C_{54}H_{74}O_{16}N_4$. 1 g Äthan, in 20 ccm abs. Alkohol suspendiert, wird mit trockenem Salzsäuregas gesättigt, dann unter Rückfluß 10 Minuten über die vollständige Lösung hinaus gekocht, nach dem Abkühlen mit Soda alkalisch gemacht und der Niederschlag abgesaugt. — Aus Benzol farblose Prismen, Schmelzp. 132° (korr.). Leicht löslich in allen organischen Lösungsmitteln. Wird durch schwaches Erwärmen mit alkoholischer Kalilauge wieder zum Ausgangsmaterial (Schmelzp. 275°) verseift.

Tetra-(2,3-dimethyl-4-carbäthoxy-pyrryl)-äthan[3].

Mol-Gewicht: 690,63. Bestimmt in Campher zu 651.

Zusammensetzung: 66,04% C; 7,30% H; 18,54% O; 8,12% N. $C_{38}H_{50}O_8N_4$.

Darstellung: Durch 2 Minuten langes Erhitzen von 1 g 2,3-Dimethyl-4-carbäthoxypyrrol $C_9H_{13}O_2N$ in 15 ccm Alkohol mit 3 ccm einer 10proz. alkoholischer Glyoxallösung unter Zusatz von 8 Tropfen konz. Salzsäure im Stickstoffstrom. Dann wird 10 Minuten in Eis gestellt, abgesaugt und der Rückstand solange mit kaltem Alkohol gewaschen, bis er weiß ist. Ausbeute bis 80%. (Durch Kondensation an der Luft tritt Verschmierung ein.)

Eigenschaften: Aus Alkohol- oder Pyridin-Wasser, Schmelzp. 238,5. Löslich in Chloroform, Schwefelkohlenstoff, Pyridin; schwerer in Eisessig und Alkohol; unlöslich in Wasser. Färbt sich bei längerem Liegen an der Luft rot; ebenso beim Erwärmen mit Eisessig. Gibt mit Eisenchlorid Bis-(2,3-dimethyl-4-carbäthoxypyrryl)-methenchlorhydrat. Enthält vier aktive Wasserstoffatome[4].

Tetra-(2,3-dimethyl-4-carbäthoxy-pyrryl)-äthylen[5].

Mol-Gewicht: 688,61. Bestimmt in Campher zu 601; 661.

Zusammensetzung: 66,25% C; 7,02% H; 18,62% O; 8,13% N. $C_{38}H_{48}O_8N_4$.

Darstellung: Durch 1stündiges Erhitzen von 0,25 g Äthan in 20 ccm trockenem Schwefelkohlenstoff in Gegenwart von 0,3 g Aluminiumchlorid unter Ausschluß von Feuchtigkeit. Dabei färbt sich die Lösung über rot nach rotviolett und es fällt ein braunes, verschmiertes Produkt aus. Nach dem Erkalten wird solange mit Wasser geschüttelt, bis die Rotfärbung verschwunden und nur noch gelbe Flocken vorhanden sind. Nun wird nochmals mit Chloroform ausgeschüttelt und die vereinigten Auszüge eingedunstet.

Eigenschaften: Aus Alkohol feine, intensiv gelbe Nadeln; Schmelzp. 229°. Leicht löslich in Chloroform, Pyridin und Eisessig; schwer in Alkohol, unlöslich in Wasser. Die gelbe Chloroformlösung wird auf Zusatz von konz. Salzsäure oder Eisessig rot. Dasselbe ist mit konz. Salpetersäure der Fall, doch tritt allmählich Umschlag über Blau nach Farblos ein unter Entwicklung von Stickoxyden. Die rote Lösung zeigt im Spektrum 2 Banden: 462,9; 557,1—524,1 $\mu\mu$. Enthält 4 aktive Wasserstoffatome[4].

Tetra-(2,4-dimethyl-3-carbäthoxy-pyrryl-5)-äthan.

Mol-Gewicht: 690,63. Bestimmt nach Pregl in Pyridin zu 625; in Eisessig zu 637.

Zusammensetzung: 66,04% C; 7,30% H; 18,54% O; 8,12% N. $C_{38}H_{50}O_8N_4$.

Darstellung: 1 g 2,4-Dimethyl-3-carbäthoxypyrrol $C_9H_{13}O_2N$ in 15 ccm Alkohol und 3,0 ccm 10proz. alkoholische Glyoxallösung werden mit etwas konz. Salzsäure (5 Tropfen)

[1] H. Fischer u. A. Andersag: Liebigs Ann. **458**, 136 (1927).
[2] H. Fischer, H. Baumgartner u. E. Plötz: Liebigs Ann. **497**, 8 (1932).
[3] H. Fischer u. H. Beller: Liebigs Ann. **444**, 242 (1925).
[4] H. Fischer u. J. Postowsky: Hoppe-Seylers Z. **152**, 309 (1926).
[5] H. Fischer u. H. Beller: Liebigs Ann. **444**, 243 (1925).

2 Minuten zum Sieden erhitzt. Nach dem Einstellen in Eis tritt Krystallisation ein, die nach dem Absaugen mit Alkohol und Äther ausgewaschen wird. Ausbeute 0,8 g[1].

Entsteht auch bei der Kondensation des Pyrrols mit Glyoxaldisulfat in Gegenwart von Alkali[1].

Eigenschaften: Aus Eisessig oder Pyridin-Wasser farblose, derbe Krystalle, Schmelzpunkt 282°. Färbt sich an der Luft rasch gelb. Leicht löslich in Pyridin, schwer in Eisessig; sehr schwer in Chloroform, Alkohol und Aceton; unlöslich in Äther, Petroläther, Ligroin und Wasser. Die Eisessiglösung ist intensiv grün und zeigt Absorption in Gelb. Oxydation mit Eisenchlorid gibt 2 Mol Bis-(2, 4-dimethyl-3-carbäthoxy-pyrryl)-methen. Bei der Reduktion mit Eisessig-Jodwasserstoffsäure entstehen 2, 4-Dimethylpyrrol und 2, 4, 5-Trimethylpyrrol. Beim Behandeln mit Kaliummethylat bei 210° bildet sich 2, 3, 4, 5-Tetramethylpyrrol. Salzsäure wirkt nicht ein. Beim Erhitzen mit 10proz. methylalkoholischer Kaliummethylatlösung bildet sich ein Tetra-(dimethyl-carboxy)-pyrryläthan, das jedoch mit dem aus 2, 4-Dimethyl-3-carboxypyrrol und Glyoxal erhaltenen nicht identisch ist. (Kleine, tetraederähnliche, farblose Krystalle, Schmelzp. 233° unter Zersetzung. Fast unlöslich in Alkohol, Chloroform, Pyridin. Zersetzt sich in höhersiedenden Lösungsmitteln[2].)

Bis-(neoxanthobilirubinsäure)-phenyl-methan[3].

Mol-Gewicht: 664,59.

Zusammensetzung: 70,44% C; 6,67% H; 14,46% O; 8,43% N. $C_{39}H_{44}O_6N_4$.

$$
\begin{array}{c}
\text{CH}_2\cdot\text{CH}_2\cdot\text{COOH} \qquad \text{HOOC}\cdot\text{H}_2\text{C}\cdot\text{CH}_2 \\
\text{H}_3\text{C}\cdot\text{C}=\text{C}\cdot\text{C}_2\text{H}_5 \quad \text{H}_3\text{C}\cdot\text{C}-\text{C} \qquad\qquad \text{C}-\text{C}\cdot\text{CH}_3 \quad \text{H}_5\text{C}_2\cdot\text{C}-\text{C}\cdot\text{CH}_3 \\
\text{HO}\cdot\text{C}\quad\text{C}=\text{CH}-\text{C}\quad\text{C}-\text{CH}-\text{C}\quad\text{C}-\text{CH}=\text{C}\quad\text{C}\cdot\text{OH} \\
\text{N} \qquad\qquad \text{NH} \qquad\quad \text{C}_6\text{H}_5 \qquad\quad \text{NH} \qquad\qquad \text{N}
\end{array}
$$

Darstellung: 0,4 g Neoxanthobilirubinsäure mit 0,4 ccm Benzaldehyd verrührt, werden mit 0,5 ccm 25proz. Salzsäure versetzt. Nach weiterem sehr sorgfältigem Verreiben wird die Masse im heißen Wasserbad handwarm gemacht. Nachdem wird mit Wasser verdünnt, von den ausgefallenen Schmieren dekantiert, letztere in Methylalkohol aufgenommen und abgesaugt. Hellgelbes Pulver. Ausbeute fast quantitativ.

Eigenschaften: Aus Pyridin-Methylalkohol oder aus Eisessig gelbe Würfel vom Schmelzpunkt 257°. Sehr leicht löslich in Chloroform, Pyridin; schwerer in Eisessig; schwer in Äther, Petroläther und Alkohol. Hält Chloroform als Krystallösungsmittel hartnäckig zurück. Gibt bei der Reduktion mit Eisessig-Jodwasserstoff Benzylneobilirubinsäure. Bei der Oxydation entsteht Methyl-äthyl-maleinimid und Benzoesäure. Gmelinsche Reaktion von Gelb über Grün nach Blauviolett und Rot und nun geht der Farbstoff mit ziegelroter Farbe in die Säure und wird dort oxydiert. Endfarbe gelb. Spektrum in der grünen und roten Phase: breiter Streifen im Grün. Spektrum in der violetten Phase: breiter Streifen im Grün und Streifen im Rot (etwa bei 645 $\mu\mu$).

Bis-(neoxanthobilirubinsäure)-o-nitro-phenyl-methan[3].

Mol-Gewicht: 709,59.

Zusammensetzung: 65,97% C; 6,11% N; 18,05% O; 9,87% N. $C_{39}H_{43}O_8N_5$.

Darstellung: 0,1 g Neoxanthobilirubinsäure, verrieben mit 0,1 g o-Nitrobenzaldehyd und 1 ccm 25proz. Salzsäure, werden kurz im siedenden Wasserbad erhitzt. Die eintretende Zusammenballung zu Schmieren kann beim Abkühlen und Verdünnen mit Wasser leicht zu Flocken zerteilt werden, die abgesaugt, ausgewaschen und mit Methylalkohol abgedeckt werden. Rückstand gelbes Pulver.

Eigenschaften: Aus Chloroform-Petroläther oder Pyridin-Methylalkohol Krystalle vom Schmelzp. 259°.

[1] H. Fischer u. M. Schubert: Ber. dtsch. chem. Ges. **56**, 2381 (1923).
[2] H. Fischer u. M. Schubert: Ber. dtsch. chem. Ges. **56**, 2384 (1923).
[3] H. Fischer u. R. Hess: Hoppe-Seylers Z. **194**, 220 (1930).

Gmelinsche Reaktion: Beim Zusetzen des Reagens färbt sich dieses sofort rosa, die Chloroformlösung wird violett, dann rot und nun geht der Farbstoff mit roter Farbe in die Säure. Endfarbe gelb. Spektrum der violetten und roten Phase: In beiden Schichten ein breites Band im Grün.

Bis-(neoxanthobilirubinsäure)-p-dimethylamino-phenyl-methan[1].

Mol-Gewicht: 707,64.

Zusammensetzung: 69,63% C; 6,98% H; 13,49% O; 9,90% N. $C_{41}H_{49}O_6N_5$.

Darstellung: 0,1 g Neoxanthobilirubinsäure mit 0,1 g p-Dimethylaminobenzaldehyd und 1 ccm 25proz. Salzsäure gut verrieben, werden auf Handwärme erhitzt und dann 10 Minuten stehen gelassen. Danach wird mit Wasser verdünnt, die ausgefallenen grünen Flocken abgesaugt, ausgewaschen und mit Methylalkohol gedeckt.

Eigenschaften: Aus Pyridin-Methylalkohol gelbe Prismen, Schmelzp. 239°. Leicht löslich in Chloroform und Pyridin; schwer in Alkoholen. Die Präparate aus Chloroform enthalten Krystallchloroform. Beim Liegen an der Luft oder beim Erhitzen mit Lösungsmitteln intensive Grünfärbung; diese erfolgt besonders schnell im Sonnenlicht.

Gmelinsche Reaktion von Gelb nach Grün, Blau, Violett, Rot, Gelb. Die Säure färbt sich sofort rosa, nimmt in der roten Phase den Farbstoff auf und zerstört ihn unter Entwicklung brauner Dämpfe. Spektrum der grünen und blauen Phase: Zwei scharfe Streifen im Rot und Grün. In der violetten Phase verblaßt der Rotstreifen, der Grünstreifen verbreitert sich; in der roten Phase im Grün diffuse Absorption, der Rotstreifen ist verschwunden.

Bis-(neoxanthobilirubinsäure)-(3, 5-dicarbäthoxy-4-methyl-pyrryl)-methan[2].

Mol-Gewicht: 801,7.

Zusammensetzung: 65,07% C; 6,58% H; 19,72% O; 8,63% N. $C_{44}H_{53}O_{10}N_5$.

$$H_3C \cdot C{=}C\ C_2H_5 \quad H_3C \cdot C{-}C \cdot CH_2 \cdot \overset{\displaystyle COOH}{CH_2} \qquad\qquad \overset{\displaystyle COOH}{H_2C} \cdot H_2C \cdot C{-}C \cdot CH_3 \quad H_5C_2 \cdot C{=}C \cdot CH_3$$
$$HO \cdot C \quad C{=}CH{-}{-}C \quad C{-}{-}{-}CH{-}{-}{-}C \quad C{-}CH{=}C \quad C \cdot OH$$
$$\underset{N}{} \qquad \underset{NH}{} \qquad\qquad \underset{NH}{} \qquad \underset{N}{}$$
$$H_3C_2OOC \cdot C{=}C$$
$${>}NH$$
$$H_3C \cdot C{=}C$$
$$COOC_2H_5$$

Darstellung: 0,1 g Neoxanthobilirubinsäure mit 0,1 g 2-Formyl-3, 5-dicarbäthoxy-4-methylpyrrol und 1 ccm 25proz. Salzsäure verrührt, werden 5 Minuten in siedendem Wasserbad erhitzt. Nachdem wird mit Wasser verdünnt, nach einigem Stehen die ausgefallenen braunen Flocken abgesaugt, gut gewaschen und mit 2 ccm Methylalkohol aufgekocht. Gelbes Pulver.

Eigenschaften: Aus Pyridin-Methylalkohol Prismen. Schmelzp. 250°. Gmelinsche Reaktion von Gelb nach Rot und Gelb. Der Farbstoff geht mit ziegelroter Farbe in die Säure und wird oxydiert. Spektrum: Schatten im Rot; Endabsorption reicht weit ins Grün.

[Di-(4, 3′-dimethyl-4′-äthyl-3-carbäthoxy-5-oxy)-pyrromethen]-phenyl-methan[3].

Mol-Gewicht: 709,57.

Zusammensetzung: 70,44% C; 6,68% H; 14,45% O; 8,43% N. $C_{39}H_{44}O_6N_4$.

$$H_3C \cdot C{=}C \cdot COOC_2H_5 \quad H_3C \cdot C{-}C \cdot C_2H_5 \quad H_5C_2 \cdot C{-}C \cdot CH_3 \quad H_5C_2OOC \cdot C{=}C \cdot CH_3$$
$$HO \cdot C \quad C{=}{=}CH{-}{-}{-}C \quad C{-}{-}CH{-}{-}C \quad C{-}{-}{-}C{=}{=}C \quad C \cdot OH$$
$$\underset{N}{} \qquad \underset{NH}{} \quad \underset{C_6H_5}{} \quad \underset{NH}{} \qquad \underset{N}{}$$

[1] H. Fischer u. R. Hess: Hoppe-Seylers Z. **194**, 221 (1931).
[2] H. Fischer u. R. Hess: Hoppe-Seylers Z. **194**, 222 (1931).
[3] H. Fischer u. E. Adler: Hoppe-Seylers Z. **200**, 231 (1931).

Darstellung: 0,1 g 4, 3′-Dimethyl-4′-äthyl-3-carbäthoxy-5-oxy-methen mit 40 mg Benzaldehyd angerührt, werden mit 2—3 Tropfen 25proz. Salzsäure gut verrieben. Unter Erwärmung Bildung von öligen Schmieren, die allmählich zäh und fest werden. Beim Verreiben mit
Alkohol kommt dann der bilirubinoide Farbstoff krystallin heraus.

Eigenschaften: Aus viel Alkohol rote Prismen. Leicht löslich in Chloroform; ziemlich
löslich in Pyridin und Eisessig; etwas löslich in Äther. Gmelinsche Reaktion positiv. In der
grünen Phase Streifen bei 640 $\mu\mu$; in der blauen Phase kommt hinzu noch ein weiterer bei
530 $\mu\mu$. Zugabe von alkoholischem Zinkacetat zur alkoholischen Lösung des Methans bewirkt
Farbvertiefung nach Rot; wird mit Ammoniak schwach alkalisch gemacht, dann tritt allmählich Aufhellung nach Grün ein, die Lösung zeigt Fluorescenz und einen Absorptionsstreifen
im äußersten Rot.

[Di (4, 3′-dimethyl-3-carbäthoxy-5-oxy-4′-propionsäureäthylester)-pyrromethen]-methan[1].

Mol-Gewicht: 732,62.

Zusammensetzung: 63,91% C; 6,60% H; 21,84% O; 7,65% N. $C_{39}H_{48}O_{10}N_4$.

$$\begin{array}{c} \text{COOC}_2\text{H}_5 \quad \text{COOC}_2\text{H}_5 \\ | \qquad\qquad | \end{array}$$

$$H_3C \cdot C\text{---}C \cdot COOC_2H_5 \quad H_3C \cdot C{=}C \cdot CH_2 \cdot CH_2 \quad H_2C \cdot H_2C \cdot C{=}C \cdot CH_3 \quad H_5C_2OOC \cdot C\text{---}C \cdot CH_3$$
$$HO \cdot C\quad C\text{----}CH{=}C\quad C\text{----}CH_2\text{----}C\quad C{=}CH\text{----}C\quad C \cdot OH$$
$$\quad NH \qquad\qquad N \qquad\qquad\qquad N \qquad\qquad NH$$

Darstellung: 0,1 g 4, 3′-Dimethyl-3-carbäthoxy-5-oxy-4′-propionsäureäthylester-pyrro-
methen werden nach gutem Verreiben mit 0,1 ccm Formalin im Reagensglas mit 0,1 ccm
konz. Salzsäure gut durchgerieben, wobei sich geringe schmutzig-violette Färbung einstellt,
die bei 1 Minuten langem Erhitzen auf dem Wasserbad in Dunkelviolett übergeht. Beim Aufnehmen mit Alkohol bleibt das Reaktionsprodukt als roter, feinflockiger Niederschlag zurück,
der abgesaugt wird.

Eigenschaften: Aus Pyridin-Äthylalkohol zinnoberrote, vierseitige Kryställchen, Schmelzpunkt 244°. Ehrlichsche Reaktion negativ. Gmelinsche Reaktion positiv; Farbenspiel wie
beim Mesobilirubin. Spektrum der grünen, blauen und violetten Phase: I 610; II 590; III 520;
der roten Phase: I 610 ....; III 520; der gelben Phase: 0. Gibt mit Zinkacetat Rotfärbung,
aber keine Fluorescenz.

[Di-(4, 3′-dimethyl-3-carbäthoxy-5-oxy-4′-propionsäureäthylester)-pyrromethen]-phenylmethan[2].

Mol-Gewicht: 798,7.

Zusammensetzung: 66,80% C; 6,48% H; 19,79% O; 6,93% N. $C_{45}H_{52}O_{10}N_4$.

$$\begin{array}{c} \text{COOC}_2\text{H}_5 \quad \text{COOC}_2\text{H}_5 \\ | \qquad\qquad | \end{array}$$

$$H_3C \cdot C\text{---}C \cdot COOC_2H_5 \quad H_3C \cdot C{=}C \cdot CH_2 \cdot CH_2 \quad H_2C \cdot H_2C \cdot C{=}C \cdot CH_3 \quad H_5C_2OOC \cdot C\text{---}C \cdot CH_3$$
$$HO \cdot C\quad C\text{----}CH{=}C\quad C\text{----}CH\text{----}C\quad C{=}CH\text{----}C\quad C \cdot OH$$
$$\quad NH \qquad\qquad N \qquad C_6H_5 \qquad N \qquad\qquad NH$$

Darstellung: 0,1 g (4, 3′-Dimethyl-3-carbäthoxy-5-oxy-4′-propionsäureäthylester)-pyrro-
methen $C_{19}H_{24}O_5N_2$ werden mit 0,1 g Benzaldehyd und 2 Tropfen 25proz. Salzsäure im Reagensglas gut verrieben, wobei unter Selbsterwärmung Violettfärbung eintritt und das anfangs
ölige Gemisch in zähe Schmieren übergeht. Nach dem Verreiben mit Methanol bleibt das
Reaktionsprodukt in Form kleiner, roter Kryställchen zurück, die abgesaugt werden.

Eigenschaften: Aus Alkohol kurze Stäbchen, aus Chloroform-Petroläther Rhomben von
leuchtend zinneroberroter Farbe, Schmelzp. 184°. Gmelinsche Reaktion positiv. Spektrum
der grünen, violetten und roten Phase etwa: I 650; II 540; der blauen Phase: I 650 ... 585;
II 540. Läßt sich zur Leukoverbindung reduzieren. Diese reagiert mit Ehrlichschem Reagens. Gibt mit Zinkacetat Rotfärbung, aber keine Fluorescenz.

---

[1] H. Fischer u. E. Adler: Hoppe-Seylers Z. **197**, 274 (1931).
[2] H. Fischer u. E. Adler: Hoppe-Seylers Z. **197**, 275 (1931).

Bilirubinoider Farbstoff I[1].

Mol-Gewicht: 723,50.

Zusammensetzung: 61,38% C; 6,55% H; 13,27% O; 7,75% N; 11,05% Br. $C_{33}H_{47}O_6N_4Br$.

$$\begin{array}{l}
\mathrm{H_3COOC} \hspace{3cm} \mathrm{COOCH_3}\\[2pt]
\hspace{2.2cm}|\hspace{5.5cm}|\\[2pt]
\mathrm{H_3COC\cdot C\!-\!C\cdot CH_3} \quad \mathrm{H_2C\cdot H_2C\cdot C\!-\!C\cdot CH_3} \quad \mathrm{H_3C\cdot C\!=\!C\cdot CH_2\cdot CH_2} \quad \mathrm{H_3C\cdot C\!-\!C\cdot COCH_3}\\[2pt]
\mathrm{H_3C\cdot C\quad C\!-\!\!-\!\!-\!CH_2\!-\!\!-\!C\quad C\!-\!CH\!=\!C\quad C\!-\!\!-\!CH_2\!-\!\!-\!C\quad C\cdot CH_3}\\[2pt]
\hspace{1.2cm}\mathrm{NH}\hspace{3.4cm}\mathrm{NH}\hspace{3cm}\mathrm{N\cdot HBr}\hspace{3cm}\mathrm{NH}
\end{array}$$

Darstellung: Entsteht bei $\frac{1}{2}$ stündigem Erhitzen von 1 Mol 3, 3'-Dimethyl-4, 4'-dipropion-säure-methylester-5, 5'-dimethoxy-methyl-pyrromethenbromhydrat mit 2 Mol 2, 4-Dimethyl-3-acetylpyrrol $C_8H_{11}ON$ in Benzollösung auf dem Wasserbad. Nachdem wird die heiße dunkelrote Lösung filtriert; wonach beim Erkalten, besonders nach Zusatz von Äther, Krystallisation eintritt. Nach dem Filtrieren wird erst mit Benzol und dann mit Äther gewaschen.

Eigenschaften: Aus Methylalkohol oder Chloroform-Äther ziegelrote, prismatische Stäbchen, Schmelzp. 204°.

Spektrum in Chloroform: 530—490. (Urobilinstreifen.)

Gmelinsche Reaktion von Gelb über Grün nach Blau, Violett, Rot, Gelb. Spektrum in der grünen und blauen Phase: schwacher Streifen 650—625. Spektrum in der violetten Phase: I 650—625; II 555 ... 502—481; III 465—437. Reihenfolge der Intensität: III, II, I. Ehrlichsche Reaktion negativ. Die verdünnten Lösungen geben mit alkoholischem Zinkacetat intensive Urobilinfluorescenz.

Freies Methen $C_{37}H_{46}O_6N_4$. Durch Lösen des Bromhydrats in Methylalkohol, Versetzen mit überschüssigem verdünntem Ammoniak und sofortigem Abkühlen. Die ausgefallenen Schmieren krystallisieren beim Reiben. — Aus Chloroform-Äther gelbe Nadeln, Schmelzp. 183°. Spielend löslich in Chloroform.

Bilirubinoider Farbstoff II[2].

Mol-Gewicht: 607,47.

Zusammensetzung: 65,27% C; 7,14% H; 5,2% O; 9,23% N; 13,16% Br. $C_{33}H_{43}O_2N_4Br$.

$$\begin{array}{l}
\mathrm{H_3C\cdot OC\cdot C\!-\!C\cdot CH_3} \quad \mathrm{H_5C_2\cdot C\!-\!C\cdot CH_3} \quad \mathrm{H_3C\cdot C\!=\!C\cdot C_2H_5} \quad \mathrm{H_3C\cdot C\!-\!C\cdot COCH_3}\\[2pt]
\mathrm{H_3C\cdot C\quad C\!-\!\!-\!CH_2\!-\!\!-\!C\quad C\!-\!\!-\!CH\!=\!C\quad C\!-\!\!-\!CH_2\!-\!\!-\!C\quad C\cdot CH_3}\\[2pt]
\hspace{1.2cm}\mathrm{NH}\hspace{3cm}\mathrm{NH}\hspace{3cm}\mathrm{NHBr}\hspace{3cm}\mathrm{NH}
\end{array}$$

Darstellung: Durch $\frac{1}{2}$ stündiges Erhitzen von 1 Mol 3, 3'-Dimethyl-4, 4'-diäthyl-5, 5'-dimethoxy-methyl-pyrromethenbromhydrat $C_{19}H_{29}O_2N_2Br$ mit 2 Mol 2, 4-Dimethyl-3-acetyl-pyrrol in Benzol auf dem Wasserbad. Nachdem wird heiß filtriert und das Filtrat mit Äther versetzt, worauf sofort Krystallisation einsetzt. Nach mehrstündigem Stehen filtrieren und erst mit Benzol, dann mit Äther waschen.

Eigenschaften: Aus Chloroform-Methylalkohol ziegelrote, zu Drusen vereinigte Prismen, Schmelzp. 242°. Spektrum in Chloroform: 530—490° (Urobilinstreifen).

Gmelinsche Reaktion von Hellrot nach Grün, Violett, Blau, Hellrot. Spektrum der violetten Phase: I 650—625; II 554 ... 508—484; III 462—437. Reihenfolge der Intensität: III, II, I. In der blauen Phase verschwindet I; II und III bleiben bestehen. Ehrlichsche Reaktion negativ. Die verdünnten Lösungen geben mit alkoholischer Zinkacetatlösung intensive Urobilinfluorescenz.

Freies Methen: $C_{33}H_{42}O_2N_4$. Eine Aufschlämmung des Bromhydrats wird mit verdünntem Ammoniak versetzt; worauf die Base sofort auskrystallisiert. Nach dem Filtrieren Auswaschen mit 50proz. Methylalkohol. — Aus viel Methylalkohol oder Chloroform-Äther gelbe Nadeln, Schmelzp. 206°. Mäßig löslich in Chloroform. Gmelinsche Reaktion wie beim Bromhydrat.

---

[1] H. Fischer u. A. Kürzinger: Hoppe-Seylers Z. **196**, 226 (1931).
[2] H. Fischer u. A. Kürzinger: Hoppe-Seylers Z. **196**, 227 (1931).

Bilirubinoider Farbstoff III[1].

Mol-Gewicht: 667,5.

Zusammensetzung: 62,94% C; 7,10% H; 12,26% O; 8,40% N. $C_{35}H_{47}O_4N_4Br$.

Darstellung: 2,5 g 3, 3'-Dimethyl-4, 4'-dipropionsäuremethylester-5, 5'-dimethoxymethyl-pyrromethen-bromhydrat $C_{23}H_{33}O_6N_2Br$ und 1,2 g 2, 3, 4-Trimethyl-pyrrol $C_7H_{11}N$ in Benzol gelöst, werden 20 Minuten am Wasserbad erhitzt. Dann wird heiß filtriert und das Filtrat mit Äther versetzt, wonach Krystallisation eintritt. Nach dem Stehen filtrieren und mit Benzol auswaschen.

Eigenschaften: Aus Methylalkohol oder Chloroform-Äther gelbrote, feine Nadeln; Schmelzp. 168—172°. Das Produkt ist verunreinigt durch 3, 4, 5, 3', 4', 5'-Hexamethylpyrro-methenbromhydrat und Koproporphyrin.

Gmelinsche Reaktion: Schneller Übergang von Hellrot nach Grün, Violett und Gelb.

Bilirubinoider Farbstoff IV[2].

Mol-Gewicht: 695,53.

Zusammensetzung: 63,86% C; 7,39% H; 9,2% O; 8,06% N; 11,49% Br. $C_{37}H_{51}O_4N_4Br$.

Darstellung: 1 Mol 3,3'-Dimethyl-4, 4'-dipropionsäuremethylester-5, 5'-dimethoxy-methyl-pyrromethen-bromhydrat $C_{23}H_{33}O_6N_2Br$ und 2 Mol 2, 4-Dimethyl-3-äthyl-pyrrol werden in Benzollösung erwärmt, heiß filtriert und das Filtrat mit Äther versetzt.

Eigenschaften: Aus Benzol-Äther ziegelrote parallelogrammförmige Tafeln, Schmelzpunkt 185° (unscharf). Das Produkt ist unrein; es enthält noch 3, 5, 3', 5'-Tetramethyl-4, 4'-diäthyl-pyrromethenbromhydrat und Koproporphyrin.

Bis-[4(3)-methyl-3(4)-carbäthoxy-2(2)]-(3-carbäthoxy-4-methyl-2-äthenyl-pyrrol)-dipyrrylmethen[3].

Mol-Gewicht: 674,59.

Zusammensetzung: 65,84% C; 6,87% H; 18,98% O; 8,31% N. $C_{37}H_{46}O_8N_4$.

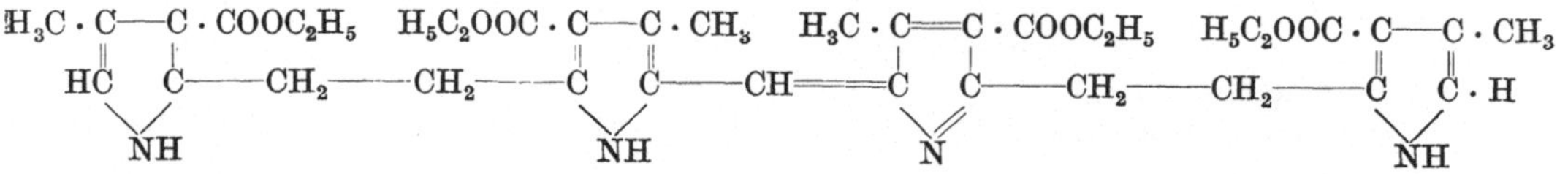

$$\begin{array}{l}
H_3C\cdot C\!-\!\!-\!C\cdot COOC_2H_5 \quad H_5C_2OOC\cdot C\!-\!\!-\!C\cdot CH_3 \quad H_3C\cdot C\!\!=\!\!C\cdot COOC_2H_5 \quad H_5C_2OOC\cdot C\!-\!\!-\!C\cdot CH_3 \\
\;HC\quad C\!-\!\!\!-\!\!\!-CH_2\!-\!\!\!-\!\!\!-CH_2\!-\!\!\!-C\quad C\!-\!\!\!-CH\!\!=\!\!C\quad C\!-\!\!\!-CH_2\!-\!\!\!-CH_2\!-\!\!\!-C\quad C\cdot H \\
\;\;\;\;\;NH\qquad\qquad\qquad\qquad\quad NH\qquad\qquad N\qquad\qquad\qquad\qquad NH
\end{array}$$

Darstellung: Durch Kochen von 0,5 gr des Natriumsalzes des Bis-(3, 5-dicarbäthoxy-4-methyl-2)-dipyrryläthans $C_{20}H_{22}O_8N_2Na_2$ mit 5 ccm Ameisensäure und 1 ccm konz. Salz-säure-Ameisensäure, wobei unter stürmischer Kohlensäureentwicklung erst Gelb-, dann Rot-färbung eintritt. Die beim Abkühlen einsetzende Krystallisation (Chlorhydrat) wird in Chloroform gelöst und mit Soda zersetzt. Ausbeute 0,3 gr.

Eigenschaften: Aus Chloroform-Alkohol gelbe Nädelchen, Schmelzp. 227°. Leicht löslich in Chloroform; schwer löslich in Alkohol und Benzol. Enthält etwa 3 aktive Wasserstoffatome[4].

Tetraaceton-tetrapyrrol[5].

Mol-Gewicht: 428,43.

Zusammensetzung: 78,5% C; 8,4% H; 13,1% N. $C_{28}H_{36}N_4$.

Darstellung: 4 g frisch destilliertes Pyrrol C_4H_5N und 12 g Aceton in 80 g Methylalkohol werden mit 1 Tropfen 25proz. Salzsäure versetzt. Es tritt Selbsterwärmung ein, die durch Zusatz von neuem Alkohol hintangehalten wird.

Eigenschaften: Aus Benzol, Schmelzp. 296°. Löslich in Benzol, Aceton, Tetrachlor-kohlenstoff, Chloroform; wenig löslich in Äther, Petroläther, Essigester, Alkohol; unlöslich in Wasser. Gibt beim Erhitzen mit Salpetersäure eine blutrote, mit Essigsäure eine blaurote,

[1] H. Fischer u. A. Kürzinger: Hoppe-Seylers Z. **196**, 228 (1931).

[2] H. Fischer u. A. Kürzinger: Hoppe-Seylers Z. **196**, 229 (1931).

[3] H. Fischer u. H. Scheyer: Liebigs Ann. **439**, 193 (1924).

[4] H. Fischer u. P. Rothmund: Ber. dtsch. chem. Ges. **61**, 1270 (1928).

[5] Th. Sabalitschka u. H. Haase: Arch. Pharmaz. **266**, 484 (1928). — Vgl. A. v. Bayer: Ber. dtsch. chem. Ges. **19**, 2184 (1886). — M. Dennstedt u. J. Zimmermann: Ber. dtsch. chem. Ges. **20**, 2449 (1887); **23**, 1370 (1890). — Hans Fischer u. W. Zimmermann: Hoppe-Seylers Z. **89**, 165 (1914). — W. Tschelinzew u. W. Tromow: J. russ. phys.-chem. Ges. **48**, 105, 127 1197 (1916) — Chem. Zbl. **1922 III**, 1295, 1296, 1086.

mit 10proz. Eisenchlorid eine dunkelrote Färbung. Beim Erhitzen tritt Zersetzung ein. Die Zinkstaubdestillation gibt 2-Isopropylpyrrol.

Auf dieselbe Weise werden hergestellt[1]:

Tetra-methyläthylketon-tetrapyrrol $C_{32}H_{44}N_4$. Aus Methylalkohol, Schmelzp. 149°. Gibt durch Oxydation Maleinimid.

Tetra-diäthylketon-tetrapyrrol $C_{36}H_{52}N_4$. Aus Methylalkohol oder Benzol, Schmelzpunkt 208°.

Tetra-methylpropylketon-tetrapyrrol $C_{36}H_{52}N_4$. Aus Methylalkohol, Schmelzp. 226°.

Tetra-methylbutylketon-tetrapyrrol $C_{40}H_{60}N_4$. Aus Methylalkohol, Schmelzp. 193—194°.

Tetra-äthylpropylketon-tetrapyrrol $C_{40}H_{60}N_2$. Aus Methylalkohol, Schmelzp. 219°.

Tetra-äthylisobutylketon-tetrapyrrol $C_{44}H_{68}N_4$. Aus Methylalkohol oder Benzol, Schmelzp. 199°.

Tetra-äthylbutylketon-tetrapyrrol $C_{44}H_{68}N_4$. Aus Methylalkohol, Schmelzp. 205—206°.

Tetra-methylhexylketon-tetrapyrrol $C_{48}H_{76}N_4$. Aus Methylalkohol, Schmelzp. 178°.

Derivate der Maleinsäure.

Dijod-malein-imid[2].

Mol-Gewicht: 348,88.

Zusammensetzung: 13,76% C; 0,28% H; 8,83% O; 4,10% N; 73,03% J. $C_4HO_2NJ_2$.

Bildung: Bei der Oxydation des 2-Acetyl-3, 4-dijodpyrrols und des 2-Propionyl-3. 4-dijodpyrrols mit rauchender Salpetersäure.

Eigenschaften: Aus Alkohol kleine, bürstenartig gruppierte Nadeln; Schmelzp. 255°. Leicht löslich in heißem, schwer löslich in kaltem Alkohol.

Carboxäthyl-malein-imid[3].

Mol-Gewicht: 169,11.

Zusammensetzung: 49,71% C; 4,14% H; 37,87% O; 8,28% N. $C_7H_7O_4N$.

Darstellung: 3,3 g 2, 5-Dimethyl-4(3)-carbäthoxy-pyrrol werden mit 6 g Chromtrioxyd in 15 ccm konz. Schwefelsäure und 60 ccm Wasser unter öfterem Umschütteln langsam auf 75° erhitzt, wobei allmählich Lösung eintritt. Nach 48 Stunden wird filtriert, das Filtrat mit Äther und dieser mit Soda ausgezogen. Der nach dem Verdampfen des Äthers bleibende Rückstand wird in Äther aufgelöst und die Lösung mit einem Tropfen konz. Salzsäure gereinigt.

Eigenschaften: Schmelzp. 115°. Leicht löslich in Alkohol und Aceton; schwer in Wasser. Gibt bei der Verseifung Maleinsäure.

Citracon-imid.

$$C_5H_5O_2N$$

Bildung: Bei der Oxydation von Deuteroporphyrin mit Chromsäure-Schwefelsäure[4].

Aus dem bei der Reduktion des Dibromdeuteroporphyrins mit Jodwasserstoff-Eisessig erhaltenen Produkt bei Oxydation mit Bleidioxyd-Schwefelsäure[5].

Chlor-citracon-imid[6].

Mol-Gewicht: 145,53.

Zusammensetzung: 41,25% C; 2,77% H; 22,6% O; 9,01% N; 24,37% Cl. $C_5H_4O_2NCl$.

Bildung: Bei der Oxydation des Bis-(2, 4-dimethyl-3-chlorpyrryl)-methens mit Chromsäure Schwefelsäure.

Eigenschaften: Im Hochvakuum sublimiert flächenreiche Krystalle, Schmelzp. 142°.

Brom-citracon-imid.

Mol-Gewicht: 189,99.

Zusammensetzung: 31,60% C; 2,12% H; 18,77% O; 7,03% N; 40,48% Br. $C_5H_4O_2NBr$.

Bildung: Bei der Oxydation des Bromphylloporphyrins[7] des Mono-brom-rhodo-ätio-

[1] Th. Sabalitschka u. H. Haase: Arch. Pharmaz. **266**, 488 (1928).

[2] A. Terentjeff u. E. Tschelinzeff: Ber. dtsch. chem. Ges. **58**, 69 (1925).

[3] W. Küster u. W. Maag: Ber. dtsch. chem. Ges. **56**, 65 (1923).

[4] H. Fischer u. F. Lindner: Hoppe-Seylers Z. **161**, 29 (1926).

[5] H. Fischer u. A. Treibs: Liebigs Ann. **466**, 228 (1928).

[6] H. Fischer, G. Hummel u. A. Treibs: Hoppe-Seylers Z. **185**, 70 (1929).

[7] A. Treibs u. A. Wiedemann: Annn. Liebigs **466**, 284 (1928).

porphyrins[1], des Brom-pyropropyhrins[1], des Dibrom-deutero-porphyrins[2], seines Eisensalzes[3], seines Esters[3] und dessen Eisensalzes[4] mit Chromsäure-Schwefelsäure. Beim Dibromdeuteroester geht die Reaktion auch mit Schwefelsäure-Wasserstoffperoxyd und mit konz. Salpetersäure[3] (Ausbeute mehr als 1 Mol Imid).

Darstellung: a) 1 g (4-Methyl-3, 5-dibrom-pyrryl)-(2, 4-dimethyl-3-brom-pyrrolenyl)-methen[5] oder 4, 5, 3′, 5′-Tetramethyl-3, 4-dibrom-pyrromethen[6] in 20 ccm konz. Schwefelsäure werden unter starker Kühlung tropfenweise so mit 2 g Chromsäure in 20 ccm Wasser versetzt, daß die Temperatur nicht über 10° steigt. Nach weiterem 1 stündigem Stehen bei gewöhnlicher Temperatur wird mit Eiswasser verdünnt, ausgeäthert, der Auszug mit verdünnter Sodalösung und Wasser gewaschen, getrocknet und eingedampft. Dabei Krystallisation des Imids. Reinigung durch Vakuumsublimation.

b) 1 g Dibromdeuteroester gelöst in 200 ccm 30 proz. Schwefelsäure wird tropfenweise mit 2 g Chromtrioxyd in Wasser versetzt und dann bei 70° die Oxydation beendet. Nachdem wird ca. 10 mal ausgeäthert, aus dem Auszug die Hämatinsäure mit 7,5 proz. Soda entfernt und der Restäther wie üblich aufgearbeitet. Ausbeute 0,32 g Rohimid = 10% über 1 Mol[3].

Eigenschaften: Durch Sublimation im Vakuum farblose Prismen und Blättchen; Schmelzpunkt 176°. Läßt sich aus Wasser umkrystallisieren. Sublimiert schwer beim Erhitzen auf dem Wasserbad[5].

Brommethyl-carboxäthyl-malein-imid[7].

Mol-Gewicht: 262,04.

Zusammensetzung: 36,64% C; 3,08% H; 24,43% O; 5,35% N; 30,50% Br. $C_8H_8O_4NBr$.

Darstellung: In 1 g 2, 4(3, 5)-Dimethyl-3(4)-carbäthoxy-5(2)-carboxy-pyrrol $C_{10}H_{13}O_4N$, aufgeschlämmt in 30 ccm Eisessig, werden nach Zusatz von 2 ccm 66 proz. Bromwasserstoffsäure unter kräftigem Rühren 3—4 ccm Perhydrol tropfenweise eingetragen. Nach mehrtägigem Stehen ist die tiefviolette Farbe der Lösung in Gelb übergegangen. Nun wird das Lösungsmittel langsam verdunstet. Als Rückstand bleiben farblose Krystalle.

Eigenschaften: Aus Alkohol-Äther fächerartig angeordnete Nadeln; Schmelzp. 130° unter Zersetzung.

Dimethyl-maleinsäure-anhydrid[8].

$$C_6H_6O_3$$

Bildung: Aus Acetbernsteinsäure durch Anlagerung von Blausäure und Verseifung des entstandenen Oxynitrils mit 25 proz. Salzsäure in der Kälte.

Dimethyl-malein-imid.

$$C_6H_7O_2N$$

Bildung: Bei der Oxydation von Octamethyl-porphin mit Chromsäure-Schwefelsäure[9] oder mit Wasserstoffperoxyd-Schwefelsäure[10].

Eigenschaften: Nadelförmige, farblose Krystalle, Schmelzp. 118°.

Methyl-äthyl-malein-imid.

$$C_7H_9O_2N$$

Bildung: Bei der Oxydation von Ätioporphyrin I[11], II[12], Mesorhodin[13], Rhodin der Monocarbonsäure VII[14], Pyrroporphyrin[14], Brompyrroporphyrin[14], Rhodoporphyrin[15], Mono-brom-

[1] H. Fischer u. A. Treibs: Liebigs Ann. **466**, 229 (1928).
[2] H. Fischer u. Fr. Kotter: Ber. dtsch. chem. Ges. **60**, 1865 (1927).
[3] H. Fischer u. G. Hummel: Hoppe-Seylers Z. **181**, 121 (1929).
[4] H. Fischer u. G. Hummel: Hoppe-Seylers Z. **175**, 81 (1928).
[5] H. Fischer u. B. Pützer: Ber. dtsch. chem. Ges. **61**, 1070 (1928).
[6] H. Fischer u. A. Kirstahler: Hoppe-Seylers Z. **198**, 54 (1931).
[7] W. Küster u. G. Koppenhöfer: Ber. dtsch. chem. Ges. **60**, 1781 (1927).
[8] H. Fischer u. K. Schneller: Hoppe-Seylers Z. **128**, 249 (1923).
[9] H. Fischer u. B. Walach: Liebigs Ann. **450**, 171 (1926).
[10] H. Fischer, P. Halbig u. B. Walach: Liebigs Ann. **452**, 279 (1927).
[11] H. Fischer u. K. Schneller: Liebigs Ann. **450**, 190 (1928).
[12] H. Fischer u. P. Halbig: Liebigs Ann. **450**, 158 (1926).
[13] H. Fischer u. A. Rothhaas: Liebigs Ann. **484**, 104 (1930).
[14] H. Fischer u. A. Kirstahler: Liebigs Ann. **466**, 228 (1928).
[15] H. Fischer, G. Hummel u. A. Treibs: Hoppe-Seylers Z. **185**, 33 (1929).

rhodo-ätioporphyrin[1], Mesoporphyrindimethylester (Ausbeute 9% mehr als 1 Mol entspricht)[2], Bromphyllo-porphyrin[3] mit Chromsäure-Schwefelsäure.

Bei der Oxydation von Ätioporphyrin I[4], Ätioxanthoporphinogen I[5], Pyrroporphyrin[1] mit Bleidioxyd-Schwefelsäure.

Bei der Oxydation von Ätioxanthoporphinogen I mit Salpetersäure ($d = 1,48$) oder Salpetersäure-Eisessig. (Dabei entstehen 2 Mol Imid aus 1 Mol Porphinogen[5].)

Bei der Photooxydation von Ätioxanthoporphinogen I[5] und Ätioporphyrin II[6].

Verbesserte Darstellung: 37,7 g rohes (imidhaltiges) Anhydrid, Siedep. 218—232°, werden mit 100 g bei Zimmertemperatur mit Ammoniak gesättigtem Methylalkohol 6 Stunden erhitzt, darauf 14 Stunden bei gewöhnlicher Temperatur stehengelassen und nun noch einmal 6 Stunden erhitzt. Während des Erhitzens wird 2 Stunden lang Ammoniakgas eingeleitet. Anschließend wird bei 40—50° vom Alkohol und Ammoniak befreit, wonach der Rückstand beim Erkalten und Rühren zu einem Krystallbrei von der Farbe und Konsistenz des Kunsthonigs erstarrt. Nach Abpressen auf dem Tonteller sind die Krystalle weiß. Schmelzp. 64°. Ausbeute 21 g[7].

Methyl-äthyl-maleinsäure-anhydrid[8].

$C_7H_8O_3$

Verbesserungen in der Darstellung: Die besten Resultate bei der Darstellung des Nitrils werden erhalten, wenn die Anlagerung von Blausäure an den Äthylacetessigester bei möglichst niederen Temperaturen (0 bis —15°) ausgeführt wird. Bei der Verseifung von 21,5 g rohem Nitril mit 100 ccm 38 proz. Salzsäure genügt 2 stündiges Erhitzen auf dem siedenden Wasserbad. Dann wird in flachen Porzellanschalen auf dem Asbestnetz über kleiner Flamme eingedampft, bis kein Chlorwasserstoff mehr entweicht und die rückständige zähe Masse mit Essigester extrahiert. Das in der üblichen Weise erhaltene Anhydrid enthält viel Imid, bis zu 70%. Zur Entfernung des letzteren muß das schwer lösliche Bariumsalz, welches das Imid mit niederschlägt, mit Wasser und Alkohol gewaschen werden.

Itaconsäure. Durch 13 stündiges Kochen von 10,2 g Anhydrid mit 80 g Kaliumhydroxyd in 120 g Wasser, Ansäuern der kalten Lösung mit verdünnter Salzsäure unter Kühlung (6—12°), Ausäthern, Verdampfen des Äthers, Destillation des Rückstandes mit Wasserdampf zur Entfernung von unverändertem Anhydrid und Einengen des Wasserdampfrückstandes. Beim Erkalten Krystallisation. Ausbeute 2,7 g. — Aus wenig heißem Wasser Schmelzp. 179—182°; aus abs. Alkohol zu Drusen verwachsene Prismen. Zersetzungspunkt 184° bei langsamem Erhitzen, 187° bei schnellem Erhitzen.

Methyl-(α-methoxy-äthyl)-malein-imid.

Mol-Gewicht: 217,17.

Zusammensetzung: 56,8% C; 6,52% H; 28,40% O; 8,28% N. $C_8H_{11}O_3N$.

$$H_3C \cdot \underset{\underset{NH}{\overset{\|}{O=C}}}{C} = \underset{\underset{}{\overset{\|}{C=O}}}{C} \cdot C\underset{OCH_3}{\overset{H}{<}}CH_3$$

Bildung: Bei der Oxydation des Eisensalzes des Tetramethyl-hämatoporphyrins[9], des Hämato-hydroxy-hämin-dimethylesters[10] und des Hämato-porphyrin-monomethyläthers[11] mit Chromsäure-Schwefelsäure.

[1] H. Fischer u. A. Kirstahler: Liebigs Ann. **466**, 228 (1928).

[2] H. Fischer, G. Hummel u. A. Treibs: Hoppe-Seylers Z. **185**, 56 (1929).

[3] A. Treibs u. A. Wiedemann: Liebigs Ann. **466**, 284 (1928).

[4] H. Fischer u. K. Schneller: Liebigs Ann. **450**, 190 (1928).

[5] H. Fischer u. A. Treibs: Liebigs Ann. **457**, 223 (1927).

[6] H. Fischer, P. Halbig u. B. Walach: Liebigs Ann. **452**, 284 (1926).

[7] W. Küster: Hoppe-Seylers Z. **137**, 82 (1923).

[8] W. Küster: Hoppe-Seylers Z. **137**, 80 (1924). — Vgl. W. Küster: Liebigs Ann. **345**, 12 (1905). — W. Küster u. H. Maurer: Hoppe-Seylers Z. **133**, 142 (1924). — W. Küster: Zelle u. Gewebe **13**, 51 (1926). — H. Fischer, A. Treibs u. K. Zeile: Hoppe-Seylers Z. **193**, 139 (1930).

[9] H. Fischer u. F. Lindner: Hoppe-Seylers Z. **168**, 161 (1927).

[10] W. Küster u. H. Maurer: Hoppe-Seylers Z. **133**, 142 (1924).

[11] W. Küster: Hoppe-Seylers Z. **155**, 119 (1926).

Darstellung: a) 15 g Hämatoporphyrindimethyläther in 1200 ccm 20proz. Schwefelsäure werden bei 35—40° durch portionsweises Versetzen mit 23 g Chromtrioxyd in 150 ccm Wasser oxydiert. (Dabei fällt anfangs ein dunkelrotes Chromat aus, das sich aber allmählich auflöst.) Nachdem wird erschöpfend mit Äther ausgezogen, dem Extrakt die Hämatinsäure mit 5proz. Soda entzogen, der Restäther getrocknet und eingedunstet. Als Rückstand bleibt ein hellgelbes Öl, das beim Stehen im Vakuum in 2—3 Tagen erstarrt. Ausbeute 3,8 g Imid = 1 Mol[1].

b) 0,5 g reinstes Tetramethylhämatoporphyrin (analytisches und synthetisches[2] Produkt) in 25 ccm 20proz. Schwefelsäure werden bei —1° mit 1,15 g Chromtrioxyd im Laufe von 9 Tagen oxydiert und die Oxydationsflüssigkeit etwa 10mal ausgeäthert. Weitere Aufarbeitung wie bei a). Das Imid wird im Hochvakuum bei 70—80° sublimiert. Ausbeute 0,137 g Imid = 10% mehr als 1 Mol und 0,165 g Hämatinsäure = 20% mehr als 1 Mol[3].

Eigenschaften: Aus Petroläther (Siedep. 60—90°) büschelförmig angeordnete farblose Nädelchen; Schmelzp. 59°[1]. Bei Vakuumsublimation bei 70—80°; Schmelzp. 64°[3]. Bei der Reduktion mit Zinkstaub-Eisessig entsteht ein Gemisch von Methyl-methoxy-äthylbernsteinsäure (Schmelzp. 101—102°) und Methyl-oxyäthyl-bernsteinsäure (Schmelzp. 141°). Trennung möglich durch warmes Wasser[4].

Methyl-(1-methoxy-äthyl)-maleinsäure-anhydrid.

Mol-Gewicht: 170,12.

Zusammensetzung: 56,46% C; 5,92% H; 37,62% O. $C_8H_{10}O_4$.

Darstellung: 1 g Imid wird mit 1,5 g Bariumhydroxyd in 225 ccm Wasser 2 Stunden zum Sieden erhitzt. Nachdem wird mit verdünnter Salzsäure angesäuert, mit Äther extrahiert und dieser nach dem Trocknen verdampft. Als Rückstand bleibt ein gelbes Öl, das im Vakuum abdestilliert wird. Ausbeute 1,88 g = 95% aus 2 g Ausgangsmaterial[1].

Eigenschaften: Farbloses Öl ohne Geruch; Siedep. 210—211°; Siedep. 35 mm = 127°[1]; Siedep. 18 mm = 115—116°[5]. Leicht beweglich. Die wässerige und die alkoholische Lösung reagieren sauer. Titriert sich in Wasser zweibasisch. Gibt beim Erhitzen mit an Ammoniak bei 0° gesättigtem Methylalkohol im Rohr auf 115—125° das Imid zurück. Wird unter der Einwirkung von Diazomethan verestert, zugleich lagert sich auch 1 Mol Diazomethan an (Verbindung $C_{11}H_{18}O_2N_2$, gelbes Öl)[1]. Bei der Reduktion mit Zinkstaub-Eisessig entsteht ein Gemisch von Methyl-methoxy-äthyl-bernsteinsäure (Schmelzp. 101°) und von Methyl-oxyäthyl-bernsteinsäure (Schmelzp. 141°). Trennung möglich durch warmes Wasser[5].

Bariumsalz $C_8H_{10}O_5Ba + 2 H_2O$. Beim Eindampfen der wässerigen Lösung farblose, rechteckige Blättchen, die meist rosettenförmig angeordnet sind. Enthält 2 Mol Krystallwasser, die bei 150° abgespalten werden. Löslich in Wasser im Verhältnis 1 : 45[6].

Silbersalz $C_8H_{10}O_5Ag_2$. Aus dem Bariumsalz mit Silbernitrat. Weiße Flocken, die sich am Licht und beim Trocknen rasch braun färben[6].

Ammoniakanlagerungsprodukt $C_8H_{10}O_4 \cdot 2 NH_3$. Durch Einleiten von Ammoniak in eine absolut methylalkoholische Lösung des Anhydris und Versetzen mit Äther bis zur Trübung. Beim Stehen Krystallisation, die nach dem Absaugen mit abs. Äther gewaschen und im Vakuum getrocknet wird. — Farblose Nädelchen, Schmelzp. 139°[6].

Lacton der Methyl-1-oxyäthyl-fumarsäure.

Mol-Gewicht: 156,1.

Zusammensetzung: 53,8% C; 5,12% H; 41,08% O. $C_7H_8O_4$.

$$H_3C \cdot C = C \cdot COOH$$
$$O = C \quad CH - CH_3$$
$$O$$

[1] W. Küster u. H. Maurer: Hoppe-Seylers Z. **133**, 143, 144 (1924).
[2] H. Fischer, A. Treibs u. K. Zeile: Hoppe-Seylers Z. **193**, 159 (1930).
[3] H. Fischer, G. Hummel u. A. Treibs: Hoppe-Seylers Z. **185**, 56 (1929).
[4] W. Küster: Hoppe-Seylers Z. **155**, 120 (1926).
[5] W. Küster: Hoppe-Seylers Z. **155**, 119 (1926).
[6] W. Küster u. H. Maurer: Hoppe-Seylers Z. **133**, 148 (1924).

Darstellung: 2,5 g Methyl-(1-methoxy-athyl)-maleinimid werden mit 180 ccm einer bei 60° gesättigten Bariumhydroxydlösung $3\frac{1}{2}$ Stunden zum Sieden erhitzt, wobei Farbänderung von Gelb über Braun nach Gelb eintritt. Nachdem wird mit Wasser verdünnt, mit Salzsäure vorsichtig angesäuert, mit Äther ausgezogen, der Auszug getrocknet und eingedampft. Als Rückstand bleibt ein gelbes, rasch erstarrendes Öl. Dieses wird nun einer Wasserdampfdestillation unterworfen, wobei eine geringe Menge Öl übergeht. Aus dem Rückstand wird durch Ausäthern das gesuchte Anhydrid gewonnen und wie oben isoliert. Ausbeute etwa 1,5 g [1, 2].

Eigenschaften: Aus Wasser farblose, zu Drusen vereinigte rechteckige Blättchen; Schmelzpunkt 174—175° [1, 2]. Löslich in Alkohol, Aceton, Essigester, Wasser; wenig in Petroläther; unlöslich in Benzol. Die alkoholische und die wässerige Lösung reagieren sauer. Titriert sich in Wasser zweibasisch. Reagiert mit Diazomethan unter Veresterung und Anlagerung eines Mols des Methans zu $C_{10}H_{16}O_5N_2$ (gelbes Öl) [2].

Bariumsalz $C_7H_8O_5Ba \cdot 2 H_2O$. Beim Eindampfen einer wässerigen Lösung des Salzes. Farblose elliptische Blättchen. Enthält 2 Mol Krystallwasser, die bei 150° abgegeben werden. Löslich 1 : 35 in Wasser [2].

Silbersalz $C_7H_8O_5Ag_2$. Aus dem Bariumsalz mit Silbernitrat. Weiße Flocken, die sich am Licht oder beim Trocknen rasch braun färben [2].

Ammoniakanlagerungsprodukt $C_7H_8O_5 \cdot 2 NH_3$. Durch Einleiten von Ammoniak in eine abs. methylalkoholische Lösung des Anhydrids und anschließendem Versetzen mit abs. Äther bis zur Färbung. Beim Stehen Krystallisation. — Feine, farblose Nädelchen, Schmelzpunkt 160° [1, 2].

Methyl-β-oxyäthyl-maleinsäure-anhydrid [3].

Mol-Gewicht: 156,1. $\qquad$ $C_7H_8O_4$.

Zusammensetzung: 53,8% C; 5,27% H; 41,08% C.

Darstellung: Durch Verseifung des Oxynitrils des Acetylcyclopropancarbonsäureesters mit konz. Schwefelsäure unter Eiskühlung. Isolierung durch Ausziehen mit Äther.

Eigenschaften: Mit Wasserdämpfen flüchtiges Öl mit juchtenlederartigem Geruch. Unlöslich in kaltem Wasser; bildet mit heißem Wasser eine Emulsion. Durch 10proz. Natronlauge findet Umlagerung in eine zweibasische Säure $C_7H_{10}O_2$ statt (aus Wasser verästelte Blättchen; sublimiert bei 200°).

Kupfersalz $C_7H_8O_5Cu$. Fällt aus beim Versetzen einer alkoholischen Lösung des Anhydrids mit konz. wässeriger Kupferacetatlösung. — Aus heißem Wasser Prismen.

Methyl-chlor-methoxy-äthyl-maleinimid [4, 5].

Mol-Gewicht: 203,59.

Zusammensetzung: 47,17% C; 4,95% H; 29,58% O; 6,88% N; 17,42% Cl. $C_8H_{10}O_3NCl$.

Darstellung: 5 g Chlor-brom-hämatoporphyrindimethyläther in 400 ccm 30proz. Schwefelsäure werden mit 8 g Chromsäure bei 55° aboxydiert und das Reaktionsgemisch wie üblich verarbeitet. Die Imidfraktion besteht aus dem Methyl-Bromäthyl-maleinimid und dem Methyl-Chloräthyl-maleinimid. Trennung der beiden Körper durch fraktionierte Krystallisation aus Äther, in dem das Bromimid schwer löslich ist und deshalb zuerst auskrystallisiert. Reinigung durch Behandeln mit Petroläther (Siedep. 60—80°), in dem das Chlorimid schwerer löslich ist als das Bromimid.

Eigenschaften: Aus Chloroform-Pentan Rosetten; Schmelzp. 65°. Ist in allen Solvenzien löslich; schwer in Petroläther.

Methyl-(1-methoxy-2-bromäthyl)-malein-imid [5].

Mol-Gewicht: 248,05. Bestimmt durch Siedepunktserhöhung in Chloroform zu 226.

Zusammensetzung: 38,71% C; 4,00% H; 19,42% O; 5,65% N; 32,22% Br. $C_8H_{10}O_3NBr$.

$$\begin{array}{ccc} & & H \\ H_3C \cdot C & C\!-\!C\!\!\!\diagup\!\!\!\diagdown\!\!\!\begin{array}{l}CH_2Br\\OCH_3\end{array} \\ \| & \| & \\ O\!-\!C & C\!=\!O & \\ & \diagdown\!\!\!\diagup & \\ & NH & \end{array}$$

[1] W. Küster, H. Maurer u. A. Palm: Hoppe-Seylers Z. **156**, 17 (1926).
[2] W. Küster u. H. Maurer: Hoppe-Seylers Z. **133**, 144 (1924).
[3] W. Küster: Hoppe-Seylers Z. **172**, 237 (1927).
[4] W. Küster u. K. Schlayer: Hoppe-Seylers Z. **168**, 313 (1927).
[5] Vgl. H. Fischer, G. Hummel u. A. Treibs: Hoppe-Seylers Z. **185**, 41 (1929).

Bildung: Neben Methyl-chlormethoxy-äthyl-maleinimid bei der Oxydation des Chlor-
brom-hämatoporphyrin-dimethyläthers[1].

Darstellung: 5 g Dibrom-hämatoporphyrin-dimethyläther (= Dibrom-dimethoxy-meso-
porphyrin), durch kräftiges Schütteln in 250 ccm 30-gewichtsprozentiger Schwefelsäure gelöst,
werden mit 8 g Chromtrioxyd in 40 ccm Wasser versetzt und bei 60° aboxydiert. Aufarbeitung
in der üblichen Weise. Ausbeute 2—2,3 g Rohimid (= etwa 2 Mol)[1,2,3] und bis 1,9 g Hämatinsäure[3].

Eigenschaften: Aus Petroläther (Siedep. 60—80°) vierseitige Spieße bzw. Prismen, die
vielfach kreuzweise durchwachsen sind[3]; aus Chloroform-Pentan Rosetten[1]; Schmelzp. 75°.
Sehr leicht löslich in allen organischen Solvenzien. Verliert beim Verseifen mit Barytwasser
teilweise das Methoxyl[3]. Gibt mit 66proz. Bromwasserstoffsäure im Rohr (100°) das Dilacton
der Methyl-dioxyäthyl-fumarsäure.

Dilacton der Methyl-dioxyäthyl-fumarsäure[2].

Mol-Gewicht: 154,08.
Zusammensetzung: 54,54% C; 3,93% H; 41,53% O. $C_7H_6O_4$.

$$\begin{array}{c} H_3C-C-C\diagdown\!\!\!\!^{O}\!\!\!\!\diagdown O \\ \| \qquad \| \\ OC-C-CH \\ | \qquad\quad | \\ C\text{------}CH_2 \end{array}$$

Darstellung: 1 g rohes Methyl-(1-methoxy-2-brom-äthyl)-maleinimid wird mit 10 ccm
66proz. Bromwasserstoffsäure im Bombenrohr 6 Stunden im Wasserbadofen erhitzt. Danach
wird die braungelbe Lösung mit Wasser verdünnt, ausgeäthert, der Auszug mit 5proz. Natriumphosphatlösung geschüttelt, der Äther verdampft, der krystalline, mit einem gelben Öl ver-
unreinigte Rückstand in kaltem Methylalkohol gelöst, diese Lösung durch Schütteln mit Tierkohle entfärbt und nach dem Filtrieren langsam abgedunstet. Dabei Krystallisation.

Eigenschaften: Aus Methylalkohol hexagonale Täfelchen; Zersetzungsp. 200°. Lagert
in wässeriger Lösung kalt 1 Mol Wasser an, heiß 2.

α, γ-Dimethyl-γ-chlor-itaconsäure.

Mol-Gewicht: 192,56.
Zusammensetzung: 43,64% C; 4,71% H; 33,21% O; 18,44% Cl. $C_7H_9O_4Cl$.

$$\begin{array}{ccc} H_3C-CH-COOH & & H_3C-CH-COOH \\ | & & | \\ C-COOH & \text{oder} & C-COOH \\ \| & & \| \\ H_3C-C-Cl & & Cl-C-CH_3 \end{array}$$

Darstellung: 560 g Phosphorpentachlorid (3 Mol) werden unter Wasserkühlung im Lauf
mehrerer Stunden mit 230 g Methylacetylbernsteinsäureester versetzt. Unter lebhafter Chlor-
wasserstoffentwicklung tritt Verflüssigung des Gemisches ein. Nach 2—3tägigem Stehen
unter öfterem Umschütteln wird auf dem Wasserbad bis zur Beendigung der Salzsäureentwicklung erwärmt, das Phosphoroxychlorid bei 80° und 15 mm abdestilliert, der Rückstand mit
Alkohol versetzt und nach Beendigung der Esterbildung mit Wasserdampf abdestilliert. Dem
Destillat wird der Ester mit Äther entzogen und wie üblich isoliert. Zur Verseifung werden dann
je 50 g des Esters in 100 ccm abs. Alkohol gelöst und diese Lösung nach Zusatz von 9 g Natrium
in 100 ccm abs. Alkohol 24 Stunden stehen gelassen. Nachdem wird vom ausgefallenen Natriumsalz der Säure abfiltriert, dieses mit Äther gewaschen und mit 10proz. Salzsäure zerlegt.
Ausbeute 13,2%[4,5].

[1] W. Küster u. K. Schlayer: Hoppe-Seylers Z. **163**, 267; **168**, 313 (1928).
[2] W. Küster: Hoppe-Seylers Z. **163**, 269 (1927).
[3] W. Küster u. W. Hess: Ber. dtsch. chem. Ges. **58**, 1022 (1925).
[4] W. Küster, H. Maurer u. K. Packendorff: Hoppe-Seylers Z. **176**, 246 (1927).
[5] W. Küster, H. Maurer u. A. Palm: Hoppe-Seylers Z. **156**, 27 (1926) — Ber. dtsch. chem.
Ges. **59**, 1020 (1926).

Eigenschaften: Farblose Nadeln; Schmelzp. 126—127° unter Zersetzung. Leicht löslich in heißem Wasser, Alkohol, Äther, Chloroform; löslich in kaltem Wasser. Ist mit Wasserdämpfen nicht flüchtig[1]. Gibt bei Destillation im Vakuum das entsprechende Anhydrid. Bei Destillation unter gewöhnlichem Druck entsteht ein öliges Produkt mit intensivem Geruch nach bisubstituierten Maleinsäuren. Das Chloratom im Säuremolekül ist sehr fest gebunden, es läßt sich weder durch Kochen mit $^{n}/_{10}$-Natronlauge noch durch 2n-Schwefelsäure entfernen. Beim Erhitzen mit 10proz. Natronlauge tritt Zerstörung ein[1].

Natriumsalz $C_7H_7O_4ClNa$. Durch Eindampfen der wässerigen Lösung oder durch Verseifen des Esters mit Natriumäthylat. — Weiße undeutlich ausgebildete Blättchen[1]. Unlöslich in Alkohol.

Ammoniakanlagerungsprodukt $C_7H_{15}O_4ClN_2$. Durch Einleiten von Ammoniak in eine methylalkoholische Lösung der Säure und anschließendem Versetzen mit abs. Äther bis zur Trübung. Beim Stehen Krystallisation. — Feine farblose Nädelchen, Schmelzp. 157° unter Zersetzung. Spaltet beim Erhitzen leicht Ammoniak ab[1].

Diäthylester $C_{11}H_{17}O_4Cl$. Entsteht als Zwischenprodukt bei der Darstellung der Säure. Bildet sich ferner mit 73,6proz. Ausbeute bei 4stündigem Erhitzen von 10 g Säure in 50 g abs. Alkohol mit 2 g konz. Schwefelsäure. Ausbeute 9,5 g. — Farbloses Öl mit Geruch nach frischen Äpfeln, Siedep. 216°. Wird beim Stehen in Natriumäthylatlösung nur zur Säure verseift, das Chloratom wird nicht durch Äthoxyl ersetzt[1].

Anhydrid $C_7H_7O_3Cl$. Durch Destillation der Säure im Vakuum[1,2]. Isolierung durch Ausäthern des Destillats und Eindampfen des Auszugs. Ausbeute bei 2 g Einsatz = 1,2 g. — Aus Wasser tetragonale Prismen, Schmelzp. 145°[1,2]; Siedep. 15 mm = 125°. Geht in Berührung mit Wasser, sogar schon durch die Luftfeuchtigkeit, wieder in die Säure über[1]. Gibt mit frisch destilliertem Anilin sofort eine intensiv dunkle Rotfärbung[1].

Aticonsäure[3].

Mol-Gewicht: 174,55.
Zusammensetzung: 48,14% C; 4,04% H; 27,50% O; 20,32% Cl. $C_7H_7O_3Cl$.

$$H_3C-\overset{\overset{\textstyle H}{|}}{\underset{\underset{\textstyle O=C}{|}}{C}}-\overset{\overset{\textstyle H}{|}}{\underset{\underset{\textstyle C=O}{|}}{C}}-\overset{\underset{\textstyle Cl}{|}}{C}=CH_2$$

Darstellung: Durch Destillation der α, γ-Dimethyl-γ-chlor-itakonsäure unter gewöhnlichem Druck bei 210—225°. Dabei bildet sich noch ein intensiv riechendes Öl, das durch Wasserdampfdestillation entfernt werden kann. Isolierung der Säure durch Extraktion des Rückstandes mit Äther und Eindampfen des Auszugs. Ausbeute aus 10 g = 8 g.

Eigenschaften: Aus Wasser tetragonale Prismen, Schmelzp. 145°. Siedep. 210—225°. Gibt kein Imid. Nach Verschmelzen mit Chlorzink und Resorcin und Lösen in Wasser tritt prächtige Fluorescenz von hellrosa nach grünlich-blau ein, die durch Alkali noch verstärkt wird. Wird durch Kochen mit konz. Barytwasser nicht verändert.

Bariumsalz $C_7H_7O_4ClBa$. Aus Wasser beim Konzentrieren borsäureähnliche Krystalle. Gibt beim Zerlegen mit Schwefelsäure das Anhydrid zurück.

Ammoniakanlagerungsprodukt $C_7H_7O_3Cl \cdot 2NH_3$. Durch Einleiten von trockenem Ammoniak in eine alkoholische Lösung des Anhydrids. Ausbeute bei 1 g Einsatz = 0,7 g. — Feine weiße Nadeln; Schmelzp. 116° unter Bildung eines Sublimats.

Fumaroide Form der Aticonsäure $C_7H_9O_4Cl$. Durch Kochen von 2 g der Aticonsäure mit 50 ccm 10proz. Natronlauge. Isolierung durch Ansäuern und Ausäthern. Ausbeute = 1,5 g. — Entsteht auch bei 5stündigem Kochen des riechenden Öls (s. o.) mit 50proz. Barytwasser. — Aus Wasser rhombische Blättchen, Schmelzp. 152°. Titriert sich zwei-

---

[1] W. Küster, H. Maurer u. A. Palm: Hoppe-Seylers Z. **156**, 27 (1926) — Ber. dtsch. chem. Ges. **59**, 1020 (1926).

[2] W. Küster, H. Maurer u. K. Packendorff: Hoppe-Seylers Z. **176**, 246 (1927).

[3] W. Küster, H. Maurer u. K. Packendorff: Hoppe-Seylers Z. **172**, 247 ff. (1927).

basisch. Beim Einleiten von Ammoniak in eine alkoholische Lösung der Säure fällt das Di-Ammoniumsalz als flockige weiße Masse aus. Schmelzp. 166° unter Bildung eines Sublimats

$$\begin{array}{c} \mathrm{H} \\ \mathrm{H_3C-C-COOH} \\ | \\ \mathrm{HOOC-C-C{=}CH_2} \\ \mathrm{H \quad Cl} \end{array}$$

Lacton der fumaroiden Form der α, γ-Dimethyl-oxy-itaconsäure[1].

Mol-Gewicht: 156,1.

Zusammensetzung: 53,8% C; 5,12% H; 41,08% O. $C_7H_8O_4$.

$$\begin{array}{c} \mathrm{H} \\ \mathrm{HOOC-C-C-CH_3} \\ \| \qquad | \\ \mathrm{H_3C-C \quad C{=}O} \\ \diagdown \quad \diagup \\ \mathrm{O} \end{array}$$

Darstellung: Durch längeres Erhitzen des α, α'-Methyl-acetyl-bernsteinsäureesters zum Sieden unter Verwendung eines zweikugeligen Fraktionieraufsatzes zur Entfernung des abgespaltenen Alkohols, wodurch die Ausbeute auf das 3—4fache gesteigert wird und Verseifung des erhaltenen Esters der Lactonsäure durch längeres Kochen mit verdünnter Salzsäure (spez. Gewicht 1,031).

Eigenschaften: Nach mehrmaligem Umkrystallisieren aus heißem Wasser; Schmelzpunkt 175°. Löslich in heißem Wasser (1,3 : 6); Äther, Alkohol, Eisessig; schwer in kaltem Wasser, Benzol; sehr schwer in Petroläther, Chloroform. Sublimiert in schönen, weißen Blättchen. Ist mit Wasserdampf schwer flüchtig. Der Lactonring wird durch Kochen mit 50proz. Barytwasser nicht aufgesprengt, wohl aber mit 2n-Natronlauge.

Bariumsalz $C_{14}H_{14}O_8Ba$. Aus Wasser beim Konzentrieren viereckige Blättchen.

Ammoniumsalz $C_7H_8O_4 \cdot NH_3$. Durch Sättigen einer methylalkoholischen Lösung des Lactons mit trockenem Ammoniak und Versetzen mit abs. Äther bis zur Trübung. Beim Stehen Krystallisation. Ausbeute 90%. — Feine, farblose Nädelchen; Schmelzp. 159—160°.

Methylester $C_8H_{10}O_4$. Aus dem Lacton (2 g in 20 ccm Äther) mit Diazomethan (aus 4,2 ccm Nitrosomethylurethan). Isolierung in der üblichen Weise. — Gelbes Öl mit angenehmem Geruch; Siedep. 210° (Ausbeute 1,5 g). Addiert in Chloroformlösung Brom. Bei der Reduktion mit Natriumamalgam entsteht Dimethylparaconsäure.

Hämatinsäure-imid.

$$C_8H_9O_4N$$

Bildung: Bei der Oxydation von Hämatoporphyrin[2], Hämatoporphyrin-mono[3]- und dimethyläther[4], Tetramethylhämatoporphyrin[5] und dessen Eisensalz[6], Mesorhodin[7], Deuteroporphyrin[8], Dibromdeuteroporphyrin-dimethylester[9] und dessen Eisensalz[10], Bromphylloporphyrin[11] und mitunter auch aus dem 2, 4-Dimethyl-3-propionsäure-5-carbäthoxypyrrol. mit Chromsäure-Schwefelsäure[12]. Aus dem Dibromdeuteroester auch mit Wasserstoffsuperoxyd-Schwefelsäure[9] und mit konz. Salpetersäure[9].

[1] W. Küster, H. Maurer u. K. Packendorff: Hoppe-Seylers Z. **172**, 247 (1927).
[2] H. Fischer, G. Hummel u. A. Treibs: Hoppe-Seylers Z. **185**, 58 (1929).
[3] W. Küster: Hoppe-Seylers Z. **156**, 119 (1926).
[4] W. Küster u. H. Maurer: Hoppe-Seylers Z. **133**, 143 (1924).
[5] H. Fischer, G. Hummel u. A. Treibs: Hoppe-Seylers Z. **185**, 56 (1929).
[6] H. Fischer u. F. Lindner: Hoppe-Seylers Z. **168**, 161 (1927).
[7] H. Fischer u. A. Rothhaas: Liebigs Ann. **484**, 104 (1930).
[8] H. Fischer u. F. Lindner: Hoppe-Seylers Z. **161**, 27 (1926).
[9] H. Fischer u. G. Hummel: Hoppe-Seylers Z. **175**, 81 (1928).
[10] H. Fischer u. G. Hummel: Höppe-Seylers Z. **181**, 121 (1929).
[11] A. Treibs u. A. Wiedemann: Liebigs Ann. **466**, 284 (1928).
[12] W. Küster u. H. Maurer: Ber. dtsch. chem. Ges. **64**, 2481 (1923).

Hämatinsäure-anhydrid [1].

$$C_8H_8O_5.$$

Bildung: Aus dem durch Kondensation von Methoxymethylmalonester und Acetessigester in Gegenwart von Essigsäureanhydrid und Chlorzink erhaltenen Produkt (α-Acetyl-γ-carbäthoxy-glutarsäureester) durch Anlagerung von Blausäure und Verseifung des entstandenen Oxynitrils mit konz. Salzsäure.

Carboxylierte Hämatinsäure (Bd. X, S. 94) [2].

$$C_9H_9O_6N$$

$$H_3C \cdot C{=\!\!=}C \cdot CH_2 \cdot CH \overset{\textstyle \diagup COOH}{\underset{\textstyle \diagdown COOH}{}}$$

$$\underset{\textstyle NH}{O{=\!\!=}C \quad C{=\!\!=}O}$$

Darstellung: 0,5 g Isouroporphyrin in 12,5 ccm 50proz. Schwefelsäure werden in Eiskühlung unter ständigem Schütteln tropfenweise mit 1 g Chromtrioxyd in Wasser versetzt (Abscheidung eines schwerlöslichen Chromats). Nach 2 Stunden wird das Eis entfernt und noch weitere 5 Stunden bei Zimmertemperatur stehengelassen. Nachdem wird ausgeäthert, der Auszug wie üblich in eine saure und eine neutrale Fraktion geschieden und beim sauren Teil der Äther verdampft. Es hinterbleibt ein schwach gelb gefärbter, sauer riechender Sirup, der nach Digerieren mit Wasser und Stehen im Vakuum über Ätzkali krystallisiert. Ausbeute 0,25 g.

Eigenschaften: Nach Umkrystallisieren und Sublimation im Vakuum bei 115—120° längliche dünne, farblose, prismatische Blättchen, bei denen die kürzere Kante die längere unter 45° schneidet. Die Zwillingsgrenze verläuft parallel der längeren Kante. Geht im Vakuum bei 180—220° in Hämatinsäure über; sublimiert dagegen bei 115—120° unzersetzt.

Äthyl-malein-imid [3].

Mol-Gewicht: 125,11.

Zusammensetzung: 57,57% C; 5,64% H; 25,59% O; 11,2% N. $C_6H_7O_2N$.

Darstellung: 2 g 2-Methyl-4-äthyl-pyrrol in 50 ccm 10proz. Schwefelsäure werden unter Kühlung vorsichtig mit 8 g Chromsäure versetzt und dann auf 60° erhitzt. Aufarbeitung in der üblichen Weise. Der Ätherrückstand wird im Vakuum bei 80° sublimiert.

Eigenschaften: Nach Sublimation im Vakuum Schmelzp. 80°.

Diäthyl-malein-imid = Xeronimid (Bd. X, S. 92).

Bildung: Bei der Oxydation von Octa-äthyl-porphin mit Wasserstoffperoxyd-Schwefelsäure und bei der Photooxydation desselben Porphyrins [4].

Aus 2-Methyl-3, 4-diäthyl-pyrrol mit rauchender Salpetersäure [5].

Darstellung: Xeronsäureanhydrid [6] wird mit der 15fachen Menge abs. alkoholischen Ammoniaks 3 Stunden auf 100—110° erhitzt. Dann werden Alkohol und Ammoniak verdampft und die als Rückstand bleibenden braunen Krystalle im Vakuum bei 80—90° sublimiert [5].

Eigenschaften: Durch Sublimation im Vakuum bei 70° prachtvolle farblose Prismen, Schmelzp. 68°. Geruch erinnert an Ananas [5].

Physiologisches Verhalten: Erzeugt subcutan injiziert narkotischen Rausch [5].

Oxym $C_8H_{12}O_2N_2$. 3 g 2-Methyl-3, 4-diäthyl-pyrrol in 75 ccm verdünnter Schwefelsäure werden bis zur vollständigen Lösung tropfenweise mit konz. Schwefelsäure versetzt. Danach wird unter Eiskühlung eine konz. wässerige Natriumnitritlösung tropfenweise eingerührt, wobei das Oxym in roten Blättchen ausfällt. — Aus Wasser farblose Krystalle, Schmelzp. 194° [5].

[1] H. Fischer u. C. Nenitzescu: Hoppe-Seylers Z. **145**, 306 (1925).
[2] H. Fischer u. P. Heisel: Liebigs Ann. **457**, 98 (1927).
[3] H. Fischer, G. Hummel u. A. Treibs: Hoppe-Seylers Z. **185**, 53 (1929).
[4] H. Fischer u. R. Bäumler: Liebigs Ann. **468**, 91 (1929).
[5] H. Fischer u. R. Bäumler: Liebigs Ann. **468**, 82 (1929).
[6] Fichter u. Obladen: Ber. dtsch. chem. Ges. **42**, 4702 (1909).

Methyl-propyl-maleinimid.

Mol-Gewicht: 153,15.

Zusammensetzung: 62,74% C; 7,19% H; 20,92% O; 9,15% N. $C_8H_{11}O_2N$.

Bildung: Bei der Photooxydation des 1, 3, 5, 7-Tetramethyl-2, 4, 6, 8-tetrapropyl-xantho-porphinogens[1].

Darstellung: 1 g 2, 4-Dimethyl-3-propyl-pyrrol $C_9H_{15}N$ in 100 ccm 30proz. Schwefelsäure wird tropfenweise mit 1,8 g Chromtrioxyd in Wasser versetzt. Nach dem Stehen über Nacht wird sodaalkalisch gemacht, ausgeäthert, der Äther verdampft und der zähe Rückstand einige Tage im Vakuum getrocknet. Anschließend Sublimation im Vakuum bei 170°. Nach 5—7täg. Stehen im Eisschrank erstarrt das Imid zu einer krystallinen Masse[1].

Eigenschaften: Weiße Masse, Schmelzp. 57°. Leicht löslich in allen üblichen Solvenzien.

γ-Cyan-pentan-β, γ, ε-tricarbonsäureester [2].

Mol-Gewicht: 313,28.

Zusammensetzung: 57,48% C; 7,4% H; 40,67% O; 4,48% N. $C_{15}H_{23}O_6N$.

Darstellung: Zu einer Lösung von 11,5 g Natrium in 250 g abs. Alkohol werden 106,5 g Cyanmethylbernsteinsäureester gegeben und dann bei tiefer Temperatur 68 g β-Chlorpropion-säureester oder 114 g β-Jodpropionsäureester zugesetzt. Nach Stehen über Nacht wird im Heiß-luftbad bis zur neutralen Reaktion erhitzt (1 Stunde), dann vom Niederschlag abfiltriert, der Alkohol größtenteils abdestilliert, der Rückstand mit Wasser versetzt, das abgeschiedene Öl in Äther aufgenommen, diese Lösung gewaschen, getrocknet, der Äther abdestilliert und der Rückstand im Vakuum destilliert. Ausbeute 90—94% = 141—146 g.

Eigenschaften: Farbloses zähes Öl; Siedep. 20 mm = 208°.

Pentan-β, γ, γ, ε-tetracarbonsäureester $C_{17}H_{28}O_8$. Durch 4stündiges Erhitzen von 10,5 g obigen Esters mit 15,3 g abs. Alkohol, 3,3 g konz. Schwefelsäure und 0,6 g Wasser im Rohr auf 130—135°. Isolierung wie üblich. Ausbeute 58%. — Farblose, zähe Flüssigkeit; Siedep. 12 mm = 222°. Schwer löslich in Wasser; leicht in Alkohol und Äther. Gibt beim Er-hitzen mit konz. Salzsäure die fumaroide Form (Schmelzp. 177°) und die malenoide Form (Schmelzp. 140—141°) der Hämotricarbonsäure.

Hämotricarbonsäure (Bd. VI, S. 275/276; Bd. IX, S. 388) [3].

$$H_8H_{12}O_6$$

Bildung: Aus dem Pentan-β, γ, γ, ε-tetracarbonsäureester durch 2stündiges Erhitzen mit dem 3fachen Volumen konz. Salzsäure.

Darstellung: 150 g γ-Cyan-pentan-β, γ, ε-tricarbonsäureester werden mit dem 3fachen Volumen konz. Salzsäure 20 Stunden unter Rückfluß auf dem Wasserbad erhitzt. Dann wird die klare rötliche Lösung eingedampft, der Rückstand mit abs. siedendem Essigester extrahiert, der Auszug eingedampft und durch fraktionierte Krystallisation aus konz. Salzsäure getrennt. Ausbeute: 42 g fumaroide Form, Schmelzp. 177°; 38,9 g malenoide Form, Schmelzp. 140 bis 141° zusammen = 81,9%.

Derivate der fumaroiden Form: Sekundäres Brucinsalz $(C_{23}H_{26}O_4N_2)_2 \cdot C_8H_{12}O_6 + 4\,H_2O$. Durch Auflösen von 10 g Säure und 41,86 g Brucin (1 : 2 Mol) in 550 ccm Wasser und 10minü-tigem Erhitzen auf dem Wasserbad. Beim Erkalten Krystallisation. Ausbeute 37 g. (Beim Ein-engen auf 200 ccm werden noch weitere 13,5 g erhalten.) — Lange prismatische Nadeln, die zu Büscheln vereinigt sind; Schmelzp. 154—156°. $[\alpha]_D^{30°} = 29{,}47$ bis $30{,}11°$ in 2,5 proz. wässeriger Lösung. Beim Erhitzen auf 110° wird das Krystallwasser abgespalten. Löslichkeit in Wasser von 15° = 1 : 45.

Tertiäres Brucinsalz $(C_{23}H_{26}O_4N_2)_3 \cdot C_8H_{12}O_6 \cdot + 4\,H_2O$. Bildung aus 15 g Säure und 87,9 g Brucin (1 : 3 Mol) gelöst in 500 ccm Wasser. — Dünne prismatische Nadeln, die zu Büscheln vereint bis 2 cm lang sind. Schmelzp. 148—151°. $[\alpha]_D^{30°} = -\,30{,}97$ bis $-\,31{,}62$ in 10proz. wässeriger Lösung und 1 dcm Rohr. Löslichkeit in Wasser von 20° = 1 : 10. Ver-liert bei 110° das Krystallwasser.

[1] H. Fischer, M. Goldschmidt u. W. Nüßler: Liebigs Ann. **486**, 15 (1931).
[2] W. Küster: Hoppe-Seylers Z. **130**, 10 (1923).
[3] W. Küster: Hoppe-Seylers Z. **130**, 11 (1923).

$\varDelta_4$-**Penten-β, γ, ε-tricarbonsäure** $C_8H_{10}O_6$. 20 g fumaroide Säure innig gemischt mit 3,1 g rotem Phosphor werden tropfenweise mit 75 g Brom versetzt. Nach Mäßigung der einsetzenden Reaktion (Feuererscheinung) wird auf dem Wasserbad bis zur Beendigung der Bromwasserstoffentwicklung und Entfernung des überschüssigen Broms erhitzt. Von dem erhaltenen durch Glaswolle filtrierten Öl werden je 25 g mit 75 g 40proz. Kalilauge 4 Stunden in einem Kupferkessel unter Rückfluß erhitzt, die erkaltete Lösung vorsichtig neutralisiert und mit Äther extrahiert, der Auszug getrocknet und eingedampft. Als Rückstand bleibt ein gelber Sirup, der beim Reiben teilweise krystallisiert und auf Ton abgepreßt wird. Rohausbeute 12 g. — Mehrmals aus heißem Wasser umkrystallisiert feine prismatische Nadeln, Schmelzp. 112°. Leicht löslich in Alkohol, Äther und Essigester. Löslichkeit in Wasser von 20° = 1 : 3. Gibt ein Silbersalz $C_8H_7O_6Ag_3$. Bei der Reduktion in alkalischer Lösung mit 2proz. Natriumamalgam entsteht die fumaroide Hämotricarbonsäure zurück. (Unterschied von der $\varDelta_2$-Form = Hämatinsäure)

$$CH_3 \cdot \underset{\displaystyle COOH}{\underset{|}{CH}} \text{------} \underset{\displaystyle COOH}{\underset{|}{CH}} \text{---} CH = CH - COOH\,[1]$$

Diäthylester $C_{12}H_{18}O_6$. Durch 5stündiges Erhitzen von 3 g Säure mit 15 g abs. Alkohol und 1 g konz. Schwefelsäure. Ausbeute 2,7 g. — Farbloses Öl; Siedep. 20 mm = 206°. Läßt sich einer ätherischen Lösung durch Soda entziehen. Gibt beim Erhitzen mit konz. Salzsäure die Pentansäure zurück.

Derivate der malenoiden Form: Sekundäres Brucinsalz $(C_{23}H_{26}O_4N_2)_2 \cdot C_8H_{12}O_6$. $[\alpha]_D^{30} =$ $-20,31$ bis $-26,04°$ in 2,5—3proz. wässeriger Lösung. Wird durch verdünnte Salzsäure zerlegt.

Penten-tricarbonsäure $C_8H_{10}O_6$. 20 g malenoide Säure werden nach Durchfeuchtung mit 27 g Phosphortribromid tropfenweise mit 50 g Brom versetzt. Aufarbeitung wie beim Isomeren aus der fumaroiden Form beschrieben. Das erhaltene Produkt wird nun mit der doppelten Menge heißen Wassers bis zur Lösung behandelt, die wässerige Lösung mit Salzsäure angesäuert, mit Äther ausgezogen, die Lösung eingedampft und der restliche hellgelbe Sirup im Vakuum weiterbehandelt. Bei längerem Stehen Krystallisation. — Aus Wasser kleine farblose Nadeln; Schmelzp. 114°. Bei der Reduktion mit Natriumamalgam entsteht die malenoide Säure zurück [2].

Diäthylester $C_{12}H_{18}O_6$. Durch Veresterung mittels Alkohol-Schwefelsäure. Ausbeute aus 3 g = 2,5 g. — Farbloses, derbes Öl; Siedep. 15 mm = 199—201°.

γ-Cyan-pentan-α, β, γ, ε-tetracarbonsäure[3].

Mol-Gewicht: 383,32.

Zusammensetzung: 56,07% C; 7,07% H; 33,22% O; 3,64% N. $C_{18}H_{27}O_8N$.

Darstellung: Eine Lösung von 2,8 g Natrium in 60 g abs. Alkohol wird mit 35 g Cyantricarballylsäureester versetzt und dann unter starker Abkühlung 27,2 g β-Jodpropionsäureester oder 17 g β-Chlorpropionsäureester zugegeben. Weitere Aufarbeitung wie beim γ-Cyan-pentan-β, γ, ε-tricarbonsäureester beschrieben. Ausbeute 25,5 g = 58%.

Eigenschaften: Zähes farbloses Öl; Siedep. 8—10 mm = 227—228°. Leicht löslich in Alkohol und Äther; schwer in Wasser.

Pentan-α, β, γ, ε-tetracarbonsäure (Hämotetracarbonsäure)[4].

Mol-Gewicht: 248,15. Bestimmt durch Gefrierpunktserniedrigung in Phenol zu 254,8 und 253,4.

Zusammensetzung: 43,54% C; 4,88% H; 51,58% O. $C_9H_{12}O_8$.

Darstellung: 70 g γ-Cyan-α, β, γ, ε-tetracarbonsäureester werden auf dem Wasserbad 25 Stunden lang mit 200 ccm konz. Salzsäure digeriert. Nachdem wird die Salzsäure verdampft, der dunkelrotbraune Sirup bis zur Krystallisation stehengelassen (etwa 3 Wochen), dann mit Essigester extrahiert, das Lösungsmittel abdestilliert, der Rückstand mit wenig konz. Salzsäure aufgekocht und durch Kochen mit Tierkohle in wässeriger Lösung vollends entfärbt. Nun

[1] W. Küster: Hoppe-Seylers Z. **130**, 15f. (1923).
[2] W. Küster: Hoppe-Seylers Z. **130**, 18 (1923).
[3] W. Küster: Hoppe-Seylers Z. **130**, 20 (1923).
[4] W. Küster: Hoppe-Seylers Z. **130**, 21 (1923).

wird eingeengt und der restliche Sirup bis zur Krystallisation stehen gelassen (mehrere Wochen). Reinigung durch öfteres Umkrystallisieren aus Wasser. Rohausbeute 24 g; Reinausbeute 8 g.

Eigenschaften: Kleine prismatische Nadeln; Schmelzp. 148°. Leicht löslich in Essigester; schwer in Alkohol und Äther. Teilweise löslich in 6,5 Teilen Wasser von 20°. Eine gesättigte, wässerige Lösung lenkt den polarisierten Lichtstrahl nicht ab. Das Natriumsalz bildet eine glasige, spröde Masse; das Ammoniumsalz ist sirupös; das Kupfer-, Zink- und Cadmiumsalz fallen aus der neutralisierten Lösung der Säure auf Zusatz der betreffenden Metalle erst beim Erhitzen aus, beim Erkalten tritt wieder Lösung ein. Nickel- und Kobaltsalz lösen sich dagegen nicht mehr. Ferro- und Cadmiumsalz fallen schon in der Kälte aus.

Silbersalz $C_9H_8O_8Ag_4$. Voluminöser, weißer Niederschlag, der sich beim Trocknen auch im Dunkeln braun färbt.

Kupfersalz $(C_9H_8O_8)_2Cu_4$. Smaragdgrüner Niederschlag.

Bariumsalz $(C_9H_8O_8)_2Ba_4 + H_2O$. Krystallisiert mit 1 Mol Wasser; das bei 140° abgegeben wird.

Anhydrid $C_9H_{10}O_7$. Durch 1 stündiges Erhitzen von 1 g Säure mit 30 g Acetylchlorid auf dem Wasserbad. Krystallisation nach Abdestillation des größten Teils des Lösungsmittels. Nach dem Absaugen wird im Vakuum über Natronlauge getrocknet. — Weißes Pulver; Schmelzpunkt 220—221°.

Tierische Farbstoffe und synthetische Porphyrine.

Von

Hermann Maurer-Stuttgart.

I. Blutfarbstoffe.

Hämoglobin, Oxyhämoglobin.
(Bd. VI, S. 188, 292; Bd. IX, S. 331, 399; Bd. X, S. 11).

Mol-Gewicht: Etwa 66800. Berechnet aus dem osmotischen Druck[1]. 68500 ± 1000. Berechnet aus der Diffusionsgeschwindigkeit durch Aluminium- und Glasmembranen[2].

Vorkommen: Mitunter im Harn von Pferden bei schwarzer Harnwinde[3]. Schon früh im bebrüteten Hühnerei (nach 7 Tagen 7,64 mg, nach 14 Tagen 141,286 mg[4].

In der Leibeshöhle der südafrikanischen Holothurie Cucumaria[5]. Dieses Hämoglobin wird jedoch durch Natriumhydrosulfid nicht reduziert, es bildet kein Sulfhämoglobin und kein Methhämoglobin[5]. In Axolotlembryonen[6]. Im Darmkanal einiger Blutsauger (Blutegel, Zecke, Anofeles)[7]. Bei Wirbellosen[8].

Im Serum[9] und Pleuraexsudat[10] bei kongenitaler Porphyrie.

In krystallisierter Form teils als feine Nadeln, teils als breite Prismen in embryonalen Schweineblutkörperchen. Die Krystalle zerfließen beim Erwärmen um 1°, um beim Abkühlen wieder zu erscheinen[11].

Im Harn (Hämoglobinurie) nach Injektion von Scharlachserum[12] nach langsamem Ertranken[13], manchmal nach intravenöser Injektion einer größeren Collargoldose[14]; bei Tieren, deren Milz bzw. Leber geschädigt, jedoch nicht exstirpiert ist, nach endoperitonealer Injektion von Blut[15].

Im Plasma bei paroxysmaler Hamoglobinurie[16].

In der Galle von Kaninchen nach Vergiftung mit Anilin, Phenylhydrazin[17].

In der menschlichen Galle nach Infektionen[17].

---

[1] G. S. Adair: J. Physiol. **58**, Nr 6, XXXIV (1924) — Proc. roy Soc. (A) **109**, 292 (1925) — Proc. roy. Soc. (A) **120**, 573 (1928) — Proc. roy. Soc. (B) **98**, Nr 692, 524 (1925).

[2] J. H. Northrop u. M. L. Anson: J. gen. Physiol. **12**, 543 (1929).

[3] W. Küster u. A. Grosse: Hoppe-Seylers Z. **168**, 174 (1927).

[4] A. Papendieck: Klin. Wschr. **2**, 350 (1930). — G. Sendju: J. of biochem. **7**, 791 (1927).

[5] L. Hogben u. J. v. d. Lingen: Brit. J. exper. Biol. **5**, 292 (1928).

[6] P. Sominsky: C. r. Soc. Biol. Paris **104**, 811 (1930).

[7] G. Amantea: Boll. Soc. Biol. sper. **1**, 66 (1926).

[8] M. Romicu: C. r. Soc. Biol. Paris **86**, 68 (1922).

[9] O. Schumm: Hoppe-Seylers Z. **126**, 194 (1923).

[10] A. Papendieck: Klin. Wschr. **2**, 350 (1930).

[11] A. Guerber: Sitzgsber. Ges. Naturwiss. Marburg **62**, 294 (1927).

[12] E. Le Blanc: Fol. haemat. (Lpz.) **27**, 149 (1922).

[13] K. Jamakami: Tohoku J. exper. Med. **3**, 295 (1922).

[14] E. Komija: Trans. path. jap. Soc. **19**, 369 (1929).

[15] L. Conti: Arch. Sci. med. **44**, 298 (1922). — J. Sendju: J. of biochem. **7**, 191 (1927).

[16] Ch. M. Jones u. B. B. Jones: Arch. int. Med. **29**, 669 (1922).

[17] W. Robitschek: Z. klin. Med. **94**, 331 (1922).

In den hellroten Flecken der feuchten Hautgebiete von gefrorenen Leichen[1].

Nach L. Villa ist Entstehungsort die acidophilen Strukturen in den Kernen der Erythroblasten[2]. Das Hämoglobin ist ein Erzeugnis endonucleärer Kernsynthese[3].

Auch P. Sominsky glaubt, daß der Zellkern an der Hämoglobinbildung teilnimmt[4].

R. Ferari will ebenfalls Hämoglobinentstehung im Kern der Erythroblasten beim Frosch beobachtet haben[5].

L. Urtubay hält jedoch die Beweise für die Ableitung des Hämoglobins von der Kernsubstanz noch nicht für erbracht und hält an der klassischen Theorie, nach der das Cytoplasma der Erythroblasten den Farbstoff bildet, fest[6].

Bildung: Aus Methämoglobin durch Phenylhydroxylamin[7] und Nitrosobenzol[8]. Auch durch aerobe Bakterien (B. histolyticus, B. aerofoetidus), Colibacillen, Pneumokokken und sterilem Pflanzengewebe unter Ausschluß von Sauerstoff. In derselben Weise auch durch autoxydable Substanzen, wie Leinöl, Terpentin usw.[9, 10].

Aus α-Hämatin und nativem Globin. Dabei entsteht zuerst Methämoglobin, das dann bei der Reduktion (Natriumhydrosulfit, Ferritartrat usw.) reduziertes Hämoglobin ergibt[11].

Entsteht direkt aus reduziertem Häm und nativem Globin[12].

Darstellung: a) Oxalat- oder defibriniertes Blut (Pferd, Hund) wird zentrifugiert, die Zellen dreimal mit 0,85proz. Kochsalz gewaschen, in wenig Wasser suspendiert und unter Eiskühlung Kohlensäure (4 Vol. CO_2, 1 Vol. O_2) eingeleitet unter Zugabe von $1/_7$ des Blutkörperchenvolumens an Toluol. Nach verschlossenem Stehen über Nacht im Eisschrank Krystallisation. (Bei Anwesenheit von noch vielen intakten Zellen Wiederholung der Operation.) Nun wird unter Kohlensäure auf eine eiskalte poröse Platte gestrichen, dann verrieben, in der 3—3,5fachen Menge eiskaltem Wasser gelöst und diese dünne Paste unter Umrühren mit Soda bis zur Trübung titriert (bei Auftreten eines Niederschlags noch Zugabe von etwas Soda). Nach Zentrifugieren und Entfernen von Zellpigmenten und Toluol mit einer Capillare wird unter Eiskühlung Kohlensäure (s. oben) bis zur Krystallisation eingeleitet, 1 Tag verschlossen in den Eisschrank gestellt und hernach im Kohlensäurestrom über ein gehärtetes Filter abgesaugt (Feuchthalten der Oberfläche)[13].

Umkrystallisieren durch Aufschwemmen in wenig Wasser, Lösen in Soda, Fällen mit Kohlensäure und Salzfreimachen durch 3—4tägiges Dialysieren in einer geschlossenen Kollodiummembran gegen mit Kohlensäure (s. oben) gesättiges Wasser[13].

Alle Operationen müssen in der Kälte ausgeführt werden, das Hämoglobin darf nicht trocken werden und während der Operation auf der sauren Seite des isoelektrischen Punkts muß ständig Überschuß an Kohlensäure vorhanden sein[13]. Protein wahrscheinlich verändert[14].

Reines stromafreies Hämoglobin wird erzielt, wenn bei Abtrennung des Farbstoffs von den Zellen mehrmals mit 1,2proz. Kochsalzlösung und Toluol zentrifugiert wird[15].

b) Dreimal auf der Zentrifuge mit isotonischer Kochsalzlösung gewaschene rote Blutkörperchen (Pferd) werden 3 Tage gegen eisgekühltes fließendes Leitungswasser und 3 Tage gegen ebensolches destilliertes Wasser in Kollodiumhülsen dialysiert. Die rote hämolysierte Flüssigkeit wird von den Stromatas abzentrifugiert und dann unter Eiskühlung und kräftigem Rühren ein starker Luftstrom eingeleitet. Nach 10—20 Minuten Bildung eines hellroten Krystallbreis. Nach Abzentrifugieren und scharfem Abpressen und Trocknen auf Ton wird ein 40proz. Hämoglobinbrei in der Kälte evakuiert und der vollkommenen Sauerstoffzehrung

[1] G. Bianchini: Arch. Antrop. crim. **48**, 839 (1928).

[2] L. Villa: Arch. di Fisiol. **28**, 233 (1930).

[3] L. Villa: Virchows Arch. **277**, 380 (1930).

[4] P. Sominsky: C. r. Soc. Biol. Paris **104**, 821 (1930).

[5] R. Ferrari: Haematologica **11**, 267 (1930). — H. Riecker: J. of exper. Med. **49**, 937 (1929).

[6] L. Urtubay: Archivos Cardiol. **11**, 393 (1930.

[7] W. Heubner, R. Meier u. H. Rhode: Arch. f. exper. Path. **100**, 149 (1923).

[8] W. Heubner u. R. Meier: Arch. f. exper. Path. **100**, 137 (1923).

[9] J. M. Neill: J. of exper. Med. **41**, 535.

[10] J. Roche: C. r. Soc. Biol. Paris **99**, 1971 (1928).

[11] H. Haurowitz u. H. Waelsch: Hoppe-Seylers Z. **186**, 82 (1929). — R. Hill u. H. F. Holden: Biochemic. J. **20**, 326 (1926). — H. F. Holden u. M. Treemann: Austral. J. exper. Biol. a. med. Sci. **5**, 213 (1928) — Biochemic. J. **21**, 625 (1927).

[12] A. Steekmann: Chem. Weekbl. **1930 I**, 170 (1930). — R. Hill u. A. F. Holden: J. Physiol. **61**, XXII (1926).

[13] M. Heidelberger: J. of biol. Chem. **53**, 31 (1922).

[14] F. Haurowitz: Hoppe-Seylers Z. **136**, 148 (1924).

[15] F. Haurowitz: Ber. Physiol. **42**, 569 (1928).

im zugeschmolzenen Rohr überlassen. Nach 1—2 Tagen Krystallisation in sechsseitigen Tafeln, aus denen sich nach Lösen in Wasser von 37° und Einleiten von Luft unter Eiskühlung wieder Oxyhämoglobin zurückbildet[1].

c) Pferdeblutkörperchen werden nach sechsmaligem Zentrifugieren mit 1,5 proz. Kochsalzlösung mit 5—6 Vol. 1,5 proz. Natriumchloridlösung verdünnt und in einer Sharples-Zentrifuge bei 25—35000 Touren zentrifugiert. Der erhaltene Brei, bestehend aus Hämoglobin und Körperchen, wird mit 3—4 Vol. Wasser hämolysiert, Kochsalz bis zum 2,5 proz. Gehalt hinzugefügt, die Lösung wieder in der Sharples-Zentrifuge behandelt, danach in Collodiummembranen bis fast zur Chlorfreiheit dialysiert und schließlich unter negativem Druck filtriert. Das Hämoglobin fällt krystallisiert aus. (Arbeitstemperatur 2°; Zentrifugieren in Eis.) Das Produkt ist leicht und klar in Wasser löslich und ist fast elektrolytfrei[2, 3].

d) Gewaschene Pferde- oder Hundeblutkörperchen werden der Elektrolyse unterworfen. Sofort erfolgt Hämolyse und Entfernung freier und gebundener Elektrolyte. Nach 3—5 Stunden ist die Krystallisation beendet und kann durch Zentrifugieren abgetrennt werden. Die Herstellung kann bei Zimmertemperatur vorgenommen werden. Das Produkt enthält keine nennenswerten Mengen basischer oder saurer Radikale; es ist chlorid, carbonat- und phosphatfrei. Ausbeute 60—70%[4].

Weitere Darstellungen durch Ultrafiltration[5, 6]. Gewinnung von Hämoglobin aus Rinderblut[7] und von solchem, das dem nativen entspricht[8] oder einem, das sich gut für die Eichung von Hämometerkeilen eignet[9] aus Menschenblut[10, 11].

Herstellung von Hämoglobin mit Saponin und anderen Glykosiden[12, 13].

Darstellung einer 35 proz. Lösung (bei 48% gelatinös)[14].

Krystallisation: Hämoglobin krystallisiert in allen Systemen, ausgenommen vielleicht dem triklinen[15].

Das Oxyhämoglobin aus Pferdeblut hergestellt nach F. Haurowitz, krystallisiert in Nadeln mit gerader Auslöschung, schwacher Doppelbrechung und Pleochroismus (rhombisches System). Im konvergenten Licht ist der Austritt der optischen Normalen senkrecht zu der Nadelrichtung. Das reduzierte Hämoglobin krystallisiert in regelmäßigen sechsseitigen Tafeln mit scharfen Konturen (hexagonales System). Sie gehen spontan oder unter Druck in die obigen Nadeln über[1, 16].

Die Hämoglobinkrystalle vom Hund sind lange, spitze Nadeln, manchmal auch an den Enden ausgefranst. Sie zeigen Pleochroismus, gerade Auslöschung und sind doppeltbrechend (rhombisches System)[16].

Hämoglobin aus Eichhörnchenblut: sechsseitige Krystalle (hexagonal)[16].

Hämoglobin aus Hamsterblut: Rhomboeder. Sie besitzen starken Pleochroismus und erscheinen manchmal farblos. Häufig tritt Zwillingsbildung mit einspringenden Winkeln auf, wie sie für das monokline System charakteristisch ist (Gyps)[16, 17].

Schweinehämoglobin krystallisiert schwer: büschelförmige Nadeln mit starker Licht- und Doppelbrechung und schiefer Auslöschung. (System vielleicht monoklin oder triklin.)[16]

Meerschweinchenhämoglobin krystallisiert rhombisch[17].

Hämoglobin aus Menschenblut krystallisiert in rechteckigen rhomboedrischen Tafeln, bis maximal $1/_3$ mm Länge und $1/_3$ mm Breite. Pleochroismus sehr stark, in der Längsrichtung blaßrötlich, senkrecht dazu rosarot[11].

Schnelle Herstellung von krystallisierten Hämoglobinpräparaten läßt sich erreichen

[1] F. Haurowitz: Hoppe-Seylers Z. **136**, 149 (1924).
[2] R. M. Ferry: J. of biol. Chem. **57**, 819 (1923); **81**, 175 (1929).
[3] W. Marshall: J. of Physiol. **64**, 25 (1927).
[4] W. C. Stadie u. E. C. Roß: J. of biol. Chem. **68**, 229 (1926).
[5] H. W. Dudley u. Ch. L. Evans: Biochemic. J. **15**, 487 (1928).
[6] L. Thivolle u. J. Roche: Bull. Soc. Chim. biol. Paris **7**, 753 (1925).
[7] A. Hamsik: Spisy lék. Fak. masaryk. Univ. Brno (tschech.) **8**, 1 (1930).
[8] G. J. Adair: J. of biol. Chem. **63**, 503 (1925).
[9] W. Autenrieth u. K. Dörner: Münch. med. Wschr. **72**, 2043 (1925).
[10] A. D. Gussew: Dtsch. Z. f. gerichtl. Med. **13**, 270 (1929).
[11] F. Haurowitz: Hoppe-Seylers Z. **186**, 141 (1929).
[12] G. Falco: Zacchia **4**, 249 (1925).
[13] G. Amantea u. C. Krzyskowsky: Arch. di Fisiol. **18**, 87 (1920); **21**, 107 (1923).
[14] H. Hartridge: J. of Physiol. **51**, 252 (1917).
[15] H. Goffert: Zool. Jb. **42**, 193 (1925).
[16] E. Möllenhoff: Z. Biol. **79**, 93 (1923); **82**, 153 (1924).
[17] N. Krummacher: Z. Biol. **77**, 175 (1923).

nach der Saponinmethode, sogar direkt unter dem Mikroskop. Damit lassen sich die Hämoglobine von Menschen und verschiedenen Tieren gut voneinander unterscheiden. Bei Gemischen zweier Blutarten kommt jede Krystallform für sich heraus[1].

Vom Pferd, Schaf, Meerschweinchen und weißer Ratte krystallisiert nur das Oxyhämoglobin. Vom Menschen, Affen und Katze nur das reduzierte Hämoglobin[2]; beim Hund und beim Schwein krystallisiert teilweise die eine und teilweise die andere Form aus[3]; vom Rind, Kaninchen[2], Frosch und Taube[3] lassen sich keine Krystallisationen erzielen.

Das Oxyhämoglobin von Oena capensis krystallisiert in rechteckigen Tafeln, das reduzierte Hämoglobin in axtförmigen Prismen[1]. Das Hämoglobin von Eichhörnchen und Ratte[1,3,4] krystallisiert hexagonal, das des Meerschweinchens tetraedrisch[1].

Das Hämoglobin des erwachsenen Menschen bildet große violette, rechtwinklige, violette Tafeln[1,3] (rhombisches System[5]); das des Neugeborenen Nadeln oder lange Prismen mit pallisadenähnlichem Aussehen[1] bzw. flötenartig zugespitzten Tafeln[6] (rhombisches System[5]).

Das Hämoglobin der Angehörigen der schwarzen Rasse krystallisiert monoklin, das der weißen rhombisch[5]. Bei Krankheiten (perniziöser Anämie, Leukämie, Hämoglobinurie) tritt beim Menschen keine Änderung der Krystallform ein; letztere hängt also nur von der chemischen Beschaffenheit des Farbstoffes und nicht vom Milieu ab[1].

Anstatt Saponin können in absteigender Ordnung auch Smilacin, Convallamerin, Convolvulin, Solanin usw. verwendet werden[7].

Eigenschaften: Hämoglobin ist eine komplexe dreibasische Säure, die das Eisen im Anion enthält[8]. Es kann nur in der Nähe des Neutralpunkts unzersetzt existieren. Bei schwach saurer oder alkalischer Reaktion zerfällt es in Globin und die prosthetische Gruppe[9,10] Beim Neutralisieren entsteht dann Kathämoglobin[10,11].

Kathämoglobin bildet sich auch bei längerem Liegen des Hämoglobins[9] oder beim Behandeln mit Chloroform[12], Formaldehyd[13], Propylalkohol und Chlorcalcium[14], Aceton[15] und Alkohol[16].

Mit Stickoxyd entsteht Stickoxydhämoglobin[17] und mit Schwefelwasserstoff Sulfhämoglobin[18].

Ferricyankalium[19], Kaliumpermanganat[20], Chinon[21], Alkohol[22], $n/_{200}$-Salzsäure[23], Nitrit[24], Phenylhydroxylamin[25], Phosphor- und Arsenwasserstoff[26], Glycerin-Eisessig[27], Methylenblau[19], Phenolindophenol[28], Bakterien[29], autoxydable Stoffe[30] und viele andere Verbindungen führen in Methämoglobin über (s. dort).

[1] G. Amantea: Arch. di Fisiol. **21**, 107 (1923); **21**, 411 (1923).
[2] G. Falco: Zacchia **4**, 275 (1925).
[3] F. Nicoletti: Arch. di Antrop. crimin. **48**, 705 (1928).
[4] J. M. D. Scott u. J. Barcroft: Biochemic. J. **18**, 1 (1929).
[5] C. Perrier u. P. Jannalli: Arch. di Fisiol. **27**, 289 (1931).
[6] F. Nicoletti: Arch. di Antrop. crimin. **50**, 306 (1930).
[7] G. Falco: Zacchia **4**, 249 (1925).
[8] J. B. Conant: J. of Biol. **57**, 401 (1923).
[9] M. L. Anson u. A. E. Mirsky: J. of Physiol. **60**, 50 (1925).
[10] F. Haurowitz: Hoppe-Seylers Z. **151**, 130 (1926); **183**, 78 (1929).
[11] W. Küster: Zelle u. Gewebe **13**, 50 (1926). — W. Steudel u. E. Peiser: Hoppe-Seylers Z. **136**, 75 (1924).
[12] Formanek: Hoppe-Seylers Z. **29**, 420 (1900).
[13] Takajama: Beitr. gerichtl. Med. **1905**.
[14] Br. Jirgensons: Biochem. Z. **198**, 206 (1928).
[15] A. Hamsik: Spisy lék. Fak. masaryk. Univ. Brno (tschech.) **8**, 1179 (1930).
[16] F. Haurowitz: Hoppe-Seylers Z. **138**, 68 (1924); **194**, 100 (1931).
[17] F. Haurowitz: Hoppe-Seylers Z. **136**, 148 (1924).
[18] F. Haurowitz: Hoppe-Seylers Z. **151**, 131 (1926).
[19] L. Michaelis u. K. Salomon: Biochem. Z. **234**, 107 (1931).
[20] F. Haurowitz: Hoppe-Seylers Z. **138**, 68 (1924).
[21] R. Meier: Arch. f. exper. Path. **108**, 280 (1925).
[22] F. Haurowitz: Hoppe-Seylers Z. **194**, 100 (1931).
[23] R. V. Zeynek: Hoppe-Seylers Z. **130**, 248 (1923).
[24] R. Meier: Arch. f. exper. Path. **110**, 241; **111**, 61 (1926).
[25] W. Heubner, R. Meier u. H. Rhode: Arch. f. exper. Path. **100**, 149 (1923).
[26] W. Lipschitz u. J. Weber: Hoppe-Seylers Z. **132**, 251 (1924).
[27] V. Balthazard u. P. Condrea: C. r. Soc. Biol. Paris **95**, 81 (1926).
[28] L. Condarelli: Arch. Pat. e. Clin. med. **2**, 293 (1923).
[29] J. M. Neill u. O. T. Avery: J. of exper. Med. **39**, 157 (1924).
[30] J. M. Neill: J. of exper. Med. **41**, 551 (1925).

Lufttrockenes Hämoglobin verliert bei 100° und 12 mm Druck etwa 9% an Gewicht, das sich aber beim Stehen an der Luft wieder regeneriert. Der Verlust wird nicht als Krystallwasser aufgefaßt, sondern er wird auf Entquellung zurückgeführt[1].

Hämoglobin wird durch Takajamas Reagens (10proz. Natronlauge, Pyridin, Glukose aa 3 ccm, destilliertes Wasser 7 ccm) in Hämochromogen verwandelt[2]. Dasselbe tritt auch ein beim Behandeln mit 8proz. Lauge und Pyridin unter Luftabschluß[3]. Oxyhämoglobin wird durch Pyridin zersetzt in Globin, Sauerstoff und Pyridinhämochromogen[4]. Durch Hefe wird es reduziert[5]. Mit salzsaurem Aceton tritt Zerlegung ein in Globin (Niederschlag) und acetonlöslichen Farbstoff[6]. Diazomethan zerlegt ebenfalls unter Dimethylierung der prosthetischen Gruppe[7].

Pferdehämoglobin diffundiert durch Aluminiummembranen (a) und durch Glasmembranen (b). Bei 5° C und $p_H = 6,8-9,3$ ist bei Verwendung von $1-2,5$ proz. Kohlenoxydhämoglobin bei a) $D = 0,0397-0,0430$ cm²/Tag; bei b) $D = 0,434-0,456$ ccm/Tag. Daraus berechnet sich der Radius des Hämoglobinmoleküls zu $2,73 \cdot 10^{-7}$ ccm und das Molekulargewicht zu $68\,500 \pm 1000$[8].

Elektrodialytisch gereinigtes Hämoglobin wandert in Phosphatpufferlösung von $p_H = 5,8$ bis 6,0 zur Kathode; bei $p_H = 8$ zur Anode[9].

Hämoglobin und seine Derivate vermehren die Dielektrizitätskonstante von Wasser[10]. Die Löslichkeit des Sauerstoffs in Wasser wird um das 50fache gesteigert[11]. Ebenso wird der Löslichkeitskoeffizient des Chloräthyls in Wasser und Serum bzw. Blut erhöht. Er beträgt in Schweineblut 2,61, in Rinderblut 2,18. Gerinnung bzw. Denaturierung oder Entfernung der Lipoide bringt keine Änderung. Diese Erscheinung ist durch die prosthetische Gruppe bedingt[12].

Die Refraktionskonstante von Hämoglobin aus Menschenblut beträgt im Durchschnitt 194,2[13]. Untersuchung von Hämoglobinlösungen in bezug auf Brechung, Dichte, Oberflächenspannung[14].

Hämoglobin ist befähigt, Stickstoff[15] und Chinin[16] zu binden.

Es diffundiert in erstarrte reine 10proz. Gelatinelösung beim Überschichten[17]. Es ist diamagnetisch[18].

Hämoglobin enthält 5,7% Tryptophan[19]. A. Poljakow findet bei einem 5mal umkrystallisierten Oxyhämoglobin (Pferd) 13,78% Histidin, 6,25% Arginin, 5,76% Lysin und 1,2% Cystin[20]. Nach Vickery soll es bei einem Mol-Gewicht von 66 800 g 33 Mol Histidin, 13 Mol Arginin und 37 Mol Lysin enthalten[21]. A. Hunter hat dazu noch 2 Mol Tryptophan festgestellt[22].

Der isoelektrische Punkt des reduzierten Hämoglobins (Pferd) $= 6,81 \pm 0,02$[23] bzw. $6,78 \pm 0,3$[24], der des Oxyhämoglobins $= 6,7$[23]. Im Blut selbst ist er von der Temperatur abhängig (bei $18° = 3,95$; $25° = 6,82$; $30° = 6,75$; $37° = 6,57$)[25]. Die Pufferwirkung des Oxyhämoglobins (Pferd) liegt zwischen $p_H = 6,8-7,6$[26].

---

[1] F. Haurowitz: Hoppe-Seylers Z. **136**, 153 (1924).

[2] Puppe: Dtsch. Z. gerichtl. Med. **1**, 663 (1922).

[3] H. Waelsch: Hoppe-Seylers Z. **168**, 188 (1927).

[4] F. Haurowitz: Hoppe-Seylers Z. **169**, 235 (1927).

[5] Strzyzowski: Schweizer Rundschau f. Med. **23**, 1 (1923).

[6] M. L. Anson u. A. E. Mirsky: J. gen. Physiol. **13**, 469 (1930).

[7] W. Küster: Zelle u. Gewebe **13**, 50 (1926).

[8] J. N. Northtrop u. M. L. Anson: J. gen. Physiol. **12**, 543 (1929).

[9] C. Pulcher: Z. Krebsforsch. **32**, 327 (1930).

[10] W. C. Stadie u. E. H. Hawes: J. of biol. Chem. **74**, XXXI (1927).

[11] M. L. Anson u. A. E. Mirsky: J. of Physiol. **60**, 50 (1925).

[12] L. Scotti-Fogliani: C. r. Soc. Biol. Paris **105**, 961 (1930); **106**, 222, 224 (1931).

[13] J. L. Stroddard u. G. S. Adair: J. of biol. Chem. **57**, 493 (1923).

[14] G. Pupilli: Arch. di Sci. biol. **4**, 285 (1923).

[15] J. B. Conant u. N. D. Scott: J. of biol. Chem. **68**, 107 (1926).

[16] M. Akashi: Ber. Physiol. **26**, 157 (1924).

[17] R. E. Liesegang u. E. Mastbaum: Biochem. Z. **205**, 451 (1929).

[18] F. Haurowitz: Hoppe-Seylers Z **132**, 69 (1923). — Vgl. M. Henze: Wien. klin. Wschr. **37**, 970 (1924). — Gemgee: Proc. roy. Soc. **68**, 503 (1901).

[19] N. Kijotaki: Biochem. Z. **134**, 322 (1922).

[20] A. Poljakow: Biochem. Z. **204**, 88, 97 (1929).

[21] Vickery, H. Breadford u. Ch. S. Leavenwearth: J. of biol. Chem. **79**, 377 (1928).

[22] A. Hunter u. H. Boescok: Trans roy. Soc. Canada (III) **16**, (V) **79** (1923).

[23] A. B. Hastings, D. D. v. Slyke, J. M. Neill, M. Heidelberger u. C. R. Harrington: J. of biol. Chem. **60**, 89 (1925).

[24] R. M. Ferry: J. of biol. Chem. **57**, 819 (1925).

[25] S. Kato: J. Biophysics **2**, 243 (1927).

[26] A. B. Hastings, D. D. v. Slyke, J. M. Neill u. M. Heidelberger: J. of biol. Chem. **59**, XX (1924).

Seinen Eigenschaften nach gehört das Hämoglobin mehr zu den Albuminen als zu den Globulinen[1].

Einmal krystallisiertes Oxyhämoglobin (Pferd) zu 1% in destilliertem Wasser gelöst hat ein spez. Drehungsvermögen von etwa + 12 bis 15°. In Ammoniak ist es etwas geringer, nimmt aber mit steigender Konzentration zu. Rinderhämoglobin in Ammoniak zeigt ein Drehungsvermögen von etwa + 5°.

Reduziertes Hämoglobin (Pferd) in $1/_2$proz. Lösung in 0,1proz. Ammoniak hat ein spez. Drehvermögen von 23—27°. (Alle Daten bearbeitet im Spektralgebiet rotwärts von 644 $\mu\mu$.)[2]

Oxyhämoglobin wird durch 1,8proz. Lauge selbst bei 10tägigem Erhitzen auf 85° unter Luftabschluß nicht ganz gespalten. Es entsteht Hämatin, das noch mit einem Eiweißrest verbunden ist[3].

Eine ähnliche Häminproteose entsteht auch durch Methanolyse bei 180—200°. Sie gibt bei Spaltung mit Eisessig-Bromwasserstoff Porphyrin und d, l-Prolin[4]. In dieselbe Klasse ist auch das von S. Fränkel und H. Prinz[5] durch monatelange Verdauung von Hämoglobin mit Trypsin erhaltene Tryptoporphyrin zu rechnen, wie von F. Haurowitz[6] bewiesen worden ist. Es ist eine eisenarme, eiweißreiche Häminproteose. Bei der tryptischen Hydrolyse werden etwa 95% des Globins in dialysable Bruchstücke gespalten; 5% bleiben fest mit der Farbstoffkomponente verbunden; eine Trennung ist erst mit siedenden konz. Mineralsäuren möglich, wobei auch gleichzeitig das Eisen abgespalten wird[6]. Die prosthetische Gruppe ist nicht verändert, sie enthält noch das ursprüngliche Porphinskelett, die Vinylgruppen und die Propionsäurereste.

Von Leberesterase wird Hämoglobin nicht angegriffen[6].

Durch Pepsin-Salzsäure werden Oxyhämoglobin und Kohlenoxydhämoglobin in annähernd dem gleichen Umfang abgebaut. Verschiedenheit besteht nur im zeitlichen Ablauf der Fermenthydrolyse[7].

Bei $p_H = 8,2$ adsorbiert Hämoglobin negative Elektrolyte nur in geringem Maß. Beim Steigen der Wasserstoffionenkonzentration über den isoelektrischen Punkt auf die saure Seite nimmt die Adsorption negativer Ionen stark zu. Dagegen ist die Adsorption von Kationen bei saurer Reaktion gering, bei alkalischer jedoch stark[8].

Pferdehämoglobin enthält nach einmaliger Krystallisation im Molekül Kalium (im Überschuß), Natrium, Calcium, Lithium und Spuren Magnesium. Nach einer zweiten Krystallisation ist das Kalium verschwunden, das Calcium jedoch fast unverändert. Daraus entstehen an der Luft 2 Formen: a) löslich, frei von Lithium, jedoch calciumhaltig, b) unlöslich, das ganze Lithium enthaltend[9].

Elektrodialysiertes Pferdehämoglobin und gereinigtes Rattenhämoglobin enthalten 0,3—3,4% Kupfer[10].

Nach K. Felix und A. Buchner soll das Pferdehämoglobin bei einem Minimal-Mol-Gewicht von 16600 15,6 bzw. 45 basische, 12,7 bzw. 37 saure und 6,82 freie Aminogruppen enthalten (berechnet aus dem Säure- und Basenbindungsvermögen)[11].

Ph. Lewis errechnet auf Grund desselben Mol-Gewichts nur 24—25 freie basische und 16 freie saure Gruppen. Auf diese freien Gruppen soll Hitzedenaturierung keinen Einfluß haben[12].

Nach H. Wu und K. H. Liu ist Hämoglobin nach Denaturierung durch kurze Behandlung mit verdünnter Säure fast vollständig reversibel, sofern nicht vorher Sauerstoff eingewirkt hat. Nach Denaturierung durch Alkali-, Alkohol- und Hitzebehandlung ist das Produkt dagegen in weit geringerem Grade reversibel. Demnach kann das Hämoglobin zwei Arten von Denaturierung erleiden: eine Pseudodenaturierung, die reversibel ist und die nur die prosthetische Gruppe betrifft, und eine zweite, die nicht reversibel ist[13].

---

[1] E. J. Cohn u. A. M. Prankiss: J. gen. Physiol. **8**, 619 (1927).

[2] S. Simonovits: Biochem. Z. **233**, 449 (1931).

[3] H. Waelsch: Hoppe-Seylers Z. **168**, 188 (1927).

[4] W. Küster u. G. F. Koppenhöfer: Hoppe-Seylers Z. **170**, 106 (1927).

[5] S. Fränkel u. H. Prinz: Biochem. Z. **188**, 90 (1927). — G. Monasterio: Biochem. Z. **212**, 71 (1929). — S. Fränkel u. G. Monasterio: Arch. Farmacol. sper. **48**, 25 (1930).

[6] F. Haurowitz: Hoppe-Seylers Z. **188**, 161 (1930). — Vgl. F. Haurowitz u. H. Waelsch: Hoppe-Seylers Z. **186**, 82 (1929).

[7] E. Abderhalden u. M. Demoderan: Fermentforsch. **11**, 345 (1930).

[8] E. Keeser: Z. klin. Med. **99**, 186 (1929).

[9] A. Desgrez u. F. Meunier: C. r. Acad. Sci. Paris **181**, 1229 (1925).

[10] C. E. Elvetjem, H. Steenbock u. E. B. Hart: J. of biol. Chem. **83**, 21 (1929).

[11] K. Felix u. A. Buchner: Hoppe-Seylers Z. **171**, 276 (1927).

[12] Ph. St. Lewis: Biochemic. J. **20**, 984 (1926); **21**, 46 (1927).

[13] H. Wu u. K. H. Liu: Proc. Soc. exper. Biol. a. Med. **1**, 219 (1927).

Auch Anson u. Mirsky haben durch Säure- und Hitzebehandlung vollständig denaturiertes Hämoglobin teilweise wieder in anscheinend natives Produkt überführen können[1]. Der Befund konnte allerdings von Cole und Borr nicht bestätigt werden[2].

Die Wärmekoagulation des Hämoglobins wird beschleunigt durch Chinin, Stovain, Strychnin, Pyridin, Coffein, Cocain, Morphin, Atropin, Piperidin usw., und zwar in der angegebenen Reihenfolge fallend[3]. Durch kurzes Kochen koaguliertes Hämoglobin ist widerstandsfähig gegen kaltes Wasser, jedoch nicht gegen heißes[4].

Auf die Ausflockung von Hämoglobinlösungen mittels Kaliumchlorid, Magnesiumchlorid und Calciumchlorid wirken capillaraktive Stoffe mit kleiner Dielektrizitätskonstante (Äther, Chloroform, Methylalkohol, Äthylalkohol, Propylalkohol, Glycerin usw.) in kleiner Menge sensibilisierend. In größerer Menge sensibilisieren diese Stoffe, wenn die Salzkonzentration klein ist und stabilisieren, wenn die Salzkonzentration groß ist [5, 6]. Die stabilisierende Wirkung steht im Zusammenhang mit der Erniedrigung der Dielektrizitätskonstante des Mediums, und zum Teil auch mit Erhöhung der Viscosität. Capillaraktive Stoffe sind nur schwache Stabilisatoren.

Das Flockungsmaximum verschiebt sich durch Kaliumchlorid nach der sauren Seite des isoelektrischen Punktes, durch Chlorcalcium nach der alkalischen Seite[7].

Frische koagulierte Hämoglobinlösung hat bei ultramikroskopischer Betrachtung den Aspekt eines optimal homogenen Systems, in dem einzelne grobe leuchtende Granula ohne Brownsche Bewegung vorhanden sind. Nach Ansäuern mit Milchsäure entstehen zahlreiche kleine Granula mit Brownscher Bewegung, und bei stärkerer Konzentration tritt Ausflockung ein. Diese Veränderungen sind reversibel[8].

Eine wässerige, 24 Stunden gegen Wasser dialysierte Oxyhämoglobinlösung (Pferd) zeigt dagegen große leuchtende bewegliche Granula. Nach Zugabe von $^n/_{100}$-Milchsäure Ausflockung massenhafter submikroskopischer Teilchen mit Brownscher Bewegung. Auch hier sind die Veränderungen reversibel[8].

Die in reinem Wasser geringe Löslichkeit des Hämoglobins wird durch Gegenwart einer Salzkonzentration, die derjenigen in den Erythrocyten nahekommt, stark erhöht. Die Löslichkeit ist in salzfreiem Wasser bei p_H 7 = 6%; bei 0,23proz. Salzgehalt und p_H 8,0 = 27,3%[9].

Nach Ansicht von Barcroft ist das Hämoglobin in seinen Lösungen nicht einfach in molekularer Form vorhanden, sondern in Form von Molekülaggregaten von verschiedenen Komponenten; also Hb_n. Der Wert n schwankt zwischen 1,95—2,6 (nach Barcroft konstant = 2,5), sogar an ein und demselben Individuum, weil er mit steigendem Partialdruck der in der Flüssigkeit mit anwesenden Kohlensäure und mit steigender Temperatur zu-, mit steigender Wasserstoffkonzentration[10] und mit abnehmender Salzkonzentration abnimmt[11].

Aluminiumhydroxyd adsorbiert aus einer Blutkörperchenlösung alle Eiweißstoffe außer Hämoglobin[12].

Hämoglobin wird von farblosem Muskelbrei addiert. Die Aufnahme ist unabhängig von der Konzentration der Hämoglobinlösung und der Versuchstemperatur, dagegen abhängig vom Salzgehalt (mit wachsender Salzkonzentration sinkt die Absorption) und von der Wasserstoffionenkonzentration (von p_H = 5,9—7,7 Verminderung auf weniger als auf die Hälfte)[13].

Die Affinität von Hämoglobin zum Knorpelgewebe ist abhängig von der Wasserstoffionenkonzentration (bei p_H = 5 Max.; bei p_H = 3 und 7,5 keine Adsorption). Nach K. Takeda ist die Hämoglobinfärbung des Knorpelgewebes Bildung einer speziellen chemischen Verbindung des Hämoglobins und wahrscheinlich der Chondroitinschwefelsäure[14].

Die Bindung des Hämoglobins an die Stroma ist am festesten bei der elektrischen Ladung O.

[1] M. L. Anson u. A. E. Mirsky: J. gen. Physiol. 13, 121, 133 (1929).
[2] A. G. Cole u. A. K. Borr: Proc. Soc. exper. Biol. a. Med. 27, 1056 (1930).
[3] E. Frey: Arch. f. exper. Path. 95, 36 (1922).
[4] A. Hamsík: Spisy lék. Fak. masaryk. Univ. Brno (tschech.) 8, 1 (1930).
[5] Br. Jirgensons: Kolloid-Z. 41, 331; 42, 59 (1927); 44, 76 (1928) — Biochem. Z. 193, 109 (1928); 194, 140 (1928).
[6] S. L. Pupko: Kolloid-Z. 49, 150 (1929); 54, 170 (1931).
[7] V. Schröder: Biochem. Z. 195, 210 (1918).
[8] M. Camis: Haematologica (Pavia) 8, 155 (1927) — Arch. ital. Biol. 78, 120 (1927).
[9] G. S. Adair: J. of Physiol. 58, XXXV (1924).
[10] K. Jabuki: J. of Biochem. 8, 107 (1927).
[11] S. Kato, J. Katsu u. K. Jabuki: J. of Biochem. 8, 133 (1927).
[12] A. K. Borr u. L. Hakkoen: J. inf. Dis. 46, 1 (1930).
[13] M. N. J. Dicken: J. of Physiol. 67, 282 (1929).
[14] K. Takeda: Trans. jap. path. Soc. 18, 63 (1929).

Jede Verschiebung in der einen oder anderen Richtung wirkt hämolysierend[1]. In dem Stroma ist das Hämoglobin als Kaliumsalz enthalten[2].

Hämoglobin wird durch die Leukocyten und Milchzellen des Pferdes in ein farbloses Produkt umgewandelt, das sich dann wieder zu einem roten Farbstoff regeneriert, der aber gegenüber dem Ausgangsmaterial im Farbton und im Verhalten gegen Essigsäure Verschiedenheiten aufweist[3]. Leberzellen bilden ein farbloses Produkt, das sich jedoch nicht mehr regenerieren läßt[3]. Pneumokokken und andere Mikroorganismen können ebenfalls bis zur Entfärbung und Abspaltung von Eisen abbauen[4]; dagegen nicht in Gegenwart von Katalase, die Schutzwirkung ausübt.

Wird Hämoglobin einem normalen Hund eingespritzt, dann wird es zu 87% als Bilirubin wieder ausgeschieden[5]. Das anämische Tier verwendet es jedoch einerseits zur Neubildung von roten Blutkörperchen und andererseits zur Bildung von Gallenfarbstoff[6].

Eingenommener Blutfarbstoff wird dagegen im Organismus (Mensch) hauptsächlich zu Protohämin und dann weiterhin zu Deuterohämin abgebaut (in geringer Menge entstehen auch die betreffenden Porphyrine[7].

Der osmotische Druck des Hämoglobins ist nur richtig zu erhalten mit reinstem isoelektrischen Hämoglobin[8]. Er steigt an, wenn Basen oder Säuren an dieses gebunden werden. Adair[9,10,11] hat zu seiner Bestimmung eine Methode angegeben, die den 3 Kriterien: Beständigkeit, Reversibilität und Reproduzierbarkeit genügt. Die Resultate sind bis auf 0,1 mm Hg-Druck genau und die Ablesungen bleiben innerhalb 6% 9 Wochen konstant.

Der osmotische Druck ist praktisch unabhängig von den Oxydationsstufen des Hämoglobins (Oxyhämoglobin, Methämoglobin)[12,10].

Der osmotische Wirkungskoeffizient des Natriums in verdünnter Natriumhämoglobinnatlösung (Na = 30 Mm) = 0,81. Er nimmt mit steigender Natriumkonzentration ab. Chlornatrium besitzt in wässeriger Hämoglobinlösung genau denselben osmotischen Koeffizienten wie in reinem Wasser[13].

Das Hämoglobin des Menschen und der Tiere verhält sich in bezug auf Zersetzung durch $n/_4$-Natronlauge oder $n/_4$-Essigsäure verschieden[14]. Das menschliche Hämoglobin ist viel weniger resistent. (Mensch, Zersetzungszeit durch $n/_4$-Natronlauge etwa 55—65 Sek.[14,15,16]; Schwein und Rind etwa 200mal resistenter[17].) Beim Hämoglobin des Menschen tritt ferner noch eine weitere Differenzierung ein, die bei den Tieren viel weniger ausgeprägt ist[18,19], insofern, als sich das Hämoglobin des Neugeborenen etwa 150mal resistenter verhält als das des Erwachsenen[20,21,22,23]. Neugeborenes, Zersetzungszeit durch $n/_4$-Natronlauge 120—180 Minuten[14]. Im Lauf des ersten Jahres tritt langsam Absinken auf die Norm ein.

F. Haurowitz hat festgestellt (spektroskopisch), daß das Hämoglobin des Neugeborenen zu etwa 20% aus der normalen und zu etwa 80% aus der resistenten Form besteht[24]. Im Lauf des ersten Lebensjahres tritt dann langsames Absinken der Resistenz auf die Norm ein[20,21,22,23].

[1] S. R. Christophers: Indian J. med. Res. **17**, 564 (1929).

[2] G. J. Adair: J. of Physiol. **58**, Nr 6, XXXV (1924).

[3] Fr. Müller: Münch. med. Wschr. **70**, 865 (1923).

[4] R. Bingold: Fol. haemat. (Lpz.) **42**, 192 (1930).

[5] R. Shribbiskaj, D. W. Hawkins u. G. H. Wipple: Amer. J. Physiol. **96**, 463 (1931).

[6] D. W. Hawkins, R. Shribbiskaj, S. S. Robscheit-Rollins u. G. H. Wipple: Amer. J. Physiol. **69**, 463 (1931).

[7] F. Haurowitz: Ber. Physiol. **61**, 356.

[8] G. S. Adair: Proc. roy. Soc. London (B) **98**, Nr 13, 692, 524 (1925); (A) **109**, 292 (1925).

[9] G. S. Adair: Proc. roy. Soc. London (A) **108**, 627 (1925).

[10] H. C. Wilson: Biochemic. J. **27**, 59 (1923); **29**, 80 (1925).

[11] J. H. Austin, F. W. Sundermann u. J. G. Camark: J. of biol. Chem. **70**, 427 (1926).

[12] G. S. Adair: J. of Physiol. **58**, Nr 6, XXXIX (1924).

[13] W. C. Stadie u. F. W. Sundermann: Amer. J. Physiol. **90**, 526 (1929).

[14] H. Bischoff: Z. exper. Med. **48**, 472 (1926) — Med. Klinik **1930 I**, 513.

[15] Th. Wärpel: Med. Klinik **21**, 1620 (1925).

[16] J. Davengo: Ann. Ostetr. **52**, 133 (1930).

[17] F. v. Krüger: Z. vergl. Physiol. **2**, 254 (1925).

[18] G. Braun u. H. Bischoff: Z. Immun.forsch. **49**, 50 (1926).

[19] H. Bischoff: Arch. Kinderkrankh. **83**, 161 (1928).

[20] F. v. Krüger u. H. Bischoff: Ber. Physiol. **32**, 696 (1925).

[21] N. Wundt: Z. Kinderheilk. **43**, 297 (1927).

[22] F. v. Krüger u. W. Gerlach: Z. exper. Med. **53**, 233 (1926).

[23] H. Bischoff: Dtsch. Z. gerichtl. Med. **11**, 340 (1928).

[24] F. Haurowitz, Hoppe-Seilers Z. **186**, 141 (1930).

Auch bei Krankheiten (perniziöser Anämie)[1,2,3], nach Pamphygus, Salvarsandermatitis, Lues[4], nach Blutergüssen[2,5], nach Milzexstirpation[5,6] und nach Verfütterung von Schilddrüsensubstanzen kann die Resistenz zunehmen[7,8].

Die Zersetzung des Hämoglobins durch Lauge beruht auf Denaturierung des Globins und Bildung von Kathämoglobin. Diese Umwandlung erfolgt beim Blutfarbstoff des Menschen und der verschiedenen Tiere mit verschiedener Geschwindigkeit infolge Spezifität der Globinkomponente und nicht wegen Verschiedenheit im Bau und in Bindung der prosthetischen Gruppe (spektroskopischer Befund)[9,10].

Peroxydatische Wirkung des Hämoglobins. Das Hämoglobin ist ein echtes peroxydatisches Ferment[11]. Diese Eigenschaft ist jedoch viel schwächer ausgeprägt wie bei den pflanzlichen Peroxydasen[12]. Die einzelnen Hämoglobine verhalten sich in dieser Hinsicht verschieden, am aktivsten ist Pferdehämoglobin[12]. Durch Erhitzen wird die peroxydatische Kraft vermindert (Spaltung in Globin und Hämatin), verschwindet aber nicht vollständig[11,12,13]. Auf Säurezusatz nimmt sie erst zu (bis $^n/_{10}$-Schwefelsäure), um dann wieder zurückzugehen[11].

Hämoglobin wirkt katalytisch: Bei der Oxydation von Neosalvarsan durch Wasserstoffperoxyd. Erhitzen auf $70-75°$ ist ohne Einfluß; Blausäure hemmt jedoch[14].

Bei der Spaltung von Hypochlorid, und zwar besonders gut in Gegenwart von Glukose oder Formalin[15].

Bei der Einwirkung von Chlorat[16] oder Wasserstoffperoxyd[17] auf Jodkalium unter Freiwerden von Jod. In letzterem Fall wird das Optimum erreicht bei $p_H = 5{,}0-5{,}5$ mit Pferdeoxyhämoglobin[17].

Bei der Oxydation von Acetaldehyd zu Essigsäure[18], von Benzaldehyd zu Benzoesäure[18], von Schwefelwasserstoff zu Schwefel[18] mittels Luftsauerstoff und von Pyrrogallol zu Purpurogallin durch Wasserstoffperoxyd[12].

Beschleunigt wird die Salzhydrolyse der Stärke[13] und die Oxydation von Leinöl[19] (Blausäure in einer dem Eisen äquivalenten Menge hemmt nicht).

Hydroxylamin wird unter der Einwirkung von Blutfarbstoff bei $20°$ mit großer Geschwindigkeit oxydoreduktiv gespalten. Oxyhämoglobin und reduziertes Hämoglobin üben hierbei verschiedene Wirkung aus; in beiden Fällen wird jedoch das Maximum erreicht bei einem Verhältnis von 2 Mol Hydroxylamin auf 1 Mol Farbstoff.

$^1/_2$ Mol reduziertes Hämoglobin bildet aus 1 Mol Hydroxylamin: $^6/_{12}$ Mol Ammoniak ($= 50\%$), $^4/_{12}$ Mol Stickstoff ($= 33^1/_3\%$), $^1/_{12}$ Mol Nitrit und Nitrat; $^1/_{12}$ Mol verschwindet.

$^1/_2$ Mol Oxyhämoglobin erzeugt aus 1 Mol Hydroxylamin: $^4/_{12}$ Ammoniak ($= 33^1/_3\%$), $^5/_{12}$ Mol Stickstoff ($= 41\%$), $^3/_{12}$ Mol Nitrit und Nitrat.

Mit Kohlenoxydhämoglobin und mit Methämoglobin wird dieselbe Wirkung erreicht wie mit Oxyhämoglobin. Nach Erhitzen sinkt in allen Fällen die Ausbeute auf 10% und noch weniger (Spaltung). Blausäure. hemmt nur wenig. Röntgenbestrahlung beschleunigt nicht.

1 Mol Blutfarbstoff kann 24 und mehr Mol Hydroxylamin unter Ammoniakbildung zersetzen, die Reaktion wird jedoch immer unvollständiger, wahrscheinlich durch Adsorptionsverminderung des Amins an das kolloide Hämoglobin[20].

[1] Th. Wärpel: Med. Klinik **21**, 1620 (1925).

[2] F. v. Krüger u. W. Gerlach: Z. exper. Med. **53**, 253 (1926).

[3] F. Haurowitz: Hoppe-Seylers Z. **194**, 98 (1931).

[4] G. Braun u. H. Bischoff: Dermat. Z. **49**, 417 (1927).

[5] Th. Wärpel: Z. klin. Med. **105**, 318 (1927).

[6] G. Braun u. H. Bischoff: Z. Immun.forsch. **49**, 50 (1926).

[7] R. Nitta: Fol. endocrin. jap. **4**, 82 (1929).

[8] G. B. Cucco: Policlinico Sez. med. **36**, 625 (1929).

[9] F. Haurowitz: Hoppe-Seylers Z. **183**, 78 (1929); **186**, 141 (1930).

[10] J. Davengo: Ann. Ostetr. **52**, 133 (1930).

[11] A. Bach u. A. Kultjugin: Biochem. Z. **167**, 227 (1926).

[12] R. Willstätter u. A. Pollinger: Hoppe-Seylers Z. **130**, 281 (1923). — H. Wu: J. of Biochem. **2**, 181 (1923).

[13] W. Biedermann u. C. Jernakoff: Biochem. Z. **150**, 477 (1924).

[14] C. G. Santesson: Skand. Arch. Physiol. (Berl. u. Lpz.) **43**, 55 (1923); **44**, 262 (1923).

[15] S. Sakaguchi: J. of Biochem. **5**, 13 (1925).

[16] R. L. Mayer: Arch. f. exper. Path. **95**, 351 (1922).

[17] R. Kuhn u. L. Brann: Ber. dtsch. chem. Ges. **59**, 2372 (1926).

[18] W. Lintzel: Tagung d. Physiol. Ges. **1929**.

[19] M. E. Robinson: Biochemic. J. **18**, 255 (1924).

[20] W. Lipschitz u. J. Weber: Hoppe-Seylers Z. **132**, 251 (1924); **146**, 1 (1925). — Vgl. J. Roche: C. r. Soc. Biol. Paris **93**, 1377 (1925).

Bestimmung der peroxydatischen Wirkung mit der Purpurogallolzahl, d. i. die auf 1 mg Oxyhämoglobin treffende Farbstoffmenge (s. vorhergehende Seite[12]).

Katalasewirkung des Hämoglobins: Die Katalaseeigenschaft des Hämoglobins wurde zuerst von H. Wu[1] entdeckt. A. Kultjugin[2], R. Kuhn und L. Brann[3], M. Rigoni[4], R. Willstätter und Madinaveitia[5] haben bei mehrfach umkrystallisierten Präparaten eine derartige Wirkung nur sehr schwach oder gar nicht feststellen können und glaubten deshalb, daß sie durch beigemengte Spuren von Blutkatalase bedingt sei.

F. Haurowitz[6] hat jedoch gefunden, daß diese negativen Befunde auf Abnahme der Katalasewirkung infolge Inaktivierung durch längeres Stehen oder durch den beim Umkrystallisieren verwendeten Alkohol beruhen. Sowohl synthetisches (aus Häm und nativem Globin) als auch analytisches Hämoglobin besitzen deutliche Katalaseeigenschaft. Sie ist ungefähr $1/_{2000}$ von der der Blutkatalase, entspricht jedoch, bezogen auf gleiche Eisenmengen, etwa derjenigen, die Protohämin gelöst in Phosphatpuffer aufweist.

Konstitution des Hämoglobins: Herzfeld und Klinger[7] sowie R. Willstätter[8] fassen das Hämoglobin als Adsorptionsverbindung auf. H. Fischer und K. Schneller[9] als Molekülverbindung.

H. Steudel und E. Peiser[10] denken an salzartige Bindung zwischen Globin und prosthetischer Gruppe.

W. Küster und Mitarbeiter[11] ziehen polipeptidartige Bindung in Betracht derart, daß sich einerseits zwei Carboxyle des Globins mit den basischen Stellen der prosthetischen Gruppe (Pyrrolstickstoffatome) salz- oder betainartig vereinigen und daß andererseits ein Carboxyl der Farbkomponente in eine basische Stelle des Globins eingreift; die zweite ist vielleicht mit Cholesterin verestert oder sonstwie festgelegt. Die beiden Carboxyle werden verschieden stark angenommen, so daß je nach Verbindung des einen oder des anderen mit dem Globin isomere Hämoglobine entstehen können. Alle 3 Carboxyle senden ihr Wasserstoffatom in das Kation und besetzen 3 Koordinationsstellen am Eisen, das mit 2 Valenzen an die beiden andern Pyrrolstickstoffatome der prosthetischen Gruppe gebunden sind. Vermutet wird ferner noch, daß die ungesättigten Seitenketten Beziehungen zum Globin aufweisen[12].

F. Haurowitz und H. Waelsch[13] sind der Ansicht, daß die Bindung der beiden Komponenten lediglich durch das Eisenatom koordinativ vermittelt wird.

Formelbild von F. Conant[14], modifiziert von W. Küster[15].

$$H_3 \left[\begin{array}{c} \text{—COOH} \\ \text{N} \\ \text{N} \end{array} \;\text{Fe}\cdots\cdots \begin{array}{c} \text{N}\diagup O_2C \\ \text{N}\diagup O_2C \end{array} \right\} \text{Globin} \left\{ \; = \text{NH} \right]$$

Dimethyl-meso-oxyhämoglobin[16].

Darstellung durch Kupplung von Dimethyl-mesohämin in Alkohol mit wässeriger, dialysierter, nativer Globinlösung nach Zusatz von Schwefelammonium und anschließendem Schütteln mit Luft. — Spektrum λ 568 und 534 μ.

[1] H. Wu: J. of Biochem. **2**, 181, 195 (1923).
[2] A. Kultjugin: Bioch. Z. **167**, 238 (1926).
[3] R. Kuhn u. L. Brann: Ber. dtsch. chem. Ges. **59**, 2372 (1926).
[4] M. Rigoni: Biochemica e Ter. sper. **16**, 489 (1929).
[5] R. Willstätter u. Madinaveitia: Unters. über Enzyme **1928**, S. 387.
[6] F. Haurowitz: Hoppe-Seylers Z. **198**, 9 (1931).
[7] Herzfeld u. Klinger: Biochem. Z. **100**, 64 (1919). (Vgl. [13].)
[8] R. Willstätter: Ber. dtsch. chem. Ges. **55**, 3604 (1922). (Vgl. [13].)
[9] H. Fischer u. K. Schneller: Hoppe-Seylers Z. **128**, 231 (1923). (Vgl. [13].)
[10] H. Steudel u. E. Peiser: Hoppe-Seylers Z. **136**, 75 (1924). (Vgl. [13].)
[11] W. Küster u. A. Gerlach: Hoppe-Seylers Z. **119**, 103 (1922). — W. Küster: Hoppe-Seylers Z. **151**, 57 (1926) — Zelle u. Gewebe **13**, 54 (1926). (Vgl. [13].) — W. Küster u. W. Kimmich: Hoppe-Seilers Z. **172**, 199 (1927).
[12] W. Küster: Zelle u. Gewebe **13**, 57 (1926). — W. Küster u. G. Koppenhöfer: Hoppe-Seylers Z. **170**, 106 (1927).
[13] F. Haurowitz u. H. Waelsch: Hoppe-Seylers Z. **186**, 82 (1929).
[14] F. Conant: J. of Biol. **57**, 401 (1923).
[15] W. Küster: Hoppe-Seylers Z. **151**, 57 (1926) — Vgl. Zelle u. Gewebe **12**, 6 (1924).
[16] F. Haurowitz u. H. Waelsch: Hoppe-Seylers Z. **182**, 90f. (1929).

Dimethyl-meso-hämoglobin[1].

Aus dem Dimethyl-meso-oxyhämoglobin mit Schwefelammonium. — Spektrum 575—541 μ.

Methämoglobin (Bd. VI, S. 215; Bd. IX, S. 336; Bd. X, S. 12).

Auftreten im Organismus: Im Pleuraexsudat bei kongenitaler Porphyrie[2] und gern im Harn bei Hämoglobinurie[3].

Nach längerer Äther- und Chloroformnarkose im Blut. Beim Menschen selten, bei Katzen jedoch immer. Die Bildung soll nicht durch das Narkotisierungsmittel, sondern durch entstandene Zwischenprodukte (Aldehyd, Ameisensäure) hervorgerufen werden[4].

Nach Zufuhr von Plasmochin[5].

Neben Stickoxydhämoglobin nach der Einwirkung von Nitraten und Stickoxyden[6, 7, 8].

Nach Chloratvergiftung[9, 10]. Dies soll eine Eisenkatalyse sein und dabei ein zu Hämoglobin reduzierbares und ein inertes braunes Methämoglobin entstehen[9].

In Leichen nach Injektion einer gesättigten Hydroxylaminlösung in das Unterhautgewebe[11].

Die Bildung im roten Muskel ist abhängig vom Sauerstoffdruck und von der Tiefe der Sauerstoffzone (in Abwesenheit von Sauerstoff entsteht im Gewebe kein Methämoglobin). Das Methämoglobin entsteht an der Oberfläche nur langsam, sehr schnell dagegen in einiger Entfernung von der Gewebe-Luftschicht. Die Methämoglobinschicht grenzt nach innen an reduziertes Hämoglobin[12].

Findet sich in hämorrhagischen Ovarialcysten. Dieses Methämoglobin ist sehr leicht spaltbar, so daß mit Reduktionsmitteln Hämochromogen entsteht[13].

Bildung: Die verschiedenen Methämoglobinbildner zeigen Unterschiede in der Geschwindigkeit der Methämoglobinbildung und im Umfang der erzeugten Menge[14].

Typisch reines Methämoglobin wird erhalten mit Ferricyankalium, Kaliumpermanganat, Chinon, 20 proz. Alkohol, $^n/_{200}$-Salzsäure und Phosphorwasserstoff[15].

Ferricyankalium zeigt maximale Wirkung bei $p_H = 9{,}2$, 5 und 7. 100 proz. Umwandlung bei 1—2 facher molarer Konzentration[16]. Günstigste Sauerstoffspannung $= 0$ mm [17]. Farbe braun[14]. Die Bildung geht mit unmeßbarer Geschwindigkeit vor sich[18].

Chinon wirkt am besten bei $p_H = 5$ mit 2 fachem Überschuß[16]. 98,5 proz. Umwandlung. Farbe rotstichig-braun[14].

In beiden Fällen wird der gesamte Sauerstoff entbunden. Sauerstoffentwicklung und Farbänderung gehen einander parallel[19].

Mit Nitrit liegt die optimale Wirkung bei $p_H = 5$ und Anwendung von 1 Mol Nitrit auf 1 Mol Oxyhämoglobin. Abgegeben wird $^1/_4$ des HbO_2-Sauerstoffs. Die Reaktion verläuft nach dem Schema: $4\,HbO_2 + 4\,KNO_2 + 2\,H_2O = 4\,HbOH + 4\,KNO_3 + O_2$. Mit abnehmendem Säuregrad muß die relative Konzentration an Nitrit erhöht werden, wobei aber höhere Konzentration aus dem Methämoglobin Stickoxydhämoglobin bildet[15, 20, 21]. Farbe rot, wird beim Dialysieren braun[14]. (Ein Gemisch beider entsteht auch bei Einwirkung von Nitrit auf reduziertes Hämoglobin bei Ausschluß von Sauerstoff.) Das durch Nitrit gebildete Methämoglobin ist nach D. v. Slyke nicht identisch mit dem durch Ferricyankalium zu erhaltenden[22].

[1] F. Haurowitz u. H. Waelsch: Hoppe-Seylers Z. **182**, 90 f. (1929).
[2] A. Papendieck: Klin. Wschr. **2**, 350 (1923). — O. Schumm: Hoppe-Seylers Z. **126**, 195 (1923).
[3] O. Schumm: Die spektrochem. Analyse nat. org. Farbstoffe. S. 70. Jena: G. Fischer.
[4] Ph. Ellinger u. F. Rost: Arch. f. exper. Path. **95**, 281 (1922).
[5] A. Fragomele: Boll. Soc. Biol. sper. **3**, 1123 (1928).
[6] R. Meier: Arch. f. exper. Path. **110**, 241 (1926).
[7] H. A. L. Benham, J. S. Haldane u. Th. Savage: Brit. med. J. **3370**, 187 (1925).
[8] M. L. Anson u. A. E. Mirsky: J. of Physiol. **60**, 100 (1925).
[9] R. L. Mayer: Arch. f. exper. Path. **95**, 351 (1922).
[10] S. Ansbacher: Arch. di Sci. phys. **5**, 116 (1930).
[11] A. Della Volta: Boll. Soc. Biol. sper. **3**, 37 (1928).
[12] J. Brooks: Biochemic. J. **23**, 1391 (1929).
[13] R. v. Zeynek: Hoppe-Seylers Z. **130**, 245 (1923).
[14] W. Heubner u. R. Rhode: Arch. f. exper. Path. **100**, 117 (1923).
[15] F. Haurowitz: Hoppe-Seylers Z. **138**, 68 (1924).
[16] R. Meier: Arch. f. exper. Path. **100**, 128 (1923); **108**, 280 (1925). — (Vgl. [19].)
[17] J. M. Neill u. A. B. Hastings: J. of biol. Chem. **63**, 479 (1925).
[18] L. Michaelis u. K. Salomon: Biochem. Z. **234**, 107 (1931).
[19] R. Meier: Arch. f. exper. Path. **100**, 128 (1923).
[20] R. Meier: Arch. f. exper. Path. **110**, 241; **111**, 61 (1926).
[21] W. Heubner: Arch. f. exper. Path. **72**, 241 (1913).
[22] D. v. Slyke u. E. Vollmund: J. of biol. Chem. **66**, 415 (1925).

Mit Anilin beginnt selbst beim Erwärmen auf $37°$ die Methämoglobinbildung erst nach einer längeren Latenzperiode (abhängig von der Anilinmenge) und geht nur langsam vor sich[1]. Im Tierkörper (Hund) ist jedoch bereits nach 4 Stunden das Maximum erreicht und nach 24 Stunden ist alles gebildete Methämoglobin wieder verschwunden. Bei letaler Dosis werden 60—65% des Hämoglobins umgewandelt[2]. — Ähnliche Erscheinungen treten auch beim Meerschweinchen nach interperitonealer Verabreichung von salzsaurem Triaminophenol auf[3].

Beim Phenylhydroxylamin wird die maximale Methämoglobinbildung bei Anwendung von molaren Verhältnissen erreicht. Abgegeben werden dabei $1/_3$ der theoretischen Sauerstoffmenge, der Rest wird verbraucht. Farbe braunrot, mit überschüssigem Reagens violett[4]. Mit großem Überschuß an Phenylhydroxylamin wird das gebildete Methämoglobin weiterreduziert zu Hämoglobin, das dann nach einiger Zeit jedoch wieder zu Methämoglobin rückoxydiert wird (wahrscheinlich durch auftretendes Wasserstoffperoxyd)[2].

Meta-nitro-phenylhydroxylamin verhält sich im Prinzip ähnlich, wirkt aber etwas schwächer. Es bildet auch aus reduziertem Hämoglobin Methämoglobin[2].

Hydrochinon und (o- und p-)Aminophenol entbinden keinen Sauerstoff bei der Einwirkung auf Oxyhämglobin; sie nehmen sogar welchen aus der Luft auf. Die Intensität der Methämoglobinbildung steht hier in gleichem Verhältnis zum Sauerstoffverbrauch. (Es muß in Gegenwart von Blutfarbstoff eine stark beschleunigende Oxydation der Gifte angenommen werden; ersterer ist also zugleich Katalysator und Oxydant[4].)

Methämoglobin bildet sich weiterhin aus Oxyhämoglobin mit Hydrazobenzol, Nitrosophenol, Nitrosobenzol[4], Hydroxylamin (gibt auch aus reduziertem Hämoglobin Methämoglobin im Gegensatz zum Phenylhydroxylamin), α-Methylhydroxylamin, Chinondioxym, Chinonchlorimin (5 mal blutgiftiger als Chinon), Phenanthrenchinon[5] und Kaliumchlorat (baut bisweilen bis zum Hämatin ab)[6].

Bei Einwirkung von Arsenwasserstoff auf reduziertes Hämoglobin in Gegenwart von wenig Sauerstoff entsteht erst ein Hämoglobinderivat mit einem Streifen im Spektrum von λ 625—608[7], das gegen Ammoniak beständig ist und das dann beim Schütteln mit mehr Sauerstoff in Methämoglobin übergeht[5].

Methämoglobin bildet sich weiterhin aus Blut beim Erwärmen mit Glycerin-Eisessig auf $38°$[8], bei 1 wöchigem Stehen mit 95 proz. Alkohol bei $37°$[9], aus Ochsenblut beim Versetzen mit Aluminiumpulver[10], aus Hämoglobin mit kleinen Mengen Formaldehyd[11] (0,2%) oder bei Einwirkung von Glycerin (krystallisiert nicht, zeigt aber alle Eigenschaften des reinen Produkts)[6]. Rasch und vollkommen verläuft die Reaktion beim Umsetzen von Oxyhämoglobin mit Ferritartrat in essigsaurer Lösung[12]. Entsteht auch aus Oxyhämoglobin durch Säureeinwirkung[13].

Aus Blutfarbstoff wird Methämoglobin ferner erzeugt unter der Einwirkung von ätherischen Ölen, wie Eugenol, Safrol, Isosafrol, Anethol, Anisol, Carven. Jede Substanz besitzt in bezug auf den erforderlichen Sauerstoffdruck ein Optimum. (Pinia 20 mm; Carven 30 mm, Linalool 40 mm[14].)

Methylenblau ist ebenfalls befähigt Hämoglobin in Methämoglobin überzuführen; der dabei reduzierte Farbstoff wird durch den Luftsauerstoff wieder oxydiert. 1 Mol Hämoglobin erfordert zur Oxydation $1/_2$ Mol Farbstoff; die Reaktion ist jedoch nicht quantitativ, da vorher Erlahmung eintritt (abhängig vom Potentialbereich)[15]. Kohlenoxyd verhindert die Reaktion, Blausäure beschleunigt[15].

Phenolindophenol bildet bei $p_H = 6$ fast quantitativ aus Oxyhämoglobin Methämoglobin[15];

[1] D. v. Slyke u. E. Vollmund: J. of biol. Chem. **66**, 415 (1925).
[2] W. Heubner, R. Meier u. H. Rhode: Arch. f. exper. Path. **100**, 149 (1923).
[3] J. Roche: Arch. internat. Pharmacodynamie **37**, 358 (1930).
[4] W. Heubner u. R. Meier: Arch. f. exper. Path. **100**, 137 (1923).
[5] W. Lipschitz u. J. Weber: Hoppe-Seylers Z. **132**, 251 (1924).
[6] F. Haurowitz: Hoppe-Seylers Z. **138**, 68 (1924).
[7] Ähnlich dem Nitrobenzolhämoglobin von Filchner: Arch. f. exper. Path. **9**, 329 (1878).
[8] V. Balthazard u. P. Condrea: C. r. Soc. Biol. Paris **95**, 81 (1926).
[9] M. Nicloux u. G. Fontès: C. r. Acad. Sci. Paris **178**, 1757 (1924).
[10] M. Nicloux u. G. Fontès: Bull. Soc. Chim. biol. Paris **6**, 728 (1924); **8**, 72 (1926).
[11] F. Haurowitz: Hoppe-Seylers Z. **136**, 62 (1924).
[12] R. Hill u. H. F. Holden: Biochemic. J. **21**, 625 (1927).
[13] H. Roaf u. W. A. M. Smart: Biochemic. J. **17**, 579 (1923).
[14] E. Dessemontel: J. of Pharmacol. **31**, 377 (1927).
[15] L. Michaelis u. K. Salomon: Biochem. Z. **234**, 107 (1931). — O. Warburg, F. Kubowitz u. W. Christian: Biochem. Z. **221**, 494 (1930); **227**, 245 (1930).

mit Hämoglobin ist dasselbe der Fall unter dem Einfluß der Hämolysine (ätherunlösliche Fettsäuren des Bluts)[1].

Hämoglobin wird durch autoxydable Pneumokokkenkulturen in Methämoglobin übergeführt (vielleicht durch ein bakterielles Peroxyd)[2]. Diese Oxydation tritt auch ein beim Zusammenbringen von reduziertem Hämoglobin mit sterilen Pneumokokkenextrakten. Die Reaktion ist abhängig von der herrschenden Sauerstoffspannung; (am besten 10—35 mm Optimum 20 mm). Innerhalb dieses Bereiches ist die gebildete Methämoglobinmenge proportional der Konzentration des reduzierten Hämoglobins und der Sauerstoffspannung $\frac{[Hb] \times [O_2]}{Methb} = k$. (Die Reaktion verläuft entgegengesetzt, wenn kein Sauerstoff vorhanden ist.) Die oxydierenden Systeme sind thermolabile Zellsubstanzen vom Fermentcharakter[3].

Dieselben Verhältnisse finden sich auch bei Aerobiern und bei der Methämoglobinbildung unter der Einwirkung von autoxydablen Stoffen wie Lebertran, Leinöl, Terpentin und den alkohollöslichen Bestandteilen des Kartoffelpreßsaftes[4, 5].

Durch reduzierende Bakterien (B. hystoliticus) kann die Oxydation verhindert werden, ebenso durch geringe Mengen Kohlenoxyd wegen der 210mal größeren Affinität des letzteren zu Hämoglobin[3].

In katalasefreien Oxyhämoglobinlösungen tritt Methämoglobinbildung ein nach Zugabe von sterilen, wasserstoffperoxydhaltigen Filtraten aerober Pneumokokkenkulturen[3].

Methämoglobin entsteht in Schafsblutzellen unter der Einwirkung der X-Stämme der grünen Streptokokken[6].

Acetanilid verursacht beim Hund bei 0,1—0,3 g/kg Methämoglobinbildung (beim Kaninchen jedoch nicht), die aber nach 24 Stunden wieder regeneriert ist[7].

Methämoglobin bildet sich aus nativem Globin und Hämatin innerhalb $p_H = 5—9$ [8]. Das daraus gewonnene HbO_2 zeigt jedoch etwas andere Eigenschaften wie das natürliche[8]. Die Reaktion geht mit dem Hämatin des Pferdes, Ochsen, Menschen, des Hundes und des Schweins; dagegen nicht mit dem der Taube und des Huhns[9].

Entgegen dem Befund von Anson und Mirsky soll Methämoglobin nicht entstehen bei Einwirkung von Stickoxyd auf Kohlenoxydhämoglobin[10].

Ferner bildet sich Methämoglobin neben Kathämoglobin bei tagelangem Extrahieren von Hämoglobin mit Äther[11].

Nitrobenzol erzeugt ebenfalls kein Methämoglobin beim Menschen und Kaninchen[12]; dagegen in kleineren Mengen beim Hund[13].

Spontane Methämoglobinbildung beim Stehen wird durch reduzierende Bakterien verhindert.

Das Methämoglobin entsteht leichter aus reduziertem Hämoglobin als aus Oxy- oder Kohlenoxydhämoglobin[14].

Darstellung: Verwendung von Oxyhämoglobinkrystallen, dargestellt nach Hoppe-Seyler aus Pferdeblut (Äther-Alkoholmethode) und umkrystallisiert.

Der so erhaltene Krystallbrei wird mit 2 Volumen Wasser versetzt, dann unter Rühren tropfenweise Wasser bis zur vollkommenen Lösung zugefügt, auf 0° abgekühlt, unter Rühren $^1/_5$ Volumen eiskalter Alkohol zugesetzt und durch Einleiten von Kohlensäure Krystallabscheidung erreicht. Diese Krystallisation wird nach 3maligem Umkrystallisieren in 5proz.

[1] L. Condorelli: Arch. Pat. e Clin. med. **2**, 393 (1923).

[2] J. M. Neill u. O. T. Avery: J. of exper. Med. **39**, 157 (1924). — H. J. Morgan u. J. M. Neill: J. of exp. Med. **40**, 269 (1929).

[3] H. J. Morgan u. J. M. Neill: J. of exper. Med. **40**, 269 (1924).

[4] J. M. Neill u. A. B. Hastings: J. of biol. Chem. **63**, 479 (1925).

[5] J. M. Neill: J. of exper. Med. **41**, 551 (1925).

[6] E. Valentin: J. inf. Dis. **39**, 29 (1926).

[7] T. K. Kruse, W. S. McEllroy u. C. C. Guthrie: J. of Pharmacol. **31**, 208 (1927).

[8] R. Hill u. H. F. Holden: J. of Physiol. **61**, XXII (1926) — Biochem. J. **20**, 1326 (1926); **21**, 625 (1927). — F. Haurowitz u. H. Waelsch: Hoppe-Seylers Z. **182**, 82 (1929).

[9] J. Roche: C. r. Soc. Biol. Paris **99**, 1971 (1928).

[10] F. Haurowitz: Hoppe-Seylers Z. **151**, 130 f. (1926).

[11] W. Küster und W. Kimmich: Hoppe-Seylers Z. **172**, 199 u. 218 (1927).

[12] D. D. v. Slyke u. E. Vollmund: J. of biol. Chem. **66**, 415 (1925).

[13] G. B. Ray u. B. B. Stimson: Amer. J. Physiol. **81**, 62 (1927). — Vgl. B. B. Stimson: J. of biol. Chem. **75**, 741 (1927).

[14] M. Nicloux u. J. Roche: C. r. Soc. Biol. Paris **93**, 1659 (1925).

Alkohol suspendiert und 6—10 Tage auf 37—40° erwärmt. (Vollständige Umwandlung, wenn eine Ansatzprobe nach Lösen in Wasser und Ansäuern mit primärem Kaliumphosphat die Absorptionsstreifen des Oxyhämoglobins im Grün nicht mehr zeigt.) Nun wird filtriert, der Rückstand kurz mit wenig Wasser von 40° behandelt, filtriert, die vereinigten Filtrate im Vakuum bei 35—40° eingeengt, auf 0° abgekühlt und mit $1/5$ Volumen eiskaltem Alkohol versetzt. Nach 12stündigem Stehen wird die Krystallisation zentrifugiert.

Ausbeute aus 100 ccm 10% Oxyhämoglobin = 2,5 g reinstes Produkt; frei von Oxyhämoglobin [1,2].

Weitere Darstellungen [3,4,5].

Eigenschaften: Nach obigem Verfahren hergestellt: roh, große braune Tafeln (hexagonal) [5]. Umkrystallisiert durch Lösen in 4 Teile Wasser von 35°; spitz auslaufende, 1 mm lange Nadeln [2] (rhombisches System) [6].

Krystallform bei anderen Darstellungsweisen: Mit Kaliumpermanganat: lange Nadeln; mit Chinon: sechsseitige Tafeln mit orangeroten Kanten [2]. Mit Ferricyankalium sechsseitige Tafeln; mit Phosphorwasserstoff Nadeln [2]; mit Arsenwasserstoff Nadeln [2].

Methämoglobin ist leicht löslich in Wasser; beim Stehen bildet sich teilweise Oxyhämoglobin, was jedoch durch Zusatz von 5proz. Alkohol verhindert werden kann. Eisengehalt 0,33—0,34% [1].

Methämoglobin ist eine schwache zweibasische Säure; Dissoziationskonstante = etwa $10^{-8,5}$ [7].

Es existiert in 2 Formen: einer sauren bei $p_H < 7$ (Farbe braun) und einer alkalischen bei $p_H > 9$ (Farbe rot). Bei p_H 7—9 gehen die Formen ineinander über, und zwar entspricht Verschwinden der einen einer gleichgroßen Zunahme der andern. (Bei $p_H = 6$ sind 100% saures, bei $p_H = 10$ 100% alkalisches Methämoglobin vorhanden [2,7].)

Von $p_H = 5$ ab tritt Dissoziation ein im Hämatin und Globin. Sie nimmt zu mit der Wasserstoffionenkonzentration und ist vollständig bei $p_H = 3—4$. Die Dissoziation vollzieht sich bei $p_H = 1,9$ in 3 Minuten und bei $p_H = 2,3$ in 10 Minuten. Beim Neutralisieren fällt dann Kathämoglobin aus [8].

Methämoglobin koaguliert bei 55° unter Bildung von Kathämoglobin [9].

Dialysiertes Methämoglobin geht bei Behandlung mit Luft teilweise in Oxyhämoglobin über [10]. Die Ursache dazu glaubt W. Heubner [10] in einem Gleichgewichtszustand zwischen Sauerstoff, Hämoglobin, Oxyhämoglobin und Methämoglobin erblicken zu können. L. Michaelis erklärt diese Erscheinung jedoch mit dem viel positiveren Partialdruck des Sauerstoffs, der bei $p_H = 7$ um 0,4 Volt positiver ist und deshalb diese Oxydation hervorrufen kann [11].

Gewöhnliches Methämoglobin wird zu Hämoglobin reduziert durch Ferrotartrat bei $p_H = 7$ [12]; durch Zucker [11], durch Phenylhydrazin [13], durch Anthrachinon-β-sulfonsaures Natrium [14].

Dieselbe Reduktion tritt ein bei vollständigem Ausschluß von Sauerstoff durch autoxydable Stoffe (Leinöl, Terpentin), durch Pneumokokken [15], durch aerobe Bakterien (B. hystolyticus, B. aerofoetidus); durch Colibacillen [16]; durch steriles Pflanzengewebe [16] und durch alkoholische Extrakte von Milz und Muskeln [17].

Unabhängig von der Sauerstoffspannung tritt die Reduktion ein beim Durchströmen von tierischen Organen (Katze), deren Wirkung durch Zugabe von Natriumthiosulfat erhöht wird [18].

[1] F. Haurowitz: Hoppe-Seylers Z. **194**, 100 (1931). — W. Küster: Zelle u. Gewebe **13**, 50 (1926).
[2] F. Haurowitz: Hoppe-Seylers Z. **138**, 88 (1924). — A. Hamsík: Hoppe-Seylers Z. **190**, 199 (1930).
[3] V. Balthazard u. P. Condrea: C. r. Soc. Biol. Paris **95**, 81 (1926).
[4] M. Levy: J. of biol. Chem. **89**, 173 (1930).
[5] Denes: Biochem. Z. **232**, 481 (1930).
[6] E. Möllenhoff: Z. Biol. **79**, 93 (1923).
[7] M. L. Anson u. E. Mirsky: J. of Physiol. **60**, 100 (1925).
[8] R. Hill u. R. F. Holden: Biochemic. J. **20**, 1326 (1926).
[9] W. Küster und W. Kimmich: Hoppe-Seylers **172**, 219 (1927).
[10] W. Heubner u. H. Rhode: Arch. f. exper. Path. **100**, 117 (1928).
[11] L. Michaelis u. K. Salomon: Biochem. Z. **234**, 107 (1931).
[12] R. Hill u. H. F. Holden: Biochemic. J. **20**, 1326 (1926); **21**, 625 (1927).
[13] W. Lipschitz: Erg. Physiol. **23 I**, 1 (1924).
[14] J. B. Conant u. L. F. Fieser: J. of biol. Chem. **62**, 623 (1925); **76**, 223 (1928).
[15] J. M. Neill: J. of exper. Med. **41**, 551 (1925).
[16] J. M. Neill: J. of exper. Med. **41**, 535 (1925).
[17] G. B. Ray u. L. A. Isaac: Amer. J. Physiol. **91**, 377 (1930).
[18] K. Sakurai: Arch. f. exper. Path. **109**, 198 (1925).

Methämoglobin, erzeugt durch Versetzen von abfibriniertem Blut mit Anylnitrit, wird innerhalb von 1—3 Tagen je nach der Menge des Amylnitrits ganz oder teilweise wieder reduziert. Auch hier Beschleunigung durch Leber, Lunge, Milz (Katze); Natriumthiosulfat[1].

Beim Behandeln mit Wasserstoffperoxyd färbt sich Methämoglobin rot und es tritt das alkalische Spektrum auf[2]. Mit Pyridin tritt Spaltung ein in Globin und Pyridinhämatin[3,4]. Alkohol und Äther erzeugen unlösliches Methämoglobin, das mit Natriumhydrosulfit Hämochromogen bildet (sonst dagegen reduziertes Hämoglobin)[2].

Methämoglobin wird durch Behandeln mit verdünnten Säuren in gut reversibler Weise denaturiert. Alkali- Alkohol-, und Hitzedenaturierung ist nur nach Vorbehandlung mit Natriumhydrosulfit partiell reversibel, wobei reduziertes Hämoglobin entsteht[5].

In Harnstofflösung zeigt Methämoglobin denselben osmotischen Druck wie Oxyhämoglobin in wässeriger Lösung[6].

Das mit Ferricyankalium hergestellte Methämoglobin hält hartnäckig Spuren des Salzes zurück[2].

Mit Cyankalium entsteht aus Methämoglobin Cyanmethämoglobin, mit Fluorkalium Fluormethämoglobin[2] und mit Stickoxyd Stickoxydhämoglobin[7].

Methämoglobin wird durch Diazomethan gespalten in ein trimethyliertes Produkt und methyliertes Globin[8]. Durch Säuren, die stärker dissoziiert sind (prim. Phosphate, Kakodylsäure, Kohlensäure) wird es in die saure Form übergeführt[2].

Säuren mit Dissoziationskonstanten $> 10^{-6}$ zerstören unter Bildung von Hämatin[2].

Katalytische Eigenschaften: Methämoglobin beschleunigt die Oxydation von Leinöl, Lebertran, Terpentin[9] und ätherischen Ölen, wie Eugenol, Safrol, Anethol, Anisol usw.[10]. Zusatz von Blausäure in einer dem Eisen entsprechenden Menge ist wirkungslos[11]. Methämoglobin ist stark diamagnetisch[12].

Es katalysiert die Zersetzung von Hydroxylamin zu Stickstoff, Ammoniak, Nitrit und Nitrat[13] (wie HbO_2), und zwar wirkt das Methämoglobin aus reduziertem Hämoglobin besser.

Die katalytische Wirkung auf die Zersetzung von Wasserstoffperoxyd ist stärker wie die des Oxyhämoglobins[14].

In Gegenwart von Methämoglobin wird Glukose rasch zu Kohlensäure und Wasser oxydiert[15].

In lactathaltiger Salzlösung wird Milchsäure in Brenztraubensäure übergeführt[16].

Sauerstoffgehalt: M. Nicloux hat gefunden, daß zur Umwandlung von 1 Mol HbO_2 in Methämoglobin mit Ferricyankalium 2 Oxydationsäquivalente erforderlich sind und dabei 1 Mol Sauerstoff frei wird. Ferner daß bei der Oxydation von Hb zu Methämoglobin nur die Hälfte Sauerstoff verbraucht wird wie zu Oxyhämoglobin. Daraus wurde dann geschlossen, daß das Methämoglobin halb soviel Sauerstoff enthalten muß wie Oxyhämoglobin[17]. Diese Befunde wurden dann später von V. Balthazard[18] und G. Quagliarelli[19] bestätigt.

Nach I. B. Conant ist jedoch bei obiger Umsetzung nur die Hälfte des dort angewendeten Oxydationsmittels, also nur 1 Oxydationsäquivalent erforderlich. Durch potentielle Titration der Reaktion $HbO_2 + K_3Fe(CN)_6 \rightarrow$ Methämoglobin und 2 Methämoglobin $+ Na_2S_2O_4 = Hb$

[1] K. Sakurai: Arch. f. exper. Path. **107**, 287 (1925).
[2] F. Haurowitz: Hoppe-Seylers Z. **138**, 68 (1924).
[3] R. Hill: Biochemic. J. **19**, 341 (1925).
[4] F. Haurowitz: Hoppe-Seylers Z. **169**, 255 (1927).
[5] H. Wu u. K. Liu: Proc. Soc. exper. Biol. a. Med. **24**, 705 (1927).
[6] F. C. Huang u. H. Wu: Chin. J. Physiol. **4**, 211 (1930).
[7] F. Haurowitz: Hoppe-Seylers Z. **151**, 130 (1926).
[8] W. Küster: Zelle u. Gewebe **12**, 13 (1924).
[9] J. M. Neill u. A. B. Hastings: J. of biol. Chem. **63**, 479 (1925). — J. M. Neill: J. of exper. med. **41**, 551 (1925).
[10] E. Dessemontel: J. of Pharmacol. **31**, 377 (1927).
[11] M. E. Robinson: Biochemic. J. **18**, 255 (1924).
[12] F. Haurowitz: Hoppe-Seylers Z. **151**, 130 (1926). Vgl. M. Henze, Wien. klin. Wschr. **37**, 970 (1924).
[13] W. Heubner, R. Meier u. H. Rhode: Arch. f. exper. Path. **100**, 149 (1923).
[14] H. Wu: J. of Biochem. **2**, 173 (1923).
[15] L. Michaelis u. K. Salomon: Biochem. Z. **234**, 107 (1931).
[16] W. B. Wendel: Proc. Soc. exper. Biol. a. Med. **28**, 401 (1931).
[17] M. Nicloux u. J. Roche: Bull. Soc. Chim. biol. Paris **8**, 71 (1922) — C. r. Acad. Sci. Paris **180**, 1968 (1925); **181**, 823 (1925); **183**, 1968 (1925).
[18] V. Balthazard u. M. Philippe: C. r. Soc. Biol. Paris **93**, 991 (1925).
[19] G. G. Quagliarelli: Arch. di Sci. biol. **3**, 308 (1922).

wurde ermittelt, daß je 1 Wasserstoffäquivalent des Oxydations- und des Reduktionsmittels pro Gramm Mol des Blutfarbstoffs nötig sind[1, 2, 3]. Beide Reaktionen haben ein bestimmtes Potential. Bei $p_H = 8{,}5$ bewegt sich bei der Titration mit Natriumhydrosulfit das Potential gegen die gesättigte Calomelelektrode von $-0{,}106$ bis $-0{,}666$ und bei Titration mit Ferricyankalium von $-0{,}665$ bis $+0{,}070$ Volt. Das Normalpotential ist abhängig von der Wasserstoffionenkonzentration zwischen $p_H = 6{,}8-8{,}5$ (wahrscheinlich Salzbildung)[1].

Das Methämoglobin enthält also nach Conant nur $^1/_4$ des Oxyhämoglobinsauerstoffs[4] in Übereinstimmung mit W. Küster.

Die Reduktion des Methämoglobins mit Natriumhydrosulfit verläuft nach folgendem Schema:

$$2\,\text{Methämoglobin} + Na_2S_2O_4 = 2\,\text{Hämoglobin} + Na_2S_2O_5 + H_2O\ [4].$$
$$2\,\text{HbOH} + Na_2S_2O_4 = 2\,\text{Hb} + Na_2S_2O_5 + H_2O.$$

I. B. Conant ist ferner wie W. Küster der Ansicht, daß das Eisen im Methämoglobin dreiwertig ist[5]. Nach ihm stellen Hämoglobin und Methämoglobin ein reversibles Oxydations-Reduktionspotential von Ferri-Ferrotyp dar[5]:

$$2\,\text{Hämoglobin} + O_2 \rightleftharpoons H_2O_2 + 2\,\text{Methämoglobin};$$
$$2\,H_3[X] \rightleftharpoons H_2O_2 + 2\,H_2[X].$$

Konstitution: Auf Grund seiner Befunde gibt M. Nicloux dem Methämoglobin die Formel HbO oder $Hb(OH)_2$[6].

Nach F. Haurowitz soll das saure Methämoglobin ketonartige Struktur HbO bzw. $[Hb-H]O$[7] und das alkalische enolartige HbOH bzw. HbONa besitzen. Durch diese Annahme könnte die Bildung von polymeren Formen $Hb\langle{}^O_O\rangle Hb$ und die Entstehung des Fluor- und Cyanmethämoglobins leicht durch Anlagerung erklärt werden[8].

V. Balthazard ist für peroxydartige Struktur. Er will beobachtet haben, daß bei vorsichtiger Reduktion von Methämoglobin erst Oxyhämoglobin und dann reduziertes Hämoglobin entsteht[9].

I. B. Conant bevorzugt die Formel HbOH[5].

Formelbild von W. Küster[10]-Conant[11]:

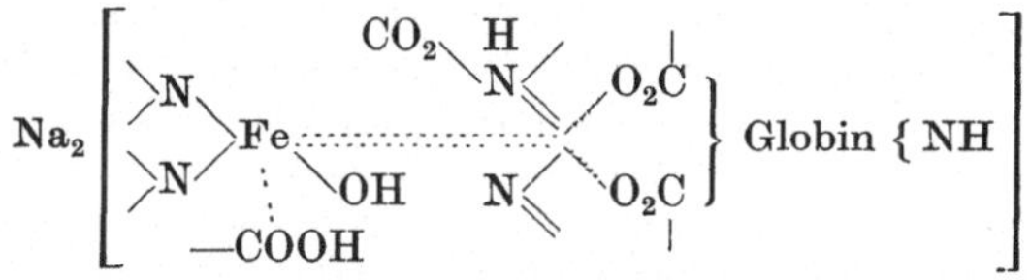

$$Na_2\left[\begin{array}{c} N\!>\!\!\!\!\diagdown \\ N\!>\!\!\!\!\diagdown \end{array}\!\!Fe\cdots\cdots \begin{array}{c} CO_2\diagdown\ \ H \\ N\diagup \\ OH \\ N \end{array} \begin{array}{c} O_2C \\ O_2C \end{array} \right\} Globin\ \{NH\ \right]$$

Acidhämoglobin. Säuremethämoglobin.

Darstellung: Aus frisch bereiteten 7—20proz. Oxyhämoglobinlösungen durch 2—3-tägige Dialyse gegen $^n/_{150}-^n/_{200}$-Salzsäure unter Zusatz von 10proz. Alkohol und anschließender Ultrafiltration. Auf 1 g Mol Oxyhämoglobin ist 1 g Mol Salzsäure notwendig.

Eigenschaften: Tiefbraune Rhomben. Wassergehalt 16—17%. Anfangs gut wasserlöslich, später weniger. Farbe der Lösung braun; sie ist bei Zimmertemperatur haltbar; zersetzt sich jedoch beim Konzentrieren unter Bildung von Hämatin. Fällt aus wässeriger Lösung auf Zusatz von Ammonsulfat aus; Kochsalz allein fällt nicht, sondern erst nach Halb-

[1] J. B. Conant: J. of biol. Chem. **57**, 401 (1923).

[2] L. Michaelis u. K. Salomon: Biochem. Z. **239**, 186 (1931).

[3] R. Hill u. H. F. Holden: Biochemic. J. **21**, 625 (1927).

[4] J. B. Conant u. N. D. Sark: J. of biol. Chem. **69**, 575 (1926).

[5] J. B. Conant: J. of biol. Chem. **57**, 401 (1923). — Vgl. W. Klein: Biochem. Z. **156**, 323 (1925) und L. Michaelis u. K. Salomon: Biochem. Z. **234**, 107 (1931)

[6] M. Nicloux u. J. Roche: C. r. Acad. Sci. Paris **181**, 823; **183**, 1968 (1925).

[7] F. Haurowitz: Hoppe-Seylers Z. **151**, 130 (1926). — Vgl. W. Küster: Zelle u. Gewebe **13**, 50 (1926).

[8] F. Haurowitz: Hoppe-Seylers Z. **138**, 68 (1924). — Vgl. dagegen W. Küster: Zelle u. Gewebe **13**, 62 (1926).

[9] V. Balthazard u. M. Philippe: C. r. Soc. Biol. Paris **93**, 398 (1925).

[10] W. Küster: Zelle u. Gewebe **12**, 6—7 (1924) — Hoppe-Seylers Z. **151**, 58 ff. (1926). Daselbst auch Formulierung verschiedener Modifikationsmöglichkeiten.

[11] J. B. Conant: J. of biol. Chem. **57**, 401 (1923).

sättigung mit Ammoniumsulfat[1]. Stimmt spektroskopisch mit Methämoglobin überein, auch nach Zusatz von Cyankalium. Die sonstigen kleinen Unterschiede gegenüber dem Methämoglobin werden vielleicht durch das Globin hervorgerufen; wahrscheinlich durch größere Hydratation[1, 2].

Fluor-Methämoglobin[3].

$$Hb\diagdown^{OH}_{F}$$

Darstellung: Durch 30 Minuten langes Stehenlassen einer 10proz. wässerigen Methämoglobinlösung mit überschüssiger 20proz. Fluorkaliumlösung. Nach Zusatz von 2proz. Alkohol Krystallisation[3, 4].

Eigenschaften: Methämoglobinähnliche Nadeln. Enthält 1 Atom Fluor auf 1 Atom Eisen. Gibt mit überschüssigem Cyankalium Cyanmethämoglobin; mit Natriumhydrosulfit entsteht reduziertes Hämoglobin[3]. Die Dissoziation verläuft nach der monomolekularen Reaktion. In neutraler Lösung ist die Konstante im Mittel $= 0,0135$[5].

Maximum der Lichtabsorption im Rot bei $\lambda = 606$; $\pm 1 \,\mu m$[4].

Cyan-Hämoglobin. Cyan-Methämoglobin[3].

Bildung: Aus Fluor-methämoglobin beim Versetzen mit überschüssiger Cyankaliumlösung[3]. Aus Oxyhämoglobin bei Gegenwart von Blausäure durch ultraviolette Strahlen[6].

Darstellung: Aus Methämoglobin und Cyankalium in wässeriger Lösung[3].

Eigenschaften: Läßt sich mit Natriumhydrosulfit in reduziertes Hämoglobin verwandeln[3]. Wirkt als Peroxydase, während sonst aktive Eisenverbindungen durch Cyan spezifisch gehemmt werden. Katalysiert die Oxydation von Leinöl[7].

Spaltet in Lösung weder beim Durchleiten von indifferenten Gasen noch beim Evakuieren Blausäure ab. Letzteres tritt erst ein beim Kochen[8].

Enthält das Cyan nicht am Eisen, sondern am Sauerstoff[7, 9].

Konstitution: Formel nach F. Haurowitz: $Hb\diagdown^{OH}_{CN}$[3]. Soll jedoch 2 Cyangruppen enthalten[10]. $HbO(CN)_2$.

Kethämoglobin[11]. Parahämoglobin[12]. Parahämatin[12].

Bildung: Durch Einwirkung von alkoholischer Natronlauge auf Oxyhämoglobin[13]. Bei Behandlung von Oxyhämoglobin mit Chloroform[14], Natriumphosphat und Chloroform[15], Formaldehyd[16], Propylalkohol und Chlorcalcium[17], Aceton[18] oder Alkohol-Äther[19].

Entsteht neben Methämoglobin bei tagelangem Extrahieren von Hämoglobin mit Äther[20].

Aus Methämoglobin mit Chloroform[21], Formaldehyd[16], Jodaten[16], Aceton[18] und bei der Koagulation bei $50°$[20].

Aus Kohlenoxydhämoglobin beim Zusammenbringen mit Aceton[18].

[1] R. v. Zeyneck: Hoppe-Seylers Z. **130**, 248 (1923).

[2] F. Haurowitz: Hoppe-Seylers Z. **138**, 85 (1924).

[3] F. Haurowitz: Hoppe-Seylers Z. **138**, 68 (1924).

[4] F. Haurowitz: Hoppe-Seylers Z. **194**, 98 (1931).

[5] F. Lipmann: Biochem. Z. **206**, 171 (1929).

[6] R. v. Zeyneck: Hoppe-Seylers Z. **130**, 243 (1923).

[7] M. E. Robinson: Biochemic. J. **18**, 255 (1924).

[8] O. Schumm: Spektrochem. Anal. nat. org. Farbstoffe. S. 74. Jena: G. Fischer.

[9] F. Haurowitz: Hoppe-Seylers Z. **151**, 142 (1925). — Vgl. W. Küster: Zelle u. Gewebe **13**, 62 (1926).

[10] V. Balthazard u. M. Philippe: C. r. Soc. Biol. Paris **94**, 522 (1926).

[11] V. Arnold: Hoppe-Seylers Z. **29**, 78 (1900).

[12] R. Hill u. H. F. Holden: Biochemic. J. **20**, 1326 (1926). — H. F. Holden u. M. Freemann: Austral. J. exper. Biol. a. med. Sci. **6**, 79 (1929).

[13] Van Klaveren: Hoppe-Seylers Z. **33**, 293 (1901).

[14] Formanek: Hoppe-Seylers Z. **29**, 420 (1900).

[15] W. Küster u. W. Kimmich: Hoppe-Seylers Z. **172**, 212 (1927).

[16] Takajama: Beitr. gerichtl. Med. **1905**.

[17] Br. Jirgensons: Biochem. Z. **198**, 206 (1928).

[18] A. Hamsík: Spisy lék. Fak. masaryk. Univ. Brno (tschech.) **8**, 1179, 1 (1930).

[19] F. Haurowitz, Hoppe-Seilers Z. **156**, 154 (1924).

[20] W. Küster u. W. Kimmich: Hoppe-Seylers Z. **172**, 218/219 (1927).

[21] Dilling: Atlas der Hämochromogene **1910**, S. 19, 53 u. 54.

Aus Hämoglobin bei längerem Liegen[1] oder durch Spaltung mit Säuren und nachfolgender Neutralisation[2, 3] oder aus den Komponenten denaturiertes Globin und Hämatin durch einfache Neutralisation[2, 4, 5, 6].

Darstellung: a) Aus einer 20proz. Oxyhämoglobinlösung durch allmähliches Zufügen von 96proz. Alkohol[6, 7].

b) Wasserlösliches Produkt: Durch 8tägiges Stehenlassen einer 20proz. reinen Oxyhämoglobinlösung mit 5proz. Natronlauge und anschließendem Einleiten von Kohlensäure bis zur Neutralisation[8].

c) Produkt von besonderer Art: Durch langsames Zufügen von Formaldehyd zu einer 20 proz. Oxyhämoglobinlösung, bis dessen Konzentration 10% beträgt. Dabei wird die Lösung viscos und erstarrt gallertartig, wobei die Farbe von rot in braun übergeht[8]. (Formolkathämoglobin.)

Eigenschaften: Sämtliche Kathämoglobine sind schwach paramagnetisch[1, 8] und deckfarben. Löslich in salzhaltigem 60proz. Alkohol (Ausnahme macht c). Unlöslich in Wasser, wenn bei der Herstellung Formaldehyd, Chloroform und Alkohol verwendet worden ist, sonst wasserlöslich. Die Lösungen zeigen das typische Spektrum und die Reaktionen des Kathämoglobins. Gibt mit Alkalien Hämatin, mit Natriumhydrosulfit Hämochromogen, mit Cyankalium Cyanhämatin, mit Fluorkalium Fluorhämin, mit Ferricyankalium erfolgt keine Änderung. Bei Verdauung mit Pepsin entsteht d-Hämatin[8]. Mit 80proz. Ameisensäure bildet sich Formyl- und mit Eisessig Acetylhämin. Verliert beim Trocknen im Vakuum 8 bis 9% Wasser. Eisengehalt 0,3—0,4%; Stickstoffgehalt durchschnittlich 17%[4]. Beim Erhitzen zerfällt Kathämoglobin mit steigender Temperatur immer mehr in Globin und Hämatin; beim Abkühlen Wiedervereinigung[6]. Wechsel der Färbung von braunrot nach grünlichbraun (Zersetzung)[7]. Spektrum: 2 Streifen im Grün.

Eigenschaften von Produkt c). Zeigt kein typisches Absorptionsspektrum. Die Gallerte ist braun, unlöslich in Wasser, Alkohol und warmem salzhaltigem Alkohol. Färbt sich beim Waschen mit Alkohol rot[8] und wird durchscheinend. Es quillt dabei nur.

Konstitution: Das Kathämoglobin ist eine Adsorptionsverbindung von denaturiertem Globin mit der prosthetischen Gruppe. Zu ihrem Entstehen ist Abspaltung der prosthetischen Gruppe bei neutraler oder alkalischer Reaktion und anschließende Koagulation bei niederer Temperatur erforderlich[4]:

$$\text{Gb} \cdot \text{Ht} \rightarrow \text{Gb} + \text{Ht} \rightarrow \boxed{\text{Gb} \mid \text{Ht}}\,[4]$$

Stickoxyd-Hämoglobin (Stickoxyd-methämoglobin)[9] (Bd. VI, S. 212).

Bildung: Aus Kohlenoxyd-hämoglobin durch Stickoxyd unter Ausschluß von Sauerstoff[10, 11].

Bei Einwirkung von Stickoxyd auf nichtionisiertes Methämoglobin[11] bzw. Methämoglobin überhaupt[12].

Vorkommen: In Leichen nach Vergiftung mit Nitriten oder Stickoxyden. Es bildet sich hier aus dem intermediär enstandenen Methämoglobin[12, 13].

Darstellung: Durch Einleiten von reinem Stickoxyd in eine evakuierte 20proz. Hämoglobinlösung, aus der vorher sämtliches Oxyhämoglobin durch Waschen mit Stickstoff sorgfältig entfernt worden war. Nach Sättigung mit Stickoxyd wird wieder evakuiert, mit Stickstoff gewaschen und stehengelassen. Je nach Temperatur Krystallisation in 3—12 Stunden[14].

Eigenschaften: Bis 5 mm lange, nadelförmige Krystalle mit gerader Auslöschung. Austritt der optischen Normalen senkrecht zur Nadelrichtung. Pleochroismus, der in der Nadelrichtung schwingende Strahl wird stärker absorbiert als der senkrecht dazu schwingende.

[1] Baudisch u. Welo: Chem.-Ztg. **49**, 661 (1925).
[2] F. Haurowitz: Hoppe-Seylers Z. **151**, 139 (1925).
[3] H. Steudel u. E. Peiser: Hoppe-Seylers Z. **136**, 75 (1924).
[4] J. Roche: C. r. Soc. Biol. Paris **99**, 1971 (1928).
[5] W. Küster: Zelle u. Gewebe **12**, 12 (1924); **13**, 50 (1926).
[6] D. Keilin: Proc. roy. Soc. Lond. (B) **100**, Nr B, 701, 129 (1926).
[7] Br. Jirgensons: Biochem. Z. **198**, 206, (1928).
[8] F. Haurowitz: Hoppe-Seylers Z. **136**, 69; **137**, 64 (1924).
[9] M. L. Anson u. A. E. Mirsky: J. of Physiol. **60**, 100 (1925).
[10] M. Nicloux: C. r. Acad. Sci. Paris **179**, 1633 (1924).
[11] F. Haurowitz: Hoppe-Seylers Z. **151**, 130 (1926).
[12] R. Meier: Arch. f. exper. Path. **110**, 241 (1926).
[13] H. A. L. Banham, J. S. Haldane u. Th. Savage: Brit. med. J. **3370**, 187 (1925).
[14] F. Haurowitz: Hoppe-Seylers Z. **136**, 148 (1924).

Leicht löslich in Wasser von 35°; wenig löslich in kaltem. Gibt mit Ferricyankalium langsam Methämoglobin, mit Chinon dagegen nicht. Wird durch Natriumhydrosulfit langsam reduziert[1].

Koaguliert bei 62—63°. Der isoelektrische Punkt liegt nahe bei $p_H = 7$. Zeigt kathodische Wanderung in $1/_{40}$-n-Phosphatpuffergemisch von $p_H = 6{,}51$ ab (220 Volt) und anodische Wanderung bei $p_H = 8{,}4$ (spurenweise schon bei $p_H = 7{,}13$)[1]. Existiert in einer sauren und in einer alkalischen Form[2].

Mit steigendem p_H nimmt die Dissoziation des Stickoxydhämoglobins zu[3]. In saurer Lösung kann das Stickoxyd leicht ausgepumpt werden, da hier die Affinität des Stickoxyds zum Hämoglobin kleiner ist als die von Sauerstoff, in alkalischer Lösung dagegen nicht (hier ist die Affinität des Stickoxyds zum Hämoglobin sogar größer wie die von Kohlenoxyd)[3]. Es ist eine etwa 1000fach stärkere Säure als Methämoglobin[2,3].

Das Stickoxydhämoglobin scheint ein Indicator zu sein mit Umschlagspunkt bei $p_H = 5{,}6$[2,3].

Mit Wasserstoff geht es langsam in reduziertes Hämoglobin über, ebenso bei längerem Stehen (nicht beim Einschmelzen)[4]. Es ist leicht flockbar[5]; das durch Erhitzen mit Wasser erzielte Koagulat ist rosarot gefärbt (Unterschied von Kohlenoxyd-hämoglobin)[6]. Verliert beim Trocknen im Vakuum 9,25% an Gewicht[4].

Konstitution: Nach Anson und Mirsky[2] soll das Stickoxyd-hämoglobin kein genaues Analogen des HbO_2 und HbCO sein. Bei spektroskopischem Verfolg der Reaktion zeigt sich nämlich, daß sich erst Methämoglobin bildet, das dann mit NO weiterreagiert zu Stickoxyd-methämoglobin[2]. Diese Theorie wird jedoch von R. Meier abgelehnt[7].

Kohlenoxyd-Hämoglobin (Bd. VI, S. 208; Bd. IX, S. 335, 400; Bd. X, S. 12)

Vorkommen: In Spuren in jedem Blut[8]; in größeren Mengen (bis zu 0,018 Vol.-%) im Blut von Chauffeuren, Garagenarbeitern, Autoinsassen[9].

Bildung: Soll auftreten in einem Gemisch aus Methämoglobin und Ferrocyankalium, das sich unter Kohlendioxyd-atmosphäre befindet[10]. Darstellung[1].

Eigenschaften: Die Geschwindigkeitskonstante für die Reaktion $HbO_2 + CO \rightarrow HbCO + O_2$ ist bei $1° = 0{,}1$; bei $16° =$ etwa $0{,}5 \pm 0{,}1$; bei $34° = 2{,}6$[11].

Bei geeignet langer Sättigungsdauer von Blut mit Kohlenoxyd stellt sich ein Gleichgewicht ein, das dem Gesetz folgt:
$$\frac{[COHb]}{[O_2Hb]} = \frac{[CO]}{[O_2]}\,[12].$$

Die Verbindung des reduzierten Hämoglobins mit Kohlenoxyd und mit Sauerstoff vermehrt in gleicher Weise die Dissoziationskonstante einer sauren Gruppe des Hämoglobinmoleküls (bei 38° und $p_H = 7{,}0—7{,}6$ wird dieselbe Menge Base gebunden)[13].

Die Wärmetönung bei der Reaktion zwischen Kohlenoxyd und Hämoglobin ist durchschnittlich $= 14\,700$ cal pro Gramm/Molekül[14].

Die Dissoziationskonstante des Kohlenoxydhämoglobins bei 20° und zwischen $p_H = 6{,}0—8{,}6$ $= 10^{-6{,}62}$.[13]

Kohlenoxydhämoglobin gibt beim Kochen mit Wasser ein grünes Koagulat (Unterschied von Stickoxydhämoglobin)[15]. Verliert beim Trocknen 9,2% an Gewicht[4].

---

[1] F. Haurowitz: Hoppe-Seylers Z. **136**, 151, 152 (1924).
[2] M. L. Anson u. A. E. Mirsky: J. of Physiol. **60**, 100 (1925).
[3] F. Haurowitz: Hoppe-Seylers Z. **151**, 130 (1926).
[4] F. Haurowitz: Hoppe-Seylers Z. **136**, 151, 154 (1924).
[5] W. Heubner u. H. Rhode: Arch. f. exper. Path. **100**, 117 (1923).
[6] H. A. L. Banham, J. S. Haldane u. Th. Savage: Brit. med. J. **3370**, 187 (1925).
[7] R. Meier: Arch. f. exper. Path. **110**, 241 (1926).
[8] M. Nicloux: Vortr. XII. Internat. Physiol. Kongr. **1927**.
[9] W. M. Pilaar: J. of biol. Chem. **83**, 43 (1927).
[10] J. B. Conant u. N. D. Scott: J. of biol. Chem. **69**, 575 (1926).
[11] H. Hartridge u. F. Roughton: Proc. roy. Soc. Lond. (B) **94**, 336 (1923).
[12] A. Hamak u. J. Harkavy: J. of Physiol. **59**, 121 (1924).
[13] A. B. Hastings, J. Sandroy jr., C. D. Murray u. M. Heidelberger: J. of biol. chem. **61**, 317 (1924).
[14] E. F. Adolph u. H. J. Henderson: J. of biol. Chem. **50**, 463 (1922).
[15] H. A. L. Banham, J. S. Haldane u. Th. Savage: Brit. med. J. **3370**, 187 (1925).

Kohlenoxydhämoglobin spaltet im Hochvakuum bei 40° kein Kohlenoxyd ab; dies ist erst der Fall bei 100° nach Behandlung mit Phosphorsäure[1].

Durch Stickoxyd wird bei vollständigem Ausschluß von Sauerstoff das Kohlenoxyd verdrängt unter Bildung von Stickoxydhämoglobin[1].

Ultraviolette Strahlen wirken zerstörend[2].

Wird durch kurzes Behandeln mit verdünnter Salzsäure denaturiert. Diese Denaturierung ist jedoch unter geeigneten Bedingungen zum größten Teil reversibel. Dagegen ist die durch Alkohol-, Alkali- und Hitzeeinwirkung eintretende Denaturierung in viel geringerem Grad reversibel[3].

Mit Hefe tritt keine Reduktion ein im Gegensatz zum Oxyhämoglobin[4].

Unter der Einwirkung von Kalium-octocyano-molybdänat entsteht Methämoglobin unter Abspaltung von Kohlenoxyd[5].

Wirkt ebensostark katalytisch auf die Wasserstoffperoxydzersetzung und auf die von Hydroxylamin wie Hämoglobin[6]; die Oxydation von Leinöl wird jedoch nicht ganz so gut katalysiert[7].

Durch Kohlenoxydhämoglobin soll das Wachstum von Lupinus albus stark gehemmt werden[8]. Dieser Befund konnte jedoch später nicht mehr bestätigt werden[9].

M. Nicloux hat gefunden, daß bei Einwirkung von 2 Mol Ferricyankalium auf Kohlenoxydhämoglobin 1 Mol Kohlenoxyd frei wird[10]. J. B. Conant hat jedoch festgestellt, daß diese Reaktion unter Kohlenoxydatmosphäre unvollständig verläuft, weil sie reversibel ist:

$$\mathrm{Na_3[XCO]} + \text{oxyd. Agens} \rightleftharpoons \mathrm{Na_2[X]} + \mathrm{CO} + \text{Red.prod.}$$

Kohlenoxyd-Hämoglobin   Methämoglobin

Tatsächlich entbindet also 1 Mol Ferricyankalium 1 Mol CO[5].

Im Spektrum des Kohlenoxydhämoglobins hergestellt aus dem Blut verschiedener Tierarten liegt die α-Bande nicht immer an der gleichen Stelle, z. B. beim Menschen bei $\lambda = 5710\,\mathrm{Å}$; beim Pferd $\lambda = 5708$; beim Karpfen $\lambda = 5716$; bei Arsenicola $\lambda = 5698$. Der Unterschied ist bedingt durch die Globinkomponente[11]. Die Lage des Violettstreifens $413{,}7 \pm 0{,}2$ ist bei allen Tieren gleich (Mensch, Hund, Katze, Schwein, Maus usw.)[12]. Nach A. R. Borr sollen die Kohlenoxydhämoglobine von Mensch, Schaf, Rind, Schwein miteinander identisch sein[13].

Bestimmung: Photographische Methode zur Feststellung des Verhältnisses zwischen $\mathrm{HbO_2 : HbCO}$. Fehler 1%, wenn 75—100% des Hämoglobins als HbCO vorhanden sind; Fehler bis zu 6%, wenn weniger als 25% HbCO vorliegen[14].

Bestimmung des Kohlenoxyds mit der Blutmethode gestattet Empfindlichkeit bis $^1/_{300\,000}$. Der Partialdruck des CO braucht hier nur $= 0{,}0025$ mm zu sein[15].

Bestimmung des Kohlenoxyds mittels Blut: Das restliche Oxyhämoglobin wird mit Gerbsäure zerstört und dann das Kohlenoxydhämoglobin colorimetrisch bestimmt[16].

Selenhämoglobin.

Existiert nicht. Reiner schwefelfreier Selenwasserstoff ist ohne Einwirkung auf Hämoglobin[17].

[1] M. Nicloux: C. r. Acad. Sci. Paris **179**, 1633 (1924).

[2] H. Benard, E. u. H. Biancini: C. r. Soc. Biol. Paris **92**, 1031 (1925).

[3] H. Wu u. K. H. Liu: Proc. Soc. exper. Biol. a. Med. **24**, 705 (1927).

[4] Strzyzowski: Schweiz. Rundschau f. Med. **23**, 1 (1923).

[5] J. B. Conant u. N. D. Scott: J. of biol. Chem. **69**, 575 (1926).

[6] H. Wu: J. of Biochem. **2**, 173 (1923). — R. Kuhn u. L. Brann: Hoppe-Seylers Z. **168**, 27 (1927).

[7] M. E. Robinson: Biochemic. J. **18**, 255 (1924).

[8] D. J. Mark u. Mc Swigart: J. of Pharmacol. **23**, 140 (1924).

[9] W. Heubner: Vortr. XII. Internat. Physiol. Kongr. Stockholm **1926**.

[10] M. Nicloux u. J. Roche: C. r. Acad. Sci. Paris **181**, 823 (1925).

[11] M. u. L. Anson, J. Barcroft, A. E. Mirsky u. S. Omarina: Proc. roy. Soc. Lond. (B) **97**, 680 (1924).

[12] F. R. Berg u. W. Schwarzacher: Hoppe-Seylers Z. **190**, 184 (1930).

[13] A. R. Borr u. A. Bachem: J. of biol. Chem. **83**, 43 (1929).

[14] H. Hartridge u. F. J. W. Roughton: J. of Physiol. **53**, 75 (1920); **57**, 47 (1922); **64**, 405 (1928).

[15] M. Nicloux: Bull. Soc. Chim. France (4), **33**, 818; (4) **37**, 760 (1925) — C. r. Acad. Sci. Paris **180**, 1750 (1925).

[16] W. Jenk u. R. R. Sayers: A.P. 1542979 — Chem. Zbl. **1925 II**, 1618.

[17] F. Haurowitz: Hoppe-Seylers Z. **151**, 131 (1925).

Sulfhämoglobin.

Auftreten: Bei Rotlauf von Schweinen[1].

Findet sich viel in Leichen. Intermediär tritt hier Methämoglobin auf, das dann in Sulfhämoglobin übergeht[2].

Nach Vergiftung mit Nitriten[2] oder nitrosen Gasen[2] wird Sulfhämoglobin neben Stickoxydhämoglobin angetroffen[2].

Erscheint im Organismus nach Einnahme von Sulfur präcipitatum[1] und depuratum[3] und Apentawasser[1,3]. Ferner nach Zufuhr von chlorsaurem Kali[2], Anilin[2] oder Anilinderivaten (Antanilid[4], Phenacetin[3,5] Phenylhydrazin[6], Aminophenol[2]), Nitrobenzol[2] oder nach Arbeiten mit Anilinfarben[4], wenn Schwefel oder Schwefelwasserstoff im Organismus vorhanden ist. Wahrscheinlich wirken diese Stoffe als Sensibilisatoren[3,5,6]. Auch minimale Mengen Sauerstoff können Beschleunigung ausüben[6].

Bildung: Es werden 2 Arten von Sulfhämoglobinämie unterschieden:

a) intraglobuläre Sulfhämoglobinämie;

b) hämolytische Sulfhämoglobinämie mit frei im Blut kreisendem Farbstoff[1].

Nach H. v. d. Bergh soll die Sulfhämoglobinämie so zustande kommen, daß Schwefelwasserstoff aus dem Darminhalt resorbiert wird, der dann in die Blutkörperchen eintritt und hier langsam das Sulfhämoglobin bildet[1,7].

L. O. Garrod hält einen im Kot enthaltenen Bacillus, der mit dem unbeweglichen Nitrosobacillus von Mackenzie-Wallis[8] identisch ist, als mitwirkend bei der Entstehung der Sulfhämoglobinämie[9].

Darstellung: Durch tagelanges, abwechselndes Einleiten von Schwefelwasserstoff und Sauerstoff in eine 20proz. Lösung von reinem Pferdehämoglobin bis zum Verschwinden der Oxyhämoglobinstreifen und anschließendem Zusatz von 20proz. stark abgekühltem Alkohol zu der eiskalten Lösung, wonach Krystallisation eintritt. Reinigen von mitausgefallenem Schwefel durch Waschen mit eiskaltem 20proz. Alkohol, Lösen in wenig Wasser, Zentrifugieren und Auskrystallisieren mit kaltem 20proz. Alkohol wie oben. Diese Operation wird 3mal wiederholt[10].

Eigenschaften: Olivgrüne, sechsseitige Tafeln, die zwischen gekreuzten Nicols in allen Azimuten dunkel bleiben. Ist sehr beständig. Wird von Fluorkalium, Natriumhydrosulfit, Ferricyankalium, Pyridin nicht verändert. Wässerige Lösungen scheiden an der Luft langsam Schwefel ab (enthält vielleicht noch gebundenen Schwefel). Beim Kochen mit Alkali entsteht Hämatin. Cyankalium führt im Lauf von einer halben Stunde in Cyanmethämoglobin über[7]. Bindet keinen Sauerstoff. Eisengehalt = 0,34%[10].

Spektrum der Lösung: intensiver Streifen von λ 628[1]—615[10] $\mu\mu$. Bleibt unverändert auf Zusatz von primärem Natriumphosphat, 0,1proz. Soda, Fluorkalium, Natriumhydrosulfit, Ferricyankalium[10], Ammoniumsulfid, Hydrazin[7]. Absorptionskoeffizient in der von Hüfner angegebenen Spektralgegend: $A_I = 0{,}294$, $A_{II} = 0{,}298$. Quotient der Extinktionskoeffizienten: = 1,01[10].

Beim Durchleiten von säurefreiem Kohlenoxyd verschiebt sich das Spektrum um 5 $\mu\mu$ nach Violett[1,7] (Unterschied gegenüber dem Methämoglobin). Auf Zusatz von Cyankalium verschwindet das Spektrum allmählich und macht dem des Cyanmethämoglobins Platz[10]. Bestimmung des prozentuellen Verhältnisses zwischen Sulfhämoglobin und Oxyhämoglobin in einem Gemisch[7].

Hämochromogen (Globin-hämochromogen[11]).

Vorkommen: In den Nebennieren frisch geschlachteter Tiere (Schwein, Rind, weiße Ratte)[12].

[1] Hijmans v. d. Bergh u. H. Engelkes: Klin. Wschr. **1**, 1930 (1922).
[2] W. Laves: Dtsch. Z. gerichtl. Med. **12**, 549 (1928).
[3] W. H. J. Jvens u. J. M. v. Vollenhoven: Nederl. Tijdschr. Geneesk. **69 I**, 447 (1925).
[4] G. A. Harrop jr. u. R. L. Waterfield: J. amer. med. Assoc. **95**, 647 (1930).
[5] J. Snapper: Nederl. Tijdschr. Geneesk. **66 I**, 2520 (1922).
[6] H. v. d. Bergh u. H. Wieringa: J. of Physiol. **59**, 407 (1925).
[7] H. v. d. Bergh u. H. Engelkes: Nederl. Tijdschr. Geneesk. **66**, 2510 (1922).
[8] Mackenzie-Wallis: Quart. J. Med. **7**, 73 (1913).
[9] L. O. Garrod: Quart. J. Med. **19**, 86 (1925).
[10] F. Haurowitz: Hoppe-Seylers Z. **151**, 131 (1925).
[11] M. L. Anson u. A. E. Mirsky: J. of Physiol. **60**, 50 (1925) — J. gen. Physiol. **12**, 273 (1928)
[12] A. Rosenbohm: Hoppe-Seylers Z. **178**, 250 (1928).

Bildung: Aus Hämoglobin mit Takajamas Reagens (10proz. Natronlauge, Pyridin, Glukose $\overline{aa}$ 3 ccm; destilliertes Wasser 10 ccm)[1].

Soll entstehen aus Oxyhämoglobin und verdünntem Hämoglobin unter der Einwirkung von trockenem Pyridin[2].

Aus Oxyhämoglobin und Kohlenoxydhämoglobin beim Stehen mit 8proz. Lauge unter Luftabschluß und nachfolgendem Zusatz von Pyridin[3]; aus Hämatin durch Behandeln mit Pyridin und Natriummetall in sauerstofffreiem Medium[4] und unter den gleichen Bedingungen auch aus Hämochromogennatrium beim Ansäuern[4].

Synthese: Durch Kupplung von reduziertem Häm mit denaturiertem Globin in schwach alkalischer Lösung[5].

Eigenschaften: Hämochromogen ist eine Verbindung, bestehend aus reduziertem Häm und denaturiertem Globin[5]. Als Höchstgrenze kommen 10 Mol Farbstoff auf 1 Mol Globin[5]. Der Übergang vom Hämoglobin in Hämochromogen ist reversibel und abhängig von der Wasserstoffionenkonzentration[6]. Es besteht folgendes Gleichgewicht: Häm + N-Verbindung $\rightleftharpoons$ Hämochromogen[6]. Das Hämochromogen ist ein Ampholit. In der Gegend des isoelektrischen Punktes ist es schwer löslich, aber doch immer noch viel leichter löslich als die Parahämochromogene[6]. In biologischer Hinsicht ist es vollständig wertlos[6].

Hämochromogen enthält das Metall in der Ferrostufe[7]. Es ist durch Luftoxydation nur dann angreifbar, wenn das Lösungsmittel Wasser enthält[2]. In trockenem Pyridin[2] und abs. Alkohol[8] ist es ziemlich lange beständig. Bei der Oxydation entsteht Kathämoglobin[9]. Das Eisen wird durch Säuren leicht herausgespalten unter Bildung von Protoporphyrin[10, 11]. Die prosthetische Gruppe enthält nur 4 Sauerstoffatome (in den beiden Carboxylen)[4]. Läßt sich mittels Kochsalz-Eisessig in Chlorhämin überführen[12].

Die Hämochromogene vom Menschen und vieler Tiere (Pferd, Maus, Frosch usw.) sind identisch[13].

Para-hämochromogene.

Das Häm ist nicht nur befähigt, mit dem Globin allein in Verbindung zu treten, sondern es reagiert auch noch mit einer ganzen Anzahl anderer Stickstoffverbindungen, z. B. Blausäure[14], Hydrazin[14, 15], Ammoniak[15], Amine[15], Pyrrol[14], Pyridin[14, 15], Piperidin[14], Nicotin[14, 15] und Eiweiß verschiedener Art[16] (Ovalbumin, Casein, Euglobulin, Pseudoglobulin, Serumalbumin[16], Edestin[14], Zein[14]). Jeder dieser Stoffe liefert ein besonderes Hämochromogen. Die Menge stickstoffhaltiger Verbindung, die mit 1 Mol Häm zusammentritt, ist verschieden[14], sie beträgt jedoch nicht unter 2 Mol. Am kleinsten ist dieses Verhältnis bei der Blausäure[14], am größten bei den Eiweißarten[14] und auch bei letzteren nicht immer gleich (vom Edestin mehr als vom Globin und vom Zein mehr als vom Edestin)[14]. Die N-Verbindung muß in einer Mindestkonzentration vorhanden sein, damit überhaupt Hämochromogen entstehen kann. Die Spektren sind verschieden je nach der Art der betreffenden Verbindung.

Kohlenoxyd-hämochromogen. Aus Hämatin mit Natriumhydrosulfit und Behandlung mit Kohlenoxyd. — Gibt im Vakuum nach Zusatz von Phosphorsäure das ganze Gas ab (Ausschluß von Sauerstoff ist notwendig, weil sonst Hämatin entsteht). Die Menge Kohlenoxyd, die von einer bestimmten Menge des Hämochromogens abgegeben wird, ändert sich auf Zusatz von Pyridin nicht. Die Kohlenoxyddissoziationskurve für das Hämochromogen des Ochsen ist eine rechtwinklige Hyperbel[8]. Das Kohlenoxydhämochromogen enthält 1 Mol Pyridin, wenn es in dessen

---

[1] Puppe: Dtsch. Z. gerichtl. Med. **1**, 663 (1922).

[2] R. Hill: Biochemic. J. **19**, 341 (1925).

[3] H. Waelsch: Hoppe-Seylers Z. **168**, 188 (1927).

[4] F. Haurowitz: Hoppe-Seylers Z. **169**, 91 (1927).

[5] M. L. Anson u. A. E. Mirsky: J. of Physiol. **60**, 50 (1925); J. gen. Physiol. **12**, 273, 581 (1928).

[6] M. L. Anson u. A. E. Mirsky: J. of Physiol. **59**, XIII (1924); **60**, 50 (1925).

[7] J. B. Conant: J. of biol. Chem. **57**, 401 (1923).

[8] J. Roche: Bull. Soc. Chim. biol. Paris **8**, 362 (1926).

[9] A. Steekmann: Chem. Weekbl. **1930 I**, 170.

[10] H. Fischer: Z. angew. Chem. **38**, 981 (1925).

[11] H. Fischer u. W. Zerweck: Hoppe-Seylers Z. **137**, 183 (1924).

[12] H. Fischer u. K. Schneller: Hoppe-Seylers Z. **128**, 230 (1923).

[13] M. L. Anson, J. u. H. Barcroft, A. E. Mirsky: S. Oinuma u. C. F. Stockmann: J. of Physiol. **58**, 29 (1924).

[14] M. L. Anson u. A. E. Mirsky: J. gen. Physiol. **12**, 273 (1928).

[15] M. L. Anson u. A. E. Mirsky: J. of Physiol. **60**, 50 (1925).

[16] R. F. Holden u. A. E. Freemann: Austral. J. exper. Biol. a. med. Sci. **6**, 79 (1929).

Gegenwart hergestellt wird[1]. Auf 1 Atom Eisen kommt 1 CO und 1 Pyridin[2]. Die Verbindung dissoziiert bei Belichtung und liefert für jedes absorbierte Lichtquantum 1,7 Mol Kohlenoxyd[2].

Cyanid-hämochromogen. Aus Hämin mit Hydrazinhydrat und Natriumcyanid[3] oder durch Versetzen von Häm mit Cyankalium[4]. Enthält 2 Mol Cyanid[4, 5]. Dissoziationskonstante $= 4,8 \cdot 10^{-8}$.[5] Wird die Herstellung in Gegenwart einer zweiten Stickstoffverbindung ausgeführt, dann tritt je 1 Mol beider in das Molekül ein, z. B. Cyan-Nicotin-Hämochromogen. Dissoziationskonstante $= 0,38 \cdot 10^{-8}$.[5]

Pyridin-hämochromogen. Bildet sich wahrscheinlich aus Hämatin beim Behandeln mit Takajamas Reagens (Krystallisation). — Es enthält 2 Pyridin auf 1 Häm[6]. Dissoziationskonstante nur $8,9 \cdot 10^{-6}$.[5] Die Kohlenoxydverbindung enthält 1 CO und 1 Pyridin auf 1 Häm[1]. Gibt mit Sauerstoff eine reversible Verbindung (Gegensatz zum Globinhämochromogen). Säurezusatz steigert die Affinität für Sauerstoff und bringt eine solche für das Kohlenoxyd zustande, die sonst nicht besteht[7]. (Die Affinität des Pyridins zum Häm beträgt etwa $^1/_{50}$ von der des Cyanids.)

Nicotin-hämochromogen. Enthält 2 Mol Nicotin auf 1 Häm. Dissoziationskonstante $1,1 \cdot 10^{-7}$.[5]

Ammoniak-hämochromogen. Aus Globinhämochromogen mit überschüssigem Ammoniak. Spaltet im Vakuum den Ammoniak leicht wieder ab. Spektrum gegenüber dem Globinprodukt um etwa 25 AE nach violett verschoben[4].

II. Hämine.

Nach der Auffassung von W. Küster[8] soll sich die Isolierung des Hämins aus dem Hämoglobin über das Methämoglobin vollziehen. Die Bildung des letzteren erfolgt im Moment des Inlösunggehens der prosthetischen Gruppe. Dabei können 4 isomere Methämoglobine entstehen, aus denen sich weiterhin bei Anwendung der Eisessigmethode (Schalfejeff) nur ein einziges Hämin bildet, währenddem nach der Alkoholmethode (Mörner) 4 isomere nichtalkylierte, 8 mono- und 4 dialkylierte Hämine zu erwarten sind.

Was die Entstehung der verschiedenen Häminarten (α-, β- und Pseudohämine) anbelangt, so wurde von W. Küster anfangs die Auffassung vertreten, daß das im Blut vorgebildete Hämin stets dem α-Typus angehört[9] und daß es erst sekundär unter dem Einfluß der bei der Herstellung verwendeten Agenzien in die β- und schließlich in die Pseudoform umgelagert wird[10]. Nach einer späteren Ansicht sollen allerdings bereits auch im Hämoglobin verschiedener Individuen in bezug auf die prosthetische Gruppe Unterschiede bestehen, die dann Veranlassung geben zur Bildung der erwähnten Häminarten. Diese Unterschiede werden auf Verschiedenheiten in der Bindung des Globins an die Carboxyle der prosthetischen Gruppe, auf Lacton und Betainbildung im Häminmolekül, Veresterung der prosthetischen Gruppe mit Cholesterin zurückgeführt[11].

A. Hamsík[12] hat nun feststellen können, daß aus dem Blut der verschiedensten Tiere stets nur das gleiche Hämin, das α-Hämin, erhalten wird. Auch F. Haurowitz[13] ist es gelungen, nach dem Mörner-Verfahren immer gleiches dimethyliertes α-Hämin herzustellen; sofern besondere Vorsichtsmaßregeln beobachtet wurden.

Es liegt also im unveränderten Blutfarbstoff stets die α-Form vor, einerlei ob das Individuum jung oder alt ist. Wesentlich für die Art des gebildeten Hämins ist die Einwirkung von Mineralsäuren, von Laugen und mehr oder weniger langes Erhitzen[10, 12, 13].

[1] R. Hill: Proc. roy. Soc. Lond. (B) **100**, Nr B 705, 419 (1926).

[2] O. Warburg u. A. Negelein: Biochem. Z. **200**, 414 (1928).

[3] F. Haurowitz: Hoppe-Seylers Z. **169**, 235 (1927).

[4] M. L. Anson u. A. E. Mirsky: J. gen. Physiol. **12**, 273 (1928); J. Physiol. **60**, 30 (1925).

[5] R. Hill: Proc. roy. Soc. Lond. (B) **105**, 112 (1929).

[6] H. Fischer u. R. Schneller: Hoppe-Seylers Z. **128**, 230, 238 (1923). — R. v. Zeynek: Hoppe-Seylers Z. **70**, 228 (1910).

[7] A. E. Mirsky u. M. L. Anson: J. gen. Physiol. **12**, 581 (1929).

[8] W. Küster: Hoppe-Seylers Z. **151**, 65, 73 (1926) — Zelle u. Gewebe **13**, 53 ff. (1926).

[9] W. Küster u. E. Willig: Hoppe-Seylers Z. **129**, 132 (1923). — W. Küster: Hoppe-Seylers Z. **129**, 158 (1923).

[10] W. Küster u. E. Willig: Hoppe-Seylers Z. **129**, 131, 158 (1923).

[11] W. Küster u. Mitarbeiter: Hoppe-Seylers Z. **129**, 142, 160, 176 (1923); **133**, 150; **136**, 280 bis 281; **138**, 21—23 (1924); **151**, 56 (1926) — Zelle u. Gewebe **13**, 54 ff. (1926).

[12] A. Hamsík: Hoppe-Seylers Z. **148**, 101 (1925); **176**, 174 (1928); **178**, 175 (1928); **182**, 117 (1929); **183**, 103 (1929); **186**, 263 (1930); **190**, 212 (1930).

[13] F. Haurowitz: Hoppe-Seylers Z. **173**, 118 (1928).

Weiterhin war von W. Küster der Standpunkt vertreten worden, daß die beiden ungesättigten Seitenketten im Häminmolekül miteinander in Verbindung stehen, auf Grund des Befundes, daß das Hämin befähigt ist, 2 Atome Brom und dazu noch 2 Mol Bromwasserstoff zu addieren[1]. H. Fischer hat dann zeigen können, daß das Hämin befähigt ist, bis zu 5 und mehr Atomen Halogen aufzunehmen, daß die ungesättigten Seitenketten aus 2 Urylen bestehen, die ohne Beziehungen zueinander sind und daß sie unter der Bromeinwirkung sogar abgespalten werden können[2].

Formelbild des Hämins nach W. Küster und H. Fischer:

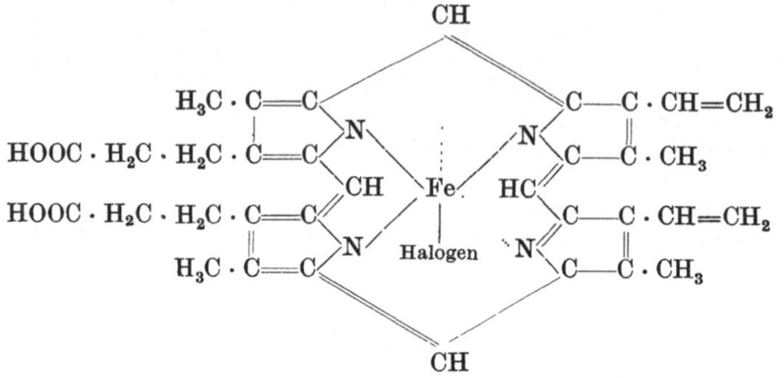

$$CH$$

$$H_3C \cdot C{=\!=}C$$
$$HOOC \cdot H_2C \cdot H_2C \cdot C{=\!=}C \quad N \qquad N \quad C{-\!-}C \cdot CH{=}CH_2$$
$$C{-\!-}C \cdot CH_3$$
$$CH \quad Fe \quad HC$$
$$HOOC \cdot H_2C \cdot H_2C \cdot C{=\!=}C \qquad C{-\!-}C \cdot CH{=}CH_2$$
$$N \quad Halogen \quad N$$
$$H_3C \cdot C{=\!=}C \qquad\qquad C{-\!-}C \cdot CH_3$$

$$CH$$

(Aktives)-α-Oxyhämin (Bd. X, S. 13)[3] = Metahämin.

$$C_{34}H_{32}O_4N_4Fe \cdot OH$$

Darstellung: Defibriniertes oder zentrifugiertes Blut wird mit etwas mehr als dem gleichen Volumen Aceton gut durchgemischt, nach 24—48 Stunden koliert, abgepreßt, nach Verreiben mit Wasser durchgerührt, nach einigem Stehen koliert, bis zur Chlorfreiheit mit Wasser gewaschen, abgepreßt und zerrieben. Das 1 l Blut entsprechende Koagulat wird erst mit 1800 ccm Aceton enthaltend 54 g Oxalsäure und dann mit der Hälfte der obigen Menge je $^1/_2$—$^3/_4$ Stunde ausgezogen und abgepreßt. Die vereinigten Auszüge werden erst mit $/^1_3$ Volumen 2proz. Natriumacetatlösung versetzt, filtriert und dann vorsichtig weiter Natriumacetatlösung bis zur Trübung zugegeben. Nach 3stündigem Stehen wird von der Mutterlauge abgegossen, filtriert und mit Aceton ausgewaschen. Ausbeute 4,5—5 g.

(Beim Auswaschen mit Wasser bildet sich ein Gemisch von Oxyhämin mit seinem Anhydrid.)

Eigenschaften: Sternförmig verzweigte Drusen Teichmann-ähnlicher Krystalle. Unlöslich in Wasser, Alkohol, Äther, Chloroform, Eisessig, schwefelsäurehaltigem Alkohol, verdünnten wässerigen Säuren, Pyridin; löslich in wässerigen Laugen, Soda, Bicarbonat, methylalkoholischer Kalilauge[4]. Ist nur in feuchtem Zustand haltbar. Verliert bei längerem Waschen mit kaltem Wasser oder bei mehrstündigem Kochen[5] oder beim Trocknen[6] seine Aktivität. Ferner bei längerem Behandeln mit methyl- oder äthylalkoholischer Kalilauge, schwefel- oder salzsäurehaltigem Alkohol oder Aceton, 95—100proz. Ameisensäure, Eisessig, Äthylalkohol, Pyridin unter Übergang in die β- und Pseudoform (Alterung, Anhydrisierung)[7]. Der Grad des Alterns hängt ab von der Konzentration, der Temperatur und der Einwirkungsdauer der Agenzien. Soll noch Alkohol oder Aceton enthalten und nur beständig sein in Additionsverbindung mit indifferenten Stoffen[8]; in dieser Form soll auch die Hydroxylgruppe frei vorliegen[9]. Längere Einwirkung von Aceton-Oxalsäure ist ohne Einfluß[10].

---

[1] W. Küster: Hoppe-Seylers Z. **136**, 235; **141**, 291 (1924); **153**, 125; **156**, 1 (1926); **163**, 267; **168**, 294 (1927); **172**, 72, 98 (1928); **179**, 117 (1928); **180**, 259, 270 (1929) — Zelle u. Gewebe **13**, 50—54 (1926).

[2] H. Fischer, G. Hummel u. A. Treibs: Hoppe-Seylers Z. **185**, 33ff. (1929).

[3] A. Hamsík: Hoppe-Seylers Z. **176**, 174; **178**, 175 (1928); **183**, 103 (1929); **186**, 263 (1929); **190**, 212 (1930). — Vgl. A. Hamsík: Hoppe-Seylers Z. **148**, 101 (1925); **176**, 174 (1928); **178**, 67 (1918); **182**, 117 (1929).

[4] A. Hamsík: Hoppe-Seylers Z. **148**, 101 (1925); **176**, 173; **178**, 71 (1928).

[5] A. Hamsík: Hoppe-Seylers Z. **186**, 263 (1930).

[6] A. Hamsík: Hoppe-Seylers Z. **182**, 118; **183**, 269 (1929).

[7] A. Hamsík: Hoppe-Seylers Z. **148**, 101 (1925); **178**, 67 (1928); **182**, 117 (1929).

[8] A. Hamsík: Hoppe-Seylers Z. **190**, 199 (1930).

[9] A. Hamsík: Spisy lék. Fak. masaryk. Univ. Brno (tschech.) **7**, 123 (1929).

[10] A. Hamsík: Spisy lék. Fak. masaryk. Univ. Brno (tschech.) **6**, 1 (1928).

Als Kriterium für die Aktivität dient die Bildung von krystallisiertem α-Formylhämin mit 80proz. Ameisensäure; von Acethämin mit Eisessig, von Oxalylhämin mit Aceton-Oxalsäure und von Sulfathämin mit Aceton-Schwefelsäure in der Kälte (diese Reaktionen führen mit fortschreitender Alterung zu immer weniger gut krystallisierenden Produkten)[1]. Ferner wird noch herangezogen die Bildung eines krystallisierten Kaliumsalzes mit methylalkoholischer Kalilauge, mit dessen Hilfe auch eine fast vollständige Reaktivierung gealterter Produkte erzielt werden kann[1].

Läßt sich leicht zu Hämochromogen reduzieren[2] und gibt mit Stannochlorid-Salzsäure in Aceton oder mit 80proz. Ameisensäure und Eisen in guter Ausbeute Protoporphyrin[3].

Kaliumsalz. 1 g Oxyhämin suspendiert in 80—100 ccm Methylalkohol wird mit methylalkoholischer Kalilauge (20 g in 100 ccm Alkohol) bis zur Lösung versetzt. Nach dem Filtrieren wird mit dem gleichen Volumen der Lauge vermischt und stehengelassen, wobei Krystallisation eintritt. Nach 6 Stunden wird filtriert und erst mit Methylalkohol-Äther chlorfrei gewaschen und dann mit Äther nachbehandelt. Ausbeute 0,9—1 g. — Ziemlich große, aus langen rhombischen Tafeln bestehende, meist zu Drusen gruppierte Krystalle. Leicht löslich in Wasser und Methylalkohol und Eisessig; wenig in Äthylalkohol. Gibt mit Chlornatrium-, Bromkalium-, Jodkalium- und Rhodankalium-haltigem Eisessig die entsprechenden typischen α-Hämine. Entsteht auch aus α-Chlorhämin und kann sehr gut zu dessen Ausscheidung verwendet werden[4]. Beim Versetzen einer methylalkoholischen Lösung des Kaliumsalzes mit Ca-, Ba-, Ag- oder Pb-acetat entstehen die entsprechenden Metallsalze des Oxyhämins[5].

Hydroxy-hämin-anhydrid.

Mol-Gewicht: 615,34.

Zusammensetzung: 66,33% C; 5,07% H; 10,42% O; 9,11% N; 9,07% Fe. $C_{34}H_{31}O_4N_4Fe$.

Darstellung: 1 l defibriniertes Ochsenblut, verdünnt mit 3 l einer verdünnten Lösung von Essigsäure und Natriumacetat wird durch Kochen koaguliert, das Koagulum abgepreßt, mit Wasser chlorfrei gewaschen, wieder abgepreßt und mit 3—4 l 95proz. Alkohol, der 2% Oxalsäure enthält, ausgezogen. Nach dem Abpressen und Filtrieren wird je 1 l mit dem zweifachen Volumen siedendem Wasser versetzt, 15 Minuten im Wasserbad gekocht und dann zur Krystallisation stehengelassen. Nach 2—3 Stunden wird filtriert, erst mit Wasser, dann mit heißem Alkohol gewaschen und schließlich mit Äther extrahiert. Ausbeute 3—4 g pro Liter Blut[6, 7].

Reinigung: 1 g Anhydrid wird in 100—150 ccm methylalkoholischer Kalilauge (100 ccm Methylalkohol, 2—3 ccm 30proz. Kalilauge) kalt gelöst, filtriert, das Filtrat in 50 ccm Eisessig eingetragen, 25 ccm heißes Wasser zugesetzt, das Ganze 5—10 Minuten auf dem Wasserbad gekocht und wie oben aufgearbeitet. Ausbeute 0,8—0,9 g[6, 7].

Eigenschaften: Kleine, meist zu sternförmigen Aggregaten angeordnete Nadeln oder rhomboedische Täfelchen mit grünbrauner bis braunroter Farbe. Unlöslich in Wasser, Alkohol, Äther, Chloroform, konz. Schwefelsäure; sehr wenig in Eisessig, Pyridin, verdünnter alkoholischer Schwefelsäure; langsam und anfangs kolloidal löslich in verdünnter Soda und Ammoniak; löslich in verdünnter Natronlauge; in Eisessig-Bromwasserstoff unter Bildung von Hämatoporphyrin und in Salzsäure-Aceton-Stannochlorid unter Bildung von Protoporphyrin. Gibt beim Kochen mit Eisessig-Kochsalz α-Chlorhämin[6].

Hämatin (Bd. VI, S. 228; Bd. IX, S. 340; Bd. X, S. 13).

$$C_{34}H_{33}O_5N_4Fe$$

Vorkommen: als α-Hämatin. Im Serum nach Injektion von Knochenmark und Milz[8]; bei verschiedenen Krankheiten (perniziöse Anämie[9, 10], Malaria[10], kongenitale Porphyrie[11]

[1] A. Hamsík: Hoppe-Seylers Z. **182**, 118; **183**. 269 (1929).

[2] A. Hamsík: Hoppe-Seylers Z. **190**, 199 (1930).

[3] A. Hamsík: Hoppe-Seylers Z. **183**, 103 (1929).

[4] A. Hamsík: Hoppe-Seylers Z. **133**, 173 (1924); **169**, 65 (1927); **182**, 117 (1929).

[5] A. Hamsík: Spisy lék. Fak. masaryk. Univ. Brno (tschech.) **2**, 1 (1924).

[6] A. Hamsík: Hoppe-Seylers Z. **133**, 173 (1924); **156**, 218 (1926); **169**, 68 (1927); **182**, 117 (1929); **183**, 103 (1929).

[7] A. Hamsík: Publ. de la Fac. Sci. Univ. Masaryk **1**, 1 (1922).

[8] F. C. Mann, Ch. Sheard, J. B. Bollmann u. E. J. Baldes: Amer. J. of Physiol. **76**, 306 (1926).

[9] H. Engelkes: Dissertation Utrecht (1922). — O. Schumm: Hoppe-Seylers Z. **128**, 188 (1923); **152**, 1 (1926). — A. Rosenbohm, Hoppe-Seilers Z. **178**, 250 (1928).

[10] R. Fabre u. H. Simmonet: C. r. Acad. Sci. Paris **183**, 241 (1926).

[11] O. Schumm: Hoppe-Seylers Z. **126**, 193 (1923); **152**, 1 (1925).

usw.); nach Vergiftung mit Kaliumchlorat[1], Dinitrobenzol[1], Essigsäure[1]; nach starken Muskelbewegungen[2].

Im Blut (in vivo) in großer Menge nach Phosgenvergiftung[3]; (in vitro) nach Behandlung mit Kohlensäure und Essigsäure von $p_H = 4$ [4].

Sehr häufig im Nabelschnurblut und im Blut von Neugeborenen[5].

In den Faeces nach okkulten Blutungen[6]; in der menschlichen Galle und im Meconium[7]; im Pleuraexsudat bei kongenitaler Porphyrie[8].

In frischer[9] und gefaulter[10] Hefe, in gefaultem Blut.

Im Hafer[11].

Bildung: Aus Hämoglobin mittels Stuhlbakterien (daneben noch Protoporphyrin)[12].

Organisch synthetisch in der Hefe[13]. Isolierung in krystallisiertem Zustand ist möglich. Durch Dialyse von Hämoglobin gegen $n/_{40}$-Salzsäure[14].

Aus Hämochromogen bei Zutritt von Sauerstoff[15].

Darstellung: 0,5 g Hämin, gelöst in 50 ccm 5proz. wässeriger Kalilauge, wird mit wenig überschüssigem Eisessig gefällt, mit verdünnter Essigsäure gewaschen, Lösung und Fällung wiederholt, dann rasch im Hochvakuum über Chlorcalcium getrocknet, in 40 ccm Pyridin gelöst, rasch abgesaugt und mit dem gleichen Volumen Petroläther versetzt. Beim Stehen Krystallisation. — Enthält etwa 2 Mol Krystallpyridin. Schwer löslich in heißem Pyridin; leicht in verdünnter Lauge[16].

Eigenschaften: Gibt beim Kochen mit 1proz. methylalkoholischer Salzsäure das Eisensalz des Tetramethylhämatoporphyrins[17]. Wird jedoch der Salzsäuregehalt auf 3% gesteigert, dann wird bereits das Eisen abgespalten[18]. Unter der Einwirkung von konz. Ameisensäure, Oxalsäure, Milchsäure, Brenztraubensäure, 15proz. Schwefelsäure entsteht Protoporphyrin[19]. Beim Erhitzen mit konz. Salzsäure entstehen Umwandlungsprodukte, in denen das Eisen fest gebunden ist (Hydrazin-Eisessig gibt nur schwer, konz. Schwefelsäure etwas leichter Porphyrin)[20, 21]. Von Eisessig wird Hämatin nicht angegriffen.

Bei Methylierung mit Dimethylsulfat entsteht ein trimethyliertes Produkt, das beim Behandeln mit 10proz. methylalkoholischer Kalilauge oder mit Eisessig-Bromwasserstoff wieder 2 Methyle verliert[21].

Gibt beim Lösen in Pyridin kein Hämochromogen trotz der Ähnlichkeit der Spektren[22]. In amorphem, feuchtem Zustand läßt es sich über Hämochromogen mit schlechter Ausbeute in Chlorhämin überführen[23].

Hämatin erhöht genau wie Hämoglobin die Löslichkeit von Chloräthyl in Wasser[24].

Verdauungshämatin ist stark paramagnetisch[25].

[1] R. Fabre u. H. Simmonet: C. r. Acad. Sci. Paris **183**, 241 (1926).

[2] L. Bingold: Dtsch. Arch. klin. Med. **154**, 53 (1926).

[3] R. Mayer: Dtsch. med. Wschr. **1928 II**, 1557.

[4] W. A. Osborne: Austral. J. exper. Biol. a. med. Sci. **3**, 117 (1926).

[5] G. Haselhorst u. A. Papendieck: Klin. Wschr. **3**, 979 (1924).

[6] O. Schumm u. E. Mertens: Hoppe-Seylers Z. **156**, 67 (1926).

[7] O. Schumm: Hoppe-Seylers Z. **151**, 126 (1926).

[8] O. Schumm: Hoppe-Seylers Z. **126**, 193 (1923).

[9] H. Fischer u. F. Schwerdtel: Hoppe-Seylers Z. **175**, 248 (1928). — R. M. Mayer: Hoppe-Seylers Z. **177**, 47 (1928). — O. Schumm: Hoppe-Seylers Z. **159**, 192 (1926); **170**, 1 (1927).

[10] H. Fischer u. J. Hilger: Hoppe-Seylers Z. **138**, 290 (1924).

[11] O. Schumm: Hoppe-Seylers Z. **154**, 171; **158**, 77 (1926).

[12] H. Kämmerer: Klin. Wschr. **2**, 1153 (1923). — H. Fischer u. F. Lindtner: Hoppe-Seylers Z. **145**, 211 (1925).

[13] O. Schumm: Ber. dtsch. chem. Ges. **61**, 784 (1928).

[14] R. Zeynek: Hoppe-Seylers Z. **130**, 248 (1923).

[15] J. Roche: Bull. Soc. Chim. biol. Paris **8**, 362 (1926).

[16] H. Fischer, A. Treibs u. K. Zeile: Hoppe-Seylers Z. **193**, 156 (1931).

[17] O. Schumm: Hoppe-Seylers Z. **166**, 1, 319; **168**, 1; **170**, 1 (1927).

[18] O. Schumm: Hoppe-Seylers Z. **166**, 10 (1927).

[19] O. Schumm: Hoppe-Seylers Z. **179**, 33 (1928).

[20] O. Schumm u. E. Mertens: Hoppe-Seylers Z. **177**, 15 (1927).

[21] F. Haurowitz: Hoppe-Seylers Z. **169**, 235 (1927).

[22] R. v. Zeynek: Klin. Med. **21**, 1601 (1925).

[23] H. Fischer u. K. Schneller: Hoppe-Seylers Z. **128**, 235 (1928).

[24] L. Scotti-Fogliani: C. r. Soc. Biol. Paris **106**, 226 (1931).

[25] F. Haurowitz: Hoppe-Seylers Z. **137**, 69 (1924).

Das Hämatin ist die prosthetische Gruppe des Methämoglobins. Am Neutralpunkt und in dessen Nähe verbindet es sich mit nativem Globin zu Methämoglobin[1], mit denaturiertem Globin zu Kathämoglobin[2] und mit anderen stickstoffhaltigen Substanzen zu Parahämatinen[3], z. B. mit 4-Methyl-Imidazol oder mit 4-Methyl-pyridin[2], Eieralbumin, Casein.

Bei Reduktion in saurer oder alkalischer Lösung entsteht Häm mit 2 wertigem Eisen[4]. Bei dieser Reduktion wird pro Eisenatom 1 Äquivalent Wasserstoff verbraucht[5]. Das Oxydations-Reduktionspotential sämtlicher Hämatine ist bei $p_H = 9,15$ und $22 \pm 2°= -0,230$ bis $-0,242$ Volt bei $2 \cdot 10^{-4}$ molarer Konzentration. Es wird auf Zusatz kleiner Mengen Pyridin positiver[6].

Das aus Hämoglobin dargestellte saure Hämatin ist eine kolloidale Hämatinlösung[2].

In einer reinen, sehr schwach alkalischen Hämatin-Eiweißlösung wird der Farbstoff durch Pneumokokken, Streptobacillen und Streptokokken in Gegenwart von Wasserstoffperoxyd bis zur Farblosigkeit abgebaut[7].

Das Spektrum des Hämatins ändert sich mit der Farbstoffkonzentration. Bei Abnahme derselben Verschiebung nach Rot[2].

Physiologisches Verhalten: Alkalisches Hämatin vitaminfreier Nahrung zugesetzt verhindert Beri-Beri. Es wirkt also wie der P. P.-Faktor (junge Ratten)[8]. Andrerseits kann Skorbut in Beri-Beri umgestellt werden. Im Darminnern übt es katalytische Wirkung bei der Oxydation ungesättigter Säuren aus[9].

Katalytische Eigenschaften: Das Hämatin ist eine Peroxydase; die Wirkung beträgt etwa 70% von der des Hämoglobins und ist annähernd gleich groß wie die des Hämins; jedoch nicht so abhängig vom p_H [10]. Hämatin beschleunigt die Salzhydrolyse[11]. In Spuren übt das alkalische Hämatin unter anaeroben Bedingungen eine beschleunigende Wirkung auf Pankreasdiastase aus, und zwar in deren ganzem Wirkungsbereich (3 bis 10 fach in Phosphatpuffer)[12].

Dimethyl-hämatin-acetat $C_{32}H_{36}N_4Fe \cdot OH \cdot (COOCH_3)_2$. Dimethylhämatin, gelöst in viel Chloroform, wird mit 10proz. Natronlauge geschüttelt, bis der Farbenumschlag, der von einer deutlichen spektroskopischen Änderung begleitet ist, vollendet ist. Dann wird mit Wasser gewaschen, getrocknet, filtriert, auf dem Wasserbad stark eingeengt und mit dem 10fachen Volumen Petroläther versetzt, wonach langsam Krystallisation einsetzt. — Glänzende, schräg abgeschnittene Prismen; Schmelzp. 232° (korr. Block). Läßt sich durch Kochen mit Kochsalz-Eisessig wieder in Hämin zurückverwandeln. Spektrum in Chloroform unscharf. Farbe oliv. I 617—594...; II 583—562; End. Abs. 443[13].

Cyan-hämatin. Bleibt beim Eindampfen einer mit Blausäure versetzten Lösung von Hämatin in Pyridin als rote, zum Teil krystalline Kruste[14]. Entsteht ferner beim Eindampfen einer Lösung von Hämatin in Blausäure 1: 450[15].

Schöne, einheitliche hellgelbrote Nadeln, die sich an der Luft rasch zersetzen. Beim Behandeln mit Reduktionsmitteln unter Luftabschluß bildet sich Cyanhämochromogen[16]. Das Cyan wird durch Globin langsam und unvollständig, durch Kalilauge vollständig verdrängt.

[1] F. Haurowitz u. Waelsch: Hoppe-Seylers Z. **182**, 86 (1929). — R. Hill u. H. F. Holden: Biochemic. J. **20**, 1326 (1926). — J. Roche: C. r. Soc. Biol. Paris **99**, 1971 (1928); Bull. Soc. Chim. biol. Paris **8**, 362 (1926).

[2] D. Keilin: Proc. roy. Soc. Lond. (B) **100**, Nr B 701, 129 (1926).

[3] R. F. Holden u. J. Freemann, Austral. J. exper. Biol. a. med. Sci. **6**, 79 (1929).

[4] M. L. Anson u. A. E. Mirsky: J. of Physiol. **60**, 50 (1925).

[5] F. Haurowitz: Hoppe-Seylers Z. **164**, 255 (1927). — R. Hill u. F. Holden: Biochemic. J. **21**, 625 (1927). — Vgl. J. B. Conant: J. of biol. Chem. **57**, 401 (1923). — J. Roche: Bull. Soc. Chim. biol. Paris **8**, 362 (1926) — C. r. Soc. Biol. Paris **94**, 463 (1926).

[6] J. B. Conant u. O. Tongberg: J. of biol. Chem. **86**, 733 (1930).

[7] R. Bingold: Klin. Wschr. **7**, 928 (1928).

[8] W. Kollath: Naunyn-Schmiedebergs Arch. **150**, 232 (1930).

[9] W. Kollath: Naunyn-Schmiedebergs Arch. **142**, 86 (1929); **150**, 236 (1930); **153**, 359 (1930).

[10] R. Kuhn u. L. Brann: Hoppe-Seylers Z. **168**, 27 (1927).

[11] C. Biedermann u. C. Jarnakoff: Biochem. Z. **150**, 477 (1924).

[12] G. Cosak: Biochem. Z. **235**, 469 (1931).

[13] H. Fischer, G. Hummel u. A. Treibs: Liebigs Ann. **471**, 272 (1929).

[14] R. Zeynek: Med. Klinik **21**, 1201 (1925).

[15] F. Haurowitz: Hoppe-Seylers Z. **169**, 235 (1927).

[16] A. Hamsík: Hoppe-Seylers Z. **190**, 206 (1930).

α-Chlor-hämin (Bd. VI, S. 234; Bd. IX, S. 342, 401; Bd. X, S. 14).

$$C_{34}H_{32}O_4N_4FeCl$$

Bildung: Aus Protoporphyrin mit Ferroacetat[1] bzw. Ferrichlorid[2] und Eisessig in Gegenwart von Kochsalz[1] bzw, Salzsäure[2] und Erhitzen auf dem Wasserbad (vgl. S. 712 u. 713). Aus α-Oxyhämin[3], Oxyhäminanhydrid[3] und Methämoglobin[4] mit Eisessig-Kochsalz.

Konstitution: Mit Hilfe der Eisessigmethode entsteht aus Hämoglobin stets ein und dasselbe α-Chlorhämin, bei dem nach W. Küster salzartige Verknüpfung der beiden Carboxyle mit den basischen Stellen des Moleküls, also Doppelbetainstruktur, vorliegen soll. Von den 2 Betainbindungen ist die eine leicht, die andere schwerer aufzuspalten, wodurch die beiden Carboxyle verschieden stark aufzufassen sind[5].

$$\left[\begin{array}{c} COO \\ >N \qquad NH \\ >N \quad Fe \qquad NH \\ Cl \\ COO \end{array} \right]_6$$

Reinigung: 1 g Rohhämin wird in 100 ccm methylalkoholischer Kalilauge (100 ccm Methylalkohol, 2—3 ccm 30 proz. Kalilauge) gelöst, filtriert, das Filtrat in 150 ccm siedenden, chlornatriumhaltigem Eisessig eingetragen und noch kurz gekocht. Nach mehrstündigem Stehen wird von der Krystallisation abfiltriert[7].

Eigenschaften: Sehr langgestreckte, schief abgeschnittene Krystalle mit 54—58° Kantenwinkel und 32° Auslöschungsschiefe[8]. An kaltes Wasser wird kein Halogen abgegeben, an heißes nur Spuren[9]. Durch 5 proz. Soda kann das Halogen dann erst abgespalten werden, wenn die Betainbindungen gelöst sind und das Halogen sowohl Beziehung zum Eisen als auch zum Stickstoff zeigt[10]. Das Hämin gibt leicht Oxyhäminanhydrid, mit methylalkoholischer Kalilauge entsteht ein gut krystallisierendes Gemisch des Di- und Trikaliumsalzes des α-Oxyhämins[11]. Mit Ameisensäure-Eisen[12] oder Aceton-Stannochlorid[13] wird in guter Ausbeute Protoporphyrin erhalten. Bei der Reduktion mit Wasserstoff in Gegenwart von Palladium-Norit, Palladium-Bariumsulfat, Palladium-Asbest oder Platin-Kohle in alkoholischer Lösung entsteht Dihydrohämin $C_{34}H_{34}O_4N_4FeCl$ (Wasserstoffanlagerung wahrscheinlich in Stellung 1,8)[14] in Gegenwart von Platinoxyd in Piperidin-Chloroform Perhydrohämin[14, 15, 16] bzw. weiterhin Mesohämin[15, 17]. Beim Erhitzen mit Collidin bildet sich Collidinhämin $C_{34}H_{32}O_4N_4FeCl + C_8H_{11}N$[18] mit Essigsäureanhydrid Allohämin[19] bzw. Chlorhämindiacetat $C_{32}H_{30}N_4FeCl(COO \cdot COCH_3)_2$[18] und bei Behandlung mit Methylalkohol-Salzsäure[20] oder Methylalkohol-Schwefelsäure[20] das Eisensalz des Tetramethylhämatoporphyrins. Beim Erhitzen mit Eisessig-Bromwasserstoff auf 180°[21] oder mit Pyridin-Ameisensäure auf 150°[22]

[1] H. Fischer, A. Treibs u. K. Zeile: Hoppe-Seylers Z. **193**, 151; **195**, 26 (1931).
[2] H. Fischer u. B. Pützer: Hoppe-Seylers Z. **154**, 44 (1926).
[3] A. Hamsík: Hoppe-Seylers Z. **133**, 173 (1924); **148**, 99 (1925); **156**, 218 (1926); **169**, 68 (1927); **176**, 176 (1928); **182**, 117; **183**, 103, 269 (1929).
[4] W. Küster: Zelle u. Gewebe **13**, 67 ff. (1926).
[5] W. Küster u. E. Willig: Hoppe-Seylers Z. **129**, 132 (1923); **151**, 65, 73 (1927) — Zelle u. Gewebe **13**, 55 (1926).
[6] W. Küster, Zelle u. Gewebe **12**, 7 (1924).
[7] A. Hamsík: Hoppe-Seylers Z. **133**, 178 (1924).
[8] R. Kuhn u. L. Brann: Hoppe-Seylers Z. **168**, 49 (1927).
[9] A. Hamsík: Spisy lék. Fak. masaryk. Univ. Brnó (tschech.) **1**, 63 (1923).
[10] W. Küster: Zelle u. Gewebe **13**, 56 (1926).
[11] A. Hamsík: Hoppe-Seylers Z. **133**, 178 (1924); **182**, 117 (1929); **196**, 65 (1930).
[12] H. Fischer u. F. Lindner: Hoppe-Seylers Z. **153**, 53 (1926).
[13] A. Hamsík: Hoppe-Seylers Z. **156**, 218 (1926); **180**, 308 (1929).
[14] R. Kuhn: L. Brann, C. Seyffert u. M. Furter: Ber. dtsch. chem. Ges. **60**, 1158 (1927).
[15] R. Kuhn u. C. Seyffert: Ber. dtsch. chem. Ges. **61**, 2510 (1928).
[16] H. Fischer u. Walter: Ber. dtsch. chem. Ges. **60**, 1992 (1927).
[17] R. Kuhn u. A. Wassermann: Ber. dtsch. chem. Ges. **61**, 1550 (1928).
[18] H. Fischer, G. Hummel u. A. Treibs: Liebigs Ann. **471**, 248 (1927).
[19] R. Kuhn u. C. Seyffert: Ber. dtsch. chem. Ges. **61**, 310 (1928).
[20] H. Fischer u. H. Hilmer: Hoppe-Seylers Z. **153**, 175 (1926).
[21] H. Fischer u. F. Lindner: Hoppe-Seylers Z. **161**, 1 (1926).
[22] H. Fischer u. F. Lindner: Hoppe-Seylers Z. **168**, 159 (1927).

wird Mesoporphyrin erhalten; bei der katalytischen Hydrierung in alkalischer Lösung in Gegenwart von kolloidalem Palladium entsteht Mesohämin, in eisessigsaurer Lösung dagegen Mesoporphyrin und Mesohämin[1]. Beim Verschmelzen mit Resorcin, Orcin, Pyrrogallol, Phloroglucin, 2,7-Dioxynaphtha-lin und β-Naphthol wird das Eisensalz des Deuteroporphyrins erhalten[2].

Gegen 25proz. Salzsäure ist das Hämin ziemlich beständig, beim Kochen mit konz. Salzsäure wird ein Produkt erhalten, das beständiger ist gegen Eisessig-Hydrazinhydrat wie das Ausgangsmaterial. Durch Eisessig wird die ursprüngliche α-Struktur nicht verändert; mit Oxalsäure bilden sich 2 Porphyrine, darunter Protoporphyrin; mit Brenztraubensäure entsteht Protoporphyrin (in Anilin gelöstes Hämin wird dagegen ohne Eisenabspaltung verändert; dasselbe ist auch der Fall mit Anilin-Hydrazinhydrat, Anilin-Eisessig-Eisen). Porphyrinbildung tritt auch ein mit 100proz. Ameisensäure, Milchsäure und 25proz. Schwefelsäure[3].

Unter der Einwirkung von überschüssigem Chlor (12 Atome) in Chloroformlösung entsteht $C_{34}H_{29}O_4N_4FeCl_9$; in Gegenwart von 4 Atomen Chlor werden 3—4 Atome aufgenommen. Bei Behandlung mit 3 Atomen Brom entsteht Dibrom-α-bromhämin[4].

Trockenes Hämin in trockenem Pyridin gelöst, zeigt einen Streifen bei λ 650—630 $\mu\mu$, der auf Zusatz von Wasser verschwindet. Beim Verdünnen mit Pyridin zeigen sich jetzt 2 Streifen bei λ 580—570 und 555—530 $\mu\mu$, die in der Gegend der Hämochromogenbanden liegen[5]. Die hier vorliegende Verbindung ist jedoch im Gegensatz zur Auffassung von H. Fischer[6] und W. Küster[5] kein Hämochromogen[7, 8, 9]. Verbrauch derselben Menge Hydrazinhydrat zur Reduktion wie Hämin[7] und deutlich spektroskopische Verschiedenheit von Hämochromogen[8].

Beim Eingießen der Pyridinlösung in Wasser entsteht ein kolloides System, aus dem mit Essigsäure Hydroxyhämin gefällt wird, das sich wieder in α-Chlorhämin zurückverwandeln läßt[10]. Bei längerem Stehen der Pyridinlösung geht der α-Typus allmählich in den β- und schließlich in den Pseudotypus über[11].

α-Chlorhämin krystallisiert aus einer protoporphyrinhaltigen Lösung mit diesem zusammen aus. Der Höchstgehalt der Krystallisation an Porphyrin beträgt bis zu 20,8%; die auch bei Behandlung mit Säure nicht abgegeben werden[12].

Das Chlorhämin ist stark paramagnetisch[13]. Die Anzahl der aktiven Wasserstoffatome wurde zwischen 2 und 5 gefunden[14].

Bei Überführungsversuchen in saurer Lösung wandert das Chlor anodisch, der Farbstoff kathodisch (Formel des Hämins also $[RH]^+Cl^-$, angenommen wird ein saures Wasserstoffatom am Stickstoff eines Pyrrolkerns). Kathodische Wanderung tritt auch ein in Pyridin und in Anilin. In alkalischer Lösung wandert das Chlor anodisch, der Farbstoff jedoch nicht (Formel $H^{+-}[R]^+Cl^-$). Anodische Wanderung des Farbstoffs tritt dagegen ein in Cyankaliumlösung (Komplexsalzbildung)[8].

In katalytischer Hinsicht ist das Eisessig-Hämin das beste und das am gleichmäßigsten wirkende[9].

Spektroskopische Eigenschaften: Die Verschiedenheit der Spektren von Hämin in saurer und alkalischer Lösung wird durch Änderung des Ladungssinns erklärt[8].

---

[1] A. Papendieck: Hoppe-Seylers Z. **169**, 59 (1927).

[2] O. Schumm: Hoppe-Seylers Z. **178**, 1 (1928).

[3] O. Schumm: Hoppe-Seylers Z. **177**, 28 (1928).

[4] W. Küster u. H. Bosch: Hoppe-Seylers Z. **172**, 89, 92 (1927).

[5] W. Küster: Zelle u. Gewebe **12**, 20 (1924) — Hoppe-Seylers Z. **141**, 282 (1924) — Ber. dtsch. chem. Ges. **58**, 2851. 1925). — R. Kuhn u. L. Brann: Hoppe-Seylers Z. **168**, 27 (1927).

[6] H. Fischer u. K. Schneller: Hoppe-Seylers Z. **128**, 230, 238 (1923).

[7] F. Haurowitz: Hoppe-Seylers Z. **168**, 255 (1927).

[8] F. Haurowitz: Hoppe-Seylers Z. **169**, 235 (1927).

[9] R. Kuhn u. L. Brann: Hoppe-Seylers Z. **168**, 27 (1927).

[10] W. Küster: Zelle u. Gewebe **12**, 7 (1924) — Hoppe-Seylers Z. **138**, 21 (1924).

[11] W. Küster: Hoppe-Seylers Z. **129**, 132 (1923); **143**, 143, 157 (1924).

[12] H. Fischer, A. Treibs u. K. Zeile: Hoppe-Seylers Z. **193**, 165 (1930).

[13] A. Gemgec: Proc. roy. Soc. Lond. **68**, 503 (1901).

[14] H. Fischer u. J. Postowsky: Hoppe-Seylers Z. **152**, 309 (1926). — H. Fischer u. E. Walter: Ber. dtsch. chem. Ges. **60**, 1989 (1927). — H. Fischer u. P. Rothemund: Ber. dtsch. chem. Ges. **61**, 1270 (1928). — R. Kuhn u. M. Furter: Ber. dtsch. chem. Ges. **61**, 130 (1928). — F. Haurowitz u. E. Zirm: Ber. dtsch. chem. Ges. **62**, 163 (1929). — H. Fischer u. P. Rothemund: Ber. dtsch. chem. Ges. **64**, 201 (1931).

Hämin und Kropoprophyrin können spektroskopisch nebeneinander bestimmt werden (König-Martens-Spektrophotometer)[1].

Für Hämin gelöst in Natronlauge und Ammoniak gilt das Beersche Gesetz nicht[2].

Spektrophotometrische Intensitätsbestimmung von Hämin in alkalischem 70proz. Alkohol im Bereich von λ 650—500 $\mu\mu$ [3].

Pentachlor-monomethyl-chlor-hämin[4].

Mol-Gewicht: 842,08.

Zusammensetzung: 49,93% C; 3,95% H; 7,58% O; 6,65% N; 6,63% Fe; 25,26% Cl. $C_{35}H_{33}O_4N_4FeCl_6$.

Darstellung: Eine Auflösung von 5 g α-Monomethyl-chlor-hämin in Chloroform wird unter Eiskühlung und stetem Umschütteln mit 1,1 g Chlor in 50 ccm Chloroform versetzt. Nach 1 stündigem Weiterschütteln wird ein Teil des Chloroforms verdunstet, der Rest in 50 ccm Petroläther eingetragen, der ausgefüllte Farbstoff filtriert, auf Filtrierpapier abgepreßt, im Vakuum getrocknet, in Äther gelöst und wieder filtriert. Beim Eindunsten des Äthers hinterbleibt eine undeutliche Krystallisation. Ausbeute 3 g.

Eigenschaften: Umkrystallisierbar aus Eisessig. Löslich in Methylalkohol und Aceton. Verliert beim Erhitzen mit Methylalkohol 3 Chloratome, von denen eines durch Methoxyl und ein zweites durch Hydroxyl ersetzt wird; ein einheitlicher Stoff entsteht jedoch nicht. Beim Verreiben mit 10proz. Soda werden 2 Chlor und durch Schütteln einer ätherischen Lösung des Hämins mit Natriumbicarbonat 2—3 Chlor abgespalten. Beim Erwärmen mit methylalkoholischer Kalilauge wird das gesamte Chlor herausgenommen. Mit Eisessig-Bromwasserstoff wird 1 Chloratom eliminiert, Porphyrinbildung tritt dabei nur in ganz geringem Maß ein[4]. Zeigt keine selektive Absorption mehr[5].

Trichlor-monooxy-hydroxyhämin $C_{35}H_{35}O_6N_4FeCl_3$. Durch 5tägiges Stehen von 2 g Pentachlorhämin mit 40 g Eisessig-Bromwasserstoff, Verdampfen des Lösungsmittels im Vakuum bei 60°, Aufnehmen des Rückstands in 50 ccm abs. Methylalkohol, Filtrieren, Zugabe von 10 ccm 10proz. methylalkoholischer Kalilauge, Abfiltrieren nach 2 stündigem Stehen, Versetzen des Filtrats mit 500 ccm Äther und Auswaschen der Lösung mit Wasser, in welches fast der gesamte Farbstoff übergeht und aus dem er dann mit Essigsäure ausgefällt wird. Ausbeute 1,2 g. — Tetraedrische Krystallisation. Löslich in Chloroform, Methylalkohol, Aceton, Eisessig; unlöslich in Soda[4].

Dimethylester des α-Chlor-hämins[6].

$$C_{36}H_{36}O_4N_4FeCl$$

Darstellung: Eine 15 g Hämoglobin enthaltende Menge defibriniertes Blut wird nach 3maligem Zentrifugieren mit 1,2proz. Kochsalz mit dem gleichen Volumen Wasser und $^1/_5$ des Gesamtvolumens an Toluol geschüttelt (Hämolyse), nach Stehen über Nacht scharf zentrifugiert, die Hämoglobinschicht abpipettiert, mit Wasser auf 250 ccm verdünnt und mit 1 ccm 1proz. Schwefelsäure unter Umschütteln 15 Min. auf dem siedenden Wasserbad erhitzt, filtriert, der Rückstand mit 100 ccm Methylalkohol gewaschen, dann 2 Stunden mit 175 ccm 1% schwefelsäurehaltigem Methylalkohol extrahiert, abgesaugt und der Extrakt im siedenden Wasserbad erhitzt. 5 Minuten nach Beginn wird mit 0,8 ccm Salzsäure und 9,2 ccm Methylalkohol versetzt und weitere 10 Minuten erhitzt. Nach dem Erkalten Absaugen und mit Methylalkohol und Äther auswaschen. Ausbeute 20—30%.

Eigenschaften: Große beiderseits zugespitzte Nadeln. Unlösbar in kalter und heißer Soda; sehr wenig löslich in 1proz. schwefelsäurehaltigem Alkohol (ca. 1 : 20000).

[1] A. Treibs: Hoppe-Seylers Z. **168**, 68 (1927).
[2] V. Zilzer: Biochem. Z. **179**, 348 (1926).
[3] F. Haurowitz: Hoppe-Seylers Z. **169**, 235 (1927).
[4] W. Küster: Hoppe-Seylers Z. **141**, 292 (1924).
[5] W. Küster: Zelle u. Gewebe **13**, 51 (1926).
[6] F. Haurowitz: Hoppe-Seylers Z. **173**, 121 ff. (1928).

Dimethyl-chlorhämin [1,2,3].

$C_{36}H_{36}O_4N_4FeCl$ (Meist als $C_{36}H_{34}O_4N_4FeCl$ angegeben.)

Darstellung: 5 g trockenes Eisessighämin wird 10 Minuten lang kräftig mit 80 ccm Chloroform und 14 ccm Pyridin geschüttelt; rasch filtriert, das Filtrat in 250 ccm siedenden absoluten, 35 ccm 38proz. Salzsäure enthaltenden Methylalkohol vorsichtig eingerührt und das Gemisch bis zum Einsetzen der Krystallbildung auf dem Wasserbad erhitzt. Nach dem Erkalten und längerem Stehen im Eisschrank wird abgesaugt, erst mit wenig Methylalkohol und dann mit Wasser gewaschen. Ausbeute 4,5 g [2].

Eigenschaften: Gekreuzte Nadeln. Leicht löslich in Eisessig, Benzol, Chloroform, Aceton, Methyläthylketon; schwer in Methylalkohol; unlöslich in kalter und heißer 5proz. Soda [2,3]; das Halogen wird jedoch teilweise abgespalten [2,3]. Gibt mit Eisessig-Chlorwasserstoff und anschließender Behandlung mit Methylalkohol Hämatoporphyrindimethyläther [4]. Unter der Einwirkung von 3 Atomen Chlor entsteht Dichlordimethylchlorhämin $C_{36}H_{34}O_4N_4FeCl_3$ [2] bzw. Trichlordimethylchlorhämin $C_{36}H_{36}O_4N_4FeCl_4$ [5] und mit überschüssigem Chlor Pentachlordimethylchlorhämin $C_{36}H_{33}O_4N_4FeCl_6$ [3] bzw. die Verbindung $C_{36}H_{36}O_4N_4FeCl \cdot Cl_{14}$ [5]. Beim Behandeln mit 4 Atomen Brom wird die Verbindung $C_{36}H_{36}O_4N_4FeCl \cdot Br_4$ erhalten [5]. Unter der Einwirkung von 38proz. Salzsäure werden 50% des Eisens unter Porphyrinbildung abgespalten [1]. Das Hämin enthält 1 aktives Wasserstoffatom [6].

Spektrum in Chloroform: I 640—610; II 570—560; III 520—510.

Spektrum in Pyridin und Pyridin-Hydrazinhydrat: I 570—550; II 535—520.

Beim Lösen in Pyridin tritt jedoch das hämochromogenartige Spektrum nicht immer ein [1,7]. Beim Ansäuern der Lösung scheidet sich Dimethyl-hydroxy-hämin ab [1].

Dichlor-dimethyl-chlorhämin [8,9].

Mol-Gewicht: 748,71.

Zusammensetzung: 57,72% C; 4,57% H; 8,57% O; 7,48% N; 7,45% Fe; 14,21% Cl. $C_{36}H_{34}O_4N_4FeCl_3$? (Wahrscheinlich jedoch $C_{36}H_{36}O_4N_4FeCl_3$.)

Darstellung: 8 g Dimethyl-chlorhämin unter 2stündigem Schütteln in 200 ccm Chloroform gelöst, werden nach dem Abfiltrieren vom Ungelösten mit 1,22 g Chlor (3 Atome) in 27 ccm Chloroform versetzt. Nach 2 stündigem Schütteln wird auf die Hälfte eingeengt und dann in 400 ccm Petroläther gegossen, wobei Fällung eintritt. (Weiterer Farbstoff wird gewonnen durch Eindampfen des Filtrats.)

Eigenschaften: Krystallisiert aus Eisessig (1 : 30) in einheitlichen, jedoch nicht näher charakterisierbaren Formen. Leicht löslich in Eisessig, Benzol, Aceton, Methylalkohol; schwerer in Chloroform. Wird durch Diazomethan in Chloroformlösung und durch 2proz. Natriumamalgam anscheinend zu $C_{36}H_{36}O_4N_4FeCl_3$ reduziert. Nach Schütteln mit Eisessig-Bromwasserstoff und anschließender Behandlung mit Methylalkohol wurde von W. Küster Mono-chlorbrom-hämatoporphyrindimethyläther $C_{36}H_{40}O_6N_4ClBr$ erhalten [8,9]. Bei 5stündigem Kochen mit Methylalkohol wird ein Chloratom durch Methoxyl ersetzt unter Bildung des Monochlormonomethoxy-dimethylhämins $C_{37}H_{36}O_5N_4FeCl_2$. Aus dem nach 12stündigem Kochen mit abs. Methylalkohol und Fällen mit Petroläther erhaltenen Produkt konnten H. Fischer und Mitarbeiter [10] mittels tiefsiedendem Petroläther das Chlorhämin des Monochlor-tetramethylhämatoporphyrins $C_{38}H_{43}O_6N_4FeCl_2$ extrahieren. Der Rückstand gab nach Spaltung mit Eisessig-Bromwasserstoff und Behandlung mit Methylalkohol bei der Oxydation Citraconimid.

Spektrum des Dimethylchlorhämins in Chloroform: I 638—620; II 550—532; III 520—490; IV 485—435 [8].

[1] W. Küster u. W. Ruff: Hoppe-Seylers Z. **151**, 103 (1926).

[2] W. Küster u. K. Schlayer: Hoppe-Seylers Z. **168**, 302 (1927).

[3] W. Küster: Hoppe-Seylers Z. **163**, 272 (1927).

[4] W. Küster u. W. Zimmermann: Hoppe-Seylers F. **153**, 130 (1926).

[5] H. Fischer, A. Treibs u. G. Hummel: Hoppe-Seylers Z. **185**, 33 (1929).

[6] R. Kuhn u. M. Further: Ber. dtsch. chem. Ges. **61**, 130 (1928). — H. Fischer u. P. Rothemund: Ber. dtsch. chem. Ges. **61**, 1270 (1928).

[7] W. Küster: Zelle u. Gewebe **12**, 8, 20 (1924).

[8] W. Küster u. W. Zimmermann: Hoppe-Seylers Z. **153**, 131 (1926).

[9] W. Küster u. K. Schlayer: Hoppe-Seylers Z. **168**, 304 (1927).

[10] H. Fischer, G. Hummel u. A. Treibs: Hoppe-Seylers Z. **185**, 33 (1929).

$C_{36}H_{36}O_4N_4FeCl \cdot Cl_3$. 2 g Dimethylchlorhämin in 50 ccm Chloroform werden mit 0,32 g Chlor (3 Atome) in 7,0 ccm Chloroform versetzt und dann das Ganze in Petroläther gegossen. — Kleine dunkelbraune Kryställchen[1].

$C_{36}H_{36}O_4N_4 \cdot FeCl \cdot Br_4$. 0,2 g Dimethylchlorhämin oder Protochlorhämindimethylester in 7 ccm Chloroform werden mit 93,0 mg Brom (4 Atome) in Chloroform bei Zimmertemperatur bromiert. Nach 4stündigem Stehen wird mit 40 ccm Petroläther langsam ausgefällt; wobei sich sehr kleine braune Krystalle abscheiden. — Aus Aceton glänzende, schwarzviolette Nadeln[1].

Labile Bromverbindung. 30 mg Dimethylchlorhämin oder Protochlorhämin-dimethylester in 1,5 ccm Chloroform werden mit 30 mg Brom (8 Atome) in 0,6 ccm Chloroform versetzt und nach 4stündigem Stehen durch Zufügen von 40 ccm Petroläther die Additionsverbindung ausgefällt. — Kleine, braune Krystalle. Die Verbindung spaltet das an die Doppelbindungen aufgenommene Halogen wieder sehr leicht ab[1].

$C_{36}H_{36}O_4N_4FeCl \cdot Br$. 25 mg Dimethylchlorhämin werden wie oben mit 10 mg Brom in 1 ccm Chloroform (ca. 4 Atome) bromiert. Nach 3stündigem Stehen werden 3 ccm Aceton zugesetzt, danach $^1/_2$ Stunde erwärmt, stark eingeengt, 3 ccm Methylalkohol zugegeben und weiter konzentriert. Nach Stehen über Nacht Krystallisation. — Umkrystallisierbar aus Aceton-Methylalkohol. Spielend löslich in Aceton und Chloroform; gut in Methylalkohol[1].

Pentachlor-dimethyl-chlorhämin.

Mol-Gewicht: 854,08.

Zusammensetzung: 50,60% C; 3,89% H; 7,51% O; 6,56% N; 6,53% Fe; 24,91% Cl. $C_{36}H_{33}O_4N_4FeCl_6$.

Darstellung: Eine filtrierte Lösung von 4 g Dimethylchlorhämin in 100 ccm Chloroform wird mit 2,1 g Chlor in 30 ccm Chloroform (ca. 11 Atome Chlor) versetzt. Nach 2stündigem Schütteln wird bei Zimmertemperatur auf die Hälfte eingeengt (starke Entwicklung von Chlorwasserstoff) und der Rest in 300 ccm niedersiedenden Petroläther eingetragen, wobei Fällung eintritt, die nach dem Absaugen mit Petroläther gewaschen wird. (Weitere Mengen werden durch Eindampfen des Filtrats erhalten[2, 3].)

Eigenschaften: Das Hämin läßt sich nicht krystallisiert erhalten. Umscheidbar aus Benzol. Leicht löslich in heißem Eisessig (1 : 15), Aceton, Methyläthylketon; weniger in Chloroform. Verliert mit 5proz. Soda bei Zimmertemperatur ca. 2 Atome Chlor. Beim Kochen mit abs. Methylalkohol werden 2 Chloratome abgespalten unter Bildung der Verbindung $C_{36}H_{33}O_4N_4FeCl_4$[2] bei Weitereinwirkung von Chlorwasserstoff in Eisessiglösung und Nachbehandlung mit Methylalkohol entsteht Trichlormetaporphyrindimethyläther $C_{36}H_{37}O_6N_4Cl_3$[2] und mit Eisessig-Bromwasserstoff und Methylalkohol Chlor-brom-hämatoporphyrindimethyläther $C_{36}H_{40}O_6N_4ClBr$[3]. Durch Erhitzen mit 15proz. Salzsäure im Rohr auf 110° wird fast das ganze Eisen, jedoch ohne Porphyrinbildung abgespalten[2]. Das Pentachlor-dimethyl-chlorhämin besitzt kein selektives Absorptionsspektrum[2].

$C_{36}H_{36}O_4N_4FeCl \cdot Cl_{14}$. Aus Dimethylchlorhämin in Chloroformlösung unter der Einwirkung von überschüssigem Chlor[1].

Dimethyl-chlor-häminium-methylchlorid[4].

Mol-Gewicht: 728,29.

Zusammensetzung: 60,99% C; 5,12% H; 8,80% O; 7,69% N; 7,66% Fe; 9,74% Cl. $C_{37}H_{37}O_4N_4FeCl$. (Wahrscheinlich $C_{37}H_{39}O_4N_4FeCl$.)

Darstellung: 4 g rohes Schalfejeff-Hämin werden 10 Minuten mit 8,5 ccm trockenem Pyridin und 80 ccm Chloroform geschüttelt, filtriert, der Rückstand mit Chloroform gewaschen, das gesamte Filtrat vorsichtig in ein siedendes Gemisch von 225 ccm abs. Methylalkohol und 20 ccm 38proz. Salzsäure eingetragen und bis zur Krystallabscheidung auf dem Wasserbad weitererhitzt. Nach 12stündigem Stehen im Eisschrank wird vom Dimethyl-chlorhämin abgesaugt, dieses mit kaltem Methylalkohol bis zur Farblosigkeit des letzteren gewaschen, die Mutterlaugen mit viel Wasser versetzt, die abgeschiedene Chloroformschicht mit Wasser

[1] H. Fischer, G. Hummel u. A. Treibs: Hoppe-Seylers Z. **185**, 33 (1929).
[2] W. Küster u. W. Zimmermann: Hoppe-Seylers Z. **153**, 133 (1926).
[3] W. Küster: Hoppe-Seylers Z. **163**, 273 (1927).
[4] W. Küster: Hoppe-Seylers Z. **153**, 119 (1926).

salzsäurefrei gewaschen, getrocknet, eingedampft, der Rückstand in wenig Chloroform gelöst und hieraus mit Petroläther der Farbstoff gefällt. Reinigung durch mehrfaches Umfällen aus methylalkoholischer Lösung durch Petroläther. Ausbeute 0,4 g.

Eigenschaften: Aus Chloroform rhomboedrische Krystalle; Schmelzp. 167°. Löslich in Eisessig und in Benzol (unter Veränderung). Ist beständig gegen heiße 5proz. Soda und gegen 1proz. Natronlauge. Durch methylalkoholische Kalilauge (1proz.) oder durch 2n-Ammoniak wird das angelagerte Chlormethyl abgespalten unter Bildung von Dimethyl-chlorhämin. Spektroskopisch identisch mit Dimethylchlorhämin.

$$\left[\begin{array}{c} -CO_2 \\ {>}N{>} \\ \quad\quad FeCl \\ {>}N{>} \\ -COOCH_3 \end{array} \qquad \begin{array}{c} N \cdot CH_3 \\ \\ N{<}\begin{array}{l} CH_3 \\ Cl \end{array} \end{array} \right]$$

Dehydro-dimethyl-chlorhämin[1].

Mol-Gewicht: 675,72.

Zusammensetzug: 63,94% C; 4,76% H; 9,50% O; 8,29% N; 8,26% Fe; 5,25% Cl. $C_{34}H_{26}(CH_3)_2O_4N_4FeCl$.

Darstellung: 1 g α-Dimethyl-chlorhämin in 55 ccm Chloroform wird allmählich mit 1,42 g Benzoylperoxyd in 20 ccm Chloroform versetzt und nach mehrtägigem Stehen bei 10° noch einige Zeit bei 20° geschüttelt bis zum Verschwinden von 2 der ursprünglichen 3 Absorptionsstreifen. Danach wird in 500 ccm mit Kaliumpermanganat gereinigtem Petroläther eingetragen, die Fällung durch 3maliges Lösen in wenig Chloroform und Fällen mit Petroläther und daran anschließender Extraktion mit Petroläther gereinigt, dann mit Methylalkohol ausgezogen, aus dem Auszug der Methylalkohol zum größten Teil abdestilliert, der Rest in Chloroform gelöst und diese Lösung nach dem Waschen und Trocknen mit Petroläther versetzt, wonach das Hämin ausfällt. Ausbeute bei 6 g Einsatz = 4 g.

Eigenschaften: Aus heißem Eisessig zu sternförmigen Büscheln angeordnete Nadeln; Schmelzp. 150—152°. Löslich in 5 Teilen Chloroform und in Aceton. Spaltet auch mit heißer Soda kein Halogen ab. Heiße 10proz. Salzsäure nimmt kein Eisen aus dem Molekül heraus, 20proz. spaltet es dagegen teilweise und 38proz. vollständig ab; jedoch ohne Porphyrinbildung. Eisessig-Bromwasserstoff eliminiert das Eisen leicht; Hämatoporphyrin entsteht dabei aber nicht. Das Hämin ist befähigt, 2 Atome Brom zu addieren. Der aus dem Dehydrohämin mit Pyridin erhaltene Stoff läßt sich nicht mehr in Hämin zurückverwandeln; das mit Anilin entstandene Produkt dagegen leicht.

Spektrum in Chloroform: λ 640—635 $\mu\mu$; in Pyridin: λ 540—5340 $\mu\mu$; in Pyridin-Hydrazin: I λ 560—540; II 530—510 $\mu\mu$.

Dibrom-dehydro-dimethyl-chlorhämin $C_{34}H_{26}(CH_3)_2O_4N_4FeCl \cdot Br_2$. 1,41 g Dehydrohäminester in 40 ccm trockenem Chloroform werden tropfenweise mit 0,67 g Brom in 20 ccm Chloroform versetzt. Nach 3stündigem Schütteln und Stehen über Nacht wird das Chloroform größtenteils verdunstet, der Rest in 200 ccm Petroläther eingetragen und der dabei ausgefallene rotbraune Niederschlag mit Petroläther gewaschen. Ausbeute 1,4 g (weitere 0,2 g sind noch aus der konz. Mutterlauge gewinnbar). — Aus Aceton kugelige Gebilde, die an den Rändern zu sternförmig angeordneten Nadeln ausgewachsen sind. Leicht löslich in Chloroform, Benzol, Eisessig. Spaltet mit 5proz. Soda Chlor und das gesamte Brom ab, wobei sich ein Oxyderivat bildet, das mit Diazomethan methylierbar ist. Anilin spaltet 75% Chlor ab, Pyridin 60% unter Bildung eines Hydroxyhämins[1].

Spektrum in Chloroform: I λ 630—615; II 565—555 $\mu\mu$.

Methoxy-brom-dehydro-dimethyl-chlorhämin $C_{34}H_{26}(CH_3)_2O_4N_4FeCl \cdot Br \cdot OCH_3$. 0,5 g Dibromprodukt werden mit 50 ccm abs. Methylalkohol 4 Stunden gekocht, heiß filtriert und das Filtrat auf 10—12 ccm eingeengt. Beim Erkalten Krystallisation, die nach dem Absaugen mit Methylalkohol gewaschen und im Vakuum getrocknet wird. Ausbeute 0,13 g. — Aus Methylalkohol kleine, zu kugeligen Büscheln vereinigte Nadeln. Leicht löslich in Aceton und Chloroform. Wird von heißer 5proz. Soda verändert[1].

---

[1] W. Küster u. W. Ruff: Hoppe-Seylers Z. **151**, 104ff. (1926).

Pyridin-hämin[1].

Darstellung: Durch Lösen von Chlorhämin in Pyridin und Versetzen mit Äthyläther, wobei Krystallisation eintritt.

Eigenschaften: Große zu Drusen gruppierte Krystalle, die beim Waschen mit Äther oder Alkohol unter Bildung von Chlorhämin zerfallen. Das Pyridin wird leicht durch Ammoniak oder Kalilauge verdrängt[2].

Collidin-hämin[3].

Mol-Gewicht: 772,90.

Zusammensetzung: 65,22% C; 5,61% H; 8,31% O; 9,07% N; 7,20% Fe; 4,59% Cl. $C_{34}H_{32}O_4N_4FeCl + C_8H_{11}N$.

Bildung: Aus Chlorhämindiacetat beim Erhitzen mit Collidin[3].

Darstellung: 5 g α-Chlor-hämin werden in 90 ccm siedend heißem Collidin gelöst und sofort heiß filtriert. Beim Erkalten Krystallisation.

Eigenschaften: Ist bei Zimmertemperatur beständig. Beim Erhitzen auf 110° wird das Collidin wieder abgespalten unter Rückbildung von Chlorhämin. Bei Zimmertemperatur getrocknetes Collidinhämin ist etwas löslich in heißem Eisessig, heißer Ameisensäure und in Chloroform. Wenig löslich in kalter 2n-Sodalösung, gut dagegen in heißer. Bei 110° getrocknetes Hämin ist fast unlöslich in heißem Eisessig und in heißer Ameisensäure; unlöslich in Chloroform; löslich in 2n-Soda. Das Produkt gibt mit Essigsäureanhydrid Chlorhämindiacetat[3].

Dihydro-hämin[4].

Mol-Gewicht: 652. Bestimmt nach Rast zu 600, 610.

Zusammensetzung: 62,62% C; 4,94% H; 9,83% O; 8,60% N; 5,44% Cl; 8,57% Fe. $C_{34}H_{32}O_4N_4FeCl$.

Darstellung: 4, 5-α-Chlorhämin in 200 ccm $^n/_{10}$-Natronlauge werden in Gegenwart von Palladium-Norit oder Platin-Kohle hydriert. Danach wird filtriert, unter lebhaftem Rühren langsam in 500 ccm heißen, mit Kochsalz gesättigten Eisessig, dem kurz vorher 3—4 ccm rauchende Salzsäure zugesetzt wurden, eingetragen und nun noch $^1/_2$ Stunde bei 100—105° weitererhitzt. Beim Stehen über Nacht in der Kälte Krystallisation; die nach dem Filtrieren erst mit 80proz. salzhaltiger Essigsäure, die immer stärker verdünnt wird und dann mit Wasser nachgewaschen wird[4].

Eigenschaften: Sehr kleine Krystalle mit ungefähr gerader Auslöschung[5], die im durchfallenden Licht tief braunrot sind. Löslichkeit ähnlich der des Hämins[4]. Spaltet an der Luft oder beim Umkrystallisieren aus Eisessig-Pyridin den aufgenommenen Wasserstoff wieder ab[5]. Das Produkt ist weniger stark katalytisch wirksam wie Hämin[5]. In schwach saurer Lösung ($p_H = 6,3$) ist auch die peroxydatische Eigenschaft nur $^4/_5$ von der des Chlor-hämins (jedoch noch größer als die des Mesohämins), in Pyridinlösung ist sie dagegen 2—3mal stärker[4]. Das Dihydrohämin enthält 5 aktive Wasserstoffatome[5, 6]. Addiert in Pyridin-Chloroformlösung in Gegenwart von Palladium-Bariumsulfat oder Platin-Kohle noch 1 Mol Wasserstoff[5].

Spektrum in Pyridin((0,1proz. Lösung): identisch mit dem des Hämins I 557,3; II 526,7.

Perhydrohämin. Entsteht aus dem α-Chlorhämin bei der Reduktion in Piperidin-Chloroformlösung in Gegenwart von Platinoxyd. — Ist stark basisch. Löslich in schwacher Salzsäure, Alkohol, Eisessig und Chloroform. Geht aus Chloroform an Salzsäure und Alkohol. Die peroxydatische Wirkung in wässeriger Lösung ist schwächer wie beim Mesohämin, in Pyridin ist sie dagegen vollständig verschwunden[4].

---

[1] A. Hamsík: Hoppe-Seylers Z. **169**, 64 (1927). — Spisy lék. Fak. masaryk. Univ. Brnó (tschech.) **5**, 225 (1927).

[2] A. Hamsík: Hoppe-Seylers Z. **190**, 206 (1930).

[3] H. Fischer, G. Hummel u. A. Treibs: Liebigs Ann. **471**, 248 (1929).

[4] R. Kuhn, L. Brann u. C. Seyffert: Ber. dtsch. chem. Ges. **60**, 1158 (1927). — Vgl. dazu H. Fischer u. E. Walter: Ber. dtsch. chem. Ges. **60**, 1994 (1927).

[5] R. Kuhn u. C. Seyffert: Ber. dtsch. chem. Ges. **61**, 2510ff. (1928).

[6] H. Fischer u. E. Walter: Ber. dtsch. chem. Ges. **60**, 1989 (1927).

Allohämin[1]. Chlorhämin-diacetat[2]. Proto-chlorhämin-acetat[2].

Mol-Gewicht: 735,82.

Zusammensetzung: 61,99% C; 4,93% H; 13,05% O; 7,62% N; 7,59% Fe; 4,82% Cl. $C_{32}H_{30}N_4FeCl(COO \cdot COCH_3)_2$.

Bildung: Aus Collidinhämin beim Erhitzen mit Essigsäureanhydrid[2].

Darstellung: a) 10 g α-Chlorhämin gelöst in 40 ccm Pyridin und 70 ccm Chloroform werden nach dem Filtrieren mit 150 ccm Essigsäureanhydrid versetzt. Nach 1—2 tägigem Stehen bei Zimmertemperatur wird abgesaugt und erst mit Eisessig, dann mit Äther gewaschen. Ausbeute 7—8 g[1].

b) 2 g α-Chlorhämin werden im Rohr mit 80 ccm Essigsäureanhydrid extrahiert. Aus der dunkelbraunen Lösung tritt beim Stehen über Nacht Krystallisation ein. Ausbeute 0,85 g[2].

Eigenschaften: Längliche, flache Prismen[2], zum Teil Spindeln[2], Wetzsteine[1,2], mit paralleler Auslöschung der stark absorbierenden Schwingungsrichtung[2]. Schmelzp. 248° (korr.). Löslich in heißer Ameisensäure, heißem Eisessig[1,2], Anisol, Aceton, Chloroform, Pyridin; weniger in Äthylenbromid, Dekalin; mäßig in Toluol; unlöslich in abs. Alkohol, Essigäther, Schwefelkohlenstoff, Äther, Ligroin, Tetrachlorkohlenstoff[1], 2 n-Sodalösung[1,2] und heißem $n/_{50}$-sekundärem Natriumphosphat[1]. Bei 150° getrocknet wird das Produkt auch unlöslich in kaltem Pyridin und wenig löslich in heißem. Gibt beim Erhitzen auf 110° oder beim Kochen mit Eisessig normales Chlorhämin zurück[1,2]. Beim Erhitzen mit Schwefelsäure-Methylalkohol oder beim Stehen mit Salzsäure-Methylalkohol bildet sich das Eisensalz des Tetramethyl-hämatoporphyrins[2]; beim Erwärmen mit Eisessig-Bromwasserstoff auf 40° und Aufarbeitung mit Wasser wird Hämatoporphyrin[1,2], bei Reduktion mit Eisessig-Jodwasserstoff oder bei katalytischer Hydrierung wird Mesoporphyrin[1,2] und mit Ameisensäure-Eisen wird Proto-porphyrin[1] erhalten. Erhitzen mit Collidin liefert Collidinhämin[2]. Nimmt in Pyridin-Chloroformlösung in Gegenwart von Platin-Kohle noch 1 Mol Wasserstoff auf[1,3]. Die Anzahl der aktiven Wasserstoffatome wurde verschieden, zwischen 1—4, ermittelt[1,2,3,4].

Spektrum in chloroformreichem Äther: unscharf. I 655—622; II 554—532...; III 516—494; End. Abs. 432. Intensität II, I. III.

Schütteln der ätherischen Lösung mit 10 proz. Salzsäure bedingt keine Änderung. Mit $n/_{10}$-Kalilauge unterschichtet tritt Farbenumschlag nach Oliv und Änderung des Spektrums ein: I 617—593; II 580—544; Intensität II, I (sehr unscharf). 10 proz. Natronlauge verseift beim Durchschütteln der ätherischen Lösung rasch, 2 proz. noch schnell; 15 proz. Soda langsam, $n/_{10}$-Kalilauge merklich[2].

Spektrum in Pyridin-Hydrazinhydrat: I 563,8—549,0; II 528,5—522,6 [2].

$$\underbrace{}_{556,4} \qquad \underbrace{}_{525,5}$$

α-Aceton-chlor-hämin.

$$C_{34}H_{32}O_4N_4FeCl$$

Darstellung: Blut wird, wie beim α-Oxyhämin beschrieben, koaguliert und dann wie dort ein oxalsäurehaltiger Auszug hergestellt. Je 100 ccm dieses Extrakts werden mit 5 ccm einer Mischung aus Aceton und 12,5 proz. Salzsäure 1 : 1 versetzt und dann im Lauf mehrerer Stunden 25—40 ccm Wasser oder sehr verdünnter Salzsäure zugegeben. Nach 24—48 Stunden wird filtriert, erst mit stark verdünnter Salzsäure, dann mit Wasser gewaschen und nach dem Trocknen mit Petroläther und Chloroform ausgezogen. Ausbeute ca. 4 g pro Liter Blut[5].

Reinigung: 0,5 g Hämin werden 5—10 Minuten mit 1,5 ccm Aceton und 7,5 ccm Pyridin behandelt, dann filtriert, in 100 ccm Aceton und 15 ccm Eisessig eingegossen und hierzu 22 bis 25 ccm 12,5 proz. Salzsäure bis zur positiven Kongoreaktion gegeben. Nun werden innerhalb mehrerer Stunden noch 50 ccm stark verdünnte Salzsäure zugesetzt, wobei sich Krystalle abscheiden. Nach 24—48 stündigem Stehen wird wie oben aufgearbeitet[5].

Eigenschaften: Sehr lange, beiderseits schief abgeschnittene Blättchen mit etwa 42° Aus-löschung (Teichmänner). Gut löslich in Pyridin und Pyridin-Chloroform; ziemlich löslich in Alkohol; etwas weniger in Aceton; sehr wenig in Äther und Chloroform[5]. Sehr langsam löslich

[1] R. Kuhn u. C. Seyffert: Ber. dtsch. chem. Ges. **61**, 310 (1928).

[2] H. Fischer, G. Hummel u. A. Treibs: Liebigs Ann. **471**, 248 (1929).

[3] R. Kuhn: Ber. dtsch. chem. Ges. **61**, 2512 (1928).

[4] H. Fischer u. P. Rothemund: Ber. dtsch. chem. Ges. **64**, 201 (1931).

[5] A. Hamsík: Hoppe-Seylers Z. **190**, 206 (1930); **183**, 106 (1929); vgl. **169**, 64 (1927); **176**, 176 (1928); **187**, 234 (1929) — Spisy lék. Fak. masaryk. Univ. Brnó (tschech.) **6**, 1 (1928).

in Natriumbicarbonat, unlöslich in angesäuertem Alkohol. Gibt nach Lösen in Pyridin und anschließendem Fällen mit Essigsäure Hydroxyhämin; mit Anilin entsteht vorwiegend Dehydrochlorid-hämin[1]. An kaltes Wasser wird kein Halogen abgegeben, an heißes nur Spuren. Wird durch kalte 80proz. Ameisensäure kaum verändert; mit heißer 95proz. entsteht dagegen die Pseudoform. Läßt sich leicht in Oxyhäminanhydrid überführen[2].

α-Bromhämin[3].

$$C_{34}H_{32}O_4N_4FeBr$$

Darstellung: a) 0,3 g α-Chlorhämin werden in 50 ccm $n/_5$-Natronlauge gelöst, unter Eiskühlung mit verdünnter Essigsäure das Hämatin ausgefällt, rasch filtriert und mit eiskaltem Wasser chlorfrei gewaschen. Nach Wiederholung der ganzen Operation wird der noch feuchte Hämatinschlamm in wenig 10proz. Natronlauge gelöst, die Lösung in 200 ccm Eisessig, der 0,2 g Bromkalium und 4 ccm 48proz. Bromwasserstoffsäure enthält, rasch eingegossen und das Ganze möglichst rasch heiß filtriert. Beim Stehen Krystallisation[3].

b) Herstellung aus Protoporphyrin mittels einer 1proz. Auflösung von absolut chlorfrei gewaschenem Ferrihydroxyd in bromnatriumhaltigem Eisessig[3, 4].

Eigenschaften: Besitzt in Pyridin eine höhere spezifische Leitfähigkeit wie das α-Chlorhämin. In Benzonitril ist sie jedoch geringer. In beiden Lösungen tritt bei zunehmender Verdünnung ein stärkerer Abfall ein als beim Chlorhämin. Beim Bromhämin werden die Werte erst nach 4 Stunden konstant (beim Chlorhämin sofort)[5].

Leitfähigkeit in Pyridin bei 25°: 1 : 333 sofort $7,71 \cdot 10^{-5}$ (nach 4 Stunden $7,30 \cdot 10^{-5}$); 1 : 666 $4,56 \cdot 10^{-5}$ $(4,54 \cdot 10^{-5})$; 1 : 1332 $2,49 \cdot 10^{-5}$ $(2,45 \cdot 10^{-5})$; 1 : 2664 $1,50 \cdot 10^{-5}$ $(1,47 \cdot 10^{-5})$.

Leitfähigkeit in Benzonitril bei 25°: 1 : 500 sofort $2,62 \cdot 10^{-5}$ (nach 4 Stunden $2,81 \cdot 10^{-5}$); 1 : 1000 = $1,41 \cdot 10^{-5}$ $(1,53 \cdot 10^{-5})$; 1 : 2000 = $0,73 \cdot 10^{-5}$ $(0,86 \cdot 10^{-5})$[5].

Dimethyl-brom-hämin.

$$C_{36}H_{36}O_4N_4FeBr$$

(Wird auch zu $C_{36}H_{34}O_4N_4FeBr$ angegeben.)

Darstellung: a) 2 g α-Chlorhämin durch 10 Minuten langes Schütteln in 40 ccm Chloroform und 2 g Chinin gelöst, werden filtriert, das Filtrat in 100 ccm, 10 ccm 66proz. Bromwasserstoffsäure enthaltenden Methylalkohol eingerührt und das Ganze bis zum Verschwinden des Chloroformgeruchs erhitzt. Nach 2tägigem Stehen wird abgesaugt und mit Methylalkohol, der 1% Bromwasserstoffsäure enthält, gewaschen. Ausbeute 66%[6].

b) 5 g Dimethylchlorhämin werden in 150 ccm Chloroform gelöst, filtriert, das Filtrat in 250 ccm siedendem, 14 ccm 66proz. Bromwasserstoffsäure enthaltenden Methylalkohol eingerührt und das Gemisch dann noch 3 Minuten weitererhitzt. Ausbeute ca. 80%[7, 8, 9].

Eigenschaften: Aus siedendem Eisessig (1 : 30) sternförmig gruppierte Spindeln oder Nadeln[7, 8]. Löslich in Chloroform, Benzol[7] und in methylalkoholischer Schwefelsäure. Unlöslich in Methylalkohol[7] und in 5proz. Soda, wobei in letzterem Fall je nach der Modifikation mehr oder weniger Halogen abgespalten wird[7, 8]. Beim Versetzen einer Chloroformlösung des Hämins mit 2 Mol Brom werden 2 Atome desselben unter Bildung des Dibrom-dimethylbromhämins $C_{36}H_{36}O_4N_4FeBr_3$[7, 8], nach einem anderen Befund 4 Atome unter Entstehung der Verbindung $C_{36}H_{36}O_4N_4FeBr_5$ addiert. Bei Zufügen von 8 Atomen Brom sollen 2 Mol an die ungesättigten Seitenketten des Hämins angelagert werden, die allerdings sehr leicht wieder abspaltbar sind[10].

Spektrum in Chloroform: I stark 640—620; II schwach 555—535; III schwach 515—500; End. Abs. ab 450.

---

[1] W. Küster: Hoppe-Seylers Z. **172**, 145, 153 (1927).
[2] A. Hamsík: Hoppe-Seylers Z. **178**, 67 (1928).
[3] H. Fischer, A. Treibs u. K. Zeile: Hoppe-Seylers Z. **193**, 160 (1930).
[4] H. Fischer u. B. Pützer: Hoppe-Seylers Z. **154**, 39 (1925).
[5] W. Küster: Hoppe-Seylers Z. **129**, 159 (1923).
[6] W. Küster: Hoppe-Seylers Z. **151**, 76 (1926).
[7] W. Küster u. W. Heess: Ber. dtsch. chem. Ges. **58**, 1025 (1925).
[8] W. Küster u. H. Österlin: Hoppe-Seylers Z. **136**, 237 (1924).
[9] W. Küster: Hoppe-Seylers Z. **163**, 268 (1927).
[10] H. Fischer, G. Hummel u. A. Treibs: Hoppe-Seylers Z. **185**, 33 (1929).

Dibrom-dimethyl-bromhämin.

Mol-Gewicht: 882,09.

Zusammensetzung: 49,00% C; 3,84% H; 7,30% O; 6,36% N; 6,32% Fe; 27,18% Br. $C_{36}H_{34}O_4N_4FeBr_3$. (Wahrscheinlich $C_{36}H_{36}O_4N_4FeBr_3$.)

Darstellung: 4 g Dimethylbromhämin in 80 ccm Chloroform werden mit 1,8 g Brom (4 Atome) in 20 ccm Chloroform 2 Stunden geschüttelt. Nach dem Verdunsten des Lösungsmittels bis auf 10 ccm wird mit Petroläther gefällt, abgesaugt und mit Petroläther gewaschen[1].

Eigenschaften: Aus heißem Eisessig (1 : 30) dunkelrote, prismatische Krystalle[1,2], oft in gekreuzten Formen auftretend[2]. Löslich in Aceton, Benzol, Anisol, Chloroform, warmem Methylalkohol; unlöslich in Äther[2]. Beim Schütteln mit Soda wird bei Zimmertemperatur je nach der Modifikation mehr oder weniger Halogen abgespalten[1,2], im günstigsten Fall entsteht Dibrom-dimethyl-hydroxy-hämin $C_{36}H_{37}O_5N_4FeBr_2$[2]. Beim Kochen mit Methylalkohol wird 1 Brom durch Methoxyl ersetzt[1], mit methylalkoholischer Kalilauge wird jedoch das gesamte Halogen abgespalten[2]. Beim Erwärmen mit Eisessig-Zinkstaub entsteht Porphyrin[2]; Mit Eisessig-Bromwasserstoff und nachfolgender Behandlung mit Methylalkohol wird Dibromhämatoporphyrin-dimethyläther $C_{36}H_{42}O_6N_4Br_2$ erhalten[1,2].

$C_{36}H_{36}O_4N_4FeBr_2$. 23 mg Dimethylbromhämin werden wie oben beschrieben in Chloroformlösung mit 10 g Brom in 1 ccm Chloroform (ca. 4 Atome) bromiert. Nach 3stündigem Stehen wird mit 3 ccm Aceton versetzt, $1/2$ Stunde erwärmt, stark eingeengt, 3 ccm Methylalkohol zugetan und wieder konzentriert. Nach Stehen über Nacht Krystallisation, die aus Aceton-Methylalkohol umkrystallisiert werden kann. Spielend löslich in Aceton und Chloroform; gut in Methylalkohol[3].

$C_{36}H_{36}O_4N_4FeBr_5$. 200 mg Dimethylbromhämin oder Protochlorhämindimethylester in 7 ccm Chloroform werden mit 87 mg Brom (= 2 Mol) versetzt. Nach Zufügen von 40 ccm Petroläther werden kleine, schwarze Krystalle erhalten. — Aus Aceton feine dunkelbraune Nädelchen. Das gleiche Produkt entsteht auf genau dieselbe Weise auch aus Protoester-bromhämin[3].

Labiles Bromhämin. 30 mg Dimethylbromhämin oder Protobromhäminester in 1,5 ccm Chloroform werden mit 30 mg Brom (8 Atome) in 0,6 ccm Chloroform versetzt und nach 4stündigem Stehen mit 40 ccm Petroläther gefällt. — Schwarzbraune Krystalle. Das Produkt enthält 2 Mol Brom, die sehr leicht wieder abgespalten werden[3].

α-Formyl-hämin.

$$C_{34}H_{32}O_4N_4Fe \cdot CHO$$

Bildung: Beim Lösen von Oxyhämoglobin oder Kathämoglobin, auch nach vorherigem Trocknen in 80proz. Ameisensäure[4].

Darstellung: a) 1 g frisch dargestelltes, lufttrockenes α-Oxyhämin wird in eine frische Lösung von 100 ccm 95proz. Ameisensäure und 10 ccm 10—20proz. Ammoniak eingetragen. Nach 24—48stündigem Stehen wird filtriert, erst mit verdünnter Ameisensäure und dann mit Wasser, Alkohol und Äther gewaschen. Ausbeute 1 g.

Läßt sich auch krystallisiert gewinnen durch Lösen von 1 g α-Oxyhämin in 100 ccm 5proz. Methylalkohol und Eingießen in 25 ccm 95proz. Ameisensäure[5].

b) 200 ccm defibriniertes und durch Waschen mit 1proz. Natriumacetat serumfrei gemachtes Rindsblut werden durch Zusatz von Aceton im Verhältnis 1 : $1^1/_4$ gefällt, nach 1stündigem Stehen filtriert, der Rückstand ausgepreßt, verrieben und sofort in kleinen Teilen mit 200 ccm 85proz. Ameisensäure gut verrührt. Beim Stehen Krystallisation, die nach 24stündigem Stehen mit der 3fachen Menge Wasser verrührt wird. Nach dem Dekantieren und Filtrieren wird der Rückstand mit 30proz. Ameisensäure und Wasser ausgewaschen. Ausbeute 0,5 g[6].

[1] W. Küster u. W. Heess: Ber. dtsch. chem. Ges. **58**, 1025 (1928).
[2] W. Küster u. H. Österlin: Hoppe-Seylers Z. **136**, 238 (1924).
[3] H. Fischer, A. Treibs u. G. Hummel: Hoppe-Seylers Z. **185**, 60 (1929).
[4] A. Hamsík: Spisy lék. Fak. masaryk. Univ. Brno (tschech.) **8**, 474, 1 (1930).
[5] A. Hamsík: Hoppe-Seylers Z. **169**, 64 (1927); **183**, 103 u. 108 (1928).
[6] J. Sula: Hoppe-Seylers Z. **188**, 275 (1930).

Eigenschaften: Lange schmale, rhombenförmige Täfelchen. Läßt sich aus Eisessig umkrystallisieren[1]. Langsam löslich in 5proz. Soda; sehr langsam in Bicarbonat; wenig löslich in Alkohol, etwas mehr nach Ansäuern mit verdünnter Schwefelsäure; fast unlöslich in Chloroform. Teilweise löslich in Pyridin-Chloroform. Gibt nach Lösen in Pyridin und Fällen mit Äther ein äquivalentes Gemisch von Oxyhämin und dessen Anhydrid. Verliert beim Trocknen und Aufbewahren seine Aktivität nicht; wohl aber beim Umkrystallisieren aus Pyridin[2]. Bei 40—60° wird es dagegen anhydrisiert. Durch 95proz. Ameisensäure wird es, besonders beim Erwärmen, in die Pseudoform umgelagert[2,3]; mit 5proz. methylalkoholischer Kalilauge entsteht Kalium-oxy-hämin[1].

<h1 align="center">α-Acet-hämin[4].</h1>

Bildung: Beim Lösen von Oxyhämoglobin oder Kathämoglobin in Eisessig[2].

Darstellung: a) 1 g α-Oxy-hämin oder dessen Anhydrid wird in 100 ccm Methylalkohol und 4 ccm 30proz. Kalilauge gelöst und hiezu Essigsäure bis zur deutlich sauren Reaktion gegeben. Nach 24stündigem Stehen wird filtriert und mit Alkohol-Äther gewaschen.

b) 250 ccm defibriniertes und mit 2proz. Natriumacetat serumfrei gewaschenes Rinderblut werden durch Zusatz von Aceton im Verhältnis $1 : 1^1/_4$ gefällt, nach 1stündigem Stehen filtriert, abgepreßt und das zerriebene Pulver sofort in kleinen Portionen in 250 ccm Eisessig gelöst. Nach 24stündigem Stehen wird mit der 2—3fachen Menge Wasser verrührt, die Mutterlauge abgegossen, filtriert und mit 30proz. Essigsäure und Wasser ausgewaschen. Ausbeute 0,75 g[5].

Eigenschaften: Krystalle ähnlich den Teichmännern; bläulichglänzende Rhomboeder[5]. Wird durch Wasser hydrolysiert. Teilweise löslich in Pyridin-Chloroform. Nach Lösen in Pyridin und Fällen mit Äther entsteht ein Gemisch von Oxyhämin und dessen Anhydrid. Gibt mit Eisessig-Kochsalz α-Chlorhämin und mit 5proz. alkoholischer Kalilauge Kalium-oxy-hämin.

<h1 align="center">α-(Aceton)-formyl-hydroxy-hämin[6].</h1>

Mol-Gewicht: 661,32.

Zusammensetzung: 63,54% C; 5,30% H; 14,25% O; 8,47% N; 8,44% Fe. $C_{34}H_{32}O_4N_4Fe \cdot O \cdot COH$.

$$\left[\begin{array}{c} -CO_2- \qquad\qquad -CO_2- \\[4pt] {>}N\!\!-\!\!-\!\!-Fe\!\!-\!\!-\!\!-N{<} \\[6pt] {>}N \cdot CH_3 \quad \underset{H}{O}CO \quad HN{<} \end{array} \right]$$

Darstellung: 1140 g Blutkuchen (aus 3 l Rinderblut) wird mit 1proz. Natriumsulfatlösung bis nahezu zur Chlorfreiheit gewaschen, bei 60° getrocknet und nun zweimal mit je 2 l Aceton und 95 ccm 90proz. Ameisensäure in 2stündigem Abstand extrahiert. Aus den vereinigten Filtraten und Preßsäften tritt beim Stehen über Nacht Krystallisation ein; die abfiltriert, gewaschen, im Vakuum bei 45° getrocknet und mit Äther extrahiert wird. Die Mutterlauge wird auf die Hälfte konzentriert. Beim Stehen weitere Krystallisation. Gesamtausbeute 2,6 g.

Eigenschaften: Nadeln, oft zu Drusen vereinigt, bzw. Teichmannsche Krystalle. Löst sich nicht in kalter 5proz. Bicarbonat- und Sodalösung; dagegen in 0,1proz. Kalilauge. Löslich in warmer 5proz. Soda; wenig löslich in Eisessig, warmem Anilin und in Pyridin; unlöslich

[1] J. Sula: Hoppe-Seylers Z. **188**, 275 (1930).
[2] A. Hamsík: Spisy lék. Fak. masaryk. Univ. Brno (tschech.) **8**, 474, 1 (1930).
[3] A. Hamsík: Hoppe-Seylers Z. **169**, 64 (1927); **183**, 103, 108 (1928).
[4] A. Hamsík: Hoppe-Seylers Z. **148**, 99 (1925); **169**, 64 (1927).
[5] J. Sula: Hoppe-Seylers Z. **188**, 274 (1930).
[6] W. Küster u. E. Willig: Hoppe-Seylers Z. **129**, 139 (1923).

in Chloroform, Alkohol, Methyläthylketon, Aceton, Benzonitril. Unlöslich auch in angesäuertem Methylalkohol. Der Formylrest wird durch Schütteln mit 5proz. Soda nicht abgespalten, wohl aber vorhandenes Chlor. Läßt sich mit überschüssigem Diazomethan nur spurenweise verestern.

Monomethylester. Durch Behandeln des in Aceton (30 ccm) suspendierten Hämins (0,5 g) mit viel überschüssigem Diazomethan. Der Ester geht in Lösung und wird vom unlöslichen Ausgangsmaterial durch Filtration getrennt. Ausbeute 6%. — Wird nicht krystallisiert erhalten. Fast unlöslich in Pyridin, Anilin, Ketonen, Alkoholen und warmer 5proz. Soda. Der Formylrest ist sehr fest mit dem Eisen verbunden.

α-Rhodan-hämin[1].

Mol-Gewicht: 664,38.

Zusammensetzung: 62,31% C; 4,78% H; 9,49% O; 10,39% N; 8,28% Fe; 4,75% S. $C_{34}H_{32}O_4N_4FeSCN$.

$$\left[\begin{array}{ccc} {-CO_2-} & & {-CO_2-} \\ {>}N{-}{-}Fe & & N{<} \\ {>}NH & SCN & HN{<} \end{array}\right]$$

Darstellung: In ein auf dem Wasserbad auf 95° erhitztes Gemisch aus 4 l Eisessig und 60 ccm 5proz. Rhodanwasserstoffsäure wird tropfenweise 1 l Blut (2jähriges Tier) einfließen gelassen. Nach 24stündigem Stehen ist Krystallisation eingetreten. Aufarbeitung wie üblich. Ausbeute 3,9 g stark durch Eiweiß verunreinigtes Produkt (sechsseitige Blättchen). Zur Reinigung werden 2,4 g 5 Minuten mit 6 ccm Pyridin und 13 ccm Chloroform geschüttelt, filtriert und das Filtrat bei 95—100° in 200 ccm Eisessig eingetragen, der mit Rhodanammonium gesättigt ist und noch 20 ccm Rhodanwasserstoff enthält. Nach Stehen über Nacht Krystallisation. Ausbeute 1,7 g.

Eigenschaften: Rotbraune Prismen, Stäbchen und sechsseitige Blättchen. Unlöslich in kaltem 5proz. Bicarbonat und Soda. Löslich in Pyridin, Anilin, Benzonitril; wenig in Chloroform und Methyläthylketon; unlöslich in Aceton, kaltem und warmem Methylalkohol und angesäuertem Alkohol. Leitfähigkeit (T = 25°) in Benzonitril: Verd. 1 : 400 $= 3,885 \cdot 10^{-6}$; 1 : 800 $= 4,816 \cdot 10^{-6}$; 1 : 1600 $= 2,81 \cdot 10^{-6}$; 1 : 3200 $= 2,778 \cdot 10^{-6}$. Bei den beiden ersten Proben nimmt beim Stehen die Leitfähigkeit zu. (Die Leitfähigkeit ist geringer wie beim β-Produkt.) Pyridin wandelt bei längerem Stehen in die β- bzw. in die Pseudoform um.

Monomethylester. Durch Einwirken des aus 0,8 ccm Nitrosomethylmethan entwickelten Diazomethans auf 0,15 g Hämin in 40 ccm Chloroform und anschließendem 4stündigem Schütteln. Der Ester geht hierbei in Lösung. Ausbeute 0,044 g. — Schwer löslich in warmer Soda. Leitfähigkeit in Benzonitril (T = 25°): Verd. 1 : 665 $= 2,48 \cdot 10^{-6}$; 1 : 1330 $= 2,77 \cdot 10^{-6}$; 1 : 2660 $= 2,84 \cdot 10^{-6}$; 1 : 5320 $= 1,45 \cdot 10^{-6}$. Nach 20stündigem Stehen ergeben sich dieselben Werte.

Pseudo-β-Rhodanhämin. Entsteht aus dem α-Hämin, wenn dieses bei der Umscheidung mit Chloroform-Pyridin 4 : 10 2 Tage stehenbleibt. — 1,5 g Hämin wird mit 4 ccm Pyridin und 8 ccm Chloroform $1^1/_2$ Stunden geschüttelt, dann nach 2tägigem Stehen filtriert und das Filtrat bei 95—100° in 140 ccm mit Rhodanammonium gesättigtem Eisessig, der noch 10 ccm 2proz. Rhodanwasserstoffsäure enthält, eingetragen. Nach 1tägigem Stehen Krystallisation. Ausbeute 0,9 g. — Tiefblaue sechsseitige Blättchen. Löslich in Pyridin, Anilin, Benzonitril; 5proz. Bicarbonatlösung; mit verdünnter Schwefelsäure angesäuertem Methylalkohol; unlöslich in kaltem und heißem Methylalkohol. Leitfähigkeit in Benzonitril (T = 20°): Verd. 1 : 400 $= 3,307 \cdot 10^{-5}$; 1 : 800 $= 2,415 \cdot 10^{-5}$; 1 : 1600 $= 1,562 \cdot 10^{-5}$; 1 : 3200 $= 1,026 \cdot 10^{-5}$. Bei längerem Stehen nimmt die Leitfähigkeit nur wenig zu.

---

[1] W. Küster: Hoppe-Seylers Z. **129**, 168 ff. (1923).

Methylester des β-Pseudo-Rhodanhämins. Darstellung mit Diazomethan in Chloroformlösung. Ausbeute quantitativ. Leitfähigkeit in Benzonitril (T = 25°): Verd. 1 : 658 = 3,62 · 10⁻⁶; 1 : 1316 = 2,14 · 10⁻⁶; 1 : 2632 = 1,27 · 10⁻⁶.

β-Oxy-hämin.

$$C_{34}H_{32}O_4N_4Fe \cdot OH$$

Bildung: Aus α-Oxyhämin bei längerer Einwirkung von methylalkoholischer Kalilauge[1], Aceton-Schwefelsäure[1,2] und Aceton-Oxalsäure[1].

Darstellung: Wie beim α-Oxyhämin beschrieben, jedoch mittels 16stündiger Extraktion mit 1% schwefelsäurehaltigem Aceton. Ausbeute 3 g pro Liter Blut[1].

Eigenschaften: Zu Büscheln und Sternen gruppierte Nadeln[2] mit gerader Auslöschung[3]. Löst sich anfangs nicht, später langsam in Soda[2]. Besser löslich in Aceton, 96proz. Alkohol, Chloroform, Eisessig, Pyridin wie die α-Verbindung und ist deshalb aus Lösungen auch schwerer abscheidbar[2]. Gibt kein Anhydrid[1].

β-Chlor-hämin.

$$C_{34}H_{32}O_4N_4FeCl$$

Bildung: Aus α-Chlorhämin bei längerem Stehen in Pyridin[4] oder durch Einwirkung von Säuren[4].

Eigenschaften: β-Chlorhämin gibt in der Kälte wenig Chlor an Wasser ab, in der Hitze dagegen viel[5]. Es kann keine Oxyhäminanhydride mehr bilden; mit 5proz. methylalkoholischer Kalilauge tritt nur geringe, schlecht ausgebildete Krystallisation von Oxyhäminkalium ein[6]. Auch die Protoporphyrinbildung mit Aceton-Stannochlorid ist schlechter wie beim α-Chlor-hämin[6]. Das Produkt ist unkrystallisierbar durch Lösen in Pyridin-Chloroform und Eingießen in Eisessig-Chlornatrium; die Krystallisation ist jedoch wesentlich geringer und schlechter ausgebildet wie beim α-Chlorhämin[6].

β-Aceton-chlor-hämin.

$$C_{34}H_{32}O_4N_4FeCl$$

Darstellung: Aus der α-Form durch Lösen in ganz verdünnten Alkalien, Ausfällen mit Essigsäure und Aufarbeitung in der üblichen Weise.

Eigenschaften: Ist im Gegensatz zur α-Form in den organischen Lösungsmitteln leichter löslich. Das Chloratom ist ebenfalls weniger fest gebunden und wird teilweise schon mit kaltem Wasser abgespalten[7]. Die weiteren Eigenschaften in bezug auf Anhydrid- und Protophosphyrinbildung sind genau wie beim vorhergehenden β-Chlorhämin[7].

β-Monomethyl-chlor-hämin.

$$C_{33}H_{34}O_4N_4FeCl$$

Bildung: Aus Dehydrochloridhämin beim Erwärmen mit alkoholischer Salzsäure[8].

Eigenschaften: Beim β-Monomethyl-chlorhämin ist sowohl die katalytische als auch die peroxydatische Wirkung fast gleich Null[9].

---

[1] A. Hamsík: Hoppe-Seylers Z. **178**, 69 (1928).

[2] A. Hamsík: Hoppe-Seylers Z. **176**, 177 (1927).

[3] A. Hamsík: Hoppe-Seylers Z. **190**, 205 (1930).

[4] W. Küster: Hoppe-Seylers Z. **129**, 132 (1923); **143**, 143, 157 (1924).

[5] A. Hamsík: Spisy lék. Fak. masaryk. Univ. Brno (tschech.) **1**, 63 (1923).

[6] A. Hamsík: Hoppe-Seylers Z. **178**, 67 (1928).

[7] A Hamsík: Hoppe-Seylers Z. **190**, 210 (1930) — Spisy lék. Fak. masaryk. Univ. Brno (tschech.) **1**, 63 (1923).

[8] W. Küster, A. Gerlach u. F. Schoder: Hoppe-Seylers Z. **133**, 151 (1924).

[9] R. Kuhn u. L. Brann: Ber. dtsch. chem. Ges. **59**, 2370 (1926).

Leitfähigkeit in Pyridin bei $25°$ $1:320 = 2,4 \cdot 10^{-5}$; $1:640 = 1,7 \cdot 10^{-5}$; $1:1280$ $= 0,03 \cdot 10^{-5}$ [1].

β-Aceton-rhodan-hämin nach Zaleski[2].

$$C_{34}H_{32}O_4N_4FeSCN$$

Darstellung: Ein aus 5 l Blut nach Mörner hergestelltes Koagulum wird durch mehrmaliges Auskochen mit 1 proz. Natriumsulfatlösung chlorfrei gewaschen, scharf abgepreßt, fein gemahlen, auf dem Wasserbad getrocknet, erst mit 3 l Aceton und 150 ccm Schwefelsäure, dann mit 1500 ccm Aceton und 75 ccm Schwefelsäure extrahiert, die abgepreßten und filtrierten Auszüge bei $50°$ mit 50 g Rhodanammonium versetzt und dann unter Abdestillieren von 2 l Aceton 2 Stunden lang gekocht. Nach 48 stündigem Stehen wird filtriert, mit rhodanammoniumhaltigem 50 proz. Aceton gewaschen, im Vakuum getrocknet und dann mit Wasser sulfat- und rhodanfrei gewaschen. Ausbeute ca. 11 g.

Reinigung: 1 g erst mit 0,05 proz. sekundärem Natriumphosphat behandeltem Hämin gelöst in 30 ccm Aceton und 7,5 ccm Pyridin wird filtriert und siedend mit 25 ccm heißem rhodanammoniumgesättigtem Aceton tropfenweise versetzt. Nach 24 stündigem Stehen wird abgesaugt und wie oben gereinigt. Ausbeute 0,75 g.

Eigenschaften: Tiefblauschwarze, metallisch glänzende Prismen von $1-2,5$ mm Länge und $0,25-0,9$ mm Breite, die häufig drusenförmig verwachsen sind. Mitunter treten auch würfelförmige Krystalle auf. Unlöslich in Äther und angesäuertem Alkohol; etwas löslich in Aceton und Methylalkohol; langsam löslich in 5 proz. Natriumbicarbonatlösung bei Zimmertemperatur. Das Rhodan wird von Pyridin nur langsam und unvollständig abgespalten (Gegensatz zu Chlor- und Bromhämin); ebenso auch nur teilweise von 5 proz. Soda und 1 proz. Kalilauge.

Leitfähigkeit bei $25°$ in Benzonitril: $1:400 = 6,46 \cdot 10^{-6}$; $1:800 = 8,1 \cdot 10^{-6}$; $1:1600$ $= 8,5 \cdot 10^{-6}$ und $1:3200 = 7,0 \cdot 10^{-6}$. Die Leitfähigkeit nimmt beim Stehen zu, wahrscheinlich infolge Abdissoziation des Rhodanrests.

Monomethylester $C_{35}H_{34}O_4N_4Fe \cdot SCN$. Bleibt als unlöslicher Rückstand beim Methylieren des Hämins mit Diazomethan in Acetonlösung. — Würfelähnliche Krystalle. Löslich in 5 proz. Soda bei gewöhnlicher Temperatur. Die Leitfähigkeit ist gegenüber dem nichtveresterten Produkt bedeutend vermindert.

Dimethylester $C_{36}H_{36}O_4N_4Fe \cdot SCN$. Geht beim Methylieren des Hämins mit Diazomethan in die Acetonlösung. — Kräftige, beiderseits zugespitzte Prismen. Unlöslich, auch in heißer Soda.

β-Rhodan-hämin[3].

Methylierte β-Rhodanhämine bilden sich, wenn ein nach Mörner hergestellter siedender methylalkoholischer Blutauszug mit Rhodanammonium (10 g pro Liter Blut) oder mit 5 proz. Rhodanwasserstoffsäure (40 ccm pro Liter Blut) versetzt wird.

Eigenschaften: Außerordentlich kleine Nädelchen. Löslich in heißer 5 proz. Soda, Aceton, Pyridin, Anilin, Benzonitril; mehr oder weniger löslich in Chloroform; wenig in angesäuertem Alkohol. Mit Chloroform läßt sich Trennung erzielen in wenig-, mono- und dimethylierte Produkte. Das dimethylierte Hämin ist in kaltem Chloroform löslich, das monomethylierte nur in heißem, die niedriger methylierten Anteile sind unlöslich.

---

[1] W. Küster: Hoppe-Seylers Z. **129**, 185 (1923).
[2] W. Küster: Hoppe-Seylers Z. **129**, 177 ff. (1923).
[3] W. Küster: Hoppe-Seylers Z. **129**, 174 (1923).

Pseudo-β-chlor-hämin.

$$C_{34}H_{32}O_4N_4Fe \cdot Cl$$

$$\left[\begin{array}{cc} \text{COOH} & \text{COOH} \\ {>}\text{N} & \text{N}{<} \\ & \text{Fe} \\ {>}\text{N} & \text{N}{<} \\ & \text{Cl} \end{array} \right]^{1}$$

Eigenschaften: Pseudochlorhämin gibt in der Kälte viel Chlor an Wasser ab, noch mehr in der Wärme[1,2]. Es ist in organischen Lösungsmitteln und in angesäuertem Alkohol löslich[1,2] Der Charakter ist basisch. Es krystallisiert nur schwer; nach Lösen in Pyridin und Eingießen in Eisessig-Kochsalz tritt keine Fällung ein[2]. Mit methylalkoholischer Kalilauge entstehen keine krystallisierten Kalisalze. Gibt mit Aceton-Stannochlorid nur eine sehr schlechte Ausbeute an Protoporphyrin[3].

Konstitution: Nach W. Küster soll das Chlor vom Eisen abgelöst und mit dem Stickstoff verbunden sein[1].

Pseudo-β-dimethyl-brom-hämin.

$$C_{36}H_{36}O_4N_4Fe \cdot Br$$

Bildung: Aus Hydroxyhämin und Dehydrochloridhämin beim Kochen mit methylalkoholischer Bromwasserstoffsäure[4].

Eigenschaften: Leitfähigkeit in Pyridin bei $25°$ $1:333 = 11{,}08 \cdot 10^{-5}$; $1:666 = 5{,}76 \cdot 10^{-5}$; $1:1332 = 3{,}24 \cdot 10^{-5}$; $1:2664 = 1{,}67 \cdot 10^{-5}$.

Leitfähigkeit in Benzonitril bei $25°$ $1:250 = 7{,}24 \cdot 10^{-5}$; $1:500 = 3{,}92 \cdot 10^{-5}$; $1:1000 = 2{,}01 \cdot 10^{-5}$; $1:2000 = 1{,}07 \cdot 10^{-5}$ [5].

Pseudo-β-methyl-formyl-hydroxy-hämin[6].

Mol-Gewicht: 675,36.

Zusammensetzung: 63,98% C; 5,23% H; 14,22% O; 8,3% N; 8,27% Fe. $C_{33}H_{34}O_4N_4FeO \cdot COH$.

$$H_3COOC-\left[\begin{array}{cc} & -CO_2- \\ {>}\text{N}\!-\!\!-\!\text{Fe}\!-\!\!-\!\text{N}{<} \\ {>}\text{N} & \overset{\text{OCO}}{\underset{\text{H}}{}} \ \text{NH}{<} \end{array} \right]$$

Darstellung: 450 g Pferdeblutkörperchen (erhalten durch Koagulieren von gesenkten Blutkörperchen mit dem doppelten Volumen 92proz. Methylalkohol) werden mit 1proz. Natriumsulfatlösung bis zum Verschwinden der Chlorreaktion digeriert, mit dest. Wasser gewaschen, bei $60°$ getrocknet und mit 1800 ccm 92proz. Methylalkohol und 17,5 ccm konz. Schwefelsäure 2 Stunden lang durchgerührt. Der durch Filtration und Pressen erhaltene Extrakt, 5200 ccm aus 3 Portionen, wird im Wasserbad zum Sieden erhitzt, 500 ccm mit Natriumformiat gesättigter 90proz. Ameisensäure eingetragen, noch eine weitere halbe Stunde erhitzt und filtriert. Nach 2tägigem Stehen wird filtriert und erst mit ameisensäurehaltigem Methylalkohol sulfatfrei, dann mit reinem verdünntem Methylalkohol säurefrei gewaschen. Ausbeute 2,4 g (nach Konzentrieren des Filtrats auf die Hälfte krystallisieren noch einmal 1,6 g etwas weniger reines Produkt aus).

Reinigung: 1,5 g werden 12 Stunden mit 60 ccm 92proz. Methylalkohol und 30 ccm 100proz. Ameisensäure erhitzt und die Hälfte des Alkohols abdestilliert. Beim Stehen Krystallisation. Ausbeute 0,75 g.

[1] W. Küster: Hoppe-Seylers Z. **138**, 23 (1924) Anm.
[2] A. Hamsík: Spisy lék. Fak. masaryk. Univ. Brno (tschech.) **1**, 63 (1923).
[3] A. Hamsík: Hoppe-Seylers Z. **178**, 67 (1928).
[4] W. Küster u. H. Österlin: Hoppe-Seylers Z. **136**, 280, 284, 290 (1924).
[5] W. Küster: Hoppe-Seylers Z. **129**, 186 (1923).
[6] W. Küster u. E. Willig: Hoppe-Seylers Z. **129**, 135, 137 (1923).

Eigenschaften: Stahlblaue sechseckige Blättchen neben Prismen und Rhomben. Bei Zimmertemperatur löslich in 1 proz. Natronlauge. In 5 proz. Soda erst beim Erwärmen löslich; ferner löslich in Pyridin, Anilin, Benzonitril, warmem Chloroform und Methyläthylketon; etwas löslich in angesäuertem Methylalkohol, unlöslich in reinem. Wird durch 2 stündiges Erhitzen mit 5 proz. Soda vollständig Verseift. Kalte 5 proz. Soda spaltet den Formylrest nicht ab. Leitfähigkeit in Benzonitril bei $25°$: Verd. $1 : 400 = 6,1 \cdot 10^{-7}$; $1 : 800 = 4,4 \cdot 10^{-7}$; $1 : 1600 = 3,2 \cdot 10^{-7}$; $1 : 3200 = 2,8 \cdot 10^{-7}$. Beim Stehen nimmt die Leitfähigkeit zu.

Pseudo-β-aceton-rhodan-hämin[1].

$$C_{34}H_{32}O_4N_4FeSCN$$

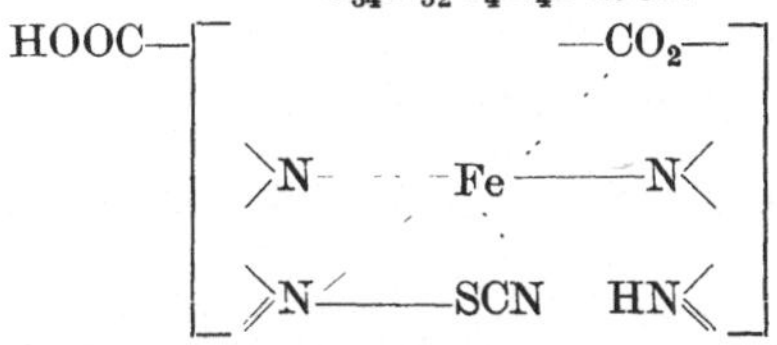

$$\text{HOOC}-\left[\begin{array}{cc} & -CO_2- \\ >N\cdots Fe---N< \\ >N---SCN \quad HN< \end{array}\right]$$

Bildung: Aus β-Chlorhämin durch Lösen in Pyridin und Eintragen in 5 proz. mit Rhodanammonium gesättigte Rhodanwasserstoffsäure.

Darstellung: 2660 g wie vorher hergestelltes und möglichst chlorfrei gewaschenes Koagulum werden mit 4200 ccm Aceton und 112 ccm 50 proz. Schwefelsäure extrahiert, das Filtrat siedend allmählich mit 105 ccm 5 proz. Rhodanwasserstoffsäure, die mit Rhodanammonium gesättigt ist, versetzt und noch $\frac{1}{2}$ Stunde erhitzt. Nach 2 tägigem Stehen wird abgesaugt und wie üblich gereinigt. Ausbeute 18,7 g. Das Produkt enthält geringe Mengen Chlor.

Reinigung: a) 1,122 g Hämin werden zur Entfernung geringer Mengen Chlor mehrmals je 4 Stunden bei Zimmertemperatur mit 50 ccm einer 0,05 proz. Lösung von sekundärem Natriumphosphat geschüttelt.

b) Von diesem chlorfreien Produkt werden 2 g in 60 ccm Aceton und 15 ccm Pyridin gelöst, filtriert und tropfenweise in 50 ccm siedendes, mit Rhodanammonium gesättigtes und mit 10 ccm 2 proz. Rhodanwasserstoffsäure versetztes Aceton eingetragen. Nach 24 stündigem Stehen wird wie üblich isoliert. Ausbeute 1,6 g.

Eigenschaften: Tiefblaue, ab und zu dachförmig zugespitzte Prismen. Löslich in Pyridin, Anilin, Benzonitril, 5 proz. Natriumbicarbonat und angesäuertem 92 proz. Methylalkohol. Wenig löslich in Chloroform, Aceton, warmem Eisessig; unlöslich in Methylalkohol.

Leitfähigkeit in Benzonitril $1 : 400 = 6,48 \cdot 10^{-5}$; $1 : 800 = 7,5 \cdot 10,5$; $1 : 1600 = 7,1 \cdot 10^{-5}$; $1 : 3200 = 5,37 \cdot 10^{-5}$. Die Leitfähigkeit nimmt beim Stehen zu.

Dimethylester. Entsteht unter der Einwirkung von Diazomethan auf das in Aceton suspendierte Hämin. — Löslich in Aceton. Leitfähigkeit in Benzonitril $1 : 482 = 5,61 \cdot 10^{-6}$; $1 : 964 = 3,0 \cdot 10^{-6}$; $1 : 1928 = 1,83 \cdot 10^{-5}$.

Allgemeine Eigenschaften der Hämine.

Physikalische und chemische Eigenschaften: Hämin erfordert pro Molekül Farbstoff je ein Oxydation- oder Reduktionsäquivalent (ermittelt durch elektrometrische Titration in 0,1-molarer Borax- oder 1,2 molarer Natriumtartratlösung)[2]. Das Oxydations- und Reduktionspotential des Hämins (α- und β-Hämin) und des Hämatins (Alkali-, Küsters- und Verdauungshämatin) in Boraxtartratpuffer ist bei $p_H = 9,15$ und $22 \pm 2°$ bei $2 \cdot 10^{-4}$ molarer Konzentration gleich. Das Normalpotential (bezogen auf die Normalwasserstoffelektrode) beträgt $- 0,230$ bzw. $- 0,242$ Volt. Bei 0,04 molarer Cyanidkonzentration ist das Normalpotential $= - 0,160$ Volt. Werden Hämin und Hämatin in Boraxlösung einige Minuten auf $70°$ erhitzt, dann verhalten sie sich auf Cyanidzusatz verschieden; in Pyridin tritt dagegen keine Änderung ein[3].

Hämin, gelöst in Pyridin, wird von Hefe (sowohl frisch als auch nach Kochen mit Wasser, Pyridin, 5 proz. Schwefelsäure) bei $40-50°$ in Gegenwart von Sauerstoff unter Umschlag der roten Farbe in schmutziggrün und Verschwinden des Spektrums verändert. Der isolierte neue Stoff ist schwarzgrün, amorph, eisenhaltig, löslich in Pyridin und Essigsäure. Er gibt bei der Reduktion ähnliche Stoffe wie Hämin; mit Hydrazin-Eisessig entsteht jedoch kein Porphyrin.

[1] W. Küster: Hoppe-Seylers Z. **129**, 182 (1923).
[2] J. B. Conant, G. A. Alles u. C. O. Tongberg: J. of biol. Chem. **79**, 89 (1928).
[3] J. B. Conant u. C. O. Tongberg: J. of biol. Chem. **86**, 733 (1930).

Wie Hefe wirken tierische Organe (besonders Leber), Brenzcatechin, Guajakol, Adrenalin, Gallussäure, Pyrrogallol, Phloroglucin, Homogentisinsäure, Tyrosin, Dioxyphenylalanin, Cystein und Hydroxylamin[1].

Eine gewöhnliche Pyridinhäminlösung verändert sich beim Durchleiten von Luft nicht. Häminhaltige Pyridinauszüge von Organen, Hefe, Pflanzen usw. verblassen rasch[1].

Physiologische Eigenschaften der Hämine: Hämin in kleinen Dosen verfüttert, wirkt hämopoetisch, besonders bei kleinem Gehalt des Bluts an Blutkörperchen. In größeren Dosen zeigt es dagegen erythropoetische Wirkung, insbesondere bei hoher Blutkörperchenkonzentration (Kaninchen)[2,3].

Katalytische Eigenschaften der Hämine: Sämtliche Häminkatalysen sind homogener Natur[4].

A. Hämin und Hämatin sind Peroxydasen[5]. Die peroxydatische Wirkung wird bereits von einer geringfügigen Änderung des Moleküls stark beeinflußt (die Peroxydaseeigenschaft ist z. B. beim Monomethylchlorhämin fast $= 0$)[6] und zeigt bei einem bestimmten p_H ihr Optimum[7].

Die Reaktion $H_2O_2 + 2\,HJ = J_2 + 2\,H_2O$ wird von Hämin katalysiert[6], jedoch schwächer wie vom Hämoglobin[7]. Sie wird, von Hämin, gelöst in Pyridin ca. 5 mal stärker beschleunigt wie von Hämin gelöst in $^m/_{50}$ primärem Natriumphosphat[6,8]. Das Optimum liegt bei $p_H = 5{,}0-5{,}5$[7]. Die Wirkung läßt jedoch bei ersterem schneller nach (Verhältnis nach 10 Minuten $= 5:1$, nach 60 Minuten $= 3{,}8:1$), ferner tritt hier auch mit steigendem p_H rascher Abfall ein (die Hämin-Pyridinverbindung ist in alkalischer Lösung durch das Wasserstoffsuperoxyd viel leichter oxydabel)[6]. Proportionalität zwischen Katalysatormenge und Reaktionsgeschwindigkeit ist nicht vorhanden (3 fache Häminmenge bewirkt in der gleichen Zeit 10 fach größere Umsetzung)[6]. Die Wirkung besteht in einer Anlagerung von H_2O_2 und nicht in einer Dehydrierung des Amphors. Der Temperaturkoeffizient ist oberhalb $10°$ negativ, bei $20°$ erlischt die Wirkung, von da ab wirkt das Hämin jedoch als Katalase, die wenig vom p_H und der Temperatur abhängig ist[7]. Nach Zusatz von 1500 Mol Blausäure auf 1 Mol Eisen sinkt die Reaktionsgeschwindigkeit erst auf die Hälfte, Verdünnung, Belichtung, Zugabe von Kaliumpyrophosphat sind ohne Einfluß; Jodkaliumzusatz hemmt, durch Erhöhung der H_2O_2-Konzentration wird der Katalysator geschädigt[7].

Hämin in Phosphat- und Boratpuffer überträgt molaren Sauerstoff auf Cystein[8,9]. Die Geschwindigkeit ist proportional der Cysteinkonzentration und abhängig vom Sauerstoffdruck[8]. In Pyridin ist die Wirkung ca. 10 mal und in Nicotin ca. 28 mal so groß[8,10]. Sie wird noch weiter gesteigert durch Zusatz von Ferrosulfatspuren. Kohlenoxyd bewirkt Hemmung[8,10,11]; diese ist abhängig vom Sauerstoffdruck und wird durch das Verhältnis CO/O_2 bestimmt[10]; sie verschwindet beim Belichten (Dissoziation der Kohlenoxydverbindung) und erscheint beim Verdunkeln wieder. Pro Mol Hämin wird 1 Mol Kohlenoxyd absorbiert[9]. Auch Blausäure hemmt die Reaktion[8] (beim Nicotinhämin hemmen $1 \cdot 10^{-3}$ Mol um 97%)[10].

Weiterhin katalysiert Hämin die Oxydation von Glycerinaldehyd und Hydrazin (am besten in pyridinhaltigem Wasser)[12], von Benzaldehyd, von Schwefelwasserstoff[13], gut die von Sorbinsäure (Optimum bei $p_H = 5{,}97$), von Ölsäure (Optimum bei $p_H = 7-8$), von Linolsäuremethylester; weniger gut die von Ölsäuremethylester, Olivenöl und sehr wenig die von Elaidinsäure[14].

Die Leinöloxydation wird bei gewöhnlicher Temperatur ebenso stark beschleunigt wie vom Hämoglobin[15]. Sie wird beeinflußt vom Absorptionszustand des Hämins; die besten

[1] H. Fischer u. F. Lindner: Hoppe-Seylers Z. **153**, 54 (1926).
[2] F. Verzár u. A. Zih: Biochem. Z. **205**, 388 (1929).
[3] F. Verzár: Z. exper. Med. **68**, 475 (1929).
[4] O. Warburg u. F. Kubowitz: Biochem. Z. **227**, 184 (1930).
[5] W. Biedermann u. C. Jernakoff: Biochem. Z. **150**, 477 (1924).
[6] R. Kuhn u. L. Brann: Hoppe-Seylers Z. **168**, 27 (1927).
[7] R. Kuhn u. L. Brann: Ber. dtsch. chem. Ges. **59**, 2370 (1926).
[8] H. A. Krebs: Biochem. Z. **204**, 322 (1929).
[9] W. Cremer: Biochem. Z. **192**, 426 (1927).
[10] H. A. Krebs: Biochem. Z. **193**, 347 (1928).
[11] M. Dixon: Biochemic. J. **22**, 902 (1928).
[12] O. Warburg u. E. Negelein: Ber. dtsch. chem. Ges. **63**, 1816 (1930).
[13] H. A. Krebs: Biochem. Z. **204**, 343 (1929).
[14] R. Kuhn u. K. Mayer: Hoppe-Seylers Z. **185**, 193 (1929).
[15] M. E. Robinson: Biochemic. J. **18**, 225 (1924).

Resultate werden erhalten bei gelöstem Hämin und solchem, das an Metazinnsäure adsorbiert ist. Bei Kohle- und Tonerdeadsorbaten ist die Wirkung bedeutend geschwächt[1]. Die Oxydation wird von Blausäure in dem Eisen äquimolaren Mengen nicht gehemmt, sondern erst bei wesentlich größeren Konzentrationen[2]. $4 \cdot 10^{-4}$ Mol Schwefelwasserstoff hemmen dagegen schon vollständig[3].

Von Ergosterin, bestrahlt oder unbestrahlt, in Cyclohexanol oder Laurinester in Citratpuffer ($p_H = 9$) werden in Gegenwart von Hämin 3 Mol Sauerstoff aufgenommen[1]. Ebenso werden Norbixin und α-Crocetin in verdünnter Lauge rasch oxydiert[1]. Blausäure hemmt in allen Fällen[1]. Auch Bixin und Methylbixin in Laurinester oder Acetessigester werden von wässerigem Pyridinhämin katalytisch oxydiert[1]. Unter bestimmten Bedingungen wird auch Brenztraubensäure in Oxalsäure übergeführt[1].

Sowohl gelöstes als auch feinverteiltes Hämin und Hämatin beschleunigen die Salzhydrolyse der Stärke mit der gleichen Wirkung wie Hämoglobin[4].

Katalasewirkung des Hämins: B. Hämin katalysiert die Zersetzung des Wasserstoffsuperoxyds[5, 6, 7], wobei dieses seinerseits das Hämin oxydiert[5]. Das Optimum der Reaktion liegt bei p_H 5,7—7,5[8]. In saurer und neutraler Lösung ist die Katalasewirkung ziemlich stark, sie wächst mit steigender Alkalität, erreicht in $^n/_5$-Lauge ein Maximum und nimmt in stärker alkalischer Lösung wieder ab[5]. Außerdem ist sie stark abhängig vom Absorptionszustand des Hämins. Bei Adsorption an Carbo medicinalis ist sie ca. 200 mal größer, an Metazinnsäure ist sie normal und an Tonerde ist sie stark gehemmt[1]. Weiterhin sind Änderungen des Moleküls von großem Einfluß[9]. α-Chlorhämin wirkt am besten und gleichmäßigsten und ist am beständigsten gegen H_2O_2, besonders bei $p_H = 6,0$[9]. Umkrystallisieren aus Pyridin-Chloroform oder Eisessig-Kochsalz bewirkt keine Änderung[10]. Bei den Häminestern ist die Wirkung $= 0$[8]. Wird Hämin in $^n/_{50}$-primärem Phosphat 2 Tage gekocht, dann wird die Aktivität fast unabhängig vom p_H, bei 7tägigem Kochen wird sie im sauren Gebiet größer (Übergang von Hämin in Hämatin). Kochen bei $p_H = 6,8$ ist dagegen ohne Einfluß. Wird Hämin statt in $^n/_{50}$-Phosphat in 1,5proz. Pyridin gelöst, dann steigert sich die Wirkung auf das 3,5fache; auch Phosphathämin wird durch Pyridin, allerdings nicht so weit, aktiviert. Bei $p_H = 7,0$ besitzen Chlor-, Brom-, Jod- und Rhodanhämin annähernd gleiche Aktivität, Mesohämin ist jedoch stärker (in 2,5proz. Pyridin ist Mesohämin dagegen schwächer)[9].

Die scheinbare Affinität zwischen Hämin und Wasserstoffperoxyd (∞ 130) ist größer wie bei der Katalase (∞ 40); die Zerfallsgeschwindigkeit ist aber kleiner (das Wirksamkeitsverhältnis zwischen Hämin und Katalase ist ca. 5 : 43000). Die Reaktion verläuft monomolekular, die Spaltungsgeschwindigkeit verlangsamt sich während der Reaktion infolge Verkleinerung der aktiven Häminmenge durch die schädigende Wirkung des Peroxyds auf das Hämin. Diese Schädigung ist in hohem Maß abhängig von der Konzentration des Substrats. Die Kinetik der Wasserstoffperoxydzersetzung ändert sich mit Änderung der Peroxydkonzentration[11]. Der zeitliche Verlauf der Wasserstoffperoxydkatalyse läßt zwei verschiedene Reaktionsphasen erkennen, im ersten Augenblick erfolgt ein Reaktionsstoß (α-Aktivität)[12].

$^m/_{100}$-Blausäure hemmt bei $p_H = 7,0$; 8,1 und 9,3 kräftig (Bildung von Cyanhämatin). (Farbe der Lösung ziegelrot; bei $p_H = 6$ Farbumschlag nach Grünbraun und erhebliche Affinitätssteigerung.) Bei $^m/_{100}$-Blausäure ist bei $p_H = 6,0$ und 7,0 eine mäßige Hemmung vorhanden; bei $p_H = 8,1$ und 9,3 tritt jedoch anfänglich eine starke Beschleunigung der Spaltung ein[10].

Durch Überführen von Hämin in Hämatin wird, wenigstens in frischer Lösung[10], die Affinität nicht wesentlich verändert[10]. Die Abhängigkeit vom p_H ist hier jedoch kleiner[9].

[1] R. Kuhn u. A. Wassermann: Ber. dtsch. chem. Ges. **61**, 1550 (1928).
[2] M. E. Robinson: Biochemic. J. **18**, 225 (1924).
[3] H. A. Krebs: Biochem. Z. **209**, 32 (1929).
[4] W. Biedermann u. C. Jernakoff: Biochem. Z. **150**, 477 (1924).
[5] H. Wu: J. of Biochem. **2**, 195 (1923).
[6] H. v. Euler: Sv. kém. Tidskr. **4**, 89 (1929).
[7] H. v. Euler u. Nilsson: Arch. f. Kém., Min. och Geol. **10**, 5 (1929).
[8] R. Kuhn u. L. Brann: Ber. dtsch. chem. Ges. **59**, 2370 (1926).
[9] R. Kuhn u. L. Brann: Hoppe-Seylers Z. **168**, 27 (1927).
[10] K. Zeile: Hoppe-Seylers Z. **189**, 127 (1930).
[11] H. v. Euler u. K. Josephson: Liebigs Ann. **456**, 111 (1927).
[12] R. Kuhn u. A. Seyffert: Ber. dtsch. chem. Ges. **61**, 2509 (1928).

Häm = Prosthetische Gruppe des Hämochromogens[1].

Mol-Gewicht: 616,31.

Zusammensetzung: 66,22% C; 5,23% H; 10,40% O; 9,09% N; 9,06% Fe. $C_{34}H_{32}O_4N_4Fe$.

Bildung: Bei der Reduktion von Hämin mit Natriumhydrosulfit[1,2]. Aus dem Helicorubin, das sich in der Galle hämocyaninführender Wirbeltiere findet und aus Cytochrom[3] durch Spaltung[1,3,4].

Wahrscheinlich auch aus Hämatin bei der Reduktion einer alkoholisch-salzsauren Lösung mit Zinkpulver im Rohr[5]. Synthetisch aus Protoporphyrin und Ferroacetatlösung in Stickstoffatmosphäre[6].

Eigenschaften: Die Krystallisation ist verschieden je nach dem Lösungsmittel (Pyridin, Chinolin), je nach dem Reduktionsmittel (Hydrazinhydrat, Natriumhydrosulfit, Schwefelammonium) und je nach dem Ausgangsmaterial (frisches Blut, Hämoglobin, Hämin)[2].

Ist nur löslich in Alkali; unlöslich in Säuren und Wasser[1]. Farbe und Löslichkeit sind verschieden von Hämochromogen[1]. Das Häm ist leicht oxydabel. In Pyridin gelöst ist es weniger rasch oxydierbar als sonst. Hier tritt langsam Oxydation ein zur Fe · OH-Verbindung[6]. Mit nativem Globin verbindet es sich zu Hämoglobin[7]. Mit denaturiertem Globin zu Hämochromogen[8]. Mit Nicotin, Pyrrol, Hydrazinhydrat, Eiweiß usw. zu hämochromogenartigen Stoffen (Parahämatin)[9,10]. Die Reaktion erfolgt nach folgendem Schema:

$$\text{Häm} + \text{N-Verbindung} \rightleftarrows \text{Hämochromogen}^{1,\,3}$$

Spektrum in alkoholisch-salzsaurer Lösung: Farbe rot. I 563,2; II 527,6[5], in 50—60proz. saurem Alkohol: I 576; II 540[2,5,9].

Spektrum in wässerig-alkalischer Lösung: I 580; II 544[1,2,5], in alkoholischer-alkalischer Lösung: I 590; II 559[2].

Mit Kohlenoxyd bildet das Häm Carbohämatin bzw. Carbohämochromogen.

Spektrum in 50—60proz. saurem Alkohol: I 564; II 520[9].

III. Porphyrine.

Allgemeines.

Von den Porphyrinen gibt es heute mehr synthetisch hergestellte als natürlich vorkommende; darunter von einer einzigen Art oft eine ganze Reihe Isomerer, z. B. vom Mesoporphyrin allein 15[11]. Zwecks Unterscheidung dieser Porphyrine untereinander wurde von H. Fischer vorgeschlagen, das Pyrrolskelett mit dem Namen Porphin[12] zu bezeichnen und die einzelnen Modifikationen nach den Substituenten, die in β-Stellung an den 4 Pyrrolkernen stehen, zu unterscheiden. Zu diesem Zweck sind diese β-Stellungen fortlaufend mit den Nummern 1—8 bezeichnet[11].

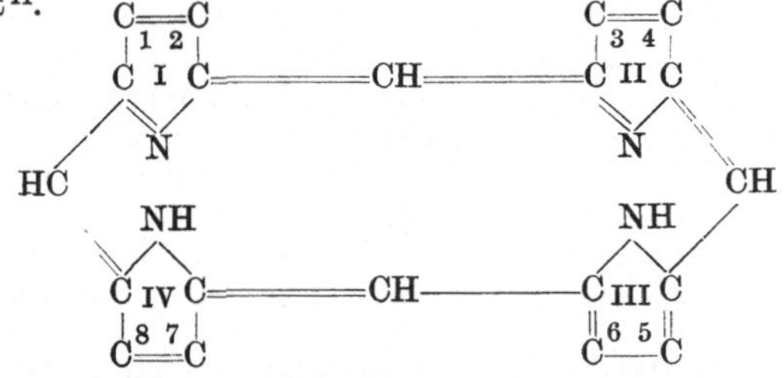

[1] M. L. Anson u. A. E. Mirsky: J. of Physiol. **60**, 50 (1928).
[2] S. Blaszynska: Dissertation Freiburg 1928.
[3] M. L. Anson u. A. E. Mirsky: J. of Physiol. **60**, 161 (1925).
[4] M. L. Anson u. A. E. Mirsky: J. of Physiol. **60**, 221 (1925).
[5] S. Blaszynska, Ch. Dhéré u. A. Schneider: C. r. Soc. Biol. Paris **95**, 623 (1926).
[6] H. Fischer, A. Treibs u. K. Zeile: Hoppe-Seylers Z. **195**, 24 (1931).
[7] A. Steekmann: Chem. Weekbl. **1930 I**, 170.
[8] M. L. Anson u. A. E. Mirsky: J. of Physiol. **60**, 50 (1925).
[9] Ch. Dhéré: C. r. Soc. Biol. Paris **97**, 1160 (1927). — M. L. Anson u. A. E. Mirsky: J. gen. Physiol. **12**, 273 (1928) — J. of Physiol. **60**, 50 (1925).
[10] R. Hill: Proc. roy. Soc. Lond. (B) **100**, Nr B 705, 419 (1926). — R. F. Haldan u. A. E. Freemann: Austral. J. exper. Biol. a. med. Sci. **6**, 79 (1929).
[11] H. Fischer u. G. Stangler: Liebigs Ann. **459**, 62, 63 (1927). — H. Fischer, P. Halbig u. B. Walach: Liebigs Ann. **452**, 271 (1927).
[12] H. Fischer u. P. Halbig: Liebigs Ann. **448**, 194 (1926).

Zwecks einfacherer Schreibweise wird auch folgendes Bild gebraucht[1]:

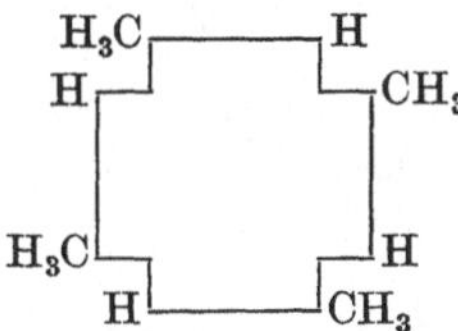

Die Spektren der Porphyrine in Lösung weisen 4 Hauptstreifen auf. Es ist dies der Typ des neutralen Spektrums. Nach Lösen der Porphyrine in Säuren zeigt das Spektrum nur noch 3 Hauptstreifen. Diese Art Spektrum wird als saurer Typ bezeichnet (Typ II) und ist für die einzelnen Porphyrine charakteristisch. Mit wachsender Säurekonzentration wandern die Streifen rotwärts[2].

Im allgemeinen binden die Porphyrine 2 Mol Säure. Bei verschiedenen Untersuchungen hat sich nun gezeigt, daß mitunter außer den beiden eben erwähnten Arten des Spektrums auch noch eine dritte auftritt, bei der die Streifen zwischen den beiden anderen liegen. Es tritt also hier ein Zwischentyp auf (Typ I). Das Zustandekommen desselben wird so erklärt, daß die Porphyrine nicht nur allein die normalen Salze mit 2 Mol Säuren bilden können, sondern auch noch Salze mit 1 Mol; daß also der disaure Typ dissoziiert in den monosauren Typ[2].

Sehr ausgeprägt findet man diese 3 Arten von Spektren bei den Molekülverbindungen der Porphyrine mit Nitrophenolen (Pikrinsäure, Pikrolonsäure, Styphninsäure, Flaviansäure). Bei diesen Spektren wandern die Streifen mit steigender Säurekonzentration, besonders in Anwesenheit von etwas Wasser, nach violett. Am meisten tritt hier Typ I auf, weil diese Molekülverbindungen sehr leicht dissoziieren, besonders beim Erwärmen.

Außer den Spektren in Lösung gibt es auch welche der festen Substanzen, die sog. Pulverspektren. Diese sind ebenfalls für jedes Porphyrin charakteristisch. Im allgemeinen sind sie gegenüber den Spektren in Lösung nach Rot verlagert[2].

1, 3, 5, 7-Tetramethyl-porphin.

Mol-Gewicht: 366,37.
Zusammensetzung: 78,68% C; 6,01% H; 15,30% N. $C_{24}H_{22}N_4$.

Bildung: Neben Di- und Monocarbonsäuren beim Erhitzen des 2-Brommethyl-4-methyl-3, 5-dicarbäthoxy-pyrrols mit Bromwasserstoff-Eisessig auf 140—170°[3] und neben einer Monobromverbindung beim Schmelzen des 4, 3′, 5′-Trimethyl-3, 4′, 5-tribrom-pyrromethen-bromhydrats mit Bernsteinsäure bei 200—210°[3].

Darstellung: 15 g 4, 3′, 5′-Trimethyl-3, 4′, 5-tribrom-pyrromethen-bromhydrat (s. S. 484) werden mit 500 g Bromwasserstoff-Eisessig zuerst 2 Stunden auf 120—130°, dann 1 Stunde auf 140° und hernach 1 Stunde auf 160—180° erhitzt. Nachdem wird mit $^1/_4$ l konz. Salzsäure versetzt (Umschlag von Braun nach Rot); mit destilliertem Wasser verdünnt (etwa 2 l Gesamtflüssigkeit), filtriert und das Porphin durch allmähliches Versetzen mit 10proz. Ammoniak in Äther getrieben. Nach mehrmaligem Waschen des Äthers mit destilliertem Wasser wird mit 2proz. Salzsäure ausgezogen, aus der salzsauren Lösung das Porphyrin mit 10proz. Ammoniak in Chloroform übergeführt; diese Lösung auf ein kleines Volumen eingeengt und die doppelte Menge heißer Methylalkohol zugesetzt. Beim Stehen Krystallisation[3].

Eigenschaften: Aus Chloroform-Methylalkohol braunrote, rautenförmige Krystalle.

[1] H. Fischer u. G. Stangler: Liebigs Ann. **459**, 62 (1927).
[2] A. Treibs: Liebigs Ann. **476**, 1ff. (1930).
[3] H. Fischer u. A. Kirstahler: Hoppe-Seylers Z. **198**, 75 (1931).

Kupfersalz $C_{24}H_{20}N_4Cu$. Darstellung in der üblichen Weise aus der Pyridinlösung des Porphins mit Kupferacetat-Eisessig. — Beim Stehen Krystallisation in roten, schillernden Nadeln.

1, 3, 5, 6, 7, 8-Hexamethyl-porphin [1].

Mol-Gewicht: 394,2.

Zusammensetzung: 79,15% C; 6,64% H; 14,21% N. $C_{26}H_{26}N_4$.

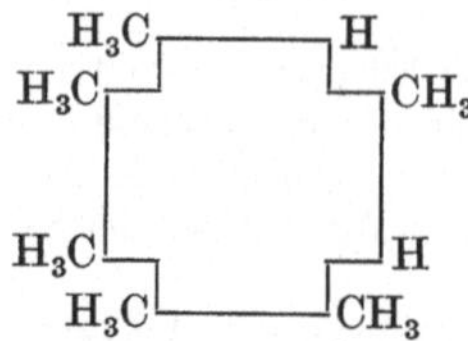

Darstellung: Äquimolare Mengen des 3, 3′, 4, 4′-Tetramethyl-5, 5′-dibrom-pyrromethen-bromhydrats (s. S. 565) und des 4, 3′, 5, 5′-Tetramethyl-pyrromethen-bromhydrats (s. S. 529), vermischt mit der doppelten Menge Bernsteinsäure, werden in Portionen zu 1 g 8—10 Minuten auf 245—250° erhitzt. Dann wird fein zerrieben, 1mal mit Wasser ausgelaugt, hernach unter Erwärmen in konz. Salzsäure-Eisessig gelöst, filtriert und das Porphyrin mit Natronlauge gefällt. Nun wird wieder in Salzsäure gelöst und mit Acetat ausgeflockt, getrocknet, erst mit Methylalkohol bis zur Farblosigkeit desselben extrahiert, dann mit Chloroform ausgezogen und mit Methylalkohol krystallisiert. Ausbeute 8% (mittel).

Eigenschaften: Aus Chloroform-Methylalkohol kleine quadratische Platten; Schmelzpunkt 415—420° (Block). Enthält noch Halogen, das nur unter großen Verlusten (etwa 80%) entfernbar ist. Salzsäuregehalt 0,7. Besitzt außerordentliche Schwerlöslichkeit.

Reinigung: Eine Chloroformlösung des Porphyrins wird mit Ammoniak 24 bis 34 Stunden auf der Maschine geschüttelt, dann mit Wasser gewaschen, das Chloroform abdestilliert, der Rückstand 1 Stunde mit Pyridin gekocht, dann 2mal aus Pyridin-Methylalkohol umkrystallisiert und schließlich bei 300—310° im Hochvakuum sublimiert.

Spektrum in Äther (gegenüber Ätioporphyrin um 1 μ nach violett verschoben):
I 624,9—619,3: (II 610,1); (III 595,5); IV 581,5 . . . 575,8—572,5; V 569,7—564,5 (VI 557,7);
        622,1   574,2   567,1
VII 535,3 . . . 531,1—520,9 . . . 518,4; VIII 504,5—479,6; Schatten 467,5 schwach; End. Abs. 431.
                526,0   492,0
Intensität: VIII; I, VII, IV; III, V.

Spektrum in Chloroform: I 623,3—616,8; II 580,3 . . . 569,0—562,5; III 535,8—523,2;
                                620,0   565,7   529,0
IV 509,1—490,5 . . . 480,6; End. Abs. 431. Intensität: IV, III, I, II.
        499,8

Kupfersalz $C_{26}H_{24}N_4Cu$. Eine Porphyrinlösung in Chloroform wird mit einer Kupferacetateisessiglösung versetzt. — Aus Chloroform-Methylalkohol derbe Krystalle.

Spektrum in Chloroform: I 568,8—550,7; II 530,0—514,1; End. Abs. 421,5.
                                559,7   522,0

Eisensalz $C_{26}H_{24}N_4FeCl$. Eine Lösung des Porphyrins in Chloroform wird mit Ferroacetat in Eisessig-Kochsalz versetzt und das Chloroform wegdestilliert. Beim Stehen Krystallisation, die sich aus Chloroform-Eisessig umkrystallisieren läßt.

Hämochromogenspektrum: I 549,5—541,8; II s. verwaschen (520,1—509,9); End. Abs. 432,2.
                                545,6   515,0

Perbromid $C_{26}H_{18}N_4Br_8$. 0,1 g Porphyrin werden heiß in Chloroform-Eisessig gelöst, das Chloroform dann fast wegdestilliert und die heiße Lösung mit 0,2 g Brom versetzt. Beim Stehen Krystallisation, die nach dem Filtrieren mit abs. Äther gewaschen wird. — Rot glitzernde makroskopische Blättchen mit gezahnten Kanten. Sublimiert schwach bei 410° (Block).

Dibromid $C_{26}H_{24}N_4Br_2$. Das Perbromid wird über Nacht mit Aceton stehengelassen und dann noch 10 Minuten gekocht. — Aus heißem Nitrobenzol rautenförmige, oft miteinander verwachsene Blättchen. Äußerst schwer löslich in fast allen Lösungsmitteln. Wird beim langen Erhitzen mit Nitrobenzol vollständig zerstört.

---

[1] H. Fischer u. E. Jordan: Hoppe-Seylers Z. **191**, 57 (1930).

Octamethyl-porphin.

Mol-Gewicht: 422,46.
Zusammensetzung: 79,58% C;, 7,16% H; 13,27% N. $C_{28}H_{30}N_4$.

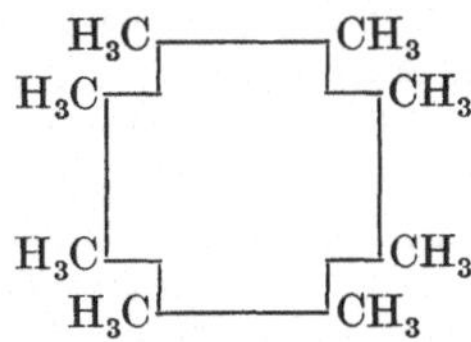

Bildung: Neben 3, 4-Dimethyl-pyrrol aus Bis-(3, 4-dimethyl-5-carboxy-pyrryl)-methan beim Erhitzen im Vakuum[1]. Aus demselben Methan beim Kochen mit Essigsäure oder beim Stehen mit Ameisensäure (100 mg Methan geben nach 7 tägigem Stehen mit 90 proz. Ameisensäure bei 37° 15 mg Porphyrin = 20,6%)[2].

Aus dem (3, 4 - Dimethyl-5-brom-pyrryl) - (2, 3, 4 - trimethyl - pyrrolenyl) - methenbromhydrat beim Erhitzen auf 350°[2]. Entsteht auch bei 3 stündigem Erhitzen dieses Bromhydrats mit 90 proz. Ameisensäure auf 200° (Ausbeute 12,5%)[2], ferner neben etwas 2, 3, 4, 5-Tetramethyl-pyrrol beim Erhitzen mit 85 proz. Phosphorsäure im Rohr auf 200°[2].

Aus 3, 4-Dimethyl-pyrrol bei 1 stündigem Erhitzen mit Ameisensäure oder mit Glyoxaltetramethylacetal und Ameisensäure im Rohr auf 160°[2].

Aus (3, 4-Dimethyl-5-brom-pyrryl)-(2-brommethyl-3, 4 - dimethyl-pyrrolenyl) - methenbromhydrat beim Lösen in konz. Schwefelsäure[2, 3]. Ferner beim Erhitzen desselben Bromhydrats für sich allein oder mit Eisessig im Rohr auf 200°[2].

Darstellung: a) 7,3 g Bis-(3, 4-dimethyl-5-carboxy-pyrryl)-methan (s. S. 566) werden mit 150 ccm Eisessig 4½ Stunden gekocht. Nach Stehen über Nacht Krystallisation des Porphyrins. Ausbeute 1261 mg = 24% (in der Mutterlauge befindet sich 2, 3, 4-Trimethyl-5-acetyl-pyrrol)[4]. Reinigung[2].

b) 1 g (3, 4-Dimethyl-5-brom-pyrryl)-(2, 3, 4-trimethyl-pyrrolenyl) - methen-bromhydrat (s. S. 665) wird mit 30 ccm Eisessig 3¼ Stunden im Rohr auf 205° erhitzt. Der kohlige Rückstand wird abfiltriert, mit 20 proz. Natronlauge fein verrieben, mit Wasser verdünnt, kurz aufgekocht, filtriert, mit Alkohol gewaschen und mit Methylalkohol in der Röhre bis zur Farblosigkeit desselben extrahiert. Der Rückstand wird mit Nitrobenzol ausgezogen. Ausbeute aus 4 g Einsatz = 450 mg = 20%; aus 33,3 g Einsatz 3380 mg = 18,0% (nebenbei entsteht in Spuren 2, 3, 4, 5-Tetramethyl-pyrrol)[2].

Bei Verwendung von mehr Eisessig als oben angegeben wird erst im Vakuum zur Trockne verdampft und dann mit 20 proz. Natronlauge usw. aufgearbeitet.

c) 350 mg des Bromhydrats b) werden mit 5 ccm sirupöser Phosphorsäure im Rohr 1½ Stunden auf 210° erhitzt. Die schwarze Lösung wird in Wasser gegossen, mit 20 proz. Natronlauge alkalisch gemacht und wie unter b) weiterverarbeitet. Ausbeute 42 mg = 24,7% (nebenbei entsteht in Spuren 2, 3, 4, 5-Tetramethylpyrrol)[2].

d) 0,15 g Bis-(5-brom-3, 4-dimethyl-pyrryl)-methen-bromhydrat (s. S. 565) und 0,1 g Bis-2, 3, 4-(3, 4, 5-)-trimethyl-pyrryl-)-methen-chlorhydrat (s. S. 575) werden mit 20 ccm Eisessig im Rohr 1½ Stunden auf 205° erhitzt. Nachdem wird mit Wasser verdünnt, mit 20 proz. Natronlauge alkalisch gemacht, filtriert, der Rückstand mit Methylalkohol extrahiert, getrocknet und dann mit Nitrobenzol ausgezogen[4]. Ausbeute 18 mg = 12,5%.

Eigenschaften: Aus heißem Nitrobenzol schöne, oft skelettartig ausgebildete Prismen, die noch 1% Asche enthalten, welche auch durch Sublimation bei 14 mm und etwa 430° nicht entfernbar ist. Parallele Auslöschung, stark dichroitisch (S.R. parallel den Prismenkanten schwach absorbierend, Farbe gelb bis braun; S.R. senkrecht dazu starke Absorption, Farbe fast schwarz)[2]. Umkrystallisierbar auch aus Eisessig und Chloroform. Zeichnet sich durch Schwerlöslichkeit aus. Unlöslich in siedendem Äther; wenig in Eisessig, Pyridin und Chloroform; etwas besser in Anilin; gut in heißem Nitrobenzol und kalter konz. Schwefelsäure[2]. Gibt bei 2½ stündigem Erhitzen mit Eisessig-Jodwasserstoff (Bombenschüttelofen) auf 135° 2, 3, 4, 5-Tetramethylpyrrol; 2, 3, 4-Trimethylpyrrol und 3, 4-Dimethylpyrrol[2]. Bei der Oxydation mit Chromsäure-Schwefelsäure entsteht Dimethyl-maleinimid[2]; ebenso mit Wasser-

[1] H. Fischer u. B. Walach: Liebigs Ann. **450**, 112 (1926).
[2] H. Fischer u. B. Walach: Liebigs Ann. **450**, 171 ff. (1926).
[3] H. Fischer: Liebigs Ann. **448**, 178 (1926).
[4] H. Fischer, P. Halbig u. B. Walach: Liebigs Ann. **452**, 282 (1927).

stoffperoxyd und Schwefelsäure[1]. Das Porphin ist beständig gegen Eisessig-Bromwasserstoff bei 160°; auf Zusatz einer 25proz. Eisessig-Bromlösung tritt jedoch Bromierung ein[2].

Spektrum in Nitrobenzol (1 mg Porphyrin in 15 ccm Nitrobenzol, Schichtdicke 16 mm). Maxima: I 624,4; II 612,45; III 601,45; IV 579,1; V 569,2; VI 534,4; VII 509,5; End. Abs. 448,3[2]. Spektroskopisch identisch mit Ätioporphyrin.

Bromwasserstoffsaures Salz $C_{28}H_{30}N_4Br_2$. Durch Umkrystallisieren des Porphyrins aus Eisessig-Bromwasserstoff oder durch 1stündiges Erhitzen im Rohr auf 160°. — Aus Eisessig dünne, feine, rote Nädelchen. Schwer löslich in siedendem Eisessig[2].

Hexabrom-Verbindung $C_{28}H_{28}N_4Br_6$. Durch Bromieren des in siedendem bromwasserstoffhaltigem Eisessig gelösten Porphyrins mit überschüssiger 25proz. Brom-Eisessiglösung bei 60°. Scheidet sich sofort äußerst fein krystallin ab[1, 2].

Kupfersalz $C_{28}H_{28}N_4Cu$. Durch ½stündiges Kochen des Porphins in Nitrobenzol mit Kupferbronze. — Aus Nitrobenzol rote Krystalle.

Spektrum in Nitrobenzol: Maxima: I 566,45; II 527,85; End. Abs. 463,4[2].

Chlorferrisalz $C_{28}H_{28}N_4FeCl$. Durch 2½stündiges Erhitzen von 200 mg Porphin mit überschüssigem Ferrichlorid und Natriumacetat in 30 ccm Eisessig im Rohr auf 160°. Isolierung durch Filtrieren, Waschen mit Wasser und verdünnter Salzsäure, Trocknen und Extraktion mit Nitrobenzol. Ausbeute 200 mg = 82%. — Aus Nitrobenzol blauschwarze, quadratische Täfelchen mit abgestumpften Ecken, so daß sie meist kugelig aussehen[2].

Spektrum in Pyridin: I 552,3; II 517,55; End. Abs. 444,6. Nach Zusatz von Hydrazinhydrat: I 546,2; II 515,8; End. Abs. 438,2[2].

Bromferrisalz $C_{28}H_{28}N_4FeBr$. Aus dem (3, 4-Dimethyl-5-brom-pyrryl)-(2, 3, 4-trimethyl-pyrrolenyl)-methen-bromhydrat durch Erhitzen mit Eisessig im eisernen Autoklaven. Ausbeute aus 11 g Einsalz 1,248 g = 15,3%[2].

Beide Ferrisalze geben bei 3stündigem Erhitzen mit Eisessig-Jodwasserstoff auf 135° 2, 3, 4, 5-Tetramethylpyrrol; 2, 3, 4-Trimethylpyrrol und 3, 4-Dimethylpyrrol[2].

$C_{28}H_{28}ON_4$. Durch Oxydation des Porphyrins mit 3proz. Wasserstoffperoxyd und konz. Schwefelsäure. — Aus Chloroform-Methylalkohol rote Nadeln[3].

Spektrum in Chloroform: I 651,7—631,5; II 616,1—610,4; III 600,8 ... 588,8—581,9; 641,6; 613,2; 585,3 IV 557,5—538,4; V 516,5—503,0; VI 492,3—480,9; End. Abs. 440,5. Intensitäten: I, IV, V, III, 547,9; 509,7; 486,6 VI, II[3].

1, 5-Dimethyl-2, 6-diäthylporphin[4].

Mol-Gewicht: 394,42.

Zusammensetzung: 79,14% C; 6,65% H; 14,22% N. $C_{26}H_{26}N_4$.

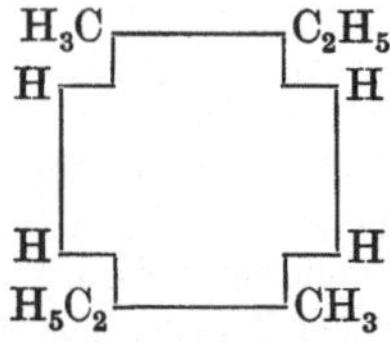

Darstellung: a) 5 g bromiertes 3, 5-Dimethyl-4-äthyl-pyrromethenbromhydrat (s. S. 559) werden mit 5 g Bernsteinsäure und 5 g Brenzweinsäure 30 Minuten auf 190—210° erhitzt. Danach wird die Schmelze zerkleinert, in Pyridin gelöst, kurz mit Äther-Salzsäure fraktioniert und aus der zuletzt erhaltenen Ätherlösung krystallisiert. Ausbeute 50 mg.

b) Wird auf genau dieselbe Weise auch aus dem bromierten Methen aus 4, 5-Dimethyl-3-äthyl-pyrromethenbromhydrat erhalten.

(Als Nebenprodukt entsteht noch ein Porphyrin mit der Salzsäurezahl 7,5. Aus Petroläther kleine, grünschillernde, wetzsteinförmige Krystalle.)

Eigenschaften: Aus Äther lange, glänzende Stäbchen; Schmelzp. 310°. Salzsäurezahl=3. Beim Bromieren entstehen nur Perbromide, die mit Aceton das ganze Brom verlieren. Bei Einwirkung von Oleum entsteht ein neues Porphyrin; eine alkalilösliche Sulfosäure.

[1] H. Fischer, P. Halbig u. B. Walach: Liebigs Ann. **452**, 279f. (1927).
[2] H. Fischer u. B. Walach: Liebigs Ann. **450**, 177ff. (1926).
[3] H. Fischer, P. Halbig u. B. Walach: Liebigs Ann. **452**, 281f. (1927).
[4] H. Fischer u. A. Schorrmüller: Liebigs Ann. **482**, 244 (1930).

Spektrum in Pyridin-Äther: I 625,1—620,7; II sehr schwach 615,2; III 588,6; IV 580,2;

$$\underbrace{622,9}$$

V 576,2—571,5; VI 569,7—566,4; VII 564,3—558,6; VIII 553,3; IX 534,8—521,0; X 507,5—475,4;

573,9 568,1 561,6 527,9 491,5

XI s. schw. 460,6; End. Abs. 432. Intensität: IX, VII, X, I, VIII, III, VI, V, IV, II, XI.

Spektrum in 5proz. Salzsäure: I 594,7—588,1 (Schatten bei 580); II 553,7—539,4 ... 530,7;
End. Abs. 420. Intensität: II, I.   591,4   546,6

Chlorferrisalz $C_{26}H_{24}N_4FeCl$. Darstellung in der üblichen Weise aus dem Porphyrin und Ferroacetat-Kochsalz in Eisessig. — Sehr kleine, schwarzviolette Stäbchen.

Spektrum in Pyridin: I 553,7—544,4; II 537,3; III 530 ... 524,3—510,3; IV 489 (s. schw.);
End. Abs. 442.   549,1   517,3

Kupfersalz $C_{26}H_{24}N_4Cu$. Porphyrin in heißem Chloroform gelöst wird mit heißer methyl-alkoholischer Kupferacetatlösung versetzt. Sofort Krystallisation in feinen langen Nädelchen. — Aus Chloroform, Schmelzp. 312°.

Spetrum in Pyridin-Äther: I 565,5—558,5 ... 546,4; II 530,2—515,4 ... 502,4; End. Abs.420,5.
Intensität: I, II.   562,0   522,8

1, 3, 5, 7-Tetramethyl-2, 6-diäthyl-porphin[1].
Deutero-ätioporphyrin II.

Mol-Gewicht: 422,2.

Zusammensetzung: 79,58% C; 7,15% H; 13,27% N. $C_{28}H_{30}N_4$.

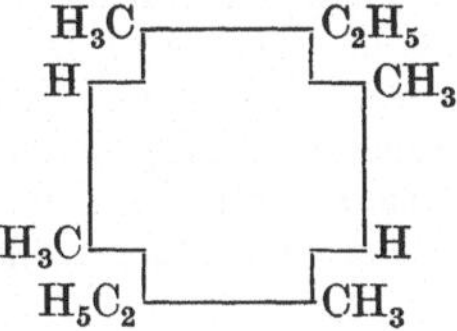

Bildung: Bei der Synthese von Pyrroporphyrin III und XII unter Verwendung des 4, 3′, 5′-Trimethyl-4′-äthyl-3, 5-dibrom-pyrro-methenbromhydrats (s. S. 480) und des Pyrroporphyrins III aus 4, 3′, 5′-Trimethyl-3-äthyl-4′, 5-dibrom-pyrromethenbromhydrats (s. S. 506).

Darstellung: Aus den sauren Abfallösungen, erhalten bei der Darstellung obiger Porphyrine, wird das darin enthaltene Ätioporphyrin II mit Natronlauge in Äther getrieben, die ätherische Lösung gewaschen, gut mit 10proz. Natronlauge durchgeschüttelt (Entfernung von Meso-, Pyrro- und Brompyrroporphyrin), dann erst erschöpfend mit 5proz. Salzsäure (Deutero-ätioporphyrin) und anschließend mit 10proz. Salzsäure (Monobromdeuteroätioporphyrin) behandelt. Durch mehrmaliges Fraktionieren der beiden Auszüge mit Äther und der entsprechend konz. Säure werden die Porphyrine gereinigt. Beim Einengen der ätherischen Lösungen Krystallisation.

Eigenschaften: Aus Äther stahlblaue, rautenförmige Täfelchen. Salzsäurezahl 1,75.

Spektrum in Pyridin-Äther: I 625,5—618,7; II Schatten 610,4; III Schatten 595; IV 580—575
622,1   577,5

... 569—564,3 ... 557; V 537—523,6 ... 519; VI 518—479 (verwaschen); End. Abs. 430. Intensität:
566,5   530,3   498,5

VI, V, IV, I, II, III.

Eisensalz $C_{28}H_{28}N_4FeCl$. Porphyrin in Eisessig gelöst, wird auf dem Wasserbad mit überschüssiger Eisessig-Ferroacetatlösung erwärmt bis zum völligen Verschwinden der Porphyrinfarbe. Nach Zugabe der Hälfte des Eisessigvolumens an Chloroform wird langsam tropfenweise etwas gesättigte Kochsalzlösung zugetropft und danach so lange weitererwärmt, bis das Chloroform größtenteils verdampft ist. Nach längerem Stehen Krystallisation in schwarzen Rauten.

Monobromdeutero-ätioporphyrin $C_{28}H_{29}N_4Br$. Aus Äther rote prismatische Stäbchen. Salzsäurezahl 8.

Spektrum in Pyridin-Äther: I 622,5—619,0; II 594,5 Schatten; III 580 ... 568,8—564,8 ... 560;
620,7   566,8

IV 540—530 ... 526; V 511—490 (s. unscharf); End. Abs. 530. Intensität: IV, V, III, I, II.
535   500,5

---

[1] H. Fischer u. H. Berg: Liebigs Ann. **482**, 209 (1930).

Kupfersalz $C_{28}H_{27}N_4Br \cdot Cu$. Durch kurzes Erwärmen des Porphyrins mit Kupfer-acetat in Eisessig (heiß gemischt). Beim Erkalten Krystallisation in roten Nädelchen.

1, 3, 5, 8-Tetramethyl-6, 7-diäthyl-porphin.
Deutero-ätioporphyrin IX.

Mol-Gewicht: 422,2.

Zusammensetzung: 79,58% C; 7,15% H; 13,27% N. $C_{28}H_{30}N_4$.

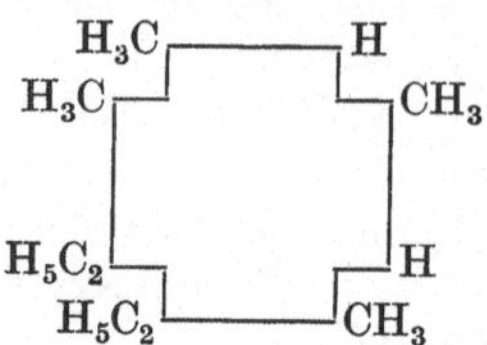

Bildung: Aus Deuteroporphyrin oder Deuterohämin durch Erhitzen auf $295-315°$[1] oder durch $1^1/_2-2$stündiges Erhitzen mit Paraffin auf $340-360°$[2].

Aus Hämatoporphyrin durch 2stündiges Erhitzen mit Paraffin auf $340-360°$[2].

Aus Dibromdeuteroporphyrin durch Decarboxylieren bei $295-315°$[1].

Aus dem Eisensalz des Deuteroporphyrins durch Erhitzen mit Anthracen und Phenanthren[2].

Darstellung: 10 g Eisensalz des Deuteroporphyrins, in 1600 ccm Paraffin aufgeschwemmt, werden 2 Stunden auf 360° erhitzt. Nach dem Abkühlen wird in 1,5 l geschmolzenes Phenol gegossen, gemischt, die Mischung auf 4 Kolben von 2 l Inhalt verteilt, in jeden Kolben 100 g Oxalsäure gegeben, 20 Minuten gekocht, insgesamt in 30 l Wasser gegossen, filtriert, der Rückstand in 10 l Äther gebracht, diese Lösung mit 12proz. Salzsäure ausgeschüttelt, der Auszug (etwa 25 l) filtriert, mit Kalilauge alkalisch gemacht, filtriert, der Rückstand in 25proz. Salzsäure gelöst, diese Lösung mit Äther gewaschen, dann daraus das Porphyrin mit Kali-lauge gefällt, filtriert, gewaschen, getrocknet und aus Chloroform-Methylalkohol umkrystalli-siert. Ausbeute 5—10%[2].

Synthese: Ein inniges Gemisch von 2,8 g 4, 5, 3′, 5′-Tetramethyl-3, 4′-dibrom-pyrromethen-bromhydrat (s. S. 505 u. 529), 3 g 3, 3′-Diäthyl-4, 4′-dimethyl-5, 5′-dibrom-pyrromethan-brom-hydrat und 17,4 g Bernsteinsäure werden in Portionen von 1—1,5 g im Ölbad 10 Minuten auf 250° erhitzt. Dann wird die Schmelze mehrmals mit heißem Wasser ausgelaugt, filtriert, der schwarze Rückstand verrieben, das Porphyrin mit konz. Salzsäure und Eisessig herausgelöst, der Auszug mit dem doppelten Volumen Wasser verdünnt, filtriert und der Rückstand durch wiederholte Behandlung mit 20proz. Salzsäure porphyrinfrei gemacht. Aus den salzsauren Auszügen wird das Porphyrin mit Natriumacetat gefällt, filtriert, in 10proz. Salzsäure gelöst, in Äther übergeführt und nun fraktioniert. Man erhält etwa 119 mg Porphyrin mit der Salz-säurezahl 1,75 und 10 mg bromiertes Porphyrin mit der Salzsäurezahl 8[3]. Ausbeute etwa 5%.

Eigenschaften: Aus Chloroform-Methylalkohol rauten- oder rhombenförmige Tafeln; auch sternförmige Drusen von langen, beiderseits schief abgeschnittenen Prismen[4]. Schmelz-punkt $282^3-285°$[3, 5] (korr.). Löslich in Chloroform, Pyridin, Äther, Eisessig, Aceton, Benzol, Petroläther, Salzsäure, konz. Schwefelsäure. Unlöslich in Kalilauge[4]. Salzsäurezahl 1,75[3] bis $2,0°$[4]. Beim Neutralisieren sehr schwacher salzsaurer Lösungen mit Kalilauge bleibt das Porphyrin anfangs kolloidal gelöst. Geht aus Chloroform nur in Spuren an 25proz. Salz-säure[4]. Spektrum in Äther und Salzsäure identisch mit den entsprechenden des Deutero-porphyrins[4, 5].

Kupfersalz $C_{28}H_{28}N_4Cu$. Durch kurzes Aufkochen des Porphyrins mit Kupferacetat in Eisessig. Sofort Krystallisation in glitzernden, büschelförmig angeordneten Nadeln, Schmelzp. 280° (korr.). Umkrystallisierbar aus Chloroform-Methylalkohol[3].

Eisensalz = Deuteroätiohämin $C_{28}H_{28}N_4FeCl$. Durch kurzes Aufkochen des Porphyrins mit frisch bereiteter natriumchlorid- und etwas salzsäurehaltiger Ferroacetatlösung in Eis-essig. Beim Erkalten Krystallisation in schräg abgeschnittenen Prismen. Umkrystallisierbar aus Chloroform-Eisessig[3].

---

[1] H. Fischer u. A. Treibs: Liebigs Ann. **466**, 217 (1928).

[2] O. Schumm: Hoppe-Seylers Z. **181**, 151 ff. (1929).

[3] H. Fischer u. A. Kirstahler: Hoppe-Seylers Z. **198**, 56 (1931).

[4] O. Schumm: Hoppe-Seylers Z. **181**, 155 (1929).

[5] H. Fischer u. A. Treibs: Liebigs Ann. **466**, 217—218 (1928).

Monobrom-deutero-ätioporphyrin $C_{28}H_{29}N_4Br$. Als Nebenprodukt bei der Synthese des Deutero-ätioporphyrins (s. oben). — Aus Chloroform-Methylalkohol schief abgeschnittene prismatische Blättchen[1]. Salzsäurezahl = 8.

Spektrum in Pyridin-Äther: I 625,1—620,8; II Max. 596,5; III 582,6—574,4; IV 571,1—566,6;
622,9   578,5   568,8
V 540,0—526,7; VI 513,0—482,0; End. Abs. 441,1 Intensität: VI, V, I, IV, III, II.
533,3   497,5

Dibrom-deutero-ätioporphyrin $C_{28}H_{28}N_4Br_2$. 50 mg Deuteroätioporphyrin in 10 ccm Eisessig aufgeschlämmt werden mit 2 ccm einer 20proz. Brom-Eisessiglösung versetzt. Das in Prismen krystallisierte Perbromid (Schmelzpunkt über 300°) bleibt mit 15 ccm Aceton über Nacht stehen und wird dann über Äther-Salzsäure aufgearbeitet. — Aus Chloroform-Methylalkohol Prismen, Schmelzp. 368° (Block)[1], 371°[2]. Salzsäurezahl = 14. Spektroskopisch identisch mit Dibromdeuteroporphyrin.

1, 2, 3, 4, 6, 7-Hexamethyl-5, 8-diäthylporphin[3].

Mol-Gewicht: 450,50.
Zusammensetzung: 79,95% C; 7,61% H; 12,44% N. $C_{30}H_{34}N_4$.

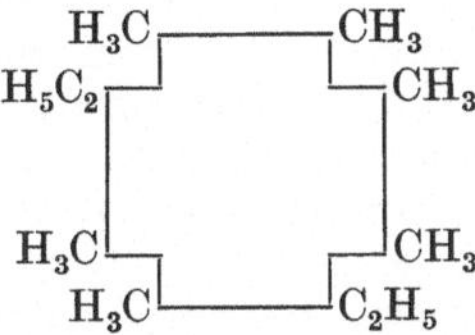

Darstellung: 1 g Bis-(3, 4-dimethyl-5-brom-pyrryl)-methenbromhydrat (s. S. 565) und 0,7 g Kryptopyrrolmethenchlorhydrat (s. S. 557) in 60 ccm Eisessig werden im Rohr 2 Stunden auf 200° erhitzt. Nachdem wird mit 20proz. Natronlauge alkalisch gemacht, erwärmt, filtriert, erst mit Wasser, dann mit Alkohol gewaschen, nun mit Methylalkohol extrahiert bis zur Farblosigkeit desselben, schließlich mit Chloroform ausgezogen, der Auszug eingeengt und mit Methylalkohol gefällt. Nach Stehen über Nacht wird filtriert und der Rückstand aus Nitrobenzol umkrystallisiert. Ausbeute 165 mg = 14,7%.

Eigenschaften: Aus Nitrobenzol derbe, verwachsene Krystalle. Sehr leicht löslich in Nitrobenzol; löslich in Äther, Eisessig, Chloroform. Zeigt bis 360° keinen Schmelzpunkt; auf dem Platinblech erhitzt schmilzt der Körper bei höherer Temperatur und verdampft zugleich. Spektroskopisch identisch mit Oktamethylporphin und Isoätioporphyrin.

1, 3, 5, 7-Tetramethyl-2, 4, 6, 8-tetraäthyl-porphin[4].
Ätioporphyrin I[4].

Mol-Gewicht: 475,53.
Zusammensetzung: 80,28% C; 8,01% H; 11,71% N. $C_{32}H_{38}N_4$.

Bildung: Neben Ätioporphyrin II aus Opsopyrrol oder aus der Opsopyrrol enthaltenden Basenfraktion des Hämins (erhalten bei der Reduktion mit Eisessig-Jodwasserstoff) durch

[1] H. Fischer u. A. Kirstahler: Hoppe-Seylers Z. **198**, 56 (1931).
[2] H. Fischer u. A. Treibs: Liebigs Ann. **466**, 217 (1928).
[3] H. Fischer, P. Halbig u. B. Walach: Liebigs Ann. **452**, 281 (1931).
[4] H. Fischer u. G. Stangler: Liebigs Ann. **459**, 54, 55 (1927).

Erhitzen mit Ameisensäure auf 160°[1,2] oder mit Eisessig und Palmitinsäure auf 180°[1]. Das Porphyrin entsteht aus dem Opsopyrrol auch beim Erhitzen mit Tetramethylglyoxal oder Glyoxalacetal und konz. Salzsäure auf 100°[2] oder bei Einwirkung von Chlormethyläther in Benzollösung bei Zimmertemperatur[3] (Krystallisation — Schmetterlinge).

Aus dem bromierten Kryptopyrrol-methen-bromhydrat I beim Stehen mit konz. Schwefelsäure bei gewöhnlicher Temperatur[4] oder aus dem Bromhydrat I und II beim Schmelzen über freier Flamme[1,5] oder durch Erhitzen mit Eisessig im Wasserbad[1].

Wahrscheinlich auch aus Krypto-pyrrol-glyoxylsäureester oder dem bromierten Carbäthoxy-krypto-pyrrol beim Erhitzen mit Eisessig-Bromwasserstoff auf 170° im Rohr[6].

Aus Ätioxanthoporphinogen durch Reduktion mit 3proz. Natriumamalgam in Methylalkohol-Eisessig[7].

Aus Uroporphyrin durch Erhitzen im Hochvakuum auf 300—325°[8].

Darstellung: a) 2 g bromiertes Kryptopyrrolmethen-bromhydrat[5] (s. S. 508) oder bromiertes Hämopyrrol-methen-bromhydrat[5] (s. S. 57) werden mit 8 ccm Ameisensäure 2 Stunden im kochenden Wasserbad erhitzt. Nachdem wird auf Eis gegossen, mit verdünnter Natronlauge alkalisch gemacht, das ausgeflockte Porphyrin abgesaugt, mit wenig Natronlauge verrieben, tüchtig mit Methylalkohol geschüttelt, abgesaugt, mehrmals mit Methylalkohol gewaschen und schließlich mit Chloroform aus der Hülse extrahiert. Auf Zusatz von Methylalkohol Krystallisation[5].

b) 0,8 g (2-Brom-3-äthyl-4-methyl-pyrryl)-(5(2)-brommethyl-4(3)-methyl-3(4)-äthyl-pyrrolenyl)-methen-bromhydrat (s. S. 573) werden mit 20 ccm Ameisensäure 4 Stunden gekocht. Nachdem wird mit konz. Salzsäure versetzt, mit Wasser auf 6% Salzsäuregehalt verdünnt, filtriert, im Filtrat das Porphyrin mit Natriumacetat gefällt und nach Willstätter durch öfteres Hin- und Hertreiben zwischen Äther-Salzsäure gereinigt. Ausbeute 65 mg[9].

Eigenschaften: Aus Chloroform-Methylalkohol[5], aus Essigsäureanhydrid[10] oder aus Pyridin große, lange Prismen, Schmelzp. 400—405° (Pregl-Block). Aus Benzol längliche, dünne Blättchen, begrenzt von einer schiefen Kante, die 55 $\pm$ 1° gegen die lange Kante liegt. Der kurzen Kante ist eine Schwingungsrichtung angenähert parallel, sie wird wenig absorbiert, Färbung bräunlichgelb bis bräunlichrot. Die andere Schwingungsrichtung bildet mit der langen Kante eine Auslöschungsschiefe von 35°, sie wird sehr stark absorbiert. Salzsäurezahl $= 3$. Ist unzersetzt sublimierbar[5].

Das Porphyrin enthält als Nebenprodukt stets etwas Mono-brom-ätioporphyrin[7]. Es wirkt nicht sensibilisierend[4]. Bei der Oxydation mit Chromsäure-Schwefelsäure oder mit Bleidioxyd-Schwefelsäure[5] entsteht Methyläthylmaleinimid; bei der Oxydation mit Bleiperoxyd-Eisessig dagegen Ätio-xantho-porphinogen. Bei der Reduktion mit Jodwasserstoff-Eisessig bildet sich vorwiegend Hämopyrrol neben Phyllo- und Opsopyrrol[5]. Bei der Einwirkung von Ozon werden neben Oxalsäure nicht ganz 2 Mol Ammoniak erhalten[7].

Beim Zusammenkrystallisieren des Porphyrins mit Ätioporphyrin II im Verhältnis 1 : 1 entstehen Mischkrystalle in Schmetterlingsform, Trennung der einzelnen Formen voneinander ist unmöglich[1]. Schmetterlinge bilden sich auch bei Krystallisation mit Ätioporphyrin III und IV und dem aus Mesoporphyrin[11].

Spektrum in Äther: I stark 625,0—618,9; II 614,0—610,2; III 598,8—593,4; IV schw. Besch.
$\qquad\qquad\qquad\quad$ 621,8 $\qquad\qquad$ 612,3 $\qquad\qquad$ 596,1
588,0—581,7, Streifen mit 3 Maxima; V 581,7—576,7, zieml. scharf 573,8, s. scharf 569,3—564,1;
$\quad$ 584,8 $\qquad\qquad\qquad\qquad\qquad$ 579,2 $\qquad\qquad\qquad\qquad\qquad\qquad$ 566,7
VI zart 560,6—558,5; VII s. scharf 548,1—542,6; VIII 531,6—519,2 intensiv; IX 507,2—479,2
$\quad$ 559,5 $\qquad\qquad\qquad$ 545,3 $\qquad\qquad$ 525,4 $\qquad\qquad\qquad$ 493,2
intensiv; End. Abs. 432,8[4,5]. Intensitäten: I, VIII, IX, drittes Maxima von V.

Spektrum der methylalkoholischen Lösung im Ultraviolett (Eisenlichtbogen): intensiv 400 bis 380 $\mu\mu$. Das übrige Ultraviolett wird kontinuierlich geschwächt[7].

---

[1] H. Fischer u. A. Treibs: Liebigs Ann. **450**, 146 (1926).
[2] H. Fischer, E. Sturm u. H. Friedrich: Liebigs Ann. **461**, 261 (1928).
[3] H. Fischer u. E. Adler: Hoppe-Seylers Z. **197**, 277 (1931).
[4] H. Fischer u. J. Klarer: Liebigs Ann. **447**, 186 (1926).
[5] H. Fischer u. J. Klarer: Liebigs Ann. **450**, 190 ff. (1926).
[6] H. Fischer, E. Sturm u. H. Friedrich: Liebigs Ann. **461**, 274 (1928).
[7] H. Fischer u. A. Treibs: Liebigs Ann. **457**, 236 (1927).
[8] H. Fischer, G. Hummel u. A. Treibs: Liebigs Ann. **466**, 211 (1928).
[9] H. Fischer u. G. Stangler: Liebigs Ann. **459**, 92 (1927).
[10] H. Fischer, G. Hummel u. A. Treibs: Liebigs Ann. **471**, 277 (1929).
[11] H. Fischer u. G. Stangler: Liebigs Ann. **459**, 80 (1927).

Spektrum in salzsaurer Lösung: Nach geringer Vorbeschattung: I 593,8—585,2; II schwach 573,4—565,4; III 556,5—536,4 intensiv; End. Abs. 425,1 [1].

(unter: 569,4   546,4   589,5)

Styphnat $C_{32}H_{38}N_4 \cdot 2 C_6H_3O_8N_3$. Aus konz. methylalkoholischer Lösung glänzende, violette Prismen; Schmelzp. 217—223 (korr.). Löslich in Aceton.

Spektrum in Aceton (Typ I): I 601,2; II 569,0 ... 556,7; III 529,1. Intensität: II, III, I. (II hat deutliche Vorstreifen, II und III haben in der Mitte Aufhellungen.) Mit Wasser entsteht das Neutralspektrum, mit überschüssiger Styphninsäure das Säurespektrum: I 593,0; II 571,1; III 549,9. Intensität: III, I, II.

Pulverspektrum: I 598; II 576; III 555. Intensität: III, I, II [2].

Pikrat $C_{32}H_{38}N_4 \cdot 2 C_6H_3O_7N_3$. Aus Aceton-Methylalkohol oder verdünnter ätherischer Lösung violette Prismen; Schmelzp. 232° (korr.). Löslich in Aceton.

Spektrum in Aceton Mischung aus Typ I und etwas neutral. Mit überschüssiger Pikrinsäure Säurespektrum genau wie beim Styphnat.

Pulverspektrum: I 596,5; II 576; III 555. Intensität: III, I, II [2]. Typ II.

Pikrolonat $C_{32}C_{38}N_4 \cdot 2 C_{10}H_8O_5N_4$. Aus Chloroform-Aceton feine Nädelchen, bräunlich rosafarben; Schmelzp. 262° (korr.). Wenig löslich in Aceton.

Spektrum in Aceton neutral. Mit Überschuß an Pikrolonsäure Spektrum Typ I: I 601,1; II 556,0; III 529,8. Intensität: II, I, III. Großer Überschuß an Pikrolonsäure I 597,5; II 554,2; auf Zusatz von etwas Wasser I 594,0; II 551,0; Intensität: II, I (Typ II).

Pulverspektrum: I 607; II ... 562; Intensität: II, I (Typ I) [2].

Flavianat $C_{32}H_{38}N_4 \cdot 2 C_{10}H_6O_8N_2S$. Aus Chloroform-Aceton derbe, purpurrote Nadeln, die nach der Isolierung in Aceton und Methylalkohol fast unslöslich sind. Schmelzpunkt unscharf bei 230° (Block). Spektrum der Lösungen nicht meßbar.

Pulverspektrum: I 599; II 577; III 555. Intensität III, I, II (Typ II) [2].

Chloranilat. Ätioporphyrin + 2 Chloranilsäure. Aus Chloroform-Methylalkohol beim Einengen mit Chloranilsäure glitzernde, dunkelviolette, derbe Krystalle; Schmelzp. 251° (korr.).

Acetonspektrum: neutral. Mit großem Überschuß an Säure: I 596,2; II 553,9. Intensität: II, I. (Zwischen Typ I und II. Auf Wasserzusatz intensive Dunkelfärbung.)

Pulverspektrum: I 597, II 556 ... Intensität: II, I (Typ II) [2].

2, 4, 6-Trinitrobenzoat. Ätioporphyrin + 2 Trinitrobenzoesäure. Aus Methylalkohol dunkelviolette Prismen; Schmelzp. 304° (korr.).

Acetonspektrum: neutral. Mit großem Überschuß an Säure und Wasser Umwandlung in ein Gemisch aus neutral und Typ I: I 602; II 552,5.

Spektrum in Methylalkohol: I 600,1; II ... 556,4; III 528,4. Intensität: II, III, I (Typ I, erst

(unter: 561,3)

mit großem Überschuß an Säure Umwandlung in Typ II). I 590,3; II 569,4; III 550,9 ...; IV 524,6.

(unter: 548,4)

Intensität: III, I, II, IV. Auf Zusatz von Wasser: I 590,3; II 570,0; III 548,0. Intensität: III, I, II.

Pulverspektrum: I 597; II 576; III 556. Intensität: III, II, I (Typ II) [2].

2, 6 - Dinitrobenzoat. Ätioporphyrin + 1 Dinitrobenzoesäure $C_{32}H_{38}N_4 + C_7H_4O_6N_2$. Aus Chloroform-Benzol durch rasches Einengen mit einem Überschuß an Säure dunkelviolette Prismen. Beim langsamen Erhitzen kein Schmelzpunkt; beim Einlegen in ein 185° heißes Bad Schmelzen; auf dem Block Schmelzpunkt unscharf bei 175°. Schwer löslich in Benzol.

Spektrum in Methylalkohol: neutral.

Pulverspektrum: I 628; II ... 572; III 545; IV 513. Intensität: I, II, III, IV [2].

(unter: 578)

2, 6-Dinitrobenzoat $C_{32}H_{38}N_4 \cdot 4 C_7H_4O_6N_2$. Durch Versetzen einer Chloroformlösung des Porphyrins mit einem reichlichen Überschuß an 2, 6-Dinitrobenzoesäure in Methylalkohol und starkem Einengen. — Lebhaft rot gefärbte Stäbchen; Schmelzp. 203° (korr.). (Bei nur geringem Überschuß an Säure oder der theoretischen Menge erst Abscheidung von Porphyrin und dann erst der Molekülverbindung.)

Acetonspektrum: neutral; auch in verdünnter Lösung mit viel Säure. In sehr konz. Lösung ist das Spektrum ein Gemisch aus neutral und sauer. Dasselbe ist der Fall auch in Methyläthylketon und Benzol [2].

Spektrum in Methylalkohol (Typ I). Mit viel überschüssiger Säure und Wasser: I 590,9; II 570,1; III 549,3; IV 535. Intensität III, I, II, IV (Typ II). Ebenso auch in Äthylalkohol, Benzylalkohol, Glykol, Anisol.

---

[1] H. Fischer u. J. Klarer: Liebigs Ann. **447**, 186 (1926).
[2] A. Treibs: Liebigs Ann. **476**, 28 ff. (1929).

In Anisol zeigt sich ein besonders großer Einfluß auf die Dissoziation: Spektrum in heißer Lösung neutral; beim Erkalten dann mehr und mehr Übergang in das saure Spektrum über I in II. Schließlich Krystallisation der 4-Verbindung.

Pulverspektrum: I 595; II 574; III $\underset{552}{\underline{555}}$... Intensität: III, I, II (Typ II)[1].

Molekülverbindung mit Pikrylchlorid $C_{32}H_{38}N_4 \cdot 1\,C_6H_2O_6N_3Cl$. Durch Versetzen einer mit Hilfe von Chloroform hergestellten Benzollösung des Porphyrins mit Pikrylchlorid, Wegtreiben des Chloroforms und Versetzen mit der doppelten Menge Ligroin. — Schwarze Nadeln mit lebhaftem, bläulichem Oberflächenglanz; Länge bis zu 0,5 cm. Schmelzp. 251° (korr.). Leicht löslich in Aceton mit braunstichiger Farbe. Spektrum wie beim Ätioporphyrin.

Pulverspektrum: I 628; II 578; III 542. Intensität: II, I, III. Neutral[1].

2, 4-Dinitrobrombenzoat $C_{32}H_{38}N_3 \cdot 2\,C_6H_3O_4N_2Br$. Aus Benzol glänzende, dunkelviolette Prismen, Schmelzp. 181° (korr.) neben Ätioporphyrin. Trennung der Krystalle durch Auslesen.

Pulverspektrum neutral: I 528; II 577; III 544; IV 506. Intensität: I, II, III, IV[1].

Dichlorätioporphyrin I $C_{32}H_{36}N_4Cl_2$. Durch Oxydation von Ätioporphyrin mit Bleitetraacetat in Chloroformlösung. — Aus Chloroform-Methylalkohol braune Nadeln, Schmelzpunkt 305° (Pregl-Block). Geht nicht in 6proz. Salzsäure; aus stärkerer Salzsäure scheidet sich ein blaugrünes, salzsaures Salz ab.

Spektrum in Äther: I 632,0; II $\underset{582,5}{\underline{591,0\text{—}574,0}}$; III $\underset{567,9}{\underline{569,3\text{—}566,5}}$; IV $\underset{535,0}{\underline{539,5\text{—}531,6}}$; V $\underset{503,5}{\underline{513,7\text{—}493,2}}$

End. Abs. 435. Intensität: V, II, IV, III, I.

Spektrum in 15proz. Salzsäure: $\underset{564,9}{\underline{576,7\text{—}553,1}}$; End. Abs. 542[2].

Bromhydrat des Ätioporphyrins $C_{32}H_{40}N_4Br_2$. Durch Ausziehen des Porphyrins aus Äther mit 10proz. Bromwasserstoffsäure und Verdünnen des Auszugs auf das Doppelte. Nach 2tägigem Stehen Krystallisation. — Tetraeder[2]. Wird durch Schütteln mit Äther und Natronlauge leicht zerlegt[3].

Monobrom-ätioporphyrin $C_{32}H_{37}N_4Br$. Entsteht als Nebenprodukt bei der Darstellung des Ätioporphyrins aus Kryptopyrrol-methenbromhydrat mit konz. Schwefelsäure[4]. Trennung: 0,5 g des Gemisches werden in 150 ccm siedendem Pyridin gelöst, dann in 2 l Äther eingegossen und erst mit sehr verdünnter Salzsäure das Pyridin und hernach mit 6proz. Salzsäure das Ätioporphyrin ausgezogen. Im Restäther bleibt das Bromprodukt. Der Auszug wird mit Äther gründlich gewaschen und dann mit letzterem wieder auf einen 5proz. Salzsäureextrakt und Restäther hingearbeitet. Ausbeute 21 mg. — Aus Chloroform-Methylalkohol schmetterlingsähnliche Zwillingskrystalle, Schmelzp. 392° (Pregl-Block)[2]. Wird beim Schütteln mit Äther und Natronlauge nicht zersetzt[5].

Spektrum in Äther (unschärfer wie das des Ätioporphyrins): I $\underset{622,7}{\underline{623,9\text{—}621,5}}$; II 596,2;

III $\underset{577,6}{\underline{583,3\text{—}571,9}}$; IV $\underset{567,9}{\underline{569,0\text{—}566,8}}$; V $\underset{532,1}{\underline{538,7\text{—}525,5}}$; VI $\underset{498,8}{\underline{509,6\text{—}488,0}}$; End. Abs. 430.

Spektrum in 15proz. Salzsäure: I $\underset{595,6}{\underline{600,5\text{—}590,8}}$; II $\underset{573,6}{\underline{578,5\text{—}568,6}}$; III $\underset{551,1}{\underline{558,0\text{—}544,2}}$[5].

Monobrom-ätioporphyrin $C_{32}H_{37}N_4Br$. Bildet sich bei der Bromierung des in Chloroform gelösten Porphyrins mit Brom in Tetrachlorkohlenstoff und nachfolgender Behandlung mit Natronlauge. — Aus Chloroform-Methylalkohol Krystalle vom Schmelzp. 386° (Pregl-Block). Spektrum etwas verschieden von dem des Isomeren[5].

Hexabrom-ätioporphyrin $C_{32}H_{36}N_4Br_6$. In heißem Eisessig gelöstes Porphyrin wird mit einer Bromlösung, enthaltend 0,5 ccm Brom in 5 ccm Eisessig versetzt. Dabei Umschlag der Farbe von Braun nach Rot und rasche Krystallisation. — Dünne, linealförmige rote Krystalle, rechtwinklig begrenzt, optisch zweiachsig; eine optische Achse tritt normal zur Ebene der Blättchen aus. Dünne Krystalle zeigen Dichroismus; violett parallel den langen, gelbrot parallel den kurzen Karten. Dickere zeigen ein mehr blau- bzw. gelbstichiges Dunkelrot.

[1] A. Treibs: Liebigs Ann. **476**, 28ff. (1929).
[2] H. Fischer u. A. Treibs: Liebigs Ann. **457**, 238 (1927).
[3] H. Fischer u. A. Treibs: Liebigs Ann. **457**, 241 (1927).
[4] H. Fischer u. J. Klarer: Liebigs Ann. **447**, 186 (1926).
[5] H. Fischer u. J. Klarer: Liebigs Ann. **450**, 190ff. (1926).

Aceton spaltet Brom ab und das freie Porphyrin krystallisiert aus[1,2]. Gibt bei der Reduktion vorwiegend Hämopyrrol neben Phyllo- und Opsopyrrol[1]. Umkrystallisierbar aus Pyridin oder Chloroform-Methylalkohol[2].

Kupfersalz $C_{32}H_{36}N_4Cu$. Durch Versetzen einer Lösung des Porphyrins in wenig heißem Eisessig mit einer heißen Kupferacetatlösung. Beim Erkalten Krystallisation in langen, verfilzten Nadeln. — Aus Chloroform-Eisessig makroskopische Nadeln. Sehr lange und dünne, spitz auskeilende Prismen, die wie Haare meist verbogen sind. Auslöschungsschiefe 42—43°. Pleochroismus: Schwingungsrichtung 43° rot; Schwingungsrichtung 47° blaß gelblichrot.

Spektrum in Chloroform: I 571,2—550,9; II 530,1—515,7; III 495,3—480,3; End. Abs. 418[2,3].
561,0   522,9   487,8

Chlorferrisalz $C_{32}H_{36}N_4FeCl$ (Ätiohämin I). Durch kurzes Kochen von in wenig Eisessig gelöstem Porphyrin mit in Eisessig gelöstem Ferrichlorid unter Zusatz von etwas Natriumacetat. Beim Erkalten Krystallisation in schönen, viereckigen, schwarzblauen Blättchen (Farbe und Glanz des Hämins). Kann aus Chloroform-Äther umkrystallisiert werden[2]. Besitzt sauerstoffübertragende Wirkung. Benzidinreaktion intensiv positiv. Wird durch rauchende Salzsäure nicht zerlegt[4]. Wird dagegen zu einer Pyridinlösung erst Hydrazinhydrat gegeben und hernach Salzsäure, dann tritt Spaltung ein in das Porphyrin[4].

Spektrum in Chloroform: I 650,0—628,2 ... 612; diffuse Beschattung im Gelb; II intensiv
639,1
548,8—531,5; End. Abs. 512.
540,1
Spektrum in Pyridin (frisch): Verwaschen 550,2—538,7; End. Abs. 522.
544,4
Spektrum in Pyridin nach längerem Stehen: I 550,0—540,2; II 519,0—506,9; nach Zusatz
545,1   512,9
von Hydrazinhydrat: I verw. 613,0—589,0; II scharf 553,4—544,5; III 524,4—497,4; End. Abs. 446,2[2,3].
601,0   548,9   510,9

Magnesiumsalz (Ätiophyllin I). Gleiche Mengen Porphyrin und Magnesiumoxyd werden mit konz. methylalkoholischem Kali im Rohr 4 Stunden auf 180° erhitzt. Nach Lösen in Äther wird mit 2proz. Salzsäure ausgeschüttelt und dann der Äther im Vakuum verdampft. — Aus Methylalkohol umkrystallisierbar. Wird durch 10proz. Salzsäure zerlegt[4].

Spektrum in Äther: Nach Vorbeschattung: I 582,2—576,0 ... 567,7; II fein, zart 558,3;
579,1
III intensiv 547,8—533,5 ... 527,7; End. Abs. 409,0[3].
540,6
Spektrum in Methylalkohol: I 582,2—561,6; II 550,2—522,8; schwach III 515,3—496,0;
End. Abs. 458,2[3].   571,9   536,5   505,6

Dioxy-ätioporphyrin I $C_{32}H_{38}O_2N_4$. In 1 g Ätioporphyrin in 50 ccm konz. Schwefelsäure werden nach Abkühlen auf —5° langsam 20 ccm 3proz. Wasserstoffperoxydlösung so eingetropft, daß die Temperatur 2° nicht übersteigt. Nachdem bleibt 3 Minuten bei gewöhnlicher Temperatur stehen, dann wird auf Eis gegossen, mit Äther ausgezogen, der Auszug erst mit 3proz. und hernach mit 15proz. Salzsäure extrahiert. Die 15proz. Lösung wird nun auf 7% verdünnt, daraus das Porphyrin in neuen Äther getrieben und diese Lösung nach mehrmaligem Waschen mit Wasser eingedampft. Ausbeute etwa 60 mg. — Aus Äthylalkohol längliche, rotbraune Rhomben. Spektroskopisch identisch mit Mesoporphyrin[5].

Trinitro-ätioporphyrin I.

Mol-Gewicht: 613,58.

Zusammensetzung: 62,62% C; 5,75% H; 15,64% O; 15,99% N. $C_{32}H_{35}O_6N_7$.

Darstellung: 0,1 g Ätioporphyrin werden in 5 ccm eiskalte Salpetersäure (D = 1,48) eingetragen. Nach ¼ stündigem Stehen bei Zimmertemperatur wird in viel Wasser gegossen, der grüne amorphe Niederschlag (Trinitroätioporphyrin-nitrat) in Äther aufgenommen und

[1] H. Fischer u. A. Treibs: Liebigs Ann. **450**, 146 (1926).
[2] H. Fischer u. J. Klarer: Liebigs Ann. **450**, 190ff. (1926).
[3] H. Fischer u. J. Klarer: Liebigs Ann. **447**, 188 ff.(1926).
[4] H. Fischer u. J. Klarer: Liebigs Ann. **447**, 183 (1926).
[5] H. Fischer, H. Gebhardt u. A. Rothhaas: Liebigs Ann. **482**, 20 (1930).

diese braune Lösung mit verdünnter Natronlauge gewaschen. Nach dem Verdunsten des Äthers Krystallisation[1].

Eigenschaften: Aus Chloroform-Methylalkohol rechteckige, braune Blättchen, Schmelzpunkt 305° (Pregl-Block). Salzsäurezahl 17. Eine ätherische Lösung wird beim Unterschichten mit 17proz. Salzsäure olivgrün gefärbt; 10proz. Salzsäure färbt sich schwach grünlich an, 30proz. löst fast alles[1].

Spektrum in Äther: rotbraune Lösung, Spektrum verwaschener wie beim Ätioporphyrin:
I 638,9—634,7; II 596,2—585,7; III 584,0—579,6; IV 548,5—531,7; V 519,3—492,9; End. Abs. 454.
$$\quad\ \ 636,8 \qquad\qquad 591,2 \qquad\qquad\quad 581,8 \qquad\qquad\ \ 539,8 \qquad\qquad 506,1$$
Intensität: V, III, IV, I, II.

Spektrum in 30proz. Salzsäure. Intensiv grüne Lösung. I 708—632,5; II 605,5—579,5;
End. Abs. scharf 482,2.
$$\qquad\qquad\qquad\qquad\qquad\qquad\qquad\qquad\qquad\qquad\qquad\qquad 592,5$$

Spektrum in konz. Schwefelsäure: I 651,5—629,1; 604,2—572,9; III 540,5; End. Abs. 483.
Intensität: II, I, III.
$$\qquad\qquad\qquad\qquad\qquad\qquad\qquad 640,3 \qquad\qquad 588,5$$

Salzsaures Salz $C_{32}H_{39}O_6N_7Cl_4$. Durch Lösen des Porphyrins in konz. Salzsäure und vorsichtigem Verdünnen mit Wasser. — Feine grüne Nädelchen[1].

Salpetersaures Salz. Löst sich in trockenem Zustand in Chloroform mit grüner Farbe. Beim Zusammenbringen mit Wasser tritt Hydrolyse ein.

Kupfersalz $C_{32}H_{33}O_6N_7Cu$. Wird wie üblich hergestellt. — Aus Eisessig rote Nädelchen; Schmelzp. 313° (Pregl-Block)[1].

Spektrum in Chloroform: I 586,4—566,2; II 545,7—529,0; End. Abs. 454. Intensität: I, II
$$\qquad\qquad\qquad\qquad\ \ 576,3 \qquad\qquad\ \ 537,3$$

Chlorferrisalz $C_{32}H_{33}O_6N_7FeCl$. Darstellung wie üblich. — Aus Chloroform-Eisessig feine Kryställchen[1].

Spektrum in Chloroform: sehr verwaschen. I 650,8—638,0; II 556,2—534,8; III 521,8—495,6;
End. Abs. 450.
$$\qquad\qquad\qquad\qquad\qquad\qquad\qquad 644,4 \qquad\qquad\ 545,5 \qquad\qquad\ 508,7$$
Hämochromogenspektrum: I 558,2—548,9; II 528,1—518,4; End. Abs. 468. Intensität: I, II.
$$\qquad\qquad\qquad\qquad\qquad\qquad 553,5 \qquad\qquad 523,4$$

Ätio-xantho-porphinogen I.

Mol-Gewicht: 542,5. Bestimmt durch Siedepunktserhöhung in Aceton zu 483,6 und 522,7. Zusammensetzung: 70,81% C; 7,06% H; 11,80% O; 10,33% N. $C_{32}H_{38}O_4N_4$.

Darstellung: a) 3 g Ätioporphyrin in 300 ccm Chloroform und 60 ccm Eisessig werden mit 12 g Bleiperoxyd $1^1/_2$ Stunden geschüttelt. Danach wird die braune Lösung filtriert, das Chloroform abdestilliert und der Eisessig im Vakuum verjagt. Der Rückstand wird mit Aceton erschöpfend ausgezogen, filtriert, das Filtrat stark eingeengt, die Lösung mit Methylalkohol versetzt und das Aceton durch Einengen weggetrieben. Beim Erkalten Krystallisation[2].

b) 0,5 g Ätioporphyrin in 60 ccm Chloroform und 10 ccm Eisessig werden unter Rühren im Lauf von 10 Stunden mit 2,5 g Bleitetraacetat versetzt. Aufarbeitung wie unter 1.[2].

Eigenschaften: Aus heißem Aceton und wenig Wasser intensiv gelbe Oktaeder, die 6 Mol Krystallwasser enthalten. Aus kaltem Aceton-Wasser oder Aceton allein blaßgelbe Rhomben von Zentimetergröße oder Säulen, die am Ende von den typischen Winkeln der Rhomben begrenzt sind. Sie enthalten 3 Mol Krystallaceton, die bei 145° abgegeben werden. Beide Formen verwittern leicht. Die trockene Substanz ist sehr hygroskopisch und zeigt elektrische Eigenschaften. Zersetzungsp. 318° (korr.), wobei Pyrrole auftreten. Leicht löslich in Aceton, Pyridin, Schwefelkohlenstoff; löslich in Alkohol, Methanol, Essigester, Eisessig, Essigsäureanhydrid; Phosphoroxychlorid schwer löslich in Chloroform, Äther, Amyläther, Anisol, heißem Ligroin, heißem Benzol, Äthylmercaptan; unlöslich in Wasser und Petroläther. Löst sich mit Hilfe von Aceton in Äther. Wird nach dem Auswaschen mit Wasser mit konz. Salzsäure geschüttelt, dann fällt fast quantitativ das rote salzsaure Salz aus. Das Ausschütteln mit Natronlauge ist dagegen nicht quantitativ. Enthält etwa 4 aktive Wasserstoffatome[2]. Gmelinsche Reaktion negativ[2].

In methylalkoholischer Lösung wird Ultraviolett ab etwa 420 $\mu\mu$ kontinuierlich absorbiert. Im ultravioletten Licht (Quecksilberlampe) zeigen die Lösungen grünliche Fluorescenz.

---

[1] H. Fischer u. A. Treibs: Liebigs Ann. **466**, 224 ff. (1929).
[2] H. Fischer u. A. Treibs: Liebigs Ann. **457**, 223 ff. (1927).

Gibt keine Metallsalze. Konz. Schwefelsäure löst mit gelbgrüner Farbe; nach 2tägigem Stehen noch keine Veränderung. Essigsäureanhydrid löst mit schwachgelber Farbe; die Farbe wird auf Zusatz von konz. Schwefelsäure braunrot. 20proz. Überchlorsäure und Pikrinsäure geben kein Salz. Phenylhydrazin, Hydroxylamin, Benzoylchlorid, Acetylchlorid, Jodmethyl, Dimethylsulfat, Äthylmercaptan, Keten, Bromcyan, Natriumäthylat und methylalkoholische Salzsäure wirken nicht ein. Blausäure wird nicht angelagert, ebenso auch nicht Methyl- und Äthylmagnesiumjodid. Ist beständig gegen Wasser selbst bei 220°; ebenso auch gegen Natriumnitrit in siedendem Eisessig oder kalter 50proz. Schwefelsäure. Läßt sich in Gegenwart von Platin- oder Palladiummohr in Eisessig weder kalt noch heiß hydrieren. Zieht nicht auf Seide auf. Beim Erhitzen im Metallbad auf 320—350° im Vakuum entsteht Opsopyrrol, bei der Einwirkung von Ozon werden Oxalsäure und Ammoniak erhalten. Die Oxydation mit Bleisuperoxyd-Schwefelsäure in der Kälte oder mit Salpetersäure und Salpetersäure-Eisessig oder die Photooxydation ergeben Methyl-äthyl-maleinimid. Durch Reduktion mit 3proz. Natriumamalgam in Methylalkohol-Eisessig bildet sich wieder Ätioporphyrin zurück; ebenso mit Magnesium-Eisessig. Eisen und Aluminium reagieren nicht[1]. Mit Zinkstaub-Eisessig werden 2 Sauerstoffatome abgespalten[2]. Konstitutionsfragen[2].

Natriumsalz. Durch Versetzen einer hellgelben Methylalkohollösung mit Natronlauge. Dabei tritt Rotfärbung ein und nach Wegdunsten eines Teils des Alkohols tritt Krystallisation ein. — Orangefarbene Nädelchen. Zusammensetzung ist nicht konstant. Das Salz dissoziiert mit Wasser. Nach Lösen in Methylalkohol, Verdünnen mit Äther und Entmischen mit Wasser ist alles mit blasser Farbe im Äther[1].

Kaliumsalz $C_{32}H_{37}O_4N_4K$. Krystallisiert aus einer siedenden methylalkoholischen Lösung des Porphinogens auf Zusatz von konz. Kalilauge und dann heißem Wasser bis zur Trübung in orangefarbenen Nädelchen. Enthält 1 Mol Wasser, das bei 150° abgegeben wird. Besitzt etwa 4 aktive Wasserstoffatome[1].

Dikaliumsalz $C_{32}H_{36}O_4N_4K_2$. Krystallisiert aus der mit 50proz. wässerigen Kalilauge versetzten Lösung das Porphinogens in Methylalkohol beim Einengen. — Orangefarbene Doppelpyramiden. Enthält 2 Mol Wasser, die bei 150° abgegeben werden. Besitzt etwa 4 aktive Wasserstoffatome[1].

Dinatriumsalz $C_{32}H_{36}O_4N_4Na_2$. Wird wie das Dikaliumsalz hergestellt. — Sehr feine orangefarbene Kryställchen[1].

Salzsaures Salz $C_{32}H_{39}O_4N_4Cl$. Scheidet sich ab nach Zusatz von etwas konz. Salzsäure zu einer Acetonlösung des Porphyrins. Entsteht auch bei der Einwirkung von heißem Phosphortrichlorid und Thionylchlorid oder von Phosphorpentachlorid gelöst in Phosphoroxychlorid[1]. — Rote Nädelchen. Wenig löslich in Aceton mit roter Farbe, auf Zusatz von Wasser wird diese gelb. Die Krystalle werden jedoch durch Wasser nicht verändert. Bindet 6 Mol H_2O.

Bromwasserstoffsaures Salz $C_{32}H_{39}O_4N_4Br$. Eine Acetonlösung des Porphyrins wird mit konz. Bromwasserstoffsäure versetzt und die Hauptmenge des Acetons weggekocht; dabei tritt Krystallisation ein. — Rote Nädelchen. Leicht löslich in Aceton; mit Wasser tritt Gelbfärbung ein. Das krystallisierte Salz wird durch Wasser ebenfalls zerlegt[1].

Perbromid $C_{32}H_{38}O_4N_4Br_8$. Durch Übergießen des Porphyrins mit Brom und Abdampfen des überschüssigen Halogens. — Schokoladenbraune Krystalle. Sie geben beim Liegen an der Luft unter langsamer Rotfärbung Brom ab unter Bildung der Verbindung $C_{32}H_{38}O_4N_4Br_4$. Diese verliert beim Waschen mit Chloroform oder Aceton erneut Brom und es entsteht $C_{32}H_{37}N_4O_4Br$. Sämtliche Substanzen werden mit Wasser gelb. Beim Umkrystallisieren aus Aceton-Wasser entsteht das Ausgangsmaterial[1].

Jodwasserstoffsaures Salz $C_{32}H_{39}O_4N_4J$. Bildet sich bei der Einwirkung von Jodwasserstoffsäure auf das Porphyrin. Schwer löslich[1].

Porphinogen $C_{32}H_{42}O_2N_4$. 0,2 g in 10 ccm Eisessig werden mit 0,5 g Zinkstaub 3 Minuten lang gekocht. Danach wird abgegossen und mit Wasser gefällt. Ausbeute 0,17 g. — Aus heißem Aceton mit wenig heißem Wasser farblose, sechseckige Blättchen; Zersetzungsp. 297° (korr.). Ab 250° Verfärbung. Färbt sich allmählich braun. Bildet kein Natriumsalz. Mit Natriumamalgam in Methylalkohol-Eisessig entsteht Ätioporphyrin, ebenso mit Magnesium in siedendem Eisessig. Eisen und Aluminium reduzieren nicht.

Salzsaures Salz $C_{32}H_{43}O_2N_4Cl \cdot 6 H_2O$. Durch Versetzen der methylalkoholischen Lösung mit konz. Salzsäure. Sofort fällt ein sehr feiner Niederschlag aus, der beim Kochen in feine, gelbe Nädelchen übergeht[1].

---

[1] H. Fischer u. A. Treibs: Liebigs Ann. **457**, 223ff. (1927).
[2] H. Fischer u. A. Treibs: Liebigs Ann. **457**, 215 (1923).

1, 4, 5, 8-Tetramethyl-2, 3, 6, 7-tetraäthyl-porphin[1, 2].
(Iso-)Ätioporphyrin II.

$$C_{32}H_{38}N_4$$

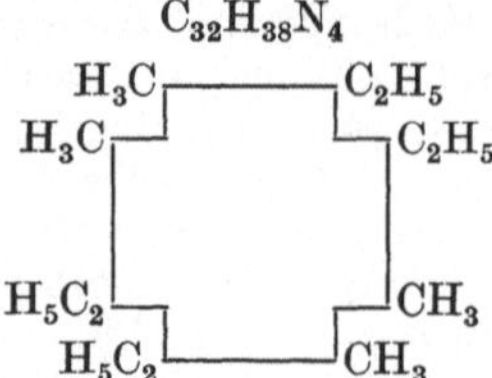

Bildung: Durch 20stündiges Erhitzen von Bis-(3-äthyl-4-methyl-5-carboxy-pyrryl)-methan im Vakuum auf 100° (bei 0,8 g Einsatz Ausbeute = 35 mg)[3] oder durch Kochen mit Salzsäure oder auch durch Kochen mit Eisessig unter Durchleiten von Luft (bei 800 mg Einsatz Ausbeute = 200 mg = 37%)[4] oder durch Schmelzen im Schwefelsäurebad bei 190° (Ausbeute aus 50 mg Einsatz = 10 mg)[4].

Aus dem Bis-(3-äthyl-4-methyl-5-carbäthoxy-pyrryl)-methan beim Erhitzen mit Bromwasserstoff-Eisessig auf 180° oder beim Erhitzen mit starkem Alkali[4].

Aus dem Bis-(2-carboxy-3-methyl-4-äthyl-pyrryl)-methan bei 5tägigem Stehen in 90proz. Ameisensäure unter Durchleiten von Luft (Ausbeute aus 1 g Einsatz = 60 mg)[5].

Aus dem Bis-(2(5)-carboxy-3(4)-äthyl-4(3)-methyl-pyrryl)-methan durch 8—10tägiges Erwärmen in Ameisensäure auf 30—40° unter Durchleiten von Luft (Ausbeute aus 5 g Einsatz = 0,4 g)[6], oder beim Erhitzen mit Eisessig, oder mit Natronlauge unter Druck[7].

Bei der Kondensation äquimolarer Mengen von Bis-(3(4)-äthyl-4(3)-methyl-5(2)-brom-pyrryl)-methenbromhydrat (0,476 g) und von Bis-(3(4)-äthyl-4,5 (2,3)-dimethyl-pyrryl)-methenchlorhydrat (0,292 g) in Eisessig unter 5stündigem Erhitzen auf 180—190° (Ausbeute bis 40 mg)[5].

Durch 3stündiges Erhitzen äquimolarer Mengen Bis-(2-brom-3-äthyl-4-methyl-pyrryl)-methenbromhydrat (0,23 g) und Bis-(2, 4-dimethyl-3-äthyl-pyrryl)-methenbromhydrat (0,18 g) mit Bromwasserstoff-Eisessig auf 150° (Ausbeute = 5—10 mg)[6].

Neben Ätioporphyrin I aus Opsopyrrol oder aus der Opsopyrrol enthaltenden Basenfraktion des Hämins (erhalten bei der Reduktion mit Eisessig-Jodwasserstoff) durch Erhitzen mit Ameisensäure auf 160° oder mit Eisessig oder Palmitinsäure auf 180°[8]. Ferner aus dem Opsopyrrol auch beim Erhitzen mit Tetramethylglyoxal oder Glyoxalacetat und konz. Salzsäure auf 100°[9] oder bei Einwirkung von Chlormethyläther in Benzollösung bei Zimmertemperatur[10].

Darstellung: Durch 1,2 g Bis-(3-äthyl-4-methyl-5-carboxy-pyrryl)-methan (s. S. 518, suspendiert in 25 ccm Ameisensäure, wird 14 Stunden lang Luft geleitet. Dabei allmählich Lösung. Nachdem wird noch 12 Stunden im siedenden Wasserbad erhitzt, dann mit Chloroform versetzt, mit Wasser säurefrei gewaschen, eingeengt und mit der 2—3fachen Menge Methylalkohol versetzt, wobei der größte Teil des Porphyrins auskrystallisiert. Die Mutterlauge wird heiß mit 25proz. Salzsäure versetzt, mit Wasser auf 6% Salzsäuregehalt verdünnt, filtriert, das salzsaure Porphyrin mit Ammoniak in Chloroform getrieben und wie oben aufgearbeitet. Gesamtausbeute 0,55 g = 67%[4].

Eigenschaften: Aus Pyridin dünne, längliche Blättchen mit abgerundeten schiefen Endkanten[11]. Aus Chloroform-Methylalkohol oder Benzol Nadeln (sehr kleine, scharf ausgebildete Prismen). Auslöschungsschiefe 42°[3, 6]. Ferner treten auf X-förmige Zwillingsdurchwachsungen (Andreaskreuze), Winkel 84—96°. Beide Krystalle löschen gleichzeitig aus, die Schwingungsrichtungen halbieren den Durchkreuzungswinkel. Schw. I halbiert den Winkel 96°, starke Absorption, Farbe fast schwarz. Schw. II halbiert den Winkel 84°, schwache Absorption, Farbe gelborange[6]. Schmelzp. 365—370° (Pregl-Block)[3, 6]. Salzsäurezahl = 3.

[1] H. Fischer, P. Halbig u. B. Walach: Liebigs Ann. **452**, 271 (1926).
[2] H. Fischer u. G. Stangler: Liebigs Ann. **459**, 56 (1927).
[3] H. Fischer u. P. Halbig: Liebigs Ann. **448**, 200 (1926).
[4] H. Fischer u. P. Halbig: Liebigs Ann. **450**, 158 (1926).
[5] H. Fischer, P. Halbig u. B. Walach: Liebigs Ann. **452**, 284 (1927).
[6] H. Fischer u. G. Stangler: Liebigs Ann. **459**, 86f. (1927).
[7] H. Fischer u. G. Stangler: Liebigs Ann. **459**, 92 (1927).
[8] H. Fischer u. A. Treibs: Liebigs Ann. **450**, 146 (1926).
[9] H. Fischer, E. Sturm u. H. Friedrich: Liebigs Ann. **461**, 261 (1928).
[10] H. Fischer u. E. Adler: Hoppe-Seylers Z. **197**, 277 (1931).
[11] H. Fischer u. G. Stangler: Liebigs Ann. **459**, 80 (1927).

Das Porphyrin ist im Vakuum über freier Flamme destillierbar[1]. Bei der Reduktion mit Eisessig-Jodwasserstoff entsteht viel Hämopyrrol neben Phyllo- und Opso-pyrrol[2]. Die Oxydation mit Schwefelsäure-Chromsäure gibt in 17proz. Ausbeute Methyl-äthyl-maleinimid[2]; ebenso bei Luftoxydation im Sonnenlicht[3]. Bei der Oxydation mit Schwefelsäure und 3proz. Wasserstoffperoxyd bildet sich Mono-oxy-ätioporphyrin II[4]. SensibilisierendeWirkung negativ[5].

Beim Zusammenkrystallisieren des Porphyrins mit Ätioporphyrin I im Verhältnis 1 : 1 entstehen Mischkrystalle in Schmetterlingsform. Die beiden Formen lassen sich nicht voneinander trennen. Beim Zusammenkrystallisieren mit Ätioporphyrin III und dem aus Mesoporphyrin[6] keine Änderung der Krystallform.

Spektrum in essighaltigem Äther: 1 mg Po. in 1,5 ccm Eisessig + 30 ccm Äther; Schichtdicke 16 mm; Spaltöffnung 0,2 mm.

Maxima: I 622,7; II 611,1; III 595,5; IV 576,2; V 566,3; VI 557,3; VII 544,6; VIII 526,4; IX 494,4; X 466,0; End. Abs. 436,5[1, 5].

Spektrum in Eisessig: Maxima: Starke Vorbeschattung I intensiv 591,6; intensive Beschattung 555; verwaschen 523,8; End. Abs. 450[5].

Styphnat $C_{32}H_{38}N_4 \cdot 3\,C_6H_3O_8N_3$. Aus konz. methylalkoholischer Lösung rotviolette Blättchen oder derbe Prismen; Schmelzp. 217° (korr.).

Acetonspektrum: Wie beim entsprechenden Salz des Ätioporphyrins I. Wenig Wasser ändert nicht; mit steigender Wasserkonzentration jedoch zunehmende Dissoziation. Mit überschüssiger Styphninsäure bildet sich das saure Spektrum (Typ II): I 593,9; II 570,6; III 551,3; IV 525,7. Intensität: III, I, II, IV.

Pulverspektrum: I 598; II 555. Intensität: II, I (Typ II)[7].

Pikrat $C_{32}H_{38}N_4 \cdot 2\,C_6H_3O_7N_3$. Aus verdünnter ätherischer Lösung rote Stäbchen, Schmelzp. 223° (korr.).

Acetonspektrum wie beim Pikrat des Ätioporphyrins I angegeben.

Pulverspektrum (sehr deutlich) (Typ I): I 603,7—590,9; II 575,5; III 562,1—550,2 . . . 545,0:
Intensität III, I, II[7].

597,3   556,1

Pikrolonat $C_{32}H_{38}N_4 \cdot 2\,C_{10}H_8O_5N_4$. Aus Chloroform-Aceton wenig lösliche, leuchtend rote Nadeln; Schmelzp. 228° (korr.).

Aceton- und Pulverspektrum identisch mit den entsprechenden Spektren beim Ätioporphyrin I[7].

Flavianat $C_{32}H_{38}N_4 \cdot 3\,C_{10}H_6O_8N_2S$. Aus konz. methylalkoholischer Lösung leuchtend rote glänzende Stäbchen; Schmelzp. 250° (korr.).

Acetonspektrum: I 592,3; II 570,9; III 549,5. Intensität: III, I, II (Typ II). Auf Zusatz von etwas Wasser über den Zwischentyp Übergang in neutral infolge fortschreitender Dissoziation. Pulverspektrum: I 596; II 474; III 554. Intensität: III, I, II (Typ II)[7].

Kupfersalz $C_{32}H_{36}N_4Cu$. Scheidet sich aus der siedend heißen Eisessiglösung des Porphyrins nach Zusatz von Kupferacetat in Form von metallisch glitzernden Nadeln aus[5, 8]. — Aus Chloroform-Eisessig lange, dünne, flache Nadeln, die Dichroismus zeigen. S.R. I Auslöschungsschiefe 43° (39—45°) mit den beiden Längskanten absorbiert stark, Farbe rot; S.R. II absorbiert fast gar nicht, farblos[4].

Spektrum in Eisessig: Maxima: I 559,8; II 522,8[5].

Chlorferrisalz $C_{32}H_{36}N_4FeCl$. Entsteht beim Kochen des Porphyrins in essigsaurer Lösung entweder mit Eisenchlorid und Natriumacetat oder mit Ferroacetat und Kochsalz. Ausbeute aus 25 mg Porphyrin = 22 mg Ferrisalz. Bildet sich ferner auch bei der Einwirkung von Ferrichlorid und Natriumacetat auf das Bis-(3-äthyl-4-methyl-5-carboxy-pyrryl)-methan, gelöst in Eisessig. — Aus Eisessig Würfel bzw. derbe Zwillinge; aus Chloroform-Äther sehr dünne, lange Prismen mit paralleler Auslösung. S.R. I parallel den Prismen, vollständige Absorption; S.R. II senkrecht zu den Prismen, Farbe gelbbraun. Etwas löslich in Essigsäureanhydrid[5, 8].

Spektrum in Äther: I diffus etwa 633; II scharf 559,2; III verwaschen 522,7; IV s. verwaschen etwa 500; End. Abs. 450.

Spektrum in Pyridin: I 562,7; II 545,8; III 521,3; End. Abs. 469. Nach Zusatz von Hydrazinhydrat: I st. verwaschen 564,6; II scharf 546,9; III starke Vorbeschattung, verwaschen 517,3.[5]

---

[1] H. Fischer u. P. Halbig: Liebigs Ann. **450**, 160 (1926).

[2] H. Fischer u. P. Halbig: Liebigs Ann. **450**, 158 (1926).

[3] H. Fischer, P. Halbig u. B. Walach: Liebigs Ann. **452**, 292 (1927).

[4] H. Fischer, P. Halbig u. B. Walach: Liebigs Ann. **452**, 284 (1927).

[5] H. Fischer u. P. Halbig: Liebigs Ann. **448**, 200 (1926).

[6] H. Fischer u. G. Stangler: Liebigs Ann. **459**, 80 (1927).

[7] A. Treibs: Liebigs Ann. **476**, 30f. (1929).

[8] H. Fischer u. G. Stangler: Liebigs Ann. **459**, 86f. (1927).

Magnesiumsalz = Ätiophyllin II $C_{32}H_{36}N_4Mg$. 25 mg Porphyrin, 1,5 g Jodmethyl und 0,25 g Magnesium in abs. Äther werden 1 Stunde im Wasserbad erwärmt. Nachdem wird mit Alkohol und Chlorammonium versetzt, die Ätherlösung erst mit 5proz. Salzsäure, dann mit Ammoniak und Wasser gewaschen und schließlich der Äther verdunstet, wobei das Phyllin krystallisiert. Ausbeute 18 mg. — Aus Äther rhombische Blättchen. Sehr leicht löslich in fast allen Lösungsmitteln[1].

Spektrum in Äther: I s. schwach 640; II s. schwach 622; III s. scharf 578,4; IV s. scharf 546,5; V schwächer 503,0; End. Abs. 445[1].

Hexabromätioporphyrin II $C_{32}H_{36}N_4Br_6$. 90 mg Porphyrin, gelöst in Eisessig, werden mit 5 g 20proz. Brom-Eisessiglösung versetzt. Sofort Krystallisation. Nach mehrstündigem Stehen absaugen und mit Eisessig waschen. Ausbeute 145 mg. — Löst sich spielend leicht in Aceton, dabei wird das Brom vollständig abgespalten unter Rückbildung des Porphyrins[2,3].

Monooxy-ätioporphyrin II $C_{32}H_{36}ON_4$. 160 mg Porphyrin, gelöst in konz. Schwefelsäure, werden unter Eiskühlung tropfenweise mit 8 ccm 3proz. Wasserstoffperoxyd versetzt. Nachdem wird auf Eis gegossen, das ausgefallene grüne Produkt abgesaugt, in Äther gelöst, aus diesem mit 20proz. Salzsäure extrahiert und aus diesem Auszug mit Natriumacetat gefällt. Ausbeute 13 mg. — Aus Alkohol schillernde, bläulichrote Krystalle, Schmelzp. 236° (Sinterung ab 230°). Löslich in Äther mit violetter, in konz. Salzsäure mit grüner, in Eisessig mit blauer Farbe. Äther- und Eisessiglösung zeigen Fluorescenz.

Spektrum in Chloroform: I 690,2—682,2; II 671,3—665,8; III 650,8—632,0; schwache Nach-

$$\underbrace{690,2-682,2}_{686,2} \quad \underbrace{671,3-665,8}_{668,5} \quad \underbrace{650,8-632,0}_{641,4}$$

beschattung bei 608,4; IV 599,0 ... 587,4—581,7; V 557,8—539,3; VI 515,2—505,0; VII 491,4—478,4;

$$\underbrace{587,4-581,7}_{584,5} \quad \underbrace{557,8-539,3}_{548,5} \quad \underbrace{515,2-505,0}_{510,1} \quad \underbrace{491,4-478,4}_{484,9}$$

End. Abs. 445,0. Intensität: III, I, V, VI, IV, VII, II[4].

Trinitro-ätioporphyrin II $C_{32}H_{33}O_6N_7$. Darstellung genau wie beim Trinitro-ätioporphyrin I beschrieben. — Aus Chloroform-Methylalkohol violettbraune Stäbchen; Schmelzpunkt 246° (Pregl-Block). Salzsäurezahl 17.

Salzsaures Salz $C_{32}H_{33}O_6N_7Cl_3$. — Grüne Nädelchen.

Kupfersalz $C_{32}H_{33}O_6N_7Cu$. — Rote Nadeln. Schmelzp. 285° (Block).

Alle Spektren sind identisch mit den entsprechenden beim Nitroätioporphyrin I[5].

<h2 align="center">1, 3, 5, 8-Tetramethyl-2, 4, 6, 7-tetraäthyl-porphin[6].
Ätioporphyrin III[6].</h2>

$C_{32}H_{38}N_4$

$$\begin{array}{ccccc}
H_3C\cdot C{=}C\cdot C_2H_5 & & & & H_3C\cdot C{=}C\cdot C_2H_5 \\
C \quad\; C{=\!=\!=}CH{-\!-\!-}C \quad\; C & & \\
\diagdown\;N\;\diagup & & \diagdown\;N\;\diagup \\
HC & & & & CH \\
\diagup\;HN & & HN\;\diagdown \\
C \quad\; C{=\!=\!=}CH{-\!-\!-}C \quad\; C & & \\
H_3C\cdot C{=}C\cdot C_2H_5 & & & & H_5C_2\cdot C{-}C\cdot CH_3
\end{array}$$

Bildung: Durch 1stündiges Erhitzen des (3(4)-Äthyl-4(3)-methyl-5(2)-brommethyl-pyrryl)-(2-brommethyl-3-äthyl-4-methyl-pyrrolenyl)-methenbromhydrats (70 mg) und des Opsopyrrol-methenbromhydrats (50 mg) mit 300 g Bernsteinsäure auf 195°[7].

Darstellung: a) 7 g (3-Äthyl-4, 5-dimethyl-pyrryl)-(2, 4-dimethyl-3-äthyl-pyrrolenyl)-methenchlorhydrat (s. S. 571) und 10 g Bis-(3(4)-äthyl-4(3)-methyl-5(2)-brom-pyrryl)-methenbromhydrat (s. S. 505) werden mit 250 g Bromwasserstoff-Eisessig und 250 ccm Eisessig 4 Stunden im Autoklaven auf 140° erhitzt. Danach wird eingedampft, der Rückstand in Chloroform aufgenommen, filtriert, das Filtrat mehrmals mit 20proz.

[1] H. Fischer u. P. Halbig: Liebigs Ann. **448**, 203 (1926).
[2] H. Fischer u. G. Stangler: Liebigs Ann. **459**, 86f. (1927).
[3] H. Fischer u. P. Halbig: Liebigs Ann. **450**, 160 (1926).
[4] H. Fischer, P. Halbig u. B. Walach: Liebigs Ann. **452**, 291 (1927).
[5] H. Fischer u. A. Kirstahler: Liebigs Ann. **466**, 225 (1928).
[6] H. Fischer u. G. Stangler Liebigs Ann. **459**, 57 (1927).
[7] H. Fischer u. G. Stangler: Liebigs Ann. **462**, 265 (1928).

Salzsäure ausgeschüttelt, dann mit Wasser, Sodalösung, Wasser gut durchgeschüttelt, getrocknet und auf ein kleines Volumen eingeengt. Nach Versetzen mit heißem Methylalkohol Krystallisation. Reinigung durch mehrmaliges Umkrystallisieren aus Chloroform-Methylalkohol und Pyridin. Ausbeute 2,5 g[1].

b) 1,1 g (3(4)-Äthyl-4(3)-methyl-5(2)-brommethyl-pyrryl)-(2-brommethyl-3-äthyl-4-methyl-pyrrolenyl)-methenbromhydrat (s. S. 571) und 1 g Bis-(3(4)-äthyl-4(3)-methyl-5(2)-brom-pyrryl)-methenbromhydrat (s. S. 505) werden mit 3 g Bernsteinsäure 2,5 Stunden im Ölbad auf 190° erhitzt. Nachdem wird mit Natronlauge ausgezogen, der Rückstand erst mit Methylalkohol und dann mit Chloroform extrahiert. Nach Einengen der Chloroformlösung und Versetzen mit Methylalkohol-Krystallisation. Ausbeute 200 mg = 20 %[2].

c) 0,1 g Bis-(2-brom-3-äthyl-4-methyl-pyrryl)-methenbromhydrat (s. S. 504) und 0,1 g (3-Äthyl-4-methyl-5-brommethyl-pyrryl)-(2-brommethyl-3-äthyl-4-methyl-pyrrolenyl)-methenbromhydrat (s. S. 571) werden mit 1 g Bernsteinsäure im Ölbad 1 Stunde auf 195° erhitzt. Aufarbeitung wie bei b). Ausbeute 50 mg = 46 %[2].

Eigenschaften: Aus Chloroform-Methylalkohol oder Pyridin lange prismatische Nadeln[2] oder Schmetterlinge mit Durchkreuzungswinkel 68—70°; Auslöschungsschiefe an den Kreuzbalken 25—30°[2]. Schmelzp. 360—363° (heißer Pregl-Block)[1, 2]. Das Ätioporphyrin ist 7mal lichtgiftiger wie Hämato- und Mesoporphyrin, 50mal lichtgiftiger wie Uroporphyrin und 90mal lichtgiftiger wie Koproporphyrin[3]. Gibt beim Zusammenkrystallisieren mit Ätioporphyrin I Schmetterlinge, nicht jedoch mit II, IV und dem aus Mesoporphyrin[2]. Ist nicht verküpbar[4].

Das Spektrum des Ätioporphyrins III, gelöst in Phthalsäurediäthylester, erleidet beim Erhitzen eine Verschiebung nach Rot zu[5]:

Max. des 1. Streifens bei	90°	623,2,	des 3. Streifens	596,7
„	160°	626,0		599,7
„	200°	627,9		verschwunden.

Kupfersalz $C_{32}H_{36}N_4Cu$. Durch Versetzen der Eisessiglösung des Porphyrins mit Kupferacetat in Eisessig. — Aus Pyridin-Eisessig rote Nadeln[1]. Spektrum genau wie beim Kupfersalz des Ätioporphyrins I[2].

Chlorferrisalz = Ätio-chlorhämin III $C_{32}H_{36}N_4FeCl$. Darstellung wie üblich. — Aus Chloroform-Äther dunkle, würfelähnliche Krystalle. Spektrum wie beim Eisensalz des Ätioporphyrins I[1].

Spektrum in Chloroform: I 654—630; II 553—532...; III 516—499...; End. Abs. 440. Intensität: II, I, III.

Spektrum in Äther (braune Farbe der Lösung): I 644—623; II 546—527; 512—492; End. Abs. 434. Intensität: II, I, III[6].

Ätiohäm $C_{32}H_{36}N_4Fe$. Durch Kochen einer Suspension von 50 mg fein pulverisiertem abgeschlämmtem Ätioporphyrin in 20 ccm Eisessig mit 10 ccm klarer, gesättigter Ferroacetatlösung in Stickstoffatmosphäre. Absaugen unter Überleiten von Stickstoff und Auswaschen mit Eisessig, Wasser, Eisessig, Äther. — Schöne Krystalle, wenig empfindlich gegen Luft. Wird in Berührung mit Lösungsmitteln sehr oxydabel. Beim Absaugen in Gegenwart von Sauerstoff tritt sofortige Lösung ein. Bildet mit Pyridin Hämochromogen. Mit Salzsäure tritt Spaltung ein[7].

Pulverspektrum: I 642, II 578; III 544.

Methoxy-ätiohämin $C_{33}H_{39}ON_4Fe$. 1,5 g Ätiohämin, suspendiert in 250 ccm abs. Methylalkohol, werden mit 12 g Natrium in kleinen Stückchen versetzt und dann die Lösung noch 2 Stunden gekocht. Beim Erkalten Krystallisation. — Aus Methylalkohol Nadeln[8].

Spektrum in Chloroform: I 665,0; II breit, verwaschen 611,2—557,8; End. Abs. 517.

$$584,5$$

Hämochromogenspektrum: I s. verwaschen 614,5—587,0; II 555,4—536,3; III 528,6—499,7; IV 470,8; End. Abs. 444. Intensität: II, III (I)[8].

$$600,7 \qquad 545,8 \qquad 514,1$$

Ätio-hämatin = Ätio-oxy-hämin $C_{32}H_{36}N_4Fe \cdot OH$.

Spektrum in Chloroform und in Äther (Farbe der Lösung braunrot): I sehr intensiv 608—553; End. Abs. 511.

[1] H. Fischer u. G. Stangler: Liebigs Ann. **459**, 76 ff. (1928).
[2] H. Fischer u. G. Stangler: Liebigs Ann. **459**, 80 (1927).
[3] H. Fischer u. W. Zerweck: Hoppe-Seylers Z. **137**, 191 (1928).
[4] H. Fischer u. A. Treibs: Liebigs Ann. **437**, 211 (1927).
[5] H. Fischer u. A. Schorrmüller: Liebigs Ann. **473**, 247 (1929).
[6] H. Fischer, G. Hummel u. A. Treibs: Liebigs Ann. **471**, 278 (1927).
[7] H. Fischer, A. Treibs u. K. Zeile: Hoppe-Seylers Z. **195**, 20 (1931).
[8] H. Fischer, K. Platz, H. Helberger u. H. Niemann: Liebigs Ann. **479**, 39 (1930).

Ätio-chlorhämin in Chloroform wird mit 10proz. Natronlauge durchgeschüttelt, dann die Lösung stark eingeengt und mit Petroläther versetzt. Dabei Krystallisation in Prismen[1].

Ätio-acetoxy-hämin $C_{32}H_{36}N_4Fe \cdot O \cdot COCH_3$. Durch Umkrystallisieren des Ätiohämatins aus Essigsäureanhydrid. — Große, fast rechtwinklige, rhombische Prismen von blauschwarzem Glanz. Schmelzp. 355°.

Spektrum in Chloroform: wenig intensiv (Lösung rotbraun gefärbt). I 606—562; II 538—532; III 509...; End. Abs. 450.

Spektrum in Äther: verwaschen. Lösung in der Durchsicht oliv; in der Aufsicht braunrot. I 602—584; II 569—550; End. Abs. 455[1].

Perbromid des Ätio-chlorhämins $C_{32}H_{36}N_4Fe \cdot Cl \cdot Br_3$. Eine Chloroform- oder auch eine Chloroform-Eisessiglösung des Ätiohämins wird mit überschüssigem Brom in Chloroform versetzt. Auf vorsichtigen Zusatz von Petroläther scheidet sich ein dunkel gefärbtes Produkt ab[2].

Hexabrom-ätioporphyrin III $C_{36}H_{36}N_4Br_6$. 0,3 g Porphyrin in 150 ccm Eisessig werden mit 10 ccm einer 20proz. Brom-Eisessiglösung versetzt. Sofort Krystallisation. Nach mehrstündigem Stehen absaugen und mit Eisessig auswaschen. Ausbeute 0,5 g. — Aus Eisessig rötliche Nadeln. Wird durch Aceton, Aceton-Äther oder Aceton-Methylalkohol unter Entwicklung von Bromaceton zerlegt[3].

Ätio-xantho-porphinogen III $C_{32}H_{38}O_4N_4$. 0,5 g Porphyrin in 50 ccm Chloroform und 8 ccm Eisessig werden mit 2 g Bleisuperoxyd $1^1/_2$ Stunden kräftig geschüttelt. Nachdem wird filtriert, zur Trockene eingedampft, der braune Rückstand mit Chloroform mehrmals ausgezogen, die filtrierten Auszüge eingeengt und vorsichtig mit Petroläther versetzt, wobei erst dunkle Nebenprodukte und dann das gelbe Porphinogen ausfallen. Ausbeute 0,25 g. — Aus Aceton gelbe Oktaeder, Schmelzp. 298°. Ziemlich schwer löslich in Chloroform. Gibt bei der Reduktion mit Natriumamalgam-Eisessig Ätioporphyrin III zurück. Hält sehr zäh Krystallflüssigkeit zurück[4].

Ätio-chlorin III.

Mol-Gewicht: 480,56.

Zusammensetzung: 79,94% C; 8,39% H; 11,66% N. $C_{32}H_{40}N_4$.

Darstellung: 1,5 g Ätiohämin suspendiert in 300 ccm abs. Alkohol werden allmählich mit 15 g Natrium versetzt und das Ganze noch einige Zeit gekocht. Nachdem wird im Autoklaven 6 Stunden auf 165° erhitzt; hierauf mit dem doppelten Volumen 18proz. Salzsäure behandelt, filtriert, das blaue salzsaure Filtrat mit dem 3fachen Volumen Wasser verdünnt und mit etwa 3 l Äther erschöpfend extrahiert. Der ätherische Auszug wird mehrmals mit Wasser gewaschen, auf 500 ccm eingeengt und das darin enthaltene Chlorin 2mal aus 15proz. Salzsäure in Äther umgetrieben. Nachdem wird die zuletzt erhaltene ätherische Lösung eingeengt, wonach beim Stehen Krystallisation eintritt. Ausbeute 10 mg[5].

Eigenschaften: Umkrystallisierbar aus Äther-Petroläther. Enthält keinen aktiven Wasserstoff.

Spektrum in Äther: I 656,3—631,8 (644,0); II 619,0—613,6 (616,3); III 602 ... 595,9—585,8 (590,9); IV Max. 543,6; V 524,5—519,2 (521,8); VI 504,6—480,0 (492,3); End. Abs. 435,0. Intensität: I, VI, V, II, III, IV.

Spektrum in 10proz. Salzsäure: I 653,1—617,4 (635,2) ... 602,3; II schw. 591—579,1 (585,0); III s. schw. 547,2—538,8 (543,0); IV 528,2—516,4 (522,3); End. Abs. 432. Intensität: I, IV, II, III.

Kupfersalz $C_{32}H_{38}N_4Cu$. Durch Versetzen einer Eisessiglösung (5 ccm) des Chlorins (20 mg) mit einer heiß gesättigten Kupferacetatlösung. Beim Stehen Krystallisation in bronzefarbenen Nadeln. Ausbeute 15 mg.

Spektrum in Chloroform: I verwaschen 614,0; II 571,3—554,2 (562,7); III 532,2—518,4 (525,3); End. Abs. 429,0. Intensität: II, III, I.

[1] H. Fischer, G. Hummel u. A. Treibs: Liebigs Ann. **471**, 278 (1927).
[2] H. Fischer, G. Hummel u. A. Treibs: Hoppe-Seylers Z. **185**, 33 (1929).
[3] H. Fischer u. G. Stangler: Liebigs Ann. **459**, 78, 89 (1927).
[4] H. Fischer u. G. Stangler: Liebigs Ann. **462**, 265 (1928).
[5] H. Fischer, K. Platz, H. Helberger u. H. Niemann: Liebigs Ann. **479**, 39 (1930).

1, 4, 6, 7-Tetramethyl-2, 3, 5, 8-tetraäthyl-porphin[1, 2].
Ätioporphyrin IV.

$$C_{32}H_{38}N_4$$

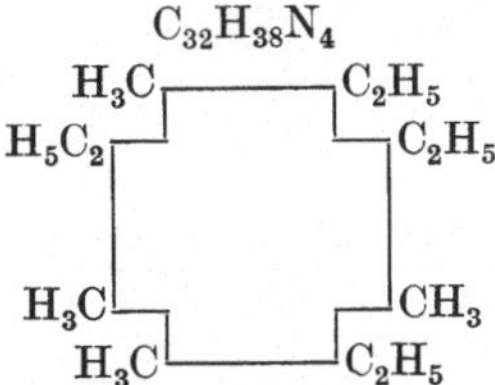

Bildung: Bei 5 stündigem Erhitzen des Bis-(3(4)-äthyl-4(3)-methyl-5(2)-brom-pyrryl)-methenbromhydrats (0,114 g) und des Bis-(2, 4-dimethyl-3-äthyl-pyrryl)-methenchlorhydrats (0,073 g) mit Eisessig im Rohr auf 180—190°. Ausbeute 15 mg = 6,5%[3].

Vielleicht auch bei 2 stündigem Erhitzen äquimolarer Mengen des [2, 4-Dimethyl-3-äthyl-pyrryl)-(2, 4-dimethyl-3-(ω-cyan-ω-carbäthoxy-vinyl)-pyrrolenyl]-methenchlorhydrats (0,5 g) und des Bis-(3)4)-äthyl-4(3)-methyl-5(2)-brom-pyrryl)-methenbromhydrats mit 5 g Bernstein-säureanhydrid auf 180°[4] und bei der Decarboxylierung des 1, 4, 6, 7-Tetramethyl-2, 3, 8-tri-äthyl-5-propionsäure-porphins im Vakuum bei 315° (Ausbeute 20%)[5].

Darstellung: 0,1 g Bis-(2-brom-3-äthyl-4-methyl-pyrryl)-methenbromhydrat (s. S. 505) und 0,1 g (3(4)-Äthyl-4(3)-methyl 5(2)-brommethyl-pyrryl)-(5(2)-äthyl-4(3)-methyl-3(4)-brommethyl-pyrrolenyl)-methenbromhydrat (s. S. 573) werden mit 0,5 g Bernsteinsäure 1,5 Stunden auf 190° er-hitzt. Nachdem wird die Bernsteinsäure mit Natronlauge entfernt und der Rückstand erst mit Methylalkohol und dann mit Chloroform extrahiert. Aus der eingeengten Chloroformlösung krystallisiert das Porphyrin auf Zusatz von Methylalkohol aus. Ausbeute 45 mg = 40%[6].

Eigenschaften: Aus Chloroform-Methylalkohol oder aus Pyridin dünne, langliche Blätt-chen mit schlecht ausgebildeter schiefer Endkante. Form messerklingenförmig. S.R. I Aus-löschungsschiefe mit den langen Kanten 38—42°, starke Absorption. Vereinzelt finden sich Andreaskreuze mit Durchkreuzungswinkel 68°. Schwingungsrichtung der starken Absorption zu je einem Balken 28°[7] Schmelzp. 355—357°[6] (Pregl-Block). Beim Zusammenkrystallisieren mit Ätioporphyrin I bilden sich Schmetterlingsformen; mit II, III und dem aus Mesopor-phyrin dagegen nicht[6].

Kupfersalz $C_{32}H_{36}N_4Cu$. Dicke lange Prismen mit paralleler Auslöschung und sehr schwachem Dichroismus. S.R. senkrecht zu den Prismen ein wenig dunkler als parallel[3].

Ätio-xantho-porphinogen IV. — Aus Methylalkohol charakteristische, vierseitige, gerade abgeschnittene Prismen[7].

Ätioporphyrin aus Monocarbonsäure VII[5].

$$C_{32}H_{38}N_4$$

Darstellung: 1 g Monocarbonsäure VII wird bei 315° im Vakuum decarboxyliert (starke Sublimation) und das Reaktionsprodukt nach der beim Mesoätioporphyrin gegebenen Vor-schrift aufgearbeitet. Ausbeute 0,2 g = etwa 20%.

Eigenschaften: Aus Pyridin Rhomboeder; Schmelzp. 344° (Block). Salzsäurezahl 3. Spektrum in Äther und Salzsäure identisch mit dem von Ätioporphyrin IV.

Ätioporphyrin aus Hämatoporphyrin.

$$C_{32}H_{38}N_4$$

Darstellung: 12 g Hämatoporphyrin in 150 ccm Pyridin und 190 ccm konz. methyl-alkoholischer Kalilauge werden mit 4 g Magnesiumoxyd 5 Stunden auf 230° erhitzt. Nach Filtration vom abgeschiedenen Kaliumsalz wird das Filtrat mit 1 l Äther und 10 ccm Wasser geschüttelt, dann die obere Schicht abgetrennt, mit Äther gewaschen und der Alkohol im

[1] H. Fischer, P. Halbig u. B. Walach: Liebigs Ann. **452**, 276 (1927).
[2] H. Fischer u. G. Stangler: Liebigs Ann. **459**, 57 (1927).
[3] H. Fischer, P. Halbig u. B. Walach: Liebigs Ann. **452**, 284, 288 (1928).
[4] H. Fischer u. Wasenegger: Liebigs Ann. **461**, 294 (1928).
[5] H. Fischer u. A. Treibs: Liebigs Ann. **466**, 219 (1928).
[6] H. Fischer u. G. Stangler: Liebigs Ann. **459**, 80, 81 (1927).
[7] H. Fischer u. A. Treibs: Liebigs Ann. **466**, 234 (1928). — Vgl. Liebigs Ann. **450**, 183; **452**, 284 (1928).

Vakuum abdestilliert. Ausbeute 6,8 g Kaliumsalz. Dieses Salz wird nun in Portionen von 20—30 mg schnell auf hohe Temperatur erhitzt; dabei bildet sich ein violetter Dampf, der sich aber rasch niederschlägt. Nach Lösen dieses Niederschlags in Äther wird genau nach der von Willstätter und Fischer für Ätioporphyrin gegebenen Vorschrift aufgearbeitet. Ausbeute 1 g[1].

Eigenschaften: Aus Chloroform-Methylalkohol oder aus Benzol Krystalle, identisch mit denen aus Uroporphyrin.

Spektrum in Äther: I 626,4—618,2; II 612,4—608,1; III 599,3—592,1; IV 581,7—571,3;
          622,3   610,2   595.7   576,5
V 569,2—564,0; VI 559,3—555,3; VII (546,2—543,9); VIII 537,9—517,7; IX 511,8...
    566,6   557,3   545,1   527,8
509,0—478,6; X 468,7—464,5 End. Abs. 436. Intensität: IX, VIII, I, V, IV, III, VI, II, X, VII.
  493,8   466,6

Kupfersalz $C_{32}H_{36}N_4Cu$. 50 mg Ätioporphyrin, heiß in 2 ccm Eisessig gelöst, werden mit einer heißen Lösung von 20 mg Kupferacetat in 2 ccm Eisessig versetzt. Beim Abkühlen Krystallisation in langen, konzentrisch angeordneten Nadeln; Schmelzp. 250° (Sinterung bei 242°). Aus Eisessig undeutliche Prismen mit maximaler Auslöschung von 40°. Dichroismus hellrot nach dunkel. Aus Chloroform undeutliche Krystalle. Dichroismus gelbrot bis granatrot.

Spektrum in Chloroform: I 573.2—546,2; II 537,2...533,4—511,8...508,2; III (493,2—473,4);
              559,7   522,6   483,3
End. Abs. 415. Intensität: I, II, III[1].

Ätio-mesoporphyrin.

$$C_{32}H_{38}N_4$$

Bildung: Aus Mesophyllin beim Erhitzen auf 330—350° im Hochvakuum.

Darstellung: a) Aus Mesoporphyrin genau nach der Vorschrift des Ätio-hämato-porphyrins. Ausbeute bei 800 mg Einsatz = 80 mg[2].

b) 1,9 g Mesoporphyrin werden im Hochvakuum (Vollmer-Pumpe) in 4 Portionen bei 335—340° decarboxyliert (Kali-Natronsalpeterbad). Dauer etwa 1 Stunde. Die violettschwarz glänzende Schmelze wird in viel Pyridin gelöst, in viel Äther gebracht, das Pyridin erst mit Wasser herausgewaschen und dann mit 5proz. Salzsäure ausgezogen. Aus dem Auszug wird das Porphyrin in Äther getrieben, die Lösung oft mit Wasser gewaschen (Ausflocken von viel verdorbenen Porphyrin), dann mit Alkali geschüttelt, wieder gewaschen, der Äther abgedampft, der Rückstand in wenig Chloroform aufgenommen, diese Lösung eingedampft, der Rückstand aus wenig siedendem Pyridin umkrystallisiert und mit Methylalkohol gewaschen. Rohausbeute 0,2 g. Das Sublimat davon ist bereits sehr rein und wird, wenn es keine sauren Bestandteile enthält, direkt aus Pyridin umkrystallisiert.

Das Rohprodukt wird nun einer mehrfachen gründlichen Salzsäurefraktionierung unterzogen, wobei auf einen Vorextrakt mit 2proz. Salzsäure, einen Hauptextrakt mit 3proz. Salzsäure und auf einen Restäther hingearbeitet wird. Der 3proz. Auszug enthält das reinste Ätioporphyrin. Ausbeute 50 mg[3].

c) 18 g fein zerriebenes Hämin werden mit 4,5 l Paraffinum liquidum unter Umschütteln 140 Minuten auf 350° erhitzt; die etwas abgekühlte Masse mit etwa 1 Volumen Phenol gemischt und nach Zusatz von Oxalsäure so lange unter Rückfluß gekocht, bis in einer Probe auf Zusatz von Hydrazinhydrat das reine Porphyrinspektrum erhalten bleibt. Nachdem wird in die 20fache Menge heißes Wasser gegossen, filtriert, der Rückstand mit heißem Wasser gewaschen, mit 6—8 Volumen Äther gemischt, daraus das Porphyrin mit 20proz. Schwefelsäure ausgezogen, der filtrierte Auszug mit $^1/_6$—$^1/_8$ Volumen Äther gewaschen, mit Wasser verdünnt, das Porphyrin mit Ätzkali abgeschieden, filtriert, gewaschen, mit 20proz. Schwefelsäure ausgezogen, der filtrierte Auszug 3mal mit $^1/_6$ Volumen Äther gewaschen, mit Wasser verdünnt, mit Ätzkali gefällt, abfiltriert, gut ausgewaschen, getrocknet, mit Chloroform extrahiert, der Auszug filtriert, auf ein kleines Volumen eingeengt und mit Methylalkohol versetzt. Beim Stehen Krystallisation. Ausbeute 1,1 g[4].

---

[1] H. Fischer u. R. Müller: Hoppe-Seylers Z. **142**, 131 f. (1925).
[2] H. Fischer u. R. Müller: Hoppe-Seylers Z. **142**, 138 (1925).
[3] H. Fischer u. A. Treibs: Liebigs Ann. **466**, 206 (1928).
[4] O. Schumm: Hoppe-Seylers Z. **185**, 82 (1929).

Eigenschaften: Aus Pyridin Rhomben mit einem ebenen Kantenwinkel von 60°, Auslöschung annähernd diagonal. Schmelzp. 369°, korr. (Pregl-Block). Salzsäurezahl = 3 [1]. Schwefelsäurezahl = 8,0; Cchloroform-Schwefelsäurezahl = 24 [2].

Aus Chloroform-Methylalkohol Büschel gerundeter kurzer Prismen. Auslöschungsschiefe im Mittel 32°. Seltener Andreaskreuze mit Durchkreuzungswinkel 68° (Krystallisation bei der Darstellung aus dem Mesophyllin). Die Krystalle sind identisch mit denen des Ätiohämatoporphyrins. Gibt mit Ätioporphyrin I Schmetterlinge, mit Ätioporphyrin II und III keine Änderung der Krystallform [3].

Spektrum in Äther: identisch mit dem der Ätioporphyrine I—IV bzw. Ätio-hämatoporph. I 626,6— 618,5; II 612,3— 607,3; III 598,8—592,8; IV 582,2—571,7; V 569,8—563,7; VI 559,3—555,4;

622,5   609,8   595,8   576,9   566,7   557,4

VII 547,6—543,5; VIII 538,1—517,8; IX 511,8 . . . 508,5—479,2; X 468,5—463,5; End. Abs. 439.

545,5   527,9   493,9   466,0

Intensität: IX, VIII, I, V, IV, III, VI, II, X, VII.

Max: I 622,6; II 567,5; III 525,6; IV gegitterter Str., Mitte etwa 492,6 [2].

Spektrum in 98 proz. Schwefelsäure: I 592,0; III uneinheitlich, mit 2 fast gleichstarken Max.; Min. 548.0 [2].

Chlorhydrat. Durch Schütteln der ätherischen Lösung des Porphyrins mit 5 proz. Salzsäure und 1 tägigem Stehen. — Sehr spitzige dünne Nädelchen mit paralleler Auslöschung. Spektrum identisch mit dem der Chlorhydrate von Ätioporphyrin I—IV [1].

Kupfersalz $C_{32}H_{36}N_4Cu$. Darstellung wie üblich [1,4].

Spektrum in Chloroform: I 568,5— 555,4; II 530,3— 520,0; End. Abs. 413. Intensität: I, II.

561,9   525,1

Chlorferrisalz: Hämochromogenspektrum I 549,9— 544,8 . . . 536,3; II 528,2—519,5—515,3 . . . ;

547,3   517,4

III 510,2—505,9; End. Abs. 431. Intensität: I, II, III [4].

508,0

Ätio-meso-xanthoporphinogen $C_{32}H_{38}O_4N_4$. Aus Benzol Oktaeder. Die Krystalle enthalten 1 Mol Krystallbenzol, die bei 100° abgegeben werden. Sehr hygroskopisch. Nimmt an der Luft rasch 1 Mol Wasser auf, das aber bei 150° wieder weggeht [4].

Kopro-ätioporphyrin [5].

Darstellung: Durch trockene Destillation des Koproporphyrin-Kupfersalzes in Stickstoffatmosphäre (Sublimation).

Eigenschaften: Aus Chloroform lange Prismen mit 27° Auslöschungsschiefe. Ist identisch mit dem Ätioporphyrin aus Uroporphyrin.

Ätioporphyrin aus Uroporphyrin.

Bildung: Bei schnellem Erhitzen von Uroporphyrin auf hohe Temperatur im Vakuum. Ausbeute schlecht [6].

Darstellung: Das nach der beim Uroporphyrin gegebenen Vorschrift hergestellte Kalium-Magnesiumsalz wird in kleinen Portionen der trockenen Destillation unterworfen (Sublimatbildung). Das Reaktionsprodukt wird nun in ätherischer Lösung mehrmals mit konz. methylalkoholischer Kalilauge behandelt, dann mit 5 proz. Salzsäure geschüttelt und der Restäther, versetzt mit der 3 fachen Menge Petroläther, 1 Tag stehengelassen. Nach Filtration wird das Porphyrin mit 6 proz. Salzsäure extrahiert und daraus durch Abstumpfen wieder in Äther gebracht. Ausbeute 20 mg [7].

Eigenschaften: Aus Chloroform-Methylalkohol kleine Prismen mit Auslöschungsschiefe 39° und Dichroismus von schwarz nach hellgelb. Sintert ab 220° und schmilzt langsam bei 270—280°. Manchmal finden sich auch Schmetterlinge.

[1] H. Fischer u. R. Müller: Hoppe-Seylers Z. **142**, 138 (1925).
[2] O. Schumm: Hoppe-Seylers Z. **185**, 82 (1929).
[3] H. Fischer u. G. Stangler: Liebigs Ann. **459**, 80 (1927).
[4] H. Fischer u. A. Treibs: Liebigs Ann. **466**, 206 (1928).
[5] H. Fischer u. J. Hilger: Hoppe-Seylers Z. **138**, 60 (1924).
[6] H. Fischer u. J. Hilger: Hoppe-Seylers Z. **119**, 65 (1925).
[7] H. Fischer u. J. Hilger: Hoppe-Seylers Z. **140**, 243 (1924).

Spektrum in Äther: I 624,1—619,5 Besch. 612,8—609,3; II schw. 597,8—593,0; Vorbesch.
        621,8   611,0   595,9
580,6—572,6 . . . 569,0—565,0; IV Vorbesch. 530,7—521,2; V schw. Vorbesch. 504,5—480,5; End.
  576,6   567,0   525,9   492,5
Abs. 431,0.

Eisensalz. Aus dem Porphyrin mit Ferroacetat-Kochsalz in Eisessig und Eingießen in
Äther. — Aus Chloroform kleine Würfel. Leicht löslich in Chloroform.

Spektrum in Chloroform: I breite Vorbesch. 643,7—623.7; II s. schw. 590,7—573,0; III Vorbesch. 545,0—527,0; End. Abs. 536,0.   633,7   581,8
      536,0
Spektrum in Pyridin: I Vorbesch. 568,5—556,8; II 547,5—540,0; III 520,—2509,2; End. Abs. 488,0.
         562,8   543,7   514,7

Kupfersalz. Aus dem Porphyrin mit Eisessig Kupferacetat. Beim Erkalten Krystallisation. Schmelzp. 260°. Ist identisch mit dem Kupfersalz des Ätioporphyrins aus Hämophyllin.

Uroätioporphyrin. Durch Erhitzen von Uroporphyrin im Salpeterbad. Dabei werden
zwischen 165—185 erst 4 Carboxylgruppen abgespalten; die restlichen 4 dann bei 300—325°.
Es entsteht viel Sublimat. — Schmelzp. 393—394°[1].

Iso-uro-ätioporphyrin[1].

Darstellung: Durch Decarboxylierung des Iso-uroporphyrins II im Hochvakuum (Vollmer-
Pumpe) im Salpeterbad. Die erste Zersetzung erfolgt bei 250° stürmisch (Abspaltung von
4 Carboxylgruppen); die weitere bei 340—360°. Es bildet sich viel Sublimat. Aufarbeitung
wie beim Meso-ätioporphyrin beschrieben.

Eigenschaften: Lange, schief abgeschnittene Prismen, Schmelzp. 356°. Auslöschung
36—37°.

Okta-äthyl-porphin.

Mol-Gewicht: 534,63.
Zusammensetzung: 80,84% C; 8,68% H; 10,48% N. $C_{36}H_{46}N_4$.

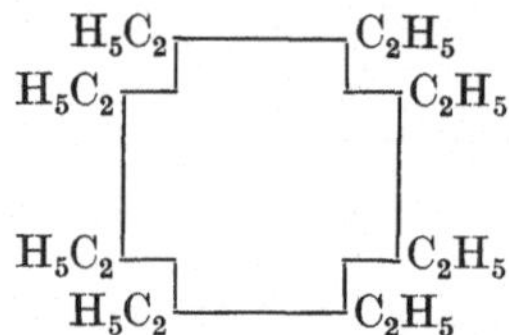

Bildung: Bei 2stündigem Erhitzen des 1, 3, 5, 7-Tetraäthyl-2, 4, 6, 8-Tetrapropionsäure-
porphins im Vakuum auf 290—305°[2].

Aus dem Perbromid des (3, 4-Diäthyl-5-brom-pyrryl)-(2(5)-methyl-3, 4-diathyl-pyrrol-
enyl)-methenbromhydrats bei 2½stündigem Erhitzen mit Eisessig-Bromwasserstoff auf 180°[3].

Darstellung: a) 0,5 g Perbromid des (3, 4-Diäthyl-5-brom-pyrryl)-(2(5)-methyl-3, 4-di-
äthyl-pyrrolenyl)-methenbromhydrats (s. S. 479) werden mit 1 g Bernsteinsäure ½ Stunde auf 180°
erhitzt. Danach wird die fein zerriebene Schmelze im Soxlett mit Äther extrahiert und dann
mit Chloroform ausgezogen. Die Chloroformlösung wird mit Ammoniak bis zum Auftreten
des neutralen Porphyrinspektrums geschüttelt, mit Wasser gewaschen, getrocknet, stark eingeengt und heiß mit dem 6—10fachen Volumen heißen Methylalkohols versetzt. Beim Erkalten Krystallisation. Ausbeute 35%[3].

b) Bis-(3, 4-diäthyl-5(2)-carboxy-pyrryl)-methan (s. S. 479) in Ameisensäure wird bei 40°
14 Stunden mit Luft behandelt. Nachdem wird 2 Stunden im siedenden Wasserbad erhitzt, mit
Chloroform versetzt, die Lösung säurefrei gewaschen und wie unter a) aufgearbeitet.

c) 0,26 g 5, 5′-Brommethyl-3, 4; 3′, 4′-tetraäthyl-pyrryl-methanbromhydrat (s. S. 480) und
0,25 g 5, 5′-Dibrom-3, 4; 3′, 4′-tetraäthyl-pyrryl-methanbromhydrat (s. S. 479) werden mit 0,8 g
Bernsteinsäure wie üblich verschmolzen. Aus der Schmelze wird die Bernsteinsäure mit heißem
Wasser entfernt, der Rückstand mit Chloroform ausgezogen und wie unter a) aufgearbeitet[3].

d) Entsteht in reinster Form durch Oxydation des Oktaäthyl-porphinogens[3].

[1] H. Fischer u. A. Treibs: Liebigs Ann. **466**, 211 (1927).
[2] H. Fischer u. G. Stangler: Liebigs Ann. **462**, 259 (1928).
[3] H. Fischer u. R. Bäumler: Liebigs Ann. **468**, 85 (1929).

Eigenschaften: Aus Chloroform-Methylalkohol blauviolette Prismen, die häufig verwachsen (Andreaskreuze) und gezahnt sind. Schmelzp. 292—293°[1] (Pregl-Block), 318—326° (Maquenne-Block)[2]. Säurezahl etwa 8[1]. Ist immer stark halogenhaltig; wird erst rein erhalten durch Oxydation des Porphinogens[2]. Dann Schmelzp. 322°[2]. Bei der Oxydation mit konz. Salpetersäure entsteht ein Öl, bei der Oxydation mit 10—12proz. Wasserstoffperoxyd und bei der Photooxydation bildet sich Diäthyl-malein-imid[2].

Spektrum: Beim Lösen des Porphins in Eisessig-Chloroform in der Kälte erscheint neutrales und saures Spektrum nebeneinander. Auf Zusatz von Äther wird das reine saure Spektrum erhalten, nach Verdünnen mit Wasser erscheint in der Chloroform-Ätherschicht das reine neutrale Spektrum.

Spektrum in Chloroform-Äther: I 621,8; II schwach 605,4; III vorbeschattet ab 581,7; Maximum 567,4; IV 528,2; V 494,7; End. Abs. 432.

Spektrum identisch mit dem in eisessighaltigem Äther und in Pyridin-Äther; ferner identisch mit dem des Ätioporphyrins in denselben Lösungsmitteln.

Saures Spektrum in Chloroform-Eisessig-Äther (identisch mit dem in konz. Salzsäure). I 596,4; II 575,7 (schwach); III 551,7.

Spektrum in 8proz. Salzsäure vor Abscheidung des Chlorhydrats. (Identisch mit dem in 8proz. Bromwasserstoffsäure.) I 591,6; II schwach 571,8; III 548,0.

Nach Abscheidung des Chlorhydrats: I 595,7; II 588,2; III 579,6; IV 573,5; V 568,2; VI 555,7; VII 548,3. Intensität: VII, I, VI, II, III, IV, V[1].

Chlorhydrat. Schwer löslich in 10proz. Salzsäure. Krystallisiert daraus in Form feiner, blauvioletter Nadeln. — Aus Aceton-Petroläther feine Nadeln, die im auffallenden Licht violett, im durchfallenden rotbraun sind. Schmelzp. 318°. Schwer löslich in Chloroform; unlöslich in Petroläther.

Spektrum in Chloroform: I 599,0; II 577,7; III 555,0[2].

Spektrum in konz. Salzsäure: I 596,4; II 576,0; 550,6.

Chlorferrisalz = Oktaäthyl-chlorhämin $C_{36}H_{44}N_4FeCl$. Durch Erhitzen des freien Porphyrins oder seines Chlorhydrats mit Ferrichlorid in Eisessig und Natriumacetat bis Farbenumschlag nach schmutzigbraun eintritt. Nach 24stündigem Stehen Krystallisation in blauvioletten Würfeln. Absaugen und Waschen mit heißem Wasser und Natriumacetat. — Aus Chloroform-Eisessig bis 0,5 cm lange Nadeln; Sinterung bei 280—300°.

Spektrum in Chloroform: I 642,1; II 579,5 (s. schwach); III 540,3; IV 502,9; End. Abs. 436,7.

Spektrum in Pyridin: I 635,3; II 546,8; III 513,9; End. Abs. 464,9.

Spektrum in Pyridin-Hydrazinhydrat: I 550,1; II 523,7[2].

Oktaäthyl-bromhämin $C_{36}H_{44}N_4FeBr$. Darstellung mit Ferribromid nach der beim Chlorhämin beschriebenen Methode. Sofort Krystallisation in Blättchen. — Aus Chloroform-Eisessig blaue Nadeln.

Spektrum in Chloroform: I Maximum 644,6 . . . 622,3; II 540,8; III 501,9; End. Abs. 444,5[2].

Oktaäthyl-jodhämin $C_{36}H_{44}N_4FeJ$. Wird wie oben mit Ferrojodid gewonnen. Sofort Krystallisation in Würfeln oder Blättchen, die im durchfallenden Licht grün, im auffallenden blauviolett sind. — Aus Chloroform-Eisessig Blättchen.

Spektrum in Chloroform: I 650,6; II 545,5; III s. schwach 508,5; End. Abs. 458,0[2].

Magnesiumsalz = Oktaäthyl-phyllin $C_{36}H_{44}N_4Mg$. Freies Porphyrin oder dessen Chlorhydrat wird mit überschüssigem Magnesiumoxyd und methylalkoholischem Kali 4 Stunden auf 180° erhitzt. Nach Verdünnen mit viel Wasser wird in Äther getrieben, der Auszug mit Wasser gewaschen und dann der Äther verdunstet. Violette Rhomben. — Aus Pyridin-Wasser schiefwinklig abgeschnittene, blauviolette Täfelchen ohne Schmelzpunkt.

Spektrum in Äther: I 579,5 . . . 566,2; II vorbeschattet ab 558,6, Maximum 540,3 . . . 521,2; End. Abs. 430,5[2].

Kupfersalz $C_{36}H_{44}N_4Cu$. Freies Porphyrin oder dessen Chlorhydrat, gelöst in heißem Eisessig, wird erst mit etwas krystallisiertem Natriumacetat und dann mit einer heißen Kupferacetat-Eisessiglösung versetzt. Schon in der Hitze Krystallisation in feinen roten Nadeln. — Aus Chloroform-Eisessig umkrystallisiert. Schmelzp. 310°[2].

Tetrabromverbindung $C_{36}H_{46}N_4Br_4$. Durch Versetzen einer mäßig konz. Eisessiglösung des Porphyrins mit überschüssigem Brom. Sofort Krystallisation in hell-blauvioletten, feinen Nädelchen. — Besitzt keinen Schmelzpunkt. Läßt sich schlecht aus Chloroform-Petroläther umkrystallisieren. Leicht löslich in Chloroform; unlöslich in Eisessig[2].

Oktaäthyl-xanthoporphinogen $C_{36}H_{46}O_4N_4$. 0,5 g Porphyrin in 50 ccm Chloroform und 10 ccm Eisessig werden mit 2 g Bleisuperoxyd 1,5 Stunden geschüttelt. Nachdem wird

---

[1] H. Fischer u. G. Stangler: Liebigs Ann. **462**, 259 (1928).
[2] H. Fischer u. R. Bäumler: Liebigs Ann. **468**, 85 (1929).

filtriert, das Chloroform abgedunstet und der Eisessig im Vakuum vollständig entfernt. Dann wird erschöpfend mit Aceton ausgezogen, filtriert und auf ein kleines Volumen eingeengt. Beim Erkalten Krystallisation. — Aus Aceton große, intensiv gelbe Prismen; aus Aceton-Methylalkohol stark glänzende, gelbe Prismen; aus Eisessig-Wasser citronengelbe, kleine, rhombische Blättchen; Zersetzungsp. 274°. Die Krystalle enthalten bis $2^1/_2$ Mol Krystallwasser, die erst beim Erhitzen auf 150° abgegeben werden[1].

Oktaäthyl-porphinogen $C_{36}H_{52}N_4$. Entsteht bei der Reduktion des Perbromids des (3,4-Diäthyl-5-brom-pyrryl)-(2(5)-methyl-3,4-diäthyl-pyrrolenyl)-methenbromhydrats (s. S. 479) oder auch des Bromhydrats allein mit Eisessig-Zinkstaub in der Hitze. Nach Aufhellung der Flüssigkeit wird heiß abgesaugt und das kalte Filtrat langsam unter ständigem Reiben mit Wasser versetzt. Dabei Krystallisation. — Unter Kohlensäureatmosphäre aus Eisessig-Wasser oder Methylalkohol-Wasser farblose große Prismen; Schmelzp. 184°. Rohmaterial ist schon nach 24 Stunden vollständig zu Porphin oxydiert; reines umkrystallisiertes dagegen nach 4 Wochen noch nicht vollständig. Dabei entsteht reinstes halogenfreies Porphyrin[1].

Mono-oxy-oktaäthylporphin $C_{28}H_{28}ON_4$. 0,03 g Porphyrin in 15 ccm konz. Schwefelsäure werden bei 0° bis +10° tropfenweise so lange mit 3proz. Wasserstoffperoxyd versetzt, bis die Farbe der Lösung über tiefgrün in braun übergegangen ist. Dann wird auf Eis gegossen, ausgeäthert, der Auszug mit 5proz. Salzsäure geschüttelt, mit Soda behandelt, gewaschen und zur Trockne verdampft. Der Rückstand wird mit Wasser und Methylalkohol extrahiert, in Chloroform gelöst und heiß mit dem 5fachen Volumen Methylalkohol versetzt. Beim Stehen Krystallisation in roten Nadeln.

Spektrum in Chloroform: I 651,7—631,5; II 616,1—610,4; III 600,8 ... 588,8—581,9;
641,6   613,2   585,3
IV 557,5—538,4; V 516,5—503,0; VI 492,3—480,9; End. Abs. 440,5. Intensität: I, IV, V, III, VI, II[2].
547,9   509,7   486,6

1, 3, 5, 7-Tetramethyl-2, 4, 6, 8-tetrapropyl-porphin (I).

Mol-Gewicht: 534,63.
Zusammensetzung: 80,84% C; 8,67% H; 10,49% N. $C_{36}H_{46}N_4$.

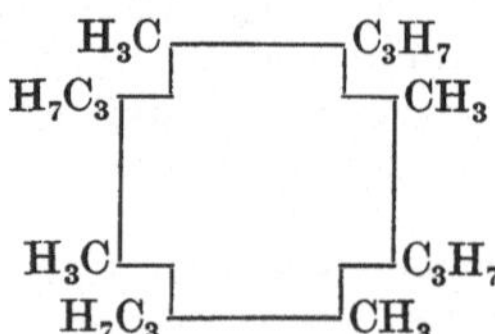

Darstellung: 1 g 5-Brom-5'-brommethyl-4, 3'-dimethyl-3, 4'-dipropyl-pyrromethenbromhydrat $C_{18}H_{25}N_2Br_3$ (s. S. 486) oder dessen Umwandlungsprodukt $C_{18}H_{26}N_2Br_2$ und 2 g Bernsteinsäure eingeschmolzen in ein Glasrohr, werden im Ölbad langsam auf 180° erhitzt und 10 Minuten so gehalten. Nachdem wird Rohr samt Inhalt zerkleinert und in einer Hülse erst mit Methylalkohol bis zu dessen Farblosigkeit und dann mit Chloroform extrahiert. Letzterer Auszug wird vorsichtig eingedampft. Als Rückstand bleibt das Porphyrin. Ausbeute 10—15%[3].

Eigenschaften: Aus Pyridin Krystalle vom Schmelzp. 290°. Ist stets noch etwas halogenhaltig.

Spektrum in Chloroform-Äther 1 : 1; Schichtdicke 1 cm; Blende 0,4. I 623,43; s. schw. 597,20; III s. schw. 578,25; IV kaum sichtbar 568,47; V ... 537,4 ... 531,26; VI 526,45; VII ... 510,3 ... 504,45; VIII 498,6; IX 492,7; X 487,5 ... 481,2; End. Abs. ab 431. Intensität: I, VIII, IX, VI, IV, VII, V, X, II, III.

Spektrum in 10proz. Salzsäure (Eisessig-Äther-haltig); Schichtdicke 1 cm, Blende 0,4. I 595,61; II s. schwach 573; III 550,30; End. Abs. 426.

Kupfersalz $C_{36}H_{44}N_4Cu$. Durch kurzes Aufkochen des Porphyrins in Eisessig mit Kupferacetat in Eisessig. Krystallisation. — Aus Chloroform-Eisessig oder Chloroform-Petroläther feine Nadeln, Schmelzp. 295°. Salzsäurezahl = 6,6 (Beginn 6,2). Schmelzpunktsdepression mit Oktaäthylporphin = 31°.

Spektrum in Chloroform: Schichtdicke 1 cm, Blende 0,4: I 562,77; II 525,00; End. Abs. 422.

[1] H. Fischer u. R. Bäumler: Liebigs Ann. **468**, 85 (1929).
[2] H. Fischer, P. Halbig u. B. Walach: Liebigs Ann. **452**, 283 (1927).
[3] H. Fischer, M. Goldschmidt u. W. Nüßler: Liebigs Ann. **486**, 19 (1931).

Chlorferrisalz $C_{36}H_{44}N_4FeCl$. Durch kurzes Erhitzen des Porphyrins in Eisessig mit Ferroacetatlösung und etwas Kochsalz. Beim Erkalten Krystallisation. — Aus Chloroform-Eisessig schwarzglänzende, quadratische Blättchen. Schmelzp. 338°.

Spektrum in Chloroform-Äther: Schichtdicke 1 cm; Blende 0,4. I 632,44; II 536,70; III s. schwach, verwaschen 547,3; End. Abs. ab 432. Intensität: II, I, III.

Hämochromogenspektrum (Pyridin-Hydrazinhydrat); Schichtdicke 1 cm; Blende 0,4. I 562,77; II 525,00; End. Abs. 422.

Bromferrisalz $C_{36}H_{44}N_4FeBr$. Darstellung mit Natriumbromid wie oben. Schmelzpunkt 333°.

Jodferrisalz $C_{36}H_{44}N_4FeJ$. Darstellung mit Natriumjodid nach obiger Vorschrift. Schmelzp. 310°.

Zinksalz $C_{36}H_{44}N_4Zn$. Darstellung wie bei Porphyrin II beschrieben.

Spektrum in Chloroform-Äther 1 : 1, Schichtdicke 1 cm, Blende 0,4. I 572,15; II 534,70; III s. schwach, verwaschen 493,9; End. Abs. 421. Intensität: I, II, III.

Magnesiumsalz $C_{36}H_{44}N_4Mg$. Gleiche Mengen Porphyrin und Magnesiumoxyd werden mit an Kalilauge gesättigtem Methylalkohol im Rohr 4 Stunden auf 180° erhitzt. Nach dem Erkalten Aufnehmen in Äther, Auswaschen mit Wasser und Eindampfen. — Aus Pyridin rote, rhombische Blättchen, Schmelzp. 249°.

Spektrum in Äther: I 585,6; II 578,8; III s. scharf 546,9; IV schwach 501,3.

Nitroporphyrin. Durch kurzes Erwärmen des Porphyrins mit konz. Salpetersäure. Das beim Verdünnen mit Wasser als grüner Niederschlag ausfallende salpetersaure Salz wird in Chloroform gelöst, erst mit Soda, dann mit Wasser gewaschen und nun die Chloroformlösung mit Alkohol gekocht. Dabei Krystallisation. — Aus Chloroform-Alkohol braunrote Nadeln, Schmelzp. 272°[1].

Xanthoporphinogen $C_{36}H_{46}O_4N_4 \cdot 2\,H_2O$. Porphyrin in Chloroform gelöst und mit der gleichen Menge Eisessig versetzt, wird bis zum Verschwinden des Porphyrinspektrums mit Bleisuperoxyd geschüttelt. Nachdem wird filtriert, das Filtrat mit Wasser versetzt bis zur Bildung von 2 Schichten, dann die Chloroformschicht abgetrennt, mit Wasser gewaschen und eingedampft. — Aus Aceton oder Alkohol gelbe Krystalle, Schmelzp. 262°. Gibt bei der Reduktion mit Natriumamalgam das Porphyrin zurück. Bei der Photooxydation entsteht Methyl-propyl-maleinimid[1].

1, 4, 5, 8-Tetramethyl-2, 3, 6, 7-tetrapropyl-porphin (II)[2].

$$C_{36}H_{46}N_4$$

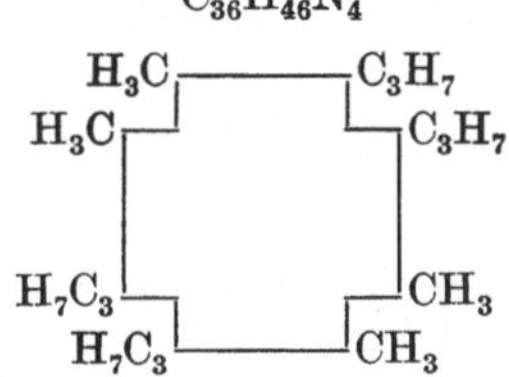

Darstellung: a) Durch 6,5 g 3, 3′-Dipropyl-4, 4′-dimethyl-5, 5′-dicarboxy-pyrromethan (s. S. 491) in 50 ccm Ameisensäure wird bei 30—40° 8—10 Tage lang Luft geleitet unter steter Erneuerung der verdunsteten Ameisensäure. Danach wird nahezu eingedampft, mit 25 ccm konz. Salzsäure versetzt, in Chloroform aufgenommen, die Lösung oft mit 25 proz. Salzsäure geschüttelt und schließlich mit Soda, dann mit Wasser gewaschen. Hernach wird das Chloroform verdunstet und heißer Methylalkohol zugesetzt. Beim Erkalten Krystallisation, die öfters aus Chloroform-Methylalkohol umkrystallisiert und dann aus der Hülse erst mehrmals mit Methylalkohol und dann mit Chloroform extrahiert wird. Ausbeute 600 mg.

b) Äquimolare Mengen 3, 3′-Dipropyl-4, 4′-dimethyl-5, 5′-dibrommethyl-pyrromethen-bromhydrat (s. S. 485) und 3, 3′-Dipropyl-4, 4′-dimethyl-5, 5′-dibrom-pyrro-methenbromhydrat (s. S. 485) innig verrieben mit der doppelten Gewichtsmenge einer Mischung von 8 Teilen Bernsteinsäure und 2 Teilen Weinsäure werden in Portionen von 0,5 g im zugeschmolzenen Rohr 15 Minuten im Ölbad auf 190° erhitzt. Weitere Aufarbeitung wie bei Porphyrin I. Ausbeute bei 4,8 g Einsatz = 1,2 g = 41%.

---

[1] H. Fischer, M. Goldschmidt u. W. Nüßler: Liebigs Ann. **486**, 19 (1931).
[2] H. Fischer, M. Goldschmidt u. W. Nüßler: Liebigs Ann. **486**, 26 (1931).

Eigenschaften: Aus Pyridin glänzende, schwarzviolette Krystalle, Schmelzp. 330° u. Zersetzung. Gibt ein Pikrat.

Eisensalz $C_{36}H_{44}N_4FeCl$. Gewinnung analog Porphyrin I. — Mikroskopische glänzende Nadeln, Zersetzungsp. 336—339 (korr.) unter Sintern. Spektrum genau wie bei I. Salzsäurezahl 6,4 (Beginn 6,1)[1].

Kupfersalz $C_{36}H_{44}N_4Cu$. Herstellung wie bei Porphyrin I beschrieben. — Kupferrote Nadeln bis 310° ohne Schmelzpunkt, von da ab langsames Sintern und Zersetzung[1].

Zinksalz $C_{36}H_{44}N_4Zn$. Porphyrin in Eisessig wird mit Zinkacetatlösung so lange gekocht, bis nur noch das Spektrum des Komplexsalzes vorhanden ist. Nachdem wird im Vakuum konzentriert, mit Wasser verdünnt und filtriert. — Aus Benzol weinrote Nadeln, ohne Schmelzpunkt bis 340°[1].

Spektrum in Chloroform-Äther 1 : 1; Schichtdicke 1 cm, Blende 0,4. I 572,15; II 534,70; III 493,9 s. schwach und verwaschen; End. Abs. 421. Intensität: I, II, III.

1, 3, 5, 8-Tetramethyl-2, 4, 6, 7-tetrapropyl-porphin (III)[2].

$$C_{36}H_{46}N_4$$

H₃C ——— C₃H₇
H₃C — CH₃
H₇C₃ — C₃H₇
H₇C₃ ——— CH₃

Bildung: Bei 4stündigem Erhitzen eines äquimolaren Gemisches von 3, 4′-Dipropyl-3′, 4-dimethyl-5, 5′-dibrommethyl-pyrro-methenbromhydrat und 3, 3′-Dipropyl-4, 4′-dimethyl-5, 5′-dibrom-pyrro-methenbromhydrat mit Eisessig-Bromwasserstoff auf 170—175°. Ausbeute 14,5%.

Bei 8stündigem Erhitzen eines äquimolaren Gemisches von 3, 3′-Dimethyl-4, 4′-dipropyl-5, 5′-dibrom-pyrro-methenbromhydrat und 3, 4′-Dipropyl-4, 3′-dimethyl-5, 5′-dibrommethyl-pyrro-methenbromhydrat mit Ameisensäure-Bromwasserstoff auf 130—135°. Ausbeute 11%.

Darstellung: 1. 0,5 g eines äquimolaren Gemisches von 3, 4′-Dipropyl-3′, 4-dimethyl-5, 5′-dibrommethyl-pyrro-methenbromhydrat (s. S. 486) und 3, 3′-Dipropyl-4, 4′-dimethyl-5, 5′-dibrom-pyrro-methenbromhydrat (s. S. 485) werden mit 15 ccm einer bei 0—5° gesättigten Bromwasserstoff-Ameisensäurelösung 8 Stunden auf 130—135° erhitzt. Dann wird mit Chloroform versetzt, mehrmals mit Wasser geschüttelt, filtriert, das Chloroform verdampft und der trockene Rückstand im Soxleth mit Äther extrahiert. Der Auszug wird nach R. Willstätter rasch mit 10 proz. Salzsäure fraktioniert, das Chlorhydrat aus der sauren Lösung in Chloroform getrieben, letzteres dann mit Soda und Wasser gewaschen, filtriert, eingeengt und die konz. Lösung mit der 5—10fachen Menge heißen Methylalkohols versetzt. Beim Abkühlen krystallisiert der größte Teil des Porphyrins aus. Ausbeute aus 2,5 g Ansatz = 450 mg = 29,6%.

Eigenschaften: Aus Pyridin kleine lilabraune, viereckige, meist unregelmäßige Blättchen, Schmelzp. 206°. Salzsäurezahl 6,2 (Beginn 5,8). Spektrum in Chloroform-Äther genau wie beim Isomeren I.

Chlorferrisalz $C_{36}H_{44}N_4FeCl$. Darstellung wie beim Porphyrin I beschrieben. Glänzende, schwarzviolette, viereckige Blättchen, Schmelzp. 297°.

Zinksalz $C_{36}H_{44}N_4Zn$. Wird dargestellt wie beim Porphyrin II beschrieben. Winzige rote Nadeln; Schmelzp. 250°.

Kupfersalz $C_{36}H_{44}N_4Cu$. Gewinnung wie bei Porphyrin I angegeben. Feine rote Nadeln, Schmelzp. 235°.

Pikrat $C_{48}H_{52}O_{14}N_{10}$. Eine Lösung des Porphyrins in viel Äther wird mit überschüssiger feuchtätherischer Pikrinsäure versetzt. Nach 1—2stündigem Stehen Krystallisation in violettbraunen Nadeln, die nach dem Absaugen mit abs. Äther gewaschen werden. — Zersetzung unter Sintern bei 190—204°. Wenig löslich in Äther. Ist nicht umkrystallisierbar.

---

[1] H. Fischer, M. Goldschmidt u. W. Nüßler: Liebigs Ann. **486**, 26 (1931).
[2] H. Fischer, M. Goldschmidt u. W. Nüßler: Liebigs Ann. **486**, 28 (1931).

1, 4, 6, 7-Tetramethyl-2, 3, 5, 8-tetrapropyl-porphin (IV) [1].

$$C_{36}H_{46}N_4$$

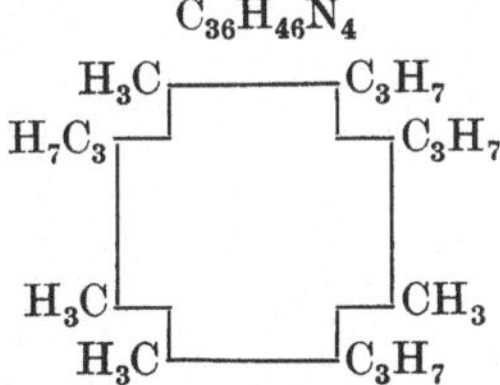

Bildung: Beim 4 stündigen Erhitzen äquimolarer Mengen von 3, 3'-Dipropyl-4, 4'-dimethyl-5, 5'-dibrom-pyrromethenbromhydrat und 3, 3'-Dimethyl-4, 4'-dipropyl-5, 5'-dibrom-methyl-pyrromethenbromhydrat mit Eisessig-Bromwasserstoff im Rohr auf 170—175°. Ausbeute 17,5%.

Darstellung: a) Äquimolare Mengen von 3, 3'-Dipropyl-4, 4'dimethyl-5, 5'dibrom-pyrromethenbromhydrat (s. S. 485) und 3, 3'-Dimethyl-4, 4'-dipropyl-5, 5'-dibrommethyl-pyrromethan-bromhydrat (s. S. 539) innig verrieben mit der doppelten Gewichtsmenge eines Gemisches von 9 Teilen Bernsteinsäure und 1 Teil Weinsäure werden im zugeschmolzenen Rohr in Portionen von 0,5 g 15 Minuten im Ölbad auf 190° erhitzt. Dann wird die Schmelze erst mit verdünnter Natronlauge behandelt, hernach auf der Nutsche mit heißem Wasser bis zur Farblosigkeit derselben übergossen und schließlich der Rückstand aus der Hülse mit Methylalkohol extrahiert bis zur schwachen Rosafärbung des Ablaufs. Nun wird mit Chloroform weiter ausgezogen, der Extrakt möglichst weit eingeengt und mit der 5—10 fachen Menge heißen Methylalkohols versetzt. Beim Erkalten Krystallisation, die abgesaugt und mit Methylalkohol gewaschen wird. Ausbeute 47%.

b) Das Porphyrin entsteht auch, wenn das Methengemisch mit Eisessig-Bromwasserstoff im Rohr 4 Stunden auf 170—175° erhitzt wird. Ausbeute 17,5%.

Eigenschaften: Aus Pyridin lange, dunkelviolette Nadeln, Schmelzp. 218°.

Eisensalz $C_{36}H_{44}N_4FeCl$. Darstellung wie bei Porphyrin I. — Aus Chloroform-Eisessig schwarzviolette, mikroskopische Nadeln, Schmelzp. 276°. Salzsäurezahl 6,3 (Beginn 6,0). Spektrum in Pyridin-Äther 1 : 1 wie bei Porphyrin I.

Kupfersalz $C_{36}H_{44}N_4Cu$. Darstellung genau wie bei Porphyrin I. — Aus Chloroform-Eisessig rote Nadeln, Schmelzp. 255°.

Silbersalz $C_{36}H_{44}N_4Ag$. Porphyrin in wenig Pyridin wird mit einer konz. Lösung von überschüssigem Silberacetat in Pyridin bis zum Verschwinden des Porphyrinspektrums gekocht. Nachdem wird filtriert und fast bis zur Trockne verdampft, wonach beim Erkalten Krystallisation einsetzt. Nachdem Verdünnen mit viel heißem Wasser, Filtrieren und Auswaschen des Rückstandes mit heißem Wasser. — Aus wenig Benzol rotbraune Nadeln, Schmelzp. 267° (korr.). Spektrum in Chloroform: Blende 0,4. I 561,76; II 528,59; End. Abs. 433. Intensität: I, II.

Oktapropyl-porphin [2].

Mol-Gewicht: 646,5.

Zusammensetzung: 81,66% C; 9,67% H; 8,67% N. $C_{44}H_{62}N_4$.

Darstellung: 4 g Perbromid aus 2-Methyl-3, 4-dipropyl-pyrrol (s. S. 476) werden mit 10 g eines Gemisches aus 8 Teilen Bernsteinsäure und 2 Teilen Weinsäure innig verrieben und in Portionen von 1 g im zugeschmolzenen Rohr $^1/_2$ Stunde im Ölbad auf 180—190° erhitzt. Die fein zerriebene Schmelze wird im Soxleth zuerst mit Äther, dann mit Chloroform ausgezogen und letzterer Auszug mit Ammoniaklösung geschüttelt, wobei Porphyrin ausflockt, von dem abfiltriert wird. Dann wird die Chloroformlösung gewaschen, auf ein kleines Volumen eingeengt und in der Hitze mit der 5 fachen Menge heißen Methylalkohols versetzt. Beim Abkühlen Krystallisation. Ausbeute 600 mg = 27%.

Eigenschaften: Zweimal aus Pyridin umkrystallisiert lange violettrote Nadeln, Schmelzpunkt 276°. Eine Salzsäure, deren Konzentration höher ist als 21%, flockt das Porphyrin aus einer Eisessig-Äther-Lösung aus. Wird in der Resorcinschmelze bei 210° nicht verändert.

Spektrum in Chloroform-Äther (1 : 1), Schichtdicke 1 cm, Blende 0,4. I 623,57; II 597,80 s. schw.; III 577,10 schwach, verwaschen; IV 569,40; V 532,25 breit (etwa 3 streifig); VI 498,80 breit (etwa 4 streifig); End. Abs. 431,50. Intensität: I, VI. V, IV, III, II.

[1] H. Fischer, M. Goldschmidt u. W. Nüßler: Liebigs Ann. **486**, 28 (1932).
[2] H. Fischer, M. Goldschmidt u. W. Nüßler: Liebigs Ann. **486**, 46 (1931).

Spektrum in Eisessig, Schichtdicke 1 cm, Blende 0,4. I 606,15; II 575,90 s. schwach; III 552,75; End. Abs. ab 434. Intensität: I, III, II.

Eisensalz $C_{44}N_{60}N_4FeCl$. Bereitung wie üblich aus dem Porphyrin und Ferroacetat in Eisessig. Schon in der Hitze Krystallisation in feinen, schwarzglänzenden Nadeln. — Aus Chloroform-Eisessig Krystalle ohne scharfen Schmelzpunkt (Sinterung ab 225°).

Spektrum in Chloroform: Schichtdicke 1 cm, Blende 0,4. I 642,7; II 586,1 s. schw.; III 541,7; IV 499,15 s. schw.; End. Abs. ab 437. Intensität: III, I, IV, II.

Hämochromogenspektrum: Schichtdicke 1 cm; Blende 0,4. I 549,8; II 499,95; III 470,0; End. Abs. 439.

Kupfersalz $C_{44}H_{60}N_4FeCu$. Wird wie üblich hergestellt. Schon in der Hitze Krystallisation. — Mehrmals aus Chloroform-Eisessig umkrystallisiert winzige rote Nadeln, Schmelzpunkt 327°.

Spektrum in Chloroform-Äther (1 : 1): Schichtdicke 1 cm; Blende 0,4. I 563.20; II 525,25; End. Abs. 424.

Methylester des 1, 3, 5, 7-Tetramethyl-4, 6, 8-triäthyl-2-propionsäure-porphins.
Methylester der Porphin-monocarbonsäure I[1].

Mol-Gewicht: 536,52.

Zusammensetzung: 76,07% C; 7,52% H; 5,97% O; 10,44% N. $C_{34}H_{40}O_2N_4$.

$$H_3C \cdot C{=\!=}C \cdot CH_2 \cdot CH_2 \cdot COOCH_3 \qquad\qquad H_3C \cdot C{=\!=}C \cdot C_2H_5$$

Darstellung: 0,3 g rohes (3-Äthyl-4-methyl-5-carboxy-pyrryl)-(2, 4(3′, 5′)-Dimethyl-3(4′)-propionsäure-pyrrolenyl)-methenbromhydrat (s. S. 522) werden mit 0,35 g (3-Äthyl-4-methyl-5-brompyrryl)-(2-brommethyl-3-äthyl-4-methyl-pyrrolenyl)-methenbromhydrat (s. S. 508) und 1,5 g Bernsteinsäure wie bei Monocarbonsäure III verschmolzen und aufgearbeitet. Ausbeute etwa 3%. (Als Nebenprodukt entsteht Ätioporphyrin I.)

Eigenschaften: Schmelzp. 237° (korr.).

Eisensalz $C_{34}H_{38}O_2N_4FeCl$. Wie üblich mit Ferroacetat-Kochsalz dargestellt. — Krystalle mit Schmelzp. über 270°.

Kupfersalz $C_{34}H_{38}O_2N_4Cu$. Wird auf üblichem Weg hergestellt. — Schmelzp. 226°.

Porphinmonocarbonsäure I $C_{33}H_{38}O_2N_4$. Gibt ein schwer lösliches Natriumsalz.

Methylester des 1, 4, 5, 8-Tetramethyl-3, 6, 7-triäthyl-2-propionsäure-porphins.
Methylester der Porphinmonocarbonsäure II[2].

$$C_{34}H_{40}O_2N_4$$

[1] H. Fischer, H. K. Weichmann u. K. Zeile: Liebigs Ann. **475**, 254 (1929).
[2] H. Fischer, H. Grosselfinger u. G. Stangler: Liebigs Ann. **461**, 222, 237 (1928).

Darstellung: 0,6 g (2-Brommethyl-3-äthyl-4-methyl-pyrryl)-(2-brommethyl-4-methyl-3-propionsäure-pyrrolenyl)-methenbromhydrat (s. S. 549) und 0,57 g Bis-(2-brom-3-äthyl-4-methyl-pyrryl)-methenbromhydrat (s. S. 504) werden mit 5 g Bernsteinsäure 1 Stunde auf 200° erhitzt. Nachdem wird die Bernsteinsäure mit Natronlauge entfernt, der Rückstand mit Eisessig-Salzsäure behandelt, aus dem Auszug mit Natriumacetat das Porphyrin gefällt und verestert. Ausbeute 150 mg = 20%.

Eigenschaften: Aus Pyridin Nadeln, Schmelzp. 263°.

Eisensalz $C_{34}H_{38}O_2N_4FeCl$. Wird wie üblich aus dem Porphyrin und Ferroacetat-Kochsalz in Eisessig hergestellt. — Schmelzp. über 270°. Spektrum in Chloroform identisch mit dem des Monocarbonsäureesters VII; ebenso das Hämochromogenspektrum.

Methylester des 1, 3, 5, 8-Tetramethyl-2, 4, 6-triäthyl-7-propionsäure-porphins.
Methylester der Porphin-Monocarbonsäure III[1].

$$C_{34}H_{40}O_2N_4$$

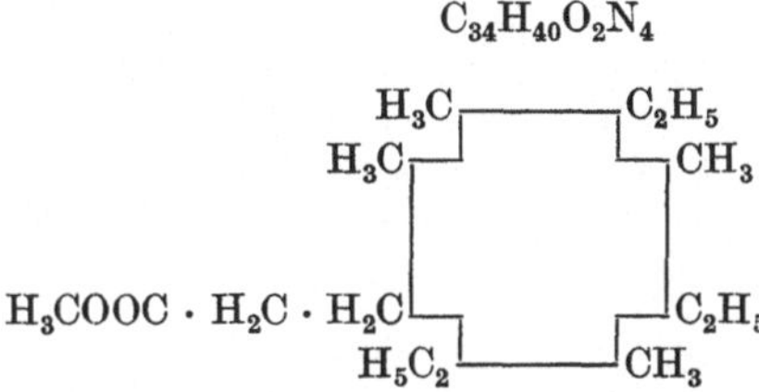

Bildung: Aus dem mit alkoholischer Kalilauge aus Acetylpyrroporphyrin erhaltenen Oxyäthyl-pyrro-porphyrin durch Reduktion mit Jodwasserstoff-Eisessig[1].

Darstellung: a) 0,25 g (2, 4(3, 5)-Dimethyl-3(4)-äthyl-pyrryl)-(4(3′)-methyl-3(4′)-propionsäure-pyrrolenyl)-methenbromhydrat (s. S. 561) und 0,35 g (3-Äthyl-4-methyl-5-brom)-(4(3′)-methyl-3(4′)-äthyl-2(5′)-brommethyl-pyrrolenyl)-methenbromhydrat (s. S. 508) werden mit 1,5 g Bernsteinsäure 15 Min. auf 210° erhitzt. Nachdem wird noch heiß mit verdünnter Natronlauge behandelt und der Rückstand durch nochmaliges Lösen in 10 proz. Salzsäure und Fällen mit Ammoniak und Natriumacetat und schließlich durch Hin- und Hertreiben zwischen Äther und 5 proz. Salzsäure gereinigt. Aus dem Äther wird die Säure dann durch Schütteln mit verdünnter Natronlauge ausgeflockt (im Äther Ätioporphyrin I), das Natriumsalz mit Eisessig zerlegt und das Porphyrin verestert. Ausbeute bis 14 mg = 4%[1].

b) 0,2 g (2, 4(3, 5)-Dimethyl-3(4)-propionsäure-pyrryl)-(4(3′)-methyl-3(4′)-äthyl-pyrrolenyl)-methenbromhydrat (s. S. 547) werden mit 0,35 g (2-Brom-3-äthyl-4-methyl-pyrryl)-(4, 5-dimethyl-3-äthyl-pyrrolenyl)-methenbromhydrat (s. S. 571) und 2,5 g Bernsteinsäure 1 Minute auf 300° erhitzt und dann auf den Ester verarbeitet. Ausbeute 14 mg = 5%[1].

Eigenschaften: Aus Chloroform-Methylalkohol lange Prismen, Schmelzp. 271° (korr.).

Eisensalz $C_{34}H_{38}O_2N_4FeCl$. Darstellung nach den üblichen Methoden. — Dunkle Prismen, Schmelzp. 265°[1].

Kupfersalz $C_{34}H_{38}O_2N_4Cu$. Wird wie üblich gewonnen. — Rote feine Nadeln, Schmelzpunkt 223°[1].

Magnesiumsalz. 50 mg Ester, suspendiert in 5 ccm 30 proz. methylalkoholischem Kali, werden mit Magnesiumoxyd im Rohr 2 Stunden auf 150° erhitzt; dann in Äther aufgenommen und die Lösung rasch mit 3 proz. Salzsäure geschüttelt. Der Rückstand nach Verdampfen des Äthers ist amorph. Spektrum identisch mit den Magnesiumsalzen der anderen Monocarbonsäuren[1].

Freies Porphyrin $C_{33}H_{38}O_2N_4$. Durch 2 stündiges Erhitzen des Esters mit Pyridin und konz. Kalilauge. Das entstandene Kalisalz wird in verdünnter Salzsäure gelöst und nach der Willstätterschen Äthermethode gereinigt. — Aus Pyridin-Äther nach längerem Stehen rote Nadeln. Leicht löslich in Chloroform, Eisessig und Pyridin; schwerer in Methylalkohol und Äther. Salzsäurezahl 1,5[1].

---

[1] H. Fischer, H. K. Weichmann u. K. Zeile: Liebigs Ann. **475**, 253 ff. (1929).

Methylester des 1, 3, 5, 8-Tetramethyl-2, 6, 7-triäthyl-4-propionsäure-porphins.
Methylester der Porphinmonocarbonsäure IV [1].

$$C_{34}H_{40}O_2N_4.$$

H_3C————C_2H_5
H_3C——————CH_3

H_5C_2——————CH_2 · CH_2 · COOCH_3
H_5C_2————CH_3

Darstellung: a) 0,27 g (2-Brommethyl-3-äthyl-4-methyl-pyrryl)-(3(4)-propionsäure-methylester-4(3′)-methyl-5(2)-brommethyl-pyrrolenyl)-methenbromhydrat (s. S. 562) und 0,24 g Bis-(2-brom-3-äthyl-4-methyl-pyrryl)-methenbromhydrat (s. S. 504) werden mit 2 g Bernstein-säure 1 Stunde auf 200° erhitzt. Aufarbeitung wie bei Porphyrin II beschrieben. Ausbeute 90 mg = 30%.

b) 0,31 g (2-Brommethyl-4-methyl-3-propionsäure-pyrryl)-(3(4)-äthyl-4(3)-methyl-5(2)-brommethyl-pyrrolenyl)-methenbromhydrat (s. S. 550) werden mit der äquimolaren Menge Bis-5(2-brom-3(4)-äthyl-4(3)-methyl-pyrryl)-methenbromhydrat (s. S. 505) und 1,5 g Bern-steinsäure wie bei a) auf 200° erhitzt und aufgearbeitet. Ausbeute 30 mg.

Eigenschaften: Aus Pyridin-Methylalkohol Nadeln, Schmelzp. 207—208°, 220°. Wird durch Salzsäure glatt verseift.

Eisensalz $C_{34}H_{38}O_2N_4FeCl$. Durch kurzes Aufkochen des Esters mit Ferroacetat-Koch-salz in Eisessig. — Dunkle glänzende Nadeln, Schmelzp. 263°. Spektrum in Chloroform und Hämochromogenspektrum identisch mit denen des Eisensalzes vom Porphinmonocarbon-säureester VII.

Magnesiumsalz. 80 g Methylester, 0,5 g Magnesium und 1 g Jodmethyl werden mit 50 g abs. Äther übergossen und dann 2 Stunden auf dem Wasserbad erhitzt. Nachdem wird mit Chlorammoniumlösung zersetzt; ausgeäthert, der Auszug mit Chlorammoniumlösung und Wasser gewaschen, stark eingeengt und mit Methylalkohol versetzt. Krystallisation. — Aus Methylalkohol, Schmelzp. 200°. Beim Behandeln mit Salzsäure wird das Magnesium heraus-gespalten.

Methylester des 1, 3, 5, 8-Tetramethyl-2, 4, 7-triäthyl-6-propionsäure-porphins.
Methylester der Porphinmonocarbonsäure V [2].

$$C_{34}H_{40}O_2N_4.$$

H_3C————C_2H_5
H_3C——————CH_3

CH_3OOC · H_2C · H_2C——————C_2H_5
H_5C_2————CH_3

Darstellung: 0,27 g (2-Brommethyl-3-propionsäure-4-methyl-pyrryl)-3(4)-äthyl-4(3)-methyl-5(2)-brommethyl-pyrrolenyl)-methenbromhydrat (s. S. 550) und 0,24 g Bis-(2-brom-3-äthyl-4-methyl-pyrryl)-methenbromhydrat (s. S. 504) werden mit 2 g Bernsteinsäure $^1/_2$ Stunde auf 200° erhitzt. Aus der Schmelze wird die Bernsteinsäure mit verdünnter Natronlauge bzw. Ammoniak herausgelöst, der Rückstand dann mit Eisessig behandelt, der Auszug erst mit konz. Salzsäure versetzt und schließlich mit Wasser auf 5% Salzsäuregehalt verdünnt. (Die Operation mit Eisessig-Salzsäure wird noch dreimal wiederholt.) Aus den salzsauren Aus-zügen wird das Porphyrin mit Natriumacetat gefällt; abfiltriert, gewaschen, getrocknet und verestert. Ausbeute 75 mg = 37%.

¹ H. Fischer, H. Grosselfinger u. G. Stangler: Liebigs Ann. **461**, 239 (1928). — Vgl. S. 222.
² H. Fischer, H. Grosselfinger u. G. Stangler: Liebigs Ann. **461**, 241 (1928). — Vgl. S. 222.

Eigenschaften: Aus Pyridin-Methylalkohol Krystalle vom Schmelzp. 238° (korr.). Umkrystallisierbar aus Chloroform-Methylalkohol.

Eisensalz $C_{34}H_{38}O_2N_4FeCl$. Darstellung wie sonst üblich. — Aus Eisessig oder Chloroform-Äther dunkle, glänzende Nadeln, Schmelzp. 258°.

Spektrum in Chloroform und Hämochromogenspektrum wie beim Eisensalz des Porphinmonocarbonsäureesters VII.

Porphinmonocarbonsäure V $C_{33}H_{38}O_2N_4$. Gibt ein schwer lösliches Natrium- und Ammoniumsalz.

1, 3, 5, 8-Tetramethyl-4, 6, 7-triäthyl-2-propionsäure-porphin.
Porphinmonocarbonsäure VI[1].

Mol-Gewicht: 522,55.

Zusammensetzung: 75,81% C; 7,33% H; 6,13% O; 10,73% N. $C_{33}H_{38}O_2N_4$.

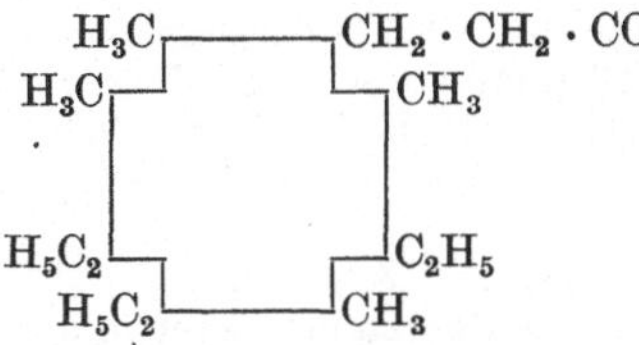

Darstellung: 1,3 g Bis-(3-äthyl-4-methyl-5-brom-pyrryl)-methenbromhydrat (s. S. 505) und 1,3 g (2(5)-Brommethyl-3(4)-äthyl-4(3)-methyl-pyrryl)-(3′-propionsäure-4′-methyl-5′-brommethyl-pyrrolenyl)-methenbromhydrat (s. S. 562) werden mit 5 ccm 48 proz. Bromwasserstoffsäure ¼ Stunde zum Sieden erhitzt. Dann wird kalt in verdünnte, wässerige Salzsäure gegossen, filtriert und dem Rückstand durch öfteres Auskochen mit verdünnter Salzsäure und anschließender Filtration das Porphin entzogen. Die vereinigten Filtrate werden der Äther-Salzsäurefraktion unterworfen und das Porphyrin zuletzt aus Äther krystallisiert. Ausbeute 0,28 g.

Eigenschaften: Salzsäurezahl 1,5—1,75.

Methylester $C_{34}H_{40}O_2N_4$. Wird nach der üblichen Methode hergestellt. — Aus Chloroform-Methylalkohol Nadeln; Schmelzp. 246° (korr.).

Eisensalz $C_{33}H_{38}O_2N_4FeCl$. Darstellung wie üblich mit Ferroacetat und Porphyrinchlorhydrat in Eisessig. — Schwarzblaue, zu Drusen vereinigte Prismen.

Kupfersalz $C_{33}H_{36}O_2N_4Cu$. — Aus Eisessig rote Nadeln.

Methylester des 1, 4, 6, 7-Tetramethyl-2, 3, 8-triäthyl-5-propionsäure-porphins.
Methylester der Porphinmonocarbonsäure VII.

$C_{34}H_{40}O_2N_4$

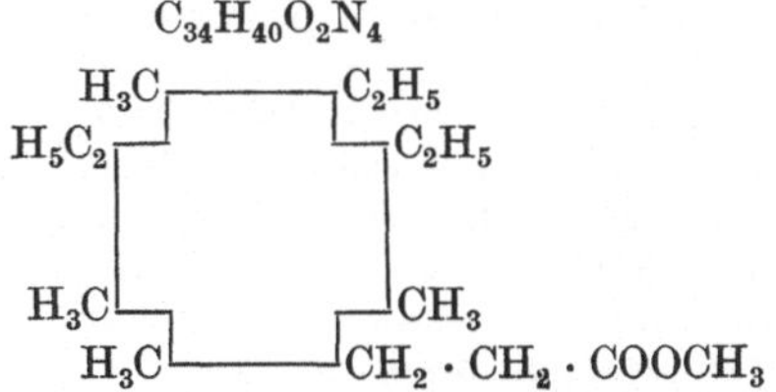

Bildung: Beim Erhitzen äquimolarer Mengen von Bis-[3(4)-äthyl-4(3)-methyl-5(2)-brom-pyrryl]-methenbromhydrat und (2, 4-Dimethyl-3-propionsäure-pyrryl)-(2, 4-dimethyl-3-äthyl-pyrrolenyl)-methenchlorhydrat mit Bernsteinsäure. Ausbeute 25%. (Als Nebenprodukt entsteht Ätioporphyrin[2]).

Darstellung: 3,5 g eines äquimolaren Gemisches aus Bis-(3-äthyl-4-methyl-5-brom-pyrryl)-methenbromhydrat (s. S. 505) und (2-Brommethyl-3-äthyl-4-methyl-pyrryl)-(2-brommethyl-3-propionsäure-4-methyl-pyrrolenyl)-methenbromhydrat (s. S. 549) werden mit 7 g Bernsteinsäure und 15 ccm konz. Bromwasserstoffsäure erhitzt. Bei 120° starke Bromwasserstoffentwicklung, nach deren Abklingen noch 5 Minuten zum leichten Sieden erhitzt wird. Nachdem wird mit Wasser verdünnt, filtriert, der Rückstand in heißem Eisessig gelöst, verdünnte Salzsäure zugesetzt,

[1] H. Fischer, H. K. Weichmann u. K. Zeile: Liebigs Ann. **475**, 256 (1929).

[2] H. Fischer, H. Grosselfinger u. G. Stangler: Liebigs Ann. **461**, 234f. (1928).

kurz erwärmt und filtriert. Mit dem Rückstand wird die vorhergehende Operation noch mehrmals wiederholt. Aus den vereinigten Filtraten wird mit Natronlauge das Porphyrin ausgeflockt, abgesaugt, getrocknet und mit Methylalkohol-Salzsäure verestert. Ausbeute 0,65 g = 35%[1]. (Als Nebenprodukt entsteht Ätioporphyrin.)

Eigenschaften: Blauschwarz glänzende, braunrot durchscheinende große Prismen, Schmelzp. 216° (korr.). Sehr leicht löslich in Chloroform-Pyridin, etwas schwerer in Äther; ziemlich in heißem Methylalkohol, schwer in kaltem. Sublimiert im Hochvakuum bei 280° unzersetzt[2]. Spektren aller Ester der Monocarbonsäuren in Chloroform sind unter sich und mit denen der Ätioporphyrine identisch[3].

Chlorferrisalz des Esters $C_{34}H_{38}O_2N_4FeCl(+ CH_3COOH)$. Durch 5 Minuten langes Kochen des Esters mit Ferroacetat-Kochsalz in Eisessig. Noch heiß Krystallisation. — Blaustichig-schwarz glitzernde, braun durchscheinende Rhomben. Enthalten aus Chloroform-Eisessig umkrystallisiert 1 Mol Krystallessig, der bei 110° abgegeben wird. Leicht löslich in Chloroform, schwer in Eisessig.

Spektrum in Chloroform (bei allen 8 Porphinmonocarbonsäuren identisch): I etwa 639,5; II diffuse Beschattung im Gelbgrün; III scharf, 2 Maxima 555 und 546; IV diffuse Beschattung von Ende Grün gegen Blau bei etwa 500; End. Abs. 435. Identisch mit den Spektren der Ätiohämine[3].

Hämochromogenspektrum: I 547,5; II unscharf 514[1]. Identisch mit den Spektren der Ätiohämine[3].

Magnesiumsalz $C_{34}H_{38}O_2N_4Mg$. Zu einer Grignard-Lösung aus 0,25 g Magnesium und 1,5 g Jodmethyl in abs. Äther werden 25 mg Ester in abs. Äther gegeben. Nach 1 stündigem Erhitzen wird vorsichtig mit Alkohol und Chlorammonium zerlegt, die Ätherlösung erst mit 2 proz. Salzsäure, dann mit verdünntem Ammoniak und Wasser gewaschen und schließlich der Äther verdunstet. — Aus Pyridin-Petroläther blauviolett glänzende, braun durchscheinende, rhombenförmige Täfelchen. Leicht löslich in Äther, Chloroform, Methylalkohol, Äthylalkohol, Pyridin; unlöslich in Petroläther. Zeigt in Lösung rote Fluorescenz. Wird in Äther gelöst von 15 proz. Salzsäure zerlegt, von 6 proz. dagegen nur wenig.

Spektrum in Äther: 10 mm Schichtdicke, 0,25 mm Spaltöffnung. I 586,3—573,0; II 559,4 . . . 533,5—529,8; End. Abs. 426,5[1].

Kupfersalz $C_{34}H_{38}O_2N_4Cu$. Durch Versetzen der heißen eisessigsauren Lösung des Esters mit einer heißen Kupferacetat-Eisessig-Lösung. — Aus Eisessig hellrote Nadeln[1].

1, 4, 6, 7-Tetramethyl-2, 3, 4-triäthyl-5-propionsäure-porphin.
Porphinmonocarbonsäure VII[1].

Mol-Gewicht: 517,53.

Zusammensetzung: 75,81% C; 7,33% H; 6,13% O; 10,73% N. $C_{33}H_{38}O_2N_4$.

Darstellung: Mit wenig Pyridin angefeuchteter Ester wird auf dem Wasserbad mit konz. Kalilauge bis zum Verschwinden des Pyridingeruchs gekocht. Das ausgefallene Kalisalz wird in Salzsäure gelöst und nun das Porphyrin nach der Willstätterschen Äthermethode fraktioniert.

Eigenschaften: Aus Äther lange asbestartige, spindelförmige, dunkelbraune Nadeln. Leicht löslich in Chloroform, Eisessig; ziemlich schwer in Methylalkohol. Die ätherische Lösung zeigt deutliche Fluorescenz. Die Säure gibt ein in Wasser und Alkalien schwer lösliches Natrium- und Ammoniumsalz. Sie läßt sich aus 25 proz. Salzsäure durch Chloroform ausziehen; aus Chloroform geht sie nur an konz. Salzsäure. Salzsäurezahl 2,5. Das Porphyrin zieht aus salzsaurer Lösung auf Seide auf; die orange gefärbte Seide zeigt neutrales Porphyrinspektrum; im ultravioletten Licht tritt prachtvolle Rotfluorescenz ein.

Spektrum in Äther: I 623,1; II 568,1; III 525,0; IV 494,3.

Spektrum in 25 proz. Salzsäure: I 592,5; II 590,1.

Die Spektren der Monocarbonsäuren sind untereinander identisch und zugleich mit denen der Ätioporphyrine[3].

Chlorhydrat. Aus 20 proz. Salzsäure lange, feine, rote Prismen.

Kupfersalz $C_{33}H_{36}O_2N_4Cu$. Durch Versetzen der heißen essigsauren Lösung des Porphyrins mit heißer Eisessig-Kupferacetat-Lösung. Sofort Krystallisation. — Aus Pyridin hellrote, prismatische Nadeln; Schmelzp. 280°.

---

[1] H. Fischer, H. Grosselfinger u. G. Stangler: Liebigs Ann. **461**, 234f. (1928).
[2] H. Fischer u. A. Treibs: Liebigs Ann. **466**, 219 (1928).
[3] H. Fischer, H. Grosselfinger u. G. Stangler: Liebigs Ann. **461**, 230 (1928).

Chlorferrisalz $C_{33}H_{36}O_2N_4FeCl$. Porphyrinchlorhydrat (1 g) wird in Eisessig (10 ccm) gelöst, kochend mit überschüssigem Ferroacetat und etwas Kochsalz in Eisessig versetzt und kurz aufgekocht. Beim Erkalten Krystallisation. (Ausbeute 1 g.) — Glänzende, parallelogrammförmige Blättchen.

Spektrum in Pyridin-Hydrazinhydrat: $^1/_{10}$ mm Spalt. I 554,2—543,7; II verwaschen 528—508;
548,4   518

III verwaschen 477—460; End. Abs. 443. Intensität: I, II, III [1].
468

Rhodin der Monocarbonsäure VII [2].

Mol-Gewicht: 501,53.

Zusammensetzung: 78,52% C; 7,19% H; 3,18% O; 11,11% N. $C_{33}H_{36}ON_4$.

Darstellung: 0,5 g Monocarbonsäure VII in 25 ccm konz. Schwefelsäure werden mit 25 ccm 20proz. Oleum versetzt, 10 Minuten auf 50° erwärmt und dann kalt in Eisessig gegossen. Die blaugrüne Lösung wird unter gleichzeitigem Abstumpfen der Säure mit Chloroform erschöpfend ausgeschüttelt, die Auszüge mit Wasser gewaschen, weitgehend eingeengt und die konz. Lösung in der Hitze mit dem doppelten Volumen heißem Methylalkohol versetzt. Beim Erkalten Krystallisation in glänzenden violetten Blättchen. Ausbeute 0,44 g.

Eigenschaften: Aus Äther violette Rhomben oder feine Nadeln, Zersetzungsp. gegen 260°. Ziemlich leicht löslich in Chloroform und heißem Pyridin; schwer in kaltem Pyridin und Äther; unlöslich in Methylalkohol. Enthält aus Chloroform-Methylalkohol umkrystallisiert $^1/_2$ Mol Krystallchloroform. Ist empfindlich gegen heiße verdünnte Mineralsäuren und Eisessig. Die grünstichig blaue 5proz. Salzsäurelösung wird beim Stehen allmählich grün und nach 2 Tagen ist das Spektrum verschwunden. In konz. Schwefelsäure ist das Rhodin beständiger. Gibt bei der Oxydation mit Chromsäure-Schwefelsäure Methyl-äthyl-maleinimid.

Spektrum in Pyridin: $^1/_{10}$-mm-Spalt. I 642,9—630,0; II s. verschwommen 592,0—575,0;
636,4   583,0

III 555,5—543,1; IV 522,8—504,2; End. Abs. 453,9. Intensität: I, IV, III, II.
548,9   513,5

Kupfersalz $C_{33}H_{34}ON_4Cu$. Eine möglichst konz. Chloroformlösung des Rhodins wird in der Hitze mit einer verdünnten Kupferacetat-Eisessig-Lösung versetzt. Sofort Krystallisation in violetten Blättchen. — Läßt sich aus Chloroform-Methylalkohol umkrystallisieren. Mit konz. Schwefelsäure bildet sich das Rhodin zurück.

Spektrum in Pyridin: $^1/_{10}$-mm-Spalt. I 600,0—575,6; II 554,5—539,0 . . . 529,0; End. Abs. 445.
Intensität: I, II.   588,2   545,2

Eisensalz $C_{33}H_{34}ON_4FeCl$. Durch kurzes Erwärmen einer gesättigten Chloroformlösung des Rhodins mit Ferroacetat-Kochsalz in Eisessig. Noch in der Hitze Krystallisation, die nach dem Absaugen nacheinander mit Eisessig, Wasser, Eisessig, Äther gewaschen wird. — Sehr kleine, dunkelviolette Rhomben.

Spektrum in Pyridin sehr verwaschen, $^1/_{10}$-mm-Spalt. I 631,0—611,0; II 588—565; End. Abs. 495.
Intensität: I, II.   621,0   576

Auf Zusatz von Hydrazinhydrat: I 585,0—563,2; II s. schwach, Max. bei 534; End. Abs. 500.
574,1

Magnesiumsalz $C_{33}H_{34}ON_4Mg$. 100 mg Rhodin suspendiert in 10 ccm abs. Äther werden tropfenweise mit 45 ccm einer $^n/_5$-Methylmagnesiumjodidlösung versetzt, so, daß immer nach Zugabe einiger Kubikzentimeter geschüttelt und etwas erwärmt wird. Nachdem wird die grüne Lösung sofort mit Chlorammoniumlösung zersetzt. Farbe jetzt Grünstichig-Blau, in dicker Schicht rot. Nun wird die Ätherschicht mit 2proz. Salzsäure ausgezogen, dann der Äther stark eingeengt. Beim Erkalten Krystallisation in violetten Nadeln. Aus Methylalkohol Rhomben. Ausbeute 65 mg.

Gibt mit konz. Kalilauge ein intensiv grünes Kaliumsalz. Wird beim Erhitzen auf 110° zersetzt. Bei der Oxydation mit Chromsäure-Schwefelsäure entsteht Methyl-äthyl-maleinimid.

Spektrum in Pyridin: $^1/_{10}$-mm-Spalt. I 620,0—595,0; II 578,3—551,4; End. Abs. 456,5; Intensität I, II.   607,3   564,1

Spektrum in Äther, $^1/_{10}$-mm-Spalt. I 610,4—578,3; II 568,9—545,5; End. Abs. 444,5; Intensität: I, II.   599,5   557,4

---

[1] H. Fischer u. H. Helberger: Liebigs Ann. **471**, 293 (1929).
[2] H. Fischer, A. Treibs u. H. Helberger: Liebigs Ann. **466**, 261 (1928).

Chlorin der Monocarbonsäure VII[1].

Mol-Gewicht: 526,6.

Zusammensetzung: 75,24% C; 8,04% H; 6,31% O; 10,41% N. $C_{33}H_{42}O_2N_4$.

Darstellung: 400 mg Eisensalz der Porphin-monocarbonsäure VII, suspendiert in 80 ccm Isoamylalkohol, werden mit 6 g Natrium versetzt und in einer Wasserstoffatmosphäre erhitzt. Nach $1/2$ stündigem Erhitzen werden die Natriumreste durch vorsichtige Zugabe von 80 ccm Sprit vollends gelöst, die Lösung abgekühlt und unter Eiskühlung mit 10proz. Salzsäure schwach angesäuert (Umschlag der Farbe von Grün nach Violett). Dann wird die Alkoholschicht mit der 2—3fachen Menge Äther versetzt, gewaschen, und mit 18proz. Salzsäure erschöpfend ausgezogen. Der salzsaure Auszug wird mit Natronlauge abgestumpft, das Porphyrin in Äther getrieben, der Äther verdampft, zuletzt im Vakuum, der Rückstand in 20 ccm Pyridin gelöst, diese Lösung mit 20 ccm gesättigter methylalkoholischer Kalilauge versetzt (Farbe blaugrün) und mit Luft behandelt bis zum vollständigen Verschwinden des Spektrums des Perhydrochlorins. Nachdem wird das Chlorin in Äther getrieben und durch mehrmaliges Fraktionieren zwischen 8proz. Salzsäure und Äther gereinigt. Am Schluß wird das gereinigte Porphyrin aus der Salzsäure in Petroläther getrieben und letzterer eingeengt, wobei Krystallisation eintritt. — Ausbeute aus 1,1 g Eisensalz = 350 mg Chlorin.

(Die Oxydation des Perhydrochlorins kann auch mit Eisenchlorid ausgeführt werden.)

Eigenschaften: Aus Petroläther feine, zu Büscheln vereinigte moosgrüne Nädelchen mit schwach seidigem Glanz, Schmelzp. 217° (korr.) unter geringer Zersetzung. Spielend löslich in den gebräuchlichen Lösungsmitteln, auch Äther; weniger löslich in Benzolkohlenwasserstoffen; schwer in Petroläther. Die Lösung in neutralen Lösungsmitteln ist grün mit roter Fluorescenz; in dicker Schicht dagegen rot. Die salzsaure Lösung ist blau, violett tingierend, mit roter Fluorescenz. Die Lösung in Eisessig ist violett. Beim Ausschütteln der ätherischen Lösung mit Natronlauge verschwindet die Fluorescenz; beim Ausschütteln einer Petrolätherlösung flockt dagegen das Natriumsalz des Chlorins aus; ebenso kann auch das in Wasser schwer lösliche Ammonium- und Kaliumsalz erhalten werden (hellgrüne, amorphe Flocken). Säurezahl = 7,5. Beim Erhitzen mit methylalkoholischer Kalilauge auf 180—190° und beim Kochen mit Zinkstaub-Eisessig bildet sich die Monocarbonsäure VII zurück. Beim Kochen mit Natriumamalgam in abs. Alkohol entsteht eine Leukoverbindung.

Spektrum in Äther, $1/10$-mm-Spalt: I 657,4—630,2 (643,8); II 618,7—611,9 (615,3); III 601,7—583,3 (592,5); IV Schatten bei 543; V 522,2—517,1 (519,6); VI 501—490,6—478,4 (495,8 484,5) (Aufhellung bei 490,6); End. Abs. 433. Intensität: I, VI, V, III, II, IV.

Spektrum in 10proz. Salzsäure: I 652,6—619,4 (636,0); II 594,7—568,1 (581,4); III Schatten bei 545; IV 528,6—516,7 (522,6); End. Abs. 431. Intensität: I, IV, II, III.

Eisensalz $C_{33}H_{40}O_2N_4FeCl$. Durch kurzes Erhitzen einer konz. Lösung des Chlorins in Eisessig mit Ferroacetat-Kochsalz in Eisessig. Nach längerem Stehen Krystallisation in schwarzblauen rhombischen Krystallen. — Geht bei längerem Stehen unter Eisessig quantitativ in das Porphyrineisensalz über.

Spektrum in Pyridin-Hydrazinhydrat, $1/10$-mm-Spalt. I verwaschen 612—593 (602); II 552,9—544,0 (548,4); III Schatten bei 518; IV Schatten bei 490; End. Abs. 440. Intensität: II, I, III, IV.

Kupfersalz $C_{33}H_{40}O_2N_4Cu$. Eine Eisessiglösung des Chlorins wird mit einer filtrierten Kupferacetat-Eisessiglösung versetzt und kurz erwärmt, wobei die violette Farbe nach Blau umschlägt. Nach kurzem Stehen Abscheidung von violetten, amorphen Aggregaten. — Löst sich in Pyridin mit blauer Farbe. Geht leicht in das Kupfersalz des Porphins über; z. B. schon wenn bei obiger Herstellung Wasser zugesetzt wird.

Spektrum in Pyridin, $1/10$-mm-Spalt: I Vorbeschattung 625,7 ... 621,5—611,2 (616,3) ... 606,2; II 576,2 ... 573,0—557,8 (565,4) ... 554,5; III 541 ... 535,5—522,8 (529,1) ... 517,5; schw. Schatten bei 496; End. Abs. 428. Intensität: I, II, IV, III.

[1] H. Fischer u. H. Helberger: Liebigs Ann. **471**, 285f. (1929).

Magnesiumsalz. Eine Lösung des Chlorins in abs. Äther wird mit überschüssiger Methylmagnesiumjodidlösung im Überschuß versetzt und das gebildete Komplexsalz wie üblich aufgearbeitet. — Die Lösung des Salzes ist prachtvoll blau mit stark roter Fluorescenz. Sie ist sehr lichtempfindlich. 1 proz. Salzsäure greift das Salz merklich an, stärkere Salzsäure bildet rasch das Chlorin zurück.

Spektrum in Äther, $^1/_{10}$-mm-Spalt: I 630,6—606,1; II 595,9—589,2; III verw. 579—568;

618,3 · · · 592,5 · · · 573

Nachbeschattung bis 564; VI 518,8—506,6; End. Abs. 420. Intensität: I, III, IV, II.

512,7

Anhydride $C_{33}H_{38}ON_4$. a) Durch 20—30 Minuten lange Einwirkung von konz. Schwefelsäure bei Wasserbadtemperatur auf das Chlorin.

b) 200 mg Chlorin werden in 19 ccm konz. Schwefelsäure und 5 ccm 20 proz. Oleum 3 Tage bei Zimmertemperatur stehengelassen. Nachdem wird nach der Äther-Salzsäuremethode fraktioniert; wodurch sich eine Trennung der beiden entstandenen Isomeren auf Grund ihrer Salzsäurezahl erreichen läßt. Ausbeute 15 mg Anhydrid a, 15 mg Anhydrid b und wenig Rhodin.

Anhydrid a. Aus Äther blauviolette, glänzende, rhombische Krystalle, Schmelzp. 285° unter Zersetzung. Leicht löslich in Pyridin; schwer in Äther; fast unlöslich in Petroläther. Salzsäurezahl = 3,5. Farbe der ätherischen Lösung olivbraun.

Spektrum in Pyridin + Äther ($^1/_{10}$-mm-Spalt): I 706,0—661,8 . . . 615,5; II 542,8—531,5;

683,9 · · · 537,1

III 517,5 . . . 513,5—492,7 . . . 491,1; End. Abs. 433. Intensität: I, III, II.

503,1

Spektrum in 10 proz. Salzsäure: Farbe blaustichig grün: I 703,5—648,5 . . . 609,0; II verw.

676,5

577—562; III verw. 533—516; End. Abs. 455. Intensität: I, II, III.

569 · · · 524

Magnesiumsalz von a. Darstellung durch Digerieren des Anhydrids mit Methylmagnesiumjodidlösung, Filtrieren und Zerlegen mit Ammoniumchlorid.

Spektrum in Äther ($^1/_{10}$-mm-Spalt), Lösung grünstichig blau: I intensiv 665—635; II verw.

650

610—589; III verw. 560—551; IV verw. 520—509; End. Abs. 435. Intensität: I, II, IV, III.

599 · · · 555 · · · 514

Anhydrid b. Aus Äther und Petroläther nach Einengen blaue, parallelogrammförmige Blättchen, Schmelzp. 282° unter Zersetzung. Leicht löslich in Pyridin; schwer in Äther und Petroläther. Salzsäurezahl 11. Lösungsfarbe in Äther olivgrün.

Spektrum in Äther + Pyridin ($^1/_{10}$-mm-Spalt): I 681,3—646,0; II schw. 634,0—630,0;

663,7 · · · 632

III 618,5—600,0; IV Schatten bei 559; V 533,0—524,0; VI 508,5—485,2; End. Abs. 436. Inten-

609,3 · · · 529,0 · · · 496,9

sität: I, VI, V, III, II, IV.

Spektrum in 10 proz. Salzsäure ($^1/_{10}$-mm-Spalt), Farbe blau: I 665,8—631,0; II 604,2—587,0;

648,4 · · · 595,6

III Schatten bei 570; IV 532,2—518,2; End. Abs. 440. Intensität: I, IV, II, III.

525,2

Magnesiumsalz. Darstellung wie bei Anhydrid a.

I intensiv 643—625; II verw. 596—579; III verw. 559—552; IV verw. 522—511; End. Abs. 423.

634 · · · 587 · · · 555 · · · 516

Intensität: I, IV, II, III.

Methylester des Chlorins $C_{34}H_{42}O_2N_4$. 100 mg Chlorin werden mit 20 ccm abs. methylalkoholischer, etwa 3 proz. Salzsäure 15 Minuten gekocht. Dann wird in kaltes Wasser gegossen, ausgeäthert, der Auszug nach dem Waschen mit Wasser mit 20 proz. Salzsäure ausgezogen und von da rasch das Porphin in Petroläther getrieben. Dieser Auszug wird mit verdünnter Natronlauge durchgeschüttelt, dann gewaschen und stark eingeengt. Beim langsamen Abdunsten der konz. Lösung Krystallisation in langen, zu dicken Büscheln vereinigten, moosgrünen Nadeln. Schmelzp. 152° korr. Sehr leicht löslich in den Lösungsmitteln des Chlorins.

Kupfersalz des Esters $C_{34}H_{40}O_2N_4Cu$. Durch kurzes Kochen des Esters mit Kupferacetat in Methylalkohol. Beim Erkalten Krystallisation in blaugrünen, verfilzten Nädelchen.

Methylester des 1, 4, 6, 7-Tetramethyl-3, 5, 8-triäthyl-2-propionsäureporphins.
Methylester der Porphinmonocarbonsäure VIII[1].

$$C_{34}H_{40}O_2N_4$$

H₃C ┌──────┐ CH₂ · CH₂ · COOCH
H₅C₂ │   │ C₂H₅
H₃C └──────┘ CH₃
H₃C   C₂H₅

Darstellung: 0,27 g   3(4)-Propionsäuremethylester-4(3)-methyl-5(2)-brommethyl-pyrryl)-3(4)-äthyl-(4)3-methyl-5(2)-brommethyl-pyrrolenyl)-methenbromhydrat (s. S. 568) und 0,24 g Bis-(2-brom-3-äthyl-4-methyl-pyrryl)-methenbromhydrat (s. S. 504) werden mit 2 g Bernsteinsäure ³/₄ Stunden bei 190° verschmolzen. Aufarbeitung wie bei Porphyrin V beschrieben mit dem Unterschied, daß die salzsauren Auszüge nur auf 10 proz. Salzsäuregehalt verdünnt und dann mit Chloroform ausgeschüttelt werden. Danach wird die Chloroformlösung eingedampft und der Rückstand mit Methylalkohol-Salzsäure verestert. Ausbeute 60 mg = 20%.

Eigenschaften: Krystalle vom Schmelzp. 214°. Das Chlorhydrat ist chloroformlöslich.

Eisensalz $C_{34}H_{38}O_2N_4FeCl$. Darstellung wie vorher beschrieben. — Aus Chloroform-Eisessig dunkle Prismen, Schmelzp. 254°.

Spektrum in Chloroform und Hämochromogenspektrum wie beim Eisensalz der Porphinmonocarbonsäure VII.

Methylester des 1, 3, 5, 6, 7-Pentamethyl-2, 4-diäthyl-8-propionsäureporphins[2].

Mol-Gewicht: 522,55.

Zusammensetzung: 75,86% C; 7,33% H; 6,12% O; 10,73% N. $C_{33}H_{38}O_2N_4$.

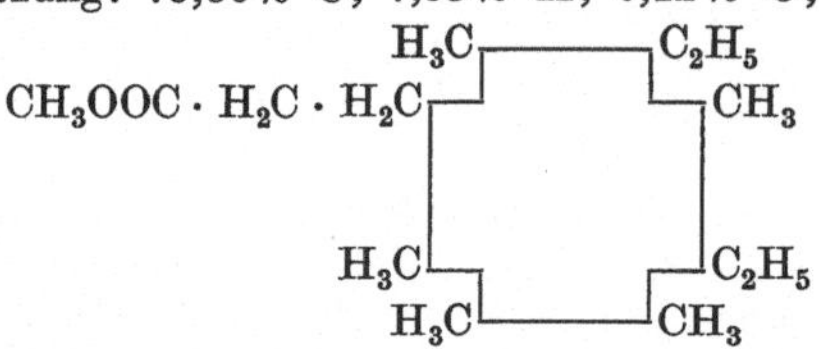

Darstellung: 0,35 g 3, 4'-Dimethyl-4, 3'-diäthyl-5-brom-5'-brommethyl-pyrromethen-bromhydrat (s. S. 573) und 0,25 g 3, 3', 4', 5'-Tetramethyl-4-propionsäure-pyrromethen-bromhydrat werden mit 2 g Bernsteinsäure oder Brenzweinsäure zuerst 15 Minuten auf 120°, dann 10 Minuten auf 140° und schließlich kurz auf 160° erhitzt (mit Bernsteinsäure 15 Minuten auf 210°). Die auf 100° abgekühlte Schmelze wird mit wenig Pyridin verrührt, diese Mischung in 25 proz. Salzsäure gegossen, nach Stehen über Nacht in Äther getrieben, die Ätherlösung gut mit dest. Wasser gewaschen, dann mit 12 proz. Salzsäure extrahiert, aus der filtrierten salzsauren Lösung das Porphyrin wieder in Äther zurückgetrieben und dieser vollständig mineralsäurefrei gewaschen. Jetzt wird erst mit stark verdünntem Ammoniak evtl. entstandenes Mesoporphyrin entfernt; dann mit 5 proz. Natronlauge die Monosäure als Natriumsalz ausgeflockt, abfiltriert, in 10 proz. Salzsäure gelöst, wieder in Äther getrieben, nochmals das Natriumsalz hergestellt und dieses dann nach dem Trocknen verestert.

Eigenschaften: Schmelzp. 242°.

Spektrum in Äther-Pyridin: I 626,0—620,5; II M. 611,5; III M. 596,4; IV 581,8 … 569,8—566,3;
623,2   568,1
V M. 559,8; VI M. 545,6; VII 538,3 … 532,8—524,3 … 521,3; VIII 509,1—482,1; End. Abs. 430,4.
528,5   495,6

Intensität: VIII, VII, I, IV, II, III, V, VI.

[1] H. Fischer, H. Grosselfinger u. G. Stangler: Liebigs Ann. **461**, 243 (1928). — Vgl. S. 222.
[2] H. Fischer, O. Moldenhauer u. O. Süs: Liebigs Ann. **485**, 23 (1931).

Methylester des 1, 3, 5, 8-Tetramethyl-2, 4-diäthyl-6-propyl-7-propion-säure-porphins[1].

Mol-Gewicht: 550,37.

Zusammensetzung: 76,31% C; 7,69% H; 5,82% O; 10,18% N. $C_{33}H_{42}O_2N_4$.

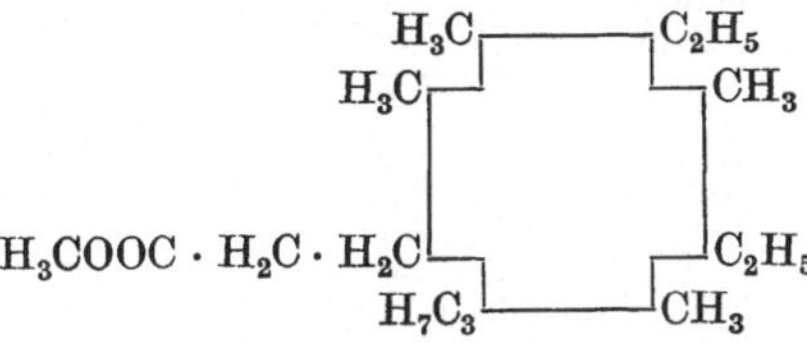

Darstellung: 0,5 g 3, 5, 3'-Trimethyl-4-äthyl-4'-propionsäure-5'-brom-pyrromethen-brom-hydrat (s. S. 561) und 0,5 g 4, 3'-Dimethyl-3-äthyl-4'-propyl-5-brom-5'-brommethyl-pyrromethen-bromhydrat werden mit 2 g Brenzweinsäure 1½ Stunden auf 135—140° erhitzt. Noch heiß wird mit Eisessig versetzt, die gleiche Menge konz. Salzsäure zugegeben, in 1 l Äther gegossen, Wasser zugegeben und mit Natriumacetat das Porphyrin in den Äther getrieben. Nach einmaligem Fraktionieren wird der Äther mit 5—10 proz. Ammoniak erschöpfend extrahiert (im Äther jetzt nur noch die basischen Porphyrine); daraus in viel Äther getrieben und jetzt mit sehr verdünntem Ammoniak (5 Tropfen in 1 l Wasser) erschöpfend ausgezogen (Meso-porphyrin V). Das im Äther gebliebene gesuchte Porphyrin wird mit Salzsäure herausgeholt, noch einmal wie oben vom Mesoporphyrin V gereinigt, dann wieder in Salzsäure gelöst und jetzt mit Natriumacetat ausgeflockt und verestert. Ausbeute 1,8%.

Eigenschaften: Lange, blauviolette Nadeln; Schmelzp. 237° (korr.). Spektroskopisch identisch mit Mesoporphyrin.

Methylester des 1, 3, 5, 8-Tetramethyl-2, 4-diäthyl-7-propyl-6-propion-säure-porphins[2].

Mol-Gewicht: 550,37.

Zusammensetzung: 76,31% C; 7,69% H; 10,18% N; 5,82% O. $C_{33}H_{42}O_2N_4$.

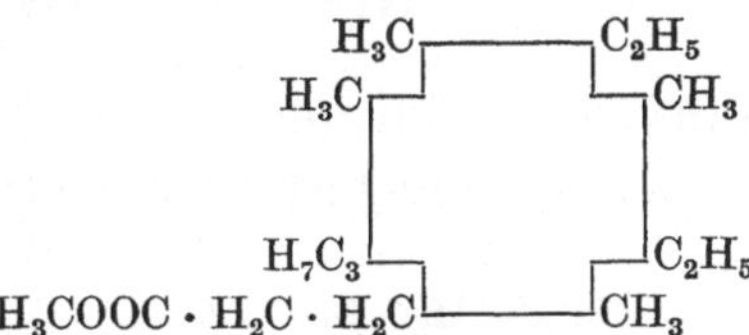

Darstellung: Genau wie beim isomeren Porphin beschrieben. Aus 4, 5, 3'-Trimethyl-3-äthyl-4'-propionsäure-5'-brom-pyrro-methenbromhydrat (s. S. 574) und 2 fach bromiertem 3, 5, 3'-Trimethyl-4-propyl-4'-äthyl-pyrromethenbromhydrat (s. S. 539). Als Nebenprodukt entsteht Mesoporphyrin II. Ausbeute an Propylporphin = 1,7%.

Eigenschaften: Schmelzp. 215° (korr.). Spektroskopisch identisch mit Mesoporphyrin.

1, 4, 5, 8-Tetramethyl-2, 6-dipropionsäure-porphin.
Deuteroporphin 5.

$C_{30}H_{30}O_4N_4$.

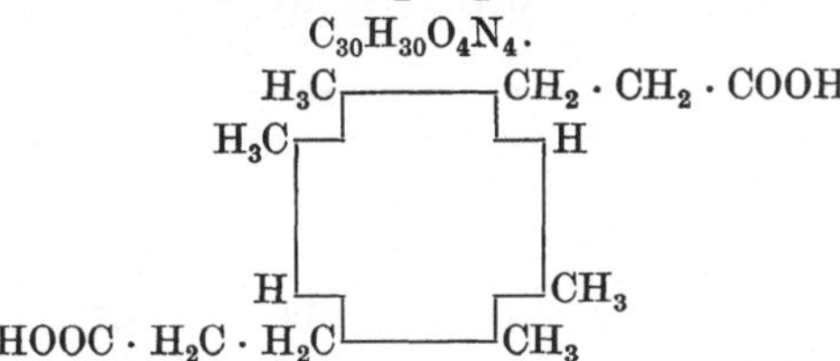

Darstellung: 2 g 3(4)-Propionsäure-(4(3)-methyl-pyrryl)-(2, 4(3, 5)-dimethyl-pyrrolenyl)-methenbromhydrat (s. S. 493) und 2,2 g (2(5)-Brom-4(3)methyl-3(4)-propionsäure-pyrryl)-(2(5)-

---

[1] H. Fischer u. A. Rothhaas: Liebigs Ann. **484**, 102 (1930).
[2] H. Fischer u. A. Rothhaas: Liebigs Ann. **484**, 103 (1930).

brommethyl-4(3)-methyl-pyrrolenyl)-methenbromhydrat (s. S. 493) werden mit 10 g Bernsteinsäure bei 240° zusammengeschmolzen und dann die Temperatur noch $1/_2$ Stunde auf 190
bis 200° gehalten. Ausbeute 30—35 mg[1].

Spektrum in Äther-Pyridin: I 624,4—618,7; II s. schw. 609,7; III schw. 595,5; IV 578,6—572,1;
621,5 — 575,4 —
V 569,0—564,2; VI s. schw. 557,5; VII 531,3 . . . 527,2—522,4 . . . 517,5; VIII 503,7—481,5; End.
566,6 — 524,6 — 492,6 —
Abs. 430.

Spektrum in 1proz. Salzsäure (identisch mit dem entspr. von Deuteroporphyrin IX):
I 594,6—589,2; II schw. 582,5; III 554,2 . . . 547,9—542,0 . . . 533,8; End. Abs. 416,5.
592,9 — 544,9 —

Dimethylester $C_{32}H_{34}O_4N_4$. Durch 15 Minuten langes Kochen des Porphyrins mit
Methylalkohol-Salzsäure und Reinigen mit Äther-Salzsäure. Ausbeute fast quantitativ. —
Aus Pyridin-Äther derbe spießige Nadeln, Schmelzp. 300°[1].

Spektrum in Äther: I 623,6—619,5; II schw. 595,7; III 577,0—572,4; IV 570,1—565,5;
621,6 — 574,7 — 567,8 —
V 528,6—520,8; VI 503,1—481,2; End.Abs. 421.
524,7 — 492,2 —

Spektrum in 2proz. Salzsäure (identisch mit dem entspr. von Deuteroporphyrin IX):
I 594,0—589,1; II 555,9 . . . 548,6—542,3 . . . 533,5.
591,2 — 545,5 —

Kupfersalz des Esters $C_{32}H_{32}O_4N_4Cu$. Darstellung aus dem Porphyrin in Chloroform
mit Kupferacetat in Methylalkohol. Ausbeute quantitativ. — Drusenförmig zusammengelagerte Nadeln; Schmelzp. 281°[1].

Spektrum in Äther: I 564,5—552,0; II 528,8—519,7; End. Abs. 420.
558,3 — 524,3 —

Eisensalz des Esters $C_{32}H_{32}O_4N_4FeCl$. Darstellung aus dem Porphinester mit Ferroacetat-Kochsalz in Eisessig. — Rotbraune, rechteckige Blättchen[1].

Spektrum in Pyridin + Hydrazinhydrat: I 551,2—540,2; II 522,4—512,0; End. Abs. 439.
545,7 — 517,2 —

1, 3, 5, 8-Tetramethyl-6, 7-dipropionsäure-porphin[2].
Deuteroporphyrin IX[3].   Kopratoporphyrin[4].   Pyroporphyrin[5].

Mol-Gewicht: 510,28.
Zusammensetzung: 70,55% C; 5,93% H; 12,54% O; 10,98% N. $C_{30}H_{30}O_4N_4$.

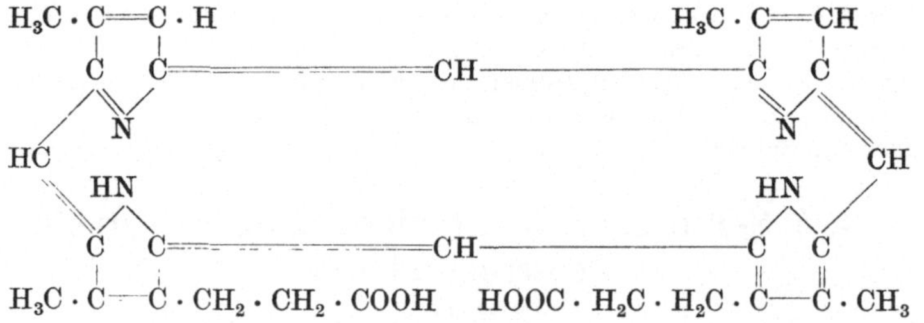

Vorkommen: Manchmal neben seinem Eisensalz in kleinen Mengen in den Faeces Gesunder; immer jedoch nach Blutgenuß und Magenblutungen. Es entsteht hier durch Fäulnis
des Blutfarbstoffs im Darm[6].

[1] H. Fischer u. A. Schorrmüller: Liebigs Ann. **473**, 245 (1929).
[2] H. Fischer u. G. Stangler: Liebigs Ann. **459**, 67 (1927). — H. Fischer u. A. Kirstahler: Liebigs Ann. **466**, 183 (1928).
[3] H. Fischer u. F. Lindner: Hoppe-Seylers Z. **160**, 17 (1926).
[4] O. Schumm: Hoppe-Seylers Z. **149**, 1 (1925); **156**, 68 (1926); **158**, 195 (1926); **166**, 183 (1927);
169, 3 (1927).
[5] O. Schumm: Hoppe-Seylers Z. **178**, 1 (1928).
[6] O. Schumm: Hoppe-Seylers Z. **149**, 1 (1925).

Bildung: Beim Erhitzen von Hämin mit Phenol-Kaliumbisulfat[1]. Ausbeute 20%.

Bei 45 Minuten langem Erhitzen von Hämin (1 g) mit Resorcin (3 g) und β-Chlor-propionsäure (2 g) auf $190-200°$[2].

Aus dem Eisensalz des Tetramethyl-hämatoporphyrins durch 6—15 Minuten langes Kochen mit der 30fachen Menge Resorcin und anschließender Eisenabspaltung mit Phenol-Oxalsäure. Ausbeute 40—50%[3].

Beim Erhitzen von Hämatoporphyrin und Protoporphyrin mit Resorcin[3]. Ausbeute 20%.

Aus Hämin beim Verschmelzen mit der 10fachen Menge Oxyhydrochinon[3].

Bei der Reduktion des Dibromdeuteroporphyrinesters (1 g) in 5proz. alkoholischer Kalilauge (100 ccm) mit Hydrazinhydrat (15 ccm) in Gegenwart von Palladiumcalciumcarbonat (20 g) (Verfahren nach Busch)[4].

Mit Eisessig-Hydrazinhydrat oder mit 10proz. Oxalsäure aus Deuterohämin[5].

Darstellung: Ein oder mehrere Gramm Deuterohämin werden in 200 g Phenol erhitzt und in die siedende Flüssigkeit alle $^1/_2-1$ Minute 1 Teelöffel Oxalsäure eingetragen, bis das Spektrum des Eisensalzes verschwunden ist und reines Porphyrinspektrum erscheint. Dann wird in die 30—40fache Menge heißes Wasser gegossen, alkalisch gemacht, das Porphyrin mit Essigsäure gefällt, abfiltriert, in viel Wasser unter Zusatz von Kalilauge gelöst, Salzsäure bis zu etwa 5proz. Gehalt zugesetzt, filtriert, aus dem Filtrat das Porphyrin mit Natriumacetat abgeschieden, filtriert, gewaschen und getrocknet. Ausbeute fast quantitativ[5].

Eigenschaften: Aus Pyridin-Äther oder Eisessig-Äther Nadeln und Prismen mit Auslöschungsschiefe 33—34° (Mittelwert). Mitunter auch beiderseits zugespitzte Blättchen mit paralleler Auslöschung und Kantenwinkel 52°. Die Krystalle sind doppeltbrechend und ohne deutlichen Dichroismus[6]. Leicht löslich in verdünnter Kalilauge, essigsäurehaltigem Äther, Eisessig, Salzsäure, Pyridin[7]. Wird durch Erhitzen im Hochvakuum oder mit Salzsäure nicht verändert. Bei der Oxydation mit Schwefelsäure-Chromsäure entsteht Citraconimid und Hämatinsäure[6]. Geht aus Äther in 1proz. Salzsäure. Salzsäurezahl etwa 0,4—0,5[8].

Spektrum in $^n/_{10}$-Natronlauge, frisch: I 618,9—612,8; II 576,5 ... 567,6—560.0; III 544,1—531,7;

IV 515,5—489,5. Intensität IV, II, I, III.   615,8   563,8   537,8

502,5

Spektrum in Äther: I 624,3—619,1 (schw. Schatten bei 610,8); II 597,6—593,9; III 580,2—573,4;

621,7   595,7   576,8

IV 569,0—564,6 (schw. Schatten bei 557,7); V 532,5—519,4; VI 508,0—480,1; End. Abs. 400[6,7].

566,8   525,9   494,1

Spektrum in essighaltigem Äther: I 621,3; II 566,2; III 523,8; IV 492,5[9].

Spektrum in 5proz. Salzsäure: I 593,6—585,3; verw. Schatten bei 569; II 555,7—537,5[6].

589,5   546,6

Spektrum in 25proz. Salzsäure: I 591,5; III 548,5[7,10].

Spektrum in konz. Schwefelsäure: I 591,6; III 598,0 unsymm.[7,11,12].

Cyanhämochromogenspektrum: I 558,5; II 527,6[13].

Bromspektralprobe: Starker Streifen in Rot etwa 639; schwacher Streifen mit 2 Max., dazwischen das Minima auf 494[13].

Styphnat $C_{30}H_{30}O_4N_4 \cdot 2\,C_6H_3O_8N_3$. Aus konz. Acetonlösung purpurrote, glitzernde Rhomboeder; Schmelzp. 185° unter vorherigem Sintern.

Acetonspektrum: neutral, daneben Typ I. Mit überschüssiger Styphninsäure entsteht erst Typ I und dann ein Gemisch von I und II. Erst auf Zusatz von Wasser bildet sich reiner

[1] O. Schumm: Hoppe-Seylers Z. **181**, 163 (1929).

[2] H. Fischer u. J. Hierneis: Hoppe-Seylers Z. **196**, 168 (1931).

[3] O. Schumm: Hoppe-Seylers Z. **181**, 166 (1929).

[4] H. Fischer u. G. Hummel: Hoppe-Seylers Z. **181**, 121 (1929).

[5] O. Schumm: Hoppe-Seylers Z. **178**, 12 (1928) — Spektrochem. Anal. nat. org. Farbstoffe. S. 141. Jena: G. Fischer 1927.

[6] H. Fischer u. F. Lindner: Hoppe-Seylers Z. **161**, 29 (1926).

[7] Vgl. O. Schumm: Hoppe-Seylers Z. **153**, 244 (1926).

[8] H. Fischer u. F. Lindner: Hoppe-Seylers Z. **160**, 17 (1926).

[9] O. Schumm: Hoppe-Seylers Z. **149**, 1 (1925).

[10] H. Fischer u. F. Lindner: Hoppe-Seylers Z. **168**, 160 (1927).

[11] O. Schumm: Hoppe-Seylers Z. **152**, 3 (1926).

[12] O. Schumm: Hoppe-Seylers Z. **178**, 1 (1928).

[13] O. Schumm: Hoppe-Seylers Z. **153**, 249 (1926).

Typ II, der auch mit viel Wasser erhalten bleibt. I 590,7; II 578,3; III 548,7. Intensität: III; I, II.

Pulverspektrum: I 607, II 575; III 555... Intensität: III, I, II (Typ II).[1]

Pikrat $C_{30}H_{30}O_4N_4 \cdot C_6H_3O_7N_3$. Glänzende violette Blättchen; Schmelzp. 240° (sehr unscharf. Aus Aceton-Benzol kleine, braunviolette Nädelchen. Sehr leicht löslich in Aceton.

Acetonspektrum: neutral, daneben Typ I. Mit überschüssiger Pikrinsäure bildet sich Typ I; mit viel Säure Typ II.

I 591,5; II 567,7; III 549,8. Intensität: III, I, II.

Pulverspektrum: I 611; II... 562; III 536. Intensität: II, III, I (Typ I)[1].

Pikrolonat $C_{30}H_{30}O_4N_4 \cdot 2\,C_{10}H_8O_5N_4$. Aus viel Aceton durch Einengen feine hochrote Nadeln; Schmelzp. 118°. Mäßig löslich in Aceton.

Acetonspektrum: neutral mit Typ I. Mit überschüssiger Säure bildet sich Typ I, der sich auch mit Wasser nicht mehr ändert.

I 600,0; ... II 554,8; III 537,7. Intensität: II; I, III (Typ I).

Pulverspektrum: I 604; II 579; III 560. Intensität: III, I, II (Typ I)[1].

Flavianat $C_{30}H_{30}O_4N_4 \cdot 2\,C_{10}H_6O_8N_2S$. Durch Extraktion an der Hülse mit einer Flaviansäurelösung. — Feine purpurrote Prismen; Schmelzp. 275° (ab 250° Verfärbung). Fast unlöslich in kochendem Aceton.

Acetonspektrum: neutral. Mit überschüssiger Säure bildet sich Typ II.

I 592,5; II 550,0.

Pulverspektrum: I 595; II 573; III 554... Intensität III, I. II (Typ II)[1].

Kupfersalz $C_{30}H_{28}O_4N_4Cu$. Aus dem Porphyrin mit Kupferacetat-Eisessig[2] oder beim Kochen mit Phenol- oder β-Naphthol-Kupfer[3]. Sofort Krystallisation. — Aus Chloroform-Eisessig Nadeln; Schmelzp. 335°[4].

Spektrum in Eisessig: I $\underbrace{563,3-554,1}_{588,6}$; II $\underbrace{527,4-514,7}_{521,1}$. Intensität: I, II[5].

Spektrum in Pyridin: I n. Vorbesch. $\underbrace{566,2-555,8}_{561,0}$; II $\underbrace{532,6-513,5}_{526,0}$. Intensität: I, II[5, 6].

Spektrum in $^n/_{10}$-Natronlauge: I n. Vorbesch. $\underbrace{570,0-558,2}_{564,1}$; Nachbesch.; II $\underbrace{539,5-521,7}_{530,6}$ verw.[5]

Deuterohämin[7]. Kopratin[8]. Pyrohämin[9]. Pyratin[9].

Mol-Gewicht: 599,56.

Zusammensetzung: 60,05% C; 4,71% H; 10,68% O; 9,34% N; 9,31% Fe; 5,91% Cl. $C_{30}H_{28}O_4N_4FeCl$.

Vorkommen: In den Faeces des Menschen besonders nach bluthaltiger Nahrung oder nach Magenblutungen. Bildung aus dem Blutfarbstoff (α-Hämatin) durch die Fäulnisbakterien im Darm[10].

In längerer Zeit (6—8 Monate) gefaultem Fleisch oder Blut bei 370[10].

Bildung: Aus Ochsenblut unter längerer Einwirkung (6—8 Monate) von Fäulnisbakterien bei 37° und alkalischer Reaktion[7]. Beschleunigung durch Hefe.

Aus Hämin durch Erhitzen mit Resorcin, Oxyhydrochinon, Orcin, Pyrrogallol, Phloroglucin, Dioxynaphthalin (2:7)[11].

Aus dem Eisensalz des Tetramethylhämatoporphyrins durch Erhitzen mit Resorcin[12].

Aus dem Deuteroporphyrin mit Ferroacetat bzw. Ferrichlorid[4].

[1] A. Treibs: Liebigs Ann. **476**, 37 (1929).

[2] H. Fischer u. A. Treibs: Liebigs Ann. **476**, 37 (1929).

[3] O. Schumm: Hoppe-Seylers Z. **178**, 16 (1928).

[4] H. Fischer u. F. Lindner: Hoppe-Seylers Z. **161**, 29 (1926).

[5] H. Fischer u. F. Lindner: Hoppe-Seylers Z. **168**, 160 (1927).

[6] O. Schumm: Hoppe-Seylers Z. **153**, 244 (1926); **156**, 66 (1925).

[7] H. Fischer u. F. Lindner: Hoppe-Seylers Z. **160**, 17 (1926); **168**, 169 (1927).

[8] O. Schumm: Hoppe-Seylers Z. **149**, 1 (1925); **152**, 3 (1925); **153**, 244 (1925); **156**, 65 (1926); **158**, 195 (1926); **166**, 183 (1927); **169**, 3 (1927).

[9] O. Schumm: Hoppe-Seylers Z. **176**, 122 (1928); **178**, 1 (1928).

[10] O. Schumm: Hoppe-Seylers Z. **144**, 272 (1925); **147**, 228 (1925); **152**, 8; **153**, 246 (1926); **169**, 3 (1927); **149**, 111 (1925); **159**, 194 (1926.).

[11] O. Schumm: Hoppe-Seylers Z. **178**, 16 (1928); vgl. Hoppe-Seylers Z. **181**, 129 (1928).

[12] O. Schumm: Hoppe-Seylers Z. **181**, 141 (1927). — H. Fischer u. G. Hummel: Hoppe-Seylers Z. **181**, 107 (1929).

Aus dem Ester des Deuterohämins durch Verseifen mit 4proz. alkoholischer Kalilauge[1].

Darstellung: a) 2—3 g reines α-Chlor-hämin werden in mindestens 100 g geschmolzenes Resorcin eingetragen und die Schmelze so lange auf 180—190° erhitzt, bis eine Probe mit hydrazinhaltigem Pyridin das reine Spektrum des Deuteroporphyrineisensalzes zeigt (Hauptstreifen 545,0 μm). Dann wird in die 50—100fache Menge dest. Wasser gegossen, filtriert, durch mehrmaliges Umfällen aus $^1/_2$proz. Kalilauge mit Essigsäure gereinigt, mit Wasser gewaschen, getrocknet, in wenig Pyridin-Chloroform gelöst, filtriert, das Filtrat in die 30- bis 50fache Menge eines siedenden Gemisches aus 100 ccm Eisessig und 1—2 ccm konz. Salzsäure eingetragen. Krystallisation. Ausbeute fast quantitativ[2].

b) 5 g Hämin werden mit der 3fachen Menge Resorcin 45 Minuten lang auf 190—200° erhitzt. Die Schmelze wird mit Äther aufgenommen, filtriert, der Rückstand mit Äther gewaschen, getrocknet und in der beim Hämin üblichen Weise umkrystallisiert, so daß auf 1 g Hämin 1 ccm konz. Salzsäure verwendet wird[1].

c) 1 g Tetramethylhämatoporphyrin-eisensalz wird mit 3 g Resorcin 1 Stunde auf 190—200° erhitzt. Nach dem Erkalten Aufarbeitung wie bei b). Ausbeute 0,95 g[1].

d) Eine Eisessiglösung des Deuteroporphyrins wird in der üblichen Weise mit Ferroacetat-Kochsalz und etwas konz. Salzsäure in Eisessig behandelt und das erhaltene Produkt in Pyridin-Chloroform durch Eingießen in heißen mit Kochsalz gesättigten Eisessig umkrystallisiert[3].

Eigenschaften: Aus Pyridin-Chloroform-Eisessig glitzernde, fast gleichseitige, rhombische, oft quadratische Blättchen, auch längliche, sechsseitige Täfelchen[4]. Rautenförmige Blättchen[5,6]. Löslich in verd. Kalilauge, essigsäurehaltigem Äther und Chloroform, Eisessig, Pyridin[7], Anilin, Phenol[8].

Zeigt die Farbreaktionen mit Benzidin und Wasserstoffperoxyd und die mit Guajac-Harz genau wie Hämin. Gibt mit konz. Schwefelsäure allmählich, mit Eisessig-Hydrazinhydrat rasch Deuteroporphyrin[8]. Läßt sich mit Alkohol, der ca. 1% Salzsäure enthält, leicht verestern.

Hämochromogenspektrum (Pyridin-Hydrazinhydrat): I $\underbrace{550,1—539,8}_{544,9}$; II breit, verwasch. Max. etwa 513,3; End. Abs. 438[6,9,10].

Gegenüber dem normalen Hämochromogen aus Hämin um etwa 12 $\mu\mu$ nach Violett verschoben[11].

Cyanhämochromogenspektrum (5proz. Kalilauge $+$ $^1/_2$ Vol. konz. Cyannatriumlösung $+$ Hydrazinhydrat).

I symm. 558,8; breit. Min. 527,5[10]. Pyridinspektrum I 550,5, II 520,5[14].

Nachweis in den Faeces, besonders auch in kleinsten Mengen, und neben Hämatin[8].

Dimethylester des Deuteroporphyrins IX.

Mol-Gewicht: 538,51.

Zusammensetzung: 71,34% C; 6,36% H; 11,89% O; 10,41% N. $C_{32}H_{34}O_4N_4$.

Bildung: Aus (4, 5-Dimethyl-pyrryl)-(2, 4-dimethyl-pyrrolenyl)-methenbromhydrat und Bis-3(4)-propionsäure-4(3)-methyl-(5(2)-brom-pyrryl)-methenbromhydrat beim Zusammenschmelzen mit Bernsteinsäure. Ausbeute schlecht[12].

Darstellung: Aus dem Deuteroporphyrin durch 1stündiges Kochen mit 1% Salzsäure enthaltenden Methylalkohol. Isolierung durch Verdünnen mit Chloroform, Schütteln mit Soda, Waschen mit Wasser, Einengen und Versetzen mit dem mehrfachen Volumen Methylalkohol. Beim Erkalten Krystallisation[13].

[1] H. Fischer u. G. Hummel: Hoppe-Seylers Z. **181**, 124ff. (1929).

[2] O. Schumm: Hoppe-Seylers Z. **178**, 11 (1928); vgl. Hoppe-Seylers Z. **181**, 107 (1928).

[3] H. Fischer u. A. Kirstahler: Liebigs Ann. **466**, 186 (1928). — H. Fischer u. F. Lindner: Hoppe-Seylers Z. **161**, 29 (1926).

[4] O. Schumm: Hoppe-Seylers Z. **178**, 12 (1928).

[5] H. Fischer u. G. Hummel: Hoppe-Seylers Z. **181**, 127 (1928).

[6] H. Fischer u. A. Kirstahler: Liebigs Ann. **466**, 186 (1928).

[7] O. Schumm: Hoppe-Seylers Z. **151**, 29ff. (1925).

[8] O. Schumm: Spektrochem. Anal. nat. org. Farbstoffe. Jena: Gustav Fischer 1928.

[9] H. Fischer u. F. Lindner: Hoppe-Seylers Z. **168**, 160 (1927).

[10] O. Schumm: Hoppe-Seylers Z. **144**, 272; **153**, 244 (1928); **149**, 1 (1925); **156**, 65 (1926); **156**, 269 (1926).

[11] O. Schumm: Hoppe-Seylers Z. **147**, 228 (1925).

[12] H. Fischer u. A. Kirstahler: Liebigs Ann. **466**, 183ff. (1928).

[13] O. Schumm: Hoppe-Seylers Z. **178**, 16 (1928).

[14] O. Schumm: Hoppe-Seylers Z. **149**, 139 (1925).

Synthese: 3,25 g bromiertes 2, 3 (4,5-Dimethyl-pyrryl)-(2, 4-dimethyl-pyrrolenyl)-methen-bromhydrat (s. S. 529) werden mit 4,09 g Bis-3(4)-propionsäure-4(3)-methyl-(5(2)-brom-pyrryl)-methenbromhydrat (s. S. 496) und 22 g Bernsteinsäure in Portionen zu je 1 g $1-1^1/_2$ Stunden auf $180-190°$ erhitzt. Dann wird die Schmelze mit heißem Wasser ausgezogen, der fein zerriebene Rückstand mehrmals mit Eisessig und konz. Salzsäure extrahiert, diese Auszüge mit Wasser auf etwa 10% Salzsäuregehalt verdünnt, filtriert, aus dem Filtrat das Porphyrin mit krystallisiertem Natriumacetat ausgeflockt, abfiltriert, mit Wasser gut ausgewaschen, in verdünnter Salzsäure gelöst, filtriert und aus dem salzsauren Filtrat mit verdünnter Natronlauge in Äther getrieben. Diese ätherische Lösung wird mit 1 proz. Salzsäure ausgezogen, daraus das Porphyrin noch einmal in Äther überführt, der Äther verdampft und der Rückstand mit methylalkoholischer Salzsäure verestert. Ausbeute 95 mg (als Nebenprodukt entsteht ein Porphyrin, das aus Äther erst an 10 proz. Salzsäure geht)[1].

Eigenschaften: Aus Chloroform-Methylalkohol zu Büscheln vereinigte gebogene Nadeln; Schmelzp. $218-223°$[2, 3, 4]. Geht aus Äther an 1 proz. Salzsäure[3]. Leicht verseifbar mit 3- bis 5 proz. Kalilauge[5]. Salzsäurezahl $= 2$[6].

Spektrum in Chloroform: I 624,2—615,7, (schw. Schatten um 594,0); II 579,9—571,1;
 619,9 575,5
III 567,7—562,4; IV 537,2—522,3; V 509,4—482,6; End. Abs. 433,0. Intensität: V, IV, I, III, II[3, 7].
 565,0 529,8 496,0

Spektrum in Chloroform nach Ausschütteln mit demselben Volumen 25 proz. Salzsäure[8]. I etwa 597,5; III 553,5.

Spektrum in 98 proz. Schwefelsäure I etwa 592,0; III etwa 548,0[8].

Styphnat $C_{32}H_{34}O_4N_4 \cdot C_6H_3O_8N_3$. Bei längerem Stehen einer methylalkoholischen Lösung des Esters und Styphninsäure rechteckige, violette Blättchen; Schmelzp. 127° (korr.). Leicht löslich in Methylalkohol, fällt beim Eindampfen gern als Öl aus.

Acetonspektrum: neutral. Mit großem Überschuß an Pikrinsäure Übergang in Typ II, der mit etwas Wasser noch stärker ausgeprägt wird. I 590,9; II 568,4; III 549,1; IV 525,0. Intensität: III; I, II; IV.

Pulverspektrum: schwach und schwer zu erhalten: I 605; II . . . 563; III 534. Intensität: II, I, III (Typ I)[9].

Styphnat $C_{32}H_{34}O_4N_4 \cdot 2 C_6H_3O_8N_3$. Aus Methylalkohol dichte violette Krystallbüschel; Schmelzp. 188° (ab 155° Sintern).

Acetonspektrum: neutral mit Typ I.

Pulverspektrum: I 606; II . . . 565; III 532. Intensität: II, I, III (Typ I)[9].

Pikrat $C_{32}H_{34}O_4N_4 \cdot C_6H_3O_7N_3$. Aus Methylalkohol schräg abgeschnittene, dunkelrote Blättchen; Schmelzp. 148 (korr.). Leicht löslich in Aceton; weniger in Methylalkohol. Fällt gern ölig aus.

Acetonspektrum: neutral. Nach Zusatz von Pikrinsäure und Wasser Typ II, wie beim Styphnat.

Pulverspektrum: Typ I wie beim 2-Styphnat[9].

Pikrolonat $C_{32}H_{34}O_4N_4 \cdot C_{10}H_8O_5N_4$. Aus Methylalkohol schmale, dunkelviolette glänzende Prismen; Schmelzp. 212° (korr.).

Acetonspektrum: neutral. Mit großem Überschuß an Säure entsteht ein Mischspektrum aus Typ I und II, das mit Wasser wieder in das Neutralspektrum übergeht.

Pulverspektrum: I 602; II . . . 565; III 537. Intensität: II, I, III (Typ I)[9].
 572

Pikrolonat $C_{32}H_{34}O_4N_4 \cdot 2 C_{10}H_8O_5N_4$. Dichte Büschel braunroter Nadeln; Schmelzpunkt 141° (korr.).

Acetonspektrum: neutral.

Pulverspektrum: I 640; II . . . 562; 531. Intensität: II, I, III (Typ I)[9].
 570

[1] H. Fischer u. A. Kirstahler: Liebigs Ann. **466**, 183 ff. (1928).
[2] O. Schumm: Hoppe-Seylers Z. **178**, 16 (1928).
[3] H. Fischer u. A. Kirstahler: Liebigs Ann. **466**, 183 (1928).
[4] O. Schumm: Hoppe-Seylers Z. **181**, 168 (1927).
[5] O. Schumm: Hoppe-Seylers Z. **153**, 244 (1926).
[6] A. Treibs: Liebigs Ann. **476**, 38 (1929).
[7] H. Fischer u. F. Lindner: Hoppe-Seylers Z. **168**, 160 (1927).
[8] O. Schumm: Hoppe-Seylers Z. **153**, 244 ff. (1926).
[9] A. Treibs: Liebigs Ann. **476**, 38 ff. (1929).

Flavianat $C_{32}H_{34}O_4N_4 \cdot 3\,C_{10}H_6O_8N_2S$. Aus viel Methylalkohol leuchtend rote, feine Kryställchen; Schmelzp. 204° (korr.). Ziemlich schwer löslich.

Acetonspektrum: I 592,7; II 570,7; III 549,7. Intensität: III, I, II (Typ II).

Pulverspektrum: I 596; II 575; III 555. Intensität: III, I, II (Typ II)[1].

Chlorferrisalz $C_{32}H_{32}O_4N_4FeCl$. Darstellung aus dem Ester wie beim freien Porphyrin beschrieben[2]. — Aus Chloroform-Eisessig sechsseitige Blättchen mit stumpfen Winkeln; Schmelzp. 250°[2].

Hämochromogenspektrum: (Pyridin-Hydrazinhydrat): I 548,2—539,8; II breit, verwaschen,
$$\underset{544,0}{}$$
Max. etwa 513,3; End. Abs. 436[2].

Diäthylester des Deuteroporphyrins $C_{34}H_{38}O_4N_4$. Durch Verestern des Porphyrins mit äthylalkoholischer Salzsäure. — Aus Chloroform-Äthylalkohol Prismen; Schmelzp. 204°[2].

Spektrum in Chloroform: I 624,4—616,0; II st. verwaschen, Max. etwa 608,0; III s. schw.
$$\underset{620,2}{}$$
Max. 594,2; IV 579,1—571,5; V 569,7—561,8; VI 538,2—521,8; VII 510,7—480,4; End. Abs. 436[2].
$$\underset{575,3}{}\qquad\underset{565,8}{}\qquad\underset{530,0}{}\qquad\underset{495,6}{}$$
Intensität: VII, VI, I, V, IV, III, II.

1, 3, 5, 8-Tetramethyl-2, 4-dibrom-6, 7-dipropionsäure-porphin.
Dibrom-deuteroporphyrin IX[3]. Bromporphyrin I[4, 5].

Mol-Gewicht: 668,10.

Zusammensetzung: 53,88% C; 4,22% H; 9,58% O; 8,39% N; 23,93% Br. $C_{30}H_{28}O_4N_4Br_2$.

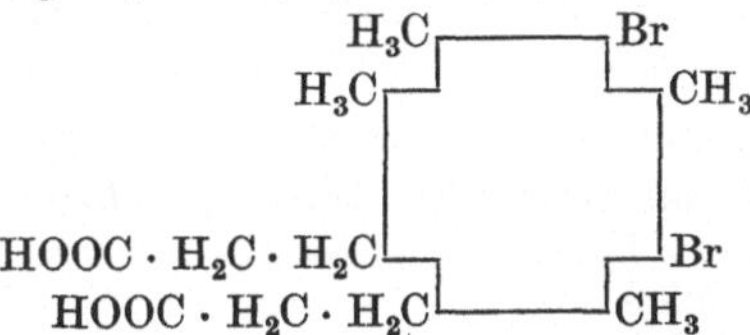

Bildung: Aus salzsaurem Hämatoporphyrin durch Einwirkung von Brom in Eisessig. Als Zwischenprodukt entsteht das Perbromid, das durch Aceton zersetzt wird[3].

Darstellung: 1 g Deuteroporphyrin in 250 ccm Eisessig wird vorsichtig mit einem großen Überschuß an 20proz. Brom-Eisessig-Lösung versetzt. Beim Stehen findet Umwandlung des Niederschlags in das Perbromid statt. Dieses wird in wenig Aceton gelöst; wonach schon nach kurzer Zeit Geruch nach Bromaceton auftritt. Nach 2stündigem Stehen wird mit Wasser versetzt. Dabei Umschlag der olivgrünen Farbe nach Rot und Abscheidung von feinen Nadeln[4, 6].

Eigenschaften: Aus siedendem Nitrobenzol haarfeine, lange Nadeln[4]. Aus Pyridin-Äther Prismen und tafelförmige, längliche Plättchen, die an einem Ende unter 52° schief abgeschnitten sind und parallele Auslöschung zeigen. S.R. I parallel der langen Kante absorbiert stark; S.R. II senkrecht dazu absorbiert schwach[7].

Schwer löslich in Chloroform und Eisessig[4]. Gibt ein schwer lösliches Natriumsalz. Gibt bei der Reduktion in 5proz. alkoholischer Kalilauge mit Hydrazinhydrat und Palladium-Calciumcarbonat Deuteroporphyrin[7]. Bei der Reduktion mit Eisessig-Jodwasserstoff und anschließender Oxydation mit Bleidioxyd-Schwefelsäure entsteht Citraconimid und Hämo-pyrrolcarbonsäure[8].

Spektrum in Pyridin-Äther: I 626,5; II schwach etwa 600; III 580,8; IV 570,9; V 532,9; VI Beginn bei 509,3 — Ende unscharf[6].

Spektrum in essighaltigem Äther: I 628,5—623,7; II 571,7—568,2; III 534,6—526,0;
$$\underset{626,1}{}\qquad\qquad\underset{570,0}{}\qquad\qquad\underset{530,3}{}$$
IV 509,0—482,6; End. Abs. 430[4].
$$\underset{495,8}{}$$
Spektrum in 25proz. Salzsäure: I 603,5—593,8; II (576,4); III 563,4—547,7[4].
$$\underset{598,6}{}\qquad\qquad\underset{555,5}{}$$

[1] A. Treibs: Liebigs Ann. **476**, 40 (1929).
[2] H. Fischer u. A. Kirstahler: Hoppe-Seylers Z. **198**, 54 (1931).
[3] H. Fischer u. F. Lindner: Hoppe-Seylers Z. **160**, 17 (1926).
[4] H. Fischer u. Fr. Kotter: Ber. dtsch. chem. Ges. **60**, 1863 (1927).
[5] H. Fischer u. G. Hummel: Hoppe-Seylers Z. **168**, 152 (1927); **177**, 321 (1928); **175**, 82 (1928).
[6] H. Fischer u. F. Lindner: Hoppe-Seylers Z. **161**, 29 (1926).
[7] H. Fischer u. G. Hummel: Hoppe-Seylers Z. **181**, 116, 121[4] (1927).
[8] H. Fischer u. A. Kirstahler: Liebigs Ann. **466** 228 (1928).

Perbromid s. oben. Messerklingenförmige, längliche Blättchen. Auslöschungsschiefe $6-10°$ und starker Dichroismus. S.R. I parallel der $10°$-Auslöschungsschiefe; Farbe gelb- bis olivgrün; S.R. II senkrecht dazu dunkelgrün-rötlichbraun. Enthält 42,48% Brom[1]. Leicht löslich in Aceton, gut in Eisessig-Äther[2]. Spaltet beim Erwärmen mit Lösungsmitteln Brom ab.

Bromferrisalz = Dibrom-deutero-brom-hämin $C_{30}H_{26}O_4N_4FeBr_3$. Bildet sich aus dem Eisensalz des Tetramethyl-hämato-porphyrins unter der Einwirkung von Brom in Eisessig (Ausbeute aus $1 g = 0,8 g$)[3]. Entsteht auch aus dem Dibromdeuteroporphyrin mit Ferroacetat-Eisessig-Natriumbromid in der üblichen Weise oder bei 2stündigem Erwärmen mit Ameisensäure-Eisen auf $100°$[2] oder durch Verseifen des Estereisensalzes mit alkoholischer Kalilauge[4]. — Dünne, rechteckige Täfelchen mit flachen Einkerbungen an den langen Kanten, mit scharfen an den kurzen Kanten. Die Krystalle zeigen parallele Auslöschung und schwachen Dichroismus. Bei der Oxydation mit Chromsäure-Eisessig entsteht 1 Mol-Bromcitraconimid neben Hämatinsäure[3,4]. Durch konz. Schwefelsäure oder durch Eisessig-Bromwasserstoff bei $95°$ wird das Eisen herausgespalten[3,4].

Hämochromogenspektrum (Pyridin-Hydrazinhydrat)[4]: I $\underbrace{554,1-544,7}_{549,4}$; II $\underbrace{527,8-518,4}_{522,1}$.

Kupfersalz $C_{30}H_{26}O_4N_4Br_2 \cdot Cu$. Wird wie üblich mit Kupferacetat-Eisessig hergestellt. — Aus Eisessig kleine, leuchtend rote Nadeln[5].

Spektrum in Pyridin: 561,5; II 527,4[6].

Das Porphyrin gibt weiterhin noch komplexe Salze mit Zink, Zinn, Kobalt, Nickel[5].

Dimethylester des Dibrom-deuteroporphyrins IX.

Mol-Gewicht: 696,33.

Zusammensetzung: 55,17% C; 4,63% H; 9,19% O; 8,05% N; 22,96% Br. $C_{32}H_{32}O_4N_4Br_2$.

Bildung: Bei längerem Stehen von Tetramethylhämatoporphyrin (1 g in 100 ccm Eisessig) mit Brom (20 g in 50 ccm Eisessig). Dabei krystallisiert das Perbromid aus, das wie üblich mit Aceton zerlegt wird. Ausbeute 0,3 g[7].

Darstellung: a) 40 mg Deuteroporphyrin-dimethylester in 10 ccm Eisessig werden vorsichtig mit der 10fachen Menge 30proz. Brom-Eisessig-Lösung versetzt und dann kurz auf dem Wasserbad erwärmt. Nach mehrstündigem Stehen wird von dem auskrystallisierten Perbromprodukt abgesaugt, mit Eisessig gewaschen in Aceton gelöst, nach 2stündigem Stehen mit Wasser versetzt, nach Abscheidung des Bromproduktes filtriert, der Rückstand in Chloroform gelöst, getrocknet, die Lösung eingeengt und mittels Methylalkohol der Ester zur Krystallisation gebracht. Ausbeute 35 mg[8].

b) Durch längeres Stehenlassen von Dibrom-deuteroporphyrin mit bei $0°$ an Salzsäure gesättigtem Methylalkohol. Dann wird der Alkohol im Vakuum abdestilliert, der Rückstand mit Chloroform aufgenommen, die Lösung mit Soda geschüttelt, filtriert, getrocknet, stark eingeengt und in der Hitze langsam mit $1/3$ Volumen Methylalkohol versetzt[5].

Eigenschaften: Aus Chloroform-Methylalkohol bronzefarbene, schillernde, dünne Blättchen[2]. Krystallform verschieden je nach der Gewinnung: Viereckige bis sechsseitige Blättchen. Die Auslöschungsrichtungen bilden mit der Diagonale einen Winkel von $6-8°$. Pleochroismus[9], Schmelzp. $261°$[5], $273°$[5], $274°$[8], $277°$[10], $284°$[8]. Leicht löslich in Chloroform und Nitrobenzol; schwer löslich in Methylalkohol[5].

Verändert sich beim Erhitzen im Hochvakuum nicht[5]. Wird durch Eisessig-Jodwasserstoff nur verseift[5].

Bei 20 Minuten langem Erhitzen des Esters mit Bernsteinsäure auf $220°$ entsteht Deuteroporphyrin[9]. Bei der Oxydation mit Chromsäure-Schwefelsäure, Wasserstoffperoxyd-Schwefel-

[1] H. Fischer u. G. Hummel: Hoppe-Seylers Z. **181**, 116, 121 (1927).

[2] H. Fischer u. Fr. Kotter: Ber. dtsch. chem. Ges. **60**, 1863 (1927).

[3] H. Fischer u. A. Kirstahler: Liebigs Ann. **466**, 228 (1928); vgl. Hoppe-Seylers Z. **175**, 83 (1927).

[4] H. Fischer u. G. Hummel: Hoppe-Seylers Z. **181**, 116 (1929).

[5] H. Fischer u. Fr. Kotter: Ber. dtsch. chem. Ges. **60**, 1864 (1927).

[6] O. Schumm: Hoppe-Seylers Z. **156**, 269 (1926).

[7] H. Fischer u. G. Hummel: Hoppe-Seylers Z. **175**, 85 (1928).

[8] H. Fischer u. A. Kirstahler: Liebigs Ann. **466**, 187 (1928).

[9] H. Fischer u. G. Hummel: Hoppe-Seylers Z. **181**, 120ff. (1929).

[10] H. Fischer u. G. Hummel: Hoppe-Seylers Z. **175**, 84 (1928).

säure oder rauchender Salpetersäure wird Hämatinsäure und Bromcitraconimid erhalten[1]. Läßt sich weder durch 3 stündiges Erhitzen mit 5 proz. wässeriger Kalilauge noch durch 3 stündiges Erhitzen mit 5 proz. Kaliummethylat auf 180° noch mit Eisessig-Bromwasserstoff bei 180° entbromen[2].

Spektrum in Chloroform: I 627,9—622,3; schw. Schatten um 597,6; II 583,8—576,1;
625,1$$579,9
III 572,6—567,1; IV 541,2—527,3; V 513,9—484,4; End. Abs. 440. Intensität: V, IV, I, III, II[3,4,5].
569,9$$534,2$$499,2

Perbromid s. oben. Glitzernde Krystalle, Schmelzp. 133—138° (korr.). Sehr leicht löslich in Aceton unter Zersetzung und Entwicklung von Bromaceton[5].

Bromid $C_{32}H_{30}O_4N_4Br_4$. Aus Dibromdeuteroester mit Phosphorpentabromid. Schmelzpunkt 263°. Gibt bei der Oxydation Brom-citraconimid[6].

Pikrat $C_{32}H_{32}O_4N_4Br_2 \cdot C_6H_3O_7N_3$. Aus Chloroform-Methylalkohol violettschwarze Nädelchen, Schmelzp. 177° (korr.).

Acetonspektrum: neutral. Mit sehr großem Überschuß an Säure erscheint nur Typ I: I 605,8; II ... 561,7; III 533,2. Intensität: II; III, I. Mit Wasser wieder Übergang in das Neutralspektrum.

Pulverspektrum: I 628; II 577; III 541; IV 504. Intensität: II, III, I, IV (neutral), schwach, aber deutlich[7].

Flavianat $C_{32}H_{32}O_4N_4Br_2 \cdot 2\,C_{10}H_6O_8N_2S$. Aus Chloroform-Methylalkohol kleine, braunrote Kryställchen. Schmelzpunkt sehr unscharf 265°. Etwas löslich in siedendem Aceton.

Acetonspektrum: neutral. Mit überschüssiger Säure erscheint Typ II. I 598,5; II 576,6; III 554,5. Intensität: III; I, II. Mit Wasser tritt wieder Dissoziation ein bis zum Neutraltyp.

Pulverspektrum: I 603; II 578; III 561 (IV 531). Intensität: III, I, II, IV (Typ II)[7].

Magnesiumsalz. 0,1 g Ester werden 1 Stunde mit 6 g Jodmethyl und 1 g Magnesiumspänen in abs. Äther erhitzt. Nachdem wird vorsichtig mit Chlorammoniumlösung zerlegt, die ätherische Lösung mehrmals mit 1 proz. Salzsäure geschüttelt, mit Wasser gewaschen und der Äther verdunstet. — Aus Pyridin-Wasser wetzsteinartige Krystalle; Schmelzp. 289°[8].

Kupfersalz $C_{32}H_{30}O_4N_4Br_2 \cdot Cu$. Eine heiße Lösung des Esters in Pyridin wird mit einer heißen Kupferacetat-Eisessig-Lösung versetzt, bis die Farbe nach Blaurot umschlägt. Beim Erkalten Krystallisation. — Aus Pyridin-Eisessig leuchtend rote, lange, messerklingenförmige Nadeln; 283°[9], 288°[5]. Aus Pyridin-Äther oder Chloroform-Methylalkohol zu Drusen verwachsene wetzsteinförmige Krystalle[3].

Spektrum in Chloroform: I 573,3—556,2; II 534,8—518,8; End. Abs. 425,5[10,11].
564,7$$526,8
Spektrum in Pyridin: I 579,5—560,5; II 544,0—526,2; End. Abs. 436,5[10].
570,0$$535,1

Bromferrisalz $C_{32}H_{30}O_4N_4Br_2 \cdot FeBr$. a) 1 g Eisensalz des Tetramethylhämatoporphyrins in 20 ccm Chloroform wird mit 1,25 g Brom (4 Atome) in 10 ccm Chloroform 2 Stunden auf der Maschine geschüttelt. Dann wird im Vakuum eingeengt und mit Petroläther gefällt. Ausbeute 1,4 g[12].

b) Wird auch wie üblich aus dem Dibrom-deuteroporphyrinester mit Ferro-acetat-Eisessig hergestellt. Beim Erkalten Krystallisation in Nadeln; Schmelzp. 295°[12]. Aus Eisessig-Äther; Schmelzp. 175°; aus Pyridin-Äther kein Schmelzpunkt (Sinterung bei 310°); bzw. Schmelzpunkt 300°. Läßt sich auch aus Pyridin-Eisessig-Bromnatrium wie üblich umkrystallisieren. Bei der Oxydation mit Chromsäure-Schwefelsäure entsteht Hämatinsäure und Bromcitraconimid. Beim Erhitzen mit Eisessig-Bromwasserstoff auf 80°, mit Eisessig-Jodwasserstoff auf 120° bildet sich Dibromdeuteroporphyrin. Ebenso mit konz. Schwefelsäure[12].

---

[1] H. Fischer u. G. Hummel: Hoppe-Seylers Z. **181**, 120 ff. (1929); **175**, 85 (1927).

[2] H. Fischer u. G. Hummel: Hoppe-Seylers Z. **175**, 84 (1928).

[3] H. Fischer u. Fr. Kotter: Ber. dtsch. chem. Ges. **60**, 1864 (1927); vgl. Hoppe-Seylers Z. **175**, 85 (1927).

[4] H. Fischer u. F. Lindner: Hoppe-Seylers Z. **168**, 170 (1927).

[5] H. Fischer u. A. Kirstahler: Liebigs Ann. **466**, 187 (1928).

[6] H. Fischer u. G. Hummel: Hoppe-Seylers Z. **168**, 120 (1927).

[7] A. Treibs: Liebigs Ann. **476**, 48 (1927).

[8] H. Fischer u. G. Hummel: Hoppe-Seylers Z. **181**, 118 (1929).

[9] H. Fischer u. G. Hummel: Hoppe-Seylers Z. **175**, 89 (1928).

[10] H. Fischer u. A. Kirstahler: Liebigs Ann. **466**, 188 (1928).

[11] H. Fischer u. F. Lindner: Hoppe-Seylers Z. **168**, 169 (1927).

[12] H. Fischer u. G. Hummel: Hoppe-Seylers Z. **175**, 81 (1928).

Methylester des Deuterorhodins[1].

Mol-Gewicht: 506,3.

Zusammensetzung: 73,48% C; 5,97% H; 9,48% O; 11,07% N. $C_{31}H_{30}O_3N_4$.

Darstellung: 50 mg Deuteroporphyrindimethylester werden in 4 ccm konz. Schwefelsäure und 2 ccm rauchender Schwefelsäure mit 20% SO_3-Gehalt gelöst und dann die rotviolette Lösung noch solange im schwach siedenden Wasserbad erhitzt bis zum Farbumschlag nach Grün und Verschwinden des Rotstreifens (621 $\mu\mu$) im Spektrum (Äther). Dann wird auf Eis gegossen, mit Natronlauge in Äther getrieben, fraktioniert und die ätherische Lösung eingeengt. Beim Stehen Krystallisation des Rhodins (15 mg), das in Pyridin (wenig) gelöst und mit Diazomethan verestert wird. Nach 12 Stunden Stehen wird das gleiche Volumen Methylalkohol zugesetzt, worauf Krystallisation eintritt. (Als Nebenprodukt entsteht etwas Verdin, das mit 5 proz. Salzsäure ausgezogen werden kann.)

Aus Pyridin-Methylalkohol blauschwarze Blättchen, Schmelzp. 245°. Läßt sich aus Chloroform-Methylalkohol umkrystallisieren.

Spektrum in Pyridin-Äther: I 640,4—630,3; II s. schw. 588,3—573,7; III 549,3—539,3;
    635,3   581,0   544,3
IV 517,1—502,3; End. Abs. 436. Intensität: I, IV, III, II.
    509,7

Deuterorhodin $C_{30}H_{28}O_3N_4$. Aus Äther Nadeln. Salzsäurezahl 0,5.

Dimethylester des 1, 3, 5, 8-Tetramethyl-2, 4-diacetyl-6, 7-dipropionsäure-porphins.
Diacetyl-deutero-porphyrinester.

Mol-Gewicht: 622,56.

Zusammensetzung: 69,42% C; 6,16% H; 15,42% O; 9,00% N. $C_{36}H_{38}O_6N_4$.

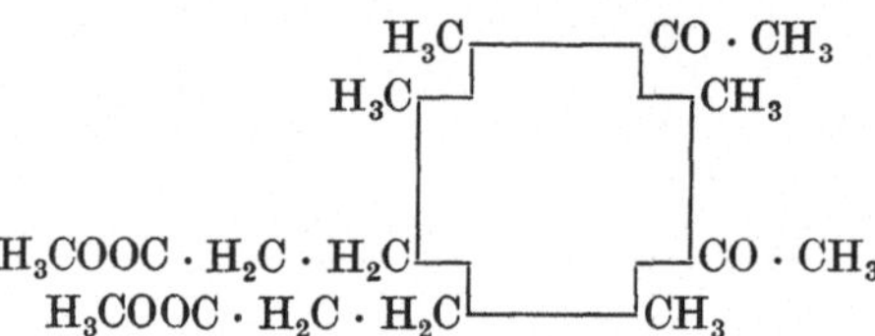

Bildung: Mit 8 proz. Ausbeute bei Einwirkung von Essigsäureanhydrid auf Deuterohämin in Gegenwart von Aluminiumchlorid[2].

Darstellung: In eine Aufschlämmung von 2 g fein pulverisiertem Deuterohämin in 200 ccm Essigsäureanhydrid werden unter Eiskühlung ziemlich rasch 15 ccm wasserfreies Zinntetrachlorid eingetropft. Unter öfterem Schütteln bleibt bei Zimmertemperatur solange stehen, bis das reine Hämochromogenspektrum des Acetylprodukts vorhanden ist. Dann wird sofort in Eiswasser gegossen, nach mehrstündigem Stehen abgesaugt, der Rückstand mit 40 g Bromwasserstoff-Eisessig bei 40° enteisent[2] und das Porphyrin mit Natriumacetat gefällt. Die 10 g Deuterohämin entsprechende Menge Porphyrin wird nach dem Auswaschen und Trocknen in 2 l konz. Salzsäure gelöst, die Lösung mit Wasser auf das doppelte Volumen gebracht, filtriert, das Filtrat auf 17 l aufgefüllt (entspr. 4,3% Salzsäurekonzentration), filtriert, der Rückstand nochmals in 1,5 l Salzsäure gelöst und wieder auf 4,3% Gehalt verdünnt. (Mitunter genügt auch Verdünnung auf 8,5% Salzsäuregehalt und Weiterverdünnen auf 5,5%). Aus dem salzsauren Filtrat wird das Porphyrin mit Natriumacetat gefällt, abgesaugt, getrocknet, nach 12 stündigem Stehen mit der 100 fachen Menge methylalkoholischer Salzsäure auf Eis gegossen, unter Rühren mit calc. Soda alkalisch gemacht, der abgeschiedene Ester abfiltriert, mit Wasser gut gewaschen, bei 80—100° getrocknet, aus der Hülse mit Chloroform bis zur Farblosigkeit desselben extrahiert, der Auszug auf ein kleines Volumen eingeengt und durch vorsichtiges Zugeben von Aceton zum heißen Rückstand der Ester zur Krystallisation gebracht. Ausbeute 3 g[3].

[1] H. Fischer u. A. Kirstahler: Hoppe-Seylers Z. **198**, 55 (1931).
[2] H. Fischer u. K. Zeile: Liebigs Ann. **468**, 108 ff. (1929).
[3] H. Fischer, A. Treibs u. K. Zeile: Hoppe-Seylers Z. **193**, 157 (1930).

Eigenschaften: Aus Chloroform-Aceton makroskopische, rautenförmige Blättchen; Schmelzp. 236° (korr.). Leicht löslich in Chloroform, schwerer in Eisessig, wenig in Aceton und Methylalkohol. Läßt sich erst mit 3 proz. Salzsäure aus Äther ausziehen[1]. Gibt bei der Reduktion mit Natriumäthylat-Hydrazinhydrat Hämato- und Mesoporphyrin.

Spektrum in Eisessig-Äther: I 646,5 ... 643,3—637,5 ... 630,0; II 599,7 ... 586,7—582,3
640,4 584,5
... 573,7; III 560,7 ... 552,6—540,8 ...; IV ... 524,7—499,1 ... 496,2; End. Abs. 448. Intensität:
IV, III, II, I. 546,7 511,9

Spektrum in Chloroform: I 649,5 ... 644,7—635,9 ... 628,9; II 601,4 ... 591,2—582,0 ... 574,5;
640,3 586,6
III 563,0 ... 557,6—546,8 ...; IV ... 527.1—507,1; End. Abs. 554,8. Intensität: IV, III. II, I.
552,2 517,1

Eisensalz $C_{36}H_{36}O_6N_4FeCl$: Durch kurzes Kochen des Esters mit einer Auflösung von gepulvertem Eisen in Eisessig unter Zusatz von etwas Kochsalz und Salzsäure. Nach längerem Stehen und teilweisem Verdunsten des Eisessigs Krystallisation in derben Platten. — Aus Chloroform-Eisessig Schmelzp. 229 (korr.)[1].

Spektrum in Pyridin-Hydrazin: I 582,0 ... 578,1—566 2 ...; II ... unscharf 554—531 ...;
End. Abs. 447. 572,1 543

Bei großer Verdünnung zeigt sich in Violett noch Beschattung.

Kupfersalz $C_{36}H_{36}O_6N_4Cu$. Ester, in wenig Pyridin gelöst, wird mit Kupferacetat in Eisessig kurz aufgekocht. Beim Stehen Krystallisation in sternförmig vereinigten Nadeln. — Aus Eisessig-Äther Nadeln, Schmelzp. 230° (korr.).

Spektrum in Eisessig-Äther: I 587,6—573,4; II 551,7—526,9; End. Abs. 438,8. Intensität: I, II.
580,5 539,3

Dioxym des Esters $C_{36}H_{40}O_6N_6$. Durch 15 Minuten langes Kochen von 20 mg Ester mit 0,2 g Hydroxylaminchlorhydrat und 0,2 g wasserfreiem Natriumacetat in 10 ccm Pyridin. Nachdem wird heiß filtriert, im Vakuum auf 1—2 ccm eingeengt und durch vorsichtigen Zusatz von Alkohol die Krystallisation eingeleitet. Nach dem Abfiltrieren wird gut mit Alkohol, Wasser, Alkohol ausgewaschen. — Prismatische Nadeln.

Spektrum in Pyridin-Äther: I 632,9—621,3; II 601,3—599,5; III 587,8—567,6; IV 542,9—524,0;
627,1 600,4 gem. Max. 572,5 533,4
V 515,0—481,8; End. Abs. 438,8. Intensität: V, VI, III, I, II[2].
493,4

Semicarbazon $C_{38}H_{44}O_6N_{10}$. 0,1 g Ester wird mit 1 g Semicarbazidchlorhydrat und 1 g Bariumcarbonat über Nacht in $^1/_2$ l Alkohol gekocht. Farbe blutrot. Nachdem wird filtriert, das Filtrat mit Äther versetzt, der Alkohol mit Wasser ausgewaschen, die ausgefallenen Flocken abfiltriert, in heißem Pyridin gelöst und mit Äther versetzt. Dabei Krystallisation[2]. — Gibt bei der Reduktion mit Natriumäthylat und Hydrazinhydrat Hämato- und Mesoporphyrin.

Spektrum in Äther: I 633,5—623,8; II 587,1—569,1; III 545,3—530,2; IV 517,5—487,5;
628,4 578,1 537,7 502,5
End. Abs. 444,0. Intensität: IV, III, II, I.

Diacetyl-deutero-porphyrin $C_{34}H_{34}O_6N_4$[1]. 50 g Dimethylester bleiben 1 Tag in 5 ccm konz. Salzsäure, verdünnt mit der 10 fachen Menge Wasser, stehen. Nachdem wird mit Natriumacetat das Porphyrin ausgefällt. Nach dem Abfiltrieren und Waschen wird erst aus Pyridin-Eisessig, dann aus Eisessig allein umkrystallisiert. — Aus Pyridin kleine quadratische Blättchen, aus Eisessig derbe Nadeln. Leicht löslich in Pyridin; schwer in Eisessig. Gibt ein schwer lösliches Natriumsalz, unlöslich in 1 proz. Natronlauge. Das Kaliumsalz ist unlöslich in 3 proz. Kalilauge. Das Ammonsalz ist leicht löslich in Wasser und in Äther. Gibt bei 4 stündigem Kochen mit Kaliumäthylat Hämatoporphyrin[1].

Spektrum in Pyridin: I 647,5 ... 644,0—637,1 ... 632,3; II 602,0 ... 590,6—582,0 ... 574,8;
640,6 586,3
III 561,8 ... 556,7—546,5 ... 541,5; IV 532,9 ... 526,7—507,9 ... 501,2; End. Abs. 456,0. Intensität: IV, III, II, I.
551,6 517,3

---

[1] H. Fischer u. K. Zeile: Liebigs Ann. **468**, 108 ff. (1929).
[2] H. Fischer, O. Moldenhauer u. O. Süß: Liebigs Ann. **485**, 20 ff. (1931).

Spektrum in Eisessig-Äther: I 647,8 . . . 644,0—635,5 . . . 631,5; II 597,4 . . . undeutliches Max.
$$639,7$$
bei 583 . . . 573,0; III 558,9 . . . 552,1—542,7 . . .; IV . . . 522,2—509,2 . . . 500,3: End. Abs. 446.
Intensität: IV, III, II, I. $547,4$ $515,7$

Spektrum in 25proz. Salzsäure: I 620,5 . . . 614,5—606,5 . . .; II . . . 573,6—554,8 . . . 546,5
$$610,5 \qquad\qquad 564,2$$
nach starker Verdünnung noch III Beschattung ab 431 . . . 424,2—412,0 . . ., End. Abs. 400,8. Streifen I ist verschwunden.
$$418,1$$

Spektrum in ammoniakalischem Äther: I etwa 650; breit mit 2 Maximas 597 und 566; III etwa 528; End. Abs. 500.

Dimethylester des Dioxymethyl-deuteroporphyrins IX[1].

Mol-Gewicht: 626,4.

Zusammensetzung: 68,97% C; 6,76% H; 15,32% O; 8,95% N. $C_{36}H_{42}O_6N_4$.

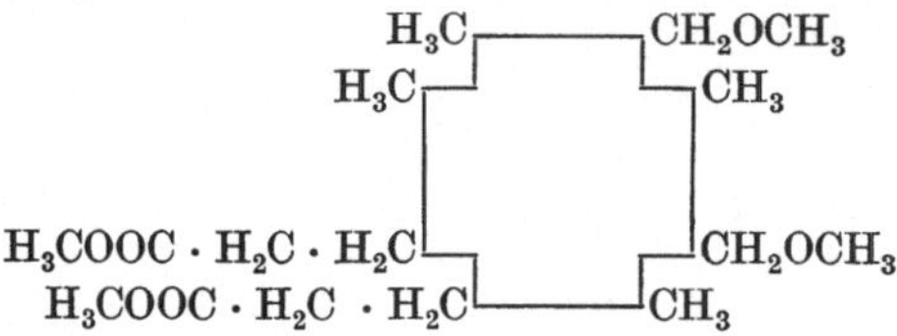

Darstellung: Das aus 2 g Deuterohämin erhaltene Dioxymethyldeuteroporphyrin wird etwa 48 Stunden lang bei 40° mit 40 ccm Eisessig-Bromwasserstoff behandelt. Die rote Lösung wird dann bei 60° im Vakuum eingedampft, der Rückstand 20 Minuten mit 40 ccm abs. Methylalkohol auf 50° erwärmt, kalt filtriert und das Filtrat mit 1,6 g Ätzkali in 12 ccm Methylalkohol versetzt. Nach 1stündigem Stehen wird filtriert, gründlich mit Methylalkohol und Wasser gewaschen und getrocknet. Rückstand Porphyrin. Ausbeute etwa 1 g.

Eigenschaften: Aus Chloroform-Methylalkohol, wetzsteinförmige Krystalle. Schmelzpunkt 215° (ab 202° Sinterung). Gibt bei der Reduktion mit Eisessig-Jodwasserstoff 2, 3, 4-Trimethyl-pyrrol.

Spektrum in (Chloroform)-Äther: I 628,5—623,9; II s. schw. etwa 615,7; III schw. 599,5;
$$626,2$$
IV 586,6—576,5 . . . 573,5—569,0 . . . 562,8; V s. schw. etwa 548; VI 537,6—523,6; VII 511,2—482,8;
$$571,2 \qquad\qquad\qquad 530,6 \qquad\qquad 497,0$$
End. Abs. 400. Intensität: VI, V, I, IV, III, II.

Spektrum in Chloroform: I 627,5—621,1; II s. schw. etwa 610,6; III schw. 597,4; IV 583,7 . . .
$$624,3$$
571,6—566,3; V 540,4—526,9; VI 515,8—484,4; End. Abs. 440. Intensität: VI, V, I, IV, III, II.
$$569,0 \qquad 533,6 \qquad\quad 500,1$$

Eisensalz $C_{33}H_{40}O_2N_4FeCl$. 0,2 g Ester, heiß in 4 ccm Eisessig gelöst, werden mit 4 ccm Eisessig, der 5 Minuten mit Eisenpulver und Kochsalz gekocht worden war, versetzt und kurz aufgekocht. Beim Erkalten Krystallisation. — Aus Eisessig wetzsteinförmige Krystalle; Schmelzp. 241°.

Hämochromogenspektrum: I 553,8—544,8 . . . 538,0; II 529,0 . . . 522,2—517,5 . . . 507,3;
End. Abs. 440. Intensität: I, II. $549,3$ $519,8$

Kupfersalz $C_{34}H_{34}O_6N_4Cu(OC \cdot CH_3)_2$ oder $C_{35}H_{37}O_6N_4Cu(COCH_3)$. Durch kurzes Aufkochen von 0,2 g Ester in 4 ccm heißem Eisessig mit 0,2 g Kupferacetat gelöst in 4 ccm heißem Eisessig. Beim Stehen Krystallisation. — Aus Eisessig zu Haufen angeordnete Nadeln; Schmelzpunkt unscharf 220° (Sinterung etwa ab 180°)[1].

Spektrum in Chloroform: I 564,9; II 526,6; End. Abs. etwa 428. Intensität: II, I.

Bromhydrat des Dibrommethyldeuteroporphyrins $C_{32}H_{34}O_4N_4Br_4$. 0,2 g Dimethoxymethyl-deuteroester werden unter Schütteln in 8 ccm Eisessig-Bromwasserstoff bei gewöhnlicher Temperatur gelöst. Nach mehrtägigem Stehen Krystallisation des Bromhydrats. Unter

<hr>

[1] H. Fischer u. H. J. Riedl: Liebigs Ann. **482**, 218 (1930).

Feuchtigkeitsausschluß wird filtriert und erst mit wenig Eisessig, der mit 10% Essigsäure-anhydrid versetzt ist, und dann mit abs. Äther gewaschen. — Prismen. Ist stark hygro-skopisch[1].

Eisensalz des Dioxymethyl-deuteroporphyrins IX[1].

Mol-Gewicht: 701,6.

Zusammensetzung: 58,15% C; 4,88% H; 15,98% O; 7,98% N; 5,05% Cl; 7,96% Fe. $C_{32}H_{31}O_6N_4FeCl(OC \cdot CH_3)$.

Darstellung: 2 g fein gepulvertes Deuterohämin, aufgeschlämmt in 200 ccm Chlormethyl-äther, werden unter Eiskühlung innerhalb 5 Minuten tropfenweise mit 15 ccm Zinntetrachlorid versetzt. Nach weiterem 10 Minuten langem Stehen bei Zimmertemperatur wird in Eiswasser gegossen und nach 1 Stunde abgesaugt. Ausbeute quantitativ.

Eigenschaften: Aus Eisessig wetzsteinförmige Krystalle; Schmelzp. über 270°.

Hämochromogenspektrum (gegen das das Deuterohämin um etwa 3,7 $\mu\mu$ verschoben): I 553,8—544,8 . . . 538,0; II 529,0 . . . 522,2—517,5 . . . 507,3; End. Abs. 440. Intensität: I, II.
549,3   519,8

Dimethylester des 1, 2, 3, 4, 5, 8-Hexamethyl-6, 7-dipropionsäure-porphins[2].

Mol-Gewicht: 566,3.

Zusammensetzung: 72,05% C; 6,76% H; 11,31% O; 9,88% N. $C_{34}H_{38}O_4N_4$.

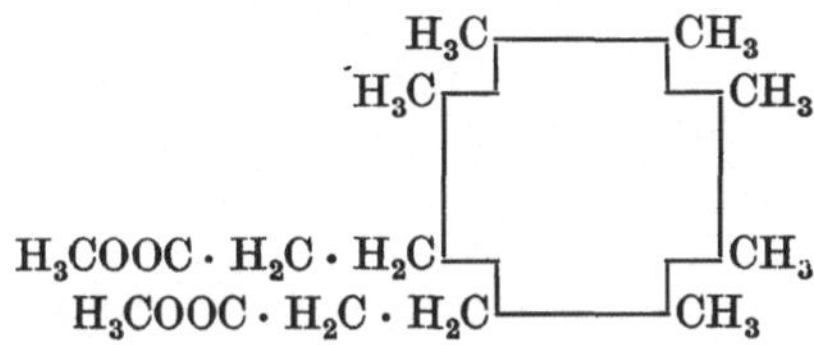

Darstellung: Äquimolare Mengen des 3, 3′, 4, 4′-Tetramethyl-5, 5′-dibrommethylpyrro-methen-bromhydrats und des Bis-(3-propionsäure-4-methyl-5-brompyrryl)-methen-bromhydrats (s. S. 496) werden mit der dreifachen Menge Bernsteinsäure 20 Minuten bei 240—250° geschmolzen. Aufarbeitung und Reinigung ist wegen der Schwerlöslichkeit des Esters in Äther nur durch Aufnehmen in Säuren und Ausflockung mit Natriumacetat möglich. Aus-beute 10%.

Eigenschaften: Aus Pyridin-Methylalkohol verfilzte Nädelchen; Schmelzp. 318—320° (Block).

Spektrum in Chloroform: I 625,6—617,0; II schw. 610,3; III schw. 595,8; IV 580,9—571,4;
621,3   576,1
V 570,0—563,5; VI 539,6—524,3; VII 512,1—481,1; VIII 464,2—455,6; End. Abs. 438,5. Intensität:
566,7   531,9   496,6   459,9
VII, VI, I, V, IV, VIII, III, I.

Spektrum in Pyridin-Äther: I 626,5—618,8; II schw. 611,1; III schw. 596; IV 583,1—572,7;
622,6   577,9
V 570,3—564,7; VI 539,2—523,6; VII 512,3—484,0; VIII etwa 467,4; End. Abs. 434,5.
567,5   531,4   498,1

Spektrum in 5 proz. Salzsäure: I 596,2—587,1; II schw. 572; III 556,5—540,5; End. Abs. 422,5.
591,6   548,5

Kupfersalz $C_{34}H_{36}O_4N_4Cu$. Wird wie üblich hergestellt. — Aus Pyridin-Eisessig feine rote Nadeln; Schmelzp. 297°.

Spektrum in Chloroform: I 574,2—551,1; II 536,5—515,5; Schatten bei etwa 485; End. Abs. 422,5.
561,6   526,0

Spektrum in Pyridin: I 575,1—553,7; II 541,8—517,7; End. Abs. 430,5.
564,7   529,7

---

[1] H. Fischer u. H. J. Riedl: Liebigs Ann. **482**, 218 (1930).
[2] H. Fischer u. E. Jordan: Hoppe-Seylers Z. **191**, 54 (1930).

Eisensalz $C_{34}H_{36}O_4N_4FeCl$. Wird gewonnen aus dem Porphyrin und einer Auflösung von Ferrum reductum in Eisessig mit Kochsalz- und Salzsäurezusatz. — Aus Chloroform-Eisessig drusenförmige Nadeln, Schmelzp. 316°.

Hämochromogenspektrum: I 552,2—544,1; II 522,3—505,3; End. Abs. 491,6.
$\qquad\qquad\qquad\quad$ 548,1 $\qquad\qquad$ 513,8

1, 2, 3, 4, 5, 8-Hexamethyl-6, 7-dipropionsäure-porphin[1].

Mol-Gewicht: 538,2.

Zusammensetzung: 71,35% C; 6,35% H; 11,89% O; 10,41% N. $C_{32}H_{34}O_4N_4$.

Darstellung: 225 mg Ester bleiben mit 200 ccm konz. Salzsäure über Nacht stehen. Dann wird auf dem Wasserbad bis zur vollständigen Lösung erwärmt und hernach mit Natronlauge und Natriumacetat das Porphyrin gefällt.

Eigenschaften: Aus Pyridin-Eisessig feine Nädelchen. Salzsäurezahl 0,2. Sehr schwer löslich in Äther.

Spektrum in Äther: I 625,8—620,8; II s. schw. 613,3; III schw. 597,1; IV 580,8—572,7;
$\qquad\qquad\qquad\qquad$ 623,3 $\qquad\qquad\qquad\qquad\qquad\qquad\qquad\qquad\qquad\quad$ 576,7
V 570,3—565,5; VI s. schw. 558,5; VII 537,7 . . . 532,3—522,9 . . . 518,4; VIII 505,4—482,4;
567,9 $\qquad\qquad\qquad\qquad\qquad\qquad\qquad\qquad\qquad$ 527,6 $\qquad\qquad\qquad\qquad\qquad\qquad\qquad$ 493,9
End. Abs. 431.

Kupfersalz $C_{32}H_{32}O_4N_4Cu$. — Aus Pyridin-Eisessig große, lange Nadeln.

Spektrum in Pyridin-Äther: I 574,7—550,7; II 537,9—515,5; End. Abs. 426,5.
$\qquad\qquad\qquad\qquad\qquad\quad$ 562,7 $\qquad\qquad$ 526,7

Eisensalz $C_{32}H_{32}O_4N_4FeCl$. — Feine Nadeln; Zersetzungsp. über 360°.

Hämochromogenspektrum: I 553,5—541,3; III 528,5 . . . 522,2—512,5 . . . 504,2; End.Abs. 439,5.
$\qquad\qquad\qquad\qquad\qquad$ 547,4 $\qquad\qquad\qquad\qquad\qquad$ 517,3

Chlorhydrat $C_{32}H_{34}O_4N_4 \cdot 2\,HCl$. Aus der Lösung des Porphyrins in konz. Salzsäure durch Verdünnen mit wenig Wasser. — Mikroskopische, quadratische Platten, Schmelzp. 387° (Block). Schwer löslich in Wasser.

1, 3, 5, 8-Tetramethyl-2-äthyl-6, 7-dipropionsäure-porphin[2].

Mol-Gewicht: 538,3.

Zusammensetzung: 71,34% C; 6,36% H; 11,89% O; 10,41% N. $C_{32}H_{34}O_4N_4$.

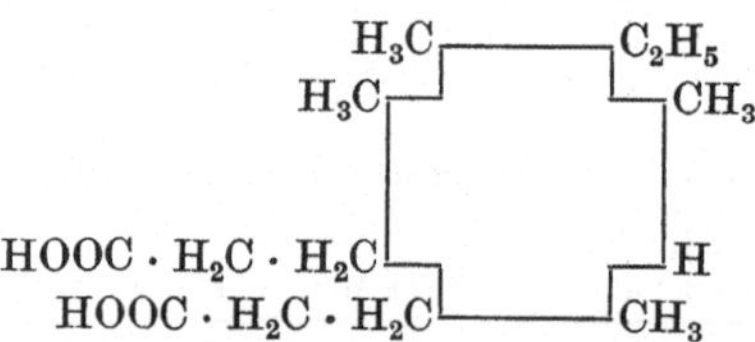

Synthese: 1,5 g 4, 3′, 5′-Trimethyl-3-äthyl-5-brommethyl-4′-brom-pyrromethen-bromhydrat (s. S. 570) und 1,8 g 3, 3′-Dipropionsäure-4, 4′-dimethyl-5, 5′-dibrom-pyrromethen-bromhydrat (s. S. 496) innig verrieben mit 6,6 g Bernsteinsäure und 3,3 g Brenzweinsäure werden in Mengen zu 2 g im Ölbad 50 Minuten auf 180° erhitzt. Die noch warme Schmelze wird erst mit heißem Eiessig, dann mit konz. Salzsäure bis zur Porphyrinfreiheit ausgezogen. Reinigung durch mehrmaliges Ausflocken aus salzsaurer Lösung und anschließendes Fraktionieren mit Äther-1proz. Salzsäure. Die zuletzt erhaltene ätherische Lösung wird nach dem Trocknen auf ein kleines Volumen eingeengt. Beim Stehen Krystallisation. Ausbeute 212 mg = 12,3%.

Eigenschaften: Aus Äther haarfeine, gebogene Nadeln. Umkrystallisierbar aus Pyridin-Methylalkohol. Salzsäurezahl = 0,4.

Eisensalz $C_{32}H_{32}O_4N_4FeCl$. Darstellung wie beim Isomeren beschrieben. — Zweiseitig abgerundete Blättchen.

Kupfersalz $C_{32}H_{32}O_4N_4Cu$. Wird hergestellt wie das Kupfersalz des Isomeren. — Aus Pyridin-Eisessig büschelförmige Nadeln.

[1] H. Fischer u. E. Jordan: Hoppe-Seylers Z. **191**, 56 (1930).
[2] H. Fischer u. A. Kirstahler: Hoppe-Seylers Z. **198**, 66 (1931).

Dimethylester $C_{34}H_{38}O_4N_4$. Darstellung aus dem freien Porphyrin mit methylalkoholischer Salzsäure. — Aus Chloroform-Methylalkohol lange, dünne Prismen; Schmelzp. 214° (korr.). Umkrystallisierbar aus Pyridin-Methylalkohol. Mischschmelzpunkt mit dem Isomeren 174°.

Eisensalz des Esters $C_{34}H_{36}O_4N_4FeCl$. Aus der Chloroformlösung des Esters durch Ferroacetat in kochsalz- und etwas salzsäurehaltigem Eisessig. — Schräg abgeschnittene Prismen; Schmelzp. 220° (korr.).

Kupfersalz $C_{34}H_{36}O_4N_4Cu$. Darstellung wie beim Esterkupfersalz des Isomeren beschrieben. — Prismen, Schmelzp. 230° (korr.). Umkrystallisierbar aus Chloroform-Eisessig.

1, 3, 5, 8-Tetramethyl-2-äthyl-4-brom-6, 7-dipropionsäure-porphin[1].

Mol-Gewicht: 617,3.

Zusammensetzung: 62,21% C; 5,39% H; 10,37% O; 9,07% N; 12,96% Br. $C_{32}H_{33}O_4N_4Br$.

Darstellung: Eine Aufschlämmung von 100 mg 1, 3, 5, 8-Tetramethyl-2-äthyl-6, 7-dipropionsäure-porphin in 15 ccm Eisessig wird in der Kälte mit 5 ccm einer Lösung von 20 g Brom in 100 ccm Eisessig versetzt. Dabei scheidet sich erst ein Teil des Perbromids $C_{32}H_{33}O_4N_4Br_7$ als schmierige, an der Glaswand zäh haftende Masse ab; nach mehrstündigem Stehen tritt dann Krystallisation des Hauptteils in schräg abgeschnittenen Prismen ein. Nun wird abgesaugt, mit wenig Eisessig und Äther gewaschen, der Rückstand in wenig Aceton gelöst, nach 1 stündigem Stehen das partiell entbromte Porphyrin mit Wasser gefällt; gründlich mit Wasser ausgewaschen, in 15 proz. Salzsäure gelöst, mit Natronlauge in Äther getrieben und fraktioniert. Beim Einengen des letzten Ätherauszugs Krystallisation.

Eigenschaften: Aus Äther haarfeine, lange Nadeln. Salzsäurezahl 4,3. Sehr schwer löslich in Äther.

Kupfersalz $C_{32}H_{31}O_4N_4BrCu$. Durch kurzes Aufkochen einer Pyridinlösung des Porphyrins mit Eisessig-Kupferacetat. Beim Erkalten Krystallisation. — Aus Pyridin-Eisessig lange, gebogene Nadeln.

Dimethylester $C_{34}H_{37}O_4N_4Br$. Durch Veresterung mit Methylalkohol-Salzsäure. — Aus Chloroform-Methylalkohol büschelförmig angeordnete Nadeln, Schmelzp. 259° (korr.). Mischschmelzpunkt mit dem isomeren Monobromester 230° (korr.), vorher deutliche Sinterung.

Kupfersalz des Esters $C_{34}H_{35}O_4N_4BrCu$. Aus der Chloroformlösung des Esters durch Kupferacetat-Eisessig. Bereits in der Hitze Krystallisation. — Aus Chloroform-Eisessig dunkelrote Nadeln; Schmelzp. 276°.

1, 3, 5, 8-Tetramethyl-4-äthyl-6, 7-dipropionsäure-porphin[2].

Mol-Gewicht: 538,3.

Zusammensetzung: 71,34% C; 6,36% H; 11,89% O; 10,41% N. $C_{32}H_{34}O_4N_4$.

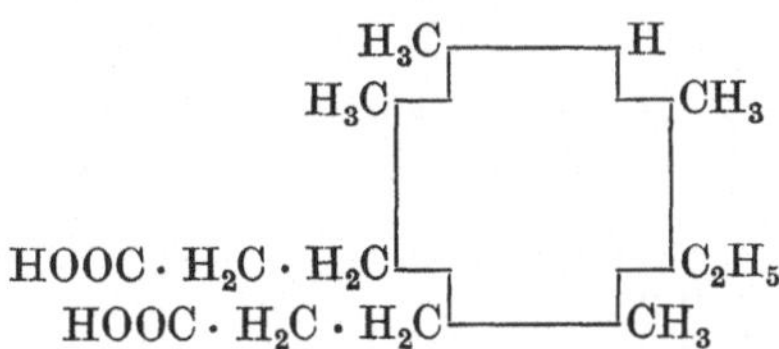

Darstellung: 7 g 4, 5, 3'-Trimethyl-3-brom-4'-äthyl-5-brommethyl-pyrromethen-bromhydrat (s. S. 530) und 8,26 g 3, 3'-Dipropionsäure-4, 4'-dimethyl-5, 5'-dibrom-pyrromethen-bromhydrat (s. S. 496) mit der dreifachen Menge Bernsteinsäure innig verrieben werden in Portionen zu 1,2 g 1 Stunde im Ölbad auf 190—200° erhitzt. Die Schmelze wird mehrmals mit heißem Wasser ausgelaugt, filtriert, aus dem zerkleinerten schwarzen Rückstand des Porphyrin mit konz. Salzsäure und Eisessig herausgelöst, der Auszug mit dem doppelten Volumen Wasser verdünnt, filtriert und der Rückstand durch wiederholtes Behandeln mit 20 proz. Salzsäure porphyrinfrei gemacht. Aus den salzsauren Lösungen wird das Porphyrin mittels Natriumacetat ausgeflockt, filtriert, mit Wasser gründlich ausgewaschen, in verdünnter Salzsäure gelöst und mit Natronlauge in Äther getrieben. Die ätherische Lösung

[1] H. Fischer u. A. Kirstahler: Hoppe-Seylers Z. **198**, 66 (1931).
[2] H. Fischer u. A. Kirstahler: Hoppe-Seylers Z. **198**, 58 (1931).

wird mit 1proz. Salzsäure ausgezogen, das Porphyrin mehrmals zwischen Salzsäure-Äther gereinigt und der Äther abdestilliert. Ausbeute 982 mg = 12,2%.

Eigenschaften: Aus Äther feine Nadeln. Salzsäurezahl = 0,4.

Spektrum in Äther: I 625,6—621,1; II s. schw. Max. 612,0; III schw. 597,4; IV 580,1—573,0;
623,3   576,5
V 571,2—565,8; VI s. schw. Max. 559,6; Schatten 547,0; VII 538 . . . 535,1—524,0 . . . 520,0;
568,5   529,5
VIII 508,6 . . . 506,2—482,5; End. Abs. 439. Intensität: VIII; I, VII, V, IV, III, II, VI.
494,3

Spektrum in 5proz. Salzsäure: I 594,6—588,4 . . . 583,5; II s. schw. Max. etwa 570,9;
591,5
III 557,0—536,2; End. Abs. 420. Intensität: III, I, II.
546,6

Spektrum in $^{n}/_{10}$-Natronlauge (verwaschen): I 622,2—612,6; II 578,8 . . . 571,8—559,5;
617,4   565,7
III 544,5—534,6; IV 515,9—493,2; End. Abs. 443. Intensität: IV, III, I, II.
539,6   504,6

Eisensalz $C_{32}H_{32}O_4N_4FeCl$. a) Durch Versetzen des Porphyrins in Eisessig mit Ferroacetat in kochsalz- und etwas salzsäurehaltigem Eisessig. b) Durch Eingießen einer Pyridin-Chloroform-Lösung des Porphyrins in heißen, kochsalzgesättigten Eisessig. — Quadratische Blättchen.

Spektrum in Pyridin-Hydrazinhydrat: I 553,8— 538,8; II 526,8—509,6; End. Abs. 439. Intensität: I, II.
546,3   518,2

Kupfersalz $C_{32}H_{32}O_4N_4Cu$. Durch kurzes Aufkochen einer Pyridinlösung des Porphyrins mit Kupferacetat-Eisessig. Sofort Krystallisation. — Aus Pyridin-Eisessig lange Nadeln.

Spektrum in Eisessig: I 567,6—549,4; II 529,8—514,5; End. Abs. 425. Intensität: I, II.
558,5   522,1

Dimethylester $C_{34}H_{38}O_4N_4$. Durch Verestern des Porphyrins mit Methylalkohol-Salzsäure. — Aus Pyridin-Methylalkohol Nadeln, Schmelzp. 213° (korr.).

Spektrum in Chloroform: I 624,3— 616,1; II schw. 594,7; III 580,3—569,1; IV 568,0—561,8;
620,2   574,7   564,9
V 541,3—522,2; VI 512,6—481,0; End. Abs. 439. Intensität: VI, V, I, IV, III, II.
531,7   496,8

Eisensalz des Esters $C_{34}H_{36}O_4N_4FeCl$. Darstellung wie üblich. — Aus Chloroform-Eisessig büschelförmig vereinigte Prismen, Schmelzp. 259° (korr.) nach vorheriger Sinterung.

Spektrum in Pyridin-Hydrazinhydrat: I 553,5— 539,1; II 525,0—505,8; End. Abs. 444. Intensität: I, II.
546,3   515,4

Kupfersalz des Esters $C_{34}H_{36}O_4N_4Cu$. Durch kurzes Aufkochen des Esters mit Kupferacetat in Eisessig. — Feine, lange Nadeln; Schmelzp. 220° (korr.) nach vorheriger Sinterung. — Läßt sich aus Pyridin-Eisessig umkrystallisieren.

Spektrum in Pyridin: I 574,2 . . . 569,8— 557,7 . . . 552,7; ziemlich verwaschen 534,5—520,1;
End. Abs. 427. Intensität: I, II.   563,8   527,3

1, 3, 5, 8-Tetramethyl-2-brom-4-äthyl-6, 7-dipropionsäure-porphin[1].

Mol-Gewicht: 617,3.

Zusammensetzung: 62,21% C; 5,39% H; 10,37% O; 9,07% N; 12,96% Br. $C_{32}H_{33}O_4N_4Br$.

Darstellung: 50 mg 1, 3, 5, 8-Tetramethyl-4-äthyl-6, 7-dipropionsäure-porphin, gelöst in 15 ccm Eisessig, werden bei Zimmertemperatur mit 5 ccm einer 20proz. Brom-Eisessig-Lösung versetzt. Nach mehrstündigem Stehen wird vorsichtig von dem an der Glaswand zäh haftenden Perbromid abgegossen, letzteres in Aceton gelöst, nach 1—2stündigem Stehen das entbromte Porphyrin mit Wasser ausgeflockt, filtriert und über Äther-Salzsäure aufgearbeitet.

Eigenschaften: Aus Äther haarfeine, lange Nadeln. Salzsäurezahl 4,3.

---

[1] H. Fischer u. A. Kirstahler: Hoppe-Seylers Z. **198**, 62 (1931).

Spektrum in Äther: I 623,5—620,4; II s. schw. 612,6; III Max. 595,8; IV 580,0—572,0;

$\underbrace{\qquad}_{621,9}$ $\qquad\underbrace{\qquad}_{576,0}$

V 569,8—565,5; VI 541,0—530,6 . . . 525,3; VII 511,3—494,5 . . . 486,5; End. Abs. 434,5. Inten-

$\underbrace{\quad}_{567,6}$ $\quad\underbrace{\quad}_{535,8}$ $\underbrace{\quad}_{502,9}$

sität: VII, VI, V, I, IV, III, II.

Dimethylester $C_{34}H_{37}O_4N_4Br$. a) Aus dem Dimethylester des freien Porphyrins durch Bromieren wie oben beschrieben. Der amorphe, partiell mit Aceton entbromte Ester wird in Chloroform gelöst, mehrmals mit Wasser gewaschen, getrocknet, die Lösung auf ein kleines Volumen eingeengt und mit heißem Methylalkohol versetzt. Beim Erkalten Krystallisation.

b) Je 1 g des zur Darstellung des 1, 3, 5, 8-Tetramethyl-4-äthyl-6, 7-dipropionsäure-porphins benötigten Methen-Bernsteinsäuregemisches wird 30 Sekunden über freier Flamme geschmolzen. Aufarbeitung wie vorher beschrieben. Das ausgeflockte Pyridin wird auf dem Filter mit Methylalkohol-Salzsäure kalt verestert.

Aus Chloroform-Methylalkohol Prismen, Schmelzp. 270—271° (korr.).

Spektrum in Chloroform: I 623,3—619,6; II schw. 594,2; III 581,7—571,2; IV 569,8—562,6;

$\underbrace{\quad}_{620,1}$ $\underbrace{\quad}_{576,4}$ $\underbrace{\quad}_{566,2}$

V 546,6—530,2; VI 514,8—492,5; End. Abs. 438. Intensität: VI, V, IV, I, III, II.

$\underbrace{\quad}_{538,4}$ $\underbrace{\quad}_{503,7}$.

Kupfersalz $C_{34}H_{35}O_4N_4BrCu$. Darstellung in Pyridinlösung unter Zusatz von Kupfer-acetat in Eisessig. — Aus Pyridin-Eisessig feine, büschelförmig vereinigte Nadeln, Schmelz-punkt 230° (korr.) nach vorheriger Sinterung.

Dimethylester des 1, 3, 5, 8-Tetramethyl-2-acetyl-4-äthyl-6, 7-di-propionsäure-porphins[1].

Mol-Gewicht: 608,3.

Zusammensetzung: 71,02% C; 6,62% H; 13,15% O; 9,21% N. $C_{36}H_{40}O_5N_4$.

Darstellung: Eine Aufschlämmung von 1,1 g Eisensalz des 1, 3, 5, 8-Tetramethyl-4-äthyl-6, 7-dipropionsäure-porphin-dimethylesters in 100 ccm Essigsäureanhydrid wird innerhalb 10 Minuten tropfenweise mit 7,5 ccm Zinntetrachlorid versetzt. Dann bleibt unter Um-schütteln so lange stehen, bis im Spektrum der erste Streifen des Acetyl-hämochromogens (etwa 570 $\mu\mu$) deutlich zu sehen ist (15 Minuten). Nun wird sofort in Eiswasser gegossen (3 l) und das Acetylprodukt, sobald es blättrig abgeschieden ist, abgesaugt. Ausbeute 1,2 g. (Bei kolloider Ausscheidung von Zinnsalz wird zentrifugiert und bei 100° getrocknet.) Das fein gepulverte Acetylhämin wird mit 30 g Bromwasserstoff-Eisessig im Rohr 12 Stunden auf 40° erwärmt, dann in verdünnter Salzsäure aufgenommen, das Porphyrin in 6—7 l Äther ge-trieben, die Lösung 4mal mit 2proz. und 1mal mit 5proz. Salzsäure ausgezogen, die Auszüge mit $^1/_3$ Volumen Äther durchgeschüttelt; dann auf 1,5% Salzsäuregehalt verdünnt und noch einmal mit Äther ausgeschüttelt. In den Ätherextrakten befindet sich fast reines Acetylpor-phyrin, das noch einmal mit Salzsäure-Äther gereinigt wird. Die letzte Ätherlösung wird ein-gedampft und der Rückstand mit Methylalkohol-Salzsäure verestert.

Eigenschaften: Aus Chloroform-Methylalkohol schief abgeschnittene Prismen mit violet-tem Oberflächenglanz; Schmelzp. 261° (korr.).

Spektrum in Chloroform: I s. verw. 641,2—633,4; II 594,8 . . . 588,7—569,8 . . . 567,3;

$\underbrace{\quad}_{637,4}$ $\underbrace{\quad}_{579,2}$

III 561,7—539,1 . . . 535,7; IV 523,1—501,8 . . . 493,0; End. Abs. 444. Intensität: III, IV, II, I.

$\underbrace{\quad}_{550,4}$ $\underbrace{\quad}_{512,4}$

Spektrum in Eisessig-Äther: 641,5—633,9; II 596,9 . . . 592,5—569,0; III 560,6—531,7;

$\underbrace{\quad}_{637,7}$ $\underbrace{\quad}_{580,7}$ $\underbrace{\quad}_{546,1}$

IV 522,5—489,0; End. Abs. 443,5. Intensität: III, IV, II, I.

$\underbrace{\quad}_{505,7}$

Eisensalz $C_{36}H_{38}O_5N_4FeCl$. Darstellung wie üblich. — Derbe verwachsene Prismen, Schmelzp. 260° (korr.). Umkrystallisierbar aus Chloroform-Eisessig.

Hämochromogenspektrum: I 577,0—564,3; II 533,2—etwa 523,0; End. Abs. 449. Intensität: I, II.

$\underbrace{\quad}_{570,6}$ $\underbrace{\quad}_{\text{etwa } 528,1}$

---

[1] H. Fischer u. A. Kirstahler: Hoppe-Seylers Z. **198**, 64 (1931).

Kupfersalz $C_{36}H_{38}O_5N_4Cu$. Aus der Pyridinlösung des Esters mit Kupferacetat-Eisessig. Beim Stehen Krystallisation in parallelogrammförmigen Platten; Schmelzp. 227° (korr.). Umkrystallisierbar aus Eisessig-Äther.

Spektrum in Chloroform: I 597,7—594,5—574,0 . . . 569,7; II 547,7—516,8; End. Abs. 431,5. Intensität: I, II.
$$\underbrace{594,5—574,0}_{584,2} \qquad \underbrace{547,7—516,8}_{532,2}$$

Dimethylester des 1, 3, 5, 8-Tetramethyl-4-carbomethoxy-6, 7-dipropionsäure-porphins[1].

Mol-Gewicht: 596,2.

Zusammensetzung: 68,43% C; 6,07% H; 16,11% O; 9,39% N. $C_{34}H_{36}O_6N_4$.

Darstellung: 3 g 4, 5, 3', 5'-Tetramethyl-3-brom-4'-carbäthoxy-pyrromethen-bromhydrat (s. S. 531) und 3,84 g 3, 3'-Dipropionsäure-4, 4'-dimethyl-5, 5'-dibrom-pyrromethen-bromhydrat (s. S. 496), innig verrieben mit 21 g Bernsteinsäure, werden in Anteilen von 1—1,5 g im Ölbad 45 Minuten auf 190° erhitzt. Aus der Schmelze wird das Porphyrin in der üblichen Weise mit Säuren extrahiert und in Äther überführt. Die ätherische Lösung, die ein Gemisch von Tricarbonsäureporphin und Deuteroporphin enthält, wird nun nacheinander mit 1-, 2-, 4- (und 5-)proz. Salzsäure extrahiert. Der 1 proz. Auszug wird erst mit dem halben Volumen Äther geschüttelt; dann auf 0,75 proz. Salzsäuregehalt verdünnt und noch einmal mit Äther geschüttelt. Die Fraktionen 2 und 4% werden in Äther getrieben, dieser nun wieder mit 1 proz. Salzsäure ausgezogen und der Auszug wie oben behandelt. Die so erhaltenen ätherischen Lösungen enthalten fast reines Tricarbonsäureporphyrin, das nun noch einmal einer Reinigung über Salzsäure-Äther unterworfen wird. Die zuletzt erhaltene ätherische Lösung wird eingedampft und der Rückstand mit Methylalkohol-Salzsäure verestert. Ausbeute 33 mg = 0,8%. (Als Nebenprodukt entsteht Deuteroporphyrin.)

Eigenschaften: Aus Chloroform-Methylalkohol lange Nadeln; Schmelzp. 205°. Umkrystallisierbar aus Pyridin-Methylalkohol. Gibt bei der Bromierung den Ester des Dibromdeuteroporphyrins. Die ätherische Lösung ist kirschrot gefärbt.

Spektrum in Pyridin-Äther: I 636,7—631,9; schw. Schatten 602,4; II 592,3—580,0; max. Auf-
$$\underbrace{636,7—631,9}_{634,3} \qquad \underbrace{592,3—580,0}_{586,1}$$
hellung 578,6; III 577.1—572,2; III 549,1—532,4; IV 517,5—491,4 . . . 487,8; End. Abs. 442,6. Inten-
$$\underbrace{577.1—572,2}_{574,8} \qquad \underbrace{549,1—532,4}_{540,7} \qquad \underbrace{517,5—491,4}_{504,4}$$
sität: III, IV, II, I.

Dimethylester des 1, 2, 3, 5, 8-Pentamethyl-4-äthyl-6, 7-dipropionsäure-porphins[2].

Mol-Gewicht: 580,3.

Zusammensetzung: 72,38% C; 6,94% H; 11,03% O; 9,65% N. $C_{35}H_{40}O_4N_4$.

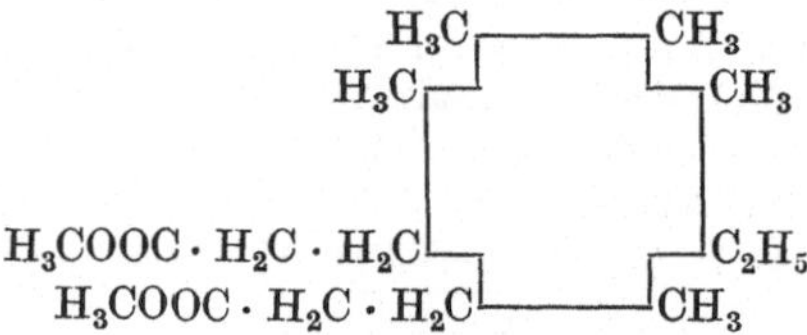

Darstellung: Äquimolare Mengen des 3, 4, 3'-Trimethyl-4'-äthyl-5, 5'-dibrommethyl-pyrromethen-bromhydrats und des Bis-(3-propionsäure-4-methyl-5-brom-pyrryl)-methen-bromhydrats, mit der doppelten Menge Bernsteinsäure innig verrieben, werden in Portionen zu 1 g 8—10 Minuten bei 250° geschmolzen. Die Schmelze wird mit konz. Salzsäure und Eisessig ausgelaugt, in dem Auszug das Porphyrin mit Natronlauge gefällt und durch neues Lösen in Natronlauge und Fällen mit Natriumacetat gereinigt. Nach dem Trocknen wird mit Methylalkohol-Salzsäure verestert. Ausbeute 10%.

Eigenschaften: Aus Chloroform oder Pyridin-Methylalkohol seidenglänzende, feine Nädelchen; Schmelzp. 255°. Schwer löslich in Äther.

[1] H. Fischer u. A. Kirstahler: Hoppe-Seylers Z. **198**, 73 (1931).
[2] H. Fischer u. E. Jordan: Hoppe-Seylers Z. **191**, 46 (1930).

Spektrum in Chloroform: I 625,5—618,4; II 596,4; III 581,3—571,5; IV 570,4—564,9;
621,9 576,4 567,9
V 539,7—526,5 ... (524,5); VI 511,9—487,9; End. Abs. 436. Intensität: VI, V, I, IV, III, II.
533,1 499,9

Spektrum in Pyridin-Äther: I 626,8—620,5; II (612,5); III 597,3; IV 583,6—573,1;
623,6 578,3
V 571,7—566,0; VI 559,2; VII (540,7) ... 539,0—525,0 ... 520,9; VIII 512,6—482,8; End. Abs. 442.
568,8 532,0 497,7
Intensität: VIII, VII, I, V, IV, III, II.

Kupfersalz $C_{35}H_{38}O_4N_4Cu$. Darstellung in der üblichen Weise. — Aus Chloroform-Methylalkohol lange, feine Nadeln; Schmelzp. 214°.

Spektrum in Chloroform: I 570,1—554,1; II 532,0—516,2; End. Abs. 427,1.
562,1 524,1

Spektrum in Pyridin: I 574,6—555,1; II 551,4 ... 532,1—522,4 ... 515,1; End. Abs. 430,0.
564,8 524,1

Eisensalz $C_{35}H_{38}O_4N_4FeCl$. Wird wie üblich hergestellt. — Aus Chloroform-Methylalkohol Prismen; Zersetzungsp. 273°.

Hämochromogenspektrum: I 551,3—544,9; II verwaschen 523,6—512,0; End. Abs. 430.
548,1 517,8

Silbersalz $C_{35}H_{39}O_4N_4Ag$. Ester, in Chloroform und Pyridin gelöst, wird mit Silberacetat auf dem Wasserbad erhitzt, bis reines Komplexsalzspektrum zu sehen ist. Dann wird mit Chloroform verdünnt, mit ammoniakhaltigem Wasser gewaschen und das Chloroform abdestilliert. — Aus Benzol zu Büscheln vereinigte rote Stäbchen, Schmelzp. 233°.

Spektrum in Chloroform (verwaschen): I 567,3—555,9; (II 533,4—520,6); End. Abs. 427,3.
561,6 527,0

Spektrum in Pyridin: I 566,6—556,3; (II 531,9—526,5); End. Abs. 430.
561,4 529,2

1, 2, 3, 5, 8-Pentamethyl-4-äthyl-6, 7-dipropionsäure-porphin [1].

Mol-Gewicht: 552,2.

Zusammensetzung: 71,72% C; 6,57% H; 11,56% O; 10,15% N. $C_{33}H_{36}O_4N_4$.

Darstellung: 50 mg Ester bleiben mit 50 ccm konz. Salzsäure über Nacht stehen. Dann wird mit Wasser verdünnt, das Porphyrin mit Natriumacetat gefällt und umkrystallisiert.

Eigenschaften: Aus Pyridin-Eisessig Plättchen; Schmelzp. 383° (Block). Salzsäurezahl = 0,378. Gibt ein in $^n/_{10}$-Natronlauge schwer lösliches Natriumsalz.

Spektrum in Äther: I 626,6—620,6; II Schatten 612,4; III 597,6; IV 580,8—573,0;
623,6 576,9
V 571,1—566,7; IV schw. Schatten 549,8; VII 539,4 ... 534,4—524,0 ... 520,6; VIII 509,3—481,0
568,9 529,2 495,1
... 469,6; End. Abs. 434,0. Intensität: VIII, VII, I, VI, V, IV, III, II.

Spektrum in 1proz. Salzsäure: I 596,1—586,4; II 554,9—540,0; End. Abs. 427,4.
591,2 547,4

Kupfersalz $C_{33}H_{34}O_4N_4Cu$. Darstellung nach der üblichen Methode. — Aus Pyridin-Eisessig oder Pyridin-Methylalkohol feine Nadeln, Schmelzp. 364—366° (Block).

Spektrum in Pyridin-Äther: I 568,4—557,3; II 530,0—518,4; End. Abs. 418. Intensität: I, II.
562,8 524,2

Eisensalz $C_{33}H_{33}O_4N_4Fe$. Das in wenig heißem Pyridin gelöste Porphyrin wird mit einer konz. Lösung von Ferroacetat in kochsalzhaltigem Eisessig versetzt. Nach längerem Stehen Krystallisation in dunklen graphitähnlichen Krystallen. (Anscheinend inneres Anhydrid = Hämatin—H_2O).

Hämochromogenspektrum: I 552,9—545,8; II 519,2; End. Abs. 434.
549,3

Gibt bei 2stündigem Erhitzen mit 3proz. methylalkoholischer Salzsäure einen nicht ganz zweifach methylierten Ester. — Aus Eisessig-Wasser prismatische Blättchen; Schmelzpunkt 197° (Gemisch von Mono- und Diester).

---

[1] H. Fischer u. E. Jordan: Hoppe-Seylers Z. **191**, 48f. (1930).

Silbersalz $C_{33}H_{35}O_4N_4Ag$. Durch 2stündiges Erhitzen des Silbersalzes des Esters gelöst in Pyridin mit konz. methylalkoholischer Natronlauge. Dann wird mit Wasser verdünnt, mit Essigsäure neutralisiert und abfiltriert. — Aus Pyridin-Eisessig zu Büscheln vereinigte rote Nadeln.
Spektrum in Pyridin (sehr verwaschen): I 565,3—557,7; (II 533,1—522,5); End. Abs. 418,5.
     561,5   527,8

Dimethylester des 1, 3, 4, 5, 8-Pentamethyl-2-äthyl-6, 7-dipropionsäure-porphins[1].

Mol-Gewicht: 580,3.
Zusammensetzung: 72,38% C; 6,94% H; 11,03% O; 9,65% N. $C_{35}H_{40}O_4N_4$.

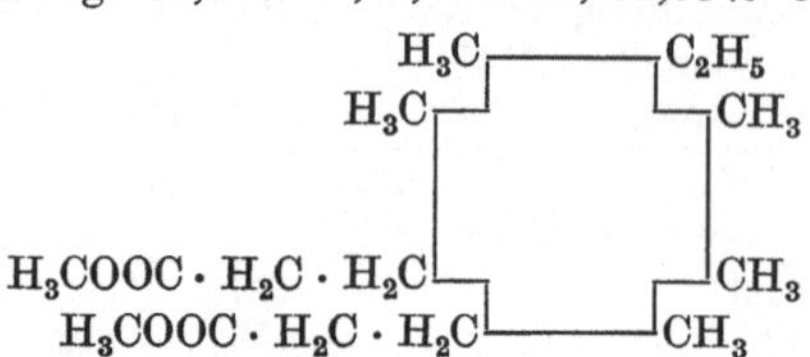

Darstellung: Äquimolare Mengen von 3′, 4, 4′-Trimethyl-3-äthyl-5, 5′-dibrommethylpyrromethen-bromhydrat und Bis-(3-propionsäure-4-methyl-5-brom-pyrryl)-methen-bromhydrat (s. S. 496), innig verrieben mit der doppelten Menge Bernsteinsäure, werden in Portionen von 1 g 10 Minuten bei 245—250° geschmolzen. Aufarbeitung wie beim isomeren 1, 2, 3, 5, 8-Pentamethyl-4-äthyl-6, 7-dipropionsäureporphin beschrieben. Ausbeute an Ester 25%.
Eigenschaften: Aus Chloroform-Methylalkohol spindelförmige Nadeln, Schmelzp. 290°. Mischschmelzpunkt mit dem isomeren Ester 274—275°.
Spektrum in Chloroform (verw.): I 625,5—618,3; II (595,5); III 580,5—572,3; IV 571,2—564,3;
          621,9   576,4   567,7
V 542,8 . . . 539,9—528,4 . . . 524,0; VI 512,3—487,5 . . . 483,2; End. Abs. 431,5. Intensität: VI, V,
          524,1   499,9
I, IV, III, II.
Spektrum in Pyridin-Äther: I 626,0—620,5; II s. schw. 612,1; III 597,7; IV 581,6—572,5;
          623,2   577,0
V 571,1—566,0; VI 538,9 . . . 535,8—525,1; VII 510,4—487,2 . . . 482,1; End. Abs. 431. Intensität:
  568,5   530,4   498,8
VII, VI, I, V, IV, III, II.
Kupfersalz $C_{35}H_{38}O_4N_4Cu$. Darstellung wie üblich. — Aus Chloroform-Methylalkohol verfilzte Nadeln, Schmelzp. 266°.
Spektrum in Chloroform: I 570,4—554,6 . . . 552,0; II verw. 532,0—518,4; End. Abs. 420,3.
          562,5   525,2
Spektrum in Pyridin: I 574,0—556,2 . . . 551,7; II 547,7 . . . 529,6—517,4; End. Abs. 427.
          565,1   523,5
Eisensalz $C_{35}H_{38}O_4N_4FeCl$. Darstellung wie üblich. — Aus Chloroform-Methylalkohol wetzsteinförmige Krystalle; Schmelzp. 277°.
Hämochromogenspektrum: I 552,0—543,7; II (524,3 . . . 519,0—512,0); End. Abs. 439,7.
          547,8   514,5
Silbersalz $C_{35}H_{39}O_4N_4Ag$. Darstellung wie beim Ester des 1, 2, 3, 5, 8-Pentamethyl-4-äthyl-6, 7-dipropionsäureporphin beschrieben. — Aus Benzol spindelförmige Nadeln, Schmelzpunkt 272°. Spektroskopisch identisch mit dem isomeren Silbersalz.

1, 3, 4, 5, 8-Pentamethyl-2-äthyl-6, 7-dipropionsäure-porphin[2].

Mol-Gewicht: 552,53.
Zusammensetzung: 71,70% C; 6,56% H; 11,59% O; 10,15% N. $C_{33}H_{36}O_4N_4$.
Darstellung: a) 50 mg Ester werden mit 50 ccm konz. Salzsäure über Nacht stehengelassen. Dann wird mit Wasser verdünnt und das Porphyrin mit Natriumacetat gefällt.
b) Der Ester wird mit aufstehender Natronlauge 2 Stunden gekocht, das ausgefallene schwerlösliche Natriumsalz in Salzsäure gelöst und daraus das Porphyrin mit Natriumacetat gefällt.

[1] H. Fischer u. E. Jordan: Hoppe-Seylers Z. **191**, 51f. (1930).
[2] H. Fischer u. E. Jordan: Hoppe-Seylers Z. **191**, 53 (1930).

Eigenschaften: Aus Pyridin-Eisessig rhombische Platten, Schmelzp. 385° (Block). Salzsäurezahl = 0,378.

Spektrum in Äther: I 626,2—621,3; (II 612,8); (III 597,5); IV 581.3—572,9; V 571,5—566,5;
623,7   577,1   569,0
VI 536,6 . . . 534,2—524,6 . . . 521,4; VII 507,2—483,5; End. Abs. 435. Intensität: VII, I, VI, IV,
III, II.   529,4   495,3

Spektrum in 1 proz. Salzsäure: I 594,4—585,4; II 564,7—540,0; End. Abs. 420,7. Intensität: II, I.
589,4   552,3

Kupfersalz $C_{33}H_{34}O_4N_4Cu$. Darstellung wie üblich. Aus Pyridin-Eisessig haarfeine Nadeln, Schmelzp. 382° (Block).

Spektrum in Pyridin-Äther: I 572,5—552,9; II 532,8—516,9; End. Abs. 427,0.
562,7   524,8

Eisensalz $C_{33}H_{33}O_4N_4Fe$. Darstellung wie beim Isomeren beschrieben. Aus Eisessig-Wasser rautenförmige Blättchen. — Ist anscheinend ein inneres Anhydrid.

Hämochromogenspektrum: I 554,4—544,7; II Max. etwa 519,5 . . . 510; End. Abs. 440.
549,5

Silbersalz $C_{33}H_{35}O_4N_4Ag$. Durch Verseifung des Esters wie beim Isomeren beschrieben. — Aus Pyridin-Eisessig zu Garben vereinigte, spindelförmige, rote Nadeln. Spektroskopisch identisch mit dem Silbersalz des Isomeren. Gibt mit Diazomethan wieder den Ester zurück.

1, 3, 5, 8-Tetramethyl-2, 4-divinyl-6, 7-dipropionsäure-porphin. Protoporphyrin[1,2]. Ooporphyrin[3]. Kämmerers Porphyrin[4]. Hämaterinsäure[5]. α-Hämatoporphyroidin. α-Hämatoporphyrin[6]. Oorhodein[7].

Mol-Gewicht: 562,46.

Zusammensetzung: 72,56% C; 6,09% H; 11,39% O; 9,96% N. $C_{34}H_{34}O_4N_4$.

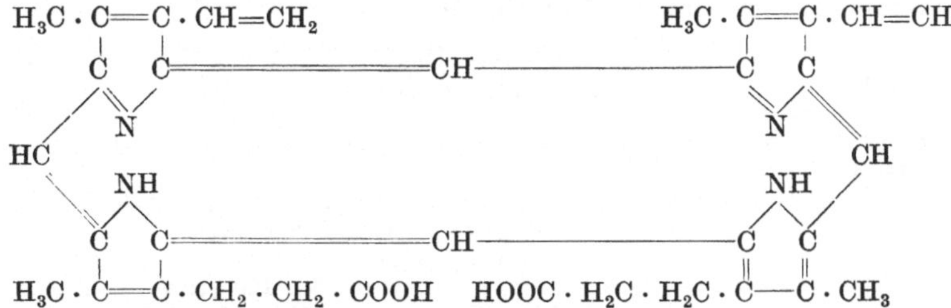

Vorkommen: In den Schalen der Eier von Möwe[8] (aus 20 g Schalen 30 mg Po-Ester), Kiebitz[8,9] (aus 150 g Schalen 60 mg Ester[8], Reinigung[10]), Krähe, Brachvogel, Austernfischer, Turmfalke, Moosschnepfe, Silbermöwe, Feld- und Haussperling, Amsel, Ringfasan, Goldammer, Buchfink, Feldlerche, Kuckuck usw.[8]. Bildung des Pigments in dem Lumen des Eileiters[8].

In geringer Menge in den Faeces[11], in stärkerem Maß nach Blutgenuß oder Blutungen im Darmkanal[12]. Ferner findet es sich im Knochenmark nach perniziöser Anämie[13], im durch

[1] H. Fischer u. F. Lindner: Hoppe-Seylers Z. **142**, 147 (1924).
[2] H. Fischer u. B. Pützer: Hoppe-Seylers Z. **154**, 38 (1926).
[3] H. Fischer u. F. Kögl: Hoppe-Seylers Z. **131**, 244 (1923).
[4] H. Fischer u. K. Schneller: Hoppe-Seylers Z. **130**, 303 (1923).
[5] A. Papendieck u. K. Bonath: Hoppe-Seylers Z. **144**, 64 (1925). — Vgl. **150**, 263 (1926).
[6] O. Schumm: Hoppe-Seylers Z. **139**, 219; **144**, 273 (1924).
[7] Sorby: Proc. zool. Soc. Lond. **1875**, 351.
[8] H. Fischer u. F. Kögl: Hoppe-Seylers Z. **131**, 247 (1923). — Vgl. **142**, 147 (1925).
[9] H. Fischer u. F. Kögl: Hoppe-Seylers Z. **138**, 267 (1924).
[10] H. Fischer u. F. Lindner: Hoppe-Seylers Z. **142**, 147 (1925).
[11] A. Papendieck: Hoppe-Seylers Z. **128**, 110 (1923); **140**, 16 (1924).
[12] H. Fischer u. K. Schneller: Hoppe-Seylers Z. **130**, 305 (1923). — O. Schumm: Hoppe-Seylers Z. **131**, 34 (1923); **133**, 308. — A. Papendieck: Hoppe-Seylers Z. **128**, 109 (1923).
[13] O. Schumm: Hoppe-Seylers Z. **133**, 298 (1924); **141**, 153 (1924); **142**, 209 (1925); **147**, 184 (1925).

Fäulnis aufgeschlossenem Blut und Hämoglobin[1,2,3], in ebenso behandeltem Fleisch von Organen[2] (Herz, Milz, Leber, Lunge usw.) und anderen Körperteilen (neben Koproporphyrin)[1,3,4], sofern das Blut nicht vorher ausgewaschen worden war[2]. Im Fleisch tritt es auch nach Hydrolyse[2] und steriler Autolyse auf[2,4]; in Hefe nach Autolyse und Plasmolyse[4,5].

Ferner wurde Protoporphyrin isoliert aus Erbsen, Mais, Brennesseln, Kartoffeln[6], Runkelrüben[6], Eschen- und Ahornblättern[7], ungekeimter Gerste[6], Hafer[8], Mandeln[8], Cytochrom[8], aus bei Zimmertemperatur autolysiertem Malz[7] und in geringer Menge aus frischer Hefe neben viel Hämatin[9]. Mit Koproporphyrin zusammen wurde es angetroffen in auf Sand wachsender Gerste[7].

Bildung: Aus sauerstofffreiem[10,11] Blut oder Hämoglobin von Mensch[11], Pferd[11], Rind mit konz. Salzsäure[11]; ebenso auch aus mit Kohlensäure (Pferd)[10,12], Leuchtgas[13] oder Schwefelwasserstoff (Mensch, Pferd, Rind)[11] behandeltem Blut oder Hämoglobin. Beim Schwefelwasserstoffblut geht die Reaktion auch schon mit Schwefel-, Phosphor- oder Essigsäure oder mit Eisessig-Äther[11].

Bei der Fäulnis von Blut oder Hämoglobin in Gegenwart von Stuhlbakterien (bei optimalem p_H 7,0—7,3)[13] oder Hefe[5].

Aus α-Hämatin (α-Oxyhämin) bei vorsichtiger Einwirkung von Natriumamalgam[12].

Aus α-Oxyhämin oder dessen Anhydrid und Hämin mit Hilfe von Stannochlorid-Salzsäure[14] oder Aceton-Stannochlorid-Salzsäure[15] oder Eisessig-Stannochlorid-Salzsäure[15] oder Aceton-Eisenvitriol-Salzsäure[16].

Aus Blut[17], Hämatin[18] oder Hämin mit Hydrazinhydrat und Ameisensäure bzw. Eisessig[19,20] oder Hydrazinhydrat und salzsäurehaltigem Alkohol (Nebenprodukt grüner Farbstoff)[15] oder Hydrazinhydrat und Salzsäure[15,16].

Aus Hämatoporphyrin[21] oder dessen Dimethyläther durch Erhitzen im Hochvakuum auf 105°[21], oder durch Kochen mit 25proz. Salzsäure[22] (hiermit auch aus Tetramethylhämatoporphyrin), Eisessig und Milchsäure.

Aus α-Oxyhämin[23], Hämin[24] oder Allohämin[25] mit Ameisensäure-Eisen oder Palladium[24].

Aus Hämochromogen mit konz. Säuren (auch Ameisensäure)[24].

Neben Mesoporphyrin aus α-Hämatin durch elektrolytische Reduktion an Kupferkathoden[18] und aus Hämin mit Ameisensäure Palladium[24].

---

[1] O. Schumm: Hoppe-Seylers Z. **133**, 298 (1924); **141**, 153 (1924); **142**, 209 (1925); **147**, 184 (1925).

[2] H. Fischer u. J. Hilger: Hoppe-Seylers Z. **138**, 57, 288 (1924). — O. Schumm: Hoppe-Seylers Z. **147**, 184 (1925).

[3] H. Fischer u. K. Schneller: Hoppe-Seylers Z. **135**, 253 (1924). — O. Schumm: Hoppe-Seylers Z. **141**, 153 (1924).

[4] H. Fischer, H. Kämmerer u. H. Kühner: Hoppe-Seylers Z. **139**, 107 (1924).

[5] H. Fischer u. J. Hilger: Hoppe-Seylers Z. **138**, 288 (1924).

[6] O. Schumm: Hoppe-Seylers Z. **152**, 147 (1926).

[7] H. Fischer u. F. Schwerdtel: Hoppe-Seylers Z. **159**, 120 (1926).

[8] O. Schumm: Hoppe-Seylers Z. **154**, 184ff. (1926); **158**, 77 (1926).

[9] O. Schumm: Hoppe-Seylers Z. **154**, 173 (1926); **159**, 192ff. (1926).

[10] P. List: Hoppe-Seylers Z. **135**, 95 (1924). — R. Hill u. H. F. Holden: Biochemic. J. **20**, 1326 (1926).

[11] A. Papendieck: Hoppe-Seylers Z. **134**, 158 (1924). — H. Fischer u. F. Kögl: Hoppe-Seylers Z. **138**, 268 (1924). — O. Schumm: Hoppe-Seylers Z. **132**, 34 (1923); **139**, 219 (1924).

[12] O. Schumm: Hoppe-Seylers Z. **139**, 219 (1924); **152**, 219 (1926).

[13] H. Fischer u. Mitarbeiter: Hoppe-Seylers Z. **130**, 302 (1923); **145**, 208 (1925).

[14] A. Hamsík: Hoppe-Seylers Z. **156**, 218 (1926); **158**, 15 (1926) — Spisy lék. Fak. masaryk. Univ. Brno (tschech.) **4**, 261 (1926).

[15] A. Hamsík: Hoppe-Seylers Z. **158**, 16 (1926); **180**, 308 (1929).

[16] A. Hamsík: Hoppe-Seylers Z. **196**, 197 (1931).

[17] A. Papendieck: Hoppe-Seylers Z. **150**, 264 (1925).

[18] A. Papendieck u. K. Bonath: Hoppe-Seylers Z. **144**, 63 (1925); **150**, 261 (1925).

[19] O. Schumm: Hoppe-Seylers Z. **132**, 34 (1924). — A. Papendieck u. K. Bonath: Hoppe-Seylers Z. **144**, 60 (1925). — A. Hamsík: Hoppe-Seylers Z. **180**, 308 (1929) — Spisy lék. Fak. masaryk. Univ. Brno (tschech.) **7**, 1 (1929).

[20] O. Schumm: Spektrochem. Anal. nat. organ. Farbstoffe S. 141. Jena: G. Fischer 1926.

[21] H. Fischer u. Mitarbeiter: Liebigs Ann. **468**, 114 (1929) — Hoppe-Seylers Z. **142**, 152 (1924) — Ber. dtsch. chem. Ges. **60**, 2630 (1927).

[22] O. Schumm u. Mitarbeiter: Hoppe-Seylers Z. **168**, 1 (1927); **177**, 23 (1928).

[23] A. Hamsík: Hoppe-Seylers Z. **183**, 103 (1929).

[24] H. Fischer u. B. Pützer: Hoppe-Seylers Z. **154**, 47 (1926) — Z. f. angew. Chem. **38**, 981 (1925). — H. Fischer, G. Hummel u. A. Treibs: Liebigs Ann. **471**, 274 (1929).

[25] R. Kuhn u. H. Seyffert: Ber. dtsch. chem. Ges. **61**, 310 (1928).

Darstellung: Die besten Ausbeuten werden erzielt bei Verwendung von α-Häminen; bei Anwendung von β-Häminen sind sie stets schlechter und am geringsten sind sie bei den Pseudo-häminen. Letztere geben viel grünbraunes Nebenprodukt[1].

a) 6 g Hämin werden mit 300 g Ameisensäure (spez. Gewicht 1,22) zum Sieden erhitzt und dann in Abständen von 5 Minuten 6mal je 1 g fein gepulvertes Eisen (red. pro analysi) eingetragen, wobei gleichzeitig gut geschüttelt wird. Nachdem wird noch 15 Minuten weitergekocht, abgekühlt, filtriert, das Filtrat mit der 2—3fachen Menge Wasser verdünnt, mit festem Ammoniumacetat das Porphyrin ausgefällt, abfiltriert, gut mit Wasser gewaschen und getrocknet. Rohausbeute 4,5—5,0 g.

Das Rohprodukt wird nun in möglichst wenig Pyridin-Chloroform 1:2 oder 1:3 bei Wasserbadtemperatur gelöst, filtriert und im Vakuum das Chloroform verdampft. Nach kurzem Stehen Krystallisation, die durch tropfenweises Einrühren des doppelten Volumens Wasser noch vervollständigt wird. Nach dem Absaugen wird erst mit pyridinhaltigem, dann mit reinem Wasser gewaschen. Ausbeute 65% [2].

Weitere Darstellungen mit Ameisensäure-Eisen aus α-Hämatin[3, 4] (Ausbeute 40%) und Reinigung über das schwerlösliche Kaliumsalz zwecks Gewinnung eines reines Porphyrins frei von verdorbenen Produkten[4].

b) Defibriniertes Ochsenblut wird mit Aceton koaguliert, des Koagulat filtriert, mit Aceton nachgewaschen, sehr stark abgepreßt (möglichst vollständige Wasserfreiheit ist für die Porphyrinbildung günstig) und mit Aceton-Oxalsäure ausgezogen. Je 1 l Auszug wird mit einer frisch bereiteten Lösung von 50 g Stannochlorid in 150 ccm konz. Salzsäure portionsweise innerhalb 5 Minuten unter Wasserkühlung versetzt. Nach etwa 1stündigem Stehen wird die violettrote Lösung filtriert, das Filtrat mit dem 5fachen Volumen etwa 6proz. Natronlauge vermischt, die Krystallisation nach dem Abgießen der Mutterlauge filtriert, der Rückstand mit 3proz. Natronlauge gewaschen, getrocknet, pulverisiert, mit Petroläther extrahiert, mit Chloroform ausgekocht, dann in Wasser gelöst, mit Essigsäure zerlegt, das ausgefällte Porphyrin abfiltriert und aus Pyridin umkrystallisiert[5].

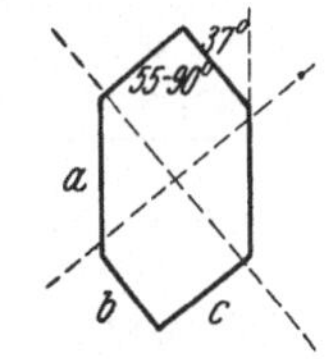

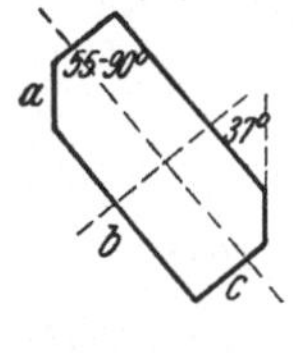

Eigenschaften: Protoporphyrin kann in zwei anscheinend voneinander ganz verschiedenen Formen krystallisieren, von denen die eine schiefe, die andere parallele Auslöschung aufweist. H. Fischer[6] hat gezeigt, daß sich die verschiedenen Krystalltypen von einer einzigen Grundform (schiefe Auslöschung) ableiten lassen und daß daraus die parallel auslöschende Modifikation entstehen kann, dadurch, daß bei ersteren die Kante a oder b verlängert wird. Die Krystallform hängt nach ihm ab von der Geschwindigkeit der Krystallisation, vom Lösungsmittel und von den Verunreinigungen. A. Hamsík[7] hat nun ebenfalls gefunden, daß das Protoporphyrin, erhalten nach den verschiedenen Darstellungsmethoden, mit mehr oder weniger verdorbenem Porphyrin verunreinigt ist. Am geringsten dasjenige, das mit Ameisensäure-Eisen oder mit Aceton-Stannochlorid-Salzsäure hergestellt worden ist. Protoporphyrin verdirbt wegen seiner Unstabilität sehr leicht. Werden nun die verschiedenen Protoporphyrine gereinigt, am besten über die schwerlöslichen Natrium- oder Kaliumsalze und anschließendem Umkrystallisieren aus Pyridin, dann lassen sich je nach der Wahl des Lösungsmittels die einzelnen Krystallformen nach Belieben erzeugen und ineinander überführen. Sämtliche Protoporphyrine sind identisch[8].

Nach sorgfältiger Reinigung krystallisiert das Protoporphyrin aus methylalkoholischer Kalilauge-Eisessig in schief auslöschenden, aus Pyridin in parallel auslöschenden Krystallen[7].

Krystallform I: Täfelchen, deren gegenüberliegende Ecken parallel abgeschnitten sind; manchmal treten auch nadel- oder spindelförmige Formen auf. Auslöschungsschiefe 34°. S.R. I Farbe rötlich bis dunkelbraun; S.R. II senkrecht dazu, Farbe ockergelb. Typus monoklin[9].

---

[1] A. Hamsík: Hoppe-Seylers Z. **180**, 308 (1929).
[2] H. Fischer u. B. Pützer: Hoppe-Seylers Z. **154**, 53 (1926).
[3] A. Hamsík: Hoppe-Seylers Z. **180**, 311 (1929).
[4] A. Hamsík: Hoppe-Seylers Z. **196**, 198 (1931).
[5] A. Hamsík: Hoppe-Seylers Z. **196**, 196 (1931).
[6] H. Fischer, A. Treibs u. K. Zeile: Hoppe-Seylers Z. **193**, 138 (1931). — Vgl. A. F. Richter: Hoppe-Seylers Z. **190**, 21 (1930).
[7] A. Hamsík: Hoppe-Seylers Z. **196**, 195 (1931).
[8] H. Fischer, A. Treibs u. K. Zeile: Hoppe-Seylers Z. **193**, 150 (1931).
[9] A. Richter: Hoppe-Seylers Z. **190**, 23, 27 (1930).

Krystallform II: Stäbchen- und tafelförmige Krystalle von monoklinem Habitus. Auslöschungsrichtung parallel der langen Kante[1].

Das Protoporphyrin krystallisiert aus Äther in nadelförmigen Prismen, aus Eisessig in kleinen, parallel auslöschenden, braungelben langgestreckten Blättchen[2], aus Ameisensäure-Äther in feinen Nadeln und Büscheln[3], aus Essigester in häufig zu Gruppen verwachsenen x-artig geformten Dendriden mit Kantenwinkel 42°[4].

Es läßt sich umkrystallisieren aus Eisessig-Äther, Ameisensäure-Äther, Ameisensäure-Essigester, Anilin, Pyridin-Chloroform, Pyridin-Eisessig[3].

Salzsäurezahl = 3[5]. Geht aus salzsaurer Lösung an Chloroform[2, 6]; Farbe der Lösung braunrot[6]. Gibt ein schwer lösliches Kalium[7] oder Natriumsalz[2, 8]. Bei elektrolytischer oder katalytischer Reduktion mit kolloidalem Palladium entsteht Mesoporphyrin[9], ebenso mit Eisessig-Jodwasserstoff[10]. Mit Eisessig-Bromwasserstoff und Wasser bildet sich Hämatoporphyrin; mit Methylalkohol Tetramethylhämatoporphyrin[11]. Leicht löslich in Chloroform, besonders in Anwesenheit von Säuren, essighaltigem Äther, Eisessig, Salzsäure und wässerigen Alkalien. Geht aus Äther an 25proz. Salzsäure[2]; in der sich bei längerem Stehen Hämatoporphyrin bildet[12].

Protoporphyrin ist leicht veränderlich. Es wird angegriffen von Aceton-Salzsäure und Eisessig beim Erhitzen, von Zinnchlorür-Salzsäure, Zinnchlorür-Aceton-Salzsäure, Ameisensäure-Eisen schon in der Kälte[13]. Das Porphyrin enthält 4 aktive Wasserstoffatome[14].

Spektrum in Äther: I 635,6—629,2 (632,4); II 606,4—604,3 (605,5); III 589,4—582,8 (586,1); IV 578,4—573,8 (576,4); V 543,7—530,1 (536,9); VI 515,8—489,9 (502,9); End. Abs. 447[2, 4, 15].

Spektrum in Eisessig-Äther: I 635,5—623,7 (629,6); schw. Schatten 604,8; II Vorbesch. 588,7—577,3 dunkel bis 568,3 (578,6); III 543,0—527,7 (535,3); IV 514,6—487,4 (501,0); End. Abs. 444,5[5, 16].

Spektrum in Chloroform: Lösung im auffallenden Licht blutrot, im durchfallenden Licht violett. I 624,3—628,2 (631,2); II 605,6—600,0 (603,1); III 589,0 . . . 578,6—571,6 (575,1); IV 547,5—535,6 (541,2); V 516,8—499,0 (507,3); End. Abs. 440,0. Intensität: V, IV, I, III, II[3, 15, 16, 17, 18].

Nach Ausschütteln mit demselben Volumen 25proz. Salzsäure: I etwa 606; II etwa 562. Spektrum in 25proz. Salzsäure: Lösung intensiv rot, Fluorescenz. Ist gegen Meso- und Koproporphyrin um 9 $\mu\mu$, gegen Hämatoporphyrin um 7 $\mu\mu$ nach Rot zu verschoben[19].

I 608,6—600,2 (604,4); II 584,6—577,9 (581,3); III 566,0—551,4 (558,7); End. Abs. 436,8. Intensität: III, I, II[2, 5, 19, 20, 21].

[1] A. Richter: Hoppe-Seylers Z. **190**, 23, 27 (1930). — H. Fischer u. F. Lindner: Hoppe-Seylers Z. **142**, 149 (1925).

[2] H. Fischer u. K. Schneller: Hoppe-Seylers Z. **130**, 305 (1923). — O. Schumm: Hoppe-Seylers Z. **132**, 44 (1924).

[3] H. Fischer u. B. Pützer: Hoppe-Seylers Z. **154**, 44 (1926).

[4] H. Fischer u. F. Lindner: Hoppe-Seylers Z. **142**, 147 (1925).

[5] O. Schumm u. E. Mertens: Hoppe-Seylers Z. **156**, 64 (1926).

[6] O. Schumm: Hoppe-Seylers Z. **139**, 226 (1924).

[7] A. Hamsík: Hoppe-Seylers Z. **196**, 195 (1931).

[8] H. Fischer u. F. Kögl: Hoppe-Seylers Z. **138**, 269 (1924).

[9] A. Papendieck u. K. Bonath: Hoppe-Seylers Z. **132**, 34 (1924): **144**, 65 (1925); **169**, 59 (1927).

[10] H. Fischer u. Mitarbeiter: Hoppe-Seylers Z. **138**, 271 (1924); **145**, 215 (1925).

[11] H. Fischer u. F. Lindner: Hoppe-Seylers Z. **142**, 151 ff. (1925); **145**, 215 (1925). — H. Fischer u. F. Kögl: Hoppe-Seylers Z. **138**, 269 (1924).

[12] A. Papendieck: Hoppe-Seylers Z. **171**, 85 (1927).

[13] A. Hamsík: Hoppe-Seylers Z. **180**, 308 (1929).

[14] H. Fischer u. J. Postowsky: Hoppe-Seylers Z. **152**, 309 (1926).

[15] A. Papendieck: Hoppe-Seylers Z. **134**, 158 (1924). — A. Papendieck u. K. Bonath: Hoppe-Seylers Z. **144**, 62 (1925). — O. Schumm: Hoppe-Seylers Z. **136**, 250 (1924); **142**, 44, 45 (1925).

[16] H. Fischer u. F. Kögl: Hoppe-Seylers Z. **138**, 274 (1924).

[17] H. Fischer u. K. Schneller: Hoppe-Seylers Z. **130**, 317 (1923).

[18] A. Papendieck: Hoppe-Seylers Z. **132**, 53; **134**, 158 (1924); **144**, 62 (1925).

[19] O. Schumm: Hoppe-Seylers Z. **139**, 244 (1924); **144**, 62 (1925); **156**, 65 (1926).

[20] H. Fischer u. B. Pützer: Hoppe-Seylers Z. **154**, 44 (1926).

[21] O. Schumm: Hoppe-Seylers Z. **132**, 43, 45, 53; **136**, 250 (1924). — P. List: Hoppe-Seylers Z. **135**, 100 (1924).

Spektrum in 98 proz. Schwefelsäure: I etwa 601; III 555 [1].

Bromspektralprobe: I stark 639; II schwach 2 Max., Min. 493 (494) [1].

Spektrum in $^n/_{10}$-Kalilauge: I 633,5; II 582; III 544,5; IV 510 [2, 3]. Ist gegen Mesoporphyrin um etwa 20 $\mu\mu$, gegen Hämatoporphyrin um etwa 15 $\mu\mu$ nach Rot zu verschoben. Auf Zugabe von Alkohol Verschiebung des Spektrums nach Violett [2].

Spektrum in verd. Ammoniak: I 645, II 593; III 565; IV 540. Bei längerem Stehen oder beim Erhitzen tritt Verschiebung ein nach: I 629; II 579; III 552; IV 516. Diese Erscheinung ist reversibel [4].

Spektrum in $^n/_{10}$-Natronlauge: I 658,8—641,0 . . . 623,6; II Vorbesch. 597,8—567,0; III 553,7—535,1; IV 518,3—499,2 [5].

Spektrum in Pyridin: I 636,8—630,1; II 607,8—601,5; III 591,8—580,4; IV 578,2—573,7;

633,4 604,6 586,1 575,9

V 547,5—535,8; VI 518,0—498,3; End. Abs. 442,1. Intensität: VI, I, V, IV, III, II [4].

541,6 508,1

Protoporphyrin ist spektroskopisch nachweisbar neben Koproporphyrin [6].

Physiologisches Verhalten: Wirkt in alkoholischer Lösung bei Belichtung schon in geringster Menge sensibilisierend auf Paramäcien; auf den Menschen dagegen nicht [7].

Styphnat $C_{34}H_{34}O_4N_4 \cdot C_6H_3O_8N_3$. Aus Aceton-Wasser schwach violettstichig, graue, lanzettförmige Kryställchen; Schmelzp. 234° (korr., Block). Aus Aceton-Benzol rein dunkelbraune Blättchen; Schmelzp. 226° (korr., Block). Leicht löslich in Aceton.

Acetonspektrum: neutral mit wenig Typ I. Mit wenig Styphninsäure entsteht reiner Typ I (I 610; II 562); mit viel überschüssiger Säure bildet sich Typ II, der auch bei stärkster Verdünnung erhalten bleibt. I 604,0; II 559,1.

Ein Pulverspektrum wurde nicht erhalten [8].

Pikrat $C_{34}H_{34}O_4N_4 \cdot 2\,C_6H_3O_7N$. Aus Aceton-Benzol kleine, violette Rechtecke; Schmelzpunkt 157° (korr.).

Acetonspektrum: neutral mit Typ I. Mit wenig überschüssiger Pikrinsäure I 611; II . . . 566; III 536. Intensität: II, III, I.

571

Mit viel Pikrinsäure entsteht Typ I: I 606; II . . . 561; III 533. Intensität: II, I, III.

Auf Wasserzusatz erfährt das Spektrum noch eine Verschiebung: I 603; II 578; III 558. Intensität: III, I, II (Typ II).

Pulverspektrum: s. schwach I 610; II 563 (Typ I) [8].

Pikrat $C_{34}H_{34}O_4N_4 \cdot C_6H_3O_7N$. Aus Aceton-Wasser kleine, dunkelviolette Prismen; Schmelzp. 180° (s. unscharf); 158° (korr., Block). Leicht löslich in Aceton.

Acetonspektrum: neutral. Pulverspektrum wurde nicht erhalten [8].

Pikrolonat $C_{34}H_{34}O_4N_4 \cdot 2\,C_{10}H_{18}O_5N_4$. Aus Aceton glänzende Kryställchen, feine violette Nadeln mit gelbgrüner Oberflächenfarbe. Schmelzp. unscharf 160°.

Acetonspektrum: neutral. Mit überschüssiger Säure bildet sich Typ I, der auch auf Zusatz von viel Wasser erhalten bleibt. I 610,2; II 564,2; III 534.3. Intensität: II, III, I.

Pulverspektrum: I 618; II . . . 571. Intensität: II, I (Typ I) [8].

Flavianat $C_{34}H_{34}O_4N_4 \cdot 2\,C_{10}H_6O_8N_2S$. Durch Einfiltrieren einer heißen Flaviansäurelösung in eine heiße Lösung des Pikrats. Rasche Krystallisation in schmutzig-violetten Nädelchen; Schmelzp. 211° (korr.). Spurenweise löslich in Aceton.

Pulverspektrum: I 608; II 563. Intensität: II, I (Typ II) [9].

Salzsaures Salz. Löslich in Chloroform, Eisessig, Äther, Benzol, Tetrachlorkohlenstoff, Schwefelkohlenstoff, schwefelsäurehaltigem Alkohol, Phenol, Lauge [10].

Protoporphyrin-acetat $C_{32}H_{32}N_4 \cdot (COO \cdot COCH_3)_2$. Durch Kochen des Protoporphyrins mit viel Essigsäureanhydrid oder durch Extraktion aus der Hülse. Beim Erkalten Krystallisation. — Schwarzviolette Nadelbüschel; Schmelzp. 231° (korr., Block). Spaltet bei 60° bereits Essigsäure ab. Schwer löslich in allen Lösungsmitteln. Geht aus Äther nicht an 15 proz. Soda und $^n/_{10}$-Kalilauge; ebenfalls nicht an 2 proz. Salzsäure. Bei raschem Arbeiten läßt es

[1] O. Schumm u. E. Mertens: Hoppe-Seylers Z. **156**, 64 (1926).

[2] O. Schumm: Hoppe-Seylers Z. **139**, 244 (1924); **144**, 62 (1925).

[3] A. Papendieck: Hoppe-Seylers Z. **136**, 250 (1924).

[4] H. Fischer u. P. Pützer: Hoppe-Seylers Z. **154**, 44 (1926).

[5] H. Fischer u. K. Schneller: Hoppe-Seylers Z. **130**, 316 (1923).

[6] H. Fischer u. K. Schneller: Hoppe-Seylers Z. **131**, 318 (1923). — H. Fischer u. G. Niemann: Hoppe-Seylers Z. **146**, 194 (1925).

[7] H. Fischer u. K. Schneller: Hoppe-Seylers Z. **130**, 302, 304, 309, 316 (1923).

[8] A. Treibs: Liebigs Ann. **476**, 33 (1929).

[9] A. Treibs: Liebigs Ann. **476**, 35 (1929).

[10] O. Schumm: Hoppe-Seylers Z. **139**, 226 (1924).

sich aus 5proz. Salzsäure unverändert wiedergewinnen; bei 3 Minuten langem Stehen mit 6proz. Salzsäure ist fast alles zerlegt. Bei längerem Liegen an der Luft tritt vollkommene Zerlegung ein[1].

Protoporphyrin-anhydrid $C_{34}H_{32}O_3N_4$. Durch Erhitzen des Acetats auf 160—180°. — Unlöslich in Chloroform und kaltem Pyridin; etwas löslich in heißem. Gibt mit methylalkoholischer Salzsäure Protoporphyrindimethylester[1].

Kupfersalz $C_{34}H_{32}O_4N_4Cu$. 0,1 g Porphyrin gelöst in 2 ccm Pyridin und 3 ccm Chloroform werden in 15 ccm einer siedenden Lösung von Kupferacetat in Eisessig eingetragen. Sofort Krystallisation. Ausbeute fast quantitativ. Nach dem Absaugen Auswaschen mit Eisessig und Äther. Unlöslich in Eisessig[2].

Spektrum in Pyridin: I 584,4—563,9; II 543,2—529,3; End. Abs. 436,2. Intensität: I, II.
           574,6   536,3[2, 3]

Zinksalz $C_{34}H_{32}O_4N_4Zn$. Darstellung analog dem Kupfersalz mit Zinkacetat. Unlöslich in Eisessig[2].

Spektrum in Pyridin: I 597,1—580,8; II 562,2—538,7; End. Abs. 444,5.
           588,9   550,4

Nickelsalz $C_{34}H_{32}O_4N_4Ni$. Darstellung wie beim Kupfersalz beschrieben. Unlöslich in Eisessig[2].

Spektrum in Pyridin: I 574,2—550,3; II 531,3—515,2; End. Abs. 448,1. Intensität: I, II.
           562,3   523,2

Zinnsalz. Darstellung wie beim Kupfersalz. Die Lösung muß jedoch mit wenig Wasser verdünnt werden, damit Krystallisation einsetzt. Umkrystallisation aus alkoholischer Kalilauge und Eisessig unter Zusatz von etwas Wasser. Löslich in Eisessig und geht von da aus in Äther[2].

Spektrum in Pyridin: I 593,8—574,4; II 551,6—533,0; End. Abs. 429,4.
           581,9   542,3

Thalliumsalz $C_{34}H_{32}O_4N_4Tl$. Darstellung wie beim Zinnsalz. Löslich in Eisessig und läßt sich von da aus in Äther überführen[2].

Spektrum in Pyridin: I 598,4—584,2; II 563,8—545,4; End. Abs. 449,8.
           591,3   554,6

Chlorferrisalz des Protoporphyrins. Proto-chlor-hämin. Synthetisches Chlorhämin.

$$C_{34}H_{32}O_4N_4 \cdot FeCl.$$

A. F. Richter hat festgestellt, daß bei der Einführung des Eisens in das Porphyrin die α- und β-Form des Hämins entstehen kann. Er hat diese Erscheinung damit erklärt, daß sich schon bei der Herstellung des Porphyrins, z. B. mit Ameisensäure-Eisen, sog. α- und β-Protoporphyrin bildet, je nach dem verwendeten Ausgangsmaterial (z. B. α-Chlorhämin oder α-Oxyhämin). Er glaubt, daß schon die Ausgangshämine durch die Ameisensäure eine verschiedene Alteration erfahren, deren Grad abhängig ist vom Aktivitätszustand und den Löslichkeitsverhältnissen. Das Protoporphyrin aus α-Chlorhämin ist fast vollständig α-Typ und liefert wieder α-Hämin (Teichmänner mit Auslöschungsschiefe 34°) zurück. Das Protoporphyrin aus α-Oxyhämin enthält viel β-Form und gibt β-Hämin (rechteckige stäbchen- bis säulenförmige Krystalle mit paralleler Auslöschung)[4]. Diese Formen sind auch schon von H. Fischer erhalten und als Doppelbesen bezeichnet worden[5, 6].

H. Fischer hat später jedoch gefunden, daß sich auch aus dem aus α-Oxyhämin hergestellten Protoporphyrin Teichmänner gewinnen lassen[6]. Wahrscheinlich ist bei der Eiseneinführung der Gehalt des Protoporphyrins an bereits verdorbenem Porphyrin und die Höhe der Reaktionstemperatur mitbestimmend für die Ausbildung der einen oder der anderen Form. Jedenfalls hat H. Fischer bei Verwendung von reinem Ausgangsmaterial und Anwendung von Wasserbadtemperatur stets nur α-Hämin erhalten[6].

a) 0,5 g reines Protoporphyrin, gelöst in 40 ccm sehr verdünntem Ammoniak, werden unter Erhitzen auf dem Wasserbad in eine Mischung aus 150 ccm Eisessig, enthaltend 0,5 g

[1] H. Fischer, G. Hummel u. A. Treibs: Liebigs Ann. **471**, 261 (1929).
[2] H. Fischer u. B. Pützer: Hoppe-Seylers Z. **154**, 59 (1926).
[3] O. Schumm: Hoppe-Seylers Z. **156**, 66 (1926).
[4] A. F. Richter: Hoppe-Seylers Z. **190**, 12 (1930).
[5] H. Fischer u. F. Kögl: Hoppe-Seylers Z. **138**, 269 (1923).
[6] H. Fischer, A. Treibs u. K. Zeile: Hoppe-Seylers Z. **193**, 151 (1931); **195**, 26 (1931).

in Wasser gelöstes Kochsalz, und aus 50 ccm heiß gesättigter frischer Ferroacetat-Eisessig-Lösung im Lauf von $^1/_2$ Stunde eingetropft. Schon in der Hitze Krystallisation in schön ausgebildeten Teichmännern, die sich beliebig umkrystallisieren lassen mit Hilfe von wässerig-alkoholischem Ammoniak und Eisessig-Kochsalz oder von Pyridin-Chloroform und Eisessig, jedoch stets unter Vermeidung von Sieden. Ausbeute 0,35 g[1].

b) 1 g möglichst fein gepulvertes, reines Protoporphyrin, gelöst in 100 ccm Eisessig und etwas konz. Salzsäure, wird mit 10 ccm einer 1% Eisen enthaltenden Lösung von Ferrichlorid in 90 proz. Essigsäure versetzt. Nach dem Filtrieren wird auf dem siedenden Wasserbad erhitzt und portionsweise festes Natriumacetat bis zum Abstumpfen der Salzsäure hinzugegeben; wobei die Farbe nach Braun umschlägt. Beim Erkalten Krystallisation, die nach dem Absaugen nacheinander mit Eisessig, verdünnter Essigsäure, Wasser, Alkohol und Äther gewaschen wird. Ausbeute 0,9 g[2].

Bei dieser Methode darf nicht über freier Flamme gekocht werden, da sich sonst Schmieren absetzen und Hämin erhalten wird, das bis zu 21% Porphyrin enthalten kann. Es verläuft also die Eiseneinführung langsamer als die Krystallisation[3].

Bei der Einführung des Eisens mit Ferroacetat (a) tritt dieses Mitauskrystallisieren von Porphyrin nicht ein. Hier verläuft also die Eiseneinführung schneller wie die Krystallisation[3].

Eigenschaften: Stahlblaue, schief abgeschnittene Blättchen von monoklinem Habitus. Kantenwinkel 56°, Auslöschungsschiefe 34° gegen die längere Kante. S.R. I (34°), Farbe schwarz bis rötlich-dunkelbraun; S.R. II, senkrecht dazu, rötlichbraun-gelb. Mitunter ist die schiefe Begrenzungskante mehr oder weniger abgerundet, Kantenwinkel 30—56°. Bei Abrundung beider Kanten Ausbildung von Wetzstein- und Nadelform[2,4].

Die zweite Form krystallisiert in rechteckigen, stäbchen- bis säulenförmigen Prismen mit Auslöschung parallel den Kanten, mitunter zu Büscheln verwachsen (Doppelbesen). Habitus monoklin. S.R. I parallel zur langen Kante dunkelbraun; S.R. II senkrecht dazu ockergelb (teilweise auch umgekehrt)[2,4].

Das Chlorhämin krystallisiert zusammen mit freiem Porphyrin. Der Protoporphyringehalt kann bis zu 21% betragen. Das Porphyrin läßt sich aus den Mischkrystallen weder durch Salzsäure noch Alkohol und Äther herauslösen[3]. Das Hämin besitzt 5 aktive Wasserstoffatome[5].

Spektrum in Chloroform[6,7]: I 658,9—635,4; II 555,0—537,8.

617,1   546,4

Spektrum in Pyridin[6,7]: I 562,8—551,8; II 530,6—518,8.

557,3   524,2

Hämochromogenspektrum (Pyridin-Hydrazinhydrat): I 557,1; II 527,3; End. Abs. 439[7,8]. Cyanhämochromogenspektrum: I 568,5; II 538,7[9].

Protohäm $C_{34}H_{32}O_4N_4Fe$. Durch 3 Minuten langes Kochen von 50 mg fein pulverisiertem, geschlämmtem Protoporphyrin in 20 ccm Eisessig mit 10 ccm klarer gesättigter Ferroacetatlösung unter Stickstoff. Absaugen unter Überleiten von Stickstoff, Auswaschen mit ausgekochtem Eisessig, Wasser, Eisessig, Äther. Ausbeute fast quantitativ. — Feine dunkelviolettstichig braune Nadeln. Schwer löslich in Eisessig; rasch dagegen in Gegenwart von Sauerstoff. Versprüht beim Analysieren. Mit Salzsäure tritt Spaltung ein[10]. Wird in Berührung mit Lösungsmitteln sehr oxydabel. Bildet mit Pyridin Hämochromogen.

Protohämatinacetat $C_{32}H_{30}N_4FeOH(COO \cdot COCH_3)_2$. 200 mg Protochlorhäminacetat in 100 ccm Chloroform werden mit 30 ccm $^n/_{10}$-Kalilauge intensiv zur Emulsion geschüttelt, dann die Masse mit 1 l Äther gut durchgeschüttelt, der Äther abgegossen, filtriert, im Vakuum stark eingeengt, die so erhaltene konz. Chloroformlösung filtriert und mit Äther versetzt; wonach Krystallisation eintritt, die nach einigen Stunden Stehen abgesaugt werden muß, da sonst Zersetzung eintritt. — Kleine Krystalle ohne scharfen Schmelzpunkt. Die konz. Chloroformlösung ist dichroitisch: olivgrün-braunrot; beim Verdünnen mit viel Äther wird sie gelboliv-rotbraun.

[1] H. Fischer, A. Treibs u. K. Zeile: Hoppe-Seylers Z. **193**, 151 (1931); **195**, 26 (1931).
[2] H. Fischer u. B. Pützer: Hoppe-Seylers Z. **154**, 57 (1926).
[3] H. Fischer, A. Treibs u. K. Zeile: Hoppe-Seylers Z. **193**, 150—151 (1931).
[4] A. F. Richter: Hoppe-Seylers Z. **190**, 25 (1930).
[5] H. Fischer u. E. Walter: Ber. dtsch. chem. Ges. **60**, 1989 (1927).
[6] H. Fischer u. K. Schneller: Hoppe-Seylers Z. **130**, 316 (1923).
[7] A. Papendieck u. K. Bonath: Hoppe-Seylers Z. **144**, 62 (1924).
[8] H. Fischer u. K. Zeile: Liebigs Ann. **468**, 114 (1929).
[9] O. Schumm: Hoppe-Seylers Z. **153**, 249; **156**, 269 (1926).
[10] H. Fischer, A. Treibs u. K. Zeile: Hoppe-Seylers Z. **195**, 21 (1931).

Spektrum in Äther: I 626 ... 614—595 ...; II 580—560 ... 544; End. Abs. 483 [1].

Proto-acetoxy-hämin-acetat $C_{32}H_{30}N_4Fe \cdot O \cdot COCH_3(COO \cdot COCH_3)_2$. a) Durch Schütteln einer Chloroformlösung von Chlor-hämin-acetat mit 5 proz. Soda, eindampfen und umkrystallisieren des Rückstandes aus Essigsäureanhydrid.

b) Durch Kochen von Protoporphyrin in Essigsäureanhydrid mit Ferroacetat bis zur völligen Komplexsalzbildung unter gleichzeitigem Einengen. Beim Erkalten Krystallisation, die nach dem Filtrieren erst mit Äther, dann mit Wasser gewaschen wird. — Kleine Stäbchen, Schmelzp. 204—206° (korr., Block). Leicht löslich in Chloroform, Aceton; schwer in Äther, Methylalkohol, Benzol, Eisessig. Die ätherische Lösung ist beständig gegen 15 proz. Soda und $^n/_{10}$-Kalilauge; 2 proz. Natronlauge zerlegt beim Schütteln ziemlich schnell, 10 proz. sofort. Die ätherische Lösung ist beständig gegen 20 proz. Salzsäure, unbeständig gegen konzentrierte. Die Farbe einer konz. Chloroformlösung ist braunrot mit gelbem Tingieren, die einer verdünnten gelbbraun.

Spektrum: Diffuse Beschaffung bei 620—570; schw. Schatten 544; End. Abs. ab 518. Beim Schütteln mit Alkali keine Änderung, wohl aber nach Schütteln mit Salzsäure. Spektrum jetzt: I 661—633; II 561—535 ...; III 523—504 ...; End. Abs. 445.

Chloroformlösung mit Äther verdünnt, Farbe olivgrün: I 610—593; II 579—555; End. Abs. 460.

Nach Schütteln mit 10 proz. Salzsäure; Farbe rotbraun: I 654—633; II 551—532; III 514—500; End. Abs. 435. Intensität: II, I, III [2].

Dimethylester des Protoporphins.

Mol-Gewicht: 590,56.

Zusammensetzung: 73,18% C; 6,49% H; 10,84% O; 9,49% N. $C_{36}H_{38}O_4N_4$.

Bildung: Aus Hämatoporphyrindimethylester bzw. Tetramethylhämatoporphyrin [3] durch Abspaltung von 2 Mol Wasser im Hochvakuum bei 105° [3].

Aus Protoporphyrin-acetat unter der Einwirkung von Methylalkohol-Salzsäure [4].

Darstellung: Durch Verestern von Protoporphyrin mit methylalkoholischer Salzsäure.

Eigenschaften: Aus Benzol prismatische Nadeln; Schmelzp. 225° [5]. Aus Chloroform-Methylalkohol flache prismatische Nadeln mit Kantenwinkel etwa 15° und Dichroismus. S.R. parallel den Prismenkanten fast schwarz; S.R. II senkrecht dazu bräunlichgelb. Schmelzpunkt 223—225° [6]. Mitunter treten auch dreiseitige Pyramiden auf; Schmelzp. 228° [7]. Salzsäurezahl = 5,5. Verändert sich leicht unter Ansteigen des Schmelzpunktes bis über 280° [8]. Gibt mit Eisessig-Bromwasserstoff und anschließender Zersetzung mit Wasser Hämatoporphyrin. Mit Eisessig-Jodwasserstoff entsteht Mesoporphyrin [8, 9]. Bei der katalytischen Reduktion in Eisessiglösung in Gegenwart von Platinoxyd bildet sich Mesoporphyrinogen [10]. Enthält 2 aktive Wasserstoffatome [11].

Der Ester läßt sich mit $^n/_{10}$-Laugen leicht verseifen [9, 12]. Unter der Einwirkung von Wasserstoffperoxyd und Salzsäure tritt Farbenumschlag nach grün ein und bei vorsichtigem Zusatz von Wasser fällt ein grasgrüner Körper aus. Mit überschüssigem Chlor tritt allmählich Entfärbung ein [8]. Der Ester ist nicht lichtecht; er wird bei starker Bestrahlung mit Bogenlicht grün unter Änderung des Spektrums [12]. Mit konz. Salpetersäure tritt ebenfalls Grünfärbung ein [12], Mischsäure baut dagegen vollständig ab [12]. Geht aus Chloroform nicht an 25 proz. Salzsäure [12]. Wirkt nicht sensibilisierend auf Paramäcien [12]. Die ätherische Lösung erscheint im durchfallenden Licht stahlblau, im auffallenden blutrot.

[1] H. Fischer, G. Hummel u. A. Treibs: Liebigs Ann. **471**, 272 (1929).

[2] H. Fischer, G. Hummel u. A. Treibs: Liebigs Ann. **471**, 270 (1929).

[3] H. Fischer u. R. Müller: Hoppe-Seylers Z. **142**, 171 (1925). — Vgl. **142**, 153 (1925).

[4] H. Fischer, G. Hummel u. A. Treibs: Liebigs Ann. **471**, 261 (1929).

[5] H. Fischer u. F. Lindner: Hoppe-Seylers Z. **142**, 147 (1925).

[6] H. Fischer u. F. Kögl: Hoppe-Seylers Z. **138**, 274 (1924).

[7] H. Fischer u. K. Zeile: Liebigs Ann. **468**, 115 (1929).

[8] H. Fischer u. F. Kögl: Hoppe-Seylers Z. **138**, 268 ff. (1924). — Vgl. **145**, 215 (1925).

[9] A. Papendieck: Hoppe-Seylers Z. **134**, 158 (1924). — H. Fischer u. R. Müller: Hoppe-Seylers Z. **142**, 173 (1925).

[10] R. Kuhn u. H. Seyffert: Ber. dtsch. chem. Ges. **61**, 2511 (1928).

[11] H. Fischer u. E. Walter: Ber. dtsch. chem. Ges. **60**, 1989 (1927).

[12] H. Fischer u. F. Kögl: Hoppe-Seylers Z. **131**, 244 ff. (1923). — H. Fischer u. B. Pützer: Hoppe-Seylers Z. **154**, 44 (1926).

Spektrum in Chloroform: Farbe in der Durchsicht dunkelviolett, in der Aufsicht stark blutrot. Fluorescenz[1]. I 635,3—627,4; II 606,3—599,3; III 589,8 . . . 579,0—571,7; IV 548,1—535,1;

$$\underbrace{631,3} \qquad \underbrace{602,8} \qquad\qquad\qquad \underbrace{575,3} \qquad\qquad \underbrace{541,6}$$

V 516,5—499,0; End. Abs. 436,6. Intensität: V, IV, I, III, II [1, 2, 3, 4].

$$\underbrace{507,7}$$

Nach Schütteln mit demselben Volumen 25 proz. Salzsäure: 605,1; 561,5 [4].

Spektrum in 25 proz. Salzsäure: dichroitisch grün-rötliche Farbe, breit, verwaschen 678,2—656,1;

$$\underbrace{667,1}$$

I Vorbesch., scharf 608,8—597,0 . . . 583,1 . . . 585,4—583,1; II 568,9—545,8; End. Abs. 455,7 [1].

$$\underbrace{602,9} \qquad\qquad\qquad\qquad \underbrace{584,2} \qquad\qquad \underbrace{557,3}$$

Styphnat $C_{36}H_{38}O_4N_4 \cdot 2\, C_6H_3O_8N_3$. Aus Methylalkohol Büschel blauvioletter Nädelchen, Schmelzp. 135° (korr.).

Acetonspektrum: neutral mit etwas Typ I. Mit einem kleinen Überschuß an Säure Übergang in Typ I. I 610,5; II . . . 564,0; III 534,5. Intensität: II, III, I.

Mit großem Überschuß an Säure bildet sich Typ II aus. I 604,6; II 559,2. Intensität: II, I. Mit Wasser kleine Verschiebung nach Violett.

Pulverspektrum: I 611,5; II 565. Intensität: II, I (Typ II). Braunes Pulver[5].

Pikrat $C_{36}H_{38}O_4N_4 \cdot 2\, C_6H_3O_7N$. Aus Methylalkohol kleine dunkelviolette Prismen; Schmelzp. 150° (korr.). Ziemlich schwer löslich.

Acetonspektrum: wie beim Styphnat; die Dissoziation ist jedoch etwas größer[5].

Pikrolonat $C_{36}H_{38}O_4N_4 \cdot C_{10}H_{18}O_5N_4$. Aus Methylalkohol unansehnliche, braune Kryställchen mit grauem Glanz; Schmelzp. 143°.

Acetonspektrum neutral, sonst wie beim 2-Pikrolonat.

Pulverspektrum (schwach): I 619; II . . . 571; III 540. Intensität: II, I, III (Typ I)[5].

Pikrolonat $C_{36}H_{38}O_4N_4 \cdot 2\, C_{10}H_{18}O_5N_4$. Aus Chloroform-Methylalkohol violette Blättchen; Schmelzp. 115° (korr.). Fällt gern als Öl aus.

Acetonspektrum neutral. Mit großem Überschuß an Säure Ausbildung von Typ I. I 610,4; II . . . 564,6; III 533,3. Intensität: II, I, III.

Pulverspektrum ist schwer zu erhalten; Typ zweifelhaft[5].

Flavianat $C_{36}H_{38}O_4N_4 \cdot 2\, C_{10}H_6O_8N_2S$. a) Aus Chloroform-Methylalkohol dunkel purpurrote Kryställchen. Zersetzungsp. 260° (Block). b) Aus viel siedendem Methylalkohol violettgraue Kryställchen mit gelblichem Oberflächenglanz. Schwerer löslich in Aceton und Methylalkohol wie a.

Pulverspektrum von a) und b): I 608; II 564 . . . Intensität: II, I (Typ II)[5].

Flavianat $C_{36}H_{38}O_4N_4 \cdot 3\, C_{10}H_6O_8N_2S$. Durch Extraktion eines flaviansäurehaltigen Produkts mit Flaviansäure. Noch in der Hitze Krystallisation in violetten Blättchen. Zersetzungsp. 230° unter Aufblähen. Etwas löslich in siedendem Aceton.

Acetonspektrum: Gemisch von neutral mit Typ I. Mit etwas Flaviansäure Typ II: I 603; II 580; III 558. Intensität: III; I; II (Typ II).

Pulverspektrum: I 609; II 563. Intensität: II, I (Typ II)[5].

Chlorferrisalz = Chlor-hämin-dimethylester $C_{36}H_{36}O_4N_4FeCl$. a) 0,5 g Protoporphyrin-dimethylester, heiß gelöst in 10 ccm Chloroform, werden in kleinen Anteilen in 50 ccm heiß gesättigter Eisessiglösung von Eisen, enthaltend 0,5 g Kochsalz, in 5 ccm Wasser eingetragen. Noch in der Hitze Krystallisation. Ausbeute 0,5 g. Schmelzp. 274° (korr.)[6].

b) 0,1 g Ester, gelöst in 25 ccm heißem Eisessig, werden filtriert und dem Filtrat 1 ccm einer 1% Eisen enthaltenden Lösung von Eisenchlorid in 90 proz. Essigsäure zugegeben. Dann wird langsam festes Natriumnitrit eingetragen bis zum Farbumschlag nach braun und schließlich noch etwas rauchende Salzsäure so eingerührt, daß diese noch durch das Natriumacetat neutralisiert bleibt. Beim Stehen Krystallisation, die nach dem Filtrieren mit Eisessig, verdünnter Essigsäure, Wasser, Alkohol und Äther gewaschen wird. Ausbeute 65 mg. Schmelzpunkt 259°[7].

[1] H. Fischer u. F. Kögl: Hoppe-Seylers Z. **131**, 244 ff. (1923). — H. Fischer u. B. Pützer: Hoppe-Seylers Z. **154**, 44 (1926). — P. List: Hoppe-Seylers Z. **135**, 10 (1924).

[2] A. Papendieck: Hoppe-Seylers Z. **134**, 158 (1924).

[3] O. Schumm: Hoppe-Seylers Z. **132**, 56 (1923).

[4] O. Schumm u. E. Mertens: Hoppe-Seylers Z. **156**, 64 (1926).

[5] A. Treibs: Liebigs Ann. **476**, 35—37 (1929).

[6] H. Fischer, A. Treibs u. K. Zeile: Hoppe-Seylers Z. **193**, 151 (1931). — Vgl. **142**, 150 (1925).

[7] H. Fischer u. B. Pützer: Hoppe-Seylers Z. **154**, 55 ff. (1926).

Aus Benzol und Eisessig Plättchen und Büschel[1]. Aus Chloroform sechsseitige Blättchen (Kantenwinkel 80°), mit paralleler Auslöschung und Dichroismus. S.R. I parallel den Kanten, schwarz; S.R. II senkrecht dazu, orange[2].

Spektrum in Chloroform: Farbe braunrot. I 635,3—627,4; II 606,3—599,3; III 589,8 ...
          631,3   602,8
579,0—571,7; IV 548,1—535,1; V 516,5—499,0; End. Abs. 436,6. Intensität: V, IV, I, III, II[1, 2, 3].
  575,3   541,6   507,7
Spektrum in Pyridin: I 566,1—545,7; II schw. 533,5—513,8; End. Abs. 494,5[2].
                      555,9   523,6
Hämochromogenspektrum (Pyridin-Hydrazinhydrat): I 562,4—551,6; II 529,4—521,0.
Intensität: I, II[1].
                                                  557,0   525,2

Spektrum in Chloroform nach Ausschütteln mit 25proz. Salzsäure: I 605,5; 561,5[3].

Kupfersalz $C_{36}H_{36}O_4N_4Cu$. Durch Eintropfen von 3 ccm einer siedenden mit Kupferacetat gesättigten Pyridinlösung in eine Lösung von 0,5 g Ester in 5 ccm warmem Pyridin und kurzem Aufkochen. Beim Erkalten Krystallisation, die nach dem Absaugen mit Pyridin und Methylalkohol ausgewaschen wird. Ausbeute 0,5 g. — Aus Chloroform-Methylalkohol violette Plättchen und Nadeln (Durchsicht rotbraun); Schmelzp. 217—218°. Ist beständig gegen heiße Essigsäure[1].

Spektrum in Chloroform: I 581,0—562,6; II 540,4—525,8; End. Abs. 426,2. Intensität: I, II.
                          571,8   533,1

Zinksalz $C_{36}H_{36}O_4N_4Zn$. 0,5 g Ester in 5 ccm Pyridin werden mit 3—4 ccm einer Lösung von Zinkacetat in Pyridin erwärmt. Beim Stehen Krystallisation in großen violetten Platten. — Aus Chloroform-Methylalkohol umkrystallisiert, Schmelzp. 230—235°. Zerfällt beim Kochen mit Eisessig teilweise, mit verdünnter Essigsäure vollständig[1].

Spektrum in Chloroform: I 589,0—572,8; II 551,2—534,0; End. Abs. 435,6. Intensität: I, II.
                          580,9   542,6

Dimethylester des 1, 3, 5, 7-Tetramethyl-6, 8-diäthyl-2, 4-dipropion-säure-porphins.
Dimethylester des Mesoporphyrins I[4].

(Leitet sich ab vom Ätioporphyrin I.)

Mol-Gewicht: 594,59.
Zusammensetzung: 72,69% C; 7,12% H; 10,76% O; 9,43% N. $C_{36}H_{42}O_4N_4$.

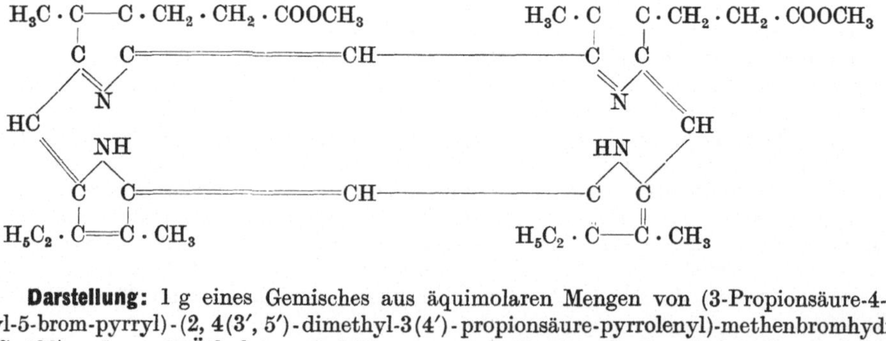

$H_3C \cdot C$——$C \cdot CH_2 \cdot CH_2 \cdot COOCH_3$ $H_3C \cdot C$ $C \cdot CH_2 \cdot CH_2 \cdot COOCH_3$
      C   C══════════════CH──────────────────C   C
          N   N
HC   CH
          NH   HN
      C   C══════════════CH──────────────────C   C
$H_5C_2 \cdot C$══$C \cdot CH_3$ $H_5C_2 \cdot C$——$C \cdot CH_3$

Darstellung: 1 g eines Gemisches aus äquimolaren Mengen von (3-Propionsäure-4-methyl-5-brom-pyrryl)-(2, 4(3′, 5′)-dimethyl-3(4′)-propionsäure-pyrrolenyl)-methenbromhydrats (s. S. 496) und von (3-Äthyl-4-methyl-5-brom-pyrryl)-(2, 4(3′, 5′)-dimethyl-3(4′)-äthyl-pyrrolenyl)-methen-bromhydrat (s. S. 509) werden mit 4 g Bernsteinsäure 10 Minuten auf 220° erhitzt.

[1] H. Fischer u. B. Pützer: Hoppe-Seylers Z. **154**, 55 ff. (1926).
[2] H. Fischer u. F. Kögl: Hoppe-Seylers Z. **131**, 252 (1923).
[3] A. Papendieck: Hoppe-Seylers Z. **154**, 158 (1926). — O. Schumm u. E. Mertens: Hoppe-Seylers Z. **156**, 64 (1926).
[4] H. Fischer u. A. Kirrmann: Liebigs Ann. **475**, 276 (1929).

Nachdem wird noch heiß mit 10proz. Natronlauge versetzt, filtriert, der Rückstand in Eisessig gelöst, etwas verdünnte Salzsäure zugegeben und mit Natronlauge gefällt. Letztere Operation wird nochmals wiederholt. Danach wird in Eisessig gelöst, mit viel Äther versetzt, von Schmieren abfiltriert und mit Salzsäure-Äther gereinigt. Die letzterhaltene ätherische Lösung (enthaltend Ätio-, Meso- und Koproporphyrin) wird mit 5proz. Natronlauge ausgeschüttelt (im Äther: Ätioporphyrin I), vom ausgeschiedenen Natriumsalz des Mesoporphyrins abfiltriert (Filtrat: Koproporphyrin I), letzteres mit Natronlauge gewaschen, in Salzsäure gelöst und die ganze vorhergehende Operation noch einmal wiederholt. Das jetzt erhaltene reine Mesoporphyrin wird wie üblich mit Methylalkohol-Salzsäure oder auch durch Umsetzen des Kaliumsalzes des Porphyrins mit Dimethylsulfat (verreiben) verestert. Ausbeute 13%[1].

b) Äquimolare Mengen von (3-Propionsäure-4, 5-dimethyl-pyrryl)-(4(3′)-methyl-3(4′)-propionsäure-pyrrolenyl)-methenbromhydrat (s. S. 490) und (3-Äthyl-4, 5-dimethyl-pyrryl)-(4(3′)-methyl-3(4′)-äthyl-2(5′)-brom-pyrrolenyl)-methenbromhydrat (s. S. 572) werden wie bei a) mit Bernsteinsäure verschmolzen und aufgearbeitet[1].

Eigenschaften: Schöne Parallelepipeden. Ist dimorph. Je nach dem Präparat oder der Schnelligkeit des Erhitzens schmelzen oder sintern die ursprünglichen braunroten Platten bei 167° (korr. 170°). Über 167° wird das Produkt wieder teilweise fest: büschelförmig vereinigte, kurze Nadeln; Schmelzp. 188° (korr. 191)°.

Kupfersalz $C_{36}H_{40}O_4N_4Cu$. Lange feine Nadeln, Schmelzp. 212° (korr. 217°).

Chlorferrisalz = Meso-chlorhäminester I $C_{36}H_{40}O_4N_4FeCl$. Aus Chloroform-Eisessig Krystalle vom Schmelzp. 255—260° (korr. 261—266°)[1].

Hämochromogenspektrum: I 555,4—541,2; II 530—506; End. Abs. 445.
$$\underbrace{555,4—541,2}_{548,3} \qquad \underbrace{530—506}_{518}$$

Diäthylester des Mesoporphyrins I $C_{38}H_{46}O_4N_4$. Aus dem freien Porphyrin mit Äthylalkohol-Salzsäure. — Schöne rotbraune Parallelepipeden; Schmelzp. 164° (korr. 167°)[1].

Mesoporphyrin I[2].

$$C_{34}H_{38}O_4N_4$$

Darstellung: Durch Verseifen des Esters mit 5proz. methylalkoholischer Kalilauge (15 Minuten langes Erhitzen). Beim Erkalten Krystallisation des Kaliumsalzes in Nadeln. Die ganze Masse wird in Wasser gegossen und daraus das Porphyrin in Äther getrieben. Beim Eindampfen des Äthers Krystallisation.

Eigenschaften: Aus Äther (wenig Eisessig) schöne Wetzsteine. Aus pyridinhaltigem Äther lange Nadeln, die eine labile Form darstellen. Salzsäurezahl = 0,6. Ist in Natronlauge leichter löslich als Mesoporphyrin IX, wodurch Trennung der beiden Isomeren möglich.

Chlorhydrat. Durch leichtes Erwärmen des Porphyrins mit 10proz. Salzsäure. Beim Erkalten Krystallisation in feinen Nadeln.

Natriumsalz. Durch Ausschütteln einer ätherischen Lösung des Porphyrins mit 2proz. Natronlauge. Teilweise Krystallisation in Wetzsteinen. 4proz. Natronlauge flockt vollkommen aus; 3proz. erst nach einigen Stunden; 0,8proz. nicht.

Spektrum in $^n/_{10}$-Natronlauge: I 614; II n. meßbar; III 564; IV 533; V 509—490. End. Abs. 450.
$$\underbrace{509—490}_{499,5}$$

Kaliumsalz s. oben. Rote Nadeln. Sehr leicht löslich in Methylalkohol; schwer in methylalkoholischer Kalilauge; unlöslich in Äther und Chloroform. Löst sich in Wasser unter Trübung, auf Zusatz von Natronlauge wieder Ausflockung.

Spektrum in Wasser: I 628,5; II 570,5; III 556—549; IV 527—505; End. Abs. 480.
$$\underbrace{556—549}_{552,5} \qquad \underbrace{527—505}_{516}$$

Spektrum in Methalykohol: I 622,5—616,5; II 565,5; III 536—524; IV 508—486; End. Abs. 431.
$$\underbrace{622,5—616,5}_{619,5} \qquad \underbrace{536—524}_{530} \qquad \underbrace{508—486}_{497}$$

Kupfersalz. Aus Pyridin-Eisessig kurze Nadeln.

---

[1] H. Fischer u. A. Kirrmann: Liebigs Ann. **475**, 276 (1929).
[2] H. Fischer u. A. Kirrmann: Liebigs Ann. **475**, 278 (1929).

Dimethylester des 1, 3, 5, 7-Tetramethyl-4, 8-diäthyl-2, 6-dipropionsäure-porphins.
Dimethylester des Mesoporphyrins II.
(Leitet sich ab vom Ätioporphyrin I.)

$$C_{36}H_{42}O_4N_4$$

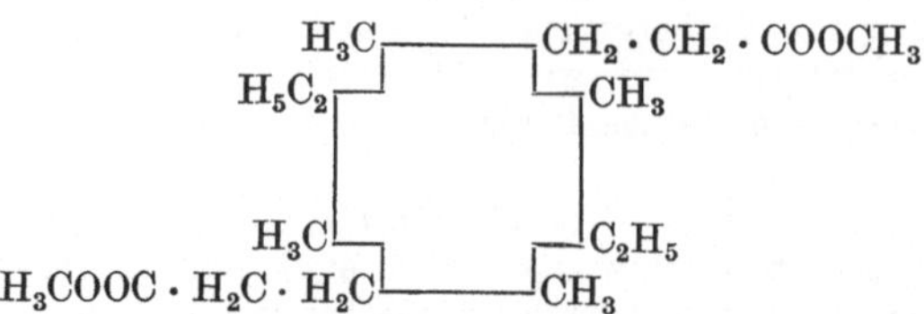

Bildung: Bei der Darstellung des Pyrroporphyrins II unter Verwendung des 3-Äthyl-4, 3′, 5′-trimethyl-5-brom-4′-propionsäure-pyrromethenbromhydrats[1].

Bei der Synthese des 1, 3, 5, 8-Tetramethyl-2, 4-diäthyl-7-propyl-6-propionsäure-porphins aus 4, 5, 3′-Trimethyl-3-äthyl-4′-propionsäure-5′-brom-pyrromethenbromhydrat[2].

Bei 15 Minuten langem Verschmelzen des (3-Äthyl-4, 5-dimethyl-pyrryl)-(4(3)-methyl-3(4)-propionsäure-2(5)-brom-pyrrolenyl)-methenbromhydrats (0,3 g) mit Bernsteinsäure (1 g) bei 200°. Ausbeute 6%[3].

Darstellung: a) 0,6 g 3-Äthyl-4, 3′, 5′-trimethyl-5-brom-4′-propionsäure-pyrromethen-bromhydrat (s. S. 515) eingetragen in eine 130° heiße Schmelze von 2 g Brenzweinsäure werden innerhalb 15 Minuten auf 170° erhitzt. Dann wird in Pyridin gelöst, die Lösung in überschüssige 10proz. Salzsäure gegossen, schnell filtriert, das Filtrat mit Natronlauge alkalisch gemacht, das ausgeflockte Natriumsalz abfiltriert, in 10proz. Salzsäure gelöst und mit Natronlauge wieder vorsichtig in viel Äther getrieben. Die ätherische Lösung wird mit Wasser bis zur Farblosigkeit derselben gewaschen, dann das Mesoporphyrin aus dem Äther mit 10proz. Natronlauge ausgeflockt, filtriert, getrocknet und verestert. Ausbeute 15%[1].

b) 0,5 g 3-Propionsäure-4, 5, 3′-trimethyl-4′-äthyl-5′-brom-pyrromethenbromhydrat (s. S. 567) werden genau wie unter a) mit Brenzweinsäure verschmolzen und aufgearbeitet[1].

c) 0,6 g (2(5)-Brom-3(4)-propionsäure-4(3)-methyl-pyrryl)-(3-äthyl-4, 5-dimethyl-pyrrolenyl)-methenbromhydrat (s. S. 494) werden mit 2 g Bernsteinsäure 10 Minuten lang bei 200° verschmolzen. Aufarbeitung und Verestern wie vorher. Ausbeute 16%[3].

Eigenschaften: Aus Chloroform-Methylalkohol unregelmäßig begrenzte Blättchen, Schmelzp. 233°[3]. Aus Pyridin-Methylalkohol, Schmelzp. 228°[1]. Salzsäurezahl = 3,0.

Spektrum: I 622,0; II schw. 595,8; III 568,5; IV 533,9—525,5; V 505,2—499,0; End. Abs. 432,3[3].
$$\underbrace{\qquad}_{529,7} \qquad \underbrace{\qquad}_{502,1}$$

Chlorferrisalz = Mesochlorhäminester II $C_{36}H_{40}O_4N_4FeCl$. Darstellung in üblicher Weise. Läßt sich aus Chloroform-Äther umkrystallisieren.

Spektrum: I verwaschen 559,5—550,5; II verwaschen 530,9—508,9; End. Abs. 452,0.
$$\underbrace{\qquad}_{555,0} \qquad \underbrace{\qquad}_{519,9}$$

Hämochromogenspektrum: I 553,8—541,1; II 526,6—505,5; End. Abs. 440,0[3].
$$\underbrace{\qquad}_{547,4} \qquad \underbrace{\qquad}_{516,0}$$

Kupfersalz $C_{36}H_{40}O_4N_4Cu$. Darstellung wie schon öfters beschrieben. — Aus Chloroform-Eisessig Krystalle vom Schmelzp. 261°.

Spektrum: I 577,9—550,0; II 540,9—512,8; End. Abs. 435,0[3].
$$\underbrace{\qquad}_{563,5} \qquad \underbrace{\qquad}_{526,8}$$

Freies Mesoporphyrin II $C_{34}H_{38}O_4N_4$. Aus Pyridin-Methylalkohol[1] oder aus Äther braune elliptische Nadeln[3]. Salzsäurezahl = 1,0[3].

Spektrum: I 621,9; II schwach 596,4; III 566,7; IV 538,2—523,7; V 502,2—499,5; End. Abs. 425,4[3].
$$\underbrace{\qquad}_{530,8} \qquad \underbrace{\qquad}_{500,8}$$

---

[1] H. Fischer u. H. Berg: Liebigs Ann. **482**, 211 (1930).

[2] H. Fischer u. A. Rothhaas: Liebigs Ann. **484**, 103 (1930).

[3] H. Fischer, H. Friedrich, W. Lamatsch u. K. Morgenroth: Liebigs Ann. **466**, 176 (1928).

Dimethylester des 1, 4, 5, 8-Tetramethyl-2, 3-diäthyl-6, 7-dipropionsäure-porphins[1]. Dimethylester des Mesoporphyrins III.

(Leitet sich ab vom Ätioporphyrin II.)

$$C_{36}H_{42}O_4N_4$$

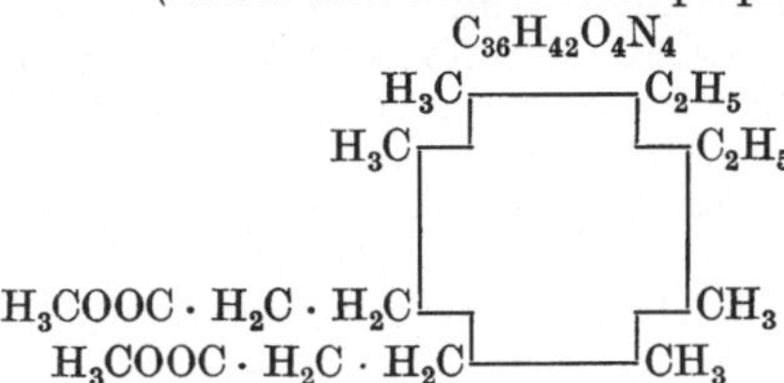

Vorkommen: Vielleicht bei Porphyrinerkrankungen[2].

Bildung: In unreiner Form bei 2stündigem Erhitzen der Opsopyrrol- und Opsopyrrol-carbonsäurehaltigen Fraktionen erhalten bei der Reduktion des Hämins mit Eisessig-Jodwasserstoff mit Ameisensäure bei 100°[3].

Bei der Kondensation von Bis-(3-äthyl-4-methyl-5-carboxy-pyrryl)-methan (1 g) mit Bis-(3-propionsäure-4-methyl-5-carboxy-pyrryl)-methan (1,5g) mittels Ameisensäure (40 ccm) unter 24stündigem Erwärmen auf 30—40° unter Durchleiten von Luft und anschließendem 12stündigem Erhitzen auf 100°[4] oder unter 5tägigem Erwärmen auf 45° unter Durchleiten von Luft[5].

Aus einem Gemisch von Bis-(5(2)-brom-4(3)-methyl-3(4)-äthyl-pyrryl)-methenbromhydrat (0,204 g) und Bis-(4, 5(2, 3)-dimethyl-3(4)-propionsäure-pyrryl)-methenbromhydrat (0,19 g) bei 5stündigem Erhitzen mit Eisessig auf 190°. Ausbeute 5%[5].

Darstellung: 0,5 g (5(2)-Brommethyl-4(3)-methyl-3(4)-äthyl-pyrryl)-(5(2)-brommethyl-4(3)-methyl-3(4)-äthyl-pyrrolenyl)-methenbromhydrat (s. S. 573) und 0,53 g Bis-(2-brom-3-methyl-4-propionsäure-pyrryl)-methenbromhydrat (s. S. 496) werden in der üblichen Weise mit Bernsteinsäure verschmolzen, das Porphyrin als in $^n/_{10}$-Natronlauge unlösliches Natriumsalz isoliert und verestert. Ausbeute 180 mg[6].

Eigenschaften: Aus Chloroform-Methylalkohol sehr dünne prismatische, lineal[5]- oder lanzettförmige[4] Blättchen mit Dichroismus. S.R. I, Auslöschungsschiefe gegen die lange Prismenkante 35—38° absorbiert sehr stark; S.R. II, Auslöschungsschiefe 51—52° absorbiert sehr schwach[5]. Schmelzp. 270—275°[4], 277—279°[6]. Salzsäurezahl 1,5. Das Natriumsalz fällt mit $^n/_{10}$-Natronlauge noch nicht aus. Das salzsaure Salz ist in 2,5proz. Salzsäure etwas leichter löslich wie Mesoporphyrin IX[3].

Spektrum in Chloroform: I 620,1; II 593,8; III 575,8; IV 565,7; V 532,5; VI 499,0.

Kupfersalz. Schmelzp. 175° unscharf (Verfärbung ab 130°). Ziemlich löslich in Eisessig. Spektrum in Chloroform: I 561,8; II 524,5.

Freies Mesoporphyrin III.

Spektrum in Äther: I 622,5; II 611,8; III 596,0; IV 576,4; V 567,1; VI 559,4; VII 544,8; VIII 526,8; IX 494,1; X 465,0; End. Abs. 430.

Spektrum in 5proz. Salzsäure: I 589,5; II 566,7; III 546,9.

Spektrum in $^n/_{10}$-Natronlauge: I 627,1; II 577,2; III 545,6; IV 515,4.

Alle Spektren sind identisch mit den entsprechenden des Mesoporphyrins IX und der Ätioporphyrine[4].

1, 4, 5, 8-Tetramethyl-3, 6-diäthyl-2, 7-dipropionsäure-porphin.
Mesoporphyrin IV[7].

(Leitet sich ab vom Ätioporphyrin II.)

$$C_{34}H_{38}O_4N_4$$

[1] H. Fischer, P. Halbig u. B. Walach: Liebigs Ann. **452**, 772 (1927).
[2] H. v. d. Bergh: Proc. roy. Soc. Lo d. **32**, 10 (1929) — Hoppe-Seylers Z. **182**, 265 (1929).
[3] H. Fischer u. A. Treibs: Liebigs Ann. **450**, 149—151 (1926).
[4] H. Fischer u. P. Halbig: Liebigs Ann. **450**, 162 (1926).
[5] H. Fischer, P. Halbig u. B. Walach: Liebigs Ann. **452**, 288 (1926).
[6] H. Fischer u. G. Stangler: Liebigs Ann. **459**, 74 (1927).
[7] H. Fischer u. A. Kirrmann: Liebigs Ann. **475**, 274 (1929).

Darstellung: 0,2 g eines äquimolaren Gemisches aus Bis-(3-propionsäure-4-methyl-pyrryl)-methenbromhydrat (s. S. 495) und (2(5)-Brommethyl-4(3)-methyl-3(4)-äthyl-pyrryl)-(2(5')-brommethyl-4(3')-methyl-3(4')-äthyl-pyrrolenyl)-methenbromhydrat (s. S. 505) werden mit 2 g Bernsteinsäure 15 Min. auf 200° erhitzt und dann die Temperatur langsam auf 220° gesteigert. Nachdem wird mit heißem Wasser versetzt; zentrifugiert, der Rückstand in Eisessig-Chlorwasserstoff aufgenommen und in üblicher Weise gereinigt. Ausbeute an Ester 15 mg.

Eigenschaften: Aus Äther knäuelförmig vereinigte Nadeln. Läßt sich aus Eisessig umkrystallisieren. Salzsäurezahl 0,55.´ Beim Schütteln einer ätherischen Lösung mit 2proz. Natronlauge bleibt die Lösung klar.

Spektrum in Äther: I 623,3; II 597,0; III 568,1 (Vorschatten 582); IV 527,2; V 508—479; End. Abs. 429.

$$\underbrace{508—479}_{494,5}$$

Spektrum in 25proz. Salzsäure: I 593,9; II 574,1 (s. schw.); III $\underbrace{558,6—543,0}_{550,8}$; End. Abs. 431.

Spektrum in 0,5proz. Natronlauge, sehr verwaschen und inkonstant. I 617; II n. meßbar; III 567; IV 539; V $\underbrace{513—495}_{504}$; End. Abs. 421.

Kupfersalz $C_{34}H_{36}O_4N_4Cu$. — Aus Pyridin-Eisessig rote Nadeln; sehr leicht löslich in eisessighaltigem Pyridin; unlöslich in Chloroform.

Spektrum in Pyridin: I 562,3; II unscharf 526; End. Abs. 428.

Eisensalz $C_{34}H_{36}O_4N_4FeCl$. Läßt sich aus Pyridin-Eisessig mit wenig Salzsäure umkrystallisieren.

Spektrum in Pyridin-Hydrazinhydrat: I 548,5; II 518,5 unscharf; End. Abs. 440.

Natriumsalz. Beim Schütteln einer ätherischen Lösung des Porphyrins mit 3proz. Natronlauge sehr langsame Krystallisation in sehr langen und feinen roten Nadeln. Mit 4proz. Natronlauge flockt sofort alles aus. Löst sich kolloidal in Wasser.

Dimethylester $C_{36}H_{42}O_4N_4$. Durch Verestern des freien Porphyrins, erhalten durch Abscheiden aus ätherfreien Salzsäurelösungen mit Natriumacetat, mit Methylalkohol-Salzsäure. — Aus Chloroform-Methylalkohol Schmelzp. 233° (korr. 238°). Mischschmelzpunkt mit II 18° Depression.

Spektrum in Äther: I 623,0; II 597,5; III 568,2 (Vorschatten 583,5); IV 527,8; V $\underbrace{506,0—482,0}_{494}$; End. Abs. 419.

Kupfersalz des Esters $C_{36}H_{40}O_4N_4Cu$. Aus Chloroform-Äther lange Nadeln, Schmelzpunkt 261° (korr. 267°).

Spektrum in Pyridin: I $\underbrace{574—554}_{564}$; II $\underbrace{539—515}_{527}$; End. Abs. 428.

Eisensalz des Esters $C_{36}H_{40}O_4N_4FeCl$. Aus Chloroform-Eisessig schwarze Stäbchen und Nadeln; Schmelzp. unscharf (Sinterung bei 263° [korr. 269°]; Schmelzen gegen 285° [korr. 291°]).

Spektrum in Chloroform: I 640; II 538; III s. verschwommen 500; End. Abs. 448.
Hämochromogenspektrum: I 547,8; II 517; End. Abs. 443.

Magnesiumsalz. Methylmagnesiumjodidlösung wird mit Butylalkohol in Äther versetzt und nach Beendigung der Gasentwicklung der Porphyrinester zugegeben. Nach kurzem Kochen wird mit Wasser gewaschen, filtriert und aus Äther-Petroläther krystallisiert. — Längliche rotbraune Platten. Wird beim Stehen an der Luft allmählich zersetzt.

Dimethylester des 1, 4, 5, 8-Tetramethyl-2, 3-diäthyl-6, 7-dipropionsäure-porphins.
Dimethylester des Mesoporphyrins V.
(Leitet sich ab vom Ätioporphyrin II.)

$$C_{36}H_{42}O_4N_4$$

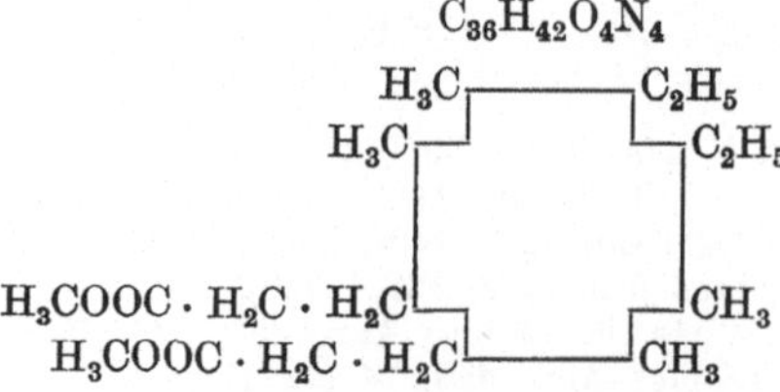

Bildung: Als Nebenprodukt bei der Synthese des Pyrroporphyrins XII unter Verwendung von 3, 5, 3'-Trimethyl-4'-propionsäure-5'-brom-pyrromethenbromhydrat[1] und des 1, 3, 5, 8-Tetramethyl-2, 4-diäthyl-6-propyl-7-propionsäure-porphins mit Hilfe des 3, 5, 3'-Trimethyl-4-äthyl-4'-propionsäure-5'-brom-pyrromethenbromhydrats[2].

Aus (2, 4 (3, 5)-Dimethyl-3 (4)-äthyl-pyrryl)-(4 (3)-methyl-3 (4)-propionsäure-2 (5)-brom-pyrrolenyl)-methenbromhydrat in der Bernsteinschmelze bei 215°[3].

Darstellung: a) 1,4 g 2 (5)-Brom-3 (4)-propionsäure-(4 (3)-methyl-pyrryl)-(2, 4 (3, 5)-dimethyl-3 (4)-äthyl-pyrrolenyl)-methenbromhydrat (s. S. 494) werden mit Bernsteinsäure 15 Minuten auf 180° erhitzt. Die Schmelze wird dann mehrfach mit heißem Wasser ausgelaugt, der Rückstand in Salzsäure gelöst, filtriert, aus dem Filtrat das Porphyrin mit Natriumacetat ausgeflockt, filtriert und wie üblich mit Äther-Salzsäure gereinigt und verestert. Ausbeute 18 %[3].

Eigenschaften: Aus Chloroform-Methylalkohol hellbraune Stäbchen, Schmelzp. 274°[3].

Spektrum: I 622,2; II schw. 596,3; III 580,4 ... 568,3; IV 534,0—524,0: V 506,5—484,0; End. Abs. 433,5.
$$\underset{529,0}{534{,}0—524{,}0} \qquad \underset{495,3}{506{,}5—484{,}0}$$

Chlorferrisalz $C_{36}H_{40}O_4N_4FeCl$. Durch Versetzen einer Lösung des Esters in Chloroform mit frischer Eisenacetatlösung in Eisessig und etwas Kochsalz. Beim Verdampfen des Chloroforms Krystallisation. Ausbeute 70 %. — Aus Chloroform-Äther kurze blauschwarze Stäbchen[3].

Spektrum: I verwaschen 560,1—550,6; II verw. 533,3—509,5; End. Abs. 448,0.
$$\underset{555,3}{560{,}1—550{,}6} \qquad \underset{521,4}{533{,}3—509{,}5}$$

Hämochromogenspektrum: I 556,3—540,0; II verwaschen 529,1—505,4; End. Abs. 435,0.
$$\underset{548,1}{556{,}3—540{,}0} \qquad \underset{517,2}{529{,}1—505{,}4}$$

Kupfersalz $C_{36}H_{40}O_4N_4Cu$. Ester, gelöst in Chloroform, wird mit Kupferacetat in Eisessig versetzt. Nach Verdampfen des Chloroforms Krystallisation. — Aus Chloroform-Eisessig lange rote Nadeln, Schmelzp. 285—286°[3].

Spektrum: I 575,5—553,5; II 540,4—517,5; End. Abs. 432,0.
$$\underset{564,4}{575{,}5—553{,}5} \qquad \underset{528,9}{540{,}4—517{,}5}$$

Freies Mesoporphyrin V $C_{34}H_{38}O_4N_2$. Aus Äther braune stäbchenförmige Krystalle. Salzsäurezahl = 0,5. Gibt ein in 2 proz. Natronlauge schwer lösliches Natriumsalz[3].

Dimethylester des 1, 3, 5, 8-Tetramethyl-6, 7-diäthyl-2, 4-dipropionsäure-porphins.
Dimethylester des Meso-porphyrins VI.
(Leitet sich ab vom Ätioporphyrin III.)

$$C_{36}H_{42}O_4N_4$$

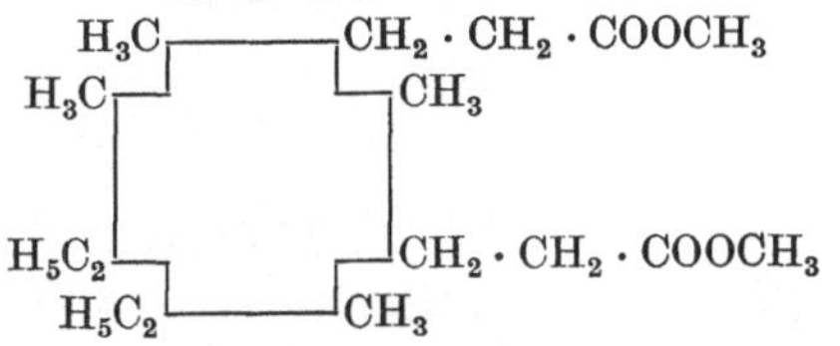

$$
\begin{array}{ll}
H_3C\!-\!\!\!\! & \!\!\!\!-CH_2 \cdot CH_2 \cdot COOCH_3 \\
H_3C\!-\!\!\!\! & \!\!\!\!-CH_3 \\
& \\
H_5C_2\!-\!\!\!\! & \!\!\!\!-CH_2 \cdot CH_2 \cdot COOCH_3 \\
H_5C_2\!-\!\!\!\! & \!\!\!\!-CH_3 \\
\end{array}
$$

Darstellung: 3,90 g 3, 3'-Diäthyl-4, 4'-dimethyl-5, 5'-dibrom-pyrromethenbromhydrat (s. S. 505) und 3,50 g 3, 4', 5, 5'-Tetramethyl-3', 4-dipropionsäure-pyrromethenbromhydrat (s. S. 553) und 35 g Bernsteinsäure werden in Portionen von 1—2 g 30 Minuten auf 180—190° erhitzt. Danach wird die Schmelze mehrmals mit heißem Wasser ausgelaugt, der Rückstand in heißem Eisessig gelöst, mit dem halben Volumen konz. Salzsäure versetzt, mit Wasser auf etwa 5 % Salzsäuregehalt verdünnt, filtriert und der Rückstand noch mehrmals derselben Operation unterworfen. Aus den salzsauren Lösungen wird das Porphyrin mit Natriumacetat ausgeflockt, filtriert, in möglichst wenig verdünntem Ammoniak gelöst, diese Lösung auf einen Gehalt von 5 % Natronlauge gebracht; nach 12 stündigem Stehen das ausgefällte Natriumsalz abgesaugt, getrocknet und verestert. Ausbeute 0,45 g = 10 %. (Sie steigt bei Verwendung von 3, 4'-Dimethyl-3', 4-dipropionsäure-5, 5'-dibrommethyl-pyrromethenbromhydrat (s. S. 554) auf 13 %[4].)

[1] H. Fischer u. H. Berg: Liebigs Ann. **482**, 197 (1930).
[2] H. Fischer u. A. Rothhaas: Liebigs Ann. **484**, 102 (1930).
[3] H. Fischer, H. Friedrich, W. Lamatsch u. K. Morgenroth: Liebigs Ann. **466**, 174 (1928).
[4] H. Fischer u. A. Rothhaas: Liebigs Ann. **484**, 106 (1930).

Eigenschaften: Aus Chloroform-Methylalkohol braune Stäbchen, Schmelzp. 199°; Misch-schmelzp. mit Mesoester IX 180—181°; 190—192°. Salzsäuregehalt = 2,4—2,5.

Spektrum in essigsäurehaltigem Äther: I 622,9; II schw. Schatten 612,0; III s. schw. 597,0; IV 576,9; V 567,8; VI 527,0; VII 494,0; End. Abs. 424,0. Intensität: VII, I, VI, V, IV, III, II.

Spektrum in Pyridin-Äther: I 623,4; II schw. Schatten 614,0; III s. schw. 597,6; IV schw. 576,8; V 568,2; VI anfangs wenig verwaschen 527,7; VII 493,8; End. Abs. 434,5.

Spektrum in Chloroform: I 621,5; II s. schw. etwa 592,7; III anfangs verwaschen 575,9; IV 567,1; V 532,2; VI 499,5; End. Abs. 435,0.

Chlorferrisalz $C_{36}H_{40}O_4N_4FeCl$. Darstellung wie üblich aus dem Ester mit Ferroacetat-Kochsalz-Salzsäure (wenig) in Eisessig unter kurzem Aufkochen. Beim Erkalten Krystalli-sation in kurzen, fast schwarzen Stäbchen. Nach dem Absaugen Auswaschen mit Chloroform und Eisessig. — Umkrystallisierbar aus Chloroform-Eisessig.

Spektrum in Pyridin, sehr verwaschen: I etwa 602,0; II 554,0; End. Abs. 455.

Auf Zusatz von Hydrazinhydrat: I 547,4; II 514,8; End. Abs. 442,5.

Kupfersalz $C_{36}H_{40}O_4N_4Cu$. Darstellung wie üblich durch kurzes Kochen des Esters (0,05 g) mit Kupferacetat in Eisessig (10 ccm). Farbenumschlag nach Dunkelrot. Beim Erkalten Krystallisation in roten Nadeln. Absaugen und Waschen mit Eisessig, 50proz. Essigsäure, Wasser, Alkohol und Äther. — Aus Pyridin-Äther, Schmelzp. 210°.

Spektrum in Pyridin: I 562,7; II 528,8; End. Abs. 432,0.

Spektrum in Pyridin-Hydrazinhydrat: I 563,1; II 527,8; End. Abs. 432,0.

Freies Mesoporphyrin VI. $C_{34}H_{38}O_4N_4$. Chlorhydrat, in Eisessig gelöst, wird mit Äther überschichtet und mit Natriumacetat zerlegt. Nachdem wird vorsichtig mit dest. Wasser durchgeschüttelt, der Äther verdunstet und der Rückstand aus Pyridin-Wasser umkrystallisiert. — Salzsäurezahl = 1,0 [1].

Spektrum in eisessighaltigem Äther: I 623,4; II Schatten etwa 612,0; III schw. 596,9; IV s. schw. 587,6; V 577,1; VI 568,1; VII Schatten 559,0; VIII s. schw. 545,0; IX 528,0; X 494,4; End.Abs. 431,0. Intensität: X, IX, I, VI, V, III, II, VII, IV, VIII.

Chlorhydrat. 0,4 g Ester bleiben mit 35 ccm konz. Salzsäure bei gelinder Wärme 1 Tag stehen. Dann wird vorsichtig eingeengt. Sehr dünne, zu Büscheln vereinigte Nadeln. Ausbeute 0,35 g.

Chlorferrisalz $C_{34}H_{36}O_4N_4FeCl$. Wird dargestellt wie beim Ester beschrieben. — Sehr kleine, dunkelblau schillernde würfelähnliche Krystalle.

Spektrum in Pyridin: I 610,5; II 569,3 ... 546,2; III 515,5; End. Abs. 445. Intensität: III, II, I.

Spektrum in Pyridin-Hydrazinhydrat: I 547,4; II 515,1; End. Abs. 435. Intensität: I, II.

Kupfersalz $C_{34}H_{36}O_4N_4Cu$. Darstellung wie üblich. — Aus Pyridin-Eisessig-Wasser rote Nadeln; Schmelzp. 314°.

Spektrum in Pyridin: I Schatten bei etwa 593,8; II 562,9; III 525,9; End. Abs. 437,5. Inten-sität: II, III, I.

Spektrum in Pyridin-Hydrazinhydrat: I 562,5; II 526,1; End. Abs. 432,0. Intensität: II, I.

Spektrum in Chloroform: I 562,7; II 524,0; End. Abs. 426,0. Intensität: I, II.

Dimethylester des 1, 3, 5, 8-Tetramethyl-2, 7-diäthyl-4, 6-dipropion-säure-porphins.   Dimethylester des Meso-porphyrins VIII [2].

(Leitet sich ab vom Ätioporphyrin III.)

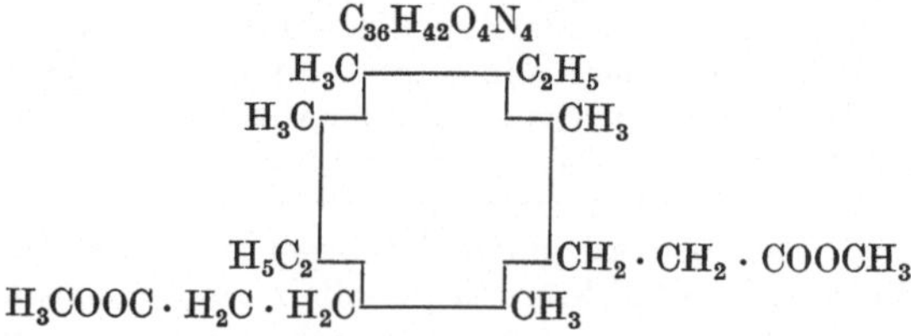

Darstellung: Ein Gemisch aus 12 g 3, 3′-Dimethyl-4, 4′-diäthyl-5, 5′-dibrom-pyrromethen-bromhydrat (s. S. 504); 11 g 3,5,4′,5′-Tetramethyl-4,3′-dipropionsäure-pyrromethenbromhydrat (s. S. 553) und 69 g Bernsteinsäure wird in Portionen zu 1 g im Ölbad 30 Min. auf 195° erhitzt. Dann wird die Schmelze mit heißem natriumacetathaltigen Wasser behandelt, der Rückstand mehrmals mit Eisessig ausgekocht, diese Lösung mit viel Äther versetzt und mit Wasser bis

[1] H. Fischer u. A. Rothhaas: Liebigs Ann. **484**, 106 (1930).
[2] H. Fischer u. A. Rothhaas: Liebigs Ann. **484**, 110 (1930).

zur Farblosigkeit desselben geschüttelt. Nun wird der Äther mit 3 proz. Salzsäure ausgezogen, das Porphyrin mit Natriumacetat gefällt, abfiltriert, in sehr verdünntem Ammoniak gelöst, diese Lösung mit fester Natronlauge auf 6% Gehalt gebracht, nach 12 stündigem Stehen das ausgefallene Natriumsalz des Porphyrins abfiltriert und verestert. Ausbeute 3,5 g = 22%.

Eigenschaften: Aus Chloroform-Methylalkohol rote Nadeln, Schmelzp. 181—183° (korr. 184—186°). Depression mit Monoester IX 10°.

Spektrum in Äther: I 623,5; II s. schw. Schatten etwa 612,4; III s. schw. 597,1; IV 577,5; V 568,6; VI 538,8 . . . 533,9—520,8; VII 494,3; End. Abs. etwa 436. Intensität: VII, VI, I, V, IV, III, II

$$\underbrace{\qquad}\ 527,0$$

Spektrum in Chloroform: I 622,0; II s. schw. etwa 595,8; III verw. etwa 577,8; IV 567,8; V 532,9; VI 498,0; End. Abs. etwa 442. Intensität: VI, V, I, IV, III, II.

Chlorferrisalz $C_{36}H_{40}O_4N_4FeCl$. Darstellung wie üblich durch kurzes Aufkochen des Esters mit Ferroacetat-Kochsalz-Salzsäure (wenig) in Eisessig. Beim Erkalten Krystallisation in blauschwarzen Nadeln. Schmelzp. 223°.

Spektrum in Pyridin-Hydrazin: I 547,4; II verwaschen 515,8; End. Abs. etwa 440.

Kupfersalz $C_{36}H_{40}O_4N_4Cu$. Darstellung wie schon öfters beschrieben. — Aus Eisessig zu Büscheln vereinigte rote Nadeln. Schmelzp. 206° (korr. 210°) nach vorherigem Sintern.

Spektrum in Pyridin-Hydrazin: I 563,8; II 528,5; End. Abs. etwa 431.

Freies Mesoporphyrin VIII $C_{34}H_{38}O_4N_4$. Durch $^1/_4$ stündiges Erhitzen des Esters mit 5 proz. methylalkoholischer Kalilauge. Dann wird die Lösung mit Wasser verdünnt, filtriert, das Porphyrin unter Zusatz von Eisessig in Äther getrieben, die ätherische Lösung gut mit Wasser gewaschen und der Äther abgedampft. — Umkrystallisierbar aus Methylalkohol. Salzsäurezahl 1.

Spektrum in Eisessig-Äther: I 623,9; II s. schw. Schatten etwa 613,7; III s. schw. 597,7; IV 578,9; V 569,7; VI s. schw. Schatten etwa 560,8; VII 529,5; VIII 495,4; End. Abs. etwa 436. Intensität: VIII, VII, I, V, IV, III, II, VI.

Chlorferrisalz $C_{34}H_{36}O_4N_4FeCl$. Darstellung wie beim Ester beschrieben. Aus Eisessig blauschwarze Blättchen.

Spektrum in Pyridin-Hydrazin: I 547,4; II verwaschen 515,8; End. Abs. etwa 445.

1, 3, 5, 8-Tetramethyl-2, 4-diäthyl-6, 7-dipropionsäure-porphin[1].
Mesoporphyrin IX[1]. Analytisches Mesoporphyrin.
(Bd. VI, S. 250; Bd. IX, S. 361, 403; Bd. X, S. 22.)
(Leitet sich ab vom Ätioporphyrin III.)

$$C_{34}H_{38}O_4N_4$$

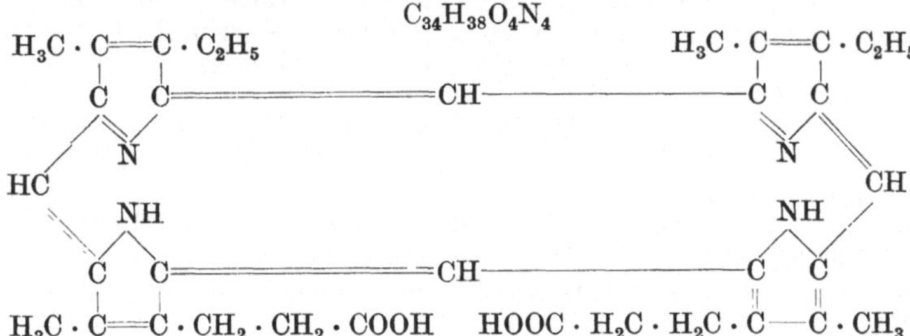

Bildung: Durch Reduktion des Chlorhämin-diacetats[2], des Allohämins[2, 3] und des Hämatoporphyrins[4] und des Tetramethylhämatoporphyrins[5] mit Jodwasserstoff-Eisessig.

Bei der katalytischen Reduktion des Protoporphyrins[6, 7] und des Hämatins[7].

Aus Protoporphyrin mit methylalkoholischer Kalilauge[8] oder Eisessig-Jodwasserstoff[9].

[1] H. Fischer u. G. Stangler: Liebigs Ann. **459**, 65 (1927).

[2] H. Fischer, G. Hummel u. A. Treibs: Liebigs Ann. **471**, 251 (1929).

[3] R. Kuhn u. M. Seyffert: Ber. dtsch. chem. Ges. **61**, 310 (1928).

[4] H. Fischer u. K. Zeile: Liebigs Ann. **468**, 116 (1929).

[5] H. Fischer u. F. Lindner: Hoppe-Seylers Z. **166**, 165 (1927).

[6] H. Fischer, H. Gebhardt u. A. Rothhaas: Liebigs Ann. **482**, 24 (1930). — A. Papendieck: Hoppe-Seylers Z. **152**, 219 (1925).

[7] A. Papendieck u. R. Bonath: Hoppe-Seylers Z. **144**, 65; **152**, 21 (1925). — O. Schumm: Hoppe Seylers Z. **166**, 18 (1927). — H. Fischer u. B. Pützer: Hoppe-Seylers Z. **154**, 50 (1926).

[8] H. Fischer u. G. Hummel: Hoppe-Seylers Z. **181**, 126 (1928).

[9] H. Fischer u. E. Jordan: Hoppe-Seylers Z. **190**, 91 (1930).

Bei der Überführung von Hämatoporphyrin in Hämoporphyrin neben Deuteroporphyrin und zwei isomeren Tetramethyl-äthyl-dipropionsäure-porphinen[1].

Aus dem Pyrroporphyrin über das Oxymethylpyrroporphyrin und das daraus hergestellte 1, 3, 5, 8-Tetramethyl-2, 4-diäthyl-6-methylmalonsäure-7-porpionsäure-porphin[2].

Aus Hämin mit Eisessig-Bromwasserstoff bei 180°[3].

In geringer Menge aus Bilirubin, in größerer aus Mesobilirubinogen, am meisten aus Bilirubinsäure mit Eisessig-Bromwasserstoff bei 145°[3].

Wird auch erhalten aus Mesochlorin beim Behandeln mit 3 proz. Wasserstoffperoxyd[4] oder beim Durchleiten von Luft durch eine siedende Lösung desselben in methylalkoholischer Kalilauge[5].

Darstellung: a) 3 g Hämin werden mit 0,6 g 25 proz. kolloidalem Palladium in 300 g Ameisensäure (spez. Gewicht 1,22) $1^1/_4$ Stunden unter Schütteln zum Sieden erhitzt. Nach dem Abkühlen wird mit der 4 fachen Menge einer etwa 30 proz. Ammoniumacetatlösung gefällt, nach kurzem Stehen filtriert, der Rückstand mit wenig warmer Ammoniaklösung gut verteilt, mit 250 ccm siedender 2,5 proz. Salzsäure ausgeschüttelt und filtriert. Beim Stehen Krystallisation des salzsauren Salzes. Ausbeute 1,9 g = 65 %[6].

Mikromethode zur Darstellung aus 10 mg Hämin oder Protoporphyrin[7].

b) Aus dem Dimethylester durch Verseifen mit Eisessig-Bromwasserstoff. Aufarbeitung wie gewöhnlich[8].

Eigenschaften: Tritt nach Injektion nicht im Harn auf[9]. Läßt sich aus eisessighaltigem Äther umkrystallisieren[8]. Zieht glatt auf mit essigsaurem Kupferacetat gebeizte Wolle waschecht auf[10]. Gibt beim Erhitzen mit Piperidin im Rohr auf 160° eine Molekülverbindung mit 2 Mol Piperidin $C_{44}H_{60}O_4N_6$[11]. Salzsäurezahl = 0,5. Mit siedendem Paraffin entsteht Mesoätioporphyrin[12].

Spektrum in $^n/_{10}$-Kalilauge: I $\underline{634,7-624,0}$; II $(\underline{605,3-598,2})$; III $\underline{590,0-564}$; IV $\underline{557,2-544,3}$;

$\qquad\qquad\qquad\qquad 629,3 \qquad\qquad 601,7 \qquad\qquad 579,5 \qquad\qquad 550,7$

V $\underline{531,2-519,0}$; End. Abs. 485,8. Intensität: V, I, III, IV, II[13].

$\quad 525,1$

Spektrum in 25 proz. Salzsäure: I $\underline{598,5-587,8}$; II $\underline{576,3-568,5}$; III $\underline{560,5-537,0}$[13].

$\qquad\qquad\qquad\qquad\qquad 593,1 \qquad\qquad 572,4 \qquad\qquad 548,4$

Salzsaures Mesoporphyrin in Methylalkohol: Spektrum Typ I: I $603,8-601,0$; II $\underline{571,1-551,3}$;

III $\underline{536,5-522,8}$; IV 496. Intensität: II; III, I; IV[14]. $\qquad\qquad 602,4 \qquad\qquad 561,3$

$\quad 529,6$

Bromspektralprobe[15].

Styphnat $C_{34}H_{38}O_4N_4 \cdot 2\,C_6H_3O_8N_3$. Durch Zusatz von Wasser zu einer konz. Acetonösung feine, rote, violettstichige Prismen; Schmelzp. 232° (korr.). Spielend leicht löslich in Aceton.

Acetonspektrum: Gemisch aus neutral und Typ I. Mit überschüssiger Styphninsäure bildet sich Typ II: I 593,1; II 449,9.

Pulverspektrum: I 599; II 577; III 556 ... Intensität: III; I; II (Typ II)[16].

Pikrat $C_{34}H_{38}O_4N_4 \cdot 2\,C_6H_3O_7N_3$. Krystallisiert wie beim Styphnat. Feine rote Nadeln; Schmelzp. 178° (korr., Block).

Acetonspektrum: genau wie beim Styphnat, die Dissoziation ist jedoch etwas größer.

Pulverspektrum: I 598; II 576; III 557 ... Intensität: III, I, II (Typ II)[16].

Pikrolonat $C_{24}H_{38}O_4N_4 \cdot 2\,C_{10}H_8O_5N_4$. Aus Aceton sehr feine, rotbraune Kryställchen, Schmelzp. 204° (korr.).

Acetonspektrum: Gemisch aus neutral und wenig Typ I. Mit großem Überschuß an Säure

[1] H. Fischer, H. Helberger u. G. Hummel: Hoppe-Seylers Z. **193**, 251 (1930).
[2] H. Fischer u. J. Riedl: Liebigs Ann. **486**, 187 (1931).
[3] H. Fischer u. F. Lindner: Hoppe-Seylers Z. **161**, 1 (1926).
[4] H. Fischer, H. Gebhardt u. A. Rothhaas: Liebigs Ann. **482**, 8 (1930).
[5] H. Fischer u. A. Rothhaas: Liebigs Ann. **484**, 95 (1930).
[6] H. Fischer u. B. Pützer: Hoppe-Seylers Z. **154**, 50 (1926).
[7] H. Fischer u. H. Hilger: Hoppe-Seylers Z. **138**, 270 (1924).
[8] H. Fischer u. G. Stangler: Liebigs Ann. **459**, 74 (1927).
[9] H. Fischer u. W. Zerweck: Hoppe-Seylers Z. **137**, 224 (1924).
[10] H. Fischer u. J. Hilger: Hoppe-Seylers Z. **138**, 66 (1924).
[11] H. Fischer u. B. Pützer: Ber. dtsch. chem. Ges. **61**, 1074 (1928).
[12] O. Schumm: Hoppe-Seylers Z. **181**, 157 (1929).
[13] H. Fischer u. P. Müller: Hoppe-Seylers Z. **142**, 128 (1925).
[14] A. Treibs: Liebigs Ann. **476**, 14 (1929).
[15] E. Mertens: Hoppe-Seylers Z. **166**, 179 (1927).   [16] A. Treibs: Liebigs Ann. **476**, 31 (1929).

entsteht Typ I rein: I 601,1; II 556,4; III 529.2. Intensität: II; I, III. Dazu viel Wasser bedingt Annäherung an Typ II.

Pulverspektrum: I 607; II 560. Intensität: II, I (Typ I)[1].

Flavianat $C_{34}H_{38}O_4N_4 \cdot 2\, C_{10}H_6O_8N_2S$. Aus Aceton-Wasser violette Prismen; Schmelzpunkt 215° unscharf (Block).

Acetonspektrum Typ II: I 593,8; II 570,1; III 550,5; IV 523,8. Intensität: III; I, II, IV. Dissoziiert sehr leicht. Auf Zusatz von 1 Tropfen Wasser Spektrum Gemisch aus Typ I und II; auf Zusatz eines weiteren Tropfen Wassers nur noch Typ I und mit mehr Wasser Spektrum neutral. Durch wenig Flaviansäure wird diese ganze Erscheinung wieder rückläufig.

Pulverspektrum: I 596; II 575; III 555 ... Intensität: III, I; II (Typ II)[2].

Natriumsalz $C_{34}H_{36}O_4N_4Na_2$. Durch Versetzen einer ammoniakalischen Lösung des Porphyrins mit $^n/_{10}$-Natronlauge. — Aus heißem Wasser mikroskopisch kleine Nadeln[3].

Magnesiumsalz = Mesophyllin IX. Darstellung nach der Vorschrift für Hämophyllin nach Willstätter. — Krystallisiert aus Äther.

Spektrum in Äther: I 648,6—639,5; II 624,8—620,5; III 587,5—573,4; IV 560,9 ... 550.3—533,0

           644,0   622,7   580,4   541,6

... 521,5; V 505,3—482,3 [3].

         493,7

Chlorferrisalz = Meso-Chlorhämin IX $C_{34}H_{36}O_4N_4FeCl$ [4]. Durch Versetzen der Lösung des Chlorhydrats (0,5 g) in Eisessig (150 ccm) mit Ferroacetat (2 g in 10 ccm Eisessig) ohne oder mit Ausschluß von Sauerstoff[5]. Hämochromogenspektrum tritt dabei nicht auf[5]. Beim Erkalten Krystallisation. — Umkrystallisieren durch Lösen in wenig Pyridin und Eingießen in heißen mit Kochsalz gesättigten Eisessig. Dunkle Prismen[4]. Wird durch 1,5 stündiges Erhitzen mit Resorcin auf 200° nicht verändert[6]. Besitzt peroxydatische Wirkung. In schwach saurer Lösung ($p_H = 5,4$) ist diese etwa halb so groß wie die des Hämins; in Pyridinlösung ist sie 2—6 mal stärker[7]. Enthält 2 aktive Wasserstoffatome[8].

Spektrum in 0,1 proz. Pyridinlösung: I 546,8; II 517,9.

Cyanhämochromogenspektrum: I 559,3; II 530,0 [9].

Mesohäm $C_{34}H_{36}O_4N_4Fe$. Durch Kochen von 1 mg feinpulverisiertem geschlämmtem Mesoporphyrin in 20 ccm Eisessig mit 10 ccm klarer, gesättigter Ferroacetatlösung unter Stickstoff. Absaugen unter Überleiten von Stickstoff und Auswaschen mit ausgekochtem Eisessig, Wasser, Eisessig, Äther. — Feine dunkelviolettbraune Kryställchen. Versprüht beim Analysieren. Oxydiert sich in Berührung mit Lösungsmitteln sehr leicht. Beim Absaugen in Gegenwart von Sauerstoff tritt sofortige Lösung ein. Bildet mit Pyridin Hämochromogen. Durch Salzsäure wird das Eisen leicht abgespalten[10].

Meso-chlorhämin-acetat $C_{32}H_{36}N_4FeCl \cdot (COOCOCH_3)_2$. Darstellung wie beim Mesoacetoxyhämin-acetat beschrieben, jedoch mit Ferrochlorid. Nach 5 Minuten langem Kochen wird filtriert und eingeengt. Beim Stehen Krystallisation in 2 mm langen, zu Büscheln angeordneten Nadeln. Nach dem Filtrieren Waschen mit Äther, sehr verdünnter Salzsäure, Wasser und Methylalkohol. — Entsteht auch durch Lösen von Meso-chlorhämin in siedendem Essigsäureanhydrid. — Schmelzp. 260° (korr.). Leicht löslich in Chloroform, Aceton; schwer löslich in Essigester und warmem Eisessig; fast unlöslich in Methylalkohol. Wird durch Pyridin zerlegt. Beim Schütteln einer braunen Ätherlösung mit 10 proz. Salzsäure wird die Farbe rotstichiger, das Spektrum ändert sich nicht. Beim Schütteln der ätherischen Lösung mit 2 proz. Natronlauge entsteht eine in der Durchsicht olive, in der Aufsicht rotbraune Lösung. Wird beim Erhitzen auf 110° nicht verändert. Ist wahrscheinlich identisch mit Allomesohämin[11].

Spektrum in Äther: I 645—620; II 546—524; III 511—487; End. Abs. 433. Intensität: II, I, III.

Spektrum in Äther nach Schütteln mit 2 proz. Natronlauge: I 600—582 ...; II 570—551 ...541; End. Abs. 460 [12].

---

[1] A. Treibs: Liebigs Ann. **476**, 31 (1929).   [2] A. Treibs: Liebigs Ann. **476**, 32 (1929).

[3] H. Fischer u. R. Müller: Hoppe-Seylers Z. **142**, 130 ff. (1925).

[4] H. Fischer u. G. Stangler: Liebigs Ann. **459**, 74 (1927).

[5] H. Fischer u. K. Schneller: Hoppe-Seylers Z. **128**, 234 ff. (1928).

[6] H. Fischer u. A. Treibs: Liebigs Ann. **466**, 227 (1928).

[7] R. Kuhn, L. Brann, C. Seyffert u. M. Further: Ber. dtsch. chem. Ges. **60**, 456, 1156 (1927).

[8] H. Fischer u. J. Postowsky: Hoppe-Seylers Z. **152**, 309 (1926).

[9] O. Schumm: Hoppe-Seylers Z. **153**, 249; **156**, 269 (1926).

[10] H. Fischer, A. Treibs u. K. Zeile: Hoppe-Seylers Z. **195** 22 (1931).

[11] R. Kuhn u. H. Seyffert: Ber. dtsch. chem. Ges. **61**, 310 (1928).

[12] H. Fischer, G. Hummel u. A. Treibs: Liebigs Ann. **471**, 268 (1929).

Alle Spektren sind identisch mit den entsprechenden von Allomesohämin[1].

Meso-chlorhämin-anhydrid. Durch Erhitzen des Mesochlorhämin-acetats auf 205°. Leicht löslich in Chloroform; schwer löslich in Äther[1].

Spektrum in Äther und Chloroform: I 655—633; II 553—530; III 518—497; End. Abs. 438. Intensität: II, I, III.

$n/_{10}$-Kalilauge erzeugt kein Hämatinspektrum; 10proz. Natronlauge zersetzt sofort.

Meso-acetoxy-hämin-acetat $C_{32}H_{34}N_4Fe \cdot O \cdot OCCH_3(COOCOCH_3)_2$. 100 mg Mesoporphyrin werden mit 30 mg Ferroacetat in 3 ccm Essigsäureanhydrid bis zur völligen Lösung und bis zum völligen Verschwinden des Porphyrinspektrums gekocht. Beim Stehen Krystallisation in violettschwarzen, glänzenden Stäbchen; die nach dem Filtrieren nacheinander mit Äther, Wasser und wasserhaltigem Aceton gewaschen werden. — Leicht löslich in Chloroform; auch noch nach 3monatigem Liegen an der Luft. Schwer löslich in Benzol[2].

Meso-chlorhämin-diamylester $C_{44}H_{56}O_4N_4FeCl$. Entsteht als Nebenprodukt bei der Herstellung des Mesochlorins aus Mesohämin, Natrium und Amylalkohol. — Aus Methylalkohol schlecht ausgebildete Krystalle[3].

Chlorhydrat. Parallel auslöschende Nadeln, oft büschelartig vereinigt. Farbe zwischen gekreuzten Nicols lavendelblau. S.R. parallel der Prismenkante ist die raschere[4].

Spektrum in 2,5proz. Salzsäure: I 594,5—585.4; II 571,0—566,9; III 556,0—537,0[4].

$$\underbrace{594,5—585.4}_{589,9} \qquad \underbrace{571,0—566,9}_{568,9} \qquad \underbrace{556,0—537,0}_{546,5}$$

Molekülverbindung mit Piperidin $C_{44}H_{60}O_4N_6$. 1,2 g Mesoporphyrin werden etwa 12 Stunden mit 10 ccm Piperidin im Rohr auf 160° erhitzt. Dann wird im Vakuum abgedampft, der Rückstand in Eisessig gelöst, mit Wasser verdünnt, mit Ammoniak stark alkalisch gemacht und der entstandene Niederschlag nach dem Trocknen mit Aceton extrahiert[5].

Kupfersalz $C_{44}H_{54}O_2N_6Cu$. Durch Erhitzen der Piperidinverbindung mit Kupferacetat in Pyridinlösung. — Aus Pyridin-Wasser Blättchen oder Krystallbüschel[5].

Zinksalz $C_{44}H_{54}O_2N_6Zn$. Darstellung mit Zinkacetat sowohl in Pyridin- als auch in Eisessiglösung. — Aus Eisessig Schmelzp. 286°[5].

Chlorferrisalz $C_{44}H_{54}O_2N_6FeCl$. Aus der Piperidinverbindung mit Ferroacetat-Kochsalz in Eisessig. — Leicht löslich in Eisessig[5].

Mesoporphyrin-acetat $C_{32}H_{36}N_4(COO \cdot COCH_3)_2$. 0,25 g Mesoporphyrin werden in 15 ccm Essigsäureanhydrid bis zur Lösung gekocht und nachdem sofort durch ein gefaltetes Hartfilter gesaugt. Beim Abkühlen Krystallisation. — Absaugen und Waschen mit 70proz. Aceton. — Schmelzp. 225° (korr., Block); kein Schmelzpunkt im Röhrchen. Löslich in Eisessig (saures Porphyrinspektrum); schwer löslich in Essigsäureanhydrid (neutrales Spektrum); Essigester; warmem Benzol, Tetrachlorkohlenstoff, Schwefelkohlenstoff; unlöslich in Ligroin. Salzsäurezahl = 2. Wird erst durch langes Kochen mit Chloroform-Methylalkohol etwas verestert. Geht aus Äther nicht an 15proz. Soda; an 2proz. Natronlauge erst bei längerem Schütteln; 10proz. Natronlauge zerlegt rasch. Auch 1proz. Salzsäure nimmt nur wenig auf; 2,5proz. zerlegt rasch. Zersetzt sich bei längerem Liegen an der Luft. Gibt beim Erhitzen auf 180° ein kompliziertes Mesoporphyrinanhydrid. Spektroskopisch identisch mit Mesoporphyrin[6].

Kupfersalz $C_{38}H_{40}O_6N_4Cu$. Darstellung wie sonst üblich. Beim Erkalten Krystallisation in roten Nadelbüscheln. — Schmelzp. 197° (korr.). Geht aus Äther nicht an 10proz. Soda; rasch dagegen an 10proz. Natronlauge. Spektroskopisch identisch mit dem Kupfersalz des Mesoporphyrins[6].

Mesoporphyrinanhydrid. Durch Erhitzen von Mesoporphyrinacetat auf 180°. — Löslich in Chloroform; geht daraus nicht an Alkalien. 10proz. Natronlauge zersetzt sofort. Salzsäurezahl = 1. Gibt mit methylalkoholischer Salzsäure Mesoporphyrindimethylester[6].

Spektrum in Äther-Chloroform: Lösung gelbbraunrot. I $\underbrace{637,4—630,7}_{634,1}$; II $\underbrace{628,3—622,8}_{625,5}$;

III 590...$\underbrace{581,2—575,2}_{578,2}$...568,7; IV $\underbrace{566,6—547,1}_{551,8}$; V $\underbrace{529,7—494,5}_{512,1}$; End. Abs. 441. Intensität: I, III, V, II, IV[6].

[1] H. Fischer, G. Hummel u. A. Treibs: Liebigs Ann. **471**, 268 (1929).

[2] H. Fischer, G. Hummel u. A. Treibs: Liebigs Ann. **471**, 267 (1929).

[3] H. Fischer, H. Gebhardt u. A. Rothhaas: Liebigs Ann. **482**, 10 (1930).

[4] H. Fischer u. J. Hilger: Hoppe-Seylers Z. **138**, 270 (1924).

[5] H. Fischer u. B. Pützer: Ber. dtsch. chem. Ges. **61**, 1074 (1928).

[6] H. Fischer, G. Hummel u. A. Treibs: Liebigs Ann. **471**, 259 (1927).

Dioxy-mesoporphyrin[1].

Mol-Gewicht: 598,3.

Zusammensetzung: 68,19% C; 6,40% H; 16,05% O; 9,36% N. $C_{34}H_{38}O_6N_4$.

Darstellung: a) 1 g Mesoporphyrin in 100 ccm konz. Schwefelsäure wird bei Eiskühlung tropfenweise mit 100 g 3proz. Wasserstoffperoxyd so versetzt, daß die Temperatur 10° nicht übersteigt. Nach mehrstündigem Stehen (Porphyrinspektrum nur noch sehr schwach) wird die grüne Lösung in Eis gegossen, das Porphyrin in Äther aufgenommen, die Ätherlösung erst mit 2proz. Salzsäure, dann mit 15—16proz. Salzsäure extrahiert und das im 16proz. Auszug befindliche Porphyrin nach mehrmaligem Fraktionieren in der üblichen Weise aus Äther zur Krystallisation gebracht. Ausbeute 3%.

b) 1 g Mesoporphyrin gelöst in 70—80proz. Schwefelsäure wird mit 8 g Kaliumpersulfat geschüttelt. Aufarbeitung wie bei a). Ausbeute 5%.

(Als Nebenprodukte entstehen noch 3 Körper: I. Salzsäurezahl 19—20, Ätherlösung grün; II. Salzsäurezahl ∞ 3,5, Ätherlösung weinrot; III. Salzsäurezahl ∞ 20, Ätherlösung rötlichviolett.)

Eigenschaften: Aus Äther blauviolette, glänzende, breite Prismen, Schmelzp. über 275°. Geht aus Äther mit grünstichig-braunroter Farbe in verdünnte Alkalien. Besitzt ca. 1,5 aktive Wasserstoffatome. Salzsäurezahl 14,5. Beim Erhitzen mit Natriumäthylat auf 200—210° entsteht Mesochlorin. Durch Reduktion mit Natriumamalgam und Reoxydation tritt keine Veränderung ein, Mesoporphyrin bildet sich nur in Spuren. Beim Erhitzen mit Eisessig-Bromwasserstoff entsteht Mesoporphyrin; mit Ameisensäure dagegen Monooxymesoporphyrin. Die Reduktion mit Jodwasserstoff-Eisessig liefert nur Pyrrole[2].

Spektrum in Äther: I 653,2—630,0; II 617,2—610,5; III 600,6 ... 586,8—581,8; IV 550,2—531,7;
641,6   613,8   584,3   540,95
V 505,0—493,4; VI 487,5—473,3; End. Abs. 444. Intensität: I, IV, V, III, II, VI.
499,2   480,4

Eisensalz. Dioxymesoporphyrin, in wenig Eisessig, wird mit heißer, kochsalzgesättigter Ferroacetat-Eisessig-Lösung versetzt. Beendigung, wenn die Farbe dunkelgrün geworden ist. — Chloroformlösung in dünner Schicht moosgrün, in dicker Schicht rötlichbraun mit grüner Fluorescenz. Beim Spalten mit konz. Schwefelsäure bildet sich Dioxymesoporphyrin zurück.

Spektrum in Chloroform: I 648,0—639,5; II 620,0 ... 613,0—590,0; III 557,8—547,7;
643,7   601,5   552,7
End. Abs. 476. Intensität: II, I, III.

Hämochromogenspektrum verwaschen.

Dimethylester $C_{36}H_{42}O_6N_4$. Durch Sättigen einer methylalkoholischen Lösung des Dioxymesoporphyrins mit Salzsäure. — Aus Chloroform-Methylalkohol lange, blauschwarze Nadeln, Schmelzp. 181—182°. Spektroskopisch identisch mit dem Ausgangsmaterial. Mischschmelzpunkt mit Monooxymesoporphyrindimethylester 210—212°. Enthält 1 aktives Wasserstoffatom.

Monooxy-mesoporphyrin[3].

Mol-Gewicht: 582,3.

Zusammensetzung: 70,07% C; 6,58% H; 13,73% O; 9,62% N. $C_{34}H_{38}O_5N_4$.

Darstellung: Durch Zerlegen des Kupfersalzes mit konz. Schwefelsäure oder durch 3stündiges Kochen des Dimethylesters mit 10proz. Natronlauge oder durch Kochen des Dioxymesoporphyrins mit Ameisensäure.

Eigenschaften: Lange, schräg abgeschnittene, breite Nadeln. Salzsäurezahl 14,5. Spektrum identisch mit dem von Dioxy-mesoporphyrin. Gibt beim Erhitzen mit Natriumäthylat auf 200—210° Mesochlorin.

Kupfersalz $C_{34}H_{36}O_5N_4Cu$. Darstellung wie üblich. Aus Chloroform-Methylalkohol lange, breite blauschwarze, zu Büscheln vereinigte Nadeln, Schmelzp. 278,5. Gibt mit konz. Schwefelsäure Monooxymesoporphyrin.

Spektrum in Chloroform: Lösung tiefblau. I 633,1—606,6; II verwasch. Schatten Max. etwa
619,8
569,9; III schw. Schatten Max. etwa 513; End. Abs. 439. Intensität: I, II, III.

---

[1] H. Fischer, H. Gebhardt u. A. Rothhaas: Liebigs Ann. **482**, 13 ff. (1930).
[2] H. Fischer u. P. Rothemund: Ber. dtsch. chem. Ges. **64**, 201 ff. (1931).
[3] H. Fischer, H. Gebhardt u. A. Rothhaas: Liebigs Ann. **482**, 15 ff. (1930).

Acetylverbindung $C_{34}H_{38}O_6N_4$. Dioxymesoporphyrin (40 mg) wird mit Essigsäureanhydrid (7 g) und etwas Schwefelsäure 15 Minuten gekocht. Nach längerem Stehen Ausgießen auf Eis, Aufnahme in Äther und aus letzterem Krystallisieren. — Kurze, blauschwarze Stäbchen; Schmelzp. über 300°. Spektroskopisch identisch mit dem Ausgangsmaterial.

Dimethylester $C_{36}H_{42}O_5N_4$. Durch Verestern des Dioxy-mesoporphyrins mit Diazomethan in ätherischer Lösung; zerstören des restlichen Diazomethans durch Schütteln mit Essigsäure und Krystallisation des Esters aus Äther. — Aus Äther makroskopische, blauschwarze, watteähnliche Nadeln; Schmelzp. 188°. Gibt durch 3stündiges Erhitzen mit 10proz. Natronlauge Monooxy-mesoporphyrin. Beim Erhitzen mit Natriumäthylat auf 200—210° entsteht Mesochlorin. Enthält etwa 1 aktives Wasserstoffatom[1].

Kupfersalz des Esters $C_{36}H_{40}O_5N_4Cu$. Durch Versetzen einer heißen Chloroformlösung des Esters mit einer gesättigten methylalkoholischen Kupferacetatlösung, bis die Farbe grünblau geworden ist. Beim Einengen Krystallisation in glänzenden, violettblauen Nadeln; Schmelzp. 203°. Spektroskopisch identisch mit dem freien Kupfersalz.

$C_{34}H_{39}O_5N_5$. Durch 24stündiges Kochen des Dioxymesoporphyrins oder seines Dimethylesters in pyridin-methylalkoholischer Lösung mit überschüssigem Hydroxylaminchlorhydrat und der äquivalenten Menge wasserfreier Soda. — Aus Chloroform-Methylalkohol blauschwarze Nadeln oder schräg abgeschnittene Blättchen, Schmelzp. 224—225°.

Dimethylester $C_{36}H_{43}O_5N_5$.

Spektrum in Chloroform-Äther: I 662,6—650,9 . . . 644,1—640,4; II Max. 613,5; III Max.
656,7   642,2
595,5; IV Max. 584,4; V 536,5—530,9; VI 508,9—503,4 . . . 498,7—493,1; End. Abs. 426. Intensität: I, V, VI.
533,7   506,1   495,9

Meso-rhodin IX.

Mol-Gewicht: 548,54.

Zusammensetzung: 74,41% C; 6,62% H; 8,75% O; 10,22% N. $C_{34}H_{36}O_3N_4$.

Bildung: Beim Kochen des Mesoporphyrins mit Acetylchlorid in Gegenwart von Aluminiumchlorid in Schwefelkohlenstofflösung. Aus Mesochlorin mit konz. Schwefelsäure und 20proz. Oleum[2] (Ausbeute 50%); oder beim Durchleiten von Luft durch eine Lösung desselben in methylalkoholischer Kalilauge[3].

Darstellung: 1,9 g Mesoporphyrin in 50 ccm Schwefelsäure werden langsam mit 100 ccm rauchender Schwefelsäure versetzt. Mäßige Erwärmung, Ende der Reaktion, wenn die intensiv grüne Lösung kein Porphyrinspektrum mehr zeigt. Dann wird in eine eishaltige konz. Natriumacetatlösung gegossen, filtriert, gewaschen und getrocknet. — Ausbeute 50%[4].

Eigenschaften: Aus Pyridin-Aceton braunviolette Stäbchen, Schmelzp. 297° (Block). Ziemlich schwer löslich in Äther und Chloroform, Salzsäurezahl 0,7. Wird durch kalte und heiße methylalkoholische Salzsäure, wie auch durch heißen Eisessig zersetzt. Durch Oxydation mit Chromsäure-Schwefelsäure entsteht Methyläthyl-maleinimid[3] und Hämatinsäure. Gibt mit konz. Salzsäure Mesoverdin[4]. Das Rhodin enthält 2—3 aktive Wasserstoffatome[1].

Spektrum in Äther: etwas verwaschen. I 641,2—632,0; II 590,6—576,1; III 549,8—541,2;
636,6   583,3   545,5
IV 518,3—503,0; End. Abs. 437. Intensität: I, IV. III, II.
510,6
Spektrum in 5proz. Salzsäure: Farbe blaugrün. I 629—615,0; II 577,5—560,6. Intensität: I, II.
622,0   569,0

Die Spektren sind identisch mit denen des Rhodins aus Monocarbonsäure VII.

Kaliumsalz $C_{34}H_{35}O_3N_4K$. 0,15 g Rhodin in 5 ccm Pyridin werden mit heißer verdünnter wässerig-methylalkoholischer Kalilauge bis zur quantitativen Abscheidung des Salzes versetzt. Trennung von der Hauptmenge der Mutterlauge durch Zentrifugieren, der Rückstand wird mit Methylalkohol verrieben und abgesaugt. — Sehr kleine Krystalle[4].

Kupfersalz $C_{34}H_{34}O_3N_4Cu$. Durch Versetzen einer kalten konz. Pyridinlösung des Rhodins mit Kupferacetat in Eisessig. Bei längerem Stehen Krystallisation in feinen Kryställchen — Gibt mit konz. Schwefelsäure das Rhodin zurück.

---

[1] H. Fischer u. P. Rothemund: Ber. dtsch. chem. Ges. **64**, 201ff. (1931).
[2] H. Fischer, H. Gebhardt u. A. Rothhaas: Liebigs Ann. **482**, 11 (1930).
[3] H. Fischer u. A. Rothhaas: Liebigs Ann. **484**, 104 (1930).
[4] H. Fischer, A. Treibs u. H. Helberger: Liebigs Ann. **466**, 254 (1928).

Eisensalz $C_{34}H_{34}O_3N_4FeCl$. Durch Versetzen einer Pyridinlösung des Rhodins mit einer kalten Auflösung von Eisen in Eisessig und etwas wässeriger Kochsalzlösung. Nach dem Filtrieren wird im Vakuum eingedampft und der Rückstand kurz mit kochsalzgesättigtem Eisessig aufgekocht. Beim Erkalten Krystallisation.

Spektrum in Pyridin-Hydrazin: I 585—559 intensiv, aber unscharf; II 500 ...; End.Abs.450[1].
571

Magnesiumsalz. Durch Übergießen des Rhodins mit Methylmagnesiumjodidlösung und Zerlegen mit Chlorammoniumlösung wie üblich. — 2proz. Salzsäure zerlegt langsam; 5proz. wesentlich schneller. Beim Schütteln einer ätherischen Lösung mit 10proz. Natronlauge verschwindet die Fluorescenz (s. unten), die Farbe wird grün, der Stoff geht aber nicht in die Lauge. Beim Auswaschen mit Wasser kommt die ursprüngliche Farbe wieder. Das Natriumsalz ist demnach in Äther leicht mit grüner Farbe löslich und wird durch Wasser hydrolytisch gespalten. Konz. methylalkoholische Kalilauge nimmt aus Äther das Salz auf, es geht aber beim Verdünnen mit Wasser wieder mit grüner Farbe ohne Fluorescenz wieder in Äther zurück. Bei längerem Stehen der alkalischen-alkoholischen Lösung Gelbfärbung[1].

Spektrum in Äther: Lösung intensiv blaugrün mit starker roter Fluorescenz. Bei künstlichem Licht erscheint die Lösung rein violett. I 608,8— 591,0; II 567,4— 548,0; III (513,3); End. Abs. 444. Intensität: I, II, III.   599,9   557,7

Spektrum des Natriumsalzes in Äther. Farbe grün. I 602,6; II 560.

Spektrum des Porphyrins in konz. methylalkoholischer Kalilauge: I 608,6; II 558,7.

Mosorhodin-acetat $C_{32}H_{34}N_4(CO \cdot COOCOCH_3)$. Darstellung genau wie beim Mesoporphyrinacetat beschrieben. — Schmelzp. 225° (korr.). Leicht löslich in Chloroform und Aceton, wenig in Essigester und Benzol. Eisessig löst mit grüner Farbe (saures Spektrum), Pyridin zerlegt sofort. Salzsäurezahl 1,5. Nach 3 Minuten langem Stehen in 3proz. Salzsäure ist bereits die Hälfte des Acetats verseift; 2proz. Natronlauge greift nicht an, 10proz. dagegen rasch. Zersetzt sich bei längerem Liegen[2].

Mesorhodin-methylester $C_{35}H_{38}O_3N_4$. Durch Verreiben des Rhodins oder seines Kaliumsalzes mit neutralem Dimethylsulfat. Nach längerem Stehen wird in Pyridin gelöst, in Äther gebracht, dieser mit Natronlauge und Wasser gewaschen, der Äther verdampft und der Rückstand mehrmals aus Chloroform-Methylalkohol umkrystallisiert. — Glänzende Blättchen; Schmelzpunkt 268° (korr.). Salzsäurezahl 1,5. Spektroskopisch identisch mit dem freien Rhodin. Wird durch methylalkoholische Salzsäure sowie beim Kochen mit Eisessig zersetzt[1].

Styphnat des Esters $C_{35}H_{38}O_3N_4 \cdot 2\,C_6H_3O_8N_3$. Aus Methylalkohol grüne Blättchen mit blauschwarzem bis grünblauem Oberflächenglanz; in der Durchsicht rein grün; Schmelzpunkt 169° (korr.). Schwer löslich in Methylalkohol, leicht löslich in Aceton.

Acetonlösung grün mit starkem Dichroismus nach Violett und roter Fluorescenz. Spektrum völlig übereinstimmend mit dem des Rhodins in Aceton. Intensität jedoch gerade umgekehrt.

I 634,5; II 582,0; III 543,7; IV 510,0. Intensität: II, I, III, IV (beim Rhodin jedoch IV, I III, II.

Mit viel überschüssiger Styphninsäure: I 618,7; II 568,6. Intensität I, II. (Lösung intensiv grün; im künstlichen Licht blaugrün.) Auf Wasserzusatz keine Änderung[3].

Pikrat $C_{35}H_{38}O_3N_4 \cdot C_6H_3O_7N_3$. Durch Kochen des freien Rhodins mit Pikrinsäure in Methylalkohol. Aus der konz. Lösung Krystallisation in glänzenden, dunkelblauvioletten Prismen; Schmelzp. 211° (korr.).

Acetonspektrum: neutral. Mit überschüssiger Pikrinsäure und etwas Wasser I 618; II 567,5. Intensität: I, II. Farbe wie beim Styphnat[3].

Pikrolonat $C_{35}H_{38}O_3N_4 \cdot 2\,C_{10}H_3O_5N_4$. Aus konz. methylalkoholischer Lösung dunkle, bläuliche Kryställchen; Schmelzp. 135° (korr.).

Acetonspektrum: neutral. Lösung nußfarbig braun. Mit etwas Pikrinsäure Farbe grün. Spektrum: I 629; II ... 580; III 542. Intensität: I, II, III[3].

Flavianat $C_{35}H_{38}O_3N_4 \cdot 3\,C_{10}H_6O_8N_2S$. Aus Methylalkohol feine grüne Nädelchen; Zersetzung bei 300° ohne Schmelzen.

Spektrum: 618,7; II 568,7. Intensität: I, II. Auf Wasserzusatz Dissoziation[3].

---

[1] H. Fischer, A. Treibs u. H. Helberger: Liebigs Ann. **466**, 254 (1928).
[2] H. Fischer, G. Hummel u. A. Treibs: Liebigs Ann. **471**, 261 (1929).
[3] A. Treibs: Liebigs Ann. **476**, 54 (1929).

Mesochlorin[1].

Mol-Gewicht 568,3.

Zusammensetzung: 71,79% C; 7,09% H; 11,27% O; 9,85% N. $C_{34}H_{40}O_4N_4$.

Bildung: Aus Dioxymesoporphyrin und dem Methylester des Monoxymesoporphyrins durch Erhitzen mit Natriumäthylat auf 270—280°.

Darstellung: 0,1 g Mesohämin in 20 ccm Isoamylalkohol werden mit 1 g Natrium unter Wasserstoffatmosphäre zum Sieden erhitzt. Das Hämin löst sich allmählich mit braunroter Farbe, die dann nach ca. 15 Minuten langem Erhitzen in Dunkelsmaragdgrün übergeht. Nun wird das restliche Natrium mit Äthylalkohol vollends gelöst, im Wasserstoffstrom erkalten gelassen, mit 10—15proz. alkoholischer Salzsäure angesäuert (Farbe dunkelblau), mit Wasser verdünnt und ausgeäthert. Der Auszug wird mit 18proz. Salzsäure ausgeschüttelt, der Extrakt auf 10proz. Säuregehalt verdünnt, evtl. ausgeschiedener Amylalkohol und Äther sorgfältig abgetrennt; der gelöste Äther auf dem Wasserbad verrieben und nun bei 30—40° des Perhydrochlorin durch Zugabe von wässeriger Eisenchloridlösung oxydiert. (Farbenumschlag über schmutziggrün nach reingrün.) Nach Beendigung der Oxydation (ca. 5 Minuten) wird das Chlorin durch Abstumpfen mit Natriumacetat oder Ammoniak in Äther getrieben; der Auszug erst mit 0,7—1proz. Salzsäure durchgeschüttelt, der Restäther mehrmals mit 7—10proz. Salzsäure und Äther fraktioniert und wie üblich aufgearbeitet. Ausbeute 25%.

(Entsteht auf dieselbe Weise auch aus Hämin und Tetramethylhämatoporphyrin.)

Eigenschaften: Aus heißem Aceton-Wasser seeigelartige Drusen; Schmelzp. über 300°. In reinem Zustand leicht löslich in Chloroform und Aceton; schwer löslich in Äther, unlöslich in Petroläther. Gibt mit Natriumamalgam eine Leukoverbindung, aus der bei Reoxydation wieder das Chlorin entsteht. Bildet mit Eisenchlorid eine labile Anlagerungsverbindung; löslich in Äther mit roter Farbe, wird aber beim Schütteln mit Wasser zersetzt. Die saure und ammoniakalische Lösung ist gegen Luft beständig. Beim Durchleiten von Luft durch eine Lösung des Chlorins in methylalkoholischer Kalilauge entsteht Mesoporphyrin. Wird die Lösung dabei zum Sieden erhitzt, dann bilden sich Mesoporphyrin und Mesorhodin. Durch Erhitzen mit Jodwasserstoff-Eisessig findet Abbau zu Mesoporphyrin und Pyrrolen statt; mit Eisessig-Jodwasserstoff in Gegenwart von rotem Phosphor bilden sich dagegen nur Pyrrole.

Wird durch Natriumamalgam nicht verändert. Die Reduktion mit Eisessig-Zinkstaub führt zu einem neuen Porphyrin, dessen Ester in wetzsteinförmiger, zu Drusen verwachsenen Krystallen vom Schmelzp. 207° krystallisiert[2]. Mit konz. Schwefelsäure und 20proz. Oleum entsteht Mesorhodin; mit 3proz. Wasserstoffperoxyd bildet sich Mesoporphyrin und ein Stoff mit Salzsäurezahl 12—13[1].

Ist spektroskopisch identisch mit Ätiochlorin und Chlorin aus Monocarbonsäure VII.

Spektrum in Äther: I 656,3—631,8 (644,0); II 619,0—613,6 (616,3); III ... 595,5—585,8 (590,8); IV schw. Schatten Max. 543,6; V 524,5—519,2 (521,8); VI 502,0—494,4 (498,2) ... 488,8—480,2 (484,5); End. Abs. 435,0. Intensität: I, VI, V, II, III, IV.

Eisensalz $C_{34}H_{38}O_4N_4FeCl$. Darstellung in der üblichen Weise durch Versetzen der heißen Eisessiglösung des Chlorins mit heißer Ferroacetat-Kochsalz-Eisessig-Lösung. Farbumschlag von violettblau nach dunkelgrün. Nach längerem Stehen Krystallisation. — Schwarze, schlecht ausgebildete Formen. Ist sehr luftempfindlich.

Hämochromogenspektrum: I s. verschw. Max. etwa 600,2; II 553,6—542,2 (547,9); III 526,4—509,5 (517,9).

Kupfersalz $C_{34}H_{38}O_4N_4Cu$. Durch Versetzen des Chlorins mit heißer Kupferacetat-Eisessig-Lösung. Farbumschlag von violettblau nach violett. — Aus Pyridin-Chloroform-Eisessig lange, anfangs grüne Nadeln, die sich allmählich rot färben. Ist sehr lichtempfindlich.

Spektrum in Pyridin: I 623,9—602,4 (613,1); II 575,9—550,5 (563,2); III 538,8—513,2 (526,0); IV s. schwach Max. etwa 488; End. Abs. 447. Intensität: I, II, III, IV.

Anhydrochlorin $C_{34}H_{38}O_3N_4$. Mesochlorin gelöst in konz. Schwefelsäure wird unter Eiskühlung tropfenweise mit der gleichen Menge 20proz. Oleum versetzt. Innerhalb mehrerer Tage Umschlag der Farbe nach nußfarbig braungrün. Aufarbeitung durch die übliche Frak-

---

[1] H. Fischer, H. Gebhardt u. A. Rothhaas: Liebigs Ann. **482**, 8ff. (1930).
[2] H. Fischer u. A. Rothhaas: Liebigs Ann. **484**, 95 (1930).

tionierung mit Äther-Salzsäure. — Dunkelblauschwarze kurze Stäbchen, Schmelzp. über 280°. Salzsäurezahl 1,5—2. (Als Nebenprodukt entsteht Mesorhodin.)

Spektrum in Äther: I $\underbrace{693,0—653,7}_{673,3}$; II etwa 633,5; III etwa 607,1; IV $\underbrace{543,9—534,2}_{539,0}$;

V $\underbrace{515,5—494,4}_{504,95}$; End. Abs. 445. Intensität: I, V, IV, II, III.

Mesochlorin-dimethylester $C_{36}H_{44}O_4N_4$. Darstellung wie üblich durch Methylalkohol-Salzsäure. Nach mehrmaligem Fraktionieren mit Äther-Salzsäure unter Eiskühlung (Vermeidung längeren Stehens in Salzsäure) wird die letzte Ätherlösung auf 50—60 ccm eingeengt, heiß mit 30 ccm heißem Petroläther tropfenweise versetzt und langsam abdunsten gelassen. — Aus Äther lange grünblaue, oft zu Drusen vereinigte Nadeln; Schmelzp. 190°. Enthält keinen aktiven Wasserstoff.

Kupfersalz des Esters $C_{36}H_{42}O_4N_4Cu$. Durch Versetzen einer Chloroformlösung des Esters mit konz. methylalkoholischer Kupferacetatlösung, bis Umschlag der Farbe nach tief dunkelblau eingetreten ist. — Dunkelblauschwarze Krystalle. Verfärben sich beim Umkrystallisieren.

Meso-verdin[1].

Mol-Gewicht: 548,54.

Zusammensetzung: 74,41% C; 6,62% H; 8,75% O; 10,22% N. $C_{34}H_{36}O_3N_4$.

Bildung: Als Nebenprodukt bei der Herstellung des Rhodins aus salzsaurem Mesoporphyrin.

Darstellung: a) Mesorhodin wird in konz. Salzsäure gelöst. Ist die grüne Lösung olivfarben geworden, dann wird mit Äther-Salzsäure fraktioniert, wodurch Trennung von restlichem Rhodin (leichter in Salzsäure löslich) und Zersetzungsprodukten erreicht wird.

b) Mesorhodin, in Pyridin gelöst, wird mit konz. methylalkoholischer Kalilauge versetzt. Farbumschlag über Grün nach Gelbbraun. In diesem Stadium (nach 2 Minuten langem Stehen erreicht) wird in Wasser gegossen, unter Äther mit Salzsäure angesäuert und nach Abfiltrieren der ausgefallenen feinen grünen Nädelchen mit Äther ausgezogen. Nach Einengen Krystallisation. Ausbeute gut.

Eigenschaften: Aus Pyridin-Aceton glänzende, schräg abgeschnittene, dunkelgrüne Prismen; Schmelzp. 298°. Salzsäurezahl 2,5. Sehr schwer löslich in reinem Zustand. Wird durch methylalkoholische Salzsäure zerstört. Flockt aus Äther auf Zusatz von Alkalien aus. Die wässerigen Lösungen der Alkalisalze sind gelbbraun.

Spektrum: 1 Streifen bei λ 700 (im äußersten Rot).

Salzsaures Salz $C_{34}H_{36}O_3N_4 \cdot 2$ HCl. Durch Lösen in wenig konz. Salzsäure unter Zusatz von Äther und Verdünnen mit Wasser auf ein Drittel des Volumens. Beim Stehen Krystallisation in sehr feinen Kryställchen. Wird durch Wasser gespalten.

Kupfersalz $C_{34}H_{34}O_3N_4Cu$. Wird in üblicher Weise hergestellt und kristallisiert auf Zusatz von etwas Wasser.

Dimethylester des Mesoporphyrins IX.
$C_{36}H_{42}O_4N_4$

Bildung: Bei 2stündigem Erhitzen eines Gemisches aus dem (4, 5(2, 3)-Dimethyl-3(4)-äthyl-pyrryl)-(2, 4-dimethyl-3-äthyl-pyrrolenyl)-methenbromhydrat (0,5 g) und dem Bis-(5(2)-brom-4(3)-methyl-3(4)-propionsäure-pyrryl)-methenbromhydrat (0,7 g) mit Bernsteinsäure (2g) auf 180°. (Ausbeute 50 mg)[2].

Bei 2stündigem Stehen eines Gemisches aus (5(2)-Brommethyl-4(3)-methyl-3(4)-äthyl-pyrryl)-(2-brommethyl-3-äthyl-4-methyl-pyrrolenyl)-methen-bromhydrat (0,5 g) und Bis-(5(2)-brom-4(3)-methyl-3(4)-propionsäure-pyrryl)-methenbromhydrat mit konz. Schwefelsäure (50 ccm). Ausbeute 10 mg[3].

Aus Bis-(3-propionsäure-4-methyl-5-brompyrryl)-methenbromhydrat und der äquimolaren Menge (3-Äthyl-4-methyl-5-brommethyl-pyrryl)-(2-brommethyl-3-äthyl-4-methyl-pyrrolenyl)-methenbromhydrat[2].

---

[1] H. Fischer, A. Treibs u. H. Helberger: Liebigs Ann. **466**, 258 (1928).
[2] H. Fischer u. G. Stangler: Liebigs Ann. **459**, 64, 73 (1927).
[3] H. Fischer u. G. Stangler: Liebigs Ann. **462**, 266 (1928).

Synthese: 1 g (3(4)-Äthyl-4(3)-methyl-5(2)-brommethyl-pyrryl)-(2-brommethyl-3-äthyl-4-methyl-pyrrolenyl)-methenbromhydrat (s. S. 571) und 1,1 g Bis-(3(4)-propionsäure-4(3)-methyl-5(2)-brompyrryl)-methenbromhydrat (s. S. 496) werden mit 5 g Bernsteinsäure im Ölbad 2 Stunden auf 175—180° erhitzt. Danach wird in heißem Eisessig gelöst, in konz. Salzsäure gegossen, dann mit Wasser auf 10% Salzsäuregehalt verdünnt und filtriert. Der Rückstand wird noch zweimal wie vorstehend behandelt. Aus den vereinigten salzsauren Lösungen wird das Mesoporphyrin mit Natriumacetat ausgefällt, filtriert, gewaschen, in sehr verdünntem Ammoniak gelöst und diese Lösung mit fester Natronlauge bis zum Gehalt von 6% versetzt. Das ausgefallene Natriumsalz wird zuerst mit 1 proz., dann mit $n/_{10}$-Natronlauge gewaschen und nach dem Trocknen mit Methylalkohol-Salzsäure verestert. Ausbeute 360 mg = 31% [1].

Eigenschaften: Aus Chloroform-Methylalkohol rote Nadeln; Schmelzp. 206 [2, 3] bis 212° [4] (216° korr. [1]). Bei der Reduktion des Esters mit Eisessig-Zinkstaub bilden sich 3 neue Porphyrine, a) ein Monocarbonsäureester $C_{35}H_{42}O_2N_4$; b) ein Dicarbonsäureester $C_{36}H_{42}O_4N_4$ und c) ein Tricarbonsäureester $C_{38}H_{44}O_6N_4$ [5]. Salzsäurezahl = 2,5. Gibt beim Schütteln mit Bleiperoxyd in Eisessiglösung Mesoxanthoporphinogen [6].

Beim Erhitzen des Esters in Phthalsäurediäthylester erleidet das Spektrum eine Verschiebung, die mit steigender Temperatur größer wird.

Maximum des 1. Streifens bei 65° = 623,8; bei 120° = 626,9; bei 200° = 629,8 [7].

Spektrum in Methylalkohol: I $\underbrace{623,5—613,9}_{618,7}$; II $\underbrace{(593,9—591,0)}_{592,4}$; III $\underbrace{578,1—560,2}_{569,1}$; IV $\underbrace{536,6—521,3}_{528,9}$; V $\underbrace{507,9—481,7}_{494,8}$; End. Abs. 434. Intensität: V, IV, I, III, II [3, 8].

Styphnat $C_{36}H_{42}O_4N_4 \cdot 2\ C_6H_3O_8N_3$. Aus konz. methylalkoholischer Lösung zu Büscheln angeordnete rotviolette Kryställchen; Schmelzp. 185°. Leicht löslich.

Acetonspektrum: wie beim Äthioporphyrin I (Typ I).
Pulverspektrum: I 598,5; II 577; III $\underbrace{558\ldots}_{555}$ Intensität: III, I, II (Typ II) [9].

Pikrat $C_{36}H_{42}O_4N_4 \cdot 2\ C_6H_3O_7N_3$. Aus Methylalkohol glänzende, purpurrote Prismen; Schmelzp. 145°.

Acetonspektrum: neutral und etwas Typ I. Durch starkes Verdünnen mit Wasser wird die Dissoziation verstärkt. Mit wenig Pikrinsäure bildet sich Typ I; mit viel Pikrinsäure Typ II. 1 594,7; II 571,8; III 551,3; (IV 525,7). Intensität: III; I, II; IV. Auf Zusatz von Wasser noch weitere Verschiebung nach violett: 1 593,7; II 549,9.
Pulverspektrum: I 597,5; II 575,5; III 555... Intensität: III, I, II (Typ II) [9].

Pikrolonat $C_{36}H_{42}O_4N_4 \cdot 2\ C_{10}H_8O_5N_4$. Aus heißem Aceton feine Nädelchen; Schmelzpunkt 195° (korr.).

Acetonspektrum: neutral mit Typ I. Mit großem Überschuß an Pikrolonsäure entsteht nur Typ I: I 601,4; II 556,4; III 529,8. Intensität: II; I, III. Mit Wasser noch etwas Verschiebung nach violett. I 599; III 554.
Pulverspektrum: I 607; II 561. Intensität: II, I (Typ I) [9].

Flavianat $C_{36}H_{42}O_4N_4 \cdot 2\ C_{10}H_6O_8N_2S$. Aus konz. methylalkoholischer Lösung mit ganz wenig Wasser Büschel kleiner Kryställchen; Schmelzp. 235° (korr.). ab 200° Sintern. Fast unlöslich in Aceton.

Spektrum in Methylalkohol: I 603,0; II 562,1; III 529,4; IV 497. Intensität: II; III, I; IV (Typ I).
Mit überschüssiger Flaviansäure: I 594,3; II 572,9; III 551,3. Intensität: III; I; II (Typ II).
Pulverspektrum: I 599; II 556... Intensität: II, I (Typ II) [9].

Dinitrobenzoat $C_{36}H_{42}O_4N_4 \cdot 5\ C_7H_4O_6N_2$. Aus sehr konz. methylalkoholischer Lösung dichte Büschel roter Nadeln; Schmelzp. 153° (korr.). Sehr leicht löslich in Methylalkohol.

[1] H. Fischer u. G. Stangler: Liebigs Ann. **459**, 72 (1927).
[2] H. Fischer u. G. Stangler: Liebigs Ann. **462**, 266 (1928).
[3] H. Fischer u. K. Zeile: Liebigs Ann. **468**, 116 (1929).
[4] H. Fischer u. H. J. Riedl: Liebigs Ann. **486**, 187 (1931).
[5] H. Fischer u. A. Rothhaas: Liebigs Ann. **4 4**, 97 (1930).
[6] H. Fischer u. A. Treibs: Liebigs Ann. **466**, 221 (1928).
[7] H. Fischer u. A. Schorrmüller: Liebigs Ann. **473**, 248 (1929).
[8] H. Fischer u. R. Müller: Hoppe-Seylers Z. **142**, 128 (1925).
[9] A. Treibs: Liebigs Ann. **476**, 32, 59 (1929).

Spektrum in Methylalkohol: neutral, daneben Typ I. Mit großem Überschuß an Säure wird nur Typ I erhalten; II entsteht nicht. I 601,0; II 574; III 552. Intensität: II, III, I.

Pulverspektrum: I 596; II 574; III 552. Intensität: III, I, II[1].

Molekülverbindung mit Pikrylchlorid $C_{36}H_{42}O_4N_4 \cdot C_6H_2O_6N_3Cl$. Aus Chloroform-Methylalkohol nach dem Wegkochen des Chloroforms glänzende schwarzviolette Prismen; Schmelzp. 158° (korr.).

Spektrum der Lösung: neutral, auch mit viel Pikrylchlorid. I 621,3; II 566,7; III 528,4; IV 494,3 (identisch mit Mesoester in Aceton). Die Chloroformlösung der Verbindung ist intensiv blau; in künstlichem Licht dagegen südweinrot.

Pulverspektrum: I 528; II 577; III 539; IV 498... Intensität: II, I. IV, III[2].

Chlorferrisalz = Meso-chlor-häminester IX $C_{36}H_{40}O_4N_4FeCl$. Durch kurzes Kochen des Esters mit Ferroacetat-Kochsalz in Eisessig. Nach dem Erkalten Krystallisation, die nach dem Absaugen mit Eisessig, Wasser und Alkohol gewaschen wird. — Aus Chloroform-Eisessig Nadeln, Schmelzp. 246° (korr.)[3]. Besitzt 1[4]—2[5] aktive Wasserstoffatome.

Mesoester-häm $C_{36}H_{40}O_4N_4Fe$. Durch Kochen von 1 g Mesoester, verrieben mit 3 ccm Eisessig, mit 25 ccm gesättigter Ferroacetatlösung. Absaugen unter Überleiten von Stickstoff, Auswaschen mit ausgekochtem Eisessig, Wasser, Eisessig, Äther. Ausbeute 0,56 g. — Dunkelrotbraune Krystalle, Sinterung ab 145°. Verhältnismäßig leicht löslich. Ist nach 8täg. Stehen im Vakuum wenig verändert. In Berührung mit Lösungsmitteln ist es sehr oxydabel. Salzsäure spaltet das Eisen leicht heraus[6].

Mesoesterpyridin-hämochromogen $C_{36}H_{40}O_4N_4Fe \cdot 2\,C_5H_5N$. 60 mg Mesoesterhäm werden unter Stickstoff in 3 ccm Pyridin gelöst und das Hämochromogen im Lauf von 10 Minuten zur Krystallisation gebracht. Waschen mit Wasser, Methylalkohol und Äther. Trocknen im Stickstoffstrom. — Kleine hellbraune Kryställchen. Läßt sich aus Chloroform-Petroläther umkrystallisieren. Löslich in Pyridin und in Chloroform mit Hämochromogenspektrum, das in Chloroform aber bald in das des Hämatins übergeht. (Abspaltung von Pyridin.) Verhält sich in Eisessig-Salzsäure wie Häm; ist aber an der Luft beständiger wie dieses. Gibt beim Trocknen bei 55° ein Mol Pyridin ab.

Pulverspektrum: I 642; II 577; III 542[6].

Kupfersalz $C_{36}H_{40}O_4N_4Cu$. Durch Versetzen einer heißen Eisessiglösung des Esters mit Kupferacetat in Eisessig. Sofort Krystallisation, die abgesaugt und erst mit Eisessig, dann mit heißem Wasser gewaschen wird. — Aus Chloroform-Eisessig feine Nädelchen; Schmelzpunkt 224° (korr.)[3].

Perbromid des Kupfersalzes $C_{36}H_{40}O_4N_4CuBr_2$. 40 mg des Kupfersalzes in 2,5 ccm Chloroform werden mit 70 mg Brom (12 Atome) in Chloroform versetzt und dann 10 ccm Eisessig zugegeben. Beim Stehen Krystallisation, die nach dem Absaugen mit Petroläther gewaschen wird. — Gibt mit Aceton das Kupfersalz des Esters zurück[7].

Perbromid des Mesoesters IX $C_{36}H_{42}O_4N_4Br_6$. 40 g Mesoester in 10 ccm Chloroform werden mit 70 mg Brom (13 Atome) in 9 ccm Eisessig versetzt und nach kurzem Stehen in reinen, mittels Oleum und Permanganat gereinigten Petroläther eingegossen. Das Produkt fällt amorph aus. — Gibt mit Aceton sofort den Mesoester zurück[7].

Zinnsalz $C_{36}H_{42}O_4N_4SnCl_2$. Der Ester in Eisessig wird mit einer durch Natriumacetat neutralisierten Lösung von 1,5 Mol Zinnchlorür in Eisessig versetzt. — Aus Eisessig hellrote bis violette, kleine quadratische Blättchen.

Zinnsalz $C_{40}H_{52}O_{10}N_4Sn$. Ester in Eisessig-Pyridin 6 : 4 wird mit Zinnchlorür-Natriumacetat in Eisessig heiß versetzt. — Aus Pyridin-Eisessig und Wasser violette, prismatische Nadeln und Prismen[8].

Meso-acetoxy-hämin-dimethylester $C_{32}H_{36}N_4Fe \cdot O \cdot COCH_3(COOCH_3)_2$. Durch 1 Minuten langes Kochen von Mesoporphyrinester in Essigsäureanhydrid mit Ferrochlorid und Einengen nach dem Filtrieren. — Prismen; Schmelzp. 237° (korr., Block)[9].

[1] A. Treibs: Liebigs Ann. **476**, 32, 59 (1929).

[2] A. Treibs: Liebigs Ann. **476**, 59 (1929).

[3] H. Fischer u. G. Stangler: Liebigs Ann. **459**, 73ff. (1927).

[4] H. Fischer u. J. Postowsky: Hoppe-Seylers Z. **152**, 309 (1926).

[5] H. Fischer u. E. Walter: Ber. dtsch. chem. Ges. **60**, 1989 (1927).

[6] H. Fischer, A. Treibs u. K. Zeile: Hoppe-Seylers Z. **195**, 24 (1931).

[7] H. Fischer, G. Hummel u. A. Treibs: Hoppe-Seylers Z. **185**, 33 (1929).

[8] H. Fischer u. B. Pützer: Ber. dtsch. chem. Ges. **61**, 1074 (1928).

[9] H. Fischer, G. Hummel u. A. Treibs: Liebigs Ann. **471**, 267 (1929).

Dasselbe Acetoxy-hämin findet sich anscheinend auch in den Mutterlaugen vom Meso-esterhäm und krystallisiert auf Zusatz von Wasser aus. — Aus Eisessig-Wasser schwarzglänzende feine Stäbchen; Schmelzp. 230° (korr.). Enthält 1 aktives Wasserstoffatom[1].

Spektrum in Eisessig: I 648—623; II 551—523 ...; III 517—488; End. Abs. 434; Intensität: II, I, III.
$$\underbrace{648—623}_{635} \qquad \underbrace{551—523}_{537} \qquad \underbrace{517—488}_{502}$$

Diäthylester des Mesoporphyrins IX $C_{38}H_{46}O_4N_4$. Durch Verestern des freien Porphyrins mit Äthylalkohol-Salzsäure. — Schmelzp. 204° (korr.)[2]. Besitzt 1 aktives Wasserstoffatom[3].

Dimethylester des Meso-xanthoporphinogens.

Mol-Gewicht: 658,59.

Zusammensetzung: 65,62% C; 6,43% H; 19,44% O; 8,51% N. $C_{36}H_{42}O_8N_4$.

Bildung: Beim Versetzen von Mesoporphyrinester in Eisessig mit steigenden Mengen einer äquimolaren Mischung von Ferrichlorid und Ferricyankalium in Wasser unter Kühlung[4].

Darstellung: 0,5 g Mesoporphyrindimethylester in 10 ccm Eisessig und 40 ccm Chloroform werden mit 2 g Bleisuperoxyd 3—4 Stunden geschüttelt. Nach dem Filtrieren wird die Lösung mehrmals mit Wasser gewaschen, eingedampft, der Rückstand in Methylalkohol aufgenommen und durch vorsichtiges Versetzen mit Wasser das Porphyrin zur Krystallisation gebracht[5].

Eigenschaften: Aus Benzol-Petroläther oder aus Methylalkohol-Wasser, Schmelzp. 294,5° (korr.). Gibt durch Reduktion mit 3proz. Natriumamalgam in Methylalkohol-Eisessig das Ausgangsmaterial zurück[5].

Mesoxanthoporphinogen-diäthylester $C_{38}H_{46}O_8N_4$. Darstellung aus Mesoporphyrindiäthylester wie beim Dimethylderivat beschrieben. Fällt gern als Öl an. Zwecks Krystallisation wird in wenig Aceton gelöst, mit Äther verdünnt und vorsichtig mit Petroläther bis zur Trübung versetzt und geimpft. In dem Maß der Krystallisation wird Petroläther zugesetzt. — Dichte Büschel von feinen Nädelchen ohne Krystallösungsmittel[6].

Freies Mesoxanthoporphinogen $C_{34}H_{38}O_8N_4$. Durch Verseifen des Methylesters mit Natronlauge. — Aus Aceton blaßgelbe Nädelchen. Diese enthalten Krystallaceton, das erst bei 140 bis 145° abgegeben wird. Die trockene Substanz ist sehr hygroskopisch[6].

Carbinol aus Mesoporphyrindimethylester.

Mol-Gewicht: 594,67.

Zusammensetzung: 76,70% C; 8,48% H; 5,39% O; 9,43% N. $C_{38}H_{50}O_2N_4$.

Darstellung: 1 g Mesoporphyrindimethylester und 4 g Magnesiumspäne in 250 ccm abs. Äther werden tropfenweise mit 16 g Jodmethyl versetzt. Nach 3—4stündigem Erhitzen auf dem Wasserbad wird mit konz. Chlorammoniumlösung und Essigsäure zersetzt, ausgeäthert, die Ätherlösung mit 5proz. Salzsäure (6 l) extrahiert, aus der salzsauren Lösung der Farbstoff in Chloroform getrieben, der Chloroformextrakt mit Alkali geschüttelt, gewaschen, eingeengt und mit heißem Methylalkohol die Krystallisation eingeleitet. Ausbeute 0,4—0,5 g[7].

Eigenschaften: Aus Chloroform-Methylalkohol verfilzte Nadeln, Schmelzp. 295° (korr.). Aus Eisessig tonnenförmige Wetzsteine. Schmelzp. 308°.

Spektrum: I 625,1—614,3; II schw. 593,3; III 578,2—572,0; IV 570,1—562,0; V 540,7—520,8;
$$\underbrace{625,1—614,3}_{619,7} \qquad \underbrace{578,2—572,0}_{575,3} \qquad \underbrace{570,1—562,0}_{566,0} \qquad \underbrace{540,7—520,8}_{530,8}$$
VI 512,1—480,1; End. Abs. 440.
$$\underbrace{512,1—480,1}_{496,1}$$

Eisensalz $C_{38}H_{48}O_2N_4FeCl$. Wird in der üblichen Weise gewonnen. Die Krystalle enthalten noch 1 Mol Essigsäure, das bei 100° im Vakuum abgegeben wird. Beim Behandeln mit Magnesiumjodid wird das Eisen restlos abgespalten unter Regenerierung des Carbinols[7].

Spektrum in Pyridin-Hydrazin: I scharf 552,7—543,6; II verwaschen 521,5—514,4; End Abs. 452,5.
$$\underbrace{552,7—543,6}_{546,6} \qquad \underbrace{521,5—514,4}_{517,9}$$

[1] H. Fischer, A. Treibs u. K. Zeile: Hoppe-Seylers Z. **195**, 24 (1931).
[2] H. Fischer u. G. Stangler: Liebigs Ann. **459**, 73 ff. (1927).
[3] H. Fischer u. J. Postowsky: Hoppe-Seylers Z. **152**, 309 (1926).
[4] H. Fischer, A. Treibs u. K. Zeile: Hoppe-Seylers Z. **195**, 18 (1931).
[5] H. Fischer u. A. Treibs: Liebigs Ann. **457**, 244 (1927).
[6] H. Fischer u. A. Treibs: Liebigs Ann. **466**, 221 (1928).
[7] H. Fischer u. A. Treibs: Liebigs Ann. **466**, 231 (1928).

Monocarbonsäureester aus Mesoporphyrinester IX [1].

Mol-Gewicht: 550,37.

Zusammensetzung: 76,31% C; 7,69% H; 5,82% O; 10,18% N. $C_{35}H_{42}O_2N_4$.

Darstellung: Mesoporphyrinester IX wird mit Zinkstaub-Eisessig reduziert und aufgearbeitet wie bei Gewinnung der Dicarbonsäure beschrieben. Die Monocarbonsäure bleibt nach dem Entfernen der Dicarbonsäure mit verdünntem Ammoniak aus der gemeinsamen ätherischen Lösung in letzterer zurück. Zur Gewinnung wird jetzt der Äther mit 5—10proz. Ammoniak extrahiert. Dann wird das Porphyrin in der üblichen Weise fraktioniert, schließlich mit Natriumacetat gefällt und verestert. Ausbeute 150—200 mg.

Eigenschaften: Lange, oft schwertförmig geschwungene, zu Drusen vereinigte Nadeln, Schmelzp. etwa 218—240°.

Kupfersalz $C_{35}H_{40}O_2N_4Cu$. Aus Chloroform-Eisessig glänzende Blättchen, Schmelzpunkt 175° (korr.).

Rhodin $C_{34}H_{38}ON_4$. Wird direkt aus dem bei der Reduktion des Mesoporphyrinesters erhaltenen Rohporphyringemisch gewonnen. Die getrockneten Porphyrine, in 75 ccm konz. Schwefelsäure gelöst, werden mit 75 ccm 20proz. Oleum 30 Minuten auf 45° erwärmt, dann in Eis gegossen, mit Natriumacetat ausgeflockt, abgesaugt, in Pyridin gelöst, in Äther aufgenommen und diese Lösung erschöpfend mit 1proz. Ammoniak extrahiert. Der Restäther enthält das neutral reagierende Rhodin. Es wird mit 1,8proz. Salzsäure ausgezogen und mehrmals fraktioniert. Ausbeute 1,5—2%. — Aus Äther blauschwarze Nädelchen; Schmelzp. 259 bis 260°. Spektroskopisch identisch mit Mesorhodin.

Dicarbonsäureester aus Mesoporphyrinester IX [1].

Mol-Gewicht: 594,3.

Zusammensetzung: 72,68% C; 7,12% H; 10,78% O; 9,43% N. $C_{36}H_{42}O_4N_4$.

Darstellung: 4 g Mesoporphyrin-dimethylester in 300 ccm Eisessig werden siedend heiß auf einmal mit 50—60 g Zinkstaub versetzt. Unter Wasserstoff wird geschüttelt, bis die Lösung hellgelb geworden ist, dann wird abgesaugt, der Rückstand sorgfältig mit heißem Eisessig ausgewaschen und das Filtrat 12 Stunden mit Luft behandelt. Nach Zugabe von wenig konz. Salzsäure wird stark mit Wasser verdünnt, das Porphyrin mit Natriumacetat ausgeflockt und durch mehrmaliges Auflösen in Salzsäure und Ausflocken von Schmieren gereinigt. Das Rohporphyrin (1,5—1,7 g), in Wasser aufgeschlämmt, wird mit wenig Ammoniak in Lösung gebracht, die Lösung sofort mit Natronlauge bis zum 10proz. Gehalt versetzt, die ausgefallenen Natriumsalze in Salzsäure gelöst, in Äther getrieben; die ätherische Lösung gewaschen, mit stark verdünntem Ammoniak (5 Tropfen im Liter Wasser) erschöpfend ausgezogen, aus dem Auszug das Porphyrin als Natriumsalz gefällt und verestert. Ausbeute 80—100 mg.

Eigenschaften: Spitze, lange Nadeln, Schmelzp. 197° (korr.).

Tricarbonsäureester aus Mesoporphyrinester IX [1].

Mol-Gewicht: 652,88.

Zusammensetzung: 69,90% C; 6,79% H; 14,73% O; 8,58% N. $C_{38}H_{44}O_6N_4$.

Darstellung: Mesoporphyrinester IX wird mit Zinkstaub-Eisessig reduziert und aufgearbeitet wie bei Gewinnung der Dicarbonsäure beschrieben. Nach Abtrennung der Mono- und Dicarbonsäure als Natriumsalz wird im Filtrat die Konzentration der Natronlauge von 10 auf 20—25% gebracht. Dabei fällt das Natriumsalz der Tricarbonsäure aus, das dann auf den Ester verarbeitet wird. Ausbeute 40 mg.

Eigenschaften: Aus Chloroform-Methylalkohol glänzende Blättchen oder dendridenartig verzweigte Aggregate; Schmelzp. 257° (korr.). Depression mit Mesoporphyrin-IX-ester 20°.

Kupfersalz $C_{38}H_{42}O_6N_4Cu$. Darstellung wie üblich durch Versetzen einer Chloroformlösung des Esters mit heißer Kupferacetat-Eisessig-Lösung. Beim Einengen Krystallisation in langen, lanzettförmigen, spitzen Nadeln, Schmelzp. 277° (korr.).

Eisensalz $C_{38}H_{42}O_6N_4FeCl$. Glänzende, blauschwarze Nadeln.

Rhodin $C_{37}H_{40}O_5N_4$. Entsteht neben dem Rhodin aus der Monocarbonsäure bei der Verarbeitung des Rohporphyringemisches. Geht beim Ausschütteln der ätherischen Lösung der Rhodine mit 1proz. Ammoniak an letzteren. Isolierung durch mehrfaches Fraktionieren mit

[1] H. Fischer u. A. Rothhaas: Liebigs Ann. **484**, 97 (1930).

1proz. Salzsäure und Verestern mit Diazomethan. — Aus Chloroform-Methylalkohol lange dünne, zu Drusen vereinigte Nadeln, Schmelzp. 205°. Ausbeute 40 mg. Spektroskopisch identisch mit Mesorhodin.

1, 3, 5, 8-Tetramethyl-4, 6-diäthyl-2, 7-dipropionsäure-porphin[1].
Mesoporphyrin XI.
(Leitet sich ab vom Ätioporphyrin III.)

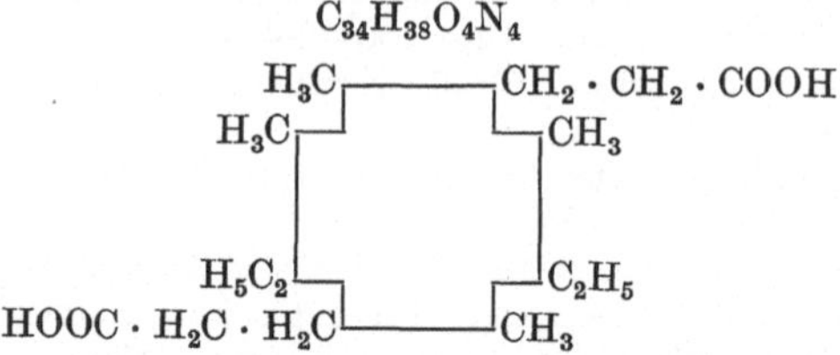

Darstellung: Durch Verschmelzen äquimolarer Mengen des Bis-(3-propionsäure-4-methyl-pyrryl)-methenbromhydrats (s. S. 495) und des (3-Äthyl-4-methyl-5-brommethyl-pyrryl)-(2-brommethyl-4-methyl-3-äthyl-pyrrolenyl)-methenbromhydrats (s. S. 571) mit Bernstein-säure bei 185—190°. Aufarbeitung der Schmelze durch Auskochen mit 20proz. Salzsäure und mehrmaligem Fraktionieren mit Äther-Salzsäure. Ausbeute gut.

Eigenschaften: Aus Äther lange, feine Nädelchen.

Eisensalz $C_{34}H_{36}O_4N_4FeCl$. Darstellung in üblicher Weise. Aus Pyridin-Eisessig-(Salz-säure) feine, blauschwarze Nädelchen.

Kupfersalz $C_{34}H_{36}O_4N_4Cu$. Wird wie gewöhnlich erhalten. — Aus Pyridin-Chloroform-Eisessig kleine, rote Nädelchen, Schmelzp. über 299°.

Dimethylester $C_{36}H_{42}O_4N_4$. Lange Nadeln, Schmelzp. 174,5. Depression mit Meso-ester IX = 7°; mit Mesoester I = 20°. Gibt bei der Reduktion mit Eisessig-Zinkstaub eine Mono-, Di- und Tricarbonsäure.

Eisensalz $C_{36}H_{40}O_4N_4FeCl$. Darstellung wie üblich. — Blauschwarze Nadeln, Schmelz-punkt 263°.

Kupfersalz $C_{36}H_{40}O_4N_4Cu$. Darstellung nach der gewöhnlichen Methode. — Lange, wollige, glänzende Nadeln; Schmelzp. 189°.

Dimethylester des 1, 4, 6, 7-Tetramethyl-2, 3-diäthyl-5, 8-dipropion-säure-porphins.
Dimethylester des Mesoporphyrins XII.
(Leitet sich ab vom Ätioporphyrin IV.)

Darstellung: Äquimolare Mengen von Bis-(5(2)-brom-4(3)-methyl-3(4)-äthyl-pyrryl)-methenbromhydrat (s. S. 505) und (2(5)-Brommethyl-3(4)propionsäure-4(3)-methyl-pyrryl)-(2(5)-brommethyl-3(4)-propionsäure-4(3)-methyl-pyrrolenyl)-methenbromhydrat (s. S. 551) werden mit der 10fachen Menge Bernsteinsäure solange auf 150° erhitzt, bis kein Brom-wasserstoff mehr entweicht. Nachdem wird in der üblichen Weise gereinigt und der Methyl-ester hergestellt. Ausbeute ca. 15%[2].

Eigenschaften: Aus Chloroform-Methylalkohol Krystalle vom Schmelzp. 190—191°[2]. 199°. Spektren identisch mit denen von Mesoporphyrin IX.

[1] H. Fischer u. A. Rothhaas: Liebigs Ann. **484**, 100 (1930).
[2] H. Fischer, H. Friedrich, W. Lamatsch u. K. Morgenroth: Liebigs Ann. **466**, 166 (1928).

Kupfersalz des Methylesters $C_{36}H_{40}O_4N_4Cu$. Dimethylester gelöst in wenig Eisessig wird heiß tropfenweise mit einer konz. heißen Kupferacetat-Eisessig-Lösung versetzt und 10 Minuten im Wasserbad gekocht. Nach längerem Stehen Krystallisation. — Aus wenig Eisessig rot flimmernde Nädelchen, Schmelzp. 215°. Spektren identisch mit denen des Kupfersalzes von Mesoporphyrin IX[1].

Chlorferrisalz des Methylesters $C_{36}H_{40}O_4N_4FeCl$. Dimethylester in möglichst wenig Eisessig wird mit heißem Wasser bis auf 80% Eisessiggehalt verdünnt, etwas Kochsalz zugegeben, auf 70° erwärmt und hiezu eine heiße Lösung von metallischem Eisen in Eisessig zugetropft. Beim Stehen Krystallisation. — Aus Eisessig dunkel glänzende flimmernde Nädelchen. Spektrum identisch mit denen des Eisensalzes von Mesoporphyrin IX[1].

Diäthylester $C_{38}H_{46}O_4N_4$. Aufarbeitung wie beim Dimethylester beschrieben, nur daß anstatt methylalkoholischer äthylalkoholische Salzsäure verwendet wird. — Aus Chloroform-Äthylalkohol, Schmelzp. 195—196° (korr.)[1].

Kupfersalz $C_{38}H_{44}O_4N_4Cu$. Darstellung genau wie beim Methylester. — Aus Eisessig rote Nädelchen, Schmelzp. 203°[1].

Freies Mesoporphyrin XII $C_{34}H_{38}O_4N_4$. Durch 5stündiges Erhitzen von 0,1 g Dimethylester mit 100 ccm 33proz. Natronlauge. Dann wird solange mit Wasser verdünnt, bis alles abgeschiedene schwer lösliche Natriumsalz wieder in Lösung gegangen ist, filtriert, im Filtrat das Porphyrin durch Zugabe von Eisessig gefällt, filtriert, gut mit Wasser ausgewaschen, getrocknet und mit Chloroform extrahiert. Der Auszug wird eingeengt, wobei Krystallisation eintritt. — Aus Chloroform flimmernde, wetzsteinförmige Krystalle. Löslich in Pyridin; schwerer in Eisessig; schwer in Chloroform. Bildet ein schwer lösliches Natriumsalz[1].

Spektrum in essighaltigem Äther identisch mit dem von Mesoporphyrin IX[1].
I 652,2—620,8; II s. schw. 596,5; III 581,0—573,2; IV 570,2—566,0; V 533,1—523,8; VI 505,5—483,6:

| 623,1 | 577,1 | 568,0 | 528,4 | 494,5 |

End. Abs. etwa 425.

Chlorhydrat $C_{34}H_{40}O_4N_4Cl_2$. Das freie Porphyrin wird in wenig konz. Salzsäure gelöst, die Lösung etwas eingedunstet und nun soviel heißes Wasser zugesetzt, bis eine Konzentration von 30% erreicht ist. Beim Erkalten Krystallisation. — Aus 30proz. Salzsäure makroskopische Nadeln[1].

Eisensalz $C_{34}H_{36}O_4N_4FeCl$. Darstellung nach der üblichen Methode. — Aus Eisessig flimmernde, schwarze Nädelchen. Schwer löslich in Eisessig[1].

Kupfersalz $C_{34}H_{36}O_4N_4Cu$. Darstellung wie schon öfters beschrieben. Noch heiß Krystallisation. Läßt sich aus Eisessig umkrystallisieren. Besitzt keinen Schmelzpunkt[1].

Dimethylester des 1, 4, 6, 7-Tetramethyl-5, 8-diäthyl-2, 3-dipropionsäure-porphins.
Dimethylester des Mesoporphyrin XIII[2].
$$C_{36}H_{42}O_4N_4$$
(Leitet sich ab von Ätioporphyrin IV.)

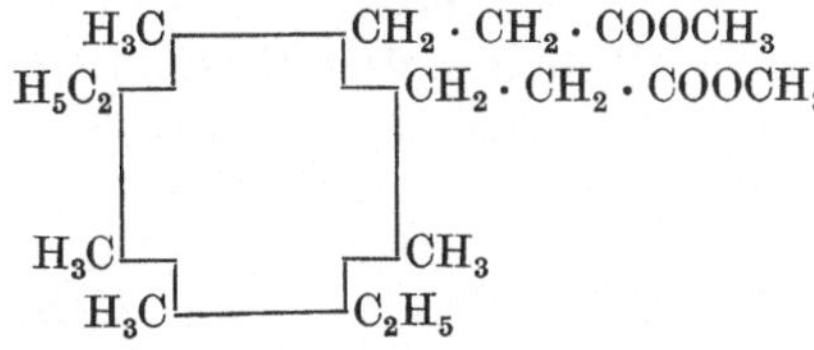

Darstellung: 0,5 g Bis-(3-propionsäure-4-methyl-5-brom-pyrryl)-methenbromhydrat (s. S. 496) und 0,5 g Bis-(2-brommethyl-3-äthyl-4-methyl-pyrryl)-methenbromhydrat (s. S. 505) werden mit 2 g Bernsteinsäure 10 Minuten auf 200—210° erhitzt. Nach Beendigung der Bromwasserstoffentwicklung wird die Schmelze zerkleinert und in üblicher Weise das Porphyrin mit Äther und 5proz. Salzsäure usw. gereinigt. Die Veresterung wird über das in langen Nadeln krystallisierende Chlorhydrat vorgenommen. Ausbeute 0,22 g Ester[2].

Eigenschaften: Lange Nadeln bzw. Tafeln; Schmelzp. 217°. Depression mit Mesoester IX = 8°. Spektroskopisch identisch mit IX.

[1] H. Fischer, H. Friedrich, W. Lamatsch u. K. Morgenroth: Liebigs Ann. **466**, 166 (1929).
[2] H. Fischer u. A. Kirrmann: Liebigs Ann. **475**, 284 (1929).

Eisensalz $C_{36}H_{40}O_4N_4FeCl$. Darstellung in der üblichen Weise mit Ferroacetat-Kochsalz in Eisessig. Beim Erkalten Krystallisation in feinen Nadeln. — Aus Chloroform-Äther dunkel glänzende quadratische bzw. rhombische Tafeln; Schmelzp. 257°.

Spektrum in Pyridin-Hydrazinhydrat: 10 mm Schicht, $^1/_{10}$-mm-Spalt. I 554,3—540,8; II 527,1—503,6; End. Abs. 475.

$\underbrace{\qquad}_{515,3}$ $\underbrace{\qquad}_{547,5}$

Kupfersalz $C_{36}H_{40}O_4N_4Cu$. Darstellung wie schon öfters beschrieben mit Kupferacetat in Eisessig. Beim Reiben Krystallisation in roten Nadeln. — Aus Pyridin-Eisessig rote wollig verfilzte Nadeln; Schmelzp. 238°.

Spektrum in Chloroform: 10 mm Schicht: $^1/_{10}$-mm-Spalt: I 573,1—548,5; II 534,1—513,5; End. Abs. 420,0.

$\underbrace{\qquad}_{560,8}$ $\underbrace{\qquad}_{523,8}$

Freies Mesoporphyrin XIII $C_{34}H_{38}O_4N_4$. 0,1 g Ester werden 4 Stunden mit 100 ccm 10 proz. Natronlauge und etwas Pyridin gekocht. Dann wird kalt mit Wasser verdünnt, mit Salzsäure angesäuert, die Lösung unter Äther neutralisiert, mit Äther ausgeschüttelt und dieser wieder mit Ammoniak ausgezogen. Der ammoniakalische Extrakt wird essigsauer gemacht, filtriert und der gewaschene und getrocknete Rückstand in Pyridin gelöst. Auf Zusatz von Eisessig und etwas Wasser Krystallisation. — Aus Pyridin-Eisessig feine, flimmernde Nadeln, Schmelzp. über 280°. Salzsäurezahl 0,5—0,6.

Spektrum in Pyridin-(1 Tropfen) Äther (2 ccm): 10 mm Schicht; $^1/_{10}$-mm-Spalt. I 625,9—620,4;

$\underbrace{\qquad}_{623,2}$

II sehr schw., verwaschen Max. 612,1; III schw. 599,0—595,0; IV 582,6—571,7; V 570,5—565,8;

$\underbrace{\qquad}_{597,0}$ $\underbrace{\qquad}_{577,1}$ $\underbrace{\qquad}_{568,1}$

VI 537,6—519,3; VII 509,0—480,3; End. Abs. 430,0. Innerhalb der Fehlergrenzen identisch mit dem

$\underbrace{\qquad}_{528,4}$ $\underbrace{\qquad}_{494,6}$

Spektrum von IX.

Eisensalz $C_{34}H_{36}O_4N_4FeCl$. Darstellung wie üblich aus dem Porphyrin und Ferroacetat-Kochsalz in Eisessig. Krystallisation in Nadeln. — Aus Pyridin-Eisessig-Salzsäure (wenig) metallisch glänzende, rot durchscheinende, regelmäßige Prismen. Schmilzt bis 280° nicht.

Spektrum in Pyridin-Hydrazinhydrat: 10 mm Schicht; $^1/_{10}$-mm-Spalt: I 555,4—538,5; II 529,2—502,5; Ende verwaschen; End. Abs. 445.

$\underbrace{\qquad}_{515,8}$ $\underbrace{\qquad}_{546,9}$

Kupfersalz $C_{34}H_{36}O_4N_4Cu$. Darstellung wie schon öfters beschrieben. — Rote Nadeln, büschelförmig, manchmal an den Enden gespalten. Schmelzp. über 280°.

Spektrum in Pyridin: 10 mm Schicht; $^1/_{10}$-mm-Spalt. I 572,7—553,3; II 534,3—515,2 (etwas verwaschen); End. Abs. 420,0.

$\underbrace{\qquad}_{563,0}$ $\underbrace{\qquad}_{524,7}$

Spektrum in Äther- (2 ccm) Pyridin (1 Tr.). I 565,2—556,1; II 527,1—519,6 (schw.) End. Abs. 414,0.

$\underbrace{\qquad}_{560,6}$ $\underbrace{\qquad}_{523,4}$

Dimethylester des 1, 4, 6, 7-Tetramethyl-3, 5-diäthyl-2, 8-dipropion-säure-porphins.
Dimethylester des Mesoporphyrins XIV[1].
(Leitet sich ab von Ätioporphyrin IV.)

$$C_{36}H_{42}O_4N_4$$

$$\text{H}_3\text{C}\text{——}\text{CH}_2\cdot\text{CH}_2\cdot\text{COOH}$$
$$\text{H}\cdot\text{OOC}\cdot\text{H}_2\text{C}\cdot\text{H}_2\text{C}\text{——}\text{C}_2\text{H}_5$$
$$\text{H}_3\text{C}\text{——}\text{CH}_3$$
$$\text{H}_3\text{C}\text{——}\text{C}_2\text{H}_5$$

Darstellung: Ein äquimolares Gemisch aus (3-Propionsäure-4-methyl-5-brom-pyrryl)-(2, 4 (3′, 5′)-dimethyl-3 (4′)-propionsäure-pyrrolenyl)-methenbromhydrat (s. S. 496) und (3-Äthyl-4, 5-dimethyl-pyrryl)-(4 (3′)-methyl-3 (4′)-äthyl-2 (5′)-brompyrrolenyl)-methenbromhydrat (s. S. 572) werden wie bei Porphyrin I beschrieben, mit Bernsteinsäure geschmolzen und aufgearbeitet. Ausbeute an Ester 8 %[1].

---

[1] H. Fischer u. A. Kirrmann: Liebigs Ann. **475**, 281 (1929).

Eigenschaften: Aus Chloroform-Methylalkohol wetzsteinförmige Nadeln, Schmelzpunkt 205° (209° korr.). Depression des Mischschmelzpunktes mit Mesoester IX = 19°.

Kupfersalz $C_{36}H_{40}O_4N_4Cu$. Aus Chloroform-Eisessig Nadeln, Schmelzp. 210° (korr. 215°). Depression mit dem Kupfersalz des Mesoesters I = 25°.

Eisensalz $C_{36}H_{40}O_4N_4FeCl$. Aus Chloroform-Eisessig sehr feine, lange, rotbraune Nadeln, Schmelzp. 255° (korr. 261°).

Mesoporphyrin XIV $C_{34}H_{38}O_4N_4$. Darstellung wie beim Mesoporphyrin I beschrieben. Verhält sich in ätherischer Lösung gegen Natronlauge wie Porphyrin I.

Natriumsalz. Krystallisiert langsam in Nadeln beim Schütteln einer ätherischen Lösung des Porphyrins mit 3proz. Natronlauge.

1, 3, 5, 8-Tetramethyl-2, 4-di-(α-oxyäthyl)-6, 7-dipropionsäure-porphin[1].
Hämatoporphyrin (Nenczki) IX.
(Bd. VI, S. 242; Bd. IX, S. 351; Bd. X, S. 24.)

$$C_{34}H_{38}O_6N_4$$

$$H_3C \cdot C{=}C \cdot CHOH \cdot CH_3 \qquad\qquad H_3C \cdot C{=}C \cdot CHOH \cdot CH_3$$

$$H_3C \cdot C{=}C \cdot CH_2 \cdot CH_2 \cdot COOH \qquad HOOC \cdot H_2C \cdot H_2C \cdot C{-}C \cdot CH_3$$

Bildung: Aus dem Dimethylester des Hämato(brom)hämin-dimethyläthers mit Eisessig-Bromwasserstoff und Nachbehandlung mit Wasser[2].

Aus Protoporphyrin mit Eisessig-Bromwasserstoff und anschließendem Behandeln mit Wasser[3] oder bei wochenlangem Stehen mit Eisessig-Äther[4] bzw. 25proz. Salzsäure[5] oder bei längerem Kochen mit Eisessig[6] oder unter der Einwirkung von 25proz. Salzsäure[6] bzw. 25proz. Schwefelsäure.

Bei der Hydrolyse von Hefe[7].

Beim Einleiten von Schwefelwasserstoff in eine gefaulte Blutlösung[8].

Aus Chlor-hämin-diacetat[9] oder Allohämin[9, 10] oder Oxyhäminanhydrid[11] mit Bromwasserstoff-Eisessig.

Synthese: 2 g gut gereinigtes[12] Diacetyldeuteroporphyrin werden mit 135 g Kalilauge in 300 ccm abs. Alkohol 4 Stunden gekocht, wobei soweit konzentriert wird, daß festes Kaliumhydroxyd als Bodensatz auftritt. Ist das Hämatoporphyrinspektrum einheitlich geworden, dann wird in 600 ccm Wasser gegossen, mit verdünnter Salzsäure lackmusneutral gemacht, auf 2 l verdünnt und auf einen Salzsäuregehalt von 0,1% gebracht. Nach einigem Stehen wird filtriert und der Rückstand erst mit 0,1proz., dann mit 0,3proz. Salzsäure extrahiert. Der letzte Extrakt wird einer Fraktionierung mit Äther-0,1proz.-Salzsäure unterworfen, aus den vereinigten salzsauren Lösungen das Porphyrin mit Natronlauge in Äther getrieben, daraus mit wenig 3proz. Salzsäure ausgeschüttelt und aus letzterer durch Eindunsten im Vakuum das Chlorhydrat hergestellt. Ausbeute 24%. Dieses wird in Alkali gelöst und das freie Porphyrin mit Essigsäure ausgefällt[13].

[1] H. Fischer, G. Hummel u. A. Treibs: Hoppe-Seylers Z. **185**, 33 (1929).

[2] W. Küster u. H. Maurer: Hoppe-Seylers Z. **133**, 142 (1924).

[3] H. Fischer u. F. Kögl: Hoppe-Seylers Z. **138**, 269 (1924). — Vgl. **145**, 214 (1925).

[4] H. Fischer u. K. Schneller: Hoppe-Seylers Z. **135**, 253 (1924).

[5] O. Schumm u. Mitarbeiter: Hoppe-Seylers Z. **168**, 1 (1927); **177**, 23 (1928).

[6] O. Schumm: Hoppe-Seylers Z. **168**, 1ff. (1927).

[7] H. Fischer u. J. Hilger: Hoppe-Seylers Z. **138**, 271 (1924).

[8] H. Fischer u. F. Lindner: Hoppe-Seylers Z. **145**, 213 (1925).

[9] H. Fischer, G. Hummel u. A. Treibs: Liebigs Ann. **471**, 251 (1929).

[10] R. Kuhn u. M. Seyffert: Ber. dtsch. chem. Ges. **61**, 310 (1928).

[11] A. Hamsík: Hoppe-Seylers Z. **171**, 85 (1927).

[12] H. Fischer, A. Treibs u. K. Zeile: Hoppe-Seylers Z. **193**, 157 (1931).

[13] H. Fischer u. K. Zeile: Liebigs Ann. **468**, 112 (1929).

Eigenschaften: Gibt bei längerem Kochen mit Eisessig oder mit salzsäurehaltigem Alkohol oder mit 25 proz. wässeriger Salzsäure[1] oder beim Erhitzen im Hochvakuum auf 105° Protoporphyrin[2]. Bei elektrolytischer Reduktion oder bei katalytischer Reduktion entsteht ein neues Porphyrin[3]. Rohes Hämatoporphyrin Nenczki kann bereits Protoporphyrin enthalten[4].

Spektrum in Eisessig-Äther: Max.: I 624,8; II 614,7; III 598,1; IV 578,6; V 569,0; VI 530,4; VII 496,5; VIII 470,3; End. Abs. 442 [5,6].

Spektrum in 5 proz. Salzsäure: I nach Vorbesch. 601,0—589,5; II schw. 579,0—572,7; III schw. 562,5—540,7 [6].

$$\underbrace{601,0—589,5}_{595,2} \qquad \underbrace{579,0—572,7}_{575,8}$$
$$\underbrace{562,5—540,7}_{551,6}$$

Spektrum in 25 proz. Salzsäure[5,7]: Max. I 598,8; II 575,5; III 551,7.

Spektrum in konz. Schwefelsäure ist gegenüber dem von Koproporphyrin um 5 $\mu\mu$ nach Rot zu verschoben. I 599; III 554 [7].

Spektrum in $^1/_{10}$-Kalilauge: I 621,5—609,6; II n. Vorbesch. 573,7—556,4; III 539,9—528,9; IV 510,5—488,5 [8].

$$\underbrace{621,5—609,6}_{615,5} \qquad \underbrace{573,7—556,4}_{565,0} \qquad \underbrace{539,9—528,9}_{534,4}$$
$$\underbrace{510,5—488,5}_{499,5}$$

Chlorhydrat $C_{34}H_{38}O_6N_4 \cdot 2\,HCl$. Kleine dünne, zu kugeligen Aggregaten angeordnete Nadeln mit paralleler Auslöschung und Dichroismus[9] von hellgelb nach schwarz. Besitzt etwa 6 aktive Wasserstoffatome[10].

Chlorhydrat $C_{34}H_{38}O_6N_4 \cdot HCl + H_2O$. Aus dem schwer löslichen Natriumsalz. Enthält 1 Mol Wasser, das bei 50° abgegeben wird. Das daraus mit Ammoniak hergestellte Hämatoporphin enthält auch 1 Mol Wasser, das bei 50° abgegeben wird[11].

Kaliumsalz. Durch $^1/_2$stündiges Erhitzen des Porphyrins mit alkoholischer Kalilauge und Eindampfen. — Nadeln. Gibt mit Eisessig-Jodwasserstoff Mesoporphyrin[11].

Kupfersalz[12] $C_{34}H_{36}O_6N_4Cu$. Darstellung wie üblich mit Kupferacetat-Eisessig.

Hämato-hydroxy-hämin $C_{34}H_{36}O_6N_4 \cdot FeOH$. 1 g Hämatoporphyrindimethyläther in 50 ccm 70 proz. Essigsäure wird auf 80° erwärmt und solange mit einer heißen Lösung von Eisen in Eisessig versetzt, bis die Farbe von rot nach braun umgeschlagen hat. Nach eintägigem Stehen wird mit Wasser versetzt, die rotbraunen Flocken abfiltriert, mit 20 proz. Essigsäure eisenfrei gewaschen und getrocknet. Ausbeute = 0,75 g. — Blauschwarzes metallisch glänzendes Pulver ohne Schmelzpunkt. Unlöslich in Äther, Alkohol, Chloroform, Salzsäure. Löslich in konz. Essigsäure und in Alkali (Farbe rotbraun). Löslich in Schwefelsäure-Alkohol unter Veresterung[13]. Hämochromogenspektrum (Alkali + Hydrazinhydrat) $\lambda = 565—545$; $525—500$.

Hämato-chlor-hämin $C_{34}H_{36}O_6N_4FeCl$. 1,2 g salzsaurer Hämatoporphyrindimethyläther werden mit 75 ccm 70 proz. mit Kochsalz gesättigter Essigsäure auf 90° erhitzt und bis zum Farbumschlag nach braunrot mit einer heißen Lösung von Eisen in 60 proz. Essigsäure versetzt und dann auf 95° erhitzt. Bei längerem Stehen Krystallisation, die nach dem Filtrieren mit 2% salzsäurehaltigem Methylalkohol gewaschen wird. — Kleine blauschwarze Würfel. Unlöslich in Äther, Benzol, Alkohol, Essigester, verdünnter Salzsäure; löslich in Aceton, Methyläthylketon, Soda, langsam in Bicarbonat. Läßt sich mit Methylalkohol und Schwefelsäure leicht verestern[13]. Cyanhämochromogenspektrum I 561; II 531,0 $\mu\mu$[14].

Pikrolonat $C_{34}H_{38}O_6N_4 \cdot 2\,C_{10}H_8O_5N_4$. Aus konz. Acetonlösung äußerst feine, braune Kryställchen; kein Schmelzpunkt (Zersetzung ab 180°).

Acetonspektrum: Neutral und Spur von Typ I. Mit überschüssiger Säure bildet sich Typ I rein aus, der auf Zusatz von Wasser keine Änderung erfährt.

---

[1] O. Schumm: Hoppe-Seylers Z. **168**, 1 (1927); **170**, 10 (1927).

[2] H. Fischer u. K. Zeile: Liebigs Ann. **468**, 112 (1929).

[3] A. Papendieck: Hoppe-Seylers Z. **152**, 220 (1926).

[4] O. Schumm: Hoppe-Seylers Z. **170**, 1 (1927).

[5] H. Fischer u. K. Zeile: Liebigs Ann. **468**, 117 (1929). — H. Fischer u. F. Lindner: Hoppe-Seylers Z. **145**, 214 (1925).

[6] H. Fischer u. K. Schneller: Hoppe-Seylers Z. **135**, 274 (1924). — H. Fischer u. F. Lindner: Hoppe-Seylers Z. **145**, 215 (1925).

[7] O. Schumm: Hoppe-Seylers Z. **164**, 148 (1927). — E. Mertens: Hoppe-Seylers Z. **166**, 186 (1927).

[8] H. Fischer u. F. Kögl: Hoppe-Seylers Z. **138**, 271 (1924).

[9] H. Fischer u. F. Lindner: Hoppe-Seylers Z. **142**, 151 (1925); **145**, 210 (1924).

[10] H. Fischer u. P. Rothemund: Ber. dtsch. chem. Ges. **64**, 201 ff. (1931).

[11] H. Fischer, G. Hummel u. A. Treibs: Hoppe-Seylers Z. **185**, 33 (1929).

[12] H. Fischer u. J. Hilger: Hoppe-Seylers Z. **138**, 300 (1924).

[13] W. Küster u. H. Maurer: Hoppe-Seylers Z. **133**, 137 (1924).

[14] O. Schumm: Hoppe-Seylers Z. **153**, 249 (1925); **156**, 269 (1926).

I 603,1; II... 557,1; III 529,4. Intensität: II; I, III.
Pulverspektrum: I 606; II... 560; III 533. Intensität: II; I; III (Typ I)[1].

Flavianat $C_{34}H_{38}O_6N_4 \cdot 2\,C_{10}H_6O_8N_2S$. Beim Zusammengießen einer Acetonlösung des Hämatoporphyrins mit einer Flaviansäurelösung tritt Krystallisation in braunen Nädelchen ein. Beim Absaugen erst Verschmierung und dann beim Auswaschen Wiederfestwerden. (Die Fällung verschwindet ebenfalls bei längerem Stehen an der Luft und auf Zusatz von Wasser. Pulverspektrum: I 597; II 554. Intensität: II, I (Typ II)[1].

Hämatoporphyrin-dimethylester $C_{36}H_{42}O_6N_4$. Aus dem Kaliumsalz mit Methylalkohol-Salzsäure. — Aus Chloroform-Methylalkohol dünne Blättchen; Schmelzp. 212° (korr.)[2]. Gibt beim Erhitzen im Hochvakuum auf 105° Protoporphyrindimethylester[2,3]. Beim Bromieren in Eisessig entsteht Dibromdeuteroporphyrindimethylester[2]. Mit Eisessig-Bromwasserstoff und Nachbehandlung mit Methylalkohol bildet sich Tetramethylhämatoporphyrin[2].

Spektrum in Eisessig-Äther: I 626,7—622,8; II (613,3); III (598,8); IV Vorbesch. ab 583,7...
624,8

Max. 575,6...; V 570,8—568,2; VI 533,6—525,0; VII 508,0—483,5; VIII 469,8; End. Abs. 432.
529,3   495,7
Intensität: VII, VI, I, V, IV, III, II, VIII [2].

Spektrum in Chloroform: nach Vorbesch. I 628,9—616,6; II schw. 598,7—593,7; III 583,4—573,6;
622,7   596,2   578,5

IV 571,3—564,5; V stark 540,5—525,4; VI undeutlich 513,3—486,1 [4].
567,9   532,9   499,7

Spektrum in Chloroform nach Ausschütteln mit demselben Volumen 25 proz. Salzsäure 601,3; schwach 580,0; 557,5 [5].

Dimethylester des Hämato-chlor-hämins $C_{36}H_{40}O_6N_4FeCl$. Durch Lösen von 0,5 g Hämato-chlor-hämin in 30 ccm Methylalkohol unter Zusatz von etwas konz. Schwefelsäure und Zugabe von Salzsäure zur siedenden Lösung. Beim Stehen Krystallisation, die nach dem Filtrieren mit 50 proz., 2% Salzsäure enthaltenden Methylalkohol gewaschen wird. — Braunrotes Pulver. Leicht löslich in Methylalkohol, Aceton, Methyläthylketon; wenig in Benzol; spurenweise in Äther; unlöslich in Alkalien[6].

Hämatoporphyrin-dimethyläther (Bd. IX, S. 357; Bd. X, S. 25).
$$C_{36}H_{42}O_6N_4$$

Bildung: Aus Dimethyl-chlor-hämin mit bei 0° an Chlorwasserstoff gesättigtem Eisessig bei 2 tägigem Stehen und Behandeln des entstandenen Additionsprodukts mit Methylalkohol (Ausbeute aus 1,8 g Ausgangsmaterial = 0,33 g Dimethyläther)[7].

Darstellung: Aus 25 g Hämin durch 4 tägiges Schütteln mit 650 g Eisessig-Bromwasserstoff (spez. Gewicht 1,41 bei 0°), Filtrieren, Abdestillieren des Säuregemisches im Vakuum bei 50° und 20—24 stündigem Erwärmen des Rückstandes mit 300 ccm abs. Methylalkohol bei 50°. Isolierung wie früher beschrieben durch Aufnahme des gebildeten Tetramethylhämatoporphyrins in Äther, Ausziehen dieser Lösung mit 10 proz. Bromwasserstoffsäure und aus dieser nach 3 tägigem Stehen (wobei Verseifung des Esters eintritt) Ausfällen des Dimethyläthers mit Natriumacetat, nachdem vorher mit Natronlauge fast vollständig neutralisiert worden war. Die hellrote, amorphe Fällung wird filtriert, mit essigsäurehaltigem Wasser gut ausgewaschen, getrocknet, pulverisiert und in der Hülse mit Äther erschöpfend extrahiert. Beim Stehen der ätherischen Lösung Krystallisation in rotvioletten, schief abgeschnittenen prismatischen Blättchen, ähnlich den Teichmannschen Häminkrystallen. Das in der Mutterlauge bleibende Porphyrin kann durch Verdampfen des Äthers gewonnen werden. Ausbeute 1,8 g = 83% [8,9].

Eigenschaften: Aus 90 proz. Methylalkohol braunrote Rhomboeder ohne Schmelzpunkt. Salz-Säurezahl = 4,5. Bindet in wässeriger Lösung 2 Mol Ammoniak. Beim Einleiten von Ammoniak in eine ätherische Lösung des Porphyrins fällt ein hellroter Niederschlag aus (Am-

[1] A. Treibs: Liebigs Ann. **476**, 40 (1929).
[2] H. Fischer, G. Hummel u. A. Treibs: Hoppe-Seylers Z. **185**, 46 (1929).
[3] H. Fischer u. R. Müller: Hoppe-Seylers Z. **142**, 171 (1925). — Vgl. **142**, 153 (1925).
[4] H. Fischer u. K. Schneller: Hoppe-Seylers Z. **135**, 274 (1924).
[5] O. Schumm: Hoppe-Seylers Z. **132**, 59 (1923).
[6] W. Küster u. H. Maurer: Hoppe-Seylers Z. **133**, 138 (1924).
[7] W. Küster u. W. Zimmermann: Hoppe-Seylers Z. **153**, 130 (1926).
[8] W. Küster u. H. Maurer: Hoppe-Seylers Z. **133**, 135 f. (1924).
[9] W. Küster, H. Maurer u. A. Palm: Hoppe-Seylers Z. **156**, 13 (1926).

moniumsalz), der beim Trocknen im Vakuum Ammoniak teilweise wieder abspaltet bis zur Endzusammensetzung $C_{36}H_{41}O_6N_4 \cdot NH_3$. Die Methoxylgruppen sind leicht abspaltbar, beim Erhitzen mit Eisessig oder 70proz. Essigsäure vollständig, beim Kochen mit Alkalien teilweise[1]. Bei der Oxydation mit Chromsäure-Schwefelsäure entstehen Hämatinsäure und Methyl-(1-methoxyäthyl)-maleinimid (bis zu 1 Mol)[1,2]. Läßt sich mit Natriumamalgam zum Porphinogen reduzieren. Das daraus durch Luftoxydation erhaltene Porphyrin ist jedoch in Äther, Methylalkohol, Aceton, Chloroform und verdünnter Salzsäure nicht mehr löslich[3]. Wird beim Erhitzen mit 70proz. Essigsäure auf 100—105° stark verändert[1]. Beim Erhitzen mit Eisessig auf 90°[1] oder beim Behandeln mit Zinkstaub entsteht der Monomethyläther[3]. In letzterem Fall wird die Verbindung $(C_{35}H_{35}O_6N_4Zn)_2)Zn$ erhalten[3]. Spektren[4].

Silbersalz $C_{36}H_{39}O_6N_4Ag_3$. Durch Versetzen einer wässerigen, neutralen Lösung des Ammoniumsalzes des Porphyrins mit Silbernitrat. Rotbraune Fällung[1].

Hämato-hydroxy-hämin-dimethyläther $C_{36}H_{40}O_6N_4FeCl$. 3 g Dimethylester des Hämato-brom-hämin-dimethyläthers werden 1 Stunde mit 100 ccm 5proz. methylalkoholischer Kalilauge erhitzt. Nachdem wird auf 25 ccm konzentriert, mit 250 ccm Wasser versetzt, filtriert und mit verdünnter Essigsäure gefällt. — Schwarzbraunes Pulver; leicht löslich in Eisessig, Soda, Methylalkohol, Aceton, Chloroform; schwer in Äther; unlöslich in Petroläther und verdünnten Säuren[1]. Gibt bei der Oxydation mit Chromsäure-Schwefelsäure Hämatinsäure und Methyl-methoxyäthyl-malein-imid[5].

Dibrom-hämatoporphyrin-dimethyläther.

Mol-Gewicht: 784,38.

Zusammensetzung: 55,10% C; 5,14% H; 12,24% O; 7,14% N; 20,38% Br. $C_{36}H_{40}O_6N_4Br_2$

Bildung: Aus dem durch Bromieren von De-hydrochlorid-hämin erhaltenen Dibrom-brom-hämin beim Behandeln mit Eisessig-Bromwasserstoff auf die übliche Weise[6].

Darstellung: 4 g Dimethyl-brom-hämin-dibromid werden mit 80 g Eisessig-Bromwasserstoff (spez. Gewicht 1,41 bei 0°) bis zur vollständigen Lösung geschüttelt (Dauer 4 Tage). Danach wird durch Glaswolle filtriert, der Eisessig im Vakuum bei 60° auf dem Wasserbad abdestilliert und der blauschwarze, metallisch glänzende Rückstand unter schwachem Erwärmen in 50 ccm abs. Methylalkohol gelöst. Anschließend wird filtriert, das Filtrat mit 15 ccm 10proz. methylalkoholischer Kalilauge versetzt, vom ausgefallenen Eisenhydroxyd und Bromkalium abfiltriert, der Rückstand mit 500 ccm Äther gewaschen, das alkoholisch-ätherische Filtrat mit Wasser gewaschen, bis im wässerigen Auszug kein Eisen mehr nachweisbar ist und dann mit 10proz. Bromwasserstoffsäure erschöpfend extrahiert (ca. 1,5 l). Nach 5tägigem Stehen wird unter Kühlung mit Natronlauge fast neutralisiert, dann das Porphyrin mittels Natriumacetat ausgefällt, abfiltriert, gewaschen und erst an der Luft, schließlich bei 40—50° getrocknet. Reinigung des Rohprodukts durch Extraktion mit Äther, aus dem das Porphyrin dann in rechteckigen Blättchen krystallisiert[6,7].

Eigenschaften: Aus heißem 90proz. Methylalkohol Krystalle ähnlich den Teichmann-schen Häminkrystallen[8]. Säurezahl = 5,7[8]. Gut löslich in Chloroform[6,8], verdünnten Alkalien, auch Natriumbicarbonat und Salzsäure; wenig in Äther. Bindet in wässeriger Lösung 3 Moleküle Ammoniak[6]. Beim Einleiten von Ammoniak bzw. Salzsäure in die absolute ätherische Lösung fallen orangerote bzw. rotviolette flockige Niederschläge aus, die jedoch den angelagerten Stoff sehr rasch wieder abgeben[8]. Gibt bei der Oxydation mit Chromsäure annähernd 2 Mol Hämatinsäure und 2 Mol Methyl-(β-brom-α-methoxy-äthyl)-maleinimid[8].

Spektrum in Äther: I 630—620; II 585—570; III 545—530; IV 515—490[3,9].
Spektrum in Chloroform: I 620—605; II 574—560; III 534—525; IV 505—494[8,9].
Spektrum in Salzsäure: I 592—588; II 512—492[3,8].
Spektrum in Alkali: I 620—605; II 575—560; III 545—535; IV 560—490[3].
Spektrum in Essigsäure: I 608—600; II 580—550[9].

[1] W. Küster u. H. Maurer: Hoppe-Seylers Z. **133**, 136 ff. (1924).
[2] W. Küster, H. Maurer u. A. Palm: Hoppe-Seylers Z. **156**, 14 (1926).
[3] W. Küster: Hoppe-Seylers Z. **155**, 116 (1926).
[4] O. Schumm: Hoppe-Seylers Z. **166**, 17 (1927).
[5] W. Küster u. H. Maurer: Hoppe-Seylers Z. **133**, 141 (1924).
[6] W. Küster u. H. Bosch: Hoppe-Seylers Z. **172**, 90 (1927).
[7] W. Küster u. H. Österlin: Hoppe-Seylers Z. **136**, 239 (1924).
[8] W. Küster u. W. Hess: Ber. dtsch. chem. Ges. **58**, 1026 (1925). — Vgl. H. Fischer, G. Hummel u. A. Treibs: Hoppe-Seylers Z. **185**, 33 ff. (1929).
[9] W. Küster u. H. Bosch: Hoppe-Seylers Z. **172**, 92 (1927).

Silbersalz $C_{36}H_{42}O_6N_4Br_2 \cdot 3\,NH_3$. Aus der wässerigen Lösung des Ammoniumsalzes mit Ammoniak. Färbt sich am Licht schwarz mit grünem Überzug[1].

Kupfersalz $C_{36}H_{40}O_6N_4Br_2Cu$. Durch Versetzen einer heißen Lösung von 0,4 g Porphyrin in 20 ccm heißem Eisessig mit 20 ccm einer siedenden gesättigten Kupferacetat-Eisessig-Lösung. Beim Stehen im Vakuum Abscheidung von sehr feinen Nädelchen[1]. Ausbeute 0,21 g[1]. Löslich in Eisessig; Chloroform, Soda; unlöslich in Methylalkohol und Äther[2].
Spektrum in Chloroform: I 570—555; II 535—525.

Zinksalz $C_{36}H_{38}O_6N_4Br_2Zn$. Durch Versetzen von 0,5 g Porphyrin in 50 ccm Methylalkohol mit 30 ccm 1proz. methylalkoholischer Zinkacetatlösung. Nach längerem Stehen wird von dem flockigen Niederschlag abfiltriert und mit Wasser gewaschen. Ausbeute 0,5 g. — Leicht löslich in Eisessig, Methylalkohol, Chloroform, Soda; unlöslich in Äther[3].

Dimethylester $C_{38}H_{46}O_6N_4Br_2$. Aus dem Porphyrin mit Diazomethan[1] oder Kochen mit 1proz. salzsäurehaltigem Methylalkohol[4]. — Aus 90proz. Methylalkohol beim langsamen Verdunsten langgezogene Rhomben; Schmelzp. 147° unter Aufschäumen (Sintern ab 87°)[4]. Wird in salzsaurer Lösung schon bei Zimmertemperatur langsam verseift[1].
Spektrum in Äther: I 633—620; II 589—560; III 538—530; ab 520 End. Abs.[1].

Dichlorhämatoporphyrin-dimethyläther $C_{36}H_{40}O_6N_4Cl_2$. In 5 g Dichlor-dimethyl-chlor-hämin gelöst in 250 ccm Eisessig wird bei 0° 15 Stunden lang trockener Chlorwasserstoff eingeleitet. Dann wird im Vakuum bei 50° abdestilliert und der Rückstand bei 50° mit 75 ccm abs. Methylalkohol behandelt. Weitere Aufarbeitung wie beim entsprechenden Dibrom-derivat beschrieben. Ausbeute 1,1 g $= 22\%$ — Aus 90proz. Methylalkohol lange, rote Nadeln. Aus Äther viereckige Blättchen. Salzsäurezahl $= 7,6$. Löslich in Chloroform, wenig in Äther[3]. Die salzsaure Lösung ist im einfallenden Licht rosarot; im durchfallenden hellgrün mit Fluorescenz.
Spektrum in Äther: I 625—610; II 580—570; III 535—525; IV 505—495[5].

Mono-(chlor-brom)-hämatoporphyrin-dimethyläther.

Mol-Gewicht: 739,16.
Zusammensetzung: 58,41% C; 5,45% H; 12,98% O; 7,57% N; 4,79% Cl; 10,80% Br. $C_{36}H_{40}O_6N_4ClBr$.

Bildung: Aus dem Pentachlor-dimethyl-chlor-hämin mit Eisessig-Bromwasserstoff[6].

Darstellung: 5 g Dichlordimethyl-chlor-hämin werden mit 100 ccm Eisessig-Bromwasserstoff (spez. Gewicht 1,41/0°) 2—3 Tage geschüttelt und das Reaktionsprodukt in der üblichen Weise aufgearbeitet. Ausbeute 35%[6,7].

Eigenschaften: Aus Äther rote Prismen[6,7]. Leicht löslich in Chloroform, Soda, sekundärem Natriumphosphat; schwer in Äther, Methylalkohol, Benzol. Salzsäurezahl $= 6,8$[6]. Das Halogen sitzt sehr fest und wird selbst beim Stehen mit 10proz. Kalilauge nicht entfernt[7]. Bei der Oxydation mit Chromsäure-Schwefelsäure entstehen Hämatinsäure, Methyl-chlor-methoxyäthyl-maleinimid und Methyl-brommethoxy-äthyl-maleinimid[7].
Spektrum in Äther: I 620—607; II 578—565: III 538—525; IV 507—494[7].
Spektrum in Chloroform: I 620—607; II 575—560; III 540—525; IV 515—490[7].
Spektrum in Eisessig: I 605—600; II 580—550[7].
Spektrum in Salzsäure: I 594—589; II 581—549[6].

Zinksalz $C_{36}H_{38}O_6N_4ClBrZn$. Durch Versetzen von 0,8 g Porphyrin in 80 ccm Methylalkohol mit 30 ccm 1proz. Zinkacetat-Methylalkohol-Lösung. Flockiger Niederschlag. Ausbeute 0,82 g. — Leicht löslich in Eisessig, Methylalkohol, Chloroform, Aceton, Soda; unlöslich in Äther. Durch 12proz. Salzsäure wird das Zink herausgespalten[7].

Kupfersalz $C_{36}H_{38}O_6N_4ClBrCu$. Durch Zugabe von 20 ccm mit Kupferacetat gesättigtem Eisessig zu 0,4 g Porphyrin in 20 ccm Eisessig. Nach mehrstündigem Stehen im Vakuum Krystallisation. Ausbeute 0,2 g. — Nädelchen. Löslich in Eisessig, Chloroform, Aceton, Soda; unlöslich in Äther und Methylalkohol[7].

[1] W. Küster u. H. Bosch: Hoppe-Seylers Z. **172**, 90 (1927).
[2] W. Küster u. H. Bosch: Hoppe-Seylers Z. **172**, 92 (1927).
[3] W. Küster u. H. Bosch: Hoppe-Seylers Z. **172**, 91 (1927).
[4] W. Küster u. W. Hess: Ber. dtsch. chem. Ges. **58**, 1026 (1925).
[5] W. Küster u. W. Zimmermann: Hoppe-Seylers Z. **153**, 130 (1926).
[6] W. Küster: Hoppe-Seylers Z. **165**, 271 (1927).
[7] W. Küster u. K. Schlayer: Hoppe-Seylers Z. **168**, 308 (1927).

Dimethylester $C_{38}H_{44}O_6N_4ClBr$. Durch Einwirkung überschüssigen Diazomethans auf das Porphyrin in ätherischer Lösung oder durch 10 Minuten langes Erhitzen des Porphyrins mit 1 proz. Salzsäure enthaltendem Methylalkohol. (Isolierung durch Eingießen in Wasser und Fällen mit Natriumacetat). — Sintert bei 78°; Schmelzp. 126° unter Aufschäumen[1].

Eisensalz des Esters $C_{38}H_{42}O_6N_4FeCl_2Br$. Durch Zugabe von Ferroacetat oder Eisenchlorid zu 0,5 g Ester gelöst in 100 ccm 80 proz., mit Kochsalz gesättigter Essigsäure und Erwärmen bis zum Farbenumschlag nach braunschwarz. Beim Erkalten Krystallisation, die nach dem Abfiltrieren mit Wasser gewaschen wird. — Kleine Nädelchen. Leicht löslich in Eisessig, Chloroform; schwerer in Aceton; unlöslich in Äther und Methylalkohol.

Spektrum in Chloroform: I 640—620; II 550—530; III 520—490 [1].

Hämatoporphyrin-monomethyläther.

Mol-Gewicht: 610,56.

Zusammensetzung: 68,79% C; 6,27% H; 15,76% O; 9,18% N. $C_{35}H_{38}O_6N_4$.

Bildung: Aus dem Hämatoporphyrindimethyläther mit 5 proz. Salzsäure[2] oder mit Zinkacetat[3].

Darstellung: 0,5 g Dimethyläther in 50 ccm Eisessig werden 15 Minuten auf 90° erhitzt, dann der größte Teil des Lösungsmittels im Vakuum abdestilliert, der Rückstand in Wasser gegossen und das Porphyrin mittels Natriumacetat ausgefällt. Danach wird filtriert, gewaschen, erst im Vakuum, dann bei 40° getrocknet und mit Äther extrahiert. Nach dem Verdampfen des Äthers wird in Chloroform 1 : 30 aufgenommen und durch Zusatz von Petroläther das Porphyrin zur Krystallisation gebracht[3].

Eigenschaften: Aus Chloroform-Petroläther kleine Nädelchen. Gibt bei der Oxydation mit Chromsäure-Schwefelsäure bei 40° Hämatinsäure und Methyl-methoxy-äthyl-malein-imid. Salzsäurezahl = 3,5. Spektroskopisch identisch mit dem Dimethyläther.

Dimethylester $C_{37}H_{42}O_6N_4$. Durch Verestern des Porphyrins mit Diazomethan in Chloroformlösung. — Aus Äther dunkelroter metallisch glänzender Stoff, Schmelzp. 151—152°. Salzsäurezahl 12. Löslich in Äther.

Zinksalz des komplexen Zinksalzes $(C_{35}H_{35}O_6N_4Zn)_2Zn$. Beim Versetzen von 1 g Hämatoporphyrindimethyläther in 100 ccm Methylalkohol mit 5 proz. Zinkacetatlösung fällt ein hellroter Niederschlag aus, der durch Basen leicht zerlegt wird unter Bildung des komplexen Zinksalzes des Hämatoporphyrinmonomethyläthers[3].

Zinksalz $C_{35}H_{36}O_6N_4Zn$. Aus dem Zinksalz des komplexen Zinksalzes durch Lösen in Ammoniak und Fällen mit Essigsäure. — Rotvioletter Niederschlag. — Leicht löslich in Alkalien, sehr schwer in verdünnter Salzsäure; unlöslich in Alkohol, Äther, Aceton, Chloroform[3].

Dimethylester des Hämatoporphyrin-dimethyläthers.
Tetramethyl-hämatoporphyrin (Bd. IX, S. 358; Bd. X, S. 27).

$$C_{38}H_{46}O_6N_4 \cdot (H_2O)$$

Bildung: Aus Hämatoporphyrin oder dessen Ester[4] (auch dem synthetischen[5]) und Protoporphyrin[6] mit Eisessig-Bromwasserstoff und Behandlung des entstandenen Bromproduktes mit Methylalkohol[4].

Aus Protoporphyrin unter der Einwirkung von 1 proz. methylalkoholischer Salzsäure[7,8].

Eigenschaften: Existiert in 4 verschiedenen Modifikationen:

a) Kleine, längliche Blättchen, mit schief abgeschnittener, jedoch etwas gewölbter Endkante. Auslöschungsschiefe 35° zur Prismenkante. Dichroismus von dunkelrot nach schwarz. Schmelzp. 185°. Entsteht bei Anwendung der Methode von W. Küster und geht beim Umkrystallisieren aus Methylalkohol in die Modifikation d über.

b) Abgeschnittene Doppelpyramiden. Schmelzp. 178,5°. Bleibt als in Methylalkohol unlöslicher Rückstand bei c. Löslich in Methylalkohol, jedoch schwerer wie c.

[1] W. Küster u. K. Schlayer: Hoppe-Seylers Z. **168**, 308 (1927).
[2] W. Küster u. P. Deihle: Hoppe-Seylers Z. **86**, 52 (1913).
[3] W. Küster: Hoppe-Seylers Z. **155**, 116 (1926).
[4] H. Fischer, G. Hummel u. A. Treibs: Hoppe-Seylers Z. **185**, 49 (1929).
[5] H. Fischer, A. Treibs u. K. Zeile: Hoppe-Seylers Z. **193**, 156 (1931).
[6] H. Fischer u. F. Lindner: Hoppe-Seylers Z. **168**, 158 (1927).
[7] O. Schumm: Hoppe-Seylers Z. **166**, 4, 319 (1927); **168**, 1 (1927).
[8] Vgl. H. Fischer u. G. Hummel: Hoppe-Seylers Z. **175**, 88 (1928).

c) Würfel mit violettem Metallglanz. Schmelzp. 140°. Wird erhalten, wenn der Lösungsprozeß in Eisessig-Bromwasserstoff im zugeschmolzenen Rohr bei 40° vorgenommen wird. Das Rohprodukt wird aus Methylalkohol umkrystallisiert. Dabei geht c in Lösung, b bleibt als Rückstand.

d) Nadeln; Schmelzp. 110°. Wird nur beobachtet bei schnellem Erhitzen, dann Umwandlung in eine feste Masse mit hohem Schmelzpunkt (185°)[1].

Das Porphyrin gibt beim Kochen mit salzsäurehaltigem Alkohol oder mit 25proz. wässeriger Salzsäure ein Gemisch von Hämato- und Protoporphyrin[2]. Beim Bromieren in Eisessiglösung entsteht Dibrom-deutero-porphyrinester[3]. Bei der Destillation im Hochvakuum bei 105° wird Protoporphyrinester enthalten[4]. Salzsäurezahl = 2. Gibt bei der Oxydation mit Chromsäure-Schwefelsäure Methyl-methoxyäthyl-maleinimid (Ausbeute 10% über ein Mol und Hämatinsäure (20% über ein Mol)[5]. Enthält 2 aktive Wasserstoffatome[6].

Spektrum in Chloroform: I 628,4—618,1 (623,2); II 600,2—592,6 (596,4); III 584,0—564,5 (574,3); IV 543,1—525,0 (534,1); V 515,8—483,3 (499,5)[7,8]. Nach Schütteln mit demselben Volumen 25proz. Salzsäure: I 600,8; III 556,0 (Min.)[8].

Spektrum in Methylalkohol: I 626,1—616,6 (621,3); II 598,2—592,3 (595,2); III 581,0—562,0 (571,5); IV 538,4—522,8 (530,6); V 511,1—481,3 (496,2); End. Abs. 432[7].

Spektrum in Äther: I 628,4—621,1 … 612,0 (624,7); II 601,1—595,6 (598,3); III 584,1—574,3 (579,2); IV 571,5—566,4 (568,9); V 538,4—521,2 (529,8); VI 510,8—481,1 (495,9); VII (471,3—465,7) (468,5); End. Abs. 438[7,8].

Spektrum in 25proz. Salzsäure: I 599,2—589,0 (594,5); II 577,4—571,0 (574,2); III 561,3—541,1 (551,2). Beim Stehen Verseifung und Auftreten des freien Porphyrins[7].

Spektrum in 98proz. Schwefelsäure: I 600,3; III 554,0[8].

Styphnat $C_{38}H_{44}O_6N_4 \cdot 2\,C_6H_3O_8N_3$. Aus heißem Methylalkohol rotstichigviolette Rhomben; Schmelzp. 171° (korr.). Mäßig löslich in Aceton.

Acetonspektrum: neutral mit Typ I. Mit viel überschüssiger Pikrinsäure bildet sich ein Spektrengemisch aus I und II, das erst auf Zusatz von Wasser in Typ II übergeht: I 593,8; II 553,6. Pulverspektrum: I 600; II 577; III 557 … Intensität: III; I; II (Typ II)[9].

Pikrat $C_{38}H_{44}O_6N_4 \cdot 2\,C_6H_3O_7N_3$. Violette rhombenförmige Prismen; Schmelzp. 155° (korr.). Mäßig löslich in Aceton.

Acetonspektrum: neutral, daneben wenig Typ I. Mit überschüssiger Säure entsteht Typ II, der mit Wasser keine Änderung erfährt: I 594,7; II 572,1; III 551,4. Intensität: III; I, II (Typ II). Pulverspektrum wie beim Styphnat[9].

Pikrolonat $C_{38}H_{44}O_6N_4 \cdot C_{10}H_8O_5N_4$. Existiert in 2 Formen:

a) Aus Aceton-Methylalkohol bei längerem Stehen rote Nadeln; Schmelzp. 132°.

Acetonspektrum: neutral. Mit überschüssiger Säure erscheint Typ I, der aber auf Zusatz von Wasser wieder in neutral übergeht. I 602,2; II … 557,5; III 530,1. Intensität: II; III, I (Typ I).

b) Aus Chloroform-Methylalkohol glänzende violette Blättchen; Schmelzp. 110° (korr.). Aceton- und Pulverspektrum wie bei a).

Pulverspektrum: I 610; II s. breit, unsymmetrisch … 570; III schw. 536[9]. Intensität: II, III, I.

Flavianat $C_{38}H_{44}O_6N_4 \cdot 3\,C_{10}H_6O_8N_2S$. Aus konz. methylalkoholischer Lösung hellrote Kryställchen; Schmelzp. 183° (korr.).

Acetonspektrum Typ II, der auf Zusatz von Wasser in neutral übergeht: I 595,3; II 571,4; III 551,9. Intensität: III; I, II.

Pulverspektrum: I 598; II 577; III 557 … Intensität: III, I, II (Typ II)[10].

[1] H. Fischer u. R. Müller: Hoppe-Seylers Z. **142**, 162ff. (1925).

[2] O. Schumm: Hoppe-Seylers Z. **168**, 1 (1927); **171**, 1 (1927).

[3] H. Fischer u. G. Hummel: Hoppe-Seylers Z. **175**, 86 (1928).

[4] H. Fischer u. G. Hummel: Hoppe-Seylers Z. **175**, 85 (1928). — Vgl. **142**, 153 und 171.

[5] H. Fischer, G. Hummel u. A. Treibs: Hoppe-Seylers Z. **185**, 33 (1929).

[6] H. Fischer u. J. Postowsky: Hoppe-Seylers Z. **152**, 309 (1926).

[7] H. Fischer u. R. Müller: Hoppe-Seylers Z. **142**, 169 (1925).

[8] O. Schumm: Hoppe-Seylers Z. **166**, 17 (1927).

[9] A. Treibs: Liebigs Ann. **476**, 41 (1929).

[10] A. Treibs: Liebigs Ann. **476**, 44 (1929).

Zinksalz $C_{38}H_{42}O_6N_4 \cdot Zn$. 0,5 g Ester unter Erwärmen auf dem Wasserbad in 60 ccm abs. Methylalkohol gelöst, werden mit 20 ccm einer 4proz. methylalkoholischen Zinkacetatlösung versetzt. Farbumschlag von dunkelrot nach kirschrot. Beim Stehen Krystallisation, die nach dem Filtrieren mit Methylalkohol und Wasser ausgewaschen wird. Ausbeute 0,35 g. — Prismatische Nadeln. Läßt sich aus 80—90proz. Methylalkohol umkrystallisieren[1]. Gibt beim Erhitzen mit 10proz. Natronlauge das Zinksalz des Hämatoporphyrindimethyläthers[2]. Beim weiteren Kochen mit 1proz. methylalkoholischer Zinkacetatlösung bildet sich unter Abspaltung eines Äthermethoxyls die Verbindung $(C_{37}H_{39}O_6N_4Zn)_2 \cdot Zn$[1, 2]. Spaltet beim Erhitzen im Hochvakuum zwischen 120—165° 2 Mol Methylalkohol ab unter Bildung des Zinksalzes des Protoporphyrinesters[1].

Spektrum in Äther: I 590—570; II 560—510.

Kupfersalz $C_{38}H_{42}O_6N_4 \cdot Cu$. Eine alkoholische Lösung des Esters wird solange mit Schweitzers Reagens versetzt, bis gerade noch Rotfärbung vorhanden ist. Krystallisation in dunkelblau-violetten Würfeln[3].

Bromferrisalz = Dimethylester des Hämato-brom-hämin-dimethyläthers $C_{38}H_{44}O_6N_4FeBr$. Entsteht als Nebenprodukt bei der Darstellung des Hämatoporphyrindimethyläthers. Bleibt in Äther, beim Ausziehen des Porphyrins mit 10proz. Bromwasserstoffsäure. Ausbeute verschieden. — Amorph. Löslich in Äther, Alkohol, Petroläther, Chloroform, Aceton; unlöslich in schwachen Säuren und in Alkalien. Gibt beim Verseifen mit 5proz. alkoholischer Kalilauge den Dimethyläther des Hämato-hydroxyhämins. Bei der Oxydation mit Chromsäure-Eisessig entsteht Hämatinsäure und Methyl-methoxy-äthyl-maleinimid[4]. Gibt mit Eisessig-Bromwasserstoff und Wasser Hämatoporphyrin.

Eisensalz des Tetramethyl-hämatoporphyrins.

Mol-Gewicht: 743,92.

Zusammensetzung: 61,31% C; 5,96% H; 12,93% O; 7,53% N; 7,51% Fe; 4,76% Cl. $C_{38}H_{44}O_6N_4FeCl$.

Bildung: Aus dem Tetramethylhämatoporphyrin mit Ferroacetat-Eisessig-Kochsalz[3].

Aus Hämin mit salzsäuregesättigtem Methylalkohol durch 4tägiges Schütteln bei gewöhnlicher Temperatur (Ausbeute 0,2 g aus 1 g Hämin)[5] oder bei längerem Kochen mit 1% Salzsäure enthaltendem Methylalkohol[5, 6] (die Reaktion tritt auch mit bromwasserstoffhaltigem Methylalkohol ein)[3]. Oder mit 1% Schwefelsäure enthaltendem Methylalkohol[7, 8, 9].

Das Eisensalz entsteht auch aus dem Chlorhämindiacetat beim Behandeln mit methylalkoholischer Salz- oder Schwefelsäure[5].

Darstellung: a) 5 g Hämin werden mit 300 ccm Methylalkohol und 6 ccm konz. Schwefelsäure 48 Stunden im Ölbad zum Sieden erhitzt. Noch heiß wird mit 15 ccm konz. Salzsäure versetzt und nach dem Abkühlen sofort filtriert. Beim Stehen Krystallisation, die zweimal nach je 12 Stunden abgesaugt wird. Das letzte Filtrat wird nochmals heiß mit 15 ccm konz. Schwefelsäure versetzt; worauf nach längerem Stehen noch etwas Eisensalz auskrystallisiert. Ausbeute 2,7—2,8 g rein[7, 8] (roh: Blättchen und spitze Prismen, Schmelzp. 185°).

Darstellung mit 1% Salzsäure enthaltendem Methylalkohol aus 3 g Hämin[10].

Eigenschaften: Zeigt verschiedene Krystallformen und verschiedene Schmelzp. 185° bis über 300°[11]. Aus Chloroform-Methylalkohol oder Benzol fast quadratische Blättchen; Schmelzp. über 300°[12].

Spaltet im Hochvakuum bei 155° 2 Mol Methylalkohol ab, die Reaktion geht jedoch nicht glatt[12]. Unter der Einwirkung von Ameisensäure-Eisen wird das Eisen abgespalten,

[1] H. Fischer, G. Hummel u. A. Treibs: Hoppe-Seylers Z. **185**, 33 (1929).
[2] W. Küster u. A. Grosse: Hoppe-Seylers Z. **179**, 125 (1928).
[3] H. Fischer u. R. Müller: Hoppe-Seylers Z. **146**, 170 (1924).
[4] W. Küster u. H. Maurer: Hoppe-Seylers Z. **133**, 140 (1924).
[5] H. Fischer u. G. Hummel: Hoppe-Seylers Z. **175**, 86 (1928).
[6] O. Schumm: Hoppe-Seylers Z. **166**, 4; **170**, 1 (1927); **177**, 22 (1928).
[7] H. Fischer u. F. Lindner: Hoppe-Seylers Z. **150**, 61 (1925); **161**, 31 (1926); **168**, 152 (1927).
[8] H. Fischer u. G. Hummel: Hoppe-Seylers Z. **181**, 126 (1929).
[9] O. Schumm: Hoppe-Seylers Z. **166**, 15 (1927).
[10] O. Schumm: Hoppe-Seylers Z. **177**, 22ff. (1928).
[11] H. Fischer u. F. Lindner: Hoppe-Seylers Z. **167**, 152 (1927).
[12] H. Fischer u. F. Lindner: Hoppe-Seylers Z. **168**, 159ff. (1927).

das gebildete Protoporphyrin ist aber in Eisessig-Äther nicht löslich[1]. Mit Eisessig-Bromwasserstoff entsteht Hämatoporphyrin[1], mit Eisessig-Jodwasserstoff auf dem Wasserbad[1] oder mit Eisessig-Bromwasserstoff bei 180° Mesoporphyrin[2], mit Natriumamalgam Mesoporphyrinogen[1] und mit Kaliummethylat Mesohämin[1]. Das Eisensalz gibt beim Kochen mit salzsäurehaltigem Methylalkohol[3], mit 25proz. wässeriger Salzsäure[3] und mit schwefelsäurehaltigem Eisessig[4] Hämato- und Protoporphyrin. Brom in Chloroform oder Eisessig führt in das Eisensalz des Dibromdeuteroporphyrinesters über[2]. Bei der Oxydation mit Chromsäure-Schwefelsäure wird Methyl-methoxy-äthyl-maleinimid erhalten[1]. Gibt beim Erhitzen mit Resorcin auf 190—200° Deuterohämin[5]. Bei längerem Kochen mit Eisessig entsteht Hämatin[4], und mit Eisessig-Hydrazinhydrat Tetramethylhämatoporphyrin[6]. Das Hämin enthält 1[7] bis 6[8] aktive Wasserstoffatome.

Spektrum in Chloroform: I 626,4—616,0 (621,2); II 599,0—597,0 (598,0); III 583,0—562,0 (572,5); IV 542,1—521,6 (531,9); V 515,5—483.0 (499,2); End. Abs. 477[1].

Spektrum in Pyridin-Hydrazinhydrat: I etwa 548,2; II 518,0[4].

Trichlormeta-porphyrin-dimethyläther[9].

Mol-Gewicht: 727,93.

Zusammensetzung: 59,37% C; 5,12% H; 13,21% O; 7,69% N; 14,61% Cl. $C_{36}H_{37}O_6N_4Cl_3$.

In 5 g Pentachlor-dimethyl-chlor-hämin, unter Erwärmen in 250 ccm Eisessig gelöst, wird bei 0° 15 Stunden lang Chlorwasserstoff eingeleitet. Dabei Grünfärbung der Lösung. Nach 2tägigem Schütteln auf der Maschine wird der Eisessig im Vakuum abdestilliert, der Rückstand 20 Stunden mit 125 ccm Methylalkohol auf 45° erwärmt, filtriert und das Filtrat mit 400 ccm Äther versetzt. Diese Lösung wird mit Wasser eisenfrei gewaschen und mit 10proz. Salzsäure versetzt, wobei ein dunkelgrünes harziges Produkt ausfällt, der Äther aber noch grün gefärbt bleibt. Nach dem Filtrieren wird mit Äther gewaschen und getrocknet. Dabei entweicht die angelagerte Salzsäure wieder. Ausbeute 0,8 g.

Eigenschaften: Wurde noch nicht krystallisiert erhalten. Leicht löslich in Äther, Eisessig und Soda; etwas schwerer in Alkohol, Aceton, Chloroform. Salzsäurezahl 24. Besitzt kein selektives Spektrum. Bindet Eisen in komplexer Bindung. Gibt bei der Reduktion mit Eisessig-Jodwasserstoff Mesoporphyrin.

Dichlor-meta-porphyrin-dimethyläther $C_{36}H_{36}O_6N_4Cl_2$. Bleibt nach dem Ausfällen des Trichlorproduktes mit 10proz. Salzsäure im Äther zurück (s. oben). Die braungrüne ätherische Lösung wird mit Wasser salzsäurefrei gewaschen, getrocknet, eingedampft, der Rückstand in wenig Chloroform gelöst und daraus das Porphyrin mit Petroläther wieder gefällt. Ausbeute = 0,6 g. — Hellgrünes, amorphes Pulver. Leicht löslich in Chloroform, Äther, Benzol, Eisessig, Soda. Salzsäurezahl = 25. Gibt kein selektives Spektrum. Bei der Reduktion mit Eisessig-Jodwasserstoff entsteht Mesoporphyrin.

Hämoporphyrin[10]

ist nach den Untersuchungen von H. Fischer und Mitarbeitern ein Gemisch aus Mesoporphyrin IX, Deuteroporphyrin IX, 1, 3, 5, 8-Tetramethyl-2-äthyl-6, 7-dipropionsäure-porphin und 1, 3, 5, 8-Tetramethyl-4-äthyl-6, 7-dipropionsäure-porphin.

[1] H. Fischer u. F. Lindner: Hoppe-Seylers Z. **168**, 159ff. (1927).
[2] H. Fischer u. G. Hummel: Hoppe-Seylers Z. **175**, 89 (1928).
[3] O. Schumm: Hoppe-Seylers Z. **168**, 1 (1927); **170**, 1 (1927).
[4] O. Schumm: Hoppe-Seylers Z. **177**, 22ff. (1925).
[5] H. Fischer u. G. Hummel: Hoppe-Seylers Z. **181**, 127 (1928).
[6] O. Schumm: Hoppe-Seylers Z. **166**, 319 (1927).
[7] H. Fischer u. E. Walter: Ber. dtsch. chem. Ges. **60**, 1989 (1927).
[8] H. Fischer u. P. Rothemund: Ber. dtsch. chem. Ges. **61**, 1270 (1928).
[9] W. Küster u. W. Zimmermann: Hoppe-Seylers Z. **153**, 136 (1926).
[10] H. Fischer, H. Helberger u. G. Hummel: Hoppe-Seylers Z. **193**, 251 (1930).

Trimethylester des 2,3,5,8-Tetramethyl-4,6,7-tripropionsäureporphins[1].

Mol-Gewicht: 624,3.

Zusammensetzung: 69,20% C; 6,45% H; 15,38% O; 8,97% N. $C_{36}H_{40}O_6N_4$.

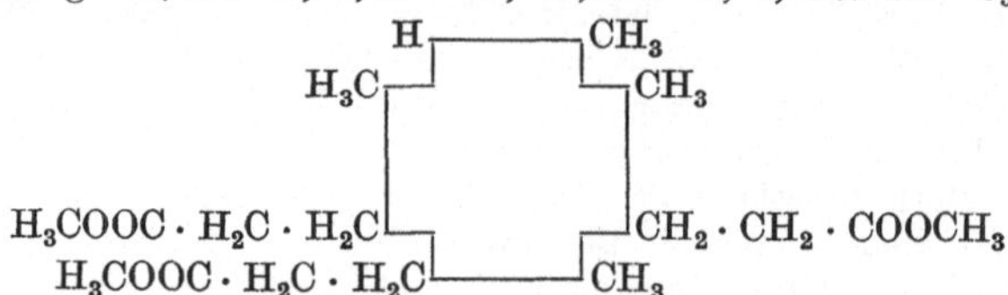

Darstellung: Äquimolare Mengen 3, 3′-Dipropionsäure-4, 4′-dimethyl-5, 5′-dibrom-pyrro-methenbromhydrat (s. S. 496) und 3, 3′-Dimethyl-4′-propionsäure-5, 5′-dimethyl-pyrromethen-bromhydrat (s. S. 548) mit der doppelten Menge Bernsteinsäure verrieben, werden 10 Minuten lang bei 255° geschmolzen. Aufarbeitung und Reinigung durch Lösen in Säure und Aus-fällen mit Lauge oder Acetat. Veresterung mit Methylalkohol-Salzsäure. Ausbeute 3—4%.

Eigenschaften: Aus Chloroform-Methylalkohol makroskopische Nadeln; Schmelzp. 215°. Schwer löslich in Äther.

Spektrum in Chloroform: I 624,0—618,6; (II 594,8); III 580,8 . . . 569,7—565,6 . . . 563,7;
            621,3   567,6
IV verwaschen 548,1—526,1; V 510,0—489,7 . . . 483; End. Abs. 428,0. Intensität: V, IV, I, III, II.
      537,1   499,8
Spektrum in Pyridin-Äther: I 625,5—621,1; (II 612,8); (III 597,4); IV 581,8 . . . 570,8—566,8;
            623,3   568,8
V 537,6 . . . 533,0—525,6 . . . 522,9; VI breiter dreifacher Streifen 508,2—482,8; End. Abs. 439.
    529,3   495,5

Kupfersalz $C_{36}H_{38}O_6N_4Cu$. Darstellung wie üblich. — Aus Pyridin-Eisessig rote Nadeln; Schmelzp. 233°.

Spektrum in Chloroform: I 571,1—551,8; II verwaschen 533,8—516,0; End. Abs. 415,5.
              561,4   524,9
Spektrum in Pyridin: verwaschen: I 570,5—557,1; II 535,8—521,4; End. Abs. 420.
                563,8   528,6

Eisensalz $C_{36}H_{38}O_6N_4FeCl$. Aus Eisessig-Wasser rautenförmige Blättchen.

Hämochromogenspektrum: I 550,0—545,0; II etwa 517,5; End. Abs. 437,5.
              547,5

1,4,6,7-Tetramethyl-8-äthyl-2,3,5-tripropionsäure-porphin[2].   Auch als 1,4,6,7-Tetramethyl-5-äthyl-2,3,8-tripropionsäure-porphin bezeichnet[3].
Porphin-tricarbonsäure VII.

Mol-Gewicht: 592,54.

Zusammensetzung: 68,82% C; 6,27% H; 15,46% O; 9,45% N. $C_{35}H_{38}O_6N_4$.

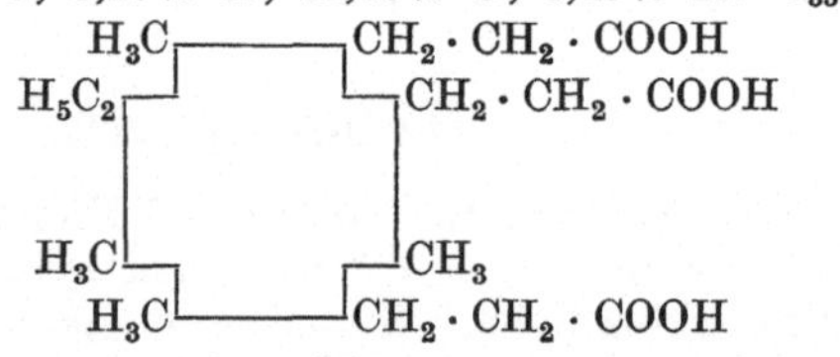

Darstellung: Äquimolare Mengen von 3, 3′-Dipropionsäure-4, 4′-dimethyl-5, 5′-dibrom-pyrromethenbromhydrat (s. S. 496) und 3, 3′-Dimethyl-4-äthyl-4′-propionsäure-5, 5′-dibrom-methyl-pyrromethenbromhydrat (s. S. 549) werden in Gegenwart von (Eisessig-Bromwasserstoff oder Bernsteinsäure oder) Brenzweinsäure miteinander kondensiert. Die Schmelze wird dann in warmem verdünntem Ammoniak gelöst, filtriert und das Filtrat mit Eisessig schwach angesäuert. Das ausgeflockte Porphyrin wird filtriert, getrocknet, fein gepulvert, schnell in siedenden Eisessig eingetragen und kurz aufgekocht. Beim Erkalten Krystallisation, die

[1] H. Fischer u. E. Jordan: Hoppe-Seylers Z. **191**, 61 (1930).
[2] H. Fischer, K. Platz, H. Helberger u. H. Niemer: Liebigs Ann. **479**, 32 (1930).
[3] H. Fischer, A. Treibs u. H. Helberger: Liebigs Ann. **466**, 214 (1928).

nach dem Absaugen mit wenig Eisessig und Chloroform gewaschen wird. Ausbeute aus 7,8 g Methengemisch = 1,6 g = 35% [1].

Eigenschaften: Läßt sich aus Äther umkrystallisieren. Wird von Alkohol nicht angegriffen.

Kupfersalz $C_{35}H_{36}O_6N_4Cu$. Durch Lösen der Säure in Pyridin und Versetzen mit einer heißen Kupferacetat-Eisessig-Lösung. Sofort Krystallisation; die nach einigem Stehen abgesaugt und mit warmem Wasser gewaschen wird. — Aus Pyridin-Eisessig rote Nadeln. Leicht löslich in Pyridin; schwer in Methylalkohol, Chloroform, Eisessig.

Trimethylester $C_{38}H_{42}O_6N_4$. Aus heißem Methylalkohol, Schmelzp. 175° (korr.).

Spektrum in Chloroform: I 624,8—618,7; II schw. Streifen mit Max. bei 596,0; III 580,4—572,6;
621,7 576,5
IV 570,8—565,2; V 540,5—525,6; VI 513,4—484,5.
568,0 533,1 498,9

Eisensalz des Trimethylesters $C_{38}H_{42}O_6N_4FeCl$. Durch 5 Minuten langes Kochen des in wenig Eisessig gelösten Esters mit einer Lösung von Eisenspänen und etwas Kochsalz in Eisessig auf dem Wasserbad. Schon in der Hitze Abscheidung des Salzes in braunschwarzen Nadeln. — Leicht löslich in Chloroform, Äther, Aceton; schwerer in Methylalkohol und Eisessig. Schmelzp. 233° (korr.).

Spektrum in Pyridin-Hydrazinhydrat: I intensiv 551,0—543,7; II verwaschen 526,6—506,7;
End. Abs. 438,2. 547,3 516,6

Kupfersalz des Trimethylesters $C_{38}H_{42}O_6N_4Cu$. Durch 5 Minuten langes Erwärmen des Esters in Eisessig mit einer Kupferacetat-Eisessig-Lösung. Noch heiß Krystallisation in langen roten Nadeln. Nach einigem Stehen Absaugen und Auswaschen mit Wasser und Methylalkohol. — Aus Chloroform-Methylalkohol Schmelzp. 214° (korr.). Leicht löslich in Chloroform; löslich in Äther; schwer löslich in Eisessig und Methylalkohol.

Spektrum in Pyridin: I intensiv 574,0—555,0; II schw. 537,7—527,7.
564,5 532,7

Triäthylester $C_{41}H_{50}O_6N_4$. Aus Pyridin-Sprit, Schmelzp. 167°.

Rhodin-dicarbonsäure aus Porphin-tricarbonsäure VII[2].

Mol-Gewicht: 592,54.

Zusammensetzung: 70,91% C; 6,12% H; 13,51% O; 9,46% N. $C_{35}H_{36}O_5N_4$.

Darstellung: 300 mg Porphin-tricarbonsäure in 15 ccm konz. Schwefelsäure werden mit 20 ccm 20proz. Oleum versetzt. Sofort Farbenumschlag von Rot nach Grün. Wenn spektroskopisch kein Porphyrin mehr nachweisbar ist, wird auf Eis gegossen und nun das entstandene Rhodin durch Fraktionieren mit Äther-Salzsäure gereinigt. Nach dem Trocknen und Einengen der zuletzt erhaltenen ätherischen Lösung tritt Krystallisation ein. — Ausbeute 200—250 mg.

Eigenschaften: Aus Äther lange Nadeln. Läßt sich aus Pyridin-Aceton umkrystallisieren. Spektrum identisch mit dem aus Porphin-monocarbonsäure VII.

Acetylderivat $C_{39}H_{40}O_7N_4$. Durch kurzes Kochen des Rhodins mit wenig Essigsäureanhydrid. Beim Stehen Krystallisation in violetten Rhomben mit starkem Oberflächenglanz. Schmelzp. über 280°.

Dimethylester des Rhodins $C_{37}H_{40}O_5N_4$. Durch Lösen des Rhodins in wenig Pyridin und Versetzen mit überschüssigem Diazomethan in Aceton. Nach ¼ stündigem Stehen wird dasselbe Volumen Methylalkohol zugesetzt. Nach längerem Stehen Krystallisation in violetten Prismen. — Aus Pyridin-Methylalkohol Schmelzp. 222°.

Chlorin-tricarbonsäure aus Porphin-tricarbonsäure VII[3].

Mol-Gewicht: 612,57.

Zusammensetzung: 68,59% C; 6,58% H; 15,68% O; 9,15% N. $C_{35}H_{40}O_6N_4$.

Darstellung: 400 mg Eisensalz der Porphincarbonsäure in 100 ccm Amylalkohol werden mit 7,4 g Natrium unter Wasserstoffatmosphäre zum Kochen erhitzt. Lösung des Salzes mit roter Farbe; bald Abscheidung eines gallertartigen hellroten Niederschlags, der sich aber wieder löst unter gleichzeitigem Umschlag der Farbe nach Blaugrün. Nach ¼ stündigem Kochen wird das restliche Natrium mit 100 ccm Sprit gelöst; schwach mit 10proz. Salzsäure angesäuert, die wässerige Schicht abgetrennt, die amylalkoholische Lösung mit viel Äther versetzt und diese

[1] H. Fischer, K. Platz, H. Helberger u. H. Niemer: Liebigs Ann. **479**, 32 (1930).
[2] H. Fischer, K. Platz, H. Helberger u. H. Niemer: Liebigs Ann. **479**, 34 (1930).
[3] H. Fischer, K. Platz, H. Helberger u. H. Niemer: Liebigs Ann. **479**, 35 (1930).

Lösung mit 1—2 proz. Natronlauge erschöpfend ausgezogen. Der alkalische Auszug wird nun mit etwas Äther durchgeschüttelt und dann 1 Stunde lang bei 50—60° Luft durchgesaugt, wobei die ursprünglich vorhandene, stark rote Fluorescenz fast verschwindet. Nachdem wird unter Äther so stark angesäuert, daß das freie Chlorin im sauren wässerigen Teil zurückgehalten wird (Komplexsalze im Äther) und reinigt es dann durch Fraktionieren mit 3 proz. Salzsäure. Durch starkes Einengen der ätherischen Lösung Krystallisation. Ausbeute 70—80 mg = 20%.

Eigenschaften: Aus Äther kleine, zu Drusen vereinigte, moosgrüne Nädelchen; Schmelzp. über 285°. Bei längerem Aufbewahren tritt wieder Rückverwandlung in das Porphyrin ein. Dasselbe ist auch beim Erhitzen mit methylalkoholischer Kalilauge der Fall.

Trimethylester $C_{38}H_{46}O_6N_4$. Durch Erhitzen des Chlorins mit 5 proz. methylalkoholischer Kalilauge. Isolierung durch Versetzen mit Äther; Auswaschen des Alkohols mit viel Wasser und starkem Einengen des Äthers. Nach längerem Stehen Krystallisation. — Aus Äther blaue, zu Drusen vereinigte Prismen, Schmelzp. 166° (korr.).

Kupfersalz des Esters $C_{38}H_{44}O_6N_4Cu$. Durch Versetzen einer Acetonlösung des Esters mit methylalkoholischer Kupferacetatlösung und Verjagen des Acetons durch kurzes Kochen. Beim Stehen Krystallisation in blaugrünen Nadeln.

1, 3, 5, 7-Tetramethyl-2, 4, 6, 8-tetrapropionsäure-porphin[1].
Koproporphyrin I. Analytisches Koproporphyrin (Bd. X, S. 28).

$$C_{36}H_{38}O_8N_4 = C_{32}H_{34}N_4(COOH)_4$$

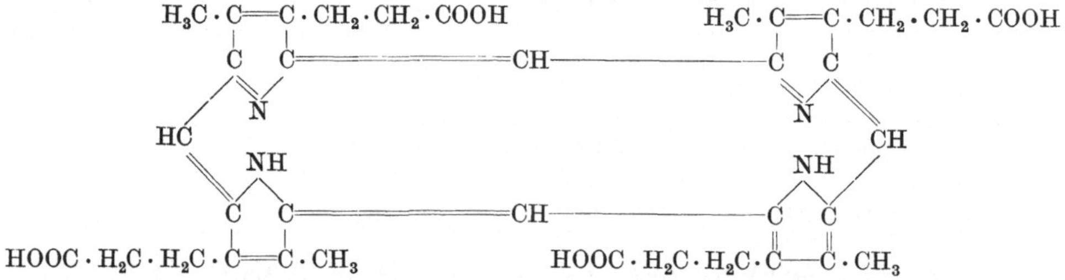

$$H_3C \cdot C\!\!=\!\!C \cdot CH_2 \cdot CH_2 \cdot COOH \qquad\qquad H_3C \cdot C\!\!=\!\!C \cdot CH_2 \cdot CH_2 \cdot COOH$$

(Strukturformel des Koproporphyrins I)

Vorkommen: Tritt unabhängig von der Ernährung im menschlichen Harn auf[2,3], bei Vegetariern allerdings nur in sehr geringer Menge[2,3], die nach Einnahme von Fleisch oder Blut[4] oder Spinat deutlich vermehrt wird. Starke Vermehrung findet statt bei kongenitalem Porphyrin[5] bei Lungentuberkulose, Blei- und Sulfonalvergiftung[2], Ulcus ventriculi, Malaria, Grippe, perniziöser Anämie[2,3]; nach Luminaleinnahme[6] und im sog. Moosharn[6]. Wurde neben Uroporphyrin auch im normalen Harn von Kaninchen gefunden[3].

Das Porphyrin findet sich weiterhin stets in den Faeces gesunder Menschen[7,8,9] (Isolierung in krystallisierter Form[10]), auch von Säuglingen[9]. Bei Vegetariern wieder in geringer Menge, die nach Fleisch- oder Blutgenuß[7,9] (bes. Tauben- und Fischfleisch[6]) ansteigt (in letzterem Falle tritt nebenbei auch noch Protoporphyrin auf).

In größerer Menge tritt es auf bei perniziöser Anämie und nach Luminaleinnahme[6].

Koproporphyrin ist ferner enthalten im normalen Serum von Mensch[11,12], Pferd und Rind[11]. Beim Menschen Vermehrung in gewissen Krankheitsfällen, z. B. bei Hämatoporphyria congenita[11,13], perniziöser Anämie[11,13], Nierenkrankheiten, Urobilinurie usw.)[13]. Weiterhin wurde es noch im normalen Meconium[14], in der normalen menschlichen Galle[14,15] und im

[1] H. Fischer u. H. Andersag: Liebigs Ann. **458**, 120 (1927).

[2] O. Schumm: Hoppe-Seylers Z. **126**, 169 (1923); **132**, 59, 304; **136**, 247 (1924); **153**, 225 (1925). — Vgl. Liebigs Ann. **450**, 202 (1926).

[3] H. Fischer u. W. Zerweck: Hoppe-Seylers Z. **132**, 13 (1924).

[4] O. Schumm: Hoppe-Seylers Z. **150**, 49 (1925).   [5] H. Fischer: Hoppe-Seylers Z. **153**, 180 (1925).

[6] H. Fischer u. W. Zerweck: Hoppe-Seylers Z. **137**, 184 (1924).

[7] A. Papendieck: Hoppe-Seylers Z. **128**, 117 (1923).

[8] H. Fischer u. K. Schneller: Hoppe-Seylers Z. **135**, 290 (1924).

[9] H. Fischer u. K. Schneller: Hoppe-Seylers Z. **130**, 306 (1923).

[10] H. Fischer u. W. Zerweck: Hoppe-Seylers Z. **130**, 307 (1923).

[11] H. Fischer u. W. Zerweck: Hoppe-Seylers Z. **132**, 16 (1924).

[12] A. Papendieck: Hoppe-Seylers Z. **136**, 298 (1925).

[13] H. Fischer u. K. Schneller: Hoppe-Seylers Z. **135**, 264 (1924). — Vgl. **135**, 287 (1924).

[14] O. Schumm: Hoppe-Seylers Z. **130**, 172 (1923); **132**, 62 (1924); **133**, 201 (1924); **136**, 247 (1924); **153**, 233 (1925).

[15] O. Schumm: Hoppe-Seylers Z. **136**, 247 (1924); **153**, 233 (1925).

Belag von Zähnen (Grund Lepothrixfäden) und der Zunge, sowie im normalen menschlichen Speichel gefunden. Letztere ist relativ sogar reicher an Koproporphyrin wie normaler Harn[1]. Das Koproporphyrin ist also ein normales physiologisches Stoffwechselprodukt[2, 3, 4, 5].

Bei Haematoporphyria congenita findet sich das Koproporphyrin außer in den bereits angeführten Fällen (Harn, Faeces, Serum, Galle) auch noch im Herz[6], in den Muskeln[6], im Darm[6], in der Milz[6] und zugleich mit Uroporphyrin im Knochenmark[7], in der Leber[6] und im Pleuraexsudat[8].

Koproporphyrin tritt ferner allein auf nach Fäulnis von Muskelgewebe[9] und entblutetem Fleisch[10] (wahrscheinlich schon in Spuren im frischen Fleisch[4]). Neben Protoporphyrin findet es sich nach der Fäulnis oder nach längerer steriler Autolyse von gewöhnlichem Fleisch[11] (in besonderer Menge bei Tauben- und Fischfleisch[12]) oder nach der Fäulnis von Blut- und Hämoglobinlösungen[9] oder nach Vergärung von Blut mit Hefe[9].

Koporporphyrin kann auch erhalten werden aus verschiedenen Hefearten[13] (obergärige Bier-[14] und Preßhefe[10], Mineralhefe[15], Sekthefe[16], Hefecymocasein[16], Reinzuchthefen wie Saccharomyces anamensis[16], Aspergillus orycea) nach Autolyse[11], Plasmolyse[10, 11] oder Fäulnis[10, 14] (hier sogar Vermehrung)[10]. Manche Reinzuchthefen, wie Saccharomyces anamensis, können sogar bei längerer Züchtung die Koproporphyrinbildung auf das 10—20fache steigern; sie wandeln sich also in regelrechte Koprohefen um[16, 17].

Weiterhin wurde Koproporphyrin gefunden in Grünmalz[17], im Bier[17], Mehl[17], Mais, Brennnesseln, Kartoffeln[18], Cocos- und Kuhmilch[17], Tuberkelbacillen[15], Mottenraupenkot[15], Cenoviswürze nach Hydrolyse[19]; in Brot[1] und in Hühnereiern[20].

Bildung: Aus Uroporphyrin beim Erhitzen im Stickstoffstrom auf 180—190°[21] oder mit 1proz. Salzsäure unter Druck[22]. Aus dem Kupfersalz des Uroporphyrins unter der Einwirkung konz. Salpetersäure[23].

Beim langsamen Eindunsten (1—3 Monate) der Mutterlaugen, die bei der Bromierung der carboxylierten Kryptopyrrolcarbonsäure abfallen[24].

Aus Konchoporphyrin durch 3stündiges Erhitzen mit 1proz. Salzsäure im Rohr[24].

Darstellung: Aus dem Ester durch Verseifen mit 10proz. Natronlauge unter mehrstündigem Kochen. Hernach wird mit Wasser verdünnt, filtriert, das Filtrat mit Eisessig angesäuert, vom ausgeschiedenen Porphyrin abfiltriert, der Rückstand gewaschen, getrocknet, mit wenig

[1] A. A. H. v. d. Bergh u. Hiyman: Versl. Akad. Wetensch. Amsterd., Wis- en natuurkd. Afd. **36**, 1096 (1927). — A. A. H. v. d. Bergh: Lancet **214**, 281 (1928). — Nederl. Tijdschr. Geneesk. **15**, 387 (1929).

[2] H. Fischer u. W. Zerweck: Hoppe-Seylers Z. **132**, 16 (1924).

[3] O. Schumm: Hoppe-Seylers Z. **126**, 177 (1923).

[4] H. Fischer u. K. Schneller: Hoppe-Seylers Z. **130**, 306 (1923). — Vgl. **133**, 310 (1924).

[5] O. Schumm: Hoppe-Seylers Z. **133**, 298 (1924).

[6] H. Fischer, F. Lindner, B. Pützer u. H. Hilmer: Hoppe-Seylers Z. **150**, 46 (1925).

[7] H. Fischer u. H. Hilmer: Hoppe-Seylers Z. **143**, 6 (1925).

[8] O. Schumm: Hoppe-Seylers Z. **132**, 62 (1924); **136**, 247 (1924); **153**, 233 (1925).

[9] H. Fischer u. K. Schneller: Hoppe-Seylers Z. **135**, 264 (1926). — Vgl. **135**, 287 (1924).

[10] H. Fischer u. K. Schneller: Hoppe-Seylers Z. **135**, 253, 261, 268 (1924). — H. Fischer u. H. Fink: Hoppe-Seylers Z. **144**, 113 (1925). — H. Fischer u. J. Hilmer: Hoppe-Seylers Z. **153**, 167 (1925). — Vgl. **133**, 309 (1923).

[11] H. Fischer u. J. Hilger: Hoppe-Seylers Z. **138**, 297 (1924). — Vgl. **135**, 255; **139**, 139 (1924); **153**, 167 (1925).

[12] H. Fischer u. W. Zerweck: Hoppe-Seylers Z. **137**, 184 (1924).

[13] H. Fischer u. K. Schneller: Hoppe-Seylers Z. **135**, 253 (1924). — H. Fischer u. J. Fink: Hoppe-Seylers Z. **144**, 103 u. 120 (1925). — Vgl. **138**, 49 (1924); **140**, 58 (1924); **144**, 102 (1925); **153**, 167 (1925).

[14] H. Fischer u. J. Hilger: Hoppe-Seylers Z. **138**, 67 (1924); **150**, 249 (1925).

[15] H. Fischer: Hoppe-Seylers Z. **150**, 243 (1925).

[16] H. Fischer u. H. Fink: Hoppe-Seylers Z. **144**, 107 (1925): **150**, 256 (1925).

[17] H. Fischer u. H. Fink: Hoppe-Seylers Z. **140**, 60 (1924); **145**, 119 (1925); **150**, 243 (1925). — Vgl. **138**, 57 (1924); **153**, 204 (1925). — Vgl. Biochem. Z. **211**, 65 (1929).

[18] H. Fischer u. F. Schwerdtel: Hoppe-Seylers Z. **158**, 120 (1922).

[19] H. Fischer u. B. Pützer: Hoppe-Seylers Z. **153**, 167 (1925).

[20] H. Kämmerer u. J. Gürschitz: Verh. dtsch. Ges. inn. Med. **486** (1929).

[21] H. Fischer u. J. Hilger: Hoppe-Seylers Z. **149**, 65 (1928).

[22] H. Fischer u. W. Zerweck: Hoppe-Seylers Z. **136**, 261 (1924).

[23] H. Fischer u. J. Hilger: Hoppe-Seylers Z. **138**, 62 (1924).

[24] H. Fischer u. W. Fröwis: Hoppe-Seylers Z. **195**, 63 (1931).

Pyridin-Eisessig aufgekocht, filtriert und das heiße Filtrat vorsichtig mit Wasser versetzt. Beim Stehen Krystallisation, die nach dem Absaugen mit Eisessig-Äther gewaschen wird[1].

Eigenschaften: Aus Pyridin-Eisessig-Wasser kleine, manchmal zu Gruppen vereinigte Prismen[1]. Löslich in Eisessig, besonders in der Wärme (Trennung von Uroporphyrin[2]). Geht aus Essigsäure gut in Äther; dagegen nicht aus 25proz. Salzsäure an Chloroform[3]. Ist schon in schwächerer Salzsäure löslich[3]. Salzsäurezahl = 0,09. Bildet mit Wasser stabile kolloidale Lösungen, wenn es mit diesem in noch frischem und feuchtem Zustand zusammengebracht wird. Reagiert sehr leicht mit Kupfersalzen[4].

Bei oxydativem Abbau entsteht nur Hämatinsäure. Reduktion mit Eisessig-Jodwasserstoff gibt Hämopyrrolcarbonsäure, die Basenfraktion fehlt. Bei Spaltung mit Kaliummethylat bildet sich Phyllopyrrolcarbonsäure[1]. Wirkt nicht lichtgiftig auf Paramäcien[5]. Zeigt im ultravioletten Licht rote Fluorescenz. Abhängig von p_H der Lösung[6].

Koproporphyrin wird rasch zerstört durch frische Kalbsleber unter Verwandlung in Gallenfarbstoff. Der Abbau ist jedoch begrenzt. Auf 56° erhitzte Leber ist noch wirksam; gekochte und Leberextrakte nicht[7].

Spektrum in Pyridin (Koproporphyrin gehorcht in Pyridin dem Beerschen Gesetz)[8]: I 625,8—619,7; II 598,6—594,0; III 582,3—573,0; IV 570,0—565,2; V 538,6—526,3; VI 512,0—483,0;

  622,7   596,3   577,7   567,6   532,0   497,6

End. Abs. 440 (Minima 605, 550, 518). Intensität: VI, V, I, IV, III, II.

Spektrum in Äther (ändert sich auf Zusatz von Eisessig kaum): I 626,1—621,2; II 570,0—564,7; III 531,8—524,0; End. Abs. 423,0[9].

  623,6   567,3

  527,9

Spektrum in 25proz. Salzsäure; Spaltbreite 0,03—0,06 mm. I 595,9—581,4; II 554,0—543,3;

  592,2   548,7

III 503,9—478,8; End. Abs. 418,3[10]. Genaue Messungen sind nur möglich, wenn die Lösungen stets

  491,3

gleichen Salzsäuregehalt besitzen[11].

Spektrum in Chloroform nach Schütteln mit 25proz. Salzsäure[9]: I 599,25; II 577,25; III 555.

Spektrum in $^n/_{10}$-Kalilauge: I symm. 617,5; II unsymm. Max. violett w. v. d. Mitte 565,5; III symm. 538; IV 503,3[9, 11].

Bromspektralprobe: Vorübergehend 656, 636, 618; etwa 499,5; etwa 470; 512 erscheint erst nach einigem Stehen. Rest von 680 $\mu\mu$ an aufwärts ausgelöscht[12]. Empfindlichkeitsgrenze 0,03—0,04 mg.

Spektrum in konz. Schwefelsäure: I 594,0; II 550,5[10].

Das Koproporphyrin läßt sich neben Hämin spektroskopisch bestimmen, jedoch nicht neben Hämatoporphyrin[8].

Nachweis: Das Vorhandensein von Koproporphyrin in Blutserum, Harn usw. kann am besten festgestellt werden durch Überführen in Äther-Eisessig nach H. Fischer[13] und spektroskopischer Prüfung dieser Lösung. Im Verhältnis 1 : 5000000 ist der Nachweis noch deutlich; im Verhältnis 1 : 10000000 ist das Porphyrin aber noch erkennbar[14]. Bei der Fluorescenzspektroskopie liegt die Empfindlichkeitsgrenze etwa bei 1 : 5000000[15]. Spektroskopischer Nachweis in Anwesenheit von Uroporphyrin durch den Streifen $\lambda = 405,8 \mu\mu$ im Ultraviolett (Mesoporphyrin 410,7)[11]. Nachweis auch durch Aufziehen aus salzsaurem Harn auf Seide und Rotfluorescenz in ultraviolettem Licht[16].

Styphnat $C_{36}H_{38}O_8N_4 \cdot C_6H_3O_8N_3$. Aus viel Aceton durch starkes Einengen geringe

---

[1] H. Fischer u. A. Treibs: Liebigs Ann. **450**, 214 (1926).

[2] H. Fischer u. W. Zerweck: Hoppe-Seylers Z. **137**, 242 (1924).

[3] H. Fischer u. K. Schneller: Hoppe-Seylers Z. **130**, 309 (1925).

[4] H. Fischer u. F. Lindner: Hoppe-Seylers Z. **145**, 120 (1925).

[5] H. Fischer u. J. Hierneis: Hoppe-Seylers Z. **196**, 162 (1931).

[6] H. Fink: Biochem. Z. **211**, 65 (1929).

[7] Schraus u. Carrié: Strahlentherapie **40**, 346 (1931).

[8] A. Treibs: Hoppe-Seylers Z. **168**, 68 (1927).

[9] O. Schumm: Hoppe-Seylers Z. **136**, 254; **138**, 311 (1924): **156**, 64 (1926).

[10] H. Fischer u. W. Zerweck: Hoppe-Seylers Z. **132**, 13 (1924).

[11] O. Schumm: Hoppe-Seylers Z. **126**, 172ff. (1923).

[12] E. Mertens: Hoppe-Seylers Z. **167**, 181 (1927).

[13] H. Fischer u. K. Schneller: Hoppe-Seylers Z. **135**, 253. — O. Schumm: Hoppe-Seylers Z. **128**, 186 (1923).

[14] H. Fischer: Hoppe-Seylers Z. **138**, 311 (1924).

[15] R. Goloniko: Gerichtl. med. Dissertation. Zürich 1926.

[16] H. Fischer, H. Grosselfinger u. G. Stangler: Liebigs Ann. **461**, 232 (1920).

Krystallisation in feinen, braunen Nädelchen. Daraus mit Benzol dieselben Formen; Schmelzpunkt 295° (Block, korr.).

Acetonspektrum neutral; mit geringem Überschuß an Säure entsteht Typ I, mit großem Überschuß Typ II: I 593,3; II 570,6; III 551,6; IV 525,1. Intensität: III, I; II, IV. Zusatz von etwas Wasser bewirkt noch leichte Verschiebung nach Violett: I 592,5; II 569,5; III 525,1.

Pulverspektrum: I 605: II ... 564; III 537. Intensität II, III, I (Typ I)[1].
$$\underbrace{\qquad}_{570}$$

Pikrat $C_{36}H_{38}O_8N_4 \cdot 2\,C_6H_3O_7N_3$. Schon aus heißem Aceton leuchtend rotviolette Kryställchen, Schmelzp. 251° (korr.).

Acetonspektrum: Gemisch aus neutral und Typ I. Mit überschüssiger Säure zeigen sich dieselben Verhältnisse wie beim Styphnat.

Pulverspektrum: I 595; II 576; III 555. Intensität: III; I, II (Typ II)[2].

Pikrolonat $C_{36}H_{38}O_8N_4 \cdot 2\,C_{10}H_8O_5N_4$. Aus viel Aceton orangerot glänzende Nädelchen, Schmelzp. 256° (korr.).

Acetonspektrum: neutral. Mit überschüssiger Pikrinsäure bildet sich Typ I: I 600,2; II 556,7; III 528,1. Intensität: II; I, III. Auf Zusatz von Wasser Annäherung an Typ II.

Pulverspektrum: I 606; II 580; III 561. Intensität: III; I, II (Typ I)[2].

Flavianat $C_{36}H_{38}O_8N_4 \cdot 2\,C_{10}H_6O_8N_2S$. Aus viel Aceton leuchtend rote Nadeln; Schmelzpunkt unscharf 310°.

Acetonspektrum: I 594,2; II 570,6; III 551,3; IV 524,4. Intensität: III; I, II, IV (Typ II). Auf Zusatz von Wasser allmählich Dissoziation unter Auftreten des Neutralspektrums. Auf Zusatz von Wasser und überschüssiger Flaviansäure bildet sich dagegen Typ I aus.

Pulverspektrum: I 597; II 576. Intensität: I, II (Typ II)[2].

Salzsaures Salz. Durch Ausziehen einer ätherischen Lösung des Porphyrins mit 5proz. Salzsäure. Bei längerem Stehen Krystallisation. — Aus 5proz. Salzsäure violettrote glänzende Doppelpyramiden. Unlöslich in einem Gemisch aus Wasser-Äther-Chloroform. Löst sich leicht in Wasser, auf Zusatz von Natriumacetat entsteht eine beständige kolloidale Lösung[3].

Schwefelsaures Salz $C_{36}H_{38}O_8N_4 \cdot H_2SO_4$. Aus verdünnter Schwefelsäure mikroskopisch kleine Nadeln[3, 4].

Magnesiumsalz. 0,2 g Ester in 5 ccm Pyridin werden mit 3 ccm konz. methylalkoholischer Kalilauge und 0,6 g Magnesiumoxyd im Rohr 4 Stunden auf 180° erhitzt. Danach wird abgesaugt, der Rückstand mit Äther gewaschen, in Wasser gelöst und mit Hilfe von primärem Natriumphosphat das Phyllin in Äther gebracht.

Spektrum in Äther: I schwach $\underbrace{625,2—619,9}_{622,5}$; II nach schw. Vorbeschattung $\underbrace{587,3—581,5}_{584,4}$ ...

Besch. ... $\underbrace{579,9—574,4}_{577,1}$ ... ; III breite Vorbeschattung bei 560,0 ... $\underbrace{551,4—544,7}_{548,0}$ ... Besch. ...

$\underbrace{540,0—531,6}_{525,8}$; IV schwach $\underbrace{507,4—491,9}_{499,6}$; V intensiv $\underbrace{424,3—413,0}_{418,6}$. Intensität: III, II, V, IV, I[5].

Chlorferrisalz $C_{36}H_{36}O_8N_4FeCl$. 1 g Eisensalz des Esters wird mit 40 ccm 10proz. Natronlauge bis zur vollständigen Lösung gekocht. Dann wird kalt mit verdünnter Schwefelsäure angesäuert, die ausgeschiedenen Flocken abfiltriert, gewaschen, getrocknet, in heißem Pyridin gelöst, Eisessig mit etwas Kochsalz zugegeben und tropfenweise mit nicht zu wenig konz. Salzsäure versetzt. Dabei Krystallisation. — Aus Pyridin-Eisessig-Salzsäure spindelförmige Krystalle. Verliert beim Erhitzen mit Essigsäureanhydrid das Halogen teilweise[6] und ist dann in heißer Soda ziemlich langsam löslich. Krystallisiert aus Essigsäureanhydrid in langen Nadeln.

Hämochromogenspektrum in $^n/_{10}$-Kalilauge: I $\underbrace{553,1—535,6}_{544,3}$; II $\underbrace{522,6—498,9}_{510,7}$[7].

Cyanhämochromogenspektrum: I 560,1; II 530,0[8].

Acetat des Eisensalzes $C_{38}H_{39}O_{10}N_4Fe$. Verseifung des Eisensalzes des Esters wie beim Chlorferrisalz beschrieben. Die getrocknete Fällung wird jedoch in Pyridin-Eisessig heiß gelöst und durch tropfenweisen Zusatz von heißem Wasser zur Krystallisation gebracht. — Ausbeute 0,65 g = 76%. — Aus Pyridin-Eisessig-Wasser feine Nädelchen[6].

---

[1] A. Treibs: Liebigs Ann. **476**, 42ff. (1929).   [2] A. Treibs: Liebigs Ann. **476**, 42 (1929).

[3] H. Fischer u. A. Andersag: Liebigs Ann. **458**, 212 (1926).

[4] H. Fischer u. W. Fröwis: Hoppe-Seylers Z. **195**, 70 (1931).

[5] H. Fischer u. J. Hilger: Hoppe-Seylers Z. **140**, 233 (1925).

[6] H. Fischer, H. Friedrich, W. Lamatsch u. K. Morgenroth: Liebigs Ann. **466**, 160 (1928).

[7] H. Fischer u. K. Schneller: Hoppe-Seylers Z. **134**, 256 (1924).

[8] O. Schumm: Hoppe-Seylers Z. **153**, 249; **157**, 269 (1926).

Kopro-acetoxy-häminacetat $C_{32}H_{32}N_4Fe \cdot O \cdot COCH_3(COOCOCH_3)_4$. Durch Kochen von Koproporphyrin in Essigsäureanhydrid mit Ferroacetat und wenig konz. Salzsäure. — Schwarzbraune Stäbchen. Ist nach dreimonatigem Liegen an der Luft zersetzt. Gibt mit Schwefelsäure Koproporphyrin zurück[1].

Kobaltsalz $C_{36}H_{36}O_8N_4CO$. Aus dem Kobaltsalz des Esters durch 10—12 Minuten langes Kochen mit wenig Natronlauge und Ausflocken durch Ansäuern mit verdünnter Schwefelsäure[2].

Silbersalz $C_{36}H_{36}O_8N_4Ag$. Durch 10—15 Minuten langes Erhitzen des Silbersalzes des Esters mit 10proz. Natronlauge im siedenden Wasserbad. Nachdem wird mit Eisessig schwach angesäuert, die ausgefallenen gallertartigen Flocken nach dem Erhitzen abgesaugt, 1 Stunde mit heißem Wasser behandelt und dann in heißem Pyridin gelöst. Beim Abdunsten im Vakuum Krystallisation, die in Äther aufgenommen, abgesaugt und mit Äther gewaschen wird. — Aus Pyridin rote Nadeln. Leicht löslich in Pyridin und Natriumbicarbonat. Gibt in alkalischer Lösung mit Dimethylsulfat den Ester zurück. Beim Zusammenbringen mit Eisessig und Cyankalium tritt Spaltung ein in Silbercyanid und Koproporphyrin. Bei $^1/_2$ stündigem Kochen mit Ferroacetat-Eisessig entsteht Koprohämin[2].

Kupfersalz $C_{36}H_{36}O_8N_4Cu$. Findet sich im Hefecymocasein, im Cerevisin (aus 1 kg Ausbeute 21 mg Koproester-Kupfer-Salz) und in der Weinhefe (wahrscheinlich entstanden bei Berührung mit kupferhaltigen Gefäßen)[3]. Koproporphyrin gelöst in heißem Pyridin wird mit einer heißen Eisessig-Kupferacetat-Lösung versetzt. Nach Zusatz von etwas heißem Wasser Krystallisation. — Aus Pyridin-Eisessig feine, büschelförmig angeordnete Nädelchen[4].

Spektrum in Pyridin (die Lösung ist unbeständig): I 566,9; II 509,8[5]. Spektrum in verd. Ammoniak[6].

Acetat des Koproporphyrins $C_{32}H_{34}N_4(COOCOCH_3)_4$. Durch Lösen des Porphyrins in viel Essigsäureanhydrid und Einengen. — Lange Nadeln; Schmelzp. 182° (korr., Block). Salzsäurezahl 1,2. Leicht löslich in Chloroform; sehr schwer in Äther. In Äther gelöst wird das Acetat durch 10proz. Soda nicht zerlegt; 2proz. Natronlauge zerlegt verhältnismäßig rasch, 10proz. schnell. Durch Erwärmen mit Wasser tritt ebenfalls Spaltung ein, ebenso beim Liegen an der Luft. Spektroskopisch identisch mit dem freien Porphyrin[1].

Kopro-tetraäthylester I $C_{44}H_{54}O_8N_4$. Durch Erhitzen des Porphyrins mit an Salzsäure gesättigtem Äthylalkohol. Nach dem Erkalten wird mit Sodalösung alkalisch gemacht und der ausgeflockte Ester abgesaugt. — Aus Chloroform-Äthylalkohol lange, teilweise gekrümmte Nadeln; Schmelzp. 225—226°[7].

Dinitro-koproporphyrin I[8].

Mol-Gewicht: 744,3.

Zusammensetzung: 58,03% C; 4,88% H; 25,80% O; 11,29% N. $C_{36}H_{36}O_{12}N_6$.

Darstellung: 1 g reiner Koproporphyrin-tetramethylester wird mit 20 ccm konz. Salpetersäure ($d = 1,48$) 8—9 Stunden stehengelassen und dann auf Eis gegossen, wobei bei einer bestimmten Säurekonzentration grüne Flocken ausfallen, die dann bei weiterem Verdünnen infolge Hydrolyse braun werden. Unter Eiskühlung wird dann mit gekühltem Ammoniak neutralisiert, das Porphyrin mit Eisessig ausgeflockt, abfiltriert, in Alkali gelöst, mit verdünnter Schwefelsäure wieder ausgeflockt, in Äther aufgenommen, die Lösung gewaschen, getrocknet, auf etwa 20 ccm eingedampft, das amorph abgeschiedene Dinitroporphyrin in wenig Pyridin gelöst und viel Äther zugegeben. Beim Stehen Krystallisation.

(Bei 12stündigem Stehen mit der konz. Salpetersäure tritt Aufspaltung zu Hämatinsäure ein.)

Eigenschaften: Aus Pyridin-Äther braune Nädelchen.

Spektrum in Äther: I 634,4—628,2; II 589,0...580,5—574,4; III 542,5—531,0; IV 514,8—492,2; End. Abs. ab etwa 439.   631,3   577,5   535,5   503,5

Spektrum in konz. Salpetersäure (unscharf): I 636,4—618,2; II 593,4—562,1; End. Abs. ab etwa 476.   627,3   577,7

[1] H. Fischer, G. Hummel u. A. Treibs: Liebigs Ann. **471**, 266 (1928).

[2] H. Fischer u. W. Fröwis: Hoppe-Seylers Z. **195**, 67 (1931).

[3] H. Fischer u. F. Lindner: Hoppe-Seylers Z. **145**, 120 (1925). — H. Fischer u. H. Fink: Hoppe-Seylers Z. **144**, 102, 110 (1925).

[4] H. Fischer u. H. Andersag: Liebigs Ann. **458**, 212 (1927).

[5] H. Fischer u. H. Andersag: Liebigs Ann. **458**, 147 (1927).

[6] H. Fischer u. J. Hilger: Hoppe-Seylers Z. **138**, 60 (1925).

[7] H. Fischer u. H. Andersag: Liebigs Ann. **458**, 128 (1927).

[8] H. Fischer u. W. Fröwis: Hoppe-Seylers Z. **195**, 74f. (1931).

Tetramethylester $C_{40}H_{44}O_{12}N_6$. Trockenes Rohnitroporphyrin (entspr. 0,5 g Koproester) suspendiert in 50 ccm Methylalkohol wird unter Eiskühlung mit Chlorwasserstoffgas gesättigt. Nach Stehen über Nacht im Eisschrank wird mit Eis verdünnt, filtriert, mit Chloroform versetzt, mit Wasser evtl. unter Zusatz von verdünnter Natronlauge gewaschen, bis die Lösung rotbraun geworden ist und neutrales Spektrum zeigt. Nach Einengen des Chloroforms auf ca. 2 bis 3 ccm (bis auf 4—6 ccm bei 30—40° im Vakuum, dann Wasserbad) wird mit heißem Methylalkohol versetzt. Beim Stehen Krystallisation. Ausbeute 0,2—0,25 g. — Aus Chloroform-Methylalkohol braunviolette Nadeln, Schmelzp. 191°. Spektrum identisch mit dem des freien Porphyrins.

Kupfersalz des Esters $C_{40}H_{42}O_{12}N_6Cu$. 0,1 g Ester, in 8 ccm Eisessig bis zur Lösung erhitzt, wird mit Kupferacetat-Eisessig-Lösung erhitzt, bis das Salzspektrum rein zu sehen ist (1—2 Minuten). Dann wird in wenig Chloroform aufgenommen, filtriert, ausgewaschen (Eisessig entfernt), getrocknet, eingeengt und mit Methylalkohol oder Äther versetzt. Beim Stehen Krystallisation in derben Prismen. — Schmelzp. 200°.

Spektrum in Pyridin: I 586,7—572,0; II 553,6—535,3; End. Abs. 495.
579,3   544,5

Silbersalz $C_{40}H_{42}O_{12}N_6Ag$. 0,1 g Ester in Eisessig wird mit überschüssigem Silberacetat 10—15 Minuten am Wasserbad erhitzt bis zum Auftreten des reinen Salzspektrums. Aufarbeitung wie beim Kupfersalz. — Aus Chloroform-Methylalkohol rote Nadeln; Schmelzp. 240°.

Mono-nitro-koproporphyrin $C_{40}H_{45}O_{10}N_5$. 0,1 g rohes Dinitroporphyrin, in 1—2 ccm Natronlauge gelöst, werden mit 10—15 ccm Wasser verdünnt und 4 g 4proz. Natriumamalgam in 2 Teilen eingetragen. Nach mehreren Stunden wird das farblose Reduktionsprodukt filtriert, mit Eisessig angesäuert, in Äther aufgenommen und nach Reoxydation erst mit 0,5proz. Salzsäure das Koproporphyrin, dann mit 3proz. Salzsäure das Nitroprodukt ausgezogen. (Lösung blau mit Violettfluorescenz). Nachdem wird alkalisch gemacht, der Farbstoff mit Eisessig ausgeflockt und verestert. Aus Chloroform-Methylalkohol Nadeln, Schmelzp. 204°.

Spektrum in Äther: I 629,8—624,5; II 585,0…574,3—569,7; III 537,1—528,5; IV 511,0—488,9; End. Abs. etwa 421.   627,1   572,0   532,8   490,0

Ein ähnliches Produkt entsteht auch durch ca. 10—12 Minuten lange Einwirkung von konz. Salpetersäure auf den Koproester. Schmelzp. etwa 210°.

Mononitro-dioxy-koproporphyrin-tetramethylester I[1].

Mol-Gewicht: 787,40.
Zusammensetzung: 60,96% C; 5,76% H; 29,39% O; 8,89% N. $C_{40}H_{45}O_{12}N_5$.

Darstellung: 0,5 g trockenes Roh-Dinitro-koproporphyrin werden mit 50 ccm 5proz. methylalkoholischer Salzsäure 1 Stunde lang erhitzt. Dann wird in Chloroform aufgenommen und der Ester auf die gewöhnliche Weise isoliert.

Eigenschaften: Aus Chloroform-Methylalkohol Nadeln; Schmelzp. 206°.

Spektrum in Pyridin: I Max bei etwa 592,9 (verwaschen, schwach); II Max. etwa 519,6; End. Abs. 451.
Spektrum in 25proz. Salzsäure: Max.: I 630,0; II 576,6; End. Abs. 462.

Kupfersalz $C_{40}H_{43}O_{12}N_5Cu$. 0,2 g Ester in Eisessig werden mit überschüssigem Kupferacetat bis zum Auftreten des reinen Salzspektrums gekocht. Aufarbeitung wie üblich. — Aus Chloroform-Äther Nädelchen; Schmelzp. 245°.

Spektrum in Chloroform: I 583,5—565,5 (schw.); II 552,7—527,7; End. Abs. etwa 439.
574,5   540,2

Kopro-rhodin I[2].

Mol-Gewicht: 636.55.
Zusammensetzung: 67,89% C; 5,70% H; 17,61% O; 8,80% N. $C_{36}H_{36}O_7N_4$.

Darstellung: 1 g Koproporphyrin-tetramethylester I in 25 ccm konz. Schwefelsäure wird mit 40 ccm 20proz. Oleum versetzt und 10 Minuten bei 40° stehengelassen. Nachdem wird auf Eis gegossen, die Mineralsäure mit Ammoniak abgestumpft, das Rhodin in Äther getrieben, die Lösung mit 2—3proz. Salzsäure extrahiert und daraus das Rhodin wieder in Äther gebracht (Verbrauch 5—6 l Äther). Nach dem Trocknen der vereinigten Ätherauszüge wird filtriert, auf ca. 400 ccm eingeengt, von den ausgeschiedenen Schmieren abgegossen und die reine ätherische Lösung längere Zeit stehengelassen, wobei Krystallisation eintritt. Ausbeute 720 mg.

[1] H. Fischer u. W. Fröwis: Hoppe-Seylers Z. **195**, 76 (1931).
[2] H. Fischer, K. Platz, H. Helberger u. H. Niemer: Liebigs Ann. **479**, 38 (1930).

Eigenschaften: Aus Äther kleine, braunviolette, verfilzte Nädelchen. Das Rhodin wird durch längeres Erhitzen auf 60—70° zerstört.

Trimethylester $C_{39}H_{42}O_7N_4$. 100 mg Rhodin gelöst in wenig trockenem Pyridin werden mit überschüssigem Diazomethan in Aceton versetzt. Rasch beginnt Krystallisation, die durch Methylalkohol vervollständigt wird. Ausbeute 80—90 mg. — Aus Pyridin-Methylalkohol kleine zu Rosetten vereinigte Prismen; Schmelzp. 227°. Schwer löslich in den gebräuchlichen Solventien; unlöslich in Äther und Methylalkohol. Ist stabiler wie das freie Rhodin.

Chlorin des Koproporphyrins I[1].

Mol-Gewicht: 656,35.

Zusammensetzung: 65,82% C; 6,14% H; 19,51% O; 8,53% N. $C_{36}H_{40}O_8N_4$.

Bildung: Beim Eingießen der bei Reduktion des Kopromethylesters mit Zink und Eisessig erhaltenen Koproporphinogenlösung in salzsäurehaltiger Ferrichloridlösung.

Darstellung: 1 g Koprohäminester (Schmelzp. 245°) in 200 ccm Amylalkohol werden mit 15 g Natrium $^1/_2$ Stunde im Wasserstoffstrom gekocht (Umschlag der Farbe von Rotbraun nach Blaugrün). Nach 1 Stunde wird das restliche Natrium durch vorsichtigen Zusatz von 100 ccm Sprit zerstört; dann wird im Wasserstoffstrom abgekühlt und 150 ccm 18,5proz. Salzsäure zugegeben (Umschlag der Farbe von Blaugrün nach Blauviolett). Der Körper ist jetzt gegen Sauerstoff unempfindlich geworden. Nun wird in ein Gemisch von 250—300 ccm Wasser und 750 ccm Äther eingegossen, nach dem Trennen die ätherische Schicht mit Wasser bis zur neutralen Reaktion gewaschen, dann mit 2—3proz. Natronlauge ausgezogen, der stark orange fluorescierende Auszug ausgeäthert und unter Erwärmen im siedenden Wasserbad mit Luft behandelt. (Fast vollständiges Verschwinden der Fluorescenz.) Danach wird so schwach angesäuert, daß das Koproporphyrin noch in Lösung bleibt, das Chlorin und die Komplexsalze jedoch von Äther aufgenommen werden. Die rote ätherische Lösung wird nun gewaschen, dabei flocken die Eisensalze aus und die Farbe wird grün. Jetzt wird wieder mit wenig Natronlauge ausgeschüttelt, der restliche Amylalkohol mit Äther entfernt, schwach angesäuert, das Chlorin mehrmals zwischen Äther und Salzsäure hin- und hergetrieben und die zuletzt erhaltene ätherische Lösung nach dem Trocknen auf 1—2 ccm eingeengt. Bei längerem Stehen Krystallisation. Ausbeute aus 2 g Hämin = 12 mg.

Eigenschaften: Drusenförmig angeordnete, schwarzgrüne Nädelchen; Schmelzp. über 280°. Eine grüne Ätherlösung hält sich sehr lang; eine alkalische Lösung oxydiert sich dagegen rasch zu Porphyrin.

Spektrum in Äther: Farbe grün. I s. stark 654,5—637,9; II s. schwach, Max. etwa 569,8;

III s. schwach, Max. etwa 525,0; IV 503,8—482,0.   646,7

497,8

Spektrum in 0,25proz. Salzsäure: Farbe blau. 1 s. stark 625,0—613,2; II schwach 553,6—540,5.

619,1   547,0

Auch durch Bestrahlung mit Sonnenlicht wird Koproporphyrin in neutraler Lösung in Chlorin verwandelt. Die Eigenschaften dieses Lichtchlorins sind aber verschieden von denen des synthetischen. Das Lichtchlorin ist beständig gegen Luftoxydation. Bei der Reduktion mit Amalgam tritt vollständige Entfärbung, bei der Reoxydation wird nur in Spuren Porphyrin gebildet (analog den Chlorophyllchlorinen).

Wird die Bestrahlung des Koproporphyrins in Chloroform- und Acetonlösung ausgeführt, dann tritt schließlich vollständige Entfärbung ein unter Zerstörung des Farbstoffs.

Tetramethylester des 1, 3, 5, 7-Tetramethyl-2, 4, 6, 8-tetrapropionsäure-porphins (Bd. X, S. 29).

$$C_{40}H_{46}O_8N_4$$

Bildung: Neben Koproporphyrin II und III beim Erhitzen des 2-Brommethyl-3-propionsäure-4-methyl-5-carbäthoxy-pyrrols mit Eisessig-Bromwasserstoff oder Bernsteinsäure auf 180°[2] oder bei 1tägigem Kochen des Hexanatriumsalzes des Bis-(3-(β-methyl-malonsäure-4-methyl-5-carboxy-pyrryl)-methans mit 95proz. Ameisensäure[3, 4].

---

[1] H. Fischer u. W. Fröwis: Hoppe-Seylers Z. **195**, 79ff. (1931).
[2] H. Fischer, E. Sturm u. H. Friedrich: Liebigs Ann. **461**, 275 (1928).
[3] H. Fischer u. A. Treibs: Liebigs Ann. **450**, 136 (1926).
[4] H. Fischer u. P. Heisel: Liebigs Ann. **457**, 95 (1927).

Neben ·Koproporphyrin II aus der Opsopyrrolcarbonsäure (reine Opsosäure reagiert nicht) enthaltenden Fraktion, erhalten bei der Reduktion des Hämins mit Jodwasserstoff-Eisessig bei 2stündigem Erhitzen mit Ameisensäure[1].

Neben Koproporphyrin III bei 30 Minuten langem Erhitzen von 4, 3′, 5′-Trimethyl-5-brom-3, 4′-dipropionsäure-pyrro-methenbromhydrat (0,834 g) und 3, 5, 3′-Trimethyl-4, 4′-dipropionsäure-pyrromethenbromhydrat (0,70 g) mit Bernsteinsäure (4 g) auf 170—180°[1].

Aus 2, 4-Dimethyl-3-propionsäure-5-carbäthoxy-pyrrol oder aus dem 2-Brommethyl-3-propionsäure-4-methyl-5-carbäthoxy-pyrrol beim Erhitzen mit Kaliummethylat[2].

Aus dem Ester des 3, 4′-Di-(β-methyl-malonsäure)-4,3′,5′-trimethyl-5-brompyrromethen-bromhydrats durch Erhitzen mit Eisessig-Bromwasserstoff, Methylalkohol-Bromwasserstoff, Bernsteinsäure, Weinsäure oder Brenzweinsäure[3].

Aus dem (3-Propionsäure-4-methyl-5-brom-pyrryl)-(2, 4-dimethyl-3-propionsäure-pyrrolenyl)-methenbromhydrat (0,5 g) durch 2stündiges Erhitzen mit Eisessig (20 ccm) auf 210° oder durch längeres Kochen mit Ameisensäure[4].

Aus Opsopyrrolcarbonsäure durch Erhitzen mit Ameisensäure und Tetramethylglyoxal[5] oder durch 24stündiges Stehen mit Chlormethyläther in abs. alkoholischer Lösung[6].

Darstellung: a) 1 g (3-Propionsäure-4-methyl-5-brom-pyrryl)-(2, 4-dimethyl-3-propionsäure-pyrrolenyl)-methenbromhydrat (s. S. 496) mit 2—3 g Bernsteinsäure gut verrieben wird eine Stunde auf 180—190° erhitzt. Dabei starke Bromwasserstoffentwicklung. Dann wird die Schmelze mit verdünnter Natronlauge herausgelöst, unter Kühlung mit Eisessig versetzt, das ausgeflockte Porphyrin abgesaugt und solange mit 2proz. Salzsäure ausgezogen, als noch Porphyrin nachweisbar ist. Aus den salzsauren Auszügen wird das Porphyrin durch Zusatz von Natriumacetat bis zur essigsauren Reaktion ausgefällt, abgesaugt, getrocknet und durch 12stündiges Stehen mit methylalkoholischer Salzsäure verestert. Dann wird im Vakuum bei 40° zur Trockene verdampft, der Rückstand in Chloroform gelöst, die Lösung mit fester Soda geschüttelt, filtriert und nach dem Einengen mit Methylalkohol versetzt. Beim Stehen Krystallisation. Ausbeute 30—35%. Sie steigt bei Verwendung von Weinsäure (20 Minuten Erhitzen auf 190—200°) bis auf 43%[7].

b) 0,2 g (4(3)-Methyl-3(4)-propionsäure-2(5)-brom-pyrryl)-(3-propionsäure-4,5-dimethyl-pyrrolenyl)-methenbromhydrat (s. S. 499) werden mit 1 g Bernsteinsäure 30 Minuten bei 220 verschmolzen. Das Porphyrin wird wie bei a) isoliert. Es genügt kurze Reinigung über Äther-Salzsäure. Ausbeute 25%[8].

c) 0,5 g 3, 5, 3′-Trimethyl-4-äthyl-4′-propionsäure-pyrromethenbromhydrat (s. S. 561) werden mit 15 ccm frisch hergestelltem 6proz. Kaliummethylat $1\frac{1}{2}$ Stunden auf 180—185° erhitzt. Danach wird mit starker Salzsäure angesäuert, der Methylalkohol auf dem Wasserbad verdampft, das Porphyrin mit festem Natriumacetat ausgeflockt, abfiltriert und verestert[2].

Eigenschaften: Aus Chloroform-Methylalkohol glänzende gebogene Nadeln; Schmelzpunkt 248—252°[2, 9, 10]. Existiert in 2 Formen je nach der Herkunft. Bei Darstellung aus Faeces bei kongenitaler Porphyrie (Fall Petry) und aus Hefe werden aus den genannten Lösungsmitteln Prismen mit 35° Auslöschung erhalten. Bei Darstellung aus Organen treten jedoch Prismen mit 45° Auslöschung und Dichroismus von Gelb nach Dunkel auf[11].

Gibt bei der Reduktion mit Eisessig-Jodwasserstoff Hämopyrrolcarbonsäure[11]. Bei der Reduktion mit Zink und Eisessig entsteht Koproporphinogen, das sich an der Luft rasch wieder oxydiert; wonach das Zinksalz das Koproporphyrins ausflockt. Wird die Lösung nach der Reduktion jedoch in salzsäurehaltige Ferrichloridlösung gegossen, dann bildet sich Chlorin

[1] H. Fischer u. J. Hierneis: Hoppe-Seylers Z. **196**, 162 (1931).
[2] H. Fischer u. H. Berg: Liebigs Ann. **482**, 213 (1930).
[3] H. Fischer u. R. Siebert: Liebigs Ann. **483**, 10 (1930).
[4] H. Fischer u. H. Andersag: Liebigs Ann. **450**, 212 (1926); **458**, 128 (1927).
[5] H. Fischer u. A. Treibs: Liebigs Ann. **450**, 147 (1926).
[6] H. Fischer u. E. Adler: Hoppe-Seylers Z. **197**, 277 (1931).
[7] H. Fischer, H. Friedrich, W. Lamatsch u. K. Morgenroth: Liebigs Ann. **466**, 170 (1928).
[8] H. Fischer u. P. Heisel: Liebigs Ann. **457**, 95 (1927).
[9] H. Fischer, H. Friedrich, W. Lamatsch u. K. Morgenroth: Liebigs Ann. **466**, 156 (1928).
[10] H. Fischer u. K. Jordan: Hoppe-Seylers Z. **190**, 87 (1930).
[11] H. Fischer, H. Hilmer, F. Lindner u. B. Pützer: Hoppe-Seylers Z. **150**, 75 (1925). — Vgl. H. Fischer u. H. Andersag: Liebigs Ann. **458**, 140 (1927).

und Porphyrin[1]. Mit rauchender Salzsäure gibt Koproester ein neues Porphyrin (Schmelzpunkt des Esters 182°)[2]. Hydroxylamin wirkt nicht ein, höchstens unter Verschiebung des Schmelzpunktes auf 243—244°[2]. Koproester enthält 2 bzw. 5—6[3] aktive Wasserstoffatome[4].

Spektrum in Äther: I 623,6; II 613,8; III 597,0; IV 577,2; V 568,2; VI 528,6; VII 495,2[5].
Spektrum in 5proz. Salzsäure: I 591,3; II 569,2; III 547,9 [5]).
Spektrum in Chloroform[6]: I 624,8—620,3 (622,6); II 597,6; III 582,3—571,4 (577,1); IV 570,5—564,8 (567,6); V 539,5—525,5 (532,5); VI 511,9—485,8 (498,9) [6, 7, 8].

Nach Ausschütteln mit demselben Volumen 25proz. Salzsäure: I 599,25; II etwa 577; III 555,5; IV (schw. 527); V (s. schw. 517,5)[8].

Styphnat $C_{40}H_{46}O_8N_4 \cdot 2\,C_6H_3O_8N_3$. Existiert in 2 Formen, die sich ineinander umwandeln lassen.

a) Aus Methylalkohol violette Prismen, stark glänzend und manchmal sehr derb; Schmelzp. 143° (korr.). Die gepulverte Substanz schmilzt mitunter schon bei 135—137°.

b) Hochrote Nadeln; Schmelzp. 154°. (Mischschmelzpunkt mit a) 136°).

Acetonspektrum von a) und b): Gemisch aus neutral und Typ I. Auf Zusatz von wenig Styphninsäure wird Typ I ausgeprägter, um mit viel Styphninsäure in Typ II überzugehen. I 594,4; II 571,1; III 552,6; IV 526,1. Intensität: III; I, II, IV.

Auf Zusatz von Wasser noch weitere Verschiebung nach Violett: I 592,6; II 571,6; III 550,4.
Pulverspektrum: I 600; II 578; III 557. Intensität: III, I, II (Typ II)[9].

Styphnat $C_{40}H_{46}O_8N_4 \cdot 3\,C_3H_3O_8N_3$. Büschel kleiner rotvioletter Nadeln; Schmelzpunkt 138° (korr.)[9].

Pikrat $C_{40}H_{46}O_8N_4 \cdot 2\,C_6H_3O_7N_3$. Aus Methylalkohol violette, rhombische Prismen; Schmelzp. 146° (korr.).

Acetonspektrum wie beim 2-Styphnat; die Dissoziation ist jedoch etwas stärker.
Pulverspektrum ebenso[9].

Pikrolonat $C_{40}H_{46}O_8N_4 \cdot 2\,C_{10}H_8O_5N_4$. Aus Chloroform-Methylalkohol purpurrote Nadeln, Schmelzp. 245° (korr.). Schwer löslich in Aceton.

Acetonspektrum: neutral; mit überschüssiger Pikrolonsäure bildet sich Typ I aus: I 602,3; II ... 557,7; III 529,1. Intensität: II, III, I. Auf Zusatz von Wasser tritt wieder der neutrale Typ auf.

Pulverspektrum: I 606; II 579; III 562. Intensität: III, I, II (Typ I)[9].

Flavianat $C_{40}H_{46}O_8N_4 \cdot 2\,C_{10}H_6O_8N_2S$. Aus konz. methylalkoholischer Lösung mit etwas Wasser glänzende, dunkelviolette Prismen; Schmelzp. 225° (korr.). Schwer löslich in Aceton.

Acetonspektrum: I 594,1; II 570,7; III 551,2; IV 524,9. Intensität: III; I, II, IV (Typ II). Mit Wasser Dissoziation bis neutral. Mit überschüssiger Säure und Wasser bildet sich Typ I aus.
Pulverspektrum: I 598; II 577; III 557. Intensität: III, I, II (Typ II)[9].

Magnesiumsalz.

Spektrum: I etwa 623,5 (freier Ester); II 588,0—574,0 (581,0); III 554,3—531,5 (542,9); IV s. schwach 500; End. Abs. 430[10].

Mangansalz $C_{40}H_{45}O_8N_4MnCl$. Durch 2—3 Minuten langes Aufkochen des Esters in Eisessig mit Manganacetat und Kochsalz gelöst in 60proz. Essigsäure. Beim Erkalten Krystallisation. — Aus Chloroform-Äther Nadeln. Aus Essigester kleine Prismen[2].

Spektrum in Pyridin: I Max. 583,3; II Vorbeschattung 577,3 ... 566,2—532,4 (549,3); Vorbeschattung 507,1 ... ; End. Abs. 487,4 (zuerst sehr stark, dann allmählich verblassend bei etwa 431).

---

[1] H. Fischer u. W. Fröwis: Hoppe-Seylers Z. **195**, 79ff. (1931).
[2] H. Fischer u. J. Hilger: Hoppe-Seylers Z. **149**, 69 (1925).
[3] H. Fischer u. E. Walter: Ber. dtsch. chem. Ges. **60**, 1989 (1927). — H. Fischer u. P. Rothemund: Ber. dtsch. chem. Ges. **61**, 1270 (1928).
[4] H. Fischer u. J. Postowsky: Hoppe-Seylers Z. **152**, 309 (1926).
[5] H. Fischer u. H. Treibs: Liebigs Ann. **450**, 147 (1926).
[6] H. Fischer u. A. Andersag: Liebigs Ann. **458**, 148 (1922).
[7] H. Fischer u. W. Zerweck: Hoppe-Seylers Z. **132**, 13 (1924).
[8] O. Schumm: Liebigs Ann. **132**, 58 (1924); **136**, 254 (1924); **156**, 65 (1926).
[9] A. Treibs: Liebigs Ann. **476**, 44ff. (1929).
[10] H. Fischer u. A. Andersag: Liebigs Ann. **458**, 145 (1927).

Spektrum in Pyridin-Hydrazinhydrat: I s. unscharf Max. etwa 584,6; II 560,2—547,9; III l. Beschattung bei etwa 500,0; IV 483,5—463,6; End. Abs. 438,0 [1].
$$\underbrace{}_{473,5}$$

Chlorferrisalz $C_{40}H_{44}O_8N_4FeCl$. Aus dem Ester durch 1 Minuten langes Kochen mit Ferroacetat-Kochsalz in Eisessiglösung. Beim Stehen Krystallisation. — Aus Eisessig konzentrisch gruppierte nadelförmige Prismen. Läßt sich aus Chloroform-Äther umkrystallisieren [2]. Gibt intensive Benzidinreaktion [2]. Unter der Einwirkung von Hydrazinhydrat in Eisessig wird das Eisen abgespalten [3].

Spektrum in Pyridin (stark gefärbte Lösungen). Verwaschen: I 631; II 550—546; III 519—515. Nach mehrstündigem Stehen verschwinden die Streifen nacheinander (Beginn mit I). Die Farbe ändert sich von Rot nach Kastanienbraun [4].

Spektrum in Pyridin-Hydrazinhydrat: scharf. I 553,2; II 546,8; III 520; IV 485,5 schwach. Auch hier tritt beim Stehen Zerstörung ein. Nach 24 Stunden sind die Streifen verschwunden, die Lösung ist hellgelb [4].

Koprohämin-acetat-ester $C_{42}H_{47}O_{10}N_4Fe$. 0,3 g Koprohäminester werden mit viel überschüssigem Silberacetat 2 Stunden gekocht. Dann wird mit Chloroform versetzt, filtriert, mit Wasser gewaschen, zur Trockene verdampft, mit wenig Eisessig aufgenommen und mit viel Äther versetzt. Beim Stehen Krystallisation. — Derbe Prismen; Schmelzp. 193°.

Spektrum in Chloroform: verwaschen. I 641,7—634,5; II 604,5—569,6; III 548,0—531,6; End. Abs. etwa 506.
$$\underbrace{}_{633,1} \qquad \underbrace{}_{587,0} \qquad \underbrace{}_{539,8}$$

Hämochromogenspektrum: I sehr schwach 552,2—544,9; II unscharf 521,6—516,4; End. Abs. etwa 435 [5].
$$\underbrace{}_{548,6} \qquad \underbrace{}_{519,0}$$

Koprohämatin-tetramethylester $C_{40}H_{44}O_8N_4Fe \cdot OH$. 0,5 g Häminester in Chloroform werden mit 10 proz. Sodalösung kräftig durchgeschüttelt. Dabei Farbenumschlag von rot nach braun. Nach dem Trocknen und Einengen wird mit Äther versetzt. — Derbe Prismen; Schmelzp. 215° [5].

Spektrum in Chloroform: sehr verwaschen; I 607,7—587,2; II 571,3—554,0; End. Abs ab etwa 440.
$$\underbrace{}_{597,5} \qquad \underbrace{}_{562,7}$$

Spektrum in Chloroform-Pyridin-Hydrazinhydrat: Hämochromogenspektrum: I 552,2—545,8; II 521,7—514,9; End. Abs. ab 439.
$$\underbrace{}_{548,7}$$
$$\underbrace{}_{518,3}$$

Gibt mit Eisessig Farbe und Spektrum des Hämins. Auf Zusatz von Äther krystallisieren Nadeln vom Schmelzp. 210°. Diese geben in Pyridin-Hydrazinhydrat genau dasselbe Hämochromogenspektrum wie vorher [5].

Kupfersalz $C_{40}H_{44}O_8N_4Cu$. Durch kurzes Aufkochen einer heißen Eisessiglösung des Esters mit einer heißen Eisessig-Kupferacetatlösung. Nach kurzer Zeit Krystallisation. Absaugen und Waschen mit Eisessig, Alkohol und Äther. — Aus wenig Pyridin und viel Eisessig rote Nadeln 269—270° [6], 284° [7].

Spektrum in Chloroform: I 561,8; II 525,2 [7].
Spektrum in Pyridin: unbeständig [7].

Zinksalz $C_{40}H_{44}O_8N_4Zn$. Durch kurzes Aufkochen des Esters gelöst in heißem Eisessig mit Zinkacetat in Eisessig. Noch heiß Krystallisation. — Aus Alkohol hellrote Nadeln; Schmelzpunkt 299° (korr.) [8].

Kobaltsalz $C_{40}H_{44}O_8N_4Co$. 0,1 g Ester in 4—5 ccm Eisessig werden mit überschüssigem Kobaltacetat unter Rückfluß bis zum völligen Verschwinden des Porphyrinspektrums gekocht (ca. 5 Minuten). Dann wird mit Chloroform versetzt, filtriert, der Eisessig weggewaschen, getrocknet, eingeengt und in Äther gegossen. Dabei Abscheidung des Salzes in rotvioletten Nädelchen, Schmelzp. 270° [9].

[1] H. Fischer, H. Friedrich, W. Lamatsch u. K. Morgenroth: Liebigs Ann. **466**, 160 (1928).
[2] H. Fischer u. H. Andersag: Liebigs Ann. **450**, 223 (1926); **458**, 119 u. 134 (1927).
[3] O. Schumm: Hoppe-Seylers Z. **147**, 223 (1924).
[4] H. Fischer u. H. Andersag: Liebigs Ann. **458**, 145 (1927).
[5] H. Fischer u. W. Fröwis: Hoppe-Seylers Z. **195**, 68 (1931).
[6] H. Fischer u. H. Andersag: Liebigs Ann. **450**, 212 ff. (1926).
[7] H. Fischer u. H. Andersag: Liebigs Ann. **458**, 119 (1927).
[8] H. Fischer, H. Friedrich, W. Lamatsch u. K. Morgenroth: Liebigs Ann. **466**, 161 (1928).
[9] H. Fischer u. W. Fröwis: Hoppe-Seylers Z. **195**, 65 ff. (1931).

Silbersalz $C_{40}H_{44}O_8N_4Ag$. 1 g Ester, in 15 ccm Eisessig suspendiert, wird mit überschüssigem Silberacetat bis zum völligen Verschwinden des Porphyrinspektrums erhitzt. Dann wird mit der 2—3fachen Menge Chloroform gemischt, filtriert, der Eisessig weggewaschen, getrocknet, auf 20 ccm eingeengt und 25 ccm heißer Methylalkohol zugesetzt. Beim Stehen Krystallisation in kleinen Prismen oder Nadeln; Schmelzp. 286°. Ausbeute 0,8 g. — Enthält keinen aktiven Wasserstoff. Durch Methylalkohol-Salzsäure wird das Silber abgespalten.

Spektrum in Pyridin: I stark, scharf 571,4—532,0; II schwächer 536,6—523,0; End. Abs. 429 [1].

$$\underbrace{571,4—532,0}_{561,7} \qquad \underbrace{536,6—523,0}_{529,8}$$

Cadmiumsalz. Darstellung wie beim Mesoporphyrinester beschrieben. — Nadeln.

Spektrum in Chloroform: I 571,1; II 533,5; End. Abs. 431,4 [2].

Tetrahydrazid des Koproporphyrins I $C_{36}H_{48}O_8N_{12}$ 3 g Korpoester werden mit 50 ccm Hydrazinhydrat und 30 ccm Methylalkohol 30 Stunden in siedendem Wasserbad erhitzt. Farbenumschlag von Blauschwarz nach Rotbraun. Ausbeute fast quantitativ [3, 4]. — Unlöslich in fast allen Lösungsmitteln. Umgefällt aus Salzsäure-Ammoniak und mit Pyridin ausgezogen; Schmelzp. über 320° [3].

Eisensalz des Hydrazids. 0,5 g Koprohäminester werden 8—10 Stunden mit 5 ccm Hydrazinhydrat und 10 ccm Methylalkohol auf dem siedenden Wasserbad erwärmt. Beim Abdampfen des Alkohols Abscheidung von feinen Krystallen, die sehr oxydabel und fast unlöslich in organischen Lösungsmitteln sind. Verbrennt unter Verglühen beim Stehen an der Luft.

Tetrazid. 3 g Hydrazid, in 150 ccm 2—3proz. Salzsäure gelöst, werden unter Eiskühlung tropfenweise mit 4,5 ccm einer Lösung von 1 g Natriumnitrit in 10 ccm Wasser für 1 g Hydrazid versetzt (berechnete Menge Jodstärkepapier wird aber noch blauschwarz). Das ausgefallene Azid wird abgesaugt, in Eiswasser verrührt, wieder abgesaugt und mit Eiswasser mineralsäurefrei gewaschen (Kongoreaktion negativ), zunächst auf Ton gestrichen und dann in einem verdunkelten Chlorcalciumexsiccator 4 Stunden getrocknet. — Aus Chloroform-Äther braunrote Nädelchen, die sich bei gewöhnlicher Temperatur rasch, bei 90° explosiv zersetzen.

Spektrum in Chloroform-Äther: I 626,4—621,5; II 598,3 (Schatten); III 582,4 ... $\underbrace{572,1—568,6}_{570,3}$;

$$\underbrace{626,4—621,5}_{624,8}$$

IV $\underbrace{534,6—525,6}_{529,9}$; V $\underbrace{508,3—485,2}_{496,8}$; End. Abs. 430 [3].

Tetraurethan $C_{40}H_{50}O_8N_8$. Das wie oben getrocknete Rohazid wird mit 100—120 ccm abs. Methylalkohol $^1/_2$ Stunde auf dem Wasserbad gekocht und dann auf ein kleines Volumen eingeengt. Das ausgefallene amorphe Produkt wird abgesaugt, getrocknet und mit Chloroform extrahiert. Nach Einengen des Auszugs auf 4—5 ccm Krystallisation in braunroten, feinen Nadeln, Schmelzp. 190°. Ausbeute aus 3 g Koproester 1,2—1,5 g.

Das Urethan ist außerordentlich beständig. Es wird durch konz. Schwefelsäure und Resorcinschmelze bei 200° nicht verändert; erst durch Erhitzen mit Salzsäure auf 200°.

Spektrum in Chloroform-Äther: I 626,1—622,3; II 597,8 (Schatten); III 582,5 ... $\underbrace{571,0—566,8}_{568,9}$;

$$\underbrace{626,1—622,3}_{624,2}$$

IV $\underbrace{534,9—525,1}_{530,0}$; V $\underbrace{510,4—482,9}_{496,7}$; End. Abs. etwa 430 [3].

Kopro-xanthoporphinogen-tetramethylester I.

Mol-Gewicht: 736,65.

Zusammensetzung: 61,98% C; 5,99% H; 24,79% O; 7,24% N. $C_{40}H_{46}O_{12}N_4$.

Darstellung: 0,5 g Koproester in 10 ccm Chloroform und 2 ccm Eisessig werden mit 2 g Bleidioxyd 1,5 Stunden geschüttelt. Hernach wird filtriert, das Filtrat mit Wasser gut gewaschen, im Vakuum konzentriert, der Rückstand mehrmals mit heißem Aceton behandelt, die Lösung filtriert, stark eingeengt, mit Methylalkohol versetzt und durch Konzentrieren das Aceton vollends verjagt [5].

Eigenschaften: Aus Methylalkohol hellgelbe, fast farblose Prismen; Schmelzp. 315° unter Zersetzung. Gibt ein schön krystallisiertes Chlorhydrat. Bei Reduktion mit 3proz.

[1] H. Fischer u. W. Fröwis: Hoppe-Seylers Z. **195**, 65ff. (1931).
[2] H. Fischer u. J. Hilger: Hoppe-Seylers Z. **149**, 69 (1925).
[3] H. Fischer u. W. Fröwis: Hoppe-Seylers Z. **195**, 79 (1931).
[4] H. Fischer, H. Friedrich, W. Lamatsch u. K. Morgenroth: Liebigs Ann. **466**, 161 (1928).
[5] H. Fischer, H. Friedrich, W. Lamatsch u. K. Morgenroth: Liebigs Ann. **466**, 162 (1928).

Natriumamalgam in methylalkoholisch-essigsaurer Lösung entsteht der Koproester zurück[1]. Enthält etwa 9 aktive Wasserstoffatome[2].

Kopro-xanthoporphinogen-säure $C_{36}H_{42}O_{14}N_4$. Durch 20 Minuten langes Kochen von 0,5 g Ester mit 30 ccm 10proz. Natronlauge. Nachdem wird noch heiß mit verdünnter Schwefelsäure ausgefällt und filtriert. — Aus Aceton oder Pyridin-Äther stark gelbe, feine Nadeln. Enthält 2 Mol Krystallwasser. Bei Reduktion mit Natriumamalgam in alkoholischer Lösung entsteht Koproporphyrin zurück[1].

1, 4, 5, 8-Tetramethyl-2, 3, 6, 7-tetrapropionsäure-porphin.
Koproporphyrin II. Isokoproporphyrin.

$$C_{36}H_{38}O_8N_4$$

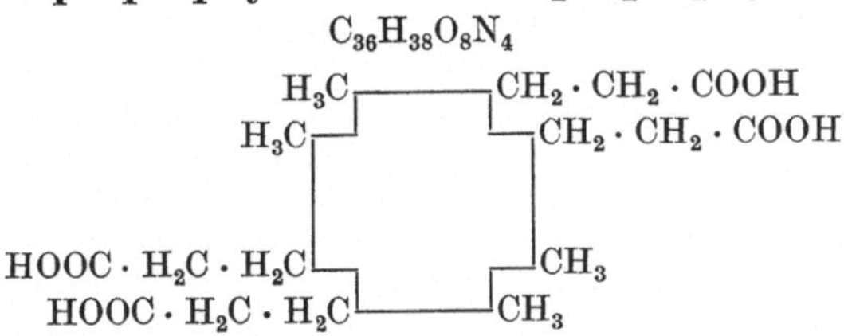

Bildung: Beim Erhitzen des Isouroporphyrins (II) im Vakuum auf 150—170°[3] (Temperatur über 40°). Neben-Koproporphyrin I und III bei 1tägigem Kochen des Hexanatriumsalzes des Bis-(3(β-methylmalonsäure)-4-methyl-5-carboxy-pyrryl)-methans mit 95proz. Ameisensäure[4,5]. Als Nebenprodukt bei der Einwirkung von Ameisensäure auf rohe Opsopyrrolcarbonsäure[4].

Neben Koproporphyrin I und III beim Erhitzen des 2-Brommethyl-3-propionsäure-4-methyl-5-carbäthoxy-pyrrols mit Eisessig-Bromwasserstoff auf 180°[6].

Bei 3stündigem Erhitzen von Bis-(3-propionsäure-4-methyl-pyrryl)-methenbromhydrat (0,5 g) mit 40proz. Formaldehyd (15 ccm) und Bromwasserstoffsäure (5 ccm) auf 120—125°. (Ausbeute 0,0132 g Ester)[7]. Aus Bis-(3-propionsäure-4-methyl-pyrryl)-methenchlorhydrat (0,3 g) mit Formaldehyd (20 ccm) und 50proz. Bromwasserstoffsäure (10 ccm) bei 4stündigem Erhitzen auf 135°[7].

Aus (2, 4(3, 5)-Dimethyl-3(4)propionsäure-pyrryl)-(4(3)-methyl-3(4)-propionsäure-2(5)-brom-pyrrolenyl)-methenbromhydrat (0,5 g) bei 20 Minuten langem Erhitzen mit Bernsteinsäure (2 g) auf 220°. Ausbeute 6%[8].

Darstellung: a) Durch eine Lösung von 3 g Bis-(3-propionsäure-4-methyl-5-carboxypyrryl)-methan (s. S. 499) in 20 ccm Ameisensäure wird 72 Stunden lang Luft geleitet unter stetigem Ersatz der verdunsteten Ameisensäure. Nachdem wird abgesaugt, mit Eisessig verrieben, wieder abgesaugt und mit Eisessig und Äther ausgewaschen. Ausbeute = 390 mg, bei 50 g Einsatz = 3,8 g[9].

b) 0,137 g Bis-(3-propionsäure-4-methyl-5-brom-pyrryl)-methenbromhydrat (s. S. 496) und 0,1 g Bis-(3-propionsäure-4, 5-dimethyl-pyrryl)-methenbromhydrat (s. S. 568) werden mit 0,5 g Bernsteinsäure und etwas Eisessig $^3/_4$ Stunden auf 220° erhitzt. Nachdem wird mit Wasser ausgekocht, dann dreimal mit 10proz. Salzsäure ausgezogen, aus dem salzsauren Auszug das Porphyrin mit Natriumacetat und Essigsäure in Äther getrieben, die ätherische Lösung mehrmals mit 5proz. Salzsäure ausgeschüttelt und aus dem Auszug das Porphyrin mit Natronlauge gefällt[5]. (Nebenbei entsteht noch etwas Koproporphyrin I und II.) Ausbeute 0,013 g.

Nach derselben Methode kann das Porphyrin auch noch dargestellt werden durch 1stündiges Erhitzen von (4(3)-Methyl-3(4)-propionsäure-2(5)-brompyrryl)-(4(3)-methyl-3(4)-propionsäure-2(5)-brom-pyrrolenyl)-methenbromhydrat (0,2 g) (s. S. 495) und dem 2fach bromierten Methen der Kryptopyrrolcarbonsäure (s. S. 551) mit 2 g Bernsteinsäure (2 g) auf 180° (Ausbeute 0,05 g)[7]. Oder auf dieselbe Weise auch aus dem (3-Propionsäure-4-methyl-pyrryl)-(3-propion-

[1] H. Fischer, H. Friedrich, W. Lamatsch u. K. Morgenroth: Liebigs Ann. **466**, 162 (1928).
[2] H. Fischer u. P. Rothemund: Ber. dtsch. chem. Ges. **61**, 1270 (1928).
[3] H. Fischer u. P. Heisel: Liebigs Ann. **457**, 96ff. (1927).
[4] H. Fischer u. A. Treibs: Liebigs Ann. **450**, 136 (1926).
[5] H. Fischer u. H. Andersag: Liebigs Ann. **458**, 130, 139 (1927).
[6] H. Fischer, E. Sturm u. H. Friedrich: Liebigs Ann. **461**, 275 (1928).
[7] H. Fischer u. W. Lamatsch: Liebigs Ann. **462**, 249 (1928).
[8] H. Fischer, H. Friedrich, W. Lamatsch u. K. Morgenroth: Liebigs Ann. **466**, 173 (1928).
[9] H. Fischer u. H. Andersag: Liebigs Ann. **450**, 217 (1926).

säure-4-methyl-pyrrolenyl)-methenbromhydrat (0,1 g) (s. S. 495) und aus dem 2fach bromierten Methen der Kryptopyrrolcarbonsäure (0,1 g) (s. S. 551). (Ausbeute 0,023 g) [1, 2].

Eigenschaften: Aus Pyridin-Eisessig feine Nadeln. Schwer löslich in Eisessig-Äther [3].

Spektrum in Eisessig-Äther: I 624,9—620 7; II 598,6—595,5; III 583,2—572,7; IV 569,8—566,6;

           622,8   597,1   577,9   568,7

V 532,1—523,3; VI 506,0—482,8; End. Abs. 432,5 [4, 5].

  527,7   494,4

Spektrum in 5proz. Salzsäure: I 593,9—588,5; II 570,2—566,5; III 556,4—537,8; (521,6); (507,7—504) [4, 5].

            591,2   568,4   547,1

Kupfersalz $C_{36}H_{36}O_8N_4Cu$. Durch Zusammengießen des Koproporphyrins in Pyridin mit Kupferacetat in Eisessig. — Aus Pyridin-Eisessig rote Nadeln.

Spektrum in Pyridin: I 566,9; II 529,8 [4]. Unbeständig gegen Hydrazinhydrat.

Tetramethylester $C_{40}H_{46}O_8N_4$. Durch mehrstündiges Stehen mit an Salzsäure gesättigtem Methylalkohol. Nachdem wird mit dem gleichen Volumen Methylalkohol verdünnt, filtriert, das Filtrat bei 40° zur Trockne verdampft, der Rückstand unter Eiskühlung mit Sodalösung und Chloroform versetzt, das Chloroform mit Wasser gewaschen, filtriert und auf ein kleines Volumen eingeengt. Noch warm wird mit dem 4fachen Volumen Methylalkohol versetzt. Nach kurzer Zeit Krystallisation, die nach dem Abfiltrieren mit Methylalkohol gewaschen wird [3]. — Aus Chloroform-Methylalkohol Prismen; Schmelzp. 286—289° [4, 6]. Gibt bei der Reduktion mit Eisessig-Jodwasserstoff Hämopyrrolcarbonsäure [4]. Enthält 2 [4]—4 aktive Wasserstoffatome [7].

Spektrum in Chloroform: I 627,3—617,9; II 598,6—596,2; III 582,8—572,8; IV 570,9—563,2:

           622,6   597,6   577,8   567,1

V 541,6—523,1; VI 514,3—480,7 [5].

  537,4   497,4

Chlorferrisalz des Esters $C_{40}H_{44}O_8N_4FeCl$. Durch 1stündiges Erhitzen des in Eisessig gelösten Esters mit Ferroacetat-Kochsalz. Nach Stehen über Nacht Krystallisation. — Aus Chloroform-Äther kurze Prismen von fast schwarzer Farbe. Benzidinreaktion stark positiv [4].

Spektrum in Pyridin: verwaschen (Lösung rot). I 631; II 550—546; III 519—515. Bei langem Stehen Verschwinden der Streifen. Farbe kastanienbraun [5].

Nach Zusatz von Hydrazinhydrat: I 553,2; II 546,8; III 520; IV schwach 485,5. Beim Stehen tritt Zersetzung ein, nach 24 Stunden ist die Lösung hellgelb [5].

Kupfersalz des Esters. Schmelzp. 310°.

Spektrum in Chloroform: I 561,8; II 525,2.

Spektrum in Pyridin: I 564,6; II 531,1. Unbeständig gegen Hydrazinhydrat [5].

Magnesiumsalz des Esters. Spektrum (etwa 624 [Verunreinigung durch freies Porphyrin]). I 588,2—574; II 553,5—530,6; III s. schw. 563; End. Abs. 439.

    581,1   542,1

Tetraäthylester $C_{44}H_{54}O_8N_4$. Durch Verestern des Porphyrins mit an Chlorwasserstoff gesättigtem Äthylalkohol unter Erwärmen. Bei Zusatz von Sodalösung bis zur alkalischen Reaktion wird der Ester gefällt. — Aus Chloroform-Alkohol lange glänzende Nadeln, Schmelzpunkt 258° (korr.) [4].

Rhodin aus Koproester II [8].

Mol-Gewicht: 678,61.

Zusammensetzung: 69,00% C; 6,23% H; 16,51% O; 8,26% N. $C_{39}H_{42}O_7N_4$.

Darstellung: 0,7 g Koproporphyrinester in 30 ccm konz. Schwefelsäure werden mit 60 ccm 20proz. Oleum versetzt. Nach Verschwinden des Porphyrinspektrums wird auf 500 g Eis gegossen, mit Ammoniak in Äther getrieben und eine viermalige Äther-Salzsäurefraktion durchgeführt. Die letzte Ätherlösung wird verdampft, der Rückstand in Pyridin gelöst, im

[1] H. Fischer u. W. Lamatsch: Liebigs Ann. **462**, 249 (1928).
[2] H. Fischer, H. Friedrich, W. Lamatsch u. K. Morgenroth: Liebigs Ann. **466**, 173 (1928)
[3] H. Fischer u. H. Andersag: Liebigs Ann. **450**, 207, 217 (1926).
[4] H. Fischer u. H. Andersag: Liebigs Ann. **458**, 130 ff. (1927). — H. Fischer u. J. Postowsky: Hoppe-Seylers Z. **152**, 309 (1926).
[5] H. Fischer u. H. Andersag: Liebigs Ann. **458**, 144 (1927).
[6] H. Fischer u. P. Heisel: Liebigs Ann. **457**, 93 (1926).
[7] H. Fischer u. E. Walter: Ber. dtsch. chem. Ges. **60**, 1989 (1927).
[8] H. Fischer u. J. Hierneis: Hoppe-Seylers Z. **196**, 167 (1931).

Vakuum auf ein kleines Volumen eingeengt und mit viel Methylalkohol versetzt. Nach 2 tägigem Stehen 200 mg Krystallisation.

Je 93 mg Rohprodukt, in wenig Pyridin gelöst, werden mit 120 ccm einer acetonischen Diazomethanlösung versetzt und nach 24 stündigem Stehen (Chlorcalciumrohr) 200 ccm Methylalkohol zugegeben. Nach mehrstündigem Stehen Krystallisation, die mit Methylalkohol ausgewaschen wird.

Eigenschaften: Aus Aceton-Methylalkohol glänzende, sechseckige Blättchen. Schmelzpunkt 220°. Umkrystallisierbar aus Pyridin-Methylalkohol.

Spektrum des freien Rhodins und des Esters in Pyridin (verwaschen). I 644,3—631,7; II breiter

$$638,0$$

Schatten 590,6—577,8; III 555,4—544,7; IV 522,1—504,7; End. Abs. 447. Intensität: I, IV, III, II [1].

$$584,2 \qquad 550,0 \qquad 513,4$$

Tetramethylester des 1, 3, 5, 8-Tetramethyl-2, 4, 6, 7-tetrapropionsäure-porphins [2].
Tetramethylester des Koproporphyrins III (β-Iso-koproporphyrin).

$$C_{40}H_{46}O_8N_4$$

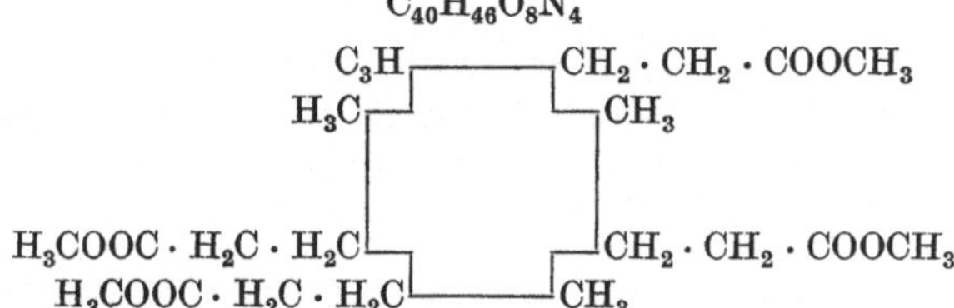

Vorkommen: In Harn und Faeces bei einem Fall von kongenitaler Porphyrie [3] und im Harn nach Bleivergiftungen [4].

Bildung: Neben Koproporphyrin I und II bei 1 tägigem Kochen des Hexanatriumsalzes des Bis-(3 (β-methylmalonsäure)-4-methyl-5-carboxy-pyrryl)-methans mit 95 proz. Ameisensäure (bei 50 g Einsatz Ausbeute = 3,2 g) [5, 6], oder bei 2 stündigem Erhitzen des 2-Brommethyl-3-propionsäure-4-methyl-5-carbäthoxy-pyrrols mit Eisessig-Bromwasserstoff oder mit Bernsteinsäure auf 180° [7].

Neben Koproporphyrin I bei 30 Minuten langem Erhitzen von 4, 3′, 5′-Trimethyl-5-brom-3, 4′-dipropionsäure-pyrro-methenbromhydrat (0,834 g) und 3, 5, 3′-Trimethyl-4, 4′-dipropionsäure-pyrromethenbromhydrat (0,70 g) mit Bernsteinsäure (4 g) auf 170—173° [8].

Darstellung: a) 0,278 g Bis-3 (4)-propionsäure-4 (3)-methyl-(5 (2)-brom-pyrryl)-methenbromhydrat (s. S. 496) und 0,22 g (3-Propionsäuremethylester-4, 5-dimethyl-pyrryl)-(2, 4-dimethyl-3-äthyl-pyrrolenyl)-methenbromhydrat (s. S. 567) werden mit 2 g Bernsteinsäure ½ Stunde auf 165—170—165° erhitzt. Nachdem wird pulverisiert, mit 100 ccm heißem Wasser behandelt, das Porphyrin mit Natriumacetat ausgefällt, filtriert, getrocknet und mit heißer 10 proz. Salzsäure bis fast zur Farblosigkeit derselben extrahiert. Der Rückstand wird nach Lösen in heißem Eisessig wie üblich über Äther-Salzsäure gereinigt. Aus den vereinigten salzsauren Lösungen wird das Porphyrin nun wieder ausgeflockt und mit Methylalkohol-Salzsäure unterhalb 40° verestert. Ausbeute 40 mg [9].

b) 0,16 g 4, 3′-Dimethyl-5, 5′-dibrommethyl-3-propionsäuremethylester-4′-propionsäure-pyrromethenbromhydrat (s. S. 554) und 0,10 g 3, 3′-Dimethyl-4, 4′-dipropionsäure-pyrromethenbromhydrat (s. S. 495), mit 0,750 g Bernsteinsäure fein zerrieben, werden 30 Minuten auf 172

[1] H. Fischer u. J. Hierneis: Hoppe-Seylers Z. **196**, 167 (1931).

[2] H. Fischer u. G. Stangler: Liebigs Ann. **459**, 67 (1927). — H. Fischer u. H. Andersag: Liebigs Ann. **458**, 121 (1927).

[3] H. v. d. Bergh, Reyniers u. Müller: Arch. Verdgskrkh. **42**, 316 (1928). — Vgl. Hoppe-Seylers Z. **182**, 286 (1929).

[4] A. v. Hymans u. v. d. Bergh: Versl. Akad. Wetensch. Amsterd., Wis- en natuurkd. Afd. **38**, 15 (1929) — Nederl. Tijdschr. Geneesk. **15**, 387 (1929).

[5] H. Fischer u. A. Treibs: Liebigs Ann. **450**, 136 (1926).

[6] H. Fischer u. H. Andersag: Liebigs Ann. **458**, 133 (1927).

[7] H. Fischer, E. Sturm u. H. Friedrich: Liebigs Ann. **462**, 275 (1928).

[8] H. Fischer u. J. Hierneis: Hoppe-Seylers Z. **196**, 162 (1931).

[9] H. Fischer, K. Platz u. H. Morgenroth: Liebigs Ann. **482**, 283 (1929).

bis 175° erhitzt. Noch flüssig wird die Schmelze mit heißem Wasser behandelt und filtriert. Im Filtrat wird das Porphyrin mit Natriumacetat und mehrstündigem Erhitzen am Wasserbad ausgeflockt und mit dem Rückstand zusammen verarbeitet. Dieser Rückstand wird in konz. Salzsäure und Eisessig heiß gelöst, der Auszug mit Wasser auf das dreifache Volumen verdünnt, filtriert und der neue Rückstand durch Wiederholung obiger Operation vollends porphyrinfrei gemacht. Aus den vereinigten salzsauren Lösungen wird nun das Porphyrin durch Neutralisieren mit festem Natriumhydroxyd ausgeflockt, wieder in Salzsäure gelöst, in Äther getrieben, die Ätherauszüge (etwa 1,5 l) mit Wasser methenfrei gewaschen, auf 500 ccm eingeengt, dann mit 5proz. Salzsäure extrahiert, das Porphyrin daraus mit Natriumacetat ausgeflockt, filtriert, mit wenig Wasser gewaschen (gibt mit Wasser gern kolloidale Lösungen) und nach a) verestert. Ausbeute 14%[1].

c) 0,71 g 4, 5, 3′, 5′-Tetramethyl-3-propionsäuremethylester-4-propionsäure-pyrromethenbromhydrat (s. S. 553) und 0,757 g 3, 3′-Dimethyl-5,·5′-dibrom-4, 4′-dipropionsäure-pyrromethenbromhydrat (s. S. 495) werden mit 4,5 g Bernsteinsäure 20 Minuten auf 170—180° erhitzt und wie oben aufgearbeitet. Ausbeute 11,3%[1].

Eigenschaften: Aus Chloroform-Methylalkohol in konz. Lösung nach längerem Stehen sternförmig angeordnete prismatische Nadeln, aus Methylalkohol derbe Prismen[2]. Schmelzpunkt je nach Krystallisation 135—169°[1]. Ist dimorph[3]; Schmelzp. a = 146°, Schmelzp. b = 167—170° (korr.)[3]. Beim Erhitzen wandelt sich der niedrigschmelzende Ester in den höherschmelzenden um[1]. Leicht löslich in Eisessig-Äther. Enthält 2 aktive Wasserstoffatome[2]. Bei der Reduktion mit Eisessig-Jodwasserstoff entsteht Hämopyrrolcarbonsäure[2]. Bei Reduktion mit 3proz. Natriumamalgam bildet sich die Leukoverbindung; reoxydierbar an der Luft[2]. Das Chlorhydrat ist in Wasser leicht löslich[2]. Enthält etwa 4 aktive Wasserstoffatome[4].

Spektrum genau wie bei Koproporphyrin I und II.

Kupfersalz $C_{40}H_{44}O_8N_4Cu$. Durch kurzes Kochen des in Eisessig gelösten Esters mit Kupferacetat. Die heiße Lösung wird mit Wasser bis kurz vor die einsetzende Trübung versetzt. Beim Erkalten Krystallisation. — Aus 60proz Essigsäure sternförmig angeordnete Nädelchen; Schmelzp. 177° (korr.). Leicht löslich in Eisessig und Chloroform; schwer in Petroläther.

Spektrum genau wie beim Kupfersalz des Koproesters I[2].

Chlorferrisalz $C_{40}H_{44}O_8N_4FeCl$. Darstellung wie beim Koproester I. Infolge der größeren Löslichkeit bleibt ein großer Teil in der Mutterlauge. Zur Gerinnung wird mit Chloroform versetzt mit Wasser entmischt, die Chloroformlösung gewaschen, filtriert, das Chloroform vollständig verdampft, der Rückstand in wenig warmem Methylalkohol gelöst und mit Äther versetzt. Beim Stehen Krystallisation. — Aus Methylalkohol-Äther 1:1 violettschwarze, glänzende Rhomben. Benzidinreaktion stark positiv[2]. Besitzt 6—7 aktive Wasserstoffatome[5].

Spektrum genau wie beim Eisensalz des Koproesters I[2].

Magnesiumsalz. Spektrum genau wie beim Magnesiumsalz des Koproesters I[6].

Tetraäthylester $C_{44}H_{54}O_8N_4$. Aus dem freien Porphyrin mit gesättigter äthylalkoholischer Salzsäure. Beim Versetzen der Lösung mit Soda fällt der Ester erst ölig aus, wird aber beim Kühlen und Reiben fest. — Aus Alkohol-Wasser rotbraune, zu Igeln vereinigte Nadeln; Schmelzpunkt unscharf 124° (korr.)[2].

1, 3, 5, 8-Tetramethyl-2, 4, 6, 7-tetrapropionsäure-porphin[2].
$$C_{36}H_{38}O_4N_4$$

Darstellung: Durch mehrstündiges Kochen des Tetramethylesters mit 10proz. Natronlauge. Beim Ansäuern mit Essigsäure fällt das Porphyrin amorph aus.

Eigenschaften: Läßt sich nur in amorpher Form gewinnen. Leicht löslich in Eisessig-Äther. Gibt ein leichtlösliches Chlorhydrat. Bei der Reduktion mit 3proz. Natriumamalgam bildet sich die Leukoverbindung, die dann durch Luftoxydation wieder in Porphyrin übergeht.

Spektrum genau wie beim Koproporphyrin I[2].

[1] H. Fischer u. J. Hierneis: Hoppe-Seylers Z. **196**, 162 (1931). — H. Fischer u. P. Heisel: Liebigs Ann. **457**, 85, 95 (1906).

[2] H. Fischer u. H. Andersag: Liebigs Ann. **458**, 133ff. (1927).

[3] H. Fischer, K. Platz u. A. Morgenroth: Hoppe-Seylers Z. **182**, 284 (1929).

[4] H. Fischer u. E. Walter: Ber. dtsch. chem. Ges. **60**, 1989 (1927).

[5] H. Fischer u. P. Rothemund: Ber. dtsch. chem. Ges. **64**, 201ff. (1931).

[6] H. Fischer, K. Platz u. H. Morgenroth: Liebigs Ann. **482**, 283 (1929).

Kupfersalz $C_{36}H_{36}O_8N_4Cu$. Durch kurzes Aufkochen des in Pyridin gelösten Porphyrins mit Kupferacetat in Eisessig. Nach Zusatz von etwas Wasser fällt das Salz aus. — Aus Pyridin-Eisessig-Wasser rote, äußerst feine, kurze Nädelchen [1,2].

Chlorhydrat. Durch Lösen des Porphyrins in heißer 5proz. Salzsäure. Beim Erkalten und Reiben Krystallisation. — Dicke, rote, parallel auslöschende Prismen [1,2].

Tetramethylester des 1, 4, 6, 7-Tetramethyl-2, 3, 5, 8-tetrapropion-säure-porphins.
Tetramethylester des Koproporphyrins IV.

$$C_{40}H_{46}O_8N_4$$

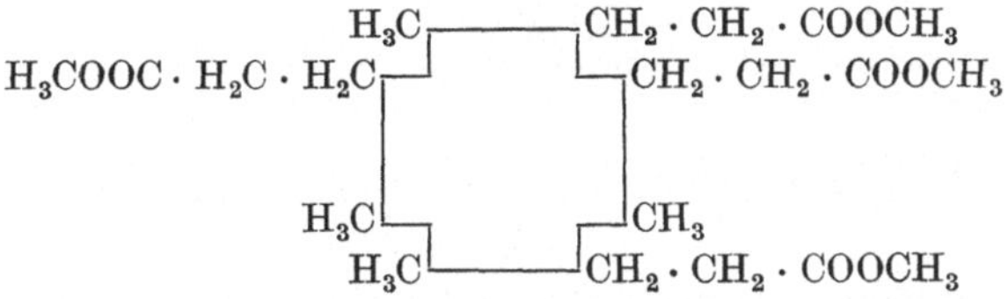

$$H_3COOC \cdot H_2C \cdot H_2C \quad \begin{array}{c} H_3C \quad\quad CH_2 \cdot CH_2 \cdot COOCH_3 \\ \quad\quad CH_2 \cdot CH_2 \cdot COOCH_3 \\ \\ H_3C \quad\quad CH_3 \\ H_3C \quad\quad CH_2 \cdot CH_2 \cdot COOCH_3 \end{array}$$

Bildung: Aus Bis-(2, 4-dimethyl-3-propionsäure-pyrryl)-methenbromhydrat und Bis-(2(5)-brom-4(3)-methyl-3(4)-propionsäure-pyrryl)-methenbromhydrat durch Kondensation mittels Bernsteinsäure oder Bromwasserstoff-Eisessig [2].

Durch Erhitzen von 3, 3'-Dimethyl-4, 4'-propionsäuremethylester-5, 5'-dimethyl-mer-captomethyl-pyrro-methenbromhydrat und 4, 4'-Dimethyl-3, 3'-dipropionsäure-5, 5'-dibrom-pyrromethenbromhydrat mittels Bernsteinsäure auf 170—180° [3].

Darstellung: a) 0,1 g Bis-(2-brommethyl-3-propionsäure-4-methyl-pyrryl)-methenbrom-hydrat (s. S. 551) und 0,1 g Bis-(5(2)-brom-4(3)-methyl-3(4)-propionsäure-pyrryl)-methenbrom-hydrat (s. S. 496) werden mit der 10fachen Menge wasserfreier Bernsteinsäure bis zur Beendigung der Bromwasserstoffentwicklung auf 175° erhitzt. Die weitere Reinigung erfolgt nach dem schon öfters beschriebenen Kombinationsverfahren. Veresterung wie üblich. Ausbeute 30,8 % [2].

2. In 30 g auf 150—160° erhitzte Methylbernsteinsäure wird ein Gemisch von 7,5 g 3, 3'-Dimethyl-4, 4'-dipropionsäure-5, 5'-dibrommethyl-pyrromethenbromhydrat (s. S. 495) und 7,5 g 3, 3'-Dipropionsäure-4, 4'-dimethyl-5, 5'-dibrom-pyrromethenbromhydrat (s. S. 496) eingetragen und die Temperatur noch $^1/_2$ Stunde gehalten. Die Schmelze wird warm in Ammoniak ge-löst, verdünnt, das Porphyrin mit Essigsäure gefällt, filtriert, vorsichtig mit Wasser ge-waschen und mehrmals mit 10proz. Salzsäure ausgekocht. Aus den Auszügen wird das Por-phyrin vorsichtig mit Natronlauge ausgefällt, wieder in Salzsäure gelöst und die Operation des Fällens und Lösens 4—5mal wiederholt. Die letzte Fällung wird im Vakuum über Ätz-kali getrocknet, verestert und wie üblich über Chloroform aufgearbeitet [2].

3. Je 0,3 g 3, 3'-Dimethyl-4, 4'-dipropionsäure-5, 5'-dibrom-pyrromethenbromhydrat (s. S. 495) und 3 3'-Dipropionsäure-4, 5, 4', 5'-tetramethyl-pyrromethenbromhydrat (s. S. 568) werden mit 3 g Bernsteinsäure 30 Minuten auf 175° erhitzt. Dann wird in Pyridin gelöst, diese Lösung in viel Äther gegossen, der Äther mit 10proz. Salzsäure ausgeschüttelt und nun mehr-mals über Äther-Salzsäure fraktioniert, indem die salzsaure Lösung alkalisch gemacht und das Porphyrin durch Zugabe von viel Essigsäure in Äther getrieben wird. Der letzte Äther wird abdestilliert, der Rückstand über Ätzkali getrocknet und verestert [2].

Eigenschaften: Aus Chloroform-Methylalkohol 1 : 1 Krystalle vom Schmelzp. 168—169° [2] (Sinterung ab 161°); 183° [4].

Spektroskopisch identisch mit Koproporphyrinester I, II, III [2].

Spektrum in Äther: I 649,7—638,0; II 624,7—621,4; III 599,4 ... Max. 585,7 ... 570,0—567,0;

643,9   623,1   568,5

IV 553,2 ... 541,0—533,0 ... 526,2; V 514,3 ... 511,0—496,0; End. Abs. 435,0; Intensität: I, V, IV, III, II.   537,0   503,5

---

[1] H. Fischer u. H. Andersag: Liebigs Ann. **458**, 133 (1927).
[2] H. Fischer, K. Platz u. H. Morgenroth: Hoppe-Seylers Z. **182**, 278ff. (1930).
[3] H. Fischer u. A. Kürzinger: Hoppe-Seylers Z. **196**, 226 (1931).
[4] H. Fischer u. A. Kürzinger: Hoppe-Seylers Z. **196**, 239 (1931).

Spektrum in 5proz. Salzsäure: I 627,2—616,3; II s. schw. 599,0—587,7; III 577,8...
557,3—543,8; End. Abs. 428,0.

$\underbrace{\qquad}_{621,8}$ $\underbrace{\qquad}_{593,4}$

$\underbrace{\qquad}_{550,6}$

Kupfersalz $C_{40}H_{44}O_8N_4Cu$. Durch Zusammengießen der heißen konz. essigsauren Porphyrinlösung mit einer heißen Kupferacetatlösung. Nach längerem Stehen Krystallisation. — Aus Eisessig rote Nädelchen, Schmelzp. 216—217°. Schwer löslich in Eisessig[1].

Chlorferrisalz $C_{40}H_{44}O_8N_4FeCl$. Der Ester gelöst in möglichst wenig heißem Eisessig wird tropfenweise mit einer Auflösung von metallischem Eisen und etwas Kochsalz in Eisessig versetzt und die braune Lösung 1 Stunde im siedenden Wasserbad erhitzt. Bei längerem Stehen Krystallisation. — Aus Eisessig-Wasser feine Nädelchen[1].

Tetraäthylester $C_{44}H_{54}O_8N_4$. Aus dem freien Porphyrin und äthylalkoholischer Salzsäure. — Aus Chloroform-Äthylalkohol rotblaue Nadeln, Schmelzp. 152° (korr.)[1].

Kupfersalz des Tetraäthylesters $C_{44}H_{52}O_8N_4Cu$. Darstellung wie beim Methylester beschrieben. Nach 2tägigem Stehen Krystallisation. — Aus Eisessig rote büschelförmige Nadeln; Schmelzp. 180—181°[1].

1, 4, 6, 7-Tetramethyl-2, 3, 5, 8-tetrapropionsäure-porphin[2].
$$C_{36}H_{38}O_8N_4$$

Koproporphyrinchlorhydrat in Pyridin wird am Wasserbad erwärmt, dann mit 50proz. Essigsäure bis eben zur Trübung versetzt und nun wieder bis zur Klarheit erwärmt. Bei längerem Stehen Krystallisation. Nach dem Filtrieren wird mit Eisessig gewaschen.

Eigenschaften: Aus Pyridin-Eisessig lange blaurote Nadeln; die bis 300° nicht schmelzen. Leicht löslich in Pyridin, Chloroform; schwer löslich in Eisessig.

Chlorhydrat $C_{36}H_{38}O_8N_4 \cdot 2\,HCl$. Der Ester wird in konz. Salzsäure gelöst, einige Zeit gekocht und dann am Wasserbad zur Trockene verdampft. Nach Wiederholung dieser Operation wird in konz. Salzsäure gelöst und darnach bis auf einen 15proz. Gehalt verdünnt. Beim Stehen Krystallisation, die mit verdünnter Salzsäure gewaschen wird. — Schmelzp. 285°.

Eisensalz $C_{36}H_{36}O_8N_4FeCl$. Durch Erwärmen des Porphyrinchlorhydrats mit Ferroacetat-Eisessig und etwas Kochsalz. Beim Stehen Krystallisation. — Aus Eisessig kleine blauschwarze Nadeln; Schmelzp. 300°

Hämochromogenspektrum: I 557,4—540,2; II 526,5 — Max. 518,5—497,8; End. Abs. 437,0.

$\underbrace{\qquad}_{548,8}$

Kupfersalz $C_{36}H_{36}O_8N_4Cu$. Durch Versetzen einer Pyridinlösung des Porphyrins bei Wasserbadtemperatur mit Kupferacetat-Eisessig. Nach kurzer Zeit Krystallisation, die nach dem Filtrieren erst gut mit Eisessig, dann mit Äther gewaschen wird. — Aus Pyridin-Eisessig sehr feine Nadeln; löslich in Pyridin; unlöslich in Chloroform.

Spektrum in Pyridin: I 577,9—548,2; II 542,4—512,1; End. Abs. 435,6. Intensität: I, II.

$\underbrace{\qquad}_{563,0}$ $\underbrace{\qquad}_{527,2}$

Rhodin des Koproporphyrins IV[2].

Mol-Gewicht: 678,61.

Zusammensetzung: 68,99% C; 6,24% H; 16,51% O; 8,26% N. $C_{39}H_{42}O_7N_4$.

Darstellung: 0,50 g Koproester gelöst in 20 ccm konz. Schwefelsäure werden mit 30 ccm Oleum versetzt, wobei sich die Farbe von Dunkelblau nach Blaugrün ändert. Wenn das Porphyrinspektrum verschwunden ist, wird auf Eis gegossen, das Rhodin mit Ammoniak in Äther getrieben, 3—4mal über Äther-Salzsäure fraktioniert (Vermeidung von längerem Stehen in der Salzsäure wegen Zersetzung und Verwendung von viel Äther). Die letzte ätherische Lösung wird gut mit Wasser gewaschen, getrocknet und auf 1 l eingeengt. Das beim Stehen ausgefallene Rhodin wird in Aceton gelöst, Diazomethanlösung zugegeben und nach dem Stehen über Nacht mit Methylalkohol versetzt. Beim Stehen Krystallisation, die nach dem Absaugen mit Methylalkohol und Äther gewaschen wird.

Eigenschaften: Aus Aceton-Methylalkohol blaue, wetzsteinförmige Krystalle; Schmelzpunkt 183—184°. Mischschmelzpunkt mit Koproester 168—170°.

Spektrum in Aceton: I 646,5—625,2; II 595,1—575,0; III 556,1—537,5; IV 525,5—494,3;

$\underbrace{\qquad}_{635,8}$ $\underbrace{\qquad}_{585,1}$ $\underbrace{\qquad}_{546,8}$ $\underbrace{\qquad}_{509,9}$

End. Abs. 462,7. Intensität: I, IV, III, II.

---

[1] H. Fischer, K. Platz u. H. Morgenroth: Hoppe-Seylers Z. **182**, 278 (1930).
[2] H. Fischer u. A. Kürzinger: Hoppe-Seylers Z. **196**, 238 (1931).

Tetramethylester des 1, 3, 5, 7-Tetraäthyl-2, 4, 6, 8-tetrapropionsäure-porphins[1].
Tetramethylester des Homo-koproporphyrins I.

Mol-Gewicht: 756,73.

Zusammensetzung: 68,89% C; 7,10% H; 16,70% O; 7,31% N. $C_{44}H_{54}O_8N_4$.

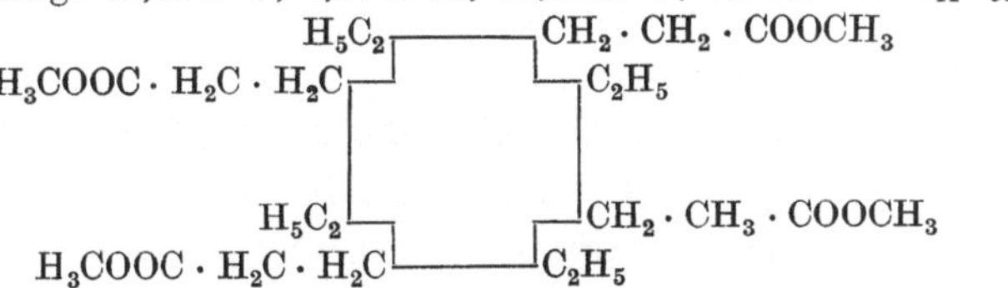

Bildung: Bei 1 stündigem Erhitzen des 2-Brommethyl-3-propionsäure-4-äthyl-5-carb-äthoxypyrrols mit der dreifachen Gewichtsmenge Bernsteinsäure auf 190°[1].

Darstellung: 1 g (2-Brom-3-äthyl-4-propionsäure-pyrryl)-(2-methyl-3-propionsäure-4-äthyl-pyrrolenyl)-methenbromhydrat (s. S. 526) wird mit 3 g Bernsteinsäure $^1/_2$ Stunde auf 200° erhitzt. Aus der Schmelze wird die Bernsteinsäure mit heißem Wasser herausgelöst, danach der Rückstand in Eisessig gelöst, die Lösung in etwas konz. Salzsäure gegossen, das Gemisch auf 6% Salzsäuregehalt gebracht, filtriert und der Rückstand noch zweimal der Eisessig-Salzsäure-Operation unterworfen. Aus den vereinigten salzsauren Lösungen wird das Porphyrin mit Natriumacetat abgeschieden, filtriert, gewaschen, getrocknet und mit Methylalkohol-Salzsäure verestert. Ausbeute 260 mg = 34%[1].

Eigenschaften: Aus Chloroform-Methylalkohol oder Pyridin lange Nadeln; Schmelzp. 193°. Mischschmelzpunkt mit Po. II 160°; mit IV Schmelzpunktsdepression 8°.

Spektrum: I 625,6—620,0; II schwach Max. 596,2; III breit im Grün, mehrere Max.; IV stark
$$\underset{622,8}{\underline{}}$$
549,5—529,4; V 511,4—491,4; VI schw. 471; End. Abs. 433,4. Intensität: V, IV, I, III, II.
$$\underset{539,4}{\underline{}}$$

Kupfersalz $C_{44}H_{52}O_8N_4Cu$. Eine Lösung des Esters in Eisessig wird solange mit einer heiß gesättigten Kupferacetatlösung versetzt, bis nur noch das reine Komplexsalzspektrum zu beobachten ist. Schon in der Hitze Krystallisation; nach dem Erkalten absaugen und nacheinander mit Eisessig, heißem Wasser, Alkohol und Äther waschen. — Aus Pyridin-Äther rote Nadeln, Schmelzp. 265°.

Eisensalz $C_{44}H_{52}O_8N_4FeCl$. Durch kurzes Aufkochen des Esters mit Ferroacetat-Kochsalz in Eisessig. Beim Erkalten Krystallisation. — Aus Chloroform-Äther dunkle Nadeln; Schmelzp. 170°.

Spektrum in Chloroform: Max.: I 639,7 (im Rot); II breit, diffus 539 (im Grün); III schw. 500; End. Abs. 500.

Spektrum in Pyridin-Hydrazinhydrat: I 550,6—545,2; II 520,3—516,0; III s. schw. 509,6—505; End. Abs. 431.
$$\underset{547,9}{} \quad \underset{518,1}{} \quad \underset{507,4}{}$$

Tetramethylester des 1, 4, 5, 8-Tetraäthyl-2, 3, 6, 7-tetrapropionsäure-porphins.
Tetramethylester des Homo-koproporphyrins II.

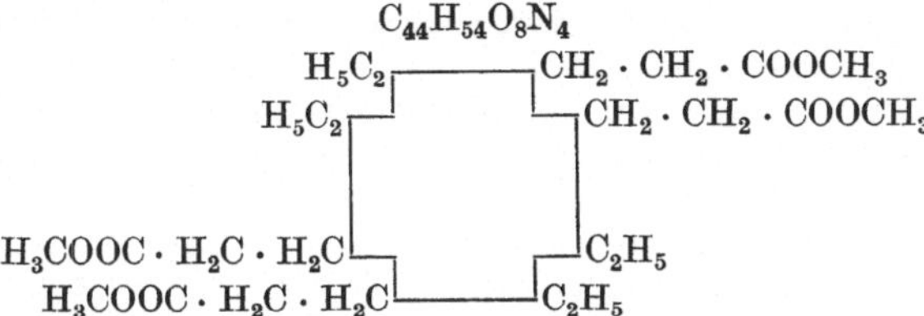

Darstellung: 5 g Bis-(5(2)-carboxy-3-propionsäure-4-äthyl-pyrryl)-methan (s. S. 526) bleiben mit 5 ccm Ameisensäure 8 Tage bei 40° stehen. Nachdem wird die Ameisensäure abgedunstet, der Rückstand in Eisessig gelöst, konz. Salzsäure hinzugegeben, mit Wasser auf 10% Salzsäuregehalt verdünnt, filtriert und mit dem Rückstand die Eisessig-Salzsäure-Operation noch zweimal

---

[1] H. Fischer u. G. Stangler: Liebigs Ann. **462**, 258 (1928).

wiederholt. Die vereinigten salzsauren Lösungen werden mit Natriumacetat versetzt und das Porphyrin in Äther aufgenommen. Reinigung durch öfteres Wiederholen dieser Salzsäure-Äther-Methode. Nachdem wird die Ätherlösung eingedampft und der Rückstand wie üblich verestert. Ausbeute 20 mg[1].

Eigenschaften: Mäßig gut ausgebildete Krystalle, Schmelzp. 170°. Mischschmelzpunkt mit Po. I 160°; mit IV Schmelzpunktsdepression 7° (173°).

Spektren wie bei Porphyrin I.

Tetramethylester des 1, 4, 6, 7-Tetraäthyl-2, 3, 5, 8-tetrapropionsäure-porphins IV[2].
Tetramethylester des Homo-koproporphyrins IV.

$$C_{44}H_{54}O_8N_4$$

$$H_3COOC \cdot H_2C \cdot H_2C \quad \begin{array}{c} H_5C_2 \\ \\ \\ H_5C_2 \\ H_5C_2 \end{array} \begin{array}{c} CH_2 \cdot CH_2 \cdot COOCH_3 \\ CH_2 \cdot CH_2 \cdot COOCH_3 \\ \\ C_2H_5 \\ CH_2 \cdot CH_2 \cdot COOCH_3 \end{array}$$

Darstellung: 0,6 g Bis-(5(2)-brom-4(3)-äthyl-3(4)-propionsäure-pyrryl)-methenbromhydrat (s. S. 525) und 0,45 g Bis-(2-methyl-3-propionsäure-4-äthyl-pyrryl)-methenbromhydrat (s. S. 478) werden mit 3 g Bernsteinsäure $^3/_4$ Stunden auf 200° erhitzt. Nachdem wird aus der Schmelze die Bernsteinsäure mit Wasser entfernt, dann aus dem Rückstand das Porphyrin mit Eisessig-Salzsäure isoliert und wie bei Tetrapropionsäure II aufgearbeitet. — Ausbeute 100 mg.

Eigenschaften: Aus Chloroform-Methylalkohol oder Pyridin lange, fadenförmige Krystalle, Schmelzp. 182°. Schmelzpunktsdepression mit Po. I 8° (174°); mit II 7° (163°).

Spektren wie bei Porphyrin I.

Koncho-porphyrin[3].

Mol-Gewicht: 748,57.
Zusammensetzung: 65,50% C; 6,28% H; 20,73% O; 7,49% N. $C_{40}H_{48}O_{10}N_4$.

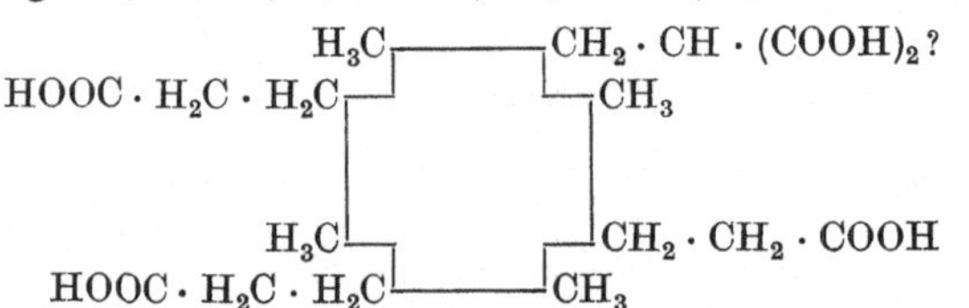

$$HOOC \cdot H_2C \cdot H_2C \quad \begin{array}{c} H_3C \\ \\ \\ H_3C \\ HOOC \cdot H_2C \cdot H_2C \end{array} \begin{array}{c} CH_2 \cdot CH \cdot (COOH)_2\,? \\ CH_3 \\ \\ CH_2 \cdot CH_2 \cdot COOH \\ CH_3 \end{array}$$

Darstellung: Fein zermahlenes Pulver der Perlmuschel Pteria radiata wird unter Umschütteln mit stark methylalkoholischer Salzsäure solange versetzt, bis der Bodensatz mit einer größeren Schicht Alkohol bedeckt ist. Nach 12stündigem Stehen wird abgegossen, die alkoholisch-salzsaure Lösung nach portionsweisem Eingießen in 150—200 Chloroform gut durchgeschüttelt und vorsichtig mit eisgekühltem destilliertem Wasser versetzt (nicht zuviel Wasser, sonst Emulsion). Dabei Ausscheidung einer weißen flockigen Substanz, die sich an der Trennungsschicht ansammelt. Nach dem Ablassen der klaren, roten Chloroformschicht wird mit neuen Chloroformmengen die Extraktion solange wiederholt, bis alles Porphyrin sowohl aus dem flockigen als auch aus dem wässerigen Teil herausgeholt ist. Die vereinigten Auszüge werden mit Wasser geschüttelt, bis keine Abscheidung mehr eintritt; hierauf erst mit sehr verdünnter Sodalösung, dann mit destilliertem Wasser gewaschen; über Pottasche getrocknet, die schwarzbraune Lösung bis fast zur Trockene eingeengt und der Porphyrinester mit siedendem Methylalkohol gefällt.

Eigenschaften: Braunrote, außerordentlich dünne, sehr leicht verbiegbare Prismen, Schmelzp. 271—273°; mit Doppelbrechung und anscheinend paralleler Auslöschung. Gibt bei

[1] H. Fischer u. G. Stangler: Liebigs Ann. **462**, 261 (1928).
[2] H. Fischer u. G. Stangler: Liebigs Ann. **462**, 263 (1928).
[3] H. Fischer u. K. Jordan: Hoppe-Seylers Z. **190**, 81 f. (1930).

3 stündigem Erhitzen mit 1 proz. Salzsäure im Rohr Koproporphyrin. Spektrum gegen Uroester etwas, gegen Isouroester deutlich nach Rot verschoben.

Spektrum in Chloroform: I verwaschen $\underbrace{629,6-623,4}_{626,5}$; II Schatten 599,8; III 585,7 . . .

$\underbrace{573,7-569,1}_{571,4}$; IV $\underbrace{542,6-530,0}_{536,3}$; V 513,0 . . . Max. . . . 506,5 . . . Max. 501,7 . . . 490,7; End. Abs. 432,5.

Intensität: V, IV, I, III, II.

Chlorferrisalz.

Spektrum: I 551,1; II 520,9.

Trimethylester des 1, 3, 5, 8-Tetramethyl-2, 4-diäthyl-6-methylmalon-säure-7-propionsäure-porphins[1].

Mol-Gewicht: 652,4.

Zusammensetzung: 69,90% C; 6,80% H; 14,71% O; 8,59% N. $C_{38}H_{44}O_6N_4$.

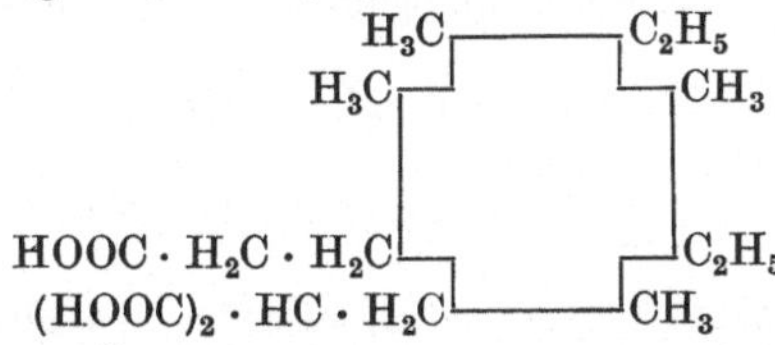

Darstellung: 0,2 g Ätherester des Oxymethyl-pyrroporphyrins (1, 3, 5, 8-Tetramethyl-2, 4-diäthyl-6-oxymethyl-7-propionsäure-porphin) $C_{34}H_{40}O_3N_4$ werden in das Bromhydrat des 6-Brommethyl-porphins überführt, dieses in 90 ccm trockenem Aceton gelöst und mit dem aus 0,5 g Kalium und 2 g Malonsäurediäthylester bereiteten Kaliummalonester 3 Stunden kräftig geschüttelt. Nach Stehen über Nacht wird mit 5 proz. Salzsäure schwach angesäuerte mit Wasser verdünnt, das Porphyrin mit Hilfe von Ammoniak in 1,5 l Äther getrieben, die ätherische Lösung zweimal mit 500 ccm 2 proz. Salzsäure ausgezogen (ein Teil Porphyrin bleibt im Äther), das Porphyrin daraus in 1 l Äther getrieben, der Äther mit Wasser gewaschen, filtriert und verdampft. Der Rückstand wird mit methylalkoholischer Salzsäure über Nacht stehengelassen, dann in Chloroform gegossen, hierzu Eiswasser gegeben, mit fester Soda alkalisch gemacht, durchgeschüttelt, die Chloroformlösung mehrmals mit Wasser gewaschen, getrocknet, eingeengt und mit der 5 fachen Menge Methylalkohol versetzt, wonach bald Krystallisation einsetzt.

Eigenschaften: Aus Pyridin-Methylalkohol langgestreckte Wetzsteine; Schmelzp. 235°, Das Porphyrin ist ein wichtiges Zwischenglied für den Übergang aus der Chlorophyllreihe (Pyrroporphyrin) in die Blutfarbstoffreihe (Mesoporphyrin).

Spektrum in Chloroform-Äther: I 624,2; II s. schwach etwa 612; III schwach etwa 597; IV 569,0; V 528,4; VI 496,7; End. Abs. 438. Intensität: VI, V, I, IV, III, II.

Spektrum in Chloroform: I 621,9; II s. schwach etwa 609; III schwach etwa 595; IV 566,3; V 533,4; VI 499,1; End. Abs. etwa 440. Intensität: VI, V, I, IV, III, II.

Chlorferrisalz $C_{38}H_{42}O_6N_4FeCl$. 0,05 g Ester in 1 ccm heißem Eisessig werden mit 1 ccm Eisessig-Ferroacetat, erhalten durch 5 Minuten langes Kochen mit Eisenpulver und Kochsalz, versetzt und kurz aufgekocht. Über Nacht Krystallisation. — Aus Eisessig abgeschnittene Wetzsteine; Schmelzp. 224°.

Hämochromogenspektrum: I 548,7; II 519,0; End. Abs. 442. Intensität: I, II.

Hexamethylester des 1, 3, 5, 8-Tetramethyl-2, 4-di-methylmalon-säure-6, 7-dipropionsäure-porphins[2].

Mol-Gewicht: 826,4.

Zusammensetzung: 63,89% C; 6,10% H; 23,23% O; 6,78% N. $C_{44}H_{50}O_{12}N_4$.

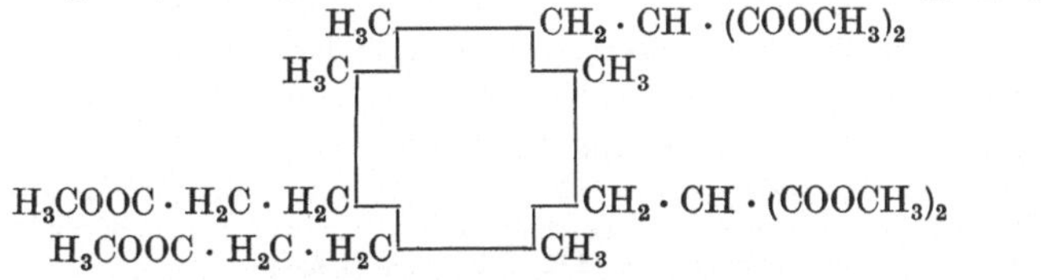

<hr>

[1] H. Fischer u. H. J. Riedl: Liebigs Ann. **486**, 186 ff. (1931).
[2] H. Fischer u. H. J. Riedl: Liebigs Ann. **482**, 221 (931).

Darstellung: 0,2 g Dimethoxy-methyl-deuteroporphyrinester werden 48 Stunden mit 8 ccm Eisessig-Bromwasserstoff geschüttelt. Danach wird in die 30fache Menge abs. Äther gegossen, der ausgeflockte Bromkörper unter Flüchtigkeitsausschluß abfiltriert, in 90 ccm trockenem Aceton gelöst, diese Lösung mit Kaliummalonester (bereitet aus 0,5 g Kalium und 2 g Malonester in abs. Äther) versetzt und diese Masse 3 Stunden geschüttelt. Nach längerem Stehen wird mit 5proz. Salzsäure schwach angesäuert, mit Wasser verdünnt und mit Ammoniak das gesamte Porphyrin in 1,5 l Äther getrieben. Die ätherische Lösung wird erst 3mal mit 250 ccm 2proz. Salzsäure ausgezogen (Salzsäure stets mit 100 ccm frischem Äther nachäthern), dann 4—5mal mit 500 ccm 4proz. Salzsäure extrahiert (wie oben nachäthern) und das in letzterem Auszug befindliche Porphyrin sofort wieder mit Ammoniak in frischen Äther getrieben (zusammen ca. 1 l). Die Lösung wird gewaschen, eingedampft, der Rückstand mit methylalkoholischer Salzsäure verestert; die ganze Lösung in Chloroform gegossen, mit Eiswasser versetzt, mit fester Soda alkalisch gemacht, mit Wasser mehrmals gewaschen, getrocknet, eingeengt und mit der 5fachen Menge Methylalkohol versetzt. Beim Stehen Krystallisation. Ausbeute 25 mg. Gibt bei 2stündigem Erhitzen mit 1proz. Salzsäure auf 180° Koproporphyrin III.

Eigenschaften: Aus Chloroform-Methylalkohol stäbchenförmige Prismen, Schmelzp. 199 bis 202° (Sinterung ab 175—177°).

Spektrum in (Chloroform-) Äther: I 628,0—622,0; II s. schw. etwa 612,4; III schw. 598,0; 625,0

IV 585,3—574,3 . . . 571,7—567,3 . . . 559,8; V 538,2—522,2; VI 511,2—482,6; End. Abs. 438. Intensität: VI, V, I, IV, III, II. (569,5 / 530,2 / 496,9)

Spektrum in Chloroform: I 627,2—619,5; II s. schw. etwa 610,1; III schw. 596,4; IV 584,0 . . . 623,2

569,8—565,1; V 541,7—525,5; VI 514,3—484,3; End. Abs. 440. Intensität: VI, V, I, IV, III, II. (567,4 / 533,6 / 499,3)

Eisensalz $C_{44}H_{48}O_{12}N_4FeCl$. Darstellung genau wie beim Eisensalz des Dimethoxy-methyl-deuteroesters beschrieben. — Aus Eisessig Schmelzp. 200° (Sinterung ab 165°).

Hämochromogenspektrum: I ganz schw. Schatten etwa 612—591; II 554,6—543,8; III 529,2 . . . 522,0—517,4 . . . 509,0; End. Abs. 442. Intensität: II, III, I. (549,2 / 519,7)

Hexaäthylester des Porphyrins $C_{50}H_{62}O_{12}N_4$. Darstellung wie beim Methylester beschrieben unter Verwendung von abs. Äthylalkohol. — Schmelzp. 161° (Sinterung ab 122°).

1, 3, 5, 7-Tetramethyl-2, 4, 6, 8-tetra-methylmalonsäureporphin.
Uroporphyrin I. Analytisches Uroporphyrin (Bd. X, S. 31).

Leitet sich ab vom Ätioporphyrin I.

$$C_{40}H_{38}O_{16}N_4$$

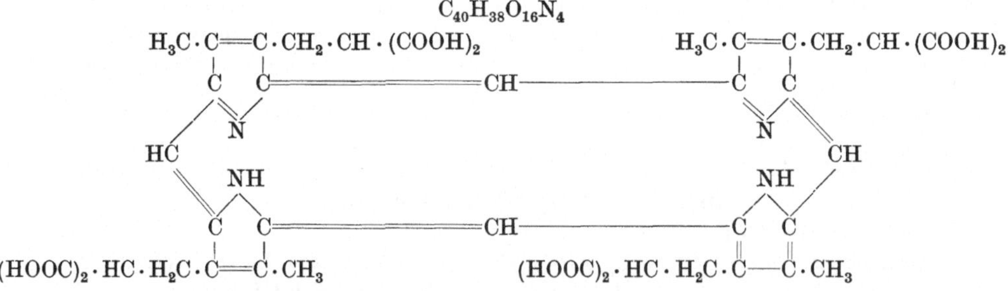

Vorkommen: Bei Hämatoporphyrie congenita in den Knochen[1,2,3], serösen Flüssigkeiten, Blut[2,4] (nach H. Fischer enthält dieses nur Koproporphyrin)[3,5] im Pleuraexsudat[6] und in

[1] E. Fränkel: Virchows Arch. **248**, 125 (1924).
[2] O. Schumm: Hoppe-Seylers Z. **126**, 189 (1923); **132**, 67 (1924); **136**, 248 (1924).
[3] H. Fischer, H. Hilmer, F. Lindner u. B. Pützer: Hoppe-Seylers Z. **150**, 44 (1925).
[4] O. Schumm: Hoppe-Seylers Z. **136**, 248, 254 (1924).
[5] H. Fischer u. W. Zerweck: Hoppe-Seylers Z. **137**, 188 (1924).
[6] O. Schumm: Hoppe-Seylers Z. **132**, 62, 303 (1924); **136**, 248 (1924).

der Niere[1,2]. Neben Koproporphyrin in der Leber[1], im Knochenmark[1] und im Harn (Trennung voneinander mit Eisessig)[3]. Findet sich in sehr geringen Spuren fast in jedem Harn[4]; in vermehrter Menge nach Trionalvergiftung[5]; und neben Koproporphyrin bei perniziöser Anämie[2]. Im normalen Kaninchenharn wird Uro- neben Koproporphyrin angetroffen[2].

Wird als Kupfersalz in den Federn der Helmvögel angetroffen[6]; bei Ochronose der Schlachttiere in deren Knochen[7].

Als morphologisches Substrat für die Synthese des Uroporphyrins bei Hämatoporphyrin sind die Erythroblasten anzusehen. Nach H. Fischer soll es sich um Atavismus handeln[8].

Reinigung von aschehaltigem Uroporphyrin: Das Porphyrin wird erst in den Octamethylester übergeführt und öfters umkrystallisiert. Dann werden 0,1 g Ester durch 5stündiges Stehen mit 5 ccm Eisessig-Bromwasserstoff verseift, mit Eisessig verdünnt und im Vakuum zur Trockene verdampft. Der Rückstand wird in Pyridin aufgenommen, filtriert und langsam in siedenden Eisessig eingegossen. Krystallisation in Nadeln[9].

Eigenschaften: Aus Pyridin-Eisessig Nadeln[7]. Unlöslich in Eisessig; schwer löslich in Essigsäureanhydrid[10]. Vollkommen unlöslich in siedendem Aceton; etwas Lösung tritt ein auf Zusatz von Pikrin-, Styphnin- oder Pikrolonsäure. In Gegenwart von Flaviansäure dagegen leicht löslich[11]. Läßt sich mit Dimethylsulfat in Pyridin nicht verestern[12].

Geht aus essigsaurer Lösung nicht in Äther. Wenn frisch dargestellt und noch feucht, löslich in Wasser. Amorphe Produkte lösen sich leicht und restlos. Kolloide Lösungen flocken leicht wieder aus.

Gibt beim Erhitzen in Stickstoffstrom auf 180—190°[9] oder mit 1proz. Salzsäure[12] unter Druck Koproporphyrin I. Etwas mit siedendem Resorcin[13].

Zeigt im ultravioletten Licht deutliche Fluorescenz[14].

Spaltet beim Erhitzen im Hochvakuum auf 165° zunächst 4 Carboxylgruppen ab und zwischen 300 und 325° die anderen 4. Dabei entsteht Ätioporphyrin I[10,15].

Wird durch frische Leber langsam zerstört unter Bildung von Gallenfarbstoff[16].

Uroporphyrinhaltiger Harn (von Porphyrinikern) wirkt nicht sensibilisierend. Ursache dieses abnormen Verhaltens ist wahrscheinlich der sog. braune Harnfarbstoff, der hier entgiftend wirken kann[17].

Das Spektrum in 25proz. Salzsäure zeigt einen Streifen im Ultraviolett bei $\lambda = 410{,}7\ \mu\mu$. Damit ist Unterscheidung von Koproporphyrin möglich (Streifen bei $\lambda = 405{,}8$)[18].

Bromspektralprobe[19] I 514; II 503.5; III 475.

Flavianat. Durch Eindampfen einer Acetonlösung bis zur Trockene. Auf Zusatz von Wasser tritt keine Abscheidung ein. Aus Aceton-Benzol werden nur amorphe Produkte erhalten[11].

Kupfersalz $C_{40}H_{36}O_{16}N_4$. Findet sich in den Schwungfedern des Helmvogels, Name: Turacin[11]. (Tritt vielleicht in minimaler Menge im Kot der Vögel auf[20]). Ist aus den Federn mit verdünntem Alkali (Ammoniak) leicht auswaschbar[20,21]. Bildet sich auch bei 1stündigem Kochen des Kupfersalzes des Esters mit $^n/_{10}$-Natronlauge[20]. — Sehr dünne parallel auslöschende

[1] H. Fischer, H. Hilmer, F. Lindner u. B. Pützer: Hoppe-Seylers Z. **150.** 44 (1925).

[2] H. Fischer u. W. Zerweck: Hoppe-Seylers Z. **132,** 14, 24 (1924).

[3] H. Fischer u. W. Zerweck: Hoppe-Seylers Z. **137,** 242 (1924).

[4] O. Schumm: Hoppe-Seylers Z. **132,** 62 (1924).

[5] Ellinger u. Reißer: Hoppe-Seylers Z. **98,** 1 (1906). — O. Schumm: Hoppe-Seylers Z. **136,** 248 (1924).

[6] H. Fischer u. J. Hilger: Hoppe-Seylers Z. **128,** 168 (1923).

[7] H. Fink: Hoppe-Seylers Z. **197,** 193 (1931). — H. Fink u. W. Horrburger: Hoppe-Seylers Z. **202,** 8 (1931).

[8] M. Borch: Verh. Ges. dtsch. Naturforsch. 1038 (1931).

[9] H. Fischer u. J. Hilger: Hoppe-Seylers Z. **149,** 65 ff. (1925).

[10] H. Fischer, G. Hummel u. A. Treibs: Liebigs Ann. **466,** 211 (1928).

[11] A. Treibs: Liebigs Ann. **476,** 46 (1929).

[12] H. Fischer u. W. Zerweck: Hoppe-Seylers Z. **136,** 243.

[13] O. Schumm: Hoppe-Seylers Z. **181,** 167 (1929).

[14] H. Fischer, H. Grosselfinger u. G. Stangler: Liebigs Ann. **461,** 232 (1928).

[15] H. Fischer u. J. Hilger: Hoppe-Seylers Z. **140,** 238 (1924).

[16] Schraus u. Carrié: Strahlentherapie **40,** 346 (1931).

[17] H. Fischer u. W. Zerweck: Hoppe-Seylers Z. **137,** 189 (1924).

[18] O. Schumm: Hoppe-Seylers Z. **126,** 190 (1923); **136,** 252—254, 256 (1924).

[19] E. Mertens: Hoppe-Seylers Z. **167,** 183 (1927).

[20] H. Fischer u. J. Hilger: Hoppe-Seylers Z. **139,** 59 (1924).

[21] H. Fischer u. J. Hilger: Hoppe-Seylers Z. **128,** 167 (1923).

Nadeln, schwach leuchtend und doppeltbrechend. Wirkt auf Paramäcien nicht giftig[1,2]. Eisessig-Jodwasserstoff und konz. methylalkoholische Kalilauge bewirken keine Veränderung[1,3]. Wird durch Eisessig-Bromwasserstoff zerstört[4], ebenso durch konz. Schwefelsäure[4]. Mit konz. Salpetersäure tritt Aufspaltung und Decarboxylierung zu Koproporphyrin[3], mit Natriumamalgam Aufspaltung unter Bildung von Uroporphinogen ein[3,5]. Das Salz färbt Seide und Wolle besonders in Gegenwart von Ammoniak waschecht an[5]. Bei der trockenen Destillation entsteht ein neues Kupfersalz (aus Chloroform lange Prismen. Auslöschungsschiefe 27°)[5].

Läßt sich in alkalischer Lösung mit Dimethylsulfat verestern[2].

Spektrum in Ammoniak: 572,1—552,6; 541,2—518,2[2].

Eisensalz $C_{40}H_{37}O_{16}N_4Fe$. Durch mehrstündiges Kochen des Eisensalzes des Esters mit 10proz. Natronlauge. Nach schwachem Ansäuern mit verdünnter Salzsäure Krystallisation von kleinen, zu Rosetten vereinigten Nädelchen von fast schwarzer Farbe. Reinigung durch Lösen in Ammoniak und Fällen mit Salzsäure. — Das Eisen wird durch kurzes Kochen mit konz. Salzsäure nicht abgespalten. Das Salz läßt sich mit Methylalkohol-Salzsäure verestern. Es gibt intensive Benzidinreaktion. Wird nach Injektion im Tierkörper nicht zerlegt, sondern findet sich unverändert im Harn wieder. Zieht auf die Knochen jugendlicher Tiere unverändert mit braunroter Farbe auf.

Die Verbindung ist wahrscheinlich ein intramolekulares Salz, was sich auch im spektroskopischen Befund bemerkbar macht; das Hämochromogenspektrum wird nur erhalten, wenn eine frisch bereitete Salzlösung sofort mit Hydrazin versetzt wird[6].

Spektrum in Pyridin: I 596,2—588,5 (591,3); II verwaschen, unscharf 555—542,4 (548,7); End. Abs. 476,2.

Nach Zusatz von Hydrazinhydrat: I verwaschen etwa 586—576,8 (581,4); II s. schw. etwa 552; III s. schw. 535,5; End. Abs. 460.

Spektrum in Pyridin nach sofortigem Zusatz von Hydrazinhydrat[6]: I 584,2—578,4 (581,3); II 554,8—547,9 (551,3); III 523—519[4] (521).

Spektrum in $^n/_{10}$-Natronlauge: I 610,4—597,5 (603,9); II etwa 520; III etwa 500[4].

Nach Zusatz von Hydrazinhydrat: I 555,8—542,4 (549,1); II 524,1—509[7] (516,5).

Cyanhämochromogenspektrum[8] I 560,5; II 530,7.

Magnesiumsalz. Darstellung wie bei den Koproestern beschrieben (5 g Ester in 137 ccm Pyridin werden mit 82 ccm methylalkoholischer Kalilauge und 1,65 g Magnesiumoxyd 4 Stunden auf 180—200° erhitzt). Das Kaliumsalz der Verbindung scheidet sich in violettglänzenden Blättchen ab. — Löslich in Wasser; wird hieraus durch primäres Natriumphosphat ausgeflockt. Das Magnesium wird durch 20proz. Salzsäure herausgespalten. Gibt bei der trockenen Destillation ein Ätioporphyrin vom Schmelzp. 270—280°[9].

Uroporphyrinacetat $C_{56}H_{54}O_{24}N_4$. Durch Lösen des Porphyrins in Pyridin und Versetzen mit Essigsäureanhydrid. — Feine Nädelchen; leicht löslich in Essigsäureanhydrid, schwer in Benzol[10].

Octamethylester des Uroporphyrins (Bd. X, S. 32).

Mol-Gewicht: 942,71.

Zusammensetzung: 61,12% C; 5,77% H; 27,16% O; 5,95% N. $C_{48}H_{54}O_{16}N_4$.

Eigenschaften: Bei 3stündigem Erhitzen des Uroesters mit 10proz. Salzsäure auf 180 bis 185° entsteht Koproester I[11].

---

[1] H. Fischer u. J. Hilger: Hoppe-Seylers Z. **139**, 59 (1924).
[2] H. Fischer u. J. Hilger: Hoppe-Seylers Z. **128**, 168 ff. (1923).
[3] H. Fischer u. J. Hilger: Hoppe-Seylers Z. **138**, 62.
[4] H. Fischer u. J. Hilger: Hoppe-Seylers Z. **128**, 167 (1923).
[5] H. Fischer, H. Grosselfinger u. G. Stangler: Liebigs Ann. **461**, 232 (1928).
[6] H. Fischer u. A. Andersag: Liebigs Ann. **458**, 143 ff. (1927).
[7] H. Fischer u. A. Andersag: Liebigs Ann. **458**, 142 ff. (1927).
[8] O. Schumm: Hoppe-Seylers Z. **153**, 249; **156**, 26) (1926).
[9] H. Fischer u. J. Hilger: Hoppe-Seylers Z. **140**, 238 bzw. 243 (1924).
[10] H. Fischer, G. Hummel u. A. Treibs: Liebigs Ann. **471**, 266 (1929).
[11] H. Fischer u. W. Zerweck: Hoppe-Seylers Z. **137**, 243 (1924).

Der Schmelzpunkt wird verschieden angegeben: 255—257° [1], 263° [2], 274° [3], 283—286° [4], rein 293° [5]. Vielleicht liegen hier Gemische mit einem anderen Uroester (III?) vor [5]. Gibt bei der Reduktion mit Eisessig-Jodwasserstoff Hämopyrrolcarbonsäureester [6]. Bei Reduktion bei 35° wird ein Drittel des Stickstoffs in Ammoniak verwandelt. Gibt kein Styphnat, Pikrolonat und Pikrat [7]. Säurezahl 7. Enthält etwa 2—9 aktive Wasserstoffatome [8, 9, 10].

Spektrum in Chloroform: I 628,3—622,2; s. schw. 601,9—595,9; III 585,8 ... 574,1—567,8;
$\underbrace{\qquad}_{626,2}$ $\qquad$ $\underbrace{\qquad}_{598,9}$ $\qquad$ $\underbrace{\qquad}_{571,8}$

511,5—528,6; 513,7—487,9; End. Abs. 458 [11].
$\underbrace{\qquad}_{535,0}$ $\underbrace{\qquad}_{500,8}$

Nach Ausschütteln mit demselben Volumen 25 proz. Salzsäure: I 605,5; II 583,5; III 561,5 [12].

Flavianat $C_{48}H_{54}O_{16}N_4 \cdot 2\, C_{10}H_6O_8N_2S$. Aus konz. methylalkolischer Lösung purpurrote, bläulich spiegelnde Blättchen, Schmelzp. 176° (korr.).

Acetonspektrum ist ein Gemisch aus Typ I mit etwas Neutralspektrum. Auf Zusatz von Flaviansäure Umwandlung in Typ II. I 597,3; II 575,3; III 554,2. Intensität III; I, II. Mit wenig Wasser keine Änderung; mit mehr Wasser allmählich Übergang in das Neutralspektrum infolge fortschreitender Dissoziation [7].

Kupfersalz $C_{48}H_{52}O_{16}N_4Cu$. Durch Lösen des Kupfersalzes des freien Uroporphyrins in $^n/_{10}$-Kalilauge und Behandeln mit Soldaösung und Dimethylsulfat. Der Ester scheidet sich flockig ab. — Aus Chloroform beim langsamen Eindunsten sehr dünne, parallel auslöschende Nadeln. S.R. parallel den Nadeln rascher als senkrecht dazu. Die Krystalle sind schwach leuchtend und doppeltbrechend ohne deutlichen Pleochroismus. Wird durch 1 stündiges Kochen mit $^n/_{10}$-Natronlauge glatt verseift unter Rückbildung des Kupfersalzes des Uroporphyrins [13].

Cadmiumsalz. Aus dem Ester mit Cadmiumcarbonat in Eisessig. Isolierung durch Verdünnen mit Wasser und Versetzen mit Chloroform. — Aus Chloroform-Methylalkohol büschelförmig angeordnete Nadeln; Schmelzp. 314°.

Spektrum in Chloroform: I 576,8; II 538,0; III s. schw. 501; End. Abs. 438 [14].

Leukoverbindung des Esters $C_{48}H_{56}O_{16}N_4$. 1 g Ester in 110 ccm Eisessig aufgeschlämmt, wird mit 0,4 g Platinmohr bei 100° hydriert. Dann wird die noch schwach gefärbte Lösung filtriert und mit viel Wasser versetzt. Nach kurzem Stehen wird filtriert und gewaschen. Ausbeute 0,9 g. — Aus Methylalkohol derbe, farblose Prismen; Schmelzp. 148° (Dunkelfärbung und Sintern bei 145—146°. Sehr leicht löslich in Chloroform; leicht in Äther, heißem Methyl- und Äthylalkohol. Wird an der Luft wieder zum Uroporphyrinester zurückoxydiert [11]. Ebenso auch mit wasserfreiem Eisenchlorid [11].

Octamethylester des Iso-uroporphyrins I [15].

Mol-Gewicht: 942,71.

Zusammensetzung: 61,12% C; 5,77% H; 27,16% O; 5,95% N. $C_{48}H_{54}O_{16}N_4$.

Darstellung: 3 g Tetramethylester des 3, 4'-Di-β-methylmalonsäure-4, 3', 5'-trimethyl-5-brom-pyrromethenbromhydrats (s. S. 500) werden mit 30 ccm bromwasserstoffgesättigter Ameisensäure 6 Tage im Rohr auf 45—50° erwärmt. Nachdem wird mit der 4fachen Menge Wasser verdünnt, filtriert, das Filtrat in die 20fache Menge konz. Kochsalzlösung gegossen und diese Lösung mit 10 proz. Natronlauge alkalisch gemacht. Das innerhalb weniger Minuten quantitativ ausgeflockte Porphyrin wird abfiltriert, mit Methylalkohol übergossen und Chlorwasserstoff bis zur Sättigung eingeleitet. Nach 1 tägigem Stehen wird in Chloroform aufgenommen, mit

[1] Ellinger u. Rießer: Hoppe-Seylers Z. **98**, 8 (1916).
[2] Löffler: Biochem. Z. **95**, 105 (1919).
[3] Weiß: Inaugural-Dissertation München 1922, Rhombergsche Klinik.
[4] Garrod: Quart. J. Med. **19**, 359 (1926).
[5] H. Fischer u. J. Hilger: Hoppe-Seylers Z. **128**, 167 (1923).
[6] H. Fischer u. A. Andersag: Liebigs Ann. **458**, 142 ff. (1927).
[7] A. Treibs: Liebigs Ann. **476**, 46 (1929).
[8] H. Fischer u. E. Walter: Ber. dtsch. chem. Ges. **60**, 1989 (1927).
[9] H. Fischer u. P. Rothemund: Ber. dtsch. chem. Ges. **61**, 1270 (1926).
[10] H. Fischer u. P. Rothemund: Hoppe-Seylers Z. **152**, 309 (1926).
[11] H. Fischer u. W. Zerweck: Hoppe-Seylers Z. **137**, 243 (1924).
[12] O. Schumm: Hoppe-Seylers Z. **132**, 57 (1924); **136**, 256 (1925).
[13] H. Fischer u. J. Hilger: Hoppe-Seylers Z. **128**, 167 (1923). — Vgl. **132**, 22 (1924).
[14] H. Fischer u. J. Hilger: Hoppe-Seylers Z. **149**, 65 ff. (1925).
[15] H. Fischer u. R. Siebert: Liebigs Ann. **483**, 15 (1930).

Wasser gewaschen, mit Sodalösung behandelt, mit Wasser alkalifrei gewaschen, filtriert, auf ein nicht zu kleines Volumen eingeengt und mit der 3—4fachen Menge siedendem Methylalkohol versetzt. Beim Stehen Krystallisation. Ausbeute 30 mg.

Eigenschaften: Aus Chloroform-Methylalkohol lange Prismen, Schmelzp. 284°. Mischschmelzpunkt mit Uroporphyrinester 269°, mit Iso-uroester II 255°. Gibt beim Erhitzen mit 1proz. Salzsäure im Rohr auf 180° Koproporphyrin I. Unlöslich in siedendem Aceton; die Löslichkeit steigt etwas in Gegenwart von Pikrin-, Styphnin- und Pikrolonsäure.

Kupfersalz $C_{48}H_{52}O_{16}N_4Cu$. Durch kurzes Aufkochen des in wenig heißem Eisessig gelösten Porphyrins mit einer heiß gesättigten Kupferacetat-Eisessig-Lösung. Beim Erkalten Krystallisation in derben, oft büschelförmig vereinigten Stäben. Ausbeute aus 10 mg Porphyrin = 8 mg. — Aus Chloroform-Äther Schmelzp. 289° (Sinterung ab 280°).

Iso-uroporphyrin $C_{40}H_{38}O_{16}N_4$. Durch Verseifen des Esters mit Eisessig-Bromwasserstoff in der Kälte.

1, 4, 5, 8-Tetramethyl-2, 3, 6, 7-tetra-methylmalonsäure-porphin.
Iso-uroporphyrin II.
(Leitet sich ab vom Ätioporphyrin II.)

Mol-Gewicht: 830,58.

Zusammensetzung: 57,81% C; 4,61% H; 30,83% O; 6,75% N. $C_{40}H_{38}O_{16}N_4$.

$$
\begin{array}{c}
H_3C \quad\quad\quad CH_2 \cdot CH \cdot (COOH)_2 \\
H_3C \quad\quad\quad CH_2 \cdot CH \cdot (COOH)_2 \\
\\
(HOOC)_2 \cdot HC \cdot H_2C \quad\quad\quad CH_3 \\
(HOOC)_2 \cdot HC \cdot H_2C \quad\quad\quad CH_3
\end{array}
$$

Darstellung: Durch 4 g trockenes Hexanatriumsalz des Bis-(3-(β-methylmalonsäure)-4-methyl-5-carboxy-pyrryl)-methans (s. S. 501) in 95proz. Ameisensäure wird 48 Stunden lang bei 40° Luft geleitet. Der Niederschlag (teilweise feine Nadeln) wird abfiltriert und erst mehrmals mit essighaltigem Wasser, dann mit Methylalkohol und Äther gewaschen. Ausbeute an 60%[1].

Eigenschaften: Aus Pyridin-Eisessig oder Ameisensäure-Wasser feine Nadeln. Unlöslich in Äther, Eisessig und anderen indifferenten Lösungsmitteln. Löst sich feucht leicht kolloidal in Wasser. Geht beim Erhitzen im Vakuum auf über 40° in Isokoproporphyrin über[1]. Gibt bei der Reduktion mit Natriumamalgam die entsprechende Leukoverbindung. Bei der Oxydation mit Schwefelsäure-Chromsäure entsteht carboxylierte Hämatinsäure[1]. Besitzt ideale Harnfähigkeit.

Physiologisches Verhalten: Das Porphyrin subcutan injiziert erzeugt bei weißen Mäusen oder Meerschweinchen beim Belichten in der Sonne zuerst lebhaften Juckreiz am Körper, am Kopf, an der Nase und an den Ohren. Weiterhin röten sich die Ohren langsam, die Tiere bekommen geschwollene Köpfe und es zeigt sich beginnende Conjunctivitis. Später werden die Ohren pergamentös und es tritt starke Gangräne ein. Das Skelett der Tiere ist schwach rot gefärbt und in fast allen Organen findet sich Porphyrin. — Paramäcien werden durch das Porphyrin rasch abgetötet[1].

Eisensalz. Färbt die Knochen an.

Octamethylester $C_{48}H_{54}O_{16}N_4$. Durch Verestern von schwach feuchtem Porphyrin mit salzsäuregesättigtem Methylalkohol. Nach mehrstündigem Stehen wird mit Wasser versetzt, mit Chloroform unterschichtet und mit fester Soda alkalisch gemacht, worauf der Ester in das Chloroform übergeht. Nun wird die Lösung alkalifrei gewaschen und eingeengt. — Aus Chloroform-Methylalkohol ameiseneierartige Krystalle, Schmelzp. 263°. Aus Eisessig-Rhomben. Mischschmelzpunkt mit Porphyrin I 252°[1]. Besitzt etwa 4—7 aktive Wasserstoffatome[2, 3].

---

[1] H. Fischer u. P. Heisel: Liebigs Ann. **457**, 91ff. (1927).
[2] H. Fischer u. E. Walter: Ber. dtsch. chem. Ges. **60**, 1989 (1927).
[3] H. Fischer u. P. Rothemund: Ber. dtsch. chem. Ges. **61**, 1270 (1928).

Spektrum in Äther: I 627,0—622,6; II schwach 598,5; III Vorbeschattung 584,0 ...
624,8

570,8—568,0; IV 534,2—525,0; V 507,2—484,0. Intensität: V, IV, I, III, II.
569,4   529,6   495,6

Spektrum in Chloroform: I 626,7—620,6; II schwacher Schatten 599,0; III Vorbeschattung
623,7

583 ... 571,2—567,0; IV 539,6—529,1; V 511,5—495,1.
569,1   534,4   503,3

Spektrum in 25proz. Salzsäure: I 601,7—596,1; II ohne Aufhellung schwacher Schatten bei
598,9

576,6; III stark 561,8—456,0. Intensität: III, I, II.
553,9

Eisensalz des Esters $C_{48}H_{52}O_{16}N_4FeCl$. Durch kurzes Aufkochen des Esters mit Ferroacetat und Kochsalz in Eisessiglösung. Beim Erkalten Krystallisation. Aus Chloroform-Äther
derbe Prismen.

Spektrum in Pyridin nach Zusatz von Hydrazinhydrat: I 554,2—546,2; II schwach, verwaschen 526,5—517,3 [1].   550,2
521,9

Kupfersalz des Esters $C_{48}H_{52}O_{16}N_4Cu$. Durch kurzes Aufkochen des Porphyrins mit
Kupferacetat in Eisessig. Beim Erkalten Krystallisation. — Aus Eisessig rautenförmige
Krystalle. Schmelzp. 280°.

Spektrum in Eisessig: Nach Vorbeschattung I intensiv 571,6—565,6; II 561,9—553,4; III nach
568,6   557,6

starker Vorbeschattung, st. verwaschen 531,1—520,6.
525,8

Spektrum in eisessighaltigem Äther: I 567,3—558,4; II schwach 530,5—522.5 [1].
562,9   526,5

Kobaltsalz des Esters $C_{48}H_{52}O_{16}N_4CO$. 0,1 g Ester aufgeschlämmt in 20 ccm Eisessig
werden mit viel überschüssigem Kobaltacetat bis zur völligen Lösung des Porphyrins und
Sichtbarwerden von reinem Salzspektrum gekocht (ca. 5—10 Minuten). Dann wird in Chloroform aufgenommen, der Eisessig weggewaschen, getrocknet, auf $^1/_2$—1 ccm eingeengt und
mit heißem Methylalkohol versetzt. Beim Stehen Krystallisation in kleinen Nadeln; Schmelzpunkt 316°; Zersetzung zwischen 320—325° [2].

Spektrum in Chloroform: I 565,1—543,6; II 525,6—510,5 s. schwach; End. Abs. etwa 417.
554,3   518,1

Flavianat $C_{48}H_{54}O_{16}N_4 \cdot 2\,C_{10}H_6O_8N_2S$. Aus Chloroform-Methylalkohol beim Einengen
dicke Büschel langer, schmaler, rotvioletter Blättchen; Schmelzp. 215° (korr.).

Acetonspektrum zwischen Typ I und II: I 597,7; II 575,7; III 552,0; IV 506,4. Intensität:
III, I, II, IV.

Auf Zusatz von etwas Wasser Typ I und daneben etwas Neutralspektrum. Mit überschüssiger
Flaviansäure und Wasser dagegen Verschiebung nach Violett, die aber bei Vermehrung des Wassers
immer mehr und mehr zurückgeht bis zum Neutralspektrum.

Pulverspektrum: s. deutlich I 599; II 577; III 555 ... Intensität: III, I, II (Typ II) [3].]

Styphnat $C_{48}H_{54}O_{16}N_4 \cdot C_6H_3O_3N_3$. Aus Chloroform-Methylalkohol beim Einengen purpurrote,
glänzende Stäbchen oder schmale Lanzetten, Schmelzp. 232° (korr.). Wenig löslich in Aceton.

Acetonspektrum: neutral, daneben Typ I; erst mit ziemlich viel überschüssiger Säure reiner
Typ I. Wasser bewirkt keine Änderung. I 602,4; II ... 588,3; III 530,1. Intensität: II, I, III.

Pulverspektrum: I 609; II ... 566; III 585. Intensität II, I, III [3].
571

Pikrat $C_{48}H_{54}O_{16}N_4 \cdot C_6H_3O_7N_3$. Beim Einengen einer verdünnten Chloroform-methyl-
alkoholischen Lösung Krystallisation in blauvioletten Lanzetten. Schmelzp. 240° (korr.).

Acetonspektrum neutral: Mit überschüssiger Pikrinsäure: I 603,5; II ... 559,2; III 530,5.
Intensität: II, I, III. Typ I.   562,4

Mit viel überschüssiger Pikrinsäure: I 598,0; II 574,1; III 553,8. Intensität: II, I, III (Typ II).
Pulverspektrum wie beim Styphnat [3].

[1] H. Fischer u. P. Heisel: Liebigs Ann. **457**, 91 ff. (1927).
[2] H. Fischer u. W. Fröwis: Hoppe-Seylers Z. **195**, 65 (1931).
[3] A. Treibs: Liebigs Ann. **476**, 29 (1929).

Gallenfarbstoffe.

Von

Hermann Maurer-Stuttgart.

Bilirubin. Hämatoidin[1] (Bd. VI, S. 277; Bd. IX, S. 388, 407; Bd. X, S. 33, 919).

$$C_{33}H_{46}O_6N_4$$

Vorkommen: Bilirubin wird angetroffen im Kammerwasser von Mensch und Tier[2], bei kongenitaler Porphyrie auch im Pleuraexsudat und reichlich im Blutserum[3]. Ferner findet es sich im Urin des Neugeborenen[4] und in den normalen Faeces des Säuglings[5], in den weißen soll es als Calciumsalz vorliegen[6]. In den Faeces des Erwachsenen wurde es in größerer Menge bei der sog. Jejunaldiarrhöe festgestellt[7].

Weiterhin tritt Bilirubin auf in Wundsekreten[8], im bebrüteten Hühnerei[9], bei Leichen reichlich in der Haut, in der Leber und in den Nieren (in geringer Menge dagegen in der Milz und im Pankreas)[10] und manchmal in der Leber von über 13 Jahre alten Pferden[11]. In sehr geringer Menge wurde es festgestellt im Hundeserum (spektrographischer Befund)[12].

Auch der Hämatoidin genannte gelbe Farbstoff, der sich in Leberechinokokken[13], Gehirnextravasaten[13], Netz-[14] und Dermoidcysten[15] vorfindet, wurde als Bilirubin identifiziert.

Bildung: Das Bilirubin entsteht sowohl aus dem Blut- als auch aus dem Muskelhämoglobin[2].

Entsteht auch auf Kosten des Zellkerns in der Leberzelle[3]. Direkte Umwandlung des Kernchromatins in Gallenfarbstoff wurde von P. Florentin beobachtet[16].

Bildungsort des Bilirubins im Organismus: In der Frage der Bildung des Bilirubins im Körper lassen sich zwei Richtungen unterscheiden.

Nach der ersten soll das Bilirubin ausschließlich in der Leber entstehen, und zwar nach früheren Ansichten in den sog. Kupferschen Sternzellen.

F. Rosenthal[17] hat nun nach Füllen dieser Zellen mit Silber (Taube) festgestellt, daß die Bilirubinbildung trotzdem nicht zurückgeht und A. Stotz[18] hat dann später diese ganze Theorie überhaupt abgelehnt.

[1] H. Fischer u. F. Reindel: Hoppe-Seylers Z. **127**, 314 (1923).

[2] A. Rades: Graefes Arch. **109**, 342 (1922).

[3] A. Papendieck: Klin. Wschr. **2**, 350 (1923). — O. Schumm: Hoppe-Seylers Z. **126**, 188, 195 (1923).

[4] M. Royer u. J. C. Bertrand: Rev. Soc. argent. Biol. **4**, 838 (1928).

[5] V. Zamorani: Riv. di clin. pad. **23**, 9 (1925).

[6] H. Schönfeld: Jb. Kinderheilk. **116**, 3. Folge, **66**, 165 (1927).

[7] O. Schumm: Die spektrochemische Analyse natürlicher organischer Farbstoffe, S. 180. Jena: G. Fischer 1927.

[8] R. Soejima: Arch. klin. Chem. **149**, 206 (1927).

[9] J. Sendju: J. of Biochem. **7**, 191 (1927).

[10] F. K. Gassmann: Z. klin. Med. **114**, 477 (1930).

[11] R. Hoek: Arch. wissensch. u. prakt. Tierheilk. **49**, 117 (1922).

[12] M. Ascoli u. G. B. Malago: Bull. Accad. med. Roma **54**, 192 (1928). — Ch. Sheard, E. J. Baldes, F. C. Mann u. J. L. Bollmann: Amer. J. Physiol. **76**, 577 (1926).

[13] H. Fischer u. F. Reindel: Hoppe-Seylers Z. **127**, 299 (1923). — G. Ligner· Virchows Arch. **243**, 273 (1923).

[14] A. R. Rich u. J. A. Bumstädt: Bull. John Hopkins Hosp. **35**, 415 (1924).

[15] G. Patein: Bull. Soc. Chim. biol. Paris **4**, 652 (1922).

[16] P. Florentin: C. r. Soc. Biol. Paris **88**, 769 (1923).

[17] F. Rosenthal u. E. Melchior: Arch. f. exper. Pathol. **94**, 28 (1922).

[18] E. Stotz: Wiener klin. Wschr. **38**, 434 (1925).

In Weiterführung der Frage der Gallenfarbstoffbildung in der Leber hatten Whipple und Hooper und weiterhin G. Grünenberg[1] bei Durchblutungsversuchen an der überlebenden Hundeleber festgestellt, daß Bilirubin neu gebildet wird. Diese Befunde konnten jedoch von A. Rich[2] und McNee[3] nicht bestätigt werden.

Später hat aber auch J. Nisimaru[4] bei Druckströmungsversuchen der Leber von Bufo japanicus mit einer hämoglobinhaltigen Ringerlösung gefunden, daß Bilirubin entsteht, und zwar eigentümlicherweise nur, wenn der Eintritt der Lösung bei der Arteria hepatica und der Austritt beim Ductus hepaticus stattfindet (nicht dagegen beim Eintritt an der Vena portae). Er hat auch festgestellt, daß diese Bildung ausbleibt, wenn die Lösung mit $^1/_{50}$ mol. Blausäure versetzt oder wenn Kohlenoxyd-hämoglobin verwendet wird.

Eine große Stütze für die Alleinbildung des Gallenfarbstoffs in der Leber glaubten E. Melchior und Mitarbeiter[5] darin erblicken zu können, daß Toluylendiamin (1, 2, 4)- und Phenylhydrazinikterus bei entleberten Hunden nicht eintritt[6], während er bei normalen Tieren sehr stark ist und sofort absinkt nach Entfernung der Leber. Aus diesem Grunde vertraten sie auch zuerst die Ansicht, daß der Leber das Primat in der Bilirubinbildung zuzuschreiben sei[7].

Auch A. Oppenheimer bestreitet, daß außerhalb der Leber ein Übergang von Hämoglobin in Bilirubin vor sich gehen kann[8].

In einer späteren kritischen Übersicht[9] über die bisherigen Ergebnisse der Gallenfarbstoffbildung am leberlosen Hund betonen E. Melchior und seine Mitarbeiter zwar immer noch die beherrschende Rolle der Leber bei dem erwähnten Toluylendiamin- und Phenylhydrazinikterus, beim hämolytischen Ikterus wird jedoch nur noch eine vorherrschende Rolle angenommen; hier sollen $^2/_3$ der Bilirubinproduktion von der Leber und der Rest von anderen Stellen des Organismus stammen.

Auch K. Taniguchi[10] vertritt die Auffassung, daß die Leber hauptsächlichster Bilirubinproduzent ist und daß daneben auch extrahepatische Bildung stattfinden kann. Er hat die Beobachtung gemacht, daß bei Hunden, denen Leber und Darm abgeschaltet worden war, trotzdem noch Erhöhung der Bilirubinbildung nach Einspritzen von Hämoglobin eintritt.

Derselben Ansicht ist auch M. Ascoli[11, 12].

Die zweite Richtung lehnt die Leber als Hauptbildungsort des Bilirubins ab; es wird angenommen, daß sie nur[13] oder hauptsächlich Ausscheidungsorgan für dasselbe ist und daß dessen Bildung an anderen Stellen des Organismus, also extrahepatisch, stattfindet.

P. Levy-Crailsheim[14] hat die Ansicht vertreten, daß das Bilirubin im Reticuloendothelsystem gebildet wird. Derselben Auffassung sind auch noch T. Sakahibara[15], R. Netida[16] und G. Hetenyi[13].

L. Aschoff[17] hat festgestellt, daß beim Hund unabhängig von Leber und Milz Gallenfarbstoff entsteht und er ist der Auffassung[18], daß die Frage, ob in den Leberzellen Bilirubin produziert wird, noch nicht geklärt ist, daß aber extrahepatogene Bildung sicher nachgewiesen ist. Derselben Meinung ist auch H. Hinglais[19].

---

[1] G. Grünenberg: Z. exper. Med. **35**, 128 (1923).

[2] A. R. Rich: Bull. Hopskins Hosp. **34**, 321 (1923).

[3] J. W. McNee u. B. Prusík: J. of Path. **27**, 95 (1924).

[4] J. Nisimaru: Amer. J. Physiol. **90**, 461 (1929).

[5] E. Melchior, F. Rosenthal u. H. Liche: Arch. exper. Pathol. f. **107**, 238 (1925) — Klin. Wschr. **5**, 531 (1926).

[6] Vgl. zu [5] Th. Brugsch u. Irger: Z. exper. Med. **43**, 710 (1924).

[7] F. Rosenthal, E. Melchior u. H. Liche: Karlsbader ärztl. Vorträge **8**, 228 (1927). — Vgl. dazu S. M. Rosenthal: J. of Pharmacol. **21**, 367 (1923).

[8] E. H. Oppenheimer: Bull. Hopkins Hosp. **35**, 158 (1924).

[9] F. Rosenthal, H. Liche u. E. Melchior: Klin. Wschr. **6**, 2076 (1927).

[10] K. Taniguchi: Fukuoka-Ikwadaigaku-Zasshi (jap.) **21**, 448 (1928) — Naunyn-Schmiedebergs Arch. **130**, 37 (1928).

[11] M. Ascoli u. A. Fioretti: Bull. Accad. med. Roma **54**, 180 (1928).

[12] M. Ascoli u. G. Malagò: Bull. Accad. med. Roma **54**, 192 (1928).

[13] G. Hetenyi: Z. klin. Med. **95**, 469 (1922).

[14] P. Levy-Crailsheim: Z. exper. Med. **35**, 181 (1923).

[15] G. Sakahibara: Arb. med. Univ. Okayama **1**, 173 (1929).

[16] R. Netida: Okayama-Igakkai-Zasshi (jap.) **42**, 1872 (1930).

[17] L. Aschoff: Klin. Wschr. **3**, 961 (1924).

[18] L. Aschoff: Klin. Wschr. **5**, 1260 (1926) — Münch. med. Wschr. **69**, 1382 (1922).

[19] H. Hinglais: Presse méd. **34**, 1030 (1026).

Eine derartige extrahepatogene Entstehung haben H. Fischer und F. Reindel[1] gefunden durch Identifizierung des in Gehirnextravasaten, Leberechinokokken und Netzcysten[2] entstehenden Hämatoidins als Bilirubin, was dann auch von A. Riche[2] bestätigt wurde. Dieses Hämatoidin tritt nur bei extravasculärem Blutzerfall auf, wo die Blutkörperchen nicht unter den Einfluß von anderen Körperzellen gelangen[3].

Ein weiterer direkter Fall wäre der von A. Rich[4] gemachte Befund, daß nach Zugabe von Erythrocyten zu lebenden Gewebskulturen Gallenfarbstoff entsteht.

Jones[5] hat gefunden, daß bei potentieller paroxysmaler Hämoglobinurie in abgeschnürten Körperteilen (menschlicher Arm) aus Hämoglobin Bilirubin entsteht. Dieser Befund ist jedoch von E. H. Oppenheimer[6] nicht bestätigt worden. Kirković hat festgestellt, daß das Blut im Herzen starken Bilirubingehalt aufweist. Er schließt daraus, daß dieses im Herzen und in den Gefäßen produziert wird[7].

J. Makino[8] hat in einer größeren Versuchsreihe ermittelt, daß beim Einspritzen von Hämoglobin in das Bindegewebe (Hund, Kaninchen) Bilirubin gebildet wird. Auf dieselbe Weise läßt sich auch im entleberten Hund Gallenfarbstoff erzeugen, was A. Rich[9] ebenfalls hat feststellen können.

Auch von F. Mann und Mitarbeitern konnte in umfassenden Versuchen festgestellt werden, daß sowohl nach Exstirpation der Leber und Milz oder der Leber und des Darmtraktus Bilirubin im Harn[10], Blut[11], Schleimhaut[11] und im Fettgewebe[11] auftritt, und zwar stets mit gleicher Intensität[12]. Nach Einspritzen von lackfarbenem Blut fand sogar Ansteigen des Bilirubingehaltes statt. Aus diesem Grunde glaubten sie auch anfangs, daß Leber, Milz und die Abdominalorgane an der Bilirubinbildung nicht beteiligt seien und daß dieses in den Capillaren[11] gebildet wird. Später kamen sie jedoch zu der Annahme der Entstehung im Knochenmark und in der Milz[13, 14]. Auch von anderen Autoren wird der Milz in bezug auf Bilirubinbildung große Bedeutung beigelegt, so von R. Netida[15], D. Antić[16], S. Tsunow[17] und Mitarbeitern.

R. Rich[18] hat festgestellt, daß die Milzvene mehr Bilirubin enthält als die Milzarterie; er spricht diesem Organ aber bestimmte oder spezifische Wirkung in der Bilirubinproduktion ab. Nach R. Bieling ist es sogar überflüssig[19].

F. Mann und Mitarbeiter haben gefunden, daß nach Injektion von Hämoglobin in die Milz die Bilirubinbildung ansteigt[12]; ein Befund, der von R. Soejima[20] bestätigt werden konnte.

Z. Ernst[21, 22] hat gefunden, daß beim Durchströmen von bakterien- und bilirubinfreier Milz mit lackfarbenem Blut Bilirubin entsteht in einer Menge, die nach 3 Stunden bis auf 3 mg-% ansteigt und die bei Verwendung der Milz von phenylhydrazinvergifteten Hunden sogar den doppelten Wert erreicht[23]. Er errechnet, daß die Milz etwa $^1/_6$ der Gesamtbilirubinproduktion übernehmen kann. Diese Versuche sind dann später von J. Komori[24] wiederholt und das Ergebnis bestätigt worden.

[1] H. Fischer u. F. Reindel: Hoppe-Seylers Z. **127**, 299 (1923).
[2] A. R. Rich u. J. A. Bumstädt: Bull. Hopkins Hosp. **36**, 225 (1925).
[3] O. Lutarsch: Klin. Wschr. **4**, 2137 (1925).
[4] A. R. Rich: Bull. Hopkins Hosp. **35**, 415 (1924).
[5] Ch. M. Jones u. B. B. Jones: Arch. internat. Med. **29**, 669 (1922).
[6] E. H. Oppenheimer u. E. Hützler: Bull. Hopkins Hosp. **35**, 158 (1924).
[7] Kirković u. R. Russew: Med. Klinik **23**, 172 (1927).
[8] J. Makino: Beitr. path. Anat. **72**, 808 (1924).
[9] A. R. Rich: Bull. Hopkins Hosp. **36**, 233 (1925).
[10] F. C. Mann, J. L. Bollmann u. Th. B. Magath: Arch. of Physiol. **69**, 393 (1924).
[11] F. C. Mann: Erg. Physiol. **29**, 379 (1925).
[12] F. C. Mann: Arch. Path. a. Labor. Med. **2**, 516 (1926).
[13] F. C. Mann, Ch. Sheard, J. L. Bollmann u. E. J. Baldes: Amer. J. Physiol. **74**, 497 (1925); **76**, 306 (1926).
[14] F. C. Mann, J. Sheard u. J. L. Bollmann: Vortrag XII Physiol Kongreß Stockholm **1926**.
[15] R. Netida: Okayama-Igakkai-Zasshi **42**, 1650 (1930).
[16] D. Antić u. D. Borié: Z. exper. Med. **70**, 658 (1930).
[17] S. Tsunow u. H. Nakamura: J. of Biochem. **12**, 133 (1930).
[18] A. R. Rich: Klin. Wschr. **1**, 2079 (1923).
[19] R. Bieling u. S. Isaac: Z. exper. Med. **35**, 181 (1923).
[20] R. Soejima: Arch. klin. Chir. **149**, 206 (1927).
[21] Z. Ernst u. B. Szappanyos: Biochem. Z. **157**, 16 (1925).
[22] Z. Ernst: Biochem. Z. **157**, 30 (1925).
[23] Z. Ernst u. J. Förster: Biochem. Z. **157**, 39 (1925).
[24] J. Komori u. Ch. Iwar: J. of Biochem. **8**, 195 (1927).

S. Tsunow[1] hat ebenfalls eine Mitwirkung der Milz bei der Gallenfarbstoffbildung feststellen können. Durch intravenöses Einspritzen von 5proz. Thorumdioxydsol hat er dieses Organ bei Hunden blockiert und bei Durchblutungsversuchen nach der Exstirpation gefunden, daß jegliche Bilirubinproduktion aufgehört hat.

F. C. Mann und seine Schule haben ursprünglich die Leber nur als Ausscheidungsorgan für das anderwärts gebildete Bilirubin angesehen. Bei weiteren Versuchen ist aber dann gefunden worden, daß tatsächlich auch in der Leber Bilirubin entsteht[2], und hierauf wurde die Ansicht vertreten, daß das Knochenmark den größten Anteil an der Bilirubinbildung hat, dann kommt die Milz und schließlich die Leber[3].

G. Lepehne[4] kommt in seiner ausführlichen Zusammenstellung über die Untersuchungen in bezug auf den Ort der Gallenfarbstoffbildung ebenfalls zu der Ansicht, daß dies sowohl hepatisch wie auch extrahepatisch geschehen kann. Als Ort der letzteren Entstehung sieht er auch das Reticuloendothelsystem, die Milz und das Blut an; wobei vielleicht das Hämoglobin in „aufgeschlossener Form", d. h. nicht mehr in den roten Blutkörperchen enthalten, verwendet wird. Nach seiner Ansicht handelt es sich bei der hämolytischen Ikterusform um extrahepatische Überproduktion von Bilirubin, das die Leberzellen nicht rasch genug verarbeiten können, währenddem bei den anderen Ikterusarten die Leber erkrankt ist[5].

R. Soejima[6] weist zusammenfassend darauf hin, daß Bilirubin überall im Körper entstehen kann und daß die Theorie „ohne Leberzelle kein Gallenfarbstoff" hinfällig ist.

Diese Auffassung wird durch Beobachtungen von A. v. Czike[7] und von S. Maugeri unterstützt. Ersterer hat neulich festgestellt, daß im Citrat- oder Hirudinplasma des steril aufgefangenen Blutes während 24stündigem Stehen bei 37° nach dem Zentrifugieren viel mehr Bilirubin nachgewiesen werden kann als in einem Plasma, das diesem Prozeß nicht durchgemacht hat und sofort zentrifugiert worden ist. Seiner Ansicht nach handelt es sich um einen fermentativen Vorgang, denn durch Zusatz antifermentativer Stoffe, wie Natriumcyanid, Chinin usw., oder Aufbewahren in der Kälte wird die Bilirubinbildung verhindert. Im Hinblick auf diesen Befund wäre auch anzuführen, daß M. Goldzieher[8] vermutet, die Bilirubinbildung im Organismus stehe unter dem Einfluß von Hormonen, da dem Organismus zugeführte Hormone (Epinephrin, Pituitrin, Insulin) die Bilirubinausscheidung hemmend oder beschleunigend beeinflussen[8].

S. Maugeri[9] hat entdeckt, daß Erhöhung des Bilirubinspiegels im Blut eintritt nach Injektion von Blut in die Luftwege mit nachfolgender Aspiration in das alveolare Gewebe. Hier findet die extrahepatogene Bilirubinbildung im Lungengewebe statt.

Beeinflussung der Bilirubinbildung im Organismus: Nach Injektion hochprozentiger Cholatlösung, insbesondere Decholin, sinkt der Bilirubinspiegel des Bluts; der Bilirubingehalt des Harns steigt 4—10 Stunden nach der Injektion an[10].

Atophan senkt den Bilirubingehalt ikterischer Neugeborener und bewirkt rasche Heilung[11].

Durch Phenylhydrazin vergiftete Milz bildet nach der Isolierung bei Durchströmung mit defibriniertem Blut 2—3mal soviel Bilirubin wie das normale Organ (Hund)[12].

Nach Anlegen einer Gallenfistel tritt deutlicher Abfall des Bilirubingehaltes im Organismus ein[13].

Durch Injektion von Hämin, Hämatin und Hämatoporphyrin wird der Bilirubingehalt im Serum erhöht.

Bilirubinbildung außerhalb des Organismus: Durch lebende Gewebskulturen, welche phagocytäre Elemente irgendeines Gewebes mesodermaler Herkunft enthalten, wird das

<hr>

[1] S. Tsunow u. H. Nakamura: J. of Biochem. **12**, 133 (1930).

[2] F. C. Mann, J. Sheard u. J. L. Bollmann: Vortr. XII Physiol. Kongreß Stockholm **1926**.

[3] F. C. Mann: Arch. Path. a. Labor. Med. **2**, 516 (1926).

[4] G. Lepehne: Das Problem der Gallenfarbstoffbildung innerhalb und außerhalb der Leber. Leipzig: Akad. Verlagsgesellschaft m. b. H. 1930.

[5] G. Lepehne: Fol. haemat. (Lpz.) **39**, 277 (1929).

[6] E. Soejima: Arch. klin. Chir. **149**, 206 (1927).

[7] A. v. Czike: Dtsch. Arch. klin. Med. **164**, 236 (1929).

[8] M. A. Goldzieher u. M. Lurie: Arch. of Path. **7**, 646 (1929).

[9] S. Maugeri: Beitr. pathol. Anat. **86**, 375 (1931) — Giorn. Clin. Med. **12**, 239 (1931).

[10] A. Adler: Z. exper. Med. **46**, 371 (1925).

[11] Ph. D. Mc Master u. R. Elman: J. of exper. Med. **41**, 719 (1925) — C. r. Soc. Biol. Paris **92**, 1472 (1925).

[12] Z. Ernst: Biochem. Z. **157**, 39 (1925).

[13] G. Broun, Ph. D. Mc Master u. P. Rous: J. of exper. Med. **37**, 733 (1923).

Hämoglobin roter Blutkörperchen in Gallenfarbstoff verwandelt. Krystallisation in rhombischen oder nadelförmigen Krystallen (Hämatoidin) oder in diffuser Anordnung als Bilirubin[1].

Das Milzgewebe von Hühnerembryonen sowie das der Kaltblütler besitzt die Fähigkeit, aus gelöstem Hämoglobin Bilirubin zu bilden. Aus ungelöstem Hämoglobin (rote Blutkörperchen) entsteht dagegen das Bilirubin nur in Spuren[2].

Im Citrat- oder Hirudinplasma steril aufgefangenen Blutes wird nach 24stündigem Stehen bei 37° viel mehr Bilirubin nachgewiesen als anfangs. Anscheinend handelt es sich hier um einen fermentativen Vorgang, da durch Zugabe von antifermentativen Stoffen (Natriumcyanid, Chinin) oder Aufbewahren in der Kälte diese Bilirubinbildung nicht eintritt[3].

Bilirubin im Serum.

Bei der Kondensation des Serumbilirubins mit Diazobenzolsulfosäure (H. v. d. Berghsche Reaktion) hat sich gezeigt, daß es in 2 Formen vorliegt. Es ist hier vorhanden eine Bilirubinart, die rasch reagiert und eine andere, welche die Reaktion erst nach Zusatz von Alkohol gibt. v. d. Bergh hat das erste Bilirubin als direkt reagierendes (Reaktion innerhalb 30 Sekunden) und das zweite als indirekt reagierendes (Reaktion innerhalb 1—10 Minuten nach Zusatz von Alkohol) bezeichnet[4].

Andere Autoren differenzieren diese Reaktion sogar noch weiter. Feigl und Querner, sowie Lepehne unterscheiden noch eine zweiphasische Reaktion, bei der sofort eine geringe Färbung eintritt, die dann beim Stehen zunimmt. H. Schay und E. Schloss[5] teilen in vier Stufen ein: prompte direkte Reaktion, verzögerte direkte, biphasische direkte und negative Reaktion.

Über den Grund dieser verschiedenen Reaktionen des Bilirubins sind verschiedene Vermutungen geäußert worden.

Nach v. d. Bergh, Feigl und Querner, Blankenhorn soll das Bilirubin mehr oder weniger an Eiweiß gebunden sein.

Auf Grund der verschiedenen Dialysierbarkeit der beiden Formen glaubt M. Brulé[6] ebenfalls, daß es sich nicht um chemische Verschiedenheiten, sondern nur um physikalische Unterschiede in der Adsorption, wahrscheinlich an das Plasmaeiweiß, handelt.

Nach P. Levy[7] soll das indirekt reagierende Bilirubin ebenfalls an Eiweiß gebunden, das direkte dagegen frei sein. Der Eiweißrest soll aus dem Hämoglobin stammen[8]. In der Leber soll dann durch ein Endoferment Spaltung in freies Bilirubin und Eiweiß erfolgen und letzteres als Fibrinogen in den Kreislauf zurückkehren. Bei Leukocyten und Vorhandensein eines proteolytisch heterogenen Ferments soll die Spaltung auch außerhalb der Leber eintreten können und so Anlaß zur direkten Reaktion im Serum geben[8]. Derselbe Forscher hat dann später noch festgestellt, daß das indirekt reagierende Bilirubin nach Verdauung mit Pepsin oder Trypsin direkt reagierend wird; ein Befund, der allerdings von C. Andrews nicht bestätigt werden konnte.

E. de Micheli[9] nimmt an, daß der Unterschied sehr wahrscheinlich auf Verschiedenheiten des physiko-chemischen Zustandes der Farbstoffe im Serum beruht (Bindung an Eiweiß), die allerdings nicht von Anfang an vorhanden sind, sondern erst beim Verweilen in der Blutbahn eintreten[10].

E. Adler und L. Strauss[11] glauben auch an verschiedenartige Bindung des Bilirubins an das Serumeiweiß. Sie haben gefunden, daß direkt reagierendes Bilirubin auf Zusatz von Serum verzögert reagiert (wurde von U. de Castro ebenfalls gefunden[12]), ferner daß die Globuline in dieser Hinsicht besonders wirksam sind und daß die Diazoreaktion um so schneller eintritt, je niedriger das Verhältnis Globulin zu Albumin ist. Globulinfreies Serum bewirkt die

[1] A. R. Rich: Bull. Hopkins Hosp. **35**, 415 (1924).
[2] J. Sumayi u. M. Csaba: Magy. orv. Arch. **31**, 473 (1930).
[3] A. v. Czike: Dtsch. Arch. klin. Med. **164**, 236 (1929).
[4] H. v. d. Bergh u. P. Müller: Biochem. Z. **77**, 90 (1916).
[5] H. Shay u. E. M. Schloss: J. Clin. a. Labor. Med. **15**, 292 (1929).
[6] M. Brulé, H. Garban u. Ch. Weissmann: Presse méd. **30**, 91, 986 (1922).
[7] P. Levy: Klin. Wschr. **2**, 305 (1923).
[8] P. Levy-Crailsheim: Z. exper. Med. **32**, 468 (1923).
[9] E. de Micheli u. E. Greppi: Arch. Path. e Clin. med. **2**, 58 (1923).
[10] E. de Micheli: Arch. Pat. e Clin. med. **3**, 42 (1924).
[11] E. Adler u. L. Strauss: Z. exper. Med. **44**, 1, 9, 26, 43 (1924).
[12] U. de Castro: Presse méd. **1929 II**, 1151.

Umwandlung nicht. Durch Erwärmen auf 40° oder durch Sättigen mit Sauerstoff wird die Reaktion ebenfalls beschleunigt und durch Abkühlen auf 3° oder Durchleiten von Kohlensäure oder Zusatz von Ammoniak gehemmt. Ferner zeigte sich, daß Eiweiß entquellende Stoffe, wie die entquellenden Salze der Hofmeisterschen lyotropen Reihe, Alkohol, Aceton, Chloroform, Benzylbenzoat, Coffein, Coffein-natrium-salicylicum (es genügen schon 0,00025 g), Theobromin und Derivate, Natrium salicylicum, Novasurol, Chlorcalcium beschleunigen und daß Quellungsmittel, wie Gelatine, Gummi arabicum und Glycerin, verzögern. Daraus wurde geschlossen, daß die Reaktion mit dem Quellungsdruck des Eiweißes zusammenhängt. Je mehr das Eiweiß entquollen und je geringer der Globulingehalt ist, desto rascher tritt die Reaktion ein[1].

Auch durch taurocholsaures Natrium wird die Bindung des Bilirubins an das Eiweiß stark vermindert[2]. Andere gallensaure Salze sind dagegen ohne Einfluß[3].

N. Fiessinger[4] glaubt ebenfalls an eine Bindung des indirekt reagierenden Bilirubins an das Serumeiweiß.

H. Hayashi[5] denkt an Abhängigkeit der Reaktion vom Verhältnis zwischen Bilirubin und Stromata. Er hat beobachtet, daß bei Anwesenheit größerer Mengen Stromata die direkte Reaktion verzögert wird. Dasselbe tritt auch bei intensivem Schütteln mit roten Blutkörperchen ein[6].

D. T. Davies[6] vermutet einen Einfluß der Bilirubinoxydationsprodukte auf die Reaktion; denn direkt kuppelndes Serum oder phosphatgepuffertes Bilirubin geben nach Zusatz von Wasserstoffperoxyd indirekte Reaktion.

Nach Ansicht von O. Weltmann und H. Hückel[7] hat das Serum mit den verschiedenen Reaktionen des Bilirubins nichts zu tun. Sie glauben vielmehr an das Vorliegen verschiedener Bilirubinformen, die sich auch dem zugesetzten Reagens gegenüber verschieden verhalten. Nach ihrer Auffassung soll der Träger der indirekten Reaktion gegen Salzsäure empfindlicher sein und bei der Kupplung einer höheren Salzsäurekonzentration bedürfen wie der Träger der direkten Reaktion. Die Rolle des zugesetzten Alkohols soll darin bestehen, daß er die Dissoziation der Salzsäure herabsetzt, die des Nitrits aber steigert und so die indirekte Reaktion begünstigt.

Auch U. de Castro[8] denkt an 2 Bilirubinformen, und zwar soll das indirekte Bilirubin gegenüber dem direkten eine niedrigere Oxydationsstufe darstellen.

Nach T. Maeda[9] soll die Wasserstoffionenkonzentration der Lösung einen Einfluß haben, denn nach seinem Befund verläuft die Diazoreaktion mit steigender Wasserstoffionenkonzentration immer langsamer.

K. Grunenberg glaubt, daß das Alkali der Gallenwege durch eine intramolekulare Veränderung aus dem indirekt reagierenden Bilirubin das direkte erzeugt[10].

G. H. Collinson[11] vermutet, daß das Vorliegen einer Ammoniumverbindung des Bilirubins Anlaß zur direkten Reaktion gibt. Dieses soll sich in der Leber bilden, und zwar aus freiem Bilirubin entstanden, in den Zellen des reticuloendothelialen Systems, und Ammoniak herstammend vom Eiweiß. Ch. Sheard bewies jedoch durch spektrophotometrische Untersuchungen, daß das Bilirubin in Serum in freier Form vorliegt[12].

Eigenschaften des direkt reagierenden Serumbilirubins: Es ist dialysierbar[3, 13, 14, 15, 16], zum größten Teil in Chloroform unlöslich[3, 17], löslich in Wasser[3] und harnfähig[14, 16]. Es wird rascher

[1] E. Adler u. S. Strauß: Z. exper. Med. 44, 1, 9, 26, 43 (1924).
[2] S. M. Rosenthal: J. of Pharmacol. 25, 449 (1925).
[3] L. Paterni: Arch. Pat. e Clin. med. 8, 141 (1929).
[4] N. Fiessinger, V. Jourdain u. D. Toisul: Presse méd. 1929 II, 1245.
[5] H. Hayashi: Presse méd. 1929 I, 720.
[6] D. T. Davies u. E. C. Dodds: Brit. J. exper. Path. 8, 316 (1927).
[7] O. Weltmann u. H. Hückel: Med. Klinik 1928 II, 1393.
[8] U. de Castro: Presse méd. 1929 II, 1151.
[9] T. Maeda u. T. Morishina: Jap. J. Gastroenterol. 1, 155 (1929).
[10] K. Grunenberg: Z. exper. Med. 31, 119 (1923).
[11] G. H. Collinson u. F. L. Fowweather: Brit. med. J. 3416, 1081 (1926).
[12] Ch. Sheard u. G. E. Davies: Amer. J. Physiol. 90, 515 (1929).
[13] M. Brulé, H. Garban u. Ch. Weissmann: Presse méd. 30, 91, 986 (1932).
[14] H. Murakami u. J. Nishida: J. of orient. Med. 1, 68 (1923).
[15] G. A. Collinson u. F. S. Fowweather: Brit. med. J. 3416, 1081 (1926).
[16] C. H. Andrewes: Biol. J. exper. Path. 5, 213 (1924).
[17] K. Grunenberg: Z. exper. Med. 31, 119 (1923).

oxydiert[1,2] und leichter an die Eiweißstoffe des Serums absorbiert wie das indirekt reagierende. Der Ausscheidungsort aus dem Organismus ist die Niere[3]. Die maximale Lichtabsorption liegt bei 432 $\mu\mu$[4]. Tritt besonders auf bei Stauungsikterus[2,5].

Eigenschaften des indirekt reagierenden Serumbilirubins: Es ist nicht dialysierbar[2,6,7], in Chloroform löslich[8,9] und nicht[2,7,10] oder nur beschränkt[11] harnfähig. Sein Ausscheidungsort aus dem Körper ist die Leber[3]. Auf Zusatz von oxydierenden Substanzen[9], Pepsin, Pankreatin[10] und bei längerem Stehen mit Alkohol[9] wird es direkt reagierend. Das Maximum der Lichtabsorption befindet sich bei $\lambda = 432$ $\mu\mu$[4]. Findet sich hauptsächlich bei hämolytischem Ikterus[2].

Darstellung: Die Extraktion von Bilirubin aus vorbehandelten Rindergallensteinen kann auch durch Methylalkoholdampf in Ammoniakatmosphäre erfolgen. Nach Beendigung wird durch Einstellen in eine Kältemischung ein Teil des Farbstoffs als Bilirubinammoniak abgeschieden und der in der Mutterlauge verbleibende Rest durch Eintragen desselben in viel Äther und Verdampfen des Lösungsmittels direkt krystallin isoliert. Die Ammoniakverbindung wird wie üblich durch siedenden Methylalkohol zerlegt. Ausbeute aus 25 g Gallensteinen durch 5stündige Extraktion = 18%[12].

Physikalische und chemische Eigenschaften: Hämatoidin krystallisiert aus Chloroform in rhombischen Täfelchen, deren oberer Kantenwinkel 60—69° beträgt. Bei den Bilirubinpräparaten aus Gallensteinen ist dieser Winkel 80—83°, die Auslöschungsschiefe der schnelleren Welle beträgt 8—13°. Aus Dimethylanilin werden wetzsteinförmige Kryställchen mit diagonaler Auslöschung (Auslöschungsschiefe ca. 12°) erhalten[13]. Bei Einwirkung von Schwefelsäure auf Hämatoidinnadeln scheiden sich Gipskrystalle ab. Es wird deshalb vermutet, daß die Hämatoidinkrystalle einen anisotropen Calciumproteinkomplex zentral ausgebildet enthalten. Die Gmelinsche Reaktion ist von der des Bilirubins etwas verschieden, da sie erst nach Zugabe von Oxydationsmitteln entsteht[14].

Bilirubin geht bei $p_\mathrm{H} = 7{,}0$—$7{,}5$ optimal durch Zusammenwirken von obligaten Aerobiern und Anaerobiern (auch mit Stuhlaufschwemmung) in Urobilin über[15]. Wirksam sind ein Tennisschlägerbacillus[15] und B. putrificus.

Bei der chemischen Oxydation zu Bilirubin muß ein p_H von 7,2—7,8 vorhanden sein, bei geringerer Wasserstoffionenkonzentration tritt die Reaktion nicht ein[16].

Das Auftreten verschiedener Farbtöne bei der Oxydation mit stickoxydhaltiger Salpetersäure hängt ab vom Nitritgehalt der Flüssigkeit und der herrschenden Wasserstoffionenkonzentration[17]. Die gefärbten Oxydationsstufen lassen sich erst ab $p_\mathrm{H} = 5$ in wässerige Lösung überführen. Farblose Reduktionsmittel, wie Natriumalkoholat, Natriumamalgam, schweflige Säure, Natriumthiosulfat, Schwefelammonium, wirken auf die einzelnen Oxydationsstufen nur schwach ein. Durch Kondensationsmittel, wie Schwefelsäure, Phosphorpentoxyd, Acetyl- und Benzoylchlorid, entsteht jedoch aus einem Farbstoff ein solcher der niedrigeren Oxydationsstufe; die Oxydation setzt aber später wieder ein und geht bis zur Entfärbung[18].

Die Oxydation des Bilirubins verläuft monomolekular nach der Gleichung $\dfrac{e}{t} \cdot \log \dfrac{c}{c - x}$

$= K$ ($c =$ Ursprungskonz., $c - x =$ Konz. nach t min, $K =$ Geschwindigkeitskonstante.

[1] L. Paterni: Arch. Pat. e Clin. med. 8, 141 (1929).

[2] C. H. Andrewes: Biol. J. exper. Path. 5, 213 (1924).

[3] O. Weltmann u. F. Jost: Dtsch. Arch. klin. Med. 161, 203 (1928).

[4] Ch. Sheard u. G. E. Davis: Amer. J. Physiol. 90, 515 (1929). — Vgl. P. Müller u. L. Engel: Hoppe-Seylers Z. 202, 56 (1931).

[5] E. Schiff u. H. Eliasberg: Klin. Wschr. 1, 38, 1891 (1923).

[6] M. Brulé, H. Garban u. Ch. Weissmann: Presse méd. 30, 91, 986 (1932).

[7] H. Murakami u. J. Nishida: J. of orient. Med. 1, 68 (1923).

[8] K. Grunenberg: Z. exper. Med. 31, 119 (1923).

[9] N. de Castro: Presse méd. 1929 II, 1151.

[10] P. Levy-Crailsheim: Z. exper. Med. 32, 468 (1923).

[11] J. Makino: Beitr. path. Anat. 72, 808 (1924).

[12] W. Küster u. R. Haas: Hoppe-Seylers Z. 141, 279 (1924).

[13] H. Fischer u. F. Reindel: Hoppe-Seylers Z. 127, 301, 314 (1923).

[14] G. O. E. Ligner: Virchows Arch. 243, 273 (1923).

[15] H. Kämmerer u. K. Miller: Wiener klin. Wschr. 35, 639 (1922).

[16] W. M. Barry u. V. E. Levine: J. of biol. Chem. 59, LII—LIII (1924).

[17] W. Kerppola u. E. Leikola: Skand. Arch. Physiol. (Berl. u. Lpz.) 55, 70 (1929).

[18] W. Kerppola u. E. Leikola: Skand. Arch. Physiol. (Berl. u. Lpz.) 55, 87 (1929).

Letztere ist um so kleiner je größer die Wasserstoffionenkonzentration ist. Sie ist bei $T = 25°$ und p_H 6,63 = 0,0014; bei p_H 7,15 = 0,0018; bei p_H 8,29 = 0,0023 und bei p_H 8,81 = 0,0031[1]. Eieralbumin verzögert die Reaktion.

Festes Bilirubin ändert sich beim Bestrahlen mit ultravioletten, Sonnen- und Röntgenstrahlen nicht. Dagegen wechseln belichtete Lösungen ihre Farbe je nach Art des verwendeten Lösungsmittels mit verschiedener Geschwindigkeit, das Auftreten der einzelnen Färbungen ist wieder abhängig von der herrschenden Wasserstoffionenkonzentration. In alkoholischer Lösung tritt nur Grünfärbung ein[2], eine Chloroformlösung ändert dagegen die Farbe rasch von Grüngelb über Grün, Blaugrün, Eisengrau nach Braun (Ozonwirkung[2, 3]). Auch im Dunkeln sind Bilirubinlösungen nicht unbedingt haltbar[4], gut dagegen nach Zusatz von Eiweiß[3]. Nur geringe Veränderungen erleiden sie bei Ultraviolettbestrahlung unter Ausschluß von Sauerstoff[4].

Dasselbe ist auch in 5 proz. Sodalösung bei einer Bilirubinkonzentration von 1 : 800 bis 1 : 20000 der Fall. Es tritt jedoch hier Herabsetzung des qualitativ feststellbaren Bilirubinwertes bis auf die Hälfte ein (Diazoreaktion)[5].

Bei Überführungsversuchen in alkalischer Lösung wandert Bilirubin gegen die Anode, und zwar um so rascher, je stärker alkalisch die Lösung ist (von $p_H = 6,0—10,0$). Bilirubin besitzt also negative Ladung[6].

Alkalische Bilirubinlösungen werden durch 4,5 proz. Eisessig-Kollodiumfilter ultrafiltriert, nicht jedoch nach Zufügen von Eiweiß und Gummi arabicum. Diese Hemmungen werden jedoch durch den Zusatz einer 20 proz. Coffeinlösung wieder aufgehoben. (Ikterischer Harn läßt sich ebenfalls ultrafiltrieren, ikterisches Serum erst nach Coffeinzusatz[7].)

Aus Chloroform, Äther, Schwefelkohlenstoff, Benzol und Toluol geht Bilirubin an wässerige Lösungen, deren p_H mehr als 6,0 beträgt, nicht[8, 9]. Bei $p_H = 9,0$ ist es in beiden Schichten enthalten, erst bei $p_H = 12,0—14,0$ ist es vollständig extrahiert[8].

Mit Salpetersäure entsteht aus Bilirubin ein rasch polymerisierender Stoff $C_7H_7O_2N$ (Schmelzp. 82—86°), der mit Natriumamalgam in ätherischer Lösung die Verbindung $C_7H_9O_2N$ gibt (farblose, quadratische Nädelchen, Schmelzp. 58—60°)[10].

Im Ultraviolettlicht zeigt Bilirubin Rotfluorescenz[11]. In Gegenwart von 1 proz. kolloidalem Palladium wird es erst zu Mesobilirubin und dann weiterhin zu Mesobilirubinogen reduziert. Auch beim Erhitzen mit Kaliummethylat und Hydrazinhydrat auf 180° entsteht Mesobilirubin[12]. Beim Schmelzen mit Resorcin bei 200° bildet sich Neoxanthobilirubinsäure[13]. In Gegenwart von Salzsäure[14] oder Phosphorsäure[15] wird es durch Wasserstoffperoxyd zu Biliverdin oxydiert. Beim Versetzen einer alkalischen Bilirubinlösung (alkalischer Harn) mit Phenolphthalein tritt schöne korallenrote Farbe auf (normal rotviolett)[16]. 2 proz. wässerige Methylenblaulösung wird auf Zusatz von Bilirubin grün (Nachweis)[17].

Bilirubin enthält 7 aktive Wasserstoffatome[18].

Es wird in ätherischer Lösung durch Diazomethan verestert unter gleichzeitiger Anlagerung von 1 Mol Diazomethan. Dabei entsteht $C_{36}H_{42}O_6N_6$, ein rotes amorphes Pulver, das bei 1 mm Vakuum den Diazomethanstickstoff abspaltet[19].

Formulierung des Bilirubins. Es soll einen Furanring enthalten[20].

[1] Th. Morishima: Jap. J. Gastroenterol. **2**, 60 (1930).

[2] E. Beccari: Arch. di Fisiol. **28**, 452 (1930).

[3] R. Sivó u. Fourrai: Biochem. Z. **189**, 168 (1927).

[4] E. Beccari: Arch. di Fisiol. **28**, 452 (1930).

[5] F. Kerti u. F. Stengel: Z. exper. Med. **69**, 577 (1930).

[6] W. Kerppola u. E. Leikola: Skand. Arch. Physiol. (Berl. u. Lpz.) **55**, 258 (1929).

[7] E. Fourrai u. R. Sivó: Biochem. Z. **189**, 168 (1927).

[8] W. Kerppola u. E. Leikola: Skand. Arch. Physiol. (Berl. u. Lpz.) **54**, 120 (1928).

[9] W. Kerppola u. E. Leikola: Skand. Arch. Physiol. (Berl. u. Lpz.) **55**, 87 (1929).

[10] H. Fischer u. G. Niemann: Hoppe-Seylers Z. **146**, 196 (1925).

[11] Ch. Dhéré: C. r. Soc. Biol. Paris **103**, 371 (1930).

[12] H. Fischer u. G. Niemann: Hoppe-Seylers Z. **127**, 324 (1923); **137**, 303 (1925); **146**, 204 (1925).

[13] H. Fischer u. R. Hess: Hoppe-Seylers Z. **194**, 209 ff. (1931).

[14] A. Adler u. E. Meyer: Klin. Wschr. **2**, 258 (1923).

[15] M. Sternberg: Biochem. Z. **171**, 217 (1926).

[16] J. Decade: Bull. Soc. Chim. biol. Paris **12**, 130 (1930).

[17] K. Franke: Med. Klin. **1931 I**, 98.

[18] H. Fischer u. M. Postowsky: Hoppe-Seylers Z. **152**, 309 (1926).

[19] W. Küster u. K. Maag: Ber. dtsch. chem. Ges. **56**, 59 (1923).

[20] H. Fischer u. F. Lindner: Hoppe-Seylers Z. **161**, 9 (1926). — H. Fischer u. G. Niemann: Hoppe-Seylers Z. **127**, 319 (1923).

Spektroskopische Eigenschaften (Untersuchung ausgeführt mit dem König-Martens-schen Spektrophotometer): Alkalische Bilirubinlösungen zeigen im sichtbaren Licht kontinuierliche Absorption mit Maximum bei $\lambda = 432 \mu\mu$[1].

Eine 1 mg-proz. Lösung von Bilirubin in Chloroform weist selektive Absorption von $490—400 \mu\mu$ auf[2], mit Max. bei 450 (449—451) $\mu\mu$[1,2]. Der Absorptionskoeffizient im Maximum beträgt $1,054 \cdot 10^{-5}$[1] bzw. $1,083 \cdot 10^{-5}$[2]. Der Beginn der Absorptionskurve ist sehr scharf, der Abfall flacher. Bei längerem Stehen nimmt die Extinktion im kurzwelligen Gebiet ab, das Absorptionsverhältnis zu; im langwelligen Gebiet tritt Zunahme der Lichtauslöschung ein.

In einer 5 mg-proz. Lösung tritt schon ab 500 $\bar{\mu}$m vollständige Auslöschung ein[2,3].

In einer 0,01 proz. alkoholischen[1] bzw. in einer 1 mg-proz., 4% Chloroform enthaltenden, alkoholischen Lösung[2] liegt das Absorptionsmaximum ebenfalls bei 450 μm. Der Absorptionskoeffizient im Maximum beträgt $1,165 \cdot 10^{-5}$[1]. Der Anfang der Kurve ist jedoch nicht so scharf wie in Chloroform[2] und der Anstieg etwas flacher[1,2]. Das Bilirubin ist hier kolloidal gelöst, und je nach der Molekülgröße ist die Kurve breiter oder schmäler, schärfer oder verschwommener[2]. Bei der alkoholischen Bilirubinlösung wurde der Extinktionskoeffizient zwischen $\lambda = 600—420 \mu$m bestimmt (0,01 proz. Lösung, 1 cm Schichtdicke). Das Absorptionsverhältnis beträgt im Mittel 0,0000151[1].

Über die Identität der beiden Absorptionskurven in Chloroform und Alkohol bestehen noch Zweifel[1,2].

Physiologische Eigenschaften: Bilirubin besitzt keine Giftwirkung[4]. Nach Fütterung wird es vom Darm resorbiert und durch die Leber wieder ausgeschieden[5]. Es zeigt photochemische Wirkung, die jedoch ca. 120mal schwächer ist wie bei den Porphyrinen. In Verdünnung 1:1000 wird bei Belichtung der Herzschlag beim überlebenden Tier (Frosch) verlangsamt, ohne Belichtung keine Reaktion[6].

Das Bilirubin soll ein nicht ausgenutztes, zur Blutbildung nötiges Produkt sein[7]. Bei Tieren in kleinen Dosen per os gegeben (Ratte, Maus[8]) oder verfüttert[9] wirkt es hämopoetisch[10,11,12] auch nach Milzexstirpation[9], besonders bei niederem Gehalt des Blutes an roten Blutkörperchen. Diese Eigenschaft des Bilirubins wird durch Bestrahlung nicht verändert[13]. In größeren Dosen zeigt es dagegen erythropoetische Wirkung, hauptsächlich bei hoher Blutkörperchenzahl[8]. Die gleichen Eigenschaften zeigen auch alle Stoffe, aus denen im Organismus Bilirubin gebildet wird[12]. Ferner Milz-, Knochenmark- und Leberextrakt, ebenso Carnotserum[9,14]. Ob nun die hämopoetische Funktion durch Konzentrationswirkung auf die blutbildenden Organe oder durch Hemmung des Hämoglobinzerfalls zustande kommt, ist noch nicht geklärt[15]. Von verschiedenen Seiten wird Bilirubin oder evtl. aus ihm im Organismus entstehende Abbauprodukte als physiologischer Reiz (Hormon) für die normale Blutbildung angesehen[9,11,12,14].

Im Gegensatz zum Tierversuch wirkt alkalisches Bilirubin beim Menschen, intravenös injiziert, weder hämo- noch erythropoetisch[15].

Das Bilirubin besitzt auch hämolytische und hämagglutinierende Wirkung, die durch Serum oder gallensaure Salze wesentlich beeinflußt wird. Serum hemmt beide Funktionen,

[1] L. Heilmeyer: Biochem. Z. **232**, 229 (1931).

[2] P. Müller u. L. Engel: Hoppe-Seylers Z. **199**, 117 (1931); **202**, 56 (1931).

[3] Vgl. O. Schumm: Die spektrochemische Analyse natürlicher organischer Farbstoffe, S. 180. Jena: Gustav Fischer 1927.

[4] O. H. Hovall: J. Labor. a. clin. med. **14**, 217 (1928).

[5] Ph. D. Mc Master u. R. Elmans: J. of. exper. Med. **41**, 719 (1925).

[6] H. Kämmerer, P. Brenner, J. Gürsching, Ch. Wang u. H. Douch: Verh. dtsch. Ges. inn. Med. **380** (1927). — Vgl. E. Beccari: Boll. Soc. Biol. sper. **5**, 352 (1930).

[7] G. v. Broun, Ph. D. Mc Master u. P. Rous: J. of exper. Med. **37**, 733 (1923).

[8] F. B. Benezik, A. Gáspár, F. Verzár u. A. Zih: Biochem. Z. **225**, 278 (1930).

[9] F. Verzár u. A. Zih: Biochem. Z. **205**, 388 (1929).

[10] Gg. Weiss u. L. Hollós: Orv. Hetil. (ung.) **1928 II**, 1084.

[11] F. Verzár u. A. Zih: Klin. Wschr. **7**, 1031 (1928).

[12] V. Verzár: Z. exper. Med. **68**, 475 (1929).

[13] F. Kerti u. F. Stengel: Z. exper. Med. **69**, 577 (1930).

[14] A. Zih: Biochem. Z. **205**, 402 (1929).

[15] L. Popper: Klin. Wschr. **1930 II**, 1770.

Natriumglykocholat die Agglutination. Beim Stehen einer Bilirubinlösung an der Luft geht erst die hämolytische, dann die agglutinierende Wirkung verloren[1].

Nach intravenöser Injektion verschwindet beim Kaninchen das Bilirubin verschieden rasch aus der Blutbahn. Dabei lassen sich zwei Gruppen unterscheiden: a) Ausscheidung von 90—100% innerhalb 15 Minuten, b) 75—85% innerhalb 15 Minuten. Hormone (Epinephrin 1 : 1000, Pituitrin 1 : 10, Insulin $\frac{1}{2}$ Einheit) hemmen bei a) und beschleunigen bei b)[2].

Farbenreaktionen des Bilirubins: Eine mit Hilfe von Ammoniak hergestellte und wieder neutralisierte alkoholische Bilirubinlösung gibt mit alkoholischer Zinkacetatlösung und Jod Grünfärbung mit Rotfluorescenz und zeigt im Spektrum 2 Streifen: I im Rot λ 660—615 (Maximum 643) $\mu\mu$; II im Gelb, schwächer, Maximum 585,5 mit unscharfer Abgrenzung bei Grün 576 $\mu\mu$. Beide Streifen sind durch einen schwachen Schatten verbunden[3] (Cholecyaninspektrum von Heynsius und Campbell). Bei stärkerer Verdünnung verschwindet II und I wird scharf λ 650—633 $\mu\mu$. Auf Zusatz von Schwefelammonium wird die Farbe violett ohne Rotfluorescenz, das Spektrum weist ein breites Band von Rot bis Grün auf: $\lambda = 622$—574 $\mu\mu$. Auf Zusatz von Ammoniak finden sich dagegen im Spektrum 2 Streifen: I scharf 650—629; II verwaschenes Maximum 586,5 unscharf gegen Grün bis 576 $\mu\mu$[4].

Bei Weiteroxydation wird die ursprüngliche grüne Lösung Blau-Schmutziggrün mit allmählicher Grünfluorescenz (im Spektrum noch ein weiterer Streifen in Grün, Beginn bei $\lambda = 535$ $\mu\mu$), Olivgrün, Blaugrün, Rötlichbraun mit intensiv grüner Fluorescenz. Letztere Färbung wird mit Alkali braungelb bis gelb; mit Säure dagegen braun-rosarot. Der Farbstoff geht jetzt an Chloroform, er gibt die Ehrlichsche Reaktion, aber nicht die Fischersche mit Kupfersulfat; das Spektrum zeigt gleichmäßige Absorption bis Violett. In ammoniakalischer Lösung beginnt die Auslöschung bei $\lambda = 529$ $\mu\mu$, in schwefelsaurer bei $\lambda = 525$ $\mu\mu$ (nach starkem Verdünnen bei 512 $\mu\mu$[4].)

Bei niedrigem Bilirubingehalt und schnellem Jodzusatz werden die Zwischenstufen übersprungen und man erhält direkt die grünfluorescierende Lösung[4].

Empfindlichkeit der Reaktion 1 : 12000000 besonders im Ultraviolett. Jod ist ersetzbar durch Brom[5].

Bei Zugabe von Brom in Chloroform zu Bilirubin in Chloroform entsteht ein dunkelbrauner Farbstoff. Daraus bildet sich auf Zusatz von Wasser und 50proz. Hydrazinhydrat eine grüngefärbte wäßrige Phase mit roter Fluorescenz[5].

Blaue, rot fluorescierende Lösungen werden erhalten beim Versetzen von Bilirubin in $^n/_{25}$ Natronlauge mit Salzsäure und Natriumnitrit. Die Lösung weist mehrere Absorptionsstreifen auf (Cholecyanin?)[5].

Beim Zufügen einer kleinen Menge Zinnchlorürlösung zu einer ammoniakalischen Bilirubinlösung und anschließendem tropfenweisen Zusatz einer verdünnten Jod-jodkalilösung treten die 3 charakteristischen Streifen des Bilicyanins auf (λ=658—627; 602—578; 527—486$\mu\mu$), bei weiterem Zusatz der Jodlösung wird die Farbe gelbrosa mit grüner Fluorescenz und Spektrum $\lambda = 529$—424$\mu\mu$ (Choletelin?)[6].

Mononatriumbilirubinat findet sich bei schwerem Ikterus im Serum und in der Galle. — Löslich in Wasser, unlöslich in Chloroform. Wird durch Säuren zerlegt zu einem in Wasser unlöslichen, durch Stehen im Serum dagegen zu einem in Wasser kolloidal löslichen Bilirubin. Beide Modifikationen sind in Chloroform löslich. Gibt momentan rote v. d. Berghsche Reaktion[7].

Dinatriumbilirubinat existiert in der Natur nicht. Bildet sich aus Bilirubin mit überschüssiger Soda. — Leicht löslich in Wasser, unlöslich in Chloroform[7].

Bilirubin-azobenzolsulfosäure = Azobilirubin ist indigblau bei p_H=1,0; rot bei p_H=2,2; hellrot bei p_H = 5,5 und olivgrün bei Anwesenheit von überschüssigem Alkali[7]. Das Chlorhydrat (Farbe blau) besitzt ein Absorptionsspektrum mit Maximum bei 580—570 und 475 $\mu\mu$. Das mittlere Absorptionsverhältnis zwischen $\lambda = 650$—470 $\mu\mu$ ist 0,0000075 (Messung mit

[1] A. Clementi u. F. Condarelli: Bull. Accad. med. Roma **56**, 240 (1930).
[2] M. A. Goldzieher u. M. Lurie: Arch. of Pathol. **7**, 646 (1927).
[3] Vgl. Auché: C. r. Soc. Biol. Paris **64**, 297, 299 (1908).
[4] H. B. Barrenscheen u. O. Weltmann: Biochem. Z. **140**, 273 (1923).
[5] Ch. Dhéré: C. r. Soc. Biol. Paris **103**, 371 (1930).
[6] L. Beccari: Boll. Soc. Biol. sper. **3**, 332 (1928).
[7] C. E. Newmann: Brit. J. exper. Path. **9**, 112 (1928) — Chem. Zbl. **1930 I**, 2931.

Zeiss-Stufenphotometer und König-Martens-Spektrophotometer). Die Verbindung eignet sich sehr gut zur quantitativen Bestimmung des Bilirubins[1].

Bilirubin-Glykokoll $C_{33}H_{36}O_6N_4 \cdot 2\,CH_3(NH_2) \cdot COOH \cdot (M = 734{,}62)$. 2 g Orange-Bilirubin gelöst in ca. 400 ccm Chloroform werden mit 1 g Glykokoll in 10 ccm Wasser überschichtet, dann 2 Stunden auf der Maschine geschüttelt, hernach die Chloroformschicht abgetrennt, etwa 1 Stunde lang mit Chlorcalcium getrocknet, schließlich das Lösungsmittel verdampft und dessen letzte Reste im Vakuum vollends abgedunstet. Der Rückstand ist krystallisiert. Ausbeute ca. 1,9 g. — Orange gefärbte rhomboederförmige Krystalle. Wenig löslich in Aceton, Chloroform, Äther; etwas leichter in Alkohol; löslich in Carbonaten und verdünntem Ammoniak. Zersetzt sich bei ca. 8tägigem Stehen in Chloroform, die Reaktion wird durch Chlorcalcium beschleunigt. Zerlegung tritt auch ein bei längerem Kochen mit Wasser oder mit Pyridin. Kuppelt mit Diazobenzolsulfosäure langsamer wie Bilirubin, das Reaktionsprodukt löst sich auch schwerer in Chloroform. Ammoniak wirkt nicht ein. Diazomethan wirkt nur methylierend ohne Verharzung[2].

Dimethylester des Bilirubin-Glykokolls $C_{33}H_{34}O_6N_4(CH_3)_2 \cdot 2\,CH_2(NH_2) \cdot COOH$. Eine frische, gut getrocknete Lösung von 1 g Bilirubin-Glykokoll in 200 ccm Chloroform wird mit einer ätherischen Diazomethanlösung, hergestellt aus 1,5 ccm Nitrosomethylurethan, 1 ccm 5proz. methylalkoholischer Kalilauge und 15 ccm Äther, 5 Minuten lang gut geschüttelt, dann mit 5proz. Sodalösung behandelt, die abgetrennte Chloroformschicht mit Chlorcalcium rasch getrocknet und schließlich das Lösungsmittel abdestilliert. Rückstand eine hellbraune krystalline Masse. Ausbeute 0,7 g (im Vakuum getr.). — Kurze Prismen; Sinterung bei 125—130°. Löslich in Alkohol, Aceton, Chloroform, Pyridin; wenig in Äther; unlöslich in Alkalien. Gibt bei 4tägigem Stehen in Chloroform über Chlorcalcium Dimethylbilirubin[2].

Bilirubin-Alanin $C_{33}H_{36}O_6N_4 \cdot 2\,CH_3 \cdot CH(NH_2) \cdot COOH$ (Mol-Gewicht = 762,66). Darstellung wie vorher unter Verwendung der entsprechenden Menge d, l-Alanin. Eigenschaften analog denen des Bilirubin-Glykokolls, die Farbe ist jedoch etwas tiefer[3]. Ferner tritt mit Chloroform raschere Spaltung in die Komponenten ein.

Bilirubin-Histidin $C_{33}H_{36}O_6N_4 \cdot C_6H_9O_2N_3$. (Mol-Gewicht = 736,63.) Darstellung wie vorher unter Verwendung von aus Globin hergestelltem l-Histidin. — Krystallisiert in orangeroten Tafeln. Eigenschaften sonst wie bei den vorhergehenden Molekülverbindungen[3].

Kupfersalz des Bilirubins[4].

Mol-Gewicht: 646,05.

Zusammensetzung: 61,32% C; 5,30% H; 14,87% O; 8,67% N; 9,84% Cu. $C_{33}H_{34}O_6N_4Cu$.

Darstellung der Modifikation A: 2,8 g über die Ammoniakverbindung gereinigtes Bilirubin, suspendiert in 500 ccm Wasser, werden durch Aufleiten von Ammoniak gelöst. Nachdem wird filtriert, das rotbraune Filtrat mit 3,2 g Kupfersulfat in 30 ccm 10proz. Ammoniak versetzt und solange geschüttelt, bis die Farbe rein smaragdgrün geworden ist (15—20 Minuten). Dann wird mit Essigsäure das Kupferbilirubin ausgefällt, filtriert, kupferfrei gewaschen und im Vakuum getrocknet. Ausbeute 2,8 g.

Eigenschaften: Amorpher grüner Stoff. Löslich in Soda, Eisessig, Pyridin und Cyclohexanol; spurenweise löslich in heißem Alkohol; unlöslich in Natriumbicarbonat und den meisten organischen Solventien. Reinigung durch Lösen in heißem Cyclohexanol und Fällen mit Petroläther (Siedep. 50—70°). Beim Erhitzen mit Benzoesäureäthylester geht ein geringer Teil in Lösung und scheidet sich dann in Form feiner, gebogener Nadeln mit den Eigenschaften des amorphen Produktes ab; der ungelöste Teil ist jedoch verändert worden. Das Kupfersalz ist sehr beständig; in alkalischer Lösung wird durch Schwefelwasserstoff das Kupfer nur sehr langsam, in Eisessiglösung durch Ferrocyankalium gar nicht gefällt; desgleichen tritt auch keine Spaltung ein mit 5proz. Salzsäure oder 5proz. Natronlauge. Kupferbilirubin ist löslich in konz. Schwefelsäure mit violetter, in 25proz. Salzsäure mit blauer und in 1proz. methylalkoholischer Salzsäure mit violetter Farbe. Bei der Reduktion in alkalischer Lösung mit 4,6proz. Natriumamalgam entsteht Mesobilirubinogen, bei der Einwirkung von Zinkstaub-Essigsäure die Verbindung $C_{33}H_{39}O_7N_3$.

Spektrum in 1proz. methylalkoholischer Salzsäure: λ 666,5—635,9 μm.

[1] L. Heilmeyer u. W. Krebs: Biochem. Z. **223**, 352 (1930). — Vgl. P. Müller u. L. Engel: Hoppe-Seylers Z. **202**, 61 (1931).

[2] W. Küster: Hoppe-Seylers Z. **141**, 45ff. (1924).

[3] W. Küster: Hoppe-Seylers Z. **141**, 46ff. (1924).

[4] W. Küster: Hoppe-Seylers Z. **149**, 33ff. (1925).

Kupferbilirubin B. 0,5 g Kupferbilirubinat gelöst in 30 ccm heißem Pyridin werden 5 Stunden auf dem siedenden Wasserbad erhitzt; wobei Krystallisation in kugelförmigen Aggregaten eintritt. Noch heiß, wird filtriert und erst mit Pyridin und dann mit warmem Alkohol gewaschen. Ausbeute 0,3 g.

Monoammoniumsalz des Kupferbilirubin-ammoniaks $C_{33}H_{36}O_6N_4Cu \cdot NH_4 \cdot NH_3$ (Mol-Gewicht = 680,12). 1 g Bilirubin wird in 50 ccm abs. Methylalkohol durch Aufleiten von Ammoniak unter Erwärmen gelöst und dann eine schwach ammoniakalische Lösung von 0,8 g Tetramminkuprisulfat in 4,5 ccm Wasser langsam eingerührt, wobei rasch Grünfärbung eintritt. Nach $^{1}/_{2}$ stündigem Stehen wird filtriert, das Filtrat unter Umschwenken in 500 ccm abs. Äther eingetragen, die tiefgrüne Fällung filtriert, mit Äther gewaschen und im Vakuum getrocknet. Ausbeute 1,1 g. — Amorphes grünes Produkt; löslich in Wasser, Alkohol und Pyridin. Löslich in konz. Schwefelsäure mit violettblauer Farbe. Verliert an der Luft langsam Ammoniak. Beim Erwärmen spaltet sich leicht 1 Mol Ammoniak ab unter Bildung des Monoammoniumsalzes des Kupferbilirubins.

Spektrum in Methylalkohol (Äther): scharf λ 678,7—671,0.

Monomethylester des Ammoniumsalzes des Kupferbilirubin-ammoniaks $C_{33}H_{32}O_6N_4Cu$ $\cdot (CH_3) \cdot (NH_4) \cdot NH_3$). Entsteht bei der Einwirkung von Diazomethan auf obiges Monoammoniumsalz. — Grünes Produkt; leicht löslich in Pyridin; schwer in Alkohol, Chloroform. Essigsäure- und Benzoesäureester. Durch 10 proz. Essigsäure werden beide Ammoniakreste abgespalten unter Bildung des Kupferbilirubinmethylesters.

Monoammoniumsalz des Kupferbilirubins $C_{33}H_{33}O_6N_4Cu \cdot NH_4$ (Mol-Gewicht = 663,09). 0,5 g Ammoniumsalz des Kupferbilirubin-ammoniaks werden mit 40 ccm Methylalkohol bis zur Beendigung der Ammoniakabspaltung erhitzt (1 Stunde). Nachdem wird abgesaugt, mit Alkohol gewaschen und im Vakuum getrocknet. Ausbeute 0,4 g. — Löslich in Pyridin, Eisessig, unlöslich in Wasser, Alkohol und anderen organischen Solventien.

Monomethylester des Monoammoniumsalzes des Kupferbilirubins $C_{33}H_{32}O_6N_4Cu \cdot NH_4$ $\cdot CH_3$. Bildet sich beim Einleiten von Diazomethan, entwickelt aus 0,75 ccm Nitrosomethylurethan, in eine Suspension von 0,25 g Ammoniumsalz in 25 ccm abs. Äther. Nach 3 stündigem Schütteln und Stehen über Nacht wird filtriert, mit Äther gewaschen und im Vakuum getrocknet. Ausbeute 0,25 g. — Grüner Stoff; löslich in Pyridin; sehr schwer in Chloroform und Benzoesäureäthylester; kaum in Alkohol.

Monomethylester des Kupferbilirubins $C_{33}H_{33}O_6N_4Cu \cdot CH_3$. Entsteht bei der Einwirkung von 10 proz. Essigsäure auf den Methylester des Ammoniumsalzes des Kupferbilirubins und des Ammoniumsalzes des Kupferbilirubin-ammoniaks.

Dimethylester des Kupferbilirubins $C_{35}H_{38}O_6N_4Cu$ (Mol-Gewicht = 674,1). a) 0,5 g Kupferbilirubin werden mit 50 ccm 1 proz. methylalkoholischer Salzsäure 3 Stunden unter Rückfluß erhitzt und das Ganze dann in überschüssige Natriumacetatlösung eingegossen, wobei sich der freie Ester in grünen Flocken abscheidet, die nach dem Abfiltrieren gut mit Wasser gewaschen werden.

b) Dasselbe Produkt entsteht auch aus dem Dimethylester des Bilirubins beim Versetzen seiner alkoholischen Lösung mit einer ammoniakalischen Kupfersulfatlösung, Abfiltrieren des entstandenen grünen Niederschlags, Einengen des Filtrates im Wasserstoffstrom, Versetzen mit Salzsäure und Aufarbeiten der so erhaltenen violetten Lösung wie bei a. Gesamtausbeute bei 1 g Einsatz = 1 g.

Der Ester krystallisiert aus Benzoesäureäthylester in grünen Nadeln, ähnlich denen des Kupferbilirubins. Er ist etwas löslich in Alkohol, Aceton und Eisessig; wenig löslich in Pyridin und wird beim Erwärmen mit Alkalien verseift.

Trichlorhydrat des Esters $C_{35}H_{38}O_6N_4Cu \cdot 3\,HCl$. Beim Einengen der 1 proz. salzsauren methylalkoholischen Lösung bei Zimmertemperatur im Vakuum über Ätzkali. — Dunkelvioletter, in undeutlichen Blättchen krystallisierender Stoff. Spaltet an der Luft langsam Salzsäure ab.

Spektrum in Methylalkohol-Salzsäure: λ 661,1—638,3.

Benzoyl-Kupferbilirubin $C_{40}H_{38}O_7N_4 \cdot Cu (+$ Pyridin). 0,5 g Kupferbilirubin in 50 ccm trockenem Pyridin werden mit 0,25 g frisch destilliertem Benzoylchlorid versetzt. Nach Stehen über Nacht und anschließendem 3—4 stündigem Erhitzen auf dem siedenden Wasserbad tritt krystalline Abscheidung ein, die nach dem Abfiltrieren mit warmem Alkohol ausgewaschen wird. — Grünes, in kleinen Würfeln krystallisierendes Pulver; unlöslich in allen organischen Solventien. Konz. Schwefelsäure zersetzt nur langsam. Enthält 2 Mol Pyridin, wenn das als Ausgangsmaterial benutzte Bilirubin mittels Methylalkohol-Ammoniak gewonnen worden ist und 4 Mol Pyridin, wenn es mit Chloroform dargestellt wurde, die weder durch Erhitzen auf 100° noch durch Kochen mit Lauge entfernbar sind.

Eisensalz des Bilirubins $C_{33}H_{34}O_6N_4Fe$ (Mol-Gewicht = 638,32). 1 g Bilirubin in 100 ccm 5proz. Ammoniak wird unter Rühren mit 1 g Ferroammoniumsulfat in 25 ccm Wasser versetzt, dann das Ganze 8 Stunden geschüttelt, filtriert, das Filtrat mit Essigsäure gefällt, durch die essigsaure Suspension einige Zeit Luft geleitet, aufgekocht, ammoniakalisch gemacht, filtriert, das Filtrat wieder essigsauer gemacht, der Niederschlag abfiltriert, ausgewaschen, unter Erwärmen in 30 ccm Eisessig gelöst, filtriert und das Filtrat durch Eingießen in Wasser gefällt. Das so erhaltene rotbraune Eisensalz wird abfiltriert und mit Wasser gut ausgewaschen. — Löslich in Pyridin, Eisessig und Alkalien, ausgenommen Bicarbonat. Die rotbraune Eisessiglösung zeigt kein deutliches Absorptionsspektrum.

Dimethylester des Bilirubins[1].

Mol-Gewicht: 612,54. Bestimmt nach Rast zu 624, 599, 592, 584.

Zusammensetzung: 68,45% C; 6,50% H; 15,90% O; 9,15% N. $C_{35}H_{40}O_6N_4$.

Bildung: Bei der Spaltung des Dimethyl-Bilirubin-Glykokolls durch längeres Stehen in Chloroform über Chlorcalcium oder beim Erhitzen auf 120° im Wasserstoffstrom.

Darstellung: 3 g durch Chloroformextraktion gewonnenes und über Bilirubin-Ammoniak gereinigtes Bilirubin, suspendiert in 750 ccm Chloroform, werden $^1/_4$ Stunde mit einer ätherischen Diazomethanlösung aus 3,2 g Nitrosomethylurethan geschüttelt. Danach wird die rote Lösung mit 10proz. Sodalösung behandelt, mit Natriumsulfat getrocknet, das Chloroform im Wasserstoffstrom bis auf 50 ccm abdestilliert, der Rest im Vakuum auf 10—15 ccm eingeengt, nun in 2 l warmen Petroläther (Siedep. 30—75°) eingerührt und sofort von der orangeroten Fällung abfiltriert. Beim Stehen des Filtrats krystallisiert der Ester am Gefäßboden und Gefäßwand sowie auf eingestellte dicke Glasstäbe aus. Ausbeute insgesamt ca. 3 g.

Eigenschaften der Rohproduktes: Gemisch von orangeroten, schön ausgebildeten Rhomboedern und beiderseits abgeschrägten, meist zu hantelförmigen Büscheln vereinigten, prismatischen Nädelchen; Schmelzp. 198—200°, Sinterung ab 163—165°. Schwer löslich in Äther und Petroläther, leichter in heißem Methylalkohol, sehr leicht in Aceton, Methyläthylketon, Eisessig, Essigester, Benzol, Toluol, Xylol, Cyclohexan und Chloroform. In allen Lösungsmitteln tritt rasch Grün- bzw. Schmutzigbraunfärbung ein. Auch die feste Substanz färbt sich bei mehrtägigem Stehen am Licht grün. Der Ester besteht aus der Enol- und Ketoform, von denen die erstere mit Eisenchlorid und die letztere mit Aluminiumchlorid, beides in alkoholischer Lösung, intensive Rotfärbung geben. Die Trennung der beiden Modifikationen gelingt mit abs. Methylalkohol.

Ketoform: Aus Methylalkohol braunrote Vielflächen. Aus Chloroform und viel Petroläther (Siedep. 50—75°) rote, beiderseits abgestumpfte, zu dicken Drusen vereinigte, prismatische Nädelchen. Leichter löslich in warmem abs. Methylalkohol wie die Enolform. Gibt in alkoholischer Lösung mit Aluminiumchlorid intensive Rotfärbung, mit Eisenchlorid dagegen nicht. Nach einigem Stehen bewirkt Eisenchlorid Grünfärbung, wahrscheinlich infolge beginnender Oxydation. Schmelzp. 168—169°; Sinterung ab 144°. Ausbeute bei 3 g Einsatz an reinem Produkt 10 mg.

Enolform: Aus Methylalkohol orangerote, würfelähnliche Formen. Aus Chloroform und viel Petroläther orangerote Rhomboeder; Schmelzp. 204—205°; Sinterung ab 165—167°. Schwerer löslich in warmem abs. Methylalkohol wie die Ketoform. Gibt in alkoholischer Lösung mit Eisenchlorid intensive Rotfärbung, nicht dagegen mit Aluminiumchlorid. Ausbeute in reinem Produkt bei 3 g Einsatz = 50 mg.

Biliverdin (Bd. VI, S. 284; Bd. X, S. 920).

Vorkommen: Findet sich im Meconium des Fötus[2] und des normalen Neugeborenen[3]. In der Leichengalle[4].

---

[1] W. Küster: Hoppe-Seylers Z. **141**, 40ff. (1924).

[2] V. Zamorani: Riv. Clin. pediatr. **23**, 9 (1915).

[3] M. Royer u. J. C. Bertrand: C. r. Soc. Biol. Paris **100**, 130 (1929).

[4] H. Wieland u. G. Reverey: Hoppe-Seylers Z. **140**, 186 (1924).

Die Bildung aus Bilirubin erfordert ein p_H von 7,2—7,8. Bei geringerer Wasserstoffionenkonzentration tritt sie nicht ein[1].

Eigenschaften: Ist löslich in Amylalkohol und läßt sich mit diesem auch aus saurer Lösung ausziehen; der Auszug ist mehrere Tage haltbar[2]. Bei Ultraviolettbestrahlung schlägt die grüne Farbe des Biliverdins in Blau um, wahrscheinlich tritt Bildung von Bilicyanin ein[3]. Es besitzt photochemische Wirkung, diese ist jedoch schwächer wie beim Bilirubin[4]. In kleinen Dosen verfüttert wirkt es hämopoetisch, in größeren erythropoetisch, genau wie das Bilirubin[5]. Biliverdin besitzt negative Ladung; bei Überführungsversuchen in alkalischer Lösung wandert es gegen die Anode, und zwar um so rascher, je alkalischer die Lösung ist[6]. Sofortige positive Diazoreaktion tritt bei reinen Lösungen erst nach Zusatz von Alkohol ein[7].

Bestimmung: Die spektroskopische Bestimmung ist nur exakt in reinen Lösungen, nicht dagegen in Körperflüssigkeiten[3].

Biliverdin-Glykokoll $C_{33}H_{36}O_8N_4 \cdot CH_2(NH_2) \cdot COOH$ (Mol-Gewicht $= 691,56$). Zu einer kochenden Lösung von 0,5 g gereinigtem Biliverdin in 50 ccm Alkohol werden tropfenweise 0,2 g Glykokoll in 2,5 ccm Wasser gegeben. Nach 1 Stunde wird heiß filtriert, das Filtrat 1 Tag in den Eisschrank gestellt, wieder filtriert und danach der Alkohol abdestilliert, wobei sich die Molekülverbindung krystallin abscheidet. Nach dem Absaugen Auswaschen mit Wasser. Ausbeute 0,1 g. — Tief braunschwarzer, krystalliner Stoff, unlöslich in Chloroform und Aceton, löslich in Aceton mit grüner, in Pyridin, Eisessig und Soda mit braungrüner Farbe[8].

Mesobilirubin (Bd. X, S. 36, 920).
Bis-(3-äthyl-3′, 4-dimethyl-4′-propionsäure-5-oxy-pyrro-methen)-methan[9].
Bis-(neoxanthobilirubinsäure)-methan[9].

$$C_{33}H_{40}O_6N_4$$

$$H_3C \cdot C = C \cdot C_2H_5 \quad H_3C \cdot C - C \cdot CH_2 \cdot CH_2 \cdot COOH \quad HOOC \cdot H_2C \cdot H_2C \cdot C - C \cdot CH_3 \quad H_5C_2 \cdot C = C \cdot CH_3$$
$$HO \cdot C \quad C = CH - C \quad C - CH_2 - C \quad C - CH = C \quad C \cdot OH$$
$$N \qquad NH \qquad NH \qquad N$$

Darstellung: a) 1 g Bilirubin wird mit 10 ccm 10 proz. Kaliummethylat und 1,5 ccm Hydrazinhydrat 7 Stunden im Rohr auf 180° erhitzt. Nachdem wird mit Wasser verdünnt, bei Gegenwart von Äther mit Schwefelsäure angesäuert, 3 mal gut ausgeäthert, nach Stehen über Nacht von ausgefallenen Schmieren abgegossen, die ätherische Lösung mit 1 proz. Bicarbonat kurz geschüttelt und dann das Lösungsmittel verdampft. Der Rückstand ist krystallin[10].

b) Durch 1 g Bilirubin in 50 ccm $^n/_{10}$-Natronlauge wird nach Versetzen mit 0,1 g kolloidalem Palladium und Erhitzen auf dem Wasserbad Wasserstoff geleitet. Nach 10 Minuten, wenn die Lösung den charakteristischen grüngelben Stich angenommen hat, wird abgebrochen und wie früher aufgearbeitet. Ausbeute 55 %[11].

Synthese: 0,5 g Neoxanthobilirubinsäure (s. S. 511) mit 0,75 ccm Formalin (35 proz.) angeteigt, werden mit 0,3 ccm konz. Salzsäure gut durchgerührt, wobei schwache Erwärmung und Schmutziggelbfärbung eintritt. Nachdem wird mit 1 ccm 25 proz. Salzsäure verrührt, nach 5 Minuten mit Wasser verdünnt, die ausgeschiedenen Flocken abgesaugt und gewaschen; noch

[1] W. M. Barry u. V. E. Levine: J. of biol. Chem. **59**, LII—LIII (1924).
[2] G. Sabatina: Policlinico Sez. prat. **30**, 681 (1923).
[3] E. Beccari: Arch. di Fisiol. **28**, 452 (1930).
[4] H. Kammerer, P. Brenner, J. Gürsching, Ch. Wang u. H. Douch: Verh. dtsch. Ges. inn. Med. **380**, (1922).
[5] F. Verzár: Z. exper. Med. **68**, 475 (1929).
[6] W. Kerppola u. E. Leikola: Skand. Arch. Physiol. (Berl. u. Lpz.) **55**, 87 (1927).
[7] D. T. Davis u. E. C. Dodels: Brit. J. exper. Path. **8**, 316 (1927).
[8] W. Küster: Hoppe-Seylers Z. **141**, 51 (1924).
[9] H. Fischer u. R. Hess: Hoppe-Seylers Z. **194**, 223 (1931).
[10] H. Fischer u. G. Niemann: Hoppe-Seylers Z. **137**, 303 (1924); vgl. Hoppe-Seylers Z. **127**, 322 (1923); **146**, 203 (1925).
[11] H. Fischer u. G. Niemann: Hoppe-Seylers Z. **137**, 303 (1924). — Vgl. **127**, 322 (1923).

feucht in Methylalkohol aufgeschlämmt, abgesaugt und mit Methylalkohol nachgewaschen. Als Rückstand bleiben gelbe Krystalle, die Mutterlauge ist intensiv grün[1].

b) 0,5 g Xanthobilirubinsäure (s. S. 515), aufgeschlämmt in 1 ccm Eisessig, werden mit 0,25 ccm einer Brom-Eisessiglösung (1 ccm = 1,25 g Brom) versetzt. Unter Wärmeentwicklung und Braunfärbung tritt erst Lösung und dann Krystallisation (Bromhydrat) in Form kleiner linsenförmiger Körper ein. Nach mehrstündigem Stehen wird abgesaugt, kurz mit Eisessig und Äther gewaschen und sofort in Pyridin eingetragen. Dabei Erwärmung. Nachdem wird zum Sieden erhitzt, wonach beim Erkalten das Mesobilirubin auskrystallisiert[2].

Eigenschaften: Aus Äther charakteristische Nadeln[3]; aus Chloroform weingelbe längliche, rhombische Blättchen; Kantenwinkel 49—52°, Auslöschungsschiefe ca. 7°. Die Ecken sind oft abgerundet, so daß wetzsteinartige Formen entstehen[4]. Aus Pyridin feine goldgelbe, prismatische Nädelchen[1,2]. Schmelzp. 295—315° unter Zersetzung[3]. Sehr schöne Krystalle bilden sich bei langsamer Krystallisation aus Essigester[1]. Umkrystallisierbar auch aus Eisessig und Essigsäureanhydrid[3]. Wird bei 3 tägigem Stehen mit konz. Salzsäure nicht verändert[3]. Bei längerem Kochen mit Eisessig und bei Luftoxydation in alkalischer Lösung entsteht Mesobiliverdin[3]. Bei der Oxydation mit konz. Salpetersäure (spez. Gewicht 1,375) werden Hämatinsäure und 2 Mol Methyläthylmaleinimid erhalten[3]. Geht durch katalytische Reduktion in Gegenwart von Palladium in Mesobilirubinogen über[3]. Bei der Reduktion mit Eisessig-Jodwasserstoff entstehen Bilirubin- und Neobilirubinsäure[1]; bei der Resorcinschmelze Neoxanthobilirubinsäure[3]. Mesobilirubin enthält 7 aktive Wasserstoffatome[5]. Mit Taurocholsäure bildet es eine sehr beständige, wochenlang haltbare kolloidale Lösung. Diese ist im durchfallenden Licht klar und gelb, im auffallenden zeigt sie starke grüne Fluorescenz[6]. Durch Bakterien wird sie in Mesobilirubinogen übergeführt[7]. Mit Diazobenzolsulfosäure entsteht ein violetter Farbstoff[3]. Beim Kochen mit konz. Salzsäure bildet sich Mesobiliviolin[3]. Unter der Einwirkung von ammoniakalischer Kupfersulfatlösung entsteht ein blaues Kupfersalz, das sich aber anscheinend schon von einem Spaltprodukt herleitet[8].

Die Gmelinsche Reaktion verläuft von Gelb über Grün nach Blau, Violett, Rot, Gelb (die Säure färbt sich nur schwach gelb).

Spektrum: In der grünen Phase 3 Streifen, die sich in der blauen verstärken: I ca. 700; II ca. 650; III ca. 600 $\mu\mu$. Hinzu kommt in der violetten Phase noch ein Schatten um 550 und ein Streifen V um 500 $\mu\mu$. (Reihenfolge der Intensität I, III, V, IV, II; zwischen I bis II und III bis IV diffuse Absorption. In der ersten Phase verschwindet erst Schatten 650 μm, dann die übrigen Streifen bis V; in der gelben Phase verschwindet allmählich auch V[1].

Eisenchloriddoppelsalz. Ist lichtempfindlich und wird durch Alkali zerlegt[3].

Monobrom-mesobilirubin. Durch Bromieren in Chloroform-Eisessiglösung. Aus Alkohol-Chloroform Prismen[9].

Mesobilirubinazobenzol $C_{45}H_{48}O_6N_8 \cdot 2\,HCl$. 0,5 g Mesobilirubin heiß in 25 ccm Chloroform gelöst werden mit 10 ccm Alkohol versetzt, 3 ccm Benzoldiazoniumlösung (enthaltend 0,073 g Diazoverbindung pro Kubikzentimeter) und 2 ccm konz. Salzsäure zugegeben. Nach Stehen über Nacht wird mit Wasser verdünnt, das Chloroform verdunstet und der Rückstand aus Alkohol-Salzsäure umkrystallisiert. Ausbeute 0,4 g. — Rhombische Blättchen und Nadeln, Schmelzp. 192° unter Zersetzung. Dichroismus. Wird bei der Reduktion gespalten[3].

Mesobiliverdin. Durch Luftoxydation von Mesobilirubin in alkalischer Lösung[6].

Chlorhydrat des Mesobilirubin-dimethylesters.

Mol-Gewicht: 689,50.

Zusammensetzung: 60,94% C; 6,70% H; 13,96% O; 8,12% N; 10,28% Cl. $C_{35}H_{44}O_6N_4 \cdot 2\,HCl$.

Darstellung: Durch Einleiten von Salzsäuregas in eine Suspension von 0,15 g Mesobilirubin in 5 ccm abs. Methylalkohol, wobei Erwärmung und allmähliche Lösung eintritt. Ist

---

[1] H. Fischer u. R. Hess: Hoppe-Seylers Z. **194**, 223 ff. (1931).
[2] H. Fischer u. E. Adler: Hoppe-Seylers Z. **200**, 220 (1931).
[3] H. Fischer u. G. Niemann: Hoppe-Seylers Z. **137**, 303 ff. (1924); **127**, 311, 318 (1923).
[4] H. Fischer u. G. Niemann: Hoppe-Seylers Z. **127**, 307, 327 (1923).
[5] H. Fischer u. J. Postowsky: Hoppe-Seylers Z. **152**, 309 (1926).
[6] H. Fischer u. G. Niemann: Hoppe-Seylers Z. **127**, 322 (1923).
[7] Kämmerer u. Müller: Dtsch. Z. klin. Med. **141**, 318 (1923).
[8] H. Fischer u. G. Niemann: Hoppe-Seylers Z. **137**, 303 (1924); **146**, 203 (1925).
[9] H. Fischer u. G. Niemann: Hoppe-Seylers Z. **146**, 203 (1925).

alles in Lösung gegangen, dann wird unter Kühlung vollends mit Salzsäure gesättigt. Das Chlorhydrat krystallisiert spontan aus. Ausbeute 80%[1, 2].

Eigenschaften: Aus Methylalkohol-Salzsäure grünschillernde, rotdurchscheinende, sechsseitige rhombische Blättchen; ebener Kantenwinkel 100—101°. Manchmal finden sich auch rote Prismen mit abgerundeten Ecken. Schmelzp. 190° unter Dunkelfärbung[1]. Das Chlorhydrat des Esters aus Mesobilirubin hergestellt nach Synthese b spaltet dagegen bei 190° unter Grünfärbung den Chlorwasserstoff ab und schmilzt bei 216°[3]. Sehr leicht löslich in Chloroform; löslich in heißem Eisessig; wenig in Alkohol; unlöslich in Alkali[1]. Verliert beim Umkrystallisieren Salzsäure[1]. Gibt mit Diazobenzolsulfosäure einen blauvioletten Azofarbstoff[1]. Gmelinsche Reaktion positiv[3]. Mit Taurocholsäure entsteht eine kolloidale, gelbe, klare, wochenlang haltbare Lösung, die im auffallenden Licht stark fluoresciert[1]. Bei der Oxydation mit konz. Salpetersäure bilden sich 2 Mol Methyläthyl-maleinimid.

Mesobilirubindimethylester-dis-azobenzol. Durch Kondensation des Esters mit Benzoldiazoniumchlorid in Methylalkohol-Chloroformlösung wie beim Mesobilirubin beschrieben. Ausbeute 70%. — Prismen mit Auslöschungsschiefe von 22°; Zersetzungsp. 178°. Leicht löslich in Aceton, Eisessig, Pyridin; schwerer in Essigester; schwer in Chloroform; unlöslich in Wasser. Die Farbe der Lösung in Pyridin, Alkohol, verdünnter Essigsäure und verdünntem Alkali ist purpurrot; diejenige in Aceton, Chloroform, konz. Alkali ist blauviolett, diejenige in konz. Salzsäure ist tiefviolett. Die verschiedene Färbung ist abhängig von der Dissoziation. Die rote Farbe ist dem dissoziierten Produkt eigen, die violette dem undissoziierten. Der Übergang ist sehr scharf; eine rote schwach alkalische Lösung schlägt auf Zusatz von Mineralsäure im Neutralisationspunkt scharf nach Blau um. Der Farbstoff läßt sich hydrieren unter Zerfall[1].

Isomeres Mesobilirubin[4].

$$C_{33}H_{40}O_6N_4$$

Darstellung: 3, 3′, 5′-Trimethyl-4-äthyl-4-propionsäure-5-oxy-pyrromethen wird genau so bromiert, wie bei der Synthese des Mesobilirubins aus Xanthobilirubinsäure beschrieben. Auch hier entsteht als Zwischenprodukt ein Bromhydrat, das mit Pyridin zerlegt wird und dessen Base nach Auswaschen mit Wasser und Trocknen durch Extraktion mit Chloroform gereinigt wird.

Eigenschaften: Goldgelbe, gebogene Nadeln; Zersetzungsp. 327°. Schmelzpunktdepression mit Mesobilirubin 1—2°. Gmelinsche Reaktion vollständig identisch bei beiden Produkten.

Ester $C_{35}H_{44}O_6N_4$. Darstellung genau wie beim Mesobilirubinester beschrieben. Es bildet sich ein rotes Esterchlorhydrat, das aus Methylalkohol-Salzsäure umkrystallisiert werden kann. Spaltet beim Trocknen und beim Erwärmen mit Wasser Salzsäure ab unter Bildung des freien Esters; Schmelzp. 222°. Gmelinsche Reaktion positiv. Mischschmelzpunkt mit analytischem Mesoester 193—195°, mit synthetischem 195°.

Urobilin.

Zusammensetzung: 64,3% C; 7,9% H; 18,7% O; 9,1% N. $(C_8H_{12}O_2N)_n$[5].

Vorkommen: In geringer Menge in jedem normalen menschlichen Harn[6, 7] schon von der Geburt an[8, 9, 10, 11, 12]. Der Gehalt wird verschieden, bis zu 3,5 mg pro Tag, angegeben[6, 13, 14, 15]. Als Vorstufe ist Urobilinogen vorhanden, der dann beim Stehen des Harns

[1] H. Fischer u. G. Niemann: Hoppe-Seylers Z. **127**, 326 (1923).
[2] H. Fischer u. R. Hess: Hoppe-Seylers Z. **194**, 223 (1931).
[3] H. Fischer u. E. Adler: Hoppe-Seylers Z. **200**, 220 (1931).
[4] H. Fischer u. E. Adler: Hoppe-Seylers Z. **200**, 227 (1931).
[5] A. J. L. Terwen: Dtsch. Arch. klin. Med. **149**, 72 (1925).
[6] P. Descomps: Goiffon u. Brousse: J. Pharmacie **30**, 97 (1924).
[7] E. B. Solen: Acta med. scand. (Stockh.) **60**, 291 (1924).
[8] M. Royer u. J. C. Bertrand: C. r. Soc. Biol. Paris **100**, 130 (1929).
[9] M. Royer: C. r. Soc. Biol. Paris **102**, 421 (1929).
[10] M. Royer: Urobilin bei norm. und pathol. Zustand. Buenos Aires: Frascoli y Bindi 1929.
[11] M. Royer: Urobilin bei norm. und pathol. Zustand. Paris: Masson & Co. 1930.
[12] O. Bang: Acta med. scand. (Stockh.) Suppl. **29**, 1 (1929).
[13] A. Lichtenstein: Münch. med. Wschr. **72**, 1962 (1925).
[14] Opitz u. Brehme: Z. exper. Med. **41**, 681 (1924).
[15] J. G. F. v. Spengler: Dissertation. Leiden 1924.

sowohl im Licht als auch im Dunkeln[1] in das Urobilin übergeht[2]. Die Urobilinmenge des Urins ist auch bei starker Galleabsonderung in den Darm nur wenig vermehrt[3]. Stärkere Erhöhung tritt dagegen ein bei schwächerer[4, 5, 6] Schädigung der Leber[3, 7], bei der diese die Fähigkeit verliert, das Urobilin zu eliminieren[6, 8, 9, 10] (bei Hunden und Affen setzt bei 30proz. Leberschädigung Urobilinurie, bei 80proz. dagegen Bilirubinurie ein[4]), bei Lebercyrrhose[11] (Ausscheidung bis zu 2125 mg pro Tag[12]), bei Leberstauung[10], bei Infektion des Leberparenchyms, bei Gallenstauung[13], bei intravitaler Hämolyse durch Phenyl-hydrazin (Hund)[14], bei paroxysmaler Hämoglobinurie[15], nach endoperitonealer Injektion von Lackblut (Hund)[16], bei akuten fieberhaften Krankheiten[17], bei längerem Hungern[5], bei Schwangerschaft[18], nach Vergiftung mit Blei[19] und Quecksilberchlorid[20], nach Chloroformnarkose (Mensch, Hund)[20], bei Veränderungen im Pfortaderkreislauf[21], nach Verfütterung von Bilirubin[6, 22], bei einseitiger Milch-[23] und Fleischdiät[24] sowie bei Fett-[7] und Eiweißfettkost[7, 24] und bei Beschränkung oder Weglassen der Kohlehydrate in der Nahrung, z. B. bei Diabetikern[25].

Bei Tieren (Kalb, Schaf, Ziege) setzt 1—2 Tage nach der Geburt physiologische Urobilinurie ein; die jedoch normal nach 14 Tagen beendet ist[26].

Bei Ikterus nach Leberexstirpation[27] sowie nach anderweitiger Ausschaltung der Leber oder bei rascher Darmpassage[28] findet sich kein Urobilin im Harn. Dasselbe ist auch der Fall bei Toluylendiaminvergiftung oder nach Zufuhr von hämolysiertem Blut, wenn vollständiger Galleabschluß vorliegt[29].

Urobilin wird weiterhin in fast jedem menschlichen Blut gefunden[30]. Gehalt durchschnittlich 0,28 mg %[30], im Nabelschnurblut bis 2,4 mg %[31]. Er ist vermehrt bei Pneumonie[32], Herzfehlern[32], im letzten Stadium der Schwangerschaft[18]; nach Vergiftung mit Quecksilbercyanid und Quecksilberchlorid[33], nach Chloroformnarkose (Hund)[33] und nach Leberexstirpation (Hund)[34].

Das Urobilin findet sich stets im Blut der Katzen, häufig in dem des Kaninchens[32].
Das im Blut zirkulierende Urobilin wird von der Leber zurückgehalten und ausgeschieden[6, 35].

[1] St. Biró: Biochem. Z. **149**, 459 (1924).

[2] Vgl. dazu E. Herzfeld: Schweiz. med. Wschr. **52**, 976 (1922).

[3] O. Fürth: Münch. med. Wschr. **72**, 1543, 1627 (1922).

[4] Ph. Mc Master u. Rous: J. of exper. Med. **33**, 731 (1921).

[5] A. Adler u. M. Sachs: Z. exper. Med. **31**, 370, 398 (1923).

[6] R. Elman u. Ph. D. Mc Master: J. of exper. Med. **42**, 99 (1925).

[7] A. Adler: Dtsch. Arch. klin. Med. **140**, 302 (1922).

[8] E. Saupe: Erg. inn. Med. **22**, 176 (1926).

[9] M. Royer: Rev. Soc. argent. Biol. **5**, 114 (1929).

[10] M. Weiss: Wien. Arch. klin. Med. **30**, 39 (1930).

[11] E. Herzfeld: Schweiz. med. Wschr. **52**, 585 (1925).

[12] M. Royer: C. r. Soc. Biol. Paris **96**, 622 (1927).

[13] Ph. D. Mc Master u. E. Elman: J. of exper. Med. **43**, 753 (1926).

[14] G. Kühl: Arch. f. exper. Path. **103**, 247 (1924). — E. B. Krumbhaar u. A. Chanubin: J. of exper. Med. **35**, 847 (1922).

[15] Ch. M. u. B. B. Jones: Arch. int. Med. **29**, 669 (1922).

[16] G. Kühl: Arch. f. exper. Pathol. **103**, 247 (1924).

[17] M. Weiss: Wien. Arch. inn. Med. **20**, 39 (1930).

[18] M. Royer u. J. C. Bertrand: C. r. Soc. Biol. Paris **102**, 449 (1927).

[19] O. Schumm: Hoppe-Seylers Z. **126**, 180 (1923).

[20] M. Royer: C. r. Soc. Biol. Paris **102**, 450 (1929) — Rev. Soc. argent. Biol. **5**, 189 (1929).

[21] G. Malli: Policlin. Sez. Med. **36**, 601 (1929).

[22] Ph. D. Mc Master u. R. Elman: J. of exper. Med. **41**, 719 (1925).

[23] E. Brouwer: Biochemic. J. **20**, 105 (1926).

[24] O. Bang: Acta med. scand. (Stockh.) Suppl. **26**, 447 (1928).

[25] O. Bang: Acta med. scand. (Stockh.) Suppl. **29**, 1 (1929).

[26] J. A. Beyers: Diss. Tierärztl. Hochschule Utrecht 1923.

[27] E. Cornejo-Saravia u. M. Royer: C. r. Soc. Biol. Paris **99**, 171 (1928); **102**, 424 (1929).

[28] E. Saupe: Erg. inn. Med. **22**, 176 (1922).

[29] M. Royer: Urobilin in norm. u. pathol. Zustand. Buenos Aires: Fascoli y Bindi 1929.

[30] M. A. Blankenhorn: J. of biol. Chem. **80**, 477 (1928).

[31] E. Meyer u. A. Adler: Zbl. Gynäk. **48**, 1514 (1924).

[32] O. Weltmann u. W. Löwenstein: Arch. inn. Med. **6**, 387 (1923).

[33] M. Royer: C. r. Soc. Biol. Paris **102** 450 (1929) — Rev. Soc. argent. Biol. **5**, 189 (1929).

[34] E. Cornejo-Saravia u. M. C. Royer: C. r. Soc. Biol. Paris **102**, 424 (1929).

[35] M. Royer: C. r. Soc. Biol. Paris **102**, 422 (1929).

Urobilinogen ist ferner noch angetroffen worden im Duodenalsaft[1, 2] (hier ist es selten in größerer Menge vorhanden[3], Gehalt normal ca. 0,0012 mg%)[4], in der Leichengalle[1], im Pleuraexsudat nach Bleivergiftung[5], in verschiedenen Organen, wie Leber (2—6 mg%), Niere (1 bis 3 mg%), Muskel (0—0,1 mg%), Pankreas (0—0,3 mg%), Lunge (0—0,8 mg%) [Hund][6].

Der Urobilingehalt der Galle ist stark erhöht bei paroxysmaler Hämoglobinurie[7] und nach Verfüttern von Bilirubin[8].

Die Hauptmenge des vom Organismus ausgeschiedenen Urobilins (Erwachsene und Kinder über 1 Jahr)[9] findet sich in den Faeces, deren Gehalt sehr verschieden, bis zu 400 mg pro Tag, angegeben wird[10, 11, 12, 13, 14]. Auch hier ist das Urobilinogen das primäre Produkt[15]. Der Quotient Harnurobilin zu Stuhlurobilin = 1:10 bis 1:50[10, 12] bei gesunden Erwachsenen. Bei Lebererkrankungen[15] wird er größer, 1:10 bis 1:1 und mehr. Beim Hungern fällt der Urobilingehalt im Stuhl und steigt im Harn (Quotient 1:6 bis 1:4); bei Fettzulage wird er in beiden Fällen herabgesetzt, Zuckerzufuhr ist von geringem Einfluß[12]; tierisches Eiweiß steigert im Stuhl[12, 13]. Erhöhung tritt ferner ein bei Ernährung mit schlackenreicher Kost[13, 16], bei perniziöser Anämie[17], bei fieberhaften Krankheiten[13, 17], bei Erkrankungen, die stärkere Bluthämolyse im Gefolge haben[18], bei Lebercyrrhose[17] und nach Injektion von Blut[19].

Die tägliche Gesamturobilinausscheidung beim Menschen ist großen Schwankungen unterworfen; sie variiert von Stunde zu Stunde[20, 21] und ist am größten nach Nahrungsaufnahme[22]. Die Ausscheidung im Stuhl geht parallel zum Blutfarbstoffumsatz[18] bzw. Abbau[23]. Ebenso soll der Gehalt der Faeces an Urobilin parallel gehen mit dem des Duodenalsaftes an Bilirubin[24] und ein weiterer Parallelismus soll bestehen zwischen der Menge des ausgeschiedenen Urobilins und dem Grad der Herzinsuffizienz bei Basedowkrankheiten[25].

Im Säuglingskot tritt das Urobilin erst einige Zeit nach der Geburt auf[14, 26, 27].

Entstehung: In bezug auf den Ort der Bildung des Urobilins im Organismus sind 2 Theorien aufgestellt worden: a) die enterohepatogene (Bildung einzig und allein im Darm)[28, 29, 30], b) die histogene (Bildung an anderen Stellen des Körpers)[31, 32], von denen die erstere jetzt

[1] E. C. Meyer u. H. Heinelt: Dtsch. Arch. klin. Med. **142**, 94 (1923).
[2] R. Sivó: Orvosképzés (ung.) **15**, Sonderh. S. 297 (1925).
[3] G. Felsenreich u. O. Satke: Arch. Verdgskrkh. **31**, 253 (1925).
[4] Z. Ernst u. Szeberenyi: Magy. orv. Arch. **25**, 391 (19241).
[5] O. Schumm: Hoppe-Seylers Z. **126**, 180 (1923).
[6] M. Royer: C. r. Soc. Biol. Paris **99**, 100 (1928).
[7] Ch. W. u. B. B. Jones: Arch. intern. Med. **29**, 669 (1922).
[8] Ph. D. McMaster u. R. Elmans: J. of exper. Med. **41**, 719 (1925).
[9] V. Zamorani: Riv. Clin. pediatr. **23**, 9 (1925).
[10] J. G. F. v. Spengler: Diss. Leiden 1924.
[11] Opitz u. Brehme: Z. exper. Med. **41**, 681 (1924).
[12] A. Adler u. M. Sachs: Z. exper. Med. **31**, 370, 378 (1923).
[13] W. Huack u. Th. Brehme: Dtsch. Arch. klin. Med. **141**, 233 (1922).
[14] M. Winternitz: Klin. Wschr. **5**, 988 (1926).
[15] A. Lichtenstein: Münch. med. Wschr. **72**, 1962 (1925).
[16] H. Salomon: Arch. Verdgskrkh. **42**, 575 (1928).
[17] M. Weiss: Wien. Arch. f. inn. Med. **20**, 39 (1930).
[18] E. Jakobs u. W. Schäffer: Z. exper. Med. **44**, 116 (1924).
[19] E. B. Krumbhaar u. A. Chanubin: J. of exper. Med. **35**, 847 (1922).
[20] M. Royer: C. r. Soc. Biol. Paris **102**, 451 (1929) — Rev. Soc. argent. Biol. **5**, 203 (1929).
[21] M. Royer: Urobilin in norm. und pathol. Zustand. Paris: Masson & Co. 1930.
[22] E. B. Salén: Acta med. scand. (Stockh.) **60**, 291 (1924).
[23] G. Kühl: Arch. exper. f. Path. **103**, 247 (1924).
[24] G. Felsenreich u. O. Satke: Arch. Verdgskrkh. **31**, 253 (1925).
[25] A. Grönberg u. A. Lundberg: Acta med. scand. (Stockh.) **74**, 192 (1930).
[26] B. S. Danzer u. K. K. Marrith: Amer. J. Dis. Childr. **27**, 297 (1924).
[27] M. Royer u. J. C. Bertrand: C. r. Soc. Biol. Paris **100**, 130 (1929) — Rev. Soc. argent. Biol. **4**, 838 (1928).
[28] G. Malli: Policlin. Sez. Med. **36**, 601 (1929).
[29] M. Royer u. E. C. Saravia: Rev. Soc. argent. Biol. **5**, 123 (1929).
[30] R. Elmans u. Ph. D. McMaster: J. of exper. Med. **42**, 99, 619 (1925).
[31] D. Simici, M. Popesco u. R. Cocheci: C. r. Soc. Biol. Paris **102**, 153 (1929).
[32] E. B. Salén u. B. Enakson: Acta med. scand. (Stockh.) **66**, 366 (1927).

die vorherrschende ist[1]. Die Befunde, die auf eine Entstehung in der Leber hinweisen[1, 2], sollen durch Bakterieneinwirkung zustande gekommen sein[3]. Die enterohepatogene Theorie versagt allerdings beim Auftreten des Urobilins bei paroxysmaler Hämoglobinurie, weil hier die Bildungsgeschwindigkeit sehr groß ist[4]. An der Entstehung des Urobilins im Darm ist außer anderen Anaerobiern der Bac. putrificus[5] und der Fränkelsche Gasbacillus[6] beteiligt (Anaerobier bilden auch in vitro Urobilin)[6]. Das Auftreten des Urobilins ist direkt abhängig davon, daß Galle[5, 7] bzw. Bilirubin[3] in den Darm gelangt. Bei vollständigem Galleabschluß vom Darm fehlt sowohl nach Toluylendiaminvergiftung als auch nach Einwirkung von Natriumoleat, intravenöser Injektion von Wasser oder nach Infusion von hämolysiertem Blut das Urobilin im Stuhl, im Harn und in der Galle[7]. Infektion eines sterilen Gallenganges mit Kot führt zu Urobilinbildung in den Gallengängen[8], bei Gallenstauung und Infektion des Leberparenchyms entwickelt sich aber auch Urobilinurie, ohne daß Galle in den Darm kommt[8].

Beim Neugeborenen tritt die Urobilinbildung durch Darmbakterien erst einige Zeit nach der Geburt ein[9, 10, 11, 12].

Aus dem Darm wird das Urobilin zum Teil resorbiert[13, 14, 15, 16, 17, 18] (ca. 40%), gelangt dann mit dem Portalblut in die Leber[16, 19] und wird von dieser normal unverändert durch die Galle abgeschieden[14, 15, 16, 19, 20, 21] oder mehr oder weniger[16, 17] mit abgebaut. Hat die Leber das Fixationsvermögen für das Urobilin verloren, dann tritt dieses in den Kreislauf und schließlich in den Harn über[13, 20]. In pathologischen Fällen hängen Blut- und Harnkonzentration des Urobilins in erster Linie von seiner Konzentration im Darmkanal ab, dann von der Retentions- und Abbaufähigkeit der Leber und von dem Tempo mit dem es die Nieren, passieren kann[16].

Bildung: Aus Urobilinogen durch Oxydation mit Jod.

Darstellung: Aus Harn durch Reduktion des darin befindlichen Urobilins zu Urobilinogen mit Ferrohydroxyd und Natronlauge, Reinigung bei Licht- und Luftabschluß, Extraktion mit Petroläther und anschließender Oxydation an der Luft unter Belichtung[22, 23], wobei das reine Urobilin als feines Pulver ausfällt[24].

Eigenschaften: Orangefarbenes Pulver[23]. Gibt in alkoholischer Lösung mit Zinksalzen grünliche Fluorescenz[25], am besten bei $p_H = 6{,}0$[16]. Wahrnehmbarkeitsgrenze $0{,}1\ \mu$[25, 26]. Diese Reaktion soll sich auch zu einer Mikrobestimmung von Zink $(0{,}01-0{,}5\ \text{mg})$ in organischen Stoffen verwenden lassen (Fehlergrenze 10%)[27]. Die Fluorescenzkraft auch reiner Urobilinpräparate schwankt jedoch angeblich sehr, 1 mg kann in 15—400 l Wasser nicht wahrnehmbar

[1] F. Fischler u. F. Ottensooser: Dtsch. Arch. klin. Med. **146**, 305 (1925).
[2] R. Adler: Klin. Wschr. **1**, 2305 (1922).
[3] R. Elmans u. Ph. D. McMaster: J. of exper. Med. **42**, 99, 619 (1925).
[4] Ch. M. u. B. B. Jones: Arch. int. Med. **29**, 669 (1922).
[5] Ph. D. McMaster u. R. Elmans: J. of exper. Med. **48**, 513 (1925).
[6] F. Passini u. J. Czarzkas: Win. klin. Wschr. **36**, 657 (1923).
[7] R. Elmans u. Ph. D. McMaster: J. of exper. Med. **42**, 619 (1925).
[8] Ph. D. McMaster u. R. Elman: J. of exper. Med. **53**, 783 (1926).
[9] B. S. Danzer u. K. K. Marrith: Amer. J. Dis. Childr. **27**, 297 (1924).
[10] M. Royer u. J. C. Bertrand: C. r. Soc. Biol. Paris **100**, 130 (1929). — Rev. Soc. argent. Biol. **4**, 838 (1928).
[11] M. Winternitz: Klin. Wschr. **5**, 988 (1926).
[12] V. Zamorani: Riv. Clin. pediatr. **23**, 9 (1925).
[13] M. Royer u. E. C. Saravia: Rev. Soc. argent. Biol. **5**, 123 (1929).
[14] E. Saupe: Erg. inn. Med. **22**, 176 (1922).
[15] M. Weiss: Wien. Arch. klin. Med. **20**, 39 (1930).
[16] M. Royer: Urobilin in norm. u. pathl. Zustand. Buenos Aires: Frascati y Bindi 1929
[17] M. Royer: Urobilin im norm. und pathol. Zustand. Paris: Masson & Co. 1930.
[18] Ph. D. McMaster u. R. Elmans: J. of exper. Med. **41**, 719 (1925).
[19] R. Sivó: Orvosiképzés (ung.) **15**, Sonderheft S. 297 (1925).
[20] M. Roger: Rev. Soc. argent. Biol. **5**, 114 (1929).
[21] Ph. D. McMaster u. R. Elman: J. of exper. Med. **41**, 513, 719 (1925).
[22] K. Hoesch: Biochem. Z. **167**, 107 (1925).
[23] A. Emmerie: Chem. Weekbl. **1930**, 552.
[24] A. J. Terwen: Nederl. Tijdschr. Geneesk. **69 I**, 2492 (1925).
[25] Vgl. P. Descomps, Goiffon u. Brousse: C. r. Soc. Biol. Paris **90**, 490, 554 (1923).
[26] E. Herzfeld: Schweiz. med. Wschr. **52**, 585 (1922).
[27] R. E. Lutz: J. ind. Hyg. **7**, 273 (1925).

sein[1]. Urobilin läßt sich durch Kollodiummembranen ultrafiltrieren[2]. Es geht aus wässeriger Lösung an Chloroform, nicht jedoch, wenn Gelatinelösung oder Harn zugegen sind (Schutzkolloidwirkung), hier tritt Löslichkeit erst ein nach Zusatz von Metallsalzlösung[3]. Bei Reduktion mit Ferrohydroxyd[4], aktiviertem metallischem Magnesium[5] und Mohrschem Salz[5, 6] entsteht Urobilinogen. In letzterem Fall soll aber ein Teil des Farbstoffes zerstört werden[1]. Das Urobilin gibt eine rote Kupferverbindung[5]. Diese läßt sich zu einer Mikrokupferbestimmung verwenden, mit der noch 0,01—0,001 mg Kupfer quantitativ ermittelt werden können[7]. Bei Oxydation des Urobilins in salzsaurer Lösung mit Wasserstoffperoxyd soll sich Biliverdin bilden[8]. Mit Trichloressigsäure färbt es sich rötlich[9]. Das Urobilin der Faeces läßt sich herausextrahieren mit verdünnter Salzsäure, die 2% Kupfersulfat enthält[10].

Ins Blut eingespritztes Urobilin wird in kurzer Zeit eliminiert, in der Galle erscheint jedoch nur $^1/_{50}$ wieder; der Rest bleibt in verschiedenen Organen zurück und wird dort zerstört[11].

Mesobilirubinogen. Urobilinogen.
Bis-(3-äthyl-3′, 4-dimethyl-4′-propionsäure-5-oxy-pyrro-methan)-methan[12] (Bd. IX, S. 391; Bd. X, S. 37, 920).

$$C_{33}H_{44}O_6N_4$$

Mol-Gewicht: 592,5. Bestimmt nach Rast zu 590,3[13].

$$\begin{array}{c} CH_2\cdot CH_2\cdot COOH \quad HOOC\cdot H_2C\cdot CH_2 \\ H_3C\cdot C\!-\!C\cdot C_2H_5 \quad H_5C_2\cdot C\!-\!C \qquad\qquad C\!-\!C\cdot CH_3 \quad H_5C_2\cdot C\!-\!C\cdot CH_3 \\ HO\cdot C \quad C\!-\!CH_2\!-\!C \quad C\!-\!CH_2\!-\!C \quad C\!-\!CH_2\!-\!C \quad C\cdot OH \\ NH \qquad NH \qquad\qquad NH \qquad NH \end{array}$$

Bildung: Aus Urobilin durch Reduktion mit Ferrohydroxyd, Ferroammoniumsulfat und aktiviertem Magnesium[5].

Bei Reduktion einer kolloidalen Lösung von Bilirubin oder Mesobilirubin mit Stuhlbakterien bei $p_H = 7,0$[14]. Maßgebend ist hier ein Tennisschlägerbacillus. Zucker und Stärke stören die Reaktion infolge Säurebildung[14].

Im Organismus entsteht das Urobilinogen im Darm, wird dort teilweise resorbiert und von der Leber wieder ausgeschieden[15]. Bei paroxysmaler Hämoglobinurie wird auch Bildung in der Leber vermutet. Bakterienwirkung kommt hier wegen der Schnelligkeit des Auftretens nicht in Betracht[16].

Vorkommen: Im Harn stets als primäres Produkt, normal allerdings nur in geringer Menge[17], erst beim Stehen tritt Umwandlung in Urobilin ein[18]. Dabei sollen weniger Licht, Luft und Temperatur als Bakterien wirksam sein[19]. Der Urobilinogengehalt des Urins ist erhöht bei Blut-, Leber- und Infektionskrankheiten[20] und nach Infusion von Blut (Hund, Ka-

[1] A. Adler: Dtsch. Arch. klin. Med. **154**, 238 (1927).
[2] C. Giordano u. L. Griva: Boll. Soc. Biol. sper. **2**, 734 (1928).
[3] F. Gausmann u. M. Pismarev: Russk. Klin. **10**, 495 (1928).
[4] A. J. Terwen: Nederl. Tijdschr. Geneesk. **69 I**, 2492 (1925).
[5] A. J. L. Terwen: Diss. Amsterdam 1924.
[6] A. J. L. Terwen: Dtsch. Arch. klin. Med. **149**, 72 (1925).
[7] A. Emmerie: Chem. Weekbl. **1930**, 552.
[8] L. Grimbach u. G. Poirot: J. of Pharmacie **29**, 169 (1924) — C. r. Soc. Biol. Paris **90**, 278 (1924).
[9] D. Adlersberg u. O. Porgés: Biochem. Z. **150**, 348 (1924).
[10] Th. Hausmann: Münch. med. Wschr. **71**, 1678 (1924).
[11] M. Royer: C. r. Soc. Biol. Paris **99**, 419, 1420 (1928) — Riv. Soc. argent. Biol. **4**, 327 (1928).
[12] H. Fischer u. R. Hess: Hoppe-Seylers Z. **194**, 225 (1931).
[13] H. Fischer u. E. Adler: Hoppe-Seylers Z. **200**, 221 (1931).
[14] H. Kämmerer u. K. Miller: Dtsch. Arch. klin. Med. **141**, 318 (1923).
[15] E. Saupe: Erg. inn. Med. **22**, 176 (1922).
[16] Ch. M. u. B. B. Jones: Arch. int. Med. **29**, 669 (1922).
[17] A. Adler u. M. Bressel: Dtsch. Arch. klin. Med. **155**, 326 (1927).
[18] S. Biró: Biochem. Z. **149**, 459 (1924). — Vgl. E. Herzfeld: Schweiz. med. Wschr. **52**, 976 (1922).
[19] O. Römeke u. A. Schrumpf: Z. exper. Biol. **74**, 458 (1930).
[20] J. N. Dimitrijevic: Arch. inn. Med. **9**, 499 (1925).

ninchen)[1], desgleichen auch in den Faeces[1]. Vermehrung wurde auch festgestellt in der Galle nach paroxysmaler Hämoglobinurie[2] und im Blut bei Malariaerkrankung[3].

In Spuren tritt das Urobilinogen manchmal auch im Duodenalsaft auf[4]. Im Harn und in den Faeces findet es sich erst einige Zeit nach der Geburt[5].

Darstellung: a) 1 g reinstes Bilirubin in 50 ccm $n/_{10}$-Natronlauge wird in einer Wasserstoffatmosphäre geschüttelt unter portionsweiser Zugabe von 0,16 g kolloidalem Palladium. Dann wird mit Essigsäure angesäuert, der farblose Niederschlag in 100 ccm Chloroform gelöst, Petroläther zugesetzt, filtriert, eingedampft und der Rückstand mit Petroläther gereinigt. Ausbeute 0,35 g[6].

b) Entsteht auf dieselbe Weise auch aus Mesobilirubin. Dabei wird ein reines weißes Produkt erhalten. Ausbeute bei 0,5 g Einsatz = 0,1 g[6, 7].

Synthese: 1,0 g synthetisches Mesobilirubin in 20 ccm Wasser wird mit 8 g 5 proz. Natriumamalgam bis zur Farblosigkeit geschüttelt. Dann wird filtriert, mit Chloroform unterschichtet, mit Schwefelsäure schwach kongosauer gemacht, viermal mit Chloroform extrahiert, die getrockneten vereinigten Auszüge im Vakuum auf etwa 3 ccm eingeengt, in 150 ccm Petroläther gegossen, filtriert und das Filtrat eingeengt, wobei bald Krystallisation in farblosen Prismen einsetzt. Nach dem Absaugen wird erst mit Petroläther, dann mit Äther gewaschen[8, 9].

Eigenschaften: Aus Essigester farblose, glänzende, prismatische Nadeln[9, 10]; bei langsamer Krystallisation polyedrische Prismen und Doppelpyramiden, Länge etwa 0,2 mm, Breite 0,1 mm, Schmelzp. 194° (synthetisches Produkt)[8], 200—202° (analytisches Produkt)[11]. Leicht löslich in Alkohol, Chloroform, konz. Salzsäure, Ammoniak, Natriumbicarbonat; schwer in Benzol, Äther, Petroläther, Essigester[8]. Petroläther ist ein elektives Auszugsmittel aus Harn und Faeces[10]. Das Urobilinogen fluoresciert im Woodschen Licht (Quecksilberlicht filtriert durch einen Nickelschirm[12]). Von Hefe wird es ohne Veränderung stark absorbiert und erst wieder an koagulierend wirkenden Alkohol abgegeben[13]. Bei der Oxydation mit Jod[14] oder mit Kaliumpermanganat[15] entsteht Urobilin. Die Luftoxydation soll stark beschleunigt werden durch Schwermetallsalze, besonders Kupfersulfat[16, 17]. Mit Kobalt-, Mangan- und Zinksalzen geht diese Reaktion jedoch nicht[18]. Luftoxydation tritt nicht ein bei Gegenwart von Ferroammoniumsulfat[19]. Mesobilirubinogen wird durch konz. Salzsäure (spez. Gewicht 1,19) in der Kälte nicht verändert; dagegen beim Kochen, die Ehrlichsche Reaktion bleibt aber noch positiv[20]. Beim Erhitzen mit Eisessig-Bromwasserstoff auf 165° entsteht Mesoporphyrin IX[21]. Bei der Kondensation mit Benzaldehyd in salzsaurer Lösung wird Benzylidenneobilirubinsäure $C_{24}H_{27}O_5N_3$ erhalten[8, 11]. Mit Taurocholsäure entstehen kolloidale Lösungen[22]. Beim synthetischen Produkt tritt im Dunkeln mit Zinkacetat keine Fluorescenz ein, dagegen schlagartig im Sonnenlicht[8].

Spektrum bei 3 tägigem Stehen mit Zinkacetat: grünrote Fluorescenz[9]. I 628,1; II 577,7; III 532,9—452,8; End. Abs. 417,9. Intensität III, I, II.

<u>   492,8</u>
Spektrum bei der Ehrlichschen Reaktion: I 556,6; II 505,0 [9, 23].

[1] E. B. Krumbhaar u. A. Chanbuin: J. of exper. Med. **35**, 847 (1922).

[2] Ch. M. u. B. B. Jones: Arch. int. Med. **29**, 669 (1922).

[3] J. N. Dimitrijevic: Arch. inn. Med. **9**, 499 (1925).

[4] R. Sivó: Ovosiképzés (ung.) **15**, Sonderheft S. 297 (1925).

[5] V. Zamorani: Riv. Clin. pediatr. **23**, 9 (1925).

[6] H. Fischer u. G. Niemann: Hoppe-Seylers Z. **137**, 301, 324 (1924).

[7] H. Fischer u. G. Niemann: Hoppe-Seylers Z. **146**, 204 (1925).

[8] H. Fischer u. R. Hess: Hoppe-Seylers Z. **194**, 225 (1931).

[9] H. Fischer u. E. Adler: Hoppe-Seylers Z. **200**, 221 (1931).

[10] A. J. Terwen: Diss. Amsterdam 1924.

[11] H. Fischer u. G. Niemann: Hoppe-Seylers Z. **127**, 324 (1924).

[12] A. Policard u. A. Leulier: C. r. Soc. Biol. Paris **91**, 1422 (1924).

[13] H. Fischer u. G. Niemann: Hoppe-Seylers Z. **146**, 196 (1925).

[14] P. Descomps, Goiffon u. Brousse: C. r. Soc. Biol. Paris **90**, 490, 554 (1923).

[15] M. Weiss: Biochem. Z. **207**, 151 (1929).

[16] Th. Haußmann: Z. klin. Med. **94**, 12 (1922).

[17] M. Pismarev: Ter. Arch. J. **7**, 192 (1929).

[18] K. Hoesch: Biochem. Z. **167**, 107 (1928).

[19] A. Lichtenstein: Münch. med. Wschr. **72**, 1962 (1925).

[20] H. Fischer u. G. Niemann: Hoppe-Seylers Z. **146**, 213 (1925); **137**, 308 (1924).

[21] H. Fischer u. F. Lindner: Hoppe-Seylers Z. **161**, 11 (1926).

[22] H. Fischer u. G. Niemann: Hoppe-Seylers Z. **127**, 321 (1923).

[23] E. Saupe: Erg. inn. Med. **22**, 176 (1922).

Die Absorptionskurve des Urobilinogens zeigt raschen Anstieg von Rot her und langsames Abfallen nach Violett. Mit zunehmender Verdünnung nimmt auch die Extinktion zu, bis bei einer bestimmten Konzentration Umkehr eintritt. Der Farbstoff gehorcht aber nicht streng dem Beerschen Gesetz. Absorptionskoeffizient = 0,0000099315 (König-Martens-Spektralphotometer)[1].

Eisenchloriddoppelsalz $C_{33}H_{44}O_6N_4 \cdot 2\ FeCl_3$. Durch Versetzen von 0,1 g Mesoporphyrinogen in 5 ccm konz. Salzsäure mit 0,2 g Eisenchlorid in 3 ccm konz. Salzsäure. Sofort voluminöser Niederschlag. — Ist lichtempfindlich[2].

Mesobiliviolin.

Mol-Gewicht: 620,52.

Zusammensetzung: 63,87% C; 6,50% H; 20,58% O; 9,05% N. $C_{33}H_{40}O_8N_4$.

Bildung: Bei 5stündigem Erhitzen von Mesobilirubin mit konz. Salzsäure[3]. Aus Mesobiliviolinogen mit Eisenchlorid.

Darstellung: 0,25 g Mesobilirubinogen in 3 ccm 25proz. Salzsäure werden mit 0,5 g Eisenchlorid in 3 ccm 25proz. Salzsäure versetzt; danach mit 30 ccm Wasser verdünnt und 30 Minuten auf dem Wasserbad erhitzt. Beim Erkalten Krystallisation. Ausbeute 0,07 g[3].

Eigenschaften: Aus Chloroform-Petroläther violette Krystalle; Schmelzp. 215° unter Zers. Leicht löslich in Chloroform, Alkohol; unlöslich in Wasser, Petroläther, Benzol.

Spektrum in Chloroform: I 616,8—596,1; II 575,0—545,2; III 510,6—485,9. Nach Zusatz
606,5   560,6   498,3
von Zinkacetat zur alkoholischen Lösung tritt Fluorescenz auf.

Spektrum in Alkohol: I 643,0—605,4; II 581,0—564,4; III 519,7—507,9 … 466,4.
625,5   573,2   513,4

Mesobiliviolinogen[4].

Mol-Gewicht: 580,59.

Zusammensetzung: 68,28% C; 8,34% H; 13,72% O; 9,66% N. $C_{33}H_{48}O_5N_4$.

Darstellung: 70 mg Mesobiliviolin in 10 ccm Alkohol werden nach Zusatz von 0,02 g Platinmohr hydriert. Nach 1 Stunde wird der Alkohol im Vakuum verdampft, der Rückstand mit Chloroform mehrmals ausgekocht und die hellbraune Lösung mit dem doppelten Volumen Petroläther versetzt; wobei braune Ausflockung eintritt. Das weingelbe Filtrat von dieser wird im Vakuum eingedampft. Ausbeute 10 mg.

Eigenschaften: Aus Essigester-Petroläther feine, farblose Prismen; Schmelzp. 228 bis 230°. Leicht löslich in Alkohol, Chloroform, mittelschwer in Essigester; unlöslich in Petroläther und Benzol. Gibt bei Oxydation mit Eisenchlorid in salzsaurer Lösung Mesobiliviolin zurück. Ehrlichsche Reaktion intensiv positiv. Mit Zinkacetat tritt nach einigem Stehen Fluorescenz auf. Ist luft- und lichtempfindlich.

Spektrum mit Zinkacetat: I 585,2—526,8; II 511,4—456,0.
556,0   481,7

---

[1] G. Niemann: Hoppe-Seylers Z. **146**, 181 (1925).
[2] H. Fischer u. G. Niemann: Hoppe-Seylers Z. **137**, 308 (1925).
[3] H. Fischer u. G. Niemann: Hoppe-Seylers Z. **137**, 309 ff. (1924).
[4] H. Fischer u. G. Niemann: Hoppe-Seylers Z. **137**, 310 ff. (1924).

Sterine
(Bd. III, S. 268; Bd. VIII, S. 473; Bd. X, S. 156).

Von

O. Dalmer-Darmstadt.

Cholesterin (Bd. III, S. 268; Bd. VIII, S. 473; Bd. X, S. 156).

$$C_{27}H_{46}O.$$

Vorkommen, Verteilung und physiologische Bedeutung: Vorkommen und insbesondere Verteilung des Cholesterins sind neuerdings wieder Gegenstand einer Reihe von Arbeiten. Neu ist die Feststellung des Cholesterins in einigen niederen tierischen Organismen, in der Weinbergschnecke (Helix pomatia L.)[1], Miesmuschel (Mytilus edulis)[2], Qualle (Velella spirans)[3]. Besonderes Interesse fand der zum Teil auffallend hohe Cholesteringehalt des Unverseifbaren von verschiedenen Fischölen[4, 5, 6, 7, 8, 9, 10].

Durch besonders niedrigen Cholesteringehalt unterscheidet sich die Galle des Flußpferdes von der der Haustiere, während in Blut und Fleisch normale Werte gefunden wurden[11]. In der Cerebrospinalflüssigkeit soll Cholesterin nicht vorkommen außer in bestimmten pathologischen Fällen[12, 13, 14, 15]. Cholesterinbestimmungen im Fett von Haaren, Haut, Unterhautgewebe und Hautschuppen hat Eckstein[16, 17, 18] durchgeführt. Er fand im Fett der äußeren Haut bis 24% Cholesterin, weniger im Fett des Haares und nur 0,24% im subcutanen Fettgewebe.

Bürger und Oeter[19, 20] untersuchten den Cholesteringehalt des menschlichen Darmes. Durch ihre Feststellungen über den Cholesteringehalt der Dickdarmschleimhaut wurde die Cholesterin ausscheidende Funktion des Dickdarmes sichergestellt. Erneute und wiederholte

[1] A. Leulier u. A. Charnot: C. r. Soc. Biol. Paris **94**, 63 (1926).

[2] K. J. Daniel u. W. Doran: Biochemic. J. **20**, 676 (1927).

[3] F. Haurowitz u. H. Waelsch: Hoppe-Seylers Z. **161**, 300 (1927).

[4] G. Weidemann: Biochemic. J. **20**, 685 (1927).

[5] M. Tsujimoto: J. Soc. chem. Ind. Japan **31**, 38 (1928).

[6] Y. Toyama: J. Soc. chem. Ind. Japan **30**, 138 (1927). — Chem. Zbl. **1928 I**, 2417.

[7] Shepherd Chemical Company: A.P. 1548216 vom 24. Jan. 1920 — Chem. Zbl. **1926 I**, 239.

[8] M. Tsujimoto u. K. Kimura: J. Soc. chem. Ind. Japan (Suppl.) **30**, 227 (1927) — Chem. Zbl. **1928 I**, 1471.

[9] J. C. Drummond, H. J. Channon u. K. H. Coward: Biochemic. J. **19**, 1047 (1926).

[10] Y. Toyama: Chem. Umschau a. d. Geb. d. Fette, Öle, Wachse, Harze **29**, 237, 245 (1922).

[11] J. Addyman Gardner: Biochemic. J. **18**, 777 (1925).

[12] Fr. Lasch: Biochem. Z. **153**, 150 (1924).

[13] S. Tsuchiya: Z. Neur. **90**, 255 (1924).

[14] A. Levinson, L. L. Laudenberger u. K. M. Howell: Amer. J. med. Sci. **161**, 561 (1921).

[15] F. Goebel: C. r. Soc. Biol. Paris **90**, 1191 (1924).

[16] H. C. Eckstein: J. of biol. Chem. **64**, 797 (1926).

[17] H. C. Eckstein u. U. J. Wile: J. of biol. Chem. **69**, 181 (1926).

[18] H. C. Eckstein: J. of biol. Chem. **73**, 363 (1927).

[19] M. Bürger u. H. D. Oeter: Hoppe-Seylers Z. **182**, 141 (1929).

[20] M. Bürger u. H. D. Oeter: Hoppe-Seylers Z. **184**, 257 (1929).

Bearbeitung fand auch die Frage nach Gehalt und Verteilung des Cholesterins und seiner Ester im Blut[1, 2, 3, 4, 5, 6].

Iwatsuru[7] fand den Cholesteringehalt der Blutkörperchen bei verschiedenen Säugetieren und beim Menschen fast konstant zu 215 mg in je 100 ccm Blutkörperchen, während sonst meist niedrigere Werte angegeben werden. Nach Richter-Quittner enthalten Blutkörperchen stets nur freies Cholesterin, im Plasma dagegen findet sich unter physiologischen Verhältnissen nur Estercholesterin; unter pathologischen Bedingungen kann auch freies Cholesterin auftreten[l, 2].

Der Gehalt der Frauenmilch wird zu 0,17—0,24 g pro 1000[8] bzw. zu 0,1385 g[9] angegeben, im menschlichen Colostrum zu 0,161—0,908 g, zumeist 0,22—0,50 g[10].

Aus der Reihe von Untersuchungen über den Cholesteringehalt in sonstigen Organen seien erwähnt Feststellungen über den mit dem Lebensalter steigenden Cholesteringehalt der Rippenknorpel von 19 mg% im ersten Dezennium, bis 143 mg% im siebenten Dezennium[11]. Auch im Blut soll im höheren Lebensalter eine Cholesterinvermehrung eintreten[12]. Über die Cholesterinwerte im Blut und in Organen von Säuglingen und Kleinkindern unter normalen und pathologischen Bedingungen berichteten György[13], Beumer[14], Norman[15], Wacker und Beck[16]. Übereinstimmend wurde ein Steigen der Cholesterinkurve mit zunehmendem Alter festgestellt. S. auch die Befunde von Shope bei neugeborenen Kälbern[17]. Untersuchungen über den Cholesteringehalt in Arterienwänden haben erneut ergeben, daß in atherosklerotischen Fällen eine starke Vermehrung eintritt. Die Menge an verestertem Cholesterin erfährt dabei eine sehr viel stärkere Steigerung als die des freien Sterins[18, 19].

Über den Lösungszustand des Cholesterins im Blutserum und die Beziehungen zu dessen Eiweißkörpern liegen Arbeiten von Neuschloß[20] vor.

Besonderes Interesse hat die Frage gefunden, wie sich der Cholesteringehalt im Organismus, speziell der Cholesterinspiegel im Blut, unter pathologischen Verhältnissen ändert[21]. Eine Verminderung des Blutcholesterins wurde festgestellt bei Tumorträgern[22, 23], bei experimentellem Teerkrebs[24], bei Epileptikern im Anfall[25, 26, 27, 28], bei Skorbutkranken[29], bei perniziöser Anämie[30], bei anderen Anämien, bei Barlowscher Krankheit und langwierigen Ernährungsstörungen[31, 32],

[1] M. Richter-Quittner: Wien. Arch. inn. Med. **1**, 425 (1920).

[2] M. Richter-Quittner: Ber. Physiol. **4**, 520 (1921).

[3] J. A. Gardner u. H. Gainsborough: Biochemic. J. **21**, 130, 141 (1927).

[4] Rouzaud u. Thiéry: C. r. Soc. Biol. Paris **85**, 964 (1921).

[5] K. L. Oser u. W. G. Karr: Arch. int. Med. **36**, 507 (1925) — Ber. Physiol. **34**, 698 (1926).

[6] F. D. Weidmann u. F. W. Sundermann: Arch. of Dermat. **12**, 679 (1925) — Ber. Physiol. **35**, 860 (1926).

[7] R. Iwatsuru: Pflügers Arch. **202**, 194 (1924).

[8] H. Dorlencourt u. E. Palfy: C. r. Soc. Biol. Paris **92**, 234 (1925).

[9] L. Wacker u. K. F. Beck: Z. Kinderheilk. **27**, 288 (1921) — Ber. Physiol. **6**, 493.

[10] H. Dorlencourt u. E. Palfy: C. r. Soc. Biol. Paris **92**, 70 (1925).

[11] M. Bürger u. G. Schlomka: Z. exper. Med. **55**, 287 (1927).

[12] A. H. Roffo: Bol. Inst. Med. exper. Cánc. **2**, 195 — Ber. Physiol. **37**, 793 (1926).

[13] P. György: Jb. Kinderheilk. **112**, 3. F., 62, 283 (1927).

[14] H. Beumer: Mschr. Kinderheilk. **18**, 443 (1921).

[15] G. F. Norman: Proc. Soc. exper. Biol. a. Med. **21**, 211 — Ber. Physiol. **25**, 466 (1924).

[16] L. Wacker u. K. F. Beck: Z. Kinderheilk. **29**, 331 (1922) — Berl. klin. Wschr. **58**, 453 (1921).

[17] R. E. Shope: J. of biol. Chem. **80**, 141 (1928).

[18] M. Labbe, F. Nepveux u. J. Heitz: C. r. Soc. Biol. Paris **88**, 1131 (1923).

[19] R. Schönheimer: Hoppe-Seylers Z. **160**, 61 (1927).

[20] S. M. Neuschloß: Biochem. Z. **225**, 115 (1930).

[21] H. Sainsborough: Lancet **218**, 1085 (1930).

[22] A. N. Currie: Brit. J. exper. Path. **5**, 293 (1925) — Ber. Physiol. **30**, 447 (1925).

[23] K. Klaus: Biochem. Z. **201**, 286 (1928).

[24] A. Remond, M. Sendrail u. Lassalle: C. r. Soc. Biol. Paris **93**, 981 (1926).

[25] G. Pezzali: Riforma med. **39**, 433 (1923) — Chem. Zbl. **1924 I**, 929.

[26] S. H. G. Robinson, W. R. Brain u. H. D. Kay: Lancet **213**, 325 — Chem. Zbl. **1927 II**, 1857.

[27] J. Ornstein: C. r. Soc. Biol. Paris **93**, 1622 (1926).

[28] E. Goedall: Lancet **216**, 384 (1929).

[29] N. A. Ssokolow: Dtsch. Arch. klin. Med. **145**, 236 (1924).

[30] L. Friesz u. G. Szabò: Z. klin. Med. **106**, 701 (1927).

[31] H. Stathmann-Herwegh: Mschr. Kinderheilk. **19**, 20 (1920).

[32] F. N. Chamberlain: Brit. med. J. **1929 II**, 896.

bei Pneumonie und Typhus[1, 2]. Hypercholesterinämie fand sich bei Luetikern[3], bei Abflußbehinderung der Galle in Fällen von Lebererkrankungen[4, 5, 6], während sonst bei verschiedenen Lebererkrankungen ein normaler Cholesteringehalt festzustellen war[7] (s. dagegen [8]), bei chronischem Alkoholismus, bei progressiver Paralyse[9], bei Diabetes mellitus in schwereren Fällen[10].

Kein Zusammenhang zwischen der Erkrankung und dem Cholesteringehalt des Serums konnte bei Tuberkulösen festgestellt werden[11]. Ebensowenig scheint eine gesetzmäßige Beziehung zwischen dem Cholesterinspiegel, dem Blutzucker und dem Blutdruck bei Arteriosklerose und Hypertonien zu bestehen[12]. Bei Bleivergiftungen wurde eine relative Vergrößerung der Serumcholesterinmenge gegenüber dem Gesamtblutcholesterin festgestellt[13]. Von anderer Seite wird dagegen ein solcher Zusammenhang nicht gefunden[14, 15]. Beziehungen zwischen klimatischen Einflüssen (Luftverdünnung und Temperaturänderung) und dem Cholesteringehalt des Blutes und der Nebenniere wurden durch tierexperimentelle Untersuchungen aufgedeckt[16]. Nach Röntgenbestrahlung, insbesondere bei bösartigen Neubildungen, wurde von verschiedenen Autoren eine Abnahme des Blutcholesterins festgestellt[17, 18, 19, 20, 21]. Ein Zusammenhang dieser Cholesterinverminderung mit dem „Röntgenkater" wird vermutet[20, 21]. Auch die Cholesterinausscheidung im Harn wird mengenmäßig beeinflußt von bestimmten Erkrankungen[22, 23, 24, 25].

Die Wirkung von experimentellen, insbesondere pharmakologischen Eingriffen im tierischen Organismus äußerte sich vielfach auch in einer Änderung des normalen Cholesteringehaltes. Untersuchungen liegen vor über den Einfluß von Narkosemitteln[26, 27], Adrenalin, Acetylcholin, Insulin und Tetrahydro-β-naphthylamin[28], Blutgiften[29], organischen Lösungsmitteln[30], Jodinjektion[31], Rübenverfütterung bzw. Rübensaftinjektion[32], Behandlung mit bestrahltem Ergosterin (Vigantol)[33], künstlicher Nieren-[34] und Atmungsschädigung[35], Entfernung von Schilddrüse und Nebenschilddrüse[36, 37, 38], B- und C-Avitaminosen[35, 39, 40], Tumor-

[1] H. A. Kipp: J. of biol. Chem. **44**, 215 (1920).

[2] P. Sisto: Riv. osped. **10**, 475 (1920) — Chem. Zbl. **1921 I**, 926.

[3] H. v. Weiß u. M. Dörle: Biochem. Z. **171**, 225 (1926).

[4] E. N. Chamberlain: Brit. med. J. **1929 II**, 896.

[5] M. Bürger u. H. Habs: Klin. Wschr. **6**, 2221 (1927).

[6] J. M. H. Campbell: Ber. Physiol. **31**, 94 (1925).

[7] A. Adler u. H. Lemmel: Dtsch. Arch. klin. Med. **158**, 173 (1928).

[8] E. Herzfeld: Schweiz. med. Wschr. **58**, 103 (1928).

[9] J. Ornstein: C. r. Soc. Biol. Paris **93**, 1622 (1926).

[10] J. M. Rabinowitsch: Arch. int. Med. **43**, 363 (1929).

[11] L. Jullien u. Martin Rosset: C. r. Soc. Biol. Paris **93**, 177 (1925).

[12] M. Dörle u. W. Liehr: Biochem. Z. **187**, 385 (1927).

[13] Kretschmer u. Frieder: Biochem. Z. **164**, 44 (1926).

[14] E. Kühn: Zbl. Gewerbehyg. **14**, 117 (1927).

[15] A. Ceresoli: Clin. med. ital. **55**, 99 — Ber. Physiol. **32**, 298 (1926).

[16] A. Rabbeno: Arch. di Sci. biol. **9**, 161, 168, 178 (1926) — Ber. Physiol. **40**, 409 (1927).

[17] A. H. Roffo u. L. M. Correa: Strahlenther. **19**, 541 (1926) — Ber. Physiol. **32**, 180 (1926).

[18] W. L. Mattick u. K. Buchwald: J. of Canc. **11**, 89 (1927).

[19] R. Hubert: Klin. Wschr. **7**, 208 (1928).

[20] A. H. Roffo: Bull. Soc. Chim. biol. Paris **7**, 508 (1925).

[21] F. Burgheim: Dtsch. med. Wschr. **53**, 1858 (1927).

[22] G. Dorner: Münch. med. Wschr. **69**, 661 (1922).

[23] A. Knudson, Th. Ordway u. H. Fergusson: Proc. Soc. exper. Biol. a. Med. **18**, 299 (1921).

[24] Groß: Verh. dtsch. Ges. inn. Med. **1921**, 343. — W. Grunke: Biochem. Z. **132**, 543 (1923).

[25] J. A. Gardner u. H. Gainsborough: Biochemic. J. **19**, 667 (1926).

[26] A. Mahler: J. of biol. Chem. **69**, 653 (1927).

[27] P. Manceau: C. r. Soc. Biol. Paris **92**, 1507 (1925).

[28] L. M. Tutkewitsch: Arch. f. exper. Path. **144**, 55 (1929).

[29] A. Esposito: Boll. Soc. med.-chir. Pavia **37**, 635 — Ber. Physiol. **34**, 72 (1926).

[30] G. Borgaati: Ber. Physiol. **34**, 374 (1926).

[31] W. Büssem: Arch. f. exper. Path. **126**, 63 (1927).

[32] A. A. Horvath: Amer. J. Physiol. **81**, 215 (1927).

[33] H. Behrendt u. J. Berberich: Münch. med. Wschr. **75**, 2134 (1928).

[34] H. I. Bing, H. Heckscher u. J. Jessen: Hosp. tid. (dän.) **68**, 804 — Ber. Physiol. **37**, 140 (1927).

[35] N. Messerle: Hoppe-Seylers Z. **149**, 103 (1926).

[36] Fr. Albano: Gazz. internaz. med.-chir. **185** (1925) — Ber. Physiol. **33**, 402 (1926).

[37] C. I. Parhon u. J. Ornstein: C. r. Soc. Biol. Paris **94**, 891 (1926).

[38] C. I. Parhon u. H. Dérévici: C. r. Soc. Biol. Paris **95**, 787 (1927).

[39] A. Beznak: Magy. orv. Arch. **27**, 243 — Ber. Physiol. **37**, 614 (1926).

[40] Mouriquand u. Leulier: C. r. Soc. Biol. Paris **93**, 1314 (1925).

erkrankungen[1], Tollwutinfektion[2]. Eine allgemeine Gesetzmäßigkeit in der Änderung der Cholesterinwerte ist jedoch bisher nicht zu erkennen.

Die synthetische Bildung von Cholesterin im tierischen Organismus ist durch weitere eingehende Untersuchungen bestätigt worden. Der von Thannhauser wiederholte Bilanzversuch am bebrüteten und unbebrüteten Hühnerei spricht für eine Synthese[3], ebenfalls die Befunde von Roffo und Azaretti[4] sowie Kusui[5] und Schönheimer[6] (vgl. auch Dam[7, 8]); Beumer konnte zwar die Synthese im bebrüteten Hühnerei nicht beobachten, dagegen schließt er auf Cholesterinneubildung aus Stoffwechselbestimmungen beim wachsenden Säugling[9] und bei jungen Hunden[10]. Gleichartige Versuchsergebnisse werden auch von anderer Seite mitgeteilt[11, 12, 13, 14]. Besondere Bedeutung für die Synthese des Cholesterins wird den Nebennieren zugeschrieben[15, 16]. (Vgl. dagegen Baumann und Holly[17].) Nach Abelous und Soula hat auch die Milz eine Cholesterin bildende Funktion[18].

Bei künstlicher Cholesterinzufuhr ist ein starkes Ansteigen von Erythrocyten und Hämoglobin beobachtet worden[19, 20, 21]. Ferner bewirkt Cholesterinverfütterung ein Ansteigen des Cholesteringehalts im Blut[22, 23, 24], besonders stark bei gleichzeitiger Desoxycholsäuregabe[25]. Nach Sitosterinverfütterung trat dagegen keine Erhöhung, sondern eine Erniedrigung ein[24]. Unter denselben Bedingungen tritt ferner ein rascher Anstieg des Cholesteringehaltes der Leber ein[26, 27, 28].

In Cholesterin-Gallensäurebilanzversuchen beim Gallenfistelhund wurde festgestellt, daß die ausgeschiedenen Mengen Gallensäuren sich nicht auf exogenes oder endogenes Cholesterin zurückführen lassen. Die Bildung von Gallensäuren ist demnach nicht auf sterinartige Vorstufen angewiesen[29] (vgl. auch [27]).

Über pharmakologische Wirkungen von Cholesterin und Cholesterinderivaten berichtet Seel[30]. Cashin fand, daß intravenöse Cholesterin-Lecithininjektion bei Katzen sofortigen Tod bewirkte. Bei kleineren Dosen trat starkes Absinken des Blutcholesteringehaltes ein[31]. Bei experimenteller Staphylokokkeninfektion soll Cholesterin eine Erhöhung der Resistenz bewirken[32].

---

[1] A. H. Roffo u. Correa: Prensa méd. argent. **11**, 833 (1925).

[2] A. C. Marie: Ann. Inst. Pasteur **41**, 195 (1927).

[3] S. J. Thannhauser u. H. Schaber: Hoppe-Seylers Z. **127**, 278 (1923).

[4] A. H. Roffo u. J. Azaretti: Bol. Inst. Med. exper. Cánc. Buenos Aires **13**, 629 (1926) — Ber. Physiol. **39**, 480.

[5] K. Kusui: Hoppe-Seylers Z. **181**, 101 (1929).

[6] R. Schönheimer: Hoppe-Seylers Z. **185**, 119 (1929).

[7] H. Dam: Biochem. Z. **194**, 188 (1929).

[8] H. Dam: Biochem. Z. **220**, 158 (1930).

[9] H. Beumer: Z. exper. Med. **35**, 328 (1921).

[10] H. Beumer u. F. Lehmann: Z. exper. Med. **37**, 274 (1923).

[11] J. A. Gardner u. F. W. Fox: Proc. roy. Soc. Lond. Serie B **92**, 358 (1921).

[12] F. W. Fox u. J. A. Gardner: Proc. roy. Soc. Lond., Serie B **98**, 76 (1925).

[13] H. J. Channon: Biochemic. J. **19**, 424 (1925).

[14] F. S. Randles u. A. Knudson: J. of biol. Chem. **66**, 459 (1925).

[15] S. W. Nedswedsky u. A. K. Alexandry: Pflügers Arch. **219**, 619 (1928).

[16] A. Chauffard, Guy Laroche u. A. Grigaut: Ann. Méd. **8**, 149 (1920) — ausführliches Ref. vgl. Ber. Physiol. **6**, 65.

[17] E. J. Baumann u. O. M. Holly: J. of biol. Chem. **55**, 457 (1923).

[18] G. E. Abelous u. L. C. Soula: C. r. Soc. Biol. Paris **93**, 1466 (1926).

[19] M. Dörle u. R. Sperling: Klin. Wschr. **3**, 1530 (1924).

[20] G. Halfer: Clin. pediatr. **7**, 425 — Ber. Physiol. **34**, 112 (1926).

[21] M. Dörle: Biochem. Z. **191**, 95 (1927).

[22] A. Knudson: J. of biol. Chem. **45**, 255 (1921).

[23] A. Mjassnikow u. B. Iljinski: Z. exper. Med. **53**, 100 (1926).

[24] D. Yuasa: Hoppe-Seylers Z. **185**, 116 (1929).

[25] R. Schönheimer: Biochem. Z. **147**, 258 (1924).

[26] K. Loeffler: Hoppe-Seylers Z. **178**, 186 (1929).

[27] Horisada Horiye: Biochem. Z. **202**, 403 (1928).

[28] R. Hummel: Hoppe-Seylers Z. **185**, 105 (1929).

[29] E. Enderlen, S. J. Thannhauser u. M. Jenke: Arch. f. exper. Path. **130**, 292 (1928) — Klin. Wschr. **5**, 2340 (1926).

[30] H. Seel: Arch. f. exper. Path. **117**, 282 (1926).

[31] M. F. Cashin u. Vl. Moravek: Amer. J. Physiol. **82**, 239 (1927).

[32] W. Borchardt: Klin. Wschr. **8**, 1179 (1929).

Weitere Hinweise auf günstige Wirkungen von Cholesterininjektionen bei experimentellen Injektionen s. z. B. [1,2]).

Die verwandtschaftlichen Beziehungen zwischen Cholesterin und Gallensäuren, die von Windaus durch die Überführung des Koprosterins in die Cholansäure bewiesen und aufgeklärt worden waren, bestätigten sich in weiteren scharfsinnig durchdachten Untersuchungen. Es gelang sowohl durch Abbau von Koprosterin[3] und von Chlorcholestan[4] zu Derivaten der Gallensäurereihe zu kommen, wie auch durch Aufbau aus Cholansäure zum Pseudocholestan (Koprostan)[5].

Bestrahlung von Cholesterin.

Die Ultraviolettbestrahlung des Cholesterins hat auf Grund der bedeutsamen Entdeckung von Steenbock und Heß über die hierbei auftretende antirachitische Wirksamkeit den Gegenstand sehr vieler Untersuchungen gebildet. Diese haben aber heute nur mehr ein historisches Interesse, seitdem feststeht, daß nur das Ergosterin, welches dem Cholesterin stets in ganz geringer Menge beigemischt ist, durch die Bestrahlung zum Träger der antirachitischen Wirksamkeit wird. Irgendeine definierbare Veränderung am Cholesterinmolekül durch Einwirkung von ultravioletten Strahlen konnte nicht festgestellt werden.

Der starke Einfluß von Röntgenstrahlen auf die Funktionen der lebenden Zelle gab Veranlassung, die Einwirkung dieser Energieform auf den so stark in den Vordergrund des Interesses gerückten Zellbestandteil Cholesterin in vitro zu studieren. Da definierte Produkte dieser Reaktion nicht gewonnen worden sind, genügt es, hier auf die betreffenden Arbeiten hinzuweisen[6,7,8].

Konstitutionsformel (Bd. X, S. 158).

Der Ring I war auf Grund früherer Ergebnisse für einen 6-Ring, Ring II für einen 5-Ring gehalten worden. Gegen diese Annahme sind einige Bedenken[9,10] geäußert worden, doch konnte die Gliederzahl der beiden Ringe auf einem neuen Wege bewiesen werden[11].

Bestimmung und Nachweis: Die Methoden zum Nachweis und zur Bestimmung des Cholesterins stellen die wichtigste technische Voraussetzung dar für die zahlreichen physiologischen Untersuchungen über diesen Stoff. Es sind daher auch für die bekannten Methoden viele Urteile und Abänderungsvorschläge veröffentlicht. Vergleichende Studien über verschiedene Cholesterinbestimmungsmethoden im Serum s. [12]. Der beste und sicherste Weg zur quantitativen Bestimmung ist nach wie vor die Windaussche Digitoninmethode. Sie wurde modifiziert für die Anwendung bei Plasma und Serum[13,14], als Mikromethode ausgearbeitet von Szent-Györgyi, und zwar gravimetrisch und titrimetrisch[13]. (Vgl. auch [16], ferner [17].) Eine gute Zusammenstellung über die wichtigsten „Methoden zur quantitativen Bestimmung des Cholesterins in tierischen Organen und Körperflüssigkeiten" gibt Abelin[18]. Als neue Methode zur Isolierung und Bestimmung des Cholesterins aus Gemischen mit gleich löslichen Stoffen kommt in geeigneten Fällen die Bereitung des Allophanesters[19,20] in Betracht, da diese Verbindung durch besondere Schwerlöslichkeit ausgezeichnet ist (vgl. unter Cholesterinester).

Die Farbenreaktionen, die vielfach zum Nachweis des Cholesterins verwendet werden, wurden noch durch einige neue Vorschriften vermehrt.

[1] K. E. Shope: J. of exper. Med. **48**, 321 (1928).
[2] L. Suranyi u. L. Jarno: Z. Immun.forsch. **57**, 199 (1928).
[3] A. Windaus u. Th. Riemann: Hoppe-Seylers Z. **126**, 279 (1923).
[4] A. Windaus u. R. Hoßfeld: Hoppe-Seylers Z. **145**, 181 (1925).
[5] H. Wieland u. R. Jacobi: Ber. dtsch. chem. Hes. **59**, 2064 (1926).
[6] M. C. Reinhard u. K. W. Buchwald: J. of biol. Chem. **73**, 383 (1927).
[7] A. F. Roffo: C. r. Acad. Sci. Paris **180**, 228 (1925).
[8] I. Hieger: Biochemic. J. **21**, 407 (1927).
[9] A. Windaus: Nachr. Ges. Wiss. Göttingen, Math.-physik. Kl. **1919**, 251.
[10] H. Wieland u. W. Schulenburg: Hoppe-Seylers Z. **114**, 175 (1921).
[11] A. Windaus, A. Rosenbach u. Th. Riemann: Hoppe-Seylers Z. **130**, 113 (1923).
[12] W. N. Nekludow u. S. S. Chalatow: Biochem. Z. **208**, 60 (1929).
[13] R. Caminade: Bull. Soc. Chim. biol. Paris **4**, 601 (1922).
[14] Z. Michalski: Ber. Physiol. **15**, 519 (1922).
[15] A. v. Szent-Györgyi: Biochem. Z. **136**, 107 (1923); **136**, 112 (1923).
[16] Tyuzi Tominaga: Biochem. Z. **155**, 119 (1925).
[17] R. Girardin u. E. Spach: Bull. Soc. Chim. biol. Paris **8**, 813 (1926).
[18] J. Abelin: Z. anal. Chem. **70**, 473 (1927).
[19] U. Tange u. E. V. McCollum: J. of biol. Chem. **76**, 445 (1928).
[20] R. Fabre: J. of Pharmacol. (8) **5**, 21 (1927).

Arsentrichlorid. Eine 1proz. Lösung von Cholesterin in Arsentrichlorid wird bei gewöhnlicher Temperatur allmählich rot bis kirschrot, schneller bei vorsichtigem Erhitzen. Diese Farbreaktion kann zur Unterscheidung des Cholesterins von Isocholesterin und von Phytosterinen dienen. Eine Lösung von Phytosterin in Arsentrichlorid ist — selbst beim Kochen — farblos[1]. Erwähnt sei ferner, daß verschiedene Oxydationsprodukte des Cholesterins mit Arsentrichlorid eine ähnliche Farbreaktion geben wie Dorschlebertran (Vitamin A)[2]. Farbreaktionen mit Benzidin und mit Rosanilin gibt Bahl[3] an.

Antimonpentachlorid. Eine Chloroformlösung von Cholesterin gibt mit einer Chloroformlösung von Antimonpentachlorid einen schmierigen braunen Niederschlag, der sich in mehr Chloroform mit kobaltblauer Farbe löst. Die Reaktion soll auch quantitativ verwertbar sein[4].

Furfurolschwefelsäurereaktion. Eine alkoholische 0,125proz. Cholesterinlösung wird mit einigen Tropfen einer 1proz. Lösung von Furfurol — oder anderen Aldehyden — versetzt. Beim Unterschichten mit konz. Schwefelsäure treten lebhafte Färbungen auf[5, 6].

Die Salkowskische Reaktion wird empfindlicher gemacht, wenn man Schwefelsäure verwendet, die selenige Säure enthält (0,001% Cholesterin noch nachweisbar!)[7].

Die colorimetrischen Bestimmungsmethoden beruhen durchweg auf einer Auswertung der nach bekannten Reaktionen erhaltenen Färbungen. Eine Kritik der colorimetrischen Verfahren gibt Feigl[8] (vgl. auch Arbeiten von Gardner und Mitarbeitern[9, 10] sowie [11]). Eine vereinfachte Methode zur Bestimmung des Cholesterins im Blut — mit Essigsäureanhydrid und Schwefelsäure — beschreibt Leiboff[12]. Die Verwendung von monochromatischem Licht schlägt Laurent-Gérard vor[13]. Modifikationen der colorimetrischen und titrimetrischen Mikrobestimmung des Cholesterins im Blut s. [14] und [15].

Eine Vereinfachung der Autenrieth-Funkschen Methode beschreibt Acél[16]. Die Salkowski-Reaktion wurde untersucht und modifiziert zum Nachweis[17] und zur quantitativen Bestimmung[18, 19]. Die Farbreaktionen sind auch zum histochemischen Nachweis des Cholesterins herangezogen worden[20, 21]. (Vgl. auch [22, 23, 24].)

Zur Unterscheidung von Cholesterin und Phytosterin dient bekanntlich die Untersuchung der Acetate. Dieses Prinzip ist erfolgreich zur Prüfung von Handelslecithin auf tierischen bzw. pflanzlichen Ursprung angewendet worden[25].

Wichtige Angaben zur Jodzahlbestimmung im Cholesterin und anderen ·Sterinen bringt Dam[26, 27].

[1] L. Kahlenberg: J. of biol. Chem. **52**, 217 (1922). — E. Montignie: Bull. Soc. chim. France (4) **45**, 302 (1929). — F. Wokes: Biochemic. J. **22**, 830 (1928).

[2] O. Rosenheim: Biochemic. J. **21**, 386 (1927).

[3] E. Bahl: Biochem. Z. **204**, 474 (1929).

[4] J. v. Steinle u. L. Kahlenberg: J. of biol. Chem. **67**, 425 (1926).

[5] O. Coquelet: C. r. Soc. Biol. Paris **97**, 747 (1927).

[6] L. Ekkert: Ber. ungar. pharmak. Ges. **4**, 66 (1928).

[7] V. E. Levine u. E. Richman: Proc. Soc. exper. Biol. a. Med. **27**, 832 (1930).

[8] J. Feigl: Z. exper. Med. **11**, 178 (1920).

[9] J. A. Gardner u. M. Williams: Biochemic. J. **15**, 363 (1921).

[10] J. A. Gardner u. F. W. Fox: Biochemic. J. **15**, 376 (1921).

[11] Nekludow u. Chalatow: Biochem. Z. **208**, 60 (1929).

[12] S. L. Leiboff: J. of biol. Chem. **61**, 177 (1924).

[13] P. Laurent-Gérard: C. r. Soc. Biol. Paris **98**, 1325 (1928).

[14] L. Tutkewitsch: Biochem. Z. **213**, 439 (1929).

[15] H. Hinrichs u. L. Klemm: Biochem. Z. **210**, 191 (1929).

[16] D. Acél: Dtsch. med. Wschr. **54**, 431 (1928).

[17] G. St. Whitby: Biochemic. J. **17**, 5 (1923).

[18] S. Krastelewsky: Biochem. Z. **143**, 403 (1923).

[19] Doris Abramsohn: Biochem. Z. **198**, 233 (1928).

[20] M. Mirande: C. r. Acad. Sci. Paris **179**, 638 (1924).

[21] M. Romien: C. r. Soc. Biol. Paris **92**, 787 (1925).

[22] A. Schultz: Z. Beitr. path. Anat. **35**, 314 — Ber. Physiol. **30**, 366 (1925).

[23] P. Kimmelstiel: Ber. Physiol. **34**, 302 (1926).

[24] A. Schultz u. G. Löhr: Ber. Physiol. **35**, 24 (1926).

[25] H. Matthes u. G. Brause: Arch. Pharmaz. **265**, 708 (1927).

[26] H. Dam: Biochem. Z. **152**, 101 (1924).

[27] H. Dam: Biochem. Z. **158**, 76 (1925).

Thermischer Abbau und Dehydrierung des Cholesterins.

Die bereits früher bearbeitete Aufgabe, das Cholesterin durch thermischen Abbau oder durch Dehydrierung in Verbindungen bekannter oder erkennbarer Konstitution überzuführen, bildet auch den Gegenstand einer ganzen Reihe neuer Untersuchungen.

Fischer und Treibs[1] erhielten bei Anwendung der „Hitzedrahtmethode" auf Cholesterin eine Anzahl von definierten Zersetzungsprodukten, und zwar: Naphthalin, Styrol (in geringer Menge), einen Kohlenwasserstoff $C_{15}H_{12}$ mit dem Schmelzp. 92° und dem Siedep. 300°, Schmelzp. des Pikrats 155°, ferner einen Kohlenwasserstoff $C_{14}H_{10}$ mit dem Schmelzp. 124° (unscharf) und dem Siedep. 139°, Schmelzp. des Pikrats 139°, und einen Kohlenwasserstoff $C_{18}H_{14}$ mit dem Schmelzp. 203° und dem Siedep. etwa 200° (bei 15 mm).

Bei der trockenen Destillation von Cholesterin mit aktiver Kohle erhielt Tsukamoto[2] neben Gas und Öl eine krystallisierte Fraktion, aus der Chrysen vom Schmelzp. 245° isoliert werden konnte. Diese Verbindung wurde identifiziert durch Überführung in Chrysochinon vom Schmelzp. 225° und Nitrochrysen vom Schmelzp. 207°. Auch bei der Destillation mit Kohle und Schwefel[2] entstand aus dem Cholesterin Chrysen.

In Versuchen von Heilbron und Sexton[3] wurden als Produkte der trockenen Destillation neben niedrig siedenden Kohlenwasserstoffen nur krystallisierte Verbindungen erhalten, die dem Cholesterin noch sehr nahestehen, Cholestenon und Pseudocholesten.

Diels und Mitarbeiter[4] untersuchten die Einwirkung von starken Dehydrierungsmitteln, insbesondere von Selen, auf Cholesterin und fanden als interessanteste Reaktionsprodukte zwei aromatische Kohlenwasserstoffe $C_{18}H_{16}$ und $C_{25}H_{24}$. Über die Konstitution dieser Verbindungen haben die Autoren einige Vermutungen ausgesprochen, doch können die bei der Dehydrierung erhobenen Befunde, ebensowenig wie die Ergebnisse der thermischen Zersetzung, sichere neue Vorstellungen über die Konstitution des Cholesterins geben.

Bildung und Eigenschaften der krystallisierten Dehydrierungsprodukte: Beim Erhitzen von Cholesterylchlorid oder Cholesterin bei Gegenwart von Selen auf 330° entstehen die krystallisierten Kohlenwasserstoffe $C_{18}H_{16}$ und $C_{25}H_{24}$ neben anderen noch nicht näher definierten Fraktionen.

Die Verbindung $C_{18}H_{16}$ beginnt bei 117° zu sintern und schmilzt bei 124—125°. Sie krystallisiert in prächtig glänzender blättriger Form und zeigt starke violette Fluorescenz, an hellem Licht färbt sie sich von der Oberfläche her bald gelb. Ein Pikrat des Kohlenwasserstoffs $C_{18}H_{16}$ wird erhalten beim Versetzen seiner siedenden alkoholischen Lösung mit Pikrinsäure. Das Pikrat bildet bichromatrote, grünlich glänzende Krystallblättchen vom Schmelzp. 117—118°. — Durch Einleiten nitroser Gase in eine gekühlte ätherische Lösung des Kohlenwasserstoffs und entsprechende Reinigung des ersten Reaktionsproduktes erhält man ein Derivat $C_{18}H_{13}O_2N$, das in charakteristischen olivbraunen Blättchen von ausgesprochenem Goldglanz krystallisiert. Schmelzp. bei schnellem Erhitzen 238—240°.

Kohlenwasserstoff $C_{25}H_{24}$. Aus siedendem Eisessig oder Essigsäureanhydrid erhält man den Kohlenwasserstoff in großen dünnen Blättchen oder zarten Prismen von lebhaftem Glanz. Die Verbindung ist sehr schwer löslich in Alkohol, Äther und Eisessig, auch in der Hitze, sie schmilzt bei 219—220°. Beim Behandeln des Kohlenwasserstoffs $C_{25}H_{24}$ in Eisessiglösung mit konz. Salpetersäure bildet sich eine Dinitroverbindung $C_{25}H_{22}O_4N_2$, die in schönen orangegelben Nadeln vom Schmelzp. 261—262° krystallisiert. — Beim Kochen des Kohlenwasserstoffs mit Natrium-dichromat in Eisessig entsteht ein Keton $C_{25}H_{22}O$, das bei 191—192° schmilzt. Dieses Keton läßt sich reduzieren zu dem entsprechenden Alkohol $C_{25}H_{24}O$. Der Schmelzpunkt dieses Alkohols liegt unscharf bei 250—255°.

Wurde an Stelle des Cholesterins die Säure $C_{26}H_{46}O_2$ der Selendehydrierung unterworfen, so wurde als einziger krystallisierter Stoff ein **Kohlenwasserstoff $C_{24}H_{46}$** erhalten.

Die Verbindung $C_{24}H_{46}$ krystallisiert aus kochendem Alkohol, in dem sie sehr schwer löslich ist, in silberweißen, stark glänzenden Krystallblättchen vom Schmelzp. 171°.

Dinitroverbindung $C_{24}H_{24}O_4N_2$ entsteht aus dem Kohlenwasserstoff in Eisessiglösung mit Salpetersäure. Schmelzp. 210°.

Ein Keton $C_{24}H_{24}O$ wird durch Oxydation des Kohlenwasserstoffs $C_{24}H_{26}$ mit Natrium-

[1] H. Fischer u. A. Treibs: Ann. Chem. **446**, 241 (1925).

[2] T. Tsukamoto: J. pharm. soc. Japan **48**, 18 (1928) — Chem. Zbl. **1928 I**, 2408.

[3] J. M. Heilbron u. W. A. Sexton: J. of chem. Soc. **1928**, 347.

[4] O. Diels, W. Gädke u. P. Körding: Ann. Chem. **459**, 1 (1927). — Vgl. auch O. Diels u. A. Karstens: Ann. Chem. **478**, 129 (1930).

dichromat in Eisessig gebildet. Aus siedendem Ligroin scheidet sich das Keton in dunkel-orangeroten Krystallen ab vom Schmelzp. 131°.

Bei dehydrierendem Abbau des Cholesterins mit Braunstein und Schwefelsäure wurden Mellophansäure, Benzolpentacarbonsäure und Benzolhexacarbonsäure erhalten[1]. Auf weitere Arbeiten, die, mit wenig befriedigendem Ergebnis, die Dehydrierung des Cholesterins und Sitosterins behandeln, kann hier nur hingewiesen werden[2, 3, 4, 5].

Bei dem Versuch, Cholesterinphosphorsäure-ester durch Einwirkung von Phosphor-pentoxyd auf Cholesterin darzustellen, erhielten Fränkel und Dombacher[6] Abbauprodukte, bei denen 5 C-Atome von der Seitenkette des Cholesterins abgespalten sind, und zwar einen Alkohol Hypocholesterin $C_{22}H_{36}O$, ferner Hypocholesteryläther $C_{44}H_{70}O$ und Hypocholesten $C_{22}H_{34}$.

Umlagerungsprodukte des Cholesterins.

β-Cholesterin (Bd. III, S. 273).

$$C_{27}H_{46}O = C_{27}H_{45}OH.$$

Bildung: Außer nach der Methode von Diels und Linn[7] entsteht β-Cholesterin in kleiner Menge über das Acetat aus Allocholesterin[8].

Physikalische und chemische Eigenschaften: β-Cholesterin gibt mit Brom-Eisessig kein Cholesterin-dibromid, mit Essigsäureanhydrid kein Cholesterylacetat. Es wird von alkoholischer Digitoninlösung gefällt. Durch katalytische Hydrierung in Äther-Eisessig mit Platin entsteht das normale Dihydrocholesterin (β-Cholestanol). Eine Rückverwandlung in Cholesterin findet statt, wenn man β-Cholesterin mit Benzoylchlorid auf 195° erhitzt, wobei Cholesterylbenzoat entsteht.

Es soll ferner bei der Reduktion von Cholestenon mit Natrium und Alkohol neben Dihydrocholesterin und Cholesterin entstehen[9].

β-Cholesterin soll keine einheitliche Substanz sein, sondern eine Molekülverbindung, deren eine Komponente Dihydrocholesterin ist, während die andere ein mit Cholesterin isomerer, durch Digitonin nicht fällbares Sterin ist[9].

Allocholesterin[10].

$$C_{27}H_{46}O.$$

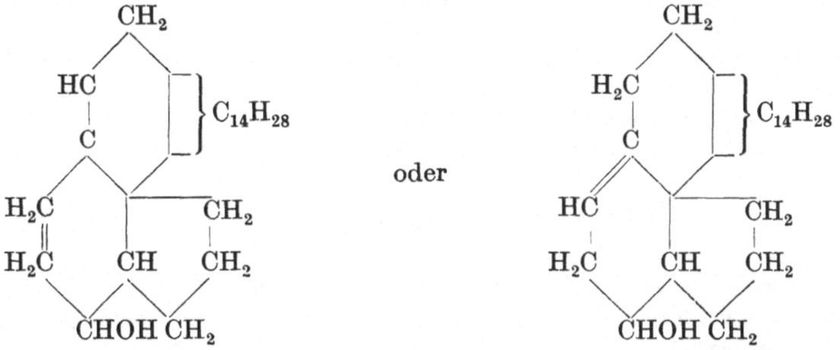

oder

Bildung: Beim Kochen von Cholesterin-hydrochlorid mit wasserfreiem Kalium-acetat in abs. Alkohol.

Physikalische und chemische Eigenschaften: Allocholesterin krystallisiert in Blättchen oder — aus Aceton — in büschelförmig angeordneten Nadeln vom Schmelzp. 117°. Bei der

[1] L. Ruzicka u. E. A. Rudolph: Helvet. chim. Acta **10**, 920 (1927).
[2] N. Zelinsky u. K. Lawrowsky: Ber. dtsch. chem. Ges. **61**, 1291 (1928). — N. D. Felinsky: Ber. dtsch. chem. Ges. **60**, 1793 (1927).
[3] E. Montignie: Bull. Soc. chim. France (4) **41**, 524 (1927).
[4] P. Fantl: Mh. Chem. **47**, 251 (1927).
[5] L. Schmid u. M. Zentner: Mh. Chem. **48**, 47 (1927); **49**, 92 (1928).
[6] S. Fränkel u. P. Dombacher: Ber. dtsch. chem. Ges. **60**, 1484—1487 (1927).
[7] O. Diels u. Linn: Ber. dtsch. chem. Ges. **41**, 260 (1908).
[8] A. Windaus: Ann. Chem. **453**, 110 (1927).
[9] Th. Wagner-Jauregg u. L. Werner: Hoppe-Seylers Z. **208**, 72 (1932).
[10] A. Windaus: Ann. Chem. **453**, 101 (1927).

Bromierung entsteht das Dibromid des gewöhnlichen Cholesterins, ebenso bei der Acetylierung Cholesterylacetat, das durch Verseifung normales Cholesterin ergibt. Daneben werden aus der Mutterlauge des Acetats nach Verseifung geringe Mengen β-Cholesterin erhalten. — Allocholesterin ist eine unbeständige Verbindung, die außer auf die oben angegebene Weise auch durch andere Einflüsse in die stabile Form, das Cholesterin, verwandelt wird. Die Hydrierung ergibt neben etwas Dihydrocholesterin Koprosterin.

Ester des Cholesterins (Bd. III, S. 276; Bd. VIII, S. 480; Bd. X, S. 159).

Das Studium von Cholesterinverbindungen, besonders von Cholesterinestern, hinsichtlich der Bildung von flüssigen Krystallen ist auch neuerdings in mehreren Arbeiten behandelt [1, 2, 3, 4, 5].

Dicholesterylsulfit [6].
$$(C_{27}H_{45}O)_2 \cdot SO$$

Bildung: Bei 24stündiger Einwirkung von Thionylchlorid auf eine Pyridinlösung von Cholesterin in der Kälte.

Physikalische und chemische Eigenschaften: Das Sulfit ist leicht löslich in Petroläther, Tetrachlorkohlenstoff, Chloroform und Äther, schwer löslich in siedendem Methylalkohol und kaltem Essigester. Der Schmelzpunkt liegt bei 186,5—187°. Durch heiße alkoholische Kalilauge wird die Verbindung leicht verseift, sie ist beständig gegen wäßrige Säuren und Alkalien.

Cholesteryl-methyl-xanthat [7].
$$C_{29}H_{48}OS_2 = C_{27}H_{45}O \cdot CS_2 \cdot CH_3$$

Bildung: Aus Cholesterin in Schwefelkohlenstofflösung bei Gegenwart von Jodmethyl und zerstäubtem Kalium.

Physikalische und chemische Eigenschaften: Die Verbindung krystallisiert aus Alkohol in Nadeln vom Schmelzp. 127°, $[\alpha]_D^{25} = -51,1°$ in Toluol.

Monocholesterylphosphit [8, 9].
$$C_{27}H_{47}PO_3 = C_{27}H_{45}O \cdot P(OH)_2$$

Bildung: Beim Versetzen von Cholesterin mit Phosphortrichlorid.

Physikalische und chemische Eigenschaften: Cholesterylphosphit ist löslich in Chloroform, Benzol, Alkohol und Essigester. Es schmilzt bei 158—159°. Das Anilinsalz $C_{33}H_{52}NPO_3$ fällt beim Versetzen einer Benzollösung des Phosphits mit Anilin aus. Nach dem Umkrystallisieren aus anilinhaltigem Alkohol krystallisiert die Substanz in verfilzten Nadeln vom Schmelzp. 170°. — Ein Dibromderivat des Cholesterylphosphits wird erhalten durch Bromierung des Cholesterylphosphits in Benzol oder durch Behandeln des Cholesterindibromids mit Phosphortrichlorid. Es ist ziemlich schwer löslich in Essigester und besitzt den Schmelzpunkt von 148°.

Monocholesterylphosphat [10, 11, 12].
$$C_{27}H_{47}PO_4 = C_{27}H_{45}OPO(OH)_2$$

Bildung: Beim Versetzen einer gekühlten Pyridinlösung des Cholesterins mit einer Lösung von Phosphoroxychlorid in Pyridin, ferner beim Sieden von Cholesterin in Äther mit P_2O_5 am Rückflußkühler [13].

Physikalische und chemische Eigenschaften: Cholesterylphosphat ist löslich in Benzol und Chloroform; es schmilzt bei 195—196° (nach Neuberg bei 187°); im Gegensatz zum

[1] A. Mlodziejowski: Z. physk. Chem. **135**, 129 (1928).
[2] L. Royer: C. r. Acad. Sci. Paris **174**, 1182 (1922).
[3] E. Hückel: Physik. Z. **22**, 561 (1921).
[4] A. Mlodziejowski: Z. Physik **20**, 317 (1923).
[5] Wm. I. Pope: Chem. a. Ind. **42**, 809 (1923).
[6] P. J. Daughenbaugh u. J. B. Allison: J. amer. chem. Soc. **51**, 3665 (1929).
[7] A. C. Bose u. W. Doran: J. chem. Soc. Lond. **1929**, 2244.
[8] H. v. Euler u. A. Bernton: Ber. dtsch. chem. Ges. **60**, 1723 (1927).
[9] N. Takashima: J. pharmac. Soc. Japan **48**, 109 — Chem. Zbl. **1928 I**, 2653.
[10] H. v. Euler u. A. Bernton: Ber. dtsch. chem. Ges. **60**, 1724 (1927).
[11] R. H. A. Plimmer u. W. J. N. Burch: J. chem. Soc. Lond. **1929**, 279—291.
[12] H. v. Euler, A. Wolf u. H. Hellström: Ber. dtsch. chem. Ges. **62**, 2455 (1929).
[13] C. Neuberg u. K. P. Jacobsohn: Biochem. Z. **199**, 507 (1928).

Dicholesterylphosphat ist es in warmem Alkohol löslich; mit Kadmiumchlorid bildet es einen weißen Niederschlag. Beim Versetzen der alkoholischen Lösung mit Natronlauge fällt als Niederschlag das Natriumsalz des Monocholesterylphosphats.

Ein Monocholesterylphosphat derselben Zusammensetzung beschreibt Takashima[1]. Es wird erhalten durch Oxydation des Monocholesterylphosphits mit alkoholischer Quecksilberchloridlösung und krystallisiert aus Alkohol-Chloroform in Nadeln vom Schmelzp. 148°, $[\alpha]_D^{28} = -24,75°$. Es ist unlöslich in Wasser, leicht löslich in Alkohol, Äther, Benzol, Chloroform.

Dicholesterylphosphit[1].

$$C_{54}H_{91}PO_3 = (C_{27}H_{45}O)_2 \cdot POH$$

Bildung: Beim Kochen von Cholesterin im Überschuß mit Phosphortrichlorid in ätherischer Lösung.

Physikalische und chemische Eigenschaften: Die Verbindung bildet Nadeln vom Schmelzp. 178—179°, $\alpha_D = -26,4°$. Sie ist ebenso wie das Monocholesterylphosphit unlöslich in Wasser, wenig löslich in kaltem Alkohol und Aceton, leicht löslich in verschiedenen heißen organischen Lösungsmitteln.

Dicholesterylphosphat[2,3].

$$C_{54}H_{91}PO_4 = (C_{27}H_{45}O)_2 \cdot POOH$$

Bildung: Durch Zugabe der äquivalenten Menge Phosphoroxychlorid zu einer Lösung von Cholesterin und Pyridin.

Physikalische und chemische Eigenschaften: Die Substanz ist in Benzol und Chloroform löslich, unlöslich in warmem Alkohol; sie schmilzt bei 186° bzw. 204°[4].

Dicholesteryl-(β-Chloräthyl)-Phosphat[5].

$$C_{56}H_{94}O_4PCl = (C_{27}H_{45})_2PO_4 \cdot CH_2CH_2Cl \; [6]$$

Bildung: Beim Zusammengeben von Cholesterin und (β-Chloräthyl)-Phosphorylchlorid in Pyridinlösung.

Chemische und physikalische Eigenschaften: Die Verbindung bildet nach dem Umkrystallisieren aus Äthylalkohol und etwas Benzol perlmutterglänzende Prismen vom Schmelzp. 158°.

Cholesterylformiat[7].

$$C_{28}H_{46}O_2 = C_{27}H_{45}O \cdot COH$$

Bildung: Durch Erhitzen von Cholesterin mit Ameisensäure, nach 2 Stunden mit Wasser versetzen.

Physikalische und chemische Eigenschaften: Nach dem Umkrystallisieren der Verbindung aus heißem abs. Alkohol liegt der Schmelzpunkt bei 96°, $[\alpha]_D^{20} = -51,1°$ (Chloroform).

Cholesterylbutyrat[7].

$$C_{31}H_{52}O_2 = C_{27}H_{45}O \cdot CO \cdot C_3H_7$$

Bildung: Durch Erhitzen von Cholesterin mit Buttersäureanhydrid.

Physikalische und chemische Eigenschaften: Das Butyrat löst sich gut in Alkohol und schmilzt bei 111—112°; $[\alpha]_D^{20} = -36,7°$ (Chloroform).

Cholesterylvalerat[7].

$$C_{32}H_{45}O_2 = C_{27}H_{45}O \cdot CO \cdot C_4H_9$$

Bildung: Aus Cholesterin durch Kochen mit Valeriansäureanhydrid.

Physikalische und chemische Eigenschaften: Die aus Alkohol umkrystallisierte Verbindung schmilzt bei 92—94° und zeigt die Drehung $[\alpha]_D^{20} = -33,8°$ (Chloroform).

[1] N. Takashima: J. pharmac. Soc. Japan **48**, 109 (1928) — Chem. Zbl. **1928 II**, 2653.
[2] H. v. Euler u. A. Bernton: Ber. dtsch. chem. Ges. **60**, 1724 (1927).
[3] R. H. A. Plimmer u. W. J. N. Burch: J. chem. Soc. Lond. **1929**, 279—291.
[4] H. v. Euler, A. Wolf u. H. Hellström: Ber. dtsch. chem. Ges. **62**, 2455 (1929).
[5] H. v. Euler, A. Wolf u. H. Hellström: Ber. dtsch. chem. Ges. **62**, 2456 (1929).
[6] Formeln im Original verdruckt.
[7] J. H. Page u. H. Rudy: Biochem. Z. **220**, 304 (1930).

Cholesterylcapronat[1].

$$C_{33}H_{56}O_2 = C_{27}H_{45}O \cdot CO \cdot C_5H_{11}$$

Bildung: Cholesterin wird mit Capronsäure 4 Stunden unter Durchleiten von Kohlendioxyd auf 180° erhitzt.

Physikalische und chemische Eigenschaften: Die Verbindung schmilzt, aus Alkohol umkrystallisiert, bei 101°, $[\alpha]_D^{20} = -33,6°$ (Chloroform).

Cholesterylcaprylat[1].

$$C_{35}H_{60}O_2 = C_{27}H_{45}O \cdot CO \cdot C_7H_{15}$$

Bildung: Durch Erhitzen von Cholesterin mit Caprylsäure auf 200° in Kohlendioxydatmosphäre.

Physikalische und chemische Eigenschaften: Der Schmelzpunkt des Caprylates liegt bei 108°, die Drehung bei −31,4° (Chloroform).

Cholesterylcaprinat[1].

$$C_{37}H_{64}O_2 = C_{27}H_{45}O \cdot CO \cdot C_9H_{19}$$

Bildung: Analog dem Caprylat aus Cholesterin und Caprinsäure.

Physikalische und chemische Eigenschaften: Der Schmelzpunkt liegt bei 93°, die Drehung beträgt $[\alpha]_D^{20} = -29,7°$ (Chloroform).

Cholesterylmyristinat[1].

$$C_{41}H_{72}O_2 = C_{27}H_{45}O \cdot CO \cdot C_{13}H_{27}$$

Bildung: Wie Caprylat aus Cholesterin und Myristinsäure.

Physikalische und chemische Eigenschaften: Die Verbindung schmilzt bei 86° und hat die Drehung $[\alpha]_D^{20} = -26,8°$ (Chloroform).

Cholesteryllignocerat[1].

$$C_{51}H_{92}O_2 = C_{27}H_{45}O \cdot CO \cdot C_{23}H_{47}$$

Bildung: Cholesterin wird mit Lignocerylchlorid im trockenen Kohlendioxydstrom auf 90° erhitzt.

Physikalische und chemische Eigenschaften: Der Ester ist in Alkohol unlöslich, wird aus Essigester und wenig Alkohol umkrystallisiert und schmilzt bei 89°, $[\alpha]_D^{20} = -18,5°$ (Chloroform).

Cholesterylundecylensäureester[1].

$$C_{38}H_{64}O_2 = C_{27}H_{45}O \cdot CO \cdot C_{10}H_{19}$$

Bildung: Durch Erhitzen von Cholesterin mit Undecylensäure auf 200° im Kohlendioxydstrom.

Physikalische und chemische Eigenschaften: Nach Umkrystallisieren aus Alkohol schmilzt die Verbindung bei 83,5° klar, $[\alpha]_D^{20} = -27,6°$.

Cholesterylpetroselinat[1].

$$C_{45}H_{48}O_2 = C_{27}H_{45}O \cdot CO \cdot C_{17}H_{33}$$

Bildung: Petroselinchlorid und Cholesterin werden im Stickstoffstrom auf 70—80° erhitzt. Nach kurzem Erwärmen auf 100° wird abgekühlt, in Äther aufgenommen und mit verdünnter Natronlauge geschüttelt. Nach Verdunsten des Äthers erhält man den Ester als gelbliches Öl, welches die Drehung $[\alpha]_D^{20} = -22,4°$ (Chloroform) zeigt.

---

[1] J. H. Page u. H. Rudy: Biochem. Z. **220**, 304 (1930).

Cholesterylerucat[1].

$$C_{49}H_{86}O_2 = C_{27}H_{45}O \cdot CO \cdot C_{21}H_{41}$$

Bildung: Durch Erhitzen von Cholesterin und Erucasäure auf 200° im Kohlenoxydstrom. Das Reaktionsprodukt, eine gelbe Schmelze, wird in Essigester gelöst. Es scheiden sich nach mehrtägigem Stehen im Eisschrank und dann folgendem Eindunsten des Essigesters Krystalle ab, die bei 47—48° schmelzen und die Drehung $[\alpha]_D^{20} = -20,7°$ (Chloroform) besitzen.

Cholesteryllinolat[1].

$$C_{45}H_{76}O_2 = C_{27}H_{45}O \cdot CO \cdot C_{17}H_{31}$$

Bildung: Aus Cholesterin und Linolsäurechlorid in gleicher Weise wie der Petroselinester.

Physikalische und chemische Eigenschaften: Die Verbindung ist gelblich und von wachsartiger Konsistenz, Schmelzpunkt 41—42°, $[\alpha]_D^{20} = -24,0°$.

Cholesteryllinolenat[1].

$$C_{45}H_{74}O_2 = C_{27}H_{45}O \cdot CO \cdot C_{17}H_{29}$$

Bildung: Durch Erhitzen von Cholesterin und Linolensäurechlorid.

Physikalische und chemische Eigenschaften: Der Ester bildet eine gelbliche Flüssigkeit, die nach einigen Tagen wachsartig fest wird und bei 49° trüb, bei 74° klar schmilzt; die spez. Drehung beträgt $[\overline{\alpha}]_D^{20} = -23,8°$ (Chloroform).

Cholesteryloxalsäure-monoester[1].

$$C_{29}H_{46}O_4 = C_{27}H_{45}O \cdot CO \cdot COOH$$

Bildung: Durch allmähliches Hinzufügen von Cholesterin zu einer siedenden Lösung von Oxalylchlorid in Benzol.

Physikalische und chemische Eigenschaften: Die Verbindung bildet aus Alkohol schöne Nadeln vom Schmelzp. 68,5—69°, $[\alpha]_D^{20} = -32,4°$.

Cholesteryloxalsäure-diester[1].

$$C_{56}H_{90}O_4 = C_{27}H_{45}O \cdot CO—OC \cdot O \cdot H_{45}C_{27}$$

Bildung: Der in Alkohol unlösliche Bestandteil bei der Darstellung des Monoesters wird mit Acetessigester behandelt.

Physikalische und chemische Eigenschaften: Der Diester bildet Krystalle, die bei 220° unter Gelbfärbung sintern und sich dann zersetzen; $[\overline{\alpha}]_D^{20} = -25,8°$ (Chloroform).

Cholesterylbernsteinsäure-monoester[1].

$$C_{31}H_{50}O_4 = C_{27}H_{45}O \cdot CO \cdot (CH_2)_2 \cdot COOH$$

Bildung: Aus Succinylchlorid in siedendem Benzol und Cholesterin.

Physikalische und chemische Eigenschaften: Krystalle vom Schmelzp. 175°, aus Alkohol umkrystallisiert.

Cholesterylbernsteinsäure-diester[1].

$$C_{58}H_{94}O_4 = [C_{27}H_{45}O \cdot CO \cdot CH_2]_2$$

Bildung: Durch Umkrystallisieren des Alkoholunlöslichen aus Acetessigester.

Physikalische und chemische Eigenschaften: Die Verbindung schmilzt trübe bei 220°, klar bei 235°; $[\alpha]_D^{20} = -38,2°$ (Chloroform).

Cholesterylglutarsäureester[1].

$$C_{59}H_{96}O_4 = [C_{27}H_{45}O \cdot CO]_2(CH_2)_3$$

Bildung: Im Kohlenoxydstrom auf 200° erhitzte Glutarsäure wird allmählich mit Cholesterin versetzt. Der in Alkohol unlösliche Teil des Reaktionsproduktes wird mehrmals aus Essigester umkrystallisiert.

---

[1] J. H. Page u. H. Rudy: Biochem. Z. **220**, 304 (1930).

Physikalische und chemische Eigenschaften: Der Di-ester schmilzt bei 195,5° und zeigt die Drehung $[\alpha]_D^{20} = -34,9°$ (Chloroform).

Cholesteryladipinsäure-monoester[1].

$$C_{33}H_{54}O_4 = C_{27}H_{45}O \cdot CO \cdot (CH_2)_4COOH$$

Bildung: Cholesterin wird in Adipinsäure, die im Stickstoffstrom auf 185° erhitzt wird, allmählich eingetragen. Aus der alkoholischen Lösung des Reaktionsproduktes wird der Ester als Silbersalz gefällt und mit verdünnter Salpetersäure zerlegt, aus Alkohol umkrystallisiert.
Physikalische und chemische Eigenschaften: Schmelzp. 144°, $[\alpha]_D^{20} = -30,5°$ (Chloroform).

Cholesteryladipinsäure-diester[1].

$$C_{60}H_{98}O_4 = [C_{27}H_{45}O \cdot CO(CH_2)_2]_2$$

Bildung: Aus dem Alkoholunlöslichen bei der Darstellung des Monoesters durch zweimaliges Umkrystallisieren aus Methyläthylketon.
Physikalische und chemische Eigenschaften: Die Verbindung schmilzt trübe bei 195°, klar bei 221—222°; $[\alpha]_D^{20} = -36,2°$ (Chloroform).

Cholesterylkorksäure-monoester[1].

$$C_{35}H_{58}O_4 = C_{27}H_{45}O \cdot CO \cdot (CH_2)_6COOH$$

Bildung: Wie beim Adipinester aus Korksäure und Cholesterin.
Physikalische und chemische Eigenschaften: Schmelzp. 127—130°.

Cholesterylkorksäure-diester[1].

$$C_{62}H_{102}O_4 = [C_{27}H_{45}O \cdot CO(CH_2)_3]_2$$

Bildung: Das Alkoholunlösliche wird aus Acetessigester-Essigester umkrystallisiert.
Physikalische und chemische Eigenschaften: Der Schmelzpunkt der Verbindung liegt bei 179,5°, die spez. Drehung bei —34,9°.

Cholesterylacetylmilchsäureester[1].

$$C_{32}H_{52}O_4 = C_{27}H_{45}O \cdot CO \cdot CHO \cdot COCH_3 \cdot CH_3$$

Bildung: Acetylmilchsäurechlorid wird tropfenweise unter Kühlung zu einer Lösung von Cholesterin in Pyridin gegeben. Der Ester krystallisiert dann aus Alkohol mit wenig Essigester.
Physikalische und chemische Eigenschaften: Schmelzp. 120°.

Cholesterylacetylricinolsäureester[1].

$$C_{47}H_{80}O_4 = C_{27}H_{45}O \cdot C_{18}H_{32}O_2 \cdot CO \cdot CH_3$$

Bildung: Aus Cholesterin mit Acetylricinolsäurechlorid in Pyridin.
Physikalische und chemische Eigenschaften: Drehung $[\alpha]_D^{20} = -14,3°$ (Chloroform).

Cholesterylallophanat[2, 3].

$$C_{29}H_{48}O_3N_2 = C_{27}H_{45}O \cdot CO \cdot NH \cdot CO \cdot NH_2$$

Bildung: Durch Einwirkung von Blausäure auf Cholesterin in Benzollösung.
Physikalische und chemische Eigenschaften: Das Allophanat ist schwer löslich in den gewöhnlichen Lösungsmitteln; es gestattet daher eine Abtrennung und Reinigung des Cholesterins von Begleitsubstanzen. Der Ester wird leicht verseift durch alkoholisches Alkali. Der Schmelzpunkt der aus Chloroform oder Pyridin in Nadeln krystallisierenden Substanz liegt bei 235—236°[2], nach Fabre bei 277—278°.

---

[1] J. H. Page u. H. Rudy: Biochem. Z. **220**, 304 (1930).
[2] U. Tange u. E. V. McCollum: J. of biol. Chem. **76**, 445 (1928).
[3] R. Fabre: J. Pharmacie (8) **5**, 21 (1927).

Chlorkohlensäure-cholesterylester[1].

$$C_{28}H_{45}O_2Cl = C_{27}H_{45}O \cdot CO \cdot Cl$$

Bildung: Durch Sättigen einer Lösung von Cholesterin in abs. Äther mit Phosgen.

Physikalische und chemische Eigenschaften: Der Chlorkohlensäure-ester bildet aus wenig trockenem Aceton prächtige Krystalle vom Schmelzp. 117—118°. Durch Einwirkung von Alkalien wird glatt Cholesterin zurückgebildet. Beim Erhitzen über den Schmelzp. wird in der Hauptsache Kohlendioxyd abgespalten. Die Schmelze liefert nach Behandlung mit heißem Alkohol reines Cholesterylchlorid.

Cholesteryl-urethan (Bd. VIII, S. 480).

$$C_{28}H_{47}O_2N$$

Das Cholesterylurethan ist neuerdings durch Umsetzung von Chlorkohlensäure-cholesteryl-ester mit Ammoniak in ätherischer Lösung in quantitativer Ausbeute gewonnen worden[1]. (Schmelzp. 217°.)

Paratoluolsulfo-Cholesterin[2].

$$C_{34}H_{52}O_3S = C_{27}H_{45}O \cdot SO_2 \cdot C_7H_7$$

Bildung: Cholesterin in wenig Pyridin wird mit Toluolsulfochlorid bei 30° stehengelassen. Nach Isolierung Wiederholung der Veresterung.

Physikalische und chemische Eigenschaften: Die Verbindung schmilzt nach Umkrystallisation aus Aceton bei 131°. Durch Kochen des Esters mit Methyl-, Äthyl-, Propyl- und Benzylalkohol werden die Cholesteryläther dieser Alkohole erhalten. Kocht man den Ester in Methylalkohol bei Gegenwart von Natriumacetat, so entsteht ein isomerer Cholesteryl-methyl-äther, der bei 79° schmilzt und mit normalem Cholesteryl-methyläther eine starke Schmelzpunktdepression gibt[3].

Cholesteryl-p-aminobenzoat[4].

$$C_{34}H_{51}O_2N = C_{27}H_{45}O \cdot COC_6H_4NH_2$$

Bildung: Durch Reduktion von Cholesteryl-p-nitrobenzoat in Essigesterlösung mit molekularem Wasserstoff bei Gegenwart von Platinoxyd.

Physikalische und chemische Eigenschaften: Die Verbindung schmilzt bei 237—238° und zeigt die Drehung $[\alpha]_D^{25} = +3{,}61°$. Sie ist vollständig unlöslich in Wasser und verdünnter Salzsäure. Das salzsaure Salz wird erhalten durch Einleiten trockener Salzsäure in eine ätherische Lösung der Esterbase. Es schmilzt bei 210—211° und ist gleichfalls unlöslich in Wasser und verdünnter Salzsäure.

Cholesterylhippursäureester[5].

$$C_{36}H_{53}O_3N = C_{27}H_{45}O \cdot CO \cdot C_8H_8ON$$

Bildung: Durch Einwirkung von Hippurylchlorid auf Cholesterin in Chloroform.

Physikalische und chemische Eigenschaften: Die Verbindung bildet aus chloroformhaltigem Methylalkohol Nadeln vom Schmelzp. 153—154°. $[\alpha]_D^{25} = -30{,}5°$ (Chloroform).

Cholesterylphtalsäureester[6].

$$C_{35}H_{50}O_4 = C_{27}H_{45} \cdot O \cdot OC \cdot C_6H_4 \cdot COOH$$

Bildung: Beim Kochen einer Lösung von Cholesterin und Phthalsäureanhydrid in Pyridin.

Physikalische und chemische Eigenschaften: Der durch Ausfällen mit Wasser erhaltene Ester wird nach 2maligem Umkrystallisieren aus Alkohol in weißen Krystallen erhalten. Die bei 161—161,5° schmelzende Verbindung ist leicht löslich in Äther.

[1] H. Wieland, E. Honold u. J. Pascual-Vila: Hoppe-Seylers Z. **130**, 335 u. 337 (1923).
[2] K. Freudenberg u. H. Heß: Liebigs Ann. **448**, 128 (1926).
[3] W. Stoll: Hoppe-Seylers Z. **207**, 147 (1932).
[4] R. L. Shriner u. L. Ko: J. of biol. Chem. **80**, 5 (1928).
[5] D. W. MacCorquodale, H. Steenbock u. H. Atkins: J. amer. chem. Soc. **52**, 2512 (1930).
[6] G. Weidemann: Biochemic. J. **20**, 688 (1926).

Cholesterylcamphersäureester[1].

$$C_{66}H_{104}O_4 = C_8H_{14} \cdot (CO_2C_{27}H_{45})_2$$

Bildung: Durch $^1/_4$ stündiges Erhitzen der Komponenten auf $190-200°$.

Physikalische und chemische Eigenschaften: Nach dem Umkrystallisieren aus Alkohol bildet der Ester kleine Krystalle vom Schmelzp. $133-134°$. Bei der Verseifung mit alkoholischer Kalilauge bildet die Verbindung die für den neutralen Ester berechnete Menge Cholesterin zurück.

Abietinsäurecholesterylester[2].

Bildung: Durch Schmelzen der Abietinsäure mit Cholesterin bei Gegenwart von Zink oder aus dem Natriumsalz durch Einwirkung von Cholesterylchlorid.

Physikalische und chemische Eigenschaften: Der Ester schmilzt bei $122-125°$.

Die Herstellung von Cholesterinestern mit einigen ungesättigten Säuren, beispielsweise Crotonsäurecholesterinester, Tetrolsäurecholesterinester, α-Benzylidenpropionsäure-Cholesterinester, Phenylpropiolsäurecholesterinester wird in Patentschriften der Ciba[3, 4] beschrieben.

Cholesteryläther (Bd. III, S. 274).

Die Darstellung der Äther des Cholesterins mit einer Reihe von Alkoholen kann erfolgen durch Kochen des Paratoluolsulfosäureesters des Cholesterins in dem betreffenden Alkohol[5].

Cholesterinäther.

$$C_{54}H_{90}O = C_{27}H_{45} \cdot O \cdot C_{27}H_{45}$$

Bildung: Beim Einleiten von HCl in geschmolzenes Cholesterin bei $180-190°$ neben α-Cholesterylen[6].

Cholesteryl-benzoinäther[7].

$$C_{41}H_{56}O_2 = C_{27}H_{45}O \cdot CH {<}{\begin{matrix} C_6H_5 \\ CO \cdot C_6H_5 \end{matrix}}$$

Bildung: Eine Chloroformlösung von je 1 Mol Benzoin und Cholesterin wird bei $50°$ mit Chlorwasserstoff gesättigt.

Physikalische und chemische Eigenschaften: Die aus siedendem Alkohol erhaltenen Kryställchen schmelzen bei $117°$. Bei der Liebermannschen Reaktion entsteht zunächst eine blaue, dann eine grüne Färbung. Zur Charakterisierung der Verbindung dienen das Bromid vom Schmelzp. $96-97°$, das Phenylhydrazon vom Schmelzp. $104°$, Oxim vom Schmelzp. $125°$, Semicarbazon vom Schmelzp. $143°$. — Durch siedende alkoholische Kalilauge wird der Äther gespalten in Cholesterin, Kaliumbenzoat und Benzylalkohol.

Di-cholesterylformal[8].

$$(C_{27}H_{45}O)_2CH_2$$

Bildung: Ein gekühltes Gemisch von 2 g Cholesterin, 20 g Äther und 50 g Formalin wird allmählich mit 10 g konz. Schwefelsäure versetzt und unter öfterem Umschütteln 3 Tage stehengelassen.

Physikalische und chemische Eigenschaften: Nach dem Umkrystallisieren der aus der ätherischen Lösung isolierten Verbindung aus Alkohol bildet sie Krystalle vom Schmelzp. $139°$. Die Liebermannsche Reaktion verläuft negativ. Bei der Bromierung in Chloroformlösung

---

[1] E. Montignie: Bull. Soc. chim. France (4) **53**, 1408 (1928).

[2] C. C. Kesler, A. Lowy u. W. F. Faragher: J. amer. chem. Soc. **49**, 2898 (1927).

[3] Gesellschaft für Chem. Industrie in Basel: E.P. 243510 — Chem. Zbl. **1926 II**, 2498.

[4] Gesellschaft für Chem. Industrie in Basel u. W. Minnich: Schweiz. P. 107736 — Chem. Zbl. **1925 II**, 617.

[5] W. Stoll: Hoppe-Seylers Z. **207**, 150 (1932).

[6] H. Fischer u. A. Treibs: Liebigs Ann. **446**, 248 (1925).

[7] E. Montignie: Bull. Soc. chim. France **4**, 49, 274 (1931).

[8] E. Montignie: Bull. Soc. chim. France (4) **47**, 467 (1930).

entsteht ein krystallisiertes Bromid vom Schmelzp. 87°. Durch siedende verdünnte Salzsäure wird die Formalverbindung in die Komponenten gespalten.

Thiocholesterin[1].

$$C_{27}H_{46}S = C_{27}H_{45}SH$$

Bildung: Durch Kochen von Cholesterin mit Phosphorpentasulfid in Schwefelkohlenstofflösung.

Physikalische und chemische Eigenschaften: Die Verbindung bildet mikroskopische Prismen oder Blättchen, die bei 191° schmelzen. $[\alpha]_D = -39°$. Sie ist fast unlöslich in siedendem Alkohol und Äther. Die Liebermannsche Reaktion verläuft negativ. Beim Bromieren entsteht ein Dibromid vom Schmelzp. 152—153°.

Pseudocholesten[2] (Bd. III, S. 279).

$$C_{27}H_{46}$$

Die Verbindung entsteht beim Erhitzen und Überdestillieren von Cholesterin bei vermindertem Druck.

4-Chlorcholestan[3] (Bd. III, S. 280).

$$C_{27}H_{47}Cl$$

Die katalytische Hydrierung von Cholesterylchlorid, die zum 4-Chlorcholestan führt, erfolgt sehr viel schneller als von Mauthner angegeben bei Verwendung von sauerstoffhaltigem Platin als Katalysator und von Äther-Eisessig als Lösungsmittel.

β-Cholestanol und seine Stereoisomeren
(Bd. III, S. 280; Bd. X, S. 160).

Über das Vorkommen, die Bildung und die Bedeutung des Dihydrocholesterins im Organismus liegen aufschlußreiche Untersuchungen von Schönheimer[4] vor. Danach ist das Körpercholesterin stets von einer durch Krystallisation nicht abtrennbaren Beimengung von gesättigtem Sterin begleitet[5], bei verschiedenen Organen betrug diese Beimengung etwa 1—5%[6]. Die Ausscheidung des Dihydrocholesterins, welches sich im Kot findet, erfolgt wahrscheinlich durch die Darmschleimhaut[7].

Beim Erhitzen von Cholesterin unter Luftabschluß auf 190—226° bildete sich neben einer stärker ungesättigten Verbindung ein gesättigtes Sterin, wahrscheinlich Dihydrocholesterin[8].

Ester des β-Cholestanols (Bd. X, S. 160).

β-Cholestyl-p-nitrobenzoat[9].

$$C_{34}H_{51}O_4N = C_{27}H_{47}OCO \cdot C_6H_4NO_2$$

Bildung: Durch Erhitzen von β-Cholestanol in Toluollösung mit p-Nitrobenzoylchlorid.

Chemische und physikalische Eigenschaften: Die Verbindung bildet hellgelbe Nadeln vom Schmelzp. 157°. $[\alpha]_D^{25} = +20°$.

[1] E. Montignie: Bull. Soc. chim. France (4) **49**, 73 (1931).

[2] H. Fischer u. A. Treibs: Liebigs Ann. **446**, 247 (1925).

[3] A. Windaus u. R. Hoßfeld: Hoppe-Seylers Z. **145**, 181 (1925).

[4] R. Schönheimer, H. v. Behring, R. Hummel u. L. Schindel: Hoppe-Seylers Z. **192**, 73 (1930).

[5] R. Schönheimer: Hoppe-Seylers Z. **192**, 86 (1930).

[6] R. Schönheimer, H. v. Behring u. R. Hummel: Hoppe-Seylers Z. **192**, 93 (1930).

[7] R. Schönheimer u. H. v. Behring: Hoppe-Seylers Z. **192**, 102 (1930).

[8] R. Schönheimer: Naturwiss. **18**, 881 (1930).

[9] R. L. Shriner u. L. Ko: J. of biol. Chem. **80**, 7 (1928).

β-Cholestyl-p-aminobenzoat[1].

$$C_{34}H_{53}O_2N = C_{27}H_{47}O \cdot CO \cdot C_6H_4NH_2$$

Bildung: Durch katalytische Reduktion des p-Nitrobenzoats.

Chemische und physikalische Eigenschaften: Der Schmelzpunkt der amorphen Verbindung liegt bei 191—192°. Das gleichfalls amorphe Hydrochlorid schmilzt bei 182—184°.

β-Cholestylallophanat[2].

$$C_{29}H_{50}O_3N_2 = C_{27}H_{47}OCONH \cdot CONH_2$$

Bildung: Durch Einleiten von gasförmiger Cyansäure in eine Benzollösung des Dihydrocholesterins.

Physikalische und chemische Eigenschaften: Aus Pyridin krystallisiert die Verbindung in haarfeinen Nadeln vom Schmelzp. 255—256°; sie wird leichter hydrolysiert durch alkoholische Kalilauge als Cholesterylallophanat.

Koprosterin (Bd. III, S. 297; Bd. III, S. 489; Bd. X, S. 161).

$$C_{27}H_{48}O = C_{27}H_{47}OH$$

Koprosterin entsteht bei der Hydrierung von Allocholesterin mit Platin in Amyläther[3].

Koprosterylallophanat[4].

$$C_{29}H_{50}O_3N_2 = C_{27}H_{47}OCONH \cdot CONH_2$$

Bildung: Durch Einleiten von gasförmiger Cyansäure in eine Benzollösung des Koprosterins.

Physikalische und chemische Eigenschaften: Die Verbindung krystallisiert aus Benzol mit Petroläther in Nadeln von Schmelzp. 210—211°, wird von 10proz. alkoholischer Salzsäure leichter verseift als die anderen Allophanate, ist leicht löslich in Chloroform, weniger in Tetrachlorkohlenstoff, leicht löslich in siedendem Dichloräthan, Benzol und Toluol, wenig löslich in Aceton, Alkohol und Äther.

Koprostanon (Bd. III, S. 299).

$$C_{27}H_{46}O$$

Koprostanon entsteht neben Cholestan-on-4 beim Erhitzen von Cholesterin mit Nickel auf 180°[3].

γ-Cholestanol (Bd. X, S. 162).

γ-Cholestanol wird erhalten beim Erhitzen von Cholesterin mit Na-äthylat im Einschlußrohr auf 180°[5].

Oxydationsprodukte der Cholestanole (Bd. X, S. 162).

Cholestanon-4 (β-Cholestanon) (Bd. III, S. 280).

$$C_{27}H_{46}O$$

entsteht neben Koprostanon beim Erhitzen von Cholesterin mit Nickel auf 180°[3].

[1] R. L. Shriner u. L. Ko: J. of biol. Chem. **80**, 7 (1928).
[2] U. Tange u. E. V. McCollum: J. of biol. Chem. **76**, 450 (1928).
[3] A. Windaus: Liebigs Ann. **453**, 110 (1927).
[4] U. Tange u. E. V. McCollum: J. of biol. Chem. **76**, 445 (1928).
[5] A. Windaus: Liebigs Ann. **453**, 111 (1927).

Das Keton des Cholesterins und seine Abbauprodukte
(Bd. III, S. 284).

Cholesten-6-on-4 (Cholestenon) (Bd. III, S. 284; Bd. VIII, S. 485).
$$C_{27}H_{44}O$$
Eine verbesserte Vorschrift zur Herstellung dieser Verbindung geben Diels und Mitarbeiter[1]. Sexton gewinnt Cholestenon durch langsames Erhitzen von Cholesterin mit Kupferbronze bei 23—mm Druck und Überdestillieren des Reaktionsproduktes[2].

Oxydativer Abbau des Cholestenons (Bd. III, S. 285).

Säure $C_{26}H_{46}O_2$[3].
Bildung: Durch Reduktion der Ketomonocarbonsäure $C_{26}H_{44}O_3$ aus Cholestenon[4] (Bd. III, S. 285: $C_{26}H_{42}O_3$) mit amalgamiertem Zink und Salzsäure in Eisessiglösung.
Physikalische und chemische Eigenschaften: Die Säure schmilzt nach dem Umkrystallisieren aus heißem Eisessig bei 138°. Sie ist im Gegensatz zur Ketosäure leicht löslich in Ligroin.

Einwirkungsprodukte von Chromsäure auf Cholesterin
(Bd. III, S. 287; Bd. X, S. 171).

α-Cholestenon-ol (α-Oxy-Cholestenol)[5] (Bd. III, S. 287; Bd. X, S. 171).
$$C_{27}H_{44}O_2$$
Diese Verbindung wurde erhalten beim Erhitzen von Cholesterin mit einer Lösung von Mercuriacetat in Essigsäure.

Oxydationsprodukte des Cholestandion-4,7
(Bd. III, S. 290; Bd. X, S. 171).
Säure $C_{27}H_{44}O_5$[6] (Bd. III, S. 290; Bd. X, S. 171).

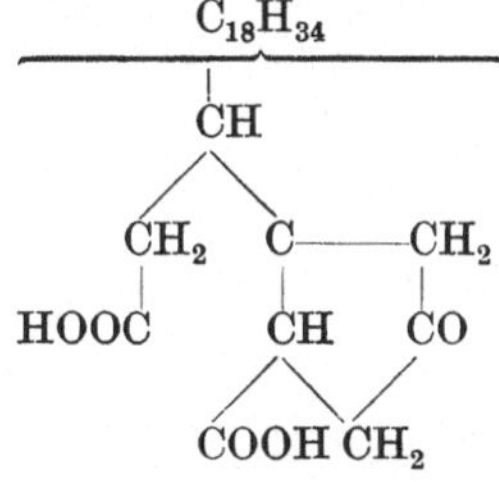

Diese aus Cholestan-4,7-dion gewonnene Säure hat die angegebene Konstitution, da sie beim Ersatz der Ketogruppe durch die Methylengruppe in dieselbe Säure $C_{27}H_{46}O_4$ übergeht, die durch Oxydation des Dihydrocholesterins erhalten wird. Die Reduktion der Carbonylgruppe gelingt nicht nach Clemmensen, wohl aber durch Behandlung des Semicarbazons mit Natriumäthylat. — Das Semicarbazon entsteht aus der Ketodicarbonsäure durch die Einwirkung von Semicarbazidchlorhydrat und Natriumacetat. Es krystallisiert in feinen Nadeln vom Schmelzp. 240°. — Dem Verhalten einer 1,6-Dicarbonsäure gemäß der angegebenen Konstitutionsformel entspricht das Ergebnis der thermischen Zersetzung: bei der Destillation im Hochvakuum geht die Säure $C_{27}H_{44}O_5$ in ein Diketon $C_{26}H_{42}O_2$ über, das aus Alkohol in kleinen Tafeln krystallisiert und bei 148—149° schmilzt. Das Dioxim dieses Diketons $C_{26}H_{44}O_2N_2$ schmilzt bei 191°.

[1] O. Diels, W. Gädke u. P. Körding: Liebigs Ann. **459**, 21 (1927).
[2] W. A. Sexton: J. chem. Soc. Lond. **1928**, 2825.
[3] O. Diels, W. Gädke u. P. Körding: Liebigs Ann. **459**, 22 (1927).
[4] A. Windaus: Ber. dtsch. chem. Ges. **39**, 2010 (1906).
[5] E. Montignie: Bull. Soc. chim. France (4) **53**, 1408 (1928).
[6] A. Windaus: Hoppe-Seylers Z. **117**, 146 (1921).

Oxydationsprodukt des Cholestan-diol-4,7 (Bd. X, S. 166).

Lactonsäure[1].

$$C_{27}H_{44}O_4$$
$$C_{18}H_{34}$$

$$
\begin{array}{c}
\text{CH} \\
\text{H}_2\text{C} \quad \text{C}\!-\!\!-\!\!-\!\!-\!\text{CH}_2 \\
\text{CO}\!-\!\text{O} \\
\text{HOOC} \quad \text{CH} \quad \text{CH} \\
\text{CH}_2
\end{array}
$$

Bildung: 4,7-Dioxy-cholestan-diacetat[2] liefert beim Erhitzen mit Chromsäureanhydrid in Eisessig ein Reaktionsprodukt, das mit alkoholischer Kalilauge verseift wird. Aus dem Verseifungsprodukt wird die Lactonsäure mit verdünnter Salzsäure ausgefällt.

Physikalische und chemische Eigenschaften: Die Säure krystallisiert aus Essigester in Blättchen und hat den Schmelzp. 195—196°. Sie ist ziemlich beständig gegen Oxydationsmittel und destilliert im Hochvakuum unzersetzt. Ihr Methylester $C_{28}H_{46}O_4$ schmilzt bei 99°.

Einwirkungsprodukte von Benzopersäure auf Cholesterin
(Bd. X, S. 174).

α-Cholesterinoxyd[3] (Bd. X, S. 174).

Eine Umwandlung des α-Cholesterinoxyds in β-Cholesterinoxyd ist auf folgende Weise möglich: das α-Oxyd wird zunächst in bekannter Weise in das α-Cholestantriol[4] verwandelt; dieses geht durch Kochen mit 20proz. methylalkoholischer Salzsäure in ein Halogenhydrin $C_{27}H_{47}O_2Cl$ über, das aus Petroläther in schönen langen Nadeln vom Schmelzp. 170—171° krystallisiert. Beim Kochen mit alkoholischer Kalilauge geht das Chlorhydrin in β-Cholesterin über, das zur Identifizierung in sein bei 113—114° schmelzendes Acetat verwandelt wird.

Oxydationsprodukte aus Cholesterin und unterbromigsaurem Kalium: die Säure $C_{27}H_{44}O_4$ und ihre Umwandlungsprodukte
(Bd. III, S. 294; Bd. VIII, S. 485; Bd. X, S. 175).

Säure $C_{23}H_{38}O_6$[5].

$$
\begin{array}{c}
\text{CH}_2 \\
\text{H}_2\text{C} \quad \text{CH} \ldots \\
\text{HC} \quad \text{CH} \ldots \quad\Big\}\ C_{14}H_{28} \\
\text{HOOC} \quad \text{C}\!-\!\text{COOH} \\
\text{COOH}
\end{array}
$$

Bildung: Die Säure $C_{23}H_{38}O_3$[6] wird in heißem Eisessig gelöst und mit konz. Salpetersäure 1 Stunde auf 70° erwärmt.

[1] A. Windaus u. R. Hoßfeld: Hoppe-Seylers Z. **145**, 182 (1925).
[2] A. Windaus u. H. Lüders: Hoppe-Seylers Z. **115**, 269 (1921) — siehe auch Biochem. Handl. **10**, 166.
[3] A. Windaus: Hoppe-Seylers Z. **117**, 154 (1921).
[4] Th. Westphalen: Ber. dtsch. chem. Ges. **48**, 1064 (1915).
[5] A. Windaus, A. Rosenbach u. Th. Riemann: Hoppe-Seylers Z. **130**, 120 (1923).
[6] A. Windaus: Ber. dtsch. chem. Ges. **45**, 1316 (1912) — Biochem. Handl. **8**, 487; **10**, 175.

Physikalische und chemische Eigenschaften: Die Säure spaltet beim Erhitzen bereits unterhalb ihres Schmelzpunktes Kohlendioxyd ab. Der Schmelzpunkt ist daher von der Raschheit des Erhitzens abhängig, etwa 180—185°. Beim Versetzen mit ätherischer Diazomethanlösung liefert die Säure den Trimethylester, der in schönen Nadeln vom Schmelzp. 74° krystallisiert.

Säure $C_{22}H_{38}O_4$[1].

$$
\begin{array}{c}
CH_2 \\
H_2C \quad CH\ldots \\
HC \quad CH\ldots \\
HOOC \quad CH \\
COOH
\end{array}
\quad \Big\} C_{14}H_{28}
$$

Bildung: Durch thermische Zersetzung der Tricarbonsäure $C_{23}H_{38}O_6$ oder beim Kochen dieser Säure in Eisessiglösung unter Zusatz von Salzsäure.

Physikalische und chemische Eigenschaften: Die Dicarbonsäure bildet nach dem Umkrystallisieren aus wenig Eisessig Nadeln vom Schmelzp. 210°. Ein weit besseres Krystallisationsvermögen als die Dicarbonsäure zeigt ihr Anhydrid $C_{22}H_{36}O_3$. Es entsteht beim Erwärmen der Säure mit Essigsäureanhydrid und krystallisiert in prachtvollen Blättchen vom Schmelzp. 124°. Im Vakuum ist das Anhydrid unzersetzt destillierbar.

Methylester der Säure $C_{24}H_{40}O_3$[2].

$$
\begin{array}{c}
C_{25}H_{42}O_3 \\
CH_2 \\
H_2C \quad CH\ldots \\
HC \quad CH\ldots \\
C \\
H_2C \quad COOCH_3 \quad CH_2 \\
CO
\end{array}
\quad \Big\} C_{14}H_{28}
$$

Bildung: Beim Versetzen einer ätherischen Lösung der Säure $C_{24}H_{40}O_3$[3] mit ätherischer Diazomethanlösung.

Physikalische und chemische Eigenschaften: Der Methylester bildet nach dem Umkrystallisieren aus Methylalkohol schöne Nadeln vom Schmelzp. 65°.

Methylester der Säure $C_{23}H_{38}O_3$[3].

$$
\begin{array}{c}
C_{24}H_{40}O_3 \\
CH_2 \\
H_2C \quad CH\ldots \\
HC \quad CH\ldots \\
H_3COOC \quad C \\
CO{-}CH_2
\end{array}
\quad \Big\} C_{14}H_{28}
$$

[1] A. Windaus, A. Rosenbach u. Th. Riemann: Hoppe-Seylers Z. **130**, 122 (1923).
[2] A. Windaus, A. Rosenbach u. Th. Riemann: Hoppe-Seylers Z. **130**, 122—123 (1923).
[3] A. Windaus: Ber. dtsch. chem. Ges. **45**, 1316 (1912) — Biochem. Handl. 8, 486; **10**, 175.

Der wie üblich mit Hilfe von Diazomethanlösung hergestellte Ester krystallisiert in derben rhombischen Tafeln vom Schmelzp. 70°.

Diese beiden Ester wurden hergestellt, um durch einen Vergleich ihrer Verseifungsgeschwindigkeiten eine Bestätigung für ihre Strukturformel zu erhalten.

Oxydationsprodukt des Methylesters $C_{25}H_{42}O_3$[1].
Monomethylester der Tricarbonsäure $C_{24}H_{40}O_6$.

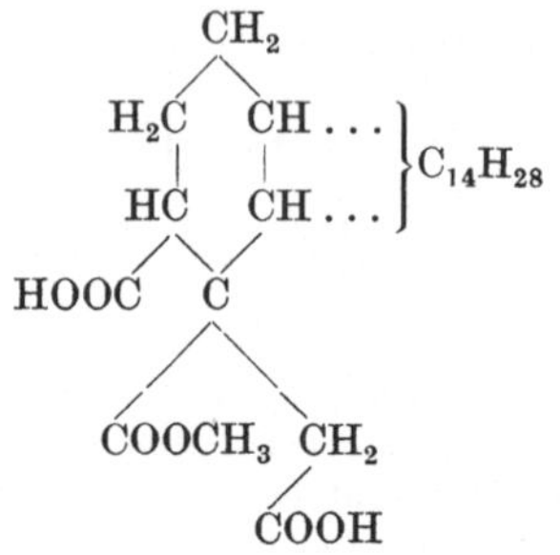

$$
\begin{array}{c}
CH_2 \\
H_2C \quad CH\ldots \\
HC \quad CH\ldots \\
HOOC \quad C \\
COOCH_3 \quad CH_2 \\
COOH
\end{array} \Big\} C_{14}H_{28}
$$

Bei der Oxydation mit Chromsäureanhydrid in Eisessig geht der Methylester $C_{25}H_{42}O_3$ (Schmelzp. 65°) in die obige Verbindung über. Diese, eine Monomethylester-tricarbonsäure, ist leicht löslich in Benzol und Aceton, ziemlich schwer in Alkohol und Eisessig. Sie schmilzt bei 189°.

Säure $C_{24}H_{42}O_2$ [1].

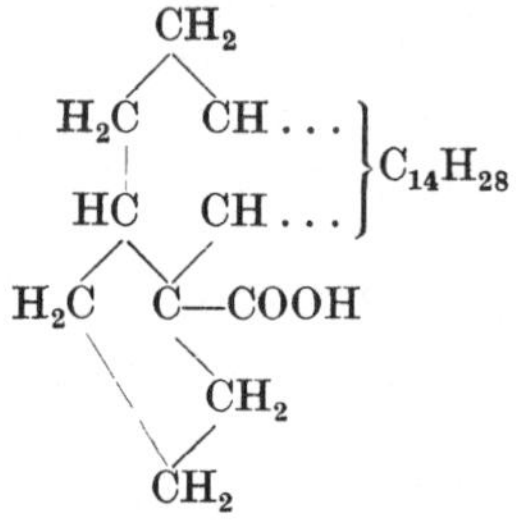

$$
\begin{array}{c}
CH_2 \\
H_2C \quad CH\ldots \\
HC \quad CH\ldots \\
H_2C \quad C{-}COOH \\
CH_2 \\
CH_2
\end{array} \Big\} C_{14}H_{28}
$$

Bildung: Bei der Reduktion der Säure $C_{24}H_{40}O_3$[2] (Schmelzp. 147°) nach Clemmensen.
Physikalische und chemische Eigenschaften: Die Säure krystallisiert aus Eisessig in Blättchen vom Schmelzp. 156°, die sehr leicht in Äther und Petroläther löslich sind. Der Methylester der Säure, von der Formel $C_{25}H_{44}O_2$, wird mit Diazomethanlösung bereitet. Er schmilzt bei 56° und krystallisiert in perlmutterglänzenden Blättchen.

Oxydativer Abbau von Cholesterinderivaten in der Seitenkette.
(Übergang aus der Sterinreihe in die Gallensäurereihe.) (Bd. X, S. 176.)
Oxydationsprodukt der Säure $C_{27}H_{46}O_4$ aus Koprosterin[3] = Isolithobiliansäure.

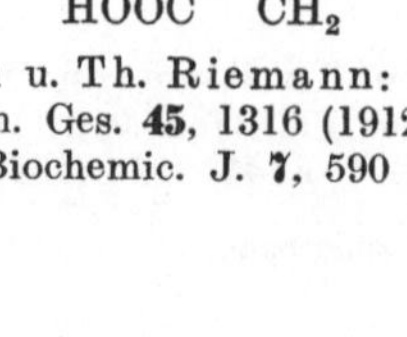

$$
\begin{array}{c}
C_{24}H_{38}O_6 \\
C_{14}H_{25}\}COOH \\
CH \\
H_2C \quad C{-}CH_2 \\
HOOC \quad HC \quad CH_2 \\
HOOC \quad CH_2
\end{array}
$$

---

[1] A. Windaus, A. Rosenbach u. Th. Riemann: Hoppe-Seylers Z. **130**, 123 (1923).
[2] A. Windaus: Ber. dtsch. chem. Ges. **45**, 1316 (1912) — Biochem. Handl. **8**, 486; **10**, 175.
[3] J. A. Gardner u. Godden: Biochemic. J. **7**, 590 (1913).

Bildung: Durch Erhitzen der Säure $C_{27}H_{46}O_4$ [1] mit einem Überschuß von Chromsäureanhydrid in Eisessiglösung [2].

Physikalische und chemische Eigenschaften: Die dreibasische Säure ist identisch mit der Isolithobiliansäure [3]. Sie schmilzt wie diese bei 262°. Mit ätherischer Diazomethanlösung erhält man den charakteristischen Trimethylester $C_{27}H_{44}O_6$.

4-Chlor-Hyocholansäure [4].

$$C_{24}H_{39}O_2Cl$$

$$
\begin{array}{c}
CH_2 \\
H_2C \quad\quad CH\ldots \\
HC \quad\quad CH\ldots \\
H_2C \quad\quad C\!\!-\!\!-\!\!CH_2 \\
H_2C \quad\quad CH \quad CH_2 \\
CHCl \quad CH_2
\end{array}
\Big\} C_{10}H_{19}COOH
$$

Bildung: Bei der Oxydation von 4-Chlorcholestan in Eisessig mit Chromsäureanhydrid.

Physikalische und chemische Eigenschaften: Die Säure bildet ein sehr schwer lösliches Kaliumsalz, sie krystallisiert aus Essigsäure, Aceton oder Essigester in gut ausgebildeten Nadeln, die bei 175—176° schmelzen. Der Methylester wird mit Hilfe von Diazomethan gewonnen; er krystallisiert aus Methylalkohol in langen Nadeln vom Schmelzp. 128°.

4-oxy-Hyocholansäure [4].

$$C_{24}H_{40}O_3$$

$$
\begin{array}{c}
CH_2 \\
H_2C \quad\quad CH\ldots \\
HC \quad\quad CH\ldots \\
H_2C \quad\quad C\!\!-\!\!CH_2 \\
HC \quad\quad CH \quad CH_2 \\
HCOH \quad CH_2
\end{array}
\Big\} C_{10}H_{19}COOH
$$

Bildung: Beim Erhitzen von 4-Chlor-Hyocholansäure mit Kupferacetat und Kalilauge im Autoklaven auf 160—170°.

Physikalische und chemische Eigenschaften: Die Oxysäure krystallisiert aus Essigester, Aceton und verdünntem Alkohol in Nadeln vom Schmelzp. 208°. Sie liefert sehr schwer lösliche Alkalisalze. Der mit Diazomethan bereitete Methylester krystallisiert in Nadeln vom Schmelzp. 162°.

Durch Oxydation mit Chromsäure erhält man aus 4-oxy-Hyocholansäure eine Tricarbonsäure $C_{24}H_{38}O_6$, die mit der „Stadensäure" identisch ist.

[1] A. Windaus: Ber. dtsch. chem. Ges. **49**, 1732 (1916) — Biochem. Handl. **10**, 163.
[2] A. Windaus u. Th. Riemann: Hoppe-Seylers Z. **126**, 279 (1923).
[3] W. Borsche u. Hallwass: Ber. dtsch. chem. Ges. **55**, 3328 (1922).
[4] A. Windaus u. R. Hoßfeld: Hoppe-Seylers Z. **145**, 181 (1925).

Säure $C_{24}H_{38}O_6$, „Stadensäure"[1].

$$C_{14}H_{25}\} \text{ —COOH}$$

$$\text{CH}$$
$$H_2C \quad C\text{—}CH_2$$
$$HOOC \quad CH \; CH_2$$
$$HOOC \quad CH_2$$

Bildung: Bei der Oxydation der Dicarbonsäure $C_{27}H_{46}O_4$[2] aus Cholestanol mit Chromsäureanhydrid und Schwefelsäure in Eisessiglösung. Die Stadensäure wird auch erhalten bei der Oxydation der 4-oxy-Hyocholansäure (s. oben) mit Chromsäure[3].

Physikalische und chemische Eigenschaften: Die Tricarbonsäure krystallisiert aus Essigsäure in Rosetten feiner Nadeln vom Schmelzp. 238°. Sie ist stereoisomer mit der Säure von Borsche und Bahr[4] und unterscheidet sich von der Lithobiliansäure dadurch, daß in dieser die oxydative Aufsprengung des Ringes I zwischen den C-Atomen 3 und 4 stattgefunden hat. Der Trimethylester der Stadensäure entsteht durch Einwirkung von Diazomethan. Er bildet durchsichtige Krystalle in Form rechteckiger Blättchen und schmilzt bei 86—87°. Sehr leicht löslich in Äther, schwer löslich in Methylalkohol.

Cholesterinadditionsverbindungen.

Cholesterinquecksilberchlorid[5].

$$C_{27}H_{45}OHgCl$$

Bildung: Durch Erhitzen von Cholesterin mit Mercuriacetat in Eisessiglösung.

Physikalische und chemische Eigenschaften: Cholesterinquecksilberchlorid krystallisiert aus Aceton in gut ausgebildeten farblosen Nadeln vom Schmelzp. 206—208° (unkorr.), ziemlich schwer löslich in den gewöhnlichen organischen Lösungsmitteln, nur in Chloroform leicht löslich. Durch Äther und konz. Salzsäure wird Cholesterin zurückgebildet. Durch Behandlung mit Jod wird Cholesterinquecksilber in ein Monojodcholesterin umgewandelt. Oxydation mit Kaliumpermanganat führt zu mehrfach hydroxylierten Säuren.

Monojodcholesterin[5].

$$C_{27}H_{45}OJ$$

Bildung: Durch Einwirkung von Jod auf eine Lösung von Cholesterinquecksilberchlorid in Chloroform.

Physikalische und chemische Eigenschaften: Die Verbindung bildet beim Umkrystallisieren aus Ligroin zentimerterlange verfilzte Nadeln. Schmelzp. 158°, gibt die Farbreaktionen des Cholesterins; die Jodverbindung ist beständig gegen starke Alkalilaugen und wird erst in der Kalischmelze zersetzt. Ein krystallisiertes Acetat des Jodcholesterins wird erhalten durch Stehenlassen einer Lösung in Essigsäureanhydrid und Pyridin. Das Acetat bildet prächtige lange weiße Nadeln vom Schmelzp. 116,5°. Durch Einwirkung von Aluminiumamalgam in Äther wird Jodcholesterin reduziert. Bromlauge oxydiert Jodcholesterin zu einer Säure $C_{27}H_{43}O_4J$, die aber nicht krystallisiert erhalten wurde.

[1] A. Windaus: Hoppe-Seylers Z. **117**, 149 (1921).
[2] A. Windaus u. Cl. Uibrig: Ber. dtsch. chem. Ges. **47**, 2387 (1914) — Biochem. Handl. **10**, 162.
[3] A. Windaus u. R. Hoßfeld: Hoppe-Seylers Z. **145**, 182 (1925).
[4] W. Borsche: Nachr. Ges. Wiss G.öttingen, Math.-physik. Kl. **1920**, 189.
[5] W. Merz: Hoppe-Seylers Z. **154**, 225 (1926).

Isocholesterin[1]
(Bd. III, S. 296; Bd. VIII, S. 488).

$$C_{27}H_{46}O$$

Darstellung: Lanolin wird durch Lösen in Amylalkohol gereinigt und mit alkoholischem Kali verseift. Der mit Benzin extrahierte Teil des Unverseifbaren liefert nach dem Umkrystallisieren aus Alkohol-Methylalkohol reines Isocholesterin.

Physikalische und chemische Eigenschaften: Isocholesterin bildet kleine perlmutterglänzende Blättchen vom Schmelzp. 127°. Drummond und Baker, die eine neue Untersuchung über die Bestandteile des Wollfetts veröffentlicht haben[2], fanden als beste Methode zur Trennung des Isocholesterins vom Cholesterin die Ausfällung des letzteren mit Digitonin. Bei einer sehr sorgfältig gereinigten Probe fanden sie den Schmelzpunkt (im Gegensatz zu Lifschütz) 139,8°.

Isocholesterylallophanat[3].

$$C_{29}H_{48}O_3N_2 = C_{27}H_{45}OCONH \cdot CONH_2$$

Bildung: Durch Einleiten von gasförmiger Cyansäure in eine Benzollösung des Isocholesterins.

Physikalische und chemische Eigenschaften: Die Verbindung bildet aus Pyridin mit Wasser einen amorphen Niederschlag, der leicht löslich ist in Äther, Schwefelkohlenstoff, Chloroform, Tetrachlorkohlenstoff, Äthylendichlorid und Amylalkohol; er gibt Farbreaktionen wie Isocholesterin, ausgenommen die Antimonpentachloridreaktion.

Die Phytosterine
(Bd. III, S. 302; Bd. VIII, S. 489; Bd. X, S. 177).

Sitosterin (Bd. III, S. 302; Bd. X, S. 177).

Vorkommen: Sitosterin ist wieder in zahlreichen Arbeiten als das hauptsächliche Sterin der höheren Pflanzen festgestellt worden. In einigen Fällen, z. B. Brennessel[4] und Scopoliawurzel[5], soll es als einziges Sterin vorkommen, sonst fast immer im Gemisch mit anderen Sterinen[5], insbesondere mit Stigmasterin oder mit isomeren Sitosterinen (s. unten). Frei von Sterinen wurden Coli- und Diphtheriebacillen gefunden[6]. Sitosterin aus Sojabohnen zeigt nach Entfernung des Stigmasterins einen Schmelzpunkt von 137—138°, $[\alpha]_D^{18,5} = -33,9$ (Chloroform)[7].

Zusammensetzung: Dem Sitosterin kommt nicht, wie bisher angenommen, die Formel $C_{27}H_{46}O$ zu, sondern $C_{29}H_{50}O$, wie von Sandqvist[8] festgestellt und von Windaus[9] bestätigt wurde. Der Beweis wurde einerseits durch quantitative Verseifung des Sitosterylacetats, andererseits durch neue Analysen von geeigneten Derivaten erbracht. Es sind daher alle bisher für Sitosterin und Sitosterinderivate benutzten Formeln durch Addition von C_2H_4 zu berichtigen. Bei den im folgenden angeführten Derivaten ist diese Korrektur bereits vorgenommen.

Nachdem durch Windaus und Rahlén gezeigt war, daß die sekundäre Alkoholgruppe des Sitosterins in einem Sechsring steht, konnten Windaus und Brunken[5] nunmehr den Beweis erbringen, daß die Doppelbindung des Sitosterins in einem Fünfring liegt, indem sie an der Stelle der Doppelbindung über eine Ketogruppe den Ring oxidativ aufspalteten und die Gliederzahl der so gebildeten Dicarbonsäure nach der Regel von Blanc bestimmten.

---

[1] I. Lifschütz u. O. Vitmeyer: Hoppe-Seylers Z. **155**, 243 (1926).

[2] J. C. Drummond u. L. C. Baker: J. Soc. chem. Ind. **48**, 232 (1929).

[3] U. Tange u. E. V. McCollum: J. of biol. Chem. **76**, 445 (1928).

[4] L. Zechmeister u. P. Tuzson: Hoppe-Seylers Z. **183**, 74 (1929).

[5] A. Windaus u. J. Brunken: Hoppe-Seylers Z. **140**, 109 (1924).

[6] H. v. Behring: Hoppe-Seylers Z. **192**, 112 (1930).

[7] K. Bonstedt: Hoppe-Seylers Z. **176**, 274 (1928).

[8] H. Sandquist u. E. Bengtsson: Ber. dtsch. chem. Ges. **64**, 2167 (1931).

[9] A. Windaus, F. v. Werder u. B. Gschaider: Ber. dtsch. chem. Ges. **65**, 1006 (1932).

Derivate des Sitosterins. Ester des Sitosterins.

Sitosteryl-3, 5-dinitro-1-benzoat[1].

$$C_{36}H_{52}O_6N_2 = C_{29}H_{49} \cdot O \cdot CO \cdot C_6H_3(NO_2)_2$$

Der Ester, dargestellt aus Sitosterin und dem Säurechlorid unter Verwendung von Pyrodin, schmilzt bei 203° und hat die Drehung von $[\bar{\alpha}]_D^{22} = -10{,}6°$. Er diente zur Feststellung der neuen Bruttoformel durch Elementaranalyse. In entsprechender Weise wurden bereitet:

Sitosteryl-2-chlor-3,5-dinitro-1-benzoat[1] $C_{36}H_{51}O_6N_2Cl = C_{29}H_{49} \cdot O \cdot CO \cdot C_6H_2Cl(NO_2)_2$. Schmelzp. 174—175°, $[\alpha]_D^{22} = -7°$.

Sitosteryl-3,5-dinitro-4-methyl-1-benzoat[1] $C_{37}H_{54}O_6N_2 = C_{29}H_{49} \cdot O \cdot CO \cdot C_6H_2(CH_3)(NO_2)_2$. Schmelzp. 189°, $[\alpha]_D^{22} = -6{,}4°$.

Sitosteryl-4-brom-3-nitro-1-benzoat[1] $C_{36}H_{52}O_4NBr = C_{29}H_{49} \cdot O \cdot CO \cdot C_6H_3Br(NO_2)$. Schmelzp. 169°, $[\alpha]_D^{22} = \pm 0°$.

Sitosterylallophanat[2].

$$C_{31}H_{52}O_3N_2 = C_{29}H_{49}O \cdot CO \cdot NH \cdot CONH_2$$

Bildung: Durch Einleiten von gasförmiger Cyansäure in eine Benzollösung des Sitosterins.

Physikalische und chemische Eigenschaften: Aus Amylalkohol umkrystallisiert bildet das Sitosterylallophanat Nädelchen vom Schmelzp. 246—247°, die in allen üblichen organischen Lösungsmitteln schwer löslich sind. Die Verbindung ist sehr beständig gegen Mineralsäuren und wird leicht verseift durch alkoholisches Alkali.

Sitosterinhydrochlorid[3].

$$C_{29}H_{51}OCl = C_{29}H_{50}Cl \cdot OH$$

Bildung: Durch Einleiten von trockenem Salzsäuregas in eine Lösung von Sitosterin in einem Äther-Alkoholgemisch.

Physikalische und chemische Eigenschaften: Die Substanz ist äußerst unbeständig und zersetzt sich schon beim Erwärmen ihrer Lösung in Chloroform. Zum Umkrystallisieren löst man in Chloroform und versetzt mit abs. Alkohol. Die Substanz bildet feine Nadeln und schmilzt bei 155°.

Sitosterylchlorid[4] (B. III, S. 303).

$$C_{29}H_{49}Cl$$

Das aus Sitosterin und Phosphorpentachlorid bereitete Produkt ist nicht einheitlich; es enthält vermutlich infolge einer Art Waldenscher Umkehrung zwei stereoisomere Sitosterylchloride.

Sitosterin-Kohlenwasserstoffe und deren Abkömmlinge.

Sitosten[4] (Bd. III, S. 304).

$$C_{29}H_{50}$$

Der Schmelzpunkt des Sitostens wurde im Gegensatz zu früheren Angaben zu 76—77° bestimmt.

Nitro-Sitosten[4].

$$C_{29}H_{49}O_2N$$

Bildung: Eine Mischung von Sitosten mit Eisessig wird unter Kühlung mit roter rauchender Salpetersäure versetzt.

[1] A. Windaus, F. v. Werder u. B. Gschaider: Ber. dtsch. chem. Ges. **65**, 1006 (1932).
[2] U. Tange u. E. V. McCollum: J. of biol. Chem. **76**, 449 (1928).
[3] K. Bonstedt: Hoppe-Seylers Z. **176**, 276 (1928).
[4] A. Windaus u. J. Brunken: Hoppe-Seylers Z. **140**, 52 (1924).

Physikalische und chemische Eigenschaften: Nitro-Sitosten ist leicht löslich in Äther, Petroläther, Chloroform, Essigester, Aceton, schwer löslich in kaltem Alkohol und Eisessig. Es krystallisiert aus Alkohol in ganz schwach gelblichen glänzenden Nadeln. Schmelzp. 89 bis 89,5°.

Sitosten-hydrochlorid[1].

$$C_{29}H_{51}Cl$$

Bildung: Durch langdauernde Einwirkung von Salzsäuregas auf eine Chloroformlösung von Sitosten.

Physikalische und chemische Eigenschaften: Die Verbindung ist leicht löslich in Äther und Chloroform, ziemlich leicht in Essigester, schwer löslich in Aceton und Alkohol. Sie schmilzt bei 132—133°.

Pseudositosten[1].

$$C_{29}H_{50}$$

Bildung: Durch Kochen einer Lösung von Sitostenhydrochlorid in abs. Alkohol mit entwässertem Kaliumacetat.

Physikalische und chemische Eigenschaften: Pseudositosten krystallisiert aus Äther-Alkohol in Nadeln und schmilzt bei 69°. Es ist sehr leicht löslich in Äther, ziemlich leicht in Aceton, schwer löslich in kaltem Alkohol.

Dihydrositosterin = Sitostanol (Bd. X, S. 178).

$$C_{29}H_{52}O = C_{29}H_{51}OH$$

Bei der Hydrierung des aus Weizenkleie erhaltenen Sitosterins wurde Sitostanol mit einem Schmelzpunkt von 142—143° erhalten. $[\alpha]_D^{20} = +23,55°$ in Chloroform[2]. Es ist anzunehmen, daß dieses Sitostanol sowohl mit dem zuerst von Windaus und Rahlén[3] beschriebenen identisch ist als auch mit dem natürlich vorkommenden Dihydrositosterin. Dieses findet sich als häufiger Begleiter des Sitosterin. Beispielsweise wurde es isoliert aus Weizen-, keimöl[4], aus dem Fett der Reiskleie[5], Weizenkleie[6] und -endosperm, Maisöl[7] und -kleber[8] ferner aus Sojabohnenöl[9]. Baumwoll- und Leinsamenöl enthalten kein Dihydrositosterin[10].

Bildung: Dihydrositosterin wird aus dem zunächst vorliegenden Steringemisch durch vielfaches Umkrystallisieren angereichert, schließlich wird es durch Behandlung der schwerstlöslichen Fraktion mit Essigsäureanhydrid und Schwefelsäure von ungesättigten Sterinen getrennt. Das hierbei zunächst entstehende Acetat wird verseift und umkrystallisiert[9, 11].

Physikalische und chemische Eigenschaften: Dihydrositosterin krystallisiert aus Alkohol in schönen farblosen Blättchen vom Schmelzp. 144—145°. Die Drehung der untersuchten Präparate wird angegeben mit $[\alpha]_D = +23,61°$ (Anderson) bzw. $[\alpha]_D^{18} = +28,0°$ (Bonstedt).

Dihydrositosterinacetat = Sitostylacetat (Bd. X, S. 178).

$$C_{31}H_{54}O_2 = C_{29}H_{51}O \cdot CO \cdot CH_3$$

Bildung: Bei der Acetylierung von Dihydrositosterin mit Essigsäureanhydrid.

Physikalische und chemische Eigenschaften: Die Verbindung krystallisiert aus Alkohol in Platten vom Schmelzp. 141°, $[\alpha]_D = +12,72°$[12]. Bei einer anderen Darstellung wurde der Schmelzpunkt gefunden zu 138°, die Drehung $[\alpha]_D^{20} = +14,41°$[13, 14].

[1] K. Bonstedt: Hoppe-Seylers Z. **176**, 274 (1928).
[2] R. J. Anderson u. F. P. Nabenhauer: J. amer. chem. Soc. **46**, 1950 (1924).
[3] A. Windaus u. E. Rahlén: Hoppe-Seylers Z. **101**, 232 (1918).
[4] R. J. Anderson, R. L. Shriner u. G. O. Burr: J. amer. chem. Soc. **48**, 2987 (1926).
[5] F. P. Nabenhauer u. R. J. Anderson: J. amer. chem. Soc. **48**, 2972 (1926).
[6] R. J. Anderson u. F. P. Nabenhauer: J. amer. chem. Soc. **46**, 1717 (1924).
[7] R. J. Anderson u. R. L. Shriner: J. amer. chem. Soc. **48**, 2976 (1926).
[8] R. J. Anderson u. F. P. Nabenhauer: J. amer. chem. Soc. **46**, 2113 (1924).
[9] K. Bonstedt: Hoppe-Seylers Z. **176**, 278 (1928).
[10] R. J. Anderson, F. P. Nabenhauer u. R. L. Shriner: J. of biol. Chem. **71**, 389 (1927).
[11] R. J. Anderson u. F. P. Nabenhauer: J. amer. chem. Soc. **46**, 1950 (1924).
[12] R. J. Anderson, F. P. Rabenhauer u. R. L. Shriner: J. of biol. Chem. **71**, 389—399 (1927).
[13] R. J. Anderson: J. amer. chem. Soc. **46**, 1450 (1924).
[14] R. J. Anderson u. F. P. Nabenhauer: J. amer. chem. Soc. **46**, 1953 (1924).

Sitostanon (Bd. X, S. 178)

entsteht auch durch Erhitzen von Sitosterin mit einem Nickelkatalysator auf $220°$[1].

Oxydationsprodukte des Dihydrositosterins.

Hetero-Sitostanon[2].

$$C_{29}H_{50}O$$

Bildung: Durch Kochen von Nitro-Sitosten mit Zinkstaub in Essigsäure.

Physikalische und chemische Eigenschaften: Hetero-Sitostanon bildet prächtige, zu Rosetten angeordnete Nadeln, die bei $105—106°$ schmelzen. Das Oxim $C_{29}H_{51}NO$ wird wie üblich erhalten und bildet aus Alkohol feine glänzende Nadeln vom Schmelzp. $191—192°$.

Heterositostandisäure[2].

$$C_{29}H_{50}O_4$$

Bildung: Durch Oxydation von Hetero-Sitostanon mit rauchender Salpetersäure in Eisessig.

Physikalische und chemische Eigenschaften: Die Säure ist in den meisten Lösungsmitteln ziemlich schwer löslich, sie krystallisiert aus Essigester in haarfeinen glänzenden Nadeln, die bei $268°$ sintern und bei $278°$ unter Zersetzung schmelzen.

Bei der Behandlung der Säure mit Essigsäureanhydrid und Destillation des Abdampfrückstandes im Vakuum wird 1 Mol Wasser abgespalten und das Anhydrid der Säure gebildet. Es bildet aus Aceton Nadeln vom Schmelzp. $154—154,5°$.

Isomere Sitosterine[3].

Sitosterin aus einigen pflanzlichen Ölen enthält schwer abtrennbare, offenbar isomere Sterine, die mit α-, β- und γ-Sitosterin bezeichnet worden sind.

Die Isolierung dieser Isomeren geschieht durch sehr häufig wiederholtes Umkrystallisieren des freien Sitosterins, seines Acetats oder Bromids.

α-Sitosterin[3].

$$C_{29}H_{50}O$$

bildet unregelmäßige Platten vom Schmelzp. $135—136°$ und mit der spez. Drehung $[\alpha]_D = -13,45°$. Das Acetylderivat des α-Sitosterins schmilzt bei $127—128°$, $[\alpha]_D = -17,18°$. Bei der katalytischen Reduktion liefert es ein Dihydrositosterin, das bei $140—141°$ schmilzt und vielleicht ebenso wie das hydrierte γ-Sitosterin mit dem normalen Sitostanol identisch ist.

β-Sitosterin[3].

$$C_{29}H_{50}O$$

krystallisiert in farblosen Blättchen vom Schmelzp. $139—140°$, $[\alpha]_D = -36,11°$. β-Sitosterin-acetat schmilzt bei $127—128°$; die spez. Drehung beträgt etwa $-39°$. Dihydro-β-Sitosterin zeigte den Schmelzp. $140—141°$, $[\alpha]_D = +24,91°$.

γ-Sitosterin.

$$C_{29}H_{50}O$$

Dieses Sitosterinisomere ist am eingehendsten untersucht worden, und zwar an Material verschiedener Provenienz, aus Weizenkeimöl[4], Maisöl[3] und besonders aus Sojabohnenöl[5]. Eine Verwandtschaft dieses Sterins mit dem Ergosterin vermuten Heilbron und Sexton[6].

[1] K. Bonstedt: Hoppe-Seylers Z. **176**, 274 (1928).
[2] A. Windaus u. J. Brunken: Hoppe-Seylers Z. **140**, 52 (1924).
[3] R. J. Anderson u. R. L. Shriner: J. amer. chem. Soc. **48**, 2976 (1926).
[4] R. J. Anderson, R. L. Shriner u. G. O. Burr: J. amer. chem. Soc. **48**, 2987 (1926).
[5] K. Bonstedt: Hoppe-Seylers Z. **176**, 278 (1928).
[6] J. M. Heilbron u. W. A. Sexton: Nature (Lond.) **123**, 567 (1929).

Physikalische und chemische Eigenschaften: γ-Sitosterin krystallisiert aus Alkohol in Blättchen, aus wasserfreiem Äther in Nadeln. Es schmilzt bei 142° und zeigt die Drehung $[\alpha]_D^{17°} = -44,8°$. Anderson fand den Schmelzpunkt des lufttrockenen Materials zu 145 bis 146°, $[\alpha]_D = -42,43°$.

γ-Sitosterylchlorid[1]

wurde aus Soja-γ-Sitosterin bereitet. Es zeigte nach mehrmaligem Umkrystallisieren den Schmelzp. 115—116° (nicht konstant).

γ-Sitosterylacetatdibromid.

$$C_{81}H_{52}O_2Br_2 = C_{29}H_{49}OCOCH_3 \cdot Br_2$$

Bildung: Durch Bromieren des γ-Sitosterinacetats.

Physikalische und chemische Eigenschaften: Die Verbindung bildet farblose Krystalle vom Schmelzp. 136—137°[2].

γ-Sitosten[1]

schmilzt bei 73° und besitzt die Drehung $[\alpha]_D^{19} = -59,3°$.

Vom γ-Sitostanol wurden in gleicher Weise wie beim Sitosterin folgende Derivate bereitet:

γ-Sitostanol[1]

durch katalytische Hydrierung gewonnen, bildet Blättchen vom Schmelzp. 143—144°, $[\alpha]_D^{16,5°} = +20,8°$; nach Anderson liegt der Schmelzpunkt bei 144—145°, $[\alpha]_D = 17,82°$.

γ-Sitostanolacetat[1].

Schmelzp. 144—145°, $[\alpha]_D^{20°} = +12,4°$; nach Anderson Schmelzp. 143°, $[\alpha]_D = 9,98°$.

γ-Sitostanon[1]

schmilzt bei 163° und besitzt das Drehungsvermögen $[\alpha]_D^{15} = +38,0°$.

γ-Sitostan[1]

wird erhalten durch Reduktion nach Clemmensen des γ-Sitostanons. Es schmilzt bei 87°, $[\alpha]_D^{15} = +20,2°$.

Stigmasterin (Bd. III, S. 306; Bd. VIII, S. 492; Bd. X, S. 178).

Vorkommen: Stigmasterin ist in kleinen Mengen neben Sitosterin aus dem Unverseifbaren von vielen Pflanzen gewonnen worden. Die Isolierung und Identifierung wird im allgemeinen über das charakteristische Tetrabromid[3] vorgenommen.

Formel: Die Bruttoformel des Stigmasterins, die bisher zu $C_{30}H_{50}O$ angenommen wurde, muß nach Untersuchungen von Sandqvist[4] geändert werden in $C_{29}H_{48}O$. Bei den im folgenden angeführten Stigmasterinderivaten wurden die Formeln durch Abzug von CH_2 bereits berichtigt.

Stigmastanol[5].

$$C_{29}H_{52}O$$

Bildung: Beim Verseifen des Tetrahydrostigmasterylacetats (Stigmastanol-acetats) durch Kochen mit Alkohol und Kalilauge.

Physikalische und chemische Eigenschaften: Nach dem Umkrystallisieren aus Alkohol bildet die Verbindung weiße Blättchen vom Schmelzp. 134—134,5°.

[1] K. Bonstedt: Hoppe-Seylers Z. **176**, 278 (1928).
[2] R. J. Anderson u. R. L. Shriner: J. amer. chem. Soc. **48**, 2976 (1926).
[3] Windaus u. Hauth: Ber. dtsch. chem. Ges. **39**, 4378 (1906) — Biochem. Handl. **3**, 306.
[4] H. Sandqvist u. J. Gorton: Ber. dtsch. chem. Ges. **63**, 1935 (1930). Siehe auch A. Windaus, F. v. Werder u. B. Gschaider: Ber. dtsch. chem. Ges. **65**, 1006 (1932).
[5] A. Windaus u. J. Brunken: Hoppe-Seylers Z. **140**, 47 (1924).

Stigmastanolacetat[1].

$$C_{31}H_{54}O_2 = C_{29}H_{51}O \cdot COCH_3$$

Bildung: Durch Hydrierung von Stigmasterylacetat in Eisessig mit Pt-Mohr bei 100°.

Physikalische und chemische Eigenschaften: Das Tetrahydrostigmasterylacetat krystallisiert aus Alkohol in langen Nadeln vom Schmelzp. 128°.

Stigmastanon[1].

$$C_{29}H_{50}O$$

Bildung: Durch Oxydation von Stigmastanol in Eisessig und Chromsäure entsteht Stigmastanon als neutraler Anteil.

Physikalische und chemische Eigenschaften: Das Keton krystallisiert aus Methylalkohol in feinen Nadeln vom Schmelzp. 155—155,5°. Es bildet beim Kochen mit Hydroxylamin-hydrochlorid und Natrium-acetat ein Oxim $C_{29}H_{50}ON$, das aus Alkohol in bei 215—216° schmelzenden Nadeln krystallisiert.

Stigmastan[1].

$$C_{29}H_{52}$$

Bildung: Bei der Reduktion des Stigmastanons in Eisessiglösung mit amalgamiertem Zink und Salzsäure.

Physikalische und chemische Eigenschaften: Stigmastan schmilzt bei 84—84,5°, ist leicht löslich in Äther, schwer löslich in kaltem Alkohol.

Stigmastandisäure[1].

$$C_{29}H_{50}O_4$$

Bildung: Bei energischer Oxydation des Stigmastanols in essigsaurer Lösung mit Chromsäureanhydrid.

Physikalische und chemische Eigenschaften: Die Säure wird aus heißem Essigester durch Zusatz von niedrig siedendem Petroläther in Form von schönen Blättchen erhalten, die bei 229—230° schmelzen. Sie ist leicht löslich in Äther, schwerer in kaltem Essigester und wenig löslich in Petroläther.

Keton[1].

$$C_{28}H_{48}O$$

Bildung: Bei der Behandlung der Säure $C_{29}H_{50}O_4$ mit Essigsäureanhydrid und Destillation im Vakuum.

Physikalische und chemische Eigenschaften: Das Keton krystallisiert aus wässerigem Aceton in derben flachen Nadeln vom Schmelzp. 110—111°. Es ist leicht löslich in Äther, Aceton, Essigester, Petroläther, unlöslich in Wasser. Das in üblicher Weise bereitete Oxim krystallisiert in kleinen Nadeln vom Schmelzp. 208,5—210,5°.

Isophytosterin[2].

Ein dem Isocholesterin entsprechendes Isophytosterin soll im Kaugummi vorkommen; der Nachweis wurde bisher nur durch die Farbreaktion mit Essigsäureanhydrid-Schwefelsäure geführt.

Zusammenstellung der aus verschiedenen Pflanzen isolierten Phytosterine (Bd. III, S. 307; Bd. VIII, S. 489; Bd. X, S. 179).

Phytosterin aus Mentha aquatica, Schmelzp. 133,5—134°[3].

Phytosterin aus der Rinde von Phellodendron amurense Rupr. $C_{26}H_{44}O + H_2O$ oder $C_{27}H_{46}O + H_2O$, Schmelzp. 142°, $[\alpha]_D^{10} = -28,86°$, Acetylderivat Schmelzp. 135—137°[4].

[1] A. Windaus u. J. Brunken: Hoppe-Seylers Z. **140**, 47 (1924).
[2] J. Lifschütz u. O. Vitmeyer: Hoppe-Seylers Z. **155**, 240 (1926).
[3] S. M. Gordon: Amer. J. Pharm. **100**, 509 (1928).
[4] Y. Murayama u. J. Takata: J. pharm. Soc. Japan **1927**, 146.

Phytosterin aus Parthenium argentatum, Schmelzp. 137° (korr.) (nicht identisch mit Sitosterin), Acetylderivat Schmelzp. 196°, sehr leicht löslich in Äther und Aceton, löslich in Alkohol und Petroläther. Mit Wasserstoff und Palladium gibt es ein Tetrahydro-phytosterin vom Schmelzp. 149,5°, Acetylderivat aus Alkohol, Schmelzp. 222°[1].

Phytosterin aus Baumwollpflanze $C_{26}H_{47}O \cdot H_2O$, Schmelzp. 135°[2].

Phytosterin aus Blättern von Oenotheria biennis L. $C_{26}H_{44}O \cdot H_2O$, Schmelzp. 133°, Acetylprodukt $C_{26}H_{43}O \cdot C_2H_3O$, Schmelzp. 117°[3].

Phytosterin aus Saatöl des Kentucky Kaffeebaumes (Gymnocladus dioica) vom Schmelzp. 165—166°[4].

Phytosterin aus dem Öl von Mimusops hexandra (Rayanöl), aus Alkohol prismatische Nadeln vom Schmelzp. 157,5—158,5°, das Acetylderivat hat den Schmelzp. 175—176° (wahrscheinlich identisch mit Ergosterin)[5].

Phytosterin aus Öl von Johannesia princeps, Schmelzp. 131°[6].

Phytosterin aus Sonnenblumensamenöl, Acetat $C_{29}H_{49}O \cdot CO \cdot CH_3$ hat den Schmelzpunkt 119,5° (korr.)[7].

Phytosterin aus Rainweide (Ligustrum vulgare L.) $C_{26}H_{44}O$, Schmelzp. 134—135° (aus Alkohol), Acetylderivat $C_{28}H_{46}O_2$, Blättchen vom Schmelzp. 117°[8].

Phytosterin aus Rotbuche (Fagus silvatica L.) $C_{26}H_{44}O + H_2O$ aus Alkohol in Blättchen, aus Essigester in Nadeln krystallisierend, Schmelzp. 135°, Acetat $C_{28}H_{46}O_2$ Blättchen vom Schmelzp. 118—119°[8].

Phytosterin aus Gleditschia Ariacanthos L., $C_{30}H_{50}O + \frac{1}{2}H_2O$, krystallisiert aus Äther in Nadeln vom Schmelzp. 152—153°, zeigt keine Drehung, besitzt 2 Doppelbindungen. Das Acetylderivat $C_{30}H_{49}OCOCH_3$ krystallisiert in Blättchen aus Äther und Alkohol, Schmelzpunkt 164°[9].

Phytosterin aus Blättern und Stamm von Hyenanche globosa, $C_{28}H_{46}O$, bildet aus Essigester lange, durchsichtige Nadeln vom Schmelzp. 265° (korr.); es ist leicht löslich in Chloroform und siedendem Essigester, wenig löslich in siedendem Alkohol. $[\alpha]_D^{15} = -22,4°$ (in Chloroform)[10].

Phytosterin aus Ahorn- und Buchenblättern in Nadeln und Blättern krystallisierend, Schmelzp. 132°[11].

Phytosterin aus frischen Karotten (Formel vielleicht $C_{25}H_{44}O$), Krystalle vom Schmelzpunkt 142—143°[12].

Phytosterin $C_{27}H_{46}O$, aus Pollen von Ambrosia artimesifolia, Nadeln vom Schmelzp. 147,5 bis 148°[13].

Phytosterin aus japanischem Vogelleim, weiße Nadeln vom Schmelzp. 145—155°, löslich in den meisten organischen Lösungsmitteln; 2 Acetate: Nadeln vom Schmelzp. 190° und 155—158°[14].

Phytosterin aus Pinellia tuberifera Ten, $C_{26}H_{44}O + H_2O$, Schmelzp. 136°, $[\alpha]_D^{20} = -31,37°$, Schmelzpunkt des Acetates 121°[15].

Phytosterin aus Prosopanche Burmeisteri de Bary, Nadeln aus Essigester + Petroläther vom Schmelzp. 133°[16].

[1] L. Schmid u. R. Stöhr: Ber. dtsch. chem. Ges. **59**, 1408 (1926).
[2] F. B. Power u. V. K. Chesnut: J. amer. chem. Soc. **48**, 2721 (1926).
[3] R. Klapholz u. J. Zellner: Mh. Chem. **47**, 179 (1926).
[4] Ch. Barkenbus u. A. J. Zimmermann: J. amer. chem. Soc. **49**, 2061 (1927).
[5] C. K. Patel: J. ind. Inst. Sci. **7**, 71 (1924) — Chem. Zbl. **1924 II**, 1528.
[6] G. Etzel u. C. G. King: J. amer. chem. Soc. **48**, 1369 (1926).
[7] J. Allan u. Ch. W. Moore: J. Soc. chem. Ind. **46**, 433 (1927).
[8] J. Zellner: Mh. Chem. **47**, 151 (1926).
[9] B. Aszkenazy: Mh. Chem. **44**, 1 (1923).
[10] Th. Anderson Henry: J. chem. Soc. Lond. **117**, 1619 (1920).
[11] K. Fricke: Hoppe-Seylers Z. **143**, 272 (1925).
[12] H. v. Euler u. A. Bernton: Ark. Kemi, Min. och Geol. 8, Nr. 21, 1 (1922) — Chem. Zbl. **1923 I**, 856.
[13] F. W. Heyl: J. amer. chem. Soc. **44**, 2883 (1922).
[14] H. Yanagisawa u. N. Takashima: J. Pharm. Soc. Japan **1922**, Nr. 481 — Chem. Zbl. **1922 III**, 166.
[15] S. Nakayama: J. Pharm. Soc. Japan **1924**, Nr. 509, 5 — Chem. Zbl. **1925 I**, 1751.
[16] J. Zellner: Mh. Chem. **45**, 535 (1925).

Spinasterin aus Spinatblättern, $C_{27}H_{46}O$, bildet aus Äther hexagonale Platten vom Schmelzp. 168—169°. $[\alpha]_D^{23} = -1,8°$. Acetat $C_{29}H_{48}O_2$ aus Essigester Platten vom Schmelzpunkt 183—185°. $[\alpha]_D^{23} = -4,7°$. Mit Chloracetylchlorid entsteht das Chloracetat einer isomeren Verbindung, des Isospinasterins, das bei 155—156° schmilzt. Das Isospinasterin schmilzt bei 148—150°. $[\alpha]_D^{23} = +5,2°$ [1].

Phytosterin aus Tallöl (Abfallprodukt der Sulfatcellulosefabrikation), $C_{22}H_{38}O$, Schmelzpunkt 136° [2].

Phytosterin aus der Rinde von Ulmus campestris, $C_{24}H_{46}O + H_2O$, bildet aus Essigester Krystalle vom Schmelzp. 134°. Acetylderivat Schmelzp. 117—118°, optisch inaktiv [3]; nach Schmid und Stöhr handelt es sich um Stigmasterin; das Tetrabromacetat (Schmelzpunkt 210°) ist identisch mit dem aus Calabarbohnen [4].

Phytosterin aus Hartriegelrinde (Cornus sanguinea L.) $C_{26}H_{44}O + H_2O$, Schmelzp. 132° [5].

Phytosterin aus Weißbuchenrinde, Acetylderivat vom Schmelzp. 117° [5].

Phytosterin von Hesse ist nach Arbeiten von Zellner in verschiedenen Baumrinden enthalten [6, 7, 8].

Phytosterine aus dem Harz des Kautschuks von Hevea brasiliensis $C_{27}H_{46}O$, Krystallrosetten, dann Blättchen aus Alkohol, Schmelzp. 125°, $[\alpha]_D^{23} = -24,6°$ (Chloroform); Benzoat $C_{34}H_{50}O_2$; Propionat, Platten aus Alkohol, Schmelzp. 98°, $[\alpha]_D^{23} = -29,4$ (Chloroform); Acetat, Platten oder Blättchen vom Schmelzp. 114—115°, $[\alpha]_D^{22} = -30,6°$. Ein zweites Sterin hat den Schmelzp. 134—135° und die Drehung $[\alpha]_D^{20} = -21,4°$; Benzoat, Schmelzp. 144,5°, Drehung $[\alpha]_D^{24} = -12,5$. Dieses zweite Sterin kommt im Harz des Kautschuks außerdem als Ester vor [9].

Phytosterin aus Galeopsis ochrolenca Lam. $C_{26}H_{44}O$, aus Impatiens noli me tangere L. vermutlich Stigmasterin $C_{28}H_{46}O + H_2O$ oder $C_{30}H_{48}O + H_2O$, aus Äther, Aceton und Petroläther Nadeln vom Schmelzp. 165—166° [10].

Phytosterin aus Bryonia dioica Jacq., Schmelzp. 134—135°, im Gemisch mit (vermutlich) Stigmasterin, Schmelzp. 159°.

Phytosterin aus Tussilago farfaro (Huflattich) ist identisch mit dem Hesseschen Phytosterin, Schmelzp. 132°; Acetylderivat, Blättchen vom Schmelzp. 118—119°. Dasselbe Phytosterin ist enthalten in Arctium maius Schk. (Klettenwurzel) [11]. Nach Schmid ist im Huflattich ein Gemisch von Stigmasterin und Sitosterin enthalten [12]; ebenso in Radix bardanae und Ficus carica [13].

Phytosterin des Rüböls ist ein Gemisch aus Brassicasterin und Sitosterin [14].

Sitosterin ist enthalten im Fett von Salvadora oleoides (Khakanfett) [15], im Samen von „Kurrajong" (Brachychiton populneum, R. Br.; syn. Sterculia diversifolia G. Don) [16], Nerium Oleander L. [17], Cerbera odollam, Anona squamosa (Linn.) und Holarrhena antidysenterica [18], Jambaöl [19].

---

[1] M. C. Hart u. F. W. Heyl: J. of biol. Chem. **95**, 311 (1932).

[2] M. Dittmer: Z. angew. Chem. **38**, 262 (1926).

[3] J. Zellner: Mh. Chem. **46**, 309 (1926).

[4] L. Schmid u. R. Stöhr: Ber. dtsch. chem. Ges. **59**, 1407 (1926).

[5] J. Zellner: Mh. Chem. **46**, 611 (1926).

[6] J. Zellner: Mh. Chem. **48**, 479 (1927).

[7] J. Zellner: Mh. Chem. **47**, 151, 659 (1926).

[8] J. Zellner: Arch. Pharmaz. **263**, 161 (1925).

[9] G. St. Whitby, J. Dolid, F. H. Yorston: J. chem. Soc. Lond. **1926**, 1448.

[10] J. Zellner: Arch. Pharmaz. **265**, 27 (1927).

[11] J. Zellner: Arch. Pharmaz. **262**, 381 (1924).

[12] L. Schmid: Mh. Chem. **48**, 289 (1927).

[13] L. Schmid u. G. Bilowitzki: Mh. Chem. **49**, 98 (1928).

[14] L. Schmid u. A. Waschkau: Mh. Chem. **48**, 139 (1927).

[15] C. K. Patel, S. N. Iyer, J. J. Sudborough, H. E. Watson: J. Pharm Soc. Japan **1926**, Nr. 536, 84 — Chem. Zbl. **1927** I, 465.

[16] F. R. Morrison: J. Proc. roy. Soc. **59**, 267 (1926) — Chem. Zbl. **1927** II, 760.

[17] H. Matthes u. P. Schütz: Festschr. Alex. Tschirch **1926** — Chem. Zbl. **1927** I, 2754.

[18] R. V. Ghanckar u. P. R. Ayyar: J. Ind. Inst. Sci. **10 A**, 20, 24, 28 (1927) — Chem. Zbl. **1927 II**, 1355.

[19] J. J. Sudborough, H. E. Watson, P. R. Ayyar: J. Ind. Inst. Sci. **9 A**, 25 (1926) — Chem. Zbl. **1926 II**, 2730.

Ambrosterin aus den Pollen von Ambrosia artimesifolia, $C_{20}H_{34}O$, bildet aus Alkohol Nadeln vom Schmelzp. 147—149°; Acetat $C_{22}H_{36}O_2$, Tafeln vom Schmelzp. 122—113°, $[\alpha]_D = +27{,}7°$[1].

Arbusterin aus Samenöl von Arbutus Unedo, $C_{26}H_{43}OH + H_2O$, bildet aus Alkohol und Äther Blättchen vom Schmelzp. 129°, $[\alpha]_D^{15} = -15{,}20°$. Benzoat $C_{26}H_{43}OCO \cdot C_6H_5$, rechtwinklige Blättchen aus Alkohol vom Schmelzp. 137°. Acetat $C_{26}H_{43}O \cdot CO \cdot CH_3$, Krystalle aus Alkohol vom Schmelzp. 110°[2].

Serposterin $C_{30}H_{48}O_2$ aus den Wurzeln von Rauwolfia Serpentina, Krystalle aus Alkohol vom Schmelzp. 159—160°. $[\alpha]_D^{33} = -68{,}5°$ (Chloroform)[3].

α-Typhasterin[4] $C_{27}H_{46}O$ aus der chinesischen Droge „Puhwang", Pollen der Typha angustata, Bory et Thanb., seidige Nadeln vom Schmelzp. 133—134°, leicht löslich in Äther, Petroläther, Chloroform, wenig löslich in Alkohol, Aceton, Essigester. $[\alpha]_D^{15} = -59{,}83°$. Liebermann-Burchard-Reaktion rosarot, violett, blau, rot. Benzoat $C_{34}H_{50}O_2$, viereckige Blättchen aus Aceton, Schmelzp. 147—148°. $[\alpha]_D^{15} = -23{,}56°$. Acetat $C_{29}H_{48}O_2$, Blättchen aus Eisessig, Schmelzp. 119—120°. $[\alpha]_D^{15} = -41{,}12°$.

Hygrosterin[5] aus Hygrophyla spinosa $C_{28}H_{46}O$, bildet aus verdünntem Alkohol Nadeln vom Schmelzp. 194°, $[\alpha]_D^{28} = 27{,}8°$ (Chloroform). Acetylhygrosterin $C_{28}H_{45}O \cdot COCH_3$ aus Hygrosterin und Acetanhydrid und Natriumacetat, Nadeln aus verdünntem Alkohol vom Schmelzp. 208°.

Phytosteringlykoside, „Phytosteroline" wurden isoliert aus:

Weizenkeimlingen $C_{33}H_{56}O_6$. Aus Amylalkohol mikroskopische Nadeln vom Schmelzpunkt 285—290°. Das Acetat $C_{33}H_{52}O_6 \cdot (CO \cdot CH_3)_4$ bildet Blättchen vom Schmelzp. 167 bis 168°. $[\alpha]_D = -22{,}4°$. Das Benzoat krystallisiert aus Alkohol und Äther in dünnen Nadeln vom Schmelzp. 198°[6].

Baumwollpflanze, $C_{33}H_{56}O_6$, vom Schmelzp. 218—223°[7];

Rinde von Viburnum Opulus, $C_{33}H_{56}O_6$, vom Schmelzp. 265—275°, Acetat Schmelzpunkt 167—168°[8];

Harz des Kautschuks von Hevea brasiliensis, „Sterinin", $C_{33}H_{56}O_6$, schmilzt bei 285—290° unter Zersetzung. $[\alpha]_D^{23} = -41{,}7°$ (Pyridin); Acetat $C_{33}H_{52}O_6Ac_4$, perlige Blättchen aus Alkohol, Schmelzp. 165°, $[\alpha]_D^{22} = -22{,}4°$; Benzoat, aus Äther, Schmelzp. 198°, $[\alpha]_D^{22} = +15{,}7°$, $+16{,}1°$ (Chloroform). (Es handelt sich wahrscheinlich um Sitosterin-d-glykosid[9].)

Ergosterin (Bd. III, S. 309; Bd. VIII, S. 493).

$$C_{28}H_{44}O$$

Vorkommen: Tanret hat den Nachweis geführt, daß das Ergosterin im Mutterkorn verschiedener Getreidearten vorkommt[10, 11]. Für die technische Gewinnung von großer Bedeutung ist die Feststellung, daß das Hauptsterin der Hefe mit dem Mutterkorn-Ergosterin identisch ist[12, 13]. Über den Gehalt verschiedener Hefesorten an Ergosterin haben Heiduschka und Lindner eine Untersuchung ausgeführt[14]. Infolge des erhöhten Interesses, welches das Ergosterin als Vorstufe des Vitamins D gefunden hat, hat man sich bemüht, weitere Kenntnis über sein Vorkommen zu gewinnen. Es wurde in Bestätigung früherer Arbeiten von Zellner[15] erkannt als das spezifische Sterin verschiedener Pilze und konnte u. a. isoliert werden aus dem

[1] F. W. Heyl: J. amer. pharm. Soc. **44**, 2883 (1922).
[2] G. Sani: Atti Accad. naz. Lincei, Roma **29 I**, 59 (1920) — Chem. Zbl. **1921 I**, 814.
[3] S. Siddiqui u. R. H. Siddiqui: J. Ind. chem. Soc. **8**, 667 (1931) — Chem. Zbl. **1932 I**, 244.
[4] Y. Kimura: J. pharm. Soc. Japan **50**, 111 (1930) — Chem. Zbl. **1931 I**, 110.
[5] N. N. Ghatak u. S. Dutt: J. Ind. chem. Soc. **8**, 23 (1931).
[6] N. Nakamura u. A. Ichiba: Bull. agricult. Chem. Soc. Jap. **7**, 28 (1931) — Chem. Zbl. **1932 I**, 2333.
[7] F. B. Power, V. K. Chesnut: J. amer. chem. Soc. **48**, 2721 (1926).
[8] F. W. Heyl: J. amer. pharmaceut. Assoc. **11**, 329 (1922).
[9] G. St. Whitby, J. Dolid, F. H. Yorston: J. chem. Soc. Lond. **1926**, 1448.
[10] G. Tanret: Bull. Sci. pharmacol. **29**, 169 (1922).
[11] G. Tanret: Bull. Soc. chim. France **31**, 444 (1923).
[12] Mc Lean: Biochemic. J. **14**, 483 (1920).
[13] A. Windaus u. Großkopf: Hoppe-Seylers Z. **124**, 8 (1922).
[14] A. Heiduschka u. H. Lindner: Hoppe-Seylers Z. **181**, 15 (1929).
[15] J. Zellner: Biochem. Handl. **8**, 493.

japanischen Pilz „Cortinellus Shiitake"[1], ferner aus den Sporen von Aspergillus oryzae[1], aus Polyporus pinicola[2], aus Boletus Satanas Lenz[3] und anderen[4]. Auch im Ochsenblut wurde Ergosterin nachgewiesen[5], und schließlich ist es, wenn auch in sehr geringer Menge, auf spektrographischem Wege als Bestandteil allen natürlich vorkommenden Cholesterins und Sitosterins erkannt[6, 7].

Formel: Durch neue sorgfältige Elementaranalysen von geeigneten Ergosterinderivaten wurde von Windaus und Mitarbeitern[8, 9] festgestellt, daß die bisher angenommene Bruttoformel $C_{27}H_{42}O$ zu ändern ist in $C_{28}H_{44}O$. Hiernach besitzt das Ergosterin ein vom Cholesterin abweichendes Kohlenstoffskelett. Da durch oxydativen Abbau des Cholesterins Methyl-iso-hexyl-keton erhalten worden ist, bei entsprechender Behandlung von α-Ergostenolacetat und von Ergostanol dagegen ein Methyl-iso-heptylketon, ist die Annahme sehr wahrscheinlich, daß die verschiedene Zahl der Kohlenstoffatome lediglich durch die verschiedene Länge der Seitenkette bedingt ist, bei Übereinstimmung der Ringsysteme[10].

Darstellung: Durch Verseifen von Preßhefe mit alkoholischem Kaliumhydroxyd, Extraktion mit Alkohol und Umkrystallisieren aus Petroläther[11]. Ferner aus Hefefett durch Verseifung mit Alkohol, Ätzkalilösung und Extraktion des Unverseifbaren mit Äther[12].

Ergosterin ist empfindlich gegen Licht und Luft. Es bildet silbrig glänzende Blättchen vom Schmelzp. $163°$[13]. $[\alpha]_D^{20} = -132°$[14]. Zur vollständigen Reinigung kann man Ergosterin in sein Acetat umwandeln. Dieses zeigt den Schmelzp. $180-181°$, der auch von Tanret für das Acetat des Mutterkornergosterins angegeben wird[11].

Nachweis und Bestimmung: Farbenreaktionen. Beim Versetzen einer Ergosterinlösung in Chloroform mit konz. Schwefelsäure färbt sich die Säure tiefrot und das darüber befindliche Chloroform bleibt farblos (umgekehrte Salkowskische Reaktion)[15].

Beim Lösen von Ergosterin in Eisessig und Unterschichten mit konz. Schwefelsäure tritt in der Eisessigschicht grüne Fluorescenz auf[16].

Ergosterin in Paraffinöl gibt mit Arsentrichlorid recht beständige Rosafärbung[17].

Ergosterin in Mischung mit aromatischen Aldehyden in alkoholischer Lösung gibt beim Unterschichten mit konz. Schwefelsäure lebhafte Farbenreaktionen[18].

Eine Lösung von Ergosterin in Chloroform mit Eisessig und Zinkchlorid gibt eine leicht rötliche, dann grüne Färbung (für die Sterine der Ergosteringruppe charakteristisch).

In frisch bereiteten oder dunkel aufbewahrten Lösungen von Ergosterin in Chloroform entsteht durch Zinkchlorid oder Phosphorpentoxyd rosa, in dem Licht ausgesetzten oder bestrahlten Lösungen grüne Färbung[19].

Reaktion von Tortelli und Jaffé: 5 ccm reines Olivenöl werden mit einer Auflösung des Ergosterins in 10 ccm Chloroform und 1 ccm Eisessig gemischt. Fügt man hierzu 2,5 ccm einer Lösung von 10% Brom in Chloroform und schüttelt durch, so tritt eine starke Grünfärbung auf. 1 mg Ergosterin gibt noch deutliche Grünfärbung. Diese Reaktion ist spezifisch für Ergosterin, alle anderen bisher untersuchten Sterine geben sie nicht[20]. Weitere Modifikationen s. [21].

[1] M. Sumi: Biochem. Z. **204**, 397 (1929).

[2] E. Hartmann u. J. Zellner: Mh. Chem. **50**, 193 (1928).

[3] L. Bard u. J. Zellner: Mh. Chem. **44**, 9 (1923).

[4] J. Zellner: Mh. Chem. **53, 54**, 146 (1929).

[5] W. Küster u. O. Hörth: Ber. dtsch. chem. Ges. **61**, 809 (1928).

[6] A. Windaus: Chem.-Ztg. **51**, 113 (1927). — O. Rosenheim u. T. A. Webster: Biochemic. J. **21**, 127, 389 (1927).

[7] L. H. Dejust, van Stolk u. E. Dureuil: C. r. Acad. Sci. Paris **187**, 311 (1928).

[8] A. Windaus u. A. Lüttringhaus: Nachr. Ges. Wiss. Göttingen, Math.-physik. Kl. **1932**, Nr 15, S. 4.

[9] A. Windaus, F. v. Werder u. B. Gschaider: Ber. dtsch. chem. Ges. **65**, 1006 (1932).

[10] A. Guiteras, Z. Nakamiya u. H. H. Inhoffen: Liebigs Ann. **494**, 116 (1932).

[11] A. Windaus u. W. Großkopf: Hoppe-Seylers Z. **124**, 9 (1923).

[12] F. Reindel u. E. Walter: Liebigs Ann. **460**, 218 (1928).

[13] A. Windaus u. P. Borgeaud: Liebigs Ann. **460**, 235 (1928).

[14] C. E. Bills u. E. M. Honeywell: J. of biol. Chem. **80**, 23 (1928).

[15] A. Windaus u. W. Großkopf: Liebigs Ann. **124**, 8 (1922).

[16] A. Tschirch: Pharm. Acta Helvet. **1**, 89 (1926).

[17] H. v. Euler, K. Myrbäck, H. Fink u. H. Hellström: Hoppe-Seylers Z. **168**, 11 (1927).

[18] L. Ekkert: Pharm. Zentralhalle **69**, 276 (1928).

[19] R. Meesemaecker: C. r. Acad. Sci. Paris **190**, 216 (1930).

[20] E. P. Häußler u. R. Brauchli: Helvet. chim. Acta **12**, 187 (1929).

[21] J. M. Heilbron u. H. v. Behring: Klin. Wschr. **9**, 1308 (1930).

Ergosterinderivate.

Ergosterinmaleinsäure[1].

$$C_{32}H_{48}O_5 = C_{28}H_{43}OH \cdot COOH \cdot CH = CH \cdot COOH$$

Bildung: Ergosterylacetat wird mit Maleinsäureanhydrid in Xylol 8 Stunden in einer Druckflasche auf 135° erhitzt. Nach Verseifen mit methylalkoholischer Kalilauge und Abtrennen des nicht Verseifbaren scheidet sich das Kondensationsprodukt aus Äther-Petroläther krystallinisch ab.

Physikalische und chemische Eigenschaften: Nach dem Umkrystallisieren aus Essigester, Petroläther und Chloroformäther bildet die Verbindung feine Nadeln, die unter Zersetzung bei 202—206° schmelzen; $[\alpha]_D^{19} = -178{,}5°$ (Aceton). Die Säure ist gut löslich in Methylalkohol, löslich in Äther, weniger in Aceton, schwer löslich in Chloroform, Essigester und besonders Petroläther. — Beim Kochen mit Essigsäureanhydrid wird ein Acetylderivat des Ergosterinmaleinsäureanhydrids erhalten. Dieses krystallisiert aus Petroläther in prächtigen Nadeln vom Schmelzp. 200—201°. Es ist leicht löslich in Chloroform und Äther, schwer löslich in Petroläther.

Ester des Ergosterins.

Di-Ergosterylphosphat[2].

$$C_{56}H_{87}PO_4 = (C_{28}H_{43}O)_2 \cdot PO \cdot OH$$

Bildung: Bei der Einwirkung von Phosphoroxychlorid auf Ergosterin in Pyridinlösung.

Physikalische und chemische Eigenschaften: Das Di-ergosteryl-phosphat hat den Schmelzpunkt 180—182°.

Mono-Ergosteryl-phosphit[2]

$$C_{28}H_{43} \cdot PO_3$$

entsteht aus Ergosterin und Phosphortrichlorid. Schmelzp. 146°.

Di-Ergosteryl-(β-Chloräthyl)-phosphat[2].

$$C_{58}H_{92}O_4PCl = (C_{28}H_{43})_2 \cdot PO_4 \cdot CH_2CH_2Cl \text{ [3]}$$

Bildung: Bei der Einwirkung von (β-Chloräthyl)-Phosphorylchlorid auf Ergosterin in Pyridinlösung.

Physikalische und chemische Eigenschaften: Der Ester bildet nach dem Umkrystallisieren aus Äthylalkohol und wenig Benzol submikroskopische Krystalle vom Schmelzp. 165 bis 167°.

Ergosteryl-monochloracetat[4].

$$C_{30}H_{46}O_2Cl = C_{28}H_{44}O \cdot CO \cdot CH_2Cl$$

Bildung: Beim Erhitzen von Ergosterin mit Monochloressigsäure auf 170°.

Physikalische und chemische Eigenschaften: Nach dem Umkrystallisieren aus Aceton und Alkohol-Benzol bildet die Verbindung Blättchen vom Schmelzp. 196°, $[\alpha]_{5461}^{25°} = -62{,}6°$. Der Ester ergibt bei der Verseifung ein Isoergosterin, identisch mit dem durch Einwirkung von Bromwasserstoffsäure gewonnenen.

Ergosteryl-iso-butyrat[5].

$$C_{32}H_{50}O_2 = C_{28}H_{43}O \cdot CO \cdot C_3H_7$$

Bildung: Beim Erwärmen von Ergosterin mit Isobuttersäureanhydrid.

Physikalische und chemische Eigenschaften: Der Ester bildet aus Ätheraceton große Krystalle, die bei 145° sintern, dann trüb flüssig werden und bei 162° klar schmelzen. $[\alpha]_D^{25} = -84°$.

[1] A. Windaus u. A. Lüttringhaus: Ber. dtsch. chem. Ges. **64**, 850 (1931).
[2] H. v. Euler, A. Wolf u. H. Hellström: Ber. dtsch. chem. Ges. **62**, 2456 (1929).
[3] Formel im Original verdruckt.
[4] C. E. Bills u. W. M. Cox jun.: J. of biol. Chem. **84**, 455 (1929).
[5] C. E. Bills u. E. M. Honeywell: J. of biol. Chem. **80**, 22 (1928).

Ergosteryl-iso-valerat[1].

$$C_{33}H_{52}O_2 = C_{28}H_{43}O \cdot CO \cdot C_4H_9$$

Bildung: Beim Kochen von Ergosterin mit Isovaleriansäureanhydrid.

Physikalische und chemische Eigenschaften: Die Verbindung bildet sehr feine, schneeweiße Nadeln, die bei 135° sintern, eine trübe Schmelze bilden und erst bei 160° klar schmelzen. $[\alpha]_D^{25} = -82°$.

Ergosteryl-palmitat[2].

$$C_{44}H_{74}O_2 = C_{28}H_{43}O \cdot CO \cdot C_{15}H_{31}$$

Bildung: Beim Erhitzen von Ergosterin und Palmitinsäure im Vakuum auf 190°.

Physikalische und chemische Eigenschaften: Die Verbindung bildet Blättchen vom Schmelzp. 107—108°, die in Alkohol sehr schwer, in Essigester ziemlich schwer löslich sind. $[\alpha]_D^{18} = -51°$.

Ergosteryloxalat[2].

$$C_{57}H_{84}O_4 = C_{28}H_{43}O \cdot CO \cdot COO \cdot C_{27}H_{41}$$

Bildung: Durch Zusammenschmelzen von Ergosterin und Oxalsäure oder beim Stehenlassen einer Pyridinlösung des Ergosterins mit Oxalylchlorid.

Physikalische und chemische Eigenschaften: Das Oxalat bildet nach dem Umkrystallisieren aus Essigester Nädelchen, die bei 255° schmelzen. $[\alpha]_D^{17} = -76°$.

Ergosterylbenzoat[2, 3].

$$C_{35}H_{48}O_2 = C_{28}H_{43}O \cdot CO \cdot C_6H_5$$

Bildung: Beim Stehenlassen von Ergosterin in Pyridin mit Benzoylchlorid.

Physikalische und chemische Eigenschaften: Der Ester ist in Alkohol ziemlich schwer löslich, leichter in Essigester und in Äther. Er schmilzt bei 168°, $[\alpha]_D = -68°$ (nach Bills und Honeywell $[\alpha]_D^{25} = -177°$[1]).

Ergosteryl-m-nitrobenzoat[4].

$$C_{35}H_{47}O_4N = C_{28}H_{43}O \cdot CO \cdot C_6H_4NO_2$$

entsteht bei der Einwirkung von m-Nitrobenzoylchlorid auf Ergosterin in Pyridinlösung. Es bildet aus Alkohol Platten vom Schmelzp. 151°; $[\alpha]_D = -71°$. Das in entsprechender Weise dargestellte

Ergosteryl-p-nitrobenzoat[4]

$$C_{35}H_{47}O_4N$$

schmilzt bei 182° und hat die Drehung $[\alpha]_D = -49,5°$.

Ergosteryl-3, 5-dinitro-4-methyl-1-benzoat[5].

$$C_{36}H_{48}O_6N_2 = C_{28}H_{43} \cdot O \cdot CO \cdot C_6H_2(CH_3)(NO_2)_2$$

Bildung: Aus Ergosterin und dem Säurechlorid bei Gegenwart von Pyridin.

Physikalische und chemische Eigenschaften: Der Ester schmilzt bei 213—214° und zeigt die Drehung $[\alpha]_D^{20} = -49°$ (Chloroform).

Ergosteryl-2-chlor-3, 5-dinitro-1-benzoat[5].

$$C_{35}H_{45}O_6N_2Cl = C_{28}H_{43} \cdot O \cdot CO \cdot C_6H_2Cl(NO_2)_2$$

Bildung wie oben. Schmelzp. 203—204°, $[\alpha]_D^{25} = -38°$ (Chloroform).

[1] C. E. Bills u. E. M. Honeywell: J. of biol. Chem. **80**, 22 (1928).
[2] A. Windaus u. O. Rygh: Nachr. Ges. Wiss. Göttingen, Math.-physik. Klasse **1928**, 202.
[3] H. Wieland u. M. Asano: Liebigs Ann. **473**, 310 (1929).
[4] H. Emerson u. F. W. Heyl: J. amer. chem. Soc. **52**, 2015 (1930).
[5] A. Windaus, F. v. Werder u. B. Gschaider: Ber. dtsch. chem. Ges. **65**, 1008 (1932).

Ergosterylcinnamat[1].

$$C_{37}H_{50}O_2 = C_{28}H_{43}O \cdot COCH : CHC_6H_5$$

Bildung: Durch Behandeln einer Ergosterinpyridinlösung mit Cinnamoylchlorid.

Physikalische und chemische Eigenschaften: Der Ester bildet langgestreckte, perlmutterglänzende Blätter, die in Chloroform leicht, in Essigester und in Alkohol schwerer löslich sind. Die Verbindung schmilzt bei 175° zu einer trüben Schmelze, die bei 190° klar wird. $[\alpha]_D^{18} = -50,8°$. S. dagegen [2].

Saurer Phthalsäureester des Ergosterins.

$$C_{36}H_{48}O_4 = C_{28}H_{43}O \cdot CO \cdot C_6H_4COOH$$

Bildung: Durch Einwirkung von Phthalsäureanhydrid auf Ergosterin in siedendem Pyridin.

Physikalische und chemische Eigenschaften: Das saure Phthalat krystallisiert aus Alkohol in Prismen vom Schmelzp. 169°. $[\alpha]_D = -51°$. Es bildet mit Metallen schwer lösliche Salze[3].

Ergosteryl-hippursäureester[4].

$$C_{37}H_{51}O_3N = C_{28}H_{43}O \cdot COC_8H_8ON$$

Bildung: Bei der Einwirkung von Hippurylchlorid auf Ergosterin in Chloroform bei Gegenwart von etwas Pyridin.

Physikalische und chemische Eigenschaften: Der Ester schmilzt nach dem Umkrystallisieren aus Alkohol und Aceton bei 166—167°. $[\alpha]_D^{25} = -67,5°$ (Chloroform).

Ergosteryl-diphenylacetat[1].

$$C_{42}H_{54}O_2 = C_{28}H_{43}OCO \cdot CH(C_6H_5)_2$$

Bildung: Beim Erwärmen von Ergosterin und Azibenzil in Essigesterlösung auf 65°.

Physikalische und chemische Eigenschaften: Das Diphenylacetat bildet ein Filzwerk feiner Nadeln, die bei 186° schmelzen und schwer löslich in Alkohol, ziemlich schwer löslich in Essigester und leicht löslich in Chloroform sind. $[\alpha]_D^{16} = -60°$.

Ergosteryl-allophansäureester[1].

$$C_{30}H_{46}O_3N_2 = C_{28}H_{43}O \cdot CONH \cdot CONH_2$$

Bildung: Beim Einleiten von Cyansäuredampf in eine 1proz. Lösung von Ergosterin in Benzol.

Physikalische und chemische Eigenschaften: Die Verbindung bildet weiche Nadeln vom Schmelzp. 250°; sie ist ziemlich leicht löslich in Pyridin, dagegen sehr schwer löslich in allen anderen organischen Lösungsmitteln.

Ergosteryl-phenylurethan[1].

$$C_{35}H_{49}O_2N = C_{28}H_{43}O \cdot CONH \cdot C_6H_5$$

Bildung: Beim Erwärmen von Ergosterin und Phenylisocyanat unter Rückfluß in Benzollösung oder beim Erhitzen der Komponenten ohne Lösungsmittel auf 180°.

Physikalische und chemische Eigenschaften: Die Verbindung bildet nach dem Umkrystallisieren aus Essigester Prismen, die schwer löslich sind in kaltem Alkohol und Essigester, leicht löslich in Äther und sehr leicht löslich in Chloroform und Tetrachlorkohlenstoff. Der Schmelzpunkt liegt bei 185°, die optische Drehung beträgt für $[\alpha]_D^{16} = -63,1°$ (Chloroform). Vgl. [3].

---

[1] A. Windaus u. O. Rygh: Nachr. Ges. Wiss. Göttingen, Math.-physik. Kl. **1928**, 202.
[2] C. E. Bills u. E. M. Honeywell: J. of biol. Chem. **80**, 22 (1928).
[3] H. Emerson u. F. W. Heyl: J. amer. chem. Soc. **52**, 2015 (1930).
[4] D. W. Mac Corquodale, H. Steenbock u. H. Atkins: J. amer. chem. Soc. **52**, 2512 (1930).

Ergosteryl-α-naphthylurethan[1].

$$C_{39}H_{57}O_2N = C_{28}H_{43}O \cdot CONH \cdot C_{10}H_7$$

Bildung: Durch Zusammenschmelzen der Komponenten oder beim Kochen gleicher Gewichtsmengen Naphthylisocyanat und Ergosterin in Benzollösung.

Physikalische und chemische Eigenschaften: Nach dem Auswaschen mit Petroläther und Umkrystallisieren aus Essigester erhält man das α-Naphthylurethan in feinen weichen Nadeln; zuweilen scheidet sich der Stoff zunächst aus der Lösung als Gallerte aus. Das Naphthylurethan ist leicht löslich in Äther, Chloroform und Tetrachlorkohlenstoff, ziemlich schwer löslich in Essigester und Alkohol. Der Schmelzpunkt liegt bei 186°, $[\alpha]_D^{16} = -55°$ (Chloroform).

Ergosteryläther.

Ergosterin-methyläther[2] $C_{29}H_{46}O = C_{28}H_{43} \cdot O \cdot CH_3$.

Bildung: Aus Ergosterinnatrium mit Jodmethyl.

Physikalische und chemische Eigenschaften: Der Äther krystallisiert aus Essigester-Alkohol in Blättchen vom Schmelzp. 151—152°. $[\alpha]_D^{22} = -114°$ (Chloroform).

Ergosterin-äthyläther[2] $C_{30}H_{48}O = C_{28}H_{43} \cdot O \cdot C_2H_5$.

Bildung: Durch Einwirkung von Jodäthyl und Silberoxyd auf Ergosterin bei Gegenwart von etwas Ätznatron.

Physikalische und chemische Eigenschaften: Die Verbindung krystallisiert aus Aceton in Nädelchen, die bei 123—124° schmelzen. $[\alpha]_D^{21} = -111°$ (Chloroform).

Ergosterin-benzyläther[2] $C_{35}H_{50}O = C_{28}H_{43} \cdot O \cdot C_7H_7$.

Bildung: Durch Einwirkung von Benzylchlorid auf Ergosterinkalium.

Physikalische und chemische Eigenschaften: Durch Umkrystallisieren aus Essigester und Aceton wird die Verbindung in seidigen Nadeln erhalten vom Schmelzp. 134—135°. $[\alpha]_D^{19} = -61°$ (Chloroform).

Ergosteryl-d-Glykosid[3].

$$C_{34}H_{54}O_6 = C_{28}H_{43}O \cdot C_6H_{11}O_5$$

Bildung: Durch Einwirkung von Tetraacetylbromglykose auf Ergosterin in Äther bei Gegenwart von Silberoxyd und Verseifen des Rohproduktes mit 10proz. alkoholischer Kalilauge.

Physikalische und chemische Eigenschaften: Das Glykosid wird aus wässerigem Pyridin in farblosen Krystallen vom Schmelzp. 308° erhalten, $[\alpha]_D^{25} = -98,5°$. Bei der Hydrolyse mit Salzsäure in Alkohol-Amylalkohol werden Glykose und Iso-ergosterin erhalten. Durch Behandeln mit Essigsäureanhydrid entsteht Tetraacetyl-ergosteryl-d-glykosid $C_{42}H_{62}O_{10}$, Schmelzp. 167°, $[\alpha]_D^{25} = -43,0°$.

Isomere des Ergosterins.

Es sind von verschiedenen Autoren und nach verschiedenen Methoden Isomere des Ergosterins hergestellt worden, deren Einheitlichkeit und Identität zum Teil schwer festzustellen ist. Eine kritische Würdigung dieser Arbeiten sowie genaue Untersuchung der einzelnen Individuen und Zuordnung zu bestimmten Gruppen sind neuen Arbeiten von Windaus und seinen Mitarbeitern zu verdanken[4,5].

Isomerisierung durch Einwirkung von Chlorwasserstoff.

Durch Einwirkung von Chlorwasserstoff auf Ergosterinacetat entsteht nicht, wie früher angenommen, ein einheitliches Isoergosterinacetat, sondern ein Gemisch von 3 Isomeren, den Acetaten von Ergosterin B_1, B_2 und B_3. Je nach den Versuchsbedingungen tritt bevorzugt die Bildung eines oder des anderen Isomeren ein.

[1] A. Windaus u. O. Rygh: Nachr. Ges. Wiss. Göttingen, Math.-physik. Kl. **1928**, 202.

[2] J. M. Heilbron u. J. C. E. Simpson: J. chem. Soc. Lond. **1932**, 268.

[3] D. W. Mac Corquodale, H. Steenbock u. H. Atkins: J. amer. chem. Soc. **52**, 2512 (1930).

[4] A. Windaus, K. Dithmar, H. Murke u. F. Suckfüll: Liebigs Ann. **488**, 91 (1931).

[5] K. Dithmar u. Th. Achtermann: Hoppe-Seylers Z. **205**, 55 (1932).

Ergosterin B₁.

Das Acetat des Ergosterins B_1 wird als schwerstlösliche Fraktion erhalten beim Einleiten von trockenem Chlorwasserstoff in eine auf $0°$ gekühlte Lösung von Ergosterinacetat in trockenem Chloroform, Abdampfen dieser Lösung auf dem Wasserbad und Umkrystallisieren aus Essigester, Methylalkohol und einem Benzol-Alkoholgemisch. Das reine Acetat schmilzt bei $142°$ und zeigt die Drehung $[\alpha]_D^{19} = -53,6°$ (Chloroform). Es ist in Chloroform, Benzol und Äther leicht löslich, schwerer in Methyl- und Äthylalkohol.

Durch Erwärmen mit methylalkoholischer Kalilauge entsteht aus dem Acetat das Ergosterin B_1, das nach dem Umkrystallisieren aus Äther-Methylalkohol zu Büscheln vereinigte Nadeln vom Schmelzp. $148°$ bildet, $[\alpha]_D^{19} = -40,3°$ (Chloroform). Ergosterin B_1 liefert ein schwer lösliches Digitonid. Es kondensiert selbst bei $100°$ nicht mit Maleinsäureanhydrid.

Ergosterin B_1 entsteht auch aus Ergostatrienon B_1 (s. unten) durch Reduktion mit Natrium und Alkohol[1].

Durch katalytische Perhydrierung geht Ergosterin B_1 in (allo-α-)Ergostanol über[1].

Ergosterin B₂.

Behandelt man die bei der Reinigung von Ergosteryl-B_1-acetat anfallende Mutterlaugenfraktion mit Maleinsäureanhydrid in Benzollösung unter Erhitzen, so verbindet sich ein kleiner Teil des Materials mit Maleinsäureanhydrid, während etwa 85% als neutraler Anteil zurückgewonnen werden. Beim Acetylieren dieses Anteils erhält man Ergosteryl-B_2-acetat, das in völlig reinem Zustand bei $100°$ schmilzt und die Drehung $[\alpha]_D^{18} = -80,4°$ zeigt (Chloroform). Das entsprechende freie Ergosterin B_2 besitzt den Schmelzp. $126°$ und die Drehung $[\alpha]_D = -88,4°$ (Chloroform). Es krystallisiert aus Methanol in kleinen Nadeln und ist etwas löslicher als sein Isomeres. Ebenso wie dieses bildet es mit Digitonin ein schwer lösliches Additionsprodukt, während es mit Maleinsäureanhydrid nicht reagiert.

Ergosterin B₃.

Das Acetat dieser Verbindung wird in Form seines Maleinsäureanhydrid-additionsproduktes als Nebenprodukt bei der Darstellung des B_1- und B_2-Isomeren erhalten. Zur Darstellung wird Ergosterinacetat in Chloroform bei $0°$ mit trockenem Chlorwasserstoff behandelt und die Lösung vor dem Eindampfen mit kalter Natriumbicarbonatlösung zur Entfernung der Salzsäure durchgeschüttelt. Das Rohprodukt bildet nach mehrfachem Umkrystallisieren aus Äther-Methylalkohol und Eisessig derbe Nadeln vom Schmelzp. $132°$ und der Drehung $[\alpha]_D^{19} = -182,9°$ (Chloroform). Beim Erwärmen mit Maleinsäureanhydrid verbindet es sich vollständig mit diesem zu einem in Nadeln krystallisierenden Additionsprodukt $C_{34}H_{48}O_5$ vom Schmelzp. $207°$.

Ergosterin B_3, welches durch Verseifen des Acetates erhalten wird, krystallisiert in langen, biegsamen Nadeln vom Schmelzp. $136°$ und der Drehung $[\alpha]_D^{20} = -190°$.

Als Derivate eines der Ergosterin B-Isomeren sind anzusprechen:

Iso-ergosteryl-m-nitrobenzoat[2].

$$C_{35}H_{47}O_4N = C_{28}H_{43}O \cdot CO \cdot C_6H_4NO_2$$

Bildung: Durch Einwirkung von m-Nitrobenzoylchlorid auf Ergosterin ohne Pyridin, gegebenenfalls mit Toluol als Lösungsmittel.

Physikalische und chemische Eigenschaften: Die Verbindung ist optisch inaktiv, sie schmilzt bei $172°$. Das in entsprechender Weise bereitete

Iso-ergosteryl-p-nitrobenzoat[2]

$$C_{35}H_{47}O_4N = C_{28}H_{43}O \cdot CO \cdot C_6H_4NO_2$$

schmilzt bei $189°$. Bei der Verseifung entsteht aus beiden Estern Isoergosterin vom Schmelzpunkt $137°$ und der Drehung $[\alpha]_D = -32,6°$.

---

[1] K. Dithmar u. Th. Achtermann: Hoppe-Seylers Z. **205**, 55 (1932).
[2] H. Emerson u. F. W. Heyl: J. amer. chem. Soc. **52**, 2015 (1930).

Iso-ergosteryl-chloracetat[1].

$$C_{30}H_{45}O_2Cl = C_{28}H_{43}O \cdot CO \cdot CH_2Cl$$

Bildung: Aus Ergosterin in Chloracetylchlorid ohne Pyridin.

Physikalische und chemische Eigenschaften: Die nach dem Umkrystallisieren aus Eisessig oder Äther erhaltenen Platten schmelzen bei 190°; $[\alpha]_D = -45°$, nach Bills und Cox Blättchen vom Schmelzp. 196°, $[\alpha]_{5461}^{25°} = -62,6°$[2].

Iso-ergosteryl-methyläther[3].

$$C_{29}H_{46}O = C_{28}H_{43} \cdot O \cdot CH_3$$

Bildung: Beim Einleiten von Salzsäuregas in eine Chloroformlösung von Ergosterinmethyläther.

Physikalische und chemische Eigenschaften: Die Verbindung krystallisiert aus Aceton in Tafeln vom Schmelzp. 116°. $[\alpha]_D^{20} = -66°$ (Chloroform).

Isomerisierung durch Einwirkung von Natriumäthylat (Epi-Ergosterine)[4].

Epi-Ergosterin B₁.

Bildung: Beim Erhitzen von Ergosterin B_1 mit Natriumäthylat auf 200° im stickstoffgefüllten Rohr und Abtrennen des unveränderten Ergosterins B_1 als Digitonid.

Physikalische und chemische Eigenschaften: Epi-Ergosterin B_1, welches mit Digitonin nicht fällbar ist, liefert beim Erhitzen mit Natriumäthylat auf 200° Ergosterin B_1 zurück. Es schmilzt bei 182—183° und läßt sich in ein schön krystallisiertes Acetylderivat überführen, das nach dem Umkrystallisieren aus Methylalkohol bei 136° schmilzt.

Epi-Ergosterin B₂.

Bildung: Entsprechend wie im Falle des Epi-Ergosterin B_1 aus Ergosterin B_2.

Physikalische und chemische Eigenschaften: Der Schmelzpunkt der Verbindung liegt bei 163°, der Schmelzpunkt des Acetylderivates, das in Nadeln krystallisiert, liegt bei 127°.

Epi-Ergosterin D.

Bildung: In entsprechender Weise wie beim Epi-Ergosterin B aus Ergosterin D. Auch beim Erhitzen von Dehydroergosterin mit Natriumäthylat und Behandeln des Rohproduktes mit Digitonin wird im nichtfällbaren Anteil als Hauptprodukt Epi-Ergosterin D erhalten; es ist also gleichzeitig mit der Epimerisierung Hydrierung erfolgt. Ferner entsteht Epi-Ergosterin D durch Dehydrierung des Epi-Dehydroergosterins I mit Mercuriacetat.

Physikalische und chemische Eigenschaften: Die Verbindung krystallisiert aus Äther-Methylalkohol in schönen seidenglänzenden Nadeln vom Schmelzp. 203—204°, $[\alpha]_D^{19} = +36,2°$ (Chloroform). Es löst sich leicht in Chloroform und Äther, schwerer in Methylalkohol. Das Acetylderivat bildet nach dem Umkrystallisieren aus Methylalkohol kleine Blättchen, die bei 150° schmelzen und die Drehung $[\alpha]_D = +40,6°$ besitzen.

Isomerisierung durch Erhitzen von Dehydroergosterin mit Nickel und nachfolgende Hydrierung[4].

Auf diesem Wege wurden erhalten:

Ergosterin D

s. Ergosta-trienol D, S. 853.

Ergosterin D entsteht ferner als Hauptprodukt des digitoninfällbaren Anteils beim Erhitzen von Dehydroergosterin mit Natriumäthylat, Schmelzp. 170°, $[\alpha]_D = +17,8°$. Schmelzpunkt des Acetylderivates 173—174°, $[\alpha]_D = +20,7°$.

[1] H. Emerson u. F. W. Heyl: J. amer. chem. Soc. **52**, 2015 (1930).
[2] C. E. Bills u. W. M. Cox jun.: J. of biol. Chem. **84**, 455 (1929).
[3] J. M. Heilbron u. J. C. E. Simpson: J. chem. Soc. Lond. **1932**, 268.
[4] A. Windaus, K. Dithmar, H. Murke u. F. Suckfüll: Liebigs Ann. **488**, 91 (1931).

U-Ergosterin

s. u-Ergosta-trienol S. 853.

Isomerisierung durch H_2-Abspaltung und -Wiederanlagerung[1].

Ergosterin F.

$C_{28}H_{44}O$

Bildung: Bei der Behandlung von Dehydroergosterin mit Natrium in abs. Alkohol.

Physikalische und chemische Eigenschaften: Ergosterin F schmilzt nach mehrmaligem Umkrystallisieren aus Alkohol bei 150—151°. Es zeigt im Ultraviolettspektrum zwei Banden bei etwa 252 und 235 mμ. Mit Digitonin bildet es ein unlösliches Digitonid. Das Acetylderivat bildet Blättchen, die bei 152—153° schmelzen; $[\alpha]_D^{12} = -23,5°$. Das Phenylurethan krystallisiert aus Äther in Nädelchen. Schmelzp. 167°, $[\alpha]_D = -18,4°$ (Benzol).

Bei der vollständigen Hydrierung mit Platin in Eisessig geht Ergosterin F in Allo-α-Ergostanol über. Bei der Hydrierung mit Natrium in siedendem Propylalkohol entsteht ein Isomeres des Dihydroergosterins.

Ergosterin G[2].

$C_{28}H_{44}O$

Bildung: Durch Verseifung des Acetats, welches erhalten wird beim Behandeln der Acetylverbindung von Ergosterin F mit Salzsäuregas in Chloroformlösung.

Physikalische und chemische Eigenschaften: Ergosterin G bildet aus Äther-Methylalkohol Blättchen vom Schmelzp. 149—150°. $[\alpha]_D^{19} = -52,2°$. Das Acetat krystallisiert aus Äther-Methylalkohol in silberglänzenden Nadeln vom Schmelzp. 182° und der Drehung $[\alpha]_D^{19} = -62,5°$ (Chloroform).

Isomerisierung durch H_2-Anlagerung und -Wiederabspaltung.

Ergosterin E[3].

$C_{28}H_{44}O$

Bildung: Ergosterin E entsteht aus β-Dihydroergosterin in entsprechender Weise wie Ergosterin D aus α-Dihydroergosterin (Mercuriacetatbehandlung).

Physikalische und chemische Eigenschaften: Aus Methylalkohol-Essigester scheidet sich die Verbindung in farblosen Platten ab, die bei 124—125° schmelzen. $[\alpha]_{5461}^{18} = -22,9°$ (Chloroform). Die Acetylverbindung besitzt den Schmelzp. 119—120° und die Drehung $[\alpha]_{5461}^{18} = -38,0°$ (Chloroform).

Isomerisierung durch Ultraviolettbestrahlung.

Vitamin D_1 [4].

$C_{28}H_{44}O$.

Bildung: Bei der Bestrahlung einer Ergosterinlösung mit dem Licht einer Quecksilberdampflampe unter Verwendung eines erst über 290 mμ durchlässigen Uviolglasdoppelfilters. Nach Entfernung des unveränderten Ergosterins wird eine mit Citraconsäureanhydrid leichter reagierende Beimengung durch dieses Reagens abgetrennt.

Physikalische und chemische Eigenschaften: Vitamin D_1 krystallisiert in langen, gut ausgebildeten Nadeln. Es zeigt die spezifische Drehung $[\alpha]_D^{18} = +140,5°$ in Aceton. $[\alpha]_{5461}^{20} = +171°$. Der Schmelzpunkt liegt bei 124—125°; das U.V.-Absorptionsmaximum liegt bei 265 mμ mit einem Absorptionskoeffizienten von 1,56 für die 0,02proz. Lösung in Normalbenzin.

[1] A. Windaus, K. Dithmar, H. Murke u. F. Suckfüll: Liebigs Ann. **488**, 91 (1931).
[2] Z. Nakamiya: Hoppe-Seylers Z. **203**, 255 (1931).
[3] J. M. Heilbron, F. Johnstone u. F. St. Spring: J. chem. Soc. Lond. **1929**, 2248.
[4] A. Windaus, A. Lüttringhaus u. M. Deppe: Liebigs Ann. **489**, 252 (1931).

Vitamin D_1 ist eine Anlagerungsverbindung von Vitamin D_2 und Lumisterin[1]. Es kann auch aus gleichen Molekülen der Komponenten dargestellt werden. Die Zerlegung der Verbindung erfolgt durch Acetylierung, dabei wird nur das Lumisterinacetat krystallisiert erhalten.

Lumisterin[1].

$$C_{28}H_{44}O$$

Bildung: Beim Erwarmen von Vitamin D_1 in Essigsäureanhydrid auf dem Wasserbad werden die Essigsäureester der Komponenten gebildet (s. oben). Aus dem krystallinisch erhaltenen Lumisterylacetat wird durch Erhitzen mit methylalkoholischer Kalilauge das Lumisterin gewonnen.

Physikalische und chemische Eigenschaften: Lumisterin krystallisiert aus Aceton-Methylalkohol in feinen Nadeln, die den Schmelzp. 118° besitzen. $[\alpha]_D^{19} = +191,5°$. Es ist leicht in Chloroform, Äther und Aceton, etwas schwerer löslich in Methylalkohol. — Lumisterin ist physiologisch unwirksam. Bei Bestrahlung mit ultraviolettem Licht geht Lumisterin in Vitamin D_2 über.

Lumisterylacetat[1].

$$C_{30}H_{46}O_2$$

Bildung: Beim Erwärmen von Vitamin D_1 mit Essigsäureanhydrid (s. oben).

Physikalische und chemische Eigenschaften: Das Acetat krystallisiert aus Aceton-Methylalkoholgemisch in derben Nadeln, die leicht in Chloroform, Äther und Aceton, etwas schwerer löslich in Methylalkohol sind. Schmelzp. 100°.

Dihydrolumisterin[1].

$$C_{29}H_{46}O$$

Bildung: Beim Behandeln von Lumisterin in absolutem Alkohol mit Natrium.

Physikalische und chemische Eigenschaften: Die Verbindung bildet aus wässerigem Alkohol lange Nadeln vom Schmelzp. 138—139° (Chloroform). $[\alpha]_D^{18} = +50,4°$. Sie sind leicht löslich in Chloroform, Äther und Aceton, etwas schwerer in Methylalkohol. Das durch Einwirkung von Essigsäureanhydrid gebildete Acetat bildet aus Alkohol Blättchen, die bei 142° schmelzen. $[\alpha]_D^{19} = +25,2°$ (Chloroform). Der Benzoesäureester, mit Benzoylchlorid und Pyridin dargestellt, bildet Blättchen vom Schmelzp. 130°. $[\alpha]_D^{19} = +4,8°$ (Chloroform).

Epidihydrolumisterin[1].

$$C_{28}H_{46}O$$

Bildung: Durch Erhitzen von Dihydrolumisterin mit Natriumäthylat im Rohr und Isolierung als schwerlösliches Digitonid. (Trennung von unverändertem Lumisterin.)

Physikalische und chemische Eigenschaften: Die Verbindung krystallisiert in Nadeln und schmilzt bei 140°. $[\alpha]_D^{18} = +43,3°$ (Chloroform). Das Acetylderivat krystallisiert in Blättchen und schmilzt bei 127°. $[\alpha]_D^{19} = +48,6°$ (Chloroform).

Das Benzoat bildet Nadeln (aus Aceton) vom Schmelzp. 151°. $[\alpha]_D^{19} = +35,7°$ (Chloroform).

Mit Dihydrolumisterin bildet die Epiverbindung eine Anlagerungsverbindung im Molverhältnis 1:1, die aus Essigester-Methylalkohol in Nadeln vom Schmelzp. 186° krystallisiert.

Iso-lumisterin[1].

$$C_{28}H_{44}O$$

Bildung: Beim Einleiten von trockenem Chlorwasserstoff in der Kälte in eine Chloroformlösung von Lumisterin.

Physikalische und chemische Eigenschaften: Iso-lumisterin krystallisiert aus Aceton in derben Nadeln, die bei 138° schmelzen. $[\alpha]_D^{18} = -125,0°$ (Chloroform). Es ist in organischen Lösungsmitteln schwerer löslich als Lumisterin.

---

[1] A. Windaus, K. Dithmar u. E. Fernholz: Liebigs Ann. **493**, 259 (1932).

Das Absorptionsspektrum (in Benzinlösung) zeigt ein Maximum bei 248—250 mμ.
Das Acetylderivat bildet Nadeln vom Schmelzp. 128°.

Epi-iso-lumisterin[1].

$$C_{28}H_{44}O$$

Bildung: Beim Erhitzen von Iso-lumisterin mit Natriumäthylat.

Physikalische und chemische Eigenschaften: Dieses Sterin bildet ein schwer lösliches Digitoninadditionsprodukt im Gegensatz zu Iso-lumisterin. Es bildet aus Alkohol Nadeln vom Schmelzp. 165° und der Drehung $[\alpha]_D^{17} = -123°$ (Aceton). Das Acetat krystallisiert aus Methylalkohol in schimmernden Blättchen vom Schmelzp. 117°. $[\alpha]_D^{19} = -105,7°$.

Vitamin D$_2$[2, 3, 4].

Bildung: Bei der Bestrahlung einer Ergosterinlösung mit dem unfiltrierten Licht einer Magnesiumfunkenstrecke und Behandlung der von Ergosterin befreiten Lösung nach der Citraconsäureanhydrid-Methode.

Physikalische und chemische Eigenschaften: Vitamin D$_2$ schmilzt bei 114—115°; es gibt mit Vitamin D$_1$ einen stark herabgesetzten Mischschmelzpunkt. Die spez. Drehung beträgt für $[\alpha]_D = +85°$ in Acetonlösung und $+44°$ in Benzinlösung. Das Absorptionsmaximum liegt bei 265 mμ mit einem Absorptionskoeffizienten von 2,18 für die 0,02proz. Lösung.

Vitamin D$_2$-dinitro-benzoat.

$$C_{35}H_{46}O_6N_2 = C_{28}H_{43} \cdot O \cdot CO \cdot C_6H_3(NO_2)_2$$

Bildung: Beim Erwärmen von Vitamin D$_2$ und m-Dinitro-benzoylchlorid in Pyridinlösung auf dem Wasserbad.

Physikalische und chemische Eigenschaften: Der Ester krystallisiert in derben gelben Prismen vom Schmelzp. 148—149°. Sie sind leicht löslich in Chloroform und Benzol, etwas schwerer löslich in Essigester, fast unlöslich in Methylalkohol. $[\alpha]_D^{20} = +55°$ (Benzol), $[\alpha]_D^{18} = +79,5°$ (Aceton).

Vitamin D$_2$-3, 5-dinitro-4-methyl-1-benzoat[5].

$$C_{36}H_{48}O_6N_2 = C_{28}H_{43} \cdot O \cdot CO \cdot C_6H_2(CH_3)(NO_2)_2$$

Bildung wie oben.
Schmelzp. 115—116°, $[\alpha]_D^{22} = +91°$ (Aceton).

Vitamin D$_2$-2-chlor-3, 5-dinitro-1-benzoat[5].

$$C_{35}H_{45}O_6N_2Cl = C_{28}H_{43} \cdot O \cdot CO \cdot C_6H_2Cl(NO_2)_2$$

Schmelzp. 132°, $[\alpha]_D^{22} = +60°$ (Aceton).

Dihydro-Vitamin D$_2$[3].

$$C_{28}H_{46}O$$

Bildung: Durch Hydrierung von Vitamin D$_2$ in siedender Propylalkohollösung mit Natrium und Isolierung über das Allophanat.

Physikalische und chemische Eigenschaften: Das Allophanat bildet in Methylalkohol und Äther ziemlich schwer lösliche Nadeln vom Schmelzp. 184—186°, $[\alpha]_D^{20} = +14,1°$ (Chloroform). Durch Verseifen mit methylalkoholischer Kalilauge wird das außerordentlich leicht lösliche Dihydro-Vitamin D$_2$ erhalten. Schmelzp. 65°, $[\alpha]_D^{20} = +8,02°$ (Chloroform). Der Benzoesäureester bildet Nadeln vom Schmelzp. 72°, $[\alpha]_D^{22} = +28,5°$ (Äthylalkohol).

---

[1] A. Windaus, K. Dithmar u. E. Fernholz: Liebigs Ann. **493**, 259 (1932).
[2] A. Windaus u. A. Lüttringhaus: Hoppe-Seylers Z. **203**, 70 (1931).
[3] A. Windaus, O. Linsert, A. Lüttringhaus u. G. Weidlich: Liebigs Ann. **492**, 226 (1932).
[4] F. A. Askew, R. B. Bourdillon, H. M. Bruce, R. K. Callow: J. St. L. Philpot u. T. A. Webster: Proc. roy. Soc. Lond., Ser. B **109**, 488 (1932).
[5] A. Windaus, F. v. Werder u. B. Gschaider: Ber. dtsch. chem. Ges. **65**, 1008 (1932).

840 O. Dalmer: Sterine.

Suprasterin I.

$$C_{28}H_{44}O.$$

Bildung: Durch langdauernde Ultraviolettbestrahlung (Überbestrahlung) von Ergosterin-lösungen.

Physikalische und chemische Eigenschaften: Suprasterin I ist antirachitisch unwirksam. Es krystallisiert in leicht löslichen Nadeln vom Schmelzp. 104°, die Drehung ist $[\alpha]_D^{18} = -76°$. Die Liebermann-Burchardtsche Reaktion gibt eine olivgrüne Farbe. Die Reaktion nach Tortelli-Jaffé verläuft negativ. Der Allophansäureester, der zur Abtrennung vom Suprasterin II benutzt wird, hat die Zusammensetzung $C_{30}H_{46}O_3N_2$ und den Schmelzp. ca. 219°, $[\alpha]_D = -40°$. Der Benzoesäureester $C_{35}H_{48}O_2$ entsteht durch Einwirkung von Benzoylchlorid in Pyridinlösung, er bildet aus Aceton kleine Blättchen vom Schmelzp. 96°. $[\alpha]_D^{18} = -50,0°$[1].

Suprasterin II.

$$C_{28}H_{44}O.$$

Bildung: Neben Suprasterin I bei langdauernder Bestrahlung des Ergosterins. Das Rohprodukt wird nach Umwandlung in den Allophansäureester fraktioniert.

Physikalische und chemische Eigenschaften: Die Verbindung krystallisiert aus Aceton oder Methylalkohol in derben Prismen vom Schmelzp. 110°, $[\alpha]_D^{19} = +62,9°$. Das Allophanat $C_{30}H_{46}O_3N_2$ schmilzt bei 224°, $[\alpha]_D^{18} = +80°$. Das Oxalat $C_{57}H_{84}O_4$ krystalliert aus Aceton in Blättchen vom Schmelzp. 165°. $[\alpha]_D^{17} = +75,3°$[1].

Hydrierungsprodukte des Ergosterins.

α-Dihydroergosterin[2,3] (Dihydroergosterin I).

$$C_{28}H_{46}O = C_{28}H_{45}OH.$$

Vorkommen: In der Mutterlauge von der Darstellung des Ergosterins aus dem Unverseifbaren des Mutterkorns[4].

Bildung: Bei langdauernder Behandlung von Ergosterinperoxyd oder von Ergosterin in abs. Alkohol mit Natrium.

Physikalische und chemische Eigenschaften: In kaltem Alkohol ist Dihydroergosterin schwer löslich, leichter löslich ist es in Aceton und besonders in Äther und Chloroform; Schmelzp. 173—174°, $[\alpha]_D^{17} = -20,4°$. Die Substanz gibt mit Arsentrichlorid und Antimontrichlorid keine Farbreaktionen. Durch Kochen mit Essigsäureanhydrid entsteht das Acetylderivat, das nach dem Umkrystallisieren aus Alkohol oder Essigester in glänzenden Blättchen krystallisiert 180—181°. Das Acetylderivat kann wieder zum Dihydroergosterin verseift werden, das dann den Schmelzp. 174—175° und die Drehung $[\alpha]_D^{14} = -20,1°$ zeigt.

α-Dihydro-ergosteryl-methyläther[5].

$$C_{29}H_{48}O = C_{28}H_{45} \cdot O \cdot CH_3$$

Bildung: Bei der Einwirkung von Jodmethyl und Silberoxyd auf α-Dihydroergosterin bei Gegenwart von etwas Ätznatron.

Physikalische und chemische Eigenschaften: Nach dem Umlösen aus Essigester-methanol krystallisiert die Verbindung aus Aceton in Blättchen vom Schmelzp. 148°. $[\alpha]_D^{22} = -22,8°$ (Chloroform).

β-Dihydroergosterin[3].

$$C_{28}H_{46}O = C_{28}H_{45}OH.$$

Bildung: Beim Einleiten von trockenem Chlorwasserstoff in eine Chloroformlösung des α-Dihydroergosterylacetates und Verseifen des Reaktionsproduktes mit alkoholischer Kalilauge.

[1] A. Windaus, J. Gäde, J. Köser u. G. Stein: Liebigs Ann. **483**, 17 (1930).

[2] A. Windaus u. J. Brunken: Liebigs Ann. **460**, 227 (1928).

[3] J. M. Heilbron, F. Johnstone u. F. St. Spring: J. chem. Soc. Lond. **1929**, 2248.

[4] F. W. Heyl u. O. F. Swoap: J. amer. chem. Soc. **52**, 3688 (1930). — F. W. Heyl: J. amer. chem. Soc. **54**, 1074 (1932). — M. C. Hart u. H. Emerson: J. amer. chem. Soc. **54**, 1077 (1932).

[5] J. M. Heilbron u. J. C. E. Simpson: J. chem. Soc. Lond. **1932**, 268.

Physikalische und chemische Eigenschaften: β-Dihydroergosterin krystallisiert aus abs. Alkohol in krystallwasserhaltigen Platten vom Schmelzp. 124°. $[\alpha]_{5461}^{18} = -7,0°$ (Chloroform). Das Acetat krystallisiert gleichfalls in Platten und schmilzt bei 108—109°, $[\alpha]_{5461}^{20} = -25,2°$ (Chloroform).

γ-Dihydroergosterin[1].

$$C_{28}H_{46}O = C_{28}H_{45}OH.$$

Bildung: Bei mehrstündigem Kochen einer Lösung von Ergosterin in Amylalkohol unter allmählichem Zufügen von Natrium, oder beim Erhitzen von α-Dihydroergosterin mit einer Lösung von Natriumamylat in Amylalkohol.

Physikalische und chemische Eigenschaften: Das durch mehrfaches Umkrystallisieren aus Alkohol gereinigte γ-Dihydroergosterin krystallisiert in langen Nadeln vom Schmelzp. 205 bis 206°, $[\alpha]_{5461}^{20} = -10°$ (Chloroform). Die Verbindung bildet ein unslösliches Digitonid, der Schmelzpunkt des Acetates liegt bei 179°.

Epi-Dihydroergosterin I[2].

$$C_{28}H_{46}O.$$

Bildung: Beim Erhitzen von Dihydroergosterin I mit Natriumäthylat auf 220° und Isolierung des mit Digitonin nicht fällbaren Anteils.

Physikalische und chemische Eigenschaften: Nach Reinigung über das Acetylderivat (Schmelzp. 156°, $[\alpha]_D = +40,1°$) zeigt das Epi-Dihydroergosterin I den Schmelzp. 215—216° und die Drehung $[\alpha]_D = -4,4°$.

Dihydroergosterin II[2, 3].

$$C_{28}H_{46}O.$$

Bildung: Beim Erhitzen von Ergosterin mit Natriumäthylat und Behandeln des Rückstandes mit Digitoninlösung. Aus dem ausgefällten Digitonid wird das Sterin mit Xylol extrahiert und nochmals einer Behandlung mit Natriumäthylat unterworfen.

Physikalische und chemische Eigenschaften: Dihydroergosterin bildet derbe Nadeln vom Schmelzp. 163°, $[\alpha]_D^{21} = -8,8°$. Das Acetylderivat krystallisiert aus Essigester in dünnen Blättchen vom Schmelzp. 164—165°, $[\alpha]_D^{21} = -16,2°$.

Epi-Dihydroergosterin II[2, 3].

$$C_{28}H_{46}O.$$

Bildung: Wie Dihydroergosterin II, jedoch in dem mit Digitonin nicht reagierenden Anteil, ferner durch Erhitzen von Dihydroergosterin II mit Natriumäthylat.

Physikalische und chemische Eigenschaften: Nach Umkrystallisieren aus Äther-Methylalkohol schmilzt die Verbindung bei 205—206°, nach Regeneration aus dem Acetat bei 216°, $[\alpha]_D^{20} = -4,92°$. Das Acetat schmilzt bei 155—156°, $[\alpha_D^{18}] = +3,88°$.

u-Ergosta-dienol[4].

$$C_{28}H_{46}O$$

Bildung: Neben Ergosta-dienon entsteht bei der Behandlung des Ergosterins mit Nickel ein u-Ergosta-dienon (= umgelagertes Ergosta-dienon), das sich aber nicht rein isolieren läßt. Durch Einwirkung von Natrium in Alkohol werden die Sterinketone in Sterinalkohole übergeführt, die durch Digitoninbehandlung und Acetylieren getrennt werden.

Physikalische und chemische Eigenschaften: Das so zunächst erhaltene Acetylderivat des u-Ergosta-dienols schmilzt bei 128°. $[\alpha]_D^{18} = +58°$. Durch Erwärmen mit methylalkoholischer Kalilauge wird es zum u-Ergosta-dienol verseift. Dieses bildet feine Nadeln vom Schmelzp. 170°. $[\alpha]_D^{17} = +42°$. Es ist leicht löslich in Chloroform, Äther, Petroläther und Aceton, schwerer in Alkohol.

---

[1] J. M. Heilbron, F. Johnstone u. F. St. Spring: J. chem. Soc. Lond. **1929**, 2248.
[2] A. Windaus, K. Dithmar, H. Murke u. F. Suckfüll: Liebigs Ann. **488**, 91 (1931).
[3] A. Windaus, E. Auhagen, W. Bergmann u. H. Butte: Liebigs Ann. **477**, 268 (1930).
[4] A. Windaus u. E. Auhagen: Liebigs Ann. **472**, 185 (1929).

Dehydroergostenolacetat[1].

$$C_{30}H_{48}O_2 = C_{28}H_{45}O \cdot COCH_3$$

Bildung: Durch Einwirkung von Benzopersäure auf α-Ergostenolacetat in Chloroform-lösung in der Kälte und Behandeln des Rohproduktes mit Eisessig-Schwefelsäure.

Physikalische und chemische Eigenschaften: Die Verbindung bildet aus Aceton-Methanol Blätter vom Schmelzp. 135—136°, $[\alpha]_D^{20} = -28,5°$ in Chloroform. Durch Verseifung mit alkoholischer Kalilauge entsteht

Dehydroergostenol[1].

$$C_{28}H_{45}OH$$

Die nach dem Umkrystallisieren aus Essigester-Methylalkohol erhaltenen flachen Spieße schmelzen bei 141° und haben die Drehung $[\alpha]_D^{16} = -18,2°$ (Chloroform). Bei der katalytischen Hydrierung in Essigesterlösung entsteht α-Ergostenol. — Dehydroergostenol entsteht auch aus α- und β-Ergostenoloxyd durch Erwärmen der alkoholischen Lösung mit verdünnter Schwefel-säure[2].

α-Ergosta-dienon[3] (Ergostadienon I).

$$C_{28}H_{44}O$$

Bildung: Mit feinverteiltem Nickel gemischtes Ergosterin wird längere Zeit auf 225° erhitzt, oder α-Dihydroergosterin wird in Eisessiglösung mit Chromsäure erwärmt[4].

Physikalische und chemische Eigenschaften: Das Keton zeigt den Schmelzp. 182—183° und die Drehung $[\alpha]_D^{19} = +2°$. Es krystallisiert in Blättchen, die leicht löslich in Chloroform, schwerer löslich in Äther und wenig löslich in Alkohol und Petroläther sind. Das in üblicher Weise bereitete Oxim krystallisiert aus Chloroform-Alkohol in kleinen Nadeln, die sich zwischen 240 und 250° zersetzen. Das Semicarbazon schmilzt bei 254°[4]. Bei der Behandlung des Ergosta-dienons mit Natrium in abs. Alkohol geht es in α-Dihydroergosterin über.

Beim Kochen einer Lösung von α-Ergostadienon in Alkohol mit einer Mischung von Quecksilberacetat und Eisessig wird Ergostatrienon D gebildet[5] Vgl. dazu S. 852.

β-Ergosta-dienon[4] (Ergostadienon III).

$$C_{28}H_{44}O$$

Bildung: Beim Erwärmen von β-Dihydroergosterin mit Chromsäure in Eisessig.

Physikalische und chemische Eigenschaften: Das reine Keton wird aus Eisessig in langen Nadeln vom Schmelzp. 125° erhalten. Es konnte auch durch Umlagerung des α-Ketons mit Chloroform-Salzsäure gewonnen werden. Das Semicarbazon bildet aus Methylalkohol Nadeln vom Schmelzp. 266°.

Als Ergostadienon III bezeichneten Dithmar und Achtermann[6] das Chlorwasserstoff-umlagerungsprodukt des Ergostadienon I. Sie fanden für das aus Alkohol in feinen Nadeln krystallisierende Keton den Schmelzp. 114°, $[\alpha]_D^{13} = -5,1°$ (Chloroform). Das wie üblich bereitete Oxim bildete aus Alkohol verfilzte Nadeln vom Schmelzp. 192—193° (Zers.).

Dihydroergosterin III[6].

$$C_{28}H_{46}O$$

Bildung: Durch Hydrierung des Ergostadienon III in absolut-alkoholischer Lösung mit Natrium.

Physikalische und chemische Eigenschaften: Die Verbindung krystallisiert aus Äthyl-alkohol in Blättchen, die bei 122° schmelzen. Sie ist leicht löslich in Chloroform, Äther, Aceton, und warmem Äthylalkohol, schwerer löslich in Methylalkohol. $[\alpha]_D^{18} = -16,7°$. Das Acetat krystallisiert aus Methylalkohol in schimmernden Blättchen vom Schmelzp. 108°, $[\alpha]_D^{17} = -25,3°$ (Chloroform). Dihydroergosterin III dürfte identisch sein mit β-Dihydroergosterin (s. S. 840). — Bei katalytischer Perhydrierung des Acetats geht es in (allo-α)-Ergostanolacetat über.

[1] A. Windaus u. A. Lüttringhaus: Liebigs Ann. **481**, 119 (1930).
[2] A. L. Morrison u. J. E. C. Simpson: J. of biol. Chem. **1932**, 1712.
[3] A. Windaus u. E. Auhagen: Liebigs Ann. **472**, 185 (1929).
[4] J. M. Heilbron, F. Johnstone u. F. St. Spring: J. chem. Soc. Lond. **1929**, 2248.
[5] J. M. Heilbron, F. St. Spring u. E. T. Webster: J. chem. Soc. Lond. **1932**, 1707.
[6] K. Dithmar u. Th. Achtermann: Hoppe-Seylers Z. **205**, 62 (1932).

α-Ergostenol (früher α-Ergostanol[1,2]).

$$C_{28}H_{48}O = C_{28}H_{47}OH$$

Bildung: Bei der katalytischen Hydrierung von Ergosterinacetat und Verseifung des hierbei zuerst entstehenden α-Tetrahydroergosterinacetates, ferner bei katalytischer Hydrierung des α- sowie des β-Ergostadienons[3].

Physikalische und chemische Eigenschaften: Das α-Ergostenol bildet Nadeln vom Schmelzp. 129° (Windaus und Großkopf) bzw. 129—130° (Reindel und Walter). Das Acetat schmilzt bei 103° bzw. 109—110°. Der Schmelzpunkt des Benzoates liegt bei 118 bis 120°[4,5].

α-Ergostenoloxyd[6].

$$C_{28}H_{48}O_2$$

Bildung: Aus α-Ergostenol und Benzopersäure in Chloroformlösung.

Physikalische und chemische Eigenschaften: Die Verbindung ist leicht löslich in heißem, schwer löslich in kaltem Methylalkohol, sie bildet feine Nadeln vom Schmelzp. 114—116°.

α-Ergostenol-methyläther[7].

$$C_{29}H_{50}O = C_{28}H_{47} \cdot O \cdot CH_3$$

Bildung: Aus α-Ergostenol mit Jodmethyl und Silberoxyd bei Gegenwart von etwas Ätznatron.

Physikalische und chemische Eigenschaften: Aus Äther-Methanol krystallisiert die Verbindung in Tafeln. Sie schmilzt bei 56° und besitzt die Drehung $[\alpha]_D^{20} = +6{,}3°$ (Chloroform). Bei der Behandlung mit Salzsäuregas in Chloroformlösung entsteht der β-Ergostenol-methyläther, der in Nadeln krystallisiert und bei 100° schmilzt.

β-Ergostenol[8].

$$C_{28}H_{48}O = C_{28}H_{47}OH$$

Bildung: Durch Verseifen des β-Ergostenylbenzoats, welches erhalten wird durch Chlorwasserstoffbehandlung einer eiskalten Lösung von α-Ergostenylbenzoat in trockenem Chloroform.

Physikalische und chemische Eigenschaften: β-Ergostenol krystallisiert aus Alkohol in großen Platten und aus Äther, Aceton und Essigester in feinen Nadeln. Es schmilzt nach dem Trocknen bei 141—142°. $[\alpha]_D^{20} = +19{,}4°$ (Chloroform). — Der Benzoesäureester, s. oben, wurde nach wiederholtem Umkrystallisieren aus Benzol-Alkohol in großen Prismen vom Schmelzp. 158—160° erhalten. Er ist sehr wenig löslich in Alkohol, Aceton und Eisessig, aber leicht löslich in Benzol und Chloroform. — β-Ergostenylacetat entsteht aus dem Sterin durch Einwirkung von Essigsäureanhydrid. Es krystallisiert in glänzenden Platten vom Schmelzpunkt 111—112°; $[\alpha]_D^{20} = +13{,}1°$ (Chloroform).

Durch katalytische Hydrierung läßt sich β-Ergostenol in Allo-α-Ergostanol überführen.

β-Ergostenoloxyd[8].

$$C_{28}H_{48}O_2$$

Bildung: Durch Einwirkung von Benzopersäure auf β-Ergostenol in der Kälte.

Physikalische und chemische Eigenschaften: Das Oxyd krystallisiert aus Methylalkohol in Platten vom Schmelzp. 152—153°. Es ist sehr leicht löslich in Chloroform und Äther, schwer löslich in kaltem Methylalkohol. Durch Hydrierung in essigsaurer Lösung mit Platinoxyd geht β-Ergostenoloxyd in α-Ergostenol über.

[1] A. Windaus u. W. Großkopf: Hoppe-Seylers Z. **124**, 9 (1923).
[2] F. Reindel u. E. Walter: Liebigs Ann. **460**, 219 (1928).
[3] J. M. Heilbron, F. Johnstone u. F. St. Spring: J. chem. Soc. Lond. **1929**, 2248.
[4] F. Reindel, E. Walter u. H. Rauch: Liebigs Ann. **452**, 44 (1927).
[5] F. Reindel: Liebigs Ann. **466**, 138 (1928).
[6] A. L. Morrison u. J. C. E. Simpson: J. chem. Soc. Lond. **1932**, 1713.
[7] J. M. Heilbron u. J. C. E. Simpson: J. chem. Soc. Lond. **1932**, 268.
[8] J. M. Heilbron u. D. G. Wilkinson: J. chem. Soc. Lond. **1932**, 1708.

γ-Ergostenol [1].

$$C_{28}H_{48}O = C_{28}H_{47}OH$$

Bildung: Bei der Hydrierung von Ergosterin bei Gegenwart von Palladiumschwarz in Essigester, neben viel α-Ergostenol — offenbar nur aus einem besonderen Ergosterin, welches in den löslicheren Fraktionen des Hefeergosterins vorzukommen scheint.

Physikalische und chemische Eigenschaften: Das aus den Mutterlaugen des α-Ergostenols erhaltene und durch wiederholtes Umkrystallisieren aus Alkohol gereinigte γ-Ergostenol schmilzt bei 129—130° (Mischschmelzpunkt mit α-Ergostenol bei 120—122°), $[\alpha]_D^{22} = +5,1°$ (Chloroform). — Das durch Kochen mit Essigsäureanhydrid erhaltene Acetylderivat des γ-Ergostenols krystallisiert in Blättern vom Schmelzp. 140°.

Iso-γ-Ergostenol [1].

$$C_{28}H_{48}O = C_{28}H_{47}OH$$

Bildung: Durch Umlagerung von γ-Ergostenylacetat mit Salzsäure-Chloroform und Verseifung des zunächst entstehenden Iso-γ-Ergostenylacetates.

Physikalische und chemische Eigenschaften: Die Verbindung bildet aus abs. Alkohol große Blätter vom Schmelzp. 129° $[\alpha]_D^{22} = +3,7°$ (Chloroform). Bei der katalytischen Hydrierung nimmt Iso-γ-Ergostenol 2 Atome Wasserstoff auf unter Bildung einer dem Allo-α-Ergostanol isomeren Verbindung, dem γ-Ergostanol, welches in reinem Zustand bei 137° schmilzt und die Drehung $[\alpha]_D^{22} = +29°$ besitzt. Iso-γ-Ergostenylacetat bildet Platten vom Schmelzpunkt 103—104°, $[\alpha]_D^{22} = +4,05$ (Chloroform).

Ergostanon [2] = Ergostenon?

$$C_{28}H_{48}O \text{ bzw. } C_{28}H_{46}O$$

Bildung: Aus dem oben genannten α-Ergostenol durch Einwirkung von Chromsäureanhydrid in Essigsäure.

Physikalische und chemische Eigenschaften: Das Keton bildet nach dem Umkrystallisieren aus Äther-Methylalkohol feine weiße Nädelchen, die bei 56—57° schmelzen. Es ist leicht löslich in Äther und Chloroform, schwer löslich in kaltem Methylalkohol, unlöslich in Wasser.

α-Ergostenon [3, 4].

$$C_{28}H_{46}O$$

Bildung: Durch Oxydation von α-Ergostenol mit Chromsäureanhydrid in Eisessiglösung bei 70°.

Physikalische und chemische Eigenschaften: α-Ergostenon krystallisiert aus Alkohol in farblosen Blättchen, aus Äther oder Eisessig in Nadeln vom Schmelzp. 131—133°, $[\alpha]_D = +38,8°$ (Chloroform). Zur Charakterisierung eignet sich das Ketazin, das aus Alkohol kleine Krystalldrüsen bildet und bei 225° schmilzt. Bei der katalytischen Hydrierung geht α-Ergostenon unter Aufnahme von 1 Mol H_2 in α-Ergostenol über.

Benzyliden-α-Ergostenon [3].

$$C_{35}H_{50}O = C_{28}H_{44}O : CHC_6H_5$$

Bildung: Beim Versetzen einer alkoholischen Lösung von α-Ergostenon mit Benzaldehyd und Natriumäthylatlösung.

Physikalische und chemische Eigenschaften: Die Benzylidenverbindung krystallisiert aus Alkohol in farblosen Nadeln vom Schmelzp. 162°.

α-Ergostenon-ol [4].

$$C_{28}H_{46}C_2$$

Bildung: Aus dem Acetat durch Verseifung mit methylalkoholischer Natronlauge.

Physikalische und chemische Eigenschaften: Die Verbindung bildet aus Alkohol Nadeln vom Schmelzp. 155—156°. Durch Oxydation mit Chromsäure geht sie über in

[1] F. St. Spring: J. chem. Soc. Lond. **1930**, 2664.
[2] A. Windaus u. W. Großkopf: Hoppe-Seylers Z. **124**, 9 (1923).
[3] F. Reindel: Liebigs Ann. **466**, 139 (1928).
[4] J. M. Heilbron u. J. C. E. Simpson u. D. G. Wilkinson: J. chem. Soc. Lond. **1932**, 1699.

α-Ergosten-dion[1].

$$C_{28}H_{44}O_2$$

Aus Alkohol Tafeln vom Schmelzp. 183°.

α-Ergostenon-ol-acetat[1].

$$C_{30}H_{48}O_3 = [C_{28}H_{45}O]O \cdot CO \cdot CH_3$$

Bildung: Bei der Oxydation von α-Ergostenolacetat mit Chromsäure in Eisessig.

Physikalische und chemische Eigenschaften: Hellgelbe bzw. nach der Verseifung und Wiederveresterung farblose Tafeln vom Schmelzp. 170—171°. Das Semicarbazon bildet aus Alkohol Nadeln vom Schmelzp. 199—200°.

β-Ergostenon[2].

$$C_{28}H_{46}O$$

Bildung: Beim Einleiten von Chlorwasserstoff in eine Chloroformlösung von α-Ergostenon, ferner durch Erhitzen von β-Ergostenol mit gepulverter Kupferbronze[3].

Physikalische und chemische Eigenschaften: β-Ergostenon ist in Eisessig schwerer löslich als das α-Keton. Es bildet aus Alkohol mikroskopisch kleine Nadeln vom Schmelzp. 149—151°, $[\alpha]_D = +37,1°$. Das Oxim des β-Ergostenons schmilzt bei 214—216°. β-Ergostenon bildet mit Benzaldehyd kein Kondensationsprodukt.

α-Ergostanol[4].

$$C_{28}H_{50}O = C_{28}H_{49}OH$$

Bildung: Bei der Perhydrierung von Ergosterinacetat mit Platinoxyd in Ätherlösung und Verseifung des dabei entstehenden α-Ergostanolacetates.

Physikalische und chemische Eigenschaften: α-Ergostanol krystallisiert aus Methylalkohol-Äther in farblosen Nadeln vom Schmelzp. 150—151°. $[\alpha]_D$ um 0°. Das Acetat bildet aus Äther schöne Garben oder perlmutterglänzende Blättchen vom Schmelzp. 144—145°, der bei weiterer Reinigung (über das Ergostanol) auf 165—166° steigt. $[\alpha]_D = -7,5°$ in Chloroform. Nach Reindel und Detzel[5] ist α-Ergostanol ein schwer trennbares Gemisch, dessen einer Bestandteil Dihydroergosterin ist.

γ-Ergostanol[6, 7] (Allo-α-Ergostanol)[8].

Diese Verbindung ist dem normalen Hexahydro-Ergosterin (α-Ergostanol) isomer. Sie wird erhalten durch Verseifung des γ-Ergostylacetates, das durch katalytische Hydrierung von Ergosterylacetat entstehen kann[6]. Bei der Perhydrierung von Dihydroergosterylacetat mit Platinmohr in Eisessiglösung bei 70° wurde gleichfalls γ-Ergostylacetat erhalten[7].

Physikalische und chemische Eigenschaften: γ-Ergostanol schmilzt bei 141° bzw. 144 bis 145°[4] und hat die spez. Drehung $[\alpha]_D^{16} = +15,3°$.

γ-Ergostylacetat[6] (Allo-α-Ergostylacetat).

Bildung: Siehe oben.

Physikalische und chemische Eigenschaften: Der Schmelzpunkt der Verbindung liegt bei 143—144° bzw. 144—145°[6], die Drehung beträgt $[\alpha]_D = +6,31°$ bzw. 5,95°[6].

Epi-Ergostanol[9].

$$C_{28}H_{50}O$$

Bildung: Durch Hydrieren des Epidihydroergosterylacetates und Verseifen.

Physikalische und chemische Eigenschaften: Nadeln vom Schmelzp. 205°, $[\alpha]_D^{16} = +146°$.

[1] J. M. Heilbron u. J. C. E. Simpson u. D. G. Wilkinson: J. chem. Soc. Lond. **1932**, 1699.
[2] F. Reindel: Liebigs Ann. **466**, 140 (1928).
[3] J. M. Heilbron u. D. G. Wilkinson: J. chem. Soc. Lond. **1932**, 1709.
[4] F. Reindel u. E. Walter: Liebigs Ann. **460**, 221 (1928).
[5] F. Reindel u. A. Detzel: Liebigs Ann. **475**, 78 (1929).
[6] F. Reindel, E. Walter u. H. Rauch: Liebigs Ann. **452**, 45 (1927).
[7] A. Windaus u. J. Brunken: Liebigs Ann. **460**, 234 (1929).
[8] F. Reindel u. E. Walter: Liebigs Ann. **460**, 215 (1928).
[9] A. Windaus, E. Auhagen, W. Bergmann u. H. Butte: Liebigs Ann. **477**, 268 (1930).

Das Epiergostylacetat bildet aus Äther-Methylalkohol Nadeln vom Schmelzp. 144° und der Drehung $[\alpha]_D^{12} = +20{,}5°$ (Chloroform).

u-Ergostanol[1].

$$C_{28}H_{50}O$$

Bildung: Durch katalytische Hydrierung von u-Ergosta-dienol-acetat und Verseifen des hydrierten Acetates.

Physikalische und chemische Eigenschaften: u-Ergostanol bildet feine Nadeln vom Schmelzp. 184°. Es ist in den üblichen organischen Lösungsmitteln leicht löslich. Von Digitonin wird es nicht gefällt. $[\alpha]_D^{18} = +34°$. Der Schmelzpunkt der Acetylverbindung liegt bei 96°, die spez. Drehung $[\alpha]_D^{17} = +39°$.

α-Ergostanon[2].

$$C_{28}H_{48}O$$

Bildung: α-Ergostanol wird in Eisessiglösung bei 70° mit Chromsäure oxydiert.

Physikalische und chemische Eigenschaften: Nach dem Umkrystallisieren aus Alkohol-Äther bildet Ergostanon farblose Nadeln vom Schmelzp. 174—175°, $[\alpha]_D = +11{,}8°$ in Chloroform. Durch Einwirkung von essigsaurem Hydrazin entsteht ein Ketazin vom Schmelzp. 265° (Zersetzung), mit essigsaurem Hydroxylamin ein Oxim, vom Schmelzp. 225° (Zersetzung), mit essigsaurem Phenylhydrazin ein Phenylhydrazon vom Schmelzp. 153—154°.

Allo-α-Ergostanon[2,3].

$$C_{28}H_{48}O$$

Bildung: Wie Ergostanon, jedoch aus Allo-α-Ergostanol.

Physikalische und chemische Eigenschaften: Die Verbindung krystallisiert aus Methylalkohol-Äther oder Chloroform in haarfeinen, verfilzten Nadeln vom Schmelzp. 164°, $[\alpha]_D = +34{,}9°$, Chloroform-Oxim Schmelzp. 216°, Ketazin Schmelzp. 155° Zersetzung. Beim Schütteln einer ätherischen Lösung von Allo-α-Ergostanon mit Platin und Wasserstoff wird 1 Mol H_2 aufgenommen. Es entstehen dabei zwei Alkohole $C_{28}H_{50}O$, die durch Digitoninfällung getrennt werden können. Das fällbare Sterin ist identisch mit Allo-α-Ergostanol, das nicht fällbare schmilzt bei 206—207° und zeigt $[\alpha]_D = +13{,}5°$[4]. Es läßt sich durch Chromsäure in Eisessig zu Allo-α-Ergostanon zurückoxydieren. Das Acetylderivat bildet Blättchen vom Schmelzp. 144—145°.

Dicarbonsäure[3].

$$C_{28}H_{48}O_4$$

Bildung: Die Dicarbonsäure wird erhalten als saure Fraktion bei der Oxydation des Allo-α-Ergostanols mit CrO_3 s. oben.

Physikalische und chemische Eigenschaften: Die Dicarbonsäure schmilzt nach dem Umkrystallisieren aus Eisessig bei 217—219°, $[\alpha]_D = +22{,}8°$ (Chloroform). Ihr Dimethylester wird durch Kochen mit absolut methylalkoholischer Salzsäure erhalten. Er bildet Nadeln vom Schmelzp. 81—83°.

Keton[3].

$$C_{27}H_{46}O$$

Bildung: Durch 3stündiges Erhitzen der Dicarbonsäure $C_{28}H_{48}O_4$ auf 265° im Vakuum.

Physikalische und chemische Eigenschaften: Das Keton bildet zu Büscheln vereinigte Nadeln vom Schmelzp. 125—126°, $[\alpha]_D = +107{,}7°$. Das Oxim des Ketons krystallisiert aus verdünntem Methylalkohol in mikroskopisch feinen Nadeln. Schmelzp. 215—216°.

[1] A. Windaus u. E. Auhagen: Liebigs Ann. **472**, 185 (1929).
[2] F. Reindel u. E. Walter: Liebigs Ann. **460**, 223 (1928).
[3] F. Reindel: Liebigs Ann. **466**, 140 (1928).
[4] F. Reindel u. A. Detzel: Liebigs Ann. **475**, 78 (1929).

α-Chlorergostan [1].

$$C_{28}H_{49}Cl$$

Bildung: Wie Allochlorergostan, jedoch aus α-Ergostanol.

Physikalische und chemische Eigenschaften: α-Chlorergostan bildet kurze, breite Nadeln vom Schmelzp. 120—121°, $[\alpha]_D = +22,8°$.

Allochlorergostan [1].

$$C_{28}H_{49}Cl$$

Bildung: Aus Allo-α-Ergostanol (früher γ-Ergostanol) beim Verreiben mit Phosphorpentachlorid.

α-Ergostenylchlorid [2].

$$C_{28}H_{47}O_2$$

Bildung: Aus α-Ergostenol mit Phosphorpentachlorid.

Physikalische und chemische Eigenschaften: Aus Benzol-Alkohol erhält man die Verbindung in Nadeln vom Schmelzp. 109—110°.

α-Ergostadienylchlorid [2].

$$C_{28}H_{45}Cl$$

Bildung: Aus α-Dihydroergosterin und Phosphorpentachlorid.

Physikalische und chemische Eigenschaften: Aus Benzol-Alkohol krystallisiert die Verbindung in langen Nadeln, die bei 137° schmelzen. $[\alpha]_D^{22} = -7°$.

Physikalische und chemische Eigenschaften: Aus Methylalkohol-Äther oder Benzol krystallisiert die Verbindung und zeigt den Schmelzp. von 119—120°, $[\alpha]_D = +13,3°$.

Kohlenwasserstoffe aus Ergosterin.

Alloergostan [3].

$$C_{28}H_{50}$$

Bildung: Durch Reduktion des Allo-α-chlorergostans mit metallischem Natrium im Amylalkohol.

Physikalische und chemische Eigenschaften: Die Verbindung bildet nach dem Umkrystallisieren aus Methylalkohol-Äther perlmutterglänzende Blättchen vom Schmelzp. 84—85°, $[\alpha]_D = +17,0°$ in Chloroform. Der Mischschmelzpunkt mit Sitostan, welches bei 82—85° schmolz, ergab keine Depression.

Ergostan [4].

$$C_{28}H_{5J}$$

Bildung: Durch Reduktion des α-Chlorergostans mit Natrium in Amylalkohollösung [4], oder durch gleichartige Reduktion des Ergostylchlorids, das durch Einwirkung von Phosphorpentachlorid auf Ergostanol erhalten wird [5].

Physikalische und chemische Eigenschaften: Durch Ausfällen des Ergostans aus einer konzentrierten ätherischen Lösung mit Methylalkohol krystallisiert es in weißen Krystallblättchen; der Schmelzpunkt liegt konstant bei 72—73° [5]; nach Reindel und Walter bei 101—102° [4]. Die Substanz ist leicht löslich in Äther und Chloroform, schwer löslich in abs. Alkohol und Methylalkohol. $[\alpha]_D^{20} = +24,5°$ (Äther). Ergostan ist nicht identisch mit den bisher bekannten gesättigten Sterinkohlenwasserstoffen.

---

[1] F. Reindel u. E. Walter: Liebigs Ann. **460**, 222—223 (1928).
[2] J. M. Heilbron, F. St. Spring u. E. T. Webster: J. chem. Soc. Lond. **1932**, 1706.
[3] F. Reindel u. E. Walter: Liebigs Ann. **460**, 222 (1928).
[4] F. Reindel u. E. Walter: Liebigs Ann. **460**, 223 (1928).
[5] A. Windaus u. W. Großkopf: Hoppe-Seylers Z. **124**, 9 (1923).

α-Ergosten[1].

$$C_{28}H_{48}$$

Bildung: Durch Reduktion von α-Ergostenon mit Zink und Salzsäure nach Clemmensen oder aus α-Ergostenylchlorid mit Natrium und Amylalkohol.

Physikalische und chemische Eigenschaften: Nach mehrfachem Umkrystallisieren aus Äther-Methylalkohol oder Chloroform-Methylalkohol lag der Schmelzpunkt der in feinen Nadeln krystallisierenden Substanz bei 77—78°. $[\alpha]_D^{22} = +11°$.

β-Ergosten[2].

$$C_{28}H_{48}$$

Bildung: Durch Reduktion von β-Ergostenon nach Clemmensen in Xylollösung oder durch Reduktion des (öligen) β-Ergostenylchlorids mit Natrium und Amylalkohol.

Physikalische und chemische Eigenschaften: Nach mehrfachem Umkrystallisieren aus Aceton bildete β-Ergosten kleine glänzende Blättchen vom Schmelzp. 87—88°, $[\alpha]_D^{20} = +21,3°$ (Chloroform). — Bei der katalytischen Hydrierung geht β-Ergosten über in (allo- ?) Ergostan vom Schmelzp. 82—83°[3].

α-Ergosta-dien[1].

$$C_{28}H_{46}$$

Bildung: Durch Reduktion von α-Ergostadienon mit amalgamiertem Zink und Salzsäure in Xylol oder durch Reduktion von α-Ergostadienylchlorid mit Natrium in Amylalkohol.

Physikalische und chemische Eigenschaften: Der Kohlenwasserstoff krystallisiert aus Alkohol in Nadeln vom Schmelzp. 124—125°. $[\alpha]_D^{22} = -10°$ (Chloroform).

β-Ergosta-dien[1].

$$C_{28}H_{46}$$

Bildung: Bei der Behandlung von α-Ergostadien mit Salzsäuregas in Chloroformlösung oder aus β-Ergostadienylchlorid mit Natrium und Amylalkohol.

Physikalische und chemische Eigenschaften: Die aus Alkohol erhaltenen Krystalle schmelzen bei 66—67° und besitzen die Drehung $[\alpha]_D^{22} = -33°$.

Ergostatrien D[1].

$$C_{28}H_{44}$$

Bildung: Durch Reduktion von Ergostatrienon D mit amalgamiertem Zink und Salzsäure.

Physikalische und chemische Eigenschaften: Der Kohlenwasserstoff krystallisiert aus Alkohol in Nadeln vom Schmelzp. 134—135°. $[\alpha]_D^{23} = +42,7°$.

Ergotetraën A[4].

$$C_{28}H_{42}$$

Bildung: Bei der Einwirkung von Phosphortrichlorid auf Ergosterin in Pyridinlösung in der Kälte.

Physikalische und chemische Eigenschaften: Nach dem Umkrystallisieren aus Aceton bildet das Tetraën weiche, langgestreckte Blätter, die bei 97° schmelzen und die spez. Drehung $[\alpha]_D = 176°$ besitzen. Es ist leicht löslich in Äther, Petroläther und Essigester, schwer löslich in Aceton und Alkohol. Mit Antimontrichlorid gibt es eine Rotfärbung, mit Arsentrichlorid eine starke Blaufärbung. Bei der Hydrierung durch Natrium und Alkohol entsteht unter Aufnahme von 2 Wasserstoffatomen ein

Kohlenwasserstoff $C_{28}H_{44}$[4],

der aus Alkohol in Nadeln krystallisiert; Schmelzp. 98°, $[\alpha] = 121,7°$. Beim Kochen mit Essigsäureanhydrid oder durch Einwirkung von Sonnenlicht bei Gegenwart von Eosin verwandelt sich Ergotetraën A in einen isomeren Kohlenwasserstoff:

[1] J. M. Heilbron, F. St. Spring u. E. T. Webster: J. chem. Soc. Lond. **1932**, 1705.
[2] J. M. Heilbron u. D. G. Wilkinson: J. chem. Soc. Lond. **1932**, 1709.
[3] A. L. Morrison u. J. Ch. E. Simpson: J. of biol. Chem. **1932**, 1713.
[4] O. Rygh: Hoppe-Seylers Z. **185**, 99 (1929).

Ergotetraën B[1].

$$C_{28}H_{42}$$

Physikalische und chemische Eigenschaften: Die Verbindung krystallisiert aus Aceton in 4—5 cm langen Nadeln vom Schmelzp. 105°, $[\alpha]_D = +93°$. Bei vollständiger katalytischer Hydrierung entsteht aus dem Ergotetraën B Allo-α-Ergostan $C_{28}H_{50}$, vom Schmelzp. 82—83°, s. oben.

Photochemische Oxydationsprodukte des Ergosterins und deren Derivate.

Ergosterinperoxyd[2].

$$C_{28}H_{44}O_3 = C_{28}H_{43}{\scriptstyle\diagup}^{OH}_{\diagdown}{\scriptstyle O\atop O}$$

Bildung: Die Verbindung wird erhalten durch Behandlung einer alkoholischen Ergosterinlösung bei Gegenwart von Eosin mit Sauerstoff unter gleichzeitiger Belichtung mit Sonnenlicht oder einer starken Glühlampe.

Physikalische und chemische Eigenschaften: Nach dem Umkrystallisieren aus Alkohol oder Aceton zeigt Ergosterinperoxyd den Schmelzp. 178°, $[\alpha]_D = -35,7°$; es ist sehr schwer löslich in Petroläther, ziemlich leicht löslich in Äther, Aceton und Alkohol. Gegen Säuren ist es äußerst unbeständig; mit Arsentrichlorid, Antimonchlorid und Zinntetrachlorid sowie mit konz. Schwefelsäure gibt es Farbreaktionen. — Bei der Destillation im Hochvakuum gibt das Peroxyd ein krystallisiertes Destillat, das bei 159—160° schmilzt. $[\alpha]_D^{17} = +55,5°$. Die mit Digitonin entstehende Additionsverbindung ist in warmem Alkohol leicht löslich[3]. Auch das Digitonid des Ergosterinperoxydes ist in heißem Alkohol leicht löslich.

Acetat des Ergosterinperoxyds[2].

$$C_{30}H_{46}O_4 = C_{28}H_{43}O_2 \cdot O \cdot COCH_3$$

Bildung: Durch Kochen des Peroxyds mit Essigsäureanhydrid oder durch Photooxydation des Ergosterylacetats unter denselben Bedingungen wie beim Ergosterin.

Physikalische und chemische Eigenschaften: Schmelzp. 202°, $[\alpha]_D^{15} = -17,9°$, aus Aceton schöne, langgestreckte Blättchen, leicht löslich in Chloroform und Äther. Bei der Verseifung geht Ergosterinperoxydacetat wieder in das Ergosterinperoxyd vom Schmelzp. 178° über.

Ergostadien-triol[4].

$$C_{28}H_{46}O_3 = C_{28}H_{43}(OH)_3$$

Bildung: Durch Kochen von Ergosterinperoxyd in äthylalkoholischer Kalilauge mit Zinkstaub.

Physikalische und chemische Eigenschaften: Das Triol ist in allen organischen Lösungsmitteln in der Kälte schwer löslich. Es gibt mit Digitonin kein schwer lösliches Additionsprodukt. Der Schmelzpunkt liegt bei raschem Erhitzen bei 227° (Zersetzung), $[\alpha]_D^{20} = -13,3°$ (Pyridin). — Durch energische Hydrierung mit Natrium und Alkohol geht Ergostadien-triol in Dihydro-ergosterin über[5]. Bei der Perhydrierung mit Platinmohr und Wasserstoff entsteht Allo-α-Ergostanol[6].

---

[1] O. Rygh: Hoppe-Seylers Z. **185**, 99 (1929).
[2] A. Windaus u. J. Brunken: Liebigs Ann. **460**, 227 (1928).
[3] A. Windaus, W. Bergmann u. A. Lüttringhaus: Liebigs Ann. **472**, 195 (1929).
[4] A. Windaus u. O. Linsert: Liebigs Ann. **465**, 156 (1928).
[5] A. Windaus, W. Bergmann u. A. Lüttringhaus: Liebigs Ann. **472**, 199 (1929).
[6] A. Windaus, W. Bergmann u. A. Lüttringhaus: Liebigs Ann. **472**, 201 (1929).

Ergostadientriol [1]

$$C_{28}H_{46}O_3$$

vom Schmelzp. 241—242°, $[\alpha]_D^{18} = +29{,}4°$ (offenbar nicht identisch mit obiger Verbindung) wird aus dem zunächst erhaltenen Monobenzoat (s. unten) durch Verseifen mit methylalkoholischer Kalilauge erhalten.

Ergostadientriolmonobenzoat [1].

$$C_{35}H_{50}O_4 = C_{28}H_{43}(OH)_2OCOC_6H_5$$

Bildung: Durch Einwirkung von 1 Mol Benzopersäure in Chloroform auf Ergosterin.

Physikalische und chemische Eigenschaften: Die Verbindung krystallisiert in farblosen Nadeln aus Äther-Methylalkohol. Schmelzp. 194°, $[\alpha]_D^{17} = +48{,}6°$ in Chloroform.

Ergostadientrioldibenzoat [1].

$$C_{42}H_{54}O_5 = C_{28}H_{43}(OH)(O \cdot CO \cdot C_6H_5)_2$$

Bildung: Aus dem Monobenzoat und aus dem Ergostadientriol durch Einwirkung von Benzoylchlorid in Pyridin.

Physikalische und chemische Eigenschaften: Die Verbindung krystallisiert aus Chloroform-Methanol in Nadeln vom Schmelzp. 225°, $[\alpha]_D^{19} = +78{,}6°$.

Ergostadientriolbenzoat-p-nitrobenzoat [1]

$$C_{42}H_{53}O_7N = C_{28}H_{43}OH(OCOC_6H_5)(OCOC_6H_4NO_2)$$

aus dem obigen Monobenzoat durch Einwirkung von p-Nitrobenzoylchlorid in Pyridin. Schmelzp. 215°.

Ergostadientriolacetatbenzoat [1]

$$C_{37}H_{52}O_5 = C_{28}H_{43}OH(OCOCH_3)(OCOC_6H_5)$$

entsteht aus dem Monobenzoat und Essigsäureanhydrid in Pyridin, ferner bei der Einwirkung von Benzopersäure auf Ergosterylacetat. Die Verbindung bildet aus Äther-Methylalkohol Nadeln vom Schmelzp. 186—187°, $[\alpha]_D^{18} = +46{,}5°$.

Ergostadientrioldi-p-nitrobenzoat [1]

$$C_{42}H_{52}O_9N_2 = C_{28}H_{43}OH(OCOC_6H_4)NO_2)_2$$

durch Einwirkung von p-Nitrobenzoylchlorid auf das Triol in Pyridin. Schmelzp. 213°.

Ergostadientriol-diacetat [1]

$$C_{32}H_{50}O_5 = C_{28}H_{43}OH(OCOCH_3)_2$$

entsteht analog bei Anwendung von Essigsäureanhydrid. Es schmilzt bei 181—182°. Bei der Hydrierung mit Platinmohr-Katalysator entsteht Ergostentriol-diacetat $C_{32}H_{52}O_5$. Diese Verbindung krystallisiert aus Äther-Methylalkohol in Rhomben vom Schmelzp. 172—173°, $[\alpha]_D^{16} = -9{,}75°$. Durch methylalkoholische Kalilauge wird sie verseift zum

Ergostentriol [1]

$$C_{28}H_{48}O_3 + \tfrac{1}{2}\,H_2O$$

aus Essigester rechteckige Blättchen vom Schmelzp. 234°, $[\alpha]_D^{20} = -4{,}6°$ (Pyridin).

Ergostendionol [1].

$$C_{28}H_{44}O_3$$

Bildung: Aus Ergostentriol durch Einwirkung von Chromsäure in Eisessig.

Physikalische und chemische Eigenschaften: Der Diketoalkohol krystallisiert aus Methylalkohol. Schmelzp. 251—252° unter Zersetzung, $[\alpha]_D^{20} = -12{,}8°$. Das in üblicher Weise erhaltene Dioxim $C_{28}H_{46}O_3N_2$ bildet aus Methylalkohol Nädelchen, die oberhalb 205° sich zersetzen.

---

[1] A. Windaus u. A. Lüttringhaus: Liebigs Ann. **481**, 119 (1930).

Ergosten-diol[1].

$$C_{28}H_{48}O_2$$

Bildung: Durch katalytische Reduktion des Ergostadien-triols (mit Palladiummohr).

Physikalische und chemische Eigenschaften: Das Ergosten-diol bildet aus Essigester farblose Blätter vom Schmelzp. 234°, $[\alpha]_D^{20} = +14{,}7°$. Die Liebermann-Burchardtsche Reaktion ist positiv, mit Digitonin entsteht eine Additionsverbindung. Beim Kochen mit Essigsäureanhydrid bildet das Diol ein Monoacetat, das aus Äther-Methylalkohol in glänzenden Blättchen vom Schmelzp. 227° krystallisiert. $[\alpha]_D^{16} = +14{,}7°$. Das Monoacetat geht bei der Perhydrierung mit Platinmohr in Allo-α-Ergostanolacetat über.

Ergopinakon[2].

$$C_{56}H_{86}O_2 = C_{28}H_{43} \cdot O \cdot C_{28}H_{42}OH$$

Bildung: Ergosterin wird in alkoholischer Lösung bei Gegenwart eines als Wasserstoff-acceptor dienenden Farbstoffs (z. B. Erythrosin) unter Luftabschluß dem Sonnenlicht ausgesetzt. Ebenso wie Ergosterin verhält sich Ergosterylacetat.

Physikalische und chemische Eigenschaften: Ergopinakon ist in Alkohol, Äther und Aceton fast unlöslich. Es kann aus seinen Lösungen in siedendem Benzol, Chloroform oder Pyridin durch Zusatz von Alkohol gefällt werden. Es bildet ein dichtes Filzwerk langer Nadeln, die bei 202—203° unter Zersetzung schmelzen. $[\alpha]_D^{16} = -209°$ in Pyridin. Die Liebermann-Burchardtsche Farbreaktion ist positiv. Bei der Salkowskyschen Probe bleibt das Chloroform farblos; die Schwefelsäure färbt sich orange.

Neo-Ergosterin[3].

$$C_{28}H_{44}O \quad \text{oder} \quad C_{28}H_{42}O$$

Bildung: Durch Hochvakuumdestillation des Ergopinakons oder durch Reduktion des Ergopinakons mit Zinkstaub und Essigsäure und Verseifung des hierbei zunächst entstehenden Neoergosterylacetats.

Physikalische und chemische Eigenschaften: Neo-Ergosterin krystallisiert aus Alkohol in langen farblosen Prismen, die in fast allen Lösungsmitteln außer Wasser löslich sind und bei 151—152° schmelzen. Ein Acetylderivat, das durch Einwirkung von Essigsäureanhydrid erhalten wird, krystallisiert aus Aceton in prachtvollen Nadeln. Der Schmelzpunkt der luft-trockenen Substanz liegt bei 116—117°, nach dem Trocknen im Vakuum bei 122—123°. Das Verhalten des Neo-Ergosterins bei der katalytischen Hydrierung, bei der Einwirkung von Benzopersäure und bei der Bromierung zeigt, daß es nur eine Doppelbindung enthält[4].

Neo-Ergosterin-dibromid[4].

$$C_{28}H_{42}OBr_2$$

Bildung: Beim Versetzen einer ätherischen Neo-Ergosterinlösung mit Bromeisessig.

Physikalische und chemische Eigenschaften: Das Dibromid krystallisiert in feinen Nadeln und schmilzt unter Zersetzung bei 212°. In gleicher Weise entsteht beim Bromieren von Neoergosterylacetat ein Dibromid des Acetats, das bei 183° schmilzt.

Kohlenwasserstoff $C_{28}H_{46}$[4].

Bildung: Bei der Behandlung von Neoergosterylacetat in Eisessiglösung mit Platin und Wasserstoff.

Physikalische und chemische Eigenschaften: Der Kohlenwasserstoff scheidet sich beim Umkrystallisieren aus Eisessig und Essigester-Eisessig in kleinen Blättchen aus, die bei 69° schmelzen. $[\alpha]_D^{18} = +26{,}9°$.

[1] A. Windaus, W. Bergmann u. A. Lüttringhaus: Liebigs Ann. **472**, 200 (1929).
[2] A. Windaus u. P. Borgeaud: Liebigs Ann. **460**, 238 (1928).
[3] A. Windaus u. P. Borgeaud: Liebigs Ann. **460**, 237 (1928).
[4] K. Bonstedt: Hoppe-Seylers Z. **185**, 165 (1929).

Dehydro-Ergosterin[1].

$$C_{28}H_{42}O = C_{28}H_{41}OH$$

Bildung: Durch Hochvakuumdestillation des Triols vom Schmelzp. 227°, ferner durch Kochen einer alkoholischen Ergosterinlösung mit Mercuriacetat.

Physikalische und chemische Eigenschaften: Dehydroergosterin schmilzt bei 146°, krystallisiert aus Alkohol in Blättchen, aus wasserfreien Lösungsmitteln in Nadeln. Es ist leicht löslich in Äther und besonders in Chloroform. Die spezifische Drehung, die charakteristischer ist als der Schmelzpunkt, beträgt $[\alpha]_D^{18} = + 149°$ (Chloroform). Mit Digitonin bildet Dehydroergosterin ein schwer lösliches Additionsprodukt.

Dehydroergosterin-maleinsäure[2].

$$C_{32}H_{46}O_5 = C_{28}H_{41}OH \cdot HOOC \cdot CH\ CH \cdot COOH$$

Bildung: Durch mehrstündiges Erwärmen von Dehydroergosterylacetat und Maleinsäureanhydrid mit etwas Benzol auf dem Wasserbade und Verseifen des zunächst entstehenden Dehydro-ergosterylacetatmaleinsäureanhydrids.

Physikalische und chemische Eigenschaften: Die Verbindung schmilzt unter Zersetzung bei 170—175°, die spezifische Drehung beträgt $[\alpha]_D^{17} = + 66,01°$. Beim Erwärmen mit Essigsäureanhydrid bildet sich das oben erwähnte **Dehydro-ergosterylacetat-maleinsäureanhydrid**. Schmelzp. 205°. Es krystallisiert aus Essigsäureanhydrid in langen verfilzten Nadeln, die sich leicht in Chloroform und Äther lösen; $[\alpha]_D^{17} = + 19,35°$ (Chloroform).

Dehydroergosterylacetat[3].

$$C_{30}H_{44}O_2 = C_{28}H_{41}OCOCH_3$$

Das Acetat, das in üblicher Weise durch Kochen mit Essigsäureanhydrid gewonnen wird, schmilzt bei 146°; es ist schwer löslich in Eisessig und Alkohol, leichter in Äther und Chloroform. $[\alpha]_D^{20} = + 149°$. Bei der katalytischen Hydrierung des Dehydroergosterylacetats wurden 3 bzw. 4 Doppelbindungen abgesättigt unter Bildung von α-Ergostenol bzw. Allo-α-Ergostanol (γ-Ergostanol).

Phenylurethan des Dehydroergosterins[4].

$$C_{35}H_{47}O_2N = C_{28}H_{41}OCONHC_6H_5$$

Die Verbindung, die sich beim Kochen von Dehydroergosterin in Benzollösung mit Phenylisocyanat bildet, krystallisiert in derben Prismen und schmilzt bei 161—162°. $[\alpha]_D^{16} = +202°$ (Benzol). Aus dem Urethan erhält man durch Kochen mit 5proz. alkoholischer Kalilauge das freie Dehydroergosterin zurück.

Dehydroergosteryl-methyläther[5].

$$C_{29}H_{44}O = C_{28}H_{41} \cdot O \cdot CH_3$$

Bildung: Durch Einwirkung von Mercuriacetat in Eisessig-Methanol auf Ergosterinmethyläther.

Physikalische und chemische Eigenschaften: Durch Umkrystallisieren aus Essigester-Methanol und anschließend aus Benzol-Alkohol wird die Verbindung in dicken Nadeln vom Schmelzp. 106° erhalten. $[\alpha]_D^{20} = +166°$ (Chloroform).

Ergostatrienon D[6].

$$C_{28}H_{42}O$$

Bildung: Beim Erhitzen von Dehydroergosterin mit feinverteiltem Nickel, ferner beim Kochen einer Lösung von α-Ergostadienon in Alkohol mit einer Mischung von Quecksilberacetat und Eisessig (vgl. S. 842).

[1] A. Windaus u. O. Linsert: Liebigs Ann. **465**, 157 (1928).
[2] A. Windaus u. A. Lüttringhaus: Ber. dtsch. chem. Ges. **64**, 850 (1931).
[3] A. Windaus u. O. Linsert: Liebigs Ann. **465**, 159 (1928).
[4] A. Windaus u. O. Linsert: Liebigs Ann. **465**, 160 (1928).
[5] J. M. Heilbron u. J. C. E. Simpson: J. chem. Soc. Lond. **1932**, 268.
[6] A. Windaus u. E. Auhagen: Liebigs Ann. **472**, 185 (1929).

Physikalische und chemische Eigenschaften: Der Schmelzpunkt der Verbindung liegt bei 199—200°. $[\alpha]_D^{20} = + 56°$. Das Oxim krystallisiert in Nadeln, die sich bei etwa 245° zersetzen.

Ergostatrienol D[1].

$$C_{28}H_{44}O$$

Bildung: Durch Hydrierung des Ergosta-trienons D mit Natrium in abs. Alkohol und beim Erhitzen von Dihydroergosterin in Alkohol mit Mercuriacetat-Eisessig[2].

Physikalische und chemische Eigenschaften: Der Alkohol krystallisiert in flachen Nadeln vom Schmelzp. 165—166°. Er wird durch Digitonin gefällt und enthält gemäß der Titration mit Benzopersäure 3 Doppelbindungen. Das mit Essigsäureanhydrid erhaltene Acetylderivat schmilzt bei 171°. $[\alpha]_D^{17} = + 17,5°$. Es wurde auch erhalten bei der Behandlung von Dihydroergosterinacetat mit Benzopersäure in Chloroformlösung[3].

Ergostatrienon B₁[4].

Bildung: Durch Behandeln von Ergostatrienon D mit Chlorwasserstoff in Chloroformlösung.

Physikalische und chemische Eigenschaften: Nach wiederholtem Umkrystallisieren aus Äthylalkohol und Äther-Methylalkohol bildet die Verbindung breite Nadeln vom Schmelzpunkt 149—150°. Sie ist leicht löslich in Äther, Aceton und Äthylalkohol, etwas schwerer in Methylalkohol. $[\alpha]_D^{19} = -57,5°$. Das Oxim krystallisiert in kleinen Nadeln, die zwischen 187 und 191° unter Zersetzung schmelzen.

u-Ergostatrienon[1].

$$C_{28}H_{42}O$$

Bildung: Das Keton findet sich in den Mutterlaugen des Ergosta-trienons D.

Physikalische und chemische Eigenschaften: In Chloroform, Äther, Essigester, Aceton ist die Verbindung leicht löslich, etwas schwerer in Alkohol. Sie krystallisiert in farblosen Blättchen vom Schmelzp. 130—131°. $[\alpha]_D^{19} = +53°$.

u-Ergosta-trienol[1].

$$C_{28}H_{44}O$$

Bildung: Durch Reduktion des u-Ergosta-trienons in absolut alkoholischer Lösung mit Natrium.

Physikalische und chemische Eigenschaften: Der Alkohol krystallisiert verhältnismäßig schwer, er bildet feine Nadeln vom Schmelzp. 154°; $[\alpha]_D^{16} = + 88°$. u-Ergosta-trienol gibt keine Fällung mit Digitonin. Die Farbreaktion nach Liebermann-Burchardt ist positiv. Das Acetylderivat krystallisiert in breiten Nadeln und schmilzt bei 151°; $[\alpha]_D^{17} = + 103°$.

u-Ergostatrienon B[5].

$$C_{28}H_{42}O$$

Bildung: Durch Behandeln von u-Ergostatrienon mit Chlorwasserstoff.

Physikalische und chemische Eigenschaften: Nach Umkrystallisieren aus Äthylalkohol bildet das Keton Nadeln vom Schmelzp. 120°, $[\alpha]_D^{16} = -49,1°$. Das in üblicher Weise erhaltene Oxim bildet Nadeln vom Schmelzp. 166—168°.

u-Ergostatrienol B[5].

$$C_{28}H_{44}O$$

Bildung: Durch Behandeln des Ketons u-Ergostatrienon B mit Natrium in absolutem Alkohol.

---

[1] A. Windaus u. E. Auhagen: Liebigs Ann. **472**, 185 (1929).
[2] J. M. Heilbron, F. Johnstone u. F. St. Spring: J. chem. Soc. Lond. **1929**, 2248.
[3] A. Windaus u. A. Lüttringhaus: Liebigs Ann. **481**, 119 (1930).
[4] K. Dithmar u. Th. Achtermann: Hoppe-Seylers Z. **205**, 59 (1932).
[5] K. Dithmar u. Th. Achtermann: Hoppe-Seylers Z. **205**, 63 (1932).

Physikalische und chemische Eigenschaften: Der Alkohol ist in allen organischen Lösungsmitteln leicht löslich. Er bildet wie u-Ergostatrienol mit Digitonin kein unlösliches Additionsprodukt. Schmelzp. 163—164°, $[\alpha]_D^{18} = -49{,}3$. Das Acetat krystallisiert aus Methylalkohol in Blättchen vom Schmelzp. 128°.

Bei katalytischer Perhydrierung geht u-Ergostatrienol-B-acetat in u-Ergostanolacetat über.

Dehydroergosterinperoxyd[1].

$$C_{28}H_{42}O_3 = C_{28}H_{41}\!\!\diagup\!\!\begin{array}{c} OH \\ O \\ | \\ O \end{array}$$

Bildung: Durch Bestrahlung von Dehydroergosterin in alkoholischer Lösung unter Zusatz von Eosin mit Sonnenlicht.

Physikalische und chemische Eigenschaften: Die Verbindung krystallisiert aus Äthylalkohol in derben Nadeln und schmilzt bei 158°. Das Peroxyd macht aus essigsaurer Kaliumjodidlösung Jod frei und gibt eine Reihe von Farbenreaktionen.

Ergosta-trien-diol[2].

$$C_{28}H_{44}O_2$$

Bildung: Durch Reduktion von Dehydro-ergosterinperoxyd mit Zinkstaub und siedender alkoholischer Kalilauge.

Physikalische und chemische Eigenschaften: Die Verbindung krystallisiert aus Essigester in Blättchen vom Schmelzp. 220—221°, $[\alpha]_D^{18} = +48{,}19°$ (Chloroform). Mit Essigsäureanhydrid entsteht ein Monoacetylderivat $C_{30}H_{46}O_3$, das aus Essigester in Blättchen vom Schmelzpunkt 216° krystallisiert; $[\alpha]_D^{20} = +48{,}05°$.

Dehydroergopinakon[3].

$$C_{56}H_{82}O_2 \cdot H_2O = C_{28}H_{41} \cdot O \cdot C_{28}H_{40}OH \cdot H_2O$$

Bildung: Dehydroergosterin wird mit der gleichen Gewichtsmenge Eosin in alkoholischer Lösung unter Luftabschluß dem Sonnenlicht ausgesetzt.

Physikalische und chemische Eigenschaften: Das Pinakon schmilzt nach dem Umkrystallisieren aus Pyridin-Alkohol bei 196° unter Zersetzung.

Ultraviolettbestrahlung des Dehydroergosterins.

Photodehydroergosterin.

$$C_{28}H_{42}O$$

Bildung: Durch Bestrahlen einer 0,1proz. äthylalkoholischen Lösung von Dehydroergosterylacetat mit einer Hg-Quarzlampe und Verseifung des Reaktionproduktes[3].

Physikalische und chemische Eigenschaften: Das Photodehydroergosterin unterscheidet sich von dem Dehydroergosterin wahrscheinlich durch Auseinanderrücken konjugierter Doppelbindungen. Bei der oben angegebenen Bildung wurden als Nebenprodukte Dihydroergosterin I und ein gegenüber dem Ausgangsmaterial um H_2 ärmeres Produkt gewonnen. Photodehydroergosterin schmilzt bei 134° und besitzt die Drehung $[\alpha]_D^{20} = +119{,}5°$. Es wird von Digitonin nicht gefällt. Das Acetat schmilzt bei 126—127°, das Benzoat bildet aus Aceton oder Äther-Methylalkohol Blättchen vom Schmelzp. 160°, $[\alpha]_D^{18} = +134{,}1°$. Das Phenylurethan $C_{35}H_{47}O_2N$ krystallisiert in feinen Nadeln vom Schmelzp. 130°, $[\alpha]_D^{18} = +98{,}7°$[4].

Tetrahydro-photoergosterin.

$$C_{28}H_{46}O$$

Bildung: Durch Verseifung seines Acetates, welches seinerseits durch Hydrierung aus dem Photodehydroergosterylacetat mit Pt-oxyd-Katalysator entsteht.

[1] A. Windaus u. O. Linsert: Liebigs Ann. **465**, 161 (1928).
[2] A. Windaus, E. Auhagen, W. Bergmann u. H. Butte: Liebigs Ann. **477**, 268 (1930).
[3] A. Windaus u. O. Linsert: Liebigs Ann. **465**, 162 (1928).
[4] A. Windaus, J. Gäde, J. Köser u. G. Stein: Liebigs Ann. **483**, 17—30 (1930).

Physikalische und chemische Eigenschaften: Die Verbindung krystallisiert aus Methylalkohol in Nadeln vom Schmelzp. 123°, $[\alpha]_D^{18} = +26,0°$. Beim Erhitzen mit Na-äthylat auf 175° tritt keine Veränderung ein. Das Acetat besitzt den Schmelzp. 106°, $[\alpha]_D^{18} = 3,8°$; es bildet aus Äther-Methylalkohol Blättchen. Das Benzoat $C_{35}H_{50}O_2$ krystallisiert aus demselben Lösungsmittel in Nadeln, die bei 82—83° schmelzen. $[\alpha]_D^{18} = +50,2°$.

Oxydativer Abbau des Ergosterins[1].

Bei mehrmaligem Behandeln von Ergosterin mit Salpetersäure entsteht eine Tricarbonsäure $C_8H_6O_3$, die als Cyclopentadien-tricarbonsäure angesprochen wird. Die Säure krystallisiert aus konz. Salpetersäure in lanzettförmigen Krystallen, aus Wasser in Nadeln. Schmelzpunkt 268°.

Durch Hochvakuumdestillation der Säure entsteht das Anhydrid $C_{16}H_6O_9$, das in rautenförmigen Blättchen oder Stäbchen vom Schmelzp. 268° krystallisiert. Zur Charakterisierung dienen Anilinsalz und Ester.

Sterine der Hefe.

Das Ergosterin, das typische Sterin der Pilze, ist auch das Hauptsterin der Hefe. Daneben wurden noch mehrere, schwer rein darzustellende Sterine gefunden: Zymosterin, Neosterin, Faecosterin, Ascosterin, Episterin.

Zymosterin[2, 3, 4, 5, 6].
$C_{27}H_{44}O$

Darstellung: Durch vielfaches Umkrystallisieren der Rohsterine der Hefe aus Alkohol, Äther und Aceton läßt sich das schwerer lösliche Ergosterin weitgehend entfernen[2]. Besser gelingt die fraktionierte Krystallisation bei Verwendung der Benzoate[3].

Physikalische und chemische Eigenschaften: Zymosterin bildet lange durchsichtige Lamellen vom Schmelzp. 108—110°[3, 4]. $[\alpha]_D = +47,3°$.

Zymosterylacetat.
$C_{29}H_{44}O_2$

Bildung: Beim Kochen von Zymosterin mit Essigsäureanhydrid am Rückflußkühler.

Physikalische und chemische Eigenschaften: Die aus Eisessig umkrystallisierte Verbindung bildet farblose Blättchen vom Schmelzp. 104—106°[3, 4, 6], bzw. 115°[2]. $[\alpha]_D^{24} = +33,5°$.

Zymosterylacetat-dibromid.
$C_{29}H_{46}O_2Br$

Bildung: Man löst rohes Acetat in abs. Äther unter Eiskühlung und versetzt mit einer Lösung von Brom und Ammoniumacetat in Eisessig. Dann wird sofort mit Wasser und Natriumbicarbonat durchgeschüttelt und die Verbindung durch Einengen aus dem Äther gewonnen.

Physikalische und chemische Eigenschaften: Das Acetatdibromid ist ziemlich empfindlich und kann nur aus indifferenten Lösungsmitteln umkrystallisiert werden. Es bildet Blättchen vom Schmelzp. 168—169°, $[\alpha]_{5461} = -9,7°$. — Schüttelt man eine Lösung mit kalter alkoholischer Kalilauge, so entsteht unter Verseifung der Estergruppe

Zymosteryldibromid.
$C_{27}H_{44}OBr_2$

Das Dibromid bildet aus Chloroformäther Rauten, aus Essigester Nadeln mit dem Schmelzp. 157—158°. $[\alpha]_{5463} = +7,1°$.

[1] F. Reindel u. K. Niederländer: Liebigs Ann. **482**, 264 (1930).
[2] J. Smedley-Maclean: Biochemic. J. **22**, 22 (1928).
[3] H. Wieland u. M. Asano: Liebigs Ann. **473**, 303 (1929).
[4] F. Reindel u. A. Weickmann: Liebigs Ann. **475**, 86 (1929).
[5] F. Reindel u. A. Weickmann: Liebigs Ann. **482**, 120 (1930).
[6] J. M. Heilbron u. W. A. Sexton: J. chem. Soc. Lond. **1929**, 2255.

Zymosterylacetat-hydrochlorid[1].

$$C_{29}H_{47}O_2Cl$$

Bildung: Beim Einleiten von Salzsäuregas in eine gekühlte Chloroformlösung des Zymosterinacetats.

Physikalische und chemische Eigenschaften: Die aus einem Äther-Alkoholgemisch erhaltenen Nadeldrusen schmelzen bei 87—88°. Aus der Mutterlauge wird durch Zusatz von mehr Wasser eine isomere Verbindung erhalten, die aus Äther-Alkohol in Stäbchen krystallisiert. Schmelzp. 120—122°.

Zymosterylbenzoat[2].

$$C_{34}H_{46}O_2$$

Bildung: Beim Behandeln von Zymosterin in Pyridinlösung mit Benzoylchlorid in der Kälte.

Physikalische und chemische Eigenschaften: Aus Aceton wird die Verbindung in charakteristischen harten glasklaren Tafeln oder in matten zu Warzen gruppierten Nadeln erhalten. Beide Formen schmelzen bei 122—124° zu einer trüben Flüssigkeit, die bei 138° klar wird. $\alpha]_D^{23} = +36,4°$. Vgl. auch [3].

Dihydrozymosterin[4]

$$C_{27}H_{46}O$$

entsteht durch katalytische Hydrierung von Zymosterin. Es krystallisiert aus Äther-Methylalkohol und schmilzt bei 115—116°; $[\alpha]_{5461}^{22} = +28,9°$. Das Acetat, $C_{29}H_{48}O_2$, schmilzt bei 83—84°.

Nach Reindel liegt der Schmelzpunkt des Zymosterins bei 120—122°, die spezifische Drehung beträgt $[\alpha]_D = +20,7°$, während für das Acetylderivat ein Schmelzpunkt von 81—84° angegeben wird; $[\alpha]_D = +9,7°$.

β-Dihydro-Zymosterin[3].

$$C_{27}H_{46}O$$

Bildung: Durch Einleiten von Salzsäure in eine Chloroformlösung von α-Dihydro-Zymosterin, Abdampfen und Verreiben mit Methylalkohol.

Physikalische und chemische Eigenschaften: Die Verbindung krystallisiert in Blättchen mit 1 Mol Krystallwasser aus Methylalkohol. Sie schmilzt bei 99—100°. $[\alpha]_{5463} = +32,1°$. Das Acetylderivat bildet aus Methylalkohol Nadeln vom Schmelzp. 74—75°, $[\alpha]_{5463} = +15,4°$.

Zymostanol[3].

$$C_{27}H_{48}O$$

Bildung: Durch katalytische Hydrierung des β-Dihydro-Zymosterins in Eisessig mit Platin.

Physikalische und chemische Eigenschaften: Aus Methylalkohol krystallisiert Zymostanol in rautenförmigen Blättchen mit $2\,H_2O$, es schmilzt bei 139—140°, $[\alpha]_{5463} = +20,6°$. Zymostanolacetat wird entweder aus Zymostanol durch Essigsäureanhydrid oder durch Hydrierung des β-Dihydro-Zymosterylacetats erhalten. Es krystallisiert in Stäbchen vom Schmelzp. 130 bis 131°.

Zymostadienon[3].

$$C_{27}H_{42}O$$

Bildung: Zymostadienon wird als neutrales Oxydationsprodukt bei der Einwirkung von Chromsäure auf eine Eisessiglösung von Zymosterin erhalten.

---

[1] F. Reindel u. A. Weickmann: Liebigs Ann. **475**, 86 (1929).
[2] H. Wieland u. M. Asano: Liebigs Ann. **473**, 303 (1929).
[3] F. Reindel u. A. Weickmann: Liebigs Ann. **482**, 120 (1930).
[4] J. M. Heilbron u. W. A. Sexton: J. chem. Soc. Lond. **1929**, 2255.

Physikalische und chemische Eigenschaften: Nach dem Umkrystallisieren aus Methylalkohol schmilzt das Keton bei 162—164°. Sein Oxim hat den Schmelzp. 238—240°.

Neosterin[1].

$$C_{27}H_{44}O \text{ (oder } C_{27}H_{42}O)$$

Darstellung: Aus den Essigester-Mutterlaugen des Benzoylergosterins, die bei der Fraktionierung der Benzoate des Hefesteringemisches anfallen, wird Neosterinbenzoat erhalten.

Physikalische und chemische Eigenschaften: Das Neosterin krystallisiert aus Aceton in breiten farblosen Nadeln vom Schmelzp. 164—165°. Der Mischschmelzpunkt mit Ergosterin zeigte keine Depression (161—162°). $[\alpha]_D^{24} = -105°$.

Neosterylacetat[1].

$$C_{29}H_{46}O_2 \text{ (oder } C_{29}H_{44}O_2)$$

Bildung: Beim Kochen des Neosterins mit Essigsäureanhydrid.

Physikalische und chemische Eigenschaften: Die Verbindung bildet breite dünne Blätter vom Schmelzp. 173—174°.

Neosterylbenzoat[1].

$$C_{34}H_{48}O_2 \text{ (oder } C_{34}H_{46}O_2)$$

Bildung: Beim Versetzen einer Pyridinlösung des Neosterins in der Kälte mit Benzoylchlorid.

Physikalische und chemische Eigenschaften: Neosterylbenzoat bildet einheitliche farblose Blättchen vom Schmelzp. 173—175°. $[\alpha]_D^{24} = -50,6°$.

Ascosterin[2].

$$C_{27}H_{46}O \text{ (oder } C_{27}H_{44}O)$$

Darstellung: Bei der Benzoatfraktionierung des Gemisches der Hefesterine.

Physikalische und chemische Eigenschaften: Ascosterin krystallisiert aus Methylalkohol in farblosen Blättchen vom Schmelzp. 141—142°. $[\alpha]_D^{20} = +45,0°$.

Ascosterylbenzoat[2].

$$C_{34}H_{50}O_2 \text{ (oder } C_{34}H_{48}O_2)$$

Bildung: Wie bei den übrigen Hefesterinbenzoaten.

Physikalische und chemische Eigenschaften: Nach mehrmaligem Umkrystallisieren aus Aceton lag der Schmelzpunkt des Präparates bei 130—131°. $[\alpha]_D^{24} = +37,0°$.

Faecosterin[2].

$$C_{27}H_{46}O \text{ (oder } C_{27}H_{44}O)$$

Darstellung: Aus dem Gemisch der Hefesterine durch Benzoatfraktionierung.

Physikalische und chemische Eigenschaften: Faecosterin wird aus Aceton in langen breiten Nadeln erhalten. Der Schmelzpunkt liegt bei 161—163°. Der Mischschmelzpunkt mit Ergosterin ist um 10° erniedrigt. $[\alpha]_D^{25} = +42,1°$. Das Sterin ist leicht löslich in Äther, Benzol, Petroläther, Chloroform und Essigester, schwer in Aceton und in den Alkoholen.

Faecosterylacetat[3].

$$C_{29}H_{48}O_2 \text{ (oder } C_{29}H_{46}O_2)$$

Bildung: Beim Kochen des Sterins mit Essigsäureanhydrid.

Physikalische und chemische Eigenschaften: Das Acetat wird aus heißem Alkohol in glänzenden schuppenförmigen Blättchen vom Schmelzp. 159—161° erhalten.

---

[1] H. Wieland u. M. Asano: Liebigs Ann. **473**, 310 (1929).
[2] H. Wieland u. M. Asano: Liebigs Ann. **473**, 309 (1929).
[3] H. Wieland u. M. Asano: Liebigs Ann. **473**, 308 (1929).

Faecosterylbenzoat[1].

$$C_{34}H_{50}O_2 \text{ (oder } C_{34}H_{48}O_2)$$

Bildung: Beim Behandeln von Faecosterin in Pyridinlösung mit Benzoylchlorid.

Physikalische und chemische Eigenschaften: Die Substanz ist in Äther, Petroläther u. ä. leicht löslich, in Aceton schwer und in Äthyl- und Methylalkohol sehr schwer löslich. Nach vielfachem Umkrystallisieren lag der Schmelzpunkt scharf bei 144—146°. $[\alpha]_D^{20} = +35,4°$.

Episterin[2].

$$C_{27}H_{46}O \text{ oder } C_{27}H_{44}O$$

Vorkommen und Darstellung: Aus den Mutterlaugen des Ergosterins aus Hefe wurde Episterin als Benzoat isoliert.

Physikalische und chemische Eigenschaften: Episterin bildet aus Methylalkohol und Aceton farblose Nadeln, bei langsamer Krystallisation rechteckige Platten vom Schmelzp. 135 bis 136°. $[\alpha]_D^{20} = 6,2$ in Chloroform. Beim Stehen an der Luft nimmt die Verbindung Krystallwasser auf. Durch Benzoylieren entsteht das Episterinbenzoat, das aus Aceton oder Essigester in sechseckigen Platten vom Schmelzp. 161—163° krystallisiert; $[\alpha]_D^{20} = +11,8°$ in Chloroform.

Cerevisterin[3].

$$C_{29}H_{49}O_3\,?$$

Vorkommen und Darstellung: Cerevisterin wurde isoliert aus den Acetonmutterlaugen nach der Extraktion des Ergosterins aus Hefe.

Physikalische und chemische Eigenschaften: Cerevisterin ist eine stabile, in Hexan unlösliche Verbindung vom Schmelzp. 265,3°. $[\alpha]^{25} = -57,4°$ (Chloroform). Es bildet ein Diacetat, das bei 170,5° schmilzt; $[\alpha]_{5461}^D = -162,9°$. Es soll 2 Doppelbindungen enthalten.

Sterin aus Mutterkorn[4].

$$C_{27}H_{46}O$$

Schmelzp. 120—125°, $[\alpha]_D = -2°$, Acetylderivat Schmelzp. 121—124°, Liebermann-Burchardtsche Reaktion verläuft positiv.

Beziehungen zwischen den Sterinen und dem antirachitischen Vitamin.

Infolge der Feststellung, daß das Vitamin D in engen genetischen Beziehungen zu den Sterinen steht, hat sich das wissenschaftliche und praktisch-medizinische Interesse in höchstem Maße dieser Körperklasse zugewendet. Aus der großen Fülle der hierüber erschienenen Veröffentlichungen können im folgenden nur einige der wichtigsten genannt werden, die den Fortschritt der Erkenntnis auf diesem Gebiet bis zum heutigen Stande beleuchten.

Zwei amerikanische Forscher Steenbock[5, 6, 7] und Heß[8, 9] haben gleichzeitig und unabhängig voneinander festgestellt, daß Nahrungsmittel durch Bestrahlung mit ultraviolettem Licht die Fähigkeit erhalten, die experimentell erzeugbare Rattenrachitis zu heilen bzw. das Auftreten der Erkrankung zu verhindern. Ferner wurde festgestellt, daß es der Lipoidanteil der Nahrung ist, der durch Bestrahlung zum Träger der antirachitischen Wirksamkeit wird und von diesem Anteil wiederum nur das Unverseifbare, die Sterine[10, 11].

[1] H. Wieland u. M. Asano: Liebigs Ann. **473**, 308 (1929).

[2] H. Wieland u. G. A. C. Gough: Liebigs Ann. **482**, 36 (1930).

[3] E. M. Honeywell u. C. E. Bills: J. of biol. Chem. **97**, Nr 1, 39 (1932).

[4] H. C. Hart u. F. W. Heyl: J. amer. chem. Soc. **52**, 2013 (1930). — F. W. Heyl: J. amer. chem. Soc. **54**, 1074 (1932). — M. C. Hart u. H. Emerson: J. amer. chem. Soc. **54**, 1077 (1932).

[5] H. Steenbock: Science (N. Y.) **60**, 224 (1924).

[6] E. M. Nelson u. H. Steenbock: Science **62**, 575 (1924).

[7] H. Steenbock u. A. Black: J. of biol. Chem. **61**, 405 (1924).

[8] A. Heß: Science **60**, 269 (1924).

[9] A. Heß u. M. Weinstock: J. of biol. Chem. **62**, 301 (1924).

[10] A. Heß, M. Weinstock u. F. D. Helman: Proc. Soc. exper. Biol. a. Med. **22**, 76 (1924).

[11] A. Heß, M. Weinstock u. F. D. Helman: Proc. Soc. exper. Biol. a. Med. **22**, 227 (1924).

Alle bekannten Sterine schienen in gleicher Weise durch Ultraviolettbestrahlung aktivierbar zu sein, wenn man sie in geeigneter Weise behandelte; doch gelang es nicht, irgendwelche Aufklärung über die chemischen Veränderungen im Sterinmolekül zu erlangen, die mit der biologischen Aktivierung parallel gehen.

Schließlich wurde die wichtige Beobachtung gemacht, daß ein auf chemischem Wege, z. B. über das Dibromderivat, gereinigtes Sterin nicht mehr aktiviert werden kann[1,2]. Hieraus und aus der Verschiedenheit der Absorptionsspektren des gewöhnlichen und des besonders gereinigten Cholesterins wurde der Schluß gezogen, daß in ersterem noch eine besondere aktivierbare Substanz X, das „Provitamin" vorhanden ist[3,4,5]. Trotz der außerordentlich geringen Menge, in der dieses Provitamin im Cholesterin vorliegen konnte, — man weiß jetzt, daß es sich um etwa $^1/_{60}$% handelt — gelang es Windaus, sich ein bestimmtes Urteil über die chemischen und physikalischen Eigenschaften zu bilden. Er kam zu der Überzeugung, daß allein das Ergosterin die aktivierbare Vorstufe des Vitamins D sei. Die von Windaus und auf seine Veranlassung von anderen Forschern zur Prüfung dieses Schlusses durchgeführten Untersuchungen haben die Richtigkeit dieser Annahme in jeder Weise bestätigt[6,7,8,9,10].

Unter allen Sterinen besitzt nach der heutigen Erkenntnis nur das Ergosterin die Fähigkeit, sich unter der Einwirkung von ultraviolettem Licht, und zwar insbesondere von solchem der Wellenlänge von 3130 bis 2650 Å[11] in einen antirachitisch höchst wirksamen Stoff umzulagern. Die Aktivierbarkeit aller anderen Sterine, und damit auch der Stoffe, in denen sie natürlich vorkommen, beruht darauf, daß sie in einer nicht konstanten, aber immer sehr geringen Menge (ca. $^1/_{50}$ — $^1/_{60}$%) Ergosterin enthalten, welches durch die üblichen Reinigungsmethoden nicht entfernt werden kann. Diese „Verunreinigung" gibt sich weder in einer Beeinflussung des Schmelzpunktes noch in sonstigen physikalisch-chemischen Daten zu erkennen; lediglich durch das Auftreten von charakteristischen Absorptionsbanden im ultravioletten Teil des Spektrums läßt sich Anwesenheit und Menge des Ergosterins in den anderen Sterinen bestimmen.

Welcher Art die Veränderungen im Molekül des Ergosterins sind, die bei der Umwandlung in die aktive Form vor sich gehen, ist noch nicht aufgeklärt. Sicher ist folgendes: Bruttoformel und Molekulargewicht bleiben unverändert, auch die Hydroxylgruppe und die drei Doppelbindungen des Ergosterins sind in seinem Bestrahlungsprodukt noch nachweisbar. In charakteristischer Weise ändern sich dagegen die Lage der Absorptionsmaxima im ultravioletten Teil des Spektrums, die Drehung, die Löslichkeit und das Verhalten gegen Digitonin. Während Ergosterin in den meisten organischen Lösungsmitteln recht schwer löslich ist, ist aktiviertes Ergosterin (rohes amorphes U.V.-Bestrahlungsprodukt) in allen gebräuchlichen organischen Lösungsmitteln spielend löslich. In neuester Zeit ist es gelungen, aus dem amorphen Bestrahlungsprodukt zwei wohldefinierte, krystallisierte Isomere des Ergosterins zu isolieren[12,13,14], von denen eines als Vitamin D_1 und ein anderes als Vitamin D_2 bezeichnet wurden. Vgl. S. 837 u. 839. Vitamin D_1 hat sich bei weiterer Untersuchung als eine Additionsverbindung eines physiologisch inaktiven Ergosterinisomeren des Lumisterins mit Vitamin D_2 erwiesen. Dieses letztere ist bisher die einzige einheitliche krystallisierte Verbindung von höchster antirachitischer Wirksamkeit: die noch voll wirksame Grenzdosis für die Ratte im Schutzversuch wurde zu 0,015 γ gefunden. Vitamin D_2 in reinem Zustande ist verhältnismäßig recht beständig, insbesondere auch gegen Luftsauerstoff. Mit Digitonin bildet es im Gegensatz zu Ergosterin kein Additionsprodukt, was auf eine Änderung der Lage der alkoholischen Hydroxylgruppe schließen läßt.

[1] O. Rosenheim u. T. A. Webster: J. Soc. chem. Ind. **45**, 932 (1926).

[2] A. Heß u. A. Windaus: Proc. Soc. exper. Biol. a. Med. **24**, 369 (1927).

[3] A. Heß u. M. Weinstock: J. of biol. Chem. **64**, 193 (1925).

[4] R. Pohl: Nachr. Ges. Wiss. Göttingen, Math.-physik. Kl. **142**, Nr 2 (1926) — Ref.: Ber. Physiol. **39**, 341 (1927).

[5] R. Pohl: Nachr. Ges. Wiss. Göttingen, Math.-physik. Kl. **185**, Nr. 2 (1926).

[6] A. Windaus u. A. Heß: Nachr. Ges. Wiss. Göttingen, Math.-physik. Kl. **175** (1926).

[7] A. Windaus: Med. Ges. Göttingen 27. Jan. 1927, durch Münch. med. Wschr. **74**, 345 (1927).

[8] A. Windaus: Chem.-Ztg. **51**, Nr 12, 113 (1927).

[9] O. Rosenheim u. T. A. Webster: Lancet **212**, 306 (1927).

[10] P. Györgi: Klin. Wschr. **6**, 580 (1927).

[11] Griffith u. Stence: Brit. chem. Abstr. 926 (1928).

[12] A. Windaus: Proc. roy. Soc. Lond. B **108**, 568 (1931).

[13] A. Windaus, A. Lüttringhaus u. M. Deppe: Liebigs Ann. **489**, 252 (1931).

[14] A. Windaus u. A. Lüttringhaus: Hoppe-Seylers Z. **203**, 70 (1931).

Nucleinsäuren, Nucleotide, Nucleoside[1,2].

Von

P. A. Levene
Rockefeller Institute for Medical Research,
New York

und

Lawrence W. Bass[3]
Acting Director of Research,
The Borden Company, New York.

Nucleinsäuren.

Allgemeines.

In den 15 Jahren vor dem Erscheinen des in Bd. X (1923) von Thannhauser erstatteten Überblickes über die Nucleinsäuren waren erhebliche Fortschritte in unserer Kenntnis der pflanzlichen Nucleinsäuren gemacht worden. Die wichtigsten seit jener Publikation wurden auf dem Gebiete der Struktur der tierischen Nucleinsäuren erzielt. Bemerkenswert sind auch die Arbeiten über das Vorkommen von Ribopolynucleotiden in tierischen Geweben, eine Entdeckung, die aus der Arbeit von Feulgen, Hammarsten, Jorpes, Walter Jones und Calvery geflossen ist. Außerordentlich wichtig sind die Entdeckungen über die physiologische Rolle der Adenylsäure bei Muskeltätigkeit (Embden, Parnas), über ihre Rolle im Co-Enzymsystem (Lohmann, v. Euler), ebenso über ihren Einfluß auf den Blutdruck.

Die Methoden zur quantitativen Bestimmung von Ribo- und Desoxyribonucleotiden in Geweben und Organen stellen eine wichtige Entwicklungsstufe der letzten Jahre dar. Trotz der Zuverlässigkeit dieser Methoden sind eine Reihe von Arbeiten über Nucleinsäure erschienen, in denen die Natur der Nucleinsäure nicht erwähnt ist. Diese Arbeiten sollen gesondert betrachtet werden.

Struktur: O. Fürth[4] und Mitarbeiter haben Hefenucleinsäure durch Darstellung der Alkaloidsalze gereinigt. Aus Rohprodukt mit einem Phosphorgehalt von 6,5—7,5% und Stickstoffgehalt von 12,4—14% haben sie eine Substanz erhalten mit 9,06% P und 16,01% N. Nach der Vorstellung von Levene verlangt sie 9,52% P und 16,1% N.

Die von Dische[5] angegebene Farbreaktion der Purin- und Pyrimidinnucleoside der Thymonucleinsäure mit Diphenylamin und Carbazol beruhen beide auf der Anwesenheit der Desoxyribose. Die Unterschiede im Zeitverlauf der Reaktion in verschiedenen Nucleosiden sind durch die verschiedene Haltfestigkeit der Basen verursacht[6].

Bestimmung: Die Bestimmung des Nucleinsäuregehaltes verschiedener Organe war der Gegenstand einer Reihe von Arbeiten, hauptsächlich von Javillier[7] und seinen Mitarbeitern.

---

[1] Übersetzt von Dr. Egon Eichwald, Amsterdam.

[2] Folgende zusammenfassende Übersichten über Nucleinsäure seien erwähnt: Walter Jones: Nucleic Acids, Their Chemical Properties and Physiological Conduct. — R. Feulgen: Chemie und Physiologie der Nucleinstoffe. — P. A. Levene: Nucleoproteine, Nucleinsäuren, Nucleinbasen. (In Oppenheimer-Pincussen: Die Fermente und ihre Wirkungen.) — Luis Blas y Alvarez: Estudio de los acidos nucleinicos de procedencia vegetal. — P. A. Levene u. L. W. Bass: Nucleic Acids.

[3] Vormals Executive Assistant, Mellon Institute for Industrial Research, Pittsburgh.

[4] O. Fürth, T. Leipert u. T. Kurokawa: Biochem. Z. **246**, 1 (1932).

[5] Z. Dische: Biochem. Z. **189**, 77 1927); **204**, 431 (1929) — Mikrochemie **8**, 4 (1930) — Hoppe-Seylers Z. **192**, 58 (1930).

[6] F. Bielschowsky u. M. Siefken-Angermann: Hoppe-Seylers Z. **191**, 123 (1930); **207**, 210 (1932).

[7] M. Javillier: Bull. Soc. Chim. biol. Paris **11**, 644 (1929).

Im Jahre 1925 kamen Javillier und Allaire[1] zu dem Schluß, daß das beste Mittel für die Bestimmung des Nucleingehaltes von Geweben die Bestimmung des Nucleinphosphors ist. Sie beschreiben in Einzelheiten die Methode der Trennung der Lipoid- und mineralischen Phosphor enthaltenden Stoffe von den Nucleinen. Der Phosphorgehalt des Rückstandes wird zur Abschätzung der Nucleine oder der Nucleinsäure des Materials benutzt. Ein ähnlicher Schluß und eine ähnliche Methode wurden durch Nikolaus Alders[2] angeregt.

In späteren Arbeiten teilen Javillier und Allaire[3] im Prinzip die Variationen im Nucleingehalt verschiedener Organe mit. Die Forscher kommen zu dem Schluß, daß dieser eine Konstante für jedes Organ ist, und sie schlagen vor, sie den Nuclein-Phosphor-Index zu nennen. Ausgedrückt in mg pro 100 g trockenes Gewebe sind die Indices folgende: Thymus 1,296, Pankreas 0,643, Milz 0,390, Leber 0,204, Niere 0,169, Thyroid 0,139, Herz 0,061, Gehirn 0,075, Muskel 0,025 und Rückenmark 0,020. Eine spätere Arbeit[4] teilt die Änderung der Indices in den gleichen Organen verschiedener Spezies mit. Noch eine andere Arbeit[5] ist beschränkt auf die Indices für die ganzen Tiere aber von verschiedenen Spezies.

Vor kurzem wurde dieses Gebiet von T. B. Robertson begonnen, der mit seinen Mitarbeitern eine Studie über nucleo-cytoplasmische Verhältnisse machte. Die Arbeit wurde auf einer colorimetrischen Bestimmung von Guanin basiert[6]. Dieses wird durch saure Permanganatlösung zu Guanidin oxydiert, welches dann colorimetrisch bestimmt wird. Durch Anwendung dieser Methode auf Nucleinsäure fand Huelin[7], daß das nucleo-cytoplasmische Verhältnis junger Weizenpflanzen sich schnell mit dem Alter in einem relativ frühen Wachstumsstadium verändert. Weiterhin wurde eine Arbeit über dieses Verhältnis für verschiedenartige Gewebe von Schafen verschiedener Altersstufen ausgeführt[8].

Eine Methode für die Bestimmung von Phosphorsäure in Nucleinkomplexen von Nahrungsmitteln[9] ist ebenfalls angegeben worden.

Vorkommen: O. Schreiner[10] belegt die Gegenwart von Phosphornuclein im Boden. Der Forscher teilt ferner mit, daß die Nucleine des Bodens eine sehr erhebliche wachstumsfördernde Kraft besitzen.

Allgemeine Eigenschaften: Was die allgemeinen Eigenschaften der Nucleinsäuren, unabhängig von ihrer Natur, angeht, so soll erwähnt werden, daß ihre Stabilität in einer Arbeit von Doyon und Vial[11] diskutiert wurde. Diese Forscher stellten fest, daß Nucleinsäure im trockenen Zustand sich monatelang ohne Veränderung hält. Für sehr lange Konservierung empfehlen sie indessen Salze der Nucleinsäure anstatt der freien Säure.

Derivate: Salze von Nucleinsäure mit Guanidin werden von White[12] beschrieben. Stearn[13] diskutiert die Bildung einer Verbindung von Krystallviolett mit Nucleinsäure und Gelatine und ihre bakteriologische Bedeutung. Bei p_H niedriger als der isoelektrische Punkt des Ovalbumins bilden Nucleinsäuren echte Salze mit Ovalbumin[14]. Eiweiß im Gelzustande bindet mehr Nucleinsäure wie im Solzustande.

Klassifikation: In Band X dieser Publikation wurde die Klassifikation der Polynucleotide noch auf ihren Ursprung basiert. Pflanzliche und tierische Polynucleotide wurden unterschieden, von denen die ersteren als Hauptkomponente eine Pentose und die zweiten eine Hexose enthielten. Erhebliche Fortschritte sind seitdem hinsichtlich des Vorkommens und der Struktur der Polynucleotide gemacht worden, so daß sie gegenwärtig vollkommen vom strukturellen Standpunkt aus diskutiert werden können.

[1] M. Javillier, H. Allaire u. M. Hinglais-Groc: Bull. Sci. pharmacol. **32**, 641 (1925).

[2] N. Alders: Biochem. Z. **181**, 400 (1927).

[3] M. Javillier u. H. Allaire: C. r. Acad. Sci. Paris **183**, 162 (1926) — Bull. Soc. Chim. biol. Paris **9**, 772 (1927); **13**, 678 (1931). — A. H. Roffo u. P. Piloni: Neoplasmes **9**, 201 (1930).

[4] M. Javillier, A. Crémieu u. H. Hinglais: Bull. Soc. Chim. biol. Paris **10**, 327 (1928).

[5] M. Javillier u. A. Crémieu: Bull. Soc. Chim. biol. Paris **10**, 338 (1928).

[6] T. B. Robertson: Austral. J. exper. Biol. a. med. Sci. **6**, 33 (1929).

[7] F. E. Huelin: Austral. J. exper. Biol. a. med. Sci. **6**, 59 (1929).

[8] T. B. Robertson u. M. C. Dawbarn: Austral. J. exper. Biol. a. med. Sci. **6**, 261 (1929).

[9] G. Issoglis: Ann. Schiapparelli **3**, Nr 2, 14 (1929).

[10] O. Schreiner: J. amer. soc. Agron. **15**, 117 (1923).

[11] M. Doyon u. I. Vial: C. r. Soc. Biol. Paris **89**, 396 (1923).

[12] F. D. White: Trans. roy. Soc. Canada **20**, Sect. 5, 321 (1926).

[13] A. E. Stearn: J. Bacter. **19**, 133 (1930) — J. physic. Chem. **34**, 973 (1930) — J. of biol. Chem. **91**, 325 (1931). — A. E. Stearn u. E. W. Stearn: Stain Techn. **4**, 111 (1929); **5**, 17 (1930).

[14] St. J. v. Przylecki u. M. Z. Grynberg: Biochem. Z. **251**, 248 (1932).

Vom strukturellen Standpunkt aus sind die Probleme, die in den letzten 10 Jahren Gegenstand der Forschung waren, folgende: erstens die Anzahl der Mononucleotide, die in das Molekül eines jeden Polynucleotids eintreten; zweitens die Art der Vereinigung von Mononucleotiden zu Polynucleotiden; drittens die Natur der Zuckerkomponente der Thymonucleinsäure und viertens die Art der Vereinigung von Zucker und Basen in Thymonucleinsäure.

Vom Standpunkt der Verteilung der Polynucleotide aus besteht der Hauptbeitrag in der endgültigen Feststellung der Anwesenheit von Ribopolynucleotiden in tierischen Geweben.

Hinsichtlich des Fortschrittes der Arbeit in diesen beiden Richtungen ist es vorteilhafter, die Polynucleotide in Ribopolynucleotide (vorher pflanzliche Nucleinsäuren) und Ribodesosepolynucleotide (früher tierische Nucleinsäuren) zu klassifizieren.

Farbenproben: Zum Unterscheiden der Ribonucleinsäure von Thymonucleinsäure schlägt Thomas[1] eine Probe mit einer 0,2proz. Lösung von Tryptophan mit einem gleichen Volumen von konz. Salzsäure vor. Pentosen und Ribonucleinsäure verursachen eine hellgrüne Farbe, während Lävulinsäure und Thymonucleinsäure nach 2stündiger Hydrolyse mit 2proz. Schwefelsäure eine hellrosa Farbe geben.

Spaltung durch Fermente: Fortschritte sind auf dem Gebiete der nucleinsäurespaltenden Fermente und bei der Darstellung und Reinigung derselben gemacht worden. Levene und Dillon[2] haben das Ferment aus dem Magendarmsaft erhalten, und fanden, daß dieser scheinbar 2 verschiedene Fermente enthält, eines für die Hefenucleinsäure und das andere für die Thymonucleinsäure. Thannhauser und Angermann[3] haben Thymonucleinsäure in die Nucleoside durch ein aus Leber enthaltenes Ferment hydrolysiert. Aus der Dünndarmmucosa wurde ein thymonucleinsäurespaltendes Ferment von W. Klein[4] erhalten. Über pflanzliche und bakterielle Nucleasen berichtet Jono[5]. Edlbacher und Kutscher[6] geben an, daß die Aktivität der nucleinsäurespaltenden Fermente der Leber und des Mäusecarcinoms durch HCN beschleunigt wird.

Ribopolynucleotide.

(Mit Einschluß von Triticonucleinsäure und Ribonucleinsäuren tierischen Ursprunges.)

Struktur: Die Anzahl der Mononucleotide in Hefe- und in Triticonucleinsäuren. Die Auffassung, daß nur drei und nicht vier Mononucleotide in das Molekül von Ribonucleinsäuren eingehen, wurde früher von Steudel und Peiser[7] vertreten, deren Argumente von Thannhauser in seinem Artikel in Bd. X, S. 100 dieser Publikation diskutiert und kritisiert wurden.

Dieselbe Frage wurde erneut von Jones und Perkins[8] und von Calvery[9] aufgeworfen.

Diese Forscher wiederholten die alkalische Hydrolyse von Hefenucleinsäure, konnten aber unter den Produkten der Hydrolyse keine Uridinphosphorsäure finden. Daher folgerten sie, daß Uridinphosphorsäure, die bei anderen Gelegenheiten isoliert wurde, ein sekundäres Produkt war, das bei der Desaminierung von Cytidinphosphorsäure gebildet wurde.

Levene[10] hat indessen gezeigt, daß krystallinische Cytidinphosphorsäure unter den Bedingungen der Hydrolyse von Hefenucleinsäure, die zu der Bildung von Uridinphosphorsäure führen, nicht desaminiert wird. Später zogen Calvery und Jones[11] ihre frühere Feststellung hinsichtlich der trinucleotidischen Struktur von Hefenucleinsäure zurück. Sie schreiben den Irrtum ihrer früheren Versuche Besonderheiten der Löslichkeit des Bleisalzes von Uridinphosphorsäure zu. Die tetranucleotidische Struktur der Hefenucleinsäure wurde ebenfalls von Steudel und Izumi[12] akzeptiert.

---

[1] P. Thomas: Hoppe-Seylers Z. **199**, 10 (1931).
[2] P. A. Levene u. R. T. Dillon: J. of biol. Chem. **88**, 753 (1930); **96**, 461 (1932).
[3] S. J. Thannhauser u. M. Angermann: Hoppe-Seylers Z. **189**, 174 (1930).
[4] W. Klein: Hoppe-Seylers Z. **207**, 125 (1932).
[5] Y. Jono: Acta Scholae med. Kioto **13**, 162 (1930).
[6] S. Edlbacher u. W. Kutscher: Hoppe-Seylers Z. **207**, 1 (1932).
[7] H. Steudel u. E. Peiser: Hoppe-Seylers Z. **108**, 42 (1919—1920).
[8] W. Jones u. M. E. Perkins: J. of biol. Chem. **62**, 557 (1924—25).
[9] H. O. Calvery: J. of biol. Chem. **72**, 27 (1927).
[10] P. A. Levene: J. of biol. Chem. **67**, 325 (1926).
[11] H. O. Calvery u. W. Jones: J. of biol. Chem. **73**, 73 (1927).
[12] H. Steudel u. S. Izumi: Hoppe-Seylers Z. **131**, 159 (1923).

Weitere Beweise der tetranucleotidischen Struktur von Triticonucleinsäure wurden ebenfalls von Calvery und Remsen[1] beigebracht, welche bei der Hydrolysierung der Substanz mit Hilfe von Alkali vier Mononucleotide erhielten.

Thannhauser und Sachs[2] akzeptierten schließlich ebenfalls die tetranucleotidische Struktur von Hefenucleinsäure.

Hinsichtlich der Art der Vereinigung verschiedener Nucleotide werden in dem Artikel von Thannhauser in Bd. X drei Theorien diskutiert, die eine angegeben von Levene, die zweite von Thannhauser und die dritte von W. Jones.

Unter neueren Publikationen unterstützten Thomas und Dox[3] die Auffassung von Jones, indem sie für die Hefenucleinsäure die Anwesenheit von acht sauren Gruppen mit Dissoziationskonstanten vom Range der Phosphorsäure beanspruchten. Levene und Simms[4] zeigten, daß Thomas und Dox Indicatoren benutzten, die Farbenänderungen unterhalb des Gebietes der zweiten Dissoziationskonstante von Phosphorsäure zeigten und daß in dem Gebiete der zweiten Dissoziationskonstante von Phosphorsäure die Ribonucleinsäure nur eine saure Gruppe enthält. Dieser Befund ist in Übereinstimmung mit der Strukturtheorie der Ribonucleinsäure, die von Levene aufgestellt wurde. Der gleiche Schluß wurde ebenfalls von Ellinghaus[5] auf Basis der Verbrennungswärme von Nucleotiden und Nucleinsäuren gezogen. Damianovich und Williams[6] benutzten die ultravioletten Absorptionsspektra für das Studium der chemischen Struktur von Hefenucleinsäure und kamen zu dem Schluß, daß die Purin- und Pyrimidinbasen nur schwach mit dem Rest des Moleküls verbunden sind. Es würde richtiger sein zu schließen, daß die Purin- und Pyrimidinbasen eine identische Verteilung der Doppelbindungen in freiem Zustand und in Nucleinsäuremolekülen haben.

Johnson und Harkins[7] konnten keine Spur von Thymin oder 5-Methylcytosin in Hefenucleinsäure mit der neuen, von ihnen beschriebenen Methode entdecken[8].

Herstellung: Herstellungsmethoden wurden empfohlen von Jones und Folkoff[9] und Baumann[10].

Die Angaben von Baumann sind die folgenden: Frische Brauershefe wird mit 2 Teilen Wasser verdünnt und unter Zugabe von 50 g Natriumhydroxyd in konzentrierter Lösung, pro Kilogramm Hefe, gerührt und mit dem Rühren noch 5 oder 10 Minuten fortgefahren. Unter Kühlen mit Eis werden ungefähr $^4/_5$ des Alkalis mit konz. Salzsäure neutralisiert und dann 30proz. Essigsäure zugefügt bis zur deutlichen Rotfärbung von Lackmuspapier. Die Mischung läßt man über Nacht absitzen, die überstehende Flüssigkeit wird filtriert, Magnesiumsulfat bis zu einer Konzentration von 4 oder 5% zugefügt und alsdann der Betrag an Salzsäure, der nötig ist, um die Nucleinsäure zu fällen, in einem aliquoten Teil bestimmt. Dieses Quantum wird dann zu der Hauptmasse der Flüssigkeit zugefügt; die letzten Anteile Säure werden sehr sorgfältig hinzugegeben. **Ein Überschuß an Säure muß vermieden werden.** Das Präcipitat soll vollkommen zusammenballen und sich schnell absetzen. Es wird durch Dekantation mit 60-, 80- und 95proz. Alkohol gewaschen und abgesaugt. Alsdann wird es mit 95proz. Alkohol verrieben, filtriert, mit Äther verrieben, erneut filtriert und schnell bei nicht mehr als 45—50° getrocknet. Das Material besteht aus einer Mischung der Mono- und Di-Magnesiumsalze, verunreinigt mit Material, das Kohlenstoff und Wasserstoff enthält, aber weder Stickstoff noch Phosphor. Das Verhältnis N : P = 1,69.

Vorkommen: Durch Arbeiten der letzten Jahre[11] ist das Vorkommen von Ribonucleinsäure in tierischen Geweben endgültig bewiesen. Die Pankreas-Ribonucleinsäure ist nach E. Hammarsten, G. Hammarsten und H. Olivecrona[12] hauptsächlich in dem sekretorischen Epithel der Drüse lokalisiert.

[1] H. O. Calvery u. D. B. Remsen: J. of biol. Chem. **73**, 593 (1927).

[2] S. J. Thannhauser u. P. Sachs: Hoppe-Seylers Z. **109**, 177 (1920).

[3] A. Thomas u. A. W. Dox: Hoppe-Seylers Z. **142**, 1 (1925).

[4] P. A. Levene u. H. S. Simms: J. of biol. Chem. **65**, 519 (1925); **70**, 327 (1926).

[5] J. Ellinghaus: Hoppe-Seylers Z. **164**, 308 (1927).

[6] H. Damianovich u. A. T. Williams: An. Soc. Sci. Argentina **98**, 241 (1924).

[7] T. B. Johnson u. H. H. Harkins: J. amer. chem. Soc. **51**, 1779 (1929).

[8] T. B. Johnson u. H. H. Harkins: J. amer. chem. Soc. **51**, 1237 (1929).

[9] W. Jones u. C. Folkoff: Bull. Hopkins Hosp. **33**, 443 (1922).

[10] E. J. Baumann: J. of biol. Chem. **61**, 1 (1924).

[11] Siehe den Abschnitt über Nucleinsäuren höherer Ordnung.

[12] E. Hammarsten, G. Hammarsten u. H. Olivecrona: Acta med. scand. (Stockh.) **68**, 215 (1928).

Steudel und Takahata[1] stellten fest, daß Ribonucleinsäure in Hefe in freiem Zustand anwesend ist.

Chemische Eigenschaften: Steudel[2] gibt an, daß frisch hergestellte Präparate von Hefenucleinsäuren sehr viel leichter in alkalischer Lösung spaltbar sind als die Präparate, die längere Zeit gelegen haben. Weitere Beweise für die schnelle Hydrolyse von Ribonucleinsäure mit Hilfe von sehr verdünntem Alkohol bei Zimmertemperatur werden von Steudel und Peiser[3] beigebracht. Hoffman[4] fand, daß beim Destillieren mit 20proz. Salzsäure in 3 Stunden nur die eine Hälfte der Pentose in Furfurol verwandelt wird. Er befestigt so die früher gemachte Beobachtung, daß die Pyrimidinnucleotide gegen hydrolytische Agenzien beständiger sind als die Purinverbindungen[5].

Bei der katalytischen Reduktion mit Wasserstoff (Platinkatalysator) gibt Nucleinsäure Ammoniak. Das reduzierte Produkt zeigt bei der Prüfung weder Uracil noch Cytosin[6].

In einer Studie über die methylierende Wirkung von Diazomethan auf Pyrimidine fanden Case und Hill[7], daß Hefenucleinsäure augenscheinlich sich mit einem ziemlich erheblichen Betrag des Reagens vereinigt. Nachfolgende Hydrolyse des methylierten Materials ergab indessen weder methylierte noch unmethylierte Pyrimidine.

Assenhajm[8] hat eine Methode zur Isolierung der Purine durch doppelte Fällung als Kupfersalze ausgearbeitet.

Hefenucleinsäure bildet mit Farbstoffen bei Überschuß von Nucleinsäure oder deren Natriumsalz Substanzen, die den Farbstoff auf andere Weise als in den gewöhnlichen Salzen, vielleicht durch Nebenvalenzen gebunden oder nur adsorbiert enthalten[9]. Eine Methode für die Befreiung der Zellen von Nucleinsäure durch Mineralsäuren ist von Schumacher[10] angegeben worden.

Physikalische Eigenschaften[11]: Einige Dissoziationskonstanten der Hefenucleinsäure wurden von Levene und Simms[12] bestimmt: pG'_1 und $pG'_2 < 1$; pG'_3 und $pG'_4 < 2$; pG'_5 2,3; pG'_6 3,7; pG'_7 4,2; pG'_8 6,0; pG'_9 10,1; pG'_{10} 10,2; pG'_{11} bis $pG'_{14} > 13$.

v. Euler und Erikson[13] fanden, daß 1 g Aluminiumhydroxyd 0,33 g Hefenucleinsäure bei p_H 7,6, und 0,608 g bei p_H 3,5 absorbiert.

Derivate: Salze von Nucleinsäure mit Clupein[14] und mit Alkaloiden[15] sind beschrieben worden. Benzoesaure Nucleinsäure ist von Sawjalow[16] bearbeitet worden.

Physiologische Eigenschaften: Blutkoagulation. Die Koagulation von Blut wird durch Injektion des Natriumsalzes von Hefenucleinsäure verzögert[17]. Rabinovitch[18] indessen berichtet, daß Hefenucleinsäure keine antikoagulierende Wirkung hat.

Einwirkung von Enzymen: Eine hitzestabile Substanz, fähig Hefenucleinsäure zu Nucleotiden zu spalten, wurde von Jones[19] und Mitarbeitern beschrieben. Die Hydrolyse von Hefenucleinsäure zu Nucleotiden durch menschlichen Duodenalsaft wurde von Thannhauser und Blanco[20] ersähnt. Die Hydrolyse von Phosphorsäure aus Hefenucleinsäure durch

---

[1] H. Steudel u. T. Takahata: Hoppe-Seylers Z. **133**, 165 (1924).

[2] H. Steudel: Hoppe-Seylers Z. **188**, 203 (1930).

[3] H. Steudel u. E. Peiser: Hoppe-Seylers Z. **114**, 201 (1921); **120**, 292 (1922); **188**, 203 (1930). (Siehe ebenfalls die Angaben in dem Abschnitt über Struktur.)

[4] W. S. Hoffman: J. of biol. Chem. **73**, 15 (1927).

[5] Siehe auch P. A. Levene u. E. Jorpes: J. of biol. Chem. **81**, 575 (1929).

[6] E. B. Brown u. T. B. Johnson: J. amer. chem. Soc. **46**, 702 (1924).

[7] F. H. Case u. A. J. Hill: J. amer. chem. Soc. **52**, 1536 (1930).

[8] D. Assenhajm: Acta Biol. exper. (Warszawa) **4**, 167 (1929).

[9] J. Schumacher: Chem. Zelle **13**, 220 (1926).

[10] J. Schumacher: Chem. Zelle **13**, 191 (1926).

[11] Siehe auch: H. G. B. de Jong u. N. F. de Vries: Rec. Trav. chim. Pays-Bas et Belg. (Amsterd.) **49**, 658 (1930). — P. Thomas u. M. Sibi: Rev. gén. colloides 8, 105 (1930). — R. Taft: J. physic. Chem. **34**, 2792 (1930).

[12] P. A. Levene u. H. S. Simms: J. of biol. Chem. **65**, 519 (1925); **70**, 327 (1926).

[13] H. v. Euler u. E. Erikson: Hoppe-Seylers Z. **128**, 1 (1923).

[14] H. Steudel u. E Peiser: Hoppe-Seylers Z. **122**, 298 (1922). — H. G. B. de Jong, L. Dekker u. O. S. Gwan: Biochem. Z. **221**, 392 (1930).

[15] Haco-Ges. Akt.-Ges.: Brit.P. 245838 (1924).

[16] W. W. Sawjalow: Jb. Univ. Sofia, Med. Fak. **7** (1928).

[17] J. W. Pickering u. J. A. Hewitt: Proc. roy. Soc. Lond. **96** B, 77 (1924).

[18] R. Rabinovitch: C. r. Soc. Biol. Paris **92**, 834 (1925).

[19] W. Jones: J. of biol. Chem. **50**, 323 (1922); **55**, 557 (1923).

[20] S. J. Thannhauser u. G. Blanco: Hoppe-Seylers Z. **161**, 126 (1926).

Takadiastase wurde von Noguchi[1] beschrieben. Ein dephosphorierendes Enzym aus Leber wurde von Deutsch und Rösler[2] beschrieben sowie von Levene und Dillon[3] (Darm) und von Bielschowsky[4] (Leber).

Beziehung zum Wachstum: Es wurde gefunden, daß hydrolytische Produkte aus Hefenucleinsäure einen genügenden Einfluß auf das Wachstum von Hefe und also einen Heileffekt auf experimentelle Beri-Beri haben[5]. Hefenucleinsäure vermehrt das postadoleszente Wachstum[6]. Natriumnucleat spielt eine bedeutende Rolle bei dem Hervorrufen von Zellteilung bei Paramaecium Caudatum[7].

Stoffwechsel[8]: Nach dem Verfüttern von Nucleinmaterial erscheint nur ein Teil von dessen Stickstoff im Urin als Harnsäure oder als Purinbase. Man behauptet, daß intestinale Fäulnis für den Verlust verantwortlich ist. Man fügte deshalb eine Lösung von Nucleinsäure zu einer Suspension von Faeces mit dem Ergebnis, daß die Purinbasen partiell zerstört wurden. In Übereinstimmung mit diesem Versuch war die Beobachtung, daß, wenn man Hefenucleinsäure verfüttert, ein großer Teil der Purine im Eingeweidetrakt zersetzt wurde, und zwar so, daß nur 37—45% der Purine aus den Faeces in der Form von Purinen oder Harnsäure zurückgewonnen wurde[9].

Nucleinsäure wird bei Belichtung mit Nitrallampe aufgespalten. Röntgenstrahlen sind wirkungslos[10]. Die Spaltung durch Serum wird unter Bestrahlung nicht verändert, dagegen ist der Abbau durch Serum vorher mit Bestrahlung behandelter Tiere deutlich erhöht. Beim Kaninchen und Menschen beeinflussen Röntgenstrahlen sowie Lichtstrahlen den Purinstoffwechsel im Sinne weitergehender Oxydation der Purinbasen und Harnsäure bis zur Oxalsäure.

Intravenöse Injektionen von Hefenucleinsäure bei Hunden erzeugten eine Erscheinung ähnlich einem Peptonshock[11].

Intravenöse Injektionen von Hefenucleinsäure bei Kaninchen beschleunigten die Atmung und erzeugten einen vorübergehenden shockartigen Zustand[12].

Verabreichung von 20 g Hefenucleinsäure an Hunde ergab während der ersten 6 Stunden nach der Inkjetion keine nennenswerte Veränderung des Stoffwechsels. Die Nucleinsäure hatte keinen spezifischdynamischen Effekt[13].

Hefenucleinsäure wird im Eingeweidetrakt besser absorbiert als Nucleinsäure tierischen Ursprungs[14].

Nucleinsäurekomponenten treten vom Eingeweidetrakt aus in die Portalvene ein, sobald sie sich zu Nucleotiden zersetzt haben[15].

Triticonucleinsäure.

Bei der Hydrolyse mit verdünntem Natronhydroxyd bei Zimmertemperatur werden vier Nucleotide erhalten, die mit denen aus Hefenucleinsäure identisch sind; die beiden Nucleinsäuren sind wahrscheinlich identisch[16].

Desoxyribopolynucleotide.

In der Auffassung der früheren Bearbeiter der Chemie der Nucleinsäuren besteht, wie der Bericht von Thannhauser in Bd. X zeigt, ein starker Kontrast. Hinsichtlich der Existenz

[1] J. Noguchi: Biochem. Z. **147**, 255 (1924).

[2] W. Deutsch u. K. Rösler: Hoppe-Seylers Z. **171**, 264 (1927); **185**, 146 (1929).

[3] P. A. Levene u. R. T. Dillon: J. of biol. Chem. **85**, 753 (1930).

[4] F. Bielschowsky: Hoppe-Seylers Z. **190**, 15 (1930).

[5] D. Ganassini: Boll. Soc. med.-chir. Pavia **36**, 476 (1924).

[6] T. B. Robertson: Austral. J. exper. Biol. a. med. Sci. **5**, 47, 69 (1928).

[7] T. Ugata: J. of Biochem. **6**, 417, 451 (1926).

[8] Siehe auch: R. Schumann: Hoppe-Seylers Z. **186**, 104 (1929). — E. Abderhalden u. S. Buadze: Hoppe-Seylers Z. **189**, 65 (1930).

[9] J. Rother: Hoppe-Seylers Z. **114**, 149 (1921).

[10] L. Pincussen u. K. Momferratos-Floras: Biochem. Z. **126**, 86 (1921—1922).

[11] M. Ringer u. F. P. Underhill: J. of biol. Chem. **48**, 523, 533 (1921).

[12] F. P. Underhill u. M. L. Long: J. of biol. Chem. **48**, 537 (1921).

[13] M. Ringer u. D. Rapport: J. of biol. Chem. **58**, 475 (1923—1924).

[14] T. B. Robertson, C. S. Hicks u. H. P. Marson: Austral. J. exper. Biol. a. med. Sci. **4**, 125 (1927).

[15] S. J. Rabinowich: Arch. f. Physiol. **219**, 402 (1928).

[16] H. O. Calvery u. D. B. Remsen: J. of biol. Chem. **73**, 593 (1927).

einer Analogie in der Struktur von Thymo- und Hefenucleinsäure war man sehr skeptisch. Feulgen hat in seiner ausgezeichneten Monographie[1] und in seinen Schriften über die Nuclealreaktion[2] sehr lebhaft die Ansichten von Levene angegriffen, ebenso hat Thannhauser[3] auf Grund seiner Versuche über den Abbau von Thymonucleinsäure mit Salzsäure enthaltenem Methanol. Seit kurzem indessen hat die Auffassung hinsichtlich der Analogie der Struktur der beiden Polynucleotide sehr starke Stützen erhalten.

Die Theorie der Struktur von Ribonucleinsäure wurde ursprünglich auf Grundlage der Bildung von vier Nucleotiden bei alkalischer Hydrolyse formuliert und weiterhin auf Grundlage der Bildung von vier Basen in ungefähr äquimolekularen Proportionen bei der sauren Hydrolyse. Später wurde die Auffassung zugunsten der polynucleotiden Struktur durch die Entdeckung von hydrolytischen Bedingungen, die zur Bildung von vier Mononucleotiden führten, vervollständigt. Der Beweis zugunsten der analogen Struktur von Thymonucleinsäure wurde in anderer Weise geführt. Die erste Aufklärung, die eine theoretische Betrachtung der Struktur dieser Substanz erlaubte, wurde durch Säurehydrolyse erhalten, die zu vollständiger Hydrolyse unter Bildung von vier Basen in äquimolekularer Proportion führte. Diese Resultate wurden von Steudel[4] und von Levene und Mandel[5] erlangt.

Weitere Kenntnisse wurden bei der Säurehydrolyse der Nucleinsäure unter Bedingungen erhalten, die zur Bildung von Pyrimidinnucleotiden führten. Diese Bedingungen waren dieselben, welche im Falle der Ribonucleinsäuren zur Bildung von Pyrimidinnucleotiden führten[6].

Diese beiden Tatsachen machten eine Analogie in der Struktur der beiden Nucleinsäuren wahrscheinlich. Im Falle der Thymonucleinsäure waren die Pyrimidinnucleotide, die man am leichtesten erhalten konnte, von besonderer Struktur, nämlich Diphosphorsäureester von Pyrimidinnucleosiden. Diese Derivate gaben eine Vorstellung der möglichen Bindungen zwischen individuellen Nucleotiden in den Nucleinsäuren, wie unten weiter ausgeführt wird. Die Arbeiten von Levene und Mandel und von Levene und Jacobs sind in den letzten Jahren von Thannhauser und Ottenstein[7] bestätigt worden, die Thymonucleinsäure mit Pikrinsäure hydrolisyerten[8]. Thannhauser[3] erhielt wiederum dieselben Nucleotide bei der Behandlung von Nucleinsäure mit einer methylalkoholischen Lösung von Chlorwasserstoffsäure. Unter diesen Bedingungen war die Menge der Monophosphorsäureester größer als unter den Bedingungen der früheren Versuche.

Den Hauptfortschritt hinsichtlich der Struktur der Thymonucleinsäure verdankt man der letzten Arbeit von Levene und London[9], die durch enzymatische Hydrolyse vier Nucleoside[10] erhielten, die den vier früher isolierten Basen entsprachen. Das Adeninnucleosid wurde indessen in deaminierter Form als Hypoxanthinnucleosid erhalten. Wenn man bedenkt, daß bei sehr milder Säurehydrolyse die Thymonucleinsäure in Thyminsäure, die noch alle Phosphorsäureradikale und alle Zuckerradikale der ursprünglichen Substanz enthält, verwandelt wird, so sieht man die Berechtigung, der Thymonucleinsäure die Struktur eines Polynucleotids zuzuschreiben, in welchem die Verbindungsweise der Komponenten jedes Mononucleotids analog der der Mononucleotide von Ribopolynucleotiden ist. Thannhauser und Angermann[11] haben Thymonucleoside durch Spaltung mit einem aus Leber stammenden Ferment erhalten. Neulich haben Bielschowsky und Klein[12] die Thymonucleoside durch die Einwirkung eines Ferments aus der Mucosa des Dünndarms erhalten.

Nachweis und Bestimmung[13]: 1. Die Kilianische Reaktion. Eine Spur der zu untersuchenden Substanz wird in Eisessig aufgelöst, dem im Verhältnis 1 : 100 eine 5proz. Lösung von Ferrum sulf. oxyd. hinzugefügt ist. Diese Lösung wird mit konz. H_2SO_4, die in demselben

[1] R. Feulgen: Chemie und Physiologie der Nucleinstoffe. Berlin 1923.
[2] R. Feulgen u. H. Rossenbeck: Hoppe-Seylers Z. **135**, 203 (1924).
[3] S. J. Thannhauser u. G. Blanco: Hoppe-Seylers Z. **161**, 116 (1926).
[4] H. Steudel: Hoppe-Seylers Z. **49**, 406 (1906).
[5] P. A. Levene u. J. A. Mandel: Biochem. Z. **10**, 215 (1908).
[6] P. A. Levene u. J. A. Mandel: Ber. dtsch. chem. Ges. **41**, 1905 (1908). — P. A. Levene u. W. A. Jacobs: J. of biol. Chem. **12**, 411 (1912). — P. A. Levene: J. of biol. Chem. **48**, 119 (1921).
[7] S. J. Thannhauser u. B. Ottenstein: Hoppe-Seylers Z. **114**, 39 (1921).
[8] Siehe auch H. Steudel: Hoppe-Seylers Z. **154**, 116 (1926).
[9] P. A. Levene u. E. S. London: J. of biol. Chem. **81**, 711 (1929); **83**, 793 (1929).
[10] Siehe auch P. A. Levene u. R. T. Dillon: J. of biol. Chem. **88**, 753 (1930).
[11] S. J. Thannhauser u. M. Angermann: Hoppe-Seylers Z. **189**, 174 (1930).
[12] F. Bielschowsky u. W. Klein: Hoppe-Seylers Z. **207**, 202 (1932).
[13] E. Abderhalden: Handbuch der biologischen Arbeitsmethoden, Abt.-V, Teil 2, H. 16, S. 1830 (1931).

Verhältnis wie der Eisessig mit Ferrisulfatlösung versetzt worden ist, unterschichtet. Falls ein Desoxyzucker vorliegt, bildet sich ein blauer Ring und nach 30 Minuten wird die ganze Eisessiglösung grünblau.

2. Die Nuclealreaktion von Feulgen. 1 ccm der Thymonucleinsäurelösung wird mit 6—8 ccm $^n/_{20}$-HCl in kochendem Wasserbade durch 1—6 Minuten hydrolysiert und abgekühlt. Nun werden 2 Tropfen Dinitrophenol zugesetzt, wonach mit $^n/_{10}$-NaOH bis zur ersten gelben Nuance neutralisiert wird. Dann wird mit dem gleichen Volumen einer Citratpufferlösung nach Michaelis von p_H gleich 230,5 ccm Citratlösung $+$ 69,5 ccm $^n/_{10}$-HCl verdünnt, hierauf werden 1—3 ccm der Flüssigkeit entnommen und 10 ccm des Puffers plus 0,5—1 ccm der fuchsinschwefligen Säurelösung zugesetzt. Noch 0,5 mg Thymonucleinsäure können so nachgewiesen werden.

3. Die Diphenylaminschwefelsäurereaktion nach Dische[1]. Diese Reaktion wird wie folgt ausgeführt: Ein Teil der zu untersuchenden Lösung wird mit 2 Teilen des Diphenylaminreagens versetzt und im siedenden Wasserbade 3—10 Minuten erhitzt. Das Reagens besteht aus einem Gemisch von 39 Teilen einer 2 proz. Lösung von Diphenylamin in Eisessig und 1 Teil konz. H_2SO_4. Enthält die Lösung Thymonucleinsäure, so entsteht eine schöne blaue Farbe. Noch 0,2 mg Thymonucleinsäure können auf diese Weise nachgewiesen werden. Auch die Nucleotide und Nucleoside der Thymonucleinsäure geben diese Reaktion, nur muß man, wie Angermann und Bielschowsky festgestellt haben, im Falle der Pyrimidinnucleoside länger erhitzen (bis zu 30 Minuten), da in diesem Fall die Farbreaktion langsamer vor sich geht.

Die Kohlehydrate der Thymonucleinsäure.

Radikaler ist die Änderung des Gesichtspunktes hinsichtlich der Struktur der Kohlehydratkomponente der Thymonucleinsäure. In dem Bericht von Thannhauser in Bd. X dieser Publikation wird die Substanz noch als eine Hexose betrachtet. Diese Auffassung ergab sich bekanntlich aus der Tatsache, daß bei der Hydrolyse mit Mineralsäuren Thymonucleinsäure Lävulinsäure und Ameisensäure lieferten. Steudel[2] glaubte weiteres Material für diese Auffassung beigebracht zu haben, indem er aus dem Oxydationsprodukt der Thymonucleinsäure eine Substanz isolierte, die er als eine epimere Saccharinsäure betrachtete und die er unter dem Namen Episaccharinsäure beschrieb. Feulgen[3] fand, daß Thymonucleinsäure, ähnlich wie Furanderivate, die Farbreaktion mit Fichtenholzhobelspänen und die Aldehyd-Farbreaktion von Schiff ergab, und auf Basis dieser Farbreaktionen war er der Ansicht, daß die Kohlenhydrate die Struktur eines Glukals haben.

Dieser Gesichtspunkt erwies sich nicht als durchführbar, aber die Frage nach der Natur der Substanz, die den Farbtest gab, regte zu weiterer Arbeit auf dem Gebiete der Nucleinsäure an. Steudel und Peiser[4] veröffentlichten die Resultate ihrer Arbeit in dieser Richtung. In der ersten dieser Arbeiten kamen sie zu dem Schluß, daß die von Feulgen beschriebene Reaktion durch eine flüchtige Substanz veranlaßt wurde, die sich während der Behandlung bildete und die für die Ausführung der Reaktion erforderlich ist. In Wirklichkeit indessen ist die Behandlung zu mild, um die Dissoziation einer gewöhnlichen Hexose zu verursachen. In der zweiten Arbeit prüften Steudel und Peiser eine Reihe von Hexose- und Pentosederivaten mit folgendem Ergebnis: Positive Reaktionen wurden erzielt mit Maltose, Theophyllin-Glykosiden, Inosin aus Fleischextrakt und Calciumglukophosphat; die Teste waren sehr schwach mit Sucrose, Fructose und Inulin; sie waren negativ mit Methylglykosiden, mit dem Thiopentosenucleosid aus Hefe, mit Guanosin, mit Vicin und mit Sucrosephosphat. Der Schluß der Forscher war, daß die Probe positiv waren bei Substanzen, bei welchen die Hydrolyse sehr schnell verlief. Die Ergebnisse von Steudel und Peiser sprachen also gegen die Glukal- und zugunsten der Hexosetheorie. Endlich kamen P. Thomas und E. Maftei[5] zu dem Schluß, daß der Zucker eine Hexuronsäure sei.

Dieses war der Stand der Dinge, als Levene und London[6] mit Hilfe einer enzymatischen Hydrolyse die Nucleoside der Thymonucleinsäure erhalten konnten. Auf Basis der Analyse der Nucleoside ergab sich die Zusammensetzung des Zuckers wie folgt: $C_5H_{10}O_4$;

---

[1] Z. Dische: Mikrochemie **8**, 1 (1930).
[2] H. Steudel: Hoppe-Seylers Z. **52**, 62 (1907); **53**, 14 (1907).
[3] R. Feulgen: Hoppe-Seylers Z. **92**, 154 (1914); **100**, 241 (1917).
[4] H. Steudel u. E. Peiser: Hoppe-Seylers Z. **132**, 297 (1924); **139**, 205 (1924).
[5] P. Thomas u. E. Maftei: XII. Int. Congr. Physiol. **1926**, 159.
[6] P. A. Levene u. E. S. London: J. of biol. Chem. **81**, 711 (1929).

er zeigte also die Zusammensetzung einer Desoxypentose. Aus Guaninnucleosid, das in größeren Mengen zugänglich war, wurde der Zucker in krystalliner Form erhalten und hatte wieder die Zusammensetzung von $C_5H_{10}O_4$. Der Zucker war also unzweifelhaft eine Desoxypentose; er bildete kein Osazon, war also eine 2-Desoxypentose oder eine Pentadesose. Die Konfiguration wurde aufgeklärt durch die synthetische Methode. Glücklicherweise sind für Pentadesosen nur zwei der d- oder l-Serien möglich. Die Xylodesose und Ribodesose wurden von Levene und Mori[1] hergestellt, ferner von Levene, Mikeska und Mori[2]. Die physikalischen Konstanten der synthetischen l-Ribodesose waren identisch mit denen des natürlichen Zuckers, mit Ausnahme davon, daß die Drehungen das entgegengesetzte Vorzeichen hatten: $[\alpha]_D = +91{,}7°$, im Gleichgewicht $+40{,}5°$ für die synthetische Verbindung; $[\alpha]_D = -90{,}6°$, im Gleichgewicht $-40{,}0°$ für die natürliche Verbindung. Ferner besaßen die Konstanten der Benzylphenylhydrazone identische Schmelzpunkte und identische numerische Werte ihrer Drehungen (mit entgegengesetzten Vorzeichen): Schmelzp. $= 126°$ C, $[\alpha]_D = +17{,}5°$ für die synthetische Verbindung; Schmelzp. $= 128°$ C, $[\alpha]_D = -17{,}5°$ für die natürliche Verbindung. Der natürliche Zucker ergab also die Konfiguration einer d-Ribodesose.

Die Eigenschaften dieses Zuckers und der Nucleoside sind offensichtlich verantwortlich für viele Eigenschaften der Thymonucleinsäure. So geben der Zucker, sowohl wie die synthetischen Pentodesosen und die Nucleotide bei der Behandlung mit Mineralsäure Lävulinsäure; die Zucker und die Nucleoside (die letzteren nach Hydrolyse) geben die sog. „Nuclealreaktionen" von Feulgen. Die Thymopurinnucleoside werden ebenso wie andere Glykoside in demselben Maße hydrolysiert, wie die Purinbasen von der Thymonucleinsäure abgespalten werden. **Der Thymonucleinsäure wird der Name Ribodesosenucleinsäure mit Recht deshalb gegeben,** weil die Mehrheit ihrer Eigenschaften sich aus den Eigenschaften der Zuckerkomponente ergibt. Diesem Polynucleotide kann folgende Strukturformel gegeben werden:

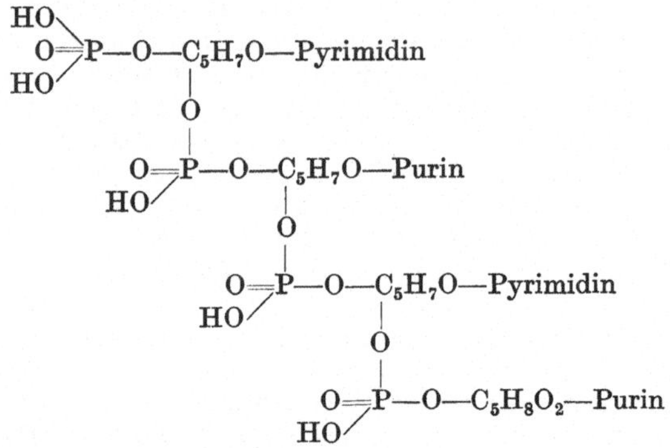

$$\begin{array}{l}
\mathrm{HO} \\
\quad\;\,\mathrm{O{=}P{-}O{-}C_5H_7O{-}Pyrimidin} \\
\mathrm{HO} \qquad\qquad\quad | \\
\qquad\qquad\qquad\;\mathrm{O} \\
\qquad\quad\;\;\mathrm{O{=}P{-}O{-}C_5H_7O{-}Purin} \\
\qquad\;\mathrm{HO} \qquad\qquad\; | \\
\qquad\qquad\qquad\qquad\mathrm{O} \\
\qquad\qquad\;\mathrm{O{=}P{-}O{-}C_5H_7O{-}Pyrimidin} \\
\qquad\quad\mathrm{HO} \qquad\qquad\;\; | \\
\qquad\qquad\qquad\qquad\quad\mathrm{O} \\
\qquad\qquad\qquad\mathrm{O{=}P{-}O{-}C_5H_8O_2{-}Purin} \\
\qquad\qquad\quad\mathrm{HO}
\end{array}$$

Die Basen sind so angeordnet, daß zwei Diphosphorsäureester der Pyrimidinnucleoside gebildet werden können. Soweit bildet die Struktur dieses Tetranucleotids ein vollkommenes Analogon zu der Struktur des Ribotetranucleotids. Diese Formel bildet indessen keine Erklärung für die Punkte, in welchen die Desoxyribonucleinsäure sich von Ribonucleinsäure unterscheidet, namentlich ihre Gelatinierung, ihren Widerstand gegen Alkali und ihre Hydrolyse in Diphosphorsäureester der Pyrimidinnucleoside. Neuerlich behauptet Bielschowsky[3], aus der Eiternucleinsäure durch fermentative Aufspaltung ein Nucleosid erhalten zu haben, das ein neues Kohlehydrat enthalten soll.

Vorkommen und Zusammensetzung: Die Thymonucleinsäure wurde fast aus allen tierischen Organen hergestellt. Kommt vor auch in embryonalen und ausgepflanzten Geweben[4]. Obwohl die Zusammensetzung der einzelnen Präparate nicht immer als die gleiche gefunden worden war, sind diese Unterschiede zweifellos nicht durch wirkliche Unterschiede in der Struktur der individuellen Säure verursacht, sondern durch die verschiedenen, nicht immer in den Einzelheiten identischen Methoden der Herstellung. Selbst wenn im wesentlichen dieselbe Methode befolgt wurde, war es nicht immer leicht, die Bedingungen streng identisch zu halten.

[1] P. A. Levene u. T. Mori: J. of biol. Chem. **83**, 803 (1929).
[2] P. A. Levene, L. A. Mikeska u. T. Mori: J. of biol. Chem. **85**, 785 (1930).
[3] F. Bielschowsky: Hoppe-Seylers Z. **210**, 134 (1932).
[4] M. Silberberg u. K. Voit: Arch. path. Anat. **283**, 186 (1932).

Man muß sich erinnern, daß Glykoside von 2-Desoxyzucker sehr empfänglich sind gegen die Wirkung von Mineralsäure und daß bei jeder Herstellungsmethode von Ribodesosepolynucleotiden Salzsäure als Fällungsmittel verwendet wird. Die besten Ausgangsstoffe für die Herstellung dieses Polynucleotides sind die Thymusdrüse und das Fischsperma.

Thymusdrüse: Die Nucleinsäure wurde nach der allgemeinen Methode von Levene[1] hergestellt. Ausbeute an Rohmaterial 150 g aus 5 kg der Drüse. Dieses Material hat die Zusammensetzung C 36,72, H 4,58, N 14,59, P 9,05%.

Pankreasdrüse: Die Säure wurde hergestellt nach der allgemeinen Methode von Levene[1] mit einer Ausbeute von 35 g aus 5 kg Ausgangsmaterial und hatte die folgende Zusammensetzung: C 36,34, H 4,40, N 14,37, P 9,10%.

Die Substanz wurde ebenfalls von Doyon[2] erhalten, der die Methode von Neumann benutzte. Steudel und Nakagawa[3] zeigten, daß der Rückstand der Pankreasdrüse, der nach der Extraktion des Hammarsten-Nucleoproteins blieb, Thymusnucleinsäure enthielt. Der Gesamtgehalt daran in der getrockneten Drüse betrug 5% der trockenen mit Alkohol und Äther extrahierten Substanz.

Folgende Methode der Herstellung der Mischung von Ribopolynucleotid und Ribodesosepolynucleotid wurde von Feulgen[4] angegeben. Das Nucleoprotein der Pankreasdrüse wurde durch Digerieren des zerkleinerten Organs mit heißem Wasser hergestellt, Behandeln des wässerigen Extraktes mit Natriumhydroxyd, Filtrieren und Präcipitieren mit 96 proz. Alkohol nach Neutralisieren mit Essigsäure. Das Nucleoprotein wurde mit Natriumhydroxyd hydrolysiert und das Nucleinsäuregemisch mit 96 proz. Alkohol präcipitiert. Dieses wurde durch Fällen mit Alkohol in alkalischer Lösung gereinigt. Die beiden Nucleinsäuren wurden durch Aussalzen des Natriumsalzes der Guanylsäure mit Natriumacetat getrennt. Das tertiäre Salz der Guanylsäure wurde durch Behandeln des sekundären Natriumsalzes mit Natriumhydroxyd hergestellt und mit 96 proz. Alkohol gefällt. (Siehe S. 874, Nucleinsäuren höherer Ordnung.)

Milz: Die Substanz wurde nach der allgemeinen Methode von Levene[1] hergestellt, die Ausbeute betrug 40 g aus 5 kg der frischen Drüse und hatte folgende Zusammensetzung: C 36,21, H 4,30, N 14,54, P 8,94%.

Leber[5]: Die Säure wurde nach der allgemeinen Methode von Levene hergestellt. Die Ausbeute war 18 g von 5 kg der Drüse und ihre Zusammensetzung war: C 35,69, H 4,05, N 15,25, P 9,05%.

Nieren: Die Säure wurde auf dieselbe Weise hergestellt; die Ausbeute war 25 g von 5 kg Drüse, und die Zusammensetzung: C 36,51, H 4,17, N 14,07, P 8,74%.

Lunge: Eine Nucleinsäure aus Lunge wurde von Sammartino[6] nach Levenes Methode erhalten. Die Zusammensetzung der Substanz war: C 38,1, H 5,2, N 14,2, P 5,9%. Bei der Hydrolyse wurden Adenin und Guanin in der Form der Pikrate isoliert. Die Substanz gab keinen Orcintest; die Kohlehydrate konnten von dem Forscher nicht isoliert werden; er glaubte, daß die Säure nicht identisch mit der Thymonucleinsäure sei, die von Levene aus anderen Organen isoliert wurde. Es ist wahrscheinlich, daß das Material das gewöhnliche Ribodesosepolynucleotid in sehr unreinem Zustande war.

Eingeweide: Doyon[7] stellte im Verlauf seiner Arbeit über den antikoagulierenden Effekt der Nucleinsäure diese Substanz aus den Eingeweiden von Hunden und Pferden nach der Methode von Neumann her. Bei anderen Gelegenheiten benutzte er die Methode von Jones.

Lymphatische Ganglien: Im Verlaufe der Arbeit über antikoagulierende Eigenschaften des Natriumsalzes von Nucleinsäure stellte Doyon[8] Nucleinsäure aus den lymphatischen Ganglien nach Neumanns Methode her. Der Phosphorgehalt betrug 9,5—10,5% und die Ausbeute ungefähr 1% der Drüse. Nach Doyon ist diese Nucleinsäure besonders wirksam in ihren antikoagulierenden Eigenschaften.

Herstellung: Methode von Levene[9]: 1500 g Thymusdrüsen werden in 1500 ccm einer

[1] P. A. Levene: J. of biol. Chem. **53**, 441 (1922).
[2] M. Doyon: C. r. Acad. Sci. Paris **172**, 134 (1921).
[3] H. Steudel u. S. Nakagawa: Hoppe-Seylers Z. **126**, 250 (1923).
[4] R. Feulgen: Hoppe-Seylers Z. **111**, 257 (1920).
[5] Siehe auch N. Ishiyama: Hoppe-Seylers Z. **178**, 217 (1928).
[6] U. Sammartino: Biochem. Z. **133**, 405 (1922).
[7] M. Doyon: C. r. Acad. Sci. Paris **171**, 1402 (1920).
[8] M. Doyon: C. r. Acad. Sci. Paris **172**, 820 (1921).
[9] P. A. Levene: Noch nicht veröffentlicht — Siehe auch J. of biol. Chem. **53**, 441 (1922).

5 proz. Lösung von NaCl aufgenommen, aufgekocht und Essigsäure zugegeben, bis alles Eiweiß koaguliert ist. Dann werden 15 g Natronacetat und 75 g Natronlauge zugefügt, dann wird das Kochen fortgesetzt, bis die Drüsen fast aufgelöst sind. Eisessig wird hierauf bis zur sauren Reaktion zugegeben, dann werden 100 ccm kolloidales Eisen (dialysiertes Eisen 5 proz. Fe_2O_3, Merck) und mehr Eisessig, bis die Gesamtmenge 300 ccm beträgt, zugefügt. Die Masse wird heiß filtriert und zum klaren Filtrat ein gleiches Volumen von 95 proz. Alkohol zugegeben. Zur Reinigung wird die Substanz mittels Alkali aufgelöst und mit Salzsäure gefällt.

Methode von Baumann[1]: Diese Methode gibt aus verschiedenen drüsigen Geweben Ausbeuten von 0,8—1,5%. Frisches, zermahlenes, drüsiges Gewebe wird mit dem doppelten Gewicht Wasser und für jedes Kilogramm Gewebe mit 100 ccm 50 proz. Natriumhydroxyds vermischt. Die Mischung wird dann auf 40—70° C erhitzt, bis alles Gewebe außer dem Bindegewebe aufgelöst ist. Sie wird dann heiß mit starker Essigsäure bis zu deutlich saurer Reaktion (Lackmus) neutralisiert, zum Kochen gebracht und heiß filtriert. Konz. Salzsäure, verdünnt mit dem gleichen Volum Wasser, wird aus einer Bürette zu einem aliquoten Teil, von 200 ccm des abgekühlten Filtrates zugefügt, bis die Fällung vollständig ist. Ein Überschuß muß vermieden werden. Wenn die Nucleinsäure nicht ausflockt, nachdem die Lösung einige Minuten in Ruhe war, muß dasselbe Verfahren an einem anderen Teil nach Hinzufügen von 5 proz. Magnesiumsulfat wiederholt werden. Ein proportionales Quantum Säure wird dann zu der Hauptmasse der Lösung zugefügt. Der Niederschlag der Nucleinsäure wird durch Dekantieren mit 60-, 80- und zweimal 95 proz. Alkohol gewaschen, durch gehärtetes Filtrierpapier filtriert, erneut mit 95 proz. Alkohol gewaschen, schließlich noch mit Äther behandelt und dann schnell bei ungefähr 70° getrocknet.

Chemische Eigenschaften: Seit den Angaben des Berichtes von Thannhauser in Bd. X dieser Publikation sind wenig neue Tatsachen über die chemischen Eigenschaften dieser Polynucleotide entdeckt worden. Zwei Unterschiede in den chemischen Eigenschaften der Ribodesosepolynucleotide und der Ribopolynucleotide mögen nochmals erwähnt werden, da eine endgültige, genau erprobte Darlegung bisher noch nicht gegeben wurde.

Ein entscheidender Unterschied liegt in dem Verhalten der beiden Substanzen gegenüber der Wirkung von Alkali: Ribopolynucleotide werden sehr leicht zu Mononucleotiden durch Behandlung sogar mit verdünntem Alkali bei Zimmertemperatur hydrolysiert, während Ribodesosenucleinsäure sehr widerstandsfähig gegenüber der Einwirkung von Alkali ist.

Der zweite Unterschied liegt in dem Verhalten der beiden Polynucleotide gegenüber der Einwirkung von Säure. Ribodesosenucleinsäure verliert leicht die Purinbasen und gibt eine komplexe Substanz, die als Thyminsäure bekannt ist. H. Steudel und E. Peiser[2] haben gezeigt, daß Thyminsäure durch zweistündige Behandlung von Polynucleotiden mit saurem Calciumbisulfit gebildet werden kann. Aus Ribopolynucleotiden ist bisher keine der Thyminsäure analoge Substanz erhalten worden. Dieser Unterschied ist leicht durch den Unterschied in den Eigenschaften der Glykoside einfacher Zucker und Desoxyzucker zu erklären; die letzteren sind außerordentlich instabil.

Der zweite Differenzpunkt in dem Verhalten der beiden Polynucleotide gegenüber Säuren hat bisher noch keine ausreichende Erklärung gefunden. Es handelt sich um die Natur der intermediären Spaltprodukte, die sich bei der Hydrolyse mit verdünnter Mineralsäure bilden. Im Falle der Ribopolynucleotide bilden sich unter diesen Bedingungen Pyrimidinmononucleotide, während im Falle der Ribodesosepolynucleotide sich Diphosphorsäureester von Pyrimidinnucleosiden folgender Struktur ergeben:

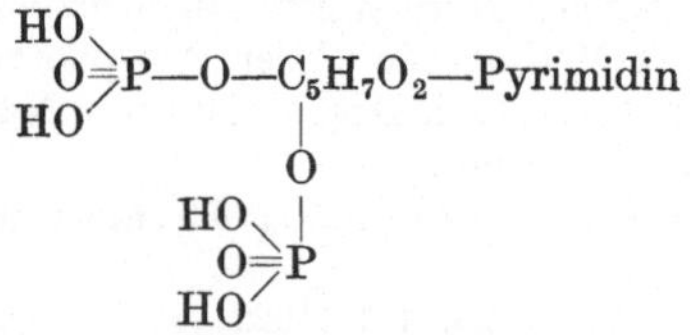

$$\begin{array}{c}
\mathrm{HO} \\
{\diagdown} \\
\mathrm{O}\!=\!\mathrm{P}\!-\!\mathrm{O}\!-\!\mathrm{C_5H_7O_2}\!-\!\mathrm{Pyrimidin} \\
\mathrm{HO}\diagup \qquad\qquad\quad | \\
\qquad\qquad\qquad\quad \mathrm{O} \\
\qquad\quad \mathrm{HO}\quad | \\
\qquad\quad{\diagdown}\; \\
\qquad\quad \mathrm{O}\!=\!\mathrm{P} \\
\qquad\quad \mathrm{HO}\diagup
\end{array}$$

Diese Substanzen, die bereits von Levene und Jacobs[3] beschrieben wurden, bilden sich nach Thannhauser und B. Ottenstein[4] und ebenfalls nach Steudel[5] bei der Hydrolyse

[1] E. J. Baumann: Proc. Soc. exper. Biol. a. Med. **17**, 118 (1920).
[2] H. Steudel u. E. Peiser: Hoppe-Seylers Z. **111**, 297 (1920).
[3] P. A. Levene u. W. A. Jacobs: J. of biol. Chem. **12**, 411 (1912).
[4] S. J. Thannhauser u. B. Ottenstein: Hoppe-Seylers Z. **114**, 39 (1921).
[5] H. Steudel: Hoppe-Seylers Z. **154**, 116 (1926).

mit Pikrinsäure. S. J. Thannhauser und G. Blanco[1] fanden ferner, daß sich die gleichen Stoffe bei der Zersetzung von Nucleinsäure mit methylalkoholischer Salzsäure ergaben. Auf Basis der Tatsache, daß die Forscher unter diesen Bedingungen keine Zuckerderivate erhielten, kamen sie seltsamerweise zu der Folgerung, daß Thymonucleinsäure eine Struktur hat, die vollkommen verschieden von der der Ribonucleinsäure ist. Nun ist aber klar, daß dieser Befund Thannhausers und Blancos auf das besondere Verhalten von 2-Desoxyzucker zurückzuführen ist. Jorpes[2] erhielt ebenfalls Pyrimidinnucleotide unter Bedingungen, wie sie ursprünglich Levene und Jacobs benutzt hatten.

Physikalische Eigenschaften: Unter dieser Überschrift sollen erörtert werden die Eigenschaften: 1. der Polynucleotide als Ampholyte; 2. ihre optischen Eigenschaften und 3. ihre kolloidalen Eigenschaften.

Ampholytische Eigenschaften: Diese Eigenschaften sind von Interesse erstens für die Aufklärung der Verbindungsart der Individual-Mononucleotide in den Polynucleotiden und zweitens für das Verständnis des kolloidalen Verhaltens der Substanz.

Die erste Phase des Problems wurde in Publikationen von Levene und Simms[3] behandelt. Auf Basis der Dissoziationskonstanten der Nucleoside und der Mononucleotide und auf Basis der Strukturformel der Nucleinsäure von Levene haben diese Forscher eine theoretische Titrationskurve der Polynucleotide konstruiert. Sie bestimmten dann die Dissoziationskonstanten der Polynucleotide, zuerst mittels einer Methode, die auf dem Prinzip von „trial and error" beruhte, und zweitens mittels einer graphischen Methode, beschrieben von Simms und Levene[4]. Die wichtigen theoretischen Folgerungen waren, daß in dem Gebiet der zweiten Konstante der Phosphorsäure nur eine Dissoziationskonstante gefunden wurde.

Dieser Befund ist in Übereinstimmung mit Levenes Theorie der Struktur dieser Polynucleotide.

Die Dissoziationskonstante der Thymonucleinsäure wurde ebenfalls von E. Hammarsten[5] auf Grund des Leitvermögens bestimmt. Diese Messungen wurden als Vorstudie für das kolloidale Verhalten der Substanz unternommen. Leider kamen einige rechnerische Irrtümer hinein. Indessen war Hammarsten im Recht, die Polynucleotide als mehrbasische Säuren zu betrachten. Die von Hammarsten berechneten Dissoziationskonstanten sind folgende: $K_1 = 4{,}3 \cdot 10^{-3}$, $K_2 = 2{,}2 \cdot 10^{-4}$, $K_3 = (5 \cdot 10^{-5})$, $K_4 = (7 \cdot 10^{-6})$.

Optische Eigenschaften: Die Bedeutung der Änderung der optischen Drehung mit den Änderungen der Wasserstoffionenkonzentration wurde bei der Untersuchung der Mononucleotide und Nucleoside dargelegt. Ähnlich eingehende Untersuchungen über Polynucleotide wurden bisher nicht ausgeführt. Indessen haben sich auf einem allgemeinen Wege verschiedene Forscher dem Gegenstand genähert. Unter den Publikationen hierüber sei eine Arbeit von Steudel und Nakagawa[6] erwähnt, in welcher die Beobachtung gemacht wurde, daß eine alkalische Lösung von Thymonucleinsäure, die einige Tage sich selbst überlassen und dann neutralisiert wurde, dieselbe Drehung hat wie die frisch bereitete neutrale Lösung der Säure. Andererseits ändert sich die optische Drehung der Ribonucleinsäure mit der Zeit.

Feulgen[7] beobachtete eine Änderung der Drehung von Nucleinsäure, die mit der Konzentration der zugeführten Base variierte. Er erklärte die Änderung mit der Annahme einer Umgruppierung in dem Kohlehydratteil des Moleküls.

Kolloidales Verhalten: Eine ausgezeichnete Untersuchung hierüber wurde von E. Hammarsten[8] und von E. und H. Hammarsten[9] ausgeführt. Erwogen wurden folgende Punkte:

1. Der osmotische Druck einer Lösung ergab sich als niedriger, als man auf Basis der Ionenkonzentration erwartete.

2. Die Wirkung der Nucleinsäure auf die Verteilung diffundierender Elektrolyte ergab sich als bestimmt durch ihre sauren Eigenschaften, in Übereinstimmung mit dem Gesetz von Gibbs-Donnan.

[1] S. J. Thannhauser u. G. Blanco: Hoppe-Seylers Z. **161**, 116 (1926).

[2] E. Jorpes: Biochem. Z. **151**, 227 (1924).

[3] P. A. Levene u. H. S. Simms: J. of biol. Chem. **65**, 519 (1925); **70**, 327 (1926).

[4] H. S. Simms u. P. A. Levene: J. of biol. Chem. **70**, 319 (1926).

[5] E. Hammarsten: Biochem. Z. **144**, 383 (1924). — Siehe auch: H. G. B. de Jong, W. A. L. Dekker u. O. S. Gwan: Biochem. Z. **221**, 392 (1930).

[6] H. Steudel u. M. Nakagawa: Hoppe-Seylers Z. **128**, 129 (1923).

[7] R. Feulgen: Hoppe-Seylers Z. **104**, 189 (1919).

[8] E. Hammarsten: Biochem. Z. **144**, 383 (1924).

[9] E. u. H. Hammarsten: Ark. Kemi, Min. och Geol. **8**, Nr 27, 16 (1923).

3. Die Viscosität der Nucleinsäure wurde diskutiert und unter der Annahme einer Hydratation erklärt.

Eine Untersuchung über die Eigenschaften des Sols der Thymonucleinsäure wurde ebenfalls ausgeführt[1].

Derivate: Die Verbindungskraft von Thymonucleinsäure mit Glykokoll, Lysin, Eieralbumin und Histon wurde von E. Hammarsten[2] untersucht.

Nachweis: Eine Farbreaktion für den Nachweis von Thymonucleinsäure wurde von R. Feulgen und H. Rossenbeck[3] ausgearbeitet. Die Probe wird wie folgt ausgeführt: 0,1 g des Natriumsalzes der Nucleinsäure werden in 3 ccm Wasser gelöst. Für die Probe genügt es, 1 ccm dieser Lösung, zu der genau 1 ccm einer 0,1n-Schwefelsäure zugefügt wird, zu verwenden. Die Lösung beläßt man für 10 Minuten in einem siedenden Wasserbad. Sie wird gekühlt und mit 1 ccm einer 0,1n-Alkalilösung neutralisiert. Ein Tropfen dieser Lösung wird zu 3 ccm einer mit schwefliger Säure entfärbten Fuchsinlösung zugefügt. Nach wenigen Minuten erscheint eine purpurne Färbung; die Intensität der Färbung erreicht ihr Maximum nach 15 Minuten.

Herstellung des Fuchsinreagenzes: 0,5 g Fuchsin wird in 100 ccm Wasser gelöst. Die Lösung wird abgekühlt, ein Überschuß Schwefeldioxyd durchgeleitet und die Lösung 24 Stunden zur Entfärbung stehengelassen. Der Überschuß an Schwefeldioxyd wird dann entfernt, indem man die Lösung in eine verschlossene Saugflasche bringt und evakuiert. Eine einfachere Methode ist die folgende: 1,0 g Fuchsin wird in 100 ccm kochendem Wasser suspendiert. Die Lösung wird auf 50° gekühlt, 20 ccm einer 1,0n-Salzsäure zugefügt, die Lösung auf 25° abgekühlt und 1,0 g trockenes Natriumbisulfit zugegeben.

Diese Reaktion wurde ebenfalls zur quantitativen Bestimmung der Thymonucleinsäure angewendet[4].

Eine andere Farbreaktion wurde kürzlich von Z. Dische[5] beschrieben. Salzsäure wird zu einigen wenigen Kubikzentimetern einer 0,25proz. Lösung von Thymonucleinsäure zugefügt, bis die Konzentration der ersteren 0,5% beträgt. Dann werden 0,1—0,2 ccm einer 1proz. alkoholischen Lösung von Indol zugefügt und die Mischung 5 Minuten im siedenden Wasserbad erhitzt. Die Flüssigkeit nimmt eine intensive orange Färbung an und wird beim Abkühlen trübe. Wird die abgekühlte Lösung mit Chloroform geschüttelt, so bleibt die Chloroformschicht farblos, aber die wässerige Schicht zeigt eine gelblichbraune Farbe. In der Grenze zwischen den beiden Schichten sammeln sich dicke rote Flocken.

Zwei andere Proben wurden von Dische[6] angegeben: die Reaktion mit 80proz. Schwefelsäure und Carbazol und die Reaktion mit Schwefelsäure und Diphenylamin.

Physiologische Eigenschaften: Blutkoagulation: Natriumnucleinat, abkömmlich von verschiedenen tierischen Geweben, verhindert die Blutkoagulation in vivo und in vitro[7]. Die Bedingungen zur Erlangung einer aktiveren Nucleinsäure sind in einem besonderen Aufsatz mitgeteilt[8].

Eine Methode zur Ausführung von Versuchen über die antikoagulierende Wirkung von Natriumnucleinat bei Fröschen wurde später beschrieben[9].

Die antikoagulierende Wirkung von Nucleinsäure wurde mit Blutegelextrakt verglichen und die erstere als wirksamer und weniger schädlich befunden[10].

Die Wirkung von Antithrombin wurde mit der der Nucleinsäure verglichen[11].

Die Koagulation von Milch wird durch Natriumnucleinat herabgesetzt und diese Wirkung wird durch Zufügen von Calciumchlorid aufgehoben[12].

---

[1] H. G. B. de Jong u. O. S. Gwan: Kolloidchem. Beih. **31**, 89 (1930).

[2] E. Hammarsten: Biochem. Z. **144**, 383 (1924). — Siehe auch E. Hammarsten u. H. Hammarsten: Acta med. scand. (Stockh.) **68**, 6 (1928).

[3] R. Feulgen u. H. Rossenbeck: Hoppe-Seylers Z. **135**, 203 (1924). — Siehe auch J. Verne: Bull. Histol. appl. **4**, 110 (1927). — R. N. Mukerji: Proc. roy. Soc. Lond. B **106**, 131 (1930). — J. Schumacher: Chem. Zelle **12**, 433 (1926); **13**, 1, 191, 221 (1926).

[4] G. Widström: Biochem. Z. **199**, 298 (1928).

[5] Z. Dische: Biochem. Z. **204**, 431 (1929).

[6] Z. Dische: Mikrochem. **8**, 4 (1930).

[7] M. Doyon: C. r. Acad. Sci. Paris **171**, 1402 (1920); **172**, 134 (1921) — Arch. internat. Physiol. **16**, 343 (1921); **18**, 307 (1921).

[8] M. Doyon: C. r. Acad. Sci. Paris **172**, 820 (1921).

[9] M. Doyon: C. r. Acad. Sci. Paris **173**, 1120 (1921); **174**, 415 (1922).

[10] M. Doyon: C. r. Soc. Biol. Paris **87**, 1351 (1922).

[11] M. Doyon: C. r. Acad. Sci. Paris **174**, 1729 (1922).

[12] M. Doyon: C. r. Soc. Biol. Paris **83**, 918 (1920).

Wirkung auf die Blutmorphologie: Aus roten Blutkörperchen erhaltene Nucleinsäure, die intravenös injiziert wird, erzeugt denselben hämatopoetischen Effekt wie die Injektion der Nuclei roter Blutzellen von Geflügel[1].

Die Wirkung der Injektion von Natriumnucleat auf Knochenmark wurde von Nakao im Laboratorium von L. Asher[2] untersucht. (Die Herkunft der Nucleinsäure wurde nicht angegeben.) Bei normalen Tieren erzeugt sie eine Vermehrung in der Zahl der Leukocyten. Nach Entfernen der Thyroid- oder der Thymusdrüse ist die Injektion ohne Wirkung. Nach Entfernen der Milz ist der Effekt der gleiche wie bei normalen Tieren. Auch das morphologische Bild wird bei normalen und bei milzlosen Tieren verändert, dagegen nicht nach Entfernen von Thyroid- oder Thymusdrüse[3].

Natriumnucleat fixiert Komplement in Gegenwart normaler Sera[4].

Enzymatische Wirkung: Die Bildung von Diphosphorsäureestern der Pyrimidinnucleoside wurde von Thannhauser und Blanco[5] beschrieben.

Ein entphosphorylierendes Enzym wurde von Deutsch und von Deutsch und Rösler[6] aus der Leber isoliert[7].

Seine Wirkung auf Thymonucleinsäure wurde von Thannhauser und Angermann[8] untersucht. Die dephosphorylierende Wirkung von Intestinalsaft wurde von Levene und London sowie von Levene und Dillon[9] beschrieben.

Beziehung zum Wachstum: Produkte, die aus Nucleinsäure, hergestellt aus rohem Torf, erhalten wurden, stimulieren das Wachstum von Lemma minor im Verhältnis des zugefügten Betrages[10].

Die Verteilung des Phosphors zwischen Nucleinsäuren und Phospholipinen während des Wachstums wurde von Javillier[11] untersucht. Es wurde gefunden, daß das Verhältnis $\frac{\text{Nucleinsäure P}}{\text{Lipoid P}}$ während des Wachstums abnimmt. Thymus-, Hefe- und Milznucleinsäure erhöhen die postadoleszente Wachstum[12].

Stoffwechsel: Nach Verabreichung von Nucleinsäure an Menschen wurde keine nennenswerte Veränderung im basischen Stoffwechsel beobachtet[13].

Tierische Nucleinsäure wird vom Eingeweidetrakt aus in geringerem Maße aufgenommen als Hefenucleinsäure[14].

Intravenöse Injektion von Thymonucleinsäure bei Hunden erzeugt keinen Peptonshock wie bei der Injektion von Hefenucleinsäure[15]. Verabreichung von 20 g Thymonucleinsäure an Hunde gibt keinen erhöhten Stoffwechsel und hat keinen spezifisch-dynamischen Effekt[16].

Intravenöse Injektion von 5 ccm einer 2proz. Lösung von Nucleinsäure bei Kaninchen erzeugt fortschreitende Temperaturerhöhung, die ihr Maximum nach 3 Stunden erreicht. Größere Dosen erzeugen Shock mit fallender Körpertemperatur[17].

Parenterale Injektion des Natriumsalzes von Nucleinsäure bei Hunden erzeugt Hyperglykämie, die ihr Maximum nach 90 Minuten erreicht[18].

[1] O. Larsell, N. W. Jones, H. T. Nokes u. B. J. Phillips: J. amer. med. Assoc. **89**, 682 (1927).

[2] L. Asher: Biochem. Z. **163**, 161 (1925).

[3] H. Nakao: Biochem. Z. **166**, 350 (1925).

[4] T. J. Machie u. M. H. Finkelstein: J. of Hyg. **28**, 172 (1928).

[5] S. J. Thannhauser u. G. Blanco: Hoppe-Seylers Z. **161**, 126 (1926).

[6] W. Deutsch: Hoppe-Seylers Z. **171**, 264 (1927). — W. Deutsch u. K. Rösler: Hoppe-Seylers Z. **185**, 146 (1929).

[7] Siehe auch W. Deutsch u. R. Laser: Hoppe-Seylers Z. **186**, 1 (1929). — W. Deutsch: Hoppe-Seylers Z. **186**, 11 (1929).

[8] S. J. Thannhauser u. M. Angermann: Hoppe-Seylers Z. **186**, 13 (1929); **189**, 174 (1930).

[9] P. A. Levene u. E. S. London: J. of biol. Chem. **81**, 711 (1929); **83**, 793 (1929). — P. A. Levene u. R. T. Dillon: J. of biol. Chem. **88**, 753 (1930).

[10] F. A. Mockeridge: Ann. Bot. **38**, 723 (1924).

[11] M. Javillier, H. Allaire u. S. Rousseau: C. r. Acad. Sci. Paris **184**, 1351 (1927).

[12] T. B. Robertson: Austral. J. exper. Biol. a. med. Sci. **5**, 46, 69 (1928).

[13] C. S. Hicks: Austral. J. exper. Biol. a. med. Sci. **4**, 151 (1927).

[14] T. B. Robertson, C. S. Hicks u. H. R. Marston: Austral. J. exper. Biol. a. med. Sci. **4**, 125 (1927).

[15] M. Ringer u. F. P. Underhill: J. of biol. Chem. **48**, 523 (1921).

[16] M. Ringer u. D. Rapport: J. of biol. Chem. **58**, 475 (1923).

[17] F. M. Hill: J. of Pharmacol. **23**, 87 (1924).

[18] G. Carstorine: Boll. Soc. Biol. sper. **1**, 733 (1926).

Eine nennenswerte Änderung im basischen Stoffwechsel nach Verabreichung von Nucleinsäure konnte von Hicks nicht beobachtet werden[1].

Verdauungsprodukte der Nucleinsäure werden in die Portalvene aufgenommen, sobald die Verdauung die Phase der Nucleoside erreicht[2].

Die Verfütterung von Nucleinsäure erzeugt eine Vermehrung im Kreatiningehalt des Urins[3].

Pathologische Bedingungen: Leber und Gehirn von Beri-Beri-kranken Vögeln zeigen eine ausgesprochene Verminderung des Nucleinsäuregehaltes[4].

Verschwundene Agglutinine können wieder zum Erscheinen gebracht werden durch Injektion von Natriumnucleat[5].

Nucleinsäuren höherer Ordnung.

Feulgen[6] schied 1919 aus der Pankreasdrüse eine Substanz ab, die er als ein Pentanucleotid aus Guanylsäure, das mit Thymonucleinsäure kombiniert war, betrachtete. Unabhängig davon teilte E. Hammarsten[7] die Isolierung einer ähnlichen Substanz mit. Er war hinsichtlich der Zahl der Nucleotide anderer Ansicht als Feulgen, da er seine eigene Substanz für ein Hexanucleotid mit 3 Guaninnucleotiden hielt. Er betrachtete es ferner noch als eine gemischte Nucleinsäure, zusammengesetzt aus zwei Guanylsäuren und einer Thymonucleinsäure.

Hammarsten und Jorpes[8] und später Jorpes[9] änderten die ursprüngliche Ansicht zugunsten der Pentanucleotidstruktur der Substanz. Levene und Jorpes[10] bestätigten die Polyribonucleotidnatur der Substanz, ließen aber die genaue Zahl der Nucleotide, die in ihr enthalten sind, unbestimmt.

Vorkommen: Die Anwesenheit der Substanz wurde endgültig festgestellt nur in der Pankreasdrüse, obwohl ihr Vorkommen in anderen Organen sehr wahrscheinlich ist.

Darstellung: Sie wird dargestellt aus Pankreas-β-Nucleoproteid. Zur Herstellung des Nucleoproteins wird die Drüse mit Wasser gekocht und filtriert. Das abgekühlte Filtrat wird mit Eisessig angesäuert und die Fällung durch Zufügen eines gleichen Volums 95proz. Alkohols vollendet[11].

Die Nucleinsäure wird erhalten, indem man eine Lösung des Nucleoproteins herstellt und mit Bariumacetat fällt (Jorpes). Der Niederschlag enthält das Ribopolynucleotid, verunreinigt mit Thymonucleinsäure. Zur Trennung der beiden wurde von Levene und Jorpes[12] eine Methode angegeben, die auf der leichteren Fällbarkeit der Ribonucleinsäure durch Eisessig beruht.

Physikalische Eigenschaften: Die Substanz ist ein weißes amorphes Pulver und ihr Natriumsalz gelatiniert in Lösung nicht, im Gegensatz zu Thymonucleinsäure.

Chemische Eigenschaften: Sie bildet ein sehr lösliches Natriumsalz sowie ein sehr lösliches Kalisalz; ihr Bariumsalz ist praktisch unlöslich. Sie gibt eine positive Orcinprobe und eine negative Probe für Desosen.

Nucleinsäuren nicht genau definierter Struktur.
Tuberkelbacillen.

Unter den Nucleinsäuren dieser Gruppe haben die bakteriellen Ursprungs in den letzten Jahren besondere Aufmerksamkeit erregt. Die bestzugängliche ist die Nucleinsäure der Tuberkelbacillen, über die viel von T. B. Johnson und seinen Mitarbeitern gearbeitet wurde. In

---

[1] C. S. Hicks: Austral. J. exper. Biol. a. med. Sci. **4**, 151 (1927).

[2] S. J. Rabinowitsch: Pflügers Arch. **219**, 402 (1928).

[3] E. Abderhalden u. S. Buadze: Med. Klinik **25**, 11 (1929) — Hoppe-Seylers Z. **189**, 65 (1930).

[4] G. M. Findley: J. of Path. **24**, 175 (1921).

[5] M. Jaggi: Z. Immun.forsch. **36**, 482 (1923).

[6] R. Feulgen: Hoppe-Seylers Z. **108**, 147 (1919—1920).

[7] E. Hammarsten: Hoppe-Seylers Z. **109**, 141 (1920) — J. of biol. Chem. **43**, 243 (1920).

[8] E. Hammarsten u. E. Jorpes: Hoppe-Seylers Z. **118**, 224 (1922).

[9] E. Jorpes: Acta med. scand. (Stockh.) **68**, 503 (1928).

[10] P. A. Levene u. E. Jorpes: J. of biol. Chem. **86**, 389 (1930).

[11] W. Jones u. M. E. Perkins: J. of biol. Chem. **62**, 291 (1924—1925). — Siehe auch E. Jorpes: Acta med. scand. (Stockh.) **68**, 503 (1928).

[12] P. A. Levene u. E. Jorpes: J. of biol. Chem. **68**, 389 (1930).

Zusammenarbeit mit E. B. Brown[1] hat er über die Isolierung der Pyrimidinbasen Thymin und Cytosin aus diesen Nucleinsäuren berichtet. Später berichteten dieselben Autoren über die Bildung von Lävulin- und Ameisensäure bei der Hydrolyse der Säure mit starken mineralischen Säuren. Sie schlossen dann daraus, daß die Nucleinsäure der Tuberkelbacillen eine Hexose enthalte. Eine Pentose konnte nicht nachgewiesen werden. Noch später beanspruchten Johnson und Coghill[2], aus den Hydrolyseprodukten dieser Substanz 5-Methylcytosin isoliert zu haben.

B. Coli.

Aus diesem Bacterium wurde eine Nucleinsäure erhalten, die bei der Hydrolyse Purinbasen ergab und die sich in mancher Hinsicht wie ein Polynucleotid verhält. Sie enthielt keine Pentose[3].

Mycobacterium phlei.

Eine Nucleinsäure wurde aus Mycobacterium phlei (Moeller) gewonnen, welche bei der Hydrolyse Guanin, Adenosin, Uracil und Cytosin lieferte[4]. Auch aus anderen Bakterien wurden Nucleinsäuren, die noch nicht genau untersucht sind, dargestellt[5].

Azotobacter.

Aus diesen Mikroorganismen wurden die Komponenten der Nucleinsäuren erhalten, nämlich Phosphorsäure, Kohlehydrate, Purine und Pyrimidinbasen. Nucleinsäure selbst wurde indessen nicht isoliert[6].

Die Kohlehydrate der bakteriellen Nucleinsäuren.

In den oben beschriebenen Nucleinsäuren waren die Kohlehydrate zunächst als Hexosen betrachtet worden. In einem besonderen Aufsatz gab K. Voit[7] an, daß viele Bakterien eine positive Nuclealprobe aufweisen. Diese Beobachtung würde in Übereinstimmung mit den oben beschriebenen sein. Andererseits konnte Feulgen, der Entdecker der Nuclealprobe, bei einer Reihe von Bakterien die Probe nicht erhalten[8].

Nucleinsäure aus Tumorgewebe.

Drei große Carcinome dienten als Quelle für das Studium der Nucleinsäure der Tumoren[9]. Die Angaben Levenes und Jacobs für die Trennung der Guanylsäurefraktion von den Polynucleotiden wurde befolgt. Die Substanz, die an Stelle der gewöhnlichen Thymonucleinsäure erhalten wurde, war von besonderer Art. Sie enthielt nur 9,64% Stickstoff anstatt des üblichen Wertes, der um 16 herum liegt, und 8,84% Phosphor, was ebenfalls weniger ist als der für Nucleinsäuren normale Wert. Bei der Hydrolyse konnten nur Purinbasen erhalten werden. Die Substanz gab den Molisch-Test und den Feulgenschen Nuclealtest. Lävulinsäure wurde indessen nicht erhalten. Die Substanz sollte sich also von Thymonucleinsäure unterscheiden.

An Stelle von Guanylsäure wurden zwei Nucleotide isoliert; eins ähnlich der Guanylsäure, das eine positive Bialprobe ergab, und ein anderes, in geringerer Menge, das bei der Hydrolyse die Pyrimidinbase Thymin ergab. Der Forscher betrachtete beide Säuren als typisch für Tumorgewebe.

[1] T. B. Johnson u. E. B. Brown: Proc. nat. Acad. Sci. U.S.A. 8, 187 (1922) — J. of biol. Chem. 54, 721, 731 (1922) — J. amer. chem. Soc. 45, 1823 (1923).
[2] T. B. Johnson u. R. D. Coghill: J. amer. chem. Soc. 47, 2838 (1925).
[3] A. J. Schaffer, C. Folkoff u. S. B. Jones: Bull. Hopkins Hosp. 33, 151 (1922).
[4] R. D. Coghill: J. of biol. Chem. 90, 57 (1931).
[5] R. Takata: J. Soc. chem. Ind. Jap. 32, 243 (1929). — R. D. Coghill u. D. Barnés: An. soc. espan. fis. guim. 30, 208 (1932).
[6] F. A. Mockeridge: Biochemic. J. 18, 550 (1924).
[7] K. Voit: Z. exper. Med. 47, 183 (1925).
[8] R. Feulgen u. H. Rossenbeck: Hoppe-Seylers Z. 135, 203 (1924).
[9] B. Willheim: Biochem. Z. 163, 488 (1925).

Boden.

Eine Nucleinsäure wurde aus dem Boden von Schreiner[1] isoliert, aber eine detaillierte Untersuchung nicht angegeben.

Nucleotide.

Vorkommen: In Torf[2]; in Geweben von Seetieren[3]. Die Frage, ob die Pentose der Nucleotide unter der Einwirkung von Insulin gebildet wird, wurde diskutiert[4].

Physiologische Eigenschaften: Der Nucleotidstickstoff des Blutes nimmt mit der verminderten abkühlenden Wirkung der klimatischen Umgebung ab[5].

Adenylsäure.

Nucleotide vom Typus der Adenylsäure sind aus verschiedenen Quellen isoliert worden. Aus diesen sind nur zwei in genügender Menge zugänglich, um eine genaue Strukturanalyse zuzulassen, nämlich die aus Hefenucleinsäure und die aus Muskelgewebe. Die Verschiedenheit dieser beiden Nucleotide[6] ergibt sich aus ihrem Verhalten gegenüber dem von Schmidt isolierten Enzym (s. unten) und aus ihrer Verschiedenheit in Löslichkeit, Schmelzpunkt und optischer Drehung, sowie aus verschiedenen chemischen Eigenschaften. Sie sollen deshalb auf den folgenden Seiten gesondert behandelt werden.

Da allerdings die Hefeadenylsäure und die Muskeladenylsäure das gleiche Adenosin enthalten, so kann der Unterschied der beiden Nucleotide nur in der Stellung der Phosphorsäure im Nucleosid liegen. Für Inosinsäure ist die Stellung der Phosphorsäure an dem 5-Kohlenstoffatom der Ribose festgelegt. Dieselbe Stellung soll auch für die Muskeladenylsäure gelten, da sie durch Desaminieren in Inosinsäure übergeführt werden kann. Die vollständige Strukturformel dieses Nucleotids soll durch die folgende Formel ausgedrückt werden:

Für Hefeadenylsäure ist die exakte Stellung der Phosphorsäure an dem Zucker noch nicht experimentell bewiesen, doch kann man erwarten, daß die Stellung des Phosphorsäurerestes in der Hefeadenylsäure und der Hefeguanylsäure dieselbe ist. Für die Hefeguanylsäure ist die Stellung (3) bewiesen worden[7]. Aus diesem Grunde dürfte die Struktur der Hefeadenylsäure die folgende sein.

[1] O. Schreiner: J. amer. Soc. Agron. **15**, 117 (1923).

[2] W. B. Bottomley: Proc. roy. Soc. Lond. **91** B, 83 (1920).

[3] C. Berkeley: Trans. roy. Soc. Canada **65**, Sect. V, 41 (1921) — J. of biol. Chem. **45**, 263 (1920—1921).

[4] C. Berkeley: Nature (Lond.) **112**, 724 (1923). — L. B. Winter u. W. Smith: Nature (Lond.) **112**, 829 (1923).

[5] E. S. Sundstroem: Proc. amer. Soc. Biol. Chem. **1925**, xli.

[6] Siehe auch E. Annau: Hoppe-Seylers Z. **190**, 222 (1930).

[7] P. A. Levene u. S. A. Harris: J. of biol. Chem. **95** 155 (1932); **98**, 9 (1932).

Hefeadenylsäure.

Vorkommen: In dem β-Nucleoprotein der Pankreasdrüse des Dogfisches (Squalus sucklii)[1]; in dem β-Nucleoprotein von Schweine- und Rinderpankreas[2]; in Teeblättern[3]; in dem β-Nucleoprotein von Hühnerembryonen[4]. Der Typus aller dieser Säuren ist noch nicht aufgeklärt, doch darf man annehmen, daß diejenige aus der Pankreasdrüse dem Typus der Hefeadenylsäure zugehört.

Bildung: Aus Hefenucleinsäure durch Hydrolyse mit: verdünntem Alkali bei Zimmertemperatur[5]; Natriumcarbonat[6]; Ammoniumhydroxyd[7]; gekochtem Extrakt aus Schweinepankreas[8].

Herstellung: Adenylsäure wird leicht durch Hydrolyse von Hefenucleinsäure mit Ammoniumhydroxyd oder mit Natronlauge bei Zimmertemperatur erhalten. Die Verbindung kann aus Teeblättern durch eine Modifikation derselben Methode hergestellt werden.

Aus Hefenucleinsäure (Methode von Levene)[9]: Am vorteilhaftesten in bezug auf Zeit und Kosten ist das Verfahren, die vier Nucleotide in einer Operation zu isolieren.

100 g Nucleinsäure, in 500 ccm Wasser und 50 ccm 25proz. wässerigem Ammoniak gelöst, werden 1 Stunde im Autoklaven bei 115° (im Innern des Autoklaven) hydrolysiert. Das Reaktionsprodukt wird filtriert und zu dem Filtrat das gleiche Volumen 98proz. Alkohols zugesetzt. Man engt das Filtrat unter vermindertem Druck (zwischen 12 und 15 mm) auf ein Drittel seines Volumens ein, wobei die Temperatur des Wasserbades 40° nicht überschreiten soll, und fügt zu der konzentrierten Lösung das gleiche Volumen 98proz. Alkohols. Das letzte Filtrat kann als die Adenylsäurefraktion, die vereinigten Niederschläge als die Guanylsäurefraktion bezeichnet werden. Die Guanylsäurefraktion enthält hauptsächlich Guaninribophosphorsäure und eine Beimengung von Uracilribophosphorsäure; die Adenylsäurefraktion die drei anderen Nucleotide.

Die Adenylsäurefraktion wird vom Alkohol durch Eindampfen bis zu einem Drittel des Volumens befreit. Zu der Lösung wird Essigsäure bis zur schwach sauren Reaktion gegen Lackmus zugefügt und heißes 25proz. Bleiacetat zu der erhitzten Lösung sehr langsam unter tüchtiger mechanischer Rührung zugegeben. Der Niederschlag wird wiederholt mit Wasser gewaschen und vom Blei mit Schwefelwasserstoff befreit. Das Filtrat, das sauer reagiert, wird vollkommen mit einer alkoholischen Lösung von Brucin neutralisiert. Nach 24—48stündigem Stehen in der Kälte scheiden sich die Brucinsalze in krystallinischer Form ab.

Das Brucinsalz wird 9mal aus kochendem 35proz. Alkohol umkrystallisiert. Die drei ersten Mutterlaugen geben beim Einengen ein Brucinsalz mit 53,00% C, 6,40% H und 10,90% N, die folgenden sechs ein Brucinsalz mit 8,5% N.

Das Brucinsalz der drei ersten Mutterlaugen wird in das Ammoniumsalz verwandelt und dieses in das freie Nucleotid, was leicht in folgender Weise geschieht: Zu der heißen Lösung des Ammoniumsalzes wird unter ständigem Rühren heiße neutrale Bleiacetatlösung (25proz.) in langsamem Strome zugegeben. Nach Zusatz der erforderlichen Menge erhitzt man die Mischung zum Sieden und filtriert. Der Niederschlag wird in einem Mörser gewaschen und filtriert; diese Operation ist dreimal zu wiederholen. Schließlich suspendiert man den Niederschlag in Wasser, behandelt mit Schwefelwasserstoff und engt das Filtrat vom Bleisulfid bei Zimmertemperatur unter vermindertem Druck ein. Beim Stehen krystallisiert Adenosinphosphorsäure in langen Nadeln aus.

Aus Hefenucleinsäure (Methode von Steudel und Peiser[10]): 50 g Hefenucleinsäure werden in 200 ccm Wasser aufgelöst, auf 0° abgekühlt und mit 20 ccm einer 33proz. Natriumhydroxydlösung ebenfalls bei 0° behandelt. Nach etwa 10 Minuten langem Stehen in der

[1] C. Berkeley: J. of biol. Chem. **45**, 263 (1920—1921).

[2] W. Jones u. M. E. Perkins: J. of biol. Chem. **62**, 291 (1924—1925).

[3] H. O. Calvery: J. of biol. Chem. **68**, 593 (1926). Struktur noch unbekannt.

[4] H. O. Calvery: J. of biol. Chem. **77**, 489 (1928).

[5] H. Steudel u. E. Peiser: Hoppe-Seylers Z. **127**, 262 (1923). — P. A. Levene: J. of biol. Chem. **55**, 9 (1923). — W. Jones u. M. E. Perkins: J. of biol. Chem. **55**, 567 (1923); **62**, 557 (1924—1925).

[6] H. O. Calvery: J. of biol. Chem. **72**, 27 (1927).

[7] H. O. Calvery u. W. Jones: J. of biol. Chem. **73**, 73 (1927).

[8] W. Jones: J. of biol. Chem. **50**, 323 (1922). — W. Jones u. M. E. Perkins: J. of biol. Chem. **55**, 557 (1923).

[9] P. A. Levene: J. of biol. Chem. **33**, 425 (1918); **40**, 415 (1919).

[10] H. Steudel u. E. Peiser: Hoppe-Seylers Z. **120**, 292 (1922); **127**, 262 (1923).

Kälte wird vom abgeschiedenen Calciumphosphat abzentrifugiert. Dann wird die Lösung mit 20 g Natriumacetat versetzt und der darin gelöste Körper mit 600 ccm Alkohol wieder ausgefällt. Diese Operation dient zur Reinigung des Rohproduktes und wird zweckmäßigerweise noch ein zweites Mal vorgenommen. Die Alkoholfällung wird in 50 ccm eiskaltem Wasser gelöst, die Lösung mit Eisessig neutralisiert und 10 g Natriumacetat hinzugefügt. Es wurde keine Spur von guanylsaurem Natrium niedergeschlagen. Wurde die Lösung aber wieder schwach alkalisch gemacht und 24 Stunden bei Zimmertemperatur stehengelassen (etwa 15—17°), so konnte die gesamte darin enthaltene Guanylsäure als sekundäres Natriumsalz durch Zusatz von Natriumacetat abgeschieden werden. Im Brutschrank bei 37° 24 Stunden lang aufbewahrt, ließ sich aus dem Filtrat keine weitere Guanylsäure mehr gewinnen.

Die vereinigten Filtrate von der Guanylsäurefällung von 500 g hefenucleinsaurem Natrium (besser in Anteilen von 100 g gearbeitet) werden mit neutralem Bleiacetat versetzt, solange noch ein Niederschlag entstand; dann gibt weder basisches Bleiacetat noch Bleiacetat und Ammoniak in den Filtraten eine wesentliche Fällung. Das Blei wird aus dem Bleiniederschlage mit Schwefelwasserstoff entfernt, die Lösung mit Ammoniak neutralisiert, im Vakuum konzentriert und der Rückstand mit dem gleichen Volumen Alkohol versetzt. Es fällt dabei ein Öl aus, das zweimal umgefällt wird. Dabei geht der größte Teil wieder in Lösung, es bleibt ein geringer, flockiger Rückstand, der über das Bleisalz in die freie Säure übergeführt wird und sich als Guanylsäure erweist, die der ersten Fällung entgangen ist. Aus den nunmehrigen Filtraten werden wieder die Bleisalze der Säuren hergestellt, diese durch Schwefelwasserstoff zersetzt und die Lösung der freien Säuren im Vakuum bei niederer Temperatur des Wasserbades eingeengt. Es beginnt eine reiche Krystallisation von Nadeln, die abgesaugt werden und exsiccatortrocken 57,5 g wiegen. Die Substanz wird aus heißem Wasser umkrystallisiert.

Aus Teeblättern[1]: Die billigste Sorte Teeblätter wird verwendet. Die Blätter, in Mengen von ungefähr 1 kg, werden in einer Mühle fast zu Pulver zerrieben und in 6 l einer 2,5proz. Natriumhydroxydlösung suspendiert. Die Mischung, die eine dünne Paste bildet, läßt man 24 Stunden bei Zimmertemperatur stehen, damit Extraktion und Hydrolyse bei dieser Temperatur so vollständig wie möglich verlaufen. Sie wird dann durch einige Koliertücher von verschiedener Dicke abgepreßt. Der Rückstand wird einmal mit 1 l destilliertem Wasser gewaschen und ein zweites Mal ausgepreßt. Die dunkelbraune Flüssigkeit wird mit Essigsäure deutlich sauer gemacht, wobei sofort ein voluminöser Niederschlag einer unlöslichen Masse sich absetzt. Er wird abfiltriert und das noch braune Filtrat auf 80—90° auf einem Dampfbade erhitzt. Eine 25proz. Lösung von Bleiacetat wird langsam zu der heißen Lösung zugefügt, bis sich bei Hinzufügen von mehr des gleichen Reagenzes zu einem Teil der abgekühlten und filtrierten Flüssigkeit kein weiterer Niederschlag bildet. 20 ccm Überschuß von Bleiacetat werden zugefügt und die heiße Lösung abgekühlt. Der Niederschlag wird von der schwach gelben Flüssigkeit abfiltriert oder abzentrifugiert und 3mal gewaschen, indem man ihn mit viel kaltem destilliertem Wasser verreibt. Er wird dann in heißem Wasser suspendiert und mit Schwefelwasserstoff zersetzt. Das dunkelbraune Filtrat vom Bleisulfid wird von Schwefelwasserstoff befreit und die Reinigung mit Blei wiederholt. Nach Entfernen des Schwefelwasserstoffs wird das Filtrat, das noch sehr dunkel ist, unter vermindertem Druck bei 40—50° auf ein kleines Volumen konzentriert und zuletzt in einem Vakuumexsiccator zu einem Sirup eingedampft. Diesen Sirup läßt man erstarren, indem man ihn in das 10fache Volum abs. Alkohols gießt. Der fein verteilte, leicht braune Niederschlag wird abfiltriert und 2mal mit 100 ccm abs. Alkohol gewaschen. Das Gewicht ist 12—15 g. An diesem Punkt werden gewöhnlich 3 Einwaagen zusammengetan und ungefähr 40 g Rohmaterial in 400 ccm heißen Wassers aufgelöst. Man läßt über Nacht stehen und filtriert von einer kleinen Menge ungelösten Materials ab. Das Filtrat, das noch dunkelbraun ist, wird gegen Lackmus mit Ammoniak schwach alkalisch gemacht und mit 450 ccm abs. Alkohol behandelt. Der dunkelgraue gelatinöse Niederschlag wird abfiltriert und mit 50proz. Alkohol gewaschen. Die vereinigten Waschwässer und das Filtrat werden mit Essigsäure schwach angesäuert, mit dem gleichen Volum heißen Wassers behandelt und dem üblichen Reinigen über die Bleiverbindung unterworfen. Nach Konzentrieren wird die Lösung mit abs. Alkohol gehärtet. Das Nucleotid wird dann noch über das Brucinsalz gereinigt.

Eigenschaften: Dissoziationskonstanten: erste Phosphorsäuregruppe $pG_1' = 0{,}89$; Aminogruppe $pG_2' = 3{,}70$; zweite Phosphorsäuregruppe $pG_3' = 6{,}01$; Zuckergruppe $pG_4' > 13$[2].

---

[1] H. O. Calvery: J. of biol. Chem. **68**, 593 (1926).
[2] P. A. Levene u. H. S. Simms: J. of biol. Chem. **65**, 519 (1925); **70**, 327 (1926).

Schmelzp. ·194° (Levene, Steudel und Peiser, Embden und Schmidt). Löslichkeit in Wasser bei 15°: 0,5 Teile pro 1000 Teile[1].

Löslich in kochendem Wasser; krystallisiert aus wässeriger Lösung[2].

Drehung: in Wasser $[\alpha]_D^{50} = -41{,}78°$ (Steudel und Peiser); $-40{,}5°$ (Levene)[3]; in 2proz. Natronlauge $[\alpha]_D^{20} = -56{,}0°$ (Embden und Schmidt); in 10proz. Salzsäure $[\alpha]_D^{20} = -36{,}5°$.

Bei der Desaminierung von Hefeadenylsäure mit Salpetersäure soll keine Inosinsäure entstehen[2]. Im Gegensatz zu Muskeladenylsäure, die nur Spuren von Furfurol gibt, erhält man aus Hefeadenylsäure quantitative Ausbeute an Furfurol, wenn man 3 Stunden mit 20proz. Salzsäure destilliert[4].

Hefeadenylsäure wird mit Säure leichter hydrolysiert als Muskeladenylsäure oder Inosinsäure[5]. Die hydrolytische Abspaltung der Base und der Phosphorsäure verlaufen ungefähr gleich schnell (Levene und Jorpes). Es wurde neulich gefunden, daß bei sehr niedrigem p_H die Geschwindigkeit der Abspaltung der Base größer ist als die des Phosphorsäurerestes[6].

Physiologische Eigenschaften: Bei intravenöser Injektion des neutralen Natriumsalzes wird eine Vermehrung an Harnsäure und Gesamtstickstoff im Urin beobachtet[7].

Hefeadenylsäure wirkt auf pflanzliche Dehygrogenase hemmend[8].

Hefeadenylsäure wird im Gegensatz zu Muskeladenylsäure durch die Enzyme des Muskels nicht desamidiert[9]. Nach Buell[10] desamidiert indessen gestreifter Muskel der Kuh oder des Schweines Adenylsäure aus Hefenucleinsäure vollkommen, unter Bildung von Inosinsäure; menschlicher Muskel oder Kaninchenmuskel ist weniger aktiv, während Rattenmuskel inaktiv ist. Durch Nucleosidase, die auf Adenosin wirksam ist, wird die Base der Adenylsäure nicht abgespalten[11].

Hefe- und Muskeladenylsäure, sowie auch Adenosin, üben eine blutdrucksenkende Wirkung bei intravenöser Injektion aus (Drury und andere). Auf das Coronarsystem soll Adenylsäure dilatatorisch wirken (auch Adenosin) (Weed, Lindner und Rigler), und soll deswegen bei Angina pectoris therapeutische Wirkung ausüben. Die Angaben über den Einfluß auf die Zahl der Herzschläge und auf den Rhythmus sind einander widersprechend[12].

Bestimmung: Eine Methode zur Bestimmung von Adenylsäure in Blut besteht im Enteiweißen defibrinierten Blutes mit Wolframsäure, Fällen des Adeninnucleotides als Uranylverbindung, Freimachen von Adenin durch Hydrolyse mit Schwefelsäure, Entfernen des Urans, Fällen des Adenins als Silberverbindung und nephelometrischer Vergleich mit einer Standardlösung[13].

Salze: Adenylsäure wird als $(C_{10}H_{12}O_7N_5P)_2Cu_3$ aus neutraler Lösung gefällt. In Gegenwart von Essigsäure wurde kein Niederschlag mit $CaCl_2$, $MgSO_4$ oder $BaCl_2$ erhalten, während $FeCl_3$ nur einen schwachen Niederschlag gab, der sich im Überschuß des Reagenzes wieder löste[14].

---

[1] H. Steudel u. E. Peiser: Hoppe-Seylers Z. **127**, 262 (1923).

[2] G. Embden u. G. Schmidt: Hoppe-Seylers Z. **181**, 130 (1929).

[3] P. A. Levene: J. of biol. Chem. **41**, 483 (1920).

[4] W. S. Hoffman: J. of biol. Chem. **73**, 15 (1927). — G. Embden u. G. Schmidt: Hoppe-Seylers Z. **181**, 130 (1929).

[5] M. Yamagawa: J. of biol. Chem. **43**, 339 (1920). — G. Embden u. G. Schmidt: Hoppe-Seylers Z. **181**, 130 (1929). — P. A. Levene u. E. Jorpes: J. of biol. Chem. **81**, 575 (1929).

[6] P. A. Levene u. S. A. Harris: Noch nicht veröffentlicht.

[7] L. Rosenfeld: Hoppe-Seylers Z. **138**, 280 (1924).

[8] H. J. Deuticke: Hoppe-Seylers Z. **192**, 193 (1930).

[9] G. Schmidt: Hoppe-Seylers Z. **179**, 243 (1928).

[10] M. V. Buell: J. of biol. Chem. **85**, 435 (1929).

[11] P. A. Levene u. A. Dmochowski: J. of biol. Chem. **93**, 563 (1931).

[12] A. N. Drury u. A. Szent-Györgyi: J. of Physiol. **68**, 213 (1929). — A. N. Drury u. A. M. Weed: Proc. of physiol. Soc., J. of Physiol. **70**, 28 (1930). — D. W. Bennett u. A. N. Drury: J. of Physiol. **72**, 288 (1931). — A. N. Drury: J. of Physiol. **74**, 147 (1932). — H. Rothmann: Arch. f. exper. Path. **155**, 129 (1930) — Klin. Wochenschr. **10**, 67 (1931). — K. Zipf u. E. Wagenfeld: Arch. f. exper. Path. **150**, 91 (1930). — S. Gard: Hoppe-Seylers Z. **196**, 65 (1931). — F. Lindner u. R. Rigler: Arch. ges. Physiol. **226**, 697 (1931). — A. M. Weed: J. of Pharmacol. **41**, 355 (1931). — K. Zipf: Arch. f. exper. Path. **160**, 579 (1931). — K. Felix u. A. v. Putzer-Reybegg: Arch. f. exper. Path. **164**, 402 (1932). — F. Lange: Arch. f. exper. Path. **164**, 417 (1932). — I. Marcou: C. r. Soc. Biol. Paris **109**, 985 (1932).

[13] M. V. Buell u. M. E. Perkins: J. of biol. Chem. **76**, 95 (1928).

[14] S. Izumi: Hoppe-Seylers Z. **140**, 80 (1924).

880   P. A. Levene und Lawrence W. Bass: Nucleinsäuren, Nucleotide, Nucleoside.

Salze mit Brucin und Strychnin werden durch Neutralisieren mit dem Alkaloid gebildet. Sie können unverändert aus Wasser umkrystallisiert werden, dagegen wird bei der Extraktion mit Chloroform das Alkaloid entfernt[1]. Bei p_H niedriger als der isoelektrische Punkt des Ovalbumins bildet Adenylsäure wie die anderen Nucleotiden echte Salze mit Ovalbumin[2]. Bei dem isoelektrischen Punkte bildet es Verbindungen anderer Art. Das Eiweiß im Gelzustande bindet mehr Nucleotid wie im Solzustande.

Muskeladenylsäure.

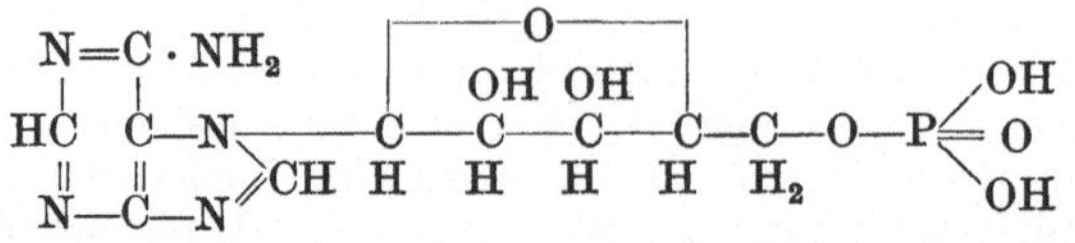

$$N=C \cdot NH_2$$
$$HC \quad C-N \quad\quad C-C-C-C-C-O-P{<}^{OH}_{O}$$
(Strukturformel des Adenosinphosphorsäure-Nucleotids: Adeninring N=C·NH₂ / HC C—N / N—C—N mit CH, verbunden über C—C—C—C—C mit den Substituenten OH, OH, H, H, H, H, H, H₂, O-Brücke und Phosphatgruppe O—P(=O)(OH)(OH).)

Vorkommen: Dieses Nucleotid wurde von Embden und seinen Mitarbeitern aus folgenden Quellen isoliert: Skeletmuskulatur[3], Herzmuskel[4], Gehirn[5], Niere[6]. Im Blute wurde es von Jackson[7] entdeckt, und aus Milch von Kay und Marshall[8] isoliert.

Herstellung[9]: Das Verfahren besteht aus folgenden Schritten:

1. Die Organe werden in einer Hackmaschine, die mit einem Mantel, in dem heißes Wasser zirkuliert, zerhackt. Das Material wird in einer gekühlten 4 proz. Salzsäurelösung aufgefangen.

2. Der Rückstand wird in einer 5 proz. Quecksilberchloridlösung aufgenommen.

3. Aus dem Filtrat werden die Quecksilberionen mit Schwefelwasserstoff entfernt.

4. Nach Entfernen der Schwefelwasserstoffe wird eine 10 proz. Kupfersulfatlösung zugefügt (100 ccm zu jedem Liter der Lösung). Die Lösung wird dann mit 33 proz. Natronlauge bis zur schwach sauren Reaktion neutralisiert und mit Kalkwasser bis zur alkalischen Reaktion versetzt. Der Niederschlag wird mit Schwefelsäure aufgelöst. Das Filtrat wird erneut neutralisiert und die Behandlung mit Kupfersulfat wie vorher wiederholt.

5. Der Niederschlag wird in Wasser suspendiert. In die Suspension leitet man Schwefelwasserstoff ein. Aus der Lösung wird die Schwefelsäure mit Bariumhydroxyd entfernt. Zu dem Filtrat wird neutrales Bleiacetat zugefügt.

6. Der Niederschlag wird in Wasser suspendiert und das Blei mit Schwefelwasserstoff entfernt. Die freie Phosphorsäure, die in der Lösung zugegen ist, wird mit Bariumhydroxyd entfernt, die unlöslichen Bariumsalze abfiltriert und der Überschuß der Bariumionen quantitativ mit Schwefelsäure entfernt.

7. Das Filtrat wird unter vermindertem Druck bei einer Temperatur nicht über 40° konzentriert. Zur Lösung wird Aceton zugefügt. Beim Stehen krystallisiert das Nucleotid aus.

Für weitere Einzelheiten s. die Originalabhandlung.

Hahn, Fischbach und Haarmann[10] geben ein vereinfachtes Verfahren zur Darstellung der Säure, das auf Fällen der Substanz aus der Trichloressigsäurefiltrate mit Mercurinitrat beruht. Dieser Niederschlag wird mit Schwefelwasserstoff zersetzt, das Fällen mit Mercurinitrat wird wiederholt, die Substanz ist dann mit Bleiessig gefällt und endlich als Bariumsalz erhalten.

---

[1] E. Peiser: Ber. dtsch. chem. Ges. **58** B, 2051 (1925).

[2] St. J. v. Przylecki u. M. Z. Grynberg: Biochem. Z. **251**, 248 (1932).

[3] G. Embden u. M. Zimmermann: Hoppe-Seylers Z. **167**, 137 (1927). — Siehe auch P. Ostern: Biochem. Z. **221**, 64 (1930).

[4] K. Pohle: Hoppe-Seylers Z. **184**, 261 (1929). — Siehe auch A. N. Drury u. A. Szent-Györgyi: J. of Physiol. **68**, 213 (1929).

[5] K. Pohle: Hoppe-Seylers Z. **185**, 281 (1929).

[6] G. Embden u. H. J. Deuticke: Hoppe-Seylers Z. **190**, 62 (1930).

[7] H. Jackson: Proc. Soc. exper. Biol. a. Med. **20**, 178 (1922) — J. of biol. Chem. **57**, 121 (1923); (**59**, 529 (1924). — W. S. Hoffman: Bull. Hopkins Hosp. **35**, 417 (1924) — J. of biol. Chem. **63**, 675 1925). — M. V. Buell u. M. E. Perkins: J. of biol. Chem. **76**, 95 (1928). — H. Rothmann: Z. exper. Med. **77**, 22 (1931). — C. Miesemer: Dissertation, Heidelberg 1930. — W. Mroczkiewicz: Biochem. Z. **235**, 267 (1931).

[8] H. D. Kay u. P. G. Marshall: Biochemic. J. **22**, 416 (1928). — Mai: Kinderhk. **51**, 391 (1932).

[9] G. Embden u. M. Zimmermann: Hoppe-Seylers Z. **167**, 116 (1927).

[10] A. Hahn, E. Fischbach u. W. Haarmann: Z. f. Biol. **91**, 315 (1930—1931).

Eigenschaften: Dissoziationskonstanten[1]: $p_{K_1} = 3,8$; $p_{K_2} = 6,2$. Schmelzp. 196—200°[2]. Leicht löslich in kochendem Wasser; krystallisiert leicht aus heißer wässeriger Lösung; $[\alpha]_D^{20}$ (2 proz. Natronlauge) —47,5°, (10 proz. Salzsäure) —26,0°.

Die Verbindung wird leicht von Salpetersäure unter Bildung von Inosinsäure desamidiert. Die Geschwindigkeit der Hydrolyse durch 0,1 n-Schwefelsäure nähert sich der der Inosinsäure. Beide sind geringer als die der Hefeadenylsäure[3]. Furfurol wird unter den von W. S. Hoffman[4] beschriebenen Bedingungen zur quantitativen Bestimmung von Purinnucleotiden nur in Spuren gebildet. Nach den Angaben von Steudel und Wohinz[5] bildet sich aus dieser Säure nach dem Verfahren von Hoffman nur 8—11% Furfurol, während aus Hefeadenylsäure 60—75% entstehen.

Physiologische Eigenschaften[6]: Embden schreibt dieser Säure eine wichtige Rolle bei der Muskeltätigkeit zu[7]. Embden und seine Schüler fanden, daß die Adenylsäure bei Muskeltätigkeit desamidiert wird und betrachten diesen Vorgang als reversibel. Im Ruhezustand soll die Adenylsäure wieder aus der Inosinsäure gebildet werden. Beim Vergiften mit Bromessigsäure ist die Ammoniakbildung bei Muskeltätigkeit nach der Ansicht von Embden[8] wegen Aufhebung von deren Synthese vergrößert. Diese Ansicht ist von der Schule von Parnas angefochten worden. Diese Forscher nehmen an, daß die Ammoniakbildung mit einem „strukturellen Zusammenbruch" des Muskels zusammenhängt[9].

Muskeladenylsäure wirkt aktivierend auf pflanzliche Dehydrogenasen bei Zugabe von Hexosediphosphat und hauptsächlich von Hexosemonophosphat[10].

Muskeladenylsäure und Adenosin wurden leicht von Muskelsaft desamidiert, dagegen bleiben Adenin, Guanin, Guanosin, Guanosinphosphorsäure und Hefeadenylsäure[11] fast unangegriffen. Die Abspaltung von Ammoniak aus Adenylsäure und aus Adenosin wird von zwei verschiedenen Enzymen hervorgerufen. Ein sehr aktiver Muskelextrakt, der Adenylsäure unter Bildung von Inosinsäure desamidiert, wird durch Adsorption an Aluminiumhydroxyd und durch Herauslösen mit Natriumphosphatlösung dargestellt. Muskeladenylsäure ist wahrscheinlich der Vorläufer der Purine und ähnlicher Stoffe, die von früheren Forschern aus dem Muskel isoliert wurden[12].

---

[1] H. Wassermeyer: Hoppe-Seylers Z. **179**, 238 (1928).

[2] G. Embden u. G. Schmidt: Hoppe-Seylers Z. **181**, 130 (1929).

[3] Siehe auch M. Yamagawa: J. of biol. Chem. **43**, 339 (1920). — P. A. Levene u. E. Jorpes: J. of biol. Chem. **81**, 575 (1929).

[4] W. S. Hoffman: J. of biol. Chem. **73**, 15 (1227).

[5] H. Steudel u. R. Wohinz: Hoppe-Seylers Z. **200**, 82 (1931).

[6] Die Rolle des Phosphors im chemischen Mechanismus der Muskelkontraktion wurde bearbeitet von P. Eggleston: Physiologic. Rev. **9**, 432 (1929).

[7] G. Embden u. M. Zimmermann: Hoppe-Seylers Z. **167**, 137 (1927). — H. Rösch u. W. Te Kamp: Hoppe-Seylers Z. **175**, 158 (1928). — G. Embden, C. Riebeling u. G. E. Selter: Hoppe-Seylers Z. **179**, 149 (1928). — G. Embden u. H. Wassermeyer: Hoppe-Seylers Z. **179**, 161 (1928). — G. Embden, M. Carstensen u. H. Schumacher: Hoppe-Seylers Z. **179**, 186 (1928). — G. Embden u. H. Wassermeyer: Hoppe-Seylers Z. **179**, 226 (1928). — G. Schmidt: Hoppe-Seylers Z. **179**, 243 (1928). — E. Lehnartz: Klin. Wschr. **7**, 1225 (1928) — Hoppe-Seylers Z. **184**, 1 (1929). — J. K. Parnas: Biochem. Z. **206**, 16 (1929) — Klin. Wschr. 8, 506. — H. Wassermeyer: Arch. f. exper. Path. **143**, 117 (1929). — G. Embden u. G. Schmidt: Hoppe-Seylers Z. **186**, 205 (1930). — H. Rösch: Hoppe-Seylers Z. **186**, 237 (1930). — G. Embden, J. Hefter u. M. Lehnartz: Hoppe-Seylers Z. **187**, 53 (1930). — M. Jenke, R. Laser u. R. Linde: Hoppe-Seylers Z. **189**, 162 (1930). — J. Jaworska: Biochem. Z. **221**, 71 (1930). — G. Embden u. M. Lehnartz: Hoppe-Seylers Z. **201**, 273 (1931). — K. Pohle: Hoppe-Seylers Z. **185**, 9 (1929).

[8] G. Embden: Klin. Wochenschr. **9**, 1337 (1930).

[9] J. K. Parnas: Biochem. Z. **206**, 16 (1929); **245**, 195 (1932) — Naturwiss. **18**, 916 (1930). — J. K. Parnas, W. Lewinski, J. Jaworska u. B. Umschweif: Biochem. Z. **228**, 366 (1930). — J. K. Parnas u. P. Ostern: Biochem. Z. **234**, 307 (1931); **248**, 398 (1932). — W. Mozolowski, T. Mann u. C. Lutwak: Biochem. Z. **231**, 290 (1931). — C. Lutwak: Biochem. Z. **235**, 485 (1931). — W. Mozolowski, J. Reis u. B. Sobczuk: Biochem. Z. **249**, 157 (1932).

[10] H. J. Deuticke: Hoppe-Seylers Z. **192**, 193 (1930).

[11] G. Schmidt: Hoppe-Seylers Z. **179**, 243 (1928). — Siehe auch immerhin M. V. Buell: J. of Biol. Chem. **85**, 435 (1929).

[12] K. Pohle: Hoppe-Seylers Z. **185**, 9 (1929).

Adenosintriphosphorsäure.
(Adeninnucleotidpyrophosphorsäure.)

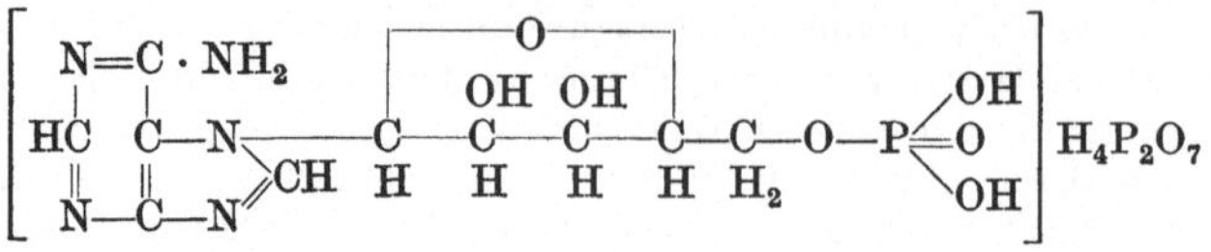

$$\left[\begin{array}{c} N{=}C\cdot NH_2 \\ HC\quad C{-}N \\ \quad N{-}C{-}N \end{array}\!\!\!{>}CH \;\; \overset{O}{\overbrace{\underset{H}{C}{-}\underset{H}{\overset{OH}{C}}{-}\underset{H}{\overset{OH}{C}}{-}\underset{H}{C}{-}\underset{H_2}{C}{-}O{-}P{\underset{OH}{\overset{OH}{{<}\!\!\!=\!\!O}}}}}\right] H_4P_2O_7$$

Die Substanz wurde im Muskelextrakt von Fiske und Subbarow[1] und von Lohmann[2] entdeckt.

Struktur: Barrenscheen und Filz[3] sind neulich auf die folgende Formulierung der Adenosintriphosphorsäure gekommen[4].

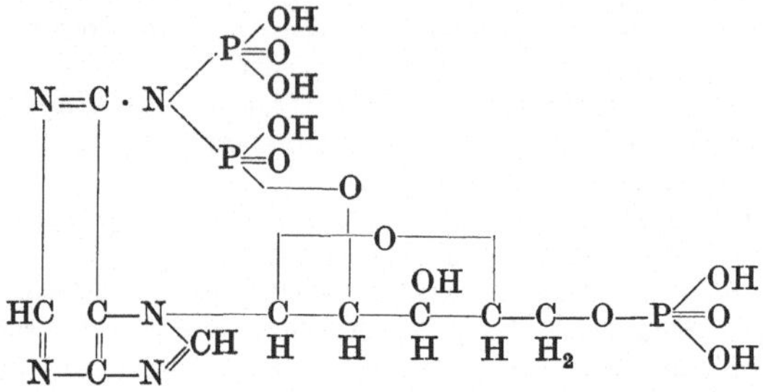

$$\text{(Strukturformel)}$$

Die Gründe für diese Annahme sind die folgenden: Mit Eisessignitrit nach van Slyke wird die Adenosintriphosphorsäure wesentlich geringer desaminiert wie die Muskeladenylsäure. Insoweit als die Substanz desaminiert wird, bildet sie keine Inosintriphosphorsäure, sondern nur Inosinsäure. Der nicht desaminierte Teil der Säure ist in der Weise verändert worden, daß sie 4 statt 3 Äquivalente Silber bindet. Diese Substanz soll die folgende Zusammensetzung haben.

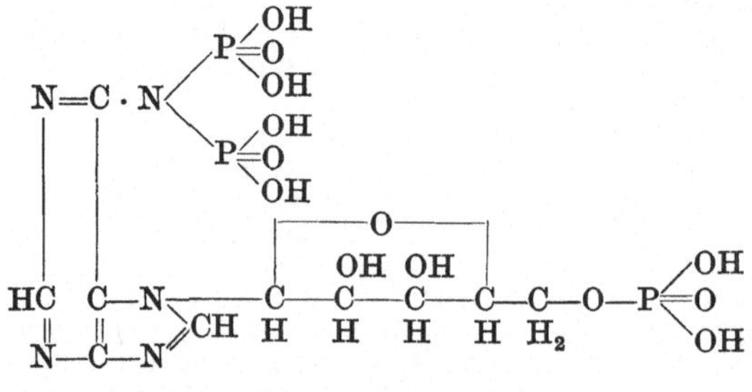

$$\text{(Strukturformel)}$$

Durch Muskeldesaminase (Schmidt) wird sie nicht angegriffen. Mit Pyrophosphatase nach Jacobsen kombiniert, spaltet die Muskeldesaminase Ammoniak ab, dabei wird aber auch ein Äquivalent der Phosphorsäure abgespalten. Durch Lebernucleophosphatase nach Deutsch findet keine Phosphorsäureabspaltung statt.

Herstellung: Die Substanz wird aus dem durch Trichloressigsäure enteiweißten Extrakte von Frosch- oder Kaninchenmuskulatur durch Fällen als Barium- oder als Mercurisalz erhalten[5]. Eine verbesserte Methode ist von Barrenscheen und Filz[3] angegeben.

A. Fällung mit alkalischer Calciumchloridlösung. Die Muskulatur von 3—4 Kaninchen, die durch Nackenschlag getötet werden, wird möglichst rasch in der Kälte abpräpariert, durch eine mit Kältemischung gekühlte Fleischmaschine durchgetrieben und in der 3—5fachen Menge eisgekühlter (Kältemischung!) 10proz. Trichloressigsäure verrührt. Wesentlich für gute Ausbeuten ist hier ein rasches Töten der Tiere — es sollen überflüssige Zuckungen der Muskulatur nach Möglichkeit vermieden werden — und möglichst niedrige Temperatur bei der Verarbeitung.

[1] C. H. Fiske u. Y. Subbarow: Science (N. Y.) **70**, 382 (1929).
[2] K. Lohmann: Naturwiss. **17**, 624 (1929).
[3] H. K. Barrenscheen u. W. Filz: Biochem. Z. **250**, 281 (1932).
[4] In der Formel von Barrenscheen und Filz wurde der Zucker als Lyxose angenommen.
[5] K. Lohmann: Biochem. Z. **233**, 460 (1931).

In einer Reihe von Versuchen wurden statt Kaninchen Hunde verarbeitet, die durch Erschießen getötet wurden. Zwecks Extraktion läßt man die Muskulatur unter wiederholtem Umrühren für 3 Stunden in der Kälte stehen. Im Interesse der weiteren Aufarbeitung empfiehlt es sich, nicht über 3000 g Muskulatur, entsprechend 9—15 l Trichloressigsäureextrakt, hinauszugehen. Die Extrakte werden nach 3 Stunden zunächst durch Leinwand durchgesaugt, die Muskulatur wird gut ausgepreßt, neuerlich mit dem 1—3fachen Volumen 4proz. Trichloressigsäure — bezogen auf das ursprüngliche Muskelgewicht — verrieben und nochmals durch Leinwand abgesaugt. Die vereinigten Extrakte werden durch große Faltenfilter filtriert und die leicht gelblich gefärbten, vom Glykogen etwas opalisierenden Filtrate unter guter Eiskühlung (Eisstücke auch in der Flüssigkeit!) mit 60proz. Natronlauge bis zur eben auftretenden Phenolphthaleinfärbung neutralisiert. Je 1000 ccm des neutralisierten Extraktes werden nunmehr mit je 100 ccm der alkalischen Calciumchloridlösung nach Fiske und Subbarow (10proz. Calciumchloridlösung, die mit Calciumhydroxyd gesättigt ist) versetzt. Der sich grobflockig abscheidende Calciumniederschlag wird kurze Zeit absitzen gelassen, die überstehende Flüssigkeit wird abgehebert, der Niederschlag selbst auf einer großen Zentrifuge abgeschleudert. Der Calciumniederschlag wird ohne vorheriges Waschen in 2proz. Essigsäure aufgenommen. Dabei bleibt stets ein geringer Anteil ungelöst, der außer Eisen in der Ferriform noch unbedeutende Mengen der Adenosintriphosphorsäure einschließt. Das klare, meist noch etwas gelblich gefärbte Filtrat, dessen Volumen, auf 100 g Muskulatur gerechnet, zwischen 15 bis 30 ccm beträgt, wird nun mit Eisessig annähernd auf einen Gehalt von 2proz. Essigsäure gebracht und auf je 100 ccm mit 20—25 ccm einer 10proz. Quecksilberacetatlösung in 2proz. Essigsäure versetzt. Der sofort ausfallende, rein weiße Quecksilberniederschlag der Adenosintriphosphorsäure wird nach kurzem Absitzen zentrifugiert, in einem nicht zu großen Volumen $n/_2$-Salzsäure angerührt und das Quecksilber mit Schwefelwasserstoff gefällt (kräftig schütteln, evtl. Glasperlen). Vom Quecksilbersulfid wird abgesaugt, der Niederschlag auf der Nutsche mit salzsäurehaltigem Schwefelwasserstoffwasser nachgewaschen. Das Filtrat wird durch Luftdurchsaugen vom Schwefelwasserstoff befreit und evtl. nochmals filtriert. Aus dem nunmehr fast farblosen Filtrat wird die Adenosintriphosphorsäure mit alkoholischer Calciumchloridlösung und Alkohol als Calciumsalz gefällt. Die Menge Calciumchloridlösung (man verwendet eine 10proz. Lösung in 95proz. Alkohol) richtet sich nach der Konzentration des Filtrats. Bei einer Filtratmenge, entsprechend 25 ccm Filtrat für je 100 g Muskulatur, verwendet man ein Drittel des Volumens an alkoholischer Calciumchloridlösung, bei geringeren Mengen Filtrat, etwa 5—6 ccm entsprechend 100 g Muskulatur, die gleiche Menge Calciumchloridlösung. Durch Zusatz von Alkohol bis zu einer Konzentration von annähernd 75% wird das Calciumsalz aus der Lösung fast quantitativ gefällt. Man läßt es zweckmäßig über Nacht im Eisschrank absitzen und zentrifugiert nach Abheberung der überstehenden Schicht. Das rein weiße Calciumsalz wird auf der Zentrifuge mit 95proz. Alkohol chlorfrei gewaschen, wozu in der Regel 3—4 Waschungen ausreichen. Der chlorfrei gewaschene Niederschlag wird darauf in Salpetersäure aufgenommen. Ein Teil des Calciumsalzes geht dabei spielend in Lösung. Ein anderer, meist sehr erheblicher Teil verbackt zu einer schmierig grau gefärbten, fadenziehenden Masse, die sich erst durch sorgfältiges Reiben in einer frischen Portion n-Salpetersäure löst. Dabei bleibt stets ein geringer schwarz gefärbter Rückstand zurück, der sich als Ferrieisen erweist.

Nach Filtration wird die nunmehr stark konzentrierte Lösung — das Volumen soll auf 1000 g verarbeiteter Muskulatur nicht wesentlich mehr als 30 ccm betragen — mit dem halben Volumen einer 10proz. Silbernitratlösung in $n/_2$-Salpetersäure versetzt. Dabei fällt sofort das Silbersalz mikrokrystallin aus. Zur Vervollständigung der Silberfällung empfiehlt sich Alkoholzusatz bis zu einer maximalen Konzentration von 25—30%. Nach kurzem Absitzen wird abgesaugt, auf der Nutsche mit Alkohol säurefrei gewaschen, schließlich mit Äther nachgewaschen und im Vakuumexsiccator getrocknet. Zur Analyse wird das Salz über Phosphorpentoxyd bei 100° im Vakuum der Wasserstrahlpumpe getrocknet.

B. Fällung mit Kupferacetat-Natriumacetat. Der in der bereits beschriebenen Weise hergestellte, gegen Phenolphthalein eben neutralisierte Trichloressigsäureextrakt der Muskulatur wird auf je 1000 ccm Extrakt mit 100 ccm einer 6proz. Kupferacetatlösung versetzt, der so viel Natriumacetat zugefügt wurde, daß die Lösung gegen Lackmus neutral reagiert. Den sofort entstehenden türkisblau gefärbten Niederschlag, welcher die Adenosintriphosphorsäure fast quantitativ erfaßt, läßt man in der Kälte kurze Zeit absitzen, hebert die überstehende Flüssigkeit ab und zentrifugiert. Der Kupferniederschlag wird in nicht zuviel 2proz. Essigsäure aufgenommen und mit Schwefelwasserstoff das Kupfer entfernt. Nach dem Absaugen vom Sulfid wird der Schwefelwasserstoff durch einen Luftstrom vertrieben und in dem entlüfteten Filtrat die Adenosintriphosphorsäure in gleicher Weise wie bei der Calciumfällung als Quecksilberverbindung niedergeschlagen. Die weitere Verarbeitung ist mit dem bereits geschilderten Arbeitsgang identisch.

Bezüglich der Ausbeuten ist die Fällung als Calciumsalz der Kupferfällung vielleicht etwas überlegen; Verluste bei der Kupferfällung treten in erster Linie durch Adsorption an den Kupfersulfidniederschlag auf. Die Beurteilung beider Methoden ergibt sich aus folgenden Versuchen:

Je 425 g Muskulatur (Kaninchen) ergaben folgende Ausbeuten an analysenreinem Silbersalz:

nach der Calciumfällung 0,928 g,

nach der Kupferacetatfällung 0,7436 g.

Die absoluten Ausbeuten sind bei Verarbeitung der Kaninchenmuskulatur ziemlich konstant und bewegen sich zwischen 0,2 und 0,25 g Silbersalz pro 100 g Muskulatur. Wesentlich größere Differenzen ergaben sich bei der Hundemuskulatur. Hier scheinen nach den bisherigen Ergebnissen die Schwankungen von Tier zu Tier beträchtlich zu sein. So konnten in einem Falle bei Verarbeitung von 3000 g Hundemuskulatur 13 g reines Silbersalz erhalten werden. Die Verarbeitung von 3200 g Muskulatur ergab ein anderes Mal nur 5,83 g, das entspräche pro 100 g Muskulatur Ausbeuten von knapp 0,2 bis über 0,4 g an Silbersalz.

Vorkommen: Die Substanz ist in Muskeln und in der Hefe entdeckt worden, soll aber in allen tierischen Organen, in denen die Muskeladenylsäure gefunden wurde, vorkommen[1]. Im Blute von Menschen und Hunden ist die Substanz von Bomskov[2] isoliert worden. Während des Winterschlafes wird der Adenosintriphosphorsäuregehalt der Muskulatur vermindert[3].

Chemische Eigenschaften: Durch Calciumhydrat wie auch durch stärkere Basen wird die Pyrophosphorsäure leicht abgespalten.

Für Adenylpyrophosphat ist der Diffusionskoeffizient in Agar um 30% kleiner als für anorganisches Pyrophosphat[4].

Physiologische Eigenschaften: Die Substanz soll nach der Ansicht von Lohmann ein wichtiger Teil des Co-Enzymsystems der Milchsäurebildung wie auch der Alkoholgärung sein. Nach der Erfahrung von v. Euler und seiner Mitarbeiter ist aber die Möglichkeit nicht ausgeschlossen, daß die Wirkung von Adenosintriphosphorsäure bei Alkoholgärung einer Verunreinigung zuzuschreiben ist[5].

Die Adenosintriphosphorsäure liefert durch Abspaltung der Phosphorsäure die verlangte Energie für die Synthese des Phosphagens[6].

Banga und Szent-Györgyi[7] nehmen an, daß die biologischen Oxydationen in 2 Gruppen geteilt werden können. Nur eine wird durch arsenige Säure gehemmt. Dieselbe verlangt für ihre Wirkung ein Co-Ferment. Dieses Co-Ferment ist nicht Adenosintriphosphorsäure. Es spielt die Adenosintriphosphorsäure im Gegenteil in der arsenempfindlichen Oxydation eine Rolle.

Nach Engelhardt[8] soll Adenosintriphosphorsäure das Co-Ferment des Atmungsferments der Vogelerythrocyten sein.

Adenosintriphosphorsäure wirkt auch als Aktivator auf pflanzliche Dehydrogenasen. Muskeladenylsäure wirkt nur bei Zugabe von Hexosediphosphat und hauptsächlich von Hexosemonophosphat. In stärkeren Konzentrationen wirkt sie hemmend. Hefeadenylsäure wirkt ausschließlich hemmend[9].

Adenosintriphosphat wirkt weder als Co-Enzym für Glyoxalase noch für Carboxylase[10].

---

[1] K. Lohmann: Naturwiss. **17**, 624 (1929).

[2] C. Bomskov: Hoppe-Seylers Z. **210**, 67 (1932).

[3] O. Feinschmidt u. D. Ferdmann: Biochem. Z. **248**, 101 (1932).

[4] P. Rothschild: Biochem. Z. **213**, 251 (1929).

[5] K. Lohmann: Biochem. Z. **237**, 437, 445 (1931). — O. Meyerhof, Biochem. Z. **246**, 249 (1932). — H. v. Euler u. K. Myrbäck: Hoppe-Seylers Z. **171**, 237 (1928); **184**, 163 (1929); **198**, 236 (1931) — Naturwiss. **17**, 291 (1921). — H. v. Euler u. R. Nilsson: Ark. Kemi, Mineral och Geol. **10 B**, Nr 14, 1 (1931) — Hoppe-Seylers Z. **199**, 189 (1931); **204**, 204 (1932). — H. v. Euler, R. Nilsson u. E. Butager: Hoppe-Seylers Z. **200**, 1 (1931).

[6] O. Meyerhof u. K. Lohmann: Naturwiss. **19**, 576 (1931).

[7] I. Banga u. A. Szent-Györgyi: Biochem. Z. **246**, 203 (1932); **247**, 217 (1932).

[8] W. A. Engelhardt: Biochem. Z. **251**, 343 (1932).

[9] H. J. Deuticke: Hoppe-Seylers Z. **192**, 193 (1930).

[10] K. Lohmann: Biochem. Z. **237**, 445 (1931).

Adenosintriphosphat wird nur durch eine spezifische Phosphatase dephosphoryliert. Das Enzym findet sich in der Leber und unterscheidet sich von anderen Phosphatasen dadurch, daß sie durch Alkohol inaktiviert wird[1].

Guanylsäure.

Hinsichtlich der Struktur der Guanylsäure sind folgende Tatsachen bekannt: Sie besteht aus drei Komponenten: Guanin, d-Ribose und Phosphorsäure. Die ersten beiden sind in Glykosidart aneinander gebunden, und die Phosphorsäure ist an den Zucker esterartig gebunden, wie in folgender Formel:

$$
\begin{array}{c}
\text{O—P} \diagup \overset{\textstyle OH}{\underset{\textstyle OH}{= O}} \\
\end{array}
$$

Die Stellung des Phosphorsäurerestes am Kohlenstoff (3) ist neulich von Levene und Harris[2] bewiesen worden.

Die früheren Forschungen über Guanylsäure wurden an Substanzen ausgeführt, die aus Pankreasdrüse hergestellt waren oder aus Nucleoproteiden aus Milz, Leber oder Brustdrüse. Später indessen fand man, daß Guanylsäure als ein Bestandteil der Hefenucleinsäure vorkommt. Die Guanylsäure dieser Herkunft erhielt schließlich Levene in krystallisiertem Zustand; er fand, daß sie, gleich der vorher bekannten Guanylsäure, bei der Hydrolyse Guanosin und Phosphorsäure gibt. Natürlich erhebt sich die Frage, ob die beiden Säuren in allen Einzelheiten identisch sind; bis jetzt ist kein sicherer Unterschied in den Substanzen verschiedener Herkunft gefunden worden.

Levene und Jorpes[3] zeigten, daß die Geschwindigkeit der Hydrolyse des Phosphorsäurerestes für die Säuren gleich welchen Ursprungs identisch ist. Die letzten Arbeiten auf diesem Gebiet[4], umfassend einen Vergleich der Krystalle der tertiären Natriumsalze, der optischen Aktivität der sekundären Natriumsalze und der Geschwindigkeit der Hydrolyse der freien Säuren, unterstützen die Ansicht, daß die Guanylsäuren aus Pankreasnucleoprotein und aus Hefenucleinsäure identisch sind. In der folgenden Übersicht soll auf Basis der Herkunft der Nucleotide kein Unterschied gemacht werden.

Vorkommen: In dem β-Nucleoprotein der Pankresadrüse des Dogfisches (das Nucleotid dieser Herkunft soll verschieden sein von der Guanylsäure aus Mammalgewebe)[5]; in der Milz von Rindern, zugleich mit Nucleinsäure[6]; als Verunreinigung von käuflicher Nucleinsäure[7]; in Teeblättern[8]; in dem β-Nucleoprotein von Hühnerembryonen[9]; im Kaninchenmuskel[10].

Bildung: Guanylsäure wird bei der Hydrolyse von Hefenucleinsäure unter den bei Hefeadenylsäure beschriebenen Bedingungen gebildet.

Herstellung: Für die Herstellung von Guanylsäure aus Hefenucleinsäure sind drei Verfahren angegeben worden.

Methode von Levene[11]: Der die Guanylfraktion darstellende Niederschlag (s. Hefeadenylsäure) wird in etwa 250 ccm warmen Wassers gelöst und zu der Lösung das gleiche Volumen 98 proz. Alkohols zugesetzt. Die Operation ist zweimal zu wiederholen; den letzten Niederschlag verwandelt man in das Bleisalz der Nucleotide. Zu diesem Zwecke wird die Lösung mit Essigsäure

---

[1] E. Jacobsen: Biochem. Z. **242**, 292 (1931).

[2] P. A. Levene u. S. A. Harris: J. of biol. Chem. **95**, 755 (1932); **98**, 9 (1932).

[3] P. A. Levene u. E. Jorpes: J. of biol. Chem. **81**, 575 (1929).

[4] E. Annau: Hoppe-Seylers Z. **190**, 222 (1930).

[5] C. Berkeley: J. of biol. Chem. **45**, 263 (1920—1921).

[6] H. Steudel: Hoppe-Seylers Z. **114**, 255 (1921).

[7] H. Steudel u. E. Peiser: Hoppe-Seylers Z. **114**, 201 (1921).

[8] H. O. Calvery: J. of biol. Chem. **72**, 549 (1927).

[9] H. O. Calvery: J. of biol. Chem. **77**, 489 (1928).

[10] P. Ostern: Biochem. Z. **221**, 64 (1930).

[11] P. A. Levene: J. of biol. Chem. **33**, 425 (1918); **40**, 415 (1919).

gegen Lackmus schwach angesäuert und zu der heißen Lösung 25proz., ebenfalls heiße Bleiacetatlösung in sehr langsamen Strom unter beständigem mechanischen Rühren zugesetzt. Der
Niederschlag wird wiederholt mit Wasser gewaschen, durch Schwefelwasserstoff von Blei
befreit und dann der überschüssige Schwefelwasserstoff durch einen Luftstrom entfernt. Das
Filtrat reagiert sauer. Man neutralisiert die Acidität vollständig mittels alkoholischer Brucin-
lösung. Nach 24—48stündigem Stehen in der Kälte scheiden sich die Brucinsalze in krystalliner Form ab. Der Niederschlag besteht hauptsächlich aus dem Guanylsäuresalz, enthält
jedoch kleine Beimengungen von Uridylsäure.

Zur Reinigung wird das Brucinsalz auf dem Wasserbad in der zur Auflösung ausreichen-
den Menge 35proz. Alkohols gelöst und in der Kälte krystallisieren gelassen. Man wiederholt
die Operation etwa 9mal. Das Endprodukt stellt das Salz der Uridylsäure dar. Die gesamten
Mutterlaugen werden vereinigt und unter vermindertem Druck eingedampft, bis sich im
Destillierkolben Krystalle abzuscheiden beginnen. Man läßt das Produkt krystallisieren.
Das so gebildete krystalline Salz enthält im allgemeinen 10% Stickstoff und kann als das
Salz der Guanylsäure angesehen werden. Um die krystalline freie Guanylsäure herzustellen,
wird das Brucinsalz auf dem Wasserbade in 35proz. Alkohol gelöst und zu der Lösung ein
großer Überschuß von wässerigem Ammoniak zugesetzt. Beim Abkühlen krystallisiert freies
Brucin aus. Da das Brucin etwas Nucleotid einschließen kann, empfiehlt es sich, die Behandlung
mit Ammoniak zu wiederholen, bis das Brucin mit Orcinol eine negative Pentosereaktion gibt.

Die Lösung des Ammoniumsalzes der Guanylsäure wird unter vermindertem Druck auf
ein kleines Volumen eingedampft, mit Essigsäure schwach angesäuert und heiße 25proz. Bleiacetatlösung unter beständigem Rühren in langsamem Strom so lange einfließen gelassen, als
ein Niederschlag entsteht. Man saugt den Niederschlag ab, so lange er noch heiß ist, verreibt
das Bleisalz gründlich mit Wasser und filtriert. Die Operation wird mehrere Male wiederholt,
das Bleisalz schließlich in heißem Wasser suspendiert und Schwefelwasserstoff durch die
Lösung geleitet. Das Filtrat vom Bleisulfid engt man unter vermindertem Druck auf ein
kleines Volumen ein, wobei die Temperatur des Wasserbades 40° nicht überschreiten darf,
und läßt die Guanylsäure krystallisieren.

Methode von Buell und Perkins[1]: Kürzlich ist es Buell und Perkins gelungen,
krystalline Guanylsäure (unter Auslassung der Stufe des Brucinsalzes) als Silbersalz darzustellen, das in Wasser ganz unlöslich ist und die Reinigung der Säure ermöglicht. Die Zahl
der Stufen des Prozesses vermindert sich durch die neue Methode nicht. Ob sie Vorteile bietet,
können die Verfasser nicht sagen. Sie gestaltet sich im einzelnen folgendermaßen:

50 g Merck sche Hefenucleinsäure werden mit 1proz. Natronlauge über Nacht bei Zimmertemperatur hydrolysiert. Die gemischten Nucleotide werden als Bleisalze gefällt, das Blei
durch Schwefelwasserstoff entfernt und das erhaltene Filtrat unter vermindertem Druck bei
40—45° (im äußeren Bade) zur Sirupkonsistenz eingedampft. Dann wird konz. Ammoniak
bis zur Neutralität gegen Lackmus und schließlich das zweifache Volumen abs. Alkohols zugesetzt. Das dabei gefällte Ammoniumsalz wird nach mehreren Stunden gesammelt und in
möglichst wenig kochendem Wasser gelöst. Einige anorganische Verunreinigungen, die auch in
großen Wassermengen unlöslich sind, bleiben unberücksichtigt. Es wird wieder das zweifache Volumen Alkohol zugegeben und die Auflösung und Wiederfällung des Ammoniumsalzes zweimal wiederholt (so daß insgesamt vier Fällungen stattfinden), mit dem Unterschied, daß bei der letzten Fällung nur 1 Volumen Alkohol in Anwendung kommt. Das erhaltene Produkt wird in heißem Wasser gelöst, die Lösung filtriert, mit Essigsäure angesäuert
und mit neutraler Bleiacetatlösung so lange behandelt, als sich ein Niederschlag bildet. Das
Bleisalz wird einmal mit heißem Wasser gewaschen, wobei man die Waschwässer vor der
Filtration abkühlen läßt (um Verluste zu vermeiden), mit Schwefelwasserstoff zersetzt und
durch das Filtrat Luft geleitet. Das Bleisalz wird wieder gefällt, von Ammoniak durch Waschen
befreit und mit Schwefelwasserstoff zersetzt. Das mit Luft behandelte Filtrat wird bei Zimmertemperatur so lange mit Silbernitrat versetzt, als ein Niederschlag entsteht, und der Silber-
niederschlag mit warmem Wasser gewaschen, bis die kolloide Natur der Verbindung weiteres
Waschen unmöglich macht. Er wird dann in warmem Wasser suspendiert, mit Schwefelwasserstoff zersetzt und das Filtrat nach Durchleiten von Luft unter vermindertem Druck
bei 40° (im Wasserbad gemessen) auf ein kleines Volumen eingedampft, das der Krystallisation überlassen wird. Die schneeweiße, sehr schön krystalline Verbindung wird aus heißem
Wasser umkrystallisiert.

---

[1] M. V. Buell u. M. E. Perkins: J. of biol. Chem. **72**, 21 (1927).

Methode von Steudel und Peiser[1]: 50 g hefenucleinsaures Natrium[2] werden in 200 ccm warmem Wasser gelöst und mit 20 ccm 30proz. NaOH versetzt. Man läßt etwa 24 Stunden bei Zimmertemperatur (etwa 15—17°) stehen, zentrifugiert von einem aus Calcium- und Eisenphosphat bestehenden Niederschlag ab, versetzt das Filtrat mit 20 g Natriumacetat und fällt mit 600 ccm Alkohol. Diese Operation hat den Zweck, 1. die Hefenucleinsäure aufzuspalten und 2. die anorganischen Phosphate zu entfernen. Die Alkoholfällung wird in 50 ccm warmem Wasser gelöst, evtl. noch einmal zentrifugiert, die klare Lösung mit 10 g Natriumacetat versetzt und mit Eisessig neutralisiert. Es entsteht ein reichlicher amorpher Niederschlag, der abzentrifugiert und zweimal aus 100 ccm heißer, 20proz. Natriumacetatlösung umgefällt wird. Dann wird der Niederschlag in 50 ccm doppeltnormaler Natronlauge gelöst und allmählich das 3—4fache Volumen Alkohol hinzugegeben. Es fällt ein farbloses Öl aus, das beim Reiben mit einem Glasstab sofort krystallisiert. Ausbeute an tertiärem guanylsaurem Natrium lufttrocken 6,7 g.

Eigenschaften: Die folgenden Werte der optischen Drehung wurden gefunden: $[\alpha]_D^{20} = -13,5°$[3], während Levene[4] $-7,5°$ fand. Dieser Unterschied ist indessen von keiner Bedeutung, da die Wasserstoffionenkonzentration der Lösungen nicht bekannt sind[5].

Das sekundäre Natriumsalz der Guanylsäure (sei es aus Pankreas-β-Nucleoprotein oder aus Hefenucleinsäure) hat eine Drehung $[\alpha]_D^{22} = -2,32$ bis $2,42°$[6].

Das Nucleotid hat folgende Dissoziationskonstanten[7]: erstes Phosphorsäurehydroxyl $pG_1' = 0,7$; Aminogruppe $pG_2' = 2,3$; zweites Phosphorsäurehydroxyl $pG_3' = 5,92$; Hydroxylgruppe $pG_4' = 9,7$; Zuckergruppe $pG_5' > 13$.

Die Löslichkeit des Natriumsalzes in Salzlösung und in Wasser wurde von Feulgen und Rossenbeck bestimmt[8].

H. Hammarsten[9] führte eine Untersuchung über den osmotischen Druck von Guanylsäurelösungen und über die Salzbildung zwischen diesem Nucleotid sowie Ampholyten und basischen Proteinstoffen aus.

Die Hydrolyse der Guanylsäure wurde von Yamagawa[10] untersucht, ferner von Levene und Jorpes[11] sowie von Annau[6]. Die Geschwindigkeit ist ungefähr die gleiche wie bei Adenylsäure. Nucleotide pflanzlicher und tierischer Herkunft haben den gleichen Wert.

Physiologische Eigenschaften: Einwirkung intravenöser Injektion auf die Ausscheidung von Harnsäure (s. Adenylsäure)[12].

Fermentativer Abbau: Aus Kaninchenleber kann eine Desaminase erhalten werden. Sie scheint spezifisch für Guanylsäure zu sein. Von der Desaminase des Guanins und des Guanosins unterscheidet sie sich dadurch, daß sie aus Adsorbenten ohne Zersetzung nicht eluiert werden kann. Außerdem wird die Guanylsäuredesaminase schon durch Zusatz von $^n/_{400}$-Natriumfluorid gehemmt, während Guanosindesaminase nur bei $^n/_{10}$-Natriumfluorid an Aktivität abnimmt. Zur selben Zeit mit der Desaminierung wird auch Guanin abgespalten und es bildet sich Ribophosphorsäure. Guanylsäurephosphatase wurde aus Kaninchenleberextrakt durch Tonerdeabsorption erhalten. Die Aktivitätskurve des Enzyms hat 2 Maxima, eines bei p_H 4—6, das andere bei p_H 8,5—9[13].

Durch Nucleosidase, die auf Guanosin wirksam ist, wird die Base der Guanylsäure nicht abgespalten[14].

Salze: Sie bildet zwei Reihen von Salzen: $(C_{10}H_{12}O_8H_5P)M$, wo $M = Cu$, Ca oder Ba

[1] H. Steudel u. E. Peiser: Hoppe-Seylers Z. **114**, 201 (1921); **120**, 292 (1922).

[2] Zu beziehen von C. F. Boehringer & Söhne in Mannheim-Waldhof.

[3] M. V. Buell u. M. E. Perkins: J. of biol. Chem. **72**, 21 (1927).

[4] P. A. Levene: J. of biol. Chem. **40**, 171 (1919).

[5] P. A. Levene u. L. W. Bass: Nucleic Acids; Ann. Survey of American Chem. **3**, 176 (New York 1928). — P. A. Levene, H. S. Simms u. L. W. Bass: J. of biol. Chem. **70**, 243 (1926).

[6] E. Annau: Hoppe-Seylers Z. **190**, 222 (1930).

[7] P. A. Levene u. H. S. Simms: J. of biol. Chem. **65**, 519 (1925); **70**, 327 (1926). — Siehe auch H. Hammarsten: Biochem. Z. **147**, 481 (1924).

[8] R. Feulgen u. H. Rossenbeck: Hoppe-Seylers Z. **125**, 284 (1923).

[9] H. Hammarsten: Biochem. Z. **147**, 481 (1924).

[10] M. Yamagawa: J. of biol. Chem. **43**, 339 (1920).

[11] P. A. Levene u. E. Jorpes: J. of biol. Chem. **81**, 575 (1929).

[12] L. Rosenfeld: Hoppe-Seylers Z. **138**, 280 (1924).

[13] G. Schmidt: Hoppe-Seylers Z. **208**, 185 (1932).

[14] P. A. Levene u. A. Dmochowski: J. of biol. Chem. **93**, 563 (1931).

ist; $(C_{10}H_{11}O_8N_5P)_2M_3$, wo M = Cu, Ca, Ba oder Pb ist; alle sind amorph. Die beiden Eisensalze sind von unbestimmter Zusammensetzung[1].

Die Brucin- und Strychninsalze werden durch einfache Neutralisation gebildet; sie können unverändert aus Wasser umkrystallisiert werden. Extraktion mit Chloroform entfernt aus dem Brucinsalz die Hälfte der Base[2].

Die Säure bildet Salze mit Glykokoll, Lysin und Histon[3]. Über Bindung mit Eiweiß siehe bei Adenylsäure.

Xanthylsäure.

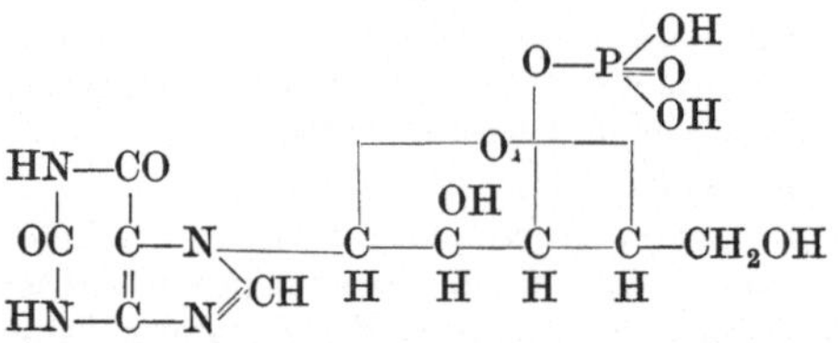

Vorkommen: Ist nur durch Desaminierung der Guanylsäure dargestellt und von Knopf nur als Brucinsalz erhalten worden.

Struktur: Die oben angegebene Struktur stützt sich auf die folgenden Befunde: Die Ribosephosphorsäure, die aus dem Nucleotid darstellbar ist, bildet 2 Glykoside, 1 Furanosid und 1 Pyranosid, außerdem läßt sich die Substanz zu der optisch inaktiven Ribitolphosphorsäure reduzieren[4].

Darstellung: 20 g des Natriumsalzes der Guanylsäure werden in 20 Volumina Wasser gelöst. Zu der Lösung werden 120 ccm Eisessig zugegeben. Dann fügt man 100 ccm einer 30proz. Kaliumnitritlösung allmählich in dünnen Strom unter ständigem Rühren hinzu. Nach 6 Stunden wird die Xanthylsäure mit einer 25proz. Lösung von Bleizucker gefällt. Das Salz wird in Wasser suspendiert. Hierauf wird die wässerige Lösung der Xanthylsäure nach Entbleien mit H_2S bei vermindertem Druck auf kleines Volumen eingedampft (Temperatur des Wasserbades nicht über 40°) und die Säure mit Alkohol gefällt. Die Ausbeute ist 45—50% der Theorie[5].

Eigenschaften: Die Säure ist nur in amorpher Form dargestellt worden. Eine wässerige Lösung der Xanthylsäure, 3—4 Tage bei 45—50° sich selber überlassen, bildet Ribosephosphorsäure in einer Ausbeute von 50% der Theorie.

Salze: Brucinsalz, krystallisiert. Natriumsalz, amorph. $[\alpha]_D^{20} = -41{,}66°$.

Inosinsäure.

Die Struktur der Inosinsäure in allen bekannten Einzelheiten kann wie folgt formuliert werden:

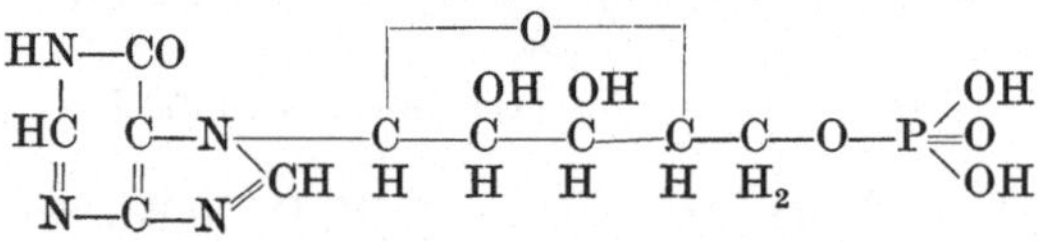

Die Stellung der Ribose an der Base ist durch die Arbeiten von Levene[6] und von Levene und Sobotka[7] bekanntgeworden.

Neue Beweise wurden für die Stellung der Phosphorsäure an Kohlenstoffatom (5) der Ribose geliefert. Levene und Simms[8] haben gezeigt, daß man aus dem Fortschreiten der Lactonbildung feststellen kann, ob beide Hydroxyle, das in Stellung (4) und das in Stellung (5), frei sind oder ob eins besetzt ist; es ist möglich, zwischen Stellung (4)

[1] S. Izumi: Hoppe-Seylers Z. **140**, 80 (1924).
[2] E. Peiser: Ber. dtsch. chem. Ges. **58** B, 2051 (1925).
[3] H. Hammarsten: Biochem. Z. **147**, 481 (1924).
[4] P. A. Levene u. S. A. Harris: J. of biol. Chem. **95**, 755 (1932); **98**, 9 (1932).
[5] M. Knopf: Hoppe-Seylers Z. **92**, 159 (1914). — P. A. Levene u. A. Dmochowski: J. of biol. Chem. **93**, 563 (1931). — P. A. Levene u. S. A. Harris: J. of biol. Chem. **95**, 755 (1932).
[6] P. A. Levene: J. of biol. Chem. **55**, 437 (1923).
[7] P. A. Levene u. H. Sobotka: J. of biol. Chem. **65**, 463 (1925).
[8] P. A. Levene u. H. S. Simms: J. of biol. Chem. **65**, 31 (1925).

und (5) zu unterscheiden. Die $\langle 1, 4 \rangle$-Lactone bilden sich langsam und spalten sich auch langsam unter der Einwirkung von Alkali, wogegen $\langle 1, 5 \rangle$-Lactone sehr viel schneller gebildet werden. Levene und Mori[1] verfolgten die Geschwindigkeit der Mutarotation von Phosphor-d-Ribonsäure. Die Mutarotation verläuft in langsamer Weise nach einer flachen, ungebrochenen Kurve und zeigt eine $\langle 1, 4 \rangle$-Lactonbildung an. Demnach muß die Stellung (5) des Zuckers durch das Phosphorsäureradikal besetzt sein.

Vorkommen: In der Pankreasdrüse des Dogfisches; es wurde jedoch nicht nachgewiesen, daß die Säure in dem Gewebe in Nucleoproteinbindung vorkommt[2].

Inosinsäure wird in den Muskeln aus Adenylsäure bei der Kontraktion gebildet[3].

Nach Buell[4] wird Hefeadeninnucleotid desamidiert von Muskel des Ochsen, des Schweines, des Kaninchens und des Menschen; Rattenmuskel indessen wirkt nicht nennenswert auf das Nucleotid. Die Desamidierung geht schnell bei p_H 6,0 vor sich, langsamer bei p_H 7,4 und sehr langsam bei p_H 9,0. Muskeladenylsäure scheint leichter zu reagieren als Hefenucleotid.

Herstellung: Ein einfaches Verfahren zur Darstellung der Inosinsäure aus Muskelextrakt ist von Embden[5] angegeben worden.

Muskulatur von frisch getöteten Kaninchen oder so rasch wie möglich nach der Schlachtung verarbeitete Pferdemuskulatur wird mit der Fleischhackmaschine unter Kühlung[6] zerkleinert. Der Muskelbrei wird sofort in das dem Doppelten seines Gewichtes entsprechende Volumen destillierten Wassers unter gründlichem Umrühren eingetragen. Die Flüssigkeit bleibt 2—3 Stunden bei der Temperatur der fließenden Wasserleitung (meist etwa 13°) stehen.

Nun wird durch Hinzufügen des dem Doppelten des Muskelgewichtes entsprechenden Volumens 10proz. Trichloressigsäurelösung enteiweißt und am nächsten Morgen auf der Nutsche unter scharfem Absaugen filtriert. Das Filtrat wird mit so viel starker Natronlauge versetzt, daß die Blaufärbung von Kongopapier ausbleibt, blaues Lackmuspapier aber noch gerötet wird. Nunmehr wird so viel heißes Barytwasser unter Umrühren hinzugefügt, daß nach Zentrifugieren einer kleinen Probe die überstehende Flüssigkeit keine mittels des Strychninmolybdänsäurereagens nachweisbare Phosphorsäure mehr enthält.

Jetzt wird wiederum unter Verwendung einer großen Nutsche filtriert, das völlig klare Filtrat mit Essigsäure neutralisiert und weiterhin die Isolierung der Inosinsäure nach dem Prinzip der Haiserschen Methode zu Ende geführt. Das neutrale Filtrat wird hierbei mit Bleiessig unter Vermeidung eines größeren Überschusses ausgefällt. Der auf der Nutsche gründlich gewaschene Bleiniederschlag wird mit Schwefelwasserstoff in der Kälte zersetzt, in die stark saure Zersetzungsflüssigkeit, deren Volumen pro Kilogramm der angewandten Muskulatur etwa 200 ccm betragen soll, so viel frisch gefälltes Bariumcarbonat eingetragen, daß die Reaktion gegen Kongo nicht mehr sauer ist. Die Flüssigkeit wird nach Zusatz von weiterem Bariumcarbonat für 1—2 Minuten bis zum Sieden erhitzt und heiß filtriert.

Aus dem Filtrat erfolgt nach genügender Einengung durch Vakuumdestillation bei einer 50° nicht übersteigenden Temperatur des Heizwassers die Ausscheidung des inosinsauren Bariums, öfters von vornherein in einheitlich krystallisierter Form nur mit etwas Bariumcarbonat verunreinigt. Beim Stehen im Eisschrank schreitet die Krystallisation rasch fort. Nach Abtrennung der ersten Fraktion lassen sich weitere Mengen des Bariumsalzes durch Einengung mittels Vakuumdestillation oder im Exsiccator gewinnen.

Die Rohsubstanz wird durch einmaliges Umkrystallisieren aus heißem Wasser in analysenreiner Form erhalten.

Bildung: Deamidierung von Muskeladenylsäure mittels salpetriger Säure gibt Inosinsäure. Hefeadenylsäure andererseits soll unter diesen Bedingungen nicht in Inosinsäure umgewandelt werden. Das Bariumsalz des Reaktionsproduktes ist im Gegensatz zu dem der Inosinsäure leicht in kaltem Wasser löslich[7].

Eigenschaften: Dissoziationskonstanten[8]: erstes Phosphorsäurehydroxyl $pG'_1 = 1,54$;

[1] P. A. Levene u. T. Mori: J. of biol. Chem. **81**, 215 (1929).

[2] C. Berkeley: J. of biol. Chem. **45**, 263 (1920—1921).

[3] Über physiologische Eigenschaften von Adenylsäure siehe Literatur über diesen Gegenstand.

[4] M. V. Buell: J. of biol. Chem. **85**, 435 (1930).

[5] G. Embden: Hoppe-Seylers Z. **210**, 194 (1932).

[6] Auch hier wurde eine mit einem Kühlmantel umbaute Fleischhackmaschine verwandt. Der Kühlmantel wurde mit Kältemischung gefüllt.

[7] G. Embden u. G. Schmidt: Hoppe-Seylers Z. **181**, 130 (1929).

[8] P. A. Levene, H. S. Simms u. L. W. Bass: J. of biol. Chem. **70**, 243 (1926).

zweites Phosphorsäurehydroxyl $pG'_2 = 6{,}04$; Purinhydroxyl $pG'_3 = 8{,}88$; Zuckergruppe $pG'_4 = 12{,}2$. Wassermeyer[1] gibt folgende Werte: $p_{K_1} = 2{,}4$; $p_{K_2} = 6{,}3$ bis $6{,}5$.

Die optischen Drehungen der aufeinanderfolgenden, verschiedenen molekularen Arten haben, beginnend bei der extrem sauren Seite, folgende Werte[2]: $[M_1]_D^{22} = -108°$; $[M_2]_D^{22} = -154°$; $[M_3]_D^{22} = -167{,}5°$; $[M_4]_D^{22} = -193°$; $[M_5]_D^{22} = -196°$.

Die Geschwindigkeit der sauren Hydrolyse der Inosinsäure wurde von Yamagawa untersucht[3], sowie von Embden und Schmidt[4] und von Levene und Jorpes[5]. Nach Embden und Schmidt[4] haben Inosinsäure und Muskeladenylsäure Hydrolysekonstanten derselben Größenordnung, wie nach Yamagawa die Inosinsäure, während die Geschwindigkeit der Hydrolyse für Hefeadenylsäure größer ist, in Übereinstimmung mit den Folgerungen früherer Forscher.

Physiologische Eigenschaften: Inosinsäure wird durch Enzyme, die in Fischorganen und ins Aspergillus melleus[6] vorkommen, gespalten.

Hinsichtlich der Bildung von Inosinsäure aus Adenylsäure bei der Muskelkontraktion siehe den Abschnitt über die physiologischen Eigenschaften dieser letzteren Substanz.

Salze: Inosinsäure bildet stabile Salze mit Brucin und Strychnin. Die gesamte Base wird aus dem Brucinsalz durch Extraktion mit Chloroform entfernt[7].

Cytidylsäure.

Unsere Kenntnis der Struktur der Cytidinphosphorsäure wird durch die folgende Formel ausgedrückt:

$$\begin{array}{ccccc}
 & & & N{=}C\cdot NH_2 \\
 & & & |\qquad\ | \\
 & & & OC\quad CH \\
OH & & & |\qquad\ \| \\
O{=}P{-}O{-}C_5H_8O_3{-}N{-}CH \\
OH &
\end{array}$$

Die Gründe für die Annahme der Bindung des Zuckers an das Stickstoffatom (3) sind in dem Abschnitt über Cytidin dargelegt. Da die Aminogruppe des Nucleotids nicht substituiert ist, so folgt von selbst, daß in dieser Substanz, und also auch in der Uridinphosphorsäure, die Phosphorsäure an die Pentose gebunden ist.

Aus einer Untersuchung Yamagawas[8] über die Geschwindigkeit der sauren Hydrolyse von Ribonucleotiden sah wahrscheinlich aus, daß in Uridyl- und in Inosinsäure die Phosphorsäureradikale an das gleiche Kohlenstoffatom der Pentose gebunden sei, da die Hydrolysekonstanten dieser beiden Nucleotide von derselben Größenordnung sind. Der Verbindungspunkt bei Inosinsäure ist Kohlenstoffatom (5), wie bereits dargelegt wurde, und es wurde deshalb die Annahme gemacht, daß Uridylsäure, und also auch Cytidylsäure, eine analoge Struktur haben.

Die Folgerung Yamagawas hinsichtlich der Stellung der Phosphorsäure in den Pyrimidinnucleotiden muß indessen auf Grund der neueren Versuche von Levene und Jorpes[9] aufgegeben werden.

Dihydrocytidinphosphorsäure verhält sich nicht wie Inosinsäure, sondern wie Hefeadenylsäure oder wie Guanylsäure. Hydrierung der Base löst nicht nur die Bindung zwischen Base und Zucker, sondern auch zwischen Phosphorsäure und Zucker. Aus dieser Beobachtung läßt sich schließen, daß die Stellung der Phosphorsäure in den Pyrimidinnucleotiden nicht die gleiche ist wie bei Inosinsäure, sondern wie bei Hefeadenylsäure, d. h. an einem anderen Kohlenstoffatom als (5), wahrscheinlich am Kohlenstoffatom (3).

[1] H. Wassermeyer: Hoppe-Seylers Z. **179**, 238 (1928).
[2] P. A. Levene, H. S. Simms u. L. W. Bass: J. of biol. Chem. **70**, 243 (1926).
[3] M. Yamagawa: J. of biol. Chem. **43**, 339 (1920).
[4] G. Embden u. G. Schmidt: Hoppe-Seylers Z. **181**, 130 (1929).
[5] P. A. Levene u. E. Jorpes: J. of biol. Chem. **81**, 575 (1929).
[6] Y. Okuda: J. Coll. Agr. imp. Univ.-Tokyo **5**, 385 (1916).
[7] E. Peiser: Ber. dtsch. chem. Ges. **58** B, 2051 (1925).
[8] M. Yamagawa: J. of biol. Chem. **43**, 339 (1920).
[9] P. A. Levene u. E. Jorpes: J. of biol. Chem. **81**, 575 (1929).

Vorkommen: In Teeblättern[1]; in dem β-Nucleoprotein aus Schweinepankreas[2]; in dem β-Nucleoprotein von Hühnerembryonen[3].

Bildung: Cytidinphosphorsäure wird aus Hefenucleinsäure mittels der bei Adenylsäure beschriebenen Methode gebildet[4].

Herstellung (Methode von Levene)[4]: Die Cytidylsäure wird aus dem Teil der Brucinsalze der Adenylfraktion (s. Hefeadenylsäure) mit 8,5% Stickstoff gewonnen. Man verwandelt das Brucinsalz ebenso wie bei Adenylsäure in das freie Nucleotid. Um aus dem rohen krystallinen Produkt eine reine Substanz zu erhalten, verfährt man folgendermaßen: Die optische Drehung ist ursprünglich $[\alpha]_D^{30} = +25°$. Durch Umkrystallisieren aus 50proz. Alkohol wird schließlich eine Substanz mit $[\alpha]_D^{30} = +40°$ erhalten. 10,0 g dieses Materials werden in 500 ccm kochenden Wassers gelöst und zu der Lösung 500 ccm 99,8proz. Alkohols zugesetzt. Bald beginnen sich schwere Krystalle auszuscheiden; die Krystallisation wird 48 Stunden fortgesetzt. Die Ausbeute an Krystallen beträgt 7,5 g. Diese werden dann in 400 ccm kochenden Wassers gelöst und zu der Lösung 400 ccm 99,8proz. Alkohols zugesetzt. Die Krystallisation vollzieht sich wie oben mit einer Ausbeute von 6,0 g. Diese 6,0 g werden in 350 ccm kochenden Wassers gelöst und zu der Lösung 150 ccm 99,8proz. Alkohols zugegeben. Das in einer Ausbeute von 5,0 g gewonnene Endprodukt ist das reine Nucleotid.

Eigenschaften: Dissoziationskonstanten[5]: erste Phosphorsäureionisation $pG_1' = 0,80$; Aminogruppe $pG_2' = 4,24$; zweite Phosphorsäureionisation $pG_3' = 5,97$; Zuckergruppe $pG_4' = 13,2$.

Die Säurehydrolyse der Cytidinphosphorsäure wurde von Levene und Jorpes[6] untersucht.

Physiologische Eigenschaften: Siehe Uridylsäure.

Salze: Bildet stabile Salze mit Brucin und Strychnin[7]. Über Bindung mit Eiweiß siehe bei Adenylsäure.

Dihydrocytidinphosphorsäure.

Diese Verbindung wurde von Levene und Jorpes[2] durch Hydrieren von Cytidylsäure in wässeriger Lösung mit Platinoxyd als Katalysator erhalten (hergestellt nach den Angaben von Adams und Shriner[8]). Ein Versuch, Palladiumoxyd zu verwenden, war erfolglos. Die Hydrierung mit Platinoxyd als Katalysator verlief sehr langsam. Obwohl die Reduktion in Paals Apparat 36 Stunden fortgesetzt wurde, schien sie nicht vollständig zu sein.

Bei der Hydrolyse mit Säure verhält sich das hydrierte Nucleotid wie Adenyl- und Guanylsäure, nicht nur hinsichtlich der Geschwindigkeit der Hydrolsye der Base, sondern auch hinsichtlich der Hydrolyse der Phosphorsäure.

Uridylsäure.

Die Struktur der Uridinphosphorsäure wird in allen bis heute bekannten Einzelheiten durch die folgende Formel dargestellt:

$$\begin{array}{c} \mathrm{HN-CO} \\ | \quad\ | \\ \mathrm{OC} \quad \mathrm{CH} \\ \underset{\mathrm{HO}}{\overset{\mathrm{HO}}{\diagup}}\!\!O\!\!=\!\!P\!-\!O\!-\!C_5H_8O_3\!-\!N\!-\!CH \end{array}$$

Die Stellung der Bindung der Phosphorsäure an den Zucker wird unter Cytidylsäure diskutiert, die des Zuckers an die Base unter Uridin.

Vorkommen: In dem β-Nucleoprotein von Hühnerembryonen[3].

[1] H. O. Calvery: J. of biol. Chem. **72**, 549 (1927).

[2] W. Jones u. M. E. Perkins: J. of biol. Chem. **62**, 291 (1924).

[3] H. O. Calvery: J. of biol. Chem. **77**, 489 (1928).

[4] P. A. Levene: J. of biol. Chem. **33**, 425 (1918); **40**, 415 (1919). — Siehe auch P. A. Levene: J. of biol. Chem. **41**, 19, 483 (1920).

[5] P. A. Levene u. H. S. Simms: J. of biol. Chem. **65**, 519 (1925); **70**, 327 (1926). — P. A. Levene, L. W. Bass u. H. S. Simms: J. of biol. Chem. **70**, 229 (1926).

[6] P. A. Levene u. E. Jorpes: J. of biol. Chem. **81**, 575 (1929).

[7] E. Peiser: Ber. dtsch. chem. Ges. **58 B**, 2051 (1925).

[8] R. Adams u. R. L. Shriner: J. amer. chem. Soc. **45**, 2171 (1923).

Bildung: Die Bedingungen der Hydrolyse von Hefenucleinsäure, die in der Bildung von Nucleotiden resultieren, werden unter Adenylsäure beschrieben.

Die Isolierung der Uridylsäure ist wegen deren physikalischen Eigenschaften in einigen Fällen mißlungen[1]. Deswegen wurde die Frage erhoben, ob die Substanz ein primärer Bestandteile der Nucleinsäure oder aus Cytidylsäure durch sekundäre Hydrolyse entstanden sei. Es ist aber jetzt gezeigt worden, daß Uracil ein primärer Bestandteil ist[2], und es sollte deshalb möglich sein, Uridylsäure bei allen unter Adenylsäure mitgeteilten Verfahren zu isolieren.

Darstellung (Methode von Levene[3]): Diese Säure wird aus der Adenylfraktion des Hydrolyseproduktes der Hefenucleinsäure erhalten (s. Hefeadenylsäure). Der nach 9maligem Umkrystallisieren der Brucinsalze dieser Fraktion gebildete krystalline Niederschlag besteht hauptsächlich aus Uridylsäure. Das Brucinsalz läßt sich in folgender Weise leicht in das krystalline Bariumsalz verwandeln:

Man löst das Brucinsalz in heißem Wasser unter Zusatz von überschüssigem wässerigem Ammoniak und extrahiert das Brucin im Scheidetrichter mit Chloroform. Die wässerige Lösung des Nucleotids wird mit einem Überschuß von Bariumhydroxyd mehrere Male unter vermindertem Druck zur Trockne eingedampft, bis alles Ammoniak entfernt ist. Der Niederschlag wird dann mit Hilfe von etwas Schwefelsäure gelöst und zu der Lösung Barytlauge bis zur schwach alkalischen Reaktion gegen Phenolphthalein zugesetzt. Das Filtrat vom Bariumsulfat wird unter vermindertem Druck eingedampft, wobei die Temperatur des Wasserbades 50° nicht überschreiten darf. Es empfiehlt sich, die Destillation in dem Augenblick zu unterbrechen, in dem sie sich im Destillationskolben auszuscheiden beginnt; schreitet die Destillation weiter fort, dann kann sich ein amorpher Niederschlag bilden. Gegebenenfalls kann das Bariumsalz aus Wasser umkrystallisiert werden. Die lufttrockene Substanz erscheint körnig; unter dem Mikroskop betrachtet, besteht sie aus langen Nadeln gebildeten Rosetten.

Das freie Nucleotid wurde in folgender Weise hergestellt. Das Diammoniumsalz wird in das Bleisalz verwandelt, dieses in Wasser suspendiert und Schwefelwasserstoff durch die Suspension geleitet. Das Filtrat vom Bleisulfid wird durch Destillation unter vermindertem Druck bei Zimmertemperatur von Schwefelwasserstoff befreit. Zu der klaren Lösung des Nucleotids wird neutrale Bleiacetatlösung zugesetzt, so daß wieder das Bleisalz entsteht und das Bleisalz wieder wie vorher mit Schwefelwasserstoff behandelt. Die erhaltene klare Lösung wird unter vermindertem Druck auf ein kleines Volumen eingedampft und dann in einen Vakuumexsiccator gebracht, in dem sie unter vermindertem Druck langsam eindunstet. Wenn die Lösung die Konsistenz von Glycerin erreicht hat, wird sie in heißem 99,5proz. Alkohol gelöst, wieder in einen Vakuumexsiccator gestellt und über Schwefelsäure unter vermindertem Druck eingeengt. Nach mehrmaliger Wiederholung dieses Verfahrens krystallisiert schließlich der dicke Sirup zu einer fast festen, steifen Masse. Um die Krystalle von der Mutterlauge zu trennen, wird die Substanz mit einer sehr geringen Menge heißen wasserfreien Methylalkohol verrieben. Das krystallinische Material wird darauf mit kaltem Methylalkohol gewaschen und schließlich in trockenem Methylalkohol suspendiert. Die Mischung wird zum Sieden erhitzt und die Krystalle dann abfiltriert. Die Mutterlauge und der Waschalkohol geben beim Stehen über Schwefelsäure unter vermindertem Druck eine zweite Krystallisation. Die Substanz hat nach nochmaligem Umkrystallisieren aus Methylalkohol einen Schmelzpunkt von 198,5° (korrigiert).

Eigenschaften: Dissoziationskonstante[4]: erste Phosphorsäureionisation $pG'_1 = 1{,}02$; zweite Phosphorsäureionisation $pG'_2 = 5{,}88$; Hydroxylgruppe $pG'_3 = 9{,}43$; Zuckergruppe $pG'_4 = 13{,}9$.

Die Geschwindigkeit der Säurehydrolyse ist von derselben Größenordnung wie bei Inosinsäure[5].

Physiologische Eigenschaften: Wenn Uridylsäure oder eine Mischung von Uridylsäure und Cytidylsäure an Kaninchen verfüttert werden, so wird nur ein kleiner Teil des Uracils ausgeschieden. Wird Uracil in den Körper aufgenommen, so wird es quantitativ unverändert ausgeschieden. Offensichtlich ist der erste Schritt im Stoffwechsel nicht eine Abspaltung der

---

[1] W. Jones u. M. E. Perkins: J. of biol. Chem. **62**, 557 (1924—1925).

[2] P. A. Levene: J. of biol. Chem. **67**, 325 (1926).

[3] P. A. Levene: J. of biol. Chem. **33**, 425 (1918); **40**, 415 (1919) — siehe auch J. of biol. Chem. **41**, 1 (1920).

[4] P. A. Levene u. H. S. Simms: J. of biol. Chem. **65**, 519 (1925); **70**, 327 (1926). — P. A. Levene, L. W. Bass u. H. S. Simms: J. of biol. Chem. **70**, 229 (1926).

[5] M. Yamagawa: J. of biol. Chem. **43**, 339 (1920).

Pyrimidingruppe, sondern irgendeine Änderung im Pyrimidin, bevor das Nucleotid gespalten wird[1].

Salze: Bildet stabile Salze mit Brucin und Strychnin[2].

Pyrimidin-Desoxyribonucleotide.

Diese Verbindungen enthalten eine Desoxyribose[3] an Stelle einer Hexose wie auf S. 108, Bd. X, dieser Publikation angegeben ist.

Thymindesoxypentosidphosphorsäure	$C_{10}H_{15}N_2PO_8$;
Cytosindesoxypentosidphosphorsäure	$C_9H_{14}N_3PO_7$;
Thymindesoxypentosiddiphosphorsäure	$C_{10}H_{16}N_2P_2O_{11}$;
Cytosindesoxypentosiddiphosphorsäure	$C_9H_{15}N_3P_2O_{10}$.

Nucleoside.

Ribonucleoside.

Zuckerkomponenten der Nucleoside und Nucleotide. Kürzlich wurde von Robinson[4] die Frage erhoben, ob der Zucker in den Nucleosiden der gleiche ist wie in den verwandten Nucleotiden. Dieser Zweifel entstand aus einer Beobachtung von Phillips[5] über das Vorkommen der Waldenschen Umkehrung bei Carbinolen. Levene indessen ist der Ansicht, daß zur Zeit alles für die Identität des Zuckers in den Nucleosiden[6] und Nucleotiden spricht, soweit Inosinsäure in Betracht kommt; die Phosphorsäure ist an Kohlenstoffatom (5) gebunden und infolgedessen kann keine Waldensche Umkehrung während der Hydrolyse eintreten, und das erhaltene Inosin ist identisch mit dem aus Adenosin erhaltenen, das aus Hefenucleinsäure stammt. In Hefeadenylsäure ist die Phosphorsäure an ein anderes als das Kohlenstoffatom (5) gebunden; jedoch ist bis jetzt noch kein Beweis dafür erbracht worden, daß in diesem Falle eine Waldensche Umkehrung stattfindet. Im Gegenteil vollzieht sich das Dephosphorylieren der Glucose-3-phosphorsäure ohne eine solche.

Die Ringstruktur des Adenosins und Guanosins ist erst neulich aufgeklärt worden, obwohl schon früher für Inosin die ⟨1, 4⟩-Ringstruktur angenommen wurde angesichts der Tatsache, daß in der Inosinsäure Stellung (5) an der Ribose durch das Phosphorsäureradikal besetzt ist.

Adenosin.

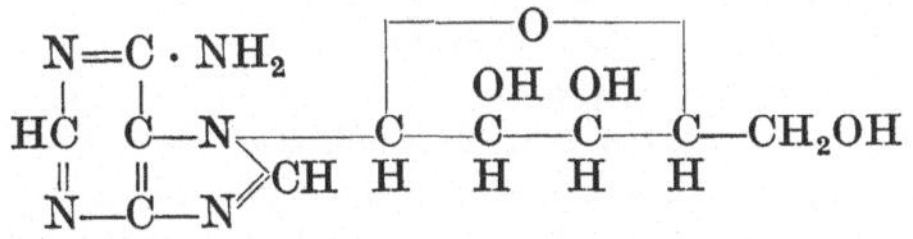

$$
\begin{array}{l}
\mathrm{N}\!=\!\mathrm{C}\cdot\mathrm{NH_2} \quad\ \ \overbrace{\qquad\qquad\mathrm{O}\qquad\qquad} \\
\qquad\qquad\qquad\qquad\quad\ \mathrm{OH}\ \ \mathrm{OH} \\
\mathrm{HC}\quad \mathrm{C}\!-\!\mathrm{N}\!-\!\!-\!\!-\!\mathrm{C}\!-\!\!-\!\mathrm{C}\!-\!\!-\!\mathrm{C}\!-\!\!-\!\mathrm{C}\!-\!\mathrm{CH_2OH} \\
\ \ \|\quad\ \ \| \quad\ \ \diagdown\!\mathrm{CH}\ \ \mathrm{H}\quad \mathrm{H}\quad \mathrm{H}\quad \mathrm{H} \\
\mathrm{N}\!-\!\mathrm{C}\!-\!\mathrm{N}
\end{array}
$$

Struktur: Die Furanoseringstruktur des Nucleosids wurde durch die Untersuchung von Levene und Tipson[7] bewiesen.

Vorkommen: In menschlichem Urin; es ist vielleicht nicht von normalem Vorkommen darin[8].

Szent-Györgyi und Drury[9] berichten über die Gegenwart einer Substanz, die Adenosin zu sein scheint, in Herzmuskelextrakt.

Eigenschaften: Dissoziationskonstante[10]: Aminogruppe $pG_1'=3{,}3$; Zuckergruppe $pG_2'=12{,}5$.

---

[1] D. W. Wilson: J. of biol. Chem. **56**, 215 (1923).

[2] E. Peiser: Ber. dtsch. chem. Ges. **58 B**, 2051 (1925).

[3] P. A. Levene u. E. S. London: J. of biol. Chem. **81**, 711 (1929); **83**, 793 (1929). — P. A. Levene u. T. Mori: J. of biol. Chem. **83**, 803 (1929). — P. A. Levene, L. A. Mikeska u. T. Mori: J. of biol. Chem. **85**, 785 (1930).

[4] R. Robinson: Nature (Lond.) **120**, 44, 656 (1927).

[5] H. Phillips: J. chem. Soc. Lond. **123**, 44 (1923).

[6] P. A. Levene: Nature (Lond.) **120**, 621 (1927).

[7] P. A. Levene u. R. S. Tipson: J. of biol. Chem. **97**, 491 (1932).

[8] H. O. Calvery: J. of biol. Chem. **86**, 263 (1930).

[9] A. Szent-Györgyi u. A. N. Drury: Proc. Physiol. Soc. **1929**, XXXV.

[10] P. A. Levene u. H. S. Simms: J. of biol. Chem. **65**, 519 (1925); **70**, 327 (1926). — P. A. Levene, H. S. Simms u. L. W. Bass: J. of biol. Chem. **70**, 243 (1926).

Drehungen der aufeinanderfolgenden verschieden molekularen Arten, beginnend mit der extrem sauren Seite[1]: $[M_1]_D^{22} = -134°$; $[M_2]_D^{22} = -171°$; $[M_3]_D^{22} = -203°$.

Physiologische Eigenschaften: Wird vollständig im Urin wiedererhalten als Harnsäure bei menschlichen Individuen mit normalen Nieren[2].

Adenosin wird von Muskelsaft des Kaninchens desamidiert, während Adenin nicht angegriffen wird. Verschiedene Enzyme sind verantwortlich für die Desamidierung von Adenosin und Muskeladenylsäure; diese Deaminasen können durch selektive Adsorption an Aluminiumhydroxyd getrennt werden[3].

Ein gegenüber Adenosin aktives Enzym wurde aus Knochenmark hergestellt[4].

Guanosin.

$$
\begin{array}{c}
\text{HN—CO} \\
\text{H}_2\text{NC} \quad \text{C—N} \\
\text{N—C—N}
\end{array}
\quad
\begin{array}{c}
\text{O} \\
\text{OH OH} \\
\text{CH—C—C—C—C—CH}_2\text{OH} \\
\text{H H H H H}
\end{array}
$$

Struktur: Die Furanoseringstruktur des Nucleosids ist von Leven und Tipson[5] bewiesen worden.

Vorkommen: In den grünen Blättern und Beeren des Kaffeebaumes; wahrscheinlich der Vorläufer des Coffeins[6].

Eigenschaften: Dissoziationskonstante[7]: Aminogruppe $pG_1' = 1,6$; Hydroxylgruppe $pG_2' = 9,16$; Zuckergruppe $pG_3' = 12,3$ bis $12,5$.

Methylglyoxal desamidiert Guanosin[8].

Identifizierung: Steudel und Freise[9] haben die Triacetylverbindung als geeignetes Derivat zur Identifizierung von Guanosin vorgeschlagen.

2 g Guanosin vom Schmelzp. 240—241° werden in etwa 40 g Essigsäureanhydrid und mit einem Körnchen Natriumacetat aufgekocht, wobei sich alles klar löst. Dann wird das überschüssige Essigsäureanhydrid im Vakuum abdestilliert und der Rückstand in heißem Chloroform gelöst. Beim Erkalten scheiden sich glänzende, schwachrosa gefärbte Nadeln ab, die zweimal aus absol. Alkohol umkrystallisiert werden. Dann scheidet sich die Substanz in glasglänzenden prismatischen, farblosen Nadeln ab, die zu Drüsen vereint sind. Ausbeute: etwa 1,25 g. Die Substanz hat einen scharfen Schmelzpunkt von 226° (unkorr.) nach vorherigem Sintern. $[\alpha]_D^{15}$ in absol. Alkohol $+2,3°$.

Physiologische Eigenschaften: Wird vollständig wiedergewonnen im Urin als Harnsäure bei menschlichen Individuen mit normalen Nieren[10].

Katalysiert die alkoholische Gärung[11].

Fermentativer Abbau: Guanosin wird durch Muskelsaft vom Kaninchen nicht desamidiert[3]. Aus Kaninchenleberextrakt läßt sich eine Desaminase, die nur auf Guanosin und auf Guanin wirkt, erhalten. Von der Adenosindesaminase kann sie durch fraktionierte Elution getrennt werden[12].

Inosin.

$$
\begin{array}{c}
\text{HN—CO} \\
\text{HC} \quad \text{C—N} \\
\text{N—C—N}
\end{array}
\quad
\begin{array}{c}
\text{O} \\
\text{OH OH} \\
\text{CH—C—C—C—C—CH}_2\text{OH} \\
\text{H H H H H}
\end{array}
$$

[1] P. A. Levene, H. S. Simms u. L. W. Bass: J. of biol. Chem. **70**, 243 (1926).

[2] S. J. Thannhauser u. H. Schaber: Hoppe-Seylers Z. **115**, 170 (1921).

[3] G. Schmidt: Hoppe-Seylers Z. **179**, 243 (1928).

[4] W. Deutsch u. R. Laser: Hoppe-Seylers Z. **186**, 1 (1930).

[5] P. A. Levene u. R. S. Tipson: J. of biol. Chem. **97**, 491 (1932).

[6] T. de A. Carmargo: J. of biol. Chem. **58**, 831 (1924).

[7] P. A. Levene u. H. S. Simms: J. of biol. Chem. **65**, 519 (1925); **70**, 327 (1926).

[8] C. Neuberg u. M. Kobel: Biochem. Z. **188**, 197 (1927).

[9] H. Steudel u. Freise: Hoppe-Seylers Z. **120**, 126 (1922).

[10] S. J. Thannhauser u. H. Schaber: Hoppe-Seylers Z. **115**, 170 (1921).

[11] C. Neuberg u. M. Sandberg: Biochem. Z. **125**, 202 (1921).

[12] G. Schmidt: Hoppe-Seylers Z. **208**, 185 (1932).

Struktur: Die Furanoseringstruktur folgt aus der experimentell bewiesenen Struktur des Adenosins.

Eigenschaften: Dissoziationskonstante[1]: Hydroxylgruppe $pG'_1 = 8{,}75$; Zuckergruppe $pG'_2 = 12{,}33$.

Drehung der aufeinanderfolgenden verschiedenen molekularen Arten, beginnend bei der extrem sauren Seite[2]: $[M_1]_D^{22} = -140°$; $[M_2]_D^{22} = -190°$; $[M_3]_D^{22} = -224°$.

Physiologische Eigenschaften: Inosin hat hypothermische Wirkung[3].

Xanthosin.

Struktur: Die Furanoseringstruktur ist durch die Arbeiten von Levene und Tipson[4] bewiesen worden.

Methylierung von Xanthosin durch Diazomethan gibt 1,3-N-Dimethylxanthosin (Theophyllinribosid), Coffein und Tetramethylharnsäure[5].

Ein geschlossenes Gefäß, das 10 g trockenes Xanthosin und 150 ccm trockenen Methylalkohol enthält, wird in einen Schüttelapparat gebracht. Frisch destilliertes Diazomethan in Mengen von ungefähr 1,0 g wird schnell zugefügt, in dem Maße, wie sich die Lösung entfärbt. Die ersten Mengen entfärben sich im allgemeinen sofort; die späteren Mengen halten ihre Farbe einige Zeit und die letzte Menge ungefähr 3 Stunden lang. Der größte Teil des Xanthosins ist dann aufgelöst; ungefähr 4,0 g bleiben gewöhnlich ungelöst. Das Filtrat wird unter vermindertem Druck praktisch bis zur Trockenheit konzentriert, abs. Alkohol in das Gefäß gegeben und der Alkohol unter vermindertem Druck abdestilliert. Diese Operation wird zweimal wiederholt. Der Rückstand wird dann in siedendem Alkohol aufgenommen (98,5proz.) und in ungefähr 4 l über Natrium getrockneten Äther gegossen. Es bildet sich ein amorpher Niederschlag, der das Theophyllinribosid enthält. Aus dem Filtrat kann das Coffein isoliert werden.

Das rohe Theophyllinribosid wird in siedendem, abs. Alkohol aufgenommen, wobei ein Teil ungelöst zurückbleibt. Die Mischung wird auf ungefähr 0° abgekühlt, der ungelöste Teil abfiltriert und das Filtrat in 4 l über Natrium getrockneten Äther gegossen. Diese Behandlung wird zweimal wiederholt. Das amorphe Produkt hat die Drehung $[\alpha]_D^{20} = -28°$. Dieses Nucleosid wird durch Kochen mit verdünnter Säure hydrolysiert, wobei erhebliche Melaninbildung eintritt.

Theophyllinribosid wurde ebenfalls von Levene und Sobotka[6] aus Theophyllin und Triacetylribose erhalten. Schmelzp. 234°. $[\alpha]_D^{25} = -21°$. Dieses Nucleosid besitzt die Pyranoseringstruktur.

Uridin.

Das Problem der Stellung des Zuckers an der Base war Gegenstand mehrerer Forschungen.

Die Stellung der Pentose in Uridin und Cytidin kann als dasselbe Problem betrachtet werden, angesichts der Tatsache, daß Cytidin leicht in Uridin[7] verwandelt werden und daß diese Reaktion keine Änderung in der Stellung des Zuckerradikals hervorrufen kann[8].

[1] P. A. Levene u. H. S. Simms: J. of biol. Chem. **65**, 519 (1925); **70**, 327 (1926). — P. A. Levene, H. S. Simms u. L. W. Bass: J. of biol. Chem. **70**, 243 (1926).

[2] P. A. Levene, H. S. Simms u. L. W. Bass: J. of biol. Chem. **70**, 243 (1926).

[3] E. Mameli u. E. Filippi: Ann. Chim. Appl. **16**, 556 (1926).

[4] P. A. Levene u. R. S. Tipson: J. of biol. Chem. **97**, 491 (1932).

[5] P. A. Levene: J. of biol. Chem. **55**, 437 (1923).

[6] P. A. Levene u. H. Sobotka: J. of biol. Chem. **65**, 463 (1925).

[7] P. A. Levene u. W. A. Jacobs: Ber. dtsch. chem. Ges. **43**, 3150 (1910).

[8] P. A. Levene u. F. B. La Forge: Ber. dtsch. chem. Ges. **45**, 608 (1912).

Die Stellung der Ribose am Stickstoff (1) war durch die Tatsache ausgesschlosen, daß in Cytidin das Stickstoffatom in Stellung (6) als primäre Aminogruppe vorliegt und deshalb das Stickstoffatom (1) keinen Wasserstoff gebunden hat. Stellung (5) war früher durch Arbeiten über die Struktur von Uridin ausgeschlossen worden, da die Substanz in 5-Nitrouridincarbonsäure und in 5-Bromuridin umgewandelt wurde. Stellung (4) war infolge folgender Beobachtung ausgeschlossen: Wenn zu einer Lösung von Uridin Brom in kleinem Überschuß zugefügt, der Überschuß durch einen Luftstrom entfernt und sodann die Lösung mit Phenylhydrazin behandelt wird, so entsteht 4-5-Diphenylhydrazinuridin[1]. Da 4- und 5-Methyluracil keine Phenylhydrazinderivate geben, so liefert diese Reaktion einen Beleg für die Stickstoffatom-(3)-Bindung im Uridin.

Einige andere Methoden sind benutzt worden, um Beweise zugunsten der Bindung des Zuckers in Stellung (5) des Pyrimidins beizubringen. Wenn Uridin mittels der Diazobenzolsulfonsäurereaktion[2] und mittels des Farbtestes von Wheeler und Johnson[3] geprüft wird, so zeigt es das Verhalten von 3-substituiertem Uracil[1].

Levene und Bass[4] wendeten die charakteristische Hydrazinreaktion auf Pyrimidine an, die von Fosse, Hieulle und Bass[5] entdeckt wurde, und fanden, daß Uridin mit Hydrazin unter Bildung von Pyrazolon und Harnstoff Pentosid reagiert. Das erstere wurde als Dixanthylderivat isoliert; wenn die Bindung des Zuckers an die Base in Position (4) stattfände, so hätte sich ein substituiertes Pyrazolon gebildet.

Noch weitere Beweise zugunsten von Stellung (3) als Bindungsort wurden bei dem Studium der Dissoziationskonstanten der Pyrimidine und Pyrimidinnucleoside gefunden[6]. Es ergab sich, daß Cytosin bei der Tautomerisierung zwei Dissoziationskonstanten zeigt, eine bei p_H 4,60 und die andere bei p_H 12,16. Ferner haben Glykoside eine Dissoziationskonstante bei ungefähr p_H 12[7]. Wenn bei Cytidin die Bindung zwischen Zucker und Pyrimidin in Stellung (4) wäre, so sollte dieses Nucleosid zwei Dissoziationskonstanten in der Gegend von p_H 12 haben. Da nur eine gefunden wurde, so stützt diese Beobachtung die Theorie der Bindung in Stellung (3). Uridin gibt negative Resultate mit der Diazobenzolsulfonsäureprobe und mit der Wheeler- und Johnson-Probe.

So spricht also das gesamte Material indirekter Beweise zugunsten der Annahme, daß Stellung (3) des Pyrimidins der Bindungsplatz zwischen den beiden Komponenten der Pyrimidinnucleoside ist. Die Synthese von Johnson und Hilbert[8] eines Pyrimidinglykosids unterstützt auch diese Annahme.

Eigenschaften: Dissoziationskonstante[6]: Hydroxylgruppe $pG_1' = 9,17$; Zuckergruppe $pG_2' = 12,3$ bis 12,5.

Wenn Uridin mit Hydrazin reagiert, wird ribosefreies Pyrazolon gebildet, jedoch findet man keinen freien Harnstoff[9].

Derivate: $C_{21}H_{23}N_6O_6$. 4, 5-Diphenylhydrazinuridin. Gebildet aus Uridin und aus 5-Bromuridin durch Einwirkung von Brom und dann von Phenylhydrazin. Gebildet, wenn 5-5-Dibromuridin mit Bleihydroxyd und dann mit Phenylhydrazin behandelt wird. Sehr schwer löslich in Methylalkohol. Kann umkrystallisiert werden aus 75proz. Äthylalkohol, Methylalkohol oder Isobutylalkohol. Schmelzp. 212°.

Physiologische Eigenschaften: Wird Uridin an Kaninchen verabreicht, so wird nur ein kleiner Teil Uracil ausgeschieden[10].

Das Nucleosid wird in Harnstoff umgewandelt, wenn man es an Hunde verfüttert[11].

---

[1] P. A. Levene: J. of biol. Chem. **63**, 653 (1925).

[2] T. B. Johnson u. S. H. Clapp: J. of biol. Chem. **5**, 163 (1908—1909).

[3] H L. Wheeler u. T. B. Johnson: Amer. Chem. J. **42**, 30 (1909).

[4] P. A. Levene u. L. W. Bass: J. of biol. Chem. **71**, 167 (1926).

[5] R. Fosse, A. Hieulle u. L. W. Bass: C. r. Acad. Sci. Paris **178**, 811 (1924).

[6] P. A. Levene, L. W. Bass u. H. S. Simms: J. of biol. Chem. **70**, 229 (1926). — P. A. Levene u. H. S. Simms: J. of biol. Chem. **65**, 519 (1925); **70**, 327 (1926).

[7] R. Kuhn u. H. Sobotka: Hoppe-Seylers Z. **109**, 65 (1924).

[8] T. B. Johnson u. G. E. Hilbert: Science (N. Y.) **69**, 579 (1929).

[9] P. A. Levene u. L. W. Bass: J. of biol. Chem. **71**, 167 (1926). — Siehe auch R. Fosse, A. Hieulle u. L. W. Bass: C. r. Acad. Sci. Paris **178**, 811 (1924).

[10] D. W. Wilson: J. of biol. Chem. **56**, 215 (1923).

[11] O. H. Emerson u. L. R. Cerecedo: J. of biol. Chem. **87**, 453 (1930).

Cytidin.

Die Struktur des Nucleosids wurde in dem Abschnitt über Uridin behandelt.

Eigenschaften: Dissoziationskonstante[1]: Aminogruppe $pG_1'=4{,}22$; Zuckergruppe $pG_2'=12{,}3$ bis 12,5.

Physiologische Eigenschaften: Cytidin wird in Harnstoff umgewandelt, wenn man es an Hunde verfüttert[2].

Desoxyribonucleoside[3].

Herstellung der Nucleoside aus Thymonucleinsäure:

Verdauung von Nucleinsäure: Die Hydrolyse von Nucleinsäure wird bewirkt, indem man eine Lösung der Verbindung durch ein Segment des gastro-intestinalen Traktes eines Versuchstieres (Hund) passieren läßt und sie aus einer Intestinalfistel sammelt. Um Verunreinigung mit Nahrungsrückständen zu vermeiden, legt man eine Magenfistel an, um ein sauberes und leeres Segment zu schaffen.

Man läßt eine Lösung von 50 g Nucleinsäure durch die Magenfistel strömen und sammelt das Verdauungsgemisch aus der Intestinalfistel. Der gesamte Vorgang dauert 1—2 Stunden. Das Volum der Flüssigkeit variiert von 700—350 ccm. Dann wird Toluol zu der Lösung zugefügt, die in einen Thermostat für verschieden lange Zeiten gestellt wird, die kürzeste gleich 4 Tagen, die längste gleich 7 Tagen. Der Grad der Verdauung variiert von Versuch zu Versuch. Nach dem neuesten Verfahren werden täglich kleine Mengen gastro-intestinaler Sekretionen zugefügt. Auch wurde gefunden, daß die Hydrolyse der Nucleinsäure vervollständigt wird, wenn man täglich etwas der Sekretionen zu der Lösung der Nucleinsäure zufügt, ohne letztere durch das Segment des Gastrointestinaltraktes strömen zu lassen.

Die Ausbeute an Nucleosiden variiert. Sie beträgt maximal 1,5 g Guaninnucleosid aus 200 g Nucleinsäure. Die anderen Nucleoside werden in kleinen Mengen erhalten und viele Versuche geben nur Guaninderivate.

Der große Widerstand der Thymonucleinsäure gegen Hydrolyse verglichen mit Hefenucleinsäure wird durch die Tatsache belegt, daß 200 g der letzteren ungefähr 5 g Guanosin ergeben[4]. Die Hydrolyse ist neulich auch mit dem durch Aceton gefällten Enzym ausgeführt worden[5]. Thannhauser und seine Mitarbeiter haben mit einem aus Leber erhaltenen Enzym Desoxyguanosin und Thymidin erhalten[6].

Trennung des Verdauungsgemisches in Purin- und Pyrimidin-Nucleosid-Fraktionen: Die Verdauungsmischung aus 200 g Nucleinsäure wird in das doppelte Volum 95proz. Alkohol gegossen und filtriert. Das Filtrat wird auf ungefähr 400 ccm konzentriert. Beim Abkühlen gelatiniert diese Lösung gewöhnlich und kann durch Filtration in zwei Fraktionen geteilt werden; die gelatinöse Fraktion dient zur Isolierung der Purinnucleoside und das Filtrat für die Pyrimidinkomponenten. Es stellt sich, um die Filtration zu erleichtern, als zweckmäßig heraus, die Lösung des Konzentrates durch Erhitzen auf dem Wasserbad zu erwärmen und ein gleiches Volum siedenden Methylalkohol zuzufügen. Die Lösung bleibt in der Wärme flüssig, beim Abkühlen jedoch wird ein voluminöser Niederschlag gebildet, der sich leicht filtrieren läßt.

Purin-Nucleosidfraktion: Der obige Niederschlag, der außer den Nucleosiden mineralische Phosphate und Nucleotide enthält, wird in heißem Wasser gelöst und von Phosphorsäure mit Bariumhydroxyd befreit. Das Filtrat wird vom Barium befreit und auf ein kleines Volum konzentriert. Beim Abkühlen bildet sich ein halb gelatinöser Niederschlag, der zur Isolierung des Guaninnucleosids dient. Das Filtrat wird für die Herstellung des Hypoxanthinnucleosids verwendet.

Guanin-Desoxyribosid: Der obige Niederschlag wird in Wasser gelöst und ein Überschuß von basischem Bleiacetat zugefügt. Es wird ein Niederschlag gebildet, der hauptsächlich aus Nucleotiden besteht. Zu dem Filtrat wird ein Überschuß Ammoniumhydroxyd

---

[1] P. A. Levene, L. W. Bass u. H. S. Simms: J. of biol. Chem. **70**, 229 (1926). — P. A. Levene u. H. S. Simms: J. of biol. Chem. **65**, 519 (1925); **70**, 327 (1926).

[2] O. H. Emerson u. L. R. Cerecedo: J. of biol. Chem. **87**, 453 (1930).

[3] P. A. Levene u. E. S. London: J. of biol. Chem. **81**, 711 (1929); **83**, 793 (1929).

[4] Siehe auch P. A. Levene u. F. Medigreceanu: J. of biol. Chem. **9**, 65, 375, 389 (1911).

[5] P. A. Levene u. R. T. Dillon: J. of biol. Chem. **88**, 753 (1930); **96**, 461 (1932).

[6] S. J. Thannhauser u. M. Angermann: Hoppe-Seylers Z. **186**, 13 (1929); **189**, 174 (1930). — F. Bielschowsky u. W. Klein: Hoppe-Seylers Z. **207**, 202 (1932).

zugefügt, welches die Bildung eines voluminösen Niederschlags verursacht. Die Mischung wird zum Kochen gebracht und dadurch ein großer Teil des Niederschlags gelöst. Beim Abkühlen des Filtrates wird ein flockiger Niederschlag gebildet. Die Mischung läßt man 4 oder 5 Stunden in der Kälte stehen, der Niederschlag wird dann abfiltriert und in Wasser, das etwas Essigsäure enthält, gelöst. Man läßt Schwefelwasserstoff durch die Lösung gehen und konzentriert das Filtrat vom Bleisulfid unter vermindertem Druck bei einer Temperatur des Wasserbades von nicht mehr als 30°. Das Nucleosid krystallisiert dann in langen Nadeln. Die Substanz ist praktisch rein, sollte aber für die Herstellung der Desoxypentose zweimal aus Wasser umkrystallisiert werden.

Hypoxanthin-Desoxyribosid: Die Lösung, die diese Verbindung enthält, wird mit Bleiacetat in genau der gleichen Weise fraktioniert wie die Guanin-Nucleosidfraktion. Das Hypoxanthinnucleosid krystallisiert in langen Nadeln und wird aus Wasser umkrystallisiert, bis es aschefrei ist. Die Ausbeute ist sehr gering.

Pyrimidin-Nucleosidfraktion: Die Lösung enthält außer den Nucleosiden Phosphate, Chloride und Nucleotide. Sie wird auf ein kleines Volum konzentriert und 95proz. Alkohol solange zugegeben, als sich ein Niederschlag bildet. Das Filtrat wird von Phosphorsäure mit Bariumhydroxyd und das Filtrat der Phosphate vom Überschuß des Bariums befreit. Die Lösung wird dann mit basischem Bleiacetat in der für Guaninnucleosid beschriebenen Weise fraktioniert.

Thymin-Desoxyribosid: Die in der Hitze löslichen Bleisalze werden für die Herstellung der Nucleoside verwendet. Aus dieser Fraktion wird das Blei durch Schwefelwasserstoff entfernt und das Filtrat vom Schwefelblei auf 0° abgekühlt, gegen Kongorot mit kalter verdünnter Schwefelsäure sauer gemacht und zu dieser Lösung, die sich in einer Kältemischung befindet, Silbercarbonat zugefügt, bis alle Chlorionen entfernt sind. Das Filtrat vom Silberchlorid wird mit frisch bereitetem Bariumcarbonat neutralisiert und durch die Suspension ein Strom von Schwefelwasserstoff geleitet. Das Filtrat vom Schwefelsilber und Bariumsulfat wird von Überschuß der Bariumionen befreit, auf ein kleines Volum konzentriert und in einem Exsiccator unter vermindertem Druck belassen. Beim Stehen bildet sich ein krystallinischer Niederschlag von Thymindesoxyribosid zum Teil als Nadeln, zum Teil als Plättchen. Zur Reinigung wird aus Wasser umkrystallisiert.

Cytosindesoxyribosid: Das Filtrat vom Thyminnucleosid wird mit einem Überschuß einer alkoholischen Pikrinsäurelösung behandelt. Beim Stehen bildet sich ein amorpher Niederschlag, in den mikroskopische Klumpen von halbkrystalliner Struktur eingebettet sind. Dieser Niederschlag wird abfiltriert und mit Äther gewaschen. Die Mutterlauge gibt nach der Konzentration unter vermindertem Druck bei Zimmertemperatur weitere Mengen krystallinischer Absetzungen. Die beiden Mengen werden vereinigt, mehrere Male aus Methylalkohol und schließlich aus Wasser umkrystallisiert.

Guanindesoxyribosid.

$$\begin{array}{ccc} \text{HN} & - & \text{CO} \\ | & & | \\ \text{H}_2\text{NC} & & \text{C} - \text{N} \!\!-\!\!-\!\!-\!\! \text{C}_5\text{H}_9\text{O}_3 \\ \| & & \| \quad\quad\quad >\!\!\text{CH} \\ \text{N} & - & \text{C} - \text{N} \end{array}$$

Die Herstellung dieser Verbindung aus Thymonucleinsäure wurde oben beschrieben. Die Ringstruktur dieses Nucleosids ist noch nicht bekannt.

Guanindesoxyribosid krystallisiert in langen Nadeln, mitunter in Plättchen. Beim Erhitzen in einem verschlossenen Capillarrohr zieht es sich bei 200° zusammen und schmilzt nicht bei 290°. Die Drehung der Substanz in Wasser beträgt $[\alpha]_D^{20} = -37,5°$, in 1,0n-Natriumhydroxyd $[\alpha]_D^{25} = -36,0°$.

Mit Kilianis Reagens gibt die Verbindung eine grünlichblaue Färbung, die beim Stehen einen purpurnen Ton annimmt, in der Farbe ähnlich dem für Proteine üblichen Biurettest. Er ist sehr instabil und wird in 5 Minuten durch 0,01 n-Schwefelsäure vollkommen hydrolysiert.

Hydrolyse der Nucleoside: 0,7 g der Verbindung werden in 20 ccm einer $^1/_{40}$ n-Schwefelsäure gelöst, die Lösung rasch zum Sieden gebracht und 10 Minuten im siedenden Wasserbad belassen. Guanin wird durch das gleiche Verfahren wie das bei Guanosin benutzte abgetrennt[1].

---

[1] P. A. Levene u. W. A. Jacobs: Ber. dtsch. chem. Ges. **42**, 2473, 2477 (1909).

Aus dem Filtrat von Guanin wird der Zucker durch das Verfahren erhalten, das für die Isolierung von Ribose aus Ribonucleosiden verwendet wird. Beim Stehen im Exsiccator über Phosphorpentoxyd unter vermindertem Druck krystallisiert der Zuckersirup zu einer festen Masse.

Hypoxanthindesoxyribosid.

$$\begin{array}{l}\text{HN}\!-\!\text{CO}\\ \text{HC}\quad\text{C}\!-\!\text{N}\!\!\underbrace{}\!\!-\!\text{C}_5\text{H}_9\text{O}_3\\ \text{N}\!-\!\text{C}\!-\!\text{N}\!\!\diagup\!\!\text{CH}\end{array}$$

Dieses Nucleosid stammt ohne Zweifel aus dem entsprechenden Adeninderivat, da unter den gleichen Bedingungen der Hydrolyse im Intestinaltrakt des Hundes Hefenucleinsäure Inosin gibt anstatt Adenosin.

Die Herstellung von Hypoxanthindesoxyribosid aus Thymonucleinsäure ist oben beschrieben.

Die Ringstruktur dieses Nucleosids ist noch unbekannt.

Die lufttrockene Substanz kontrahiert sich bei 202°, hat aber keinen Schmelzpunkt. Wird sie in Wasser mit hinreichend Natriumhydroxyd vollkommen gelöst, so hat sie die folgende Drehung: $[\alpha]_D^{25} = -21,0°$.

Hydrolyse des Nucleosids: 0,5 g der Verbindung werden in 25 ccm einer 0,01 n-wässerigen Salzsäure aufgenommen. Die Lösung wird zum Sieden gebracht und dann 10 Minuten im siedenden Wasserbad belassen. Beim Abkühlen in Eiswasser scheidet sich Hypoxanthin aus. Zum Filtrat wird Silbersulfat im Überschuß zugegeben. Das Silbersalz der Base wird abfiltriert und aus dem Filtrat der Überschuß Silber mit Schwefelwasserstoff entfernt. Die Drehung der sich ergebenden Lösung zeigt, daß sie die theoretische Menge d-Desoxyribose enthält.

Thymindesoxyribosid.

$$\begin{array}{l}\text{HN}\!-\!\text{CO}\\ \text{OC}\quad\text{C}\cdot\text{CH}_3\\ \text{C}_5\text{H}_9\text{O}_3\!-\!\text{N}\!-\!\text{CH}\end{array}$$

Die Darstellung dieses Nucleosids aus Thymonucleinsäure ist oben beschrieben worden. Die Ringstruktur dieses Nucleosids ist noch unbekannt.

Die reine Verbindung krystallisiert in Plättchen, Schmelzp. 185°. Die Drehung in 1,0n-Natriumhydroxyd beträgt $[\alpha]_D^{25} = +32,5°$. Die von Thannhauser und Angermann gefundene Drehung war $[\alpha]_D^{24} = +37,5°$.

Versuche, Thymindesoxyribosid durch die im Falle des Uridins[1] benutzte Methode zu reduzieren, waren bisher ohne Erfolg.

Hydrolyse des Nucleosids: 1,5 g der Verbindung wird in 1 ccm 10proz. Schwefelsäure aufgenommen und in einem verschlossenen Rohr in einem Glycerinbad 4 Stunden auf 130° erhitzt. Beim Abkühlen bildet sich ein krystallinischer Niederschlag von Thymin. Das Filtrat vom Pyrimidin wird mit Äther 60 Stunden lang in einem kontinuierlichen Extraktor ausgezogen. Ein krystallinischer Niederschlag von Thymin wird entfernt, das Lösungsmittel verdampft und der Rückstand in 5,0 ccm Wasser aufgenommen. Beim Zufügen von 0,5 g Semicarbazidhydrochlorid und 1,0 g Natriumacetat und beim Reiben mit einem Glasstab krystallisiert unmittelbar das Semicarbazon der Lävulinsäure.

Physiologische Eigenschaften: Extrakt von Knochenmark enthält ein Enzym, das eine größere Aktivität gegen dieses Nucleosid entfaltet als gegen Adenosin[2].

Cytosindesoxyribosid.

$$\begin{array}{l}\text{N}\!=\!\text{C}\cdot\text{NH}_2\\ \text{OC}\quad\text{CH}\\ \text{C}_5\text{H}_9\text{O}_3\!-\!\text{N}\!-\!\text{CH}\end{array}$$

[1] P. A. Levene u. F. B. La Forge: Ber. dtsch. chem. Ges. **45**, 619 (1912).
[2] W. Deutsch u. R. Laser: Hoppe-Seylers Z. **186**, 13 (1929).

Die Herstellung dieses Nucleosids aus Thymonucleinsäure wurde oben beschrieben. Die Ringstruktur dieses Nucleosids ist noch unbekannt.

Die Verbindung kontrahiert sich bei 190°, zeigt aber keine Neigung zum Schmelzen. Sie hat in Wasser folgende Drehung: $[\alpha]_D^{25} = +40°$. Es ist bemerkenswert, daß ebenso wie im Falle der d-Ribosenucleoside die Purin-d-Dexosyriboside nach links drehen, während die entsprechenden Pyrimidinderivate nach rechts drehen.

Andere natürlich vorkommende Nucleoside.

Eine neue Substanz der empirischen Formel $C_6H_{11}N_2O_3$, die man für ein einfaches Pyrimidinnucleosid hält, wurde aus Schweineblut isoliert. Es wurde der Nachweis geführt, daß sie auch im Blut anderer Tiere sowie in menschlichem Blut zugegen ist[1]. Schmelzpunkt leicht sich bräunend bei 250°, scharfer Schmelzpunkt bei 269—270°. $[\alpha]_D^{27,5} = -115,0°$.

Eine Substanz mit antikoagulierenden Eigenschaften wurde aus Gewebe isoliert[2]. Sie gehört wahrscheinlich in die Gruppe der Nucleoside. Eine andere Substanz von ähnlichen Eigenschaften, möglicherweise ein Purinnucleosid, wurde aus mesenterialen Ganglien isoliert[3].

Harnsäurenucleosid.

Eine krystalline Verbindung von Harnsäure und Ribose wurde aus Rinderblut isoliert[4]. Sie ist sehr schwer in kaltem Wasser löslich, leichter in kochendem Wasser und ist unlöslich in Alkohol und Äther. Sie ist augenscheinlich eine einbasische Säure und löst sich leicht in Alkali. Sie wird nicht durch Silbermagnesiamischung gefällt. $[\alpha]_D^{20}$ des Natriumsalzes (hergestellt nur in Lösung) $= +20,42°$.

Das Harnsäurenucleosid ist in den Erythrocyten[5] enthalten. Diese Substanz wurde gefunden in Rinderblut und in menschlichem Blut; nur in Spuren ist sie im Blute des Pferdes, des Schafes, des Schweines, des Hundes oder der Hühner erkennbar.

Physiologische Eigenschaften: Uricooxydase wirkt auf Hanrsäurenucleosid nur nach der Abspaltung von der Ribose[6].

Adenylthiomethylpentose.

1912 wurde ein Adeninnucleosid, das frei von Phosphor und Schwefel sein sollte, aus dem käuflichen Hefeprodukt „Zymin" isoliert[7].

Suzuki[8] beschrieb eine Verbindung $C_9H_{12}N_4O_4$, die, wie sich später herausstellte, die Zusammensetzung eines Adeninthiomethylpentosids hat[9].

Levene[10] isolierte dieselbe Substanz aus Brauerhefe. Ihre Struktur wurde eingehend von Levene und Sobotka[11] untersucht, die zeigten, daß der Zucker eine der beiden folgenden Formeln besitzt, von denen die erste die wahrscheinlichste ist.

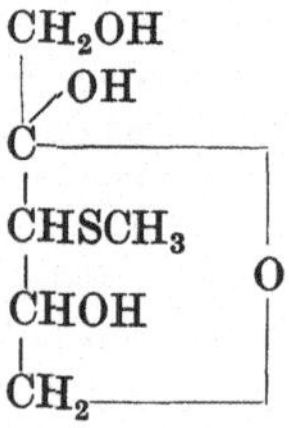

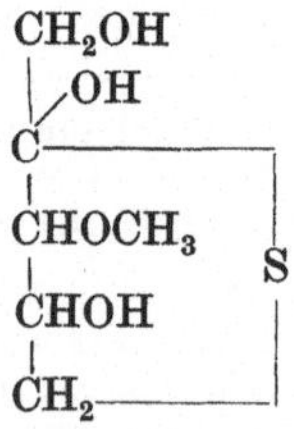

$$
\begin{array}{ll}
\mathrm{CH_2OH} \\
\;\;\;|\;\;\diagup\mathrm{OH} \\
\mathrm{C}\!\!-\!\!-\!\!-\!\!-\!\!\!\urcorner \\
\;\;\;| \\
\mathrm{CHSCH_3}\;\;\;\;\;\; \\
\;\;\;|\qquad\qquad \mathrm{O} \\
\mathrm{CHOH} \\
\;\;\;| \\
\mathrm{CH_2}\!\!-\!\!-\!\!-\!\!-\!\!\!\rfloor
\end{array}
\qquad\qquad
\begin{array}{ll}
\mathrm{CH_2OH} \\
\;\;\;|\;\;\diagup\mathrm{OH} \\
\mathrm{C}\!\!-\!\!-\!\!-\!\!-\!\!\!\urcorner \\
\;\;\;| \\
\mathrm{CHOCH_3}\;\;\;\;\;\; \\
\;\;\;|\qquad\qquad \mathrm{S} \\
\mathrm{CHOH} \\
\;\;\;| \\
\mathrm{CH_2}\!\!-\!\!-\!\!-\!\!-\!\!\!\rfloor
\end{array}
$$

[1] G. Hunter u. B. A. Eagles: J. of biol. Chem. **65**, 623 (1925).
[2] M. Doyon u. I. Vial: C. r. Acad. Sci. Paris **182**, 412 (1926).
[3] M. Doyon u. I. Vial: C. r. Acad. Sci. Paris **183**, 1123 (1926).
[4] A. R. Davis, E. B. Newton u. S. R. Benedict: J. of biol. Chem. **54**, 595 (1922).
[5] E. B. Newton u. A. R. Davis: J. of biol. Chem. **54**, 601 (1922).
[6] W. Schüler: Hoppe-Seylers Z. **208**, 237 (1932).
[7] J. A. Mandel u. E. K. Dunham: J. of biol. Chem. **11**, 85 (1912).
[8] U. Suzuki: J. Tokio Chem. Soc. **34**, 1134 (1914).
[9] U. Suzuki, S. Odake u. T. Mori: J. agricult. Chem. Soc. Japan **1**, Nr 2 (1924) — Biochem. Z. **154**, 278 (1924).
[10] P. A. Levene: J. of biol. Chem. **59**, 465 (1924).
[11] P. A. Levene u. H. Sobotka: J. of biol. Chem. **65**, 551 (1925).

Eine Verbindung, beschrieben als Adenylthiomethylpentosid, wurde von v. Euler und Myrbäck[1] aus Hefeextrakt isoliert.

Das Nucleosid wird zweckmäßig nach der folgenden Methode hergestellt[2]:

Brauerhefe, gepreßt und gewaschen in Mengen von 25 Pfund, wird mit 20 l Alkohol extrahiert. Der Extrakt wird auf 1000—1500 ccm konzentriert. Dann werden vier Volumina 95proz. Alkohols zugefügt. Ein Niederschlag wird gebildet, der durch Filtration entfernt wird, und das Filtrat auf 300 ccm konzentriert. 2 l 98proz. Alkohols werden zugefügt und der gebildete Niederschlag durch Filtration entfernt; das Filtrat wird wieder auf 300 ccm konzentriert. Beim Stehen scheidet sich ein weißer krystallinischer Niederschlag von Leucin ab. Zu der Mutterlauge werden ungefähr 2 l Aceton zugefügt. Wieder wird ein amporher Niederschlag gebildet, der durch Filtration entfernt wird; die Mutterlauge wird auf ein kleines Volum konzentriert. Beim Stehen scheidet sich ein weißer Niederschlag mikroskopischer Nadeln aus. Nach einigen Tagen ist die Krystallisation vollkommen. Zur Reinigung der Substanz wird sie aus verdünntem Methylalkohol umkrystallisiert. $[\alpha]_D^{20} = -8°$ in 5proz. Natronlauge. Das Nucleosid wird durch verdünnte Säure zu Adenin und Zucker hydrolysiert.

Convicin.

$$\begin{array}{ccccccc}
& & & & & & HN\text{---}CO \\
& & & & & & |\quad\ | \\
& & & & & & OC\quad CHOH \cdot H_2O \\
& H & H & OH & H & H & |\quad\ | \\
HOH_2C\text{---}C\text{---}C\text{---}C\text{---}C\text{---}C\text{---}N\text{---}C:NH \\
& & OH & H & OH & & \\
& & \multicolumn{3}{c}{\text{------O------}} & &
\end{array}$$

Die Struktur dieses von Ritthausen entdeckten Glykosids ist von Fischer und Johnson aufgeklärt worden. Durch Oxydation mit $KClO_3$ gibt es Harnstoff und kein Guanidin. Bei der Hydrolyse mit $6\,\text{n-}H_2SO_4$ bildet sich Alloxanthin und 1 Mol NH_3 [3].

Synthetische Nucleoside.

Theophyllinpentoside[4].

Theophyllin-Triacetylxylosid. Aus Theophyllinsilber und Acetobromxylose. $[\alpha]_D^{25} = -21,9°$ in Methylalkohol.

Theophyllinxylosid. Aus Theophyllin-Triacetylxylosid und methylalkoholischem Ammoniak. Schmelzp. 229°. $[\alpha]_D^{25} = -28,5°$ in Methylalkohol.

Theophyllin-Triacetylribosid. Aus Theophyllinsilber und Acetobromribose. $[\alpha]_D^{25} = -4,25°$ in Methylalkohol.

Theophyllinribosid. Auf Grund neuerer Untersuchungen über die Ringstruktur des Guanosins soll die Substanz mit dem Dimethylxanthosin[5] nicht identisch sein. Aus Theophyllin-Triacetylribosid und methylalkoholischem Ammoniak. Schmelzp. 234°. $[\alpha]_D^{25} = -21°$ in Äthylalkohol.

Theophyllin-d-glucodesosid[6]. Aus Theophyllinsilber und Bromo-tribenzoyl-glucodesose und Verseifen der Benzoylgruppen durch alkoholisches Bariumhydroxyd. Schmelzp. 258°. $[\alpha]_D^{23} = -26,9°$ (in Wasser).

Substituierte Uracilxyloside[7].

In diesen Verbindungen ist die Pentose in (2)- oder (6)-Stellung gebunden. Es sind instabile Substanzen, die Fehlingsche Lösung reduzieren.

[1] H. v. Euler u. K. Myrbäck: Hoppe-Seylers Z. **177**, 237 (1928).
[2] P. A. Levene: J. of biol. Chem. **59**, 465 (1924).
[3] H. J. Fischer u. T. B. Johnson: J. amer. chem. Soc. **54**, 2038 (1932).
[4] P. A. Levene u. H. Sobotka: J. of biol. Chem. **65**, 463 (1925).
[5] P. A. Levene: J. of biol. Chem. **55**, 437 (1923).
[6] P. A. Levene u. F. Cortese: J. of biol. Chem. **92**, 53 (1931).
[7] P. A. Levene u. H. Sobotka: J. of biol. Chem. **65**, 469 (1925).

2-Äthylthiouracil-Triacetylxylosid. Aus 2-Äthylthiouracilsilber und Acetobromxylose. Schmelzp. 104—105°. $[\alpha]_D^{25} = +28,4°$.

2-Äthylthiouracilxylosid. Aus 2-Äthylthiouracil-Triacetylxylosid und methylalkoholischem Ammoniak. Schmelzp. 114—115°. $[\alpha]_D^{25} = +21,5°$ in Methylalkohol.

1-Methyluracil-Triacetylxylosid. Aus 1-Methyluracilsilber und Acetobromxylose. Optisch inaktiv.

1-Methyluracilxylosid. Aus 1-Methyluracil-Triacetylxylosid und alkoholischem Ammoniak. $[\alpha]_D^{25} = +27,3°$ in Methylalkohol.

1-Methyl-5-nitrouracil-Triacetylxylosid. Aus dem Kalisalz von 1-Methyl-5-nitrouracil und Acetobromxylose. Schmelzp. 243°. $[\alpha]_D^{25} = +45,5°$ in Pyridin und Methylalkohol.

Pyrimidinglykosid.

Methylisocytosin-Tetraacetyl-d-glykosid[1]. Aus Methylisocytosinsilber und Acetobromglykose. Schmelzp. 142—145°. $[\alpha]_D^{21} = -19,1°$. Leicht löslich in Wasser, leicht löslich in Methyl- und Äthylalkohol. Reduziert Fehlingsche Lösung nicht. Wird von kochender Salzsäure in 1 Minute hydrolysiert.

Pikrat. Wird am besten aus heißem Alkohol umkrystallisiert. Schmelzp. 150°.

Methylisocytosin-d-Glykosid. Aus Methylisocytosin-Tetraacetyl-d-glykosid und methylalkoholischem Ammoniak. Schmelzp. 190°. $[\alpha]_D^{24} = -66,91°$. Löslich in Wasser und schwach löslich in Methyl- und Äthylalkohol. Reduziert Fehlingsche Lösung nur nach Erhitzen mit Salzsäure. Wird gespalten von Emulsin und Takadiastase, aber nicht von Maltase[2].

Isocytosin-Tetraacetyl-d-glykosid[2]. Aus Isocytosinsilber und Acetobromglykose. Schneeweiße Flocken. Schmelzp. 131—132°. $[\alpha]_D^{13} = -17,7°$ in Methylalkohol. Schwach löslich in Wasser, leicht löslich in Methyl- und Äthylalkohol. Reduziert Fehlingsche Lösung nicht.

Pikrat. Feine Nadeln.

Isocytosin-d-Glykosid. Aus Isocytosin-Tetraacetyl-d-glykosid und methylalkoholischem Ammoniak. Schmelzp. 166° (schwache Zersetzung). $[\alpha]_D^{24} = -72,6°$. Löslich in Wasser, unlöslich in Methyl- und Äthylalkohol. Reduziert Fehlingsche Lösung nicht. Wird gespalten von Emulsin und Takadiastase, aber nicht von Maltase.

2-Methylanilin-6-hydroxypyrimidin-tetraacetyl-d-glykosid[3]. Aus 2-Methylanilin-6-hydroxypyrimidinsilber und Acetobromglykose. Aus Alkohol in Nadeln. Sintert bei 142°, schmilzt bei 145°. $[\alpha]_D^{20} = -45,04°$ (in Toluol). Reduziert Fehlingsche Lösung nicht. Wird von kochender Salzsäure gespalten.

2-Methylanilin-6-hydroxypyrimidin-d-glykosid. Aus 2-Methylanilin-6-hydroxypyrimidintetraacetyl-d-glykosid und methylalkoholischem Ammoniak. Krystallisiert aus Alkoholbenzol (1 : 4). Sintert bei 112°, schmilzt bei 116—118° zu einer trüben Flüssigkeit. $[\alpha]_D^{18} = -66,39°$ in Alkohol. Reduziert Fehlingsche Lösung nicht. Wird von kochendem Wasser gespalten.

2-Methylanilin-5-methyl-6-hydroxypyrimidi**ntetraacetyl-d-glykosid.** Aus 2-Methylanilin-5-methyl-6-hydroxypyrimidinsilber und Acetobromglykose. Schmelzp. 143—145°. $[\alpha]_D^{20} = -63,90°$ in Benzol.

2-Methylanilin-5-methyl-6-hydroxypyrimidin-d-glykosid. Aus 2-Methylanilin-5-methyl-6-hydroxypyrimidintetraacetyl-d-glykosid und methylalkoholischem Ammoniak. Schmelzp. 135—136°. $[\alpha]_D^{22} = -57,54°$ in Alkohol. Fast unlöslich in kochendem Wasser.

2-Äthylmercapto-6-hydroxypyrimidintetraacetyl-d-glykosid. Aus 2-Äthylmercaptyl-6-hydroxypyrimidinsilber und Acetobromglykose. Schmelzp. 103°. $[\alpha]_D^{16} = -13,73°$ in Methylalkohol.

Pikrat. Schmelzp. 109—110°.

2-Äthylmercapto-6-hydroxypyrimidin-d-glykosid. Aus 2-Methylmercapto-6-hydroxypyrimidintetraacetyl-d-glykosid und methylalkoholischem Ammoniak. Schmelzp. 144—145°. $[\alpha]_D^{20} = +68,47°$ in Wasser. Reduziert kochende Fehlingsche Lösung. Wird von kochender Salzsäure gespalten (Hydrolyse und Freiwerden von Äthylmercaptan).

[1] A. Hahn, H. Fasold u. L. Schäfer: Z. Biol. **84**, 35 (1926).

[2] A. Hahn, W. Laves u. L. Schäfer: Z. Biol. **84**, 411 (1926).

[3] A. Hahn u. W. Laves: Z. Biol. **85**, 280 (1926).

6-Methoxyuraciltetraacetylglykosid [1]**.** Wird gebildet bei 50° durch Reaktion von Bromtetraacetylglykose mit 2, 6-Dimethoxypyrimidin. Farblose Nadeln. Schmelzp. 221°.

$$\begin{array}{c}
\text{N=COCH}_3 \\
| \quad | \\
\text{——O——} \qquad \text{OC} \quad \text{CH} \\
| \qquad \qquad | \quad \| \\
\text{CH}_2\text{—CH—CH—CH—CH—CH—N—CH} \\
| \quad \ | \qquad \quad | \quad \ | \\
\text{O(Ac)} \ \text{O(Ac)} \quad \ \text{O(Ac)} \ \text{O(Ac)}
\end{array}$$

2-Oxy-6-methoxy-3-tetraacetylglykosidopyrimidin [2]**.** Aus 2, 6-Dimethoxypyrimidin und Acetobromglykose. Schmelzp. 220—221°.

3-Glykosidouracil [2]**.** Aus 2-Oxy-6-methoxy-3-tetraacetylglykodiso-pyrimidin bei Hydrolyse mit alkoholischem HCl. Schmelzp. 207—209°. $[\alpha]_D^{23} = +21,4°$ (in Wasser).

3-Tetraacetylglykosidouracil [2]**.** Aus 3-Glykosidouracil und Natriumacetat-wasserfreiem Essigsäureanhydrid. Schmelzp. 154—155°.

3-Bromo-3-glykosidouracil [2]**.** Aus 3-Glykosidouracil und Brom in wässeriger Lösung. Zersetzungsp. 238°. $[\alpha]_D^{25} = +10,3°$ (in Wasser).

4, 5-Dihydro-3-glykosidouracil [2]**.** Aus 3-Glykosidouracil bei katalytischer Reduktion mit Wasserstoff. Zersetzungsp. 238°. $[\alpha]_D^{24} = +9,3°$ (in Wasser). Wird durch Erhitzen mit 3proz. Schwefelsäure in Dihydrouracil und Glykose hydrolysiert.

---

[1] T. B. Johnson u. G. E. Hilbert: Science (N. Y.) **69**, 579 (1929). — Siehe auch G. E. Hilbert u. T. B. Johnson: J. amer. chem. Soc. **52**, 2001 (1930).
[2] G. E. Hilbert u. T. B. Johnson: J. amer. chem. Soc. **52**, 4489 (1930).

Sachverzeichnis[1].

---

[1] Die Pyrrolabkömmlinge sind nach ihrem C-Gehalt angeordnet (vgl. unter C, S. 907 ff.).

$C_{14}H_{13}O_3N_3Cl_2$. 3-Oxy-4-carbäthoxy-5-methyl-pyrrol-2-azo-p-dichlorbenzol 387.

$C_{14}H_{14}O_3N_4$. 2, 4-Dimethyl-3-acetylpyrrol-5-azo-p-nitrobenzol 400.

$C_{14}H_{14}O_5N_4$. 2-Oxy-4-carbäthoxy-5-methyl-pyrrol-3-azo-p-nitrobenzol 384.

$C_{14}H_{14}O_5N_4$. 3-Oxy-4-carbäthoxy-5-methyl-pyrrol-2-azo-p-nitrobenzol 387.

$C_{14}H_{14}O_8Ba$. Bariumsalz der fumaroiden Form der α, γ-Dimethyl-oxy-itaconsäure 600.

$C_{14}H_{14}O_{12}N_4Ba$ $(C_7H_7O_6N_2)_2Ba$. Bariumsalz des 2-Nitro-3, 5-dioxy-4-carbäthoxy-pyrrols 391.

$C_{14}H_{15}N_2Br_3$. (3, 5-Dibrom-4-äthyl-pyrryl)-(3'-äthyl-4'-brom-5'-methyl-pyrrolenyl)-methen 524.

$C_{14}H_{15}ON$. 2, 4, 5-Trimethyl-3-benzoyl-pyrrol 470.

$C_{14}H_{15}O_2N$. 1-p-Tolyl-2, 5-dimethyl-4-carboxy-pyrrol 460.

$C_{14}H_{15}O_2N_3$. Phenylhydrazon des 2-Methyl-4-carboxy-5-acetylpyrrols 352.

$C_{14}H_{15}O_3N_3$. 2-Oxy-4-carbäthoxy-5-methyl-pyrrol-3-azo-benzol 384.

$C_{14}H_{15}O_3N_3$. 3-Oxy-4-carbäthoxy-5-methyl-pyrrol-2-azo-benzol 386.

$C_{14}H_{15}O_4N_3S$. 2, 4-Dimethyl-3-acetylpyrrol-5-azobenzolsulfosäure 400.

$C_{14}H_{15}O_6N$. 2, 4'-[5-Methyl-4-carboxäthyl-3-pyrrolon]-[3'-acetyl-tetronsäure] 393.

$C_{14}H_{15}O_6N_3S$. 3-Oxy-4-carbäthoxy-5-methyl-pyrrol-2-azo-benzolsulfosäure 387.

$C_{14}H_{15}O_5N$. Intramolekulares Anhydrid aus 2, 4(3, 5-Dimethyl-3(4)-carbäthoxy-pyrrol-5(2)-[vinyl·ω-ω-dicarbonsäure] 418.

$C_{14}H_{15}O_5N_2$. 2-Oxy-4-carbäthoxy-5-methyl-pyrryl-o-nitrophenylmethan 385.

$C_{14}H_{15}O_5N_3S$. Diazobenzolsulfosäureazofarbstoff des 2-Methyl-3-carbäthoxy-pyrrols 347.

$C_{14}H_{15}O_8N_5$. Pikrat des 2, 4-Dimethyl-3-acetyl-5-amino-pyrrols 401.

$C_{14}H_{16}N_2Br_4$. (3, 5-Dibrom-4-äthyl-pyrryl)-(3'-äthyl-4'-brom-5'-methyl-pyrrolenyl)-methenbromhydrat 524.

$C_{14}H_{16}ON_2$. Anilid des 3-Äthyl-4-methyl-5-carbäthoxy-pyrrols (Opsocarbäthoxy-pyrrol) 381.

$C_{14}H_{16}O_2N_2$. 2, 4-Dimethyl-3-acetyl-5-(ω-cyan-ω-carbäthoxy-vinyl)-pyrrol 404.

$C_{14}H_{16}O_3N_2S_2$. Rhodaninkondensationsprodukt des 2-Äthyl-3-formyl-4-methyl-5-carbäthoxy-pyrrols 378.

$C_{14}H_{16}O_4N_2$. 2-Methyl-3-carbäthoxy-5-(vinyl-ω-cyan-ω-carbäthoxy)-pyrrol 349.

$C_{14}H_{16}O_4N_2$. 2-Methyl-3(vinyl-ω-carbäthoxy-ω-cyan]-5-carbäthoxy-pyrrol 353.

$C_{14}H_{16}O_4N_2$. 2-Äthyl-4-methyl-5-carbäthoxy-3[α-cyan]-acrylsäure 378.

$C_{14}H_{16}O_7N_4$. Prikat des 2-Äthyl-3, 4-dimethyl-pyrrols 461.

$C_{14}H_{16}O_7N_4$. Pikrat des 3(4)-Äthyl-4, 5(2, 3)-dimethyl-pyrrols 463.

$C_{14}H_{16}O_7N_4$. Pikrat des 2, 3, 4, 5-Tetramethyl-pyrrols 474.

$C_{14}H_{17}N_3$. Phenylhydrazon des 2, 4, 5-Trimethyl-3-formyl-pyrrols 471.

$C_{14}H_{17}N_2Br$. (3, 4-Dimethyl-5-brom-pyrryl)-(2, 3, 4-trimethyl-pyrrolenyl)-methen 565.

$C_{14}H_{17}N_2Br_3$. 2, 4-Dibrom-3-methyl-pyrryl)-(2, 4-dimethyl-3-äthyl-pyrrolenyl)-methen-bromhydrat = 4, 3', 5-Trimethyl-4'-äthyl-3, 5-dibrom-pyrromethen-bromhydrat 480.

$C_{14}H_{17}N_2Br_3$. (3-Äthyl-4-methyl-5-brom)-(2, 4-dimethyl-3-brom-pyrrolenyl)-methenbromhydrat = 4, 3', 5'-Trimethyl-3-äthyl-5, 4'-dibrom-pyrromethen-bromhydrat 506.

$C_{14}H_{17}N_2Br_3$. (2, 4-Dimethyl-3-brom-pyrryl)-(2-brom-3-äthyl-4-methyl-pyrrolenyl-methenbromhydrat = 3, 5, 3'-Trimethyl-4, 5'-dibrom-4'-äthyl-pyrromethen-bromhydrat 541.

$C_{14}H_{17}N_2Br_3$. (3, 4-Dimethyl-5-brom-pyrryl)-(2-brom-methyl-3, 4-dimethyl-pyrrolenyl-methen-bromhydrat 465.

$C_{16}H_{17}O_3N$. 2, 4-Dimethyl-3-carbäthoxy-5-benzoyl-pyrrol 413.

$C_{14}H_{17}O_3N_3S$. Azofarbstoff des 2-Propyl-4-methyl-pyrrols 368.

$C_{14}H_{17}O_3N_5$. Semicarbazon des 2, 4-Dimethyl-3-(ω-cyan-ω-carbäthoxy-vinyl)-5-formyl-pyrrols 409.

$C_{14}H_{17}O_6N$. 3, 5(2, 4)-Dicarbäthoxy-4(3)-methyl-pyrrol-2(5)-acrylsäure 375.

$C_{14}H_{17}O_6N$. Monomethylester der 2, 4(3, 5)-Dimethyl-3(4)-carbäthoxy-pyrrol-5(2)-[vinyl-ω-ω-dicarbonsäure] 418.

$C_{14}H_{17}O_7N_5$. 2, 4-Dimethyl-3-äthyl-(ω-amino)-pyrrol 438.

$C_{14}H_{18}N_2$. (2, 3, 4-Trimethyl-pyrryl)-(2, 4-dimethyl-pyrrolenyl)-methen 576.

$C_{14}H_{18}N_2Cl_2Hg$. Sublimatverbindung des (2, 3, 4-Trimethyl-pyrryl)-(2, 4-dimethyl-pyrrolenyl)-methens 576.

$C_{14}H_{18}N_2Br_2$. (3-Äthyl-4-methyl-5-brom-pyrryl)-(2, 4-dimethyl-pyrrolenyl)-methenbromhydrat = 3-Äthyl-4, 3', 5'-trimethyl-5-brom-pyrromethenbromhydrat 506.

$C_{14}H_{18}N_2Br_2$. (3, 4-Dimethyl-5-brom-pyrryl)-(2, 3, 4-trimethyl-pyrrolenyl)-methen-bromhydrat 565.

$C_{14}H_{18}N_3Cl$. 2-Methyl-5-äthyl-pyrrol-azotoluol 362.

$C_{14}H_{18}N_4$. Ketazin des 2-Methyl-5-acetyl-pyrrols 347.

$C_{14}H_{18}ON_2$. Bis-[2, 4(3, 5)-dimethyl-pyrryl]-5, 5'(2, 2')-äthanon (α) 536.

$C_{14}H_{18}O_2N_2$. 2, 4-Dimethyl-3-äthyl-5-(ω-cyan-ω-carbäthoxy-vinyl)-pyrrol 450.

$C_{14}H_{18}O_4N_3$. 2-Carbomethoxy-3-(β-dicyan-vinyl)-4-methyl-5-carbäthoxy-pyrrol 440.

$C_{14}H_{19}N_2Cl$. (2, 3, 4-Trimethyl-pyrryl)-(2, 4-dimethyl-pyrrolenyl)-methenchlorhydrat 576.

$C_{14}H_{19}N_2Br$. (2, 4-Dimethyl-pyrryl(-(3-äthyl-4-methyl-pyrrolenyl)-methenbromhydrat = 3, 5, 3'-Trimethyl-4'-äthyl-pyrromethen-bromhydrat 541.

$C_{14}H_{19}O_3N$. 2-Acetoxymethyl-4-methyl-3, 5-dicarbäthoxypyrrol 444.

$C_{14}H_{19}O_4N$. 2, 4(3, 5)-Dimethyl-3(4)-carbäthoxy-

$C_{19}H_{26}O_2N_4$. Bis-(2,4-dimethyl-3-carbäthoxy-pyrryl)-methan (Bd. X, S. 77) 544.

$C_{19}H_{26}O_3N_2$. Methylester des 4,3',5'-Trimethyl-3-äthyl-5-methoxy-4'-propionsäure-pyrromethens 517.

$C_{19}H_{26}O_4N_2$. Acetonkondensationsprodukt des 2-Methyl-5-carbäthoxy-pyrrols 352.

$C_{19}H_{26}O_4N_2$. Bis-(2-äthyl-5-carbäthoxy-pyrryl-3)-methan 477.

$C_{19}H_{26}O_4N_2$. Bis-(2,3-dimethyl-4-carbäthoxy-pyrryl)-methan 532.

$C_{19}H_{26}O_4N_2$. Bis-(2,3-dimethyl-5-carbäthoxy-pyrryl)-methan 533.

$C_{19}H_{26}O_4N_2$. Bis-(3,4-dimethyl-5-carbäthoxy-pyrryl)-methan 566.

$C_{19}H_{26}O_4N_2$. Bis-(2,4-dimethyl-5-carbäthoxy-pyrryl)-methan 547.

$C_{19}H_{26}O_4N_2$. Bis-(3,4-diäthyl-5-carboxy-pyrryl)-methan 479.

$C_{19}H_{26}O_4N_2$. 3,3'-Dimethyl-4,4'-dipropyl-5,5'-dicarboxy-pyrromethan 482.

$C_{19}H_{26}O_4N_2$. 4,4'-Dimethyl-3,3'-dipropyl-5,5'-dicarboxy-pyrromethan 490.

$C_{19}H_{26}O_4N_2$. Bis-(2,5-dimethyl-4-carbäthoxy-pyrryl)-methan (Bd. X, S. 83) 564.

$C_{19}H_{26}O_4N_4$. Hydrazon des 3,3',5,5'-Tetramethyl-4,4'-dicarbäthoxy-pyrro-ketons 545.

$C_{19}H_{27}N_2Br_3$. Bis-(2-brommethyl-3-propyl-4-methyl-pyrryl)-methenbromhydrat = 3,3'-Dimethyl-4,4'-dipropyl-5,5'-dibrommethyl-pyrromethenbromhydrat 539.

$C_{19}H_{27}N_2Br_3$. Bis-(3-propyl-4-methyl-5-brommethyl-pyrryl)-methenbromhydrat = 5,5'-Dibrommethyl-4,4'-dimethyl-3,3'-dipropyl-pyrromethenbromhydrat 485.

$C_{19}H_{27}N_2Br_3$. (3-Propyl-4-methyl-5-brommethyl-pyrryl)-(3-methyl-4-propyl-5-brommethyl-pyrrolenyl)-methenbromhydrat = 5,5'-Dibrommethyl-3',4-dimethyl-3,4'-dipropyl-pyrromethenbromhydrat 486.

$C_{19}H_{27}N_2Br_3$. Bis-[2(5)-brommethyl-3,4-diäthyl-pyrryl]-methenbromhydrat = 2,2'

(5,5') Dibrommethyl-3,4-3',4'-tetraäthyl-pyrryl-pyrrolenyl-methenbromhydrat 480.

$C_{19}H_{27}O_2N_2$. [2,4-Dimethyl-3-äthyl-pyrryl]-[3(4)-propionsäuremethylester-4,5(2,3)-dimethyl-pyrrolenyl]-methenbromhydrat 562.

$C_{19}H_{27}O_2N_2Br$. (3-Äthyl-4-methyl-5-carbäthoxy-pyrryl)-(2,4-dimethyl-3-äthyl-pyrryl)-methenbromhydrat 521.

$C_{19}H_{27}O_2N_2Br$. [3(4)-Propionsäuremethylester-4,5(2,3)-dimethyl-pyrryl]-[3(4)-äthyl-4,5(2,3)-dimethyl-pyrrolenyl)-methenbromhydrat 568.

$C_{19}H_{28}N_2$. 3,5,3',5'-Tetramethyl-4,4'-dipropyl-pyrromethen 539.

$C_{19}H_{28}N_2$. Bis-(2-methyl-3,4-diäthyl-pyrryl)-methen 480.

$C_{19}H_{28}ON_4$. Acetylderivat des Hydrazons aus dem 3,3'5,5'-Tetramethyl-4,4'-diäthyl-pyrroketon 558.

$C_{19}H_{28}O_2N_2$. [3-Äthyl-4-methyl-5-carbäthoxy]-[2',4'(3',5')-dimethyl-3'(4')-äthyl]-2,5'(2,2')-dipyrryl-methan 520.

$C_{19}H_{28}O_2N_2$. 3,3'-Dimethyl-4,4'-diäthyl-5,5'-dimethoxymethyl-pyrromethen 505.

$C_{19}H_{28}O_2N_6$. 3,3',5,5'-Tetramethyl-4,4'-dipropionsäurehydrazid-pyrromethen 551.

$C_{19}H_{29}N_2Br$. Bis-(2,3-dimethyl-4-propyl-pyrryl)-methenbromhydrat = 5,5',4,4'-Tetramethyl-3,3'-dipropyl-pyrromethenbromhydrat 531.

$C_{19}H_{29}N_2Br$. (2,3-Dimethyl-4-propyl-pyrryl)-(2,4-dimethyl-3-propyl-pyrrolenyl)-methenbromhydrat = 5,5',4,3'-Tetramethyl-3,4'-dipropyl-pyrromethenbromhydrat 531.

$C_{19}H_{29}N_2Br$. Bis-(2,3-diäthyl-4-methyl-pyrryl)-methenbromhydrat = 3,3'-Dimethyl-4,5,4',5'-tetraäthyl-pyrromethenbromhydrat 524.

$C_{19}H_{29}N_2Br$. 5,5'-Dimethyl-3,4,3',4'-tetraäthyl-pyrrol-pyrrolenyl-methenbromhydrat 480.

$C_{19}H_{29}N_2Br$. Bis-(2,4-dimethyl-3-propyl-pyrryl)-methen-bromhydrat = 3,5,3',5'-Tetramethyl-4,4'-dipropyl-pyrromethenbromhydrat 538.

$C_{19}H_{29}N_2Br_3$. Perbromid des 5,5',4,3'-Tetramethyl-3,4-dipropyl-pyrromethen-bromhydrats 532.

$C_{19}H_{29}O_2N_2Br$. 3,3'-Dimethyl-4,4'-diäthyl-5,5'-dimethoxymethyl-pyrromethenbromhydrat 505.

$C_{19}H_{29}O_4N_2Cl$. Bis-(2-methyl-3,4-diäthyl-pyrryl)-methenperchlorat = 5,5'-Dimethyl-3,4-3',4'-tetraäthyl-pyrryl-pyrrolenyl-methenperchlorat 480.

$C_{20}H_{13}O_6N_4$. Oxim des Bis-(3-carbäthoxy-4-methyl-5-formyl-pyrryl)-äthans 578.

$C_{20}H_{20}O_4N_2$. Azlacton des 2-Äthyl-3-formyl-4-methyl-5-carbäthoxy-pyrrols 378.

$C_{20}H_{22}O_8N_2Br_2$. [3-β-Methylmalonsäure)-4-methyl-5-brom-pyrryl]-[3-β-methylmalonsäure-4-methyl-pyrrolenyl)-methenbromhydrat = 3,4' Di-(β-methylmalonsäure)-4,3',5'-trimethyl-5-brom-pyrromethen-bromhydrat 500.

$C_{20}H_{23}O_4N_2Br$. (3-Äthyl-4-methyl-5-carboxy-pyrryl)-(2,4-dimethyl-3-propionsäure-pyrrolenyl)-methenbromhydrat = 3-Äthyl-4,3',5'-trimethyl-5-carboxy-4'-propionsäure-pyrromethenbromhydrat 514.

$C_{20}H_{24}O_5N_2$. 1-[p-Acetylaminophenyl]-2,5-dimethyl-pyrrol-3,4-dicarbonsäureester 459.

$C_{20}H_{24}O_6N_2$. Bis-(3-carbäthoxy-4-methyl-5-formyl-pyrryl 2)äthan 578.

$C_{20}H_{24}O_6N_2$. Acetylverbindung des 4,3',5'-Trimethyl-3-carbäthoxy-5-oxy-4'-propionsäure-pyrromethens 489.

$C_{20}H_{24}O_6N_6$. Glyoxalhydrazid des 3-Methyl-4,5-dicarbäthoxy-pyrrols 366.

$C_{20}H_{25}O_4N_2Br$. (3-Propionsäuremethylester-4-methyl-5-brom-pyrryl)-(2,4-dimethyl-3-propionsäuremethylester-pyrrolenyl)-methen = 4,3',5'-Trimethyl-3,4'-dipropion-

säuremethylester-5-brom-
pyrromethen 497.

$C_{20}H_{25}O_7N_5$. Pikrat des 2-Äthyl-
3-methyl-pyrrols 367.

$C_{20}H_{26}O_4N_2$. 3, 5-Dicarbäth-
oxy-4, 3′, 5′-trimethyl-
4′-äthyl-pyrromethen 492.

$C_{20}H_{26}O_4N_2Br_2$. (3-Propion-
säuremethylester-4-methyl-
5-brom-pyrryl)-(2, 4-di-
methyl-3-propionsäure-
methylester-pyrrolenyl)-
methenbromhydrat
= 4, 3′, 5′-Trimethyl-3, 4′-
dipropionsäuremethylester
5-brom-pyrromethenbrom-
hydrat 496.

$C_{20}H_{26}O_4N_2Br_2$. [3(4)-Propion-
säure-4(3)-äthyl-5(2)-brom-
pyrryl]-(2-methyl-4-äthyl-
3-propionsäure-pyrrolenyl)-
methenbromhydrat 526.

$C_{20}H_{26}O_5N_2$. (3-Propionsäure-
methylester-4-methyl-
5-oxy-pyrryl)-(2, 4-di-
methyl-3-propionsäure-
methylester-pyrrolenyl)-
methen = 4, 3′, 5′-Tri-
methyl-3, 4′-dipropion-
säuremethylester-5-oxy-
pyrromethen 498.

$C_{20}H_{27}O_2N_4Br$. 4, 3′, 5′-Tri-
methyl-3, 4′-dipropion-
säuremethylamid-5-brom-
pyrromethen 497.

$C_{20}H_{27}O_4N_2Br$. [3, 5(2, 4)-Di-
carbäthoxy-4(3)-methyl-
pyrryl]-[2, 4-dimethyl-
3-äthyl-pyrrolenyl]-methen-
bromhydrat = 3, 5-Dicarb-
äthoxy-4, 3′, 5′-trimethyl-
4′-äthyl-pyrromethenbrom-
hydrat 492.

$C_{20}H_{27}O_4N_2Br$. (3-Äthyl-4-me-
thyl-5-carbäthoxy-pyrryl)-
(2, 4-dimethyl-3-propion-
säure-pyrryl)-methenbrom-
hydrat 522.

$C_{20}H_{27}O_4N_2Br$. (2, 4-Dimethyl-
3-carbäthoxy-pyrryl)-
(3-äthyl-4-methyl-5-carb-
äthoxy-pyrrolenyl)-methen-
bromhydrat = 3, 5, 4′-Tri-
methyl-4, 5′-dicarbäthoxy-
3′-äthyl-pyrromethenbrom-
hydrat 546.

$C_{20}H_{28}O_2N_2$. Bis-(2, 4-dimethyl-
3-acetyl)-pyrryl-propyl-
methan 538.

$C_{20}H_{28}O_4N_2$. Bis-(2-methyl-
3-carbäthoxy-pyrryl)-
methyl-äthylmethan 348.

$C_{20}H_{29}O_4N_2Cl$. 3, 4,′ 5, 5′-Tetra-
methyl-3′, 4-dipropionsäure-
dimethylester-pyrromethen-
chlorhydrat 554.

$C_{20}H_{29}O_4N_2Br$. 3, 4′, 5, 5′-Tetra-
methyl-3′, 4-dipropionsäure-
dimethylester-pyrromethen-
bromhydrat 553.

$C_{21}H_{18}N_6$. Bis-[2, 4-dimethyl-3-
(β-dicyan-vinyl)-pyrryl]-
methan 555.

$C_{21}H_{21}N_3$. Anilinkondensations-
produkt des Bis-(2, 4-di-
methyl-5-formyl-pyrryl)-
methans 540.

$C_{21}H_{21}ON$. 2, 4-Dimethyl-
3-acetylpyrryl-diphenyl-
methan 400.

$C_{21}H_{21}O_3N_3$. Anilid aus 2-Tri-
chlormethyl-3-carbäthoxy-
4-methyl-5-oxy-pyrrol 414.

$C_{21}H_{22}O_4N_2$. 1-Phenyl-2, 5-di-
methyl-3-(ω-cyan-ω-carb-
äthoxy-vinyl)-4-carbäth-
oxy-pyrrol 458.

$C_{21}H_{23}O_7N_5$. Pikrat des 3, 4, 5-
3′, 4′, 5′-Hexamethyl-
pyrromethens 575.

$C_{21}H_{24}O_4N_2$. (2, 4-Dimethyl-
3-carbäthoxy-pyrryl)-
(2, 4-dimethyl-3-propion-
säureäthylester-pyrrolenyl)-
methen 547.

$C_{21}H_{25}O_4N_2Br$. (2, 4-Dimethyl-
3-carbäthoxy-pyrryl)-
(2, 4-dimethyl-3-propion-
säureäthylester-pyrrolenyl)-
methenbromhydrat 547.

$C_{21}H_{25}O_4N_3$. 2-Anilinomethyl-
3-(ω-cyan-ω-carbäthoxy-
äthyl)-4-methyl-5-carbäth-
oxy-pyrrol 442.

$C_{21}H_{25}O_{12}N_2Cl_5 = C_{21}H_{24}O_8N_2$
$\cdot$ HClO$_4$. Bis-[2, 4-dimethyl-
3-(β-methylmalonsäure)-
pyrryl]-methenperchlorat
556.

$C_{21}H_{26}O_2N_3Cl$. (2, 4-Dimethyl-
3-äthyl-pyrryl)-[2, 4-di-
methyl-3-(ω-cyan-ω-carb-
äthoxy-vinyl)-pyrrolenyl]-
methenchlorhydrat 562.

$C_{21}H_{26}O_6N_3$. Polymeres 2, 3-Di-
methyl-5-carbäthoxy-pyrrol
396.

$C_{21}H_{26}O_8N_2$. Bis-(3-propion-
säure-4-äthyl-5-carboxy-
pyrryl)-methen 526.

$C_{21}H_{27}O_4N_4Cl$. 3, 3′, 5, 5′-Tetra-
methyl-4, 4′-dipropionsäure-
methylester-chlor-pyrro-
methen 553.

$C_{21}H_{27}O_4N_2Br_3$. Bis-(2-brom-
methyl-3-propionsäure-
4-äthyl-pyrryl)-methen-
bromhydrat 479.

$C_{21}H_{27}O_6N_2Br$. [3, 5 (2, 4)-Di-
carbäthoxy-4(3)-methyl-
pyrryl]-[2, 4-dimethyl-
3-propionsäure-pyrrolenyl]-

methenbromhydrat = 3, 5-
Dicarbäthoxy-4, 3′, 5′-tri-
methyl-4′-propionsäure-
pyrromethen-bromhydrat
493.

$C_{21}H_{28}O_2N_2$. Bis-(2-äthyl-
3-propionyl-4-methyl-
pyrryl-5)-methen 503.

$C_{21}H_{28}O_4N_2$. Bis-(3-Äthyl-
4-methyl-5-carbäthoxy-
pyrryl)-methen = Opso-
pyrrolmethendicarbon-
säureester 519.

$C_{21}H_{28}O_4N_2$. 3, 5-3′, 5′-Tetra-
methyl-4, 4′-(β-äthoxy-
acetyl)-pyrromethen 537.

$C_{21}H_{28}O_4N_2Cl_2$. 3, 3′-5, 5′-Tetra-
methyl-4, 4′-dipropionsäure-
methylester-chlor-pyrro-
methenchlorhydrat 553.

$C_{21}H_{28}O_5N_2$. Bis-(2, 4-dimethyl-
3-propionsäuremethylester-
pyrryl)-keton = 3, 3′,-5, 5′-
Tetramethyl-4, 4′-dipro-
pionsäuremethylester-
pyrroketon 552.

$C_{21}H_{28}O_5N_2$. (3-Propionsäure-
methylester-4-methyl-
5-methoxy-pyrryl)-2, 4-di-
methyl-3-propionsäure-
methylester-pyrrolenyl)-
methen = 4, 3′, 5′-Tri-
methyl-3,4′-dipropionsäure-
methylester-5-methoxy
pyrromethen 497.

$C_{21}H_{28}O_6N_4$. Bis (3-[acetyl-
amino]-4-methyl-5-carb-
äthoxy-2-dipyrryl)-methen
490.

$C_{21}H_{28}O_6N_2$. (3, 5-Dicarbäth-
oxy-4-methyl-pyrryl)-
(2, 4-dimethyl-3-carbäth-
oxy-pyrryl)-methen 492.

$C_{21}H_{28}O_6N_2$. (3, 5-Dicarbäth-
oxy-4-methyl)-(2, 5-di-
methyl-4(3)-carbäthoxy-
pyrryl)-methen 492.

$C_{21}H_{29}O_2N_2Cl$. Bis-(2-äthyl-
3-propionyl-4-methyl-pyr-
ryl-5)-methenchlorhydrat
503.

$C_{21}H_{29}O_4N_2Br$. Bis-(2-methyl-
3-propionsäure-4-äthyl-
pyrryl)-methenbromhydrat
478.

$C_{21}H_{29}O_4N_2Br$. [3-Äthyl-4-me-
thyl-5-carbäthoxy-pyrryl]-
[4, 5(2, 3)-dimethyl-3(4)-
propionsäuremethylester-
pyrrolenyl]-methenbrom-
hydrat 522.

$C_{21}H_{29}O_4N_2Br$. Bis-[2, 4-di-
methyl-3-(β-äthoxy-acetyl)-
pyrryl]-methenbromhydrat
= 3, 5-3′, 5′-Tetramethyl-
4, 4′-(β-äthoxy-acetyl)-

pyrromethenbromhydrat
537.

$C_{21}H_{30}O_2N_2$. Bis-(2-äthyl-
3-propionyl-4-methyl-
pyrryl-5)-methan 502.

$C_{21}H_{30}O_4N_2$. Bis-[2(5)-carb-
äthoxy-3(4)-äthyl-4(3)-
methyl-pyrryl]-methan 517.

$C_{21}H_{30}O_4N_2$. Bis-(3-äthyl-4-me-
thyl-5-carbäthoxy-pyrryl)-
methan = Kryptopyrrol-
methandicarbonsäureester
= 3, 3'-Diäthyl-4, 4'-di-
methyl-5, 5'-dicarbäthoxy-
pyrromethan 518.

$C_{21}H_{30}O_3N_4$. 4, 3', 5'-Trimethyl
3,4'-dipropionsäure-methyl-
amid-5-methoxy-pyrro-
methen 497.

$C_{21}H_{32}O_2N_4$. Bis-(2,4-dimethyl-
5-dimethylaminoacetyl-
pyrryl)-methan 538.

$C_{21}H_{33}O_2N_2Br$. 3, 3'-Dimethyl-
4, 4'-diäthyl-5, 5'-diäthoxy-
methyl-pyrromethenbrom-
hydrat 506.

$C_{21}H_{35}O_2N_3$. (2, 4-Dimethyl-
3-äthylpyrryl)-[2, 4-dime-
thyl-3-(ω-cyan-ω-carbäth-
oxy·vinyl)-pyrrolenyl]-
methen 562.

$C_{21}H_{40}O_8N_2Na_4$. Tetranatriumsalz des Bis-[2, 4-dimethyl-
3-(β-methylmalonsäure)-
pyrryl]-methens 556.

$C_{22}H_{16}O_2N_4$. Anhydro-2,3-bis-
[3-keto-4-carbonsäurenitril-
5-phenyl-pyrrolin]-hydrat
393.

$C_{22}H_{17}N$. 1, 2, 3-Triphenyl-pyr-
rol 346.

$C_{22}H_{17}N$. 1, 2, 5-Triphenyl-pyr-
rol 346.

$C_{22}H_{19}ON$. 1, 2, 3-Triphenyl-
5-oxy-dihydropyrrol 345.

$C_{22}H_{19}O_4N_3$. Azlacton des 2, 4-
Dimethyl-3-(ω-cyan-ω-
carbäthoxy-vinyl)-5-formyl-
pyrrols 409.

$C_{22}H_{19}O_5N$. Dibenzoylverbindung des 3-Oxy-4-carbäth-
oxy-5-methyl-pyrrols 386.

$C_{22}H_{22}O_2N_3$.Br. Benzaldehydverbindung des α-(4-Me-
thyl-3, 5-dicarbäthoxy-
2-methylenpyrrol)-α-phe-
nylhydrazins 444.

$C_{22}H_{23}O_2N$. 2, 5-Dimethyl-
4-carbäthoxy-pyrryl-di-
phenylmethan 454.

$C_{22}H_{23}O_2N_3$. Phenylhydrazon
des 1-Phenyl-2, 5-dimethyl-
3(4)-formyl-4(3)-carbäth-
oxy-pyrrols 458.

$C_{22}H_{24}O_4N_2$. 1-p-Tolyl-2, 5-di-
methyl-3-(ω-cyan-ω-carb-

äthoxy-vinyl)-4-carbäth-
oxy-pyrrol 460.

$C_{22}H_{24}O_4N_4Br_2$. Aldazin aus
2-Formyl-3-bromvinyl-
4-methyl-5-carbäthoxy-
pyrrol 369.

$C_{22}H_{24}O_7N_5Cl$. Pikrat des
(3-Äthyl-4-methyl-5-chlor-
pyrryl)-(2, 4-dimethyl-
3-äthyl-pyrrolenyl)-me-
thens 507.

$C_{22}H_{24}O_7N_5Br$. Pikrat des
4, 3', 5'-Trimethyl-3, 4'-di-
äthyl-5'-brom-pyrro-
methens 510.

$C_{22}H_{27}N_3$. Freies Anilid des
3-Äthyl-4-methyl-5-brom-
pyrryl)-(2, 4-dimethyl-
3-äthyl-pyrrolenyl)-
methens 510.

$C_{22}H_{28}N_3Cl$. Anilidchlorhydrat
aus dem (3-Äthyl-4-methyl-
5-chlor-pyrryl)-(2, 4-dime-
thyl-3-äthyl-pyrrolenyl)-
methen 507.

$C_{22}H_{28}N_3Cl$. Anilidchlorhydrat
aus dem 3-Äthyl-4-methyl-
5-brom-pyrryl)-(2, 4-dime-
thyl-3-äthyl-pyrrolenyl)-
methen 510.

$C_{22}H_{28}N_3Br$. Anilidbromhydrat
aus dem (3-Äthyl-4-methyl-
5-brom-pyrryl)-(2, 4-dime-
thyl-3-äthyl-pyrrolenyl)-
methen 510.

$C_{22}H_{28}N_3Br$. Anilid des (3-Äthyl-
4-methyl-5-brom-pyrryl)-
(2-brommethyl-3-äthyl-
4-methyl-pyrrolenyl)-
methenbromhydrats 509.

$C_{22}H_{30}O_4N_2$. Dimeres 2, 4-Di-
methyl-3-vinyl-5-carbäth-
oxy-pyrrol 426.

$C_{22}H_{32}O_4N_2Br_3$
= $(C_{11}H_{16}O_2NBr)_2 \cdot Br$.
Bromhydrat des 2(5)-Carb-
äthoxy-3(4)-äthyl-4(3)-me-
thyl-5(2)-brommethyl-
pyrrols 464.

$C_{22}H_{33}N_2Br_3 + C_{22}H_{34}N_2Br_2$.
Pyrromethenperbromid aus
2-Methyl-3, 4-dipropyl-
pyrrol 476.

$C_{23}H_{20}ON_2$. 1, 2, 3-Triphenyl-
2-cyan-5-oxy-tetrahydro-
pyrrol 345.

$C_{23}H_{25}O_2N_3$. Phenylhydrazon
des 1-p-Tolyl-2, 5-dimethyl-
3(4)-formyl-4(3)-carbäth-
oxy-pyrrols 460.

$C_{23}H_{25}O_7N_5$. p-Nitrophenylhydrazon aus 2, 3'-Bis-
3-oxy-4, 4'-carbäthoxy-5, 5'-
methyl-2'-formyl-pyrrol 393.

$C_{23}H_{25}O_9N_5$. Pikrat des (2,3,4-
Trimethyl-pyrryl)-(2, 4-di-

methyl-3-carbäthoxy-
pyrrolenyl)-methens 577.

$C_{23}H_{26}N_4$. Kondensationsprodukt des Bis-(2, 4-dimethyl-
3-formyl-pyrryl)-methans
mit Wursters Base 540.

$C_{23}H_{26}O_3N_2$. Benziliden-neo-
bilirubinsäure 513.

$C_{23}H_{26}O_4N_2$. Bis-(2-methyl-
3-carbäthoxy-pyrryl)-
phenylmethan 347.

$C_{23}H_{27}N_2Br$. Bis-(2-methyl-
3, 4-dipropyl-pyrryl)-
methenbromhydrat = 3, 3',
4, 4'-Tetrapropyl-5, 5'-di-
methyl-pyrromethenbrom-
hydrat 475.

$C_{23}H_{27}O_7N_2$. Pikrat des Bis-
(2, 4-dimethyl-3-äthyl-pyr-
ryl)-methens = (Di-krypto-
pyrryl-methen) 557.

$C_{23}H_{28}O_3N_2$. Benzyl-neobili-
rubinsäure 514.

$C_{23}H_{28}O_3NCl_2$. Neoxanthobili-
rubinsäuredimethylester-
azobenzol 512.

$C_{23}H_{28}O_4N_4$. Bis-[3(4)-propion-
säurenitril-4(3)-methyl-
5(2)-carbäthoxy-pyrryl]-
methan 499.

$C_{23}H_{28}O_7N_5$. Pikrat des (3-
Äthyl-4, 5-dimethyl-pyrryl)-
(2, 4-dimethyl-3-äthyl-pyr-
rolenyl)-methens 571.

$C_{23}H_{29}O_3N_2$. ω-Äthoxymethyl-
furyl-di-(2, 4-dimethyl-
3-acetyl)-pyrryl-methan
580.

$C_{23}H_{30}O_6N_2$. Bis-[3(4) acetyl
4(3)-äthyl-5(2)-carbäth-
oxy-pyrryl]-methan 525.

$C_{23}H_{30}O_6N_2$. Anilid aus 2-
Brommethyl-4-methyl-
5-carbäthoxy-pyrrol-3-
(β-methylmalonester) 442.

$C_{23}H_{30}O_8N_2$. Bis-(3, 5-dicarb-
äthoxy-4-methyl-pyrryl)-
methan 491.

$C_{23}H_{30}O_8N_2$. Bis-(3-propion-
säure-4-methyl-5-carbäth-
oxy-pyrryl)-methan 499.

$C_{23}H_{31}O_4N_3$. Pyridinverbindung des 2, 4-Dimethyl-
3-carbäthoxy-pyrrols 411.

$C_{23}H_{32}O_6N_2$. 3, 3'-Dimethyl-
4, 4'-dipropionsäuremethyl-
ester-5, 5'-dimethoxy-
methyl-pyrromethen 552.

$C_{23}H_{32}O_6N_2$. [3-(β-Methyl-
malonester)-4-methyl-
5-carbäthoxy]-[2', 4',(3',5')-
dimethyl]-2, 5'(2, 2')-di-
pyrrylmethan 501.

$C_{23}H_{33}O_4N_2S_2Br$. 3, 3'-Dime-
thyl-4, 4'-dipropionsäure-
methylester-5, 5'-dimethyl-

$C_{38}H_{37}O_7N_4Fe$
$=C_{32}H_{30}N_4FeOH(COO$
$\cdot COCH_3)_2$. Protohämatinacetat 713.

$C_{38}H_{37}O_{11}N_7=C_{32}H_{34}O_4N_4$
$\cdot C_6H_3O_7N_3$. Pikrat des
Deuteroporphyrin-
dimethylesters IX 692.

$C_{38}H_{37}O_{12}N_7=C_{32}H_{34}O_4N_4$
$\cdot C_6H_3O_8N_3$. Styphnat des
Deuteroporphyrin-di-
methylesters IX 692.

$C_{38}H_{38}O_6N_4=C_{32}H_{32}N_4$
$\cdot (COO \cdot COCH_3)_2$. Protoporphyrin-acetat 711.

$C_{38}H_{39}O_{10}N_4Fe$. Acetat des
Eisensalzes aus Kopro-
porphyin I 753.

$C_{38}H_{40}O_6N_7Cl=C_{32}H_{38}N_4$
$\cdot 1\,C_6H_2O_6N_3Cl$. Molekülverbindung des Ätioporphyrins I mit Pikrylchlorid 660.

$C_{38}H_{42}O_6N_4=C_{32}H_{36}N_4(COO$
$\cdot COCH_3)_2=$ Mesoporphyrin-acetat 726.

$C_{38}H_{42}O_6N_4$. Trimethylester des
1, 4, 6, 7-Tetramethyl-8-
äthyl-2, 3, 5-tripropion-
säure-porphins 749.

$C_{38}H_{42}O_6N_4FeCl$
$=C_{32}H_{36}N_4FeCl$
$\cdot (COOCOCH_3)_2$. Meso-
chlorhämin-acetat IX 726.

$C_{38}H_{42}O_6N_4FeCl_2Br$. Chlorferrisalz des Esters aus dem
Mono-(chlor-brom)-hämato-
porphyrin-dimethyläther
744.

$C_{38}H_{42}O_6N_4FeCl$. Chlorferrisalz
des Tricarbonsäureesters aus
Mesoporphyrinester IX 735.

$C_{38}H_{42}O_6N_4FeCl$. Chlorferrisalz
des Trimethylesters der
1, 4, 6, 7-Tetramethyl-
8-äthyl-2, 3, 5-tripropion-
säure-porphins 749.

$C_{38}H_{42}O_6N_4FeCl$. Chlorferrisalz
des 1, 3, 5, 8-Tetramethyl-
2, 4-diäthyl-6-methylmalon-
säure-7-propionsäure-
porphin-trimethylesters 769.

$C_{38}H_{42}O_6N_4 \cdot Cu$. Kupfersalz
des Tetramethyl-hämato-
porphyrins 746.

$C_{38}H_{42}O_6N_4Cu$. Kupfersalz des
Trimethylesters aus Por-
phin-tricarbonsäure VII 749.

$C_{38}H_{42}O_6N_4Cu$. Kupfersalz des
Tricarbonsäureesters aus
Mesoporphyrinester IX 735.

$C_{38}H_{42}O_6N_4 \cdot Zn$. Zinksalz des
Tetramethylhämatoporphy-
rins 746.

$C_{38}H_{44}O_4N_4Cu$. Kupfersalz des
Mesoporphyrin-diäthyl-
esters XII 737.

$C_{38}H_{44}O_6N_4$. Tricarbonsäureester aus Mesoporphyrin-
ester IX 735.

$C_{38}H_{44}O_6N_4Cu$. Kupfersalz des
Chlorinesters aus Porphin-
tricarbonsäure VII 750.

$C_{38}H_{44}O_6N_4$. Trimethylester des
1, 3, 5, 8-Tetramethyl-2, 4-
diäthyl-6-methylmalon-
säure-7-propionsäure-
porphins 769.

$C_{38}H_{44}O_6N_4ClBr$. Dimethylester des Mono-(chlor-
brom)-hämatoporphyrin-
dimethyläthers 744.

$C_{38}H_{44}O_6N_4FeCl$. Eisensalz des
Tetramethyl-hämato-
porphyrins 746.

$C_{38}H_{44}O_6N_4FeBr$. Dimethylester des Hämato-brom-
hämin-dimethyläthers 746.

$C_{38}H_{44}O_6N_{10}$. Semicarbazon
des Diacetyl-deutero-
porphyrin-dimethyl-
esters IX 697.

$C_{38}H_{45}O_6N_4Fe=C_{32}H_{36}N_4Fe$
$\cdot O \cdot COCH_3(COOCH_3)_2$.
Meso-acetoxy-hämin-
dimethylester IX 733.

$C_{38}H_{46}N_4Cu$. Kupfersalz des
Bis-(2, 3-dimethyl-4-carb-
äthoxy-pyrryl)-methens
532.

$C_{38}H_{46}O_4N_2Cu$. Kupfersalz des
Bis-[3(4)-propionsäure-
4, 5(2, 3)-dimethyl-pyrryl)-
methens 569.

$C_{38}H_{46}O_4N_2Zn$. Zinksalz des
Bis[3(4)-propionsäure-
4, 5(2, 3)-dimethyl-pyrryl)-
methens 569.

$C_{38}H_{46}O_4N_4$. Diäthylester des
Mesoporphyrins I 717.

$C_{38}H_{46}O_4N_4$. Diäthylester des
Mesoporphyrins IX 734.

$C_{38}H_{46}O_4N_4$. Diäthylester des
Mesoporphyrins XII 737.

$C_{38}H_{46}O_6N_4$. Trimethylester des
Chlorins aus Porphin-tri-
carbonsäure VII 750.

$C_{38}H_{46}O_6N_4 \cdot (H_2O)$. Dimethylester des Hämatoporphy-
rin-dimethyläthers
$=$Tetramethyl-hämato-
porphyrin (Bd. IX, S. 358;
Bd. X, S. 27) 744.

$C_{38}H_{46}O_6N_4Br$. Dimethylester
des Dibrom-hämatoporphy-
rin-dimethyläthers 743.

$C_{38}H_{46}O_8N_4$. Mesoxanthoporphinogen-diäthylester
734.

$C_{38}H_{46}O_8N_4Co$. Kobaltsalz des
Bis-(2, 4-dimethyl-3-carb-
äthoxy-pyrryl)-methens
545.

$C_{38}H_{46}O_8N_4Cu$. Kupfersalz des
Bis-(2, 4-dimethyl-3-carb-
äthoxy-pyrryl)-methens
545.

$C_{38}H_{46}O_8N_4Ni$. Nickelsalz des
Bis-(2, 4-dimethyl-3-carb-
äthoxy-pyrryl)-methens 545.

$C_{38}H_{46}O_8N_4Zn$. Zinksalz des
Bis-(2, 4-dimethyl-3-carb-
äthoxy-pyrryl)-methens
545.

$C_{38}H_{48}O_6N_4$. Bis-(Neoxanthobilirubinsäure)-isobuten-
methyl-methan 512.

$C_{38}H_{48}O_8N_4$. Tetra-2, 3-di-
methyl-4-carbäthoxy-
pyrryl)-äthylen 587.

$C_{38}H_{50}O_2N_4$. Carbinol aus Mesoporphyrindimethylester
734.

$C_{38}H_{50}O_8N_4$. Tetra-2, 3-di-
methyl-4-carbäthoxy-
pyrryl)-äthan 587.

$C_{38}H_{50}O_8N_4$. Tetra-(2, 4-di-
methyl-3-carbäthoxy-
pyrryl-5)-äthan 587.

$C_{38}H_{54}N_4Cu$. Kupfersalz des
5, 5'-Dimethyl-3, 4, 3', 4'-
tetraäthyl-pyrryl-pyrrol-
enyl-methens $=$ Bis-(2-me-
thyl-3, 4-diäthyl-pyrryl)-
methen 480.

$C_{38}H_{54}O_4N_4Cu$. Kupfersalz des
3, 3'-Dimethyl-4, 4'-di-
äthyl-5, 5'-dimethoxy-
methyl-pyrromethenbrom-
hydrats 505.

$C_{37}H_{35}O_5N_4FeCl \cdot Br$
$=C_{34}H_{36}(CH_3)O_4N_4FeCl$
$\cdot Br \cdot OCH_3$. Methoxy-
brom-dehydro-dimethyl-
chlorhämin 637.

$C_{37}H_{36}O_4N_5FeS$
$=C_{36}H_{36}O_4N_4Fe \cdot SCN$. Dimethylester des β-Aceton-
rhodan-hämins 645.

$C_{37}H_{37}O_4N_4FeCl$. Dimethyl-
chlor-häminium-methyl-
chlorid 636.

$C_{37}H_{40}O_5N_4$. Dimethylester des
Rhodins aus Porphintricarbonsäure VII 749.

$C_{37}H_{40}O_5N_4$. Rhodin des Tricarbonsäureesters aus Mesoporphyrinester IX 735.

$C_{37}H_{40}O_8N_4Cu$
$=C_{33}H_{34}O_6N_4Cu(OC \cdot CH_3)_2$.
Kupfersalz des Dioxy-
methyl-deuteroporphyrin-
dimethylesters IX 698.

$C_{37}H_{42}O_6N_4$. Dimethylester des
Hämatoporphyrin-mono-
methyläthers 744.

$C_{37}H_{46}O_6N_4$. Freies Methen des
bilirubinoiden Farbstoffs I
591.

$C_{37}H_{46}O_8N_4$. Bis-[4(3)-methyl-3(4)-carbäthoxy-2(2)]-(3-carbäthoxy-4-methyl-2-äthenyl-pyrrol)-dipyrryl-methen 592.

$C_{37}H_{48}O_{10}N_8 = C_{33}H_{36}O_6N_4 \cdot 2\ CH_3(NH_2) \cdot COOH$. Bilirubin-glykokoll 786.

$C_{37}H_{51}O_4N_4Br$. Bilirubinoider Farbstoff IV 592.

$C_{39}H_{40}O_7N_4$. Acetylderivat der Rhodin-dicarbonsäure aus Porphin-tricarbonsäure VII 749.

$C_{39}H_{42}O_6N_6 = C_{32}H_{38}N_4 + C_7H_4O_6N_2$. 2, 6-Dinitro-benzoat des Ätioporphyrins I 659.

$C_{39}H_{42}O_7N_4$. Trimethylester des Koprorhodins I 756.

$C_{39}H_{42}O_7N_4$. Rhodin aus Koproester II 762.

$C_{39}H_{42}O_7N_4$. Rhodin des Koproporphyrinesters IV 766.

$C_{39}H_{43}O_{12}N_5$. p · Nitrophenyl-di-(2, 3'-bis-3-oxy-4, 4'-carbäthoxy-5, 5'-methyl)-pyrrylmethan 392.

$C_{39}H_{43}O_8N_5$. Bis-(neoxantho-bilirubinsäure)-o-nitro-phenyl-methan 588.

$C_{39}H_{44}O_6N_4$. [Di-(4, 3'-di-methyl-4'-äthyl-3-carb-äthoxy-5-oxy)-pyrro-me-then]-phenyl-methan 589.

$C_{39}H_{44}O_6N_4$. Bis-(neoxantho-bilirubinsäure)-phenyl-methan 588.

$C_{39}H_{44}O_{10}N_4$. Phenyl-di-(2, 3'-bis-3-oxy-4, 4'-carbäthoxy-5, 5'-methyl)-pyrrylmethan 392.

$C_{39}H_{45}O_8N_7$. Bilirubin-histidin 786.

$C_{39}H_{48}O_{10}N_4$. [Di-(4, 3'-di-methyl-3-carbäthoxy-5-oxy-4'-propionsäureäthyl-ester)-pyrromethen]-methan 590.

$C_{39}H_{50}O_{10}N_6 = C_{33}H_{36}O_6N_4 \cdot 2\ (CH_3 \cdot CH(NH_2) \cdot COOH)$. Bilirubin-alanin 786.

$C_{39}H_{52}O_{10}N_8 = C_{33}H_{34}O_6N_4(CH_3)_2 \cdot 2\ CH_2 \cdot COOH \cdot NH_2$. Dimethylester des Bilirubin-glykokolls 786.

$C_{40}H_{36}O_{16}N_4Cu$. Kupfersalz des Uroporphyrins I 771.

$C_{40}H_{37}O_{12}N_7 = C_{34}H_{34}O_4N_4 \cdot C_6H_3O_8N_3$. Styphnat des Protoporphyrins IX 711.

$C_{40}H_{37}O_{16}N_4Fe$. Eisensalz des Uroporphyrins I 772.

$C_{40}H_{38}O_7N_4 \cdot Cu$. Benzoyl-kupferbilirubin 787.

$C_{40}H_{38}O_{16}N_4$. 1, 3, 5, 7-Tetra-methyl-2, 4, 6, 8-tetra-methyl-malonsäure-porphin = Uroporphin I = Analyti-sches Uroporphyrin (Bd. X, S. 31) 770.

$C_{40}H_{38}O_{16}N_4$. Iso-usoporphy-rin I 774.

$C_{40}H_{38}O_{16}N_4$. 1, 4, 5, 8-Tetra-methyl-2, 3, 6, 7-tetra-methyl-malonsäure-porphin = Iso-uroporphyrin II 774

$C_{40}H_{42}O_{12}N_6Ag$. Silbersalz des Dinitro-koproporphyrin-tetramethylesters I 755.

$C_{40}H_{42}O_{12}N_6Cu$. Kupfersalz des Dinitro-koproporphyrin-tetramethylesters I 755.

$C_{40}H_{43}O_8N_4Fe = C_{32}H_{34}N_4Fe \cdot O \cdot OC \cdot CH_3(COOCOCH_3)_2$ Meso-acetoxy-hämin-acetat 726.

$C_{40}H_{43}O_{12}N_5Cu$. Kupfersalz des Mononitro-dioxy-kopro-porphyrin-tetramethyl-esters I 755.

$C_{40}H_{44}O_8N_4FeCl$. Chlorferrisalz des Koproporphyrin-tetra-methylesters I 759.

$C_{40}H_{44}O_8N_4FeCl$. Chlorferrisalz des (Iso)-koproporphyrin-tetramethylesters II 762.

$C_{40}H_{44}O_8N_4FeCl$. Chlorferrisalz des (β-Iso)-koproporphyrin-tetramethylesters III 764.

$C_{40}H_{44}O_8N_4FeCl$. Chlorferrisalz des Koproporphyrin-tetra-methylesters IV 766.

$C_{40}H_{44}O_8N_4Co$. Kobaltsalz des Koproporphyrin-tetra-methylesters I 759.

$C_{40}H_{44}O_8N_4Cu$. Kupfersalz des Koproporphyrin-tetra-methylesters I 759.

$C_{40}H_{44}O_8N_4Cu$. Kupfersalz des (β-Iso)-koproporphyrin-tetramethylesters II 764.

$C_{40}H_{44}O_8N_4Cu$. Kupfersalz des Koproporphyrin-tetra-methylesters IV 766.

$C_{40}H_{44}O_8N_4Ag$. Silbersalz des Koproporphyrin-tetra-methylesters I 760.

$C_{40}H_{44}O_8N_4.Zn$ Zinksalz des Koproporphyrin-tetra-methylesters I 759.

$C_{40}H_{44}O_{12}N_6$. Tetramethylester des Dinitro-koproporphy-rins I 755.

$C_{40}H_{45}O_8N_4MnCl$. Mangansalz des Koproporphyrin-tetra-methylesters I 758.

$C_{40}H_{45}O_9N_4Fe = C_{40}H_{44}O_8N_4Fe \cdot OH$. Koprohämatin-tetra-methylester I 759.

$C_{40}H_{45}O_{10}N_5$. Mono-nitro-koproporphyrin I 755.

$C_{40}H_{45}O_{12}N_5$. Mononitro-dioxy-koproporphyrin-tetra-methylester I 755.

$C_{40}H_{46}O_8N_4$. Tetramethylester des 1, 3, 5, 7-Tetramethyl-2, 4, 6, 8-tetrapropionsäure-porphins (Bd. X, S. 29) 756 = Koproporphyrin-tetrame-thylester I.

$C_{40}H_{46}O_8N_4$. Tetramethylester des (Iso)-koproporphyrins II 762.

$C_{40}H_{46}O_8N_4$. Tetramethylester des 1, 3, 5, 8-Tetramethyl-2, 4, 6. 7-tetrapropionsäure-porphins = Tetramethyl-ester des Koproporphyrins III (β-Iso-koproporphyrin) 763.

$C_{40}H_{46}O_8N_4$. Tetramethylester des 1, 4, 6, 7-Tetramethyl-2, 3, 5, 8-tetrapropionsäure-porphins = Tetramethyl-ester des Koproporphyrins IV 765.

$C_{40}H_{46}O_{12}N_4$. Kopro-xantho-porphinogen-tetramethyl-ester I 760.

$C_{40}H_{48}O_{10}N_4$. Koncho-porphy-rin 768.

$C_{40}H_{49}O_8N_4Fe = C_{32}H_{40}N_4Fe \cdot O \cdot COCH_3(COO \cdot COCH_3)_2$. Proto-acetoxy-hämin-acetat 714.

$C_{40}H_{50}O_8N_8$. Tetraurethan des Koproporphyrins I 760.

$C_{40}H_{52}O_{10}N_4Sn$. Zinnsalz des Mesoporphyrin-dimethyl-esters IX 733.

$C_{40}H_{60}N_4$. Tetra-äthylpropyl-keton-tetrapyrrol 593.

$C_{40}H_{00}N_4$. Tetra-methylbutyl-keton-tetrapyrrol 593.

$C_{41}H_{41}O_{10}N_7 = C_{35}H_{38}O_3N_4 \cdot C_6H_3O_7N_3$. Pikrat des Mesorhodin-dimethylesters IX 729.

$C_{41}H_{49}O_6N_5$. Bis-(neoxantho-bilirubinsäure-p-dimethyl-amino-phenyl-methan 589.

$C_{41}H_{50}O_6N_4$. Triäthylester der Porphin-tricarbonsäure VII 749.

$C_{42}H_{36}O_{20}N_{10} = C_{30}H_{30}O_4N_4 \cdot 2\ C_6H_3O_8N_3$. Styphnat des Deuteroporphyrins IX 689.

$C_{42}H_{41}O_{16}N_7 = C_{36}H_{38}O_8N_4 \cdot C_6H_3O_8N_3$. Styphnat des Koproporphyrins I 752.

$C_{42}H_{42}O_9H_8 = C_{32}H_{34}O_4N_4 \cdot C_{10}H_8O_5N_4$. Pikrolonat des Deuteroporphyrin-di-methylesters IX 692.

Mesoporphyrin-dimethyl-
esters IX 732.

$C_{48}H_{48}O_{20}N_{10} = C_{36}H_{42}O_4N_4$
$\cdot 2\, C_6H_3O_8N_3$. Styphnat des
Mesoporphyrin-dimethyl-
esters IX 732.

$C_{48}H_{52}O_{11}N_8 = C_{38}H_{44}O_6N_4$
$\cdot\, C_{10}H_8O_5N_4$. Pikrolonat des
Tetramethylhämatoporphy-
rins 745.

$C_{48}H_{52}O_{14}N_{10}$. Pikrat des
1, 3, 5, 8-Tetramethyl-
2, 4, 6, 7-tetrapropyl-por-
phins 676.

$C_{48}H_{52}O_{16}N_4FeCl$. Eisensalz des
Isouroporphyrin-octame-
thylesters II 775.

$C_{48}H_{52}O_{16}N_4Cu$. Kupfersalz des
Uroporphyrin-octamethyl-
esters I 773.

$C_{48}H_{52}O_{16}N_4Cu$. Kupfersalz des
Isouroporphyrin-octa-
methylesters I 774.

$C_{48}H_{52}O_{16}N_4Cu$. Kupfersalz des
Isouroporphyrin-octa-
methylesters II 775.

$C_{48}H_{52}O_{16}N_4Co$. Kobaltsalz des
Isouroporphyrin-octa-
methylesters II 775.

$C_{48}H_{54}O_{16}N_4$. Octamethylester
des Uroporphyrins 772.

$C_{48}H_{54}O_{16}N_4$. Octamethylester
des Iso-uroporphyrins I 773.

$C_{48}H_{54}O_{16}N_4$. Octamethylester
des 1, 4, 5, 8-Tetramethyl-
2, 3, 6, 7-tetra-methylmalon-
säure-porphins = Octa-
methylester des Isouroporphyrins II 774.

$C_{48}H_{56}O_{16}N_4Br_2Cd$. Cadmiumsalz des 3, 4'-Di-(β-methyl-
malonsäuredimethylester)-
4, 3', 5'-trimethyl-5-brom-
pyrromethens 500.

$C_{48}H_{56}O_{16}N_4Br_2Co$. Kobaltsalz
des 3, 4'-Di-(β-methyl-
malonsäure-dimethyester)-
4, 3', 5'-trimethyl-5-brom-
pyrromethens 500.

$C_{48}H_{56}N_4Br_2Cu$. Kupfersalz des
3, 4'-Di-(β-methylmalon-
säure-dimethylester)-4,3',5'-
trimethyl-5-brom-pyrro-
methens 500.

$C_{48}H_{56}O_{16}N_4Br_2Mn$. Mangansalz des 3, 4'-Di-(β-methyl-
malonsäuredimethylester)-
4, 3', 5'-trimethyl-5-brom-
pyrromethens 500.

$C_{48}H_{56}O_{16}N_4Br_2Ni$. Nickelsalz
des 3, 4'-Di-(β-methyl-ma-
lonsäuredimethylester)-
4, 3', 5'-trimethyl-5-brom-
pyrromethens 500.

$C_{48}H_{56}O_{16}N_4Br_2Zn$. Zinksalz
des 3, 4'-Di-(β-methyl-

malonsäure-dimethylester)-
4, 3', 5'-trimethyl-5-brom-
pyrromethens 500.

$C_{48}H_{56}O_{16}N_4$. Leukoverbindung
des Uroporphyrin-octa-
methylesters I 773.

$C_{48}H_{76}N_4$. Tetra-methylhexylketon-tetrapyrrol 593.

$C_{50}H_{42}O_{20}N_8S = C_{30}H_{30}O_4N_4$
$\cdot 2\, C_{10}H_6O_8N_2S$. Flavianat
des Deuteroporphyrins IX
690.

$C_{50}H_{46}O_{14}N_{12} = C_{30}H_{30}O_4N_4$
$\cdot 2\, C_{10}H_8O_5N_4$. Pikrolonat
des Deuteroporphyrins IX
690.

$C_{50}H_{47}O_{24}N_{13} = C_{32}H_{38}N_4$
$\cdot 3\, C_6H_3O_8N_3$. Styphnat des
Ätioporphyrins II 665.

$C_{50}H_{50}O_{22}N_8S_2 = C_{34}H_{38}O_6N_4$
$\cdot 2\, C_{10}H_6O_8N_2S$. Flavianat
des Hämatoporphyrins IX
741.

$C_{50}H_{50}O_{20}N_{10} = C_{38}H_{44}O_6N_4$
$\cdot 2\, C_6H_3O_7N_3$. Pikrat des
Tetramethyl-hämato-
porphyrins 745.

$C_{50}H_{50}O_{22}N_{10} = C_{38}H_{44}O_6N_4$
$\cdot 2\, C_6H_3O_8N_3$. Styphnat des
Tetramethyl-hämatopor-
phyrins 745.

$C_{50}H_{62}O_{12}N_4$. Hexaäthylester
des 1, 3, 5, 8-Tetramethyl-
2, 4-di-methylmalonsäure-
6, 7-dipropionsäure-por-
phins 770.

$C_{50}H_{62}O_{16}N_4Cu$. Kupfersalz des
3, 5, 3', 5'-Tetramethyl-4,4'-
(β-methylmalonester)-pyr-
ro-methens 556.

$C_{52}H_{44}O_{20}N_8Br_2S_2$
$= C_{32}H_{32}O_4N_4Br_2$
$\cdot 2\, C_{10}H_6O_8N_2S$. Flavianat
des Dibrom-deuteroporphy-
rin-dimethylesters IX 695.

$C_{52}H_{50}O_{16}N_8S = C_{32}H_{38}N_4$
$\cdot 2\, C_{10}H_6O_8N_2S$. Flavianat
des Ätioporphyrins I 659.

$C_{52}H_{50}O_{14}N_{12} = C_{32}H_{34}O_4N_4$
$\cdot 2\, C_{10}H_8O_5N_4$. Pikrolonat
des Deutero-porphyrin-di-
methylesters IX 692.

$C_{52}H_{52}O_{22}N_{10} = C_{40}H_{46}O_8N_4$
$\cdot 2\, C_6H_3O_7N_3$. Pikrat des
Koproporphyrin-tetra-
methylesters I 758.

$C_{52}H_{54}O_{10}N_{12} = C_{32}H_{38}N_4$
$\cdot 2\, C_{10}H_8O_5N_4$. Pikrolonat
des Ätioporphyrins I 659.

$C_{52}H_{54}O_{10}N_{12} = C_{32}H_{38}N_4$
$\cdot 2\, C_{10}H_8O_5N_4$. Pikrolonat
des Ätioporphyrins II 665.

$C_{52}H_{60}O_8N_6Cu$. Kupfersalz des
4, 3', 5'-Trimethyl-3, 4'-di-
propionsäure-methylester-

5-phenylamino-pyrro-
methens 497.

$C_{54}H_{46}O_{20}N_8S_2 = C_{34}H_{34}O_4N_4$
$\cdot 2\, C_{10}H_6O_8N_2S$. Flavianat
des Protoporphyrins IX
711.

$C_{54}H_{50}O_{20}N_8S_2 = C_{34}H_{38}O_4N_4$
$\cdot 2\, C_{10}H_6O_8N_2S$. Flavianat
des Mesoporphyrins IX 725.

$C_{54}H_{54}O_{14}N_{12} = C_{34}H_{38}O_4N_4$
$\cdot 2\, C_{10}H_8O_5N_4$. Pikrolonat
des Mesoporphyrins IX 724.

$C_{54}H_{54}O_{16}N_{12} = C_{34}H_{38}O_6N_4$
$\cdot 2\, C_{10}H_8O_5N_4$. Pikrolonat
des Hämatoporphyrins IX
740.

$C_{54}H_{57}O_{19}N_7 = C_{48}H_{54}O_{16}N_4$
$\cdot\, C_6H_3O_3N_3$. Styphnat des
Isouroporphyrin-octa-
methylesters II 775.

$C_{54}H_{57}O_{23}N_7 = C_{48}H_{54}O_{16}N_4$
$\cdot\, C_6H_3O_7N_3$. Pikrat des Iso-
uroporphyrin-octamethyl-
esters II 775.

$C_{54}H_{64}O_{14}N_4 = (C_{23}H_{26}O_4N_2)_2$
$\cdot\, C_8H_{12}O_6$. Sekundäres Brucinsalz der malenoiden Form
der Hämotricarbonsäure
603.

$C_{54}H_{64}O_{14}N_4 + 4\, H_2O$
$= (C_{23}H_{26}O_4N_2)_2$
$\cdot\, C_8H_{12}O_6 + 4\, H_2O$. Sekundäres Brucinsalz der fuma-
roiden Form der Hämo-
tricarbonsäure 602.

$C_{54}H_{70}O_{14}N_{12} = C_{34}H_{34}O_4N_4$
$\cdot 2\, C_{10}H_{18}O_5N_4$. Pikrolonat
des Protoporphyrins IX
711.

$C_{54}O_{74}O_{16}O_4$. Octa-äthylester
des Tetra-(3-propionsäure-
4-methyl-5-carbäthoxy-
pyrryl)-äthans 587.

$C_{55}H_{44}O_{13}N_{12} = C_{35}H_{38}O_3N_4$
$\cdot 2\, C_{10}H_3O_5N_4$. Pikrolonat
des Mesorhodin-dimethyl-
esters IX 729.

$C_{56}H_{50}O_{20}N_8S_2 = C_{36}H_{38}O_4N_4$
$\cdot 2\, C_{10}H_6O_8N_2S$. Flavianat
des Protoporphyrin-di-
methylesters IX 715.

$C_{56}H_{50}O_{20}N_8S_2 = C_{36}H_{38}O_8N_4$
$\cdot 2\, C_{10}H_6O_6N_2S$. Flavianat
des Koproporphyrins I
753.

$C_{56}H_{54}O_{18}N_{12} = C_{36}H_{38}O_8N_4$
$\cdot 2\, C_{10}H_8O_5N_4$. Pikrolonat
des Koproporphyrins I 753.

$C_{56}H_{54}O_{20}N_8S_2 = C_{36}H_{42}O_2N_4$
$\cdot 2\, C_{10}H_6O_8N_2S$. Flavianat
des Mesoporphyrin-di-
methylesters IX 732.

$C_{56}H_{54}O_{24}N_4$. Uroporphyrinacetat I 772.

$C_{56}H_{58}O_{14}N_{12} = C_{36}H_{42}O_4N_4$
$\cdot 2\, C_{10}H_8O_5N_4$. Pikrolonat